FÍSICA MATEMÁTICA

CB036265

O GEN | Grupo Editorial Nacional – maior plataforma editorial brasileira no segmento científico, técnico e profissional – publica conteúdos nas áreas de ciências exatas, humanas, jurídicas, da saúde e sociais aplicadas, além de prover serviços direcionados à educação continuada e à preparação para concursos.

As editoras que integram o GEN, das mais respeitadas no mercado editorial, construíram catálogos inigualáveis, com obras decisivas para a formação acadêmica e o aperfeiçoamento de várias gerações de profissionais e estudantes, tendo se tornado sinônimo de qualidade e seriedade.

A missão do GEN e dos núcleos de conteúdo que o compõem é prover a melhor informação científica e distribuí-la de maneira flexível e conveniente, a preços justos, gerando benefícios e servindo a autores, docentes, livreiros, funcionários, colaboradores e acionistas.

Nosso comportamento ético incondicional e nossa responsabilidade social e ambiental são reforçados pela natureza educacional de nossa atividade e dão sustentabilidade ao crescimento contínuo e à rentabilidade do grupo.

FÍSICA MATEMÁTICA

Métodos Matemáticos para Engenharia e Física
Tradução da sétima edição

Tradução
Docware Assessoria Editorial

George B. Arfken
Universidade de Miami
Oxford, OH

Hans J. Weber
Universidade da Virgínia
Charlottesville, VA

Frank E. Harris
Universidade de Utah, Salt Lake City, UT
Universidade da Flórida, Gainesville, FL

■ Os autores deste livro e a editora empenharam seus melhores esforços para assegurar que as informações e os procedimentos apresentados no texto estejam em acordo com os padrões aceitos à época da publicação. Entretanto, tendo em conta a evolução das ciências, as atualizações legislativas, as mudanças regulamentares governamentais e o constante fluxo de novas informações sobre os temas que constam do livro, recomendamos enfaticamente que os leitores consultem sempre outras fontes fidedignas, de modo a se certificarem de que as informações contidas no texto estão corretas e de que não houve alterações nas recomendações ou na legislação regulamentadora.

■ Os autores e a editora se empenharam para citar adequadamente e dar o devido crédito a todos os detentores de direitos autorais de qualquer material utilizado neste livro, dispondo-se a possíveis acertos posteriores caso, inadvertida e involuntariamente, a identificação de algum deles tenha sido omitida.

■ **Atendimento ao cliente: (11) 5080-0751 | faleconosco@grupogen.com.br**

■ Traduzido de:
MATHEMATICAL METHODS FOR PHYSICISTS, SEVENTH EDITION
Copyright © 2013 by Elsevier Inc. All rights reserved, including those for text and data mining, AI training, and similar technologies.
Publisher's note: Elsevier takes a neutral position with respect to territorial disputes or jurisdictional claims in its published content, including in maps and institutional affiliations.

This edition of *Mathematical Methods for Physicists, 7th edition,* by George B. Arfken, Hans J. Weber and Frank E. Harris is published by arrangement with Elsevier Inc.
ISBN: 978-0-12-384654-9
Esta edição de *Mathematical Methods for Physicists, 7ª edição,* de George B. Arfken, Hans J. Weber e Frank E. Harris é publicada por acordo com a Elsevier Inc.

■ Direitos exclusivos para a língua portuguesa
Copyright © 2017 (Elsevier Editora Ltda.) © 2025 (3ª impressão) by
LTC | Livros Técnicos e Científicos Editora Ltda.
Uma editora integrante do GEN | Grupo Editorial Nacional
Travessa do Ouvidor, 11
Rio de Janeiro – RJ – 20040-040
www.grupogen.com.br

■ Reservados todos os direitos. É proibida a duplicação ou reprodução deste volume, no todo ou em parte, em quaisquer formas ou por quaisquer meios (eletrônico, mecânico, gravação, fotocópia, distribuição pela Internet ou outros), sem permissão, por escrito, da LTC | Livros Técnicos e Científicos Editora.

■ Copidesque: Vanessa Raposo

■ Revisão tipográfica: Augusto Coutinho

■ Editoração eletrônica: Thomson Digital

CIP-BRASIL. CATALOGAÇÃO NA PUBLICAÇÃO
SINDICATO NACIONAL DOS EDITORES DE LIVROS, RJ

A732f
7. ed.

Arfken, George
 Física matemática : métodos matemáticos para engenharia e física / George Arfken, Hans Weber. - 7. ed. - [3ª Reimpr.] - Rio de Janeiro : GEN | Grupo Editorial Nacional. Publicado pelo selo LTC, 2025.
 il.

 Tradução de: Mathematical methods for physics
 Inclui bibliografia e índice
 ISBN: 978-85-352-8734-9

1. Matemática. 2. Física matemática. I. Weber, Hans. II. Título.

17-42488

CDD: 510
CDU: 51

Respeite o direito autoral

Prefácio

Esta 7ª edição de *Física Matemática* mantém a tradição estabelecida pelas seis edições anteriores e continua a ter como objetivo a apresentação de todos os métodos matemáticos que aspirantes a cientistas e engenheiros provavelmente encontram como estudantes e pesquisadores iniciantes. Embora a organização desta edição difira em alguns aspectos da anterior, o estilo de apresentação permanece o mesmo: as provas estão delineadas para quase todas as relações matemáticas apresentadas no livro, e são acompanhadas por exemplos que ilustram como a matemática é aplicada a problemas de física do mundo real. Vários exercícios fornecem oportunidades para que o estudante desenvolva habilidades para usar os conceitos matemáticos e também mostram uma grande variedade de contextos em que a matemática é de uso prático na física.

Como nas edições anteriores, as provas matemáticas não são o que um matemático consideraria rigoroso, mas não deixam de transmitir a essência das ideias envolvidas, e também fornecem alguma compreensão das condições e limitações associadas com as relações em estudo. Aqui não tentamos maximizar a generalidade ou minimizar as condições necessárias para estabelecer as fórmulas matemáticas, mas, em geral, o leitor é alertado sobre as limitações que provavelmente são relevantes para usar a matemática em contextos da física.

Para o Estudante

A matemática apresentada neste livro é inútil se não puder ser aplicada com alguma habilidade, e o desenvolvimento dessa habilidade não pode ser adquirido passivamente, por exemplo, simplesmente lendo o texto e entendendo o que está escrito, ou mesmo ouvindo atentamente as apresentações de um professor. Sua compreensão passiva precisa ser complementada pela experiência para utilizar os conceitos, para decidir como converter expressões em formas úteis, e para desenvolver estratégias para a resolução de problemas. Um corpo considerável de conhecimento de fundo precisa ser construído de modo a haver ferramentas matemáticas relevantes à mão e ganhar experiência em seu uso. Isso só pode acontecer por meio da resolução de problemas, e é por essa razão que o texto inclui cerca de 1.400 exercícios, muitos deles com respostas (mas não os métodos da solução). Se você utilizar este livro para autoestudo, ou se seu instrutor não atribuir um número considerável de problemas, é aconselhável trabalhar nos exercícios até ser capaz de resolver um razoável percentual deles.

Este livro, atualizado para se manter relevante por muitos anos futuros, além de ajudar você a aprender os métodos matemáticos que são importantes na física, serve como referência durante e depois de sua graduação.

O Que Há de Novo

Esta 7ª edição é uma revisão substancial e detalhada da anterior; cada palavra do texto foi examinada e foram considerados sua adequabilidade e posicionamento.

As principais características da revisão são: (1) Melhor ordem dos tópicos, de modo a reduzir a necessidade de utilizar conceitos antes de terem sido apresentados e discutidos. (2) Material contendo um capítulo introdutório que provavelmente os estudantes mais preparados já conhecem e que servirá de base (sem muitos comentários) para os capítulos posteriores, reduzindo assim a redundância no texto; esse recurso organizacional também permite que os estudantes menos preparados estejam prontos para o restante do livro. (3) Apresentação melhorada dos tópicos cuja importância e relevância aumentaram nos últimos anos; nessa categoria estão os capítulos sobre espaços vetoriais, funções de Green, momento angular e a inclusão do dilogaritmo entre as funções especiais tratadas. (4) Discussão mais detalhada da integração complexa para permitir o desenvolvimento de uma maior capacidade de usar essa ferramenta extremamente importante. (5) Melhoria na correlação dos exercícios com a exposição no texto, e o acréscimo de 271 novos exercícios onde foram considerados necessários. (6) Apresentação de alguns passos para derivações que os estudantes achavam difícil de seguir. Não endossamos o preceito de que "avançado" significa "compacto" ou "difícil". Onde quer que a necessidade tenha sido reconhecida, o material foi reescrito para aumentar a clareza e a facilidade de compreensão.

Sugestões para Uso do Material

Este livro contém mais material do que um instrutor pode esperar cobrir, mesmo em um curso de dois semestres. O material não usado para instrução permanece disponível para fins de referência ou quando necessário para projetos específicos. Estudantes menos preparados, de um curso típico de um semestre, podem usar os Capítulos 1 a 3, talvez parte do Capítulo 4, certamente os Capítulos 5 a 7 e pelo menos parte do Capítulo 11. Um curso de pós-graduação padrão de um semestre pode ter o material dos Capítulos 1 a 3 como pré-requisito, pelo menos parte do Capítulo 4, os Capítulos 5 a 9 inteiros, o Capítulo 11 e boa parte dos Capítulos 12 a 16 e/ou 18, se o tempo permitir. Um curso de um ano no nível de pós-graduação pode complementar o anterior com vários capítulos adicionais, quase certamente incluindo o Capítulo 20 (e o Capítulo 19, se os estudantes ainda não estiverem familiarizados com o assunto), com a escolha real dependendo do currículo global de pós-graduação da instituição. Depois que os Capítulos 1 a 3, 5 a 9 e 11 foram abordados ou seu conteúdo é conhecido pelos estudantes, a maioria das seleções dos capítulos restantes deve ser razoavelmente acessível. Seria sensato, porém, incluir os Capítulos 15 e 16 se o Capítulo 17 for selecionado.

Agradecimentos

Esta 7ª edição se beneficiou dos conselhos e da ajuda de muitas pessoas; conselhos valiosos foram fornecidos tanto por revisores anônimos como pela interação com os estudantes da Universidade de Utah. Na Elsevier, recebemos apoio substancial da nossa editora de aquisições Patricia Osborn e da gerente editorial de projeto Kathryn Morrissey; a produção foi supervisionada habilmente pelo gerente de serviços de publicação Jeff Freeland. FEH agradece o apoio e incentivo de sua amiga e parceira Sharon Carlson. Sem ela, o autor talvez não tivesse a energia e o sentido de missão necessários para ajudar a tornar este projeto uma realidade.

Sumário

1

Preliminares Matemáticas

Este capítulo introdutório examina uma série de técnicas matemáticas que são necessárias ao longo do livro. Alguns dos tópicos (por exemplo, variáveis complexas) são tratados com mais detalhes nos capítulos posteriores, e o breve exame das funções especiais neste capítulo é complementado por uma extensa discussão posterior daqueles de particular importância na física (por exemplo, funções de Bessel).

Um capítulo posterior sobre temas matemáticos diversos lida com material que exige mais informações do que se supõe nesse momento. O leitor pode observar que as Leituras Adicionais no final deste capítulo incluem algumas referências gerais sobre métodos matemáticos, alguns dos quais são mais avançados ou abrangentes do que o material encontrado no livro.

1.1 Séries Infinitas

Talvez a técnica mais utilizada na caixa de ferramentas do físico é o uso de **séries infinitas** (isto é, somas consistindo formalmente em um número infinito de termos) para representar funções, para incorporá-las a fórmulas que facilitam uma análise mais aprofundada, ou mesmo como um prelúdio para a avaliação numérica.

A aquisição da habilidade de criar e manipular expansões de série é, portanto, uma parte absolutamente essencial do treinamento de quem procura competência nos métodos matemáticos da física e é, portanto, o primeiro tópico neste texto. Uma parte importante desse conjunto de habilidades é a capacidade de reconhecer as funções representadas por expansões comumente encontradas, e também é de grande importância compreender as questões relacionadas com a convergência das séries infinitas.

Conceitos Fundamentais

A maneira usual de atribuir um significado à soma de um número infinito de termos é introduzindo a noção de somas parciais. Se tivermos uma sequência infinita de termos $u_1, u_2, u_3, u_4, u_5, \ldots$, definimos a i-ésima soma parcial como

$$s_i = \sum_{n=1}^{i} u_n. \tag{1.1}$$

Isso é um somatório finito e não oferece dificuldades. Se as somas parciais s_i convergem para um limite finito como $i \to \infty$,

$$\lim_{i \to \infty} s_i = S, \tag{1.2}$$

diz-se que a série infinita $\sum_{n=1}^{\infty} u_n$ é **convergente** e tem o valor S. Observe que podemos **definir** a série infinita como igual a S e que uma condição necessária da convergência para um limite é que $\lim_{n \to \infty} u_n = 0$. Porém, essa condição não é suficiente para garantir a convergência.

Às vezes é conveniente aplicar a condição na Equação (1.2) em uma fórmula chamada **critério de Cauchy**, ou seja, que para cada $\varepsilon > 0$ há um número fixo N de tal modo que $|s_j - s_i| < \varepsilon$ para todo i e j maior que N. Isso significa que as somas parciais devem ser agrupadas à medida que nos afastamos da sequência.

Algumas séries **divergem**, significando que a sequência das somas parciais se aproxima de $\pm\infty$ outras podem ter somas parciais que oscilam entre dois valores, por exemplo,

$$\sum_{n=1}^{\infty} u_n = 1 - 1 + 1 - 1 + 1 - \cdots - (-1)^n + \cdots .$$

Essa série não converge para um limite, e pode ser chamada **oscilatória**. Muitas vezes, o termo *divergente* é estendido para também incluir séries oscilatórias. É importante ser capaz de determinar se, ou sob quais condições, uma série que queremos usar é convergente.

Exemplo 1.1.1 As Séries Geométricas

As séries geométricas, começando com $u_0 = 1$ e com uma proporção de termos sucessivos $r = u_{n+1}/u_n$, têm a forma

$$1 + r + r^2 + r^3 + \cdots + r^{n-1} + \cdots .$$

Sua n-ésima soma parcial s_n (aquela dos primeiros n termos) é[1] ■

$$s_n = \frac{1 - r^n}{1 - r}. \tag{1.3}$$

Restringindo a atenção a $|r| < 1$, de modo que para n grande, r^n se aproxima de zero e s_n possui o limite

$$\lim_{n \to \infty} s_n = \frac{1}{1 - r}, \tag{1.4}$$

mostrando que para $|r| < 1$, a série geométrica converge. Ela claramente diverge (ou é oscilatória) para $|r| \geq 1$, como os termos individuais então não se aproximam de zero em n grande.

Exemplo 1.1.2 As Séries Harmônicas

Como um segundo e mais complicado exemplo, consideramos as séries harmônicas

$$\sum_{n=1}^{\infty} \frac{1}{n} = 1 + \frac{1}{2} + \frac{1}{3} + \frac{1}{4} + \cdots + \frac{1}{n} + \cdots . \tag{1.5}$$

Os termos se aproximam de zero para n grande, isto é, $\lim_{n} \to \infty 1/n = 0$, mas isso não é suficiente para garantir a convergência. Se agruparmos os termos (sem alterar sua ordem) como

$$1 + \frac{1}{2} + \left(\frac{1}{3} + \frac{1}{4} \right) + \left(\frac{1}{5} + \frac{1}{6} + \frac{1}{7} + \frac{1}{8} \right) + \left(\frac{1}{9} + \cdots + \frac{1}{16} \right) + \cdots ,$$

cada par de parênteses delimita os termos p da fórmula

$$\frac{1}{p+1} + \frac{1}{p+2} + \cdots + \frac{1}{p+p} > \frac{p}{2p} = \frac{1}{2}.$$

Formando somas parciais adicionando os grupos de parênteses um a um, obtemos

$$s_1 = 1, \quad s_2 = \frac{3}{2}, \quad s_3 > \frac{4}{2}, \quad s_4 > \frac{5}{2}, \ldots, \quad s_n > \frac{n+1}{2},$$

e somos forçados a concluir que a série harmônica diverge.

Embora a série harmônica divirja, suas somas parciais têm relevância entre outros locais na teoria dos números, onde $H_n = \sum_{m=1}^{n} m^{-1}$ são às vezes referidos como **números harmônicos**. ■

Passamos agora para um estudo mais detalhado da convergência e divergência das séries, considerando aqui séries dos termos positivos. Séries com termos de ambos os sinais são tratadas mais adiante.

---

[1]Multiplique e divida $s_n = \sum_{m=0}^{n-1} r^m$ por 1-r.

Teste de Comparação

Se, termo a termo, uma série de termos u_n satisfaz $0 \leq u_n \leq a_n$, onde os a_n formam uma série convergente, então a série $\Sigma_n u_n$ também é convergente. Deixando s_i e s_j serem somas parciais da série u, com $j > i$, a diferença $s_j - s_i$ é $\sum_{n=i+1}^{j} u_n$, e isso é menor do que a quantidade correspondente para a série a, provando assim a convergência. Um argumento similar mostra que se, termo a termo, em uma série de termos v_n satisfaz $0 \leq b_n \leq v_n$, onde b_n forma uma série divergente, então $\Sigma_n v_n$ também é divergente.

Para as séries convergentes a_n já temos a série geométrica, enquanto a série harmônica servirá como a série divergente de comparação b_n. À medida que outras séries são identificadas como convergentes ou divergentes, elas também podem ser usadas como a série conhecida para testes de comparação.

Exemplo 1.1.3   As Séries Divergentes

Teste $\sum_{n=1}^{\infty} n^{-p}$, $p = 0{,}999$, para convergência. Como $n^{-0.9990} > n^{-1}$ e $b_n = n^{-1}$ forma a série harmônica divergente, o teste de comparação mostra que $\sum_n n^{-0.999}$ é divergente.

Generalizando, $\sum_n n^{-p}$ é vista como divergente para todo $p \leq 1$.   ∎

Teste de Raiz de Cauchy

Se $(a_n)^{1/n} \leq r < 1$ para todo n suficientemente grande, com r independente de n, então $\Sigma_n a_n$ é convergente. Se $(a_n)^{1/n} \geq 1$ para todo n suficientemente grande, então $\Sigma_n a_n$ é divergente.

A linguagem desse teste enfatiza um ponto importante: a convergência ou divergência de uma série depende inteiramente do que acontece para n grande. Em relação à convergência, é o comportamento no limite de n grande que importa.

A primeira parte desse teste é verificada facilmente elevando $(a_n)^{1/n}$ à n-ésima potência. Obtemos

$$a_n \leq r^n < 1.$$

Como r^n é apenas o n-ésimo termo de uma série geométrica convergente, $\Sigma_n a_n$ é convergente pelo teste de comparação. Por outro lado, se $(a_n)^{1/n} \geq 1$, então $a_n \geq 1$ e a série deve divergir. Esse teste de raiz é particularmente útil para estabelecer as propriedades da série de potências (Seção 1.2).

Teste da Razão de D'Alembert (ou Cauchy)

Se $a_{n+1}/a_n \leq r < 1$ para todo n suficientemente grande e r é independente de n, então $\Sigma_n a_n$ é convergente. Se $a_{n+1}/a_n \geq 1$ para um n suficientemente grande, então $\Sigma_n a_n$ é divergente.

Esse teste é determinado por comparação direta com a série geométrica $(1 + r + r^2 + ...)$.

Na segunda parte, $a_{n+1} \geq a_n$ e a divergência deve ser razoavelmente óbvia. Embora não seja tão sensível quanto o teste da raiz de Cauchy, esse teste da razão de D'Alembert é um dos mais fáceis de aplicar e é amplamente utilizado. Uma declaração alternativa do teste da razão é na forma de um limite: Se

$$\lim_{n \to \infty} \frac{a_{n+1}}{a_n} \begin{cases} < 1, & \text{convergente,} \\ > 1, & \text{divergente,} \\ = 1, & \text{indeterminado.} \end{cases} \tag{1.6}$$

Por causa dessa possibilidade indeterminada final, é provável que o teste da razão falhe em pontos cruciais, e testes mais delicados e sensíveis tornam-se então necessários. O leitor atento pode perguntar como essa indeterminação surgiu. Na verdade, ela estava escondida na primeira declaração, $a_{n+1}/a_n \leq r$ 1.

Podemos encontrar $a_{n+1}/a_n < 1$ para todo n **finito**, mas seremos incapazes de escolher um $r < 1$ **e independente do n** de tal modo que $a_{n+1}/a_n \leq r$ para todo n suficientemente grande. Um exemplo é fornecido pelas séries harmônicas, para as quais

$$\frac{a_{n+1}}{a_n} = \frac{n}{n+1} < 1.$$

Como

$$\lim_{n \to \infty} \frac{a_{n+1}}{a_n} = 1,$$

nenhuma razão fixa $r < 1$ existe e o teste falha.

Exemplo 1.1.4   TESTE DA RAZÃO DE D'ALEMBERT

Teste $\sum_n n/2^n$ para convergência. Aplicando o teste da razão,

$$\frac{a_{n+1}}{a_n} = \frac{(n+1)/2^{n+1}}{n/2^n} = \frac{1}{2} \frac{n+1}{n}.$$

Como

$$\frac{a_{n+1}}{a_n} \leq \frac{3}{4} \quad \text{para } n \geq 2,$$

temos a convergência.   ∎

Teste da Integral de Cauchy (ou Maclaurin)

Esse é outro tipo de teste de comparação, no qual comparamos a série com uma integral. Geometricamente, comparamos a área de uma série de retângulos de largura unitária com a área sob a curva.

Seja $f(x)$ uma **função decrescente monotônica** contínua em que $f(n) = a_n$. Então $\sum_n a_n$ converge se $\int_1^\infty f(x)dx$ é finita, e diverge se a integral é infinita. A soma i-ésima parcial é

$$s_i = \sum_{n=1}^{i} a_n = \sum_{n=1}^{i} f(n).$$

Porém, como $f(x)$ é monotônica decrescente, veja Figura 1.1(a),

$$s_i \geq \int_1^{i+1} f(x)dx.$$

Por outro lado, como mostrado na Figura 1.1(b),

$$s_i - a_1 \leq \int_1^{i} f(x)dx.$$

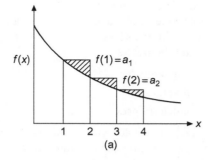 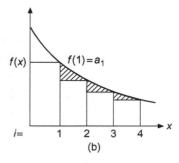

Figura 1.1: (a) Comparação entre integral e blocos de soma que sobram.
(b) Comparação entre integral e blocos de soma que faltam.

Considerando o limite como $i \to \infty$, temos

$$\int^\infty f(x)dx \leq \sum_{n=1}^{\infty} a_n \leq \int^\infty f(x)dx + a_1. \tag{1.7}$$

Consequentemente, a série infinita converge ou diverge à medida que a integral correspondente converge ou diverge.

Esse teste da integral é particularmente útil para definir os limites superiores e inferiores no resto de uma série depois que alguns termos iniciais foram somados. Isto é,

$$\sum_{n=1}^{\infty} a_n = \sum_{n=1}^{N} a_n + \sum_{n=N+1}^{\infty} a_n, \tag{1.8}$$

e

$$\int_{N+1}^{\infty} f(x)\,dx \le \sum_{n=N+1}^{\infty} a_n \le \int_{N+1}^{\infty} f(x)\,dx + a_{N+1}. \tag{1.9}$$

Para liberar o teste da integral do requisito bastante restritivo de que a função interpoladora $f(x)$ seja positiva e monotônica, vamos mostrar que para qualquer função $f(x)$ com uma derivada contínua, a série infinita é representada exatamente como uma soma de duas integrais:

$$\sum_{n=N1+1}^{N_2} f(n) = \int_{N_1}^{N_2} f(x)dx + \int_{N_1}^{N_2} (x - [x])f'(x)dx. \tag{1.10}$$

Aqui $[x]$ é parte integral de x, isto é, o maior inteiro $\le x$, assim $x - [x]$ varia na forma de dentes de serra entre 0 e 1. A Equação (1.10) é útil porque se ambas as integrais na Equação (1.10) convergem, uma série infinita também converge, enquanto se uma integral converge e a outra não, uma série infinita diverge. Se ambos as integrais divergem, o teste falha a menos que possa ser demonstrado se as divergências das integrais anulam uma a outra.

Precisamos agora estabelecer a Equação (1.10). Manipulamos as contribuições para a segunda integral da seguinte forma:

1. Usando a integração por partes, observamos que

$$\int_{N_1}^{N_2} xf'(x)dx = N_2 f(N_2) - N_1 f(N_1) - \int_{N_1}^{N_2} f(x)dx.$$

2. Avaliamos

$$\int_{N_1}^{N_2} [x]f'(x)dx = \sum_{n=N_1}^{N_2-1} n \int_{n}^{n+1} f'(x)dx = \sum_{n=N_1}^{N_2-1} n\Big[f(n+1) - f(n)\Big]$$

$$= -\sum_{n=N_1+1}^{N_2} f(n) - N_1 f(N_1) + N_2 f(N_2).$$

Subtraindo a segunda dessas equações da primeira, chegamos à Equação (1.10).

Uma alternativa à Equação (1.10) em que a segunda integral tem seu dente de serra deslocado até se tornar simétrico em relação a zero (e, portanto, talvez menor) pode ser derivada por métodos semelhantes aos utilizados anteriormente. A fórmula resultante é

$$\sum_{n=N1+1}^{N_2} f(n) = \int_{N_1}^{N_2} f(x)dx + \int_{N_1}^{N_2} (x - [x] - \tfrac{1}{2})f'(x)dx$$
$$+ \tfrac{1}{2}\Big[f(N_2) - f(N_1)\Big]. \tag{1.11}$$

Como elas não usam um requisito de monotonicidade, as Equações (1.10) e (1.11) podem ser aplicadas a séries alternantes, e mesmo àquelas com sequências de sinal irregular.

Exemplo 1.1.5   Função Zeta de Riemann

A função zeta de Riemann é definida por

$$\zeta(p) = \sum_{n=1}^{\infty} n^{-p}, \tag{1.12}$$

resultando em uma série que converge. Podemos considerar $f(x) = x^{-p}$, e então

$$\int_{1}^{\infty} x^{-p}\, dx = \left. \frac{x^{-p+1}}{-p+1} \right|_{x=1}^{\infty}, \quad p \neq 1,$$

$$= \left. \ln x \right|_{x=1}^{\infty}, \quad\quad p = 1.$$

A integral e, portanto, as séries são divergentes para $p \leq 1$, e convergentes para $p > 1$.

Consequentemente a Equação (1.12) deve conter a condição $p > 1$. Isso, casualmente, é uma prova independente de que a série harmônica ($p = 1$) diverge logaritmicamente. A soma do primeiro milhão de termos $\sum_{n=1}^{1,000,000} n^{-1}$ é apenas 14,392 726... . ∎

Enquanto a série harmônica diverge, a combinação

$$\gamma = \lim_{n \to \infty} \left(\sum_{m=1}^{n} m^{-1} - \ln n \right) \tag{1.13}$$

converge, aproximando-se de um limite conhecido como **constante de Euler-Mascheroni**.

Exemplo 1.1.6   Uma Série Lentamente Divergente

Considere agora a série

$$S = \sum_{n=2}^{\infty} \frac{1}{n \ln n}.$$

Formamos a integral

$$\int_{2}^{\infty} \frac{1}{x \ln x}\, dx = \int_{x=2}^{\infty} \frac{d \ln x}{\ln x} = \left. \ln \ln x \right|_{x=2}^{\infty},$$

que diverge, indicando que S é divergente. Observe que o limite inferior da integral é de fato importante desde que ele não introduza nenhuma singularidade espúria, uma vez que é o comportamento de x grande que determina a convergência. Como $n \ln n > n$, a divergência é mais lenta do que a da série harmônica. No entanto, como $\ln n$ aumenta mais lentamente do que n^{ε}, onde ε pode ter um valor arbitrariamente pequeno positivo, temos uma divergência mesmo que a série $\sum_{n} n^{-(1+\varepsilon)}$ convirja. ∎

Testes mais Sensíveis

Vários testes mais sensíveis do que aqueles já examinados são consequências de um teorema de Kummer. O teorema de Kummer, que lida com duas séries de termos positivos finitos, u_n e a_n, afirma:

1. A série $\sum_n u_n$ converge se

$$\lim_{n \to \infty} \left(a_n \frac{u_n}{u_{n+1}} - a_{n+1} \right) \geq C > 0, \tag{1.14}$$

onde C é uma constante. Essa declaração é equivalente a um teste simples de comparação se a série $\sum_n a_n^{-1}$ converge, e transmite novas informações apenas se essa soma diverge. Quando mais fracamente $\sum_n a_n^{-1}$ divergir, mais poderoso o teste de Kummer será.

2. Se $\sum_n a_n^{-1}$ diverge e

$$\lim_{n \to \infty} \left(a_n \frac{u_n}{u_{n+1}} - a_{n+1} \right) \leq 0, \tag{1.15}$$

então $\Sigma_n u_n$ diverge.

A prova desse teste poderoso é extremamente simples. A Parte 2 segue-se imediatamente a partir do teste de comparação. Para provar a Parte 1, escreva casos da Equação (1.14) para $n = N + 1$ até qualquer n maior, na seguinte forma:

$$u_{N+1} \leq (a_N u_N - a_{N+1} u_{N+1})/C,$$

$$u_{N+2} \leq (a_{N+1} u_{N+1} - a_{N+2} u_{N+2})/C,$$

$$\cdots \leq \cdots\cdots\cdots\cdots\cdots\cdots,$$

$$u_n \leq (a_{n-1} u_{n-1} - a_n u_n)/C.$$

Somando, obtemos

$$\sum_{i=N+1}^{n} u_i \leq \frac{a_N u_N}{C} - \frac{a_n u_n}{C} \tag{1.16}$$

$$< \frac{a_N u_N}{C}. \tag{1.17}$$

Isso mostra que a cauda da série $\Sigma_n u_n$ é limitada e, portanto, prova-se que a série é convergente quando a Equação (1.14) é satisfeita para todo n suficientemente grande.

Teste de Gauss é uma aplicação do teorema de Kummer à série $u_n > 0$ quando as razões de sucessivos u_n se aproximam da unidade e os testes previamente discutidos mostram resultados indeterminados.

Se para n grande

$$\frac{u_n}{u_{n+1}} = 1 + \frac{h}{n} + \frac{B(n)}{n^2}, \tag{1.18}$$

onde $B(n)$ é limitado para n suficientemente grande, então o teste de Gauss afirma que $\Sigma_n u_n$ converge para $h > 1$ e diverge para $h \leq 1$: não há nenhum caso indeterminado aqui.

O teste de Gauss é extremamente sensível, e funcionará para todas as séries problemáticas que provavelmente um físico encontrará. Para confirmar isso usando o teorema de Kummer, consideramos $a_n = n \ln n$. A série $\sum_n a_n^{-1}$ é fracamente divergente, como já definido no Exemplo 1.1.6.

Considerando o limite à esquerda da equação (1.14), temos

$$\lim_{n \to \infty} \left[n \ln n \left(1 + \frac{h}{n} + \frac{B(n)}{n^2} \right) - (n+1) \ln(n+1) \right]$$

$$= \lim_{n \to \infty} \left[(n+1) \ln n + (h-1) \ln n + \frac{B(n) \ln n}{n} - (n+1) \ln(n+1) \right]$$

$$= \lim_{n \to \infty} \left[-(n+1) \ln \left(\frac{n+1}{n} \right) + (h-1) \ln n \right]. \tag{1.19}$$

para $h < 1$, ambos os termos da Equação (1.19) são negativos, sinalizando assim um caso divergente do teorema de Kummer; para $h > 1$, o segundo termo da Equação (1.19) domina o primeiro e é positivo, indicando convergência. Em $h = 1$, o segundo termo desaparece, e o primeiro é inerentemente negativo, indicando assim divergência.

Exemplo 1.1.7 Série de Legendre

A solução da série para a equação de Legendre (encontrada no Capítulo 7) possui termos sucessivos cuja razão sob certas condições é

$$\frac{a_{2j+2}}{a_{2j}} = \frac{2j(2j+1) - \lambda}{(2j+1)(2j+2)}.$$

Para colocar isso na forma sendo usada agora, definimos $u_j = a_{2j}$ e escrevemos

$$\frac{u_j}{u_{j+1}} = \frac{(2j+1)(2j+2)}{2j(2j+1)-\lambda}.$$

No limite do j grande, a constante λ torna-se insignificante (na linguagem do teste de Gauss, ela contribui para um $B(j)/j^2$ estendido, onde $B(j)$ é limitado). Temos, portanto,

$$\frac{u_j}{u_{j+1}} \to \frac{2j+2}{2j} + \frac{B(j)}{j^2} = 1 + \frac{1}{j} + \frac{B(j)}{j^2}. \tag{1.20}$$

O teste de Gauss informa que essa série é divergente. ∎

Exercícios

1.1.1   (a) Prove que se $\lim_n \to n^p u_n = A < \infty$, $p > 1$, a série $\sum_{n=1}^{\infty} u_n$ converge.

(b) Prove que se $\lim_n \to {}_{\infty} n u_n = A > 0$, a série diverge. (O teste falha para $A = 0$.) Esses dois testes, conhecidos como **testes de limite**, são muitas vezes convenientes para estabelecer a convergência de uma série. Eles podem ser tratados como testes de comparação, comparando com

$$\sum_n n^{-q}, \quad 1 \le q < p.$$

1.1.2   Se $\lim_{n\to\infty} \frac{b_n}{a_n} = K$, uma constante com $0 < K < \infty$, mostram que $\Sigma_n b_n$ converge ou diverge com Σa_n. *Dica*: Se Σa_n converge, redimensione b'_n para $b'_n = \frac{b_n}{2K}$. Se $\Sigma_n a_n$ diverge, redimensione para $b''_n = \frac{2b_n}{K}$

1.1.3   (a) Mostre que a série $\sum_{n=2}^{\infty} \frac{1}{n(\ln n)^2}$ converge.

(b) Por adição direta de $\sum_{n=2}^{100,000} [n(\ln n)^2]^{-1} = 2{,}02288$. Use a Equação (1.9) para criar uma estimativa significativa de cinco números da soma dessa série.

1.1.4   O teste de Gauss é frequentemente dado na forma de um teste da razão

$$\frac{u_n}{u_{n+1}} = \frac{n^2 + a_1 n + a_0}{n^2 + b_1 n + b_0}.$$

Para quais valores dos parâmetros a_1 e b_1 existe convergência? E divergência?

RESPOSTA: Convergente para $a_1 - b_1 > 1$, divergente para $a_1 - b_1 \le 1$.

1.1.5   Teste para convergência

(a) $\sum_{n=2}^{\infty} (\ln n)^{-1}$

(d) $\sum_{n=1}^{\infty} [n(n+1)]^{-1/2}$

(b) $\sum_{n=1}^{\infty} \frac{n!}{10^n}$

(e) $\sum_{n=0}^{\infty} \frac{1}{2n+1}$

(c) $\sum_{n=1}^{\infty} \frac{1}{2n(2n+1)}$

1.1.6   Teste para convergência

(a) $\sum_{n=1}^{\infty} \frac{1}{n(n+1)}$

(d) $\sum_{n=1}^{\infty} \ln\left(1 + \frac{1}{n}\right)$

(b) $\sum_{n=2}^{\infty} \frac{1}{n \ln n}$

(e) $\sum_{n=1}^{\infty} \frac{1}{n \cdot n^{1/n}}$

(c) $\sum_{n=1}^{\infty} \frac{1}{n2^n}$

1.1.7 Para quais valores de p e q $\sum_{n=2}^{\infty} \frac{1}{n^p (\ln n)^q}$ convergirá?

RESPOSTA: Convergente para $\begin{cases} p > 1, \text{ all } q, \\ p = 1, \ q > 1, \end{cases}$ divergente para $\begin{cases} p < 1, \text{ all } q, \\ p = 1, \ q \le 1, \end{cases}$.

1.1.8 Dado $\sum_{n=1}^{1,000} n^{-1} = 7{,}485\,470\ldots$, defina os limites superiores e inferiores na constante de Euler-Mascheroni.

RESPOSTA: $0{,}5767 < \gamma < 0{,}5778$.

1.1.9 (A partir do **paradoxo de Olbers.**) Suponha um universo estático em que as estrelas estão uniformemente distribuídas. Divida todo o espaço em cascas de espessura constante; as estrelas em qualquer uma das cascas subtendem, por si sós, um ângulo sólido de ω_0. **Considerando o bloqueio das estrelas distantes por estrelas mais próximas**, mostre que o ângulo sólido líquido total subtendido por todas as estrelas, com as cascas se estendendo ao infinito, é **exatamente** 4π. [Portanto, o céu noturno deveria estar repleto de luz. Para mais detalhes, consulte E. Harrison, *Darkness at Night: A Riddle of the Universe*. Cambridge, MA: Harvard University Press (1987).]

1.1.10 Teste para convergência

$$\sum_{n=1}^{\infty} \left[\frac{1 \cdot 3 \cdot 5 \cdots (2n-1)}{2 \cdot 4 \cdot 6 \cdots (2n)} \right]^2 = \frac{1}{4} + \frac{9}{64} + \frac{25}{256} + \cdots .$$

Séries Alternantes

Nas subseções anteriores nos limitamos a uma série de termos positivos. Agora, em contraposição, consideramos séries infinitas em que os sinais se alternam. A anulação parcial devido aos sinais alternantes torna a convergência mais rápida e muito mais fácil de identificar. Devemos provar o critério de Leibniz, uma condição geral para a convergência de uma série alternante.

Para séries com mudanças de sinal mais irregulares, o teste da integral da Equação (1.10) é frequentemente útil.

O **critério de Leibniz** aplica-se a séries na forma $\sum_{n=1}^{\infty} (-1)^{n+1} a_n$ com $a_n > 0$, e afirma que se a_n é *monotonicamente decrescente* (para n suficientemente grande) e $\lim_{n \to \infty} a_n = 0$, então a série converge. Para provar esse teorema, note que o resto de R_{2n} da série além de s_{2n}, a soma parcial após $2n$ termos, pode ser escrita de duas maneiras alternativas:

$$R_{2n} = (a_{2n+1} - a_{2n+2}) + (a_{2n+3} - a_{2n+4}) + \cdots$$
$$= a_{2n+1} - (a_{2n+2} - a_{2n+3}) - (a_{2n+4} - a_{2n+5}) - \cdots .$$

Como as a_n estão diminuindo, a primeira dessas equações implica $R_{2n} > 0$, enquanto a segunda implica $R_{2n} < a_{2n+1}$, então

$$0 < R_{2n} < a_{2n+1}.$$

Assim, R_{2n} é positivo, mas limitado, e o limite pode ser tornado arbitrariamente pequeno considerando valores maiores de n. Essa demonstração também mostra que o erro a partir do truncamento da série alternante após a_{2n} resulta em um erro que é negativo (os termos omitidos foram mostrados para combinar com um resultado positivo) e limitado em grandeza por a_{2n+1}. Um argumento semelhante a esse feito anteriormente para o resto após um número ímpar de termos, R_{2n+1}, mostraria que o erro do truncamento após a_{2n+1} é positivo e limitado por a_{2n+2}. Assim, é geralmente verdade que o erro ao truncar uma série alternante com termos monotonamente decrescentes é do mesmo sinal que o último termo mantido e menor do que o primeiro termo descartado.

A aplicabilidade do critério de Leibniz depende da presença de alternância estrita de sinal. Mudanças de sinal menos regulares apresentam problemas mais difíceis para a determinação da convergência.

Exemplo 1.1.8 Série com Mudança de Sinal Irregular

Para $0 < x < 2\pi$, a série

$$S = \sum_{n=1}^{\infty} \frac{\cos(nx)}{n} = -\ln\left(2\,\text{sen}\,\frac{x}{2}\right) \tag{1.21}$$

converge, tendo coeficientes que mudam o sinal frequentemente, mas não de modo que o critério de Leibniz se aplique facilmente. Para verificar a convergência, aplicamos o teste da integral da Equação (1.10), inserindo a forma explícita para a derivada de cos $(nx)/n$ (em relação a n) na segunda integral:

$$S = \int_1^\infty \frac{\cos(nx)}{n}\, dn + \int_1^\infty \left(n - [n]\right)\left[-\frac{x}{n}\,\text{sen}(nx) - \frac{\cos(nx)}{n^2} \right] dn. \tag{1.22}$$

Usando a integração por partes, a primeira integral na Equação (1.22) é rearranjada para

$$\int_1^\infty \frac{\cos(nx)}{n}\, dn = \left[\frac{\text{sen}(n\,x)}{nx} \right]_1^\infty + \frac{1}{x} \int_1^\infty \frac{\text{sen}(nx)}{n^2}\, dn,$$

e essa integral converge porque

$$\left| \int_1^\infty \frac{\text{sen}(nx)}{n^2}\, dn \right| < \int_1^\infty \frac{dn}{n^2} = 1.$$

Analisando agora a segunda integral na Equação (1.22), notamos que seus termos $\cos(nx)/n^2$ também resultam em uma integral convergente, assim, precisamos apenas examinar a convergência de

$$\int_1^\infty \left(n - [n]\right) \frac{\text{sen}(n\,x)}{n}\, dn.$$

Em seguida, definindo $(n - [n])\text{sen}\,(nx) = g'(n)$, o que é equivalente a definir $g(N) = \int_1^N (n - [n])\,\text{sen}(nx)\, dn$, escrevemos

$$\int_1^\infty \left(n - [n]\right) \frac{\text{sen}(nx)}{n}\, dn = \int_1^\infty \frac{g'(n)}{n}\, dn = \left[\frac{g(n)}{n} \right]_{n=1}^\infty + \int_1^\infty \frac{g(n)}{n^2}\, dn,$$

onde a última igualdade foi obtida utilizando mais uma vez uma integração por partes. Não temos uma expressão explícita para $g\,(n)$, mas sabemos que ela é limitada porque sen x oscila com um período incomensurável com o da periodicidade na forma de dente de serra de $(n - [n])$.

Esse limite permite determinar que a segunda integral na Equação (1.22) converge, estabelecendo assim a convergência de S. ∎

Convergência Absoluta e Condicional

Uma série infinita é **absolutamente** convergente se os valores absolutos dos seus termos formam uma série convergente. Se ela converge, mas não absolutamente, ela é chamada **condicionalmente** convergente.

Um exemplo de uma série condicionalmente convergente é a série harmônica alternante,

$$\sum_{n=1}^\infty (-1)^{n-1} n^{-1} = 1 - \frac{1}{2} + \frac{1}{3} - \frac{1}{4} + \cdots + \frac{(-1)^{n-1}}{n} + \cdots. \tag{1.23}$$

Essa série é convergente, com base no critério de Leibniz. Ela é claramente não absolutamente convergente; se todos os termos são considerados com sinais de +, temos a série harmônica, que já sabemos ser divergente. Os testes descritos anteriormente nesta seção para as séries dos termos positivos são, então, os testes para convergência absoluta.

Exercícios

1.1.11   Determine se cada uma dessas séries é convergente e, se for, se é absolutamente convergente:

(a) $\dfrac{\ln 2}{2} - \dfrac{\ln 3}{3} + \dfrac{\ln 4}{4} - \dfrac{\ln 5}{5} + \dfrac{\ln 6}{6} - \cdots,$

(b) $\dfrac{1}{1} + \dfrac{1}{2} - \dfrac{1}{3} - \dfrac{1}{4} + \dfrac{1}{5} + \dfrac{1}{6} - \dfrac{1}{7} - \dfrac{1}{8} + \cdots,$

(c) $1 - \dfrac{1}{2} - \dfrac{1}{3} + \dfrac{1}{4} + \dfrac{1}{5} + \dfrac{1}{6} - \dfrac{1}{7} - \dfrac{1}{8} - \dfrac{1}{9} - \dfrac{1}{10} + \dfrac{1}{11} \cdots + \dfrac{1}{15} - \dfrac{1}{16} \cdots - \dfrac{1}{21} + \cdots.$

1.1.12   Constante de Catalan $\beta(2)$ é definida por

$$\beta(2) = \sum_{k=0}^{\infty} (-1)^k (2k+1)^{-2} = \frac{1}{1^2} - \frac{1}{3^2} + \frac{1}{5^2} \cdots .$$

Calcule $\beta(2)$ para a precisão de seis dígitos.

Dica: A taxa de convergência é reforçada correspondendo os termos,

$$(4k-1)^{-2} - (4k+1)^{-2} = \frac{16k}{(16k^2-1)^2}.$$

Se usou dígitos suficientes em sua soma, $\sum_{1 \le k \le N} 16k / (16k^2-1)^2$, algarismos significativos adicionais podem ser obtidos definindo os limites superiores e inferiores na cauda da série, $\sum_{k=N+1}^{\infty}$. Esses limites podem ser definidos por comparação com integrais, como no teste da integral de Maclaurin.

RESPOSTA: $\beta(2) = 0{,}9159\ 6559\ 4177\ldots$

Operações sobre Séries

Agora investigaremos as operações que podem ser realizadas em uma série infinita. Nesse contexto, é importante o estabelecimento da convergência absoluta, porque pode ser provado que os termos de uma série absolutamente convergente podem ser reordenados de acordo com as regras conhecidas da álgebra ou aritmética:

- Se uma série infinita é absolutamente convergente, a soma da série é independente da ordem em que os termos são adicionados.
- Uma série absolutamente convergente pode ser, termo a termo, adicionada a, subtraída de ou multiplicada por outra série absolutamente convergente, e a série resultante também será absolutamente convergente.
- As séries (como um todo) podem ser multiplicadas por outras séries absolutamente convergentes. O limite do produto será o produto dos limites das séries individuais. A série do produto, uma série dupla, também convergirá absolutamente.

Nenhuma dessas garantias pode ser dada a séries condicionalmente convergentes, embora algumas das propriedades anteriores permaneçam verdadeiras se apenas uma das séries a ser combinada for condicionalmente convergente.

Exemplo 1.1.9   Rearranjo das Séries Harmônicas Alternantes

Escrevendo séries harmônicas alternantes como

$$1 - \frac{1}{2} + \frac{1}{3} - \frac{1}{4} + \cdots = 1 - \left(\frac{1}{2} - \frac{1}{3}\right) - \left(\frac{1}{4} - \frac{1}{5}\right) - \cdots, \tag{1.24}$$

é claro que $\sum_{n=1}^{\infty} (-1)^{n-1} n^{-1} < 1$. Porém, se a ordem dos termos for reorganizada, podemos fazer essa série convergir para $\frac{3}{2}$. Reagrupamos os termos da Equação (1.24), como

$$\left(1 + \frac{1}{3} + \frac{1}{5}\right) - \left(\frac{1}{2}\right) + \left(\frac{1}{7} + \frac{1}{9} + \frac{1}{11} + \frac{1}{13} + \frac{1}{15}\right)$$

$$- \left(\frac{1}{4}\right) + \left(\frac{1}{17} + \cdots + \frac{1}{25}\right) - \left(\frac{1}{6}\right) + \left(\frac{1}{27} + \cdots + \frac{1}{35}\right) - \left(\frac{1}{8}\right) + \cdots . \tag{1.25}$$

Tratando os termos agrupados em parênteses como termos individuais por conveniência, obtemos as somas parciais

$$
\begin{array}{ll}
s_1 = 1{,}5333 & s_2 = 1{,}0333 \\
s_3 = 1{,}5218 & s_4 = 1{,}2718 \\
s_5 = 1{,}5143 & s_6 = 1{,}3476 \\
s_7 = 1{,}5103 & s_8 = 1{,}3853 \\
s_9 = 1{,}5078 & s_{10} = 1{,}4078.
\end{array}
$$

Dessa tabulação de s_n e a representação de s_n *versus* n na Figura 1.2, a convergência para $\frac{3}{2}$ fica bastante clara. Nosso rearranjo era para considerar os termos positivos até que a soma parcial fosse igual ou maior que $\frac{3}{2}$ e então adicionar os termos negativos até que a soma parcial caísse logo abaixo de $\frac{3}{2}$, e assim por diante. Como a série se estende ao infinito, todos os termos originais acabarão aparecendo, mas as somas parciais dessas séries harmônicas alternantes reorganizadas convergem para $\frac{3}{2}$. ∎

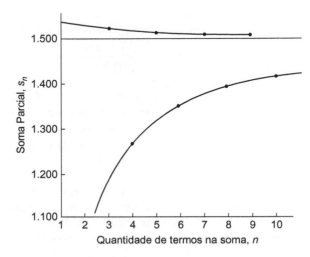

Figura 1.2: Séries harmônicas alternantes. Os termos são reorganizados para dar convergência a 1.5.

Como o exemplo mostra, por meio de um rearranjo adequado dos termos, podemos fazer uma série condicionalmente convergente convergir para qualquer valor desejado ou mesmo a divergir. Essa declaração é às vezes chamada **teorema de Riemann**.

Outro exemplo mostra o perigo de multiplicar séries condicionalmente convergentes.

Exemplo 1.1.10   O Quadrado de uma Série Condicionalmente Convergente Pode Divergir

A série $\sum_{n=1}^{\infty} \frac{(-1)^{n-1}}{\sqrt{n}}$ converge pelo critério de Leibniz. Seu quadrado,

$$\left[\sum_{n=1}^{\infty} \frac{(-1)^{n-1}}{\sqrt{n}} \right]^2 = \sum_n (-1)^n \left[\frac{1}{\sqrt{1}} \frac{1}{\sqrt{n-1}} + \frac{1}{\sqrt{2}} \frac{1}{\sqrt{n-2}} + \cdots + \frac{1}{\sqrt{n-1}} \frac{1}{\sqrt{1}} \right],$$

tem um termo geral, entre [...], consistindo em $n-1$ termos aditivos, cada um dos quais é maior do que $\frac{1}{\sqrt{n-1}\sqrt{n-1}}$, assim todo termo [...] é maior que $\frac{n-1}{n-1}$ e não chega a zero. Consequentemente, o termo geral da série desse produto não se aproxima de zero no limite de n grande e a série diverge. ∎

Esses exemplos mostram que séries condicionalmente convergentes devem ser tratadas com cuidado.

Melhoria da Convergência

Esta seção até agora se preocupou com o estabelecimento da convergência como uma propriedade matemática abstrata. Na prática, a **taxa** da convergência pode ser de considerável importância.

Um método para melhorar a convergência, devido a Kummer, é formar uma combinação linear da nossa série lentamente convergente e uma ou mais séries cuja soma é conhecida. Para as séries conhecidas, a seguinte coleção é particularmente útil:

$$\alpha_1 = \sum_{n=1}^{\infty} \frac{1}{n(n+1)} = 1,$$

$$\alpha_2 = \sum_{n=1}^{\infty} \frac{1}{n(n+1)(n+2)} = \frac{1}{4},$$

$$\alpha_3 = \sum_{n=1}^{\infty} \frac{1}{n(n+1)(n+2)(n+3)} = \frac{1}{18},$$

$$\cdots\cdots\cdots\cdots\cdots\cdots\cdots\cdots$$

$$\alpha_p = \sum_{n=1}^{\infty} \frac{1}{n(n+1)\cdots(n+p)} = \frac{1}{p\,p!}. \tag{1.26}$$

Essas somas podem ser avaliadas por meio de expansões em frações parciais, e são o tema do Exercício 1.5.3.

As séries que queremos somar e uma ou mais séries conhecidas (multiplicadas por coeficientes) são combinadas termo a termo. Os coeficientes na combinação linear são escolhidos para anular os termos mais lentamente convergentes.

Exemplo 1.1.11   Função Zeta de Riemann $\zeta(3)$

A partir da definição na Equação (1.12), identificamos $\zeta(3)$ como $\sum_{n=1}^{\infty} n^{-3}$. Observando que α_2 da Equação (1.26) tem uma dependência $\sim n^{-3}$ de n grande, consideramos a combinação linear

$$\sum_{n=1}^{\infty} n^{-3} + a\alpha_2 = \zeta(3) + \frac{a}{4}. \tag{1.27}$$

Não utilizamos α_1 porque converge mais lentamente do que $\zeta(3)$. Combinando termo a termo as duas séries à esquerda, obtemos

$$\sum_{n=1}^{\infty} \left[\frac{1}{n^3} + \frac{a}{n(n+1)(n+2)} \right] = \sum_{n=1}^{\infty} \frac{n^2(1+a) + 3n + 2}{n^3(n+1)(n+2)}.$$

Se escolhemos $a = -1$, removemos o termo à esquerda do numerador; então definindo isso como igual ao lado direito da Equação (1.27) e resolvendo para $\zeta(3)$,

$$\zeta(3) = \frac{1}{4} + \sum_{n=1}^{\infty} \frac{3n+2}{n^3(n+1)(n+2)}. \tag{1.28}$$

Tabela 1.1 Função Zeta de Riemann

s	$\zeta(s)$
2	1,64493 40668
3	1,20205 69032
4	1,08232 32337
5	1,03692 77551
6	1,01734 30620
7	1,00834 92774
8	1,00407 73562
9	1,00200 83928
10	1,00099 45751

A série resultante talvez não seja elegante, mas realmente converge como n^{-4}, mais rápido do que n^{-3}. Uma forma mais conveniente com convergência ainda mais rápida é introduzida no Exercício 1.1.16. Lá, a simetria leva à convergência como n^{-5}. ■

Às vezes é útil usar a função zeta de Riemann de uma maneira semelhante àquela ilustrada por α_p no exemplo anterior. Essa abordagem é prática porque a função zeta foi tabulada (ver Tabela 1.1).

Exemplo 1.1.12   CONVERGÊNCIA APRIMORADA

O problema é avaliar a série $\sum_{n=1}^{\infty} 1 / (1 + n^2)$. Expandindo $(1 + n^2)^{-1} = n^{-2}(1 + n^{-2})^{-1}$ por divisão direta, temos

$$(1 + n^2)^{-1} = n^{-2}\left(1 - n^{-2} + n^{-4} - \frac{n^{-6}}{1 + n^{-2}}\right)$$

$$= \frac{1}{n^2} - \frac{1}{n^4} + \frac{1}{n^6} - \frac{1}{n^8 + n^6}.$$

Portanto,

$$\sum_{n=1}^{\infty} \frac{1}{1 + n^2} = \zeta(2) - \zeta(4) + \zeta(6) - \sum_{n=1}^{\infty} \frac{1}{n^8 + n^6}.$$

A série restante converge como n^{-8}. Claramente, o processo pode ser continuado como desejado. Você fazer uma escolha entre quanta álgebra você fará e quanta aritmética o computador fará. ■

Rearranjo das Séries Duplas

Uma série dupla absolutamente convergente (uma cujos termos são identificados por dois índices de soma) apresenta oportunidades interessantes de rearranjo. Considere

$$S = \sum_{m=0}^{\infty} \sum_{n=0}^{\infty} a_{n,m}. \tag{1.29}$$

Além da possibilidade óbvia de inverter a ordem da soma (isto é, fazer a soma m primeiro), podemos fazer rearranjos que são mais inovadores. Uma razão disso é que podemos ser capazes de reduzir a soma dupla a uma única somatória, ou mesmo avaliar toda a soma dupla em uma forma fechada.

Como exemplo, suponha que as seguintes substituições de índice na nossa série dupla foram feitas: $m = q$, $n = p - q$. Então, abrangeremos todo o $n \geq 0$, $m \geq 0$ atribuindo p ao intervalo $(0, \infty)$, e q ao intervalo $(0, p)$, assim nossa série dupla pode ser escrita

$$S = \sum_{p=0}^{\infty} \sum_{q=0}^{p} a_{p-q,q}. \tag{1.30}$$

No plano nm, nossa região da soma é todo o quadrante $m \geq 0$, $n \geq 0$; no plano pq, nossa soma está sobre a região triangular esboçada na Figura 1.3. Essa mesma região pq pode ser abrangida quando as somas são realizadas na ordem inversa, mas com limites

$$S = \sum_{q=0}^{\infty} \sum_{p=q}^{\infty} a_{p-q,q}.$$

O importante a notar aqui é que todos esses esquemas têm em comum que, permitindo que os índices sejam determinados ao longo dos seus intervalos designados, cada $a_{n,m}$ é finalmente encontrado, e é encontrado exatamente uma vez.

Outra possível substituição de índice é definir $n = s$, $m = r - 2s$. Se somarmos primeiro sobre s, seu intervalo deve ser $(0, [r/2]$, onde $[r/2]$ é a parte inteira de $r/2$, isto é, $[r/2] = r/2$ para r par $(r - 1)/2$ para r ímpar. O intervalo de r é $(0, \infty)$. Essa situação corresponde a

$$S = \sum_{r=0}^{\infty} \sum_{s=0}^{[r/2]} a_{s,r-2s}. \tag{1.31}$$

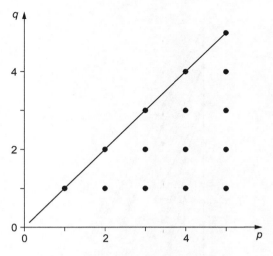

Figura 1.3: O espaço de índice pq.

Os esboços nas Figuras 1.4 a 1.6 mostram a ordem em que $a_{n,m}$ são somadas ao utilizar as formas dadas nas Equações (1.29), (1.30) e (1.31), respectivamente.

Se a série dupla introduzida originalmente como a Equação (1.29) for absolutamente convergente, então todos esses rearranjos darão o mesmo resultado final.

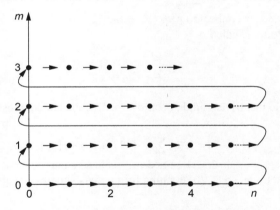

Figura 1.4: Ordem em que os termos são somados com o conjunto de índices m, n, Equação (1.29).

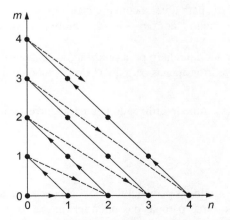

Figura 1.5: Ordem em que os termos são somados com o conjunto de índices p, q, Equação (1.30).

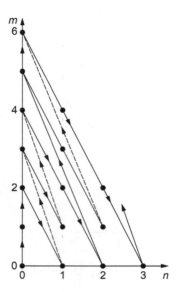

Figura 1.6: Ordem em que termos são somados com o conjunto de índices r,s, Equação (1.31).

Exercícios

1.1.13   Mostre como combinar $\zeta(2) = \sum_{n=1}^{\infty} n^{-2}$ com um $\alpha1$ e $\alpha2$ para obter uma série convergindo como n^{-4}.

         Nota: $\zeta(2)$ tem o valor conhecido $\pi^2/6$ (Equação 12.66).

1.1.14   Forneça um método de cálculo

$$\lambda(3) = \sum_{n=0}^{\infty} \frac{1}{(2n+1)^3}$$

         que converge pelo menos tão rápido quanto n^{-8} e obtenha um bom resultado para seis casas decimais.

                                                       RESPOSTA: $\lambda(3) = 1{,}051800$.

1.1.15   Mostre que (a) $\sum_{n=2}^{\infty} [\zeta(n) - 1] = 1$, (b) $\sum_{n=2}^{\infty} (-1)^n [\zeta(n) - 1] = \frac{1}{2}$, onde $\zeta(n)$ é a função zeta de Riemann.

1.1.16   A convergência aprimorada do 1.1.11 pode ser realizada mais convenientemente (nesse caso especial) colocando α_2, da Equação (1.26) em uma forma mais simétrica: Substituindo n por $n-1$, temos

$$\alpha_2' = \sum_{n=2}^{\infty} \frac{1}{(n-1)n(n+1)} = \frac{1}{4}.$$

(a)   Combine $\zeta(3)$ e α_2' para obter a convergência como n^{-5}.

(b)   Suponha que α_4' seja α_4 com $n \to n-2$. Combine $\zeta(3)$, α_2', e α_4' para obter a convergência como n^{-7}.

(c)   Se $\zeta(3)$ precisar ser calculado para precisão de seis casas decimais (erro 5×10^{-7}), quantos termos são necessários apenas para $\zeta(3)$? Combinado como na parte (a)? Combinado como na parte (b)?

Nota: O erro pode ser estimado utilizando a integral correspondente.

                                       RESPOSTA: (a) $\zeta(3) = \frac{5}{4} - \sum_{n=2}^{\infty} \frac{1}{n^3(n^2-1)}$

1.2   Série de Funções

Estendemos nosso conceito das séries infinitas para incluir a possibilidade de que cada termo u_n pode ser uma função de alguma variável, $u_n = u_n(x)$. As somas parciais passam a ser funções da variável x,

$$s_n(x) = u_1(x) + u_2(x) + \cdots + u_n(x), \tag{1.32}$$

assim como a soma da série, definida como o limite das somas parciais:

$$\sum_{n=1}^{\infty} u_n(x) = S(x) = \lim_{n \to \infty} s_n(x). \tag{1.33}$$

Até agora discutimos o comportamento das somas parciais como uma função de n. Agora vamos considerar como as quantidades anteriores dependem de x. O conceito-chave aqui é o da convergência uniforme.

Convergência Uniforme

Se para qualquer $\varepsilon > 0$ pequeno existe um número N, **independente de x** no intervalo $[a, b]$ (isto é, $a \leq x \leq b$) de tal modo que

$$|S(x) - s_n(x)| < \varepsilon, \quad \text{for all } n \geq N, \tag{1.34}$$

Então dizemos que a série é **uniformemente convergente** no intervalo $[a, b]$. Isso informa que para a série ser uniformemente convergente, deve ser possível encontrar um N tal que o valor absoluto da cauda da série infinita, $\left|\sum_{i=N+1}^{\infty} u_i(x)\right|$, seja menor que um ε pequeno arbitrário para todo x em um dado intervalo, incluindo os pontos de extremidade.

Exemplo 1.2.1 Convergência Não Uniforme

Considere no intervalo $[0, 1]$ a série

$$S(x) = \sum_{n=0}^{\infty} (1 - x)x^n.$$

Para $0 \leq x < 1$, a série geométrica $\sum_n x^n$ é convergente, com o valor $1/(1-x)$, assim $S(x) = 1$ para esses valores de x. No entanto, em $x = 1$, cada termo da série será zero e, portanto, $S(1) = 0$. Isto é,

$$\sum_{n=0}^{\infty} (1 - x)x^n = 1, \quad 0 \leq x < 1,$$

$$= 0, \quad x = 1. \tag{1.35}$$

Assim, $S(x)$ é convergente para todo o intervalo $[0, 1]$, e como cada termo é não negativo, ele também é absolutamente convergente. Se $x \neq 0$, essa é uma série para a qual a soma parcial s_N é $1 - x^N$, como pode ser visto comparando com a Equação (1.3). Como $S(x) = 1$, o critério da convergência uniforme é

$$\left|1 - (1 - x^N)\right| = x^N < \varepsilon.$$

Independentemente de quais valores de N e um ε suficientemente pequeno podem assumir, haverá um valor x (próximo de 1) quando esse critério é violado. O problema subjacente é que $x = 1$ é o limite de convergência da série geométrica, e não é possível ter uma taxa de convergência que é limitada de forma independente de x em um intervalo que inclui $x = 1$.

Também observamos a partir desse exemplo que convergência absoluta e uniforme são conceitos independentes. A série nesse exemplo tem convergência absoluta, mas não uniforme. Vamos apresentar mais adiante exemplos das séries que são uniformemente convergentes, mas apenas condicionalmente.

E existem séries que não têm nenhuma ou ambas essas propriedades. ∎

Teste M de Weierstrass (Majorant)

O teste mais comumente encontrado para a convergência uniforme é o teste M de Weierstrass.

Se pudermos construir uma série de números $\sum_{i=1}^{\infty} M_i$, em que $M_i \geq |u_i(x)|$ para todo x no intervalo $[a, b]$ e $\sum_{i=1}^{\infty} M_i$ for convergente, nossa série $u_i(x)$ será **uniformemente** convergente em $[a,b]$.

A prova desse teste M de Weierstrass é simples e direta. Como $\Sigma_i M_i$ converge, há algum número N como esse para $n + 1 \geq N$,

$$\sum_{i=n+1}^{\infty} M_i < \varepsilon.$$

Isso resulta da nossa definição da convergência. Então, com $| u_i(x) | \le M_i$ para todo x no intervalo $a \le x \le b$,

$$\sum_{i=n+1}^{\infty} u_i(x) < \varepsilon.$$

Consequentemente, $S(x) = \sum_{n=1}^{\infty} u_i(x)$ satisfaz

$$|S(x) - s_n(x)| = \left| \sum_{i=n+1}^{\infty} u_i(x) \right| < \varepsilon, \tag{1.36}$$

vemos que $\sum_{n=1}^{\infty} u_i(x)$ é uniformemente convergente em $[a,b]$. Como especificamos os valores absolutos na declaração do teste M de Weierstrass, a série $\sum_{n=1}^{\infty} u_i(x)$ também é vista como sendo absolutamente convergente. Como já observado no Exemplo 1.2.1, convergência absoluta e uniforme são conceitos diferentes, e uma das limitações do teste M de Weierstrass é que ele só pode estabelecer uma convergência uniforme para séries que também são absolutamente convergentes.

Para enfatizar mais a diferença entre convergência absoluta e uniforme, fornecemos outro exemplo.

Exemplo 1.2.2   SÉRIES ALTERNANTES UNIFORMEMENTE CONVERGENTES
Considere a série

$$S(x) = \sum_{n=1}^{\infty} \frac{(-1)^n}{n + x^2}, \quad -\infty < x < \infty. \tag{1.37}$$

Aplicando o critério de Leibniz, essa série é facilmente comprovada convergente para todo o intervalo $-\infty < x <$, mas **não** é absolutamente convergente, uma vez que os valores absolutos dos seus termos aproximam-se para n grande daqueles das séries harmônicas divergentes. A divergência da série de valor absoluto é óbvia em $x = 0$, onde então temos exatamente a série harmônica. No entanto, essa série é uniformemente convergente em $-\infty < x < \infty$, já que sua convergência para todo x é pelo menos tão rápida quanto é para $x = 0$. Mais formalmente,

$$|S(x) - s_n(x)| < |u_{n+1}(x)| \le |u_{n+1}(0)|.$$

Como $u_{n+1}(0)$ é independente de x, a convergência uniforme é confirmada.   ∎

Teste de Abel
Um teste um pouco mais delicado para convergência uniforme foi fornecido por Abel. Se $u_n(x)$ puder ser escrito na forma *de $a_n f_n(x)$*, e
1. O a_n forma uma série convergente, $\Sigma_n a_n = A$,
2. Para todo x em $[a,b]$ as funções $f_n(x)$ são monotonicamente decrescentes em n, isto é, $f_{n+1}(x) \le f_n(x)$,
3. Para todo x em $[a,b]$ todos os $f(n)$ são limitados no intervalo $0 \le f_n(x) \le M$, onde M é independente de x, então $\Sigma_n u_n(x)$ converge uniformemente em $[a,b]$.

Esse teste é particularmente útil para analisar a convergência das séries de potências. Detalhes da prova do teste de Abel e outros testes para convergência uniforme são dados nas obras de Knopp, Whittaker e Watson (ver Leituras Adicionais listadas no final deste capítulo).

Propriedades das Séries Uniformemente Convergentes
Séries uniformemente convergentes têm três propriedades particularmente úteis. Se uma série $\Sigma_n u_n(x)$ é uniformemente convergente em $[a,b]$ e os termos individuais $u_n(x)$ são contínuos,
1. A soma da série $S(x) = \sum_{n=1}^{\infty} u_n(x)$ também é contínua.
2. A série pode ser integrada termo a termo. A soma das integrais é igual à integral da soma:

$$\int_a^b S(x)\, dx = \sum_{n=1}^{\infty} \int_a^b u_n(x)\, dx. \tag{1.38}$$

3. A derivada da soma da série $S(x)$ é igual à soma das derivadas dos termos individuais:

$$\frac{d}{dx} S(x) = \sum_{n=1}^{\infty} \frac{d}{dx} u_n(x),\qquad(1.39)$$

desde que as condições adicionais a seguir sejam satisfeitas:

$$\frac{du_n(x)}{dx}\quad \text{é contínua em } [a,b],$$

$$\sum_{n=1}^{\infty} \frac{du_n(x)}{dx}\quad \text{é uniformemente convergente em } [a,b].$$

Integração termo a termo de uma série uniformemente convergente só exige a continuidade dos termos individuais. Essa condição é quase sempre satisfeita em aplicações físicas.

A diferenciação termo a termo de uma série muitas vezes é não válida porque condições mais restritivas devem ser satisfeitas.

Exercícios

1.2.1 Encontre o intervalo da convergência **uniforme** da série

(a) $\eta(x) = \sum_{n=1}^{\infty} \frac{(-1)^{n-1}}{n^x},$ (b) $\zeta(x) = \sum_{n=1}^{\infty} \frac{1}{n^x}$

RESPOSTA:(a) $0 < s \leq x < \infty$.
(b) $1 < s \leq x < \infty$.

1.2.2 Para qual intervalo de x a série geométrica $\sum_{n=0}^{\infty} x^n$ é uniformemente convergente?

RESPOSTA: $-1 < -s \leq x \leq s < 1$.

1.2.3 Para qual intervalo dos valores positivos de $x \sum_{n=0}^{\infty} 1/(1+x^n)$

(a) é convergente?   (b) uniformemente convergente?

1.2.4 Se as séries dos coeficientes Σa_n e Σb_n são absolutamente convergentes, mostre que a série de Fourier

$$\sum (a_n \cos nx + b_n \,\text{sen}\, nx)$$

é **uniformemente** convergente para $-\infty < x < \infty$.

1.2.5 A série de Legendre $\Sigma_{j\text{par}}\, u_j(x)$ satisfaz as relações de recorrência

$$u_{j+2}(x) = \frac{(j+1)(j+2) - l(l+1)}{(j+2)(j+3)} x^2 u_j(x),$$

em que o índice j é par e I é uma constante (mas, nesse problema, **não** é um inteiro ímpar não negativo). Localize o intervalo dos valores de x para os quais essa série de Legendre é convergente. Teste as extremidades.

RESPOSTA: $-1 < x < 1$.

1.2.6 Uma solução para a série da equação de Chebyshov resulta em termos sucessivos que têm a razão

$$\frac{u_{j+2}(x)}{u_j(x)} = \frac{(k+j)^2 - n^2}{(k+j+1)(k+j+2)} x^2,$$

com $k = 0$ e $k = 1$. Teste a convergência em $x = \pm 1$.

RESPOSTA: Convergente.

1.2.7 Uma solução em série para a função ultraesférica $C_n^{\alpha}(x)$ (Gegenbauer) leva à recorrência

$$a_{j+2} = a_j \frac{(k+j)(k+j+2\alpha) - n(n+2\alpha)}{(k+j+1)(k+j+2)}.$$

Investigue a convergência de cada uma dessas séries em $x = \pm 1$ como uma função do parâmetro α.

RESPOSTA: Convergente para $\alpha < 1$, divergente para $\alpha \geq 1$.

Expansão de Taylor

A expansão de Taylor é uma ferramenta poderosa para gerar representações seriais de potência das funções. A derivação apresentada aqui fornece não somente a possibilidade de uma expansão para um número finito de termos mais um resto que pode ou não ser fácil de avaliar, mas também a possibilidade da expressão de uma função como uma série infinita de potências.

Supomos que nossa função $f(x)$ tem uma n-ésima derivada contínua[2] no intervalo $a \leq x \leq b$. Integramos essa n-ésima derivada n vezes; as três primeiras integrações produzem

$$\int_a^x f^{(n)}(x_1)dx_1 = f^{(n-1)}(x_1)\Big|_a^x = f^{(n-1)}(x) - f^{(n-1)}(a),$$

$$\int_a^x dx_2 \int_a^{x_2} f^{(n)}(x_1)dx_1 = \int_a^x dx_2 \left[f^{(n-1)}(x_2) - f^{(n-1)}(a) \right]$$

$$= f^{(n-2)}(x) - f^{(n-2)}(a) - (x-a)f^{(n-1)}(a),$$

$$\int_a^x dx_3 \int_a^{x_3} dx_2 \int_a^{x_2} f^{(n)}(x_1)dx_1 = f^{(n-3)}(x) - f^{(n-3)}(a)$$

$$- (x-a)f^{(n-2)}(a) - \frac{(x-a)^2}{2!}f^{(n-1)}(a).$$

Por fim, depois da integração para o n-ésimo tempo,

$$\int_a^x dx_n \cdots \int_a^{x_2} f^{(n)}(x_1)dx_1 = f(x) - f(a) - (x-a)f'(a) - \frac{(x-a)^2}{2!}f''(a)$$

$$- \cdots - \frac{(x-a)^{n-1}}{(n-1)!}f^{n-1}(a).$$

Observe que essa expressão é exata. Nenhum termo foi descartado, nenhuma aproximação foi feita.

Agora, resolvendo para $f(x)$, temos

$$f(x) = f(a) + (x-a)f'(a)$$

$$+ \frac{(x-a)^2}{2!}f''(a) + \cdots + \frac{(x-a)^{n-1}}{(n-1)!}f^{(n-1)}(a) + R_n, \qquad (1.40)$$

onde o resto, R_n, é dado pela integral n vezes

$$R_n = \int_a^x dx_n \cdots \int_a^{x_2} dx_1\, f^{(n)}(x_1). \qquad (1.41)$$

Podemos converter Rn em uma forma talvez mais prática usando o **teorema do valor médio** do cálculo integral:

$$\int_a^x g(x)\, dx = (x-a)\, g(\xi), \qquad (1.42)$$

com $a \leq \xi \leq x$. Integrando n vezes obtemos a fórmula de Lagrange[3] do resto:

$$R_n = \frac{(x-a)^n}{n!} f^{(n)}(\xi). \qquad (1.43)$$

___

[2]A expansão de Taylor pode ser derivada sob condições ligeiramente menos restritivas; compare H. Jeffreys e B.S. Jeffreys, nas Leituras Adicionais, Seção 1.133.

[3]Uma forma alternativa derivada por Cauchy é $R_n = \dfrac{(x-\xi)^{n-1}(x-a)}{(n-1)!} f^{(n)}(\xi)$.

Com a expansão de Taylor nessa fórmula não há questões de convergência da série infinita.
A série contém um número finito de termos, e as únicas questões dizem respeito à grandeza do resto.
Quando a função $f(x)$ é tal qual que $\lim_{n\to\infty} R_n = 0$, a Equação (1.40) torna-se a série de Taylor:

$$f(x) = f(a) + (x - a)\, f'(a) + \frac{(x - a)^2}{2!}\, f''(a) + \cdots$$

$$= \sum_{n=0}^{\infty} \frac{(x - a)^n}{n!}\, f^{(n)}(a). \tag{1.44}$$

Aqui encontramos pela primeira vez $n!$ com $n = 0$. Observe que definimos $0! = 1$.

Nossa série de Taylor especifica o valor de uma função em um ponto, x, em termos do valor da função e suas derivadas em um ponto de referência a. Ela é uma expansão nas potências da **mudança** na variável, ou seja, $x - a$. Essa ideia pode ser enfatizada escrevendo a série de Taylor em uma forma alternativa em que substituímos x por $x + h$ e a por x:

$$f(x + h) = \sum_{n=0}^{\infty} \frac{h^n}{n!}\, f^{(n)}(x). \tag{1.45}$$

Série de Potências

Séries de Taylor são muitas vezes usadas em situações em que o ponto de referência, a, recebe o valor de zero. Nesse caso, a expansão é chamada **série de Maclaurin**, e a Equação (1.40) torna-se

$$f(x) = f(0) + x f'(0) + \frac{x^2}{2!}\, f''(0) + \cdots = \sum_{n=0}^{\infty} \frac{x^n}{n!}\, f^{(n)}(0). \tag{1.46}$$

Uma aplicação imediata da série de Maclaurin está na expansão das várias funções transcendentais na série infinita (potência).

Exemplo 1.2.3 Função Exponencial

Seja $f(x) = e^x$. Diferenciando e, então, definindo $x = 0$, temos

$$f^{(n)}(0) = 1$$

para todo n, $n = 1,2,3,\dots$. Então, com a Equação (1.46), temos

$$e^x = 1 + x + \frac{x^2}{2!} + \frac{x^3}{3!} + \cdots = \sum_{n=0}^{\infty} \frac{x^n}{n!}. \tag{1.47}$$

Essa é a expansão de série da função exponencial. Alguns autores usam essa série para definir a função exponencial.

Embora essa série seja claramente convergente para todo x, como pode ser verificado por meio do teste da razão de d'Alembert, é instrutivo verificar o termo do resto, R_n. Pela Equação (1.43), temos

$$R_n = \frac{x^n}{n!}\, f^{(n)}(\xi) = \frac{x^n}{n!}\, e^{\xi},$$

onde ξ está entre 0 e x. Independentemente do sinal de x,

$$|R_n| \leq \frac{|x|^n e^{|x|}}{n!}.$$

Por mais que $|x|$ cresça, um aumento suficiente em n fará com que o denominador dessa fórmula para R_n predomine sobre o numerador, e $\lim_{n\to\infty} R_n = 0$. Assim, a expansão de Maclaurin de e^x converge absolutamente ao longo de todo o intervalo $-\infty < x < \infty$. ∎

Agora que temos uma expansão para $\exp(x)$, podemos voltar à Equação (1.45) e reescrever a equação de uma forma que focalize suas características de operador diferencial. Definindo D como o **operador** d/dx, temos

$$f(x + h) = \sum_{n=0}^{\infty} \frac{h^n \mathsf{D}^n}{n!}\, f(x) = e^{h\mathsf{D}}\, f(x). \tag{1.48}$$

Exemplo 1.2.4 LOGARITMO

Para uma segunda expansão de Maclaurin, seja $f(x) = \ln(1 + x)$. Diferenciando, obtemos

$$f'(x) = (1 + x)^{-1},$$

$$f^{(n)}(x) = (-1)^{n-1}(n-1)!\,(1+x)^{-n}. \tag{1.49}$$

A equação (1.46) produz

$$\ln(1+x) = x - \frac{x^2}{2} + \frac{x^3}{3} - \frac{x^4}{4} + \cdots + R_n$$

$$= \sum_{p=1}^{n} (-1)^{p-1}\frac{x^p}{p} + R_n. \tag{1.50}$$

Nesse caso, para $x > 0$ o resto é dado por

$$R_n = \frac{x^n}{n!}\,f^{(n)}(\xi), \quad 0 \le \xi \le x$$

$$\le \frac{x^n}{n}, \qquad 0 \le \xi \le x \le 1. \tag{1.51}$$

Esse resultado mostra que o resto se aproxima de zero à medida que n aumenta indefinidamente, desde que $0 \le x \le 1$. Para $x < 0$, o teorema do valor médio é uma ferramenta muito rudimentar para estabelecer um limite significativo para R_n. Como uma série infinita,

$$\ln(1+x) = \sum_{n=1}^{\infty} (-1)^{n-1}\frac{x^n}{n} \tag{1.52}$$

converge para $-1 < x \le 1$. O intervalo $-1 < x < 1$ é facilmente estabelecido pelo teste da razão de d'Alembert. Convergência em $x = 1$ acompanha o critério de Leibniz. Em particular, em $x = 1$ temos a série harmônica alternante condicionalmente convergente, para a qual agora podemos inserir um valor:

$$\ln 2 = 1 - \frac{1}{2} + \frac{1}{3} - \frac{1}{4} + \frac{1}{5} - \cdots = \sum_{n=1}^{\infty} (-1)^{n-1} n^{-1}. \tag{1.53}$$

Em $x = -1$, a expansão se torna a série harmônica, que sabemos muito bem ser divergente. ∎

Propriedades de Alimentação da Série

A série de potências é um tipo especial e extremamente útil da série infinita e, como ilustrado na subseção anterior, pode ser construída pela fórmula de Maclaurin, Equação (1.44).

Independente de como foi obtida, ela terá a forma geral

$$f(x) = a_0 + a_1 x + a_2 x^2 + a_3 x^3 + \cdots = \sum_{n=0}^{\infty} a_n x^n, \tag{1.54}$$

onde os coeficientes a_i são constantes, independentes de x.

A convergência da Equação (1.54) pode ser facilmente testada pelo teste da raiz de Cauchy ou teste da razão de d'Alembert. Se

$$\lim_{n \to \infty} \left| \frac{a_{n+1}}{a_n} \right| = R^{-1},$$

a série converge para $-R < x < R$. Isso é o intervalo ou **raio** da convergência. Como os testes de raiz e razão falham quando x está nos pontos de limite $\pm R$, esses pontos requerem atenção especial.

Por exemplo, se $a_n = n^{-1}$, então $R = 1$ e, da Seção 1.1, podemos concluir que a série converge para $x = -1$, mas diverge para $x = +1$. Se $a_n = n!$, então $R = 0$ e a série diverge para todo $x \ne 0$.

Suponha que descobrimos que nossa série de potências é convergente para $-R < x < R$; então ela será uniformemente e absolutamente convergente em qualquer intervalo **interno** $-S \leq x \leq S$, onde $0 < S < R$. Isso pode ser demonstrado diretamente pelo teste M de Weierstrass.

Como cada um dos termos $u_n(x) = a_n x^n$ é uma função contínua de x e $f(x) = \Sigma a_n x^n$ converge uniformemente para $-S \leq x \leq S$, $f(n)$ precisa ser uma função contínua no intervalo de convergência uniforme. Esse comportamento deve ser contrastado com o impressionante comportamento diferente das séries nas funções trigonométricas, que são usadas frequentemente para representar funções descontínuas como dentes de serra e ondas quadradas.

Com $u_n(x)$ contínuo e $\Sigma a_n x^n$ uniformemente convergente, descobrimos que a diferenciação ou integração termo a termo de uma série de potências produzirá uma nova série de potências com funções contínuas e o mesmo raio de convergência da série original. Os novos fatores introduzidos pela diferenciação ou integração não afetam nem o teste da raiz nem o teste da razão.

Portanto, nossa série de potências pode ser diferenciada ou integrada com a frequência desejada dentro do intervalo de convergência uniforme (Exercício 1.2.16). Em vista da restrição relativamente severa imposta à diferenciação das séries infinitas em geral, esse é um resultado notável e valioso.

Teorema da Unicidade

Já usamos a série de Maclaurin para expandir e^x e $\ln(1 + x)$ em série de potências.

Ao longo deste livro, encontraremos muitas situações em que as funções são representadas, ou mesmo definidas, pela série de potências. Agora estabelecemos que a representação da série de potências é única.

Procedemos supondo que há duas expansões da mesma função cujos intervalos de convergência se sobrepõem em uma região que inclui a origem:

$$f(x) = \sum_{n=0}^{\infty} a_n x^n, \quad -R_a < x < R_a$$

$$= \sum_{n=0}^{\infty} b_n x^n, \quad -R_b < x < R_b. \tag{1.55}$$

O que temos de provar é que $a_n = b_n$ para todo n.

Partindo de

$$\sum_{n=0}^{\infty} a_n x^n = \sum_{n=0}^{\infty} b_n x^n, \quad -R < x < R, \tag{1.56}$$

onde R é o menor dos R_a e R_b, definimos $x = 0$ para eliminar tudo, exceto o termo da constante de cada série, obtendo

$$a_0 = b_0.$$

Agora, explorando a diferenciabilidade da nossa série de potências, diferenciamos a Equação (1.56), obtendo

$$\sum_{n=1}^{\infty} n a_n x^{n-1} = \sum_{n=1}^{\infty} n b_n x^{n-1}. \tag{1.57}$$

Definimos mais uma vez $x = 0$, para isolar os novos termos das constantes, e encontramos

$$a_1 = b_1.$$

Repetindo esse processo n vezes, obtemos

$$a_n = b_n,$$

o que mostra que as duas séries coincidem. Portanto, nossa representação da série de potências é única.

Esse teorema será um ponto crucial no nosso estudo das equações diferenciais, em que desenvolvemos soluções para a série de potências. A singularidade da série de potências aparece com frequência na física teórica. O estabelecimento da teoria da perturbação na mecânica quântica é um exemplo.

Formas Indeterminadas

A representação da série de potências das funções é frequentemente útil para avaliar formas indeterminadas, e é a base da **regra de l'Hôpital**, que afirma que, se a razão das duas funções diferenciáveis $f(x)$ e $g(x)$ torna-se indeterminada, na forma 0/0, em $x = x_0$, então

$$\lim_{x \to x_0} \frac{f(x)}{g(x)} = \lim_{x \to x_0} \frac{f'(x)}{g'(x)}. \tag{1.58}$$

A prova da Equação (1.58) é o tema do Exercício 1.2.12.

Às vezes é mais fácil simplesmente introduzir expansões de séries de potências do que avaliar as derivadas que entram na regra de l'Hôpital. Para exemplos dessa estratégia, consulte o exemplo a seguir e o Exercício 1.2.15.

Exemplo 1.2.5   ALTERNATIVA À REGRA DE L'HÔPITAL
Avalie

$$\lim_{x \to 0} \frac{1 - \cos x}{x^2}. \tag{1.59}$$

Substituindo $\cos x$ por sua expansão da série de Maclaurin, Exercício 1.2.8, obtemos

$$\frac{1 - \cos x}{x^2} = \frac{1 - (1 - \frac{1}{2!}x^2 + \frac{1}{4!}x^4 - \cdots)}{x^2} = \frac{1}{2!} - \frac{x^2}{4!} + \cdots.$$

Deixando $x \to 0$, obtemos

$$\lim_{x \to 0} \frac{1 - \cos x}{x^2} = \frac{1}{2}. \tag{1.60}$$

∎

A singularidade da série de potências significa que os coeficientes a_n podem ser identificados com as derivadas em uma série de Maclaurin. A partir de

$$f(x) = \sum_{n=0}^{\infty} a_n x^n = \sum_{m=0}^{\infty} \frac{1}{n!} f^{(n)}(0) x^n,$$

temos

$$a_n = \frac{1}{n!} f^{(n)}(0).$$

Inversão da Série de Potências

Suponha que temos uma série

$$y - y_0 = a_1(x - x_0) + a_2(x - x_0)^2 + \cdots = \sum_{n=1}^{\infty} a_n (x - x_0)^n. \tag{1.61}$$

Isso dá $(y - y_0)$ em termos de $(x - x_0)$. No entanto, pode ser desejável ter uma expressão explícita para $(x - x_0)$ em termos de $(y - y_0)$. Isto é, queremos uma expressão da forma

$$x - x_0 = \sum_{n=1}^{\infty} b_n (y - y_0)^n, \tag{1.62}$$

com b_n a ser determinado em termos do a_n presumido que conhecemos. Uma abordagem de força bruta, que é perfeitamente adequada para os primeiros poucos coeficientes, é simplesmente substituir a Equação (1.61) na

Equação (1.62). Igualando os coeficientes de $(x - x_0)^n$ em ambos os lados da Equação (1.62), e utilizando o fato de que a série de potências é única, encontramos

$$b_1 = \frac{1}{a_1},$$

$$b_2 = -\frac{a_2}{a_1^3},$$

$$b_3 = \frac{1}{a_1^5}\left(2a_2^2 - a_1 a_3\right), \tag{1.63}$$

$$b_4 = \frac{1}{a_1^7}\left(5a_1 a_2 a_3 - a_1^2 a_4 - 5a_2^3\right), \text{ and so on.}$$

Alguns dos coeficientes mais altos são listados por Dwight.[4] Uma abordagem mais geral e muito mais elegante é desenvolvida pela utilização de variáveis complexas nas primeiras e segundas edições do *Mathematical Methods for Physicists*.

Exercícios

1.2.8   Mostre que

(a) $\operatorname{sen} x = \sum_{n=0}^{\infty} (-1)^n \frac{x^{2n+1}}{(2n+1)!}$

(b) $\cos x = \sum_{n=0}^{\infty} (-1)^n \frac{x^{2n}}{(2n)!}$

1.2.9   Derive uma expansão de série de cotangente x em potências crescentes de x dividindo a série de potências para $\cos x$ por aquela para $\operatorname{sen} x$.

Nota: A série resultante que começa com $1/x$ é conhecida como **série de Laurent** ($\cot x$ não tem uma expansão de Taylor sobre $x = 0$, embora $\cot(x) - x^{-1}$ tenha). Embora as duas séries para $\operatorname{sen} x$ e $\cos x$ fossem válidas para todo x, a convergência da série para $\cot x$ é limitada pelos zeros do denominador, $\operatorname{sen} x$.

1.2.10   Mostre por expansão de série que

$$\frac{1}{2}\ln\frac{\eta_0 + 1}{\eta_0 - 1} = \coth^{-1}\eta_0, \quad |\eta_0| > 1.$$

Essa identidade pode ser utilizada para obter uma segunda solução para a equação de Legendre.

1.2.11   Mostre que $f(x) = x^{1/2}$ (a) não tem nenhuma expansão de Maclaurin, mas (b) tem uma expansão de Taylor sobre qualquer ponto $x_0 \neq 0$. Encontre o intervalo da convergência da expansão de Taylor sobre $x = x_0$.

1.2.12   Prove a regra de l'Hôpital, Equação (1.58).

1.2.13   Com $n > 1$, mostre que

(a) $\dfrac{1}{n} - \ln\left(\dfrac{n}{n-1}\right) < 0$ (b) $\dfrac{1}{n} - \ln\left(\dfrac{n+1}{n}\right) > 0$

Use essas desigualdades para mostrar que o limite que define a constante de Euler-Mascheroni, Equação (1.13), é finito.

1.2.14   Na análise numérica, frequentemente é conveniente aproximar $d^2\psi(x)/dx^2$ por

$$\frac{d^2}{dx^2}\psi(x) \approx \frac{1}{h^2}[\psi(x+h) - 2\psi(x) + \psi(x-h)].$$

Encontre o erro nessa aproximação.

RESPOSTA: Erro $= \dfrac{h^2}{12}\psi^{(4)}(x)$

---

[4]H.B. Dwight, *Tables of Integrals and Other Mathematical Data*, 4ª ed., Nova York: Macmillan (1961). (Compare a fórmula 50.)

1.2.15   Avalie $\lim\limits_{x\to 0}\left[\dfrac{\text{sen}(\tan x)-\tan(\text{sen}\,x)}{x^7}\right]$

$RESPOSTA:\ \frac{1}{30}$

1.2.16   Uma série de potências converge para $-R < x < R$. Mostre que a série diferenciada e a série integrada têm o mesmo intervalo de convergência. (Não se preocupe com as extremidades $x = \pm R$).

1.3   Teorema Binomial

Uma aplicação muito importante da expansão de Maclaurin é a derivação do teorema binomial.

Seja $f(x) = (1 + x)^m$, em que m pode ser positivo ou negativo e não está limitado a valores integrais. A aplicação direta da Equação (1.46) dá

$$(1 + x)^m = 1 + mx + \frac{m(m-1)}{2!}x^2 + \cdots + R_n. \tag{1.64}$$

Para essa função, o resto é

$$R_n = \frac{x^n}{n!}(1+\xi)^{m-n}\,m(m-1)\cdots(m-n+1), \tag{1.65}$$

com ξ entre 0 e x. Por enquanto, limitando a atenção a $x \geq 0$, notamos que para $n > m$, $(1+\xi)^{m-n}$ é um máximo para $\xi = 0$, assim como para x positivo,

$$|R_n| \leq \frac{x^n}{n!}\,|m(m-1)\cdots(m-n+1)|, \tag{1.66}$$

com $\lim_{n\to\infty} R_n = 0$ quando $0 \leq x < 1$. Como o raio da convergência de uma série de potências é o mesmo para x positivo e negativo, a série binomial converge para $-1 < x < 1$.

A convergência nos pontos limite de ± 1 não é abordada pela presente análise, e depende de m.

Em resumo, estabelecemos a **expansão binomial**,

$$(1 + x)^m = 1 + mx + \frac{m(m-1)}{2!}x^2 + \frac{m(m-1)(m-2)}{3!}x^3 + \cdots, \tag{1.67}$$

convergente para $-1 < x < 1$. É importante notar que a equação (1.67) é aplicada se ou não m é integral, e tanto para m positivo quanto negativo. Se m é um inteiro não negativo, R_n para $n > m$ desaparece para todos os x, correspondendo ao fato de que sob essas condições $(1 + x)^m$ é uma soma finita.

Como a expansão binomial é de ocorrência frequente, os coeficientes que aparecem nela, que são chamados **coeficientes binomiais**, recebem o símbolo especial

$$\binom{m}{n} = \frac{m(m-1)\cdots(m-n+1)}{n!}, \tag{1.68}$$

e a expansão binomial assume a forma geral

$$(1 + x)^m = \sum_{n=0}^{\infty}\binom{m}{n}x^n. \tag{1.69}$$

Ao avaliar a Equação (1.68), observe que quando $n = 0$, o produto em seu numerador está vazio (a partir de m e **descendo** até $m + 1$); nesse caso, a convenção é atribuir o produto da unidade de valor. Também lembramos ao leitor que $0!$ é definido como sendo a unidade.

No caso especial de que m é um inteiro positivo, podemos escrever nosso coeficiente binomial em termos de fatoriais:

$$\binom{m}{n} = \frac{m!}{n!\,(m-n)!}. \tag{1.70}$$

Como $n!$ é indefinido para o inteiro negativo n, entende-se que a expansão binomial para inteiro positivo m termine com o termo $n = m$, e corresponderá aos coeficientes no polinômio resultante da expansão (finita) de $(1 + x)^m$.

Para o inteiro positivo m, a $\binom{m}{n}$ também surge na teoria combinatória, sendo o número de diferentes maneiras como n de m objetos podem ser selecionados. Isso, é claro, é consistente com o conjunto de coeficientes se $(1 + x)^m$ é expandido. O termo contendo x^n tem um coeficiente que corresponde ao número de maneiras como o "x" pode ser escolhido partir de n dos fatores $(1 + x)$ e o 1 a partir dos outros $m - n$ fatores $(1 + x)$.

Para m negativo inteiro, ainda podemos usar a notação especial para coeficientes binomiais, mas sua avaliação é mais facilmente alcançada se estabelecermos $m = -p$, com p um inteiro positivo, e escrevermos

$$\binom{-p}{n} = (-1)^n \frac{p(p+1)\cdots(p+n-1)}{n!} = \frac{(-1)^n (p+n-1)!}{n! (p-1)!}. \tag{1.71}$$

Para m não integral, é conveniente usar o **símbolo de Pochhammer**, definido para a geral e inteiro n não negativo e dada a notação $(a)_n$, como

$$(a)_0 = 1, \quad (a)_1 = a, \quad (a)_{n+1} = a(a+1)\cdots(a+n), \quad (n \geq 1). \tag{1.72}$$

Tanto para m integral como para m não integral, a fórmula do coeficiente binomial pode ser escrita

$$\binom{m}{n} = \frac{(m-n+1)_n}{n!}. \tag{1.73}$$

Há uma rica literatura sobre os coeficientes binomiais e as relações entre eles e sobre somatórios envolvendo-os. Citamos aqui apenas uma dessas fórmulas que surge se avaliarmos $1/\sqrt{1+x}$, $(1+x)^{-1/2}$. O coeficiente binomial

$$\binom{-\frac{1}{2}}{n} = \frac{1}{n!}\left(-\frac{1}{2}\right)\left(-\frac{3}{2}\right)\cdots\left(-\frac{2n-1}{2}\right)$$

$$= (-1)^n \frac{1 \cdot 3 \cdots (2n-1)}{2^n\,n!} = (-1)^n \frac{(2n-1)!!}{(2n)!!}, \tag{1.74}$$

onde a notação "fatorial dupla" indica produtos de inteiros pares ou ímpares positivos da seguinte forma:

$$1 \cdot 3 \cdot 5 \cdots (2n-1) = (2n-1)!!$$
$$2 \cdot 4 \cdot 6 \cdots (2n) = (2n)!!. \tag{1.75}$$

Esses estão relacionados com os fatoriais regulares por

$$(2n)!! = 2^n\,n! \quad \text{and} \quad (2n-1)!! = \frac{(2n)!}{2^n\,n!}. \tag{1.76}$$

Note que essas relações incluem os casos especiais $0!! = (-1)!! = 1$.

Exemplo 1.3.1   Energia Relativista

A energia relativista total de uma partícula de massa m e velocidade v é

$$E = mc^2 \left(1 - \frac{v^2}{c^2}\right)^{-1/2}, \tag{1.77}$$

em que c é a velocidade da luz. Usando a Equação (1.69), com $m = -1/2$ e $x = -v^2/c^2$, e avaliando os coeficientes binomiais utilizando a Equação (1.74), temos

$$E = mc^2 \left[1 - \frac{1}{2}\left(-\frac{v^2}{c^2}\right) + \frac{3}{8}\left(-\frac{v^2}{c^2}\right)^2 - \frac{5}{16}\left(-\frac{v^2}{c^2}\right)^3 + \cdots\right]$$

$$= mc^2 + \frac{1}{2}mv^2 + \frac{3}{8}mv^2\left(\frac{v^2}{c^2}\right) + \frac{5}{16}mv^2\left(-\frac{v^2}{c^2}\right)^2 + \cdots. \tag{1.78}$$

O primeiro termo, mc^2, é identificado como a energia da massa em repouso. Portanto

$$E_{\text{cinética}} = \frac{1}{2}mv^2\left[1 + \frac{3}{4}\frac{v^2}{c^2} + \frac{5}{8}\left(-\frac{v^2}{c^2}\right)^2 + \cdots\right]. \tag{1.79}$$

Para a velocidade de partícula $v \ll c$, a expressão entre colchetes é reduzida à unidade, e vemos que a parte cinética da energia relativista total concorda com o resultado clássico. ∎

A expansão binomial pode ser generalizada para o inteiro n positivo para polinômios:

$$(a_1 + a_2 + \cdots + a_m)^n = \sum \frac{n!}{n_1! n_2! \cdots n_m!} a_1^{n_1} a_2^{n_2} \cdots a_m^{n_m},$$ (1.80)

onde o somatório inclui todas as diferentes combinações de inteiros não negativos $n_1, n_2, \ldots, n_m$ com $\sum_{i=1}^{m} n_i = n$. Essa generalização encontra uso considerável na mecânica estatística.

Na análise comum, as propriedades combinatórias dos coeficientes binomiais fazem com elas apareçam frequentemente. Por exemplo, a fórmula de Leibniz para a n-ésima derivada de um produto de duas funções, $u(x)$ $v(x)$, pode ser escrita

$$\left(\frac{d}{dx}\right)^n \left(u(x)\, v(x)\right) = \sum_{i=0}^{n} \binom{n}{i} \left(\frac{d^i u(x)}{dx^i}\right) \left(\frac{d^{n-i} v(x)}{dx^{n-i}}\right).$$ (1.81)

Exercícios

1.3.1   A teoria clássica de Langevin do paramagnetismo leva a uma expressão para a polarização magnética,

$$P(x) = c \left(\frac{\cosh x}{\operatorname{senh} x} - \frac{1}{x}\right).$$

Expanda $P(x)$ como uma série de potências para x pequeno (campos baixos, temperatura alta).

1.3.2   Dado que

$$\int_0^1 \frac{dx}{1+x^2} = \tan^{-1} x \Big|_0^1 = \frac{\pi}{4},$$

expanda o integrando em uma série e integre termo a termo obtendo[5]

$$\frac{\pi}{4} = 1 - \frac{1}{3} + \frac{1}{5} - \frac{1}{7} + \frac{1}{9} - \cdots + (-1)^n \frac{1}{2n+1} + \cdots,$$

que é a fórmula de Leibniz para π. Compare a convergência da série integranda com a da série integrada em $x = 1$. A fórmula de Leibniz converge tão lentamente que é completamente inútil para trabalho numérico.

1.3.3   Expanda a função gama incompleta $\gamma(n+1, x) \int_0^x e^{-t} t^n \, dt$ em uma série de potências de x. Qual é o intervalo de convergência da série resultante?

$$RESPOSTA: \int_0^x e^{-t} t^n \, dt = x^{n+1} \left[\frac{1}{n+1} - \frac{x}{n+2} + \frac{x^2}{2!(n+3)} \right. $$
$$\left. - \cdots \frac{(-1)^p x^p}{p!(n+p+1)} + \cdots \right].$$

1.3.4   Desenvolva uma expansão de série de $y = \operatorname{senh}^{-1} x$ (isto é, $\operatorname{senh} y = x$) em potências de x por
(a) inversão da série para $\operatorname{senh} y$,
(b) uma expansão de Maclaurin direta.

1.3.5   Mostre que para integrante $n \geq 0$, $\dfrac{1}{(1-x)^{n+1}} = \displaystyle\sum_{m=n}^{\infty} \binom{m}{n} x^{m-n}$.

1.3.6   Mostre que $(1+x)^{-m/2} = \displaystyle\sum_{n=0}^{\infty} (-1)^n \frac{(m+2n-2)!!}{2^n n!(m-2)!!} x^n$, para $m = 1, 2, 3, \ldots$.

1.3.7   Usando expansões binomiais, compare as três fórmulas de deslocamento de Doppler:

(a) $v' = v\left(1 \mp \dfrac{v}{c}\right)^{-1}$ da fonte em movimento;

---

[5] A expansão de série da $\tan^{-1} x$ (limite superior 1 substituído por x) foi descoberta por James Gregory em 1671, três anos antes de Leibniz. Consulte o divertido livro de Peter Beckmann, *A History of Pi*, 2ª ed., Boulder, CO: Golem Press (1971), L. Berggren, J. Borwein, e P. Borwein, *Pi: A Source Book*, Nova York: Springer (1997).

(b) $v' = v\left(1 \pm \dfrac{v}{c}\right)$ do observador em movimento;

(c) $v' = v\left(1 \pm \dfrac{v}{c}\right)\left(1 - \dfrac{v^2}{c^2}\right)^{-1/2}$ relativista.

Nota: A fórmula relativista concorda com as fórmulas clássicas se os termos da ordem v^2/c^2 podem ser negligenciados.

1.3.8   Na teoria da relatividade geral, existem várias maneiras de relacionar (definir) uma velocidade de recessão de uma galáxia com seu deslocamento para o vermelho, δ. O modelo de Milne (relatividade cinemática) fornece

(a) $v_1 = c\delta\left(1 + \dfrac{1}{2}\delta\right)$,

(b) $v_2 = c\delta\left(1 + \dfrac{1}{2}\delta\right)(1 + \delta)^{-2}$,

(c) $1 + \delta = \left[\dfrac{1 + v_3/c}{1 - v_3/c}\right]^{1/2}$.

1.   Mostre que para $\delta \ll 1$ (e $v_3/c \ll 1$), todas as três fórmulas são reduzidas a $v = c\delta$.
2.   Compare as três velocidades por meio dos termos da ordem δ^2.

Nota: Na relatividade especial (com δ substituído por z), a razão do comprimento de onda observada λ para o comprimento de onda emitido λ_0 é dada por

$$\frac{\lambda}{\lambda_0} = 1 + z = \left(\frac{c+v}{c-v}\right)^{1/2}.$$

1.3.9   A soma relativista ω das duas velocidades u e v na mesma direção é dada por

$$\frac{w}{c} = \frac{u/c + v/c}{1 + uv/c^2}.$$

Se

$$\frac{v}{c} = \frac{u}{c} = 1 - \alpha,$$

Onde $0 \le \alpha \le 1$, encontre ω/c nas potências de α ao longo dos termos em α^3.

1.3.10   O deslocamento x de uma partícula de massa em repouso m_0, resultante de uma força constante $m_0 g$ ao longo do eixo x, é

$$x = \frac{c^2}{g}\left\{\left[1 + \left(g\frac{t}{c}\right)^2\right]^{1/2} - 1\right\},$$

incluindo os efeitos relativísticos. Encontre o deslocamento x como uma série de potências no tempo t.

Compare com o resultado clássico,

$$x = \frac{1}{2}gt^2.$$

1.3.11   Com o uso da teoria relativista de Dirac, a fórmula de estrutura fina da espectroscopia atômica é dada por

$$E = mc^2\left[1 + \frac{\gamma^2}{(s + n - |k|)^2}\right]^{-1/2},$$

onde

$$s = (|k|^2 - \gamma^2)^{1/2}, \quad k = \pm 1, \pm 2, \pm 3, \ldots.$$

Expanda as potências de γ^2 até a ordem γ^4 ($\gamma^2 = Ze^2/4\pi\theta_0 hc$, sendo Z o número atômico).

Essa expansão é útil ao comparar as previsões da teoria dos elétrons de Dirac com as da teoria relativista de elétrons de Schrödinger. Os resultados experimentais suportam a teoria de Dirac.

1.3.12 Em uma colisão frontal próton a próton, a razão entre a energia cinética no centro do sistema de massa e a energia cinética incidente é

$$R = [\sqrt{2mc^2(E_k + 2mc^2)} - 2mc^2]/E_k.$$

Descubra o valor dessa razão das energias cinéticas para

(a) $E_k \ll mc^2$ (não relativista),

(b) $E_K \gg mc^2$ (relativista extrema).

RESPOSTA: (a) $\frac{1}{2}$, (b) 0. A última resposta é uma espécie de lei dos retornos decrescentes para aceleradores de partículas de alta energia (com alvos estacionários).

1.3.13 Com expansões binomiais

$$\frac{x}{1-x} = \sum_{n=1}^{\infty} x^n, \quad \frac{x}{x-1} = \frac{1}{1-x^{-1}} = \sum_{n=0}^{\infty} x^{-n}.$$

Adicionar essas duas séries produz $\sum_{n=-\infty}^{\infty} x^n = 0$.

Certamente todos devem concordar que isso é um absurdo, mas o que deu errado?

1.3.14 (a) A teoria de Planck dos osciladores quantificados leva a uma energia média

$$\langle \varepsilon \rangle = \frac{\sum\limits_{n=1}^{\infty} n\varepsilon_0 \exp(-n\varepsilon_0/kT)}{\sum\limits_{n=0}^{\infty} \exp(-n\varepsilon_0/kT)},$$

onde ε_0 é uma energia fixa. Identifique o numerador e o denominador como expansões binomiais e mostre que a razão entre eles é

$$\langle \varepsilon \rangle = \frac{\varepsilon_0}{\exp(\varepsilon_0/kT) - 1}.$$

(b) Mostre que o $\langle \varepsilon \rangle$ da parte (a) se reduz a kT, o resultado clássico, para $kT \gg \varepsilon_0$.

1.3.15 Expanda pelo teorema binomial e integre termo a termo a fim de obter a série de Gregory para $y = \tan^{-1} x$ (observe $\tan y = x$):

$$\tan^{-1} x = \int_0^x \frac{dt}{1+t^2} = \int_0^x \{1 - t^2 + t^4 - t^6 + \cdots\} dt$$

$$= \sum_{n=0}^{\infty} (-1)^n \frac{x^{2n+1}}{2n+1}, \quad -1 \leq x \leq 1.$$

1.3.16 A fórmula de Klein-Nishina para o espalhamento dos fótons por elétrons contém um termo na forma

$$f(\varepsilon) = \frac{(1+\varepsilon)}{\varepsilon^2} \left[\frac{2+2\varepsilon}{1+2\varepsilon} - \frac{\ln(1+2\varepsilon)}{\varepsilon} \right].$$

Aqui $\varepsilon = h\nu/mc^2$, a razão da energia do fóton pela energia de massa em repouso do elétron. Encontre $\lim\limits_{\varepsilon \to 0} f(\varepsilon)$

RESPOSTA: $\frac{4}{3}$

1.3.17 O comportamento de um nêutron que perde energia colidindo elasticamente com núcleos da massa A é descrito por um parâmetro ξ^1,

$$\xi_1 = 1 + \frac{(A-1)^2}{2A} \ln \frac{A-1}{A+1}.$$

Uma aproximação, boa para A grande, é

$$\xi_2 = \frac{2}{A + \frac{2}{3}}.$$

Expanda ξ_1 e ξ_2 em potências de A^{-1}. Mostre que ξ_2 concorda com ξ_1 até $(A^{-1})^2$. Encontre a diferença nos coeficientes do termo $(A^{-1})^3$.

1.3.18 Mostre que cada uma dessas duas integrais é igual à constante de Catalan:

(a) $\displaystyle \int_0^1 \arctan t \, \frac{dt}{t}$,

(b) $\displaystyle -\int_0^1 \ln x \, \frac{dx}{1 + x^2}$.

Nota: A definição e o cálculo numérico da constante de Catalan foram abordados no Exercício 1.1.12.

1.4 Indução Matemática

Ocasionalmente, somos confrontados com a necessidade de estabelecer uma relação que é válida para um conjunto de valores inteiros, em situações em que talvez inicialmente não seja óbvio como proceder. Porém, talvez seja possível mostrar que, se a relação é válida para um valor arbitrário de algum índice n, então ela também será válida se n for substituído por $n + 1$. Se podemos mostrar também que a relação está incondicionalmente satisfeita por algum valor n_0 inicial, podemos então concluir (incondicionalmente) que a relação também é satisfeita para $n_0 + 1$, $n_0 + 2$, ... Esse método de prova é conhecido como **indução matemática**. Normalmente ele é mais útil quando conhecemos (ou suspeitamos) a validade de uma relação, mas não temos um método mais direto de prova.

Exemplo 1.4.1 SOMA DE INTEIROS

A soma dos números inteiros de 1 a n, aqui denotada $S(n)$, é dada pela fórmula $S(n) = n(n + 1)/2$. Uma prova indutiva dessa fórmula é mostrada a seguir:

1. Dada a fórmula para $S(n)$, calculamos

$$S(n+1) = S(n) + (n+1) = \frac{n(n+1)}{2} + (n+1) = \left[\frac{n}{2} + 1\right](n+1) = \frac{(n+1)(n+2)}{2}.$$

Assim, dado $S(n)$, podemos estabelecer a validade de $S(n + 1)$.

2. É óbvio que $S(1) = 1(2)/2 = 1$, assim nossa fórmula para $S(n)$ é válida para $n = 1$.

3. A fórmula para $S(n)$ é, portanto, válida para todos os inteiros $n \geq 1$. ∎

Exercícios

1.4.1 Mostre que $\displaystyle \sum_{j=1}^{n} j^4 = \frac{n}{30}(2n+1)(n+1)(3n^2 + 3n - 1)$.

1.4.2 Prove a fórmula de Leibniz para a diferenciação repetida de um produto:

$$\left(\frac{d}{dx}\right)^n \left[f(x)g(x)\right] = \sum_{j=0}^{n} \binom{n}{j} \left[\left(\frac{d}{dx}\right)^j f(x)\right]\left[\left(\frac{d}{dx}\right)^{n-j} g(x)\right].$$

1.5 Operações em Expansões de Série de Funções

Há várias manipulações (truques) que podem ser utilizadas para obter séries que representam uma função ou para manipular essas séries a fim de melhorar a convergência. Além dos procedimentos introduzidos na Seção 1.1, há outros que, em diferentes graus, fazem uso do fato de que a expansão depende de uma variável. Um exemplo simples disso é a expansão de $f(x) = \ln(1 + x)$, que foi obtida em 1.2.4 por utilização direta da expansão de Maclaurin e avaliação das derivadas de $f(x)$. Uma maneira ainda mais fácil de obter essa série seria integrar a série de potências para $1/(1 + x)$ termo a termo de 0 a x:

$$\frac{1}{1 + x} = 1 - x + x^2 - x^3 + \cdots \implies$$

$$\ln(1 + x) = x - \frac{x^2}{2} + \frac{x^3}{3} - \frac{x^4}{4} + \cdots.$$

Um problema que requer um pouco mais de trabalho é dado pelo exemplo a seguir, em que usamos o teorema binomial em uma série que representa a derivada da função cuja expansão é procurada.

Exemplo 1.5.1   APLICAÇÃO DA EXPANSÃO BINOMIAL

Às vezes a expansão binomial fornece uma rota indireta conveniente para a série de Maclaurin quando métodos diretos são difíceis. Consideramos aqui a expansão da série de potências

$$\operatorname{sen}^{-1} x = \sum_{n=0}^{\infty} \frac{(2n-1)!!}{(2n)!!} \frac{x^{2n+1}}{(2n+1)} = x + \frac{x^3}{6} + \frac{3x^5}{40} + \cdots. \tag{1.82}$$

A partir de sen $y = x$, encontramos $dy/dx = 1/\sqrt{1-x^2}$, e escrevemos a integral

$$\operatorname{sen}^{-1} x = y = \int_0^x \frac{dt}{(1-t^2)^{1/2}}.$$

Vamos agora introduzir a expansão binomial de $(1-t_2)^{-1/2}$ e integrar termo a termo. O resultado é a Equação (1.82). ∎

Outra maneira de melhorar a convergência de uma série é multiplicá-la por um polinômio na variável, escolhendo os coeficientes do polinômio para remover a parte menos rapidamente convergente da série resultante. Eis um exemplo simples disso.

Exemplo 1.5.2   MULTIPLIQUE SÉRIES POR POLINÔMIO

Voltando à série para $\ln(1 + x)$, formamos

$$(1 + a_1 x)\ln(1+x) = \sum_{n=1}^{\infty} (-1)^{n-1} \frac{x^n}{n} + a_1 \sum_{n=1}^{\infty} (-1)^{n-1} \frac{x^{n+1}}{n}$$

$$= x + \sum_{n=2}^{\infty} (-1)^{n-1} \left(\frac{1}{n} - \frac{a_1}{n-1} \right) x^n$$

$$= x + \sum_{n=2}^{\infty} (-1)^{n-1} \frac{n(1-a_1)-1}{n(n-1)} x^n.$$

Se considerarmos $a_1 = 1$, o n no numerador desaparece e nossa série combinada converge como n^{-2}; a série resultante para $\ln(1 + x)$ é

$$\ln(1+x) = \left(\frac{x}{1+x} \right) \left(1 - \sum_{n=1}^{\infty} \frac{(-1)^n}{n(n+1)} x^n \right).$$

∎

Outro truque útil é empregar **expansões em frações parciais**, que podem converter uma série aparentemente difícil em outras sobre a qual se pode conhecer mais.

Se $g(x)$ e $h(x)$ são polinômios em x, com $g(x)$ de menor grau do que $h(x)$, e $h(x)$ tem a fatoração $h(x) = (x - a_1)(x - a_2) \ldots (x - a_n)$, no caso em que os fatores de $h(x)$ são distintos (isto é, h não tem raízes múltiplas), então $g(x)/h(x)$ pode ser escrito na forma

$$\frac{g(x)}{h(x)} = \frac{c_1}{x - a_1} + \frac{c_2}{x - a_2} + \cdots + \frac{c_n}{x - a_n}. \tag{1.83}$$

Se queremos deixar um ou mais fatores quadráticos em $h(x)$, talvez para evitar a introdução de quantidades imaginárias, o termo fração-parcial correspondente será da forma

$$\frac{ax + b}{x^2 + px + q}.$$

Se $h(x)$ tiver fatores lineares repetidos, como $(x - a_1)^m$, a expansão por frações parciais para essa potência de $x - a_1$ assume a forma

$$\frac{c_{1,m}}{(x - a_1)^m} + \frac{c_{1,m-1}}{(x - a_1)^{m-1}} + \cdots + \frac{c_{1,1}}{x - a_1}.$$

Os coeficientes nas expansões por frações parciais normalmente são encontrados facilmente; às vezes é útil expressá-los na forma de limites, como

$$c_i = \lim_{x \to a_i} (x - a_i)g(x)/h(x). \tag{1.84}$$

Exemplo 1.5.3   Expansão por Frações Parciais
Seja

$$f(x) = \frac{k^2}{x(x^2 + k^2)} = \frac{c}{x} + \frac{ax + b}{x^2 + k^2}.$$

Escrevemos a forma da expansão por frações parciais, mas ainda não determinamos os valores de a, b e c. Colocando o lado direito da equação sobre um denominador comum, temos

$$\frac{k^2}{x(x^2 + k^2)} = \frac{c(x^2 + k^2) + x(ax + b)}{x(x^2 + k^2)}.$$

Expandindo o numerador à direita e igualando-o ao numerador à esquerda, obtemos

$$0(x^2) + 0(x) + k^2 = (c + a)x^2 + bx + ck^2,$$

o que resolvemos exigindo que o coeficiente de cada potência de x tenha o mesmo valor nos dois lados da equação. Obtemos $b = 0$, $c = 1$, e então $a = -1$. O resultado final é, portanto,

$$f(x) = \frac{1}{x} - \frac{x}{x^2 + k^2}. \tag{1.85}$$

∎

Uma maneira ainda mais inteligente é ilustrada pelo procedimento a seguir, devido a Euler, para modificar a variável de expansão a fim de melhorar o intervalo ao longo do qual uma expansão converge.

A transformação de Euler, cuja prova (com dicas) é discutida no Exercício 1.5.4, produz a conversão:

$$f(x) = \sum_{n=0}^{\infty} (-1)^n c_n x^n \tag{1.86}$$

$$= \frac{1}{1+x} \sum_{n=0}^{\infty} (-1)^n a_n \left(\frac{x}{1+x} \right)^n. \tag{1.87}$$

Os coeficientes a_n são diferenças repetidas de c_n:

$$a_0 = c_0, \quad a_1 = c_1 - c_0, \quad a_2 = c_2 - 2c_1 + c_0, \quad a_3 = c_3 - 3c_2 + 3c_1 - c_0, \ldots;$$

sua fórmula geral é

$$a_n = \sum_{j=0}^{n} (-1)^j \binom{n}{j} c_{n-j}. \tag{1.88}$$

A série à qual a transformação de Euler é aplicada não precisa ser alternante. Os coeficientes c_n podem ter um fator de sinal que anula isso na definição.

Exemplo 1.5.4   Transformação de Euler
A série de Maclaurin para $\ln(1 + x)$ converge muito lentamente, com convergência apenas para $|x| < 1$. Consideramos a transformação de Euler em uma série relacionada

$$\frac{\ln(1 + x)}{x} = 1 - \frac{x}{2} + \frac{x^2}{3} - \cdots, \tag{1.89}$$

assim, na Equação (1.86), $c_n = 1/(n + 1)$. Os primeiros poucos a_n são: $a_0 = 1$, $a_1 = \dfrac{1}{2} - 1 = -\dfrac{1}{2}$, $a_2 = \dfrac{1}{3} - 2\left(\dfrac{1}{2}\right) + 1 = \dfrac{1}{3}$, $a_3 = \dfrac{1}{4} - 3\left(\dfrac{1}{3}\right) + 3\left(\dfrac{1}{2}\right) - 1 = -\dfrac{1}{4}$, ou em geral

$$a_n = \frac{(-1)^n}{n + 1}.$$

A série convertida é então

$$\frac{\ln(1 + x)}{x} = \frac{1}{1 + x}\left[1 + \frac{1}{2}\left(\frac{x}{1 + x}\right) + \frac{1}{3}\left(\frac{x}{1 + x}\right)^2 + \cdots\right],$$

que é rearranjada para

$$\ln(1 + x) = \left(\frac{x}{1 + x}\right) + \frac{1}{2}\left(\frac{x}{1 + x}\right)^2 + \frac{1}{3}\left(\frac{x}{1 + x}\right)^3 + \cdots. \tag{1.90}$$

Essa nova série converge perfeitamente em $x = 1$ e, de fato, é convergente para todo $x < \infty$.   ∎

Exercícios

1.5.1   Usando uma expansão por frações parciais, mostre que para $0 < x < 1$,

$$\int_{-x}^{x} \frac{dt}{1 - t^2} = \ln\left(\frac{1 + x}{1 - x}\right).$$

1.5.2   Prove a expansão por frações parciais

$$\frac{1}{n(n + 1) \cdots (n + p)}$$
$$= \frac{1}{p!}\left[\binom{p}{0}\frac{1}{n} - \binom{p}{1}\frac{1}{n + 1} + \binom{p}{2}\frac{1}{n + 2} - \cdots + (-1)^p \binom{p}{p}\frac{1}{n + p}\right],$$

onde p é um inteiro positivo.
Dica: Use indução matemática. Duas fórmulas de coeficiente binomial de uso aqui são

$$\frac{p + 1}{p + 1 - j}\binom{p}{j} = \binom{p + 1}{j}, \quad \sum_{j=1}^{p+1}(-1)^{j-1}\binom{p + 1}{j} = 1.$$

1.5.3   A fórmula para α_p, Equação (1.26), é um somatório na forma $\sum_{n=1}^{\infty} u_n(p)$, com

$$u_n(p) = \frac{1}{n(n + 1) \cdots (n + p)}.$$

Aplicando uma fração de decomposição parcial aos primeiros e últimos fatores do denominador, isto é,

$$\frac{1}{n(n + p)} = \frac{1}{p}\left[\frac{1}{n} - \frac{1}{n + p}\right],$$

mostre que $u_n(p) = \dfrac{u_n(p - 1) - u_{n+1}(p - 1)}{p}$ e que $\sum_{n=1}^{\infty} u_n(p) = \dfrac{1}{pp!}$

Dica: É útil notar que $u_1(p - 1) = 1/p!$.

1.5.4   A prova da transformação de Euler: substituindo a Equação (1.88) na Equação (1.87), verifique se a Equação (1.86) é recuperada.

Dica: Pode ser útil reorganizar a série dupla resultante de modo que ambos os índices sejam somados no intervalo $(0, \infty)$ Em seguida, a soma não contendo os coeficientes c_j pode ser reconhecida como uma expansão binomial.

1.5.5   Efetue a transformação de Euler na série para $\arctan(x)$:

$$\arctan(x) = x - \frac{x^3}{3} + \frac{x^5}{5} - \frac{x^7}{7} + \frac{x^9}{9} - \cdots.$$

Verifique seu trabalho calculando $\arctan(1) = \pi/4$ e $\arctan(3^{-1/2}) = \pi/6$.

1.6   Algumas Séries Importantes

Há algumas séries que surgem com tanta frequência que todos os físicos devem reconhecê-las. Eis uma pequena lista que vale a pena memorizar.

$$\exp(x) = \sum_{n=0}^{\infty} \frac{x^n}{n!} = 1 + x + \frac{x^2}{2!} + \frac{x^3}{3!} + \frac{x^4}{4!} + \cdots, \qquad -\infty < x < \infty, \qquad (1.91)$$

$$\sin(x) = \sum_{n=0}^{\infty} \frac{(-1)^n x^{2n+1}}{(2n+1)!} = x - \frac{x^3}{3!} + \frac{x^5}{5!} - \frac{x^7}{7!} + \cdots, \quad -\infty < x < \infty, \qquad (1.92)$$

$$\cos(x) = \sum_{n=0}^{\infty} \frac{(-1)^n x^{2n}}{(2n)!} = 1 - \frac{x^2}{2!} + \frac{x^4}{4!} - \frac{x^6}{6!} + \cdots, \qquad -\infty < x < \infty, \qquad (1.93)$$

$$\sinh(x) = \sum_{n=0}^{\infty} \frac{x^{2n+1}}{(2n+1)!} = x + \frac{x^3}{3!} + \frac{x^5}{5!} + \frac{x^7}{7!} + \cdots, \qquad -\infty < x < \infty, \qquad (1.94)$$

$$\cosh(x) = \sum_{n=0}^{\infty} \frac{x^{2n}}{(2n)!} = 1 + \frac{x^2}{2!} + \frac{x^4}{4!} + \frac{x^6}{6!} + \cdots, \qquad -\infty < x < \infty, \qquad (1.95)$$

$$\frac{1}{1-x} = \sum_{n=0}^{\infty} x^n = 1 + x + x^2 + x^3 + x^4 + \cdots, \qquad -1 \leq x < 1, \qquad (1.96)$$

$$\ln(1+x) = \sum_{n=1}^{\infty} \frac{(-1)^{n-1} x^n}{n} = x - \frac{x^2}{2} + \frac{x^3}{3} - \frac{x^4}{4} + \cdots, \, -1 < x \leq 1, \qquad (1.97)$$

$$(1+x)^p = \sum_{n=0}^{\infty} \binom{p}{n} x^n = \sum_{n=0}^{\infty} \frac{(p-n+1)_n}{n!} x^n, \qquad -1 < x < 1. \qquad (1.98)$$

Lembrete. A notação $(a)_n$ é o símbolo de Pochhammer: $(a)_0 = 1$, $(a)_1 = a$, e para inteiros $n > 1$, $(a)_n = a(a + 1)\ldots$ $(a + n - 1)$. Não é necessário que a, ou p na Equação (1.98), seja positivo ou inteiro.

Exercícios

1.6.1   Mostre que $\ln\left(\dfrac{1+x}{1-x} \right) = 2\left(x + \dfrac{x^3}{3} + \dfrac{x^5}{3} + \cdots \right)$, $-1 < x < 1$.

1.7   Vetores

Nas ciências e engenharia, frequentemente encontramos quantidades que só têm grandeza algébrica (isto é, grandeza e possivelmente um sinal): massa, tempo e temperatura. Nós as rotulamos de quantidades **escalares**, as quais permanecem as mesmas independentemente das coordenadas usadas. Em contraposição, muitas quantidades físicas interessantes têm grandeza e, além disso, uma direção associada. Esse segundo grupo inclui deslocamento, velocidade, aceleração, força, momento e momento angular. Quantidades com grandeza e direção são rotuladas quantidades **vetoriais**. Para distinguir entre vetores e escalares, geralmente identificamos as quantidades vetoriais com letras em negrito, como em **V** ou **x**.

Esta seção lida apenas com propriedades dos vetores que não são específicas ao espaço tridimensional (3-D) (excluindo assim a noção de produto cruzado de vetores e o uso de vetores para descrever o movimento rotacional). Também restringimos essa discussão a vetores que descrevem uma quantidade física em um único ponto, em contraposição à situação em que um vetor é definido ao longo de uma região estendida, com sua amplitude e/ou direção como uma função da posição com a qual ele está associado. Vetores definidos ao longo de uma região são chamados **campos vetoriais**; um exemplo conhecido é o campo elétrico, que descreve a direção e grandeza da força elétrica em uma carga de teste por toda uma região do espaço. Voltaremos a esses tópicos importantes em um capítulo mais adiante.

Os itens-chave dessa discussão são: (1) descrições geométricas e algébricas dos vetores; (2) combinações lineares dos vetores; e (3) o produto interno de dois vetores e sua utilização para determinar o ângulo entre suas direções e a decomposição de um vetor em contribuições nas direções das coordenadas.

Propriedades Básicas

Definimos um **vetor** de um modo que ele corresponda a uma seta de um ponto de partida a outro ponto no espaço bidimensional (2-D) ou 3-D, com **a adição vetorial** identificada como o resultado do posicionamento da cauda (ponto de partida) de um segundo vetor na cabeça (extremidade) do primeiro vetor, como mostrado na Figura 1.7. Como pode ser visto na figura, o resultado da adição é o mesmo se os vetores forem adicionados em qualquer ordem; a adição vetorial é uma operação **comutativa**. A adição vetorial também é **associativa;** se adicionamos três vetores, o resultado é independente da ordem em que as adições ocorrem. Formalmente, isso significa

$$(\mathbf{A} + \mathbf{B}) + \mathbf{C} = \mathbf{A} + (\mathbf{B} + \mathbf{C}).$$

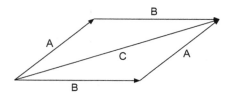

Figura 1.7: Adição de dois vetores.

Também é útil definir uma operação em que um vetor **A** é multiplicado por um número k comum (um **escalar**). O resultado será um vetor que ainda está na direção original, mas com seu comprimento multiplicado por k. Se k é negativo, o comprimento do vetor é multiplicado por $| k |$, mas sua direção é invertida. Isso significa que podemos interpretar **subtração** como ilustrado aqui:

$$\mathbf{A} - \mathbf{B} \equiv \mathbf{A} + (-1)\mathbf{B},$$

e podemos formar polinômios como $\mathbf{A} + 2\mathbf{B}{-}3\mathbf{C}$.

Até aqui, descrevemos nossos vetores como quantidades que não dependem de nenhum sistema de coordenadas que possamos querer usar, e focalizamos suas propriedades **geométricas**.

Por exemplo, considere o princípio da mecânica de que um objeto permanecerá em equilíbrio estático se a soma vetorial das forças sobre ele for zero. A força resultante no ponto O da Figura 1.8 será a soma vetorial das forças rotulados $\mathbf{F}_1$, $\mathbf{F}_2$ e $\mathbf{F}_3$. A soma das forças no estado de equilíbrio estático é ilustrada no painel à direita da figura.

Também é importante desenvolver uma descrição **algébrica** para vetores. Podemos fazer isso inserindo um vetor **A** para que sua cauda esteja na origem de um sistema de coordenadas cartesianas e observando as coordenadas da sua cabeça. Atribuindo a essas coordenadas (no espaço 3-D) os nomes A_x, A_y, A_z, temos uma descrição de **componente** de **A**. A partir desses componentes, podemos usar o teorema de Pitágoras para calcular o comprimento ou a **grandeza** de **A**, denotado por A ou $| \mathbf{A} |$, como

$$A = (A_x^2 + A_y^2 + A_z^2)^{1/2}. \tag{1.99}$$

Os componentes A_x ... também são úteis para calcular o resultado quando vetores são somados ou multiplicados por escalares. A partir da geometria nas coordenadas cartesianas, é óbvio que se $\mathbf{C} = k\,'\mathbf{A} + k\,'\mathbf{B}$, então **C** terá componentes

$$C_x = kA_x + k'B_x, \quad C_y = kA_y + k'B_y, \quad C_z = kA_z + k'B_z.$$

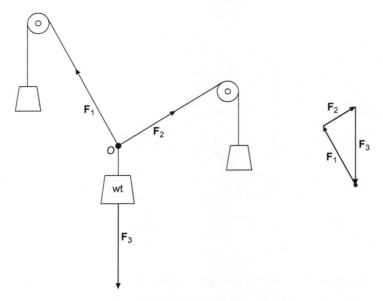

Figura 1.8: Equilíbrio das forças no ponto 0.

A esta altura, é conveniente introduzir vetores de unidade de comprimento (chamados **vetores unitários**) nas direções dos eixos das coordenadas. Seja $\hat{\mathbf{e}}_x$ um vetor unitário na direção x, podemos agora identificar $A_x\,\hat{\mathbf{e}}_x$ como um vetor de grandeza assinada A_x na direção x, e vemos que $\mathbf{A}$ pode ser representado como a soma vetorial

$$\mathbf{A} = A_x\hat{\mathbf{e}}_x + A_y\hat{\mathbf{e}}_y + A_z\hat{\mathbf{e}}_z. \tag{1.100}$$

Se o próprio $\mathbf{A}$ é o deslocamento da origem ao ponto (x, y, z), nós o denotamos pelo símbolo $\mathbf{r}$ especial (às vezes chamado **raio vetorial**) e a Equação (1.100) torna-se

$$\mathbf{r} = x\hat{\mathbf{e}}_x + y\hat{\mathbf{e}}_y + z\hat{\mathbf{e}}_z. \tag{1.101}$$

Diz-se que os vetores unitários **varrem** o espaço no qual nossos vetores residem, ou formam uma **base** para o espaço. Qualquer uma dessas afirmações significa que qualquer vetor no espaço pode ser construído como uma combinação linear dos vetores de base. Como um vetor $\mathbf{A}$ tem valores específicos de A_X, A_Y e A_Z, essa combinação linear será única.

Às vezes, um vetor será especificado pela sua grandeza A e pelos ângulos que ele produz com os eixos das coordenadas cartesianas. Sejam α, β, γ os respectivos ângulos que nosso vetor produz com os eixos x, y e z, os componentes de $\mathbf{A}$ são dados por

$$A_x = A\cos\alpha, \quad A_y = A\cos\beta, \quad A_z = A\cos\gamma. \tag{1.102}$$

As quantidades $\cos\alpha$, $\cos\beta$, $\cos\gamma$ (Figura 1.9) são conhecidas como **cossenos diretores** de $\mathbf{A}$.

Como já conhecemos essa $A_x^2 + A_y^2 + A_z^2 = A^2$, vemos que os cossenos diretores não são totalmente independentes, mas devem satisfazer a relação

$$\cos^2\alpha + \cos^2\beta + \cos^2\gamma = 1. \tag{1.103}$$

Embora o formalismo da Equação (1.100) possa ser desenvolvido com valores complexos para os componentes A_x, A_Y, A_z, a situação geométrica sendo descrita torna natural restringir esses coeficientes a valores reais; o espaço com todos os valores reais possíveis de duas coordenadas é denotado pelos matemáticos (e ocasionalmente por nós) R^2; o espaço 3-D completo é chamado R^3.

Produto Interno (Escalar)

Ao escrever um vetor em termos dos vetores componentes nas direções coordenadas, como em

$$\mathbf{A} = A_x\hat{\mathbf{e}}_x + A_y\hat{\mathbf{e}}_y + A_z\hat{\mathbf{e}}_z,$$

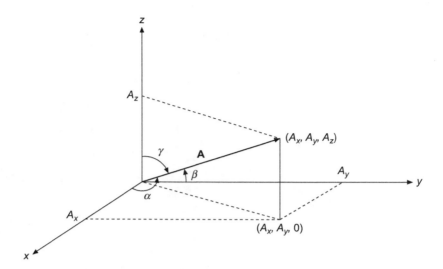

Figura 1.9: Componentes cartesianos e cossenos diretores de **A**.

podemos pensar em $A_x\hat{\mathbf{e}}_x$ como sua **projeção** na direção x. Dito de outra forma, é a parte de **A** que está no subespaço varrido por $\hat{\mathbf{e}}_x$ sozinho. O termo **projeção** corresponde à ideia de que é o resultado de colapsar (projetar) um vetor sobre um dos eixos coordenados (Figura 1.10).

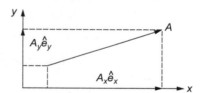

Figura 1.10: Projeções de **A** nos eixos x e y.

É útil definir uma quantidade conhecida como o **produto interno**, com a propriedade de produzir os coeficientes, por exemplo, A_x, em projeções sobre os eixos de coordenadas de acordo com

$$\mathbf{A} \cdot \hat{\mathbf{e}}_x = A_x = A\cos\alpha, \quad \mathbf{A} \cdot \hat{\mathbf{e}}_y = A_y = A\cos\beta, \quad \mathbf{A} \cdot \hat{\mathbf{e}}_z = A_z = A\cos\gamma, \tag{1.104}$$

onde $\cos\alpha$, $\cos\beta$, $\cos\gamma$ são os cossenos diretores de **A**.

Queremos generalizar a noção do produto interno para que ele possa ser aplicado aos vetores arbitrários **A** e **B**, exigindo que ele, assim como as projeções, seja linear e obedeça às leis distributivas e associativas

$$\mathbf{A} \cdot (\mathbf{B} + \mathbf{C}) = \mathbf{A} \cdot \mathbf{B} + \mathbf{A} \cdot \mathbf{C}, \tag{1.105}$$
$$\mathbf{A} \cdot (k\mathbf{B}) = (k\mathbf{A}) \cdot \mathbf{B} = k\mathbf{A} \cdot \mathbf{B}, \tag{1.106}$$

com k um escalar. Agora podemos usar a decomposição de **B** em componentes cartesianos como na Equação (1.100), $\mathbf{B} = B_x\hat{\mathbf{e}}_x + B_y\hat{\mathbf{e}}_y + B_z\hat{\mathbf{e}}_z$, para construir o produto interno dos vetores **A** e **B** como

$$\mathbf{A} \cdot \mathbf{B} = \mathbf{A} \cdot (B_x\hat{\mathbf{e}}_x + B_y\hat{\mathbf{e}}_y + B_z\hat{\mathbf{e}}_z)$$
$$= B_x\mathbf{A} \cdot \hat{\mathbf{e}}_x + B_y\mathbf{A} \cdot \hat{\mathbf{e}}_y + B_z\mathbf{A} \cdot \hat{\mathbf{e}}_z$$
$$= B_x A_x + B_y A_y + B_z A_z. \tag{1.107}$$

Isso resulta na fórmula geral

$$\mathbf{A} \cdot \mathbf{B} = \sum_i B_i A_i = \sum_i A_i B_i = \mathbf{B} \cdot \mathbf{A}, \tag{1.108}$$

que é igualmente aplicável quando o número de dimensões no espaço é diferente de três.

Note que o produto interno é comutativo, com $\mathbf{A} \cdot \mathbf{B} = \mathbf{B} \cdot \mathbf{A}$.

Uma propriedade importante do produto interno é que $\mathbf{A} \cdot \mathbf{A}$ é o quadrado da grandeza de $\mathbf{A}$:

$$\mathbf{A} \cdot \mathbf{A} = A_x^2 + A_y^2 + \cdots = |\mathbf{A}|^2. \tag{1.109}$$

Aplicando essa observação a $\mathbf{C} = \mathbf{A} + \mathbf{B}$, temos

$$|\mathbf{C}|^2 = \mathbf{C} \cdot \mathbf{C} = (\mathbf{A} + \mathbf{B}) \cdot (\mathbf{A} + \mathbf{B}) = \mathbf{A} \cdot \mathbf{A} + \mathbf{B} \cdot \mathbf{B} + 2\mathbf{A} \cdot \mathbf{B},$$

que pode ser rearranjado para

$$\mathbf{A} \cdot \mathbf{B} = \frac{1}{2}\left[|\mathbf{C}|^2 - |\mathbf{A}|^2 - |\mathbf{B}|^2 \right]. \tag{1.110}$$

A partir da geometria da soma vetorial $\mathbf{C} = \mathbf{A} + \mathbf{B}$, como mostrado na Figura 1.11, e recordando a lei dos cossenos e sua semelhança com a Equação (1.110), obtemos a fórmula bem conhecida

$$\mathbf{A} \cdot \mathbf{B} = |\mathbf{A}|\,|\mathbf{B}|\cos\theta, \tag{1.111}$$

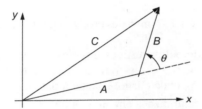

Figura 1.11: Soma vetorial, $\mathbf{C} = \mathbf{A} + \mathbf{B}$.

onde θ é o ângulo entre as direções de $\mathbf{A}$ e $\mathbf{B}$. Em contraposição à fórmula **algébrica** da Equação (1.108), a Equação (1.111) é uma fórmula **geométrica** para o produto interno, e mostra claramente que ela depende apenas das direções relativas de $\mathbf{A}$ e $\mathbf{B}$ e, portanto, é independente do sistema de coordenadas. Por essa razão o produto interno também é às vezes identificado como **produto escalar**.

A Equação (1.111) também permite uma interpretação em termos da projeção de um vetor $\mathbf{A}$ na direção de $\mathbf{B}$ ou o inverso. Se $\hat{\mathbf{b}}$ é um vetor unitário na direção de $\mathbf{B}$, a projeção de A nessa direção é dada por

$$A_b\hat{\mathbf{b}} = (\hat{\mathbf{b}} \cdot \mathbf{A})\hat{\mathbf{b}} = (A\cos\theta)\hat{\mathbf{b}}, \tag{1.112}$$

onde θ é o ângulo entre $\mathbf{A}$ e $\mathbf{B}$. Além disso, o produto interno $\mathbf{A} \cdot \mathbf{B}$ pode então ser identificado como $|\mathbf{B}|$ vezes a grandeza da projeção de $\mathbf{A}$ na direção de $\mathbf{B}$, assim $\mathbf{A} \cdot \mathbf{B} = A_b B$.

Equivalentemente, $\mathbf{A} \cdot \mathbf{B}$ é igual a $|\mathbf{A}|$ vezes a grandeza da projeção de $\mathbf{B}$ na direção de A, assim também temos $\mathbf{A} \cdot \mathbf{B} = B_a A$.

Por fim, observamos que como $|\cos\theta| \leq 1$, a Equação (1.111) leva à desigualdade

$$|\mathbf{A} \cdot \mathbf{B}| \leq |\mathbf{A}|\,|\mathbf{B}|. \tag{1.113}$$

A igualdade na Equação (1.113) só é verdadeira se $\mathbf{A}$ e $\mathbf{B}$ forem colineares (na mesma direção ou direções opostas). Isso é a especialização para o espaço físico da **desigualdade de Schwarz**, que mais tarde desenvolveremos em um contexto mais geral.

Ortogonalidade

A Equação (1.111) mostra que $\mathbf{A} \cdot \mathbf{B}$ torna-se zero quando $\cos\theta = 0$, o que ocorre em $\theta = \pm\pi/2$ (isto é, em $\theta = \pm 90°$). Esses valores de θ correspondem a $\mathbf{A}$ e $\mathbf{B}$ sendo perpendiculares, cujo termo técnico é **ortogonal**. Assim,

$\mathbf{A}$ e $\mathbf{B}$ *são ortogonais se e somente se* $\mathbf{A} \cdot \mathbf{B} = 0$.

Verificando esse resultado para duas dimensões, podemos observar que $\mathbf{A}$ e $\mathbf{B}$ são perpendiculares se a inclinação de $\mathbf{B}$, B_y/B_x, é o negativo do recíproco de A_y/A_x, ou

$$\frac{B_y}{B_x} = -\frac{A_x}{A_y}.$$

Esse resultado expande-se para $A_x B_x + A_y B_y = 0$, a condição de que **A** e **B** sejam ortogonais.

Em termos das projeções, $\mathbf{A} \cdot \mathbf{B} = 0$ significa que a projeção de **A** na direção de **B** desaparece (e vice-versa). Isso é, naturalmente, apenas outra maneira de dizer que **A** e **B** são ortogonais.

O fato de que os vetores unitários cartesianos são mutuamente ortogonais torna possível simplificar muitos cálculos de produto escalar. Como

$$\hat{e}_x \cdot \hat{e}_y = \hat{e}_x \cdot \hat{e}_z = \hat{e}_y \cdot \hat{e}_z = 0, \quad \hat{e}_x \cdot \hat{e}_x = \hat{e}_y \cdot \hat{e}_y = \hat{e}_z \cdot \hat{e}_z = 1, \tag{1.114}$$

podemos avaliar $\mathbf{A} \cdot \mathbf{B}$ como

$$(A_x\hat{e}_x + A_y\hat{e}_y + A_z\hat{e}_z) \cdot (B_x\hat{e}_x + B_y\hat{e}_y + B_z\hat{e}_z) = A_x B_x \hat{e}_x \cdot \hat{e}_x + A_y B_y \hat{e}_y \cdot \hat{e}_y + A_z B_z \hat{e}_z \cdot \hat{e}_z$$
$$+ (A_x B_y + A_y B_x)\hat{e}_x \cdot \hat{e}_y + (A_x B_z + A_z B_x)\hat{e}_x \cdot \hat{e}_z + (A_y B_z + A_z B_y)\hat{e}_y \cdot \hat{e}_z$$
$$= A_x B_x + A_y B_y + A_z B_z.$$

Consulte no Capítulo 3: Análise vetorial, Seção 3.2: Vetores no Espaço 3-D para uma introdução do produto cruzado de vetores, matéria necessária no início do Capítulo 2.

Exercícios

1.7.1 O vetor **A** cuja grandeza é 1,732 unidades produz ângulos iguais com os eixos coordenados. Encontre A_x, A_y e A_z.

1.7.2 Um triângulo é definido pelos vértices dos três vetores **A**, **B** e **C** que se estendem a partir da origem. Em termos de **A**, **B** e **C** mostram que a soma **vetorial** dos lados sucessivos do triângulo $(AB + BC + CA)$ é zero, onde o lado AB é de A para B etc.

1.7.3 Uma esfera de raio a é centralizada em um ponto $\mathbf{r}_1$.
(a) Escreva a equação algébrica para a esfera.
(b) Escreva uma equação **vetorial** para a esfera.

RESPOSTA: (a) $(x - x_1)^2 + (y - y_1)^2 + (z - z_1)^2 = a^2$.
(b) $\mathbf{r} = \mathbf{r}_1 + \mathbf{a}$, onde **a** assume todas as direções, mas tem uma grandeza fixa a.

1.7.4 **Lei de Hubble**. Hubble descobriu que galáxias distantes estão se afastando a uma velocidade proporcional à distância que estamos delas aqui na Terra. Para a *i-ésima* galáxia,

$$\mathbf{v}_i = H_0 \mathbf{r}_i$$

com a Terra na origem. Mostre que esse afastamento das galáxias de nós **não** implica que estamos no centro do universo. Especificamente, considere a galáxia em $\mathbf{r}_1$ como uma nova origem e mostre que a lei de Hubble ainda é obedecida.

1.7.5 Encontre os vetores diagonais de um cubo unitário com um dos cantos na origem e seus três lados situadas ao longo dos eixos das coordenadas cartesianas. Mostre que há quatro diagonais com comprimento $\sqrt{3}$. Representando-os como vetores, quais são seus componentes? Mostre que as diagonais das faces do cubo têm comprimento $\sqrt{2}$ e determine seus componentes.

1.7.6 O vetor **r**, começando na origem, termina em e especifica o ponto no espaço (x, y, z).
Encontre a superfície varrida pela ponta do **r** se
(a) $(\mathbf{r} - \mathbf{a}) \cdot \mathbf{a} = 0$. Caracterize **a** geometricamente.
(b) $(\mathbf{r} - \mathbf{a}) \cdot \mathbf{r} = 0$. Descreva a função geométrica de **a**.
O vetor **a** é constante (em grandeza e direção).

1.7.7 Um cano desce em diagonal pela parede sul de um edifício, fazendo um ângulo de 45° com a horizontal. Ao chegar a uma quina da parede, o cano muda de direção e continua descendo na diagonal por uma parede leste, ainda fazendo um ângulo de 45° com a horizontal. Qual é o ângulo entre as seções do cano da parede sul e da parede leste?

RESPOSTA: 120°.

1.7.8 Encontre a menor distância entre um observador no ponto (2, 1, 3) e um foguete em voo livre com velocidade (1, 2, 3) km/s. O foguete foi lançado no tempo $t = 0$ a partir de (1, 1, 1). Os comprimentos estão em quilômetros.

1.7.9 Mostre que as medianas de um triângulo se cruzam no centro, o qual está em 2/3 do comprimento da mediana de cada vértice. Construa um exemplo numérico e represente-o.

1.7.10 Prove a lei dos cossenos a partir de $\mathbf{A}^2 = (\mathbf{B} - \mathbf{C})^2$.

1.7.11 Dados os três vetores,

$$\mathbf{P} = 3\hat{\mathbf{e}}_x + 2\hat{\mathbf{e}}_y - \hat{\mathbf{e}}_z,$$

$$\mathbf{Q} = -6\hat{\mathbf{e}}_x - 4\hat{\mathbf{e}}_y + 2\hat{\mathbf{e}}_z.$$

$$\mathbf{R} = \hat{\mathbf{e}}_x - 2\hat{\mathbf{e}}_y - \hat{\mathbf{e}}_z,$$

encontre dois que são perpendiculares e dois que são paralelos ou antiparalelos.

1.8 Funções e Números Complexos

Análises e números complexos baseados na teoria de variáveis complexas se tornaram ferramentas extremamente importantes e valiosas para a análise matemática da teoria física. Embora os resultados da medição das grandezas físicas devam, acreditamos firmemente, serem descritos por números reais, há ampla evidência de que teorias bem-sucedidas que preveem os resultados dessas medições requerem o uso de análise e números complexos. Em um capítulo posterior exploramos os fundamentos da teoria das variáveis complexas. Aqui apresentamos números complexos e identificamos algumas de suas propriedades mais elementares.

Propriedades Básicas

Um número complexo nada mais é do que um par ordenado de dois números reais, (a, b). Da mesma forma, uma variável complexa é um par ordenado de duas variáveis reais,

$$z \equiv (x, y). \tag{1.115}$$

A ordenação é significativa. Em geral (a, b) não é igual a (b, a) e (x, y) não é igual a (y, x). Como de costume, continuamos escrevendo um número real $(x, 0)$ simplesmente como x, e chamamos i $(0, 1)$ a unidade imaginária. Toda a análise complexa pode ser desenvolvida em termo de pares ordenados de números, variáveis e funções $(u(x, y), v(x, y))$.

Vamos agora definir a **adição** dos números complexos em termos de seus componentes cartesianos como

$$z_1 + z_2 = (x_1, y_1) + (x_2, y_2) = (x_1 + x_2, y_1 + y_2). \tag{1.116}$$

A **multiplicação** dos números complexos é definida como

$$z_1 z_2 = (x_1, y_1) \cdot (x_2, y_2) = (x_1 x_2 - y_1 y_2, x_1 y_2 + x_2 y_1). \tag{1.117}$$

É óbvio que a multiplicação não é apenas a multiplicação dos componentes correspondentes.

Usando a Equação (1.117) verificamos que $i^2 = (0, 1) \cdot (0, 1) = (-1, 0) = -1$, assim também podemos identificar $i = \sqrt{-1}$ como de costume, e reescrever ainda mais a Equação (1.115) como

$$z = (x, y) = (x, 0) + (0, y) = x + (0, 1) \cdot (y, 0) = x + iy. \tag{1.118}$$

Claramente, a introdução do símbolo i não é necessária aqui, mas é conveniente, em grande parte porque as regras de adição e multiplicação para números complexos são consistentes com aquelas da aritmética comum com a propriedade adicional que $i^2 = -1$:

$$(x_1 + iy_1)(x_2 + iy_2) = x_1 x_2 + i^2 y_1 y_2 + i(x_1 y_2 + y_1 x_2) = (x_1 x_2 - y_1 y_2) + i(x_1 y_2 + y_1 x_2),$$

de acordo com a Equação (1.117). Por razões históricas, i e seus múltiplos são conhecidos como **números imaginários**.

O espaço dos números complexos, às vezes denotado por Z pelos matemáticos, tem as seguintes propriedades formais:

- Ele é fechado sob a adição e multiplicação, significando que se dois números complexos são adicionados ou multiplicados, o resultado também é um número complexo.
- Ele tem um único número zero que, quando adicionado a qualquer número complexo, deixa-o inalterado e que, quando multiplicado por qualquer número complexo, produz zero.

- Ele tem um número de unidade única, 1, que, quando multiplicado por qualquer número complexo, deixa-o inalterado.
- Cada número complexo z tem um oposto sob a adição (conhecido como $-z$), e cada não zero z tem um oposto sob a multiplicação, denotado por z^{-1} ou $1/z$.
- Ele é fechado sob a exponenciação: se u e v são números complexos, u^v também é um número complexo.

Do ponto de vista matemático rigoroso, a última afirmação é um pouco vaga, uma vez que ela na verdade não define a exponenciação, mas descobriremos que ela é adequada para nossos propósitos.

Algumas definições e propriedades adicionais incluem o seguinte:

Conjugação complexa: Como todos os números complexos, i tem um oposto sob a adição, denotado como $-i$, na forma de dois componentes, $(0, -1)$. Dado um número complexo $z = x + iy$, é útil definir outro número complexo, $z^* = x - iy$, que chamamos **conjugado complexo** de z.[6] Formando

$$zz^* = (x + iy)(x - iy) = x^2 + y^2, \qquad (1.119)$$

vemos que zz^* é real; definimos o valor absoluto de z, denotado por $|z|$, como $\sqrt{zz^*}$.

Divisão: Considere agora a divisão de dois números complexos: z'/z. Precisamos manipular essa grandeza para trazê-lo para a forma do número complexo $u + iv$ (com u e v reais). Podemos fazer isso da seguinte forma:

$$\frac{z'}{z} = \frac{z'z^*}{zz^*} = \frac{(x' + iy')(x - iy)}{x^2 + y^2},$$

ou

$$\frac{x' + iy'}{x + iy} = \frac{xx' + yy'}{x^2 + y^2} + i\,\frac{xy' - x'y}{x^2 + y^2}. \qquad (1.120)$$

Funções no Domínio Complexo

Como as operações fundamentais no domínio complexo obedecem às mesmas regras que aquelas para a aritmética no espaço dos números reais, é natural definir funções para que suas encarnações reais e complexas sejam semelhantes e, especificamente, para que as definições complexas e reais concordem quando ambas são aplicáveis. Isso significa, entre outras coisas, que se a função é representada por uma série de potências, devemos dentro da região da convergência da série de potências, ser capazes de utilizar essa série com valores complexos da variável de expansão. Essa noção é chamada **permanência da forma algébrica**.

Aplicando esse conceito ao exponencial, definimos

$$e^z = 1 + z + \frac{1}{2!}z^2 + \frac{1}{3!}z^3 + \frac{1}{4!}z^4 + \cdots. \qquad (1.121)$$

Agora, substituindo z por $i\,z$, temos

$$e^{iz} = 1 + iz + \frac{1}{2!}(iz)^2 + \frac{1}{3!}(iz)^3 + \frac{1}{4!}(iz)^4 + \cdots$$
$$= \left[1 - \frac{1}{2!}z^2 + \frac{1}{4!}z^4 - \cdots\right] + i\left[z - \frac{1}{3!}z^3 + \frac{1}{5!}z^5 - \cdots\right]. \qquad (1.122)$$

Foi admissível reagrupar os termos na série da Equação (1.122) porque essa série é absolutamente convergente para todo z; o teste da razão de d'Alembert funciona para todo z, real ou complexo.

Se agora identificamos as expansões entre parênteses na última linha da Equação (1.122) como $\cos z$ e $\operatorname{sen} z$, temos o resultado extremamente valioso

$$e^{iz} = \cos z + i \sin z. \qquad (1.123)$$

Esse resultado é válido para todo z, real, imaginário ou complexo, mas é particularmente útil quando z é real.

Qualquer função $\omega(z)$ de uma variável complexa $z = x + iy$ pode em princípio ser dividida em suas partes real e imaginária, assim como fizemos ao adicionar, multiplicar ou dividir números complexos. Isto é, podemos escrever

$$w(z) = u(x, y) + iv(x, y), \qquad (1.124)$$

---

[6]O conjugado complexo de z é frequentemente denotado por $\bar{z}$ na literatura matemática.

em que as funções separadas $u(x, y)$ e $v(x, y)$ são reais puras. Por exemplo, se $f(z) = z^2$, temos

$$f(z) = (z + iy)^2 = (x^2 - y^2) + i(2xy).$$

A **parte real** de uma função $f(Z)$ será rotulada **Re**$f(z)$, enquanto a **parte imaginária** será rotulada **Im**$f(z)$. Na Equação (1.124),

$$\Re\, w(z) = u(x, y), \quad \Im\, w(z) = v(x, y).$$

O conjugado complexo para nossa função $\omega(z)$ é $u(x, y) - iv(x, y)$, e dependendo de ω, pode ou não ser igual a $\omega(z^*)$.

Representação Polar

Podemos visualizar números complexos atribuindo a eles locais em um gráfico planar, chamado **diagrama de Argand** ou, mais coloquialmente, **plano complexo**. Tradicionalmente, o componente real é representado na horizontal, no que é chamado **eixo real**, com o **eixo imaginário** na direção vertical (Figura 1.12). Uma alternativa à identificação de pontos por suas coordenadas cartesianas (x, y) é utilizar coordenadas polares (r, θ), com

$$x = r\cos\theta, \quad y = r\sin\theta, \quad \text{or} \quad r = \sqrt{x^2 + y^2}, \quad \theta = \tan^{-1} y/x. \tag{1.125}$$

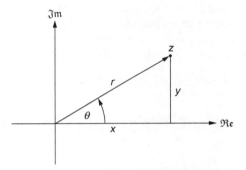

Figura 1.12: Diagrama de Argand, mostrando a localização de $z = x + iy = re^{i\theta}$.

A função arctan $\tan^{-1}(y/x)$ é de valores múltiplos; a localização correta em um diagrama de Argand deve ser consistente com os valores individuais de x e y.

As representações cartesianas e polares de um número complexo também podem ser relacionadas escrevendo

$$x + iy = r(\cos\theta + i\sin\theta) = re^{i\theta}, \tag{1.126}$$

onde usamos a Equação (1.123) para introduzir o exponencial complexo. Observe que r também é $|z|$, assim a grandeza de z é dada pela distância a partir da origem em um diagrama de Argand.

Na teoria da variável complexa, r também é chamado **módulo** de z e θ é denominado **argumento** ou **fase** de z.

Se tivermos dois números complexos, z e z', na forma polar, seu produto zz' pode ser escrito

$$zz' = (re^{i\theta})(r'e^{i\theta'}) = (rr')e^{i(\theta+\theta')}, \tag{1.127}$$

mostrando que a localização do produto em um diagrama de Argand terá argumento (ângulo polar) na soma dos ângulos polares dos fatores, e com uma grandeza que é o produto de suas grandezas. Inversamente, o quociente z/z' terá grandeza r/r' e argumento $\theta - \theta'$.

Essas relações devem ajudar a obter uma compreensão qualitativa da multiplicação e divisão complexas. Essa discussão também mostra que a multiplicação e a divisão são mais fáceis na representação polar, enquanto a adição e a subtração têm formas mais simples nas coordenadas cartesianas.

A plotagem dos números complexos em um diagrama de Argand torna óbvio algumas outras propriedades. Como a adição em um diagrama de Argand é análoga à adição vetorial 2-D, pode-se ver que

$$\Big| |z| - |z'| \Big| \leq |z \pm z'| \leq |z| + |z'|. \tag{1.128}$$

Além disso, como $z* = re^{-i\theta}$ tem a mesma grandeza que z, mas um argumento que difere apenas no sinal, $z + z$ * será real e igual a $2\mathbf{Re}z$, enquanto $z - z*$ será imaginário puro e igual a $2i$ Imz. Ver na Figura 1.13 uma ilustração dessa discussão.

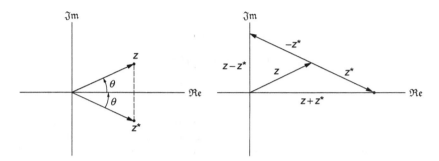

Figura 1.13: Esquerda: Relação de z e $z*$. Direita: $z + z*$ e $z - z*$.

Podemos usar um diagrama de Argand para representar valores de uma função $\omega(z)$ bem como apenas o próprio z, nesse caso, podemos rotular os eixos u e v, referindo-se as partes reais e imaginárias de ω. Nesse caso, podemos pensar na função $\omega(z)$ como fornecendo um **mapeamento** a partir do plano $x\,y$ para o plano uv, com o efeito de que qualquer curva no plano $x\,y$ (às vezes chamado z) é mapeado para uma curva correspondente no plano $uv (= \omega)$. Além disso, as afirmações no parágrafo anterior podem ser estendidas para funções:

$$\left| |w(z)| - |w'(z)| \right| \le |w(z) \pm w'(z)| \le |w(z)| + |w'(z)|,$$

$$\Re e\, w(z) = \frac{w(z) + [w(z)]^*}{2}, \quad \Im m\, w(z) = \frac{w(z) - [w(z)]^*}{2}. \tag{1.129}$$

Números Complexos da Grandeza Unitária

Números complexos na forma

$$e^{i\theta} = \cos\theta + i\,\text{sen}\,\theta, \tag{1.130}$$

onde atribuímos à variável o nome θ para enfatizar o fato de que pretendemos limitá-la a valores reais, correspondem em um diagrama de Argand aos pontos para os quais $x = \cos\theta$, $y = \text{sen}\,\theta$, e cuja grandeza é, portanto, $\cos^2\theta + \text{sen}^2\theta = 1$. Os pontos de $\exp(i\theta)$, portanto, estão no círculo unitário, no ângulo polar θ. Essa observação torna óbvio algumas relações que podem, em princípio, também ser deduzidas da Equação (1.130). Por exemplo, se θ tem os valores especiais $\pi/2$, π ou $3\pi/2$, temos as relações interessantes

$$e^{i\pi/2} = i, \quad e^{i\pi} = -1, \quad e^{3i\pi/2} = -i. \tag{1.131}$$

Também vemos que $\exp(i\theta)$ é periódica, com período 2π, assim

$$e^{2i\pi} = e^{4i\pi} = \cdots = 1, \quad e^{3i\pi/2} = e^{-i\pi/2} = -i, \ \text{ etc.} \tag{1.132}$$

Alguns valores relevantes de z no círculo unitário estão ilustrados na Figura 1.14. Essas relações fazem a parte real de $\exp(i\omega t)$ descrever a oscilação na frequência angular ω, com $\exp(i[\omega t + \delta])$ descrevendo uma oscilação deslocada daquela primeira mencionada por uma diferença de fase δ.

Funções Circulares e Hiperbólicas

A relação sintetizada na Equação (1.130) permite obter fórmulas convenientes para o seno e cosseno. Considerando a soma e a diferença de $\exp(+i\theta)$ e $\exp(-i\theta)$, temos

$$\cos\theta = \frac{e^{i\theta} + e^{-i\theta}}{2}, \quad \text{sen}\,\theta = \frac{e^{i\theta} - e^{-i\theta}}{2i}. \tag{1.133}$$

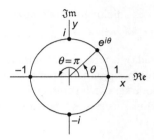

Figura 1.14: Alguns valores de z no círculo unitário.

Essas fórmulas colocam as definições das funções hiperbólicas em perspectiva:

$$\cosh\theta = \frac{e^\theta + e^{-\theta}}{2}, \quad \operatorname{senh}\theta = \frac{e^\theta - e^{-\theta}}{2}. \tag{1.134}$$

Comparando esses dois conjuntos de equações, é possível estabelecer as fórmulas

$$\cosh iz = \cos z, \quad \operatorname{senh} iz = i\operatorname{sen} z. \tag{1.135}$$

A prova é deixada para o Exercício 1.8.5.

O fato de que $\exp(in\theta)$ pode ser escrito de duas formas equivalentes

$$\cos n\theta + i\operatorname{sen} n\theta = (\cos\theta + i\operatorname{sen}\theta)^n \tag{1.136}$$

estabelece uma relação conhecida como teorema de Moivre. Expandindo o membro à direita da Equação (1.136), obtemos facilmente as fórmulas de ângulos múltiplos trigonométricas, das quais os exemplos mais simples são os resultados bem-conhecidos

$$\operatorname{sen}(2\theta) = 2\operatorname{sen}\theta\cos\theta, \quad \cos(2\theta) = \cos^2\theta - \operatorname{sen}^2\theta.$$

Se resolvemos a fórmula sen θ da Equação (1.133) para $\exp(i\theta)$, obtemos (escolhendo o sinal de adição para o radical)

$$e^{i\theta} = i\operatorname{sen}\theta + \sqrt{1 - \operatorname{sen}^2\theta}.$$

Definindo sen $\theta = z$ e $\theta = \operatorname{sen}^{-1}(z)$, e considerando o logaritmo de ambos os lados da equação anterior, expressamos a função trigonométrica inversa em termos de logaritmos.

$$\operatorname{sen}^{-1}(z) = -i\ln\left[iz + \sqrt{1 - z^2}\right].$$

O conjunto das fórmulas que podem ser geradas dessa maneira inclui:

$$\operatorname{sen}^{-1}(z) = -i\ln\left[iz + \sqrt{1 - z^2}\right], \quad \tan^{-1}(z) = \frac{i}{2}\left[\ln(1 - iz) - \ln(1 + iz)\right],$$

$$\operatorname{senh}^{-1}(z) = \ln\left[z + \sqrt{1 + z^2}\right], \quad \tanh^{-1}(z) = \frac{1}{2}\left[\ln(1 + z) - \ln(1 - z)\right]. \tag{1.137}$$

Potências e Raízes

A forma polar é muito conveniente para expressar potências e raízes dos números complexos.

Para potências inteiras, o resultado é óbvio e único:

$$z = re^{i\varphi}, \quad z^n = r^n e^{in\varphi}.$$

Para raízes (potências fracionárias), também temos

$$z = re^{i\varphi}, \quad z^{1/n} = r^{1/n} e^{i\varphi/n},$$

mas o resultado não é único. Se escrevemos z na forma alternativa, mas equivalente

$$z = re^{i(\varphi + 2m\pi)},$$

onde m é um inteiro, agora obtemos os valores adicionais para a raiz:

$$z^{1/n} = r^{1/n} e^{i(\varphi + 2m\pi)/n}, \quad \text{(qualquer inteiro } m\text{)}.$$

Se $n = 2$ (correspondendo à raiz quadrada), diferentes escolhas de m resultarão em dois valores distintos de $z^{1/2}$, ambos do mesmo módulo, mas diferindo no argumento por π. Isso corresponde ao resultado bem conhecido de que a raiz quadrada é de valor duplo e pode ser escrita com qualquer sinal.

Em geral, $z^{1/n}$ tem n valores, com os valores sucessivos tendo argumentos que diferem por $2\pi/n$. A Figura 1.15 ilustra os valores múltiplos de $1^{1/3}$, $i^{1/3}$ e $(-1)^{1/3}$.

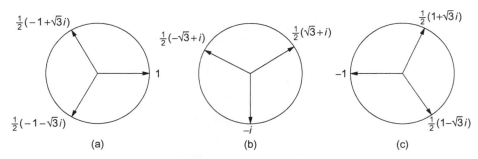

Figura 1.15: Raízes cúbicas: (a) $1^{1/3}$; (b) $i^{1/3}$; (c) $(-1)^{1/3}$.

Logaritmo

Outra função complexa de múltiplos valores é o logaritmo, que na representação polar assume a forma

$$\ln z = \ln(re^{i\theta}) = \ln r + i\theta.$$

No entanto, também é verdade que

$$\ln z = \ln \left(re^{i(\theta + 2n\pi)} \right) = \ln r + i(\theta + 2n\pi), \tag{1.138}$$

para **qualquer** inteiro n positivo ou negativo. Assim, $\ln z$ tem, para um dado z, o número infinito de valores correspondendo a todas as possíveis escolhas de n na Equação (1.138).

Exercícios

1.8.1 Encontre o recíproco de $x + iy$, trabalhando em uma forma polar, mas expressando o resultado final em uma forma cartesiana.

1.8.2 Mostre que os números complexos têm raízes quadradas e que as raízes quadradas estão contidas no plano complexo. Quais são as raízes quadradas de i?

1.8.3 Mostre que

(a) $\cos n\theta = \cos^n \theta - \binom{n}{2} \cos^{n-2} \theta \, \mathrm{sen}^2 \theta + \binom{n}{4} \cos^{n-4} \theta \, \mathrm{sen}^4 \theta - \cdots,$

(b) $\mathrm{sen}\, n\theta = \binom{n}{1} \cos^{n-1} \theta \, \mathrm{sen}\, \theta - \binom{n}{3} \cos^{n-3} \theta \, \mathrm{sen}^3 \theta + \cdots.$

1.8.4 Prove que

(a) $\displaystyle\sum_{n=0}^{N-1} \cos nx = \frac{\mathrm{sen}(Nx/2)}{\mathrm{sen}\, x/2} \cos(N-1)\frac{x}{2},$

(b) $\displaystyle\sum_{n=0}^{N-1} \mathrm{sen}\, nx = \frac{\mathrm{sen}(Nx/2)}{\mathrm{sen}\, x/2} \mathrm{sen}(N-1)\frac{x}{2}.$

Essas séries ocorrem na análise do padrão de difração de fenda múltipla.

1.8.5   Suponha que as funções trigonométricas e as funções hiperbólicas são definidas para o argumento complexo pela série de potências adequada. Mostre que

$$i \operatorname{sen} z = \operatorname{senh} i z, \quad \operatorname{sen} i z = i \operatorname{senh} z,$$

$$\cos z = \cosh i z, \quad \cos i z = \cosh z.$$

1.8.6   Usando as identidades

$$\cos z = \frac{e^{iz} + e^{-iz}}{2}, \quad \operatorname{sen} z = \frac{e^{iz} - e^{-iz}}{2i},$$

estabelecidas a partir da comparação da série de potências, mostre que

(a) $\operatorname{sen}(x + iy) = \operatorname{sen} x \cosh y + i \cos x \operatorname{senh} y$, $\cos(x + iy) = \cos x \cosh y + i \operatorname{sen} x \operatorname{senh} y$,

(b) $|\operatorname{sen} z|^2 = \operatorname{sen}^2 x + \operatorname{senh}^2 y$, $|\cos z|^2 = \cos^2 x + \operatorname{senh}^2 y$.

Isso demonstra que podemos ter $|\operatorname{sen} z|$, $|\cos z| > 1$ no plano complexo.

1.8.7   A partir das identidades nos Exercícios 1.8.5 e 1.8.6 mostre que

(a) $\operatorname{senh}(x + iy) = \operatorname{senh} x \cos y + i \cosh x \operatorname{sen} y$, $\cosh(x + iy) = \cosh x \cos y + i \operatorname{senh} x \operatorname{sen} y$,

(b) $|\operatorname{senh} z|^2 = \operatorname{senh}^2 x + \operatorname{sen}^2 y$, $|\cosh z|^2 = \cosh^2 x + \operatorname{sen}^2 y$.

1.8.8   Mostre que

(a) $\tanh \dfrac{z}{2} = \dfrac{\operatorname{senh} x + i \operatorname{sen} y}{\cosh x + \cos y}$ (b) $\coth \dfrac{z}{2} = \dfrac{\operatorname{senh} x - i \operatorname{sen} y}{\cosh x - \cos y}$

1.8.9   Comparando expansões de série, mostre que $\tan^{-1} x = \dfrac{i}{2} \ln \left(\dfrac{1 - ix}{1 + ix} \right)$.

1.8.10   Encontre a forma cartesiana para **todos os valores** de
(a) $(-8)^{1/3}$,
(b) $i^{1/4}$,
(c) $e^{i\pi/4}$.

1.8.11   Encontre a forma polar para **todos os valores** de
(a) $(1 + i)^3$,
(b) $(-1)^{1/5}$.

1.9   Derivadas e Extrema

Recordamos o limite conhecido identificado como a derivada, $df(x)/dx$, de uma função $f(x)$ em um ponto x:

$$\frac{df(x)}{dx} = \lim_{\varepsilon = 0} \frac{f(x + \varepsilon) - f(x)}{\varepsilon} ; \tag{1.139}$$

a derivada só é definida se o limite existe e é independente da direção a partir da qual ε se aproxima de zero. A **variação** ou **diferencial** de $f(x)$ associada a uma mudança dx em sua variável independente em relação valor de referência x assume a forma

$$df = f(x + dx) - f(x) = \frac{df}{dx} dx, \tag{1.140}$$

no limite em que dx é pequeno o suficiente que os termos dependentes de dx^2 e potências mais altas de dx tornam-se insignificantes. O teorema do valor médio (com base na continuidade de f) informa que aqui, df/dx é avaliado em algum ponto ξ entre x e $x + dx$, mas como $dx \to 0$, $\xi \to x$.

Quando uma quantidade de interesse é uma função de duas ou mais variáveis independentes, a generalização da Equação (1.140) é (ilustrando para o caso de três variáveis fisicamente importantes):

$$df = \Big[\, f(x+dx, y+dy, z+dz) - f(x, y+dy, z+dz)\,\Big]$$

$$+ \Big[\, (f(x, y+dy, z+dz) - f(x, y, z+dz)\,\Big]$$

$$+ \Big[\, f(x, y, z+dz) - f(x, y, z)\,\Big]$$

$$= \frac{\partial f}{\partial x}\, dx + \frac{\partial f}{\partial y}\, dy + \frac{\partial f}{\partial z}\, dz, \tag{1.141}$$

onde as **derivadas parciais** indicam diferenciação na qual as variáveis independentes não sendo diferenciadas são mantidas fixas. O fato de que $\partial f/\partial x$ é avaliado em $y + dy$ e $z + dz$ em vez de em y e z altera a derivada por quantias que são da ordem de dy e dz e, portanto, a alteração torna-se insignificante no limite das variações pequenas. É, portanto, consistente interpretar a Equação (1.141) como envolvendo derivadas parciais que são todas avaliadas no ponto de referência x, y, z.

Uma análise mais detalhada do mesmo tipo levou ao fato de que a Equação (1.141) pode ser utilizada para definir derivadas mais altas e estabelecer o resultado útil que **cruza as derivadas** (por exemplo, $\partial^2/\partial x\partial y$) são independentes da ordem em que as subdivisões são executadas:

$$\frac{\partial}{\partial y}\left(\frac{\partial f}{\partial x}\right) \equiv \frac{\partial^2 f}{\partial y\partial x} = \frac{\partial^2 f}{\partial x\partial y}. \tag{1.142}$$

Às vezes não fica claro a partir do contexto quais variáveis além daquelas que estão sendo diferenciadas são independentes, e é então aconselhável anexar subscritos à notação derivada para evitar ambiguidades. Por exemplo, se as variáveis x, y e z foram definidas em um problema, mas apenas duas delas são independentes, pode-se escrever

$$\left(\frac{\partial f}{\partial x}\right)_y \text{ ou} \left(\frac{\partial f}{\partial x}\right)_z,$$

qualquer que seja seu real sentido.

Para trabalhar com funções contendo diversas variáveis, observamos duas fórmulas úteis que se seguem a partir da Equação (1.141):

1. A **regra da cadeia**,

$$\frac{df}{ds} = \frac{\partial f}{\partial x}\frac{dx}{ds} + \frac{\partial f}{\partial y}\frac{dy}{ds} + \frac{\partial f}{\partial z}\frac{dz}{ds}, \tag{1.143}$$

que se aplica quando x, y e z são funções de outra variável, s,

2. Uma fórmula obtida definindo $df = 0$ (aqui mostrado para o caso em que existem apenas duas variáveis independentes e o termo dz da Equação (1.141) está ausente):

$$\left(\frac{\partial y}{\partial x}\right)_f = -\frac{\left(\dfrac{\partial f}{\partial x}\right)_y}{\left(\dfrac{\partial f}{\partial y}\right)_x}. \tag{1.144}$$

Na mecânica de Lagrange, ocasionalmente encontramos expressões como[7]

$$\frac{d}{dt}\, L(x, \dot{x}, t) = \left[\frac{\partial L}{\partial x}\dot{x} + \frac{\partial L}{\partial \dot{x}}\ddot{x} + \frac{\partial L}{\partial t}\right],$$

---

[7]Aqui os pontos indicam derivadas temporais.

um exemplo do uso da regra da cadeia. Aqui é necessário distinguir entre a dependência formal de L para com seus três argumentos e a dependência geral de L para com o tempo. Observe o uso da notação de derivada comum (d/dt) e a parcial ($\partial/\partial t$).

Pontos Estacionários

Se um conjunto de variáveis independentes (por exemplo, x, y, z da nossa discussão anterior) representa direções no espaço ou não, podemos perguntar como uma função f muda se nos movemos em várias direções no espaço das variáveis independentes; a resposta é fornecida pela Equação (1.143), onde a "direção" é definida pelos valores de dx/ds, dy/ds etc.

Muitas vezes é desejável encontrar o mínimo de uma função f de n variáveis x_i, $i = 1, ..., n$, e uma condição necessária, mas não suficiente sobre sua posição é

$$\frac{df}{ds} = 0 \text{ para todas as direções de } ds.$$

Isso é equivalente a exigir

$$\frac{\partial f}{\partial x_i} = 0, \quad i = 1, \ldots, n. \tag{1.145}$$

Todos os pontos no espaço x_i que satisfazem a Equação (1.145) são denominados **estacionários;** para que um ponto estacionário de f seja um mínimo, também é necessário que as segundas derivadas d^2f/ds^2 sejam positivas para todas as direções de s. Por outro lado, se as segundas derivadas em todas as direções são negativas, o ponto estacionário é um máximo. Se nenhuma dessas condições é satisfeita, o ponto estacionário não é nem um máximo nem um mínimo, e é muitas vezes chamado **ponto de sela** por causa da aparência da superfície de f quando existem duas variáveis independentes (Figura 1.16). Muitas vezes, fica óbvio se um ponto estacionário é um mínimo ou um máximo, mas uma discussão completa sobre a questão não é trivial.

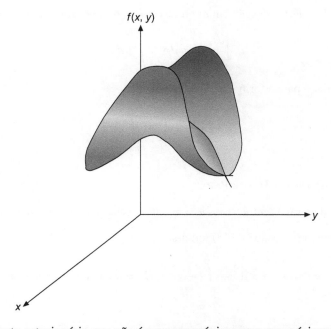

Figura 1.16: Um ponto estacionário que não é nem um máximo nem um mínimo (um ponto de sela).

Exercícios

1.9.1 Derive a fórmula a seguir para a expansão de Maclaurin de uma função de duas variáveis:

$$f(x, y) = f(0, 0) + x \frac{\partial f}{\partial x} + y \frac{\partial f}{\partial y}$$

$$+ \frac{1}{2!} \left[\binom{2}{0} x^2 \frac{\partial^2 f}{\partial x^2} + \binom{2}{1} xy \frac{\partial^2 f}{\partial x \partial y} + \binom{2}{2} y^2 \frac{\partial^2 f}{\partial y^2} \right]$$

$$+ \frac{1}{3!} \left[\binom{3}{0} x^3 \frac{\partial^3 f}{\partial x^3} + \binom{3}{1} x^2 y \frac{\partial^3 f}{\partial x^2 \partial y} + \binom{3}{2} xy^2 \frac{\partial^3 f}{\partial x \partial y^2} + \binom{3}{3} y^3 \frac{\partial^3 f}{\partial y^3} \right] + \cdots,$$

onde todas as derivadas parciais devem ser avaliadas no ponto (0, 0).

1.9.2 O resultado no Exercício 1.9.1 pode ser generalizado para um número maior de variáveis independentes. Prove que para um sistema de m variáveis, a expansão de Maclaurin pode ser escrita na forma simbólica

$$f(x_1, \ldots, x_m) = \sum_{n=0}^{\infty} \frac{t^n}{n!} \left(\sum_{i=1}^{m} \alpha_i \frac{\partial}{\partial x_i} \right)^n f(0, \ldots, 0),$$

onde no lado direito fizemos as substituições $x_j = \alpha_j t$.

1.10 Avaliação de Integrais

Proficiência na avaliação de integrais envolve uma mistura de experiência, habilidade no reconhecimento de padrões, e alguns truques. A mais familiar inclui a técnica de integração por partes, bem como a estratégia de mudar a variável de integração. Revisamos aqui alguns métodos para integrais em uma e múltiplas dimensões.

Integração por Partes

A técnica da integração por partes compõe todo curso de cálculo elementar, mas seu uso é tão frequente e onipresente que merece ser incluído aqui. Ela baseia-se na relação óbvia, para funções arbitrárias u e v de x,

$$d(uv) = u\,dv + v\,du.$$

Integrando ambos os lados dessa equação em um intervalo (a, b), chegamos a

$$uv \Big|_a^b = \int_a^b u\,dv + \int_a^b v\,du,$$

que normalmente é rearranjado para a forma bem conhecida

$$\int_a^b u\,dv = uv \Big|_a^b - \int_a^b v\,du. \tag{1.146}$$

Exemplo 1.10.1 INTEGRAÇÃO POR PARTES

Considere a $\int_a^b x\,\text{sen}\,x\,dx$ integral. Identificamos $u = x$ e $dv = \text{sen}\,x\,dx$. Diferenciando e integrando, encontramos $du = dx$ e $v = -\cos x$, assim a Equação (1.146) torna-se

$$\int_a^b x\,\text{sen}\,x\,dx = (x)(-\cos x) \Big|_a^b - \int_a^b (-\cos x)\,dx = a\cos a - b\cos b + \text{sen}\,b - \text{sen}\,a.$$

∎

O segredo para o uso eficaz dessa técnica é ver como particionar um integrando em u e dv de uma maneira que fica mais fácil formar du e v e também integrar $\int v\,du$.

Funções Especiais

Algumas funções especiais tornaram-se importantes na física porque surgem em situações encontradas frequentemente. Identificar uma integral unidimensional (1-D) como uma que produz uma função especial é quase tão bom quanto uma avaliação simples e direta, em parte porque isso evita a perda de tempo que de outro modo poderia ser gasto tentando realizar a integração.

Porém, talvez o mais importante é que isso conecta a integral ao corpo completo de conhecimento sobre suas propriedades e sua avaliação. Não é necessário que todos os físicos saibam tudo sobre todas as funções especiais conhecidas, mas é desejável ter uma visão geral que permita o reconhecimento das funções especiais que podem então ser estudadas mais detalhadamente se necessário.

Tabela 1.2 Funções especiais de importância na física

Função gama	$\Gamma(x) = \int_0^\infty t^{x-1} e^{-t} dt$	Ver Capítulo 13.
Fatorial (n integral)	$n! = \int_0^\infty t^n e^{-t} dt$	$n! = \Gamma(n+1)$
Função zeta de Riemann	$\zeta(x) = \dfrac{1}{\Gamma(x)} \int_0^\infty \dfrac{t^{x-1} dt}{e^t - 1}$	Ver Capítulos 1 e 12.
Integrais exponenciais	$E_n(x) = \int_1^\infty t^{-n} e^{-t} dt$	$E_1(x) \equiv -\mathrm{Ei}(-x)$
Integral de seno	$\mathrm{si}(x) = -\int_x^\infty \dfrac{\mathrm{sen}\, t}{t} dt$	
Integral de cosseno	$\mathrm{Ci}(x) = -\int_x^\infty \dfrac{\cos t}{t} dt$	
Funções de erro	$\mathrm{erf}(x) = \dfrac{2}{\sqrt{\pi}} \int_0^x e^{-t^2} dt$	$\mathrm{erf}(\infty) = 1$
	$\mathrm{erfc}(x) = \dfrac{2}{\sqrt{\pi}} \int_x^\infty e^{-t^2} dt$	$\mathrm{erfc}(x) = 1 - \mathrm{erf}(x)$
Dilogaritmo	$\mathrm{Li}_2(x) = -\int_0^x \dfrac{\ln(1-t)}{t} dt$	

É comum que uma função especial seja definida em termos de uma integral ao longo do intervalo para o qual a integral converge, mas ter sua definição estendida para um domínio mais amplo por continuação analítica no plano complexo (compare com o Capítulo 11) ou pelo estabelecimento de relações funcionais adequadas. Apresentamos na Tabela 1.2 apenas as representações integrais mais úteis de algumas funções de ocorrência frequente. Mais detalhes são fornecidos por uma variedade de fontes on-line e no material listado em Leituras Adicionais no final deste Capítulo, especialmente as compilações de Abramowitz e Stegun e de Gradshteyn e Ryzhik.

A omissão visível a partir da lista na Tabela 1.2 é a extensa família das funções de Bessel. Uma tabela pequena não é suficiente para resumir suas inúmeras representações integrais; um exame desse tópico está no Capítulo 14. Outras funções importantes em mais de uma variável, ou com índices além de argumentos, também foram omitidas da tabela.

Outros Métodos

Um método extremamente poderoso para a avaliação das integrais definidas é a da integração de contorno no plano complexo. Esse método é apresentado no Capítulo 11 e não será discutido aqui.

Integrais muitas vezes podem ser avaliadas por métodos que envolvem integração ou diferenciação em relação a parâmetros, obtendo assim as relações entre integrais conhecidas e aquelas cujos valores estão sendo procurados.

Exemplo 1.10.2   PARÂMETRO DIFERENCIADO

Queremos avaliar a integral

$$I = \int_0^\infty \frac{e^{-x^2}}{x^2 + a^2} \, dx.$$

Introduzimos um parâmetro, t, para facilitar manipulações adicionais, e considerar a integral relacionada

$$J(t) = \int_0^\infty \frac{e^{-t(x^2+a^2)}}{x^2 + a^2} \, dx \; ;$$

notamos que $I = e^{a^2} J(1)$.

Agora diferenciamos $J(t)$ em relação a t e avaliamos a integral resultante, que é a versão elevada da Equação (1.148):

$$\frac{d\,J(t)}{dt} = -\int_0^\infty e^{-t(x^2+a^2)} \, dx = -e^{-ta^2} \int_0^\infty e^{-tx^2} \, dx = -\frac{1}{2}\sqrt{\frac{\pi}{t}}\, e^{-ta^2}. \qquad (1.147)$$

Para recuperar $J(t)$, integramos a Equação (1.147) entre t e ∞, fazendo uso do fato de que $J(\infty) = 0$. Para efetuar a integração, é conveniente fazer as substituições $u^2 = a^2 t$, assim obtemos

$$J(t) = \frac{\sqrt{\pi}}{2} \int_t^\infty \frac{e^{-ta^2}}{t^{1/2}} \, dt = \frac{\sqrt{\pi}}{a} \int_{at^{1/2}}^\infty e^{-u^2} \, du,$$

que agora reconhecemos como $J(t) = (\pi/2a)\mathrm{erfc}(at^{1/2})$. Assim, nosso resultado final é

$$I = \frac{\pi}{2a}\, e^{a^2}\, \mathrm{erfc}(a).$$

∎

Muitas integrais podem ser avaliadas primeiro convertendo-as em uma série infinita, então manipulando a série resultante e, por fim, avaliando a série ou reconhecendo-a como uma função especial.

Exemplo 1.10.3   EXPANDA, ENTÃO INTEGRE

Considere $I = \int_0^1 \frac{dx}{x} \ln\left(\frac{1+x}{1-x}\right)$. Usando a Equação (1.120) para o logaritmo,

$$I = \int_0^1 dx\, 2\left[1 + \frac{x^2}{3} + \frac{x^4}{5} + \cdots\right] = 2\left[1 + \frac{1}{3^2} + \frac{1}{5^2} + \cdots\right].$$

Notando que

$$\frac{1}{2^2}\, \zeta(2) = \frac{1}{2^2} + \frac{1}{4^2} + \frac{1}{6^2} + \cdots,$$

vemos que

$$\zeta(2) - \frac{1}{4}\, \zeta(2) = 1 + \frac{1}{3^2} + \frac{1}{5^2} + \cdots,$$

assim, $I = \frac{3}{2}\zeta(2)$.

∎

Simplesmente usar números complexos auxilia a avaliar algumas integrais. Tome, por exemplo, a integral elementar

$$I = \int \frac{dx}{1 + x^2}.$$

Criando uma decomposição em frações parciais de $(1 + x^2)^{-1}$ e integrando, obtemos facilmente

$$I = \int \frac{1}{2} \left[\frac{1}{1 + ix} + \frac{1}{1 - ix} \right] dx = \frac{i}{2} \left[\ln(1 - ix) - \ln(1 + ix) \right].$$

A partir da Equação (1.137), reconhecemos isso como $\tan^{-1}(x)$.

As formas exponenciais complexas das funções trigonométricas fornecem abordagens interessantes para avaliar certas integrais. Eis um exemplo.

Exemplo 1.10.4   UMA INTEGRAL TRIGONOMÉTRICA

considere $I = \int\limits_{0}^{\infty} e^{-at} \cos bt\, dt$

onde a e b são reais e positivas. Como $\cos bt = \mathrm{Re}\, e^{ibt}$, observamos que

$$I = \mathfrak{Re} \int\limits_{0}^{\infty} e^{(-a+ib)t}\, dt.$$

A integral agora é apenas aquela de um exponencial, e é facilmente avaliada, resultando em

$$I = \mathfrak{Re}\, \frac{1}{a - ib} = \mathfrak{Re}\, \frac{a + ib}{a^2 + b^2},$$

o que produz $I = a/(a^2 + b^2)$. Como bônus, a parte imaginária da mesma integral fornece

$$\int\limits_{0}^{\infty} e^{-at} \operatorname{sen} bt\, dt = \frac{b}{a^2 + b^2}.$$

∎

Métodos recursivos são frequentemente úteis a fim obter fórmulas para um conjunto de integrais relacionadas.

Exemplo 1.10.5   RECURSÃO

Considere

$$I_n = \int\limits_{0}^{1} t^n \operatorname{sen} \pi t\, dt$$

para o inteiro positivo n.

Integrando I_n por partes duas vezes, considerando $u = t^n$ e $dv = \operatorname{sen} \pi t\, dt$, temos

$$I_n = \frac{1}{\pi} - \frac{n(n-1)}{\pi^2} I_{n-2},$$

com valores iniciais $I_0 = 2/\pi$ e $I_1 = 1/\pi$.

Muitas vezes não há necessidade prática de obter uma fórmula geral não recursiva, uma vez que a aplicação repetida da recursão é frequentemente mais eficiente que uma fórmula fechada, mesmo quando uma pode ser encontrada.

∎

Integrais Múltiplas

Uma expressão que corresponde à integração de duas variáveis, digamos x e y, pode ser escrita com dois sinais de integral, como em

$$\iint f(x, y)\, dx\, dy \quad \text{r} \quad \int_{x_1}^{x_2} dx \int_{y_1(x)}^{y_2(x)} dy\, f(x, y),$$

onde a forma à direita pode ser mais específica quanto aos limites de integração, e também dá uma indicação explícita de que a integração de y deve ser realizada primeiro, ou com um sinal de integral único, como em

$$\int_S f(x, y)\, dA,$$

onde S (se explicitamente mostrado) é uma região de integração 2-D e dA é um elemento da "área" (em coordenadas cartesianas, igual a $dxdy$). Dessa forma, deixamos em aberto tanto a escolha do sistema de coordenadas a ser utilizado para avaliar a integral quanto a ordem em que as variáveis devem ser integradas. Em três dimensões, podemos utilizar três sinais de integral ou uma única integral com um símbolo $d\tau$ indicando um elemento "volume" 3-D em um sistema de coordenadas não especificado.

Além das técnicas disponíveis para integração em uma única variável, integrais múltiplas fornecem outras oportunidades para a avaliação com base nas mudanças na ordem da integração e no sistema de coordenadas usado na integral. Às vezes, simplesmente reverter a ordem da integração pode ser útil. Se, antes da reversão, o intervalo da integral interna depende da variável de integração externa, devemos ter cuidado ao determinar os intervalos de integração após a reversão. Pode ser útil desenhar um diagrama identificando o intervalo da integração.

Exemplo 1.10.6   Revertendo a Ordem de Integração
Considere

$$\int_0^{\infty} e^{-r}\, dr \int_r^{\infty} \frac{e^{-s}}{s}\, ds,$$

em que a integral interna pode ser identificada como uma integral exponencial, sugerindo dificuldade se a integração for abordada de uma maneira simples e direta. Suponha que procedamos revertendo a ordem da integração. Para identificar os intervalos adequados de coordenadas, desenhamos em um plano (r, s), como na Figura 1.17, a região $s > r \geq 0$, que é abrangida na ordem original da integração como uma sucessão de faixas verticais, para cada r que se estende de $s = r$ para $s = \infty$.

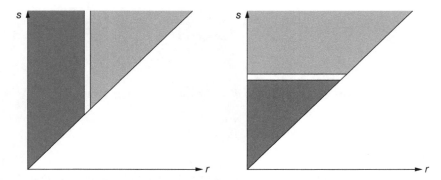

Figura 1.17: Região de integração 2-D para o Exemplo 1.10.6. Painel esquerdo: integração interna sobre s; painel direito: integração interna sobre r.

Consulte o painel à esquerda da figura. Se a integração externa é alterada de r para s, essa mesma região é abrangida selecionando, para cada s, um intervalo horizontal de r que se estende de $r = 0$ até $r = s$. Consulte o painel à direita da figura. A integral dupla transformada então assume a forma

$$\int\limits_0^\infty \frac{e^{-s}}{s}\, ds \int\limits_0^s e^{-r}\, dr,$$

onde a integral interna sobre r é agora elementar, avaliando para $1 - e^{-s}$. Isso nos deixa com uma integral 1-D,

$$\int\limits_0^\infty \frac{e^{-s}}{s}(1 - e^{-s})\, ds.$$

Introduzindo uma expansão de série de potências para $1 - e^{-s}$, essa integral torna-se

$$\int\limits_0^\infty \frac{e^{-s}}{s} \sum_{n=1}^\infty \frac{(-1)^{n-1} s^n}{n!} = \sum_{n=1}^\infty \frac{(-1)^{n-1}}{n!} \int\limits_0^\infty s^{n-1} e^{-s}\, ds = \sum_{n=1}^\infty \frac{(-1)^{n-1}}{n!}(n-1)!,$$

onde na última etapa identificamos a integral s (ver Tabela 1.2) como $(n-1)!$. Concluímos a avaliação observando que $(n-1)!/n! = 1/n$, de modo a que o somatório pode ser reconhecido como $\ln 2$, dando assim o resultado final

$$\int\limits_0^\infty e^{-r}\, dr \int\limits_r^\infty \frac{e^{-s}}{s}\, ds = \ln 2.$$

∎

Uma mudança significativa na forma das integrais 2-D ou 3-D às vezes pode ser alcançada alternando entre os sistemas de coordenadas cartesianas e polares.

Exemplo 1.10.7   AVALIAÇÃO EM COORDENADAS POLARES

Em muitos textos de cálculo, a avaliação de $\int_0^\infty \exp(-x^2)\, dx$ é realizada convertendo-a primeiro em uma integral 2-D, pegando seu quadrado, que é então escrito e avaliado em coordenadas polares. Usando o fato de que $dx\, dy = r\, dr\, d\varphi$, temos

$$\int\limits_0^\infty dx\, e^{-x^2} \int\limits_0^\infty dy\, e^{-y^2} = \int\limits_0^{\pi/2} d\varphi \int\limits_0^\infty r\, dr\, e^{-r^2} = \frac{\pi}{2} \int\limits_0^\infty \frac{1}{2}\, du\, e^{-u} = \frac{\pi}{4}.$$

Isso produz o resultado bem-conhecido

$$\int\limits_0^\infty e^{-x^2}\, dx = \frac{1}{2}\sqrt{\pi}. \tag{1.148}$$

∎

Exemplo 1.10.8   INTEGRAL DE INTERAÇÃO ATÔMICA

Para o estudo da interação de um átomo pequeno com um campo eletromagnético, uma das integrais que surge em um tratamento simples aproximado usando as orbitais do tipo gaussiano é (em coordenadas cartesianas adimensionais)

$$I = \int d\tau\, \frac{z^2}{(x^2 + y^2 + z^2)^{3/2}}\, e^{-(x^2+y^2+z^2)},$$

em que o intervalo de integração é todo o espaço físico 3-D (IR^3). Naturalmente, isso é um problema melhor abordado em coordenadas polares esféricas (r, θ, φ), onde r é a distância a partir da origem do sistema de coordenadas, θ é o ângulo polar (para a Terra, conhecido como *colatitude*), e φ é o ângulo azimutal (*longitude*). As fórmulas de conversão relevantes são: $x^2 + y^2 + z^2 = r^2$ e $z/r = \cos \theta$. O elemento de volume é $d\tau = r^2 \operatorname{sen} \theta \, dr d\theta d\varphi$ e, nos intervalos das novas coordenadas, são $0 \le r \infty$, $0 \le \theta \le \pi$ e $0 \le \varphi < 2\pi$. Nas coordenadas esféricas, nossa integral torna-se

$$I = \int d\tau \frac{\cos^2 \theta}{r} e^{-r^2} = \int_0^\infty dr \, r e^{-r^2} \int_0^\pi d\theta \, \cos^2 \theta \operatorname{sen} \theta \int_0^{2\pi} d\varphi$$

$$= \left(\frac{1}{2}\right) \left(\frac{2}{3}\right) \left(2\pi\right) = \frac{2\pi}{3}.$$

Observações: Mudanças das Variáveis de Integração

Em uma integração 1-D, uma alteração na variável de integração de, digamos, x para $y = y(x)$ envolve dois ajustes: (1) a diferencial dx deve ser substituída por $(dx/dy)dy$, e (2) os limites de integração têm de ser alterados de x_1, x_2 para $y(x_1)$, $y(x_2)$. Se $y(x)$ não é de valor único ao longo de todo o intervalo (x_1, x_2), o processo torna-se mais complicado e nós não o iremos considerá-lo em mais detalhes aqui.

Para integrais múltiplas, a situação é consideravelmente mais complicada e exige discussão. Ilustrando para uma integral dupla, inicialmente nas variáveis x, y, mas transformada em uma integração nas variáveis u, v, a $dx \, dy$ diferencial deve ser transformada em $J \, du \, dv$, onde J, chamado **jacobiano** da transformação e às vezes simbolicamente representado como

$$J = \frac{\partial(x, y)}{\partial(u, v)}$$

pode depender das variáveis. Por exemplo, a conversão de coordenadas cartesianas 2-D x, y em coordenadas polares planas r, θ envolve o jacobiano

$$J = \frac{\partial(x, y)}{\partial(r, \theta)} = r, \quad \text{so} \quad dx \, dy = r \, dr \, d\theta.$$

Para algumas transformações de coordenadas, o jacobiano é simples e de uma forma bem-conhecida, como no exemplo precedente. Podemos confirmar o valor atribuído a J observando que a área (no espaço $x \, y$) delimitada por limites em r, $r + dr$, θ e $\theta + d\theta$ é um retângulo infinitesimalmente distorcido com dois lados de comprimento dr e dois de comprimento $r d\theta$ (Figura 1.18). Para outras transformações podemos precisar de métodos gerais para obter os jacobianos. O cálculo dos jacobianos será tratado em detalhes na Seção 4.4.

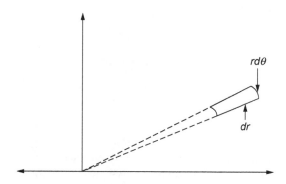

Figura 1.18: Elemento da área nas coordenadas polares planas.

De interesse aqui é a determinação da região transformada da integração. Em princípio, essa questão é simples, mas com demasiada frequência encontramos situações (tanto em outros textos como em artigos de pesquisa) em que argumentos enganosos e potencialmente incorretos são apresentados. A confusão normalmente surge em casos para os quais pelo menos uma parte do limite está no infinito. Ilustramos com a conversão de coordenadas cartesiana 2-D em coordenadas polares planas. A Figura 1.19 mostra que se integramos para $0 \leq \theta < 2\pi$ e $0 \leq r < a$, há regiões nos vértices de um quadrado (do lado $2a$) que não são incluídos. Se a integral deve ser avaliada no limite $a \rightarrow \infty$, é incorreto e sem sentido avançar argumentos sobre a "negligência" das contribuições dessas regiões de vértice, uma vez que cada ponto nesses vértices acaba sendo *incluído* à medida que a aumenta.

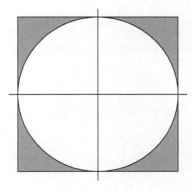

Figura 1.19: Integração 2-D, coordenadas cartesianas e coordenadas polares planas.

Uma situação semelhante, mas um pouco menos óbvia, surge se transformarmos uma integração sobre coordenadas cartesianas $0 \leq x < \infty$, $0 \leq y < \infty$, em uma envolvendo coordenadas $u = x + y$, $v = y$, com os limites de integração $0 \leq u < \infty$, $0 \leq v \leq u$ (Figura 1.20). Novamente, é incorreto e sem sentido criar argumentos justificando a "negligência" do triângulo externo (rotulado B na figura). A observação relevante aqui é que, em última instância, à medida que o valor de u aumenta, qualquer ponto arbitrário na quarta parte do plano é incluído na região sendo integrada.

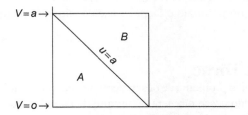

Figura 1.20: Integral em coordenadas transformadas.

Exercícios

1.10.1   Use um método recursivo para mostrar que, para todos os inteiros positivos n, $\Gamma(n) = (n-1)!$. Avalie as integrais nos Exercícios 1.10.2 a 1.10.9.

1.10.2 $\displaystyle\int_0^\infty \frac{\operatorname{sen} x}{x}\,dx$

Dica: Multiplique o integrando por e^{-ax} e selecione o limite $a \rightarrow 0$.

1.10.3 $\displaystyle\int_0^\infty \frac{dx}{\cosh x}$

Dica: Expandir o denominador é uma maneira que converge para todo x relevante.

1.10.4 $\displaystyle\int_0^\infty \frac{dx}{e^{ax}+1}$, para $a > 0$.

1.10.5 $\displaystyle\int_{\pi}^{\infty} \frac{\operatorname{sen} x}{x^2}\, dx$

1.10.6 $\displaystyle\int_{0}^{\infty} \frac{e^{-x}\operatorname{sen} x}{x}\, dx$

1.10.7 $\displaystyle\int_{0}^{x} \operatorname{erf}(t)\, dt$

O resultado pode ser expresso em termos das funções especiais na Tabela 1.2.

1.10.8 $\displaystyle\int_{1}^{x} E_1(t)\, dt$

Obtenha um resultado em que a única função especial é E_1.

1.10.9 $\displaystyle\int_{0}^{\infty} \frac{e^{-x}}{x+1}\, dx$

1.10.10 Mostre que $\displaystyle\int_{0}^{\infty} \left(\frac{\tan^{-1} x}{x} \right)^2 dx = \pi \ln 2$

Dica: Integre por partes, para linearizar em $\tan^{-1}$. Então substitua $\tan^{-1} x$ por $\tan^{-1} ax$ e avalie para $a = 1$.

1.10.11 Usando integração direta em coordenadas cartesianas, encontre a área da elipse definida por

$$\frac{x^2}{a^2} + \frac{y^2}{b^2} = 1.$$

1.10.12 Um círculo unitário é dividido em duas partes por uma linha reta cuja distância da maior aproximação em relação ao centro é 1/2 unidade. Avaliando uma integral adequada, encontre a área da parte menor assim produzida. Depois, use considerações geométricas simples para verificar sua resposta.

1.11 Função delta de Dirac

Frequentemente nos deparamos com o problema de descrever uma quantidade que é igual a zero em todos os lugares, exceto em um único ponto, enquanto nesse momento é infinito de tal modo que sua integral ao longo de qualquer intervalo contendo esse ponto tem um valor finito. Para esse propósito, é útil introduzir a **função delta de Dirac**, que é **definida** para ter as propriedades

$$\delta(x) = 0, \quad x \neq 0, \tag{1.149}$$

$$f(0) = \int_{a}^{b} f(x)\, \delta(x)\, dx, \tag{1.150}$$

onde $f(x)$ é uma função bem-comportada e a integração inclui a origem. Como um caso especial da Equação (1.150),

$$\int_{-\infty}^{\infty} \delta(x)\, dx = 1. \tag{1.151}$$

A partir da Equação (1.150), $\delta(x)$ deve ser um pico infinitamente alto e curto em $x = 0$, como na descrição de uma força impulsiva ou a densidade de carga para uma carga pontual. O problema é que **esse tipo de função não existe**, no sentido usual da função. No entanto, a propriedade crucial na Equação (1.150) pode ser desenvolvida de forma rigorosa como o limite de uma **sequência** de funções, uma distribuição. Por exemplo, a função delta pode ser aproximada por qualquer uma das sequências de funções, Equações (1.152) a (1.155) e Figuras 1.21 e 1.22:

$$\delta_n(x) = \begin{cases} 0, & x < -\frac{1}{2n} \\ n, & -\frac{1}{2n} < x < \frac{1}{2n} \\ 0, & x > \frac{1}{2n}, \end{cases} \tag{1.152}$$

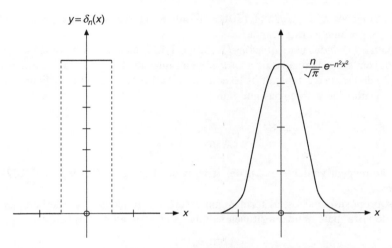

Figura 1.21: Função de sequência δ: à esquerda, Equação (1.152); à direita, Equação (1.153).

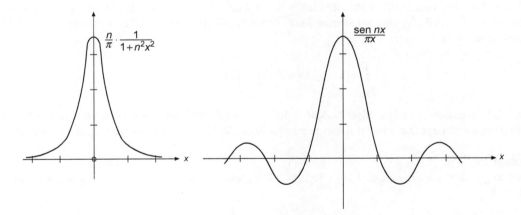

Figura 1.22: Função de sequência δ: à esquerda, Equação (1.154); à direita, Equação (1.155).

$$\delta_n(x) = \frac{n}{\sqrt{\pi}} \exp(-n^2 x^2), \tag{1.153}$$

$$\delta_n(x) = \frac{n}{\pi} \frac{1}{1 + n^2 x^2}, \tag{1.154}$$

$$\delta_n(x) = \frac{\operatorname{sen} nx}{\pi x} = \frac{1}{2\pi} \int_{-n}^{n} e^{ixt} \, dt. \tag{1.155}$$

Embora todas essas sequências (e outras) façam com que $\delta(x)$ tenha as mesmas propriedades, elas diferem um pouco quanto à facilidade de utilização para vários propósitos. A Equação (1.152) é útil para fornecer uma derivação simples da propriedade de integral, Equação (1.150). A Equação (1.153) é conveniente para diferenciar e suas derivadas levam aos polinômios de Hermite. A Equação (1.155) é particularmente útil na análise de Fourier e em aplicações da mecânica quântica. Na teoria da série de Fourier, a Equação (1.155) aparece frequentemente (modificada) como o **kernel de Dirichlet:**

$$\delta_n(x) = \frac{1}{2\pi} \frac{\operatorname{sen}[(n + \frac{1}{2})x]}{\operatorname{sen}\left(\frac{1}{2}x\right)}. \tag{1.156}$$

Ao usar essas aproximações na Equação (1.150) e em outros lugares, supomos que $f(x)$ é bem-comportada — que não oferece nenhum problema em x grande.

Todas as formas para $\delta_n(x)$ dadas nas Equações (1.152) a (1.155) alcançam obviamente o pico para n grande em $x = 0$. Elas também devem ser escalonadas de acordo com a Equação (1.151). Para as formas nas Equações (1.152) e (1.154), a verificação da escala é o tópico dos Exercícios 1.11.1 e 1.11.2. Para verificar as escalas das Equações (1.153) e (1.155), precisamos de valores das integrais

$$\int\limits_{-\infty}^{\infty} e^{-n^2 x^2}\, dx = \sqrt{\frac{\pi}{n}} \quad \text{e} \quad \int\limits_{-\infty}^{\infty} \frac{\operatorname{sen} nx}{x}\, dx = \pi.$$

Esses resultados são respectivamente extensões triviais das Equações (1.148) e (11.107) (a última das quais derivamos mais tarde).

Para a maioria dos propósitos físicos, as formas que descrevem funções delta são bem adequadas. No entanto, a partir de um ponto de vista matemático, a situação ainda não é satisfatória. Os limites

$$\lim_{n \to \infty} \delta_n(x)$$

não existem.

Uma maneira de sair dessa dificuldade é fornecido pela teoria das distribuições. Reconhecendo que a Equação (1.150) é a propriedade fundamental, concentramos nossa atenção nela em vez de em $\delta(x)$. As Equações (1.152) a (1.155) com $n = 1, 2, 3...$ podem ser interpretadas como **sequências** das funções normalizadas, e podemos escrever consistentemente

$$\int\limits_{-\infty}^{\infty} \delta(x) f(x)\, dx \equiv \lim_{n \to \infty} \int \delta_n(x) f(x)\, dx. \tag{1.157}$$

Assim, $\delta(x)$ é rotulado com uma **distribuição** (não uma função) e é considerado como definido pela Equação (1.157). Podemos enfatizar que a integral à esquerda da Equação (1.157) não é uma integral de Riemann.[8]

Propriedades de $\delta(x)$

* A partir de qualquer uma das Equações (1.152) a (1.155), vemos que a função delta de Dirac deve ser par em x, $\delta(-x) = \delta(x)$.
* Se $a > 0$,

$$\delta(ax) = \frac{1}{a}\delta(x), \quad a > 0. \tag{1.158}$$

Podemos provar a Equação (1.158) fazendo a substituição $x = y/a$:

$$\int\limits_{-\infty}^{\infty} f(x)\delta(ax)\, dx = \frac{1}{a} \int\limits_{-\infty}^{\infty} f(y/a)\delta(y)\, dy = \frac{1}{a}\, f(0).$$

Se $a < 0$, a Equação (1.158) torna-se $\delta(ax) = \delta(x)/|a|$.

---

[8]Ela pode ser tratada como uma integral de Stieltjes se desejado; $\delta(x)\, dx$ é substituída por $du(x)$, onde $u(x)$ é a função degrau de Heaviside (compare com o Exercício 1.11.9).

- Deslocamento da origem:

$$\int_{-\infty}^{\infty} \delta(x - x_0) f(x) \, dx = f(x_0), \tag{1.159}$$

que pode ser provada fazendo a substituição $y = x - x_0$ e observando isso quando $y = 0$, $x = x_0$.

- Se o argumento de $\delta(x)$ for uma função $g(x)$ com zeros simples nos pontos a_i sobre o eixo real (e, portanto, $g'(a_i) \neq 0$),

$$\delta\Big(g(x)\Big) = \sum_i \frac{\delta(x - a_i)}{|g'(a_i)|}. \tag{1.160}$$

Para provar a Equação (1.160), escrevemos

$$\int_{-\infty}^{\infty} f(x)\delta(x) \, dx = \sum_i \int_{a_i - \varepsilon}^{a_i + \varepsilon} f(x)\delta\Big((x - a_i)g'(a_i)\Big) \, dx,$$

onde decompusemos a integral original em uma soma de integrais ao longo de pequenos intervalos contendo os zeros de $g(x)$. Nesses intervalos, substituímos $g(x)$ pelo termo à esquerda na série de Taylor. Aplicando as Equações (1.158) e (1.159) a cada termo da soma, confirmamos a Equação (1.160).

- Derivada da função delta:

$$\int_{-\infty}^{\infty} f(x)\delta'(x - x_0) \, dx = -\int_{-\infty}^{\infty} f'(x)\delta(x - x_0) \, dx = -f'(x_0). \tag{1.161}$$

A Equação (1.161) pode ser considerada como **definindo** a derivada $\delta'(x)$; ela é avaliada realizando uma integração por partes em qualquer uma das sequências que definem a função delta.

- Em três dimensões, a função delta $\delta(\mathbf{r})$ é interpretada como $\delta(x)\delta(y)\delta(z)$ e, portanto, descreve uma função localizada na origem e com peso integrado unitário, independentemente do sistema de coordenadas em uso. Assim, em coordenadas polares esféricas,

$$\iiint f(\mathbf{r}_2)\delta(\mathbf{r}_2 - \mathbf{r}_1)r_2^2 dr_2 \operatorname{sen}\theta_2 d\theta_2 d\phi_2 = f(\mathbf{r}_1). \tag{1.162}$$

- a Equação (1.155) corresponde no limite a

$$\delta(t - x) = \frac{1}{2\pi} \int_{-\infty}^{\infty} \exp\Big(i\omega(t - x)\Big) d\omega, \tag{1.163}$$

com o entendimento de que isso só tem sentido quando sob um sinal de integral. Nesse contexto, ela é extremamente útil para a simplificação das integrais de Fourier (Capítulo 20).

- Expansões de $\delta(x)$ são abordadas no Capítulo 5 (Exemplo 5.1.7).

Delta de Kronecker

Às vezes é útil ter um símbolo que seja o análogo discreto da função delta de Dirac, com a propriedade de que ele é a unidade quando a variável discreta tem certo valor, e zero caso contrário. Uma quantidade com essas propriedades é conhecida como **delta de Kronecker**, definida para os índices i e j como

$$\delta_{ij} = \begin{cases} 1, & i = j, \\ 0, & i \neq j. \end{cases} \tag{1.164}$$

Usos frequentes desse símbolo são selecionar um termo especial de um somatório, ou ter uma forma funcional para todos os valores diferentes de zero de um índice, mas uma forma diferente quando o índice é zero. Exemplos:

$$\sum_{ij} f_{ij}\, \delta_{ij} = \sum_i f_{ii}, \quad C_n = \frac{1}{1 + \delta_{n0}} \frac{2\pi}{L}.$$

Exercícios

1.11.1 Seja

$$\delta_n(x) = \begin{cases} 0, & x < -\dfrac{1}{2n}, \\ n, & -\dfrac{1}{2n} < x < \dfrac{1}{2n}, \\ 0, & \dfrac{1}{2n} < x. \end{cases}$$

Mostre que

$$\lim_{n \to \infty} \int_{-\infty}^{\infty} f(x)\delta_n(x)\, dx = f(0),$$

supondo que $f(x)$ é contínua em $x = 0$.

1.11.2 Para

$$\delta_n(x) = \frac{n}{\pi} \frac{1}{1 + n^2 x^2},$$

mostre que

$$\int_{-\infty}^{\infty} \delta_n(x)\, dx = 1.$$

1.11.3 O método de Fejer para somar séries está associado à função

$$\delta_n(t) = \frac{1}{2\pi n} \left[\frac{\operatorname{sen}(nt/2)}{\operatorname{sen}(t/2)} \right]^2.$$

Mostre que $\delta_n(t)$ é uma distribuição delta, no sentido de que

$$\lim_{n \to \infty} \frac{1}{2\pi n} \int_{-\infty}^{\infty} f(t) \left[\frac{\operatorname{sen}(nt/2)}{\operatorname{sen}(t/2)} \right]^2 dt = f(0)$$

1.11.4 Prove que

$$\delta[a(x - x_1)] = \frac{1}{a}\,\delta(x - x_1).$$

Nota: Se $\delta[a(x - x_1)]$ é considerado par, relativo a x_1, a relação é válida para a negativo e $1/a$ pode ser substituído por $1/|a|$.

1.11.5 Mostre que

$$\delta[(x - x_1)(x - x_2)] = [\delta(x - x_1) + \delta(x - x_2)]/|x_1 - x_2|.$$

Dica: Tente usar o Exercício 1.11.4.

1.11.6 Usando a sequência delta de curva de erro gaussiana $\delta_n = \dfrac{n}{\sqrt{\pi}} e^{-n^2 x^2}$, mostre que

$$x\frac{d}{dx}\delta(x) = -\delta(x),$$

tratando $\delta(x)$ e sua derivada como na Equação (1.157).

1.11.7 Mostre que

$$\int_{-\infty}^{\infty} \delta'(x) f(x)\, dx = -f'(0).$$

Aqui supomos que $f'(x)$ é contínuo em $x = 0$.

1.11.8   Prove que

$$\delta(f(x)) = \left| \frac{df(x)}{dx} \right|_{x=x_0}^{-1} \delta(x - x_0),$$

onde x_0 é escolhido de modo que $f(x_0) = 0$.

Dica: Note que $\delta(f)\,df = \delta(x)dx$.

1.11.9   (a) Se definirmos uma sequência $\delta_n(x) = n/(2\cosh^2 nx)$, mostre que

$$\int_{-\infty}^{\infty} \delta_n(x)\,dx = 1, \quad \text{independente de } n.$$

(b) Continuando essa análise, mostre que[9]

$$\int_{-\infty}^{x} \delta_n(x)\,dx = \frac{1}{2}\left[1 + \tanh nx\right] \equiv u_n(x)$$

e

$$\lim_{n \to \infty} u_n(x) = \begin{cases} 0, & x < 0, \\ 1, & x > 0. \end{cases}$$

Essa é a função de degrau unitário de Heaviside (Figura 1.23).

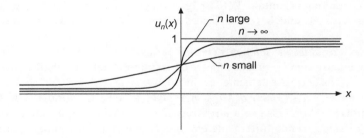

Figura 1.23: Função de degrau unitário de Heaviside.

Leituras Adicionais

Abramowitz, M., I.A. Stegun, eds., *Handbook of Mathematical Functions with Formulas, Graphs, and Mathematical Tables* (AMS-55). Washington, DC: National Bureau of Standards (1972). Nova tiragem, Dover (1974). Contém uma riqueza de informações sobre um grande número de funções especiais.

Bender, C. M. e Orszag, S., *Advanced Mathematical Methods for Scientists and Engineers*. Nova York: McGraw-Hill (1978). Particularmente recomendada para métodos a fim de acelerar a convergência.

Byron, F. W., Jr., e R. W. Fuller, *Mathematics of Classical and Quantum Physics*. Reading, MA: Addison-Wesley (1969). Nova tiragem, Dover (1992). Este é um texto avançado que pressupõe um conhecimento moderado de física matemática.

Courant, R. e Hilbert, D. *Methods of Mathematical Physics* (Vol. 1). (1ª ed. em inglês). Nova York: Wiley (Interscience) (1953). Como um livro de referência para a física matemática, é particularmente valioso para os teoremas da existência e para discussão de áreas como problemas de valores próprios, equações integrais e cálculo de variações.

Galambos, J., *Representations of Real Numbers by Infinite Series*. Berlin: Springer (1976).

Gradshteyn, I. S. e Ryzhik, I. M., Table of Integrals, Series, and Products. In A. Jeffrey, & D. Zwillinger (Eds.), *Corrigida e ampliada* (7ª ed.). Nova York: Academic Press (2007).

---

[9]Muitos outros símbolos são usados para essa função. Essa é a notação AMS-55 (em Leituras Adicionais, consulte Abramowitz e Stegun): *u* para unidade.

Hansen, E., *A Table of Series and Products*. Englewood Cliffs, NJ: Prentice-Hall (1975). Uma enorme compilação de séries e produtos.

Hardy, G. H., *Divergent Series*. Oxford: Clarendon Press (1956), 2ª ed., Chelsea (1992). A obra padrão e mais abrangente sobre métodos de tratamento de séries divergentes. Hardy inclui histórias instrutivas sobre o desenvolvimento gradual dos conceitos de convergência e divergência.

Jeffrey, A., *Handbook of Mathematical Formulas and Integrals*. San Diego: Academic Press (1995).

Jeffreys, H. S. e Jeffreys, B. S., *Methods of Mathematical Physics* (3ª ed.). Cambridge, UK: Cambridge University Press (1972). Isso é um tratamento acadêmico de uma ampla variedade da análise matemática, em que atenção considerável é dada ao rigor matemático. As aplicações são para física e geofísica clássicas.

Knopp, K., *Theory and Application of Infinite Series*. Londres: Blackie and Son, 2ª ed. Nova York: Hafner (1971). Nova tiragem, A. K. Peters Classics (1997). Essa é uma obra completa, abrangente e consagrada que trata de séries e produtos infinitos. Evidências de quase todas as afirmações sobre as séries não provadas neste capítulo serão encontradas neste livro.

Mangulis, V., *Handbook of Series for Scientists and Engineers*. Nova York: Academic Press (1965). A coleção mais conveniente e útil das séries. Inclui funções algébricas, séries de Fourier, e uma série de funções especiais: Bessel, Legendre e outros.

Morse, P. M. e Feshbach, H. *Methods of Theoretical Physics* (2 vols). Nova York: McGraw-Hill (1953). Esse trabalho apresenta a matemática de grande parte da física teórica em detalhes, mas em um nível bastante avançado. Ele é recomendado como uma excelente fonte de informações para leitura complementar e estudos avançados.

Rainville, E. D., *Infinite Series*. Nova York: Macmillan (1967). Uma compilação legível e útil de constantes e funções de série.

Sokolnikoff, I. S. e Redheffer, R. M., *Mathematics of Physics and Modern Engineering* (2ª ed.). Nova York: McGraw-Hill (1966). Um longo Capítulo 2 (101 páginas) apresenta séries infinitas de forma minuciosa, mas muito legível. Extensões para as soluções das equações diferenciais, para séries complexas e para série de Fourier estão incluídas.

Spiegel, M. R., *Complex Variables*, in *Schaum's Outline Series*. Nova York: McGraw-Hill (1964, nova tiragem 1995). Claro, direto ao ponto e com um grande número de exemplos, muitos resolvidos passo a passo. As respostas são fornecidas para todos os outros. Altamente recomendado.

Whittaker, E. T. e Watson, G. N., *A Course of Modern Analysis* (4ª ed.). Cambridge, UK: Cambridge University Press (1962, brochura). Embora essa seja a referência geral mais antiga (edição original de 1902), ele ainda é a referência clássica. Tende fortemente em direção à matemática pura, a partir de 1902, com rigor matemático completo.

2

Determinantes e Matrizes

2.1 Determinantes

Começamos o estudo das matrizes resolvendo equações lineares que nos levarão a determinantes e matrizes. O conceito de **determinante** e a notação foram introduzidos pelo renomado matemático e filósofo alemão Gottfried Wilhelm von Leibniz.

Equações Lineares Homogêneas

Uma das principais aplicações dos determinantes é ao estabelecer uma condição para a existência de uma solução não trivial para um conjunto de equações algébricas homogêneas lineares.

Suponha que temos três incógnitas x_1, x_2, x_3 (ou n equações com n incógnitas):

$$a_1x_1 + a_2x_2 + a_3x_3 = 0,$$
$$b_1x_1 + b_2x_2 + b_3x_3 = 0, \tag{2.1}$$
$$c_1x_1 + c_2x_2 + c_3x_3 = 0.$$

O problema e determinar em que condições existe uma solução, para além da trivial $x_1 = 0$; $x_2 = 0$; $x_3 = 0$. Se usarmos a notação vetorial $\mathbf{x} = (x_1; x_2; x_3)$ para a solução e três linhas $\mathbf{a} = (a_1, a_2, a_3)$, $\mathbf{b} = (b_1, b_2, b_3)$, $\mathbf{c} = (c_1, c_2, c_3)$ de coeficientes, então as três equações, Equações (2.1), se tornam

$$\mathbf{a} \cdot \mathbf{x} = 0, \quad \mathbf{b} \cdot \mathbf{x} = 0, \quad \mathbf{c} \cdot \mathbf{x} = 0. \tag{2.2}$$

Essas três equações vetoriais têm a interpretação **geométrica** de que $\mathbf{x}$ é ortogonal para $\mathbf{a}$, $\mathbf{b}$ e $\mathbf{c}$. Se o volume abrangido por $\mathbf{a}$, $\mathbf{b}$, $\mathbf{c}$ dado pelo determinante (ou produto escalar triplo, ver Equação (3.12) da Seção 3.2)

$$D_3 = (\mathbf{a} \times \mathbf{b}) \cdot \mathbf{c} = \det(\mathbf{a}, \mathbf{b}, \mathbf{c}) = \begin{vmatrix} a_1 & a_2 & a_3 \\ b_1 & b_2 & b_3 \\ c_1 & c_2 & c_3 \end{vmatrix} \tag{2.3}$$

é não zero, então apenas a solução trivial $\mathbf{x} = 0$ existe. Para uma introdução ao produto cruzado dos vetores, consulte o Capítulo 3.

Por outro lado, se o determinante dos coeficientes anteriormente mencionado desaparece, então um dos vetores de linha é uma combinação linear dos outros dois. Vamos supor que $\mathbf{c}$ está no plano abrangido por $\mathbf{a}$ e $\mathbf{b}$, isto é, que a terceira equação é uma combinação linear das duas primeiras e não são independentes. Então $\mathbf{x}$ é ortogonal ao plano de modo que $\mathbf{x} \sim \mathbf{a} \times \mathbf{b}$. Como equações homogêneas podem ser multiplicadas por números arbitrários, apenas as razões de x_i são relevantes, para as quais então obtemos razões de determinantes 2×2

$$\frac{x_1}{x_3} = \frac{a_2b_3 - a_3b_2}{a_1b_2 - a_2b_1}, \quad \frac{x_2}{x_3} = -\frac{a_1b_3 - a_3b_1}{a_1b_2 - a_2b_1} \tag{2.4}$$

a partir dos componentes do produto cruzado $\mathbf{a} \times \mathbf{b}$, desde que $x_3 \sim a_1b_2 - a_2b_1 \neq 0$. Essa é a **regra de Cramer** para três equações lineares homogêneas.

Equações Lineares Não Homogêneas

O caso mais simples de duas equações com duas incógnitas,

$$a_1x_1 + a_2x_2 = a_3, \quad b_1x_1 + b_2x_2 = b_3, \tag{2.5}$$

pode ser reduzido ao caso anterior encaixando-o no espaço tridimensional (3-D) com um vetor de solução $\mathbf{x} = (x_1, x_2, -1)$ e vetores de linha $\mathbf{a} = (a_1, a_2, a_3)$, $\mathbf{b} = (b_1, b_2, b_3)$. Como antes, Equações (2.5) na notação vetorial, $\mathbf{a} \cdot \mathbf{x} = 0$ e $\mathbf{b} \cdot \mathbf{x} = 0$, implicam que $\mathbf{x} \sim \mathbf{a} \times \mathbf{b}$, de modo que o análogo da Equação (2.4) se mantém. Porém, para que isso seja aplicado, o terceiro componente de $\mathbf{a} \times \mathbf{b}$ precisa ser zero, isto é, $a_1b_2 - a_2b_1 \neq 0$, porque o terceiro componente de $\mathbf{x}$ é $-1 \neq 0$. Isso produz x_i como

$$x_1 = \frac{a_3b_2 - b_3a_2}{a_1b_2 - a_2b_1} = \frac{\begin{vmatrix} a_3 & a_2 \\ b_3 & b_2 \end{vmatrix}}{\begin{vmatrix} a_1 & a_2 \\ b_1 & b_2 \end{vmatrix}}, \tag{2.6}$$

$$x_2 = \frac{a_1b_3 - a_3b_1}{a_1b_2 - a_2b_1} = \frac{\begin{vmatrix} a_1 & a_3 \\ b_1 & b_3 \end{vmatrix}}{\begin{vmatrix} a_1 & a_2 \\ b_1 & b_2 \end{vmatrix}}. \tag{2.7}$$

O determinante no numerador de $x_1(x_2)$ é obtido do determinante dos coeficientes de $\begin{vmatrix} a_1 & a_2 \\ b_1 & b_2 \end{vmatrix}$ substituindo o primeiro (segundo) vetor coluna pelo vetor $\begin{pmatrix} a_3 \\ b_3 \end{pmatrix}$ do lado não homogêneo da Equação (2.5). Essa é a **regra de Cramer** para um conjunto de duas equações lineares não homogêneas com duas incógnitas.

Uma compreensão completa dessa exposição requer agora a introdução de uma definição formal do determinante e também mostrar como ele se relaciona com o precedente.

Definições

Antes de definir um determinante, é preciso introduzir alguns conceitos e definições relacionados.

- Ao escrever matrizes bidimensionais (2-D) dos itens, identificamos o item na n-ésima linha horizontal e a m-ésima coluna vertical pelo conjunto de índices n, m; observe que o índice de linha é convencionalmente escrito primeiro.
- A partir de um conjunto de n objetos em alguma ordem de referência (por exemplo, a sequência numérica 1, 2, 3,..., n), podemos fazer uma **permutação** deles para alguma outra ordem; o número total de permutações distintas que é possível é $n!$ (escolha o primeiro objeto de n maneiras, então escolha o segundo de $n-1$ maneiras etc.).
- Todas as permutações de n objetos podem ser alcançadas a partir da ordem de referência por uma sucessão de permutações par a par (por exemplo, $1234 \to 4132$ pode ser alcançado pelos passos sucessivos $1234 \to 1432 \to 4132$). Embora o número de permutadas par a par necessário para uma dada permutação dependa do caminho (compare o exemplo com $1234 \to 1243 \to 1423 \to 4123 \to 4132$), para uma dada permutação o número de permutações sempre será **par** ou **ímpar**. Assim, uma permutação pode ser identificada como tendo **paridade** par ou ímpar.
- É conveniente introduzir o **símbolo de Levi-Civita**, que para um sistema de n objetos é denotado por $\varepsilon_{ij} ...$, onde ε tem n subscritos, cada um dos quais identifica um dos objetos. Esse símbolo de Levi-Civita é definido como sendo $+1$ se $ij ...$ representa uma permutação par dos objetos a partir de uma ordem de referência; que é definida como sendo -1 se $ij ...$ representa uma permutação ímpar dos objetos, e zero se $ij ...$ não representa uma permutação dos objetos (isto é, contém uma duplicação de entrada). Como essa é uma definição importante, nós a definimos em um formato destacado:

$$\varepsilon_{ij...} = +1, \quad ij \ldots \text{ uma permutação par,}$$
$$= -1, \quad ij \ldots \text{ uma permutação ímpar,}$$
$$= 0, \quad ij \ldots \text{ não é uma permutação.} \tag{2.8}$$

Agora definimos um determinante de **ordem** n para estar em uma matriz quadrada $n \times n$ de números (ou funções), com a matriz convencionalmente escrita dentro de barras verticais (não parênteses, colchetes ou qualquer outro tipo de delimitador), como a seguir:

$$D_n = \begin{vmatrix} a_{11} & a_{12} & \ldots & a_{1n} \\ a_{21} & a_{22} & \ldots & a_{2n} \\ a_{31} & a_{32} & \ldots & a_{3n} \\ \ldots & \ldots & \ldots & \ldots \\ a_{n1} & a_{n2} & \ldots & a_{nn} \end{vmatrix}. \tag{2.9}$$

O determinante D_n tem um valor que é obtido por

1. Formando todos os $n!$ produtos que podem ser formados escolhendo uma entrada a partir de cada linha de tal maneira que uma entrada vem de cada coluna,
2. Atribuindo a cada produto um sinal que corresponde à paridade da sequência em que as colunas foram utilizadas (supondo que as linhas foram usadas em uma sequência ascendente),
3. Adicionando (com os sinais atribuídos) os produtos.

Mais formalmente, o determinante na Equação (2.9) é definido para ter o valor

$$D_n = \sum_{ij\ldots} \varepsilon_{ij\ldots} a_{1i} a_{2j} \cdots. \tag{2.10}$$

Os somatórios na Equação (2.10) não precisam se restringir a permutações, mas podemos supor que eles variam, independentemente de 1 a n; a presença do símbolo de Levi-Civita fará com que apenas as combinações de índice correspondentes às permutações realmente contribuam para a soma.

Exemplo 2.1.1 Determinantes de Ordens 2 e 3

Para tornar a definição mais concreta, ilustramos primeiro com um determinante da ordem 2. Os símbolos de Levi-Civita necessários para esse determinante são $\varepsilon_{12} = +1$ e $\varepsilon_{21} = -1$ (note que $\varepsilon_{11} = \varepsilon_{22} = 0$), o que leva a

$$D_2 = \begin{vmatrix} a_{11} & a_{12} \\ a_{21} & a_{22} \end{vmatrix} = \varepsilon_{12} a_{11} a_{22} + \varepsilon_{21} a_{12} a_{21} = a_{11} a_{22} - a_{12} a_{21}.$$

Vemos que esse determinante se expande para os termos $2! = 2$. Um exemplo específico de um determinante da ordem 2 é

$$\begin{vmatrix} a_1 & a_2 \\ b_1 & b_2 \end{vmatrix} = a_1 b_2 - b_1 a_2.$$

Determinantes da ordem 3 se expandem para os termos $3! = 6$. Os símbolos de Levi-Civita relevantes são $\varepsilon_{123} = \varepsilon_{231} = \varepsilon_{312} = 1$, $\varepsilon_{213} = \varepsilon_{321} = \varepsilon_{132} = -1$; todas as outras combinações de índice têm $\varepsilon_{ijk} = 0$, assim

$$D_3 = \begin{vmatrix} a_{11} & a_{12} & a_{13} \\ a_{21} & a_{22} & a_{23} \\ a_{31} & a_{32} & a_{33} \end{vmatrix} = \sum_{ijk} \varepsilon_{ijk} a_{1i} a_{2j} a_{3k}$$

$$= a_{11} a_{22} a_{33} - a_{11} a_{23} a_{32} - a_{13} a_{22} a_{31} - a_{12} a_{21} a_{33} + a_{12} a_{23} a_{31} + a_{13} a_{21} a_{32}.$$

A expressão na Equação (2.3) é o determinante de ordem 3

$$\begin{vmatrix} a_1 & a_2 & a_3 \\ b_1 & b_2 & b_3 \\ c_1 & c_2 & c_3 \end{vmatrix} = a_1 b_2 c_3 - a_1 b_3 c_2 - a_2 b_1 c_3 + a_2 b_3 c_1 + a_3 b_1 c_2 - a_3 b_2 c_1.$$

Observe que metade dos termos na expansão de um determinante suporta sinais negativos. É bem possível que um determinante de elementos grandes tenha um valor muito pequeno. Eis um exemplo:

$$\begin{vmatrix} 8 & 11 & 7 \\ 9 & 11 & 5 \\ 8 & 12 & 9 \end{vmatrix} = 1.$$

■

Propriedades dos Determinantes

As propriedades de simetria do símbolo de Levi-Civita são convertidas em algumas simetrias exibidas por determinantes. Para simplificar, ilustramos com os determinantes da ordem 3. A permutação das duas colunas de um determinante faz com que o símbolo de Levi-Civita multiplique cada termo da expansão para mudar o sinal; o mesmo acontece se duas linhas são permutadas. Além disso, os papéis das linhas e colunas podem ser permutados; se um determinante com elementos a_{ij} é substituído por um com elementos $b_{ij} = a_{ji}$, chamamos o determinante b_{ij} de **transposição** do determinante a_{ij}. Esses dois determinantes têm o mesmo valor.

Resumindo:

Trocar duas linhas (ou duas colunas) muda o sinal do valor de um determinante. A transposição não altera seu valor.

Assim,

$$\begin{vmatrix} a_{11} & a_{12} & a_{13} \\ a_{21} & a_{22} & a_{23} \\ a_{31} & a_{32} & a_{33} \end{vmatrix} = - \begin{vmatrix} a_{12} & a_{11} & a_{13} \\ a_{22} & a_{21} & a_{23} \\ a_{32} & a_{31} & a_{33} \end{vmatrix} = \begin{vmatrix} a_{11} & a_{21} & a_{31} \\ a_{12} & a_{22} & a_{32} \\ a_{13} & a_{23} & a_{33} \end{vmatrix}. \tag{2.11}$$

Outras consequências da definição na Equação (2.10) são:

(1) *Multiplicação de todos os membros de uma única coluna (ou uma única linha) por uma constante k faz com que o valor do determinante seja multiplicado por k,*

(2) *Se os elementos de uma coluna (ou linha) são realmente somas de duas quantidades, o determinante pode ser decomposto em uma soma de dois determinantes.*

Assim,

$$k \begin{vmatrix} a_{11} & a_{12} & a_{13} \\ a_{21} & a_{22} & a_{23} \\ a_{31} & a_{32} & a_{33} \end{vmatrix} = \begin{vmatrix} ka_{11} & a_{12} & a_{13} \\ ka_{21} & a_{22} & a_{23} \\ ka_{31} & a_{32} & a_{33} \end{vmatrix} = \begin{vmatrix} ka_{11} & ka_{12} & ka_{13} \\ a_{21} & a_{22} & a_{23} \\ a_{31} & a_{32} & a_{33} \end{vmatrix}, \tag{2.12}$$

$$\begin{vmatrix} a_{11}+b_1 & a_{12} & a_{13} \\ a_{21}+b_2 & a_{22} & a_{23} \\ a_{31}+b_3 & a_{32} & a_{33} \end{vmatrix} = \begin{vmatrix} a_{11} & a_{12} & a_{13} \\ a_{21} & a_{22} & a_{23} \\ a_{31} & a_{32} & a_{33} \end{vmatrix} + \begin{vmatrix} b_1 & a_{12} & a_{13} \\ b_2 & a_{22} & a_{23} \\ b_3 & a_{32} & a_{33} \end{vmatrix}. \tag{2.13}$$

Essas propriedades básicas e/ou a definição básica significam que

- Qualquer determinante com duas linhas iguais, ou duas colunas iguais, tem o valor zero. Para provar isso, troque as duas linhas ou colunas idênticas; o determinante permanece o mesmo e muda de sinal e, portanto, deve ter o valor zero.
- Uma extensão disso é que se duas linhas (ou colunas) são proporcionais, o determinante é zero.
- O valor de um determinante é inalterado se um múltiplo de uma linha é adicionado (coluna por coluna) a outra linha ou se um múltiplo de uma coluna é adicionado (linha por linha) a outra coluna. Aplicando a Equação (2.13), a adição não contribui para o valor do determinante.
- Se cada elemento em uma linha ou cada elemento em uma coluna é zero, o determinante tem o valor zero.

Desenvolvimento Laplaciano por Menores

O fato de que um determinante da ordem n se expande em $n!$ termos significa que é importante identificar meios eficientes para a avaliação dos determinantes. Uma abordagem é expandir em termos de **menores**. O menor correspondente a a_{ij}, denotado por M_{ij}, ou $M_{ij}(a)$ se precisamos identificar M como proveniente de a_{ij}, é o determinante (da ordem $n-1$) produzida eliminando a linha i e a coluna j do determinante original. Ao expandir para os menores, as quantidades a serem utilizadas são os **cofatores** dos elementos (ij), definidos como $(-1)^{i+j} M_{ij}$. A expansão pode ser feita para qualquer linha ou coluna do determinante original. Se, por exemplo, pudermos expandir o determinante da Equação (2.9) usando a linha i, teremos

$$D_n = \sum_{j=1}^{n} a_{ij}(-1)^{i+j} M_{ij}. \tag{2.14}$$

Essa expansão reduz o trabalho envolvido na avaliação se a linha ou coluna escolhida para a expansão contiver zeros, uma vez que os menores correspondentes não precisam ser avaliados.

Exemplo 2.1.2 Expansão em Menores
Considere o determinante (proveniente da teoria relativista de elétron de Dirac)

$$D \equiv \begin{vmatrix} a_{11} & a_{12} & a_{13} & a_{14} \\ a_{21} & a_{22} & a_{23} & a_{24} \\ a_{31} & a_{32} & a_{33} & a_{34} \\ a_{41} & a_{42} & a_{43} & a_{44} \end{vmatrix} = \begin{vmatrix} 0 & 1 & 0 & 0 \\ -1 & 0 & 0 & 0 \\ 0 & 0 & 0 & 1 \\ 0 & 0 & -1 & 0 \end{vmatrix}.$$

Expandindo por toda a linha superior, apenas uma matriz 3×3 sobrevive:

$$D = (-1)^{1+2} a_{12} M_{12}(a) = (-1) \cdot (1) \begin{vmatrix} -1 & 0 & 0 \\ 0 & 0 & 1 \\ 0 & -1 & 0 \end{vmatrix} \equiv (-1) \begin{vmatrix} b_{11} & b_{12} & b_{13} \\ b_{21} & b_{22} & b_{23} \\ b_{31} & b_{32} & b_{33} \end{vmatrix}.$$

Expandindo agora por toda a segunda linha, obtemos

$$D = (-1)(-1)^{2+3} b_{23} M_{23}(b) = \begin{vmatrix} -1 & 0 \\ 0 & -1 \end{vmatrix} = 1.$$

Quando finalmente alcançamos um determinante 2×2, foi simples avaliá-lo sem mais expansão. ∎

Sistemas de Equações Lineares
Agora estamos prontos para aplicar nosso conhecimento dos determinantes à solução dos sistemas das equações lineares. Suponha que temos as equações simultâneas

$$a_1 x_1 + a_2 x_2 + a_3 x_3 = h_1,$$
$$b_1 x_1 + b_2 x_2 + b_3 x_3 = h_2,$$
$$c_1 x_1 + c_2 x_2 + c_3 x_3 = h_3. \tag{2.15}$$

Para usar determinantes a fim de ajudar a resolver esse sistema de equações, definimos

$$D = \begin{vmatrix} a_1 & a_2 & a_3 \\ b_1 & b_2 & b_3 \\ c_1 & c_2 & c_3 \end{vmatrix}. \tag{2.16}$$

Começando a partir de $x_1 D$, nós o manipulamos (1) movendo x_1 para multiplicar as entradas da primeira coluna de D, então (2) adicionando à primeira coluna x_2 vezes a segunda coluna e x_3 vezes a terceira coluna (nenhuma dessas operações altera o valor). Então, chegamos à segunda linha da Equação (2.17) substituindo os lados direitos das Equações (2.15). Essas operações são ilustradas aqui:

$$x_1 D = \begin{vmatrix} a_1 x_1 & a_2 & a_3 \\ b_1 x_1 & b_2 & b_3 \\ c_1 x_1 & c_2 & c_3 \end{vmatrix} = \begin{vmatrix} a_1 x_1 + a_2 x_2 + a_3 x_3 & a_2 & a_3 \\ b_1 x_1 + b_2 x_2 + b_3 x_3 & b_2 & b_3 \\ c_1 x_1 + c_2 x_2 + c_3 x_3 & c_2 & c_3 \end{vmatrix}$$

$$= \begin{vmatrix} h_1 & a_2 & a_3 \\ h_2 & b_2 & b_3 \\ h_3 & c_2 & c_3 \end{vmatrix}. \tag{2.17}$$

Se $D \neq 0$, a Equação (2.17) pode agora ser resolvida para x_1:

$$x_1 = \frac{1}{D} \begin{vmatrix} h_1 & a_2 & a_3 \\ h_2 & b_2 & b_3 \\ h_3 & c_2 & c_3 \end{vmatrix}. \tag{2.18}$$

Procedimentos análogos a partir de $x_2 D$ e $x_3 D$ dão os resultados paralelos

$$x_2 = \frac{1}{D} \begin{vmatrix} a_1 & h_1 & a_3 \\ b_1 & h_2 & b_3 \\ c_1 & h_3 & c_3 \end{vmatrix}, \quad x_3 = \frac{1}{D} \begin{vmatrix} a_1 & a_2 & h_2 \\ b_1 & b_2 & h_2 \\ c_1 & c_2 & h_3 \end{vmatrix}.$$

Vemos que a solução para x_i é $1/D$ vezes um numerador obtido substituindo a i-ésima coluna D pelos coeficientes à direita, um resultado que pode ser generalizado para um número arbitrário n de equações simultâneas. Esse esquema para a solução dos sistemas de equações lineares é conhecido como **regra de Cramer**.

Se D for diferente de zero, essa construção de x_i é definitiva e única, de modo que haverá exatamente uma solução para o conjunto de equações. Se $D \neq 0$ e as equações são homogêneas (isto é, todos os h_i são zero), então a única solução é que todos os x_i são zero.

Determinantes e Dependência Linear

Os números anteriores são bem importantes para identificar o papel do determinante no que diz respeito à dependência linear. Se n equações lineares em n variáveis, escritas como na Equação (2.15), têm coeficientes que formam um determinante diferente de zero, as variáveis são determinadas de maneira única, o que significa que as formas que constituem os lados esquerdos das equações devem de fato ser linearmente independentes. No entanto, ainda queremos provar a propriedade ilustrada na introdução deste capítulo, ou seja, que se um conjunto de formas é linearmente dependente, o determinante de seus coeficientes será zero. Porém esse resultado é quase imediato.

A existência da dependência linear significa que existe uma equação cujos coeficientes são combinações lineares dos coeficientes das outras equações, e podemos usar esse fato para reduzir a zero a linha do determinante correspondente a essa equação.

Em resumo, estabelecemos, portanto, o seguinte resultado importante:

Se os coeficientes das n formas lineares em n variáveis formam um determinante diferente de zero, as formas são linearmente independentes; se o determinante dos coeficientes é zero, as formas exibem dependência linear.

Equações Linearmente Dependentes

Se um conjunto de formas lineares é linearmente dependente, podemos distinguir três situações distintas ao considerar sistemas de equações com base nessas formas. Primeiro, e de maior importância para a física, é o caso em que todas as equações são **homogêneas**, significando que as quantidades h_i à direita em equações do tipo da Equação (2.15) são todas zero. Em seguida, uma ou mais das equações no conjunto será equivalente a combinações lineares das outras, e teremos menos do que n equações em nossas n variáveis. Podemos então atribuir a uma (ou em alguns casos, mais de uma) variável um valor arbitrário, obtendo os outros como funções das variáveis atribuídas. Temos, assim, um **múltiplo** (isto é, um conjunto parametrizado) das soluções para nosso sistema de equações.

Combinando essa análise com nossa observação anterior de que se um conjunto de equações lineares homogêneas tem um determinante não nulo, ele tem a única solução de que todos os x_i são zero, temos o seguinte resultado importante:

Um sistema de n equações lineares homogêneas em n incógnitas tem soluções que não identicamente são zero somente se o determinante de seus coeficientes desaparecer. Se esse determinante desaparecer, haverá uma ou mais soluções que não são identicamente zero e são arbitrárias quanto à escala.

Um segundo caso é quando temos (ou combinamos equações de modo que temos) a mesma forma linear em duas equações, mas com diferentes valores das quantidades h_i à direita. Nesse caso, as equações são mutuamente incompatíveis, e o sistema de equações não tem nenhuma solução.

Um terceiro caso relacionado é quando temos uma forma linear duplicada, mas com um valor comum de h_i. Isso também leva a múltiplas soluções.

Exemplo 2.1.3 Equações Homogêneas Linearmente Dependentes

Considere o conjunto de equações

$$x_1 + x_2 + x_3 = 0,$$

$$x_1 + 3x_2 + 5x_3 = 0,$$

$$x_1 + 2x_2 + 3x_3 = 0.$$

Aqui

$$D = \begin{vmatrix} 1 & 1 & 1 \\ 1 & 3 & 5 \\ 1 & 2 & 3 \end{vmatrix} = 1(3)(3) - 1(5)(2) - 1(3)(1) - 1(1)(3) + 1(5)(1) + 1(1)(2) = 0.$$

A terceira equação é metade da soma das outras duas, assim nós a descartamos. Então, segunda equação menos a primeira: $2x_2 + 4x_3 = 0 \rightarrow x_2 = -2x_3$, ($3 \times$ primeira equação) menos a segunda: $2x_1 - 2x_3 = 0 \rightarrow x_1 = x_3$.

Como x_3 pode ter qualquer valor, há um número infinito de soluções, todas da forma $(x_1, x_2, x_3) =$ constante $\times (1, -2, 1)$.

Nossa solução ilustra uma propriedade importante das equações lineares homogêneas, ou seja, que qualquer múltiplo de uma solução também é uma solução. A solução só se torna menos arbitrária se impor uma condição de escala. Por exemplo, no presente caso podemos exigir os quadrados do x_i para adicionar à unidade. Mesmo então, a solução ainda seria arbitrária quanto ao sinal geral. ∎

Avaliação Numérica

Há uma extensa literatura sobre a avaliação de determinantes. Códigos de computador e muitas referências são dados, por exemplo, por Press et al.[1] Apresentamos aqui um método simples devido a Gauss que ilustra os princípios envolvidos em todos os métodos de avaliação modernos.

Eliminação gaussiana é um procedimento versátil que pode ser usado para avaliar determinantes, para resolver sistemas de equações lineares e (como veremos mais adiante) mesmo para inversão de matriz.

Exemplo 2.1.4 Eliminação Gaussiana

Nosso exemplo, um sistema de equações lineares 3×3, pode facilmente ser feito de outras maneiras, mas é usado aqui para fornecer uma compreensão do processo de eliminação de Gauss. Queremos resolver

$$3x + 2y + z = 11$$
$$2x + 3y + z = 13$$
$$x + y + 4z = 12. \tag{2.19}$$

Por conveniência e para a precisão numérica ótima, as equações são rearranjadas de modo que, na medida do possível, os maiores coeficientes estejam ao longo da diagonal principal (esquerda superior para a direita inferior).

A técnica de Gauss é usar a primeira equação para eliminar a primeira incógnita, x, das equações remanescentes. Em seguida, a segunda (nova) equação é utilizada para eliminar y da última equação. Em geral, trabalhamos de baixo para cima no conjunto de equações, e então, com uma incógnita determinada, trabalhamos de cima para baixo a fim resolver para cada uma das outras incógnitas sucessivamente.

É conveniente começar pela divisão de cada linha por seu coeficiente inicial, convertendo a Equação (2.19) em

$$x + \frac{2}{3}y + \frac{1}{3}z = \frac{11}{3}$$
$$x + \frac{3}{2}y + \frac{1}{2}z = \frac{13}{2}$$
$$x + y + 4z = 12. \tag{2.20}$$

Agora, usando a primeira equação, eliminamos x da segunda e terceira equações subtraindo a primeira equação de cada uma das outras:

$$x + \frac{2}{3}y + \frac{1}{3}z = \frac{11}{3}$$
$$\frac{5}{6}y + \frac{1}{6}z = \frac{17}{6}$$
$$\frac{1}{3}y + \frac{11}{3}z = \frac{25}{3}. \tag{2.21}$$

[1]W.H. Press, B.P. Flannery, S.A. Teukolsky, e W.T. Vetterling, *Numerical Recipes*, 2ª ed. Cambridge, Reino Unido: Cambridge University Press (1992), Capítulo 2.

Então dividimos as segunda e terceira filas por seus coeficientes iniciais:

$$x + \frac{2}{3}y + \frac{1}{3}z = \frac{11}{3}$$

$$y + \frac{1}{5}z = \frac{17}{5}$$

$$y + 11z = 25. \tag{2.22}$$

Repetindo a técnica, utilizamos a nova segunda equação para eliminar y da terceira equação, que pode então ser resolvida para z:

$$x + \frac{2}{3}y + \frac{1}{3}z = \frac{11}{3}$$

$$y + \frac{1}{5}z = \frac{17}{5}$$

$$\frac{54}{5}z = \frac{108}{5} \quad\longrightarrow\quad z = 2. \tag{2.23}$$

Agora que z foi determinado, podemos voltar à segunda equação, encontrando

$$y + \frac{1}{5} \times 2 = \frac{17}{5} \quad\longrightarrow\quad y = 3,$$

e, finalmente, continuando para a primeira equação,

$$x + \frac{2}{3} \times 3 + \frac{1}{3} \times 2 = \frac{11}{3} \quad\longrightarrow\quad x = 1.$$

A técnica pode não parecer tão elegante quanto o uso da regra de Cramer, mas é bem-adaptada para computadores e é muito mais rápida do que o tempo gasto com determinantes.

Se não tivéssemos mantido os lados direitos do sistema de equações, o processo de eliminação de Gauss simplesmente incorporaria o determinante original à forma triangular (mas observe que nossos processos para produzir a unidade dos coeficientes à esquerda causam alterações correspondentes no valor do determinante). No presente problema, o determinante original

$$D = \begin{vmatrix} 3 & 2 & 1 \\ 2 & 3 & 1 \\ 1 & 1 & 4 \end{vmatrix}$$

foi dividido por 3 e por 2 passando da Equação (2.19) para a (2.20), e multiplicado por 05/06 e por 3 passando da Equação (2.21) para (2.22), de tal modo que D e o determinante representado pelo lado esquerdo da Equação (2.23) estão relacionados por

$$D = (3)(2)\left(\frac{5}{6}\right)\left(\frac{1}{3}\right) \begin{vmatrix} 1 & \frac{2}{3} & \frac{1}{3} \\ 0 & 1 & \frac{1}{5} \\ 0 & 0 & \frac{54}{5} \end{vmatrix} = \frac{5}{3}\frac{54}{5} = 18. \tag{2.24}$$

Uma vez que todas as entradas no triângulo inferior do determinante explicitamente mostrado na Equação (2.24) são iguais a zero, o único termo que contribui para isso é o produto dos elementos diagonais: Para obter uma expressão diferente de zero, devemos usar o primeiro elemento da primeira linha, então o segundo elemento da segunda linha etc. É fácil verificar que o resultado final obtido na Equação (2.24) está de acordo com o resultado da avaliação da forma original de D. ∎

Exercícios

2.1.1 Avalie os seguintes determinantes:

(a) $\begin{vmatrix} 1 & 0 & 1 \\ 0 & 1 & 0 \\ 1 & 0 & 0 \end{vmatrix}$, (b) $\begin{vmatrix} 1 & 2 & 0 \\ 3 & 1 & 2 \\ 0 & 3 & 1 \end{vmatrix}$, (c) $\dfrac{1}{\sqrt{2}} \begin{vmatrix} 0 & \sqrt{3} & 0 & 0 \\ \sqrt{3} & 0 & 2 & 0 \\ 0 & 2 & 0 & \sqrt{3} \\ 0 & 0 & \sqrt{3} & 0 \end{vmatrix}$.

2.1.2 Teste o conjunto de equações lineares homogêneas

$$x + 3y + 3z = 0, \quad x - y + z = 0, \quad 2x + y + 3z = 0$$

para ver se ele possui uma solução não trivial. Em qualquer caso, encontre uma solução para esse conjunto de equações.

2.1.3 Dado o par de equações

$$x + 2y = 3, \quad 2x + 4y = 6,$$

(a) Mostre que o determinante dos coeficientes desaparece.
(b) Mostre que os determinantes do numerador (Equação 2.18), também desaparece.
(c) Encontre pelo menos duas soluções.

2.1.4 Se C_{ij} é o cofator do elemento a_{ij}, formado eliminando a i-ésima linha j-ésima coluna e incluindo um sinal $(-1)^{i+j}$, mostre que

(a) $\sum_i a_{ij} C_{ij} = \sum_i a_{ji} C_{ji} = |A|$, onde $|A|$ é o determinante com os elementos a_{ij},

(b) $\sum_i a_{ij} C_{ik} = \sum_i a_{ji} C_{ki} = 0, j \neq k$.

2.1.5 Um determinante com todos os elementos de ordem unitária pode ser surpreendentemente pequeno. O determinante de Hilbert $H_{ij} = (i + j - 1)^{-1}$, $i, j = 1, 2, ..., n$ é notório por seus valores pequenos.
(a) Calcule o valor dos determinantes de Hilbert de ordem n para $n = 1, 2$ e 3.
(b) Se uma sub-rotina apropriada estiver disponível, encontre os determinantes de Hilbert de ordem n para $n = 4, 5$ e 6.

RESPOSTA:	n	Det(H_n)
	1	1,
	2	$8,33333 \times 10^{-2}$
	3	$4,62963 \times 10^{-4}$
	4	$1,65344 \times 10^{-7}$
	5	$3,74930 \times 10^{-12}$
	6	$5,36730 \times 10^{-18}$.

2.1.6 Prove que o determinante consistindo nos coeficientes de um conjunto de formas linearmente dependentes tem o valor zero.

2.1.7 Resolva o seguinte conjunto de equações lineares simultâneas. Dê os resultados a cinco casas decimais.

$$1,0x_1 + 0,9x_2 + 0,8x_3 + 0,4x_4 + 0,1x_5 = 1,0$$

$$0,9x_1 + 1,0x_2 + 0,8x_3 + 0,5x_4 + 0,2x_5 + 0,1x_6 = 0,9$$

$$0,8x_1 + 0,8x_2 + 1,0x_3 + 0,7x_4 + 0,4x_5 + 0,2x_6 = 0,8$$

$$0,4x_1 + 0,5x_2 + 0,7x_3 + 1,0x_4 + 0,6x_5 + 0,3x_6 = 0,7$$

$$0,1x_1 + 0,2x_2 + 0,4x_3 + 0,6x_4 + 1,0x_5 + 0,5x_6 = 0,6$$

$$0,1x_2 + 0,2x_3 + 0,3x_4 + 0,5x_5 + 1,0x_6 = 0,5.$$

Nota: Essas equações também podem ser resolvidas por inversão de matriz, como discutido na Seção 2.2.

2.1.8   Mostre que (no espaço 3-D)

(a) $\sum_i \delta_{ij} = 3,$

(b) $\sum_{ij} \delta_{ij} \varepsilon_{ijk} = 0,$

(c) $\sum_{pq} \varepsilon_{ipq} \varepsilon_{jpq} = 2\delta_{ij},$

(d) $\sum_{ijk} \varepsilon_{ijk} \varepsilon_{ijk} = 6.$

Nota: O símbolo δ_{ij} é a delta de Kronecker, definido na Equação (1.164), e ε_{ijk} é o símbolo de Levi-Civita, Equação (2.8).

2.1.9   Mostre que (no espaço 3-D)

$$\sum_k \varepsilon_{ijk} \varepsilon_{pqk} = \delta_{ip}\delta_{jq} - \delta_{iq}\delta_{jp}.$$

Nota: Veja no Exercício 2.1.8 as definições de δ_{ij} e ε_{ijk}.

2.2   Matrizes

Matrizes são grupos 2-D de números ou funções que obedecem às leis que definem a **álgebra matricial**. O tema é importante para a física porque facilita a descrição das transformações lineares como mudanças dos sistemas de coordenadas, fornece uma formulação útil da mecânica quântica, facilita uma variedade de análises na mecânica clássica e relativística, teoria de partícula, e outras áreas. Note também que o desenvolvimento de uma matemática de matrizes ordenadas de maneira bidimensional é uma extensão natural e lógica dos conceitos que envolvem pares ordenados de números (números complexos) ou vetores comuns (matrizes unidimensionais).

A característica mais distintiva da álgebra matricial é a regra para a multiplicação de matrizes. Como veremos em detalhes mais adiante, a álgebra é definida de tal modo que um conjunto de equações lineares como

$$a_1 x_1 + a_2 x_2 = h_1$$
$$b\ x\ + b\ x\ = h$$

pode ser escrito como uma única equação matricial na forma

$$\begin{pmatrix} a_1 & a_2 \\ b_1 & b_2 \end{pmatrix} \begin{pmatrix} x_1 \\ x_2 \end{pmatrix} = \begin{pmatrix} h_1 \\ h_2 \end{pmatrix}.$$

Para que essa equação seja válida, a multiplicação indicada escrevendo as duas matrizes uma ao lado da outra no lado esquerdo tem de produzir o resultado

$$\begin{pmatrix} a_1 x_1 + a_2 x_2 \\ b_1 x_1 + b_2 x_2 \end{pmatrix}$$

e a declaração da igualdade na equação tem de significar um acordo elemento por elemento dos lados esquerdo e direito. Vamos passar agora para uma descrição mais formal e precisa da álgebra matricial.

Definições Básicas

Uma **matriz** é um conjunto de números ou funções em uma matriz quadrada ou retangular 2-D. Não há limitações inerentes quanto ao número de linhas ou colunas. Uma matriz com m linhas (horizontais) e n colunas (verticais) é conhecida como uma matriz $m \times n$, e o elemento de uma matriz A na linha i e coluna j é conhecido como seu elemento i, j, muitas vezes rotulado a_{ij}. Como já foi observado ao introduzir determinantes, quando os índices ou dimensões de linha e coluna foram mencionados juntos, é comum escrever primeiro o indicador de linha. Também observe que a ordem é importante, em geral os elementos i, j e j, i de uma matriz são diferentes, e (se $m \neq n$) matrizes pares $n \times m$ e $m \times n$ têm formas diferentes. Uma matriz para a qual $n = m$ é denominado **quadrado**; uma consistindo de uma única coluna (uma matriz $m \times 1$) é muitas vezes chamada **vetor de coluna**, enquanto uma matriz com apenas uma linha (portanto, $1 \times n$) é um **vetor de linha**. Descobriremos que identificar essas matrizes como vetores é consistente com as propriedades identificadas para vetores na Seção 1.7.

Os grupos que constituem matrizes são convencionalmente colocados entre parênteses (não linhas verticais, que indicam determinantes, ou colchetes). Alguns exemplos de matrizes são mostrados na Figura 2.1. Geralmente escreveremos os símbolos que denotam matrizes em letras maiúsculas em uma fonte sem serifa (como fizemos ao introduzir A); quando sabemos que uma matriz é um vetor de coluna, muitas vezes a denotamos com uma letra

$$\begin{pmatrix} u_1 \\ u_2 \\ u_3 \\ u_4 \end{pmatrix} \quad \begin{pmatrix} 4 & 2 \\ -1 & 3 \\ 0 & 1 \end{pmatrix} \quad \begin{pmatrix} 6 & 7 & 0 \\ 1 & 4 & 3 \end{pmatrix} \quad \begin{pmatrix} 0 & 1 \\ 1 & 0 \end{pmatrix} \quad \begin{pmatrix} a_{11} & a_{12} \end{pmatrix}$$

Figura 2.1: Da esquerda para a direita, matrizes de dimensão 4×1 (vetor de coluna), 3×2, 2×3, 2×2 (quadrado), 1×2 (vetor de linha).

minúscula em negrito em uma fonte romana (por exemplo, **x**).

Talvez o fato mais importante a observar é que os elementos de uma matriz não são combinados entre si. A matriz não é um determinante. Ela é um conjunto ordenado de números, não um único número. Para se referir ao determinante cujos elementos são os de uma matriz quadrada A (mais simplesmente, "o determinante de A"), podemos escrever det(A).

Matrizes, até agora apenas conjuntos de números, têm as propriedades que atribuímos a elas. Essas propriedades devem ser especificadas para completar a definição da álgebra matricial.

Igualdade

Se A e B são matrizes, A = B apenas se $a_{ij} = b_{ij}$ para todos os valores de i e j. Uma condição necessária, mas não suficiente, para igualdade é que ambas as matrizes tenham as mesmas dimensões.

Adição, Subtração

A adição e a subtração são definidas somente para as matrizes A e B com as mesmas dimensões, caso em que A $\pm$ B = C, com $c_{ij} = a_{ij} \pm b_{ij}$ para todos os valores de i e j, os elementos que combinam de acordo com a lei da álgebra comum (ou aritmética se forem números simples). Isso significa que C será uma matriz com as mesmas dimensões que A e B. Além disso, vemos que a adição é **comutativa**: A + B = B + A. Também é **associativa**, o que significa que (A + B) + C = A + (B + C). Uma matriz com todos os elementos zero, chamada **matriz nula** ou **matriz zero**, pode ser escrita como O ou como um zero simples, com seu caráter e dimensões matriciais determinados a partir do contexto. Assim, para todos os A,

$$A + 0 = 0 + A = A. \tag{2.25}$$

Multiplicação (por um Escalar)

Aqui o que temos em mente por um escalar é um número ou função normal (não outra matriz).

A multiplicação da matriz A pela quantidade escalar α produz B = αA, com $b_{ij} = \alpha a_{ij}$ para todos os valores de i e j. Essa operação é comutativa, com αA = Aα.

Note que a definição da multiplicação por um escalar faz com que **cada** elemento da matriz A seja multiplicado pelo fator escalar. Isso se contrapõe fortemente com o comportamento dos determinantes em que $\alpha \det(A)$ é um determinante em que o fator α multiplica uma única coluna ou uma única linha de det(A) e não cada elemento de todo o determinante. Se A é uma matriz $n \times n$ quadrada, então

$$\det(\alpha A) = \alpha^n \det(A).$$

Multiplicação de Matriz (Produto Interno)

A **multiplicação de matrizes** não é uma operação elemento por elemento como adição ou multiplicação por um escalar. Em vez disso, é uma operação mais complicada na qual cada elemento do produto é formado combinando elementos de uma linha do primeiro operando com os elementos correspondentes de uma coluna do segundo operando. Esse modo de combinação revela-se necessário para muitos propósitos, e dá à álgebra matricial seu poder para resolver problemas importantes. Esse **produto interno** das matrizes A e B é definido como

$$AB = C, \quad \text{com} \quad c_{ij} = \sum_k a_{ik} b_{kj}. \tag{2.26}$$

Essa definição faz com que o elemento $i\,j$ de C seja formado a partir de toda a i-ésima linha de **A** e toda a j-ésima coluna de **B**. Obviamente essa definição requer que A tenha o mesmo número de colunas (n) que B tem de linhas. Note que o produto terá o mesmo número de linhas que A e o mesmo número de colunas que B. A multiplicação de matrizes é definida somente se essas condições forem atendidas. A soma na Equação (2.26) está no intervalo de k de 1 a n, e, mais explicitamente, corresponde a

$$c_{ij} = a_{i1}\,b_{1j} + a_{i2}\,b_{2j} + \cdots + a_{1n}\,b_{nj}.$$

Essa regra de combinação é de uma forma semelhante àquela do produto escalar dos vetores (a_{i1}, a_{i2}, ..., a_{in}) e (b_{1j}, b_{2j}, ..., b_{nj}). Como os papéis dos dois operandos em uma multiplicação de matriz são diferentes (o primeiro é processado por linhas, o segundo por colunas), a operação em geral é não comutativa, isto é, A B $\neq$ B A. Na verdade, A B pode até mesmo ter uma forma diferente de B A. Se A e B são quadrados, é útil definir o **comutador** de A e B,

$$[A, B] = AB - BA, \tag{2.27}$$

que, como afirmado, será em muitos casos diferente de zero.

A multiplicação de matrizes é **associativa**, o que significa que (AB)C = A(BC). Prova dessa afirmação é o tema do Exercício 2.2.26.

Exemplo 2.2.1   Multiplicação, Matrizes de Pauli

Essas três matrizes 2×2, que ocorreram no trabalho inicial na mecânica quântica de Pauli, são encontradas frequentemente em contextos de física, portanto é altamente recomendável conhecê-las.

Elas são

$$\sigma_1 = \begin{pmatrix} 0 & 1 \\ 1 & 0 \end{pmatrix}, \quad \sigma_2 = \begin{pmatrix} 0 & -i \\ i & 0 \end{pmatrix}, \quad \sigma_3 = \begin{pmatrix} 1 & 0 \\ 0 & -1 \end{pmatrix}. \tag{2.28}$$

Vamos formar $\sigma_1 \sigma_2$. O elemento 1, 1 do produto envolve a primeira **linha** de σ_1 e a primeira **coluna** de σ_2; esses são sombreados e levam ao cálculo indicado:

$$\begin{pmatrix} 0 & 1 \\ 1 & 0 \end{pmatrix} \begin{pmatrix} 0 & -i \\ i & 0 \end{pmatrix} \quad \to \quad 0(0) + 1(i) = i.$$

Continuando, temos

$$\sigma_1 \sigma_2 = \begin{pmatrix} 0(0) + 1(i) & 0(-i) + 1(0) \\ 1(0) + 0(i) & 1(-i) + 0(0) \end{pmatrix} = \begin{pmatrix} i & 0 \\ 0 & -i \end{pmatrix}. \tag{2.29}$$

De um modo semelhante, podemos calcular

$$\sigma_2 \sigma_1 = \begin{pmatrix} 0 & -i \\ i & 0 \end{pmatrix} \begin{pmatrix} 0 & 1 \\ 1 & 0 \end{pmatrix} = \begin{pmatrix} -i & 0 \\ 0 & i \end{pmatrix}. \tag{2.30}$$

Fica claro que σ_1 e σ_2 não comutam. Podemos construir seu comutador:

$$[\sigma_1, \sigma_2] = \sigma_1 \sigma_2 - \sigma_2 \sigma_1 = \begin{pmatrix} i & 0 \\ 0 & -i \end{pmatrix} - \begin{pmatrix} -i & 0 \\ 0 & i \end{pmatrix}$$

$$= 2i \begin{pmatrix} 1 & 0 \\ 0 & -1 \end{pmatrix} = 2i\sigma_3. \tag{2.31}$$

Observe que não apenas verificamos que σ_1 e σ_2 não comutam como até mesmo avaliamos e simplificamos seu comutador. ∎

Exemplo 2.2.2 MULTIPLICAÇÃO, MATRIZES DE LINHAS E COLUNAS

Como um segundo exemplo, considere

$$A = \begin{pmatrix} 1 \\ 2 \\ 3 \end{pmatrix}, \quad B = \begin{pmatrix} 4 & 5 & 6 \end{pmatrix}.$$

Vamos formar A B e B A:

$$AB = \begin{pmatrix} 4 & 5 & 6 \\ 8 & 10 & 12 \\ 12 & 15 & 18 \end{pmatrix}, \quad BA = (4 \times 1 + 5 \times 2 + 6 \times 3) = (32).$$

Os resultados são autoexplicativos. Muitas vezes, quando uma operação matricial leva a uma matriz 1×1, os parênteses são descartados e o resultado é tratado como um número ou função normal. ∎

Matriz Unitária

Por multiplicação direta de matriz, é possível mostrar que uma matriz quadrada com elementos de valor unitário em suas **diagonais principais** (os elementos (i, j) com $i = j$), e zeros em todos os lugares, deixará inalterada qualquer matriz pela qual ela pode ser multiplicada. Por exemplo, a matriz unitária 3×3 tem a forma

$$\begin{pmatrix} 1 & 0 & 0 \\ 0 & 1 & 0 \\ 0 & 0 & 1 \end{pmatrix};$$

observe que **não** é uma matriz cujos elementos são uma unidade. Atribuindo a essa matriz o nome **1**,

$$1A = A1 = A. \tag{2.32}$$

Ao interpretar essa equação, devemos ter em mente que as matrizes unitárias, que são quadradas e, portanto, de dimensões $n \times n$, existem para todos os n; os n valores para uso na Equação (2.32) devem ser aqueles consistentes com a dimensão aplicável de A. Portanto, se A é $m \times n$, a matriz unitária em $1A$ deve ser $m \times m$, enquanto aquela em $A1$ deve ser $n \times n$.

As matrizes nulas introduzidas anteriormente só têm elementos zero, assim isso também é óbvio para todos os A,

$$OA = AO = O. \tag{2.33}$$

Matrizes Diagonais

Se uma matriz D tem elementos diferentes de zero d_{ij} apenas para $i = j$, diz-se que ela é **diagonal**; um exemplo da 3×3 é

$$D = \begin{pmatrix} 1 & 0 & 0 \\ 0 & 2 & 0 \\ 0 & 0 & 3 \end{pmatrix}.$$

As regras de multiplicação de matrizes fazem com que todas as matrizes diagonais (do mesmo tamanho) comutem entre si. Porém, a menos que proporcional a uma unidade de matriz, matrizes diagonais não irão comutar com matrizes não diagonais contendo elementos arbitrários.

Matriz Inversa

Muitas vezes, o caso é que dada uma matriz quadrada A, haverá uma matriz quadrada B de tal modo que A B = B A = **1**. Uma matriz B com essa propriedade é chamada **inversa** de A e recebe o nome A^{-1}. Se A^{-1} existir, ela deve ser única. A prova dessa afirmação é simples: Se tanto B quanto C são inversas de A, então

$$AB = BA = AC = CA = 1.$$

Vamos agora analisar

CAB = (C A)B = B, mas também CAB = C(A B) = C.

Isso mostra que B = C.

Cada número real diferente de zero (ou complexo) δ tem um inverso multiplicativo diferente de zero, muitas vezes escrito $1/\delta\cdot$ Porém, a propriedade correspondente não se sustenta para matrizes; existem matrizes diferentes de zero que não têm inversos. Para demonstrar isso, considere o seguinte:

$$A = \begin{pmatrix} 1 & 1 \\ 0 & 0 \end{pmatrix}, \quad B = \begin{pmatrix} 1 & 0 \\ -1 & 0 \end{pmatrix}, \quad \text{so} \quad AB = \begin{pmatrix} 0 & 0 \\ 0 & 0 \end{pmatrix}.$$

Se A tem uma inversa, podemos multiplicar a equação A B = O **à direita** por A^{-1}, obtendo assim

$$AB = O \longrightarrow A^{-1}AB = A^{-1}O \longrightarrow B = O.$$

Como começamos com uma matriz B que era diferente de zero, isso é uma incoerência, e somos forçados a concluir que A^{-1} não existe. Diz-se que uma matriz sem um inverso é **singular**, assim nossa conclusão é de que A é singular. Observe que na nossa derivação, tivemos de ter cuidado para multiplicar ambos os membros de AB = O a partir da esquerda, porque a multiplicação é não comutativa. Como alternativa, supondo que B^{-1} existe, podemos multiplicar essa equação **à direita**, por B^{-1}, obtendo

$$AB = O \longrightarrow ABB^{-1} = OB^{-1} \longrightarrow A = O.$$

Isso é inconsistente com a A diferente de zero com a qual começamos; concluímos que B também é singular. Resumindo, existem matrizes diferentes de zero que não têm inversos e são identificadas como singular.

As propriedades algébricas dos números reais e complexos (incluindo a existência de inversos para todos os números diferentes de zero) definem o que os matemáticos chamam de **campo**. As propriedades que identificamos para matrizes são diferentes; elas formam o que é chamado de **anel**.

A inversão numérica das matrizes é outro tópico que recebeu muita atenção, e há muitos programas de computador para inversão de matrizes. Há uma fórmula fechada, mas complicada, para o inverso de uma matriz; ela expressa os elementos de A^{-1} em termos dos determinantes que são os menores de det(A); lembre-se de que menores foram definidos no parágrafo imediatamente antes da Equação (2.14). Essa fórmula, cuja derivação está em várias das Leituras Adicionais, é

$$(A^{-1})_{ij} = \frac{(-1)^{i+j} M_{ji}}{\det(A)}. \tag{2.34}$$

Descrevemos aqui um método bem conhecido que é computacionalmente mais eficiente do que a Equação (2.34), ou seja, o procedimento de Gauss-Jordan.

Exemplo 2.2.3   Inversão de Matriz de Gauss-Jordan

O método de Gauss-Jordan baseia-se no fato de que existem matrizes M_L de tal modo que o produto $M_L A$ deixará uma matriz arbitrária A inalterada, exceto com

(a) uma linha multiplicada por uma constante, ou

(b) uma linha substituída pela linha original menos um múltiplo de outra linha, ou

(c) a permutação de duas linhas.

As matrizes reais M_L que realizam essas transformações são o tema do Exercício 2.2.21.

Utilizando essas transformações, as linhas de uma matriz podem ser alteradas (por multiplicação de matrizes) da mesma maneira como fomos capazes de alterar os elementos dos determinantes, assim podemos prosseguir de uma maneira semelhante àquela utilizada para a redução dos determinantes por eliminação de Gauss.

Se A é não singular, a aplicação de uma sucessão de M_L, isto é, $M = (...M_L'' M_L' M_L)$, pode reduzir A a uma matriz unitária:

$$M A = \mathbf{1}, \quad \text{ou} \quad M = A^{-1}.$$

Assim, o que precisamos fazer é aplicar transformações sucessivas a A até que essas transformações tenham reduzido A a **1**, monitorando o produto dessas transformações. A maneira como monitoramos é aplicando sucessivamente as transformações a uma matriz unitária.

Eis um exemplo concreto. Queremos inverter a matriz

$$A = \begin{pmatrix} 3 & 2 & 1 \\ 2 & 3 & 1 \\ 1 & 1 & 4 \end{pmatrix}.$$

Nossa estratégia será escrever, lado a lado, a matriz A e uma matriz unitária do mesmo tamanho, e executar as mesmas operações em cada uma até A ter sido convertido em uma matriz unitária, o que significa que a matriz unitária mudará para A^{-1}. Começamos com

$$\begin{pmatrix} 3 & 2 & 1 \\ 2 & 3 & 1 \\ 1 & 1 & 4 \end{pmatrix} \quad e \quad \begin{pmatrix} 1 & 0 & 0 \\ 0 & 1 & 0 \\ 0 & 0 & 1 \end{pmatrix}.$$

Multiplicamos as linhas conforme necessário para definir como unidade todos os elementos da primeira coluna da matriz à esquerda:

$$\begin{pmatrix} 1 & \dfrac{2}{3} & \dfrac{1}{3} \\ 1 & \dfrac{3}{2} & \dfrac{1}{2} \\ 1 & 1 & 4 \end{pmatrix} \quad e \quad \begin{pmatrix} \dfrac{1}{3} & 0 & 0 \\ 0 & \dfrac{1}{2} & 0 \\ 0 & 0 & 1 \end{pmatrix}.$$

Subtraindo a primeira linha da segunda e terceira linhas, obtemos

$$\begin{pmatrix} 1 & \dfrac{2}{3} & \dfrac{1}{3} \\ 0 & \dfrac{5}{6} & \dfrac{1}{6} \\ 0 & \dfrac{1}{3} & \dfrac{11}{3} \end{pmatrix} \quad e \quad \begin{pmatrix} \dfrac{1}{3} & 0 & 0 \\ -\dfrac{1}{3} & \dfrac{1}{2} & 0 \\ -\dfrac{1}{3} & 0 & 1 \end{pmatrix}.$$

Então dividimos a segunda linha (de **ambas as** matrizes) por $\dfrac{5}{6}$ e subtraímos $\dfrac{2}{3}$ vezes ela da primeira linha e $\dfrac{1}{3}$ vezes ela da terceira linha. Os resultados para ambas as matrizes são

$$\begin{pmatrix} 1 & 0 & \dfrac{1}{5} \\ 0 & 1 & \dfrac{1}{5} \\ 0 & 0 & \dfrac{18}{5} \end{pmatrix} \quad e \quad \begin{pmatrix} \dfrac{3}{5} & -\dfrac{2}{5} & 0 \\ -\dfrac{2}{5} & \dfrac{3}{5} & 0 \\ -\dfrac{1}{5} & -\dfrac{1}{5} & 1 \end{pmatrix}.$$

Dividimos a terceira fila (de **ambas as** matrizes) por $\dfrac{18}{5}$. Então, como o último passo, $\dfrac{1}{5}$ vezes a terceira linha é subtraído de cada uma das duas primeiras linhas (de ambas as matrizes). Nosso par final é

$$\begin{pmatrix} 1 & 0 & 0 \\ 0 & 1 & 0 \\ 0 & 0 & 1 \end{pmatrix} \quad e\, A^{-1} = A^{-1} = \begin{pmatrix} \dfrac{11}{18} & -\dfrac{7}{18} & -\dfrac{1}{18} \\ -\dfrac{7}{18} & \dfrac{11}{18} & -\dfrac{1}{18} \\ -\dfrac{1}{18} & -\dfrac{1}{18} & \dfrac{5}{18} \end{pmatrix}.$$

Podemos verificar nosso trabalho multiplicando a A original pela A^{-1} calculada para ver se realmente podemos obter a matriz unitária **1**. ∎

Derivadas dos Determinantes

A fórmula que fornece o inverso de uma matriz em termos dos seus menores permite escrever uma fórmula compacta para a derivada de um determinante det(A) em que a matriz A tem elementos que dependem de alguma variável x. Para realizar a diferenciação com relação à dependência x do seu elemento a_{ij}, escrevemos det(A) como sua expansão em menores M_{ij} sobre os elementos da linha i, como na Equação (2.14), assim, também recorrendo à Equação (2.34), temos

$$\frac{\partial \det(A)}{\partial a_{ij}} = (-1)^{i+j} M_{ij} = (A^{-1})_{ji} \det(A).$$

Aplicando agora a regra da cadeia para permitir a dependência para com x de todos os elementos de A, obtemos

$$\frac{d \det(A)}{dx} = \det(A) \sum_{ij} (A^{-1})_{ji} \frac{da_{ij}}{dx}. \tag{2.35}$$

Sistemas de Equações Lineares

Usando a matriz inversa, podemos escrever as soluções formais para sistemas de equações lineares.

Para começar, notamos que se A é uma matriz quadrada $n \times n$, e $\mathbf{x}$ e $\mathbf{h}$ são vetores de coluna $n \times 1$, a equação da matriz $A\mathbf{x} = \mathbf{h}$ é, pela regra para multiplicação de matrizes,

$$A\mathbf{x} = \begin{pmatrix} a_{11}x_1 + a_{12}x_2 + \cdots + a_{1n}x_n \\ a_{21}x_1 + a_{22}x_2 + \cdots + a_{2n}x_n \\ \cdots\cdots\cdots\cdots \\ a_{n1}x_1 + a_{n2}x_2 + \cdots + a_{nn}x_n \end{pmatrix} = \mathbf{h} = \begin{pmatrix} h_1 \\ h_2 \\ \cdots \\ h_n \end{pmatrix},$$

que é inteiramente equivalente a um sistema de n equações lineares com os elementos de A como coeficientes. Se A é não singular, podemos multiplicar $(A)\mathbf{x} = \mathbf{h}$ à esquerda por A^{-1}, para obter o resultado $\mathbf{x} = A^{-1}\mathbf{h}$.

Esse resultado informa duas coisas: (1) que se pudermos avaliar A^{-1}, poderemos calcular a solução $\mathbf{x}$; e (2) que a existência de A^{-1} significa que esse sistema de equações tem uma solução única. Em nosso estudo dos determinantes descobrimos que um sistema de equações lineares tinha uma solução única se, e somente se, o determinante de seus coeficientes fosse diferente de zero. Assim, vemos que a condição de que A^{-1} existe, isto é, que A é não singular, é a mesma que a condição de que o determinante de A, que escrevemos det(A), seja diferente de zero. Esse resultado é importante o suficiente para ser enfatizado:

$$\text{Uma matriz quadrada A é singular se, e apenas se, } \det(A) = 0. \tag{2.36}$$

Teorema do Produto dos Determinantes

A conexão entre as matrizes e seus determinantes pode ser produzida de maneira mais profunda estabelecendo um **teorema do produto** que afirma que o determinante de um produto de duas matrizes $n \times n$ A e B é igual à dos produtos dos determinantes das matrizes individuais:

$$\det(AB) = \det(A)\det(B). \tag{2.37}$$

Como um primeiro passo para provar esse teorema, analisaremos det(A B) com os elementos do produto da matriz escritos. Mostrando as duas primeiras colunas explicitamente, temos

$$\det(AB) = \begin{vmatrix} a_{11}b_{11} + a_{12}b_{21} + \cdots + a_{1n}b_{n1} & a_{11}b_{12} + a_{12}b_{22} + \cdots + a_{1n}b_{n2} & \cdots \\ a_{21}b_{11} + a_{22}b_{21} + \cdots + a_{2n}b_{n1} & a_{21}b_{12} + a_{22}b_{22} + \cdots + a_{2n}b_{n2} & \cdots \\ \cdots & \cdots & \cdots \\ \cdots & \cdots & \cdots \\ a_{n1}b_{11} + a_{n2}b_{21} + \cdots + a_{nn}b_{n1} & a_{n1}b_{12} + a_{n2}b_{22} + \cdots + a_{nn}b_{n2} & \cdots \end{vmatrix}.$$

Introduzindo a notação

$$\mathbf{a}_j = \begin{pmatrix} a_{1j} \\ a_{2j} \\ \cdots \\ a_{nj} \end{pmatrix}, \text{ isso se torna } \det(\mathsf{A}\,\mathsf{B}) = \left| \sum_{j_1} \mathbf{a}_{j_1} b_{j_1,1} \quad \sum_{j_2} \mathbf{a}_{j_2} b_{j_2,2} \quad \cdots \right|,$$

onde as somas ao longo de $j_1, j_2, ..., j_n$ são executadas de forma independente de 1 a n. Agora, recorrendo às Equações (2.12) e (2.13), podemos mover os somatórios e os fatores b para fora do determinante, alcançando

$$\det(\mathsf{A}\,\mathsf{B}) = \sum_{j_1} \sum_{j_2} \cdots \sum_{j_n} b_{j_1,1} b_{j_2,2} \cdots b_{j_n,n} \det(\mathbf{a}_{j_1} \mathbf{a}_{j_2} \cdots \mathbf{a}_{j_n}). \tag{2.38}$$

O determinante no lado direito da Equação (2.38) desaparecerá se qualquer um dos índices j_μ são iguais; se todos são desiguais, esse determinante será $\pm\det(\mathsf{A})$, com o sinal correspondente à paridade da permutação de coluna necessária para colocar $\mathbf{a}_j$ em ordem numérica. Ambas essas condições são atendidas escrevendo $\det(\mathbf{a}_{j_1}\mathbf{a}_{j_2} \dots \mathbf{a}_{j_n}) = \varepsilon_{j_1...j_n} \det(\mathsf{A})$, onde ε é o símbolo de Levi-Civita definido na Equação (2.8). Essas manipulações nos levam para

$$\det(\mathsf{A}\,\mathsf{B}) = \det(\mathsf{A}) \sum_{j_1...j_n} \varepsilon_{j_1...j_n} b_{j_1,1} b_{j_2,2} \cdots b_{j_n,n} = \det(\mathsf{A}) \det(\mathsf{B}),$$

onde o passo final foi para invocar a definição do determinante, Equação (2.10). Esse resultado comprova o teorema do produto dos determinantes.

A partir do teorema do produto dos determinantes, podemos obter uma visão melhor das matrizes singulares. Observando primeiro que um caso especial do teorema é que

$$\det(\mathsf{A}\,\mathsf{A}^{-1}) = \det(\mathbf{1}) = 1 = \det(\mathsf{A}) \det(\mathsf{A}^{-1}),$$

vemos que

$$\det(\mathsf{A}^{-1}) = \frac{1}{\det(\mathsf{A})}. \tag{2.39}$$

Agora, é óbvio que se $\det(\mathsf{A}) = 0$, então $\det(\mathsf{A}^{-1})$ não pode existir, o que significa que A^{-1} também não pode existir. Isso é uma prova direta de que uma matriz é singular se, e somente se, ela tem um determinante que desaparece.

Ordem de uma Matriz

O conceito de singularidade da matriz pode ser refinado introduzindo a noção de **ordem** de uma matriz. Se os elementos de uma matriz são vistos como os coeficientes de um conjunto de formas lineares, como na Equação (2.1) e sua generalização para n variáveis, uma matriz quadrada recebe uma ordem igual ao número das formas linearmente independentes que seus elementos descrevem. Assim, uma matriz $n \times n$ não singular terá a ordem n, enquanto uma matriz $n \times n$ singular terá uma ordem r menor que n. A ordem fornece um indicador da extensão da singularidade; se $r = n - 1$, a matriz descreve uma forma linear que é dependente das outras; $r = n - 2$ descreve uma situação em que há duas formas que são linearmente dependentes das outras etc. No Capítulo 6 utilizaremos métodos para determinar sistematicamente a ordem de uma matriz.

Transposição, Adjunto, Traço

Além das operações que já discutimos, há outras operações que dependem do fato de que as matrizes são grupos. Uma dessas operações é a transposição. A **transposição** de uma matriz é a matriz que resulta da permutação dos seus índices de linha e coluna. Essa operação corresponde a submeter a matriz à reflexão sobre sua diagonal principal. Se uma matriz não é quadrada, sua transposição nem mesmo terá a mesma forma que a matriz original. A transposição de A, denotada como $\tilde{\mathsf{A}}$ ou, às vezes, como A^T, portanto, tem elementos

$$(\tilde{\mathsf{A}})_{ij} = a_{ji}. \tag{2.40}$$

Note que a transposição converterá um vetor de coluna em um vetor de linha, assim

$$\text{se}\quad \mathbf{x} = \begin{pmatrix} x_1 \\ x_2 \\ \cdots \\ x_n \end{pmatrix}, \quad \text{então}\quad \tilde{\mathbf{x}} = (x_1\ x_2\ \dots\ x_n).$$

Uma matriz que é inalterada pela transposição (isto é, $\tilde{A} = A$) é chamada **simétrica**.

Para matrizes que podem ter elementos complexos, o **conjugado complexo** de uma matriz é definido como a matriz resultante se todos os elementos da matriz original são conjugados complexos. Observe que isso não muda a forma nem move nenhum elemento para novas posições.

A notação para o conjugado complexo de A é A*.

O **adjunto** de uma matriz A, denotado por $A^\dagger$, é obtido tanto por conjugação complexa quanto o transpondo (o mesmo resultado é obtido se essas operações são realizadas em qualquer ordem).

Assim,

$$(A^\dagger)_{ij} = a_{ji}^*. \tag{2.41}$$

O **traço**, uma quantidade definida para matrizes quadradas, é a soma dos elementos da diagonal principal. Portanto, para uma matriz $n \times n$ A,

$$\text{traço}(A) = \sum_{i=1}^{n} a_{ii}. \tag{2.42}$$

A partir da regra para adição de matrizes, é óbvio que

$$\text{traço}(A + B) = \text{traço}(A) + \text{traço}(B). \tag{2.43}$$

Outra propriedade do traço é que seu valor para um produto de duas matrizes A e B é independente da ordem de multiplicação:

$$\text{traço}(AB) = \sum_i (AB)_{ii} = \sum_i \sum_j a_{ij}b_{ji} = \sum_j \sum_i b_{ji}a_{ij}$$

$$= \sum_j (BA)_{jj} = \text{traço}(BA). \tag{2.44}$$

Isso vale mesmo se $AB \neq BA$. A Equação (2.44) significa que o traço de qualquer comutador $[A, B] = AB - BA$ é zero. Considerando agora o traço do produto da matriz ABC, se agrupamos os fatores como A(BC), vemos facilmente que

$$\text{traço}(ABC) = \text{traço}(BCA).$$

Repetindo esse processo, encontramos também traço(ABC) = traço(CAB). Observe, porém, que não podemos igualar nenhuma dessas quantidades a traço(CBA) ou ao traço de qualquer outra permutação acíclica dessas matrizes.

Operações em Produtos Matriciais

Já vimos que o determinante e o traço atendem as relações

$$\det(AB) = \det(A)\det(B) = \det(BA), \text{traço}(AB) = \text{traço}(BA),$$

quer A e B comutem ou não. Também descobrimos que traço(A + B) = traço(A) + traço(B) e podemos mostrar facilmente que traço(αA) = α traço(A) estabelecendo que o traço é um operador linear (conforme definido no Capítulo 5). Como relações semelhantes não existem para o determinante, ele **não** é um operador linear.

Consideramos agora o efeito das outras operações sobre os produtos matriciais. Podemos demonstrar que transposição de um produto, $(AB)^T$, satisfaz

$$(AB)^T = \tilde{B}\tilde{A}, \tag{2.45}$$

mostrando que um produto é transposto considerando, na ordem inversa, as transposições dos seus fatores. Observe que se as respectivas dimensões de A e B são de tal modo para tornar AB definida, também será verdadeiro que $\tilde{B}\tilde{A}$ é definida.

Uma vez que a conjugação complexa de um produto simplesmente equivale à conjugação dos seus fatores individuais, a fórmula para o adjunto de um produto matricial segue uma regra semelhante à Equação (2.45):

$$(AB)^\dagger = B^\dagger A^\dagger. \tag{2.46}$$

Por fim, considere $(AB)^{-1}$. Para que AB seja não singular, nem A nem B podem ser singulares (para ver isso, considere seus determinantes). Supondo essa não singularidade, temos

$$(AB)^{-1} = B^{-1}A^{-1}. \tag{2.47}$$

A validade da Equação (2.47) pode ser demonstrada substituindo-a na Equação óbvia $(AB)(AB)^{-1} = 1$.

Representação Matricial de Vetores

O leitor já deve ter notado que as operações de adição e multiplicação por um escalar são definidas de forma idêntica para vetores (Seção 1.7) e as matrizes que chamamos vetores de coluna. Também podemos usar o formalismo da matriz para gerar produtos escalares, mas, a fim de fazer isso, devemos converter um dos vetores de coluna em um vetor de linha. A operação de transposição fornece uma maneira de fazer isso. Assim, deixando **a** e **b** representarem os vetores em IR^3,

$$\mathbf{a} \cdot \mathbf{b} \longrightarrow (a_1 \; a_2 \; a_3) \begin{pmatrix} b_1 \\ b_2 \\ b_3 \end{pmatrix} = a_1 b_1 + a_2 b_2 + a_3 b_3.$$

Se em um contexto da matriz consideramos **a** e **b** como vetores de coluna, essa equação assume a forma

$$\mathbf{a} \cdot \mathbf{b} \longrightarrow \mathbf{a}^T \mathbf{b}. \tag{2.48}$$

Na verdade, essa notação não leva à ambiguidade significativa se observarmos que, ao lidar com matrizes, usamos símbolos minúsculos em negrito para denotar **vetores de coluna**. Também observe que, como $\mathbf{a}^T \mathbf{b}$ é uma matriz 1×1, ela é sinônimo da sua transposição, que é $\mathbf{b}^T \mathbf{a}$. A notação matricial preserva a simetria do produto escalar. Como na Seção 1.7, o quadrado da grandeza do vetor correspondente a **a** será $\mathbf{a}^T \mathbf{a}$.

Se os elementos dos nossos vetores de coluna **a** e **b** são reais, então uma maneira alternativa de escrever $\mathbf{a}^T \mathbf{b}$ é $\mathbf{a}^\dagger \mathbf{b}$. No entanto, essas quantidades não são iguais se os vetores têm elementos complexos, como será o caso em algumas situações em que os vetores de coluna não representam deslocamentos no espaço físico. Nessa situação, a notação punhal é a mais útil porque então $\mathbf{a}^\dagger \mathbf{a}$ será real e pode desempenhar o papel de uma grandeza ao quadrado.

Matrizes Ortogonais

Uma matriz real (uma cujos elementos são reais) é denominada **ortogonal** se sua transposição é igual ao seu inverso. Assim, se S é ortogonal, podemos escrever

$$S^{-1} = S^T, \quad \text{or} \quad SS^T = 1 \quad \text{(S ortogonal)}. \tag{2.49}$$

Como, para S ortogonal, $\det(SS^T) = \det(S)\det(S^T) = [\det(S)]^2 = 1$, vemos que

$$\det(S) = \pm 1 \quad \text{(S ortogonal)}. \tag{2.50}$$

É fácil provar que S e S´ são cada um ortogonais, então SS´ e S´S também são.

Matrizes Unitárias

Outra classe importante de matrizes consiste em matrizes U com a propriedade de que $U^\dagger = U^{-1}$, isto é, matrizes para as quais o adjunto também é o inverso. Essas matrizes são identificadas como **unitárias**. Uma maneira de expressar essa relação é

$$U U^\dagger = U^\dagger U = 1 \quad \text{(U unitária)}. \tag{2.51}$$

Se todos os elementos de uma matriz unitária são reais, a matriz também é ortogonal.

Uma vez que para qualquer $\det(A^T) = \det(A)$ e, portanto, $\det(A^\dagger) = \det(A)^*$, a aplicação do teorema do produto dos determinantes para uma matriz unitária U leva a

$$\det(U)\det(U^\dagger) = |\det(U)|^2 = 1, \tag{2.52}$$

mostrando que $\det(U)$ é um número possivelmente complexo da unidade de grandeza. Como esses números podem ser escritos na forma $\exp(i\theta)$, com θ real, os determinantes de U e $U^\dagger$ irão, para alguns θ, satisfazer

$$\det(U) = e^{i\theta}, \quad \det(U^\dagger) = e^{-i\theta}.$$

Parte do significado do termo *unitário* está associada ao fato de que o determinante tem grandeza unitária. Um caso especial dessa relação é nossa observação anterior de que se U é real e, portanto, também uma matriz ortogonal, seu determinante deve ser +1 ou −1.

Finalmente, observamos que se U e V são ambos unitários, então UV e VU também serão unitários. Isso é uma generalização do nosso resultado anterior de que o produto matricial de duas matrizes ortogonais também é ortogonal.

Matrizes Hermitianas

Há classes adicionais de matrizes com características úteis. Uma matriz é identificada como **hermitiana**, ou, de forma sinônima, **autoadjunta**, se é igual a seu adjunto. Para ser autoadjunta, uma matriz H deve ser quadrada e, além disso, os elementos devem satisfazer

$$(H^\dagger)_{ij} = (H)_{ij} \quad \longrightarrow \quad h^*_{ji} = h_{ij} \quad \text{(H é Hermitiana).} \tag{2.53}$$

Essa condição significa que a matriz dos elementos em uma matriz autoadjunta apresenta uma simetria de reflexão sobre a diagonal principal: elementos cujas posições são conectadas por reflexão devem ser conjugados complexos. Como corolário dessa observação, ou por referência direta à Equação (2.53), vemos que os elementos diagonais de uma matriz autoadjunta devem ser reais.

Se todos os elementos de uma matriz autoadjunta são reais, então a condição de autoadjunto fará com que a matriz também seja simétrica, assim todas as matrizes simétricas reais são autoadjuntas (hermitianas).

Observe que se duas matrizes A e B são hermitianas, não necessariamente é verdade que AB ou BA é hermitiana; mas AB + BA se diferente de zero, será hermitiana e AB−BA, se diferente de zero, será **anti-hermitiana**, significando que $(AB–BA)^\dagger = -(AB–BA)$.

Extração de uma Linha ou Coluna

É útil definir vetores de coluna $\hat{e}_i$ que são iguais a zero, exceto para o elemento $(i, 1)$, que é a unidade; exemplos são

$$\hat{e}_1 = \begin{pmatrix} 1 \\ 0 \\ 0 \\ \dots \\ 0 \end{pmatrix}, \quad \hat{e}_2 = \begin{pmatrix} 0 \\ 1 \\ 0 \\ \dots \\ 0 \end{pmatrix}, \quad \text{etc.} \tag{2.54}$$

Um uso desses vetores é para extrair uma única coluna a partir de uma matriz. Por exemplo, se A é uma matriz 3×3, então

$$A\hat{e}_2 = \begin{pmatrix} a_{11} & a_{12} & a_{13} \\ a_{21} & a_{22} & a_{23} \\ a_{31} & a_{32} & a_{33} \end{pmatrix} \begin{pmatrix} 0 \\ 1 \\ 0 \end{pmatrix} = \begin{pmatrix} a_{12} \\ a_{22} \\ a_{32} \end{pmatrix}.$$

O vetor de linha $\hat{e}_i^T$ pode ser utilizado de maneira similar para extrair uma linha a partir de uma matriz arbitrária, como em

$$\hat{e}_i^T A = (a_{i1} \quad a_{i2} \quad a_{i3}).$$

Esses **vetores unitários** também terão muitos usos em outros contextos.

Produto Direto

Um segundo procedimento para multiplicar matrizes, conhecido como tensor **direto** ou **produto** de Kronecker, combina uma matriz A $m \times n$ e uma matriz B $m' \times n'$ para criar o produto direto matriz C = A $\otimes$ B, que é da dimensão $mm' \times nn'$ e tem elementos

$$C_{\alpha\beta} = A_{ij}B_{kl},\qquad(2.55)$$

com $\alpha = m'(i-1) + k$, $\beta = n'(j-1) + l$. A matriz de produto direto usa os índices do primeiro fator como o principal e aqueles do segundo fator como o secundário; é, portanto, um processo não comutativo, mas associativo.

Exemplo 2.2.4 Produtos Diretos

Vamos dar alguns exemplos específicos. Se A e B são ambos matrizes 2×2, podemos escrever, primeiro de certa maneira simbólica e então em uma forma completamente expandida,

$$A \otimes B = \begin{pmatrix} a_{11}B & a_{12}B \\ a_{21}B & a_{22}B \end{pmatrix} = \begin{pmatrix} a_{11}b_{11} & a_{11}b_{12} & a_{12}b_{11} & a_{12}b_{12} \\ a_{11}b_{21} & a_{11}b_{22} & a_{12}b_{21} & a_{12}b_{22} \\ a_{21}b_{11} & a_{21}b_{12} & a_{22}b_{11} & a_{22}b_{12} \\ a_{21}b_{21} & a_{21}b_{22} & a_{22}b_{21} & a_{22}b_{22} \end{pmatrix}.$$

Outro exemplo é o produto direto de dois vetores de coluna com dois elementos, **x** e **y**. Mais uma vez, escrevendo primeiro de maneira simbólica, e então na forma expandida,

$$\begin{pmatrix} x_1 \\ x_2 \end{pmatrix} \otimes \begin{pmatrix} y_1 \\ y_2 \end{pmatrix} = \begin{pmatrix} x_1\mathbf{y} \\ x_2\mathbf{y} \end{pmatrix} = \begin{pmatrix} x_1 y_1 \\ x_1 y_2 \\ x_2 y_1 \\ x_2 y_2 \end{pmatrix}.$$

Um terceiro exemplo é a quantidade AB do Exemplo 2.2.2. É uma instância do caso especial (vetor de coluna vezes vetor de linha) em que os produtos diretos e internos coincidem: AB = A $\otimes$ B. ∎

Se C e C′ são produtos diretos das respectivas formas

$$C = A \otimes B \quad e \quad C' = A' \otimes B',\qquad(2.56)$$

e essas matrizes são de dimensões tais que os produtos internos de AA′ e BB′ são definidos, então

$$CC' = (AA') \otimes (BB').\qquad(2.57)$$

Além disso, se as matrizes A e B têm as mesmas dimensões, então

$$C \otimes (A+B) = C \otimes A + C \otimes B \quad e \quad (A+B) \otimes C = A \otimes C + B \otimes C.\qquad(2.58)$$

Exemplo 2.2.5 Matrizes de Dirac

Na formulação original não relativista da mecânica quântica, a concordância entre a teoria e experimento para os sistemas eletrônicos exigia a introdução do conceito de spin do elétron (momento angular intrínseco), tanto para fornecer uma duplicação no número de estados disponíveis quanto para explicar os fenômenos que envolvem o momento magnético do elétron. O conceito foi introduzido de uma maneira relativamente *ad hoc;* o elétron precisava receber o número quântico de spin 1/2, e isso poderia ser feito atribuindo a ele uma função de onda de dois componentes, com as propriedades relacionadas com o spin descritas usando as matrizes de Pauli, que foram introduzidas no Exemplo 2.2.1:

$$\sigma_1 = \begin{pmatrix} 0 & 1 \\ 1 & 0 \end{pmatrix}, \quad \sigma_2 = \begin{pmatrix} 0 & -i \\ i & 0 \end{pmatrix}, \quad \sigma_3 = \begin{pmatrix} 1 & 0 \\ 0 & -1 \end{pmatrix}.$$

De relevância aqui é o fato de que essas matrizes se anticomutam e têm quadrados que são matrizes unitárias:

$$\sigma_i^2 = \mathbf{1}_2, \quad e \quad \sigma_i\sigma_j + \sigma_j\sigma_i = 0, \quad i \neq j.\qquad(2.59)$$

Em 1927, P. A. M. Dirac desenvolveu uma formulação relativista da mecânica quântica aplicável a partículas de spin 1/2. Para fazer isso, era necessário colocar as variáveis espaciais e temporais em pé de igualdade, e Dirac procedeu convertendo a expressão relativista para a energia cinética em uma expressão que era de primeira ordem tanto em energia quanto em impulso (quantidades paralelas na mecânica relativista). Ele começou a partir da equação relativista para a energia de uma partícula livre,

$$E^2 = (p_1^2 + p_2^2 + p_3^2)c^2 + m^2 c^4 = \mathbf{p}^2 c^2 + m^2 c^4, \tag{2.60}$$

em que p_i são os componentes do impulso nas direções coordenadas, m é a massa da partícula e c é a velocidade da luz. Na passagem para a mecânica quântica, as quantidades p_i devem ser substituídas pelos operadores diferenciais $-i\hbar \partial/\partial x_i$, e toda a equação é aplicada a uma função de onda.

Era desejável ter uma formulação que produzisse uma função de onda de dois componentes no limite não relativista e, portanto, era de se esperar que contivesse o σ_i. Dirac fez a observação de que uma chave para a solução de seu problema era explorar o fato de que as matrizes de Pauli, tomadas em conjunto como um vetor

$$\boldsymbol{\sigma} = \sigma_1 \hat{\mathbf{e}}_1 + \sigma_2 \hat{\mathbf{e}}_2 + \sigma_3 \hat{\mathbf{e}}_3, \tag{2.61}$$

poderiam ser combinadas com o vetor $\mathbf{p}$ para produzir a identidade

$$(\boldsymbol{\sigma} \cdot \mathbf{p})^2 = \mathbf{p}^2 \mathbf{1}_2, \tag{2.62}$$

onde $\mathbf{1}_2$ indica uma matriz unitária 2×2. A importância da Equação (2.62) é que, ao optarmos por matrizes 2×2, podemos linearizar as ocorrências quadráticas de E e $\mathbf{p}$ na Equação (2.60) como a seguir. Primeiro escrevemos

$$E^2 \mathbf{1}_2 - c^2 (\boldsymbol{\sigma} \cdot \mathbf{p})^2 = m^2 c^4 \mathbf{1}_2. \tag{2.63}$$

Então fatoramos o lado esquerdo da Equação (2.63) e aplicamos ambos os lados da equação resultante (que é uma equação matricial 2×2) a uma função de onda de dois componentes que chamaremos ψ_1:

$$(E\mathbf{1}_2 + c\,\boldsymbol{\sigma} \cdot \mathbf{p})(E\mathbf{1}_2 - c\,\boldsymbol{\sigma} \cdot \mathbf{p})\psi_1 = m^2 c^4 \psi_1. \tag{2.64}$$

O significado dessa equação fica mais claro se tornarmos a definição adicional

$$(E\mathbf{1}_2 - c\,\boldsymbol{\sigma} \cdot \mathbf{p})\psi_1 = mc^2 \psi_2. \tag{2.65}$$

Substituindo a Equação (2.65) na Equação (2.64), podemos então escrever a Equação modificada (2.64) e a Equação (inalterada) (2.65) como o conjunto de equações

$$(E\mathbf{1}_2 + c\,\boldsymbol{\sigma} \cdot \mathbf{p})\psi_2 = mc^2 \psi_1,$$
$$(E\mathbf{1}_2 - c\,\boldsymbol{\sigma} \cdot \mathbf{p})\psi_1 = mc^2 \psi_2; \tag{2.66}$$

essas duas equações terão de ser satisfeitas simultaneamente.

Para dar às Equações (2.66) a forma que Dirac realmente utilizou, agora fazemos a substituição $\psi_1 = \psi_A + \psi_B$, $\psi_2 = \psi_A - \psi_B$, e então somamos e subtraímos as duas equações entre si, alcançando um conjunto de equações acopladas em ψ_A e ψ_B:

$$E\psi_A - c\boldsymbol{\sigma} \cdot \mathbf{p}\psi_B = mc^2 \psi_A,$$
$$c\boldsymbol{\sigma} \cdot \mathbf{p}\psi_A - E\psi_B = mc^2 \psi_B.$$

Antecipando o que faremos em seguida, escrevemos essas equações na forma matricial

$$\left[\begin{pmatrix} E\mathbf{1}_2 & 0 \\ 0 & -E\mathbf{1}_2 \end{pmatrix} - \begin{pmatrix} 0 & c\boldsymbol{\sigma} \cdot \mathbf{p} \\ -c\boldsymbol{\sigma} \cdot \mathbf{p} & 0 \end{pmatrix} \right] \begin{pmatrix} \psi_A \\ \psi_B \end{pmatrix} = mc^2 \begin{pmatrix} \psi_A \\ \psi_B \end{pmatrix}. \tag{2.67}$$

Podemos agora usar a notação de produto direto para condensar a Equação (2.67) na forma mais simples

$$[(\sigma_3 \otimes \mathbf{1}_2)E - \gamma \otimes c(\boldsymbol{\sigma} \cdot \mathbf{p})] \Psi = mc^2 \Psi, \tag{2.68}$$

onde Ψ é a função de onda **de quatro componentes** construída a partir das funções de onda de dois componentes:

$$\Psi = \begin{pmatrix} \psi_A \\ \psi_B \end{pmatrix},$$

e os termos no lado esquerdo têm a estrutura indicada porque

$$\sigma_3 = \begin{pmatrix} 1 & 0 \\ 0 & -1 \end{pmatrix} \quad \text{e nós definimos} \quad \gamma = \begin{pmatrix} 0 & 1 \\ -1 & 0 \end{pmatrix}. \tag{2.69}$$

Tornou-se comum identificar as matrizes na Equação (2.68) como γ^μ e se referir a elas como **matrizes de Dirac**, com

$$\gamma^0 = \sigma_3 \otimes \mathbf{1}_2 = \begin{pmatrix} \mathbf{1}_2 & 0 \\ 0 & -\mathbf{1}_2 \end{pmatrix} = \begin{pmatrix} 1 & 0 & 0 & 0 \\ 0 & 1 & 0 & 0 \\ 0 & 0 & -1 & 0 \\ 0 & 0 & 0 & -1 \end{pmatrix}. \tag{2.70}$$

As matrizes resultantes dos componentes individuais de σ na Equação (2.68) são (para $i = 1, 2, 3$)

$$\gamma^i = \gamma \otimes \sigma_i = \begin{pmatrix} 0 & \sigma_i \\ -\sigma_i & 0 \end{pmatrix}. \tag{2.71}$$

Expandindo a Equação (2.71), temos

$$\gamma^1 = \begin{pmatrix} 0 & 0 & 0 & 1 \\ 0 & 0 & 1 & 0 \\ 0 & -1 & 0 & 0 \\ -1 & 0 & 0 & 0 \end{pmatrix}, \quad \gamma^2 = \begin{pmatrix} 0 & 0 & 0 & -i \\ 0 & 0 & i & 0 \\ 0 & i & 0 & 0 \\ -i & 0 & 0 & 0 \end{pmatrix},$$

$$\gamma^3 = \begin{pmatrix} 0 & 0 & 1 & 0 \\ 0 & 0 & 0 & -1 \\ -1 & 0 & 0 & 0 \\ 0 & 1 & 0 & 0 \end{pmatrix}. \tag{2.72}$$

Agora que os γ^μ foram definidos, podemos reescrever a Equação (2.68), expandindo $\sigma \cdot \mathbf{p}$ em componentes:

$$\left[\gamma^0 E - c(\gamma^1 p_1 + \gamma^2 p_2 + \gamma^3 p_3) \right] \Psi = mc^2 \Psi.$$

Para colocar essa equação matricial na forma específica conhecida como **Equação de Dirac**, multiplicamos os dois lados dela (à esquerda) por γ^0. Observando que $(\gamma^0)^2 = \mathbf{1}$ e dando a $\gamma^0 \gamma^i$ o novo nome α_i, alcançamos

$$\left[\gamma^0 mc^2 + c(\alpha_1 p_1 + \alpha_2 p_2 + \alpha_3 p_3) \right] \Psi = E \Psi. \tag{2.73}$$

A equação (2.73) está na notação usada por Dirac com exceção de que ele utilizava β como o nome da matriz aqui chamada γ^0.

As matrizes gama de Dirac têm uma álgebra que é uma generalização daquela exibida pelas matrizes de Pauli, onde descobrimos que a $\sigma_i^2 = 1$ e que se $i \neq j$, então σ_i e σ_j se anticomutam. Quer por análise adicional ou avaliação direta, verifica-se que, para $\mu = 0; 1; 2; 3$ e $i = 1; 2; 3$,

$$(\gamma^0)^2 = 1, \quad (\gamma^i)^2 = -1, \tag{2.74}$$

$$\gamma^\mu \gamma^i + \gamma^i \gamma^\mu = 0, \quad \mu \neq i. \tag{2.75}$$

No limite não relativista, a equação de Dirac de quatro componentes para um eléctron é reduzida a uma equação de dois componentes em que cada componente satisfaz a equação de Schrödinger, com as matrizes de Pauli e Dirac desaparecendo completamente (Exercício 2.2.48).

Nesse limite, as matrizes de Pauli reaparecem se adicionamos à equação de Schrödinger um termo adicional proveniente do momento magnético intrínseco do elétron. A passagem para o limite não relativista fornece justificativa para a introdução aparentemente arbitrária de uma função de onda de dois componentes e uso das matrizes de Pauli para discussões do momento angular do spin.

As matrizes de Pauli (e a matriz unitária $\mathbf{1}_2$) formam o que é conhecido como **álgebra de Clifford**,[2] com as propriedades mostradas na Equação (2.59). Como a álgebra é baseada em matrizes 2×2, só podemos ter quatro membros (o número dessas matrizes linearmente independentes), e a chamamos de dimensão 4. As matrizes de

[2] D. Hestenes, *Am. J. Phys.* **39:** 1013 (1971); e *J. Math. Phys.* **16:** 556 (1975).

Dirac são membros de uma álgebra de Clifford de dimensão 16. A base completa para essa álgebra de Clifford, com propriedades convenientes de transformação de Lorentz, consiste nas 16 matrizes

$$\mathbf{1}_4, \quad \boldsymbol{\gamma}^5 = i\boldsymbol{\gamma}^0\boldsymbol{\gamma}^1\boldsymbol{\gamma}^2\boldsymbol{\gamma}^3 = \begin{pmatrix} 0 & \mathbf{1}_2 \\ \mathbf{1}_2 & 0 \end{pmatrix}, \quad \boldsymbol{\gamma}^\mu \quad (\mu = 0, 1, 2, 3),$$

$$\boldsymbol{\gamma}^5\boldsymbol{\gamma}^\mu \quad (\mu = 0, 1, 2, 3), \quad \sigma^{\mu\nu} = i\boldsymbol{\gamma}^\mu\boldsymbol{\gamma}^\nu \quad (0 \le \mu < \nu \le 3). \tag{2.76}$$

■

Funções de Matrizes

Polinômios com um ou mais argumentos de matriz são bem-definidos e ocorrem frequentemente. A série de potências de uma matriz também pode ser definida, desde que a série convirja para cada elemento da matriz.

Por exemplo, se A é qualquer matriz $n \times n$, então a série de potências

$$\exp(\mathsf{A}) = \sum_{j=0}^{\infty} \frac{1}{j!} \mathsf{A}^j, \tag{2.77}$$

$$\mathrm{sen}(\mathsf{A}) = \sum_{j=0}^{\infty} \frac{(-1)^j}{(2j+1)!} \mathsf{A}^{2j+1}, \tag{2.78}$$

$$\cos(\mathsf{A}) = \sum_{j=0}^{\infty} \frac{(-1)^j}{(2j)!} \mathsf{A}^{2j} \tag{2.79}$$

são matrizes $n \times n$ bem-definidas. Para as matrizes de Pauli σ_k, a **identidade de Euler** para θ real e $k = 1$; 2; ou 3,

$$\exp(i\sigma_k\theta) = \mathbf{1}_2 \cos\theta + i\sigma_k \,\mathrm{sen}\,\theta, \tag{2.80}$$

resulta da coleta de todas as potências pares e ímpares de δ em séries separadas usando $\sigma_k^2 = 1$. Para as matrizes de Dirac 4×4 $\sigma^{\mu\nu}$, definidas na Equação (2.76), temos para $1 \le \mu < \nu\, 3$,

$$\exp(i\sigma^{\mu\nu}\theta) = \mathbf{1}_4 \cos\theta + i\sigma^{\mu\nu}\,\mathrm{sen}\,\theta, \tag{2.81}$$

enquanto

$$\exp(i\sigma^{0k}\zeta) = \mathbf{1}_4 \cosh\zeta + i\sigma^{0k}\,\mathrm{senh}\,\zeta \tag{2.82}$$

mantém-se para ζ real porque $(i\sigma^{0k})^2 = 1$ para $k = 1$, 2 ou 3.

Matrizes hermitianas e unitárias estão relacionadas nessa U, dadas como

$$\mathsf{U} = \mathrm{x}\ (i\mathsf{H}), \tag{2.83}$$

é unitária se H é hermitiana. Para ver isso, basta considerar o adjunto: $\mathsf{U}^\dagger = \exp(-i\mathsf{H}^\dagger) = \exp(-i\mathsf{H}) = [\exp(i\mathsf{H})]^{-1} = \mathsf{U}^{-1}$.

Outro resultado que é importante identificar aqui é que qualquer matriz hermitiana H satisfaz uma relação conhecida como **fórmula de traço**,

$$\det(\exp(\mathsf{H})) = \exp(\mathrm{traço}(\mathsf{H})). \tag{2.84}$$

Essa fórmula é derivada na Equação (6.27).

Por fim, observamos que a multiplicação das duas matrizes diagonais produz uma matriz que também é diagonal, com elementos que são os produtos dos elementos correspondentes dos multiplicandos. Esse resultado implica que uma função arbitrária de uma matriz diagonal também será diagonal, com elementos diagonais que são aquela função dos elementos diagonais da matriz original.

Exemplo 2.2.6   EXPONENCIAL DE UMA MATRIZ DIAGONAL

Se uma matriz A é diagonal, então sua n-ésima potência também é diagonal, com os elementos diagonais da matriz original elevados a n-ésima potência. Por exemplo, dado

$$\sigma_3 = \begin{pmatrix} 1 & 0 \\ 0 & -1 \end{pmatrix},$$

então

$$(\sigma_3)^n = \begin{pmatrix} 1 & 0 \\ 0 & (-1)^n \end{pmatrix}.$$

Podemos agora calcular

$$e^{\sigma_3} = \begin{pmatrix} \sum_{n=0}^{\infty} \dfrac{1}{n!} & 0 \\ 0 & \sum_{n=0}^{\infty} \dfrac{(-1)^n}{n!} \end{pmatrix} = \begin{pmatrix} e & 0 \\ 0 & e^{-1} \end{pmatrix}. \qquad \blacksquare$$

Um resultado final e importante é a **fórmula de Baker-Hausdorff**, que, entre outros lugares, é usada nas expansões de clusters acoplados que geram cálculos de estrutura eletrônica de alta precisão em átomos e moléculas:[3]

$$\exp(-\mathsf{T})\,\mathsf{A}\exp(\mathsf{T}) = \mathsf{A} + [\mathsf{A},\mathsf{T}] + \frac{1}{2!}\,[[\mathsf{A},\mathsf{T}],\,\mathsf{T}] + \frac{1}{3!}\,[[[\mathsf{A},\mathsf{T}],\,\mathsf{T}],\,\mathsf{T}] + \cdots. \qquad (2.85)$$

Exercícios

2.2.1 Mostre que a multiplicação de matrizes é associativa, $(AB)C = A(BC)$.

2.2.2 Mostre que

$$(\mathsf{A} + \mathsf{B})(\mathsf{A} - \mathsf{B}) = \mathsf{A}^2 - \mathsf{B}^2$$

se, e somente se, A e B comutam,

$$[\mathsf{A},\,\mathsf{B}] = 0.$$

2.2.3 (a) Números complexos, $a + ib$, com a e b reais, podem ser representados por (ou são isomorfos com) matrizes 2×2:

$$a + ib \;\longleftrightarrow\; \begin{pmatrix} a & b \\ -b & a \end{pmatrix}.$$

Mostre que essa representação matricial é válida para (i) adição e (ii) multiplicação.

(b) Encontre a matriz correspondente a $(a + ib)^{-1}$.

2.2.4 Se A é uma matriz $n \times n$, mostre que

$$\det(-\mathsf{A}) = (-1)^n \det \mathsf{A}.$$

2.2.5 (a) A equação matricial $\mathsf{A}^2 = 0$ não implica $\mathsf{A} = 0$. Mostre que a matriz 2×2 mais geral cujo quadrado é zero pode ser escrita como

$$\begin{pmatrix} ab & b^2 \\ -a^2 & -ab \end{pmatrix},$$

onde a e b são números reais ou complexos.

(b) Se $C = A + B$, em geral

$$\det \mathsf{C} \neq \det \mathsf{A} + \det \mathsf{B}.$$

Construa um exemplo numérico específico para ilustrar essa desigualdade.

---

[3]F. E. Harris, H. J. Monkhorst, e D. L. Freeman, *Algebraic and Diagrammatic Methods in Many-Fermion Theory*. Nova York: Oxford University Press (1992).

2.2.6   Dado

$$K = \begin{pmatrix} 0 & 0 & i \\ -i & 0 & 0 \\ 0 & -1 & 0 \end{pmatrix},$$

mostre que o

$$K^n = KKK \cdots (n \text{ fatores}) = 1$$

(com a escolha adequada de n, $n \neq 0$).

2.2.7   Verifique a **identidade de Jacobi**,

$$[A, [B, C]] = [B, [A, C]] - [C, [A, B]].$$

2.2.8   Mostre que as matrizes

$$A = \begin{pmatrix} 0 & 1 & 0 \\ 0 & 0 & 0 \\ 0 & 0 & 0 \end{pmatrix}, \quad B = \begin{pmatrix} 0 & 0 & 0 \\ 0 & 0 & 1 \\ 0 & 0 & 0 \end{pmatrix}, \quad C = \begin{pmatrix} 0 & 0 & 1 \\ 0 & 0 & 0 \\ 0 & 0 & 0 \end{pmatrix}$$

satisfazem as relações de comutação

$$[A, B] = C, \quad [A, C] = 0, \quad \text{e} \quad [B, C] = 0.$$

2.2.9   Seja

$$i = \begin{pmatrix} 0 & 1 & 0 & 0 \\ -1 & 0 & 0 & 0 \\ 0 & 0 & 0 & 1 \\ 0 & 0 & -1 & 0 \end{pmatrix}, \quad j = \begin{pmatrix} 0 & 0 & 0 & -1 \\ 0 & 0 & -1 & 0 \\ 0 & 1 & 0 & 0 \\ 1 & 0 & 0 & 0 \end{pmatrix},$$

e

$$k = \begin{pmatrix} 0 & 0 & -1 & 0 \\ 0 & 0 & 0 & 1 \\ 1 & 0 & 0 & 0 \\ 0 & -1 & 0 & 0 \end{pmatrix}.$$

Mostre que
(a) $i^2 = j^2 = k^2 = -\mathbf{1}$, onde $\mathbf{1}$ é a matriz unitária.
(b) $ij = -ji = k$,
$\quad jk = -kj = i$,
$\quad ki = -ik = j$.
Essas três matrizes (i, j e k), mais a matriz unitária $\mathbf{1}$ formam a base para **quatérnions**. Uma base alternativa é fornecida pelas quatro matrizes 2×2, $i\sigma_1$, $i\sigma_2$, $-i\sigma_3$ e $\mathbf{1}$, onde σi são as matrizes de spin de Pauli do Exemplo 2.2.1.

2.2.10   Uma matriz com elementos $a_{ij} = 0$ para $j < i$ pode ser chamada triangular superior direita. Os elementos no canto inferior esquerdo (abaixo e à esquerda da diagonal principal) desaparecem. Mostre que o produto de duas matrizes triangulares superiores direitas é uma matriz triangular superior direita.

2.2.11   As três matrizes de spin de Pauli são

$$\sigma_1 = \begin{pmatrix} 0 & 1 \\ 1 & 0 \end{pmatrix}, \quad \sigma_2 = \begin{pmatrix} 0 & -i \\ i & 0 \end{pmatrix}, \quad \text{e} \quad \sigma_3 = \begin{pmatrix} 1 & 0 \\ 0 & -1 \end{pmatrix}.$$

Mostre que
(a) $(\sigma_i)^2 = 1_2$,
(b) $\sigma_i \sigma_j = i\sigma_k$, $(i, j, k) = (1, 2, 3)$ ou uma permutação cíclica disso,
(c) $\sigma_i \sigma_j + \sigma_j \sigma_i = 2\delta_{ij} 1_2$; 1_2 é a matriz unitária 2×2.

2.2.12   Uma descrição das partículas de spin de -1 usa as matrizes

$$M_x = \frac{1}{\sqrt{2}} \begin{pmatrix} 0 & 1 & 0 \\ 1 & 0 & 1 \\ 0 & 1 & 0 \end{pmatrix}, \quad M_y = \frac{1}{\sqrt{2}} \begin{pmatrix} 0 & -i & 0 \\ i & 0 & -i \\ 0 & i & 0 \end{pmatrix},$$

e

$$M_z = \begin{pmatrix} 1 & 0 & 0 \\ 0 & 0 & 0 \\ 0 & 0 & -1 \end{pmatrix}.$$

Mostre que
(a) $[M_x, M_y] = iM_z$, e assim por diante (permutação cíclica de índices). Usando o símbolo de Levi-Civita, podemos escrever

$$[M_i, M_j] = i \sum_k \varepsilon_{ijk} M_k.$$

(b) $M^2 \equiv M_x^2 + M_y^2 + M_z^2 = 2 1_3$, onde 1_3 é a matriz unitária 3×3.
(c) $\left[M^2, M_i \right] = 0$,

$\left[M_z, L^+ \right] = L^+$,

$\left[L^+, L^- \right] = 2M_z$,

Onde $L^+ \equiv M_x + iM_y$ e $L^- \equiv M_x - iM_y$.

2.2.13   Repita o Exercício 2.2.12, usando as matrizes para um spin de 3/2,

$$M_x = \frac{1}{2} \begin{pmatrix} 0 & \sqrt{3} & 0 & 0 \\ \sqrt{3} & 0 & 2 & 0 \\ 0 & 2 & 0 & \sqrt{3} \\ 0 & 0 & \sqrt{3} & 0 \end{pmatrix}, \quad M_y = \frac{i}{2} \begin{pmatrix} 0 & -\sqrt{3} & 0 & 0 \\ \sqrt{3} & 0 & -2 & 0 \\ 0 & 2 & 0 & -\sqrt{3} \\ 0 & 0 & \sqrt{3} & 0 \end{pmatrix},$$

e

$$M_z = \frac{1}{2} \begin{pmatrix} 3 & 0 & 0 & 0 \\ 0 & 1 & 0 & 0 \\ 0 & 0 & -1 & 0 \\ 0 & 0 & 0 & -3 \end{pmatrix}.$$

e

$$[M_j, M_k] = iM_l, \quad j, k, l \text{ cíclico.}$$

2.2.14   Se A é uma matriz diagonal, com todos os elementos diagonais diferentes, e A e B comutam, mostre que B é diagonal.

2.2.15   Se A e B são diagonais, mostre que A e B comutam.

2.2.16   Mostre que traço(ABC) = traço(CBA) se qualquer uma das duas das três matrizes comuta.

2.2.17   Matrizes de impulso angular satisfazem uma relação de comutação

$$[M_j, M_k] = iM_l, \quad j,k,l \text{ cíclico.}$$

Mostre que o traço de cada matriz de impulso angular desaparece.

2.2.18   A e B se anticomutam: AB = –BA. Além disso, $A^2 = 1$, $B^2 = 1$. Mostre que traço(A) = traço(B) = 0. *Nota*: As matrizes de Pauli e Dirac são exemplos específicos.

2.2.19   (a) Se duas matrizes não singulares se anticomutam, mostre que o traço de cada uma é zero. (Não singular significa que o determinante da matriz é diferente de zero).

         (b) Para as condições da parte (a) sejam verdadeiras, A e B devem ser matrizes $n \times n$ com n **par**. Mostre que, se n é **ímpar**, ocorre uma contradição.

2.2.20   Se A^{-1} tem elementos

$$(A^{-1})_{ij} = a_{ij}^{(-1)} = \frac{C_{ji}}{|A|},$$

onde C_{ji} é o ji-ésimo cofator de $|A|$, mostre que

$$A^{-1}A = 1.$$

Consequentemente, A^{-1} é o inverso de A (se $|A| \neq 0$).

2.2.21   Encontre as matrizes M_L de tal modo que o produto $M_L A$ será A, mas com:

         (a) A i-ésima linha multiplicada por uma constante k ($a_{ij} \to k a_{ij}$, $j = 1, 2, 3,...$);

         (b) A i-ésima linha substituída pela i-ésima linha original menos um múltiplo da m-ésima linha ($a_{ij} \to a_{ij} - K a_{mj}$, $i = 1, 2, 3, \ldots$);

         (c) As i-ésima e m-ésima linhas permutadas ($a_{ij} \to a_{mj}$, $a_{mj} \to a_{ij}$, $j = 1, 2, 3,...$).

2.2.22   Encontre as matrizes M_R de tal modo que o produto $A M_R$ será A, mas com:

         (a) A i-ésima coluna multiplicada por uma constante k ($a_{ji} \to k a_{ji}$, $j = 1, 2, 3,...$);

         (b) A i-ésima coluna substituída pela i-ésima coluna original menos um múltiplo da coluna ($a_{ji} \to a_{ji} - K a_{jm}$, $j = 1, 2, 3, \ldots$);

         (c) As i-ésima e m-ésima colunas permutadas ($a_{ji} \to a_{jm}$, $a_{jm} \to a_{ji}$, $j = 1, 2, 3,...$).

2.2.23   Encontre o inverso de

$$A = \begin{pmatrix} 3 & 2 & 1 \\ 2 & 2 & 1 \\ 1 & 1 & 4 \end{pmatrix}.$$

2.2.24   Matrizes são muito úteis para que sejam propriedade exclusiva dos físicos. Elas podem aparecer sempre que há relações lineares. Por exemplo, em um estudo do movimento populacional a fração inicial de uma população fixa em cada uma de n áreas (ou indústrias, ou religiões etc.) é representada por um vetor de coluna $\mathbf{P}$ de n componentes. O movimento das pessoas entre uma área e outra em um determinado momento é descrito por uma matriz T $n \times n$ (estocástica). Aqui T_{ij} é a fração da população na j-ésima área que se desloca para a i-ésima área. (Aqueles que não se deslocam são cobertos por $i = j$.) Com $\mathbf{P}$ descrevendo a distribuição inicial da população, a distribuição final da população é dada pela equação matricial $\mathbf{TP} = \mathbf{Q}$. A partir de sua definição, $\sum_{i=1}^{n} P_i = 1$.

         (a) Mostre que a preservação das pessoas exige que

$$\sum_{i=1}^{n} T_{ij} = 1, \quad j = 1, 2, \ldots, n.$$

(b) Prove que

$$\sum_{i=1}^{n} Q_i = 1$$

continua a preservação das pessoas.

2.2.25 Dada uma matriz A 6×6 com elementos $a_{ij} = 0,5^{\,|i-j|}$, $i, j = 0, 1, 2, ..., 5$, encontre A^{-1}.

$$RESPOSTA:\ A^{-1} = \frac{1}{3}\begin{pmatrix} 4 & -2 & 0 & 0 & 0 & 0 \\ -2 & 5 & -2 & 0 & 0 & 0 \\ 0 & -2 & 5 & -2 & 0 & 0 \\ 0 & 0 & -2 & 5 & -2 & 0 \\ 0 & 0 & 0 & -2 & 5 & -2 \\ 0 & 0 & 0 & 0 & -2 & 4 \end{pmatrix}.$$

2.2.26 Mostre que o produto das duas matrizes ortogonais é ortogonal.

2.2.27 Se A é ortogonal, mostre que seu determinante = ± 1.

2.2.28 Mostre que o traço do produto de uma matriz simétrica e uma assimétrica é zero.

2.2.29 A é 2×2 e ortogonal. Encontre a forma mais geral de

$$ANS.\quad A^{-1} = \frac{1}{3}\begin{pmatrix} 4 & -2 & 0 & 0 & 0 & 0 \\ -2 & 5 & -2 & 0 & 0 & 0 \\ 0 & -2 & 5 & -2 & 0 & 0 \\ 0 & 0 & -2 & 5 & -2 & 0 \\ 0 & 0 & 0 & -2 & 5 & -2 \\ 0 & 0 & 0 & 0 & -2 & 4 \end{pmatrix}.$$

2.2.30 Mostre que

$$A = \begin{pmatrix} a & b \\ c & d \end{pmatrix}.$$

2.2.31 Três matrizes de impulso angular satisfazem a relação básica de comutação

$$[J_x, J_y] = i J_z$$

(e a permutação cíclica dos índices). Se duas das matrizes têm elementos reais, mostre que os elementos da terceira devem ser imaginários puros.

2.2.32 Mostre que $(AB)^{\dagger} = B^{\dagger}A^{\dagger}$.

2.2.33 Uma matriz $C = S^{\dagger}S$. Mostre que o traço é definido positivo a menos que S seja a matriz nula, caso em que traço(C) = 0.

2.2.34 Se A e B são matrizes hermitianas, mostre que (AB + BA) e i (AB – BA) também são hermitianas.

2.2.35 A matriz C **não** é hermitiana. Mostre que então $C + C^{\dagger}$ e i (C – $C^{\dagger}$) são hermitianas. Isso significa que uma matriz não hermitiana pode ser decomposta em duas partes,

$$C = \frac{1}{2}(C + C^{\dagger}) + \frac{1}{2i}i(C - C^{\dagger}).$$

Essa decomposição de uma matriz em duas partes matriciais hermitianas corresponde à decomposição de um número complexo Z em $x + iy$, onde $x = (z + z^*)/2$ e $y = (z - z^*)/2i$.

2.2.36   A e B são duas matrizes hermitianas que não comutam:

$$AB - BA = i\,C.$$

Prove que C é hermitiana.

2.2.37   Duas matrizes A e B são ambas hermitianas. Encontre uma condição necessária e suficiente para que produto AB seja hermitiano.

RESPOSTA: $[A,B] = 0$.

2.2.38   Mostre que o recíproco (isto é, inverso) de uma matriz unitária é unitário.

2.2.39   Prove que o produto direto de duas matrizes unitárias é unitário.

2.2.40   Se σ é o vetor com o σ_i como componentes dados pela Equação (2.61), e $\mathbf{p}$ é um vetor comum, mostre que

$$(\sigma \cdot \mathbf{p})^2 = \mathbf{p}^2 \mathbf{1}_2,$$

onde $\mathbf{1}_2$ é uma matriz unitária 2×2.

2.2.41   Use as equações para as propriedades dos produtos diretos, Equações (2.57) e (2.58), para mostrar que as quatro matrizes γ^μ, $\mu = 0, 1, 2, 3$, satisfazem as condições listadas nas Equações (2.74) e (2.75).

2.2.42   Mostre que γ^5, Equação (2.76), se anticomuta com todas as quatro γ^μ.

2.2.43   Nesse problema, as somas são sobre $\mu = 0, 1, 2, 3$. Defina $g_{\mu\nu} = g^{\mu\nu}$ pelas relações

$$g_{00} = 1; \quad g_{kk} = -1, \quad k = 1, 2, 3; \quad g_{\mu\nu} = 0, \quad \mu \neq \nu;$$

e defina γ_μ como $\sum g_{\nu\mu}\gamma^\mu$. Com base nessas definições, mostre que

(a) $\sum \gamma_\mu \gamma^\alpha \gamma^\mu = -2\gamma^\alpha$,

(b) $\sum \gamma_\mu \gamma^\alpha \gamma^\beta \gamma^\mu = 4g^{\alpha\beta}$,

(c) $\sum \gamma_\mu \gamma^\alpha \gamma^\beta \gamma^\nu \gamma^\mu = -2\gamma^\nu \gamma^\beta \gamma^\alpha$.

2.2.44   Se $M = \dfrac{1}{2}\left(1 + \gamma^5\right)$, onde γ^5 é dada na Equação (2.76), mostre que

$$A = \sum_{i=1}^{16} c_i \Gamma_i,$$

Note que essa equação ainda é satisfeita se γ é substituído por qualquer outra matriz de Dirac listada na Equação (2.76).

2.2.45   Prove que as 16 matrizes de Dirac formam um conjunto linearmente independente.

2.2.46   Se supomos que uma dada matriz A 4×4 (com elementos constantes) pode ser escrita como uma combinação linear das 16 matrizes de Dirac (que denotamos aqui como Γ_i)

$$c_i \sim \text{trace}(A\Gamma_i).$$

mostre que o

$$c_i \sim \text{traço}(A\Gamma_i).$$

2.2.47   A matriz $C = i\,\gamma^2\gamma^0$ é às vezes chamada matriz de conjugação de carga. Mostre que $C\gamma^\mu C^{-1} = -(\gamma^\mu)^T$.

2.2.48 (a) Mostre que, por substituição das definições das matrizes γ^μ das Equações (2.70) e (2.72), que a equação de Dirac, Equação (2.73), tem a seguinte forma quando escrita como blocos 2×2 (com vetores de coluna ψ_L e ψ_S de dimensão 2). Aqui L e S significam, respectivamente, *large* ("grande") e *small* ("pequeno") por causa de seu tamanho relativo no limite não relativista):

$$\begin{pmatrix} mc^2 - E & c(\sigma_1 p_1 + \sigma_2 p_2 + \sigma_3 p_3) \\ -c(\sigma_1 p_1 + \sigma_2 p_2 + \sigma_3 p_3) & -mc^2 - E \end{pmatrix} \begin{pmatrix} \psi_L \\ \psi_S \end{pmatrix} = 0.$$

(b) Para alcançar o limite não relativista, faça a substituição $E = mc^2 + \varepsilon$ e aproxime $-2mc^2 - \varepsilon$ por $-2mc^2$. Em seguida, escreva a equação matricial como duas equações simultâneas de dois componentes e mostre que elas podem ser rearranjadas para produzir

$$\frac{1}{2m} \left(p_1^2 + p_2^2 + p_3^2 \right) \psi_L = \varepsilon \psi_L,$$

que é apenas a equação de Schrödinger para uma partícula livre.

(c) Explique por que é razoável chamar ψ_L e ψ_S "grande" e "pequeno".

2.2.49 Mostre que isso é consistente com os requisitos que eles devem satisfazer para que as matrizes gama de Dirac sejam (na forma de bloco 2×2)

$$\gamma^0 = \begin{pmatrix} 0 & \mathbf{1}_2 \\ \mathbf{1}_2 & 0 \end{pmatrix}, \quad \gamma^i = \begin{pmatrix} 0 & \sigma_i \\ -\sigma_i & 0 \end{pmatrix}, \quad (i = 1, 2, 3).$$

Essa escolha para as matrizes gama é chamada **representação de Weyl**.

2.2.50 Mostre que a equação de Dirac é separada em blocos 2×2 independentes na representação de Weyl (ver Exercício 2.2.49) no limite em que a massa m se aproxima de zero. Essa observação é importante para o regime ultrarrelativista em que a massa de repouso é irrelevante, ou para partículas de massa negligenciável (por exemplo, neutrinos).

2.2.51 (a) Dado $\mathbf{r}' = \mathbf{U}\mathbf{r}$, com U como uma matriz unitária e $\mathbf{r}$ um vetor (coluna) com elementos complexos, mostre que a grandeza de **R** é invariante sob essa operação.

(b) A matriz U transforma qualquer vetor de coluna **r** com elementos complexos em $\mathbf{r}'$, deixando a grandeza invariante: $\mathbf{r}^\dagger \mathbf{r} = \mathbf{r}'^\dagger \mathbf{r}'$. Mostre que U é unitária.

Leituras Adicionais

Aitken, A.C., Determinants and Matrices. Nova York: Interscience (1956). Nova tiragem, Greenwood (1983). Uma introdução legível a determinantes e matrizes.

Barnett, S., *Matrices: Methods and Applications*. Oxford: Clarendon Press (1990).

Bickley, W. G. e Thompson, R. S. H. G., *Matrices—Their Meaning and Manipulation*. Princeton, NJ: Van Nostrand (1964). Um registro abrangente das matrizes em problemas físicos, suas propriedades analíticas e técnicas numéricas.

Brown, W. C., *Matrices and Vector Spaces*. Nova York: Dekker (1991).

Gilbert, J. e Gilbert, L., *Linear Algebra and Matrix Theory*. San Diego: Academic Press (1995).

Golub, G. H. e Van Loan, C. F., *Matrix Computations* (3ª ed.). Baltimore: JHU Press (1996). Informações matemáticas detalhadas e algoritmos para a produção de software numérico, incluindo métodos para a computação paralela. Um texto clássico da ciência da computação.

Heading, J., *Matrix Theory for Physicists*. Londres: Longmans, Green and Co. (1958). Uma introdução fácil de ler a determinantes e matrizes, com aplicações para mecânica, eletromagnetismo, relatividade especial e mecânica quântica.

Vein, R. e Dale, P., *Determinants and Their Applications in Mathematical Physics*. Berlin: Springer (1998).

Watkins, D. S., *Fundamentals of Matrix Computations*. Nova York: Wiley (1991).

3

Análise Vetorial

A seção introdutória sobre vetores, Seção 1.7, identificou algumas propriedades básicas que são universais, no sentido de que elas ocorrem de forma semelhante em espaços de dimensão diferente.

Em resumo, essas propriedades são (1) vetores podem ser representados como formas lineares, com operações que incluem adição e multiplicação por um escalar, (2) vetores têm uma operação de produto escalar comutativa e distributiva que associa um escalar a um par de vetores e depende das suas orientações relativas e, portanto, é independente do sistema de coordenadas, e (3) vetores podem ser decompostos em componentes que podem ser identificados como projeções nas direções coordenadas. Na Seção 2.2, descobrimos que os componentes dos vetores podem ser identificados como os elementos de um vetor coluna e que o produto escalar dos dois vetores correspondia à multiplicação de matrizes da transposição de uma (a transposição torna-a vetor linha) com o vetor coluna da outra.

O capítulo atual aprimora essas ideias, principalmente de uma maneira que é específica para espaço físico tridimensional (3-D), (1) introduzindo uma grandeza chamada produto cruzado vetorial para permitir a utilização de vetores a fim de representar fenômenos e volumes rotacionais no espaço 3-D, (2) estudando as propriedades transformacionais dos vetores quando o sistema de coordenadas utilizado para descrevê-los é rotacionado ou submetido a uma operação de reflexão, (3) desenvolvendo métodos matemáticos para o tratamento de vetores que são definidos ao longo de uma região espacial (campos vetoriais), com especial atenção às quantidades que dependem da variação espacial do campo vetorial, incluindo operadores vetoriais diferenciais e integrais de grandezas vetoriais e (4) estendendo conceitos vetoriais para sistemas de coordenadas curvilíneos, que são muito úteis quando a simetria do sistema de coordenadas correspondente a uma simetria do problema em estudo (um exemplo é o uso de coordenadas polares esféricas para sistemas com simetria esférica).

A ideia-chave deste capítulo é que uma grandeza que é apropriadamente chamada vetor deve ter as propriedades de transformação que preservam suas características essenciais sob a transformação de coordenadas; existem grandezas com direção e grandeza que não se transformam de forma adequada e, portanto, não são vetores. Esse estudo das propriedades de transformação permitirá em última análise, em um capítulo posterior, generalizar as grandezas relacionadas como tensores.

Por fim, observamos que os métodos desenvolvidos neste capítulo têm aplicação direta na teoria eletromagnética, bem como na mecânica, e essas conexões são exploradas ao longo do estudo dos exemplos.

3.1 Revisão das Propriedades Básicas

Na Seção 1.7 estabelecemos as seguintes propriedades dos vetores:

1. Vetores satisfazem uma lei de adição que corresponde a deslocamentos sucessivos que podem ser representados por setas no espaço subjacente. A adição de vetores é comutativa e associativa: $\mathbf{A} + \mathbf{B} = \mathbf{B} + \mathbf{A}$ e $(\mathbf{A} + \mathbf{B}) + \mathbf{C} = \mathbf{A} + (\mathbf{B} + \mathbf{C})$.

2. Um vetor $\mathbf{A}$ pode ser multiplicado por um escalar k; se $k > 0$, o resultado será um vetor na direção de $\mathbf{A}$, mas com seu comprimento multiplicado por k; se $k < 0$, o resultado será na direção oposta para $\mathbf{A}$, com seu comprimento multiplicado por $|k|$.

3. O vetor $\mathbf{A} - \mathbf{B}$ é interpretado como $\mathbf{A} + (-1)\mathbf{B}$, assim polinômios vetoriais, por exemplo, $\mathbf{A} - 2\mathbf{B} + 3\mathbf{C}$, está bem definido.

4. Um vetor de unidade de comprimento na direção coordenada x_i é denotado como $\hat{e}_i$. Um vetor arbitrário **A** pode ser escrito como uma soma dos vetores ao longo das direções das coordenadas, como

$$\mathbf{A} = A_1\hat{\mathbf{e}}_1 + A_2\hat{\mathbf{e}}_2 + \cdots.$$

A_i são chamados componentes de A, e as operações nas Propriedades 1 a 3 correspondem às fórmulas componentes

$$\mathbf{G} = \mathbf{A} - 2\mathbf{B} + 3\mathbf{C} \implies G_i = A_i - 2B_i + 3C_i, \quad \text{(cada i)}.$$

5. A grandeza ou comprimento de um vetor **A**, denotado por | **A** | ou A, é dada em termos dos seus componentes como

$$|\mathbf{A}| = \left(A_1^2 + A_2^2 + \cdots\right)^{1/2}.$$

6. O produto escalar de dois vetores é dado pela fórmula

$$\mathbf{A} \cdot \mathbf{B} = A_1 B_1 + A_2 B_2 + \cdots;$$

as consequências são

$$|\mathbf{A}|^2 = \mathbf{A} \cdot \mathbf{A}, \quad \mathbf{A} \cdot \mathbf{B} = |\mathbf{A}|\,|\mathbf{B}|\cos\theta,$$

onde θ é o ângulo entre **A** e **B**.

7. Se dois vetores são perpendiculares entre si, seu produto interno desaparece e eles são denominados **ortogonais**. Os vetores unitários de um sistema de coordenadas cartesiano são ortogonais:

$$\hat{\mathbf{e}}_i \cdot \hat{\mathbf{e}}_j = \delta_{ij}, \tag{3.1}$$

onde δ_{ij} é o delta de Kronecker, Equação (1.164).

8. A projeção de um vetor em qualquer direção tem uma grandeza algébrica dada por seu produto escalar com um vetor unitário nessa direção. Em particular, a projeção de A sobre a direção $\hat{e}_i$ é $A_i\hat{e}_i$, com

$$A_i = \hat{\mathbf{e}}_i \cdot \mathbf{A}.$$

9. Os componentes de A em R^3 estão relacionados com seus cossenos de direção (cossenos dos ângulos que A produz com os eixos de coordenadas) pelas fórmulas

$$A_x = A\cos\alpha, \quad A_y = A\cos\beta, \quad A_z = A\cos\gamma,$$

e $\cos^2\alpha + \cos^2\beta + \cos^2\gamma = 1$.

Na Seção 2.2 observamos que matrizes que consistem em uma única coluna podem ser usadas para representar vetores. Em particular, descobrimos, ilustrando para o espaço R^3 3-D, as seguintes propriedades.

10. Um vetor A pode ser representado por uma matriz de coluna única cujos elementos são os componentes de A, como em

$$\mathbf{A} \implies \mathbf{a} = \begin{pmatrix} A_1 \\ A_2 \\ A_3 \end{pmatrix}.$$

As linhas (isto é, elementos individuais A_i) de a são os coeficientes dos membros individuais da base utilizada para representar A, assim o elemento A_I está associado ao vetor de base unitária $\hat{e}_i$.

11. As operações vetoriais de adição e multiplicação por um escalar correspondem exatamente às operações dos mesmos nomes aplicados às matrizes de única coluna que representam os vetores, como ilustrado aqui:

$$G = A - 2B + 3C \implies \begin{pmatrix} G_1 \\ G_2 \\ G_3 \end{pmatrix} = \begin{pmatrix} A_1 \\ A_2 \\ A_3 \end{pmatrix} - 2 \begin{pmatrix} B_1 \\ B_2 \\ B_3 \end{pmatrix} + 3 \begin{pmatrix} C_1 \\ C_2 \\ C_3 \end{pmatrix}$$

$$= \begin{pmatrix} A_1 - 2B_1 + 3C_1 \\ A_2 - 2B_2 + 3C_2 \\ A_3 - 2B_3 + 3C_3 \end{pmatrix}, \quad \text{ou } g = a - 2b + 3c.$$

Portanto, é apropriado referir-se a essas matrizes de única coluna como vetores coluna.

12. A transposição da matriz que representa um vetor A é uma matriz de linha única, chamada vetor linha:

$$a^T = (A_1 \quad A_2 \quad A_3).$$

As operações ilustradas na Propriedade 11 também se aplicam a vetores linha.

13. O produto escalar $A \cdot B$ pode ser avaliado como $a^T b$, ou alternativamente, porque a e b são reais, como $a^\dagger b$. Além disso, $a^T b = b^T a$.

$$A \cdot B = a^T b = (A_1 \quad A_2 \quad A_3) \begin{pmatrix} B_1 \\ B_2 \\ B_3 \end{pmatrix} = A_1 B_1 + A_2 B_2 + A_3 B_3.$$

3.2   Vetores no Espaço 3-D

Passamos agora a desenvolver outras propriedades para vetores, a maioria das quais só são aplicáveis a vetores no espaço 3-D.

Produto de Vetores ou Produto Externo

Algumas grandezas na física estão relacionadas com o movimento angular ou o torque necessário para provocar uma aceleração angular. Por exemplo, o **momento angular** sobre um ponto é definido como tendo uma grandeza igual à distância r a partir do ponto vezes o componente do momento linear **p** perpendicular a r — com o componente de p provocando o movimento angular (Figura 3.1). A direção atribuída ao momento angular é aquela perpendicular tanto a **r** quanto a **p**, e corresponde ao eixo sobre o qual o movimento angular ocorrerá. A construção matemática necessária para descrever o momento angular é o **produto cruzado**, definido como

$$C = A \times B = (AB \operatorname{sen}\theta)\hat{e}_c. \tag{3.2}$$

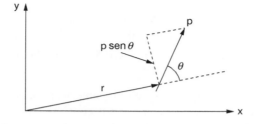

Figura 3.1: O momento angular sobre a origem, $L = r \times p$. L tem grandeza $r\,p\,\operatorname{sen}\theta$, e é direcionado para fora do plano do papel.

Observe que **C**, o resultado do produto cruzado, é dito como sendo um vetor com uma grandeza que é o produto das grandezas de **A**, **B** e o seno do ângulo $\theta \le \pi$ entre **A** e **B**. A direção de **C**, isto é, a de $\hat{e}_C$, é perpendicular ao plano de **A** e **B**, de tal modo que **A**, **B** e **C** formam um sistema do dextrogiro.[1] Isso faz com que C seja alinhado ao eixo rotacional, com um sinal que indica o sentido da rotação.

---

[1] A ambiguidade inerente a essa afirmação pode ser resolvida seguindo a prescrição antropomórfica: Aponte a mão direita na direção A, e então dobre os dedos através do menor dos dois ângulos que podem fazer os dedos apontar na direção B; o polegar será então o ponto na direção de C.

Da Figura 3.2, também vemos que $\mathbf{A} \times \mathbf{B}$ tem uma grandeza igual à área do paralelogramo formado por $\mathbf{A}$ e $\mathbf{B}$, e com uma direção **normal** ao paralelogramo.

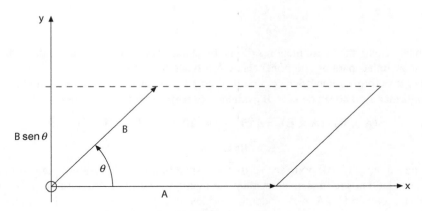

Figura 3.2: Paralelogramo de $\mathbf{A} \times \mathbf{B}$.

Outros lugares em que o produto cruzado é encontrado incluem as fórmulas

$$\mathbf{v} = \omega \times \mathbf{r} \text{ e } \mathbf{F}_M = q\mathbf{v} \times \mathbf{B}.$$

A primeira dessas equações é a relação entre velocidade linear $\mathbf{v}$ e velocidade angular ω, e a segunda equação fornece a força $\mathbf{F}_M$ em uma partícula de carga q e velocidade $\mathbf{v}$ no campo de indução magnética $\mathbf{B}$ (em unidades SI).

Podemos facilitar a análise compilando algumas propriedades algébricas do produto cruzado. Se os papéis de A e B são invertidos, o produto cruzado muda de sinal, assim

$$\mathbf{B} \times \mathbf{A} = -\mathbf{A} \times \mathbf{B} \quad \text{(anticomutativas)}. \tag{3.3}$$

O produto cruzado também obedece às leis distributivas

$$\mathbf{A} \times (\mathbf{B} + \mathbf{C}) = \mathbf{A} \times \mathbf{B} + \mathbf{A} \times \mathbf{C}, \quad k(\mathbf{A} \times \mathbf{B}) = (k\mathbf{A}) \times \mathbf{B}, \tag{3.4}$$

e quando aplicado a vetores unitários nas direções coordenadas, obtemos

$$\hat{\mathbf{e}}_i \times \hat{\mathbf{e}}_j = \sum_k \varepsilon_{ijk}\hat{\mathbf{e}}_k. \tag{3.5}$$

Aqui ε_{ijk} é o símbolo de Levi-Civita definido na Equação (2.8); a Equação (3.5), portanto, indica, por exemplo, que $\hat{\mathbf{e}}_x \times \hat{\mathbf{e}}_x = 0$, $\hat{\mathbf{e}}_x \times \hat{\mathbf{e}}_y = \hat{\mathbf{e}}_z$, mas $\hat{\mathbf{e}}_y \times \hat{\mathbf{e}}_x = -\hat{\mathbf{e}}_z$.

Usando a Equação (3.5) e escrevendo $\mathbf{A}$ e $\mathbf{B}$ na forma de componente, podemos expandir $\mathbf{A} \times \mathbf{B}$ para obter

$$\begin{aligned}
\mathbf{C} = \mathbf{A} \times \mathbf{B} &= (A_x\hat{\mathbf{e}}_x + A_y\hat{\mathbf{e}}_y + A_z\hat{\mathbf{e}}_z) \times (B_x\hat{\mathbf{e}}_x + B_y\hat{\mathbf{e}}_y + B_z\hat{\mathbf{e}}_z) \\
&= (A_xB_y - A_yB_x)(\hat{\mathbf{e}}_x \times \hat{\mathbf{e}}_y) + (A_xB_z - A_zB_x)(\hat{\mathbf{e}}_x \times \hat{\mathbf{e}}_z) \\
&\quad + (A_yB_z - A_zB_y)(\hat{\mathbf{e}}_y \times \hat{\mathbf{e}}_z) \\
&= (A_xB_y - A_yB_x)\hat{\mathbf{e}}_z + (A_xB_z - A_zB_x)(-\hat{\mathbf{e}}_y) + (A_yB_z - A_zB_y)\hat{\mathbf{e}}_x.
\end{aligned} \tag{3.6}$$

Os componentes de C são importantes o bastante para serem exibidos em destaque:

$$C_x = A_yB_z - A_zB_y, \quad C_y = A_zB_x - A_xB_z, \quad C_z = A_xB_y - A_yB_x, \tag{3.7}$$

equivalente a

$$C_i = \sum_{jk} \varepsilon_{ijk}A_jB_k. \tag{3.8}$$

Contudo, outra maneira de expressar o produto cruzado é escrevê-lo como um determinante. É simples verificar que as Equações (3.7) são reproduzidas pela equação determinantal

$$\mathbf{C} = \begin{vmatrix} \hat{\mathbf{e}}_x & \hat{\mathbf{e}}_y & \hat{\mathbf{e}}_z \\ A_x & A_y & A_z \\ B_x & B_y & B_z \end{vmatrix}. \tag{3.9}$$

quando o determinante é expandido em menores da sua linha superior. A anticomutação do produto cruzado agora segue claramente se as linhas para os componentes de **A** e **B** são trocadas.

Precisamos conciliar a forma geométrica do produto cruzado, a Equação (3.2), com a forma algébrica na Equação (3.6). Podemos confirmar a grandeza de **A** × **B** avaliando (a partir da forma componente de **C**)

$$(\mathbf{A} \times \mathbf{B}) \cdot (\mathbf{A} \times \mathbf{B}) = A^2 B^2 - (\mathbf{A} \cdot \mathbf{B})^2 = A^2 B^2 - A^2 B^2 \cos^2 \theta$$
$$= A^2 B^2 \operatorname{sen}^2 \theta. \tag{3.10}$$

O primeiro passo na Equação (3.10) pode ser verificado expandindo o lado esquerdo em forma de componente, então coletando o resultado nos termos que constituem o membro central da primeira linha da equação.

Para confirmar a direção de **C** = **A** × **B**, podemos verificar que **A** · **C** = **B** · **C** = 0, mostrando que **C** (na forma de componente) é perpendicular a **A** e **B**. Nós ilustramos para **A** · **C**:

$$\mathbf{A} \cdot \mathbf{C} = A_x(A_y B_z - A_z B_y) + A_y(A_z B_x - A_x B_z) + A_z(A_x B_y - A_y B_x) = 0. \tag{3.11}$$

Para verificar o sinal de **C**, é suficiente verificar casos especiais (por exemplo, **A** = $\hat{\mathbf{e}}_x$, **B** = $\hat{\mathbf{e}}_y$, ou $A_x = B_y = 1$, todos os outros componentes zero).

Em seguida, observamos que fica óbvio a partir da Equação (3.2) que se **C** = **A** × **B** em um dado sistema de coordenadas, então essa equação também será satisfeita se rotacionarmos as coordenadas, ainda que os componentes individuais de todos os três vetores mudem. Em outras palavras, o produto cruzado, como o produto escalar, é uma relação rotacionalmente invariante.

Finalmente, note que o produto cruzado é uma quantidade definida especificamente para o espaço 3-D. É possível produzir definições análogas para espaços de outra dimensionalidade, mas elas não compartilham a interpretação ou utilidade do produto cruzado em R^3.

Produto Escalar Triplo

Embora as várias operações vetoriais possam ser combinadas de muitas maneiras, existem duas combinações envolvendo três operandos que são de particular importância. Chamamos atenção primeiro para o **produto escalar triplo**, da forma **A** · (**B** × **C**). Considerando (**B** × **C**) na forma determinantal, a Equação (3.9), podemos ver que o produto escalar com A fará o vetor unitário $\hat{\mathbf{e}}_x$ ser substituído por a_x, com substituições correspondentes para $\hat{\mathbf{e}}_y$ e $\hat{\mathbf{e}}_z$. O resultado geral é

$$\mathbf{A} \cdot (\mathbf{B} \times \mathbf{C}) = \begin{vmatrix} A_x & A_y & A_z \\ B_x & B_y & B_z \\ C_x & C_y & C_z \end{vmatrix}. \tag{3.12}$$

Podemos tirar uma série de conclusões a partir dessa forma determinantal altamente simétrica. Para começar, vemos que o determinante não contém grandezas vetoriais, assim ele deve ser avaliado

para um número comum. Como o lado esquerdo da Equação (3.12) é uma invariante rotacional, o número representado pelo determinante também deve ser rotacionalmente invariante e, portanto, pode ser identificado como um escalar. Como podemos permutar as linhas do determinante (com uma mudança de sinal para uma permutação ímpar, e nenhuma mudança de sinal para uma permutação par), podemos permutar os vetores **A**, **B** e **C** para obter

$$\mathbf{A} \cdot \mathbf{B} \times \mathbf{C} = \mathbf{B} \cdot \mathbf{C} \times \mathbf{A} = \mathbf{C} \cdot \mathbf{A} \times \mathbf{B} = -\mathbf{A} \cdot \mathbf{C} \times \mathbf{B}, \text{ etc.} \tag{3.13}$$

Aqui seguimos a prática comum e descartamos os parênteses que cercam o produto cruzado, visto que eles precisam estar presentes para que as expressões tenham significado. Por fim, observando que **B** × **C** tem uma grandeza igual à área do paralelogramo **BC** e uma direção perpendicular a ele, e que o produto escalar com A irá multiplicar essa área pela projeção de A em **B** × **C**, vemos que o produto escalar triplo fornece (±) o volume do paralelepípedo definido por **A**, **B**, e **C** (Figura 3.3).

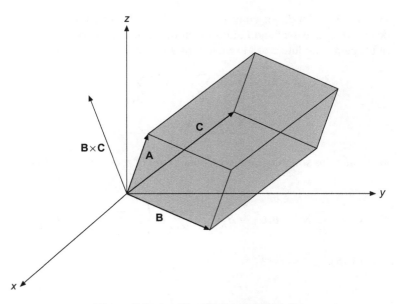

Figura 3.3: $\mathbf{A} \cdot (\mathbf{B} \times \mathbf{C})$ paralelepípedo.

Exemplo 3.2.1 RETICULADO RECÍPROCO

Deixe que $\mathbf{a}$, $\mathbf{b}$ e $\mathbf{c}$ (não necessariamente perpendiculares entre si) representem os vetores que definem um reticulado de cristal. Os deslocamentos entre um ponto do reticulado e outro pode então ser escrito

$$\mathbf{R} = n_a\mathbf{a} + n_b\mathbf{b} + n_c\mathbf{c}, \tag{3.14}$$

com n_a, n_b e n_c recebendo valores inteiros. Na teoria de banda dos sólidos,[2] é útil introduzir o que é chamado **reticulado recíproco** $\mathbf{a}'$, $\mathbf{b}'$, $\mathbf{c}'$ de tal modo que

$$\mathbf{a} \cdot \mathbf{a}' = \mathbf{b} \cdot \mathbf{b}' = \mathbf{c} \cdot \mathbf{c}' = 1, \tag{3.15}$$

e com

$$\mathbf{a} \cdot \mathbf{b}' = \mathbf{a} \cdot \mathbf{c}' = \mathbf{b} \cdot \mathbf{a}' = \mathbf{b} \cdot \mathbf{c}' = \mathbf{c} \cdot \mathbf{a}' = \mathbf{c} \cdot \mathbf{b}' = 0. \tag{3.16}$$

Os vetores do reticulado recíproco são facilmente construídos recorrendo ao fato de que para qualquer $\mathbf{u}$ e $\mathbf{v}$, $\mathbf{u} \times \mathbf{v}$ é perpendicular tanto a $\mathbf{u}$ quanto a $\mathbf{v}$; temos

$$\mathbf{a}' = \frac{\mathbf{b} \times \mathbf{c}}{\mathbf{a} \cdot \mathbf{b} \times \mathbf{c}}, \quad \mathbf{b}' = \frac{\mathbf{c} \times \mathbf{a}}{\mathbf{a} \cdot \mathbf{b} \times \mathbf{c}}, \quad \mathbf{c}' = \frac{\mathbf{a} \times \mathbf{b}}{\mathbf{a} \cdot \mathbf{b} \times \mathbf{c}}. \tag{3.17}$$

O produto escalar triplo faz com que essas expressões satisfaçam a condição de escala da Equação (3.15). ∎

Produto Vetorial Triplo

O outro produto triplo de importância é o **produto vetorial triplo**, na forma de $\mathbf{A} \times (\mathbf{B} \times \mathbf{C})$. Aqui os parênteses são essenciais uma vez que, por exemplo, $(\hat{\mathbf{e}}_x \times \hat{\mathbf{e}}_x) \times \hat{\mathbf{e}}_y = 0$, enquanto $\hat{\mathbf{e}}_x \times (\hat{\mathbf{e}}_x \times \hat{\mathbf{e}}_y) = \hat{\mathbf{e}}_x \times \hat{\mathbf{e}}_z = -\hat{\mathbf{e}}_y$. Nosso interesse é reduzir esse produto triplo para uma forma mais simples; o resultado que buscamos é

$$\mathbf{A} \times (\mathbf{B} \times \mathbf{C}) = \mathbf{B}(\mathbf{A} \cdot \mathbf{C}) - \mathbf{C}(\mathbf{A} \cdot \mathbf{B}). \tag{3.18}$$

---

[2]Muitas vezes escolhemos exigir que $\mathbf{a} \cdot \mathbf{a}'$ etc., seja 2π em vez de unidade, porque quando estados de Bloch para um cristal (rotulado por $\mathbf{k}$) são configurados, uma função atômica constituinte na célula $\mathbf{R}$ entra com coeficiente $\exp(i\mathbf{k} \cdot \mathbf{R})$ e, se $\mathbf{k}$ é alterado por uma etapa de reticulado recíproco (digamos, na direção $\mathbf{a}'$), o coeficiente torna-se $\exp(i[\mathbf{k} + \mathbf{a}'] \cdot \mathbf{R})$, que é reduzido para $\exp(2\pi i n_a)\exp(i\mathbf{k} \cdot \mathbf{R})$ e, portanto, porque $\exp(2\theta i n_a) = 1$, para seu valor original. Assim, o reticulado recíproco identifica a periodicidade em $\mathbf{k}$. A célula unitária dos vetores $\mathbf{k}$ é chamada **zona de Brillouin**.

Podemos provar a Equação (3.18) que, por conveniência, às vezes chamamos de regra BAC–CAB, inserindo componentes para todos os vetores e avaliando todos os produtos, mas é instrutivo proceder de uma forma mais elegante. Usando a fórmula para o produto cruzado em termos do símbolo de Levi-Civita, Equação (3.8), escrevemos

$$\mathbf{A} \times (\mathbf{B} \times \mathbf{C}) = \sum_i \hat{\mathbf{e}}_i \sum_{jk} \varepsilon_{ijk} A_j \left(\sum_{pq} \varepsilon_{kpq} B_p C_q \right)$$

$$= \sum_{ij} \sum_{pq} \hat{\mathbf{e}}_i A_j B_p C_q \sum_k \varepsilon_{ijk} \varepsilon_{kpq}. \tag{3.19}$$

O somatório sobre k do produto dos símbolos de Levi-Civita é reduzido, como mostrado no Exercício 2.1.9, a $\delta_{ip}\delta_{jq} - \delta_{iq}\delta_{jp}$ obtemos

$$\mathbf{A} \times (\mathbf{B} \times \mathbf{C}) = \sum_{ij} \hat{\mathbf{e}}_i A_j (B_i C_j - B_j C_i) = \sum_i \hat{\mathbf{e}}_i \left(B_i \sum_j A_j C_j - C_i \sum_j A_j B_j \right),$$

o que equivale à Equação (3.18).

Exercícios

3.2.1   Se $\mathbf{P} = \hat{\mathbf{e}}_x P_x + \hat{\mathbf{e}}_y P_y$ e $\mathbf{Q} = \hat{\mathbf{e}}_x Q_x + \hat{\mathbf{e}}_y Q_y$ são quaisquer dois vetores não paralelos (também não antiparalelos) no plano $x\,y$, mostre que $\mathbf{P} \times \mathbf{Q}$ está na direção z.

3.2.2   Prove that $(\mathbf{A} \times \mathbf{B}) \cdot (\mathbf{A} \times \mathbf{B}) = (AB)^2 - (\mathbf{A} \cdot \mathbf{B})^2$.

3.2.3   Usando os vetores

$$\mathbf{P} = \hat{\mathbf{e}}_x \cos\theta + \hat{\mathbf{e}}_y \,\text{sen}\,\theta,$$

$$\mathbf{Q} = \hat{\mathbf{e}}_x \cos\varphi - \hat{\mathbf{e}}_y \,\text{sen}\,\varphi,$$

$$\mathbf{R} = \hat{\mathbf{e}}_x \cos\varphi + \hat{\mathbf{e}}_y \,\text{sen}\,\varphi,$$

prove as identidades trigonométricas familiares

$$\text{sen}(\theta + \varphi) = \text{sen}\,\theta \cos\varphi + \cos\theta \,\text{sen}\,\varphi,$$

$$\cos(\theta + \varphi) = \cos\theta \cos\varphi - \text{sen}\,\theta \,\text{sen}\,\varphi.$$

3.2.4   (a) Encontre um vetor $\mathbf{A}$ que é perpendicular a

$$\mathbf{U} = 2\hat{\mathbf{e}}_x + \hat{\mathbf{e}}_y - \hat{\mathbf{e}}_z,$$

$$\mathbf{V} = \hat{\mathbf{e}}_x - \hat{\mathbf{e}}_y + \hat{\mathbf{e}}_z.$$

       (b) O que é $\mathbf{A}$ se, além desse requisito, exigimos que ele tenha grandeza unitária?

3.2.5   Se todos os quatro vetores $\mathbf{a}$, $\mathbf{b}$, $\mathbf{c}$ e $\mathbf{d}$ estão no mesmo plano, mostre que

$$(\mathbf{a} \times \mathbf{b}) \times (\mathbf{c} \times \mathbf{d}) = 0.$$

Dica: Considere as direções dos vetores de produto cruzado.

3.2.6   Derive a lei dos senos (Figura 3.4):

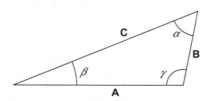

Figura 3.4: Triângulo planar.

$$\frac{\operatorname{sen}\alpha}{|\mathbf{A}|} = \frac{\operatorname{sen}\beta}{|\mathbf{B}|} = \frac{\operatorname{sen}\gamma}{|\mathbf{C}|}.$$

3.2.7 A indução magnética **B** é **definida** pela equação da força de Lorentz,

$$\mathbf{F} = q(\mathbf{v} \times \mathbf{B}).$$

Realizando três experimentos, descobrimos que se

$$\mathbf{v} = \hat{\mathbf{e}}_x, \quad \frac{\mathbf{F}}{q} = 2\hat{\mathbf{e}}_z - 4\hat{\mathbf{e}}_y,$$

$$\mathbf{v} = \hat{\mathbf{e}}_y, \quad \frac{\mathbf{F}}{q} = 4\hat{\mathbf{e}}_x - \hat{\mathbf{e}}_z,$$

$$\mathbf{v} = \hat{\mathbf{e}}_z, \quad \frac{\mathbf{F}}{q} = \hat{\mathbf{e}}_y - 2\hat{\mathbf{e}}_x.$$

A partir dos resultados desses três experimentos separados, calcule a indução magnética **B**.

3.2.8 Você tem os três vetores **A**, **B** e **C**,

$$\mathbf{A} = \hat{\mathbf{e}}_x + \hat{\mathbf{e}}_y,$$

$$\mathbf{B} = \hat{\mathbf{e}}_y + \hat{\mathbf{e}}_z,$$

$$\mathbf{C} = \hat{\mathbf{e}}_x - \hat{\mathbf{e}}_z.$$

(a) Calcule o produto escalar triplo, $\mathbf{A} \cdot \mathbf{B} \times \mathbf{C}$. Observando que $\mathbf{A} = \mathbf{B} + \mathbf{C}$, forneça uma interpretação geométrica do seu resultado para o produto escalar triplo.

(b) Calcule $\mathbf{A} \times (\mathbf{B} \times \mathbf{C})$.

3.2.9 Prove a identidade de Jacobi para os produtos vetoriais:

$$\mathbf{a} \times (\mathbf{b} \times \mathbf{c}) + \mathbf{b} \times (\mathbf{c} \times \mathbf{a}) + \mathbf{c} \times (\mathbf{a} \times \mathbf{b}) = 0.$$

3.2.10 Um vetor **A** é decomposto em um vetor radial $\mathbf{A}_r$ e um vetor tangencial $\mathbf{A}_t$. Se $\hat{\mathbf{r}}$ é um vetor unitário na direção radial, mostre que

(a) $\mathbf{A}_r = \hat{\mathbf{r}}(\mathbf{A} \cdot \hat{\mathbf{r}})$ e

(b) $\mathbf{A}_t = -\hat{\mathbf{r}} \times (\hat{\mathbf{r}} \times \mathbf{A})$

3.2.11 Prove que uma condição necessária e suficiente para que os três vetores (não nulos) **A**, **B** e **C** sejam coplanares é o desaparecimento do produto escalar triplo

$$\mathbf{A} \cdot \mathbf{B} \times \mathbf{C} = 0.$$

3.2.12 Três vetores **A**, **B** e **C** são dados por

$$\mathbf{A} = 3\hat{\mathbf{e}}_x - 2\hat{\mathbf{e}}_y + 2\hat{\mathbf{z}},$$

$$\mathbf{B} = 6\hat{\mathbf{e}}_x + 4\hat{\mathbf{e}}_y - 2\hat{\mathbf{z}},$$

$$\mathbf{C} = -3\hat{\mathbf{e}}_x - 2\hat{\mathbf{e}}_y - 4\hat{\mathbf{z}}.$$

Calcule os valores de $\mathbf{A} \cdot \mathbf{B} \times \mathbf{C}$ e $\mathbf{A} \times (\mathbf{B} \times \mathbf{C})$, $\mathbf{C} \times (\mathbf{A} \times \mathbf{B})$ e $\mathbf{B} \times (\mathbf{C} \times \mathbf{A})$.

3.2.13 Mostre que

$$(\mathbf{A} \times \mathbf{B}) \cdot (\mathbf{C} \times \mathbf{D}) = (\mathbf{A} \cdot \mathbf{C})(\mathbf{B} \cdot \mathbf{D}) - (\mathbf{A} \cdot \mathbf{D})(\mathbf{B} \cdot \mathbf{C}).$$

3.2.14   Mostre que

$$(\mathbf{A} \times \mathbf{B}) \times (\mathbf{C} \times \mathbf{D}) = (\mathbf{A} \cdot \mathbf{B} \times \mathbf{D})\mathbf{C} - (\mathbf{A} \cdot \mathbf{B} \times \mathbf{C})\mathbf{D}.$$

3.2.15   Uma carga elétrica q_1 que se move com velocidade $\mathbf{v}_1$ produz uma indução magnética $\mathbf{B}$ dada por

$$\mathbf{B} = \frac{\mu_0}{4\pi} q_1 \frac{\mathbf{v}_1 \times \hat{\mathbf{r}}}{r^2} \quad \text{(unidades mks)},$$

onde $\hat{\mathbf{r}}$ é um vetor unitário que aponta de q_1 para o ponto em que $\mathbf{B}$ é medido (lei de Biot e Savart).

(a) Mostre que a força magnética exercida por q_1 em uma segunda carga q_2, velocidade $\mathbf{v}_2$, é dada pelo produto vetorial triplo

$$\mathbf{F}_2 = \frac{\mu_0}{4\pi} \frac{q_1 q_2}{r^2} \mathbf{v}_2 \times \left(\mathbf{v}_1 \times \hat{\mathbf{r}}\right).$$

(b) Escreva a força magnética correspondente $\mathbf{F}_1$ que q_2 exerce sobre q_1. Defina seu vetor unitário radial. Como $\mathbf{F}_1$ e $\mathbf{F}_2$ se comparam?

(c) Calcule $\mathbf{F}_1$ e $\mathbf{F}_2$ para o caso de q_1 e q_2 movendo-se ao longo de trajetórias paralelas lado a lado.

RESPOSTA:

(b) $\mathbf{F}_1 = -\dfrac{\mu_0}{4\pi} \dfrac{q_1 q_2}{r^2} \mathbf{V}_1 \times (\mathbf{V}_2 \times \hat{\mathbf{r}}).$

Em geral, não existe uma relação simples entre $\mathbf{F}_1$ e $\mathbf{F}_2$. Especificamente, a terceira lei de Newton, $\mathbf{F}_1 = -\mathbf{F}_2$, não se sustenta.

(c) $\mathbf{F}_1 = \dfrac{\mu_0}{4\pi} \dfrac{q_1 q_2}{r^2} v^2 \hat{\mathbf{r}} = -\mathbf{F}_2.$

Atração mútua.

3.3   Transformações de Coordenadas

Como indicado na introdução deste capítulo, um objeto classificado como um vetor deve ter propriedades específicas de transformação sob rotação do sistema de coordenadas; em particular, os componentes de um vetor têm de transformar-se de uma maneira que descreva o mesmo objeto no sistema rotacionado.

Rotações

Considerando inicialmente R^2, e uma rotação dos eixos coordenados como mostrado na Figura 3.5, queremos descobrir como os componentes A_x e A_y de um vetor A no sistema não rotacionado estão relacionados com A'_x e A'_y, seus componentes no sistema de coordenadas rotacionado. Talvez a maneira mais fácil de responder a essa pergunta é primeiro perguntar como os vetores unitários $\hat{\mathbf{e}}_x$ e $\hat{\mathbf{e}}_y$ são representados nas novas coordenadas, após o que podemos realizar a adição de vetores nas novas corporificações de $A_x \hat{\mathbf{e}}_x$ e $A_y \hat{\mathbf{e}}_y$.

A partir da parte à direita da Figura 3.5, vemos que

$$\hat{\mathbf{e}}_x = \cos\varphi\,\hat{\mathbf{e}}'_x - \operatorname{sen}\varphi\,\hat{\mathbf{e}}'_y, \quad \text{e} \quad \hat{\mathbf{e}}_y = \operatorname{sen}\varphi\,\hat{\mathbf{e}}'_x + \cos\varphi\,\hat{\mathbf{e}}'_y, \tag{3.20}$$

assim, o vetor A **inalterado** agora assume a forma **alterada**

$$\mathbf{A} = A_x \hat{\mathbf{e}}_x + A_y \hat{\mathbf{e}}_y = A_x (\cos\varphi\,\hat{\mathbf{e}}'_x - \operatorname{sen}\varphi\,\hat{\mathbf{e}}'_y) + A_y (\operatorname{sen}\varphi\,\hat{\mathbf{e}}'_x + \cos\varphi\,\hat{\mathbf{e}}'_y)$$

$$= (A_x \cos\varphi + A_y \operatorname{sen}\varphi)\hat{\mathbf{e}}'_x + (-A_x \operatorname{sen}\varphi + A_y \cos\varphi)\hat{\mathbf{e}}'_y. \tag{3.21}$$

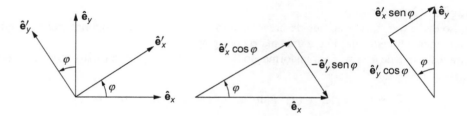

Figura 3.5: Esquerda: Rotação dos eixos coordenados bidimensionais (2-D) ao longo do ângulo φ· Centro e à direita: Decomposição de $\hat{e}_x$ e $\hat{e}_y$ em seus componentes no sistema rotacionado.

Se escrevemos o vetor $\mathbf{A}$ no sistema de coordenadas rotacionado (sem linha) como

$$\mathbf{A} = A'_x \hat{\mathbf{e}}'_x + A'_y \hat{\mathbf{e}}'_y,$$

temos, então

$$A'_x = A_x \cos\varphi + A_y \, \text{sen}\,\varphi, \quad A'_y = -A_x \, \text{sen}\,\varphi + A_y \cos\varphi, \tag{3.22}$$

que é equivalente à equação matricial

$$\mathbf{A}' = \begin{pmatrix} A'_x \\ A'_y \end{pmatrix} = \begin{pmatrix} \cos\varphi & \text{sen}\,\varphi \\ -\text{sen}\,\varphi & \cos\varphi \end{pmatrix} \begin{pmatrix} A_x \\ A_y \end{pmatrix}. \tag{3.23}$$

Suponha agora que começamos de $\mathbf{A}$ como dado pelos componentes no sistema rotacionado, (A'_x, A'_y), e rotacionamos o sistema de coordenadas de volta à sua orientação original. Isso implicará em uma rotação na quantidade $-\varphi$, e corresponde à equação matricial

$$\begin{pmatrix} A_x \\ A_y \end{pmatrix} = \begin{pmatrix} \cos(-\varphi) & \text{sen}(-\varphi) \\ -\text{sen}(-\varphi) & \cos(-\varphi) \end{pmatrix} \begin{pmatrix} A'_x \\ A'_y \end{pmatrix} = \begin{pmatrix} \cos\varphi & -\text{sen}\,\varphi \\ \text{sen}\,\varphi & \cos\varphi \end{pmatrix} \begin{pmatrix} A'_x \\ A'_y \end{pmatrix}. \tag{3.24}$$

Atribuindo as matrizes 2×2 nas Equações (3.23) e (3.24) os nomes respectivos S e S', vemos que essas duas equações são equivalentes a $\mathbf{A}' = \mathbf{SA}$ and $\mathbf{A} = \mathbf{S'A'}$, com

$$\mathsf{S} = \begin{pmatrix} \cos\varphi & \text{sen}\,\varphi \\ -\text{sen}\,\varphi & \cos\varphi \end{pmatrix} \quad \text{e} \quad \mathsf{S}' = \begin{pmatrix} \cos\varphi & -\text{sen}\,\varphi \\ \text{sen}\,\varphi & \cos\varphi \end{pmatrix}. \tag{3.25}$$

Agora, aplicando S a $\mathbf{A}$ e então S' a S$\mathbf{A}$ (correspondendo a primeira rotacionar o sistema de coordenadas por uma quantidade $+\varphi$ e então uma quantidade $-\varphi$), recuperamos $\mathbf{A}$, ou

$$\mathbf{A} = \mathsf{S}'\mathsf{S}\mathbf{A}.$$

Como esse resultado deve ser válido para qualquer $\mathbf{A}$, concluímos que $\mathsf{S}' = \mathsf{S}^{-1}$. Vemos também que $\mathsf{S}' = \mathsf{S}^T$. Podemos verificar que $\mathsf{S}\mathsf{S}' = \mathbf{1}$ pela multiplicação de matrizes:

$$\mathsf{S}\mathsf{S}' = \begin{pmatrix} \cos\varphi & \text{sen}\,\varphi \\ -\text{sen}\,\varphi & \cos\varphi \end{pmatrix} \begin{pmatrix} \cos\varphi & -\text{sen}\,\varphi \\ \text{sen}\,\varphi & \cos\varphi \end{pmatrix} = \begin{pmatrix} 1 & 0 \\ 0 & 1 \end{pmatrix}.$$

Como S é real, o fato de que $\mathsf{S}^{-1} = \mathsf{S}^T$ significa que é ela **ortogonal**. Em resumo, descobrimos que a transformação ligando $\mathbf{A}$ e $\mathbf{A}'$ (o mesmo vetor, mas representado no sistema de coordenadas rotacionado) é

$$\mathbf{A}' = \mathsf{S}\mathbf{A}, \tag{3.26}$$

com S uma matriz ortogonal.

Transformações Ortogonais

Não foi por acaso que a transformação que descreve uma rotação em R^2 era **ortogonal**, pelo que queremos dizer que a matriz efetuando a transformação era uma matriz ortogonal.

Uma maneira instrutiva de escrever a transformação S é, voltando à Equação (3.20), reescrever essas equações como

$$\hat{e}_x = (\hat{e}'_x \cdot \hat{e}_x)\hat{e}'_x + (\hat{e}'_y \cdot \hat{e}_x)\hat{e}'_y, \quad \hat{e}_y = (\hat{e}'_x \cdot \hat{e}_y)\hat{e}'_x + (\hat{e}'_y \cdot \hat{e}_y)\hat{e}'_y. \tag{3.27}$$

Isso corresponde a escrever $\hat{e}_x$ e $\hat{e}_y$ como a soma das suas projeções sobre os vetores ortogonais $\hat{e}'_x$ e $\hat{e}'_y$. Agora podemos reescrever S como

$$S = \begin{pmatrix} \hat{e}'_x \cdot \hat{e}_x & \hat{e}'_x \cdot \hat{e}_y \\ \hat{e}'_y \cdot \hat{e}_x & \hat{e}'_y \cdot \hat{e}_y \end{pmatrix}. \tag{3.28}$$

Isso significa que cada linha de S contém os componentes (nas coordenadas sem linhas) de um vetor unitário ($\hat{e}'_x$ ou $\hat{e}'_y$) que é ortogonal ao vetor cujos componentes estão na outra linha. Por sua vez, isso significa que os produtos escaleres dos diferentes vetores linha serão zero, enquanto o produto escalar de qualquer vetor linha com ele próprio (porque é um vetor unitário) será a unidade.

Esse é o significado mais profundo de uma matriz **ortogonal** S; o elemento $\mu\nu$ de SS^T é o produto escalar formado a partir da μ-ésima linha de S e da ν-ésima coluna de S^T (que é o mesmo que a ν-ésima linha de S). Como esses vetores linhas são ortogonais, obtemos zero se $\mu \neq \nu$ e, como eles são vetores unitários, obteremos unidade se $\mu = \nu$. Em outras palavras, SS^T será uma matriz unitária.

Antes de sair da Equação (3.28), note que as colunas também têm uma interpretação simples: Cada uma contém os componentes (nas coordenadas ativadas) de um dos vetores unitários do conjunto sem linhas. Assim, o produto escalar formado a partir de duas **colunas** diferentes de S desaparecerão, enquanto o produto escalar de qualquer coluna com ele mesmo será a unidade. Isso corresponde ao fato de, para uma matriz ortogonal, também temos $S^T S = 1$.

Resumindo parte do mencionado anteriormente,

a transformação de um sistema de coordenadas cartesiano ortogonal em outro sistema cartesiano é descrita por uma matriz **ortogonal**.

No Capítulo 2, descobrimos que uma matriz ortogonal deve ter um determinante que é real e da unidade de grandeza, isto é, ± 1. No entanto, para rotações no espaço comum o valor do determinante sempre será $+1$. Uma forma de entender isso é considerar o fato de que qualquer rotação pode ser construída a partir de um grande número de pequenas rotações, e esse determinante deve variar continuamente à medida que a quantidade de rotação é alterada. A rotação de identidade (isto é, absolutamente nenhuma rotação) tem um determinante $+1$. Como nenhum valor próximo de $+1$, exceto o próprio $+1$, é um valor permitido para o determinante, as rotações não podem alterar o valor do determinante.

Reflexões

Outra possibilidade para mudar um sistema de coordenadas é submetê-lo a uma operação de reflexão. Por simplicidade, considere primeiro a operação de **inversão**, em que o sinal de cada coordenada é invertido. Em R^3, a matriz de transformação S será o 3×3 análogo da Equação (3.28), e a transformação em discussão é definida como $e'_\mu = -e_\mu$, com $\mu = x$, y e z. Isso levará um

$$S = \begin{pmatrix} -1 & 0 & 0 \\ 0 & -1 & 0 \\ 0 & 0 & -1 \end{pmatrix},$$

o que claramente resulta em $\det S = -1$. A mudança no sinal do determinante corresponde à mudança de um sistema de coordenadas à esquerda (o que obviamente, não pode ser alcançado por uma rotação). Reflexo sobre um plano (como uma imagem produzida por um espelho plano) também muda o sinal do determinante e a destreza do sistema de coordenadas; por exemplo, reflexo no plano xy muda o sinal de $\hat{e}_z$, deixando os outros dois vetores unitários inalterados; a matriz de transformação S para essa transformação é

$$S = \begin{pmatrix} 1 & 0 & 0 \\ 0 & 1 & 0 \\ 0 & 0 & -1 \end{pmatrix}.$$

Seu determinante também é –1.

As fórmulas para adição de vetores, multiplicação por um escalar e o produto escalar não são afetadas por uma transformação de reflexo das coordenadas, mas isso não é verdade para o produto cruzado. Para ver isso, analise a fórmula para qualquer um dos componentes de $\mathbf{A} \times \mathbf{B}$, e como ela mudaria sob inversão (em que os mesmos vetores inalterados no espaço físico agora têm mudanças de sinal para todos seus componentes):

$$Cx : A_y B_z - A_z B_y \rightarrow (-A_y)(-B_z) - (-A_z)(-B_y) = A_y B_z - A_z B_y.$$

Note que essa fórmula informa que o sinal de C_x não deveria mudar, embora deva a fim de descrever a situação física inalterada. A conclusão é que nossa lei de transformação falha para o resultado de uma operação de produto cruzado. Porém, a matemática pode ser salva se classificamos $\mathbf{B} \times \mathbf{C}$ como um tipo de grandeza diferente de $\mathbf{B}$ e $\mathbf{C}$. Muitos textos sobre análise vetorial chamam vetores cujos componentes mudam de sinal sob reflexo de coordenadas de **vetores polares**, e aqueles cujos componentes então não mudam de sinal, de **vetores axiais**.

O termo **axial**, sem dúvida, resulta do fato de que produtos cruzados frequentemente descrevem fenômenos associados à rotação em torno do eixo definido pelo vetor axial. Hoje em dia, é cada vez mais comum chamar **vetores polares** simplesmente de **vetores**, porque queremos que esse termo descreva objetos que obedecem para todo S à lei da transformação

$$\mathbf{A}' = S\mathbf{A} \quad \text{(vetores)}, \tag{3.29}$$

(e especificamente sem uma restrição para S cujos determinantes são +1). Vetores axiais, para os quais a lei da transformação vetorial falha para reflexões de coordenadas, são então chamados de **pseudovetores**, e sua lei de transformação pode ser expressa na forma um tanto mais complicada

$$\mathbf{C}' = \det(S)\,S\mathbf{C} \quad \text{(pseudovetores)}. \tag{3.30}$$

Os efeitos de uma operação de inversão sobre um sistema de coordenadas e sobre um vetor e um pseudovetor são mostrados na Figura 3.6.

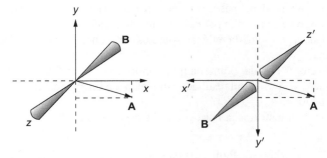

Figura 3.6: Inversão (à direita) das coordenadas original (à esquerda) e o efeito sobre um vetor $\mathbf{A}$ e pseudovetor $\mathbf{B}$.

Como vetores e pseudovetores têm diferentes leis de transformação, em geral não faz sentido físico adicioná-los em conjunto.[3] Normalmente não faz sentido equiparar grandezas de diferentes propriedades transformacionais.: em $\mathbf{A} = \mathbf{B}$, ambas as grandezas devem ser vetores ou pseudovetores.

Pseudovetores, é claro, entram em expressões mais complicadas, das quais um exemplo é o produto escalar triplo $\mathbf{A} \cdot \mathbf{B} \times \mathbf{C}$. Sob a reflexão de coordenadas, os componentes de $\mathbf{B} \times \mathbf{C}$ não mudam (como observado anteriormente),

---

[3]A grande exceção a isso é em interações fracas de decaimento beta. Aqui o universo faz a distinção entre sistemas dextrogiros e levogiros, e adicionamos interações vetoriais axiais e polares.

mas aqueles de **A** são invertidos, com o resultado de que $\mathbf{A} \cdot \mathbf{B} \times \mathbf{C}$ muda de sinal. Precisamos, portanto, reclassificá-lo como um **pseudoescalar**. Por outro lado, o produto vetorial triplo, $\mathbf{A} \times (\mathbf{B} \times \mathbf{C})$, que contém dois produtos cruzados, é avaliado, como mostrado na Equação (3.18), para uma expressão contendo apenas vetores escalares legítimos e (polares). É, portanto, adequado identificar $\mathbf{A} \times (\mathbf{B} \times \mathbf{C})$ como um vetor. Esses casos ilustram o princípio geral de que um produto com um número ímpar de pseudograndezas é "pseudo", enquanto aqueles com números pares de pseudograndezas não o são.

Operações Sucessivas

Pode-se realizar uma sucessão de rotações e/ou reflexões coordenadas aplicando as transformações ortogonais relevantes. Na verdade, já fizemos isso na nossa discussão introdutória para R^2, onde aplicamos uma rotação e então seu inverso. Em geral, se R e R' referem-se a essas operações, a aplicação a A de R seguido da aplicação de R' corresponde a

$$\mathbf{A}' = S(R')S(R)\mathbf{A}, \tag{3.31}$$

e o resultado geral das duas transformações pode ser identificado como uma única transformação cuja matriz $S(R'R)$ é o produto da matriz $S(R')S(R)$.

Dois pontos devem ser observados:

1. As operações ocorrem na ordem da direita para a esquerda: O operador mais à direita é aquele aplicado ao A original; aquele à esquerda então é aplicado ao resultado da primeira operação etc.
2. A operação combinada $R'R$ é uma transformação entre dois sistemas de coordenadas ortogonais e, portanto, pode ser descrita por uma matriz ortogonal: o produto das duas matrizes ortogonais é ortogonal.

Exercícios

3.3.1 Uma rotação $\varphi_1 + \varphi_2$ sobre o eixo z é realizada como duas rotações sucessivas φ_1 e φ_2, cada uma sobre o eixo z. Use a representação matricial das rotações para derivar as identidades trigonométricas

$$\cos(\varphi_1 + \varphi_2) = \cos\varphi_1 \cos\varphi_2 - \text{sen}\,\varphi_1 \,\text{sen}\,\varphi_2,$$

$$\text{sen}(\varphi_1 + \varphi_2) = \text{sen}\,\varphi_1 \cos\varphi_2 + \cos\varphi_1 \,\text{sen}\,\varphi_2.$$

3.3.2 Um refletor de canto é formado por três superfícies refletoras mutuamente perpendiculares. Mostre que um raio de luz incidente sobre o refletor de canto (incidindo sobre as três superfícies) é refletido de volta ao longo de uma linha paralela à linha de incidência.

   Dica: Considere o efeito da reflexão sobre os componentes de um vetor que descreve a orientação do raio de luz.

3.3.3 Sejam **x** e **y** vetores coluna. Sob uma transformação ortogonal S, eles se tornam $\mathbf{x}' = S\mathbf{x}$ e $\mathbf{y}' = S\mathbf{y}$. Mostre que $(\mathbf{x}')^T \mathbf{y}' = \mathbf{x}^T \mathbf{y}$, um resultado equivalente à invariância do produto escalar sob uma transformação rotacional.

3.3.4 Dada a matriz de transformação ortogonal S e os vetores **a** e **b**,

$$S = \begin{pmatrix} 0,80 & 0,60 & 0,00 \\ -0,48 & 0,64 & 0,60 \\ 0,36 & -0,48 & 0,80 \end{pmatrix}, \quad \mathbf{a} = \begin{pmatrix} 1 \\ 0 \\ 1 \end{pmatrix}, \quad \mathbf{b} = \begin{pmatrix} 0 \\ 2 \\ -1 \end{pmatrix},$$

  (a) Calcule det(S).

  (b) Verifique se $\mathbf{a} \cdot \mathbf{b}$ é invariante sob aplicação de S a **a** e **b**.

  (c) Determine o que acontece com $\mathbf{a} \times \mathbf{b}$ sob aplicação de S a **a** e **b**. É Isso que se espera?

3.3.5 Usando **a** e **b** como definido no Exercício 3.3.4, mas com

$$S = \begin{pmatrix} 0,60 & 0,00 & 0,80 \\ -0,64 & -0,60 & 0,48 \\ -0,48 & 0,80 & 0,36 \end{pmatrix} \quad \text{e} \quad \mathbf{c} = \begin{pmatrix} 2 \\ 1 \\ 3 \end{pmatrix},$$

(a) Calcule det(S).

Aplique S a a, b e c, e determine o que acontece com

(b) $\mathbf{a} \times \mathbf{b}$,

(c) $(\mathbf{a} \times \mathbf{b}) \cdot \mathbf{c}$,

(d) $\mathbf{a} \times (\mathbf{b} \times \mathbf{c})$.

(e) Classifique as expressões em (b) a (d) como escalar, vetor, pseudovetor ou pseudoscalar.

3.4 Rotações em R^3

Devido à sua importância prática, discutimos agora com algum detalhe o tratamento das rotações em R^3. Um ponto de partida óbvio, com base em nossa experiência em R^2, seria escrever a matriz S 3×3 da Equação (3.28), com linhas que descrevem as orientações de um conjunto rotacionado (sem linha) de vetores unitários em termos dos vetores unitários originais (não rotacionados):

$$S = \begin{pmatrix} \hat{e}'_1 \cdot \hat{e}_1 & \hat{e}'_1 \cdot \hat{e}_2 & \hat{e}'_1 \cdot \hat{e}_3 \\ \hat{e}'_2 \cdot \hat{e}_1 & \hat{e}'_2 \cdot \hat{e}_2 & \hat{e}'_2 \cdot \hat{e}_3 \\ \hat{e}'_3 \cdot \hat{e}_1 & \hat{e}'_3 \cdot \hat{e}_2 & \hat{e}'_3 \cdot \hat{e}_3 \end{pmatrix} \tag{3.32}$$

Alteramos os rótulos das coordenadas de x, y, z para 1, 2, 3 por conveniência em algumas das fórmulas que utilizam a Equação (3.32). É útil fazer uma observação sobre os elementos de S, ou seja, $S\mu\nu = e'_\mu \cdot e_\nu$. Esse produto escalar é a projeção de e'_μ na direção $\hat{e}_\nu$ e, portanto, é a mudança em x_ν que é produzida por uma mudança unitária em x'_μ. Como a relação entre as coordenadas é linear, podemos identificar $e'_\mu \cdot e_\nu$ como $\partial x_\nu / \partial x'_\mu$, assim nossa matriz de transformação S pode ser escrita na forma alternativa

$$S = \begin{pmatrix} \partial x_1/\partial x'_1 & \partial x_2/\partial x'_1 & \partial x_3/\partial x'_1 \\ \partial x_1/\partial x'_2 & \partial x_2/\partial x'_2 & \partial x_3/\partial x'_2 \\ \partial x_1/\partial x'_3 & \partial x_2/\partial x'_3 & \partial x_3/\partial x'_3 \end{pmatrix}. \tag{3.33}$$

O argumento que fizemos para avaliar $e'_\mu \cdot e_\nu$ poderia ter sido facilmente feito com os papéis dos dois vetores unitários invertidos, produzindo em vez $\partial x_\nu / \partial x'_\mu$ a derivada $\partial x'_\mu / \partial x_\nu$. Temos, então, o que a princípio pode parecer um resultado surpreendente:

$$\frac{\partial x_\nu}{\partial x'_\mu} = \frac{\partial x'_\mu}{\partial x_\nu}. \tag{3.34}$$

Uma análise superficial para essa equação sugere que seus dois lados seriam recíprocos. O problema é que de uma maneira notacional não fomos cuidadosos o suficiente para evitar a ambiguidade: a derivada à esquerda deve ser considerada com as outras coordenadas fixas x', enquanto aquela à direita está com as outras coordenadas fixas sem linhas. De fato, a igualdade na Equação (3.34) é necessária para produzir uma matriz ortogonal S.

Notamos de passagem que a observação de que as coordenadas estão relacionadas linearmente restringe a discussão atual a sistemas de coordenadas cartesianas. Coordenadas curvilíneas são tratadas mais adiante.

Nem a Equação (3.32) nem a Equação (3.33) tornam óbvia a possibilidade de relações entre os elementos de S. Em R^2, descobrimos que todos os elementos de S dependiam de uma única variável, o ângulo de rotação. Em R^3, o número de variáveis independentes necessário para especificar uma rotação geral é três: Dois parâmetros (normalmente ângulos) são necessários para especificar a direção de e'_3; em seguida, um ângulo é necessário para especificar a direção de e'_1 no plano perpendicular a e'_3; nesse ponto, a orientação de e'_2 está completamente determinada. Portanto, dos nove elementos de S, apenas três são de fato independentes. Os parâmetros habituais utilizados para designar rotações R^3 são os **ângulos de Euler**.[4] É útil que S seja dado explicitamente em termos deles, uma vez que formulação de Lagrange da mecânica exige o uso de um conjunto de variáveis *independentes*.

Os ângulos de Euler descrevem uma rotação R^3 em três passos, os dois primeiros dos quais têm o efeito de fixar a orientação do novo eixo $\hat{e}_3$ (a direção polar em coordenadas esféricas), enquanto o terceiro ângulo de Euler indica

---

[4]Há quase tantas definições dos ângulos de Euler quanto há autores. Aqui seguimos a escolha geralmente feita por trabalhadores na área da teoria de grupo e a teoria quântica do momento angular.

a quantidade de rotação subsequente em torno desse eixo. Os dois primeiros passos fazem mais do que identificar uma nova direção polar; eles descrevem rotações que provocam realinhamento. Como resultado, podemos obter as representações matriciais desses (e a terceira rotação) e aplicá-las sequencialmente (isto é, como um produto matricial) para obter o efeito geral da rotação.

Os três passos que descrevem a rotação dos eixos coordenados são os seguintes (também ilustrados na Figura 3.7.):

1. As coordenadas são rotacionadas em torno do eixo $\hat{e}_3$ no sentido anti-horário (como visto a partir de $\hat{e}_3$ positivo) ao longo de um ângulo α no intervalo $0 \leq \alpha < 2\pi$, em novos eixos denotados por e_1', e_2', e_3'. (A direção polar não é alterada; os eixos $\hat{e}_3$ e e_3' coincidem).

2. As coordenadas são rotacionadas em torno do eixo de e_2' no sentido anti-horário (como visto a partir de e_2' positiva) ao longo de um ângulo β no intervalo $0 \leq \beta \leq \pi$, em novos eixos denotados por e_1'', e_2'', e_3''. (Isso inclina-se na direção polar para a direção e_1', mas deixa e_2' inalterada).

3. As coordenadas agora são rotacionadas em torno do eixo e_3'' no sentido anti-horário (como visto a partir de e_3'' positiva) ao longo de um ângulo γ no intervalo $0 \leq \gamma < 2\pi$, nos eixos finais, denotados por e_1''', e_2''', e_3'''. (Essa rotação deixa a direção polar, e_3'', inalterada.)

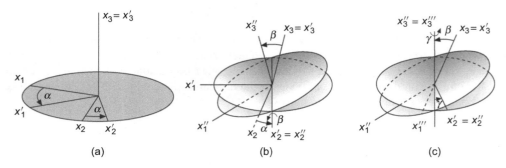

Figura 3.7: Rotações dos ângulos de Euler: (a) sobre $\hat{e}_3$ até o ângulo α; (b) sobre e_2' até o ângulo β; (c) sobre e_2'' até o ângulo γ.

Em termos das coordenadas polares esféricas normais (r, θ, φ), o eixo polar final está na orientação $\theta = \beta$, $\varphi = \alpha$. As orientações finais dos outros eixos dependem de todos os três ângulos de Euler.

Precisamos agora das matrizes de transformação. A primeira rotação faz com que e_1' e e_2' permaneçam no plano $x\,y$, e tem em suas duas primeiras linhas e colunas exatamente a mesma forma como S na Equação (3.25):

$$\mathsf{S}_1(\alpha) = \begin{pmatrix} \cos\alpha & \operatorname{sen}\alpha & 0 \\ -\operatorname{sen}\alpha & \cos\alpha & 0 \\ 0 & 0 & 1 \end{pmatrix}. \tag{3.35}$$

A terceira linha e coluna de S_1 indicam que essa rotação deixa inalterado o componente $\hat{e}_3$ de qualquer vetor em que ele opera. A segunda rotação (aplicada ao sistema de coordenadas da maneira como ela existe **depois** da primeira rotação) está no plano $e_3' e_1'$; observe que os sinais sen β têm de ser compatíveis com uma permutação cíclica do eixo de numeração:

$$\mathsf{S}_2(\beta) = \begin{pmatrix} \cos\beta & 0 & -\operatorname{sen}\beta \\ 0 & 1 & 0 \\ \operatorname{sen}\beta & 0 & \cos\beta \end{pmatrix}.$$

A terceira rotação se parece com a primeira, mas com uma quantidade de rotação γ.

$$\mathsf{S}_3(\gamma) = \begin{pmatrix} \cos\gamma & \operatorname{sen}\gamma & 0 \\ -\operatorname{sen}\gamma & \cos\gamma & 0 \\ 0 & 0 & 1 \end{pmatrix}.$$

A rotação total é descrita pelo produto matricial triplo

$$S(\alpha, \beta, \gamma) = S_3(\gamma)S_2(\beta)S_1(\alpha).$$ (3.36)

Observe a ordem: $S_1(\alpha)$ opera primeiro, então $S_2(\beta)$ e por fim $S_3(\gamma)$. Multiplicação direta dá

$$S(\alpha, \beta, \gamma) =$$

$$\begin{pmatrix} \cos\gamma\cos\beta\cos\alpha - \text{sen}\,\gamma\,\text{sen}\,\alpha & \cos\gamma\cos\beta\,\text{sen}\,\alpha + \text{sen}\,\gamma\cos\alpha & -\cos\gamma\,\text{sen}\,\beta \\ -\text{sen}\,\gamma\cos\beta\cos\alpha - \cos\gamma\,\text{sen}\,\alpha & -\text{sen}\,\gamma\cos\beta\,\text{sen}\,\alpha + \cos\gamma\cos\alpha & \text{sen}\,\gamma\,\text{sen}\,\beta \\ \text{sen}\,\beta\cos\alpha & \text{sen}\,\beta\,\text{sen}\,\alpha & \cos\beta \end{pmatrix}.$$ (3.37)

Se forem necessários, observe que os elementos $s_{i\,j}$ na Equação (3.37) dão as formas explícitas dos produtos escalares $e_i''' \cdot e_j$ (e, portanto, também as derivadas parciais $\partial x_i / \partial x_j'''$).

Note que todos os S_1, S_2 e S_3 são ortogonais, com um determinante +1, de tal modo que o S geral também será ortogonal com um determinante +1.

Exemplo 3.4.1 Uma rotação R^3

Considere um vetor inicialmente com os componentes $(2, -1, 3)$. Queremos seus componentes em um sistema de coordenadas alcançado pelas rotações do ângulo de Euler $\alpha = \beta = \gamma = \pi/2$. Avaliando $S(\alpha, \beta, \gamma)$:

$$S(\alpha, \beta, \gamma) = \begin{pmatrix} -1 & 0 & 0 \\ 0 & 0 & 1 \\ 0 & 1 & 0 \end{pmatrix}.$$

Uma checagem parcial nesse valor de S é obtida verificando que $\det(S) = +1$.
Em seguida, nas novas coordenadas, nosso vetor tem os componentes

$$\begin{pmatrix} -1 & 0 & 0 \\ 0 & 0 & 1 \\ 0 & 1 & 0 \end{pmatrix} \begin{pmatrix} 2 \\ -1 \\ 3 \end{pmatrix} = \begin{pmatrix} -2 \\ 3 \\ -1 \end{pmatrix}.$$

O leitor deve verificar esse resultado visualizando as rotações envolvidas. ∎

Exercícios

3.4.1 Outro conjunto de rotações de Euler de uso comum é
(1) uma rotação em torno do eixo x_3 ao longo de um ângulo φ, no sentido anti-horário,
(2) uma rotação em torno do eixo x_1' ao longo de um ângulo θ, no sentido anti-horário,
(3) uma rotação em torno do eixo x_3'' ao longo de um ângulo ψ, no sentido anti-horário.
Se

$$\begin{aligned} \alpha &= \varphi - \pi/2 & \varphi &= \alpha + \pi/2 \\ \beta &= \theta & \quad\text{ou}\quad \theta &= \beta \\ \gamma &= \psi + \pi/2 & \psi &= \gamma - \pi/2, \end{aligned}$$

ou

$$(b) \quad S = \begin{pmatrix} 0{,}9551 & -0{,}2552 & -0{,}1504 \\ 0{,}0052 & 0{,}5221 & -0{,}8529 \\ 0{,}2962 & 0{,}8138 & 0{,}5000 \end{pmatrix}.$$

mostre que os sistemas finais são idênticos.

3.4.2   Suponha que a Terra se mova (gire) de modo que o polo norte se desloca em 30° norte, 20° oeste (sistema original de latitude e longitude) e que o meridiano 10° oeste aponte para sul (também no sistema original).

(a) Quais são os ângulos de Euler descrevendo essa rotação?

(b) Encontre os cossenos de direção correspondentes.

$$RESPOSTA: \text{(b) } S = \begin{pmatrix} 0,9551 & -0,2552 & -0,1504 \\ 0,0052 & 0,5221 & -0,8529 \\ 0,2962 & 0,8138 & 0,5000 \end{pmatrix}$$

3.4.3   Verifique se a matriz de rotação do ângulo de Euler, Equação (3.37), é invariante sob a transformação

$$\alpha \to \alpha + \pi, \quad \beta \to -\beta, \quad \gamma \to \gamma - \pi.$$

3.4.4   Mostre que a matriz de rotação do ângulo de Euler S(α, β, γ) satisfaz as seguintes relações:

(a) S^{-1}(α, β, γ) = (α, β, γ),

(b) S^{-1}(α, β, γ) = S($-\gamma$, $-\beta$, $-\alpha$).

3.4.5   O sistema de coordenadas (x, y, z) é rotacionado ao longo de um ângulo Φ no sentido anti-horário em torno de um eixo definido pelo vetor unitário n no sistema (x', y', z'). Em termos das novas coordenadas, o vetor de raio torna-se

$$\mathbf{r}' = \mathbf{r}\cos\Phi + \mathbf{r} \times \mathbf{n}\operatorname{sen}\Phi + \hat{\mathbf{n}}(\hat{\mathbf{n}} \cdot \mathbf{r})(1 - \cos\Phi).$$

(a) Derive essa expressão a partir das considerações geométricas.

(b) Mostre que ela é reduzida como esperado para $n = \hat{\mathbf{e}}_z$. A resposta, na forma matricial, aparece na Equação (3.35).

(c) Verifique se $r'^2 = r^2$.

3.5   Operadores Vetoriais Diferenciais

Agora passamos para a importante situação em que um vetor está associado a cada ponto no espaço e, portanto, tem um valor (seu conjunto de componentes) que depende das coordenadas que especificam sua posição. Um exemplo típico na física é o campo elétrico $\mathbf{E}(x, y, z)$, que descreve a direção e grandeza da força elétrica se uma "carga de teste" de unidade foi colocada em x, y, z. O termo **campo** refere-se a uma quantidade que tem valores em todos os pontos de uma região; se a quantidade é um vetor, sua distribuição é descrita como **campo vetorial**. Embora já haja um nome padrão para uma grandeza algébrica simples que recebe um valor em todos os pontos de uma região espacial (chamada **função**), em contextos de física ela também pode ser chamada **campo escalar**.

Físicos precisam ser capazes de caracterizar a taxa em que os valores dos vetores (e também escalares) muda de acordo com a posição, e isso é mais eficazmente realizado introduzindo conceitos de operador vetorial diferencial. Acontece que há um grande número de relações entre esses operadores diferenciais, e nosso objetivo atual é identificar essas relações e aprender como usá-las.

Gradiente, ∇

Nosso primeiro operador diferencial é conhecido como **gradiente**, que caracteriza a mudança de uma grandeza escalar, aqui φ, com posição. Trabalhando em $\mathbb{R}^3$, e rotulando as coordenadas x_1, x_2, x_3, escrevemos $\varphi(\mathbf{r})$ como o valor de φ no ponto $x_1\hat{\mathbf{e}}_1 + x_2\hat{\mathbf{e}}_2 + x_3\hat{\mathbf{e}}_3$, e consideramos o efeito das pequenas alterações dx_1, dx_2, dx_3, respectivamente, em x_1, x_2 e x_3. Essa situação corresponde àquela discutida na Seção 1.9, em que introduzimos **derivadas parciais** para descrever como uma função de várias variáveis (lá x, y e z) muda seu valor quando essas variáveis são alteradas pelas respectivas quantidades dx, dy e dz. A equação que rege esse processo é a Equação (1.141).

Para a primeira ordem nos diferenciais dx_i, φ no nosso problema atual muda por uma quantidade

$$d\varphi = \left(\frac{\partial\varphi}{\partial x_1}\right) dx_1 + \left(\frac{\partial\varphi}{\partial x_2}\right) dx_2 + \left(\frac{\partial\varphi}{\partial x_3}\right) dx_3, \tag{3.38}$$

que é da forma correspondente ao produto do ponto escalar de

$$\nabla\varphi = \begin{pmatrix} \partial\varphi/\partial x_1 \\ \partial\varphi/\partial x_2 \\ \partial\varphi/\partial x_3 \end{pmatrix} \quad \text{e} \quad d\mathbf{r} = \begin{pmatrix} dx_1 \\ dx_2 \\ dx_3 \end{pmatrix}.$$

Essas quantidades também podem ser escritas

$$\nabla\varphi = \left(\frac{\partial\varphi}{\partial x_1}\right)\hat{\mathbf{e}}_1 + \left(\frac{\partial\varphi}{\partial x_2}\right)\hat{\mathbf{e}}_2 + \left(\frac{\partial\varphi}{\partial x_3}\right)\hat{\mathbf{e}}_3, \tag{3.39}$$

$$d\mathbf{r} = dx_1\hat{\mathbf{e}}_1 + dx_2\hat{\mathbf{e}}_2 + dx_3\hat{\mathbf{e}}_3, \tag{3.40}$$

nos termos das quais temos

$$d\varphi = (\nabla\varphi) \cdot d\mathbf{r}. \tag{3.41}$$

Atribuímos à matriz 3×1 das derivadas o nome $\nabla\varphi$ (muitas vezes referido na fala como "del fi" ou "grad fi"); atribuímos à diferencial da posição o nome habitual $d\mathbf{r}$.

A notação das Equações (3.39) e (3.41), na verdade, só é apropriada se $\nabla\varphi$ é realmente um vetor, porque a utilidade dessa abordagem depende da nossa capacidade de usá-la em sistemas de coordenadas de orientação arbitrária. Para provar que $\nabla\varphi$ é um vetor, devemos mostrar que ele se transforma sob condições de rotação do sistema de coordenadas de acordo com

$$(\nabla\varphi)' = \mathsf{S}\,(\nabla\varphi). \tag{3.42}$$

Considerando S na forma dada na Equação (3.33), examinamos $\mathsf{S}(\nabla\varphi)$. Temos

$$\mathsf{S}(\nabla\varphi) = \begin{pmatrix} \partial x_1/\partial x_1' & \partial x_2/\partial x_1' & \partial x_3/\partial x_1' \\ \partial x_1/\partial x_2' & \partial x_2/\partial x_2' & \partial x_3/\partial x_2' \\ \partial x_1/\partial x_3' & \partial x_2/\partial x_3' & \partial x_3/\partial x_3' \end{pmatrix} \begin{pmatrix} \partial\varphi/\partial x_1 \\ \partial\varphi/\partial x_2 \\ \partial\varphi/\partial x_3 \end{pmatrix}$$

$$= \begin{pmatrix} \sum_{\nu=1}^{3} \dfrac{\partial x_\nu}{\partial x_1'} \dfrac{\partial\varphi}{\partial x_\nu} \\ \sum_{\nu=1}^{3} \dfrac{\partial x_\nu}{\partial x_2'} \dfrac{\partial\varphi}{\partial x_\nu} \\ \sum_{\nu=1}^{3} \dfrac{\partial x_\nu}{\partial x_3'} \dfrac{\partial\varphi}{\partial x_\nu} \end{pmatrix}. \tag{3.43}$$

Cada um dos elementos na expressão final na Equação (3.43) é uma expressão da regra da cadeia para $\partial\varphi / \partial x_\mu', \mu = 1, 2, 3$, mostrando que a transformação produziu $(\nabla\varphi)'$, a representação de $\nabla\varphi$ nas coordenadas rotacionadas.

Agora depois de ter estabelecido a legitimidade da forma $\nabla\varphi$, avançamos para dar a ∇ uma vida própria. Portanto, definimos (chamando as coordenadas x, y, z)

$$\nabla = \hat{\mathbf{e}}_x \frac{\partial}{\partial x} + \hat{\mathbf{e}}_y \frac{\partial}{\partial y} + \hat{\mathbf{e}}_z \frac{\partial}{\partial z}. \tag{3.44}$$

Notamos que ∇ é um **operador vetorial diferencial**, capaz de operar em um escalar (como φ) para produzir um vetor como o resultado da operação. Uma vez que um operador diferencial só opera sobre aquilo que lhe cabe, precisamos ter cuidado para manter a ordem correta nas expressões envolvendo ∇, e temos de usar parênteses quando necessário para evitar ambiguidades quanto àquilo que deve ser diferenciado.

O gradiente de um escalar é extremamente importante na física e na engenharia, pois expressa a relação entre um campo de força $\mathbf{F}\,(\mathbf{r})$ experimentado por um objeto em r e o potencial relacionado $V\,(\mathbf{r})$,

$$\mathbf{F}(\mathbf{r}) = -\nabla V(\mathbf{r}). \tag{3.45}$$

O sinal de menos na Equação (3.45) é importante; ele faz com que a força exercida pelo campo esteja em uma direção que reduz o potencial. Consideraremos mais tarde (na Seção 3.9) as condições que devem ser satisfeitas se um potencial correspondente a uma determinada força pode sair.

O gradiente tem uma interpretação geométrica simples. A partir da Equação (3.41), vemos que, se dr estiver restrito a ter uma grandeza fixa, a direção de dr que maximiza $d\varphi$ será quando $\nabla\varphi$ e dr são colineares. Assim, a direção do aumento mais rápido em φ é a direção de gradiente, e a grandeza do gradiente é a derivada direcional de φ nessa direção. Vemos agora que $-\nabla V$, na Equação (3.45), é a direção da *diminuição* mais rápida em V, e é a direção da força associada ao potencial V.

Exemplo 3.5.1   GRADIENTE DE R^N

Como um primeiro passo para o cálculo de r^n, vamos analisar o ainda mais simples r. Começamos escrevendo $r = (x^2 + y^2 + z^2)^{1/2}$, a partir da qual obtemos

$$\frac{\partial}{\partial x} = \frac{x}{(x^2 + y^2 + z^2)^{1/2}} = \frac{x}{r}, \quad \frac{\partial}{\partial y} = \frac{y}{r}, \quad \frac{\partial}{\partial z} = \frac{z}{r}. \tag{3.46}$$

A partir dessas fórmulas construímos

$$\nabla = \frac{x}{r}\hat{\mathbf{e}}_x + \frac{y}{r}\hat{\mathbf{e}}_y + \frac{z}{r}\hat{\mathbf{e}}_z = \frac{1}{r}(x\hat{\mathbf{e}}_x + y\hat{\mathbf{e}}_y + z\hat{\mathbf{e}}_z) = \frac{\mathbf{r}}{r}. \tag{3.47}$$

O resultado é um vetor unitário na direção de r, denotado por r. Para referência futura, notamos que

$$\hat{\mathbf{r}} = \frac{x}{r}\hat{\mathbf{e}}_x + \frac{y}{r}\hat{\mathbf{e}}_y + \frac{z}{r}\hat{\mathbf{e}}_z \tag{3.48}$$

e que a Equação 3.47 tem a forma

$$\nabla r = \hat{\mathbf{r}}. \tag{3.49}$$

A geometria de **r** e ^{n} é ilustrada na Figura 3.8.

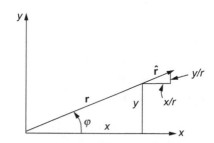

Figura 3.8: Vetor unitário r (no plano $x\,y$).

Continuando agora a ∇r^n, temos

$$\frac{\partial^n}{\partial x} = n^{n-1}\frac{\partial}{\partial x},$$

com resultados correspondentes para as derivadas y e z. Obtemos

$$\nabla^n = n^{n-1}\nabla = n^{n-1}\hat{\mathbf{r}}. \tag{3.50}$$

Exemplo 3.5.2 LEI DE COULOMB

Na eletroestática, é bem conhecido que uma carga pontual produz um potencial proporcional a $1/r$, em que r é a distância a partir da carga. Para verificar se isso é consistente com a lei da força de Coulomb, calculamos

$$\mathbf{F} = -\nabla \left(\frac{1}{r} \right).$$

Esse é um caso da Equação (3.50) com $n = -1$, e obtemos o resultado esperado

$$\mathbf{F} = \frac{1}{r^2} \hat{\mathbf{r}}.$$

∎

Exemplo 3.5.3 POTENCIAL RADIAL GERAL

Outra situação que ocorre com frequência é que o potencial pode ser uma função apenas da distância radial a partir da origem, isto é, $\varphi = f(r)$. Então calculamos

$$\frac{\partial \varphi}{\partial x} = \frac{df(r)}{dr} \frac{\partial r}{\partial x}, \quad \text{etc.,}$$

o que leva, invocando a Equação (3.49), a

$$\nabla \varphi = \frac{df(r)}{dr} \nabla \mathbf{r} = \frac{df(r)}{dr} \hat{\mathbf{r}}. \tag{3.51}$$

Esse resultado está de acordo com a intuição; a direção do aumento máximo em φ deve ser radial e numericamente igual a $d\varphi/dr$.

∎

Divergência, ∇

A divergência de um vetor A é definida como a operação

$$\nabla \cdot \mathbf{A} = \frac{\partial A_x}{\partial x} + \frac{\partial A_y}{\partial y} + \frac{\partial A_z}{\partial z}. \tag{3.52}$$

A fórmula anterior é exatamente o que podemos esperar dado o caráter do vetor e operador diferencial de $\nabla \cdot$

Depois de analisar alguns exemplos do cálculo da divergência, vamos discutir seu significado físico.

Exemplo 3.5.4 DIVERGÊNCIA DO VETOR DE COORDENADA

Calcule $\nabla \cdot \mathbf{r}$:

$$\nabla \cdot \mathbf{r} = \left(\hat{\mathbf{e}}_x \frac{\partial}{\partial x} + \hat{\mathbf{e}}_y \frac{\partial}{\partial y} + \hat{\mathbf{e}}_z \frac{\partial}{\partial z} \right) \cdot \left(\hat{\mathbf{e}}_x x + \hat{\mathbf{e}}_y y + \hat{\mathbf{e}}_z z \right)$$

$$= \frac{\partial x}{\partial x} + \frac{\partial y}{\partial y} + \frac{\partial z}{\partial z},$$

o que reduz a $\nabla \cdot \mathbf{r} = 3$.

∎

Exemplo 3.5.5 DIVERGÊNCIA DO CAMPO DE FORÇA CENTRAL

Considere em seguida $f(r)r$. Usando a Equação (3.48), escrevemos

$$\nabla \cdot f(r) \hat{\mathbf{r}} = \left(\hat{\mathbf{e}}_x \frac{\partial}{\partial x} + \hat{\mathbf{e}}_y \frac{\partial}{\partial y} + \hat{\mathbf{e}}_z \frac{\partial}{\partial z} \right) \cdot \left(\frac{x f(r)}{r} \hat{\mathbf{e}}_x + \frac{y f(r)}{r} \hat{\mathbf{e}}_y + \frac{z f(r)}{r} \hat{\mathbf{e}}_z \right).$$

$$= \frac{\partial}{\partial x} \left(\frac{x f(r)}{r} \right) + \frac{\partial}{\partial y} \left(\frac{y f(r)}{r} \right) + \frac{\partial}{\partial z} \left(\frac{z f(r)}{r} \right).$$

Utilizando

$$\frac{\partial}{\partial x}\left(\frac{xf(r)}{r}\right) = \frac{f(r)}{r} - \frac{xf(r)}{r^2}\frac{\partial r}{\partial x} + \frac{x}{r}\frac{df(r)}{dr}\frac{\partial r}{\partial x} = f(r)\left[\frac{1}{r} - \frac{x^2}{r^3}\right] + \frac{x^2}{r^2}\frac{df(r)}{dr}$$

e as fórmulas correspondentes para as derivadas y e z, obtemos depois da simplificação

$$\nabla \cdot f(r)\hat{\mathbf{r}} = 2\frac{f(r)}{r} + \frac{df(r)}{dr}. \tag{3.53}$$

No caso especial $f(r) = r^n$, a Equação (3.53) reduz-se a

$$\nabla \cdot r^n\hat{\mathbf{r}} = (n+2)r^{n-1}. \tag{3.54}$$

Para $n = 1$, isso se reduz ao resultado do Exemplo 3.5.4. Para $n = -2$, correspondendo ao campo de Coulomb, a divergência desaparece, exceto em $r = 0$, em que as diferenciações que realizamos não estão definidas. ∎

Se um campo vetorial representa o fluxo de alguma grandeza que é distribuída no espaço, sua divergência fornece informações sobre o acúmulo ou depleção da grandeza no ponto em que a divergência é avaliada. Para obter uma imagem mais clara do conceito, vamos supor que um campo vetorial $\mathbf{v}(\mathbf{r})$ representa a velocidade de um fluido[5] nos pontos espaciais $\mathbf{r}$, e que $\rho(\mathbf{r})$ representa a densidade do fluido em $\mathbf{r}$ em um determinado tempo t. Em seguida, a direção e grandeza da taxa de fluxo em qualquer ponto será dada pelo produto $\rho(\mathbf{r})\mathbf{v}(\mathbf{r})$.

Nosso objetivo é calcular uma taxa líquida da mudança da densidade do fluido em um elemento de volume no ponto r. Para fazer isso, definimos um paralelepípedo de dimensões dx, dy, dz centrado em r e com lados paralelos aos planos xy, xz e yz (Figura 3.9). Para a primeira ordem (dr e dt infinitesimais), a densidade do fluido que sai do paralelepípedo por unidade de tempo ao longo da face yz localizada em $x - (dx/2)$ será

$$\textbf{Fluxo de saída, face em } x - \frac{dx}{2}: \quad -\left.(\rho v_x)\right|_{(x-dx/2,\,y,\,z)} dy\,dz.$$

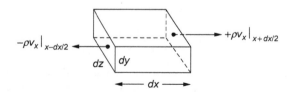

Figura 3.9: Fluxo de saída de ρv de um elemento de volume nas direções $\pm x$. As grandezas ρv_x devem ser multiplicadas por $dy\,dz$ para representar o fluxo total ao longo das superfícies delimitadoras em $x \pm dx/2$.

Note que apenas o componente de velocidade v_x é relevante aqui. Os outros componentes de v não causarão movimento ao longo de uma face yz do paralelepípedo. Além disso, observe o seguinte: $dz\,dy$ é a área da face yz; a média de θv_x ao longo da face é primeira ordenar seu valor em $(x - dx/2, y, z)$, como indicado, e a quantidade de saída de fluido por unidade de tempo pode ser identificada como aquela na coluna da área $dz\,dy$ e altura v_x. Finalmente, tenha em mente que o fluxo de **saída** corresponde àquele na direção $-x$, explicando a presença do sinal de menos.

Em seguida, calculamos o fluxo de saída ao longo da face planar yz em $x + dx/2$. O resultado é

$$\textbf{Fluxo de saída, face em } x + \frac{dx}{2}: \quad +\left.(\rho v_x)\right|_{(x+dx/2,\,y,\,z)} dy\,dz.$$

---

[5] Pode ser útil pensar no fluido como uma coleção de moléculas, então o número por unidade de volume (a densidade) em qualquer ponto é afetado pelo fluxo entrando e saindo de um elemento de volume no ponto.

Combinando esses, temos para ambas as faces yz

$$\left(-(\rho v_x)\Big|_{x-\ x/2} + (\rho v_x)\Big|_{x+\ x/2}\right)\ y\ \ z = \left(\frac{\partial(\rho v_x)}{\partial x}\right)\ x\ \ y\ \ z.$$

Observe que ao combinar termos em $x - dx/2$ e $x + dx/2$ utilizamos a notação de derivada parcial, porque todas as grandezas que aparecem aqui são também funções de y e z. Por fim, adicionando contribuições correspondentes a partir das quatro outras faces do paralelepípedo, alcançamos

$$\begin{aligned}\text{Fluxo de saída líquido} \atop \text{por unidade de tempo} &= \left[\frac{\partial}{\partial x}(\rho v_x) + \frac{\partial}{\partial y}(\rho v_y) + \frac{\partial}{\partial z}(\rho v_z)\right] dx\,dy\,dz \\ &= \boldsymbol{\nabla}\cdot(\rho\mathbf{v})\,dx\,dy\,dz.\end{aligned} \tag{3.55}$$

Vemos agora que o nome **divergência** é apropriadamente escolhido. Como mostrado na Equação (3.55), a divergência do vetor $\rho\mathbf{v}$ representa o fluxo líquido de saída por unidade de volume, por unidade de tempo. Se o problema físico sendo descrito é um no qual o fluido (moléculas) não é criado nem destruído, teremos **também uma equação** de continuidade, da forma

$$\frac{\partial\rho}{\partial t} + \boldsymbol{\nabla}\cdot(\rho\mathbf{v}) = 0. \tag{3.56}$$

Essa equação quantifica a declaração óbvia de que uma saída líquida de um elemento de volume resulta em uma densidade menor dentro do volume.

Quando uma grandeza vetorial não tem divergência (divergência zero) em uma região espacial, podemos interpretá-la como descrevendo um **fluxo** de "conservação de líquido" de estado constante dentro dessa região (mesmo que o campo vetorial não represente material que está em movimento). Essa é uma situação que surge com frequência na física, aplicada em geral ao campo magnético, e, em regiões livres de carga, também ao campo elétrico. Se desenhamos um diagrama com linhas que seguem os trajetos de fluxo, as linhas (dependendo do contexto) podem ser chamadas **linhas de fluxo** ou **linhas de força**. Dentro de uma região de divergência zero, essas linhas devem dar saída a qualquer elemento de volume em que elas entram; elas não podem terminar aí. No entanto, as linhas começarão nos pontos de divergência positiva (fontes) e terminarão nos pontos onde a divergência é negativa (drenos). Os padrões possíveis para um campo vetorial são mostrados na Figura 3.10.

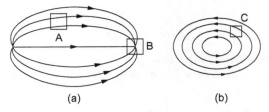

(a)   (b)

Figura 3.10: Diagramas de fluxo: (a) com a fonte e dreno; (b) solenoidal. A divergência desaparece nos elementos de volume A e C, mas é negativa em B.

Se a divergência de um campo vetorial é zero em todos os lugares, suas linhas de força consistirão inteiramente de circuitos fechados, como na Figura 3.10 (b); esses campos vetoriais são denominados **solenoidais**. Para enfatizar, escrevemos

$$\boldsymbol{\nabla}\cdot\mathbf{B} = 0 \text{ em todos os lugares} \quad\longrightarrow\quad \mathbf{B} \text{ é solenoidal.} \tag{3.57}$$

Rotacional, $\nabla \times$

Outra possível operação com o operador vetorial ∇ é obter seu produto cruzado com um vetor. Usando a fórmula consagrada para o produto cruzado, e tendo o cuidado de escrever as derivadas à esquerda do vetor no qual elas devem agir, obtemos

$$\nabla \times \mathbf{V} = \hat{\mathbf{e}}_x \left(\frac{\partial}{\partial y} V_z - \frac{\partial}{\partial z} V_y \right) + \hat{\mathbf{e}}_y \left(\frac{\partial}{\partial z} V_x - \frac{\partial}{\partial x} V_z \right) + \hat{\mathbf{e}}_z \left(\frac{\partial}{\partial x} V_y - \frac{\partial}{\partial y} V_x \right)$$

$$= \begin{vmatrix} \hat{\mathbf{e}}_x & \hat{\mathbf{e}}_y & \hat{\mathbf{e}}_z \\ \partial/\partial x & \partial/\partial y & \partial/\partial z \\ V_x & V_y & V_z \end{vmatrix}. \tag{3.58}$$

Essa operação vetorial é denominada **rotacional** de **V**. Observe que quando o determinante na Equação (3.58) é avaliado, ele deve ser expandido de uma maneira que faz com que as derivadas na segunda linha sejam aplicadas às funções na terceira linha (e não a qualquer coisa na linha superior); encontraremos essa situação várias vezes, e identificaremos a avaliação como sendo **de cima para baixo**.

Exemplo 3.5.6   ROTACIONAL DE UM CAMPO DE FORÇA CENTRAL

Calcule $x[f(r)r]$. Escrevendo

$$\hat{\mathbf{r}} = \frac{x}{r}\hat{\mathbf{e}}_x + \frac{y}{r}\hat{\mathbf{e}}_y + \frac{z}{r}\hat{\mathbf{e}}_z,$$

e lembrando que $\partial r/\partial y = y/r$ e $\partial r/\partial z = z/r$, descobrimos que o componente x do resultado é

$$\begin{aligned} \left[\nabla \times [f(r)\hat{\mathbf{r}}] \right]_x &= \frac{\partial}{\partial y} \frac{zf(r)}{r} - \frac{\partial}{\partial z} \frac{yf(r)}{r} \\ &= z \left(\frac{d}{dr} \frac{f(r)}{r} \right) \frac{\partial r}{\partial y} - y \left(\frac{d}{dr} \frac{f(r)}{r} \right) \frac{\partial r}{\partial z} \\ &= z \left(\frac{d}{dr} \frac{f(r)}{r} \right) \frac{y}{r} - y \left(\frac{d}{dr} \frac{f(r)}{r} \right) \frac{z}{r} = 0. \end{aligned}$$

Por simetria, os outros componentes também são zero, produzindo o resultado final

$$\nabla \times [f(r)\hat{\mathbf{r}}] = 0. \tag{3.59}$$

∎

Exemplo 3.5.7   UM ROTACIONAL NÃO ZERO

Calcule $\mathbf{F} = \nabla \times (-y\hat{\mathbf{e}}_x + x\hat{\mathbf{e}}_y)$, que é a forma $\nabla \times \mathbf{b}$, onde $b_x = -y$, $b_y = x$, $b_z = 0$. Temos

$$F_x = \frac{\partial \mathbf{b}_z}{\partial y} - \frac{\partial \mathbf{b}_y}{\partial z} = 0, \quad F_y = \frac{\partial \mathbf{b}_x}{\partial z} - \frac{\partial v_z}{\partial x} = 0, \quad F_z = \frac{\partial \mathbf{b}_y}{\partial x} - \frac{\partial \mathbf{b}_x}{\partial y} = 2,$$

então $\mathbf{F} = 2\hat{\mathbf{e}}_z$.   ∎

Os resultados desses dois exemplos podem ser mais bem compreendidos a partir de uma interpretação geométrica do operador rotacional. Procedemos da seguinte forma: Dado um campo vetorial **B**, considere a integral de linha $\oint \mathbf{B} \cdot d\mathbf{s}$ para um pequeno trajeto fechado. O círculo através do sinal integral é uma indicação de que o trajeto é fechado. Para simplificar os cálculos, consideramos um trajeto retangular no plano xy centrado em um ponto (x_0, y_0), de dimensões $\Delta x \times \Delta y$, como mostrado na Figura 3.11.

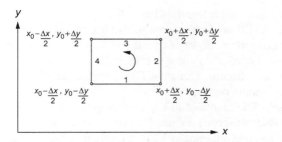

Figura 3.11: Trajeto para calcular a circulação em (x_0, y_0).

Vamos atravessar esse trajeto no sentido anti-horário, passando através dos quatro segmentos rotulados de 1 a 4 na figura. Como todos os lugares nessa discussão $z = 0$, não o mostramos explicitamente.

O segmento 1 do trajeto contribui para a integral

$$\text{Segmento } 1 = \int_{x_0-\Delta x/2}^{x_0+\Delta x/2} B_x(x, y_0 - \Delta y/2)\, dx \approx B_x(x_0, y_0 - \Delta y/2)\Delta x,$$

onde a aproximação, substituindo B_x por seu valor no meio do segmento, é boa para a primeira ordem. De um modo semelhante, temos

$$\text{Segmento } 2 = \int_{y_0-\Delta y/2}^{y_0+\Delta y/2} B_y(x_0 + \Delta x/2, y)\, dy \approx B_y(x_0 + \Delta x/2, y_0)\Delta y,$$

$$\text{Segmento } 3 = \int_{x_0+\Delta x/2}^{x_0-\Delta x/2} B_x(x, y_0 + \Delta y/2)\, dx \approx -B_x(x_0, y_0 + \Delta y/2)\Delta x,$$

$$\text{Segmento } 4 = \int_{y_0+\Delta y/2}^{y_0-\Delta y/2} B_y(x_0 - \Delta x/2, y)\, dy \approx -B_y(x_0 - \Delta x/2, y_0)\Delta y.$$

Note que como os trajetos dos segmentos 3 e 4 estão na direção da diminuição no valor da variável de integração, obtemos sinais de menos nas contribuições desses segmentos.

Combinando as contribuições dos Segmentos 1 e 3, e aquelas dos Segmentos 2 e 4, temos

$$\text{Segmento } 1 + 3 = \left(B_x(x_0, y_0 - \Delta y/2) - B_x(x_0, y_0 + \Delta y/2)\right)\Delta x \approx -\frac{\partial B_x}{\partial y}\Delta y \Delta x,$$

$$\text{Segmento } 2 + 4 = \left(B_y(x_0 + \Delta x/2, y_0) - B_y(x_0 - \Delta x/2, y_0)\right)\Delta y \approx +\frac{\partial B_y}{\partial x}\Delta x\, \Delta y.$$

Combinando essas contribuições para obter o valor de toda a integral de linha, temos

$$\oint \mathbf{B} \cdot d\mathbf{s} \approx \left(\frac{\partial B_y}{\partial x} - \frac{\partial B_x}{\partial y}\right)\Delta x \Delta y \approx [\boldsymbol{\nabla} \times \mathbf{B}]_z \Delta x \Delta y. \tag{3.60}$$

A primeira coisa a notar é que uma integral de linha de circuito fechado não zero de **B** corresponde a um valor não zero do componente de $\nabla \times \mathbf{B}$ normal ao circuito. No limite de um circuito pequeno, a integral de linha terá um valor proporcional à área do circuito; o valor da integral de linha por unidade de área é chamado **circulação** (na dinâmica dos fluidos, também é conhecido como **vorticidade**). Uma circulação não zero corresponde a um padrão das linhas de fluxo que formam circuitos fechados. Obviamente, para formar um circuito fechado, uma linha de fluxo precisa rotacionar; daí o nome do operador $\nabla \times$.

Voltando agora ao Exemplo 3.5.6, temos uma situação na qual as linhas da força devem ser inteiramente radiais; não existe nenhuma possibilidade de formar circuitos fechados. Assim, descobrimos que esse exemplo tem rotacional zero. Porém, analisando em seguida o Exemplo 3.5.7, temos uma situação em que as linhas de fluxo de $-y\hat{\mathbf{e}}_x + x\hat{\mathbf{e}}_y$ formam círculos no sentido anti-horário sobre a origem, e o rotacional é não zero.

Encerramos a discussão observando que um vetor cujo rotacional é zero em todos os lugares é denominado **irrotacional**. Essa propriedade é em certo sentido o oposto da solenoidal, e merece um grau paralelo de ênfase:

$$\nabla \times \mathbf{B} = 0 \text{ em todos os lugares} \quad \longrightarrow \quad \mathbf{B} \text{ é irrotacional.} \tag{3.61}$$

Exercícios

3.5.1   Se $S(x, y, z) = (x^2 + y^2 + z^2)^{-3/2}$, encontre
   (a) ∇S no ponto $(1, 2, 3)$,
   (b) a grandeza do gradiente de S, $|S|$ em $(1, 2, 3)$ e
   (c) os cossenos diretores de ∇S em $(1, 2, 3)$.

3.5.2   (a) Encontre um vetor unitário perpendicular à superfície

$$x^2 + y^2 + z^2 = 3$$

   no ponto $(1, 1, 1)$.
   (b) Derive a equação do plano tangente à superfície em $(1, 1, 1)$.

$$\text{(a)} \quad (\hat{\mathbf{e}}_x + \hat{\mathbf{e}}_y + \hat{\mathbf{e}}_z)/\sqrt{3}, \quad \text{(b)} \quad x + y + z = 3.$$

3.5.3   Dado um vetor $\mathbf{r}_{12} = \hat{\mathbf{e}}_x (x_1 - x_2) + \hat{\mathbf{e}}_y(y_1 - Y_2) + \hat{\mathbf{e}}_z(Z_1 - Z_2)$, mostre que $_1 r_{12}$ (gradiente com respeito a x_1, y_1 e z_1 da grandeza de r_{12}) é um vetor unitário na direção de $\mathbf{r}_{12}$.

3.5.4   Se uma função vetorial **F** depende de ambas as coordenadas espaciais (x, y, z) e tempo t, mostre que

$$d\mathbf{F} = (d\mathbf{r} \cdot \nabla)\mathbf{F} + \frac{\partial \mathbf{F}}{\partial t} dt.$$

3.5.5   Mostre que $\nabla(u\, v) = v\, \nabla u + u\nabla v$, onde u e v são funções escalares diferenciáveis de x, y, e z.

3.5.6   Para uma partícula se movendo em uma órbita circular $\mathbf{r} = \hat{\mathbf{e}}_x r \cos\omega t + \hat{\mathbf{e}}_y r \,\text{sen}\,\omega t$:
   (a) Avalie $\hat{\mathbf{r}} \times \hat{\mathbf{r}}$, com $\hat{\mathbf{r}} = d\mathbf{r}/dt = \mathbf{v}$.
   (b) Mostre que $\ddot{\mathbf{r}} + \omega^2\mathbf{r} = 0$ com $\ddot{\mathbf{r}} = d\mathbf{v}/dt$.
   Dica: O raio r e a velocidade angular ω são constantes.

RESPOSTA: (a) $\hat{\mathbf{e}}_z \omega r^2$.

3.5.7   O vetor **A** satisfaz a lei da transformação vetorial, Equação (3.26). Mostre diretamente que a derivada de tempo $d\mathbf{A}/dt$ também satisfaz a Equação (3.26) e, portanto, é um vetor.

3.5.8   Mostre, por componentes diferenciadores, que
   (a) $\dfrac{d}{dt}(\mathbf{A}.\mathbf{B}) = \dfrac{d\mathbf{A}}{dt}.\mathbf{B} + \mathbf{A}.\dfrac{d\mathbf{B}}{dt}$

   (b) $\dfrac{d}{dt}(\mathbf{A} \times \mathbf{B}) = \dfrac{d\mathbf{A}}{dt} \times \mathbf{B} + \mathbf{A} \times \dfrac{d\mathbf{A}}{dt}$
   tal como a derivada do produto de duas funções algébricas.

3.5.9   Prove $\nabla \cdot (\mathbf{a} \times \mathbf{b}) = \mathbf{b} \cdot (\nabla \times \mathbf{a}) - \mathbf{a} \cdot (\nabla \times \mathbf{b})$.
   Dica: Trate como um produto escalar triplo.

3.5.10 Classicamente, o momento angular orbital é dado por $\mathbf{L} = \mathbf{r} \times \mathbf{p}$, onde p é o momento linear. Para ir da mecânica clássica à mecânica quântica, p é substituído (em unidades com $\hbar = 1$) pelo operador $-i\nabla$. Mostre que o operador de momento angular da mecânica quântica tem componentes cartesianos

$$L_x = -i \left(y \frac{\partial}{\partial z} - z \frac{\partial}{\partial y} \right),$$

$$L_y = -i \left(z \frac{\partial}{\partial x} - x \frac{\partial}{\partial z} \right),$$

$$L_z = -i \left(x \frac{\partial}{\partial y} - y \frac{\partial}{\partial x} \right).$$

3.5.11 Usando os operadores de momento angular dados anteriormente, mostre que eles satisfazem as relações de comutação na forma

$$\mathbf{L} \times \mathbf{L} = i\mathbf{L}$$

Essas relações de comutação serão adotadas mais tarde como as relações definidoras de um operador de momento angular.

3.5.12 Com o auxílio dos resultados do Exercício 3.5.11, mostre que, se dois vetores de **a** e **b** comutam entre si e com **L**, isto é, $[\mathbf{a}, \mathbf{b}] = [\mathbf{a}, \mathbf{L}] = [\mathbf{b}, \mathbf{L}] = 0$, mostre que

$$[\mathbf{a} \cdot \mathbf{L}, \mathbf{b} \cdot \mathbf{L}] = i(\mathbf{a} \times \mathbf{b}) \cdot \mathbf{L}.$$

3.5.13 Prove que as linhas de fluxo de b no Exemplo 3.5.7 são círculos no sentido anti-horário.

3.6 Operadores Vetoriais Diferenciais: Outras Propriedades

Aplicações Sucessivas de ∇

Resultados interessantes são obtidos quando operamos com ∇ nas formas do operador vetorial diferencial já introduzidas. Os possíveis resultados incluem os seguintes:

(a) $\nabla \cdot \nabla \varphi$ (b) $\nabla \times \nabla \varphi$ (c) $\nabla(\nabla \cdot \mathbf{V})$

(d) $\nabla \cdot (\nabla \times \mathbf{V})$ (e) $\nabla \times (\nabla \times \mathbf{V})$.

Todas essas cinco expressões envolvem segundas derivadas, e todas as cinco aparecem nas equações diferenciais de segunda ordem da física matemática, particularmente na teoria eletromagnética.

Laplaciano

A primeira dessas expressões, $\nabla \cdot \nabla \varphi$, a divergência do gradiente, é denominada laplaciana de φ. Temos

$$\nabla \cdot \nabla \varphi = \left(\hat{\mathbf{e}}_x \frac{\partial}{\partial x} + \hat{\mathbf{e}}_y \frac{\partial}{\partial y} + \hat{\mathbf{e}}_z \frac{\partial}{\partial z} \right) \cdot \left(\hat{\mathbf{e}}_x \frac{\partial \varphi}{\partial x} + \hat{\mathbf{e}}_y \frac{\partial \varphi}{\partial y} + \hat{\mathbf{e}}_z \frac{\partial \varphi}{\partial z} \right)$$
$$= \frac{\partial^2 \varphi}{\partial x^2} + \frac{\partial^2 \varphi}{\partial y^2} + \frac{\partial^2 \varphi}{\partial z^2}. \tag{3.62}$$

Quando φ é o potencial eletrostático, temos

$$\nabla \cdot \nabla \varphi = 0 \tag{3.63}$$

nos pontos em que a densidade de carga desaparece, que é a equação de Laplace da eletrostática. Muitas vezes a combinação $\nabla \cdot \nabla$ é escrita ∇^2, ou Δ na literatura europeia mais antiga.

Exemplo 3.6.1 LAPLACIANA DE UM POTENCIAL DE CAMPO CENTRAL

Calcule $\nabla^2\varphi(r)$. Utilizando a Equação (3.51) para avaliar $\nabla\varphi$ e então a Equação (3.53) para a divergência, temos

$$\nabla^2\varphi(r) = \nabla \cdot \nabla\varphi(r) = \nabla \cdot \frac{d\varphi(r)}{dr}\hat{\mathbf{e}}_r = \frac{2}{r}\frac{d\varphi(r)}{dr} + \frac{d^2\varphi(r)}{dr^2}.$$

Obtemos um termo além $d^2\varphi/dr^2$ porque $\hat{\mathbf{e}}_r$ tem uma direção que depende de r.

No caso especial $\varphi(r) = r^n$, isso se reduz a

$$\nabla^2 r^n = n(n+1)r^{n-2}.$$

Isso desaparece para $n = 0$ (φ = constante) e para $n = -1$ (potencial de Coulomb). Para $n = -1$, a derivação falha para r = 0, onde as derivadas são indefinidas. ∎

Campos Vetoriais Irrotacionais e Solenoidais

Expressão (b), o segundo das nossas cinco formas envolvendo dois operadores ∇, pode ser escrita como um determinante:

$$\nabla \times \nabla\varphi = \begin{vmatrix} \hat{\mathbf{e}}_x & \hat{\mathbf{e}}_y & \hat{\mathbf{e}}_z \\ \partial/\partial x & \partial/\partial y & \partial/\partial z \\ \partial\varphi/\partial x & \partial\varphi/\partial y & \partial\varphi/\partial z \end{vmatrix} = \begin{vmatrix} \hat{\mathbf{e}}_x & \hat{\mathbf{e}}_y & \hat{\mathbf{e}}_z \\ \partial/\partial x & \partial/\partial y & \partial/\partial z \\ \partial/\partial x & \partial/\partial y & \partial/\partial z \end{vmatrix}\varphi = 0.$$

Como o determinante deve ser avaliado de cima para baixo, é importante mover φ para fora e para sua direita, deixando um determinante com duas linhas idênticas e produzindo o valor indicado de zero. Na verdade estamos, portanto, supondo que a ordem das diferenciações parciais pode ser invertida, o que é verdade desde que essas segundas derivadas de φ sejam contínuas.

A expressão (d) é um produto escalar triplo que pode ser escrito

$$\nabla \cdot (\nabla \times \mathbf{V}) = \begin{vmatrix} \partial/\partial x & \partial/\partial y & \partial/\partial z \\ \partial/\partial x & \partial/\partial y & \partial/\partial z \\ V_x & V_y & V_z \end{vmatrix} = 0.$$

Esse determinante também tem duas linhas idênticas e produz zero se V tem continuidade suficiente.

Esses dois resultados que desaparecem informam que qualquer gradiente tem um rotacional que desaparece e, por isso, é irrotacional, e que qualquer rotacional tem uma divergência de fuga e, portanto, é solenoidal.

Essas propriedades são tão importantes que as definimos aqui na forma de exibição:

$$\nabla \times \nabla\varphi = 0, \quad \text{todos } \varphi, \tag{3.64}$$

$$\nabla \cdot (\nabla \times \mathbf{V}) = 0, \quad \text{todos } \mathbf{V}. \tag{3.65}$$

Equações de Maxwell

A unificação dos fenômenos elétricos e magnéticos, resumida nas equações de Maxwell, fornece um excelente exemplo da utilização de operadores vetoriais diferenciais. Em unidades SI, essas equações assumem a forma

$$\nabla \cdot \mathbf{B} = 0, \tag{3.66}$$

$$\nabla \cdot \mathbf{E} = \frac{\rho}{\varepsilon_0}, \tag{3.67}$$

$$\nabla \times \mathbf{B} = \varepsilon_0\mu_0\frac{\partial \mathbf{E}}{\partial t} + \mu_0\mathbf{J}, \tag{3.68}$$

$$\nabla \times \mathbf{E} = -\frac{\partial \mathbf{B}}{\partial t}. \tag{3.69}$$

Aqui $\mathbf{E}$ é o campo elétrico, $\mathbf{B}$ é o campo de indução magnética, ρ é a densidade de carga, $\mathbf{J}$ é a densidade de corrente, ε_0 é a permissividade elétrica e μ_0 é a permeabilidade magnética, assim $\varepsilon_0 \mu_0 = 1/c^2$, em que c é a velocidade da luz.

Vetor Laplaciano

As expressões (c) e (e) na lista no início desta seção satisfazem a relação

$$\nabla \times (\nabla \times \mathbf{V}) = \nabla(\nabla \cdot \mathbf{V}) - \nabla \cdot \nabla \mathbf{V}. \tag{3.70}$$

O termo $\nabla \cdot \nabla \mathbf{V}$, denominado **vetor laplaciano** e às vezes escrito como $\nabla^2 \mathbf{V}$, não foi ainda definido aqui; a Equação (3.70) (resolvida para $\nabla^2 \mathbf{V}$) pode ser considerada como sua definição. Em coordenadas cartesianas, $\nabla^2 \mathbf{V}$ é um vetor cujo componente i é $\nabla^2 V_i$, e esse fato pode ser confirmado pela expansão direta de componentes ou aplicando a regra BAC-CAB, Equação (3.18), tendo cuidado para sempre colocar $\mathbf{V}$ de modo que os operadores diferenciais ajam sobre ele. Embora a Equação (3.70) seja geral, $\nabla^2 \mathbf{V}$ é separado em laplacianos para os componentes de $\mathbf{V}$ somente em coordenadas cartesianas.

Exemplo 3.6.2   EQUAÇÃO DE ONDA ELETROMAGNÉTICA

Mesmo no vácuo, as equações de Maxwell podem descrever ondas eletromagnéticas. Para derivar uma equação de onda eletromagnética, primeiro calculamos a derivada temporal da Equação (3.68) para o caso $\mathbf{J} = 0$, e o rotacional da Equação (3.69). Temos então

$$\frac{\partial}{\partial t} \nabla \times \mathbf{B} = \epsilon_0 \mu_0 \frac{\partial^2 \mathbf{E}}{\partial t^2},$$

$$\nabla \times (\nabla \times \mathbf{E}) = -\frac{\partial}{\partial t} \nabla \times \mathbf{B} = -\epsilon_0 \mu_0 \frac{\partial^2 \mathbf{E}}{\partial t^2}.$$

Temos agora uma equação que envolve apenas $\mathbf{E}$; ela pode ser mais conveniente aplicando a Equação (3.70), descartando o primeiro termo à direita dessa equação porque, no vácuo, $\nabla \cdot \mathbf{E} = 0$. O resultado é uma equação vetorial de onda eletromagnética para $\mathbf{E}$,

$$\nabla^2 \mathbf{E} = \epsilon_0 \mu_0 \frac{\partial^2 \mathbf{E}}{\partial t^2} = \frac{1}{c^2} \frac{\partial^2 \mathbf{E}}{\partial t^2}. \tag{3.71}$$

A Equação (3.71) é separada em três equações de onda escalar, cada uma envolvendo o laplaciano (escalar). Há uma equação diferente para cada componente cartesiano de $\mathbf{E}$. ∎

Diversas Identidades Vetoriais

A introdução dos operadores vetoriais diferenciais está formalmente completa agora, mas apresentamos mais dois exemplos para ilustrar como as relações entre esses operadores podem ser manipuladas para obter identidades vetoriais úteis.

Exemplo 3.6.3   DIVERGÊNCIA E ROTACIONAL DE UM PRODUTO

Primeiro, simplifique $\nabla \cdot (f\mathbf{V})$, onde f e $\mathbf{V}$ são, respectivamente, funções escalares e vetoriais.
Trabalhando com os componentes,

$$\begin{aligned}
\nabla \cdot (f\,\mathbf{V}) &= \frac{\partial}{\partial x}(fV_x) + \frac{\partial}{\partial y}(fV_y) + \frac{\partial}{\partial z}(fV_z) \\
&= \frac{\partial f}{\partial x}V_x + f\frac{\partial V_x}{\partial x} + \frac{\partial f}{\partial y}V_y + f\frac{\partial V_y}{\partial y} + \frac{\partial f}{\partial z}V_z + f\frac{\partial V_z}{\partial z} \\
&= (\nabla f) \cdot \mathbf{V} + f\nabla \cdot \mathbf{V}.
\end{aligned} \tag{3.72}$$

Agora simplifique $\nabla \times (f\mathbf{V})$. Considere o componente x:

$$\frac{\partial}{\partial y}(fV_z) - \frac{\partial}{\partial z}(fV_y) = f\left[\frac{\partial V_z}{\partial y} - \frac{\partial V_y}{\partial z}\right] + \left[\frac{\partial f}{\partial y}V_z - \frac{\partial f}{\partial z}V_y\right].$$

Esse é o componente x de $f(\nabla \times \mathbf{V}) + (\nabla f) \times \mathbf{V}$, assim temos

$$\nabla \times (f\mathbf{V}) = f(\nabla \times \mathbf{V}) + (\nabla f) \times \mathbf{V}. \tag{3.73}$$

■

Exemplo 3.6.4   GRADIENTE DE UM PRODUTO ESCALAR
Verifique que

$$\nabla(\mathbf{A} \cdot \mathbf{B}) = (\mathbf{B} \cdot \nabla)\mathbf{A} + (\mathbf{A} \cdot \nabla)\mathbf{B} + \mathbf{B} \times (\nabla \times \mathbf{A}) + \mathbf{A} \times (\nabla \times \mathbf{B}). \tag{3.74}$$

Esse problema é mais fácil de resolver se reconhecemos que $(\mathbf{A} \cdot \mathbf{B})$ é um tipo de termo que aparece na expansão BAC-CAB de um produto vetorial triplo, Equação (3.18). A partir dessa equação, temos

$$\mathbf{A} \times (\nabla \times \mathbf{B}) = \nabla_B(\mathbf{A} \cdot \mathbf{B}) - (\mathbf{A} \cdot \nabla)\mathbf{B},$$

onde colocamos $\mathbf{B}$ no final do termo final porque ∇ deve agir sobre ele. Escrevemos ∇_B para indicar uma operação com a qual nossa notação não consegue lidar. Nesse termo, ∇ age apenas sobre $\mathbf{B}$, porque $\mathbf{A}$ apareceu na esquerda dele do lado esquerdo da equação. Permutando os papéis de $\mathbf{A}$ e $\mathbf{B}$, também temos

$$\mathbf{B} \times (\nabla \times \mathbf{A}) = \nabla_A(\mathbf{A} \cdot \mathbf{B}) - (\mathbf{B} \cdot \nabla)\mathbf{A},$$

onde ∇_A age apenas sobre $\mathbf{A}$. Agrupando essas duas equações, observando que $\nabla_B + \nabla_A$ é simplesmente um irrestrito, recuperamos a Equação (3.74). ■

Exercícios

3.6.1   Mostre que $\mathbf{u} \times \mathbf{v}$ é solenoidal se $\mathbf{u}$ e $\mathbf{v}$ são cada um irrotacionais.

3.6.2   Se $\mathbf{A}$ é irrotacional, mostre que $\mathbf{A} \times \mathbf{r}$ é solenoidal.

3.6.3   Um corpo rígido gira com velocidade angular constante ω. Mostre que a velocidade linear $\mathbf{v}$ é solenoidal.

3.6.4   Se uma função vetorial $\mathbf{V}(x, y, z)$ não é irrotacional, mostre que, se houver uma função escalar $g(x, y, z)$ de tal modo que $g\mathbf{V}$ é irrotacional, então

$$\mathbf{V} \cdot \nabla \times \mathbf{V} = 0.$$

3.6.5   Verifique a identidade vetorial

$$\nabla \times (\mathbf{A} \times \mathbf{B}) = (\mathbf{B} \cdot \nabla)\mathbf{A} - (\mathbf{A} \cdot \nabla)\mathbf{B} - \mathbf{B}(\nabla \cdot \mathbf{A}) + \mathbf{A}(\nabla \cdot \mathbf{B}).$$

3.6.6   Como uma alternativa à identidade vetorial do Exemplo 3.6.4, mostre que

$$\nabla(\mathbf{A} \cdot \mathbf{B}) = (\mathbf{A} \times \nabla) \times \mathbf{B} + (\mathbf{B} \times \nabla) \times \mathbf{A} + \mathbf{A}(\nabla \cdot \mathbf{B}) + \mathbf{B}(\nabla \cdot \mathbf{A}).$$

3.6.7   Verifique a identidade

$$\mathbf{A} \times (\nabla \times \mathbf{A}) = \frac{1}{2}\nabla(A^2) - (\mathbf{A} \cdot \nabla)\mathbf{A}.$$

3.6.8   Se $\mathbf{A}$ e $\mathbf{B}$ são vetores constantes, mostre

$$\nabla(\mathbf{A} \cdot \mathbf{B} \times \mathbf{r}) = \mathbf{A} \times \mathbf{B}.$$

3.6.9   Verifique a Equação (3.70),

$$\nabla \times (\nabla \times \mathbf{V}) = \nabla(\nabla \cdot \mathbf{V}) - \nabla \cdot \nabla \mathbf{V},$$

por expansão direta nas coordenadas cartesianas.

3.6.10 Prove que $\nabla \le (\varphi\nabla\varphi) = 0$.

3.6.11 Dado que o rotacional de **F** é igual à rotacional de **G**. Mostre que **F** e **G** podem ser diferentes por (a) uma constante e (b) um gradiente de uma função escalar.

3.6.12 A equação de Navier-Stokes da hidrodinâmica contém um termo não linear na forma $(\mathbf{v} \cdot \nabla)\mathbf{v}$. Mostre que o rotacional desse termo pode ser escrita como $-\nabla \times [\mathbf{v} \times (\nabla \times \mathbf{v})]$.

3.6.13 Prove que $(\nabla u) \times (\nabla v)$ é solenoidal, onde u e v são funções escalares diferenciáveis.

3.6.14 A função φ é um escalar que satisfaz a equação de Laplace, $\nabla^2\varphi = 0$. Mostre que $\nabla\varphi$ é solenoidal e irrotacional.

3.6.15 Mostre que qualquer solução da equação

$$\nabla \times (\nabla \times \mathbf{A}) - k^2\mathbf{A} = 0$$

satisfaz automaticamente a equação vetorial de Helmholtz

$$\nabla^2\mathbf{A} + k^2\mathbf{A} = 0$$

e a condição solenoidal

$$\nabla \cdot \mathbf{A} = 0.$$

Dica: Deixe $\nabla\cdot$ operar na primeira equação.

3.6.16 A teoria da condução de calor leva a uma equação

$$\nabla^2\Psi = k\,|\nabla\Phi|^2 ,$$

onde Φ é um potencial que satisfaz a equação de Laplace: $\nabla^2\Phi = 0$. Mostre que uma solução dessa equação é $\Psi = k\Phi^2/2$.

3.6.17 Dadas as três matrizes

$$M_x = \begin{pmatrix} 0 & 0 & 0 \\ 0 & 0 & -i \\ 0 & i & 0 \end{pmatrix}, \quad M_y = \begin{pmatrix} 0 & 0 & i \\ 0 & 0 & 0 \\ -i & 0 & 0 \end{pmatrix},$$

e

$$M_z = \begin{pmatrix} 0 & -i & 0 \\ i & 0 & 0 \\ 0 & 0 & 0 \end{pmatrix},$$

mostre que a equação vetorial matricial

$$\left(M \cdot \nabla + \mathbf{1}_3 \frac{1}{c}\frac{\partial}{\partial t} \right) \psi = 0$$

reproduz as equações de Maxwell no vácuo. Aqui ψ é um vetor coluna com componentes $\psi_j = B_j - i\, E_j/c$, $j = x, y, z$. Note que $\varepsilon_0\,\mu_0 = 1/c^2$ e que $\mathbf{1}_3$ é a matriz unitária 3×3.

3.6.18 Usando as matrizes de Pauli σ_i da Equação (2.28), mostre que

$$(\sigma \cdot \mathbf{a})(\sigma \cdot \mathbf{b}) = (\mathbf{a} \cdot \mathbf{b})\mathbf{1}_2 + i\sigma \cdot (\mathbf{a} \times \mathbf{b}).$$

Aqui

$$\sigma \equiv \hat{\mathbf{e}}_x\sigma_1 + \hat{\mathbf{e}}_y\sigma_2 + \hat{\mathbf{e}}_z\sigma_3,$$

a e b são vetores comuns, e $\mathbf{1}_2$ é a matriz unitária 2×2.

3.7   Integração Vetorial

Na física, vetores ocorrem em integrais de linha, superfície e volume. Pelo menos em princípio, essas integrais podem ser decompostas em integrais escalares envolvendo os componentes vetoriais; existem algumas observações gerais úteis a fazer nesse momento.

Integrais de Linha

Formas possíveis para integrais de linha incluem as seguintes:

$$\int_C \varphi d\mathbf{r}, \quad \int_C \mathbf{F} \cdot d\mathbf{r}, \quad \int_C \mathbf{V} \times d\mathbf{r}. \tag{3.75}$$

Em cada uma delas a integral está ao longo de algum trajeto C que pode estar aberto (com início e fim distintos) ou fechado (formando um circuito). Inserindo a forma de $d\mathbf{r}$, a primeira dessas integrais se reduz imediatamente a

$$\int_C \varphi d\mathbf{r} = \hat{\mathbf{e}}_x \int_C \varphi(x, y, z)\, dx + \hat{\mathbf{e}}_y \int_C \varphi(x, y, z)\, dy + \hat{\mathbf{e}}_z \int_C \varphi(x, y, z)\, dz. \tag{3.76}$$

Os vetores unitários não precisam permanecer dentro da integral porque eles têm grandeza e direção constantes.

As integrais na Equação (3.76) são integrais escalares unidimensionais. Observe, porém, que a integral ao longo de x só pode ser avaliada se conhecermos y e z em termos de x; observações semelhantes aplicam-se a integrais sobre y e z. Isso significa que o trajeto C deve ser especificado. A menos que φ tenha propriedades especiais, o valor da integral dependerá do trajeto.

As outras integrais na Equação (3.75) podem ser tratadas da mesma forma. Para a segunda integral, que é de ocorrência comum, levando em conta qual avalia o trabalho relacionado com o deslocamento no trajeto C, temos:

$$W = \int_C \mathbf{F} \cdot d\mathbf{r} = \int_C F_x(x, y, z)\, dx + \int_C F_y(x, y, z)\, dy + \int_C F_z(x, y, z)\, dz. \tag{3.77}$$

Exemplo 3.7.1   Integrais de Linha

Consideramos duas integrais no espaço 2-D:

$$I_C = \int_C \varphi(x, y) d\mathbf{r}, \quad \text{com } \varphi(x, y) = 1,$$

$$J_C = \int_C \mathbf{F}(x, y) \cdot d\mathbf{r}, \quad \text{com } \mathbf{F}(x, y) = -y\hat{\mathbf{e}}_x + x\hat{\mathbf{e}}_y.$$

Realizamos as integrações no plano $x\,y$ de $(0,0)$ a $(1,1)$ pelos dois trajetos diferentes mostrados na Figura 3.12:

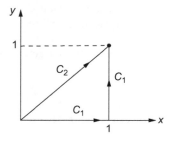

Figura 3.12: Trajetos de integração de linha.

O trajeto $C1$ é $(0, 0) \rightarrow (1, 0) \rightarrow (1, 1)$,

O trajeto $C2$ é a linha reta $(0, 0) \rightarrow (1, 1)$.

Para o primeiro segmento de $C1$, x varia de 0 a 1 enquanto y é fixo em zero. Para o segundo segmento, y varia de 0 a 1, enquanto $x = 1$. Assim,

$$I_{C_1} = \hat{\mathbf{e}}_x \int_0^1 dx\, \varphi(x, 0) + \hat{\mathbf{e}}_y \int_0^1 dy\, \varphi(1, y) = \hat{\mathbf{e}}_x \int_0^1 dx + \hat{\mathbf{e}}_y \int_0^1 dy = \hat{\mathbf{e}}_x + \hat{\mathbf{e}}_y,$$

$$J_{C_1} = \int_0^1 dx\, F_x(x, 0) + \int_0^1 dy\, F_y(1, y) = \int_0^1 = \int_0^1 dx(0) + \int_0^1 dy(1) = 1.$$

No Trajeto 2, tanto dx quanto dy variam de 0 a 1, com $x = y$ em todos os pontos do trajeto. Assim,

$$I_{C_2} = \hat{\mathbf{e}}_x \int_0^1 dx\, \varphi(x, x) + \hat{\mathbf{e}}_y \int_0^1 dy\, \varphi(y, y) = \hat{\mathbf{e}}_x + \hat{\mathbf{e}}_y,$$

$$J_{C_2} = \int_0^1 dx\, F_x(x, x) + \int_0^1 dy\, F_y(y, y) = \int_0^1 dx(-x) + \int_0^1 dy(y) = -\frac{1}{2} + \frac{1}{2} = 0.$$

Vemos que a integral i é independente do trajeto de $(0,0)$ a $(1,1)$, um caso especial quase trivial, enquanto a integral J não é. ∎

Integrais de Superfície

Integrais de superfície aparecem nas mesmas formas que as integrais de linha, sendo o elemento área um vetor, $d\sigma$, normal à superfície:

$$\int \varphi\, d\boldsymbol{\sigma}, \quad \int \mathbf{V} \cdot d\boldsymbol{\sigma}, \quad \int \mathbf{V} \times d\boldsymbol{\sigma}.$$

Frequentemente $d\sigma$ é escrito como d, onde ndA é um vetor unitário indicando a direção normal. Existem duas convenções para a escolha da direção positiva. Primeiro, se a superfície está fechada (não tem nenhum limite), concordamos em assumir que a externa normal é positiva. Segundo, para uma superfície aberta, a positiva normal depende da direção em que o perímetro da superfície é atravessado. A partir de um ponto arbitrário no perímetro, definimos um vetor **u** como sendo na direção do percurso ao longo do perímetro, e definimos um segundo vetor v no nosso ponto de perímetro, mas tangente à superfície e localizado sobre esta. Em seguida, consideramos **u** × **v** como a direção normal positiva. Isso corresponde a uma regra da mão direita, e é ilustrado na Figura 3.13. É necessário definir a orientação cuidadosamente de modo a lidar com os casos como o da Figura 3.13, à direita.

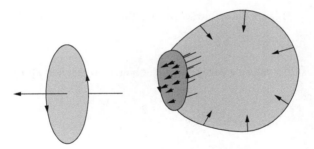

Figura 3.13: Direções normais positivas: à esquerda, disco; à direita, superfície esférica com orifício.

A forma do produto escalar é de longe a integral de superfície mais comumente encontrada, uma vez que corresponde a um fluxo ao longo da superfície determinada.

Exemplo 3.7.2   Um Integral de Superfície

Considere uma integral de superfície na forma de $I = \int_s B.d$ ao longo da superfície de um tetraedro cujos vértices estão na origem e nos pontos (1,0,0), (0,1,0) e (0,0,1), com $\mathbf{B} = (x + 1)\,\hat{\mathbf{e}}_x + y\hat{\mathbf{e}}_y - z\hat{\mathbf{e}}_z$ (Figura 3.14).

A superfície consiste em quatro triângulos, que podem ser identificados e suas contribuições avaliadas como a seguir:

1. No plano $x\,y$ $(z = 0)$, vértices $(x, y) = (0,0)$, $(1,0)$ e $(0,1)$; direção da normal externa é $-\hat{\mathbf{e}}_z$, assim $d\sigma = -\hat{\mathbf{E}}_z d A$ ($d A$ = elemento da área nesse triângulo). Aqui, $\mathbf{B} = (x+1)\hat{\mathbf{e}}_x + y\hat{\mathbf{e}}_y$, e $\mathbf{B} \cdot d\sigma = 0$. Portanto, não há nenhuma contribuição para I.

2. No plano xz $(y = 0)$, os vértices estão em $(x, z) = (0,0)$, $(1,0)$ e $(0,1)$; a direção da normal externa é $-\hat{\mathbf{e}}_y$; portanto, $d\sigma = -\hat{\mathbf{e}}_y d A$. Nesse triângulo, $\mathbf{B} = (x + 1)\hat{\mathbf{e}}_x - z\,\hat{\mathbf{e}}_z$, Mais uma vez, $\mathbf{B} \cdot d\sigma = 0$. Não há nenhuma contribuição para I.

3. No plano yz $(x = 0)$, os vértices estão em $(y, z) = (0,0)$, $(1,0)$ e $(0,1)$; a direção da normal externa é $-\hat{\mathbf{e}}_x$; portanto, $d\sigma = -\hat{\mathbf{e}}_x d A$. Aqui, $\mathbf{B} = \hat{\mathbf{e}}_x + y\hat{\mathbf{e}} - z\hat{\mathbf{e}}_z$, e
   $\mathbf{B} \cdot d\sigma = (- 1) d A$; a contribuição para I é -1 vezes a área do triângulo $(= 1/2)$, ou $I^3 = -1/2$.

4. Orientados obliquamente, vértices $(x, y, z) = (1, 0, 0)$, $(0, 1, 0)$, $(0, 0, 1)$; direção externa normal é $n = (e_x + e_y + e_z)/\sqrt{3}$ e $d = ndA$. Usando também $\mathbf{B} = (x + 1)\hat{\mathbf{e}}_x + y\hat{\mathbf{e}}_y - z\hat{\mathbf{e}}_z$, essa contribuição a I torna-se

$$I_4 = \int_{\Delta_4} \frac{x + 1 + y - z}{\sqrt{3}} dA = \int_{\Delta_4} \frac{2(1 - z)}{\sqrt{3}} dA,$$

onde usamos o fato de que nesse triângulo, $x + y + z = 1$.

Para completar a avaliação, observamos que a geometria do triângulo é como mostrada na Figura 3.14, que a largura do triângulo na altura z é $\sqrt{2}(1 - z)$, e uma mudança dz em z produz um deslocamento $\sqrt{3/2}\,dz$ no triângulo. I_4, portanto, pode ser escrito como

$$I_4 = \int_0^1 2(1 - z)^2 dz = \frac{2}{3}.$$

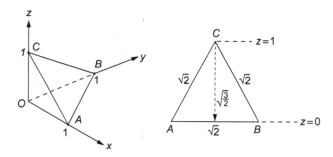

Figura 3.14: Tetraedro e detalhe da face oblíqua.

Combinando as contribuições diferentes de zero de I_3 e I_4, obtemos o resultado final

$$I = -\frac{1}{2} + \frac{2}{3} = \frac{1}{6}.$$

Integrais de Volume

Integrais de volume são um pouco mais simples, porque o elemento de volume $d\tau$ é uma grandeza escalar. Às vezes $d\tau$ é escrito d^3r, ou d^3x quando as coordenadas foram designadas (x_1, x_2, x_3). Na literatura, a forma $d\mathbf{r}$ é frequentemente encontrada, mas em contextos que normalmente revelam que ela é sinônimo para $d\tau$, e não uma grandeza vetorial. As integrais de volume consideradas aqui são na forma

$$\int \mathbf{V}\, d\tau = \hat{\mathbf{e}}_x \int V_x\, d\tau + \hat{\mathbf{e}}_y \int V_y\, d\tau + \hat{\mathbf{e}}_z \int V_z\, d\tau.$$

A integral se reduz a uma soma vetorial de integrais escalares.

Algumas integrais de volume contêm grandezas vetoriais em combinações que são realmente escalares. Muitas vezes essas podem ser reorganizadas aplicando técnicas como integração por partes.

Exemplo 3.7.3   Integração por Partes

Considere uma integral ao longo de todo o espaço da forma $\int A(r).f(r)d^3r$ no caso especial que ocorre frequentemente em que f ou A desaparecem com suficiente força no infinito. Expandindo o integrando em componentes,

$$\int \mathbf{A(r)} \cdot \nabla f(\mathbf{r})d^3r = \iint dy\,dz \left[A_x f\Big|_{x=-\infty}^{\infty} - \int f\frac{\partial A_x}{\partial x}\,dx \right] + \cdots$$

$$= -\iiint f\frac{\partial A_x}{\partial x}dx\,dy\,dz - \iiint f\frac{\partial A_y}{\partial y}dx\,dy\,dz - \iiint f\frac{\partial A_z}{\partial z}dx\,dy\,dz \qquad (3.78)$$

$$= -\int f(r)\nabla \cdot \mathbf{A(r)}d^3r. \qquad (3.78)$$

Por exemplo, se $A = e^{ikz}p$ descreve um fóton com um vetor de polarização constante na direção p e $\psi(\mathbf{r})$ é uma função de onda de limite de estado (assim desaparece no infinito), então

$$\int e^{ikz}\hat{\mathbf{p}} \cdot \nabla \psi(\mathbf{r})d^3r = -(\hat{\mathbf{p}} \cdot \hat{\mathbf{e}}_z) \int \psi(\mathbf{r})\frac{de^{ikz}}{dz}d^3r = -ik(\hat{\mathbf{p}} \cdot \hat{\mathbf{e}}_z) \int \psi(\mathbf{r})e^{ikz}d^3r.$$

Apenas o componente z do gradiente contribui para a integral.

Rearranjos análogos (supondo que os termos integrados desaparecem no infinito) incluem

$$\int f(\mathbf{r})\nabla \cdot \mathbf{A(r)}d^3 = -\int \mathbf{A(r)} \cdot \nabla f(\mathbf{r})d^3 \ , \qquad (3.79)$$

$$\int \mathbf{C(r)} \cdot (\nabla \times \mathbf{A(r)})d^3r = \int \mathbf{A(r)} \cdot (\nabla \times \mathbf{C(r)})d^3r. \qquad (3.80)$$

No exemplo de produto cruzado, a mudança de sinal da integração por partes combina com os sinais do produto cruzado para dar o resultado mostrado.   ∎

Exercícios

3.7.1   A origem e os três vetores **A**, **B** e **C** (todos os quais começam na origem) definem um tetraedro. Considerando a direção para fora como positiva, calcule a área vetorial total das quatro superfícies tetraédricas.

3.7.2   Encontre o trabalho realizado por $\oint \mathbf{F} \cdot d\mathbf{r}$ movendo-se em um círculo unitário no plano $x\,y$, fazendo o trabalho **contra** um campo de força dado por

$$\mathbf{F} = \frac{-\hat{\mathbf{e}}_x\, y}{x^2 + y^2} + \frac{\hat{\mathbf{e}}_y\, x}{x^2 + y^2} :$$

(a) Sentido anti-horário de 0 a π,

(b) Sentido horário de 0 a $-\pi$.

Note que o trabalho realizado depende do trajeto.

3.7.3   Calcule o trabalho que você faz ao ir do ponto $(1, 1)$ ao ponto $(3, 3)$. A força **exercida** é dada por

$$\mathbf{F} = \hat{\mathbf{e}}_x(x - y) + \hat{\mathbf{e}}_y(x + y).$$

Especifique claramente o trajeto que você escolhe. Note que esse campo de força é não conservador.

3.7.4   Avalie $\oint \mathbf{r} \cdot d\mathbf{r}$ para um trajeto fechado escolhido por você.

3.7.5   Avalie

$$\frac{1}{3}\int_s \mathbf{r} \cdot d\boldsymbol{\sigma}$$

sobre o cubo unitário definido pelo ponto $(0, 0, 0)$ e as intercepções unitárias nos eixos x, y e z positivos. Observe que $\mathbf{r} \cdot d\boldsymbol{\sigma}$ é zero para três das superfícies, e que cada uma das três superfícies restantes contribui com a mesma quantidade para a integral.

3.8   Teoremas integrais

As fórmulas nesta seção relacionam uma integração de volume com uma integral de superfície em seu limite (teorema de Gauss), ou relacionam uma superfície integral da linha que define seu perímetro (teorema de Stokes). Essas fórmulas são ferramentas importantes na análise vetorial, particularmente quando sabemos que as funções envolvidas desaparecem nos limites da superfície ou perímetro.

Teorema de Gauss

Aqui derivamos uma relação útil entre uma integral de superfície de um vetor e a integral de volume da divergência desse vetor. Vamos supor que um vetor A e suas primeiras derivadas são contínuas ao longo de uma região simplesmente conectada de R^3 (regiões que contêm orifícios, como uma rosquinha, não são simplesmente conectadas). Em seguida, o teorema de Gauss afirma que

$$\oint_{\partial V} \mathbf{A} \cdot d\boldsymbol{\sigma} = \int_V \nabla \cdot \mathbf{A}\, d\tau. \tag{3.81}$$

Aqui as notações V e ∂V, respectivamente, denotam um volume de interesse e a superfície fechada que a limita. O círculo na integral de superfície representa uma indicação adicional de que a superfície é fechada.

Para provar o teorema, considere o volume V a ser subdividido em um grande número arbitrário de paralelepípedos minúsculos (diferenciais), e analise o comportamento de $\nabla \cdot \mathbf{A}$ para cada um (Figura 3.15). Para qualquer

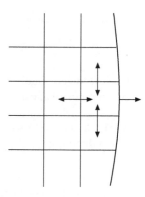

Figura 3.15: Subdivisão para o teorema de Gauss.

paralelepípedo, essa quantidade é uma medida do fluxo de saída líquido (do que quer que seja que **A** descreva) através de seu limite. Se esse limite é interior (isto é, é compartilhada por outro paralelepípedo), a saída de um paralelepípedo é influxo para seu vizinho; em um somatório de todos os fluxos de saída, todas as contribuições dos limites interiores se cancelam. Assim, a soma de todas as saídas no volume será simplesmente a soma delas através do limite exterior. No limite da subdivisão infinita, essas somas se tornam integrais: o lado esquerdo da Equação (3.81) torna-se o fluxo total de saída para o exterior, enquanto seu lado direito é a soma dos fluxos de saída dos elementos diferenciais (os paralelepípedos).

Uma explicação alternativa simples do teorema de Gauss é que a integral de volume soma os fluxos de saída $\nabla \cdot$ **A** de todos os elementos do volume; a integral de superfície calcula a mesma coisa, somando diretamente o fluxo através de todos os elementos do limite.

Se a região de interesse é o $\mathbb{R}^3$ completo, e a integral de volume converge, a integral de superfície na Equação (3.81) deve desaparecer, dando o resultado útil

$$\int \nabla \cdot \mathbf{A}\, d\tau = 0, \quad \text{integral sobre } \mathbb{R}^3 \text{ e convergente.} \tag{3.82}$$

Exemplo 3.8.1   Tetraedro

Verificamos o teorema de Gauss para um vetor $\mathbf{B} = (x\ 1)\hat{\mathbf{e}}_x + y\hat{\mathbf{e}}_y - z\hat{\mathbf{e}}_z$, comparando

$$\int_r \nabla \cdot \mathbf{B}\, d\tau \quad \text{vs.} \quad \int_{\partial r} \mathbf{B} \cdot d\boldsymbol{\sigma},$$

onde V é o tetraedro do Exemplo 3.7.2. Nesse exemplo, calculamos uma integral de superfície necessária aqui, obtendo o valor 1/6. Para a integral ao longo de V, consideramos a divergência, obtendo $\nabla \cdot$ **B** = 1. A integral de volume, portanto, é reduzida ao volume do tetraedro que, com base da área 1/2 e altura 1, tem volume $1/3 \times 1/2 \times 1 = 1/6$.

Essa instância do teorema de Gauss é confirmada.   ∎

Teorema de Green

Um corolário frequentemente útil do teorema de Gauss é uma relação conhecida como teorema de Green.

$$\nabla \cdot (u\nabla v) = u\nabla^2 v + (\nabla u) \cdot (\nabla v), \tag{3.83}$$

$$\nabla \cdot (u\nabla v) = u\nabla^2 v + (\nabla u) \cdot (\nabla v). \tag{3.84}$$

Subtraindo a Equação (3.84) da Equação (3.83), integrando sobre um volume V em que u, v e suas derivadas são contínuas, e aplicando o teorema de Gauss, Equação (3.81), obtemos

$$\int_V (u\nabla^2 v - v\nabla^2 u)d\tau = \oint_{\partial V} (u\nabla v - v\nabla u) \cdot d\boldsymbol{\sigma}. \tag{3.85}$$

Esse é o teorema de Green. Uma forma alternativa do teorema de Green, derivada apenas da Equação (3.83), é

$$\oint_{\partial V} u\nabla v \cdot d\boldsymbol{\sigma} = \int_V u\nabla^2 v\, d\tau + \int_V \nabla_u \cdot \nabla v\, d\tau. \tag{3.86}$$

Embora os resultados já obtidos sejam de longe as formas mais importantes do teorema de Gauss, integrais de volume envolvendo o gradiente ou o rotacional também podem aparecer. Para obter esses, consideramos um vetor na forma

$$\mathbf{B}(x, y, z) = B(x, y, z)\mathbf{a}, \tag{3.87}$$

em que a é um vetor com grandeza e direção constante, mas arbitrária. Então a Equação (3.81) torna-se, aplicando-se a Equação (3.72),

$$\mathbf{a} \cdot \oint_{\partial V} B\, d\boldsymbol{\sigma} = \int_V \nabla \cdot (B\mathbf{a})d\tau = \mathbf{a} \int_V \nabla B\, d\tau.$$

Isso pode ser reescrito assim

$$\mathbf{a} \cdot \left[\oint_{\partial V} B\, d\boldsymbol{\sigma} - \int_V \nabla B\, d\tau \right] = 0. \tag{3.88}$$

Como a direção de a é arbitrária, a Equação (3.88) nem sempre pode ser satisfeita a menos que a grandeza entre os colchetes seja avaliada como zero.[6] O resultado é

$$\oint_{\partial V} B\, d\boldsymbol{\sigma} = \int_V \nabla B\, d\tau. \tag{3.89}$$

De uma forma semelhante, utilizando $\mathbf{B} = \mathbf{a} \times \mathbf{P}$ em que a é um vetor constante, podemos mostrar

$$\oint_{\partial V} d\boldsymbol{\sigma} \times \mathbf{P} = \int_V \nabla \times \mathbf{P}\, d\tau. \tag{3.90}$$

Essas duas últimas formas do teorema de Gauss são utilizadas na forma vetorial da teoria de difração de Kirchoff.

Teorema de Stokes

O teorema de Stokes é o análogo ao teorema de Gauss que relaciona a integral de superfície da derivada de uma função com a integral de linha da função, onde o trajeto da integração é o perímetro que limita a superfície.

Vamos considerar a superfície e dividi-la em uma rede de retângulos arbitrariamente pequenos. Na Equação (3.60), vimos que a circulação de um vetor $\mathbf{B}$ sobre esses retângulos diferenciais (no plano $x\,y$) é $\nabla \times \mathbf{B}_z \hat{\mathbf{e}}_z\, dx\, dy$. Identificando $dx\, dy\, \hat{\mathbf{e}}_z$ como o elemento da área $d\boldsymbol{\sigma}$, a Equação (3.60) é generalizada para

$$\sum_{\text{quadro lados}} \mathbf{B} \cdot d\mathbf{r} = \nabla \times \mathbf{B} \cdot d\boldsymbol{\sigma}. \tag{3.91}$$

Agora somamos todos os pequenos retângulos; as contribuições de superfície, a partir do lado direito da Equação (3.91), são somadas. As integrais de linha (à esquerda) de todos os segmentos de linha **interiores** se cancelam identicamente (Figura 3.16). Somente a integral de linha ao redor do perímetro sobrevive. Considerando o limite como o número de retângulos que se aproxima do infinito, temos

$$\oint_{\partial S} \mathbf{B} \cdot d\mathbf{r} = \int_S \nabla \times \mathbf{B} \cdot d\boldsymbol{\sigma}. \tag{3.92}$$

Aqui ∂S é o perímetro de S. Esse é o teorema de Stokes. Note que tanto o sinal da integral de linha quanto a direção de $d\boldsymbol{\sigma}$ dependem da direção em que o perímetro é atravessado, assim resultados consistentes sempre serão obtidos. Para a área e a direção da integral de linha mostradas na Figura 3.16, a direção de σ para o retângulo sombreado estará **fora** do plano do papel.

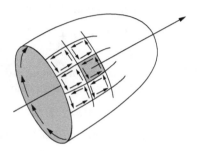

Figura 3.16: Direção da normal para o retângulo sombreado quando o perímetro da superfície é atravessado como indicado.

---

[6]Essa exploração da natureza **arbitrária** de uma parte de um problema é uma técnica valiosa e amplamente utilizada.

Por fim, considere o que acontece se aplicarmos o teorema de Stokes a uma superfície fechada. Como ela não tem um perímetro, a integral de linha desaparece, assim

$$\int_S \nabla \times B \cdot d\sigma = 0, \quad \text{para } S \text{ uma superfície fechada.} \tag{3.93}$$

Tal como acontece com o teorema de Gauss, podemos derivar relações adicionais ligando integrais de superfície com integrais de linha em seu perímetro. Usando a técnica de vetor arbitrário empregada para alcançar as Equações (3.89) e (3.90), podemos obter

$$\int_S d\sigma \times \nabla\varphi = \oint_{\partial S} \varphi d\mathbf{r}, \tag{3.94}$$

$$\int_S (d\sigma \times \nabla) \times \mathbf{P} = \oint_{\partial S} d\mathbf{r} \times \mathbf{P}. \tag{3.95}$$

Exemplo 3.8.2 Leis de Oersted e Faraday

Considere o campo magnético gerado por um fio longo que transporta uma corrente I independentemente do tempo (significando que $\partial\mathbf{E}/\partial t = \partial\mathbf{B}/\partial t = 0$). A equação relevante de Maxwell, Equação (3.68), então assume a forma $\nabla \times \mathbf{B} = \mu_0 \mathbf{J}$. Integrando essa equação ao longo de um disco S perpendicular a e em torno do fio (Figura 3.17), temos

$$I = \int_S \mathbf{J} \cdot d\sigma = \frac{1}{\mu_0} \int_S (\nabla \times \mathbf{B}) \cdot d\sigma.$$

Agora podemos aplicar o teorema de Stokes, obtendo o resultado $I = (1/\mu_0)\oint_{\partial s} B.dr$, que é a lei de Oersted.

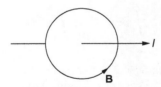

Figura 3.17: Direção de B dada pela lei de Oersted.

Da mesma forma, podemos integrar a equação de Maxwell para $\nabla \times \mathbf{E}$, Equação (3.69). Imagine mover um circuito fechado (∂S) de fio (da área S) através de um campo de indução magnética B. Temos

$$\int_S (\nabla \times \mathbf{E}) \cdot d\sigma = -\frac{d}{dt} \int_S \mathbf{B} \cdot d\sigma = -\frac{d\Phi}{dt},$$

onde Φ é o fluxo magnético através da área S. Pelo teorema de Stokes, temos

$$\int_{\partial S} \mathbf{E} \cdot d\mathbf{r} = -\frac{d\Phi}{dt}.$$

Essa é a lei de Faraday. A integral de linha representa a tensão induzida no circuito do fio; ela é igual em grandeza à taxa de variação do fluxo magnético através do circuito. Não há ambiguidade de sinal; se a direção de ∂S é invertida, isso provoca uma inversão da direção de $d\sigma$ e, assim, de Φ. ∎

Exercícios

3.8.1 Usando o teorema de Gauss, prove que

$$\oint_S d\boldsymbol{\sigma} = 0$$

se $S = \partial V$ é uma superfície fechada.

3.8.2 Mostre que

$$\frac{1}{3} \oint_S \mathbf{r} \cdot d\boldsymbol{\sigma} = V,$$

onde V é o volume delimitado pela superfície fechada $S = \partial V$.

Nota: Isso é uma generalização do Exercício 3.7.5.

3.8.3 Se $\mathbf{B} = \nabla \times \mathbf{A}$, mostre que

$$\oint_S \mathbf{B} \cdot d\boldsymbol{\sigma} = \mathbf{0}$$

para qualquer superfície fechada S.

3.8.4 A partir da Equação (3.72), com $\mathbf{V}$ o campo elétrico $\mathbf{E}$ e *f*o potencial eletrostático φ, mostre que, para a integração sobre todo o espaço,

$$\int \rho\varphi d\tau = \varepsilon_0 \int E^2 d\tau.$$

Isso corresponde a uma integração 3-D por partes.

Dica: $\mathbf{E} = -\nabla\varphi, \nabla \cdot \mathbf{E} = \rho/\varepsilon_0$. Você pode admitir que φ se reduz a 0 quando r é grande pelo menos tão rapidamente quanto r^{-1}.

3.8.5 Uma distribuição de corrente elétrica de estado estacionário particular está localizada no espaço. Escolhendo uma superfície limite longe o suficiente para que a densidade de corrente $\mathbf{J}$ seja zero em todos os pontos da superfície, mostre que

$$\int \mathbf{J} d\tau = 0.$$

Dica: Considere um componente de $\mathbf{J}$ de cada vez. Com $\nabla \cdot \mathbf{J} = 0$, mostre que $\mathbf{J}_i = \nabla \cdot (x_i \mathbf{J})$ e aplique o teorema de Gauss.

3.8.6 Dado um vetor $\mathbf{t} = -\hat{\mathbf{e}}_x y + \hat{\mathbf{e}}_y x$, mostre, com a ajuda do teorema de Stokes, que a integral de t em torno de uma curva fechada contínua no plano $x\,y$ satisfaz

$$\frac{1}{2} \oint \mathbf{t} \cdot d\boldsymbol{\lambda} = \frac{1}{2} \oint (x\,dy - y\,dx) = A,$$

onde A é a área delimitada pela curva.

3.8.7 O cálculo do momento magnético de um circuito de corrente leva à integral de linha

$$\oint \mathbf{r} \times d\mathbf{r}.$$

    (a) Integre em torno do perímetro de um circuito de corrente (no plano $x\,y$) e mostre que a grandeza escalar dessa integral de linha é o dobro da área da superfície envolvida.

    (b) O perímetro de uma elipse é descrito por $\mathbf{r} = \hat{\mathbf{e}}_x a \cos\theta + \hat{\mathbf{e}}_y b \,\text{sen}\,\theta$. Com base na parte (a) mostre que a área da elipse é $\pi\,ab$.

3.8.8 Avalie $\oint \mathbf{r} \times d\mathbf{r}$ usando a forma alternativa do teorema de Stokes dada pela Equação (3.95):

$$\int_S (d\boldsymbol{\sigma} \times \nabla) \times \mathbf{P} = \oint d\boldsymbol{\lambda} \times \mathbf{P}.$$

Considere o circuito como estando inteiramente no plano $x\,y$.

3.8.9 Prove que

$$\oint u\nabla v \cdot d\boldsymbol{\lambda} = -\oint v\nabla u \cdot d\boldsymbol{\lambda}.$$

3.8.10 Prove que

$$\oint u\nabla v \cdot d\boldsymbol{\lambda} = \int_S (\nabla u) \times (\nabla v) \cdot d\boldsymbol{\sigma}.$$

3.8.11 Prove que

$$\oint_{\partial V} d\boldsymbol{\sigma} \times \mathbf{P} = \int_V \nabla \times \mathbf{P}d\tau.$$

3.8.12 Prove que

$$\int_S d\boldsymbol{\sigma} \times \nabla\varphi = \oint_{\partial S} \varphi d\mathbf{r}.$$

3.8.13 Prove que

$$\int_S (d\boldsymbol{\sigma} \times \nabla) \times \mathbf{P} = \oint_{\partial S} d\mathbf{r} \times \mathbf{P}.$$

3.9 Teoria do Potencial

Grande parte física, particularmente a teoria eletromagnética, pode ser tratada de forma mais simples introduzindo **potenciais** a partir dos quais forças podem ser derivadas. Esta seção lida com a definição e utilização desses potenciais.

Potencial Escalar

Se, ao longo de uma dada região simplesmente conectada do espaço (isto é, sem orifícios), uma força puder ser expressa como o gradiente negativo de uma função escalar φ,

$$\mathbf{F} = -\nabla\varphi, \tag{3.96}$$

denominamos φ um **potencial escalar**, e nos beneficiamos da característica de que a força pode ser descrita em termos de uma única função em vez de três. Como a força é uma derivada do potencial escalar, o potencial somente é determinado depois de uma constante aditiva, que pode ser usada para ajustar seu valor no infinito (normalmente zero) ou em algum outro ponto de referência. Queremos saber quais condições $\mathbf{F}$ deve satisfazer para que um potencial escalar exista.

Primeiro, considere o resultado dos cálculos do trabalho realizado contra uma força dada por $-\nabla\varphi$ quando um objeto sujeito à força é deslocado de um ponto A para um ponto B. Essa é uma integral de linha na forma

$$-\int_A^B \mathbf{F} \cdot d\mathbf{r} = \int_A^B \nabla\varphi \cdot d\mathbf{r}. \tag{3.97}$$

Enretanto, como apontado na Equação (3.41), $\nabla\varphi \cdot d\mathbf{r} = d\varphi$, assim a integral é na verdade independente do trajeto, dependendo apenas dos pontos de extremidade A e B. Então temos

$$-\int_A^B \mathbf{F} \cdot d\mathbf{r} = \varphi(\mathbf{r}_B) - \varphi(\mathbf{r}_A), \tag{3.98}$$

o que também significa que se A e B são o mesmo ponto, formando um circuito fechado,

$$\oint \mathbf{F} \cdot d\mathbf{r} = 0. \tag{3.99}$$

Concluímos que uma força (em um objeto) descrita por um potencial escalar é uma **força conservativa**, significando que o trabalho necessário para mover o objeto entre quaisquer dois pontos é independente do trajeto escolhido, e que $\varphi(r)$ é o trabalho necessário para se deslocar para o ponto r a partir de um ponto de referência onde o valor zero foi atribuído ao potencial.

Outra propriedade de uma força dada por um potencial escalar é que

$$\nabla \times \mathbf{F} = -\nabla \times \nabla\varphi = 0 \tag{3.100}$$

como prescrito pela Equação (3.64). Essa observação é consistente com a noção de que as linhas de força de uma F conservativa não podem formar circuitos fechados.

As três condições, Equações (3.96), (3.99) e (3.100), são equivalentes. Se consideramos a Equação (3.99) para um circuito diferencial, seu lado esquerdo e o da Equação (3.100) devem, de acordo com o teorema de Stokes, ser iguais. Já mostramos essas duas equações depois da Equação (3.96). Para completar o estabelecimento da equivalência completa, só precisamos derivar a Equação (3.96) da Equação (3.99). Voltando à Equação (3.97), nós a reescrevemos como

$$\int_A^B (\mathbf{F} + \nabla\varphi) \cdot d\mathbf{r} = 0,$$

que deve ser satisfeito para todos os A e B. Isso significa que seu integrando deve ser identicamente zero, recuperando assim a Equação (3.96).

Exemplo 3.9.1   Potencial Gravitacional

Ilustramos anteriormente, no Exemplo 3.5.2, a geração de uma força a partir de um potencial escalar. Para realizar o processo inverso, devemos integrar. Vamos descobrir o potencial escalar da força gravitacional

$$\mathbf{F}_G = -\frac{Gm_1 m_2 \hat{\mathbf{r}}}{r^2} = -\frac{k\hat{\mathbf{r}}}{r^2},$$

radialmente dirigida para **dentro**. Definindo o zero do potencial escalar no infinito, obtemos integrando (radialmente) do infinito à posição **r**,

$$\varphi_G(r) - \varphi_G(\infty) = -\int_{\infty}^{r} \mathbf{F}_G \cdot d\mathbf{r} = +\int_{r}^{\infty} \mathbf{F}_G \cdot d\mathbf{r}.$$

O sinal de negativo no membro central dessa equação surge porque estamos calculando o trabalho feito **contra** a força gravitacional. Avaliando a integral,

$$\varphi_G(r) = -\int_{r}^{\infty} \frac{k\,dr}{r^2} = -\frac{k}{r} = -\frac{Gm_1m_2}{r}.$$

O sinal de negativo final corresponde ao fato de que a gravidade é uma força atrativa. ■

Potencial Vetorial

Em alguns ramos da física, especialmente eletrodinâmica, é conveniente introduzir um **potencial vetorial A** de tal modo que um campo (força) **B** seja dado por

$$\mathbf{B} = \nabla \times \mathbf{A}. \tag{3.101}$$

Uma razão óbvia para introduzir **A** é que ela faz com que **B** seja solenoidal; se **B** é o campo de indução magnética, essa propriedade é exigida pelas equações de Maxwell. Aqui, queremos desenvolver um inverso, ou seja, mostrar que quando **B** é solenoidal, existe um potencial vetorial **A**. Demonstramos a existência de **A** realmente escrevendo-a.

Nossa construção é

$$\mathbf{A} = \hat{\mathbf{e}}_y \int_{x_0}^{x} B_z(x, y, z)\, dx + \hat{\mathbf{e}}_z \left[\int_{y_0}^{y} B_x(x_0, y, z)\, dy - \int_{x_0}^{x} B_y(x, y, z)\, dx \right]. \tag{3.102}$$

Verificando primeiro os componentes y e z de $\nabla \times \mathbf{A}$, observando que $A_x = 0$,

$$(\nabla \times \mathbf{A})_y = -\frac{\partial A_z}{\partial x} = +\frac{\partial}{\partial x} \int_{x_0}^{x} B_y(x, y, z)\, dx = B_y,$$

$$(\nabla \times \mathbf{A})_z = +\frac{\partial A_y}{\partial x} == \frac{\partial}{\partial x} \int_{x_0}^{x} B_z(x, y, z)\, dx = B_z.$$

O componente x de $\nabla \times \mathbf{A}$ é um pouco mais complicado. Temos

$$(\nabla \times \mathbf{A})_x = \frac{\partial A_z}{\partial y} - \frac{\partial A_y}{\partial z}$$

$$= \frac{\partial}{\partial y} \left[\int_{y_0}^{y} B_x(x_0, y, z)\, dy - \int_{x_0}^{x} B_y(x, y, z)\, dx \right] - \frac{\partial}{\partial z} \int_{x_0}^{x} B_z(x, y, z)\, dx$$

$$= B_x(x_0, y, z) - \int_{x_0}^{x} \left[\frac{\partial B_y(x, y, z)}{\partial y} + \frac{\partial B_z(x, y, z)}{\partial z} \right] dx.$$

Para ir mais longe, devemos usar o fato de que **B** é solenoidal, o que significa $\nabla \cdot \mathbf{B} = 0$. Podemos, portanto, fazer a substituição

$$\frac{\partial B_y(x, y, z)}{\partial y} + \frac{\partial B_z(x, y, z)}{\partial z} = -\frac{\partial B_x(x, y, z)}{\partial x},$$

após o que a integração de x torna-se trivial, produzindo

$$+ \int_{x_0}^{x} \frac{\partial B_x(x, y, z)}{\partial x} \, dx = B_x(x, y, z) - B_x(x_0, y, z),$$

levando ao resultado final desejado $(\nabla \times \mathbf{A})_x = B_x$.

Embora tenhamos mostrado que existe um potencial vetorial **A** de tal modo que $\nabla \times \mathbf{A} = \mathbf{B}$ sujeito apenas à condição de que **B** é solenoidal, ainda não estabelecemos que **A** é único.

Na verdade, **A** está longe de ser único, uma vez que podemos adicionar a ele não apenas uma constante arbitrária, mas também o gradiente de **qualquer** função escalar, φ, sem absolutamente afetar **B**. Além disso, nossa verificação de **A** foi independente dos valores de x_0 e y_0, então esses podem ser atribuídos arbitrariamente sem afetar **B**. Além disso, podemos derivar outra fórmula para **A** na qual as funções de x e y são permutadas:

$$\mathbf{A} = -\hat{\mathbf{e}}_x \int_{y_0}^{y} B_z(x, y, z) \, dy - \hat{\mathbf{e}}_z \left[\int_{x_0}^{x} B_y(x, y_0, z) \, dx - \int_{y_0}^{y} B_x(x, y, z) \, dy \right]. \tag{3.103}$$

Exemplo 3.9.2   Potencial Vetorial Magnético

Consideramos a construção do potencial vetorial para um campo de indução magnética constante

$$\mathbf{B} = B_z \hat{\mathbf{e}}_z. \tag{3.104}$$

Usando a Equação (3.102), temos (escolhendo o valor arbitrário de x_0 como sendo zero)

$$\mathbf{A} = \hat{\mathbf{e}}_y \int_{0}^{x} B_z \, dx = \hat{\mathbf{e}}_y x B_z. \tag{3.105}$$

Alternativamente, podemos usar a Equação (3.103) para **A**, levando a

$$\mathbf{A}' = -\hat{\mathbf{e}}_x y B_z. \tag{3.106}$$

Nenhuma delas é a forma para **A** encontrada em muitos textos elementares, que, para **B**, a partir da Equação (3.104), é

$$\mathbf{A}'' = \frac{1}{2}(\mathbf{B} \times \mathbf{r}) = \frac{B_z}{2}(x\hat{\mathbf{e}}_y - y\hat{\mathbf{e}}_x). \tag{3.107}$$

Essas formas diferentes podem ser reconciliadas se usarmos a liberdade para adicionar a **A** qualquer expressão na forma $\nabla \varphi$. Considerando $\varphi = Cxy$, a quantidade que pode ser adicionada a **A** terá a forma

$$\nabla \varphi = C(y\hat{\mathbf{e}}_x + x\hat{\mathbf{e}}_y).$$

Vemos agora que

$$\mathbf{A} - \frac{B_z}{2}(y\hat{\mathbf{e}}_x + x\hat{\mathbf{e}}_y) = \mathbf{A}' + \frac{B_z}{2}(y\hat{\mathbf{e}}_x + x\hat{\mathbf{e}}_y) = \mathbf{A}'',$$

mostrando que todas essas fórmulas preveem o mesmo valor de B.   ∎

Exemplo 3.9.3 Potenciais no Eletromagnetismo

Se introduzirmos os potenciais escalares e vetoriais adequadamente definidos φ e $\mathbf{A}$ nas equações de Maxwell, podemos obter equações que dão esses potenciais em termos das fontes do campo eletromagnético (cargas e correntes). Começamos com $\mathbf{B} = \nabla \times \mathbf{A}$, garantindo assim a satisfação da equação de Maxwell $\nabla \cdot \mathbf{B} = 0$. A substituição na equação para $\nabla \times \mathbf{E}$ produz

$$\nabla \times \mathbf{E} = -\nabla \times \frac{\partial \mathbf{A}}{\partial t} \quad \longrightarrow \quad \nabla \times \left(\mathbf{E} + \frac{\partial \mathbf{A}}{\partial t} \right) = 0,$$

mostrando que $\mathbf{E} + \partial \mathbf{A}/\partial t$ é um gradiente e pode ser escrito como $-\varphi$, definindo assim φ. Isso preserva a noção de um potencial eletrostático na ausência da dependência temporal, e significa que $\mathbf{A}$ e φ agora foram definidos para dar

$$\mathbf{B} = \nabla \times \mathbf{A}, \quad \mathbf{E} = -\nabla \varphi - \frac{\partial \mathbf{A}}{\partial t}. \tag{3.108}$$

Nesse ponto, $\mathbf{A}$ ainda é arbitrário para a extensão da adição de qualquer gradiente, o que equivale a fazer uma escolha arbitrária de $\nabla \cdot \mathbf{A}$. Uma escolha conveniente é exigir

$$\frac{1}{c^2} \frac{\partial \varphi}{\partial t} + \nabla \cdot \mathbf{A} = 0. \tag{3.109}$$

Essa **condição do calibre** é chamada **calibre de Lorentz**, e as transformações de $\mathbf{A}$ e φ para satisfazê-la ou qualquer outra condição de calibre legítima são chamadas **transformações de calibre**. A invariância da teoria eletromagnética sob a transformação de calibre é um importante precursor das direções contemporâneas na teoria física fundamental.

A partir da equação de Maxwell para $\nabla \cdot \mathbf{E}$ e a condição do calibre de Lorentz, obtemos

$$\frac{\rho}{\varepsilon_0} = \nabla \cdot \mathbf{E} = -\nabla^2 \mathbf{E} - \frac{\partial}{\partial t} \nabla \cdot \mathbf{A} = -\nabla^2 \varphi + \frac{1}{c^2} \frac{\partial^2 \varphi}{\partial t^2}, \tag{3.110}$$

mostrando que o calibre de Lorentz permitiu dissociar $\mathbf{A}$ e φ na medida em que temos uma equação para φ apenas em termos da densidade de carga ρ; nem $\mathbf{A}$ nem a densidade de corrente $\mathbf{J}$ entra nessa equação.

Por fim, a partir da equação para $\nabla \times \mathbf{B}$, obtemos

$$\frac{1}{c^2} \frac{\partial^2 \mathbf{A}}{\partial t^2} - \nabla^2 \mathbf{A} = \mu_0 \mathbf{J}. \tag{3.111}$$

A prova dessa fórmula é o tema do Exercício 3.9.11. ∎

Lei de Gauss

Considere uma carga pontual q na origem do nosso sistema de coordenadas. Ela produz um campo elétrico $\mathbf{E}$, dado por

$$\mathbf{E} = \frac{q\hat{\mathbf{r}}}{4\pi \varepsilon_0 r^2}. \tag{3.112}$$

A lei de Gauss afirma que para um volume V arbitrário,

$$\oint_{\partial V} \mathbf{E} \cdot d\boldsymbol{\sigma} = \begin{cases} \dfrac{q}{\varepsilon_0} & \text{if } \partial V \text{ inclui } q, \\ 0 & \text{if } \partial V \text{ não inclui } q. \end{cases} \tag{3.113}$$

O caso em que ∂V não inclui q é facilmente tratado. A partir da Equação (3.54), a força central r^{-2} de $\mathbf{E}$ é sem divergência em todos os lugares, exceto em $r = 0$ e, para esse caso, por todo o volume V. Assim, temos, invocando o teorema de Gauss, a Equação (3.81),

$$\int_V \nabla \cdot \mathbf{E} = 0 \quad \longrightarrow \quad \mathbf{E} \cdot d\boldsymbol{\sigma} = 0.$$

Se q está dentro do volume V, temos de seguir um caminho mais tortuoso. Cercamos $\mathbf{r} = 0$ por um pequeno orifício esférico (com raio δ), com uma superfície que designamos S', e ligamos o orifício ao limite de V através de um pequeno tubo, criando assim uma região V' simplesmente conectada à qual aplicaremos o teorema de Gauss (Figura 3.18).

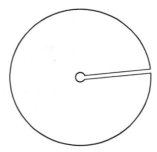

Figura 3.18: Criando uma região multiplamente conectada simplesmente conectada.

Consideramos agora $\oint \mathbf{E} \cdot d\boldsymbol{\sigma}$ na superfície desse volume modificado. A contribuição do tubo de ligação se tornará insignificante no limite em que ele encolhe para a seção cruzada zero, já que $\mathbf{E}$ é finito em todos os lugares na superfície do tubo. A integral sobre o ∂V modificado será, portanto, aquela do ∂V original (ao longo do limite externo, que designamos S), mais aquela da superfície esférica interna (S').

No entanto, observe que a direção "para fora" de S' é para o r menor, assim $d\boldsymbol{\sigma} = d' = -rdA$. Como o volume modificado não contém nenhuma carga, temos

$$\oint_{\partial V'} \mathbf{E} \cdot d\boldsymbol{\sigma} = \oint_S \mathbf{E} \cdot d\boldsymbol{\sigma} + \frac{q}{4\pi\varepsilon_0} \oint_{S'} \frac{\hat{\mathbf{r}} \cdot d\boldsymbol{\sigma}'}{\delta^2} = 0, \tag{3.114}$$

onde inserimos a forma explícita de $\mathbf{E}$ na integral S'. Como S' é uma esfera de raio δ, essa integral pode ser avaliada. Escrevendo $d\Omega$ como o elemento do ângulo sólido, de modo que $dA = \delta^2 d\Omega$,

$$\oint_{S'} \frac{\hat{\mathbf{r}} \cdot d\boldsymbol{\sigma}'}{\delta^2} = \int \frac{\hat{\mathbf{r}}}{\delta^2} \cdot (-\hat{\mathbf{r}} \delta^2 \, d\Omega) = -\int d\Omega = -4\pi,$$

independente do valor de δ. Voltando agora à Equação (3.114), ela pode ser rearranjada em

$$\oint_S \mathbf{E} \cdot d\boldsymbol{\sigma} = -\frac{q}{4\pi\varepsilon_0}(-4\pi) = +\frac{q}{\varepsilon_0},$$

o resultado necessário para confirmar o segundo caso da lei de Gauss, Equação (3.113).

Como as equações da eletrostática são lineares, a lei de Gauss pode ser estendida para coleções de cargas, ou até mesmo distribuições de cargas contínuas. Nesse caso, q pode ser substituído por $\int_v \rho \, d\tau$, e a lei de Gauss se torna

$$\int_{\partial V} \mathbf{E} \cdot d\boldsymbol{\sigma} = \int_V \frac{\rho}{\varepsilon_0} \, d\tau. \tag{3.115}$$

Se aplicamos o teorema de Gauss ao lado esquerdo da Equação (3.115), temos

$$\int_V \boldsymbol{\nabla} \cdot \mathbf{E} \, d\tau = \int_V \frac{\rho}{\varepsilon_0} \, d\tau.$$

Como nosso volume é completamente arbitrário, as integrandas dessa equação devem ser iguais, assim

$$\nabla \cdot \mathbf{E} = \frac{\rho}{\varepsilon_0}. \tag{3.116}$$

Vemos assim que a lei de Gauss é a forma integral de uma das equações de Maxwell.

Equação de Poisson

Se voltarmos à Equação (3.116) e, supondo uma situação independente do tempo, escrevermos $\mathbf{E} = -\nabla\varphi$, obteremos

$$\nabla^2\varphi = -\frac{\rho}{\varepsilon_0}. \tag{3.117}$$

Essa equação, aplicável à eletrostática,[7] é chamada equação de Poisson. Se, além disso, $\rho = 0$, temos uma equação ainda mais famosa,

$$\nabla^2\varphi = 0, \tag{3.118}$$

a equação de Laplace.

Para que a equação de Poisson seja aplicada a uma carga pontual q, precisamos substituir ρ por uma concentração da carga que está localizada em um ponto e é adicionada a q. A função delta de Dirac é do que precisamos para essa finalidade. Assim, para uma carga pontual q na origem, escrevemos

$$\nabla^2\varphi = -\frac{q}{\varepsilon_0}\delta(\mathbf{r}), \qquad (\text{carga } q \text{ em } \mathbf{r} = 0). \tag{3.119}$$

Se reescrevemos essa equação, inserindo o potencial de ponto de carga para φ, temos

$$\frac{q}{4\pi\varepsilon_0}\nabla^2\left(\frac{1}{r}\right) = -\frac{q}{\varepsilon_0}\delta(\mathbf{r}),$$

o que se reduz a

$$\nabla^2\left(\frac{1}{r}\right) = -4\pi\,\delta(\mathbf{r}). \tag{3.120}$$

Essa equação contorna o problema de que derivadas de $1/r$ não existem em $\mathbf{r} = 0$, e dá resultados adequados e corretos para sistemas contendo cargas pontuais. Assim como a própria definição da função delta, a Equação (3.120) só tem sentido quando inserida em uma integral. É um importante resultado que é usado repetidamente na física, muitas vezes sob a forma

$$\nabla_1^2\left(\frac{1}{r_{12}}\right) = -4\pi\,\delta(\mathbf{r}_1 - \mathbf{r}_2). \tag{3.121}$$

Aqui $r_{12} = |\mathbf{r}_1 - \mathbf{r}_2|$, e o subscrito em ∇_1 indica que as derivadas se aplicam a $\mathbf{r}_1$.

Teorema de Helmholtz

Passamos agora para dois teoremas que são de grande importância formal, na medida em que estabelecem as condições para a existência e unicidade das soluções para problemas independentes do tempo na teoria eletromagnética. O primeiro desses teoremas é: um campo vetorial é especificado unicamente fornecendo seu divergente e seu rotacional dentro de uma região simplesmente conectada e seu componente normal no limite.

Note que tanto para esse teorema quanto para o seguinte (o teorema de Helmholtz), mesmo que haja pontos na região simplesmente conectada em que o divergente ou o rotacional só é definido em termos das funções delta, esses pontos não devem ser removidos da região.

Seja $\mathbf{P}$ um campo vetorial que satisfaz as condições

$$\nabla \cdot \mathbf{P} = s, \qquad \nabla \times \mathbf{P} = \mathbf{c}, \tag{3.122}$$

---

[7]Para a dependência de tempo geral, ver Equação (3.110).

onde s pode ser interpretado como uma dada densidade de fonte (carga) e c como uma dada densidade de circulação (corrente). Supondo que a componente normal P_n no limite também é dado, queremos mostrar que $\mathbf{P}$ é único.

Procedemos supondo a existência de um segundo vetor, $\mathbf{P}'$, que satisfaz a Equação (3.122) e tem o mesmo valor de P_n. Formamos $\mathbf{Q} = \mathbf{P} - \mathbf{P}'$, que deve ter $\nabla \cdot \mathbf{Q}$, $\nabla \times \mathbf{Q}$, e Q_n todos identicamente zeros. Uma vez que $\mathbf{Q}$ é irrotacional, deve existir um potencial φ tal que $\mathbf{Q} = -\nabla\varphi$, e como $\nabla \cdot \mathbf{Q} = 0$, temos também

$$\nabla^2\varphi = 0.$$

Agora vamos recorrer ao teorema de Green na forma dada pela Equação (3.86), deixando u e v cada um ser igual a φ. Como $Q_n = 0$ no limite, o teorema de Green se reduz a

$$\int_V (\nabla\varphi) \cdot (\nabla\varphi)\, d\tau = \int_V \mathbf{Q} \cdot \mathbf{Q}\, d\tau = 0.$$

Essa equação só pode ser satisfeita se $\mathbf{Q}$ é identicamente zero, mostrando que $\mathbf{P}' = \mathbf{P}$, provando assim o teorema.

O segundo teorema que devemos provar, o teorema de Helmholtz, é um vetor $\mathbf{P}$ com as densidades de origem e circulação desaparecendo no infinito pode ser escrito como a soma de duas partes, uma das quais é irrotacional e a outra é solenoidal.

O teorema de Helmholtz será claramente satisfeito se $\mathbf{P}$ puder ser escrito na forma

$$\mathbf{P} = -\nabla\varphi + \nabla \times \mathbf{A}, \tag{3.123}$$

uma vez que $-\nabla\varphi$ é irrotacional, enquanto $\nabla \times \mathbf{A}$ é solenoidal. Como $\mathbf{P}$ é conhecido, assim também o são s e c, definidos como

$$s = \nabla \cdot \mathbf{P}, \quad \mathbf{c} = \nabla \times \mathbf{P}.$$

Procedemos exibindo expressões para φ e $\mathbf{A}$ que permitem a recuperação de s e c.

Como a região aqui em estudo é simplesmente conectada e o vetor envolvido desaparece no infinito (de modo que o primeiro teorema dessa subseção é aplicável), o fato de termos o s e o c corretos garante que reproduzimos $\mathbf{P}$ adequadamente.

As fórmulas propostas para φ e $\mathbf{A}$ são as seguintes, escritas em termos da variável espacial $\mathbf{r}_1$:

$$\varphi(\mathbf{r}_1) = \frac{1}{4\pi} \int \frac{s(\mathbf{r}_2)}{r_{12}} d\tau_2, \tag{3.124}$$

$$\mathbf{A}(\mathbf{r}_1) = \frac{1}{4\pi} \int \frac{\mathbf{c}(\mathbf{r}_2)}{r_{12}} d\tau_2. \tag{3.125}$$

Aqui $r_{12} = |\,\mathbf{r}_1 - \mathbf{r}_2\,|$.

Se a Equação (3.123) deve ser satisfeita com os valores propostos de φ e $\mathbf{A}$, é necessário que

$$\nabla \cdot \mathbf{P} = -\nabla \cdot \nabla\varphi + \nabla \cdot (\nabla \times \mathbf{A}) = -\nabla^2\varphi = s,$$
$$\nabla \times \mathbf{P} = -\nabla \times \nabla\varphi + \nabla \times (\nabla \times \mathbf{A}) = \nabla \times (\nabla \times \mathbf{A}) = \mathbf{c}.$$

Para verificar que $-\nabla^2\varphi = s$, examinamos

$$
\begin{aligned}
-\nabla_1^2\varphi(\mathbf{r}_1) &= -\frac{1}{4\pi} \int \nabla_1^2\left(\frac{1}{r_{12}}\right) s(\mathbf{r}_2) d\tau_2 \\
&= -\frac{1}{4\pi} \int \left[-4\pi\delta(\mathbf{r}_1 - \mathbf{r}_2)\right] s(\mathbf{r}_2) d\tau_2 = s(\mathbf{r}_1).
\end{aligned}
\tag{3.126}
$$

Escrevemos ∇_1 para deixar claro que opera em $\mathbf{r}_1$ não em $\mathbf{r}_2$, e usamos a propriedade da função delta dada na Equação (3.121). Assim, s foi recuperado.

Vamos agora verificar $\nabla \times (\nabla \times \mathbf{A}) = \mathbf{c}$. Começamos usando a Equação (3.70) para converter essa condição em uma forma mais facilmente utilizada:

$$\nabla \times (\nabla \times \mathbf{A}) = \nabla(\nabla \cdot \mathbf{A}) - \nabla^2 \mathbf{A} = \mathbf{c}.$$

Considerando $\mathbf{r}_1$ como a variável livre, primeiro analisamos

$$\nabla_1\big(\nabla_1 \cdot \mathbf{A}(\mathbf{r}_1)\big) = \frac{1}{4\pi}\nabla_1 \int \nabla_1 \cdot \left(\frac{\mathbf{c}(\mathbf{r}_2)}{r_{12}}\right) d\tau_2$$

$$= \frac{1}{4\pi}\nabla_1 \int \mathbf{c}(\mathbf{r}_2) \cdot \nabla_1\left(\frac{1}{r_{12}}\right) d\tau_2$$

$$= \frac{1}{4\pi}\nabla_1 \int \mathbf{c}(\mathbf{r}_2) \cdot \left[-\nabla_2\left(\frac{1}{r_{12}}\right)\right] d\tau_2.$$

Para alcançar a segunda linha dessa equação, utilizamos a Equação (3.72) para o caso especial de o vetor nessa equação não ser uma função variável sendo diferenciada. Em seguida, para obter a terceira linha, observamos que, como o ∇_1 dentro da integral age sobre uma função de $\mathbf{r}_1 - \mathbf{r}_2$, podemos mudar ∇_1 para ∇_2 e introduzir uma mudança de sinal.

Agora podemos integrar por partes, como no Exemplo 3.7.3, alcançando

$$\nabla_1\big[\nabla_1 \cdot \mathbf{A}(\mathbf{r}_1)\big] = \frac{1}{4\pi}\nabla_1 \int \big(\nabla_2 \cdot \mathbf{c}(\mathbf{r}_2)\big)\left(\frac{1}{r_{12}}\right) d\tau_2.$$

Por fim temos o resultado de que precisamos: $\nabla_2 \cdot \mathbf{c}(\mathbf{r}_2)$ desaparece, porque c é um rotacional, assim todo o termo $\nabla(\nabla \cdot \mathbf{A})$ é zero e pode ser descartado. Isso reduz a condição que estamos verificando se $-\nabla^2 \mathbf{A} = \mathbf{c}$.

A quantidade $-\nabla^2 \mathbf{A}$ é um vetor laplaciano e podemos avaliar individualmente seus componentes cartesianos. Para o componente j,

$$-\nabla_1^2 A_j(_1) = -\frac{1}{4\pi}\int c_j(_2)\nabla_1^2\left(\frac{1}{r_{12}}\right) d\tau_2$$

$$= -\frac{1}{4\pi}\int c_j(_2)\big[-4\pi\delta(_1 - {}_2)\big] d\tau_2 = c_j(_1).$$

Isso completa a prova do teorema de Helmholtz.

O teorema de Helmholtz legitima a divisão das grandezas que aparecem na teoria eletromagnética em um campo vetorial irrotacional $\mathbf{E}$ e um campo vetorial solenoidal $\mathbf{B}$, junto com as respectivas representações usando potenciais escalares e vetoriais. Como vimos em inúmeros exemplos, a origem s é identificada como a densidade de carga (dividida por ε_0) e a circulação $\mathbf{C}$ é a densidade de corrente (multiplicada por μ_0).

Exercícios

3.9.1 Se uma força F é dada por

$$\mathbf{F} = (x^2 + y^2 + z^2)^n(\hat{\mathbf{e}}_x x + \hat{\mathbf{e}}_y y + \hat{\mathbf{e}}_z z),$$

encontre
(a) $\nabla \cdot \mathbf{F}$.
(b) $\nabla \times \mathbf{F}$.

(c) Um potencial escalar $\varphi(x, y, z)$ de modo que $F = -\nabla\varphi$.

(d) Para qual valor do expoente n o potencial escalar diverge tanto na origem quanto no infinito?

$RESPOSTA$: (a) $(2n + 3)r^{2n}$ (b) 0

(c) $-r^{2n} + {}^2/(2n + 2), n \neq -1$ (d) $n = -1, \varphi = -\ln r$.

3.9.2 Uma esfera de raio a é uniformemente carregada (por todo seu volume). Construa o potencial eletrostático $\varphi(r)$ para $0 \leq r < \infty$.

3.9.3 A origem das coordenadas cartesianas está no centro da Terra. A Lua está no eixo z, a uma distância r fixa (distância entre um centro e outro). A força das marés exercida pela Lua sobre uma partícula na superfície da Terra (ponto x, y, z) é dada por

$$F_x = -GMm\frac{x}{R^3}, \quad F_y = -GMm\frac{y}{R^3}, \quad F_z = +2GMm\frac{z}{R^3}.$$

Encontre o potencial que produz essa força das marés.

$RESPOSTA$: $-\dfrac{GMm}{R^3}(z^2 - \dfrac{1}{2}x^2 - \dfrac{1}{2}y^2)$

3.9.4 Um fio longo reto carregando uma corrente I produz uma indução magnética $\mathbf{B}$ com componentes

$$\mathbf{B} = \frac{\mu_0 I}{2\pi}\left(-\frac{y}{x^2 + y^2}, \frac{x}{x^2 + y^2}, 0\right).$$

Encontre um potencial vetorial magnético $\mathbf{A}$.

$RESPOSTA$: $\mathbf{A} = -\hat{\mathbf{z}}(\mu_0 I / 4\pi)\ln(x^2 + y^2)$. (Essa solução não é única.)

3.9.5 Se

$$\mathbf{B} = \frac{\hat{\mathbf{r}}}{r^2} = \left(\frac{x}{r^3}, \frac{y}{r^3}, \frac{z}{r^3}\right),$$

encontre um vetor $\mathbf{A}$ de tal modo que $\nabla \times \mathbf{A} = \mathbf{B}$.

$RESPOSTA$: Uma solução possível é $\mathbf{A} = \dfrac{\mathbf{e}_x yz}{r(x^2 + y^2)} - \dfrac{\mathbf{e}_y xz}{r(x^2 + y^2)}$

3.9.6 Mostre que o par de equações

$$\mathbf{A} = \frac{1}{2}(\mathbf{B} \times \mathbf{r}), \quad \mathbf{B} = \nabla \times \mathbf{A},$$

é satisfeito por qualquer indução magnética constante $\mathbf{B}$.

3.9.7 Vetor $\mathbf{B}$ é formado pelo produto de dois gradientes

$$\mathbf{B} = (\nabla u) \times (\nabla v),$$

onde u e v são funções escalares.

(a) Mostre que $\mathbf{B}$ é solenoidal.

(b) Mostre que

$$\mathbf{A} = \frac{1}{2}(u\,\nabla v - v\,\nabla u)$$

é um potencial vetorial para $\mathbf{B}$, em que

$$\mathbf{B} = \nabla \times \mathbf{A}.$$

3.9.8 A indução magnética **B** está relacionada com o potencial vetorial magnético **A** por $\mathbf{B} = \nabla \times \mathbf{A}$. Pelo teorema de Stokes

$$\int \mathbf{B} \cdot d\boldsymbol{\sigma} = \oint \mathbf{A} \cdot d\mathbf{r}.$$

Mostre que cada lado dessa equação é invariante sob a **transformação de calibre**, $\mathbf{A} \to \mathbf{A} + \nabla\varphi$. *Nota*: Considere a função φ como sendo de único valor.

3.9.9 Mostre que o valor do potencial eletrostático φ em qualquer ponto P é igual à média do potencial ao longo de qualquer superfície esférica centrada em P, desde que não haja cargas elétricas sobre ou dentro da esfera.
Dica: Use o teorema de Green, Equação (3.85), com $u = r^{-1}$, a distância de P, e $v = \varphi$. A equação (3.120) também será útil.

3.9.10 Usando as equações de Maxwell, mostre que para um sistema (corrente constante) o potencial vetorial magnético **A** satisfaz uma equação vetorial de Poisson,

$$\nabla^2 \mathbf{A} = -\mu \mathbf{J},$$

desde que $\nabla \cdot A = 0$ seja exigido.

3.9.11 Derive, supondo o calibre de Lorentz, a Equação (3.109):

$$\frac{1}{c^2} \frac{\partial^2 \mathbf{A}}{\partial t^2} - \nabla^2 \mathbf{A} = \mu_0 \mathbf{J}.$$

Dica: A Equação (3.70) será útil.

3.9.12 Prove que um vetor solenoidal arbitrário **B** pode ser descrito como $\mathbf{B} = \nabla \times \mathbf{A}$, com

$$\mathbf{A} = -\hat{\mathbf{e}}_x \int_{y_0}^{y} B_z(x, y, z)\, dy - \hat{\mathbf{e}}_z \left[\int_{x_0}^{x} B_y(x, y_0, z)\, dx - \int_{y_0}^{y} B_x(x, y, z)\, dy \right].$$

3.10 Coordenadas Curvilíneas

Essencialmente, até agora tratamos vetores inteiramente em coordenadas cartesianas; quando r ou uma função dele foi encontrado, escrevemos r como $\sqrt{x^2 + y^2 + x^2}$, de tal modo que as coordenadas cartesianas poderiam continuar a ser utilizadas. Essa abordagem ignora as simplificações que podem resultar se usarmos um sistema de coordenadas que é apropriado para a simetria de um problema. Muitas vezes é mais fácil lidar com problemas de força central em coordenadas polares esféricas. Problemas envolvendo elementos geométricos como fios retos podem ser melhor tratados em coordenadas cilíndricas. Contudo, outros sistemas de coordenadas (de uso muito pouco frequente para ser descrito aqui) podem ser adequados para outros problemas.

Naturalmente, há um preço que deve ser pago pelo uso de um sistema de coordenadas não cartesiano. Operadores vetoriais tornam-se diferentes na forma, e suas formas específicas podem depender da posição. Agora vamos examinar essas questões e derivar as fórmulas necessárias.

Coordenadas Ortogoanais em $\mathbf{R}^3$

Nas coordenadas cartesianas o ponto (x_0, y_0, z_0) pode ser identificado como a interseção de três planos: (1), o plano $x = x_0$ (uma superfície de x constante), (2) o plano $y = y_0$ (y constante), e (3) o plano $z = z_0$ (z constante). Uma alteração em x corresponde a um deslocamento **normal** em relação à superfície da constante s; observações semelhantes aplicam-se às mudanças em y ou z. Os planos dos valores das coordenadas constantes são perpendiculares entre si, e têm uma característica óbvia de que a normal para qualquer um deles está na mesma direção, não importa onde no plano seja construída (um plano da constante x tem uma normal que, obviamente, está em todos os lugares na direção de $\hat{\mathbf{e}}_x$).

Considere agora, como um exemplo de um sistema de coordenadas curvilíneas, coordenadas polares esféricas (Figura 3.19). Um ponto **r** é identificado por r (distância a partir da origem), θ (ângulo de **r** em relação ao eixo polar, que convencionalmente está na direção z), e φ (ângulo diedro entre o plano zx e o plano contendo $\hat{e}_z$ e r). O ponto r está, portanto, na interseção de (1) uma esfera de raio r, (2) um cone de ângulo de abertura θ e (3) um semiplano e ao longo do ângulo equatorial φ. Esse exemplo fornece diversas observações: (1) coordenadas gerais não precisam ser comprimentos, (2) uma superfície de valor de coordenada constante pode ter uma normal cujo direção depende da posição, (3) superfícies com diferentes valores constantes da mesma coordenada não precisam ser paralelas e, portanto, também (4) alterações no valor de uma coordenada pode mover r tanto em uma quantidade quanto em uma direção que depende da posição.

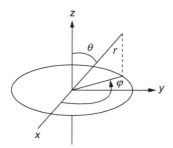

Figura 3.19: Coordenadas polares esféricas.

É conveniente definir os vetores unitários $\hat{e}_r$, $\hat{e}_\theta$, $\hat{e}_\varphi$ nas direções das normais em relação às superfícies, respectivamente, da constante r, θ e φ. O sistema de coordenadas polares esféricas tem a característica de que esses vetores unitários são mutuamente perpendiculares, o que significa que, por exemplo, $\hat{e}_\theta$ será tangente tanto às superfícies de constante r quanto da constante φ, de tal modo que um pequeno deslocamento na direção $\hat{e}_\theta$ não irá alterar os valores das coordenadas r ou φ. A razão para a restrição para "pequenos" deslocamentos é que as direções das normais são dependentes da posição; um "grande" deslocamento na direção $\hat{e}_\theta$ mudaria r (Figura 3.20). Se os vetores unitários de coordenadas são mutuamente perpendiculares, diz-se que o sistema de coordenadas é **ortogonal**.

Se tivermos um campo vetorial **V** (para associar um valor de **V** a cada ponto em uma região de R^3), podemos escrever **V(r)** em termos do conjunto ortogonal de vetores unitários que são definidos para o ponto r; simbolicamente, o resultado é

$$\mathbf{V(r)} = V_r\,\hat{\mathbf{e}}_r + V_\theta\,\hat{\mathbf{e}}_\theta + V_\varphi\,\hat{\mathbf{e}}_\varphi.$$

Figura 3.20: Efeito de um "grande" deslocamento na direção $\hat{e}_\theta$. Note que $r' \neq r$.

É importante perceber que vetores unitários $\hat{e}_i$ têm direções que dependem do valor de **r**. Se tivermos outro campo vetorial **W(r)** para o **mesmo** ponto **r**, podemos realizar processos **algébricos**[8] em **V** e **W** pelas mesmas regras que para coordenadas cartesianas. Por exemplo, **no ponto r**,

$$\mathbf{V} \cdot \mathbf{W} = V_r W_r + V_\theta W_\theta + V_\varphi W_\varphi.$$

Porém, se **V** e **W** não estão associados ao mesmo r, não podemos realizar as operações dessa maneira, e é importante perceber que

$$\mathbf{r} \neq r\hat{\mathbf{e}}_r + \theta\hat{\mathbf{e}}_\theta + \varphi\hat{\mathbf{e}}_\varphi.$$

---

[8]Adição, multiplicação por um escalar, produtos escalares e cruzados (mas não aplicação de operadores diferenciais ou integrais).

Resumindo, as fórmulas de componente para V ou W descrevem decomposições de componente aplicáveis ao ponto em que o vetor é especificado; uma tentativa de decompor r como ilustrado é incorreta porque usa orientações de vetor unitário fixo onde elas não se aplicam.

Trabalhando nesse momento com um sistema curvilíneo arbitrário, com coordenadas rotuladas (q_1, q_2, q_3), consideramos como as mudanças em q_i estão relacionadas com mudanças nas coordenadas cartesianas. Uma vez que x pode ser pensado como uma função de q_i, ou seja, $x(q_1, q_2, q_3)$, temos

$$dx = \frac{\partial x}{\partial q_1} dq_1 + \frac{\partial x}{\partial q_2} dq_2 + \frac{\partial x}{\partial q_3} dq_3, \tag{3.127}$$

com fórmulas similares para dy e dz.

A seguir, formamos uma medida do deslocamento diferencial, dr, associado a alterações dq_i. Na verdade, examinamos

$$(dr)^2 = (dx)^2 + (dy)^2 + (dz)^2.$$

Considerando o quadrado da Equação (3.127), obtemos

$$(dx)^2 = \sum_{ij} \frac{\partial x}{\partial q_i} \frac{\partial x}{\partial q_j} dq_i \, dq_j$$

e expressões semelhantes para $(dy)^2$ e $(dz)^2$. Combinando esses e coletando os termos com o mesmo $dq_i \, dq_j$, chegamos ao resultado

$$(dr)^2 = \sum_{ij} g_{ij} \, dq_i \, dq_j, \tag{3.128}$$

onde

$$g_{ij}(q_1, q_2, q_3) = \frac{\partial x}{\partial q_i} \frac{\partial x}{\partial q_j} + \frac{\partial y}{\partial q_i} \frac{\partial y}{\partial q_j} + \frac{\partial z}{\partial q_i} \frac{\partial z}{\partial q_j}. \tag{3.129}$$

Espaços com uma medida de distância dada pela equação (3.128) são denominados **métricos** ou **riemannianos**.

A Equação (3.129) pode ser interpretada como o produto escalar de um vetor na direção dq_i, dos componentes $(\partial x/\partial q_i, \partial y/\partial q_i, \partial z/\partial q_i)$, com um vetor semelhante na direção dq_j. Se as coordenadas q_i são perpendiculares, os coeficientes g_{ij} desaparecerão quando $i \neq j$.

Como nosso objetivo é discutir sistemas de coordenadas ortogonais, nós especializamos as Equações (3.128) e (3.129) para

$$(dr)^2 = (h_1 \, dq_1)^2 + (h_2 \, dq_2)^2 + (h_3 \, dq_3)^2, \tag{3.130}$$

$$h_i^2 = \left(\frac{\partial x}{\partial q_i}\right)^2 + \left(\frac{\partial y}{\partial q_i}\right)^2 + \left(\frac{\partial y}{\partial q_i}\right)^2. \tag{3.131}$$

Se considerarmos a Equação (3.130) para um caso $dq_2 = dq_3 = 0$, vemos que podemos identificar $h_1 dq_1$ como dr_1, o que significa que o elemento de deslocamento na direção q_1 é $h_1 dq_1$. Assim, em geral,

$$dr_i = h_i dq_i, \quad \text{ou} \quad \frac{\partial \mathbf{r}}{\partial q_i} = h_i \, \hat{\mathbf{e}}_i. \tag{3.132}$$

Aqui $\hat{\mathbf{e}}_i$ é um vetor unitário na direção q_i, e o dr geral assume a forma

$$d\mathbf{r} = h_1 dq_1 \, \hat{\mathbf{e}}_1 + h_2 dq_2 \, \hat{\mathbf{e}}_2 + h_3 dq_3 \, \hat{\mathbf{e}}_3. \tag{3.133}$$

Note que h_i pode ser dependente da posição e deve ter a dimensão necessária para que $h_i dq_i$ seja um comprimento.

Integrais em Coordenadas Curvilíneas

Dada os fatores de escala h_i para um conjunto de coordenadas, porque eles foram tabulados ou porque nós os avaliamos via a Equação (3.131), podemos usá-los para definir fórmulas para a integração nas coordenadas curvilíneas. Integrais de linha assumirão a forma

$$\int_C \mathbf{V} \cdot d\mathbf{r} = \sum_i \int_C V_i h_i dq_i. \tag{3.134}$$

Integrais de superfície assumem a mesma forma que em coordenadas cartesianas, com exceção de que em vez de expressões como $dx \, dy$ temos $(h_1 dq_1)(h_2 dq_2) = h_1 h_2 dq_1 dq_2$ etc. Isso significa que

$$\int_S \mathbf{V} \cdot d\boldsymbol{\sigma} = \int_S V_1 h_2 h_3 \, dq_2 dq_3 + \int_S V_2 h_3 h_1 \, dq_3 dq_1 + \int_S V_3 h_1 h_2 \, dq_1 dq_2. \tag{3.135}$$

O elemento do volume nas coordenadas curvilíneas ortogonais é

$$d\tau = h_1 h_2 h_3 \, dq_1 dq_2 dq_3, \tag{3.136}$$

assim integrais de volume assumem a forma

$$\int_V \varphi(q_1, q_2, q_3) h_1 h_2 h_3 dq_1 dq_2 dq_3, \tag{3.137}$$

ou a expressão análoga com φ é substituída por um vetor $\mathbf{V}(q_1, q_2, q_3)$.

Operadores Diferenciais em Coordenadas Curvilíneas

Continuamos com uma restrição para sistemas de coordenadas ortogonais.

Gradiente — Como nossas coordenadas curvilíneas são ortogonais, o gradiente assume a mesma forma que para coordenadas cartesianas, desde que usemos os deslocamentos diferenciais $dr_i = h_i \, dq_i$ na fórmula. Assim, temos

$$\nabla \varphi(q_1, q_2, q_3) = \hat{\mathbf{e}}_1 \frac{1}{h_1} \frac{\partial \varphi}{\partial q_1} + \hat{\mathbf{e}}_2 \frac{1}{h_2} \frac{\partial \varphi}{\partial q_2} + \hat{\mathbf{e}}_3 \frac{1}{h_3} \frac{\partial \varphi}{\partial q_3}, \tag{3.138}$$

isso corresponde a escrever ∇ como

$$\nabla = \hat{\mathbf{e}}_1 \frac{1}{h_1} \frac{\partial}{\partial q_1} + \hat{\mathbf{e}}_2 \frac{1}{h_2} \frac{\partial}{\partial q_2} + \hat{\mathbf{e}}_3 \frac{1}{h_3} \frac{\partial}{\partial q_3}. \tag{3.139}$$

Divergência — Esse operador deve ter o mesmo significado que em coordenadas cartesianas, assim $\nabla \cdot \mathbf{V}$ deve dar o fluxo externo líquido de $\mathbf{V}$ por volume de unidade no ponto da avaliação.

A principal diferença em relação ao caso cartesiano é que um elemento do volume não mais será um paralelepípedo, uma vez que os fatores de escala h_i em geral são funções da posição (Figura 3.21).

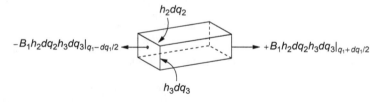

Figura 3.21: Saída de B_1 na direção q_1 de um elemento de volume curvilíneo.

Para calcular o fluxo de saída líquido de $\mathbf{V}$ na direção q_1 a partir de um elemento de volume definido por dq_1, dq_2, dq_3 e centrado em (q_1, q_2, q_3), precisamos formar

$$\text{Net } q_1 \text{ outflow} = -V_1 h_2 h_3 \, dq_2 dq_3 \Big|_{q_1 - dq_1/2, q_2, q_3} + V_1 h_2 h_3 \, dq_2 dq_3 \Big|_{q_1 + dq_1/2, q_2, q_3}. \tag{3.140}$$

Observe que não apenas V_1, mas também $h_2 h_3$ devem ser avaliados nos valores deslocados de q_1; esse produto pode ter valores diferentes em $q_1 + dq_{1/2}$ e $q_1 - dq_1/2$. Reescrevendo a Equação (3.140) em termos de uma derivada em relação a q_1, temos

$$\text{Fluxo de saída líquido } q_1 = \frac{\partial}{\partial q_1}(V_1 h_2 h_3) dq_1 dq_2 dq_3.$$

Combinando isso com as saídas q_2 e q_3 e dividindo pelo volume diferencial $h_1 h_2 h_3 \, dq_1 dq_2 dq_3$, obtemos a fórmula

$$\nabla \cdot \mathbf{V}(q_1, q_2, q_3) = \frac{1}{h_1 h_2 h_3}\left[\frac{\partial}{\partial q_1}(V_1 h_2 h_3) + \frac{\partial}{\partial q_2}(V_2 h_3 h_1) + \frac{\partial}{\partial q_3}(V_3 h_1 h_2) \right]. \tag{3.141}$$

Laplaciano — A partir das fórmulas para gradiente e divergência, podemos formar o laplaciano nas coordenadas curvilíneas:

$$\nabla^2 \varphi(q_1, q_2, q_3) = \nabla \cdot \nabla \varphi =$$
$$\frac{1}{h_1 h_2 h_3}\left[\frac{\partial}{\partial q_1}\left(\frac{h_2 h_3}{h_1} \frac{\partial \varphi}{\partial q_1} \right) + \frac{\partial}{\partial q_2}\left(\frac{h_3 h_1}{h_2} \frac{\partial \varphi}{\partial q_2} \right) + \frac{\partial}{\partial q_3}\left(\frac{h_1 h_2}{h_3} \frac{\partial \varphi}{\partial q_3} \right) \right]. \tag{3.142}$$

Note que o laplaciano não contém derivadas cruzadas, como $\partial^2/\partial q_1 \partial q_2$. Elas não aparecem porque o sistema de coordenadas é ortogonal.

Rotacional — Da mesma maneira como tratamos a divergência, calculamos a circulação em torno de um elemento da área no plano $q_1 q_2$ e, portanto, associado a um vetor na direção q_3. Referindo-se à Figura 3.22, a linha integral $\oint \mathbf{B} \cdot d\mathbf{r}$ consiste em quatro segmentos contribuições, que para a primeira ordem são

$$\text{Segmento } 1 = (h_1 B_1)\Big|_{q_1, q_2 - dq_2/2, q_3} dq_1,$$

$$\text{Segmento } 2 = (h_2 B_2)\Big|_{q_1 + dq_1/2, q_2, q_3} dq_2,$$

$$\text{Segmento } 3 = -(h_1 B_1)\Big|_{q_1, q_2 + dq_2/2, q_3} dq_1,$$

$$\text{Segmento } 4 = -(h_2 B_2)\Big|_{q_1 - dq_1/2, q_2, q_3} dq_2.$$

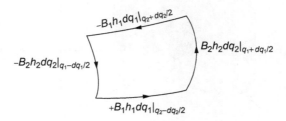

Figura 3.22: Circulação $\oint \mathbf{B} \cdot d\mathbf{r}$ em torno do elemento curvilíneo da área em uma superfície de constante q_3.

Tendo em mente que h_i são funções da posição, e que o circuito tem área $h_1 h_2 dq_1 dq_2$, essas contribuições combinam-se em uma circulação por unidade de área

$$(\nabla \times \mathbf{B})_3 = \frac{1}{h_1 h_2}\left[-\frac{\partial}{\partial q_2}(h_1 B_1) + \frac{\partial}{\partial q_1}(h_2 B_2)\right].$$

A generalização desse resultado para a orientação arbitrária do circuito de circulação pode ser convertida na forma determinantal

$$\nabla \times \mathbf{B} = \frac{1}{h_1 h_2 h_3}\begin{vmatrix} \hat{\mathbf{e}}_1 h_1 & \hat{\mathbf{e}}_2 h_2 & \hat{\mathbf{e}}_3 h_3 \\ \dfrac{\partial}{\partial q_1} & \dfrac{\partial}{\partial q_2} & \dfrac{\partial}{\partial q_3} \\ h_1 B_1 & h_2 B_2 & h_3 B_3 \end{vmatrix}. \tag{3.143}$$

Assim como para as coordenadas cartesianas, esse determinante deve ser avaliado de cima para baixo, de modo que as derivadas agirão sobre a linha de baixo.

Coordenadas Cilíndricas Circulares

Embora haja pelo menos 11 sistemas de coordenadas que são apropriados para utilização na solução de problemas de física, a evolução dos computadores e de técnicas de programação eficientes reduziu muito a necessidade da maioria desses sistemas de coordenadas, com o resultado de que a discussão neste livro se limitará a (1) coordenadas cartesianas, (2) coordenadas polares esféricas (tratadas na próxima subseção) e (3) coordenadas cilíndricas circulares, que discutiremos aqui. Especificações e detalhes dos outros sistemas de coordenadas podem ser encontrados nas duas primeiras edições desta obra e em Leituras Adicionais no final deste capítulo (Morse e Feshbach, Margenau e Murphy).

No sistema de coordenadas cilíndricas circulares três coordenadas curvilíneas são rotuladas (ρ, φ, z). Usamos ρ para a distância perpendicular a partir do eixo z porque reservamos r para a distância a partir da origem. Os intervalos de ρ, φ e z são

$$0 \le \rho < \infty, \quad 0 \le \varphi < 2\pi, \quad -\infty < z < \infty.$$

Para $\rho = 0$, φ não está bem definido. As superfícies de coordenadas, mostradas na Figura 3.23, seguem:

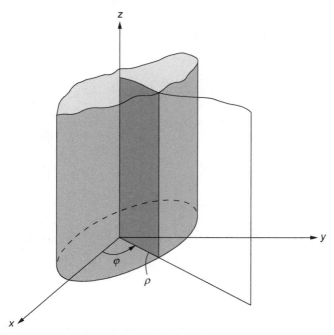

Figura 3.23: Coordenadas cilíndricas ρ, φ, z.

1. Cilindros circulares direitos tendo o eixo z como um eixo comum,

$$\rho = \left(x^2 + y^2\right)^{1/2} = \text{constante.}$$

2. Semiplanos ao longo do plano z, em um ângulo φ medido a partir da direção x,

$$\varphi = \tan^{-1}\left(\frac{y}{x}\right) = \text{constante.}$$

O arco tangente tem valor duplo no intervalo de φ, e o valor correto de φ deve ser determinado pelos sinais individuais de x e y.

3. Planos paralelos ao plano $x\,y$, como no sistema cartesiano,

$$z = \text{constante.}$$

Invertendo as equações anteriores, podemos obter

$$x = \rho \cos\varphi, \quad y = \rho \,\text{sen}\,\varphi, \quad z = z. \tag{3.144}$$

Isso é essencialmente um sistema curvilíneo 2-D, com um eixo z cartesiano adicionado para formar um sistema 3-D.

O vetor de coordenadas $\mathbf{r}$ e um vetor geral $\mathbf{V}$ são expressos como

$$\mathbf{r} = \rho\,\hat{\mathbf{e}}_\rho + z\,\hat{\mathbf{e}}_z, \quad \mathbf{V} = V_\rho\,\hat{\mathbf{e}}_\rho + V_\varphi\,\hat{\mathbf{e}}_\varphi + V_z\,\hat{\mathbf{e}}_z.$$

A partir da Equação (3.131), os fatores de escala para essas coordenadas são

$$h_\rho = 1, \quad h_\varphi = \rho, \quad h_z = 1, \tag{3.145}$$

assim os elementos de deslocamento, área e volume são

$$
\begin{aligned}
d\mathbf{r} &= \hat{\mathbf{e}}_\rho\,d\rho + \rho\,\hat{\mathbf{e}}_\varphi\,d\varphi + \hat{\mathbf{e}}_z\,dz, \\
d\boldsymbol{\sigma} &= \rho\,\hat{\mathbf{e}}_\rho\,d\varphi\,dz + \hat{\mathbf{e}}_\varphi\,d\rho\,dz + \rho\,\hat{\mathbf{e}}_z\,d\rho\,d\varphi, \\
d\tau &= \rho\,d\rho\,d\varphi\,dz.
\end{aligned}
\tag{3.146}
$$

Talvez valha a pena ressaltar que os vetores unitários $\hat{\mathbf{e}}_\rho$ e $\hat{\mathbf{e}}_\varphi$ têm direções que variam com φ; se expressões contendo esses vetores unitários são diferenciadas com respeito a φ, as derivadas desses vetores unitários devem ser incluídas nos cálculos.

Exemplo 3.10.1 Lei da Área de Kepler para Movimento Planetário

Uma das leis de Kepler afirma que o vetor do raio de um planeta, em relação a uma origem no sol, abrange áreas iguais em tempos iguais. É instrutivo derivar essa relação usando coordenadas cilíndricas. Por simplicidade, consideramos um planeta de massa unitária e movimento no plano $z = 0$.

A força gravitacional $\mathbf{F}$ tem a forma $f(r)\,\hat{\mathbf{e}}_r$ e, portanto, o torque sobre a origem, $\mathbf{r} \times \mathbf{F}$, desaparece, de modo que o momento angular $\mathbf{L} = \mathbf{r} \times d\mathbf{r}/t$ é conservado. Para avaliar $d\mathbf{r}/dt$, começamos com $d\mathbf{r}$ como dado na Equação (3.146), escrevendo

$$\frac{d\mathbf{r}}{dt} = \hat{\mathbf{e}}_\rho\,\dot{\rho} + \hat{\mathbf{e}}_\varphi\,\rho\,\dot{\varphi},$$

onde usamos a notação de ponto (criada por Newton) para indicar derivadas temporais.

Agora formamos

$$\mathbf{L} = \rho\,\hat{\mathbf{e}}_\rho \times \left(\hat{\mathbf{e}}_\rho\,\dot{\rho} + \hat{\mathbf{e}}_\varphi\,\rho\,\dot{\varphi}\right) = \rho^2\,\dot{\varphi}\,\hat{\mathbf{e}}_z.$$

Concluímos que $\rho^2\dot{\varphi}$ é constante. Criando a identificação $\rho^2\dot{\varphi} = 2dA/dt$, onde A é a área varrida, confirmamos a lei de Kepler.

Continuando agora para os operadores diferenciais vetoriais, usando a Equações (3.138), (3.141), (3.142) e (3.143), temos

$$\nabla\psi(\rho,\varphi,z) = \hat{\mathbf{e}}_\rho\frac{\partial\psi}{\partial b\rho} + \hat{\mathbf{e}}_\varphi\frac{1}{\rho}\frac{\partial\psi}{\partial\varphi} + \hat{\mathbf{e}}_z\frac{\partial\psi}{\partial z}, \tag{3.147}$$

$$\nabla\cdot\mathbf{V} = \frac{1}{\rho}\frac{\partial}{\partial\rho}(\rho V_\rho) + \frac{1}{\rho}\frac{\partial V_\varphi}{\partial\varphi} + \frac{\partial V_z}{\partial z}, \tag{3.148}$$

$$\nabla^2\psi = \frac{1}{\rho}\frac{\partial}{\partial\rho}\left(\rho\frac{\partial\psi}{\partial\rho}\right) + \frac{1}{\rho^2}\frac{\partial^2\psi}{\partial\varphi^2} + \frac{\partial^2\psi}{\partial z^2}, \tag{3.149}$$

$$\nabla\times V = \frac{1}{\rho}\begin{vmatrix} \hat{\mathbf{e}}_\rho & \rho\hat{\mathbf{e}}_\varphi & \hat{\mathbf{e}}_z \\ \dfrac{\partial}{\partial\rho} & \dfrac{\partial}{\partial\varphi} & \dfrac{\partial}{\partial z} \\ V_\rho & \rho V_\varphi & V_z \end{vmatrix}. \tag{3.150}$$

Por fim, para problemas como guias de onda circular e ressonadores de cavidade cilíndrica, o vetor laplaciano $\nabla^2\mathbf{V}$ é necessário. A partir da Equação (3.70), podemos demonstrar que seus componentes nas coordenadas cilíndricas são

$$\begin{aligned} \nabla^2\mathbf{V}\Big|_\rho &= \nabla^2 V_\rho - \frac{1}{\rho^2}V_\rho - \frac{2}{\rho^2}\frac{\partial V_\varphi}{\partial\varphi}, \\ \nabla^2\mathbf{V}\Big|_\varphi &= \nabla^2 V_\varphi - \frac{1}{\rho^2}V_\varphi + \frac{2}{\rho^2}\frac{\partial V_\rho}{\partial\varphi}, \\ \nabla^2\mathbf{V}\Big|_z &= \nabla^2 V_z. \end{aligned} \tag{3.151}$$

Exemplo 3.10.2   UM TERMO DE NAVIER-STOKES

As equações de Navier-Stokes da hidrodinâmica contêm um termo não linear

$$\nabla\times\left[\mathbf{v}\times(\nabla\times\mathbf{v})\right],$$

em que $\mathbf{v}$ é a velocidade de um fluido. Para um fluido saindo por um tubo cilíndrico na direção z,

$$\mathbf{v} = \hat{\mathbf{e}}_z v(\rho).$$

A partir da Equação (3.150),

$$\nabla\times\mathbf{v} = \frac{1}{\rho}\begin{vmatrix} \hat{\mathbf{e}}_\rho & \rho\hat{\mathbf{e}}_\varphi & \hat{\mathbf{e}}_z \\ \dfrac{\partial}{\partial\rho} & \dfrac{\partial}{\partial\varphi} & \dfrac{\partial}{\partial z} \\ 0 & 0 & v(\rho) \end{vmatrix} = -\hat{\mathbf{e}}_\varphi\frac{\partial v}{\partial\rho},$$

$$\mathbf{v}\times(\nabla\times\mathbf{v}) = \begin{vmatrix} \hat{\mathbf{e}}_\rho & \hat{\mathbf{e}}_\varphi & \hat{\mathbf{e}}_z \\ 0 & 0 & v \\ 0 & -\dfrac{\partial v}{\partial\rho} & 0 \end{vmatrix} = \hat{\mathbf{e}}_\rho\, v(\rho)\,\frac{\partial v}{\partial\rho}.$$

Finalmente,

$$\nabla \times \left(\mathbf{v} \times (\nabla \times \mathbf{v}) \right) = \frac{1}{\rho} \begin{vmatrix} \hat{\mathbf{e}}_\rho & \rho \hat{\mathbf{e}}_\varphi & \hat{\mathbf{e}}_z \\ \dfrac{\partial}{\partial \rho} & \dfrac{\partial}{\partial \varphi} & \dfrac{\partial}{\partial z} \\ v \dfrac{\partial v}{\partial \rho} & 0 & 0 \end{vmatrix} = 0.$$

Para esse caso particular, o termo não linear desaparece.   ∎

Coordenadas Polares Esféricas

Coordenadas polares esféricas foram introduzidas como um exemplo inicial de um sistema de coordenadas curvilíneas, e foram ilustradas na Figura 3.19. Reiteramos: As coordenadas são rotuladas (r, θ, φ). Seus intervalos são

$$0 \le r < \infty, \quad 0 \le \theta \le \pi, \quad 0 \le \varphi < 2\pi.$$

Para $r = 0$, nem θ nem φ estão bem-definidos. Além disso, φ está maldefinido para $\theta = 0$ e $\theta = \pi$. As superfícies coordenadas seguem:

1. Esferas concêntricas centradas na origem,

$$r = \left(x^2 + y^2 + z^2 \right)^{1/2} = \text{constante.}$$

2. Cones circulares direitos centrados no eixo z (polar) com vértices na origem,

$$\theta = \arccos \frac{z}{r} = \text{constante.}$$

3. Semiplanos ao longo do eixo z (polar), em um ângulo φ medido a partir da direção x,

$$\varphi = \arctan \frac{y}{x} = \text{constante.}$$

O arco tangente tem valor duplo no intervalo de φ, e o valor correto de φ deve ser determinado pelos sinais individuais de x e y.

Invertendo as equações anteriores, podemos obter

$$x = r \operatorname{sen}\theta \cos\varphi, \quad y = r \operatorname{sen}\theta \operatorname{sen}\varphi, \quad z = r \cos\theta. \tag{3.152}$$

O vetor de coordenadas r e um vetor geral **V** são expressos como

$$\mathbf{r} = r \hat{\mathbf{e}}_r, \quad \mathbf{V} = V_r \hat{\mathbf{e}}_r + V_\theta \hat{\mathbf{e}}_\theta + V_\varphi \hat{\mathbf{e}}_\varphi.$$

A partir da Equação (3.131), os fatores de escala para essas coordenadas são

$$h_r = 1, \quad h_\theta = r, \quad h_\varphi = r \operatorname{sen}\theta, \tag{3.153}$$

assim os elementos de deslocamento, área e volume são

$$d\mathbf{r} = \hat{\mathbf{e}}_r \, dr + r \hat{\mathbf{e}}_\theta \, d\theta + r \operatorname{sen}\theta \, \hat{\mathbf{e}}_\varphi \, d\varphi,$$

$$d\boldsymbol{\sigma} = r^2 \operatorname{sen}\theta \, \hat{\mathbf{e}}_r \, d\theta \, d\varphi + r \operatorname{sen}\theta \, \hat{\mathbf{e}}_\theta \, dr \, d\varphi + r \hat{\mathbf{e}}_\varphi \, dr \, d\theta, \tag{3.154}$$

$$d\tau = r^2 \operatorname{sen}\theta \, d\rho \, d\theta \, d\varphi.$$

Frequentemente há a necessidade de realizar uma integração de superfície ao longo dos ângulos, caso em que a dependência angular de $d\sigma$ é reduzida a

$$d\Omega = \operatorname{sen}\theta \, d\theta \, d\varphi, \tag{3.155}$$

onde $d\Omega$ é chamado elemento do ângulo sólido, e tem a propriedade que sua integral ao longo de todos os ângulos tem o valor

$$\int d\Omega = 4\pi.$$

Note que para coordenadas polares esféricas, todos os três vetores unitários têm direções que dependem da posição, e esse fato deve ser levado em conta quando expressões contendo os vetores unitários são diferenciadas.

Os operadores vetoriais diferenciais podem agora ser avaliados, utilizando as Equações (3.138), (3.141), (3.142) e (3.143):

$$\nabla \psi(r, \theta, \varphi) = \hat{\mathbf{e}}_r \frac{\partial \psi}{\partial r} + \hat{\mathbf{e}}_\theta \frac{1}{r} \frac{\partial \psi}{\partial \theta} + \hat{\mathbf{e}}_\varphi \frac{1}{r \operatorname{sen}\theta} \frac{\partial \psi}{\partial \varphi}, \tag{3.156}$$

$$\nabla \cdot \mathbf{V} = \frac{1}{r^2 \operatorname{sen}\theta} \left[\operatorname{sen}\theta \frac{\partial}{\partial r}(r^2 V_r) + r \frac{\partial}{\partial \theta}(\operatorname{sen}\theta \, V_\theta) + r \frac{\partial V_\varphi}{\partial \varphi} \right], \tag{3.157}$$

$$\nabla^2 \psi = \frac{1}{r^2 \operatorname{sen}\theta} \left[\operatorname{sen}\theta \frac{\partial}{\partial r}\left(r^2 \frac{\partial \psi}{\partial r}\right) + \frac{\partial}{\partial \theta}\left(\operatorname{sen}\theta \frac{\partial \psi}{\partial \theta}\right) + \frac{1}{\operatorname{sen}\theta} \frac{\partial^2 \psi}{\partial \varphi^2} \right], \tag{3.158}$$

$$\nabla \times V = \frac{1}{r^2 \operatorname{sen}\theta} \begin{vmatrix} \hat{\mathbf{e}}_r & r\,\hat{\mathbf{e}}_\theta & r \operatorname{sen}\theta \, \hat{\mathbf{e}}_\varphi \\ \dfrac{\partial}{\partial r} & \dfrac{\partial}{\partial \theta} & \dfrac{\partial}{\partial \varphi} \\ V_r & r V_\theta & r \operatorname{sen}\theta \, V_\varphi \end{vmatrix}. \tag{3.159}$$

Por fim, utilizando mais uma vez a Equação (3.70), os componentes do vetor laplaciano $\nabla^2 \mathbf{V}$ nas coordenadas polares esféricas podem ser mostrados como sendo

$$\begin{aligned}
\nabla^2 \mathbf{V}\Big|_r &= \nabla^2 V_r - \frac{2}{r^2} V_r - \frac{2}{r^2} \cot\theta \, V_\theta - \frac{2}{r^2} \frac{\partial V_\theta}{\partial \theta} - \frac{2}{r^2 \operatorname{sen}\theta} \frac{\partial V_\varphi}{\partial \varphi}, \\
\nabla^2 \mathbf{V}\Big|_\theta &= \nabla^2 V_\theta - \frac{1}{r^2 \operatorname{sen}^2\theta} V_\theta + \frac{2}{r^2} \frac{\partial V_r}{\partial \theta} - \frac{2\cos\theta}{r^2 \operatorname{sen}^2\theta} \frac{\partial V_\varphi}{\partial \varphi}, \\
\nabla^2 \mathbf{V}\Big|_\varphi &= \nabla^2 V_\varphi - \frac{1}{r^2 \operatorname{sen}^2\theta} V_\varphi + \frac{2}{r^2 \operatorname{sen}\theta} \frac{\partial V_r}{\partial \varphi} + \frac{2\cos\theta}{r^2 \operatorname{sen}^2\theta} \frac{\partial V_\varphi}{\partial \varphi}.
\end{aligned} \tag{3.160}$$

Exemplo 3.10.3 $\nabla, \nabla \cdot, \nabla \times$ para uma Força Central

Agora podemos facilmente derivar alguns dos resultados obtidos anteriormente de forma mais trabalhosa em coordenadas cartesianas:

A partir da Equação (3.156),

$$\nabla f(r) = \hat{\mathbf{e}}_r \frac{df}{dr}, \quad \nabla r^n = \hat{\mathbf{e}}_r n r^{n-1}. \tag{3.161}$$

Especializando para o potencial de Coulomb de uma carga pontual na origem, $V = Ze/(4\pi\varepsilon_0 r)$, assim o campo eléctrico tem o valor esperado $\mathbf{E} = -V = (Ze/4\pi\varepsilon_0 r^2)\hat{\mathbf{e}}_r$.

Considerando em seguida a divergência de uma função radial, obtemos a partir da Equação (3.157),

$$\nabla \cdot \left(\hat{\mathbf{e}}_r \, f(r)\right) = \frac{2}{r} f(r) + \frac{df}{dr}, \quad \nabla \cdot (\hat{\mathbf{e}}_r \, r^n) = (n+2) r^{n-1}. \tag{3.162}$$

Especializando o exposto para a força de Coulomb ($n = -2$), obtemos (exceto para $r = 0$) $\nabla \cdot r^{-2} = 0$, o que é consistente com a lei de Gauss.

Continuando agora para o laplaciano, da Equação (3.158), temos

$$\nabla^2 f(r) = \frac{2}{r}\frac{df}{dr} + \frac{d^2 f}{dr^2}, \quad \nabla^2 r^n = n(n+1)r^{n-2}, \tag{3.163}$$

em contraste com a segunda derivada comum de r^n envolvendo $n - 1$.

Por fim, a partir da Equação (3.159),

$$\nabla \times (\hat{\mathbf{e}}_r f(r)) = 0, \tag{3.164}$$

o que confirma que as forças centrais são irrotacionais. ∎

Exemplo 3.10.4 Potencial Vetorial Magnético

Um circuito de corrente única no plano xy tem um potencial vetorial A que é uma função apenas de r e θ, está inteiramente na direção $\hat{\mathbf{e}}_\varphi$ e está relacionada com a densidade de corrente J pela equação

$$\mu_0 \mathbf{J} = \nabla \times \mathbf{B} = \nabla \times \left[\nabla \times \hat{\mathbf{e}}_\varphi A_\varphi(r, \theta) \right].$$

Em coordenadas polares esféricas isso se reduz a

$$\mu_0 \mathbf{J} = \nabla \times \frac{1}{r^2 \operatorname{sen}\theta} \begin{vmatrix} \hat{\mathbf{e}}_r & r\hat{\mathbf{e}}_\theta & r\operatorname{sen}\theta\,\hat{\mathbf{e}}_\varphi \\ \frac{\partial}{\partial r} & \frac{\partial}{\partial \theta} & \frac{\partial}{\partial \varphi} \\ 0 & 0 & r\operatorname{sen}\theta A_\varphi \end{vmatrix}$$

$$= \nabla \times \frac{1}{r^2 \operatorname{sen}\theta} \left[\hat{\mathbf{e}}_r \frac{\partial}{\partial \theta}(r\operatorname{sen}\theta A_\varphi) - r\hat{\mathbf{e}}_\theta \frac{\partial}{\partial r}(r\operatorname{sen}\theta A_\varphi) \right].$$

Considerando o rotacional uma segunda vez, obtemos

$$\mu_0 \mathbf{J} = \frac{1}{r^2 \operatorname{sen}\theta} \begin{vmatrix} \hat{\mathbf{e}}_r & r\hat{\mathbf{e}}_\theta & r\operatorname{sen}\theta\,\hat{\mathbf{e}}_\varphi \\ \frac{\partial}{\partial r} & \frac{\partial}{\partial \theta} & \frac{\partial}{\partial \varphi} \\ \frac{1}{r\operatorname{sen}\theta}\frac{\partial}{\partial\theta}(\operatorname{sen}\theta A_\varphi) & -\frac{1}{r}\frac{\partial}{\partial r}(rA_\varphi) & 0 \end{vmatrix}.$$

Expandindo esse determinante de cima para baixo, alcançamos

$$\mu_0 \mathbf{J} = -\hat{\mathbf{e}}_\varphi \left[\frac{\partial^2 A_\varphi}{\partial r^2} + \frac{2}{r}\frac{\partial A_\varphi}{\partial r} + \frac{1}{r^2 \operatorname{sen}\theta}\frac{\partial}{\partial\theta}\left(\operatorname{sen}\theta \frac{\partial A_\varphi}{\partial\theta} \right) - \frac{1}{r^2 \operatorname{sen}^2\theta}A_\varphi \right]. \tag{3.165}$$

Note que obtemos, além de $\nabla^2 A_\varphi$, mais um termo: $-A_\varphi / r^2 \operatorname{sen}^2\theta$. ∎

Exemplo 3.10.5 Teorema de Stokes

Como um exemplo final, vamos calcular $\oint \mathbf{B} \cdot d\mathbf{r}$ para um circuito fechado, comparando o resultado com integrais $\int (\nabla \times \mathbf{B}) \cdot d\boldsymbol{\sigma}$ para duas superfícies diferentes com o mesmo perímetro. Usamos coordenadas polares esféricas, considerando $\mathbf{B} = e^{-r}\hat{\mathbf{e}}_\varphi$.

O circuito será um círculo unitário sobre a origem no plano xy; a integral de linha sobre ele será calculada no sentido anti-horário como visto de z positivo, assim a normal em relação às superfícies que ela limita passarão pelo plano xy na direção do z positivo. As superfícies que consideramos são (1) um disco circular limitado pelo circuito, e (3) um hemisfério limitado pelo circuito, com sua superfície na região $z < 0$ (Figura 3.24).

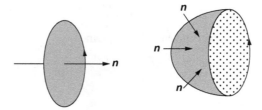

Figura 3.24: Superfícies para o exemplo 3.10.5: (à esquerda) S_1, disco; (à direita) S_2, hemisfério.

Para a integral de linha, $dr = r\operatorname{sen}\theta\,\hat{e}_\varphi\,d_\varphi$, o que se reduz a $dr = \hat{e}_\varphi\,d\varphi$ uma vez que $\theta = \pi/2$ e $r = 1$ em todo o circuito. Temos então

$$\oint \mathbf{B} \cdot d\mathbf{r} = \int\limits_{\varphi=0}^{2\pi} e^{-1}\,\hat{\mathbf{e}}_\varphi \cdot \hat{\mathbf{e}}_\varphi\,d\varphi = \frac{2\pi}{e}.$$

Para as integrais de superfície, precisamos de $\nabla \times \mathbf{B}$:

$$\nabla \times \mathbf{B} = \frac{1}{r^2\operatorname{sen}\theta}\left[\frac{\partial}{\partial\theta}(r\operatorname{sen}\theta\,e^{-r})\hat{\mathbf{e}}_r - r\frac{\partial}{\partial r}(r\operatorname{sen}\theta\,e^{-r})\hat{\mathbf{e}}_\theta\right]$$

$$= \frac{e^{-r}\cos\theta}{r\operatorname{sen}\theta}\,\hat{\mathbf{e}}_r - (1-r)e^{-r}\,\hat{\mathbf{e}}_\theta.$$

Considerando primeiro o disco, em todos os pontos de que $\theta = \pi/2$, com intervalo de integração $0 \leq r \leq 1$, e $0 \leq \varphi < 2\pi$, notamos que $d\boldsymbol{\sigma} = -\hat{\mathbf{e}}\theta\,r\operatorname{sen}\theta\,dr\,d\varphi = -\hat{\mathbf{e}}\theta\,r\,dr\,d\varphi$. O sinal de subtração surge porque a normal positiva está na direção de θ **decrescente**. Então,

$$\int\limits_{S_1} -(\nabla \times \mathbf{B})\cdot\hat{\mathbf{e}}_\theta\,r\,dr\,d\varphi = \int\limits_0^{2\pi} d\varphi \int\limits_0^1 dr\,(1-r)\,e^{-r} = \frac{2\pi}{e}.$$

Para o hemisfério, definido por $r = 1$, $\pi/2 \leq \theta < \pi$, e $0 \leq \varphi < 2\pi$, temos $d\boldsymbol{\sigma} = -\hat{\mathbf{e}}_r\,r^2\operatorname{sen}\theta\,d\theta\,d\varphi = -\hat{\mathbf{e}}_R\operatorname{sen}\theta\,d\theta\,d\varphi$ (a normal está na direção de r decrescente), e

$$\int\limits_{S_2} -(\nabla \times \mathbf{B})\cdot\hat{\mathbf{e}}_r\operatorname{sen}\theta\,d\theta\,d\varphi = -\int\limits_{\pi/2}^{\pi} d\theta e^{-1}\cos\theta\int\limits_0^{2\pi} d\varphi = \frac{2\pi}{e}.$$

Os resultados para ambas as superfícies concordam com isso a partir da integral de linha do perímetro comum. como $\nabla \times \mathbf{B}$ é solenoidal, todo o fluxo que atravessa o disco no plano $x\,y$ deve continuar por toda a superfície hemisférica e, sob esse aspecto, por toda **qualquer** superfície com o mesmo perímetro. É por isso que o teorema de Stokes é indiferente às características da superfície além de seu perímetro. ∎

Rotação e Reflexão em Coordenadas Esféricas

É raro que transformações coordenadas rotacionais precisem ser aplicadas em sistemas de coordenadas curvilíneas, e elas geralmente só aparecem em contextos que são compatíveis com a simetria do sistema de coordenadas. Limitamos a discussão atual a rotações (e reflexões) nas coordenadas polares esféricas.

Rotação — Suponha uma rotação de coordenadas identificada pelos ângulos de Euler $(\alpha,\,\beta,\,\gamma)$ converta as coordenadas de um ponto de $(r,\,\theta,\,\varphi)$ a $(r,\,\theta,\varphi')$. É óbvio que r mantém seu valor original. Surgem duas questões:

(1) Como θ' e φ' se relacionam com θ e φ? e (2) como os componentes de um vetor $\mathbf{A}$, nomeadamente $(A_r, A\theta, A_\varphi)$, se transformam?

É mais simples proceder, como fizemos para coordenadas cartesianas, analisando as três rotações consecutivas indicadas pelos ângulos de Euler. A primeira rotação, por um ângulo α em torno do eixo z, deixa θ inalterado, e converte φ em $\varphi - \alpha$. Porém, ela não produz nenhuma alteração em nenhum dos componentes de $\mathbf{A}$.

A segunda rotação, que inclina a direção polar por um ângulo β em direção ao (novo) eixo x, realmente muda os valores tanto de θ quanto de φ e, além disso, muda as direções de $\hat{\mathbf{e}}_\theta$ e $\hat{\mathbf{e}}_\varphi$. Referindo-se à Figura 3.25, vemos que esses dois vetores unitários são submetidos a uma rotação χ no plano tangente à esfera da constante r, produzindo, assim novos vetores unitários e'_θ e de tal forma que

$$\hat{\mathbf{e}}_\theta = \cos\chi\,\hat{\mathbf{e}}'_\theta - \mathrm{sen}\,\chi\,\hat{\mathbf{e}}'_\varphi, \quad \hat{\mathbf{e}}_\varphi = \mathrm{sen}\,\chi\,\hat{\mathbf{e}}'_\theta + \cos\chi\,\hat{\mathbf{e}}'_\varphi.$$

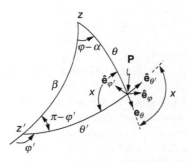

Figura 3.25: Vetores de rotação e vetores unitários em coordenadas polares esféricas, mostrados em uma esfera de raio r. A direção polar original é marcada como z; ela é movida para a direção z', com uma inclinação determinada pelo ângulo de Euler β. Os vetores unitários $\hat{\mathbf{e}}_\theta$ e $\hat{\mathbf{e}}_\varphi$ no ponto $\mathbf{P}$ são, assim, rotacionados ao longo do ângulo χ.

Essa transformação corresponde a

$$S_2 = \begin{pmatrix} \cos\chi & \mathrm{sen}\,\chi \\ -\mathrm{sen}\,\chi & \cos\chi \end{pmatrix}.$$

Realizando a trigonometria esférica correspondente à Figura 3.25, temos as novas coordenadas

$$\cos\theta' = \cos\beta\cos\theta + \mathrm{sen}\,\beta\,\mathrm{sen}\,\theta\cos(\varphi - \alpha), \quad \cos\varphi' = \frac{\cos\beta\cos\theta' - \cos\theta}{\mathrm{sen}\,\beta\,\mathrm{sen}\,\theta'}, \tag{3.166}$$

e

$$\cos\chi = \frac{\cos\beta - \cos\theta\cos\theta'}{\mathrm{sen}\,\theta\,\mathrm{sen}\,\theta'}. \tag{3.167}$$

A terceira rotação, por um ângulo γ em torno do novo eixo z, deixa os componentes de A inalterados, mas requer a substituição de φ' por $\varphi' - \gamma$.

Resumindo,

$$\begin{pmatrix} A'_r \\ A'_\theta \\ A'_\varphi \end{pmatrix} = \begin{pmatrix} 1 & 0 & 0 \\ 0 & \cos\chi & \mathrm{sen}\,\chi \\ 0 & -\mathrm{sen}\,\chi & \cos\chi \end{pmatrix} \begin{pmatrix} A_r \\ A_\theta \\ A_\varphi \end{pmatrix}. \tag{3.168}$$

Essa equação especifica os componentes de $\mathbf{A}$ nas coordenadas rotacionadas no ponto $(r, \theta', \varphi' - \gamma)$ em termos dos componentes originais no mesmo ponto físico, (r, θ, φ).

Reflexão — A inversão do sistema de coordenadas inverte o sinal de cada coordenada cartesiana. Considerando o ângulo φ como o que move a nova coordenada $+ x$ em direção à nova coordenada $+ y$, o sistema (que originalmente era dextrogiro) agora se torna levogiro. As coordenadas (r, θ, φ) de um ponto (fixo) se tornam, no novo sistema, $(r, \pi - \theta, \pi + \varphi)$. Os vetores unitários $\hat{\mathbf{e}}_r$ e $\hat{\mathbf{e}}_\varphi$ são invariantes sob inversão, mas $\hat{\mathbf{e}}_\theta$ muda de sinal, assim

$$\begin{pmatrix} A'_r \\ A'_\theta \\ A'_\varphi \end{pmatrix} = \begin{pmatrix} A_r \\ -A_\theta \\ A_\varphi \end{pmatrix}, \quad \text{inversão de coordenadas.} \tag{3.169}$$

Exercícios

3.10.1   O sistema de coordenadas u, v, z frequentemente utilizado em eletrostática e hidrodinâmica é definido por

$$x y = u, \quad x^2 - y^2 = v, \quad z = z.$$

Esse sistema u, v, z é ortogonal.

    (a)   Em suas próprias palavras, descreva brevemente a natureza de cada uma das três famílias de superfícies coordenadas.

    (b)   Esboce o sistema no plano $x y$ mostrando as interseções das superfícies de u constante e as superfícies de v constante com o plano $x y$.

    (c)   Indique as direções dos vetores unitários $\mathbf{e}_u$ e $\hat{\mathbf{e}}_v$ em todos os quatro quadrantes.

    (d)   Por fim, esse sistema u, v, z é destrogiro ($\hat{\mathbf{e}}_v \times \hat{\mathbf{e}}_v = + \hat{\mathbf{e}}_z$) ou levogiro ($\hat{\mathbf{e}}_u \times \hat{\mathbf{e}}_v = -\hat{\mathbf{e}}_z$)?

3.10.2   O sistema de coordenadas cilíndricas elípticas é composto por três famílias de superfícies:

(1) $\dfrac{x^2}{a^2 \cosh^2 u} + \dfrac{y^2}{a^2 \operatorname{senh}^2 u} = 1$; (2) $\dfrac{x^2}{a^2 \cos^2 v} - \dfrac{y^2}{a^2 \operatorname{sen}^2 v} = 1$; (3) $z = z$.

Esboce as superfícies coordenadas $u = $ constante e $v = $ constante da maneira como elas se interceptam no primeiro quadrante do plano $x y$. Mostre os vetores unitários $\hat{\mathbf{e}}_u$ e $\hat{\mathbf{e}}_v$. O intervalo de u é $0 \le u < \infty$.

O intervalo de v é $0 \le v \le 2\pi$.

3.10.3   Desenvolva argumentos para demonstrar que produtos escalares e vetoriais (não envolvendo ∇) em coordenadas curvilíneas ortogonais em $\mathbb{R}^3$ são calculados, como em coordenadas cartesianas, **sem o envolvimento de fatores de escala**.

3.10.4   Com $\hat{\mathbf{e}}_1$ um vetor unitário na direção de q_1 crescente, mostre que

    (a) $\nabla \cdot \hat{\mathbf{e}}_1 = \dfrac{1}{h_1 h_2 h_3} \dfrac{\partial (h_2 h_3)}{\partial q_1}$

    (b) $\nabla \times \hat{\mathbf{e}}_1 = \dfrac{1}{h_1} \left[\hat{\mathbf{e}}_2 \dfrac{1}{h_3} \dfrac{\partial h_1}{\partial q_3} - \hat{\mathbf{e}}_3 \dfrac{1}{h_2} \dfrac{\partial h_1}{\partial q_2} \right]$

Observe que embora $\hat{\mathbf{e}}_1$ seja um vetor unitário, seu divergente e seu rotacional **não necessariamente desaparecem**.

3.10.5   Mostre que um conjunto de vetores unitários ortogonais $\hat{\mathbf{e}}_i$ pode ser definido por

$$\hat{\mathbf{e}}_i = \frac{1}{h_i} \frac{\partial \mathbf{r}}{\partial q_i}.$$

Em particular, mostre que $\hat{\mathbf{e}}_i \cdot \hat{\mathbf{e}}_i = 1$ leva a uma expressão para h_i de acordo com a Equação (3.131). A equação anterior para $\hat{\mathbf{e}}_i$ pode ser considerada o ponto de partida para derivar

$$\frac{\partial \hat{\mathbf{e}}_i}{\partial q_j} = \hat{\mathbf{e}}_j \frac{1}{h_i} \frac{\partial h_j}{\partial q_i}, \quad i \ne j$$

e

$$\frac{\partial \hat{\mathbf{e}}_i}{\partial q_i} = -\sum_{j \neq i} \hat{\mathbf{e}}_j \frac{1}{h_j} \frac{\partial h_i}{\partial q_j}.$$

3.10.6 Resolva os vetores unitários cilíndricos circulares em seus componentes cartesianos (Figura 3.23).

$$RESPOSTA: \quad e_\rho = \hat{\mathbf{e}}_x \cos\varphi + \hat{\mathbf{e}}_y \,\mathrm{sen}\,\varphi,$$
$$e\varphi = \hat{\mathbf{e}}_x \,\mathrm{sen}\,\varphi + \hat{\mathbf{e}}_y \,\mathrm{sen}\,\varphi$$
$$e_z = e_z$$

3.10.7 Resolva os vetores unitários cartesianos em seus componentes cilíndricos circulares (Figura 3.23).

$$RESPOSTA: \quad \hat{\mathbf{e}}_x = e_\rho \cos\varphi - e_\varphi \,\mathrm{sen}\,\varphi$$
$$\hat{\mathbf{e}}_y = e_\rho \,\mathrm{sen}\,\varphi + e_\varphi \cos\varphi$$
$$e_z = \mathbf{e}_z$$

3.10.8 A partir dos resultados do Exercício 3.10.6, mostre que

$$\frac{\partial \hat{\mathbf{e}}_\rho}{\partial \varphi} = \hat{\mathbf{e}}_\varphi, \quad \frac{\partial \hat{\mathbf{e}}_\varphi}{\partial \varphi} = -\hat{\mathbf{e}}_\rho$$

e que todas as outras primeiras derivadas dos vetores unitários cilíndricos circulares com relação às coordenadas cilíndricas circulares desaparecem.

3.10.9 Compare $\nabla \cdot \mathbf{V}$ como dado para as coordenadas cilíndricas na Equação (3.148) com o resultado do cálculo aplicando a $\mathbf{V}$ o operador

$$\nabla = \hat{\mathbf{e}}_\rho \frac{\partial}{\partial \rho} + \hat{\mathbf{e}}_\varphi \frac{1}{\rho} \frac{\partial}{\partial \varphi} + \hat{\mathbf{e}}_z \frac{\partial}{\partial z}$$

Observe que ∇ age tanto nos vetores unitários quanto nos componentes de $\mathbf{V}$.

3.10.10 (a) Mostre que $\mathbf{r} = \hat{\mathbf{e}}_\rho \rho + \hat{\mathbf{e}}_z z$.
(b) Trabalhando inteiramente em coordenadas cilíndricas circulares, mostre que

$$\nabla \cdot \mathbf{r} = 3 \quad e \quad \nabla \times \mathbf{r} = 0.$$

3.10.11 (a) Mostre que a operação de paridade (reflexão através da origem) em um ponto (ρ, φ, z) em relação aos eixos x, y, z **fixos** consiste na transformação

$$\rho \to \rho, \quad \varphi \to \varphi \pm \pi, \quad z \to -z.$$

(b) Mostre que $\hat{\mathbf{e}}_\rho$ e $\hat{\mathbf{e}}_\varphi$ têm paridade ímpar (inversão da direção) e que $\hat{\mathbf{e}}_z$ tem paridade par.
Nota: Os vetores unitários cartesianos $\hat{\mathbf{e}}_x, \hat{\mathbf{e}}_y$ e $\hat{\mathbf{e}}_z$ permanecem constantes.

3.10.12 Um corpo rígido está girando em torno de um eixo fixo com uma velocidade angular constante ω. Considere ω como estando ao longo do eixo z. Expresse o vetor de posição r em coordenadas cilíndricas circulares e usando coordenadas cilíndricas circulares,
(a) calcule $\mathbf{v} = \omega \times \mathbf{r}$,
(b) calcule $\nabla \times \mathbf{v}$.

$$RESPOSTA: \quad (a) \quad \mathbf{v} = \hat{\mathbf{e}}_\varphi \omega \rho$$
$$(b) \quad \nabla \times \mathbf{v} = 2\omega.$$

3.10.13 Encontre os componentes circulares cilíndricos de velocidade e aceleração de uma partícula em movimento,

$$v_\rho = \dot{\rho}, \qquad a_\rho = \ddot{\rho} - \rho\dot{\varphi}^2,$$

$$v_\varphi = \rho\dot{\varphi}, \qquad a_\varphi = \rho\ddot{\varphi} + 2\dot{\rho}\dot{\varphi},$$

$$v_z = \dot{z}, \qquad a_z = \ddot{z}.$$

Dica: $\mathbf{r}(t) = e_\rho(t)\rho(t) + e_z z(t)$

$= [\hat{\mathbf{e}}_x \cos\varphi(t) + \hat{\mathbf{e}}_y \operatorname{sen}\varphi(t)]\rho(t) + e_z z(t)$

Nota: $\dot{\rho} = dp/dt$, $\ddot{\rho} = d^2\rho/dt^2$ etc.

3.10.14 Em coordenadas cilíndricas circulares voltadas para a direita, uma função vetorial particular é dada por

$$\mathbf{V}(\rho, \varphi) = \hat{\mathbf{e}}_\rho V_\rho(\rho, \varphi) + \hat{\mathbf{e}}_\varphi V_\varphi(\rho, \varphi).$$

Mostre que $\nabla \times \mathbf{V}$ tem apenas um componente z. Note que esse resultado será verdadeiro para qualquer vetor confinado a uma superfície q_3 = constante desde que os produtos h_1V_1 e h_2V_2 sejam cada um deles independentes de q_3.

3.10.15 Um fio condutor ao longo do eixo z transporta uma corrente I. O potencial vetorial magnético resultante é dado por

$$\mathbf{A} = \hat{\mathbf{e}}_z \frac{\mu I}{2\pi} \ln\left(\frac{1}{\rho}\right).$$

Mostre que a indução magnética $\mathbf{B}$ é dada por

$$\mathbf{B} = \hat{\mathbf{e}}_\varphi \frac{\mu I}{2\pi\rho}.$$

3.10.16 Uma força é descrita por

$$\mathbf{F} = -\hat{\mathbf{e}}_x \frac{y}{x^2 + y^2} + \hat{\mathbf{e}}_y \frac{x}{x^2 + y^2}.$$

(a) Expresse $\mathbf{F}$ em coordenadas cilíndricas circulares. Operando inteiramente em coordenadas cilíndricas circulares para (b) e (c),

(b) Calcule o rotacional de $\mathbf{F}$ e

(c) Calcule o trabalho realizado por $\mathbf{F}$ em circundar o círculo unitário uma vez no sentido anti-horário.

(d) Como você reconcilia os resultados de (b) e (c)?

3.10.17 Um cálculo do efeito de pinçamento magneto-hidrodinâmico envolve a avaliação de $(\mathbf{B} \cdot \nabla)\mathbf{B}$. Se a indução magnética $\mathbf{B}$ é considerada como sendo $\mathbf{B} = \hat{\mathbf{e}}_\varphi B_\varphi(\rho)$, mostre que

$$(\mathbf{B} \cdot \nabla)\mathbf{B} = -\hat{\mathbf{e}}_\rho B_\varphi^2 / \rho.$$

3.10.18 Expresse os vetores unitários polares esféricos em termos de vetores unitários cartesianos.

$$RESPOSTA: \quad \hat{\mathbf{e}}_r = \hat{\mathbf{e}}_x \operatorname{sen}\theta\cos\varphi + \hat{\mathbf{e}}_y \operatorname{sen}\theta\operatorname{sen}\varphi + e_z \cos\theta.$$

$$e_\theta = \hat{\mathbf{e}}_x \cos\theta\cos\varphi + \hat{\mathbf{e}}_y \cos\theta\operatorname{sen}\varphi - e_z \operatorname{sen}\theta$$

$$e_\varphi = \hat{\mathbf{e}}_x \operatorname{sen}\varphi + \hat{\mathbf{e}}_y \cos\varphi$$

3.10.19 Resolva os vetores unitários cartesianos em seus componentes polares esféricos:

$$\hat{\mathbf{e}}_x = \hat{\mathbf{e}}_r \,\mathrm{sen}\,\theta \cos\varphi + \hat{\mathbf{e}}_\theta \cos\theta \cos\varphi - \hat{\mathbf{e}}_\varphi \,\mathrm{sen}\,\varphi,$$

$$\hat{\mathbf{e}}_y = \hat{\mathbf{e}}_r \,\mathrm{sen}\,\theta \,\mathrm{sen}\,\varphi + \hat{\mathbf{e}}_\theta \cos\theta \,\mathrm{sen}\,\varphi + \hat{\mathbf{e}}_\varphi \cos\varphi,$$

$$\hat{\mathbf{e}}_z = \hat{\mathbf{e}}_r \cos\theta - \hat{\mathbf{e}}_\theta \,\mathrm{sen}\,\theta.$$

3.10.20 (a) Explique por que não é possível relacionar um vetor coluna **r** (com componentes x, y, z) com outro vetor coluna **r′** (com componentes r, θ, φ), por meio de uma equação matricial da forma **r′ = Br**.

(b) Pode-se escrever uma equação matricial relacionando os componentes cartesianos de um vetor com seus componentes em coordenadas polares esféricas. Encontre a matriz de transformação e determine se ela é ortogonal.

3.10.21 Localize a matriz de transformação que converte os componentes de um vetor em coordenadas polares esféricas para seus componentes em coordenadas cilíndricas circulares. Em seguida, encontre a matriz da transformação inversa.

3.10.22 (a) A partir dos resultados do Exercício 3.10.18, calcule as derivadas parciais de $\hat{\mathbf{e}}_r$, $\hat{\mathbf{e}}_\theta$ e $\hat{\mathbf{e}}_\varphi$ com relação a r, θ e φ.

(b) Com ∇ dada por

$$\hat{\mathbf{e}}_r \frac{\partial}{\partial r} + \hat{\mathbf{e}}_\theta \frac{1}{r}\frac{\partial}{\partial\theta} + \hat{\mathbf{e}}_\varphi \frac{1}{r\,\mathrm{sen}\,\theta}\frac{\partial}{\partial\varphi}$$

(maior taxa espacial de mudança), utilize os resultados da parte (a) para calcular $\nabla \cdot \nabla\psi$. Isso é uma derivação alternativa da laplaciana. *Nota*: As derivadas à esquerda de ∇ operam nos vetores unitários à direita de ∇ **antes** de o produto escalar ser avaliado.

3.10.23 Um corpo rígido está girando em torno de um eixo fixo com uma velocidade angular constante ω. Considere ω como estando ao longo do eixo z. Usando coordenadas polares esféricas,

(a) calcule $\mathbf{v} = \omega \times \mathbf{r}$.

(b) calcule $\nabla \times \mathbf{v}$.

RESPOSTA: (a) $\mathbf{v} = \hat{\mathbf{e}}_\varphi \omega r\,\mathrm{sen}\,\theta$.

(b) $\nabla \times \mathbf{v} = 2\omega$.

3.10.24 Certo vetor **V** não tem nenhum componente radial. Seu rotacional não tem componentes tangenciais. O que isso implica sobre a dependência radial dos componentes tangenciais de **V**?

3.10.25 A física moderna dá grande importância à propriedade da paridade (se uma quantidade permanece invariável ou muda de sinal sob uma inversão do sistema de coordenadas). Em coordenadas cartesianas isso significa $x \to -x$, $y \to -y$ e $z \to -z$.

(a) Mostre que a inversão (reflexão através da origem) de um ponto (r, θ, φ) em relação aos eixos **fixos** x, y, z consiste na transformação

$$r \to r, \quad \theta \to \pi - \theta, \quad \varphi \to \varphi \pm \pi.$$

(b) Mostre que $\hat{\mathbf{e}}_r$ e $\hat{\mathbf{e}}_\varphi$ têm paridade ímpar (inversão da direção) e que $\hat{\mathbf{e}}_\theta$ tem paridade par.

3.10.26 Com **A** qualquer vetor,

$$\mathbf{A} \cdot \nabla\mathbf{r} = \mathbf{A}.$$

(a) Verifique esse resultado em coordenadas cartesianas.

(b) Verifique esse resultado usando coordenadas polares esféricas. A Equação (3.156) fornece $\nabla \cdot$

3.10.27 Encontre as componentes coordenadas esféricas da velocidade e da aceleração de uma partícula em movimento:

$$v_r = \dot{r}, \qquad a_r = \ddot{r} - r\dot{\theta}^2 - r\operatorname{sen}^2\theta\,\dot{\varphi}^2,$$

$$v_\theta = r\dot{\theta}, \qquad a_\theta = r\ddot{\theta} + 2\dot{r}\dot{\theta} - r\operatorname{sen}\theta\cos\theta\,\dot{\varphi}^2,$$

$$v_\varphi = r\operatorname{sen}\theta\,\dot{\varphi}, \qquad a_\varphi = r\operatorname{sen}\theta\,\ddot{\varphi} + 2\dot{r}\operatorname{sen}\theta\,\dot{\varphi} + 2r\cos\theta\,\dot{\theta}\dot{\varphi}.$$

Dica: $\mathbf{r}(t) = \hat{\mathbf{e}}_r(t)r(t)$

$\qquad = [\hat{\mathbf{e}}_x \operatorname{sen}\theta(t)\cos\varphi(t) + \hat{\mathbf{e}}_y \operatorname{sen}\theta(t)\operatorname{sen}\varphi(t) + e_z \cos\theta(t)]r(t)$

Nota: O ponto em $\dot{r}, \dot{\theta}, \dot{\varphi}$ significa derivada temporal: $\dot{r} = dr/dt, \dot{\theta} = d\theta/dt, \varphi = d\varphi/dt$.

3.10.28   Expresse $\partial/\partial x$, $\partial/\partial y$, $\partial/\partial z$ em coordenadas polares esféricas.

$$\textit{Resposta:} \quad \frac{\partial}{\partial x} = \operatorname{sen}\theta\cos\varphi\frac{\partial}{\partial r} + \cos\theta\cos\varphi\frac{1}{r}\frac{\partial}{\partial\theta} - \frac{\operatorname{sen}\varphi}{r\operatorname{sen}\theta}\frac{\partial}{\partial\varphi},$$

$$\frac{\partial}{\partial y} = \operatorname{sen}\theta\operatorname{sen}\varphi\frac{\partial}{\partial r} + \cos\theta\operatorname{sen}\varphi\frac{1}{r}\frac{\partial}{\partial\theta} + \frac{\cos\varphi}{r\operatorname{sen}\theta}\frac{\partial}{\partial\varphi},$$

$$\frac{\partial}{\partial z} = \cos\theta\frac{\partial}{\partial r} - \operatorname{sen}\theta\frac{1}{r}\frac{\partial}{\partial\theta}$$

Dica: Equacione xyz e $r\theta\varphi$.

3.10.29   Utilizando os resultados do Exercício 3.10.28, mostre que

$$-i\left(x\frac{\partial}{\partial y} - y\frac{\partial}{\partial x}\right) = -i\frac{\partial}{\partial\varphi}.$$

Isso é o operador de mecânica quântica correspondente ao componente z do momento angular orbital.

3.10.30   Com o operador do momento angular orbital da mecânica quântica definido como $\mathbf{L} = -i\,(\mathbf{r}\times\nabla)$, mostre que

(a) $L_x + i L_y = e^{i\varphi}\left(\dfrac{\partial}{\partial\theta} + i\cot\theta\dfrac{\partial}{\partial\varphi}\right),$

(b) $L_x - i L_y = -e^{-i\varphi}\left(\dfrac{\partial}{\partial\theta} - i\cot\theta\dfrac{\partial}{\partial\varphi}\right).$

3.10.31   Verifique que $\mathbf{L}\times\mathbf{L} = i\mathbf{L}$ nas coordenadas polares esféricas. $\mathbf{L} = -i\,(\mathbf{r}\times\nabla)$, o operador do momento angular orbital da mecânica quântica. Escrito na forma de componente, essa relação é

$$L_y L_z - L_z L_y = i L_x, \quad L_z L_x - L_x L_z = -L_y, \quad L_x L_y - L_y L_x = i L_z.$$

Usando a notação de comutador, $[A, B] = AB - BA$, e a definição do símbolo de Levi-Civita ε_{ijk}, esta equação também pode ser escrita

$$[L_i, L_j] = i\,\varepsilon_{ijk}\,L_k,$$

onde i, j, k são x, y, z em qualquer ordem.

Dica: Use coordenadas polares esféricas para $\mathbf{L}$, mas componentes cartesianos para o produto cruzado.

3.10.32   (a)   Usando a Equação (3.156) mostre que

$$\mathbf{L} = -i\,(\mathbf{r}\times\nabla) = i\left(\hat{\mathbf{e}}_\theta\frac{1}{\operatorname{sen}\theta}\frac{\partial}{\partial\varphi} - \hat{\mathbf{e}}_\varphi\frac{\partial}{\partial\theta}\right).$$

(b)   Resolvendo $\hat{\mathbf{e}}_\theta$ e $\hat{\mathbf{e}}_\varphi$ em componentes cartesianos, determine L_x, L_y e L_z em termos de θ, φ, e suas derivadas.

(c) A partir de $L^2 = L_x^2 + L_y^2 + L_z^2$ mostre que

$$\mathbf{L}^2 = -\frac{1}{\operatorname{sen}\theta}\frac{\partial}{\partial\theta}\left(\operatorname{sen}\theta\frac{\partial}{\partial\theta}\right) - \frac{1}{\operatorname{sen}^2\theta}\frac{\partial^2}{\partial\varphi^2}$$

$$= -r^2\nabla^2 + \frac{\partial}{\partial r}\left(r^2\frac{\partial}{\partial r}\right).$$

3.10.33 Com $\mathbf{L} = -i\mathbf{r} \times \nabla$, verifique a identidade do operador

(a) $\nabla = \hat{\mathbf{e}}_r\dfrac{\partial}{\partial r} - i\dfrac{\mathbf{r}\times\mathbf{L}}{r^2}$

(b) $\mathbf{r}\nabla^2 - \nabla\left(1 + r\dfrac{\partial}{\partial}\right) = i\times\mathbf{L}$.

3.10.304 Mostre que as três formas a seguir (coordenadas esféricas) de $\nabla^2\,\psi(r)$ são equivalentes:

(a) $\dfrac{1}{r^2}\dfrac{d}{dr}\left[r^2\dfrac{d\psi(r)}{dr}\right]$,   (b) $\dfrac{1}{r}\dfrac{d^2}{dr^2}[r\psi(r)]$,   (c) $\dfrac{d^2\psi(r)}{dr^2} + \dfrac{2}{r}\dfrac{d\psi(r)}{dr}$.

A segunda forma é particularmente conveniente para estabelecer uma correspondência entre as descrições polares esféricas e cartesianas de um problema.

3.10.35 Certo campo de força é dado em coordenadas polares esféricas por

$$\mathbf{F} = \hat{\mathbf{e}}_r\frac{2P\cos\theta}{r^3} + \hat{\mathbf{e}}_\theta\frac{P}{r^3}\operatorname{sen}\theta, \quad r \geq P/2.$$

(a) Examine $\nabla \times \mathbf{F}$ para ver se existe um potencial.

(b) Calcule $\mathbf{r}\,\mathbf{F}\cdot d\mathbf{r}$ para um círculo unitário no plano $\theta = \pi/2$. O que isso indica sobre a força sendo conservativa ou não conservativa?

(c) Se você acha que $\mathbf{F}$ pode ser descrito por $\mathbf{F} = -\psi$, encontre ψ. Caso contrário, simplesmente afirme que não existe nenhum potencial aceitável.

3.10.36 (a) Mostre que $\mathbf{A} = -\hat{\mathbf{e}}\varphi\cot\theta/r$ é uma solução de $\nabla \times \mathbf{A} = \hat{\mathbf{e}}_r/r^2$.

(b) Mostre que essa solução coordenada polar esférica concorda com a solução dada para o Exercício 3.9.5:

$$\mathbf{A} = \hat{\mathbf{e}}_x\frac{yz}{r(x^2 + y^2)} - \hat{\mathbf{e}}_y\frac{xz}{r(x^2 + y^2)}.$$

Note que a solução diverge para $\theta = 0$, π correspondendo a x, y = 0.

(c) Por fim, mostre que $\mathbf{A} = -\hat{\mathbf{e}}_\theta\varphi\operatorname{sen}\theta/r$ é uma solução. Observe que embora essa solução não divirja ($r \neq 0$), ela não mais de é valor único para todos os ângulos azimutes possíveis.

3.10.37 Um dipolo elétrico do momento $\mathbf{P}$ está localizado na origem. O dipolo cria um potencial elétrico em $\mathbf{R}$ dado por

$$\psi(\mathbf{r}) = \frac{\mathbf{p}\cdot\mathbf{r}}{4\pi\varepsilon_0 r^3}.$$

Localize o campo elétrico, $\mathbf{E} = -\nabla\psi$ em $\mathbf{r}$.

Leituras Adicionais

Borisenko, A. I. e Tarpov, I. E., *Vector and Tensor Analysis with Applications*. Englewood Cliffs, NJ: Prentice-Hall (1968), Nova tiragem, Dover 1980.

Davis, H. F. e Snider, A. D., *Introduction to Vector Analysis* (7ª ed). Boston: Allyn & Bacon (1995).

Kellogg, O. D., *Foundations of Potential Theory*. Berlin: Springer (1929), Nova tiragem, Dover (1953). O texto clássico sobre a teoria do potencial.

Lewis, P. E. e Ward, J. P., *Vector Analysis for Engineers and Scientists*. Reading, MA: Addison-Wesley (1989).

Margenau, H. e Murphy, G. M., *The Mathematics of Physics and Chemistry* (2ª ed). Princeton NJ: Van Nostrand (1956). O Capítulo 5 abrange coordenadas curvilíneas e 13 sistemas de coordenadas específicos.

Marion, J. B., *Principles of Vector Analysis*. Nova York: Academic Press (1965). Uma apresentação moderadamente avançada da análise vetorial orientada para a análise de tensor. Rotações e outras transformações são descritas com as matrizes apropriadas.

Morse, P. M. e Feshbach, H., *Methods of Theoretical Physics*. Nova York: McGraw-Hill (1953). O Capítulo 5 inclui uma descrição dos vários sistemas diferentes de coordenadas. Observe que Morse e Feshbach não utilizam sistemas de coordenadas levogiros mesmo para coordenadas cartesianas. Em outra parte desse excelente (e difícil) livro, há muitos exemplos da utilização dos vários sistemas de coordenadas na resolução de problemas físicos. Onze fascinantes sistemas de coordenadas ortogonais adicionais, mas raramente encontrados são discutidos na segunda edição (1970) de *Mathematical Methods for Physicists*.

Spiegel, M. R., *Vector Analysis*. Nova York: McGraw-Hill (1989).

Tai, C. -T., *Generalized Vector and Dyadic Analysis*. Oxford: Oxford University Press (1966).

Wrede, R. C., *Introduction to Vector and Tensor Analysis*. Nova York: Wiley (1963), Nova tiragem, Dover (1972). Boa introdução histórica. Excelente discussão sobre a diferenciação de vetores e aplicações à mecânica.

4

Tensores e Formas Diferenciais

4.1 Análise Tensorial
Introdução, Propriedades

Tensores são importantes em muitas áreas da física, variando de temas como relatividade geral e eletrodinâmica a descrições das propriedades de materiais como estresse (o padrão da força aplicada a uma amostra) e tensão (sua resposta à força) ou o momento de inércia (a relação entre uma força torsional aplicada a um objeto e sua aceleração angular resultante). Tensores constituem uma generalização das quantidades previamente introduzidas: escalares e vetores. Identificamos um **escalar** como uma quantidade que permanecia invariável sob rotação do sistema de coordenadas e que poderia ser especificado pelo valor de um único número real. **Vetores** foram identificados como quantidades que tinham um número de componentes reais iguais à dimensão do sistema de coordenadas, com as componentes se transformando como as coordenadas de um ponto fixo quando um sistema de coordenadas é rotacionado. Chamando **tensores escalares de ordem** 0 e **tensores vetoriais de ordem** 1, identificamos um tensor de ordem n em um espaço d-dimensional como um objeto com as seguintes propriedades:

- Ele tem componentes rotulados por n índices, com cada índice recebendo valores de 1 a d e, portanto, tendo um total de d^n componentes;
- Os componentes se transformam de uma maneira especificada sob transformações de coordenadas.

O comportamento sob a transformação de coordenadas é de suma importância para a análise tensorial e está de acordo tanto com a maneira como matemáticos definem espaços lineares quanto com a noção do físico de que observáveis físicos não devem depender da escolha dos quadros de coordenadas.

Tensores Covariantes e Contravariantes

No Capítulo 3, consideramos a transformação rotacional de um vetor $\mathbf{A} = A_1\hat{\mathbf{e}}_1 + A_2\hat{\mathbf{e}}_2 + A_3\hat{\mathbf{e}}_3$ do sistema cartesiano definido por $\hat{\mathbf{e}}_i$ ($i = 1, 2, 3$) em um sistema de coordenadas rotacionadas definido por e'_i, com o mesmo vetor $\mathbf{A}$ então representado como $A' = A_{1'}e_{1'} + A_{2'}e_{2'} + A_{3'}e_{3'}$. Os componentes de $\mathbf{A}$ e $\mathbf{A}'$ estão relacionados por

$$A'_i = \sum_j (\hat{\mathbf{e}}'_i \cdot \hat{\mathbf{e}}_j) A_j, \tag{4.1}$$

onde os coeficientes $(e_{i'} \cdot e_j)$ são as projeções de $e_{i'}$ nas direções e_j. Como $\hat{\mathbf{e}}_i$ e $\hat{\mathbf{e}}_j$ estão linearmente relacionados, também podemos escrever

$$A'_i = \sum_j \frac{\partial x'_i}{\partial x_j} A_j. \tag{4.2}$$

A fórmula da Equação (4.2) corresponde à aplicação da regra da cadeia para converter o conjunto A_j no conjunto A'_i, e é válida para A_j e A'_i de grandeza arbitrária porque ambos os vetores dependem linearmente de suas componentes.

Anteriormente, observamos também que o gradiente de um escalar φ tem nas coordenadas cartesianas não rotacionadas as componentes $(\nabla\varphi)_j = (\partial\varphi/\partial x_j)\hat{\mathbf{e}}_j$, o que significa que em um sistema rotacionado teríamos

$$(\nabla\varphi)'_i \equiv \frac{\partial\varphi}{\partial x'_i} = \sum_j \frac{\partial x_j}{\partial x'_i} \frac{\partial\varphi}{\partial x_j}, \tag{4.3}$$

mostrando que o gradiente tem uma lei de transformação que difere daquela da Equação (4.2), pelo fato de que $\partial x_{i'}/\partial x_j$ foi substituída por $\partial x_j/\partial x_{i'}$. Lembrando que essas duas expressões, se escritas em detalhes, correspondem, respectivamente, a $\left(\partial x_{i'}/\partial x_j\right)_{x_k}$ e $\left(\partial x_j/\partial x_{i'}\right)_{x_{k'}}$, onde k é executado sobre os valores de índice além daquele já no denominador, e também observando que (em coordenadas cartesianas) elas são duas formas diferentes de calcular a mesma quantidade (a grandeza e o sinal da projeção de um desses vetores unitários sobre o outro), vemos que foi legítimo identificar tanto $\mathbf{A}$ e $\nabla\varphi$ quanto *vetores*, como fizemos no Capítulo 3.

Entretanto, como o leitor atento pode observar a partir da inserção repetida da palavra "cartesiana", as derivadas parciais nas Equações (4.2) e (4.3) só são garantidas como sendo iguais em sistemas de coordenadas cartesianos, e como às vezes há a necessidade de utilizar sistemas não cartesianos, torna-se necessário distinguir essas duas diferentes regras de transformação. Quantidades que se transformam de acordo com a Equação (4.2) são chamadas vetores **contravariantes**, enquanto aquelas que se transformam de acordo com a Equação (4.3) são denominadas **covariantes**. Quando sistemas não cartesianos podem entrar no jogo, é, portanto, comum distinguir essas propriedades de transformação escrevendo o índice de um vetor contravariante como um sobrescrito e aquele de um vetor covariante como um subscrito. Isso significa, entre outras coisas, que as componentes do vetor de posição $\mathbf{r}$, que é contravariante, deve agora ser escrito (x^1, x^2, x^3). Assim, resumindo,

$$(A')^i = \sum_j \frac{\partial(x')^i}{\partial x^j} A^j \quad \mathbf{A}, \text{ um vetor contravariante,} \tag{4.4}$$

$$A'_i = \sum_j \frac{\partial x^j}{\partial(x')^i} A_j \quad \mathbf{A}, \text{ um vetor covariante.} \tag{4.5}$$

É interessante notar que a ocorrência de subscritos e sobrescritos é sistemática; o índice **livre** (isto é, não somado) i ocorre como um sobrescrito em ambos os lados da Equação (4.4), enquanto ele aparece como um subscrito em ambos os lados da Equação (4.5), se interpretarmos um índice superior no denominador como equivalente a um índice inferior. O índice somado ocorre uma vez como superior e uma vez como inferior (mais uma vez tratando um índice superior no denominador como um índice inferior).

A abreviação usada com frequência (a **convenção de Einstein**) é omitir o sinal de soma em fórmulas como as Equações (4.4) e (4.5) e entender que quando o mesmo símbolo ocorre tanto como um índice superior quanto inferior na mesma expressão, ele é para ser somado. Vamos gradualmente voltar ao uso da convenção de Einstein, dando ao leitor alertas quando começamos a fazer isso.

Tensores de Ordem 2
Agora passamos a definir tensores **contravariantes, mistos e covariantes de ordem 2** pelas seguintes equações para seus componentes sob transformações de coordenadas:

$$(A')^{ij} = \sum_{kl} \frac{\partial(x')^i}{\partial x^k} \frac{\partial(x')^j}{\partial x^l} A^{kl},$$

$$(B')^i_j = \sum_{kl} \frac{\partial(x')^i}{\partial x^k} \frac{\partial x^l}{\partial(x')^j} B^k_l, \tag{4.6}$$

$$(C')_{ij} = \sum_{kl} \frac{\partial x^k}{\partial(x')^i} \frac{\partial x^l}{\partial(x')^j} C_{kl}.$$

Claramente, a ordem é dada como o número de derivadas parciais (ou cossenos de direção) na definição: 0 para um escalar, 1 para um vetor, 2 para um tensor de segunda ordem etc. Cada índice (subscrito ou sobrescrito) varia em relação ao número de dimensões do espaço. O número de índices (igual à ordem do tensor) não é limitado pelo número de dimensões do espaço. Vemos que A^{kl} é contravariante em relação a ambos os índices, C_{kl} é covariante em relação a ambos os índices, e B_i^k se transforma de maneira contravariante em relação ao índice k, mas de maneira covariante no que diz respeito ao índice l. Mais uma vez, se usamos coordenadas cartesianas, todas as três formas dos tensores de segunda ordem, contravariantes, mistos e covariantes são as mesmas.

Como com as componentes de um vetor, as leis de transformação para as componentes de um tensor, Equação (4.6), fazem com que suas propriedades relevantes sejam fisicamente independentes da escolha do quadro de referência. É isso que torna a análise tensorial importante na física. A independência em relação ao quadro de referência (invariância) é ideal para expressar e investigar as leis físicas universais.

O tensor de segunda ordem A (com componentes A^{kl}) pode ser convenientemente representado escrevendo suas componentes em uma matriz quadrada (3×3 se estamos no espaço tridimensional (3-D)):

$$\mathsf{A} = \begin{pmatrix} A^{11} & A^{12} & A^{13} \\ A^{21} & A^{22} & A^{23} \\ A^{31} & A^{32} & A^{33} \end{pmatrix}. \tag{4.7}$$

Isso não significa que qualquer matriz quadrada dos números ou das funções forma um tensor. A condição essencial é que as componentes se transformam de acordo com a Equação (4.6).

Podemos ver cada Equação (4.6) como uma equação matricial. Para A, ela assume a forma

$$(A')^{ij} = \sum_{kl} S_{ik} A^{kl} (S^T)_{lj}, \quad \text{ou} \quad \mathsf{A}' = \mathsf{SAS}^T, \tag{4.8}$$

uma construção que é conhecida como **transformação de similaridade** e é discutida na Seção 5.6.

Em resumo, tensores são sistemas das componentes organizadas por um ou mais índices que se transformam de acordo com regras específicas sob um conjunto de transformações. O número de índices é chamado de ordem do tensor.

Adição e Subtração de Tensores

A adição e a subtração dos tensores são definidas em termos dos elementos individuais, assim como para vetores. Se

$$\mathsf{A} + \mathsf{B} = \mathsf{C}, \tag{4.9}$$

então, considerando como exemplo A, B, e C como sendo tensores contravariantes de ordem 2,

$$A^{ij} + B^{ij} = C^{ij}. \tag{4.10}$$

Em geral, naturalmente, A e B devem ser tensores de mesma ordem (tanto de contravariância como de covariância) e estar no mesmo espaço.

Simetria

A ordem na qual os índices aparecem na descrição de um tensor é importante. Em geral, A^{mn} é independente de A^{mn}, mas existem alguns casos de interesse especial. Se, para todo m e n,

$$A^{mn} = A^{nm}, \quad \text{A is \textbf{symmetric}.} \tag{4.11}$$

Se, por outro lado,

$$A^{mn} = -A^{nm}, \quad \text{A is \textbf{antisymmetric}.} \tag{4.12}$$

Claramente, cada tensor (de segunda ordem) pode ser resolvido em partes simétricas e antissimétricas pela identidade

$$A^{mn} = \frac{1}{2}(A^{mn} + A^{nm}) + \frac{1}{2}(A^{mn} - A^{nm}), \tag{4.13}$$

o primeiro termo à direita sendo um tensor simétrico, o segundo, um tensor antissimétrico.

Tensores Isotrópicos

Para ilustrar algumas das técnicas da análise tensorial, vamos mostrar que o agora familiar delta de Kronecker, δ_{kl}, é realmente um tensor misto de ordem 2, δ_l^k.[1] A pergunta é: δ_l^k se transforma de acordo com a Equação (4.6)? Esse é nosso critério para chamá-lo tensor. Se δ_l^k é o tensor misto correspondente a essa notação, ele deve satisfazer (usando a convenção de soma, significando que os índices k e l devem ser somados)

$$(\delta')^i_j = \frac{\partial (x')^i}{\partial x^k} \frac{\partial x^l}{\partial (x')^j} \delta_l^k = \frac{\partial (x')^i}{\partial x^k} \frac{\partial x^k}{\partial (x')^j},$$

onde realizamos a soma l e usamos a definição do delta de Kronecker. Em seguida,

$$\frac{\partial (x')^i}{\partial x^k} \frac{\partial x^k}{\partial (x')^j} = \frac{\partial (x')^i}{\partial (x')^j},$$

onde identificamos o somatório k no lado esquerdo como uma instância da regra da cadeia para a diferenciação. No entanto, $(x')^i$ e $(x')^j$ são coordenadas independentes e, portanto, a variação de uma em relação a outra tem de ser igual a zero, se forem diferentes, unidade se coincidirem; isto é,

$$\frac{\partial (x')^i}{\partial (x')^j} = (\delta')^i_j. \tag{4.14}$$

Consequentemente,

$$(\delta')^i_j = \frac{\partial (x')^i}{\partial x^k} \frac{\partial x^l}{\partial (x')^j} \delta_l^k, \tag{4.15}$$

mostrando que δ_l^k são de fato as componentes de um tensor misto de segunda ordem. Observe que esse resultado é independente do número de dimensões do nosso espaço.

O delta de Kronecker tem outra propriedade interessante. Ele tem as mesmas componentes em todos os nossos sistemas de coordenadas rotacionados e, portanto, é chamado **isotrópico**. Na Seção 4.2 e no Exercício 4.2.4 encontraremos um tensor isotrópico de terceira ordem e três tensores isotrópicos de quarta ordem. Não existe nenhum tensor (vetor) isotrópico de primeira ordem.

Contração

Ao lidar com vetores, formamos um produto escalar somando produtos das componentes correspondentes:

$$\mathbf{A} \cdot \mathbf{B} = \sum_i A_i B_i.$$

A generalização dessa expressão na análise tensorial é um processo conhecido como contração.

Dois índices, um covariante e outro contravariante, são definidos como iguais entre si, e então (como indicado pela convenção de somatório) somamos sobre esse índice repetido. Por exemplo, vamos contrair o tensor misto de segunda ordem B_j^i, definindo j como i, então somando sobre i. Para ver o que acontece, vamos analisar a fórmula de transformação que converte B em B´. Usando a convenção de soma,

$$(B')^i_i = \frac{\partial (x')^i}{\partial x^k} \frac{\partial x^l}{\partial (x')^i} B_l^k = \frac{\partial x^l}{\partial x^k} B_l^k,$$

onde reconhecemos o somatório i como uma instância da regra da cadeia para diferenciação.

Em seguida, como x^i são independentes, podemos usar a Equação (4.14) para alcançar

$$(B')^i_i = \delta_k^l B_l^k = B_k^k. \tag{4.16}$$

---

[1] É prática comum referir-se a um tensor A especificando um componente típico, como A_{ij}, portanto, também transmitindo informações quanto à sua natureza contravariante *versus* covariante. Desde que você não escreva absurdos como A = A_{ij}, não há mal nenhum.

Lembrando que o índice repetido (i ou k) é somado, vemos que o B contraído é invariante sob a transformação e é, portanto, um escalar.[2] Em geral, a operação de contração reduz a ordem de um tensor por 2.

Produto Direto

Os componentes dos dois tensores (de qualquer ordem e caráter covariante/contravariante) podem ser multiplicados, componente por componente, para produzir um objeto com todos os índices de ambos os fatores. Podemos mostrar que a nova quantidade, denominada **produto direto** dos dois tensores, é um tensor cuja ordem é a soma das ordens dos fatores e, com caráter covariante/contravariante, que é a soma daqueles dos fatores. Ilustramos:

$$C_{klm}^{ij} = A_k^i B_{lm}^j, \quad F_{kl}^{ij} = A^j B_{lk}^i.$$

Note que a ordem de índice no produto direto pode ser definida como desejado, mas a covariância/contravariância dos fatores deve ser mantida no produto direto.

Exemplo 4.1.1 Produto Direto de Dois Vetores

Vamos formar o produto direto de um vetor covariante a_i (tensor de ordem -1) e um vetor contravariante b^j (também um tensor de ordem -1) para formar um tensor misto de ordem 2, com componentes $C_i^j = a_i b^j$. Para verificar se C_i^j é um tensor, consideramos o que acontece com ela sob transformação:

$$(C')_i^j = (a')_i (b')^j = \frac{\partial x^k}{\partial (x')_i} a_k \frac{\partial (x')^j}{\partial x^l} b_l = \frac{\partial x^k}{\partial (x')_i} \frac{\partial (x')^j}{\partial x^l} C_k^l, \tag{4.17}$$

confirmando que C_i^j é o tensor misto indicado por sua notação.

Se agora formamos a contração C_i^i (lembre-se que i é somado), obtemos o produto escalar $a_i b^i$. A partir da Equação (4.17), é fácil ver que $a_i b^i = (a')_i (b')^i$, indicando a invariância necessária de um produto escalar. ∎

Note que o conceito de produto direto dá significado a quantidades como $\nabla\mathbf{E}$, o que não foi definido na estrutura da análise vetorial. No entanto, essa e outras quantidades de tensores envolvendo operadores diferenciais devem ser usadas com cautela, porque suas regras de transformação são simples apenas em sistemas de coordenadas cartesianas. Em sistemas não cartesianos, os operadores $\partial/\partial x^i$ também agem sobre as derivadas parciais nas expressões de transformação e alteram as regras de transformação dos tensores.

Resumimos a ideia chave desta subseção:

O produto direto é uma técnica para criar novos tensores de ordem superior.

Transformação Inversa

Se tivermos um vetor contravariante A^i, que deve ter a regra de transformação (utilizando convenção de soma)

$$(A')^j = \frac{\partial (x')^j}{\partial x^i} A^i,$$

a transformação inversa (que pode ser obtida simplesmente trocando os papéis das quantidades com e sem linhas) é

$$A^i = \frac{\partial x^i}{\partial (x')^j} (A')^j, \tag{4.18}$$

como também pode ser verificado aplicando $\partial(x')^k/\partial x^i$ (e somando i) a A^i como dado pela Equação (4.18):

$$\frac{\partial (x')^k}{\partial x^i} A^i = \frac{\partial (x')^k}{\partial x^i} \frac{\partial x^i}{\partial (x')^j} (A')^j = \delta_j^k (A')^j = (A')^k. \tag{4.19}$$

Vemos que $(A')^k$ é recuperado. Aliás, observe que

$$\frac{\partial x^i}{\partial (x')^j} \neq \left[\frac{\partial (x')^j}{\partial x^i} \right]^{-1};$$

---

[2] Na análise matricial esse escalar é o **traço** da matriz cujos elementos são o B_j^i

como indicado anteriormente, para essas derivadas outras diferentes variáveis são mantidas fixas. O cancelamento na Equação (4.19) só ocorre porque o produto das derivadas é somado. Em sistemas cartesianos, temos

$$\frac{\partial x^i}{\partial (x')^j} = \frac{\partial (x')^j}{\partial x^i},$$

ambos igual ao cosseno de direção conectando os eixos x^i e $(x')^j$, mas essa igualdade não se estende para sistemas não cartesianos.

Regra do Quociente

Se, por exemplo, A_{ij} e B_{kl} são tensores, já observamos que seu produto direto, $A_{ij}B_{kl}$, também é um tensor. Aqui estamos preocupados com o problema inverso, ilustrado por equações como

$$K_i A^i = B,$$

$$K_i^j A_j = B_i,$$

$$K_i^j A_{jk} = B_{ik}, \tag{4.20}$$

$$K_{ijkl} A^{ij} = B_{kl},$$

$$K^{ij} A^k = B^{ijk}.$$

Em cada uma dessas expressões, A e B são tensores conhecidos das ordens indicadas pelo número dos índices, A é arbitrário, e a convenção de somatório está em uso. Em cada caso, K é uma quantidade desconhecida. Queremos estabelecer as propriedades de transformação de K. A regra do quociente afirma:

Se a equação de interesse se mantém em todos os sistemas de coordenadas transformados, então K é um tensor da ordem indicada e tem caráter covariante/contravariante.

Parte da importância dessa regra na teoria física é que ela pode estabelecer a natureza tensorial das quantidades. Por exemplo, a equação que dá o momento dipolo **m** induzido em um meio anisotrópico por um campo elétrico **E** é

$$m_i = P_{ij} E^j.$$

Como presumivelmente sabemos que **m** e **E** são vetores, a validade geral dessa equação informa que a **matriz de polarização** P é um tensor de ordem 2.

Vamos provar a regra de quociente para um caso típico, que escolhemos para ser a segunda das Equações (4.20). Se aplicarmos uma transformação a essa equação, teremos

$$K_i^j A_j = B_i \quad \longrightarrow \quad (K')_i^j A'_j = B'_i. \tag{4.21}$$

Vamos agora avaliar B'_i, alcançando o último membro da equação a seguir usando a Equação (4.18) para converter *Aj* em componentes de Á (note que isso é o **inverso** da transformação para quantidades com linhas):

$$B'_i = \frac{\partial x^m}{\partial (x')^i} B_m = \frac{\partial x^m}{\partial (x')^i} K_m^j A_j = \frac{\partial x^m}{\partial (x')^i} K_m^j \frac{\partial (x')^n}{\partial x^j} A'_n. \tag{4.22}$$

Pode-se diminuir a confusão possível se renomearmos os índices fictícios na Equação (4.22), assim trocamos *n* e *j*, fazendo com que a equação seja então lida

$$B'_i = \frac{\partial x^m}{\partial (x')^i} \frac{\partial (x')^j}{\partial x^n} K_m^n A'_j. \tag{4.23}$$

Agora ficou claro que se subtrairmos a expressão para B'_i na Equação (4.23) daquela na Equação (4.21), teremos

$$\left[(K')_i^j - \frac{\partial x^m}{\partial (x')^i} \frac{\partial (x')^j}{\partial x^n} K_m^n \right] A'_j = 0. \tag{4.24}$$

Como Á é arbitrário, o coeficiente de A'_j na Equação (4.24) deve se anular, mostrando que *K* tem as propriedades de transformação do tensor correspondente à sua configuração de índice.

Outros casos podem ser tratados de maneira semelhante. Uma pequena armadilha deve ser observada: a regra do quociente não necessariamente se aplica se B é zero. As propriedades de transformação de zero são indeterminadas.

Exemplo 4.1.2 Equações de Movimento e Equações de Campo

Na mecânica clássica, as equações de movimento de Newton $m\dot{v}=\mathbf{F}$ informam com base na regra do quociente que, se a massa é um escalar e a força um vetor, então a aceleração $\mathbf{a} = \dot{v}$ é um vetor. Em outras palavras, o caráter vetorial da força como o termo essencial impõe seu caráter vetorial na aceleração, desde que o fator de escala m seja escalar.

A equação de onda da eletrodinâmica pode ser escrita na forma relativista de quatro vetores como

$$\left[\frac{1}{c^2}\frac{\partial^2}{\partial t^2} - \nabla^2\right] A^\mu = J^\mu,$$

onde J^μ é a carga externa/densidade de corrente (um quadrivetor) e A^μ é o potencial do vetor de quatro componentes. Podemos mostrar que expressão da segunda derivada entre colchetes é um escalar. A partir da regra do quociente, podemos, então, inferir que A^μ deve ser um tensor de ordem 1, isto, também um quadrivetor. ∎

A regra do quociente é um substituto para a divisão ilegal de tensores.

Espinores

Antigamente pensava-se que o sistema de escalares, vetores, tensores (segunda ordem) etc., formavam um sistema matemático completo, um que é adequado para descrever uma física independente da escolha do quadro de referência. No entanto, o universo e a física matemática não são tão simples. No reino das partículas elementares, por exemplo, partículas de spin zero[3] (mésons π, partículas α) podem ser descritas com escalares, partículas de spin 1 (dêuterons) por vetores, e partículas de spin 2 (grávitons) por tensores. Essa listagem omite as partículas mais comuns: elétrons, prótons e nêutrons, todos com spin $\frac{1}{2}$. Essas partículas são adequadamente descritas por **espinores**. Um espinor não tem as propriedades sob rotação consistentes com ser um escalar, vetor ou tensor de qualquer ordem. Uma breve introdução à espinores no contexto da teoria de grupo aparece no Capítulo 17.

Exercícios

4.1.1 Mostre que, se todas as componentes de qualquer tensor de qualquer ordem se anulam em um sistema de coordenadas particular, eles se anulam em todos os sistemas de coordenadas.
Nota: Esse ponto assume uma importância especial no espaço curvo quadridimensional (4-D) da relatividade geral. Se a quantidade, expressa como um tensor, existe em um sistema de coordenadas, ela existe em todos os sistemas de coordenadas e não é apenas uma consequência de uma **escolha** de um sistema de coordenadas (como são as forças centrífugas e de Coriolis na mecânica newtoniana).

4.1.2 As componentes do tensor A são iguais às componentes correspondentes do tensor B em um sistema de coordenadas específico designado, pelo sobrescrito 0; isto é,

$$A_{ij}^0 = B_{ij}^0.$$

Mostre que o tensor A é igual ao tensor B, $A_{ij} = B_{ij}$, em todos os sistemas de coordenadas.

4.1.3 As últimas três componentes de um vetor 4-D se anulam em cada um dos dois quadros de referência. Se o segundo quadro de referência não é uma mera rotação do primeiro em torno do eixo x_0, significando que pelo menos um dos coeficientes $\partial(x')^i/\partial x^0$ ($i = 1, 2, 3$) é diferente de zero, mostre que a componente de ordem zero se anula em todos os referenciais. Traduzido em mecânica relativista, isso significa que se o momento é conservado em dois referenciais de Lorentz, então a energia é conservada em todos os referenciais de Lorentz.

4.1.4 A partir de uma análise do comportamento de um tensor geral de segunda ordem sob rotações de 90° e 180° em torno dos eixos coordenados, mostre que um tensor isotrópico de segunda ordem no espaço 3-D deve ser um múltiplo de δ_j^i.

---

[3]O spin de partículas é o momento angular intrínseco (em unidades de $\hbar$). Ele distingue-se do momento angular clássico (muitas vezes chamado **orbital**) que surge a partir do movimento da partícula.

4.1.5 O tensor de curvatura de quarta ordem 4-D de Riemann-Christoffel da relatividade geral, R_{iklm}, satisfaz as relações de simetria

$$R_{iklm} = -R_{ikml} = -R_{kilm}.$$

Com os índices variando de 0 a 3, mostre que o número das componentes independentes é reduzido de 256 para 36 e que a condição

$$R_{iklm} = R_{lmik}$$

reduz ainda mais o número das componentes independentes para 21. Por fim, se as componentes satisfazem uma identidade $R_{iklm} + R_{ilmk} + R_{imkl} = 0$, mostre que o número das componentes independentes é reduzido para 20.

Nota: A identidade final de três termos fornece novas informações somente se todos os quatro índices são diferentes.

4.1.6 T_{iklm} é antissimétrico no que diz respeito a todos os pares de índices. Quantas componentes independentes ele tem (no espaço 3-D)?

4.1.7 Se $T..._i$ é um tensor de ordem n, mostre que $\partial\, T..._i/\partial x^j$ é um tensor de ordem $n + 1$ (coordenadas cartesianas).

Nota: Em sistemas de coordenadas não cartesianas, os coeficientes a_{ij} são, em geral, funções das coordenadas, e as derivadas das componentes de um tensor de ordem n não formam um tensor, exceto no caso especial $n = 0$. Nesse caso, a derivada produz um vetor covariante (tensor de ordem 1).

4.1.8 Se $T_{ijk}...$ é um tensor de ordem n, mostre que $\sum_j \partial T_{ijk} / \partial x^j$ é um tensor de ordem $n - 1$ (coordenadas cartesianas).

4.1.9 O operador

$$\nabla^2 - \frac{1}{c^2}\frac{\partial^2}{\partial t^2}$$

pode ser escrito como

$$\sum_{i=1}^{4}\frac{\partial^2}{\partial x_i^2},$$

usando $x_4 = ict$. Esse é o laplaciano 4-D, às vezes chamado de d'alembertiano e denotado por W^2. Mostre que ele é um operador **escalar**, isto é, invariante sob as transformações de Lorentz, isto é, sob as rotações no espaço dos vetores (x^1, x^2, x^3, x^4).

4.1.10 O somatório duplo $K_{ij}\, A^i\, B^j$ é invariante para quaisquer dois vetores A^i e B^j. Prove que K_{ij} é um tensor de segunda ordem.

Nota: Na forma ds^2 (invariante) $= g_{ij}\, dx^i\, dx^j$, esse resultado mostra que a matriz g_{ij} é um tensor.

4.1.11 A equação $K_{ij}\, A^{jK} = B_i^k$ vale para todas as orientações do sistema de coordenadas. Se A e B são tensores arbitrários de segunda ordem, mostre que K também é um tensor de segunda ordem.

4.2 Pseudotensores, Tensores Duais

Por razões práticas os tópicos desta seção se restringirão a tensores dos sistemas de coordenadas cartesianas. Essa restrição não é conceitualmente necessária, mas simplifica a discussão e torna os pontos essenciais fáceis de identificar.

Pseudotensores

Até agora, as transformações de coordenadas neste capítulo se restringiram a **rotações passivas**, significando rotação do sistema de coordenadas, mantendo vetores e tensores em orientações fixas. Consideremos agora o efeito das reflexões ou inversões do sistema de coordenadas (às vezes também chamado **rotações impróprias**).

Na Seção 3.3, em que o foco se limitou a sistemas ortogonais das coordenadas cartesianas, vimos que o efeito de uma rotação de coordenadas em um vetor fixo pode ser descrito por uma transformação de suas componentes de acordo com a fórmula

$$\mathsf{A}' = \mathsf{SA}, \tag{4.25}$$

onde S era uma matriz ortogonal com determinante +1. Se a transformação de coordenadas incluísse uma reflexão (ou inversão), a matriz de transformação ainda seria ortogonal, mas teria determinante −1. Embora a regra de transformação da Equação (4.25) tenha sido obedecida por vetores que descrevem quantidades como posição no espaço ou velocidade, ela produziu o sinal errado quando vetores que descrevem velocidade angular, torque e momento angular foram sujeitos a rotações impróprias. Essas quantidades, denominadas **vetores axiais**, ou nos dias de hoje **pseudovetores**, obedeceram à regra da transformação

$$A' = \det(S)SA \quad \text{(pseudovetores)}. \tag{4.26}$$

A extensão desse conceito para tensores é simples. Insistimos que a designação *tensor* se refere a objetos que se transformam como na Equação (4.6) e sua generalização para ordem arbitrária, mas também conciliamos a possibilidade de ter, na ordem arbitrária, objetos cuja transformação requer um fator de sinal adicional para ajustar o efeito associado a rotações impróprias. Esses objetos são chamados **pseudotensores**, e constituem uma generalização dos objetos já identificados como pseudoescalares e pseudovetores.

Se formarmos um tensor ou pseudotensor como um produto direto ou identificamos um por meio da regra do quociente, podemos determinar seu pseudostatus pelo que equivale a uma regra de sinal. Seja T um tensor e P um pseudotensor, então, simbolicamente,

$$T \otimes T = P \otimes P = T, \quad T \otimes P = P \otimes T = P. \tag{4.27}$$

Exemplo 4.2.1 Símbolo de Levi-Civita
A versão de três índices do símbolo de Levi-Civita, introduzido na Equação (2.8), tem os valores

$$\varepsilon_{123} = \varepsilon_{231} = \varepsilon_{312} = +1,$$
$$\varepsilon_{132} = \varepsilon_{213} = \varepsilon_{321} = -1, \tag{4.28}$$
$$\text{todos os outros } \varepsilon_{ijk} = 0.$$

Suponha agora que temos um pseudotensor de terceira ordem η_{ijk}, que, em um determinado sistema de coordenadas cartesianas, é igual a ε_{ijk}. Então deixe A corresponder à matriz dos coeficientes em uma transformação ortogonal de R^3, temos no sistema de coordenadas transformado

$$\eta'_{ijk} = \det(A) \sum_{pqr} a_{ip} a_{jq} a_{kr} \varepsilon_{pqr}, \tag{4.29}$$

pela definição do pseudotensor. Todos os termos da soma *pqr* se anularão, exceto aqueles em que *pqr* é uma permutação de 123, e quando *pqr* é uma permutação, a soma corresponderá ao determinante de A, exceto que suas linhas terão sido permutadas de 123 para *i j k*. Isso significa que a soma *pqr* terá o valor $\varepsilon_{ijk} \det(A)$, e

$$\eta'_{ijk} = \varepsilon_{ijk} [\det(A)]^2 = \varepsilon_{ijk}, \tag{4.30}$$

em que o resultado final depende do fato de $|\det(A)| = 1$. Se o leitor não se sentir à vontade com essa análise, o resultado pode ser verificado pela enumeração das contribuições das seis permutações que correspondem a valores diferentes de zero de η'_{ijk}.

A Equação (4.30) não apenas mostra que ε é um pseudotensor de classe 3, mas que também é isotrópico. Em outras palavras, ele tem as mesmas componentes em todos os sistemas de coordenadas cartesianas rotacionados, e -1 vezes aqueles valores das componentes em todos os sistemas cartesianos em que ocorrem rotações inadequadas. ∎

Tensores Duplos
Com qualquer tensor **antissimétrico** de segunda ordem C (no espaço 3-D) podemos associar um pseudovetor **C** às componentes definidas por

$$C_i = \tfrac{1}{2} \varepsilon_{ijk} C^{jk}. \tag{4.31}$$

Na forma matricial o antissimétrico C pode ser escrito

$$C = \begin{pmatrix} 0 & C^{12} & -C^{31} \\ -C^{12} & 0 & C^{23} \\ C^{31} & -C^{23} & 0 \end{pmatrix}. \tag{4.32}$$

Sabemos que C_i deve se transformar como um vetor sob rotações porque ele foi obtido a partir da contração dupla de $\varepsilon_{ijk}C^{jk}$, mas na verdade é um pseudovetor por causa da pseudonatureza de ε_{ijk}. Especificamente, as componentes de **C** são dadas por

$$(C_1, C_2, C_3) = (C^{23}, C^{31}, C^{12}). \tag{4.33}$$

Observe a ordem cíclica dos índices que vem da ordem cíclica das componentes de ε_{ijk}.

Identificamos o pseudovetor da Equação (4.33) e o tensor antissimétrico da Equação (4.32) como **tensores duplos;** eles são simplesmente representações diferentes da mesma informação. Qual par dual escolhemos usar é uma questão de conveniência.

Eis outro exemplo da dualidade. Se considerarmos três vetores **A**, **B** e **C**, podemos definir o produto direto

$$V^{ijk} = A^i B^j C^k. \tag{4.34}$$

V^{ijk}é evidentemente um tensor de terceira ordem. A quantidade dual

$$V = \varepsilon_{ijk}V^{ijk} \tag{4.35}$$

é claramente um pseudoescalar. Por expansão, é visto que

$$V = \begin{vmatrix} A^1 & B^1 & C^1 \\ A^2 & B^2 & C^2 \\ A^3 & B^3 & C^3 \end{vmatrix} \tag{4.36}$$

é nosso produto triplo escalar familiar.

Exercícios

4.2.1   Uma matriz quadrada antissimétrica é dada por

$$\begin{pmatrix} 0 & C_3 & -C_2 \\ -C_3 & 0 & C_1 \\ C_2 & -C_1 & 0 \end{pmatrix} = \begin{pmatrix} 0 & C^{12} & C^{13} \\ -C^{12} & 0 & C^{23} \\ -C^{13} & -C^{23} & 0 \end{pmatrix},$$

onde (C_1, C_2, C_3) formam um pseudovetor. Supondo que a relação

$$C_i = \frac{1}{2!}\,\varepsilon_{ijk}C^{jk}$$

mantém-se em todos os sistemas de coordenadas, prove que C^{jk} é um tensor (isso é outra forma do teorema do quociente).

4.2.2   Mostre que o produto vetorial é único para o espaço 3-D, isto é, apenas em três dimensões podemos estabelecer uma correspondência de um para um entre as componentes de um tensor antissimétrico (segunda ordem) e as componentes de um vetor.

4.2.3   Escreva $\nabla \cdot \nabla \times \mathbf{A}$ e $\nabla \times \nabla\varphi$ na notação (index) de tensor em IR^3 de modo que se torne óbvio que cada expressão se anula.

$$RESPOSTA: \quad \begin{aligned} \cdot \times \mathbf{A} &= \varepsilon_{ijk}\frac{\partial}{\partial x^i}\frac{\partial}{\partial x^j}A^k \\ (\times\varphi)_i &= \varepsilon_{ijk}\frac{\partial}{\partial x^j}\frac{\partial}{\partial x^k}\varphi. \end{aligned}$$

4.2.4   Verifique se cada um dos seguintes tensores de quarta ordem é isotrópico, isto é, que ele tem a mesma forma independente de qualquer rotação dos sistemas de coordenadas.

(a) $A_{jl}^{ik} = \delta_j^i \delta_l^k$,

(b) $B_{kl}^{ij} = \delta_k^i \delta_l^j + \delta_l^i \delta_k^j$,

(c) $C_{kl}^{ij} = \delta_k^i \delta_l^j - \delta_l^i \delta_k^j$.

4.2.5 Mostre que o símbolo de Levi-Civita de dois índices ε_{ij} é um pseudotensor de segunda ordem (no espaço bidimensional [2-D]). Isso contradiz a singularidade de δ^i_j (Exercício 4.1.4)?

4.2.6 Represente ε_{ij} por uma matriz 2×2 e, utilizando a matriz de rotação 2×2 da Equação (3.23), mostre que ε_{ij} é invariante sob transformações ortogonais de similaridade.

4.2.7 Dada $A_k = \varepsilon_{ijk}B^{ij}$ com $B^{ij} = -B^{ji}$, antissimétricos, mostre que

$$B^{mn} = \varepsilon^{mnk}A_k.$$

4.3 Tensores em Coordenadas Gerais
Tensor Métrico

A distinção entre transformações contravariantes e covariantes foi estabelecida na Seção 4.1, em que observamos também que ela só se tornou significativa ao trabalhar com sistemas de coordenadas não cartesianos. Queremos agora examinar as relações que podem sistematizar o uso dos **espaços métricos** mais gerais (também chamados **espaços de Riemann**). Nossas ilustrações iniciais serão para espaços com três dimensões.

Deixando q^i denotar coordenadas em um sistema de coordenadas geral, escrevendo o índice como um sobrescrito para refletir o fato de que as coordenadas se transformam de maneira contravariante, definimos **vetores covariantes de base** ε_i que descrevem o deslocamento (no espaço euclidiano) por mudança de unidade em q^i, mantendo o outro q^j constante. Para as situações de interesse aqui, tanto a direção quanto a grandeza de ε_i podem ser funções da posição, assim ele é definido como a derivada

$$\varepsilon_i = \frac{\partial x}{\partial q^i}\hat{\mathbf{e}}_x + \frac{\partial y}{\partial q^i}\hat{\mathbf{e}}_y + \frac{\partial z}{\partial q^i}\hat{\mathbf{e}}_z. \tag{4.37}$$

Um vetor arbitrário **A** agora pode ser formado como uma combinação linear dos vetores de base, multiplicados por coeficientes:

$$\mathbf{A} = A^1\boldsymbol{\varepsilon}_1 + A^2\boldsymbol{\varepsilon}_2 + A^3\boldsymbol{\varepsilon}_3. \tag{4.38}$$

Nesse ponto temos uma ambiguidade linguística: **A** é um objeto fixo (usualmente chamado vetor), que pode ser descrito em vários sistemas de coordenadas. Porém, também é comum chamar o conjunto de coeficientes A^i vetor (mais especificamente, **vetor contravariante**), embora já tenhamos chamado ε_i de vetor de base covariante. É importante observar aqui que **A** é um objeto fixo que não é alterado por nossas transformações, enquanto sua representação (o A^i) e a base utilizada para a representação (o ε_i) mudam de maneiras mutuamente inversas (à medida que o sistema de coordenadas é alterado), de modo a manter **A** fixo.

Dados nossos vetores de base, podemos calcular o deslocamento (mudança na posição) associado a mudanças em q^i. Como os vetores de base dependem da posição, nosso cálculo precisa ser para deslocamentos pequenos (infinitesimais) ds. Temos

$$(ds)^2 = \sum_{ij}(\boldsymbol{\varepsilon}_i\, dq^i)\cdot(\boldsymbol{\varepsilon}_j\, dq^j),$$

que, usando a convenção de soma, pode ser escrito

$$(ds)^2 = g_{ij}dq^i dq^j, \tag{4.39}$$

com

$$g_{ij} = \boldsymbol{\varepsilon}_i \cdot \boldsymbol{\varepsilon}_j. \tag{4.40}$$

Como $(ds)^2$ é um invariante sob transformações rotacionais (e reflexão), ele é um escalar, e a regra do quociente nos permite identificar g_{ij} como um tensor covariante. Devido ao seu papel para definir o deslocamento, g_{ij} é chamado **tensor métrico covariante**.

Observe que os vetores de base podem ser definidos por suas componentes cartesianas, mas não são, em geral, vetores unitários nem mutuamente ortogonais. Como muitas vezes eles **não** são vetores unitários, nós os identificamos pelo símbolo ε, não ê. A falta tanto de um requisito de normalização quanto de ortogonalidade, significa que

g_{ij}, embora manifestamente simétrico, não precisa ser diagonal e seus elementos (incluindo aqueles na diagonal) podem ser de qualquer sinal.

É conveniente definir um tensor métrico **contravariante** que satisfaz

$$g^{ik}g_{kj} = g_{jk}g^{ki} = \delta^i_j, \tag{4.41}$$

e é, portanto, o inverso do tensor métrico covariante. Usaremos g_{ij} e g_{ij} para fazer conversões entre vetores contravariantes e covariantes que então consideramos relacionados.

Assim, podemos escrever

$$g_{ij}F^j = F_i \quad \text{e} \quad g^{ij}F_j = F^i. \tag{4.42}$$

Voltando agora à Equação (4.38), podemos manipulá-la da seguinte forma:

$$\mathbf{A} = A^i\,\boldsymbol{\varepsilon}_i = A^i\,\delta^k_i\,\boldsymbol{\varepsilon}_k = \left(A^i g_{ij}\right)\left(g^{jk}\boldsymbol{\varepsilon}_k\right) = A_j\,\boldsymbol{\varepsilon}^j, \tag{4.43}$$

mostrando que o mesmo vetor pode ser representado por quaisquer componentes contravariantes e covariantes, com os dois conjuntos das componentes relacionados pela transformação na Equação (4.42).

Bases de Covariantes e Contravariantes

Vamos agora definir os **vetores contravariantes de base**

$$\boldsymbol{\varepsilon}^i = \frac{\partial q^i}{\partial x}\,\hat{\mathbf{e}}_x + \frac{\partial q^i}{\partial y}\,\hat{\mathbf{e}}_y + \frac{\partial q^i}{\partial z}\,\hat{\mathbf{e}}_z, \tag{4.44}$$

atribuindo a eles esse nome antecipando o fato de que podemos provar que eles são as versões contravariantes de $\boldsymbol{\varepsilon}_i$. Nosso primeiro passo nessa direção é verificar que

$$\boldsymbol{\varepsilon}^i \cdot \boldsymbol{\varepsilon}_j = \frac{\partial q^i}{\partial x}\frac{\partial x}{\partial q^j} + \frac{\partial q^i}{\partial y}\frac{\partial y}{\partial q^j} + \frac{\partial q^i}{\partial z}\frac{\partial z}{\partial q^j} = \delta^i_j, \tag{4.45}$$

uma consequência da regra da cadeia e o fato de que q^i e q^j são variáveis independentes.

Em seguida, observamos que

$$(\boldsymbol{\varepsilon}^i \cdot \boldsymbol{\varepsilon}^j)(\boldsymbol{\varepsilon}_j \cdot \boldsymbol{\varepsilon}_k) = \delta^i_k, \tag{4.46}$$

também provado usando a regra da cadeia; os termos podem ser coletados para que grupos deles correspondam às identidades na Equação (4.45). A Equação (4.46) mostra que

$$g^{ij} = \boldsymbol{\varepsilon}^i \cdot \boldsymbol{\varepsilon}^j. \tag{4.47}$$

Multiplicando ambos os lados da Equação (4.47) à direita por $\boldsymbol{\varepsilon}_j$ e realizando a soma indicada, o lado esquerdo dessa equação, $g^{ij}\,\boldsymbol{\varepsilon}_j$, torna-se a fórmula para $\boldsymbol{\varepsilon}^i$, enquanto o lado direito é simplificado para a expressão na Equação (4.44), provando assim que o vetor contravariante nessa equação foi apropriadamente nomeado.

Ilustramos agora alguns tensores métricos típicos e vetores de base tanto na forma covariante quanto contravariante.

Exemplo 4.3.1   Alguns Tensores Métricos

Em coordenadas polares esféricas, (q^1, q^2, q^3) (r, θ, φ), e $x = r\,\text{sen}\,\theta\cos\varphi$, $y = r\,\text{sen}\,\theta\,\text{sen}\,\varphi$, $z = r\cos\theta$. Os vetores covariantes de base são

$$\boldsymbol{\varepsilon}_r = \text{sen}\,\theta\cos\varphi\,\hat{\mathbf{e}}_x + \text{sen}\,\theta\,\text{sen}\,\varphi\,\hat{\mathbf{e}}_y + \cos\theta\,\hat{\mathbf{e}}_z,$$

$$\boldsymbol{\varepsilon}_\theta = r\cos\theta\cos\varphi\,\hat{\mathbf{e}}_x + r\cos\theta\,\text{sen}\,\varphi\,\hat{\mathbf{e}}_y - r\,\text{sen}\,\theta\,\hat{\mathbf{e}}_z,$$

$$\boldsymbol{\varepsilon}_\varphi = -r\,\text{sen}\,\theta\,\text{sen}\,\varphi\,\hat{\mathbf{e}}_x + r\,\text{sen}\,\theta\cos\varphi\,\hat{\mathbf{e}}_y,$$

e os vetores contravariantes de base, que podem ser obtidos de muitas maneiras, uma das quais é começar a partir de $r^2 = x^2 + y^2 + z^2$, $\cos\theta = z/r$, $\tan\varphi = y/x$, são

$$\boldsymbol{\varepsilon}^r = \operatorname{sen}\theta\cos\varphi\,\hat{\mathbf{e}}_x + \operatorname{sen}\theta\operatorname{sen}\varphi\,\hat{\mathbf{e}}_y + \cos\theta\,\hat{\mathbf{e}}_z,$$

$$\boldsymbol{\varepsilon}^\theta = r^{-1}\cos\theta\cos\varphi\,\hat{\mathbf{e}}_x + r^{-1}\cos\theta\operatorname{sen}\varphi\,\hat{\mathbf{e}}_y - r^{-1}\operatorname{sen}\theta\,\hat{\mathbf{e}}_z,$$

$$\boldsymbol{\varepsilon}^\varphi = -\frac{\operatorname{sen}\varphi}{r\operatorname{sen}\theta}\,\hat{\mathbf{e}}_x + \frac{\cos\varphi}{r\operatorname{sen}\theta}\,\hat{\mathbf{e}}_y,$$

levando a

$$g_{11} = \boldsymbol{\varepsilon}_r \cdot \boldsymbol{\varepsilon}_r = 1,$$

$$g_{22} = \boldsymbol{\varepsilon}_\theta \cdot \boldsymbol{\varepsilon}_\theta = r^2,$$

$$g_{33} = \boldsymbol{\varepsilon}_\varphi \cdot \boldsymbol{\varepsilon}_\varphi = r^2\operatorname{sen}^2\theta;$$

todos os outros g_{ij} se anulam. Combinando esses para produzir g_{ij} e tomando o inverso (para produzir g^{ij}), temos

$$(g_{ij}) = \begin{pmatrix} 1 & 0 & 0 \\ 0 & r^2 & 0 \\ 0 & 0 & r^2\operatorname{sen}^2\theta \end{pmatrix}, \quad (g^{ij}) = \begin{pmatrix} 1 & 0 & 0 \\ 0 & r^{-2} & 0 \\ 0 & 0 & (r\operatorname{sen}\theta)^{-2} \end{pmatrix}.$$

Podemos verificar que invertemos g_{ij} corretamente comparando a expressão dada para g^{ij} a partir daquela construída diretamente de $\boldsymbol{\varepsilon}^i \cdot \boldsymbol{\varepsilon}^j$. Essa verificação é deixada para o leitor.

A métrica de Minkowski da relatividade especial tem a forma

$$(g_{ij}) = (g^{ij}) = \begin{pmatrix} 1 & 0 & 0 & 0 \\ 0 & -1 & 0 & 0 \\ 0 & 0 & -1 & 0 \\ 0 & 0 & 0 & -1 \end{pmatrix}.$$

A razão para incluí-la nesse exemplo é enfatizar que, para algumas métricas importantes na física, distâncias ds^2 não precisam ser positivas (significando que ds pode ser imaginário). ∎

A relação entre os vetores covariantes e contravariantes de base é útil para escrever relacionamentos entre vetores. Sejam **A** e **B** vetores com representações contravariantes (A^i) e (B^i). Podemos converter a representação de **B** em $B_i = g_{ij}B^j$, depois da qual o produto escalar **A** · **B** assume a forma

$$\mathbf{A} \cdot \mathbf{B} = (A^i\,\boldsymbol{\varepsilon}_i) \cdot (B_j\,\boldsymbol{\varepsilon}^j) = A^iB_j(\boldsymbol{\varepsilon}_i \cdot \boldsymbol{\varepsilon}^j) = A^iB_i. \tag{4.48}$$

Outra aplicação é ao escrever o gradiente em coordenadas gerais. Se uma função ψ é dada em um sistema de coordenadas geral (q^i), seu gradiente $\nabla\psi$ é um vetor com componentes cartesianas

$$(\nabla\psi)_j = \frac{\partial\psi}{\partial q^i}\frac{\partial q^i}{\partial x^j}. \tag{4.49}$$

Em notação vetorial, a Equação (4.49) se torna

$$\nabla\psi = \frac{\partial\psi}{\partial q^i}\,\boldsymbol{\varepsilon}^i, \tag{4.50}$$

mostrando que a representação covariante de $\nabla\psi$ é o conjunto de derivadas $\partial\psi/\partial q^i$. Se houver uma razão para usar uma representação contravariante do gradiente, poderemos converter seus componentes usando a Equação (4.42).

Derivadas Covariantes

Passando para as derivadas de um vetor, descobrimos que a situação é muito mais complicada porque os vetores de base $\boldsymbol{\varepsilon}_i$ são em geral não constantes, e a derivada não será um tensor cujas componentes são as derivadas das componentes vetoriais.

A partir da regra de transformação para um vetor contravariante,

$$(V')^i = \frac{\partial x^i}{\partial q_k}\,V^k,$$

e diferenciando em relação a q^j, obtemos (para cada i)

$$\frac{\partial (V')^i}{\partial q^j} = \frac{\partial x^i}{\partial q_k}\frac{\partial V^k}{\partial q^j} + \frac{\partial^2 x^i}{\partial q^j \partial q^k}\, V^k, \tag{4.51}$$

que parece diferir da lei de transformação para um tensor de segunda ordem porque ele contém uma segunda derivada.

Para ver o que fazer em seguida, vamos escrever a Equação (4.51) como uma equação vetorial única nas coordenadas x_i, que consideramos como sendo cartesianas. O resultado é

$$\frac{\partial \mathbf{V}'}{\partial q^j} = \frac{\partial V^k}{\partial q^j}\boldsymbol{\varepsilon}_k + V^k\frac{\partial \varepsilon_k}{\partial q^j}. \tag{4.52}$$

Agora reconhecemos que $\partial \boldsymbol{\varepsilon}_k/\partial q^j$ deve ser algum vetor no espaço abrangido pelo conjunto de todos os $\boldsymbol{\varepsilon}_i$ e, portanto, escrevemos

$$\frac{\partial \boldsymbol{\varepsilon}_k}{\partial q^j} = \Gamma^\mu_{jk}\,\boldsymbol{\varepsilon}_\mu. \tag{4.53}$$

As quantidades Γ^μ_{jk} são conhecidas como **símbolos de Christoffel do segundo tipo** (os do primeiro tipo serão discutidos mais adiante). Usando a propriedade de ortogonalidade de $\boldsymbol{\varepsilon}$, Equação (4.45), podemos resolver a Equação (4.53), considerando seu produto escalar com qualquer $\boldsymbol{\varepsilon}^m$, alcançando

$$\Gamma^m_{jk} = \boldsymbol{\varepsilon}^m \cdot \frac{\partial \boldsymbol{\varepsilon}_k}{\partial q^j}. \tag{4.54}$$

Além disso, observamos que $\Gamma^m_{kj} = \Gamma^m_{jk}$, que pode ser demonstrada escrevendo as componentes de $\partial \boldsymbol{\varepsilon}_k/\partial q^j$. Voltando agora à Equação (4.52) e inserindo a Equação (4.53), obtemos inicialmente

$$\frac{\partial \mathbf{V}'}{\partial q^j} = \frac{\partial V^k}{\partial q^j}\boldsymbol{\varepsilon}_k + V^k\Gamma^\mu_{jk}\boldsymbol{\varepsilon}_\mu. \tag{4.55}$$

Permutando os índices fictícios k e μ no último termo da Equação (4.55), obtemos o resultado final

$$\frac{\partial \mathbf{V}'}{\partial q^j} = \left(\frac{\partial V^k}{\partial q^j} + V^\mu\Gamma^k_{j\mu}\right)\boldsymbol{\varepsilon}_k. \tag{4.56}$$

A quantidade entre parênteses na Equação (4.56) é conhecida como **derivada covariante** de V, e (infelizmente) tornou-se padrão identificá-la pela notação desajeitada

$$V^k_{;j} = \frac{\partial V^k}{\partial q^j} + V^\mu\Gamma^k_{j\mu}, \quad \text{so} \quad \frac{\partial \mathbf{V}'}{\partial q^j} = V^k_{;j}\,\boldsymbol{\varepsilon}_k. \tag{4.57}$$

Se reescrevemos a Equação (4.56) na forma

$$d\mathbf{V}' = \left[V^k_{;j}\,dq^j\right]\boldsymbol{\varepsilon}_k,$$

e observamos que dq^j é um vetor contravariante, enquanto $\boldsymbol{\varepsilon}_k$ é covariante, vemos que a derivada covariante, V^k_{ij} é um tensor misto de segunda ordem.[4] No entanto, é importante perceber que, embora eles sejam muito utilizados em índices, **nem** $\partial V^k/\partial q^j$ **nem** Γ^k_{jv} têm individualmente as propriedades de transformação corretas para que sejam tensores. Somente a combinação na Equação (4.57) é que tem os atributos transformacionais necessários.

Pode ser demonstrado (ver Exercício 4.3.6) que a derivada covariante de um vetor **covariante** V_i é dada por

$$V_{i;j} = \frac{\partial V_i}{\partial q^j} - V_k\Gamma^k_{ij}. \tag{4.58}$$

Como $V^i_{;j}, V_{i;j}$ é um tensor de segunda ordem.

---

[4] $\mathbf{V}'$ não contribui para o caráter covariante/contravariante da equação uma vez que seu índice implícito rotula as coordenadas cartesianas, como também é o caso parra ε_k.

A importância física da derivada covariante é que ela inclui as alterações nos vetores de base de acordo com uma dq^i geral e é, portanto, mais adequado para descrever fenômenos físicos do que uma formulação que considera apenas as mudanças nos coeficientes que multiplicam os vetores de base.

Avaliando os Símbolos de Christoffel

Pode ser mais conveniente avaliar os símbolos de Christoffel os relacionando com o tensor métrico do que simplesmente utilizar a Equação (4.54). Como um passo inicial nesse sentido, definimos o símbolo de Christoffel do **primeiro tipo** $[i\,j,\,k]$ por

$$[ij, k] \equiv g_{mk} \Gamma^m_{ij}, \tag{4.59}$$

a partir do qual segue-se a simetria $[i\,j,\,k] = [j\,i,\,k]$. Novamente, esse $[i\,j,\,k]$ não é um tensor de terceira ordem. Inserindo a Equação (4.54) e aplicando a transformação de índice inferior, Equação (4.42), temos

$$[ij, k] = g_{mk}\, \boldsymbol{\varepsilon}^m \cdot \frac{\partial \boldsymbol{\varepsilon}_i}{\partial q^j}$$

$$= \boldsymbol{\varepsilon}_k \cdot \frac{\partial \boldsymbol{\varepsilon}_i}{\partial q^j}. \tag{4.60}$$

Em seguida, escrevemos $g_{ij} = \boldsymbol{\varepsilon}_i \cdot \boldsymbol{\varepsilon}_j$ como na Equação (4.40) e diferenciando-o, identificando o resultado com o auxílio da Equação (4.60):

$$\frac{\partial g_{ij}}{\partial q^k} = \frac{\partial \boldsymbol{\varepsilon}_i}{\partial q^k} \cdot \boldsymbol{\varepsilon}_j + \boldsymbol{\varepsilon}_i \cdot \frac{\partial \boldsymbol{\varepsilon}_j}{\partial q^k}$$

$$= [ik, j] + [jk, i].$$

Em seguida, observamos que podemos combinar três dessas derivadas com diferentes conjuntos de índice, com um resultado que simplifica para dar

$$\frac{1}{2} \left[\frac{\partial g_{ik}}{\partial q^j} + \frac{\partial g_{jk}}{\partial q^i} - \frac{\partial g_{ij}}{\partial q^k} \right] = [ij, k]. \tag{4.61}$$

Agora voltamos à Equação (4.59), que resolvemos para Γ^m_{ij} multiplicando ambos os lados por $g^{n\,k}$, somando sobre k e usando o fato de que $(g_{\mu\nu})$ e $(g^{\mu\nu})$ são mutuamente inversos (Equação 4.41):

$$\Gamma^n_{ij} = \sum_k g^{nk}[ij, k]. \tag{4.62}$$

Por fim, substituindo para $[i\,j,\,k]$ da Equação (4.61), e mais uma vez usando a convenção de soma, temos:

$$\Gamma^n_{ij} = g^{nk}[ij, k] = \frac{1}{2}\, g^{nk} \left[\frac{\partial g_{ik}}{\partial q^j} + \frac{\partial g_{jk}}{\partial q^i} - \frac{\partial g_{ij}}{\partial q^k} \right]. \tag{4.63}$$

O instrumento desta subseção torna-se desnecessário em coordenadas cartesianas, porque os vetores de base têm derivadas que se anulam, e as covariantes e as derivadas parciais ordinárias então coincidem.

Operadores de Derivadas de Tensores

Com a diferenciação covariante agora disponível, estamos prontos para derivar os operadores vetoriais diferenciais na forma geral de tensor.

Gradiente — Já discutimos isso, com o resultado da Equação (4.50):

$$\nabla \psi = \frac{\partial \psi}{\partial q^i} \boldsymbol{\varepsilon}^i. \tag{4.64}$$

Divergência — Um vetor $\mathbf{V}$ cuja representação contravariante é $V^i \boldsymbol{\varepsilon}_i$ tem divergência

$$\nabla \cdot \mathbf{V} = \boldsymbol{\varepsilon}^j \cdot \frac{\partial (V^i \boldsymbol{\varepsilon}_i)}{\partial q^j} = \boldsymbol{\varepsilon}^j \cdot \left(\frac{\partial V^i}{\partial q^j} + V^k \Gamma^i_{jk} \right) \boldsymbol{\varepsilon}_i = \frac{\partial V^i}{\partial q^i} + V^k \Gamma^i_{ik}. \tag{4.65}$$

Note que a derivada covariante apareceu aqui. Expressando Γ^i_{ik} pela Equação (4.63), temos

$$\Gamma^i_{ik} = \frac{1}{2} g^{im} \left[\frac{\partial g_{im}}{\partial q^k} + \frac{\partial g_{km}}{\partial q^i} - \frac{\partial g_{ik}}{\partial q^m} \right] = \frac{1}{2} g^{im} \frac{\partial g_{im}}{\partial q^k}, \tag{4.66}$$

onde reconhecemos que os dois últimos termos entre colchetes irão se cancelar porque, alterando os nomes de seus índices fictícios, eles podem ser identificados como idênticos, exceto no sinal.

Como (g^{im}) é o inverso da matriz para (g_{im}), observamos que a combinação dos elementos matriciais no lado direito da Equação (4.66) é semelhante àqueles na fórmula para a derivada de um determinante, Equação (2.35); lembre-se de que g é simétrico: $g^{im} = g^{mi}$. Na presente notação, a fórmula relevante é

$$\frac{d \det(g)}{dq^k} = \det(g) \, g^{im} \frac{\partial g_{im}}{\partial q^k}, \tag{4.67}$$

onde $\det(g)$ é o determinante do tensor métrico **covariante** $(g_{\mu\nu})$. Usando a Equação (4.67), a Equação (4.66) torna-se

$$\Gamma^i_{ik} = \frac{1}{2 \det(g)} \frac{d \det(g)}{dq^k} = \frac{1}{[\det(g)]^{1/2}} \frac{\partial [\det(g)]^{1/2}}{\partial q^k}. \tag{4.68}$$

Combinando o resultado na Equação (4.68) com a Equação (4.65), obtemos uma fórmula maximamente compacta para a divergência de um vetor contravariante **V:**

$$\nabla \cdot \mathbf{V} = V^i_{;i} = \frac{1}{[\det(g)]^{1/2}} \frac{\partial}{\partial q^k} \left([\det(g)]^{1/2} \, V^k \right). \tag{4.69}$$

Para comparar esse resultado com aquele para um sistema de coordenadas ortogonais, Equação (3.141), note que $\det(g) = (h_1 h_2 h_3)^2$, e que a componente k do vetor representada por **V** na Equação (3.141) é, nessa notação, igual a $V^k | \boldsymbol{\varepsilon}_k | = h_K V^k$ (nenhuma soma).

Laplaciano — Podemos formar o $\nabla^2 \psi$ laplaciano inserindo uma expressão para o gradiente $\nabla \psi$ na fórmula para a divergência, Equação (4.69). Porém, essa equação usa os coeficientes contravariantes V^k, assim temos de descrever o gradiente em sua representação contravariante. Como a Equação (4.64) mostra que os coeficientes covariantes do gradiente são as derivadas $\partial \psi / \partial q^i$, seus coeficientes contravariantes precisam ser

$$g^{ki} \frac{\partial \psi}{\partial q^i}.$$

A inserção na Equação (4.69) então produz

$$\nabla^2 \psi = \frac{1}{[\det(g)]^{1/2}} \frac{\partial}{\partial q^k} \left([\det(g)]^{1/2} g^{ki} \frac{\partial \psi}{\partial q^i} \right). \tag{4.70}$$

Para sistemas **ortogonais**, o tensor métrico é diagonal e o contravariante $g^{ii} = (h_i)^{-2}$ (nenhuma soma). A Equação (4.70) então se reduz a

$$\nabla \cdot \nabla \psi = \frac{1}{h_1 h_2 h_3} \frac{\partial}{\partial q^i} \left(\frac{h_1 h_2 h_3}{h_i^2} \frac{\partial \psi}{\partial q^i} \right),$$

de acordo com a Equação (3.142).

Rotacional — A diferença das derivadas que aparecem na rotacional tem componentes que podem ser escritas

$$\frac{\partial V_i}{\partial q^j} - \frac{\partial V_j}{\partial q^i} = \frac{\partial V_i}{\partial q^j} - V_k \Gamma^k_{ij} - \frac{\partial V_j}{\partial q^i} + V_k \Gamma^k_{ji} = V_{i;j} - V_{j;i}, \tag{4.71}$$

em que utilizamos a simetria dos símbolos de Christoffel para obter um cancelamento. A razão para a manipulação na Equação (4.71) é trazer todos os termos à direita para a forma de tensor. Ao usar a Equação (4.71), é necessário lembrar que as quantidades V_i são os coeficientes da possivelmente não unidade $\boldsymbol{\varepsilon}^i$ e, portanto, **não são** componentes de **V** na base ortonormal $\hat{\mathbf{e}}_i$.

Exercícios

4.3.1 Para o caso especial do espaço 3-D (ε_1, ε_2, ε_3 definindo um sistema de coordenadas à direita, não necessariamente ortogonal), mostre que

$$\varepsilon^i = \frac{\varepsilon_j \times \varepsilon_k}{\varepsilon_j \times \varepsilon_k \cdot \varepsilon_i}, \quad i, j, k = 1, 2, 3 \text{ e permutações cíclicas.}$$

Nota: Esses vetores contravariantes de base ε^i definem o espaço do reticulado recíproco do Exemplo 3.2.1.

4.3.2 Se os vetores covariantes ε_i são ortogonais, mostre que
  (a) g_{ij} é diagonal,
  (b) $g^{ii} = 1/g_{ii}$ (nenhuma soma),
  (c) $|\varepsilon^i| = 1/|\varepsilon_i|$.

4.3.3 Prove que $(\varepsilon^i \cdot \varepsilon^j)(\varepsilon_j \cdot \varepsilon_k) = \delta^i_k$

4.3.4 Mostre que $\Gamma^m_{jk} = \Gamma^m_{kj}$.

4.3.5 Derive os tensores métricos covariantes e contravariantes para coordenadas cilíndricas circulares.

4.3.6 Mostre que a derivada covariante de um vetor covariante é dada por

$$V_{i;j} \equiv \frac{\partial V_i}{\partial q^j} - V_k \Gamma^k_{ij}.$$

  Dica: Diferencie

$$\varepsilon^i \cdot \varepsilon_j = \delta^i_j.$$

4.3.7 Verifique que $V_{i;j} = g_{ik} V^k_{;j}$ mostrando que

$$\frac{\partial V_i}{\partial q^j} - V_k \Gamma^k_{ij} = g_{ik} \left[\frac{\partial V^k}{\partial q^j} + V^m \Gamma^k_{mj} \right].$$

4.3.8 A partir do tensor métrico cilíndrico circular tensor g_{ij}, calcule a Γ^k_{ij} para coordenadas cilíndricas circulares.
  Nota: Há apenas três Γ que não se anulam.

4.3.9 Usando a Γ^k_{ij} do Exercício 4.3.8, escreva as derivadas covariantes $V^i_{;j}$ de um vetor **V** em coordenadas cilíndricas circulares.

4.3.10 Mostre que para o tensor métrico $g_{ij;k} = g^{ij}_{;k} = 0$.

4.3.11 Começando com a divergência na notação de tensor, Equação (4.70), desenvolva a divergência de um vetor em coordenadas polares esféricas, Equação (3.157).

4.3.12 O vetor covariante A_i é o gradiente de um escalar. Mostre que a diferença da derivada covariante $A_{i;j} - A_{j;i}$ se anula.

4.4 Jacobianos

Nos capítulos anteriores consideramos o uso de coordenadas curvilíneas, mas não demos muito foco para as transformações entre sistemas de coordenadas, e em particular quanto à maneira como integrais multidimensionais devem se transformar quando o sistema de coordenadas é alterado. Para fornecer fórmulas que serão úteis em espaços com números arbitrários de dimensões, e com transformações que envolvem sistemas de coordenadas que não são ortogonais, agora voltamos à noção de **jacobiano**, introduzida, mas não totalmente desenvolvida, no Capítulo 1.

Como já foi mencionado no Capítulo 1, mudanças das variáveis em múltiplas integrações, digamos, de variáveis x_1, x_2, ... a u_1, u_2, ... requerem a substituição do diferencial $dx_1 dx_2 ...$ por $J\, du_1 du_2 ...$, onde J, chamado jacobiano, é a quantidade (geralmente dependente das variáveis) necessária para tornar essas expressões mutuamente consistentes. Mais especificamente, identificamos $d\tau = J\, du_1 du_2 ...$ como o "volume" de uma região de largura du_1 em u_1, du_2 em u_2, ..., onde o "volume" deve ser calculado em x_1, x_2, ... espaço, tratado como coordenadas cartesianas.

Para obter uma fórmula para J, começamos identificando o deslocamento (no sistema cartesiano definido por x_i) que corresponde a uma alteração em cada variável u_i. Deixando $d\mathbf{s}(u_i)$ ser esse deslocamento (que é um vetor), podemos decompô-lo em componentes cartesianas da seguinte maneira:

$$d\mathbf{s}(u_1) = \left[\left(\frac{\partial x_1}{\partial u_1}\right)\hat{\mathbf{e}}_1 + \left(\frac{\partial x_2}{\partial u_1}\right)\hat{\mathbf{e}}_2 + \cdots\right] du_1,$$

$$d\mathbf{s}(u_2) = \left[\left(\frac{\partial x_1}{\partial u_2}\right)\hat{\mathbf{e}}_1 + \left(\frac{\partial x_2}{\partial u_2}\right)\hat{\mathbf{e}}_2 + \cdots\right] du_2, \tag{4.72}$$

$$d\mathbf{s}(u_3) = \left[\left(\frac{\partial x_1}{\partial u_3}\right)\hat{\mathbf{e}}_1 + \left(\frac{\partial x_2}{\partial u_3}\right)\hat{\mathbf{e}}_2 + \cdots\right] du_3,$$

$$\ldots\ldots = \ldots\ldots\ldots$$

É necessário entender que as derivadas parciais $(\partial x_i/\partial u_j)$ na Equação (4.72) precisam ser avaliadas com a outra u_k mantida constante. Indicar isso explicitamente deixaria a fórmula com uma quantidade excessiva de detalhes.

Se tivéssemos apenas duas variáveis, u_1 e u_2, área diferencial seria simplesmente $| d\mathbf{s}(u_1) |$ vezes a componente de $d\mathbf{s}(u_2)$ que é perpendicular a $d\mathbf{s}(u_1)$. Se houvesse uma terceira variável, u_3, multiplicaríamos ainda mais pela componente de $d\mathbf{s}(u_3)$ que fosse perpendicular tanto a $d\mathbf{s}(u_1)$ quanto a $d\mathbf{s}(u_2)$. A extensão para números arbitrários de dimensões é óbvia.

O que é menos óbvio é uma fórmula explícita para o "volume" de um número arbitrário de dimensões. Vamos começar escrevendo a Equação (4.72) na forma matricial:

$$\begin{pmatrix} \dfrac{d\mathbf{s}(u_1)}{du_1} \\[2mm] \dfrac{d\mathbf{s}(u_2)}{du_2} \\[2mm] \dfrac{d\mathbf{s}(u_3)}{du_3} \\[1mm] \cdots \end{pmatrix} = \begin{pmatrix} \dfrac{\partial x_1}{\partial u_1} & \dfrac{\partial x_2}{\partial u_1} & \dfrac{\partial x_3}{\partial u_1} & \cdots \\[2mm] \dfrac{\partial x_1}{\partial u_2} & \dfrac{\partial x_2}{\partial u_2} & \dfrac{\partial x_3}{\partial u_2} & \cdots \\[2mm] \dfrac{\partial x_1}{\partial u_3} & \dfrac{\partial x_2}{\partial u_3} & \dfrac{\partial x_3}{\partial u_3} & \cdots \\[1mm] \cdots & \cdots & \cdots & \cdots \end{pmatrix} \begin{pmatrix} \hat{\mathbf{e}}_1 \\ \hat{\mathbf{e}}_2 \\ \hat{\mathbf{e}}_3 \\ \cdots \end{pmatrix}. \tag{4.73}$$

Vamos agora continuar a fazer alterações para a segunda e subsequentes linhas da matriz quadrada na Equação (4.73) que pode destruir a relação com $d\mathbf{s}(u_i)/du_i$, mas que deixará o "volume" inalterado. Em particular, subtraímos da segunda linha da matriz derivada esse múltiplo da primeira linha que fará o primeiro elemento da segunda linha modificada se anular. Isso não mudará o "volume" porque modifica $d\mathbf{s}(u_2)/du_2$ adicionando ou subtraindo um vetor na direção $d\mathbf{s}(u_1)/du_1$ e, portanto, não afeta a componente de $d\mathbf{s}(u_2)/du_2$ perpendicular a $d\mathbf{s}(u_1)/du_1$ (Figura 4.1).

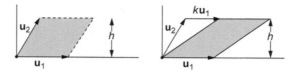

Figura 4.1: A área permanece inalterada quando vetor proporcional a $\mathbf{u}_1$ é adicionado a $\mathbf{u}_2$.

O leitor atento lembrará que essa modificação da segunda linha da nossa matriz é uma operação que foi usada ao avaliar determinantes, e estava lá justificada porque não ela alterou o valor do determinante. Temos uma situação semelhante aqui; a operação não irá alterar o valor do "volume" diferencial porque estamos mudando apenas o componente de $d\mathbf{s}(u_2)/du_2$ que está na direção $d\mathbf{s}(u_1)/du_1$. De um modo semelhante, podemos executar operações adicionais do mesmo tipo que levarão a uma matriz na qual todos os elementos abaixo da diagonal principal foram reduzidos a zero. A situação nesse ponto é indicada esquematicamente por um espaço 4-D como a transição da primeira para a segunda matriz na Figura 4.2. Esses $d\mathbf{s}(u_i)/du_i$ modificados levarão ao mesmo

$$\begin{pmatrix} a_{11} & a_{12} & a_{13} & a_{14} \\ a_{21} & a_{22} & a_{23} & a_{24} \\ a_{31} & a_{32} & a_{33} & a_{34} \\ a_{41} & a_{42} & a_{43} & a_{44} \end{pmatrix} \rightarrow \begin{pmatrix} a_{11} & a_{12} & a_{13} & a_{14} \\ 0 & b_{22} & b_{23} & b_{24} \\ 0 & 0 & b_{33} & b_{34} \\ 0 & 0 & 0 & b_{44} \end{pmatrix} \rightarrow \begin{pmatrix} a_{11} & 0 & 0 & 0 \\ 0 & b_{22} & 0 & 0 \\ 0 & 0 & b_{33} & 0 \\ 0 & 0 & 0 & b_{44} \end{pmatrix}$$

Figura 4.2: Manipulação da matriz jacobiana. Aqui $a_{ij} = (\partial x_j/\partial u_i)$, e b_{ij} são formados combinando linhas (ver texto).

volume diferencial que os $d\mathbf{s}(u_i)/du_i$ originais. Essa matriz modificada deixará de fornecer uma representação fiel da região diferencial no espaço ui, mas isso é irrelevante uma vez que nosso único objetivo é avaliar o "volume" diferencial.

Em seguida pegamos a (n-ésima) linha final da nossa matriz modificada, que será totalmente zero, exceto para seu último elemento, e subtraímos um múltiplo adequado de todas as outras linhas para introduzir zeros no último elemento de cada linha acima da diagonal principal. Essas operações correspondem a alterações em que só modificamos as componentes dos outros $d\mathbf{s}(u_i)/du_i$ que estão na direção de $d\mathbf{s}(u_n)$ e, portanto, não mudarão o "volume" diferencial. Então, usando a penúltima linha (que agora tem apenas um elemento diagonal), podemos de uma maneira semelhante introduzir zeros na penúltima coluna de todas as linhas anteriores. Continuando esse processo, por fim teremos um conjunto dos $d\mathbf{s}(u_i)/du_i$ modificados que terá a estrutura mostrada como a última matriz na Figura 4.2. Como a matriz modificada é diagonal, com cada elemento diferente de zero associado a um único $\hat{\mathbf{e}}_i$ diferente, o "volume" é então facilmente calculado como o produto dos elementos diagonais. Esse produto dos elementos diagonais de uma matriz diagonal é uma avaliação do seu determinante.

Revendo o que fizemos, vemos que identificamos o "volume" diferencial como uma quantidade que é igual ao determinante do conjunto derivado original. Isso deve ser assim, porque obtivemos nosso resultado final realizando operações que deixam um determinante inalterado. O resultado final pode ser expresso como a fórmula bem conhecida para o jacobiano:

$$d\tau = J\,du_1 du_2 \dots, \quad J = \begin{vmatrix} \dfrac{\partial x_1}{\partial u_1} & \dfrac{\partial x_2}{\partial u_1} & \dfrac{\partial x_3}{\partial u_1} & \cdots \\ \dfrac{\partial x_1}{\partial u_2} & \dfrac{\partial x_2}{\partial u_2} & \dfrac{\partial x_3}{\partial u_2} & \cdots \\ \dfrac{\partial x_1}{\partial u_3} & \dfrac{\partial x_2}{\partial u_3} & \dfrac{\partial x_3}{\partial u_3} & \cdots \\ \cdots & \cdots & \cdots & \cdots \end{vmatrix} \equiv \frac{\partial(x_1, x_2, \dots)}{\partial(u_1, u_2, \dots)}. \tag{4.74}$$

A notação padrão para o jacobiano, mostrada como o último membro da Equação (4.74), é um lembrete conveniente da maneira como derivadas parciais aparecem nela. Também observe que, quando a notação padrão para J é inserida na expressão para $d\tau$, a expressão geral tem $du_1 du_2 \dots$ no numerador, enquanto $\partial(u_1, u_2, \dots)$ aparece no denominador. Esse recurso pode ajudar o usuário a fazer uma identificação adequada do jacobiano.

Algumas palavras sobre nomenclatura: a matriz na Equação (4.73) é às vezes chamada **matriz jacobiana**, com o determinante na Equação (4.74), então a distinguimos chamando-a **determinante jacobiano**. A não ser dentro de uma discussão em que essas duas quantidades aparecem e precisam ser identificadas separadamente, a maioria dos autores simplesmente chama J, o determinante na Equação (4.74), o **jacobiano**. Esse é o uso que seguimos neste livro.

Terminamos com uma observação final. Como J é um determinante, ele terá um sinal que depende da ordem em que x_i e u_i são especificados. Essa ambiguidade corresponde a nossa liberdade de escolher ou coordenadas destrogiras ou levogiras. Em aplicações típicas que envolvem um jacobiano, é comum considerar seu valor absoluto e escolher os intervalos dos integrais u_i individuais de uma maneira que dá o sinal correto para a integral geral.

Exemplo 4.4.1 JACOBIANOS 2-D E 3-D

Em duas dimensões, com coordenadas cartesianas x, y e coordenadas u, v transformadas, o elemento da área dA tem, seguindo a Equação (4.74), a forma

$$dA = du\,dv \left[\left(\frac{\partial x}{\partial u} \right) \left(\frac{\partial y}{\partial v} \right) - \left(\frac{\partial x}{\partial v} \right) \left(\frac{\partial y}{\partial u} \right) \right].$$

Esse é o resultado esperado, uma vez que a quantidade entre colchetes é a fórmula para o componente z do produto cruzado dos dois vetores

$$\left(\frac{\partial x}{\partial u}\right)\hat{\mathbf{e}}_x + \left(\frac{\partial y}{\partial u}\right)\hat{\mathbf{e}}_y \quad \text{e} \quad \left(\frac{\partial x}{\partial v}\right)\hat{\mathbf{e}}_x + \left(\frac{\partial y}{\partial v}\right)\hat{\mathbf{e}}_y,$$

e é bem conhecido que a grandeza do produto cruzado de dois vetores é uma medida da área do paralelogramo com os lados formados pelos vetores.

Em três dimensões, o determinante no jacobiano corresponde exatamente à fórmula para o produto escalar triplo, Equação (3.12). Deixando A_x, A_y, A_z nessa fórmula se referir às derivadas $(\partial x/\partial u)$, $(\partial y/\partial u)$, $(\partial z/\partial u)$, com as componentes de **B** e **C** relacionadas de forma semelhante às derivadas com relação a v e ω, recuperamos a fórmula para o volume dentro do paralelepípedo definido por três vetores. ∎

Inverso do Jacobiano

Como x_i e u_i são conjuntos arbitrários de coordenadas, poderíamos ter realizado toda a análise da subseção anterior em relação a u_i como o sistema de coordenadas fundamental, tendo x_i como as coordenadas alcançadas por uma mudança das variáveis. Nesse caso, nosso jacobiano (que escolhemos rotular como J^{-1}), seria

$$J^{-1} = \frac{\partial(u_1, u_2, \ldots)}{\partial(x_1, x_2, \ldots)}. \tag{4.75}$$

É claro que, se $dx_1 dx_2 \ldots = J\, du_1 du_2 \ldots$, então também deve ser verdadeiro que $du_1 du_2 \ldots = (1/J)\, dx_1 dx_2 \ldots$ Vamos verificar se a quantidade que chamamos J^{-1} é de fato $1/J$.

Representaremos as duas **matrizes** jacobianas envolvidas aqui como

$$\mathsf{A} = \begin{pmatrix} \dfrac{\partial x_1}{\partial u_1} & \dfrac{\partial x_2}{\partial u_1} & \dfrac{\partial x_3}{\partial u_1} & \cdots \\[2ex] \dfrac{\partial x_1}{\partial u_2} & \dfrac{\partial x_2}{\partial u_2} & \dfrac{\partial x_3}{\partial u_2} & \cdots \\[2ex] \dfrac{\partial x_1}{\partial u_3} & \dfrac{\partial x_2}{\partial u_3} & \dfrac{\partial x_3}{\partial u_3} & \cdots \\[1ex] \cdots & \cdots & \cdots & \cdots \end{pmatrix}, \quad \mathsf{B} = \begin{pmatrix} \dfrac{\partial u_1}{\partial x_1} & \dfrac{\partial u_2}{\partial x_1} & \dfrac{\partial u_3}{\partial x_1} & \cdots \\[2ex] \dfrac{\partial u_1}{\partial x_2} & \dfrac{\partial u_2}{\partial x_2} & \dfrac{\partial u_3}{\partial x_2} & \cdots \\[2ex] \dfrac{\partial u_1}{\partial x_3} & \dfrac{\partial u_2}{\partial x_3} & \dfrac{\partial u_3}{\partial x_3} & \cdots \\[1ex] \cdots & \cdots & \cdots & \cdots \end{pmatrix}.$$

Temos então $J = \det(\mathsf{A})$ e $J^{-1} = \det(\mathsf{B})$. Queremos mostrar que $J\, J^{-1} = \det(\mathsf{A})\det(\mathsf{B}) = 1$. A prova é relativamente simples se usarmos o teorema do produto determinante.

Assim, podemos escrever

$$\det(\mathsf{A})\det(\mathsf{B}) = \det(\mathsf{AB}),$$

e agora tudo o que precisamos mostrar é que o produto da matriz AB é uma matriz unitária. Realizando a multiplicação de matrizes, encontramos, como um resultado da regra da cadeia,

$$(\mathsf{AB})_{ij} = \sum_k \left(\frac{\partial x_k}{\partial u_i}\right)\left(\frac{\partial u_j}{\partial x_k}\right) = \left(\frac{\partial u_j}{\partial u_i}\right) = \delta_{ij}, \tag{4.76}$$

verificando que AB é realmente uma matriz unitária.

A relação entre o jacobiano e seu inverso é de interesse prático. Pode acontecer que as derivadas $\partial u_i/\partial x_j$ são mais fáceis de calcular do que $\partial x_i/\partial u_j$, tornando conveniente obter J primeiro construindo e avaliando o determinante para J^{-1}.

Exemplo 4.4.2   ABORDAGENS DIRETAS E INVERSAS AO JACOBIANO

Suponha que precisamos do jacobiano $\dfrac{\partial(r, \theta, \varphi)}{\partial(x, y, z)}$, onde x, y e z são as coordenadas cartesianas e r, θ, φ são as coordenadas polares esféricas. Usando a Equação (4.74) e as relações

$$r = \sqrt{x^2 + y^2 + z^2}, \quad \theta = \cos^{-1}\left(\frac{z}{\sqrt{x^2 + y^2 + z^2}}\right), \quad \varphi = \tan^{-1}\left(\frac{y}{x}\right),$$

encontramos após esforço significativo (deixando $\rho^2 = x^2 + y^2$),

$$J = \frac{\partial(r, \theta, \varphi)}{\partial(x, y, z)} = \begin{vmatrix} \dfrac{x}{r} & \dfrac{y}{r} & \dfrac{z}{r} \\ \dfrac{xz}{r^2\rho} & \dfrac{yz}{r^2\rho} & -\dfrac{\rho}{r^2} \\ -\dfrac{y}{\rho^2} & \dfrac{x}{\rho^2} & 0 \end{vmatrix} = \frac{1}{r\rho} = \frac{1}{r^2 \operatorname{sen} \theta}.$$

É muito menos esforço para utilizar as relações

$$x = r \operatorname{sen} \theta \cos \varphi, \quad y = r \operatorname{sen} \theta \operatorname{sen} \varphi, \quad z = r \cos \theta,$$

e então para avaliar (facilmente),

$$J^{-1} = \frac{\partial(x, y, z)}{\partial(r, \theta, \varphi)} = \begin{vmatrix} \operatorname{sen} \theta \cos \varphi & \operatorname{sen} \theta \operatorname{sen} \varphi & \cos \theta \\ r \cos \theta \cos \varphi & r \cos \theta \operatorname{sen} \varphi & -r \operatorname{sen} \theta \\ -r \operatorname{sen} \theta \operatorname{sen} \varphi & r \operatorname{sen} \theta \cos \varphi & 0 \end{vmatrix} = r^2 \operatorname{sen} \theta.$$

Terminamos escrevendo $J = 1/J^{-1} = 1/r^2 \operatorname{sen} \theta$. ∎

Exercícios

4.4.1 Supondo que as funções u e v devem ser diferenciáveis,

(a) Mostre que uma condição necessária e suficiente que $u(x, y, z)$ e $v(x, y, z)$ estão relacionados por alguma função $f(u, v) = 0$ é que $(\nabla u) \times (\nabla v) = 0$;

(b) Se $u = u(x, y)$ e $v = v(x, y)$, mostre que a condição $(\nabla u) \times (\nabla v) = 0$ leva ao jacobiano 2-D

$$J = \frac{\partial(u, v)}{\partial(x, y)} = \begin{vmatrix} \dfrac{\partial u}{\partial x} & \dfrac{\partial u}{\partial y} \\ \dfrac{\partial v}{\partial x} & \dfrac{\partial v}{\partial y} \end{vmatrix} = 0.$$

4.4.2 Um sistema ortogonal 2-D é descrito pelas coordenadas q_1 e q_2. Mostre que a jacobiano J satisfaz a equação

$$J \equiv \frac{\partial(x, y)}{\partial(q_1, q_2)} \equiv \frac{\partial x}{\partial q_1} \frac{\partial y}{\partial q_2} - \frac{\partial x}{\partial q_2} \frac{\partial y}{\partial q_1} = h_1 h_2.$$

Dica: É mais fácil trabalhar com o quadrado de cada lado dessa equação.

4.4.3 Para a transformação $u = x + y, v = x/y$, com $x \geq 0$ e $y \geq 0$, encontre a $\dfrac{\partial(x, y)}{\partial(u, v)}$ jacobiano

(a) Por cálculo direto,

(b) Primeiro calculando J^{-1}.

4.5 Formas Diferenciais

Nosso estudo sobre tensores indicou que surgem complicações significativas quando saímos dos sistemas de coordenadas cartesianos, mesmo em contextos tradicionais como a introdução de coordenadas esféricas ou cilíndricas. Grande parte da dificuldade surge do fato de que a métrica (como expressa em um sistema de coordenadas) torna-se dependente da posição, e que as linhas ou superfícies dos valores constantes das coordenadas tornam-se curvadas. Muitos dos problemas mais complicados podem ser evitados se trabalharmos em uma geometria que lida com deslocamentos infinitesimais, porque as situações de maior importância na física então se tornam localmente semelhantes às condições mais simples e mais familiares com base em coordenadas cartesianas.

O cálculo das formas diferenciais, das quais o principal desenvolvedor foi Elie Cartan, tornou-se reconhecido como uma ferramenta natural e muito poderosa para o tratamento de coordenadas curvas, tanto em cenários clássicos quanto em estudos contemporâneos do espaço-tempo curvo. O cálculo de Cartan leva a uma unificação notável dos conceitos e teoremas da análise vetorial que vale a pena buscar, com o resultado de que na geometria diferencial e na física teórica a utilização das formas diferenciais agora se generalizou.

Formas diferenciais fornecem uma entrada importante para o papel da geometria na física, e a conectividade dos espaços em discussão (tecnicamente, referidos como sua **topologia**) tem implicações físicas. Ilustrações já são fornecidas por situações tão simples quanto ao fato de que uma coordenada definida em um círculo não pode ter um valor único e contínuo em todos os ângulos.

Consequências mais sofisticadas da topologia na física, que predominantemente estão além do escopo desde livro, incluem transformações de calibre, quantização de fluxo, efeito de Bohm-Aharanov, teorias emergentes das partículas elementares e fenômenos da relatividade geral.

Introdução

Por simplicidade, começamos nossa discussão das formas diferenciais em uma notação apropriada para o espaço comum 3-D, embora o poder real dos métodos em estudo seja que eles não estão limitados pela dimensionalidade do espaço ou por suas propriedades métricas (e são, portanto, também relevantes para o espaço-tempo curvo da relatividade geral). As quantidades básicas sob consideração são as **diferenciais** dx, dy, dz (identificados com direções linearmente independentes no espaço), combinações lineares deles e quantidades mais complicadas construídas a partir desses por regras de combinação que discutiremos em detalhes mais adiante. Tomando como exemplo dx, é essencial compreender que no nosso contexto atual ele não é apenas um número infinitesimal descrevendo uma mudança na coordenada x, mas deve ser visto como um objeto matemático com certas propriedades operacionais (que, na verdade, podem incluir sua eventual utilização em contextos como a avaliação das integrais de linha, superfície ou volume). As regras pelas quais dx e quantidades relacionadas podem ser manipuladas foram concebidas para permitir expressões como

$$\omega = A(x, y, z)\, dx + B(x, y, z)\, dy + C(x, y, z)\, dz, \tag{4.77}$$

que são chamadas **1-formas**, devem estar relacionadas com quantidades que ocorrem como os integrandos das integrais de linha, para permitir expressões do tipo

$$\omega = F(x, y, z)\, dx \wedge dy + G(x, y, z)\, dx \wedge dz + H(x, y, z)\, dy \wedge dz, \tag{4.78}$$

que são chamados **2-formas**, devem estar relacionadas com os integrandos das integrais de superfície, e para permitir expressões como

$$\omega = K(x, y, z)\, dx \wedge dy \wedge dz, \tag{4.79}$$

conhecidas como **3-formas**, devem estar relacionadas com os integrandos de integrais de volume.

O símbolo $\wedge$ (chamado "cunha") indica que as diferenciais individuais devem ser combinados para formar objetos mais complicados usando as regras da **álgebra exterior** (às vezes chamada **álgebra de Grassmann**), assim mais está sendo implicado pelas Equações (4.77) a (4.79) do que as fórmulas relativamente semelhantes que podem aparecer na notação convencional para vários tipos de integrais. Para manter contato com outras apresentações sobre formas diferenciais, notamos que alguns autores omitem o símbolo de cunha, supondo assim que o leitor sabe que as diferenciais devem ser combinados de acordo com as regras da álgebra exterior. Para minimizar potencial confusão, vamos continuar a escrever o símbolo de cunha para essas combinações das diferenciais (que são chamados produtos **exteriores**, ou produtos **cunha**).

Para escrever formas diferenciais de maneiras que não pressupõem a dimensão do espaço subjacente, às vezes escrevemos as diferenciais como dx_i, designando uma forma como uma p-**forma** se ela contém p fatores dx_i. Funções normais (que não contêm dx_i) podem ser identificadas como **0-formas**.

A matemática das formas diferenciais foi desenvolvido com o objetivo de sistematizar a aplicação do cálculo a **variedades diferenciáveis**, vagamente definidas como conjuntos de pontos que podem ser identificados por coordenadas que variam localmente de uma maneira "suave" (significando que elas são diferenciáveis em qualquer grau necessário para análise)[5]. Agora focalizamos a atenção nas diferenciais que aparecem nas formas; pode-se também considerar o comportamento dos coeficientes. Por exemplo, ao escrever a 1-forma

$$\omega = A_x \, dx + A_y \, dy + A_z \, dz,$$

A_x, A_y, A_z irão se comportar sob uma transformação de coordenadas como as componentes de um vetor e, na literatura mais antiga sobre formas diferenciais, as diferenciais e os coeficientes eram chamados componentes vetoriais contravariantes e covariantes, uma vez que esses dois conjuntos de quantidades precisam se transformar de uma maneira mutuamente inversa sob rotações do sistema de coordenadas.

O que é relevante para nós nesse momento é que as relações que desenvolvemos para formas diferenciais podem ser convertidas em relações correspondentes para seus coeficientes vetoriais, produzindo não apenas várias fórmulas bem conhecidas da análise vetorial, mas também mostrando como elas podem ser generalizadas para espaços de maior dimensão.

Álgebra Exterior

A ideia central na álgebra exterior é de que as operações são designadas para criar antissimetria permutacional. Supondo que a base das 1-formas são dx_i, que ω_j são p-formas arbitrárias (das respectivas ordens p_j), e que a e b são números ou funções comuns, o produto cunha é definido como tendo as propriedades

$$(a\omega_1 + b\omega_2) \wedge \omega_3 = a\,\omega_1 \wedge \omega_3 + b\,\omega_2 \wedge \omega_3 \quad (p_1 = p_2),$$

$$(\omega_1 \wedge \omega_2) \wedge \omega_3 = \omega_1 \wedge (\omega_2 \wedge \omega_3), \quad a(\omega_1 \wedge \omega_2) = (a\omega_1) \wedge \omega_2, \tag{4.80}$$

$$dx_i \wedge dx_j = -dx_j \wedge dx_i.$$

Temos assim as leis associativas e distributivas habituais, e cada termo de uma forma arbitrária diferencial pode ser reduzido a um coeficiente multiplicando um dx_i ou um produto cunha da forma genérica

$$dx_i \wedge dx_j \wedge \cdots \wedge dx_p.$$

Além disso, as propriedades na Equação (4.80) permitem que todas as funções dos coeficientes sejam coletadas no início de uma forma. Por exemplo,

$$a\,dx_1 \wedge b\,dx_2 = -a(b\,dx_2 \wedge dx_1) = -ab(dx_2 \wedge dx_1) = ab(dx_1 \wedge dx_2).$$

Portanto, geralmente não precisamos de parênteses para indicar a ordem na qual os produtos devem ser realizados.

Podemos usar a última das Equações (4.80) para trazer o conjunto de índices para qualquer ordem desejada. Se quaisquer dois dos dx_i são os mesmos, a expressão irá se cancelar porque $dx_i \wedge dx_i = -dx_i \wedge dx_i = 0$; do contrário, a forma de índice ordenado terá um sinal determinado pela paridade da permutação de índice necessária para obter o ordenamento. **Não** é uma coincidência que essa é a regra do sinal para os termos de um determinante, compare a Equação (2.10). Deixando ε_P representar os símbolos de Levi-Civita para a permutação de ordem de índice ascendente, um produto cunha arbitrário de dx_i pode, por exemplo, assumir a forma

$$\varepsilon_P \, dx_{h_1} \wedge dx_{h_2} \wedge \cdots \wedge dx_{h_p}, \quad 1 \le h_1 < h_2 < \cdots < h_p.$$

Se qualquer um dos dx_i em uma forma diferencial for linearmente dependente dos outros, então sua expansão para termos linearmente independentes produzirá um dx_j duplicado e fará a forma se anular. Como o número de dx_j linearmente independente não pode ser maior que a dimensão do espaço subjacente, vemos que em um espaço da dimensão d só precisamos considerar p-formas com $p \le d$. Assim, no espaço 3-D, somente são relevantes até 3-formas; para o espaço de Minkowski (ct, x, y, z), também teremos 4-formas.

---

[5]Uma variedade definida em um círculo ou esfera deve ter uma coordenada que não pode ser globalmente suave (nos sistemas de coordenadas comum ela saltará em algum lugar por 2π). Essa questão e outras relacionadas conectam topologia e física, e estão em grande parte fora do escopo deste texto.

Exemplo 4.5.1   SIMPLIFICANDO FORMAS DIFERENCIAIS

Considere o produto cunha

$$\omega = (3dx + 4dy - dz) \wedge (dx - dy + 2dz) = 3\,dx \wedge dx - 3\,dx \wedge dy + 6\,dx \wedge dz$$
$$+ 4\,dy \wedge dx - 4\,dy \wedge dy + 8\,dy \wedge dz - dz \wedge dx + dz \wedge dy - 2\,dz \wedge dz.$$

Os termos com diferenciais duplicados, por exemplo, $dx \wedge dx$, se anulam, e produtos que diferem apenas na ordem das 1-formas podem ser combinados, alterando o sinal do produto quando permutamos seus fatores. Obtemos

$$\omega = -7\,dx \wedge dy + 7\,dx \wedge dz + 7\,dy \wedge dz = 7(dy \wedge dz - dz \wedge dx - dx \wedge dy).$$

Veremos mais adiante que no espaço tridimensional existem algumas vantagens de trazer as 1-formas para a ordem cíclica (em vez de ordem ascendente ou descendente) nos produtos cunha, e fizemos isso na simplificação final da ω. ∎

A antissimetria incorporada à álgebra exterior tem um propósito importante: ela faz p-formas depender das diferenciais de uma maneira adequada (em três dimensões) para a descrição dos elementos de comprimento, área e volume, em parte devido ao fato de que $dx_i \wedge dx_i = 0$ evita o aparecimento de diferenciais duplicados. Em particular, 1-formas podem ser associadas a elementos de comprimento, 2-formas com área e 3-formas com volume.

Esse recurso é transportado para espaços de dimensionalidade arbitrária, resolvendo assim questões potencialmente difíceis que de outra forma teriam de ser tratadas caso a caso.

Na verdade, uma das virtudes da abordagem de formas diferenciais é que agora existe um corpo considerável de resultados matemáticos gerais que praticamente está completamente ausente da análise tensorial. Por exemplo, mais adiante descobriremos que as regras para a diferenciação na álgebra exterior fazem a derivada de uma p-forma ser uma $(p + 1)$-forma, evitando assim uma armadilha que surge no cálculo de tensores: quando os coeficientes de transformação dependem da posição, simplesmente diferenciar os coeficientes que representam um tensor de ordem p **não** produz outro tensor. Como vimos, esse dilema é resolvido na análise tensorial introduzindo a noção da **derivada covariante**. Outra consequência da antissimetria é que comprimentos, áreas, volumes e (a uma dimensionalidade mais alta) hipervolumes são **orientados** (o que significa que eles têm sinais que dependem da maneira como as p-formas que os definem são escritas), e a orientação deve ser levada em conta ao fazer cálculos com base em formas diferenciais.

Formas Diferenciais Complementares

Associada a cada forma diferencial está uma forma complementar (ou **dual**) que contém as diferenças **não** incluídas na forma original. Assim, se nosso espaço subjacente tem dimensão d, a forma dual para uma p-forma será uma $(d - p)$-forma. Em três dimensões, o complemento para uma 1-forma será uma 2-forma (e vice-versa), enquanto o complemento de uma 3-forma será uma 0-forma (um escalar). É útil trabalhar com essas formas complementares, e isso é feito introduzindo um operador conhecido como o **operador de Hodge;** em geral designado notacionalmente por um asterisco (precedendo a quantidade à qual ele é aplicado, não como um sobrescrito) e é, portanto, também chamado **operador de Hodge** ou simplesmente como **operador estrela**. Formalmente, sua definição requer a introdução de uma métrica e a seleção de uma **orientação** (escolhida especificando a ordem padrão das diferenciais compreendendo a base da 1-forma), e se a base da 1-forma não for ortogonal, resultarão complicações que não devemos discutir. Para bases ortogonais, as formas duais dependem das posições de índice dos fatores e do tensor métrico.[6]

Para encontrar $*\omega$, onde ω é uma p-forma, começamos escrevendo o produto cunha ω' de todos os membros da base de 1-forma não representados em ω, com o sinal correspondente à permutação que é necessária para fazer o conjunto de índices assumir a ordem padrão.

$$(\text{índices de } \omega) \text{ seguido por } (\text{índices de } \omega')$$

Portanto, $*\omega$ consiste em ω' (com o sinal que acabamos de encontrar), mas também multiplicado por $(-1)^\mu$, onde μ é o número de diferenciais em ω' cujo elemento diagonal do tensor métrico é -1. Para $\mathbb{R}^3$, espaço 3-D comum,

---

[6]Na discussão atual, restrita a métricas euclidianas e de Minkowski, o tensor métrico é diagonal, com elementos diagonais ± 1, e as quantidades relevantes são os sinais dos elementos da diagonal.

o tensor métrico é uma matriz unitária, assim essa última multiplicação pode ser omitida, mas torna-se relevante para nosso outro caso de interesse atual, a métrica de Minkowski.

Para o espaço 3-D euclidiano, temos

$$*1 = dx_1 \wedge dx_2 \wedge dx_3,$$

$$*dx_1 = dx_2 \wedge dx_3, \quad *dx_2 = dx_3 \wedge dx_1, \quad *dx_3 = dx_1 \wedge dx_2,$$

$$*(dx_1 \wedge dx_2) = dx_3, \quad *(dx_3 \wedge dx_1) = dx_2, \quad *(dx_2 \wedge dx_3) = dx_1,$$

$$*(dx_1 \wedge dx_2 \wedge dx_3) = 1.$$

(4.81)

Os casos não mostrados são linearmente dependentes daqueles que foram mostrados e podem ser obtidos permutando as diferenciais nessas fórmulas e considerando as mudanças de sinal resultantes.

Nesse ponto, duas observações são adequadas. Primeiro, observe que escrevendo os índices 1, 2, 3 em ordem cíclica, fizemos com que todas as quantidades marcadas com asterisco tivessem sinais positivos. Essa opção torna a simetria mais evidente. Segundo, pode ser visto que todas as fórmulas na Equação (4.81) são consistentes com $*(*\omega) = \omega$. No entanto, isso não é uma verdade universal; compare com as fórmulas para o espaço de Minkowski, que estão no próximo exemplo que iremos considerar.

Ver também Exercício 4.5.1.

Exemplo 4.5.2 Operador de Hodge no Espaço de Minkowski

Pegando a base de 1-forma orientada (dt, dx_1, dx_2, dx_3), e o tensor métrico

$$\begin{pmatrix} 1 & 0 & 0 & 0 \\ 0 & -1 & 0 & 0 \\ 0 & 0 & -1 & 0 \\ 0 & 0 & 0 & -1 \end{pmatrix},$$

vamos determinar o efeito do operador de Hodge sobre as várias formas diferenciais possíveis. Considere inicialmente $*1$, para o qual a forma complementar contém $dt \wedge dx_1 \wedge dx_2 \wedge dx_3$.

Como consideramos esses diferenciais na ordem de base, eles recebem um sinal de adição. Como $\omega = 1$ não contém diferenciais, seu número μ de elementos diagonais de tensor métrico negativos é zero, então $(-1)^\mu = (-1)^0 = 1$ e não há nenhuma mudança de sinal resultante da métrica. Portanto,

$$*1 = dt \wedge dx_1 \wedge dx_2 \wedge dx_3.$$

Em seguida, considere $*(dt \wedge dx_1 \wedge dx_2 \wedge dx_3)$. A forma complementar é apenas uma unidade, sem mudança de sinal devido ao ordenamento do índice, uma vez que as diferenciais já estão na ordem padrão.

Porém, desta vez, temos três entradas na quantidade marcada com asterisco com elementos diagonais de tensor métrico negativos; isso gera $(-1)^3 = -1$, assim

$$*(dt \wedge dx_1 \wedge dx_2 \wedge dx_3) = -1.$$

Passando agora para $*dx_1$, a forma complementar é $dt \wedge dx_2 \wedge dx_3$, e o ordenamento de índice (baseado em dx_1, dt, dx_2, dx_3) requer uma permuta de par para alcançar a ordem padrão (produzindo assim um sinal de menos). No entanto, a quantidade marcada com asterisco contém um diferencial que gera um sinal de menos, ou seja, dx_1, assim

$$*dx_1 = dt \wedge dx_2 \wedge dx_3.$$

Analisando explicitamente mais um caso, considere $*(dt \wedge dx_1)$, para o qual a forma complementar é $dx_2 \wedge dx_3$. Desta vez, os índices estão na ordem padrão, mas o dx_1 marcado com asterisco gera um sinal de menos, assim

$$*(dt \wedge dx_1) = -dx_2 \wedge dx_3.$$

O desenvolvimento das possibilidades restantes é deixado para o Exercício 4.5.1; os resultados estão resumidos a seguir, onde i, j, k denota qualquer permutação cíclica de 1,2,3.

$$*1 = dt \wedge dx_1 \wedge dx_2 \wedge dx_3,$$

$$*dx_i = dt \wedge dx_j \wedge dx_k, \quad *dt = dx_1 \wedge dx_2 \wedge dx_3,$$

$$*(dx_j \wedge dx_k) = dt \wedge dx_i, \quad *(dt \wedge dx_i) = -dx_j \wedge dx_k, \tag{4.82}$$

$$*(dx_1 \wedge dx_2 \wedge dx_3) = dt, \quad *(dt \wedge dx_i \wedge dx_j) = dx_k,$$

$$*(dt \wedge dx_1 \wedge dx_2 \wedge dx_3) = -1.$$

Note que todas as formas marcadas com asterisco na Equação (4.82), com um número par de diferenciais têm a propriedade de que $*(*\omega) = -\omega$, confirmando nossa afirmação anterior de que complementar duas vezes nem sempre restaura a forma original com seu sinal original. ∎

Consideremos agora alguns exemplos que ilustram a utilidade do operador *.

Exemplo 4.5.3   Formas Diferenciais Diversas

No espaço euclidiano R^3, considere o produto cunha $A \wedge B$ das duas 1-formas $A = A_x\, dx + A_y\, dy + A_z\, dz$ e $B = B_x\, dx + B_y\, dy + B_z\, dz$. Simplificando o uso das regras para os produtos exteriores,

$$*(dt \wedge dx_1 \wedge dx_2 \wedge dx_3) = -1.$$

Se agora aplicarmos o operador * e usarmos as fórmulas na Equação (4.81) obteremos

$$*dx_1 = dt \wedge dx_2 \wedge dx_3.$$

mostrando que em R^3, $*(A \wedge B)$ forma uma expressão que é análoga ao produto cruzado $A \times B$ dos vetores $A_x\hat{e}_x + A_y\hat{e}_y + A_z\hat{e}_z$ e $B_x\hat{e}_x + B_y\hat{e}_y + B_z\hat{e}_z$. Na verdade, podemos escrever

$$*(A \wedge B) = (A \times B)_x\, dx + (A \times B)_y\, dy + (A \times B)_z\, dz. \tag{4.83}$$

Note que o sinal de $*(A \wedge B)$ é determinado pela nossa escolha implícita de que o ordenamento padrão das diferenciais de base é (dx, dy, dz).

Em seguida, considere o produto exterior $A \wedge B \wedge C$, onde C é uma 1-forma com os coeficientes C_x, C_y, C_z. Aplicando as regras de avaliação, descobrimos que cada termo que sobrevive no produto é proporcional a $dx \wedge dy \wedge dz$, e obtemos

$$*(dt \wedge dx_1 \wedge dx_2 \wedge dx_3) = -1.$$

que reconhecemos que pode ser escrito na forma

$$*dx_1 = dt \wedge dx_2 \wedge dx_3.$$

Aplicando agora o operador estrela, alcançamos

$$*(A \wedge B \wedge C) = \begin{vmatrix} A_x & A_y & A_z \\ B_x & B_y & B_z \\ C_x & C_y & C_z \end{vmatrix} = A \cdot (B \times C). \tag{4.84}$$

Não apenas os resultados nas Equações (4.83) e (4.84) foram facilmente obtidos, eles também são generalizados perfeitamente para espaços de métrica e dimensão arbitrária, enquanto a notação vetorial tradicional, que utiliza o produto cruzado, só é aplicável a R^3. ∎

Exercícios

6.5.1   Usando as regras para a aplicação do operador estrela de Hodge, verifique os resultados apresentados na Equação (4.82) quanto à sua aplicação a todas as formas diferenciais linearmente independentes no espaço de Minkowski.

6.5.2   Se o campo de força é constante e mover uma partícula da origem para $(3, 0, 0)$ requer a unidades de trabalho, de $(-1, -1, 0)$ a $(-1, 1, 0)$ exige b unidades de trabalho, e de $(0, 0, 4)$ a $(0, 0, 5)$ c unidades de trabalho, encontre a 1-forma do trabalho.

4.6   Diferenciando Formas

Derivadas Exteriores

Depois de introduzir formas diferenciais e sua álgebra exterior, agora desenvolveremos suas propriedades sob a diferenciação. Para alcançar isso, definimos uma **derivada exterior**, que consideramos como sendo um **operador** identificado pelo símbolo d tradicional. Na verdade, já introduzimos esse operador ao escrever dx_i, afirmando naquele momento que nossa intenção era interpretar dx_i como um objeto matemático com propriedades especificadas e não apenas como uma pequena mudança em x_i. Agora refinaremos essa declaração para interpretar dx_i como o resultado da aplicação do operador d à quantidade x_i. Completamos nossa definição do operador d exigindo que ele tenha as seguintes propriedades, onde ω é uma p-forma, ω' é uma p'-forma, e f é uma função comum (uma 0-forma):

$$d(\omega + \omega') = d\omega + d\omega' \quad (p = p'),$$

$$d(f\,\omega) = (df) \wedge \omega + f\,d\omega,$$

$$d(\omega \wedge \omega') = d\omega \wedge \omega' + (-1)^p\,\omega \wedge d\omega', \tag{4.85}$$

$$d(d\omega) = 0,$$

$$df = \sum_i \frac{\partial f}{\partial x_j}\,dx_j,$$

onde a soma sobre j abrange o espaço subjacente. A fórmula para a derivada do produto cunha é às vezes chamada pelos matemáticos de **antiderivação**, referindo-se ao fato de que, quando aplicada ao fator à direita, um sinal de menos motivado por antissimetria aparece.

Exemplo 4.6.1   Derivada Exterior

As equações (4.85) são *axiomas*, assim elas não estão sujeitos a uma prova, embora elas **precisem** ser consistentes. É interessante verificar que o sinal para a derivada do segundo termo do produto cunha é necessário. Considerando ω e ω' como sendo monômios, primeiro trazemos seus coeficientes para a esquerda e então aplicamos o operador de diferenciação (que, independentemente da escolha do sinal, dá zero quando aplicado a qualquer das diferenciais). Assim,

$$d(\omega \wedge \omega') = d(AB)\Big[dx_1 \wedge \cdots \wedge dx_p\Big] \wedge \Big[dx_1 \wedge \cdots \wedge dx_{p'}\Big]$$

$$= \sum_\mu \left[\frac{\partial A}{\partial x_\mu} B + A\frac{\partial B}{\partial x_\mu}\right] dx_\mu \wedge \Big[dx_1 \wedge \cdots \wedge dx_p\Big] \wedge \Big[dx_1 \wedge \cdots \wedge dx_{p'}\Big].$$

Ao expandir a soma, o primeiro termo é claramente $d\omega \wedge \omega'$; para que o segundo termo se pareça com $\omega \wedge d\omega'$, é necessário permutar $dx\mu$ ao longo das diferenciais p em ω, produzindo o fator de sinal $(-1)^p$. A extensão para formas polinomiais gerais é trivial.

Podemos também perguntar se o quarto desses axiomas, $d(d\omega) = 0$, às vezes chamado **lema de Poincaré**, é necessário ou consistente com os outros. Primeiro, ele fornece novas informações, do contrário não temos nenhuma maneira de reduzir $d(dx_i)$. Em seguida, para ver por que o conjunto de axiomas é consistente, ilustramos examinando (em $\mathbf{R}^2$)

$$df = \frac{\partial f}{\partial x}\,dx + \frac{\partial f}{\partial y}\,dy,$$

a partir do qual formamos

$$d(df) = \frac{\partial}{\partial x}\left(\frac{\partial f}{\partial x}\right) dx \wedge dx + \frac{\partial}{\partial y}\left(\frac{\partial f}{\partial x}\right) dy \wedge dx$$

$$+ \frac{\partial}{\partial x}\left(\frac{\partial f}{\partial y}\right) dx \wedge dy + \frac{\partial}{\partial y}\left(\frac{\partial f}{\partial y}\right) dy \wedge dy = 0.$$

Obtemos o resultado zero por causa da antissimetria do produto cunha e porque as segundas derivadas mistas são iguais. Vemos que a razão central para a validade do lema de Poincaré é que as derivadas mistas de uma função suficientemente diferenciável são invariantes em relação à ordem em que as diferenciações são realizadas. ∎

Para catalogar as possibilidades para a ação do operador d no espaço 3-D comum, primeiro observamos que a derivada de uma função comum (uma 0-forma) é

$$df = \frac{\partial f}{\partial x}\,dx + \frac{\partial f}{\partial y}\,dy + \frac{\partial f}{\partial z}\,dz = (\nabla f)_x\,dx + (\nabla f)_y\,dy + (\nabla f)_z\,dz. \tag{4.86}$$

Em seguida, diferenciamos a 1-forma $\omega = A_x\,dx + A_y\,dy + A_z\,dz$. Depois da simplificação,

$$d\omega = \left[\frac{\partial A_z}{\partial y} - \frac{\partial A_y}{\partial z}\right]dy \wedge dz + \left[\frac{\partial A_x}{\partial z} - \frac{\partial A_z}{\partial x}\right]dz \wedge dx + \left[\frac{\partial A_y}{\partial x} - \frac{\partial A_x}{\partial y}\right]dx \wedge dy.$$

Reconhecemos isso como

$$d(A_x\,dx + A_y\,dy + A_z\,dz) =$$
$$(\nabla \times \mathbf{A})_x\,dy \wedge dz + (\nabla \times \mathbf{A})_y\,dz \wedge dx + (\nabla \times \mathbf{A})_z\,dx \wedge dy, \tag{4.87}$$

o que equivale a

$$*d\left(A_x\,dx + A_y\,dy + A_z\,dz\right) = (\nabla \times \mathbf{A})_x\,dx + (\nabla \times \mathbf{A})_y\,dy + (\nabla \times \mathbf{A})_z\,dz. \tag{4.88}$$

Por, diferenciamos a 2-forma $B_x\,dy \wedge dz + B_y\,dz \wedge dx + B_z\,dx \wedge dy$, obtendo a 3-forma

$$d\left(B_x\,dy \wedge dz + B_y\,dz \wedge dx + B_z\,dx \wedge dy\right) = \left[\frac{\partial B_x}{\partial x} + \frac{\partial B_y}{\partial y} + \frac{\partial B_z}{\partial z}\right]dx \wedge dy \wedge dz,$$

equivalente a

$$d\left(B_x\,dy \wedge dz + B_y\,dz \wedge dx + B_z\,dx \wedge dy\right) = (\nabla \cdot \mathbf{B})\,dx \wedge dy \wedge dz \tag{4.89}$$

e

$$*d\left(B_x\,dy \wedge dz + B_y\,dz \wedge dx + B_z\,dx \wedge dy\right) = \nabla \cdot \mathbf{B}. \tag{4.90}$$

Vemos que a aplicação do operador d gera diretamente todos os operadores diferenciais da análise vetorial tradicional.

Se agora voltarmos à Equação (4.87) e considerarmos a 1-forma no lado esquerdo como sendo df, de tal modo que $\mathbf{A} = \nabla f$, teremos, inserindo a Equação (4.86),

$$d(df) = \left(\nabla \times (\nabla f)\right)_x\,dy \wedge dz + \left(\nabla \times (\nabla f)\right)_y\,dz \wedge dx + \left(\nabla \times (\nabla f)\right)_z\,dx \wedge dy = 0. \tag{4.91}$$

Invocamos o lema de Poincaré para definir essa expressão como zero. O resultado é equivalente à identidade bem conhecida $\nabla \times (\nabla f) = 0$.

Outra identidade é obtida se começarmos a partir da Equação (4.89) considerarmos a 2-forma no lado esquerdo como sendo $d(A_x\,dx + A_y\,dy + A_z\,dz)$. Então, com o auxílio da Equação (4.88), temos

$$d\left(d(A_x\,dx + A_y\,dy + A_z\,dz)\right) = \nabla \cdot (\nabla \times \mathbf{A})\,dx \wedge dy \wedge dz = 0, \tag{4.92}$$

onde mais uma vez o resultado zero segue-se a partir do lema de Poincaré e estabelecemos a fórmula bem conhecida $\nabla \cdot (\nabla \times \mathbf{A}) = 0$. Parte da importância da derivação dessas fórmulas utilizando métodos de formas diferenciais é que estes são meramente os primeiros membros das hierarquias de identidades que podem ser derivados para espaços com números mais altos de dimensões e com diferentes propriedades métricas.

Exemplo 4.6.2   Equações de Maxwell

As equações de Maxwell da teoria eletromagnética podem ser escritas de uma maneira extremamente compacta e elegante usando a notação das formas diferenciais. Nessa notação, os elementos independentes do tensor de campo eletromagnético podem ser escritos como os coeficientes de uma 2-forma no espaço de Minkowski com base orientada (dt, dx, dy, dz):

$$F = -E_x\,dt \wedge dx - E_y\,dt \wedge dy - E_z\,dt \wedge dz$$
$$+ B_x\,dy \wedge dz + B_y\,dz \wedge dx + B_z\,dx \wedge dy. \tag{4.93}$$

Aqui **E** e **B** são respectivamente o campo elétrico e a indução magnética. As origens do campo, ou seja, a densidade de carga ρ e as componentes da densidade de corrente **J**, tornam-se os coeficientes da 3-forma

$$J = \rho\, dx \wedge dy \wedge dz - J_x\, dt \wedge dy \wedge dz - J_y\, dt \wedge dz \wedge dx - J_z\, dt \wedge dx \wedge dy. \tag{4.94}$$

Para simplificar, trabalhamos com a permissividade, a permeabilidade magnética e a velocidade da luz definidas como uma unidade ($\varepsilon = \mu = c = 1$). Note que é natural que a carga e as densidades de corrente ocorram em uma 3-forma; embora juntas tenham o número de componentes necessários para constituir um quadrivetor, elas têm volume inverso. Também observe que alguns dos sinais nas fórmulas desse exemplo dependem dos detalhes da métrica, e são escolhidos como sendo corretos para a métrica de Minkowski da maneira determinada no Exemplo 4.5.2. Essa métrica de Minkowski tem uma **assinatura** (1,3), o que significa que ela tem um elemento diagonal positivo e três negativos. Alguns autores definem a métrica de Minkowski como tendo uma assinatura (3,1), invertendo todos os seus sinais.

Qualquer escolha dará resultados corretos para problemas de física se usados consistentemente; problemas só surgem quando se combina material de fontes inconsistentes.

As duas equações homogêneas de Maxwell são obtidas da simples fórmula $dF = 0$. Essa equação não é um requisito matemático em F; é uma declaração das propriedades físicas dos campos elétricos e magnéticos. Para relacionar nossa nova fórmula às equações vetoriais mais usuais, simplesmente aplicamos o operador d a F:

$$
\begin{aligned}
dF = {} & -\left[\frac{\partial E_x}{\partial y}\, dy + \frac{\partial E_x}{\partial z}\, dz\right] \wedge dt \wedge dx - \left[\frac{\partial E_y}{\partial x}\, dx + \frac{\partial E_y}{\partial z}\, dz\right] \wedge dt \wedge dy \\
& -\left[\frac{\partial E_z}{\partial x}\, dx + \frac{\partial E_z}{\partial y}\, dy\right] \wedge dt \wedge dz + \left[\frac{\partial B_x}{\partial t}\, dt + \frac{\partial B_x}{\partial x}\, dx\right] \wedge dy \wedge dz \\
& +\left[\frac{\partial B_y}{\partial t}\, dt + \frac{\partial B_y}{\partial y}\, dy\right] \wedge dz \wedge dx + \left[\frac{\partial B_z}{\partial t}\, dt + \frac{\partial B_z}{\partial z}\, dz\right] \wedge dx \wedge dy = 0.
\end{aligned} \tag{4.95}
$$

A equação (4.95) é facilmente simplificada para

$$
\begin{aligned}
dF = {} & \left[\frac{\partial E_z}{\partial y} - \frac{\partial E_y}{\partial z} + \frac{\partial B_x}{\partial t}\right] dt \wedge dy \wedge dz + \left[\frac{\partial E_x}{\partial z} - \frac{\partial E_z}{\partial x} + \frac{\partial B_y}{\partial t}\right] dt \wedge dz \wedge dx \\
& + \left[\frac{\partial E_y}{\partial x} - \frac{\partial E_x}{\partial y} + \frac{\partial B_z}{\partial t}\right] dt \wedge dx \wedge dy + \left[\frac{\partial B_x}{\partial x} + \frac{\partial B_y}{\partial y} + \frac{\partial B_z}{\partial z}\right] dx \wedge dy \wedge dz = 0.
\end{aligned} \tag{4.96}
$$

Como o coeficiente de cada monomial de 3-forma deve se anular individualmente, obtemos da Equação (4.96) as equações vetoriais

$$\nabla \times \mathbf{E} + \frac{\partial \mathbf{B}}{\partial t} = 0 \quad \text{e} \quad \nabla \cdot \mathbf{B} = 0.$$

Vamos agora obter as duas equações não homogêneas de Maxwell da fórmula quase igualmente simples $d(*F) = J$. Para verificar isso, primeiro formamos $*F$, avaliando as quantidades marcadas com asterisco usando as fórmulas nas Equações (4.82):

$$*F = E_x\, dy \wedge dz + E_y\, dz \wedge dx + E_z\, dx \wedge dy + B_x\, dt \wedge dx + B_y\, dt \wedge dy + B_z\, dt \wedge dz.$$

Agora aplicamos o operador d, alcançando depois de passos semelhantes àqueles seguidos ao obter a Equação (4.96):

$$
\begin{aligned}
d(*F) = {} & \nabla \cdot \mathbf{E}\, dx \wedge dy \wedge dz + \left[\frac{\partial E_x}{\partial t} - (\nabla \times \mathbf{B}_x)\right] dt \wedge dy \wedge dz \\
& + \left[\frac{\partial E_y}{\partial t} - (\nabla \times \mathbf{B}_y)\right] dt \wedge dz \wedge dx + \left[\frac{\partial E_z}{\partial t} - (\nabla \times \mathbf{B}_z)\right] dt \wedge dx \wedge dy.
\end{aligned} \tag{4.97}
$$

Definindo $d(*F)$ da Equação (4.97) como igual a J como dado na Equação (4.94), obtemos as equações de Maxwell restantes

$$\nabla \cdot \mathbf{E} = \rho \quad \text{e} \quad \nabla \times \mathbf{B} - \frac{\partial \mathbf{E}}{\partial t} = \mathbf{J}.$$

Fechamos este exemplo aplicando o operador d a J. O resultado deve se cancelar porque $d\,J = d\,(d(*F))$. Obtemos, a partir da Equação (4.94),

$$dJ = \left[\frac{\partial \rho}{\partial t} + \frac{\partial J_x}{\partial x} + \frac{\partial J_y}{\partial y} + \frac{\partial J_z}{\partial z} \right] dt \wedge dx \wedge dy \wedge dz = 0,$$

mostrando que

$$\frac{\partial \rho}{\partial t} + \nabla \cdot \mathbf{J} = 0. \tag{4.98}$$

Resumindo, a abordagem das formas diferenciais reduziu as equações de Maxwell a duas fórmulas simples

$$dF = 0 \quad \text{e} \quad d(*F) = J, \tag{4.99}$$

e também demonstramos que $\mathbf{J}$ deve satisfazer uma equação de continuidade. ∎

Exercícios

4.6.1   Dadas as duas 1-formas $\omega_1 = x\,dy + y\,dx$ e $\omega_2 = x\,dy - y\,dx$, calcule
  (a) $d\omega_1$,
  (b) $d\omega_2$.
  (c) Para cada uma das suas respostas a (a) ou (b) que é diferente de zero, aplique o operador d uma segunda vez e verifique que $d(d\omega_i) = 0$.

4.6.2   Aplique o operador d duas vezes a $\omega_3 = x\,y\,dz + xz\,dy - yz\,dx$. Verifique que a segunda aplicação de d produz um resultado zero.

4.6.3   Para as 1 = formas ω_2 e ω_3 com esses nomes nos Exercícios 4.6.1 e 4.6.2, avalie $d(\omega_2 \wedge \omega_3)$:
  (a) Formando o produto exterior e então diferenciando, e
  (b) Utilizando a fórmula para a diferenciação de um produto de duas formas.
  Verifique que ambas as abordagens dão o mesmo resultado.

4.7   Integrando Formas

É natural definir as integrais de formas diferenciais de uma maneira que preserva nossas noções usuais da integração. As integrais que nos interessam estão em regiões das variedades em que nossas formas diferenciais são definidas; esse fato e a antissimetria do produto cunha têm de ser levados em conta ao desenvolver definições e propriedades de integrais. Por conveniência, ilustramos em duas ou três dimensões; as noções se estendem para espaços de dimensionalidade arbitrária.

Considere primeiro a integral de uma 1-forma ω no espaço 2-D, integrada sobre uma curva C a partir de um ponto de partida P até um ponto final Q :

$$\int_C \omega = \int_C \left[A_x\,dx + A_y\,dy \right].$$

Interpretamos a integração como uma integral de linha convencional. Se a curva é descrita parametricamente por $x(t)$, $y(t)$ à medida que t aumenta de maneira monotônica de t_P a t_Q, a integral assume a forma elementar

$$\int_C \omega = \int_{t_P}^{t_Q} \left[A_x(t)\,\frac{dx}{dt} + A_y(t)\,\frac{dy}{dt} \right] dt,$$

e (pelo menos em princípio) a integral pode ser avaliada pelos métodos habituais.

Às vezes a integral terá um valor que será independente do trajeto de P a Q; na física essa situação surge quando uma 1-forma com coeficientes $\mathbf{A} = (A_x, A_y)$ descreve o que é conhecido como **força conservadora** (isto é, uma que pode ser escrita como o gradiente de um potencial). Em nossa linguagem presente, então chamamos ω **exato**, significando que existe alguma função f de tal modo que

$$\omega = df(x, y) \tag{4.100}$$

para uma região que inclui os pontos P, Q e todos os outros pontos ao longo dos quais o trajeto pode passar.

Para verificar a importância da Equação (4.100), note que ela implica

$$\omega = \frac{\partial f}{\partial x}\, dx + \frac{\partial f}{\partial y}\, dy,$$

mostrando que ω tem como coeficientes as componentes do gradiente de f. Dada a Equação (4.100), também vemos que

$$\text{if } \omega = df, \quad \int_P^Q \omega = f(Q) - f(P). \tag{4.101}$$

Esse resultado reconhecidamente óbvio é independente da dimensão do espaço, e é importante para o restante desta seção.

Analisando em seguida as 2-formas, temos (no espaço 2-D) integrais como

$$\int_S \omega = \int_S B(x, y)\, dx \wedge dy. \tag{4.102}$$

Interpretamos $dx \wedge dy$ como o elemento da área correspondente aos deslocamentos dx e dy em direções mutuamente ortogonais, assim na notação usual do cálculo integral, escreveríamos $dx\, dy$.

Vamos agora voltar à notação do produto cunha e considerar o que acontece se fizermos uma mudança das variáveis de x, y para u, v, com $x = au + bv$, $y = eu + fv$. Então $dx = a\, du + b\, dv$, $dy = e\, du + f\, dv$, e

$$dx \wedge dy = (a\, du + b\, dv) \wedge (e\, du + f\, dv) = (af - be)\, du \wedge dv. \tag{4.103}$$

Notamos que o coeficiente de $du \wedge dv$ é apenas o jacobiano da transformação de x, y para u, v, que fica claro se escrevemos $a = \partial x/\partial u$ etc., após o que temos

$$af - be = \begin{vmatrix} \dfrac{\partial x}{\partial u} & \dfrac{\partial x}{\partial v} \\[2mm] \dfrac{\partial y}{\partial u} & \dfrac{\partial y}{\partial v} \end{vmatrix} = \begin{vmatrix} a & b \\ e & f \end{vmatrix}. \tag{4.104}$$

Vemos agora uma razão fundamental por que o produto cunha foi introduzido; ele tem as propriedades algébricas necessárias para gerar de uma maneira natural as relações entre os elementos de área (ou seus análogos de dimensão mais alta) em diferentes sistemas de coordenadas. Para enfatizar essa observação, note que o jacobiano ocorreu como uma consequência natural da transformação; não foi necessário seguir passos adicionais para inseri-lo, e ele foi gerado simplesmente avaliando as formas diferenciais relevantes. Além disso, a presente formulação tem uma nova característica: como $dx \wedge dy$ e $dy \wedge dx$ são de sinal oposto, as áreas devem receber sinais algébricos, e é necessário reter o sinal do jacobiano se mudarmos as variáveis. Portanto, consideramos como o elemento da área correspondente a $dx \wedge dy$ o produto comum $dxdy$, com uma escolha do sinal conhecido como a **orientação** da área. Então, a Equação (4.102) torna-se

$$\int_S \omega = \int_S B(x, y)(\pm dxdy), \tag{4.105}$$

e se em outros lugares no mesmo cálculo tivéssemos $dy \wedge dx$, deveríamos convertê-la em $dxdy$ usando o sinal oposto àquele utilizado para $dx \wedge dy$.

Para p-formas com $p > 2$, uma análise correspondente aplica-se: se transformarmos de $(x, y, \dots)$ para $(u, v, \dots)$, o produto cunha $dx \wedge dy \wedge \dots$ torna-se $J\, du \wedge dv \wedge \dots$, onde J é o jacobiano (com sinal) da transformação. Como os volumes p-espaço são *orientados*, o sinal do jacobiano é relevante e deve ser retido. O Exercício 4.7.1 mostra que a mudança das variáveis da 3-forma $dx \wedge dy \wedge dz$ para $du \wedge dv \wedge d\omega$ produz o determinante que é o jacobiano (com sinal) da transformação.

Teorema de Stokes

Um resultado fundamental em relação à integração das formas diferenciais é uma fórmula conhecida como **teorema de Stokes**, uma forma restrita que encontramos em nosso estudo da análise vetorial no Capítulo 3. O teorema de Stokes, em sua forma mais simples, afirma que se

- R é uma região simplesmente conectada (isto é, uma sem orifícios) de uma variedade diferenciável p-dimensional em um espaço n-dimensional $(n \geq p)$;
- R tem um limite denotado por ∂R, de dimensão $p - 1$;
- ω é uma $(p - 1)$-forma definida em R e seu limite, com a derivada $d\omega$,
  então

$$\int_R d\omega = \int_{\partial R} \omega. \tag{4.106}$$

Isso é a generalização, para p dimensões, da Equação (4.101). Note que como $d\omega$ resulta da aplicação do operador d a ω, as diferenciais em $d\omega$ consistem em todos aqueles em ω, na mesma ordem, mas precedidos por aquele produzido pela diferenciação. Essa observação é relevante para identificar os sinais a serem associados às integrações.

A prova rigorosa do teorema de Stokes é um pouco complicada, mas uma indicação de sua validade não é muito difícil. Basta considerar o caso de que ω é um monomial:

$$\omega = A(x_1, \ldots, x_p)\, dx_2 \wedge \cdots dx_p, \quad d\omega = \frac{\partial A}{\partial x_1}\, dx_1 \wedge dx_2 \cdots dx_p. \tag{4.107}$$

Começamos aproximando do limite a parte do R adjacente por um conjunto de pequenos paralelepípedos p-dimensionais cuja espessura na direção x_1 é δ, com δ tendo para cada paralelepípedo o sinal que produz $x_1 \to x_1 - \delta$ no interior do R. Para cada um desses paralelepípedos (simbolicamente indicados por Δ, com faces da constante x_1 denotada por $\partial\Delta$), integramos $d\omega$ em x_1 de $x_1 - \delta$ a x_1 e sobre todo o intervalo dos outros x_i, obtendo

$$\int_\Delta d\omega = \int_{\partial\Delta} \int_{x_1-\delta}^{x_1} \left(\frac{\partial A}{\partial x_1}\right) dx_1 \wedge dx_2 \wedge \cdots dx_p$$

$$= \int_{\partial\Delta} A(x_1, x_2, \ldots)\, dx_2 \wedge \cdots dx_p - \int_{\partial\Delta} A(x_1 - \delta, x_2, \ldots)\, dx_2 \wedge \cdots dx_p. \tag{4.108}$$

A Equação (4.108) indica a validade do teorema de Stokes para uma região laminar cujo limite exterior é ∂R; se o mesmo processo for realizado repetidamente, podemos reduzir o limite interno a uma região de volume zero, alcançando assim a Equação (4.106).

O teorema de Stokes é aplicado a variedades de qualquer dimensão; casos diferentes desse teorema único em duas ou três dimensões correspondem a resultados originalmente identificados como teoremas distintos. Seguem alguns exemplos.

Exemplo 4.7.1   Teorema de Green no Plano

Considere em um espaço 2-D a 1-forma ω e sua derivada:

$$\omega = P(x, y)\, dx + Q(x, y)\, dy, \tag{4.109}$$

$$d\omega = \frac{\partial P}{\partial y}\, dy \wedge dx + \frac{\partial Q}{\partial x}\, dx \wedge dy = \left[\frac{\partial Q}{\partial x} - \frac{\partial P}{\partial y}\right] dx \wedge dy, \tag{4.110}$$

onde, sem comentários, descartamos os termos contendo $dx \wedge dx$ ou $dy \wedge dy$.

Aplicamos o teorema de Stokes a esse ω a uma região S com limite C, obtendo

$$\int_S \left[\frac{\partial Q}{\partial x} - \frac{\partial P}{\partial y}\right] dx \wedge dy = \int_C (P\, dx + Q\, dy).$$

Com a orientação de tal modo que $dx \wedge dy = dS$ (elemento comum da área), temos a fórmula geralmente identificada como *teorema de Green no plano*:

$$\int_C \left(P\, dx + Q\, dy\right) = \int_S \left[\frac{\partial Q}{\partial x} - \frac{\partial P}{\partial y}\right] dS. \tag{4.111}$$

Alguns casos desse teorema: considerando $P = 0$, $Q = x$, temos a fórmula bem conhecida

$$\int_C x\,dy = \int_S dS = A,$$

onde A é a área delimitada por C com a integral de linha avaliada matematicamente na direção positiva (anti-horário).

Se consideramos $P = y$, $Q = 0$, obteremos em vez disso outra fórmula familiar:

$$\int_C y\,dx = \int_S (-1)dS = -A.$$

∎

Ao trabalhar no Exemplo 4.7.1, supomos (sem comentários) que a integral de linha sobre a curva fechada C deveria ser avaliada para percursos no sentido anti-horário, e também relacionamos a área com a conversão de $dx \wedge dy$ em $+dxdy$. Essas são escolhas que não foram ditadas pela teoria das formas diferenciais, mas por nossa intenção de fazer seus resultados corresponderem ao cálculo no sistema usual das coordenadas cartesianas planares. O que é certamente verdadeiro é que o cálculo das formas diferenciais dá um sinal diferente para a integral de $y\,dx$ do que deu para a integral de $x\,dy$; o usuário do cálculo tem a responsabilidade de fazer definições correspondentes à situação para a qual os resultados são tidos como relevantes.

Exemplo 4.7.2 TEOREMA DE STOKES (CASO 3-D NORMAL)

Deixe o potencial vetorial $\mathbf{A}$ ser representado pela forma diferencial ω, com ele e sua derivada nas formas

$$\omega = A_x\,dx + A_y\,dy + A_z\,dz, \tag{4.112}$$

$$= (\nabla \times \mathbf{A})_x\,dy \wedge dz + (\nabla \times \mathbf{A})_y\,dz \wedge dx + (\nabla \times \mathbf{A})_z\,dx \wedge dy. \tag{4.113}$$

Aplicando o teorema de Stokes a uma região S com um limite C e observando que se a ordem padrão para orientar as diferenciais é dx, dy, dz, então $dy \wedge dz \to d\sigma_x$, $dz \wedge dz \to d\sigma_y$, $dx \wedge dy \to d\sigma_z$, e o teorema de Stokes assume a forma familiar

$$\int_C \left(A_x\,dx + A_y\,dy + A_z\,dz \right) = \int_C \mathbf{A} \cdot d\mathbf{r} = \int_S (\nabla \times \mathbf{A}) \cdot d\boldsymbol{\sigma}. \tag{4.114}$$

∎

Mais uma vez temos resultados cuja interpretação depende de como escolhemos definir as quantidades envolvidas. O cálculo das formas diferenciais não sabe se temos a intenção de usar um sistema de coordenadas destrogiro, e essa escolha está implícita na nossa identificação dos elementos de área $d\sigma_j$. Na verdade, a matemática nem mesmo informa que as quantidades que identificamos como componentes de $\nabla \times \mathbf{A}$ realmente correspondem a qualquer coisa física nas suas direções indicadas. Assim, mais uma vez, ressaltamos que a matemática das formas diferenciais fornece uma estrutura adequada para a física a que nós a aplicamos, mas parte do que o físico traz para a mesa é a correlação entre objetos matemáticos e quantidades físicas que eles representam.

Exemplo 4.7.3 TEOREMA DE GAUSS

Como um exemplo final, considere uma região V tridimensional com limite ∂V, contendo um campo elétrico dado em ∂V como a 2-forma ω, com

$$\omega = E_x\,dy \wedge dz + E_y\,dz \wedge dz + E_z\,dx \wedge dy, \tag{4.115}$$

$$d\omega = \left[\frac{\partial E_x}{\partial x} + \frac{\partial E_y}{\partial y} + \frac{\partial E_z}{\partial z} \right] dx \wedge dy \wedge dz = (\nabla \cdot \mathbf{E})\,dx \wedge dy \wedge dz. \tag{4.116}$$

Para esse caso, o teorema de Stokes é

$$\int_V d\omega = \int_V (\nabla \cdot \mathbf{E})\,dx \wedge dy \wedge dz = \int_V (\nabla \cdot \mathbf{E})\,d\tau = \int_{\partial V} \mathbf{E} \cdot d\boldsymbol{\sigma}, \tag{4.117}$$

onde $dx \wedge dy \wedge dz \to d\tau$ e, da mesma maneira como no Exemplo 4.7.2, $dy \wedge dz \to d\sigma_x$ etc. Recuperamos o teorema de Gauss.

∎

Exercícios

4.7.1   Use relações das formas diferenciais para transformar a integral $A(x, y, z) \, dx \wedge dy \wedge dz$ para a expressão equivalente em $du \wedge dv \wedge dw$, onde u, v, w é uma transformação linear de x, y, z e, assim, encontre o determinante que pode ser identificado como o jacobiano da transformação.

4.7.2   Escreva a lei de Oersted,

$$\int_{\partial S} \mathbf{H} \cdot d\mathbf{r} = \int_{S} \nabla \times \mathbf{H} \cdot d\mathbf{a} \sim I,$$

na notação de forma diferencial.

4.7.3   Uma 1-forma $A\,dx + B\,dy$ é definida como **fechada** se $\dfrac{\partial A}{\partial y} = \dfrac{\partial B}{\partial x}$. É chamada de **exata** se houver uma

função f de tal modo que $\dfrac{\partial f}{\partial x} = A - 11\,pt0pt30pt$ e $\dfrac{\partial f}{\partial y} = B$. Determine qual das 1-formas a seguir

são fechadas, ou exatas, e encontre as funções f correspondentes para aquelas que são exatas:

$$y\,dx + x\,dy, \quad \frac{y\,dx + x\,dy}{x^2 + y^2}, \quad [\ln(xy) + 1]\,dx + \frac{x}{y}\,dy,$$

$$-\frac{y\,dx}{x^2 + y^2} + \frac{x\,dy}{x^2 + y^2}, \quad f(z)\,dz \text{ com } z = x + iy.$$

Leituras Adicionais

Dirac, P. A. M., *General Theory of Relativity*. Princeton, NJ: Princeton University Press (1996).

Edwards, H. M., *Advanced Calculus: A Differential Forms Approach*. Boston, MA: Birkhäuser (1994).

Flanders, H., *Differential Forms with Applications to the Physical Sciences*. Nova York: Dover (1989).

Hartle, J. B., *Gravity*. San Francisco: Addison-Wesley (2003). Este texto usa o mínimo de análise tensorial.

Hassani, S., *Foundations of Mathematical Physics*. Boston, MA: Allyn and Bacon (1991).

Jeffreys, H., *Cartesian Tensors*. Cambridge: Cambridge University Press (1952). Esta obra é uma excelente discussão sobre tensores cartesianos e sua aplicação a uma ampla variedade de campos da física clássica.

Lawden, D. F., *An Introduction to Tensor Calculus, Relativity and Cosmology* (3ª ed). Nova York: Wiley (1982).

Margenau, H. e Murphy, G. M., *The Mathematics of Physics and Chemistry* (2ª ed). Princeton, NJ: Van Nostrand (1956). O Capítulo 5 abrange coordenadas curvilíneas e 13 sistemas de coordenadas específicos.

Misner, C. W.Thorne, K. S. e Wheeler, J. A., *Gravitation*. San Francisco: W. H. Freeman (1973). Um texto importante sobre relatividade geral e cosmologia.

Moller, C., *The Theory of Relativity*. Oxford: Oxford University Press (1955), Nova tiragem, (1972). A maioria dos textos sobre relatividade geral inclui uma discussão da análise tensorial. O Capítulo 4 desenvolve um cálculo tensorial, incluindo o tema dos tensores duais. A extensão para sistemas não cartesianos, como exigido pela relatividade geral, é apresentada no Capítulo 9.

Morse, P. M. e Feshbach, H., *Methods of Theoretical Physics*. Nova York: McGraw-Hill (1953). O Capítulo 5 inclui uma descrição dos vários sistemas diferentes de coordenadas. Observe que Morse e Feshbach não utilizam sistemas de coordenadas levogiros mesmo para coordenadas cartesianas. Em outra parte desse excelente (e difícil) livro há muitos exemplos da utilização dos vários sistemas de coordenadas na resolução de problemas físicos. Onze fascinantes sistemas de coordenadas ortogonais adicionais, mas raramente encontrados são discutidos na segunda edição (1970) de *Mathematical Methods for Physicists*.

Ohanian, H. C. e Ruffini, R., *Gravitation and Spacetime* (2ª ed). Nova York: Norton & Co (1994). Uma introdução bem-escrita à geometria de Riemann.

Sokolnikoff, I. S., *Tensor Analysis—Theory and Applications* (2ª ed). Nova York: Wiley (1964). Particularmente útil por causa da sua extensão da análise tensorial para geometrias não euclidianas.

Weinberg, S., *Gravitation and Cosmology. Principles and Applications of the General Theory of Relativity*. Nova York: Wiley (1972). Este livro e o de Misner, Thorne e Wheeler são os dois principais textos sobre relatividade geral e cosmologia (com tensores no espaço não cartesiano).

Young, E. C., *Vector and Tensor Analysis* (2ª ed). Nova York: Dekker (1993).

5

Espaços Vetoriais

Um grande corpo da teoria física pode ser projetado no quadro matemático dos espaços vetoriais. Espaços vetoriais são muito mais gerais do que vetores no espaço comum, e a analogia pode parecer para os não iniciados um pouco difícil. Basicamente, esse tema lida com quantidades que podem ser representadas por expansões em uma série de funções, e inclui os métodos pelos quais essas expansões podem ser geradas e usadas para vários propósitos. Um aspecto-chave do tema é a noção de que uma **função** mais ou menos arbitrária pode ser representada por tal expansão, e que os coeficientes nessas expansões têm propriedades de transformação semelhantes àquelas exibidas por componentes vetoriais no espaço comum. Além disso, **operadores** podem ser introduzidos para descrever a aplicação de vários processos a uma função, convertendo-o assim (e também os coeficientes que o definem) em outras funções dentro do nosso espaço vetorial. Os conceitos apresentados neste capítulo são cruciais para entender a mecânica quântica, sistemas clássicos envolvendo movimento oscilatório, transporte de material ou energia, mesmo a teoria da partícula fundamental. Na verdade, não é excessivo afirmar que espaços vetoriais são uma das estruturas matemáticas mais fundamentais na teoria física.

5.1   Vetores em Espaços Funcionais

Vamos agora procurar estender os conceitos da análise vetorial clássica (do Capítulo 3) a situações mais gerais. Suponha que temos um espaço bidimensional (2-D) em que as duas coordenadas, que são números reais (ou, no caso mais geral, complexos) que chamaremos a_1 e a_2, estão, respectivamente, associadas às duas funções $\varphi_1(s)$ e $\varphi_2(s)$. É importante no início compreender que nosso novo espaço 2-D não tem nada a ver com o espaço $x\,y$ físico. Ele é um espaço no qual o ponto das coordenadas (a_1, a_2) corresponde à função

$$f(s) = a_1\varphi_1(s) + a_2\varphi_2(s). \tag{5.1}$$

A analogia com um espaço vetorial físico 2-D com os vetores $\mathbf{A} = A_1\hat{\mathbf{e}}_1 + A_2\hat{\mathbf{e}}_2$ é que $\varphi_i(s)$ corresponde a $\hat{\mathbf{e}}_i$, enquanto $a_i \rightarrow A_i$, e $F(s) \longleftrightarrow \mathbf{A}$. Em outras palavras, os valores das coordenadas são os **coeficientes** de $\varphi_i(s)$, de modo que cada ponto no espaço identifica uma diferente função $f(s)$. Tanto f quanto φ são mostrados anteriormente como dependentes de uma variável independente que chamamos s. Escolhemos o nome s para enfatizar o fato de que a formulação não se restringe às variáveis espaciais x, y, z, mas pode ser qualquer variável, ou conjunto de variáveis, que seja necessária para o problema em questão. Note ainda que a variável s não é um análogo contínuo das variáveis discretas x_i de um espaço vetorial comum. Ela é um parâmetro lembrando o leitor de que os φ_i que correspondem às dimensões do nosso espaço vetorial geralmente não são apenas números, mas funções de uma ou mais variáveis. A(s) variável(eis) indicada(s) por s pode(m) às vezes corresponder a deslocamentos físicos, mas esse nem sempre é o caso. O que deve ficar claro é que s não tem nada a ver com as coordenadas no nosso espaço vetorial; que é o papel de a_i.

A equação (5.1) define um conjunto de funções (um **espaço funcional**) que podem ser construídas a partir da **base** φ_1, φ_2; chamamos esse espaço de **espaço vetorial linear** porque seus membros são combinações lineares das funções de base e a adição de seus membros corresponde à adição de componente (coeficiente). Se $f(s)$ é dado pela Equação (5.1) e $g(s)$ é dado por outra combinação linear das **mesmas** funções de base,

$$g(s) = b_1\varphi_1(s) + b_2\varphi_2(s),$$

com b_1 e b_2, os coeficientes que definem $g(s)$, então

$$h(s) = f(s) + g(s) = (a_1 + b_1)\varphi_1(s) + (a_2 + b_2)\varphi_2(s) \tag{5.2}$$

define $h(s)$, o membro do nosso espaço (isto é, a função), que é a soma dos membros $f(s)$ e $g(s)$. Para que nosso espaço vetorial seja útil, consideramos apenas espaços em que a soma de quaisquer dois membros do espaço também é um membro.

Além disso, a noção de linearidade inclui o requisito de que se $f(s)$ é um membro do nosso espaço vetorial, então $u(s) = k f(s)$, onde k é um número real ou complexo, também é um membro, e podemos escrever

$$u(s) = k\, f(s) = ka_1\varphi_1(s) + ka_2\varphi_2(s). \tag{5.3}$$

Espaços vetoriais para os quais a adição de dois membros ou a multiplicação de um membro por um escalar sempre produz um resultado que também é um membro são denominados **fechados** sob essas operações.

Podemos resumir nossas descobertas até agora desta maneira: adição de dois membros do nosso espaço vetorial faz com que os coeficientes da soma, $h(s)$ na Equação (5.2) sejam a soma dos coeficientes dos adendos, ou seja, $f(s)$ e $g(s)$; a multiplicação de $f(s)$ por um número comum k (que, por analogia com vetores comuns, chamamos **escalar**), resulta na multiplicação dos coeficientes por k. Essas são exatamente as operações que executaríamos para formar uma soma dos dois vetores comuns, $\mathbf{A} + \mathbf{B}$, ou a multiplicação de um vetor por um escalar, Como em $k\mathbf{A}$. Porém, aqui temos os coeficientes a_i e b_i, que se combinam sob adição e multiplicação de vetores por um escalar exatamente da mesma maneira como combinaríamos as componentes vetoriais comuns A_i e B_i.

As funções que formam a base do nosso espaço vetorial podem ser funções comuns, e podem ser tão simples quando potências de s, ou mais complicadas como, por exemplo $\varphi_1 = (1 + 3s + 3s^2)e^s$, $\varphi_2 = (1 - 3s + 3s^2)e^{-s}$, ou quantidades compostas, como as matrizes de Pauli σ_i, ou mesmo quantidades completamente abstratas que só são definidas por certas propriedades que elas podem possuir.

O número de funções de base (isto é, a **dimensão** da nossa base) pode ser um número pequeno como 2 ou 3, um inteiro maior, mas finito, ou mesmo enumeravelmente infinito (como surgiria em uma série de potências não truncadas). A principal restrição universal quanto à forma de uma base é que os membros da base sejam linearmente independentes, de modo que qualquer função (membro) do nosso espaço vetorial seja descrita por uma única combinação linear das funções de base. Ilustramos as possibilidades com alguns exemplos simples.

Exemplo 5.1.1   Alguns Espaços Vetoriais

1. Consideramos primeiro um espaço vetorial de dimensão 3, que é **abrangido pelas** (significando que tem uma base que consiste em) três funções $P_0(s) = 1$, $P_1(s) = s$, $P_2(s) = s^2 -$.
   Alguns membros desse espaço vetorial incluem as funções

$$s + 3 = 3P_0(s) + P_1(s), \quad s^2 = \frac{1}{3}P_0(s) + \frac{2}{3}P_2(s), \quad 4 - 3s = 4P_0(s) - 3P_1(s).$$

Na verdade, como podemos escrever 1, s e s^2 em termos da nossa base, podemos ver que **qualquer** forma quadrática em s será um membro do nosso espaço vetorial, e que nosso espaço inclui apenas as funções de s que podem ser escritas na forma $c_0 + c_1 s + c_2 s^2$.
   Para ilustrar as operações do nosso espaço vetorial, podemos formar

$$s^2 - 2(s + 3) = \left[\frac{1}{3}P_0(s) + \frac{2}{3}P_2(s)\right] - 2\left[3P_0(s) + P_1(s)\right]$$

$$= \left(\frac{1}{3} - 6\right)P_0(s) - 2P_1(s) + \frac{2}{3}P_2(s).$$

Esse cálculo envolve apenas operações nos coeficientes; não precisamos nos referir às definições de P_n para executá-lo.

Note que somos livres para definir nossa base da maneira como quisermos, desde que seus membros sejam linearmente independentes. Poderíamos ter escolhido como nossa base para esse mesmo espaço vetorial $\varphi_0 = 1$, $\varphi_1 = s$, $\varphi_2 = s_2$, mas optamos por não fazer isso.

2. O conjunto das funções $\varphi_n(s) = s^n$ ($n = 0, 1, 2, ...$) é uma base para um espaço vetorial cujos membros consistem em funções que podem ser representadas por uma série de Maclaurin. Para evitar dificuldades com essa base de dimensão infinita, normalmente é necessário restringir as considerações a funções e intervalos de s aos quais a

série de Maclaurin converge. Convergência e questões relacionadas são de grande interesse na matemática pura; em problemas de física, geralmente procedemos de tal maneira que a convergência é garantida.

Os membros do nosso espaço vetorial terão representações

$$f(s) = a_0 + a_1 s + a_2 s^2 + \cdots = \sum_{n=0}^{\infty} a_n s^n,$$

e podemos (pelo menos em princípio) utilizar as regras para criar expansões de uma série de potências a fim de encontrar os coeficientes que correspondem a um determinado $f(s)$.

3. O espaço de spin de um elétron é abrangido por uma base que consiste em um conjunto linearmente independente de possíveis estados de spin. É bem conhecido que um elétron pode ter dois estados de spin linearmente independentes, e eles são frequentemente denotados pelos símbolos α e β. Um estado de spin possível é $f = a_1 \alpha + a_2 \beta$, e outro é $g = b_1 \alpha + b_2 \beta$. Nós nem mesmo precisamos saber o que α e β realmente significam para discutir o espaço vetorial 2-D abrangido por essas funções, e também não precisamos conhecer o papel de qualquer variável paramétrica, como s. No entanto, podemos afirmar que o estado de spin específico correspondendo a $f + ig$ deve ter a forma

$$f + ig = (a_1 + ib_1)\alpha + (a_2 + ib_2)\beta.$$

■

Produto Escalar

Para tornar o conceito de espaço vetorial útil e fazer um paralelo com aquele da álgebra vetorial no espaço comum, precisamos introduzir o conceito de um produto escalar em nosso espaço funcional. Escreveremos o produto escalar de dois membros do nosso espaço vetorial, f e g, como $\langle f | g \rangle$. Essa é a notação que é quase universalmente usada na física; várias outras notações podem ser encontradas na literatura matemática; exemplos incluem $[f, g]$ e (f, g).

O produto escalar tem duas características principais, cujo significado completo só se tornará claro à medida que avançarmos. Elas são:

1. O produto escalar de um membro com ele mesmo, por exemplo, $\langle f | f \rangle$, deve ser avaliado como um valor numérico (não uma função) que desempenha o papel do quadrado da grandeza desse membro, correspondendo ao produto escalar de um vetor comum com ele mesmo, e

2. O produto escalar deve ser linear em cada um dos dois membros.[1]

Existe uma variedade extremamente ampla de possibilidades para definir produtos escalares que atendem esses critérios. A situação que surge mais frequentemente na física é que os membros do nosso espaço vetorial são funções ordinárias das variáveis s (como no primeiro espaço vetorial do Exemplo 5.1.1), e o produto escalar dos dois membros $f(s)$ e $g(s)$ é calculado como um integral do tipo

$$\langle f | g \rangle = \int_a^b f^*(s) g(s) \, w(s) \, ds, \qquad (5.4)$$

com a escolha de a, b, e $w(s)$ dependente da definição particular que queremos adotar para nosso produto escalar. No caso especial $\langle f | f \rangle$, o produto escalar deve ser interpretado como o quadrado de um "comprimento", e esse produto escalar deve, portanto, ser positivo para qualquer f que ele próprio não é identicamente zero. Como o integrando no produto escalar é então $f^*(s) f(s) w(s)$ e $f^*(s) f(s) \geq 0$ para todo s (mesmo que $f(s)$ seja complexo), podemos ver que $w(s)$ deve ser positivo ao longo de todo o intervalo $[a, b]$, exceto possivelmente para zeros em pontos isolados.

Vamos rever algumas das implicações da Equação (5.4). Não é apropriado interpretar essa equação como um análogo contínuo do produto escalar ordinário, com a variável s sendo considerada o limite contínuo de um índice que rotula componentes vetoriais. A integral na verdade surge de acordo com uma decisão de calcular um "comprimento elevado ao quadrado" possivelmente como uma média ponderada ao longo de todo o intervalo dos valores do parâmetro s. Podemos ilustrar esse ponto considerando outra situação que surge ocasionalmente na física, e ilustrada pelo terceiro espaço vetorial no Exemplo 5.1.1. Aqui nós simplesmente **definimos** os produtos escalares de α e β individuais para que tenham valores

$$\langle \alpha | \alpha \rangle = \langle \beta | \beta \rangle = 1, \quad \langle \alpha | \beta \rangle = \langle \beta | \alpha \rangle = 0,$$

---

[1] Se os membros do espaço vetorial forem complexos, essa afirmação precisará ser ajustada; veja as definições formais na próxima subseção.

e então, considerando as funções simples de um único elétron

$$f = a_1\boldsymbol{\alpha} + a_2\boldsymbol{\beta}, \quad g = b_1\boldsymbol{\alpha} + b_2\boldsymbol{\beta},$$

e supondo que a_i e b_i são reais, podemos expandir $\langle f | g \rangle$ (usando a propriedade de linearidade) para alcançar

$$\langle f|g\rangle = a_1 b_1 \langle\boldsymbol{\alpha}|\boldsymbol{\alpha}\rangle + a_1 b_2 \langle\boldsymbol{\alpha}|\boldsymbol{\beta}\rangle + a_2 b_1 \langle\boldsymbol{\beta}|\boldsymbol{\alpha}\rangle + a_2 b_2 \langle\boldsymbol{\beta}|\boldsymbol{\beta}\rangle = a_1 b_1 + a_2 b_2. \tag{5.5}$$

Essas equações mostram que a introdução de uma integral não é um passo indispensável para a generalização do produto escalar; elas também mostram que a fórmula final na Equação (5.5), que é análoga à álgebra vetorial ordinária, surge da expansão de $\langle f | g \rangle$ em uma base cujos dois membros, α e β, são ortogonais (isto é, têm um produto escalar zero). Assim, a analogia com a álgebra vetorial ordinária é que os "vetores unitários" desse sistema de spin definem um "sistema de coordenadas" ortogonal e que o "produto escalar" tem então a forma esperada.

Espaços vetoriais que são fechados sob adição e multiplicação por um escalar e que têm um produto escalar que existe para todos os pares de seus membros são denominados **espaços de Hilbert**; esses são os espaços vetoriais de importância fundamental na física.

Espaço de Hilbert

Procedendo agora de uma maneira um pouco mais formal (mas ainda sem rigor total), e incluindo a possibilidade de que nosso espaço funcional pode exigir mais de duas funções de base, identificamos um espaço $\mathcal{H}$ de Hilbert como tendo as seguintes propriedades:

- Os elementos (membros) f, g, ou h de $\mathcal{H}$ são sujeitos a duas operações, **adição**, e **multiplicação por um escalar** (aqui k, k_1 ou k_2). Essas operações produzem quantidades que também são membros do espaço.
- A adição é comutativa e associativa:

$$f(s) + g(s) = g(s) + f(s), \quad [f(s) + g(s)] + h(s) = f(s) + [g(s) + h(s)].$$

- A multiplicação por um escalar é comutativa, associativa e distributiva:

$$k f(s) = f(s) k, \quad k[f(s) + g(s)] = kf(s) + kg(s),$$

$$(k_1 + k_2) f(s) = k_1 f(s) + k_2 f(s), \quad k_1 [k_2 f(s)] = k_1 k_2 f(s).$$

- $\mathcal{H}$ é **abrangido** por um conjunto de funções de base φ_i em que, para os propósitos deste livro, o número dessas funções de base (o intervalo de i) pode ser finito ou inumeravelmente infinito (como os inteiros positivos). Isso significa que todas as funções em $\mathcal{H}$ podem ser representadas pela forma linear $f(s) = \sum_n a_n \varphi_n(s)$. Essa propriedade também é conhecida como **completude**.
  Exigimos que as funções de base sejam linearmente independentes, de tal modo que cada função no espaço será uma combinação linear única das funções de base.
- Para todas as funções $f(s)$ e $g(s)$ em $\mathcal{H}$, existe um produto escalar, denotado como $\langle f | g \rangle$, que é avaliado como um valor numérico real ou complexo finito (isto é, não contém s) e que tem as propriedades que

1. $\langle f|f\rangle \geq 0$, com a igualdade se mantendo somente se f for identicamente zero.[2] A quantidade $\langle f|f\rangle^{1/2}$ é chamada **norma** de f e é escrita $||f||$.
2. $\langle g|f\rangle^* = \langle f|g\rangle$, $\langle f|g+h\rangle = \langle f|g\rangle + \langle f|h\rangle$ e $\langle f|kg\rangle = k\langle f|g\rangle$.

As consequências dessas propriedades são que $\langle f | k_1 g + k_2 h \rangle = k_1 \langle f | g \rangle + k_2 \langle f | h \rangle$, mas $\langle k_1 f + k_2 g | h \rangle = k_1^* \langle f | h \rangle + k_2^* \langle g | h \rangle$.

Exemplo 5.1.2   ALGUNS PRODUTOS ESCALARES

Continuando com o primeiro espaço vetorial do Exemplo 5.1.1, vamos supor que nosso escalar produto de quaisquer duas funções $f(s)$ e $g(s)$ assume a forma

$$\langle f|g\rangle = \int_{-1}^{1} f^*(s)\, g(s)\, ds, \tag{5.6}$$

---

[2]Para ser rigoroso, a frase "identicamente zero" deve ser substituída por "zero, exceto em um conjunto de medida zero", e outras condições precisam ser mais bem especificadas. Essas são as minúcias importantes para uma formulação precisa da matemática, mas frequentemente não têm importância prática para o trabalho do físico. Notamos, porém, que surgem funções descontínuas nas aplicações da série de Fourier, com consequências que são discutidas no Capítulo 19.

isto é, a fórmula dada como a Equação (5.4) com $a = -1$, $b = 1$, e $w(s) = 1$. Como todos os membros desse espaço vetorial são formas quadráticas e a integral na Equação (5.6) cobre o intervalo finito de -1 a $+1$, o produto escalar sempre existirá e nossas três funções de base na verdade definem um espaço de Hilbert. Antes de fazer alguns cálculos de exemplo, vamos observar que os colchetes no membro à esquerda da Equação (5.6) não mostram a forma detalhada do produto escalar, ocultando assim informações sobre os limites de integração, o número de variáveis (aqui só temos uma, s), a natureza do espaço envolvido, a presença ou ausência de um fator de peso $w(s)$ e até mesmo a operação exata que forma o produto. Todas essas características devem ser inferidas do contexto ou por uma definição fornecida anteriormente.

Agora vamos avaliar dois produtos escalares:

$$\langle P_0 | s^2 \rangle = \int_{-1}^{1} P_0^*(s) s^2 \, ds = \int_{-1}^{1} (1)(s^2) dx = \left[\frac{s^3}{3} \right]_{-1}^{1} = \frac{2}{3},$$

$$\langle P_0 | P_2 \rangle = \int_{-1}^{1} (1) \left[\frac{3}{2} s^2 - \frac{1}{2} \right] ds = \left[\frac{3}{2} \frac{s^3}{3} - \frac{1}{2} s \right]_{-1}^{1} = 0. \tag{5.7}$$

Analisando ainda mais a definição do produto escalar desse exemplo, notamos que ele é consistente com os requisitos gerais para um produto escalar, como (1) $\langle f|f \rangle$ é formado como a integral de um integrando inerentemente não negativo, e será positivo para todos diferente de zero f; e (2) o posicionamento do asterisco do conjugado complexo torna óbvio que $\langle g | f \rangle^* = \langle f | g \rangle$. ∎

Desigualdade de Schwarz

Qualquer produto escalar que atende as condições do espaço de Hilbert irá satisfazer a **desigualdade de Schwarz**, que pode ser afirmada como

$$|\langle f | g \rangle|^2 \leq \langle f|f \rangle \langle g|g \rangle. \tag{5.8}$$

Aqui só há igualdade se f e g forem proporcionais. No espaço vetorial ordinário, o resultado equivalente é, referindo-se à Equação (1.113),

$$(\mathbf{A} \cdot \mathbf{B})^2 = |\mathbf{A}|^2 |\mathbf{B}|^2 \cos^2 \theta \leq |\mathbf{A}|^2 |\mathbf{B}|^2, \tag{5.9}$$

onde θ é o ângulo entre as direções de $\mathbf{A}$ e $\mathbf{B}$. Como observado anteriormente, a igualdade só se mantém se $\mathbf{A}$ e $\mathbf{B}$ forem colineares. Se também exigirmos que $\mathbf{A}$ seja de comprimento unitário, teremos o resultado intuitivamente óbvio de que a projeção de $\mathbf{B}$ para uma direção não colinear de $\mathbf{A}$ terá uma grandeza menor que a de $\mathbf{B}$. A desigualdade de Schwarz estende essa propriedade para funções; suas normas encolhem em projeções não triviais.

A desigualdade de Schwarz pode ser provada considerando

$$I = \langle f - \lambda g | f - \lambda g \rangle \geq 0, \tag{5.10}$$

onde λ é uma constante ainda indeterminada. Tratando λ e λ^* como linearmente independentes,[3] diferenciamos I em relação a λ^* (lembre-se de que o membro à esquerda do produto é um conjugado complexo) e definimos o resultado como zero, para encontrar o valor λ para o qual I é um mínimo:

$$-\langle g | f - \lambda g \rangle = 0 \quad \implies \quad \lambda = \frac{\langle g | f \rangle}{\langle g | g \rangle}.$$

Substituindo esse valor λ na Equação (5.10), obtemos (usando propriedades do produto escalar)

$$\langle f|f \rangle - \frac{\langle f|g \rangle \langle g|f \rangle}{\langle g|g \rangle} \geq 0.$$

Observando que $g | g$ deve ser positivo, e reescrevendo $\langle g | f \rangle$ como $\langle f | g \rangle^*$, confirmamos a desigualdade de Schwarz, Equação (5.8).

---

[3]Não é óbvio que é possível fazer isso, mas considere $\lambda = \mu + iv$, $\lambda^* = \mu - iv$, com μ e v reais. Então $[\partial/\partial\mu + i\partial/\partial v]$ é equivalente a pegar $\partial/\partial\lambda^*$ mantendo λ constante.

Expansões Ortogonais

Agora com um produto escalar bem-comportado em mãos, podemos criar a definição de que duas funções f e g são **ortogonais** se $\langle f \mid g \rangle = 0$, o que significa que $\langle g \mid f \rangle$ também irá se anular. Um exemplo de duas funções que são ortogonais sob a definição então aplicável do produto escalar são $P_0(s)$ e $P_2(s)$, onde o produto escalar é aquele definido na Equação (5.6) e P_0, P_2 são as funções do Exemplo 5.1.1; a ortogonalidade é mostrada pela Equação (5.7). Definimos ainda mais uma função f como **normalizada** se o produto escalar $\langle f \mid f \rangle = 1$; isso é o equivalente no espaço de função a um vetor unitário. Descobriremos que é bastante conveniente se as funções de base para nosso espaço funcional estão normalizadas e mutuamente ortogonais, correspondendo à descrição de um espaço vetorial físico 2-D ou tridimensional (3-D) com base em vetores unitários ortogonais. Um conjunto de funções que é tanto normalizado quanto mutuamente ortogonal é chamado conjunto **ortonormal**. Se um membro f de um conjunto ortogonal não está normalizado, ele pode ser normalizado sem perturbar a ortogonalidade: simplesmente nós o redimensionamos para $\overline{f} = f / \langle f \mid f \rangle^{1/2}$, assim qualquer conjunto ortogonal pode ser facilmente tornado ortonormal se desejado.

Se nossa base é ortonormal, os coeficientes para a expansão de uma função arbitrária nessa base assumem uma forma simples. Voltamos ao nosso exemplo 2-D, com a suposição de que os φ_i são ortonormais, e consideramos o resultado de adotar o produto escalar de $f(s)$, como dado pela Equação (5.1), com $\varphi_i\,(s)$:

$$\langle \varphi_1 | f \rangle = \langle \varphi_1 | (a_1\varphi_1 + a_2\varphi_2) \rangle = a_1\langle \varphi_1|\varphi_1 \rangle + a_2\langle \varphi_1|\varphi_2 \rangle. \tag{5.11}$$

A ortonormalidade de φ agora entra em jogo; o produto escalar multiplicando a_1 é a unidade, enquanto a multiplicação de a_2 é zero, assim temos o resultado simples e útil $\langle \varphi_1 | f \rangle = a_1$. Portanto, temos um meio relativamente mecânico para identificar as componentes de f. O resultado geral correspondente à Equação (5.11) é:

$$\text{If } \langle \varphi_i | \varphi_j \rangle = \delta_{ij} \quad \text{e} \quad f = \sum_{i=1}^{n} a_i\varphi_i, \quad \text{então} \quad a_i = \langle \varphi_i | f \rangle. \tag{5.12}$$

Aqui, o **delta de Kronecker**, δ_{ij}, é a unidade se $i = j$ e zero caso contrário. Analisando mais uma vez a Equação (5.11), consideramos o que acontece se os φ_i são ortogonais, mas não normalizados. Então, em vez da Equação (5.12), teríamos:

$$\text{Se o } \varphi_i \text{ é ortagonal e } f = \sum_{i=1}^{n} a_i\varphi_i, \quad \text{então} \quad a_i = \frac{\langle \varphi_i | f \rangle}{\langle \varphi_i | \varphi_i \rangle}. \tag{5.13}$$

Essa forma da expansão será conveniente quando a normalização da base introduz fatores desagradáveis.

Exemplo 5.1.3 Expansão em Funções Ortonormais

Considere o conjunto de funções $\chi_n(x) = \operatorname{sem} nx$, para $n = 1, 2, \ldots$, a ser utilizado para x no intervalo $0 \le x \le \pi$ com o produto escalar

$$\langle f | g \rangle = \int_0^\pi f^*(x)g(x)dx. \tag{5.14}$$

Queremos usar essas funções para a expansão da função $x^2(\pi - x)$.

Primeiro, verificamos se elas são ortogonais:

$$S_{nm} = \int_0^\pi \chi_n^*(x)\chi_m(x)dx = \int_0^\pi \operatorname{sen} nx \operatorname{sen} mx\, dx.$$

Para $n \ne m$ podemos mostrar que essa integral se anula, seja por considerações de simetria ou consultando uma tabela de integrais. Para determinar a normalização, precisamos de S_{nn}; a partir das considerações de simetria, o integrando, $\operatorname{sen}^2 nx = (1 - \cos 2nx)$, pode ser visto como tendo um valor médio de $1/2$ ao longo do intervalo $(0, \pi)$, levando a $S_{nn} = \pi/2$ para todos os inteiros n. Isso significa que os χ_n não estão normalizados, mas podem ser normalizados se multiplicarmos por $\sqrt{2/\pi}$. Portanto, nossa base ortonormal será

$$\varphi_n(x) = \left(\frac{2}{\pi}\right)^{1/2} \operatorname{sen} nx, \quad n = 1, 2, 3, \ldots. \tag{5.15}$$

Para expandir $x^2(\pi - x)$, aplicamos a Equação (5.2), o que requer a avaliação de

$$a_n = \langle \varphi_n | x^2(\pi - x) \rangle = \left(\frac{2}{\pi} \right)^{1/2} \int_0^{\pi} (\text{sen}\, nx)\, x^2(\pi - x)\, dx, \qquad (5.16)$$

para utilização na expansão

$$x^2(\pi - x) = \left(\frac{2}{\pi} \right)^{1/2} \sum_{n=0}^{\infty} a_n \,\text{sen}\, nx. \qquad (5.17)$$

Avaliando casos da Equação (5.16) manualmente ou usando um computador para o cálculo simbólico, temos para os poucos primeiros a_n: $a_1 = 5,0132$, $a_2 = -1,8300$, $a_3 = 0,1857$, $a_4 = -0,2350$. A convergência não é muito rápida. ∎

Exemplo 5.1.4 Espaço de Spin

Um sistema de quatro partículas em um estado tripleto tem as seguintes três funções de spin linearmente independentes:

$$\chi_1 = \alpha\beta\alpha\alpha - \beta\alpha\alpha\alpha, \quad \chi_2 = \alpha\alpha\alpha\beta - \alpha\alpha\beta\alpha, \quad \chi_3 = \alpha\alpha\alpha\beta + \alpha\alpha\beta\alpha - \alpha\beta\alpha\alpha - \beta\alpha\alpha\alpha.$$

Os quatro símbolos em cada termo dessas expressões referem-se às designações de spin das quatro partículas, em ordem numérica.

O produto escalar no espaço de spin tem a forma, para monômios,

$$\langle abcd | wxyz \rangle = \delta_{aw}\delta_{bx}\delta_{cy}\delta_{dz},$$

significando que o produto escalar é a unidade se os dois monômios são idênticos, e é zero se eles não são. Produtos escalares envolvendo polinômios podem ser avaliados expandindo-os em somas dos produtos monômios. É fácil de confirmar que essa definição satisfaz os requisitos de um produto escalar válido.

Nossa missão será (1) verificar que os χ_i são ortogonais; (2) convertê-los, se necessário, em uma forma normalizada para produzir uma base ortonormal para o espaço de spin; e (3) expandir a seguinte função de spin tripleto como uma combinação linear das funções de base de spin ortonormais:

$$\chi_0 = \alpha\alpha\beta\alpha - \alpha\beta\alpha\alpha.$$

As funções χ_1 e χ_2 são ortogonais, uma vez que elas não têm termos em comum. Embora χ_1 e χ_3 tenham dois termos em comum, elas ocorrem em combinações de sinal que levam a um produto escalar que se anula. A mesma observação se aplica a $\langle \chi_2 | \chi_3 \rangle$. Porém, nenhuma das χ_i está normalizada. Encontramos $\langle \chi_1 | \chi_1 \rangle = \langle \chi_2 | \chi_2 \rangle = 2$, $\langle \chi_3 | \chi_3 \rangle = 4$, assim uma base ortonormal seria

$$\varphi_1 = 2^{-1/2}\chi_1, \quad \varphi_2 = 2^{-1/2}\chi_2, \quad \varphi_3 = \frac{1}{2}\chi_3.$$

Por fim, obtemos os coeficientes para expansão de χ_0 formando $a_1 = \langle \varphi_1 | \chi_0 \rangle = -1/\sqrt{2}$, $a_2 = \langle \varphi_2 | \chi_0 \rangle = -1\sqrt{2}$ e $a_3 = \langle \varphi_3 | \chi_0 \rangle = 1$. Portanto, a expansão desejada é

$$\chi_0 = -\frac{1}{\sqrt{2}}\,\varphi_1 - \frac{1}{\sqrt{2}}\,\varphi_2 + \varphi_3.$$

∎

Expansões e Produtos Escalares

Se encontrarmos as expansões das duas funções,

$$f = \sum_\mu a_\mu \varphi_\mu \quad \text{e} \quad g = \sum_\nu b_\nu \varphi_\nu,$$

então seu produto escalar poderá ser escrito

$$\langle f|g \rangle = \sum_{\mu\nu} a_\mu^* b_\nu \langle \varphi_\mu | \varphi_\nu \rangle.$$

Se o conjunto de φ é ortonormal, o anterior se reduz a

$$\langle f|g \rangle = \sum_\mu a_\mu^* b_\mu. \tag{5.18}$$

No caso especial $g = f$, isso e reduz a

$$\langle f|f \rangle = \sum_\mu |a_\mu|^2, \tag{5.19}$$

consistente com a exigência de que k fI f I $\geq$ 0, com a igualdade somente se f é zero em "quase todos os lugares".

Se considerarmos o conjunto dos coeficientes de expansão $a\mu$ como os elementos de um vetor de coluna **a** representando f, com um vetor de coluna **b** representando de maneira semelhante g, as Equações (5.18) e (5.19) correspondem às equações matriciais

$$\langle f|g \rangle = \mathbf{a}^\dagger \mathbf{b}, \quad \langle f|f \rangle = \mathbf{a}^\dagger \mathbf{a}. \tag{5.20}$$

Note que, considerando o adjunto de **a**, nós tanto o tornamos um conjugado complexo quanto o convertemos em um vetor de linha, de tal modo que os produtos matriciais na Equação (5.20) colapsam para escalares, conforme necessário.

Exemplo 5.1.5   Vetores de Coeficientes

Um conjunto de funções que é ortonormal em $0 \leq x \leq \pi$ é

$$\varphi_n(x) = \sqrt{\frac{2 - \delta_{n0}}{\pi}} \cos nx, \quad n = 0, 1, 2, \ldots.$$

Primeiro, vamos expandir nos termos dessa base as duas funções

$$\psi_1 = \cos^3 x + \operatorname{sen}^2 x + \cos x + 1 \, e \, \psi_2 = \cos^2 x - \cos x$$

Escrevemos as expansões como vetores $\mathbf{a}^1$ e $\mathbf{a}^2$ com componentes $n = 0, \ldots, 3$:

$$\mathbf{a}_1 = \begin{pmatrix} \langle \varphi_0 | \psi_1 \rangle \\ \langle \varphi_1 | \psi_1 \rangle \\ \langle \varphi_2 | \psi_1 \rangle \\ \langle \varphi_3 | \psi_1 \rangle \end{pmatrix}, \quad \mathbf{a}_2 = \begin{pmatrix} \langle \varphi_0 | \psi_2 \rangle \\ \langle \varphi_1 | \psi_2 \rangle \\ \langle \varphi_2 | \psi_2 \rangle \\ \langle \varphi_3 | \psi_2 \rangle \end{pmatrix}.$$

Todas as componentes além de $n = 3$ se anulam e não precisam ser mostradas. É simples avaliar esses produtos escalares. Alternativamente, podemos reescrever ψ_i usando identidades trigonométricas, alcançando as formas

$$\psi_1 = \frac{\cos 3x}{4} - \frac{\cos 2x}{2} + \frac{7}{4} \cos x + \frac{3}{2}, \quad \psi_2 = \frac{\cos 2x}{2} - \cos x + \frac{1}{2}.$$

Essas expressões são agora facilmente reconhecidas como equivalentes a

$$\psi_1 = \sqrt{\frac{\pi}{2}} \left(\frac{\varphi_3}{4} - \frac{\varphi_2}{2} + \frac{7\varphi_1}{4} + \frac{3\sqrt{2}\,\varphi_0}{2} \right), \quad \psi_2 = \sqrt{\frac{\pi}{2}} \left(\frac{\varphi_2}{2} - \varphi_1 + \frac{\sqrt{2}\,\varphi_0}{2} \right),$$

assim

$$\mathbf{a}_1 = \sqrt{\frac{\pi}{2}} \begin{pmatrix} 3\sqrt{2}/2 \\ 7/4 \\ -1/2 \\ 1/4 \end{pmatrix}, \quad \mathbf{a}_2 = \sqrt{\frac{\pi}{2}} \begin{pmatrix} \sqrt{2}/2 \\ -1 \\ 1/2 \\ 0 \end{pmatrix}.$$

Vemos a partir do exposto que a fórmula geral para encontrar os coeficientes em uma expansão ortonormal, Equação (5.12), é uma maneira sistemática de fazer o que às vezes pode ser realizado de outras maneiras.

Podemos agora avaliar os produtos escalares k ψ_i | ψ_j l. Identificando primeiro esses como produtos matriciais que então avaliamos,

$$\langle \psi_1 | \psi_1 \rangle = \mathbf{a}_1^\dagger \mathbf{a}_1 = \frac{63\pi}{16}, \quad \langle \psi_1 | \psi_2 \rangle = \mathbf{a}_1^\dagger \mathbf{a}_2 = -\frac{\pi}{4}, \quad \langle \psi_2 | \psi_2 \rangle = \mathbf{a}_2^\dagger \mathbf{a}_2 = \frac{7\pi}{8}.$$

∎

Desigualdade de Bessel

Dado um conjunto de funções de base e a definição de um espaço, não necessariamente é garantido que as funções de base abrangem o espaço (uma propriedade às vezes chamada **completude**). Por exemplo, podemos ter um espaço definido como sendo aquele que contém todas as funções que possuem um produto escalar de uma determinada definição, enquanto as funções de base foram especificadas fornecendo sua forma funcional. Esse problema tem alguma importância, porque precisamos saber se é possível garantir que uma tentativa de expandir uma função em uma determinada base converge para o resultado correto. Critérios totalmente gerais não estão disponíveis, mas os resultados úteis são obtidos se a função sendo expandida tem, na pior das hipóteses, um número finito de descontinuidades finitas, e os resultados são aceitos como "precisos" se os desvios do valor correto só ocorrem em pontos isolados. A série de potências e a série trigonométrica provaram ser completas para a expansão das funções quadradas integráveis f (aquelas para as quais k f|f l como definido na Equação (5.7) existe; matemáticos identificam esses espaços pela designação $\mathcal{L}^2$). Também os conjuntos ortonormais das funções provaram ser completos à medida que essas funções surgem como as soluções para problemas de autovalor hermitianos.[4]

Um teste não tão prático quanto à completude é fornecido pela **desigualdade de Bessel**, que afirma que se uma função f foi expandida em uma base ortonormal como $\sum_n a_n \varphi_n$, então

$$\langle f | f \rangle \geq \sum_n |a_n|^2, \tag{5.21}$$

com a desigualdade ocorrendo se a expansão de f é incompleta. A impraticabilidade disso como um teste de completude é que é necessário aplicá-lo a todos os f antes de usá-lo para reivindicar a completude do espaço.

Estabelecemos a desigualdade de Bessel considerando

$$I = \left\langle f - \sum_i a_i \varphi_i \,\middle|\, f - \sum_j a_j \varphi_j \right\rangle \geq 0, \tag{5.22}$$

onde $I = 0$ representa o que é denominado **convergência na média**, um critério que permite ao integrando se desviar de zero em pontos isolados. Expandindo o produto escalar, e eliminando os termos que se anulam porque os φ são ortonormais, chegamos à Equação (5.21), com a igualdade só resultando se a expansão converge para f. Notamos de passagem que a convergência na média é uma exigência menos rigorosa do que a **convergência uniforme**, mas é adequada para quase todas as aplicações físicas das expansões de conjunto de base.

Exemplo 5.1.6   Expansão de uma Função Descontínua

Demonstrou-se que as funções $\cos nx$ ($n = 0, 1, 2, ...$) e sen nx ($n = 1, 2, ...$) (juntas) formam um conjunto completo no intervalo $-\pi < x < \pi$. Como essa determinação é obtida de acordo com a convergência na média, existe a possibilidade de desvio em pontos isolados, permitindo assim a descrição das funções com descontinuidades isoladas.

Ilustramos com a função de onda quadrada

$$f(x) = \begin{cases} \dfrac{h}{2}, & 0 < x < \pi \\[2mm] -\dfrac{h}{2}, & -\pi < x < 0. \end{cases} \tag{5.23}$$

---

[4]Ver R. Courant e D. Hilbert, *Methods of Mathematical Physics* (tradução inglesa), Vol. 1, Nova York: Interscience (1953), reimpressão, Wiley (1989), Capítulo 6, seção 3.

As funções cos nx e sen nx são ortogonais no intervalo de expansão (com peso unitário no produto escalar), e a expansão de $f(x)$ assume a forma

$$f(x) = a_0 + \sum_{n=1}^{\infty}(a_n \cos nx + b_n \operatorname{sen} nx).$$

Como $f(x)$ é uma função ímpar de x, todos os a_n se anulam, e só precisamos calcular

$$b_n = \frac{1}{\pi}\int_{-\pi}^{\pi} f(t)\operatorname{sen} nt\, dt.$$

O fator $1/\pi$ antes da integral surge porque as funções de expansão não são normalizadas.
Após a substituição de $\pm h/2$ para $f(t)$, encontramos

$$b_n = \frac{h}{n\pi}(1 - \cos n\pi) = \begin{cases} 0, & n \text{ par}, \\ \dfrac{2h}{n\pi}, & n \text{ ímpar}. \end{cases}$$

Assim, a expansão da onda quadrada é

$$f(x) = \frac{2h}{\pi}\sum_{n=0}^{\infty}\frac{\operatorname{sen}(2n+1)x}{2n+1}. \tag{5.24}$$

Para dar uma ideia da taxa à qual a série na Equação (5.24) converge, algumas das suas somas parciais estão representadas na Figura 5.1. ■

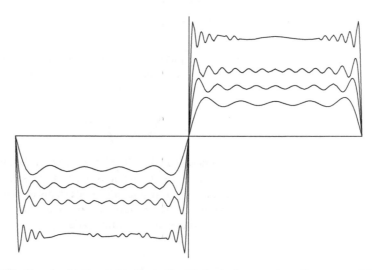

Figura 5.1: Expansão da onda quadrada. Calculada usando a Equação (5.24), com somatório terminado após $n = 4, 8, 12$ e 20. As curvas estão em diferentes escalas verticais para melhorar a visibilidade.

Expansões da Função Delta de Dirac

Expansões ortogonais fornecem oportunidades de desenvolver representações adicionais da função delta de Dirac. Na verdade, essa representação pode ser construída a partir de qualquer conjunto completo das funções $\varphi_n(x)$. Por simplicidade supomos que φ_n são ortonormais com peso unitário no intervalo (a, b), e consideramos a expansão

$$\delta(x - t) = \sum_{n=0}^{\infty} c_n(t)\,\varphi_n(x), \tag{5.25}$$

onde, como indicado, os coeficientes devem ser funções de t. A partir da regra para determinar os coeficientes, temos, para t também no intervalo (a, b),

$$c_n(t) = \int_a^b \varphi_n^*(x)\, \delta(x - t)\, dx = \varphi_n^*(t),$$ (5.26)

onde a avaliação utilizou a propriedade definidora da função delta. Substituindo esse resultado de volta na Equação (5.25), temos

$$\delta(x - t) = \sum_{n=0}^{\infty} \varphi_n^*(t)\, \varphi_n(x).$$ (5.27)

Esse resultado claramente não é uniformemente convergente em $x = t$. Entretanto, lembre-se de que ele não deve ser usado por si só, mas só tem sentido quando aparece como parte de um integrando. Também observe que a Equação (5.27) só é válida quando x e t estão dentro do intervalo (a, b).

A Equação (5.27) é chamada relação de fechamento para a função delta de Dirac (com respeito à φ_n) e, obviamente, depende da completude do conjunto de φ. Se aplicarmos a Equação (5.27) a uma função arbitrária $F(t)$ que supomos ter a expansão $F(t) = \Sigma_p\, c_p\, \varphi_p(t)$, teremos

$$\int_a^b F(t)\, \delta(x - t)\, dt = \int_a^b dt \sum_{p=0}^{\infty} c_p\, \varphi_p(t) \sum_{n=0}^{\infty} \varphi_n^*(t)\, \varphi_n(x)$$

$$= \sum_{p=0}^{\infty} c_p\, \varphi_p(x) = F(x),$$ (5.28)

que é o resultado esperado. No entanto, se substituirmos os limites de integração (a, b) por (t_1, t_2) de tal modo que $a \le t_1 < t_2 \le b$, teremos um resultado mais geral que reflete o fato de que nossa representação de $\delta(x - t)$ é desprezível, exceto quando $x \ \emptyset\ t$:

$$\int_{t_1}^{t_2} F(t)\, \delta(x - t)\, dt = \begin{cases} F(x), & t_1 < x < t_2, \\ 0, & x < t_1 \text{ or } x > t_2. \end{cases}$$ (5.29)

Exemplo 5.1.7   Representação da Função Delta

Para ilustrar uma expansão da função delta de Dirac, em uma base ortonormal, considere $\varphi_n(x) = \sqrt{2}\,\text{sen}\, n\pi x$, que são ortonormais e completas em $x = (0, 1)$ para $n = 1, 2, \ldots$. Então a função delta de Dirac tem representação, válida para $0 < x < 1$, $0 < t < 1$,

$$\delta(x - t) = \lim_{N \to \infty} \sum_{n=1}^{N} 2\, \text{sen}\, n\pi t\, \text{sen}\, n\pi x.$$ (5.30)

Representar isso com $N = 80$ para $t = 0,4$ e $0 < X < 1$ fornece o resultado mostrado na Figura 5.2.   ∎

Notação de Dirac

Boa parte do discutimos até agora pode ser trazido para uma forma que promove a clareza e sugere possibilidades para análise adicional usando um dispositivo notacional criado por P. A. M. Dirac. Dirac sugeriu que em vez de apenas escrever uma função f, ela seja escrita delimitada na metade direita de um par de colchetes angulares, que ele chamou de **ket**. Assim, $f \to |f\rangle$, $\varphi_i \to |\varphi_i\rangle$ etc. Ele então sugeriu que os conjugados complexos das funções poderiam ser colocados entre colchetes angulares esquerdos, o que ele chamou **bras**. Um exemplo de um bra é $\varphi_i^* \to \langle\varphi_i|$. Por fim, ele sugeriu que, quando a sequência (bra seguido por ket = bra + ket ~ bracket) é encontrada, o par deve

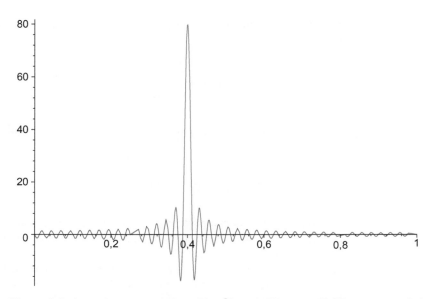

Figura 5.2: Aproximação em $N = 80$ a $\delta(t - x)$, Equação (5.30), para $t = 0,4$.

ser interpretado como um produto escalar (com o descarte de uma das duas linhas verticais adjacentes). Como um exemplo inicial da utilização dessa notação, considere a Equação (5.12), que agora escrevemos como

$$|f\rangle = \sum_j a_j |\varphi_j\rangle = \sum_j |\varphi_j\rangle\langle\varphi_j|f\rangle = \left(\sum_j |\varphi_j\rangle\langle\varphi_j|\right)|f\rangle. \tag{5.31}$$

Esse rearranjo notacional mostra que podemos visualizar a expansão na base φ como a inserção de um conjunto de membros de base de uma maneira que, na soma, não tem nenhum efeito. Se a soma é ao longo de um conjunto completo de φj, a soma ket-bra na Equação (5.31) não terá efeito líquido quando inserida antes de qualquer ket no espaço e, portanto, podemos visualizar a soma como uma **resolução da identidade**. Para enfatizar isso, escrevemos

$$1 = \sum_j |\varphi_j\rangle\langle\varphi_j|. \tag{5.32}$$

Muitas expressões envolvendo expansões em conjuntos ortonormais podem ser obtidas pela inserção das resoluções da identidade.

A notação de Dirac também pode ser aplicada a expressões envolvendo vetores e matrizes, em que ela ilumina o paralelismo entre os espaços vetoriais físicos e os espaços funcionais em estudo aqui. Se **a** e **b** são vetores de coluna e M é uma matriz, então podemos escrever | **b** l como sinônimo de **b**, podemos escrever k **a** | para significar $\mathbf{a}^\dagger$, e então k **a** | **b** l é interpretado como equivalente a $\mathbf{a}^\dagger\mathbf{b}$, que (quando os vetores são reais) é a notação matricial para o produto escalar $\mathbf{a} \cdot \mathbf{b}$.

Outros exemplos são expressões como
$$\mathbf{a} = \mathbf{Mb} \leftrightarrow |\mathbf{a}\rangle = |\mathbf{MB}\rangle = \mathbf{M}|\mathbf{b}\rangle \text{ ou } \mathbf{a}^\dagger\mathbf{Mb} = (\mathbf{M}^\dagger\mathbf{a})^\dagger\mathbf{b} \leftrightarrow \langle\mathbf{a}|\mathbf{Mb}\rangle = \langle\mathbf{M}^\dagger\mathbf{a}|\mathbf{b}\rangle.$$

Exercícios

5.1.1   A função $f(x)$ é expandida em uma série de funções ortonormais

$$f(x) = \sum_{n=0}^{\infty} a_n \varphi_n(x).$$

Mostre que a expansão de série é única para um dado conjunto de $\varphi_n(x)$. As funções $\varphi_n(x)$ são consideradas aqui como os vetores de **base** em um espaço de dimensão infinita de Hilbert.

5.1.2   A função $f(x)$ é representada por um conjunto finito de funções de base $\varphi_i(x)$,

$$f(x) = \sum_{i=1}^{N} c_i \varphi_i(x).$$

Mostre que as componentes c_i são únicas, que não existe nenhum conjunto c_i' diferente.
Nota: Suas funções de base são automaticamente linearmente independentes. Elas não são necessariamente ortogonais.

5.1.3   A função $f(x)$ é aproximada por uma série de potências $\sum_{i=0}^{n-1} c_i x^i$ ao longo do intervalo $[0, 1]$. Mostre que minimizar o erro médio quadrático leva a um conjunto de equações lineares

$$\mathbf{Ac} = \mathbf{b},$$

onde

$$A_{ij} = \int_0^1 x^{i+j}\,dx = \frac{1}{i+j+1}, \quad i,j = 0,1,2,\ldots,n-1$$

e

$$b_i = \int_0^1 x^i f(x)\,dx, \quad i = 0,1,2,\ldots,n-1.$$

Nota: Os A_{ij} são os elementos da matriz de Hilbert de ordem n. O determinante dessa matriz de Hilbert é uma função que diminui rapidamente de n. Para $n = 5$, $\det A = 3{,}7 \times 10^{-12}$ e um conjunto de equações $\mathbf{A}c = \mathbf{b}$ está se tornando mal condicionado e instável.

5.1.4   No lugar da expansão de uma função $F(x)$ dada por

$$F(x) = \sum_{n=0}^{\infty} a_n \varphi_n(x),$$

com

$$a_n = \int_a^b F(x)\varphi_n(x)w(x)\,dx,$$

considere a aproximação de série **finita**

$$F(x) \approx \sum_{n=0}^{m} c_n \varphi_n(x).$$

Mostre que o erro médio quadrático

$$\int_a^b \left[F(x) - \sum_{n=0}^{m} c_n \varphi_n(x) \right]^2 w(x)\,dx$$

é minimizado considerando $c_n = a_n$.
Nota: Os valores dos coeficientes são independentes do número de termos na série finita. Essa independência é uma consequência da ortogonalidade e não se manteria para ajustes de mínimos quadrados usando potências de x.

5.1.5   A partir do Exemplo 5.1.6,

$$f(x) = \left\{ \begin{array}{ll} \dfrac{h}{2}, & 0 < x < \pi \\[2mm] -\dfrac{h}{2}, & -\pi < x < 0 \end{array} \right\} = \frac{2h}{\pi} \sum_{n=0}^{\infty} \frac{\operatorname{sen}(2n+1)x}{2n+1}.$$

(a) Mostre que

$$\int_{-\pi}^{\pi} \left[f(x) \right]^2 dx = \frac{\pi}{2} h^2 = \frac{4h^2}{\pi} \sum_{n=0}^{\infty} (2n+1)^{-2}.$$

Para um limite superior finito isso seria a desigualdade de Bessel. Para o limite superior ∞, isso é a identidade de Parseval.

(b) Verifique que

$$\frac{\pi}{2} h^2 = \frac{4h^2}{\pi} \sum_{n=0}^{\infty} (2n+1)^{-2}$$

avaliando a série.

Dica: A série pode ser expressa em termos da função zeta de Riemann $\zeta(2) = \pi2/6$.

5.1.6   Derive a desigualdade de Schwarz a partir da identidade

$$\left[\int_a^b f(x)g(x)\,dx \right]^2 = \int_a^b \left[f(x) \right]^2 dx \int_a^b [\left[g(x) \right]^2 dx$$

$$- \frac{1}{2} \int_a^b dx \int_a^b dy \left[f(x)g(y) - f(y)g(x) \right]^2.$$

5.1.7   A partir de $I = \left\langle f - \sum_i a_i \varphi_i \mid 16ptf - \sum_j a_j \varphi_j \right\rangle \geq 0$,

derive a desigualdade de Bessel, $\langle f \mid f \rangle \geq \sum_n |a_n|^2$.

5.1.8   Expanda a função senπx em uma série de funções φ_l que são ortogonais (mas não normalizadas) no intervalo $0 \leq x \leq 1$ quando o produto escalar tem definição

$$\langle f \mid g \rangle = \int_0^1 f^*(x)g(x)\,dx.$$

Mantenha os quatro primeiros termos da expansão. Os quatro primeiros φ_i são:

$$\varphi_0 = 1, \quad \varphi_1 = 2x - 1, \quad \varphi_2 = 6x^2 - 6x + 1, \quad \varphi_3 = 20x^3 - 30x^2 + 12x - 1.$$

Nota: As integrais necessárias são o tema do Exemplo 1.10.5.

5.1.9   Expanda a função e^{-x} nos polinômios $L_n(x)$ de Laguerre, que são ortonormais no intervalo $0 \leq x < \infty$ com produto escalar

$$\langle f \mid g \rangle = \int_0^\infty f^*(x)g(x)e^{-x}\,dx.$$

Mantenha os quatro primeiros termos da expansão. Os quatro primeiros $L_n(x)$ são

$$L_0 = 1, \quad L_1 = 1 - x, \quad L_2 = \frac{2 - 4x + x^2}{2}, \quad L_3 = \frac{6 - 18x + 9x^2 - x^3}{6}.$$

5.1.10   A forma explícita de uma função f não é conhecida, mas os coeficientes a_n da sua expansão no conjunto ortonormal φ_n estão disponíveis. Supondo que φ_n e os membros do outro conjunto ortonormal, χ_n, estão disponíveis, use a notação de Dirac para obter uma fórmula para os coeficientes para a expansão de f no conjunto χ_n.

5.1.11   Usando a notação vetorial convencional, avalie $\sum_j |e_j\rangle\langle e_j \mid a\rangle$, onde **a** é um vetor arbitrário no espaço abrangido por $\hat{\mathbf{e}}_j$.

5.1.12   Sejam $\mathbf{a} = a_1\hat{\mathbf{e}}_1 + a_2\hat{\mathbf{e}}_2$ e $\mathbf{b} = b_1\hat{\mathbf{e}}_1 + b_2\hat{\mathbf{e}}_2$ vetores em $\mathbb{R}^2$, para quais valores de k, se houver algum, é

$$\langle \mathbf{a}|\mathbf{b}\rangle = a_1 b_1 - a_1 b_2 - a_2 b_1 + k a_2 b_2$$

uma definição válida de um produto escalar?

5.2   Ortogonalização de Gram-Schmidt

Crucial para realizar as expansões e transformações em discussão é a disponibilidade de conjuntos ortonormais úteis de funções. Nós, portanto, passamos para a descrição de um processo em que um conjunto de funções que não é nem ortogonal nem normalizado pode ser utilizado para construir um conjunto ortonormal que abrange o mesmo espaço funcional. Há muitas maneiras de realizar essa tarefa. Apresentamos aqui o método chamado processo de ortogonalização de **Gram-Schmidt**.

O processo de Gram-Schmidt supõe a disponibilidade de um conjunto de funções χ_μ e um produto escalar adequadamente definido $k f \mid g \, l$. Ortonormalizamos **sequencialmente** para formar as funções ortonormais φ_ν, o que significa que produzimos a primeira função ortonormal, φ_0, a partir de χ_0, a próxima, φ_1, a partir de χ_0 e χ_1 etc. Se, por exemplo, χ_μ forem potências $x\mu$, a função ortonormal φ_ν será um polinômio do grau ν em x. Como o processo de Gram-Schmidt é muitas vezes aplicado a potências, escolhemos numerar tanto χ quanto os cojuntos φ a partir de zero (em vez de 1).

Assim, nossa primeira função ortonormal será simplesmente uma versão normalizada de χ_0. Especificamente,

$$\varphi_0 = \frac{\chi_0}{\langle \chi_0|\chi_0\rangle^{1/2}}. \tag{5.33}$$

Para verificar que a Equação (5.33) está correta, formamos

$$\langle \varphi_0|\varphi_0\rangle = \left\langle \frac{\chi_0}{\langle \chi_0|\chi_0\rangle^{1/2}} \,\middle|\, \frac{\chi_0}{\langle \chi_0|\chi_0\rangle^{1/2}} \right\rangle = 1.$$

Em seguida, a partir de φ_0 e χ_1, formamos uma função que é ortogonal a φ_0. Usamos φ_0 em vez de χ_0 para sermos consistentes com o que faremos nos passos posteriores do processo. Assim, podemos escrever

$$\psi_1 = \chi_1 - a_{1,0}\varphi_0. \tag{5.34}$$

O que estamos fazendo aqui é remover χ_1 da sua projeção em φ_0, deixando um resto que será ortogonal a φ_0. Lembrando que φ_0 é normalizada (de "comprimento unitário"), que a projeção é identificada como $k\,\varphi_0 \mid \chi_1 \, l\varphi_0$, de modo que

$$a_{1,0} = \langle \varphi_0|\chi_1\rangle. \tag{5.35}$$

Se a Equação (5.35) não é intuitivamente óbvia, podemos confirmá-la escrevendo o requisito de que ψ_1 seja ortogonal a φ_0:

$$\langle \varphi_0|\psi_1\rangle = \left\langle \varphi_0\middle| \left(\chi_1 - a_{1,0}\varphi_0 \right)\right\rangle = \langle \varphi_0|\chi_1\rangle - a_{1,0}\langle \varphi_0|\varphi_0\rangle = 0,$$

que, como φ_0 é normalizada, se reduz à Equação (5.35). A função ψ_1 normalmente não é normalizada. Para normalizá-la e, assim, obter φ_1, formamos

$$\varphi_1 = \frac{\psi_1}{\langle \psi_1|\psi_1\rangle^{1/2}}. \tag{5.36}$$

Para continuar ainda mais, precisamos criar, a partir de φ_0, φ_1 e χ_2, uma função que é ortogonal tanto a φ_0 quanto a φ_1. Ela terá a forma

$$\psi_2 = \chi_2 - a_{0,2}\varphi_0 - a_{1,2}\varphi_1. \tag{5.37}$$

Os dois últimos termos da Equação (5.37), respectivamente, removem de χ_2 suas projeções em φ_0 e φ_1; essas projeções são independentes porque φ_0 e φ_1 são ortogonais. Assim, seja a partir do nosso conhecimento sobre projeções ou definindo como zero os produtos escalares $k\varphi_1 \mid \psi_2 \, 1$ ($i = 0$ e 1), estabelecemos

$$a_{0,2} = \langle \varphi_0 | \chi_2 \rangle, \quad a_{1,2} = \langle \varphi_1 | \chi_2 \rangle. \tag{5.38}$$

Por fim, tornamos $\varphi_2 = \psi_2 / k\psi_2 \mid \psi_2 \, 1^{1/2}$.

A generalização para a qual esses são os primeiros termos é que, dada a formação prévia de φ_i, $i = 0, ..., n-1$, a função ortonormal φ_n é obtida de χ_n seguindo estes dois passos:

$$\psi_n = \chi_n - \sum_{\mu=0}^{n-1} \langle \varphi_\mu | \chi_n \rangle \varphi_\mu,$$

$$\varphi_n = \frac{\psi_n}{\langle \psi_n | \psi_n \rangle^{1/2}}. \tag{5.39}$$

Revendo o processo anterior, notamos que diferentes resultados seriam obtidos se usássemos o mesmo conjunto de χ_i, mas simplesmente nós os consideramos em uma ordem diferente. Por exemplo, se tivéssemos começado com χ_3, uma das nossas funções ortonormais seria um múltiplo de χ_3, enquanto o conjunto que construímos produziu φ_3 como uma combinação linear de χ_μ, $\mu = 0, 1, 2, 3$.

Exemplo 5.2.1   POLINÔMIOS DE LEGENDRE

Vamos formar um conjunto ortonormal, considerando χ_μ como x^μ, e fazendo a definição

$$\langle f | g \rangle = \int_{-1}^{1} f^*(x) g(x) dx. \tag{5.40}$$

Essa definição do produto escalar fará com que os membros do nosso conjunto sejam ortogonais, com peso unitário, no intervalo $(-1, 1)$. Além disso, como χ_μ são reais, o asterisco do conjugado complexo não tem significado operacional aqui.

A primeira função ortonormal, φ_0, é

$$\varphi_0(x) = \frac{1}{\langle 1|1 \rangle^{1/2}} = \frac{1}{\left[\int\limits_{-1}^{1} dx \right]^{1/2}} = \frac{1}{\sqrt{2}}.$$

Para obter φ_1, primeiro obtemos ψ_1 avaliando

$$\psi_1(x) = x - \langle \varphi_0 | x \rangle \varphi_0(x) = x,$$

onde o produto escalar se anula porque φ_0 é uma função par de x, enquanto x é ímpar, e o intervalo da integração é par. Então encontramos

$$\varphi_1(x) = \frac{x}{\left[\int\limits_{-1}^{1} x^2 dx \right]^{1/2}} = \sqrt{\frac{3}{2}} \, x.$$

O próximo passo é menos trivial. Formamos

$$\psi_2(x) = x^2 - \langle \varphi_0 | x^2 \rangle \varphi_0(x) - \langle \varphi_1 | x^2 \rangle \varphi_1(x) = x^2 - \left\langle \frac{1}{\sqrt{2}} \Big| x^2 \right\rangle \left(\frac{1}{\sqrt{2}} \right) = x^2 - \frac{1}{3},$$

onde usamos simetria para definir $\langle \varphi_1 \mid x^2 \rangle$ como zero e avaliamos o produto escalar

$$\left\langle \frac{1}{\sqrt{2}} \Big| x^2 \right\rangle = \frac{1}{\sqrt{2}} \int_{-1}^{1} x^2 dx = \frac{\sqrt{2}}{3}.$$

Tabela 5.1 Polinômios ortogonais gerados pela ortogonalização de Gram-Schmidt de $u_n(x) = x^n$, $n = 0, 1, 2, \ldots$.

Polinômios	Produtos Escalares	Tabela
Legendre	$\displaystyle\int_{-1}^{1} P_n(x)P_m(x)dx = 2\delta_{mn}/(2n+1)$	Tabela 15.1
Legendre deslocada	$\displaystyle\int_{0}^{1} P_n^*(x)P_m^*(x)dx = \delta_{mn}/(2n+1)$	Tabela 15.2
Chebyshev I	$\displaystyle\int_{-1}^{1} T_n(x)T_m(x)\left(1-x^2\right)^{-1/2}dx = \delta_{mn}\pi/(2-\delta_{n0})$	Tabela 18.4
Chebyshev I deslocada	$\displaystyle\int_{0}^{1} T_n^*(x)T_m^*(x)[x(1-x)]^{-1/2}dx = \delta_{mn}\pi/(2-\delta_{n0})$	Tabela 18.5
Chebyshev II	$\displaystyle\int_{-1}^{1} U_n(x)U_m(x)\left(1-x^2\right)^{1/2}dx = \delta_{mn}\pi/2$	Tabela 18.4
Laguerre	$\displaystyle\int_{0}^{\infty} L_n(x)L_m(x)e^{-x}dx = \delta_{mn}$	Tabela 18.2
Laguerre associada	$\displaystyle\int_{0}^{\infty} L_n^k(x)L_m^k(x)e^{-x}dx = \delta_{mn}(n+k)!/n!$	Tabela 18.3
Hermite	$\displaystyle\int_{-\infty}^{\infty} H_n(x)H_m(x)e^{-x^2}dx = 2^n\delta_{mn}\pi^{1/2}n!$	Tabela 18.1

Os intervalos, pesos e normalização convencional podem ser deduzidos das formas dos produtos escalares. As tabelas das fórmulas explícitas para os primeiros polinômios de cada tipo estão incluídas nas tabelas indicados que aparecem nos Capítulos 15 e 18 deste livro.

Então,

$$\varphi_2(x) = \frac{x^2 - \frac{1}{3}}{\left[\int_{-1}^{1}\left(x^2 - \frac{1}{3}\right)^2 dx\right]^{1/2}} = \sqrt{\frac{5}{2}}\left(\frac{3}{2}x^2 - \frac{1}{2}\right).$$

A continuação para mais uma função ortonormal produz

$$\varphi_3(x) = \sqrt{\frac{7}{2}}\left(\frac{5}{2}x^3 - \frac{3}{2}x\right).$$

Uma consulta ao Capítulo 15 mostrará que

$$\varphi_n(x) = \sqrt{\frac{2n+1}{2}}\, P_n(x), \tag{5.41}$$

onde $P_n(x)$ é o polinomial de n-ésimo grau de Legendre. Nosso processo de Gram-Schmidt fornece um método possível, mas muito complicado, de gerar os polinômios de Legendre; existem outras abordagens mais eficientes. ∎

Os polinômios de Legendre são, exceto pelo sinal e a escala, unicamente definidos pelo processo de Gram-Schmidt, uso de potências sucessivas de x e a definição adotada para o produto escalar. Alterando a definição do produto escalar (diferente peso ou intervalo), podemos gerar outros conjuntos úteis de polinômios ortogonais. Alguns desses são apresentados na Tabela 5.1. Por várias razões, a maioria desses conjuntos polinomiais não é normalizado para unidade. As fórmulas dos produtos escalares na tabela mostram as normalizações convencionais, e são aquelas das fórmulas explícitas referenciadas na tabela.

Ortonormalizando Vetores Físicos

O processo de Gram-Schmidt também funciona para vetores ordinários que são simplesmente dados por suas componentes, entendendo-se que o produto escalar é apenas o produto escalar ordinário.

Exemplo 5.2.2   Ortonormalizando uma Variedade 2-D

Uma variedade 2-D (subespaço) no espaço 3-D é definida pelos dois vetores $\mathbf{a}_1 = \hat{\mathbf{e}}_1 + \hat{\mathbf{e}}_2 - 2\hat{\mathbf{e}}_3$ e $\mathbf{a}_2 = \hat{\mathbf{e}}_1\, 2\hat{\mathbf{e}}_2 - 3\hat{\mathbf{e}}_3$. Na notação de Dirac, esses vetores (escritos como matrizes de coluna) são

$$|\mathbf{a}_1\rangle = \begin{pmatrix} 1 \\ 1 \\ -2 \end{pmatrix}, \quad |\mathbf{a}_2\rangle = \begin{pmatrix} 1 \\ 2 \\ -3 \end{pmatrix}.$$

Nossa tarefa é estender essa variedade com uma base ortonormal.

Procedemos exatamente como para as funções: Nosso primeiro vetor de base ortonormal, que chamamos $\mathbf{b}_1$, será uma versão normalizada de $\mathbf{a}_1$ e, portanto, formado como

$$|\mathbf{b}_1\rangle = \frac{\mathbf{a}_1}{\langle \mathbf{a}_1|\mathbf{a}_1\rangle^{1/2}} = \frac{1}{6^{1/2}} |\mathbf{a}_1\rangle = \frac{1}{6^{1/2}} \begin{pmatrix} 1 \\ 1 \\ -2 \end{pmatrix}.$$

Uma versão não normalizada de uma segunda função ortonormal terá a forma

$$|\mathbf{b}_2'\rangle = |\mathbf{a}_2\rangle - \langle \mathbf{b}_1|\mathbf{a}_2\rangle|\mathbf{b}_1\rangle = |\mathbf{a}_2\rangle - \frac{9}{6^{1/2}} |\mathbf{b}_1\rangle = \begin{pmatrix} -1/2 \\ 1/2 \\ 0 \end{pmatrix}.$$

Normalizando, chegamos

$$|\mathbf{b}_2\rangle = \frac{\mathbf{b}_2'}{\langle \mathbf{b}_2'|\mathbf{b}_2'\rangle^{1/2}} = \frac{1}{\sqrt{2}} \begin{pmatrix} -1 \\ 1 \\ 0 \end{pmatrix}.$$

∎

Exercícios

Para as construções de Gram-Schmidt nos Exercícios 5.2.1 a 5.2.6, use um produto escalar na forma dada na Equação (5.7) com o intervalo e o peso especificados.

5.2.1   Seguindo o procedimento de Gram-Schmidt, construa um conjunto de polinômios $P_n^*(x)$ ortogonais (fator de ponderação unitário) sobre o intervalo [0, 1] do conjunto $[1, x, x^2,...]$. Escalone de modo que $P_n^*(1) = 1$.

$$RESPOSTA:\ p_n^*(x) = 1,$$
$$p_1^*(x) = 2x - 1,$$
$$p_2^*(x) = 6x^2 - 6x + 1,$$
$$p_3^*(x) = 20x^3 - 30x^2 + 12x - 1.$$

Esses são os quatro primeiros polinômios **deslocados** de Legendre.

Nota: O "*" é a notação padrão para "deslocado": [0, 1] em vez de [−1, 1]. Isso **não** significa conjugado complexo.

5.2.2   Aplique o procedimento de Gram-Schmidt para formar os três primeiros polinômios de Laguerre:

$$u_n(x) = x^n, \quad n = 0, 1, 2, \ldots, \quad 0 \leq x < \infty, \quad w(x) = e^{-x}.$$

A normalização convencional é

$$\int_0^\infty L_m(x)L_n(x)e^{-x}\,dx = \delta_{mn}.$$

RESPOSTA: $L_0 = 1, L_1 = (1-x), L_2 = \dfrac{2-4x+x^2}{2}$.

5.2.3 Você recebe
(a) um conjunto de funções $u_n(x) = x^n$, $n = 0, 1, 2, \ldots$,
(b) um intervalo $(0, \infty)$,
(c) uma função de ponderação $w(x)\ xe^{-x}$. Utilize o procedimento de Gram-Schmidt para construir as três primeiras funções **ortonormais** do conjunto $u_n(x)$ para esse intervalo e essa função de ponderação.

RESPOSTA: $\varphi_0(x) = 1, \varphi_1(x) = (x-2)/\sqrt{2}, \varphi_2(x) = (x^2 - 6x + 6)/2\sqrt{3}$

5.2.4 Utilizando o procedimento de ortogonalização de Gram-Schmidt, construa os três polinômios de Hermite mais baixos:

$$u_n(x) = x^n, \quad n = 0, 1, 2, \ldots, \quad -\infty < x < \infty, \quad w(x) = e^{-x^2}.$$

Para esse conjunto de polinômios, a normalização usual é

$$\int_{-\infty}^\infty H_m(x)H_n(x)w(x)\,dx = \delta_{mn}2^m m!\,\pi^{1/2}.$$

RESPOSTA: $H_0 = 1, H_1 = 2x, H_2 = 4x^2 - 2$.

5.2.5 Use o esquema de ortogonalização de Gram-Schmidt para construir os três primeiros polinômios de Chebyshev (tipo I):

$$u_n(x) = x^n, \quad n = 0, 1, 2, \ldots, \quad -1 \le x \le 1, \quad w(x) = (1-x^2)^{-1/2}.$$

Considere a normalização

$$\int_{-1}^1 T_m(x)T_n(x)w(x)\,dx = \delta_{mn}\begin{cases} \pi, & m = n = 0, \\ \dfrac{\pi}{2}, & m = n \ge 1. \end{cases}$$

Dica: As integrais necessárias são dadas no Exercício 13.3.2.

RESPOSTA: $T_0 = 1, T_1 = x, T_2 = 2x^2 - 1, (T_3 = 4x^3 - 3x)$.

5.2.6 Use o esquema de ortogonalização de Gram-Schmidt para construir os três primeiros polinômios de Chebyshev (tipo II):

$$u_n(x) = x^n, \quad n = 0, 1, 2, \ldots, \quad -1 \le x \le 1, \quad w(x) = (1-x^2)^{+1/2}.$$

Considere a normalização como sendo

$$\int_{-1}^1 U_m(x)U_n(x)w(x)\,dx = \delta_{mn}\frac{\pi}{2}.$$

Dica:

$$\int_{-1}^1 (1-x^2)^{1/2}x^{2n}\,dx = \frac{\pi}{2} \times \frac{1 \cdot 3 \cdot 5 \cdots (2n-1)}{4 \cdot 6 \cdot 8 \cdots (2n+2)}, \quad n = 1, 2, 3, \ldots$$

$$= \frac{\pi}{2}, \quad n = 0.$$

RESPOSTA: $U_0 = 1, U_1 = 2x, U_2 = 4x^2 - 1$.

5.2.7   Como uma modificação do Exercício 5.2.5, aplique o procedimento de ortogonalização de Gram-Schmidt ao conjunto $u_n(x) = x^n$, $n = 0, 1, 2,..., 0 \le x < \infty$. Considere $w(x)$ como sendo $\exp(-x^2)$.

Encontre os dois primeiros polinômios não nulos. Normalize modo que o coeficiente da maior potência de x seja unidade. No Exercício 5.2.5, o intervalo $(-\infty, \infty)$ levou aos polinômios de Hermite. As funções encontradas aqui certamente não são os polinômios de Hermite.

RESPOSTA: $\varphi_0 = 1$, $\varphi_1 = x - \pi^{-1/2}$.

5.2.8   Forme um conjunto de três vetores ortonormais pelo processo de Gram-Schmidt usando esses vetores de entrada na ordem dada:

$$\mathbf{c}_1 = \begin{pmatrix} 1 \\ 1 \\ 1 \end{pmatrix}, \quad \mathbf{c}_2 = \begin{pmatrix} 1 \\ 1 \\ 2 \end{pmatrix}, \quad \mathbf{c}_3 = \begin{pmatrix} 1 \\ 0 \\ 2 \end{pmatrix}.$$

5.3   Operadores

O operador é um mapeamento entre as funções em seu **domínio** (aquelas às quais ele pode ser aplicado) e funções em seu **intervalo** (aquelas que ele pode produzir). Embora o domínio e o intervalo não precisem estar no mesmo espaço, nossa preocupação aqui é com operadores cujo domínio e intervalo estão ambos em todo ou em parte do mesmo espaço de Hilbert. Para tornar essa discussão mais concreta, eis alguns exemplos dos operadores:

- Multiplicação por 2: Converte f em $2f$;
- Para um espaço contendo funções algébricas de uma variável x, d/dx: Converte $f(x)$ em $d\,f/dx$;
- O operador integral A definido por $A\,f(x) = \int G(x, x')\,f(x')\,dx'$: Um caso especial disso é um operador de projeção $| \varphi_i \rangle \langle \varphi_i |$, que converte f em $| \varphi_i \rangle \langle \varphi_i | f \rangle$.

Além da restrição mencionada quanto a domínio e intervalo, nós também restringimos, para nossos propósitos atuais, a atenção a operadores que são **lineares**, significando que se A e B são operadores lineares, f e g funções, e k uma constante, então

$$(A + B)f = Af + Bf, \quad A(f + g) = Af + Ag, \quad Ak = kA.$$

Tanto para a teoria eletromagnética como mecânica quântica, uma importante classe de operadores são os **operadores diferenciais**, aqueles que incluem a diferenciação das funções às quais eles são aplicados. Esses operadores surgem quando equações diferenciais são escritas em forma de operador; por exemplo, o operador

$$\mathcal{L}(x) = \left(1 - x^2\right)\frac{d^2}{dx^2} - 2x\frac{d}{dx}$$

permite escrever a equação diferencial de Legendre,

$$\left(1 - x^2\right)\frac{d^2y}{dx^2} - 2x\frac{dy}{dx} + \lambda y = 0,$$

na forma $\mathcal{L}(y)y = -\lambda y$. Quando, portanto, não há confusão, isso pode ser abreviado para $\mathcal{L}y = -\lambda y$.

Comutação dos Operadores

Como operadores diferenciais agem sobre a(s) função(ões) à direita, eles não necessariamente comutam com outros operadores que contêm a mesma variável independente. Esse fato faz com que seja útil considerar o **comutador** dos operadores A e B,

$$[A, B] = AB - BA. \tag{5.42}$$

Muitas vezes podemos reduzir $AB - BA$ a uma expressão simples de operador. Ao escrever uma equação de operador, seu significado é que o operador à esquerda da equação produz o mesmo efeito em todas as funções em seu domínio como é produzido pelo operador à direita. Vamos ilustrar esse ponto avaliando o comutador $[x, p]$, onde $p = -id/dx$. A unidade imaginária i e o nome p aparecem porque esse operador é o correspondente na mecânica quântica ao momento (em um sistema de unidades tal que $\hbar = h/2\pi = 1$). O operador x significa multiplicação por x.

Para realizar a avaliação, aplicamos $[x, p]$ a uma função arbitrária $f(x)$. Inserindo a forma explícita de p, temos

$$[x, p]f(x) = (xp - px)f(x) = -ix\frac{df(x)}{dx} - \left(-i\frac{d}{dx}\right)\left(x f(x)\right)$$

$$= -ixf'(x) + i\left(f(x) + xf'(x)\right) = i f(x),$$

indicando que

$$[x, p] = i. \tag{5.43}$$

Como indicado antes, isso significa $[x, p] f(x) = i f(x)$ para todo f.

Podemos realizar várias manipulações algébricas nos comutadores. Em geral, se A, B, C são os operadores e k é uma constante,

$$[A, B] = -[B, A], \qquad [A, B + C] = [A, B] + [A, C], \qquad k[A, B] = [kA, B] = [A, kB]. \tag{5.44}$$

Exemplo 5.3.1   Manipulação de Operador

Dado $[x, p]$, podemos simplificar o comutador $[x, p^2]$. Escrevemos, sendo cuidadosos com o ordenamento do operador e usando a Equação (5.43),

$$[x, p^2] = xp^2 - pxp + pxp - p^2x = [x, p]p + p[x, p] = 2i\, p, \tag{5.45}$$

um resultado também obtenível de

$$x\left(-\frac{d^2}{dx^2}\right)f(x) - \left(-\frac{d^2}{dx^2}\right)xf(x) = 2f'(x) = 2i\left(-i\frac{d}{dx}\right)f(x).$$

No entanto, note que a Equação (5.45) segue unicamente a validade da Equação (5.43), e será aplicada a todas as quantidades x e p que satisfaçam essa relação de comutação, quer estejamos ou não operando com funções comuns e suas derivadas. Dito de outra forma, se x e p são operadores em algum espaço abstrato de Hilbert e tudo o que conhecemos sobre eles é a Equação (5.43), ainda podemos concluir que a Equação (5.45) também é válida. ∎

Identidade, Inverso, Adjunto

Um operador que está geralmente disponível é o **operador de identidade**, ou seja, um que deixa as funções inalteradas. Dependendo do contexto, esse operador será denotado por I ou simplesmente **1**. Alguns, mas não todos, operadores terão um inverso, ou seja, um operador que irá "desfazer" seu efeito. Deixando A^{-1} denotar o inverso de A, se A^{-1} existir, ele terá a propriedade

$$A^{-1}A = AA^{-1} = 1. \tag{5.46}$$

Outro operador estará associado a muitos operadores, chamado seu **adjunto** e denotado por $A^\dagger$, que será de tal modo para todas as funções f e g no espaço de Hilbert,

$$\langle f | Ag \rangle = \langle A^\dagger f | g \rangle. \tag{5.47}$$

Assim, vemos que $A^\dagger$ é um operador que, aplicado ao membro à esquerda de **qualquer** produto escalar, produz o mesmo resultado que é obtido se A for aplicado ao membro à direita do mesmo produto escalar. A Equação (5.47) é, em essência, a equação de definição para $A^\dagger$.

Dependendo do operador específico A, e das definições em uso do espaço de Hilbert e do produto escalar, $A^\dagger$ pode ou não ser igual a A. Se $A = A^\dagger$, A é chamado **autoadjunto**, ou equivalentemente, **hermitiano**. Se $A^\dagger = -A$, A é chamado anti-hermitiano. Vale a pena enfatizar essa definição:

$$\text{If} \quad H^\dagger = H, \quad H \text{ é Hermitiano.} \tag{5.48}$$

Outra situação que ocorre frequentemente é que o adjunto de um operador é igual ao seu inverso, caso em que o operador é chamado **unitário**. Um operador unitário U é, portanto, definido pela seguinte declaração:

$$\text{If} \quad U^\dagger = U^{-1}, \quad U \text{ é Unitário.} \tag{5.49}$$

No caso especial em que L é real e unitário, ele é chamado **ortogonal**.

O leitor, sem dúvida, observará que a nomenclatura para os operadores é semelhante àquela introduzida anteriormente para matrizes. Isso não é fortuito; desenvolveremos mais adiante correspondências entre expressões de operador e expressões matriciais.

Exemplo 5.3.2   ENCONTRANDO O ADJUNTO

Considere um operador $A = x(d/dx)$ cujo domínio é o espaço de Hilbert e membros f que têm um valor finito de $k f| f |$ quando o produto escalar tem a definição

$$\langle f | g \rangle = \int\limits_{-\infty}^{\infty} f^*(x) g(x)\, dx.$$

Esse espaço é muitas vezes conhecido como $\mathcal{L}^2$ em $(-\infty, \infty)$ A partir de $\langle f| A\, g\rangle$, integramos por partes, conforme necessário, para remover o operador da metade direita do produto escalar. Como f e g devem se anular em $\pm\infty$, os termos integrados se anulam, e obtemos

$$\langle f | A\, g \rangle = \int\limits_{-\infty}^{\infty} f^* x \frac{dg}{dx}\, dx = \int\limits_{-\infty}^{\infty} (xf^*)\frac{dg}{dx}\, dx = -\int\limits_{-\infty}^{\infty} \frac{d(xf^*)}{dx} g\, dx$$

$$= \left\langle -\left(\frac{d}{dx}\right) xf \,\middle|\, g \right\rangle.$$

Vemos do exposto que $A^\dagger = -(d/dx)x$, a partir do qual podemos encontrar $A^\dagger = -A - 1$.

Esse A claramente não é hermitiano nem unitário (com a definição especificada do produto escalar). ∎

Exemplo 5.3.3   O ADJUNTO DEPENDE DO PRODUTO ESCALAR

Para o espaço de Hilbert e produto escalar do Exemplo 5.3.2, uma integração por partes estabelece facilmente que um operador $A = -i\,(d/dx)$ é autoadjunto, isto é, $A^\dagger = A$. Porém, agora vamos considerar o mesmo operador A, mas para o espaço $\mathcal{L}^2$ com $-1 \le x \le 1$ (e com um produto escalar da mesma forma, mas com limites de integração 1). Nesse espaço, os termos integrados da integração por partes não se anulam, mas podemos incorporá-los a um operador na metade esquerda do produto escalar, adicionando termos da função delta:

$$\left\langle f \,\middle|\, -i\frac{d}{dx} \,\middle|\, g \right\rangle = -i f^* g \Big|_{-1}^{1} + \int\limits_{-1}^{1} \left(-i\frac{df}{dx}\right)^* g\, dx$$

$$= \int\limits_{-1}^{1} \left(\left[i\delta(x-1) - i\delta(x+1) - i\frac{d}{dx} \right] f(x)\right)^* g(x)\, dx.$$

Nesse espaço truncado o operador A **não** é autoadjunto. ∎

Expansões de Base dos Operadores

Como estamos lidando apenas com operadores lineares, podemos escrever o efeito de um operador sobre uma função arbitrária se conhecemos o resultado da sua ação em todos os membros de uma base abrangendo nosso espaço de Hilbert. Em particular, suponha que a ação de um operador A no membro φ_μ de uma base ortonormal tem o resultado, também expandido nessa base,

$$A\varphi_\mu = \sum_\nu a_{\nu\mu} \varphi_\nu.$$

Supondo que essa forma para o resultado da operação com A não seja uma restrição importante; tudo o que diz é que o resultado está no nosso espaço de Hilbert. Formalmente, os coeficientes $a_{\nu\mu}$ podem ser obtidos considerando os produtos escalares:

$$a_{\nu\mu} = \langle \varphi_\nu | A\varphi_\mu \rangle = \langle \varphi_\nu | A | \varphi_\mu \rangle. \tag{5.51}$$

Seguindo o uso comum, inserimos uma linha (operacionalmente sem sentido) vertical opcional entre A e φ_μ Essa notação tem o efeito estético de separar o operador das duas funções que entram no produto escalar, e também enfatiza a possibilidade de que, em vez de avaliar o produto escalar como escrito, podemos sem alterar seu valor avaliá-lo usando o adjunto de A, como k $A^\dagger \varphi_\nu$ | φ_μ l.

Agora aplicamos a Equação (5.50) a uma função ψ cuja expansão na base φ é

$$\psi = \sum_\mu c_\mu \varphi_\mu, \quad c_\mu = \langle \varphi_\mu | \psi \rangle. \tag{5.52}$$

O resultado é

$$A\psi = \sum_\mu c_\mu A\varphi_\mu = \sum_\mu c_\mu \sum_\nu a_{\nu\mu}\varphi_\nu = \sum_\nu \left(\sum_\mu a_{\nu\mu} c_\mu \right) \varphi_\nu. \tag{5.53}$$

Se pensarmos $A\psi$ como uma função χ no nosso espaço de Hilbert, com a expansão

$$\chi = \sum_\nu b_\nu \varphi_\nu, \tag{5.54}$$

então veremos a partir da Equação (5.53) que os coeficientes b_ν estão relacionados com c_μ e $a_{\nu\mu}$ de uma maneira correspondente à multiplicação de matrizes. Para tornar isso mais concreto,
- Defina **c** como um vetor de coluna com elementos c_i, representando a função ψ,
- Defina **b** como um vetor de coluna com os elementos b_i, representando a função χ,
- Defina A como uma matriz com elementos a_{ij}, representando o operador A,
- A equação de operador $\chi = A\psi$ corresponde então à equação matricial **b** = **Ac**.

Em outras palavras, a expansão do resultado da aplicação de A a qualquer função ψ pode ser calculado (por multiplicação de matriz) a partir das expansões de A e ψ. Na verdade, isso significa que o operador A pode ser considerado como completamente definido por seus **elementos matriciais**, enquanto ψ e $\chi = A\psi$ são completamente caracterizados por seus coeficientes.

Obteremos uma expressão interessante se introduzirmos a notação de Dirac para todas as quantidades que entram na Equação (5.53). Temos então, movendo o ket representando φ_ν para a esquerda,

$$A\psi = \sum_{\nu\mu} |\varphi_\nu\rangle\langle\varphi_\nu|A|\varphi_\mu\rangle\langle\varphi_\mu|\psi\rangle, \tag{5.55}$$

o que nos leva a identificar A como

$$A = \sum_{\nu\mu} |\varphi_\nu\rangle\langle\varphi_\nu|A|\varphi_\mu\rangle\langle\varphi_\mu|, \tag{5.56}$$

que notamos é nada mais do que A, multiplicado em cada lado por uma resolução da identidade, da forma dada na Equação (5.32).

Há outra observação interessante se reintroduzimos na Equação (5.56) o coeficiente $a_{\nu\mu}$, levando-nos a

$$A = \sum_{\nu\mu} |\varphi_\nu\rangle a_{\nu\mu} \langle\varphi_\mu|. \tag{5.57}$$

Aqui temos a forma geral para um operador A, com um comportamento específico que é determinado inteiramente pelo conjunto de coeficientes $a_{\nu\mu}$. O caso especial $A = 1$ já foi visto como sendo da forma da Equação (5.57) com $a_{\nu\mu} = \delta_{\nu\mu}$.

Exemplo 5.3.4   Elementos Matriciais de um Operador

Considere a expansão do operador x em uma base consistindo nas funções $\varphi_n(x) = C_n H_n(x)e^{-x^2/2}$, $n = 0, 1, ...$, em que H_n são polinômios de Hermite, com produto escalar

$$\langle f|g \rangle = \int_{-\infty}^{\infty} f^*(x)g(x)\,dx.$$

A partir da Tabela 5.1, podemos ver que φ_n são ortogonais e que também serão normalizado se $C_n = (2^n n! \sqrt{\pi})^{-1/2}$. Os elementos matriciais de x, que denotamos $x_{\nu\mu}$ e são escritas coletivamente como uma matriz denotada por x, são dadas por

$$x_{\nu\mu} = \langle \varphi_\nu | x | \varphi_\mu \rangle = C_\nu C_\mu \int\limits_{-\infty}^{\infty} H_\nu(x) \, x \, H_\mu(x) e^{-x^2} \, dx.$$

A integral que leva a $x_{\nu\mu}$ pode ser avaliada em geral utilizando as propriedades dos polinômios de Hermite, mas nossos propósitos atuais estão adequadamente atendidos por um cálculo simples caso a caso. A partir da tabela dos polinômios de Hermite na Tabela 18.1, identificamos

$$H_0 = 1, \quad H_1 = 2x, \quad H_2 = 4x^2 - 2, \quad H_3 = 8x^3 - 12x, \quad \dots,$$

e observamos a fórmula de integração

$$I_n = \int\limits_{-\infty}^{\infty} x^{2n} e^{-x^2} \, dx = \frac{(2n-1)!! \sqrt{\pi}}{2^n}.$$

Fazendo uso da paridade (simetria par/ímpar) de H_n e o fato de que a matriz x é simétrica, notamos que muitos elementos matriciais são zero ou igual a outros. Ilustramos com o cálculo explícito de um elemento matricial, x_{12}:

$$x_{12} = C_1 C_2 \int\limits_{-\infty}^{\infty} (2x) x (4x^2 - 2) e^{-x^2} \, dx = C_1 C_2 \int\limits_{-\infty}^{\infty} (8x^4 - 4x^2) e^{-x^2} \, dx$$

$$= C_1 C_2 \left[8 I_2 - 4 I_1 \right] = 1.$$

Avaliando outros elementos matriciais, descobrimos que x, a matriz de x, tem a forma

$$\mathsf{x} = \begin{pmatrix} 0 & \sqrt{2}/2 & 0 & 0 & \cdots \\ \sqrt{2}/2 & 0 & 1 & 0 & \cdots \\ 0 & 1 & 0 & \sqrt{6}/2 & \cdots \\ 0 & 0 & \sqrt{6}/2 & 0 & \cdots \\ \cdots & \cdots & \cdots & \cdots & \cdots \end{pmatrix}. \tag{5.58}$$

■

Expansão de Base de Adjunto

Agora analisaremos o adjunto do nosso operador A como uma expansão na mesma base. Nosso ponto de partida é a definição do adjunto. Para funções arbitrárias ψ e χ,

$$\langle \psi | A | \chi \rangle = \langle A^\dagger \psi | \chi \rangle = \langle \chi | A^\dagger | \psi \rangle^*,$$

onde alcançamos o último membro da equação usando a propriedade de conjugação complexa do produto escalar. Isso é equivalente a

$$\langle \chi | A^\dagger | \psi \rangle = \langle \psi | A | \chi \rangle^* = \left[\langle \psi | \left(\sum_{\nu\mu} | \varphi_\nu \rangle a_{\nu\mu} \langle \varphi_\mu | \right) | \chi \rangle \right]^*$$

$$= \sum_{\nu\mu} \langle \psi | \varphi_\nu \rangle^* a_{\nu\mu}^* \langle \varphi_\mu | \chi \rangle^*$$

$$= \sum_{\nu\mu} \langle \chi | \varphi_\mu \rangle a_{\nu\mu}^* \langle \varphi_\nu | \psi \rangle, \tag{5.59}$$

onde, na última linha, utilizamos novamente a propriedade de conjugação complexa do produto escalar e reordenamos os fatores na soma.

Estamos agora em condições de observar que a Equação (5.59) corresponde a

$$A^\dagger = \sum_{\nu\mu} |\varphi_\nu\rangle a^*_{\mu\nu} \langle\varphi_\mu|. \tag{5.60}$$

Ao escrever a Equação (5.60), mudamos os índices fictícios para tornar a fórmula mais semelhante possível à Equação (5.57). É importante notar as diferenças: O coeficiente $a_{\nu\mu}$ da Equação (5.57) foi substituído por $a^*_{\mu\nu}$, assim vemos que a ordem do índice foi invertida e o conjugado complexo considerado. Essa é a receita geral para formar a expansão do conjunto de base do adjunto de um operador. A relação entre os elementos matriciais de A e de $A^\dagger$ é exatamente aquela que relaciona uma matriz A ao seu adjunto $A^\dagger$, mostrando que a similaridade na nomenclatura é proposital. Temos, assim, o resultado importante e geral:

- Se A é a matriz representando um operador A, então o operador $A^\dagger$, o adjunto de A, é representado pela matriz $A^\dagger$.

Exemplo 5.3.5   Adjunto do Operador de Spin

Considere um espaço de spin abrangido por funções que chamamos α e β, com um produto escalar completamente definido pelas equações k $\alpha | \alpha$ l = k $\beta | \beta$ l = 1, k $\alpha | \beta$ l = 0. O Operador B é tal que

$$B\alpha = 0, \quad B\beta = \alpha.$$

Considerando todos os possíveis produtos escalares linearmente independentes, isso significa que

$$\langle\alpha|B\alpha\rangle = 0, \quad \langle\beta|B\alpha\rangle = 0, \quad \langle\alpha|B\beta\rangle = 1, \quad \langle\beta|B\beta\rangle = 0.$$

Portanto, é necessário que

$$\langle B^\dagger\alpha|\alpha\rangle = 0, \quad \langle B^\dagger\beta|\alpha\rangle = 0, \quad \langle B^\dagger\alpha|\beta\rangle = 1, \quad \langle B^\dagger\beta|\beta\rangle = 0,$$

o que significa que $B^\dagger$ é um operador tal que

$$B^\dagger\alpha = \beta, \quad B^\dagger\beta = 0.$$

As equações anteriores correspondem às matrizes

$$B = \begin{pmatrix} 0 & 1 \\ 0 & 0 \end{pmatrix}, \quad B^\dagger = \begin{pmatrix} 0 & 0 \\ 1 & 0 \end{pmatrix}.$$

Vemos que $B^\dagger$ é o adjunto de B, conforme necessário.   ■

Funções de Operadores

Nossa capacidade de representar operadores por matrizes também implica que as observações feitas no Capítulo 3 sobre funções de matrizes também se aplicam a operadores lineares. Assim, temos os significados definidos para quantidades como $\exp(A)$, $\mathrm{sen}(A)$ ou $\cos(A)$, e também podemos aplicar aos operadores diversas identidades envolvendo comutadores matriciais. Exemplos importantes incluem a identidade de Jacobi (Exercício 2.2.7), e a fórmula de Baker-Hausdorff, Equação (2.85).

Exercícios

5.3.1 Mostre (sem introduzir representações matriciais) que o adjunto do adjunto de um operador restaura o operador original, isto é, que $(A^\dagger)^\dagger = A$.

5.3.2 U e V são dois operadores arbitrários. Sem introduzir representações matriciais desses operadores, mostre que

$$(UV)^\dagger = V^\dagger U^\dagger.$$

Observe a semelhança com as matrizes adjuntas.

5.3.3 Considere um espaço de Hilbert abrangido pelas três funções $\varphi_1 = x_1$, $\varphi_2 = x_2$, $\varphi_3 = x_3$ e um produto escalar definido por k $x_\nu | x_\mu$ l = $\delta_{\nu\mu}$.
(a) Forme a matriz 3×3 de cada um dos seguintes operadores:

$$A_1 = \sum_{i=1}^{3} x_i\left(\frac{\partial}{\partial x_i}\right), \quad A_2 = x_1\left(\frac{\partial}{\partial x_2}\right) - x_2\left(\frac{\partial}{\partial x_1}\right).$$

(b) Forme o vetor de coluna representando $\psi = x_1 -2x_2\ 3x_3$.

(c) Forme a equação matricial correspondendo a $\chi = (A_1 - A_2)\ \psi$ e verifique se a equação matricial reproduz o resultado obtido pela aplicação direta de $A_1 - A_2$ a ψ.

5.3.4 (a) Obtenha a representação matricial de $A = x(d/dx)$ em uma base dos polinômios de Legendre, mantendo os termos ao longo de P_3. Use as formas ortonormais desses polinômios como dadas em 5.2.1 e o produto escalar definidos lá.

(b) Expanda x^3 na base polinomial ortonormal de Legendre.

(c) Verifique se Ax^3 é dada corretamente por sua representação matricial.

5.4   Operadores Autoadjuntos

Os operadores que são autoadjuntos (hermitianos) são de particular importância na mecânica quântica porque as quantidades observáveis estão associadas a operadores hermitianos. Em particular, o valor médio de um A observável em um estado mecânico quântico descrito por qualquer função de onda normalizada ψ é dado pelo **valor esperado** de A, definido como

$$\langle A \rangle = \langle \psi | A | \psi \rangle. \tag{5.61}$$

Isso, naturalmente, só faz sentido se for possível garantir que $\langle A \rangle$ é real, mesmo se ψ e/ou A é complexo. Usando o fato de que A é postulado como sendo hermitiano, consideramos o conjugado complexo de $\langle A \rangle$:

$$\langle A \rangle^* = \langle \psi | A | \psi \rangle^* = \langle A\psi | \psi \rangle,$$

o que se reduz a $\langle A \rangle$ porque A é autoadjunto.

Já vimos que, se A e $A^\dagger$ são expandidos em uma base, a matriz $A^\dagger$ deve ser o adjunto matricial da matriz A. Isso significa que os coeficientes na sua expansão devem satisfazer

$$a_{\nu\mu} = a_{\mu\nu}^* \quad \text{(coeficientes de autoadjunto } A\text{)}. \tag{5.62}$$

Assim, temos o resultado quase óbvio: uma matriz representando um operador hermitiano é uma matriz hermitiana. Também é óbvio a partir da Equação (5.62) que os elementos diagonais de uma matriz hermitiana (que são os valores esperados para as funções de base) são reais.

Podemos facilmente verificar a partir das expansões de base que $\langle A \rangle$ deve ser real. Seja $\mathbf{c}$ o vetor dos coeficientes de expansão na base para ψ que $a_{\nu\mu}$ são os elementos matriciais de A, então

$$\langle A \rangle = \langle \psi | A | \psi \rangle = \left\langle \sum_\nu c_\nu \varphi_\nu \middle| A \middle| \sum_\mu c_\mu \varphi_\mu \right\rangle = \sum_{\nu\mu} c_\nu^* \langle \varphi_\nu | A | \varphi_\mu \rangle c_\mu$$

$$= \sum_{\nu\mu} c_\nu^* a_{\nu\mu} c_\mu = \mathbf{c}^\dagger \mathbf{A}\mathbf{c},$$

que se reduz, como deve, a um escalar. Como A é uma matriz autoadjunta, podemos facilmente ver que $\mathbf{c}^\dagger \mathbf{A}\mathbf{c}$ é uma matriz 1×1 autoadjunta, isto é, um escalar **real** (use os fatos de que $(BAC)^\dagger = C^\dagger A^\dagger B^\dagger$ e de que $A^\dagger = A$).

Exemplo 5.4.1   Alguns Operadores Autoadjuntos

Considere os operadores x e p introduzidos anteriormente, com um produto escalar de definição

$$\langle f | g \rangle = \int_{-\infty}^{\infty} f^*(x) g(x)\, dx, \tag{5.63}$$

onde nosso espaço de Hilbert é o conjunto de todas as funções f para as quais kf|fl existe (isto é, kf|fl é finito). Esse é o espaço $\mathcal{L}^2$ no intervalo $(-\infty, \infty)$ Para testar se x é autoadjunto, comparamos kf|xgl e kxf|gl. Escrevendo esses como integrais, consideramos

$$\int_{-\infty}^{\infty} f^*(x) x\, g(x) dx \quad \text{vs.} \quad \int_{-\infty}^{\infty} [xf(x)]^* g(x) dx.$$

Como a ordem das funções normais (incluindo x) pode ser alterada sem afetar o valor de uma integral, e como x é inerentemente real, essas duas expressões são iguais e x é autoadjunto.

Passando agora para $p = -i\,(d/dx)$, a comparação que devemos fazer é

$$\int_{-\infty}^{\infty} f^*(x)\left[-i\frac{d\,g(x)}{dx}\right]dx \quad \text{vs.} \quad \int_{-\infty}^{\infty}\left[-i\frac{df(x)}{dx}\right]^* g(x)dx. \tag{5.64}$$

Podemos dar a essas expressões melhor correspondência se integrarmos a primeira por partes, diferenciando $f(x)$ e integrando $dg(x)/dx$. Fazendo isso, a primeira expressão anterior torna-se

$$\int_{-\infty}^{\infty} f^*(x)\left[-i\frac{d\,g(x)}{dx}\right]dx = -if^*(x)g(x)\Big|_{-\infty}^{\infty} - \int_{-\infty}^{\infty}\left[\frac{df(x)}{dx}\right]^*\left[-i\,g(x)\right]dx.$$

Os termos do limite a serem avaliados em devem se anular porque kf | f l e k g | g l são finitos, o que também garante (a partir da desigualdade de Schwarz) que kf | g l também é finito. Ao mover i para dentro do conjugado complexo na integral remanescente, verificamos a concordância com a segunda expressão na Equação (5.64). Assim, tanto x quanto p são autoadjuntos. Observe que, se p não contivesse o fator i, ele **não** seria autoadjunto, uma vez que obtivemos uma mudança de sinal necessária quando i foi movido para dentro do escopo do conjugado complexo. ∎

Exemplo 5.4.2 Valor Esperado de P

Como p, embora hermitiano, também é imaginário, considere o que acontece ao calcular seu valor esperado para uma função de onda da forma $\psi(x) = e^{i\theta}f(x)$, onde $f(x)$ é uma função de onda $\mathcal{L}^2$ real e θ é um ângulo de fase real. Usando o produto escalar como definido na Equação (5.63), e lembrando que $p = -i\,(d/dx)$, temos

$$\langle p \rangle = -i \int_{-\infty}^{\infty} f(x)\frac{df(x)}{dx}\,dx = -\frac{i}{2}\int_{-\infty}^{\infty}\frac{d}{dx}\Big[f(x)\Big]^2 dx$$

$$= -\frac{i}{2}\Big[f(+\infty)^2 - f(-\infty)^2\Big] = 0.$$

Como mostrado, essa integral se anula porque $f(x) = 0$ em $\pm\infty$ (isso é favorável porque os valores esperados devem ser reais). Esse resultado corresponde com a propriedade bem conhecida de que funções de onda que descrevem fenômenos dependentes do tempo (momento não zero) não podem ser reais ou reais, exceto para um fator de fase (complexa) constante.

As relações entre operadores e seus adjuntos fornecem oportunidades para rearranjos das expressões de operador que podem facilitar sua avaliação. Seguem alguns exemplos. ∎

Exemplo 5.4.3 Expressões de Operador

(a) Suponha que queremos avaliar k$(x^2 + p^2)\psi$ | φl, com ψ de uma forma funcional complicada que talvez seja desagradável para diferenciar (como exigido para aplicar p^2), enquanto φ é simples. Como x é autoadjunto, x^2 também é:

$$\langle x^2\psi|\varphi\rangle = \langle x\psi|x\varphi\rangle = \langle\psi|x^2\varphi\rangle.$$

O mesmo é verdade para p^2, assim k $(x^2 + p^2)\,\psi$ | φ l $=$ kψ | $(X^2 + p^2)\varphi$l.

(b) Analise em seguida k $(x + ip)\psi$ | $(x + ip)\psi$l, que é a expressão a ser avaliada se queremos a norma de $(x + ip)\psi$. Note que $x + ip$ **não** é autoadjunto, mas tem o adjunto $x - ip$. Nossa norma pode ser reorganizada para

$$\langle(x+ip)\psi|(x+ip)\psi\rangle = \langle\psi|(x-ip)(x+ip)|\psi\rangle$$

$$= \langle\psi|x^2 + p^2 + i(xp - px)|\psi\rangle$$

$$= \langle\psi|x^2 + p^2 + i(i)|\psi\rangle = \langle\psi|x^2 + p^2 - 1|\psi\rangle.$$

Para chegar à última linha dessa equação, reconhecemos o comutador $[x, p] = i$, conforme estabelecido na Equação (5.43).

(c) Suponha que A e B são autoadjuntos. O que podemos dizer sobre o autoadjunto de AB? Considere

$$\langle \psi|AB|\varphi\rangle = \langle A\psi|B|\varphi\rangle = \langle BA\psi|\varphi\rangle.$$

Observe que primeiro movemos A para a esquerda (sem nenhum punhal necessário porque é autoadjunto), é parte daquilo em que B movido subsequentemente deve operar. Assim, vemos que o adjunto de AB é BA. Concluímos que AB é autoadjunto somente se A e B comutam (de tal modo que $BA = AB$). Observe que, se A e B não forem individualmente autoadjuntos, sua comutação não seria suficiente para tornar AB autoadjunto. ■

Exercícios

5.4.1   (a) A é um operador não hermitiano. Mostre que os operadores $A + A^\dagger$ e $i(A - A^\dagger)$ são hermitianos.

(b) Usando o resultado anterior, mostre que cada operador não hermitiano pode ser escrito como uma combinação linear de dois operadores hermitianos.

5.4.2   Prove que o produto de dois operadores hermitianos é hermitiano se, e somente se, os dois operadores comutam.

5.4.3 A e B são operadores não comutadores da mecânica quântica, e C é dado pela fórmula

$$AB - BA = iC.$$

Mostre que C é hermitiano. Suponha que as condições apropriadas de limite estão satisfeitas.

5.4.4   O operador L é hermitiano. Mostre que $L^2 \geq 0$, significando que para todos no espaço em que L é definido, $k\psi| L^2 | \psi 1 \geq 0$.

5.4.5   Considere um espaço de Hilbert cujos membros são funções definidas na superfície da esfera unitária, com um produto escalar da forma

$$\langle f|g\rangle = \int d\Omega \, f^* g,$$

onde $d\Omega$ é o elemento do ângulo sólido. Note que o ângulo sólido total da esfera é 4π Trabalhamos aqui com as três funções $\varphi_1 = Cx/r$, $\varphi_2 = Cy/r$, $\varphi_3 = Cz/r$, com C atribuído um valor que torna φ_i normalizado.

(a)   Encontre C, e mostre que φ_i também são mutuamente ortogonais.

(b)   Forme as matrizes 3×3 dos operadores do momento angular

$$L_x = -i\left(y\frac{\partial}{\partial z} - z\frac{\partial}{\partial y}\right), \quad L_y = -i\left(z\frac{\partial}{\partial x} - x\frac{\partial}{\partial z}\right),$$

$$L_z = -i\left(x\frac{\partial}{\partial y} - y\frac{\partial}{\partial x}\right).$$

(c)   Verifique que as representações matriciais das componentes de **L** satisfazem o momento angular do comutador $[L_x, L_y] = iL_z$.

5.5   Operadores Unitários

Uma das razões por que operadores unitários são importantes na física é que eles podem ser utilizados para descrever transformações entre bases ortonormais. Essa propriedade é a generalização para o domínio complexo das transformações de rotacionais dos vetores comuns (físicos) que analisamos no Capítulo 3.

Transformações Unitárias

Suponha que temos uma função ψ que foi expandida na base ortonormal φ:

$$\psi = \sum_\mu c_\mu \varphi_\mu = \left(\sum_\mu |\varphi_\mu\rangle\langle\varphi_\mu|\right)|\psi\rangle. \tag{5.65}$$

Agora desejamos converter essa expansão em uma base ortonormal diferente, com funções φ'_ν. Um ponto de partida possível é reconhecer que cada uma das funções de base originais pode ser expandida na base com linhas. Podemos obter a expansão inserindo uma resolução da identidade na base com linhas:

$$\varphi_\mu = \sum_\nu u_{\nu\mu}\varphi'_\nu = \left(\sum_\nu |\varphi'_\nu\rangle\langle\varphi'_\nu|\right)|\varphi_\mu\rangle = \sum_\nu \langle\varphi'_\nu|\varphi_\mu\rangle\varphi'_\nu. \tag{5.66}$$

Comparando o segundo e quarto membros dessa equação, identificamos $u_{\nu\mu}$ como os elementos de uma matriz U:

$$u_{\nu\mu} = \langle\varphi'_\nu|\varphi_\mu\rangle. \tag{5.67}$$

Observe como o uso das resoluções da identidade torna essas fórmulas óbvias, e que as Equações (5.65) a (5.67) são válidas somente porque $_{\nu\mu}$ e φ'_ν são conjuntos ortonormais completos.

Inserindo a expansão para φ_μ a partir da Equação (5.66) na Equação (5.65), chegamos a

$$\psi = \sum_\mu c_\mu \sum_\nu u_{\nu\mu}\varphi'_\nu = \sum_\nu \left(\sum_\mu u_{\nu\mu}c_\mu\right)\varphi'_\nu = c'_\nu\varphi'_\nu, \tag{5.68}$$

em que os coeficientes c'_ν da expansão na base com linha formam um vetor de coluna $\mathbf{c}'$ que está relacionado com o vetor de coeficiente $\mathbf{c}$ na base sem linha pela equação matricial

$$\mathbf{c}' = \mathsf{U}\,\mathbf{c}, \tag{5.69}$$

com U a matriz cujos elementos são dados na Equação (5.67).

Se considerarmos agora a transformação inversa, **a partir de** uma expansão na base com linha **para** um na base sem linha, começando com

$$\varphi'_\mu = \sum_\nu v_{\nu\mu}\varphi_\nu = \sum_\nu \langle\varphi_\nu|\varphi'_\mu\rangle\varphi_\nu, \tag{5.70}$$

vemos que V, a matriz inversa da transformação em U, tem os elementos

$$v_{\nu\mu} = \langle\varphi_\nu|\varphi'_\mu\rangle = (\mathsf{U}^*)_{\mu\nu} = (\mathsf{U}^\dagger)_{\nu\mu}. \tag{5.71}$$

Em outras palavras,

$$\mathsf{V} = \mathsf{U}^\dagger. \tag{5.72}$$

Se agora transformamos a expansão de ψ, dada na base sem linha pelo coeficiente do vetor $\mathbf{c}$, primeiro para a base com linha e então de volta para a base sem linha original, os coeficientes se transformarão, primeiro para $\mathbf{c}'$ e então de volta para $\mathbf{c}$, de acordo com

$$\mathbf{c} = \mathsf{V}\,\mathsf{U}\,\mathbf{c} = \mathsf{U}^\dagger\mathsf{U}\,\mathbf{c}. \tag{5.73}$$

Para que a Equação (5.73) seja consistente é necessário que $\mathsf{U}^\dagger\mathsf{U}$ seja uma matriz unitária, significando que U deve ser **unitária**. Temos, assim, o resultado importante a seguir:

*A transformação que converte a expansão de um vetor $\mathbf{c}$ em qualquer base ortonormal $\{\varphi_\mu\}$ para sua expansão $\mathbf{c}'$ em qualquer outra base ortonormal $\{\varphi'_\nu\}$ é descrita pela equação matricial $\mathbf{c}' = \mathsf{U}\mathbf{c}$, onde a matriz de transformação U é **unitária** e tem elementos $u_{\nu\mu} = \langle\varphi'_\nu|\varphi_\mu\rangle$. A transformação entre as bases ortonormais é chamada* **transformação unitária**.

A equação (5.69) é uma generalização direta da equação da transformação rotacional do vetor 2-D comum, Equação (3.26),

$$\mathbf{A}' = \mathsf{S}\mathbf{A}.$$

Para mais ênfase, comparamos a matriz de transformação U introduzida aqui (à direita, abaixo) com a matriz S (à esquerda) a partir da Equação (3.28), para as rotações no espaço ordinário 2-D:

$$\mathsf{S} = \begin{pmatrix} \hat{\mathbf{e}}'_1 \cdot \hat{\mathbf{e}}_1 & \hat{\mathbf{e}}'_1 \cdot \hat{\mathbf{e}}_2 \\ \hat{\mathbf{e}}'_2 \cdot \hat{\mathbf{e}}_1 & \hat{\mathbf{e}}'_2 \cdot \hat{\mathbf{e}}_2 \end{pmatrix} \quad \mathsf{U} = \begin{pmatrix} \langle\varphi'_1|\varphi_1\rangle & \langle\varphi'_1|\varphi_2\rangle & \cdots \\ \langle\varphi'_2|\varphi_1\rangle & \langle\varphi'_2|\varphi_2\rangle & \cdots \\ \cdots & \cdots & \cdots \end{pmatrix}.$$

A semelhança torna-se ainda mais evidente se reconhecermos que, na notação de Dirac, as quantidades $e_i'.e_j$ assumem a forma $\langle e_i' | e_j \rangle$.

Quanto aos vetores comuns (exceto que as quantidades envolvidas aqui são complexas), a i-ésima linha de U contém os componentes (conjugado complexo) (também conhecido como coeficientes) de φ_i' em termos da base sem linha; a ortonormalidade de φ com linha é consistente com o fato de que $UU^\dagger$ é uma matriz unitária. As colunas de U contêm as componentes de φ_j em termos de base com linha; isso também é análogo às nossas observações anteriores. A matriz S é ortogonal; U é unitária, que é a generalização para um espaço complexo da condição de ortogonalidade.

Resumindo, vemos que transformações unitárias são análogas, em espaços vetoriais, às transformações ortogonais que descrevem rotações (ou reflexões) no espaço comum.

Exemplo 5.5.1   A Transformação Unitária

Um espaço de Hilbert é abrangido por cinco funções definidas na superfície de uma esfera unitária e expressa em coordenadas polares esféricas θ, φ:

$$\chi_1 = \sqrt{\frac{15}{4\pi}}\ \mathrm{sen}\,\theta \cos\theta \cos\varphi, \quad \chi_2 = \sqrt{\frac{15}{4\pi}}\ \mathrm{sen}\,\theta \cos\theta\ \mathrm{sen}\,\varphi,$$

$$\chi_3 = \sqrt{\frac{15}{4\pi}}\ \mathrm{sen}^2\,\theta\ \mathrm{sen}\,\varphi \cos\varphi, \quad \chi_4 = \sqrt{\frac{15}{16\pi}}\ \mathrm{sen}^2\,\theta(\cos^2\varphi - \mathrm{sen}^2\,\varphi),$$

$$\chi_5 = \sqrt{\frac{5}{16\pi}}\ (3\cos^2\theta - 1).$$

Essas são ortonormais quando o produto escalar é definido como

$$\langle f|g\rangle = \int\limits_0^\pi \mathrm{sen}\,\theta\, d\theta \int\limits_0^{2\pi} d\varphi\, f^*(\theta,\varphi)\, g(\theta,\varphi).$$

Esse espaço Hilbert pode, alternativamente, ser abrangido pelo conjunto ortonormal das funções

$$\chi_1' = -\sqrt{\frac{15}{8\pi}}\ \mathrm{sen}\,\theta \cos\theta\, e^{i\varphi}, \quad \chi_2' = \sqrt{\frac{15}{8\pi}}\ \mathrm{sen}\,\theta \cos\theta\, e^{-i\varphi},$$

$$\chi_3' = \sqrt{\frac{15}{32\pi}}\ \mathrm{sen}^2\,\theta\, e^{2i\varphi}, \qquad \chi_4' = \sqrt{\frac{15}{32\pi}}\ \mathrm{sen}^2\,\theta\, e^{-2i\varphi},$$

$$\chi_5' = \chi_5.$$

A matriz U descrevendo a transformação de sem linha par a base com linha tem elementos $u_{\nu\mu} = \langle \chi_\nu' | \chi_\mu \rangle$. Trabalhando um elemento matricial representativo,

$$u_{22} = \langle \chi_2'|\chi_2\rangle = \frac{15}{4\pi\sqrt{2}} \int\limits_0^\pi \mathrm{sen}\,\theta\, d\theta \int\limits_0^{2\pi} d\varphi\, \mathrm{sen}^2\,\theta \cos^2\theta\, e^{+i\varphi}\, \mathrm{sen}\,\varphi$$

$$= \frac{15}{4\pi\sqrt{2}} \int\limits_0^\pi \mathrm{sen}^3\,\theta \cos^2\theta\, d\theta \int\limits_0^{2\pi} d\varphi\, e^{+i\varphi}\, \frac{e^{i\varphi} - e^{-i\varphi}}{2i}$$

$$= \frac{15}{4\pi\sqrt{2}} \left(\frac{4}{15}\right) \frac{-2\pi}{2i} = \frac{i}{\sqrt{2}}.$$

Obtivemos esse resultado usando a fórmula $\int_0^{2\pi} e^{ni\varphi} d\varphi = 2\rho\delta_{n0}$ e observando um valor tabulado para a integral θ Avaliamos mais explicitamente um mais elemento matricial:

$$u_{21} = \langle \chi_2' | \chi_1 \rangle = \frac{15}{4\pi\sqrt{2}} \int\limits_0^\pi \operatorname{sen}^3 \theta \cos^2 \theta \, d\theta \int\limits_0^{2\pi} d\varphi \, e^{+i\varphi} \frac{e^{i\varphi} + e^{-i\varphi}}{2}$$

$$= \frac{15}{4\pi\sqrt{2}} \left(\frac{4}{15} \right) \frac{2\pi}{2} = \frac{1}{\sqrt{2}}.$$

Avaliando os elementos remanescentes de U, alcançamos

$$U = \begin{pmatrix} -1/\sqrt{2} & -i/\sqrt{2} & 0 & 0 & 0 \\ 1/\sqrt{2} & -i/\sqrt{2} & 0 & 0 & 0 \\ 0 & 0 & i/\sqrt{2} & 1/\sqrt{2} & 0 \\ 0 & 0 & -i/\sqrt{2} & 1/\sqrt{2} & 0 \\ 0 & 0 & 0 & 0 & 1 \end{pmatrix}.$$

Como uma verificação, note que a i-ésima coluna de U deve produzir os componentes de χ_i na base com linha. Para a primeira coluna, temos

$$\sqrt{\frac{15}{4\pi}} \operatorname{sen}\theta \cos\theta \cos\varphi = -\frac{1}{\sqrt{2}} \left(-\sqrt{\frac{15}{8\pi}} \operatorname{sen}\theta \cos\theta \, e^{i\varphi} \right) + \frac{1}{\sqrt{2}} \left(\sqrt{\frac{15}{8\pi}} \operatorname{sen}\theta \cos\theta \, e^{-i\varphi} \right),$$

o que simplifica facilmente para uma identidade. Outras verificações são deixadas como o Exercício 5.5.1. ■

Transformações Sucessivas

É possível produzir duas ou mais transformações unitárias sucessivas, cada uma das quais converterá uma base ortonormal de entrada em uma base de saída que também é ortonormal. Assim como para vetores comuns, as transformações sucessivas são aplicadas na ordem da direita para a esquerda, e o produto das transformações pode ser visualizado como uma transformação unitária resultante.

Exercícios

5.5.1 Mostre que a matriz U do Exemplo 5.5.1 transforma corretamente o vetor $f(\theta, \varphi) = 3\chi_1 + 2i\chi2 - \chi_3 + \chi_5$ para a base $f(\theta,\varphi) = 3\chi_1 + 2i\chi_2 - \chi_3 + \chi_5$ por

    (a) (1) Criando um vetor de coluna **c** que representa $f(\theta, \varphi)$ na base $f(\theta,\varphi)$,

          (2) formando $\mathbf{c}' = U\mathbf{c}$, e

          (3) comparando a expansão $\sum_i c'\chi'_i(\theta,\varphi)$ com $f(\theta,\varphi)$;

    (b) Verificando se U é unitária.

5.5.2   (a) Dada (em R^3) a base $\varphi_1 = x$, $\varphi_2 = y$, $\varphi_3 = z$, considere a transformação de base $x \to z$, $y \to y$, $z \to -x$. Encontre uma matriz U 3×3 para essa transformação.

    (b) Essa transformação corresponde a uma rotação dos eixos coordenados. Identifique a rotação e reconcilie sua matriz de transformação com uma matriz apropriada $S(\alpha, \beta, \gamma)$, da forma dada na Equação (3.37).

    (c) Forme o vetor de coluna **c** representando (na base original) $f = 2x - 3y + z$, encontre o resultado da aplicação de U a **c**, e mostre que isso é consistente com a transformação base da parte (a).

    Nota: Você não precisa ser capaz de formar produtos escalares para lidar com esse exercício; um conhecimento da relação linear entre as funções originais e transformadas é suficiente.

    Construa a matriz representando o inverso da transformação no Exercício 5.5.2, e mostre que essa matriz e a matriz de transformação desse exercício são inversos de matriz entre si.

5.5.3 A transformação unitária U que converte uma base ortonormal $\{\varphi_i\}$ na base $\{\varphi_i'\}$ e a transformação unitária V que converte a base $\{\varphi_i'\}$ na base $\{\chi_i\}$ têm representações matriciais

$$U = \begin{pmatrix} i\operatorname{sen}\theta & \cos\theta & 0 \\ -\cos\theta & i\operatorname{sen}\theta & 0 \\ 0 & 0 & 1 \end{pmatrix}, \quad V = \begin{pmatrix} 1 & 0 & 0 \\ 0 & \cos\theta & i\operatorname{sen}\theta \\ 0 & \cos\theta & -i\operatorname{sen}\theta \end{pmatrix}.$$

Dada a função $f(x) = 3\varphi_1(x) - \varphi_2(x) - 2\varphi_3(x)$,

(a) Aplicando U, forme o vetor representando $f(x)$ na base $\{\varphi_i'\}$ e então, aplicando V, forme o vetor representando $f(x)$ na base $\{\chi_i\}$. Use esse resultado para escrever $f(x)$ como uma combinação linear de χ_i.

(b) Forme os produtos matriciais UV e VU e então aplique cada um ao vetor representando $f(x)$ na base $\{\varphi_i\}$. Verifique que os resultados dessas aplicações diferem e que apenas uma delas dá o resultado correspondente à parte (a).

5.5.4 Três funções que são ortogonais com peso unitário no intervalo $-1 \le x \le 1$ são $P_0 = 1$, $P_1 = x$, e $-1 \le x \le 1$. Outro conjunto das funções que são ortogonais e abrangem o mesmo espaço são $F_0 = x^2$, $F_1 = x$, $F_2 = 5x^2 - 3$. Embora grande parte desse exercício possa ser feito por inspeção, anote e avalie todas as integrais que levam aos resultados quando eles são obtidos em termos dos produtos escalares.

(a) Normalize cada um dos P_i e F_i.

(b) Encontre a matriz unitária U que se transforma a partir da base P_i normalizada para a base F_i normalizada.

(c) Encontre a matriz unitária V que se transforma da base F_i normalizada para a base P_i normalizada.

(d) Mostre que U e V são unitárias, e que $V = U^{-1}$.

(e) Expanda $f(x) = 5x^2 - 3x + 1$ em termos das versões **normalizadas** de ambas as bases, e verifique que a matriz de transformação U converte a expansão P-base de $f(x)$ na sua expansão F-base.

5.6 Transformações de Operadores

Vimos como transformações unitárias podem ser utilizadas para transformar a expansão de uma função de uma base ortonormal definida em outra. Consideramos agora a transformação correspondente para os operadores. Dado um operador A, que quando expandido na base φ tem a forma

$$A = \sum_{\mu\nu} |\varphi_\mu\rangle a_{\mu\nu} \langle\varphi_\nu|,$$

nós o convertemos na base φ' simplesmente recorrendo à inserção de resoluções da identidade (escrita em termos da base com linha) nos dois lados da expressão anterior. Isso é um excelente exemplo dos benefícios do uso da notação de Dirac. Lembrando que isso não muda A (mas, é claro, muda sua aparência), obtemos

$$A = \sum_{\mu\nu\sigma\tau} |\varphi_\sigma'\rangle \langle\varphi_\sigma'|\varphi_\mu\rangle a_{\mu\nu} \langle\varphi_\nu|\varphi_\tau'\rangle \langle\varphi_\tau'|,$$

que simplificamos identificando $\langle\varphi_\sigma'|\varphi_\mu\rangle = u_{\sigma\omega}$, como definido na Equação (5.67), e $\langle\varphi_\nu|\varphi_\tau'\rangle = u_{\tau\nu}^*$. Assim,

$$A = \sum_{\mu\nu\sigma\tau} |\varphi_\sigma'\rangle u_{\sigma\mu} a_{\mu\nu} u_{\tau\nu}^* \langle\varphi_\tau'| = \sum_{\sigma\tau} |\varphi_\sigma'\rangle a_{\sigma\tau}' \langle\varphi_\tau'|, \tag{5.74}$$

onde $a_{\sigma\tau}'$ é o elemento matricial $\sigma\tau$ de A na base com linha, em relação aos valores sem linha por

$$a_{\sigma\tau}' = \sum_{\mu\nu} u_{\sigma\mu} a_{\mu\nu} u_{\tau\nu}^*. \tag{5.75}$$

Se agora observamos que $u_{\tau\nu}^* = (U\dagger)_{\nu\tau}$, podemos escrever a Equação (5.75) como a equação matricial

$$A' = UAU^\dagger = UAU^{-1}, \tag{5.76}$$

onde no membro final da equação utilizamos o fato de que U é unitária.

Outra maneira de chegar à Equação (5.76) é considerar a equação de operador $A\psi = \chi$, onde inicialmente A, ψ e χ são todos considerados como expandidos no conjunto ortonormal φ, com A tendo os elementos matriciais $a_{\mu\nu}$, e com ψ e χ tendo as formas $\psi = \sum_\nu c_\mu \varphi_\mu$ e $\chi = \sum_\nu b_\nu \varphi_\nu$.

Esse estado das coisas corresponde à equação matricial

$$A\mathbf{c} = \mathbf{b}.$$

Agora simplesmente inserimos $U^{-1}U$ entre A e $\mathbf{c}$, e multiplicamos ambos os lados da equação à esquerda por U. O resultado é

$$\left(UAU^{-1}\right)\left(U\mathbf{c}\right) = U\mathbf{b} \quad\longrightarrow\quad A'\mathbf{c}' = \mathbf{b}', \tag{5.77}$$

mostrando que o operador e as funções estão adequadamente relacionados quando as funções foram transformadas aplicando U e o operador foi transformado conforme exigido pela Equação (5.76). Como essa relação é válida para qualquer escolha de **c** e U, ela confirma a equação da transformação para A.

Transformações Não Unitárias

É possível considerar transformações semelhantes àquela ilustrada pela Equação (5.77), mas utilizando uma matriz de transformação G que tem de ser não singular, mas que não precisa ser unitária. Essas transformações mais gerais, que aparecem ocasionalmente em aplicações de física, são chamadas **transformações de similaridade**, e levam a uma equação aparentemente semelhante à Equação (5.77):

$$\left(\mathsf{GAG}^{-1}\right)\left(\mathsf{Gc}\right) = \mathsf{Gb}. \tag{5.78}$$

Há uma diferença importante: embora uma transformação geral de similaridade preserve a equação original do operador, itens correspondentes não descrevem a mesma quantidade em uma base diferente. Em vez disso, eles descrevem quantidades que foram sistematicamente (mas de forma consistente) alteradas pela transformação.

Às vezes nos deparamos com a necessidade de transformações que nem sequer são transformações de similaridade. Por exemplo, podemos ter um operador cujos elementos matriciais são dados em uma base não ortogonal, e consideramos a transformação em uma base ortonormal gerada pela utilização do procedimento de Gram-Schmidt.

Exemplo 5.6.1   Transformação de Gram-Schmidt

O processo de Gram-Schmidt descreve a transformação de um conjunto inicial de funções χ_i a um conjunto ortonormal φ_μ de acordo com as equações que podem assumir a forma

$$\varphi_\mu = \sum_{i=1}^{\mu} t_{i\mu}\chi_i, \quad \mu = 1, 2, \dots.$$

Como o processo de Gram-Schmidt só gera coeficientes $t_{i\mu}$ com $i \le \mu$, a matriz de transformação T pode ser descrita como **triangular superior**, isto é, uma matriz quadrada com elementos diferentes de zero $t_{i\mu}$ somente em e acima de sua diagonal principal. Definindo S como uma matriz com elementos $s_{ij} = \mathrm{k}\,\chi_i\,|\,\chi_j\,\mathrm{l}$ (muitas vezes chamada matriz **sobreposta**), a ortonormalidade de φ_μ é evidenciada pela equação

$$\langle\varphi_\mu|\varphi_\nu\rangle = \sum_{ij}\langle t_{i\mu}\chi_i|t_{j\nu}\chi_j\rangle = \sum_{ij}t_{i\mu}^*\langle\chi_i|\chi_j\rangle t_{j\nu} = (\mathsf{T}^\dagger\mathsf{ST})_{\mu\nu} = \delta_{\mu\nu}. \tag{5.79}$$

Note que como T é triangular superior, $\mathsf{T}^\dagger$ deve ser **triangular inferior**. Ao escrever a Equação (5.79), nós não tivemos de restringir os somatórios i e j, como os coeficientes fora dos intervalos contribuintes de i e j estão presentes, mas definidos como zero.

A partir da Equação (5.79), podemos obter uma representação de S:

$$\mathsf{S} = (\mathsf{T}^\dagger)^{-1}\mathsf{T}^{-1} = (\mathsf{TT}^\dagger)^{-1}. \tag{5.80}$$

Além disso, se substituirmos S da Equação (5.79) pela matriz de um operador geral A (na base χ_i), descobriremos que na base ortonormal φ sua representação Á é

$$\mathsf{A}' = \mathsf{T}^\dagger\mathsf{AT}. \tag{5.81}$$

Em geral, $\mathsf{T}^\dagger$ não será igual a T^{-1}, assim essa equação não define uma transformação de similaridade. ∎

Exercícios

5.6.1

(a) Usando as duas funções de spin $\varphi_1 = \alpha$ e $\varphi_2 = \beta$ como uma base ortonormal (assim, $\mathrm{k}\,\alpha\,|\,\alpha\,\mathrm{l} = \mathrm{k}\,\beta\,|\,\beta\,\mathrm{l} = 1$, $\mathrm{k}\,\alpha\,|\,\beta\,\mathrm{l} = 0$), e as relações

$$S_x\alpha = \frac{1}{2}\beta, \quad S_x\beta = \frac{1}{2}\alpha, \quad S_y\alpha = \frac{1}{2}i\beta, \quad S_y\beta = -\frac{1}{2}i\alpha, \quad S_z\alpha = \frac{1}{2}\alpha, \quad S_z\beta = -\frac{1}{2}\beta,$$

construa as matrizes 2×2 de S_x, S_y e S_z.

(b) Considerando agora a base $\varphi_1' = C(\alpha + \beta), \varphi_2' = C(\alpha - \beta)$:

    (i) Verifique se φ_1' e φ_2' são ortogonais,

    (ii) Atribua a C um valor que torna φ_1' e φ_2' normalizadas,

    (iii) Encontre a matriz unitária para a transformação $\{\varphi_i\} \rightarrow \{\varphi_i'\}$.

(c) Encontre as matrizes de S_x, S_y e S_z na base $\{\varphi_i'\}$.

5.6.2   Para a base $\varphi_1 = Cxe^{-r^2}, \varphi_2 = Cye^{-r^2}, \varphi_3 = Cze^{-r^2}$, onde $r^2 = x^2 + y^2 + z^2$, com o produto escalar definido como uma integral não ponderada ao longo de $\mathbb{R}^3$ e com C escolhido para tornar φ_i normalizada:

    (a) Encontre a matriz 3×3 de $L_x = -i\left(y\dfrac{\partial}{\partial z} - z\dfrac{\partial}{\partial y} \right)$;

    (b) Usando a matriz de transformação $U = \begin{pmatrix} 1 & 0 & 0 \\ 0 & 1/\sqrt{2} & -i/\sqrt{2} \\ 0 & 1/\sqrt{2} & i/\sqrt{2} \end{pmatrix}$, encontre a matriz transformada de L_x;

    (c) Encontre as novas funções de base φ_1' definidas pela transformação U, e escreva explicitamente (em termos de x, y e z) as formas funcionais de $L_x\varphi_i', = i = 1, 2, 3$.

    Dica: Use $\int e^{-r^2} d^3r = \pi 3/2, \int x^2 e^{-r^2} d^3r = \pi 3/2$; as integrais estão ao longo de $\mathbb{R}^3$.

5.6.3   O processo de Gram-Schmidt para converter uma base arbitrária χ_ν em um conjunto ortonormal φ_ν é descrito na Seção 5.2 de uma maneira que introduz os coeficientes da forma $-\langle \varphi_\mu | \chi_\nu \rangle$. Para bases que consistem em três funções, converta a formulação de modo que φ_ν seja expresso inteiramente em termos de χ_μ, obtendo assim uma expressão para a matriz triangular superior T que aparece na Equação (5.81).

5.7 Invariantes

Assim como rotações coordenadas deixam invariantes as propriedades essenciais dos vetores físicos, podemos esperar que transformações unitárias preservem as características essenciais dos nossos espaços vetoriais. Essas invariâncias são observadas mais diretamente nas expansões definidas na base dos operadores e das funções.

Considere primeiro uma equação matricial da forma $\mathbf{b} = \mathbf{Ac}$, em que todas as quantidades foram avaliadas usando uma base ortonormal específica φ_i. Agora suponha que desejamos usar uma base χ_i que pode ser alcançado a partir da base original aplicando uma transformação unitária de tal modo que

$$[\mathbf{c}' = \mathbf{U}\mathbf{c} e\, \mathbf{b}' = \mathbf{U}\mathbf{b}.$$

Na nova base, a matriz A se torna $\acute{\mathbf{A}} = \mathbf{UAU}^{-1}$, e a invariância que buscamos corresponde a $\mathbf{b}' = \acute{\mathbf{A}}\,\mathbf{c}'$. Em outras palavras, todas as quantidades devem mudar de forma coerente para que sua relação permaneça inalterada. É fácil verificar que esse é o caso. Substituindo para as quantidades com linha,

$$\mathbf{U}\mathbf{b} = (\mathbf{UAU}^{-1})(\mathbf{U}\mathbf{c}) \longrightarrow \mathbf{U}\mathbf{b} = \mathbf{UA}\mathbf{c},$$

a partir do qual podemos recuperar $\mathbf{b} = \mathbf{Ac}$ multiplicando da esquerda por $\mathbf{U}^{-1}$.

Quantidades escalares devem permanecer invariantes sob a transformação unitária; o principal exemplo aqui é o produto escalar. Se f e g são representados em alguma base ortonormal, respectivamente, por $\mathbf{a}$ e $\mathbf{b}$, o produto escalar é dado por $\mathbf{a}^\dagger\mathbf{b}$. Sob uma transformação unitária cuja representação matricial é U, $\mathbf{a}$ se torna $\mathbf{a}' = \mathbf{U}\mathbf{a}$ e $\mathbf{b}$ torna-se $\mathbf{b}' = \mathbf{U}\mathbf{b}$, e

$$\langle f|g \rangle = (\mathbf{a}')^\dagger \mathbf{b}' = (\mathbf{U}\mathbf{a})^\dagger(\mathbf{U}\mathbf{b}) = (\mathbf{a}^\dagger\mathbf{U}^\dagger)(\mathbf{U}\mathbf{b}) = \mathbf{a}^\dagger\mathbf{b}. \tag{5.82}$$

O fato de que $\mathbf{U}^\dagger = \mathbf{U}^{-1}$ permite confirmar a invariância.

Outro escalar que deve permanecer invariante sob a transformação de base é o valor esperado de um operador.

Exemplo 5.7.1   Valor Esperado na Base Transformada

Suponha que $\psi = \sum_i c_i\varphi_i$, e que desejamos calcular o valor esperado de A para esse ψ, onde A, a matriz correspondente a A, tem elementos $a_{\nu\mu} = k \varphi_\nu | A | \varphi_\mu l$. Temos

$$\langle A \rangle = \langle \psi|A|\psi \rangle \longrightarrow \mathbf{c}^\dagger\mathbf{A}\mathbf{c}.$$

Se, agora, optamos por utilizar uma base obtida de φ_i por uma transformação unitária U, a expressão para A torna-se

$$(U\mathbf{c})^\dagger(UAU^{-1})(U\mathbf{c}) = \mathbf{c}^\dagger U^\dagger UAU^{-1}U\mathbf{c},$$

que, porque U é unitária e, portanto, $U^\dagger = U^{-1}$, se reduz, como deve, ao valor anteriormente obtido de A ∎

Espaços vetoriais têm invariantes matriciais adicionais úteis. O **traço** de uma matriz é invariante sob a transformação unitária. Se $Á = UAU^{-1}$, então

$$\text{traço}(A') = \sum_\nu (U A U^{-1})_{\nu\nu} = \sum_{\nu\mu\tau} u_{\nu\mu} a_{\mu\tau} (U^{-1})_{\tau\nu} = \sum_{\mu\tau} \left(\sum_\nu (U^{-1})_{\tau\nu} u_{\nu\mu} \right) a_{\mu\tau}$$

$$= \sum_{\mu\tau} \delta_{\mu\tau} a_{\mu\tau} = \sum_\mu a_{\mu\mu} = \text{traço}(A). \tag{5.83}$$

Aqui simplesmente usamos a propriedade $U^{-1}U = \mathbf{1}$.

Outra matriz invariante é o determinante. A partir do teorema do produto determinante, $\det(UAU^{-1}) = \det(U^{-1}UA) = \det(A)$. Outras invariantes serão identificadas ao estudar problemas de autovalor de matriz no Capítulo 6.

Exercícios

5.7.1 Usando as propriedades formais das transformações unitárias, mostre que o comutador $[x, p] = i$ é invariante sob a transformação unitária das uma das matrizes que representam x e p.

5.7.2 As matrizes de Pauli

$$\sigma_1 = \begin{pmatrix} 0 & 1 \\ 1 & 0 \end{pmatrix}, \quad \sigma_2 = \begin{pmatrix} 0 & -i \\ i & 0 \end{pmatrix}, \quad \sigma_3 = \begin{pmatrix} 1 & 0 \\ 0 & -1 \end{pmatrix},$$

têm comutador $[\sigma_1, \sigma_2] = 2i\sigma_3$. Mostre que essa relação continua a ser válida se essas matrizes são transformadas por

$$U = \begin{pmatrix} \cos\theta & \text{sen}\,\theta \\ -\text{sen}\,\theta & \cos\theta \end{pmatrix}.$$

5.7.3 (a) O operador L_x é definido como

$$L_x = -i \left(y\frac{\partial}{\partial z} - z\frac{\partial}{\partial y} \right).$$

Verifique se a base $\varphi_1 = Cxe^{-r^2}, \varphi_2 = Cye^{-r^2}, \varphi_3 = Cze^{-r^2}$, onde $r^2 = x^2 + y^2 + z^2$, forma um conjunto fechado sob a operação de L_x, significando que quando L_x é aplicado a qualquer membro dessa base o resultado é uma função dentro do espaço de base, e construa a matriz 3×3 de L_x nessa base a partir do resultado da aplicação de L_x a cada função de base.

(b) Verifique que $Lx\left[(x+iy)e^{-r^2} \right] = -ze^{-r^2}$, e note que esse resultado, usando a base $\{\varphi_i\}$, pode ser escrito $L_x(\varphi_1 + i\,\varphi_2) = -\varphi_3$.

(c) Expresse a equação da parte (b) na forma matricial, e escreva a equação matricial resultante quando cada uma das quantidades é transformada usando a matriz de transformação

$$U = \begin{pmatrix} 1 & 0 & 0 \\ 0 & 1/\sqrt{2} & -i/\sqrt{2} \\ 0 & 1/\sqrt{2} & i/\sqrt{2} \end{pmatrix}.$$

(d) Em relação à transformação U produzindo uma nova base $\{\varphi_i'\}$, encontre a forma explícita (em x, y, z) de φ_i'.

(e) Usando a forma de operador L_x e as formas explícitas de φ_i', verifique a validade da equação transformada encontrada na parte (c).

Dica: Os resultados do Exercício 5.6.2 podem ser úteis.

5.8   Resumo — Notação do Espaço Vetorial

Pode ser útil resumir algumas das relações encontradas neste capítulo, destacando o paralelismo matemático essencialmente completo entre as propriedades dos vetores e aquelas das expansões de base em espaços vetoriais. Fazemos isso aqui, usando a notação de Dirac, sempre que necessário.

1. **Produto escalar:**

$$\langle \varphi | \psi \rangle = \int_a^b \varphi^*(t)\psi(t)w(t)\,dt \iff \langle \mathbf{u}|\mathbf{v}\rangle = \mathbf{u}^\dagger \mathbf{v} = \mathbf{u}^* \cdot \mathbf{v}. \tag{5.84}$$

O resultado da operação de produto escalar (isto é, um número real ou complexo).

Aqui $\mathbf{u}^\dagger \mathbf{v}$ representa o produto de um vetor de linha e coluna; ela é equivalente à notação de produto escalar também mostrada.

2. **Valor esperado:**

$$\langle \varphi | A | \varphi \rangle = \int_a^b \varphi^*(t)A\varphi(t)w(t)\,dt \iff \langle \mathbf{u}|A|\mathbf{u}\rangle = \mathbf{u}^\dagger A\mathbf{u}. \tag{5.85}$$

3. **Adjunto:**

$$\langle \varphi | A | \psi \rangle = \langle A^\dagger \varphi | \psi \rangle \iff \langle \mathbf{u}|A|\mathbf{v}\rangle = \langle A^\dagger \mathbf{u}|\mathbf{v}\rangle = [A^\dagger \mathbf{u}]^\dagger \mathbf{v} = \mathbf{u}^\dagger A\mathbf{v}. \tag{5.86}$$

Observe que a simplificação de $[A^\dagger \mathbf{u}]^\dagger \mathbf{v}$ mostra que a matriz $A^\dagger$ tem a propriedade esperada de um adjunto de operador.

4. **Transformação unitária:**

$$\psi = A\varphi \longrightarrow U\psi = (UAU^{-1})(U\varphi) \iff \mathbf{w} = A\mathbf{v} \longrightarrow U\mathbf{w} = (UAU^{-1})(U\mathbf{v}). \tag{5.87}$$

5. **Resolução da identidade:**

$$\mathbf{1} = \sum_i |\varphi_i\rangle\langle\varphi_i| \iff \mathbf{1} = \sum_i |\hat{\mathbf{e}}_i\rangle\langle\hat{\mathbf{e}}_i|, \tag{5.88}$$

onde φ_i são ortonormais e $\hat{\mathbf{e}}_i$ são vetores ortogonais unitários. Aplicando a Equação (5.88) a uma função (ou vetor):

$$\psi = \sum_i |\varphi_i\rangle\langle\varphi_i|\psi\rangle = \sum_i a_i\varphi_i \iff \mathbf{w} = \sum_i |\hat{\mathbf{e}}_i\rangle\langle\hat{\mathbf{e}}_i|\mathbf{w}\rangle = \sum_i w_i\hat{\mathbf{e}}_i, \tag{5.89}$$

onde $a_i = \langle \varphi_i | \psi \rangle$ e $w_i = \langle \hat{\mathbf{e}}_i | \mathbf{w} \rangle = \hat{\mathbf{e}}_i \cdot \mathbf{w}$.

Leituras Adicionais

Brown, W. A., *Matrices and Vector Spaces*. Nova York: M. Dekker (1991).

Byron, F. W., Jr. e Fuller, R. W., *Mathematics of Classical and Quantum Physics*. Reading, MA: Addison-Wesley (1969), Nova tiragem, Dover (1992).

Dennery, P. e Krzywicki, A., *Mathematics for Physicists*. Nova York: Harper & Row. Nova tiragem, Dover (1996).

Halmos, P. R., *Finite-Dimensional Vector Spaces* (2ª ed). Princeton, NJ: Van Nostrand (1958), Nova tiragem, Springer (1993).

Jain, M. C., *Vector Spaces and Matrices in Physics* (2ª ed). Oxford: Alpha Science International (2007).

Kreyszig, E., *Advanced Engineering Mathematics* (6ª ed). Nova York: Wiley (1988).

Lang, S., *Linear Algebra*. Berlin: Springer (1987).

Roman, S., *Advanced Linear Algebra, Graduate Texts in Mathematics 135* (2ª ed). Berlin: Springer (2005).

6

Problemas de Autovalor

6.1 Equações de Autovalor

Muitos problemas importantes na física podem ser moldados como equações da forma genérica

$$A\psi = \lambda\psi, \tag{6.1}$$

onde A é um operador linear cujo domínio e intervalo é um espaço de Hilbert, ψ é uma função no espaço, e λ é uma constante. O operador A é conhecido, mas tanto ψ quanto λ são desconhecidos, e a tarefa agora é resolver a Equação (6.1). Como as soluções para uma equação desse tipo produzem funções ψ que não são alteradas pelo operador (exceto para multiplicação por um fator de escala λ), elas são chamadas **equações de autovalor** (*eigenvalue*): **Eigen** é alemão para "[seu] próprio". Uma função ψ que resolve uma equação de autovalor é chamada **autofunção** (*eigenfunction*), e o valor de λ que acompanha uma autofunção é chamado **autovalor**.

A definição formal de uma equação de autovalor talvez não torne seu conteúdo essencial totalmente aparente. A exigência de que o operador A deixe ψ inalterada, exceto por um fator de escala, constitui uma restrição grave sobre ψ. A possibilidade de que a Equação (6.1) tenha absolutamente todas as soluções em muitos casos não é intuitivamente óbvio.

Para ver por que equações de autovalor são comuns na física, vamos citar alguns exemplos:

1. As ondas estacionárias ressonantes de uma corda vibrante serão aquelas em que a força restauradora sobre os elementos da corda (representada por $A\psi$) são proporcionais a suas deslocações ψ a partir do equilíbrio.
2. O momento angular $\mathbf{L}$ e a velocidade angular ω de um corpo rígido são vetores tridimensionais (3-D) que estão relacionados com a equação

$$\mathbf{L} = \mathsf{I}\,\omega,$$

onde I é o momento 3×3 matriz inercial. Aqui, a direção de ω define o eixo da rotação, enquanto a direção de $\mathbf{L}$ define o eixo em torno do qual o momento angular é gerado. A condição de que esses dois eixos estejam na mesma direção (definindo assim o que é conhecido como **eixos principais** da inércia) é que $\mathbf{L} = \lambda\omega$, onde λ é uma constante de proporcionalidade. Combinando com a fórmula para $\mathbf{L}$, obtemos

$$\mathsf{I}\,\omega = \lambda\omega,$$

que é um equação de autovalor em que o operador é a matriz I e a autofunção (então geralmente chamada **autovetor**) é o vetor ω.
3. A equação independente do tempo de Schrödinger na mecânica quântica é uma equação de autovalor, com A o operador hamiltoniano H, ψ uma função de onda e $\lambda = E$ a energia do estado representado por ψ.

Expansões de Base

Uma abordagem poderosa a problemas de autovalor é como expressá-los em termos de uma base ortonormal cujos membros designamos φ_i, utilizando as fórmulas desenvolvidas no Capítulo 5. Então o operador A e a função ψ são representados por uma matriz A e um vetor **c** cujos elementos são obtidos, de acordo com as Equações (5.51) e (5.52), como os produtos escalares

$$a_{ij} = \langle \varphi_i | A | \varphi_j \rangle, \quad c_i = \langle \varphi_i | \psi \rangle.$$

Nossa equação de autovalor original agora foi reduzida a uma equação matricial:

$$\mathbf{Ac} = \lambda \mathbf{c}. \tag{6.2}$$

Quando uma equação de autovalor é apresentada dessa forma, podemos chamá-la de **equação matricial de autovalor** e denominamos os vetores **c** que a resolvem de **autovetores**. Como veremos em seções posteriores deste capítulo, há uma tecnologia bem desenvolvida para a solução de equações matriciais de autovalor, assim uma maneira sempre disponível para resolver equações de autovalor é moldá-las na forma matricial. Depois que um problema de autovalor de matriz foi resolvido, podemos recuperar as autofunções do problema original a partir da sua expansão:

$$\psi = \sum_i c_i \varphi_i.$$

Às vezes, como no momento do exemplo de inércia mencionado, nosso problema de autovalor se origina como um problema matricial. Então, é claro, não temos de começar o processo de solução introduzindo uma base e convertendo-a em forma matricial, e nossas soluções serão vetores que não precisam ser interpretados como expansões em uma base.

Equivalência das Formas de Operador e Matriz

É importante notar que estamos lidando com equações de autovalor em que o operador envolvido é linear e que ele opera em elementos de um espaço de Hilbert. Uma vez satisfeitas essas condições, o operador e a função envolvidos sempre podem ser expandidos em uma base, levando a uma equação matricial de autovalor que é totalmente equivalente ao nosso problema original. Entre outras coisas, isso significa que quaisquer teoremas sobre as propriedades dos autovetores ou autovalores que são desenvolvidos a partir de expansões de conjunto de base de um problema de autovalor também devem ser aplicadas ao problema original, e que a solução da equação matricial de autovalor também fornece uma solução para o problema original. Esses fatos, além da observação prática de que sabemos como resolver problemas de autovalor de matriz, sugerem fortemente que a investigação detalhada dos problemas matriciais deve estar em nossa agenda.

Ao explorar problemas de autovalor de matriz, descobriremos que certas propriedades de matriz influenciam a natureza das soluções, e que, em particular, simplificações importantes tornam-se disponíveis quando a matriz é hermitiana. Muitas equações de autovalor de interesse para a física envolvem operadores diferenciais, assim é importante entender se (ou em que condições) esses operadores são hermitianos. Essa questão é retomada no Capítulo 8.

Por fim, observamos que a introdução de uma expansão de conjunto de base não é a única possibilidade para solucionar uma equação de autovalor. Equações de autovalor que envolvem operadores diferenciais também podem ser abordadas pelos métodos gerais para solucionar equações diferenciais. Esse tópico também é discutido no Capítulo 8.

6.2　Problemas de Autovalor de Matriz

Embora, em princípio, a noção de um problema de autovalor já esteja totalmente definida, abrimos esta seção com um exemplo simples que pode ajudar a tornar mais claro como esses problemas são definidos e resolvidos.

Um Exemplo Preliminar

Consideramos aqui um problema simples de movimento bidimensional (2-D) no qual uma partícula desliza sem causar atrito em uma bacia elipsoidal (Figura 6.1). Se liberarmos a partícula (inicialmente em repouso) em um ponto arbitrário na bacia, ela começará a mover-se para baixo na direção do gradiente (negativo), o qual geralmente não

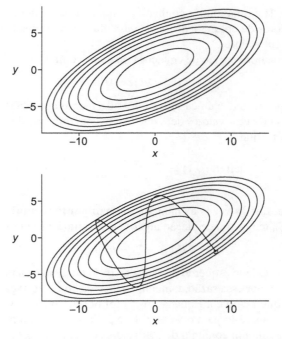

Figura 6.1: Parte superior: Linhas de contorno do potencial da bacia $V = x^2 - \sqrt{5}xy + 3y^2$. Parte inferior: Trajetória da partícula deslizando de massa unitária a partir do repouso em $(8,0, -1,92)$.

aponta diretamente para o potencial mínimo na parte inferior da bacia. A trajetória geral da partícula será então um percurso complicado, como esboçado no painel inferior da Figura 6.1. Nosso objetivo é encontrar as posições, se houver alguma, a partir das quais as trajetórias apontarão para o potencial mínimo e, portanto, representam um movimento oscilatório unidimensional simples.

Esse problema é elementar o suficiente para podermos analisá-lo sem grandes dificuldades. Considere um potencial na forma

$$V(x, y) = ax^2 + bxy + cy^2,$$

com os parâmetros a, b, c nos intervalos que descrevem uma bacia elipsoidal com um mínimo em V com $x = y = 0$. Então calculamos as componentes x e y da força na nossa partícula quando em (x, y):

$$F_x = -\frac{\partial V}{\partial x} = -2ax - by, \quad F_y = -\frac{\partial V}{\partial y} = -bx - 2cy.$$

Fica bastante claro que para a maioria dos valores de x e y, $F_x/F_y \neq x/y$, assim a força não será direcionada para o mínimo em $x = y = 0$.

Para procurar as direções em que a força é direcionada para $x = y = 0$, começamos escrevendo as equações para a força na forma matricial:

$$\begin{pmatrix} F_x \\ F_y \end{pmatrix} = \begin{pmatrix} -2a & -b \\ -b & -2c \end{pmatrix} \begin{pmatrix} x \\ y \end{pmatrix}, \quad \text{ou} \quad \mathbf{f} = \mathsf{H}\mathbf{r},$$

onde $\mathbf{f}$, H e $\mathbf{r}$ são definidos conforme indicado. Agora a condição $F_x/F_y = x/y$ é equivalente à afirmação de que $\mathbf{f}$ e $\mathbf{r}$ são proporcionais e, portanto, podemos escrever

$$\mathsf{H}\mathbf{r} = \lambda\mathbf{r}, \tag{6.3}$$

onde, como já foi sugerido, H é uma matriz conhecida, enquanto λ e $\mathbf{r}$ devem ser determinados. Isso é uma equação de autovalor, e os vetores de coluna $\mathbf{r}$ que são suas soluções são seus autovetores, enquanto os valores correspondentes de λ são seus autovalores.

A Equação (6.3) é um sistema homogêneo de equações lineares, como fica mais evidente se escrita como

$$(\mathsf{H} - \lambda\mathbf{1})\mathbf{r} = 0, \tag{6.4}$$

e sabemos pelo Capítulo 2 que ela terá a única solução $\mathbf{r} = 0$ a menos que $\det(\mathsf{H} - \lambda\mathbf{1}) = 0$. Porém, o valor de λ está disponível, assim podemos procurar valores de λ que fazem com que esse determinante se anule. Procedendo simbolicamente, procuramos λ tal que

$$\det(\mathsf{H} - \lambda\mathbf{1}) = \begin{vmatrix} h_{11} - \lambda & h_{12} \\ h_{21} & h_{22} - \lambda \end{vmatrix} = 0.$$

Expandindo o determinante, que às vezes é chamado **determinante secular** (o nome decorre das primeiras aplicações na mecânica celeste), temos uma equação algébrica, a **equação secular**,

$$(h_{11} - \lambda)(h_{22} - \lambda) - h_{12}h_{21} = 0, \tag{6.5}$$

que pode ser resolvida para λ. O lado esquerdo da Equação (6.5) também é chamado **polinomial característico** (em λ) de H, e a Equação (6.5) é, por essa razão, também conhecida como **equação característica** de H.

Depois que um valor de λ que resolve a Equação (6.5) foi obtido, podemos voltar ao sistema de equações homogêneas, Equação (6.4), e resolvê-lo para o vetor $\mathbf{r}$. Isso pode ser repetido para todos os λ que são soluções para a equação secular, dando assim um conjunto de autovalores e os autovetores associados.

Exemplo 6.2.1   BACIA ELIPSOIDAL 2-D

Vamos continuar com nosso exemplo de bacia elipsoidal, com os valores específicos de parâmetro $a = 1$, $b = -\sqrt{5}$, $c = 3$. Então nossa matriz H tem a forma

$$\mathsf{H} = \begin{pmatrix} -2 & \sqrt{5} \\ \sqrt{5} & -6 \end{pmatrix},$$

e a equação secular assume a forma

$$\det(\mathsf{H} - \lambda\mathbf{1}) = \begin{vmatrix} -2 - \lambda & \sqrt{5} \\ \sqrt{5} & -6 - \lambda \end{vmatrix} = \lambda^2 + 8\lambda + 7 = 0.$$

Como $\lambda^2 + 8\lambda + 7 = (\lambda + 1)(\lambda + 7)$, vemos que a equação secular tem como soluções os autovalores $\lambda = -1$ e $\lambda = -7$.

Para obter o autovetor correspondente a $\lambda = -1$, voltamos à Equação (6.4), que, escrita em detalhes, é

$$(\mathsf{H} - \lambda\mathbf{1})\mathbf{r} = \begin{pmatrix} -2 - (-1) & \sqrt{5} \\ \sqrt{5} & -6 - (-1) \end{pmatrix} \begin{pmatrix} x \\ y \end{pmatrix} = \begin{pmatrix} -1 & \sqrt{5} \\ \sqrt{5} & -5 \end{pmatrix} \begin{pmatrix} x \\ y \end{pmatrix} = 0,$$

que se expande em um par linearmente dependente de equações:

$$-x + \sqrt{5}\, y = 0$$
$$\sqrt{5}\, x - 5y = 0.$$

Essa intenção, naturalmente, está a associada à equação secular porque, se essas equações fossem linearmente independentes, elas inevitavelmente levariam à solução $x = y = 0$.

Em vez disso, a partir de qualquer uma das equações, temos $x = \sqrt{5}\, y$, assim temos o par autovalor/autovetor

$$\lambda_1 = -1, \quad \mathbf{r}_1 = C \begin{pmatrix} \sqrt{5} \\ 1 \end{pmatrix},$$

onde C é uma constante que pode assumir qualquer valor. Portanto, há um número infinito de pares x, y que definem uma **direção** no espaço 2-D, com a grandeza do deslocamento nessa direção arbitrária. A arbitrariedade da escala é uma consequência natural do fato de que o sistema de equações era homogêneo; qualquer múltiplo de uma solução de um conjunto de equações homogêneas lineares também será uma solução. Esse autovetor corresponde a trajetórias que começam a partir da partícula em repouso em qualquer lugar na linha definida por $\mathbf{r}_1$. Uma trajetória desse tipo é ilustrada no painel superior da Figura 6.2.

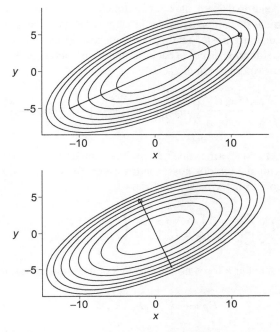

Figura 6.2: Trajetórias a partir do repouso. Parte superior: Em um ponto na linha $x = y\sqrt{5}$. Parte inferior: Em um ponto na linha $y = -x\sqrt{5}$.

Ainda não consideramos a possibilidade de que $\lambda = -7$. Isso leva a um autovetor diferente, obtido resolvendo

$$(\mathsf{H} - \lambda\mathbf{1})\mathbf{r} = \begin{pmatrix} -2+7 & \sqrt{5} \\ \sqrt{5} & -6+7 \end{pmatrix}\begin{pmatrix} x \\ y \end{pmatrix} = \begin{pmatrix} 5 & \sqrt{5} \\ \sqrt{5} & 1 \end{pmatrix}\begin{pmatrix} x \\ y \end{pmatrix} = 0,$$

correspondendo a $y = -x\sqrt{5}$. Isso define o par autovalor/autovetor

$$\lambda_2 = -7, \quad \mathbf{r}_2 = C'\begin{pmatrix} -1 \\ \sqrt{5} \end{pmatrix}.$$

Uma trajetória desse tipo é mostrada no painel inferior da Figura 6.2.

Temos, assim, duas direções em que a força é direcionada para o mínimo, e elas são perpendiculares entre si: a primeira direção tem $dy/dx = 1/\sqrt{5}$; para a segunda, $dy/dx = -\sqrt{5}$.

Podemos facilmente verificar nossos autovetores e autovalores. Para λ_1 e $\mathbf{r}_1$,

$$\mathsf{H}\mathbf{r}_1 = \begin{pmatrix} -2 & \sqrt{5} \\ \sqrt{5} & -6 \end{pmatrix}\begin{pmatrix} C\sqrt{5} \\ C \end{pmatrix} = C\begin{pmatrix} -\sqrt{5} \\ -1 \end{pmatrix} = (-1)\begin{pmatrix} C\sqrt{5} \\ C \end{pmatrix} = \lambda_1\mathbf{r}_1.$$

Frequentemente, é útil **normalizar** autovetores, o que podemos fazer escolhendo a constante (C ou C') para produzir $\mathbf{r}$ da unidade de grandeza. Nesse exemplo,

$$\mathbf{r}_1 = \begin{pmatrix} \sqrt{5/6} \\ \sqrt{1/6} \end{pmatrix}, \quad \mathbf{r}_2 = \begin{pmatrix} -\sqrt{1/6} \\ \sqrt{5/6} \end{pmatrix}. \tag{6.6}$$

Cada um desses autovetores normalizados ainda é arbitrário quanto ao sinal geral (ou se aceitarmos coeficientes complexos, como para um fator complexo arbitrário da unidade de grandeza).

Antes de concluir esse exemplo, fazemos mais três observações: (1) o número de autovalores era igual à dimensão da matriz H. Isso é uma consequência do teorema fundamental da álgebra, ou seja, que uma equação de grau n terá n raízes; (2) embora a equação secular fosse de grau 2 e as equações quadráticas possam ter raízes complexas, nossos autovalores eram reais; e (3) nossos dois autovetores são ortogonais. ∎

Nosso exemplo 2-D é compreendido fisicamente com facilidade. As direções em que o deslocamento e a força são colineares são as direções simétricas do campo de potencial elíptico, e elas estão associadas a diferentes autovalores (a constante de proporcionalidade entre posição e força) porque as elipses têm eixos de diferentes comprimentos. Identificamos, de fato, os **eixos principais** da nossa bacia. Com os parâmetros do Exemplo 6.2.1, o potencial poderia ter sido escrito (utilizando os autovetores normalizados)

$$V = \frac{1}{2}\left(\frac{\sqrt{5}\,x + y}{\sqrt{6}}\right)^2 + \frac{7}{2}\left(\frac{x - \sqrt{5}\,y}{\sqrt{6}}\right)^2 = \tfrac{1}{2}(x')^2 + \tfrac{7}{2}(y')^2,$$

o que mostra que V se divide em dois termos quadráticos, cada um dependente de uma grandeza entre parênteses (uma nova coordenada) proporcional a um dos nossos autovetores. As novas coordenadas estão relacionadas com x, y originais por uma rotação com transformação unitária <:

$$\mathsf{U}\mathbf{r} = \begin{pmatrix} \sqrt{5/6} & \sqrt{1/6} \\ \sqrt{1/6} & -\sqrt{5/6} \end{pmatrix} \begin{pmatrix} x \\ y \end{pmatrix} = \begin{pmatrix} (\sqrt{5}\,x + y)/\sqrt{6} \\ (x - \sqrt{5}\,y)/\sqrt{6} \end{pmatrix} = \begin{pmatrix} x' \\ y' \end{pmatrix}.$$

Por fim, observamos que ao calcular a força no sistema de coordenadas com linha, obtemos

$$F_{x'} = -x', \quad F_{y'} = -7y',$$

correspondendo aos autovalores que encontramos.

Outro Autoproblema

O Exemplo 6.2.1 não é complicado o suficiente para fornecer uma ilustração completa do problema de autovalor de matriz. Considere o exemplo a seguir.

Exemplo 6.2.2   Matriz Diagonal de Bloco

Encontre os autovalores e autovetores de

$$\mathsf{H} = \begin{pmatrix} 0 & 1 & 0 \\ 1 & 0 & 0 \\ 0 & 0 & 2 \end{pmatrix}. \tag{6.7}$$

Escrevendo a equação secular e expandindo em menores usando a terceira linha, temos

$$\begin{vmatrix} -\lambda & 1 & 0 \\ 1 & -\lambda & 0 \\ 0 & 0 & 2-\lambda \end{vmatrix} = (2-\lambda)\begin{vmatrix} -\lambda & 1 \\ 1 & -\lambda \end{vmatrix} = (2-\lambda)(\lambda^2 - 1) = 0. \tag{6.8}$$

Vemos que os autovalores são 2, +1 e –1.

Para obter o autovetor correspondente a $\lambda = 2$, examinamos o conjunto da equação $[\mathsf{H} - 2(\mathbf{1})]\,\mathbf{c} = 0$:

$$-2c_1 + c_2 = 0,$$

$$c_1 - 2c_2 = 0,$$

$$0 = 0.$$

As duas primeiras equações desse conjunto levam a $c_1 = c_2 = 0$. A terceira, obviamente, não transmite nenhuma informação, e somos levados à conclusão de que c_3 é arbitrário. Assim, nesse momento, temos

$$\lambda_1 = 2, \quad \mathbf{c}_1 = \begin{pmatrix} 0 \\ 0 \\ C \end{pmatrix}. \tag{6.9}$$

Considerando em seguida $\lambda = +1$, a equação matricial é $[H - 1(1)]\,\mathbf{c} = 0$, que é equivalente às equações ordinárias

$$-c_1 + c_2 = 0,$$
$$c_1 - c_2 = 0,$$
$$c_3 = 0.$$

Temos claramente $c_1 = c_2$ e $c_3 = 0$, então

$$\lambda_2 = +1, \quad \mathbf{c}_2 = \begin{pmatrix} C \\ C \\ 0 \end{pmatrix}. \tag{6.10}$$

Operações semelhantes para $\lambda = -1$ produzem

$$\lambda_3 = -1, \quad \mathbf{c}_3 = \begin{pmatrix} C \\ -C \\ 0 \end{pmatrix}. \tag{6.11}$$

Coletando nossos resultados, e normalizando os autovetores (muitas vezes útil, mas em geral não necessário), temos

$$\lambda_1 = 2, \quad \mathbf{c}_1 = \begin{pmatrix} 0 \\ 0 \\ 1 \end{pmatrix}, \qquad \lambda_2 = 1, \quad \mathbf{c}_2 = \begin{pmatrix} 2^{-1/2} \\ 2^{-1/2} \\ 0 \end{pmatrix}, \qquad \lambda_3 = -1, \quad \mathbf{c}_3 = \begin{pmatrix} 2^{-1/2} \\ -2^{-1/2} \\ 0 \end{pmatrix}.$$

Observe que, como H era a diagonal do bloco, com um bloco superior esquerdo 2×2 e um bloco superior direito 1×1, a equação secular separada em um produto dos determinantes para os dois blocos, e suas soluções correspondiam àquelas de um bloco individual, com coeficientes do valor zero para o(s) outro(s) bloco(s). Assim, $\lambda = 2$ era uma solução para o bloco 1×1 na linha/coluna 3, e seu autovetor envolveu apenas o coeficiente c_3. Os valores $\lambda \pm 1$ vieram do bloco 2×2 nas linhas/colunas 1 e 2, com os autovetores envolvendo apenas os coeficientes c_1 e c_2. ■

No caso de um bloco 1×1 na linha/coluna i, vimos, para $i = 3$ no Exemplo 6.2.2, que seu único elemento era o autovalor, e que o autovetor correspondente é proporcional a $\hat{\mathbf{e}}_i$ (um vetor unitário cujo único elemento diferente de zero é $c_i = 1$). A generalização dessa observação é que, se uma matriz H é diagonal, seus elementos diagonais h_{ii} serão os autovalores λ_i, e que os autovetores $\mathbf{c}_i$ serão os vetores unitários $\hat{\mathbf{e}}_i$.

Degeneração

Se a equação secular tiver uma raiz múltipla, diz-se que o autossistema é **degenerado** ou exibe **degenerescência**. Eis um exemplo.

Exemplo 6.2.3 Autoproblema Degenerado

Vamos descobrir os autovalores e autovetores de

$$H = \begin{pmatrix} 0 & 0 & 1 \\ 0 & 1 & 0 \\ 1 & 0 & 0 \end{pmatrix}. \tag{6.12}$$

A equação secular para esse problema é

$$\begin{vmatrix} -\lambda & 0 & 1 \\ 0 & 1-\lambda & 0 \\ 1 & 0 & -\lambda \end{vmatrix} = \lambda^2(1-\lambda) - (1-\lambda) = (\lambda^2-1)(1-\lambda) = 0 \tag{6.13}$$

com as três raízes $+1$, $+1$ e -1. Vamos considerar primeiro $\lambda = -1$. Então temos

$$c_1 + c_3 = 0,$$
$$2c_2 = 0,$$
$$c_1 + c_3 = 0.$$

Assim,

$$\lambda_1 = -1, \quad \mathbf{c}_1 = C \begin{pmatrix} 1 \\ 0 \\ -1 \end{pmatrix}. \tag{6.14}$$

Para a raiz dupla $\lambda = +1$,

$$-c_1 + c_3 = 0,$$
$$0 = 0,$$
$$c_1 - c_3 = 0.$$

Note que, das três equações, apenas uma agora é linearmente independente; a raiz dupla sinaliza **duas** dependências lineares, e temos soluções para **quaisquer** valores de c_1 e c_2, apenas com a condição de que $c_3 = c_1$. Os autovetores para $\lambda = +1$ abrangem assim uma **variedade** 2-D (= subespaço), em contraste com a variedade característica unidimensional trivial das soluções não degeneradas.

A forma geral para esses autovetores é

$$\lambda = +1, \quad \mathbf{c} = \begin{pmatrix} C \\ C' \\ C \end{pmatrix}. \tag{6.15}$$

É conveniente descrever o autoespaço degenerado para $\lambda = 1$ identificando dois vetores mutuamente ortogonais que o abrangem. Podemos escolher o primeiro vetor selecionando valores arbitrários de C e C' (uma escolha óbvia é definir um desses, digamos, C', como zero). Em seguida, utilizando o processo de Gram-Schmidt (ou, nesse caso, por inspeção simples), descobrimos um segundo autovetor ortogonal para o primeiro. Aqui, isso leva à

$$\lambda_2 = \lambda_3 = +1, \quad \mathbf{c}_2 = C \begin{pmatrix} 1 \\ 0 \\ 1 \end{pmatrix}, \quad \mathbf{c}_3 = C' \begin{pmatrix} 0 \\ 1 \\ 0 \end{pmatrix}. \tag{6.16}$$

Normalizando, nossos autovalores e autovetores tornam-se

$$\lambda_1 = -1, \quad \mathbf{c}_1 = \begin{pmatrix} 2^{-1/2} \\ 0 \\ -2^{-1/2} \end{pmatrix}, \quad \lambda_2 = \lambda_3 = 1, \quad \mathbf{c}_2 = \begin{pmatrix} 2^{-1/2} \\ 0 \\ 2^{-1/2} \end{pmatrix}, \quad \mathbf{c}_3 = \begin{pmatrix} 0 \\ 1 \\ 0 \end{pmatrix}.$$

∎

Todos os problemas de autovalores que usamos como exemplos levaram a equações seculares com soluções simples; aplicações realistas frequentemente envolvem matrizes de grande dimensão e equações seculares de alto grau. A solução dos problemas de autovalores de matriz é um campo ativo na análise numérica e programas de computador muito sofisticados para essa finalidade estão agora disponíveis. A discussão dos detalhes desses programas está além do escopo deste livro, mas a capacidade de usar esses programas deve ser parte da tecnologia disponível para o trabalho do físico.

Exercícios

Encontre os autovalores e autovetores normalizados correspondentes das matrizes nos Exercícios 6.2.1 a 6.2.14. Ortogonalize quaisquer autovetores degenerados.

6.2.1 $A = \begin{pmatrix} 1 & 0 & 1 \\ 0 & 1 & 0 \\ 1 & 0 & 1 \end{pmatrix}$.

RESPOSTA: $\lambda = 0, 1, 2$.

6.2.2 $A = \begin{pmatrix} 1 & \sqrt{2} & 0 \\ \sqrt{2} & 0 & 0 \\ 0 & 0 & 0 \end{pmatrix}$.

RESPOSTA: $\lambda = -1, 0, 2$.

6.2.3 $A = \begin{pmatrix} 1 & 1 & 0 \\ 1 & 0 & 1 \\ 0 & 1 & 1 \end{pmatrix}$.

RESPOSTA: $\lambda = -1, 1, 2$.

6.2.4 $A = \begin{pmatrix} 1 & \sqrt{8} & 0 \\ \sqrt{8} & 0 & \sqrt{8} \\ 0 & \sqrt{8} & 1 \end{pmatrix}$.

RESPOSTA: $\lambda = -3, 1, 5$.

6.2.5 $A = \begin{pmatrix} 1 & 0 & 0 \\ 0 & 1 & 1 \\ 0 & 1 & 1 \end{pmatrix}$.

RESPOSTA: $\lambda = 0, 1, 2$.

6.2.6 $A = \begin{pmatrix} 1 & 0 & 0 \\ 0 & 1 & \sqrt{2} \\ 0 & \sqrt{2} & 0 \end{pmatrix}$.

RESPOSTA: $\lambda = -1, 1, 2$.

6.2.7 $A = \begin{pmatrix} 0 & 1 & 0 \\ 1 & 0 & 1 \\ 0 & 1 & 0 \end{pmatrix}$.

RESPOSTA: $\lambda = -\sqrt{2}, 0, \sqrt{2}$.

6.2.8 $A = \begin{pmatrix} 2 & 0 & 0 \\ 0 & 1 & 1 \\ 0 & 1 & 1 \end{pmatrix}$.

RESPOSTA: $\lambda = 0, 2, 2$.

6.2.9 $A = \begin{pmatrix} 0 & 1 & 1 \\ 1 & 0 & 1 \\ 1 & 1 & 0 \end{pmatrix}$.

RESPOSTA: $\lambda = -1, -1, 2$.

6.2.10 $A = \begin{pmatrix} 1 & -1 & -1 \\ -1 & 1 & -1 \\ -1 & -1 & 1 \end{pmatrix}$.

RESPOSTA: $\lambda = -1, 2, 2$.

6.2.11 $A = \begin{pmatrix} 1 & 1 & 1 \\ 1 & 1 & 1 \\ 1 & 1 & 1 \end{pmatrix}$.

RESPOSTA: $\lambda = 0, 0, 3$.

6.2.12 $A = \begin{pmatrix} 5 & 0 & 2 \\ 0 & 1 & 0 \\ 2 & 0 & 2 \end{pmatrix}$.

RESPOSTA: $\lambda = 1, 1, 6$.

6.2.13 $A = \begin{pmatrix} 1 & 1 & 0 \\ 1 & 1 & 0 \\ 0 & 0 & 0 \end{pmatrix}$.

RESPOSTA: $\lambda = 0, 0, 2$.

6.2.14 $A = \begin{pmatrix} 5 & 0 & \sqrt{3} \\ 0 & 3 & 0 \\ \sqrt{3} & 0 & 3 \end{pmatrix}$.

RESPOSTA: $\lambda = 2, 3, 6$.

6.2.15   Descreva as propriedades geométricas da superfície

$$x^2 + 2xy + 2y^2 + 2yz + z^2 = 1.$$

Como é orientada no espaço 3-D? É uma seção cônica? Se for, de que tipo?

6.3   Problemas de Autovalor Hermitiano

Todos os problemas ilustrativos que examinamos até agora acabaram tendo autovalores reais; isso também foi verdadeiro para todos os exercícios no final da Seção 6.2. Descobrimos também, sempre que nos preocupamos em verificar, que os autovetores correspondentes a diferentes autovalores eram ortogonais. O objetivo desta seção é mostrar que essas propriedades são consequências do fato de que todos os problemas de autovalor que consideramos eram para matrizes hermitianas.

Lembramos o leitor de que a verificação para hermiticidade é simples: Simplesmente verificamos que H é igual ao seu adjunto, $H^{\dagger}$; se uma matriz é real, essa condição é simplesmente de que ela seja simétrica.

Todas as matrizes a que nos referimos são claramente hermitianas.

Passamos agora para caracterizar os valores e autovetores das matrizes hermitianas. Seja H uma matriz hermitiana, com $\mathbf{c}_i$ e $\mathbf{c}_j$ dois de seus autovetores correspondendo, respectivamente, aos autovalores λ_i e λ_j. Em seguida, usando a notação de Dirac,

$$H|\mathbf{c}_i\rangle = \lambda_i |\mathbf{c}_i\rangle, \quad H|\mathbf{c}_j\rangle = \lambda_j |\mathbf{c}_j\rangle. \tag{6.17}$$

Multiplicando à esquerda o primeiro desses por $c_j^{\dagger}$, que na notação de Dirac é $\langle \mathbf{c}_j |$, e o segundo por $\langle \mathbf{c}_i |$,

$$\langle \mathbf{c}_j |H|\mathbf{c}_i\rangle = \lambda_i \langle \mathbf{c}_j |\mathbf{c}_i\rangle, \quad \langle \mathbf{c}_i |H|\mathbf{c}_j\rangle = \lambda_j \langle \mathbf{c}_i |\mathbf{c}_j\rangle. \tag{6.18}$$

Em seguida, pegamos o conjugado complexo da segunda dessas equações, observando que $\mathbf{c}_i | \mathbf{c}_j{}^* = \mathbf{c}_i | \mathbf{c}_j$, que devemos resolver a ocorrência de λ_j como um conjugado complexo, e que

$$\langle \mathbf{c}_i |H|\mathbf{c}_j\rangle^* = \langle H\mathbf{c}_j |\mathbf{c}_i\rangle = \langle \mathbf{c}_j |H|\mathbf{c}_i\rangle. \tag{6.19}$$

Note que o primeiro membro da Equação (6.19) contém o produto escalar de $\mathbf{c}_i$ com $H\mathbf{c}_j$. Transformar esse produto escalar em um conjugado complexo produz o segundo membro da equação. O último membro da equação vem em seguida porque H é hermitiano.

Portanto, a conjugação complexa converte as Equações (6.18) em

$$\langle \mathbf{c}_j |H|\mathbf{c}_i\rangle = \lambda_i \langle \mathbf{c}_j |\mathbf{c}_i\rangle, \quad \langle \mathbf{c}_j |H|\mathbf{c}_i\rangle = \lambda_j^* \langle \mathbf{c}_j |\mathbf{c}_i\rangle. \tag{6.20}$$

Equações (6.20) permitem obter dois resultados importantes: Primeiro, se $i = j$, o produto escalar k $\mathbf{c}_j \mid \mathbf{c}_i$ l torna-se k $\mathbf{c}_i \mid \mathbf{c}_i$ l, que é uma grandeza inerentemente positiva. Isso significa que as duas equações só são consistentes se $\lambda_i = \lambda_i^*$, o que significa que λ_i deve ser real. Assim,

Os autovalores de uma matriz hermitiana são reais.

Em seguida, se $i \neq j$, combinando as duas equações da Equação (6.20), e lembrando que λ_i são reais,

$$(\lambda_i - \lambda_j)\langle \mathbf{c}_j \mid \mathbf{c}_i \rangle = 0, \tag{6.21}$$

de modo que nem $\lambda_i = \lambda_j$ nem $\langle \mathbf{c}_j \mid \mathbf{c}_i \rangle = 0$. Isso informa que

Os autovetores de uma matriz hermitiana correspondendo a diferentes autovalores são ortogonais.

Observe, porém, que se $\lambda_i = \lambda_j$, o que ocorrerá se i e j se referem a dois autovetores degenerados, não sabemos nada sobre sua ortogonalidade. Na verdade, no Exemplo 6.2.3 examinamos um par de autovetores degenerados, observando que eles abrangiam uma variedade bidimensional e não precisavam ser ortogonais. No entanto, também observamos nesse contexto que poderíamos **escolhê-los** como sendo ortogonais. Às vezes (como no Exemplo 6.2.3), é óbvio como escolher autovetores degenerados ortogonais. Quando isso não é óbvio, podemos começar de qualquer conjunto linearmente independente de autovetores degenerados e ortonormalizá-los pelo processo de Gram-Schmidt.

Como o número total de autovetores de uma matriz hermitiana é igual à sua dimensão, e como (se houver ou não degenerescência) podemos transformá-los em um conjunto ortonormal de autovetores, temos o seguinte resultado importante:

É possível escolher os autovetores de uma matriz hermitiana de tal maneira que eles formem um conjunto ortonormal que abrange o espaço da base matricial. Essa situação é muitas vezes referida pela afirmação: "Autovetores de uma matriz hermitiana formam um **conjunto** *completo." Isso significa que, se a matriz é de ordem n, qualquer vetor de dimensão n pode ser escrito como a combinação linear dos autovetores ortonormais, com os coeficientes determinados pelas regras para expansões ortogonais.*

Fechamos esta seção lembrando o leitor de que os teoremas que foram estabelecidos para uma expansão arbitrária de conjunto de base de uma equação de autovalor hermitiana também se aplicam a essa equação de autovalor em sua forma original. Portanto, esta seção também mostrou que:

Se H é o operador hermitiano linear em um espaço arbitrário de Hilbert,

1. *Os autovalores de H são reais.*
2. *Autofunções correspondentes a diferentes autovalores de H são ortogonais.*
3. *É possível selecionar as autofunções de H de tal modo que elas formam uma base ortonormal para o espaço de Hilbert. Em geral, as autofunções de um operador hermitiano formam um conjunto completo (isto é, uma base completa para o espaço de Hilbert).*

6.4 Diagonalização da Matriz Hermitiana

Na Seção 6.2, observamos que se uma matriz é diagonal, os elementos diagonais são seus autovalores. Essa observação abre uma abordagem alternativa ao problema de autovalor de matriz.

Dada a equação de autovalor de matriz

$$H\mathbf{c} = \lambda\mathbf{c}, \tag{6.22}$$

onde H é uma matriz hermitiana, considere o que acontece se inserimos uma unidade entre H e $\mathbf{c}$, como a seguir, com U uma matriz unitária, e então multiplicamos à esquerda a equação resultante por U:

$$HU^{-1}U\mathbf{c} = \lambda\mathbf{c} \quad \longrightarrow \quad UHU^{-1}(U\mathbf{c}) = \lambda(U\mathbf{c}). \tag{6.23}$$

A Equação (6.23) mostra que a equação de autovalor original foi convertida em uma na qual H foi substituído por sua transformação unitária (por U) e o autovetor $\mathbf{c}$ também foi transformado por U, mas o valor de λ permanece inalterado. Temos, assim, o resultado importante:

Os autovalores de uma matriz permanecem inalterados quando a matriz é submetida a uma transformação unitária.

Em seguida, suponha que escolhemos U de tal modo que a matriz transformada UHU^{-1} está na base do autovetor. Embora possamos ou não saber como construir esse U, sabemos que essa matriz unitária existe porque os autovetores formam um conjunto ortogonal completo, e pode ser especificado para ser normalizado. Se transformamos com o U escolhido, a matriz UHU^{-1} será diagonal, com os autovalores como elementos diagonais. Além disso, o autovetor $U\mathbf{c}$ de UHU^{-1} correspondendo ao autovalor $\lambda_i = (UHU^{-1})_{ii}$ é $\hat{\mathbf{e}}_i$ (um vetor de coluna com todos os elementos zero, exceto para a unidade na i-ésima linha). Podemos encontrar o autovetor $\mathbf{c}_i$ da Equação (6.22), resolvendo a equação $U\mathbf{c}_i = \hat{\mathbf{e}}_i$, obtendo $\mathbf{c}_i = U^{-1}\hat{\mathbf{e}}_i$.

Essas observações correspondem ao seguinte:

Para qualquer matriz hermitiana H, existe a transformação unitária U que fará com que UHU^{-1} seja diagonal, com os autovalores de H como seus elementos diagonais.

Isso é um resultado extremamente importante. Outra forma de afirmar isso é:

A matriz hermitiana pode ser diagonalizada por uma transformação unitária, com seus autovalores como os elementos diagonais.

Analisando em seguida o i-ésimo autovetor $U^{-1}\hat{\mathbf{e}}_i$, temos

$$\begin{pmatrix} (U^{-1})_{11} & \dots & (U^{-1})_{1i} & \dots & (U^{-1})_{1n} \\ (U^{-1})_{21} & \dots & (U^{-1})_{2i} & \dots & (U^{-1})_{2n} \\ \dots & \dots & \dots & \dots & \dots \\ \dots & \dots & \dots & \dots & \dots \\ (U^{-1})_{n1} & \dots & (U^{-1})_{ni} & \dots & (U^{-1})_{nn} \end{pmatrix} \begin{pmatrix} 0 \\ \dots \\ 1 \\ \dots \\ 0 \end{pmatrix} = \begin{pmatrix} (U^{-1})_{1i} \\ (U^{-1})_{2i} \\ \dots \\ \dots \\ (U^{-1})_{ni} \end{pmatrix}. \tag{6.24}$$

Vemos que as colunas de U^{-1} são os autovetores de H, normalizados porque U^{-1} é uma matriz unitária. Fica também evidente a partir da Equação (6.24), que U^{-1} não é inteiramente único; se suas colunas forem permutadas, tudo o que acontecerá é que a ordem dos autovetores mudará, com uma permutação correspondente aos elementos diagonais da matriz diagonal UHU^{-1}.

Resumindo,

Se a matriz unitária U é tal que, para uma matriz hermitiana H, UHU^{-1} é diagonal, o autovetor normalizado de H correspondente ao autovalor $(UHU^{-1})_{ii}$ será a i-ésima coluna de U^{-1}.

Se H não é degenerado, U^{-1} (e também U) será único, exceto para uma possível permutação das colunas de U^{-1} (e uma permutação correspondente das linhas de U). Porém, se é H degenerado (tem um autovalor repetido), então as colunas de U^{-1} correspondendo ao mesmo autovalor podem ser transformadas entre si, dando assim a flexibilidade adicional a U e U^{-1}.

Por fim, recorrendo ao fato de que tanto o determinante quanto o traço de uma matriz permanecem inalterados quando a matriz é submetida a uma transformação unitária (mostrada na Seção 5.7), vemos que o determinante de uma matriz hermitiana pode ser identificado como o produto dos seus autovalores, e seu traço será a soma deles. Além dos próprios autovalores individuais, esses são os mais úteis das invariantes que uma matriz tem no que diz respeito à transformação unitária.

Ilustramos as ideias introduzidas até agora nessa seção no próximo exemplo.

Exemplo 6.4.1   TRANSFORMANDO UMA MATRIZ EM UMA FORMA DIAGONAL
Voltamos à matriz H do Exemplo 6.2.2:

$$H = \begin{pmatrix} 0 & 1 & 0 \\ 1 & 0 & 0 \\ 0 & 0 & 2 \end{pmatrix}.$$

Notamos que ela é hermitiana, assim existe uma transformação unitária U que irá diagonalizá-la. Como já conhecemos os autovetores de H, podemos usá-los para construir U. Notando que precisamos de autovetores **normalizados**, e consultando as Equações (6.9) a (6.11), temos

$$\lambda = 2, \begin{pmatrix} 0 \\ 0 \\ 1 \end{pmatrix}; \quad \lambda = 1, \begin{pmatrix} 1/\sqrt{2} \\ 1/\sqrt{2} \\ 0 \end{pmatrix}; \quad \lambda = -1, \begin{pmatrix} 1/\sqrt{2} \\ -1/\sqrt{2} \\ 0 \end{pmatrix}.$$

Combinando esses como colunas em U^{-1},

$$U^{-1} = \begin{pmatrix} 0 & 1/\sqrt{2} & 1/\sqrt{2} \\ 0 & 1/\sqrt{2} & -1/\sqrt{2} \\ 1 & 0 & 0 \end{pmatrix}.$$

Como $U = (U^{-1})^{\dagger}$, formamos facilmente

$$U = \begin{pmatrix} 0 & 0 & 1 \\ 1/\sqrt{2} & 1/\sqrt{2} & 0 \\ 1/\sqrt{2} & -1/\sqrt{2} & 0 \end{pmatrix} \quad \text{e} \quad UHU^{-1} = \begin{pmatrix} 2 & 0 & 0 \\ 0 & 1 & 0 \\ 0 & 0 & -1 \end{pmatrix}.$$

O traço de H é 2, como é a soma dos autovalores; det(H) é –2, igual a $2 \times 1 \times (-1)$. ∎

Encontrando uma Transformação Diagonalizante

Como o Exemplo 6.4.1 mostra, conhecer os autovetores de uma matriz hermitiana H permite a construção direta de uma matriz unitária U que transforma H em forma diagonal. No entanto, estamos interessados na diagonalização das matrizes com a finalidade de **encontrar** seus autovetores e autovalores, assim a construção ilustrada no Exemplo 6.4.1 não atende nossas necessidades atuais. Matemáticos aplicados (e até mesmo químicos teóricos!) deram atenção ao longo de muitos anos aos métodos numéricos para diagonalizar matrizes de ordem grande o suficiente que uma solução direta e exata da equação secular não é possível, e programas de computador para executar esses métodos alcançaram alto grau de sofisticação e eficiência.

De maneiras diferentes, esses programas envolvem processos que abordam a diagonalização via aproximações sucessivas. Isso era esperado, uma vez que não existem fórmulas explícitas para a solução de equações algébricas de alto grau (incluindo, naturalmente, as equações seculares). Para dar ao leitor uma ideia do nível que foi alcançado pela tecnologia de diagonalização de matrizes, identificamos um cálculo[1] que determinava alguns dos autovalores e autovetores de uma matriz cuja dimensão excedia a 10^9.

Uma das técnicas mais antigas para a diagonalização de uma matriz é devido ao método de Jacobi. Ele agora foi suplantado por métodos mais eficientes (mas menos transparentes), mas o discutiremos brevemente aqui para ilustrar as ideias envolvidas. A essência do método de Jacobi é que, se uma matriz hermitiana H tem um valor diferente de zero de alguns h_{ij} fora da diagonal (e, portanto, também h_{ji}), uma transformação unitária que altera apenas as linhas/colunas de i e j podem reduzir h_{ij} e h_{ji} a zero. Embora essa transformação possa fazer com que outros elementos anteriormente zerados se tornem diferente de zero, podemos mostrar que a matriz resultante está mais perto de ser diagonal (o que significa que a soma das grandezas quadradas de seus elementos fora da diagonal foram reduzidos). Podemos, portanto, aplicar as transformações do tipo Jacobi repetidamente para reduzir elementos individuais fora da diagonal a zero, continuando até que não haja nenhum elemento fora da diagonal maior do que uma tolerância aceitável.

Se a matriz unitária que é o produto das transformações individuais for construída, obteremos assim a transformação diagonalizante geral. Alternativamente, podemos utilizar o método de Jacobi apenas para a recuperação dos autovalores, após o qual o método apresentado anteriormente pode ser utilizado para obter os autovetores.

Diagonalização Simultânea

É de interesse saber se duas matrizes hermitianas A e B podem ter um conjunto comum de autovetores. Acontece que isso é possível se, e somente se, eles comutarem. A prova é simples se os autovetores de A ou **B** são não degenerados.

Suponha que c_i são um conjunto de autovetores tanto de A quanto de B com os respectivos autovalores a_i e b_i. Então forme, para qualquer i,

$$BAc_i = Ba_ic_i = b_ia_ic_i,$$

$$ABc_i = Ab_ic_i = a_ib_ic_i.$$

---

[1] J. Olsen, P. Jørgensen, e J. Simons, Passing the one-billion limit in full configuration-interaction calculations, *Chem. Phys. Lett.* **169**: 463 (1990).

Essas equações mostram que $BAc_i = ABc_i$ para todo c_i. Como qualquer vetor v pode ser escrito como uma combinação linear de c_i, descobrimos que $(BA - AB)v = 0$ para todo v, o que significa que $BA = AB$. Descobrimos que a existência de um conjunto comum de autovetores implica comutação. Resta ser provado o inverso, ou seja, que a comutação permite a construção de um conjunto comum de autovetores.

Para o inverso, supomos que A e B comutam, que c_i é um autovetor de A com autovalor a_i, e que esse autovetor de A é não degenerado. Então formamos

$$ABc_i = BAc_i = Ba_ic_i, \text{ ou } A(Bc_i) = a_i(Bc_i).$$

Essa equação mostra que Bc_i também é um autovetor de A com autovalor a_i. Como supomos que o autovetor de A era não degenerado, Bc_i deve ser proporcional a c_i, significando que c_i também é um autovetor de **B**. Isso completa a prova de que, se A e B comutam, eles têm autovetores comuns.

A prova desse teorema pode ser estendida para incluir o caso em que ambos os operadores têm autovetores degenerados. Incluindo a extensão, resumimos afirmando o resultado geral:

Matrizes hermitianas têm um conjunto completo de autovetores em comum se, e somente se, elas comutam.

Pode acontecer que temos três matrizes A, B, e C, e que $[A, B] = 0$ e $[A, C] = 0$, mas $[B, C] \neq 0$. Nesse caso, que é bastante comum na física atômica, temos uma escolha. Podemos insistir em um conjunto de c_i que são autovetores simultâneos de A e B, caso em que nem todos os c_i podem ser autovetores de C, ou podemos ter autovetores simultâneos de A e C, mas não B. Na física atômica essas escolhas normalmente correspondem a descrições em que se exige que momentos angulares diferentes tenham valores definidos.

Decomposição Espectral

Depois que os autovalores e autovetores de uma matriz hermitiana H foram encontrados, podemos expressar H em termos dessas quantidades. Como os matemáticos chamam o conjunto de autovalores de H seu **espectro**, a expressão que agora derivamos para H é referida como sua **decomposição espectral**.

Como observado anteriormente, na base dos autovetores ortonormais, a matriz H será diagonal.

Em seguida, em vez da forma geral para a expansão da base de um operador, H será da forma diagonal

$$H = \sum_\mu |c_\mu\rangle \lambda_\mu \langle c_\mu|, \quad \text{cada } c_\mu \text{ satisfaz } Hc_\mu = \lambda_\mu c_\mu \quad \text{e} \quad \langle c_\mu | c_\mu \rangle = 1. \tag{6.25}$$

Esse resultado, a **decomposição espectral** de H, é facilmente verificado aplicando-o a qualquer autovetor c_ν.

Outro resultado relacionado com a decomposição espectral de H pode ser obtido se multiplicarmos os dois lados da equação $Hc_\mu = \lambda_\mu c_\mu$ à esquerda por H, alcançando

$$H^2 c_\mu = (\lambda_\mu)^2 c_\mu;$$

outras aplicações de H mostram que todas as potências positivas de H têm os mesmos autovetores que H, assim, se $f(H)$ é qualquer função de H que tem uma expansão em série de potências, ele tem decomposição espectral

$$f(H) = \sum_\mu |c_\mu\rangle f(\lambda_\mu) \langle c_\mu|. \tag{6.26}$$

A Equação (6.26) pode ser estendida para incluir potências negativas se H é não singular; a fazer isso, multiplique $Hc_\mu = \lambda_\mu c_\mu$ à esquerda por H^{-1} e reorganize, para obter

$$H^{-1} c_\mu = \frac{1}{\lambda_\mu} c_\mu,$$

mostrando que as potências negativas de H também têm os mesmos autovetores que H.

Por fim, podemos agora facilmente provar a fórmula do traço, Equação (2.84). Na base do autovetor,

$$\det\left(\exp(A)\right) = \prod_\mu e^{\lambda_\mu} = \exp\left(\sum_\mu \lambda_\mu\right) = \exp\left(\text{traço}(A)\right). \tag{6.27}$$

Como o determinante e o traço são independentes da base, isso prova a fórmula do traço.

Valores Esperados

O valor esperado de um operador hermitiano H associado à função normalizada ψ foi definido na Equação (5.61) como

$$\langle H \rangle = \langle \psi | H | \psi \rangle, \tag{6.28}$$

onde foi mostrado que, se uma base ortonormal foi introduzida, com H então representado por uma matriz H e ψ representado por um vetor **a**, esse valor esperado assumiu a forma

$$\langle H \rangle = \mathbf{a}^\dagger \mathsf{H} \mathbf{a} = \langle \mathbf{a} | \mathsf{H} | \mathbf{a} \rangle = \sum_{\nu\mu} a_\nu^* h_{\nu\mu} a_\mu. \tag{6.29}$$

Se essas grandezas são expressas na base do autovetor ortonormal, a Equação (6.29) torna-se

$$\langle H \rangle = \sum_\mu a_\mu^* \lambda_\mu a_\mu = \sum_\mu |a_\mu|^2 \lambda_\mu, \tag{6.30}$$

onde a_μ é o coeficiente do autovetor $\mathbf{c}_\mu$ (com autovalor λ_μ) na expansão de ψ. Observamos que o valor esperado é uma soma ponderada dos autovalores, com os pesos não negativos, e adicionando à unidade porque

$$\langle \mathbf{a} | \mathbf{a} \rangle = \sum_\mu a_\mu^* a_\mu = \sum_\mu |a_\mu|^2 = 1. \tag{6.31}$$

Uma implicação óbvia da Equação (6.30) é que o valor esperado $\langle H \rangle$ não pode ser menor do que o menor autovalor nem maior que o maior autovalor. A interpretação da mecânica quântica dessa observação é de que, se H corresponde a uma grandeza física, medidas dessa grandeza produzirão os valores λ_μ com probabilidades relativas dada por $|a_\mu|^2$ e, portanto, com um valor médio correspondendo à soma ponderada, que é o valor esperado.

Operadores hermitianos que surgem em problemas físicos muitas vezes têm os menores autovalores finitos.

Isso, por sua vez, significa que o valor esperado da grandeza física associada ao operador tem um limite inferior finito. Temos, assim, a relação frequentemente útil

Se o algebricamente menor autovalor de H é finito, então, para **qualquer** *ψ, $\langle \psi | H | \psi \rangle$ será maior que ou igual a esse autovalor, com a igualdade ocorrendo apenas se ψ é uma autofunção correspondendo ao menor autovalor.*

Operadores Definidos e Singulares Positivos

Se todos os autovalores de um operador A são positivos, ele é denominado **definido positiva**. Se, e somente se, A é definida positiva, seu valor esperado para qualquer um diferente de zero ψ, ou seja, $\langle \psi | A | \psi \rangle$, também será positivo, uma vez que (quando ψ é normalizado) ele deve ser igual ou maior do que o menor autovalor.

Exemplo 6.4.2 MATRIZ DE SOBREPOSIÇÃO

Seja S uma **matriz de sobreposição** dos elementos $s_{\nu\mu} = \langle \chi_\nu | \chi_\mu \rangle$, onde χ_ν são membros de uma base linearmente independente, mas não ortogonal. Se supomos que uma função arbitrária diferente de zero ψ seja expandida em termos de χ_ν, de acordo com $\psi = \sum_\nu b_\nu \chi_\nu$, o produto escalar $\langle \psi | \psi \rangle$ será dado por

$$\langle \psi | \psi \rangle = \sum_{\nu\mu} b_\nu^* s_{\nu\mu} b_\mu,$$

que tem a forma de um valor esperado para a matriz S. Como $\langle \psi | \psi \rangle$ é uma grandeza inerentemente positiva, podemos concluir que S é definida positiva. ∎

Se, por outro lado, as linhas (ou as colunas) de uma matriz quadrada representam formas linearmente dependentes, como coeficientes em uma expansão de conjunto de base ou como os coeficientes de uma expressão linear de um conjunto de variáveis, a matriz será singular, e esse fato será sinalizado pela presença dos autovalores que são zero. O número de autovalores zero fornece uma indicação da extensão da dependência linear; se uma matriz $n \times n$ tem m zero autovalores, sua ordem será $n - m$.

Exercícios

6.4.1 Mostre que os autovalores de uma matriz permanecem inalterados se a matriz é transformada por uma transformação de similaridade — uma transformação que não precisa ser unitária, mas da forma dada na Equação (5.78).

Essa propriedade não se limita a matrizes simétricas ou hermitianas. Ela é válida para qualquer matriz que satisfaz uma equação de autovalor do tipo $A\mathbf{x} = \lambda\mathbf{x}$. Se nossa matriz puder assumir a forma diagonal por uma transformação de similaridade, então duas consequências imediatas são que:

1. O traço (soma dos autovalores) é invariante sob uma transformação de similaridade.
2. O determinante (produto dos autovalores) é invariante sob uma transformação de similaridade.

Nota: A invariância do traço e o determinante são muitas vezes demonstrados utilizando o teorema de Cayley-Hamilton, que afirma que uma matriz satisfaz sua própria equação (secular) característica.

6.4.2 Como inverso do teorema de que matrizes hermitianas têm autovalores reais e que autovetores correspondendo a autovalores distintos são ortogonais, mostre que se
   (a) os autovalores de uma matriz são reais e
   (b) os autovetores satisfazem $x_i^\dagger x_j = \delta_{ij}$, então a matriz é hermitiana.

6.4.3 Mostre que uma matriz real que não é simétrica não pode ser diagonalizada por uma transformação ortogonal ou unitária.

Dica: Suponha que a matriz real assimétrica pode ser diagonalizada e desenvolva uma contradição.

6.4.4 Todas as matrizes que representam os componentes do momento angular L_x, L_y e L_z são hermitianas. Mostre que os autovalores de $\mathbf{L}^2$, onde $L^2 = L_x^2 + L_y^2 + L_z^2$, são reais e não negativos.

6.4.5 A tem autovalores λ_i e autovetores correspondendo $|\,\mathbf{x}_i\,\rangle$. Mostre que A^{-1} tem os mesmos autovetores, mas com autovalores λ_i^{-1}.

6.4.6 Uma matriz quadrada com determinante zero é rotulada **singular**.
   (a) Se A é singular, mostre que existe pelo menos um vetor de coluna diferente de zero $\mathbf{v}$ de tal modo que

   $$A|\mathbf{v}\rangle = 0.$$

   (b) Se houver um vetor diferente de zero $|\,v\,\rangle$ de tal modo que

   $$A|\mathbf{v}\rangle = 0,$$

   mostre que A é uma matriz singular. Isso significa que se uma matriz (ou operador) tem zero como um autovalor, a matriz (ou operador) não tem um inverso e seu determinante é zero.

6.4.7 Duas matrizes hermitianas A e B têm os mesmos autovalores. Mostre que A e B estão relacionadas por uma transformação unitária.

6.4.8 Encontre os autovalores e um conjunto ortonormal de autovetores para cada uma das matrizes do Exercício 2.2.12.

6.4.9 O processo unitário no procedimento iterativo de diagonalização de matriz conhecido como método de Jacobi é uma transformação unitária que opera em linhas/colunas i e j de uma matriz real simétrica A para produzir $a_{ij} = a_{ji} = 0$. Se essa transformação (das funções de base φ_i e φ_j para φ_i' e φ_j') é escrita

$$\varphi_i' = \varphi_i \cos\theta - \varphi_j \,\text{sen}\,\theta, \quad \varphi_j' = \varphi_i \,\text{sen}\,\theta + \varphi_j \cos\theta,$$

   (a) Mostre que a_{ij} é transformado em zero se $\tan 2\theta = \dfrac{2a_{ij}}{a_{jj} - a_{ii}}$,
   (b) Mostre que $a_{\mu\nu}$ permanece inalterado se nem μ nem ν é i ou j,
   (c) Encontre a_{ii}' e a_{jj}' e mostre que o traço de A não é alterado pela transformação,
   (d) Encontre $a_{i\mu}'$ e $a_{j\mu}'$ (onde μ não é i nem j) e mostre que a soma dos quadrados dos elementos fora da diagonal de A é reduzida pela quantidade $2a_{ij}^2$.

6.5 Matrizes Normais

Até agora a discussão ficou centrada em problemas de autovalor hermitiano, o que mostramos ter autovalores reais e autovetores ortogonais e, portanto, capazes de ser diagonalizados por uma transformação unitária. No entanto, a classe das matrizes que podem ser diagonalizadas por uma transformação unitária contém, além das matrizes hermitianas, todas as outras matrizes que comutam com seus adjuntos; uma matriz A com essa propriedade, ou seja,

$$[A, A^{\dagger}] = 0,$$

é denominada **normal**.[2] Claramente matrizes hermitianas são normais, como $H^{\dagger} = H$. Matrizes unitárias também são normais, pois U comuta com seu inverso. Matrizes anti-hermitianas (com $A^{\dagger} = -A$) também são normais. E existem matrizes normais que não são em nenhuma dessas categorias.

Para demonstrar que matrizes normais podem ser diagonalizadas por uma transformação unitária, basta que se prove que seus autovetores podem formar um conjunto ortonormal, que se reduz à exigência de que os autovetores de diferentes autovalores sejam ortogonais. A prova procede em dois passos, dos quais o primeiro é demonstrar que uma matriz A normal e seu adjunto têm os mesmos autovetores.

Supondo que $| \mathbf{x} \rangle$ é um autovetor de A com autovalor λ, temos a equação

$$(A - \lambda \mathbf{1})|\mathbf{x}\rangle = 0.$$

Multiplicando essa equação à esquerda por $\mathbf{x} | (A^{\dagger} - \lambda^{*} \mathbf{1})$, temos

$$\langle \mathbf{x}|(A^{\dagger} - \lambda^{*}\mathbf{1})(A - \lambda\mathbf{1})|\mathbf{x}\rangle = 0,$$

após a qual usamos a propriedade normal para permutar as duas grandezas entre parênteses, levando a

$$\langle \mathbf{x}|(A - \lambda\mathbf{1})(A^{\dagger} - \lambda^{*}\mathbf{1})|\mathbf{x}\rangle = 0.$$

Movendo a primeira grandeza entre parênteses até o semicolchete esquerdo, temos

$$\langle (A^{\dagger} - \lambda^{*}\mathbf{1})\mathbf{x}|(A^{\dagger} - \lambda^{*}\mathbf{1})|\mathbf{x}\rangle = 0,$$

que identificamos como um produto escalar da forma $\langle f | f \rangle$. A única maneira como esse produto escalar pode se anular é se

$$(A^{\dagger} - \lambda^{*}\mathbf{1})|\mathbf{x}\rangle = 0,$$

mostrando que $| \mathbf{x} |$ é um autovetor de $A^{\dagger}$ além de ser um autovetor de A. Porém, os autovalores de A e $A^{\dagger}$ são conjugados complexos; para matrizes normais gerais λ não precisa ser real.

Uma demonstração de que os autovetores são ortogonais é igualmente verdadeira para matrizes hermitianas. Sejam $| \mathbf{x}_i |$ e $| \mathbf{x}_j |$ dois autovetores (tanto de A como de $A^{\dagger}$), formamos

$$\langle \mathbf{x}_j|A|\mathbf{x}_i\rangle = \lambda_i \langle \mathbf{x}_j|\mathbf{x}_i\rangle, \quad \langle \mathbf{x}_i|A^{\dagger}|\mathbf{x}_j\rangle = \lambda_j^{*}\langle \mathbf{x}_i|\mathbf{x}_j\rangle. \tag{6.32}$$

Agora consideramos o conjugado complexo da segunda dessas equações, observando que $k \mathbf{x}_i | \mathbf{x}_j |^{*} = k \mathbf{x}_j | \mathbf{x}_i |$. Para formar o conjugado complexo de $k \mathbf{x}_i | A^{\dagger} | \mathbf{x}_j |$, primeiro nós o convertemos em $\langle A\mathbf{x}_i | \mathbf{x}_j \rangle$ e então permutamos os dois semicolchetes. As Equações (6.32) então se tornam

$$\langle \mathbf{x}_j|A|\mathbf{x}_i\rangle = \lambda_i \langle \mathbf{x}_j|\mathbf{x}_i\rangle, \quad \langle \mathbf{x}_j|A|\mathbf{x}_i\rangle = \lambda_j \langle \mathbf{x}_j|\mathbf{x}_i\rangle. \tag{6.33}$$

Essas equações indicam que se $\lambda_i \neq \lambda_j$, precisamos ter $k \mathbf{x}_j | \mathbf{x}_i | = 0$, provando assim a ortogonalidade.

---

[2]Matrizes normais são a maior classe de matrizes que podem ser diagonalizadas por transformações unitárias. Para uma discussão extensa sobre matrizes normais, consulte P.A. Macklin, Normal matrices for physicists, *Am. J. Phys.* **52**: 513 (1984).

O fato de que os autovalores de uma matriz normal $A^\dagger$ são conjugados complexos dos autovalores de A permite concluir que

- os autovalores de uma matriz anti-hermitiana é imaginário puro (porque $A^\dagger = -A$, $\lambda^* = -\lambda$), e
- os autovalores de uma matriz unitária são de grandeza unitária (porque $\lambda^* = 1/\lambda$, equivalente a $\lambda^* \lambda = 1$).

Exemplo 6.5.1   Um Autossistema Normal

Considere a matriz unitária

$$U = \begin{pmatrix} 0 & 0 & 1 \\ 1 & 0 & 0 \\ 0 & 1 & 0 \end{pmatrix}.$$

Essa matriz descreve a transformação rotacional na qual $z \to x$, $x \to y$ e $y \to z$.

Como é unitária, ela também é normal, e pode encontrar seus autovalores a partir da equação secular

$$\det(U - \lambda\mathbf{1}) = \begin{vmatrix} -\lambda & 0 & 1 \\ 1 & -\lambda & 0 \\ 0 & 1 & -\lambda \end{vmatrix} = -\lambda^3 + 1 = 0,$$

que tem as soluções $\lambda = 1$, ω, e ω^*, onde $\omega = e^{2\pi i/3}$. (Note que $\omega^3 = 1$, assim $\omega^* = 1/\omega = \omega^2$.) Como U é real, unitário e descreve uma rotação, seus autovalores devem estar no círculo unitário, sua soma (o traço) deve ser real e seu produto (o determinante) deve ser $+1$. Isso significa que um dos autovalores deve ser $+1$, e os dois restantes podem ser reais (ambos $+1$ ou ambos -1) ou formam um par conjugado complexo. Vemos que os autovalores que encontramos satisfazem esses critérios. O traço de U é zero, assim como é a soma $1 + \omega + \omega^*$ (isso pode ser verificado graficamente; ver Figura 6.3).

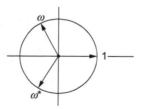

Figura 6.3: Autovalores da matriz U, Exemplo 6.5.1.

Prosseguindo para os autovetores, a substituição na equação

$$(U - \lambda\mathbf{1})\, \mathbf{c} = 0$$

produz (na forma não normalizada)

$$\lambda_1 = 1, \quad \mathbf{c}_1 = \begin{pmatrix} 1 \\ 1 \\ 1 \end{pmatrix}, \quad \lambda_2 = \omega, \quad \mathbf{c}_2 = \begin{pmatrix} 1 \\ \omega^* \\ \omega \end{pmatrix}, \quad \lambda_3 = \omega^2, \quad \mathbf{c}_3 = \begin{pmatrix} 1 \\ \omega \\ \omega^* \end{pmatrix}.$$

A interpretação desse resultado é interessante. O autovetor $\mathbf{c}^1$ permanece inalterado por U (a aplicação de U multiplica-o por uma unidade), assim ele deve estar na direção do eixo da rotação descrita por U. Os outros dois autovetores são combinações lineares complexas das coordenadas que são invariantes em termos da "direção", mas não em termos da fase sob aplicação de U. Escrevemos "direção" entre aspas, uma vez que os coeficientes complexos nos autovetores fazem com que eles não identifiquem as direções no espaço físico. No entanto, eles formam grandezas que são invariantes, exceto para multiplicação pelo autovalor (que identificamos como uma fase, uma vez que é da unidade de grandeza). O argumento de ω, $2\pi/3$, identifica o valor da rotação em torno do eixo $\mathbf{c}_1$.

Voltando à realidade física, notamos que descobrimos que U corresponde a uma rotação da quantidade $2\pi/3$ em torno de um eixo na direção $(1, 1, 1)$; o leitor pode verificar que isso de fato incorpora x em y, y em z e z em x.

Como U é normal, seus autovetores devem ser ortogonais. Uma vez que agora temos grandezas complexas, para verificar isso devemos calcular o produto escalar dos dois vetores **a** e **b** da fórmula de $\mathbf{a}^\dagger\,\mathbf{b}$. Nossos autovetores passam por esse teste.

Por fim, verificaremos se U e $U^\dagger$ têm os mesmos autovetores, e que os autovalores correspondentes são conjugados complexos. Considerando o adjunto de U, temos

$$U^\dagger = \begin{pmatrix} 0 & 1 & 0 \\ 0 & 0 & 1 \\ 1 & 0 & 0 \end{pmatrix}.$$

Usando os autovetores já encontrados para formar $U^\dagger\,\mathbf{c}_i$, a verificação é facilmente estabelecida. Ilustramos com $\mathbf{c}_2$:

$$\begin{pmatrix} 0 & 1 & 0 \\ 0 & 0 & 1 \\ 1 & 0 & 0 \end{pmatrix} \begin{pmatrix} 1 \\ \omega^* \\ \omega \end{pmatrix} = \begin{pmatrix} \omega^* \\ \omega \\ 1 \end{pmatrix} = \omega^* \begin{pmatrix} 1 \\ \omega^* \\ \omega \end{pmatrix},$$

como requerido.   ∎

Matrizes não Normais

Matrizes que nem mesmo são normais às vezes apresentam problemas de importância na física. Essa matriz, A, ainda tem a propriedade de que os autovalores de $A^\dagger$ são os conjugados complexos dos autovalores de A, porque $\det(A^\dagger) = [\det(A)]^*$, assim

$$\det(A - \lambda\mathbf{1}) = 0 \quad\longrightarrow\quad \det(A^\dagger - \lambda^*\mathbf{1}) = 0,$$

para o mesmo λ, mas não mais é verdade que os autovetores são ortogonais ou que A e $A^\dagger$ têm autovetores comuns.

Eis um exemplo proveniente da análise das vibrações em sistemas mecânicos. Consideramos as vibrações de um modelo clássico da molécula de CO_2. Embora o modelo seja clássico, ele é uma boa representação do sistema real da mecânica quântica, como para uma boa aproximação os núcleos executam pequenas oscilações (clássicas) no potencial da lei de Hooke gerado pela distribuição de elétrons. Esse problema é uma ilustração da aplicação das técnicas matriciais a um problema que não é iniciado como um problema matricial. Ele também fornece um exemplo dos autovalores e autovetores de uma matriz real assimétrica.

Exemplo 6.5.2   Modos Normais

Considere três massas em torno do eixo x ligadas por molas como mostrado na Figura 6.4. Supomos que as forças da mola são lineares nos deslocamentos a partir do equilíbrio (pequenos deslocamentos, lei de Hooke), e as massas são obrigadas a permanecer no eixo x.

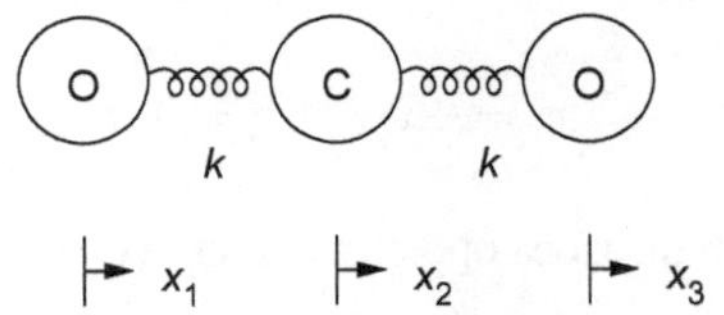

Figura 6.4: O sistema de mola de três massas representando a molécula de CO_2.

Usando uma coordenada diferente para o deslocamento de cada massa a partir da sua posição de equilíbrio, a segunda lei de Newton produz o conjunto das equações

$$\ddot{x}_1 = -\frac{k}{M}\,(x_1 - x_2)$$

$$\ddot{x}_2 = -\frac{k}{m}\,(x_2 - x_1) - \frac{k}{m}\,(x_2 - x_3) \tag{6.34}$$

$$\ddot{x}_3 = -\frac{k}{M}\,(x_3 - x_2),$$

onde $\ddot{x}$ significa d^2x/dt^2. Procuramos as frequências, ω, de tal modo que todas as massas vibram na mesma frequência. Esses são chamados modos **normais** da vibração[3], e são soluções para as Equações (6.34), com

$$x_i(t) = x_i \operatorname{sen} \omega t, \quad i = 1,\ 2,\ 3.$$

Substituindo essa solução definida nas Equações (6.34), essas equações, após o cancelamento do fator comum sen ωt, tornam-se equivalentes à equação matricial

$$\mathbf{Ax} \equiv \begin{pmatrix} \dfrac{k}{M} & -\dfrac{k}{M} & 0 \\[2mm] -\dfrac{k}{m} & \dfrac{2k}{m} & -\dfrac{k}{m} \\[2mm] 0 & -\dfrac{k}{M} & \dfrac{k}{M} \end{pmatrix} \begin{pmatrix} x_1 \\ x_2 \\ x_3 \end{pmatrix} = +\omega^2 \begin{pmatrix} x_1 \\ x_2 \\ x_3 \end{pmatrix}. \tag{6.35}$$

Podemos encontrar os autovalores de A resolvendo a equação secular

$$\begin{vmatrix} \dfrac{k}{M} - \omega^2 & -\dfrac{k}{M} & 0 \\[2mm] -\dfrac{k}{m} & \dfrac{2k}{m} - \omega^2 & -\dfrac{k}{m} \\[2mm] 0 & -\dfrac{k}{M} & \dfrac{k}{M} - \omega^2 \end{vmatrix} = 0, \tag{6.36}$$

que se expande para

$$\omega^2 \left(\frac{k}{M} - \omega^2 \right) \left(\omega^2 - \frac{2k}{m} - \frac{k}{M} \right) = 0.$$

Os autovalores são

$$\omega^2 = 0, \quad \frac{k}{M}, \quad \frac{k}{M} + \frac{2k}{m}.$$

Para $\omega^2 = 0$, a substituição de volta na Equação (6.35) produz

$$x_1 - x_2 = 0, \quad -x_1 + 2x_2 - x_3 = 0, \quad -x_2 + x_3 = 0,$$

que corresponde a $x_1 = x_2 = x_3$. Isso descreve a tradução pura sem nenhum movimento relativo das massas e nenhuma vibração.

Para $\omega^2 = k/M$, a Equação (6.35) produz

$$x_1 = -x_3, \quad x_2 = 0.$$

As duas massas externas se movem em direções opostas. A massa central é estacionária. Em CO_2 isso é chamado modo de **estiramento simétrico**.

Por fim, para $\omega^2 = k/M + 2k/m$, as componentes dos autovetores são

$$x_1 = x_3, \quad x_2 = -\frac{2M}{m} x_1.$$

Nesse modo de **estiramento antissimétrico**, as duas massas externas estão em movimento, em conjunto, em uma direção oposta à da massa central, assim uma ligação de CO estende-se enquanto a outra se contrai na mesma quantidade. Nesses dois modos de estiramento, o momento líquido do movimento é zero.

---

[3]Para uma discussão detalhada sobre os modos normais de vibração, consulte E. B. Wilson, Jr., J. C. Decius, e P. C. Cross, *Molecular Vibrations—The Theory of Infrared and Raman Vibrational Spectra*. Nova York: Dover (1980).

Qualquer deslocamento das três massas ao longo do eixo x pode ser descrito como uma combinação linear destes três tipos de movimento: tradução mais duas formas de vibração.

A matriz A da Equação (6.35) não é **normal**; o leitor pode verificar que $AA^\dagger \neq A^\dagger A$. Como resultado, os autovetores que encontramos não são ortogonais, como fica óbvio pela análise dos autovetores não normalizados:

$$\omega^2 = 0, \quad \mathbf{x} = \begin{pmatrix} 1 \\ 1 \\ 1 \end{pmatrix}, \quad \omega^2 = \frac{k}{M}, \quad \mathbf{x} = \begin{pmatrix} 1 \\ 0 \\ -1 \end{pmatrix}, \quad \omega^2 = \frac{k}{M} + \frac{2k}{m}, \quad \mathbf{x} = \begin{pmatrix} 1 \\ -2M/m \\ 1 \end{pmatrix}.$$

Usando os mesmos valores λ, podemos resolver as equações simultâneas

$$\left(A^\dagger - \lambda^* \mathbf{1} \right) \mathbf{y} = 0.$$

Os autovetores resultantes são

$$\omega^2 = 0, \quad \mathbf{x} = \begin{pmatrix} 1 \\ m/M \\ 1 \end{pmatrix}, \quad \omega^2 = \frac{k}{M}, \quad \mathbf{x} = \begin{pmatrix} 1 \\ 0 \\ 1 \end{pmatrix}, \quad \omega^2 = \frac{k}{M} + \frac{2k}{m}, \quad \mathbf{x} = \begin{pmatrix} 1 \\ -2 \\ 1 \end{pmatrix}.$$

Esses vetores não são ortogonais, nem os mesmos que os autovetores de A. ∎

Matrizes Defeituosas

Se uma matriz é não normal, talvez ela nem mesmo tenha um conjunto completo de autovetores. Essas matrizes são denominadas **defectivas**. Pelo teorema fundamental da álgebra, uma matriz de dimensão N terá N autovalores (quando sua multiplicidade é levada em conta). Também podemos mostrar que qualquer matriz terá pelo menos um autovetor correspondendo a cada um dos seus autovalores distintos. Porém, **nem** sempre é verdade que um autovalor da multiplicidade $k > 1$ terá k autovetores. Damos como um exemplo simples de uma matriz com o autovalor duplamente degenerado $\lambda = 1$:

$$\begin{pmatrix} 1 & 1 \\ 0 & 1 \end{pmatrix} \quad \text{possui apenas o autovetor solitário} \quad \begin{pmatrix} 1 \\ 0 \end{pmatrix}.$$

Exercícios

6.5.1 Encontre os autovalores e autovetores correspondentes para

$$\begin{pmatrix} 2 & 4 \\ 1 & 2 \end{pmatrix}.$$

Note que os autovetores **não** são ortogonais.

RESPOSTA: $\lambda_1 = 0$, $\mathbf{c}_1 = (2, -1)$; $\lambda_2 = 4$, $\mathbf{c}_2 = (2, 1)$.

6.5.2 Se A é uma matriz 2×2, mostre que os autovalores λ satisfazem a equação secular

$$\lambda^2 - \lambda \, \text{traço}(A) + \det(A) = 0.$$

6.5.3 Supondo que uma matriz unitária U satisfaça uma equação de autovalor $U\mathbf{c} = \lambda\mathbf{c}$, mostre que os autovalores da matriz unitária têm unidade de grandeza. Esse mesmo resultado é válido para matrizes ortogonais reais.

6.5.4 Como uma matriz ortogonal que descreve uma rotação no espaço real 3-D é um caso especial de uma matriz unitária, essa matriz ortogonal pode ser diagonalizada por uma transformação unitária.

(a) Mostre que a soma dos três autovalores é $1 + 2\cos\varphi$, onde φ é o ângulo líquido da rotação em torno de um eixo fixo único.

(b) Dado que um autovalor é 1, mostre que os outros dois autovalores devem ser de $e^{i\varphi}$ e $e^{-i\varphi}$.

Nossa matriz de rotação ortogonal (elementos reais) tem autovalores complexos.

6.5.5   A é uma matriz hermitiana de n-ésima ordem com autovetores ortonormais $| \mathbf{x}_i |$ e autovalores reais $\lambda_1 \leq \lambda_2 \leq \lambda_3 \leq \dots \leq \lambda_n$. Mostre que para um vetor de grandeza unitária $| \mathbf{y} |$,

$$\lambda_1 \leq \langle \mathbf{y} | A | \mathbf{y} \rangle \leq \lambda_n.$$

6.5.6   Uma matriz particular é tanto hermitiana quanto unitária. Mostre que todos os seus autovalores são ± 1.

Nota: As matrizes de Pauli e Dirac são exemplos específicos.

6.5.7   Para sua teoria relativística do elétron, Dirac exigia um conjunto de **quatro** matrizes anticomutativas. Suponha que essas matrizes devam ser hermitianas e unitárias. Se essas são matrizes $n \times n$, mostre que n deve ser par. Com matrizes 2×2 inadequadas (por quê?), isso demonstra que a menor matriz possível formando um conjunto de quatro matrizes anticomutativas, hermitianas, unitárias são 4×4.

6.5.8   A é uma matriz normal com autovalores λ_n e autovetores ortonormais $| \mathbf{x}_n \rangle$. Mostre que A pode ser escrita como

$$A = \sum_n \lambda_n | \mathbf{x}_n \rangle \langle \mathbf{x}_n |.$$

Dica: Mostre que tanto essa forma de autovetor de A quanto o A original fornecem o mesmo resultado agindo sobre um vetor arbitrário $| \mathbf{y} \rangle$.

6.5.9   A tem autovalores 1 e -1 e autovetores $\begin{pmatrix} 1 \\ 0 \end{pmatrix}$ e $\begin{pmatrix} 0 \\ 1 \end{pmatrix}$ correspondentes.

Construa A.

$$\textit{RESPOSTA:} \quad A = \begin{pmatrix} 1 & 0 \\ 0 & -1 \end{pmatrix}.$$

6.5.10   Uma matriz não hermitiana A tem autovalores λ_i e autovetores correspondentes $| \mathbf{u}_i \rangle$. A matriz adjunta $A^\dagger$ tem o mesmo conjunto de autovalores, mas **diferentes** autovetores correspondentes, $| \mathbf{v}_i |$. Mostre que os autovetores formam um conjunto **biortogonal** no sentido de que

$$\langle \mathbf{v}_i | \mathbf{u}_j \rangle = 0 \quad \text{for} \quad \lambda_i^* \neq \lambda_j.$$

6.5.11   Você recebe um par das equações:

$$A | \mathbf{f}_n \rangle = \lambda_n | \mathbf{g}_n \rangle$$
$$\tilde{A} | \mathbf{g}_n \rangle = \lambda_n | \mathbf{f}_n \rangle \text{ com A real.}$$

(a) Prove que $| \mathbf{f}_n \rangle$ é um autovetor de $(\tilde{A}A)$ com autovalor λ_n^2.

(b) Prove que $| \mathbf{g}_n \rangle$ é um autovetor de $(\tilde{A}A)$ com autovalor λ_n^2.

(c) Afirme como você sabe que

     (1) $A | \mathbf{f}_n \rangle$ formam um conjunto ortogonal.

     (2) $A | \mathbf{g}_n \rangle$ formam um conjunto ortogonal.

     (3) λ_n^2 é real.

6.5.12   Prove que A do exercício anterior pode ser escrita como

$$A = \sum_n \lambda_n | \mathbf{g}_n \rangle \langle \mathbf{f}_n |,$$

com $| \mathbf{g}_n |$ e k $\mathbf{f}_n |$ normalizados para a unidade.

Dica: Expanda um vetor arbitrário como uma combinação linear de $| \mathbf{f}_n \rangle$.

6.5.13   Dado

$$A = \frac{1}{\sqrt{5}} \begin{pmatrix} 2 & 2 \\ 1 & -4 \end{pmatrix},$$

(a)   Construa a transposição $\tilde{A}$ e as formas simétricas $\tilde{A}A$ e $A\tilde{A}$.

(b)   A partir de $A\tilde{A} \mid g_n \rangle = \lambda_n^2 \mid g_n \rangle$, encontre λ_n e $\mid g_n \rangle$. Normalize $\mid g_n \rangle$.

(c)   A partir de $\tilde{A}A \mid f_n \rangle = \lambda_n^2 \mid g_n \rangle$, encontre λ_n [mesmo que (b)] e $\mid f_n \rangle$. Normalize a $\mid f_n \rangle$.

(d)   Verifique que $A \mid f_n \rangle = \rangle_n \mid g_n \rangle$ e $\tilde{A} \mid g_n \rangle = \rangle_n \mid f_n \rangle$.

(e)   Verifique que $A = \sum_n \lambda_n \mid g_n \rangle\langle f_n \mid$.

6.5.14   Dados os autovalores $\lambda_1 = 1$, $\lambda_2 = -1$ e os autovetores correspondentes

$$|f_1\rangle = \begin{pmatrix} 1 \\ 0 \end{pmatrix}, \quad |g_1\rangle = \frac{1}{\sqrt{2}}\begin{pmatrix} 1 \\ 1 \end{pmatrix}, \quad |f_2\rangle = \begin{pmatrix} 0 \\ 1 \end{pmatrix}, \quad e$$

$$|g_2\rangle = \frac{1}{\sqrt{2}}\begin{pmatrix} 1 \\ -1 \end{pmatrix},$$

(a)   construa A;

(b)   verifique que $A \mid f_n \rangle = \lambda_n \mid g_n \rangle$;

(c)   verifique que $\tilde{A} \mid g_n \rangle = \lambda_n \mid f_n \rangle$.

RESPOSTA: $A = \dfrac{1}{\sqrt{2}}\begin{pmatrix} 1 & -1 \\ 1 & 1 \end{pmatrix}$.

6.5.15   Duas matrizes U e H estão relacionadas por

$$U = e^{iaH},$$

com *a* real.

(a)   Se H é hermitiana, mostre que U é unitária.

(b)   Se U é unitária, mostre que H é hermitiana. (H é independente de *a*.)

(c)   Se traço H $= 0$, mostre que detU $= +1$.

(d)   Se detU $= +1$, mostre que traço H $= 0$.

Dica: H pode ser diagonalizada por uma transformação de similaridade. Então U também é diagonal. Os autovalores correspondentes são dados por $u_j = \exp(iah_j)$.

6.5.16   Uma matriz A $n \times n$ tem n autovalores A_i. Se $B = e^A$, mostre que B tem os mesmos autovetores que A com os autovalores correspondentes B_i dados por $B_i = \exp(A_i)$.

6.5.17   Uma matriz P é um operador de projeção que satisfaz a condição

$$P^2 = P.$$

Mostre que os autovalores correspondentes $(\rho^2)_\lambda$ e ρ_λ satisfazem a relação

$$(\rho^2)_\lambda = (\rho_\lambda)^2 = \rho_\lambda.$$

Isso significa que os autovalores de P são 0 e 1.

6.5.18   Na equação de autovetor/autovalor de matriz

$$A|x_i\rangle = \lambda_i|x_i\rangle,$$

A é uma matriz hermitiana $n \times n$. Por simplicidade, suponha que seu n autovalores reais são distintos, λ_1 sendo o maior. Se $\mid x \rangle$ é uma aproximação para $\mid x_1 \rangle$,

$$|x\rangle = |x_1\rangle + \sum_{i=2}^{n} \delta_i|x_i\rangle,$$

mostre que o

$$\frac{\langle \mathbf{x}|A|\mathbf{x}\rangle}{\langle \mathbf{x}|\mathbf{x}\rangle} \le \lambda_1$$

e que o erro em λ_1 é da ordem $|\delta_i|^2$. Considere $|\delta_i| << 1$.

Dica: Os n vetores $|\mathbf{x}_i\rangle$ formam um conjunto ortogonal **completo** que abrange o espaço n-dimensional (complexo).

6.5.19   Duas massas iguais estão conectas entre si e às paredes por meio de molas, como mostrado na Figura 6.5. As massas são obrigadas a permanecer em uma linha horizontal.

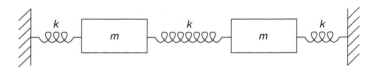

Figura 6.5: Oscilador triplo.

   (a)   Determine a equação newtoniana de aceleração para cada massa.

   (b)   Resolva a equação secular para os autovetores.

   (c)   Determine os autovetores e, portanto, os modos normais do movimento.

6.5.20   Dada uma matriz normal A com autovalores λ_j, mostre que $A^\dagger$ tem autovalores λ_j^*, sua parte real $(A + A^\dagger)/2$ tem autovalores $\Re e(\lambda_j)$, e sua parte imaginária $(A - A^\dagger)/2i$ tem autovalores $\Im m(\lambda_j)$.

6.5.21   Considere uma rotação dada pelos ângulos de Euler $\alpha = \pi/4$, $\beta = \pi/2$, $\gamma = \pi/4$.

   (a)   Usando a fórmula da Equação (3.37), construa a matriz U representando essa rotação.

   (b)   Encontre os autovalores e autovetores de U e, a partir deles, descreva essa rotação especificando um único eixo de rotação e um ângulo de rotação em torno desse eixo.

Nota: Essa técnica fornece uma representação das rotações alternativas para os ângulos de Euler.

Leituras Adicionais

Bickley, W. G. e Thompson, R. S. H. G., *Matrices—Their Meaning and Manipulation*. Princeton, NJ: Van Nostrand (1964). Um relato abrangente sobre matrizes em problemas físicos, e suas propriedades analíticas e técnicas numéricas.

Byron, F. W., Jr. e Fuller, R. W., *Mathematics of Classical and Quantum Physics*. Reading, MA: Addison-Wesley (1969), Nova tiragem, Dover (1992).

Gilbert, J. e Gilbert, L., *Linear Algebra and Matrix Theory*. San Diego: Academic Press (1995).

Golub, G. H. e Van Loan, C. F., *Matrix Computations* (3ª ed). Baltimore: JHU Press (1996). Informações matemáticas detalhadas e algoritmos para a produção de software numérico, incluindo métodos para a computação paralela. Um texto clássico da ciência da computação.

Halmos, P. R., *Finite-Dimensional Vector Spaces*, (2ª ed). Princeton, NJ: Van Nostrand (1958), Nova tiragem, Springer (1993).

Hirsch, M., *Differential Equations, Dynamical Systems, and Linear Algebra*. San Diego: Academic Press (1974).

Heading, J., *Matrix Theory for Physicists*. Londres: Longmans, Green and Co (1958). Uma introdução fácil de ler a determinantes e matrizes, com aplicações para mecânica, eletromagnetismo, relatividade especial e mecânica quântica.

Jain, M. C., *Vector Spaces and Matrices in Physics* (2ª ed). Oxford: Alpha Science International (2007).

Watkins, D. S., *Fundamentals of Matrix Computations*. Nova York: Wiley (1991).

Wilkinson, J. H., *The Algebraic Eigenvalue Problem*. Londres: Oxford University Press (1965), Nova tiragem (2004). Tratado clássico sobre cálculo numérico dos problemas de autovalor. Talvez o livro mais lido no campo da análise numérica.

7

Equações Diferenciais Ordinárias

Boa parte da física teórica é originalmente formulada em termos das equações diferenciais no espaço físico tridimensional (e às vezes também no tempo). Essas variáveis (por exemplo, x, y, z, t) geralmente são chamadas **variáveis independentes**, enquanto a função ou funções sendo diferenciadas são conhecidas como **variável(eis) dependente(s)**. Uma equação diferencial que envolve mais de uma variável independente é chamada **equação diferencial parcial**, muitas vezes abreviada como **EDP**. A situação mais simples considerada neste capítulo é a de uma equação em uma variável independente única, conhecida como **equação diferencial ordinária**, abreviada **EDO**. Como veremos em um capítulo mais adiante, alguns dos métodos mais utilizados para resolver EDPs envolvem sua expressão em termos das soluções para EDOs, assim é apropriado começar nosso estudo das equações diferenciais com EDOs.

7.1 Introdução

Inicialmente, observamos que a consideração de uma derivada é uma **operação linear**, o que significa que

$$\frac{d}{dx}\big(a\varphi(x) + b\psi(x)\big) = a\frac{d\varphi}{dx} + b\frac{d\psi}{dx},$$

e a operação derivada pode ser visualizada como um operador linear definidor: $\mathcal{L} = d/dx$. Derivadas mais altas também são operadores lineares como, por exemplo,

$$\frac{d^2}{dx^2}\big(a\varphi(x) + b\psi(x)\big) = a\frac{d^2\varphi}{dx^2} + b\frac{d^2\psi}{dx^2}.$$

Observe que a linearidade em discussão é a do **operador**. Por exemplo, se definimos

$$\mathcal{L} = p(x)\frac{d}{dx} + q(x),$$

ele é identificado como **linear** porque

$$\mathcal{L}\big(a\varphi(x) + b\psi(x)\big) = a\left(p(x)\frac{d\varphi}{dx} + q(x)\varphi\right) + b\left(p(x)\frac{d\psi}{dx} + q(x)\psi\right)$$

$$= a\mathcal{L}\varphi + b\mathcal{L}\psi.$$

Vemos que a linearidade de $\mathcal{L}$ não impõe nenhuma exigência de que $p(x)$ ou $q(x)$ seja uma função linear de x. Portanto, operadores diferenciais lineares incluem aqueles na forma

$$\mathcal{L} \equiv \sum_{\nu=0}^{n} p_\nu(x)\left(\frac{d^\nu}{dx^\nu}\right),$$

onde as funções $p_\nu(x)$ são arbitrárias.

Uma EDO é denominada **homogênea** se a variável dependente (aqui φ) ocorre para a mesma potência em todos seus termos e, do contrário, **não homogênea**; ela é denominada **linear** se puder ser escrita na forma

$$\mathcal{L}\varphi(x) = F(x), \tag{7.1}$$

259

em que $\mathcal{L}$ é um operador diferencial linear e $F(x)$ é uma função algébrica de x (isto é, não um operador diferencial). Uma classe importante das EDOs são aquelas que são lineares e homogêneas, e assim, da forma $\mathcal{L}\varphi = 0$.

As soluções para EDOs são em geral não únicas, e se existem múltiplas soluções, é útil identificar aquelas que são linearmente independentes (a **dependência linear** é discutida na Seção 2.1). EDOs lineares homogêneas têm a propriedade geral de que qualquer múltiplo de uma solução também é uma solução, e que se houver várias soluções linearmente independentes, qualquer combinação linear dessas soluções também resolverá a EDO. Essa afirmação é equivalente a notar que se $\mathcal{L}$ é linear, então, para todo a e b,

$$\mathcal{L}\varphi = 0 \quad e \quad \mathcal{L}\psi = 0 \quad \longrightarrow \quad \mathcal{L}(a\varphi + b\psi) = 0.$$

A equação de Schrödinger da mecânica quântica é uma EDO linear homogênea (ou se em mais de uma dimensão, uma EDP linear homogênea), e a propriedade de que qualquer combinação linear de suas soluções também é uma solução é a base conceitual para o **princípio da superposição** bem conhecido na eletrodinâmica, óptica de onda e teoria quântica.

De uma maneira notacional, muitas vezes é conveniente usar os símbolos x e y para se referir, respectivamente, a variáveis independentes e dependentes, e uma EDO linear típica então assume a forma $\mathcal{L}y = F(x)$. Também é comum utilizar primos para indicar derivadas: $y' \equiv dy/dx$. Em termos dessa notação, a propriedade de superposição das soluções y_1 e y_2 de uma EDO linear homogênea informa que a EDO também tem como soluções $c_1 y_1$, $c_2 y_2$, e $c_1 y_1 + c_2 y_2$, com as constantes arbitrárias c_i.

Alguns problemas físicos importantes (especialmente em mecânica dos fluidos e em teoria do caos) dão origem a equações diferenciais não lineares. Um exemplo bem-estudado é a equação de Bernoulli

$$f(s) = a_0 + a_1 s + a_2 s^2 + \cdots = \sum_{n=0}^{\infty} a_n s^n,$$

que não pode ser escrita em termos de um operador linear aplicado a y.

Termos adicionais usados para classificar EDOs incluem **ordem** (maior derivada aparecendo nela), e **grau** (potência em que a maior derivada aparece depois da EDO é racionalizada se isso for necessário). Para muitas aplicações, o conceito de **linearidade** é mais relevante do que o de **grau**.

7.2   Equações de Primeira Ordem

A física envolve algumas equações diferenciais de primeira ordem. Para completude, parece desejável analisá-las brevemente. Consideramos a forma geral

$$\frac{dy}{dx} = f(x, y) = -\frac{P(x, y)}{Q(x, y)}. \tag{7.2}$$

Embora não exista uma forma sistemática para resolver EDOs de primeira ordem mais gerais, há algumas técnicas que costumam ser úteis. Depois de revisar algumas dessas técnicas, passaremos para um tratamento mais detalhado das EDOs lineares de primeira ordem, para as quais há procedimentos sistemáticos disponíveis.

Equações Separáveis

Frequentemente a Equação (7.2) terá a forma especial

$$\frac{dy}{dx} = -\frac{P(x)}{Q(y)}. \tag{7.3}$$

Ela então pode ser reescrita como

$$P(x)dx + Q(y)dy = 0.$$

Integrar de (x_0, y_0) a (x, y) produz

$$\int_{x_0}^{x} P(x)dx + \int_{y_0}^{y} Q(y)dy = 0.$$

Como os limites inferiores, x_0 e y_0, contribuem para constantes, podemos ignorá-las e simplesmente adicionar uma constante de integração. Note que essa separação das variáveis **não** requer que a equação diferencial seja linear.

Exemplo 7.2.1   Paraquedista

Queremos encontrar a velocidade de um paraquedista caindo como uma função do tempo e estamos particularmente interessados na velocidade limitadora constante, v_0, que acontece pela resistência do ar, considerado quadrático, $-bv^2$, e opondo-se à força da atração gravitacional, mg, da Terra sobre o paraquedista. Escolhemos um sistema de coordenadas no qual a direção positiva é para baixo de tal modo que a força gravitacional é positiva. Por simplicidade, supomos que o paraquedas abre imediatamente, isto é, no tempo $t = 0$, onde $v(t) = 0$, nossa condição inicial.

$$m\dot{v} = mg - bv^2, \tag{7.4}$$

onde m inclui a massa do paraquedas.

A velocidade terminal, v_0, pode ser encontrada a partir da equação do movimento como $t \to \infty$; quando não há aceleração, $t \to \infty$, e

$$bv_0^2 = mg, \quad \text{ou} \quad v_0 = \sqrt{\frac{mg}{b}}.$$

Ela simplifica ainda mais o trabalho de reescrever a Equação (7.4) como

$$\frac{m}{b}\dot{v} = v_0^2 - v^2.$$

Essa equação é separável, e a escrevemos na forma

$$\frac{dv}{v_0^2 - v^2} = \frac{b}{m}dt. \tag{7.5}$$

Usando frações parciais para escrever

$$\frac{1}{v_0^2 - v^2} = \frac{1}{2v_0}\left(\frac{1}{v + v_0} - \frac{1}{v - v_0}\right),$$

é fácil integrar ambos os lados da equação (7.5) (lado esquerdo de $v = 0$ a v, o lado direito lado de $t = 0$ a t), obtendo

$$\frac{1}{2v_0}\ln\frac{v_0 + v}{v_0 - v} = \frac{b}{m}t.$$

Resolvendo para a velocidade, temos

$$v = \frac{e^{2t/T} - 1}{e^{2t/T} + 1}v_0 = v_0\frac{\operatorname{senh}(t/T)}{\cosh(t/T)} = v_0\tanh\frac{t}{T},$$

onde $T = \sqrt{m/gb}$ é a constante de tempo que rege a aproximação assintótica da velocidade ao seu valor limite, v_0.

Quando inserem-se valores numéricos, $g = 9,8$ m/s², e considera-se $b = 700$ kg/m e $m = 70$ kg, tem-se $v_0 = \sqrt{9,8/10} \approx 1$ m/s $\approx 3,6$ km/h ≈ 2.234 mi/h, a velocidade de caminhada de um pedestre na aterrissagem, e $T = \sqrt{m/bg} = 1\sqrt{10 \cdot 9,8} \approx 0,1$s. Assim, a velocidade constante v_0 é alcançada dentro de um segundo. Finalmente, como **sempre é importante checar a solução**, verificamos se nossa solução satisfaz a equação diferencial original:

$$\dot{v} = \frac{\cosh(t/T)}{\cosh(t/T)}\frac{v_0}{T} - \frac{\operatorname{senh}^2(t/T)}{\cosh^2(t/T)}\frac{v_0}{T} = \frac{v_0}{T} - \frac{v^2}{Tv_0} = g - \frac{b}{m}v^2.$$

Um caso mais realista, em que o paraquedista está em queda livre a uma velocidade inicial $v(0) > 0$ antes de o paraquedas se abrir, é abordado no Exercício 7.2.16. ∎

Diferenciais Exatas

Reescrevemos mais uma vez a Equação (7.2) como

$$P(x, y)dx + Q(x, y)dy = 0. \tag{7.6}$$

Diz-se essa equação é **exata** se for possível corresponder o lado esquerdo dela com um diferencial $d\varphi$ e, assim, chegar a

$$d\varphi = \frac{\partial \varphi}{\partial x}dx + \frac{\partial \varphi}{\partial y}dy = 0. \tag{7.7}$$

Portanto, precisão implica que existe uma função $\varphi(x, y)$ de tal modo que

$$\frac{\partial \varphi}{\partial x} = P(x, y) \quad \text{e} \quad \frac{\partial \varphi}{\partial y} = Q(x, y), \tag{7.8}$$

como então nossa EDO corresponde a uma instância da Equação (7.7), e sua solução será $\varphi(x, y)$ = constante.

Antes de começar a procurar uma função φ que satisfaz a Equação (7.8), é útil determinar se essa função existe. Considerando as duas fórmulas da Equação (7.8), diferenciando a primeira em relação a y e a segunda em relação a x, encontramos

$$\frac{\partial^2 \varphi}{\partial y \partial x} = \frac{\partial P(x, y)}{\partial y} \quad \text{e} \quad \frac{\partial^2 \varphi}{\partial x \partial y} = \frac{\partial Q(x, y)}{\partial x},$$

e essas serão consistentes se, e somente se,

$$\frac{\partial P(x, y)}{\partial y} = \frac{\partial Q(x, y)}{\partial x}. \tag{7.9}$$

Concluímos, portanto, que a Equação (7.6) é exata somente se a Equação (7.9) for satisfeita. Como a exatidão foi verificada, podemos integrar as Equações (7.8) para obter φ e com isso uma solução para a EDO.

A solução assume a forma

$$\varphi(x, y) = \int_{x_0}^{x} P(x, y)dx + \int_{y_0}^{y} Q(x_0, y)dy = \text{constante}. \tag{7.10}$$

A prova da Equação (7.10) é deixada para o Exercício 7.2.7.

Notamos que a separabilidade e exatidão são atributos independentes. Todas as EDOs separáveis são automaticamente exatas, mas nem todas as EDOs exatas são separáveis.

Exemplo 7.2.2   UMA EDO EXATA NÃO SEPARÁVEL
Considere a EDO

$$y' + \left(1 + \frac{y}{x}\right) = 0.$$

Multiplicando por $x\, dx$, essa EDO torna-se

$$(x + y)dx + x\, dy = 0,$$

que é da forma

$$P(x, y)dx + Q(x, y)dy = 0,$$

com $P(x, y) = x + y$ e $Q(x, y) = x$. A equação é não separável. Para verificar se é exato, calculamos

$$\frac{\partial P}{\partial y} = \frac{\partial(x + y)}{\partial y} = 1, \quad \frac{\partial Q}{\partial x} = \frac{\partial x}{\partial x} = 1.$$

Essas derivadas parciais são iguais; a equação é exata e pode ser escrita na forma

$$d\varphi = P\, dx + Q\, dy = 0.$$

A solução para a EDO será $\varphi = C$, com φ calculado de acordo com a Equação (7.10):

$$\varphi = \int_{x_0}^{x} (x+y)dx + \int_{y_0}^{y} x_0 dy = \left(\frac{x^2}{2} + xy - \frac{x_0^2}{2} - x_0 y \right) + (x_o y - x_0 y_0)$$

$$= \frac{x^2}{2} + xy + \text{termos constantes.}$$

Assim, a solução é

$$\frac{x^2}{2} + xy = C,$$

que, se desejado, pode ser resolvida para dar y, como uma função de x. Também podemos verificar para nos certificarmos de que nossa solução realmente resolve a EDO. ■

Pode muito bem acontecer que a Equação (7.6) não é exata e que Equação (7.9) não é satisfeita. No entanto, sempre há pelo menos uma e talvez uma infinidade de **fatores de integração** $\alpha(x, y)$ de modo que

$$\alpha(x, y)P(x, y)dx + \alpha(x, y)Q(x, y)dy = 0$$

é exata. Infelizmente, um fator de integração nem sempre é óbvio ou fácil de encontrar. Uma maneira sistemática de desenvolver um fator de integração só é conhecida quando uma EDO de primeira ordem é linear; isso será discutido na subseção sobre EDOs lineares de primeira ordem.

Equações Homogêneas em x e y

Diz-se que uma EDO é homogênea (de ordem n) em x e y se as potências combinadas de x e y adicionarem n a todas as condições de $P(x, y)$ e $Q(x, y)$, quando a EDO é escrita como na Equação (7.6). Note que essa utilização do termo "homogêneo" tem um significado diferente do que quando foi usado para descrever uma EDO linear como dada na Equação (7.1) com o termo $F(x)$ igual a zero, uma vez que agora ela aplica-se à potência combinada de x e y.

Uma EDO de primeira ordem, que é homogênea de ordem n, no presente sentido (e não necessariamente linear), pode tornar-se separável pela substituição $y = xv$, por $dy = xdv + vdx$. Essa substituição faz com que x dependa de todos os termos da equação contendo dv que são x^{n+1}, com todos os termos que contêm dx tendo x-dependência x^n. As variáveis x e v podem então ser separadas.

Exemplo 7.2.3   Uma EDO Homogênea em x e y
Considere a EDO

$$(2x + y)dx + x\,dy = 0,$$

que é homogênea em x e y. Fazendo a substituição $y = xv$, com $dy = xdv + vdx$, a EDO se torna

$$(2v + 2)dx + x\,dv = 0,$$

que é separável, com uma solução $\ln x + \frac{1}{2}\ln(v+1) = C$, que é equivalente a $x^2(v+1) = C$. Formar $y = xv$, a solução pode ser rearranjadas em

$$y = \frac{C}{x} - x.$$

■

Equações Isobáricas

A generalização da subseção anterior é para modificar a definição de homogeneidade atribuindo pesos diferentes a x e y (note que os pesos correspondentes devem também ser atribuídos a dx e dy). Se a atribuição do peso unitário a cada instância de x ou dx e um peso m a cada instância de y ou dy tornar a EDO homogênea como definido aqui, então a substituição $y = x^m v$ tornará a equação separável. Ilustramos com um exemplo.

Exemplo 7.2.4   Uma EDO Isobárica

Eis uma EDO isobárica:

$$(x^2 - y)dx + x\,dy = 0.$$

Atribuindo x peso 1, e y peso m, o termo $x^2\,dx$ tem peso 3; os outros dois termos têm peso $1 + m$. Definindo $3 = 1 + m$, descobrimos que todos os termos podem receber o mesmo peso se considerarmos $m = 2$. Isso significa que devemos fazer a substituição $y = x^2 v$. Fazendo isso, temos

$$(1 - v)dx + x\,dv = 0,$$

que se separa em

$$\frac{dx}{x} + \frac{dv}{v+1} = 0 \quad \longrightarrow \quad \ln x + \ln(v+1) = \ln C, \quad \text{ou} \quad x(v+1) = C.$$

A partir disso, obtemos $v = \dfrac{C}{x} - 1$. Como $y = x^2 v$, a EDO tem solução $y = Cx - x^2$.   ∎

EDOs Lineares de Primeira Ordem

Embora EDOs não lineares de primeira ordem muitas vezes (mas nem sempre) possam ser resolvidas usando as estratégias já apresentadas, a situação é diferente para EDO linear de primeira ordem, porque existem procedimentos para resolver a equação mais geral desse tipo, que escrevemos na forma

$$\frac{dy}{dx} + p(x)y = q(x). \tag{7.11}$$

Se nossa EDO linear de primeira ordem estiver exata, a solução será simples. Se não for exata, nós a tornamos exata introduzindo um fator de integração $\alpha(x)$, de modo que a EDO se torna

$$\alpha(x)\frac{dy}{dx} + \alpha(x)p(x)y = \alpha(x)q(x). \tag{7.12}$$

A razão para a multiplicação por $\alpha(x)$ é para que o lado esquerdo da Equação (7.12) se torne um diferencial perfeito, assim exigimos que $\alpha(x)$ seja tal modo que

$$\frac{d}{dx}\big[\alpha(x)y\big] = \alpha(x)\frac{dy}{dx} + \alpha(x)p(x)y. \tag{7.13}$$

Expandindo o lado esquerdo da Equação (7.13), ela se torna

$$\alpha(x)\frac{dy}{dx} + \frac{d\alpha}{dx}y = \alpha(x)\frac{dy}{dx} + \alpha(x)p(x)y,$$

assim α deve satisfazer

$$\frac{d\alpha}{dx} = \alpha(x)p(x). \tag{7.14}$$

Essa é uma equação **separável** e, portanto, solúvel. Separando as variáveis e integrando, obtemos

$$\int^{\alpha} \frac{d\alpha}{\alpha} = \int^{x} p(x)dx.$$

Não é necessário considerar os limites inferiores dessas integrais porque elas se combinam para produzir uma constante que não afeta o desempenho do fator de integração e pode ser definida como zero. Concluída a avaliação, alcançamos

$$\alpha(x) = \exp\left[\int^{x} p(x)dx\right]. \tag{7.15}$$

Com α agora conhecido passamos para integrar a Equação (7.12), que, por causa da Equação (7.13), assume a forma

$$\frac{d}{dx}[\alpha(x)y(x)] = \alpha(x)q(x),$$

que pode ser integrada (e dividida por meio de α) para obter

$$y(x) = \frac{1}{\alpha(x)}\left[\int^x \alpha(x)q(x)dx + C\right] \equiv y_2(x) + y_1(x). \tag{7.16}$$

Os dois termos da Equação (7.16) têm uma interpretação interessante. O termo $y_1 = C/\alpha(x)$ é a solução geral da equação homogênea obtida substituindo $q(x)$ por zero.

Para ver isso, escreva a equação homogênea como

$$\frac{dy}{y} = -p(x)dx,$$

que integra para

$$\ln y = -\int^x p(x)dx + C = -\ln \alpha + C.$$

Considerando o exponencial de ambos os lados e renomeando $e C$ como C, obtemos $y = C/\alpha(x)$. O outro termo da Equação (7.16),

$$y_2 = \frac{1}{\alpha(x)}\int^x \alpha(x)q(x)dx \tag{7.17}$$

corresponde ao termo do lado direito (**origem**) $q(x)$, e é a solução da equação não homogênea original (como fica óbvio porque C pode ser definido como zero). Temos, assim, a solução geral para a equação não homogênea apresentada como uma **solução particular** (ou, no jargão EDO, uma **integral particular**) mais a solução geral para a equação homogênea correspondente.

Essas observações ilustram o seguinte teorema:

A solução da EDO linear de primeira ordem a_n é única exceto para a_n múltipla arbitrária da solução da EDO homogênea correspondente.

Para mostrar isso, suponha que tanto y_1 quanto y_2 resolvem a EDO não homogênea, Equação (7.11). Então, subtraindo a equação para y_2 dessa para y_1, temos

$$y_1' - y_2' + p(x)(y_1 - y_2) = 0.$$

Isso mostra que $y_1 - y_2$ é (em alguma escala) uma solução da EDO homogênea. Lembre-se de que qualquer solução da EDO homogênea continua a ser uma solução quando multiplicada por uma constante arbitrária.

Temos também o teorema:

Uma EDO homogênea linear de primeira ordem tem uma única solução linearmente independente.

Duas funções $y_1(x)$ e $y_2(x)$ são linearmente dependentes se existem duas constantes a e b, ambas diferentes de zero, que faz $ay_1 + por_2$ se neutralizar para todo x. Na presente situação, isso é equivalente à afirmação de que y_1 e y_2 são linearmente dependentes se eles são proporcionais entre si.

Para provar o teorema, suponha que a EDO homogênea tem as soluções linearmente independentes y_1 e y_2. Então, a partir da EDO homogênea, temos

$$\frac{y_1'}{y_1} = -p(x) = \frac{y_2'}{y_2}.$$

Integrando os primeiros e últimos membros da equação, obtemos

$$\ln y_1 = \ln y_2 + C, \quad \text{equivalente a } y_1 = Cy_2,$$

contrariando nossa hipótese de que y_1 e y_2 são linearmente independentes.

Exemplo 7.2.5   CIRCUITO RL

Para um circuito de resistência-indutância, a lei de Kirchoff leva a

$$L\frac{dI(t)}{dt} + RI(t) = V(t),$$

onde $I(t)$ é a corrente, L e R são, respectivamente, os valores constantes da indutância e resistência, e $V(t)$ é a tensão de entrada dependente do tempo.

A partir da Equação (7.15), nosso fator de integração $\alpha(t)$ é

$$\alpha(t) = \exp\int^{t}\frac{R}{L}dt = e^{Rt/L}.$$

Então, pela Equação (7.16),

$$I(t) = e^{-Rt/L}\left[\int^{t}e^{Rt/L}\frac{V(t)}{L}dt + C\right],$$

com a constante C a ser determinado por uma condição inicial.

Para o caso especial $V(t) = V_0$, uma constante,

$$I(t) = e^{-Rt/L}\left[\frac{V_0}{L}\cdot\frac{L}{R}e^{Rt/L} + C\right] = \frac{V_0}{R} + Ce^{-Rt/L}.$$

Se a condição inicial é $I(0) = 0$, então $C = -V0/R$ e

$$I(t) = \frac{V_0}{R}\left[1 - e^{-Rt/L}\right].$$

∎

Fechamos esta seção salientando que a EDO não homogênea linear de primeira ordem também pode ser resolvida por um método chamado **variação da constante** ou, alternativamente, **variação de parâmetros**, como a seguir. Primeiro, resolvemos a ODE homogênea $y' + py = 0$ por separação das variáveis como antes, dando

$$\frac{y'}{y} = -p, \quad \ln y = -\int^{x}p(X)dX + \ln C, \quad y(x) = C\exp\left(-\int^{x}p(X)dX\right).$$

Em seguida, permitimos que a constante de integração tornar-se dependente de x, isto é, $C \to C(x)$. Essa é a razão pela qual o método é chamado "variação da constante". Para nos prepararmos para a substituição da EDO não homogênea, calculamos y':

$$y' = \exp\left(-\int^{x}p(X)dX\right)\left[-pC(x) + C'(x)\right] = -py(x) + C'(x)\exp\left(-\int^{x}p(X)dX\right).$$

Fazendo a substituição de y' na EDO não homogênea $y' + py = q$, algum cancelamento ocorre, e ficamos com

$$C'(x)\exp\left(-\int^{x}p(X)dX\right) = q,$$

que é uma EDO separável por $C(x)$ que se integra para produzir

$$C(x) = \int^{x}\exp\left(\int^{X}p(Y)dY\right)q(X)dX \quad \text{e} \quad y = C(x)\exp\left(-\int^{x}p(X)dX\right).$$

Essa solução particular da EDO não homogênea está de acordo com aquela chamada y_2 na Equação (7.17).

Exercícios

7.2.1 A partir da lei de Kirchhoff, a corrente I em um circuito RC (resistência-capacitância) (Figura 7.1) obedece à equação

$$R\frac{dI}{dt} + \frac{1}{C}I = 0.$$

(a) Localize $I(t)$.

(b) Para uma capacitância de 10,000 μF carregada a 100 V e descarga através de uma resistência de 1 MΩ, encontre a corrente I para $t = 0$ e para $t = 100$ segundos.

Nota: A tensão inicial é $I_0 R$ ou Q/C, onde $Q = \int_0^\infty I(t)\,dt$.

Figura 7.1: Circuito RC.

7.2.2 A transformada de Laplace da equação de Bessel ($n = 0$) leva a

$$(s^2 + 1)f'(s) + sf(s) = 0.$$

Resolva para $f(s)$.

7.2.3 A decadência de uma população por colisões catastróficas de dois corpos é descrita por

$$\frac{dN}{dt} = -kN^2.$$

Isso é uma equação diferencial **não linear** de primeira ordem. Derive a solução

$$N(t) = N_0 \left(1 + \frac{t}{\tau_0}\right)^{-1},$$

onde $\tau_0 = (kN_0)^{-1}$. Isso implica uma população infinita em $t = -\tau_0$.

7.2.4 A taxa de uma reação química particular $A + B \rightarrow C$ é proporcional às concentrações dos reagentes A e B:

$$\frac{dC(t)}{dt} = \alpha[A(0) - C(t)][B(0) - C(t)].$$

(a) Encontre $C(t)$ para $A(0) \neq B(0)$.

(b) Encontre $C(t)$ para $A(0) = B(0)$.

A condição inicial é que $C(0) = 0$.

7.2.5 Um barco, costeando pela água, experimenta uma força de resistência proporcional a vn, v sendo a velocidade instantânea do barco. A segunda lei de Newton leva a

$$m\frac{dv}{dt} = -kv^n.$$

Com $v(t = 0) = v_0$, $x(t = 0) = 0$, integre para encontrar v como uma função do tempo e v como uma função da distância.

7.2.6   Na equação diferencial de primeira ordem $dy/dx = f(x, y)$, a função $f(x, y)$ é uma função da relação y/x:

$$\frac{dy}{dx} = g(y/x).$$

Mostre que a substituição de $u = y/x$ leva a uma equação separável em u e x.

7.2.7   A equação diferencial

$$P(x, y)dx + Q(x, y)dy = 0$$

é **exata**. Mostre que sua solução é da forma

$$\varphi(x, y) = \int\limits_{x_0}^{x} P(x, y)dx + \int\limits_{y_0}^{y} Q(x_0, y)dy = \text{constante}.$$

7.2.8   A equação diferencial

$$P(x, y)dx + Q(x, y)dy = 0$$

é **exata**. Se

$$\varphi(x, y) = \int\limits_{x_0}^{x} P(x, y)dx + \int\limits_{y_0}^{y} Q(x_0, y)dy,$$

mostre que o

$$\frac{\partial \varphi}{\partial x} = P(x, y), \quad \frac{\partial \varphi}{\partial y} = Q(x, y).$$

Assim, $\varphi(x, y) = $ constante é uma solução da equação diferencial original.

7.2.9   Prove que a Equação (7.12) é exata em termos da Equação (7.9), desde que $\alpha(x)$ satisfaça a Equação (7.14).

7.2.10   Certa equação diferencial tem a forma

$$f(x)dx + g(x)h(y)dy = 0,$$

com nenhuma das funções $f(x)$, $g(x)$, $h(y)$ de forma idêntica zero. Mostre que uma condição necessária e suficiente para essa equação ser exata é que $g(x) = $ constante.

7.2.11   Mostre que

$$y(x) = \exp\left[-\int\limits^{x} p(t)dt\right]\left\{\int\limits^{x} \exp\left[\int\limits^{s} p(t)dt\right] q(s)ds + C\right\}$$

é uma solução de

$$\frac{dy}{dx} + p(x)y(x) = q(x)$$

diferenciando a expressão para $y(x)$ e substituindo na equação diferencial.

7.2.12   O movimento de um corpo que cai em um meio resistente pode ser descrito por

$$m\frac{dv}{dt} = mg - bv$$

quando a força de retardamento é proporcional à velocidade, v. Encontre a velocidade. Avalie a constante da integração exigindo que $v(0) = 0$.

7.2.13   Núcleos radiativos se deterioram de acordo com a lei

$$\frac{dN}{dt} = -\lambda N,$$

N sendo a concentração de um determinado nuclídeo λ e, a constante de decaimento em particular. Em uma série de dois nuclídeos radioativos diferentes, com concentrações $N_1(t)$ e $N_2(t)$, temos

$$\frac{dN_1}{dt} = -\lambda_1 N_1,$$

$$\frac{dN_2}{dt} = \lambda_1 N_1 - \lambda_2 N_2.$$

Localize $N_2(t)$ para as condições $N_1(0) = N0$ e $N_2(0) = 0$.

7.2.14   A taxa de evaporação de uma gota esférica particular do líquido (densidade constante) é proporcional à área da superfície. Supondo que esse seja o único mecanismo de perda de massa, encontre o raio da gota como uma função do tempo.

7.2.15   Na equação diferencial linear homogênea

$$\frac{dv}{dt} = -av$$

as variáveis são separáveis. Quando as variáveis são separadas, a equação é exata. Resolva essa equação diferencial sujeita a $v(0) = v_0$ pelos três métodos seguintes:
(a)   Separando e integrando variáveis.
(b)   Tratando a equação como exata com a variável separada
(c)   Usando o resultado para uma equação diferencial linear homogênea.

RESPOSTA : $v(t) = v_0 e^{-at}$.

7.2.16   (a)   Resolva o Exemplo 7.2.1, supondo que o paraquedas abre quando a velocidade do paraquedista alcançou $v_i = 60$ mi/h (considerando esse tempo como $t = 0$). Encontre $v(t)$.
(b)   Para um paraquedista em queda livre use o coeficiente de atrito $b = 0,25$ kg/m e massa $m = 70$ kg. Qual é a velocidade limite nesse caso?

7.2.17   Resolva a EDO

$$(xy^2 - y)dx + x\,dy = 0.$$

7.2.18   Resolva a EDO

$$(x^2 - y^2 e^{y/x})dx + (x^2 + xy)e^{y/x}dy = 0.$$

Dica: Note que a quantidade x/y nos expoentes é de grau zero combinado não afeta a determinação da homogeneidade.

7.3   EDOs com Coeficientes Constantes

Antes de abordar EDOs de segunda ordem, o tema principal deste capítulo, discutiremos uma classe especializada de EDOs que ocorre com frequência e que não estão restritas a serem de ordem específica, ou seja, aquelas que são lineares e cujos termos homogêneos têm coeficientes constantes. A equação genérica desse tipo é

$$\frac{d^n y}{dx^n} + a_{n-1}\frac{d^{n-1}y}{dx^{n-1}} + \cdots + a_1 \frac{dy}{dx} + a_0 y = F(x). \tag{7.18}$$

A equação homogênea correspondendo à Equação (7.18) tem soluções da forma $y = emx$, onde m é uma solução da equação algébrica

$$m^n + a_{n-1}m^{n-1} + \cdots + a_1 m + a_0 = 0,$$

como pode ser verificado pela substituição da forma presumida da solução.

Quando a equação m tem uma raiz múltipla, essa receita não produzirá o conjunto completo de soluções n linearmente independentes para a ODE original de n-ésima ordem. Se considerarmos o processo limitado em que duas raízes se aproximar, é possível concluir que, se emx é uma solução, então $demx/dm = xemx$ também é. Uma raiz tripla teria as soluções emx, $xemx$, x^2emx etc.

Exemplo 7.3.1   MOLA DA LEI DE HOOKE

A massa M ligada a uma mola da lei de Hooke (de mola constante k) está em movimento oscilatório. Seja y o deslocamento da massa a partir da posição de equilíbrio, a lei de Newton do movimento assume a forma

$$M\frac{d^2y}{dt^2} = -ky,$$

que é uma EDO da forma $y'' + a_0 y = 0$, com $a_0 = +k/M$. A solução geral para essa EDO é da forma $C_1 em^1 t + C_2 em^2 t$, em que m_1 e m_2 são as soluções da equação algébrica $m^2 + a_0 = 0$.

Os valores de m_1 e m_2 são $\pm i\omega$, onde $\omega = \sqrt{k/M}$, assim a EDO tem solução

$$y(t) = C_1 e^{+i\omega t} + C_2 e^{-i\omega t}.$$

Como a EDO é homogênea, podemos alternativamente, descrever sua solução geral usando combinações lineares arbitrárias dos dois termos anteriores. Isso permite combiná-las para obter as formas que são reais e, portanto, adequadas para o problema atual. Notando que

$$\frac{e^{i\omega t} + e^{-i\omega t}}{2} = \cos\omega t \quad e \quad \frac{e^{i\omega t} - e^{-i\omega t}}{2i} = \text{sen}\,\omega t,$$

uma forma alternativa conveniente é

$$y(t) = C_1\cos\omega t + C_2\,\text{sen}\,\omega t.$$

A solução para um problema específico de oscilação agora envolverá ajustar os coeficientes C_1 e C_2 para as condições iniciais, por exemplo, $y(0)$ e $y'(0)$.   ∎

Exercícios

Encontre as soluções gerais para as seguintes EDOs. Escreva as soluções nas formas que são inteiramente reais (isto é, que não contêm grandezas complexas).

7.3.1 $y''' - 2y'' - y' + 2y = 0$.

7.3.2 $y''' - 2y'' + y' - 2y = 0$.

7.3.3 $y''' - 3y' + 2y = 0$.

7.3.4 $y'' + 2y' + 2y = 0$.

7.4   EDOs Lineares de Segunda Ordem

Passamos agora para o principal tema deste capítulo, EDOs lineares de segunda ordem. Essas são especialmente importantes porque surgem nos métodos mais utilizados para resolver EDPs na mecânica quântica, teoria eletromagnética e outras áreas da física. Ao contrário da EDO linear de primeira ordem, não temos uma solução de forma fechada universalmente aplicável, e em geral é aconselhável utilizar métodos que produzem soluções na forma de uma série de potências. Como um precursor para a discussão geral dos métodos para solução das séries, começaremos analisando a noção de singularidade como aplicada a EDOs.

Pontos Singulares

O conceito de singularidade de uma EDO é importante para nós por duas razões: (1) ele é útil para classificar EDOs e identificar aquelas que podem ser transformadas em formas comuns (discutidas mais adiante nesta subseção), e (2) ele relaciona-se com a viabilidade de encontrar soluções em série para a EDO. Essa viabilidade é o tema do teorema de Fuchs (discutido em breve).

Quando uma EDO homogênea linear de segunda ordem é escrita na forma

$$y'' + P(x)y' + Q(x)y = 0, \tag{7.19}$$

pontos x_0 para os quais $P(x)$ e $Q(x)$ são finitos e são denominados **pontos comuns** da EDO.

Entretanto, se $P(x)$ ou $Q(x)$ divergir quanto a $x \rightarrow x_0$, o ponto x_0 é chamado **ponto singular**.

Pontos singulares são classificados, ainda, como **regular** ou **irregular** (esse último também às vezes chamado **singularidades essenciais**):

- Um ponto singular x^0 é **regular** se $P(x)$ ou $Q(x)$ divergir aí, mas $(x - x_0)P(x)$ e $(x - x_0)^2 Q(x)$ permanecem finitos.
- Um ponto singular x_0 é **irregular** se $P(x)$ divergir mais rápido do que $1/(x - x_0)$ de modo que $(x - x_0)P(x)$ vai para o infinito como $x \to x_0$, ou se $Q(x)$ divergir mais rápido do que $1/(x - x_0)^2$ de modo que $(x - x_0)^2 Q(x)$ vai para o infinito como $x \to x_0$.

Essas definições são validas para todos os valores finitos de x_0. Para analisar o comportamento em $x \to \infty$, definimos $x = 1/z$, substituto na equação diferencial, e examinamos o comportamento no limite $z \to 0$. A EDO, inicialmente na variável dependente $y(x)$, agora será escrita em termos de $w(z)$, definido como $w(z) = y(z^{-1})$. Convertendo as derivadas,

$$y' = \frac{dy(x)}{dx} = \frac{dy(z^{-1})}{dz} \frac{dz}{dx} = \frac{dw(z)}{dz}\left(-\frac{1}{x^2}\right) = -z^2 w', \tag{7.20}$$

$$y'' = \frac{dy'}{dz}\frac{dz}{dx} = (-z^2)\frac{d}{dz}\left[-z^2 w'\right] = z^4 w'' + 2z^3 w'. \tag{7.21}$$

Usando as Equações (7.20) e (7.21), transformamos a Equação (7.19) em

$$z^4 w'' + \left[2z^3 - z^2 P(z^{-1})\right]w' + Q(z^{-1})w = 0. \tag{7.22}$$

Dividindo por meio de z^4 para colocar a EDO na forma padrão, vemos que a possibilidade de uma singularidade em $z = 0$ depende do comportamento de

$$\frac{2z - P(z^{-1})}{z^2} \quad \text{e} \quad \frac{Q(z^{-1})}{z^4}.$$

Se essas duas expressões permanecem finitas em $z = 0$, o ponto $x = \infty$ é um ponto ordinário. Se eles não divergem mais rapidamente do que $1/Z$ e $1/Z^2$, respectivamente, $X =$ é um ponto singular regular; caso contrário, é um ponto singular irregular (uma singularidade essencial).

Exemplo 7.4.1   Equação de Bessel

A equação de Bessel é

$$x^2 y'' + xy' + (x^2 - n^2)y = 0.$$

Tabela 7.1 Singularidades de algumas EDOs importantes.

Equação	Singularidade regular $x =$	Singularidade irregular $x =$
1. Hipergeométrica $x(x - 1)y'' + [(1 + a + b)x + c]y' + aby = 0$	$0, 1, \infty$	$\cdots$
2. Legendre[a] $(1 - x^2)y'' - 2xy' + l(l + 1)y = 0$	$-1, 1, \infty$	$\cdots$
3. Chebyshev $(1 - x^2)y'' - x\,y' + n^2 y = 0$	$-1, 1, \infty$	$\cdots$
4. Hipergeométrica confluente $x\,y'' + (c - x)y' - ay = 0$	0	∞
5. Bessel $x^2 y'' + x\,y' + (x^2 - n^2)y = 0$	0	∞
6. Laguerrea $xy'' + (1 - x)y' + ay = 0$	0	∞
7. Oscilador harmônico simples $y'' + \omega^2 y = 0$	$\cdots$	∞
8. Hermite $y'' - 2xy' + 2\alpha y = 0$	$\cdots$	∞

a As equações associadas têm os mesmos pontos singulares.

Comparando-a com a Equação (7.19), temos

$$P(x) = \frac{1}{x}, \quad Q(x) = 1 - \frac{n^2}{x^2},$$

o que mostra que o ponto $x = 0$ é uma singularidade regular. Por inspeção, vemos que não há outras singularidades no intervalo finito. Como $x \to \infty$ $(z \to 0)$, da Equação (7.22), temos os coeficientes

$$\frac{2z - z}{z^2} \quad \text{e} \quad \frac{1 - n^2 z^2}{z^4}.$$

Uma vez que essa última expressão diverge como $1/z^4$, o ponto $x = \infty$ é uma singularidade irregular ou essencial. ∎

A Tabela 7.1 lista os pontos singulares de algumas EDO de importância na física. Veremos que as três primeiras equações na Tabela 7.1, a hipergeométrica, Legendre, e Chebyshev, todas têm pontos singulares regulares. A equação hipergeométrica, com singularidades regulares em 0, 1 e ∞, é considerada padrão, a forma canônica. As soluções das outras duas podem então ser expressas em termos das suas soluções, as funções hipergeométricas. Isso é feito no Capítulo 18.

De um modo semelhante, a equação hipergeométrica confluente é considerada a forma canônica de uma equação diferencial linear de segunda ordem com um ponto singular regular e um irregular.

Exercícios

7.4.1 Mostre que a equação de Legendre tem singularidades regulares em $x = -1$, 1 e ∞.

7.4.2 Mostre que a equação de Laguerre, como a equação de Bessel, tem singularidade regular em $x = 0$ e singularidade irregular em $x = \infty \cdot$

7.4.3 Mostre que a equação de Chebyshev, como a equação de Legendre, tem singularidades regulares em $x = -1$, 1 e ∞.

7.4.4 Mostre que a equação de Hermite não tem nenhuma singularidade além da singularidade irregular em $x = \infty$.

7.4.5 Mostre que a substituição

$$x \to \frac{1 - x}{2}, \quad a = -l, \quad b = l + 1, \quad c = 1$$

converte a equação hipergeométrica na equação de Legendre.

7.5 Soluções de Série — Método de Frobenius

Nesta seção, desenvolveremos um método para obter solução(ões) da EDO homogênea linear de segunda ordem. Por enquanto, desenvolveremos a mecânica do método. Depois de estudar exemplos, voltamos a discutir as condições em que podemos esperar que essas soluções de série existam.

Considere uma EDO homogênea linear de segunda ordem na forma

$$\frac{d^2 y}{dx^2} + P(x)\frac{dy}{dx} + Q(x)y = 0. \tag{7.23}$$

Nesta seção, desenvolveremos (pelo menos) uma solução da Equação (7.23) pela expansão em torno do ponto $x = 0$. Na próxima seção, desenvolveremos a **segunda solução independente e provaremos que não existe nenhuma terceira solução independente**. Portanto, a **solução mais geral** da Equação (7.23) pode ser escrita em termos das duas soluções independentes como

$$y(x) = c_1 y_1(x) + c_2 y_2(x). \tag{7.24}$$

Nosso problema físico pode levar a uma EDO **não homogênea** linear de segunda ordem,

$$\frac{d^2 y}{dx^2} + P(x)\frac{dy}{dx} + Q(x)y = F(x). \tag{7.25}$$

A função no lado direito, $F(x)$, representa tipicamente uma fonte (como uma carga eletrostática) ou uma força de condução (como em um oscilador forçado). Métodos para resolver essa EDO não homogênea também são discutidos mais adiante neste Capítulo e, usando a técnicas da transformada de Laplace, no Capítulo 20. Supondo que uma única **integral particular** (isto é, solução específica), y_p, da EDO não homogênea esteja disponível, podemos adicionar a ela qualquer solução da equação homogênea correspondente, Equação (7.23), e escrevemos a **solução mais geral** da Equação (7.25) como

$$y(x) = c_1 y_1(x) + c_2 y_2(x) + y_p(x). \tag{7.26}$$

Em muitos problemas, as constantes c_1 e c_2 serão fixadas por condições de contorno.

Por enquanto, supomos que $F(x) = 0$, e que, portanto, nossa equação diferencial é homogênea. Tentaremos desenvolver uma solução da nossa equação diferencial homogênea linear de segunda ordem, Equação (7.23), substituindo nela uma série de potências por coeficientes indeterminados. Também disponível como um parâmetro, é a potência do menor termo não nulos da série. Para ilustrar, aplicamos o método a duas equações diferenciais importantes.

Primeiro Exemplo — Oscilador Linear

Considere a equação do oscilador linear (clássico)

$$\frac{d^2y}{dx^2} + \omega^2 y = 0, \tag{7.27}$$

que já resolvemos por outro método no Exemplo 7.3.1. As soluções que descobrimos foram $y = \text{sen}\,\omega x$ e $\cos\omega x$.

Tentamos

$$y(x) = x^s(a_0 + a_1 x + a_2 x^2 + a_3 x^3 + \cdots)$$

$$= \sum_{j=0}^{\infty} a_j x^{s+j}, \quad a_0 \neq 0, \tag{7.28}$$

com o expoente s e todos os coeficientes a_j ainda indeterminados. Note que s não precisa ser um número inteiro. Diferenciando duas vezes, obtemos

$$\frac{dy}{dx} = \sum_{j=0}^{\infty} a_j(s+j)x^{s+j-1},$$

$$\frac{d^2y}{dx^2} = \sum_{j=0}^{\infty} a_j(s+j)(s+j-1)x^{s+j-2}.$$

Substituindo na Equação (7.27), temos

$$\sum_{j=0}^{\infty} a_j(s+j)(s+j-1)x^{s+j-2} + \omega^2 \sum_{j=0}^{\infty} a_j x^{s+j} = 0. \tag{7.29}$$

A partir da nossa análise sobre a unicidade da série de potências (Capítulo 1), sabemos que o coeficiente de cada potência de x no lado esquerdo da Equação (7.29) deve se anular individualmente, xs sendo um fator geral.

A menor potência de x que aparecem na Equação (7.29) é xs^{-2}, ocorrendo apenas para $j = 0$ no primeiro somatório. A exigência de que esse coeficiente se anule produz

$$a_0 s(s-1) = 0.$$

Lembre-se de que escolhemos a_0 como o coeficiente do menor termo não nulo das séries na Equação (7.28), de modo que, por definição, $a_0 \neq 0$. Portanto, temos

$$s(s-1) = 0. \tag{7.30}$$

Essa equação, vinda do coeficiente de menor potência de x, chama-se **equação indicial**. A equação indicial e suas raízes são de importância crítica para nossa análise.

Claramente, nesse exemplo, ela informa que $s = 0$ ou $s = 1$, de modo que nossa solução da série comece com um termo x^0 ou x^1.

Analisando ainda mais a Equação (7.29), vemos que a próxima menor potência de x, ou seja, xs^{-1}, também ocorre de forma única (para $j = 1$ no primeiro somatório). Definindo o coeficiente de $x\,s^{-1}$ como zero, temos

$$a_1(s + 1)s = 0.$$

Isso mostra que se $s = 1$, precisamos ter $a_1 = 0$. No entanto, se $s = 0$, essa equação não impõe nenhuma exigência sobre o conjunto de coeficientes.

Antes de considerar ainda mais as duas possibilidades de s, voltamos à Equação (7.29) e exigimos que os coeficientes líquidos restantes se anulem. As contribuições para o coeficiente de xs^{+j}, $(j \geq 0)$, vêm do termo que contém a_{j+2} no primeiro somatório e daquele com a_j no segundo. Como já lidamos com $j = 0$ e $j = 1$ no primeiro somatório, ao utilizar todos os $j \geq 0$, teremos usado todos os termos de ambas as séries. Para cada valor de j, o desaparecimento do coeficiente líquido de xs^{+j} resulta em

$$a_{j+2}(s + j + 2)(s + j + 1) + \omega^2 a_j = 0,$$

equivalente a

$$a_{j+2} = -a_j \frac{\omega^2}{(s + j + 2)(s + j + 1)}. \tag{7.31}$$

Isso é uma **relação de recorrência** de dois termos.[1] Nesse problema, dado a_j, a Equação (7.31) permite calcular a_{j+2} e então a_{j+4}, a_{j+6} etc., continuando até onde se quiser.

Assim, se começarmos com a_0, podemos produzir os coeficientes pares a_2, a_4, ..., mas não obtemos nenhuma informação sobre os coeficientes ímpares a_1, a_3, a_5, ... Porém, como a_1 é arbitrário se $s = 0$ e necessariamente zero se $s = 1$, vamos defini-lo como igual a zero, e, então, pela Equação (7.31),

$$a_3 = a_5 = a_7 = \cdots = 0;$$

o resultado é que todos os coeficientes ímpares se anulam.

Voltando agora à Equação (7.30), nossa equação indicial, primeiro tente a solução $s = 0$. A relação de recorrência, Equação (7.31), torna-se

$$a_{j+2} = -a_j \frac{\omega^2}{(j + 2)(j + 1)}, \tag{7.32}$$

o que leva a

$$a_2 = -a_0 \frac{\omega^2}{1 \cdot 2} = -\frac{\omega^2}{2!} a_0,$$

$$a_4 = -a_2 \frac{\omega^2}{3 \cdot 4} = +\frac{\omega^4}{4!} a_0,$$

$$a_6 = -a_4 \frac{\omega^2}{5 \cdot 6} = -\frac{\omega^6}{6!} a_0, \quad \text{e assim por diante.}$$

Por inspeção (e indução matemática, ver Seção 1.4),

$$a_{2n} = (-1)^n \frac{\omega^{2n}}{(2n)!} a_0, \tag{7.33}$$

e nossa solução é

$$y(x)_{s=0} = a_0 \left[1 - \frac{(\omega x)^2}{2!} + \frac{(\omega x)^4}{4!} - \frac{(\omega x)^6}{6!} + \cdots \right] = a_0 \cos \omega x. \tag{7.34}$$

---

[1] Em alguns problemas, a relação de recorrência pode envolver mais de dois termos; sua forma exata dependerá das funções $P(x)$ e $Q(x)$ da EDO.

Se escolhermos a raiz da equação indicial $s = 1$ da Equação (7.30), a relação de recorrência da Equação (7.31) se torna

$$a_{j+2} = -a_j \frac{\omega^2}{(j+3)(j+2)}.$$ (7.35)

Avaliando isso sucessivamente para $j = 0, 2, 4, \ldots$, obtemos

$$a_2 = -a_0 \frac{\omega^2}{2 \cdot 3} = -\frac{\omega^2}{3!} a_0,$$

$$a_4 = -a_2 \frac{\omega^2}{4 \cdot 5} = +\frac{\omega^4}{5!} a_0,$$

$$a_6 = -a_4 \frac{\omega^2}{6 \cdot 7} = -\frac{\omega^6}{7!} a_0, \quad \text{e assim por diante.}$$

Mais uma vez, por inspeção e indução matemática,

$$a_{2n} = (-1)^n \frac{\omega^{2n}}{(2n+1)!} a_0.$$ (7.36)

Para essa escolha, $s = 1$, obtemos

$$y(x)_{s=1} = a_0 x \left[1 - \frac{(\omega x)^2}{3!} + \frac{(\omega x)^4}{5!} - \frac{(\omega x)^6}{7!} + \cdots \right]$$

$$= \frac{a_0}{\omega} \left[(\omega x) - \frac{(\omega x)^3}{3!} + \frac{(\omega x)^5}{5!} - \frac{(\omega x)^7}{7!} + \cdots \right]$$

$$= \frac{a_0}{\omega} \operatorname{sen} \omega x.$$ (7.37)

Para referência futura, notamos que a solução da EDO a partir da raiz da equação indicial $s = 0$ consistia apenas em potências pares de x, enquanto a solução a partir da raiz $s = 1$ continha somente potências ímpares.

Para resumir essa abordagem, podemos escrever a Equação (7.29) esquematicamente como mostrado na Figura 7.2. A partir da unicidade da série de potências (Seção 1.2), o coeficiente total de cada potência de x deve se anular por si mesmo. A exigência de que o primeiro coeficiente se anule (I) leva à equação indicial, Equação (7.30). O segundo coeficiente é tratado definindo $a_1 = 0$ (II). O desaparecimento dos coeficientes de xs (e potências mais altas, considerada uma de cada vez) é assegurada pela imposição da relação de recorrência, Equação (7.31), (III), (IV).

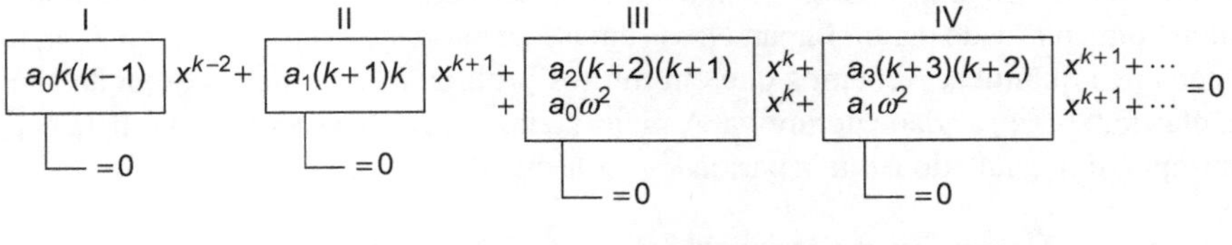

Figura 7.2: Esquemas da solução de séries.

Essa expansão da série de potências, conhecida como método de Frobenius, forneceu duas soluções de série da equação do oscilador linear. No entanto, existem dois pontos sobre essas soluções de série que devem ser veementemente enfatizados:

1. A solução de série sempre deve ser substituída novamente na equação diferencial, para ver se ela funciona, como uma precaução contra erros algébricos e lógicos. Se funcionar, ela é uma solução.
2. A aceitabilidade de uma solução de série depende da sua convergência (incluindo a convergência assintótica). É bem possível que o método de Frobenius forneça uma solução de série que satisfaz a equação diferencial original quando substituída na equação, mas que **não** converge ao longo da região de interesse. A equação diferencial de Legendre (examinada na Seção 8.3) ilustra essa situação.

Expansão sobre x_0

A equação (7.28) é uma expansão sobre a origem, $x_0 = 0$. É perfeitamente possível substituir a Equação (7.28) por

$$y(x) = \sum_{j=0}^{\infty} a_j (x - x_0)^{s+j}, \quad a_0 \neq 0. \tag{7.38}$$

Na verdade, para as equações de Legendre, Chebyshev e hipergeométricas, a escolha $x_0 = 1$ tem algumas vantagens. O ponto x_0 não deve ser escolhido em uma singularidade essencial, ou o método de Frobenius provavelmente irá falhar. A série resultante (x_0 um ponto ordinário ou ponto singular regular) será válida quando ela converge. Podemos esperar uma divergência de algum tipo quando $|x - x_0| = |z_1 - x_0|$, onde z_1 é a singularidade mais próxima da EDO para x_0 (no plano complexo).

Simetria das Soluções

Notemos que para o problema do oscilador clássico obtivemos uma solução da simetria par, $y_1(x) = y_1(-x)$, e uma de simetria ímpar, $y_2(x) = -y_2(-x)$. Isso não é apenas um acidente, mas uma consequência direta da forma da EDO. Escrevendo uma EDO homogênea geral como

$$\mathcal{L}(x) y(x) = 0, \tag{7.39}$$

onde $\mathcal{L}(x)$ é o operador diferencial, vemos que para a equação do oscilador linear, Equação (7.27), $\mathcal{L}(x)$ é par sob paridade; isto é,

$$\mathcal{L}(x) = \mathcal{L}(-x).$$

Sempre que o operador diferencial tem uma paridade ou simetria específica, par ou ímpar, podemos trocar $+x$ e $-x$, e a Equação (7.39) torna-se

$$\pm \mathcal{L}(x) y(-x) = 0.$$

Claramente, se $y(x)$ é uma solução da equação diferencial, $y(-x)$ também é uma solução. Então, se $y(x)$ e $y(-x)$ são linearmente dependentes (isto é, proporcionais), significando que y é par ou ímpar, ou eles são soluções linearmente independentes que podem ser combinadas em duas soluções, uma par, e uma ímpar, formando

$$y_{\text{par}} = y(x) + y(-x), \quad y_{\text{ímpar}} = y(x) - y(-x).$$

Para o exemplo do oscilador clássico, obtivemos duas soluções; nosso método para encontrá-las mostrou uma sendo par, e a outra ímpar.

Se tomarmos como referência a Seção 7.4, podemos ver que todas as equações de Legendre, Chebyshev, Bessel, oscilador harmônico simples e hermitianas baseiam-se em operadores diferenciais com paridade par; isto é, o $P(x)$ na Equação (7.19) é ímpar e o $Q(x)$ é par. As soluções de todas elas podem ser apresentadas como uma série de potências pares de x ou uma série separada de potências ímpares de x.

O operador diferencial de Laguerre não tem uma simetria par nem ímpar; portanto, não podemos esperar que suas soluções exibam uma paridade par ou ímpar. Nossa ênfase na paridade decorre, principalmente, da importância da paridade na mecânica quântica. Achamos que em muitos problemas as funções de onda são par ou ímpar, o que significa que elas têm uma paridade definitiva. A maioria das interações (decaimento beta é a grande exceção) também é par ou ímpar, e o resultado é que a paridade é conservada.

Segundo Exemplo — Equação de Bessel

Esse ataque contra o oscilador linear talvez tenha sido um pouco fácil demais. Substituindo a série de potências, Equação (7.28), na equação diferencial, Equação (7.27), obtivemos duas soluções independentes absolutamente sem nenhum problema.

Para termos uma ideia das outras coisas que podem acontecer, tentamos resolver a equação de Bessel,

$$x^2 y'' + xy' + (x^2 - n^2)y = 0. \tag{7.40}$$

Novamente, supondo uma solução da forma

$$y(x) = \sum_{j=0}^{\infty} a_j x^{s+j},$$

diferenciamos e substituímos na Equação (7.40). O resultado é

$$\sum_{j=0}^{\infty} a_j(s+j)(s+j-1)x^{s+j} + \sum_{j=0}^{\infty} a_j(s+j)x^{s+j}$$

$$+ \sum_{j=0}^{\infty} a_j x^{s+j+2} - \sum_{j=0}^{\infty} a_j n^2 x^{s+j} = 0. \qquad (7.41)$$

Definindo $j = 0$, obtemos o coeficiente de xs, a menor potência de x que aparece no lado esquerdo,

$$a_0\big[s(s-1)+s-n^2\big] = 0, \qquad (7.42)$$

e novamente $a_0 \neq 0$ por definição. A equação (7.42), portanto, produz a equação **indicial**

$$s^2 - n^2 = 0, \qquad (7.43)$$

com as soluções $s = \pm n$.

Também precisamos examinar o coeficiente de $x\,s^{+1}$. Aqui obtemos

$$a_1[(s+1)s + s + 1 - n^2] = 0,$$

ou

$$a_1(s+1-n)(s+1+n) = 0. \qquad (7.44)$$

Para $s = \pm n$, nem $s + 1 - n$, nem $s + 1 + n$ desaparecem, e **devemos** exigir $a_1 = 0$. Prosseguindo para o coeficiente de xs^{+j} para $s = n$, vemos que ele é o termo que contém a_j nos primeiros, segundos e quartos termos da Equação (7.41) e aquele contendo a_{j-2} no terceiro termo. Exigindo que o coeficiente geral de xs^{+j} desapareça, obtemos

$$a_j[(n+j)(n+j-1) + (n+j) - n^2] + a_{j-2} = 0.$$

Quando j é substituído por $j + 2$, isso pode ser reescrito para $j \geq 0$ como

$$a_{j+2} = -a_j \frac{1}{(j+2)(2n+j+2)}, \qquad (7.45)$$

que é a relação de recorrência desejada. A aplicação repetida dessa relação de recorrência leva a

$$a_2 = -a_0 \frac{1}{2(2n+2)} = -\frac{a_0 n!}{2^2 1!(n+1)!},$$

$$a_4 = -a_2 \frac{1}{4(2n+4)} = \frac{a_0 n!}{2^4 2!(n+2)!},$$

$$a_6 = -a_4 \frac{1}{6(2n+6)} = -\frac{a_0 n!}{2^6 3!(n+3)!},$$

e assim por diante.

Em geral,

$$a_{2p} = (-1)^p \frac{a_0 n!}{2^{2p} p!(n+p)!}. \qquad (7.46)$$

Inserindo esses coeficientes na nossa solução de série presumida, temos

$$y(x) = a_0 x^n \left[1 - \frac{n!\,x^2}{2^2 1!(n+1)!} + \frac{n!\,x^4}{2^4 2!(n+2)!} - \cdots \right]. \qquad (7.47)$$

Na forma de somatório,

$$y(x) = a_0 \sum_{j=0}^{\infty} (-1)^j \frac{n! \, x^{n+2j}}{2^{2j} \, j! (n+j)!}$$

$$= a_0 \, 2^n n! \sum_{j=0}^{\infty} (-1)^j \frac{1}{j! (n+j)!} \left(\frac{x}{2}\right)^{n+2j}. \tag{7.48}$$

No Capítulo 14, o somatório final (com $a_0 = 1/2n n!$) é identificado como a função de Bessel $J_n(x)$:

$$J_n(x) = \sum_{j=0}^{\infty} (-1)^j \frac{1}{j! (n+j)!} \left(\frac{x}{2}\right)^{n+2j}. \tag{7.49}$$

Note que essa solução, $J_n(x)$, tem simetria par ou ímpar,[2] como pode ser esperado a partir da forma da equação de Bessel.

Quando $s = -n$ e n não é um inteiro, podemos gerar uma segunda série distinta, rotulada $J_{-n}(x)$. Porém, quando $-n$ é um inteiro negativo, acontecem problemas. A relação de recorrência para os coeficientes a_j ainda é dada pela Equação (7.45), mas com $2n$ substituído por $-2n$.

Então, quando $j + 2 = 2n$ ou $j = 2(n-1)$, o coeficiente de a_{j+2} se destrói e o método de Frobenius não produz uma solução consistente com nossa hipótese de que a série começa com x^{-n}.

Substituindo uma série infinita, obtivemos duas soluções para a equação linear de oscilador e uma para a equação de Bessel (duas se n não for um inteiro). Para as perguntas: "Sempre podemos fazer isso? Esse método sempre funcionará?", a resposta é: "Não, nem sempre podemos fazer isso. Esse método de solução em série nem sempre funcionará."

Singularidades Regulares e Irregulares

O sucesso do método de substituição de série depende das raízes da equação indiciais e do grau de singularidade dos coeficientes na equação diferencial. Para entender melhor o efeito dos coeficientes da equação sobre essa abordagem ingênua à substituição de série, considere quatro equações simples:

$$y'' - \frac{6}{x^2} y = 0, \tag{7.50}$$

$$y'' - \frac{6}{x^3} y = 0, \tag{7.51}$$

$$y'' + \frac{1}{x} y' - \frac{b^2}{x^2} y = 0, \tag{7.52}$$

$$y'' + \frac{1}{x^2} y' - \frac{b^2}{x^2} y = 0. \tag{7.53}$$

O leitor pode facilmente mostrar que, para a Equação (7.50), a equação indicial é

$$s^2 - s - 6 = 0,$$

dando $s = 3$ e $s = -2$. Como a equação é homogênea em x (contando d^2/dx^2 como x^{-2}), não há nenhuma relação de recorrência. No entanto, temos duas soluções perfeitamente boas, x^3 e x^{-2}.

A equação (7.51) difere da Equação (7.50) apenas por uma potência de x, mas isso envia a equação indicial para

$$-6a_0 = 0,$$

sem absolutamente nenhuma solução, porque concordamos que $a_0 \neq 0$. Nossa substituição de série funcionou para a Equação (7.50), que tinha somente uma singularidade regular, mas não funcionou na Equação (7.51), que tem um ponto singular irregular na origem.

---

[2] $J_n(x)$ é até uma função para se n for um inteiro par, e uma função ímpar se n for um inteiro ímpar. Para não inteiros n, J_n não tem essa simetria simples.

Continuando com a Equação (7.52), adicionamos um termo y'/x. A equação indicial é

$$s^2 - b^2 = 0,$$

mas, novamente, não há nenhuma relação de recorrência. As soluções são $y = x$b e x^-b, as duas séries perfeitamente aceitáveis com um único termo.

Ao alterar a potência de x no coeficiente de y' de -1 para -2, na Equação (7.53), existe uma alteração drástica na solução. A equação indicial (apenas com o termo y' contribuindo) se torna

$$s = 0.$$

Há uma relação de recorrência,

$$a_{j+1} = +a_j \frac{b^2 - j(j-1)}{j+1}.$$

A menos que o parâmetro b seja selecionado para fazer a série terminar, temos

$$\lim_{j \to \infty} \left| \frac{a_{j+1}}{a_j} \right| = \lim_{j \to \infty} \frac{j(j+1)}{j+1}$$

$$= \lim_{j \to \infty} \frac{j^2}{j} = \infty.$$

Daí nossa solução de série diverge para todo $x \neq 0$. Mais uma vez, nosso método funcionou para Equação (7.52), com uma singularidade regular, mas falhou quando havia a singularidade irregular da Equação (7.53).

Teorema de Fuchs

A resposta à pergunta básica sobre quando se espera que o método de substituição de série potências funcione é dada pelo teorema de Fuchs, que afirma que sempre podemos obter pelo menos uma solução de série de potências, desde estejamos expandindo em um ponto que é um ponto comum ou na pior das hipóteses um ponto singular regular.

Se tentarmos uma expansão em uma singularidade irregular ou essencial, nosso método pode falhar como aconteceu com as Equações (7.51) e (7.53). Felizmente, as equações mais importantes da física matemática, listadas na Seção 7.4, não têm singularidades irregulares no plano finito. Uma discussão mais aprofundada sobre o teorema de Fuchs aparece na Seção 7.6.

A partir da Tabela 7.1, Seção 7.4, a infinidade é vista como um ponto singular para todas as equações consideradas. Como mais uma ilustração do teorema de Fuchs, a equação de Legendre (com o infinito como uma singularidade regular) tem uma solução de série convergente nas potências negativas do argumento (Seção 15.6). Em contraste, a equação de Bessel (com uma singularidade irregular no infinito) produz uma série assintótica (cap. 12, 14 Seções 12.6 e 14.6). Embora apenas assintótica, essas soluções são, porém, extremamente úteis.

Resumo

Se estamos expandindo em um ponto comum ou na pior das hipóteses em uma singularidade regular, o método de substituição de série produzirá pelo menos uma solução (teorema de Fuchs).

Se houver uma ou duas soluções distintas depende das raízes da equação indicial.

1. Se as duas raízes da equação indicial são iguais, podemos obter uma única solução por meio desse método de substituição de série.
2. Se as duas raízes diferem por um número não inteiro, podem ser obtidas duas soluções independentes.
3. Se as duas raízes diferem por um número inteiro, a maior das duas produzirá uma solução, enquanto a menor pode ou não dar uma solução, dependendo do comportamento dos coeficientes.

A utilidade de uma solução de série para trabalho numérico depende da rapidez da convergência das séries e disponibilidade dos coeficientes. Muitas EDOs não produzirão relações de recorrência simples e elegantes para os coeficientes. Em geral, a série disponível provavelmente será útil para $|x|$ (ou $|x - x_0|$) muito pequena. Computadores podem ser usados para determinar os coeficientes de série adicionais usando uma linguagem simbólica, como Mathematica[3] ou Maple.[4] Muitas vezes, porém, para trabalho numérico será preferível uma integração numérica direta.

---

[3]S. Wolfram, *Mathematica: A System for Doing Mathematics by Computer*. Reading, MA. Addison Wesley (1991).
[4]A. Heck, *Introduction to Maple*. Nova York: Springer (1993).

Exercícios

7.5.1 Teorema da unicidade. A função $y(x)$ satisfaz uma equação diferencial homogênea linear de segunda ordem. Em $x = x_0$, $y(x) = y_0$ e $dy / dx = y_0'$. Mostre que $y(x)$ é único, na medida em que nenhuma outra solução dessa equação diferencial atravessa os pontos (x_0, y_0), com uma inclinação de y_0'.

Dica: Suponha uma segunda solução que satisfaça essas condições e compare as expansões das séries de Taylor.

7.5.2 Uma solução de série da Equação (7.23) é tentada, expandindo no ponto $x = x_0$. Se x_0 é um ponto ordinário, mostre que a equação indicial tem raízes $s = 0, 1$.

7.5.3 Ao desenvolver uma solução de série da equação do oscilador harmônico simples (OHS), o segundo coeficiente de série a_1 foi negligenciado, exceto para defini-lo igual a zero. A partir do coeficiente da menor da próxima potência mais baixa de x, xs^{-1}, desenvolva uma segunda equação do tipo indicial.

(a) (Equação OHS com $s = 0$) Mostre que a_1, pode receber qualquer valor finito (incluindo zero).

(b) (Equação OHS com $s = 1$) Mostre que a_1 deve ser definido igual a zero.

7.5.4 Analise as soluções de série das seguintes equações diferenciais para ver quando a_1 **pode** ser igual a zero sem irrevogavelmente perder nada e quando a_1 **deve** ser igual a zero.

(a)   Legendre, (b)   Chebyshev, (c)   Bessel, (d)   Hermite.

> *RESPOSTA:* (a) Legendre, (b) Chebyshev, e (d) Hermite: Para $s = 0$, a_1 **pode** ser definido como igual a zero; para $s = 1$, a_1 **deve** ser igual a zero.
>
> (c) Bessel: a_1 **deve** ser definida igual a zero (exceto para $s = \pm n = -\frac{1}{2}$).

7.5.5 Obtenha uma solução de série da equação hipergeométrica

$$x(x - 1)y'' + [(1 + a + b)x - c]y' + aby = 0.$$

Teste sua solução para convergência.

7.5.6 Obtenha duas soluções de série da equação hipergeométrica confluente

$$xy'' + (c - x)y' - ay = 0.$$

Teste suas soluções para convergência.

7.5.7 A análise da mecânica quântica do efeito Stark (coordenadas parabólicas) leva à equação diferencial

$$\frac{d}{d\xi}\left(\xi\frac{du}{d\xi}\right) + \left(\frac{1}{2}E\xi + \alpha - \frac{m^2}{4\xi} - \frac{1}{4}F\xi^2\right)u = 0.$$

Aqui α é uma constante, E é a energia total e F é uma constante de tal modo que Fz é a energia potencial adicionada ao sistema pela introdução de um campo elétrico.

Usando a maior raiz da equação indicial, desenvolva uma solução de série de potências sobre $\xi = 0$. Avalie os três primeiros coeficientes em termos de a_0.

> *RESPOSTA* :   Equação indicial $s^2 - \frac{m^2}{4} = 0$,
>
> $$u(\xi) = a_0\xi^{m/2}\left\{1 - \frac{\alpha}{m + 1}\xi + \left[\frac{\alpha^2}{2(m + 1)(m + 2)} - \frac{E}{4(m + 2)}\right]\xi^2 + \cdots\right\}.$$

Note que a perturbação F só aparece depois que a_3 é incluído.

7.5.8 Para o caso especial de nenhuma dependência azimutal, a análise da mecânica quântica do íon molecular do hidrogênio leva à equação

$$\frac{d}{d\eta}\left[(1 - \eta^2)\frac{du}{d\eta}\right] + \alpha u + \beta\eta^2 u = 0.$$

Desenvolva uma solução de série de potências para $u(\eta)$. Avalie os três primeiros coeficientes não nulos em termos de a_0.

RESPOSTA : Equação indicial $s(s-1) = 0$,

$$u_{k=1} = a_0\eta\left\{1 + \frac{2-\alpha}{6}\eta^2 + \left[\frac{(2-\alpha)(12-\alpha)}{120} - \frac{\beta}{20}\right]\eta^4 + \cdots\right\}.$$

7.5.9 Para uma boa aproximação, a interação dos dois núcleos pode ser descrita por um potencial mesônico

$$V = \frac{Ae^{-ax}}{x},$$

atrativo para A negativo. Mostre que a equação de onda de Schrödinger resultante

$$\frac{\hbar^2}{2m}\frac{d^2\psi}{dx^2} + (E - V)\psi = 0$$

tem a seguinte solução em série ao longo dos três primeiros coeficientes não nulos:

$$\psi = a_0\left\{x + \frac{1}{2}A'x^2 + \frac{1}{6}\left[\frac{1}{2}A'^2 - E' - aA'\right]x^3 + \cdots\right\},$$

onde o primo indica multiplicação por $2m/h^2$.

7.5.10 Se o parâmetro b^2 na Equação (7.53) é igual a 2, a Equação (7.53) torna-se

$$y'' + \frac{1}{x^2}y' - \frac{2}{x^2}y = 0.$$

A partir da equação indicial e relação de recorrência, **derive** uma solução $y = 1 + 2x + 2x^2$. Verifique se isso é realmente uma solução substituindo de volta na equação diferencial.

7.5.11 A função de Bessel modificada $I_0(x)$ satisfaz a equação diferencial

$$x^2\frac{d^2}{dx^2}I_0(x) + x\frac{d}{dx}I_0(x) - x^2I_0(x) = 0.$$

Dado que sabemos que o termo dominante em uma expansão assintótica é

$$I_0(x) \sim \frac{e^x}{\sqrt{2\pi x}},$$

suponha uma série da forma

$$I_0(x) \sim \frac{e^x}{\sqrt{2\pi x}}\left\{1 + b_1x^{-1} + b_2x^{-2} + \cdots\right\}.$$

Determine os coeficientes b_1 e b_2.

RESPOSTA : $b_1 = \dfrac{1}{8}$, $b_2 = \dfrac{9}{128}$.

7.5.12 A solução de serie de potência par da equação de Legendre é dada pelo Exercício 8.3.1. Considere $a_0 = 1$ e n não um inteiro par, digamos, $n = 0{,}5$. Calcule as somas parciais das séries ao longo de x^{200}, x^{400}, x^{600}, ..., x^{2000} para $x = 0{,}95(0{,}01)1{,}00$. Além disso, escreva o termo individual correspondente a cada uma dessas potências.

Nota: Esse cálculo **não** constitui prova da convergência em $x = 0{,}99$ ou divergência em $x = 1{,}00$, mas talvez você possa ver a diferença no comportamento da sequência das somas parciais para esses dois valores de x.

7.5.13 (a) A solução de série de potência ímpar da equação de Hermite é dada pelo Exercício 8.3.3. Considere $a_0 = 1$. Avalie essa série para $\alpha = 0$, $x = 1, 2, 3$. Interrompa seu cálculo depois que o último termo calculado caiu abaixo do termo máximo por um fator de 10^6 ou mais. Defina um limite superior para o erro cometido ao ignorar os termos restantes na série infinita.

(b) Como uma verificação do cálculo da parte (a), mostre que a série de Hermite $y_{odd}(\alpha = 0)$ corresponde a $\int_0^x \exp(x^2)\,dx$.

(c) Calcule essa integral para $x = 1, 2, 3$.

7.6   Outras Soluções

Na Seção 7.5 uma solução de uma EDO homogênea de segunda ordem foi desenvolvida substituindo uma série de potências. Pelo teorema de Fuchs isso é possível, desde que a série de potências seja uma expansão sobre um ponto comum ou uma singularidade não essencial.[5] Não há garantias de que essa abordagem produzirá as duas soluções independentes que esperamos de uma EDO linear de segunda ordem. Vamos de fato provar que essa EDO tem no máximo duas soluções linearmente independentes. Na verdade, a técnica deu uma única solução para a equação de Bessel (n um inteiro).

Nesta seção também desenvolvemos dois métodos para obter uma segunda solução independente: um método integral e uma série de potências contendo um termo logarítmico. Antes, porém, consideramos a questão da independência de um conjunto de funções.

Independência Linear das Soluções

No Capítulo 2 introduzimos o conceito de dependência linear para formas do tipo $a_1 x_1 + a_2 x_2 + ...$, e identificamos um conjunto de formas como linearmente dependentes se qualquer uma das formas pudesse ser escrita como uma combinação linear das outras. Agora precisamos estender o conceito para um conjunto de funções φ_λ. O critério para a dependência linear de um conjunto de funções de uma variável x é a existência de uma relação na forma

$$\sum_\lambda k_\lambda \varphi_\lambda(x) = 0, \tag{7.54}$$

em que nem todos os coeficientes k_λ são zero. A interpretação que atribuímos à Equação (7.54) é que ela indica dependência linear se ela for satisfeita para todos os valores relevantes de x. Pontos isolados ou intervalos parciais da satisfação da Equação (7.54) não são suficientes para indicar a dependência linear. A ideia essencial a ser transmitida aqui é que, se existe dependência linear, o espaço funcional abrangido por $\varphi_\lambda(x)$ pode ser abrangido usando menos do que todas elas. Por outro lado, se a única solução global da Equação (7.54) é $k_\lambda = 0$ para todo λ, diz-se que o conjunto de funções $\varphi \lambda (x)$ é linearmente **independente**.

Se os membros de um conjunto de funções são mutuamente ortogonais, então eles automaticamente são linearmente independentes. Para estabelecer isso, considere a avaliação de

$$S = \left\langle \sum_\lambda k_\lambda \varphi_\lambda \middle| \sum_\mu k_\mu \varphi_\mu \right\rangle$$

para um conjunto de φ_λ ortonormal e com valores arbitrários dos coeficientes k_λ. Por causa da ortonormalidade, S é avaliado como $\sum_\lambda |k_\lambda|^2$, e será diferente de zero (mostrando que $\sum_\lambda k_\lambda \varphi_\lambda \neq 0$) a menos que todo o k_λ desapareça.

Passamos agora para considerar as ramificações da dependência linear para soluções das equações diferenciais ordinárias e, para esse propósito, é conveniente supor que as funções $\varphi_\lambda(x)$ são diferenciáveis conforme necessário. Então, diferenciando a Equação (7.54) repetidamente, com o pressuposto de que é válida para todo x, geramos um conjunto de equações

$$\sum_\lambda k_\lambda \varphi_\lambda'(x) = 0,$$

$$\sum_\lambda k_\lambda \varphi_\lambda''(x) = 0,$$

continuando até que tenhamos gerado o maior número possível de equações quanto o número de λ valores. Isso fornece um conjunto de equações lineares homogêneas em que k_λ são as quantidades desconhecidas.

---

[5] É por isso que a classificação das singularidades na Seção 7.4 é de importância vital.

Pela Seção 2.1, há uma solução que não seja tudo $k_\lambda = 0$ somente se o determinante dos coeficientes de k_λ desaparece. Isso significa que a dependência linear que supomos aceitando a Equação (7.54) implica que

$$
\begin{vmatrix}
\varphi_1 & \varphi_2 & \cdots & \varphi_n \\
\varphi_1' & \varphi_2' & \cdots & \varphi_n' \\
\cdots & \cdots & \cdots & \cdots \\
\varphi_1^{(n-1)} & \varphi_2^{(n-1)} & \cdots & \varphi_n^{(n-1)}
\end{vmatrix} = 0.
\tag{7.55}
$$

Esse determinante é chamado **wronskiano**, e a análise que leva à Equação (7.55) mostra que:
1. Se o wronskiano não é igual a zero, então a Equação (7.54) não tem outra solução além de $k_\lambda = 0$. O conjunto de funções φ_λ é, portanto, linearmente independente.
2. Se o wronskiano desaparece em valores isolados do argumento, isso não prova a dependência linear. Porém, se o wronskiano é zero ao longo de todo o intervalo da variável, as funções φ_λ são linearmente dependentes ao longo desse intervalo.[6]

Exemplo 7.6.1   Independência Linear

As soluções da equação do oscilador linear, Equação (7.27), são $\varphi_1 = \operatorname{sen}\omega x$, $\varphi_2 = \cos\omega x$.
O wronskiano torna-se

$$
\begin{vmatrix}
\operatorname{sen}\omega x & \cos\omega x \\
\omega\cos\omega x & -\omega\operatorname{sen}\omega x
\end{vmatrix} = -\omega \neq 0.
$$

Essas duas soluções, φ_1 e φ_2 são, portanto, linearmente independentes. Para apenas duas funções isso significa que uma não é um múltiplo da outra, o que é obviamente verdadeiro aqui.

Aliás, sabemos que

$$
\operatorname{sen}\omega x = \pm(1 - \cos^2\omega x)^{1/2},
$$

mas isso **não** é uma relação **linear**, da forma da Equação (7.54).   ■

Exemplo 7.6.2   Dependência Linear

Para uma ilustração da dependência linear, considere as soluções da EDO

$$
\frac{d^2\varphi(x)}{dx^2} = \varphi(x).
$$

Essa equação tem as soluções $\varphi_1 = ex$ e $\varphi_2 = e^-x$, e adicionamos $\varphi_3 = \cosh x$, também uma solução.
O wronskiano é

$$
\begin{vmatrix}
e^x & e^{-x} & \cosh x \\
e^x & -e^{-x} & \operatorname{senh}x \\
e^x & e^{-x} & \cosh x
\end{vmatrix} = 0.
$$

O determinante desaparece para todo x porque a primeira e terceira linhas são idênticas. Consequentemente ex, e^-x, e $\cosh x$ são linearmente dependentes, e, de fato, temos uma relação da forma da Equação (7.54):

$$
e^x + e^{-x} - 2\cosh x = 0 \quad \text{com} \quad k_\lambda \neq 0.
$$
   ■

---

[6]Compare H. Lass, *Elements of Pure and Applied Mathematics*, Nova York: McGraw-Hill (1957), p. 187, para a prova dessa afirmação. Supomos que as funções têm derivadas contínuas e que pelo menos uma das menores da linha inferior da Equação (7.55) (expansão de Laplace) não desaparece em $[a, b]$, o intervalo sob consideração.

Número de Soluções

Agora estamos prontos para provar o teorema de que uma EDO homogênea de segunda ordem tem duas soluções linearmente independentes.

Suponha que y_1, y_2, y_3 são três soluções da EDO homogênea, Equação (7.23). Então formamos o wronskiano $W_{jk} = y_j y_k' - y_j' y_k$ de qualquer par y_j, y_k deles e também observamos que

$$W_{jk}' = (y_j' y_k' + y_j y_k'') - (y_j'' y_k + y_j' y_k')$$

$$= y_j y_k'' - y_j'' y_k. \qquad (7.56)$$

Em seguida, dividimos a EDO por y e movemos $Q(x)$ para o lado direito (em que ela se torna $-Q(x)$), assim, para soluções y_j e y_k:

$$\frac{y_j''}{y_j} + P(x)\frac{y_j'}{y_j} = -Q(x) = \frac{y_k''}{y_k} + P(x)\frac{y'_k}{y_k}.$$

Considerando agora o primeiro e terceiro membros dessa equação, multiplicando por $y_j\, y_k$ e rearranjando, descobrimos que

$$(y_j y_k'' - y_j'' y_k) + P(x)(y_j y_k' - y_j' y_k) = 0,$$

o que simplifica para qualquer par de soluções para

$$W_{jk}' = -P(x)W_{jk}. \qquad (7.57)$$

Por fim, avaliamos o wronskiano de todas as três soluções, expandindo-o por menores ao longo da segunda linha e identificando cada termo como contendo um W_{ij}' como dado pela Equação (7.56):

$$W = \begin{vmatrix} y_1 & y_2 & y_3 \\ y_1' & y_2' & y_3' \\ y_1'' & y_2'' & y_3'' \end{vmatrix} = -y_1' W_{23}' + y_2' W_{13}' - y_3' W_{12}'.$$

Agora usamos a Equação (7.57) para substituir cada W_{ij}' por $-P(x)W_{ij}$ e então remontamos os menores em um determinante 3×3, que desaparece porque contém duas linhas idênticas:

$$W = P(x)\left(y_1' W_{23} - y_2' W_{13} + y_3' W_{12}\right) = -P(x)\begin{vmatrix} y_1 & y_2 & y_3 \\ y_1' & y_2' & y_3' \\ y_1' & y_2' & y_3' \end{vmatrix} = 0.$$

Temos, portanto, $W = 0$, que é apenas a condição para a dependência linear das soluções y_j. Assim, provamos o seguinte:

A EDO homogênea linear de segunda ordem tem no máximo duas soluções linearmente independentes. Generalizando, uma EDO homogênea linear de n-ésima ordem tem no máximo n soluções linearmente independentes y_j, e sua solução geral será da forma $y(x) = \sum_{j=1}^{n} c_j y_j(x)$.

Encontrando uma Segunda Solução

Voltando a nossa EDO homogênea linear de segunda ordem da forma geral

$$y'' + P(x)y' + Q(x)y = 0, \qquad (7.58)$$

sejam y_1 e y_2 duas soluções independentes. Então, o wronskiano, por definição, é

$$W = y_1 y_2' - y_1' y_2. \qquad (7.59)$$

Diferenciando o wronskiano, obtemos, como já foi demonstrado na Equação (7.57),

$$W' = -P(x)W. \qquad (7.60)$$

No caso especial em que $P(x) = 0$, isto é,

$$y'' + Q(x)y = 0,$$ (7.61)

o wronskiano

$$W = y_1 y_2' - y_1' y_2 = \text{constante}.$$ (7.62)

Como nossa equação diferencial original é homogênea, podemos multiplicar as soluções y_1 e y_2 por quaisquer constantes que desejamos e fazer com o wronskiano seja igual à unidade (ou -1). Nesse caso, $P(x) = 0$, aparece mais frequentemente do que podemos esperar. Lembre-se de que $\nabla^2(\psi/r)$ em coordenadas polares esféricas não contém nenhuma primeira derivada radial. Por fim, cada equação diferencial linear de segunda ordem pode ser transformada em uma equação da forma da Equação (7.61) (compare o Exercício 7.6.12).

Para o caso geral, vamos agora supor que temos uma solução da Equação (7.58) por uma substituição em série (ou por suposição). Passamos agora a desenvolver uma segunda solução independente para a qual $W \neq 0$. Reescrevendo a Equação (7.60) como

$$\frac{dW}{W} = -P\,dx,$$

podemos integrar ao longo da variável x, de a a x, para obter

$$\ln \frac{W(x)}{W(a)} = -\int_a^x P(x_1)\,dx_1,$$

ou[7]

$$W(x) = W(a) \exp\left[-\int_a^x P(x_1)\,dx_1 \right].$$ (7.63)

Agora vamos fazer a observação de que

$$W(x) = y_1 y_2' - y_1' y_2 = y_1^2 \frac{d}{dx}\left(\frac{y_2}{y_1} \right),$$ (7.64)

e, combinando as Equações (7.63) e (7.64), temos

$$\frac{d}{dx}\left(\frac{y_2}{y_1} \right) = W(a) \frac{\exp[-\int_a^x P(x_1)\,dx_1]}{y_1^2}.$$ (7.65)

Por fim, integrando a Equação (7.65) de $x_2 = b$ a $x_2 = x$, obtemos

$$y_2(x) = y_1(x) W(a) \int_b^x \frac{\exp\left[-\int_a^{x_2} P(x_1)\,dx_1 \right]}{[y_1(x_2)]^2}\,dx_2.$$ (7.66)

Aqui a e b são constantes arbitrárias e um termo $y_1(x)y_2(b)/y_1(b)$ foi descartado, porque é um múltiplo da primeira solução anteriormente encontrada y_1. Como $W(a)$, o wronskiano avaliado em $x = a$, é uma constante e as soluções para a equação diferencial homogênea sempre contém um fator de normalização arbitrária, definimos $W(a) = 1$ e escrevemos

$$y_2(x) = y_1(x) \int^x \frac{\exp[-\int^{x_2} P(x_1)\,dx_1]}{[y_1(x_2)]^2}\,dx_2.$$ (7.67)

---

[7]Se $P(x)$ permanece finito no domínio de interesse, $W(x) \neq 0$, a menos que $W(a) = 0$. Isto é, o wronskiano das nossas duas soluções é identicamente zero ou nunca é zero. Porém, se $P(x)$ não permanece finito no nosso intervalo, então $W(x)$ pode ter zeros isolados nesse domínio e precisamos ter cuidado para escolher a de modo que $W(a) \neq 0$.

Note que os limites inferiores $x_1 = a$ e $x_2 = b$ foram omitidos. Se são mantidos, eles simplesmente fazem uma contribuição igual a uma constante vezes a primeira solução conhecida, $y_1(x)$ e, portanto, não adicionamos nada novo. Se tivermos o importante caso especial $P(x) = 0$, a Equação (7.67) se reduzirá a

$$y_2(x) = y_1(x) \int^x \frac{dx_2}{[y_1(x_2)]^2}. \tag{7.68}$$

Isso significa que usando a Equação (7.67) ou Equação (7.68) podemos considerar uma solução conhecida e integrando podemos gerar uma segunda solução independente da Equação (7.58). Essa técnica é usada na Seção 15.6 para gerar uma segunda solução da equação diferencial de Legendre.

Exemplo 7.6.3   Uma Segunda Solução para a Equação do Oscilador Linear

A partir de $d^2 y/dx^2 + y = 0$ com $P(x) = 0$ deixe uma solução ser $y_1 = \operatorname{sen} x$. Aplicando a Equação (7.68), obtemos

$$y_2(x) = \operatorname{sen} x \int^x \frac{dx_2}{\operatorname{sen}^2 x_2} = \operatorname{sen} x(-\cot x) = -\cos x,$$

que é claramente independente (não um múltiplo linear) de sen x.   ∎

Forma das Séries da Segunda Solução

Conhecimento adicional sobre a natureza da segunda solução da nossa equação diferencial pode ser obtido pela sequência a seguir das operações.

1. Expresso $P(x)$ e $Q(x)$ na Equação (7.58) como

$$P(x) = \sum_{i=-1}^{\infty} p_i x^i, \quad Q(x) = \sum_{j=-2}^{\infty} q_j x^j. \tag{7.69}$$

Os termos dominantes dos somatórios são selecionados para criar a singularidade **regular** (na origem) mais forte possível. Essas condições só satisfazem o teorema de Fuchs e, assim, ajuda a obter melhor compreensão desse teorema.
2. Desenvolva os primeiros poucos termos de uma solução de série de potência, como na Seção 7.5.
3. Usando essa solução como y_1, obtenha uma segunda solução do tipo de série, y_2, a partir da Equação (7.67), integrando-a termo a termo.

Passando para o passo 1, temos

$$y'' + (p_{-1}x^{-1} + p_0 + p_1 x + \cdots)y' + (q_{-2}x^{-2} + q_{-1}x^{-1} + \cdots)y = 0, \tag{7.70}$$

onde $x = 0$ é na pior das hipóteses um ponto singular regular. Se $p_{-1} = q_{-1} = q_{-2} = 0$, ele se reduz a um ponto ordinário. Substituindo

$$y = \sum_{\lambda=0}^{\infty} a_\lambda x^{s+\lambda}$$

(Passo 2), obtemos

$$\sum_{\lambda=0}^{\infty} (s+\lambda)(s+\lambda-1)a_\lambda x^{s+\lambda-2} + \sum_{i=-1}^{\infty} p_i x^i \sum_{\lambda=0}^{\infty} (s+\lambda)a_\lambda x^{s+\lambda-1}$$

$$+ \sum_{j=-2}^{\infty} q_j x^j \sum_{\lambda=0}^{\infty} a_\lambda x^{s+\lambda} = 0. \tag{7.71}$$

Supondo que $p_{-1} \neq 0$, nossa equação indicial é

$$s(s-1) + p_{-1}k + q_{-2} = 0,$$

que define o coeficiente líquido de xs^{-2} igual a zero. Isso se reduz a

$$s^2 + (p_{-1} - 1)s + q_{-2} = 0. \tag{7.72}$$

Denotamos as duas raízes dessa equação indicial por $s = \alpha$ e $s = \alpha - n$, onde n é zero ou um inteiro positivo. (Se n não é um inteiro, esperamos duas soluções de série independente pelos métodos da Seção 7.5 e concluímos.) Portanto

$$(s - \alpha)(s - \alpha + n) = 0, \tag{7.73}$$

ou

$$s^2 + (n - 2\alpha)s + \alpha(\alpha - n) = 0,$$

e igualando os coeficientes de s nas Equações (7.72) e (7.73), temos

$$p_{-1} - 1 = n - 2\alpha. \tag{7.74}$$

A solução conhecida de série correspondente a maior raiz $s = \alpha$ pode ser escrita como

$$y_1 = x^\alpha \sum_{\lambda=0}^{\infty} a_\lambda x^\lambda.$$

Substituindo essa solução de série na Equação (7.67) (passo 3), somos confrontados com

$$y_2(x) = y_1(x) \int^x \left(\frac{\exp\left(-\int_a^{x_2} \sum_{i=-1}^{\infty} p_i x_1^i \, dx_1\right)}{x_2^{2\alpha} \left(\sum_{\lambda=0}^{\infty} a_\lambda x_2^\lambda\right)^2} \right) dx_2, \tag{7.75}$$

onde as soluções y_1 e y_2 foram normalizadas de modo que o wronskiano $W(a) = 1$.

Tratando primeiro o fator exponencial, temos

$$\int_a^{x_2} \sum_{i=-1}^{\infty} p_i x_1^i \, dx_1 = p_{-1} \ln x_2 + \sum_{k=0}^{\infty} \frac{p_k}{k+1} x_2^{k+1} + f(a), \tag{7.76}$$

com $f(a)$ uma constante de integração que pode depender de a. Consequentemente,

$$\exp\left(-\int_a^{x_2} \sum_i p_i x_1^i \, dx_1\right) = \exp[-f(a)] x_2^{-p_{-1}} \exp\left(-\sum_{k=0}^{\infty} \frac{p_k}{k+1} x_2^{k+1}\right)$$

$$= \exp[-f(a)] x_2^{-p_{-1}} \left[1 - \sum_{k=0}^{\infty} \frac{p_k}{k+1} x_2^{k+1} + \frac{1}{2!} \left(-\sum_{k=0}^{\infty} \frac{p_k}{k+1} x_2^{k+1}\right)^2 + \cdots \right]. \tag{7.77}$$

Essa expansão final de série da exponencial é certamente convergente se a expansão original do coeficiente $P(x)$ fosse uniformemente convergente.

O denominador na Equação (7.75) pode ser tratado escrevendo

$$\left[x_2^{2\alpha} \left(\sum_{\lambda=0}^{\infty} a_\lambda x_2^\lambda\right)^2 \right]^{-1} = x_2^{-2\alpha} \left(\sum_{\lambda=0}^{\infty} a_\lambda x_2^\lambda\right)^{-2} = x_2^{-2\alpha} \sum_{\lambda=0}^{\infty} b_\lambda x_2^\lambda. \tag{7.78}$$

Desprezando os fatores constantes, que de qualquer maneira serão selecionados pela exigência de que $W(a) = 1$, obtemos

$$y_2(x) = y_1(x) \int^x x_2^{-p_{-1}-2\alpha} \left(\sum_{\lambda=0}^{\infty} c_\lambda x_2^\lambda\right) dx_2. \tag{7.79}$$

Aplicando a Equação (7.74),

$$x_2^{-p_{-1}-2\alpha} = x_2^{-n-1}, \tag{7.80}$$

e supomos aqui que n é um inteiro. Substituindo esse resultado na Equação (7.79), obtemos

$$y_2(x) = y_1(x) \int^x \left(c_0 x_2^{-n-1} + c_1 x_2^{-n} + c_2 x_2^{-n+1} + \cdots + c_n x_2^{-1} + \cdots \right) dx_2. \tag{7.81}$$

A integração indicada na Equação (7.81) leva a um coeficiente de $y_1(x)$ consistindo em duas partes:
1. Uma série de potências que começa com x^-n.
2. Um termo logaritmo da integração de x^{-1} (quando $\lambda = n$). Esse termo sempre aparece quando n é um inteiro, **a menos que** c_n fortuitamente desapareça.[8]

Se escolhemos combinar y_1 e a série de potências começando com x^-n, nossa segunda solução assumirá a forma

$$y_2(x) = y_1(x) \ln|x| + \sum_{j=-n}^{\infty} d_j x^{j+\alpha}. \tag{7.82}$$

Exemplo 7.6.4   Uma Segunda Solução da Equação de Bessel

A partir da equação de Bessel, Equação (7.40), dividida por x^2 para concordar com Equação (7.59), temos
$P(x) = x^{-1} \quad Q(x) = 1 \quad$ para o caso $n = 0$.

Consequentemente, $p_{-1} = 1$, $q_0 = 1$; todos os outros p_i e q_j desaparecem. A equação indicial de Bessel, Equação (7.43) com $n = 0$, é

$$s^2 = 0.$$

Assim verificamos as Equações (7.72) a (7.74) com n e α definidos como zero.
A primeira solução está disponível a partir da Equação (7.49). Ela é[9]

$$y_1(x) = J_0(x) = 1 - \frac{x^2}{4} + \frac{x^4}{64} - O(x^6). \tag{7.83}$$

Agora, substituindo tudo isso na Equação (7.67), temos o caso específico correspondente à Equação (7.75):

$$y_2(x) = J_0(x) \int^x \left(\frac{\exp\left[-\int^{x_2} x_1^{-1} dx_1 \right]}{\left[1 - \frac{x_2^2}{4} + \frac{x_2^4}{64} - \cdots \right]^2} \right) dx_2. \tag{7.84}$$

A partir do numerador do integrando,

$$\exp\left[-\int^{x_2} \frac{dx_1}{x_1} \right] = \exp[-\ln x_2] = \frac{1}{x_2}.$$

Isso corresponde a $x_2^{-p_{-1}}$ na Equação (7.77). A partir do denominador do integrando, utilizando uma expansão binomial, obtemos

$$\left[1 - \frac{x_2^2}{4} + \frac{x_2^4}{64} \right]^{-2} = 1 + \frac{x_2^2}{2} + \frac{5x_2^4}{32} + \cdots.$$

Correspondendo à Equação (7.79), temos

$$y_2(x) = J_0(x) \int^x \frac{1}{x_2} \left[1 + \frac{x_2^2}{2} + \frac{5x_2^4}{32} + \cdots \right] dx_2$$

$$= J_0(x) \left\{ \ln x + \frac{x^2}{4} + \frac{5x^4}{128} + \cdots \right\}. \tag{7.85}$$

---

[8]Para considerações de paridade, $\ln x$ é considerado como sendo $\ln |x|$, par.
[9]A letra maiúscula O (ordem de) como escrita aqui significa termos proporcionais a x^6 e possivelmente potências mais altas de x.

Vamos verificar esse resultado. A partir da Equação (14.62), que dá a forma padrão da segunda solução, que é chamada **função de Neumann** e designada Y_0,

$$Y_0(x) = \frac{2}{\pi}\left[\ln x - \ln 2 + \gamma\right]J_0(x) + \frac{2}{\pi}\left\{\frac{x^2}{4} - \frac{3x^4}{128} + \cdots\right\}. \tag{7.86}$$

Surgem dois pontos: (1) como a equação de Bessel é homogênea, podemos multiplicar $y_2(x)$ por qualquer constante. Para corresponder $Y_0(x)$, multiplicamos nosso $y_2(x)$ por $2/\pi$. (2) para a segunda solução, $(2/\pi)y2(x)$, podemos adicionar qualquer múltiplo constante da primeira solução. Mais uma vez, para corresponder $Y_0(x)$ somamos

$$\frac{2}{\pi}\left[-\ln 2 + \gamma\right]J_0(x),$$

onde γ é a constante de Euler-Mascheroni, definida na Equação (1.13)[10]. Nossa nova segunda solução modificada é

$$y_2(x) = \frac{2}{\pi}\left[\ln x - \ln 2 + \gamma\right]J_0(x) + \frac{2}{\pi}J_0(x)\left\{\frac{x^2}{4} + \frac{5x^4}{128} + \cdots\right\}. \tag{7.87}$$

Agora a comparação com $Y_0(x)$ requer apenas uma multiplicação simples da série para $J_0(x)$ a partir da Equação (7.83) e o colchete da Equação (7.87). As verificações de multiplicação, ao longo dos termos da ordem x^2 e x^4, o que é tudo que executamos. A segunda solução das Equações (7.67) e (7.75) concorda com a segunda solução padrão, a função de Neumann $Y_0(x)$.

■

A análise que indicou que a segunda solução da Equação (7.58) tem a forma dada na Equação (7.82) sugere a possibilidade de apenas substituir a Equação (7.82) na equação diferencial original e determinar os coeficientes d_j. No entanto, o processo tem algumas características diferentes que o da Seção 7.5, e é ilustrado pelo seguinte exemplo.

Exemplo 7.6.5   Mais Funções de Neumann

Consideramos aqui segundas soluções para a EDO de Bessel das ordens de inteiros $n > 0$, usando a expansão dada na Equação (7.82). A primeira solução, designada J_n e apresentada na Equação (7.49), surge do valor $\alpha = n$ da equação indicial, enquanto a quantidade chamada n na Equação (7.82), a separação das duas raízes da equação indicial, tem no contexto atual o valor $2n$. Assim, a Equação (7.82) assume a forma

$$y_2(x) = J_n(x)\ln|x| + \sum_{j=-2n}^{\infty} d_j x^{j+n}, \tag{7.88}$$

onde y_2 deve, além da escala e um possível múltiplo de J_n, ser a segunda solução Y_n da equação de Bessel. Substituindo essa forma na equação de Bessel, realizando as diferenciações indicadas e usando o fato de que $J_n(x)$ é uma solução da nossa EDO, obtemos depois de combinar termos similares

$$x^2 y_2'' + x y_2' + (x^2 - n^2)y_2 =$$
$$2x J_n'(x) + \sum_{j\geq -2n} j(j+2n)d_j x^{j+n} + \sum_{j\geq -2n} d_j x^{j+n+2} = 0. \tag{7.89}$$

Em seguida, inserimos a expansão da série de potências

$$2x J_n'(x) = \sum_{j\geq 0} a_j x^{j+n}, \tag{7.90}$$

onde os coeficientes podem ser obtidos por diferenciação da expansão de J_n (Equação 7.49), e temos os valores (para $j \geq 0$)

$$a_{2j} = \frac{(-1)^j(n+2j)}{j!(n+j)!2^{n+2j-1}}, $$
$$a_{2j+1} = 0. \tag{7.91}$$

---

[10]A função de Neumann Y_0 é definida como é de modo a alcançar propriedades assintóticas convenientes; ver Seções 14.3 e 14.6.

Isso, e uma redefinição do índice j no último termo, dá à Equação (7.89) a forma

$$\sum_{j \geq 0} a_j x^{j+n} + \sum_{j \geq -2n} j(j+2n)d_j x^{j+n} + \sum_{j \geq -2n+2} d_{j-2} x^{j+n} = 0. \qquad (7.92)$$

Considerando primeiro o coeficiente de x^-n^{+1} (que corresponde a $j = -2n + 1$), observamos que seu desaparecimento exige que d_{-2n+1} desapareça, uma vez que a única contribuição vem do somatório no meio. Como todos os a_j de j ímpar desaparecem, o desaparecimento de d_{-2n+1} implica que todos os outros d_j de j ímpar também devem desaparecer. Portanto, só precisamos prestar mais atenção ao j par.

Em seguida, observamos que o coeficiente de d_0 é arbitrário, e pode, sem perda da generalidade, ser definido como zero. Isso é verdade porque podemos trazer d_0 a qualquer valor adicionando a y_2 um múltiplo apropriado da solução J_n, cuja expansão tem um termo dominante xn. Esgotamos então toda a liberdade ao especificar $y_{2;}$ sua escala é determinada pela nossa escolha do seu termo logarítmico.

Agora, considerando o coeficiente de xn (termos com $j = 0$), e lembrando que $d_0 = 0$, temos

$$d_{-2} = -a_0,$$

e podemos repetir para baixo em passos de 2, usando as fórmulas baseadas nos coeficientes de xn^{-2}, xn^{-4}, ..., correspondendo a

$$d_{j-2} = -j(2n+j)d_j, \quad j = -2, -4, \ldots, -2n+2.$$

Para obter d_j com j positivo, repetimos para cima, obtendo do coeficiente de $xn^{+}j$

$$d_j = \frac{-a_j - d_{j-2}}{j(2n+j)}, \quad j = 2, 4, \ldots,$$

mais um vez lembrando que $d_0 = 0$.

Prosseguindo para $n = 1$ como um exemplo específico, temos a partir da Equação (7.91) $a_0 = 1$, $a_2 = -3/8$ e $a_4 = 5/192$, logo

$$d_{-2} = -1, \quad d_2 = -\frac{a_2}{8} = \frac{3}{64}, \quad d_4 = \frac{-a_4 - d_2}{24} = -\frac{7}{2304};$$

assim

$$y_2(x) = J_1(x) \ln|x| - \frac{1}{x} + \frac{3}{64}x^3 - \frac{7}{2304}x^5 + \cdots,$$

de acordo (exceto para um múltiplo de J_1 e um fator de escala) com a forma padrão da função de Neumann Y_1:

$$Y_1(x) = \frac{2}{\pi}\left[\ln\left|\frac{x}{2}\right| + \gamma - \frac{1}{2}\right]J_1(x) + \frac{2}{\pi}\left[-\frac{1}{x} + \frac{3}{64}x^3 - \frac{7}{2304}x^5 + \cdots\right]. \qquad (7.93)$$

∎

Como mostrado nos exemplos, a segunda solução normalmente irá divergir na origem por causa do fator de escala logarítmica e das potências negativas de x na série. Por essa razão $y_2(x)$ é muitas vezes é chamado **solução irregular**. A primeira solução de série, $y_1(x)$, que geralmente converge na origem, é chamada **solução regular**. A questão do comportamento na origem é discutida em mais detalhes nos Capítulos 14 e 15, em que discutimos as funções de Bessel, funções de Bessel modificadas e funções de Legendre.

Resumo

As duas soluções de ambas as seções (juntamente com os exercícios) fornecem uma **solução completa** da nossa EDO homogênea linear de segunda ordem, supondo que o ponto de expansão não é pior do que uma singularidade regular. Pelo menos uma solução sempre pode ser obtida por substituição de série (Seção 7.5). Uma **segunda solução linearmente independente** pode ser construída pela integral dupla **wronskiana**, Equação (7.67). Isso é tudo o que há: **não existe uma terceira solução linearmente independente** (compare o Exercício 7.6.10).

A EDO **não homogênea** linear de segunda ordem terá uma solução geral formada adicionando uma **solução particular** à equação não homogênea completa da solução geral da EDO homogênea correspondente. Técnicas para encontrar soluções particulares das EDOs lineares, mas não homogêneas são o tema da próxima seção.

Exercícios

7.6.1 Você sabe que os três vetores unitários $\hat{\mathbf{e}}_x$, $\hat{\mathbf{e}}_y$ e $\hat{\mathbf{e}}_z$ são mutuamente perpendiculares (ortogonais). Mostre que $\hat{\mathbf{e}}_x$, $\hat{\mathbf{e}}_y$ e $\hat{\mathbf{e}}_z$ são linearmente independentes. Especificamente, mostre que não há nenhuma relação da forma da Equação (7.54) para $\hat{\mathbf{e}}_x$, $\hat{\mathbf{e}}_y$ e $\hat{\mathbf{e}}_z$.

7.6.2 O critério para a **independência** linear dos três vetores $\mathbf{A}$, $\mathbf{B}$ e $\mathbf{C}$ é que a equação

$$a\mathbf{A} + b\mathbf{B} + c\mathbf{C} = 0,$$

análoga à Equação (7.54), não tem uma solução além da trivial $a = b = c = 0$. Usando componentes $\mathbf{A} = (A_1, A_2, A_3)$, e assim por diante, defina o critério determinante para a existência ou inexistência de uma solução não trivial para os coeficientes a, b e c. Mostre que seu critério é equivalente ao produto escalar triplo $\mathbf{A} \cdot \mathbf{B} \times \mathbf{C} \neq 0$.

7.6.3 Usando o determinante wronskiano, mostre que o conjunto de funções

$$\left\{ 1, \frac{x^n}{n!}(n = 1, 2, \ldots, N) \right\}$$

é linearmente independente.

7.6.4 Se o wronskiano das duas funções y_1 e y_2 é identicamente zero, mostre por integração direta que

$$y_1 = cy_2,$$

isto é, que y_1 e y_2 são linearmente dependentes. Suponha que as funções têm derivadas contínuas e que pelo menos uma das funções não desaparece no intervalo sob consideração.

7.6.5 Sabemos que o wronskiano das duas funções é zero em $x_0 - \varepsilon \leq x \leq x_0 + \varepsilon$ para arbitrariamente $\varepsilon > 0$ pequeno. Mostre que esse wronskiano desaparece para todos os x e que as funções são linearmente dependentes.

7.6.6 As três funções sen x, e^x e e^{-x} são linearmente independentes. Nenhuma função pode ser escrita como uma combinação linear das outras duas. Mostre que o wronskiano de sen x, e^x e e^{-x} desaparece, mas apenas em pontos isolados.

$$RESPOSTA: W = 4\text{sen } x,$$
$$W = 0 \text{ para } x = \pm n\pi, \quad n = 0, 1, 2, \ldots.$$

7.6.7 Considere duas funções $\varphi_1 = x$ e $\varphi_2 = |x|$. Como $\varphi_1' = 1$ e $\varphi_2' = x/|x|$, $W(\varphi_1, \varphi_2) = 0$ para qualquer intervalo, incluindo $[-1, +1]$. O desaparecimento do wronskiano em $[-1, +1]$ prova que φ_1 e φ_2 são linearmente dependentes? Claramente, elas não são. O que está errado?

7.6.8 Explique que a **independência linear** não significa a ausência de nenhuma dependência. Ilustre seu argumento com cosh x e e^x.

7.6.9 Equação diferencial de Legendre

$$(1 - x^2)y'' - 2xy' + n(n+1)y = 0$$

tem uma solução regular $P_n(x)$ e uma solução irregular $Q_n(x)$. Mostre que o wronskiano de P_n e Q_n é dado por

$$P_n(x)Q_n'(x) - P_n'(x)Q_n(x) = \frac{A_n}{1 - x^2},$$

com A_n **independente** de x.

7.6.10 Mostre, por meio do wronskiano, a EDO homogênea linear de segunda ordem da forma

$$y''(x) + P(x)y'(x) + Q(x)y(x) = 0$$

não pode ter três soluções independentes.

Dica: Suponha uma terceira solução e mostre que o wronskiano desaparece para todo x.

7.6.11   Mostre o seguinte quando a equação diferencial linear de segunda ordem $py'' + qy' + ry = 0$ é expressa na forma autoadjunto:

(a) O wronskiano é igual a uma constante dividida por p:

$$W(x) = \frac{C}{p(x)}.$$

(b) Uma segunda solução $y_2(x)$ é obtida a partir de uma primeira solução $y_1(x)$ como

$$y_2(x) = Cy_1(x) \int^x \frac{dt}{p(t)[y_1(t)]^2}.$$

7.6.12   Transforme nossa EDO linear de segunda ordem

$$y'' + P(x)y' + Q(x)y = 0$$

pela substituição

$$y = z \exp\left[-\frac{1}{2} \int^x P(t)dt \right]$$

e mostre que a equação diferencial resultante para z é

$$z'' + q(x)z = 0,$$

onde

$$q(x) = Q(x) - \frac{1}{2}P'(x) - \frac{1}{4}P^2(x).$$

Nota: Essa substituição pode ser derivada por meio da técnica do Exercício 7.6.25.

7.6.13   Use o resultado do Exercício 7.6.12 para mostrar que podemos esperar que a substituição de $\varphi(r)$ por $r\varphi(r)$ elimina as primeiras derivadas da laplaciana nas coordenadas polares esféricas. Ver também o Exercício 3.10.34.

7.6.14   Pela diferenciação e substituição diretas mostre que

$$y_2(x) = y_1(x) \int^x \frac{\exp[-\int^s P(t)dt]}{[y_1(s)]^2} ds$$

satisfaz, como $y_1(x)$, a EDO

$$y_2''(x) + P(x)y_2'(x) + Q(x)y_2(x) = 0.$$

Nota: A fórmula de Leibniz para a derivada de uma integral é

$$\frac{d}{d\alpha} \int_{g(\alpha)}^{h(\alpha)} f(x, \alpha)dx = \int_{g(\alpha)}^{h(\alpha)} \frac{\partial f(x, \alpha)}{\partial \alpha}dx + f[h(\alpha), \alpha]\frac{dh(\alpha)}{d\alpha} - f[g(\alpha), \alpha]\frac{dg(\alpha)}{d\alpha}.$$

7.6.15   Na equação

$$y_2(x) = y_1(x) \int^x \frac{\exp[-\int^s P(t)dt]}{[y_1(s)]^2} ds,$$

$y_1(x)$ satisfaz

$$y_1'' + P(x)y_1' + Q(x)y_1 = 0.$$

A função $y_2(x)$ é uma segunda solução linearmente **independente** da mesma equação. Mostre que a inclusão dos limites inferiores nos dois integrais não leva a nada de novo, isto é, que gera apenas um fator constante geral e um múltiplo constante da solução conhecida $y_1(x)$.

7.6.16   Dada essa solução de

$$R'' + \frac{1}{r}R' - \frac{m^2}{r^2}R = 0$$

é $R = r$m, mostre que a Equação (7.67) prevê uma segunda solução, $R = r^-$m.

7.6.17   Utilizando

$$y_1(x) = \sum_{n=0}^{\infty} \frac{(-1)^n}{(2n+1)!} x^{2n+1}$$

como uma solução da equação do oscilador linear, siga a análise que abrange a Equação (7.81) e mostre que, nessa equação, $c_n = 0$, de modo que nesse caso a segunda solução não contêm um termo logarítmico.

7.6.18   Mostre que quando n **não** é um inteiro na EDO de Bessel, Equação (7.40), a segunda solução da equação de Bessel, obtida da Equação (7.67), **não** contêm um termo logarítmico.

7.6.19   (a) Uma solução da equação diferencial de Hermite

$$y'' - 2xy' + 2\alpha y = 0$$

para $\alpha = 0$ é $y_1(x) = 1$. Encontre uma segunda solução, $y_2(x)$, usando a Equação (7.67). Mostre que sua segunda solução é equivalente a y_{odd} (Exercício 8.3.3).

(b) Encontre a segunda solução para $\alpha = 1$, onde $y_1(x) = x$, usando a Equação (7.67). Mostre que sua segunda solução é equivalente a y_{even} (Exercício 8.3.3).

7.6.20   Uma solução da equação diferencial de Laguerre

$$xy'' + (1-x)y' + ny = 0$$

para $n = 0$ é $y_1(x) = 1$. Usando a Equação (7.67), desenvolva uma segunda solução linearmente independente. Exiba o termo logarítmico explicitamente.

7.6.21   Para equação de Laguerre com $n = 0$,

$$y_2(x) = \int^x \frac{e^s}{s}ds.$$

(a) Escreva $y_2(x)$ como um logaritmo além de uma série de potências.

(b) Verifique que a forma integral de $y_2(x)$, previamente dada, é uma solução da equação de Laguerre ($n = 0$) por diferenciação direta do integrante e substituição na equação diferencial.

(c) Verifique se a forma da série de $y_2(x)$, parte (a), é uma solução diferenciando a série e substituindo de volta na equação de Laguerre.

7.6.22   Uma solução da equação de Chebyshev

$$(1-x^2)y'' - xy' + n^2y = 0$$

para $n = 0$ é $y_1 = 1$.

(a) Usando a Equação (7.67), desenvolva uma segunda solução linearmente independente.

(b) Encontre uma segunda solução por integração direta da equação de Chebyshev.

Dica: Seja $v = y'$ e integre. Compare seu resultado com a segunda solução dada na Seção 18.4.

          RESPOSTA: (a) $y_2 = \mathrm{sen}^{-1} x.$

                         (b)   A segunda solução, $V_n(x)$, não é definida para $n = 0$.

7.6.23   Uma solução da equação de Chebyshev

$$(1-x^2)y'' - xy' + n^2y = 0$$

para $n = 1$ é $y_1(x) = x$. Defina a solução integral wronskiana dupla e derive uma segunda solução, $y_2(x)$.

                                      RESPOSTA : $y_2 = -(1-x^2)^{1/2}.$

7.6.24 A equação radial de onda de Schrödinger para um potencial esfericamente simétrico pode ser escrita na forma

$$\left[-\frac{\hbar^2}{2m}\frac{d^2}{dr^2} + l(l+1)\frac{\hbar^2}{2mr^2} + V(r) \right] y(r) = E y(r).$$

A energia potencial $V(r)$ pode ser expandida sobre a origem como

$$V(r) = \frac{b_{-1}}{r} + b_0 + b_1 r + \cdots.$$

(a) Mostre que existe uma solução (regular) $y_1(r)$ começando com rl^{+1}.

(b) A partir da Equação (7.69) mostre que a solução irregular $y_2(r)$ diverge na origem como r^{-1}.

7.6.25 Mostre que se supomos que uma segunda solução, y_2, está relacionada com a primeira solução, y_1, de acordo com $y_2(x) = y_1(x) f(x)$, a substituição de volta na equação original

$$y_2'' + P(x)y_2' + Q(x)y_2 = 0$$

leva a

$$f(x) = \int^x \frac{\exp[-\int^s P(t)dt]}{[y_1(s)]^2} ds,$$

de acordo com a Equação (7.67).

7.6.26 (a) Mostre que

$$y'' + \frac{1-\alpha^2}{4x^2} y = 0$$

tem duas soluções:

$$y_1(x) = a_0 x^{(1+\alpha)/2},$$

$$y_2(x) = a_0 x^{(1-\alpha)/2}.$$

(b) para $\alpha = 0$ as duas soluções linearmente independentes da parte (a) se reduzem à única solução $y_1' = a_0 x^{1/2}$. Usando a Equação (7.68) derive a segunda solução,

$$y_{2'}(x) = a_0 x^{1/2} \ln x.$$

Verifique se y_2' é realmente uma solução.

(c) Mostre que a segunda solução da parte (b) pode ser obtida como um caso limite a partir das duas soluções da parte (a):

$$y_{2'}(x) = \lim_{\alpha \to 0} \left(\frac{y_1 - y_2}{\alpha} \right).$$

7.7 EDOs Lineares não Homogêneas

Concluímos a discussão em termos das equações diferenciais ordinárias de segunda ordem, embora os métodos possam ser estendidos para equações de ordem mais alta. Consideramos assim EDOs da forma geral

$$y'' + P(x)y' + Q(x)y = F(x), \tag{7.94}$$

e procedemos de acordo com o pressuposto de que a equação homogênea correspondente, com $F(x) = 0$, foi resolvida, obtendo assim duas soluções independentes designadas $y_1(x)$ e $y_2(x)$.

Variação dos Parâmetros

O método da variação de parâmetros (variação da constante) começa escrevendo uma solução particular da EDO não homogênea, Equação (7.94), na forma

$$y(x) = u_1(x)y_1(x) + u_2(x)y_2(x). \tag{7.95}$$

Escrevemos especificamente $u_1(x)$ e $u_2(x)$ para enfatizar que essas são funções da variável independente, e **não** coeficientes constantes. Isso, naturalmente, significa que a Equação (7.95) não constitui uma restrição à forma funcional de $y(x)$. Para maior clareza e solidez, normalmente escreveremos essas funções simplesmente como u_1 e u_2.

Em preparação para inserir $y(x)$, a partir da Equação (7.95), na EDO não homogênea, calculamos sua derivada:

$$y' = u_1 y_1' + u_2 y_2' + (y_1 u_1' + y_2 u_2'),$$

e tiramos proveito da redundância na forma presumida para y escolhendo u_1 e u_2 de tal modo que

$$y_1 u_1' + y_2 u_2' = 0, \tag{7.96}$$

onde supomos que a Equação (7.96) é uma identidade (isto é, para aplicar para todo x). Mostraremos mais adiante que exigir a Equação (7.96) não leva a uma inconsistência.

Depois de aplicar a Equação (7.96), y', e sua derivada y'', como sendo

$$y' = u_1 y_1' + u_2 y_2',$$
$$y'' = u_1 y_1'' + u_2 y_2'' + u_1' y_1' + u_2' y_2',$$

e substituição na Equação (7.94) produz

$$(u_1 y_1'' + u_2 y_2'' + u_1' y_1' + u_2' y_2') + P(x)(u_1 y_1' + u_2 y_2') + Q(x)(u_1 y_1 + u_2 y_2) = F(x),$$

que, como y_1 e y_2 são soluções da equação homogênea, ela se reduz a

$$u_1' y_1' + u_2' y_2' = F(x). \tag{7.97}$$

As Equações (7.96) e (7.97) são, para cada valor de x, um conjunto de duas equações **algébricas** simultâneas nas variáveis u_1' e u_2'; para enfatizar esse ponto, nós as repetimos aqui:

$$y_1 u_1' + y_2 u_2' = 0,$$
$$y_1' u_1' + y_2' u_2' = F(x). \tag{7.98}$$

O determinante dos coeficientes dessas equações é

$$\begin{vmatrix} y_1 & y_2 \\ y_1' & y_2' \end{vmatrix},$$

que reconhecemos como o wronskiano das soluções linearmente independentes para a equação homogênea. Isso significa que o determinante é diferente de zero, então haverá, para cada x, uma solução única para as Equações (7.98), isto é, funções únicas u_1' e u_2'. Concluímos que a restrição implícita pela Equação (7.96) é permissível.

Depois que u_1' e u_2' foram identificadas, cada uma pode ser integrada, respectivamente, produzindo u_1 e u_2, e, por meio da Equação (7.95), uma solução particular da nossa EDO não homogênea.

Exemplo 7.7.1 Uma EDO não Homogênea
Considere a EDO

$$(1 - x)y'' + xy' - y = (1 - x)^2. \tag{7.99}$$

A EDO homogênea correspondente tem as soluções $y_1 = x$ e $y_2 = ex$. Assim, $y_1' = 1$, $y_2' = e^x$, e as equações simultâneas para u_1' e u_2' são

$$x u_1' + e^x u_2' = 0,$$
$$u_1' + e^x u_2' = F(x). \tag{7.100}$$

Aqui $F(x)$ é o termo não homogêneo quando a EDO foi escrita na forma padrão, Equação (7.94). Isso significa que temos de dividir a Equação (7.99) por $1 - x$ (o coeficiente de y''), depois do qual vemos que $F(x) = 1 - x$.

Com a escolha de $F(x)$, resolvemos as Equações (7.100), obtendo

$$u_1' = 1, \quad u_2' = -xe^{-x},$$

que se integram a

$$u_1 = x, \quad u_2 = (x+1)e^{-x}.$$

Agora, formando uma solução particular para a EDO não homogênea, temos

$$y_p(x) = u_1 y_1 + u_2 y_2 = x(x) + \left((x+1)e^{-x}\right)e^x = x^2 + x + 1.$$

Como x é uma solução para a equação homogênea, podemos removê-lo da expressão, deixando a fórmula mais compacto $y_p = x^2 + 1$.

A solução geral para nossa EDO, portanto, assume a forma final

$$y(x) = C_1 x + C_2 e^x + x^2 + 1.$$

∎

Exercícios

7.7.1   Se a EDO linear de segunda ordem é não homogênea, isto é, da forma da Equação (7.94), a **solução mais geral é**

$$y(x) = y_1(x) + y_2(x) + y_p(x),$$

onde y_1 e y_2 são soluções independentes da equação homogênea.
Mostre que

$$y_p(x) = y_2(x) \int^x \frac{y_1(s)F(s)ds}{W\{y_1(s), y_2(s)\}} - y_1(x) \int^x \frac{y_2(s)F(s)ds}{W\{y_1(s), y_2(s)\}},$$

com $W\{y_1(x), y_2(x)\}$ o wronskiano de $y_1(s)$ e $t_2(s)$.
Encontre as soluções gerais para as seguintes ODEs não homogêneas:

7.7.2 $y'' + y = 1$.

7.7.3 $y'' + 4y = ex$.

7.7.4 $y'' - 3y + 2y = sen\, x$.

7.7.5 $xy'' - (1+x)y' + y = x^2$.

7.8   Equações Diferenciais não Lineares

Os principais esboços das partes grandes da teoria física foram desenvolvidos utilizando a matemática em que os objetos de preocupação possuíam algum tipo de propriedade de linearidade. Como resultado, a álgebra linear (teoria da matriz) e métodos das soluções para equações diferenciais lineares eram ferramentas matemáticas adequadas, e o desenvolvimento desses temas matemáticos avançou nas direções ilustradas pela maior parte deste livro. No entanto, há parte da física que requer o uso de equações diferenciais não lineares (EDNs). A hidrodinâmica dos meios viscosos compressíveis é descrita pelas equações de Navier-Stokes, que são não lineares. As próprias evidências de não linearidade em fenômenos como fluxo turbulento, que não pode ser descrito usando equações lineares. Equações não lineares também estão no cerne da descrição do comportamento conhecido como **caótico**, em que a evolução de um sistema é tão sensível a suas condições iniciais que ele efetivamente se torna imprevisível.

A matemática das EDOs não lineares é tanto mais difícil quanto menos desenvolvida do que a das EDOs lineares e, consequentemente, fornecemos aqui apenas um exame extremamente breve. Boa parte do avanço recente nessa área está no desenvolvimento de métodos computacionais para problemas não lineares; que também está fora do escopo deste texto.

Na seção final deste capítulo, discutiremos brevemente algumas EDNs específica, as equações clássicas de Bernoulli e Riccati.

Equações de Bernoulli e Riccati

As equações de Bernoulli são não lineares, tendo a forma

$$y'(x) = p(x)y(x) + q(x)[y(x)]^n, \tag{7.101}$$

onde p e q são funções reais e $n \neq 0, 1$ para excluir as EDOs lineares de primeira ordem. Porém, se substituirmos

$$u(x) = [y(x)]^{1-n},$$

então a Equação (7.101) torna-se uma EDO linear de primeira ordem,

$$u' = (1-n)y^{-n}y' = (1-n)[p(x)u(x) + q(x)], \tag{7.102}$$

que podemos resolver (usando um fator de integração) como descrito na Seção 7.2.

As equações de Riccati são quadráticas em $y(x)$:

$$y' = p(x)y^2 + q(x)y + r(x), \tag{7.103}$$

onde exigimos $p \neq 0$ para excluir EDOs lineares e $r \neq 0$ para excluir equações de Bernoulli.

Não existe um método geral conhecido para resolver equações de Riccati. No entanto, quando uma solução especial $y_0(x)$ da Equação (7.103) é conhecido por suposição ou inspeção, então podemos escrever a solução geral na forma $y = y_0 + u$, com u satisfazendo a equação de Bernoulli

$$u' = pu^2 + (2py_0 + q)u, \tag{7.104}$$

porque a substituição de $y = y_0 + u$ na Equação (7.103) remove $r(x)$ da equação resultante.

Não há métodos gerais para obter soluções exatas da maioria das EDOs não lineares. Esse fato torna mais importante desenvolver métodos para encontrar o comportamento qualitativo das soluções. Na Seção 7.5 deste capítulo, mencionamos que existem soluções de série de potências das EDOs exceto (possivelmente) nas singularidades essenciais da EDO. Os coeficientes nas expansões em série de potências fornecem o comportamento assintótico das soluções. Produzindo expansões das soluções para EDNs e retendo apenas os termos lineares, muitas vezes será possível compreender o comportamento qualitativo das soluções na vizinhança do ponto de expansão.

Singularidades Fixas e Móveis, Soluções Especiais

Um primeiro passo para analisar as soluções das EDNs é identificar suas estruturas de singularidade. Soluções das EDNs podem ter pontos singulares que são independentes das condições iniciais ou de contorno; essas são chamadas **singularidades fixas**. Porém, além disso, elas podem ter singularidades **espontâneas** ou **móveis** que variam de acordo com as condições iniciais ou de contorno. Essa característica dificulta a análise assintótica das EDNs.

Exemplo 7.8.1   Singularidade Móvel
Compare a EDO linear

$$y' + \frac{y}{x-1} = 0,$$

(que tem uma singularidade regular óbvia em $x = 1$), com a EDN $y' = y^2$. Ambas têm a mesma solução com a condição inicial $y(0) = 1$, ou seja, $y(x) = 1/(1-x)$. No entanto, para $y(0) = 2$, a EDO linear tem a solução $y = 1 + 1/(1-x)$, enquanto que a EDN tem agora a solução $y(x) = 2/(1-2x)$. A singularidade na solução da EDN foi movida para $x = 1/2$. ∎

Para uma EDO linear de segunda ordem temos uma descrição completa das suas soluções e seu comportamento assintótico quando duas soluções linearmente independentes são conhecidas. Porém, para EDNs ainda pode haver **soluções especiais** cujo comportamento assintótico não é obtido a partir de duas soluções independentes. Essa é outra propriedade característica das EDNs, que ilustramos novamente por um exemplo.

Exemplo 7.8.2   Solução Especial
A EDN $y'' = yy'/x$ tem duas soluções linearmente independentes que definem a família dos dois parâmetros das curvas

$$y(x) = 2c_1 \tan(c_1 \ln x + c_2) - 1, \tag{7.105}$$

onde c_i são constantes de integração. No entanto, essa EDN também tem a solução especial $y = c_3 = $ constante, que não pode ser obtida da Equação (7.105) por nenhuma escolha dos parâmetros c_1, c_2.

A "solução geral" na Equação (7.105) pode ser obtida fazendo a substituição $x = et$, e então definindo $y(t)$ $y(et)$ de modo que $x(dy/dx) = dY/dt$, obtendo assim a EDO $Y'' = Y'(Y + 1)$. Essa EDO pode ser integrada uma vez para dar a $Y' = \frac{1}{2}Y^2 + Y + c$ com $c = 2(c_1^2 + 1/4)$ uma constante de integração. A equação para Y' é separável e pode ser integrada novamente para produzir a Equação (7.105).   ■

Exercícios

7.8.1   Considere a equação de Riccati $y' = y^2 - y - 2$. Uma solução particular para essa equação é $y = 2$. Encontre uma solução mais geral.

7.8.2   Uma solução particular para $y' = y^2/x^3 - y/x + 2x$ é $y = x^2$. Encontre uma solução mais geral.

7.8.3   Resolva a equação de Bernoulli $y' + x y = x y^3$.

7.8.4   EDOs da forma $y = x y' + f(y')$ são conhecidas como equações de Clairaut. O primeiro passo para resolver uma equação desse tipo é diferenciá-la, produzindo

$$y' = y' + xy'' + f'(y')y'', \quad \text{ou} \quad y''(x + f'(y')) = 0.$$

Portanto, soluções podem ser obtidas tanto de $y'' = 0$ quanto de $f'(y') = -x$. A solução geral assim chamada vem de $y'' = 0$.

Para $f(y') = (y')^2$,

(a) Obtenha a solução geral (note que ela contém uma única constante).

(b) Obtenha a assim chamada solução singular a partir de $f'(t') = -x$. *Substituindo de volta na EDO original, mostre que essa solução singular não contém constantes ajustáveis.*

Nota: A solução singular é o envelope das soluções gerais.

Leituras Adicionais

Cohen, H., *Mathematics for Scientists and Engineers*. Englewood Cliffs, NJ: Prentice-Hall (1992).

Golomb, M. e Shanks, M., *Elements of Ordinary Differential Equations*. Nova York: McGraw-Hill (1965).

Hubbard, J. e West, B. H., *Differential Equations*. Berlin: Springer (1995).

Ince, E. L., *Ordinary Differential Equations*. Nova York: Dover (1956). O trabalho clássico na teoria das equações diferenciais ordinárias.

Jackson, E. A., *Perspectives of Nonlinear Dynamics*. Cambridge: Cambridge University Press (1989).

Jordan, D. W. e Smith, P., *Nonlinear Ordinary Differential Equations* (2ª ed.). Oxford: Oxford University Press (1987).

Margenau, H. e Murphy, G. M., *The Mathematics of Physics and Chemistry* (2ª ed.). Princeton, NJ: Van Nostrand (1956).

Miller, R. K. e Michel, A. N., *Ordinary Differential Equations*. Nova York: Academic Press (1982).

Murphy, G. M., *Ordinary Differential Equations and Their Solutions*. Princeton, NJ: Van Nostrand (1960). Um tratamento completo relativamente legível das equações diferenciais ordinárias, tanto lineares quanto não lineares.

Ritger, P. D. e Rose, N. J., *Differential Equations with Applications*. Nova York: McGraw-Hill (1968).

Sachdev, P. L., *Nonlinear Differential Equations and their Applications*. Nova York: Marcel Dekker (1991).

Tenenbaum, M. e Pollard, H., *Ordinary Differential Equations*. Nova York: Dover (1985). Legível e detalhado (mais de 800 páginas). Essa é uma reedição de um trabalho publicado originalmente em 1963 e enfatiza manipulações formais. Suas referências a métodos numéricos estão relativamente desatualizadas.

8

Teoria de Sturm-Liouville

8.1 Introdução

No Capítulo 7 examinamos métodos para resolver equações diferenciais ordinárias (EDOs), com ênfase em técnicas que podem gerar as soluções. Neste capítulo mudamos o foco para as propriedades gerais que as soluções devem ter para que sejam apropriadas para problemas físicos específicos, e discutimos as soluções utilizando as noções de espaços vetoriais e problemas de autovalor que foram desenvolvidas nos Capítulos 5 e 6.

Um problema físico típico controlado por uma EDO tem duas propriedades importantes: (1) Sua solução deve satisfazer as **condições de contorno**, e (2) ela contém um parâmetro cujo valor deve ser definido de uma maneira que satisfaça as condições de contorno. A partir da perspectiva do espaço vetorial, as condições de contorno (além dos requisitos de continuidade e diferenciabilidade) definem o espaço de Hilbert do nosso problema, enquanto o parâmetro ocorre normalmente de uma maneira que permite que a EDO seja escrita como uma equação de autovalor dentro desse espaço de Hilbert.

Essas ideias podem ser esclarecidas examinando um exemplo específico. As ondas estacionárias de uma corda vibrando fixada nas extremidades são regidas pela EDO

$$\frac{d^2\psi}{dx^2} + k^2\,\psi = 0, \tag{8.1}$$

onde $\psi(x)$ é a amplitude do deslocamento transversal no ponto x ao longo da corda, e k é um parâmetro. Essa EDO tem soluções para qualquer valor de k, mas as soluções de relevância para o problema da corda devem ter $\psi(x) = 0$ para os valores de x nas extremidades da corda.

As condições de contorno desse problema podem ser interpretadas como a definição de um espaço de Hilbert cujos membros são funções diferenciáveis com zeros nos valores de contorno de x; a própria EDO pode ser escrita como a equação de autovalor próprios

$$\mathcal{L}\psi = k^2\,\psi, \quad \mathcal{L} = -\frac{d^2}{dx^2}. \tag{8.2}$$

Por razões práticas, o valor próprio é recebe o nome k^2. Ela é necessária para encontrar funções $\psi(x)$ que resolver a Equação (8.2) sujeita às condições de contorno, ou seja, para encontrar membros $\psi(x)$ de nosso espaço de Hilbert que resolve a equação de autovalor.

Podemos agora seguir os procedimentos desenvolvidos no Capítulo 5, ou seja, (1) escolher uma base para nosso espaço de Hilbert (um conjunto de funções com zeros nos valores de contorno de x), (2) definir um produto escalar para nosso espaço, (3) expandir $\mathcal{L}$ e ψ em termos da nossa base e (4) resolver a equação matricial resultante. No entanto, esse procedimento não faz uso de nenhuma característica específica da EDO atual e, em particular, ignora o fato de que ela é facilmente resolvida.

Em vez disso, vamos continuar com o exemplo definido pela Equação (8.1), utilizando nossa capacidade de resolver a EDO envolvida.

Exemplo 8.1.1 ONDAS ESTACIONÁRIAS, CORDA VIBRANTE

Consideramos uma corda fixada em $x = 0$ e $x = l$ e submetida a vibrações transversais.

Como já indicado, as amplitudes da onda estacionária $\psi(x)$ são soluções da equação diferencial

$$\frac{d^2\psi(x)}{dx^2} + k^2\psi(x) = 0, \tag{8.3}$$

onde k não é conhecido inicialmente e $\psi(x)$ está sujeito às condições de contorno de que as extremidades da corda sejam fixadas na posição: $\psi(0) = \psi(l) = 0$. Esse é o problema de autovalor definido na Equação (8.2).

A solução geral para essa equação diferencial é $\psi(x) = A$ sen $kx + B$ cos kx e, na ausência das condições de contorno, existiriam soluções para todos os valores de k, A e B. Porém, a condição de contorno em $x = 0$ nos obriga a definir $B = 0$, deixando $\psi(x) = A$ sen kx. Ainda precisamos satisfazer a condição de contorno em $x = l$. O fato de que A continua não especificado não é útil para esse propósito, pois $A = 0$ nos deixa apenas com uma solução trivial = 0. Devemos, em vez disso, exigir sen $kl = 0$, o que é alcançado definindo $kl = n\pi$, onde n é um inteiro diferente de zero, levando a

$$\psi_n(x) = A \operatorname{sen}\left(\frac{n\pi x}{l}\right), \quad k^2 = \frac{n^2\pi^2}{l^2}, \quad n = 1, 2, \ldots. \tag{8.4}$$

Como a Equação (8.3) é homogênea, ela terá soluções de escala arbitrária, assim A pode ter qualquer valor. Uma vez que nosso objetivo geralmente é identificar soluções linearmente independentes, desconsideramos as mudanças no sinal ou na grandeza de A. No problema da corda vibrante, essas quantidades controlam a amplitude e fase das ondas estacionárias. Como alterar o sinal de n simplesmente muda o sinal de ψ, $+n$ e $-n$ na Equação (8.4) são considerados aqui como equivalentes, assim restringimos n a valores positivos. Os primeiros poucos ψ_n são mostrados na Figura 8.1. Note que o número de nós aumenta com n: ψ_n tem $n + 1$ nós (incluindo os dois nós nas extremidades da corda).

O fato de que o problema tem soluções somente para valores discretos de k é típico de problemas de autovalor e, nesse problema, a matemática discreta em k revela bem a presença das condições de contorno. A Figura 8.2 mostra o que acontece quando k é variado em qualquer direção a partir do valor aceitável π/l, com a condição de contorno em $x = 0$ mantida para todo k. É óbvio que os autovalores (aqui k^2) estão em pontos separados, e que a condição de contorno em $x = l$ não pode ser satisfeita para $k < \pi/l$. Além disso, o primeiro valor aceitável k maior do que π/l é claramente maior do que $1,9\pi/l$ (ele na verdade é $2\pi/l$).

Figura 8.1: Padrões de onda estacionária de uma corda vibrando.

Como já mencionado, a solução para esse problema de autovalor não está determinada quanto à escala porque a equação subjacente (juntamente com as condições de contorno) é homogênea.

Entretanto, se introduzimos um produto escalar da definição

$$\langle f|g\rangle = \int\limits_0^l f^*(x)g(x)dx, \tag{8.5}$$

podemos definir soluções que são normalizadas; exigindo k$\psi_n \mid \psi_n$ l $= 1$, temos, com sinal arbitrário,

$$\psi_n(x) = \sqrt{\frac{2}{l}} \operatorname{sen}\left(\frac{n\pi x}{l}\right). \tag{8.6}$$

Embora a Equação (8.2) não tenha sido resolvida por uma técnica de expansão, as soluções (as autofunções) ainda terão propriedades que dependem de o operador $\mathcal{L}$ ser hermitiano. Como vimos no Capítulo 5, a propriedade

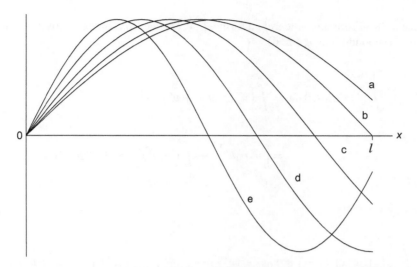

Figura 8.2: Soluções para a Equação (8.3) no intervalo $0 \leq x \leq l$ para:
(a) $k = 0{,}9\pi/l$, (b) $k = \pi/l$, (c) $k = 1{,}2\pi/l$, (d) $k = 1{,}5\pi/l$, (e) $k = 1{,}9\pi/l$.

hermitiana depende tanto de $\mathcal{L}$ quanto da definição do produto escalar, e um tópico para discussão neste capítulo é a identificação das condições que produzem um operador hermitiano. Essa questão é importante porque a hermiticidade implica autovalores reais, bem como ortogonalidade e completude das autofunções. ∎

Resumindo, os temas de interesse aqui, e o assunto do capítulo atual, incluem:
1. As condições sob as quais uma EDO pode ser escrita como uma equação de autovalores com um operador autoadjunto (hermitiano),
2. Os métodos para a solução das EDOs sujeitas a condições de contorno, e
3. As propriedades das soluções para as equações de autovalor da EDO.

8.2 Operadores Hermitianos
A caracterização dos recursos gerais dos autoproblemas decorrentes de equações diferenciais de segunda ordem é conhecida como **teoria de Sturm-Liouville**. Portanto, ela lida com problemas de autovalor da forma

$$\mathcal{L}\psi(x) = \lambda\psi(x), \tag{8.7}$$

onde $\mathcal{L}$ é um operador diferencial linear de segunda ordem, da forma geral

$$\mathcal{L}(x) = p_0(x)\frac{d^2}{dx^2} + p_1(x)\frac{d}{dx} + p_2(x). \tag{8.8}$$

A questão fundamental aqui é identificar as condições em que $\mathcal{L}$ é um operador hermitiano.

EDO Autoadjuntas
$\mathcal{L}$ é conhecido na teoria de equações diferenciais como **autoadjunto** se

$$p_0'(x) = p_1(x). \tag{8.9}$$

Esse recurso permite que $\mathcal{L}(x)$ seja escrito

$$\mathcal{L}(x) = \frac{d}{dx}\left[p_0(x)\frac{d}{dx}\right] + p_2(x), \tag{8.10}$$

e a operação de $\mathcal{L}$ em uma função $u(x)$ então assume a forma

$$\mathcal{L}u = (p_0 u')' + p_2 u. \tag{8.11}$$

Inserindo a Equação (8.11) em uma integral na forma $\int_a^b v^*(x) \mathcal{L}u(x)\,dx$, procedemos aplicando uma integração por partes ao termo p_0 (supondo que p_0 é real):

$$\int_a^b v^*(x)\mathcal{L}u(x)\,dx = \int_a^b \left[v^* \left(p_0 u' \right)' + v^* p_2 u \right] dx$$

$$= \left[v^* p_0 u' \right]_a^b + \int_a^b \left[-(v^*)' p_0 u' + v^* p_2 u \right] dx.$$

Outra integração por partes leva a

$$\int_a^b v^*(x)\mathcal{L}u(x)\,dx = \left[v^* p_0 u' - (v^*)' p_0 u \right]_a^b + \int_a^b \left[\left[p_0 (v^*)' \right]' u + v^* p_2 u \right] dx \tag{8.12}$$

$$= \left[v^* p_0 u' - (v^*)' p_0 u \right]_a^b + \int_a^b (\mathcal{L}v)^* u\,dx.$$

A Equação (8.12) mostra que, se as condições de contorno de $[\cdots]_a^b$ desaparecem e o produto escalar é uma integral não ponderada de a de b, então o operador $\mathcal{L}$ é autoadjunto, uma vez que esse termo foi definido para os operadores. De passagem, observamos que a noção de autoadjunto na teoria da equação diferencial é mais fraca do que o conceito correspondente para operadores nos nossos espaços de Hilbert, devido à falta de um requisito sobre as condições de contorno. Voltamos a salientar que a definição do espaço de Hilbert para autoadjunto depende não apenas da forma de $\mathcal{L}$, mas também da definição do produto escalar e das condições de contorno.

Analisando ainda mais os termos de contorno, vemos que eles certamente são zero se u e v desaparecem nas extremidades finais $x = a$ e $x = b$ (um caso das chamadas **condições de contorno de Dirichlet**). Os termos de contorno também são zero se tanto u quanto v desaparecem em a e b (**condições de contorno de Neumann**). Mesmo que nem as condições de contorno de Dirichlet nem de Neumann se apliquem, pode acontecer (particularmente em um sistema periódico, como um reticulado cristalino) que os termos de contorno desapareçam devido a $v^* p_0 u'|_a = v^* p_0 u'|_b$ para todo u e v.

Especializando a Equação (8.12) para o caso em que u e v são autofunções de $\mathcal{L}$ com os respectivos autovalor reais λ_u e λ_v, essa equação se reduz a

$$(\lambda_u - \lambda_v) \int_a^b v^* u\,dx = \left[p_0 (v^* u' - (v^*)' u) \right]_a^b. \tag{8.13}$$

Assim, fica evidente que se os termos de contorno desaparecem e $\lambda_u \neq \lambda_v$, então u e v devem ser ortogonais no intervalo (a, b). Isso é uma ilustração específica da exigência da ortogonalidade para autofunções de um operador hermitiano em um espaço de Hilbert.

Tornando uma EDO Autoadjunta

Algumas das equações diferenciais que são importantes na física envolvem operadores $\mathcal{L}$ que são autoadjuntos no sentido de equação diferencial, o que significa que eles satisfazem a Equação (8.9); outros não são. No entanto, se um operador não satisfaz a Equação (8.9), sabemos como multiplicá-lo por uma quantidade que o converte em uma forma autoadjunta. Deixando essa quantidade ser designada $w(x)$, o problema de autovalor de Sturm-Liouville da Equação (8.7) se torna

$$w(x)\mathcal{L}(x)\psi(x) = w(x)\lambda\psi(x), \tag{8.14}$$

uma equação que tem os mesmos autovalores λ e autofunções $\psi(x)$ que o problema original na Equação (8.7). Se agora $w(x)$ é escolhido para ser

$$w(x) = p_0^{-1} \exp\left(\int \frac{p_1(x)}{p_0(x)}\,dx\right),\tag{8.15}$$

onde p_0 e p_1 são as quantidades em $\mathcal{L}$ como dadas na Equação (8.8), podemos descobrir por avaliação direta que

$$w(x)\mathcal{L}(x) = \overline{p}_0\frac{d^2}{dx^2} + \overline{p}_1\frac{d}{dx} + w(x)p_2(x),\tag{8.16}$$

onde

$$\overline{p}_0 = \exp\left(\int \frac{p_1(x)}{p_0(x)}\,dx\right), \quad \overline{p}_1 = \frac{p_1}{p_0}\exp\left(\int \frac{p_1(x)}{p_0(x)}\,dx\right).\tag{8.17}$$

É então fácil de mostrar que $\overline{p}_0' = \overline{p}_1$, assim $w\mathcal{L}$ satisfaz a condição autoadjunta.

Se agora aplicamos o processo representado pela Equação (8.12) a $w\mathcal{L}$, obtemos

$$\int_a^b v^*(x)w(x)\mathcal{L}u(x)\,dx = \left[v^*\overline{p}_0 u' - \left(v^*\right)'\overline{p}_0 u \right]_a^b + \int_a^b w(x)\left(\mathcal{L}v\right)^* u\,dx.\tag{8.18}$$

Se os termos de contorno desaparecem, a Equação (8.18) é equivalente a k $v \mid \mathcal{L} \mid u$ l = k $\mathcal{L}v \mid u$ l quando o produto escalar é definido para ser

$$\langle v|u\rangle = \int_a^b v^*(x)u(x)w(x)\,dx.\tag{8.19}$$

Mais uma vez considerando o caso em que u e v são autofunções de $\mathcal{L}$, com os respectivos autovalores λ_u e λ_v, a Equação (8.18) se reduz a

$$(\lambda_u - \lambda_v)\int_a^b v^* u\,w\,dx = \left[wp_0\left(v^* u' - (v^*)'u\right) \right]_a^b,\tag{8.20}$$

onde p_0 é o coeficiente de y'' na EDO original. Vemos, portanto, que se o lado direito da Equação (8.20) desaparece, então u e v são ortogonais em (a, b) com fator de peso w quando $\lambda_u \neq \lambda_v$. Em outras palavras, nossa escolha da definição do produto escalar e das condições de contorno tornaram $\mathcal{L}$ um operador autoadjunto no nosso espaço de Hilbert, produzindo assim uma condição de ortogonalidade de autofunção.

Resumindo, temos o resultado útil e importante:

Se um operador diferencial de segunda ordem $\mathcal{L}$ tem coeficientes $p_0(x)$ e $p_1(x)$ que satisfazem a condição de autoadjunto, Equação (8.9), então ele é hermitiano, dado (a) um produto escalar de peso uniforme e (b) condições de contorno que removem os termos nas extremidades da Equação (8.12).

Se a Equação (8.9) não estiver satisfeita, então $\mathcal{L}$ é hermitiano se (a) o produto escalar é definido para incluir o fator de peso dado na Equação (8.15), e (b) condições de contorno provocam a remoção dos termos nas extremidades na Equação (8.18).

Note que depois que o problema foi definido de tal forma que $\mathcal{L}$ é hermitiano, então as propriedades gerais provadas para problemas hermitianos são aplicadas: os autovalores são reais; as autofunções são (ou, se degeneradas, podem ser tornadas) ortogonais, **utilizando a definição de produto escalar relevante**.

Exemplo 8.2.1 Funções de Laguerre

Considere o problema de autovalor $\mathcal{L}\psi = \lambda\psi$, com

$$\mathcal{L} = x\frac{d^2}{dx^2} + (1-x)\frac{d}{dx},\tag{8.21}$$

sujeito a (a) ψ não singular em $0 \le x < \infty$, e (b) $\lim_{x\to\infty} \psi(x) = 0$. A condição (a) é simplesmente uma exigência para que seja utilizada uma solução da equação diferencial que é regular em $x = 0$; e a condição (b) é a típica condição de contorno de Dirichlet.

O operador $\mathcal{L}$ não é autoadjunto, com $p_0 = x$ e $P_1 = 1 - x$. No entanto, podemos formar

$$w(x) = \frac{1}{x} \exp\left(\int \frac{1-x}{x} dx \right) = \frac{1}{x} e^{\ln x - x} = e^{-x}. \tag{8.22}$$

Os termos de contorno, para autofunções arbitrárias u e v, são da forma

$$\left[xe^{-x}\left(v^*u' - (v^*)'u \right) \right]_0^\infty ;$$

suas contribuições em $x =$ desaparecem porque u e v vão a zero; o fator comum x faz com que a contribuição $x = 0$ também desapareça. Temos, portanto, um problema de autoadjunto, com u e v de diferentes autovalores ortogonais sob a definição

$$\langle v|u \rangle = \int\limits_0^\infty v^*(x)u(x)e^{-x}dx.$$

A equação de autovalor desse exemplo é aquela cujas soluções são os polinômios de Laguerre; o que mostramos aqui é que elas são ortogonais em $(0, \infty)$ com peso e^{-x}. ∎

Exercícios

8.2.1 Mostre que a EDO de Laguerre, Tabela 7.1, pode ser colocada na forma autoadjunta multiplicando por e^{-x} e que $w(x) = e^{-x}$ representa a função de ponderação.

8.2.2 Mostre que a EDO de Hermite, Tabela 7.1, pode ser colocada na forma autoadjunta multiplicando por e^{-x^2} e que isso dá $w(x) = e^{-x^2}$ como a função de ponderação apropriada.

8.2.3 Mostre que a EDO de Chebyshev, Tabela 7.1, pode ser colocada na forma autoadjunta multiplicando por $(1-x^2)^{-1/2}$ e que isso dá $w(x) = (1-x^2)^{-1/2}$ como a função de ponderação apropriada.

8.2.4 As equações de Legendre, Chebyshev, Hermite e Laguerre, apresentadas na Tabela 7.1, têm soluções que são polinômios. Mostre que os intervalos de integração que garantem que as condições de contorno do operador hermitiano que serão satisfeitas são
(a) Legendre $[-1, 1]$,
(b) Chebyshov $[-1, 1]$,
(c) Hermite $(-\infty, \infty)$,
(d) Laguerre $[0, \infty)$.

8.2.5 As funções $u_1(x)$ e $u_2(x)$ são autofunções do mesmo operador hermitiano, mas para autovalores distintos λ_1 e λ_2. Prove que $u_1(x)$ e $u_2(x)$ são linearmente independentes.

8.2.6 Dado que

$$P_1(x) = x \quad \text{e} \quad Q_0(x) = \frac{1}{2}\ln\left(\frac{1+x}{1-x} \right)$$

são soluções da equação diferencial de Legendre (Tabela 7.1) correspondendo a diferentes autovalores:
(a) Avalie a integral de ortogonalidade deles

$$P_1(x) = x \quad \text{e} \quad Q_0(x) = \frac{1}{2}\ln\left(\frac{1+x}{1-x} \right)$$

(b) Explique por que essas duas funções não são ortogonais, isto é, por que a prova da ortogonalidade não se aplica.

8.2.7 $T_0(x) = 1$ e $V_1(x) = (1-x^2)^{1/2}$ são soluções da equação diferencial de Chebyshov correspondente a diferentes autovalores. Explique, em termos das condições de contorno, por que essas duas funções não são ortogonais no intervalo $(-1, 1)$ com a função de ponderação encontrada no Exercício 8.2.3.

8.2.8   Um conjunto de funções $u_n(x)$ satisfaz a equação de Sturm-Liouville

$$\int_{-1}^{1} \frac{x}{2} \ln\left(\frac{1+x}{1-x}\right) dx.$$

As funções $u_m(x)$ e $u_n(x)$ satisfazem condições de contorno que levam à ortogonalidade. Os autovalores correspondentes λ_m e λ_n são distintos. Prove que para condições de contorno adequadas, $u'_m(x)$ e $u'_n(x)$ são ortogonais com $p(x)$ como uma função de ponderação.

8.2.9   O operador linear A tem n autovalores distintos e n autofunções correspondentes: $A\psi_i = \lambda i\psi_i$. Mostre que as autofunções n são linearmente independentes. Não assuma que A é hermitiano.

Dica: Admita a dependência linear, isto é, que $\psi_n = \sum_{i=1}^{n-1} a_i\psi_i$. Use essa relação e a equação de autofunção de operador primeiro em uma ordem e então na ordem inversa. Mostre que resulta uma contradição.

8.2.10   Os polinômios ultraesféricos $C_n^{(\alpha)}(x)$ são soluções da equação diferencial

$$\frac{d}{dx}\left[p(x)\frac{d}{dx}u_n(x)\right] + \lambda_n w(x)u_n(x) = 0.$$

(a)   Transforme essa equação diferencial na forma autoadjunta.

(b)   Encontre um intervalo de integração e um fator de ponderação que produzam $C_n^{(\alpha)}(x)$ com o mesmo α, mas ortogonal n diferente.

Nota: Admita que suas soluções sejam polinômios.

8.3   Problemas de Autovalor da EDO

Agora que identificamos as condições que tornam uma EDO de segunda ordem um problema de autovalor hermitiano, vamos examinar vários desses problemas para entender melhor os processos envolvidos e para ilustrar técnicas para encontrar as soluções.

Exemplo 8.3.1   Equação de Legendre

A equação de Legendre,

$$\mathcal{L}y(x) = -(1 - x^2)y''(x) + 2xy'(x) = \lambda y(x), \tag{8.23}$$

define um problema de autovalor que surge quando ∇^2 é escrito em coordenadas polares esféricas, com x identificado como $\cos\theta$, onde θ é o ângulo polar do sistema de coordenadas. O intervalo de x nesse contexto é $-1 \leq x \leq 1$ e, em circunstâncias típicas, são necessárias soluções para Equação (8.23) que são não singulares em todo intervalo de x. Acontece que isso é um requisito não trivial, principalmente porque $x = 1$ são pontos singulares da EDO de Legendre. Se considerarmos a não singularidade de y em $x = \pm 1$ como um conjunto de condições de contorno, veremos que esse requisito é suficiente para definir as autofunções do operador de Legendre.

Esse problema de autovalor, ou seja, Equação (8.23) mais não singularidade em $x = \pm 1$, é convenientemente tratado pelo método de Frobenius. Admitimos soluções na forma

$$y = \sum_{j=0}^{\infty} a_j x^{s+j}, \tag{8.24}$$

com a equação indicial $s(s-1) = 0$, cujas soluções são $s = 0$ e $s = 1$. Para $s = 0$, obtemos a seguinte relação de recorrência para os coeficientes a_j:

$$a_{j+2} = \frac{j(j+1) - \lambda}{(j+1)(j+2)} a_j. \tag{8.25}$$

Podemos definir $a_1 = 0$, fazendo assim com que todo a_j de j ímpar desapareça, assim (para s = 0) nossa série conterá apenas potências pares de x. A condição de contorno entra em jogo porque a Equação (8. 24) diverge em $x = 1$ para todo λ, exceto aqueles que realmente fazem a série terminar depois de um número finito de termos.

Para ver como surge a divergência, note que para j grande e $|x| = 1$, a razão dos períodos consecutivos da série se aproxima

$$\frac{a_j x^j}{a_{j+2} x^{j+2}} \to \frac{j(j+1)}{(j+1)(j+2)} \to 1,$$

de modo que o teste da razão é indeterminado. No entanto, a aplicação do teste de Gauss mostra que essa série diverge, como foi discutido em mais detalhe no Exemplo 1.1.7.

A série na Equação (8.24) pode ser feita para terminar após a_l para algum par l escolhendo $\lambda = l(l+1)$, um valor que produz $a_{l+2} = 0$. Então a_{l+4}, a_{l+6}, ... também desaparecerá, e nossa solução será um polinômio, que é claramente não singular para todo $|x| \leq 1$. Resumindo, temos, **para l par**, soluções que são polinômios de grau l como autofunções, e os autovalores correspondentes são $l(l+1)$.

Para $s = 1$ precisamos definir $a_1 = 0$ e a relação de recorrência é

$$a_{j+2} = \frac{(j+1)(j+2) - \lambda}{(j+2)(j+3)} a_j, \qquad (8.26)$$

o que também leva à divergência em $|x| = 1$. Porém, a divergência pode agora ser evitada definindo $\lambda = (l+1)(l+2)$ para algum valor par de l, fazendo assim com que a_{l+2}, a_{l4},... desapareçam. O resultado será um polinômio de grau $l + s$, isto é, de um grau ímpar $l + 1$.

Essas soluções podem ser descritas equivalentemente como, para l ímpar, polinômios de grau l com autovalores $\lambda = l(l+1)$, assim o conjunto geral das autofunções consiste em polinômios de todos os graus inteiros l, com os respectivos autovalores $l(l+1)$. Quando a escala convencional é dada, esses polinômios são chamados **polinômios de Legendre**. A verificação dessas propriedades das soluções para a equação de Legendre é deixada para o Exercício 8.3.1.

Antes de sair da equação de Legendre, observe que sua EDO é autoadjunta, e que o coeficiente de d^2/dx^2 no operador de Legendre é $p_0 = -(1 - x^2)$, que desaparece em $x = \pm 1$. Comparando com a Equação (8.12), vemos que esse valor de p_0 provoca o desaparecimento das condições de contorno quando consideramos o adjunto de $\mathcal{L}$, assim o operador de Legendre no intervalo $-1 \leq x \leq 1$ é hermitiano e, portanto, tem autofunções ortogonais. Em outras palavras, os polinômios de Legendre são ortogonais com peso unitário em $(-1, 1)$. ∎

Vamos examinar mais uma EDO que leva a um problema de autovalor interessante.

Exemplo 8.3.2   Equação de Hermite

Considere a equação diferencial de Hermite,

$$\mathcal{L}y = -y'' + 2xy' = \lambda y, \qquad (8.27)$$

que queremos considerar como um problema de autovalor no intervalo $-\infty < x < \infty$. Para tornar $\mathcal{L}$ hermitiano, definimos um produto escalar com um fator de peso como dado pela Equação (8.15),

$$\langle f | g \rangle = \int_{-\infty}^{\infty} f^*(x) g(x) e^{-x^2} dx, \qquad (8.28)$$

e exigimos (como uma condição de contorno) que nossas autofunções y_n tenham normas finitas usando esse produto escalar, significando que $\langle y_n | y_n \rangle < \infty$.

Mais uma vez obtemos uma solução pelo método de Frobenius, como uma série da forma dada pela Equação (8.24). Mais uma vez a equação indicial é $s(s - 1) = 0$, e para $s = 0$ podemos desenvolver uma série de potências pares de x com coeficientes que satisfazem a relação de recorrência

$$a_{j+2} = \frac{2j - \lambda}{(j+1)(j+2)} a_j. \qquad (8.29)$$

Essa série converge para todo x, mas (supondo que ela não termina) se comporta assintoticamente para grandes $|x|$ como e^{x^2} e, portanto, não descreve uma função da norma finita, mesmo com o fator de peso e^{-x^2} no produto escalar. Assim, embora a solução de série sempre convirja, nossas condições de contorno exigem que nos organizemos para terminar a série, produzindo assim soluções polinomiais. A partir da Equação (8.29), vemos que a condição para obter um polinômio par de grau j é que $\lambda = 2j$. Soluções polinomiais ímpares podem ser obtidas utilizando a solução da equação indicial $s = 1$. Detalhes de ambas as soluções e as propriedades assintóticas são o tema do Exercício 8.3.3.

Como estabelecemos que isso é um problema de autovalor hermitiano com o produto escalar como definido na Equação (8.28), suas soluções (quando dimensionadas convencionalmente são chamados **polinômios de Hermite**) são ortogonais que usam esse produto escalar. ∎

Alguns problemas de autovalor da EDO podem ser abordados dividindo o espaço em que residem em regiões que são mais naturalmente tratadas de outras maneiras. O exemplo a seguir ilustra essa situação, com um potencial supostamente diferente de zero somente dentro de uma região finita.

Exemplo 8.3.3   Estado Fundamental do Dêuteron

O dêuteron é um estado ligado de um nêutron e um próton. Devido ao curto alcance da força nuclear, as propriedades do dêuteron não dependem muito da forma detalhada do potencial de interação. Assim, esse sistema pode ser modelado por um poço de potencial quadrado esfericamente simétrico com o valor $V = V_0 < 0$ quando os núcleos estão a uma distância a um do outro, mas com $V = 0$ quando a distância internúcleo é maior que a. A equação de Schrödinger para o movimento relativo dos dois núcleos assume a forma

$$-\frac{\hbar^2}{2\mu}\nabla^2\psi + V\psi = E\psi,$$

onde μ é a massa reduzida do sistema (cerca de metade da massa de qualquer partícula).

A resolução dessa equação de autovalor está sujeita às condições de contorno e que ψ seja finito em $r = 0$ e se aproxime de zero em $r = \infty$ com rapidez suficiente para ser membro de um espaço de Hilbert $\mathcal{L}^2$. As autofunções ψ também devem ser contínuas e diferenciáveis para todo r, incluindo $r = a$.

Podemos mostrar que se um estado ligado deve existir, E terá de ter um valor negativo e no intervalo $V_0 < E < 0$, e o menor estado (o **estado fundamental**) será descrito por uma função de onda ψ que é esfericamente simétrica (e por isso não tem um momento angular).

Assim, considerando $\psi = \psi(r)$ e usando um resultado do Exercício 3.10.34 para escrever

$$\nabla^2\psi = \frac{1}{r}\frac{d^2u}{dr^2}, \quad \text{com } u(r) = r\psi(r),$$

a equação de Schrödinger se reduz a uma EDO que assume a forma, para $r < a$,

$$\frac{d^2u_1}{dr^2} + k_1^2 u_1 = 0, \quad \text{com} \quad k_1^2 = \frac{2\mu}{\hbar^2}(E - V_0) > 0,$$

enquanto, para $r > a$,

$$\frac{d^2u_2}{dr^2} - k_2^2 u_2 = 0, \quad \text{com} \quad k_2^2 = -\frac{2\mu E}{\hbar^2} > 0.$$

As soluções para esses dois intervalos de r devem se conectar sem problemas, o que significa que tanto u quanto du/dr devem ser contínuos através de $r = a$ e, portanto, devem satisfazer as **condições de compatibilidade** $u_1(a) = u_2(a)$, $u_1'(a) = u_2'(a)$. Além disso, o requisito de que ψ seja finita em $r = 0$ dita que $u_1(0) = 0$, e a condição de contorno em $r = \infty$ requer que $\lim_{r\to\infty} u_2(r) = 0$.

Para $r < a$, nossa equação de Schrödinger tem a solução geral

$$u_1(r) = A\,\text{sen}\,k_1 r + C\cos k_1 r,$$

e a condição de contorno em $r = 0$ só é respeitada se definimos $C = 0$. A equação de Schrödinger para $r > a$ tem a solução geral

$$u_2(r) = C'\exp(k_2 r) + B\exp(-k_2 r), \tag{8.30}$$

e a condição de contorno em $r = \infty$ exige definir $C = 0$. As condições de compatibilidade em $r = a$, então assumem a forma

$A \operatorname{sen} k_1a = B \exp(-k_2a)$ e $Ak_1 \cos k_1a = -k_2B \exp(-k_2a)$.

Usando a segunda dessas equações para eliminar $B \exp(-k_2a)$ do primeiro, chegamos

$$A \operatorname{sen} k_1a = -A \frac{k_1}{k_2} \cos k_1a, \tag{8.31}$$

mostrando que a escala geral da solução (isto é, A) é arbitrária, o que, naturalmente, é uma consequência do fato de a equação de Schrödinger ser homogênea.

Reorganizando a Equação (8.31) e inserindo os valores para k_1 e k_2, nossas condições de compatibilidade se tornam

$$\tan k_1a = -\frac{k_1}{k_2}, \quad \text{ou} \quad \tan\left[\frac{2\mu a^2}{\hbar^2}(E - V_0)\right]^{1/2} = -\sqrt{\frac{E - V_0}{-E}}. \tag{8.32}$$

Essa é uma equação implícita reconhecidamente desagradável para E; se ela tem soluções com E no intervalo $V_0 < E < 0$, nosso modelo prevê estado(s) ligado(s) do dêuteron.

Uma maneira de procurar soluções para a Equação (8.32) é representar os lados esquerdo e direito como uma função de E, identificando os valores de E, se houver algum, para os quais eles são iguais. Considerando $V_0 = -4,046 \times 10^{-12}$ J, $a = 2,5$ fermi,[1] $\mu = 0,835 \times 10^{-27}$ kg, e $= 1,05 \times 10^{-34}$ J-s (joule-segundos), os dois lados da Equação (8.32) são representados graficamente na Figura 8.3 para o intervalo de E em que um estado ligado é possível. Os valores E foram representados em MeV (mega-elétron-volts), a unidade de energia mais utilizada na física nuclear (1 MeV ø 1,6 $\times$ 10⁻¹³ J).

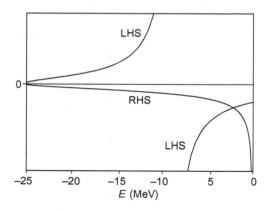

Figura 8.3: Os lados esquerdo e direito da Equação (8.32) como uma função de E para os parâmetros do modelo dado no texto.

As curvas se cruzam em apenas um ponto, indicando que o modelo prevê apenas um estado ligado. Sua energia é de aproximadamente $E = -2,2$ MeV.

É instrutivo ver o que acontece se considerarmos os valores E que podem ou não podem resolver a Equação (8.32), utilizando $u(r) = A \operatorname{sen} k_1r$ para $r < a$ (satisfazendo assim a condição de contorno $r = 0$), mas para $r > a$ usando a forma geral de $u(r)$ como dada na Equação (8.30), com valores de coeficiente B e C que são requeridos pelas condições de compatibilidade para o valor E escolhido. Admitindo que E_- e E_+, respectivamente, denotam os valores E menores que e os valores E maiores que o autovalor E, descobrimos que forçando uma conexão suave em $r = a$ perdemos o comportamento assintótico necessário, exceto no autovalor (Figura 8.4).

[1] 1 fermi $= 10^{-15}$ m.

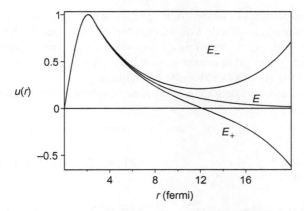

Figura 8.4: Funções de onda para o problema do dêuteron quando a energia escolhida é menor do que o autovalor E ($E_- < E$) ou maior do que E ($E_+ > E$).

Exercícios

8.3.1 Resolva a equação de Legendre

$$(1 - x^2)y'' - 2xy' + n(n+1)y = 0$$

por substituição direta em série.

(a) Verifique se a equação indicial é

$$s(s-1) = 0.$$

(b) usando $s = 0$ e definindo o coeficiente $a_1 = 0$, obtenha uma série de potências pares de x:

$$y_{\text{par}} = a_0 \left[1 - \frac{n(n+1)}{2!}x^2 + \frac{(n-2)n(n+1)(n+3)}{4!}x^4 + \cdots \right],$$

onde

$$a_{j+2} = \frac{j(j+1) - n(n+1)}{(j+1)(j+2)} a_j.$$

(c) usando $s = 1$ e observando que o coeficiente a_1 deve ser zero, desenvolva uma série de potências ímpares de x:

$$y_{\text{ímpar}} = a_0 \left[x - \frac{(n-1)(n+2)}{3!}x^3 \right.$$
$$\left. + \frac{(n-3)(n-1)(n+2)(n+4)}{5!}x^5 + \cdots \right],$$

onde

$$a_{j+2} = \frac{(j+1)(j+2) - n(n+1)}{(j+2)(j+3)} a_j.$$

(d) Mostre que ambas as soluções, $y_{\text{ímpar}}$ e y_{par}, divergem em $x = \pm 1$ **se a série continuar até o infinito**. (Compare com o Exercício 1.2.5.)

(e) Por fim, mostre que por uma escolha apropriada de n, uma série de cada vez pode ser convertida em um polinômio, evitando assim a catástrofe da divergência. Na mecânica quântica essa restrição de n para valores integrais corresponde à **quantização do momento angular**.

8.3.2 Mostre que com o fator de peso $\exp(-x^2)$ e o intervalo $- < \infty\ x < \infty$ para o produto escalar, o problema de autovalor da EDO de Hermite é hermitiano.

8.3.3 (a) Desenvolva soluções de série para as equações diferenciais de Hermite

$$y'' - 2xy' + 2\alpha y = 0.$$

RESPOSTA: $s(s - 1) = 0$, a equação indicial.

Para $s = 0$,

$$a_{j+2} = 2a_j \frac{j - \alpha}{(j + 1)(j + 2)} \quad (j \text{ par}),$$

$$y_{\text{par}} = a_0 \left[1 + \frac{2(-\alpha)x^2}{2!} + \frac{2^2(-\alpha)(2 - \alpha)x^4}{4!} + \cdots \right].$$

Para $s = 1$,

$$a_{j+2} = 2a_j \frac{j + 1 - \alpha}{(j + 2)(j + 3)} \quad (j \text{ par}),$$

$$y_{\text{ímpar}} = a_1 \left[x + \frac{2(1 - \alpha)x^3}{3!} + \frac{2^2(1 - \alpha)(3 - \alpha)x^5}{5!} + \cdots \right].$$

(b) Mostre que ambas as soluções de série são convergentes para todo x, com a razão dos coeficientes sucessivos se comportando, para um índice grande, como a razão correspondente na expansão de $\exp(x^2)$.

(c) Mostre que por escolha adequada de α, as soluções de série podem ser abreviadas e convertidas em polinômios finitos. (Esses polinômios, devidamente normalizados, tornam-se os polinômios de Hermite na Seção 18.1.)

8.3.4 A EDO de Laguerre é

$$x L_n''(x) + (1 - x)L_n'(x) + n L_n(x) = 0.$$

Desenvolva uma solução de série e selecione o parâmetro n para tornar sua série um polinômio.

8.3.5 Resolva a equação de Chebyshev

$$(1 - x^2)T_n'' - x T_n' + n^2 T_n = 0,$$

por substituição de série. Que restrições são impostas a n se você exigir que a solução de série convirja para $x = \pm 1$?

RESPOSTA: A série infinita converge para $x = \pm 1$ e não existe nenhuma restrição em n (compare com o Exercício 1.2.6).

8.3.6 Resolva

$$(1 - x^2)U_n''(x) - 3x U_n'(x) + n(n + 2)U_n(x) = 0,$$

escolhendo a raiz da equação indicial para obter uma série de potências **ímpares** de x. Como a série irá divergir para $x = 1$, escolha n para convertê-la em um polinômio.

8.4   Método de Variação

Vimos no Capítulo 6 que o valor esperado de um operador hermitiano H para a função normalizada ψ pode ser escrito como

$$\langle H \rangle \equiv \langle \psi | H | \psi \rangle,$$

e que a expansão dessa quantidade em uma base consistindo nas autofunções ortonormais de H tinha a forma dada na Equação (6.30):

$$\langle H \rangle = \sum_{\mu} |a_{\mu}|^2 \lambda_{\mu},$$

onde $a\,\mu$ é o coeficiente da μ-ésima autofunção de H e λ_i é o autovalor correspondente. Como observamos ao obter esse resultado, uma das consequências é que $\langle H \rangle$ é uma média ponderada dos autovalores de H e, portanto, é pelo menos tão grande quanto o menor autovalor, e igual ao menor autovalor somente se ψ é realmente uma autofunção a que esse autovalor corresponde.

As observações do parágrafo precedente são válidas mesmo se não fizermos uma expansão de ψ e mesmo se não soubermos ou tivermos disponíveis as autofunções ou os autovalores de H. O conhecimento de que k H 1 é um limite superior para o menor autovalor de H é suficiente para permitir criar um método para aproximar o autovalor e a autofunção associados. Essa autofunção será o membro do espaço de Hilbert do nosso problema que gera o menor valor esperado de H, e uma estratégia para encontrá-lo é procurar o mínimo em $\langle H \rangle$ dentro do nosso espaço de Hilbert. Essa é a ideia essencial por trás do que é conhecido como **método de variação** para a solução aproximada dos problemas de autovalor.

Como em muitos problemas (incluindo a maioria que surge na mecânica quântica), é impraticável calcular k H 1 para todos os membros de um espaço de Hilbert, a abordagem prática é definir uma parte do espaço de Hilbert introduzindo uma forma funcional presumida para ψ que contém parâmetros, e então minimizar k H 1 no que diz respeito aos parâmetros; essa é a origem do nome "método de variação". O sucesso do método dependerá do fato de a forma funcional escolhida ser capaz de representar funções que estão "próximas" da autofunção desejada (o que significa que seu coeficiente na expansão é relativamente grande, com outros coeficientes muito menores). A grande vantagem do método de variação é que não precisamos saber nada sobre a autofunção exata e, na verdade, nem mesmo é necessário produzir uma expansão; simplesmente escolhemos uma forma funcional adequada e minimizamos $\langle H \rangle$.

Como equações de autovalor para energias e quantidades relacionadas na mecânica quântica geralmente têm autovalores finitos menores (por exemplo, os níveis de energia do solo), o método de variação é frequentemente aplicável. Ressaltamos que ele não é um método apenas de interesse acadêmico; ele está no cerne de alguns dos métodos mais poderosos para resolver a equação de autovalor de Schrödinger para sistemas quânticos complexos.

Exemplo 8.4.1   Método de Variação

Dada uma função de onda de único elétron (no espaço tridimensional) na forma

$$\psi = \left(\frac{\zeta^3}{\pi} \right)^{1/2} e^{-\zeta r}, \tag{8.33}$$

onde o fator $(\zeta/\pi)^{3/2}$ torna ψ normalizada, pode-se demonstrar que, com a massa do elétron, sua carga e $\hbar$ (a constante de Planck dividida por 2π) definidas como unidades (as chamadas **unidades atômicas de Hartree**), o operador de energia cinética da mecânica quântica tem o valor esperado k $\psi | T | \psi$ 1 $= \zeta^2/2$, e a energia potencial da interação entre o elétron e um núcleo fixo de carga $+ Z$ tem k $\psi | V | \psi$ 1 $= -Z\zeta$. Para um átomo de único elétron com um núcleo de carga $+ Z$ em $r = 0$, a energia total será menor ou igual ao valor esperado da fórmula hamiltoniana $H = T + V$, dado para o ψ da Equação (8.33) como

$$\langle H \rangle = \langle T \rangle + \langle V \rangle = \frac{\zeta^2}{2} - Z\zeta. \tag{8.34}$$

Como é habitual quando o significado é claro, não mais mostramos explicitamente ψ entre colchetes. Agora, podemos otimizar nosso limite superior para o menor autovalor de H, minimizando o valor esperado k H l com respeito ao parâmetro ζ em ψ. Para fazer isso, definimos

$$\frac{d}{d\zeta}\left[\frac{\zeta^2}{2} - Z\zeta\right] = 0,$$

levando a $\zeta - Z = 0$, ou $\zeta = Z$. Isso informa que a função de onda produzindo a energia mais próxima do menor autovalor é que com $\zeta = Z$, e o valor esperado da energia para esse valor de ζ é $Z^2/2 - Z^2 = -Z^2/2$.

O resultado que acabamos de encontrar é exato, porque, com esperteza e conhecimento adequado, escolhemos uma forma funcional que incluiu a função exata de onda.

Agora, vamos passar para um átomo de dois elétrons, considerando uma função de onda da forma $\Psi = \psi(1)\psi(2)$, com ambos ψ do mesmo valor ζ. Para esse átomo de dois elétrons, o produto escalar é definido como integração sobre as coordenadas de ambos os elétrons, e o hamiltoniano agora é $H = T(1) + T(2) + V(1) + V(2) + U(1, 2)$, em que $T(i)$ e $V(i)$ denotam a energia cinética e a energia potencial nuclear de um elétron para o elétron i; $U(1, 2)$ é o operador de energia de repulsão entre elétrons, igual em unidades de Hartree a $1/r_{12}$, em que r_{12} representa a distância entre as posições dos dois elétrons. Para a função de onda em uso aqui, a repulsão de um elétron para outro tem valor esperado $U = 5\zeta/8$ e o valor esperado k H l (para $Z = 2$, representando assim o átomo de He) é

$$\langle H \rangle = \frac{\zeta^2}{2} + \frac{\zeta^2}{2} - Z\zeta - Z\zeta + \frac{5\zeta}{8} = \zeta^2 - \frac{27\zeta}{8}.$$

Minimizando k H l com respeito a ζ, obtemos o valor ideal $\zeta = 27/16$, e para esse valor de ζ temos k H l $= -(27/16)^2 = -2,8477$ Hartree. Essa é a melhor aproximação disponível usando uma função de onda da forma que escolhemos. Ela pode não ser exata, uma vez que a solução exata para esse sistema com dois elétrons interagindo não pode ser um produto das duas funções de um elétron. Portanto, não incluímos em nossa pesquisa variacional a autofunção exata do estado fundamental. Um valor muito preciso do menor autovalor para esse problema só pode ser obtido numericamente e, de fato, foi produzido usando o método de variação com uma função de ensaio contendo milhares de parâmetros e produzindo um resultado preciso para cerca de 40 casas decimais.[2] O valor encontrado aqui por meios muito simples é mais alto do que o valor exato, $-2,9037\ldots$ Hartree, por apenas cerca de 2%, e já transmite fisicamente informações muito relevantes. Se os dois elétrons não interagem, cada um deles teria uma função de onda ideal com $\zeta = 2$; o fato de que a ζ ideal é relativamente menor mostra que cada elétron verifica parcialmente o núcleo a partir do outro elétron.

Do ponto de vista do método matemático em uso aqui, é desejável observar que não houve a necessidade de supor nenhuma relação entre a função de onda experimental e a forma exata da autofunção; a otimização variacional ajusta a função experimental para fornecer um ajuste energeticamente otimizado. A qualidade do resultado final, é claro, depende do grau em que a função experimental pode imitar a autofunção real, e funções experimentais geralmente são comumente escolhidas procurando equilibrar a qualidade inerente em relação à conveniência de utilização. ■

Exercícios

8.4.1   Uma função que é normalizada no intervalo $0 \leq x < \infty$ com um produto escalar não ponderado

$$\psi = 2\alpha^{3/2}xe^{-\alpha x}.$$

     (a)   Verifique a normalização.
     (b)   Verifique que para essa ψ, $\langle x^{-1} \rangle = \alpha$.
     (c)   Verifique que para essa ψ, $\langle d^2/dx^2 \rangle = -\alpha^2$.
     (d)   Use o método de variação para encontrar o valor de α que minimiza

---

[2]C. Schwartz, Experiment and theory in computations of the He atom ground state, *Int. J. Mod. Phys. E: Nuclear Physics* **15**: 877 (2006).

$$\left\langle \psi \left| -\frac{1}{2}\frac{d^2}{dx^2} - \frac{1}{x} \right| \psi \right\rangle,$$

e encontre o valor mínimo desse valor esperado.

8.5 Resumo, Problemas de Autovalor

Como qualquer operador hermitiano no espaço de Hilbert pode ser expandido em uma base e, portanto, é matematicamente equivalente a uma matriz, todas as propriedades derivadas para problemas de autovalor de matriz se aplicam automaticamente quer uma expansão de conjunto de base seja ou não efetivamente realizada.

Pode ser útil resumir alguns desses resultados, juntamente com alguns que foram desenvolvidos neste capítulo.

1. Um operador diferencial de segunda ordem é hermitiano se é autoadjunto no sentido de uma equação diferencial e as funções em que ele opera precisam satisfazer as condições de contorno apropriadas. Nesse caso, o produto escalar consistente com a hermiticidade é um integral não ponderado ao longo do intervalo entre seus contornos.
2. Se um operador diferencial de segunda ordem não é autoadjunto no sentido da equação diferencial, de qualquer maneira ele será hermitiano se satisfaz as condições de contorno apropriadas e se o produto escalar inclui a função de peso que torna a equação diferencial original autoadjunta.
3. Um operador hermitiano em um espaço de Hilbert tem um conjunto completo de autofunções. Assim, elas abrangem o espaço e podem ser usadas como base para uma expansão.
4. Os autovalores de um operador hermitiano são reais.
5. As autofunções de um operador hermitiano que correspondem a diferentes autovalores são ortogonais, utilizando o produto escalar apropriado.
6. Autofunções degeneradas de um operador hermitiano podem ser ortogonalizadas usando o processo de ortogonalização de Gram-Schmidt ou qualquer outro.
7. Dois operadores têm um conjunto comum de autofunções se e somente se eles comutam.
8. Uma função algébrica de um operador tem as mesmas autofunções que o operador original, e seus autovalores são a função correspondente dos autovalores do operador original.
9. Problemas de autovalor que envolvem um operador diferencial podem ser resolvidos expressando o problema em qualquer base e resolvendo o problema matricial resultante ou usando as propriedades relevantes da equação diferencial.
10. A representação matricial de um operador hermitiano pode assumir a forma diagonal por uma transformação unitária. Na forma diagonal, os elementos da diagonal são os autovalores e os autovetores são as funções de base. Os autovetores ortonormais são as colunas da matriz unitária U^{-1} quando uma matriz hermitiana H é transformada na matriz diagonal UHU^{-1}.
11. As soluções para problemas de autovalor de operadores hermitianos que têm um autovalor finito menor podem ser abordadas pelo método de variação, que se baseia no teorema de que para todos os membros do espaço de Hilbert relevante, o valor esperado do operador será maior do que seu menor autovalor (ou igual a ele somente se o membro do espaço de Hilbert é na verdade uma autofunção correspondente).

Leituras Adicionais

Byron, F. W., Jr., e R. W. Fuller, *Mathematics of Classical and Quantum Physics*. Reading, MA: Addison-Wesley (1969).

Dennery, P., e A. Krzywicki, *Mathematics for Physicists*. Nova tiragem. Nova York: Dover (1996).

Hirsch, M., *Differential Equations, Dynamical Systems, and Linear Algebra*. San Diego: Academic Press (1974).

Miller, K. S., *Linear Differential Equations in the Real Domain*. Nova York: Norton (1963).

Titchmarsh, E. C., *Eigenfunction Expansions Associated with Second-Order Differential Equations, Part 1* (2ª ed.). Londres: Oxford University Press (1962).

Titchmarsh, E. C. *Eigenfunction Expansions Associated with Second-Order Differential Equations. Part 2*. Londres: Oxford University Press (1958).

9

Equações Diferenciais Parciais

9.1 Introdução

Como mencionado no Capítulo 7, equações diferenciais parciais (EDPs) envolvem derivadas com relação a mais de uma variável independente; se as variáveis independentes são x e y, uma EDP em uma variável dependente $\varphi(x, y)$ conterá **derivadas parciais**, com o significado discutido na Equação (1.141). Assim, $\partial\varphi/\partial x$ implica uma derivada x com y mantido constante, $\partial^2\varphi/\partial x^2$ é a segunda derivada em relação a x (mais uma vez mantendo y constante), e também podemos ter **derivadas mistas**

$$\frac{\partial^2\varphi}{\partial x\partial y} = \frac{\partial}{\partial x}\left(\frac{\partial\varphi}{\partial y}\right).$$

Como derivadas ordinárias, derivadas parciais (de qualquer ordem, incluindo derivadas mistas) são operadores lineares, desde que satisfaçam equações do tipo

$$\frac{\partial[\varphi(x, y) + b\varphi(x, y)]}{\partial x} = a\frac{\partial\varphi(x, y)}{\partial x} + b\frac{\partial\varphi(x, y)}{\partial x}.$$

De maneira similar à situação para EDOs, operadores diferenciais gerais, $\mathcal{L}$, que podem conter derivadas parciais de qualquer ordem, puras ou mistas, multiplicadas por funções arbitrárias das variáveis independentes, são operadores **lineares** e equações da forma

$$\mathcal{L}\varphi(x, y) = F(x, y)$$

EDPs são lineares. Se o **termo de fonte** $F(x, y)$ desaparece, a EDP é denominada **homogênea;** se $F(x, y)$ é diferente de zero, ela é **não homogênea**.

EDPs homogêneas têm a propriedade, anteriormente observada em outros contextos, de que qualquer combinação linear das soluções será também uma solução para a EDP. Esse é **o princípio da superposição** que é fundamental na eletrodinâmica e mecânica quântica, e que também permite construir soluções específicas pela combinação linear de membros adequados do conjunto de funções que constituem a solução geral para a EDP homogênea.

Exemplo 9.1.1　Vários Tipos de EDPs

Laplace	$\nabla^2\psi = 0,$	linear, homogênea
Poisson	$\nabla^2\psi = f(\mathbf{r}),$	linear, não homogênea
Euler (fluxo invíscido)	$\dfrac{\partial\mathbf{u}}{\partial t} + \mathbf{u}\cdot\nabla\mathbf{u} = -\dfrac{\nabla P}{\rho}$	não linear, não homogêneo ∎

Como a dinâmica de muitos sistemas físicos envolve apenas duas derivadas, por exemplo, a aceleração na mecânica clássica, e o operador de energia cinética $\sim\nabla^2$ na mecânica quântica, equações diferenciais de segunda ordem ocorrem com mais frequência na física. Mesmo quando as equações definidoras são de primeira ordem, elas podem, como nas equações de Maxwell, envolver duas funções vetoriais desconhecidas acopladas (que são os campos elétricos e magnéticos), e a eliminação de um vetor desconhecido produz uma EDP de segunda ordem para o outro (compare o Exemplo 3.6.2).

Exemplos de EDPs

Entre as EDPs mais frequentes estão as seguintes:

1. A equação de Laplace, $\nabla^2 \psi = 0$.

    Essa equação muito comum e muito importante ocorre em estudos sobre

    (a) fenômenos eletromagnéticos, incluindo eletrostática, dielétricos, correntes constantes e magnetostática,

    (b) hidrodinâmica (fluxo irrotacional de fluído perfeito e ondas de superfície),

    (c) fluxo de calor,

    (d) gravitação.

2. Equação de Poisson, $\nabla^2 \psi = -\rho/\varepsilon_0$.

    Essa equação não homogênea descreve a eletrostática com um termo de fonte $-\rho/\varepsilon_0$.

3. Equações de difusão e independentes do tempo de Helmholtz, $\nabla^2 \psi \pm k^2 \psi = 0$.

    Essas equações aparecem em fenômenos tão diversos quanto

    (a) ondas elásticas em sólidos, incluindo cordas vibrantes, barras, membranas,

    (b) acústica (ondas sonoras),

    (c) ondas eletromagnéticas,

    (d) reatores nucleares.

4. A equação de difusão dependente do tempo, $\nabla^2 \psi = \dfrac{1}{a^2} \dfrac{\partial \psi}{\partial t}$.

5. A equação de onda clássica dependente do tempo, $\dfrac{1}{c^2} \dfrac{\partial^2 \psi}{\partial t^2} = \nabla^2 \psi$.

6. A equação de Klein-Gordon, $\partial^2 \psi = -\mu^2 \psi$, e as equações vetoriais correspondentes em que a função escalar ψ é substituída por uma função vetorial. Outras formas mais complicadas também são comuns.

7. A equação de onda dependente do tempo de Schrödinger,

$$-\frac{\hbar^2}{2m} \nabla^2 \psi + V \psi = i\hbar \frac{\partial \psi}{\partial t}$$

e sua forma independente do tempo

$$-\frac{\hbar^2}{2m} \nabla^2 \psi + V \psi = E \psi.$$

8. As equações para ondas elásticas e fluidos viscosos e a equação da telegrafia.

9. Equações diferenciais parciais acopladas de Maxwell para campos elétricos e magnéticos e aquelas de Dirac para funções relativísticas de onda de elétron.

    Começamos nosso estudo da EDPs considerando equações de primeira ordem, que ilustram alguns dos princípios mais importantes envolvidos. Em seguida, passamos para a classificação e propriedades das EDPs de segunda ordem, e uma discussão preliminar sobre o protótipo das equações homogêneas das diferentes classes. Por fim, examinamos um método muito útil e poderoso para obter soluções para EDPs homogêneas, ou seja, o método de **separação de variáveis**.

    Este capítulo é dedicado principalmente às propriedades gerais das EDPs homogêneas; detalhes completos sobre equações específicas são em sua maior parte adiados para capítulos que discutem as funções especiais envolvidas. Questões decorrentes da extensão para EDPs não homogêneas (isto é, problemas que envolvem **termos de fontes** ou **dominantes**) também são diferidos, principalmente para capítulos posteriores sobre as **funções de Green** e transformadas integrais.

    Ocasionalmente, encontramos equações de ordem superior. Tanto na teoria do movimento lento de um fluido viscoso quanto na teoria de um corpo elástico encontramos a equação

$$(\nabla^2)^2 \psi = 0.$$

    Felizmente, essas equações diferenciais de ordem superior são relativamente raras e não são discutidas aqui. Às vezes, especialmente na mecânica dos fluidos, encontramos EDPs não lineares.

9.2 Equações de Primeira Ordem

Embora as EDPs mais importantes presentes na física sejam lineares e de segunda ordem, há muitas envolvendo três variáveis espaciais e possivelmente uma variável de tempo, EDPs de primeira ordem (por exemplo, as equações de Cauchy-Riemann da teoria de variável complexa). Parte da motivação para estudar essas equações facilmente resolvidas é que o estudo fornece *insights* que também se aplicam a problemas de ordem superior.

Características

Vamos começar considerando a seguinte equação homogênea linear de primeira ordem em duas variáveis independentes x e y, com coeficientes constantes a e b, e com variável dependente $\varphi(x, y)$:

$$\mathcal{L}\varphi = a\frac{\partial\varphi}{\partial x} + b\frac{\partial\varphi}{\partial y} = 0. \tag{9.1}$$

Seria mais fácil resolver essa equação se fosse possível reorganizá-la para conter apenas uma derivada; uma maneira de fazer isso é reescrever nossa EDP em termos das novas coordenadas (s, t) de tal modo que uma delas, digamos, s, é tal que $(\partial/\partial s)_t$ se expandiria para a combinação linear de $\partial/\partial x$ e $\partial/\partial y$ na EDP original, enquanto a outra nova coordenada, t, é tal que $(\partial/\partial t)_s$ não ocorre na EDP. Podemos verificar facilmente que as definições de s e t consistentes com esses objetivos para a EDP na Equação (9.1) são $s = ax + by$ e $t = bx - ay$. Para verificar isso, escrevemos $\varphi(x, y) = \varphi(x(s,t), y(s,t)) = \hat{\varphi}(s,t)$, e podemos verificar que

$$\left(\frac{\partial\varphi}{\partial x}\right)_y = a\left(\frac{\partial\varphi}{\partial s}\right)_t + b\left(\frac{\partial\varphi}{\partial t}\right)_s \quad \text{e} \quad \left(\frac{\partial\varphi}{\partial y}\right)_x = b\left(\frac{\partial\varphi}{\partial s}\right)_t - a\left(\frac{\partial\varphi}{\partial t}\right)_s,$$

assim

$$a\frac{\partial\varphi}{\partial x} + b\frac{\partial\varphi}{\partial y} = (a^2 + b^2)\frac{\partial\hat{\varphi}}{\partial s}.$$

Vemos que a EDP não contém uma derivada em relação a t. Como nossa EDP tem agora a forma simples

$$(a^2 + b^2)\frac{\partial\hat{\varphi}}{\partial s} = 0,$$

ela claramente tem a solução

$$\hat{\varphi}(s, t) = f(t), \quad \text{com } f(t) \text{ completamente arbitrário.} \tag{9.2}$$

Em termos das variáveis originais,

$$\varphi(x, y) = f(bx - ay), \tag{9.3}$$

onde, mais uma vez, salientamos que $f(t)$ é uma função arbitrária de seu argumento.

Verificando nosso trabalho nesse ponto, podemos constatar que

$$\mathcal{L}\varphi = a\frac{\partial f(bx - ay)}{\partial x} + b\frac{\partial f(bx - ay)}{\partial y} = abf'(bx - ay) + b\left[-af'(bx - ay)\right] = 0.$$

Como a satisfação dessa equação não depende das propriedades da função f, verificamos que $\varphi(x, y)$ como dado pela Equação (9.3) é uma solução da nossa EDP, **independentemente da escolha da função** f. Na verdade, ela é a solução geral da nossa EDP.

É muito útil visualizar o significado do que acabamos de observar. Note que manter $t = bx - ay$ para um valor fixo define uma linha no plano xy em que a solução φ é constante, com pontos individuais nessa linha correspondendo a diferentes valores de $s = ax + by$.

Além disso, observamos que as linhas da constante s são ortogonais àquelas da constante t, e que s possui os mesmos coeficientes que as derivadas na EDP. A solução geral para nossa EDP pode assim ser caracterizada como **independente de s e com dependência arbitrária de t**.

As curvas da constante t são chamadas **curvas características**, ou mais frequentemente, **características** da EDP. Uma forma alternativa e perspicaz de descrever as curvas características é observar que elas são as linhas de fluxo de *s*. Dito de outra forma, elas são as linhas delineadas à medida que o valor de s é alterado, mantendo *t* constante. A característica pode também ser definida por sua inclinação,

$$\frac{dy}{dx} = \frac{b}{a}, \quad \text{para } \mathcal{L} \text{ na Eq. (9.1).} \tag{9.4}$$

Para nossa EDP de primeira ordem, a solução φ é constante ao longo de cada característica. Veremos em breve que EDPs mais gerais podem ser resolvidas utilizando métodos de EDO nas linhas características, um recurso que faz com que se diga que soluções de EDP se **propagam** ao longo das características, dando mais significado à noção de que de certa maneira essas são linhas de fluxo. No problema atual isso se traduz na afirmação de que, se conhecemos φ em qualquer ponto de uma característica, nós a conhecemos em toda a linha característica.

As características têm uma propriedade adicional (mas relacionada) de importância. Normalmente, se uma solução de EDP φ (*x*, *y*) é especificada em um segmento de curva (uma **condição de contorno**), podemos deduzir disso os valores da solução em pontos próximos que não estão na curva. Se alguém apresenta uma expansão de Taylor sobre um ponto (x_0, y_0) na curva (tacitamente assim supondo que não há singularidades que invalidem a expansão), o valor de φ em um ponto próximo (*x*, *y*) será dado por

$$\varphi(x, y) = \varphi(x_0, y_0) + \frac{\partial \varphi(x_0, y_0)}{\partial x}(x - x_0) + \frac{\partial \varphi(x_0, y_0)}{\partial y}(y - y_0) + \cdots. \tag{9.5}$$

Para usar a Equação (9.5), precisamos dos valores das derivadas de φ. Para obter essas derivadas, observe o seguinte:

- A especificação de φ em uma determinada curva, com a curva descrita parametricamente por *x*(*l*), *y*(*l*), significa que a direção da curva, isto é, *dx/dl* e *dy/dl*, é conhecida, assim como o é a derivada de φ ao longo da curva, ou seja,

$$\frac{d\varphi}{dl} = \frac{\partial \varphi}{\partial x}\frac{dx}{dl} + \frac{\partial \varphi}{\partial y}\frac{dy}{dl}. \tag{9.6}$$

A Equação (9.6), portanto, fornece uma equação linear satisfeita pelas duas derivadas $\partial\varphi/\partial x$ e $\partial\varphi/\partial y$.

- A EDP fornece uma segunda equação linear, neste caso

$$a\frac{\partial \varphi}{\partial x} + b\frac{\partial \varphi}{\partial y} = 0. \tag{9.7}$$

- Desde que o determinante de seus coeficientes não seja zero, podemos resolver as Equações (9.6) e (9.7) para $\partial\varphi/\partial x$ e $\partial\varphi/\partial y$ em (x_0, y_0) e, portanto, avaliar os termos dominantes da série de Taylor para $\varphi(x_0, y_0)$.[1] O determinante dos coeficientes das Equações (9.6) e (9.7) assume a forma

$$D = \begin{vmatrix} \dfrac{dx}{dl} & \dfrac{dy}{dl} \\ a & b \end{vmatrix} = b\frac{dx}{dl} - a\frac{dy}{dl}.$$

Agora vamos fazer a observação de que se φ foi especificado ao longo de uma característica (para a qual $t = bx - ay = $ constante), temos

$$bdx - ady = 0, \quad \text{ou} \quad b\frac{dx}{dl} - a\frac{dy}{dl} = 0,$$

de tal modo que $D = 0$ e não podemos resolver para as derivadas de φ. Nossas conclusões em relação às características, que podem ser estendidas a equações mais gerais, são:

1. *Se a variável dependente φ da EDP na Equação (9.1) é especificada ao longo da curva (isto é, φ tem a* **condição de contorno** *especificada em uma* **curva de contorno**), *isso fixa o valor de φ em um ponto de cada característica que intersecciona a curva de contorno e, consequentemente, em todos os pontos de cada uma dessas características;*

---

[1]Os termos lineares são tudo o que é necessário; podemos escolher *x* e *y* perto o suficiente de (*x*0, *y*0) para que os termos de segunda ordem e de ordem superior possam tornar-se insignificantes em relação àqueles retidos.

2. *Se a curva de contorno está ao longo de uma característica, a condição de contorno nela normalmente levará a inconsistências e, portanto, a menos que a condição de contorno seja redundante (isso é, coincidentemente igual ao longo de toda a solução construída a partir do valor de φ em qualquer ponto na característica), a EDP não terá uma solução;*

3. *Se a curva de contorno tem mais de uma interseção com a mesma característica, esse geralmente levará a uma incoerência, uma vez que talvez a EDP não tenha uma solução que é simultaneamente consistente com os valores de φ em ambas as interseções; e*

4. *Somente se a curva de contorno* **não** *é uma característica é que a condição de contorno pode fixar o valor de φ nos pontos que não estão na curva. Valores de φ especificados em uma única característica da EDP não fornecem informações sobre o valor de φ nos pontos que não estão nessa característica.*

Nesse exemplo, o argumento t da função arbitrária f era uma combinação linear de x e y, que funcionou porque os coeficientes das derivadas na EDP eram constantes. Se esses coeficientes fossem funções mais gerais de x e y, o tipo anterior da análise ainda poderia ser executado, mas a forma de t teria de ser diferente. Esse caso mais complicado é ilustrado nos Exercícios 9.2.5 e 9.2.6.

EDPs mais Gerais

Considere agora uma EDP de primeira ordem da forma mais geral do que a Equação (9.1),

$$\mathcal{L}\varphi = a\frac{\partial \varphi}{\partial x} + b\frac{\partial \varphi}{\partial y} + q(x, y)\varphi = F(x, y). \tag{9.8}$$

Podemos identificar suas curvas características exatamente como antes, o que equivale a fazer uma transformação para as novas variáveis $s = ax + by$, $t = bx - ay$, em termos dos quais nossa EDP torna-se, compare com a Equação (9.5),

$$(a^2 + b^2)\left(\frac{\partial \varphi}{\partial s}\right) + \hat{q}(s, t)\hat{\varphi} = \hat{F}(s, t). \tag{9.9}$$

Aqui $\hat{q}(s,t)$ é obtida convertendo $q(x, y)$ nas novas coordenadas

$$\hat{q}(s, t) = q\left(\frac{as + bt}{a^2 + b^2}, \frac{bs - at}{a^2 + b^2}\right),$$

e $\hat{F}$ está relacionada de uma maneira semelhante a F. A Equação (9.9) é realmente uma EDO em s (contendo o que pode ser visto como um parâmetro, t), e a solução geral pode ser obtida pelos procedimentos usuais para a resolução de equações diferenciais ordinárias.

Exemplo 9.2.1   Outra EDP de Primeira Ordem

Considere a EDP

$$\frac{\partial \varphi}{\partial x} + \frac{\partial \varphi}{\partial y} + (x + y)\varphi = 0.$$

Aplicando uma transformação à direção característica $t = x - y$ e à direção ortogonal $s = x + t$, nossa EDP torna-se

$$2\frac{\partial \varphi}{\partial s} + s\varphi = 0.$$

Essa equação separa-se em

$$2\frac{d\varphi}{\varphi} + s\,ds = 0,$$

com a solução geral

$$\ln \varphi = -\frac{s^2}{4} + C(t), \quad \text{ou} \quad \varphi = e^{-s^2/4}f(t),$$

em que $f(t)$, originalmente $\exp[C(t)]$, é completamente arbitrária. Podemos simplificar o resultado ligeiramente observando que $s^2/4 = t^2/4 + x\,y$; então $\exp(-t^2/4)$ pode ser absorvida por $f(t)$, deixando o resultado compacto (em termos de x e y)

$$\varphi(x, y) = e^{-xy} f(x - y), \quad (f \text{ arbitrário}).$$

Mais de Duas Variáveis Independentes

É útil considerar como o conceito da característica pode ser generalizado para EDPs com mais de duas variáveis independentes. Dada a forma tridimensional (3-D) diferencial

$$a\frac{\partial \varphi}{\partial x} + b\frac{\partial \varphi}{\partial y} + c\frac{\partial \varphi}{\partial z},$$

aplicamos uma transformação para converter nossa EDP nas novas variáveis $s = ax + by + cz$, $t = \alpha_1 x + \alpha_2 y + \alpha_3 z$, $u = \beta_1 x + \beta_2 y + \beta_3 z$, com α_i e β_i de tal modo que (s, t, u) formam um sistema de coordenadas ortogonais. Então, descobrimos que nossa forma 3-D diferencial é equivalente a

$$(a^2 + b^2 + c^2)\frac{\partial \varphi}{\partial s},$$

e as linhas de fluxo de s (aquelas com t e u constantes) são nossas características, ao longo das quais podemos propagar uma solução φ resolvendo uma EDO. Cada característica pode ser identificada por seus valores fixos de t e u. Para o análogo 3-D da equação (9.1),

$$a\frac{\partial \varphi}{\partial x} + b\frac{\partial \varphi}{\partial y} + c\frac{\partial \varphi}{\partial z} = 0, \tag{9.10}$$

temos

$$(a^2 + b^2 + c^2)\frac{\partial \varphi}{\partial s} = 0,$$

com a solução $\varphi = f(t, u)$, com f uma função completamente arbitrária dos seus dois argumentos.

Considere em seguida uma tentativa de resolver nossa EDP tridimensional sujeita a uma condição de contorno que fixa os valores da solução de EDP φ em uma superfície. Se a característica ao longo de um ponto na superfície **reside na superfície**, temos uma potencial inconsistência entre a condição de contorno e a solução que foi propagada ao longo da característica. Então somos também incapazes de estender φ para além da superfície de contorno porque os dados na superfície são insuficientes para gerar os valores das derivadas que são necessárias para uma expansão de Taylor. Para ver isso, note que as derivadas $\partial \varphi/\partial x$, $\partial \varphi/\partial y$ e $\partial \varphi/\partial z$ só podem ser determinadas se for possível encontrar duas direções (parametricamente designadas l e l') de tal modo que podemos resolver simultaneamente a Equação (9.10) e

$$\frac{\partial \varphi}{\partial l} = \frac{\partial \varphi}{\partial x}\frac{dx}{dl} + \frac{\partial \varphi}{\partial y}\frac{dy}{dl} + \frac{\partial \varphi}{\partial z}\frac{dz}{dl},$$

$$\frac{\partial \varphi}{\partial l'} = \frac{\partial \varphi}{\partial x}\frac{dx}{dl'} + \frac{\partial \varphi}{\partial y}\frac{dy}{dl'} + \frac{\partial \varphi}{\partial z}\frac{dz}{dl'}.$$

Uma solução só pode ser obtida se

$$D = \begin{vmatrix} \dfrac{dx}{dl} & \dfrac{dy}{dl} & \dfrac{dz}{dl} \\[2mm] \dfrac{dx}{dl'} & \dfrac{dy}{dl'} & \dfrac{dz}{dl'} \\[2mm] a & b & c \end{vmatrix} \neq 0.$$

Se uma característica, com $dx/dl'' = a$, $dy/dl'' = b$, e $dz/dl'' = c$, estiver na superfície bidimensional (2-D), haverá uma única direção adicional l linearmente independente, e D necessariamente será zero.

Resumindo, nossas observações anteriores também abrangem o caso 3-D:

Uma condição de contorno é eficaz para determinar uma solução única para uma EDP de primeira ordem somente se o contorno não inclui uma característica, e podem surgir inconsistências se uma característica interseccionaum contorno mais de uma vez.

Exercícios

Encontre as soluções gerais das EDPs nos Exercícios 9.2.1 a 9.2.4.

9.2.1 $\dfrac{\partial \psi}{\partial x} + 2\dfrac{\partial \psi}{\partial y} + (2x - y)\psi = 0.$

9.2.2 $\dfrac{\partial \psi}{\partial x} - 2\dfrac{\partial \psi}{\partial y} + x + y = 0.$

9.2.3 $\dfrac{\partial \psi}{\partial x} + \dfrac{\partial \psi}{\partial y} = \dfrac{\partial \psi}{\partial z}.$

9.2.4 $\dfrac{\partial \psi}{\partial x} + \dfrac{\partial \psi}{\partial y} + \dfrac{\partial \psi}{\partial z} = x - y.$

9.2.5 (a) Mostre que a EDP

$$y\frac{\partial \psi}{\partial x} + x\frac{\partial \psi}{\partial y} = 0$$

pode ser transformada em uma forma facilmente solucionável, escrevendo-a nas novas variáveis $u = xy$, $v = x^2 - y^2$, e encontre a solução geral.

(b) Discuta esse resultado em termos das características.

9.2.6 Encontre a solução geral para a EDP

$$x\frac{\partial \psi}{\partial x} - y\frac{\partial \psi}{\partial y} = 0.$$

Dica: A solução do Exercício 9.2.5 pode fornecer uma sugestão de como proceder.

9.3 Equações de Segunda Ordem
Classes das EDPs

Consideramos aqui a extensão da noção das características para EDPs de segunda ordem. Isso às vezes pode ser feito de uma forma útil. Como um exemplo preliminar, considere a seguinte equação homogênea de segunda ordem

$$a^2\frac{\partial^2 \varphi(x, y)}{\partial x^2} - c^2\frac{\partial^2 \varphi(x, y)}{\partial y^2} = 0, \tag{9.11}$$

em que assumimos que a e c são reais. Essa equação pode ser escrita na forma fatorada

$$\left[a\frac{\partial}{\partial x} + c\frac{\partial}{\partial y}\right]\left[a\frac{\partial}{\partial x} - c\frac{\partial}{\partial y}\right]\varphi = 0, \tag{9.12}$$

e, como os dois fatores do operador comutam, vemos que a Equação (9.12) será satisfeita se φ for uma solução para uma das equações de primeira ordem

$$a\frac{\partial \varphi}{\partial x} + c\frac{\partial \varphi}{\partial y} = 0 \quad \text{ou} \quad a\frac{\partial \varphi}{\partial x} - c\frac{\partial \varphi}{\partial y} = 0. \tag{9.13}$$

Mas essas equações de primeira ordem são apenas do tipo discutido na subseção anterior, assim podemos identificar suas respectivas soluções gerais como

$$\varphi_1(x, y) = f(cx - ay), \quad \varphi_2(x, y) = g(cx + ay), \tag{9.14}$$

onde f e g são funções arbitrárias (e totalmente independentes). Além disso, podemos identificar as linhas de fluxo de $ax + cy$ e $ax - cy$ como características, com implicações quanto à eficácia e possível consistência das condições de contorno. Para algumas EDPs com segundas derivadas como dado na Equação (9.11), também será prático propagar as soluções ao longo das características.

Em seguida, analise a equação superficialmente semelhante

$$a^2 \frac{\partial^2 \varphi(x, y)}{\partial x^2} + c^2 \frac{\partial^2 \varphi(x, y)}{\partial y^2} = 0,$$ (9.15)

mais uma vez supondo que a e c são reais. Se fatoramos isso, obtemos

$$\left[a \frac{\partial}{\partial x} + ic \frac{\partial}{\partial y} \right] \left[a \frac{\partial}{\partial x} - ic \frac{\partial}{\partial y} \right] \varphi = 0.$$ (9.16)

Essa fatoração tem menos importância prática, uma vez que leva a características **complexas**, que não têm uma relevância óbvia para as condições de contorno. Além disso, a propagação ao longo dessas características não fornece uma solução para a EDP para valores de coordenadas fisicamente relevantes (isto é, reais).

É comum identificar EDPs de segunda ordem como **hiperbólicas** se elas são (ou podem ser transformados em) da forma dada na Equação (9.11), com valores reais de a e c. EDPs que têm (ou podem assumir) a forma dada na Equação (9.15) são denominadas **elípticas**. A designação é útil porque se correlaciona com a existência (ou inexistência) das características reais e, portanto, com o comportamento da EDP em relação às condições de contorno, com implicações adicionais quanto a métodos convenientes para resolver a EDP. Os termos *elíptico* e *hiperbólico* foram introduzidos com base na analogia com formas quadráticas, em que $a^2x^2 + c^2y^2 = d$ é a equação de uma elipse, enquanto $a^2x^2 - c^2y^2 = d$ é a de uma hipérbole.

EDPs mais gerais terão derivadas de segunda da forma diferencial

$$\mathcal{L} = a \frac{\partial^2 \varphi}{\partial x^2} + 2b \frac{\partial^2 \varphi}{\partial x \partial y} + c \frac{\partial^2 \varphi}{\partial y^2}.$$ (9.17)

A forma na Equação (9.17) tem a seguinte fatoração:

$$\mathcal{L} = \left(\frac{b + \sqrt{b^2 - ac}}{c^{1/2}} \frac{\partial}{\partial x} + c^{1/2} \frac{\partial}{\partial y} \right) \left(\frac{b - \sqrt{b^2 - ac}}{c^{1/2}} \frac{\partial}{\partial x} + c^{1/2} \frac{\partial}{\partial y} \right).$$ (9.18)

A Equação (9.18) é facilmente verificada expandindo o produto. A equação também mostra que as características da Equação (9.17) são reais se e somente se $b^2 - ac \geq 0$. Essa grandeza é bem conhecida na álgebra elementar, sendo o **discriminante** da forma quadrática $at^2 + 2bt + c$. Se $b^2 - ac > 0$, os dois fatores identificam duas características reais linearmente independentes, como encontrado para a EDP hiperbólica protótipo discutida nas Equações (9.11) a (9.14). Se $b^2 - ac < 0$, as características, quanto ao protótipo da EDP elíptica nas Equações (9.15) e (9.16), formam um par conjugado complexo. Temos agora, porém, uma nova possibilidade: Se $b^2 - ac = 0$ (um caso em que para formas quadráticas é uma parábola), temos uma EDP que tem exatamente uma característica linearmente independente; essas EDPs são denominadas **parabólicas**, e a forma canônica adotada para elas é

$$a \frac{\partial \varphi}{\partial x} = \frac{\partial^2 \varphi}{\partial y^2}.$$ (9.19)

Se a EDP original não tivesse um termo $\partial/\partial x$, ela na verdade seria uma EDO em y que depende de x somente de uma maneira paramétrica e não precisa ser considerado ainda mais no contexto dos métodos para EDPs.

Para concluir nossa discussão sobre a forma de segunda ordem na Equação (9.17), temos de mostrar que ela pode ser transformada na forma canônica para a EDP da sua classificação. Para esse propósito, consideramos a transformação para as novas variáveis ξ, η, definidas como

$$\xi = c^{1/2}x - c^{-1/2}by, \quad \eta = c^{-1/2}y.$$ (9.20)

Pela aplicação sistemática da regra da cadeia para avaliar $\partial^2/\partial x^2$, $\partial^2/\partial x \partial y$, e $\partial^2/\partial y^2$, pode ser mostrado que

$$\mathcal{L} = (ac - b^2) \frac{\partial^2 \varphi}{\partial \xi^2} + \frac{\partial^2 \varphi}{\partial \eta^2}.$$ (9.21)

A verificação da Equação (9.21) é o tema do Exercício 9.3.1.

A Equação (9.21) mostra que a classificação da nossa EDP permanece invariante sob a transformação, e é hiperbólica se $b^2 - ac > 0$, elíptica se $b^2 - ac < 0$ e parabólica se $b^2 - ac = 0$. Talvez melhor visualizado a partir da Equação (9.18), vemos que as linhas de fluxo das características têm inclinação

$$\frac{dy}{dx} = \frac{c}{b \pm \sqrt{b^2 - ac}}. \tag{9.22}$$

Mais de Duas Variáveis Independentes

Embora não façamos uma análise completa, é importante notar que muitos problemas na física envolvem mais de duas dimensões (muitas vezes, três dimensões espaciais ou várias dimensões espaciais mais o tempo). Frequentemente, o comportamento nas múltiplas dimensões espaciais é semelhante, e aplicamos os termos *hiperbólica*, *elíptica* e *parabólica* de uma maneira que relaciona as derivadas espaciais com as derivadas de tempo quando estas últimas ocorrem. Assim, essas equações são classificadas como indicado:

Equação de Laplace $\nabla^2 \psi = 0$ elíptica

Equação de Poisson $\nabla^2 \psi = -\rho / \varepsilon_0$ elíptica

Onda de equação $\nabla^2 \psi = \frac{1}{c^2} \frac{\partial^2 \psi}{\partial t^2}$ hiperbólica

Equação de difusão $a\frac{\partial \psi}{\partial t} \nabla^2 \psi$ hiperbólica

As equações específicas mencionadas aqui são muito importantes na física e serão discutidos em mais detalhes nas seções posteriores deste capítulo. Esses exemplos, é claro, não representam a gama completa das EDPs de segunda ordem, e não incluem casos em que os coeficientes no operador diferencial são funções das coordenadas. Nesse caso, a classificação em elíptica, hiperbólica e parabólica é somente local; a classe pode mudar à medida que as coordenadas variam.

Condições de Contorno

Normalmente, quando conhecemos um sistema físico em um dado tempo e a lei que rege o processo físico, então somos capazes de prever o desenvolvimento subsequente. Esses valores iniciais são as condições de contorno mais comuns associadas a EDOs e EDPs. Encontrar soluções que coincidam com determinados pontos, curvas

Tabela 9.1 Relação entre EDP e condições de contorno

Condições de Contorno	Classe da Equação Diferencial Parcial		
	Elíptica	Hiperbólica	Parabólica
	Laplace, Poisson em (x, y)	Equação de onda em (x, t)	Equação de difusão em (x, t)
Cauchy			
Superfície aberta	Resultados não físicos (instabilidade)	**Solução única, estável**	Muito restritiva
Superfície fechada	Muito restritiva	Muito restritiva	Muito restritiva
Dirichlet			
Superfície aberta	Insuficiente	Insuficiente	**Solução única, estável** em uma direção
Superfície fechada	**Solução única, estável**	Solução não única	Muito restritiva
Neumann			
Superfície aberta	Insuficiente	Insuficiente	**Solução única, estável** em uma direção
Superfície fechada	**Solução única, estável**	Solução não única	Muito restritiva

ou superfícies corresponde a problemas de valor de contorno. Normalmente são exigidas soluções para satisfazer certas condições de contorno impostas (por exemplo, assintóticas). Essas condições de contorno geralmente assumem uma de três formas:

1. **Condições de contorno de Cauchy**. O valor de uma função e derivada normal especificadas no contorno. Na eletroestática isso significaria φ, o potencial, e E_n, a componente normal do campo elétrico.
2. **Condições de contorno de Dirichlet**. O valor de uma função especificada no contorno. Na eletrostática, isso significaria o potencial φ.
3. **Condições de contorno de Neumann**. A derivada normal (gradiente normal) de uma função especificada no contorno. No caso da eletrostática isso seria E_n e, portanto, σ, a densidade de carga de superfície.

Como as três classes das EDPs de segunda ordem têm diferentes padrões das características, as condições de contorno necessárias para especificar (de uma maneira consistente) uma solução única dependerá da classe da equação. Uma análise exata do papel das condições de contorno é complicada e está além do escopo deste texto. Porém, um resumo da relação desses três tipos de condições de contorno com as três classes das equações diferenciais parciais 2-D é dado na Tabela 9.1. Para uma discussão mais detalhada dessas equações diferenciais parciais, o leitor pode consultar Morse e Feshbach, Capítulo 6 (ver Leituras Adicionais).

Partes da Tabela 9.1 são simplesmente uma questão de manter a consistência interna ou do senso comum. Por exemplo, para a equação de Poisson com uma superfície fechada, condições de Dirichlet levam a uma solução única, estável. As condições de Neumann, independentes das condições de Dirichlet, levam igualmente a uma solução única estável independente da solução de Dirichlet. Portanto, as condições de contorno de Cauchy (ou seja, Dirichlet mais Neumann) podem levar a uma inconsistência.

O termo **condições de contorno** inclui como um caso especial o conceito de **condições iniciais**. Por exemplo, especificar a posição inicial x_0 e a velocidade inicial v_0 em algum problema dinâmico corresponderia às condições de contorno de Cauchy. Observe, porém, que uma condição inicial corresponde à aplicação da condição somente em uma extremidade do intervalo permitido da variável (tempo).

Por fim, observamos que a Tabela 9.1 simplifica a situação de várias maneiras. Por exemplo, a EDP de Helmholtz,

$$\nabla^2 \psi \pm k^2 \psi = 0,$$

(que pode ser pensada como a redução de uma equação parabólica dependente do tempo à sua parte espacial) tem solução(ões) para as condições de Dirichlet em um contorno fechado apenas para certos valores de seu parâmetro k. A determinação de k e a caracterização dessas soluções é um problema de autovalor e é importante para a física.

EDPs não Lineares

EDOs e EDPs não lineares são um campo importante e de rápido crescimento. Encontramos anteriormente a equação de onda linear mais simples,

$$\frac{\partial \psi}{\partial t} + c \frac{\partial \psi}{\partial x} = 0,$$

como a EDP de primeira ordem das frentes de onda da equação de onda. A equação de onda não linear mais simples,

$$\frac{\partial \psi}{\partial t} + c(\psi) \frac{\partial \psi}{\partial x} = 0, \tag{9.23}$$

resulta se a velocidade local de propagação, c, não é constante, mas depende da onda ψ. Quando uma equação não linear tem uma solução da forma $\psi(x, t) = A \cos(kx - \omega t)$, em que $\omega(k)$ varia de acordo com k de modo que $\omega''(k) \neq 0$, então ela é chamada **dispersiva**. Talvez a equação dispersiva não linear mais conhecida seja a equação de **Korteweg-Vries**,

$$\frac{\partial \psi}{\partial t} + \psi \frac{\partial \psi}{\partial x} + \frac{\partial^3 \psi}{\partial x^3} = 0, \tag{9.24}$$

que modela a propagação sem perda das ondas de águas rasas e outros fenômenos. Ela é amplamente conhecida por suas soluções de **sóliton**. Um **sóliton** é uma onda que se propaga de acordo com a propriedade de persistência por meio de uma interação com outro sóliton: depois de passarem um sobre o outro, eles emergem na mesma forma e com a mesma velocidade e adquirem mais de um deslocamento de fase. Seja $\psi(\xi = x - ct)$ uma onda em movimento. Quando substituída na equação (9.24), isso produz a EDO não linear

$$(\psi - c)\frac{d\psi}{d\xi} + \frac{d^3\psi}{d\xi^3} = 0, \tag{9.25}$$

que pode ser integrada para obter

$$\frac{d^2\psi}{d\xi^2} = c\psi - \frac{\psi^2}{2}. \tag{9.26}$$

Não há nenhuma constante de integração aditiva na Equação (9.26), porque a solução deve ser tal que $d^2\psi/d\xi^2 \to 0$ com $\psi \to 0$ para ξ grande. Isso faz ψ ser localizado na característica $\xi = 0$, ou $x = ct$. Multiplicando a equação (9.26) por $d\psi/d\xi$ e integrando novamente produz

$$\left(\frac{d\psi}{d\xi}\right)^2 = c\psi^2 - \frac{\psi^3}{3}, \tag{9.27}$$

em que $d\psi/d\xi \to 0$ para ξ grande. Considerando a raiz da equação (9.27) e integrando novamente produz a solução sóliton

$$\psi(x - ct) = \frac{3c}{\cosh^2\left(\frac{1}{2}\sqrt{c}(x - ct)\right)}. \tag{9.28}$$

Exercícios

9.3.1 Mostre que fazendo uma alteração nas variáveis para $\xi = c^{1/2}x - c^{-1/2}by$, $\eta = c^{-1/2}y$, o operador L da Equação (9.18) pode assumir a forma

$$\mathcal{L} = (ac - b^2)\frac{\partial^2}{\partial\xi^2} + \frac{\partial^2}{\partial\eta^2}.$$

9.4 Separação de Variáveis

Equações diferenciais parciais são claramente importantes na física, como evidenciado pelas EDPs listadas na Seção 9.1, e de igual importância é o desenvolvimento de métodos para a solução delas. Nossa discussão sobre características sugeriu uma abordagem que será útil para alguns problemas. Outras técnicas gerais para solução de EDPs podem ser encontradas, por exemplo, nos livros de Bateman e Gustafson listados nas leituras adicionais no final deste capítulo. No entanto, a técnica descrita nesta seção é provavelmente a mais amplamente utilizada.

O método desenvolvido nesta seção para solução de uma EDP divide uma equação diferencial parcial de n variáveis em n equações diferenciais ordinárias, com a intenção de que uma solução geral para a EDP será um produto das funções de variável única que são soluções para as EDOs individuais. Em problemas tratáveis com esse método, as condições de contorno geralmente são de tal modo que elas se separam pelo menos parcialmente em condições que podem ser aplicadas a EDOs separadas.

Uma discussão mais detalhada do método depende da natureza do problema que buscamos resolver, assim agora fazemos a observação de que EDPs ocorrem na física em dois contextos, como

- Uma equação sem parâmetros desconhecidos para a qual se espera que seja uma solução única consistente com as condições de contorno (exemplo típico: a equação de Laplace para o potencial eletroestático com o potencial especificado no contorno), ou

- Um problema de autovalor que terá soluções consistentes com as condições de contorno apenas para determinados valores de um parâmetro incorporado, mas inicialmente desconhecido (o autovalor).

No primeiro desses dois casos, a única solução é tipicamente abordada primeiro aplicando condições de contorno às EDOs separadas a fim de especializar suas soluções o máximo possível. A solução que está nesse ponto normalmente não é única, e temos um número (normalmente infinito) de soluções de produto que satisfazem as condições de contorno até agora aplicadas. Em seguida, consideramos essas soluções de produto como uma base que pode ser utilizada para formar uma expansão que satisfaz a condição de contorno remanescente. Ilustramos com o primeiro e quarto exemplos desta seção.

No segundo caso, normalmente temos condições de contorno homogêneas (solução igual a zero no contorno), e em situações favoráveis podemos satisfazer todas as condições de contorno, impondo-as nas EDOs separadas. Nesse ponto, geralmente descobrimos que cada produto resolve nossa EDP com um valor diferente do seu parâmetro incorporado, de tal modo que obtemos autofunções e autovalores. Esse processo é ilustrado nos segundo e terceiro exemplos desta seção.

O método de separação de variáveis avança dividindo a EDP em partes cada uma das quais pode ser definida igual como uma **constante de separação**. Se a EDP tiver n variáveis independentes, haverá $n - 1$ constantes de separação independentes (embora frequentemente seja preferível uma formulação mais simétrica com n constantes de separação mais uma equação conectando-as). As constantes de separação podem ter valores que são restritos invocando as condições de contorno.

Para obter um entendimento amplo do método de separação de variáveis, é útil ver como ele é executado em uma variedade de sistemas de coordenadas. Aqui examinamos o processo em coordenadas cartesianas polares, cilíndricas e esféricas. Para aplicação a outros sistemas de coordenadas referimos o leitor à segunda edição deste texto.

Coordenadas Cartesianas
Em coordenadas cartesianas a equação de Helmholtz se torna

$$\frac{\partial^2 \psi}{\partial x^2} + \frac{\partial^2 \psi}{\partial y^2} + \frac{\partial^2 \psi}{\partial z^2} + k^2 \psi = 0, \tag{9.29}$$

usando a Equação (3.62) para o laplaciano. Para este caso, seja k^2 uma constante. Como indicado nos parágrafos introdutórios desta seção, nossa estratégia será dividir a Equação (9.29) em um conjunto de equações diferenciais ordinárias. Para tanto, admita

$$\psi(x, y, z) = X(x)Y(y)Z(z) \tag{9.30}$$

e substitua de volta na Equação (9.29). Como sabemos que a Equação (9.30) é válida? Quando os operadores diferenciais em diferentes variáveis são aditivos na EDP, isto é, quando não há nenhum produto dos operadores diferenciais em diferentes variáveis, o método de separação tem uma chance de ser bem-sucedido. Para ser bem-sucedido, geralmente também é necessário que pelo menos algumas das condições de contorno se separem em condições nos fatores separados. De qualquer modo, procederemos com o espírito de "vamos tentar e ver se funciona". Se nossa tentativa for bem-sucedida, então a Equação (9.30) será justificada. Se não for bem-sucedida, precisamos descobrir rapidamente e então podemos tentar outra abordagem, como funções de Green, transformadas integrais ou análise numérica de força bruta. Com ψ presumido dado pela Equação (9.30), a Equação (9.29) torna-se

$$YZ\frac{d^2 X}{dx^2} + XZ\frac{d^2 Y}{dy^2} + XY\frac{d^2 Z}{dz^2} + k^2 XYZ = 0. \tag{9.31}$$

Dividindo por $\psi = X Y Z$ e, reorganizando os termos, obtemos

$$\frac{1}{X}\frac{d^2 X}{dx^2} = -k^2 - \frac{1}{Y}\frac{d^2 Y}{dy^2} - \frac{1}{Z}\frac{d^2 Z}{dz^2}. \tag{9.32}$$

A Equação (9.32) apresenta uma separação de variáveis. O lado esquerdo é uma função de x apenas, ao passo que o lado direito depende somente de y e z e não de x. Porém, x, y e z são coordenadas independentes. A igualdade de dois lados que dependem de diferentes variáveis só pode ser alcançada se cada lado for igual à mesma constante, uma constante de separação. Escolhemos[2]

$$\frac{1}{X}\frac{d^2 X}{dx^2} = -l^2, \tag{9.33}$$

$$-k^2 - \frac{1}{Y}\frac{d^2 Y}{dy^2} - \frac{1}{Z}\frac{d^2 Z}{dz^2} = -l^2. \tag{9.34}$$

---

[2]A escolha de sinal para constantes de separação é completamente arbitrária, e será fixada em problemas específicos pela necessidade de satisfazer condições de contorno específicas e, particularmente, para evitar a introdução desnecessária de números complexos.

Agora, voltando nossa atenção à Equação (9.34), obtemos

$$\frac{1}{Y}\frac{d^2Y}{dy^2} = -k^2 + l^2 - \frac{1}{Z}\frac{d^2Z}{dz^2}, \tag{9.35}$$

e uma segunda separação foi alcançada. Aqui temos uma função de y igualada a uma função de z. Nós a resolvemos, como antes, igualando cada lado à outra constante de separação, $-m^2$,

$$\frac{1}{Y}\frac{d^2Y}{dy^2} = -m^2, \tag{9.36}$$

$$-k^2 + l^2 - \frac{1}{Z}\frac{d^2Z}{dz^2} = -m^2. \tag{9.37}$$

A separação está agora concluída, mas para tornar a formulação mais simétrica, definimos

$$\frac{1}{Z}\frac{d^2Z}{dz^2} = -n^2, \tag{9.38}$$

e então a consistência com a Equação (9.37) leva à condição

$$l^2 + m^2 + n^2 = k^2. \tag{9.39}$$

Agora temos três EDOs, Equações (9.33), (9.36) e (9.38), para substituir a Equação (9.29). Nossa suposição, Equação (9.30), conseguiu dividir a EDP; se também pudermos usar a forma fatorada para satisfazer as condições de contorno, nossa solução da EDP estará completa.

É conveniente rotular a solução de acordo com a escolha das nossas constantes l, m e n; isto é,

$$\psi_{lmn}(x, y, z) = X_l(x)Y_m(y)Z_n(z). \tag{9.40}$$

Sujeita às condições de contorno do problema sendo resolvido e à condição $k^2 = l^2 + m^2 + n^2$, podemos escolher l, m e n como preferirmos, e a Equação (9.40) ainda será uma solução da Equação (9.29), desde que $X_l(x)$ seja uma solução da Equação (9.33) etc. Como nossa EDP inicial é homogênea e linear, podemos desenvolver **a solução mais geral** da Equação (9.29) considerando uma **combinação linear das soluções** ψ_{lmn},

$$\Psi = \sum_{l,m} a_{lm}\psi_{lmn}, \tag{9.41}$$

em que entendemos que n receberá um valor consistente com a Equação (9.39) e com os valores de l e m.

Por fim, os coeficientes constantes a_{lm} devem ser escolhidos para permitir que Ψ satisfaça as condições de contorno do problema, normalmente levando a um conjunto discreto de valores l, m.

Revendo o que fizemos, pode ser visto que a separação nas EDOs ainda poderia ter sido alcançada se k^2 fossem substituídos por qualquer função que dependesse de forma aditiva das variáveis, isto é, se

$$k^2 \longrightarrow f(x) + g(y) + h(z).$$

Um caso de importância prática seria a escolha $k^2 \to C(x^2 + y^2 + z^2)$, levando ao problema de um oscilador harmônico quântico 3-D. Substituir o termo constante k^2 por uma função separável das variáveis irá, é claro, alterar as EDOs que obtemos no processo de separação e pode ter implicações em relação às condições de contorno.

Exemplo 9.4.1   EQUAÇÃO DE LAPLACE PARA UM PARALELEPÍPEDO

Como um exemplo concreto, consideramos a Equação (9.29) com $k = 0$, o que a torna uma equação de Laplace, e solicitamos sua solução em um paralelepípedo definido pelas superfícies planares $x = 0$, $x = c$, $y = 0$, $y = c$, $z = 0$, $z = L$, com a condição de contorno de Dirichlet $\psi = 0$ em todos os contornos, exceto que em $z = L$; nesse contorno ψ é dado o valor V constante (Figura 9.1). Isso é um problema em que a EDP não contém parâmetros desconhecidos e deve ter uma solução única.

Esperamos uma solução da forma genérica dada pela Equação (9.41), com ψ_{lmn} dada pela Equação (9.40). Para avançar ainda mais, precisamos desenvolver as formas funcionais reais de $X(x)$, $Y(y)$ e $Z(z)$. Para X e Y, as EDOs, escritas de forma convencional, são

$$X'' = -l^2 X, \quad Y'' = -m^2 Y,$$

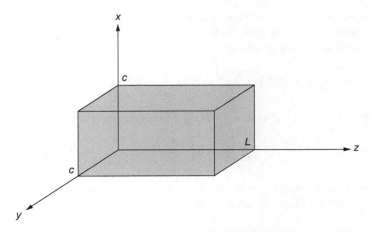

Figura 9.1: Paralelepípedo para a solução da equação de Laplace.

com as soluções gerais

$$X = A\operatorname{sen} lx + B\cos lx, \quad Y = A'\operatorname{sen} my + B'\cos my.$$

Poderíamos ter escrito X e Y como exponenciais complexos, mas essa escolha seria menos conveniente ao considerar as condições de contorno. Para satisfazer a condição de contorno em $x = 0$, definimos $X(0) = 0$, o que pode alcançado escolhendo $B = 0$; para satisfazer a condição de contorno em $x = c$, definimos $X(c) = 0$, o que nos leva a escolher l de tal modo que $lc = \lambda\pi$, onde λ deve ser um inteiro diferente de zero. Sem perda da generalidade, podemos restringir λ a valores positivos, uma vez que $-X$ e X são linearmente dependentes. Além disso, podemos incluir qualquer que seja o fator de escala em última análise necessário na nossa solução para $Z(z)$, assim podemos definir $A = 1$. Observações semelhantes aplicam-se à solução $Y(y)$, de modo que as soluções X e Y assumem a forma final

$$X_\lambda(x) = \operatorname{sen}\left(\frac{\lambda\pi x}{c}\right), \quad Y_\mu(y) = \operatorname{sen}\left(\frac{\mu\pi y}{c}\right), \tag{9.42}$$

com $\lambda = 1, 2, 3, \ldots$ e $\mu = 1, 2, 3, \ldots$.

Em seguida, consideramos a EDO para Z. Ela deve ser resolvida com um valor de n^2, calculado a partir da Equação (9.39) com $k = 0$ como

$$n^2 = -\frac{\pi^2}{c^2}(\lambda^2 + \mu^2).$$

Essa equação indica que n será imaginário, mas isso não é importante aqui. Voltando à EDO para Z, agora vemos que ela se torna

$$Z'' = +\frac{\pi^2}{c^2}(\lambda^2 + \mu^2)Z,$$

e a solução geral para $Z(z)$ para λ e μ dadas é então facilmente identificada como

$$Z_{\lambda\mu}(z) = A\,e^{\rho_{\lambda\mu}z} + B\,e^{-\rho_{\lambda\mu}z}, \quad \text{com} \quad \rho_{\lambda\mu} = \frac{\pi}{c}\sqrt{\lambda^2 + \mu^2}. \tag{9.43}$$

Agora especializamos a Equação (9.43) de uma maneira que torna $Z_{\lambda\mu}(0) = 0$ e $Z\lambda_\mu(L) = V$. Observando que $\operatorname{senh}(\rho_{\lambda\mu}z)$ é uma combinação linear de $e^{\rho_{\lambda\mu}z}$ e $e^{-\rho_{\lambda\mu}z}$, escrevemos

$$Z_{\lambda\mu}(z) = V\frac{\operatorname{senh}(\rho_{\lambda\mu}z)}{\operatorname{senh}(\rho_{\lambda\mu}L)}. \tag{9.44}$$

Nesse ponto, fizemos escolhas para que todas as condições de contorno fossem satisfeitas exceto em $z = L$, e agora estamos prontos para selecionar os coeficientes $a_{\lambda\mu}$ como exigido pela condição de contorno remanescente que, por causa da Equação (9.44), corresponde a

$$\frac{1}{V}\Psi(x, y, L) = \sum_{\lambda\mu} a_{\lambda\mu}\, \text{sen}\left(\frac{\lambda\pi x}{c}\right)\text{sen}\left(\frac{\mu\pi y}{c}\right) = 1. \tag{9.45}$$

A simetria dessa expressão sugere escrever $a_{\lambda\mu} = b_\lambda b_\mu$, e encontrar os coeficientes b_λ a partir da equação

$$\sum_\lambda b_\lambda\, \text{sen}\left(\frac{\lambda\pi x}{c}\right) = 1. \tag{9.46}$$

Como as funções senoidais na Equação (9.46) são as autofunções da equação unidimensional (1-D) para X, que é um autoproblema hermitiano, elas formam um conjunto ortogonal no intervalo $(0, c)$, assim b_λ pode ser calculado pelas fórmulas a seguir:

$$b_\lambda = \frac{\left\langle \text{sen}\left(\frac{\lambda\pi x}{c}\right) \middle| 1 \right\rangle}{\left\langle \text{sen}\left(\frac{\lambda\pi x}{c}\right) \middle| \text{sen}\left(\frac{\lambda\pi x}{c}\right) \right\rangle} = \frac{\displaystyle\int_0^c \text{sen}(\lambda\pi x/c)\, dx}{\displaystyle\int_0^c \text{sen}^2(\lambda\pi x/c)\, dx}$$

$$= \frac{4}{\lambda\pi}, \quad \lambda \text{ ímpar,}$$

$$= 0, \quad\quad \lambda \text{ par,}$$

e nossa solução completa para o potencial do paralelepípedo torna-se

$$\Psi(x, y, z) = V\sum_{\lambda\mu} b_\lambda b_\mu\, \text{sen}\left(\frac{\lambda\pi x}{c}\right)\text{sen}\left(\frac{\mu\pi y}{c}\right)\frac{\text{senh}(\rho_{\lambda\mu}z)}{\text{senh}(\rho_{\lambda\mu}L)}. \tag{9.47}$$

∎

Como brevemente mencionado anteriormente, EDPs também ocorrem como problemas de autovalor. Eis um exemplo simples.

Exemplo 9.4.2   Partícula Quântica em uma Caixa

Consideramos uma partícula de massa m presa em uma caixa com faces planares em $x = 0$, $x = a$, $y = 0$, $y = b$, $z = 0$, $z = c$. Os estados estacionários quânticos desse sistema são as autofunções da equação de Schrödinger

$$-\frac{1}{2}\nabla^2\psi(x, y, z) = E\psi(x, y, z), \tag{9.48}$$

em que essa EDP está sujeita à condição de contorno de Dirichlet $\psi = 0$ nas paredes da caixa. Identificamos E como a energia de estado estacionário (o autovalor), em um sistema de unidades com $m = \hbar = 1$. Isso é uma equação de Helmholtz com a nova peculiaridade de que E inicialmente não é conhecido. As condições de contorno são tais que essa EDP não tem nenhuma solução, exceto para um conjunto de valores discretos de E. Queremos encontrar tanto esses valores quanto as autofunções correspondentes.

Separando as variáveis na Equação (9.48) supondo uma solução na forma da Equação (9.30), a EDP torna-se

$$-\left(\frac{X''}{X} + \frac{Y''}{Y} + \frac{Z''}{Z}\right) = 2E, \tag{9.49}$$

e a separação produz

$$\frac{X''}{X} = -l^2, \quad \text{com solução} \quad X = A\,\text{sen}\,lx + B\cos lx.$$

Depois de aplicar as condições de contorno em $x = 0$ e $x = a$ obtemos (escalonando para $A = 1$)

$$X_\lambda = \text{sen}\left(\frac{\lambda \pi x}{a}\right), \quad \lambda = 1, 2, 3, \ldots, \quad \text{então} \ l = \lambda \pi / a. \tag{9.50}$$

Como a equação X é um problema de autovalor hermitiano 1-D, essas funções $X_\lambda(x)$ são ortogonais em $0 \le x \le a$. Processamento semelhante das equações Y e Z, com constantes de separação $-m^2$ e $-n^2$, resulta em

$$Y_\mu = \text{sen}\left(\frac{\mu \pi y}{b}\right), \quad \mu = 1, 2, 3, \ldots, \quad \text{então} \ m = \mu \pi / b,$$

$$Z_\nu = \text{sen}\left(\frac{\nu \pi z}{c}\right), \quad \nu = 1, 2, 3, \ldots, \quad \text{então} \ n = \nu \pi / c, \tag{9.51}$$

produzindo dois problemas adicionais de autovalor 1-D.

Substituindo X''/X, Y''/Y, Z''/Z na Equação (9.49), respectivamente, por $-l^2$, $-m^2$, $-n^2$ e então avaliando essas grandezas a partir das Equações (9.50) e (9.51), temos

$$l^2 + m^2 + n^2 = 2E, \quad \text{ou} \quad E = \frac{\pi^2}{2}\left(\frac{\lambda^2}{a^2} + \frac{\mu^2}{b^2} + \frac{\nu^2}{c^2}\right), \tag{9.52}$$

com λ, μ e μ inteiros positivos arbitrários. A situação é bastante diferente da nossa solução, Exemplo 9.4.1, da equação de Laplace. Em vez de uma única solução, temos um conjunto infinito de soluções, correspondendo a todos os triplos inteiros positivos (λ, μ, ν), cada um com seu próprio valor de E. Fazendo a observação de que o operador diferencial no lado esquerdo da Equação (9.47) é hermitiano na presença das condições de contorno escolhidas, encontramos um conjunto ortogonal completo das suas autofunções. A ortogonalidade é óbvia, como pode ser confirmado a partir da ortogonalidade de X_λ, Y_μ e Z_ν nos respectivos intervalos 1-D. Como definimos os coeficientes de todas as funções senoidais como a unidade, nossas autofunções gerais não estão normalizadas, mas podemos facilmente normalizá-las se desejarmos.

Fechamos o exemplo com a observação de que esse problema de valor de contorno não terá uma solução para valores arbitrariamente escolhidos de E, uma vez que os valores de E devem satisfazer a Equação (9.52) com **valores inteiros** de λ, μ e ν. Isso fará com que os valores de E das soluções do problema seja um conjunto discreto; usando a terminologia introduzida no capítulo anterior, podemos dizer que nosso problema de valor de contorno tem um **espectro discreto**. ∎

Coordenadas Cilíndricas Circulares

Sistemas de coordenadas curvilíneas introduzem nuances adicionais ao processo de separação de variáveis. Mais uma vez consideramos a equação de Helmholtz, agora em coordenadas cilíndricas circulares. Com nossa função desconhecida ψ dependente de ρ, φ e z, essa equação se torna, usando a Equação (3.149) para ∇^2:

$$\nabla^2 \psi(\rho, \varphi, z) + k^2 \psi(\rho, \varphi, z) = 0, \tag{9.53}$$

ou

$$\frac{1}{\rho}\frac{\partial}{\partial \rho}\left(\rho \frac{\partial \psi}{\partial \rho}\right) + \frac{1}{\rho^2}\frac{\partial^2 \psi}{\partial \varphi^2} + \frac{\partial^2 \psi}{\partial z^2} + k^2 \psi = 0. \tag{9.54}$$

Como antes, supomos uma forma fatorada[3] para ψ,

$$\psi(\rho, \varphi, z) = P(\rho)\Phi(\varphi)Z(z). \tag{9.55}$$

Substituindo na Equação (9.46), temos

$$\frac{\Phi Z}{\rho}\frac{d}{d\rho}\left(\rho \frac{dP}{d\rho}\right) + \frac{PZ}{\rho^2}\frac{d^2\Phi}{d\varphi^2} + P\Phi\frac{d^2Z}{dz^2} + k^2 P\Phi Z = 0. \tag{9.56}$$

---

[3]Para aqueles com pouca familiaridade com o alfabeto grego, destacamos que o símbolo P é a forma maiúscula de ρ.

Todas as derivadas parciais tornaram-se derivadas ordinárias. Dividir por $P\,\Phi\,Z$ e mover a derivada z para o lado direito produz

$$\frac{1}{\rho P}\frac{d}{d\rho}\left(\rho\frac{dP}{d\rho}\right)+\frac{1}{\rho^2\Phi}\frac{d^2\Phi}{d\varphi^2}+k^2=-\frac{1}{Z}\frac{d^2Z}{dz^2}.\tag{9.57}$$

Mais uma vez, uma função de Z à direita parece depender de uma função de ρ e φ à esquerda. Resolvemos isso definindo cada lado da Equação (9.57) igual à mesma constante. Vamos escolher[4] $-l^2$. Portanto

$$\frac{d^2Z}{dz^2}=l^2Z\tag{9.58}$$

e

$$\frac{1}{\rho P}\frac{d}{d\rho}\left(\rho\frac{dP}{d\rho}\right)+\frac{1}{\rho^2\Phi}\frac{d^2\Phi}{d\varphi^2}+k^2=-l^2.\tag{9.59}$$

Definindo

$$k^2+l^2=n^2,\tag{9.60}$$

multiplicando por ρ^2, e reorganizando os termos, obtemos

$$\frac{\rho}{P}\frac{d}{d\rho}\left(\rho\frac{dP}{d\rho}\right)+n^2\rho^2=-\frac{1}{\Phi}\frac{d^2\Phi}{d\varphi^2}.\tag{9.61}$$

Definimos o lado direito igual a m^2, assim

$$\frac{d^2\Phi}{d\varphi^2}=-m^2\Phi,\tag{9.62}$$

e o lado esquerdo da Equação (9.61) se reorganiza em uma equação separada para ρ:

$$\rho\frac{d}{d\rho}\left(\rho\frac{dP}{d\rho}\right)+(n^2\rho^2-m^2)P=0.\tag{9.63}$$

Normalmente, a Equação (9.62) estará sujeita à condição de contorno de que Φ tem periodicidade 2π e, portanto, têm as soluções

$$e^{\pm im\varphi}\text{ ou, de maneira equivalente sen }m\varphi,\cos m\varphi,\text{ com inteiro }m.$$

A equação ρ, Equação (9.63), é a equação diferencial de Bessel (na variável independente $n\rho$), inicialmente encontrada no Capítulo 7. Por causa da sua ocorrência aqui (e em muitos outros lugares relevantes para a física), ela merece estudo extenso e é o tema do Capítulo 14. A separação de variáveis da equação de Laplace em coordenadas parabólicas também dá origem à equação de Bessel. Podemos observar que é notório o fato de que a equação de Bessel tem uma variedade de disfarces que ela pode assumir. Para uma lista extensa das formas possíveis, o leitor deve consultar *Tables of Functions* de Jahnke e Emde.[5]

Em resumo, verificamos que a equação de Helmholtz original, uma EDP tridimensional, pode ser substituída por três EDOs, Equações (9.58), (9.62) e (9.63). Observando que a EDO para ρ contém as constantes separação das equações z e φ, as soluções que obtivemos para a equação de Helmholtz podem ser escritas, com rótulos, como

$$\psi_{lm}(\rho,\varphi,z)=P_{lm}(\rho)\Phi_m(\varphi)Z_l(z),\tag{9.64}$$

---

[4]Mais uma vez, a escolha do sinal da constante de separação é arbitrária. Entretanto, o sinal de menos escolhido para a coordenada axial z é ideal se esperamos dependência exponencial de z, a partir da Equação (9.58). Um sinal de positivo é escolhido para a coordenada azimutal φ na expectativa de uma dependência periódica de φ, a partir da Equação (9.62).

[5]E. Jahnke e F. Emde, *Tables of Functions*, 4ª ed. rev., Nova York: Dover (1945), p. 146; também, E. Jahnke, F. Emde, e F. Lösch, *Tables of Higher Functions*, 6ª ed., Nova York: McGraw-Hill (1960).

em que provavelmente devemos recordar que n na Equação (9.63) para P é uma função de l (especificamente, $n^2 = l^2 + k^2$). A solução mais geral da equação de Helmholtz pode agora ser construída como uma combinação linear das soluções de produto:

$$\Psi(\rho, \varphi, z) = \sum_{l,m} a_{lm} P_{lm}(\rho)\Phi_m(\varphi)Z_l(z). \tag{9.65}$$

Revisando o que fizemos, observamos que a separação ainda poderia ter sido alcançada se k^2 fosse substituído por qualquer função aditiva da forma

$$k^2 \quad \longrightarrow \quad f(r) + \frac{g(\varphi)}{\rho^2} + h(z).$$

Exemplo 9.4.3 PROBLEMA DE AUTOVALOR CILÍNDRICO

Nesse exemplo, vamos considerar a Equação (9.53) como um problema de autovalor, com as condições de contorno de Dirichlet $\psi = 0$ em todos os contornos de um cilindro finito, com k^2 inicialmente desconhecido e a ser determinado. Nossa região de interesse será um cilindro com contornos curvos em $\rho = R$ e com tampas finais em $z = \pm L/2$, como mostrado na Figura 9.2. Para enfatizar que k^2 é um autovalor, que renomeamos λ e nossa equação de autovalor é, simbolicamente,

$$-\nabla^2 \psi = \lambda \psi, \tag{9.66}$$

com as condições de contorno $\psi = 0$ em $\rho = r$ e em $z = \pm L/2$. Além das constantes, essa é a equação de Schrödinger independente do tempo para uma partícula em uma cavidade cilíndrica. Limitamos este exemplo à determinação do menor autovalor (o **estado fundamental**). Isso será a solução para a EDP com o menor número de oscilações, assim buscamos uma solução sem zeros (**nós**) dentro da região cilíndrica.

Mais uma vez, buscamos soluções separadas na forma dada na Equação (9.55). As EDOs para Z e Φ, Equações

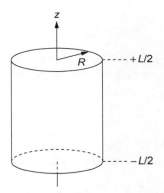

Figura 9.2: Região cilíndrica para solução da equação de Helmholtz.

(9.58) e (9.62), têm as formas simples

$$Z'' = l^2 Z, \quad \Phi'' = -m^2 \Phi,$$

com as soluções gerais

$$Z = A e^{lz} + B e^{-lz}, \quad \Phi = A' \operatorname{sen} m\varphi + B' \cos m\varphi.$$

Agora precisamos especializar essas soluções para satisfazer as condições de contorno. A condição em Φ é simplesmente que ela deve ser periódica em φ com período 2π; esse resultado será obtido se m é um inteiro (incluindo $m = 0$, que corresponde à solução simples $\Phi =$ constante). Como nosso objetivo aqui é obter a solução menos oscilatória, escolhemos essa forma, $\Phi =$ constante, para Φ.

Analisando então Z, notamos que a escolha arbitrária do sinal para a constante de separação l^2 levou a uma forma da solução que não parece ser ideal para atender as condições que requerem $Z = 0$ nos contornos. No entanto, escrevendo $l^2 = -\omega^2$, $l = i\omega$, Z torna-se uma combinação linear de sen ωz e cos ωz; a solução menos oscilatória com $Z(\pm L/2) = 0$ é $Z = \cos(\pi z/L)$, assim $\omega = \pi/L$, e $l^2 = -\pi^2/L^2$.

As funções $Z(z)$ e $\Phi(\varphi)$ que encontramos satisfazem as condições de contorno em z e φ, mas ainda devemos escolher P(ρ) de uma maneira que produza $P = 0$ em $\rho = R$ com o mínimo de oscilação em P. A equação que rege P, Equação (9.63), é

$$\rho^2 P'' + \rho P' + n^2 \rho^2 P = 0, \tag{9.67}$$

em que n foi introduzido como satisfazendo (na notação atual) $n^2 = \lambda + l^2$ (Equação 9.60). Continuando agora com a Equação (9.67), identificamos como a equação de Bessel de ordem zero em $x = n\rho$. Como vimos no Capítulo 7, essa EDO tem duas soluções linearmente independentes, das quais apenas a designada J_0 é não singular na origem. Como aqui precisamos de uma solução que é regular ao longo de todo o intervalo $0 \leq x \leq nR$, a solução que devemos escolher é $J_0(n\rho)$.

Podemos ver agora o que é necessário para satisfazer a condição de contorno em $\rho = R$, ou seja, que $J_0(nR)$ desapareça. Essa é uma condição no parâmetro n. Lembrando que queremos a função menos oscilatória P, precisamos que n seja de tal modo que nR será o local do menor zero de J_0. Atribuindo a esse ponto o nome α (que por métodos numéricos pode ser aproximadamente 2,4048), nossa condição de contorno assume a forma $nR = \alpha$, ou $n = \alpha/R$, e nossa solução completa para a equação de Helmholtz pode ser escrita

$$\psi(\rho, \varphi, z) = J_0\left(\frac{\alpha\rho}{R}\right)\cos\left(\frac{\pi z}{L}\right). \tag{9.68}$$

Para completar nossa análise, devemos descobrir como tornar $n = \alpha/R$. À medida que a condição conectando n, l e λ é alterada para

$$\lambda = n^2 - l^2, \tag{9.69}$$

vemos que a condição em n se traduz em uma em λ. Nossa EDP tem uma solução de estado fundamental única consistente com as condições de contorno, ou seja, uma *autofunção* cujo *autovalor* pode ser calculado a partir da Equação (9.69), produzindo

$$\lambda = \frac{\alpha^2}{R^2} + \frac{\pi^2}{L^2}.$$

Se não tivéssemos restrito a consideração para o estado fundamental (escolhendo a solução menos oscilatória), teríamos (em princípio) a possibilidade de obter um conjunto completo das autofunções, cada uma com seu próprio autovalor. ■

Coordenadas Polares Esféricas

Como um exercício final sobre a separação de variáveis em EDPs, vamos tentar separar a equação de Helmholtz, novamente com k^2 constante, em coordenadas polares esféricas. Usando a Equação (3.158), nossa EDP é

$$\frac{1}{r^2 \operatorname{sen}\theta}\left[\operatorname{sen}\theta\frac{\partial}{\partial r}\left(r^2\frac{\partial\psi}{\partial r}\right) + \frac{\partial}{\partial\theta}\left(\operatorname{sen}\theta\frac{\partial\psi}{\partial\theta}\right) + \frac{1}{\operatorname{sen}\theta}\frac{\partial^2\psi}{\partial\varphi^2}\right] = -k^2\psi. \tag{9.70}$$

Agora, em analogia com a Equação (9.30), tentamos

$$\psi(r, \theta, \varphi) = R(r)\Theta(\theta)\Phi(\varphi). \tag{9.71}$$

Substituindo de volta na Equação (9.70) e dividindo por $R\Theta\Phi$, temos

$$\frac{1}{Rr^2}\frac{d}{dr}\left(r^2\frac{dR}{dr}\right) + \frac{1}{\Theta r^2 \operatorname{sen}\theta}\frac{d}{d\theta}\left(\operatorname{sen}\theta\frac{d\Theta}{d\theta}\right) + \frac{1}{\Phi r^2 \operatorname{sen}^2\theta}\frac{d^2\Phi}{d\varphi^2} = -k^2. \tag{9.72}$$

Note que todas as derivadas agora são derivadas ordinárias em vez de parciais. Multiplicando por $r^2\operatorname{sen}^2\theta$, podemos isolar $(1/\Phi)(d^2\Phi/d\varphi^2)$ para obter

$$\frac{1}{\Phi}\frac{d^2\Phi}{d\varphi^2} = r^2\operatorname{sen}^2\theta\left[-k^2 - \frac{1}{Rr^2}\frac{d}{dr}\left(r^2\frac{dR}{dr}\right) - \frac{1}{\Theta r^2 \operatorname{sen}\theta}\frac{d}{d\theta}\left(\operatorname{sen}\theta\frac{d\Theta}{d\theta}\right)\right]. \tag{9.73}$$

A Equação (9.73) relaciona uma função apenas de φ com uma função apenas de r e θ. Como r, θ e φ são variáveis independentes, nós igualamos cada lado da equação (9.73) a uma constante. Em quase todos os problemas físicos, φ

aparecerá como um ângulo de azimute. Isso sugere uma solução periódica, em vez de uma exponencial. Com isso em mente, vamos usar $-m^2$ como a constante de separação, que, em seguida, deve ser um inteiro ao quadrado. Portanto

$$\frac{1}{\Phi}\frac{d^2\Phi(\varphi)}{d\varphi^2} = -m^2 \tag{9.74}$$

e

$$\frac{1}{Rr^2}\frac{d}{dr}\left(r^2\frac{dR}{dr}\right) + \frac{1}{\Theta r^2 \operatorname{sen}\theta}\frac{d}{d\theta}\left(\operatorname{sen}\theta\frac{d\Theta}{d\theta}\right) - \frac{m^2}{r^2 \operatorname{sen}^2\theta} = -k^2. \tag{9.75}$$

Multiplicando a equação (9.75) por r^2 e reorganizando os termos, obtemos

$$\frac{1}{R}\frac{d}{dr}\left(r^2\frac{dR}{dr}\right) + r^2k^2 = -\frac{1}{\Theta \operatorname{sen}\theta}\frac{d}{d\theta}\left(\operatorname{sen}\theta\frac{d\Theta}{d\theta}\right) + \frac{m^2}{\operatorname{sen}^2\theta}. \tag{9.76}$$

Mais uma vez, as variáveis são separadas. Igualamos cada lado a uma constante, λ, e, finalmente, obtemos

$$\frac{1}{\operatorname{sen}\theta}\frac{d}{d\theta}\left(\operatorname{sen}\theta\frac{d\Theta}{d\theta}\right) - \frac{m^2}{\operatorname{sen}^2\theta}\Theta + \lambda\Theta = 0, \tag{9.77}$$

$$\frac{1}{r^2}\frac{d}{dr}\left(r^2\frac{dR}{dr}\right) + k^2 R - \frac{\lambda R}{r^2} = 0. \tag{9.78}$$

Mais uma vez substituímos uma equação diferencial parcial de três variáveis por três EDOs.

A EDO para Φ é a mesma que encontramos em coordenadas cilíndricas, com soluções de $\exp(im\varphi)$ ou sen $m\varphi$, cos $m\varphi$. Podemos tornar a EDO Θ menos proibitiva alterando a variável independente de θ para $t = \cos\theta$, e então a Equação (9.77), com $\Theta(\theta)$ agora é escrita como $P(\cos\theta) = P(t)$, se torna

$$(1 - t^2)P''(t) - 2tP'(t) - \frac{m^2}{1 - t^2}P(t) + \lambda P(t) = 0. \tag{9.79}$$

Essa é a **equação associada de Legendre** (chamada **equação de Legendre** se $m = 0$), e é discutida em detalhe no Capítulo 15. Normalmente, as soluções para $P(t)$ que não têm singularidades devem estar na região dentro dos intervalos das coordenadas polares esféricas θ (em outras palavras, que sejam não singulares para todo o intervalo $0 \le \theta \le \pi$, equivalente a $-1 \le t \le +1$). As soluções que satisfazem essas condições, chamadas **funções associadas de Legendre**, são tradicionalmente denotadas por P_l^m, com l um inteiro não negativo. Na Seção 8.3 discutimos a equação de Legendre como um problema de autovalor 1-D, descobrindo que a exigência da não singularidade em $t = \pm 1$ é uma condição de contorno suficiente para tornar suas soluções bem-definidas. Também descobrimos que suas autofunções são os **polinômios de Legendre** e que seus autovalores (λ nessa notação) têm os valores $l(l + 1)$, onde l é um inteiro. A generalização desses resultados para a equação associada de Legendre (que com m diferente de zero) mostra que λ continua a ser dado como $l(l + 1)$, mas com a restrição adicional de que $l \ge |m|$. Detalhes são deixados para o Capítulo 15.

Antes de passar para a equação R, Equação (9.78), vamos observar que ao derivar as equações Φ e Θ supomos que k^2 era uma constante. Porém, se k^2 não fosse uma constante, mas uma expressão aditiva na forma

$$k^2 \quad \longrightarrow \quad f(r) + \frac{g(\theta)}{r^2} + \frac{h(\varphi)}{r^2 \operatorname{sen}^2\theta},$$

podemos também realizar a separação de variáveis, mas as equações relativamente familiares Φ e Θ que identificamos serão alteradas de modo a torná-las diferentes, e provavelmente menos tratáveis. Entretanto, se a saída de k^2 de um valor constante estiver restrita à forma $k^2 = k^2(r)$, então as partes angulares da separação permanecerão como apresentado nas Equações (9.74) e (9.79), e só precisamos lidar com o aumento da generalidade na equação R.

Vale ressaltar que a grande importância dessa separação de variáveis em coordenadas polares esféricas decorre do fato de que o caso $k^2 = k^2(r)$ abrange uma quantidade enorme da física, como boa parte das teorias da gravitação, eletrostática e atômica, nuclear e física de partículas. Problemas com $k^2 = k^2(r)$ podem ser caracterizados como **problemas de força central**, e o uso de coordenadas polares esféricas é natural nesses problemas. Tanto do ponto de vista teórico quanto prático, uma observação fundamental é que a dependência angular é isolada nas Equações

(9.74) e (9.77), ou seu equivalente, Equação (9.79), que essas equações são as mesmas para todos os problemas de força central, e que **eles podem ser exatamente resolvidos**. Uma discussão detalhada sobre as propriedades angulares dos problemas centrais de força na mecânica quântica é deixada para o Capítulo 16.

Voltando agora à EDO separada remanescente, ou seja, a equação R, analisamos em alguma profundidade dois casos especiais: (1) O caso $k^2 = 0$, correspondendo à equação de Laplace, e (2) k^2 uma constante diferente de zero, correspondendo à equação de Helmholtz. Para esses dois casos supomos que as equações Φ e Θ que foram resolvidas estão sujeitas às condições de contorno já discutidas, de tal modo que a constante de separação λ deve ter o valor $l(l + 1)$ para algum inteiro não negativo l. Continuando com o pressuposto de que k^2 é uma (possivelmente zero) constante, a Equação (9.79) pode ser expandida para

$$r^2 R'' + 2r\,R' + \left[k^2 r^2 - l(l+1)\right] R = 0. \tag{9.80}$$

Considerando primeiro caso da equação de Laplace, para a qual $k^2 = 0$, a Equação (9.80) é fácil de resolver. Seja por inspeção ou por tentativa de executar uma solução de série pelo método de Frobenius, verificou-se que o período inicial da série, $a_0 r s$, é por si só uma solução completa para a Equação (9.80). Na verdade, substituindo a solução pressuposta $R = rs$ na Equação (9.80), essa equação se reduz a

$$s(s-1)r^s + 2s\,r^s - l(l+1)r^s = 0,$$

mostrando que $s(s + 1) = l(l + 1)$, que tinha duas soluções, $s = l$ (obviamente), e $s = -l - 1$. Em outras palavras, dado o valor l a partir da escolha de uma solução para a equação Θ, vemos que a equação R (para a equação de Laplace) tem as duas soluções rl e $r-l-1$, assim sua solução geral assume a forma

$$R(r) = A\,r^l + B\,r^{-l-1}. \tag{9.81}$$

Combinando as soluções com as EDOs separadas, e somando todas as escolhas das constantes de separação, vemos que é possível escrever a solução mais geral da equação de Laplace que tem uma dependência angular não singular

$$\psi(r, \theta, \varphi) = \sum_{l,m}(A_{lm}r^l + B_{lm}r^{-l-1})P_l^m(\cos\theta)(A'_{lm}\,\text{sen}\,m\varphi + B'_{lm}\cos m\varphi). \tag{9.82}$$

Se nosso problema agora tem as condições de contorno de Dirichlet ou Neumann em uma superfície esférica (com a região em estudo dentro ou fora da esfera), talvez possamos (por métodos discutidos em mais detalhes nos capítulos posteriores) escolher os coeficientes na Equação (9.82) para que as condições de contorno sejam satisfeitas. Note que, se a região em que a equação de Laplace é resolvida incluir a origem, $r = 0$, então apenas o termo rl deve ser retido e definimos B_{lm} como zero. Se nossa região para a equação de Laplace for, digamos, externa a uma esfera de algum raio finito, então devemos evitar a divergência r grande de rl e definir a_{lm} como zero, retendo apenas r^{-l-1}. Casos mais complicados, por exemplo, em que estudamos a região anular entre duas esferas concêntricas, exigirão a retenção tanto de A_{lm} quanto de B_{lm} e, em geral, serão um pouco mais difíceis.

Passaremos agora para o caso de não zero, mas k^2 constante. A Equação (9.80) se parece muito com uma equação de Bessel, mas difere desta pelo coeficiente "2" no termo R' e o fator k^2 que multiplica r^2 no coeficiente de R. Essas duas diferenças podem ser resolvidas reescrevendo $R(r)$ como

$$R(r) = \frac{Z(kr)}{(kr)^{1/2}}, \tag{9.83}$$

que então fornece uma equação diferencial para Z. Realizando as diferenciações para obter R' e R'' nos termos de Z, e mudando a variável independente de r para $x = kr$, a Equação (9.83) torna-se

$$x^2 Z'' + x Z' + \left[x^2 - \left(l + \tfrac{1}{2}\right)^2\right]Z = 0, \tag{9.84}$$

mostrando que Z é uma função de Bessel, da ordem $l + \dfrac{1}{2}$. Voltando à Equação (9.83), podemos agora identificar $R(r)$ em termos das grandezas conhecidas como **funções esféricas de Bessel**, em que $j_l(x)$, as funções esféricas de Bessel que são regulares em $x = 0$, têm a definição

$$j_l(x) = \sqrt{\frac{\pi}{2x}}\,J_{l+1/2}(x).$$

Uma vez que o estado de $R(r)$ como a solução para um EDO homogênea não é afetado pelo fator de escala na definição de $j_l(x)$, vemos que a Equação (9.83) é equivalente à observação de que a Equação (9.80) tem uma solução $j_l(kr)$. A função esférica de Bessel que é a segunda solução da Equação (9.80) é designada por y_l, assim a solução é $y_i(kr)$ e a solução geral da Equação (9.80) podem ser escritas

$$R(r) = A j_l(kr) + B y_l(kr). \tag{9.85}$$

Notamos aqui que as propriedades das funções esféricas de Bessel são discutidas em mais detalhes no Capítulo 14.

Com as soluções para a EDO radial em mãos, agora podemos escrever que a solução geral para a equação de Helmholtz nas coordenadas polares esféricas assume a forma

$$\psi(r, \theta, \varphi) = \sum_{l,m} \left[A_{lm} j_l(kr) + B_{lm} y_l(kr) \right] \times P_l^m(\cos\theta)(A'_{lm} \operatorname{sen} m\varphi + B'_{lm} \cos m\varphi). \tag{9.86}$$

Essa discussão supõe que $k^2 > 0$; valores negativos de k^2 (e, portanto, valores de k imaginários) simplesmente correspondem com a nossa identificação de uma equação da forma $(\nabla^2 - k^2)\psi = 0$ como um caso um tanto peculiar de $(\nabla^2 + k^2)\psi = 0$. Para k^2 negativo, podemos ver então que obtemos as soluções que envolvem $j_l(kr)$ ou $y_l(kr)$ com k imaginário. Para evitar notações que envolvem desnecessariamente grandezas imaginárias, é comum definir um novo conjunto de funções $i_l(x)$ que são proporcionais a $j_l(i\,x)$, e são chamadas funções esféricas **modificadas** de Bessel. As soluções modificadas que correspondem a $y_i(i\,x)$ são denotadas por $k_i(x)$. Essas funções também são discutidas no Capítulo 14.

Os casos que acabamos de examinar, é claro, não abrangem todas as possibilidades, e várias outras opções de $k^2(r)$ levam a problemas que são de importância na física. Sem fazer uma análise detalhada aqui, citamos alguns:

- Considerar $k^2 = A/r + \lambda$ produz (com a condição de contorno de que ψ desaparece no limite $r \to \infty$) a equação independente do tempo de Schrödinger para o átomo de hidrogênio; a equação R pode então ser identificada como a equação diferencial associada de Laguerre, discutida no Capítulo 18.
- Considerar $k^2 = Ar^2 + \lambda$ produz (com a condição de contorno em $r = \infty$) a equação para o oscilador harmônico quântico 3-D, para o qual a equação R pode ser reduzida à EDO de Hermite, também discutida no Capítulo 18.

Alguns outros problemas de valor de contorno resultam em EDOs bem estudadas. No entanto, às vezes o físico praticando encontrará uma equação radial que talvez precise ser resolvida usando as técnicas apresentadas no Capítulo 7, ou se tudo mais falhar, por métodos numéricos.

Encerramos esta subseção com um exemplo que é um problema simples de valor de contorno nas coordenadas esféricas.

Exemplo 9.4.4   Esfera com Condição de Contorno

Nesse exemplo, vamos resolver a equação de Laplace para o potencial eletrostático $\psi(\mathbf{r})$ em uma região interna a uma esfera de raio a, usando as coordenadas polares esféricas (r, θ, φ), com origem no centro da esfera. Nossa solução está sujeita à condição de contorno de Neumann $d\psi/d\mathbf{n} = -V_0\cos\theta$ na superfície esférica (Figura 9.3).

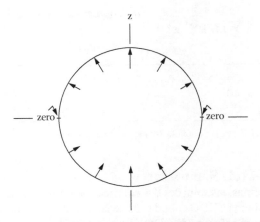

Figura 9.3: As setas indicam o sinal e a grandeza relativa da derivada normal (para dentro) do potencial eletrostático sobre uma superfície esférica (condição de contorno para o Exemplo 9.4.4).

Para começar, observamos as condições de contorno totalmente arbitrárias de Neumann não serão consistentes com nossa hipótese de uma esfera livre de carga, uma vez que a integral da derivada normal na superfície esférica dá, de acordo com a lei de Gauss, uma medida da carga total dentro.

Esse exemplo é internamente consistente, como

$$\int_S \cos\theta \, d\sigma = \int_0^\pi d\theta \int_0^{2\pi} d\varphi \cos\theta = 0.$$

Em seguida, precisamos calcular a solução geral para a equação de Laplace dentro de uma esfera, como dado pela equação (9.82), e calcular a partir dela a derivada normal para dentro em $r = a$. Como a normal está na direção $-r$, precisamos calcular apenas $-\partial\psi/\partial r$, avaliada em $r = a$. Observando que para esse problema $B_{lm} = 0$, nossa condição de contorno torna-se

$$-V\cos\theta = -\sum_{l,m} l\, A_{lm}a^{l-1}P_l^m(\cos\theta)(A'_{lm}\,\mathrm{sen}\,m\varphi + B'_{lm}\cos m\varphi).$$

Como o lado esquerdo dessa equação é independente de φ, seu lado direito tem coeficientes diferentes de zero apenas para $m = 0$, para o qual só temos o termo originalmente contendo B'_{l0}, porque sen$(0) = 0$. Assim, consolidando as constantes, a condição de contorno torna-se a forma mais simples

$$-V\cos\theta = -\sum_l l\, A_l a^{l-1}P_l(\cos\theta), \tag{9.87}$$

Sem um estudo detalhado das propriedades das funções de Legendre, a solução de uma equação desse tipo precisa ser deixada para o Capítulo 15, mas essa é fácil de resolver porque $P_1(\cos\theta) = \cos\theta$ (ver polinômios de Legendre na Tabela 15.1). Portanto, da Equação (9.87),

$$l A_l a^{l-1} = V\delta_{l1},$$

assim $A_1 = V$ e todos os outros coeficientes exceto A_0 desaparecem. O coeficiente A_0 não é determinado pelas condições de contorno e representa uma constante arbitrária que pode ser adicionada ao potencial. Assim, o potencial dentro da esfera tem a forma

$$\psi = Vr\,P_1(\cos\theta) + A_0 = Vr\cos\theta + A_0 = Vz + A_0,$$

correspondente a um campo elétrico uniforme dentro da esfera, na direção $-z$ e de grandeza V. O campo elétrico não é, naturalmente, afetado pelo valor arbitrário da constante A_0.   ■

Tabela 9.2 Soluções das EDPs em coordenadas polares esféricas[a]

$$\psi = \sum_{l,m} f_l(r)P_l^m(\cos\theta) \left\{ \begin{array}{c} a_{lm}\cos m\varphi + b_{lm}\,\mathrm{sen}\,m\varphi \\ \text{or} \\ c_{lm}e^{im\varphi} \end{array} \right\}$$

$\nabla^2\psi = 0$	$f_l(r) = r^l,\ r^{-l-1}$
$\nabla^2\psi + k^2\psi = 0$	$f_l(r) = j_l(kr),\ y_l(kr)$
$\nabla^2\psi - k^2\psi = 0$	$f_l(r) = i_l(kr),\ k_l(kr)$

[a] Para i_l, j_l, k_l, y_l, ver Capítulo 14; para P_l^m, ver Capítulos 15 e 16.

Resumo: Soluções de Variáveis Separadas

Para referência conveniente, as formas das soluções das equações de Laplace e Helmholtz para coordenadas polares esféricas estão na Tabela 9.2. Embora as EDOs obtidas da separação de variáveis sejam as mesmas, independentemente das condições de contorno, as soluções de EDO devem ser usadas, e as constantes da separação, dependem dos contornos. Contornos menores do que a simetria esférica podem levar a valores de m e l que não são integrais, e também podem exigir a utilização da segunda solução da equação de Legendre (grandezas normalmente denotadas por Q_l^m). Aplicações de engenharia frequentemente requerem soluções para EDPs das regiões de baixa simetria, mas esses problemas são hoje em dia quase universalmente abordados usando métodos numéricos, em vez de analíticos. Consequentemente, a Tabela 9.2 só contém os dados que são relevantes para os problemas dentro ou fora de um contorno esférico, ou entre dois contornos esféricos concêntricos. Essa restrição para simetria esférica faz com que a parte angular das soluções sejam unicamente da forma que já identificamos.

Em comparação com a solução angular única, as duas soluções linearmente independentes para a EDO radial são relevantes, com a escolha da solução dependendo da geometria. Soluções dentro de uma esfera devem empregar somente as funções radiais que são regulares na origem, isto é, r^l, j_l ou i_l. Soluções externas a uma esfera podem empregar r^{-l-1}, k_l (definido de modo que ele decairá exponencialmente para zero em r grande), ou uma combinação linear de j_l e y_l (ambos os quais são oscilatórios e se decaem como $r^{-1/2}$). Soluções entre esferas concêntricas podem utilizar as funções radiais apropriadas para a EDP.

Tabela 9.3 Soluções das EDPs em coordenadas cilíndricas circulares[a]

$$\psi = \sum_{m,\alpha} f_{m\alpha}(\rho)g_\alpha(z)\begin{Bmatrix} a_{m\alpha}\cos m\varphi + b_{m\alpha}\sin m\varphi \\ \text{or} \\ c_{m\alpha}e^{im\varphi} \end{Bmatrix}$$

$\nabla^2\psi = 0$	$f_m\alpha(\rho) = J_m(\alpha\rho), Y_m(\alpha\rho)$	$g_\alpha(z) = e^\alpha z, e^{-\alpha} z$
	ou $f_{m\alpha}(\rho) = I_m(\alpha\rho), K_m(\alpha\rho)$	$g_\alpha(z) = \text{sen}(\alpha z), \cos(\alpha z)$
		ou $ei^\alpha z$
	ou $f_{m\alpha}(\rho) = \rho^m, \rho^{-m}$	$g_\alpha(z) = 1$
$\nabla^2\psi + \lambda\psi = 0$	$f_{m\alpha}(\rho) = J_m(\alpha\rho), Y_m(\alpha\rho)$	
	se $\beta^2 = \alpha^2 - \lambda > 0$,	$g_\alpha(z) = e^{\beta z}, e^{-\beta z}$
	se $\beta^2 = \lambda - \alpha^2 > 0$,	$g_\alpha(z) = \text{sen}(\beta z), \cos(\beta z)$
		ou $ei^\beta z$
	se $\lambda = \alpha^2$,	$g_\alpha(z) = 1$
	ou $f_{m\alpha}(\rho) = I_m(\alpha\rho), K_m(\alpha\rho)$	
	se $\beta^2 = -\lambda - \alpha^2 > 0$,	$g_\alpha(z) = e^{\beta z}, e^{-\beta z}$
	se $\beta^2 = \lambda + \alpha^2 > 0$,	$g_\alpha(z) = \text{sen}(\beta z), \cos(\beta z)$
		ou $ei^\beta z$
	se $\lambda = -\alpha^2$,	$g_\alpha(z) = 1$
	ou $f_{m\alpha}(\rho) = \rho^m, \rho^{-m}$	
	se $\beta^2 = -\lambda > 0$,	$g_\alpha(z) = e^{\beta z}, e^{-\beta z}$
	se $\beta^2 = \lambda > 0$,	$g_\alpha(z) = \text{sen}(\beta z), \cos(\beta z)$
		ou $ei^\beta z$

[a] O parâmetro α pode ter quaisquer valores reais consistentes com as condições de contorno. Para I_m, J_m, K_m, Y_m, ver Capítulo 14.

Também é possível resumir as formas da solução das equações de Laplace e Helmholtz em coordenadas cilíndricas circulares, se a atenção for direcionada para os problemas que têm simetria circular em torno da direção axial do sistema de coordenadas. Entretanto, a situação é consideravelmente mais complicada do que para coordenadas esféricas, já que agora temos duas coordenadas (ρ e z) que podem ter uma variedade de condições de contorno, em contraposição com a única dessas coordenadas (r) no sistema esférico. Em coordenadas esféricas a forma da função radial é completamente determinada pela EDP, e problemas específicos diferem apenas na escolha (ou peso relativo) das duas soluções radiais linearmente independentes. Porém, em coordenadas cilíndricas as formas das soluções ρ e z, bem como seus coeficientes, são determinadas pelas condições de contorno, e não inteiramente pelo valor da constante na equação de Helmholtz. As escolhas das soluções ρ e z, embora acopladas, podem variar amplamente. Para mais detalhes, consulte a Tabela 9.3.

Nossas observações finais desta seção lidam com as funções que encontramos no curso das separações em coordenadas cilíndricas e esféricas. Para o propósito dessa discussão, é útil pensar na nossa EDP como uma equação de operador sujeita a condições de contorno. Se, em coordenadas cilíndricas, a atenção for direcionada a EDPs em que o parâmetro k^2 é independente de φ (e com condições de contorno que não dependem de φ), escolhemos nossa equação de operador como um que tem simetria circular. Além disso, sempre obteremos a mesma equação Φ, com (é claro) as mesmas soluções. Nessas circunstâncias, as soluções as propriedades de simetria derivam daquelas do nosso problema geral de valor de contorno.[6] A equação Φ também deve ser pensada como uma equação de operador, e podemos ir mais longe e identificar o operador como $L_z^2 = -\partial^2 / \partial\varphi^2$, onde L_z é a componente do momento angular. As soluções da equação Φ são autofunções desse operador; a razão pela qual podem ocorrer como parte da solução de EDP é porque L_z^2 comuta com o operador que define a EDP (claramente, porque o operador da EDP não contém φ). Em outras palavras, como L_z^2 e o operador da EDP comutam, eles terão autofunções simultâneas, e as soluções gerais da EDP podem ser rotuladas de modo a identificar a autofunção L_z^2 que foi escolhida.

Analisando agora a situação nas coordenadas polares esféricas, notamos que se k^2 é independente dos ângulos, isto é, $k^2 = k^2(r)$, então nossa EDP sempre tem as mesmas soluções angulares $\Theta_{lm}(\theta)\Phi_m(\varphi)$. Analisando ainda mais os termos angulares da nossa EDP, podemos identificá-los como o operador L^2, e vemos que as soluções angulares que encontramos são autofunções desse operador. Quando o operador de EDP é independente dos ângulos, que irá comutar com L^2 e as soluções para a EDP podem ser rotuladas adequadamente. Essas características da simetria são muito importantes e são discutidas em mais detalhes no Capítulo 16.

Exercícios

9.4.1 Permitindo que o operado $\nabla^2 + k^2$ aja sobre a forma geral $a_1\psi_1(x, y, z) + a_2\psi_2(x, y, z)$, mostre que é linear, isto é, que $(\nabla^2 + k^2)(a_1\psi_1 + a_2\psi_2) = a_1(\nabla^2 + k^2)\psi_1 + a_2(\nabla^2 + k^2)\psi_2$.

9.4.2 Mostre que a equação de Helmholtz,

$$\nabla^2\psi + k^2\psi = 0,$$

ainda é separável em coordenadas cilíndricas circulares se k^2 é generalizado para $k^2 + f(\rho) + (1/\rho^2)g(\varphi) + h(z)$.

9.4.3 Variáveis separadas na equação de Helmholtz em coordenadas polares esféricas, separando a dependência radial **primeiro**. Mostre que suas equações separadas têm a mesma forma que as Equações (9.74), (9.77) e (9.78).

9.4.4 Verifique que

$$\nabla^2\psi(r, \theta, \varphi) + \left[k^2 + f(r) + \frac{1}{r^2}g(\theta) + \frac{1}{r^2 \operatorname{sen}^2\theta}h(\varphi)\right]\psi(r, \theta, \varphi) = 0$$

é separável (em coordenadas polares esféricas). As funções f, g e h são apenas funções das variáveis indicadas; k^2 é uma constante.

9.4.5 Uma partícula atômica (mecânica quântica) está confinada a uma caixa retangular de lados a, b e c. A partícula é descrita por uma função de onda ψ que satisfaz a equação de onda de Schrödinger

$$-\frac{\hbar^2}{2m}\nabla^2\psi = E\psi.$$

A função de onda precisa desaparecer em cada superfície da caixa (mas não ser idêntica a zero). Essa condição impõe restrições sobre as constantes de separação e, portanto, sobre a energia E. Qual é o menor valor de E para o qual uma solução desse tipo pode ser obtida?

$$RESPOSTA: \quad E = \frac{\pi^2\hbar^2}{2m}\left(\frac{1}{a^2} + \frac{1}{b^2} + \frac{1}{c^2}\right).$$

---

[6]Note que as soluções para um problema de valor de contorno não precisam ter a completa simetria do problema (uma questão que será elaborada em grande detalhe ao desenvolver métodos teóricos de grupos). Um exemplo óbvio é que o potencial gravitacional entre o Sol e a Terra é esfericamente simétrico, enquanto a solução mais familiar (órbita da Terra) é planar. O dilema é resolvido observando que a simetria esférica se manifesta na possível existência das órbitas da Terra em todas as orientações angulares.

9.4.6   O operador de momento angular da mecânica quântica é dado por $\mathbf{L} = -i\,(\mathbf{r}\,\mathbf{r})$. Mostre que

$$\mathbf{L} \cdot \mathbf{L}\psi = l(l+1)\psi$$

leva à equação associada de Legendre.

Dica: A Seção 8.3 e o Exercício 8.3.1 podem ser úteis.

9.4.7   A equação de onda 1-D de Schrödinger para uma partícula em um campo de potencial é $V = \dfrac{1}{2}kx^2$

$$-\frac{\hbar^2}{2m}\frac{d^2\psi}{dx^2} + \frac{1}{2}kx^2\psi = E\psi(x).$$

(a) Definindo

$$a = \left(\frac{mk}{\hbar^2}\right)^{1/4}, \quad \lambda = \frac{2E}{\hbar}\left(\frac{m}{k}\right)^{1/2},$$

e definindo $\xi = ax$, mostre que

$$\frac{d^2\psi(\xi)}{d\xi^2} + (\lambda - \xi^2)\psi(\xi) = 0.$$

(b) Substituindo

$$\psi(\xi) = y(\xi)e^{-\xi^2/2},$$

mostre que $y\,(\xi)$ satisfaz a equação diferencial de Hermite.

9.5   Equações de Laplace e Poisson

A equação de Laplace pode ser considerada o protótipo da EDP elíptica. Nesse ponto, suplementamos nossa discussão motivados pelo método da separação de variáveis com algumas observações adicionais. A importância da equação de Laplace para a eletroestática estimulou o desenvolvimento de uma grande variedade de métodos para a solução dela na presença das condições de contorno que vão desde simples e simétricas a complexas e intrincadas. Técnicas para problemas de engenharia de hoje em dia tendem a depender fortemente de métodos computacionais. O tema principal desta seção, porém, será as propriedades gerais da equação de Laplace e suas soluções.

As propriedades básicas da equação de Laplace são independentes do sistema de coordenadas em que ela é expressa; por enquanto, vamos admitir que coordenadas cartesianas serão utilizadas.

Em seguida, como a EDP define a soma das segundas derivadas, $\partial^2\psi\,/\,\partial x_i^2$, como zero, é óbvio que se qualquer uma das segundas derivadas tiver um sinal positivo, pelo menos uma das outras deve ser negativa. Esse ponto é ilustrado no Exemplo 9.4.1, em que a dependência x e y de uma solução para a equação de Laplace era senoidal e, como resultado, a dependência z era exponencial (correspondendo a sinais diferentes para a segunda derivada). Como a segunda derivada é uma medida da curvatura, concluímos que se ψ tem curvatura positiva em qualquer direção coordenada, ela deve ter curvatura negativa na outra direção coordenada. Essa observação, por sua vez, significa que todos os **pontos estacionários** de ψ (pontos em que suas primeiras derivadas em todas as direções desaparecem) devem ser **pontos de sela**, não máximos ou mínimos.

Como a equação de Laplace descreve o potencial de eletricidade estática em regiões livres de carga, podemos concluir que o potencial não pode ter um extremo em um ponto onde não há carga. Um corolário para essa observação é que os extremos do potencial eletrostático na região livre de carga devem estar no contorno da região.

Uma propriedade relacionada da equação de Laplace é que sua solução, sujeita a condições de contorno de Dirichlet para todo contorno fechado da sua região, seja única. Essa propriedade também pode ser aplicada a sua generalização não homogênea, a equação de Poisson. A prova é simples: Suponha que há duas soluções distintas ψ_1 e ψ_2 para as mesmas condições de contorno. Em seguida, sua diferença $\psi = \psi_1 - \psi_2$ (tanto para a equação de Laplace como de Poisson) será uma solução para a equação de Laplace com $\psi = 0$ no contorno. Uma vez que não pode haver extremos dentro do contorno da região, ela deve ser igual a zero em todos os lugares, significando que $\psi_1 = \psi_2$.

Se temos uma equação de Laplace ou Poisson sujeita a condições de contorno de Neumann em toda o contorno fechado da região, então a diferença $\psi = \psi_1 - \psi_2$ das duas soluções também será uma solução para a equação de Laplace com uma condição de contorno zero de Neumann. Para analisar essa situação, invocamos o teorema de Green, na forma fornecida pela Equação (3.86), considerando que tanto u quanto v dessa equação são ψ. A Equação (3.86) então se torna

$$\int_S \psi \frac{\partial \psi}{\partial \mathbf{n}} dS = \int_V \psi \nabla^2 \psi \, d\tau + \int_V \nabla \psi \cdot \nabla \psi \, d\tau. \tag{9.88}$$

A condição de contorno faz o lado esquerdo da Equação (9.88) desaparecer, a primeira integral no lado direito desaparece porque é uma solução da equação de Laplace, e as integrais restantes no lado direito, portanto, também devem desaparecer. Entretanto, essa integral só pode desaparecer se $\nabla \psi$ for zero em todos os lugares, o que só pode ser verdadeiro se ψ for constante. Assim, as soluções para a equação de Laplace com condições de contorno de Neumann também são únicas, exceto para uma constante aditiva ao potencial.

Uma aplicação muito citada do teorema da unicidade é a solução dos problemas eletrostáticos pelo método das imagens, que substitui um problema contendo contornos por um sem contornos, mas com carga extra adicionada de tal modo que o potencial no local limite tem o valor desejado. Por exemplo, uma carga positiva na frente de um contorno aterrado (com $\psi = 0$) pode ser aumentada por uma carga negativa na posição de uma imagem especular atrás do contorno. Então o sistema de duas cargas (ignorando o contorno) produzirá o potencial zero desejado no local do contorno, e o teorema da unicidade diz que o potencial calculado para o sistema de duas cargas deve ser o mesmo (dentro da região original) que o do sistema original.

Exercícios

9.5.1   Verifique se o seguinte são soluções da equação de Laplace:

   (a) $\psi_1 = 1/r, \; r \neq 0,$ (b) $\psi_2 = \frac{1}{2r} \ln \frac{r+z}{r-z}.$

9.5.2   Se Ψ é uma solução da equação de Laplace, $\nabla^2 \Psi = 0$, mostre que $\partial \Psi / \partial z$ também é uma solução.

9.5.3   Mostre que um argumento baseado na Equação (9.88) pode ser usado para provar que as equações de Laplace e Poisson com condições de contorno de Dirichlet têm soluções únicas.

9.6   Equação de Onda

A equação de onda é o protótipo da EDP hiperbólica. Como vimos no início deste capítulo, EDPs hiperbólicas têm duas *características*, e para a equação

$$\frac{1}{c^2} \frac{\partial^2 \psi}{\partial t^2} = \frac{\partial^2 \psi}{\partial x^2}, \tag{9.89}$$

as características são linhas das constantes $x - ct$ e aquelas da constante $x + ct$. Isso significa que a solução geral para Equação (9.89) assume a forma

$$\psi(x, t) = f(x - ct) + g(x + ct), \tag{9.90}$$

com f e g completamente arbitrários.

Visualizando x como uma variável de posição e t como o tempo, podemos interpretar $f(x - ct)$ como uma onda, movendo-se com velocidade c, na direção $+x$. Com isso queremos dizer que todo o perfil de f, como uma função de x em $t = 0$, será deslocado uniformemente em direção a x positivo por uma quantidade c quando $t = 1$ (Figura 9.4). Da

Figura 9.4: Onda em movimento $f(x - ct)$. A linha tracejada é o perfil em $t = 0$; a linha contínua é o perfil no tempo $t > 0$.

mesma forma, $g(x + ct)$ descreve uma onda movendo-se na velocidade c na direção $-x$. Como f e g são arbitrários, as **ondas se movendo** que eles descrevem não precisam ser sinusoidais ou periódicas, mas podem ser totalmente irregulares; além disso, não existe nenhuma exigência de que f e g tenham qualquer relação específica entre si.

Um caso especial óbvio da situação geral descrita é quando $f(x - ct)$ é escolhido para ser sinusoidal, $f = \text{sen}\,(x - ct)$. Para simplificar consideramos que f tem amplitude unitária e comprimento de onda $2\pi \cdot$ Também consideramos $g(x + ct)$ como sendo $g = \text{sen}(x + ct)$, uma onda sinusoidal do mesmo comprimento de onda e amplitude movendo-se na direção oposta a f. Em um ponto x e tempo t, essas duas ondas se adicionam para produzir uma resultante

$$\psi(x, t) = \text{sen}(x - ct) + \text{sen}(x + ct),$$

que, usando identidades trigonométricas, pode ser rearranjada para

$$\psi(x, t) = (\text{sen}\,x \cos ct - \cos x \,\text{sen}\,ct) + (\text{sen}\,x \cos ct + \cos x \,\text{sen}\,ct) = 2\,\text{sen}\,x \cos ct.$$

Essa forma para ψ pode ser identificada como uma distribuição **de onda estacionária**, significando que a evolução temporal do perfil da onda em x é uma oscilação na amplitude, com o padrão de onda não se movendo em nenhuma direção. Uma questão óbvia da diferença de uma onda em movimento é que, para uma onda estacionária, os **nós** (pontos onde $\psi = 0$) são estacionários no tempo e, em uma onda em movimento, eles se movem no tempo na velocidade $\pm c$.

Nosso interesse atual em ondas estacionárias e em movimento é sua relação com soluções da equação de onda que podemos encontrar usando o método de separação de variáveis. Esse método, obviamente, nos levaria a soluções de onda estacionária. Porém, é interessante notar que a totalidade do conjunto de soluções das variáveis separadas tem o mesmo conteúdo que as soluções das ondas em movimento. Por exemplo, os produtos $\text{sen}\,x \cos ct$ e $\cos x \,\text{sen}\,ct$ são soluções que obteríamos separando as variáveis, e as combinações lineares dessas produzem $\text{sen}\,(x \pm ct)$.

Solução de d'Alembert

Embora todas as maneiras de escrever a solução geral para a equação de onda sejam matematicamente equivalentes, diversas formas diferem quanto à conveniência do uso para vários propósitos.

Para ilustrar isso, consideramos como podemos construir uma solução para a equação de onda, dada, como uma condição inicial, (1) toda a distribuição espacial da amplitude da onda em $t = 0$ e (2) a derivada de tempo da amplitude da onda em $t = 0$ para toda a distribuição espacial. A solução para esse problema geralmente é chamada **solução de d'Alembert** da equação de onda; ela também (um pouco antes) foi encontrada por Euler.

Começamos usando a Equação (9.90) para escrever nossas condições iniciais em termos das funções ainda desconhecidas f e g:

$$\psi(x, 0) = f(x) + g(x), \tag{9.91}$$

$$\left.\frac{\partial \psi(x, t)}{\partial t}\right|_{t=0} = -cf'(x) + cg'(x). \tag{9.92}$$

Temos agora de integrar a Equação (9.92) entre os limites $x - ct$ e $x + ct$ (e dividir o resultado por $2c$), obtendo

$$\frac{1}{2c} \int_{x-ct}^{x+ct} \frac{\partial \psi(x, 0)}{\partial t} dx = \frac{1}{2}\left[-f(x + ct) + f(x - ct) + g(x + ct) - g(x - ct)\right]. \tag{9.93}$$

A partir da Equação (9.91), temos também

$$\frac{1}{2}\left[\psi(x + ct, 0) + \psi(x - ct, 0)\right] =$$

$$\frac{1}{2}\left[f(x + ct) + g(x + ct) + f(x - ct) + g(x - ct)\right]. \tag{9.94}$$

Somando os lados direitos das Equações (9.93) e (9.94), metade dos termos se cancelam, e aqueles que sobrevivem combinam-se para dar o resultado

$$f(x - ct) + g(x + ct), \quad \text{que é} \quad \psi(x, t).$$

Portanto, a partir dos lados esquerdos das Equações (9.93) e (9.94), obtemos o resultado final

$$\psi(x,t) = \frac{1}{2}\big[\psi(x+ct,0) + \psi(x-ct,0)\big] + \frac{1}{2c}\int_{x-ct}^{x+ct}\frac{\partial\psi(x,0)}{\partial t}dx. \tag{9.95}$$

Essa equação dá $\psi(x,t)$ em termos dos dados em $t = 0$ que estão dentro da distância ct em relação ao ponto x. Isso é um resultado razoável, uma vez que ct é a distância que as ondas nesse problema podem se mover entre os tempos $t = 0$ e $t = t$. Mais especificamente, a Equação (9.95) contém termos que representam a metade da amplitude $t = 0$ nas distâncias $\pm ct$ de x (metade, porque uma perturbação que inicia nesses pontos é dividida entre a propagação em ambas as direções), além de uma integral adicional que se acumula e gera o efeito da derivada da amplitude inicial ao longo da região de influência.

Exercícios

Resolva a equação de onda, Equação (9.89), de acordo com as condições indicadas.

9.6.1   Determine $\psi(x,t)$ dado que em $t = 0$ $\psi_0(x) = \operatorname{sen} x$ e $\partial\psi(x)/\partial t = \cos x$.

9.6.2   Determine $\psi(x,t)$ dado que em $t = 0$ $\psi_0(x) = \delta(x)$ (a função delta de Dirac) e a derivada do tempo inicial de ψ é zero.

9.6.3   Determine $\psi(x,t)$ dado que em $t = 0$ $\psi_0(x)$ é um único pulso de onda quadrada como definido a seguir, e a derivada do tempo inicial de ψ é zero.

$$\psi_0(x) = 0, \quad |x| > a/2, \quad \psi_0(x) = 1/a, \quad |x| < a/2.$$

9.6.4   Determine $\psi(x,t)$ dado que em $t = 0$ $\psi_0 = 0$ para todo x, mas $\partial\psi/\partial t = \operatorname{sen}(x)$.

9.7   Fluxo de Calor, ou EDP de Difusão

Aqui voltamos a uma EDP parabólica para desenvolver métodos que adaptam uma solução especial de uma EDP a condições de contorno introduzindo parâmetros. Os métodos são bem gerais também e aplicam-se a outras EDPs de segunda ordem com coeficientes constantes. Até certo ponto, eles são complementares ao método básico de separação anterior para encontrar soluções de uma forma sistemática.

Consideramos a EDP de difusão 3-D dependente do tempo um meio isotrópico, usando-o para descrever o fluxo de calor sujeito a condições de contorno específicas. Supondo que a isotropia praticamente não é uma restrição porque, se temos taxas diferentes (constantes) de difusão em diferentes direções, por exemplo, na madeira, a EDP do fluxo de calor assume a forma

$$\frac{\partial\psi}{\partial t} = a^2\frac{\partial^2\psi}{\partial x^2} + b^2\frac{\partial^2\psi}{\partial y^2} + c^2\frac{\partial^2\psi}{\partial z^2}, \tag{9.96}$$

se colocamos os eixos coordenados ao longo das principais direções da anisotropia. Agora simplesmente redimensionamos as coordenadas utilizando as substituições $x = a\xi$, $y = b\eta$, $z = c\zeta$ para voltar à forma isotrópica original da Equação (9.96),

$$\frac{\partial\Phi}{\partial t} = \frac{\partial^2\Phi}{\partial\xi^2} + \frac{\partial^2\Phi}{\partial\eta^2} + \frac{\partial^2\Phi}{\partial\zeta^2}, \tag{9.97}$$

para a função de distribuição de temperatura $\Phi(\xi, \eta, \zeta, t) = \psi(x, y, z, t)$.

Por simplicidade, primeiro resolvemos a EDP dependente do tempo para um meio unidimensional homogêneo, uma haste de metal longa na direção x, para o qual a EDP é

$$\frac{\partial\psi}{\partial t} = a^2\frac{\partial^2\psi}{\partial x^2}, \tag{9.98}$$

em que a constante a mede a difusividade, ou condutividade térmica, do meio. Obtemos soluções para essa EDP linear com coeficientes constantes pelo método de separação de variáveis, para o qual definimos $\psi(x,t) = X(x)T(t)$, que leva para às equações separadas

$$\frac{1}{T}\frac{dT}{dt} = \beta, \quad \frac{1}{X}\frac{d^2X}{dx^2} = \frac{\beta}{a^2}.$$

Essas equações têm, para qualquer valor diferente de zero de β, soluções $T = e^{\beta}t$ e $X = e^{\pm\alpha}x$, com $\alpha^2 = \beta \mid a^2$. Buscamos soluções cuja dependência do tempo decai exponencialmente em t grande, isto é, soluções com valores negativos de β, e, portanto, definimos $\alpha = i\omega$, $a^2 = -\omega^2$ para ω real, e temos

$$\psi(x, t) = e^{i\omega x} e^{-\omega^2 a^2 t} = (\cos\omega x \pm i\,\text{sen}\,\omega x) e^{-\omega^2 a^2 t}. \tag{9.99}$$

Note que $\beta = 0$, para o qual

$$\psi(x, t) = C_0' x + C_0, \tag{9.100}$$

também está incluído no conjunto de soluções para a EDP. Se essa solução é utilizada para uma haste de comprimento infinito, devemos definir $C_0' = 0$ para evitar uma divergência não física; em qualquer caso, o valor de C_0 é então o valor constante a que a temperatura se aproxima em tempos longos.

Formando combinações lineares reais de $\text{sen}\,\omega x$ e $\cos\omega x$ com coeficientes arbitrários, e mantendo a solução $\beta = 0$, obtemos da Equação (9.99) para qualquer escolha de A, B, ω, C_0', e C_0, uma solução

$$\psi(x, t) = (A \cos\omega x + B\,\text{sen}\,\omega x) e^{-\omega^2 a^2 t} + C_0' x + C_0. \tag{9.101}$$

As soluções para diferentes valores desses parâmetros podem agora ser combinadas conforme necessário para formar uma solução geral consistente com as condições de contorno exigidas.

Se a haste que estamos estudando tem comprimento finito, talvez as condições de contorno possam ser satisfeitas se restringirmos ω a valores diferentes de zero discretos que são múltiplos de um valor básico ω_0. Para uma haste de comprimento infinito, pode ser melhor supor que ω é um intervalo contínuo de valores, de tal modo que $\psi(x, t)$ terá a forma geral

$$\psi(x, t) = \int [A(\omega) \cos\omega x + B(\omega)\,\text{sen}\,\omega x] e^{-a^2\omega^2 t} d\omega + C_0. \tag{9.102}$$

Chamamos especial atenção ao fato de que
* Formar combinações lineares das soluções por somatório ou integração dos parâmetros é um método poderoso e padrão para generalizar soluções de EDP específicas a fim de adaptá-las às condições de contorno.

Exemplo 9.7.1 Uma Condição de Contorno Específica

Vamos resolver um caso 1-D explicitamente, em que a temperatura no tempo $t = 0$ é $\psi_0(x) = 1$ = constante no intervalo entre $x = +1$ e $x = -1$ e zero para $x > 1$ e $x < -1$. Nas extremidades, $x = 1$, a temperatura sempre é mantida em zero. Observe que esse problema, incluindo suas condições iniciais, tem paridade para, $\psi_0(x) = \psi_0(-x)$, assim $\psi(x, t)$ também deve ser par.

As soluções espaciais da Equação (9.98) que escolhemos têm a forma dada na Equação (9.101), mas restritas a $C_0' = C_0 = 0$ (como o limite $t \to \infty$ de $\psi(x, t)$ é igual a zero para todo o intervalo $-1 \leq x \leq 1$), e a $\cos(l\pi x/2)$ para inteiro ímpar l, porque essas funções são os membros de paridade para de uma base ortonormal para o intervalo $-1 \leq x \leq 1$ que satisfazem a condição de contorno $\psi = 0$ em $x = \pm 1$. Então, em $t = 0$ nossa solução assume a forma

$$\psi(x, 0) = \sum_{l=1}^{\infty} a_l \cos\frac{\pi l x}{2}, \quad -1 < x < 1,$$

e temos de escolher os coeficientes a_l de modo que $\psi(x, 0) = 1$.

Usando a ortonormalidade, calculamos

$$a_l = \int_{-1}^{1} 1 \cdot \cos\frac{\pi l x}{2} = \frac{2}{l\pi}\,\text{sen}\,\frac{\pi l x}{2}\bigg|_{x=-1}^{1}$$

$$= \frac{4}{\pi l}\,\text{sen}\,\frac{l\pi}{2} = \frac{4(-1)^m}{(2m+1)\pi}, \quad l = 2m + 1.$$

Incluindo sua dependência do tempo, a solução completa é dada pela série

$$\psi(x,t) = \frac{4}{\pi} \sum_{m=0}^{\infty} \frac{(-1)^m}{2m+1} \cos\left[(2m+1)\frac{\pi x}{2}\right] e^{-t((2m+1)\pi a/2)^2}, \tag{9.103}$$

que converge absolutamente a $t > 0$, mas apenas de maneira condicional em $t = 0$, como resultado da descontinuidade em $x = \pm 1$. ∎

Agora estamos prontos para considerar a equação de difusão tridimensional. Começamos supondo uma solução da forma $\psi = f(x, y, z)T(t)$, e separamos o espacial da dependência do tempo. Como no caso 1-D, $T(t)$ terá exponenciais como as soluções, e podemos escolher a solução que decai exponencialmente em t grande. Atribuindo à constante de separação o valor $-k^2$, de modo que a dependência do tempo seja $\exp(-k^2 t)$, a equação separada nas coordenadas espaciais assume a forma

$$\frac{\partial^2 f}{\partial x^2} + \frac{\partial^2 f}{\partial y^2} + \frac{\partial^2 f}{\partial z^2} + k^2 f = 0, \tag{9.104}$$

que reconhecemos como a equação de **Helmholtz**. Assumindo que podemos resolver essa equação para vários valores de k^2 por separações adicionais das variáveis ou por outros meios, podemos formar qualquer que seja a soma ou integral das soluções individuais que podem ser necessárias para satisfazer as condições de contorno.

Soluções Alternativas

Em uma abordagem alternativa à equação de fluxo de calor, agora voltamos à EDP unidimensional, Equação (9.98), buscando soluções de uma nova forma funcional $\psi(x,t) = u(x/\sqrt{t})$, o que é sugerido por considerações dimensionais e dados experimentais. Substituindo $u(\xi), \xi = x/\sqrt{t}$, na Equação (9.98) utilizando

$$\frac{\partial \psi}{\partial x} = \frac{u'}{\sqrt{t}}, \quad \frac{\partial^2 \psi}{\partial x^2} = \frac{u''}{t}, \quad \frac{\partial \psi}{\partial t} = -\frac{x}{2\sqrt{t^3}} u' \tag{9.105}$$

com a notação $u'(\xi) \equiv du/d\xi$, a EDP é reduzida à EDO

$$2a^2 u''(\xi) + \xi u'(\xi) = 0. \tag{9.106}$$

Escrever essa EDO como

$$\frac{u''}{u'} = -\frac{\xi}{2a^2},$$

podemos integrá-la uma vez para obter $\ln u' = -\xi^2/4a^2 + \ln C_1$, onde C_1 é uma constante de integração.

Exponencializando e integrando novamente encontramos a solução geral

$$u(\xi) = C_1 \int_0^\xi e^{-\xi^2/4a^2} d\xi + C_2, \tag{9.107}$$

que contém duas constantes de integração C_i. Inicializamos essa solução no tempo $t = 0$ para temperatura $+1$ $x > 0$ e -1 para $x < 0$, correspondendo a $u(\infty) = +1$ e $u(-\infty) = -1$. Observando que

$$\int_0^\infty e^{-\xi^2/4a^2} d\xi = a\sqrt{\pi},$$

um caso da integral avaliada na Equação (1.148), obtemos

$$u(\infty) = a\sqrt{\pi} C_1 + C_2 = 1, \quad u(-\infty) = -a\sqrt{\pi} C_1 + C_2 = -1,$$

que fixa as constantes $C_1 = 1/a\sqrt{\pi}$, $C_2 = 0$. Temos, portanto, a solução específica

$$\psi = \frac{1}{a\sqrt{\pi}} \int\limits_{0}^{x/\sqrt{t}} e^{-\xi^2/4a^2} d\xi = \frac{2}{\sqrt{\pi}} \int\limits_{0}^{x/2a\sqrt{t}} e^{-v^2} dv = \text{erf}\left(\frac{x}{2a\sqrt{t}}\right), \tag{9.108}$$

onde **erf** é o nome padrão para a função de erro de Gauss (uma das funções especiais listadas na Tabela 1.2). Precisamos generalizar essa solução específica para adaptá-la às condições de contorno.

Para esse propósito, agora geramos **novas soluções da EDP com coeficientes constantes diferenciando a solução especial** dada pela Equação (9.108). Em outras palavras, se $\psi(x, t)$ resolve a EDP na Equação (9.98), $\partial\psi/\partial t$ e $\partial\psi/\partial x$ também resolve, porque essas derivadas e as diferenciações da EDP comutam; isto é, a ordem em que são executadas não importa. Observe cuidadosamente que esse método não funciona se qualquer coeficiente da EDP depende de t ou x explicitamente. Entretanto, o domínio na física e das EDPs com coeficientes constantes. Exemplos são equações do movimento de Newton na mecânica clássica, as equações de onda da eletrodinâmica e equações de Poisson e Laplace na eletrostática e gravidade. Mesmo as equações de campo não lineares de Einstein da relatividade geral assumem essa forma especial em coordenadas geodésicas locais.

Portanto, diferenciando a Equação (9.108) em relação a x, encontramos a solução mais simples e mais básica,

$$\psi_1(x, t) = \frac{1}{a\sqrt{t\pi}} e^{-x^2/4a^2 t}, \tag{9.109}$$

e, repetindo o processo, outra solução básica

$$\psi_2(x, t) = \frac{x}{2a^3\sqrt{t^3\pi}} e^{-x^2/4a^2 t}. \tag{9.110}$$

Novamente, essas soluções têm de ser generalizadas para adaptá-los às condições de contorno. E há ainda outro método para gerar novas soluções de uma EDP com coeficientes constantes: Podemos **traduzir** uma dada solução, por exemplo, $\psi_1(x, t) \rightarrow \psi_1(x - \alpha, t)$ e então **integrar sobre o parâmetro de tradução** α. Portanto,

$$\psi(x, t) = \frac{1}{2a\sqrt{t\pi}} \int\limits_{-\infty}^{\infty} C(\alpha) e^{-(x-\alpha)^2/4a^2 t} d\alpha \tag{9.111}$$

é novamente uma solução, que reescrevemos usando a substituição

$$\xi = \frac{x - \alpha}{2a\sqrt{t}}, \quad \alpha = x - 2a\xi\sqrt{t}, \quad d\alpha = -2a\sqrt{t}d\xi. \tag{9.112}$$

Essas substituições levam a

$$\psi(x, t) = \frac{1}{\sqrt{\pi}} \int\limits_{-\infty}^{\infty} C(x - 2a\xi\sqrt{t}) e^{-\xi^2} d\xi, \tag{9.113}$$

uma solução da nosso EDP. A Equação (9.113) está uma forma que permite compreender a importância da função de peso $C(x)$ a partir do método de tradução. Se definimos $t = 0$, nessa equação, a função C no integrando torna-se então independente de ξ, e a integral pode então ser reconhecida como

$$\int\limits_{-\infty}^{\infty} e^{-\xi^2} d\xi = \sqrt{\pi},$$

um resultado bem conhecido equivalente à Equação (1.148). A Equação (9.113) torna-se então a forma mais simples

$$\psi(x, 0) = C(x), \quad \text{ou} \quad C(x) = \psi_0(x),$$

onde ψ_0 representa a distribuição espacial inicial de ψ. Usando essa notação, podemos escrever a solução para nossa EDP como

$$\psi(x,t) = \frac{1}{\sqrt{\pi}} \int_{-\infty}^{\infty} \psi_0(x - 2a\xi\sqrt{t})e^{-\xi^2}d\xi, \tag{9.114}$$

uma forma que mostra explicitamente o papel da condição de contorno (inicial). A partir da Equação (9.114), vemos que a distribuição da temperatura inicial, $\psi_0(x)$, estende-se ao longo do tempo e é atenuada pela função peso gaussiana.

Exemplo 9.7.2   Condição de Contorno Especial Mais uma Vez

Consideramos agora um problema semelhante ao Exemplo 9.7.1, mas em vez de manter $\psi = 0$ em todos os tempos em $x = 1$, consideramos o sistema como tendo comprimento infinito, com $\psi_0 = 0$ em todos os lugares, exceto para $|x| < 1$, onde $\psi_0 = 1$ Essa mudança torna a equação (9.114) utilizável, porque nossa EDP agora pode ser aplicada por todo o intervalo $(-\infty, \infty)$, e calor fluirá (e temporariamente irá aumentar a temperatura) em e além de $|x| = 1$.

O intervalo de $\psi_0(x)$ corresponde a um intervalo de ξ com as extremidades encontradas a partir de $x - 2a\xi\sqrt{t} = \pm 1$, de modo que nossa solução se torna

$$\psi(x,t) = \frac{1}{\sqrt{\pi}} \int_{(x-1)/2a\sqrt{t}}^{(x+1)/2a\sqrt{t}} e^{-\xi^2}d\xi.$$

Em termos da função de erro, também podemos escrever essa solução como

$$\psi(x,t) = \frac{1}{2}\left[\text{erf}\left(\frac{x+1}{2a\sqrt{t}}\right) - \text{erf}\left(\frac{x-1}{2a\sqrt{t}}\right) \right]. \tag{9.115}$$

A equação (9.115) se aplica a todo o x, incluindo $|x| > 1$.   ∎

Em seguida, consideramos o problema do fluxo de calor para um meio estendido **esfericamente simétrico** centrado na origem, sugerindo que devemos usar coordenadas polares r, θ, φ. Espera-se uma solução da forma $u(r,t)$. Usando a Equação (3.158) para o laplaciano, encontramos a EDP

$$\frac{\partial u}{\partial t} = a^2\left(\frac{\partial^2 u}{\partial r^2} + \frac{2}{r}\frac{\partial u}{\partial r} \right), \tag{9.116}$$

que transformamos na PDE 1-D de fluxo de calor pela substituição

$$u = \frac{v(r,t)}{r}, \quad \frac{\partial u}{\partial r} = \frac{1}{r}\frac{\partial v}{\partial r} - \frac{v}{r^2}, \quad \frac{\partial u}{\partial t} = \frac{1}{r}\frac{\partial v}{\partial t},$$

$$\frac{\partial^2 u}{\partial r^2} = \frac{1}{r}\frac{\partial^2 v}{\partial r^2} - \frac{2}{r^2}\frac{\partial v}{\partial r} + \frac{2v}{r^3}. \tag{9.117}$$

Isso produz a EDP

$$\frac{\partial v}{\partial t} = a^2\frac{\partial^2 v}{\partial r^2}. \tag{9.118}$$

Exemplo 9.7.3   Fluxo de Calor Esfericamente Simétrico

Vamos aplicar a EDP de fluxo de calor unidimensional a um fluxo de calor esfericamente simétrico sob condições de fronteira bastante comuns, onde x é substituído pela variável radial. Inicialmente temos a temperatura zero em todos os lugares. Então, no tempo $t = 0$, uma quantidade finita de energia térmica Q é liberada na origem, espalhando-se uniformemente em todas as direções. Qual é a distribuição de temperatura espacial e temporal resultante?

Inspecionando nossa solução especial na Equação (9.110), vemos que, para $t \to 0$, a temperatura

$$\frac{v(r,t)}{r} = \frac{C}{\sqrt{t^3}}e^{-r^2/4a^2 t} \tag{9.119}$$

vai a zero para todo o $r \neq 0$, assim a temperatura inicial zero é garantida. Como $t \to \infty$, a temperatura $v/r \to 0$ para todo r incluindo a origem, o que está implícito nas nossas condições de contorno. A constante C pode ser determinada a partir da conservação de energia, o que dá (para t arbitrário) a restrição

$$Q = \sigma\rho \int \frac{v}{r}d\tau = \frac{4\pi\sigma\rho C}{\sqrt{t^3}} \int_0^\infty r^2 e^{-r^2/4a^2 t} dr = 8\sqrt{\pi^3}\sigma\rho a^3 C, \qquad (9.120)$$

onde ρ é a densidade constânte do meio e é σ seu calor específico. O resultado final na Equação (9.120) é obtido fazendo primeiro uma alteração da variável de r para $\xi = r/2a\sqrt{t}$, obtendo

$$\int_0^\infty e^{-r^2/4a^2 t} r^2 dr = (2a\sqrt{t})^3 \int_0^\infty e^{-\xi^2}\xi^2 d\xi,$$

em seguida, avaliando a ξ integral por meio de uma integração por partes:

$$\int_0^\infty e^{-\xi^2}\xi^2 d\xi = -\frac{\xi}{2}e^{-\xi^2}\Big|_0^\infty + \frac{1}{2}\int_0^\infty e^{-\xi^2}d\xi = \frac{\sqrt{\pi}}{4}.$$

A temperatura, como dada pela Equação (9.119), em qualquer momento, isto é, em t fixo, é uma distribuição gaussiana que se achata à medida que o tempo aumenta, porque sua largura é proporcional à $\sqrt{t}$.

Como uma função do tempo a temperatura em qualquer ponto fixo é proporcional a $t^{-3/2}e^{-T/t}$, com $T \equiv r^2/4a^2$. Essa forma funcional mostra que a temperatura sobe de zero a um máximo e depois cai para zero novamente para tempos grandes. Para encontrar o máximo, definimos

$$\frac{d}{dt}\left(t^{-3/2}e^{-T/t}\right) = t^{-5/2}e^{-T/t}\left(\frac{T}{t} - \frac{3}{2}\right) = 0, \qquad (9.121)$$

a partir do qual encontramos $t_{max} = 2T/3 = r^2/6a^2$. A temperatura máxima chega em tempos posteriores em distâncias maiores em relação à origem. ∎

No caso da **simetria cilíndrica** (no plano $z = 0$ no plano de coordenadas polares $\rho = \sqrt{x^2 + y^2}, \varphi$), procuramos uma temperatura $\psi = u(\rho, t)$ que então satisfaz a EDO (usando a Equação (2.35) na equação de difusão)

$$\frac{\partial u}{\partial t} = a^2\left(\frac{\partial^2 u}{\partial\rho^2} + \frac{1}{\rho}\frac{\partial u}{\partial\rho}\right), \qquad (9.122)$$

que é o análogo planar da Equação (9.118). Essa EDO também tem soluções com a dependência funcional $\rho/\sqrt{t} \equiv r$. Após a substituição

$$u = v\left(\frac{\rho}{\sqrt{t}}\right), \quad \frac{\partial u}{\partial t} = -\frac{\rho v'}{2t^{3/2}}, \quad \frac{\partial u}{\partial\rho} = \frac{v'}{\sqrt{t}}, \quad \frac{\partial^2 u}{\partial\rho^2} = \frac{v'}{t} \qquad (9.123)$$

na Equação (9.122) com a notação $v' \equiv dv/dr$, encontramos a EDO

$$a^2 v'' + \left(\frac{a^2}{r} + \frac{r}{2}\right)v' = 0. \qquad (9.124)$$

Essa é uma EDO de primeira ordem para v', que podemos integrar ao separar as variáveis v e r como

$$\frac{v''}{v'} = -\left(\frac{1}{r} + \frac{r}{2a^2}\right). \qquad (9.125)$$

Isso resulta em

$$v(r) = \frac{C}{r}e^{-r^2/4a^2} = C\frac{\sqrt{t}}{\rho}e^{-\rho^2/4a^2 t}. \qquad (9.126)$$

Essa solução especial para simetria cilíndrica pode ser generalizada de maneira semelhante e adaptada a condições de contorno, como para o caso esférico. Por fim, a dependência de z pode ser fatorada, porque z separa-se da variável radial planar polar ρ.

Exercícios

9.7.1 Para um sólido esférico homogêneo com difusividade térmica constante, K, e nenhuma fonte de calor, a equação de condução de calor se torna

$$\frac{\partial T(r, t)}{\partial t} = K \nabla^2 T(r, t).$$

Supondo uma solução da forma

$$T = R(r)T(t)$$

e variáveis separadas. Mostre que a equação radial pode assumir a forma padrão

$$r^2 \frac{d^2 R}{dr^2} + 2r \frac{dR}{dr} + \alpha^2 r^2 R = 0,$$

e que o $\mathrm{sen}\,\alpha r/r$ e $\cos \alpha r/r$ são suas soluções.

9.7.2 Variáveis separadas na equação de difusão térmica do Exercício 9.7.1 em coordenadas cilíndricas circulares. Suponha que você pode negligenciar os efeitos finais e considerar $T = T(\rho, t)$.

9.7.3 Resolva a EDP

$$\frac{\partial \psi}{\partial t} = a^2 \frac{\partial^2 \psi}{\partial x^2},$$

para obter $\psi(x, t)$ para uma haste de extensão infinita (tanto nas direções $+ x$ como $-x$), com um impulso de calor no tempo $t = 0$ que corresponde a $\psi_0(x) = A\delta(x)$.

9.7.4 Resolva a mesma EDP que no Exercício 9.7.3 para uma haste de comprimento L, com a posição sobre a haste dada pela variável x, com as duas extremidades da haste em $x = 0$ e $x = L$ mantido (em todos os tempos t) nas respectivas temperaturas $T = 1$ e $T = 0$, e com a haste inicialmente em $T(x) = 0$, para $0 < x \le L$.

9.8   Resumo

Este capítulo forneceu uma visão geral dos métodos para a solução de EDPs lineares de primeira e de segunda ordem, com ênfase nas EDPs homogêneas de segunda ordem sujeitas a condições de contorno que determinam soluções únicas ou definem problemas de autovalor. Descobrimos que as condições de contorno usuais são identificadas como do tipo de Dirichlet (solução especificada no contorno), do tipo de Neumann (derivada normal da solução especificada no contorno), ou do tipo de Cauchy (tanto a solução como sua derivada normal especificada). Tipos aplicáveis de condições de contorno dependem da classificação da EDP; EDPs de segunda ordem são classificadas como hiperbólicas (por exemplo, equação de onda), elípticas (por exemplo, equação de Laplace), ou parabólicas (por exemplo, equação de difusão de calor).

O método de mais amplamente aplicável à solução de EDP é o método da separação de variáveis, que, quando eficazes, reduzem uma EDP a um conjunto de equações diferenciais ordinárias. O capítulo apresentou um número muito pequeno de soluções EDP completas para ilustrar a técnica. Uma ampla variedade de exemplos só se torna possível quando estamos preparados para explorar as propriedades das funções especiais que são as soluções de várias EDOs, e, como resultado, a ilustração mais completa das soluções de EDP será fornecida nos capítulos que discutem essas funções especiais. Ressaltamos, em particular, que todas as EDPs gerais com simetria esférica têm as mesmas soluções angulares, conhecidas como **harmônicos esféricos**. Estes, e as funções a partir das quais eles são construídos (polinômios de Legendre e funções associadas de Legendre), são o assunto dos Capítulos 15 e 16. Alguns problemas esfericamente simétricos têm soluções radiais que podem ser identificadas como **funções esféricas de Bessel**; essas são tratadas no capítulo sobre função de Bessel (Capítulo 14).

Problemas de EDP com simetria cilíndrica geralmente envolvem funções de Bessel, muitas vezes de maneiras mais complexas do que nos exemplos deste capítulo. Outros exemplos aparecem no Capítulo 14.

Este capítulo não tentou discutir métodos para a solução de EDPs não homogêneas. Esse tópico merece um capítulo próprio, e será desenvolvido no Capítulo 10.

Por fim, repetimos uma observação anterior: expansões de Fourier (Capítulo 19) e transformadas integrais (Capítulo 20) também podem desempenhar um papel na solução de EDPs, e as aplicações dessas técnicas a EDPs estão incluídas nos capítulos apropriados deste livro.

Leituras Adicionais

Bateman, H., *Partial Differential Equations of Mathematical Physics* (1ª ed.). Nova York: Dover (1932) (1944). Uma grande variedade de aplicações de várias equações diferenciais parciais da física clássica. Excelentes exemplos da utilização de diferentes sistemas de coordenadas, incluindo elipsoidal, paraboloidal, coordenadas toroidais etc.

Cohen, H., *Mathematics for Scientists and Engineers*. Englewood Cliffs, NJ: Prentice-Hall (1992).

Folland, G. B., *Introduction to Partial Differential Equations* (2ª ed.). Princeton, NJ: Princeton University Press (1995).

Guckenheimer, J.Holmes, P. e John, F., *Nonlinear Oscillations, Dynamical Systems and Bifurcations of Vector Fields* (edição revisada). Nova York: Springer-Verlag (1990).

Gustafson, K. E., *Partial Differential Equations and Hilbert Space Methods* (2ª ed.). Nova York: Wiley (1998), Nova tiragem, Dover (1987).

Margenau, H. e Murphy, G. M., *The Mathematics of Physics and Chemistry* (2ª ed.). Princeton, NJ: Van Nostrand (1956). O Capítulo 5 abrange coordenadas curvilíneas e 13 sistemas de coordenadas específicos.

Morse, P. M. e Feshbach, H., *Methods of Theoretical Physics*. Nova York: McGraw-Hill (1953). O Capítulo 5 inclui uma descrição dos vários sistemas diferentes de coordenadas. Observe que Morse e Feshbach não utilizam sistemas de coordenadas levogiros mesmo para coordenadas cartesianas. Em outra parte desse excelente (e difícil) livro há muitos exemplos do uso dos vários sistemas de coordenadas na resolução de problemas físicos. O Capítulo 6 discute características em detalhe.

10

Funções de Green

Em comparação com os operadores diferenciais lineares que foram nossa principal preocupação ao formular problemas como equações diferenciais, agora passamos para métodos que envolvem operadores integrais e, em particular, aqueles conhecidos como **funções de Green**. Métodos da função de Green permitem a solução de uma equação diferencial contendo um termo não homogêneo (muitas vezes chamado **termo fonte**) que deve estar relacionado com um operador integral que contém a fonte. Como um exemplo preliminar e elementar, considere o problema de determinar o potencial $\psi(\mathbf{r})$ gerado por uma distribuição de carga cuja densidade de carga é $\rho(\mathbf{r})$. A partir da equação de Poisson, sabemos que $\psi(\mathbf{r})$ satisfaz

$$- \nabla^2 \psi(\mathbf{r}) = \frac{1}{\varepsilon_0} \rho(\mathbf{r}). \tag{10.1}$$

Sabemos também, aplicando a lei de Coulomb ao potencial em $\mathbf{r}_1$ produzido por cada elemento da carga $\rho(\mathbf{r}^2)d^3r_2$, e supondo que o espaço está vazio exceto para a distribuição de carga, que

$$\psi(\mathbf{r}_1) = \frac{1}{4\pi\varepsilon_0} \int d^3r_2 \frac{\rho(\mathbf{r}_2)}{|\mathbf{r}_1 - \mathbf{r}_2|}. \tag{10.2}$$

Aqui a integral está ao longo de toda a região em que $\rho(\mathbf{r}_2) \neq 0$. Podemos ver o lado direito da Equação (10.2) como um operador integral que converte ρ em ψ, e identifica o **núcleo** (a função das duas variáveis, uma das quais deve ser integrada) como a função de Green para esse problema. Assim, podemos escrever

$$G(\mathbf{r}_1, \mathbf{r}_2) = \frac{1}{4\pi\varepsilon} \frac{1}{|\mathbf{r}_1 - \mathbf{r}_2|}, \tag{10.3}$$

$$\psi(\mathbf{r}_1) = \int d^3r_2\, G(\mathbf{r}_1, \mathbf{r}_2)\rho(\mathbf{r}_2), \tag{10.4}$$

atribuindo à nossa função de Green o símbolo G (para "Green").

Esse exemplo é preliminar porque a resposta dos problemas mais gerais a um termo não homogêneo dependerá das condições de contorno. Por exemplo, um problema de eletrostática pode incluir condutores cujas superfícies conterão camadas de carga com grandezas que dependem de ρ e que também contribuirão para o potencial em $\mathbf{r}$ geral. É fundamental porque a forma da função de Green também dependerá da equação diferencial a ser resolvida, e muitas vezes não será possível obter uma função de Green de uma forma simples e fechada.

A característica essencial de qualquer função de Green é que ela fornece uma maneira de descrever a resposta da solução da equação diferencial a um termo fonte arbitrário (na presença das condições de contorno). No nosso exemplo presente, $G(\mathbf{r}_1, \mathbf{r}_2)$ fornece a contribuição para ψ no ponto $\mathbf{r}_1$ produzido por uma fonte pontual de grandeza unitária (uma função delta) no ponto $\mathbf{r}_2$. O fato de que podemos determinar ψ em todos os lugares por meio de uma integração é uma consequência do fato de que nossa equação diferencial é linear, assim cada elemento da fonte contribui de forma aditiva. No contexto mais geral de uma EDP que depende tanto de coordenadas espaciais quanto temporais, as funções de Green também aparecem como respostas da solução de EDP aos impulsos em posições e tempos dados.

O objetivo deste capítulo é identificar algumas propriedades gerais das funções de Green, a fim de examinar os métodos para encontrá-los, e começar a estabelecer conexões entre os métodos de operador diferencial e integral para a descrição dos problemas da física. Começamos considerando problemas em uma dimensão.

10.1 Problemas Unidimensionais

Vamos considerar a EDO não homogênea autoadjunta de segunda ordem

$$\mathcal{L}y \equiv \frac{d}{dx}\left(p(x)\frac{dy}{dx}\right) + q(x)\, y = f(x), \tag{10.5}$$

que deve ser satisfeita no intervalo $a \le x \le b$ de acordo com as condições de contorno homogêneas em $x = a$ e $x = b$ que farão L ser hermitiano.[1] Nossa função de Green para esse problema tem de satisfazer as condições de contorno e a EDO

$$\mathcal{L}G(x, t) = \delta(x - t), \tag{10.6}$$

de modo que $y(x)$, a solução para a Equação (10.5) com suas condições de contorno, pode ser obtida na forma de

$$y(x) = \int_a^b G(x, t)\, f(t)\, dt. \tag{10.7}$$

Para verificar a Equação (10.7), basta aplicar $\mathcal{L}$:

$$\mathcal{L}y(x) = \int_a^b \mathcal{L}\, G(x, t)\, f(t)\, dt = \int_a^b \delta(x - t)\, f(t)\, dt = f(x).$$

Propriedades Gerais

Para entender um pouco melhor as propriedades que $G(x, t)$ devem ter, primeiro consideramos o resultado da integração da Equação (10.6) ao longo de um pequeno intervalo de x que inclui $x = t$. Temos

$$\int_{t-\varepsilon}^{t+\varepsilon} \frac{d}{dx}\left[p(x)\frac{dG(x, t)}{dx}\right] dx + \int_{t-\varepsilon}^{t+\varepsilon} q(x)\, G(x, t)\, dx = \int_{t-\varepsilon}^{t+\varepsilon} \delta(t - x)\, dx,$$

que, realizando algumas das integrações, é simplificada para

$$p(x)\frac{dG(x, t)}{dx}\bigg|_{t-\varepsilon}^{t+\varepsilon} + \int_{t-\varepsilon}^{t+\varepsilon} q(x)\, G(x, t)\, dx = 1. \tag{10.8}$$

Fica claro que a Equação (10.8) não pode ser satisfeita no limite de ε pequeno se $G(x, t)$ e $dG(x, t)/dx$ são ambos contínuos (em x) em $x = t$, mas podemos satisfazer essa equação se exigimos que $G(x, t)$ seja contínua e aceitar uma descontinuidade em $dG(x, t)/dx$ em $x = t$. Em particular, a continuidade em G fará com que a integral contendo $q(x)$ desapareça no limite $\varepsilon \to 0$, e ficamos com a exigência

$$\lim_{\varepsilon \to 0+}\left[\frac{dG(x, t)}{dx}\bigg|_{x=t+\varepsilon} - \frac{dG(x, t)}{dx}\bigg|_{x=t-\varepsilon}\right] = \frac{1}{p(t)}. \tag{10.9}$$

Assim, o impulso descontínuo em $x = t$ leva a uma descontinuidade na derivada x de $G(x, t)$ em que o valor x. Observe, porém, que por causa da integração na Equação (10.7), a singularidade em dG/dx não leva a uma singularidade semelhante na solução geral $y(x)$ no caso habitual de que $f(x)$ é contínuo.

---

[1] A condição de contorno **homogênea** é aquela que continua a ser satisfeita se a função que a satisfaz é multiplicada por um fator de escala. A maioria dos tipos mais comumente encontrados nas condições de contorno é homogênea, por exemplo, $y = 0$, $y' = 0$, mesmo $c_1 y + c_2 y' = 0$. Entretanto, $y = c$ com c uma constante diferente de zero, não é homogênea.

Como um próximo passo para alcançar a compreensão das propriedades das funções de Green, vamos expandir $G(x, t)$ nas autofunções do nosso operador de L, obtidas de acordo com as condições de contorno já identificadas. Como L é hermitiano, suas autofunções podem ser escolhidas como sendo ortogonais em (a, b), com

$$\mathcal{L}\varphi_n(x) = \lambda_n \varphi_n(x), \quad \langle \varphi_n | \varphi_m \rangle = \delta_{nm}. \tag{10.10}$$

Expandindo a dependência x e t de $G(x, t)$ nesse conjunto ortonormal (utilizando os conjugados complexos de φ_n para a expansão t),

$$G(x, t) = \sum_n g_n \ \varphi_n(x)\varphi^*(t). \tag{10.11}$$

Também expandimos $\delta (x - t)$ no mesmo conjunto ortonormal, de acordo com a Equação (5.27):

$$\delta(x - t) = \sum_m \varphi_m(x)\varphi_m^*(t). \tag{10.12}$$

Inserindo essas duas expansões na Equação (10.6), temos antes de qualquer simplificação

$$\mathcal{L}\sum_{nm} g_{nm}\varphi_n(x)\varphi_m^*(t) = \sum_m \varphi_m(x)\varphi_m^*(t). \tag{10.13}$$

Aplicando $\mathcal{L}$, que opera apenas em $\varphi_n(x)$, a Equação (10.13) se reduz a

$$\sum_{nm} \lambda_n g_{nm}\varphi_n(x)\varphi_m^*(t) = \sum_m \varphi_m(x)\varphi_m^*(t).$$

Considerando os produtos escalares nos domínios x e t, vemos que $g_{nm} = \delta_{nm}/\lambda_n$, de modo que $G(x, t)$ precisa ter a expansão

$$G(x, t) = \sum_n \frac{\varphi_n^*(t)\varphi_n(x)}{\lambda_n}. \tag{10.14}$$

Essa análise falha no caso de que qualquer λ_n é zero, mas não discutiremos esse caso especial em mais detalhes.

A importância da Equação (10.14) não reside em seu valor dúbio como uma ferramenta computacional, mas no fato de que ela revela a simetria de G:

$$G(x, t) = G(t, x)^*. \tag{10.15}$$

Forma da Função de Green

As propriedades que identificamos para G são suficientes para permitir sua identificação mais completa, dado um operador $\mathcal{L}$ hermitiano **e suas condições de contorno**. Continuamos com o estudo dos problemas em um intervalo (a, b) com uma condição de contorno homogênea em cada extremidade do intervalo.

Dado um valor de t, é necessário para x no intervalo $a \leq x < t$ que $G(x, t)$ tenha uma dependência de x como $y_1(x)$ que é uma solução para a equação homogênea $\mathcal{L} = 0$ e que também satisfaça a condição de contorno em $x = a$. A $G(x, t)$ mais geral que satisfaz essas condições devem ter uma forma

$$G(x, t) = y_1(x)h_1(t), \quad (x < t), \tag{10.16}$$

em que $h_1(t)$ é atualmente desconhecido. Por outro lado, não intervalo $t < x \leq b$, é necessário que $G(x, t)$ tenha a forma

$$G(x, t) = y_2(x)h_2(t), \quad (x > t), \tag{10.17}$$

em que y_2 é uma solução de $\mathcal{L} = 0$ que satisfaça a condição de contorno em $x = b$. A condição de simetria, Equação (10.15), permite que as Equações (10.16) e (10.17) sejam consistentes apenas com $h_2^* = A\, y_1$ e $h_1^* = A\, y_2$, com A uma constante que ainda deve ser determinada. Partindo do princípio de que y_1 e y_2 podem ser escolhidos como sendo reais, somos levados à conclusão de que

$$G(x, t) = \begin{cases} A\, y_1(x)y_2(t), & x < t, \\ A\, y_2(x)y_1(t), & x > t, \end{cases} \tag{10.18}$$

onde $\mathcal{L}y_i = 0$, com y_1 satisfazendo a condição de contorno em $x = a$ e y_2 satisfazendo aquela em $x = b$. O valor de A na Equação (10.18) depende, é claro, da escala em que os y_i foram especificados, e deve ser definido como um valor que é consistente com a Equação (10.9). Como aplicada aqui, essa condição se reduz a

$$A\left[y_2'(t)y_1(t) - y_1'(t)y_2(t) \right] = \frac{1}{p(t)},$$

equivalente a

$$A = \left(p(t) \left[[y_2'(t)y_1(t) - y_1'(t)y_2(t)] \right] \right)^{-1}. \tag{10.19}$$

Apesar de sua aparência, A não depende de t. A expressão envolvendo y_i é seu wronskiano, e tem um valor proporcional a $1/p(t)$ (Exercício 7.6.11).

É instrutivo verificar que a forma para $G(x, t)$ dada pela Equação (10.18) faz com que a Equação (10.7) gere a solução desejada para a EDO $\mathcal{L}y = f$. Para esse propósito, obtemos uma forma explicita para $y(x)$:

$$y(x) = A\, y_2(x) \int_a^x y_1(t)f(t)\, dt + A\, y_1(x) \int_x^b y_2(t)f(t)\, dt. \tag{10.20}$$

A partir da Equação (10.20) é fácil verificar que as condições de contorno em $y(x)$ estão satisfeitas; se $x = a$ o primeiro dos dois integrais desaparece, e o segundo é proporcional a y_1; observações correspondentes se aplicam em $x = b$.

Ainda devemos mostrar que a Equação (10.20) produz $\mathcal{L}y = f$. Diferenciando em relação a x, primeiro temos

$$y'(x) = A\, y_2'(x) \int_a^x y_1(t)f(t)\, dt + A\, y_2(x)y_1(x)f(x)$$

$$+ A\, y_1'(x) \int_x^b y_2(t)f(t)\, dt - A\, y_1(x)y_2(x)f(x)$$

$$= A\, y_2'(x) \int_a^x y_1(t)f(t)\, dt + A\, y_1'(x) \int_x^b y_2(t)f(t)\, dt. \tag{10.21}$$

Prosseguindo para $(py')'$:

$$\left[p(x)y'(x) \right]' = A\left[p(x)y_2'(x) \right]' \int_a^x y_1(t)f(t)\, dt + A\left[p(x)y_2'(x) \right] y_1(x)f(x)$$

$$+ A\left[p(x)y_1'(x) \right]' \int_x^b y_2(t)f(t)\, dt - A\left[p(x)y_1'(x) \right] y_2(x)f(x). \tag{10.22}$$

Combinando a Equação (10.22) e $q(x)$ vezes a Equação (10.20), muitos termos são descartados porque $\mathcal{L}y_1 = \mathcal{L}y_2 = 0$, resultando em

$$\mathcal{L}y(x) = A\, p(x)\left[y_2'(x)y_1(x) - y_1'(x)y_2(x) \right] f(x) = f(x), \tag{10.23}$$

em que a simplificação final ocorreu usando a Equação (10.19).

Exemplo 10.1.1   EDO Simples de Segunda Ordem
Considere a EDO

$$-y'' = f(x),$$

com condições de contorno $y(0) = y(1) = 0$. A equação homogênea correspondente $-y'' = 0$ tem uma solução geral $y_0 = c_0 + c_1 x$; desses construímos a solução $y_1 = x$ que satisfaz $y_1(0) = 0$ e a solução $y_2 = 1 - x$, satisfazendo $y_2(1) = 0$. Para essa EDO, o coeficiente $p(x) = -1$, $y_1'(x) = 1$, $y_2'(x) = -1$, e a constante A na função de Green é

$$A = \left[(-1)[(-1)(x) - (1)(1 - x)] \right]^{-1} = 1.$$

Nossa função de Green é, portanto,

$$G(x, t) = \begin{cases} x(1 - t), & 0 \le x < t, \\ t(1 - x), & t < x \le 1. \end{cases}$$

Supondo que podemos realizar a integral, podemos agora resolver essa EDO com as condições de contorno para qualquer função $f(x)$. Por exemplo, se $f(x) = \operatorname{sen}\pi x$, a solução seria

$$y(x) = \int_0^1 G(x, t)\, \operatorname{sen}\pi t\, dt = (1 - x) \int_0^x t\, \operatorname{sen}\pi t\, dt + x \int_x^1 (1 - t)\, \operatorname{sen}\pi t\, dt$$

$$= \frac{1}{\pi^2}\, \operatorname{sen}\pi x.$$

A exatidão desse resultado é facilmente verificada.

Uma das vantagens do formalismo da função de Green é que não precisamos repetir a maior parte do nosso trabalho se alteramos a função $f(x)$. Se agora consideramos $f(x) = \cos\pi x$, obtemos

$$y(x) = \frac{1}{\pi^2}\left(2x - 1 + \cos\pi x \right).$$

Note que nossa solução leva totalmente em conta as condições de contorno.   ■

Outras Condições de Contorno

Às vezes encontramos problemas além das EDOs hermitianas de segunda ordem que consideramos até agora. Algumas, mas nem sempre todas as propriedades da função de Green que identificamos, incorporam esses problemas.

Consideremos primeiro a possibilidade de que temos condições de contorno não homogêneas, como o problema $\mathcal{L}y = f$ com $y(a) = c_1$ e $y(b) = c_2$, com um ou ambos c_i diferente de zero.

Esse problema pode ser convertido em um com condições de contorno homogêneas fazendo uma alteração na variável dependente de y para

$$u = y - \frac{c_1(b - x) + c_2(x - a)}{b - a}.$$

Em termos de u, as condições de contorno são homogêneas: $u(a) = u(b) = 0$. Uma condição não homogênea na derivada, por exemplo, $y'(a) = c$, pode ser tratada de modo análogo.

Outra possibilidade para uma EDO de segunda ordem é que podemos ter duas condições de contorno em uma extremidade e nenhuma na outra; essa situação corresponde a um problema de valor inicial, e perdeu a estreita conexão com problemas de autovalor de Sturm-Liouville. O resultado é que as funções de Green ainda podem ser construídas invocando a condição de continuidade em $G(x, t)$ em x = t e a descontinuidade prescrita em $\partial G/\partial x$, mas elas não mais serão simétricas.

Exemplo 10.1.2   PROBLEMA DE VALOR INICIAL

Considere

$$\mathcal{L}y = \frac{d^2 y}{dx^2} + y = f(x), \tag{10.24}$$

com as condições iniciais $y(0) = 0$ e $y'(0) = 0$. Esse operador $\mathcal{L}$ tem $p(x) = 1$.

Começamos observando que a equação homogênea $\mathcal{L}y = 0$ tem duas soluções linearmente independentes $y_1 = \operatorname{sen} x$ e $y_2 = \cos x$. Porém, a única combinação linear dessas soluções que satisfaz a condição de contorno em $x = 0$ é a solução trivial $y = 0$, assim nossa função de Green para $x < t$ só pode ser $G(x, t) = 0$. Por outro lado, para a região $x > t$ não há condições de contorno que podem ser utilizadas como restrições, e nessa região estamos livres para escrever

$$G(x, t) = C_1(t)y_1 + C_2(t)y_2, \quad \text{ou} \quad G(x, t) = C_1(t)\operatorname{sen} x + C_2(t)\cos x, \quad x > t.$$

Agora impomos os requisitos

$$G(t_-, t) = G(t_+, t) \longrightarrow 0 = C_1(t)\operatorname{sen} t + C_2(t)\cos t,$$

$$\frac{\partial G}{\partial x}(t_+, t) - \frac{\partial G}{\partial x}(t_-, t) = \frac{1}{p(t)} = 1 \longrightarrow C_1(t)\cos t - C_2(t)\operatorname{sen} t - (0) = 1.$$

Essas equações podem agora ser resolvidas, produzindo $C_1(t) = \cos t$, $C_2(t) = -\operatorname{sen} t$, então para $x > t$

$$G(x, t) = \cos t \operatorname{sen} x - \operatorname{sen} t \cos x = \operatorname{sen}(x - t).$$

Assim, a especificação completa de $G(x, t)$ é

$$G(x, t) = \begin{cases} 0, & x < t, \\ \operatorname{sen}(x - t), & x > t. \end{cases} \tag{10.25}$$

A falta de correspondência com um problema de Sturm-Liouville se reflete na falta de simetria da função de Green. No entanto, a função de Green pode ser usada para construir a solução para a Equação (10.24) está sujeita a suas condições iniciais:

$$y(x) = \int_0^\infty G(x, t)\, f(t)\, dt$$

$$= \int_0^x \operatorname{sen}(x - t) f(t) dt. \tag{10.26}$$

Observe que se consideramos x como uma variável de tempo, nossa solução no "tempo" x só é influenciada pelas contribuições de fonte a partir dos tempos t antes de x, assim a Equação (10.24) obedece à causalidade.

Concluímos esse exemplo observando que podemos verificar que $y(x)$ como dada pela Equação (10.26) é a solução correta para nosso problema. Detalhes são deixados para o Exercício 10.1.3. ■

Exemplo 10.1.3   Contorno no Infinito
Considere

$$\left(\frac{d^2}{dx^2} + k^2 \right) \psi(x) = g(x), \tag{10.27}$$

uma equação essencialmente similar àquela que já estudamos várias vezes, mas agora com condições de contorno que correspondem (quando multiplicadas por $e^{-i\omega t}$) para uma onda de saída.

A solução geral para a Equação (10.27) com $g = 0$ é abrangida pelas duas funções

$$y_1 = e^{-ikx} \quad \text{e} \quad y_2 = e^{+ikx}.$$

A condição de contorno da onda de saída significa que para x grande positivo devemos ter a solução y_2, enquanto para x grande negativo a solução deve ser y_1. Essa informação é suficiente para indicar que a função de Green para esse problema deve ter a forma

$$G(x, x') = \begin{cases} Ay_1(x')y_2(x), & x > x', \\ Ay_2(x')y_1(x), & x < x'. \end{cases}$$

Encontramos o coeficiente A partir da Equação (10.19), em que $p(x) = 1$:

$$A = \frac{1}{y_2'(x)y_1(x) - y_1'(x)y_2(x)} = \frac{1}{ik + ik} = -\frac{i}{2k}.$$

Combinando esses resultados, alcançamos

$$G(x, x') = -\frac{i}{2k} \exp\left(i|x - x'|\right). \tag{10.28}$$

Esse resultado é ainda outra ilustração de que a função de Green depende das condições de contorno, bem como da equação diferencial.

A verificação de que essa função de Green produz a solução desejada do problema é o tópico do Exercício 10.1.8. ∎

Relação com Equações Integrais

Considere agora uma equação de autovalor da forma

$$\mathcal{L}y(x) = \lambda y(x), \tag{10.29}$$

em que assumimos que $\mathcal{L}$ seja autoadjunto e esteja sujeito às condições de contorno $y(a) = y(b) = 0$. Podemos proceder formalmente tratando a Equação (10.29) como uma equação não homogênea cujo lado direito é a função particular $\lambda y(x)$. Para fazer isso, primeiro encontramos a função de Green $G(x, t)$ para o operador L e as condições específicas de contorno, depois do qual, como na Equação (10.7), podemos escrever

$$y(x) = \lambda \int_a^b G(x, t)\, y(t)\, dt. \tag{10.30}$$

A Equação (10.30) não é uma solução para nosso problema de autovalor, uma vez que a função desconhecida $y(x)$ aparece nos dois lados e, além disso, ela não informa os valores possíveis do autovalor λ. O que alcançamos, porém, é converter nossa EDO de autovalor e suas condições de contorno em uma **equação integral** que podemos considerar como um ponto de partida alternativo para a solução do nosso problema de autovalor.

Nossa geração da Equação (10.30) mostra que ela está implícita pela Equação (10.29). Se também for possível mostrar que podemos conectar essas equações na ordem inversa, ou seja, que a Equação (10.30) implica a Equação (10.29), podemos então concluir que elas são formulações equivalentes do mesmo problema de autovalor. Procedemos aplicando $\mathcal{L}$ à Equação (10.30), rotulando-a $\mathcal{L}_x$ para deixar claro que é um operador em x, não em t:

$$\mathcal{L}_x y(x) = \lambda \mathcal{L}_x \int_a^b G(x, t)y(t)\, dt$$

$$= \lambda \int_a^b \mathcal{L}_x G(x, t)y(t)\, dt = \lambda \int_a^b \delta(x - t)y(t)\, dt$$

$$= \lambda y(x). \tag{10.31}$$

Essa análise mostra que em circunstâncias bastante gerais, seremos capazes de converter uma equação de autovalor com base em uma EDO em uma equação de autovalor inteiramente equivalente baseado em uma equação integral. Note que, para especificar completamente a equação de autovalor da EDO, tivemos de fazer uma identificação explícita das condições de contorno concomitantes, enquanto a equação integral correspondente parece ser inteiramente independente. Claro, o que aconteceu é que o efeito das condições de contorno influenciou a especificação da função de Green que é o **núcleo** da equação integral.

A conversão em uma equação integral pode ser útil por duas razões, a mais prática da qual é que a equação integral pode sugerir diferentes procedimentos computacionais para a solução do nosso problema de autovalor. Há também é uma razão matemática fundamental pela qual uma formulação de equação integral pode ser preferível:

é que os operadores integrais, como aquele na Equação (10.30), são operadores **limitados** (o que significa que sua aplicação a uma função y de norma finita produz um resultado cuja norma também é finita). Por outro lado, operadores diferenciais são **não limitados**; sua aplicação a uma função da norma finita pode produzir um resultado da norma não limitada. Teoremas mais fortes podem ser desenvolvidos para operadores que são limitados.

Concluímos fazendo agora a observação óbvias de que funções de Green fornecem a conexão entre as formulações de operador diferencial e operador integral do mesmo problema.

Exemplo 10.1.4   Formulação Diferencial Versus Integral

Aqui voltamos a um problema de autovalor já tratado várias vezes em diferentes contextos, ou seja,

$$-y''(x) = \lambda y(x),$$

de acordo com as condições de contorno $y(0) = y(1) = 0$. No Exemplo 10.1.1, descobrimos que uma função de Green para esse problema é

$$G(x, t) = \begin{cases} x(1-t), & 0 \le x < t, \\ t(1-x), & t < x \le 1, \end{cases}$$

e, seguindo a Equação (10.30), nosso problema de autovalor pode ser reescrito como

$$y(x) = \lambda \int_0^1 G(x, t)\, y(t)\, dt. \tag{10.32}$$

Os métodos para a solução das equações integrais só serão discutidos no Capítulo 21, mas podemos facilmente verificar que a solução bem conhecida definida para esse problema,

$$y = \operatorname{sen} n\pi x, \quad \lambda_n = n^2\pi^2, \quad n = 1,\, 2,\, \dots,$$

também resolve a Equação (10.32).   ∎

Exercícios

10.1.1   Mostre que

$$G(x, t) = \begin{cases} x, & 0 \le x < t, \\ t, & t < x \le 1, \end{cases}$$

é a função de Green para o operador $\mathcal{L} = -d^2 / dx^2$ e as condições de contorno $y(0) = 0$, $y'(1) = 0$.

10.1.2   Encontre a função de Green para

(a) $\mathcal{L}y(x) = \dfrac{d^2 y(x)}{dx^2} + y(x), \quad \begin{cases} y(0)\ 0, \\ y'(1)\ 0. \end{cases}$

(b) $\mathcal{L}y(x) = \dfrac{d^2 y(x)}{dx^2} - y(x), \ y(x)$ finita para $-\infty < x < \infty$.

10.1.3   Mostre que a função $y(x)$ definida pela Equação (10.26) satisfaz o problema de valor inicial definido pela Equação (10.24) e suas condições iniciais $y(0) = y'(0) = 0$.

10.1.4   Encontre a função de Green para a equação

$$-\frac{d^2 y}{dx^2} - \frac{y}{4} = f(x),$$

com as condições de contorno $y(0) = y(\pi) = 0$.

RESPOSTA: $G(x, t) = \begin{cases} 2\operatorname{sen}(x/2)\cos(t/2), & 0 \le x < t, \\ 2\cos(x/2)\operatorname{sen}(t/2), & t < x \le \pi. \end{cases}$

10.1.5   Construa a função de Green para

$$x^2 \frac{d^2 y}{dx^2} + x \frac{dy}{dx} + (k^2 x^2 - 1)y = 0,$$

de acordo com as condições de contorno $y(0) = 0$, $y(1) = 0$.

10.1.6   Dado que

$$\mathcal{L} = (1 - x^2) \frac{d^2}{dx^2} - 2x \frac{d}{dx}$$

e que $G(\pm 1, t)$ continua finito, mostre que nenhuma função de Green pode ser construída pelas técnicas desta seção.

Nota: As soluções para $\mathcal{L} = 0$ necessárias para as regiões $x < t$ e $x > t$ são linearmente dependentes.

10.1.7   Encontre a função de Green para

$$\frac{d^2 \psi}{dt^2} + k \frac{d\psi}{dt} = f(t),$$

de acordo com as condições iniciais $\psi(0) = \psi'(0) = 0$, e resolva essa EDO para $t > 0$ dado $f(t) = \exp(-t)$.

10.1.8   Verifique se a função de Green

$$G(x, x') = -\frac{i}{2k} \exp\left(ik|x - x'| \right)$$

produz uma solução de onda de saída para a EDO

$$\left(\frac{d^2}{dx^2} + k^2 \right) \psi(x) = g(x).$$

Nota: Compare com o Exemplo 10.1.3.

10.1.9   Construa a função de Green unidimensional para a equação modificada de Helmholtz,

$$\left(\frac{d^2}{dx^2} - k^2 \right) \psi(x) = f(x).$$

As condições de contorno são de que a função de Green deve desaparecer para $x \to \infty$ e $x \to -\infty$.

$$RESPOSTA: G(x_1, x_2) = -\frac{1}{2k} \exp(-k | x_1 - x_2 |).$$

10.1.10   A partir da expansão de autofunção da função de Green mostre que

(a) $\dfrac{2}{\pi^2} \displaystyle\sum_{n=1}^{\infty} \dfrac{\operatorname{sen} n\pi x \operatorname{sen} n\pi t}{n^2} = \begin{cases} x(1-t), & 0 \le x < t, \\ t(1-x), & t < x \le 1. \end{cases}$

(b) $\dfrac{2}{\pi^2} \displaystyle\sum_{n=0}^{\infty} \dfrac{\operatorname{sen}(n+\frac{1}{2})\pi x \operatorname{sen}(n+\frac{1}{2})\pi t}{(n+\frac{1}{2})^2} = \begin{cases} x, & 0 \le x < t, \\ t, & t < x \le 1. \end{cases}$

10.1.11   Derive uma equação integral correspondendo a

$$y''(x) - y(x) = 0, \quad y(1) = 1, \quad y(-1) = 1,$$

(a)   integrando duas vezes.
(b)   formando a função de Green.

$$RESPOSTA: y(x) = 1 - | \int_{-1}^{1} K | (x,t) y(t)\, dt,$$

$$K(x,t) = \begin{cases} \frac{1}{2}(1-x)(t+1), & x > t, \\ \frac{1}{2}(1-t)(x+1), & x < t. \end{cases}$$

10.1.12 A EDO linear de segunda ordem geral com coeficientes constantes é

$$y''(x) + a_1 y'(x) + a_2 y(x) = 0.$$

Dadas as condições de contorno $y(0) = y(1) = 0$, integre duas vezes e desenvolva a equação integral

$$y(x) = \int_0^1 K(x,t)\, y(t)\, dt,$$

com

$$K(x,t) = \begin{cases} a_2 t(1-x) + a_1(x-1), & t < x, \\ a_2 x(1-t) + a_1 x, & x < t. \end{cases}$$

Note que $K(x, t)$ é simétrico e contínuo se $a_1 = 0$. Como isso está relacionado com a condição de autoadjunta da EDO?

10.1.13 Transforme a EDO

$$\frac{d^2 y(r)}{dr^2} - k^2 y(r) + V_0 \frac{e^{-r}}{r} y(r) = 0$$

e as condições de contorno $y(0) = y(\infty) = 0$ em uma equação integrante da forma

$$y(r) = -V_0 \int_0^\infty G(r,t) \frac{e^{-t}}{t} y(t)\, dt.$$

A grandezas V_0 e k^2 são constantes. A EDO deriva da equação de onda de Schrödinger com um potencial mesônico:

$$G(r,t) = \begin{cases} -\dfrac{1}{k} e^{-kt} \operatorname{senh} kr, & 0 \le r < t, \\[2mm] -\dfrac{1}{k} e^{-kr} \operatorname{senh} kt, & t < r < \infty. \end{cases}$$

10.2 Problemas Bi e Tridimensionais

Características Básicas

Os princípios, mas infelizmente nem todos os detalhes da nossa análise das funções de Green em uma dimensão, estendem-se a problemas de dimensionalidade mais alta. Resumimos aqui as propriedades da validade geral para o caso em que L é um operador linear diferencial de segunda ordem em duas ou três dimensões.

1. Uma EDP homogênea $\mathcal{L}\psi(\mathbf{r}_1) = 0$ **e suas condições de contorno** definem a **função de Green** $G(\mathbf{r}_1, \mathbf{r}_2)$, que é a solução da EDP

$$\mathcal{L}G(\mathbf{r}_1, \mathbf{r}_2) = \delta(\mathbf{r}_1 - \mathbf{r}_2)$$

sujeita às condições de contorno relevantes.

2. A EDP não homogênea $\mathcal{L}\psi(\mathbf{r}) = f(\mathbf{r})$ tem, sujeita às condições de contorno do item 1, a solução

$$\psi(\mathbf{r}_1) = \int G(\mathbf{r}_1, \mathbf{r}_2)\, f(\mathbf{r}_2)\, d^3 r_2,$$

em que a integral está sobre todo o espaço relevante para o problema.

3. Quando $\mathcal{L}$ e suas condições de contorno definem o problema de autovalor hermitiano $\mathcal{L} = \lambda\psi$ com as autofunções $\varphi_n(\mathbf{r})$ e os autovalores correspondentes λ_n, então

- $G(\mathbf{r}_1, \mathbf{r}_2)$ é simétrica, no sentido de que

$$G(\mathbf{r}_1, \mathbf{r}_2) = G^*(\mathbf{r}_2, \mathbf{r}_1), \text{ e}$$

- $G(\mathbf{r}_1, \mathbf{r}_2)$ tem a expansão de autofunção

$$G(\mathbf{r}_1, \mathbf{r}_2) = \sum_n \frac{\varphi_n^*(\mathbf{r}_2)\varphi_n(\mathbf{r}_1)}{\lambda_n}.$$

4. $G(\mathbf{r}_1, \mathbf{r}_2)$ será continua e diferenciável em todos os pontos que $\mathbf{r}_1 \neq \mathbf{r}_2$. Nem ao menos podemos exigir continuidade no sentido estrito em $\mathbf{r}_1 = \mathbf{r}_2$ (porque nossa função de Green pode tornar-se infinita aí), mas podemos ter a condição mais fraca de que G permanece contínuo nas regiões que circundam, mas não incluem, $\mathbf{r}_1 = \mathbf{r}_2$. G deve ter singularidades mais sérias nas suas primeiras derivadas, de modo que as derivadas de segunda ordem em $\mathcal{L}$ irão gerar a singularidade característica da função delta de G e especificada no item 1.

O que não incorporamos do caso unidimensional são as fórmulas explícitas utilizadas para construir as funções de Green para uma variedade de problemas.

Problemas Autoadjuntos

Em mais de uma dimensão, uma equação diferencial de segunda ordem é autoadjunta se ela tem a forma

$$\mathcal{L}\psi(\mathbf{r}) = \nabla \cdot \left[p(\mathbf{r})\nabla\psi(\mathbf{r}) \right] + q(\mathbf{r})\psi(\mathbf{r}) = f(\mathbf{r}), \tag{10.33}$$

com $p(\mathbf{r})$ e $q(\mathbf{r})$ reais. Esse operador definirá um problema hermitiano se suas condições de contorno são tais que $\langle \varphi \mid \mathsf{L}\psi \rangle = \langle \mathsf{L}\varphi \mid \psi \rangle$ (Exercício 10.2.2).

Supondo que temos um problema hermitiano, considere o produto escalar

$$\left\langle G(\mathbf{r}, \mathbf{r}_1) \middle| \mathcal{L}G(\mathbf{r}, \mathbf{r}_2) \right\rangle = \left\langle \mathcal{L}G(\mathbf{r}, \mathbf{r}_1) \middle| G(\mathbf{r}, \mathbf{r}_2) \right\rangle. \tag{10.34}$$

Aqui, o produto escalar e $\mathcal{L}$ se referem à variável $\mathbf{r}$, e a propriedade hermitiana é responsável por essa igualdade. Os pontos $\mathbf{r}_1$ e $\mathbf{r}_2$ são arbitrários. Notando que $\mathcal{L}G$ resulta em uma função delta, temos, a partir do lado esquerdo da Equação (10.34),

$$\left\langle G(\mathbf{r}, \mathbf{r}_1) \middle| \mathcal{L}G(\mathbf{r}, \mathbf{r}_2) \right\rangle = \left\langle G(\mathbf{r}, \mathbf{r}_1) \middle| \delta(\mathbf{r} - \mathbf{r}_2) \right\rangle = G^*(\mathbf{r}_2, \mathbf{r}_1). \tag{10.35}$$

No entanto, a partir do lado direito da Equação (10.34),

$$\left\langle \mathcal{L}G(\mathbf{r}, \mathbf{r}_1) \middle| G(\mathbf{r}, \mathbf{r}_2) \right\rangle = \left\langle \delta(\mathbf{r} - \mathbf{r}_1) \middle| G(\mathbf{r}, \mathbf{r}_2) \right\rangle = G(\mathbf{r}_1, \mathbf{r}_2). \tag{10.36}$$

Substituindo as Equações (10.35) e (10.36) na Equação (10.34), recuperamos a condição de simetria $G(\mathbf{r}_1, \mathbf{r}_2) = G^*(\mathbf{r}_2, \mathbf{r}_1)$.

Expansões de Autofunção

Já vimos, nos problemas hermitianos unidimensionais, que a função de Green de um problema hermitiano pode ser escrita como uma expansão de autofunção. Se $\mathcal{L}$, com suas condições de contorno, tem autofunções normalizadas $\varphi_n(\mathbf{r})$ e autovalores correspondentes λ_n, nossa expansão assumiu a forma

$$G(\mathbf{r}_1, \mathbf{r}_2) = \sum_n \frac{\varphi_n^*(\mathbf{r}_2)\varphi_n(\mathbf{r}_1)}{\lambda_n}. \tag{10.37}$$

Acontece que é útil considerar a equação um pouco mais geral

$$\mathcal{L}\psi(\mathbf{r}_1) - \lambda\psi(\mathbf{r}_1) = \delta(\mathbf{r}_2 - \mathbf{r}_1), \tag{10.38}$$

em que λ é um parâmetro (não um autovalor de $\mathcal{L}$). Nesse caso mais geral, uma expansão em φ_n resulta para a função de Green de todo o lado esquerdo da Equação (10.38) a fórmula

$$G(\mathbf{r}_1, \mathbf{r}_2) = \sum_n \frac{\varphi_n^*(\mathbf{r}_2)\varphi_n(\mathbf{r}_1)}{\lambda_n - \lambda}. \tag{10.39}$$

Note que a Equação (10.39) estará bem definida apenas se o parâmetro λ não for igual a nenhum autovalor de $\mathcal{L}$.

Forma das Funções de Green

Nos espaços de mais de uma dimensão, não podemos dividir a região sob consideração em dois intervalos, um em cada lado de um ponto (aqui designado $\mathbf{r}_2$), então escolhendo para cada intervalo uma solução para a equação homogênea apropriada para seu limite exterior. Uma abordagem mais vantajosa muitas vezes será obter uma função de Green para um operador $\mathcal{L}$ de acordo com algumas condições de contorno particularmente convenientes, com um plano subsequente de adicionar a ela qualquer que seja a solução para a equação homogênea $\mathcal{L}\psi(\mathbf{r}) = 0$ que pode ser necessária para adaptar-se às condições de contorno em consideração. Essa abordagem é claramente legítima, uma vez que a adição de qualquer solução à equação homogênea não afetará as propriedades de (des)continuidade da função de Green.

Consideramos primeiro o operador laplaciano em três dimensões, com a condição de contorno de que G desaparece no infinito. Portanto, buscamos uma solução para a EDP não homogênea

$$\nabla_1^2 G(\mathbf{r}_1, \mathbf{r}_2) = \delta(\mathbf{r}_1 - \mathbf{r}_2) \tag{10.40}$$

com $\lim_{r_1 \to \infty} G(\mathbf{r}_1, \mathbf{r}_2) = 0$. Adicionamos um subscrito "1" a ∇ para lembrar o leitor que ele opera em $\mathbf{r}_1$, não em $\mathbf{r}_2$. Como nossas condições de contorno são esfericamente simétricas e a uma distância infinita de $\mathbf{r}_1$ e $\mathbf{r}_2$, podemos fazer a suposição simplificadora de que $G(\mathbf{r}_1, \mathbf{r}_2)$ é uma função somente de $r_{12} = |\mathbf{r}_1 - \mathbf{r}_2|$.

Nosso primeiro passo para processar a Equação (10.40) é integrá-la ao longo de um volume esférico de raio a centrado em $\mathbf{r}_2$:

$$\int\limits_{r_{12} < a} \nabla_1 \cdot \nabla_1 G(\mathbf{r}_1, \mathbf{r}_2)\, d^3 r_1 = 1, \tag{10.41}$$

em que reduzimos o lado direito usando as propriedades da função delta e escrevemos o lado esquerdo de modo a torná-lo pronto para a aplicação do teorema de Gauss. Vamos agora aplicar esse teorema ao lado esquerdo da Equação (10.41), alcançando

$$\int\limits_{r_{12} = a} \nabla_1 G(\mathbf{r}_1, \mathbf{r}_2) \cdot d\sigma_1 = 4\pi a^2 \left.\frac{dG}{dr_{12}}\right|_{r_{12}=a} = 1. \tag{10.42}$$

Como a Equação (10.42) deve ser satisfeita para todos os valores de a, é necessário que

$$\frac{d}{dr_{12}} G(\mathbf{r}_1, \mathbf{r}_2) = \frac{1}{4\pi r_{12}^2},$$

que pode ser integrada para obter

$$G(\mathbf{r}_1, \mathbf{r}_2) = -\frac{1}{4\pi} \frac{1}{|\mathbf{r}_1 - \mathbf{r}_2|}. \tag{10.43}$$

Não precisamos adicionar uma constante de integração porque essa forma para G desaparece no infinito.

Nesse ponto, pode ser útil observar que o sinal de $G(\mathbf{r}_1, \mathbf{r}_2)$ depende do sinal associado ao operador diferencial do qual ele é uma função de Green. Alguns textos (incluindo edições anteriores deste livro) definiam G como produzido por uma função delta negativa de tal modo que a Equação (10.43) quando associada a $+\nabla^2$ não precisaria de um sinal de menos. Não há, é claro, nenhuma ambiguidade em quaisquer resultados físicos porque uma mudança no sinal de G precisa ser acompanhada de uma mudança no sinal da integral em que G é combinado com o termo não homogêneo de uma equação diferencial.

A função de Green da Equação (10.43) só será adequada para um sistema infinito com $G = 0$ no infinito, mas, como já mencionado, ele pode ser convertido em funções de Green de outro problema adicionando uma solução adequada à equação homogênea (nesse caso, a equação de Laplace). Como é um ponto de partida razoável para uma variedade de problemas, a forma dada na Equação (10.43) é às vezes chamada função **fundamental** de Green da equação de Laplace (em três dimensões).

Vamos agora repetir nossa análise para o operador laplaciano em duas dimensões para uma região de extensão infinita, usando as coordenadas circulares $\rho = (\rho, \varphi) \cdot$ A integral na Equação (10.41) abrange então uma área circular, e o análogo 2-D da Equação (10.42) se torna

$$\int\limits_{\rho_{12} = a} \nabla_1 G(\rho_1, \rho_2) \cdot d\sigma_1 = 2\pi a \left.\frac{dG}{d\rho_{12}}\right|_{\rho_{12}=a} = 1,$$

levando a

$$\frac{d}{d\rho_{12}} G(\boldsymbol{\rho}_1, \boldsymbol{\rho}_2) = \frac{1}{2\pi\rho_{12}},$$

que tem a integral indefinida

$$G(\boldsymbol{\rho}_1, \boldsymbol{\rho}_2) = \frac{1}{2\pi} \ln|\boldsymbol{\rho}_1 - \boldsymbol{\rho}_2|. \tag{10.44}$$

A forma dada na Equação (10.44) se torna infinita no infinito, mas pode ser considerada como função fundamental 2-D de Green. Note, no entanto, que geralmente precisamos adicionar a ela uma solução adequada à equação 2-D de Laplace para obter a forma necessária para problemas específicos.

A análise anterior indica que a função de Green para a equação de Laplace no espaço bidimensional é um pouco diferente do que o resultado tridimensional. Essa observação ilustra o fato de que existe uma diferença real entre e física plana (2-D) e física real (3-D), mesmo quando a última é aplicada a problemas com simetria translacional em uma direção.

Agora também é um bom momento para observar que a simetria da função de Green corresponde à noção de que uma fonte em $\mathbf{r}_2$ produz um resultado (um potencial) em $\mathbf{r}_1$ que é o mesmo que o potencial em $\mathbf{r}_2$ a partir de uma fonte semelhante em $\mathbf{r}_1$. Essa propriedade irá persistir em problemas mais complicados desde que sua definição os torne hermitianos.

Tabela 10.1 Funções fundamentais de Green[a]

	Laplace ∇^2	Helmholtz[b] $\nabla^2 + k^2$	Modificada de Helmholtz[c] $\nabla^2 - k^2$
1-D	$\dfrac{1}{2}|x_1 - x_2|$	$-\dfrac{i}{2k}\exp(ik|x_1 - x_2|)$	$-\dfrac{1}{2k}\exp(-k|x_1 - x_2|)$
2-D	$\dfrac{1}{2\pi}\ln|\rho_1 - \rho_2|$	$-\dfrac{i}{4}H_0^{(1)}(k|\rho_1 - \rho_2|)$	$-\dfrac{1}{2\pi}K_0(k|\rho_1 - \rho_2|)$
3-D	$-\dfrac{1}{4\pi}\dfrac{1}{|\mathbf{r}_1 - \mathbf{r}_2|}$	$-\dfrac{\exp(ik|\mathbf{r}_1 - \mathbf{r}_2|)}{4\pi|\mathbf{r}_1 - \mathbf{r}_2|}$	$-\dfrac{\exp(-k|\mathbf{r}_1 - \mathbf{r}_2|)}{4\pi|\mathbf{r}_1 - \mathbf{r}_2|}$

a Condições de contorno: Para a equação de Helmholtz, onda de saída; para equações modificadas 3-D de Helmholtz e Laplace, $G \to 0$ no infinito; para a equação 1-D e 2-D arbitrária de Laplace.
b H_0^1 é uma função de Hankel, Seção 14.4.
c K_0 é uma função modificada de Bessel, Seção 14.5.

Como elas ocorrem com bastante frequência, é útil ter funções de Green para a equações modificadas de Helmholtz e Helmholtz em duas e três dimensões (para uma dimensão essas funções de Green foram introduzidas no Exemplo 10.1.3 e Exercício 10.1.9). Para a equação de Helmholtz, obtemos uma forma fundamental conveniente se consideramos as condições de contorno correspondentes a uma onda de saída, significando que a dependência r assintótica deve ser da forma $\exp(+ikr)$. Para a equação modificada de Helmholtz, a condição de contorno mais conveniente (para uma, duas ou três dimensões) é que G decaia para zero em todas as direções em r grande. As funções fundamentais de Green para os operadores de Laplace, de Helmholtz e de Helmholtz modificados estão listadas na Tabela 10.1.

Não devemos derivar aqui as formas das funções de Green para as equações de Helmholtz; na verdade, para duas dimensões, elas envolvem funções de Bessel e são mais bem tratadas em detalhes em um capítulo posterior. Porém, para três dimensões, as funções de Green são da forma relativamente simples, e a verificação de que elas retornam resultados corretos é o tópico dos Exercícios 10.2.4 e 10.2.6. A função fundamental de Green para a equação laplaciana 1-D pode não ser imediatamente reconhecível em comparação com as fórmulas que derivamos na Seção 10.1, mas a consistência com nossa análise anterior é o tópico do Exemplo 10.2.1

Às vezes é útil representar funções de Green como expansões que tiram proveito das propriedades específicas de vários sistemas de coordenadas. A chamada **função esférica de Green** é a parte radial dessa expansão em coordenadas polares esféricas. Para o operador laplaciano, ela assume uma forma desenvolvida nas Equações (16.65) e (16.66). Nós o escrevemos aqui apenas para mostrar que ele exibe o caráter de duas regiões que fornece uma representação conveniente da descontinuidade na derivada:

$$-\frac{1}{4\pi}\frac{1}{|\mathbf{r}_1 - \mathbf{r}_2|} = \sum_{l=0}^{\infty}\frac{2l+1}{4\pi}\,g(r_1, r_2)P_l(\cos\chi),$$

onde χ é o ângulo entre $\mathbf{r}_1$ e $\mathbf{r}_2$, P_l é um polinômio de Legendre, e a função esférica de Green $g\,(r_1, r_2)$ é

$$g_l(r_1, r_2) = \begin{cases} -\dfrac{1}{2l+1}\dfrac{r_1^l}{r_2^{l+1}}, & r_1 < r_2, \\[2mm] -\dfrac{1}{2l+1}\dfrac{r_2^l}{r_1^{l+1}}, & r_1 > r_2. \end{cases}$$

Uma derivação explícita da fórmula para g_l é dada no Exemplo 16.3.2.

Em coordenadas cilíndricas (ρ, φ, z) encontramos uma **função axial de Green** $g_m\,(\rho_1, \rho_2)$, em termos dos quais a função fundamental de Green para o operador laplaciano assume a forma (também envolvendo um parâmetro contínuo k)

$$G(\mathbf{r}_1, \mathbf{r}_2) = -\frac{1}{4\pi}\frac{1}{|\mathbf{r}_1 - \mathbf{r}_2|}$$

$$= \frac{1}{2\pi^2}\sum_{m=-\infty}^{\infty}e^{im(\varphi_1-\varphi_2)}\int_0^{\infty}g_m(k\rho_1, k\rho_2)\cos k(z_1 - z_2)\,dk.$$

Aqui

$$g_m(k\rho_1, k\rho_2) = -I_m(k\rho_<)K_m(k\rho_>),$$

onde $\rho_{<<}$ e $\rho_{>>}$ são, respectivamente, o menor e maior de ρ_1 e ρ_2. As grandezas I_m e K_m são funções modificadas de Bessel, definidas no Capítulo 14. Essa Expansão é discutida em mais detalhe no Exemplo 14.5.1. Mais uma vez notamos o caráter das duas regiões.

Exemplo 10.2.1 Acomodando Condições de Contorno
Utilizaremos a função fundamental de Green da equação laplaciana 1-D,

$$\frac{d^2\psi(x)}{dx^2} = 0, \quad \text{isto é} \quad G(x_1, x_2) = \frac{1}{2}|x_1 - x_2|,$$

para ilustrar como podemos modificá-la para acomodar condições de contorno específicas. Voltamos ao exemplo frequentemente usado com as condições de Dirichlet $\psi = 0$ em $x = 0$ e $x = 1$. A continuidade de G e a descontinuidade na sua derivada não são afetadas se adicionamos ao G um ou mais termos da forma de $f(x_1)g(x_2)$, onde f e g são as soluções da equação laplaciana 1-D, isto é, quaisquer funções da forma $ax + b$.

Para as condições de contorno especificadas, a função de Green que exigimos tem a forma

$$G(x_1, x_2) = -\frac{1}{2}(x_1 + x_2) + x_1 x_2 + \frac{1}{2}|x_1 - x_2|.$$

Os termos contínuos e diferenciáveis adicionados à forma fundamental nos levam ao resultado

$$G(x_1, x_2) = \begin{cases} -\frac{1}{2}(x_1 + x_2) + x_1 x_2 + \frac{1}{2}(x_2 - x_1) = -x_1(1 - x_2), & x_1 < x_2, \\[2mm] -\frac{1}{2}(x_1 + x_2) + x_1 x_2 + \frac{1}{2}(x_1 - x_2) = -x_2(1 - x_1), & x_2 < x_1. \end{cases}$$

Esse resultado é consistente com o que encontramos no Exemplo 10.1.1. ∎

Exemplo 10.2.2   ESPALHAMENTO NA MECÂNICA QUÂNTICA: APROXIMAÇÃO DE BORN

A teoria quântica do espalhamento fornece uma ilustração elegante das técnicas da função de Green e do uso da função de Green para obter uma equação integral. Nossa imagem física do espalhamento é como a seguir. Um feixe de partículas se move ao longo do eixo z negativo até a origem. Uma pequena fração das partículas está espalhada pelo potencial $V(\mathbf{r})$ e desaparece como uma onda esférica de saída. Nossa função de onda $\psi(\mathbf{r})$ deve satisfazer a equação independente do tempo de Schrödinger

$$-\frac{\hbar^2}{2m}\nabla^2\psi(\mathbf{r}) + V(\mathbf{r})\psi(\mathbf{r}) = E\psi(\mathbf{r}),\tag{10.45}$$

ou

$$\nabla^2\psi(\mathbf{r}) + k^2\psi(\mathbf{r}) = \left[\frac{2m}{\hbar^2}V(\mathbf{r})\psi(\mathbf{r})\right],\quad k^2 = \frac{2mE}{\hbar^2}.\tag{10.46}$$

A partir da imagem física que acabamos de apresentar procuramos uma solução que tem a forma **assintótica**

$$\psi(\mathbf{r}) \sim e^{i\mathbf{k_0}\cdot\mathbf{r}} + f_k(\theta,\varphi)\frac{e^{ikr}}{r},\tag{10.47}$$

onde $e^{i\mathbf{k_0}\cdot\mathbf{r}}$ é uma onda planar incidente[2] com o vetor de propagação $\mathbf{k}_0$ transportando o subscrito 0 para indicar que está na direção (eixo z) $\theta = 0$. O termo e^{ikr}/r descreve uma onda esférica de saída com uma angular e um fator de amplitude dependente da energia $f_k(\theta,\varphi)$[3] e sua dependência radial $1/r$ faz seu fluxo total assintótico ser independente de r. Isso é uma consequência do fato de que um potencial de espalhamento $V(\mathbf{r})$ torna-se insignificante em r grande.

A Equação (10.45) não contém nada descrevendo a estrutura interna ou movimento possível do centro de espalhamento e, portanto, só pode representar **espalhamento elástico**, assim o vetor de propagação da onda de entrada, $\mathbf{k}_0$, deve ter a mesma grandeza, k, que a onda espalhada. Textos sobre mecânica quântica mostram que a probabilidade diferencial do espalhamento, chamada **seção de choque de espalhamento**, é dada por $|f_k(\theta,\varphi)|^2$.

Precisamos agora resolver a Equação (10.46) para obter $\psi(r)$ e a seção de choque de espalhamento. Nossa abordagem começa escrevendo a solução em termos da função de Green para o operador do lado esquerdo da Equação (10.46), obtendo uma equação integral porque o termo não homogêneo dessa equação tem a forma $(2m/\hbar^2)\,V(\mathbf{r})\psi(\mathbf{r})$:

$$\psi(\mathbf{r}_1) = \int \frac{2m}{\hbar^2} V(\mathbf{r}_2)\,\psi(\mathbf{r}_2)\,G(\mathbf{r}_1,\mathbf{r}_2)\,d^3r_2.\tag{10.48}$$

Queremos considerar a função de Green como sendo a forma fundamental dada pela equação de Helmholtz na Tabela 10.1. Então recuperamos a parte $\exp(ikr)/r$ da forma assintótica desejada, mas o termo da onda incidente estará ausente. Nós, portanto, modificamos a fórmula experimental, Equação (10.48), adicionando ao lado direito o termo $\exp(i\mathbf{k}_0\cdot\mathbf{r})$, que é legítimo porque essa quantidade é uma solução para a equação homogênea (de Helmholtz). Essa abordagem nos leva a

$$\psi(\mathbf{r}_1) = e^{i\mathbf{k_0}\cdot\mathbf{r}_1} - \int \frac{2m}{\hbar^2}\,V(\mathbf{r}_2)\psi(\mathbf{r}_2)\frac{e^{ik|\mathbf{r}_1-\mathbf{r}_2|}}{4\pi|\mathbf{r}_1-\mathbf{r}_2|}\,d^3r_2.\tag{10.49}$$

Essa análoga da equação integral da equação de onda original de Schrödinger é **exata**. Ela é chamada equação de **Lippmann-Schwinger**, e é um ponto de partida importante para estudos dos fenômenos de espalhamento na mecânica quântica.

Mais adiante analisaremos métodos para resolver equações integrais, como aquela na Equação (10.49). Porém, no caso especial em que a amplitude não espalhada

$$\psi_0(\mathbf{r}_1) = e^{i\mathbf{k_0}\cdot\mathbf{r}_1}\tag{10.50}$$

---

[2]Para simplificar, supomos um feixe incidente contínuo. Em um tratamento mais sofisticados e mais realista, a Equação (10.47) seria uma componente de um pacote de ondas.

[3]Se $V(\mathbf{r})$ representa uma força central, f_k ele será uma função da θ única, independente do ângulo azimutal φ.

domina a solução, ela é uma aproximação satisfatória para substituir $\psi(\mathbf{r}_2)$ por $\psi_0(\mathbf{r}_2)$ dentro da integral, obtendo

$$\psi_1(\mathbf{r}_1) = e^{i\mathbf{k}_0\cdot\mathbf{r}_1} - \int \frac{2m}{\hbar^2} V(\mathbf{r}_2) \frac{e^{ik|\mathbf{r}_1-\mathbf{r}_2|}}{4\pi|\mathbf{r}_1-\mathbf{r}_2|} e^{i\mathbf{k}_0\cdot\mathbf{r}_2} d^3r_2. \tag{10.51}$$

Essa é a famosa **aproximação de Born**. Espera-se que ela seja mais precisa para potenciais fracos e energia incidente alta. ∎

Exercícios

10.2.1 Mostre que a função fundamental de Green para a equação laplaciana 1-D, $|x_1 - x_2|/2$, é consistente com a forma encontrada no Exemplo 10.1.1.

10.2.2 Mostre que se

$$\mathcal{L}\psi(\mathbf{r}) \equiv \nabla \cdot \left[p(\mathbf{r})\nabla\psi(\mathbf{r}) \right] + q(\mathbf{r})\psi(\mathbf{r}),$$

então L é hermitiano para $p(\mathbf{r})$ e $q(\mathbf{r})$ reais, supondo as condições de contorno de Dirichlet na fronteira de uma região e que o produto escalar é uma integral ao longo dessa região com peso unitário.

10.2.3 Mostre que os termos $+k^2$ no operador de Helmholtz e $-k^2$ no operador modificado de Helmholtz não afetam o comportamento de $G(\mathbf{r}_1, \mathbf{r}_2)$ na proximidade imediata do ponto singular $\mathbf{r}_1 = \mathbf{r}_2$. Especificamente, mostre que

$$\lim_{|\mathbf{r}_1-\mathbf{r}_2|\to 0} \int k^2 G(\mathbf{r}_1, \mathbf{r}_2) d^3r_2 = -1.$$

10.2.4 Mostre que

$$-\frac{\exp(ik|\mathbf{r}_1 - \mathbf{r}_2|)}{4\pi|\mathbf{r}_1 - \mathbf{r}_2|}$$

satisfaz os critérios adequados e, portanto, é uma função de Green para a equação de Helmholtz.

10.2.5 Encontre a função de Green para a equação 3-D de Helmholtz, Exercício 10.2.4, quando a onda é uma onda estacionária.

10.2.6 Verifique se a fórmula dada para a função 3-D de Green da equação modificada de Helmholtz na Tabela 10.1 está correta quando as condições de contorno do problema são que G desapareça no infinito.

10.2.7 Um potencial eletrostático (unidades MKS) é

$$\varphi(\mathbf{r}) = \frac{1}{4\pi\varepsilon_0} \frac{e^{-ar}}{r}.$$

Reconstrua a distribuição da carga elétrica que produzirá esse potencial. Note que $\varphi(r)$ desaparece exponencialmente para r grande, mostrando que a carga líquida é zero.

$$RESPOSTA: \rho(r) = Z\delta(r) - \frac{Za^2}{4\pi} \frac{e^{-ar}}{r}.$$

Leituras Adicionais

Byron, F. W., Jr. e Fuller, R. W., *Mathematics of Classical and Quantum Physics*. Reading, MA: Addison-Wesley (1992), Nova tiragem, Dover (1969). Esse livro contém cerca de 100 páginas sobre funções de Green, começando com um bom material introdutório.

Courant, R. e Hilbert, D. *Methods of Mathematical Physics* (Vol. 1). (edição em inglês). Nova York: Interscience (1953). Essa é uma das obras clássicas da física matemática. Originalmente publicada em alemão em 1924, a edição inglesa revisada é uma excelente referência para um tratamento rigoroso das equações integrais, funções de Green, e uma grande variedade de outros tópicos sobre física matemática.

Jackson, J. D., *Classical Electrodynamics* (3ª ed.). Nova York: Wiley (1999). Contém aplicações à teoria eletromagnética.

Morse, P. M. e Feshbach, H. *Methods of Theoretical Physics* (2 vols). Nova York: McGraw-Hill (1953). O Capítulo 7 é uma discussão particularmente detalhada, completa das funções de Green do ponto de vista da física matemática. Observe, no entanto, que Morse e Feshbach frequentemente escolhem uma fonte de $4\pi\delta(\mathbf{r} - \mathbf{r}')$ em vez de a nossa de $\delta(\mathbf{r}-\mathbf{r}')$. Muita atenção é dedicada às regiões limitadas.

Stakgold, I., *Green's Functions and Boundary Value Problems*. Nova York: Wiley (1979).

11

Teoria da Variável Complexa

*Os números imaginários são um voo maravilhoso
do espírito de Deus; eles são quase um anfíbio
entre ser e não ser.*

GOTTFRIED WILHELM VON LEIBNIZ, 1702

Passamos agora para o estudo da teoria da variável complexa. Nessa área desenvolvemos algumas das ferramentas mais poderosas e amplamente úteis em todas as análises. Para indicar, pelo menos em parte, por que variáveis complexas são importantes, podemos citar brevemente várias áreas de aplicação.

1. Em duas dimensões, o potencial elétrico, visto como uma solução da equação de Laplace, pode ser escrito como a parte real (ou imaginária) de uma função de valor complexo, e essa identificação permite a utilização de vários recursos da teoria da variável complexa (especificamente, mapeamento conformal) para obter soluções formais para uma ampla variedade de problemas de eletrostática.

2. A equação da mecânica quântica Schrödinger dependente do tempo contém a unidade imaginária i, e suas soluções são complexas.

3. No Capítulo 9 vimos que as equações diferenciais de segunda ordem de interesse na física podem ser resolvidas por uma série de potências. A mesma série de potencias pode ser utilizada no plano complexo para substituir x pela variável complexa z. A dependência da solução $f(z)$ em um dado z_0 no comportamento de $f(z)$ em outros lugares fornece melhores informações sobre o comportamento da nossa solução e é uma poderosa ferramenta (continuação analítica) para estender a região em que a solução é válida.

4. A mudança de um parâmetro k de real para imaginário, $k \rightarrow ik$, transforma a equação de Helmholtz na equação de difusão independente do tempo. A mesma alteração conecta as funções trigonométricas esféricas e hiperbólicas, transforma as funções de Bessel em suas homólogas *modificadas*, e fornece conexões semelhantes entre outras funções superficialmente dissimilares.

5. Integrais no plano complexo têm uma ampla variedade de aplicações úteis:
   - Avaliação de integrais definidas;
   - Inversão de séries de potências;
   - Formação de produtos infinitos;
   - Obtenção de soluções de equações diferenciais para grandes valores da variável (soluções assintóticas);
   - Investigação da estabilidade de sistemas potencialmente oscilantes;
   - Inversão de transformadas integrais

6. Muitas quantidades físicas que eram inicialmente reais transformam-se em complexas à medida que uma teoria física simples se torna mais geral. O índice de refração real da luz torna-se uma quantidade complexa quando a absorção é incluída. A energia real associada a um nível de energia torna-se complexa quando o tempo de vida finito do nível é considerado.

11.1 Funções e Variáveis Complexas

Nós já vimos (no Capítulo 1) a definição dos números complexos $z = x + iy$ como pares ordenados de dois números reais, x e y. Revisamos aí as regras para as operações aritméticas, identificamos o **conjugado complexo** z^* do número complexo z, e discutimos tanto representações cartesianas quanto polares dos números complexos, introduzindo para esse propósito o **diagrama de Argand** (plano complexo). Na representação polar $z = re^{i\theta}$, observamos que r (a grandeza do número complexo) também é chamado **módulo**, e o ângulo θ é conhecido como seu argumento. Provamos que $e^{i\theta}$ satisfaz a equação importante

$$e^{i\theta} = \cos\theta + i\,\text{sen}\,\theta. \tag{11.1}$$

Essa equação mostra que para θ real, $e^{i\theta}$ é de grandeza unitária e, portanto, está situado no círculo unitário, em um ângulo θ do eixo real.

O foco deste capítulo são as funções de uma variável complexa e suas propriedades analíticas. Já observamos que definindo as funções complexas $f(z)$ para que tenham a mesma expansão da série de potências (em z) como a expansão (em x) da função real correspondente $f(x)$, as definições reais e complexas coincidem quando z é real. Também mostramos que pelo uso da representação polar, $z = re^{i\theta}$, torna-se claro como calcular potências e raízes de grandezas complexas. Em particular, observamos que raízes, vistas como potências fracionárias, tornam-se funções de **valor múltiplo** no domínio complexo, devido ao fato de que $\exp(2n\pi i) = 1$ para todos os inteiros positivos e negativos n. Assim, descobrimos que $z^{1/2}$ têm dois valores (o que não é uma surpresa, já que para positivos reais x, temos $\pm\sqrt{x}$). No entanto, também observamos que $z^{1/m}$ terá m valores complexos diferentes. Observamos também que o logaritmo se torna de valor múltiplo quando estendido para valores complexos, com

$$\ln z = \ln(re^{i\theta}) = \ln r + i(\theta + 2n\pi), \tag{11.2}$$

com n qualquer inteiro positivo ou negativo (incluindo zero).

Se necessário, o leitor deve rever os tópicos mencionados anteriormente relendo a Seção 1.8.

11.2 Condições de Cauchy-Riemann

Depois estabelecer as funções complexas de uma variável complexa, agora vamos diferenciá-las. A derivada de $f(z)$, como a de uma função real, é definida por

$$\lim_{\delta z \to 0} \frac{f(z + \delta z) - f(z)}{(z + \delta z) - z} = \lim_{\delta z \to 0} \frac{\delta f(z)}{\delta z} = \frac{df}{dz} = f'(z), \tag{11.3}$$

contanto que o limite seja **independente** da aproximação específica ao ponto z. Para variáveis reais exigimos que o limite à direita ($x \to x_0$ cima) e o limite à esquerda ($x \to x_0$ abaixo) sejam iguais para a derivada $df(x)/dx$ para que existam em $x = x_0$. Agora, com x (ou x_0) como algum ponto em um plano, nossa exigência de que o limite seja independente da direção da aproximação é muito restritiva.

Considere incrementos δx e δy das variáveis x e y, respectivamente. Portanto

$$\delta z = \delta x + i\delta y. \tag{11.4}$$

Além disso, escrevendo $f = u + iv$,

$$\delta f = \delta u + i\delta v, \tag{11.5}$$

de modo que

$$\frac{\delta f}{\delta z} = \frac{\delta u + i\delta v}{\delta x + i\delta y}. \tag{11.6}$$

Vamos considerar o limite indicado pela Equação (11.3) por duas abordagens diferentes, como mostrado na Figura 11.1. Primeiro, com $\delta y = 0$, deixamos $\delta x \to 0$. A Equação (11.3) produz

$$\lim_{\delta z \to 0} \frac{\delta f}{\delta z} = \lim_{\delta x \to 0} \left(\frac{\delta u}{\delta x} + i\frac{\delta v}{\delta x} \right) = \frac{\partial u}{\partial x} + i\frac{\partial v}{\partial x}, \tag{11.7}$$

supondo que as derivadas parciais existem. Para uma segunda abordagem, definimos $\delta x = 0$ e então deixamos $\delta y \to 0$. Isso leva a

$$\lim_{\delta z \to 0} \frac{\delta f}{\delta z} = \lim_{\delta y \to 0} \left(-i\frac{\delta u}{\delta y} + \frac{\delta v}{\delta y} \right) = -i\frac{\partial u}{\partial y} + \frac{\partial v}{\partial y}. \tag{11.8}$$

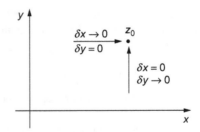

Figura 11.1: Abordagens alternativas a z_0.

Se for necessário ter uma derivada df/dz, as Equações (11.7) e (11.8) têm de ser idênticas. Igualando as partes reais a partes reais, e as partes imaginárias a partes imaginárias (como componentes dos vetores), obtemos

$$\frac{\partial u}{\partial x} = \frac{\partial v}{\partial y}, \quad \frac{\partial u}{\partial y} = -\frac{\partial v}{\partial x}. \tag{11.9}$$

Essas são as famosas condições de **Cauchy-Riemann**. Elas foram descobertas por Cauchy e utilizadas amplamente por Riemann no desenvolvimento da teoria da variável complexa. Essas condições de Cauchy-Riemann são necessárias para a existência de uma derivada de $f(z)$. Isto é, para que df/dz exista, as condições de Cauchy-Riemann devem ser válidas.

Por outro lado, se as condições de Cauchy-Riemann estão satisfeitas e as derivadas parciais de $u(x, y)$ e $v(x, y)$ são contínuas, a derivada df/dz existe. Para mostrar isso, começamos escrevendo

$$\delta f = \left(\frac{\partial u}{\partial x} + i\frac{\partial v}{\partial x}\right)\delta x + \left(\frac{\partial u}{\partial y} + i\frac{\partial v}{\partial y}\right)\delta y, \tag{11.10}$$

em que a justificativa para essa expressão depende da continuidade das derivadas parciais de u e v Utilizando as equações de Cauchy-Riemann, Equação (11.9), convertemos a Equação (11.10) na forma para a forma

$$\delta f = \left(\frac{\partial u}{\partial x} + i\frac{\partial v}{\partial x}\right)\delta x + \left(-\frac{\partial v}{\partial x} + i\frac{\partial u}{\partial x}\right)\delta y$$

$$= \left(\frac{\partial u}{\partial x} + i\frac{\partial v}{\partial x}\right)(\delta x + i\delta y). \tag{11.11}$$

Substituindo $\delta x + i\delta y$ por δz e inserindo-o no lado esquerdo da Equação (11.11), chegamos a

$$\frac{\delta f}{\delta z} = \frac{\partial u}{\partial x} + i\frac{\partial v}{\partial x}, \tag{11.12}$$

uma equação cujo lado direito é independente da direção de δx (isto é, os valores relativos de δx e δy). Essa independência da direcionalidade satisfaz a condição para a existência da derivada, df/dz.

Funções Analíticas

Se $f(z)$ é diferenciável e de valor único em uma região do plano complexo, diz-se que ela é uma função **analítica** nessa região.[1] Funções de valor múltiplo também podem ser analíticas sob certas restrições que as tornam de valor único em regiões específicas; esse caso, que é de grande importância, é discutido em detalhes na Seção 11.6. Se $f(z)$ é analítica em todos os lugares no plano complexo (finito), nós a chamamos de função **inteira**. Nossa teoria das variáveis complexas aqui é uma das funções analíticas de uma variável complexa, o que indica a importância crucial das condições de Cauchy-Riemann. O conceito de analiticidade desenvolvido em teorias avançadas da física moderna desempenha um papel crucial na teoria da dispersão (das partículas elementares). Se $f'(z)$ não existe em $z = z_0$, então z_0 é rotulado **ponto singular**; pontos singulares e suas implicações serão discutidos mais adiante.

Para ilustrar as condições de Cauchy-Riemann, considere dois exemplos muito simples.

---

[1]Alguns autores usam o termo **holomórfico** ou **regular**.

Exemplo 11.2.1 z^2 É Analítica

Seja $f(z) = z^2$. Multiplicando $(x - iy)(x - iy) = x^2 - y^2 + 2ixy$, identificamos a parte real de z^2 como $u(x, y) = x^2 - y^2$ e sua parte imaginária como $v(x, y) = 2xy$. Seguindo a Equação (11.9),

$$\frac{\partial u}{\partial x} = 2x = \frac{\partial v}{\partial y}, \quad \frac{\partial u}{\partial y} = -2y = -\frac{\partial v}{\partial x}.$$

Vemos que $f(z) = z^2$ satisfaz as condições de Cauchy-Riemann por todo o plano complexo. Como as derivadas parciais são claramente contínuas, concluímos que $f(z) = z^2$ é analítica, e é uma função inteira. ∎

Exemplo 11.2.2 z^* NÃO É Analítica

Seja $f(z) = z^*$, o conjugado complexo de z. Agora $u = x$ e $v = -y$. Aplicando as condições de Cauchy-Riemann, obtemos

$$\frac{\partial u}{\partial x} = 1 \neq \frac{\partial v}{\partial y} = -1.$$

As condições de Cauchy-Riemann não são satisfeitas para qualquer valor de x ou y e $f(z) = z^*$ de modo nenhum é uma função analítica de z. É interessante notar que $f(z) = z^*$ é contínua, fornecendo assim um exemplo de uma função que é em todos os lugares contínua, mas de modo nenhum é diferenciável no plano complexo. ∎

A derivada de uma função real de uma variável real é essencialmente uma característica local, na medida em que fornece informações sobre a função apenas em uma região local, por exemplo, como uma expansão de Taylor truncada. A existência de uma derivada de uma função de uma variável complexa tem implicações muito mais amplas, uma das quais é que as partes real e imaginária da nossa função analítica devem satisfazer a equação de Laplace separadamente em duas dimensões, ou seja,

$$\frac{\partial^2 \psi}{\partial x^2} + \frac{\partial^2 \psi}{\partial y^2} = 0.$$

Para verificar essa afirmação, diferenciamos a primeira equação de Cauchy-Riemann na Equação (11.9) em relação a x e a segunda em relação a y, obtendo

$$\frac{\partial^2 u}{\partial x^2} = \frac{\partial^2 v}{\partial x \partial y}, \quad \frac{\partial^2 u}{\partial y^2} = -\frac{\partial^2 v}{\partial y \partial x}.$$

Combinando essas duas equações, chegamos facilmente a

$$\frac{\partial^2 u}{\partial x^2} + \frac{\partial^2 u}{\partial y^2} = 0, \tag{11.13}$$

confirmando que $u(x, y)$, a parte real de uma função complexa diferenciável, satisfaz a equação de Laplace. Reconhecendo que se $f(z)$ é diferenciável, também é $-if(z) = v(x, y) - iu(x, y)$ ou, por passos semelhantes àqueles que levam à Equação (11.13), podemos confirmar que $v(x, y)$ também satisfaz a equação bidimensional (2-D) de Laplace. Às vezes u e v são chamadas **funções harmônicas** (para que não sejam confundidas com **harmônicos esféricos**, que mais tarde encontraremos como as soluções angulares para os problemas de força central).

As soluções $u(x, y)$ e $v(x, y)$ são complementares pelo fato de que as curvas da constante $u(x, y)$ produzem interseções ortogonais com as curvas da constante $v(x, y)$. Para confirmar isso, note que se (x_0, y_0) está na curva $u(x, y) = c$, então $x_0 + dx$, $y_0 + dy$ também está nessa curva se

$$\frac{\partial u}{\partial x} dx + \frac{\partial u}{\partial y} dy = 0,$$

o que significa que o declive da curva da constante u em (x_0, y_0) é

$$\left(\frac{dy}{dx} \right)_u = \frac{-\partial u / \partial x}{\partial u / \partial y}, \tag{11.14}$$

em que as derivadas devem ser avaliadas em (x_0, y_0). Da mesma forma, podemos encontrar que o declive da curva da constante v em (x_0, y_0) é

$$\left(\frac{dy}{dx}\right)_v = \frac{-\partial v/\partial x}{\partial v/\partial y} = \frac{\partial u/\partial y}{\partial u/\partial x}, \tag{11.15}$$

em que o último membro da Equação (11.15) foi alcançado utilizando as equações de Cauchy-Riemann.

Comparando as Equações (11.14) e (11.15), notamos que no mesmo ponto, os declives que eles descrevem são ortogonais (para confirmar, verifique se $dx_u dxv + dy_u dyv = 0$).

As propriedades que acabamos de examinar são importantes para a solução de problemas eletrostáticos 2-D (regidos pela equação de Laplace). Se identificarmos (por métodos além do escopo deste livro) uma função analítica adequada, suas linhas de constante u descreverão equipotenciais eletrostáticos, enquanto as de constante v serão as linhas de fluxo do campo elétrico.

Por fim, a natureza global da nossa função analítica também é ilustrada pelo fato de que ela não é somente uma primeira derivada, mas, além disso, derivadas de todas as ordens superiores, uma propriedade que não é compartilhada por funções de uma variável real. Essa propriedade será demonstrada na Seção 11.4.

Derivadas das Funções Analíticas

Trabalhar com as partes real e imaginária de uma função analítica $f(z)$ é uma maneira de considerar sua derivada; um exemplo dessa abordagem é a utilização da Equação (11.12). Entretanto, geralmente é mais fácil usar o fato de que a diferenciação complexa segue as mesmas regras que as das variáveis reais. Como um primeiro passo para estabelecer essa correspondência, observe que, **se** $f(z)$ **é analítica**, então, da Equação (11.12),

$$f'(z) = \frac{\partial f}{\partial x},$$

e que

$$\left[f(z)g(z)\right]' = \left(\frac{d}{dz}\right)\left[f(z)g(z)\right] = \left(\frac{\partial}{\partial x}\right)\left[f(z)g(z)\right]$$

$$= \left(\frac{\partial f}{\partial x}\right)g(z) + f(z)\left(\frac{\partial g}{\partial x}\right) = f'(z)g(z) + f(z)g'(z),$$

a regra familiar para diferenciar um produto. Dado também que

$$\frac{dz}{dz} = \frac{\partial z}{\partial x} = 1,$$

podemos facilmente estabelecer que

$$\frac{dz^2}{dz} = 2z, \quad \text{e, por indução,} \quad \frac{dz^n}{dz} = nz^{n-1}.$$

As funções definidas por uma série de potências terão então regras de diferenciação idênticas àquelas para o domínio real. Funções não ordinárias definidas por uma série de potências também têm as mesmas regras de diferenciação que para o domínio real, mas isso terá de ser demonstrado caso a caso. Eis um exemplo que ilustra como estabelecer uma fórmula derivada.

Exemplo 11.2.3   Derivada do Logaritmo

Queremos verificar se $d \ln z/dz = 1/z$. Escrevendo, como na Equação (1.138),

$$\ln z = \ln r + i\theta + 2n\pi i,$$

notamos que se escrevemos $\ln z = u + iv$, temos $u = \ln r$, $v = \theta + 2n\pi$. Para verificar se $\ln z$ satisfaz as equações de Cauchy-Riemann, avaliamos

$$\frac{\partial u}{\partial x} = \frac{1}{r}\frac{\partial r}{\partial x} = \frac{x}{r^2}, \quad \frac{\partial u}{\partial y} = \frac{1}{r}\frac{\partial r}{\partial y} = \frac{y}{r^2},$$

$$\frac{\partial v}{\partial x} = \frac{\partial \theta}{\partial x} = \frac{-y}{r^2}, \quad \frac{\partial v}{\partial y} = \frac{\partial \theta}{\partial y} = \frac{x}{r^2}.$$

As derivadas de r e θ em relação a x e y são obtidas a partir das equações que conectam coordenadas cartesianas e polares. Exceto em $r = 0$, onde as derivadas são indefinidas, as equações de Cauchy-Riemann podem ser confirmadas.

Em seguida, para obter a derivada, podemos simplesmente aplicar a Equação (11.12),

$$\frac{d\ln z}{dz} = \frac{\partial u}{\partial x} + i\frac{\partial v}{\partial x} = \frac{x - iy}{r^2} = \frac{1}{x + iy} = \frac{1}{z}.$$

Como $\ln z$ é de valor múltiplo, ela não será analítica, exceto sob condições que a restringem à validade única em uma região específica. Esse tema será retomado na Seção 11.6. ∎

Ponto no Infinito

Na teoria da variável complexa, o infinito é considerado como um ponto único, e o comportamento em sua vizinhança é discutido depois de fazer uma mudança na variável de z a $w = 1/z$. Essa transformação tem o efeito de que, por exemplo, $z = -R$, com R grande, reside no plano w perto de $z = +R$, assim entre outras coisas influenciando os valores calculados para as derivadas. Uma consequência elementar é que funções inteiras, como z ou e^z, têm pontos singulares em $z = \infty$. Como um exemplo trivial, note que no infinito o comportamento de z é identificado como o de $1/w$ como $w \to 0$, levando à conclusão de que z é singular aí.

Exercícios

11.2.1 Mostre se a função $f(z) = \Re(x) = x$ é ou não analítica.

11.2.2 Depois de mostrar que a parte real $u(x, y)$ e a parte imaginária $v(x, y)$ de uma função analítica $w(z)$ satisfazem a equação de Laplace, mostre que nem $u(x, y)$ nem $v(x, y)$ **podem ter um máximo ou mínimo**, no interior de qualquer região na qual $w(z)$ é analítica. (Elas podem ter somente pontos de sela.)

11.2.3 Encontre a função analítica

$$w(z) = u(x, y) + iv(x, y)$$

(a) Se $u(x, y) = x^3 - 3xy^2$, (b) se $v(x, y) = e^{-y}\operatorname{sen} x$.

11.2.4 Se há alguma região comum em que $w_1 = u(x, y) + iv(x, y)$ e $w_2 = w_1^* = u(x, y) - iv(x, y)$ são ambas analíticas, prove que $u(x, y)$ e $v(x, y)$ são constantes.

11.2.5 A partir de $f(z) = 1/(x + iy)$, mostre que $1/z$ é analítica no plano z inteiro finito, exceto no ponto $z = 0$. Isso amplia nossa discussão sobre a analiticidade de z^n para potências de inteiros negativos n.

11.2.6 Mostre que dadas as equações de Cauchy-Riemann, a derivada $f'(z)$ tem o mesmo valor para $dz = a\,dx + ib\,dy$ (com a nem b zero) como tem para $dz = dx$.

11.2.7 Usando $f(re^{i\theta}) = R(r, \theta)e^{i\Theta(r,\theta)}$, em que $R(r, \theta)$ e $\Theta(r, \theta)$ são funções reais diferenciáveis de r e θ, mostre que as condições de Cauchy-Riemann nas coordenadas polares se tornam

(a) $\dfrac{\partial R}{\partial r} = \dfrac{R}{r}\dfrac{\partial \Theta}{\partial \theta},$

(b) $\dfrac{1}{r}\dfrac{\partial R}{\partial \theta} = -R\dfrac{\partial \Theta}{\partial r}.$

Dica: Defina a derivada primeiro com δz radial e então com δz tangencial.

11.2.8 Como uma extensão do Exercício 11.2.7, mostre que $\Theta(r, \theta)$ satisfaz a equação de Laplace 2-D nas coordenadas polares,

$$\frac{\partial^2 \Theta}{\partial r^2} + \frac{1}{r}\frac{\partial \Theta}{\partial r} + \frac{1}{r^2}\frac{\partial^2 \Theta}{\partial \theta^2} = 0.$$

11.2.9   Para cada uma das seguintes funções $f(z)$, encontre $f'(z)$ e identifique a região máxima dentro da qual $f(z)$ é analítica.

(a) $f(z) = \dfrac{\operatorname{sen} z}{z}$,

(b) $f(z) = \dfrac{1}{z^2 + 1}$,

(c) $f(z) = \dfrac{1}{z(z+1)}$,

(d) $f(z) = e^{-1/z}$,

(e) $f(z) = z^2 - 3z + 2$,

(f) $f(z) = \tan(z)$,

(g) $f(z) = \tanh(z)$.

11.2.10   Para quais valores complexos cada uma das seguintes funções $f(z)$ têm uma derivada?
(a) $f(z) = z^{3/2}$,
(b) $f(z) = z^{-3/2}$,
(c) $f(z) = \tan^{-1}(z)$,
(d) $f(z) = \tanh^{-1}(z)$.

11.2.11   O escoamento bidimensional de fluído irrotacional é convenientemente descrito por um potencial complexo $f(z) = u(x, v) + iv(x, y)$. Rotulamos a parte real, $u(x, y)$, velocidade potencial, e a parte imaginária, $v(x, y)$, função corrente. A velocidade do fluído $\mathbf{V}$ é dada por $\mathbf{V} = \nabla u$. Se $f(z)$ é analítica:
(a)   Mostre que $df/dz = V_x - iV_y$.
(b)   Mostre que $\nabla \cdot \mathbf{V} = 0$ (nenhuma fonte, nenhum mergulho).
(c)   Mostre que $\nabla \times \mathbf{V} = 0$ (escoamento irrotational não turbulento).

11.2.12   A função $f(z)$ é analítica. Mostre que a derivada de $f(z)$ em relação a z^* não existe a menos que $f(z)$ seja uma constante.
Dica: Use a regra da cadeia e considere $x = (z + z^*)/2$, $y = (z - z^*)/2i$.
Nota: Esse resultado enfatiza que nossa função analítica $f(z)$ não é apenas uma função complexa das duas variáveis reais x e y. Ela é uma função da variável complexa $x + iy$.

11.3   Teorema Integral de Cauchy
Integrais de Contorno

Com a diferenciação sob controle, passamos para a integração. A integral de uma variável complexa ao longo de um caminho no plano complexo (conhecido como **contorno**) pode ser definidos em estreita analogia com a integral (Riemann) de uma função real integrada ao longo do eixo x real.

Dividimos o contorno, r de z_0 a z'_0, designado C, em n intervalos escolhendo $n - 1$ pontos intermédios $z_1, z_2, \ldots$ no contorno (Figura 11.2). Considere a soma

$$S_n = \sum_{j=1}^{n} f(\zeta_j)(z_j - z_{j-1}),$$

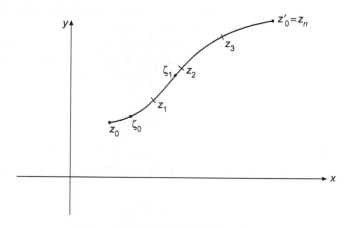

Figura 11.2: Caminho de integração.

onde ζ_j é um ponto na curva entre z_j e z_{j-1}. Agora seja $n \to \infty$ com

$$|z_j - z_{j-1}| \to 0$$

para todo o j. Se $\lim_{n \to \infty} S_n$ existe, então

$$\lim_{n \to \infty} \sum_{j=1}^{n} f(\zeta_j)(z_j - z_{j-1}) = \int_{z_0}^{z_0'} f(z)\,dz = \int_C f(z)\,dz. \tag{11.16}$$

O lado direito da Equação (11.16) é chamado integral de contorno de $f(z)$ (ao longo do contorno especificado C de $z = 0$ para $z = z_0'$).

Como uma alternativa, a integral do contorno pode ser definida por

$$\int_{z_1}^{z_2} f(z)dz = \int_{x_1,y_1}^{x_2,y_2} [u(x, y) + iv(x, y)][dx + i\,dy]$$

$$= \int_{x_1,y_1}^{x_2,y_2} [u(x, y)dx - v(x, y)dy] + i \int_{x_1,y_1}^{x_2,y_2} [v(x, y)dx + u(x, y)dy], \tag{11.17}$$

com o caminho unindo (x_1, y_1) e (x_2, y_2) especificadas. Isso reduz a integral complexa à soma complexa das integrais reais. Isso de certa forma é análogo à substituição de uma integral vetorial pela soma vetorial das integrais escalares.

Muitas vezes estamos interessados em contornos que são **fechados**, significando que o início e o fim do contorno estão no mesmo ponto, de tal modo que o contorno forma um circuito fechado. Normalmente definimos a região delimitada por um contorno como aquele que reside à esquerda quando o contorno é percorrido na direção indicada; assim, um contorno que deve circundar uma área finita normalmente será considerado como sendo percorrido no sentido anti-horário. Se a origem de um sistema de coordenadas polares está dentro do contorno, essa convenção fará a direção normal do percurso no contorno ser aquela em que o ângulo polar θ aumenta.

Afirmação do Teorema

O teorema integral de Cauchy afirma que:

Se $f(z)$ é uma função analítica em todos os pontos de uma região simplesmente conexa no plano complexo e se C é um contorno fechado dentro dessa região, então

$$\oint_C f(z)\,dz = 0. \tag{11.18}$$

Para esclarecer o que foi mencionado anteriormente, precisamos da definição a seguir:

- Uma região é **simplesmente conexa** se cada curva fechada dentro dela pode ser reduzida continuamente a um ponto que está dentro da região.

Na linguagem cotidiana, uma região simplesmente conexa é aquela que não tem orifícios. Precisamos também explicar que o símbolo $\oint$ será utilizado a partir de agora para indicar uma integral ao longo de um contorno fechado; um subscrito (como C) é anexado quando outra especificação do contorno é desejada. Também observe que para que o teorema possa ser aplicado, o contorno deve estar "dentro" da região da analiticidade. Isso significa que ele não pode estar na fronteira da região.

Antes de provar o teorema integral de Cauchy, analisamos alguns exemplos que atendem (e não atendem) suas condições.

Exemplo 11.3.1 z^N EM UM CONTORNO CIRCULAR

Vamos examinar a integral de contorno $\oint_C z^n \, dz$, em que C é um círculo de raio $r > 0$ em torno da origem $z = 0$ no sentido matemático positivo (sentido anti-horário). Nas coordenadas polares, compare com a Equação (1.125), nós parametrizamos o círculo como $z = re^{i\theta}$ e $dz = ire^{i\theta} \, d\theta$. para $n \neq -1$, n um inteiro, então obtemos

$$\oint_C z^n dz = i \, r^{n+1} \int_0^{2\pi} \exp[i(n+1)\theta] \, d\theta$$

$$= i \, r^{n+1} \left[\frac{e^{i(n+1)\theta}}{i(n+1)} \right]_0^{2\pi} = 0 \tag{11.19}$$

porque 2π é um período de $e^{i(n+1)\theta}$. Entretanto, para $n = -1$

$$\oint_C \frac{dz}{z} = i \int_0^{2\pi} d\theta = 2\pi i, \tag{11.20}$$

independente de r, mas não zero.

O fato de que a Equação (11.19) é satisfeita para todos os inteiros $n \geq 0$ é exigido pelo teorema de Cauchy porque, para esses n valores, z^n é analítica para todo z finito, e certamente para todos os pontos dentro de um círculo de raio r. O teorema de Cauchy não se aplica a nenhum inteiro negativo n porque, para esses n, z^n é singular em $z = 0$. O teorema, portanto, não prescreve nenhum valor particular para as integrais de n negativo. Vemos que uma dessas integrais (que para $n = -1$) tem um valor diferente de zero, e que outras (para integral $n \neq -1$) se anulam. ∎

Exemplo 11.3.2 z^N EM UM CONTORNO QUADRADO

A seguir, examinamos a integração de z^n para um contorno diferente, um quadrado com vértices em $\pm \frac{1}{2} \pm \frac{1}{2} i$. É um pouco entediante realizar essa integração para o inteiro geral n, assim só ilustramos com $n = 2$ e $n = -1$.

Para $n = 2$, temos $z^2 = x^2 - y^2 + 2i \, x \, y$. Referindo-se à Figura 11.3, identificamos o contorno como consistindo em quatro segmentos de Linha. No segmento 1, $dz = i \, dx (y = -\frac{1}{2}$ e $dy = 0)$; no segmento 2, $dz = i \, dy, x = \frac{1}{2}, dx = 0$; no segmento 3, $dz = dx, y = \frac{1}{2}, dy = 0$; e no segmento 4, $dz = i \, dy, x = -\frac{1}{2}, dx = 0$. Note que para os segmentos 3 e 4 a integração é na direção do valor decrescente da variável de integração. Esses segmentos contribuem, portanto, como a seguir para a integral:

Segmento 1: $\displaystyle\int_{-\frac{1}{2}}^{\frac{1}{2}} dx(x^2 - \tfrac{1}{4} - ix) = \frac{1}{3}\left[\frac{1}{8} - \left(-\frac{1}{8}\right)\right] - \frac{1}{4} - \frac{i}{2}(0) = -\frac{1}{6},$

Segmento 2: $\displaystyle\int_{-\frac{1}{2}}^{\frac{1}{2}} i \, dy(\tfrac{1}{4} - y^2 + iy) = \frac{i}{4} - \frac{i}{3}\left[\frac{1}{8} - \left(-\frac{1}{8}\right)\right] - \frac{1}{2}(0) = \frac{i}{6},$

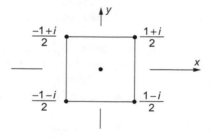

Figura 11.3: Contorno quadrado de integração.

Segmento 3:
$$\int\limits_{\frac{1}{2}}^{-\frac{1}{2}} (dx)(x^2 - \tfrac{1}{4} + ix) = -\frac{1}{3}\left[\frac{1}{8} - \left(-\frac{1}{8}\right)\right] + \frac{1}{4} - \frac{i}{2}(0) = \frac{1}{6},$$

Segmento 4:
$$\int\limits_{\frac{1}{2}}^{-\frac{1}{2}} (i\,dy)(\tfrac{1}{4} - y^2 - iy) = -\frac{i}{4} + \frac{i}{3}\left[\frac{1}{8} - \left(-\frac{1}{8}\right)\right] - \frac{1}{2}(0) = -\frac{i}{6}.$$

Descobrimos que a integral de z ao longo do quadrado, tal como desapareceu ao longo do círculo. Isso é exigido pelo teorema de Cauchy.

Para $n = -1$, temos, em coordenadas cartesianas,

$$z^{-1} = \frac{x - iy}{x^2 + y^2},$$

e a integral ao longo dos quatro segmentos do contorno quadrado assume a forma

$$\int\limits_{-\frac{1}{2}}^{\frac{1}{2}} \frac{x + i/2}{x^2 + \frac{1}{4}}\,dx + \int\limits_{-\frac{1}{2}}^{\frac{1}{2}} \frac{\frac{1}{2} - iy}{y^2 + \frac{1}{4}}(i\,dy) + \int\limits_{\frac{1}{2}}^{-\frac{1}{2}} \frac{x - i/2}{x^2 + \frac{1}{4}}\,dx + \int\limits_{\frac{1}{2}}^{-\frac{1}{2}} \frac{\frac{1}{2} + iy}{y^2 + \frac{1}{4}}(i\,dy).$$

Vários dos termos desaparecem porque eles envolvem a integração de um integrando ímpar ao longo de um intervalo par, e outros simplesmente se anulam. Tudo o que resta é

$$\int\limits_{\square} z^{-1}dz = i\int\limits_{-\frac{1}{2}}^{\frac{1}{2}} \frac{dx}{x^2 + \frac{1}{4}} = 2i\int\limits_{-1}^{1} \frac{du}{u^2 + 1} = 2i\left[\frac{\pi}{2} - \left(-\frac{\pi}{2}\right)\right] = 2\pi i,$$

o mesmo resultado que foi obtido para a integração de z^{-1} em torno de um círculo de raio qualquer. O teorema de Cauchy não se aplica aqui, então o resultado diferente de zero não é problemático. ■

Teorema de Cauchy: Prova

Passamos agora para uma prova do teorema integral de Cauchy. A prova que oferecemos está sujeita a uma restrição inicialmente aceita por Cauchy, mas, mais tarde, mostrada desnecessária por Goursat. O que precisamos mostrar é que

$$\oint\limits_{C} f(z)\,dz = 0,$$

sujeito ao requisito de que C é um contorno fechado dentro de uma região r simplesmente conexa, onde $f(z)$ é analítica (Figura 11.4). A restrição necessária para prova de Cauchy (e a presente) é que se escrevermos $f(z) = u(x, y) + iv(x, y)$, as derivadas parciais de u e v serão contínuas.

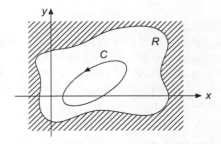

Figura 11.4: Um contorno fechado C dentro de uma região R simplesmente conexa.

Nossa intenção é provar o teorema pela aplicação direta do teorema de Stokes (Seção 3.8). Escrevendo $dz = dx + i\, dy$,

$$\oint_C f(z)\, dz = \oint_C (u + i v)(dx + i\, dy)$$

$$= \oint_C (u\, dx - v\, dy) + i \oint_C (v\, dx + u\, dy). \tag{11.21}$$

Essas duas integrais de linha podem ser convertidas em integrais de superfície pelo teorema de Stokes, um procedimento que se justifica porque supomos que as derivadas parciais são contínuas dentro da área delimitada por C. Ao aplicar o teorema de Stokes, note que as duas últimas integrais da Equação (11.21) são reais.

Para avançar ainda mais, notamos que todas as integrais envolvidas aqui podem ser identificadas como tendo integrandos da forma $(V_x \hat{\mathbf{e}}_x + V_y \hat{\mathbf{e}}_y) \cdot d\mathbf{r}$, a integração é em torno de um circuito no plano $x\, y$, e o valor da integral será a integral de superfície, ao longo da área delimitada, da componente z de $\nabla \times (V_x \hat{\mathbf{e}}_x + V_y \hat{\mathbf{e}}_y)$. Assim, o teorema de Stokes afirma que

$$\oint_C (V_x\, dx + V_y\, dy) = \int_A \left(\frac{\partial V_y}{\partial x} - \frac{\partial V_x}{\partial y} \right) dx\, dy, \tag{11.22}$$

com A sendo região 2-D delimitada por C.

Para a primeira integral na segunda linha da Equação (11.21), deixamos $u = V_x$ e $v = -V_y$.[2] Então

$$\oint_C (u\, dx - v\, dy) = \oint_C (V_x\, dx + V_y\, dy)$$

$$= \int_A \left(\frac{\partial V_y}{\partial x} - \frac{\partial V_x}{\partial y} \right) dx\, dy = -\int_A \left(\frac{\partial v}{\partial x} + \frac{\partial u}{\partial y} \right) dx\, dy. \tag{11.23}$$

Para a segunda integral no lado direito da Equação (11.21) deixamos $u = V_y$ e $v = V_x$. Usando o teorema de Stokes novamente, obtemos

$$\oint_C (v\, dx + u\, dy) = \int_A \left(\frac{\partial u}{\partial x} - \frac{\partial v}{\partial y} \right) dx\, dy. \tag{11.24}$$

Inserindo as Equações (11.23) e (11.24) na Equação (11.21), agora temos

$$\oint_C f(z)\, dz = -\int_A \left(\frac{\partial v}{\partial x} + \frac{\partial u}{\partial y} \right) dx\, dy + i \int_A \left(\frac{\partial u}{\partial x} - \frac{\partial v}{\partial y} \right) dx\, dy = 0. \tag{11.25}$$

Lembrando que assumimos que $f(z)$ é analítica, descobrimos que ambas as integrais de superfície na Equação (11.25) são zero porque a aplicação das equações de Cauchy-Riemann faz seus integrandos desaparecerem. Isso estabelece o teorema.

Multiplique as Regiões Conectadas

A afirmação original do teorema integral de Cauchy exigia uma região simplesmente conexa da analiticidade. Essa restrição pode ser flexibilizada criando uma barreira, uma região estreita que escolhemos excluir da região identificada como analítica. O objetivo da construção da barreira é permitir, dentro de uma região multiplamente conexa, a identificação das curvas que podem ser reduzidas a um ponto dentro da região, isto é, a construção de uma sub-região que é simplesmente conexa.

---

[2] Para o teorema de Stokes, V_x e V_y são quaisquer duas funções com derivadas parciais contínuas, e que elas não precisam estar conectadas por nenhuma relação decorrente da teoria da variável complexa.

Considere a região multiplamente conexa ilustrada na Figura 11.5, em que $f(z)$ só é analítica na área não sombreada rotulada R. O teorema da integral de Cauchy não é válido para o contorno C, como mostrado, mas podemos construir um contorno C' para o qual o teorema é válido. Desenhamos uma barreira a partir da região interna proibida, R', em relação à região proibida para R e então criamos um novo contorno, C', como mostrado na Figura 11.6.

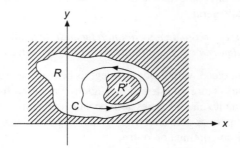

Figura 11.5: Um contorno C fechado em uma região multiplamente conexa.

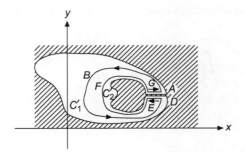

Figura 11.6: Conversão de uma região multiplamente conexa em uma região simplesmente conexa.

O novo contorno, C', ao longo de $ABDEFGA$, nunca cruza a barreira que converte R em uma região simplesmente conexa. Incidentalmente, o análogo tridimensional dessa técnica foi utilizado na Seção 3.9 para provar a lei de Gauss. Como $f(z)$ é de fato contínua ao longo da barreira dividindo DE de GA e os segmentos de linha DE e GA pode estar arbitrariamente próximos em conjunto, temos

$$\int_{G}^{A} f(z)\,dz = -\int_{E}^{D} f(z)\,dz. \tag{11.26}$$

Então, invocando o teorema integral de Cauchy, porque o contorno agora está dentro de uma região simplesmente conexa, e usando a Equação (11.26) para cancelar as contribuições dos segmentos ao longo da barreira,

$$\oint_{C'} f(z)\,dz = \int_{ABD} f(z)\,dz + \int_{EFG} f(z)\,dz = 0. \tag{11.27}$$

Agora que estabelecemos a Equação (11.27), notamos que A e D estão infinitesimalmente separados e que $f(z)$ é realmente contínua ao longo da barreira. Assim, a integração no caminho ABD produzirá o mesmo resultado que um contorno $ABDA$ verdadeiramente fechado. Observações semelhantes aplicam-se ao caminho de EFG, que pode ser substituído por $EFGE$. Renomeando $ABDA$ como C_1' e $EFGE$ como $-C_2'$, temos o resultado simples

$$\oint_{C_1'} f(z)\,dz = \oint_{C_2'} f(z)\,dz, \tag{11.28}$$

em que C_1' e C_2' são ambos atravessados na mesma direção (anti-horária, isto é, positiva).

Esse resultado requer alguma interpretação. O que mostramos é que a integral de uma função analítica ao longo de um contorno fechado circundando uma "ilha" da não analiticidade pode ser submetida a qualquer deformação permanente dentro da região da analiticidade sem alterar o valor da integral. A noção da *deformação contínua* significa que a mudança no contorno precisa ser executada por meio de uma série de pequenos passos, o que exclui processos nos quais nós "saltamos sobre" um ponto ou região da não analiticidade. Como já sabemos que a integral de uma função analítica ao longo de um contorno em uma região simplesmente conexa de analiticidade tem valor zero, podemos fazer a afirmação mais geral

A integral da função analítica a_n ao longo de um caminho fechado tem um valor que permanece inalterado ao longo de todas as possíveis deformações contínuas do contorno dentro da região da analiticidade.

Voltando aos dois exemplos desta seção, vemos que as integrais de z^2 desapareceram para os contornos circulares como quadrados, como prescrito pelo teorema integral de Cauchy para uma função analítica. As integrais de z^{-1} não desapareceram, e o desaparecimento não foi necessário porque havia um ponto da não analiticidade dentro dos contornos. Porém, as integrais de z^{-1} para os dois contornos tinham o mesmo valor, uma vez que ambos os contornos podem ser alcançados por deformação contínua do outro.

Encerramos esta seção com uma observação extremamente importante. Por uma extensão trivial para o Exemplo 11.3.1 além do fato de que contornos fechados em uma região da analiticidade podem ser deformados continuamente, sem alterar o valor da integral, temos o resultado valioso e útil:

A integral de $(z - z_0)^n$ em torno de qualquer caminho fechado anti-horário C que delimita Z_0 tem, para qualquer inteiro n, os valores

$$\oint_C (z - z_0)^n \, dz = \begin{cases} 0, & n \neq -1, \\ 2\pi i, & n = -1. \end{cases} \tag{11.29}$$

Exercícios

11.3.1   Mostre que $\int_{z_1}^{z_2} f(z)\,dz = -\int_{z_2}^{z_1} f(z)\,dz$.

11.3.2   Prove que $\left| \int_C f(z)\,dz \right| \leq |f|_{max} \cdot L$,

onde $|f|_{max}$ é o valor máximo de $|f(z)|$ ao longo do contorno C, e L é o comprimento do contorno.

11.3.3   Mostre que a integral

$$\int_{3+4i}^{4-3i} (4z^2 - 3iz)\,dz$$

tem o mesmo valor nos dois caminhos: (a) a linha reta que conecta os limites da integração, e (b) um arco no círculo $|z| = 5$.

11.3.4   Seja $F(z) = \int_{\pi(1+i)}^{z} \cos 2\zeta \, d\zeta$.

Mostre que $F(z)$ é independente do caminho que conecta os limites da integração, e avalie $F(\pi i)$.

11.3.5   Avalie $r_C (x^2 - iy^2)\,dz$, onde a integração é (a) no sentido horário em torno do círculo unitário, (b) em um quadrado com vértices em $\pm 1 \pm i$. Explique por que os resultados das partes (a) e (b) são ou não são idênticos.

11.3.6   Verifique que

$$\int_0^{1+i} z^* dz$$

depende do caminho avaliando a integral para os dois caminhos mostrados na Figura 11.7. Lembre-se de que $f(z) = z^*$ não é uma função analítica de z e que o teorema integral de Cauchy, portanto, não se aplica.

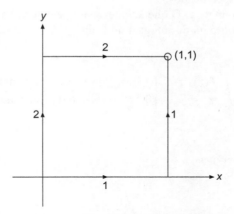

Figura 11.7: Contornos para o Exercício 11.3.6.

11.3.7 Mostre que

$$\oint_C \frac{dz}{z^2 + z} = 0,$$

em que o contorno C é um círculo definido por $|z| = R > 1$.

Dica: Utilização direta do teorema integral de Cauchy é inválida. A integral pode ser avaliada expandindo em frações parciais e então tratando os dois termos individualmente. Isso produz 0 para $r > 1$ e $2\pi i$ para $R < 1$.

11.4 Fórmula Integral de Cauchy

Como na seção anterior, consideramos uma função $f(z)$ que é analítica em um contorno fechado C e dentro da região interior delimitada por C. Isso significa que o contorno C dever ser atravessado no **sentido anti-horário**. Procuramos provar o seguinte resultado, conhecido como **fórmula integral de Cauchy:**

$$\frac{1}{2\pi i} \oint_C \frac{f(z)}{z - z_0} dz = f(z_0), \tag{11.30}$$

em que z_0 é qualquer ponto no interior da região delimitada por C. Note que como z está no contorno C enquanto z_0 está no interior, $z - z_0 \neq 0$ e a Equação integral (11.30) está bem-definida.

Embora $f(z)$ seja supostamente analítica, o integrando é $f(z)/(z - z_0)$ e não é analítica em $z = z_0$ a menos que $f(z_0) = 0$. Agora deformamos o contorno, para torná-lo um círculo de raio pequeno r em torno de $z = z_0$, atravessado, como o contorno original no sentido anti-horário. Como mostrado na seção anterior, isso não altere o valor da integral. Nós, portanto, escrevemos $z = z_0 + re^{i\theta}$, assim $dz = ire^{i\theta} d\theta$, a integração é de $\theta = 0$ a $\theta = 2\pi$, e

$$\oint_C \frac{f(z)}{z - z_0} dz = \int_0^{2\pi} \frac{f(z_0 + re^{i\theta})}{re^{i\theta}} ire^{i\theta} d\theta.$$

Considerando o limite $r \to 0$, obtemos

$$\oint_C \frac{f(z)}{z - z_0} dz = if(z_0) \int_0^{2\pi} d\theta = 2\pi if(z_0), \tag{11.31}$$

em que substituímos $f(z)$ por seu limite $f(z_0)$ porque é analítica e, portanto, contínua em $z = z_0$. Isso prova a fórmula integral de Cauchy.

Eis um resultado notável. O valor de uma função analítica $f(z)$ é dado no ponto interior arbitrário $z = z_0$ depois que os valores no contorno C são especificados.

Enfatizamos que z_0 é um ponto interior. O que acontece se z_0 é exterior a C? Nesse caso todo o integrando é analítico em e dentro de C. O teorema da integral de Cauchy, Seção 11.3, aplica-se e a integral se anula. Resumindo, temos

$$\frac{1}{2\pi i} \oint_C \frac{f(z)\, dz}{z - z_0} = \begin{cases} f(z_0), & z_0 \text{ interior do contorno,} \\ 0, & z_0 \text{ exterior do contorno.} \end{cases}$$

Exemplo 11.4.1   UMA INTEGRAL
Considere

$$I = \oint_C \frac{dz}{z(z + 2)},$$

em que a integração é anti-horária ao longo do círculo unitário. O fator $1/(z + 2)$ é analítico dentro da região delimitada pelo contorno, assim isso é um caso da fórmula integral de Cauchy, Equação (11.30), com $f(z) = 1/(z + 2)$ e $z_0 = 0$. O resultado é imediato:

$$I = 2\pi i \left[\frac{1}{z + 2} \right]_{z=0} = \pi i.$$

■

Exemplo 11.4.2   INTEGRAL COM DOIS FATORES SINGULARES
Considere agora

$$I = \oint_C \frac{dz}{4z^2 - 1},$$

Também integrado no sentido anti-horário ao longo do círculo unitário. O denominador é fatorado em $4(z - \frac{1}{2})(z + \frac{1}{2})$, e é evidente que a região da integração contém dois fatores singulares. Entretanto, ainda podemos usar a fórmula integral de Cauchy se criarmos a expansão fracionária parcial

$$\frac{1}{4z^2 - 1} = \frac{1}{4} \left(\frac{1}{z - \frac{1}{2}} - \frac{1}{z + \frac{1}{2}} \right),$$

depois da qual integramos os dois termos individualmente. Temos

$$I = \frac{1}{4} \left[\oint_C \frac{dz}{z - \frac{1}{2}} - \oint_C \frac{dz}{z + \frac{1}{2}} \right].$$

Cada integral é um caso da fórmula de Cauchy com $f(z) = 1$, e para ambas as integrais o ponto $z_0 = \pm\frac{1}{2}$ está dentro do contorno, assim cada um é avaliado para $2\pi i$, e sua soma é zero. Então $I = 0$. ■

Derivadas

A fórmula integral de Cauchy pode ser usada para obter uma expressão para a derivada de $f(z)$. Diferenciando a Equação (11.30) com relação a z_0, e permutando a diferenciação e a integração z,[3]

$$f'(z_0) = \frac{1}{2\pi i} \oint \frac{f(z)}{(z-z_0)^2}\, dz. \tag{11.32}$$

Diferenciando novamente,

$$f''(z_0) = \frac{2}{2\pi i} \oint \frac{f(z)\, dz}{(z-z_0)^3}.$$

Continuando, temos[4]

$$f^{(n)}(z_0) = \frac{n!}{2\pi i} \oint \frac{f(z)\, dz}{(z-z_0)^{n+1}}; \tag{11.33}$$

isto é, a exigência de que $f(z)$ seja analítica garante não apenas uma primeira derivada, mas também derivadas de **todas as** ordens. As derivadas de $f(z)$ são automaticamente analíticas. Como indicado na nota de rodapé, essa afirmação supõe a versão de Goursat do teorema integral de Cauchy. Essa é uma razão por que a contribuição de Goursat é tão significativa no desenvolvimento da teoria das variáveis complexas.

Exemplo 11.4.3   Uso da Fórmula Derivada

Considere

$$I = \oint_C \frac{\operatorname{sen}^2 z\, dz}{(z-a)^4},$$

onde a integral é no sentido anti-horário em um contorno que circunda o ponto $z = a$. Isso é o caso da Equação (11.33) com $n = 3$ e $f(z) = \operatorname{sen}^2 z$. Portanto,

$$I = \frac{2\pi i}{3!}\left[\frac{d^3}{dz^3}\operatorname{sen}^2 z\right]_{z=a} = \frac{\pi i}{3}\left[-8\operatorname{sen} z\cos z\right]_{z=a} = -\frac{8\pi i}{3}\operatorname{sen} a\cos a.$$

∎

Teorema de Morera

Outra aplicação da fórmula integral de Cauchy é na prova do **teorema** de Morera, que é o inverso do teorema integral de Cauchy. O teorema afirma o seguinte:

Se a função $f(z)$ é contínua na região simplesmente conexa R *e $\oint_C f(z)dz = 0$ para cada contorno fechado* C *dentro de* R, *então $f(z)$ é analítica por todo* R.

Para provar o teorema, vamos integrar $f(z)$ de z_1 a z_2. Como cada integral de caminho de $f(z)$ desaparece, essa integral é independente do caminho e depende apenas de suas extremidades. Podemos, portanto, escrever

$$F(z_2) - F(z_1) = \int_{z_1}^{z_2} f(z)\, dz, \tag{11.34}$$

---

[3] A permuta pode ser provada legítima, mas a prova exige que teorema integral de Cauchy não esteja sujeito à restrição da derivada contínua na prova original de Cauchy. Dependemos, portanto, agora da prova de Goursat do teorema integral.

[4] Essa expressão é um ponto de partida para definir derivadas de **ordem fracionada**. Ver A. Erdelyi, ed., *Tables of Integral Transforms*, Vol. 2. Nova York: McGraw-Hill (1954). Para aplicações mais recentes à análise matemática, consulte T. J. Osler, An integral analogue of Taylor's series and its use in computing Fourier transforms, *Math. Comput.* **26**: 449 (1972), e referências aí contidas.

em que $F(z)$, nesse momento desconhecida, pode ser chamada integral indefinida de $f(z)$. Então construímos a identidade

$$\frac{F(z_2) - F(z_1)}{z_2 - z_1} - f(z_1) = \frac{1}{z_2 - z_1} \int_{z_1}^{z_2} \Big[f(t) - f(z_1) \Big] dt, \tag{11.35}$$

em que introduzimos uma outra variável complexa, t. Em seguida, utilizando o fato de que $f(t)$ é contínua, podemos escrever, mantendo apenas os termos para a primeira ordem em $t - z_1$,

$$f(t) - f(z_1) = f'(z_1)(t - z_1) + \cdots,$$

o que implica que

$$\int_{z_1}^{z_2} \Big[f(t) - f(z_1) \Big] dt = \int_{z_1}^{z_2} \Big[f'(z_1)(t - z_1) + \cdots \Big] dt = \frac{f'(z_1)}{2}(z_2 - z_1)^2 + \cdots.$$

Assim, é evidente que o lado direito da Equação (11.35) se aproxima de zero no limite $z_2 \to z_1$, portanto,

$$f(z_1) = \lim_{z_2 \to z_1} \frac{F(z_2) - F(z_1)}{z_2 - z_1} = F'(z_1). \tag{11.36}$$

A Equação (11.36) mostra que $F(z)$, que por construção é de valor único, tem uma derivada em todos os pontos dentro de R e, portanto, é analítica nessa região. Como $F(z)$ é analítica, então também deve ser sua derivada, $f(z)$, provando assim o teorema de Morera.

Nesse ponto, um comentário pode ser adequado. O teorema de Morera, que estabelece a analiticidade de $F(z)$ de uma região simplesmente conexa, não pode ser estendido para provar que $F(z)$, bem como $f(z)$, é analítica por toda uma região multiplamente conexa via o dispositivo que introduz uma barreira. Não é possível mostrar que $F(z)$ terá o mesmo valor nos dois lados da barreira e, na realidade, ela nem sempre têm essa propriedade. Assim, se estendida para uma região multiplamente conexa, $F(z)$ pode deixar de ter a validade única que é um dos requisitos para a analiticidade. Dito de outra forma, uma função que é analítica em uma região multiplamente conexa terá derivadas analíticas de todas as ordens nessa região, mas não há garantia de que sua integral seja analítica em toda a região multiplamente conexa. Essa questão é detalhada na Seção 11.6.

A prova do teorema de Morera forneceu algo adicional, ou seja, que a integral indefinida de $f(z)$ é sua antiderivada, mostrando que:

As regras para a integração das funções complexas são as mesmas que as das funções reais.

Outras Aplicações

Uma importante aplicação da fórmula integral de Cauchy é **desigualdade de Cauchy** a seguir. Se $f(z) = \Sigma a_n z^n$ é analítica e limitada, $|f(z)| \le M$ em um círculo de raio r na origem, então

$$|a_n| r^n \le M \quad \text{(desilgualdade de Cauchy)} \tag{11.37}$$

dá os limites superiores para os coeficientes da sua expansão Taylor. Para provar a Equação (11.37) vamos definir $M(r) = \max_{|z|=r} |f(z)|$ e usar a integral de Cauchy para $a_n = f^{(n)}(z)/n!$,

$$|a_n| = \frac{1}{2\pi} \left| \oint_{|z|=r} \frac{f(z)}{z^{n+1}} dz \right| \le M(r) \frac{2\pi r}{2\pi r^{n+1}}.$$

Uma consequência imediata da desigualdade, Equação (11.37), é **o teorema de Liouville**: Se $f(z)$ é analítica e limitada em todo o plano complexo, ela é uma constante. Na verdade, se $|f(z)| \le M$ para todo z, então a desigualdade de Cauchy, Equação (11.37), aplicada para $|z| = r$, dá $|a_n| \le Mr^{-n}$. Se agora escolhemos deixar r se aproximar de ∞, podemos concluir que para todo $n > 0$, $|a_n| = 0$. Consequentemente, $f(z) = a_0$.

Por outro lado, o menor desvio de uma função analítica a partir de um valor constante implica que deve haver pelo menos uma singularidade em algum lugar no plano complexo infinito. Além das funções constantes triviais, em seguida, as singularidades são um fato da vida, e temos de aprender a viver com elas. Como apontado ao introduzir o conceito de ponto no infinito, mesmo funções inócuas como $f(z) = z$ têm singularidades no infinito; agora sabemos que isso é uma propriedade de cada função inteira que não é simplesmente uma constante. Entretanto, devemos fazer mais do que apenas tolerar a existência das singularidades. Na próxima seção, mostraremos como expandir uma função em uma série de Laurent em uma singularidade, e passaremos a usar singularidades para desenvolver o cálculo poderoso e útil de resíduos em uma seção mais adiante neste capítulo.

Uma aplicação famosa do teorema de Liouville produz o **teorema fundamental da álgebra** (devido a C.F. Gauss), que diz que qualquer polinômio $P(z) = \sum_{v=0}^{n} a_v z^v$ com $n > 0$ e $a_n \neq 0$ tem n raízes. Para provar isso, suponha que $P(z)$ não tem nenhum zero. Então $1/P(z)$ é analítica e limitada como $|z| \to \infty$, e, por causa do teorema de Liouville, $P(z)$ teria de ser uma constante. Para resolver essa contradição, o caso deve ser que $P(z)$ tem pelo menos uma raiz λ que podemos dividir, formando $P(z)/(z - \lambda)$, um polinômio de grau $n - 1$. Podemos repetir esse processo até que o polinômio foi reduzido a um grau zero, encontrando assim exatamente n raízes.

Exercícios

A menos que explicitamente indicado de outra forma, os contornos fechados que ocorrem nesses exercícios devem ser entendidos como atravessados na direção (anti-horário) matematicamente positivo.

11.4.1 Mostre que

$$\frac{1}{2\pi i} \oint z^{m-n-1} dz, \quad \text{integrais de } m \text{ e } n$$

(com o contorno circundando a origem uma vez), é uma representação de δ_{mn} de Kronecker.

11.4.2 Avalie

$$\oint_C \frac{dz}{z^2 - 1},$$

em que C é o círculo $|z - 1| = 1$.

11.4.3 Supondo que $f(z)$ é analítica em e dentro de um contorno fechado C e que o ponto z_0 está dentro de C, mostre que

$$\oint_C \frac{f'(z)}{z - z_0} dz = \oint_C \frac{f(z)}{(z - z_0)^2} dz.$$

11.4.4 Você sabe que $f(z)$ é analítica em e dentro de um contorno fechado C. Você suspeita que a n-ésima derivada $f^{(n)}(z_0)$ é dada por

$$f^{(n)}(z_0) = \frac{n!}{2\pi i} \oint_C \frac{f(z)}{(z - z_0)^{n+1}} dz.$$

Usando indução matemática (Seção 1.4), prove que essa expressão está correta.

11.4.5 (a) Uma função $f(z)$ é analítica dentro de um contorno fechado C (e contínua em C). Se $f(z) \neq 0$ dentro de C e $|f(z)| \leq M$ em C, mostre que

$$|f(z)| \leq M$$

para todos os pontos dentro de C.

Dica: Considere $w(z) = 1/f(z)$.

(b) Se $f(z) = 0$ dentro do contorno C, mostre que o resultado anterior não é válido e que é possível ter $|f(z)| = 0$ em um ou mais pontos no interior com $|f(z)| > 0$ ao longo de todo o contorno limitador. Cite um exemplo específico de uma função analítica que se comporta dessa maneira.

11.4.6   Avalie

$$\oint_C \frac{e^{iz}}{z^3} dz,$$

para o contorno de um quadrado com lados de comprimento $a > 1$, centrado em $z = 0$.

11.4.7   Avalie

$$\oint_C \frac{\text{sen}^2 z - z^2}{(z-a)^3} dz,$$

em que o contorno circunda o ponto $z = a$.

11.4.8   Avalie

$$\oint_C \frac{dz}{z(2z+1)},$$

para o contorno do círculo unitário.

11.4.9   Avalie

$$\oint_C \frac{f(z)}{z(2z+1)^2} dz,$$

para o contorno do círculo unitário.

Dica: Crie uma expansão fracionária parcial.

11.5   Expansão de Laurent

Expansão de Taylor

A fórmula integral de Cauchy da seção anterior abre o caminho para outra derivação da série de Taylor (Seção 1.2), mas dessa vez para funções de uma variável complexa.

Suponha que estamos tentando expandir $f(z)$ sobre $z = z_0$ e temos $z = z_1$ como o ponto mais próximo do diagrama de Argand para os quais $F(z)$ não é analítica. Construímos um círculo C centrado em $z = z_0$ com raio menor que $|z_1 - z_0|$ (Figura 11.8). Como supomos que z^1 é o ponto mais próximo em que $f(z)$ não era analítica, $f(z)$ é necessariamente analítica em e dentro de C.

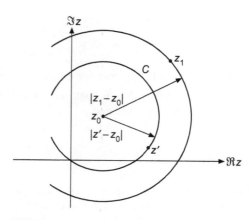

Figura 11.8: Domínios circulares para expansão de Taylor.

A partir da fórmula integral de Cauchy, Equação (11.30),

$$f(z) = \frac{1}{2\pi i} \oint_C \frac{f(z')\,dz'}{z'-z}$$

$$= \frac{1}{2\pi i} \oint_C \frac{f(z')\,dz'}{(z'-z_0)-(z-z_0)}$$

$$= \frac{1}{2\pi i} \oint_C \frac{f(z')\,dz'}{(z'-z_0)[1-(z-z_0)/(z'-z_0)]}. \tag{11.38}$$

Aqui z' é um ponto no contorno C e z é qualquer ponto dentro de C. Ainda não é válido expandir o denominador do integrando na Equação (11.38) pelo teorema binomial, pois ainda não provamos o teorema binomial para variáveis complexas. Em vez disso, podemos observar a identidade

$$\frac{1}{1-t} = 1 + t + t^2 + t^3 + \cdots = \sum_{n=0}^{\infty} t^n, \tag{11.39}$$

que pode ser facilmente verificada multiplicando ambos os lados por $1-t$. A série infinita, seguindo os métodos da Seção 1.2, é convergente para $|t| < 1$.

Agora, para um ponto z dentro de C, $|z-z_0| < |z'-z_0|$, e, usando a Equação (11.39), a Equação (11.38) se torna

$$f(z) = \frac{1}{2\pi i} \oint_C \sum_{n=0}^{\infty} \frac{(z-z_0)^n f(z')\,dz'}{(z'-z_0)^{n+1}}. \tag{11.40}$$

Trocando a ordem da integração e o somatório, que é válida porque a Equação (11.39) é uniformemente convergente para $|t| < 1 - \varepsilon$, com $0 < \varepsilon < 1$, obtemos

$$f(z) = \frac{1}{2\pi i} \sum_{n=0}^{\infty} (z-z_0)^n \oint_C \frac{f(z')\,dz'}{(z'-z_0)^{n+1}}. \tag{11.41}$$

Referindo-se à Equação (11.33), obtemos

$$f(z) = \sum_{n=0}^{\infty} \frac{f^{(n)}(z_0)}{n!} (z-z_0)^n, \tag{11.42}$$

que é a expansão de Taylor desejada.

É importante notar que nossa derivação não apenas produz a expansão dada na Equação (11.41); ela também mostra que essa expansão converge quando $|z-z_0| < |z_1-z_0|$. Por essa razão o círculo definido por $|z-z_0| = |z_1-z_0|$ é chamado **círculo de convergência** da nossa série de Taylor. Como uma alternativa, a distância $|z_1-z_0|$ é às vezes denominada **raio da convergência** da série de Taylor. Como resultado da definição anterior de z_1, podemos dizer que:

A série de Taylor de uma função $f(z)$ em qualquer ponto interior z_0 de uma região em que $f(z)$ é analítica é uma **expansão única** *que terá um raio da convergência igual à distância z_0 para a singularidade de $f(z)$ mais próximo de z_0, significando que a série de Taylor convergirá* **dentro** *desse círculo da convergência. A série de Taylor pode ou não convergir em pontos individuais* **no** *círculo da convergência.*

A partir da expansão de Taylor para $f(z)$, um teorema binomial pode ser derivado. Essa tarefa é deixada para o Exercício 11.5.2.

Série de Laurent

Frequentemente encontramos funções que são analíticas em uma região anular, digamos, entre círculos de raio interno r e raio externo R em torno de um ponto z_0, como mostrado na Figura 11.9. Supomos que $f(z)$ é essa função, com z um ponto típico na região anular. Desenhando uma barreira imaginária para converter nossa região em uma

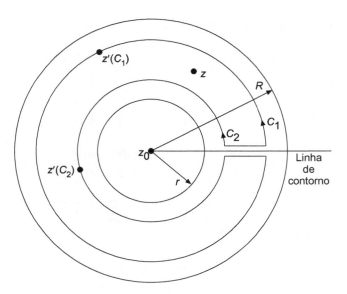

Figura 11.9: Região anular para a série de Laurent. $|z' - z_0| C_1 > |z - z_0|$; $|z' - z_0| C_2 < |z - z_0|$.

região simplesmente conexa, aplicamos a fórmula integral de Cauchy para avaliar $f(z)$, utilizando o contorno mostrado na figura. Note que o contorno consiste nos dois círculos centrados em z_0, rotulados C_1 e C_2 (que podem ser considerados fechados uma vez que a barreira é fictícia), além dos segmentos em ambos os lados da barreira cujas contribuições se neutralizam. Atribuímos a C_2 e C_1 o raio r_2 e r_1, respectivamente, em que $r < r_2 < r_1 < R$. Então, a partir da fórmula integral de Cauchy,

$$f(z) = \frac{1}{2\pi i} \oint_{C_1} \frac{f(z')\,dz'}{z' - z} - \frac{1}{2\pi i} \oint_{C_2} \frac{f(z')\,dz'}{z' - z}. \tag{11.43}$$

Note que na Equação (11.43) um sinal de menos explícito foi introduzido para que o contorno C_2 (como C_1) seja atravessado no sentido (anti-horário) positivo. O tratamento da Equação (11.43) agora avança exatamente como o da Equação (11.38) no desenvolvimento da série de Taylor. Cada denominador é escrito como $(z' - z_0) - (z - z_0)$ e expandido pelo teorema binomial, que agora é considerado como provado (ver Exercício 11.5.2).

Notando que para C_1, $|z' - z_0| > |z - z_0|$, enquanto para C_2, $|z' - z_0| < |z - z_0|$, encontramos

$$f(z) = \frac{1}{2\pi i} \sum_{n=0}^{\infty} (z - z_0)^n \oint_{C_1} \frac{f(z')\,dz'}{(z' - z_0)^{n+1}} + \frac{1}{2\pi i} \sum_{n=1}^{\infty} (z - z_0)^{-n} \oint_{C_2} (z' - z_0)^{n-1} f(z')\,dz'. \tag{11.44}$$

O sinal de menos da Equação (11.43) foi absorvido pela expansão binomial. Rotulando a primeira série S_1 e a segunda S_2, temos

$$S_1 = \frac{1}{2\pi i} \sum_{n=0}^{\infty} (z - z_0)^n \oint_{C_1} \frac{f(z')\,dz'}{(z' - z_0)^{n+1}}, \tag{11.45}$$

que tem a mesma forma que a expansão regular de Taylor, convergente para $|z - z_0| < |z' - z_0| = r_1$, isto é, para todo z **interior** ao círculo maior, C_1. Para a segunda série na Equação (6.65), temos

$$S_2 = \frac{1}{2\pi i} \sum_{n=1}^{\infty} (z - z_0)^{-n} \oint_{C_2} (z' - z_0)^{n-1} f(z')\,dz', \tag{11.46}$$

convergente para $|z - z_0| > |z' - z_0| = r_2$, isto é, para todo z **exterior** ao menor círculo, C_2. Lembre-se, C_2 agora vai para a esquerda.

Essas duas séries são combinadas em uma série,[5] conhecida como **série de Laurent**, da forma

$$f(z) = \sum_{n=-\infty}^{\infty} a_n(z - z_0)^n,$$

(11.47)

onde

$$a_n = \frac{1}{2\pi i} \oint_C \frac{f(z') \, dz'}{(z' - z_0)^{n+1}}.$$

(11.48)

Como a convergência de uma expansão binomial não é relevante para a avaliação da Equação (11.48), C nessa equação pode ser qualquer contorno dentro da região anular $r < |z - z_0| < R$ que circunda z_0 uma vez no sentido anti-horário. Se essa região anular da analiticidade existe, então a Equação (11.47) é a série de Laurent, ou expansão Laurent, de $f(z)$.

A série de Laurent difere da série de Taylor pela característica óbvia das potências negativas de $(z - z_0)$. Por essa razão, a série de Laurent sempre irá divergir pelo menos em $z = z_0$ e talvez tão longe quanto alguma distância r. Além disso, note que os coeficientes da série de Laurent não precisam vir da avaliação das integrais de contorno (o que podem ser muito intratável). Outras técnicas, como expansões de série ordinárias, podem fornecer os coeficientes.

Inúmeros exemplos da série de Laurent aparecem mais adiante neste livro. Limitamo-nos aqui a um exemplo simples para ilustrar a aplicação da Equação (11.47).

Exemplo 11.5.1   Expansão de Laurent

Seja $f(z) = [z(z - 1)]^{-1}$. Se escolhemos criar a expansão Laurent em torno de $z_0 = 0$, então $r > 0$ e $R < 1$. Essas limitações surgem porque $f(z)$ diverge tanto em $z = 0$ quanto em $z = 1$.

Uma expansão fracionária parcial, seguida pela expansão binomial de $(1 - z)^{-1}$, produz a série de Laurent

$$\frac{1}{z(z - 1)} = -\frac{1}{1 - z} - \frac{1}{z} = -\frac{1}{z} - 1 - z - z^2 - z^3 - \cdots = -\sum_{n=-1}^{\infty} z^n.$$

(11.49)

Das Equações (11.49), (11.47) e (11.48), então temos

$$a_n = \frac{1}{2\pi i} \oint \frac{dz'}{(z')^{n+2}(z' - 1)} = \begin{cases} -1 & \text{para } n \geq -1, \\ 0 & \text{para } n < -1, \end{cases}$$

(11.50)

em que o contorno para a Equação (11.50) é no sentido anti-horário na região anular entre $z' = 0$ e $|z'| = 1$.

As integrais na Equação (11.50) também podem ser avaliadas diretamente inserindo a expansão da série geométrica $(1 - z')^{-1}$:

$$a_n = \frac{-1}{2\pi i} \oint \sum_{m=0}^{\infty} (z')^m \frac{dz'}{(z')^{n+2}}.$$

(11.51)

Ao trocar a ordem do somatório e da integração (permitido porque a série é uniformemente convergente), temos

$$a_n = -\frac{1}{2\pi i} \sum_{m=0}^{\infty} \oint (z')^{m-n-2} \, dz'.$$

(11.52)

A integral na Equação (11.52) (incluindo o fator inicial $1/2\pi i$, mas não o sinal de menos) foi mostrada no Exercício 11.4.1 como sendo uma representação integral do delta de Kronecker e, portanto, é igual a $\delta_{m,n+1}$. Uma expressão *para a_n* então reduz-se a

$$a_n = -\sum_{m=0}^{\infty} \delta_{m,n+1} = \begin{cases} -1, & n \geq -1, \\ 0, & n < -1, \end{cases}$$

de acordo com a Equação (11.50).   ■

---

[5]Substitua n por $-n$ em S_2 e faça a soma.

Exercícios

11.5.1   Desenvolva a expansão de Taylor de $\ln(1 + z)$.

$$RESPOSTA: \sum_{n=1}^{\infty} (-1)^{n-1} \frac{z^n}{n}.$$

11.5.2   Derive a expansão binomial

$$(1 + z)^m = 1 + mz + \frac{m(m-1)}{1 \cdot 2} z^2 + \cdots = \sum_{n=0}^{\infty} \binom{m}{n} z^n$$

para m, qualquer número real. A expansão é convergente para $|z| < 1$. Por quê?

11.5.3   A função $f(z)$ é analítica em, e dentro do, círculo unitário. Além disso, $|f(z)| < 1$ for $|z| \leq 1$ e $f(0) = 0$. (0) = 0. Mostre que $|f(z)| < |z|$ para $|z| \leq 1$.
Dica: Uma das abordagens é mostrar que $f(z)/z$ é analítica e então expressar $[f(z_0)/z_0]^n$ pela fórmula integral de Cauchy. Por fim, considere as grandezas absolutas e calcule a n-ésima raiz. Esse exercício é às vezes chamado teorema de Schwarz.

11.5.4   Se $f(z)$ é uma função real da variável complexa $z = x + iy$, isto é, $f(x) = f^*(x)$, e a expansão de Laurent em torno da origem, $f(z) = \Sigma a_n z^n$, tem $a_n = 0$ para $n < -N$, mostre que todos os coeficientes a_n são reais.
Dica: Mostre que $z^N f(z)$ é analítica (por meio do teorema de Morera, Seção 11.4).

11.5.5   Prove que a expansão Laurent de uma dada função em torno de um determinado ponto é única; isto é, se

$$f(z) = \sum_{n=-N}^{\infty} a_n(z - z_0)^n = \sum_{n=-N}^{\infty} b_n(z - z_0)^n,$$

mostre que $a_n = b_n$ para todo n.
Dica: Use a fórmula integral de Cauchy.

11.5.6   Obtenha a expansão de Laurent de e^z/z^2 sobre $z = 0$.

11.5.7   Obtenha a expansão de Laurent de $ze^z/(z-1)$ sobre $z = 1$.

11.5.8   Obtenha a expansão de Laurent de $(z - 1)\, e^{1/z}$ sobre $z = 0$.

11.6   Singularidades

Polos

Definimos um ponto z_0 como um ponto singular **isolado** da função $f(z)$ se $f(z)$ não é analítica em $z = z_0$, mas é analítica em todos os pontos adjacentes. Haverá, portanto, uma expansão de Laurent sobre um ponto singular isolado, e uma das seguintes afirmações será verdadeira:

1. A potência mais negativa de $z - z_0$ na expansão de Laurent de $f(z)$ sobre $z = z_0$ será alguma potência finita, $(z - z_0)^{-n}$, em que n é um inteiro, ou
2. A expansão de Laurent de $f(z)$ sobre $z - z_0$ continuará para potências negativamente infinitas de $z - z_0$.

No primeiro caso, a singularidade é chamada **polo**, e é mais especificamente identificada como polo de **ordem** n. Um polo de ordem 1 também é chamado **polo simples**. O segundo caso não é referido como "polo de ordem infinita", mas é chamado **singularidade essencial**.

Uma maneira de identificar um polo de $f(z)$ sem que sua expansão Laurent esteja disponível é examinar

$$\lim_{z \to z_0} (z - z_0)^n f(z_0)$$

para vários inteiros n. O menor inteiro n para o qual existe esse limite (isto é, é finito) dá a ordem do polo em $z = z_0$. Essa regra decorre diretamente da forma da expansão de Laurent.

Singularidades essenciais são muitas vezes identificadas diretamente de suas expansões de Laurent. Por exemplo,

$$e^{1/z} = 1 + \frac{1}{z} + \frac{1}{2!}\left(\frac{1}{z}\right)^2 + \cdots$$

$$= \sum_{n=0}^{\infty} \frac{1}{n!}\left(\frac{1}{z}\right)^n$$

claramente tem uma singularidade essencial em $z = 0$. As singularidades essenciais têm muitas características patológicas. Por exemplo, podemos mostrar que em qualquer pequena adjacência de uma singularidade essencial de $f(z)$, a função $f(z)$ chega arbitrariamente perto a qualquer (e, portanto, toda) quantidade complexa pré-selecionada w_0.[6] Aqui, toda o plano w é mapeado por f na adjacência do ponto z_0.

O comportamento de $f(z)$ como $z \to \infty$ é definido em termos do comportamento de $f(1/t)$ como $t \to 0$. Considere a função

$$\operatorname{sen} z = \sum_{n=0}^{\infty} \frac{(-1)^n z^{2n+1}}{(2n+1)!}. \tag{11.53}$$

Como $z \to \infty$, substituímos z por $1/t$ para obter

$$\operatorname{sen}\left(\frac{1}{t}\right) = \sum_{n=0}^{\infty} \frac{(-1)^n}{(2n+1)! t^{2n+1}}. \tag{11.54}$$

É claro que $\operatorname{sen}(1/t)$ tem uma singularidade essencial em $t = 0$, da qual podemos concluir que $\operatorname{sen} z$ tem uma singularidade essencial em $z = \infty$. Observe que, embora o valor absoluto de $\operatorname{sen} x$ para todo x real é igual ou menor que a unidade, o valor absoluto de $\operatorname{sen} i\, y = i\,\operatorname{senh} y$ aumenta exponencialmente sem limite à medida que y aumenta.

Uma função que é analítica por todo o plano complexo finito, exceto para polos isolados, é chamado **meromórfico**. Exemplos são razões de dois polinômios, também $\tan z$ e $\cot z$. Como mencionado anteriormente, funções que não têm singularidades no plano complexo finito são chamadas funções **inteiras**. Exemplos são exp z, sen z e cos z.

Pontos de Ramificação

Além das singularidades isoladas identificadas como polos ou singularidades essenciais, existem singularidades unicamente associadas a funções de valor múltiplo. É útil trabalhar com essas funções de modo, na medida do possível, a remover ambiguidades quanto aos valores das funções. Assim, se em um ponto z_0 (em que $f(z)$ tem uma derivada) que escolhemos um valor específico da função de valor múltiplo $f(z)$, então podemos atribuir a $f(z)$ valores em pontos próximos de uma maneira que causa a continuidade em $f(z)$. Se pensamos em uma sucessão de pontos proximamente espaçados como no limite do espaçamento zero que define um caminho, nossa observação atual é de que um dado valor de $f(z_0)$ então leva a uma definição única do valor de $f(z)$ a ser atribuído a cada ponto no caminho. Esse esquema não cria nenhuma ambiguidade desde que o caminho seja totalmente **aberto**, significando que o caminho não retorna a um ponto anteriormente passado. Porém, se o caminho retorna a z_0, formando assim um **circuito fechado**, nossa receita pode levar, durante o retorno, a um diferente dos valores múltiplos de $f(z_0)$.

Exemplo 11.6.1 Valor de $z^{1/2}$ em um Circuito Fechado

Consideramos $f(z) = z^{1/2}$ no caminho consistindo na passagem anti-horário em torno do círculo unitário, começando e terminando em $z = +1$. No ponto de partida, em que $z^{1/2}$ tem valores múltiplos $+1$ e -1, escolhemos $f(z) = +1$ (Figura 11.10). Escrevendo $f(z) = e^{i\theta/2}$, observamos que essa forma (com $\theta = 0$) é consistente com o valor de partida desejado de $f(z)$, $+1$.

---

[6]Esse teorema é devido a Picard. A prova é dada por E.C. Titchmarsh, *The Theory of Functions*, 2ª ed. Nova York: Oxford University Press (1939).

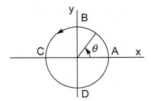

Figura 11.10: Caminho circundando $z = 0$ para avaliação de $z^{1/2}$.

Na figura, o ponto de partida é rotulado A. Em seguida, observamos que a passagem no sentido anti-horário no círculo unitário corresponde a um aumento em θ, de tal modo que nos pontos marcados B, C e D na figura, os valores respectivos de θ são $\pi/2$, θ e $3\pi/2$. Note que por causa do caminho que decidimos seguir, não podemos atribuir ao ponto C de θ o valor $-\pi$ ou ao ponto D de θ o valor $-\pi/2$. Continuando ainda mais ao longo do caminho, quando retornamos ao ponto A o valor de θ tornou-se 2π (não zero).

Agora que identificamos o comportamento das θ, vamos examinar o que acontece com $f(z)$. Nos pontos B, C e D, temos

$$f(z_B) = e^{i\theta_B/2} = e^{i\pi/4} = \frac{1+i}{\sqrt{2}},$$

$$f(z_C) = e^{i\pi/2} = +i,$$

$$f(z_D) = e^{3i\pi/4} = \frac{-1+i}{\sqrt{2}}.$$

Ao retornar ao ponto A, temos $f(+1) = e^{i\pi} = -1$, que é o outro valor da função de valor múltiplo $z^{1/2}$.

Se continuarmos para um segundo circuito anti-horário do círculo unitário, o valor de θ continuaria a aumentar de 2π a 4π (alcançado ao chegar ao ponto A após o segundo circuito). Temos agora $f(+1) = e^{(4\pi\,i)/2} = e^{2\pi\,i} = 1$, assim segundo circuito nos levou de volta ao valor original. Agora deve estar claro que apenas seremos capazes de obter dois valores diferentes de $z^{1/2}$ para o mesmo ponto z. ∎

Exemplo 11.6.2   Outro Circuito Fechado

Veremos agora o que acontece com a função $z^{1/2}$ quando passamos no sentido anti-horário em torno de um círculo de raio unitário centrado em $z = +2$, começando e terminando em $z = +3$ (Figura 11.11).

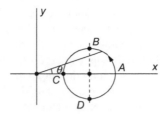

Figura 11.11: Caminho não circundando $z = 0$ para avaliação de $z^{1/2}$.

Em $z = 3$, os valores de $f(z)$ são $+\sqrt{3}$ e $-\sqrt{3}$; começamos com $f(z_A) = +\sqrt{3}$. À medida que nos movemos do ponto A ao ponto B até o ponto C, observe a partir da figura que o valor de θ primeiro aumenta (na verdade, a 30°) e então diminui de novo para zero; outra passagem de C para D e de volta para A faz θ primeiro diminuir (para $-30°$) e então para retornar a zero em A. Portanto, nesse exemplo, o circuito fechado não resultam em um valor diferente da função de valor múltiplo $z^{1/2}$. ∎

A diferença essencial entre esses dois exemplos é que no primeiro, o caminho é circundado em $z = 0$; no segundo não foi. O que é especial sobre $z = 0$ é que (a partir de um ponto de vista de variáveis complexas) é singular; a função

$z^{1/2}$ não tem uma derivada aí. A falta de uma derivada bem-definida significa que a ambiguidade no valor da função resultará de caminhos que circundam esse ponto singular, que chamamos **ponto de ramificação**. A **ordem** de um ponto de ramificação é definida como o número de caminhos em torno dele que ele deve seguir antes de a função envolvida retornar ao seu valor original; no caso de $z^{1/2}$, vimos que o ponto de ramificação em $z = 0$ é de ordem 2.

Agora estamos prontos para ver o que deve ser feito para que uma função de valor múltiplo se restrinja a uma validade única em uma parte do plano complexo. Simplesmente precisamos evitar sua avaliação nos caminhos que circundam um ponto de ramificação. Fazemos isso desenhando uma linha (conhecida como **linha de corte** ou, mais comumente, um **corte de ramificação**) que o caminho de avaliação não pode cruzar; o corte de ramificação deve começar do nosso ponto de ramificação e continuar até o infinito (ou se consistente com a manutenção de uma validade única) até outro ponto de ramificação finito. O caminho preciso de um corte de ramificação pode ser escolhido livremente; o que deve ser escolhido de forma adequada são seus pontos de extremidade.

Depois que corte(s) de ramificação (ou ramificações) apropriado(s) foi (ou foram) desenhado(s), a função originalmente de valor múltiplo foi restringida a ser de valor único na região limitada pelo corte de ramificação; chamamos a função como feita de valor único dessa maneira de **ramificação** da nossa função original. Como poderíamos construir essa ramificação a partir de qualquer um dos valores da função original em um ponto arbitrário único na nossa região, identificamos nossa função de valor múltiplo como tendo múltiplas ramificações. No caso de $z^{1/2}$, que é de valor duplo, o número de ramificações é dois.

Note que uma função com um ponto de ramificação e um corte de ramificação correspondente não será contínua ao longo de toda a linha de corte. Daí integrais de linha em direções opostas nos dois lados do corte de ramificação geralmente não se anularem mutuamente. Cortes de ramificação, portanto, são os contornos reais para uma região de analiticidade, em contraposição a barreiras artificiais que introduzimos ao estender o teorema integral de Cauchy para multiplicar regiões conexas.

Embora do ponto de vista fundamental todas as ramificações de uma função de valor múltiplo $f(z)$ sejam igualmente legítimas, muitas vezes é conveniente chegar a um acordo sobre a ramificação a ser usada, e essa ramificação costuma ser chamada **ramificação principal**, com o valor de $f(z)$ nessa ramificação chamado seu **valor principal**. É comum considerar a ramificação de $z^{1/2}$ que é positiva como real z, z positivo como sua ramificação principal.

Uma observação de que é importante para a análise complexa é que, desenhando corte(s) de ramificação apropriado(s), restringimos uma função de valor múltiplo para uma validade única, de tal modo que ela pode ser uma função analítica dentro da região limitada pelo(s) corte(s) de ramificação, e podemos, portanto, aplicar dois teoremas de Cauchy a integrais de contorno dentro da região de analiticidade.

Exemplo 11.6.3   LN z Tem um Número Infinito de Ramificações

Aqui examinamos a estrutura da singularidade de ln z. Como já vimos na Equação (1.138), o logaritmo é de valor múltiplo, com a representação polar

$$\ln z = \ln \left(re^{i(\theta + 2n\pi)} \right) = \ln r + i(\theta + 2n\pi), \tag{11.55}$$

em que n pode ter **qualquer** valor inteiro positivo ou negativo.

Notando que ln z é singular em $z = 0$ (não tem nenhuma derivada aí), agora identificamos $z = 0$ como um ponto de ramificação. Vamos considerar o que acontece se ele for circundado por um caminho no sentido anti-horário em um círculo de raio r, a partir do valor inicial ln r, em $z = r = re^{i\theta}$ com $\theta = 0$. Cada passagem em torno do círculo adicionará 2π a θ, e depois de n circuitos completos o valor que temos para ln z será ln $r + 2n\pi i$. O ponto de ramificação de ln z em $z = 0$ é de ordem infinita, correspondente ao número infinito dos seus valores múltiplos. (Circundando $z = 0$ repetidamente no *sentido horário*, também podemos chegar a todos os valores inteiros negativos de n.)

Podemos tornar ln z de valor único desenhando um corte de ramificação de $z = 0$ a $z = \infty$ de uma maneira **qualquer** (embora normalmente não haja nenhuma razão para usar cortes que não são linhas retas). É típico identificar a ramificação com $n = 0$ como a principal ramificação do logaritmo. Aliás, podemos observar que as funções trigonométricas inversas, que podem ser escritas em termos dos logaritmos, como na Equação (1.137), também serão infinitamente de valor múltiplo, com os valores principais que normalmente são escolhidos em uma ramificação que produzirá valores reais para z real. Compare com as escolhas habituais dos valores atribuídos às formas de variáveis reais de sen$^{-1} x$ = arcsen x etc. ∎

Usando o logaritmo, agora podemos analisar as estruturas da singularidade das expressões da forma z^p, em que tanto z quanto p podem ser complexos. Para fazer isso, escrevemos

$$z = e^{\ln z}, \quad \text{então} \quad z^p = e^{p \ln z}, \tag{11.56}$$

que é de valor único se p é um inteiro, de valor t se p é uma fração racional real (em termos mais baixos) da forma s/t e, do contrário, de valor infinitamente múltiplo.

Exemplo 11.6.4   MÚLTIPLOS PONTOS DE RAMIFICAÇÃO
Considere a função

$$f(z) = (z^2 - 1)^{1/2} = (z + 1)^{1/2}(z - 1)^{1/2}.$$

O primeiro fator no lado direito, $(z + 1)^{1/2}$, tem um ponto de ramificação em $z = -1$. O segundo fator tem um ponto de ramificação em $z = +1$. No infinito $f(z)$ tem um polo simples. Isso é melhor visto substituindo $z = 1/t$ e fazendo uma expansão binomial em $t = 0$:

$$(z^2 - 1)^{1/2} = \frac{1}{t}(1 - t^2)^{1/2} = \frac{1}{t}\sum_{n=0}^{\infty}\binom{1/2}{n}(-1)^n t^{2n} = \frac{1}{t} - \frac{1}{2}t - \frac{1}{8}t^3 + \cdots.$$

Queremos tornar $f(z)$ de valor único, fazendo o corte de ramificação apropriado. Há muitas maneiras de alcançar isso, mas uma que desejamos investigar é a possibilidade de fazer um corte de ramificação de $z = -1$ a $z = +1$, como mostrado na Figura 11.12.

Para determinar se esse corte de ramificação torna nossa $f(z)$ de valor único, precisamos ver o que acontece com

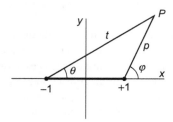

Figura 11.12: Possível corte de ramificação para o Exemplo 11.6.4 e as quantidades que relacionam um ponto P com os pontos de ramificação.

cada um dos fatores multivalentes em $f(z)$ à medida que nos movemos pelo diagrama de Argand. A Figura 11.12 também identifica as quantidades que são relevantes para esse propósito, ou seja, aquelas que relacionam um ponto P com os pontos de ramificação. Em particular, escrevemos a posição em relação ao ponto de ramificação em $z = 1$ como $z - 1 = \rho e^{i\varphi}$, com a posição relativa a $z = -1$ denotada por $z + 1 = re^{i\theta}$. Com essas definições, temos

$$f(z) = r^{1/2}\rho^{1/2}e^{(\theta + \varphi)/2}.$$

Nossa missão é observar como φ e θ mudam à medida que nos movemos ao longo do caminho, para que possamos usar o valor correto de cada para avaliar $f(z)$.

Consideramos um caminho fechado começando no ponto A na Figura 11.13, avançando pelos pontos B a F, então de volta para A. No ponto de partida, escolhemos $\theta = \varphi = 0$, fazendo com que o valor múltiplo de $f(zA)$ tenha o valor

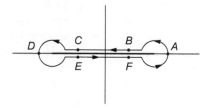

Figura 11.13: Caminho ao redor do corte de ramificação no Exemplo 11.6.4.

Tabela 11.1 Ângulos de fase, caminho na Figura 11.13

Ponto	θ	φ	$(\theta + \varphi)/2$
A	0	0	0
B	0	π	$\pi/2$
C	0	π	$\pi/2$
D	π	π	π
E	2π	π	$\pi/2$
F	2π	π	$3\pi/2$
A	2π	2π	2π

específico $+\sqrt{3}$. À medida que passamos **acima** de $z = +1$ no caminho para o ponto B, θ permanece essencialmente zero, mas φ aumenta de zero a π. Esses ângulos não mudam à medida que vamos de B a C, mas ao passar para o ponto D, θ aumenta a π e então passando **abaixo** de $z = -1$ na direção do ponto E, ele aumenta ainda mais a 2π (não zero!). Enquanto isso, φ permanece essencialmente em $\pi \cdot$ Por fim, retornar ao ponto A **abaixo** de $Z = +1$, φ aumenta para 2π, de modo que após o retorno ao ponto A tanto φ quanto θ se tornaram 2π. O comportamento desses ângulos e os valores de $(\theta + \varphi)/2$ (o argumento de $f(z)$) estão apresentados na Tabela 11.1.

Duas características emergem dessa análise:

1. A fase de $f(z)$ nos pontos B e C não é a mesma que nos pontos E e F. Podemos esperar esse comportamento em um corte de ramificação.
2. A fase de $f(z)$ no ponto A' (o retorno para A) excede aquela no ponto A por 2π, significando que a função $f(x) = (z^2 - 1)^{1/2}$ é **de valor único** para o contorno mostrado, circundando **os dois** pontos de ramificação.

O que na verdade aconteceu é que cada um dos dois fatores de valor múltiplo contribuiu para uma mudança de sinal na passagem em torno do circuito fechado, assim os dois fatores juntos restauraram o sinal original de $f(z)$.

Outra maneira como poderíamos tornar $f(z)$ de valor único seria fazer um corte de ramificação separado a partir de cada corte de ramificação até o infinito; uma maneira razoável de fazer isso seria fazer cortes no eixo real para todo $x > 1$ e para todo $x < -1$. Essa alternativa é explorada nos Exercícios 11.6.2 e 11.6.4. ∎

Continuação Analítica

Vimos na Seção 11.5 que uma função $f(z)$, que é analítica dentro de uma região pode ser expandida em uma série de Taylor em qualquer ponto interior z_0 da região da analiticidade, e que a expansão resultante será convergente dentro de um círculo da convergência estendendo-se até a singularidade de $f(z)$ mais próxima de z_0. Como:

- Os coeficientes na série de Taylor são proporcionais às derivadas de $f(z)$,
- Uma função analítica tem derivadas de todas as ordens que são independentes da direção e, portanto,
- Os valores de $f(z)$ em um segmento único de linha finita com z_0 como um ponto interior serão suficientes para determinar todas as derivadas de $f(z)$ em $z = z_0$, concluímos que, se duas funções analíticas aparentemente diferentes (por exemplo, uma expressão fechada *versus* uma representação integral ou uma série de potências) têm valores que coincidem em um intervalo tão restrito como um único segmento de linha finita, então elas são realmente **a mesma função** dentro da região onde ambas as formas funcionais são definidas.

Essa conclusão fornecerá uma técnica para estender a definição de uma função analítica para além do intervalo de qualquer forma funcional particular inicialmente utilizada para defini-la. Tudo o que precisa ser feito é encontrar outra forma funcional cujo intervalo de definição não está inteiramente incluído naquele da forma inicial, e que produz os mesmos valores de função em pelo menos um segmento de linha finita dentro da área em que ambas as formas funcionais são definidas.

Para tornar a abordagem mais concreta, considere a situação ilustrada na Figura 11.14, em que uma função $f(z)$ é definida por sua expansão de Taylor em torno de um ponto z_0 com um círculo de convergência C_0 definido pela

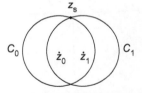

Figura 11.14: Continuação analítica. Um único passo.

singularidade mais próxima de z_0, rotulada z_s. Se, agora, fizermos uma expansão de Taylor em torno de um ponto z_1 dentro de C_0 (o que podemos fazer porque $f(z)$ tem valores conhecidos na região de z_1), essa nova expansão pode ter um círculo de convergência C_1 que não está inteiramente dentro de C_0, definindo assim uma função que é analítica na região que é a união de C_1 e C_2. Observe que se for necessário obter valores reais de $f(z)$ para z dentro da interseção de C_0 e C_1, podemos usar qualquer expansão de Taylor, mas na região dentro de apenas um círculo devemos usar a expansão que é válida aí (a outra expansão não irá convergir). Uma generalização dessa análise leva a um resultado elegante e valioso de que, se duas funções analíticas coincidem em qualquer região, ou mesmo em qualquer segmento de linha finita, elas são a mesma função e, portanto, definidas ao longo de todo o intervalo de ambas as definições das funções.

Em referência a Weierstrass esse processo de alargamento da região em que temos a especificação de uma função analítica é chamado **continuação analítica**, e o processo pode ser realizado várias vezes para maximizar a região em que a função é definida. Considere a situação retratada na Figura 11.15, em que a única singularidade de $f(z)$ está em z_s e $f(z)$ é inicialmente definida por sua expansão de Taylor em torno de z_0, com um círculo de convergência C_0. Fazendo continuações analíticas como mostrado por uma série de círculos $C_1, ...$, podemos abranger toda a região anular de analiticidade mostrada na figura, e podemos utilizar a série de Taylor original para gerar novas expansões que se aplicam às regiões dentro dos outros círculos.

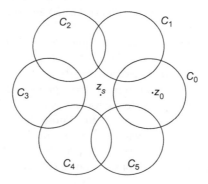

Figura 11.15: Continuação analítica. Muitos passos.

Exemplo 11.6.5   Continuação Analítica

Considere essas duas expansões da série de potências:

$$f_1(z) = \sum_{n=0}^{\infty} (-1)^n (z-1)^n, \tag{11.57}$$

$$f_2(z) = \sum_{n=0}^{\infty} i^{n-1} (z-i)^n. \tag{11.58}$$

Cada uma tem um raio unitário de convergência; os círculos da convergência se sobrepõem, como pode ser visto a partir da Figura 11.16.

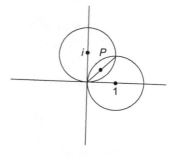

Figura 11.16: Raios de convergência das expansões de série de potências para o Exemplo 11.6.5.

Para determinar se essas expansões representam a mesma função analítica em domínios que se sobrepõem, podemos verificar se $f_1(z) = f_2(z)$ para pelo menos um segmento de linha na região da sobreposição. Uma linha adequada é a diagonal que conecta a origem a $1 + i$, atravessando o ponto intermediário $(1 + i)/2$. Definir $z = (\alpha + \frac{1}{2})(1 + i)$ (escolhido para tornar $\alpha = 0$ um ponto interior da região de sobreposição), expandimos f_1 e f_2 em torno de $\theta = 0$ para descobrir se suas séries de potência coincidem. Inicialmente temos (como funções de α)

$$f_1 = \sum_{n=0}^{\infty} (-1)^n \left[(1+i)\alpha - \frac{1-i}{2} \right]^n,$$

$$f_2 = \sum_{n=0}^{\infty} i^{n-1} \left[(1+i)\alpha + \frac{1-i}{2} \right]^n.$$

Aplicando o teorema binomial para obter a série de potências em α, e trocando a ordem das duas somas,

$$f_1 = \sum_{j=0}^{\infty} (-1)^j (1+i)^j \alpha^j \sum_{n=j}^{\infty} \binom{n}{j} \left(\frac{1-i}{2} \right)^{n-j},$$

$$f_2 = \sum_{j=0}^{\infty} i^{j-1} (1+i)^j \alpha^j \sum_{n=j}^{\infty} i^{n-j} \binom{n}{j} \left(\frac{1-i}{2} \right)^{n-j}$$

$$= \sum_{j=0}^{\infty} \frac{1}{i} (-1)^j (1-i)^j \alpha^j \sum_{n=j}^{\infty} \binom{n}{j} \left(\frac{1+i}{2} \right)^{n-j}.$$

Para prosseguir ainda mais precisamos avaliar os somatórios ao longo de n. Referindo-se ao Exercício 1.3.5 em que foi mostrado que

$$\sum_{n=j}^{\infty} \binom{n}{j} x^{n-j} = \frac{1}{(1-x)^{j+1}},$$

obtemos

$$f_1 = \sum_{j=0}^{\infty} (-1)^j (1+i)^j \alpha^j \left(\frac{2}{1+i} \right)^{j+1} = \sum_{j=0}^{\infty} \frac{(-1)^j \, 2^{j+1} \alpha^j}{1+i},$$

$$f_2 = \sum_{j=0}^{\infty} \frac{1}{i} (-1)^j (1-i)^j \alpha^j \left(\frac{2}{1-i} \right)^{j+1} = \sum_{j=0}^{\infty} \frac{(-1)^j \, 2^{j+1} \alpha^j}{i(1-i)} = f_1,$$

confirmando que f_1 e f_2 são a mesma função analítica, agora definida ao longo da união dos dois círculos na Figura 11.16.

Aliás, tanto f_1 quanto f_2 são expansões de $1/z$ (em torno dos respectivos pontos 1 e i), então $1/z$ também pode ser considerada uma continuação analítica de f_1, f_2, ou ambas para todo o plano complexo exceto o ponto singular em $z = 0$. A expansão em potências de α também é uma representação de $1/z$, mas seu intervalo de validade é apenas um círculo de raio $1/\sqrt{2}$ em torno de $(1 + i)/2$ e não continua analiticamente $f(z)$ fora da união de C_1 e C_2. ∎

O uso de série de potências não é o único mecanismo para realizar continuações analíticas; um método alternativo e poderoso é a utilização de **relações funcionais**, que são fórmulas que se relacionam com os valores da mesma função analítica $f(z)$ em diferentes z. Como um exemplo de uma relação funcional, a representação integral da função gama, dada na Tabela 1.2, pode ser manipulada (ver Capítulo 13) para mostrar que $\Gamma(z + 1) = z\Gamma(z)$, consistente com o resultado elementar de que $n! = n(n-1)!$. Essa relação funcional pode ser utilizada para continuar analiticamente $\Gamma(Z)$ para valores de z para os quais a representação integral não converge.

Exercícios

11.6.1 Como um exemplo de uma singularidade essencial considere $e^{1/z}$ à medida que z como se aproxima de zero. Para qualquer número complexo z_0, $z_0 \neq 0$, mostre que

$$e^{1/z} = z_0$$

tem um número infinito de soluções.

11.6.2 Mostre que a função

$$w(z) = (z^2 - 1)^{1/2}$$

é de valor único se fizermos cortes de ramificação no eixo real para $x > 1$ e para $x < -1$.

11.6.3 A função $f(z)$ pode ser representada por

$$f(z) = \frac{f_1(z)}{f_2(z)},$$

em que $f_1(z)$ e $f_2(z)$ são analíticas. O denominador, $f_2(z)$, se anula em $z = z_0$, mostrando que $f(z)$ tem um polo em $z = z_0$. Entretanto, $f_1(z_0) \neq 0$, $f_2'(z_0) \neq 0$. Mostre que a_{-1}, o coeficiente de $(z - z_0)^{-1}$ em uma expansão de Laurent de $f(z)$ em $z = z_0$, é dado por

$$a_{-1} = \frac{f_1(z_0)}{f_2'(z_0)}.$$

11.6.4 Determine uma ramificação única para a função do Exercício 11.6.2 que fará o valor que ela produz para $f(i)$ ser a mesma que foi encontrada para $f(i)$ no Exemplo 11.6.4. Embora o Exercício 11.6.2 e o Exemplo 11.6.4 descrevam a mesma função de valor múltiplo, os valores específicos atribuídos a vários z não serão validos em todos os lugares, devido à diferença na localização dos cortes de ramificação. Identifique as partes do plano complexo em que ambas essas descrições concordam e não concordam, e caracterize as diferenças.

11.6.5 Encontre todas as singularidades de

$$z^{-1/3} + \frac{z^{-1/4}}{(z - 3)^3} + (z - 2)^{1/2},$$

e identifique seus tipos (por exemplo, ponto de ramificação de segunda ordem, polo de quinta ordem...). Inclua quaisquer singularidades no ponto no infinito.

Nota: Um ponto de ramificação é de n-ésima ordem se ele exige que n, mas não menos, circuitos em torno do ponto para restaurar o valor original.

11.6.6 A função $F(z) = \ln(z^2 + 1)$ é tornada de valor único por cortes de ramificação em linha reta de $(x, y) = (0, -1)$ a $(-\infty, -1)$ e de $(0, +1)$ a $(0, +\infty)$ (Figura 11.17). Se $F(0) = -2\pi i$, encontre o valor de $F(i - 2)$.

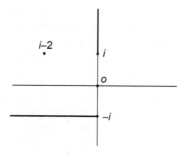

Figura 11.17: Cortes de ramificação para o Exercício 11.6.6.

11.6.7   Mostre que números negativos têm logaritmos no plano complexo. Em particular, encontre $\ln(-1)$.

RESPOSTA: $\ln(-1) = i\pi$.

11.6.8   Para m não inteiro, mostre que a expansão binomial do Exercício 11.5.2 só é válida para um ramificação adequadamente definida da função $(1 + z)^m$. Mostrar como o plano z é cortado. Explique por que $|z| < 1$ pode ser considerado como o círculo da convergência para a expansão dessa ramificação, à luz do corte que você escolheu.

11.6.9   A expansão de Taylor dos Exercícios 11.5.2 e 11.6.8 **não** é adequada para ramificações além daquela adequadamente definida da função $(1 + z)^m$ para m não inteiro. (Observe que outras ramificações não podem ter a mesma expansão de Taylor, uma vez que elas devem distinguíveis.) Usando o mesmo corte de ramificação dos exercícios anteriores para todas as outras ramificações, encontre as expansões de Taylor correspondentes, detalhando as atribuições de fase e coeficientes de Taylor.

11.6.10   (a)   Desenvolva uma expansão de Laurent de $f(z) = [z(z-1)]^{-1}$ em torno do ponto $z = 1$ válido para pequenos valores de $|z - 1|$. Especifique o intervalo exato ao longo do qual sua expansão é válida. Isso é uma continuação analítica da série infinita na Equação (11.49).

(b)   Determine a expansão de Laurent de $f(z)$ em torno de $z = 1$, mas para $|z - 1|$ grande.

Dica: Crie uma decomposição fracionária parcial dessa função e use a série geométrica.

11.6.11   (a)   Dado $f_1(z) = \int_0^\infty e^{-zt}\, dt$ (com t real), mostre que o domínio no qual $f_1(z)$ existe (e é analítica) é $\Re(z) > 0$.

(b)   Mostre que $f_2(z) = 1/z$ é igual a $f_1(z)$ ao longo de $\Re(z) > 0$ e, portanto, é uma continuação analítica de $f_1(z)$ ao longo de todo o plano z exceto para $z = 0$.

(c)   Expanda $1/z$ em torno do ponto $z = -i$. Você terá

$$f_3(z) = \sum_{n=0}^{\infty} a_n (z + i)^n.$$

Qual é o domínio dessa fórmula para $f_3(z)$?

RESPOSTA: $\dfrac{1}{z} = i\sum_{n=0}^{\infty} i^{-n}(z+i)^n$, $|z+i| < 1$.

11.7   Cálculo de Resíduos

Teorema dos Resíduos

Se a expansão de Laurent de uma função,

$$f(z) = \sum_{n=-\infty}^{\infty} a_n (z - z_0)^n,$$

é termo a termo integrada usando um contorno fechado que circunda um ponto singular isolado z_0 uma vez no sentido anti-horário, obtemos, aplicando a Equação (11.29),

$$a_n \oint (z - z_0)^n dz = 0, \quad n \neq -1. \tag{11.59}$$

Porém, para $n = -1$, a Equação (11.29) produz

$$a_{-1} \oint (z - z_0)^{-1} dz = 2\pi i a_{-1}. \tag{11.60}$$

Resumindo as Equações (11.59) e (11.60), temos

$$\oint f(z)\, dz = 2\pi i a_{-1}. \tag{11.61}$$

A constante a_{-1}, o coeficiente de $(z - z_0)^{-1}$ na expansão de Laurent, é chamada **resíduo** de $f(z)$ em $z = z_0$.

Considere agora a avaliação da integral ao longo de um contorno fechado C, de uma função que tem singularidades isoladas nos pontos z_1, z_2,.... Podemos lidar com essa integral deformando nosso contorno como mostrado na Figura 11.18. O teorema integral de Cauchy (Seção 11.3), leva então a

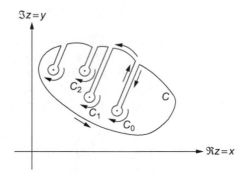

Figura 11.18: Excluindo singularidades isoladas.

$$\oint_C f(z)\,dz + \oint_{C_1} f(z)\,dz + \oint_{C_2} f(z)\,dz + \cdots = 0, \tag{11.62}$$

em que C é no sentido anti-horário positivo, mas todos os contornos C_1, C_2,..., que, respectivamente, circundam z_1, z_2,... estão no sentido horário. Assim, referindo-se à Equação (11.61), as integrais C_i sobre as singularidades isoladas individuais têm os valores

$$\oint_{C_i} f(z)\,dz = -2\pi i\,a_{-1,i}, \tag{11.63}$$

em que $a_{-1,i}$ é o resíduo obtido da expansão de Laurent em torno do ponto singular $z = z_i$. O sinal de negativo vem da integração no sentido horário. Combinando as Equações (11.62) e (11.63), temos

$$\oint_C f(z)\,dz = 2\pi i(a_{-1,1} + a_{-1,2} + \cdots)$$

$$= 2\pi i \text{ (soma de todos os resíduos fechados).} \tag{11.64}$$

Esse é o **teorema dos resíduos**. O problema de avaliar um conjunto das integrais de contorno é substituído pelo problema algébrico do cálculo dos resíduos nos pontos singulares fechados.

Calculando Resíduos

Não é, naturalmente, necessário obter uma expansão inteira de Laurent de $f(z)$ em torno de $z = z_0$ para identificar a_{-1}, o coeficiente de $(z - z_0)^{-1}$ na expansão. Se $f(z)$ tem um polo simples em $z - z_0$, então, com a_n os coeficientes na expansão de $f(z)$,

$$(z - z_0)f(z) = a_{-1} + a_0(z - z_0) + a_1(z - z_0)^2 + \cdots, \tag{11.65}$$

e, reconhecendo que $(z - z_0)f(z)$ pode não ter uma forma que permite um cancelamento óbvio do fator $z - z_0$, consideramos o limite da Equação (11.65) como $z \to z_0$:

$$a_{-1} = \lim_{z \to z_0}\Big((z - z_0)f(z)\Big). \tag{11.66}$$

Se há um polo de ordem $n > 1$ em $z - z_0$, então $(z - z_0)^n f(z)$ deve ter a expansão

$$(z - z_0)^n f(z) = a_{-n} + \cdots + a_{-1}(z - z_0)^{n-1} + a_0(z - z_0)^n + \cdots. \tag{11.67}$$

Vemos que a_{-1} é o coeficiente de $(z - z_0)^{n-1}$ na expansão de Taylor de $(z - z_0)^n f(z)$, e, portanto, podemos identificá-lo como satisfatório

$$a_{-1} = \frac{1}{(n-1)!} \lim_{z \to z_0} \left[\frac{d^{n-1}}{dz^{n-1}} \left((z - z_0)^n f(z) \right) \right], \qquad (11.68)$$

em que o limite é indicado para levar em conta o fato de a expressão envolvida pode ser indeterminada. Às vezes descobrimos que a fórmula geral, Equação (11.68), é mais complicada que o uso criterioso das expansões de série de potências. Ver os itens 4 e 5 no Exemplo 11.7.1, a seguir.

Singularidades essenciais também terão resíduos bem definidos, mas encontrá-los pode ser mais difícil. Em princípio, podemos usar a Equação (11.48) com $n = -1$, mas a integral envolvida pode parecer intratável. Às vezes a rota mais fácil para o resíduo é primeiro encontrar a expansão de Laurent.

Exemplo 11.7.1 Calculando Resíduos
Eis alguns exemplos:

1. Resíduo de $\frac{1}{4z+1}$ em $z = -\frac{1}{4}$ é $\lim_{z=-\frac{1}{4}} \left(\frac{z+\frac{1}{4}}{4z+1} \right) = \frac{1}{4}$

2. Resíduo de $\frac{1}{\operatorname{sen} z}$ em $z = 0$ é $\lim_{z \to 0} \left(\frac{z}{\operatorname{sen} z} \right) = 1$,

3. Resíduo de $\frac{\ln z}{z^2+4}$ em $z = 2e^{\pi i}$ é

$$\lim_{z \to 2e^{\pi i}} \left(\frac{(z - 2e^{\pi i}) \ln z}{z^2 + 4} \right) = \frac{(\ln 2 + \pi i)}{4i} = \frac{\pi}{4} - \frac{i \ln 2}{4},$$

4. Resíduo de $\frac{z}{\operatorname{sen}^2 z}$ em $z = \pi$; o polo é de segunda ordem, e o resíduo é dado por

$$\frac{1}{1!} \lim_{z \to \pi} \left(\frac{d}{dz} \frac{z(z - \pi)}{\operatorname{sen}^2 z} \right).$$

Mas pode ser mais fácil fazer a substituição $w = z - \pi$, para observar que $\operatorname{sen}^2 z = \operatorname{sen}^2 w$, e identificar o resíduo como o coeficiente de $1/w$ na expansão de $(w + \pi)/\operatorname{sen}^2 w$ em torno de $w = 0$. Essa expansão pode ser escrita

$$\frac{w + \pi}{\left(w - \frac{w^3}{3!} + \cdots \right)^2} = \frac{w + \pi}{w^2 - \frac{w^4}{3} + \cdots}.$$

O denominador se expande completamente em potências pares de w, assim o π no numerador não pode contribuir para o resíduo. Então, a partir de w no numerador e o termo dominante do denominador, descobrimos que o resíduo é 1.

5. Resíduo de $f(z) = \frac{\cot \pi z}{z(z+2)}$ at $z = 0$.

O polo em $z = 0$ é de segunda ordem, e a aplicação direta da Equação (11.48) leva a uma expressão indeterminada complicada que requer múltiplas aplicações da regra de l'Hôpital. Talvez seja mais fácil introduzir os termos iniciais das expansões em torno de $z = 0$: $\cot \pi z = (\pi z)^{-1} + O(z), 1/(z+2) = \frac{1}{2}[1 - (z/2) + O(z^2)]$, alcançando

$$f(z) = \frac{1}{z} \left[\frac{1}{\pi z} + O(z) \right] \left(\frac{1}{2} \right) \left[1 - \frac{z}{2} + O(z^2) \right],$$

a partir do qual podemos ler o resíduo como o coeficiente de z^{-1}, ou seja, $-1/4\pi$.

6. Resíduo de $e^{-1/z}$ em $z = 0$. Isso está em uma singularidade essencial; a partir da série de Taylor de e^w com $w = -1/z$, temos

$$e^{-1/z} = 1 - \frac{1}{z} + \frac{1}{2!} \left(-\frac{1}{z} \right)^2 + \cdots,$$

a partir da qual lemos o valor do resíduo, -1.

Valor Principal de Cauchy

Ocasionalmente um polo isolado estará diretamente no contorno de uma integração, fazendo a integral divergir. Um exemplo simples é fornecido por uma tentativa de avaliar a integra real

$$\int_{-a}^{b} \frac{dx}{x}, \tag{11.69}$$

que é divergente devido à singularidade logarítmica em $x = 0$; note que a integral indefinida de x^{-1} é $\ln x$. Entretanto, a integral na Equação (11.69) pode receber um significado se obtemos uma forma convergente, ao substituir por um limite da forma

$$\lim_{\delta \to 0^+} \int_{-a}^{-\delta} \frac{dx}{x} + \int_{\delta}^{b} \frac{dx}{x}. \tag{11.70}$$

Para evitar problemas com o logaritmo dos valores negativos de x, alteramos a variável na primeira integral para $y = -x$, e as duas integrais são então vistas como tendo os respectivos valores $\ln \delta - \ln a$ e $\ln b - \ln \delta$, com a soma $\ln b - \ln a$. O que aconteceu é que o aumento na direção a $+\infty$ à medida que $1/x$ se aproxima de zero a partir de valores positivos de x é compensado por uma diminuição na direção a $-\infty$ à medida que $1/x$ se aproxima de zero a partir do x negativo. Essa situação é ilustrada graficamente na Figura 11.19.

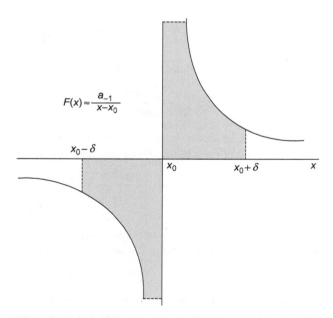

Figura 11.19: Cancelamento de valor principal de Cauchy, integral de $1/z$.

Note que o procedimento que descrevemos **não** torna a integral original da Equação (11.69) convergente. Para que essa integral seja convergente, seria necessário que

$$\lim_{\delta_1, \delta_2 \to 0^+} \left[\int_{-a}^{-\delta_1} \frac{dx}{x} + \int_{\delta_2}^{b} \frac{dx}{x} \right]$$

exista (significando que o limite tem um valor único) quando δ_1 e δ_2 se aproxima de zero **de forma independente**.

Entretanto, diferentes taxas da aproximação a zero por δ_1 e δ_2 causarão uma mudança no valor da integral. Por exemplo, se $\delta_2 = 2\delta_1$, então uma avaliação como a da Equação (11.70) produziria o resultado

$(\ln \delta_1 - \ln a) + (\ln b - \ln \delta_2) = \ln b - \ln a - \ln 2$. O limite então não tem nenhum valor definido, confirmando nossa afirmação inicial de que integrais divergem.

Generalizando a partir desse exemplo, definimos o **valor principal de Cauchy** da integral real de uma função $f(x)$ com uma singularidade isolada no caminho de integração no ponto x_0 como o limite

$$\lim_{\delta \to 0^+} \int\limits^{x_0-\delta} f(x)\,dx + \int\limits_{x_0+\delta} f(x)\,dx. \tag{11.71}$$

O valor principal de Cauchy é às vezes indicado precedendo o sinal da integral por P ou desenhando uma linha horizontal ao longo do sinal da integração, como em

$$P \int f(x)\,dx \quad \text{or} \quad \fint f(x)\,dx.$$

Essa notação, é claro, pressupõe que a localização da singularidade é conhecida.

Exemplo 11.7.2   Um Valor Principal de Cauchy
Considere a integral

$$I = \int\limits_0^\infty \frac{\operatorname{sen} x}{x}\,dx. \tag{11.72}$$

Se substituirmos por sen x a fórmula equivalente

$$\operatorname{sen} x = \frac{e^{ix} - e^{-ix}}{2i},$$

temos então

$$I = \int\limits_0^\infty \frac{e^{ix} - e^{-ix}}{2ix}\,dx. \tag{11.73}$$

Queremos separar essa expressão para I em dois termos, mas se fizermos isso, cada um se tornará uma integral logaritmicamente divergente. Nas se alterarmos o intervalo de integração na Equação (11.72), originalmente $(0, \infty)$, para (δ, ∞), essa integral permanece inalterada no limite de δ pequeno, e as integrais na Equação (11.73) continuam a ser convergentes desde que δ não seja precisamente zero. Em seguida, reescrevendo a segunda das duas integrais na Equação (11.73), para alcançar

$$\int\limits_\delta^\infty \frac{e^{-ix}}{2ix}\,dx = \int\limits_{-\infty}^{-\delta} \frac{e^{ix}}{2ix}\,dx,$$

vemos que as duas integrais que juntas formam I podem ser escritas (no limite $\delta \to 0^+$) como a integral do valor principal de Cauchy

$$I = \fint\limits_{-\infty}^\infty \frac{e^{ix}}{2ix}\,dx. \tag{11.74}$$

■

O valor principal de Cauchy tem implicações para a teoria da variável complexa. Suponha agora que, em vez de ter uma interrupção no caminho de integração de $x_0 - \delta$ a $x_0 + \delta$, conectamos as duas partes do caminho por um arco circular que passa, no plano complexo, acima ou abaixo da singularidade em x_0. Vamos continuar a discussão na notação convencional da variável complexa, denotando o ponto singular como z_0, assim nosso arco será um semicír- culo (com raio δ) que passa tanto no sentido anti-horário **abaixo** da singularidade em z_0 quanto no sentido horário

acima de z_0. Restringimos ainda mais a análise a singularidades que não são mais fortes que $1/(z - z_0)$, assim lidamos com um polo simples. Analisando a expansão de Laurent da função $f(z)$ a ser integrada, ela terá os termos iniciais

$$\frac{a_{-1}}{z - z_0} + a_0 + \cdots,$$

e a integração ao longo de um semicírculo de raio δ assumirá (no limite $\delta \to 0^+$) uma das duas formas (na representação polar $z - z_0 = re^{i\theta}$, com $dz = ire^{i\theta}\, d\theta$ e $r = \delta$):

$$I_{\text{acima}} = \int_\pi^0 d\theta\, i\delta e^{i\theta}\left[\frac{a_{-1}}{\delta e^{i\theta}} + a_0 + \cdots\right] = \int_\pi^0 \left(ia_{-1} + i\delta e^{i\theta}a_0 + \cdots\right)d\theta \to -i\pi a_{-1}, \tag{11.75}$$

$$I_{\text{abaixo}} = \int_\pi^{2\pi} d\theta\, i\delta e^{i\theta}\left[\frac{a_{-1}}{\delta e^{i\theta}} + a_0 + \cdots\right] = \int_\pi^{2\pi} \left(ia_{-1} + i\delta e^{i\theta}a_0 + \cdots\right)d\theta \to i\pi a_{-1}. \tag{11.76}$$

Note que todos, exceto o primeiro, termo de cada uma das Equações (11.75) e (11.76) desaparece no limite $\delta \to 0^+$, e que cada uma dessas equações produz um resultado que é em grandeza metade do valor que teria sido obtido por um circuito completo em torno do polo. Os sinais associados aos semicírculos correspondem como esperado à direção do percurso, e as duas integrais semicirculares resultam em zero.

Ocasionalmente queremos avaliar uma integral de contorno de uma função $f(z)$ em um caminho fechado que inclui as duas partes de uma integral de valor principal $-\int f(z)dz$ com um polo simples em z_0, um arco semicircular conectando-os na singularidade, e qualquer outra curva C que é necessária para fechar o contorno (Figura 11.20).

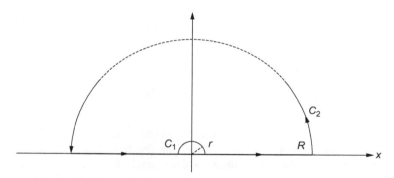

Figura 11.20: Um contorno incluindo uma integral do valor principal de Cauchy.

Essas contribuições se combinam da seguinte maneira, observando que na figura o contorno passa **sobre** o ponto z_0:

$$\oint f(z)\, dz + I_{\text{acima}} + \int_{C_2} f(z)\, dz = 2\pi i \sum \text{resíduos (outros que não em } z_0),$$

que se rearranja para dar

$$\oint f(z)\, dz = -I_{\text{acima}} - \int_{C_2} f(z)\, dz + 2\pi i \sum \text{resíduos (outros que não em } z_0). \tag{11.77}$$

Por outro lado, poderíamos ter escolhido que o contorno passasse **abaixo de** z_0, caso em que, em vez da Equação (11.77) obteríamos

$$\oint f(z)\, dz = -I_{\text{abaixo}} - \int_{C_2} f(z)\, dz + 2\pi i \sum \text{resíduos (outros que não em } z_0) + 2\pi i a_{-1}, \tag{11.78}$$

em que o resíduo denotado por a_{-1} é do polo em z_0. As Equações (11.77) e (11.78) estão de acordo porque $2\pi i a_{-1} - I_{\text{abaixo}} = -I_{\text{acima}}$, assim com a finalidade de avaliar a integral do valor principal de Cauchy, não faz diferença se vamos abaixo ou acima da singularidade no caminho de integração original.

Expansão do Polo das Funções Meromórficas

Funções analíticas $f(z)$ que tem somente polos isoladas como singularidades são chamadas **meromórficas**. Mittag-Leffler mostrou que, em vez de fazer uma expansão em torno de um único ponto regular (uma expansão de Taylor) ou em torno de um ponto singular isolado (uma expansão de Laurent), também era possível fazer uma expansão de cada um cujos termos resulta de um polo diferente de $f(z)$. O teorema de Mittag-Leffler supõe que $f(z)$ é analítica em $z = 0$ e em todos os outros pontos (excluindo infinito) com a exceção de polos simples discretos nos pontos $z_1, z_2, ...,$ com os respectivos resíduos $b_1, b_2, ...$ Escolhemos ordenar os polos de uma maneira tal que $0 < |z_1| \le |z_2| \le ...,$ e supomos que no limite do z grande, $|f(z)/z| \to 0$. Então, o teorema de Mittag-Leffler afirma que

$$f(z) = f(0) + \sum_{n=1}^{\infty} b_n \left(\frac{1}{z - z_n} + \frac{1}{z_n} \right). \tag{11.79}$$

Para provar o teorema, fazemos a observação preliminar de que a quantidade que está sendo somada na Equação (11.79) pode ser escrita

$$\frac{z \, b_n}{z_n(z_n - z)},$$

sugerindo que pode ser útil considerar uma integral de contorno da forma

$$I_N = \oint_{C_N} \frac{f(w) \, dw}{w(w - z)},$$

em que w é outra variável complexa e C_N é um círculo que encerra os primeiros N polos de $f(z)$. Como C_N, que tem um raio que denotamos R_N, tem um comprimento total do arco $2\pi R_N$, e o valor absoluto do integrando se aproxima assintoticamente $|f(R_N)|/R_N^2$, o comportamento do z grande de $f(z)$ garante que $R_{N \to \infty} I_N = 0$.

Agora obtemos uma expressão alternativa para I_N usando o teorema dos resíduos. Reconhecendo que C_N circunda polos simples em $w = 0$, $w = z$, e $w = z_n$, $n = 1 ... N$, que $f(w)$ é não singular em $w = 0$ e $w = z$, e que o resíduo de $f(z)/w(w - z)$ em z_n é $b_n/z_n(z_n - z)$, temos

$$I_N = 2\pi i \, \frac{f(0)}{-z} + 2\pi i \, \frac{f(z)}{z} + \sum_{n=1}^{N} \frac{2\pi i b_n}{z_n(z_n - z)}.$$

Considerando o limite do N grande, em que $I_N = 0$, recuperamos o teorema de Mittag-Leffler, Equação (11.79). A expansão do polo converge quando a condição $\lim_{z \to \infty} |f(z)/z| = 0$ é satisfeita.

O teorema de Mittag-Leffler leva a algumas expansões polares interessantes. Considere os seguintes exemplos.

Exemplo 11.7.3   Expansão Polar de tan z

Escrevendo

$$\tan z = \frac{e^{iz} - e^{-iz}}{i(e^{iz} + e^{-iz})},$$

vemos facilmente que as únicas singularidades de $\tan z$ são para valores reais de z, e elas ocorrem nos zeros de $\cos x$, ou seja, em $\pm\pi/2$, $\pm 3\pi/2$, ..., ou em geral em $z_n = \pm (2n + 1)\pi/2$.

Para obter os resíduos nesses pontos, consideramos o limite (usando a regra de l'Hôpital)

$$b_n = \lim_{z \to \frac{(2n+1)\pi}{2}} \frac{(z - (2n + 1)\pi/2)\,\text{sen}\, z}{\cos z}$$

$$= \frac{\text{sen}\, z + (z - (2n + 1)\pi/2)\cos z}{-\,\text{sen}\, z} \Bigg|_{z = \frac{(2n+1)\pi}{2}} = -1,$$

o mesmo valor para cada polo.

Notando que $\tan(0) = 0$, e que os polos dentro de um círculo de raio $(N + 1)\pi$ serão aqueles (de ambos os sinais) aqui referidos por n valores 0 até N, Equação (11.79) para o caso atual (mas apenas até N) produz

$$\tan z = \sum_{n=0}^{N} (-1) \left(\frac{1}{z - (2n+1)\pi/2} + \frac{1}{(2n+1)\pi/2} \right)$$

$$+ \sum_{n=0}^{N} (-1) \left(\frac{1}{z + (2n+1)\pi/2} + \frac{1}{-(2n+1)\pi/2} \right)$$

$$= \sum_{n=0}^{N} (-1) \left(\frac{1}{z - (2n+1)\pi/2} + \frac{1}{z + (2n+1)\pi/2} \right).$$

Combinando os termos ao longo de um denominador comum, e considerando o limite $N \to \infty$, chegamos à forma usual da expansão:

$$\tan z = 2z \left(\frac{1}{(\pi/2)^2 - z^2} + \frac{1}{(3\pi/2)^2 - z^2} + \frac{1}{(5\pi/2)^2 - z^2} + \cdots \right). \tag{11.80}$$

■

Exemplo 11.7.4　Expansão Polar de cot z

Esse exemplo é quase como o anterior, exceto que $\cot z$ tem um polo simples em $z = 0$, com resíduo $+1$. Consideramos, portanto, em vez disso $\cot z - 1/z$, removendo assim a singularidade. Os pontos singulares agora são polos simples em $\pm n\pi$ ($n \neq 0$), com resíduo (novamente obtidos por meio da regra de l'Hôpital)

$$b_n = \lim_{z \to n\pi} (z - n\pi) \cot z = \lim_{z \to n\pi} \frac{(z - n\pi)(z \cos z - \operatorname{sen} z)}{z \operatorname{sen} z}$$

$$= \left. \frac{z \cos z - \operatorname{sen} z + (z - n\pi)(-z \operatorname{sen} z)}{\operatorname{sen} z + z \cos z} \right|_{z=n\pi} = +1.$$

Notando que $\cot z - 1/z$ é zero em $z = 0$ (o segundo termo na expansão de $\cot z$ é $-z/3$), temos

$$\cot z - \frac{1}{z} = \sum_{n=1}^{N} \left(\frac{1}{z - n\pi} + \frac{1}{n\pi} + \frac{1}{z + n\pi} + \frac{1}{-n\pi} \right),$$

que é rearranjada para

$$\cot z = \frac{1}{z} + 2z \left(\frac{1}{z^2 - \pi^2} + \frac{1}{z^2 - (2\pi)^2} + \frac{1}{z^2 - (3\pi)^2} + \cdots \right). \tag{11.81}$$

■

Além das Equações (11.80) e (11.81), duas outras expansões polares de importância são

$$\sec z = \pi \left(\frac{1}{(\pi/2)^2 - z^2} - \frac{3}{(3\pi/2)^2 - z^2} + \frac{5}{(5\pi/2)^2 - z^2} - \right), \tag{11.82}$$

$$\csc z = \frac{1}{z} - 2z \left(\frac{1}{z^2 - \pi^2} - \frac{1}{z^2 - (2\pi)^2} + \frac{1}{z^2 - (3\pi)^2} + \cdots \right). \tag{11.83}$$

Contando Polos e Zeros

É possível obter informações sobre o número de polos e zeros de uma função $f(z)$ que de outra forma é analítica dentro de uma região fechada por consideração de sua derivada logarítmica, ou seja, $f'(z)/f(z)$. O ponto de partida dessa análise é escrever uma expressão para $f(z)$ em relação a um ponto z_0 em que existe um zero ou um polo na forma

$$f(z) = (z - z_0)^\mu g(z),$$

com $g(z)$ finito e não zero em $z = z_0$. Essa exigência identifica o comportamento limite de $f(z)$ perto de z_0 como proporcional a $(z - z_0)^\mu$, e também faz com que f'/f esteja supostamente perto $z = z_0$ a forma

$$\frac{f'(z)}{f(z)} = \frac{\mu(z - z_0)^{\mu-1}g(z) + (z - z_0)^\mu g'(z)}{(z - z_0)^\mu g(z)} = \frac{\mu}{z - z_0} + \frac{g'(z)}{g(z)}. \qquad (11.84)$$

A Equação (11.84) mostra que, para todos não zeros μ (isto é, se z_0 é um zero ou um poste), f'/f tem um polo simples em $z = z_0$ com resíduos μ. Note que como é necessário que $g(z)$ seja diferente de zero e finito, o segundo termo da Equação (11.84) não pode ser singular.

Aplicando agora o teorema dos resíduos à Equação (11.84) para a região fechada em que $f(z)$ é analítica, exceto, possivelmente, nos polos, vemos que a integral de f'/f em torno de um contorno fechado produz o resultado

$$\oint_C \frac{f'(z)}{f(z)} dz = 2\pi i \left(N_f - P_f \right), \qquad (11.85)$$

em que P_f é o número de polos de $f(z)$ dentro da região limitada por C, cada um multiplicado pela sua ordem, e N é o número de zeros de $f(z)$ limitado por C, cada um multiplicado pela sua multiplicidade.

A contagem de zeros é muitas vezes facilitada usando o **teorema de Rouché**, que afirma

Se $f(z)$ e $g(z)$ são analíticas na região limitada por uma curva C e $|f(z)| > |g(z)|$ em C, então $f(z)$ e $f(z) + g(z)$ têm o mesmo número de zeros na região limitada por C.

Para provar o teorema de Rouché, primeiro escrevemos, a partir da Equação (11.85),

$$\oint_C \frac{f'(z)}{f(z)} dz = 2\pi i N_f \quad \text{e} \quad \oint_C \frac{f'(z) + g'(z)}{f(z) + g(z)} dz = 2\pi i N_{f+g},$$

onde N_f designa o número de zeros de f dentro de C. Então observamos que, por causa da integral indefinida de f'/f é $\ln f$, N_f é o número de vezes que o argumento de f faz um ciclo em 2π quando C é atravessado uma vez no sentido anti-horário. Da mesma forma, observamos que N_{f+g} é o número de vezes que o argumento de $f + g$ faz um ciclo por 2π na travessia do contorno C.

Em seguida, escrevemos

$$f + g = f \left(1 + \frac{g}{f} \right) \quad \text{e} \quad \arg(f + g) = \arg(f) + \arg\left(1 + \frac{g}{f} \right), \qquad (11.86)$$

utilizando o fato de que o argumento de um produto é a soma dos argumentos de seus fatores. É então evidente que o número de ciclos por 2π de $\arg(f + g)$ é igual ao número de ciclos de $\arg(f)$ **mais** o número de ciclos de $\arg(1 + g/f)$. No entanto, como $|g/f| < 1$, a parte real de $1 + g/f$ nunca se torna negativa, e seu argumento é, portanto, restrito ao intervalo $-\pi/2 < \arg(1 + g/f) < \pi/2$. Portanto $\arg(1 + g/f)$ não pode fazer um ciclo por 2π, o número de ciclos de $\arg(f + g)$ tem de ser igual ao número de ciclos de $\arg f$, e $f + g$ e f devem ter o mesmo número de zeros dentro de C. Isso completa a prova do teorema de Rouché.

Exemplo 11.7.5 Contando Zeros

Nosso problema consiste em determinar o número de zeros de $F(z) = z^3 - 2z + 11$ com módulos entre 1 e 3. Uma vez que $F(z)$ é analítica para todo z finito, em princípio podemos simplesmente aplicar a Equação (11.85) para o contorno consistindo nos círculos $|z| = 1$ (sentido horário) e $|z| = 3$ (anti-horário), definindo $P_F = 0$ e resolvendo para N_F. Entretanto, essa abordagem na prática irá se revelar difícil. Em vez disso, é possível simplificar o problema usando o teorema de Rouché.

Primeiro calculamos o número de zeros dentro de $|z| = 1$, escrevendo $F(z) = f(z) + g(z)$, com $f(z) = 11$ e $g(z) = z^3 - 2z$. É claro que $|f(z)| > |g(z)|$ quando $|z| = 1$, assim, pelo teorema de Rouché, f e $f + g$ têm o mesmo número de zeros dentro desse círculo. Uma vez que $f(z) = 11$ não tem zeros, concluímos que todos os zeros de $F(z)$ estão fora de $|z| = 1$.

Em seguida, calculamos o número de zeros dentro de $|z| = 3$, considerando para esse propósito $f(z) = z^3$, $g(z) = 11 - 2z$. Quando $|z| = 3$, temos $|f(z)| = 27 > |g(z)|$, portanto F e f têm o mesmo número de zeros, ou seja, três (o triplo zero de f em $z = 0$). Assim, a resposta ao nosso problema é que F tem três zeros, todos com módulos entre 1 e 3. ∎

Expansão do Produto de Funções Inteiras

Lembramos ao leitor que uma função $f(z)$ que é analítica para todo z finito é chamada função **inteira**. Referindo-se à Equação (11.84), vemos que se $f(z)$ é uma função inteira, então $f'(z)/f(z)$ será meromórfica, com todos seus polos simples. Por simplicidade, supondo que os zeros de f são simples e nos pontos z_n, de modo que μ na Equação (11.84) é 1, podemos invocar o teorema de Mittag-Leffler para escrever f'/f como a expansão polar

$$\frac{f'(z)}{f(z)} = \frac{f'(0)}{f(0)} + \sum_{n=1}^{\infty}\left[\frac{1}{z-z_n} + \frac{1}{z_n}\right]. \tag{11.87}$$

Integrar a Equação (11.87) produz

$$\int_0^z \frac{f'(z)}{f(z)}dz = \ln f(z) - \ln f(0)$$

$$= \frac{zf'(0)}{f(0)} + \sum_{n=1}^{\infty}\left[\ln(z-z_n) - \ln(-z_n) + \frac{z}{z_n}\right].$$

Exponencializando, obtemos a expansão de produto

$$f(z) = f(0) \ \text{xp}\left(\frac{zf'(0)}{f(0)}\right)\prod_{n=1}^{\infty}\left(1-\frac{z}{z_n}\right)e^{z/z_n}. \tag{11.88}$$

Exemplos são as expansões de produto para

$$\text{sen}\, z = z\prod_{\substack{n=-\infty \\ n\neq 0}}^{\infty}\left(1-\frac{z}{n\pi}\right)e^{z/n\pi} = z\prod_{n=1}^{\infty}\left(1-\frac{z^2}{n^2\pi^2}\right), \tag{11.89}$$

$$\cos z = \prod_{n=1}^{\infty}\left(1-\frac{z^2}{(n-1/2)^2\pi^2}\right). \tag{11.90}$$

A expansão de sen z não pode ser obtida diretamente da Equação (11.88), mas sua derivação é o tema do Exercício 11.7.5. Destacamos também aqui que a função gama tem uma expansão de produto, discutida no Capítulo 13.

Exercícios

11.7.1   Determine a natureza das singularidades de cada uma das seguintes funções e avalie os resíduos de $(a > 0)$.

(a) $\dfrac{1}{z^2+a^2}$.

(b) $\dfrac{1}{(z^2+a^2)^2}$.

(c) $\dfrac{z^2}{(z^2+a^2)^2}$.

(d) $\dfrac{\text{sen}\, 1/z}{z^2+a^2}$.

(e) $\dfrac{ze^{+iz}}{z^2+a^2}$.

(f) $\dfrac{ze^{+iz}}{z^2-a^2}$.

(g) $\dfrac{e^{+iz}}{z^2-a^2}$.

(h) $\dfrac{z^{-k}}{z+1}$, $0 < k < 1$.

Dica: Para o ponto no infinito, use a transformação $w = 1/z$ para $|z| \to 0$. Para o resíduo, transforme $f(z)dz$ em $g(w)dw$ e analise o comportamento de $g(w)$.

11.7.2   Avalie os resíduos em $z = 0$ e $z = -1$ de $\pi \cot \pi z/z(z+1)$.

11.7.3 A definição clássica da integral exponencial (x) para $x > 0$ é a integral do valor principal de Cauchy

$$\text{Ei}(x) = \int\limits_{-\infty}^{x} \frac{e^t}{t}\,dt,$$

em que o intervalo e integração é cortado em $x = 0$. Mostre que essa definição produz um resultado convergente para x positivo.

11.7.4 Escrevendo uma integral do valor principal de Cauchy para lidar com a singularidade em $x = 1$, mostre que se $0 < p < 1$,

$$\int\limits_{0}^{\infty} \frac{x^{-p}}{x-1}\,dx = -\pi \cot p\pi.$$

11.7.5 Explique por que a Equação (11.88) não é diretamente aplicável à expansão de produto de sen z. Mostre como a expansão, a Equação (11.89), pode ser obtida expandindo em vez dela sen z/z.

11.7.6 A partir das observações

1. $f(z) = a_n z^n$ tem n zeros, e
2. para $|R|$ suficientemente grande, $|R|, |\sum_{m=0}^{n-1} a_m R^m | \lhd a_n R^n |$,

use o teorema de Rouché para provar o teorema fundamental da álgebra (ou seja, que cada polinômio de grau n tem n raízes).

11.7.7 Usando o teorema de Rouché, mostre que todos os zeros de $F(z) = z^6 - 4z^3 + 10$ residem entre os círculos $|z| = 1$ e $|z| = 2$.

11.7.8 Derive as expansões polares de sec z e csc z dadas nas Equações (11.82) e (11.83).

11.7.9 Dado que $f(z) = (z^2 - 3z + 2)/z$, aplique uma decomposição fracionária parcial a f'/f e mostre diretamente que $\oint_C f'(z)/f(z)\,dz = 2\pi i(N_f - P_f)$, onde N_f e P_f são, respectivamente, o número de zeros e polos circundados por C (incluindo suas multiplicidades).

11.7.10 A afirmação de que a integral metade do caminho em torno de um ponto singular é igual a metade da integral por toda a extensão em torno da qual foi limitada a polos simples. Mostre, por meio de um exemplo específico, que

$$\int\limits_{\text{Semicírculo}} f(z)\,dz = \frac{1}{2} \oint\limits_{\text{Círculo}} f(z)\,dz$$

não necessariamente se mantém se a integral circunda um polo de ordem superior.

Dica: Experimente $f(z) = z^{-2}$.

11.7.11 A função $f(z)$ é analítica ao longo do eixo real, exceto para um pole de terceira ordem em $z = x_0$. A expansão de Laurent sobre $z = x_0$ tem a forma

$$f(z) = \frac{a_{-3}}{(z-x_0)^3} + \frac{a_{-1}}{z-x_0} + g(z),$$

com $g(z)$ analítica em $z = x_0$. Mostre que a técnica do principal valor de Cauchy é aplicável, no sentido de que

(a) $\lim_{\delta \to 0} \left\{ \int_{-\infty}^{x_0-\delta} f(x)\,dx + \int_{x_0+\delta}^{\infty} f(x)\,dx \right\}$ é finito.

(b) $\int_{C_{x_0}} f(z)\,dz = \pm i\pi a_{-1}$,

em que C_{x0} denota um **pequeno semicírculo** em torno de $z = x_0$.

11.7.12 A função degrau unitário é definida como (compare o Exercício 1.15.13)

$$u(s-a) = \begin{cases} 0, & s < a \\ 1, & s > a. \end{cases}$$

Mostre que $u(s)$ tem as representações integrais

(a) $u(s) = \lim_{\varepsilon \to 0^+} \dfrac{1}{2\pi i} \displaystyle\int_{-\infty}^{\infty} \dfrac{e^{ixs}}{x - i\varepsilon} dx.$

(b) $u(s) = \dfrac{1}{2} + \dfrac{1}{2\pi i} \displaystyle\int_{-\infty}^{\infty} \dfrac{e^{ixs}}{x} dx.$

Nota: O parâmetro s é real.

11.8 Avaliação das Integrais Definidas

Integrais definidas aparecem repetidamente em problemas da física matemática, bem como na matemática pura. No Capítulo 1, revisamos vários métodos da avaliação integral, observando lá que os métodos de integração de contorno eram poderosos e mereciam um estudo detalhado. Agora alcançamos um ponto em que podemos explorar esses métodos, que são aplicáveis a uma ampla variedade de integrais definidas com limites de integração física relevantes. Começamos com aplicações para integrais contendo funções trigonométricas, que muitas vezes podemos converter em formas em que a variável da integração (originalmente um ângulo) é convertida em uma variável z complexa, com a integral da integração tornando-se um contorno integral ao longo do círculo unitário.

Integrais Trigonométricas, Intervalo $(0,2\pi)$

Consideramos aqui integrais da forma

$$I = \int_0^{2\pi} f(\operatorname{sen}\theta, \cos\theta)\, d\theta, \tag{11.91}$$

onde f é finito para todos os valores de θ Também exigimos que f seja uma função racional de sen θ e cos θ para que seja de valor único. Fazemos uma mudança da variável para

$$z = e^{i\theta}, \quad dz = i e^{i\theta} d\theta,$$

com o intervalo em θ, ou seja, $(0, 2\pi)$, correspondendo a $e^{i\theta}$ no sentido anti-horário em torno do círculo unitário para formar um contorno fechado. Em seguida, fazemos as substituições

$$d\theta = -i\frac{dz}{z}, \quad \operatorname{sen}\theta = \frac{z - z^{-1}}{2i}, \quad \cos\theta = \frac{z + z^{-1}}{2}, \tag{11.92}$$

em que usamos a Equação (1.133) para representar sen θ e cos θ. Nossa integral torna-se então

$$I = -i \oint f\left(\frac{z - z^{-1}}{2i}, \frac{z + z^{-1}}{2}\right) \frac{dz}{z}, \tag{11.93}$$

com o caminho da integração o círculo unitário. Pelo teorema dos resíduos, Equação (11.64),

$$I = (-i)\, 2\pi i \sum \text{resíduos dentro do círculo unitário.} \tag{11.94}$$

Note que devemos utilizar os resíduos de f/z. Eis dois exemplos preliminares.

Exemplo 11.8.1 INTEGRAL DE COS NO DENOMINADOR

Nosso problema é avaliar a integral definida

$$I = \int_0^{2\pi} \frac{d\theta}{1 + a\cos\theta}, \quad |a| < 1.$$

Pela equação (11.93), isso torna-se

$$I = -i \oint_{\text{círculo unitário}} \frac{dz}{z[1 + (a/2)(z + z^{-1})]}$$

$$= -i\frac{2}{a} \oint \frac{dz}{z^2 + (2/a)z + 1}.$$

O denominador tem raízes

$$z_1 = -\frac{1+\sqrt{1-a^2}}{a} \quad \text{e} \quad z_2 = -\frac{1-\sqrt{1-a^2}}{a}.$$

Notando que $z_1 z_2 = 1$, é fácil ver que z_2 está dentro do círculo unitário e z_1 está fora. Escrevendo a integral na forma

$$\oint \frac{dz}{(z-z_1)(z-z_2)},$$

vemos que o resíduo do integrante em $z = z_2$ é $1/(z_2 - z_1)$, assim a aplicação do teorema dos resíduos produz

$$I = -i\frac{2}{a} \cdot 2\pi i \frac{1}{z_2 - z_1}.$$

Inserindo os valores de z_1 e z_2, obtemos o resultado final

$$\int_0^{2\pi} \frac{d\theta}{1+a\cos\theta} = \frac{2\pi}{\sqrt{1-a^2}}, \quad |a| < 1.$$

∎

Exemplo 11.8.2 Outra Integral Trigonométrica
Considere

$$I = \int_0^{2\pi} \frac{\cos 2\theta \, d\theta}{5 - 4\cos\theta}.$$

Fazendo as substituições identificadas nas Equações (11.92) e (11.93), a integral I assume a forma

$$I = \oint \frac{\frac{1}{2}(z^2 + z^{-2})}{5 - 2(z + z^{-1})}\left(\frac{-i\,dz}{z}\right)$$

$$= \frac{i}{4}\oint \frac{(z^4 + 1)\,dz}{z^2\left(z - \frac{1}{2}\right)(z - 2)},$$

onde a integração é em torno do círculo unitário. Note que identificamos $\cos 2\theta$ como $(z^2 + z^{-2})/2$, o que é mais simples do que primeiro reduzi-la a sua equivalente em termos de sen Z e cos z.

Vemos que o integrando tem polos em $z = 0$ (de ordem 2), e polos simples em $z = 1/2$ e $z = 2$. Apenas os polos em $z = 0$ e $z = 1/2$ estão dentro do contorno.

Em $z = 0$ o resíduo do integrando é

$$\frac{d}{dz}\left[\frac{z^4 + 1}{\left(z - \frac{1}{2}\right)(z - 2)}\right]_{z=0} = \frac{5}{2},$$

enquanto seu resíduo em $z = 1/2$ é

$$\left[\frac{z^4 + 1}{z^2(z - 2)}\right]_{z=1/2} = -\frac{17}{6}.$$

Aplicando o teorema dos resíduos, temos

$$I = \frac{i}{4}(2\pi i)\left[\frac{5}{2} - \frac{17}{6}\right] = \frac{\pi}{6}.$$

∎

Ressaltamos que as integrais do tipo agora sob consideração são avaliadas depois de transformá-los para que possam ser identificadas como exatamente equivalentes a integrais de contorno às quais podemos aplicar o teorema dos resíduos. Outros exemplos estão nos exercícios.

Integrais, Intervalo $-\infty$ a ∞

Considere agora integrais definidas da forma

$$I = \int_{-\infty}^{\infty} f(x)\,dx, \tag{11.95}$$

em que supomos que
- $f(z)$ é analítica no meio plano superior, exceto para um número finito de polos. Por enquanto vamos supor que não há polos no eixo real. Casos que não satisfazem essa condição serão considerados mais adiante.
- No limite de $|z| \to \infty$ no semiplano superior $(0 \le \arg z \le \pi)$, $f(z)$ desaparece mais fortemente do que $1/z$.

Note que não há nada de especial sobre o meio plano superior. O método descrito aqui pode ser aplicado, com alterações óbvias, se $f(Z)$ desaparece suficientemente fortemente no semiplano inferior.

A segunda hipótese o torna útil para avaliar a integral de contorno $\text{r}f(z)\,dz$ no contorno mostrado na Figura 11.21, como a integral I é dada pela integração ao longo do eixo real, enquanto o arco, de raio r, com $R \to \infty$, dá uma contribuição negligenciável para a integral de contorno. Assim,

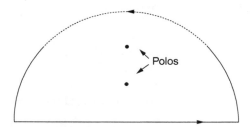

Figura 11.21: Um contorno fechado por um semicírculo grande no semiplano superior.

$$I = \oint f(z)\,dz,$$

e a integral do contorno pode ser avaliada aplicando o teorema dos resíduos.

Situações desse tipo são de ocorrência frequente e, portanto, formalizamos as condições em que a integral ao longo de um arco grande torna-se insignificante:

Se $\lim_{R \to \infty} zf(z) = 0$ *para todo* $z = Re^{i\theta}$ *com* θ *no intervalo* $\theta_1 \le \theta \le \theta_2$, *então*

$$\lim_{R \to \infty} \int_C f(z)\,dz = 0, \tag{11.96}$$

em que C é o arco ao longo do intervalo angular θ_1 *a* θ_2 *em um círculo de raio R com centro na origem.*

Para provar a Equação (11.96), basta escrever a integral ao longo de C na forma polar:

$$\lim_{R \to \infty} \left| \int_C f(z)\,dz \right| \le \int_{\theta_1}^{\theta_2} \lim_{R \to \infty} \left| f(Re^{i\theta})i\,Re^{i\theta} \right| d\theta$$

$$\le (\theta_2 - \theta_1) \lim_{R \to \infty} \left| f(Re^{i\theta})Re^{i\theta} \right| = 0.$$

Agora, utilizando o contorno da Figura 11.21, deixando C denotar o arco semicircular de $\theta = 0$ a $\theta = \pi$,

$$\oint f(z)\,dz = \lim_{R \to \infty} \int_{-R}^{R} f(x)\,dx + \lim_{R \to \infty} \int_{C} f(z)\,dz$$

$$= 2\pi i \sum \text{resíduos (semiplano superior)},\tag{11.97}$$

onde nossa segunda hipótese causou o desaparecimento da integral ao longo de C.

Exemplo 11.8.3 Integral da Função Meromórfica
Avalie

$$I = \int_{0}^{\infty} \frac{dx}{1 + x^2}.$$

Isso não está na forma que exigimos, mas podemos fazer com que esteja observando que o integrando é par e escrevendo

$$I = \frac{1}{2} \int_{-\infty}^{\infty} \frac{dx}{1 + x^2}.\tag{11.98}$$

Notamos que $f(z) = 1/(1 + z^2)$ é meromórfica; todas as suas singularidades para z finito são polos, e ele também tem a propriedade de que $z\,f(z)$ desaparece no limite do $|z|$ grande. Portanto, podemos aplicar a Equação (11.97), assim os

$$\frac{1}{2} \int_{-\infty}^{\infty} \frac{dx}{1 + x^2} = \frac{1}{2}(2\pi i) \sum \text{resíduos de } \frac{1}{1 + z^2} \text{ (semiplano superior)}.$$

Aqui, e em qualquer outro problema semelhante, temos a pergunta: onde estão os polos? Reescrevendo o integrando como

$$\frac{1}{z^2 + 1} = \frac{1}{(z + i)(z - i)},$$

vemos que existem polos simples (de ordem 1) em $z = i$ e $z = -i$. Os resíduos estão

$$\text{em } z = i : \frac{1}{z + i}\bigg|_{z=i} = \frac{1}{2i}, \text{ e em } z = -i : \frac{1}{z - i}\bigg|_{z=-i} = -\frac{1}{2i}.$$

Porém, apenas o polo em $z = +i$ é circundado pelo contorno, assim nosso resultado é

$$\int_{0}^{\infty} \frac{dx}{1 + x^2} = \frac{1}{2}(2\pi i)\frac{1}{2i} = \frac{\pi}{2}.\tag{11.99}$$

Esse resultado dificilmente é uma surpresa, uma vez que presumivelmente já sabemos que

$$\int_{0}^{\infty} \frac{dx}{1 + x^2} = \tan^{-1} x\bigg|_{0}^{\infty} = \arctan x\bigg|_{0}^{\infty} = \frac{\pi}{2},$$

mas, como mostrado nos exemplos mais adiante, as técnicas ilustradas aqui também são fáceis de aplicar quando mais métodos elementares são difíceis ou impossíveis.

Antes de concluir esse exemplo, note que podemos muito bem ter fechado o contorno com um semicírculo no semiplano inferior, uma vez que $z\,f(z)$ desaparece nesse arco bem como que no semiplano superior. Em seguida, considerando o contorno de modo que o eixo real é atravessado de $-\infty$ a $+\infty$, o caminho seria no sentido **horário** (Figura 11.22), assim precisaríamos calcular $-2\pi i$ vezes o resíduo do polo que agora está circundado (em $z = -i$). Assim, temos $I = -\frac{1}{2}(2\pi i)(-1/2i)$, que (como deve ser) é avaliado para o mesmo resultado que obtivemos anteriormente, ou seja, $\pi/2$.   ■

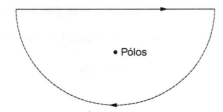

Figura 11.22: Um contorno fechado por um grande semicírculo no semiplano inferior.

Integrais com Exponenciais Complexas

Considere a integral definida

$$I = \int_{-\infty}^{\infty} f(x)e^{iax}\, dx, \tag{11.100}$$

com a real e positivo. (Essa é uma transformada de Fourier; ver Capítulo 19.) Supomos as duas condições a seguir:

- $f(z)$ é analítica no meio plano superior, exceto para um número finito de polos.
- $\lim_{|z| \to \infty} f(z) = 0$, $0 \le \arg z \le \pi$.

Note que essa é uma condição menos restritiva do que a segunda condição imposta a $f(z)$ para nossa integração anterior de $\int_{-\infty}^{\infty} f(x)\,dx$.

Empregamos novamente o contorno de semicírculo mostrado na Figura 11.21. A aplicação do cálculo dos resíduos é a mesma que no exemplo que acabamos de considerar, mas aqui temos de trabalhar mais para mostrar que a integral ao longo do semicírculo (infinito) vai a zero. Essa integral torna-se, para um semicírculo de raio R,

$$I_R = \int_0^{\pi} f(Re^{i\theta})e^{iaR\cos\theta - aR\,\mathrm{sen}\,\theta}\, i\, Re^{i\theta}\, d\theta,$$

em que a integração de θ é ao longo do semiplano superior, $0 \le \theta \le \pi$. Seja R suficientemente grande que $|f(z)| = |f(Re^{i\theta})| < \varepsilon$ para todo θ dentro do intervalo de integração. Nossa segunda hipótese em $f(z)$ informa que como $R \to \infty$, $\varepsilon \to 0$. Então

$$|I_R| \le \varepsilon R \int_0^{\pi} e^{-aR\,\mathrm{sen}\,\theta}\, d\theta = 2\varepsilon R \int_0^{\pi/2} e^{-aR\,\mathrm{sen}\,\theta}\, d\theta. \tag{11.101}$$

Agora observe que no intervalo $[0, \pi/2]$,

$$\frac{2}{\pi}\theta \le \mathrm{sen}\,\theta,$$

como pode ser facilmente visto a partir da Figura 11.23. Substituindo essa desigualdade na Equação (11.101), temos

$$|I_R| \le 2\varepsilon R \int_0^{\pi/2} e^{-2aR\theta/\pi}\, d\theta = 2\varepsilon R\, \frac{1 - e^{-aR}}{2aR/\pi} < \frac{\pi}{a}\varepsilon,$$

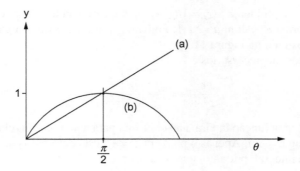

Figura 11.23: (a) $y = (2/\pi)\theta$, (b) $y = \operatorname{sen} \theta$.

mostrando que

$$\lim_{R \to \infty} I_R = 0.$$

Esse resultado também é importante o suficiente para comemorar; às vezes é conhecido como **lema de Jordan**. Sua afirmação formal é

Se $\lim_{R=\infty} f(z) = 0$ para todo $z = Re^i\theta$ no intervalo $0 \leq \theta \leq \pi$, então

$$\lim_{R \to \infty} \int_C e^{iaz} f(z)\, dz = 0, \tag{11.102}$$

onde $a > 0$ e C é um semicírculo de raio R no semiplano superior com centro na origem.

Note que para o lema de Jordan os semiplanos superiores e inferiores não são equivalentes, porque a condição $a > 0$ faz o expoente $-aR \operatorname{sen} \theta$ ser somente negativo e produz um resultado insignificante no semiplano superior. No semiplano inferior, a exponencial é positiva e a integral em um grande semicírculo aí divergiria. Claro, podemos estender o teorema considerando o caso $a < 0$, quando o contorno a ser usado seria então um semicírculo no semiplano inferior.

Voltando agora às integrais do tipo representado pela Equação (11.100), e utilizando o contorno mostrado na Figura 11.21, a aplicação do teorema dos resíduos produz o resultado geral (para $a > 0$),

$$\int_{-\infty}^{\infty} f(x)e^{iax}\, dx = 2\pi i \sum \text{resíduos de } e^{iaz} f(z) \text{ (semiplano superior)}, \tag{11.103}$$

em que usamos o lema de Jordan para definir como zero a contribuição para a integral de contorno a partir do grande semicírculo.

Exemplo 11.8.4 Integral Oscilatória
Considere

$$I = \int_0^{\infty} \frac{\cos x}{x^2 + 1}\, dx,$$

que inicialmente manipulamos, introduzindo $\cos x = (e^{i\,x} + e^{-i\,x})/2$, como a seguir:

$$I = \frac{1}{2} \int_0^{\infty} \frac{e^{ix}\, dx}{x^2 + 1} + \frac{1}{2} \int_0^{\infty} \frac{e^{-ix}\, dx}{x^2 + 1}$$

$$= \frac{1}{2} \int_0^{\infty} \frac{e^{ix}\, dx}{x^2 + 1} + \frac{1}{2} \int_0^{-\infty} \frac{e^{ix}\, d(-x)}{(-x)^2 + 1} = \frac{1}{2} \int_{-\infty}^{\infty} \frac{e^{ix}\, dx}{x^2 + 1},$$

trazendo assim I para a forma atualmente em discussão.

Agora observamos que nesse problema $f(z) = 1/(z^2 + 1)$, que certamente se aproxima de zero para $|z|$ grande, e o fator exponencial é da forma e^{iaz}, com $a = +1$. Podemos, portanto, avaliar uma integral usando a Equação (11.103), com o contorno mostrado na Figura 11.21.

A quantidade cujos resíduos são necessários é

$$\frac{e^{iz}}{z^2 + 1} = \frac{e^{iz}}{(z + i)(z - i)},$$

e notamos que a exponencial, uma função inteira, não contribui para nenhuma singularidade. Assim, nossas singularidades são polos simples em $z = \pm i$. Apenas o polo em $z = +i$ está dentro do contorno, e seu resíduo é $e^{i^2}/2i$, o que se reduz a $1/2ie$. Nossa integral, portanto, tem o valor

$$I = \frac{1}{2}(2\pi i)\frac{1}{2ie} = \frac{\pi}{2e}.$$

■

Nosso próximo exemplo é uma integral importante, cuja avaliação envolve o conceito de valor principal e um contorno que aparentemente tem de atravessar um polo.

Exemplo 11.8.5   Singularidade no Contorno da Integração
Consideramos agora a avaliação de

$$I = \int_0^\infty \frac{\operatorname{sen} x}{x}\, dx. \tag{11.104}$$

Escrevendo o integrando como $(e^{iz} - e^{-iz})/2iz$, uma tentativa de fazer como foi feito no Exemplo 11.8.4 leva ao problema de que cada uma das duas integrais em que I pode ser separado é individualmente divergente. Esse é um problema que já encontramos ao discutir o valor principal de Cauchy dessa integral. Referindo-se à (11.74), podemos escrever I como

$$I = \oint_{-\infty}^\infty \frac{e^{ix}\, dx}{2ix}, \tag{11.105}$$

sugerindo que nós consideramos a integral de $e^{iz}/2iz$ ao longo de um contorno fechado adequado.

Vamos agora observar que, embora a diferença em $x = 0$ seja infinitesimal, esse ponto é um polo de $e^{iz}/2iz$, e precisamos desenhar um contorno que a evita, usando um pequeno semicírculo para conectar os pontos em $-\delta$ e $+\delta$. Compare com a discussão nas Equações (11.75) e (11.76).

Escolher o pequeno semicírculo **acima** do poste, como na Figura 11.20, temos então um contorno que não circunda **nenhuma** singularidade.

A integral em torno desse contorno pode agora ser identificada como consistindo em (1) os dois segmentos que constituem o a integral do valor principal na Equação (11.105), (2) o semicírculo C_R grande de raio R ($R \to \infty$) e (3) um semicírculo C_r de raio r ($r \to 0$) atravessado **no sentido horário**, assim

$$\oint \frac{e^{iz}}{2iz}dz = I + \int_{C_r} \frac{e^{iz}}{2iz}dz + \int_{C_R} \frac{e^{iz}}{2iz}dz = 0. \tag{11.106}$$

Pelo lema de Jordan, a integral ao longo de C_R desaparece. Como discutido na Equação (11.75), o caminho no sentido horário C_r a meio caminho em torno do polo em $z = 0$ contribui para metade do valor de um circuito completo, ou seja, (permitindo o sentido horário do percurso) $-\pi i$ vezes o resíduo de $e^{iz}/2iz$ em $z = 0$. Esse resíduo tem valor $1/2i$, então $\int_{C_r} = -\pi i(1/2i) = -\pi/2$, e, resolvendo a Equação (11.106) para I, então obtemos

$$I = \int_0^\infty \frac{\operatorname{sen} x}{x}\, dx = \frac{\pi}{2}. \tag{11.107}$$

Note que foi necessário fechar o contorno no semiplano superior. Em um círculo grande no semiplano inferior, e^{iz} torna-se infinito e o lema de Jordan não pode ser aplicado. ∎

Outra Técnica de Integração

Às vezes, temos uma integral no intervalo real $(0, \infty)$ que não tem a simetria necessária para estender o intervalo de integração para $(-\infty, \infty)$. Entretanto, pode ser possível identificar uma direção no plano complexo em que o integrando tem um valor idêntico a ou que está convenientemente relacionado com aquele do original, permitindo assim a construção integral original de um contorno que facilita a avaliação.

Exemplo 11.8.6 AVALIAÇÃO EM UM SECTOR CIRCULAR

Nosso problema é avaliar a integral

$$I = \int_0^\infty \frac{dx}{x^3 + 1},$$

que não pode ser convertida facilmente em uma integral no intervalo $(-\infty, \infty)$. Porém, observamos que ao longo de uma linha com o argumento $\theta = 2\pi/3$, z^3 terá os mesmos valores que nos pontos correspondentes na linha real; note que $(re^{2\pi i/3})^3 = r^3 e^{2\pi i} = r^3$. Consideramos, portanto,

$$\oint \frac{dz}{z^3 + 1}$$

no contorno mostrado na Figura 11.24. A parte do contorno ao longo do eixo real positivo, rotulada A, simplesmente produz nossa integral I. O integrando se aproxima de zero de forma suficientemente rápida para $|z|$ grande que a integral no arco circular grande, chamada C na figura, desaparece.

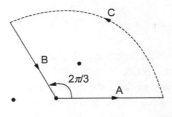

Figura 11.24: Contorno para o Exemplo 11.8.6.

No segmento remanescente do contorno, rotulado B, notamos que $dz = e^{2\pi i/3} dr$, $z^3 = r^3$, e

$$\int_B \frac{dz}{z^3 + 1} = \int_\infty^0 \frac{e^{2\pi i/3} dr}{r^3 + 1} = -e^{2\pi i/3} \int_0^\infty \frac{dr}{r^3 + 1} = -e^{2\pi i/3} I.$$

Portanto,

$$\oint \frac{dz}{z^3 + 1} = \left(1 - e^{2\pi i/3}\right) I. \tag{11.108}$$

Agora, precisamos avaliar nossa integral completa de contorno usando o teorema dos resíduos. O integrando tem polos simples nas três raízes de $z^3 + 1$, que estão em $z_1 = e^{\pi i/3}$, $z_2 = e^{\pi i}$ e $z_3 = e^{5\pi i/3}$, como marcado na Figura 11.24. Apenas o polo em z_1 é circundado pelo nosso contorno.

O resíduo em $z = z_1$ é

$$\lim_{z = z_1} \frac{z - z_1}{z^3 + 1} = \frac{1}{3z^2}\bigg|_{z = z_1} = \frac{1}{3e^{2\pi i/3}}.$$

Igualando $2\pi i$ vezes esse resultado com o valor da integral de contorno como dado pela Equação (11.108), temos

$$\left(1 - e^{2\pi i/3}\right) I = 2\pi i \left(\frac{1}{3e^{2\pi i/3}}\right).$$

A solução para I é facilitada se multiplicamos por $e^{-\pi i/3}$, obtendo inicialmente

$$\left(e^{-\pi i/3} - e^{\pi i/3}\right) I = 2\pi i \left(-\frac{1}{3}\right),$$

que é facilmente reorganizado para

$$I = \frac{\pi}{3\,\mathrm{sen}\,\pi/3} = \frac{\pi}{3\sqrt{3}/2} = \frac{2\pi}{3\sqrt{3}}.$$

∎

Evitação dos Pontos de Ramificação

Às vezes precisamos lidar com integrais cujos integrandos têm pontos de ramificação. Para utilizar métodos de integração de contorno para essas integrais devemos escolher contornos que evitam os pontos de ramificação, anexando apenas singularidades de ponto.

Exemplo 11.8.7 INTEGRAL CONTENDO LOGARITMO

Vamos agora analisar

$$I = \int\limits_{0}^{\infty} \frac{\ln x\,dx}{x^3 + 1}. \tag{11.109}$$

O integrando na Equação (11.109) é singular em $x = 0$, mas a integração converge (a integral indefinida de $\ln x$ é $x \ln x - x$). Entretanto, no plano complexo, essa singularidade se manifesta ela mesmo como um ponto de ramificação, assim se for necessário reformular esse problema de uma maneira que envolva uma integral de contorno, devemos evitar $z = 0$ e um corte de ramificação a partir desse ponto a $z = \infty$. Acontece que é conveniente usar um contorno semelhante ao do Exemplo 11.8.6, exceto que temos de fazer um pequeno desvio circular em $z = 0$ e então desenhar o corte de ramificação em uma direção que permanece fora do nosso contorno escolhido. Observando também que o integrando tem polos nos mesmos pontos como os do Exemplo 11.8.6, consideramos uma integral de contorno

$$\oint \frac{\ln z\,dz}{z^3 + 1},$$

em que o contorno e as localizações das singularidades do integrando são como ilustrado na Figura 11.25.

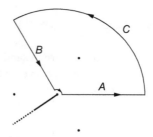

Figura 11.25: Contorno para o Exemplo 11.8.7.

A integral ao longo do arco circular grande, rotulada C, desaparece, como o fator z^3 no denominador domina em relação ao fator fracamente divergente ln z no numerador (que diverge mais fracamente do que qualquer potência positiva de z). Também não obtemos nenhuma contribuição para a integral de contorno do arco no r pequeno, uma vez que temos aí

$$\lim_{r \to 0} \int_0^{2\pi/3} \frac{\ln(re^{i\theta})}{1 + r^3 e^{3i\theta}} i r e^{i\theta} \, d\theta,$$

que desaparece porque $r \ln r \to 0$.

As integrais ao longo dos segmentos chamados A e B não desaparecem. Para avaliar a integral ao longo desses segmentos, temos de fazer uma escolha adequada da ramificação da função de valor múltiplo ln z. É natural escolher a ramificação de modo que no eixo real temos $ln\ z =$ In x (e não ln $x + 2n\pi\ i$ com algum n diferente de zero). Então a integral ao longo do segmento rotulado A terá o valor I.[7]

Para calcular a integral ao longo de B, observamos que nesse segmento $z^3 = r^3$ e $dz = e^{2}\pi^{\ i/3} dr$ (como no Exemplo 11.8.6), mas também observamos que ln $z =$ ln $r + 2\pi\ i/3$. Há alguma tentação aqui de utilizar um diferente dos valores múltiplos do logaritmo, mas, para referência futura, observe que **devemos** usar o valor que é alcançado continuamente a partir do valor que já foi escolhido no eixo positivo real, movendo-se de uma maneira que não atravessa o corte de ramificação. Assim, não podemos alcançar o segmento A por meio de percurso no sentido horário a partir do eixo real positivo (obtendo assim ln $z =$ ln $r - 4\pi\ i/3$) ou qualquer outro valor que exigiria múltiplos circuitos em torno do ponto de ramificação $z = 0$.

Com base no que foi mencionado, temos

$$\int_B \frac{\ln z \, dz}{z^3 + 1} = \int_\infty^0 \frac{\ln r + 2\pi i/3}{r^3 + 1} e^{2\pi i/3} \, dr = -e^{2\pi i/3} I - \frac{2\pi i}{3} e^{2\pi i/3} \int_0^\infty \frac{dr}{r^3 + 1}. \tag{11.110}$$

Referindo-se ao Exemplo 11.8.6 para o valor da integral no termo final da Equação (11.110), e combinando as contribuições para a integral geral de contorno,

$$\oint \frac{\ln z \, dz}{z^3 + 1} = \left(1 - e^{2\pi i/3}\right) I - \frac{2\pi i}{3} e^{2\pi i/3} \left(\frac{2\pi}{3\sqrt{3}}\right). \tag{11.111}$$

O próximo passo é usar o teorema dos resíduos para avaliar a integral de contorno. Apenas o polo em $z = z_1$ está dentro do contorno. O resíduo que devemos calcular é

$$\lim_{z = z_1} \frac{(z - z_1) \ln z}{z^3 + 1} = \frac{\ln z}{3z^2}\bigg|_{z=z_1} = \frac{\pi i/3}{3e^{2\pi i/3}} = \frac{\pi i}{9} e^{-2\pi i/3},$$

e a aplicação do teorema dos resíduos à Equação (11.111) produz

$$\left(1 - e^{2\pi i/3}\right) I - \frac{2\pi i}{3} e^{2\pi i/3} \left(\frac{2\pi}{3\sqrt{3}}\right) = (2\pi i) \left(\frac{\pi i}{9}\right) e^{-2\pi i/3}. \tag{11.112}$$

Resolvendo para I, obtemos

$$I = -\frac{2\pi^2}{27}. \tag{11.113}$$

A verificação da passagem da Equação (11.112) a (11.113) é deixada para o Exercício 11.8.6. ∎

Explorando Cortes de Ramificação

Ocasionalmente em vez de ser um aborrecimento, um corte de ramificação oferece uma oportunidade para uma forma criativa de avaliar integrais difíceis.

---

[7]Como a integração converge em $x = 0$, o valor não é afetado pelo fato de que esse segmento infinitesimal termina antes de alcançar esse ponto.

Exemplo 11.8.8   Usando um Corte de Ramificação

Vamos avaliar

$$I = \int\limits_{0}^{\infty} \frac{x^p \, dx}{x^2 + 1}, \quad 0 < p < 1.$$

Considere o contorno integrante

$$\oint \frac{z^p \, dz}{z^2 + 1},$$

em que o contorno é o mostrado na Figura 11.26. Note que $z = 0$ é um ponto de ramificação, e consideramos o corte ao longo do eixo real positivo. Atribuímos a z^p seu valor principal habitual (que é x^p) um pouco acima do corte, de tal modo que o segmento do contorno marcado A, que na verdade se estende de ε a ∞, converge no limite do ε pequeno até a integral I. Nem o círculo do raio ε nem aquele em $R \rightarrow \infty$ contribui para o valor da integral de contorno.

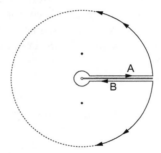

Figura 11.26: Contorno para o Exemplo 11.8.8.

No segmento restante do contorno, marcado B, temos $z = re^{2\pi i}$, escrito dessa maneira para que possamos ver que $z^p = r^p \, e^{2p\pi i}$. Utilizamos esse valor para z^p no segmento B porque temos de chegar a B circundando $z = 0$ no sentido anti-horário, matematicamente positivo.

A contribuição do segmento B da integral de contorno é então vista como sendo

$$\int\limits_{\infty}^{0} \frac{r^p e^{2p\pi i} \, dr}{r^2 + 1} = -e^{2p\pi i} I,$$

assim

$$\oint \frac{z^p \, dz}{z^2 + 1} = \left(1 - e^{2p\pi i}\right) I. \tag{11.114}$$

Para aplicar o teorema dos resíduos, notamos que existem polos simples em $z_1 = i$ e $z_2 = -i$; para usá-los na avaliação de z^p precisamos identificá-los como $z_1 = e^{\pi i/2}$ e $Z_2 = e^{3\pi i/2}$.

Seria um verdadeiro erro usar $z_2 = e^{-\pi \, i/2}$ ao avaliar z_2^p. Agora descobrimos que os resíduos são:

$$\text{Resíduo em } z_1 : \frac{e^{p\pi i/2}}{2i}, \ \ \text{Resíduo em } z_2 : \frac{e^{3p\pi i/2}}{2i},$$

e temos, referindo-se à Equação (11.114),

$$\left(1 - e^{2p\pi i}\right) I = (2\pi i) \frac{1}{2i} \left(e^{p\pi i/2} - e^{3p\pi i/2}\right). \tag{11.115}$$

Essa equação é simplificada para

$$I = \frac{\pi \operatorname{sen}(p\pi/2)}{\operatorname{sen} p\pi} = \frac{\pi}{2\cos(p\pi/2)}.$$ (11.116)

Os detalhes da avaliação são deixados para o Exercício 11.8.7.   ∎

O uso de um corte de ramificação, como ilustrado no Exemplo 11.8.8, é tão útil que às vezes é aconselhável inserir um fator em uma integral de contorno para criar um que de outro modo não existiria. Para ilustrar isso, voltamos a uma integral que avaliamos anteriormente por outro método.

Exemplo 11.8.9   INTRODUZINDO UM PONTO DE RAMIFICAÇÃO
Vamos avaliar mais uma vez a integral

$$I = \int_0^\infty \frac{dx}{x^3 + 1},$$

que anteriormente consideramos no Exemplo 11.8.6. Dessa vez, passamos para a definição da integral de contorno

$$\oint \frac{\ln z \, dz}{z^3 + 1},$$

considerando o contorno como sendo o mostrado na Figura 11.26. Note que nesse problema os polos do integrando não são aqueles mostrados na Figura 11.26, que foi inicialmente desenhada para ilustrar um problema diferente; para as localizações dos polos do integrando atual (Figura 11.24).

A virtude da introdução do fator $\ln z$ é que sua presença faz com que os segmentos inteiros acima e abaixo do eixo real positivo não se cancelem completamente, mas produzem uma contribuição líquida correspondendo a uma integral de interesse. Nesse problema (usando a rotulagem na Figura 11.26), temos novamente contribuições que desaparecem dos círculos pequenos e grandes, e (considerando o valor principal normal para o logaritmo no segmento A), esse segmento contribui para o valor esperado da integral de contorno

$$\int_A \frac{\ln z \, dz}{z^3 + 1} = \int_0^\infty \frac{\ln x \, dx}{x^3 + 1}.$$ (11.117)

Entretanto, o segmento B faz a contribuição

$$\int_B \frac{\ln z \, dz}{z^3 + 1} = \int_\infty^0 \frac{(\ln x + 2\pi i) \, dx}{x^3 + 1},$$ (11.118)

e quando as Equações (11.117) e (11.118) são combinadas, os termos logarítmicos se cancelam, e ficamos com

$$\oint \frac{\ln z \, dz}{z^3 + 1} = \int_{A+B} \frac{\ln z \, dz}{z^3 + 1} = -2\pi i \int_0^\infty \frac{dx}{x^3 + 1} = -2\pi i \, I.$$ (11.119)

Note que o que aconteceu é que o logaritmo desapareceu (suas contribuições se cancelaram), mas sua presença fez a integral de interesse atual ser proporcional ao valor da integral de contorno que introduzimos.

Para completar a avaliação, é preciso avaliar a integral de contorno usando o teorema dos resíduos. Observe que os resíduos são aqueles do integrando, incluindo o fator logarítmico, e esse fator tem de ser calculado levando em conta o corte de ramificação. No problema atual, identificamos polos em $z_1 = e^{\pi i/3}$, $z_2 = e^{\pi i}$, e $z_3 = e^{5\pi i/3}$ (**não** $e^{-\pi i/3}$). O contorno agora em uso circunda todos os três polos. Seus respectivos resíduos (denotados por R_i) são

$$R_1 = \left(\frac{\pi i}{3}\right) \frac{1}{3 \, e^{2\pi i/3}}, \quad R_2 = (\pi i) \frac{1}{3 \, e^{6\pi i/3}}, \quad \text{e} \quad R_3 = \left(\frac{5\pi i}{3}\right) \frac{1}{3 \, e^{10\pi i/3}},$$

em que o primeiro fator entre parênteses de cada resíduo vem do logaritmo.

Continuando, temos, referindo-se à Equação (11.119),

$$-2\pi i\, I = 2\pi i\, (R_1 + R_2 + R_3);$$

$$I = -(R_1 + R_2 + R_3) = -\frac{\pi i}{9}\left[e^{-2\pi i/3} + 3 + 5\,e^{2\pi i/3}\right] = \frac{2\pi}{3\sqrt{3}}.$$

Exemplos mais robustos envolvendo a introdução de ln z aparecem nos exercícios.   ■

Explorando a Periodicidade

A periodicidade das funções trigonométricas (e aquela, no plano complexo, das funções hiperbólicas) cria oportunidades para conceber contornos em que múltiplas contribuições correspondem a uma integral de interesse que podem ser utilizadas para circundar singularidades e permitir o uso do teorema dos resíduos. Ilustramos com um exemplo.

Exemplo 11.8.10   PERIÓDICA DE INTEGRANDO NO EIXO IMAGINÁRIO
Queremos avaliar

$$I = \int_0^\infty \frac{x\,dx}{\operatorname{senh} x}.$$

Levando em conta o comportamento sinusoidal do seno hiperbólico na direção imaginária, consideramos

$$\oint \frac{z\,dz}{\operatorname{senh} z} \tag{11.120}$$

no contorno mostrado na Figura 11.27. Ao desenhar o contorno precisávamos estar atentos às singularidades do integrando, que são polos associados aos zeros de senh z. Reconhecendo que

$$\operatorname{senh}(x + iy) = \operatorname{senh} x \cosh iy + \cosh x \operatorname{senh} iy = \operatorname{senh} x \cos y + i \cosh x \operatorname{sen} y, \tag{11.121}$$

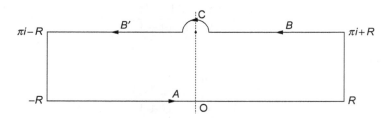

Figura 11.27: Contorno para o Exemplo 11.8.10.

e que para todos os x, cosh $x \geq 1$, vemos que senh z é zero apenas para $z = n\,\pi\,i$, com n um número inteiro.

Além disso, como $\lim_{z\to 0} z/\operatorname{senh} z = 1$, o integrando da nossa atual integral de contorno não terá um polo em $z = 0$, mas terá polos em $z = n\pi\,i$ para toda integral diferente de zero n. Por essa razão, a linha horizontal inferior do contorno na Figura 11.27, marcado A, continua até $z = 0$ como uma linha reta em torno do eixo real, mas a linha horizontal superior (para a qual $y = \pi$), marcada B e B', tem um desvio semicircular infinitesimal, marcado C, em torno do polo em $z = \pi\,i$.

Como o integrando na Equação (11.120) é uma função par de z, a integral no segmento A, que se estende de $-\infty$ a $+\infty$, tem o valor $2I$. Para avaliar a integral nos segmentos B e B', primeiro observamos, usando a Equação (11.121), que senh$(x + i\pi) = -\operatorname{senh} x$, e que a integral nesses segmentos é na direção do x negativo. Reconhecendo uma integral nesses segmentos como um valor principal de Cauchy, escrevemos

$$\int_{B+B'} \frac{z\,dz}{\operatorname{senh} z} = \int_{-\infty}^\infty \frac{x + i\pi}{\operatorname{senh} x}\,dx.$$

Como x/senh x é par e não singular em $z = 0$, enquanto $i\pi$/senh x é ímpar, essa integral se reduz a

$$\int_{-\infty}^{\infty} \frac{x + i\pi}{\operatorname{senh} x} dx = 2I.$$

Combinando o que temos até esse ponto, invocando o teorema dos resíduos, e observando que o integrando é negligenciável nas conexões verticais em $x = \pm \infty$. Temos

$$\oint \frac{z\,dz}{\operatorname{senh} z} = 4I + \int_C \frac{z\,dz}{\operatorname{senh} z} = 2\pi i \text{ (resíduo de } z/\operatorname{senh} z \text{ em } z = \pi i\text{).} \tag{11.122}$$

Para completar a avaliação, agora observamos que o resíduo de que precisamos é

$$\lim_{z \to \pi i} \frac{z(z - \pi i)}{\operatorname{senh} z} = \frac{\pi i}{\cosh \pi i} = -\pi i,$$

e, compare com as Equações (11.75) e (11.76), o semicírculo no sentido anti-horário C é avaliado para πi vezes esse resíduo. Temos então

$$4I + (\pi i)(-\pi i) = (2\pi i)(-\pi i), \text{ assim } I = \frac{\pi^2}{4}.$$

■

Exercícios

11.8.1 Generalizando o Exemplo 11.8.1, mostre que

$$\int_0^{2\pi} \frac{d\theta}{a \pm b\cos\theta} = \int_0^{2\pi} \frac{d\theta}{a \pm b\operatorname{sen}\theta} = \frac{2\pi}{(a^2 - b^2)^{1/2}}, \quad \text{for } a > |b|.$$

O que acontece se $|b| > |a|$?

11.8.2 Mostre que $\displaystyle\int_0^{\pi} \frac{d\theta}{(a + \cos\theta)^2} = \frac{\pi a}{(a^2 - 1)^{3/2}}$, $a > 1$.

11.8.3 Mostre que $\displaystyle\int_0^{2\pi} \frac{d\theta}{1 - 2t\cos\theta + t^2} = \frac{2\pi}{1 - t^2}$, para $|t| < 1$.

O que acontece se $|t| > 1$? O que acontece se $|t| = 1$?

11.8.4 Avalie $\displaystyle\int_0^{2\pi} \frac{\cos 3\theta\,d\theta}{5 - 4\cos\theta}$.

RESPOSTA: $\pi/12$.

11.8.5 Com o cálculo dos resíduos, mostre que

$$\int_0^{\pi} \cos^{2n}\theta\,d\theta = \pi\frac{(2n)!}{2^{2n}(n!)^2} = \pi\frac{(2n-1)!!}{(2n)!!}, \quad n = 0, 1, 2, \ldots.$$

A notação fatorial dupla é definida na Equação (1.76).

Dica: $\cos\theta = \frac{1}{2}(e^{i\theta} + e^{-i\theta}) = \frac{1}{2}(z + z^{-1})$, $|z| = 1$.

11.8.6 Verifique que a simplificação da expressão na Equação (11.112) produz o resultado dado na Equação (11.113).

11.8.7 Complete os detalhes do Exemplo 11.8.8 verificando que não há nenhuma contribuição para a integral de contorno a partir dos círculos pequenos ou grandes do contorno, e que a Equação (11.115) simplifica para o resultado dado como (11.116).

11.8.8   Avalie $\displaystyle\int_{-\infty}^{\infty} \frac{\cos bx - \cos ax}{x^2} dx$, $a > b > 0$.

RESPOSTA: $\pi (a - b)$.

11.8.9   Prove que $\displaystyle\int_{-\infty}^{\infty} \frac{\operatorname{sen}^2 x}{x^2} dx = \frac{\pi}{2}$.

Dica: $\operatorname{sen}^2 x = \frac{1}{2}(1 - \cos 2x)$.

11.8.10   Mostre que $\displaystyle\int_{0}^{\infty} \frac{x \operatorname{sen} x}{x^2 + 1} dx = \frac{\pi}{2e}$.

11.8.11   Um cálculo da mecânica quântica de uma probabilidade de transição resulta na função $f(t, \omega) = 2(1 - \cos \omega t)/\omega^2$. Mostre que

$$\int_{-\infty}^{\infty} f(t, \omega)\, d\omega = 2\pi t.$$

11.8.12   Mostre que $(a > 0)$:

(a) $\displaystyle\int_{-\infty}^{\infty} \frac{\cos x}{x^2 + a^2} dx = \frac{\pi}{a} e^{-a}$.

Como o lado direito é modificado se $\cos x$ é substituído por $\cos kx$?

(b) $\displaystyle\int_{-\infty}^{\infty} \frac{x \operatorname{sen} x}{x^2 + a^2} dx = \pi e^{-a}$.

Como o lado direito é modificado se $\operatorname{sen} x$ é substituído por $\operatorname{sen} kx$?

11.8.13   Use o contorno mostrado (Figura 11.28) com $R \to \infty$ para provar que

$$\int_{-\infty}^{\infty} \frac{\operatorname{sen} x}{x}\, dx = \pi.$$

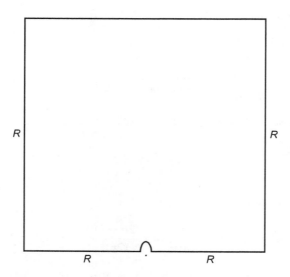

Figura 11.28: Contorno para o Exercício 11.8.13.

11.8.14   Na teoria quântica das colisões atômicas, encontramos a integral

$$I = \int_{-\infty}^{\infty} \frac{\operatorname{sen} t}{t} e^{ipt}\, dt,$$

em que p é real. Mostre que

$$I = 0, \ |p| > 1$$
$$I = \pi, \ |p| < 1.$$

O que acontece se $p = \pm 1$?

11.8.15 Mostre que $\displaystyle\int_0^\infty \frac{dx}{(x^2 + a^2)^2} = \frac{\pi}{4a^3}$, $a > 0$.

11.8.16 Avalie $\displaystyle\int_{-\infty}^\infty \frac{x^2}{1 + x^4}\,dx$.

RESPOSTA: $\pi / \sqrt{2}$.

11.8.17 Avalie $\displaystyle\int_0^\infty \frac{x^p \ln x}{x^2 + 1}\,dx$, $0 < p < 1$.

RESPOSTA: $\dfrac{\pi^2}{4}\dfrac{\operatorname{sen}(\pi p / 2)}{\cos^2(\pi p / 2)}$.

11.8.18 Avalie $\displaystyle\int_0^\infty \frac{(\ln x)^2}{1 + x^2}\,dx$,

(a) por expansão apropriada de série do integrando para obter

$$4\sum_{n=0}^\infty (-1)^n (2n + 1)^{-3},$$

(b) e por integração de contorno para obter $\dfrac{\pi^3}{8}$.

Dica: $x \to z = e^t$. Tente o contorno mostrado na Figura 11.29, deixando $R \to \infty$.

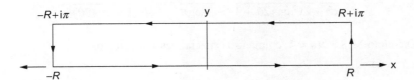

Figura 11.29: Contorno para o Exercício 11.8.18.

11.8.19 Prove que $\displaystyle\int_0^\infty \frac{\ln(1 + x^2)}{1 + x^2}\,dx = \pi \ln 2$.

11.8.20 Mostre que

$$\int_0^\infty \frac{x^a}{(x + 1)^2}\,dx = \frac{\pi a}{\operatorname{sen} \pi a},$$

em que $-1 < a < 1$.
Dica: Utilize o contorno mostrado na Figura 11.26, observando que $z = 0$ é um ponto de ramificação e o eixo x positivo pode ser escolhido para ser uma linha de corte.

11.8.21 Mostre que

$$\int_{-\infty}^\infty \frac{x^2\,dx}{x^4 - 2x^2 \cos 2\theta + 1} = \frac{\pi}{2 \operatorname{sen} \theta} = \frac{\pi}{2^{1/2}(1 - \cos 2\theta)^{1/2}}.$$

O Exercício 11.8.16 é um caso especial desse resultado.

11.8.22   Mostre que

$$\int_0^\infty \frac{dx}{1+x^n} = \frac{\pi/n}{\operatorname{sen}(\pi/n)}.$$

Dica: Tente o contorno mostrado na Figura 11.30, com $\theta = 2\pi/n$.

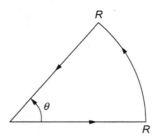

Figura 11.30: Contorno de setor.

11.8.23   (a) Mostre que

$$f(z) = z^4 - 2z^2 \cos 2\theta + 1$$

tem zeros em $e^{i\theta}$, $e^{-i\theta}$, $-e^{i\theta}$ e $-e^{-i\theta}$.

       (b) Mostre que

$$\int_{-\infty}^\infty \frac{dx}{x^4 - 2x^2 \cos 2\theta + 1} = \frac{\pi}{2\operatorname{sen}\theta} = \frac{\pi}{2^{1/2}(1 - \cos 2\theta)^{1/2}}.$$

O Exercício 11.8.22 ($n = 4$) é um caso especial desse resultado.

11.8.24   Mostre que

$$\int_0^\infty \frac{x^{-a}}{x+1}\,dx = \frac{\pi}{\operatorname{sen} a\pi},$$

em que $0 < a < 1$.

Dica: Você tem um ponto de ramificação e você precisará de uma linha de corte. Tente o contorno mostrado na Figura 11.26.

11.8.25   Mostre que $\displaystyle\int_0^\infty \frac{\cosh bx}{\cosh x}\,dx = \frac{\pi}{2\cos(\pi b/2)}$, $|b| < 1$.

Dica: Escolha um contorno que circunda um polo de $\cosh z$.

11.8.26   Mostre que

$$\int_0^\infty \cos(t^2)\,dt = \int_0^\infty \operatorname{sen}(t^2)\,dt = \frac{\sqrt{\pi}}{2\sqrt{2}}.$$

Dica: Tente o contorno mostrado na Figura 11.30, com $\theta = \pi/4$.

Nota: Essas são as integrais de Fresnel para o caso especial do infinito como limite superior. Para o caso geral de um limite máximo variando, expansões assintóticas das integrais de Fresnel são o tema do Exercício 12.6.1.

11.8.27 Mostre que $\int_0^1 \frac{1}{(x^2 - x^3)^{1/3}} \, dx = 2\pi / \sqrt{3}$.

Dica: Tente o contorno mostrado na Figura 11.31.

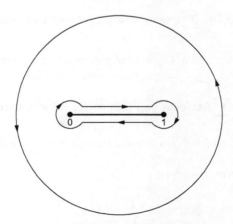

Figura 11.31: Contorno para o Exercício 11.8.27.

11.8.28 Avalie $\int_{-\infty}^{\infty} \frac{\tan^{-1} ax \, dx}{x(x^2 + b^2)}$, para a e b positivos, com $ab < 1$.

Explique por que o integrando não tem uma singularidade em $x = 0$.

Dica: Tente o contorno mostrado na Figura 11.32, e use a Equação (1.137) para representar $\tan^{-1} az$. Depois do cancelamento, as integrais nos segmentos B e B' são combinadas para dar uma integral elementar.

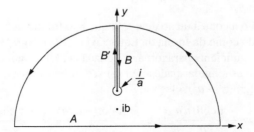

Figura 11.32: Contorno para o Exercício 11.8.28.

11.9 Avaliação das Somas

O fato de que a cotangente é uma função meromórfica com polos espaçados regularmente, todos com o mesmo resíduo, permite utilizá-la para escrever uma grande variedade de somatórios infinitos em termos das integrais de contorno. Para começar, note que $\pi \cot \pi z$ tem polos simples em todos os inteiros sobre o eixo real, cada um com resíduos

$$\lim_{z \to n} \frac{\pi \cos \pi z}{\operatorname{sen} \pi z} = 1.$$

Suponha que agora avaliemos a integral

$$I_N = \oint_{C_N} f(z) \pi \cot \pi z \, dz,$$

em que o contorno é um círculo em torno de $z = 0$ de raio $N + \frac{1}{2}$ (assim, sem passar perto das singularidades de $\cot \pi z$). Assumindo também que $f(z)$ só tem singularidades isoladas, nos pontos z_j além de inteiros reais, obtemos aplicando o teorema dos resíduos (ver também Exercício 11.9.1),

$$I_N = 2\pi i \sum_{n=-N}^{N} f(n) + 2\pi i \sum_j (\text{resíduos de } f(z)\pi \cot \pi z \text{ nas singularidades } z_j \text{ de } f).$$

Essa integral ao longo do contorno circular C_N será insignificante para $|z|$ grande se $zf(z) \to 0$ no $|z|$ grande.[8] Quando essa condição é atendida, $\lim_{N \to \infty} I_N = 0$, e temos o resultado útil

$$\sum_{n=-\infty}^{\infty} f(n) = -\sum_j (\text{resíduos de } f(z)\pi \cot \pi z \text{ nas singularidades } z_j \text{ de } f). \tag{11.123}$$

A condição necessária de $f(z)$ geralmente será satisfeita se o somatório da Equação (11.123) converge.

Exemplo 11.9.1 Avaliando uma Soma

Considere o somatório

$$S = \sum_{n=1}^{\infty} \frac{1}{n^2 + a^2},$$

em que, para simplificar, vamos supor que a é não inteiro. Para dar ao nosso problema a forma que sabemos como tratar, notamos também que

$$\sum_{n=-\infty}^{-1} \frac{1}{n^2 + a^2} = S,$$

de modo que

$$\sum_{n=-\infty}^{\infty} \frac{1}{n^2 + a^2} = 2S + \frac{1}{a^2}, \tag{11.124}$$

em que adicionamos no lado direito a contribuição de $n = 0$, que não foi incluída em S.

O somatório é agora identificado como da forma da Equação (11.123), com $f(z) = 1/(z^2 + a^2)$; $f(z)$ se aproxima de zero em z grande rapidamente o suficiente para tornar a Equação (11.123) aplicável. Nós, portanto, procedemos para a observação de que somente as singularidades de $f(z)$ são polos simples em $z = \pm ia$. Os resíduos de que precisamos são aqueles de $\pi \cot (\pi z)/(z^2 + a^2)$; eles são

$$\frac{\pi \cot i\pi a}{2ia} = \frac{-\pi \coth \pi a}{2a} \quad \text{e} \quad \frac{\pi \cot(-i\pi a)}{-2ia} = \frac{-\pi \coth(-\pi a)}{-2a}.$$

Tabela 11.2 Fórmulas baseadas em integral de contorno para somatórios

Somatório	Fórmula
$\displaystyle\sum_{n=-\infty}^{\infty} f(n)$	$-\sum (\text{resíduos de } f(z)\pi \cot \pi z \text{ nas singularidades de } f).$
$\displaystyle\sum_{n=-\infty}^{\infty} (-1)^n f(n)n$	$-\sum (\text{resíduos de } f(z)\pi \csc \pi z \text{ nas singularidades de } f).$
$\displaystyle\sum_{n=-\infty}^{\infty} f\left(n + \frac{1}{2}\right)$	$\sum (\text{resíduos de } f(z)\pi \tan \pi z \text{ nas singularidades de } f).$
$\displaystyle\sum_{n=-\infty}^{\infty} (-1)^n f\left(n + \frac{1}{2}\right)$	$\sum (\text{resíduos de } f(z)\pi \sec \pi z \text{ nas singularidades de } f).$

[8]Ver também Exercício 11.9.2.

Esses são iguais, assim das Equações (11.123) e (11.124),

$$2S + \frac{1}{a^2} = \frac{\pi \coth \pi a}{a},$$

que resolvemos facilmente para chegar a $S = \frac{\pi \coth \pi a}{2a} - \frac{1}{2a^2}$. ∎

Outros tipos de somatórios podem ser realizados se substituirmos $\cot\pi\, z$ por funções com outros padrões regularmente repetidos dos resíduos. Por exemplo, $\pi \csc \pi\, z$ tem resíduos para o inteiro z que alterna de sinal entre $+1$ e -1; $\pi \tan\pi\, z$ tem resíduos que são todos $+1$, mas ocorrem nos pontos $n + \frac{1}{2}$. E $\pi \sec\pi\, z$ tem resíduos ± 1 nas semi-inteiros com uma alternância de sinal. Por conveniência, listamos na Tabela 11.2 as fórmulas da integral de contorno para os quatro tipos de somatórios que acabamos de discutir.

Encerramos esta seção com outro exemplo, dessa vez ilustrando o que pode ser feito se $f(z)$ tem um polo em um valor inteiro de z.

Exemplo 11.9.2   Outra Soma
Considere agora o somatório

$$S = \sum_{n=1}^{\infty} \frac{1}{n(n+1)}.$$

Para estender o somatório para $n = -\infty$, notamos que $S = \sum_{n=-\infty}^{-2} \frac{1}{n(n+1)}$, de modo que

$$2S = {\sum_{n=-\infty}^{\infty}}' \frac{1}{n(n+1)}, \tag{11.125}$$

onde o primo na soma indica que os termos para $n = 0$ e $n = -1$ devem ser omitidos. A derivação da Equação (11.123) indica que essa equação será aplicada se omitirmos os termos (singulares) $n = 0$ e $n = -1$ da soma e incluirmos os pontos $z = 0$ e $z = -1$ como pontos em que os resíduos de $f(z)\pi \cot\pi\, z$ devem ser incluídos.

Com base nessa percepção, descobrimos que no presente problema,

$$2S = -(\text{soma dos resíduos de } \pi \cot \pi\, z \,/\, z\,(z+1) \text{ em } z = 0 \text{ e } z = -1).$$

As singularidades em $z = 0$ e $z = -1$ são polos de segunda ordem, em que os resíduos são mais facilmente calculados pelo método ilustrado no item 5 do Exemplo 11.7.1. No Exercício 11.7.2 é mostrado que o resíduo em cada polo tem valor -1. Completando o problema,

$$2S = -(-1-1) = 2, \text{ assim } S = 1.$$

Nesse caso, o resultado é facilmente verificado fazendo a expansão fracionária parcial

$$\frac{1}{n(n+1)} = \frac{1}{n} - \frac{1}{n+1}.$$

Quando inseridos no somatório S, todos os termos se cancelam exceto o termo inicial do somatório $1/n$, produzindo $S = 1$. ∎

Exercícios

11.9.1   Mostre que se $f(z)$ é analítica em $z = z_0$ e $g(z)$ tem um polo simples em $z = z_0$ com resíduo b_0, então $f(z)\, g(z)$ também tem um polo simples em $z = z_0$, com resíduo $f(z_0)b_0$.

11.9.2   Mostre que $\cot z$ tem grandeza de ordem 1 para $|z|$ grande quando não extremamente perto de um de seus polos e não afeta o comportamento limite de I_N.

11.9.3   Avalie $\dfrac{1}{1^3} - \dfrac{1}{3^3} + \dfrac{1}{5^3} - \dots$.

11.9.4   Avalie $\sum_{n=1}^{\infty} \dfrac{1}{n(n+2)}$.

11.9.5 Avalie $\sum_{n=-\infty}^{\infty} \dfrac{(-1)^n}{(n+a)^2}$, em que a é real e não um inteiro.

11.9.6 (a) Usando um método baseado na integração de contorno, avalie $\sum_{n=0}^{\infty} \dfrac{1}{(2n+1)^2}$.

        (b) Verifique seu trabalho relacionando sua resposta com uma expressão apropriada envolvendo funções zeta.

11.9.7 Mostre que $\dfrac{1}{\cosh(\pi/2)} - \dfrac{1}{3\cosh(3\pi/2)} + \dfrac{1}{5\cosh(5\pi/2)} - \ldots = \dfrac{\pi}{8}$.

11.9.8 Para $-\pi \le \varphi \le +\pi$, mostre que $\sum_{n=1}^{\infty} (-1)^n \dfrac{\operatorname{sen} n\varphi}{n^3} = \dfrac{\varphi}{12}(\varphi^2 - \pi^2)$.

11.10 Tópicos Diversos
Princípio de Reflexão de Schwarz

Nosso ponto de partida para esse tópico é a observação de que $g(z) = (z - x_0)^n$ para a integral n e x_0 real satisfaz

$$g^*(z) = [(z - x_0)^n]^* = (z^* - x_0)^n = g(z^*). \tag{11.126}$$

Uma generalização do resultado na Equação (11.126) é o princípio de reflexo de Schwarz:

Se a função $f(z)$ é (1) analítica ao longo de alguma região incluindo uma parte do eixo real e (2) real quando z é real, então

$$f^*(z) = f(z^*). \tag{11.127}$$

Expandindo $f(z)$ em torno do mesmo ponto x_0 dentro da região da analiticidade no eixo real,

$$f(z) = \sum_{n=0}^{\infty} (z - x_0)^n \frac{f^{(n)}(x_0)}{n!}.$$

Como $f(z)$ é analítica em $z = x_0$, essa expansão de Taylor existe. Como $f(z)$ é real quando z é real, $f^{(n)}(x_0)$ deve ser real para todo n. Então, invocando a Equação (11.126), o princípio de reflexão de Schwarz, Equação (11.127), segue-se imediatamente. Isso completa a prova dentro de um círculo de convergência. A continuação analítica permite então a extensão desse resultado para toda a região da analiticidade.

Note que o princípio da reflexão também pode ser derivado levando em consideração as expansões de Laurent (Exercício 11.10.2).

Mapeamento

Uma função analítica $w(z) = u(x, y) + iv(x, y)$ pode ser considerada como um **mapeamento** em que pontos ou curvas em um plano $x\,y$ podem ser associados aos pontos ou curvas correspondentes em um plano uv. Como um exemplo relativamente simples, considere a transformação $w = 1/z$. A partir de um exame da sua forma polar, com $z = re^{i\theta}$, $w = \rho e^{i\varphi}$, vemos que $\rho = 1/r$ e $\varphi = -\theta$, levando à conclusão de que o interior do círculo unitário mapeia para seu exterior (Figura 11.33). Círculos em outros locais no plano z são transformados por $w = 1/z$ em outros círculos (ou linhas retas, que podem ser consideradas como círculos de raio infinito). Essa afirmação é o tema do Exercício 11.10.6. A transformação desses dois círculos é mostrada nos quatro painéis da Figura 11.34. Compare a maneira como os interiores dos círculos se transformam nas Figuras 11.33 e 11.34. Note que a transformação não preserva os comprimentos, como pode ser visto na figura a partir da rotulagem dos vários pontos e as respectivas localizações quando mapeados.

Historicamente, a noção de mapeamento foi útil para identificar e executar transformações que facilitavam a solução de problemas 2-D na eletrostática, dinâmica de fluidos e em outras áreas da física clássica. Um aspecto importante desses mapeamentos é que eles são **conformais**, significando que (exceto em singularidades da transformação) os ângulos em que as curvas se cruzam permanecem inalterados quando transformados. Essa característica preserva as relações, por exemplo, entre equipotenciais e linhas de força (linhas de fluxo). Com a utilização quase

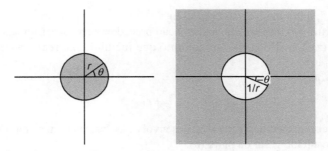

Figura 11.33: Mapeamento de $w = 1/z$. As áreas sombreadas se transformam entre si.

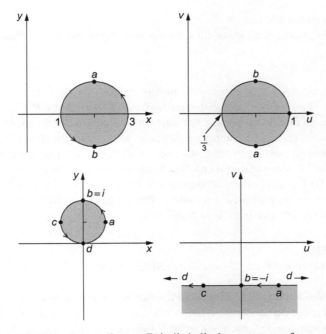

Figura 11.34: Painéis à esquerda: círculos no plano z. Painéis à direita: suas transformações no plano w sob $w = 1/z$.

universal de computadores de alta velocidade, procedimentos baseados no mapeamento conformal não são mais fundamentais para a solução prática da maioria dos problemas físicos e de engenharia, e como consequência não serão analisados aqui em maior detalhe. Para problemas em que essas técnicas ainda são relevantes, o leitor deve consultar as edições anteriores deste livro e fontes identificadas sob Leituras Adicionais. Nesse sentido, chamamos atenção especial ao livro de Spiegel, que contém (no Capítulo 8) descrições de um grande número de mapeamentos e (no Capítulo 9) muitas aplicações a problemas do fluxo de fluido, eletrostática e condução de calor.

Exercícios

11.10.1 Uma função $f(z) = u(x, y) + iv(x, y)$ satisfaz as condições do princípio de reflexão de Schwarz. Mostre que

(a) u é uma função par de y. (b) v é uma função ímpar de y.

11.10.2 Uma função $f(z)$ pode ser expandida em uma série de Laurent em torno da origem com os coeficientes a_n reais. Mostre que o conjugado complexo dessa função de z é a mesma função do conjugado complexo de z; isto é,

$$f^*(z) = f(z^*).$$

Verifique isso explicitamente para

      (a) $f(z) = z^n$, n um inteiro. (b) $f(z) = $ sen z.

      Se $f(z) = i\, z(a_1 = i)$, mostre que a afirmação precedente não se sustenta.

11.10.3   A função $f(z)$ é analítica em um domínio que inclui o eixo real. Quando z é real $(z = x)$, $f(x)$ é imaginário puro.

      (a)   Mostre que

$$f(z^*) = -[f(z)]^*.$$

      (b)   Para o caso específico $f(z) = iz$, desenvolva as formas cartesianas de $f(z)$, $f(z^*)$ e $f^*(z)$. Não cite o resultado geral da parte (a).

11.10.4   Como círculos centrados na origem no plano z se transformam para

      (a) $w_1(z) = z + \dfrac{1}{z}$, (b) $w_2(z) = z - \dfrac{1}{z}$, para $z \neq 0$?

      O que acontece quando $|z| \to 1$?

11.10.5   Qual parte do plano z corresponde ao interior do círculo unitário no plano w se

      (a) $w = \dfrac{z-1}{z+1}$? (b) $w = \dfrac{z-i}{z+i}$?

11.10.6   (a)   Escrevendo $z = x + iy$, $w = u + iv$, mostre que se $w = 1/z$, o círculo no plano $x\,y$ definido por $(x-a)^2 + (y-b)^2 = r^2$ se transforma em $(u-A)^2 + (v-B)^2 = R^2$.

      (b)   O centro do círculo no plano z se transforma no centro do círculo correspondente no plano w?

11.10.7   Suponha que uma curva no plano $x\,y$ passa pelo ponto z_0 na direção $dz = e^{i\theta}\,ds$, em que s indica que o comprimento do arco na curva. Então, se $w = f(z)$, com $f(z)$ analítica em $z = z_0$, temos $dw = (dw/dz)dz = f'(z)\,e^{i\theta}\,ds$, em que dw está na direção do mapeamento de xy da curva que atravessa $w_0 = f(z_0)$ no plano w. Utilize essa observação para provar que se $f'(z_0) \neq 0$, o ângulo em que as duas curvas se interseccionam no plano z é o mesmo (tanto em grandeza como em direção) como o ângulo da interseção de seus mapeamentos no plano w.

Leituras Adicionais

Ahlfors, L. V., *Complex Analysis* (3ª ed.). Nova York: McGraw-Hill (1979). Esse texto é detalhado, completo, rigoroso e extenso.

Churchill, R. V.Brown, J. W. e Verkey, R. F., *Complex Variables and Applications* (5ª ed.). Nova York: McGraw-Hill (1989). Esse é um excelente texto tanto para o aluno iniciante quanto avançado. É legível e bastante completo. Uma prova detalhada do teorema de Cauchy-Goursat é dada no Capítulo 5.

Greenleaf, F. P., *Introduction to Complex Variables*. Philadelphia: Saunders (1972). Esse livro muito legível tem explicações cuidadosas e detalhadas.

Kurala, A., *Applied Functions of a Complex Variable*. Nova York: Wiley (Interscience) (1972). Um texto de nível intermediário projetado para cientistas e engenheiros. Inclui muitas aplicações físicas.

Levinson, N. e Redheffer, R. M., *Complex Variables*. San Francisco: Holden-Day (1970). Esse texto foi escrito para cientistas e engenheiros que estão interessados em aplicações.

Morse, P. M. e Feshbach, H., *Methods of Theoretical Physics*. Nova York: McGraw-Hill (1953). O Capítulo 4 é uma apresentação de partes da teoria das funções de uma variável complexa de interesse para físicos teóricos.

Remmert, R., *Theory of Complex Functions*. Nova York: Springer (1991).

Sokolnikoff, I. S. e Redheffer, R. M., *Mathematics of Physics and Modern Engineering* (2ª ed.). Nova York: McGraw-Hill (1966). O Capítulo 7 abrange variáveis complexas.

Spiegel, M. R., Complex Variables. In *Schaum's Outline Series*. Nova York: McGraw-Hill (1964), Nova tiragem, 1995. Um excelente resumo da teoria das variáveis complexas para cientistas.

Titchmarsh, E. C., *The Theory of Functions* (2ª ed.). Nova York: Oxford University Press (1958). Um clássico.

Watson, G. N., *Complex Integration and Cauchy's Theorem*. Nova York: Hafner (1917), Nova tiragem, 1960. Um trabalho curto contendo um desenvolvimento rigoroso do teorema integral de Cauchy e fórmula integral. Aplicações ao cálculo dos resíduos estão incluídas. *Cambridge Tracts in Mathematics, and Mathematical Physics*, No. 15.

12

Temas Adicionais em Análise

Uma perspectiva mais ampla e ferramentas adicionais disponibilizadas por meio da teoria da complexa variável permite considerar produtivamente alguns temas em análise que têm ampla aplicação em áreas de relevância para a física. Neste capítulo examinamos vários desses temas.

12.1 Polinômios Ortogonais

Muitos problemas físicos levam a equações diferenciais de segunda ordem correspondentes aos problemas de Sturm-Liouville, e frequentemente as soluções de interesse na física são polinômios, definidos em um intervalo e com fatores de ponderação que os tornam autofunções dos problemas hermitianos. Algumas características interessantes desses problemas podem ser abordadas com o auxílio da teoria da variável complexa.

Fórmulas de Rodrigues

Odile Rodrigues mostrou que uma grande classe das equações diferenciais ordinárias (EDOs) de segunda ordem de Sturm-Liouville tinha soluções polinomiais que poderiam ser colocadas em uma forma compacta e útil agora geralmente chamadas fórmula de Rodrigues. Embora essas fórmulas possam ser apresentadas caso a caso com uma aura de coincidência ou mistério, a abordagem que adotamos aqui é de desenvolvê-las a partir de um ponto de vista geral, após o que podemos avançar para uma discussão mais detalhada sobre casos especiais bem conhecidos.

$$p(x)y'' + q(x)y' + \lambda y = 0, \tag{12.1}$$

com $p(x)$ e $q(x)$ restringidos às formas polinomiais

$$p(x) = \alpha x^2 + \beta x + \gamma, \quad q(x) = \mu x + \nu. \tag{12.2}$$

As formas de p e q são suficientemente gerais para incluir a maioria das EDOs com conjuntos clássicos de polinômios como soluções (EDOs de Legendre, Hermite e Laguerre, entre outras). Quando a Equação (12.1) tem como solução um polinômio de grau n, podemos escrever

$$y_n(x) = \sum_{j=0}^{n} g_j x^j, \tag{12.3}$$

com coeficiente g_n diferente de zero. Definir o coeficiente como zero de xn quando y_n é inserido na EDO, temos

$$n(n-1)\alpha g_n + n\mu g_n + \lambda g_n = 0, \tag{12.4}$$

mostrando que o autovalor λ_n que corresponde a y_n deve ter o valor

$$\lambda_n = -n(n-1)\alpha - n\mu. \tag{12.5}$$

No Capítulo 7, identificamos uma EDO da forma da Equação (12.1) como autoadjunta se $p'(x) = q(x)$, e também mostramos que se uma EDO ainda não era autoadjunta como estava escrita, ela poderia ser convertida na forma autoadjunta multiplicando todos seus termos por um fator de peso $w(x)$, que deve ser tal que

$$(wp)' = wq, \quad \text{ou} \quad w' = w\frac{q - p'}{p}. \tag{12.6}$$

Como foi mostrado anteriormente, essa equação é separável e tem solução

$$w(x) = p^{-1} \exp\left(\int^x \frac{q(x)}{p(x)} dx\right). \tag{12.7}$$

A introdução de w permite que a EDO assuma a forma

$$\frac{d}{dx}\left[w(x)p(x)y'\right] + \lambda w(x)y = 0, \tag{12.8}$$

que foi útil para a discussão das propriedades de ortogonalidade das suas soluções.

Nosso interesse atual em $w(x)$, porém, está na observação feita por Rodrigues de que sua forma particular permite que as soluções $y_n(x)$ sejam escritas na forma compacta e interessante que agora é chamada **fórmula de Rodrigues**:

$$y_n(x) = \frac{1}{w(x)}\left(\frac{d}{dx}\right)^n\left[wp(x)^n\right]. \tag{12.9}$$

A prova da Equação (12.9) é simples e engenhosa. Usando a condição de definição para $w(x)$, Equação (12.6), primeiro obtemos

$$p\left[wp^n\right]' = wp^n\left[(n-1)p' + q\right]. \tag{12.10}$$

Nós, então, diferenciamos essa equação $n + 1$ vezes e dividimos por w. Como p só é quadrático em x e q é linear, a aplicação da fórmula de Leibniz às múltiplas diferenciações leva a apenas três termos no lado esquerdo e dois à direita:

$$\frac{p}{w}\left(\frac{d}{dx}\right)^{n+2}\left[wp^n\right] + \frac{(n+1)p'}{w}\left(\frac{d}{dx}\right)^{n+1}\left[wp^n\right] + \frac{n(n+1)p''}{2w}\left(\frac{d}{dx}\right)^n\left[wp^n\right]$$

$$= \frac{(n-1)p' + q}{w}\left(\frac{d}{dx}\right)^{n+1}\left[wp^n\right] + \frac{(n+1)[(n-1)p'' + q']}{w}\left(\frac{d}{dx}\right)^n\left[wp^n\right]. \tag{12.11}$$

Nosso objetivo é manipular a Equação (12.11) em uma forma que mostra que y_n como dado na Equação (12.9) é uma solução para a EDO da Equação (12.1). Começamos identificando os termos com y_n onde isso é possível e, então, combinando ou cancelando termos semelhantes, alcançamos

$$\frac{p}{w}\left(\frac{d}{dx}\right)^{n+2}\left[wp^n\right] + \frac{2p' - q}{w}\left(\frac{d}{dx}\right)^{n+1}\left[wp^n\right] - \left[\frac{n^2 - n - 2}{2}p'' + (n+1)q'\right]y_n = 0. \tag{12.12}$$

Para completar nossa análise, agora precisamos mover os fatores $1/w$ de modo que apenas n diferenciações apareçam à direita, permitindo a identificação dos termos restantes da equação com y_n ou suas derivadas. Notamos a identidade

$$\frac{p}{w}\left(\frac{d}{dx}\right)^{n+2}\left[wp^n\right] = p\left[\frac{1}{w}\left(\frac{d}{dx}\right)^n\left[wp^n\right]\right]'' - 2p\left(\frac{dw^{-1}}{dx}\right)\left(\frac{d}{dx}\right)^{n+1}\left[wp^n\right]$$

$$- p\left(\frac{d^2w^{-1}}{dx^2}\right)\left(\frac{d}{dx}\right)^n\left[wp^n\right],$$

que se reduz, usando a Equação (12.6), a

$$\frac{p}{w}\left(\frac{d}{dx}\right)^{n+2}\left[wp^n\right] = py_n'' + \frac{2(q - p')}{w}\left(\frac{d}{dx}\right)^{n+1}\left[wp^n\right] - \left[p'' - q' - \frac{q - p'}{p}\right]y_n. \tag{12.13}$$

Substituindo a Equação (12.13) na Equação (12.12), obtemos mais alguns resultados de simplificação:

$$py_n'' + \frac{q}{w}\left(\frac{d}{dx}\right)^{n+1}\left[wp^n\right] - \left[\frac{n^2 - n}{2}p'' + nq' - \frac{q(q - p')}{p}\right]y_n = 0. \tag{12.14}$$

Nosso passo final é a utilização da identidade

$$\frac{q}{w}\left(\frac{d}{dx}\right)^{n+1}[wp^n] = qy'_n - \frac{q(q-p')}{p}y_n,$$ (12.15)

o que nos leva a

$$py''_n + qy'_n - \left[\frac{n^2-n}{2}p'' + nq'\right]y_n = 0.$$ (12.16)

Observando que $p'' = 2\alpha$ e $q' = \mu$, confirmamos que y_n é uma solução da Equação (12.1) com o autovalor dado na Equação (12.5).

Finalmente, precisamos mostrar que a fórmula de Rodrigues, Equação (12.9), resulta em uma expressão que é um polinômio de grau n. Observamos que um termo típico dessa fórmula envolverá j vezes a diferenciação de w e uma $(n-j)$ vezes a diferenciação de pn. Após a diferenciação de pn, ficamos com pj vezes um polinômio. A diferenciação de w, aplicando a Equação (12.6), deixará (w/pj) vezes um polinômio, e os fatores do numerador e denominador pj se cancelam. Além disso, o w da diferenciação se cancela contra o fator inicial w^{-1}, deixando cada termo de y_n na forma polinomial. Quando todos os termos de y_n são combinados, o polinômio resultante deve ter o grau consistente com a Equação (12.5), ou seja, n.

Exemplo 12.1.1   Fórmula de Rodrigues para EDO Hermitiana
A EDO hermitiana é

$$y'' - 2x\,y' + \lambda y = 0, \text{ ou } py'' + qy' + \lambda y = 0$$

com $p = 1$, $q = -2x$. Encontramos facilmente

$$w = \exp\left(\int^x (-2x)dx\right) = e^{-x^2}.$$

A fórmula Rodrigues é, portanto, (com um fator $(-1)n$ para obter os polinômios de Hermite com seus sinais convencionais)

$$y_n(x) = \frac{(-1)^n}{w}\left(\frac{d}{dx}\right)^n[wp^n] = (-1)^n e^{x^2}\left(\frac{d}{dx}\right)^n e^{-x^2}.$$ (12.17)

∎

Integral de Schlaefli
Uma das características elegantes das fórmulas de Rodrigues é que as múltiplas diferenciações podem ser convertidas em uma forma conveniente pelo uso da fórmula integral de Cauchy. Usando a Equação (11.33), temos

$$y_n(x) = \frac{1}{w(x)}\frac{n!}{2\pi i}\oint_C \frac{w(z)[p(z)]^n}{(z-x)^{n+1}}dz,$$ (12.18)

em que o contorno C circunda o ponto x, e deve ser tal que $w(z)[p(z)]n$ é analítica em todos os lugares e dentro de C. Essa fórmula é conhecida como **integral de Schlaefli** para $y_n(x)$.

É possível introduzir a integral de Schlaefli como a definição de um conjunto de funções y_n e, a partir dessa definição, provar que y_n é uma solução para a EDO correspondente. Depois que criamos a integral de Schaefli para representar uma função já conhecida por ser uma solução, a verificação que ela resolve a EDO se torna redundante.

Funções Geradoras
Muitos conjuntos de funções que surgem na física matemática podem ser definidos em termos das funções geradoras. Essas funções incluem, mas não estão limitadas aos polinômios ortogonais y_n que foram o assunto da nossa discussão sobre as fórmulas de Rodrigues. Por enquanto, não fazemos suposições quanto à fonte das funções envolvidas.

Se $f_n(x)$ é um conjunto das funções, definido para valores inteiros do índice n, talvez o caso seja que $f_n(x)$ pode ser descrita como os coeficientes das potências de uma variável auxiliar, t, na expansão de uma função $g(x, t)$, que é chamada **função geradora**:

$$g(x, t) = \sum_n c_n f_n(x) t^n. \tag{12.19}$$

O intervalo de n pode ser semi-infinito, com $n \geq 0$, descrevendo assim uma série de Taylor, ou pode estender-se de $-\infty$ a $+\infty$, descrevendo, assim, uma série de Laurent. O coeficiente adicional, c_n, permite o ajuste do conjunto de funções definido para um escalonamento acordado. Diferentes escolhas de c_n também levarão a diferentes funções geradoras $g(x, t)$ para o mesmo conjunto de f_n.

Aplicando o teorema dos resíduos, podemos ver que a expansão da função geradora está intimamente relacionada com as representações da integral de contorno das funções f_n:

$$c_n f_n(x) = \frac{1}{2\pi i} \oint \frac{g(x, t)}{t^{n+1}} dt, \tag{12.20}$$

em que o contorno circunda $t = 0$, mas não nenhuma outra singularidade do integrando (em relação a t).

Uma função geradora pode ser considerada como fornecendo a definição de um conjunto de funções $f_n(x)$ ou, alternativamente, ela pode ter sido obtida como o encapsulamento das f_n que já foram definidas de outra maneira (por exemplo, como soluções polinomiais de uma EDO de Sturm-Liouville). Vamos então discutir a questão de como obter funções geradoras para f_n especificada anteriormente, focalizando por enquanto apenas nas maneiras como elas podem ser usadas.

É óbvio que avaliando explicitamente a expansão implícita é possível extrair os membros de um conjunto de funções definido a partir da sua função geradora. Contudo, uma característica mais importante das funções geradoras é que elas podem ser muito úteis para derivar relações entre os membros do conjunto f_n. Por exemplo,

$$\frac{\partial g(x, t)}{\partial t} = \sum_n n c_n f_n(x) t^{n-1} = \sum_n (n + 1) c_{n+1} f_{n+1}(x) t^n,$$

e se for possível relacionar g e $\partial g / \partial t$, temos uma relação correspondente entre f_n e f_{n+1}. As relações entre $f_n(x)$ e suas derivadas $f_n'(x)$ podem ser deduzidas diferenciando $g(x, t)$ quanto a x.

Exemplo 12.1.2   POLINÔMIOS HERMITIANOS

Uma fórmula da função geradora para polinômios hermitianos $H_N(x)$ (em seu dimensionamento convencional) é

$$e^{-t^2 + 2tx} = \sum_{n=0}^{\infty} H_n(x) \frac{t^n}{n!}. \tag{12.21}$$

Para desenvolver uma fórmula de recorrência conectando H_n dos valores de índice contíguo, calculamos

$$\frac{\partial}{\partial t} e^{-t^2 + 2tx} = (2x - 2t) e^{-t^2 + 2tx} = \sum_{n=0}^{\infty} n H_n(x) \frac{t^{n-1}}{n!}. \tag{12.22}$$

Expandindo o exponencial no membro central da Equação (12.22) (e suprimindo temporariamente o argumento de H_n),

$$\sum_{n=0}^{\infty} 2x H_n \frac{t^n}{n!} - \sum_{n=0}^{\infty} 2 H_n \frac{t^{n+1}}{n!} = \sum_{n=0}^{\infty} n H_n \frac{t^{n-1}}{n!}.$$

Extraindo o coeficiente de tn de cada um desses somatórios, alcançamos (para cada n)

$$\frac{2x H_n}{n!} - \frac{2 H_{n-1}}{(n-1)!} = \frac{(n+1) H_{n+1}}{(n+1)!},$$

o que se reduz a

$$2x H_n(x) - 2n H_{n-1}(x) = H_{n+1}(x). \tag{12.23}$$

A Equação (12.23) é chamada **fórmula de recorrência**; ela permite a construção de toda a série de H_n a partir de valores de partida (tipicamente H_0 e H_1, que são facilmente calculados diretamente).

Uma fórmula derivada pode ser obtida diferenciando a Equação (12.21) em relação a x. Temos

$$\frac{\partial}{\partial x}e^{-t^2+2tx} = 2te^{-t^2+2tx} = \sum_{n=0}^{\infty} H_n'(x)\frac{t^n}{n!}.$$

Substituindo a Equação (12.21) no membro central dessa equação, obtemos

$$\sum_{n=0}^{\infty} 2H_n(x)\frac{t^{n+1}}{n!} = \sum_{n=0}^{\infty} H_n'(x)\frac{t^n}{n!},$$

que leva diretamente a

$$2nH_{n-1}(x) = H_n'(x). \tag{12.24}$$

∎

Em capítulos posteriores ilustramos a aplicação dessas ideias a uma variedade de funções especiais; na próxima seção deste capítulo, iremos aplicá-las a uma função geradora que leva a quantidades conhecidas como **números de Bernoulli**.

Encontrando Funções Geradoras

Para tirar as funções geradoras do reino da magia, consideramos em seguida como elas podem ser obtidas. Para um conjunto de funções mais ou menos arbitrário, essa questão tem sido um tema de interesse atual na pesquisa matemática, com métodos de vários tipos criados durante o século passado por Rainville, Weisner, Truesdell e outros. Veja as obras de McBride e Talman em Leituras Adicionais.

Para conjuntos de polinômios que surgem nos problemas de Sturm-Liouville e descritos pelas fórmulas de Rodrigues, podemos ser mais explícitos. Usando a integral de Schlaefli, Equação (12.18), podemos formar

$$g(x,t) = \frac{1}{w(x)}\sum_{n=0}^{\infty} c_n t^n \frac{n!}{2\pi i}\oint_C \frac{w(z)[p(z)]^n}{(z-x)^{n+1}}dz. \tag{12.25}$$

Lembre-se de que C circunda x e que $wp\,n$ deve ser analítica por toda a região dentro do contorno.

Em princípio, a Equação (12.25) pode ser avaliada para obter $g(x,t)$, por exemplo, escolhendo C para ser de tal modo que o somatório pode ser inserido na integral z e (depois de especificar C_n) avaliar primeiro a soma e então a integral de contorno. Na prática, a dificuldade de fazer isso pode depender do problema, incluindo a escolha de C_n. Fornecemos um exemplo do processo.

Exemplo 12.1.3 Polinômios de Legendre

Usamos o processo formal descrito anteriormente para obter uma função geradora para os polinômios de Legendre. A EDO de Legendre é da forma discutida na Equação (12.1),

$$(1-x^2)y'' - 2xy' + \lambda y = 0,$$

implicando que

$$p(x) = 1 - x^2, \quad q(x) = -2x,$$

e a equação é, como escrita, autoadjunta, assim $w(x) = 1$. A partir da fórmula da função geradora com base na integral de Schlaefli, Equação (12.25), nós escolhemos $c_n = (-1)n/2nn!$, alcançando assim

$$g(x,t) = \sum_{n=0}^{\infty}\left(\frac{(-1)^n t^n}{2^n n!}\right)\frac{n!}{2\pi i}\oint_C \frac{(1-z^2)^n}{(z-x)^{n+1}}dz.$$

Permutando o somatório e a integração (que justificaremos mais tarde), os fatores dependentes de n formam uma série geométrica, que podemos somar:

$$\sum_{n=0}^{\infty} \left(\frac{(z^2 - 1)t}{2(z - x)} \right)^n \frac{1}{z - x} = \frac{1}{z - x - \frac{1}{2}(z^2 - 1)t}$$

$$= -\frac{2}{t} \left[z^2 - \frac{2z}{t} + \frac{2x - t}{t} \right]^{-1}.$$

Inserindo esse resultado na fórmula para $g(x, t)$, agora temos

$$g(x, t) = -\frac{2}{t} \frac{1}{2\pi i} \oint_C \left[z^2 - \frac{2z}{t} + \frac{2x - t}{t} \right]^{-1} dz$$

$$= -\frac{2}{t} \frac{1}{2\pi i} \oint_C \frac{dz}{(z - z_1)(z - z_2)}, \tag{12.26}$$

em que z_1 e z_2 são as raízes da forma quadrática na primeira linha da equação:

$$z_1 = \frac{1}{t} - \frac{\sqrt{1 - 2xt + t^2}}{t}, \quad z_2 = \frac{1}{t} + \frac{\sqrt{1 - 2xt + t^2}}{t}.$$

Para que a Equação (12.26) seja válida, deve ter sido legítimo permutar o somatório e a integração, que é o caso somente se o somatório for uniformemente convergente (com respeito a z) para todos os pontos em que ela é usada (isto é, em todos os lugares no contorno C). É conveniente analisar a convergência para t e x pequeno e para um contorno com $|z| = 1$.

Depois que uma fórmula final foi obtida, seu intervalo de validade pode ser estendido recorrendo à continuação analítica.

No contorno pressuposto e para x pequeno, haverá um intervalo de $|t| \ll 1$ para o qual

$$\left| \frac{(z^2 - 1)t}{2(z - x)} \right| < 1,$$

garantindo a convergência da série geométrica. Voltamos agora à avaliação da integral de contorno na Equação (12.26). Ela tem dois polos, em $z = z_1$ e $z = z_2$. Para x e $|t|$ pequenos, z_2 será aproximadamente $2/t$ e será exterior ao contorno, enquanto z_1 estará perto da origem de z. Assim, apenas o resíduo do integrando em $z = z_1$ contribuirá para a integral de contorno, que terá o valor

$$g(x, t) = -\frac{2}{t} \frac{1}{z_1 - z_2}.$$

Como

$$z_1 - z_2 = -\frac{2}{t} \sqrt{1 - 2xt + t^2},$$

obtemos a função geradora polinomial de Legendre como

$$g(x, t) = \frac{1}{\sqrt{1 - 2xt + t^2}}. \tag{12.27}$$

■

Resumo — Polinômios Ortogonais

Para os cinco conjuntos clássicos dos polinômios ortogonais, resumimos na Tabela 12.1 suas EDOs, fórmulas de Rodrigues e funções geradoras. Omitimos na lista os importantes conjuntos polinomiais subsidiários (por exemplo, aqueles relacionados com as EDOs associadas de Legendre e EDOs associadas de Laguerre).

Tabela 12.1 Polinômios ortogonais: EDOs, fórmulas de Rodrigues e funções geradoras

Fórmula de Rodrigues	Função Geratriz
Legendre: $(1-x^2)y'' - 2x\,y' + n(n+1)y = 0$	
$P_n(x) = \dfrac{1}{2^n n!}\left(\dfrac{d}{dx}\right)^n (x^2-1)^n$	$(1-2xt+t^2)^{-1/2} = \displaystyle\sum_{n=0}^{\infty} P_n(x)t^n$
Hermite: $y'' - 2xy' + 2ny = 0$	
$H_n(x) = (-1)^n e^{x^2}\left(\dfrac{d}{dx}\right)^n e^{-x^2}$	$e^{-t^2+2xt} = \displaystyle\sum_{n=0}^{\infty}\dfrac{1}{n!}H_n(x)t^n$
Laguerre: $x\,y'' + (1-x)y' + ny = 0$	
$L_n(x) = \dfrac{e^x}{n!}\left(\dfrac{d}{dx}\right)^n (x^n e^{-x})$	$\dfrac{e^{-xt/(1-t)}}{1-t} = \displaystyle\sum_{n=0}^{\infty} L_n(x)t^n$
Chebyshev I: $(1-x^2)y'' - xy' + n^2 y = 0$	
$T_n(x) = \dfrac{(-1)^n(1-x^2)^{1/2}}{(2n-1)!!}\left(\dfrac{d}{dx}\right)^n (1-x^2)^{n-1/2}$	$\dfrac{1-t^2}{1-2xt+t^2} = T_0(x) + 2\displaystyle\sum_{n=1}^{\infty} T_n(x)t^n$
Chebyshev II: $(1-x^2)y'' - 3x\,y' + n(n+2)y = 0$	
$U_n(x) = \dfrac{(-1)^n(n+1)}{(2n+1)!!(1-x^2)^{1/2}}\left(\dfrac{d}{dx}\right)^n (1-x^2)^{n+1/2}$	$\dfrac{1}{1-2xt+t^2} = \displaystyle\sum_{n=0}^{\infty} U_n(x)t^n$

Exercícios

12.1.1 A partir da fórmula de Rodrigues na Tabela 12.1 para polinômios hermitianos H_n, derive a função geradora para H_n dada nessa tabela.

12.1.2 (a) A partir da EDO de Laguerre,

$$xy'' + (1-x)y' + \lambda y = 0,$$

obtenha a fórmula de Rodrigues para as soluções polinomiais $L_n(x)$.

(b) A partir da fórmula de Rodrigues, dimensionada como na Tabela 12.1, derive a função geradora para $L_n(x)$ dada na tabela.

12.1.3 Siga em detalhe os passos necessários para confirmar que $(n+1)$ vezes a diferenciação da Equação (12.10) leva à Equação (12.12).

12.1.4 Confirme os passos algébricos que convertem a Equação (12.12) na Equação (12.16).

12.1.5 Dadas as seguintes representações integrais, em que os contornos circundam a origem, mas não há outros pontos singulares, derive as funções geradoras correspondentes:
(a) Funções de Bessel:

$$J_n(x) = \frac{1}{2\pi i}\oint e^{(x/2)(t-1/t)} t^{-n-1}\,dt.$$

(b) Funções modificadas de Bessel:

$$I_n(x) = \frac{1}{2\pi i}\oint e^{(x/2)(t+1/t)} t^{-n-1}\,dt.$$

12.1.6 Expanda a função geradora para os polinômios de Legendre, $(1-2tz+t^2)^{-1/2}$, em potências de t. Suponha que t é pequeno. Colete os coeficientes de t^0, t^1 e t^2.

RESPOSTA: $a_0 = P_0(z) = 1$,
$a_1 = P_1(z) = z$,
$a_2 = P_2(z) = \frac{1}{2}(3z^2-1)$.

12.1.7   O conjunto de polinômios de Chebyshev geralmente denotado por $U_n(x)$ tem a fórmula da função geradora

$$\frac{1}{1 - 2xt + t^2} = \sum_{n=0}^{\infty} U_n(x)t^n.$$

Derive uma fórmula de recorrência (para inteiro $n \geq 0$) que conecta três U_n de n consecutivo.

12.2   Números de Bernoulli

Uma abordagem à função geradora é uma maneira conveniente de introduzir o conjunto dos números utilizados pela primeira vez na matemática por Jacques (James, Jacob) Bernoulli. Essas quantidades foram definidas de algumas maneiras diferentes, assim devemos tomar cuidado extremo ao combinar fórmulas dos trabalhos de diferentes autores. Nossa definição corresponde àquela utilizada na obra de referência *Handbook of Mathematical Functions* (AMS-55), indicada em Leituras Adicionais.

Como os números de Bernoulli, denotados por B_n, não dependem de uma variável, sua função geradora só depende de uma única variável (complexa), e a fórmula da função geradora tem a forma específica

$$\frac{t}{e^t - 1} = \sum_{n=0}^{\infty} \frac{B_n t^n}{n!}. \tag{12.28}$$

A inclusão do fator $1/n!$ na definição é apenas uma das maneiras como algumas definições dos números de Bernoulli diferem. A importante questão quanto ao círculo da convergência da expansão na Equação (12.28) será discutida mais adiante.

Como a Equação (12.28) é uma série de Taylor, podemos identificar B_n como derivadas sucessivas da função geradora:

$$B_n = \left[\frac{d^n}{dt^n} \left(\frac{t}{e^t - 1} \right) \right]_{t=0}. \tag{12.29}$$

Para obter B_0, devemos considerar o limite de $t/(e^t - 1)$ como $t \to 0$, encontrando facilmente $B_0 = 1$. Aplicando a Equação (12.29), temos também

$$B_1 = \frac{d}{dt} \left(\frac{t}{e^t - 1} \right) \bigg|_{t=0} = \lim_{t \to 0} \left(\frac{1}{e^t - 1} - \frac{te^t}{(e^t - 1)^2} \right) = -\frac{1}{2}. \tag{12.30}$$

Em princípio, pode continuar a obter B_n adicionais, mas é mais conveniente proceder de uma maneira mais sofisticada. Nosso ponto de partida é examinar

$$\sum_{n=2}^{\infty} \frac{B_n t^n}{n!} = \frac{t}{e^t - 1} - B_0 - B_1 t = \frac{t}{e^t - 1} - 1 + \frac{t}{2}$$

$$= \frac{-t}{e^{-t} - 1} - 1 - \frac{t}{2}, \tag{12.31}$$

em que usamos o fato de que

$$\frac{t}{e^t - 1} = \frac{-t}{e^{-t} - 1} - t. \tag{12.32}$$

A equação (12.31) mostra que o somatório no lado esquerdo é uma função par de t, levando à conclusão de que todo B_n de n ímpar (diferente de B_1) deve desaparecer.

Em seguida usamos a função geradora para obter uma relação de recursão para os números de Bernoulli. Formamos

$$
\frac{e^t - 1}{t} \frac{t}{e^t - 1} = 1 = \left[\sum_{m=0}^{\infty} \frac{t^m}{(m+1)!} \right] \left[1 - \frac{t}{2} + \sum_{n=1}^{\infty} B_{2n} \frac{t^{2n}}{(2n)!} \right]
$$

$$
= 1 + \sum_{m=1}^{\infty} t^m \left[\frac{1}{(m+1)!} - \frac{1}{2m!} \right]
$$

$$
+ \sum_{N=2}^{\infty} t^N \sum_{n=1}^{\leq N/2} \frac{B_{2n}}{(2n)!(N - 2n + 1)!}
$$

$$
= 1 + \sum_{N=2}^{\infty} \frac{t^N}{(N+1)!} \left[-\frac{N-1}{2} + \sum_{n=1}^{\leq N/2} \binom{N+1}{2n} B_{2n} \right]. \tag{12.33}
$$

Como o coeficiente de cada potência de t no somatório final da Equação (12.33) deve desaparecer, podemos definir como zero para cada N a expressão entre colchetes. Alterando N, se par, para $2N$ e, se ímpar, para $2N - 1$, a Equação (12.33) leva ao par de equações

$$
N - \frac{1}{2} = \sum_{n=1}^{N} \binom{2N+1}{2n} B_{2n},
$$

$$
\tag{12.34}
$$

$$
N - 1 = \sum_{n=1}^{N-1} \binom{2N}{2n} B_{2n}.
$$

Tabela 12.2 Números de Bernoulli

n	B_n	B_n
0	1	1,000000000
1	$-\dfrac{1}{2}$	–0,500000000
2	$\dfrac{1}{6}$	0,166666667
4	$-\dfrac{1}{30}$	–0,033333333
6	$\dfrac{1}{42}$	0,023809524
8	$-\dfrac{1}{30}$	–0,033333333
10	$\dfrac{5}{66}$	0,075757576

Nota: Outros valores são dados em AMS-55; ver Abramowitz em Leituras Adicionais.

Uma dessas equações pode ser utilizada para obter B_{2n} sequencialmente, a partir de B_2. Os primeiros poucos B_n estão listados na Tabela 12.2.

Para obter as relações adicionais envolvendo os números de Bernoulli, consideramos em seguida esta representação de $\cot t$:

$$
\cot t = \frac{\cos t}{\operatorname{sen} t} = i \left(\frac{e^{it} + e^{-it}}{e^{it} - e^{-it}} \right) = i \left(\frac{e^{2it} + 1}{e^{2it} - 1} \right) = i \left(1 + \frac{2}{e^{2it} - 1} \right).
$$

Multiplicando por t e reorganizando ligeiramente,

$$t \cot t = \frac{2it}{2} + \frac{2it}{e^{2it} - 1} = \sum_{n=0}^{\infty} B_{2n} \frac{(2it)^{2n}}{(2n)!}$$

$$= \sum_{n=0}^{\infty} (-1)^n B_{2n} \frac{(2t)^{2n}}{(2n)!}, \tag{12.35}$$

onde o termo $2it/2$ cancelou o termo B_1 que do contrário apareceria na expansão.

Agora que temos nossa expansão dos números de Bernoulli identificada com $t \cot t$, podemos ver que ela representa uma função com singularidades (polos) em $t = m\pi$, onde $m = \pm 1, \pm 2, \ldots$.

Não há singularidades em $t = 0$ (devido à presença do fator t), assim a singularidade mais próxima do ponto de expansão (a origem) está em $|t| = \pi$. Como o argumento na expansão é $2t$, concluímos que a série geradora para os números de Bernoulli, Equação (12.28), terá o raio da convergência $|2t| = 2\pi$. Essa observação é, naturalmente, consistente com o fato de que os zeros de $et -1$ são para T em múltiplos inteiros de $2\pi i$.

Para obter outra representação dos números de Bernoulli, escrevemos B_n usando a fórmula de integração de contorno, Equação (12.20). Observando que o uso nessa equação $c_n f_n(x) = B_n/n!$, temos

$$B_n = \frac{n!}{2\pi i} \oint \frac{t}{e^t - 1} \frac{dt}{t^{n+1}}, \tag{12.36}$$

onde a integral é um círculo dentro do raio da convergência da série geradora. Podemos, pelo menos em princípio, avaliar a integral usando o teorema dos resíduos. Para $n = 0$ temos um polo simples, com um resíduo de $+1$, e

$$B_0 = \frac{0!}{2\pi i} \cdot 2\pi i (+1) = 1.$$

para $n = 1$ a singularidade em $t = 0$ torna-se um polo de segunda ordem, e o processo limitante prescrito pela Equação (11.68) produz o resíduo $-\frac{1}{2}$, assim

$$B_1 = \frac{1!}{2\pi i} \cdot 2\pi i \left(-\frac{1}{2} \right) = -\frac{1}{2},$$

consistente com nosso resultado anterior. Para $n \geq 2$ os polos em $t = 0$ são de ordem crescente e esse procedimento torna-se um pouco entediante, portanto, recorremos a uma abordagem diferente. Deformamos o contorno da nossa representação integral, como mostrado na Figura 12.1, que difere do contorno circular original pelo fato de que ele circunda todos os polos do integrando em $t = \pm 2\pi mi$, $m = 1, 2, \ldots$, evitando ao mesmo tempo a inclusão do polo em $t = 0$. Em contraste com o polo de ordem superior em $t = 0$, todos os outros polos são de primeira ordem, com resíduos que podem ser facilmente avaliados.

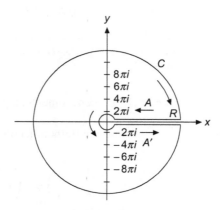

Figura 12.1: Contorno da integração para números de Bernoulli.

Para usar o novo contorno, precisamos identificar as contribuições das partes constituintes dele. A direção do percurso ao redor do contorno faz o círculo pequeno sobre $t = 0$ contribuir $+ 2\pi i$ vezes para o resíduo do integrando em $t = 0$, isto é, o resultado que quando multiplicado por $n!/2\pi i$ é igual a B_n. A parte restante do contorno não faz nenhuma contribuição para a integral:

(1) Como o integrando é analítico ao longo do eixo real e não há nenhum corte de ramificação aí, o segmentos A e A', que estão em direções opostas de percurso, se cancelam; e (2) o círculo grande contribui de modo insignificante (para $n \geq 2$) porque em $| t |$ grande o integrando se comporta de maneira assintótica como $1/| t |n$. Observando que os polos em t não zero são circundados no sentido horário, temos o seguinte resultado relativamente simples (para $n \geq 2$):

$$B_n = -\frac{n!}{2\pi i} \sum 2\pi i \left(\text{resíduos de } \frac{t^{-n}}{e^t - 1} \text{ nos polos } t \neq 0 \right). \tag{12.37}$$

Como o resíduo em $t = 2\pi mi$ é simplesmente $(2\pi mi)^{-n}$, a Equação (12.37) se torna

$$B_n = -\frac{n!}{(2\pi i)^n} \sum_{m=1}^{\infty} \left[\frac{1}{m^n} + \frac{1}{(-m)^n} \right],$$

que é reduzida ainda mais, para $2n \geq 2$, a

$$B_{2n} = (-1)^{n+1} \frac{(2n)!}{(2\pi)^{2n}} \sum_{m=1}^{\infty} \frac{2}{m^{2n}} = (-1)^{n+1} \frac{2(2n)!}{(2\pi)^{2n}} \zeta(2n),$$

$$B_{2n+1} = 0. \tag{12.38}$$

Note que é possível mostrar corretamente que o B_n de $n > 1$ ímpar desaparece, e que os números de Bernoulli de $n > 0$ ímpar são identificados como proporcionais às funções zeta de Riemann, que apareceram pela primeira vez neste livro na Equação (1.12). Repetimos a definição:

$$\zeta(z) = \sum_{m=1}^{\infty} \frac{1}{m^z}.$$

A Equação (12.38) é um resultado importante porque já temos uma maneira simples de obter os valores de B_n, via a Equação (12.34), e a Equação (12.38) pode ser invertida para dar uma expressão fechada para $\zeta(2n)$, que do contrário só seria conhecido como um somatório. Essa representação dos números de Bernoulli foi descoberta por Euler. Ela é facilmente vista a partir da Equação (12.38) que $| B_{2n} |$ aumenta sem limite como $n \to \infty$. Os valores numéricos foram calculados por Glaisher.[1] Ilustrando o comportamento divergente dos números de Bernoulli, temos

$$B_{20} = -5.291 \times 10^2$$

$$B_{200} = -3.647 \times 10^{215}.$$

Alguns autores preferem definir os números de Bernoulli com uma versão modificada da Equação (12.38) usando

$$\mathcal{B}_n = \frac{2(2n)!}{(2\pi)^{2n}} \zeta(2n), \tag{12.39}$$

o subscrito é apenas metade do nosso subscrito e de todos os sinais positivos. Mais uma vez, ao usar outros textos ou referências, você deve verificar exatamente como os números de Bernoulli são definidos.

Os números de Bernoulli ocorrem frequentemente na teoria dos números. O teorema de von Staudt-Clausen afirma que

$$B_{2n} = A_n - \frac{1}{p_1} - \frac{1}{p_2} - \frac{1}{p_3} - \cdots - \frac{1}{p_k}, \tag{12.40}$$

---

[1] J.W.L. Glaisher, tabela dos primeiros 250 números de Bernoulli (para nove números) e seus logaritmos (para dez números). *Trans. Cambridge Philos. Soc.* **12:** 390 (1871-1879).

em que A_n é um inteiro e $p_1, p_2, ..., p_k$ são os números primos de tal modo que $p_i - 1$ é um divisor de $2n$. Pode ser facilmente verificado que isso é válido para

$$B_6 \quad (A_3 = 1, \quad p = 2, 3, 7),$$

$$B_8 \quad (A_4 = 1, \quad p = 2, 3, 5),$$

$$B_{10} \quad (A_5 = 1, \quad p = 2, 3, 11),$$

e outros casos especiais.

Os números de Bernoulli aparecem no somatório das potências integrais dos inteiros,

$$\sum_{j=1}^{N} j^p, \quad p \text{ integral,}$$

e em inúmeras expansões de série das funções transcendentais, incluindo $\tan x$, $\cot x$, $\ln|\operatorname{sen} x|$, $(\operatorname{sen} x)^{-1}$, $\ln|\cos x|$, $\ln|\tan x|$, $(\cosh x)^{-1}$, $\tanh x$ e $\coth x$. Por Exemplo,

$$\tan x = x + \frac{x^3}{3} + \frac{2}{15}x^5 + \cdots + \frac{(-1)^{n-1}2^{2n}(2^{2n}-1)B_{2n}}{(2n)!}x^{2n-1} + \cdots. \tag{12.41}$$

É provável que os números de Bernoulli apareçam nessas expansões em série por causa da definição, Equação (12.28), a forma da Equação (12.35) e a relação com a função zeta de Riemann, Equação (12.38).

Polinômios de Bernoulli

Se a Equação (12.28) é generalizada ligeiramente, temos

$$\frac{te^{ts}}{e^t - 1} = \sum_{n=0}^{\infty} B_n(s)\frac{t^n}{n!} \tag{12.42}$$

Tabela 12.3 Polinômios de Bernoulli

$B_0 = 1$

$B_1 = x - \dfrac{1}{2}$

$B_2 = x^2 - x + \dfrac{1}{6}$

$B_3 = x^3 - \dfrac{3}{2}x^2 + \dfrac{1}{2}x$

$B_4 = x^4 - 2x^3 + x^2 + \dfrac{1}{30}$

$B_5 = x^5 - \dfrac{5}{2}x^4 + \dfrac{5}{3}x^3 - \dfrac{1}{6}x$

$B_6 = x^6 - 3x^5 + \dfrac{5}{2}x^4 - \dfrac{1}{2}x^2 + \dfrac{1}{42}$

definindo os **polinômios de Bernoulli**, $B_n(s)$. É claro que $B_n(s)$ será um polinômio de grau n, uma vez que a expansão de Taylor da função geradora conterá contribuições em que cada instância de t pode (ou não) ser acompanhada por um fator s. Os primeiros sete polinômios de Bernoulli são apresentados na Tabela 12.3.

Se definimos $s = 0$ na fórmula da função geradora, Equação (12.42), temos

$$B_n(0) = B_n, \quad n = 0, 1, 2, \ldots, \tag{12.43}$$

mostrando que o polinômio de Bernoulli avaliado em zero é igual ao número de Bernoulli correspondente.

Duas outras importantes propriedades dos polinômios de Bernoulli seguem a partir da relação definidora, Equação (12.42). Se diferenciamos ambos os lados da equação quanto a s, temos

$$\frac{t^2 e^{ts}}{e^t - 1} = \sum_{n=0}^{\infty} B_n'(s) \frac{t^n}{n!}$$

$$= \sum_{n=0}^{\infty} B_n(s) \frac{t^{n+1}}{n!} = \sum_{n=1}^{\infty} B_{n-1}(s) \frac{t^n}{(n-1)!}, \tag{12.44}$$

em que a segunda linha da Equação (12.44) é obtida reescrevendo o lado esquerdo utilizando a fórmula da função geradora. Igualando os coeficientes de potências iguais de t nas duas linhas da Equação (12.44), obtemos a fórmula de diferenciação

$$\frac{d}{ds} B_n(s) = n B_{n-1}(s), \quad n = 1, 2, 3, \ldots. \tag{12.45}$$

Nós também temos uma relação de simetria, que podemos obter definindo $s = 1$ na Equação (12.42).
O lado esquerdo dessa equação torna-se então

$$\frac{te^t}{e^t - 1} = \frac{-t}{e^{-t} - 1}. \tag{12.46}$$

Assim, igualando a Equação (12.42) para $s = 1$ com a expansão dos números de Bernoulli (in $-t$) do lado direito da Equação (12.46), alcançamos

$$\sum_{n=0}^{\infty} B_n(1) \frac{t^n}{n!} = \sum_{n=0}^{\infty} B_n \frac{(-t)^n}{n!},$$

o que equivale a

$$B_n(1) = (-1)^n B_n(0). \tag{12.47}$$

Essas relações são usadas no desenvolvimento da fórmula de integração de Euler-Maclaurin.

Exercícios

12.2.1 Verifique as identidades, Equações (12.32) e (12.46).

12.2.2 Mostre que os primeiros polinômios de Bernoulli são

$$B_0(s) = 1$$

$$B_1(s) = s - \tfrac{1}{2}$$

$$B_2(s) = s^2 - s + \tfrac{1}{6}.$$

Note que $B_n(0) = B_n$, o número de Bernoulli.

12.2.3 Mostre que

$$\tan x = \sum_{n=1}^{\infty} \frac{(-1)^{n-1} 2^{2n}(2^{2n} - 1) B_{2n}}{(2n)!} x^{2n-1}, \quad -\frac{\pi}{2} < x < \frac{\pi}{2}.$$

Dica: $\tan x = \cot x - 2\cot 2x$.

12.3 Fórmula de Integração de Euler-Maclaurin

Uma utilização dos polinômios de Bernoulli está na derivação da **fórmula de integração de Euler-Maclaurin**. Essa fórmula é utilizada tanto para desenvolver expansões assintóticas (tratadas mais adiante neste capítulo) quanto para obter valores aproximados para somatórios. Uma importante aplicação da fórmula de Euler-Maclaurin, apresentada no Capítulo 13, é sua utilização para derivar a **fórmula de Stirling**, uma expressão assintótica para a função gama.

A técnica que usamos para desenvolver a fórmula de Euler-Maclaurin é integração repetida por partes, usando a Equação (12.45) para criar novas derivadas. Começamos com

$$\int_0^1 f(x)dx = \int_0^1 f(x)B_0(x)dx, \tag{12.48}$$

em que inserimos, por razões que em breve ficarão evidentes, o fator redundante $B_0(x) = 1$. A partir da Equação (12.45), observamos que

$$B_0(x) = B_1'(x),$$

e substituímos $B_1'(x)$ para $B_0(x)$ na Equação (12.48), integramos por partes e identificamos $B_1(1) = -B_1(0) = \frac{1}{2}$, obtendo assim

$$\int_0^1 f(x)dx = f(1)B_1(1) - f(0)B_1(0) - \int_0^1 f'(x)B_1(x)dx$$

$$= \frac{1}{2}\big[f(1) + f(0)\big] - \int_0^1 f'(x)B_1(x)dx. \tag{12.49}$$

Novamente usando a Equação (12.45), temos

$$B_1(x) = \frac{1}{2}B_2'(x).$$

Inserindo $B_2'(x)$ e integrando por partes novamente, obtemos

$$\int_0^1 f(x)dx = \frac{1}{2}\Big[f(1) + f(0)\Big] - \frac{1}{2}\Big[f'(1)B_2(1) - f'(0)B_2(0)\Big]$$

$$+ \frac{1}{2}\int_0^1 f^{(2)}(x)B_2(x)dx. \tag{12.50}$$

Usando a relação

$$B_{2n}(1) = B_{2n}(0) = B_{2n}, \quad n = 0, 1, 2, \ldots, \tag{12.51}$$

A Equação (12.50) é simplificada para

$$\int_0^1 f(x)dx = \frac{1}{2}\Big[f(1) + f(0)\Big] - \frac{B_2}{2}\Big[f'(1) - f'(0)\Big] + \frac{1}{2}\int_0^1 f^{(2)}(x)B_2(x)dx. \tag{12.52}$$

Continuando, substituímos $B_2(x)$ por $B_3'(x)/3$ e mais uma vez integramos por partes. Como

$$B_{2n+1}(1) = B_{2n+1}(0) = 0, \quad n = 1, 2, 3, \ldots, \tag{12.53}$$

a integração por partes não produz termos integrados, e

$$\frac{1}{2}\int_0^1 f^{(2)}(x)B_2(x)dx = \frac{1}{2\cdot3}\int_0^1 f^{(2)}(x)B_3'(x)dx = -\frac{1}{3!}\int_0^1 f^{(3)}(x)B_3(x)dx. \tag{12.54}$$

Substituindo $B_3(x) = B_4'(x)/4$ e realizando mais uma integração parcial, obtemos os termos integrados contendo $B_4(x)$, que são simplificados de acordo com a Equação (12.51). O resultado é

$$-\frac{1}{3!}\int_0^1 f^{(3)}(x)B_3(x)dx = \frac{B_4}{4!}\left[f^{(3)}(1) - f^{(3)}(0)\right] + \frac{1}{4!}\int_0^1 f^{(4)}(x)B_4(x)dx. \tag{12.55}$$

Podemos continuar esse processo, com passos que são inteiramente análogos àqueles que levaram às Equações (12.54) e (12.55). Após os passos que levam a derivadas de f de ordem $2q - 1$, temos

$$\int_0^1 f(x)dx = \frac{1}{2}\left[f(1) + f(0)\right] - \sum_{p=1}^q \frac{1}{(2p)!}B_{2p}\left[f^{(2p-1)}(1) - f^{(2p-1)}(0)\right]$$

$$+ \frac{1}{(2q)!}\int_0^1 f^{(2q)}(x)B_{2q}(x)dx. \tag{12.56}$$

Essa é a fórmula de integração de Euler-Maclaurin. Supomos que a função $f(x)$ tem as derivadas necessárias.

O intervalo da integração na Equação (12.56) pode ser deslocado de $[0, 1]$ para $[1, 2]$ substituindo $f(x)$ por $f(x + 1)$. Adicionando esses resultados a $[n-1, n]$, obtemos

$$\int_0^n f(x)dx = \frac{1}{2}f(0) + f(1) + f(2) + \cdots + f(n-1) + \frac{1}{2}f(n)$$

$$- \sum_{p=1}^q \frac{1}{(2p)!}B_{2p}\left[f^{(2p-1)}(n) - f^{(2p-1)}(0)\right]$$

$$+ \frac{1}{(2q)!}\int_0^1 B_{2q}(x)\sum_{\nu=0}^{n-1} f^{(2q)}(x + \nu)dx. \tag{12.57}$$

Note que todos os termos derivados nos argumentos inteiros intermediários se cancelam. Entretanto, os temos intermediários $f(j)$ não se cancelam, e $\frac{1}{2}f(0) + f(1) + \ldots + \frac{1}{2}f(n)$ aparecem exatamente como na integração trapezoidal, ou quadratura, de modo que a soma ao longo de p pode ser interpretada como uma correção à aproximação trapezoidal. A Equação (12.57) podem, portanto, ser vista como uma generalização da Equação (1.10).

Em muitas aplicações da Equação (12.57) a integral final contendo $f^{(2q)}$, embora pequeno, não se aproximará de zero à medida que q aumenta sem limite, e a fórmula de Euler-Maclaurin então tem um caráter assintótico, em vez de convergente. Essas séries, e as implicações quanto ao seu uso, são o tema de uma seção mais adiante deste capítulo.

Um dos usos mais importantes da fórmula de Euler-Maclaurin é na soma de séries convertendo-as em integrais além dos termos de correção.[2] Eis uma ilustração do processo.

Exemplo 12.3.1 Estimativa de $\zeta(3)$

A aplicação direta da Equação (12.57) a $\zeta(3)$ procede como a seguir (observando que todas as derivadas de $f(x) = 1/x^3$ desaparecem no limite $x \to \infty$):

$$\zeta(3) = \sum_{n=1}^\infty \frac{1}{n^3} = \frac{1}{2}f(1) + \int_1^\infty \frac{dx}{x^3} - \sum_{p=1}^q \frac{B_{2p}}{(2p)!}f^{(2p-1)}(1) + \text{resto}. \tag{12.58}$$

Avaliando a integral, definindo $f(1) = 1$, e inserindo

$$f^{(2n-1)}(x) = -\frac{(2n+1)!}{2x^{2n+2}}$$

[2]Veja R. P. Boas e C. Stutz, Estimating sums with integrals. *Am. J. Phys.* **39**: 745 (1971), para alguns exemplos.

com $x = 1$, a Equação (12.58) se torna

$$\zeta(3) = \frac{1}{2} + \frac{1}{2} + \sum_{p=1}^{q} \frac{(2p+1)B_{2p}}{2x^{2p+2}} + \text{resto.} \qquad (12.59)$$

Tabela 12.4 Contribuições para $\zeta(3)$ dos termos da fórmula de Euler-Maclaurin

	$n_0 = 1$	$n_0 = 2$	$n_0 = 4$
Termos explícitos	0,500000	1,062500	1,169849
$\int_{n_0}^{\infty} x^{-3}\, dx$	0,500000	0,125000	0,031250
termo B_2	0,250000	0,015615	0,000977
termo B_4	−0,083333	−0,001302	−0,000020
termo B_6	0,083333	0,000326	0,000001
termo B_8	−0,150000	−0,000146	−0,000000
termo B_{10}	0,416667	0,000102	0,000000
termo B_{12}	−1,645238	−0,000100	−0,000000
termo B_{14}	8,750000	0,000134	0,000000
Soma[a]	1,166667	1,201995	1,202057

[a] Somas só incluem os dados acima do marcador horizontal. Coluna à esquerda: fórmula aplicada a todo o somatório; coluna central: fórmula aplicada a partir do segundo termo; coluna à direita: fórmula a partir do quarto termo.

Para avaliar a qualidade desse resultado, listamos, na primeira coluna de dados da Tabela 12.4, as contribuições para ele. A linha marcada "termos explícitos" consiste atualmente em apenas o termo $\frac{1}{2} f(1)$.

Notamos que os termos individuais começam a aumentar após o termo B_4; uma vez que nossa intenção não é avaliar o resto, a precisão da expansão é limitada. Como discutido mais extensivamente na seção sobre expansões assintóticas, o melhor resultado disponível a partir desses dados é obtido truncando a expansão antes de os termos começar a aumentar; adicionando as contribuições acima da linha de marcação na tabela, obtemos o valor listado como "Soma". Para referência, o valor preciso de $\zeta(3)$ é 1,202057.

Podemos melhorar o resultado disponível a partir da fórmula de Euler-Maclaurin calculando explicitamente alguns termos iniciais e aplicando a fórmula apenas àqueles que permanecem. Esse estratagema faz com que as derivadas que entram na fórmula sejam menores e diminui a correção da estimativa da regra trapezoidal. Simplesmente começando a fórmula em $n = 2$ em vez de $n = 1$ reduz marcadamente o erro; ver a segunda coluna de dados da Tabela 12.4. Agora os "termos explícitos" consistem em $f(1) + \frac{1}{2} f(2)$. Iniciar a fórmula de Euler-Maclaurin em $n = 4$ melhora ainda mais o resultado, então alcançando uma precisão melhor do que a precisão de sete dígitos. ∎

Quando a fórmula de Euler-Maclaurin é aplicada a somas cujos somatórios têm um número finito de derivadas diferentes de zero, ela pode avaliá-las exatamente (Exercício 12.3.1).

Exercícios

12.3.1   A fórmula de integração de Euler-Maclaurin pode ser utilizada para avaliar séries finitas:

$$\sum_{m=1}^{n} f(m) = \int_{1}^{n} f(x)dx + \frac{1}{2} f(1) + \frac{1}{2} f(n) + \frac{B_2}{2!}\Big[f'(n) - f'(1) \Big] + \cdots .$$

Mostre que

(a) $\sum_{m=1}^{n} m = \frac{1}{2} n(n+1).$

(b) $\displaystyle\sum_{m=1}^{n} m^2 = \tfrac{1}{6} n(n+1)(2n+1).$

(c) $\displaystyle\sum_{m=1}^{n} m^3 = \tfrac{1}{4} n^2 (n+1)^2 . s$

(d) $\displaystyle\sum_{m=1}^{n} m^4 = \tfrac{1}{30} n(n+1)(2n+1)(3n^2 + 3n - 1).$

12.3.2 A fórmula de integração de Euler-Maclaurin fornece uma maneira de calcular a constante γ de Euler-Mascheroni de alta precisão. Utilizando $f(x) = 1/x$ na Equação (12.57) (com intervalo $[1, n]$) e a definição de γ, Equação (1.13), obtemos

$$\gamma = \sum_{s=1}^{n} s^{-1} - \ln n - \frac{1}{2n} + \sum_{k=1}^{N} \frac{B_{2k}}{(2k)n^{2k}}.$$

Usando aritmética de dupla precisão, calcule γ para $N = 1, 2, \ldots$.
Nota: Ver D. E. Knuth, Euler's constant to 1271 places. *Math. Comput.* **16**: 275 (1962).

RESPOSTA: Para $n = 1000$, $N = 2$

$\gamma = 0,5772\ 1566\ 4901.$

12.4 Série de Dirichlet

Expansões de série da forma geral

$$S(s) = \sum_{n} \frac{a_n}{n^s}$$

são conhecidas como **série de Dirichlet**, e nosso conhecimento dos métodos de integração de contorno e números de Bernoulli permite avaliar uma variedade de expressões desse tipo. Uma das séries de Dirichlet mais importante é aquela da função zeta de Riemann,

$$\zeta(s) = \sum_{n=1}^{\infty} \frac{1}{n^s}. \tag{12.60}$$

Já avaliamos uma soma a partir da qual $\zeta(2)$ pode ser extraída.

Exemplo 12.4.1 Avaliação de $\zeta(2)$

A partir do Exemplo 11.9.1, temos

$$S(a) = \sum_{n=1}^{\infty} \frac{1}{n^2 + a^2} = \frac{\pi \coth \pi a}{2a} - \frac{1}{2a^2}.$$

Simplesmente considerando o limite $a \to 0$, temos

$$\zeta(2) = \lim_{a \to 0} S(a) = \lim_{a \to 0} \left[\frac{\pi}{2a} \left(\frac{1}{\pi a} + \frac{\pi a}{3} + \cdots \right) - \frac{1}{2a^2} \right] = \frac{\pi^2}{6}. \tag{12.61}$$

∎

A partir da relação com os números de Bernoulli, ou, alternativamente (e talvez menos convenientemente), por métodos de integração de contorno, encontramos

$$\zeta(4) = \frac{\pi^4}{90}.$$

Os valores de $\zeta(2n)$ a $\zeta(10)$ estão listados no Exercício 12.4.1. As funções zeta do argumento inteiro ímpar parece refratário à avaliação na forma fechada, mas são fáceis de calcular numericamente (ver Exemplo 12.3.1).

Outras séries de Dirichlet úteis, na notação de AMS–55 (ver Leituras Adicionais), incluem

$$\eta(s) = \sum_{n=1}^{\infty} (-1)^{n-1} n^{-s} = (1 - 2^{1-s})\zeta(s),$$ (12.62)

$$\lambda(s) = \sum_{n=0}^{\infty} (2n-1)^{-s} = (1 - 2^{-s})\zeta(s),$$ (12.63)

$$\beta(s) = \sum_{n=0}^{\infty} (-1)^{n} (2n+1)^{-s}.$$ (12.64)

Expressões fechadas estão disponíveis (para inteiro $n \geq 1$) para $\zeta(2n)$, $\eta(2n)$, e $\lambda(2n)$, e para $\beta(2n-1)$. As somas com expoentes da paridade oposta não podem ser reduzidas a $\zeta(2n)$ ou executadas pelos métodos de integral de contorno que discutimos no Capítulo 11. Uma série importante que só pode ser avaliada numericamente é uma cujo resultado é a **constante de Catalan**, que é

$$\beta(2) = 1 - \frac{1}{3^2} + \frac{1}{5^2} - \cdots = 0.91596559\ldots.$$ (12.65)

Para referência, listamos algumas dessas série somáveis de Dirichlet:

$$\zeta(2) = 1 + \frac{1}{2^2} + \frac{1}{3^2} + \cdots = \frac{\pi^2}{6},$$ (12.66)

$$\zeta(4) = 1 + \frac{1}{2^4} + \frac{1}{3^4} + \cdots = \frac{\pi^4}{90},$$ (12.67)

$$\eta(2) = 1 - \frac{1}{2^2} + \frac{1}{3^2} + \cdots = \frac{\pi^2}{12},$$ (12.68)

$$\eta(4) = 1 - \frac{1}{2^4} + \frac{1}{3^4} + \cdots = \frac{7\pi^4}{720},$$ (12.69)

$$\lambda(2) = 1 + \frac{1}{3^2} + \frac{1}{5^2} + \cdots = \frac{\pi^2}{8},$$ (12.70)

$$\lambda(4) = 1 + \frac{1}{3^4} + \frac{1}{5^4} + \cdots = \frac{\pi^4}{96},$$ (12.71)

$$\beta(1) = 1 - \frac{1}{3} + \frac{1}{5} - \cdots = \frac{\pi}{4},$$ (12.72)

$$\beta(3) = 1 - \frac{1}{3^3} + \frac{1}{5^3} - \cdots = \frac{\pi^3}{32}.$$ (12.73)

Exercícios

12.4.1   De $B_{2n} = (-1)^{n-1} \dfrac{2(2n)!}{(2\pi)^{2n}} \zeta(2n)$, mostre que

(a) $\zeta(2) = \dfrac{\pi^2}{6}$,   (d) $\zeta(8) = \dfrac{\pi^8}{9450}$,

(b) $\zeta(4) = \dfrac{\pi^4}{90}$,   (e) $\zeta(10) = \dfrac{\pi^{10}}{93,555}$.

(c) $\zeta(6) = \dfrac{\pi^6}{945}$,

12.4.2 A integral

$$\int\limits_0^1 [\ln(1-x)]^2 \frac{dx}{x}$$

aparece na correção de quarta ordem para o momento magnético do elétron. Mostre que ela é igual a $2\zeta(3)$.

Dica: Deixe $1 - x = e^-t$.

12.4.3 (a) Mostre que

$$\int\limits_0^\infty \frac{(\ln z)^2}{1+z^2} dz = 4 \left(1 - \frac{1}{3^3} + \frac{1}{5^3} - \frac{1}{7^3} + \cdots \right).$$

(b) Por integração de contorno mostre que essa série é avaliada para $\pi^3/8$.

12.4.4 Mostre que a constante de Catalan, $\beta(2)$, pode ser escrita como

$$\beta(2) = 2 \sum_{k=1}^\infty (4k-3)^{-2} - \frac{\pi^2}{8}.$$

Dica: $\pi^2 = 6\zeta(2)$.

12.4.5 Mostre que

(a) $\int_0^1 \frac{\ln(1+x)}{x} dx = \frac{1}{2}\zeta(2),$ (b) $\lim_{a\to 1} \int_0^a \frac{\ln(1-x)}{x} dx = \zeta(2).$

Note que o integrando na parte (b) diverge para $a = 1$, mas que a integral é convergente.

12.4.6 (a) Mostre que a equação $\ln 2 = \sum_{s=1}^\infty (-1)^{s+1} s^{-1}$, Equação (1.53), pode ser reescrita como

$$\ln 2 = \sum_{s=2}^n 2^{-s} \zeta(s) + \sum_{p=1}^\infty (2p)^{-n-1} \left[1 - \frac{1}{2p} \right]^{-1}.$$

Dica: Considere os termos em pares.

(b) Calcule ln 2 para seis números significativos.

12.4.7 (a) Mostre que a equação $\pi/4 = \sum_{s=1}^\infty (-1)^{s+1}(2s-1)^{-1}$, Equação (12.72), pode ser reescrita como

$$\frac{\pi}{4} = 1 - 2\sum_{s=1}^n 4^{-2s} \zeta(2s) - 2\sum_{p=1}^\infty (4p)^{-2n-2} \left[1 - \frac{1}{(4p)^2} \right]^{-1}.$$

(b) Calcule $\pi/4$ para seis números significativos.

12.5 Produtos Infinitos

Vimos no Capítulo 11 que a teoria da variável complexa pode ser usada para gerar representações de produto infinito das funções analíticas. Aqui nós desenvolvemos algumas das suas propriedades. Para esse propósito, é conveniente escrever esses produtos na forma

$$P = \prod_{n=1}^\infty (1+a_n).$$

O produto infinito pode estar relacionado com uma série infinita pelo método óbvio de considerar o logaritmo:

$$\ln \prod_{n=1}^\infty (1+a_n) = \sum_{n=1}^\infty \ln(1+a_n). \tag{12.74}$$

O teorema principal sobre a convergência dos produtos infinitos é o seguinte:

Se $0 \le a_n < 1$, os produtos infinitos $\prod_{n=1}^{\infty}(1+a_n)$ e $\prod_{n=1}^{\infty}(1-a_n)$ convergem se $\prod_{n=1}^{\infty}a_n$ converge e divergem se $\prod_{n=1}^{\infty}a_n$ diverge.

Para o produto infinito $\prod(1 + a_n)$, note que

$$1 + a_n \le e^{a_n},$$

o que significa que o produto parcial que consiste no primeiro n fatores satisfaz

$$p_n \le e^{s_n},$$

onde s_n é a soma do primeiro n a_n. Deixar $n \to \infty$,

$$\prod_{n=1}^{\infty}(1 + a_n) \le \exp \sum_{m=1}^{\infty} a_n, \tag{12.75}$$

dando assim um limite superior para o produto infinito.

Para desenvolver um limite inferior, notamos que, por causa de todo $a_i > 0$,

$$p_n = 1 + \sum_{i=1}^{n} a_i + \sum_{i=1}^{n}\sum_{j=1}^{n} a_i a_j + \cdots \ge s_n.$$

Consequentemente

$$\prod_{n=1}^{\infty}(1 + a_n) \ge \sum_{n=1}^{\infty} a_n. \tag{12.76}$$

Se a soma infinita permanece finita, o produto infinito também permanecerá. Porém, se a soma infinita diverge, o produto infinito também irá divergir.

O caso $\prod(1 - a_n)$ é complicado pelos sinais negativos, mas uma prova semelhante para o precedente pode ser desenvolvida observando que para $a_n < \frac{1}{2}$,

$$(1 - a_n) \le (1 + a_n)^{-1} \text{ e } (1 - a_n) \ge (1 + 2a_n)^{-1}.$$

Exemplo 12.5.1   Convergência dos Produtos Infinitos para sen z e cos z

Esses produtos, desenvolvidos nas Equações (11.89) e (11.90), são

$$\operatorname{sen} z = z \prod_{n=1}^{\infty}\left(1 - \frac{z^2}{n^2\pi^2}\right), \quad \cos z = \prod_{n=1}^{\infty}\left(1 - \frac{z^2}{(n-1/2)^2\pi^2}\right). \tag{12.77}$$

A expansão de produto de sen z converge para todo z, porque, escrevendo os fatores como $(1 - a_n)$,

$$\sum_{n=1}^{\infty} a_n = \frac{z^2}{\pi^2} \sum_{n=1}^{\infty} n^{-2} = \frac{z^2}{\pi^2}\zeta(2) = \frac{z^2}{6},$$

um resultado convergente. Para a expansão de cos z, temos

$$\sum_{n=1}^{\infty} a_n = \frac{4z^2}{\pi^2} \sum_{n=1}^{\infty} (2n-1)^{-2} = \frac{4z^2}{\pi^2}\lambda(2) = \frac{z^2}{2},$$

também convergente para todo z. Porém, observe que, se z é grande, vários termos do produto deverão ser considerados antes que qualquer uma dessas séries se aproxime da convergência. Na verdade, o principal uso dessas séries é estabelecer resultados matemáticos, em vez de para trabalho numérico preciso na física. ∎

Encerramos esta seção com outro exemplo que ilustra uma técnica para trabalhar com produtos infinitos.

Exemplo 12.5.2   Um Produto Interessante

Queremos avaliar o produto infinito

$$P = \prod_{n=2}^{\infty} \left(1 - \frac{1}{n^2}\right).$$

Notamos que o produto que procuramos é equivalente a todo, exceto o primeiro, termo da expansão de produto de sen z com $z = \pi$ como dado na Equação (12.77). Na verdade, o primeiro termo ausente, que é zero, garante de que obteremos o resultado correto para senπ· Para z geral, movemos o primeiro termo (e o pré-fator z) para o lado esquerdo da fórmula do produto de sen z, alcançando

$$\frac{\text{sen}\, z}{z(1 - z^2/\pi^2)} = \prod_{n=2}^{\infty} \left(1 - \frac{z^2}{n^2\pi^2}\right).$$

Agora precisamos considerar os limites dos dois lados dessa equação como $z \to \pi$, aplicando a regra de L'Hôpital para avaliar o lado esquerdo e reconhecendo o lado direito como P. Assim,

$$P = \lim_{z \to \pi} \frac{\text{sen}\, z}{z(1 - z^2/\pi^2)} = \frac{\cos z}{1 - 3z^2/\pi^2}\bigg|_{z=\pi} = \frac{-1}{1-3} = +\frac{1}{2}.$$

∎

Exercícios

12.5.1   Utilizando

$$\ln \prod_{n=1}^{\infty}(1 \pm a_n) = \sum_{n=1}^{\infty} \ln(1 \pm a_n)$$

e a expansão de Maclaurin de ln $(1 \pm a_n)$, mostra que o produto infinito $\prod_{n=1}^{\infty}(1 \pm a_n)$ converge ou diverge com a série infinita $\prod_{n=1}^{\infty} a_n$.

12.5.2   Um produto infinito aparece na forma

$$\prod_{n=1}^{\infty} \left(\frac{1 + a/n}{1 + b/n}\right),$$

em que a e b são constantes. Mostre que esse produto infinito converge somente se $a = b$.

12.5.3   Mostre que as representações de produtos infinitos de sen x e cos x são consistentes com a identidade $2 \,\text{sen}\, x \cos x = \text{sen}\, 2x$.

12.5.4   Determine o limite para o qual $\prod_{n=2}^{\infty} \left(1 + \frac{(-1)^n}{n}\right)$ converge.

12.5.5   Mostre que $\prod_{n=2}^{\infty} \left[1 - \frac{2}{n(n+1)}\right] = \frac{1}{3}$.

12.5.6   Prove que $\prod_{n=2}^{\infty} \left(1 - \frac{1}{n^2}\right) = \frac{1}{2}$.

12.5.7   Verifique a identidade de Euler $\prod_{p=1}^{\infty}(1 + z^p) = \prod_{q=1}^{\infty}(1 - z^{2q-1})^{-1}$, $|z| < 1$.

12.5.8   Mostre que $\prod_{r=1}^{\infty}(1 + x/r)e^{-x/r}$ converge para todos os finitos x (exceto para os zeros de $1 + x/r$).

Dica: Escreva o n-ésimo fator como $1 + a_n$.

12.5.9 Derive a fórmula, válida para x pequeno,

$$\ln \operatorname{sen} x = \ln x + \sum a_n x^n,$$

dando a forma explícita para os coeficientes a_n.
Dica: $d(\ln \operatorname{sen} x)/dx = \cot x$.

12.5.10 Usando as representações dos produtos infinitos de sen z, mostre que

$$z \cot z = 1 - 2 \sum_{m,n=1}^{\infty} \left(\frac{z}{n\pi} \right)^{2m},$$

e, portanto, que os números de Bernoulli são dados pela fórmula

$$B_{2n} = (-1)^{n-1} \frac{2(2n)!}{(2\pi)^{2n}} \zeta(2n).$$

Isso é uma rota alternativa para a Equação (12.38).
Dica: O resultado do Exercício 12.5.9 será útil.

12.6 Séries Assintóticas

Séries assintóticas ocorrem frequentemente na física. De fato, uma das primeiras aproximações que continua importante da mecânica quântica, a **expansão WKB** (as iniciais são de seus criadores, Wenzel, Kramers e Brillouin), é uma série assintótica. Em cálculos numéricos, essas séries são utilizadas para o cálculo preciso de uma variedade de funções.

Consideramos aqui dois tipos de integrais que levam a séries assintóticas: primeiro, integrais da forma

$$I_1(x) = \int_x^{\infty} e^{-u} f(u) du,$$

em que a variável x aparece como o limite inferior de uma integral. Segundo, consideramos a forma

$$I_2(x) = \int_0^{\infty} e^{-u} f\left(\frac{u}{x}\right) du,$$

com a função f a ser expandida como uma série de Taylor (série binomial). Séries assintóticas ocorrem frequentemente como soluções das equações diferenciais; encontramos muitos exemplos nos capítulos posteriores deste livro.

Integral Exponencial

A natureza de uma série assintótica é talvez mais bem ilustrada por um exemplo específico. Suponha que temos a função integral exponencial[3]

$$\operatorname{Ei}(x) = \int_{-\infty}^{x} \frac{e^u}{u} du, \tag{12.78}$$

que achamos mais conveniente de escrever na forma

$$-\operatorname{Ei}(-x) = \int_x^{\infty} \frac{e^{-u}}{u} du = E_1(x), \tag{12.79}$$

---

[3]Essa função ocorre frequentemente em problemas astrofísicos envolvendo gás com uma distribuição de energia de Maxwell-Boltzmann.

a ser avaliada para valores grandes de x. Essa função tem a expansão de série que converge para todo x, ou seja,

$$E_1(x) = -\gamma - \ln x - \sum_{n=1}^{\infty} \frac{(-1)^n x^n}{nn!}, \tag{12.80}$$

que derivamos no Capítulo 13, mas a série é totalmente inútil para avaliação numérica quando x é grande. Precisamos de outra abordagem, para a qual é conveniente generalizar a Equação (12.79) para

$$I(x, p) = \int_x^{\infty} \frac{e^{-u}}{u^p} du, \tag{12.81}$$

em que restringimos a consideração a casos em que x e p são positivos. Como já foi dito, procuramos uma avaliação para valores grandes de x.

Integrando por partes, obtemos

$$I(x, p) = \frac{e^{-x}}{x^p} - p \int_x^{\infty} \frac{e^{-u}}{u^{p+1}} du = \frac{e^{-x}}{x^p} - \frac{pe^{-x}}{x^{p+1}} + p(p+1) \int_x^{\infty} \frac{e^{-u}}{u^{p+2}} du.$$

Continuando a integração por partes, desenvolvemos a série

$$I(x, p) = e^{-x} \left(\frac{1}{x^p} - \frac{p}{x^{p+1}} + \frac{p(p+1)}{x^{p+2}} - \cdots + (-1)^{n-1} \frac{(p+n-2)!}{(p-1)!x^{p+n-1}} \right)$$

$$+ (-1)^n \frac{(p+n-1)!}{(p-1)!} \int_x^{\infty} \frac{e^{-u}}{u^{p+n}} du. \tag{12.82}$$

Essa é uma série notável. Verificando a convergência pelo teste da razão de d'Alembert, encontramos

$$\lim_{n \to \infty} \frac{|u_{n+1}|}{|u_n|} = \lim_{n \to \infty} \frac{(p+n)!}{(p+n-1)!} \cdot \frac{1}{x} = \lim_{n \to \infty} \frac{p+n}{x} = \infty \tag{12.83}$$

para todos os valores finitos de x. Portanto, nossa série como uma série infinita diverge em todos os lugares! Antes de descartar a Equação (12.83) como inútil, vamos ver com que exatidão uma determinada soma parcial se aproxima da nossa função $I(x, p)$. Considerando s_n como a soma parcial da série ao longo dos termos n e R_n como o resto correspondente,

$$I(x, p) - s_n(x, p) = (-1)^{n+1} \frac{(p+n)!}{(p-1)!} \int_x^{\infty} \frac{e^{-u}}{u^{p+n+1}} du = R_n(x, p).$$

Em valor absoluto

$$|R_n(x, p)| \leq \frac{(p+n)!}{(p-1)!} \int_x^{\infty} \frac{e^{-u}}{u^{p+n+1}} du.$$

Ao substituir $u = v + x$, a integral se torna

$$\int_x^{\infty} \frac{e^{-u}}{u^{p+n+1}} du = e^{-x} \int_0^{\infty} \frac{e^{-v}}{(v+x)^{p+n+1}} dv$$

$$= \frac{e^{-x}}{x^{p+n+1}} \int_0^{\infty} e^{-v} \left(1 + \frac{v}{x} \right)^{-p-n-1} dv.$$

Para x grande a integral final se aproxima de 1 e

$$|R_n(x, p)| \approx \frac{(p + n)!}{(p - 1)!} \frac{e^{-x}}{x^{p+n+1}}. \tag{12.84}$$

Isso significa que considerarmos x suficientemente grande, nossa soma parcial s_n será uma aproximação arbitrariamente boa da função $I(x, p)$. Nossa série divergente, Equação (12.82), portanto, é perfeitamente boa para cálculos das somas parciais. Por essa razão ela é às vezes chamada **série semiconvergente**. Note que a potência de x no denominador do resto, ou seja, $p + n + 1$, é mais alta do que a potência de x no último termo incluído em $s_n(x, p)$, ou seja, $p + n$.

Assim, nossa série assintótica para $E_1(x)$ assume a forma

$$e^x E_1(x) = e^x \int_x^\infty \frac{e^{-u}}{u} du$$

$$\approx s_n(x) = \frac{1}{x} - \frac{1!}{x^2} + \frac{2!}{x^2} - \frac{3!}{x^4} + \cdots + (-1)^n \frac{n!}{x^{n+1}}, \tag{12.85}$$

em que devemos optar por encerrar a série depois de algum n.

Como o sinal do resto $R_n(x, p)$ se alterna, as somas parciais sucessivas dão limites alternadamente superiores e inferiores para $I(x, p)$. O comportamento da série (com $p = 1$) como uma função do número de termos incluídos é mostrado na Figura 12.2, em que representamos as somas parciais de $ex\, E_1(x)$ para o valor $x = 5$. A determinação ideal de $ex\, E_1(x)$ é dada pela abordagem mais próxima dos limites superior e inferior, isto é, para $x = 5$, entre $s_6 = 0,1664$ e $s_5 = 0,1741$. Portanto,

$$0,1664 \le e^x E_1(x)\Big|_{x=5} \le 0,1741. \tag{12.86}$$

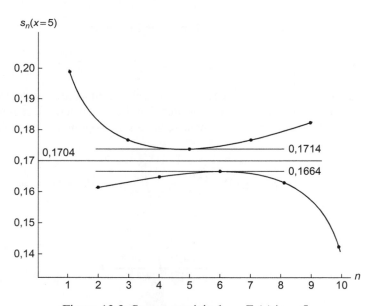

Figura 12.2: Somas parciais de $e_x E_1(x)\,|\,x = 5$.

Na verdade, a partir das tabelas,

$$e^x E_1(x)\Big|_{x=5} = 0,1704, \tag{12.87}$$

dentro dos limites estabelecidos pela nossa expansão assintótica. Note que a inclusão dos termos adicionais na expansão da série para além do ponto ideal reduz a precisão da representação. À medida que x aumenta, a diferença entre o limite mais baixo superior e limite mais alto inferior diminuirá. Considerando x suficientemente grande, podemos calcular $ex\,E_1(x)$ em qualquer grau desejado de precisão. Outras propriedades de $E_1(x)$ são derivadas e discutidas na Seção 13.6.

Integrais de Cosseno e Seno

Séries assintóticas também podem ser desenvolvidas a partir de integrais definidas, desde que o integrando tenha o comportamento exigido. Como um exemplo, as integrais de cosseno e seno (na Tabela 1.2 Tabela 1.2) são definidas por

$$\mathrm{Ci}(u) = -\int_u^\infty \frac{\cos t}{t}\,dt, \tag{12.88}$$

$$\mathrm{si}(u) = -\int_u^\infty \frac{\operatorname{sen} t}{t}\,dt. \tag{12.89}$$

Combinando-as, utilizando a fórmula para eit,

$$\mathrm{Ci}(u) + i\,\mathrm{si}(u) = -\int_u^\infty \frac{e^{-it}}{t}\,dt,$$

e então alterando a variável de integração de t para z, chegamos a

$$F(u) = \mathrm{Ci}(u) + i\,\mathrm{si}(u) = -e^{iu}\int_0^\infty \frac{e^{iz}dz}{u+z}. \tag{12.90}$$

Para outro processo $F(u)$, agora consideramos a integral de contorno

$$-e^{iu}\oint_C \frac{e^{iz}dz}{u+z},$$

em que o contorno C é mostrado na Figura 12.3. Uma vez que estamos interessados na avaliação para u grande positivo (e real), nosso integrando tem como sua única singularidade um polo no eixo real negativo, assim a região circundada pelo contorno é totalmente analítica e a integral de contorno, portanto, desaparece. O exponencial e o denominador fazem com que o arco no infinito (rotulado B) não contribuam para a integral de contorno, de modo que a integral que procuramos é obtida do segmento A e deve ser igual ao negativo da integral no segmento D. Portanto, temos

$$F(u) = -e^{iu}\int_0^\infty \frac{e^{-y}i\,dy}{u+iy}, \tag{12.91}$$

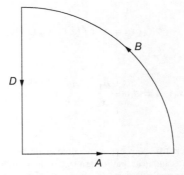

Figura 12.3: Contorno para integrais de seno e cosseno.

que já é útil uma vez que convertemos uma integral oscilatória em uma com um integrando monotonamente e exponencialmente decrescente. Para obter uma expansão assintótica, continuamos expandindo o denominador do integrando usando o teorema binomial, escrevendo

$$\frac{1}{u + iy} = \frac{1}{u}\left[1 - \frac{iy}{u} + \left(\frac{iy}{u}\right)^2 - \cdots\right].$$

Planejamos integrar em y de zero ao infinito, e a expansão proposta será divergente quando $y > u$, mas continuamos assim mesmo, porque os termos da série inicialmente diminuirão e serão satisfatórios como uma expansão assintótica. Formalmente, adotamos o ponto de vista de que estamos escrevendo $1/(u + iy)$ como uma série finita, mais um resto, e abandonaremos a expansão em ou antes do ponto em que o resto é um mínimo.

Inserindo a expansão e integrando termo a termo usando a fórmula

$$\int_0^\infty y^n e^{-y} dy = n!,$$

obtemos

$$F(u) \approx -\frac{ie^{iu}}{u}\left[1 - i\left(\frac{1!}{u}\right) - \left(\frac{2!}{u^2}\right) + i\left(\frac{3!}{u^3}\right) + \left(\frac{4!}{u^4}\right) - \cdots\right]. \tag{12.92}$$

Quanto ao nosso exemplo anterior, a integral exponencial, essa série divergirá para todo u, mas, se u é suficientemente grande, os termos inicialmente diminuirão para valores muito pequenos antes de aumentar novamente em direção à divergência.

Para passar da expansão de $F(u)$ para aquelas de Ci e si, precisamos separá-la em partes reais e imaginárias. Escrevendo $e^{iu} = \cos u + i\,\text{sen}\,u$ e, coletando os termos adequadamente, obtemos como as expansões assintóticas desejadas

$$\text{Ci}(u) \approx \frac{\text{sen}\,u}{u}\sum_{n=0}^{N}(-1)^n\frac{(2n)!}{u^{2n}} - \frac{\cos u}{u}\sum_{n=0}^{N}(-1)^n\frac{(2n+1)!}{u^{2n+1}}, \tag{12.93}$$

$$\text{si}(u) \approx -\frac{\cos u}{u}\sum_{n=0}^{N}(-1)^n\frac{(2n)!}{u^{2n}} - \frac{\text{sen}\,u}{u}\sum_{n=0}^{N}(-1)^n\frac{(2n+1)!}{u^{2n+1}}. \tag{12.94}$$

Definição das Séries Assintóticas

Poincaré introduziu uma definição formal para uma série assintótica.[4] Segundo Poincaré, consideramos uma função $f(x)$, cuja expansão assintótica buscamos, as somas parciais s_n em sua expansão, e os restos correspondentes $R_n(x)$. Embora a expansão não precise ser uma série de potências, supomos essa forma por simplicidade nessa discussão. Assim,

$$x^n R_n(x) = x^n[f(x) - s_n(x)], \tag{12.95}$$

onde

$$s_n(x) = a_0 + \frac{a_1}{x} + \frac{a_2}{x^2} + \cdots + \frac{a_n}{x^n}. \tag{12.96}$$

---

[4]A definição de Poincaré permite (ou despreza) funções exponencialmente decrescentes. O refinamento da sua definição é de suma importância para a teoria avançada das expansões assintóticas, particularmente para extensões no plano complexo. Entretanto, para propósitos de um tratamento introdutório, e especialmente para o cálculo numérico das expansões para as quais a variável é real e positiva, a abordagem de Poincaré é perfeitamente satisfatória.

A expansão assintótica de $f(x)$ é definida como tendo as propriedades que

$$\lim_{x\to\infty} x^n R_n(x) = 0, \quad \text{para } n \text{ fixo},$$
(12.97)

e

$$\lim_{n\to\infty} x^n R_n(x) = \infty, \quad \text{para } x \text{ fixo}.$$
(12.98)

Essas condições foram satisfeitas para nossos exemplos, Equações (12.85), (12.93) e (12.94).[5]

Para as séries de potências, como foi pressuposto na forma de $s_n(x)$, $R_n(x) \, \emptyset \, x^{-n-1}$. Com as condições de que as Equações (12.97) e (12.98) sejam satisfeitas, escrevemos

$$f(x) \sim \sum_{n=0}^{\infty} a_n x^{-n}.$$
(12.99)

Observe o uso do $\sim$ no lugar de $=$. A função $f(x)$ é igual à série somente no limite em que $x \to \infty$ e com a restrição de um número finito de termos na série.

Expansões assintóticas das duas funções podem ser multiplicadas, e o resultado será uma expansão assintótica do produto das duas funções. A expansão assintótica de uma dada função $f(t)$ pode ser integrada termo a termo (da mesma maneira como em uma série uniformemente convergente das funções contínuas) de $x \le t < \infty$, e o resultado será uma assintótica expansão de $\int_x^\infty f(t)\,dt$. Entretanto, a diferenciação termo a termo só é válida sob condições muito especiais.

Algumas funções não possuem uma expansão assintótica; e^x é um exemplo dessa função. Porém, se uma função tem uma expansão assintótica da forma de série de potências na Equação (12.99), ela tem apenas uma. A correspondência não de um para um; muitas funções podem ter a mesma expansão assintótica.

Um dos métodos mais úteis e poderosos de gerar expansões assintóticas, o método dos declínios mais acentuados, é desenvolvido na próxima seção deste texto.

Exercícios

12.6.1 Integrando por partes, desenvolva expansões assintóticas das integrais de Fresnel

(a) $C(x) = \int_0^x \cos \dfrac{\pi u^2}{2}\,du$

(b) $s(x) = \int_0^x \sin \dfrac{\pi u^2}{2}\,du.$

Essas integrais aparecem na análise de um padrão de difração em gume de faca.

12.6.2 Derive novamente as expansões assintóticas de $\mathrm{Ci}(x)$ e $\mathrm{si}(x)$ por meio de integração repetida por partes.

Dica: $\mathrm{Ci}(x) + i\,\mathrm{si}(x) = -\int_x^\infty \dfrac{e^{it}}{t}\,dt.$

12.6.3 Derive a expansão assintótica da função de erro de Gauss

$$\mathrm{erf}(x) = \frac{2}{\sqrt{\pi}} \int_0^x e^{-t^2}\,dt$$

$$\approx 1 - \frac{e^{-x^2}}{\sqrt{\pi}\,x}\left(1 - \frac{1}{2x^2} + \frac{1\cdot 3}{2^2 x^4} - \frac{1\cdot 3\cdot 5}{2^3 x^6} + \cdots + (-1)^n \frac{(2n-1)!!}{2^n x^{2n}}\right).$$

Dica: $\mathrm{erf}(x) = 1 - \mathrm{erfc}(x) = 1 - \dfrac{2}{\sqrt{\pi}} \int_x^\infty e^{-t^2}\,dt.$

---

[5]Alguns autores acham que a exigência da Equação (12.98), que exclui séries convergentes de potências inversas de x, é artificial e desnecessária.

Normalizada para que $\text{erf}(\infty) = 1$, essa função desempenha um papel importante na teoria das probabilidades. Ela pode ser expressa em termos das integrais de Fresnel (Exercício 12.6.1), das funções gama incompletas (Seção 13.6) ou das funções hipergeométricas confluentes (Seção 18.5).

12.6.4   As expressões assintóticas para as várias funções de Bessel, Seção 14.6, contêm a série

$$P_\nu(z) \sim 1 + \sum_{n=1}^{\infty}(-1)^n \frac{\prod_{s=1}^{2n}[4\nu^2 - (2s-1)^2]}{(2n)!(8z)^{2n}},$$

$$Q_\nu(z) \sim \sum_{n=1}^{\infty}(-1)^{n+1} \frac{\prod_{s=1}^{2n-1}[4\nu^2 - (2s-1)^2]}{(2n-1)!(8z)^{2n-1}}.$$

Mostre que essas duas séries são de fato uma série assintótica.

12.6.5   Para $x > 1$,

$$\frac{1}{1+x} = \sum_{n=0}^{\infty}(-1)^n \frac{1}{x^{n+1}}.$$

Teste essa série para ver se ela é uma série assintótica.

12.6.6   Derive a seguinte série assintótica dos números de Bernoulli para a constante de Euler-Mascheroni, definida na Equação (1.13):

$$\gamma \sim \sum_{s=1}^{n}s^{-1} - \ln n - \frac{1}{2n} + \sum_{k=1}^{\infty} \frac{B_{2k}}{(2k)n^{2k}}.$$

Aqui n desempenha o papel de x.

Dica: Aplique a fórmula de integração de Euler-Maclaurin a $f(x) = x^{-1}$ ao longo do intervalo $[1, n]$ para $n = 1, 2, \ldots$.

12.6.7   Desenvolva uma série assintótica para

$$\int_0^{\infty} \frac{e^{-xv}}{(1+v^2)^2}dv.$$

Considere x como sendo real e positivo.

$$RESPOSTA: \frac{1}{x} - \frac{2!}{x^3} + \frac{4!}{x^5} - \ldots + \frac{(-1)^n(2n)!}{x^{2n+1}}.$$

12.7   Método das Inclinações mais Acentuadas

Nesta seção, vamos considerar a situação que ocorre com frequência de que é necessário que o comportamento assintótico (para t grande, supostamente real) de uma função $f(t)$, em que

- $f(t)$ é representada por uma integral da forma genérica

$$f(t) = \int_C F(z, t)dz,$$

como $F(z, t)$ analítica em z, mas também parametricamente dependente de t;

- O caminho de integração C é, ou pode ser deformado para ser, de tal modo que para t grande a contribuição dominante para a integral surge de um intervalo pequeno de z na vizinhança do ponto z_0 em que $| F(z_0, t) |$ é um máximo **no caminho**;

- O caminho de integração atravessará z_0 na direção que provoca a diminuição mais rápida em $| F |$ na partida a partir de z_0 em qualquer direção ao longo do caminho (daí o nome **declínios mais acentuados**); e

- No limite de t grande a contribuição para a integral da vizinhança de z_0 se aproxima assintoticamente do valor exato de $f(t)$.

Embora as condições anteriores pareçam bastante restritivas, elas de fato podem ser satisfeitas para muitas das importantes funções especiais da física matemática, incluindo, entre outras, a função gama e várias funções de Bessel.

Pontos de Sela

O caminho de integração fornecido com a definição original de uma representação integral definindo uma função $f(t)$ não costuma satisfazer as condições descritas, e temos de considerar as características do integrando $F(z, t)$ que serão úteis para definir um caminho mais adequado que, mesmo que a formulação original seja inteiramente real, pode ser um contorno mais geral no plano complexo. Nós já sabemos (Exercício 11.2.2) que nem a parte real nem a imaginária de uma função analítica pode ter um extremo (um mínimo ou máximo) dentro da região da analiticidade, e o mesmo também é verdadeiro para seu módulo (esse resultado é o teorema de Jensen; ver Exercício 12.7.1). Para entender isso melhor, representaremos $F(z, t)$ (em uma região onde se presume ser diferente de zero) na forma

$$F(z, t) = e^{w(z,t)} = e^{u(z,t)+iv(z,t)}, \qquad (12.100)$$

onde u e v são as partes reais e imaginárias de uma função analítica w; essa representação permite identificar u como $\ln |F|$; o fato de que u não pode ter um extremo torna o teorema de Jensen óbvio.

Embora u não possa ter um extremo, ele pode ter um ponto de sela (um ponto em que $w' = 0$; então também $du/ds = 0$ para todas as direções ds, mas com derivadas mais altas que são positivas em algumas direções e negativas em outras (Figura 12.4). Examinaremos algumas características gerais de w e seu componente u e v na vizinhança de um ponto de sela de u, que designamos z_0. Procedemos expandindo $w(z, t)$ em uma série de Taylor sobre z_0.

Por causa de $w' = 0$ aí, os dois primeiros termos diferentes de zero da expansão são

$$w(z, t) = w(z_0, t) + \frac{w''(z_0, t)}{2!}(z - z_0)^2 + \cdots. \qquad (12.101)$$

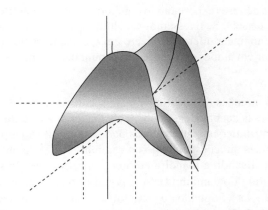

Figura 12.4: Ponto de sela de u ($= |F|$); ver Equação (12.100).

Pode ser que $w''(z_0, t) = 0$, mas essa possibilidade torna a análise mais complicada sem alterá-la de uma maneira fundamental, assim procedemos de acordo com o pressuposto de que $w''(z_0, t) \neq 0$. Usando as notações abreviadas $w_0 = w(z_0, t)$, $w''(z_0, t) = w_0''$, e introduzindo as formas polares $w_0'' = |w_0''|e^{i\alpha}$, $z - z_0 = re^{i\theta}$, a Equação (12.101) se torna

$$w(z, t) = w_0 + \frac{1}{2}|w_0''|e^{i(\alpha+2\theta)}r^2 + \cdots \qquad (12.102)$$

$$= w_0 + \frac{1}{2}|w_0''|r^2\Big[\cos(\alpha + 2\theta) + i\,\text{sen}(\alpha + 2\theta)\Big] + \cdots. \qquad (12.103)$$

Para referência futura, notamos que α é o **argumento** de $w''(z_0, t)$. Vemos que, em geral, em um ponto de sela, u (a parte real de w) aumentará mais rapidamente quando $\alpha + 2\theta = 2n\pi$, correspondendo às direções opostas $\theta = -\alpha/2$ e $\theta = -\alpha/2 + \pi$. Por outro lado, u diminuirá mais rapidamente quando $\alpha + 2\theta = (2n + 1)\pi$, isto é, $\theta = -\alpha/2 + (\frac{1}{2}\pi$ ou $\frac{3}{2}\pi)$, as duas direções perpendiculares àquelas do aumento máximo. E u permanecerá (para a segunda ordem) constante (as chamadas **linhas de nível**) nas direções $\theta = -\alpha/2 + (\frac{1}{4}\pi, \frac{3}{4}\pi, \frac{5}{4}\pi, \frac{7}{4}\pi)$. Ver o painel à esquerda da Figura 12.5.

O comportamento de v (a parte imaginária de w) será semelhante ao de u, mas deslocado em um ângulo de $45°$. As linhas de nível de v estarão nas direções $\theta = -\alpha_s + (0, \pi/2, \pi, 3\pi/2)$ e, portanto, coincidirá com as direções do aumento máximo ou diminuição em u. Ver o painel à direita da Figura 12.5.

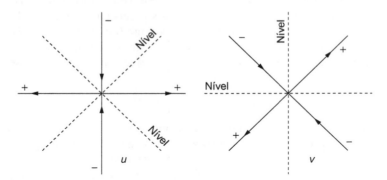

Figura 12.5: Perto de um ponto de sela em $w = u + iv$: quando as características de u estão na direção como a do painel à esquerda, aquelas de v são como mostrado no painel à direita. As setas indicam as direções ascendentes.

Estamos agora prontos para identificar um contorno ideal para avaliar a representação integral de $f(t)$, ou seja, uma que atravessa o ponto de sela z_0 nas direções da taxa máxima da diminuição em u com a distância de z_0 e, portanto, também em $|F|$. Essas direções têm a vantagem adicional de que são linhas de nível de v, de modo que o fator eiv não produzirá mudanças de fase (e, portanto, o comportamento oscilatório da instabilidade numérica) em F à medida que saímos do ponto de sela. Se tivéssemos escolhido z_0 para ser um ponto diferente do ponto de sela, a expansão de w conteria um termo linear diferente de zero em r, e não teria sido possível construir uma curva ao longo de z_0 que faria $|F|$ diminuir em ambas as direções do caminho, ou para manter a fase de F constante.

Método do Ponto de Sela

Agora que identificamos z_0 e as direções dos declínios mais acentuados em $|F(z, t)|$, completamos a especificação do método dos declínios mais acentuados, também chamados **método de ponto de sela** da aproximação assintótica, supondo que as contribuições significativas para a integral são a partir de um intervalo pequeno de $0 \le r \le a$ em cada uma das duas direções ao longo do caminho. Antes de obter um resultado final, temos de fazer mais uma observação. Analisando a maneira como o contorno teve de ser deformado para atravessar z_0, precisamos determinar o sentido do caminho (isto é, precisamos decidir se a direção do percurso está em $\theta = -\alpha / 2 + \frac{1}{2}\pi$ ou em $\theta = -\alpha / 2 + \frac{3}{2}\pi$). Supondo que isso foi decidido, podemos então identificar, para a parte do caminho em que descemos a partir de $F(z_0)$, $dz = ei^\theta dr$. A contribuição em que subimos a $F(z_0)$ terá o sinal oposto para dz, mas podemos lidar com isso simplesmente multiplicando a contribuição descendente por dois. Então, observando que $ei^{(a+2\theta)} = -1$, a aproximação a $f(t)$ é

$$f(t) \approx 2e^{w_0 + i\theta} \int\limits_0^a e^{-|w_0''|r^2/2} dr, \tag{12.104}$$

em que o "2" inicial provoca a inclusão da subida a z_0. Agora fazer a suposição de chave do método, ou seja, que $|w_0''|$, a medida da taxa de diminuição em $|F|$ à medida que saímos de z_0, é grande o suficiente para que a maior parte do valor da integral já tenha sido alcançada para a pequeno, e que a diminuição exponencial no valor do integrando permite substituir a por infinito sem cometer um erro significativo. Em problemas em que o método de ponto de sela é aplicável, essa condição é satisfeita quando t é suficientemente grande. Concluir esta análise lembrando que $ew^0 = F(z_0, t)$ e avaliando a integral para $a = \infty$, onde, comparar com a Equação (1.148), tem o valor $\sqrt{\pi / 2 |w_0''|}$. Obtemos

$$f(t) \approx F(z_0, t)e^{i\theta} \sqrt{\frac{2\pi}{|w''(z_0, t)|}}. \tag{12.105}$$

Lembramos ao leitor que

$$\theta = -\frac{\arg(w''(z_0, t))}{2} + \left(\frac{\pi}{2} \text{ or } \frac{3\pi}{2}\right), \tag{12.106}$$

com a escolha (que afeta apenas o sinal do resultado final) determinada a partir da ideia de que o contorno atravessa o ponto de sela z_0.

Às vezes é suficiente aplicar o método dos declínios mais acentuados apenas à parte que varia rapidamente de uma integral. Isso corresponde a supor que podemos fazer a aproximação

$$f(t) = \int_C g(z, t) F(z, t) dz \approx g(z_0, t) \int_C F(z, t) dz, \tag{12.107}$$

após a qual procedemos como antes. Note que isso faz com que g não seja considerado ao definir w ou w'', e nossa fórmula final é substituída por

$$f(t) \approx g(z_0, t) F(z_0, t) e^{i\theta} \sqrt{\frac{2\pi}{|w''(z_0, t)|}}. \tag{12.108}$$

Uma nota final de advertência: supomos que a única contribuição significativa para a integral veio da proximidade imediata do ponto de sela $z = z_0$. Essa condição deve ser verificada para cada novo problema.

Exemplo 12.7.1 FORMA ASSINTÓTICA DA FUNÇÃO GAMA

Em muitos problemas físicos, particularmente no campo da mecânica estatística, é desejável ter uma aproximação precisa da função gama ou fatorial dos números muito grandes. Como listado na Tabela 1.2, a função fatorial pode ser definida pela integral de Euler

$$t! = \Gamma(t + 1) = \int_0^\infty \rho^t e^{-\rho} d\rho = t^{t+1} \int_0^\infty e^{t(\ln z - z)} dz. \tag{12.109}$$

Aqui fizemos a substituição $\rho = zt$ a fim de converter a integral na forma dada na Equação (12.108). Como antes, supomos que t é real e positivo, do qual resulta que a integral desaparece nos limites 0 e ∞. Diferenciando o expoente, que chamamos $w(z, t)$, obtemos

$$\frac{dw}{dz} = t\frac{d}{dz}(\ln z - z) = \frac{t}{z} - t, \quad w'' = -\frac{t}{z^2},$$

que mostra que o ponto $z = 1$ é um ponto de sela e $\arg w''(1, t) = \arg(-t) = \pi$. Aplicando a Equação (12.106), vemos que a direção do percurso ao longo do ponto de sela é

$$\theta = -\frac{\arg w''}{2} + \left(\frac{\pi}{2} \text{ or } \frac{3\pi}{2}\right) = 0 \text{ or } \pi;$$

a escolha $\theta = 0$ é consistente com a deformação de um caminho que estava originalmente ao longo do eixo real. Na verdade, o que descobrimos é que a direção do declínio mais acentuado está ao longo do eixo real, uma conclusão que poderíamos ter alcançado mais ou menos intuitivamente.

Substituição direta na Equação (12.108) com $g = t^{t+1}$, $F = e^{-t}$, $\theta = 0$, e $|w''| = -t$ produz

$$t! = \Gamma(t + 1) \approx \sqrt{\frac{2\pi}{t}} t^{t+1} e^{-t} = \sqrt{2\pi} t^{t+1/2} e^{-t}. \tag{12.110}$$

Esse resultado é o termo dominante na expansão de Stirling da função gama. O método das descidas mais íngremes é provavelmente a maneira mais fácil de obter esse termo. Termos adicionais na expansão assintótica são desenvolvidos na Seção 13.4.

Nesse exemplo, o cálculo foi realizado assumindo que t é real. Essa suposição não é necessária. Podemos mostrar (Exercício 12.7.3) que a Equação (12.110) também é válida quando t é complexo, desde que seja exigido que sua parte real seja grande e positiva. ∎

Às vezes a aplicação do método de ponto de sela a uma integral real resulta em um contorno que atravessa um ponto de sela que não está no eixo real. Eis um exemplo relativamente simples. Um caso mais complicado de importância prática aparece no capítulo sobre funções de Bessel (ver Seção 14.6).

Exemplo 12.7.2   O Método de Ponto de Sela Evita Oscilações

Como um segundo exemplo do método dos declínios mais acentuados, considere a integral

$$H(t) = \int_{-\infty}^{\infty} \frac{e^{-t(z^2-1/4)}\cos tz}{1+z^2}\,dz, \tag{12.111}$$

que desejamos avaliar para t grande positivo. Quando t é grande, o integrando oscila muito rapidamente, e métodos de quadratura ordinários tornam-se mais difíceis. Procedemos dando a $H(t)$ uma forma adequada para aplicar o método de ponto de sela, substituindo $\cos tz$ por $\cos tz + i\,\mathrm{sen}\,tz = e^{i\,tz}$ (uma substituição que não muda o valor da integral porque nós adicionamos um termo ímpar ao integrando anteriormente par). Temos então

$$H(t) = \int_C g(z)e^{-t(z^2-iz-1/4)}\,dz, \tag{12.112}$$

com $g(z) = 1/(1+z^2)$. Essa forma corresponde a $w(z) = -t(z^2 - iz - \frac{1}{4})$, assim temos

$$w'(z) = -t(2z-i), \quad \text{que possui um zero em } z_0 = i/2. \tag{12.113}$$

Em seguida, em z_0, que é um ponto de sela,

$$w_0 = 0, \quad w''(z_0) = -2t, \quad g(z_0) = \frac{4}{3}. \tag{12.114}$$

Também precisamos da fase θ da direção do declínio mais acentuado. Notando que $\arg(w''(z^0)) = \pi$ e aplicando a Equação (12.106), encontramos $\theta = 0$ (ou π).

Agora estamos prontos para aplicar a Equação (12.108). O resultado é

$$H(t) \approx \frac{\sqrt{2\pi}(4/3)(e^0)}{|-2t|} = \frac{4}{3}\sqrt{\frac{\pi}{t}}. \tag{12.115}$$

Como uma verificação, comparamos essa fórmula aproximada para $H(t)$ com o resultado de uma integração numérica entediante: para $t = 100$, $H_{\text{exato}} = 0,23284$, e $H_{\text{sela}} = 0,23633$. ∎

Exercícios

Apresentamos aqui um número relativamente pequeno de exercícios do método dos declínios mais acentuados. Vários exercícios adicionais aparecem em outras partes deste livro, em particular na Seção 14.6, em que a técnica é aplicada às representações de integral de contorno das funções de Bessel.

12.7.1   Prove o teorema de Jensen (que $|F(z)|^2$ não pode ter nenhum extremo dentro de uma região na qual F é analítica) mostrando que o valor médio de $|F|^2$ em um círculo sobre qualquer ponto z_0 é igual a $|F(z_0)|^2$. Explique por que você, então, não pode concluir que aí não pode haver um extremo de $|F|$ em z_0.

12.7.2   Encontre o caminho mais acentuado e a expansão assintótica dominante para as integrais de Fresnel $\int_0^s \cos x^2\,dx, \int_0^s \mathrm{sen}\,x^2\,dx$.

   Dica: Use $\int_0^1 e^{itz^2}\,dz$.

12.7.3   Mostre que a fórmula

$$\Gamma(1+s) \approx \sqrt{2\pi s}\,s^s e^{-s}$$

é válida para valores complexos de s (com $\Re e(s)$ grande e positivo).

   Dica: Isso envolve atribuir uma fase a s e então exigir que $\Im m[s\,f(z)]$ seja constante na vizinhança do ponto de sela.

12.8 Relações de Dispersão

O conceito das relações de dispersão entrou na física com o trabalho de Kronig e Kramers sobre óptica. O nome **dispersão** vem da dispersão óptica, um resultado da dependência do índice de refração no comprimento de onda, ou frequência angular. Como veremos mais adiante, o índice de refração n pode ter uma parte real determinada pela velocidade de fase e uma parte imaginária (negativa) determinada pela absorção. Kronig e Kramers mostraram em 1926–1927 que a parte real $(n^2 - 1)$ poderia ser expressa como uma integral da parte imaginária. Generalizando isso, aplicamos o rótulo **relações de dispersão** a qualquer par de equações que dão a parte real de uma função como uma integral da sua parte imaginária e a parte imaginária como uma integral da sua parte real (desenvolvemos isso em mais detalhes a seguir). A existência dessas relações integrais pode ser suspeita como uma análoga integral das equações diferenciais de Cauchy-Riemann, Equação (11.9).

As aplicações na física moderna estão disseminadas. Por exemplo, a parte real da função pode descrever o espalhamento para a frente de um raio gama em um campo nuclear de Coulomb (um processo dispersivo). Em seguida, a parte imaginária descreveria a produção de pares de elétron e pósitron no mesmo campo de Coulomb (o processo de absorção). Como será visto mais adiante, as relações de dispersão podem ser consideradas como uma consequência da causalidade e, portanto, são independentes dos detalhes da interação específica.

Consideramos uma função complexa $f(z)$ que é analítica no semiplano superior e sobre o eixo real. Também exigimos que $f(z)$ se aproxime de zero para $|z|$ grande no semiplano superior de uma maneira suficientemente rápida para que sua integral ao longo da parte semicircular do contorno na Figura 12.6 seja desprezível. A questão dessas condições é que podemos expressar $f(z)$ pela fórmula integral de Cauchy, Equação (11.30), utilizando esse contorno, obtendo

$$f(z_0) = \frac{1}{2\pi i} \int_{-\infty}^{\infty} \frac{f(x)}{x - z_0} dx. \tag{12.116}$$

A integral sobre o contorno mostrado na Figura 12.6 tornou-se uma integral ao longo do eixo x.

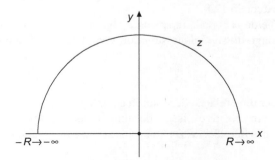

Figura 12.6: Contorno para a integral de dispersão.

A Equação (12.116) assume que z_0 está no semiplano superior, interno ao contorno fechado. Se z_0 estivesse no semiplano inferior, a integral produziria zero pelo teorema integral de Cauchy, Seção 11.3. Agora, se z_0 for movido na direção do eixo real (chamando-o então x_0) e atravessado por um semicírculo no sentido horário s no semiplano superior, a integral de contorno (que não conteria nenhuma singularidade) teria contribuições diferentes de zero correspondendo a um integral do valor principal de Cauchy **menos** metade da contribuição normal do polo em x_0, ou

$$0 = \oint \frac{f(x)}{x - x_0} dx + \int_s \frac{f(z)}{z - x_0} dz$$

$$= \oint \frac{f(x)}{x - x_0} dx - \pi i f(x_0),$$

equivalente à fórmula final

$$f(x_0) = \frac{1}{\pi i}\!\!\!\!\fint_{-\infty}^{\infty} \frac{f(x)}{x - x_0} dx. \tag{12.117}$$

Note que o sinal de corte de integral denota o valor principal de Cauchy. Dividir a Equação (12.117) em partes reais e imaginárias[6] produz

$$f(x_0) = u(x_0) + i v(x_0)$$

$$= \frac{1}{\pi}\!\!\!\fint_{-\infty}^{\infty} \frac{v(x)}{x - x_0} dx - \frac{i}{\pi}\!\!\!\fint_{-\infty}^{\infty} \frac{u(x)}{x - x_0} dx.$$

Por fim, comparando a parte real com a parte real e parte imaginária com a parte imaginária, obtemos

$$u(x_0) = \frac{1}{\pi}\!\!\!\fint_{-\infty}^{\infty} \frac{v(x)}{x - x_0} dx,$$

$$v(x_0) = -\frac{1}{\pi}\!\!\!\fint_{-\infty}^{\infty} \frac{u(x)}{x - x_0} dx. \tag{12.118}$$

Essas são as **relações de dispersão**. A parte real da nossa função complexa é expressa como uma integral sobre a parte imaginária. A parte imaginária é expressa como uma integral sobre a parte real. Alternativamente, a parte real pode ser chamada transformada integral da parte imaginária (e vice-versa); a transformada particular envolvida é conhecido como **transformada de Hilbert**, e notamos que (além de um sinal de menos), a transformada de Hilbert é sua própria inversa. Observe que essas relações só são significativas quando $f(x)$ é uma função complexa da variável real x. Compare o Exercício 12.8.1.

Do ponto de vista físico $u(x)$ e/ou $v(x)$ pode representar algumas medições físicas. Então $f(z) = u(z) + iv(z)$ é uma continuação analítica ao longo do semiplano superior, com o valor sobre o eixo real que serve como uma condição de contorno.

Relações de Simetria

Ocasionalmente $f(x)$ irá satisfazer uma relação de simetria e a integral de $-\infty$ a $+\infty$ pode ser substituída somente por uma integral ao longo de valores positivos. Isso é de suma importância para a física porque a variável x pode representar uma frequência e apenas frequências zero e positivas estão disponíveis para medições físicas. Suponha[7]

$$f(-x) = f^*(x). \tag{12.119}$$

Portanto

$$u(-x) + iv(-x) = u(x) - iv(x). \tag{12.120}$$

A parte real de $f(x)$ é par e a parte imaginária é ímpar.[8] Em problemas de espalhamento da mecânica quântica essas relações, Equação (12.120), são chamadas **condições de cruzamento**. Para explorar essas condições de cruzamento, reescrevemos a primeira das Equações (12.118) como

$$u(x_0) = \frac{1}{\pi}\!\!\!\fint_{-\infty}^{0} \frac{v(x)}{x - x_0} dx + \frac{1}{\pi}\!\!\!\fint_{0}^{\infty} \frac{v(x)}{x - x_0} dx. \tag{12.121}$$

---

[6]O segundo argumento, $y = 0$, é descartado: $u(x_0,0) \to u(x_0)$.

[7]Isso não é apenas uma curiosidade. Isso garante que a transformada de Fourier de $f(x)$ será real. Ou, inversamente, a Equação (12.119) é uma consequência quando $f(x)$ é obtida como a transformada de Fourier de uma função real.

[8]$u(x, 0) = u(-x, 0)$, $v(x, 0) = -v(-x, 0)$. Compare essas condições de simetria com aquelas que se seguem do princípio de reflexão de Schwarz, Seção 11.10.

Deixando $x \to -x$ na primeira integral no lado direito da Equação (12.121) e substituindo $v(-x) = -v(x)$ da Equação (12.120), obtemos

$$u(x_0) = \frac{1}{\pi}\!\!\!\!\int\limits_{0}^{\infty}\!\!\!\! v(x)\left(\frac{1}{x + x_0} + \frac{1}{x - x_0}\right)dx$$

$$= \frac{2}{\pi}\!\!\!\!\int\limits_{0}^{\infty}\!\!\!\! \frac{xv(x)}{x^2 - x_0^2}dx. \tag{12.122}$$

Similarmente,

$$v(x_0) = -\frac{2}{\pi}\!\!\!\!\int\limits_{0}^{\infty}\!\!\!\! \frac{x_0 u(x)}{x^2 - x_0^2}dx. \tag{12.123}$$

As relações de dispersão óptica originais de Kronig-Kramers foram apresentadas nessa forma. O comportamento assintótico ($x_0 \to \infty$) das Equações (12.122) e (12.123) levam às **regras de soma** da mecânica quântica (Exercício 12.8.4).

Dispersão Óptica

A função $\exp[i\,(kx - \omega t)]$ pode descrever uma onda eletromagnética se movendo ao longo do eixo x na direção positiva com velocidade $v = \omega / k$; ω é a frequência angular, k o número de onda ou vetor de propagação, e $n = ck/\omega$, o índice de refração. Das equações de Maxwell com permissividade elétrica ε e unidade de permeabilidade magnética, e usando a lei de Ohm com condutividade σ, o vetor de propagação k para um dielétrico torna-se[9]

$$k^2 = \varepsilon\frac{\omega^2}{c^2}\left(1 + i\frac{4\pi\sigma}{\omega\varepsilon}\right). \tag{12.124}$$

A presença da condutividade (que significa absorção) faz k^2 ter uma parte imaginária. O vetor de propagação k (e, portanto, o índice de refração n) tornou-se complexo.

Para baixa condutividade ($4\pi\sigma/\omega\varepsilon \ll 1$) uma expansão binomial produz

$$k = \sqrt{\varepsilon}\frac{\omega}{c} + i\frac{2\pi\sigma}{c\sqrt{\varepsilon}}$$

e

$$e^{i(kx - \omega t)} = e^{i\omega(x\sqrt{\varepsilon}/c - t)}e^{-2\pi\sigma x/c\sqrt{\varepsilon}},$$

uma onda atenuada.

Voltando à expressão geral para k^2, Equação (12.124), verificamos que o índice de refração se torna

$$n^2 = \frac{c^2 k^2}{\omega^2} = \varepsilon + i\frac{4\pi\sigma}{\omega}. \tag{12.125}$$

Consideramos n^2 como uma função da variável **complexa** ω (com ε e σ dependendo de ω).

---

[9]Ver J. D. Jackson, *Classical Electrodynamics*, 3ª ed. Nova York:: Wiley (1999), Seções 7.7 e 7.10. A Equação (12.124) é em unidades de Gauss.

Entretanto, n^2 não desaparece como $\omega \to \infty$, mas em vez disso se aproxima da unidade. Ela, portanto, não satisfaz a condição necessária para uma relação de dispersão, mas essa dificuldade pode ser contornada trabalhando com $f(\omega) = n^2(\omega) - 1$. As relações de Kronig-Kramers assumem então a forma

$$\Re e[n^2(\omega_0) - 1] = \frac{2}{\pi} \int_0^\infty \frac{\omega \Im m[n^2(\omega) - 1]}{\omega^2 - \omega_0^2} d\omega,$$

$$\Im m[n^2(\omega_0) - 1] = -\frac{2}{\pi} \int_0^\infty \frac{\omega_0 \Re e[n^2(\omega) - 1]}{\omega^2 - \omega_0^2} d\omega. \tag{12.126}$$

O conhecimento do coeficiente de absorção em todas as frequências especifica a parte real do índice de refração, e vice-versa.

A Relação de Parseval

Quando as funções $u(x)$ e $v(x)$ são transformadas de Hilbert entre si, dadas pela Equação (12.118), e cada uma é quadrada integrável,[10] as duas funções satisfazem a condição de dimensionamento

$$\int_{-\infty}^\infty |u(x)|^2 dx = \int_{-\infty}^\infty |v(x)|^2 dx. \tag{12.127}$$

Essa é a relação de Parseval.

Para derivar a Equação (12.127), começamos com

$$\int_{-\infty}^\infty |u(x)|^2 dx = \int_{-\infty}^\infty dx \left[\frac{1}{\pi} \int_{-\infty}^\infty \frac{v(s)ds}{s - x} \right] \left[\frac{1}{\pi} \int_{-\infty}^\infty \frac{v(t)dt}{t - x} \right],$$

usando a fórmula para $u(x)$ da Equação (12.118) duas vezes. Integrando primeiro em relação a x, temos

$$\int_{-\infty}^\infty |u(x)|^2 dx = \int_{-\infty}^\infty v(s)ds \int_{-\infty}^\infty v(t)dt \frac{1}{\pi^2} \int_{-\infty}^\infty \frac{dx}{(s - x)(t - x)}, \tag{12.128}$$

onde ambos os limites do valor principal nas singularidades do integrando agora devem ser considerados para a integração x. Como mostrado no Exercício 12.8.8, essa integração gera uma função delta:[11]

$$\frac{1}{\pi^2} \int_{-\infty}^\infty \frac{dx}{(s - x)(t - x)} = \delta(s - t).$$

Assim,

$$\int_{-\infty}^\infty |u(x)|^2 dx = \int_{-\infty}^\infty v(t)dt \int_{-\infty}^\infty v(s)\delta(s - t)ds. \tag{12.129}$$

Em seguida, a integração x é executada por inspeção, utilizando a propriedade que define a função delta:

$$\int_{-\infty}^\infty v(s)\delta(s - t)ds = v(t). \tag{12.130}$$

---

[10] Isso significa que $\int_{-\infty}^\infty |u(x)|^2 \, dx$ e $\int_{-\infty}^\infty |v(x)|^2 \, dx$ são finitas.

[11] Note que quando $s = t$, o integrando tem o mesmo sinal (para ε pequeno) em $x = s - \varepsilon$ e em $x = s + \varepsilon$, assim limite que define o valor principal então não existe. A singularidade na integração é a que é necessária para representar uma função delta.

Substituindo a Equação (12.130) na Equação (12.129), temos a Equação (12.127), a relação de Parseval.

Mais uma vez, em termos da óptica, a presença de refração ao longo de algum intervalo de frequência ($n \neq 1$) implica a existência da absorção, e vice-versa.

Exercícios

12.8.1 Suponha que a função $f(z)$ satisfaz as condições para as relações de dispersão. Além disso, suponha que $f(z) = f^*(z^*)$, isto é, que ela atende as condições do princípio de reflexão de Schwarz, Equação (11.127). Mostre que $f(z)$ é identicamente zero.

12.8.2 Para $f(z)$ de tal modo que podemos substituir o contorno fechado da fórmula integral de Cauchy por uma integral sobre o eixo real temos

$$f(x_0) = \frac{1}{2\pi i} \left\{ \int_{-\infty}^{x_0-\delta} \frac{f(x)}{x-x_0} dx + \int_{x_0+\delta}^{\infty} \frac{f(x)}{x-x_0} dx \right\} + \frac{1}{2\pi i} \int_C \frac{f(x)}{x-x_0} dx.$$

Aqui consideramos C como sendo um pequeno semicírculo sobre x^0 no semiplano inferior. Mostre que a fórmula para $f(x_0)$ se reduz a

$$f(x_0) = \frac{1}{\pi i} \int_{-\infty}^{\infty} \frac{f(x)}{x-x_0} dx,$$

que é a Equação (12.117).

12.8.3 (a) A função $f(Z) = e^{iz}$ não desaparece nas extremidades do intervalo de arg z, a e π. Mostre, com a ajuda do lema de Jordan, Equação (11.102), que a Equação (12.116) ainda é válida.

(b) Para $f(z) = e^{iz}$ verifique por integração direta as relações de dispersão, Equação (12.117) ou Equações (12.118).

12.8.4 Com $f(x) = u(x) + iv(x)$ e $f(x) = f^*(-x)$, mostre que como $x^0 \to \infty$,

(a) $u(x_0) \sim -\dfrac{2}{\pi x_0^2} \displaystyle\int_0^{\infty} x v(x)\, dx,$

(b) $v(x_0) \sim \dfrac{2}{\pi x_0} \displaystyle\int_0^{\infty} u(x)\, dx.$

Na mecânica quântica, relações dessa forma são frequentemente chamadas **regras de soma**.

12.8.5 (a) Dada a equação integral (válida para todo x_0 real)

$$\frac{1}{1+x_0^2} = \frac{1}{\pi} \int_{-\infty}^{\infty} \frac{u(x)}{x-x_0} dx,$$

use as transformadas de Hilbert para determinar $u(x_0)$.

(b) Verifique que $u(x_0)$ encontrada como sua resposta à parte (a) realmente satisfaz a equação integral.

(c) A partir de $f(z)|_{y=0} = u(x) + iv(x)$, substitua x por z e determine $f(z)$. Verifique que as condições para as transformadas de Hilbert estão satisfeitas.

(d) As condições de cruzamento estão satisfeitas?

RESPOSTA: (a) $u(x_0) = \dfrac{x_0}{1+x_0^2}$,, (c) $f(z) = (z+i)^{-1}$.

12.8.6 (a) Se a parte real do índice complexo da refração (elevada ao quadrado) é constante (nenhuma dispersão óptica), mostre que a parte imaginária é zero (nenhuma absorção).

(b) Por outro lado, se há absorção, mostre que deve haver dispersão. Em outras palavras, se a parte imaginária de $n^2 - 1$ é não zero, mostre que a parte real de $n^2 - 1$ não é constante.

12.8.7   Dado $u(x) = x/(x^2 + 1)$ e $v(x) = -1/(x^2 + 1)$, mostre por avaliação direta de cada integral que

$$\int_{-\infty}^{\infty} |u(x)|^2 dx = \int_{-\infty}^{\infty} |v(x)|^2 dx.$$

RESPOSTA: $\int_{-\infty}^{\infty} |u(x)|^2\, dx = \int_{-\infty}^{\infty} |v(x)|^2\, dx = \dfrac{\pi}{2}.$

12.8.8   Considere $u(x) = \delta(x)$, uma função delta, e **suponha** que as equações da transformada de Hilbert são válidas.

(a)   Mostre que

$$\delta(w) = \frac{1}{\pi^2} \unicode{x2A0F}_{-\infty}^{\infty} \frac{dy}{y(y-w)}.$$

(b)   Com as mudanças das variáveis $w = s - t$ e $x = s - y$, transforme a representação δ da parte (a) em

$$\delta(s-t) = \frac{1}{\pi^2} \unicode{x2A0F}_{-\infty}^{\infty} \frac{dx}{(x-s)(x-t)}.$$

Nota: A função δ é discutida na Seção 1.11.

Leituras Adicionais

Abramowitz, M., e I. A. Stegun, eds., *Handbook of Mathematical Functions with Formulas, Graphs, and Mathematical Tables* (AMS-55). Washington, DC: National Bureau of Standards (1972). Nova tiragem, Dover (1974).

Lewin, L., *Polylogarithms and Associated Functions*. Nova York: North-Holland (1981). Esse é um recurso definitivo para o dilogaritmo e suas generalizações até a data de publicação. É claro e não mais difícil do que o necessário.

McBride, E. B., *Obtaining Generating Functions*. Nova York: Springer-Verlag (1971). Uma introdução aos métodos para obter funções geradoras, tanto para os conjuntos de funções decorrentes das EDOs quanto para aquelas que não são.

Nussenzveig, H. M., *Causality and Dispersion Relations*, Mathematics in Science and Engineering Series, Vol. 95. Nova York: Academic Press (1972). Esse é um texto avançado abrangendo as relações de causalidade e dispersão no primeiro capítulo e então passando para o desenvolvimento de implicações em uma variedade de áreas da física teórica.

Talman, J. D., *Special Functions*. Nova York: W. A. Benjamin (1968). Desenvolve a teoria de algumas funções especiais que usam as propriedades teóricas subjacentes de grupos, incluindo a apresentação das funções geradoras.

Wyld, H. W., *Mathematical Methods for Physics*. Reading, MA: Benjamin/Cummings (1976), Perseus Books (1999). Esse é um texto relativamente avançado que contém uma discussão extensa das relações de dispersão.

13

Função Gama

A função gama provavelmente é a função especial que ocorre com mais frequência na discussão dos problemas na física. Para valores inteiros, como a função fatorial, ela aparece em cada expansão de Taylor. Como veremos mais tarde, ela também ocorre com frequência com argumentos semi-inteiros, e é necessária para valores não inteiros gerais na expansão de muitas funções, por exemplo, funções de Bessel de ordem de não inteiro.

Foi mostrado que a função gama é uma das funções uma classe geral de funções que não satisfaçam qualquer equação diferencial com coeficientes racionais. Especificamente, a função gama é uma das poucas funções de física matemática que não satisfazem a equação hipergeométrica diferencial (Seção 18.5) nem a equação hipergeométrica confluente (Seção 18.6). Como a maioria das teorias da física envolve quantidades regidas por equações diferenciais, a função gama (por si só) não costuma descrever uma quantidade física de interesse, mas tende a aparecer como um fator em expansões das quantidades fisicamente relevantes.

13.1 Definições, Propriedades

Pelo menos três definições convenientes diferentes da função gama são de uso comum. Nossa primeira tarefa é estabelecer essas definições, desenvolver algumas consequências simples e diretas e mostrar a equivalência das três formas.

Limite Infinito (Euler)

A primeira definição, em homenagem a Euler, é

$$\Gamma(z) \equiv \lim_{n \to \infty} \frac{1 \cdot 2 \cdot 3 \cdots n}{z(z+1)(z+2)\cdots(z+n)} n^z, \quad z \neq 0, -1, -2, -3, \ldots. \tag{13.1}$$

Essa definição de $\Gamma(z)$ é útil para desenvolver a forma do produto infinito de Weierstrass da $\Gamma(z)$, Equação (13.16), e para obter a derivada de $\ln\Gamma(z)$ (Seção 13.2). Aqui e em outras partes deste capítulo, z pode ser real ou complexo. Substituindo z por $z + 1$, temos

$$\Gamma(z+1) = \lim_{n \to \infty} \frac{1 \cdot 2 \cdot 3 \cdots n}{(z+1)(z+2)(z+3)\cdots(z+n+1)} n^{z+1}$$

$$= \lim_{n \to \infty} \frac{nz}{z+n+1} \cdot \frac{1 \cdot 2 \cdot 3 \cdots n}{z(z+1)(z+2)\cdots(z+n)} n^z$$

$$= z\Gamma(z). \tag{13.2}$$

Essa é a relação funcional básica para a função gama. Devemos observar que ela é uma equação de **recorrência**. Além disso, a partir da definição,

$$\Gamma(1) = \lim_{n \to \infty} \frac{1 \cdot 2 \cdot 3 \cdots n}{1 \cdot 2 \cdot 3 \cdots n(n+1)} n = 1. \tag{13.3}$$

Agora, a aplicação repetida da Equação (13.2) dá

$$\Gamma(2) = 1,$$

$$\Gamma(3) = 2\,\Gamma(2) = 2,$$

$$\Gamma(4) = 3\,\Gamma(3) = 2 \cdot 3, \quad \text{etc.,}$$

assim

$$\Gamma(n) = 1 \cdot 2 \cdot 3 \cdots (n-1) = (n-1)!. \tag{13.4}$$

Integral Definida (Euler)

A segunda definição, também frequentemente chamada de integral de Euler, e já apresentada na Tabela 1.2, é

$$\Gamma(z) \equiv \int_0^\infty e^{-t} t^{z-1} dt, \quad \Re e(z) > 0. \tag{13.5}$$

A restrição em z é necessária para evitar a divergência da integral. Quando a função gama aparece em problemas da física, muitas vezes é nessa forma ou alguma variação, como

$$\Gamma(z) = 2 \int_0^\infty e^{-t^2} t^{2z-1} dt, \quad \Re e(z) > 0, \tag{13.6}$$

ou

$$\Gamma(z) = \int_0^1 \left[\ln\left(\frac{1}{t}\right) \right]^{z-1} dt, \quad \Re e(z) > 0. \tag{13.7}$$

Quando $z = \frac{1}{2}$, a Equação (13.6) é apenas o erro da integral de Gauss e, comparando com a Equação (1.148), temos o resultado interessante

$$\Gamma\left(\frac{1}{2}\right) = \sqrt{\pi}. \tag{13.8}$$

Generalizações da Equação (13.6), as integrais de Gauss, são consideradas no Exercício 13.1.10.

Para mostrar a equivalência entre essas duas definições, Equações (13.1) e (13.5), considere a função de duas variáveis

$$F(z, n) = \int_0^n \left(1 - \frac{t}{n}\right)^n t^{z-1} dt, \quad \Re e(z) > 0, \tag{13.9}$$

com n um inteiro positivo. Essa forma foi escolhida porque a exponencial tem a definição

$$\lim_{n \to \infty} \left(1 - \frac{t}{n}\right)^n \equiv e^{-t}. \tag{13.10}$$

Inserindo a Equação (13.10) na Equação (13.9), vemos que o limite n infinito de $F(z, n)$ corresponde a $\Gamma(z)$ como dado pela Equação (13.5):

$$\lim_{n \to \infty} F(z, n) = F(z, \infty) = \int_0^\infty e^{-t} t^{z-1} dt \equiv \Gamma(z). \tag{13.11}$$

Nossa tarefa agora é identificar esse limite também com a Equação (13.1).

Voltando a $F(z, n)$, nós a avaliamos executando integrações sucessivas por partes. Por conveniência, fazemos a substituição $u = t/n$. Então

$$F(z, n) = n^z \int_0^1 (1 - u)^n u^{z-1} \, du. \tag{13.12}$$

A primeira integração por partes produz

$$\frac{F(z, n)}{n^z} = (1 - u)^n \frac{u^z}{z} \Big|_0^1 + \frac{n}{z} \int_0^1 (1 - u)^{n-1} u^z \, du \, ; \tag{13.13}$$

observe que (porque $z \neq 0$) a parte integrada desaparece nas duas extremidades. Repetindo isso n vezes, com a parte integrada desaparecendo nas duas extremidades de cada vez, por fim obtemos

$$F(z, n) = n^z \frac{n(n-1)\cdots 1}{z(z+1)\cdots(z+n-1)} \int_0^1 u^{z+n-1} \, du$$

$$= \frac{1 \cdot 2 \cdot 3 \cdots n}{z(z+1)(z+2)\cdots(z+n)} n^z. \tag{13.14}$$

Isso é idêntico à expressão do lado direito da Equação (13.1). Consequentemente

$$\lim_{n \to \infty} F(z, n) = F(z, \infty) \equiv \Gamma(z),$$

em que $\Gamma(x)$ está na forma dada pela Equação (13.1), completando assim a prova.

Produto Infinito (Weierstrass)

A terceira definição (forma de Weierstrass) é o produto infinito

$$\frac{1}{\Gamma(z)} \equiv z e^{\gamma z} \prod_{n=1}^{\infty} \left(1 + \frac{z}{n}\right) e^{-z/n}, \tag{13.15}$$

em que γ é a constante de Euler-Mascheroni

$$\gamma = 0,5772156619\cdots, \tag{13.16}$$

que foi introduzida como um limite na Equação (1.13). A existência do limite foi o tema do Exercício 1.2.13.

Essa forma de produto infinito é útil para provar várias propriedades de $\Gamma(z)$. Ela pode ser derivada da definição original, a Equação (13.1), reescrevendo-a como

$$\Gamma(z) = \lim_{n \to \infty} \frac{1 \cdot 2 \cdot 3 \cdots n}{z(z+1)\cdots(z+n)} n^z = \lim_{n \to \infty} \frac{1}{z} \prod_{m=1}^{n} \left(1 + \frac{z}{m}\right)^{-1} n^z. \tag{13.17}$$

Considerando o recíproco da Equação (13.17) e usando

$$n^{-z} = e^{(-\ln n)z}, \tag{13.18}$$

nós obtemos

$$\frac{1}{\Gamma(z)} = z \lim_{n \to \infty} e^{(-\ln n)z} \prod_{m=1}^{n} \left(1 + \frac{z}{m}\right). \tag{13.19}$$

Multiplicando e dividindo o lado direito da Equação (13.19) por

$$\exp\left[\left(1 + \frac{1}{2} + \frac{1}{3} + \cdots + \frac{1}{n}\right) z\right] = \prod_{m=1}^{n} e^{z/m}, \tag{13.20}$$

obtemos

$$\frac{1}{\Gamma(z)} = z \left\{ \lim_{n \to \infty} \exp\left[\left(1 + \frac{1}{2} + \frac{1}{3} + \cdots + \frac{1}{n} - \ln n \right) z \right] \right\}$$

$$\times \left[\lim_{n \to \infty} \prod_{m=1}^{n} \left(1 + \frac{z}{m} \right) e^{-z/m} \right]. \tag{13.21}$$

Comparando com a Equação (1.13), vemos que a quantidade entre parênteses no expoente se aproxima como um limite da constante de Euler-Mascheroni, confirmando assim a Equação (13.15).

Relações Funcionais

Na Equação (13.2) e já obtivemos a relação funcional mais importante para a função gama,

$$\Gamma(z + 1) = z\,\Gamma(z). \tag{13.22}$$

Vista como uma função de valor complexo, essa fórmula permite a extensão para z negativo dos valores obtidos por meio de avaliação numérica da representação integral, Equação (13.5). Embora a fórmula de limite de Euler já informe diz que $\Gamma(z)$ é uma função analítica para todo z exceto $0, -1, \ldots$, a extrapolação passo a passo a partir do integral é uma abordagem numérica mais eficiente.

A função gama satisfaz várias outras relações funcionais, das quais uma das mais interessantes é a **fórmula de reflexão**,

$$\Gamma(z)\Gamma(1 - z) = \frac{\pi}{\sin z\pi}. \tag{13.23}$$

Essa relação conecta (para não inteiros z) valores de $\Gamma(z)$, que estão relacionados pela reflexão sobre a linha $z = 1/2$.

Uma maneira de provar a fórmula de reflexão é a partir do produto das integrais de Euler,

$$\Gamma(z + 1)\Gamma(1 - z) = \int_0^\infty s^z e^{-s}\, ds \int_0^\infty t^{-z} e^{-t}\, dt$$

$$= \int_0^\infty \frac{v^z\, dv}{(v + 1)^2} \int_0^\infty u\, e^{-u}\, du. \tag{13.24}$$

Ao obter a segunda linha da Equação (13.24) que transformamos a partir das variáveis s, t em $u = s + t$, $v = s/t$, como sugerido pela combinação das exponenciais e potências nos integrandos. Também foi necessário inserir o jacobiano dessa transformação,

$$J^{-1} = - \begin{vmatrix} 1 & 1 \\ \dfrac{1}{t} & -\dfrac{s}{t^2} \end{vmatrix} = \frac{s + t}{t^2} = \frac{(v + 1)^2}{u}\,;$$

a substituição final se torna evidente se observarmos que $v + 1 = u/t$.

Voltando à Equação (13.24), a integração u é elementar, sendo igual a 1!, enquanto a integração v pode ser avaliada por métodos de integração de contorno; tema do Exercício 11.8.20, e tem o valor

$$\int_0^\infty \frac{v^z\, dv}{(v + 1)^2} = \frac{\pi z}{\sin \pi z}. \tag{13.25}$$

Usando esses resultados, e depois substituindo $\Gamma(z + 1)$ na Equação (13.24) por $z\Gamma(z)$ e cancelamento z dos dois lados da equação resultante, completamos a demonstração da Equação (13.23).

Um caso especial da Equação (13.23) resulta se definirmos $z = 1/2$. Então (tirando a raiz quadrada positiva), obtemos

$$\Gamma\left(\tfrac{1}{2}\right) = \sqrt{\pi}, \tag{13.26}$$

de acordo com a Equação (13.8).

Outra relação funcional é a **fórmula de duplicação de Legendre**,

$$\Gamma(1 + z)\,\Gamma\left(z + \frac{1}{2}\right) = 2^{-2z}\sqrt{\pi}\ \Gamma(2z + 1), \tag{13.27}$$

que provaremos para z geral na Seção 13.3. Porém, é instrutivo prová-la agora valores para inteiros de z. Supondo que z é um inteiro não negativo n, começamos a prova escrevendo $\Gamma(n + 1) = n!$, $\Gamma(2n + 1) = (2n)!$ e

$$\Gamma\left(n + \frac{1}{2}\right) = \Gamma\left(\frac{1}{2}\right) \cdot \left[\frac{1}{2} \cdot \frac{3}{2} \cdots \frac{2n-1}{2}\right] = \sqrt{\pi}\ \frac{1 \cdot 3 \cdots (2n-1)}{2^n} = \sqrt{\pi}\ \frac{(2n-1)!!}{2^n}, \tag{13.28}$$

em que usamos a Equação (13.26) e a notação fatorial dupla introduzida pela primeira vez nas Equações (1.75) e (1.76). A notação fatorial dupla é usada com frequência suficiente em aplicações da física e é essencial conhecê-la um pouco, ela será utilizada daqui para frente sem comentários. Fazendo uma outra observação de que $n! = 2^{-n}(2n)!!$, a Equação (13.27) segue diretamente.

Aliás, chamamos atenção para o fato de que funções gama com argumentos semi-inteiros aparecem frequentemente em problemas da física, e a Equação (13.28) mostra como escrevê-los na forma fechada.

Propriedades Analíticas

A definição de Weierstrass mostra de maneira imediata que $\Gamma(z)$ tem polos simples em $z = 0, -1, -2, -3, \ldots$ e que $[\Gamma(z)]^{-1}$ não tem polos no plano complexo finito, o que significa que $\Gamma(z)$ não tem zeros. Esse comportamento também pode ser visto na Equação (13.23), se observarmos que $\pi/(\text{sen}\,\pi z)$ nunca é igual a zero. Uma representação de $\Gamma(z)$ para z real é mostrada na Figura 13.1.

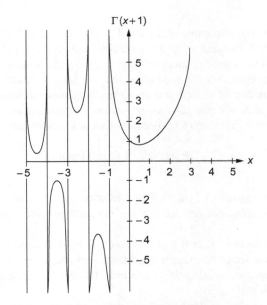

Figura 13.1: Função gama $\Gamma(x + 1)$ para x real.

Observamos mudanças no sinal para cada intervalo unitário de z negativo, que $\Gamma(1) = \Gamma(2) = 1$, e que a função gama tem um mínimo entre $z = 1$ e $z = 2$, em $z_0 = 0{,}46143\ldots$, com $\Gamma(z_0) = 0{,}88560\ldots$ Os resíduos R_n nos polos $z = -n$ (n um inteiro ≥ 0) são

$$R_n = \lim_{\varepsilon \to 0}\left(\varepsilon\,\Gamma(-n + \varepsilon)\right) = \lim_{\varepsilon \to 0}\frac{\varepsilon\,\Gamma(-n + 1 + \varepsilon)}{-n + \varepsilon} = \lim_{\varepsilon \to 0}\frac{\varepsilon\,\Gamma(-n + 2 + \varepsilon)}{(-n + \varepsilon)(-n + 1 + \varepsilon)}$$

$$= \lim_{\varepsilon \to 0}\frac{\varepsilon\,\Gamma(1 + \varepsilon)}{(-n + \varepsilon)\cdots(\varepsilon)} = \frac{(-1)^n}{n!}, \tag{13.29}$$

mostrando os resíduos mudaram de sinal, com aquele em $z = -n$ tendo grandeza $1/n!$.

Integral de Schlaefli

Uma representação da integral de contorno da função gama que será útil para desenvolver séries assintóticas para as funções de Bessel é a **integral de Schlaefli**

$$\int_C e^{-t} t^{\nu} \, dt = (e^{2\pi i \nu} - 1) \, \Gamma(\nu + 1), \tag{13.30}$$

em que C é o contorno mostrado na Figura 13.2. Essa representação da integral de contorno só é útil quando ν não é um inteiro. Para ν inteiro, o integrando é uma função inteira; ambos os lados da Equação (13.30) desaparecem e ela não gera nenhuma informação. Entretanto, para ν não inteiro, $t = 0$ é um ponto de ramificação do integrando e o lado direito da Equação (13.30) é então avaliado para um resultado diferente de zero. Observe que, ao contrário das representações de contorno que vimos nos capítulos anteriores, esse contorno é aberto; não podemos fechá-lo em $z = + \infty$ por causa do corte de ramificação, nem podemos fechá-lo com um grande círculo como e^{-t} torna-se infinito no limite de t grande negativo.

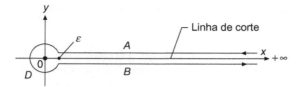

Figura 13.2: Contorno da função gama.

Para verificar a Equação (13.30), passamos (para $\nu + 1 > 0$) para a avaliação das contribuições das várias partes do caminho de integração. A integral de ∞ a $+ \varepsilon$ no eixo real produz $-\Gamma(\Gamma + 1)$, escolhendo $\arg(z) = 0$. A integral de $+ \nu$ a (no quarto quadrante) produz então $e^{2\pi i \nu} \Gamma(\nu + 1)$, o argumento de z que aumentou para 2π. Como o círculo em torno da origem não contribui em nada quando $\nu > -1$, o resultado é a Equação (13.30). Agora que essa equação está estabelecida, podemos deformar o contorno da maneira desejada (desde que o corte e o ponto de ramificação sejam evitados), uma vez que não existem outras singularidades que devemos evitar.

Muitas vezes é conveniente dar à Equação (13.30) uma forma mais simétrica

$$\int_C e^{-t} t^{\nu} \, dt = 2i e^{i\nu\pi} \Gamma(\nu + 1) \, \operatorname{sen}(\nu\pi), \tag{13.31}$$

em que C pode ser o contorno da Figura 13.2 ou qualquer deformação dele que circunda a origem, não atravessa o corte ramificação, e começa e termina em quaisquer pontos respectivamente acima e abaixo do corte para o qual $x = + \infty$.

Essa análise estabelece as Equações (13.30) e (13.31) para $\nu > -1$. Entretanto, notamos que a integral para $\nu < -1$ existe desde que fiquemos longe da origem e, portanto, permanece válida para todos não inteiros. O que descobrimos é que essa representação da integral de contorno fornece uma continuação analítica da integral de Euler, Equação (13.5), para todos não inteiros ν

Notação Fatorial

Nossa discussão da função gama foi apresentada em termos da notação clássica, que foi introduzida pela primeira vez por Legendre. Em uma tentativa de fazer uma correspondência mais próxima com a notação fatorial (tradicionalmente usada para inteiros), e para simplificar a representação da integral de Euler da função gama, Equação (13.5), alguns autores optam por usar a notação $z!$ como sinônimo de $\Gamma(z + 1)$ mesmo quando z tem um valor arbitrário complexo. Ocasionalmente até mesmo encontramos a notação de Gauss, $\prod(x)$, para a função fatorial:

$$\prod(z) = z! = \Gamma(z + 1).$$

Nem a fatorial (para argumentos não inteiros), nem a notação de Gauss são atualmente defendidas pela maioria dos pesquisadores sérios, e nós não vamos usá-las neste livro.

Exemplo 13.1.1 Distribuição de Maxwell-Boltzmann

Na mecânica estatística clássica, um estado de energia E é ocupado, de acordo com a equação das estatísticas de Maxwell-Boltzmann, com uma probabilidade proporcional a $e^{-E/kT}$, onde k é a constante de Boltzmann e T é a temperatura absoluta; é comum definir $\beta = 1/kT$ e escrever a probabilidade da ocupação de um estado de energia E como $p(E) = Ce^{-\beta E}$. Se o número de estados em um pequeno intervalo de energia dE na energia E é dado, usando uma função de distribuição de densidade $n(E)$, como $n(E)\,dE$, então a probabilidade total dos estados na energia E assume a forma $C\,n(E)\,e^{-\beta E}\,dE$. Sob essas condições, a probabilidade total de ocupação em **qualquer** estado (ou seja, unidade) deve ser

$$1 = \int n(E)\,e^{-\beta E}\,dE, \tag{13.32}$$

o que permite definir a **constante de normalização** C, e a energia média $\langle E \rangle$ desse sistema clássico será

$$\langle E \rangle = C \int E\,n(E)\,e^{-\beta E}\,dE. \tag{13.33}$$

Para um gás ideal sem estrutura, pode ser demonstrado que $n(E)$ é proporcional a $E^{1/2}$, com E, a energia cinética da molécula de gás, no intervalo $(0, \infty)$. Então, podemos encontrar C de

$$1 = C \int_0^\infty E^{1/2}\,e^{-\beta E}\,dE = C\,\frac{\Gamma(\frac{3}{2})}{\beta^{3/2}} = C\,\frac{\sqrt{\pi}}{2\beta^{3/2}}, \quad \text{or} \quad C = \frac{2\beta^{3/2}}{\sqrt{\pi}},$$

e

$$\langle E \rangle = C \int_0^\infty E^{3/2}\,e^{-\beta E}\,dE = C\,\frac{\Gamma(\frac{5}{2})}{\beta^{5/2}} = \left(\frac{2\beta^{3/2}}{\sqrt{\pi}}\right)\frac{\sqrt{\pi}}{\beta^{5/2}}\left(\frac{1}{2}\cdot\frac{3}{2}\right) = \frac{3}{2}\,kT,$$

o valor conhecido da energia cinética média por molécula para um gás clássico sem estrutura na temperatura T.

Na teoria das probabilidades, a distribuição aqui utilizada é conhecida como **distribuição gama**; ela é discutida no Capítulo 23. ∎

Exercícios

13.1.1 Derive as relações de recorrência

$$\Gamma(z+1) = z\Gamma(z)$$

da integral de Euler, Equação (13.5),

$$\Gamma(z) = \int_0^\infty e^{-t}t^{z-1}dt.$$

13.1.2 Em uma solução de série de potências para as funções de segundo tipo de Legendre, descobrimos a expressão

$$\frac{(n+1)(n+2)(n+3)\cdots(n+2s-1)(n+2s)}{2\cdot4\cdot6\cdot8\cdots(2s-2)(2s)\cdot(2n+3)(2n+5)(2n+7)\cdots(2n+2s+1)},$$

em que s é um inteiro positivo.
(a) Reescreva essa expressão em termos dos fatoriais.
(b) Reescreva essa expressão utilizando os símbolos de Pochhammer (Equação 1.72).

13.1.3   Mostre que $\Gamma(z)$ pode ser escrito

$$\Gamma(z) = 2 \int_0^\infty e^{-t^2} t^{2z-1} \, dt, \quad \Re e(z) > 0,$$

$$\Gamma(z) = \int_0^1 \left[\ln\left(\frac{1}{t}\right) \right]^{z-1} dt, \quad \Re e(z) > 0.$$

13.1.4   Em uma distribuição de Maxwell a fração das partículas de massa m com velocidade entre v e $v + dv$ é

$$\frac{dN}{N} = 4\pi \left(\frac{m}{2\pi kT}\right)^{3/2} \exp\left(-\frac{mv^2}{2kT}\right) v^2 \, dv,$$

onde N é o número total de partículas, k é a constante de Boltzmann e T é a temperatura absoluta. O valor médio ou esperado de v^n é definido como $\langle v^n \rangle = N^{-1} \int v^n \, dN$. Mostre que

$$\langle v^n \rangle = \left(\frac{2kT}{m}\right)^{n/2} \frac{\Gamma(\frac{n+3}{2})}{\Gamma(\frac{3}{2})}.$$

Essa é uma extensão do Exemplo 13.1.1, em que a distribuição estava na energia cinética $E = mv^2/2$, com $dE = mv \, dv$.

13.1.5   Transformando a integral em uma função gama, mostre que

$$-\int_0^1 x^k \ln x \, dx = \frac{1}{(k+1)^2}, \quad k > -1.$$

13.1.6   Mostre que

$$\int_0^\infty e^{-x^4} dx = \Gamma\left(\frac{5}{4}\right).$$

13.1.7   Mostre que

$$\lim_{x \to 0} \frac{\Gamma(ax)}{\Gamma(x)} = \frac{1}{a}.$$

13.1.8   Localize os polos de $\Gamma(z)$. Mostre que eles são polos simples e determine os resíduos.

13.1.9   Mostre que a equação $\Gamma(x) = k$, $k \neq 0$, tem um número infinito de raízes reais.

13.1.10   Mostre que, para inteiro s,

(a) $\displaystyle\int_0^\infty x^{2s+1} \exp(-ax^2) \, dx = \frac{s!}{2a^{s+1}}.$

(b) $\displaystyle\int_0^\infty x^{2s} \exp(-ax^2) \, dx = \frac{\Gamma(s+\frac{1}{2})}{2a^{s+1/2}} = \frac{(2s-1)!!}{2^{s+1}a^s}\sqrt{\frac{\pi}{a}}.$

Essas integrais de Gauss são de grande importância na mecânica estatística.

13.1.11   Expresse ao coeficiente do n-ésimo termo da expansão de $(1 + x)^{1/2}$ em potências de x
(a)   em termos dos fatoriais dos números inteiros,
(b)   em termos das funções fatoriais duplas (!!).

$$RESPOSTA\!: \quad a_n = (-1)^{n+1} \frac{(2n-3)!}{2^{2n-2} n!(n-2)!} = (-1)^{n+1} \frac{(2n-3)!!}{(2n)!!}, \quad n = 2, 3, \ldots.$$

13.1.12 Expresse o coeficiente do n-ésimo termo da expansão de $(1 + x)^{-1/2}$ em potências de x

(a) em termos dos fatoriais dos números inteiros,

(b) em termos das funções fatoriais duplas (!!).

$$RESPOSTA:\ a_n = (-1)^n \frac{(2n)!}{2^{2n}(n!)^2} = (-1)^n \frac{(2n-1)!!}{(2n)!!}, n = 1, 2, 3, \ldots.$$

13.1.13 O polinômio de Legendre P_n pode ser escrito como

$$P_n(\cos\theta) = 2\frac{(2n-1)!!}{(2n)!!} \left\{ \cos n\theta + \frac{1}{1} \cdot \frac{n}{2n-1} \cos(n-2)\theta \right.$$

$$+ \frac{1 \cdot 3}{1 \cdot 2} \frac{n(n-1)}{(2n-1)(2n-3)} \cos(n-4)\theta$$

$$\left. + \frac{1 \cdot 3 \cdot 5}{1 \cdot 2 \cdot 3} \frac{n(n-1)(n-2)}{(2n-1)(2n-3)(2n-5)} \cos(n-6)\theta + \cdots \right\}.$$

Seja $n = 2s + 1$. Então essa equação pode ser escrita

$$P_n(\cos\theta) = P_{2s+1}(\cos\theta) = \sum_{m=0}^{s} a_m \cos(2m+1)\theta.$$

Encontre a_m em termos dos fatoriais e fatoriais duplos.

13.1.14 (a) Mostre que $\Gamma(\frac{1}{2} - n)\Gamma(\frac{1}{2} + n) = (-1)^n \pi$, onde n é um inteiro.

(b) Expresse $\Gamma(\frac{1}{2} + n)$ e $\Gamma(\frac{1}{2} - n)$ separadamente em termos de $\pi^{1/2}$ e uma função fatorial dupla.

$$RESPOSTA:\ \Gamma(\tfrac{1}{2} + n) = \frac{(2n-1)!!}{2n} \pi^{1/2}.$$

13.1.15 Mostre que se $\Gamma(x + iy) = u + iv$, então $\Gamma(x - iy) = u - iv$.

Esse é um caso especial do princípio reflexão do Schwarz, Seção 11.10.

13.1.16 Prove que $|\Gamma(\alpha + i\beta)| = |\Gamma(\alpha)| \prod_{n=0}^{\infty} \left[1 + \frac{\beta^2}{(\alpha + n)^2} \right]^{-1/2}$.

Essa equação foi útil nos cálculos da teoria da degradação beta.

13.1.17 Mostre que para n, um inteiro positivo,

$$|\Gamma(n + ib + 1)| = \left(\frac{\pi b}{\operatorname{senh} \pi b} \right)^{1/2} \prod_{s=1}^{n} (s^2 + b^2)^{1/2}.$$

13.1.18 Mostre que para todos os valores reais de x e y, $|\Gamma(x)| \geq |\Gamma(x + iy)|$.

13.1.19 Mostre que $|\Gamma(\frac{1}{2} + iy)|^2 = \frac{\pi}{\cosh \pi y}$.

13.1.20 A densidade da probabilidade associada à distribuição normal das estatísticas é dada por

$$f(x) = \frac{1}{\sigma(2\pi)^{1/2}} \exp\left[-\frac{(x-\mu)^2}{2\sigma^2} \right],$$

com $(-\infty, \infty)$ para o intervalo de x. Mostre que

(a) $\langle x \rangle$, o valor médio de x, é igual a μ,

(b) o desvio padrão $(\langle x^2 \rangle - \langle x \rangle^2)^{1/2}$ é dado por σ.

13.1.21   Para a distribuição gama

$$f(x) = \begin{cases} \dfrac{1}{\beta^\alpha \, \Gamma(\alpha)} \, x^{\alpha-1} e^{-x/\beta}, & x > 0, \\[2mm] 0, & x \le 0, \end{cases}$$

mostre que o
(a) $\langle x \rangle$, o valor médio de x, é igual a $\alpha\beta$,
(b) σ^2, sua variância, definida como $\langle x^2 \rangle - \langle x \rangle^2$, tem o valor $\alpha\beta^2$.

13.1.22   A função de onda de uma partícula dispersa por um potencial de Coulomb é $\psi(r,\theta)$ Dado que na origem da função de onda se torna

$$\psi(0) = e^{-\pi\gamma/2} \, \Gamma(1 + i\gamma),$$

onde $\gamma > 0$ é um parâmetro adimensional, mostre que

$$|\psi(0)|^2 = \frac{2\pi\gamma}{e^{2\pi\gamma} - 1}.$$

13.1.23   Derive a representação de integral de contorno da Equação (13.31),

$$2i\,\Gamma(\nu + 1)\,\mathrm{sen}\,\nu\pi = \int_C e^{-t}(-t)^\nu \, dt.$$

13.2   Funções Digama e Poligama

Função Digama

Como podemos observar das três definições na Seção 13.1, é inconveniente lidar com as derivadas da função gama diretamente. É mais produtivo considerar o logaritmo natural da função gama como dado pela Equação (13.1), convertendo assim o produto em uma soma, e então para diferenciar. Os resultados mais úteis são obtidos se começarmos com $\Gamma(z + 1)$:

$$\Gamma(z + 1) = z\Gamma(z) = \lim_{n \to \infty} \frac{n!}{(z + 1)(z + 2)\cdots(z + n)} n^z, \tag{13.34}$$

$$\ln\Gamma(z + 1) = \lim_{n \to \infty} \Big[\ln(n!) + z\ln n - \ln(z + 1) \\ - \ln(z + 2) - \cdots - \ln(z + n) \Big], \tag{13.35}$$

em que o logaritmo do limite é igual ao limite do logaritmo. Diferenciando em relação a z, obtemos

$$\frac{d}{dz}\ln\Gamma(z + 1) \equiv \psi(z + 1) = \lim_{n \to \infty}\left(\ln n - \frac{1}{z + 1} - \frac{1}{z + 2} - \cdots - \frac{1}{z + n} \right), \tag{13.36}$$

que define $\psi(z + 1)$, a **função digama**. Observe que essa definição também corresponde a

$$\psi(z + 1) = \frac{[\Gamma(z + 1)]'}{\Gamma(z + 1)}. \tag{13.37}$$

Para dar à Equação (13.36) uma forma melhor, somamos e subtraímos o número harmônico

$$H_n = \sum_{m=1}^{n} \frac{1}{m},$$

obtendo assim

$$\psi(z+1) = \lim_{n \to \infty} \left[(\ln n - H_n) - \sum_{m=1}^{n} \left(\frac{1}{z+m} - \frac{1}{m} \right) \right]$$

$$= -\gamma + \sum_{m=1}^{\infty} \frac{z}{m(m+z)}. \tag{13.38}$$

Agora organizamos as contribuições de uma maneira que faz com que cada grupo de termos se aproxime de um limite finito como $n \to \infty$: em que o limite $\ln n - H_n$ tornou-se (menos) a constante de Euler-Mascheroni, definida na Equação (1.13), e o somatório é convergente.

Definindo $z = 0$, encontramos[1]

$$\psi(1) = -\gamma = -0{,}577\ 215\ 664\ 901 \cdots. \tag{13.39}$$

Para o inteiro $n > 0$, a Equação (13.38) se reduz a uma forma que é boa para revelar sua estrutura, mas menos desejável para o cálculo real:

$$\psi(n+1) = -\gamma + H_n = -\gamma + \sum_{m=1}^{n} \frac{1}{m}. \tag{13.40}$$

Função Poligama

A função digama pode ser diferenciada repetidamente, dando origem à função poligama:

$$\psi^{(m)}(z+1) \equiv \frac{d^{m+1}}{dz^{m+1}} \ln \Gamma(z+1)$$

$$= (-1)^{m+1} m! \sum_{n=1}^{\infty} \frac{1}{(z+n)^{m+1}}, \quad m = 1, 2, 3, \ldots. \tag{13.41}$$

Representações de $\Gamma(x)$, $\psi(x)$, e $\psi'(x)$ são apresentadas na Figura 13.3.

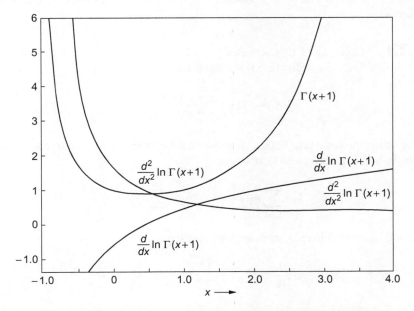

Figura 13.3: Função gama e suas duas primeiras derivadas logarítmicas.

---

[1]γ foi calculado para 1271 casas decimais por D.E. Knuth, *Math.Comput.* **16**: 275 (1962), e para 3.566 casas decimais por D.W. Sweeney, *ibid.***17**: 170 (1963). Pode ser de interesse que a fração 228/395 dá γ preciso para seis casas decimais.

Se definimos $z = 0$ na Equação (13.41), a série nessa equação é aquela que define a função zeta de Riemann,[2]

$$\zeta(m) \equiv \sum_{n=1}^{\infty} \frac{1}{n^m},\tag{13.42}$$

e temos

$$\psi^{(m)}(1) = (-1)^{m+1} m!\, \zeta(m+1), \quad m = 1, 2, 3, \dots.\tag{13.43}$$

Os valores das funções poligama do argumento integral positivo, $\psi^{(m)}(n+1)$, podem ser calculados recursivamente (Exercício 13.2.8).

Expansão de Maclaurin

Agora é possível escrever uma expansão de Maclaurin para $\ln \Gamma(z+1)$:

$$\ln \Gamma(z+1) = \sum_{n=1}^{\infty} \frac{z^n}{n!}\, \psi^{(n-1)}(1) = -\gamma z + \sum_{n=2}^{\infty} (-1)^n \frac{z^n}{n}\, \zeta(n).\tag{13.44}$$

Essa expansão é convergente para $|z| < 1$; para $z = x$, o intervalo é $-1 < x \leq 1$. Formas alternativas dessa série aparecem no Exercício 13.2.2. A Equação (13.44) é um possível meio de calcular $\Gamma(z+1)$ para z real ou complexo, mas série de Stirling (Seção 13.4) geralmente é melhor e, além disso, uma excelente tabela dos valores da função gama para argumentos complexos com base na utilização da série de Stirling e a relação funcional, Equação (13.22), agora está disponível.[3]

Somatório de Séries

As funções digama e poligama também podem ser usadas para somar séries. Se o termo geral da série tem a forma de uma fração racional (com a maior potência do índice no numerador sendo pelo menos dois menos do que a potência mais alta do índice no denominador), ele pode ser transformado pelo método das frações parciais (Equação 1.83). Essa transformação permite que a série infinita seja expressa como uma soma finita das funções digama e poligama. A utilidade desse método depende da disponibilidade das tabelas das funções digama e poligama. Essas tabelas e exemplos da série de somatórios são dados em AMS–55, Capítulo 6 (ver a referência em Leituras Adicionais).

Exemplo 13.2.1   CONSTANTE DE CATALAN

A constante de Catalan $\beta(2)$, Equação (12.65), é dada por

$$K = \beta(2) = \sum_{k=0}^{\infty} \frac{(-1)^k}{(2k+1)^2}.$$

Agrupando os termos positivos e negativos e separadamente e começando com o índice unitário, para corresponder com a forma de $\psi^{(1)}$, Equação (13.41), obtemos

$$K = 1 + \sum_{n=1}^{\infty} \frac{1}{(4n+1)^2} - \frac{1}{9} - \sum_{n=1}^{\infty} \frac{1}{(4n+3)^2}.$$

Agora, identificando os somatórios nos termos de $\psi^{(1)}$, obtemos

$$K = \frac{8}{9} + \frac{1}{16}\, \psi^{(1)}\left(1 + \frac{1}{4}\right) - \frac{1}{16}\, \psi^{(1)}\left(1 + \frac{3}{4}\right).$$

---

[2]Para $z \neq 0$ essa série foi utilizada para definir uma generalização de $\zeta(m)$ conhecida como **função zeta de Hurwitz**.

[3]*Table of the Gamma Function for Complex Arguments*, Applied Mathematics Series No. 34. Washington, DC: National Bureau of Standards (1954).

Utilizando os valores de $\psi^{(1)}$ da Tabela 6.1 de AMS–55 (ver a referência em Leituras Adicionais), obtemos

$$K = 0{,}91596559\ldots.$$

Compare esse cálculo da constante de Catalan com aqueles realizadas nos capítulos anteriores (Exercícios 1.1.12 e 12.4.4). ∎

Exercícios

13.2.1   Para valores "pequenos" de x,

$$\ln \Gamma(x + 1) = -\gamma x + \sum_{n=2}^{\infty} (-1)^n \frac{\zeta(n)}{n} x^n,$$

em que γ é a constante de Euler-Mascheroni e $\zeta(n)$ a função zeta de Riemann. Para quais valores de x essa série converge?

RESPOSTA: $-1 < x \leq 1$.

Observe que se $x = 1$, obtemos

$$\gamma = \sum_{n=2}^{\infty} (-1)^n \frac{\zeta(n)}{n},$$

uma série para a constante de Euler-Mascheroni. A convergência dessa série é extremamente lenta. Para o cálculo real de γ, outras abordagens, indiretas, são bem mais superiores (ver Exercício 12.3.2).

13.2.2   Mostre que a expansão de série de $\ln\Gamma(x + 1)$ (Exercício 13.2.1) pode ser escrita como

(a) $\ln \Gamma(x + 1) = \dfrac{1}{2}\ln\left(\dfrac{\pi x}{\operatorname{sen} \pi x}\right) - \gamma x - \displaystyle\sum_{n=1}^{\infty} \frac{\zeta(2n+1)}{2n+1} x^{2n+1},$

(b) $\ln \Gamma(x + 1) = \dfrac{1}{2}\ln\left(\dfrac{\pi x}{\operatorname{sen} \pi x}\right) - \dfrac{1}{2}\ln\left(\dfrac{1+x}{1-x}\right) + (1-\gamma)x$
$\qquad\qquad - \displaystyle\sum_{n=1}^{\infty} \left[\zeta(2n+1) - 1\right]\frac{x^{2n+1}}{2n+1}.$

Determine o intervalo de convergência de cada uma dessas expressões.

13.2.3   Verifique que para n, um inteiro positivo, as seguintes duas formas da função digama são iguais entre si:

$$\psi(n + 1) = \sum_{j=1}^{n} \frac{1}{j} - \gamma \quad \text{e} \quad \psi(n + 1) = \sum_{j=1}^{\infty} \frac{n}{j(n + j)} - \gamma.$$

13.2.4   Mostre que $\psi(z + 1)$ tem a expansão de série

$$\psi(z + 1) = -\gamma + \sum_{n=2}^{\infty} (-1)^n \zeta(n)\, z^{n-1}.$$

13.2.5   Para uma expansão de série de potências de $\ln \Gamma(z + 1)$, AMS–55 (ver a referência em Leituras Adicionais) lista

$$\ln \Gamma(z + 1) = -\ln(1 + z) + z(1 - \gamma) + \sum_{n=2}^{\infty} (-1)^n \left[\zeta(n) - 1\right] \frac{z^n}{n}.$$

(a) Mostre que isso está de acordo com a Equação (13.44) para $|z| < 1$.

(b) Qual é o intervalo de convergência dessa nova expressão?

13.2.6   Mostre que

$$\frac{1}{2} \ln \left(\frac{\pi z}{\operatorname{sen} \pi z} \right) = \sum_{n=1}^{\infty} \frac{\zeta(2n)}{2n} z^{2n}, \quad |z| < 1.$$

Dica: Use as Equações (13.23) e (13.35).

13.2.7   Escreva uma definição de produto infinito de Weierstrass para $\ln \Gamma(z + 1)$. Sem diferenciar, mostre que isso leva diretamente à expansão de Maclaurin de $\ln \Gamma(z + 1)$, Equação (13.44).

13.2.8   Derive a relação de recorrência para a função poligama,

$$\psi^{(m)}(z + 2) = \psi^{(m)}(z + 1) + (-1)^m \frac{m!}{(z + 1)^{m+1}}, \quad m = 0, 1, 2, \ldots.$$

13.2.9   O símbolo de Pochhammer $(a)_n$ é definido (pela integral n) como

$$(a)_n = a(a + 1) \cdots (a + n - 1), \quad (a)_0 = 1.$$

(a) Expresse $(a)_n$ em termos dos fatoriais.

(b) Encontre $(d/da)(a)_n$ em termos de $(a)_n$ e funções digama.

$$RESPOSTA: \frac{d}{da}(a)_n = (a)_n [\psi(a+n) - \psi(a)].$$

(c) Mostre que

$$(a)_{n+k} = (a + n)_k \cdot (a)_n.$$

13.2.10   Verifique os seguintes valores especiais da forma das funções digama e poligama:

$$\psi(1) = -\gamma, \quad \psi^{(1)}(1) = \zeta(2), \quad \psi^{(2)}(1) = -2\zeta(3).$$

13.2.11   Verifique:

(a) $\displaystyle \int_0^\infty e^{-r} \ln r \, dr = -\gamma.$

(b) $\displaystyle \int_0^\infty r e^{-r} \ln r \, dr = 1 - \gamma.$

(c) $\displaystyle \int_0^\infty r^n e^{-r} \ln r \, dr = (n-1)! + n \int_0^\infty r^{n-1} e^{-r} \ln r \, dr, \quad n = 1, 2, 3, \ldots.$

Dica: Esses podem ser verificados por meio de integração por partes, ou diferenciando a fórmula integral de Euler para $\Gamma(n + 1)$ em relação a n.

13.2.12   Funções de onda relativísticas de Dirac para o hidrogênio envolvem fatores como $\Gamma[2(1 - \alpha^2 Z^2)^{1/2} + 1]$ em que α, a constante de estrutura fina, é $1/137$ e Z é o número atômico. Expanda $\Gamma[2(1 - \alpha^2 Z^2)^{1/2} + 1]$ em uma série de potências de $\alpha^2 Z^2$.

13.2.13   A descrição da mecânica quântica de uma partícula em um campo de Coulomb requer o conhecimento do argumento de $\Gamma(z)$ quando z é complexo. Determine o argumento de $\Gamma(1 + ib)$ para b pequeno real.

13.2.14   Usando as funções digama e poligama, soma a série

(a) $\displaystyle \sum_{n=1}^{\infty} \frac{1}{n(n+1)}$,   (b) $\displaystyle \sum_{n=2}^{\infty} \frac{1}{n^2 - 1}$.

Nota: Você pode usar o Exercício 13.2.8 para calcular as funções digama necessárias.

13.2.15 Mostre que

$$\sum_{n=1}^{\infty} \frac{1}{(n+a)(n+b)} = \frac{1}{(b-a)} \Big[\psi(1+b) - \psi(1+a) \Big],$$

em que $a \neq b$, e nem a nem b é um inteiro negativo. É de algum interesse comparar esse somatório com a integral correspondente,

$$\int_1^{\infty} \frac{dx}{(x+a)(x+b)} = \frac{1}{b-a} \Big[\ln(1+b) - \ln(1+a) \Big].$$

A relação entre $\psi(x)$ e $\ln x$ é explicitada na análise que leva à fórmula de Stirling.

13.3 A Função Beta

Produtos das funções gama podem ser identificados como descrevendo uma classe importante das integrais definidas envolvendo potências das funções seno e cosseno, e essas integrais, por sua vez, podem ser manipuladas ainda mais para avaliar um grande número de integrais definidas algébricas. Essas propriedades tornam útil definir a **função beta**, definida como

$$B(p,q) = \frac{\Gamma(p)\,\Gamma(q)}{\Gamma(p+q)}. \tag{13.45}$$

Observe que o B na Equação (13.45) é beta maiúsculo.

Para compreender a virtude dessa definição, escreveremos o produto $\Gamma(p)\,\Gamma(q)$ usando a representação integral dada como a Equação (13.6), válida para $\Re e(p)$, $\Re e(q) > 0$:

$$\Gamma(p)\,\Gamma(q) = 4 \int_0^{\infty} s^{2p-1} e^{-s^2}\, ds \int_0^{\infty} t^{2q-1} e^{-t^2}\, dt. \tag{13.46}$$

A razão para usar essa representação integral é que os termos quadráticos no expoente, s^2 e t^2, combinam de maneira conveniente se alterarmos as variáveis de integração de s, t para coordenadas polares r, θ, com $s = r \cos \theta$, $t = r \operatorname{sen} \theta$, $r^2 = s^2 + t^2$, e $ds\, dt = r\, dr\, d\theta$.

A Equação (13.46) se torna

$$\Gamma(p)\,\Gamma(q) = 4 \int_0^{\infty} r^{2p+2q-1} e^{-r^2}\, dr \int_0^{\pi/2} \cos^{2p-1}\theta \,\operatorname{sen}^{2q-1}\theta\, d\theta$$

$$= 2\,\Gamma(p+q) \int_0^{\pi/2} \cos^{2p-1}\theta \,\operatorname{sen}^{2q-1}\theta\, d\theta,$$

em que usamos a Equação (13.6) para reconhecer a integração r como $\Gamma(p+q)$. Isso fornece nossa primeira avaliação integral baseada na função beta:

$$B(p,q) = 2 \int_0^{\pi/2} \cos^{2p-1}\theta \,\operatorname{sen}^{2q-1}\theta\, d\theta. \tag{13.47}$$

Como a Equação (13.47) é frequentemente utilizada quando p e q são inteiros, reescrevemos para o caso $p = m + 1$, $q = n + 1$,

$$\frac{m!\,n!}{(m+n+1)!} = 2 \int_0^{\pi/2} \cos^{2m+1}\theta \,\operatorname{sen}^{2n+1}\theta\, d\theta. \tag{13.48}$$

Como as funções gama de um argumento semi-inteiro estão disponíveis na forma fechada, a Equação (13.47) também fornece uma rota para essas integrais trigonométricas para potências par de seno e/ou cosseno. Também observe que a partir de sua definição é óbvio que $B(p, q) = B(q, p)$, mostrando que a integral na Equação (13.47) não muda de valor se as potências do seno e cosseno são trocadas.

Formas Alternativas, Integrais Definidas

A substituição $t = \cos^2 \theta$ converte a Equação (13.47) em

$$B(p + 1, q + 1) = \int_0^1 t^p (1 - t)^q \, dt. \tag{13.49}$$

Substituindo t por x^2, obtemos

$$B(p = 1, q + 1) = 2 \int_0^1 x^{2p+1} (1 - x^2)^q \, dx. \tag{13.50}$$

A substituição $t = u/(1 + u)$ na Equação (13.49) resulta em outra forma ainda mais útil,

$$B(p + 1, q + 1) = \int_0^\infty \frac{u^p}{(1 + u)^{p+q+2}} \, du. \tag{13.51}$$

A função beta como uma integral definida é útil para estabelecer representações integrais da função de Bessel (Exercício 14.1.17) e da função hipergeométrica (Exercício 18.5.12).

Derivação da Fórmula de Duplicação de Legendre

A fórmula de duplicação de Legendre envolve produtos das funções de gama, o que sugere que a função beta pode fornecer uma rota útil para sua prova. Começamos usando a Equação (13.49) para $B(z+\frac{1}{2}, z+\frac{1}{2})$:

$$B\left(z + \frac{1}{2}, z + \frac{1}{2}\right) = \int_0^1 t^{z-1/2} (1 - t)^{z-1/2} \, dt. \tag{13.52}$$

Fazendo a substituição $t = (1 + s)/2$, temos

$$B\left(z + \frac{1}{2}, z + \frac{1}{2}\right) = 2^{-2z} \int_{-1}^1 (1 - s^2)^{z-1/2} \, ds$$

$$= 2^{-2z+1} \int_0^1 (1 - s^2)^{z-1/2} \, ds = 2^{-2z} B\left(\frac{1}{2}, z + \frac{1}{2}\right), \tag{13.53}$$

em que utilizamos o fato de que o integrando s era par para alterar o intervalo de integração para $(0, 1)$, e então usamos a Equação (13.50) para calcular a integral resultante. Agora, inserindo a definição, Equação (13.45), para ambas as instâncias de B na Equação (13.53), alcançamos

$$\frac{\Gamma(z + \frac{1}{2}) \Gamma(z + \frac{1}{2})}{\Gamma(2z + 1)} = 2^{-2z} \frac{\Gamma(\frac{1}{2}) \Gamma(z + \frac{1}{2})}{\Gamma(z + 1)},$$

que é facilmente rearranjada na

$$\Gamma(z + 1)\Gamma\left(z + \frac{1}{2}\right) = \frac{\sqrt{\pi}}{2^{2z}} \Gamma(2z + 1), \tag{13.54}$$

fórmula de duplicação de Legendre, inicialmente introduzida como a Equação (13.27), mas provou então apenas para inteiros de z.

Embora as integrais utilizadas nessa derivação sejam definidas apenas para $\Re e(z) > -1$, o resultado, Equação (13.54), é válido, por continuação analítica, para todo z em que as funções gama são analíticas.

Exercícios

13.3.1 Verifique as seguintes identidades da função beta:

(a) $B(a, b) = B(a + 1, b) + B(a, b + 1)$,

(b) $B(a,b) = \dfrac{a+b}{b} B(a,b+1)$,

(c) $B(a,b) = \dfrac{b-1}{a} B(a+1,b-1)$,

(d) $B(a, b)B(a + b, c) = B(b, c)B(a, b + c)$.

13.3.2 (a) Mostre que

$$\int_{-1}^{1} (1 - x^2)^{1/2} x^{2n}\, dx = \begin{cases} \pi/2, & n = 0 \\ \pi \dfrac{(2n-1)!!}{(2n+2)!!}, & n = 1, 2, 3, \ldots. \end{cases}$$

(b) Mostre que

$$\int_{-1}^{1} (1 - x^2)^{-1/2} x^{2n}\, dx = \begin{cases} \pi, & n = 0, \\ \pi \dfrac{(2n-1)!!}{(2n)!!}, & n = 1, 2, 3, \ldots. \end{cases}$$

13.3.3 Mostre que

$$\int_{-1}^{1} (1 - x^2)^n\, dx = \frac{2\,(2n)!!}{(2n+1)!!}, \quad n = 0, 1, 2, \ldots.$$

13.3.4 Avalie $\displaystyle\int_{-1}^{1} (1+x)^a (1-x)^b\, dx$ em termos da função beta.

RESPOSTA: $2^{a+b+1} B(a + 1, b + 1)$.

13.3.5 Mostre, por meio da função beta, que

$$\int_{t}^{z} \frac{dx}{(z - x)^{1-\alpha}(x - t)^{\alpha}} = \frac{\pi}{\sin \pi \alpha}, \quad 0 < \alpha < 1.$$

13.3.6 Mostre que a integral de Dirichlet

$$\int\int x^p y^q\, dx\, dy = \frac{p!\, q!}{(p + q + 2)!} = \frac{B(p + 1, q + 1)}{p + q + 2},$$

em que o intervalo de integração é o triângulo limitado pelos eixos positivos x e y, e a linha $x + y = 1$.

13.3.7 Mostre que

$$\int_{0}^{\infty}\int_{0}^{\infty} e^{-(x^2+y^2+2xy\cos\theta)}\, dx\, dy = \frac{\theta}{2\,\mathrm{sen}\,\theta}.$$

Quais são os limites em θ?

Dica: Considere as coordenadas xy oblíquas.

RESPOSTA: $-\pi < \theta < \pi$.

13.3.8   Avalie (utilizando a função beta)

(a) $\displaystyle \int_0^{\pi/2} \cos^{1/2} \theta \, d\theta = \frac{(2\pi)^{3/2}}{16[\Gamma(5/4)]^2}$,

(b) $\displaystyle \int_0^{\pi/2} \cos^n \theta \, d\theta = \int_0^{\pi/2} \sin^n \theta \, d\theta = \frac{\sqrt{\pi}\,[(n-1)/2]!}{2(n/2)!}$

$$= \begin{cases} \dfrac{(n-1)!!}{n!!} & \text{para } n \text{ ímpar} \\[3mm] \dfrac{\pi}{2} \cdot \dfrac{(n-1)!!}{n!!} & \text{para } n \text{ par.} \end{cases}$$

13.3.9   Avalie $\displaystyle \int_0^1 (1-x^4)^{-1/2} \, dx$ como uma função beta.

RESPOSTA: $\displaystyle \frac{[\Gamma(5/4)]^2 \cdot 4}{(2\pi)^{1/2}} = 1,311028777$.

13.3.10   Usando funções beta, mostre que a representação integral

$$J_\nu(z) = \frac{2}{\pi^{1/2}\,\Gamma(\nu + \frac{1}{2})} \left(\frac{z}{2}\right)^\nu \int_0^{\pi/2} \text{sen}^{2\nu} \theta \cos(z\cos\theta) \, d\theta, \quad \Re(\nu) > -\tfrac{1}{2},$$

reduz-se a série de Bessel

$$J_\nu(z) = \sum_{s=0}^{\infty} (-1)^s \frac{1}{s!\,\Gamma(s + \nu + 1)} \left(\frac{z}{2}\right)^{2s+\nu},$$

confirmando assim sua validade.

13.3.11   Dada a função associada de Legendre, definida no Capítulo 15,

$$P_m^m(x) = (2m-1)!!\,(1-x^2)^{m/2},$$

mostre que o

(a) $\displaystyle \int_{-1}^1 \left[P_m^m(x)\right]^2 dx = \frac{2}{2m+1}(2m)!, \qquad m = 0, 1, 2, \ldots,$

(b) $\displaystyle \int_{-1}^1 \left[P_m^m(x)\right]^2 \frac{dx}{1-x^2} = 2 \cdot (2m-1)!, \qquad m = 1, 2, 3, \ldots.$

13.3.12   Mostram que, para inteiros p e q,

(a) $\displaystyle \int_0^1 x^{2p+1}(1-x^2)^{-1/2} \, dx = \frac{(2p)!!}{(2p+1)!!}$,

(b) $\displaystyle \int_0^1 x^{2p}(1-x^2)^q \, dx = \frac{(2p-1)!!(2q)!!}{(2p+2q+1)!!}$,

13.3.13 Um partícula de massa m movendo-se em um potencial simétrico que está bem descrito por $V(x) = A \mid x \mid^n$ tem uma energia total $\frac{1}{2}m(dx/dt)^2 + V(x) = E$. Resolvendo para dx/dt e integrando descobrimos que o período de movimento é

$$\tau = 2\sqrt{2m} \int_0^{x_{max}} \frac{dx}{(E - Ax^n)^{1/2}},$$

em que x_{max} é um ponto crítico clássico dado por $Ax_{max}^n = E$. Mostre que

$$\tau = \frac{2}{n}\sqrt{\frac{2\pi m}{E}}\left(\frac{E}{A}\right)^{1/n}\frac{\Gamma(1/n)}{\Gamma(1/n + \frac{1}{2})}.$$

13.3.14 Referindo-se ao Exercício 13.3.13,
(a) Determine o limite como $n \to \infty$ de

$$\frac{2}{n}\sqrt{\frac{2\pi m}{E}}\left(\frac{E}{A}\right)^{1/n}\frac{\Gamma(1/n)}{\Gamma(1/n + \frac{1}{2})}.$$

(b) Encontre $\lim_{n\to\infty}\tau$ do comportamento do integrando $(E - Ax^n)^{-1/2}$.
(c) Investigue o comportamento do sistema físico (poço de potencial) como $n \to \infty$ · Obtenha o período a partir da inspeção desse sistema físico limitante.

13.3.15 Mostre que

$$\int_0^\infty \frac{\operatorname{senh}^\alpha x}{\cosh^\beta x}dx = \frac{1}{2}B\left(\frac{\alpha+1}{2}, \frac{\beta-\alpha}{2}\right), \quad -1 < \alpha < \beta.$$

Dica: Seja $\operatorname{senh}^2 x = u$.

13.3.16 A distribuição beta da teoria da probabilidade tem uma densidade de probabilidade

$$f(x) = \frac{\Gamma(\alpha + \beta)}{\Gamma(\alpha)\,\Gamma(\beta)}x^{\alpha-1}(1 - x)^{\beta-1},$$

com x restrito ao intervalo (0, 1). Mostre que

(a) $\langle x \rangle$, o valor médio, é $\dfrac{\alpha}{\alpha+\beta}$.

(b) σ^2, sua variância, é $\langle x^2 \rangle - \langle x \rangle^2 = \dfrac{\alpha\beta}{(\alpha+\beta)^2(\alpha+\beta+1)}$.

13.3.17 A partir de

$$\lim_{n\to\infty}\frac{\int_0^{\pi/2}\operatorname{sen}^{2n}\theta\,d\theta}{\int_0^{\pi/2}\operatorname{sen}^{2n+1}\theta\,d\theta} = 1,$$

derive a fórmula de Wallis para π:

$$\frac{\pi}{2} = \frac{2\cdot 2}{1\cdot 3}\cdot\frac{4\cdot 4}{3\cdot 5}\cdot\frac{6\cdot 6}{5\cdot 7}\cdots.$$

13.4   Série de Stirling

Na mecânica estatística há a necessidade de avaliar ln $(n!)$ para valores muito grandes de n, e, ocasionalmente, precisamos de ln $\Gamma(z)$ para z não inteiros quando $\mid z \mid$ é grande o suficiente que é inconveniente ou impraticável a utilização da série de Maclaurin, Equação (13.44), possivelmente seguida pelo uso repetido da relação funcional

$\Gamma(z + 1) = z\Gamma(z)$. Essas necessidades podem ser atendidas pela expansão assintótica para $\ln\Gamma(z)$, conhecida como **série de Stirling** ou **fórmula de Stirling**.

Embora em princípio seja possível desenvolver essa fórmula assintótica pelo método das inclinações mais acentuadas (e na verdade já obtivemos o termo dominante da expansão dessa maneira, ver Exemplo 12.7.1), uma maneira relativamente simples de obter a expansão assintótica completa é pelo uso da fórmula de integração de Euler-Maclaurin na Seção 12.3.

Derivação da Fórmula de Integração de Euler-Maclaurin

A fórmula de Euler-Maclaurin para avaliar uma integral definida no intervalo $(0, \infty)$, obtida especializando a Equação (12.57) e ignorando o resto, é

$$\int_0^\infty f(x)\,dx = \tfrac{1}{2}f(0) + f(1) + f(2) + f(3) + \cdots$$
$$+ \frac{B_2}{2!}f'(0) + \frac{B_4}{4!}f^{(3)}(0) + \frac{B_6}{6!}f^{(5)}(x) + \cdots, \qquad (13.55)$$

em que B_n são números de Bernoulli:

$$B_2 = \frac{1}{6}, \quad B_4 = -\frac{1}{30}, \quad B_6 = \frac{1}{42}, \quad B_8 = -\frac{1}{30}, \quad \cdots.$$

Procedemos aplicando a Equação (13.55) à integral definida

$$\int_0^\infty \frac{dx}{(z + x)^2} = \frac{1}{z}$$

(para z não no eixo real negativo). Observamos, comparando com a Equação (13.41), que

$$f(1) + f(2) + \cdots = \sum_{n=1}^\infty \frac{1}{(z + n)^2} = \psi^{(1)}(z + 1);$$

isso estabelece uma conexão com a função gama e é a razão da nossa estratégia atual.

Observamos também que

$$f^{(2n-1)}(0) = \left(\frac{d}{dx}\right)^{2n-1} \frac{1}{(z + x)^2}\Big|_{x=0} = -\frac{(2n)!}{z^{2n+1}},$$

assim a expansão produz

$$\frac{1}{z} = \int_0^\infty \frac{dx}{(z + x)^2} = \frac{1}{2z^2} + \psi^{(1)}(z + 1) - \frac{B_2}{z^3} - \frac{B_4}{z^5} - \cdots.$$

Resolvendo para $\psi^{(1)}(z + 1)$, temos

$$\psi^{(1)}(z + 1) = \frac{d}{dz}\psi(z + 1) = \frac{1}{z} - \frac{1}{2z^2} + \frac{B_2}{z^3} + \frac{B_4}{z^5} + \cdots$$
$$= \frac{1}{z} - \frac{1}{2z^2} + \sum_{n=1}^\infty \frac{B_{2n}}{z^{2n+1}}. \qquad (13.56)$$

Como os números de Bernoulli divergem fortemente, essa série não converge. É uma série semiconvergente, ou assintótica, útil quando retemos um pequeno número de termos (compare com a Seção 12.6).

Integrando uma vez, obtemos a função digama

$$\psi(z+1) = C_1 + \ln z + \frac{1}{2z} - \frac{B_2}{2z^2} - \frac{B_4}{4z^4} - \cdots$$

$$= C_1 + \ln z + \frac{1}{2z} - \sum_{n=1}^{\infty} \frac{B_{2n}}{2n z^{2n}}, \tag{13.57}$$

em que C_1 tem um valor ainda a ser determinado. Na próxima subseção mostraremos que $C_1 = 0$. A equação (13.57), então, dá uma outra expressão para a função digama, muitas vezes mais útil do que a Equação (13.38) ou a Equação (13.44).

Fórmula de Stirling

A integral indefinida da função digama, obtida integrando a Equação (13.57), é

$$\ln \Gamma(z+1) = C_2 + \left(z + \frac{1}{2}\right) \ln z + (C_1 - 1)z + \frac{B_2}{2z} + \cdots + \frac{B_{2n}}{2n(2n-1)z^{2n-1}} + \cdots, \tag{13.58}$$

em que C_2 é outra constante de integração. Agora estamos prontos para determinar C_1 e C_2, o que podemos fazer exigindo que a expansão assintótica seja consistente com a fórmula de duplicação de Legendre, Equação (13.54). Substituindo a Equação (13.58) no logaritmo da fórmula de duplicação, descobrimos que a fórmula satisfeita determina que $C_1 = 0$ e que C_2 deve ter o valor

$$C_2 = \tfrac{1}{2} \ln 2\pi. \tag{13.59}$$

Assim, inserindo também os valores de B_{2n}, nosso resultado final é

$$\ln \Gamma(z+1) = \frac{1}{2} \ln 2\pi + \left(z + \frac{1}{2}\right) \ln z - z + \frac{1}{12z} - \frac{1}{360z^3} + \frac{1}{1260z^5} - \cdots. \tag{13.60}$$

Essa é a série de Stirling, uma expansão assintótica. O valor absoluto do erro é menor do que o valor absoluto do primeiro termo negligenciado.

O termo dominante no comportamento assintótico da função gama foi um dos exemplos utilizados para ilustrar o método das inclinações mais acentuadas. No Exemplo 12.7.1, descobrimos que

$$\Gamma(z+1) \sim \sqrt{2\pi} \, z^{z+1/2} e^{-z},$$

correspondendo a

$$\ln \Gamma(z+1) \sim \frac{1}{2} \ln 2\pi + \left(z + \frac{1}{2}\right) \ln z - z,$$

produzindo todos os termos da Equação (13.60) que não desaparecem no limite de $|z|$ grande.

Tabela 13.1 Razões da série de Stirling de um e dois termos para valores exatos de $\Gamma(s+1)$

s	$\dfrac{1}{\Gamma(s+1)} \sqrt{2\pi s}^{\,s+1/2} e^{-s}$	$\dfrac{1}{\Gamma(s+1)} \sqrt{2\pi s}^{\,s+1/2} e^{-s} \left(1 + \dfrac{1}{12s}\right)$
1	0,92213	0,99898
2	0,95950	0,99949
3	0,97270	0,99972
4	0,97942	0,99983
5	0,98349	0,99988
6	0,98621	0,99992
7	0,98817	0,99994
8	0,98964	0,99995
9	0,99078	0,99996
10	0,99170	0,99998

Para ajudar a transmitir uma sensação de precisão notável da série de Stirling para $\Gamma(s+1)$, a razão do primeiro termo da aproximação de Stirling para $\Gamma(s+1)$ é representada na Figura 13.4. Na Tabela 13.1 damos a razão do primeiro termo da expansão para $\Gamma(s+1)$ e uma razão semelhante quando dois termos são mantidos na expansão para $\Gamma(s+1)$. A derivação dessas formas é o Exercício 13.4.1.

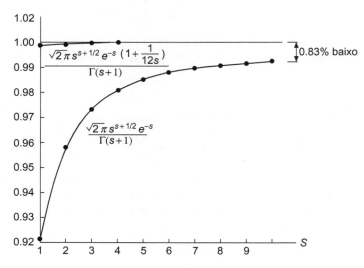

Figura 13.4: Precisão da fórmula de Stirling.

Exercícios

13.4.1   Reescreva a série de Stirling para dar $\Gamma(z+1)$ em vez de $\ln \Gamma(z+1)$.

$$\Gamma(z+1) = \sqrt{2\pi}\, z^{z+1/2} e^{-z} \left(1 + \frac{1}{12z} + \frac{1}{288z^2} - \frac{139}{51{,}840z^3} + \cdots \right).$$

13.4.2   Use a fórmula de Stirling para estimar 52!, o número de possíveis rearranjos das cartas em um baralho padrão de cartas de jogar.

13.4.3   Mostre que as constantes C_1 e C_2 na fórmula de Stirling têm os respectivos valores zero e $\frac{1}{2}\ln 2\pi$ $\ln 2\pi$ usando o logaritmo da fórmula duplicação de Legendre (Figura 3.4).

13.4.4   Sem usar a série de Stirling mostre que

(a) $\ln(n!) < \displaystyle\int_1^{n+1} \ln x\, dx,$ (b) $\ln(n!) > \displaystyle\int_1^n \ln x\, dx; n$ é um inteiro ≥ 2.

Observe que a média aritmética das duas integrais dá uma boa aproximação para a série de Stirling.

13.4.5   Teste para convergência

$$\sum_{p=0}^{\infty} \left[\frac{\Gamma(p+\frac{1}{2})}{p!} \right]^2 \frac{2p+1}{2p+2} = \pi \sum_{p=0}^{\infty} \frac{(2p-1)!!\,(2p+1)!!}{(2p)!!\,(2p+2)!!}.$$

Essa série surge na tentativa de descrever o campo magnético criado por e circundado por um circuito de corrente.

13.4.6   Mostre que $\displaystyle\lim_{x\to\infty} x^{b-a}\, \frac{\Gamma(x+a+1)}{\Gamma(x+b+1)} = 1.$

13.4.7   Mostre que $\displaystyle\lim_{n\to\infty} \frac{(2n-1)!!}{(2n)!!}\, n^{1/2} = \pi^{-1/2}.$

13.4.8   Um conjunto de N partículas distinguíveis é atribuído a estados ψ_i, $i = 1, 2, ..., M$. Se os números das partículas nos vários estados são $n_1, n_2, ..., n_M$ (com $M \ll N$), o número de maneiras como isso pode ser feito

$$W = \frac{N!}{n_1! n_2! \cdots n_M!}.$$

A entropia associada a essa atribuição é $S = k \ln W$, em que k é a constante de Boltzmann. No limite $N \to \infty$, com $n_i = p_i N$ (assim p_i é a fração das partículas no estado i), encontre S como uma função de N e o p_i.

(a)   No limite de N grande, encontre a entropia associada a um conjunto arbitrário de n_i. A entropia é uma função extensiva do tamanho do sistema (isto é, é proporcional a N)?

(b)   Encontre o conjunto de p_i que maximiza S.

Dica: Lembre-se de que $\Sigma_i \, p_i = 1$ e de que isso é uma maximização restrita (ver Seção 22.3).

Nota: Essas fórmulas correspondem às estatísticas **clássicas**, ou **de Boltzmann**.

13.5   Função Zeta de Riemann

Agora podemos ampliar nossa pesquisa anterior de $\zeta(z)$, a função zeta de Riemann. Ao fazer isso, observamos um grau interessante de paralelismo entre algumas das propriedades de $\zeta(z)$ e as propriedades correspondendo à função gama.

Abrimos essa seção repetindo a definição de $\zeta(z)$, que é válida quando a série converge:

$$\zeta(z) \equiv \sum_{n=1}^{\infty} n^{-z}. \tag{13.61}$$

Os valores de $\zeta(n)$ para a integral n de 2 a 10 foram listados na Tabela 1.1, página 17.

Vamos agora considerar a possibilidade de continuar analiticamente $\zeta(z)$ para além do intervalo de convergência da Equação (13.61). Como um primeiro passo para fazer isso, provamos a representação integral que foi dada na Tabela 1.1:

$$\zeta(z) = \frac{1}{\Gamma(z)} \int_0^\infty \frac{t^{z-1}\, dt}{e^t - 1}. \tag{13.62}$$

A equação (13.62) tem um intervalo de validade que é limitado pelo comportamento do seu integrando em t pequeno; como o denominador então se aproxima de t, dependência geral de t a pequeno é t^{z-2}.

Escrevendo $z = x + iy$ e $t^{z-2} = t^{x-2} e^{iy\ln t}$, vemos que, como a Equação (13.61), a Equação (13.62) só convergirá quando $\mathfrak{Re}\, z > 1$.

Começamos do lado direito da Equação (13.62), denotado por I, multiplicando o numerador e o denominador do seu integrando por e^{-t} e expandindo o denominador em potências de e^{-t}, alcançando

$$I = \frac{1}{\Gamma(z)} \int_0^\infty \frac{t^{z-1} e^{-t}\, dt}{1 - e^{-t}} = \frac{1}{\Gamma(z)} \int_0^\infty \sum_{m=1}^{\infty} t^{z-1} e^{-mt}\, dt.$$

Em seguida, alteramos a variável da integração para os termos individuais de modo que todos os termos contenham um fator idêntico e^{-t}:

$$I = \frac{1}{\Gamma(z)} \int_0^\infty \sum_{m=1}^{\infty} \left(\frac{t}{m}\right)^{z-1} e^{-t} \left(\frac{dt}{m}\right) = \frac{1}{\Gamma(z)} \left(\sum_{m=1}^{\infty} \frac{1}{m^z}\right) \int_0^\infty t^{z-1} e^{-t}\, dt$$

$$= \zeta(z)\, \frac{1}{\Gamma(z)} \int_0^\infty t^{z-1} e^{-t}\, dt = \zeta(z). \tag{13.63}$$

Na segunda linha da Equação (13.63) reconhecemos o somatório como uma função zeta e a integral como a representação integral de Euler de $\Gamma(z)$, Equação (13.5). Em seguida, ela se cancela contra o fator inicial de $1/\Gamma(z)$, deixando o resultado final desejado, Equação (13.62). De passagem, observamos que a única diferença entre a integral da Equação (13.62) e a integral de Euler para a função gama é que agora temos um denominador e^{t-1} em vez de simplesmente e^t.

O próximo passo para a continuação analítica que buscamos é introduzir uma integral de contorno com o mesmo integrando que o da Equação (13.62), usando o mesmo contorno aberto que foi considerado útil para a função gama, mostrado na Figura 13.2. Assim como para a função gama, não queremos restringir z a valores integrais, assim o integrando em geral terá um ponto de ramificação em $t = 0$, e novamente colocamos o corte de ramificação no eixo real positivo. Restringindo a consideração por enquanto a z com $\Re e\, z > 1$, avaliamos a integral de contorno, denotada por I, como a soma das suas contribuições das seções do contorno, respectivamente, rotuladas A, B, e D na Figura 13.2. Para $\Re e\, z > 1$, o círculo D pequeno não faz nenhuma contribuição para a integral, enquanto

$$I_A = \frac{1}{\Gamma(z)} \int_\infty^\varepsilon \frac{t^{z-1}\,dt}{e^t - 1} = -\zeta(z),$$

$$I_B = \frac{1}{\Gamma(z)} \int_\varepsilon^\infty \frac{t^{z-1}e^{2\pi i(z-1)}\,dt}{e^t - 1} = e^{2\pi i(z-1)}\zeta(z) = e^{2\pi i z}\zeta(z).$$

Combinando-as, obtemos

$$I = \frac{1}{\Gamma(z)} \int_C \frac{t^{z-1}\,dt}{e^t - 1} = \left(e^{2\pi i z} - 1\right)\zeta(z). \tag{13.64}$$

Observe que a Equação (13.64) é útil como uma relação envolvendo $\zeta(z)$ somente se z não for um inteiro.

Agora queremos deformar o contorno da Equação (13.64) de uma maneira que removerá a restrição $\Re e\, z > 1$, que inicialmente foi necessária para obter essa equação. A deformação corresponde a uma continuação analítica de $\zeta(z)$ para um intervalo maior de z, e será eficaz porque a deformação pode evitar a divergência na vizinhança de $t = 0$.

Ao considerar as possíveis deformações, precisamos fazer a observação de que, ao contrário da função gama, o integrando da Equação (13.64) tem polos simples nos pontos $t = 2n\pi i$, $n = 1, 2, \ldots$, de modo que deformamos o contorno de uma maneira que circunde qualquer um desses polos, devemos permitir a alteração produzida assim no valor da integral de contorno.

Se inicialmente deformarmos o contorno expandindo o círculo D a algum raio finito menor que $2\pi i$, não alteramos o valor da integral I, mas estendemos seu intervalo de validade a z negativo. Se, para $z < 0$, podemos expandir ainda mais D até que se torne um círculo aberto de raio infinito (mas não por meio de nenhum um dos polos), o valor da integral de contorno é reduzido a zero, com a mudança causada pela inclusão da contribuição dos polos que então estão circundados. Temos assim o resultado interessante de que a integral original de contorno tinha um valor que era o negativo de $2\pi\, i$ vezes a soma dos resíduos que foram recém-circundados. Assim,

$$I = \left(e^{2\pi i z} - 1\right)\zeta(z) = -\frac{2\pi i}{\Gamma(z)} \sum_{n=1}^\infty (\text{resíduos de } t^{z-1}/(e^t - 1) \text{ em } t = \pm 2n\pi i).$$

No polo $t = +2\pi n i$, o resíduo é $(2n\pi\, e^{\pi i/2})^{z-1}$, enquanto em $t = -2\pi n i$ é $(2n\pi\, e^{3\,\pi i/2})^{z-1}$. Observe que precisamos avaliar os resíduos tomando conhecimento do corte de ramificação. Inserindo esses valores e reorganizando um pouco,

$$\left(e^{2\pi i z} - 1\right)\zeta(z) = -\left(\sum_{n=1}^\infty \frac{1}{n^{-z+1}}\right)\frac{(2\pi)^z i}{\Gamma(z)}\left(e^{\pi i(z-1)/2} + e^{3\pi i(z-1)/2}\right)$$

$$= \zeta(1-z)\frac{(2\pi)^z}{\Gamma(z)}\left(e^{3\pi i z/2} - e^{\pi i z/2}\right). \tag{13.65}$$

Note que como $z < 0$, o somatório ao longo de n converge e pode ser identificado como $\zeta(1-z)$. A Equação (13.65) pode ser simplificada, mas já vimos sua característica essencial, ou seja, que ela fornece uma relação funcional conectando $\zeta(z)$ e $\zeta(1-z)$, similar à, mas mais complicada do que a fórmula de reflexão para a função gama, Equação (13.23). A derivação da equação (13.65) foi realizada para $z < 0$, mas agora que a obtivemos podemos, recorrendo à continuação analítica, afirmar sua validade para todo z de tal modo que seus fatores constituintes são não singulares. Essa fórmula, na forma simplificada que obteremos mais adiante, foi descoberta pela primeira vez por Riemann.

A simplificação da Equação (13.65) pode ser alcançada reconhecendo, com o auxílio da fórmula de reflexão da função gama, Equação (13.23), que

$$\frac{e^{3\pi i z/2} - e^{\pi i z/2}}{e^{2\pi i z} - 1} = \frac{\text{sen}(\pi z/2)}{\text{sen}\,\pi z} = \frac{\Gamma(z)\,\Gamma(1-z)}{\Gamma(z/2)\,\Gamma(1-z/2)},$$

assim

$$\zeta(z) = \zeta(1-z)\,\frac{\pi^z\,2^z\,\Gamma(1-z)}{\Gamma(z/2)\,\Gamma(1-z/2)} = \zeta(1-z)\,\frac{\pi^{z-1/2}\Gamma((1-z)/2)}{\Gamma(z/2)}, \tag{13.66}$$

em que o membro final da Equação (13.66) foi obtido usando a fórmula de duplicação, Equação (13.27), com o valor de z na fórmula de duplicação definido como $-z/2$ atual. A Equação (13.66) agora pode ser rearranjada para uma forma mais simétrica

$$\Gamma\left(\frac{z}{2}\right)\pi^{-z/2}\zeta(z) = \Gamma\left(\frac{1-z}{2}\right)\pi^{-(1-z)/2}\zeta(1-z). \tag{13.67}$$

A Equação (13.67), a **fórmula de reflexão da função zeta**, permite a geração de $\zeta(Z)$ no semiplano $\Re e\,z < 0$ a partir de valores na região $\Re e\,z > 1$, em que a definição de série converge.

É possível demonstrar que $\zeta(z)$ não tem zeros na região onde a definição de série converge e, da Equação (13.67), isso implica que $\zeta(z)$ também é diferente de zero para todo o z no semiplano $\Re e\,z < 0$, exceto nos pontos em que $\Gamma(z/2)$ é singular, ou seja, $z = -2, -4, ..., -2n, ...$ $\Gamma(z/2)$ também é singular em $z = 0$, mas, como veremos em breve, a singularidade em $\zeta(1)$ compensa a singularidade em $\Gamma(0)$, com o resultado de que $\zeta(0)$ é diferente de zero.

Os zeros de $\zeta(z)$ nos inteiros pares negativos são chamados **zeros triviais**, uma vez que eles surgem das singularidades da função gama. Quaisquer outros zeros de $\zeta(z)$ (e há um número infinito deles) deve residir na região 0 $\Re e\,z\,1$, que foi chamada de **faixa crítica** da função zeta de Riemann.

Para obter os valores de $\zeta(z)$ na faixa crítica, procedemos continuando analiticamente em direção a $\Re e\,z = 0$ a fórmula da Equação (12.62) que define a série de Dirichlet $\eta\,(z)$ (claramente válida para $\Re e\,z > 1$),

$$\zeta(z) = \frac{\eta(z)}{1 - 2^{1-z}} = \frac{1}{1 - 2^{1-z}}\sum_{n=1}^{\infty}\frac{(-1)^{n-1}}{n^z}. \tag{13.68}$$

Essa série alternada converge para todo $\Re e\,z > 0$, fornecendo assim uma fórmula para $\zeta(z)$ ao longo da faixa crítica, mas é mais bem utilizada quando a convergência é relativamente rápida, ou seja, para $\Re e\,z \geq \frac{1}{2}$. Valores de $\zeta(z)$ para $\Re e\,z < \frac{1}{2}$ podem ser mais convenientemente obtidos a partir daqueles para $\Re e\,z \geq \frac{1}{2}$ usando a fórmula de reflexão, Equação (13.67).

A Equação (13.68) pode ser utilizada para verificar que a singularidade de $\zeta(z)$ em $z = 1$ é um polo simples e para encontrar seu resíduo. Procedemos da seguinte forma:

$$(\text{Resíduos em } z = 1) = \lim_{z\to 1}(z-1)\zeta(z) = \lim_{z\to 1}\left(\frac{z-1}{1-2^{1-z}}\right)\sum_{n=1}^{\infty}\frac{(-1)^{n-1}}{n}$$

$$= \left(\frac{1}{\ln 2}\right)(\ln 2) = 1, \tag{13.69}$$

em que usamos a regra de l'Hôpital, desde que $d\,2^{1-z}/dz = -2^{1-z}\ln 2$, e identificamos como o somatório como o da Equação (1.53). Voltando agora à Equação (13.67), observando que

$$\lim_{z\to 0}\frac{\zeta(1-z)}{\Gamma(z/2)} = \frac{-\text{resíduo de }\zeta(s)\text{ em }s=1}{2\,(\text{resíduo de }\Gamma(s)\text{ em }s=0)} = -\frac{1}{2},$$

obtemos o resultado diferente de zero

$$\zeta(0) = \Gamma(1/2)\pi^{-1/2}\left(-\frac{1}{2}\right) = -\frac{1}{2}. \tag{13.70}$$

Além da utilidade prática já observada para a função zeta de Riemann, ela desempenha um papel importante na evolução atual da teoria analítica dos números. Um ponto de partida para essas investigações é a célebre fórmula de produto de número primo de Euler, que pode ser desenvolvida formando

$$\zeta(s)(1 - 2^{-s}) = 1 + \frac{1}{2^s} + \frac{1}{3^s} + \cdots - \left(\frac{1}{2^s} + \frac{1}{4^s} + \frac{1}{6^s} + \cdots\right), \tag{13.71}$$

eliminando todo n^{-s}, em que n é um múltiplo de 2. Em seguida, escrevemos

$$\zeta(s)(1 - 2^{-s})(1 - 3^{-s}) = 1 + \frac{1}{3^s} + \frac{1}{5^s} + \frac{1}{7^s} + \frac{1}{9^s} + \cdots$$

$$-\left(\frac{1}{3^s} + \frac{1}{9^s} + \frac{1}{15^s} + \cdots\right),$$

eliminando todos os termos restantes em que n é um múltiplo de três. Continuando, temos $\zeta(s)(1-2^{-s})(1-3^{-s})(1-5^{-s})\ldots$ $(1-P^{-s})$, em que P é um número primo, e todos os termos n^{-s}, em que n é um múltiplo de qualquer número inteiro até P, são anulados. No limite $P \to \infty$, alcançamos

$$\zeta(s)(1 - 2^{-s})(1 - 3^{-s})\cdots(1 - P^{-s}) \longrightarrow \zeta(s) \prod_{P(\text{primo})=2}^{\infty} (1 - P^{-s}) = 1.$$

Portanto,

$$\zeta(s) = \prod_{P(\text{primo})=2}^{\infty} (1 - P^{-s})^{-1}, \tag{13.72}$$

dando $\zeta(s)$ como um produto infinito.[4] Aliás, o procedimento de cancelamento nessa derivação tem uma aplicação clara no cálculo numérico. Por exemplo, a Equação (13.71) dará a $\zeta(s)(1 - 2^{-s})$ a mesma precisão que a Equação (13.61) dá a $\zeta(s)$, mas apenas com metade dos vários termos.

A distribuição assintótica dos números primos pode ser relacionada com os polos de ζ'/ζ, e em particular aos zeros não triviais da função zeta. Riemann supôs que todos os zeros não triviais estavam na **linha crítica** $\Re z = \frac{1}{2}$, e há resultados potencialmente importantes que podem ser provados, se a suposição de Riemann estiver correta. O trabalho numérico verificou que os primeiros 300×10^9 zeros não triviais de $\zeta(z)$ são simples e de fato entram na linha crítica. Ver J. Van de Lune, H. J. J. Te Riele, e D. T. Winter, "*On the zeros of the Riemann zeta function in the critical strip. IV,*" *Math. Comput.* **47**, 667 (1986).

Embora muitos matemáticos talentosos tenham tentado estabelecer o que veio a ser conhecido como **hipótese de Riemann**, ela permaneceu por cerca de 150 anos não provada e é considerada um dos principais problemas não solucionados na matemática moderna. Relatos populares desse problema fascinante podem ser encontrados em M. du Santoy, *The Music of the Primes*: *Searching to Solve the Greatest Mystery in Mathematics*, Nova York: Harper-Collins (2003); J. Derbyshire, *Prime Obsession*: *Bernhard Riemann and the Greatest Unsolved Problem in Mathematics*, Washington, DC: Joseph Henry Press (2003); e K. Sabbagh, *The Riemann Hypothesis*: *The Greatest Unsolved Problem in Mathematics*, Nova York: Farrar, Straus and Giroux (2003).

Exercícios

13.5.1   Mostre que a relação funcional simétrica

$$\Gamma\left(\frac{z}{2}\right)\pi^{-z/2}\zeta(z) = \Gamma\left(\frac{1-z}{2}\right)\pi^{-(1-z)/2}\zeta(1-z)$$

---

[4]Para uma discussão mais aprofundada, o leitor deve consultar as obras de Edwards, Ivíc, Patterson e Titchmarsh em Leituras Adicionais.

vem da equação

$$\left(e^{2\pi i z} - 1\right)\zeta(z) = \zeta(1-z)\frac{(2\pi)^z}{\Gamma(z)}\left(e^{3\pi i z/2} - e^{\pi i z/2}\right).$$

13.5.2   Prove que

$$\int_0^\infty \frac{x^n e^x dx}{(e^x - 1)^2} = n!\,\zeta(n).$$

Supondo que n é real, mostre que cada lado da equação diverge se $n = 1$. Consequentemente, a equação anterior contém a condição $n > 1$. Integrais como essa aparecem na teoria quântica dos efeitos de transporte: condutividade térmica e elétrica.

13.5.3   A aproximação de Bloch-Grüneisen para a resistência em um metal monovalente na temperatura absoluta T é

$$\rho = C\frac{T^5}{\Theta^6}\int_0^{\Theta/T}\frac{x^5 dx}{(e^x - 1)(1 - e^{-x})},$$

em que Θ é a temperatura característica de Debye do metal.
(a) Para $T \to \infty$, mostre que

$$\rho \approx \frac{C}{4}\cdot\frac{T}{\Theta^2}.$$

(b) Para $T \to 0$, mostre que

$$\rho \approx 5!\,\zeta(5)\,C\frac{T^5}{\Theta^6}.$$

13.5.4   Derive a seguinte expansão da função de Debye para $n \geq 1$:

$$\int_0^x \frac{t^n dt}{e^t - 1} = x^n\left[\frac{1}{n} - \frac{x}{2(n+1)} + \sum_{k=1}^\infty \frac{B_{2k}x^{2k}}{(2k+n)(2k)!}\right], \quad |x| < 2\pi.$$

A integral completa $(0, \infty)$ é igual a $n!\,\zeta(n+1)$ (Exercício 13.5.6).

13.5.5   A energia total irradiada por um corpo negro é dada por

$$u = \frac{8\pi k^4 T^4}{c^3 h^3}\int_0^\infty \frac{x^3}{e^x - 1}\,dx.$$

Mostre que a integral nessa expressão é igual a 3! $\zeta(4)$. O resultado final é a lei de Stefan Boltzmann.

13.5.6   Como uma generalização do resultado no Exercício 13.5.5, mostre que

$$\int_0^\infty \frac{x^s dx}{e^x - 1} = s!\,\zeta(s+1), \quad \Re e(s) > 0.$$

13.5.7   Prove que

$$\int_0^\infty \frac{x^s dx}{e^x + 1} = s!\,(1 - 2^{-s})\,\zeta(s+1), \quad \Re e(s) > 0.$$

Os Exercícios 13.5.6 e 13.5.7 dão a transformada integral de Mellin de $1/(e^x \pm 1)$; essa transformada é definida na Equação (20.9).

13.5.8   A densidade de energia do neutrino (distribuição de Fermi) na história remota do universo é dada por

$$\rho_v = \frac{4\pi}{h^3} \int_0^\infty \frac{x^3}{\exp(x/kT) + 1}\, dx.$$

Mostre que

$$\rho_v = \frac{7\pi^5}{30h^3} (kT)^4.$$

13.5.9   Prove que

$$\psi^{(n)}(z) = (-1)^{n+1} \int_0^\infty \frac{t^n e^{-zt}}{1 - e^{-t}}\, dt, \quad \Re e(z) > 0.$$

13.5.10   Mostre que $\zeta(s)$ é analítica em todo o plano complexo finito, exceto em $s = 1$, em que ela tem um polo simples com um resíduo de $+1$.
Dica: A representação da integral de contorno será útil.

13.6   Outras funções relacionadas

Funções Gama Incompletas

Generalizando a definição da integral de Euler da função gama, Equação (13.5), definimos **funções gama incompletas** pelas integrais de limite variável

$$\gamma(a, x) = \int_0^x e^{-t} t^{a-1}\, dt, \quad \Re e(a) > 0,$$

$$\Gamma(a, x) = \int_x^\infty e^{-t} t^{a-1}\, dt. \tag{13.73}$$

Claramente, essas duas funções estão relacionadas, para

$$\gamma(a, x) + \Gamma(a, x) = \Gamma(a). \tag{13.74}$$

A escolha de empregar $\gamma(a, x)$ ou $\Gamma(a, x)$ é puramente uma questão de conveniência. Se o parâmetro a é um inteiro positivo, as Equações (13.73) podem ser completamente integradas para produzir

$$\gamma(n, x) = (n - 1)! \left(1 - e^{-x} \sum_{s=0}^{n-1} \frac{x^s}{s!} \right),$$

$$\Gamma(n, x) = (n - 1)!\, e^{-x} \sum_{s=0}^{n-1} \frac{x^s}{s!}. \tag{13.75}$$

Embora essas expressões só sejam válidas para inteiro positivo n, a função $\Gamma(n, x)$ é bem-definida (desde que $x > 0$) para $n = 0$ e corresponde a uma integral exponencial (ver a subseção mais adiante).

Para não inteiros a, uma expansão de série potências de $\gamma(a, x)$ para x pequeno e um como expansão assintótica de $\Gamma(a, x)$ são desenvolvidos nos Exercícios 1.3.3 e 13.6.4:

$$\gamma(a, x) = x^a \sum_{n=0}^\infty (-1)^n \frac{x^n}{n!\,(a + n)}, \quad x \text{ pequeno},$$

$$\Gamma(a, x) \sim x^{a-1} e^{-x} \sum_{n=0}^\infty \frac{\Gamma(a)}{\Gamma(a - n)} \cdot \frac{1}{x^n} \tag{13.76}$$

$$\sim x^{a-1} e^{-x} \sum_{n=0}^\infty (a - n)_n \frac{1}{x^n}, \quad x \text{ grande},$$

em que $(a - n)_n$ é um símbolo de Pochhammer. A expressão final na Equação (13.76) deixa claro como obter uma expansão assintótica para $\Gamma(0, x)$. Observando que $(-n)_n = (-1)^n\, n!$, temos

$$\Gamma(0, x) \sim \frac{e^{-x}}{x} \sum_{n=0}^{\infty} (-1)^n \frac{n!}{x^n}. \tag{13.77}$$

Essas funções gama incompletas também podem ser expressas de maneira muito elegante em termos das funções hipergeométricas confluentes (compare a Seção 18.6).

Função Beta Incompleta

Assim como existem funções gama incompletas, também há uma função beta incompleta, normalmente definida para $0 \le x \le 1$, $p > 0$ (e, se $x = 1$, também $q > 0$) como

$$B_x(p, q) = \int_0^x t^{p-1}(1 - t)^{q-1}\, dt. \tag{13.78}$$

Claramente, $B_{x=1}(p, q)$ torna-se a função beta regular (completa), Equação (13.49). A expansão de série de potências de $B_x(p, q)$ é o tema do Exercício 13.6.5. A relação com funções hipergeométricas aparece na Seção 18.5.

A função beta incompleta aparece na teoria da probabilidade no cálculo da probabilidade de, no máximo, k sucessos em n tentativas independentes.[5]

Integral Exponencial

Embora a função gama incompleta $\Gamma(a, x)$ na sua forma geral, Equação (13.73), raramente seja encontrada em problemas físicos, um caso especial é bastante comum e muito útil. Definimos a **integral exponencial** por[6]

$$-\mathrm{Ei}(-x) \equiv \int_x^{\infty} \frac{e^{-t}}{t}\, dt \equiv E_1(x). \tag{13.79}$$

Para um gráfico dessa função, ver Figura 13.5. Para obter uma expansão de série de $E_1(x)$ para x pequeno, precisamos avançar com cautela, porque a integral na Equação (13.78) diverge logaritmicamente como $x \to 0$. Começamos de

$$E_1(x) = \Gamma(0, x) = \lim_{a \to 0} \left[\Gamma(a) - \gamma(a, x) \right]. \tag{13.80}$$

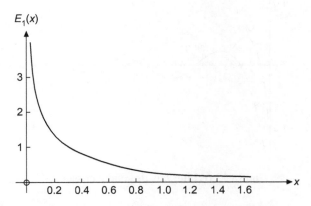

Figura 13.5: A integral exponencial, $E1(x) = -\mathrm{Ei}(-x)$.

[5]W. Feller, *An Introduction to Probability Theory and Its Applications*, 3ª ed. Nova York: Wiley (1968), Section VI.10.

[6]A aparência dos dois sinais de menos em in $-\mathrm{Ei}(-x)$ é uma monstruosidade histórica. AMS-55, Capítulo 5, denota essa integral como $E_1(x)$. Ver a referência em Leituras Adicionais.

Definindo $a = 0$ nos termos convergentes (aqueles com $n \geq 1$) na expansão de $\gamma(a, x)$ e movendo-os fora do escopo do processo limitante, reorganizamos a Equação (13.80) para

$$E_1(x) = \lim_{a \to 0} \left[\frac{a\Gamma(a) - x^a}{a} \right] - \sum_{n=1}^{\infty} \frac{(-1)^n x^n}{n \cdot n!}. \tag{13.81}$$

Usando a regra de l'Hôpital, Equação (1.58), escrevendo $a\Gamma(a) = \Gamma(a + 1)$, e observando que $d\,x^a/da = x^a \ln x$, o limite na Equação (13.81) se reduz a

$$\left[\frac{d}{da} \Gamma(a + 1) - \frac{d}{da} x^a \right]_{a=1} = \Gamma(1)\psi(1) - \ln x = -\gamma - \ln x, \tag{13.82}$$

em que γ (sem argumentos) é a constante de Euler-Mascheroni.[7] Das Equações (13.81) e (13.82) obtemos a série rapidamente convergente

$$E_1(x) = -\gamma - \ln x - \sum_{n=1}^{\infty} \frac{(-1)^n x^n}{n \cdot n!}. \tag{13.83}$$

A expansão assintótica para $E_1(x)$ é simplesmente aquela dada na Equação (13.77) para $\Gamma(0, x)$. Nós a repetimos aqui:

$$E_1(x) \sim e^{-x} \left[\frac{1}{x} - \frac{1!}{x^2} + \frac{2!}{x^3} - \frac{3!}{x^4} + \cdots \right]. \tag{13.84}$$

Outras formas especiais relacionadas com a integral exponencial são a integral de seno e cosseno (para ambas, ver Figura 13.6), e a integral logarítmica, definida por[8]

$$\mathrm{si}(x) = -\int_x^{\infty} \frac{\mathrm{sen}\,t}{t}\,dt,$$

$$\mathrm{Ci}(x) = -\int_x^{\infty} \frac{\cos t}{t}\,dt, \tag{13.85}$$

$$\mathrm{li}(x) = \int_0^x \frac{dt}{\ln t} = \mathrm{Ei}(\ln x).$$

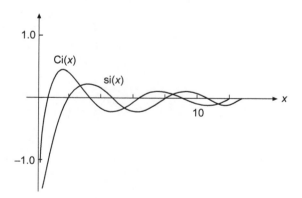

Figura 13.6: Integrais de seno e cosseno.

Vistas como funções de uma variável complexa, $\mathrm{Ci}(z)$ e $\mathrm{li}(z)$ são de valores múltiplos, com um corte de ramificação escolhido de maneira convencionar para estar ao longo do eixo real negativo do ponto de ramificação em $z = 0$.

---

[7]Ter as notações $\gamma(a, x)$ e γ na mesma discussão e com significados diferentes pode parecer lamentável, mas essas são as notações tradicionais e não devem levar a confusões se o leitor estiver alerta.

[8]Outra integral de seno é denotada por $\mathrm{Si}(x) = \mathrm{si}(x) + \pi/2$.

Transformando o argumento de real para imaginário, podemos mostrar que

$$\text{si}(x) = \frac{1}{2i}\Big[\text{Ei}(ix) - \text{Ei}(-ix)\Big] = \frac{1}{2i}\Big[E_1(ix) - E_1(-ix)\Big],$$ (13.86)

enquanto

$$\text{Ci}(x) = \frac{1}{2}\Big[\text{Ei}(ix) + \text{Ei}(-ix)\Big] = -\frac{1}{2}\Big[E_1(ix) + E_1(-ix)\Big], \quad |\arg x| < \frac{\pi}{2}.$$ (13.87)

Adicionando essas duas relações, obtemos

$$\text{Ei}(ix) = \text{Ci}(x) + i\,\text{si}(x),$$ (13.88)

mostrando que a relação entre esses integrais é exatamente análoga àquela entre e^{ix}, $\cos x$ e sen x. Em termos de E_1,

$$E_1(ix) = -\text{Ci}(x) + i\,\text{si}(x).$$ (13.89)

Expansões assintóticas de Ci(x) e si(x) foram desenvolvidas na Seção 12.6, com fórmulas explícitas nas Equações (12.93) e (12.94). Expansões de série de potência sobre a origem de Ci(x), si(x) e li(x) podem ser obtidas da integral exponencial, $E_1(x)$, ou por integração direta, Exercício 13.6.13. As integrais exponenciais, de seno e de cosseno estão tabuladas em AMS-5, Capítulo 5 (ver em Leituras Adicionais a referência), e também podem ser acessadas por meio de softwares simbólicos como Mathematica, Maple, Mathcad e Reduce.

Função de Erro

A **função de erro** erf(z) e a **função de erro complementar** erfc(z) são definidas pelas integrais

$$\text{erf } z = \frac{2}{\sqrt{\pi}}\int_0^z e^{-t^2}\,dt, \quad \text{erfc } z = 1 - \text{erf } z = \frac{2}{\sqrt{\pi}}\int_z^\infty e^{-t^2}\,dt.$$ (13.90)

Os fatores $2/\sqrt{\pi}$ fazem essas funções ser escalonadas de modo que erf $\infty = 1$. Para uma representação de erf x, ver Figura 13.7.

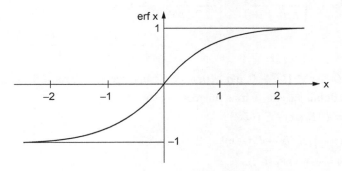

Figura 13.7: Função de erro, erf x.

A expansão de série de potências de erf x decorre diretamente da expansão do exponencial no integrando:

$$\text{erf } x = \frac{2}{\sqrt{\pi}}\sum_{n=0}^{\infty}\frac{(-1)^n x^{2n+1}}{(2n+1)\,n!}.$$ (13.91)

Sua expansão assintótica, o tema do Exercício 12.6.3, é

$$\text{erf } x \approx 1 - \frac{e^{-x^2}}{\sqrt{\pi}\,x}\left(1 - \frac{1}{2x^2} + \frac{1\cdot 3}{2^2 x^4} - \frac{1\cdot 3\cdot 5}{2^3 x^6} + \cdots + (-1)^n\frac{(2n-1)!!}{2^n x^{2n}}\right).$$ (13.92)

A partir da forma geral dos integrandos e Equação (13.6) esperamos que erf z e erfc z possam ser escritos como funções gama incompletas com $a = \frac{1}{2}$. As relações são

$$\text{erf } z = \pi^{-1/2}\gamma(\tfrac{1}{2}, z^2), \quad \text{erfc } z = \pi^{-1/2}\Gamma(\tfrac{1}{2}, z^2).$$ (13.93)

Exercícios

13.6.1   Mostre que $\gamma(a,x) = e^{-x} \sum_{n=0}^{\infty} \frac{(a-1)!}{(a+n)!} x^{a+n}$

(a) integrando repetidamente por partes,

(b) transformando-a na Equação (13.76).

13.6.2   Mostre que

(a) $\dfrac{d^m}{dx^m}[x^{-a}\gamma(a,x)] = (-1)^m x^{-a-m}\gamma(a+m,x),$

(b) $\dfrac{d^m}{dx^m}[e^x\gamma(a,x)] = e^x \dfrac{\Gamma(a)}{\Gamma(a-m)}\gamma(a-m,x).$

13.6.3   Mostre que $\gamma(a,x)$ e $\Gamma(a,x)$ satisfazem as relações de recorrência

(a) $\gamma(a+1,x) = a\,\gamma(a,x) - x^a e^{-x},$

(b) $\Gamma(a+1,x) = a\,\Gamma(a,x) + x^a e^{-x}.$

13.6.4   Mostre que a expansão assintótica (para x grande) da função gama incompleta $\Gamma(a,x)$ tem a forma

$$\Gamma(a,x) \sim x^{a-1}e^{-x}\sum_{n=0}^{\infty}\frac{\Gamma(a)}{\Gamma(a-n)}\cdot\frac{1}{x^n},$$

e que esta expressão é equivalente a

$$\Gamma(a,x) \sim x^{a-1}e^{-x}\sum_{n=0}^{\infty}(a-n)_n\frac{1}{x^n}.$$

13.6.5   A expansão de série da função beta incompleta produz

$$B_x(p,q) = x^p\left\{\frac{1}{p} + \frac{1-q}{p+1}x + \frac{(1-q)(2-q)}{2!(p+2)}x^2 + \cdots \right.$$
$$\left. + \frac{(1-q)(2-q)\cdots(n-q)}{n!(p+n)}x^n + \cdots\right\}.$$

Dado que $0 \le x \le 1$, $p > 0$, e $q > 0$, teste a convergência dessa série. O que acontece em $x = 1$?

13.6.6   Usando as definições das várias funções, mostre

(a) $\text{si}(x) = \frac{1}{2i}[E_1(ix) - E_1(-ix)],$

(b) $\text{Ci}(x) = -\frac{1}{2}[E_1(ix) + E_1(-ix)],$

(c) $E_1(ix) = -\text{Ci}(x) + i\,\text{si}(x).$

13.6.7   O potencial produzido por um elétron de hidrogênio $1s$ é dado por

$$V(r) = \frac{q}{4\pi\varepsilon_0 a_0}\left[\frac{1}{2r}\gamma(3,2r) + \Gamma(2,2r)\right].$$

(a) Para $r \ll 1$, mostre que

$$V(r) = \frac{q}{4\pi\varepsilon_0 a_0}\left[1 - \frac{2}{3}r^2 + \cdots\right].$$

(b) Para $r \gg 1$, mostre que

$$V(r) = \frac{q}{4\pi\varepsilon_0 a_0}\cdot\frac{1}{r}.$$

Aqui r é expresso em unidades de a_0, o raio de Bohr.

Nota: $V(r)$ é ilustrada na Figura 13.8.

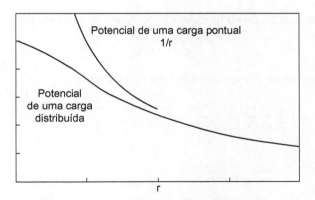

Figura 13.8: Potencial de carga distribuída produzido por um elétron de hidrogênio 1s, Exercício 13.6.7.

13.6.8 O potencial produzido por elétron de hidrogênio 2p pode ser demonstrado ser

$$V(\mathbf{r}) = \frac{1}{4\pi\varepsilon_0} \cdot \frac{q}{24a_0} \left[\frac{1}{r}\gamma(5,r) + \Gamma(4,r) \right]$$

$$- \frac{1}{4\pi\varepsilon_0} \cdot \frac{q}{120a_0} \left[\frac{1}{r^3}\gamma(7,r) + r^2\Gamma(2,r) \right] P_2(\cos\theta).$$

Aqui r é expresso em unidades de a_0, o raio de Bohr. $P_2(\cos\theta)$ é um polinômio de Legendre (Seção 15.1).
(a) Para $r \ll 1$, mostre que

$$V(\mathbf{r}) = \frac{1}{4\pi\varepsilon_0} \cdot \frac{q}{a_0} \left[\frac{1}{4} - \frac{1}{120}r^2 P_2(\cos\theta) + \cdots \right].$$

(b) Para $r \gg 1$, mostre que

$$V(\mathbf{r}) = \frac{1}{4\pi\varepsilon_0} \cdot \frac{q}{a_0 r} \left[1 - \frac{6}{r^2} P_2(\cos\theta) + \cdots \right].$$

13.6.9 Prove que a integral exponencial tem a expansão

$$\int_x^\infty \frac{e^{-t}}{t}\, dt = -\gamma - \ln x - \sum_{n=1}^\infty \frac{(-1)^n x^n}{n \cdot n!},$$

em que γ é a constante de Euler-Mascheroni.

13.6.10 Mostre que $E_1(z)$ pode ser escrito como

$$E_1(z) = e^{-z} \int_0^\infty \frac{e^{-zt}}{1+t}\, dt.$$

Também mostre que devemos impor a condição $|\arg z| \le \pi/2$.

13.6.11 Relacionada com a integral exponencial por uma simples mudança da variável é a função

$$E_n(x) = \int_1^\infty \frac{e^{-xt}}{t^n}\, dt.$$

Mostre que $E_n(x)$ satisfaz a relação de recorrência

$$E_{n+1}(x) = \frac{1}{n} e^{-x} - \frac{x}{n} E_n(x), \quad n = 1, 2, 3, \cdots.$$

13.6.12   Com $E_n(x)$ como definido no Exercício 13.6.11, mostre que para $n > 1$,

$$E_n(0) = 1/(n-1).$$

13.6.13   Desenvolva as seguintes expansões de série de potências:

(a) $\displaystyle \text{si}(x) = -\frac{\pi}{2} + \sum_{n=0}^{\infty} \frac{(-1)^n x^{2n+1}}{(2n+1)(2n+1)!},$

(b) $\displaystyle \text{Ci}(x) = \gamma + \ln x + \sum_{n=1}^{\infty} \frac{(-1)^n x^{2n}}{2n(2n)!}.$

13.6.14   Uma análise de uma antena linear alimentada no ponto central leva à expressão

$$\int_0^x \frac{1 - \cos t}{t} \, dt.$$

Mostre que isso é igual a $\gamma + \ln x - \text{Ci}(x)$.

13.6.15   Usando a relação

$$\Gamma(a) = \gamma(a, x) + \Gamma(a, x),$$

mostre que se $\gamma(a, x)$ satisfaz as relações do Exercício 13.6.2, então $\Gamma(a, x)$ deve satisfazer as mesmas relações.

13.6.16   Para $x > 0$, mostre que

$$\int_x^{\infty} \frac{t^n \, dt}{e^t - 1} = \sum_{k=1}^{\infty} e^{-kx} \left[\frac{x^n}{k} + \frac{nx^{n-1}}{k^2} + \frac{n(n-1)x^{n-2}}{k^3} + \cdots + \frac{n!}{k^{n+1}} \right].$$

Leituras Adicionais

Abramowitz, M., e I. A. Stegun, eds., *Handbook of Mathematical Functions with Formulas, Graphs, and Mathematical Tables* (AMS-55). Washington, DC: National Bureau of Standards (1972). Nova tiragem, Dover (1974). Contém uma riqueza de informações sobre funções gama, funções gama incompletas, integrais exponenciais, funções de erro e funções relacionadas nos Capítulos 4 a 6.

Artin, E., *The Gamma Function* (traduzido para o inglês por M. Butler). Nova York: Holt, Rinehart e Winston (1964). Demonstra que, se uma função $f(x)$ é suave (log convexo) e igual a $(n-1)!$ quando $x = n =$ inteiro, ela é a função gama.

Davis, H. T., *Tables of the Higher Mathematical Functions*. Bloomington, IN: Principia Press (1933). Volume I contém informação extensas sobre a função gama e as funções polgama.

Edwards, H. M., Riemann's Zeta Function. Nova York: Academic Press (1974) e Dover (2003).

Gradshteyn, I. S. e Ryzhik, I. M., *Table of Integrals, Series and Products*. Nova York: Academic Press (1980).

Ivic´, A., *The Riemann Zeta Function*. Nova York: Wiley (1985).

Luke, Y. L., *The Special Functions and Their Approximations* (Vol. 1). Nova York: Academic Press (1969).

Luke, Y. L., *Mathematical Functions and Their Approximations*. Nova York: Academic Press (1975). Esse é um suplemento atualizado para *Handbook of Mathematical Functions with Formulas, Graphs, and Mathematical Tables* (AMS-55). O Capítulo 1 trata da função gama. O Capítulo 4 lida com a função gama incompleta e várias funções relacionadas.

Patterson, S. J., *Introduction to the Theory of the Reimann Zeta Function*. Cambridge: Cambridge University Press (1988).

Titchmarsh, E. C. e Heath-Brown, D. R., *The Theory of the Riemann Zeta-Function*. Oxford: Clarendon Press (1986). Uma obra clássica detalhada.

14

Funções de Bessel

As funções de Bessel aparecem em uma ampla variedade de problemas físicos. Na Seção 9.4, vimos que a separação da equação, ou onda, de Helmholtz em coordenadas cilíndricas circulares levou à equação de Bessel na coordenada que descreve a distância partir do eixo do sistema cilíndrico. Na mesma seção, também identificamos as **funções esféricas de Bessel** (estreitamente relacionadas com as funções de Bessel de ordem semi-inteiro) nas equações de Helmholtz em coordenadas esféricas.

Ao resumir as formas das soluções para equações diferenciais parciais (EDPs) nesses sistemas de coordenadas, não apenas identificamos as funções originais e esféricas de Bessel, mas também aquelas do argumento imaginário (geralmente expresso como **funções modificadas de Bessel** para evitar o uso explícito de grandezas imaginárias). Como essas EDPs podem descrever muitos tipos de problemas que vão desde problemas estacionários na mecânica quântica àqueles da propagação de onda esférica ou cilíndrica, boa familiaridade com as funções de Bessel é importante para o físico praticante.

Muitas vezes, problemas na física envolvem integrais que podem ser identificadas como funções de Bessel, mesmo quando o problema original não envolveu explicitamente geometria cilíndrica ou esférica.

Além disso, funções de Bessel e funções estreitamente relacionadas formam uma área rica da análise matemática com muitas representações, muitas propriedades interessantes e úteis e muitas inter-relações. Algumas das principais inter-relações são desenvolvidas neste capítulo.

Além do material apresentado aqui, chamamos atenção a outras relações em termos das funções hipergeométricas confluentes (Seção 18.6).

14.1 Funções de Bessel do Primeiro Tipo, $J_\nu(x)$

Funções de Bessel **do primeiro tipo**, normalmente chamadas J_ν, são as obtidas pelo método de Frobenius para a solução da EDO de Bessel,

$$x^2 J_\nu'' + x J_\nu' + (x^2 - \nu^2) J_\nu = 0. \tag{14.1}$$

O termo "primeiro tipo" reflete o fato de que $J_\nu(x)$ inclui as funções que, para inteiro não negativo ν, são regulares em $x = 0$. Todas as soluções para a equação diferencial ordinária (EDO) de Bessel que são linearmente independentes de $J_\nu(x)$ são irregulares em $x = 0$ para todo ν; uma escolha específica para uma segunda solução é denotada por $Y_\nu(x)$ e é chamada função Bessel **de segunda espécie** de Bessel.[1]

Função Geradora para Ordem Integral

Começamos nosso estudo detalhado das funções de Bessel introduzindo uma função geradora que produz J_n para inteiro n (de qualquer sinal). Como J_n não são polinomiais, a função geradora não pode ser encontrada pelos métodos da Seção 12.1, mas seremos capazes de mostrar que as funções definidas pela função geradora são realmente as soluções da EDO de Bessel obtidas pelo método de Frobenius.

---

[1] Usamos a notação da AMS-55, também usada por Watson em seu tratado definitivo (para as duas fontes, ver Leituras Adicionais). Y_ν às vezes são também chamadas **funções de Neumann;** por essa razão, alguns pesquisadores as escrevem como $N\nu$. Elas foram denotadas por $N\nu$ nas edições anteriores deste livro.

Nossa fórmula da função geradora, uma série de Laurent, é

$$g(x, t) = e^{(x/2)(t-1/t)} = \sum_{n=-\infty}^{\infty} J_n(x)t^n. \tag{14.2}$$

Embora a EDO de Bessel seja homogênea e suas soluções sejam de escala arbitrária, a Equação (14.2) fixa uma escala específica para $J_n(x)$. Para relacionar a Equação (14.2) com a solução de Frobenius, Equação (7.48), manipulamos o exponencial como a seguir:

$$g(x, t) = e^{xt/2} \cdot e^{-x/2t} = \sum_{r=0}^{\infty} \left(\frac{x}{2}\right)^r \frac{t^r}{r!} \sum_{s=0}^{\infty} (-1)^s \left(\frac{x}{2}\right)^s \frac{t^{-s}}{s!}$$

$$= \sum_{r=0}^{\infty} \sum_{s=0}^{\infty} (-1)^s \left(\frac{x}{2}\right)^{r+s} \frac{t^{r-s}}{r!s!}.$$

Vamos agora mudar o índice do somatório r para $n = r - s$, produzindo

$$g(x, t) = \sum_{n=-\infty}^{\infty} \left[\sum_{s} \frac{(-1)^s}{(n+s)!s!} \left(\frac{x}{2}\right)^{n+2s} \right] t^n, \tag{14.3}$$

em que o somatório s começa em $\max(0, -n)$. Para $n \geq 0$, o coeficiente de t^n é visto como sendo

$$J_n(x) = \sum_{s=0}^{\infty} \frac{(-1)^s}{s!(n+s)!} \left(\frac{x}{2}\right)^{n+2s}. \tag{14.4}$$

Comparando com a Equação (7.48), podemos confirmar que para $n \geq 0$, J_n como dada pela Equação (14.4) é a solução de Frobenius, na escala específica dada aqui.

Se agora substituirmos n por $-n$, o somatório na Equação (14.3) se torna

$$J_{-n}(x) = \sum_{s=n}^{\infty} \frac{(-1)^s}{s!(s-n)!} \left(\frac{x}{2}\right)^{-n+2s};$$

mudando s para $s + n$, alcançamos

$$J_{-n}(x) = \sum_{s=0}^{\infty} \frac{(-1)^{s+n}}{s!(s+n)!} \left(\frac{x}{2}\right)^{n+2s} = (-1)^n J_n(x) \quad \text{(integral } n\text{)}, \tag{14.5}$$

confirmando tanto que $J_{-n}(x)$ é uma solução para a EDO de Bessel EDO quanto que é linearmente dependente de J_n.

Se considerarmos agora J_ν com ν não inteiro, não obtemos nenhuma informação a partir da função geradora, mas o método de Frobenius então dá soluções linearmente independentes para $+\nu$ e $-\nu$, que são as duas soluções da EDO de Bessel, Equação (14.1), para o mesmo valor de ν^2.

Analisando os detalhes do desenvolvimento das Equações (7.46) a (7.48), vemos que a generalização da Equação (14.4) para ν não inteiro é

$$J_\nu(x) = \sum_{s=0}^{\infty} \frac{(-1)^s}{s!\Gamma(\nu+s+1)} \left(\frac{x}{2}\right)^{\nu+2s}, \quad (\nu \neq -1, -2, \ldots), \tag{14.6}$$

e que $J_\nu(x)$ como dada na Equação (14.6) é uma solução para a EDO de Bessel.

Para $\nu \geq 0$, a série da Equação (14.6) é convergente para todo x, e para x pequeno é uma maneira prática de avaliar $J_\nu(x)$. Os gráficos de J_0, J_1, e J_2 são mostrados na Figura 14.1. As funções de Bessel oscilam, mas **não** são periódicas, exceto no limite $x \to \infty$, com a amplitude da oscilação diminuindo de maneira assintótica como $x^{-1/2}$. Esse comportamento é discutido mais adiante na Seção 14.6.

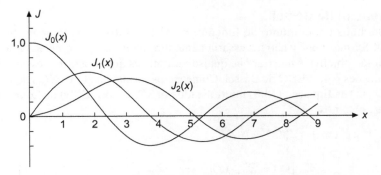

Figura 14.1: Funções de Bessel $J_0(x)$, $J_1(x)$ e $J_2(x)$.

Relações de Recorrência e Propriedades Especiais

As funções de Bessel $J_n(x)$ satisfazem as relações de recorrência que conectam as funções de n contíguo, e também conecta a derivada J_n' a várias J_n. Todas essas relações de recorrência podem ser obtidas operando na série, Equação (14.6), embora isso requeira um pouco de clarividência (ou muita tentativa e erro). Entretanto, se as relações de recorrência já são conhecidas, sua verificação é simples (Exercício 14.1.8). Nossa abordagem aqui será obtê-las da função geradora $g(x, t)$, utilizando um processo semelhante ao ilustrado no Exemplo 12.1.2.

Começamos diferenciando $g(x, t)$:

$$\frac{\partial}{\partial t} g(x, t) = \frac{x}{2}\left(1 + \frac{1}{t^2}\right) e^{(x/2)(t-1/t)} = \sum_{n=-\infty}^{\infty} n J_n(x) t^{n-1},$$

$$\frac{\partial}{\partial x} g(x, t) = \frac{1}{2}\left(t - \frac{1}{t}\right) e^{(x/2)(t-1/t)} = \sum_{n=-\infty}^{\infty} J_n'(x) t^n.$$

Inserindo o lado direito da Equação (14.2) no lugar dos exponenciais e igualando os coeficientes de iguais potências de t (como ilustrado no Exemplo 12.1.2), obtemos as duas fórmulas básicas de recorrência das funções de Bessel:

$$J_{n-1}(x) + J_{n+1}(x) = \frac{2n}{x} J_n(x), \tag{14.7}$$

$$J_{n-1}(x) - J_{n+1}(x) = 2J_n'(x). \tag{14.8}$$

Como a Equação (14.7) é uma relação de recorrência de três termos, seu uso para gerar J_n exigirá dois valores de partida. Por exemplo, dado J_0 e J_1, então J_2 (e qualquer outra ordem integral J_n incluindo aquelas para $n < 0$) podem ser calculadas.

Um caso especial importante da Equação (14.8) é

$$J_0'(x) = -J_1(x). \tag{14.9}$$

As Equações (14.7) e (14.8) também podem ser combinadas (Exercício 14.1.4) para formar as fórmulas adicionais úteis

$$\frac{d}{dx}\left[x^n J_n(x)\right] = x^n J_{n-1}(x), \tag{14.10}$$

$$\frac{d}{dx}\left[x^{-n} J_n(x)\right] = -x^{-n} J_{n+1}(x), \tag{14.11}$$

$$J_n(x) = \pm J_{n\pm1}' + \frac{n\pm1}{x} J_{n\pm1}(x). \tag{14.12}$$

A Equação Diferencial de Bessel

Suponha que consideramos um conjunto de funções $Z_\nu(x)$ que satisfaz as relações básicas de recorrência, Equações (14.7) e (14.8), mas com ν não necessariamente um inteiro e Z_ν não necessariamente dado pela série na Equação (14.6). Nosso objetivo é mostrar que quaisquer funções que satisfazem essas relações de recorrência também devem ser soluções para a EDO de Bessel. Começamos formando (1) $x^2 Z_\nu''(x)$ de $x^2/2$ vezes a derivada da Equação (14.8), (2) $x Z_\nu'(x)$ da Equação (14.8) multiplicado por $x/2$, e (3) $\nu^2 Z_\nu(x)$ da Equação (14.7) multiplicado por $\nu x/2$. Juntando-as, obtemos

$$x^2 Z_\nu{}''(x) + x Z_\nu'(x) - \nu^2 Z_\nu(x)$$

$$= \frac{x^2}{2}\left[Z_{\nu-1}'(x) - Z_{\nu+1}'(x) - \frac{\nu-1}{x} Z_{\nu-1}(x) - \frac{\nu+1}{x} Z_{\nu+1}(x) \right]. \tag{14.13}$$

Os termos entre colchetes na Equação (14.13) podem agora pelo uso da Equação (14.12) ser simplificados para $-2Z_\nu(x)$, assim a Equação (14.13) pode ser reescrita

$$x^2 Z_\nu{}''(x) + x Z_\nu'(x) + (x^2 - \nu^2) Z_\nu(x) = 0, \tag{14.14}$$

que é a EDO de Bessel. Reiterando, mostramos que quaisquer funções $Z_\nu(x)$ que satisfazem as fórmulas básicas de recorrência, Equações (14.7) e (14.8), também satisfazem a equação de Bessel; isto é, Z_ν são funções de Bessel. Para uso posterior, observamos que se o argumento de Z_ν é k em vez de x, a Equação (14.14) se torna

$$\rho^2 \frac{d^2}{d\rho^2} Z_\nu(k\rho) + \rho \frac{d}{d\rho} Z_\nu(k\rho) + (k^2\rho^2 - \nu^2) Z_\nu(k\rho) = 0. \tag{14.15}$$

Representação Integral

É muito importante ter representações integrais das funções de Bessel. Começando na fórmula da função geradora, podemos aplicar o teorema dos resíduos para avaliar a integral de contorno

$$\oint_C \frac{e^{(x/2)(t+1/t)}}{t^{n+1}} dt = \oint_C \sum_m J_m(x) t^{m-n-1} dt = 2\pi i J_n(x), \tag{14.16}$$

em que o contorno C circunda a singularidade em $t = 0$. A integral no lado esquerdo da Equação (14.16) pode agora ser trazida para uma forma conveniente considerando o contorno como o círculo unitário e mudando a variável de integração fazendo a substituição $t = e^{i\theta}$. Então $dt = ie^{i\theta}\,d\theta$, $e^{(x/2)(t-1/t)} = e^{ix\,\mathrm{sen}\theta}$, e temos

$$2\pi i J_n(x) = \int_0^{2\pi} \frac{e^{ix\,\mathrm{sen}\theta}}{e^{(n+1)i\theta}} ie^{i\theta}\,d\theta = \int_0^{2\pi} e^{i(x\,\mathrm{sen}\theta - n\theta)} i\,d\theta. \tag{14.17}$$

Supondo que x é real e considerando as partes imaginárias dos dois lados da Equação (14.17), encontramos

$$J_n(x) = \frac{1}{2\pi} \int_0^{2\pi} \cos(x\,\mathrm{sen}\theta - n\theta)\,d\theta = \frac{1}{\pi} \int_0^{\pi} \cos(x\,\mathrm{sen}\theta - n\theta)\,d\theta, \tag{14.18}$$

em que a última igualdade só se sustenta porque estamos assumindo n como um inteiro. Embora ela não seja necessária agora, a parte real dessa equação também dá uma fórmula interessante:

$$\int_0^{2\pi} \mathrm{sen}(x\,\mathrm{sen}\theta - n\theta)\,d\theta = 0. \tag{14.19}$$

Um caso especial que ocorre com frequência da Equação (14.18) é

$$J_0(x) = \frac{1}{2\pi} \int_0^{2\pi} e^{ix\cos\theta}\,d\theta = \frac{1}{\pi} \int_0^{\pi} \cos(x\,\mathrm{sen}\,\theta)\,d\theta. \tag{14.20}$$

A Equação (14.18) é apenas uma das muitas representações integrais de J_n, e algumas delas podem ser derivadas (usando um contorno apropriadamente modificado) para J_ν de uma ordem não inteiro.

Esse tópico é explorado na subseção sobre funções de Bessel de ordem não inteiro.

Zeros das Funções de Bessel

Em muitos problemas físicos em que os fenômenos são descritos por funções de Bessel, estamos interessados nos pontos onde essas funções (que têm caráter oscilatório) são zero.

Por exemplo, num problema que envolve ondas progressivas, esses zeros identificam as posições dos **nós**. E em problemas de valor de contorno, talvez seja escolher o argumento da nossa função de Bessel para colocar um zero em um ponto apropriado.

Tabela 14.1 Zeros das funções de Bessel e suas primeiras derivadas

Número dos zeros	$J_0(x)$	$J_1(x)$	$J_2(x)$	$J_3(x)$	$J_4(x)$	$J_5(x)$
1	2,4048	3,8317	5,1356	6,3802	7,5883	8,7715
2	5,5201	7,0156	8,4172	9,7610	11,0647	12,3386
3	8,6537	10,1735	11,6198	13,0152	14,3725	15,7002
4	11,7915	13,3237	14,7960	16,2235	17,6160	18,9801
5	14,9309	16,4706	17,9598	19,4094	20,8269	22,2178
	$J_0'(x)$	$J_1'(x)$	$J_2'(x)$	$J_3'(x)$	$J_4'(x)$	$J_5'(x)$
1	3,8317	1,8412	3,0542	4,2012	5,3176	6,4156
2	7,0156	5,3314	6,7061	8,0152	9,2824	10,5199
3	10,1735	8,5363	9,9695	11,3459	12,6819	13,9872
4	13,3237	11,7060	13,1704	14,5858	15,9641	17,3128
5	16,4706	14,8636	16,3475	17,7887	19,1960	20,5755

Não há fórmulas fechadas para os zeros das funções de Bessel; eles devem ser encontrados por meio de métodos numéricos. Como necessidade deles surge frequentemente, tabelas dos zeros estão disponíveis, tanto em compilações como AMS–55 (ver Leituras Adicionais) quanto em uma variedade de fontes online.[2] A Tabela 14.1 lista os primeiros zeros de $J_n(x)$ para o inteiro n de $n = 0$ até $n = 5$, dando também as posições dos zeros de J_n'.

Exemplo 14.1.1 Difração de Fraunhofer, Abertura Circular

Na teoria da difração da radiação de comprimento de onda λ, normal incidente l a uma abertura circular de raio a, encontramos a integral

$$\Phi \sim \int_0^a r\, dr \int_0^{2\pi} e^{ibr\cos\theta} d\theta,\tag{14.21}$$

em que Φ é a amplitude da onda difratada e (r, θ) identifica pontos na abertura.

O expoente $br\cos\theta$ é a fase da radiação através de (r, θ) que é difratada em um ângulo α a partir da direção incidente, com

$$b = \frac{2\pi}{\lambda}\,\mathrm{sen}\,\alpha.\tag{14.22}$$

A geometria é ilustrada na Figura 14.2. A difração de **Fraunhofer**, para a qual as fórmulas anteriores são as relevantes, é aplicada no limite em que a radiação de saída é detectada em grandes distâncias a partir da abertura.

---

[2]Raízes adicionais das funções de Bessel e aquelas das suas primeiras derivadas podem ser encontradas em C. L. Beattie, Table of first 700 zeros of Bessel functions, *Bell Syst. Tech. J.* **37**, 689 (1958), e Bell Monogr. **3055**. As raízes também podem ser acessadas nos softwares simbólicos Mathematica, Maple e outros.

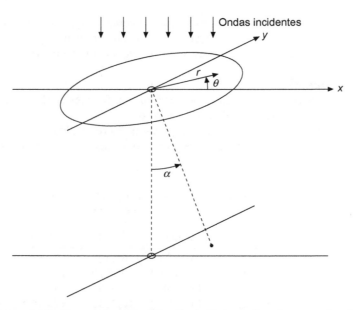

Figura 14.2: Geometria para difração de Fraunhofer, abertura circular.

O comportamento do exponencial complexo fará a amplitude oscilar à medida que α aumenta, criando (para cada comprimento de onda) um padrão de difração. Para entender os padrões em mais detalhes, precisamos avaliar a integral na Equação (14.21). A partir da Equação (14.20) pode reduzir imediatamente a Equação (14.21) a

$$\Phi \sim 2\pi \int\limits_{0}^{a} J_0(br)r\,dr, \tag{14.23}$$

que pode ser integrada em r usando a Equação (14.10):

$$\Phi \sim 2\pi \int\limits_{0}^{a} \frac{1}{b^2}\frac{d}{dr}\big[(br)J_1(br)\big]dr = \frac{2\pi}{b^2}\big[brJ_1(br)\big]_0^a = \frac{2\pi a}{b}J_1(ab), \tag{14.24}$$

em que usamos o fato de que $J_1(0) = 0$. A intensidade da luz na difração padrão é proporcional a Φ^2 e, substituindo b da Equação (14.22),

$$\Phi^2 \sim \left(\frac{J_1[(2\pi a/\lambda)\,\mathrm{sen}\,\alpha]}{\mathrm{sen}\,\alpha} \right)^2. \tag{14.25}$$

Para a luz visível e aberturas de tamanho razoável, $2\pi a/\lambda$ é muito pequeno: para luz verde ($\lambda = 5{,}5 \times 10^{-5}$ cm) e uma abertura com $a = 0{,}5$ cm, $2\pi a/\lambda = 57120$, e esses valores de parâmetro levam ao padrão para Φ mostrado na Figura 14.3. Observe que a figura plota Φ (uma plotagem de Φ^2 tornaria as oscilações muito pequenas para serem observáveis no mesmo gráfico como o máximo em $\alpha = 0$). Vemos que Φ exibe um máximo central de $\alpha = 0$ da amplitude ~ 30.000, com extremas subsidiárias que por $\alpha = 0{,}001$ radiano diminuiu de grandeza para menos de 1% do máximo central. Lembrando que a intensidade é Φ^2, vemos que a difração de propagação da luz incidente é extremamente pequena. Para fazer uma análise quantitativa do padrão de difração, precisamos identificar as posições de seus mínimos. Eles correspondem aos zeros de J_1; por exemplo, da Tabela 14.1, encontramos o primeiro mínimo estando onde $(2\pi a / \lambda)$ sen $\alpha = 3{,}8317$, ou $\alpha \emptyset$ 14 segundos do arco. Se essa análise fosse conhecida no século XVII, os argumentos contra a teoria da onda da luz teriam entrado em colapso.

Em meados do século XX esse mesmo padrão de difração aparece no espalhamento das partículas nucleares por núcleos atômicos, uma demonstração notável das propriedades de onda das partículas nucleares.   ■

Outros exemplos do uso das funções de Bessel e suas raízes são fornecidos pelo exemplo a seguir e pelos exercícios dessa seção e na Seção 14.2.

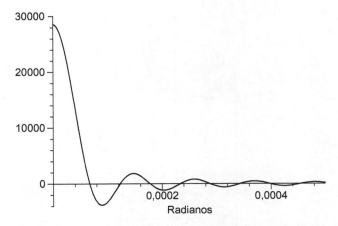

Figura 14.3: Amplitude de difração de Fraunhofer *versus* ângulo de deflexão (luz verde, abertura de raio 0,5 cm).

Exemplo 14.1.2   Cavidade Ressoante Cilíndrica

A propagação das ondas eletromagnéticas, em cilindros metálicos ocos é importante em muitos dispositivos práticos. Se as extremidades do cilindro forem superfícies, ele é chamado **cavidade**. Cavidades ressonantes desempenham um papel crucial em diversos aceleradores de partículas.

As frequências ressonantes de uma cavidade são aquelas das soluções oscilatórias para as equações de Maxwell que correspondem aos padrões de onda estacionária. Combinando as equações de Maxwell, derivamos no Exemplo 3.6.2 a equação vetorial de Laplace para o **campo** elétrico em uma região livre de cargas e correntes elétricas. Considerando o eixo z ao longo do eixo da cavidade, nossa preocupação aqui é a equação para E_z, que a partir da Equação (3.71) descobrimos que tem a forma

$$\nabla^2 E_z = -\frac{1}{c^2}\frac{\partial^2 E_z}{\partial t^2}, \tag{14.26}$$

que tem soluções de onda estacionária $E_z(x, y, z, t) = E_z(x, y, z)f(t)$, em que $f(t)$ tem soluções reais sen ωt e cos ωt, correspondendo às oscilações sinusoidais com frequência angular ω.

Estamos supondo implicitamente que nossa solução tem uma componente não zero E_z, e também definiremos $B_z = 0$, assim nossa intenção é obter soluções que são normalmente chamadas modos TM (para "transversal magnética") da oscilação. Soluções adicionais, com $E_z = 0$ e B_z diferente de zero, correspondem a modos TE (transversal elétrica) e são o tema do Exercício 14.1.25.

Desse modo, para o problema atual, em que a cavidade é mostrada na Figura 14.4, buscamos soluções para a EDP espacial:

$$\nabla^2 E_z + k^2 E_z = 0, \quad k = \frac{\omega}{c}. \tag{14.27}$$

O objetivo desse exemplo é encontrar os valores de ω para os quais a Equação (14.27) tem soluções consistentes com as condições de contorno nas paredes da cavidade. Supondo que as paredes metálicas sejam condutores perfeitos, as condições de contorno são que as componentes tangenciais do campo elétrico desapareçam aí. Considerando a cavidade como tendo extremidades planares em $z = 0$ e $z = h$, e (em coordenadas cilíndricas ρ, φ) estando limitada por uma superfície curva em $\rho = a$, nossas condições de contorno são $E_x = E_y = 0$ nas extremidades, e $E_\varphi = E_z = 0$ no contorno em $\rho = a$.

Depois que uma solução (com $B_z = 0$) foi encontrada para E_z, então as componentes restantes de **B** e **E** têm valores definidos. Para mais detalhes, ver J. D. Jackson, *Electrodynamics* em Leituras Adicionais.

A Equação (14.27) pode ser resolvida pelo método de separação de variáveis, com soluções da forma dada na Equação (9.64):

$$E_z(\rho, \theta, z) = P_{lm}(\rho)\Phi_m(\varphi)Z_l(z), \tag{14.28}$$

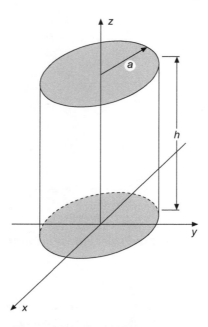

Figura 14.4: Cavidade ressonante.

com $\Phi_m(\theta) = e^{\pm im\varphi}$ ou seu equivalente em termos de senos e cossenos, enquanto $Z_l(z)$ e $P_{lm}(\rho)$ são soluções das equações diferenciais ordinárias

$$\frac{d^2 Z_l}{dz^2} = -l^2 Z_l, \tag{14.29}$$

$$\rho \frac{d}{d\rho}\left(\rho \frac{dP_{lm}}{d\rho}\right) + \left((k^2 - l^2)\rho^2 - m^2\right) P_{lm} = 0. \tag{14.30}$$

A Equação (14.29) corresponde à Equação (9.58), mas com uma escolha diferente do sinal para a separação de constante antecipando o fato de que Z_l passará a ser oscilatório. Essa alteração faz n^2 na Equação (9.60) tornar-se $k^2 - l^2$, e a Equação (14.30) é então vista como correspondendo exatamente com a Equação (9.63).

Reconhecendo agora a Equação (14.30) como a EDO de Bessel e a Equação (14.29) como a EDO para um oscilador harmônico clássico, encontramos, antes de impor as condições de contorno,

$$E_z = J_m(n\rho)e^{\pm im\varphi}\left[A \operatorname{sen} lz + B \cos lz\right], \tag{14.31}$$

e a solução geral será uma combinação linear arbitrária das fórmulas anteriores para diferentes valores de n, m e l. Escolhemos a solução para a EDO de Bessel como sendo do primeiro tipo para manter a regularidade em $\rho = 0$, uma vez que esse valor ρ está dentro da cavidade. Escrevemos a dependência φ da solução como um exponencial complexo para conveniência notacional. As soluções fisicamente relevantes serão misturas arbitrárias das quantidades reais correspondentes, sen $m\varphi$ e cos $m\varphi$. A condição de continuidade e valor único em φ determinam que m tem valores inteiros.

A condição de que $E_z = 0$ no contorno curvo se traduz na exigência $J_m(na) = 0$. Deixando α_{mj} representar o j-ésimo zero positivo de J_m, descobrimos que

$$na = \alpha_{mj}, \quad \text{ou} \quad k^2 - l^2 = \left(\frac{\alpha_{mj}}{a}\right)^2. \tag{14.32}$$

Para completar a solução, precisamos identificar a condição de contorno em Z. Como $\partial E_x / \partial x = \partial E_y / \partial y = 0$ nas extremidades, temos da equação de Maxwell para $\nabla \cdot E$:

$$\frac{\partial E_x}{\partial x} + \frac{\partial E_y}{\partial y} + \frac{\partial E_z}{\partial z} = 0 \quad \longrightarrow \quad \frac{\partial E_z}{\partial z} = 0, \tag{14.33}$$

assim temos a exigência $Z'(0) = Z'(h) = 0$, e precisamos escolher

$$Z = B \cos lz, \quad \text{com} \quad l = \frac{p\pi}{h}, \quad p = 0, 1, 2, \ldots. \tag{14.34}$$

Combinando as Equações (14.32) e (14.34), encontramos

$$k^2 = \left(\frac{\alpha_{mj}}{a}\right)^2 + \left(\frac{p\pi}{h}\right)^2 = \frac{\omega^2}{c^2}, \tag{14.35}$$

fornecendo assim uma equação para as frequências ressonantes:

$$\omega_{mjp} = c\sqrt{\frac{\alpha_{mj}^2}{a^2} + \frac{p^2\pi^2}{h^2}}, \quad \begin{cases} m = 0, 1, 2, \ldots, \\ j = 1, 2, 3, \ldots, \\ p = 0, 1, 2, \ldots. \end{cases} \tag{14.36}$$

Recapitulando, as funções que encontramos, rotuladas pelos índices m, j e p, são as partes espaciais das soluções de onda estacionária do caráter TM cuja dependência de tempo e amplitude geral são da forma $Ce^{\pm i\omega_{mjp}t}$. ∎

Funções de Bessel de Ordem não Inteiro

Embora os J_ν do ν não inteiro não sejam produzidas a partir de uma abordagem da função geradora, elas são facilmente identificadas da expansão de série de Taylor, e convencionalmente recebem uma escala consistente com aquela de J_n do inteiro n. Então elas satisfazem as mesmas relações de recorrência que as derivadas da função geradora.

Se ν não é um inteiro, na verdade há uma simplificação importante. As funções J_ν e $J_{-\nu}$ são então soluções independentes da mesma EDO, e uma relação da forma da Equação (14.5) não existe. Por outro lado, para $\nu = n$, um inteiro, precisamos de outra solução. O desenvolvimento dessa segunda solução e uma investigação das suas propriedades são o tema da Seção 14.3.

Integral de Schlaefli

É útil modificar a representação integral, Equação (14.16), de modo que ela possa ser aplicada para as funções de Bessel de ordem não inteiro. O primeiro passo para fazer isso é deformar o contorno circular esticando-o até o infinito no eixo real negativo e abrindo o contorno aí, como mostrado na Figura 14.5.

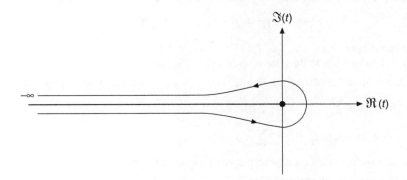

Figura 14.5: Contorno, integral de Schlaefli para J_ν

Nossa integral, escrita

$$F_\nu(x) = \frac{1}{2\pi i} \int\limits_C \frac{e^{(x/2)(t-1/t)}}{t^{\nu+1}} dt, \tag{14.37}$$

agora tem um ponto de ramificação em $t = 0$ e, como abrimos o contorno, podemos posicionar o corte de ramificação ao longo do eixo real negativo. Podemos antecipar que esse procedimento não afetará nossa representação integral, como o integrando desaparece em $t = -\infty$ em ambos os lados do corte. Entretanto, isso ainda deve ser provado.

Nosso primeiro passo para uma prova de que F_ν é realmente J_ν é verificar que F_ν ainda satisfaz a EDO de Bessel. Se substituirmos F_ν e suas derivadas x na EDO, podemos, após alguma manipulação, chegar à expressão

$$\frac{1}{2\pi i} \int_C \frac{d}{dt} \left\{ \frac{e^{(x/2)(t-1/t)}}{t^\nu} \left[\nu + \frac{x}{2} \left(t + \frac{1}{t} \right) \right] \right\} dt, \tag{14.38}$$

e como a integração está dentro de uma região de analiticidade do integrando, a integral se reduz a

$$\left\{ \frac{e^{(x/2)(t-1/t)}}{t^\nu} \left[\nu + \frac{x}{2} \left(t + \frac{1}{t} \right) \right] \right\}_{\text{fim}} - \left\{ \frac{e^{(x/2)(t-1/t)}}{t^\nu} \left[\nu + \frac{x}{2} \left(t + \frac{1}{t} \right) \right] \right\}_{\text{início}}.$$

Concluímos, portanto, que a EDO é satisfeita se essa expressão desaparece; na nossa situação atual cada uma das quantidades entre chaves é zero para t grande negativo e x positivo, confirmando que F_ν satisfaz a EDO de Bessel.

Ainda precisamos mostrar que F_ν é a solução designada J_ν; para alcançar isso consideramos seu valor para $x > 0$ pequeno. Deformando o contorno para um grande círculo aberto e fazendo uma mudança de variável para $u = e^{i\pi} xt / 2$, obtemos (a menor ordem em x)

$$F_\nu(x) \approx \frac{1}{2\pi i} \left(\frac{x}{2} \right)^\nu e^{i\nu\pi} \int_{C'} \frac{e^{-u}}{u^{\nu+1}} du. \tag{14.39}$$

Por causa da mudança da variável, o contorno C' torna-se aquele que introduzimos ao desenvolver uma representação integral de Schlaefli da função gama e, usando a Equação (13.31), reduzimos a Equação (14.39) a

$$F_\nu(x) \approx \left(\frac{x}{2} \right)^\nu \frac{\text{sen}[(\nu+1)\pi]\Gamma(-\nu)}{\pi} = \frac{1}{\Gamma(\nu+1)} \left(\frac{x}{2} \right)^\nu, \tag{14.40}$$

em que o último passo usou a fórmula de reflexão para a função gama, Equação (13.23). Como esse é o termo dominante da expansão para J_ν, a prova está completa.

Exercícios

14.1.1   A partir do produto das funções geradoras $g(x, t) g(x, -t)$, mostre que

$$1 = [J_0(x)]^2 + 2[J_1(x)]^2 + 2[J_2(x)]^2 + \cdots$$

e, portanto, que $|J_0(x)| \le 1$ e $|J_n(x)| \le 1/\sqrt{2}$, $n = 1, 2, 3, \ldots$.
Dica: Use a unicidade da série de potências, (Seção 1.2).

14.1.2   Utilizando uma função geradora $g(x, t) = g(u + v, t) = g(u, t) g(v, t)$, mostre que

     (a) $J_n(u + v) = \sum_{s=-\infty}^{\infty} J_s(u) J_{n-s}(v),$

     (b) $J_0(u + v) = J_0(u) J_0(v) + 2 \sum_{s=1}^{\infty} J_s(u) J_{-s}(v).$

Esses são os teoremas da adição para as funções de Bessel.

14.1.3   Usando apenas a função geradora

$$e^{(x/2)(t-1/t)} = \sum_{n=-\infty}^{\infty} J_n(x) t^n$$

e não a forma explícita da série de $J_n(x)$, mostre que $J_n(x)$ tem paridade ímpar ou par se n for ímpar ou par, isto é,

$$J_n(x) = (-1)^n J_n(-x).$$

14.1.4   Use as fórmulas básicas de recorrência, Equações (14.7) e (14.8), para provar as fórmulas a seguir:

     (a) $\dfrac{d}{dx}[x^n J_n(x)] = x^n J_{n-1}(x),$

(b) $\dfrac{d}{dx}[x^{-n}J_n(x)]=-x^{-n}J_{n+1}(x),$

(c) $J_n(x)=J'_{n+1}+\frac{n+1}{x}J_{n+1}(x).$

14.1.5   Derive a expansão de Jacobi-Anger

$$e^{i\rho\cos\varphi}=\sum_{m=-\infty}^{\infty}i^m J_m(\rho)e^{im\varphi}.$$

Essa é uma expansão de uma onda plana de uma série de ondas cilíndricas.

14.1.6   Mostre que

(a) $\cos x=J_0(x)+2\sum_{n=1}^{\infty}(-1)^n J_{2n}(x),$

(b) $\sin x=2\sum_{n=0}^{\infty}(-1)^n J_{2n+1}(x).$

14.1.7   Para ajudar a remover a função geradora do reino de magia, mostre que ela pode ser **derivada** da relação de recorrência, Equação (14.7).
Dica: (a)   Suponha uma função geradora da forma

$$g(x,t)=\sum_{m=-\infty}^{\infty}J_m(x)t^m.$$

(b)   Multiplique a Equação (14.7) por t^n e some ao longo de n.

(c)   Reescreva o resultado anterior como

$$\left(t+\frac{1}{t}\right)g(x,t)=\frac{2t}{x}\frac{\partial g(x,t)}{\partial t}.$$

(d)   Integre e ajuste a "constante" da integração (uma função de x) de modo que o coeficiente da zero-ésima potência, t^0, é $J_0(x)$, como dado pela Equação (14.6).

14.1.8   Mostre, por diferenciação direta, que

$$J_\nu(x)=\sum_{s=0}^{\infty}\frac{(-1)^s}{s!\,\Gamma(s+\nu+1)}\left(\frac{x}{2}\right)^{\nu+2s}$$

satisfaz as duas relações de recorrência

$$J_{\nu-1}(x)+J_{\nu+1}(x)=\frac{2\nu}{x}J_\nu(x),$$

$$J_{\nu-1}(x)-J_{\nu+1}(x)=2J'_\nu(x),$$

e a equação diferencial de Bessel

$$x^2 J''_\nu(x)+x J'_\nu(x)+(x^2-\nu^2)J_\nu(x)=0.$$

14.1.9   Prove que

$$\frac{\operatorname{sen}x}{x}=\int_0^{\pi/2}J_0(x\cos\theta)\cos\theta\,d\theta,\qquad\frac{1-\cos x}{x}=\int_0^{\pi/2}J_1(x\cos\theta)\,d\theta.$$

Dica: A integral definida

$$\int_0^{\pi/2}\!\!\operatorname{os}^{2s+1}\theta\,d\theta=\frac{2\cdot4\cdot6\cdots(2s)}{1\cdot3\cdot5\cdots(2s+1)}$$

pode ser útil.

14.1.10 Derive

$$J_n(x) = (-1)^n x^n \left(\frac{1}{x} \frac{d}{dx} \right)^n J_0(x).$$

Dica: Tente indução matemática (Seção 1.4).

14.1.11 Mostre que entre quaisquer dois zeros consecutivos de $J_n(x)$ existe um e somente um zero de $J_{n+1}(x)$. *Dica*: As Equações (14.10) e (14.11) podem ser úteis.

14.1.12 Uma análise dos padrões de radiação de antena para um sistema com uma abertura circular envolve a equação

$$g(u) = \int\limits_0^1 f(r) J_0(ur) r \, dr.$$

Se $f(r) = 1 - r^2$, mostre que

$$g(u) = \frac{2}{u^2} J_2(u).$$

14.1.13 A seção cruzada diferencial em um experimento de espalhamento nuclear é dada por $d\sigma / d\Omega = |f(\theta)|^2$. Um tratamento aproximado leva a

$$f(\theta) = \frac{-ik}{2\pi} \int\limits_0^{2\pi} \int\limits_0^R \exp[ik\rho \, \mathrm{sen}\,\theta \, \mathrm{sen}\,\varphi] \rho \, d\rho \, d\varphi.$$

Aqui θ é um ângulo através do qual a partícula dispersa se espalha. R é o raio nuclear. Mostre que

$$\frac{d\sigma}{d\Omega} = (\pi R^2) \frac{1}{\pi} \left[\frac{J_1(kR \, \mathrm{sen}\,\theta)}{\mathrm{sen}\,\theta} \right]^2.$$

14.1.14 Um conjunto de funções $C_n(x)$ satisfaz as relações de recorrência

$$C_{n-1}(x) - C_{n+1}(x) = \frac{2n}{x} C_n(x),$$

$$C_{n-1}(x) + C_{n+1}(x) = 2C_n'(x).$$

(a) Qual EDO linear de segunda ordem $C_n(x)$ satisfaz?

(b) Por uma mudança da variável, transforme sua EDO em uma equação de Bessel. Isso sugere que $C_n(x)$ pode ser expressa em termos das funções de Bessel do argumento transformado.

14.1.15 (a) Mostre por diferenciação e substituição diretas que

$$J_\nu(x) = \frac{1}{2\pi i} \int\limits_C e^{(x/2)(t - 1/t)} t^{-\nu-1} dt$$

(essa é a representação integral de Schlaefli J_ν), e que a equação equivalente,

$$J_\nu(x) = \frac{1}{2\pi i} \left(\frac{x}{2} \right)^\nu \int\limits_C e^{s - x^2/4s} s^{-\nu-1} ds,$$

satisfazem a equação de Bessel. C é o contorno mostrado na Figura 14.5. O eixo real negativo é a linha de corte.

Dica: O objetivo deste exercício é fornecer informações sobre a discussão que começa na Equação (14.38).

(b) Mostre que a primeira integral (com n um inteiro) pode ser transformada em

$$J_n(x) = \frac{1}{2\pi} \int\limits_0^{2\pi} e^{i(x \operatorname{sen}\theta - n\theta)} d\theta = \frac{i^{-n}}{2\pi} \int\limits_0^{2\pi} e^{i(x \cos\theta + n\theta)} d\theta.$$

14.1.16 O contorno C no Exercício 14.1.15 é deformado para o caminho $-\infty$ para -1, círculo unitário $e^{-i\pi}$ para $e^{i\pi}$ e, por fim, -1 para $-\infty$. Mostre que

$$J_\nu(x) = \frac{1}{\pi} \int\limits_0^\pi \cos(\nu\theta - x \operatorname{sen}\theta) d\theta - \frac{\operatorname{sen}\nu\pi}{\pi} \int\limits_0^\infty e^{-\nu\theta - x \operatorname{senh}\theta} d\theta.$$

Essa é a integral de Bessel.

Dica: Os valores negativos da variável da integração u devem ser representados de uma maneira consistente com a presença do corte de ramificação, por exemplo, escrevendo $u = te^{\pm ix}$.

14.1.17 (a) Mostre que

$$J_\nu(x) = \frac{2}{\pi^{1/2}\Gamma(\nu + \frac{1}{2})} \left(\frac{x}{2}\right)^\nu \int\limits_0^{\pi/2} \cos(x \operatorname{sen}\theta) \cos^{2\nu}\theta \, d\theta,$$

em que $\nu > -\frac{1}{2}$.

Dica: Eis a oportunidade de usar a expansão de série e a integração termo a termo. As fórmulas da Seção 13.3 serão úteis.

(b) Transforme a integral na parte (a) em

$$J_\nu(x) = \frac{1}{\pi^{1/2}\Gamma(\nu + \frac{1}{2})} \left(\frac{x}{2}\right)^\nu \int\limits_0^\pi \cos(x \cos\theta) \operatorname{sen}^{2\nu}\theta \, d\theta$$

$$= \frac{1}{\pi^{1/2}\Gamma(\nu + \frac{1}{2})} \left(\frac{x}{2}\right)^\nu \int\limits_0^\pi e^{\pm ix \cos\theta} \operatorname{sen}^{2\nu}\theta \, d\theta$$

$$= \frac{1}{\pi^{1/2}\Gamma(\nu + \frac{1}{2})} \left(\frac{x}{2}\right)^\nu \int\limits_{-1}^1 e^{\pm ipx}(1 - p^2)^{\nu - 1/2} \, dp.$$

Essas são representações integrais alternadas de $J_\nu(x)$.

14.1.18 Dado que C é o contorno na Figura 14.5,

(a) A partir de

$$J_\nu(x) = \frac{1}{2\pi i} \left(\frac{x}{2}\right)^\nu \int\limits_C t^{-\nu - 1} e^{t - x^2/4t} dt$$

derive a relação de recorrência

$$J_\nu'(x) = \frac{\nu}{x} J_\nu(x) - J_{\nu+1}(x).$$

(b) A partir de

$$J_\nu(x) = \frac{1}{2\pi i} \int\limits_C t^{-\nu - 1} e^{(x/2)(t - 1/t)} dt$$

derive a relação de recorrência

$$J_\nu'(x) = \frac{1}{2}\big[J_{\nu-1}(x) - J_{\nu+1}(x) \big].$$

14.1.19 Mostre que a relação de recorrência

$$J_n'(x) = \frac{1}{2}\big[J_{n-1}(x) - J_{n+1}(x) \big]$$

decorre diretamente da diferenciação de

$$J_n(x) = \frac{1}{\pi} \int\limits_0^\pi \cos(n\theta - x\,\mathrm{sen}\,\theta)\, d\theta.$$

14.1.20 Avalie

$$\int\limits_0^\infty e^{-ax} J_0(bx)\, dx, \quad a, b > 0.$$

Na verdade, os resultados se mantêm para $a \geq 0$, $-\infty < b < \infty$. Essa é uma transformada de Laplace de J_0.
Dica: Uma representação integral de J_0 ou uma expansão de série será útil.

14.1.21 Usando as simetrias das funções trigonométricas, confirme que para o inteiro n,

$$\frac{1}{2\pi} \int\limits_0^{2\pi} \cos(x\,\mathrm{sen}\,\theta - n\theta)\, d\theta = \frac{1}{\pi} \int\limits_0^{\pi} \cos(x\,\mathrm{sen}\,\theta - n\theta)\, d\theta.$$

14.1.22 (a) Plote a intensidade, Φ^2 da Equação (14.25), como uma função de (sen α / λ) ao longo de um diâmetro do padrão de difração circular. Localize os dois primeiros mínimos.
(b) Estime a fração da intensidade total da luz que não exceda a máxima central.
Dica: $[J_1(x)]^2 / x$ pode ser escrito como uma derivada e a integral de área da intensidade integrada por inspeção.

14.1.23 A fração da luz incidente sobre uma abertura circular (incidência normal) que é transmitida é dada por

$$T = 2 \int\limits_0^{2ka} J_2(x)\frac{dx}{x} - \frac{1}{2ka} \int\limits_0^{2ka} J_2(x)\, dx.$$

Aqui a é o raio da abertura e k é o número de onda, $2\pi/\lambda$. Mostre que

(a) $T = 1 - \dfrac{1}{ka}\displaystyle\sum_{n=0}^\infty J_{2n+1}(2ka)$, (b) $T = 1 - \dfrac{1}{2ka}\displaystyle\int\limits_0^{2ka} J_0(x)\, dx.$

14.1.24 A amplitude $U(\rho, \varphi, t)$ de uma membrana circular vibrando com um raio a satisfaz a equação de onda

$$\nabla^2 U \equiv \frac{\partial^2 U}{\partial \rho^2} + \frac{1}{\rho}\frac{\partial U}{\partial \rho} + \frac{1}{\rho^2}\frac{\partial^2 U}{\partial \varphi^2} = \frac{1}{v^2}\frac{\partial^2 U}{\partial t^2}.$$

Aqui v é a velocidade de fase da onda, determinada pelas propriedades da membrana.
(a) Mostre que uma solução fisicamente relevante é

$$U(\rho, \varphi, t) = J_m(k\rho) \left(c_1 e^{im\varphi} + c_2 e^{-im\varphi} \right) \left(b_1 e^{i\omega t} + b_2 e^{-i\omega t} \right).$$

(b) A partir da condição de contorno de Dirichlet $J_m(ka) = 0$, encontre os valores permitidos de k.

14.1.25 O Exemplo 14.1.2 descreve os modos TM da oscilação da cavidade eletromagnética. Para obter os modos de transversal elétrico (TE), definimos $E_z = 0$ e trabalhamos a partir da componente z da indução magnética **B**:

$$\nabla^2 B_z + \alpha^2 B_z = 0$$

com condições de contorno

$$B_z(0) = B_z(l) = 0 \quad \text{e} \quad \left.\frac{\partial B_z}{\partial \rho}\right|_{\rho=a} = 0.$$

Mostre que as frequências ressonantes TE são dadas por

$$\omega_{mnp} = c\sqrt{\frac{\beta_{mn}^2}{a^2} + \frac{p^2\pi^2}{l^2}}, \quad p = 1, 2, 3, \ldots,$$

e identifique as quantidades β_{mn}.

14.1.26 Um cilindro condutor pode acomodar ondas eletromagnéticas progressivas; quando utilizado para esse propósito, é chamado guia de onda. As equações que descrevem as ondas progressivas são as mesmas que as do Exemplo 14.1.2, mas não há nenhuma condição de contorno em E_z em $z = 0$ ou $z = h$ além de que sua dependência z seja oscilatória. Para cada modo TM (valores de m e j do Exemplo 14.1.2), há uma frequência mínima que pode ser transmitida através de um guia de onda de raio a. Explique por que isso acontece, e forneça uma fórmula para as frequências de corte.

14.1.27 Plote as três menores frequências ressonantes angulares TM e as três menores TE, ω_{mnp}, como uma função da razão de raio/comprimento (a/l) para $0 \le a / l \le 1,5$.
Dica: Tente plotar ω^2 (em unidades de c^2/a^2) *versus* $(a/l)^2$. Por que essa escolha?

14.1.28 Mostre que a integral

$$\int_0^a x^m J_n(x)dx, \quad m \ge n \ge 0,$$

(a) é integrável para $m + n$ ímpar em termos das funções e potências de Bessel x, isto é, é expressa como combinações lineares de $a^p J_q(a)$;

(b) pode ser reduzida para $m + n$ par para os termos integrados mais $\int_0^a J_0(x)dx$.

14.1.29 Mostre que

$$\int_0^{\alpha_{0n}} \left(1 - \frac{y}{\alpha_{0n}}\right) J_0(y)ydy = \frac{1}{\alpha_{0n}} \int_0^{\alpha_{0n}} J_0(y)dy.$$

Aqui α_{0n} é o enésimo zero de $J_0(y)$. Essa relação é útil (ver Exercício 14.2.9): a expressão à direita é mais fácil e mais rápida de avaliar, e é muito mais precisa. Considerar a diferença dos dois termos na expressão à esquerda leva a um grande erro relativo.

14.2 Ortogonalidade

Para identificar as propriedades de ortogonalidade das funções de Bessel, é conveniente começar escrevendo a EDO de Bessel em uma forma que podemos reconhecer como um problema de autovalor de Sturm-Liouville, as propriedades gerais do qual foram discutidas em detalhe a partir de Equação (8.15). Se dividirmos a Equação (14.15), por ρ^2 e reorganizamos um pouco, temos

$$-\left(\frac{d^2}{d\rho^2} + \frac{1}{\rho}\frac{d}{d\rho} - \frac{v^2}{\rho^2}\right) Z_v(k\rho) = k^2 Z_v(k\rho), \tag{14.41}$$

mostrando que $Z_v(k\rho)$ é uma autofunção do operador

$$\mathcal{L} = -\left(\frac{d^2}{d\rho^2} + \frac{1}{\rho}\frac{d}{d\rho} - \frac{v^2}{\rho^2}\right) \tag{14.42}$$

com autovalor k^2. Como frequentemente estamos mais interessados em problemas cujas soluções em coordenadas cilíndricas (ρ, φ, z) separadas em produtos $P(\rho)\Phi(\varphi)Z(z)$ e que são para a região dentro de um contorno cilíndrico em algum $\rho = a$, geralmente temos $\Phi(\varphi) = e^{im\varphi}$ com m um inteiro (causando assim $\nu^2 \to m^2$), e descobrimos que $P(\rho) = J_m(k\rho)$. Escolhemos P como uma função de Bessel do primeiro tipo porque $\rho = 0$ é interior à nossa região e queremos uma solução que é não singular aí.

A partir da teoria de Sturm-Liouville, vemos que o fator de peso necessário para tornar L da Equação (14.42) autoadjunto (como uma EDO) é $w(\rho) = \rho$, e a integral de ortogonalidade para as duas autofunções $J_\nu(k\rho)$ e $J_\nu(k'\rho)$, um caso da Equação (8.20), é (quer ν seja ou não um inteiro)

$$\frac{a\left[k' J_\nu(ka) J_\nu'(k'a) - k J_\nu'(ka) J_\nu(k'a)\right]}{k^2 - k'^2} = \int_0^a \rho J_\nu(k\rho) J_\nu(k'\rho) d\rho. \qquad (14.43)$$

Ao escrever a Equação (14.43) usamos o fato de que a presença de um fator ρ nos termos do contorno faz com que não haja nenhuma contribuição a partir do limite inferior $\rho = 0$.[3]

A Equação (14.43) mostra que $J_\nu(k)$ de k diferente será ortogonal (com um fator de peso ρ) que podemos fazer o lado esquerdo da equação desaparecer. Podemos fazer isso escolhendo k e k' de tal modo que $J_\nu(ka) = J_\nu(k'a) = 0$. Em outras palavras, podemos exigir que k e k' sejam de tal modo que ka e $k'a$ são zeros de J_ν, e nossas funções de Bessel então satisfazem as condições de contorno de Dirichlet.

Se agora deixarmos $\alpha_{\nu i}$ denotar o i-ésimo zero de J_ν, essa análise corresponde à seguinte fórmula de ortogonalidade para o intervalo $[0, a]$:

$$\int_0^a \rho J_\nu\left(\alpha_{\nu i}\frac{\rho}{a}\right) J_\nu\left(\alpha_{\nu j}\frac{\rho}{a}\right) d\rho = 0, \quad i \neq j. \qquad (14.44)$$

Observe que todos os membros do nosso conjunto ortogonal das funções de Bessel têm o mesmo valor de índice ν, diferindo apenas na escala do argumento de J_ν. Membros sucessivos do conjunto ortogonal terão um número crescente de oscilações no intervalo $(0, a)$. Também observe que o fator de peso, ρ, é exatamente esse que corresponde à ortogonalidade **não ponderada** ao longo da região dentro de um círculo de raio a. Mostramos na Figura 14.6 as três primeiras funções de Bessel de ordem $\nu = 1$ que são ortogonais dentro do círculo unitário.

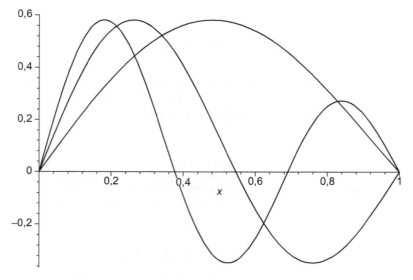

Figura 14.6: Funções de Bessel $J_1(\alpha_{1n}\rho)$, $n = 1, 2, 3$ no intervalo $0 \leq \rho \leq 1$.

---

[3]Isso será verdadeiro para todo $\nu \geq -1$, como ficará mais evidente ao discutir as funções de Bessel da segunda espécie.

Uma alternativa à análise precedente seria assegurar o desaparecimento do termo de contorno da Equação (14.43) em $\rho = a$, escolhendo valores de k correspondendo à condição de contorno de Neumann $J_\nu'(ka) = 0$. As funções obtidas dessa maneira também formariam um conjunto ortogonal.

Normalização

Nossos conjuntos ortogonais das funções de Bessel não estão normalizados, e para usá-los em expansões precisamos das suas integrais de normalização. Essas integrais podem ser desenvolvidas retornando à Equação (14.43), que é válida para todo k e k', se os termos de contorno desaparecem ou não. Consideramos os limites de ambos os lados dessa equação como $k' \to k$, avaliando o limite no lado esquerdo usando a regra de l'Hôpital, que aqui corresponde a considerar as derivadas do numerador e denominador em relação a k':

$$\int_0^a \rho \, [J_\nu(k\rho)]^2 \, d\rho = \lim_{k' \to k} \frac{a\left[J_\nu(ka)\dfrac{d}{dk'}\left(k' J_\nu'(k'a) \right) - k J_\nu'(ka)\dfrac{d}{dk'}\left(J_\nu(k'a) \right) \right]}{\dfrac{d}{dk'}(k^2 - k'^2)}.$$

Agora simplificamos essa equação para o caso em que $ka = \alpha_{\nu i}$, assim definimos $J_\nu(ka) = 0$ e alcançamos

$$\int_0^a \rho \; J_\nu\left(\alpha_{\nu i} \frac{\rho}{a} \right)^2 d\rho = \frac{-a^2 k[J_\nu'(ka)]^2}{-2k} = \frac{a^2}{2}[J_\nu'(\alpha_{\nu i})]^2. \tag{14.45}$$

Agora, como $\alpha_{\nu i}$ é um zero de J_ν, a Equação (14.12) permite reconhecer que $J_\nu'(\alpha_{\nu i}) = -J_{\nu+1}(\alpha_{\nu i})$. Então obtemos da Equação (14.45) o resultado desejado,

$$\int_0^a \rho \left[J_\nu\left(\alpha_{\nu i} \frac{\rho}{a} \right) \right]^2 d\rho = \frac{a^2}{2}[J_{\nu+1}(\alpha_{\nu i})]^2. \tag{14.46}$$

Série de Bessel

Se supomos que o conjunto das funções de Bessel $J_\nu(\alpha_{\nu j} \rho/a)$ para ν fixo e para $j = 1, 2, 3, \ldots$ está completo, então qualquer $f(\rho)$ função bem comportada, mas do contrário arbitrária, pode ser expandida em uma série de Bessel

$$f(\rho) = \sum_{j=1}^\infty c_{\nu j} J_\nu\left(\alpha_{\nu j} \frac{\rho}{a} \right), \quad 0 \le \rho \le a, \quad \nu > -1. \tag{14.47}$$

Os coeficientes $c_{\nu j}$ são determinados pelas regras usuais para expansões ortogonais. Com o auxílio da Equação (14.46), temos

$$c_{\nu j} = \frac{2}{a^2[J_{\nu+1}(\alpha_{\nu j})]^2} \int_0^a f(\rho) J_\nu\left(\alpha_{\nu j} \frac{\rho}{a} \right) \rho d\rho. \tag{14.48}$$

Como dito anteriormente, também é possível obter um conjunto ortogonal das funções de Bessel da ordem dada ν impondo a condição de contorno de Neumann $J_\nu'(k\rho) = 0$ em $\rho = a$, correspondendo a $k = \beta_{\nu j}/a$, em que $\beta_{\nu j}$ é o j-ésimo zero de J_ν'. Essas funções também podem ser utilizadas para expansões ortogonais. Essa abordagem é explorada nos Exercícios 14.2.2 e 14.2.5.

O exemplo a seguir ilustra a utilidade da série de Bessel.

Exemplo 14.2.1 Potencial Eletrostático em um Cilindro Oco

Consideramos um cilindro oco que, em coordenadas cilíndricas (ρ, φ, z) está limitado por uma superfície curva em $\rho = a$ e extremidades em $z = 0$ e $z = h$. Supomos que a base $(z = 0)$ e a superfície curva estão aterrados, e, portanto, no potencial $\psi = 0$, enquanto a extremidade em $z = h$ tem uma distribuição de potencial conhecido $V(\rho, \varphi, h)$. Nosso problema é determinar o potencial $V(\rho, \varphi, z)$ ao longo do interior do cilindro.

Procedemos encontrando soluções de variável separada para a equação de Laplace em coordenadas cilíndricas, ao longo das linhas discutidas na Seção 9.4. Nosso primeiro passo é identificar soluções de produtos, que, como na Equação (9.64), devem assumir a forma[4]

$$\psi_{lm}(\rho, \varphi, z) = P_{lm}(\rho)\Phi_m(\varphi)Z_l(z), \tag{14.49}$$

com $\Phi_m = e^{\pm im\varphi}$, e

$$\frac{d^2}{dz^2}Z_l(z) = l^2 Z_l(z), \tag{14.50}$$

$$\rho^2 \frac{d^2}{d\rho^2}P_{lm} + \rho \frac{d}{d\rho}P_{lm} + (l^2\rho^2 - m^2)P_{lm} = 0. \tag{14.51}$$

A equação para P_{lm} é a EDO de Bessel, com as soluções de relevância aqui $J_m(l\rho)$. Para satisfazer a condição de contorno em $\rho = a$ precisamos escolher $l = \alpha_{mj}/a$, em que j pode ser qualquer inteiro positivo e α_{mj} é o j-ésimo zero J_m.

A equação para Z_l tem soluções $e^{\pm lz}$; para satisfazer a condição de contorno em $z = 0$ precisamos considerar a combinação linear dessas soluções que é equivale a senh lz. Combinando essas observações, vemos que as possíveis soluções para a equação de Laplace que satisfazem todas as condições de contorno além daquela em $z = h$ podem ser escritas

$$\psi_{mj} = c_{mj}J_m\left(\alpha_{mj}\frac{\rho}{a}\right)e^{im\varphi}\,\text{senh}\left(\alpha_{mj}\frac{z}{a}\right). \tag{14.52}$$

Como a equação de Laplace é homogênea, qualquer combinação linear de ψ_{mj} com valores arbitrários de c_{mj} será uma solução, e nossa tarefa restante é encontrar a combinação linear dessas soluções que satisfazem a condição de contorno em $z = h$. Portanto,

$$V(\rho, \varphi, z) = \sum_{m=-\infty}^{\infty}\sum_{j=1}^{\infty}\psi_{mj}, \tag{14.53}$$

com a condição de contorno em $z = h$ expressa como

$$\sum_{m=-\infty}^{\infty}\sum_{j=1}^{\infty}c_{mj}J_m\left(\alpha_{mj}\frac{\rho}{a}\right)e^{im\varphi}\,\text{senh}\left(\alpha_{mj}\frac{h}{a}\right) = V(\rho, \varphi, h). \tag{14.54}$$

Nossa solução é tanto uma série trigonométrica quanto uma série de Bessel, cada uma com propriedades de ortogonalidade que podem ser usadas para determinar os coeficientes. A partir da Equação (14.48) e a fórmula

$$\int_0^{2\pi}e^{-im\varphi}e^{im'\varphi} = 2\pi\delta_{mm'}, \tag{14.55}$$

encontramos

$$c_{mj} = \left[\pi a^2\,\text{senh}\left(\alpha_{mj}\frac{h}{a}\right)J_{m+1}^2(\alpha_{mj})\right]^{-1}$$

$$\int_0^{2\pi}d\varphi\int_0^a V(\rho, \varphi, h)J_m\left(\alpha_{mj}\frac{\rho}{a}\right)e^{-im\varphi}\rho d\rho. \tag{14.56}$$

Essas são integrais definidas, isto é, números. Substituindo de volta na Equação (14.52), a série na Equação (14.53) é especificada e o potencial $V(\rho, \varphi, z)$ é determinado.   ■

---

[4]Observe que aqui Z_l é uma função de z resultante da separação das variáveis; a notação não se destina a identificá-la como uma função de Bessel.

Exercícios

14.2.1 Mostre que

$$(k^2 - k'^2) \int_0^a J_\nu(kx) J_\nu(k'x) x\, dx = a[k' J_\nu(ka) J_\nu'(k'a) - k J_\nu'(ka) J_\nu(k'a)],$$

em que $J_\nu'(ka) = \dfrac{d}{d(kx)} J_\nu(kx)|_{x=a}$, e que

$$\int_0^a [J_\nu(kx)]^2 x\, dx = \frac{a^2}{2} \left\{ [J_\nu'(ka)]^2 + \left(1 - \frac{\nu^2}{k^2 a^2} \right) [J_\nu(ka)]^2 \right\}, \quad \nu > -1.$$

Essas duas integrais são normalmente chamadas **primeira e segunda integrais de Lommel**.

14.2.2 (a) Se $\beta_{\nu m}$ é o m-ésimo zero $(d/d\rho) J_\nu(\beta \nu_m \rho/a)$, mostre que as funções de Bessel são ortogonais ao longo do intervalo $[0, a]$ com uma integral de ortogonalidade

$$\int_0^a J_\nu \left(\beta_{\nu m} \frac{\rho}{a} \right) J_\nu \left(\beta_{\nu n} \frac{\rho}{a} \right) \rho\, d\rho = 0, \quad m \neq n, \quad \nu > -1.$$

(b) Derive a integral de normalização correspondente ($m = n$).

$$\textit{RESPOSTA}: (b) \frac{a^2}{2} \left(1 - \frac{\nu^2}{\beta_{\nu m}^2} \right) [J_\nu(\beta_{\nu m})]^2 \quad \nu > 1.$$

14.2.3 Verifique se a equação de ortogonalidade, Equação (14.44), e a equação de normalização, Equação (14.46), se sustentam para $\nu > -1$.
Dica: Usando expansões da série de potência, examinar o comportamento da equação (14.43) como $\rho \to 0$.

14.2.4 A partir da Equação (11.49), desenvolva uma prova de que $J_\nu(z)$, $\nu > -1$ não tem raízes complexas (com uma parte imaginária diferente de zero).
Dica: (a) Utilize a forma de série de $J_\nu(z)$ para excluir raízes imaginárias puras.
(b) Suponha que $\alpha_{\nu m}$ seja complexa e considere $\alpha_{\nu n}$ como sendo $\alpha_{\nu m}^*$.

14.2.5 (a) Na expansão de série

$$f(\rho) = \sum_{m=1}^\infty c_{\nu m} J_\nu \left(\alpha_{\nu m} \frac{\rho}{a} \right), \quad 0 \leq \rho \leq a, \quad \nu > -1,$$

com $J_\nu(\alpha_{\nu m}) = 0$, mostre que os coeficientes são dados pela

$$c_{\nu m} = \frac{2}{a^2 [J_{\nu+1}(\alpha_{\nu m})]^2} \int_0^a f(\rho) J_\nu \left(\alpha_{\nu m} \frac{\rho}{a} \right) \rho\, d\rho.$$

(b) Na expansão de série

$$f(\rho) = \sum_{m=1}^\infty d_{\nu m} J_\nu \left(\beta_{\nu m} \frac{\rho}{a} \right), \quad 0 \leq \rho \leq a, \quad \nu > -1,$$

com $(d/d\rho) J_\nu(\beta_{\nu m} \rho/a)|_{\rho=a} = 0$, mostre que os coeficientes são dados por

$$d_{\nu m} = \frac{2}{a^2(1 - \nu^2/\beta_{\nu m}^2)[J_\nu(\beta_{\nu m})]^2} \int_0^a f(\rho) J_\nu \left(\beta_{\nu m} \frac{\rho}{a} \right) \rho\, d\rho.$$

14.2.6   Um cilindro circular direito tem um potencial eletrostático de $\psi(\rho, \varphi)$ em ambas as extremidades. O potencial na superfície cilíndrica curva é igual a zero. Encontre o potencial em todos os pontos interiores.

Dica: Escolha seu sistema de coordenadas e ajuste a dependência z para explorar a simetria do potencial.

14.2.7   A função $f(x)$ é expressa como uma série de Bessel:

$$f(x) = \sum_{n=1}^{\infty} a_n J_m(\alpha_{mn} x),$$

com α_{mn} a n-ésima raiz de J_m. Prove a relação de Parseval,

$$\int_0^1 [f(x)]^2 x\, dx = \frac{1}{2} \sum_{n=1}^{\infty} a_n^2 [J_{m+1}(\alpha_{mn})]^2.$$

14.2.8   Prove que

$$\sum_{n=1}^{\infty} (\alpha_{mn})^{-2} = \frac{1}{4(m+1)}.$$

Dica: Expanda x^m em uma série de Bessel e aplique a relação de Parseval.

14.2.9   Um cilindro circular direito de comprimento l e raio a tem em sua extremidade um potencial

$$\psi\left(z = \pm \frac{l}{2}\right) = 100 \left(1 - \frac{\rho}{a}\right).$$

O potencial na superfície curva (o lado) é zero. Usando a série de Bessel do Exercício 14.2.6, calcule o potencial eletrostático para $\rho/a = 0{,}0\,(0{,}2)10$ e $z/l = 0{,}0(0{,}1)0{,}5$. Considere $a/l = 0{,}5$.

Dica: A partir do Exercício 14.1.29 você tem

$$\int_0^{\alpha_{0n}} \left(1 - \frac{y}{\alpha_{0n}}\right) J_0(y) y\, dy.$$

Mostre que isso é igual a

$$\frac{1}{\alpha_{0n}} \int_0^{\alpha_{0n}} J_0(y)\, dy.$$

A avaliação numérica dessa última forma, em vez da primeira é mais rápida e mais precisa.

Nota: Para $\rho/a = 0{,}0$ e $z/l = 0{,}5$ a convergência é lenta, 20 termos fornecendo somente 98,4 em vez de 100.

Verifique o valor: Para $\rho/a = 0{,}4$ e $z/l = 0{,}3$, $\psi = 24{,}558$.

14.3   Funções de Neumann, Funções de Bessel de Segundo Tipo

A partir da teoria das equações diferenciais ordinárias, sabemos que a equação de Bessel tem duas soluções independentes.

De fato, para a ordem não inteiro ν já encontramos duas soluções e as rotulamos $J_\nu(x)$ e $J_{-\nu}(x)$ utilizando a série infinita, Equação (14.6). O problema é que quando ν é inteiro, a Equação (14.5) se mantém e temos uma única solução independente. Uma segunda solução pode ser desenvolvida pelos métodos da Seção 7.6. Isso gera uma segunda solução perfeitamente boa da equação de Bessel. Entretanto, essa solução não é a forma padrão, que é chamada **função de Bessel de segundo tipo**, ou de modo alternativo, **função de Neumann**.

Definição e Forma de Séries

A definição padrão das funções de Neumann é a combinação linear a seguir de $J_\nu(x)$ e $J_{-\nu}(x)$:

$$Y_\nu(x) = \frac{\cos \nu\pi \, J_\nu(x) - J_{-\nu}(x)}{\operatorname{sen} \nu\pi}. \tag{14.57}$$

Para não inteiro ν, $Y_\nu(x)$ satisfaz claramente a equação de Bessel, pois é uma combinação linear das soluções conhecidas, $J_\nu(x)$ e $J_{-\nu}(x)$. O comportamento de $Y_\nu(x)$ para x pequeno (e não inteiro ν) pode ser determinado a partir da expansão de série de potências $J_{-\nu}$, Equação (14.6); podemos escrever, recorrendo à Equação (13.23),

$$\begin{aligned} Y_\nu(x) &= -\frac{1}{\operatorname{sen} \nu\pi} \left[\frac{1}{\Gamma(1-\nu)} \left(\frac{x}{2}\right)^{-\nu} - \cdots \right] \\ &= -\frac{\Gamma(\nu)\Gamma(1-\nu)}{\pi} \left[\frac{1}{\Gamma(1-\nu)} \left(\frac{x}{2}\right)^{-\nu} - \cdots \right] \\ &= -\frac{\Gamma(\nu)}{\pi} \left(\frac{x}{2}\right)^{-\nu} + \cdots . \end{aligned} \tag{14.58}$$

No entanto, para ν inteiro, a Equação (14.57) torna-se indeterminada; na verdade, $Y_n(x)$ para n inteiro é definido como

$$Y_n(x) = \lim_{\nu \to n} Y_\nu(x). \tag{14.59}$$

Para determinar que o limite representado pela Equação (14.59) existe e não é identicamente zero (de modo que $Y_n(x)$ tem uma definição significativa), aplicamos a regra de l'Hôpital à Equação (14.57), obtendo inicialmente

$$Y_n(x) = \frac{1}{\pi} \left[\frac{dJ_\nu}{d\nu} - (-1)^n \frac{dJ_{-\nu}}{d\nu} \right]_{\nu=n}. \tag{14.60}$$

Inserindo as expansões de J_ν e $J_{-\nu}$ da Equação (14.6), as diferenciações de $(x/2)^{2s\pm\nu}$ combinam-se para gerar $(2/\pi)J_n(x)\ln(x/2)$, enquanto as derivada de $1/\Gamma(s \pm n + 1)$ produzem os termos contendo $\psi(s \pm n + 1) / \Gamma(s \pm n + 1)$, em que Γ é a função digama (Seção 13.2).

O resultado final, cuja verificação é o tema do Exercício 14.3.8, é

$$\begin{aligned} Y_n(x) &= \frac{2}{\pi} J_n(x) \ln\left(\frac{x}{2}\right) - \frac{1}{\pi} \sum_{k=0}^{n-1} \frac{(n-k-1)!}{k!} \left(\frac{x}{2}\right)^{2k-n} \\ &\quad - \frac{1}{\pi} \sum_{k=0}^{\infty} \frac{(-1)^k}{k!(n+k)!} \left[\psi(k+1) + \psi(n+k+1) \right] \left(\frac{x}{2}\right)^{2k+n}, \end{aligned} \tag{14.61}$$

Uma forma explícita de $\psi(n)$ para inteiro n é dada na Equação (13.40).

A Equação (14.61) mostra que para $n > 0$, o termo mais divergente para x pequeno está de acordo com o resultado para não inteiro n dado na Equação (14.58). Vemos também que todas as soluções para o inteiro n contêm um termo logarítmico com a função regular J_n multiplicando o logaritmo. No nosso estudo anterior das EDOs, descobrimos que uma segunda solução geralmente terá uma contribuição desse tipo quando a equação indicial faz os expoentes da expansão de série de potência ser inteiros. Também podemos concluir da Equação (14.61) que Y_n é linearmente independente de J_n, confirmando que de fato temos uma segunda solução para a EDO de Bessel.

É de algum interesse obter a expansão de $Y_0(x)$ em uma forma mais explícita. Voltando à Equação (14.61), notamos que seu primeiro somatório está vago, e temos a expansão relativamente simples

$$\begin{aligned} Y_0(x) &= \frac{2}{\pi} J_0(x) \ln\left(\frac{x}{2}\right) - \frac{2}{\pi} \sum_{k=0}^{\infty} \frac{(-1)^k}{k!k!} \left[-\gamma + H_k \right] \left(\frac{x}{2}\right)^{2k} \\ &= \frac{2}{\pi} J_0(x) \left[\gamma + \ln\left(\frac{x}{2}\right) \right] - \frac{2}{\pi} \sum_{k=1}^{\infty} \frac{(-1)^k}{k!k!} H_k \left(\frac{x}{2}\right)^{2k}, \end{aligned} \tag{14.62}$$

em que H_k é o número harmônico $\sum_{m=1}^{k} m^{-1}$ e γ é a constante de Euler-Mascheroni.

As funções de Neumann $Y_n(x)$ são irregulares em $x = 0$, mas, à medida que x aumenta, elas se tornam oscilatórias, como pode ser visto a partir dos gráficos de Y_0, Y_1, e Y_2 na Figura 14.7. A definição da Equação (14.57) foi escolhida especificamente para fazer o comportamento oscilatório estar na mesma escala que a de J_n e assintoticamente deslocada na fase por $\pi/2$, de forma semelhante ao comportamento relativo de seno e cosseno. Porém, ao contrário do seno e cosseno, J_n e Y_n só exibem periodicidade exata no limite assintótico. Esse ponto é abordado em detalhes na Seção 14.6.

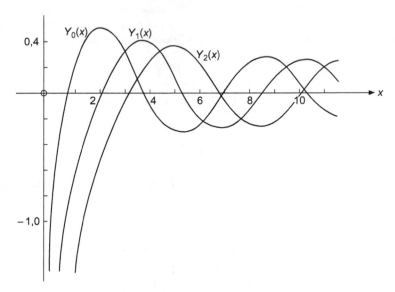

Figura 14.7: Funções de Neumann $Y_0(x)$, $Y_1(x)$ e $Y_2(x)$.

A Figura 14.8 compara $J_0(x)$ e $Y_0(x)$ ao longo de um intervalo amplo de x.

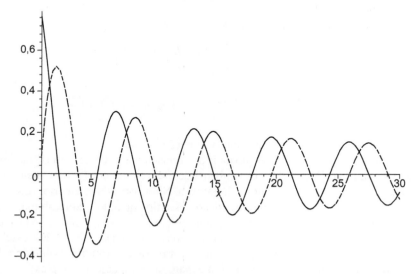

Figura 14.8: Comportamento oscilatório de $J_0(x)$ (linha sólida) e $Y_0(x)$ (linha tracejada) para $1 \leq x \leq 30$.

Representações Integrais
Assim como acontece com todas as outras funções de Bessel, $Y_\nu(x)$ tem representações integrais. Para $Y_0(x)$, temos

$$Y_0(x) = -\frac{2}{\pi} \int_0^\infty \cos(x \cosh t)dt = -\frac{2}{\pi} \int_1^\infty \frac{\cos(xt)}{(t^2 - 1)^{1/2}}dt, \quad x > 0. \tag{14.63}$$

Ver Exercício 14.3.7, que mostra que essa integral é uma solução para a EDO de Bessel que é linearmente independente de $J_0(x)$. A identificação específica de r_0 é o tema do Exercício 14.4.8.

Relações de Recorrência e Propriedades Especiais

Substituindo a Equação (14.57) para $Y_\nu(x)$ (não inteiro ν) para as relações de recorrência de $J_n(x)$, Equações (14.7) e (14.8), vemos imediatamente que $Y_\nu(x)$ satisfaz essas mesmas relações de recorrência. Isso na verdade constitui uma prova de que Y_ν é uma solução para a EDO de Bessel. Observe que o inverso não é necessariamente verdadeiro. Todas as soluções não precisam satisfazer as mesmas relações de recorrência, uma vez que as relações dependem das escalas atribuídas às soluções de ν diferente.

Um exemplo desse tipo de problema aparece na Seção 14.5.

Fórmulas Wronskianas

Uma EDO $p(x)y'' + q(x)y' + r(x)y = 0$ na forma autoadjunta (assim $q = p'$) encontrada no Exercício 7.6.1 tem a seguinte fórmula wronskiano conectando suas soluções u e v:

$$u(x)v'(x) - u'(x)v(x) = \frac{A}{p(x)}. \tag{14.64}$$

Para trazer a equação de Bessel à forma autoadjunta, precisamos escrevê-la como $x\,y'' + y' + (x - \nu^2/x)y = 0$, mostrando assim que para nossos propósitos atuais $p(x) = x$, e temos, portanto, para cada não inteiro ν

$$J_\nu J'_{-\nu} - J'_\nu J_{-\nu} = \frac{A_\nu}{x}. \tag{14.65}$$

Como A_ν é uma constante e podemos esperar que ela dependa de ν, ela pode ser identificada para cada ν em qualquer ponto conveniente, como $x = 0$. A partir da expansão de série de potencias, Equação (14.6), obtemos os seguintes comportamentos limitadores para x pequeno:

$$J_\nu \to \frac{1}{\Gamma(1+\nu)}\left(\frac{x}{2}\right)^\nu, \qquad J'_\nu \to \frac{\nu}{2\Gamma(1+\nu)}\left(\frac{x}{2}\right)^{\nu-1},$$

$$J_{-\nu} \to \frac{1}{\Gamma(1-\nu)}\left(\frac{x}{2}\right)^{-\nu}, \quad J'_{-\nu} \to \frac{-\nu}{2\Gamma(1-\nu)}\left(\frac{x}{2}\right)^{-\nu-1}. \tag{14.66}$$

A substituição na Equação (14.65) produz

$$J_\nu(x)J'_{-\nu}(x) - J'_\nu(x)J_{-\nu}(x) = \frac{-2\nu}{x\Gamma(1+\nu)\Gamma(1-\nu)} = -\frac{2\operatorname{sen}\nu\pi}{\pi x}, \tag{14.67}$$

usando a Equação (13.23). Embora a Equação (14.67) tenha sido obtida para $x \to 0$, a comparação com a Equação (14.65) mostra que ela deve ser verdadeira para todo x, e que $A_\nu = -(2/\pi)\operatorname{sen}\nu\,\pi$. Observe que A_ν se anula para a integral ν, mostrando que o wronskiano de J_n e J_{-n} se anulam e que essas funções de Bessel são linearmente dependentes.

Usando nossas relações de recorrência, podemos facilmente desenvolver várias formas alternativas, entre as quais

$$J_\nu J_{-\nu+1} + J_{-\nu}J_{\nu-1} = \frac{2\operatorname{sen}\nu\pi}{\pi x}, \tag{14.68}$$

$$J_\nu J_{-\nu-1} + J_{-\nu}J_{\nu+1} = -\frac{2\operatorname{sen}\nu\pi}{\pi x}, \tag{14.69}$$

$$J_\nu Y'_\nu - J'_\nu Y_\nu = \frac{2}{\pi x}, \tag{14.70}$$

$$J_\nu Y_{\nu+1} - J_{\nu+1}Y_\nu = -\frac{2}{\pi x}. \tag{14.71}$$

Muitas mais serão encontradas em Leituras Adicionais.

Você deve lembrar que no Capítulo 7, wronskianas foram muito importantes em dois aspectos: (1) para estabelecer a independência linear ou dependência linear das soluções das equações diferenciais, e (2) para desenvolver uma forma integral de uma segunda solução. Aqui, as formas específicas das wronskianas e combinações derivadas wronskianas das funções de Bessel são úteis principalmente ao desenvolver o comportamento geral das várias funções de Bessel. Wronskianas também são muito utilizadas para verificar as tabelas das funções de Bessel.

Usos das Funções de Neumann

As funções de Neumann $Y_\nu(x)$ são importantes por algumas razões:

1. Elas são segundas soluções independentes da equação de Bessel, completando assim a solução geral.
2. Elas são necessárias para problemas físicos em que elas não são excluídas por uma exigência de regularidade em $x = 0$. Exemplos específicos incluem ondas eletromagnéticas em cabos coaxiais e a teoria de espalhamento da mecânica quântica.
3. Elas levam diretamente às duas funções de Hankel, cuja definição e utilização, especialmente em estudos da propagação de ondas, são discutidas na Seção 14.4.

Terminamos com um exemplo em que as funções de Neumann desempenham um papel vital.

Exemplo 14.3.1 Guias Coaxiais de Onda

Estamos interessados em uma onda eletromagnética confinada entre as superfícies condutoras concêntricas e cilíndricas $\rho = a$ e $\rho = b$. As Equações que regem a propagação de onda são as mesmas que aquelas discutidas no Exemplo 14.1.2, mas como condições de contorno agora diferentes, e nosso interesse está nas soluções que são ondas progressivas (compare o Exercício 14.1.26).

Para problemas de propagação de onda, é conveniente escrever a solução em termos de exponenciais complexos, em última análise com as quantidades físicas reais envolvidas identificadas como suas partes reais (ou imaginárias). Assim, no lugar da Equação (14.31) (a solução para ondas estacionárias em uma cavidade cilíndrica), agora temos para soluções E_z nas quais a dependência ρ deve envolver J_m e Y_m (uma vez que este último não é regido por um requisito para regularidade em $\rho = 0$). Incluindo a dependência do tempo, temos para as soluções TM (transversal magnética) as formas de variável separada

$$E_z = \left[c_{mn} J_m(\gamma_{mn}\rho) + d_{mn} Y_m(\gamma_{mn}\rho) \right] e^{\pm im\varphi} e^{i(lz - \omega t)}, \qquad (14.72)$$

agora com l podendo ter qualquer valor real (não há nenhuma condição de contorno em z). O índice n identifica diferentes valores possíveis de γ_{mn}. Como na Equação (14.30), a relação entre γ_{mn}, l, e ω é

$$\frac{\omega^2}{c^2} = \gamma_{mn}^2 + l^2. \qquad (14.73)$$

A solução mais geral de ondas progressivas TM será uma combinação linear arbitrária de todas as funções da forma dada pela Equação (14.72), com γ_{mn}, c_{mn} e d_{mn} escolhidos de modo que E_z desaparecerá em $\rho = a$ e $\rho = b$. Uma diferença principal entre esse problema e o do Exemplo 14.1.2 é que a condição em E_z não é dada pelos zeros das funções de Bessel J_m, mas pelos zeros das combinações lineares de J_m e Y_m. Especificamente, precisamos que

$$c_{mn} J_m(\gamma_{mn}a) + d_{mn} Y_m(\gamma_{mn}a) = 0, \qquad (14.74)$$

$$c_{mn} J_m(\gamma_{mn}b) + d_{mn} Y_m(\gamma_{mn}b) = 0. \qquad (14.75)$$

Essas equações transcendentais podem ser resolvidas, para cada m relevante, para produzir um conjunto infinito de soluções (indexadas por n) para γ_{mn} e a razão d_{mn}/c_{mn}. Um exemplo desse processo está no Exercício 14.3.10.

Voltando agora à equação para ω, observamos que o menor valor que ela pode alcançar para a solução indexada por m e n é $c\gamma_{mn}$, mostrando que ondas TM só podem se propagar se a frequência angular ω da radiação eletromagnética é igual ou maior do que esse **corte**. Em geral, os maiores valores de γ_{mn} correspondem aos graus mais altos da oscilação transversal, e modos acima da oscilação transversal terão, portanto, frequências de corte mais altas.

Como para o guia de onda circular (tema do Exercício 14.1.26), haverá também modos TE de propagação, também com cortes dependentes do modo. No entanto, o guia coaxial também pode suportar ondas progressivas nos modos TEM (transversal elétrica e magnética). Esses modos não são possíveis para um guia de onda circular, não exibem um corte, são os equivalentes confinados das ondas planas e correspondem ao fluxo da corrente (em direções opostas) nos condutores coaxiais. ∎

Exercícios

14.3.1   Prove que as funções de Neumann Y_n (com n um inteiro) satisfazem as relações de recorrência

$$Y_{n-1}(x) + Y_{n+1}(x) = \frac{2n}{x} Y_n(x),$$

$$Y_{n-1}(x) - Y_{n+1}(x) = 2Y_n'(x).$$

Dica: Podemos provar essas relações diferenciando as relações de recorrência para J_ν ou usando a forma limite de Y_ν, mas **não** dividindo tudo por zero.

14.3.2   Mostre que para o inteiro n

$$Y_{-n}(x) = (-1)^n Y_n(x).$$

14.3.3   Mostre que

$$Y_0'(x) = -Y_1(x).$$

14.3.4   Se X e Z são quaisquer duas soluções da equação de Bessel, mostre que

$$X_\nu(x) Z_\nu'(x) - X_\nu'(x) Z_\nu(x) = \frac{A_\nu}{x},$$

em que A_ν pode depender de ν, mas é independente de x. Isso é um caso especial de Exercício 7.6.11.

14.3.5   Verifique as fórmulas wronskianas

$$J_\nu(x) J_{-\nu+1}(x) + J_{-\nu}(x) J_{\nu-1}(x) = \frac{2 \operatorname{sen} \nu\pi}{\pi x},$$

$$J_\nu(x) Y_\nu'(x) - J_\nu'(x) Y_\nu(x) = \frac{2}{\pi x}.$$

14.3.6   Como alternativa a deixar x se aproximar de zero na avaliação da constante wronskiana, podemos invocar a unicidades das expansões de série de potências. O coeficiente de x^{-1} na expansão de série de $u_\nu(x) v_\nu'(x) - u_\nu'(x) v_\nu(x)$ é então A_ν. Mostre por expansão de série que os coeficientes de x^0 e x^1 de $J_\nu(x) J_{-\nu}'(x) - J_\nu'(x) J_{-\nu}(x)$ são cada um zero.

14.3.7   (a)   Diferenciando e substituindo na EDO de Bessel para $\nu = 0$, mostre que $\int_0^\infty \cos(x \cosh t) dt$ é uma solução.

Dica: Reorganize a integral final para $\int_0^\infty \frac{d}{dt}[x \operatorname{sen}(x \cosh t) \operatorname{senh} t] dt$.

(b)   Mostre que $Y_0(x) = -\frac{2}{\pi} \int_0^\infty \cos(x \cosh t) dt$ é linearmente independente de $J_0(x)$.

14.3.8   Verifique a fórmula de expansão para $Y_n(x)$ dada na Equação (14.61).
Dica: Comece da Equação (14.60) e realiza as diferenciações indicadas nas expansões de série de potências de J_ν e $J_{-\nu}$. As funções digama ψ surgem da diferenciação da função gama. Você precisará da identidade (não derivada neste livro) $\lim_{z \to -n} \psi(z) / \Gamma(z) = (-1)^{n-1} n!$, em que n é um inteiro positivo.

14.3.9   Se a EDO de Bessel (com a solução J_ν) é diferenciada em relação a ν, obtemos

$$x^2 \frac{d^2}{dx^2}\left(\frac{\partial J_\nu}{\partial \nu}\right) + x \frac{d}{dx}\left(\frac{\partial J_\nu}{\partial \nu}\right) + (x^2 - \nu^2) \frac{\partial J_\nu}{\partial \nu} = 2\nu J_\nu.$$

Utilize essa equação para mostrar que $Y_n(x)$ é uma solução para a EDO de Bessel.
Dica: A Equação (14.60) será útil.

14.3.10 Para o caso $m = 0$, $a = 1$ e $b = 2$, as condições de contorno do guia coaxial de onda TM se tornaram $f(\lambda) = 0$, com

$$f(x) = \frac{J_0(2x)}{Y_0(2x)} - \frac{J_0(x)}{Y_0(x)}.$$

Essa função está plotada na Figura 14.9.

(a) Calcule $f(x)$ para $x = 0,0$ $(0,1)10,0$ e plote $f(x)$ *versus* x para encontrar a localização aproximada das raízes.

(b) Chame um programa de descoberta de raiz para determinar as três primeiras raízes para precisão mais alta.

RESPOSTA: (b) 3,1230; 6,2734; 9,4182.

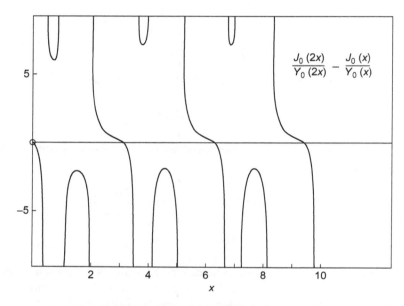

Figura 14.9: A função $f(x)$ do Exercício 14.3.10.

Nota: Podemos esperar que as raízes mais altas apareçam em intervalos cujo comprimento se aproxima de π. Por quê? AMS–55 (ver Leituras Adicionais) dá uma fórmula aproximada para as raízes. A função $g(x) = J_0(x)Y_0(2x) - J_0(2x)Y_0(x)$ tem um comportamento muito melhor do que a $f(x)$ discutida anteriormente.

14.4   Funções de Hankel

Funções de Hankel são soluções da EDO de Bessel com propriedades assintóticas que as tornam particularmente úteis para problemas que envolvem a propagação de ondas esféricas ou cilíndricas. Como as funções J_ν e Y_ν formam a solução completa dessa EDO, as funções de Hankel não podem ser qualquer coisa completamente nova; elas devem ser combinações lineares das soluções já encontradas. Iremos introduzi-las aqui por meio de definições algébricas simples; mais adiante nesta seção identificaremos as representações integrais que alguns autores utilizaram como um ponto de partida.

Definições

A partir das funções de Bessel de primeira e segunda espécies, ou seja, $J_\nu(x)$ e $Y_\nu(x)$, definimos as duas funções de Hankel $H_\nu^{(1)}(x)$ e $H_\nu^{(2)}(x)$ (às vezes, mas hoje em dia raramente chamadas **funções de Bessel de terceira espécie**) desta maneira:

$$H_\nu^{(1)}(x) = J_\nu(x) + iY_\nu(x), \tag{14.76}$$

$$H_\nu^{(2)}(x) = J_\nu(x) - i Y_\nu(x). \tag{14.77}$$

Isso é exatamente análogo a considerar

$$e^{\pm i\theta} = \cos\theta \pm i\,\text{sen}\,\theta. \tag{14.78}$$

Para argumentos reais, $H_\nu^{(1)}$ e $H_\nu^{(2)}$ são conjugados complexos. A extensão da analogia será vista ainda melhor quando suas formas assintóticas são discutidas. Na verdade, é seu comportamento assintótico que torna as funções de Hankel úteis. Esse comportamento é discutido na Seção 14.6 e, nesta seção, fornecemos um exemplo ilustrativo em que as propriedades assintóticas desempenham um papel fundamental.

A expansão de série de $H_\nu^{(1)}(x)$ e $H_\nu^{(2)}(x)$ pode ser obtida combinando as Equações (14.6) e (14.62). Muitas vezes apenas o primeiro termo é de interesse; ele é dado por

$$H_0^{(1)}(x) \approx i\frac{2}{\pi}\ln x + 1 + i\frac{2}{\pi}(\gamma - \ln 2) + \cdots, \tag{14.79}$$

$$H_\nu^{(1)}(x) \approx -i\frac{\Gamma(\nu)}{\pi}\left(\frac{2}{x}\right)^\nu + \cdots, \quad \nu > 0, \tag{14.80}$$

$$H_0^{(2)}(x) \approx -i\frac{2}{\pi}\ln x + 1 - i\frac{2}{\pi}(\gamma - \ln 2) + \cdots, \tag{14.81}$$

$$H_\nu^{(2)}(x) \approx i\frac{\Gamma(\nu)}{\pi}\left(\frac{2}{x}\right)^\nu + \cdots, \quad \nu > 0. \tag{14.82}$$

Nessas equações γ é a constante de Euler-Mascheroni, definida na Equação (1.13).

Como as funções de Hankel são combinações lineares (com coeficientes constantes) de J_ν e Y_ν, elas satisfazem as mesmas relações de recorrência, Equações (14.7) e (14.8). Para ambos $H_\nu^{(1)}(x)$ e $H_\nu^{(2)}(x)$,

$$H_{\nu-1}(x) + H_{\nu+1}(x) = \frac{2\nu}{x}H_\nu(x), \tag{14.83}$$

$$H_{\nu-1}(x) - H_{\nu+1}(x) = 2H_\nu'(x). \tag{14.84}$$

Várias fórmulas wronskianas podem ser desenvolvidas, incluindo:

$$H_\nu^{(2)}H_{\nu+1}^{(1)} - H_\nu^{(1)}H_{\nu+1}^{(2)} = \frac{4}{i\pi x}, \tag{14.85}$$

$$J_{\nu-1}H_\nu^{(1)} - J_\nu H_{\nu-1}^{(1)} = \frac{2}{i\pi x}, \tag{14.86}$$

$$J_{\nu-1}H_\nu^{(2)} - J_\nu H_{\nu-1}^{(2)} = -\frac{2}{i\pi x}. \tag{14.87}$$

Representação da Integral de Contorno das Funções de Hankel

A representação integral (integral de Schlaefli) para $J_\nu(x)$ foi introduzida na Seção 14.1, em que estabelecemos que

$$J_\nu(x) = \frac{1}{2\pi i}\int_C e^{(x/2)(t-1/t)}\frac{dt}{t^{\nu+1}}, \tag{14.88}$$

com C o contorno mostrado na Figura 14.5. Lembre-se de que quando ν é não inteiro, o integrando tem um ponto de ramificação em $t = 0$ e o contorno tinha de evitar uma linha de corte que foi desenhada ao longo do eixo real negativo. Ao desenvolver a integral de Schlaefli para ν geral, começamos mostrando que a EDO de Bessel foi satisfeita para qualquer contorno aberto para o qual uma expressão da forma

$$\frac{e^{(x/2)(t-1/t)}}{t^\nu}\left[\nu + \frac{x}{2}\left(t + \frac{1}{t}\right)\right] \tag{14.89}$$

desapareceu em ambas as extremidades do contorno.

Vamos agora continuar a fazer uso dessas observações notando que a expressão na Equação (14.89) não apenas desaparece em $t = -\infty$ no eixo real tanto acima quanto abaixo do corte, mas que ela também desaparece em $t = 0$ quando esse ponto se aproxima a partir de t positivo.

Consideramos, portanto, o contorno mostrado na Figura 14.10, chamando atenção ao fato de que a metade superior do contorno (de $t = 0$ + a $t = \infty e^{\pi i}$), rotulada C_1, satisfaz as condições necessárias para gerar uma solução para a EDO de Bessel, e que a metade restante (inferior) do contorno, rotulada C_2, também produz uma solução. O que ainda precisa ser determinado é a identificação destas soluções: mostraremos que elas são as funções de Hankel. Para $x > 0$, podemos afirmar que

$$H_\nu^{(1)}(x) = \frac{1}{\pi i} \int_{C_1} e^{(x/2)(t-1/t)} \frac{dt}{t^{\nu+1}}, \tag{14.90}$$

$$H_\nu^{(2)}(x) = \frac{1}{\pi i} \int_{C_2} e^{(x/2)(t-1/t)} \frac{dt}{t^{\nu+1}}. \tag{14.91}$$

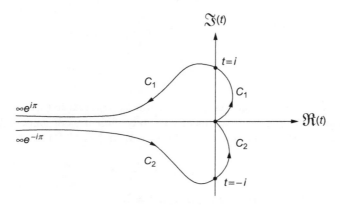

Figura 14.10: Contornos da função de Hankel.

Essas expressões são particularmente convenientes porque elas podem ser tratadas pelo método das inclinações mais acentuadas (Seção 12.7). $H_\nu^{(1)}(x)$ tem um ponto de sela em $t = + i$, enquanto $H_\nu^{(2)}(x)$ tem um ponto de sela em $t = -i$.

Ainda há o problema de relacionar as Equações (14.90) e (14.91) com nossa definição anterior das funções de Hankel, Equações (14.76) e (14.77). Como os contornos das Equações (14.90) e (14.91) se combinam para produzir um contorno produzindo J_ν, Equação (14.88), temos, das representações integrais,

$$J_\nu(x) = \frac{1}{2} \left[H_\nu^{(1)}(x) + H_\nu^{(2)}(x) \right]. \tag{14.92}$$

Se pudermos mostrar (também das representações integrais) que

$$Y_\nu(x) = \frac{1}{2i} \left[H_\nu^{(1)}(x) - H_\nu^{(2)}(x) \right], \tag{14.93}$$

seremos capazes de recuperar as definições originais de $H_\nu^{(i)}$.

Assim, reescrevemos a Equação (14.90) substituindo a variável de integração t por $e^{i\pi}/s$, de modo o integrante dessa equação torna-se $-e^{(x/2)(s-1/s)} e^{-i\nu\pi} s^{\nu-1}$. Depois que descobrimos que a substituição do contorno (em s) é a mesma que C_1, mas atravessada na direção oposta (compensando assim o sinal de subtração inicial no integrante transformado). O resultado, com detalhes deixados como o Exercício 14.4.3, é que a representação da integral de contorno de $H^{(1)}$ é consistente com a identificação

$$H_\nu^{(1)}(x) = e^{-i\nu\pi} H_{-\nu}^{(1)}(x). \tag{14.94}$$

Processamento semelhante da Equação (14.91), com $t = e^{-i\pi}/s$, leva a

$$H_\nu^{(2)}(x) = e^{i\nu\pi} H_{-\nu}^{(2)}(x). \tag{14.95}$$

Agora combinamos as Equações (14.94) e (14.95) para alcançar

$$J_{-\nu}(x) = \frac{1}{2}\left[e^{i\nu\pi} H_\nu^{(1)}(x) + e^{-i\nu\pi} H_\nu^{(2)}(x) \right], \tag{14.96}$$

em que novamente $H_\nu^{(i)}$ se referem às representações de integral de contorno. Substituindo as Equações (14.92) e (14.96) na equação definidora para Y_ν, Equação (14.57), podemos confirmar que Y_ν é descrito adequadamente quando $H_\nu^{(i)}$ correspondem a suas representações de integral de contorno. Isso completa a prova de que as Equações (14.90) e (14.91) são consistentes com as definições originais das funções de Hankel.

O leitor pode se perguntar por que tanta ênfase é colocada no desenvolvimento das representações integrais. Há várias razões. A primeira é simplesmente apelo estético. Segundo, as representações integrais facilitam manipulações, análise e desenvolvimento das relações entre as várias funções especiais. Nós já vimos um exemplo disso ao desenvolver as Equações (14.94) a (14.96). E, provavelmente mais importante de tudo, representações integrais são extremamente úteis ao desenvolver expansões assintóticas. Essas expansões podem muitas vezes ser obtidas utilizando o método das inclinações mais acentuadas (Seção 12.7) ou por métodos que envolvem a expansão nas potências negativas da variável de expansão, como na Seção 12.6.

Concluindo, as funções de Hankel são introduzidas aqui pelas seguintes razões:

- Como análogos de $e^{\pm ix}$ elas são úteis para descrever ondas progressivas. Essas aplicações são mais bem estudadas quando as propriedades assintóticas das funções estão disponíveis e, portanto, são adiadas para a Seção 14.6.
- Elas oferecem uma definição alternativa (integral de contorno) e bastante elegante das funções de Bessel.
- Veremos na Seção 14.5 que elas oferecem uma rota para a definição das quantidades conhecidas como **funções modificadas de Bessel**, e que na Seção 14.6 elas são úteis para desenvolver as propriedades assintóticas das funções de Bessel.

Exercícios

14.4.1 Verifique as fórmulas wronskianas

(a) $J_\nu(x)H_\nu^{(1)'}(x) - J_\nu'(x)H_\nu^{(1)}(x) = \frac{2i}{\pi x}$,

(b) $J_\nu(x)H_\nu^{(2)'}(x) - J_\nu'(x)H_\nu^{(2)}(x) = -\frac{2i}{\pi x}$,

(c) $Y_\nu(x)H_\nu^{(1)'}(x) - Y_\nu'(x)H_\nu^{(1)}(x) = -\frac{2}{\pi x}$,

(d) $Y_\nu(x)H_\nu^{(2)'}(x) - Y_\nu'(x)H_\nu^{(2)}(x) = -\frac{2}{\pi x}$,

(e) $H_\nu^{(1)}(x)H_\nu^{(2)'}(x) - H_\nu^{(1)'}(x)H_\nu^{(2)}(x) = -\frac{4i}{\pi x}$,

(f) $H_\nu^{(2)}(x)H_{\nu+1}^{(1)}(x) - H_\nu^{(1)}(x)H_{\nu+1}^{(2)}(x) = \frac{4}{i\pi x}$,

(g) $J_{\nu-1}(x)H_\nu^{(1)}(x) - J_\nu(x)H_{\nu-1}^{(1)}(x) = \frac{2}{i\pi x}$.

14.4.2 Mostre que as formas integrais

(a) $\displaystyle \frac{1}{i\pi} \int_{0C_1}^{\infty e^{i\pi}} e^{(x/2)(t-1/t)} \frac{dt}{t^{\nu+1}} = H_\nu^{(1)}(x)$,

(b) $\displaystyle \frac{1}{i\pi} \int_{\infty e^{-i\pi}C_2} e^{(x/2)(t-1/t)} \frac{dt}{t^{\nu+1}} = H_\nu^{(2)}(x)$ satisfazem a EDO de Bessel. Os contornos C_1 e C_2 são mostrados

na Figura 14.10.

14.4.3 Mostre que a substituição $t = e^{i\pi}/s$ na Equação (14.90) para $H_\nu^{(1)}(x)$ não apenas produz o integrando para a representação integral similar de $H_{-\nu}^{(1)}(x)$, mas também que o contorno em s é idêntico ao contorno original em t.

14.4.4   Usando as integrais e os contornos dados no Exercício 14.4.2, mostre que

$$\frac{1}{2i}[H_{\nu}^{(1)}(x) - H_{\nu}^{(2)}(x)] = Y_{\nu}(x).$$

14.4.5   Mostre que as integrais no Exercício 14.4.2 podem ser transformadas para produzir

(a) $H_{\nu}^{(1)}(x) = \frac{1}{\pi i} \int_{C_3} e^{x \operatorname{senh}\gamma - \nu\gamma} \, d\gamma$

(b) $H_{\nu}^{(2)}(x) = \frac{1}{\pi i} \int_{C_4} e^{x \operatorname{senh}\gamma - \nu\gamma} \, d\gamma$

em que C_3 e C_4 são os contornos na Figura 14.11.

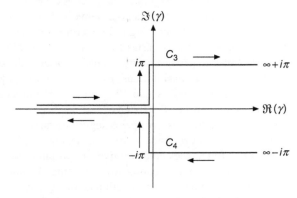

Figura 14.11: Contornos da função de Hankel para o Exercício 14.4.5.

14.4.6   (a)   Transforme $H_0^{(1)}(x)$ Equação (14.90), em

$$H_0^{(1)}(x) = \frac{1}{i\pi} \int_C e^{ix \cosh s} ds,$$

em que o contorno C é executado de $-\infty - i\pi/2$ até a origem do plano s para $\infty + i\pi / 2$.

(b)   Justifique reescrever $H_0^{(1)}(x)$ como

$$H_0^{(1)}(x) = \frac{2}{i\pi} \int_0^{\infty + i\pi/2} e^{ix \cosh s} ds.$$

(c)   Verifique se essa representação integral realmente satisfaz a equação diferencial de Bessel. (O $i\pi/2$ no limite superior não é essencial. Ele serve como um fator de convergência. Podemos substituí-lo por $ia\pi/2$ e considerar o limite $a \to 0$.)

14.4.7   A partir de

$$H_0^{(1)}(x) = \frac{2}{i\pi} \int_0^{\infty} e^{ix \cosh s} ds$$

mostre que o

(a) $J_0(x) = \frac{2}{\pi} \int_0^{\infty} \operatorname{sen}(x \cosh s) ds$, (b) $J_0(x) = \frac{2}{\pi} \int_1^{\infty} \frac{\operatorname{sen}(xt)}{\sqrt{t^2 - 1}} dt.$

Esse último resultado é uma transformada de seno de Fourier.

14.4.8   De $H_0^{(1)}(x) = \dfrac{2}{i\pi} \displaystyle\int_0^\infty e^{ix\cosh s}\,ds$ (ver Exercícios 14.4.5 e 14.4.6), mostre que

(a) $Y_0(x) = -\dfrac{2}{\pi} \displaystyle\int_0^\infty \cos(x\cosh s)\,ds,$

(b) $Y_0(x) = -\dfrac{2}{\pi} \displaystyle\int_1^\infty \dfrac{\cos(xt)}{\sqrt{t^2-1}}\,dt.$

Essas são as representações integrais na Equação (14.63). Esse último resultado é uma transformada de cosseno de Fourier.

14.5   Funções Modificadas de Bessel, $I_\nu(x)$ e $K_\nu(x)$

As equações de Laplace e de Helmholtz, quando separadas em coordenadas cilíndricas circulares, podem levar à EDO de Bessel na coordenada ρ que descreve a distância a partir do eixo cilíndrico. Quando esse for o caso, o comportamento das soluções como uma função de ρ é inerentemente oscilatório; como já vimos, as funções de Bessel $J_\nu(k\rho)$, e também $Y_\nu(k\rho)$, têm para qualquer valor de ν um número infinito de zeros, e essa propriedade pode ser útil para alcançar a satisfação das condições de contorno. Entretanto, como já foi mostrado na Seção 9.4, as constantes de conexão que surgem quando as variáveis são separadas podem ter um sinal oposto ao que é exigido para produzir a EDO de Bessel, e a equação na coordenada ρ então assume a forma

$$\rho^2 \frac{d^2}{d\rho^2} P_\nu(k\rho) + \rho \frac{d}{d\rho} P_\nu(k\rho) - (k^2\rho^2 + \nu^2) P_\nu(k\rho) = 0. \tag{14.97}$$

A Equação (14.97), conhecida como **equação modificada de Bessel**, difere da EDO de Bessel apenas no sinal da quantidade $k^2\rho^2$, mas essa pequena alteração é suficiente para alterar a natureza das soluções. Como discutiremos em breve em mais detalhes, as soluções para a Equação (14.97), chamadas **funções modificadas de Bessel**, **não** são oscilatórias e têm comportamento que, por natureza, é exponencial (em vez de trigonométrico).

Felizmente, o conhecimento obtido sobre a EDO de Bessel pode ser bem aproveitado para a equação modificada de Bessel, uma vez que a substituição $k \to ik$ converte a EDO convencional de Bessel em sua forma modificada, e mostra que se $P_\nu(k\rho)$ é uma solução para a EDO de Bessel, então $P_\nu(ik\rho)$ deve ser uma solução para a equação modificada de Bessel. Uma maneira de afirmar esse fato é notar que as soluções da Equação (14.97) são funções de Bessel do argumento imaginário.

Solução de Série

Como qualquer solução da EDO de Bessel pode ser convertida em uma solução da EDO modificada inserindo i em seu argumento, vamos começar analisando a expansão de série

$$J_\nu(ix) = \sum_{s=0}^\infty \frac{(-1)^s}{s!\,\Gamma(s+\nu+1)} \left(\frac{ix}{2}\right)^{\nu+2s} = i^\nu \sum_{s=0}^\infty \frac{1}{s!\,\Gamma(s+\nu+1)} \left(\frac{x}{2}\right)^{\nu+2s}. \tag{14.98}$$

Como todos os termos do somatório têm o mesmo sinal, é evidente que $J_\nu(ix)$ não pode exibir um comportamento oscilatório. É conveniente escolher as soluções da equação modificada de Bessel de um modo que as torna reais e, consequentemente definimos as **funções modificadas de Bessel de primeira tipo**, designadas $I_\nu(x)$, como

$$I_\nu(x) = i^{-\nu} J_\nu(ix) = e^{-i\nu\pi/2} J_\nu(xe^{i\pi/2}) = \sum_{s=0}^\infty \frac{1}{s!\,\Gamma(s+\nu+1)} \left(\frac{x}{2}\right)^{\nu+2s}. \tag{14.99}$$

Como J_ν para $\nu \geq 0$, I_ν é finito na origem, com uma expansão de série de potências que é convergente para todo x. Em x pequeno, seu comportamento no limite será da forma

$$I_\nu(x) = \frac{x^\nu}{2^\nu \Gamma(\nu+1)} + \cdots. \tag{14.100}$$

A partir da relação entre J_ν e $J_{-\nu}$, também podemos concluir que I_ν e $I_{-\nu}$ são linearmente independentes, a menos que ν seja um inteiro n; tomar conhecimento do fator i^{-n} na definição de I_n a dependência linear assume a forma

$$I_n(x) = I_{-n}(x).\tag{14.101}$$

Gráficos de I_0 e I_1 são mostrados na Figura 14.12.

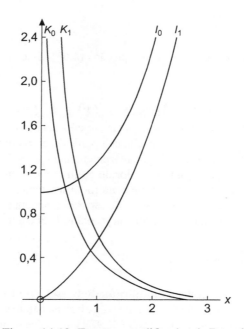

Figura 14.12: Funções modificadas de Bessel.

Relações de Recorrência para I_ν

As relações de recorrência satisfeitas por $I_\nu(x)$ podem ser desenvolvidas a partir das expansões de série, mas talvez seja mais fácil trabalhar a partir das relações de recorrência existentes para $J_\nu(x)$. Nosso ponto de partida é a Equação (14.7), escrita para ix:

$$J_{\nu-1}(ix) + J_{\nu+1}(ix) = \frac{2n}{ix} J_n(ix).\tag{14.102}$$

Mudamos J para I, relacionado de acordo com a Equação (14.99) por

$$J_\nu(ix) = i^\nu I_\nu(x),\tag{14.103}$$

obtendo assim

$$i^{\nu-1} I_{\nu-1}(x) + i^{\nu+1} I_{\nu+1}(x) = \frac{2\nu}{ix} i^\nu I_\nu(x),$$

o que se simplifica para

$$I_{\nu-1}(x) - I_{\nu+1}(x) = \frac{2\nu}{x} I_\nu(x).\tag{14.104}$$

De um modo semelhante, a Equação (14.8) se transforma em

$$I_{\nu-1}(x) + I_{\nu+1}(x) = 2I_\nu'(x).\tag{14.105}$$

Esa análise também é o tema do Exercício 14.1.14.

Segunda Solução K_ν

Como já salientado, temos uma única solução independente quando ν é um inteiro, exatamente como para as funções de Bessel J_ν. A escolha de uma segunda solução, independente da Equação (14.97), é essencialmente uma questão de conveniência. A segunda solução dada aqui é selecionada com base em seu comportamento assintótico, que examinamos na próxima seção. A confusão da escolha e notação para essa solução talvez seja maior do que em qualquer outro lugar nesse campo.[5] Também não há uma nomenclatura universal; K_ν são muitas vezes chamados funções de Whittaker. Seguindo AMS–55 (ver em Leituras Adicionais uma referência), aqui definimos uma segunda solução em termos da função de Hankel $H_\nu^{(1)}(x)$ como

$$K_\nu(x) \equiv \frac{\pi}{2} i^{\nu+1} H_\nu^{(1)}(ix) = \frac{\pi}{2} i^{\nu+1} \left[J_\nu(ix) + i Y_\nu(ix) \right]. \tag{14.106}$$

O fator $i^{\nu+1}$ torna $K_\nu(x)$ real quando x é real.[6] Usando as Equações (14.57) e (14.99), podemos transformar a Equação (14.106) em[7]

$$K_\nu(x) = \frac{\pi}{2} \frac{I_{-\nu}(x) - I_\nu(x)}{\operatorname{sen} \nu\pi}, \tag{14.107}$$

algo análogo à Equação (14.57) para $Y_\nu(x)$. A escolha da Equação (14.106) como uma definição é um tanto infeliz pelo fato de que a função $K_\nu(x)$ não tem as mesmas relações de recorrência que $I_\nu(x)$. As fórmulas de recorrência para K_ν são

$$K_{\nu-1}(x) - K_{\nu+1}(x) = -\frac{2\nu}{x} K_\nu(x), \tag{14.108}$$

$$K_{\nu-1}(x) + K_{\nu+1}(x) = -2K_\nu'(x). \tag{14.109}$$

Para evitar essa discrepância nas relações de recorrência, alguns autores[8] incluíram um fator adicional de $\cos \nu\pi$ na definição de K_ν. Isso permitiria que K_ν satisfizesse as mesmas relações de recorrência que I_ν (ver Exercício 14.5.8), mas tem a desvantagem de tornar $K_\nu = 0$ para $\nu = \frac{1}{2}, \frac{3}{2}, \frac{5}{2}, \ldots$.

A expansão de série de $K_\nu(x)$ vem diretamente da forma de série de $H_\nu^{(1)}(ix)$, desde que escolhamos a ramificação de $\ln i x$ apropriadamente (ver Exercício 14.5.9). Usando as Equações (14.79) e (14.80), descobrimos então que os termos de ordem mais baixa são

$$K_0(x) = -\ln x - \gamma + \ln 2 + \cdots, \tag{14.110}$$

$$K_\nu(x) = 2^{\nu-1} \Gamma(\nu) x^{-\nu} + \cdots. \tag{14.111}$$

Como a função modificada de Bessel I_ν está relacionada com a função de Bessel J_ν, quase como senh está relacionada com o seno, as funções modificadas de Bessel I_ν e K_ν são muitas vezes denominadas **funções hiperbólicas de Bessel**. K_0 e K_1 são mostrados na Figura 14.12.

Representações Integrais

$I_0(x)$ e $K_0(x)$ têm as representações integrais

$$I_0(x) = \frac{1}{\pi} \int_0^\pi \cosh(x \cos \theta) d\theta, \tag{14.112}$$

$$K_0(x) = \int_0^\infty \cos(x \operatorname{senh} t) dt = \int_0^\infty \frac{\cos(xt) dt}{(t^2 + 1)^{1/2}}, \quad x > 0. \tag{14.113}$$

---

[5]A discussão e comparação das anotações estão em *Math. Tabelas Aids Comput.* **1**: 207–308 (1944) e em AMS–55 (ver Leituras Adicionais).

[6]Se ν não for um inteiro, $K_\nu(z)$ terá um ponto de ramificação em $z = 0$, devido à presença de uma potência fracionária; se $\nu = n$, um inteiro, $Kn(z)$ tem um ponto de ramificação em $z = 0$ devido ao termo $\ln z$. Nós normalmente identificamos $K_n(z)$ como a ramificação que é real para z.

[7]Para índice integral n consideramos o limite como $\nu \to n$.

[8]Por exemplo, Whittaker e Watson (ver Leituras Adicionais).

A Equação (14.112) pode ser derivada da Equação (14.20) para $J_0(x)$ ou pode ser considerada um caso especial do Exercício 14.5.14. A representação integral de K_0, Equação (14.113), é derivada na Seção 14.6. Várias outras formas das representações integrais (incluindo $\nu \neq 0$) aparecem nos exercícios. Essas representações integrais são úteis ao desenvolver formas assintóticas (Seção 14.6) e em conexão com as transformadas de Fourier (Capítulo 19).

Exemplo 14.5.1 Uma Função de Green

Queremos desenvolver uma expansão para a função fundamental de Green para a equação de Laplace em coordenadas cilíndricas (ρ, φ, z). A equação definidora é

$$\left[\frac{\partial^2}{\partial \rho_1^2} + \frac{1}{\rho_1} \frac{\partial}{\partial \rho_1} + \frac{1}{\rho_1^2} \frac{\partial^2}{\partial \varphi_1^2} + \frac{\partial^2}{\partial z_1^2} \right] G(\mathbf{r}_1, \mathbf{r}_2) = \delta(\rho_1 - \rho_2) \frac{1}{\rho_1^2} \delta(\varphi_1 - \varphi_2) \delta(z_1 - z_2). \qquad (14.114)$$

Vamos agora escrever a função delta de Dirac para as coordenadas φ na forma correspondente à Equação (5.27):

$$\delta(\varphi_1 - \varphi_2) = \frac{1}{2\pi} \sum_{m=-\infty}^{\infty} e^{im(\varphi_1 - \varphi_2)}.$$

Para a coordenada z, usamos o limite do contínuo da fórmula ou, de forma equivalente, o limite n grande da Equação (1.155),

$$\delta(z_1 - z_2) = \frac{1}{2\pi} \int_{-\infty}^{\infty} e^{ik(z_1 - z_2)} dk = \frac{1}{\pi} \int_0^{\infty} \cos k(z_1 - z_2) dk.$$

Usamos a última forma da equação de modo que k nunca será negativo.
Agora expandimos $G(\mathbf{r}_1, \mathbf{r}_2)$ como

$$G(\mathbf{r}_1, \mathbf{r}_2) = \frac{1}{2\pi^2} \sum_m \int_0^{\infty} dk\, g_m(k, \rho_1, \rho_2) e^{im(\varphi_1 - \varphi_2)} \cos k(z_1 - z_2). \qquad (14.115)$$

Para φ_1 e φ_2, isso é simplesmente uma expansão em funções ortogonais; a dependência de z_1, z_2 e k é realmente uma transformada integral que será mais completamente justificada no Capítulo 20. Para nossos propósitos atuais, o que é significativo é que podemos aplicar as propriedades de ortogonalidade da expansão para descobrir que a Equação (14.114) será satisfeita se (para todos os valores relevantes de k e m)

$$\left[\frac{\partial^2}{\partial \rho_1^2} + \frac{1}{\rho_1} \frac{\partial}{\partial \rho_1} - \frac{m^2}{\rho_1^2} - k^2 \right] g_m(k, \rho_1, \rho_2) = \delta(\rho_1 - \rho_2). \qquad (14.116)$$

Temos agora um problema da função unidimensional (1-D) de Green para o qual a equação homogênea pode ser identificada como a equação modificada de Bessel, com as soluções $I_m(k\rho)$ e $K_m(k\rho)$. Tendo em mente que I_m é regular na origem, que K_m é regular no infinito e que a função de Green que procuramos deve ser regular em ambos os limites, escrevemos nossa **função axial (unidimensional) de Green** na forma mais explícita

$$g_m(k\rho_1, k\rho_2) = -I_m(k\rho_<) K_m(k\rho_>), \qquad (14.117)$$

em que $\rho_{<<}$ e $\rho_{>>}$ são, respectivamente, o menor e o maior de ρ_1 e ρ_2. O coeficiente na equação acima, -1, é avaliado de acordo com a Equação (10.19), a partir de

$$\left(p(k\rho) \left[K_m'(k\rho) I_m(k\rho) - I_m'(k\rho) K_m(k\rho) \right] \right)^{-1}.$$

O coeficiente p é a partir da equação diferencial, e aqui tem o valor $K\rho$; a forma envolvendo as funções modificadas de Bessel é sua wronskiana, e tem o valor $-1 / k\rho$; que é o tema do Exercício 14.5.11.

Dada nossa fórmula explícita para g_m, a Equação (14.115) assume a forma final

$$G(\mathbf{r}_1, \mathbf{r}_2) = \frac{1}{2\pi^2} \sum_m \int_0^\infty dk g_m(k\rho_1, k\rho_2) e^{im(\varphi_1 - \varphi_2)} \cos k(z_1 - z_2). \tag{14.118}$$

Essa é a forma citada na Seção 10.2.   ∎

Resumo

Para colocar as funções modificadas de Bessel $I_\nu(x)$ e $K_\nu(x)$ na perspectiva correta, note que as introduzimos aqui porque:

* Essas funções são soluções da equação modificada de Bessel frequentemente encontrada, que surge em uma variedade de problemas fisicamente importantes,
* Descobriremos que $K_\nu(x)$ são úteis para determinar o comportamento assintótico de todas as funções de Bessel e funções modificadas de Bessel (Seção 14.6), e
* $I_\nu(x)$ e $K_\nu(x)$ surgem na nossa discussão sobre as funções de Green (Exemplo 14.5.1).

Exercícios

14.5.1   Mostre que $e^{(x/2)(t+1/t)} = \sum_{n=-\infty}^{\infty} I_n(x) t^n$, gerando assim as funções modificadas de Bessel, $I_n(x)$.

14.5.2   Verifique as seguintes identidades

(a) $1 = I_0(x) + 2\sum_{n=1}^{\infty} (-1)^n I_{2n}(x),$

(b) $e^x = I_0(x) + 2\sum_{n=1}^{\infty} I_n(x),$

(c) $e^{-x} = I_0(x) + 2\sum_{n=1}^{\infty} (-1)^n I_n(x),$

(d) $\cosh x = I_0(x) + 2\sum_{n=1}^{\infty} I_{2n}(x),$

(e) $\operatorname{senh} x = 2\sum_{n=1}^{\infty} I_{2n-1}(x).$

14.5.3   (a) A partir da função geradora do Exercício 14.5.1 mostre que

$$I_n(x) = \frac{1}{2\pi i} \oint e^{(x/2)(t+1/t)} \frac{dt}{t^{n+1}}.$$

(b) Para $n = \nu$, não um inteiro, mostre que a representação integral precedente pode ser generalizada para

$$I_\nu(x) = \frac{1}{2\pi i} \int_C e^{(x/2)(t+1/t)} \frac{dt}{t^{\nu+1}}.$$

O contorno C é o mesmo que o de $J_\nu(x)$ (Figura 14.5).

14.5.4   Para $\nu > -\frac{1}{2}$ mostre que $I_\nu(z)$ pode ser representado por

$$I_\nu(z) = \frac{1}{\pi^{1/2}\Gamma(\nu + \frac{1}{2})} \left(\frac{z}{2}\right)^\nu \int_0^\pi e^{\pm z\cos\theta} \operatorname{sen}^{2\nu}\theta \, d\theta$$

$$= \frac{1}{\pi^{1/2}\Gamma(\nu + \frac{1}{2})} \left(\frac{z}{2}\right)^\nu \int_{-1}^1 e^{\pm zp}(1-p^2)^{\nu-1/2} \, dp$$

$$= \frac{2}{\pi^{1/2}\Gamma(\nu + \frac{1}{2})} \left(\frac{z}{2}\right)^\nu \int_0^{\pi/2} \cosh(z\cos\theta) \operatorname{sen}^{2\nu}\theta \, d\theta.$$

14.5.5   Uma cavidade cilíndrica representada na Figura 14.4 tem raio a e altura h. Para esse exercício, as extremidades $z = 0$ e h estão no potencial de zero, enquanto a parede cilíndrica $\rho = a$ tem um potencial da forma funcional $V = V(\varphi, z)$.

(a) Mostre que o potencial eletrostático $\Phi(\rho, \varphi, z)$ tem a forma funcional

$$\Phi(\rho, \varphi, z) = \sum_{m=0}^{\infty} \sum_{n=1}^{\infty} I_m(k_n \rho) (a_{mn} \operatorname{sen} m\varphi + b_{mn} \cos m\varphi) \operatorname{sen} k_n z,$$

em que $k_n = n\pi/h$.

(b) Mostre que os coeficientes a_{mn} e b_{mn} são dados por

$$\left.\begin{array}{c} a_{mn} \\ b_{mn} \end{array}\right\} = \frac{2 - \delta_{m0}}{\pi l I_m(k_n a)} \int_0^{2\pi} \int_0^l V(\varphi, z) \left\{\begin{array}{c} \operatorname{sen} m\varphi \\ \cos m\varphi \end{array}\right\} \operatorname{sen} k_n z \, dz \, d\varphi.$$

Dica: Expanda $V(\varphi, z)$ como uma série dupla e use a ortogonalidade das funções trigonométricas.

14.5.6   Verifique que $K_\nu(x)$ como definido na Equação (14.106) é equivalente a

$$K_\nu(x) = \frac{\pi}{2} \frac{I_{-\nu}(x) - I_\nu(x)}{\operatorname{sen} \nu\pi}$$

e partir disso mostra que

$$K_\nu(x) = K_{-\nu}(x).$$

14.5.7   Mostre que $K_\nu(x)$ satisfaz as seguintes relações de recorrência:

$$K_{\nu-1}(x) - K_{\nu+1}(x) = -\frac{2\nu}{x} K_\nu(x),$$

$$K_{\nu-1}(x) + K_{\nu+1}(x) = -2K'_\nu(x).$$

Nota: Essas diferem das relações de recorrência para I_ν.

14.5.8   Se $K_\nu = e^{\nu\pi i} K_\nu$, mostre que K_ν satisfaz as mesmas relações de recorrência que I_ν.

14.5.9   Mostre que quando K_0 é avaliado a partir de sua expansão de série sobre $x = 0$, a fórmula dada como a Equação (14.110) só é seguida se uma ramificação específica de seu termo logarítmico é escolhido.

14.5.10   Para $\nu > -\frac{1}{2}$ mostre que $K_\nu(z)$ pode ser representado por

$$K_\nu(z) = \frac{\pi^{1/2}}{\Gamma(\nu + \frac{1}{2})} \left(\frac{z}{2}\right)^\nu \int_0^\infty e^{-z\cosh t} \operatorname{senh}^{2\nu} t \, dt, \quad -\frac{\pi}{2} < \arg z < \frac{\pi}{2}$$

$$= \frac{\pi^{1/2}}{\Gamma(\nu + \frac{1}{2})} \left(\frac{z}{2}\right)^\nu \int_1^\infty e^{-zp} (p^2 - 1)^{\nu-1/2} dp.$$

14.5.11   Mostre que $I_\nu(x)$ e $K_\nu(x)$ satisfazem a relação wronskiana

$$I_\nu(x) K'_\nu(x) - I'_\nu(x) K_\nu(x) = -\frac{1}{x}.$$

14.5.12   Verifique se o coeficiente na função da Equação axial (14.117) de Green é -1.

14.5.13   Se $r = (x^2 + y^2)^{1/2}$, prove que

$$\frac{1}{r} = \frac{2}{\pi} \int_0^\infty \cos(xt) K_0(yt) dt.$$

Esse é uma transformada de cosseno de Fourier de K_0.

14.5.14 Derive a representação integral

$$I_n(x) = \frac{1}{\pi} \int_0^\pi e^{x\cos\theta} \cos(n\theta) d\theta.$$

Dica: Comece com a representação integral correspondente de $J_n(x)$. A Equação (14.112) é um caso especial dessa representação.

14.5.15 Mostre que

$$K_0(z) = \int_0^\infty e^{-z\cosh t} dt$$

satisfaz a equação modificada de Bessel. Como você pode estabelecer que essa forma é linearmente independente de $I_0(z)$?

14.5.16 A cavidade cilíndrica do Exercício 14.5.5 tem ao longo das paredes do cilindro as paredes potenciais:

$$V(z) = \begin{cases} 100\,\dfrac{z}{h}, & 0 \le \dfrac{z}{h} \le 1/2, \\ 100\left(1 - \dfrac{z}{h}\right), & 1/2 \le \dfrac{z}{h} \le 1. \end{cases}$$

Com a relação entre raio e altura $a/h = 0,5$, calcule o potencial para $z/h = 0,1(0,1)0,5$ e $\rho/a = 0,0(0,2)1,0$.

Verifique o valor: Para $z/h = 0,3$ e $\rho/a = 0,8$, $V = 26,396$.

14.6 Expansões Assintóticas

Frequentemente em problemas físicos há a necessidade de entender como uma dada função modificada de Bessel ou função de Bessel se comporta para grandes valores do argumento, isto é, seu comportamento assintótico.

Essa é a ocasião em que computadores não são muito úteis. Uma abordagem possível é desenvolver uma solução de série de potências da equação diferencial, mas agora usando potências negativas.

Esse é o método de Stokes, ilustrado no Exercício 14.6.10. A limitação é que a partir de algum valor positivo do argumento (para a convergência da série), não sabemos qual mistura de soluções ou múltiplos de uma dada solução nós temos. O problema é relacionar a série assintótica (útil para valores grandes da variável) com a serie de potências ou a definição relacionada (útil para valores pequenos da variável). Essa relação pode ser estabelecida de várias maneiras, uma das quais é introduzir uma **representação integral** adequada cujo comportamento assintótico pode ser estudado por meio da aplicação do método das inclinações mais acentuadas, Seção 12.7.

Começamos esse processo com um estudo das funções de Hankel, para as quais uma representação integral de contorno foi introduzida na Seção 14.4.

Formas Assintóticas das Funções de Hankel

Na Seção 14.4, demonstramos que as funções de Hankel, que satisfazem a equação de Bessel, podem ser definidas pelas integrais de contorno

$$H_\nu^{(1)}(t) = \frac{1}{\pi i} \int_{C_1} e^{(t/2)(z-1/z)} \frac{dz}{z^{\nu+1}}, \tag{14.119}$$

$$H_\nu^{(2)}(t) = \frac{1}{\pi i} \int_{C_2} e^{(t/2)(z-1/z)} \frac{dz}{z^{\nu+1}}, \tag{14.120}$$

em que C_1 e C_2 são os contornos mostrados na Figura 14.10. Queremos fórmulas baseadas nessas representações para o comportamento assintótico das funções de Hankel em t grande positivo.

A avaliação direta e exata dessas integrais parece ser quase impossível, mas a situação tem recursos que permitem utilizar o método das inclinações mais acentuadas para fazer uma avaliação assintótica. Referindo-se à exposição desse método na Seção 12.7, temos a avaliação aproximada

$$\int_C g(z, t)e^{w(z,t)}dz \approx g(z_0, t)e^{w(z_0,t)}e^{i\theta}\sqrt{\frac{2\pi}{|w''(z_0, t)|}},\qquad(14.121)$$

em que o contorno C atravessa um ponto de sela em $z = z_0$ e

$$\theta = -\frac{\arg(w''(z_0, t))}{2} + \left(\frac{\pi}{2} \text{ ou } \frac{3\pi}{2}\right)\qquad(14.122)$$

é uma fase resultante da direção da passagem através do ponto de sela.

Consideramos o integrando comum das Equações (14.119) e (14.120) como possuindo um fator de variação lenta $g(z) = z^{-\nu-1}$ e um exponencial e^w com $w = (t/2)(z - z^{-1})$, e buscamos os pontos de sela encontrando os zeros de

$$w' = \frac{t}{2}\left(1 + \frac{1}{z^2}\right).\qquad(14.123)$$

Resolvendo a equação acima, identificamos os dois pontos de sela $z_0 = +i$ e $z_0 = -i$.

Limitando a atenção a $H_\nu^{(1)}(t)$, vemos que podemos deformar o contorno C_1 para que ele atravesse o ponto de sela em $z_0 = i$; não há necessidade nem a possibilidade de deformar esse contorno para atravessar $z_0 = -i$. Assim, no ponto de sela, temos

$$w(+i) = it, \quad w''(+i) = -\frac{t}{z_0^3}\bigg|_{z_0=i} = -it.\qquad(14.124)$$

O argumento de $w''(z_0)$ é $-\pi/2$, assim os valores possíveis da fase θ (a direção da descida a partir do ponto de sela) são $3\pi/4$ e $7\pi/4$. Devemos escolher $\theta = 3\pi/4$ uma vez que não podemos entrar na posição para atravessar o ponto de sela na direção $v = 7\pi/4 = -\pi/4$ sem antes atravessar uma região em que o integrando é maior em valor absoluto do que seu valor no ponto de sela.

Temos, agora, todas as informações necessárias para usar a Equação (14.121) a fim de estimar a integral. O resultado é

$$H_\nu^{(1)}(t) \approx \frac{1}{\pi i}e^{(i\pi/2)(-\nu-1)}e^{3i\pi/4}e^{it}\sqrt{\frac{2\pi}{t}}$$

$$\approx \sqrt{\frac{2}{\pi t}}e^{i(t-\nu\pi/2-\pi/4)}.\qquad(14.125)$$

Esse é o termo dominante da expansão assintótica da função de Hankel $H_\nu^{(1)}(t)$ para t grande. A outra função de Hankel pode ser tratada de forma semelhante, mas usando o ponto de sela em $z = -i$, com resultado

$$H_\nu^{(2)}(t) \approx \sqrt{\frac{2}{\pi t}}e^{-i(t-\nu\pi/2-\pi/4)}.\qquad(14.126)$$

As Equações (14.125) e (14.126) permitem obter os termos dominantes no comportamento assintótico de todas as funções de Bessel e todas as funções de Bessel modificadas. Em particular, inserindo a forma assintótica para $H^{(1)}(ix)$ na Equação (14.106), que define $K_\nu(x)$, encontramos

$$K_\nu(x) \sim \frac{\pi}{2}i^{\nu+1}\sqrt{\frac{2}{i\pi x}}e^{-x}e^{t-\nu\pi/2-\pi/4},$$

$$\sim \sqrt{\frac{\pi}{2x}}e^{-x}.\qquad(14.127)$$

Outra solução para a equação modificada de Bessel pode ser obtida de $H^{(2)}(ix)$; seu comportamento assintótico será proporcional a e^{+x}. Combinando essas observações com as Equações (14.100), (14.110) e (14.111), podemos concluir que:

1. A função modificada de Bessel $K_\nu(x)$ será irregular em $x = 0$ como dado pelas Equações (14.110) ou (14.111), e irá decair exponencialmente em x grande;

2. A função modificada de Bessel $I_\nu(x)$ será (para $\nu \geq 0$) finita na origem, como dado pela Equação (14.100), e aumentará exponencialmente em x grande.

Em vez de desenvolver formas assintóticas adicionais a partir da Equação (14.127), achamos mais interessante obter expansões assintóticas mais completas utilizando uma representação integral particular de K_ν.

Expansão de uma Representação Integral para K_ν

Aqui começar da representação integral

$$K_\nu(z) = \frac{\pi^{1/2}}{\Gamma(\nu + \frac{1}{2})} \left(\frac{z}{2}\right)^\nu \int_1^\infty e^{-zx}(x^2 - 1)^{\nu-1/2}dx, \quad \nu > -\frac{1}{2}. \tag{14.128}$$

Por enquanto, vamos considerar z como sendo real, embora a Equação (14.128) possa ser estabelecida para $-\pi/2 < \arg z < \pi/2$ (isto é, para $\Re e(z) > 0$).

Antes de usar a Equação (14.128), precisamos verificar que (1) a forma reivindicada para ser $K_\nu(z)$ satisfaz a equação modificada de Bessel, (2) que ela tem o comportamento de z pequeno exigido para K_ν e (3) que tem o valor assintótico de decaimento exponencial necessário. Essas três características são suficientes para estabelecer a validade da Equação (14.128).

O fato de que a Equação (14.128) é uma solução da equação modificada de Bessel pode ser verificado pela substituição direta na Equação (14.97). Após alguma manipulação, obtemos

$$z^{\nu+1} \int_1^\infty \frac{d}{dx}\left[e^{-zx}(x^2 - 1)^{\nu+1/2}\right]dx = 0,$$

que transforma o integrando combinado na derivada de uma função que desaparece em ambas as extremidades.

A seguir consideramos como a Equação (14.128) se comporta para z pequeno. Procedemos substituindo $x = 1 + t/z$:

$$\frac{\pi^{1/2}}{\Gamma(\nu + \frac{1}{2})} \left(\frac{z}{2}\right)^\nu \int_1^\infty e^{-zx}(x^2 - 1)^{\nu-1/2}dx$$

$$= \frac{\pi^{1/2}}{\Gamma(\nu + \frac{1}{2})} \left(\frac{z}{2}\right)^\nu e^{-z} \int_0^\infty e^{-t}\left(\frac{t^2}{z^2} + \frac{2t}{z}\right)^{\nu-1/2} \frac{dt}{z}$$

$$= \frac{\pi^{1/2}}{\Gamma(\nu + \frac{1}{2})} \frac{e^{-z}}{2^\nu z^\nu} \int_0^\infty e^{-t}t^{2\nu-1}\left(1 + \frac{2z}{t}\right)^{\nu-1/2} dt. \tag{14.129}$$

Essa substituição mudou os limites da integração para um intervalo mais conveniente e isolou a dependência exponencial negativa e^{-z}. A integral na Equação (14.129) pode agora (para $\nu > 0$) ser avaliada para $z = 0$ a fim de gerar $\Gamma(2\nu)$. Em seguida, usando a fórmula de duplicação, Equação (13.27), temos

$$\lim_{z\to 0} K_\nu(z) = \frac{\Gamma(\nu)2^{\nu-1}}{z^\nu}, \quad \nu > 0. \tag{14.130}$$

A Equação (14.130) está de acordo com a Equação (14.111), mostrando que a Equação (14.128) tem o comportamento z pequeno adequado para representar K_ν. Note que para $\nu = 0$, a Equação (14.128) diverge logaritmicamente em $z = 0$ e a verificação de sua escala requer uma abordagem diferente, que é o tema do Exercício 14.6.4.

Por fim, para completar a identificação da Equação (14.128) com K_ν, precisamos verificar se ela decai exponencialmente em z grande. Essa característica será um subproduto de nosso interesse principal aqui, que é desenvolver a série assintótica para $K_\nu(z)$. Fazemos isso reescrevendo a Equação (14.129) como

$$K_\nu(z) = \sqrt{\frac{\pi}{2z}} \frac{e^{-z}}{\Gamma(\nu + \frac{1}{2})} \int_0^\infty e^{-t}t^{\nu-1/2}\left(1 + \frac{t}{2z}\right)^{\nu-1/2} dt. \tag{14.131}$$

Em seguida, expandimos $(1 + t/2z)^{\nu-1/2}$ pelo teorema binomial e permutamos o somatório e a integração (válida para a série assintótica que pretendemos obter), alcançando

$$K_\nu(z) = \sqrt{\frac{\pi}{2z}} \frac{e^{-z}}{\Gamma(\nu + \frac{1}{2})} \sum_{r=0}^{\infty} \binom{\nu - \frac{1}{2}}{r} (2z)^{-r} \int_0^\infty e^{-t} t^{\nu+r-1/2} dt$$

$$= \sqrt{\frac{\pi}{2z}} e^{-z} \sum_{r=0}^{\infty} \frac{\Gamma(\nu+r+\frac{1}{2})}{r!\,\Gamma(\nu-r+\frac{1}{2})} (2z)^{-r}. \tag{14.132}$$

A Equação (14.132) agora pode ser rearranjada para

$$K_\nu(z) \sim \sqrt{\frac{\pi}{2z}} e^{-z} \left[1 + \frac{(4\nu^2 - 1^2)}{1!\,8z} + \frac{(4\nu^2 - 1^2)(4\nu^2 - 3^2)}{2!\,(8z)^2} + \cdots \right]. \tag{14.133}$$

A Equação (14.133) produz a dependência exponencial prevista, confirmando que a Equação (14.128) na verdade representa K_ν.

Embora a integral da Equação (14.128), integrando ao longo do eixo real, fosse convergente apenas para $-\pi/2 < \arg z < \pi/2$, a Equação (14.133) pode ser estendida para $-3\pi/2 < \arg z < 3\pi/2$. Considerada como uma série infinita, a Equação (14.133) é realmente divergente. No entanto, essa série é assintótica, no sentido de que para z grande o suficiente, $K_\nu(z)$ pode ser aproximado a qualquer grau fixo de precisão com um pequeno número de termos. Compare a Seção 12.6 para uma definição e discussão da série assintótica. O caráter assintótico surge porque a nossa expansão binomial foi válida apenas para $t < 2z$, mas integramos t até o infinito. A diminuição exponencial do integrando impediu um desastre, mas a série só é assintótica e não convergente. Pela Tabela 7.1, $z = \infty$ é uma singularidade essencial das equações de Bessel (e modificada de Bessel). O teorema de Fuchs não garante uma série convergente e nós não obtivemos uma.

É conveniente reescrever a Equação (14.133) como

$$K_\nu(z) = \sqrt{\frac{\pi}{2z}} e^{-z} \left[P_\nu(iz) + i Q_\nu(iz) \right], \tag{14.134}$$

onde

$$P_\nu(z) \sim 1 - \frac{(\mu - 1)(\mu - 9)}{2!\,(8z)^2} + \frac{(\mu - 1)(\mu - 9)(\mu - 25)(\mu - 49)}{4!\,(8z)^4} - \cdots, \tag{14.135}$$

$$Q_\nu(z) \sim \frac{\mu - 1}{1!\,(8z)} - \frac{(\mu - 1)(\mu - 9)(\mu - 25)}{3!\,(8z)^3} + \cdots, \tag{14.136}$$

e $\mu = 4\nu^2$. Devemos observar que, embora $P_\nu(z)$ da Equação (14.135) e $Q_\nu(z)$ da Equação (14.136) tenham sinais alternados, a série para $P_\nu(iz)$ e $Q_\nu(iz)$ na Equação (14.134) tem todos os sinais positivos. Por fim, observe que para z grande, P_ν domina.

Formas Assintóticas Adicionais

Começamos nosso estudo detalhado do comportamento assintótico com K_ν porque, com suas propriedades em mãos, podemos deduzir as expansões assintóticas dos outros membros da família de funções de Bessel.

1. Reorganizando a definição de K_ν para

$$H_\nu^{(1)}(x) = \frac{2}{\pi} e^{-(i\pi/2)(\nu+1)} K_\nu(-ix), \tag{14.137}$$

temos

$$H_\nu^{(1)}(z) = \sqrt{\frac{2}{\pi z}} \exp\left\{ i \left[z - \left(\nu + \frac{1}{2} \right) \frac{\pi}{2} \right] \right\} \left[P_\nu(z) + i Q_\nu(z) \right], \tag{14.138}$$

que, embora originalmente derivada para valores reais de $-i\,x$, pode ser analiticamente continuada no intervalo maior $-\pi < \arg z < 2\pi$.

2. A segunda função de Hankel é apenas (para argumentos reais) o conjugado complexo do primeira e, portanto,

$$H_\nu^{(2)}(z) = \sqrt{\frac{2}{\pi z}} \exp\left\{ -i \left[z - \left(\nu + \frac{1}{2} \right) \frac{\pi}{2} \right] \right\} \left[P_\nu(z) - i Q_\nu(z) \right], \tag{14.139}$$

válida para $-2\pi < \arg z < \pi$.

3. Como $J_v(z)$ é a parte real de $H_v^{(1)}(z)$ para z real,

$$J_v(z) = \sqrt{\frac{2}{\pi z}} \left\{ P_v(z) \cos\left[z - \left(v + \frac{1}{2}\right)\frac{\pi}{2}\right] - Q_v(z) \operatorname{sen}\left[z - \left(v + \frac{1}{2}\right)\frac{\pi}{2}\right] \right\}, \tag{14.140}$$

válida para $-\pi < \arg z < \pi$.

4. A função de Neumann é a parte imaginária de $H_v^{(1)}(z)$ para z real, ou

$$Y_v(z) = \sqrt{\frac{2}{\pi z}} \left\{ P_v(z) \operatorname{sen}\left[z - \left(v + \frac{1}{2}\right)\frac{\pi}{2}\right] + Q_v(z) \cos\left[z - \left(v + \frac{1}{2}\right)\frac{\pi}{2}\right] \right\}, \tag{14.141}$$

também válida para $-\pi < \arg z < \pi$.

$$I_v(z) = i^{-v} J_v(iz), \tag{14.142}$$

assim

$$I_v(z) = \frac{e^z}{\sqrt{2\pi z}}\left[P_v(iz) - i Q_v(iz) \right], \tag{14.143}$$

válida para $-\pi/2 < \arg z < \pi/2$.

Propriedades das Formas Assintóticas

Depois de derivar as formas assintóticas das várias funções de Bessel, é oportuno observar suas características essenciais. Lembrando que no limite de z grande, P_v se aproxima da unidade enquanto $Q_v \sim 1/z$, vemos que em z grande, todas as funções de Bessel têm termos dominantes com uma dependência $1/z^{1/2}$, multiplicada por um exponencial real ou complexo. As funções modificadas K_v e I_v, respectivamente, contêm exponenciais que diminuem e aumentam, enquanto as funções ordinárias de Bessel J_v e Y_v têm termos dominantes com oscilação sinusoidal (atenuada pelo fator $z^{-1/2}$). Quando multiplicadas por um fator de tempo $e^{\pm i\omega t}$, as funções de Hankel pode descrever ondas progressivas que entram e saem.

Analisando as funções oscilatórias J_v, Y_v, $H_v^{(i)}$ em mais detalhes, vemos que o comportamento sinusoidal exato só é alcançado no limite de z grande, uma vez para z finito os termos que envolvem Q_v até certo ponto irão alterar a periodicidade. O leitor talvez queira comparar as posições dos zeros de J_n na Tabela 14.1 com aquelas previstas por seu termo dominante, ou seja, os zeros de

$$\cos\left[z - \left(n + \frac{1}{2}\right)\frac{\pi}{2}\right].$$

Vemos que J_n se comporta assintoticamente como uma função de cosseno de fase alternada, com a fase de alternância uma função de n. A forma assintótica de Y_n será aquela de uma função seno, com (para o mesmo n) a mesma alternância de fase. Isso faz com que os zeros de J_n e Y_n para z grande se alternem, como vimos para J_0 e Y_0 na Figura 14.8.

O comportamento assintótico das duas soluções para um problema descrito por funções ordinárias ou modificadas de Bessel podem ser suficientes para eliminar imediatamente uma dessas funções como uma solução para um problema físico. Essa observação pode permitir usar o comportamento em $z = \infty$ bem como aquele em $z = 0$ para restringir as formas funcionais que precisamos considerar.

Por fim, observamos que a série assintótica $P_v(z)$ e $Q_v(z)$, Equações (14.135) e (14.136), termina para $v = \pm 1/2$, $\pm 3/2, \ldots$ e tornam-se polinômios (em potências negativas de z). Para esses valores especiais de v as aproximações assintóticas tornam-se soluções exatas.

É de algum interesse considerar a precisão das formas assintóticas, escolhendo como exemplo apenas o primeiro termo

$$J_n(x) \approx \sqrt{\frac{2}{\pi x}} \cos\left[x - \left(n + \frac{1}{2}\right)\left(\frac{\pi}{2}\right)\right]. \tag{14.144}$$

Claramente, a condição para que a Equação (14.144) seja exata é que o termo do seno da Equação (14.140) seja insignificante; isto é,

$$8x \gg 4n^2 - 1. \tag{14.145}$$

Na Figura 14.13 plotamos $J_0(x)$ e o termo dominante da sua aproximação assintótica. O acordo é quase quantitativo para $x > 5$. Porém, para n ou $v > 1$, a região assintótica pode estar longe.

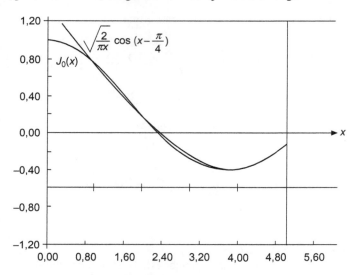

Figura 14.13: Aproximação assintótica de $J_0(x)$.

Outro uso das fórmulas assintóticas é estabelecer as constantes nas fórmulas wronskianas, em que sabemos que a wronskiana de quaisquer duas funções de Bessel de argumento x tem uma dependência funcional $1/x$, mas com uma constante de pré-multiplicação que depende das funções de Bessel envolvidas.

Exemplo 14.6.1   Ondas Cilíndricas Progressivas

Como uma ilustração de um problema em que escolhemos uma função de Bessel específica por causa das suas propriedades assintóticas, considere um problema de onda bidimensional (2-D) semelhante à membrana circular vibrando do Exercício 14.1.24. Agora imagine que as ondas são geradas em $r = 0$ e se movem para fora para o infinito. Substituímos nossas ondas estacionárias por aquelas progressivas.

A equação diferencial permanece a mesma, mas as condições de contorno mudam. Agora exigimos que para r grande a onda se comporte como

$$U \sim e^{i(kr - \omega t)}, \tag{14.146}$$

para descrever uma onda de saída com comprimento de onda $2\pi/k$. Supomos, para simplificar, que não há dependência azimutal, assim temos simetria circular, implicando $m = 0$. A função de Bessel de ordem zero com essa dependência assintótica é $H_0^{(1)}(kr)$, como pode ser visto da Equação (14.138). Essa condição de contorno no infinito então determina nossa solução de onda como

$$U(r, t) = H_0^{(1)}(kr)e^{-i\omega t}. \tag{14.147}$$

Essa solução diverge como $r \to 0$, que é o comportamento esperado com uma fonte na origem. ∎

Exercícios

14.6.1   Determine a dependência assintótica das funções modificadas de Bessel $v\,I(x)$, dado

$$I_v(x) = \frac{1}{2\pi i} \int_C e^{(x/2)(t + 1/t)} \frac{dt}{t^{v+1}}.$$

O contorno começa e termina em $t = -\infty$, cercando a origem em um sentido positivo. Há dois pontos de sela. Apenas aquele em $z = +1$ contribui significativamente para a forma assintótica.

14.6.2 Determine a dependência assintótica da função modificada de Bessel de segunda espécie, $K_\nu(x)$, usando

$$K_\nu(x) = \frac{1}{2} \int\limits_0^\infty e^{(-x/2)(s+1/s)} \frac{ds}{s^{1-\nu}}.$$

14.6.3 Verifique que as representações integrais

$$I_n(z) = \frac{1}{\pi} \int\limits_0^\pi e^{z\cos t} \cos(nt)dt,$$

$$K_\nu(z) = \int\limits_0^\infty e^{-z\cosh t} \cosh(\nu t)dt, \quad \Re e(z) > 0,$$

satisfazem a equação modificada de Bessel por substituição direta nessa equação. Como você pode verificar a normalização?

14.6.4 (a) Mostre que quando K_ν é definido pela Equação (14.128),

$$\frac{dK_0(z)}{dz} = -K_1(z).$$

(b) Mostre que a integral indefinida de $-K_1(x)$ como definida pela Equação (14.128) tem no limite de z pequeno o valor $-\ln z + C$ e, portanto, comparando com a Equação (14.110), que K_0 como definido pela Equação (14.128) tem a normalização correta.

14.6.5 Verifique se Equação (14.132) pode ser reorganizada para a forma dada na Equação (14.133).

14.6.6 (a) Mostre que

$$y(z) = z^\nu \int e^{-zt}(t^2 - 1)^{\nu-1/2}dt$$

satisfaz a equação modificada de Bessel, desde que o contorno seja escolhido de tal modo que é

$$e^{-zt}(t^2 - 1)^{\nu+1/2}$$

tenha o mesmo valor nos pontos iniciais e finais do contorno.

(b) Verifique se os contornos mostrados na Figura 14.14 são adequados para esse problema.

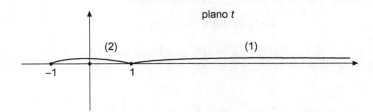

Figura 14.14: Contornos das funções modificadas de Bessel.

14.6.7 Use as expansões assintóticas para verificar as seguintes fórmulas wronskianas:

(a) $J_\nu(x)J_{-\nu-1}(x) + J_{-\nu}(x)J_{\nu+1}(x) = -2\,\mathrm{sen}\nu\,\pi/\pi x$,

(b) $J_\nu(x)N_{\nu+1}(x) - J_{\nu+1}(x)N_\nu(x) = -2/\pi x$,

(c) $J_\nu(x)H_{\nu-1}^{(2)}(x) - J_{\nu-1}(x)H_\nu^{(2)}(x) = 2/i\pi x$,

(d) $I_\nu(x)K_\nu'(x) - I_\nu'(x)K_\nu(x) = -1/x$,

(e) $I_\nu(x)K_{\nu+1}(x) + I_{\nu+1}(x)K_\nu(x) = 1/x$.

14.6.8   Verifique se a função de Green para a equação 2-D de Helmholtz (operador $\nabla^2 + k^2$) com condições de contorno da onda de saída é

$$G(\boldsymbol{\rho}_1, \boldsymbol{\rho}_2) = -\frac{i}{4} H_0^{(1)}(k|\boldsymbol{\rho}_1 - \boldsymbol{\rho}_2|).$$

Dica: Sabe-se que $H_0^{(1)}(k\rho)$ é uma solução de onda de saída para a equação homogênea de Helmholtz.

14.6.9   A partir da forma assintótica de $K_\nu(z)$, Equação (14.134), derive a forma assintótica da $H_\nu^{(1)}(z)$, Equação (14.138). Observe particularmente a fase, $(\nu + \frac{1}{2})\pi / 2$.

14.6.10   Aplique o método de Stokes para obter uma expansão assimptótica para a função de Hankel $H_\nu^{(1)}$ como a seguir:

(a)   Substitua a função Bessel na equação de Bessel por $x^{-1/2} y(x)$ e mostre que $y(x)$ satisfaz

$$y''(x) + \left(1 - \frac{\nu^2 - \frac{1}{4}}{x^2}\right) y(x) = 0.$$

(b)   Desenvolva uma solução de série de potências com potências negativas de x começando com a forma presumida

$$y(x) = e^{ix} \sum_{n=0}^{\infty} a_n x^{-n}.$$

Obtenha a relação de recorrência dando a_{n+1} em termos de a_n. Verifique seu resultado contra uma série assintótica, Equação (14.138).

(c)   A partir da Equação (14.125), determine o coeficiente inicial, a_0.

14.6.11   Utilizando o método das inclinações mais acentuadas, avalie a segunda função de Hankel dada por

$$H_\nu^{(2)}(t) = \frac{1}{\pi i} \int_{C_2} e^{(t/2)(z - 1/z)} \frac{dz}{z^{\nu+1}},$$

com o contorno C_2 como mostrado na Figura 14.10.

$$RESPOSTA: H_\nu^{(2)}(t) \approx \sqrt{\frac{2}{\pi t}} e^{-i(t - \pi/4 - \nu\pi/2)}.$$

14.6.12   (a)   Ao aplicar o método das inclinações mais acentuadas à função de Hankel $H_\nu^{(1)}(t)$, mostre que $w(z, t)$, que aparece na Equação (14.121), satisfaz

$$\Re e[w(z, t)] < \Re e[w(z_0, t)] = 0$$

para z no contorno C_1 (Figura 14.10), mas longe do ponto $z = z_0 = i$.

(b)   Para valores gerais de $z = re^{i\theta}$, mostre que

$$\Re e[w(z, t)] > 0 \quad \text{para} \quad 0 < r < 1, \quad \begin{cases} \dfrac{\pi}{2} < \theta \le \pi \\ -\pi \le \theta < \dfrac{\pi}{2} \end{cases}$$

e

$$\Re e[w(z, t)] < 0 \quad \text{para} \quad r > 1, \quad -\frac{\pi}{2} < \theta < \frac{\pi}{2}.$$

Sua demonstração verifica se a distribuição do sinal de w é como mostrado esquematicamente na Figura 14.15.

(c)   Explique por que o contorno C_1 (Figura 14.10) não pode ser deformado para atravessar ambos os pontos de sela, e por que ele não pode atravessar o ponto de sela em $-i$ se é para terminar em $z = -\infty$ com o argumento $+\pi$.

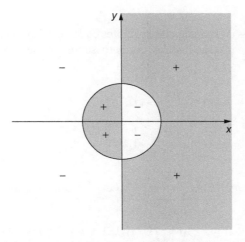

Figura 14.15: O sinal de $w(z, t)$, ocorrendo na Equação (14.121), para a representação integral das funções de Hankel.

14.6.13 Calcule as primeiras 15 somas parciais de $P_0(x)$ e $Q_0(x)$, Equações (14.135) e (14.136). Deixe x variar de 4 a 10 em passos unitários. Determine o número de termos a ser retido para máxima precisão e a precisão alcançada como uma função de x. Especificamente, o quão pequeno x pode ser sem elevar o erro acima de 3×10^{-6}?

RESPOSTA: $x_{\min} = 6$.

14.7 Funções Esféricas de Bessel

Na Seção 9.4 discutimos a separação da equação de Helmholtz em coordenadas esféricas. Mostramos lá que no caso frequente em que as condições de contorno do problema têm simetria esférica, a equação radial tem a forma dada na Equação (9.80), ou seja,

$$r^2 \frac{d^2 R}{dr^2} + 2r \frac{dR}{dr} + \left[k^2 r^2 - l(l+1) \right] R = 0. \tag{14.148}$$

Lembramos o leitor que o parâmetro k é aquele da equação original de Helmholtz, enquanto $l(l+1)$ é a constante de separação associadas a soluções das equações angulares identificadas pelo índice l (que é exigido pelas condições de contorno para ser um inteiro).

Na Seção 9.4, passamos para a discussão do fato de que a substituição

$$R(kr) = \frac{Z(kr)}{(kr)^{1/2}} \tag{14.149}$$

permite reescrever a Equação (14.148) como

$$r^2 \frac{d^2 Z}{dr^2} + r \frac{dZ}{dr} + \left[k^2 r^2 - \left(l + \frac{1}{2} \right)^2 \right] Z = 0, \tag{14.150}$$

que identificamos na Equação (9.84) como equação de Bessel de ordem $l + \frac{1}{2}$.

Podemos agora identificar a solução geral $Z(kr)$ como uma combinação linear de $J_{l+1/2}(kr)$ e $Y_{l+1/2}(kr)$, que por sua vez significa que podemos escrever $R(kr)$ em termos dessas funções de Bessel de ordem semi-inteiro, ilustradas (para $J_{l+1/2}$) por

$$R(kr) = \frac{C}{\sqrt{kr}} J_{l+1/2}(kr).$$

Como $R(kr)$ descrevem funções radiais em coordenadas esféricas, elas são denominadas **funções esféricas de Bessel**. Também observe que como a Equação (14.148) é homogênea, estamos livres para definir nossas funções esféricas de Bessel em qualquer escala; a escala habitualmente utilizada é a introduzida na próxima subseção.

Definições

Definimos nossas funções esféricas de Bessel pelas seguintes equações. Normalmente não é útil introduzir funções esféricas de Bessel com índices que não são inteiros, portanto, supomos que o índice n seja integral (mas não necessariamente não negativo).

$$j_n(x) = \sqrt{\frac{\pi}{2x}}\, J_{n+1/2}(x),$$

$$y_n(x) = \sqrt{\frac{\pi}{2x}}\, Y_{n+1/2}(x),$$

$$h_n^{(1)}(x) = \sqrt{\frac{\pi}{2x}}\, H_{n+1/2}^{(1)}(x) = j_n(x) + i y_n(x),$$

$$h_n^{(2)}(x) = \sqrt{\frac{\pi}{2x}}\, H_{n+1/2}^{(2)}(x) = j_n(x) - i y_n(x).$$

(14.151)

Referindo-se à definição de $Y_{n+1/2}$, vemos que

$$Y_{n+1/2}(x) = \frac{\cos(n+\frac{1}{2})\pi\, J_{n+1/2}(x) - J_{-n-1/2}(x)}{\operatorname{sen}(n+\frac{1}{2})\pi} = (-1)^{n+1} J_{-n-\frac{1}{2}}(x),$$

o que significa que

$$y_n(x) = (-1)^{n+1} j_{-n-1}(x).$$

(14.152)

Essas funções esféricas de Bessel (Figuras 14.16 e 14.17) podem ser expressas na forma de série.
Usando a Equação (14.6), temos inicialmente

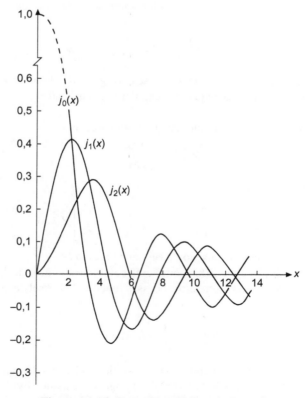

Figura 14.16: Funções esféricas de Bessel.

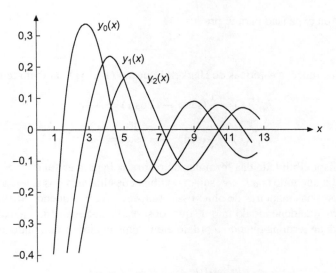

Figura 14.17: Funções esféricas de Neumann.

$$j_n(x) = \sqrt{\frac{\pi}{2x}} \sum_{s=0}^{\infty} \frac{(-1)^s}{s!\,\Gamma(s+n+\frac{3}{2})} \left(\frac{x}{2}\right)^{2s+n+1/2}. \tag{14.153}$$

Escrevendo

$$\Gamma(s+n+\tfrac{3}{2}) = \Gamma(n+\tfrac{3}{2})(n+\tfrac{3}{2})_s, \tag{14.154}$$

em que $(..)_s$ é um símbolo de Pochhammer, definido na Equação (1.72), podemos trazer a Equação (14.153) para a forma

$$j_n(x) = \sqrt{\frac{\pi}{2x}} \left(\frac{x}{2}\right)^{n+1/2} \frac{1}{\Gamma(n+\frac{3}{2})} \sum_{s=0}^{\infty} \frac{(-1)^s}{s!\,(n+\frac{3}{2})_s} \left(\frac{x}{2}\right)^{2s}$$

$$= \frac{x^n}{(2n+1)!!} \sum_{s=0}^{\infty} \frac{(-1)^s}{s!\,(n+\frac{3}{2})_s} \left(\frac{x}{2}\right)^{2s}. \tag{14.155}$$

Chegamos à última linha da Equação (14.155) escrevendo $\Gamma(n+\frac{3}{2})$ usando a notação fatorial dupla (compare com o Exercício 13.1.14).

Se agora desenvolvermos uma expansão de série para $y_n(x)$ pelo mesmo método que foi utilizado para $j_n(x)$, mas começando a partir da Equação (14.152), obtemos

$$y_n(x) = -\frac{(2n-1)!!}{x^{n+1}} \sum_{s=0}^{\infty} \frac{(-1)^s}{s!\,(\frac{1}{2}-n)_s} \left(\frac{x}{2}\right)^{2s}. \tag{14.156}$$

As funções esféricas de Bessel são oscilatórias, como pode ser visto dos gráficos nas Figuras 14.16 e 14.17. Observe que $j_n(x)$ são regulares em $x = 0$, com o comportamento limitador aí proporcional a x^n. Os y_n são todos irregulares em $X = 0$, aproximando-se desse ponto como x^{-n-1}.

A série infinita nas Equações (14.155) e (14.156) pode ser avaliada na forma fechada (mas com mais dificuldade à medida que n aumenta). Para o caso especial $n = 0$, podemos substituir a Equação (14.155) $s! = 2^{-s}\,(2s)!!$ e $(3/2)_s = 2^{-s}\,(2s+1)!!$, alcançando

$$j_0(x) = \sum_{s=0}^{\infty} \frac{(-1)^s 2^{2s}}{(2s)!!(2s+1)!!} \left(\frac{x}{2}\right)^{2s} = \sum_{s=0}^{\infty} \frac{(-1)^s}{(2s+1)!} x^{2s}$$

$$= \frac{\operatorname{sen} x}{x}. \tag{14.157}$$

Um tratamento similar da expansão para y_0 produz

$$y_0(x) = -\frac{\cos x}{x}. \tag{14.158}$$

A partir da definição das funções esféricas de Hankel, Equação (14.151), também temos

$$h_0^{(1)}(x) = \frac{1}{x}(\operatorname{sen} x - i\cos x) = -\frac{i}{x}e^{ix}, \tag{14.159}$$

$$h_0^{(2)}(x) = \frac{1}{x}(\operatorname{sen} x + i\cos x) = \frac{i}{x}e^{-ix}. \tag{14.160}$$

Como antecipamos a disponibilidade das fórmulas de recorrência para as funções esféricas de Bessel, e como y^0 é apenas $-j_{-1}$, esperamos que todos os j_n e y_n sejam combinações lineares dos senos e cossenos. Na verdade, as fórmulas de recorrência são boas maneiras de obter essas funções para n pequeno. No entanto, identificamos aqui uma abordagem alternativa, que depende do fato de que, observado na Seção 14.6, a expansão assintótica para as funções de Hankel na verdade termina quando a ordem é um semi-inteiro, produzindo assim expressões fechadas exatas. Começamos de

$$h_n^{(1)}(x) = \sqrt{\frac{\pi}{2x}}\, H_{n+1/2}^{(1)}(x)$$

$$= (-i)^{n+1}\frac{e^{ix}}{x}\left[P_{n+1/2}(x) + iQ_{n+1/2}(x)\right], \tag{14.161}$$

em que P_ν e Q_ν são dadas pelas Equações (14.135) e (14.136). Agora, $P_{n+1/2}$ e $Q_{n+1/2}$ são **polinômios**, e podemos trazer Equação (14.161) para a forma

$$h_n^{(1)}(x) = (-i)^{n+1}\frac{e^{ix}}{x}\sum_{s=0}^{n}\frac{i^s}{s!(8x)^s}\frac{(2n+2s)!!}{(2n-2s)!!}$$

$$= (-i)^{n+1}\frac{e^{ix}}{x}\sum_{s=0}^{n}\frac{i^s}{s!(2x)^s}\frac{(n+s)!}{(n-s)!}. \tag{14.162}$$

Para x real, $j_n(x)$ é a parte real disso, $y_n(x)$ a parte imaginária, e $h_n^{(2)}(x)$ o conjugado complexo. Especificamente,

$$h_1^{(1)}(x) = e^{ix}\left(-\frac{1}{x} - \frac{i}{x^2}\right), \tag{14.163}$$

$$h_2^{(1)}(x) = e^{ix}\left(\frac{i}{x} - \frac{3}{x^2} - \frac{3i}{x^3}\right), \tag{14.164}$$

$$j_1(x) = \frac{\operatorname{sen} x}{x^2} - \frac{\cos x}{x}, \tag{14.165}$$

$$j_2(x) = \left(\frac{3}{x^3} - \frac{1}{x}\right)\operatorname{sen} x - \frac{3}{x^2}\cos x, \tag{14.166}$$

$$y_1(x) = -\frac{\cos x}{x^2} - \frac{\operatorname{sen} x}{x}, \tag{14.167}$$

$$y_2(x) = -\left(\frac{3}{x^3} - \frac{1}{x}\right)\cos x - \frac{3}{x^2}\operatorname{sen} x. \tag{14.168}$$

Relações de Recorrência e Propriedades Especiais

As relações de recorrência para as quais agora passaremos fornecem uma maneira conveniente de desenvolver as funções esféricas de Bessel de ordem superior. Essas relações de recorrência podem ser derivadas das expansões da série de potências, mas é mais fácil substituir nas relações de recorrência conhecidas, Equações (14.8) e (14.9). Isso dá

$$f_{n-1}(x) + f_{n+1}(x) = \frac{2n+1}{x}f_n(x), \tag{14.169}$$

$$nf_{n-1}(x) - (n+1)f_{n+1}(x) = (2n+1)f_n'(x). \tag{14.170}$$

Reorganizando essas relações, ou substituindo nas Equações (14.10) e (14.11), obtemos

$$\frac{d}{dx}[x^{n+1}f_n(x)] = x^{n+1}f_{n-1}(x),$$
(14.171)

$$\frac{d}{dx}[x^{-n}f_n(x)] = -x^{-n}f_{n+1}(x).$$
(14.172)

Nessas equações f_n pode representar j_n, y_n, $h_n^{(1)}$, ou $h_n^{(2)}$.

Por indução matemática (Seção 1.4) podemos estabelecer as **fórmulas de Rayleigh**:

$$j_n(x) = (-1)^n x^n \left(\frac{1}{x}\frac{d}{dx}\right)^n \left(\frac{\operatorname{sen} x}{x}\right),$$
(14.173)

$$y_n(x) = -(-1)^n x^n \left(\frac{1}{x}\frac{d}{dx}\right)^n \left(\frac{\cos x}{x}\right),$$
(14.174)

$$h_n^{(1)}(x) = -i(-1)^n x^n \left(\frac{1}{x}\frac{d}{dx}\right)^n \left(\frac{e^{ix}}{x}\right),$$
(14.175)

$$h_n^{(2)}(x) = i(-1)^n x^n \left(\frac{1}{x}\frac{d}{dx}\right)^n \left(\frac{e^{-ix}}{x}\right).$$
(14.176)

Valores Limitadores

Para $x \ll 1$,[9] Equações (14.155) e (14.156) produzem

$$j_n(x) \approx \frac{x^n}{(2n+1)!!},$$
(14.177)

$$y_n(x) \approx -\frac{(2n-1)!!}{x^{n+1}}.$$
(14.178)

Os valores limitadores das funções esféricas de Hankel para x pequeno são $\pm i y_n(x)$.

Os valores assintóticos de j_n, y_n, $h_n^{(1)}$ e $h_n^{(2)}$ podem ser obtidos a partir das formas assintóticas das funções correspondentes de Bessel, como dado na Seção 14.6. Encontramos

$$j_n(x) \sim \frac{1}{x}\operatorname{sen}\left(x - \frac{n\pi}{2}\right),$$
(14.179)

$$y_n(x) \sim -\frac{1}{x}\cos\left(x - \frac{n\pi}{2}\right),$$
(14.180)

$$h_n^{(1)}(x) \sim (-i)^{n+1}\frac{e^{ix}}{x} = -i\frac{e^{i(x-n\pi/2)}}{x},$$
(14.181)

$$h_n^{(2)}(x) \sim i^{n+1}\frac{e^{-ix}}{x} = i\frac{e^{-i(x-n\pi/2)}}{x}.$$
(14.182)

A condição para essas formas esféricas de Bessel é que $x \gg n(n+1)/2$. A partir desses valores assintóticos vemos que $j_n(x)$ e $y_n(x)$ são apropriados para uma descrição das **ondas esféricas estacionárias**; $h_n^{(1)}(x)$ e $h_n^{(2)}(x)$ correspondem a **ondas esféricas progressivas**. Se a dependência do tempo para as ondas progressivas for considerada como sendo $e^{-i\omega t}$, então $h_n^{(1)}(x)$ produz uma onda esférica progressiva de saída, e $h_n^{(2)}(x)$ uma onda de entrada. A teoria da radiação no eletromagnetismo e a teoria de espalhamento na mecânica quântica fornecem muitas aplicações.

Ortogonalidade e Zeros

Podemos considerar a integral de ortogonalidade para as funções ordinárias de Bessel, Equações (11.49) e (11.50),

$$\int_0^a J_\nu\left(\alpha_{\nu p}\frac{\rho}{a}\right) J_\nu\left(\alpha_{\nu q}\frac{\rho}{a}\right)\rho\, d\rho = \frac{a^2}{2}\left[J_{\nu+1}(\alpha_{\nu p})\right]^2 \delta_{pq},$$

---

[9]A condição de que o segundo termo na série seja insignificante em comparação com o primeiro é realmente $x \ll 2[(2n+2)(2n+3)/(n+1)]^{1/2}$ para $j_n(x)$.

e reescrevê-la em termos de j_n para obter

$$\int_0^a j_n\left(\alpha_{np}\frac{r}{a}\right) j_n\left(\alpha_{nq}\frac{r}{a}\right) r^2\, dr = \frac{a^3}{2}\left[\, j_{n+1}(\alpha_{np})\right]^2 \delta_{pq}. \tag{14.183}$$

Aqui α_{np} é o p-ésimo zero positivo de j_n.

Observe que em contraste com a fórmula para a ortogonalidade de J_ν, a Equação (14.183) tem o fator de peso r^2, não r. Isso, obviamente, vem dos fatores $x^{-1/2}$ na definição de $J_n(x)$, mas também tem o efeito de que se a integração é interpretada como estando ao longo de um **volume esférico**, em vez de um intervalo linear, ela é o fator correspondente ao peso uniforme de todos os elementos de volume. (Lembre-se de que o peso ρ para a integral J_ν produz peso uniforme se interpretarmos a integração, nesse caso, como sobre a área dentro de um círculo.)

Tabela 14.2　Zeros das funções esféricas de Bessel e suas derivadas de primeira ordem

Número de zero	$j_0(x)$	$j_1(x)$	$j_2(x)$	$j_3(x)$	$j_4(x)$	$j_5(x)$
1	3,1416	4,4934	5,7635	6,9879	8,1826	9,3558
2	6,2832	7,7253	9,0950	10,4171	11,7049	12,9665
3	9,4248	10,9041	12,3229	13,6980	15,0397	16,3547
4	12,5664	14,0662	15,5146	16,9236	18,3013	19,6532
5	15,7080	17,2208	18,6890	20,1218	21,5254	22,9046
	$j_0'(x)$	$j_1'(x)$	$j_2'(x)$	$j_3'(x)$	$j_4'(x)$	$j_5'(x)$
1	4,4934	2,0816	3,3421	4,5141	5,6467	6,7565
2	7,7253	5,9404	7,2899	8,5838	9,8404	11,0702
3	10,9041	9,2058	106139	11,9727	13,2956	14,5906
4	14,0662	12,4044	13,8461	15,2445	16,6093	17,9472
5	17,2208	15,5792	17,0429	18,4681	19,8624	21,2311

Quanto às funções ordinárias de Bessel, todas as funções que são ortogonais em $(0, a)$ satisfazem uma condição de contorno de Dirichlet, com zeros em $r = a$. Achamos, portanto, útil conhecer os valores dos zeros de j_n. Os primeiros zeros para n pequeno, e também as localizações dos zeros de j_n', estão listados na Tabela 14.2.

O exemplo a seguir ilustra um problema em que os zeros de j_n desempenham um papel essencial.

Exemplo 14.7.1　Partícula em uma Esfera

Uma ilustração do uso das funções de Bessel esféricas é fornecida pelo problema de uma partícula da mecânica quântica de massa m de uma esfera de raio a. A teoria quântica exige que a função de onda ψ, descrevendo nossa partícula, satisfaça a equação de Schrödinger

$$-\frac{\hbar^2}{2m}\nabla^2\psi = E\psi, \tag{14.184}$$

sujeita às condições de que (1) $\psi(r)$ é finito para todo $0 \le r \le a$, e (2) $\psi(a) = 0$. Isso corresponde a um poço de potencial quadrado de $V = 0$ para $r\,a$, $V =$ para $r > a$. Aqui $\hbar$ é a constante de Planck dividida por 2π. A Equação (14.184), com suas condições de contorno é uma equação de autovalor; seus autovalores E são os possíveis valores da energia da partícula.

Vamos determinar o valor **mínimo** da energia para a qual nossa equação de onda tem uma solução aceitável. A Equação (14.184) é a equação de Helmholtz que, após separação das variáveis, leva à equação radial anteriormente apresentados como a Equação (14.148):

$$\frac{d^2R}{dr^2} + \frac{2}{r}\frac{dR}{dr} + \left[k^2 - \frac{l(l+1)}{r^2}\right]R = 0, \tag{14.185}$$

com

$$k^2 = 2mE/\hbar^2 \tag{14.186}$$

e l (determinado a partir da equação angular) um não inteiro positivo. Comparando com a Equação (14.150) e as definições das funções esféricas de Bessel, Equação (14.151), vemos que a solução geral para a Equação (14.185) é

$$R = Aj_l(kr) + By_l(kr).$$ (14.187)

Para satisfazer as condições de contorno do problema atual, devemos rejeitar a solução y_l porque é singular em $r = 0$, e temos de escolher k de tal modo que $j_l(ka) = 0$. Essa condição de contorno em $r = a$ pode ser satisfeita se

$$k \equiv k_{li} = \frac{\alpha_{li}}{a},$$ (14.188)

em que α_{li} é o i-ésimo zero positivo de j_l. A partir da Equação (14.186), vemos que o menor E corresponderá ao menor k aceitável que, por sua vez, corresponde ao menor α_{li}. Assim, verificando a Tabela 14.2, identificamos o menor α_{li} como o primeiro zero de j_0, um resultado que seria de esperar depois que aprendemos que o valor $l = 0$ está associado a uma função angular sem energia cinética.

Concluímos esse exemplo resolvendo a Equação (14.186) para E com k atribuído o valor $\alpha_{01}/a = \pi/a$:[10]

$$E_{\min} = \frac{\pi^2 \hbar^2}{2ma^2} = \frac{h^2}{8ma^2}.$$ (14.189)

Esse exemplo ilustra várias características comuns a problemas de estado limitado na mecânica quântica. Primeiro, vemos que para qualquer esfera finita a partícula terá uma energia mínima ou de ponto zero. Segundo, notamos que a partícula não pode ter um intervalo contínuo dos valores de energia; a energia é restrita a valores discretos que correspondem aos autovalores da equação de Schrödinger. Terceiro, as energias possíveis nesse problema esfericamente simétrico dependem de l; como é evidente a partir da tabela dos zeros de j_l, a energia mínima para um dado l aumenta com l. Por fim, observe que a ortogonalidade de j_l sob as condições desse problema mostra que as autofunções correspondendo ao mesmo l, mas diferente i são ortogonais (com o fator de peso correspondendo às coordenadas polares esféricas). ∎

Fechamos esta subseção com a observação de que, além da ortogonalidade no que diz respeito ao escalonamento (para trazer os zeros para um valor r especificado), as funções esféricas de Bessel também possuem ortogonalidade quanto aos índices:

$$\int_{-\infty}^{\infty} j_m(x)j_n(x)dx = 0, \quad m \neq n, \ m, \ n \geq 0.$$ (14.190)

A prova é deixada como o Exercício 14.7.12. Se $m = n$ (compare o Exercício 14.7.13), temos

$$\int_{-\infty}^{\infty} [j_n(x)]^2 \, dx = \frac{\pi}{2n+1}.$$ (14.191)

As funções esféricas de Bessel entrarão em cena novamente com ondas esféricas, mas uma análise mais aprofundada é adiada até que as funções angulares correspondentes, as funções de Legendre, tenham sido mais amplamente discutidas.

Funções Modificadas Esféricas de Bessel

Problemas envolvendo a equação radial

$$r^2 \frac{d^2 R}{dr^2} + 2r \frac{dR}{dr} - \left[k^2 r^2 + l(l+1) \right] R = 0,$$ (14.192)

que difere da Equação (14.148) apenas no sinal de k^2, também surgem com frequência na física. As soluções para essa equação são funções esféricas de Bessel com argumentos imaginários, levando-nos a definir **funções esféricas modificadas de Bessel** (Figura 14.18), como a seguir:

$$i_n(x) = \sqrt{\frac{\pi}{2x}} I_{n+1/2}(x),$$ (14.193)

$$k_n(x) = \sqrt{\frac{2}{\pi x}} K_{n+1/2}(x).$$ (14.194)

---

[10]A maioria das entradas na Tabela 14.2 só está numericamente acessível, mas os zeros de j_0 são facilmente identificados devido à sua forma simples, $\alpha_{0m} = m\pi$.

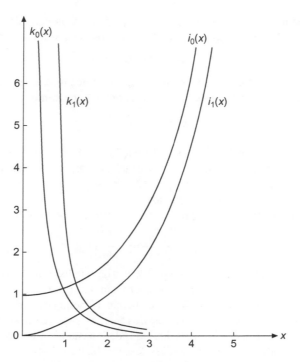

Figura 14.18: Funções esféricas modificadas de Bessel.

Observe que o fator de escala na definição de k_n difere daquele das outras funções esféricas de Bessel. Com as definições acima, essas funções têm as seguintes relações de recorrência:

$$i_{n-1}(x) - i_{n+1}(x) = \frac{2n+1}{x} i_n(x),$$

$$n i_{n-1}(x) + (n+1) i_{n+1}(x) = (2n+1) i_n'(x),$$

$$k_{n-1}(x) - k_{n+1}(x) = -\frac{2n+1}{x} k_n(x),$$

$$n k_{n-1}(x) + (n+1) k_{n+1}(x) = -(2n+1) k_n'(x).$$

(14.195)

As poucas primeiras dessas funções são

$$i_0(x) = \frac{\operatorname{senh} x}{x}, \qquad\qquad k_0(x) = \frac{e^{-x}}{x},$$

$$i_1(x) = \frac{\cosh x}{x} - \frac{\operatorname{senh} x}{x^2}, \qquad k_1(x) = e^{-x}\left(\frac{1}{x} + \frac{1}{x^2}\right),$$

$$i_2(x) = \operatorname{senh} x\left(\frac{1}{x} + \frac{3}{x^3}\right) - \frac{3\cosh x}{x^2}, \quad k_2(x) = e^{-x}\left(\frac{1}{x} + \frac{3}{x^2} + \frac{3}{x^3}\right).$$

(14.196)

Valores limitadores das funções esféricas modificadas de Bessel são, para x pequeno,

$$i_n(x) \approx \frac{x^n}{(2n+1)!!}, \quad k_n(x) \approx \frac{(2n-1)!!}{x^{n+1}}.$$

(14.197)

Para z grande, o comportamento assintótico dessas funções é

$$i_n(x) \sim \frac{e^x}{2x}, \quad k_n(x) \sim \frac{e^{-x}}{x}.$$

(14.198)

Exemplo 14.7.2   PARTÍCULAS ESFÉRICAS EM UM POÇO ESFÉRICO FINITO

Como um exemplo final, voltamos ao problema de uma partícula presa em um poço de potencial esférico de raio a (Exemplo 14.7.1), mas em vez de limitar a partícula por uma parede de potencial $V = \infty$ (equivalente a exigir que sua função de onda ψ desapareça em $r = a$), consideramos agora um poço de profundidade finita, correspondendo a

$$V(r) = \begin{cases} V_0 < 0, & 0 \le r \le a, \\ 0, & r > a. \end{cases}$$

Se a partícula pode ter uma energia $E < 0$, ela estará localizada no e perto do poço de potencial, com uma função de onda que decai para zero à medida que r aumenta para valores maiores do que a. Um caso simples de esse problema foi um dos nossos exemplos de um problema de autovalor (Exemplo 8.3.3), mas nesse caso não prosseguimos com generalidade suficiente para identificar suas soluções como funções de Bessel.

Esse problema é regido pela equação Schrödinger, que agora tem a forma

$$-\frac{\hbar^2}{2m}\nabla^2\psi + V(r)\psi = E\psi.$$

Essa é uma equação de autovalor, a ser resolvida para ψ e E ao longo do espaço tridimensional total, sujeita à condição de que ψ é contínua e diferenciável para todo r, e que seja normalizável (aproximando-se assim a zero assintoticamente em r grande). Aqui m é a massa da partícula e $\hbar$ é a constante de Planck dividida por 2π.

Embora esse problema seja mais difícil que o do Exemplo 14.7.1, ele torna-se controlável se percebemos que é equivalente a dois problemas distintos para as respectivas regiões $0 \le r \le a$ e $r > a$, dentro de cada uma das quais o potencial tem um valor constante, mas limitado a (1) tem o mesmo autovalor E, e (2) conecta-se suavemente (de modo que a derivada r existirá) em $r = a$.

Quando a equação de Schrodinger é processada pelo método de separação de variáveis, obtemos como sua componente radial

$$\frac{d^2R}{dr^2} + \frac{2}{r}\frac{dR}{dr} + \left(\frac{2m}{\hbar^2}\left[E - V(r)\right] - \frac{l(l+1)}{r^2}\right)R = 0,$$

que será a equação esférica de Bessel, Equação (14.150), ou a equação esférica modificada de Bessel, Equação (14.192), dependendo do sinal de $E - V(r)$. Vemos que se $V_0 < E < 0$, então para $r \le a$ teremos $E - V(r) > 0$, produzindo uma EDO de Bessel com uma solução aceitável envolvendo j_l, enquanto para $r > a$ temos $E - V(r) < 0$, levando a uma EDO modificada de Bessel para a qual podemos escolher a solução k_l para obter o comportamento assintótico necessário.

Resumindo, temos, para as duas regiões:

$$R_{\text{in}}(r) = Aj_l(kr), \quad k^2 = \frac{2m}{\hbar^2}(E - V_0) \quad r \le a,$$

$$R_{\text{out}}(r) = Bk_l(k'r), \quad k'^2 = -\frac{2m}{\hbar^2}E \qquad r > a.$$

Conexão suave em $r = a$, então corresponde às equações

$$R_{\text{in}}(a) = R_{\text{out}}(a) \quad \longrightarrow \quad Aj_l(ka) = Bk_l(k'r), \tag{14.199}$$

$$\frac{dR_{\text{in}}}{dr}\bigg|_{r=a} = \frac{dR_{\text{out}}}{dr}\bigg|_{r=a} \quad \longrightarrow \quad kAj_l'(ka) = k'Bk_l'(k'a). \tag{14.200}$$

Para $l = 0$ esse problema se reduz ao considerado no Exemplo 8.3.3, em que indicamos um procedimento numérico para resolvê-lo, mas agora estamos em uma posição para obter soluções para todo l.   ∎

Exercícios

14.7.1   Mostre como é possível obter a Equação (14.162) a partir da Equação (14.161).

14.7.2   Mostre que se

$$y_n(x) = \sqrt{\frac{\pi}{2x}}Y_{n+1/2}(x),$$

ela é automaticamente igual

$$(-1)^{n+1}\sqrt{\frac{\pi}{2x}}\,J_{-n-1/2}(x).$$

14.7.3   Derive as formas polinomiais trigonométrica de $j_n(z)$ e $y_n(z)$:[11]

$$j_n(z) = \frac{1}{z}\,\mathrm{sen}\left(z - \frac{n\pi}{2}\right)\sum_{s=0}^{[n/2]}\frac{(-1)^s(n+2s)!}{(2s)!(2z)^{2s}(n-2s)!}$$

$$+ \frac{1}{z}\cos\left(z - \frac{n\pi}{2}\right)\sum_{s=0}^{[(n-1)/2]}\frac{(-1)^s(n+2s+1)!}{(2s+1)!(2z)^{2s}(n-2s-1)!},$$

$$y_n(z) = \frac{(-1)^{n+1}}{z}\cos\left(z + \frac{n\pi}{2}\right)\sum_{s=0}^{[n/2]}\frac{(-1)^s(n+2s)!}{(2s)!(2z)^{2s}(n-2s)!}$$

$$+ \frac{(-1)^{n+1}}{z}\,\mathrm{sen}\left(z + \frac{n\pi}{2}\right)\sum_{s=0}^{[(n-1)/2]}\frac{(-1)^s(n+2s+1)!}{(2s+1)!(2z)^{2s+1}(n-2s-1)!}.$$

14.7.4   Use a representação integral de $J_\nu(x)$,

$$J_\nu(x) = \frac{1}{\pi^{1/2}\Gamma(\nu+\frac{1}{2})}\left(\frac{x}{2}\right)^\nu\int_{-1}^{1}e^{\pm ixp}(1-p^2)^{\nu-1/2}dp,$$

para mostrar que as funções esféricas de Bessel $j_n(x)$ são expressas em termos das funções trigonométricas; isto é, por exemplo,

$$j_0(x) = \frac{\mathrm{sen}\,x}{x}, \quad j_1(x) = \frac{\mathrm{sen}\,x}{x^2} - \frac{\cos x}{x}.$$

14.7.5   (a) Derive as relações de recorrência

$$f_{n-1}(x) + f_{n+1}(x) = \frac{2n+1}{x}\,f_n(x),$$

$$nf_{n-1}(x) - (n+1)f_{n+1}(x) = (2n+1)f_n'(x)$$

satisfeitas pelas funções esféricas de Bessel $j_n(x)$, $y_n(x)$, $h_n^{(1)}(x)$, e $h_n^{(2)}(x)$.
   (b) Mostre, a partir dessas duas relações de recorrência, que a função esférica de Bessel $f_n(x)$ satisfaz a equação diferencial

$$x^2 f_n''(x) + 2x f_n'(x) + \left[x^2 - n(n+1)\right]f_n(x) = 0.$$

14.7.6   Prove por indução matemática (Seção 1.4), que

$$j_n(x) = (-1)^n x^n\left(\frac{1}{x}\frac{d}{dx}\right)^n\left(\frac{\mathrm{sen}\,x}{x}\right)$$

para n, um inteiro não negativo arbitrário.

14.7.7   A partir da discussão sobre a ortogonalidade das funções esféricas de Bessel, mostre que uma relação wronskiana para $j_n(x)$ e $n_n(x)$ é

$$j_n(x)y_n'(x) - j_n'(x)y_n(x) = \frac{1}{x^2}.$$

14.7.8   Verifique

$$h_n^{(1)}(x)h_n^{(2)'}(x) - h_n^{(1)'}(x)h_n^{(2)}(x) = -\frac{2i}{x^2}.$$

---

[11]O limite superior do somatório $[n/2]$ significa o maior **inteiro** que não excede $n/2$.

14.7.9   Verifique a representação integral de Poisson da função esférica de Bessel,

$$j_n(z) = \frac{z^n}{2^{n+1}n!} \int_0^\pi \cos(z\cos\theta)\,\text{sen}^{2n+1}\theta\,d\theta.$$

14.7.10   Uma representação integral conhecida por $K_v(x)$ tem a forma

$$K_v(x) = \frac{2^v\Gamma(v+\frac{1}{2})}{\sqrt{\pi}x^v} \int_0^\infty \frac{\cos xt}{(t^2+1)^{v+1/2}}\,dt.$$

A partir dessa fórmula, mostre que

$$k_n(x) = \frac{2^{n+2}(n+1)!}{\pi x^{n+1}} \int_0^\infty \frac{k^2 j_0(kx)}{(k^2+1)^{n+2}}\,dk.$$

14.7.11   Mostre que $\displaystyle\int_0^\infty J_\mu(x)J_v(x)\frac{dx}{x} = \frac{2}{\pi}\frac{\text{sen}[(\mu-v)\pi/2]}{\mu^2-v^2}$, $\mu+v>0$.

14.7.12   Derive a Equação (14.190): $\displaystyle\int_{-\infty}^\infty j_m(x)j_n(x)\,dx = 0$, $\begin{cases} m \neq n, \\ m,n \geq 0. \end{cases}$

14.7.13   Derive a Equação (14.191): $\displaystyle\int_{-\infty}^\infty [j_n(x)]^2\,dx = \frac{\pi}{2n+1}$.

14.7.14   As integrais de Fresnel (Figura 14.19 e Exercício 12.7.2) que ocorrem na teoria da difração são dadas por

$$\nabla^2\psi = \frac{1}{v^2}\frac{\partial^2\psi}{\partial t^2}$$

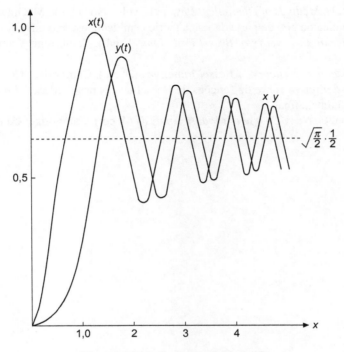

Figura 14.19: Integrais de Fresnel.

Mostre que essas integrais podem ser expandidas na série de funções esféricas de Bessel como a seguir:

$$\nu_{min} = 0.3313 v/a, \quad \lambda_{max} = 3.018a.$$

Dica: Para estabelecer a igualdade da integral e soma, talvez você queira trabalhar com as derivadas. As análogas esféricas de Bessel das Equações (14.8) e (14.12) podem ser úteis.

14.7.15 Uma esfera oca de raio a (ressonador de Helmholtz) contém ondas sonoras estáticas. Encontre a frequência mínima de oscilação em termos do raio a e da velocidade do som v. As ondas sonoras satisfazem a equação de onda

$$i_n(x)k'_n(x) - i'_n(x)k_n(x) = -\frac{1}{x^2}.$$

e a condição de contorno $\frac{\partial \psi}{\partial r} = 0$, $r = a$.

A parte espacial dessa EDP é a mesma que a da EDP discutida no Exemplo 14.7.1, mas temos aqui uma condição de contorno de Neumann, em contraste com a condição de contorno de Dirichlet desse exemplo.

RESPOSTA: $\nu_{min} = 0{,}3313v / a$, $\lambda_{max} = 3{,}018a$.

14.7.16 (a) Mostre que a paridade de $i_n(x)$ (o comportamento sob $x \to -x$) é $(-1)^n$.
      (b) Mostre que $k_n(x)$ não tem paridade definitiva.

14.7.17 Mostre que a wronskiana das funções esféricas modificadas de Bessel é dada por

$$-\nabla^2 \psi + V(r)\psi = \lambda \psi,$$

Leituras Adicionais

Abramowitz, M., e I. A. Stegun, eds., *Handbook of Mathematical Functions with Formulas, Graphs, and Mathematical Tables* (AMS-55). Washington, DC: National Bureau of Standards (1972). Nova tiragem, Dover (1974).

Jackson, J. D., *Classical Electrodynamics* (3ª ed.). Nova York: Wiley (1999).

Morse, P. M. e Feshbach, H. *Methods of Theoretical Physics* (2 vols). Nova York: McGraw-Hill (1953). Esse trabalho apresenta a matemática de grande parte da física teórica em detalhes, mas em um nível bastante avançado.

Watson, G. N., *A Treatise on the Theory of Bessel Functions* (1ª ed.). Cambridge: Cambridge University Press (1922).

Watson, G. N., *A Treatise on the Theory of Bessel Functions* (2ª ed.). Cambridge: Cambridge University Press (1952). Esse é o texto definitivo sobre de funções de Bessel e suas propriedades. Embora de difícil leitura, é inestimável como a referência final.

Whittaker, E. T. e Watson, G. N., *A Course of Modern Analysis* (4ª ed.). Cambridge: Cambridge University Press (1962).

15

Funções de Legendre

Funções de Legendre são importantes na física porque elas surgem quando as equações de Laplace ou de Helmholtz (ou suas generalizações) para problemas de força central são separados em coordenadas esféricas. Elas, portanto, aparecem nas descrições das funções de onda para átomos, em uma variedade de problemas eletrostáticos e em muitos outros contextos. Além disso, os polinômios de Legendre fornecem um conjunto conveniente de funções que é ortogonal (com peso unitário) no intervalo $(-1, +1)$, que é o intervalo das funções de seno e cosseno. E do ponto de vista pedagógico, eles fornecem um conjunto de funções que são fáceis de trabalhar e formam uma excelente ilustração das propriedades gerais dos polinômios ortogonais. Várias dessas propriedades foram discutidas de uma maneira geral no Capítulo 12. Coletamos aqui esses resultados, expandindo-os com material adicional que é de grande utilidade e importância.

Como indicado, as funções de Legendre são encontradas quando uma equação escrita em coordenadas esféricas polares (r, θ, φ), como

$$-\nabla^2 \psi + V(r)\psi = \lambda \psi,$$

é resolvida pelo método de separação de variáveis. Observe que estamos supondo que essa equação deve ser resolvida para uma região esfericamente simétrica e que $V(r)$ é uma função da distância a partir da origem do sistema de coordenadas (e, portanto, não é uma função do vetor de posição de três componentes $\mathbf{r}$). Como nas Equações (9.77) e (9.78), podemos escrever $\psi = R(r)\Theta(\theta)\Phi(\varphi)$ e decompor a equação diferencial parcial (EDP) original para as três equações diferenciais ordinárias (EDOs) unidimensionais:

$$\frac{d^2\Phi}{d\varphi^2} = -m^2\Phi, \tag{15.1}$$

$$\frac{1}{\operatorname{sen}\theta} \frac{d}{d\theta}\left(\operatorname{sen}\theta \frac{d\Theta}{d\theta}\right) - \frac{m^2\Theta}{\operatorname{sen}^2\theta} + l(l+1)\Theta = 0, \tag{15.2}$$

$$\frac{1}{r^2}\frac{d}{dr}\left(r^2 \frac{dR}{dr}\right) + \left[\lambda - V(r)\right]R - \frac{l(l+1)R}{r^2} = 0. \tag{15.3}$$

As grandezas m^2 e $l(l+1)$ são constantes que ocorrem quando as variáveis são separadas; a EDO em φ é fácil de resolver e tem condições de contorno naturais (ver Seção 9.4), que determinam que m deve ser um inteiro e que as funções Φ podem ser escritas como $e^{\pm im\varphi}$ ou como $\operatorname{sen}(m\varphi)$, $\cos(m\varphi)$.

A equação Θ agora pode ser transformada pela substituição $x = \cos\theta$, compare com a Equação (9.79), alcançando

$$(1 - x^2)P''(x) - 2xP'(x) - \frac{m^2}{1 - x^2}P(x) + l(l+1)P(x) = 0. \tag{15.4}$$

Essa é a **equação associada de Legendre;** o caso especial com $m = 0$, que vamos tratar primeiro, é a EDO de **Legendre**.

15.1   Polinômios de Legendre

A equação de Legendre,

$$(1 - x^2)P''(x) - 2xP'(x) + \lambda P(x) = 0, \tag{15.5}$$

tem pontos singulares regulares em $x = 1$ e $x = \infty$ (ver Tabela 7.1) e, portanto, tem uma solução de série sobre $x = 0$ que tem um raio unitário de convergência, isto é, a solução de série irá (para todos os valores do parâmetro λ) convergir para $|x| < 1$. Na Seção 8.3 descobrimos que para a maioria dos valores de λ, as soluções de série irão divergir em $x = 1$ (correspondendo a $\theta = 0$ e $\theta = \pi$), tornando as soluções inadequadas para uso em problemas de força central. Entretanto, se λ tiver o valor $l(l + 1)$, com l um inteiro, a série torna-se truncada depois de x^l, deixando um polinômio de grau l.

Agora que identificamos as soluções desejadas nas equações de Legendre como polinômios de graus sucessivos, chamados **polinômios de Legendre** e designados P_l, vamos usar o mecanismo do Capítulo 12 para desenvolvê-los a partir de uma abordagem de função geradora. Esse procedimento definirá uma escala para P_l e fornecerá um bom ponto de partida para derivar relações de recorrência e fórmulas relacionadas.

Descobrimos no Exemplo 12.1.3 que a função geradora para as soluções polinomiais da EDO de Legendre é dada pela Equação (12.27):

$$g(x, t) = \frac{1}{\sqrt{1 - 2xt + t^2}} = \sum_{n=0}^{\infty} P_n(x)t^n. \tag{15.6}$$

Para identificar a escala que é dada a P_n pela Equação (15.6), simplesmente definimos $x = 1$ nessa equação, trazendo o lado esquerdo para a forma

$$g(1, t) = \frac{1}{\sqrt{1 - 2t + t^2}} = \frac{1}{1 - t} = \sum_{n=0}^{\infty} t^n, \tag{15.7}$$

em que o último passo na Equação (15.7) era expandir $1/(1 - t)$ usando o teorema binomial. Comparando com a Equação (15.6), vemos que a escala que ela prevê é $P_n(1) = 1$.

Em seguida, considere o que acontece se substituirmos x por $-x$ e t por $-t$. O valor de $g(x, t)$ na Equação (15.6) não é afetado por essa substituição, mas o lado direito assume uma forma diferente:

$$\sum_{n=0}^{\infty} P_n(x)t^n = g(x, t) = g(-x, -t) = \sum_{n=0}^{\infty} P_n(-x)(-t)^n, \tag{15.8}$$

mostrando que

$$P_n(-x) = (-1)^n P_n(x). \tag{15.9}$$

A partir desse resultado, é óbvio que $P_n(-1) = (-1)n$, e que $P_n(x)$ terão a mesma paridade que xn.

Outro valor especial útil é $P_n(0)$. Escrevendo P_{2n} e P_{2n+1} para distinguir valores de índice pares e ímpares, notamos primeiro que porque P_{2n+1} é ímpar sob a paridade, isto é, $x \to -x$, devemos ter $P_{2n+1}(0) = 0$. Para obter $P_{2n}(0)$, mais uma vez recorremos à expansão binomial:

$$g(0, t) = (1 + t^2)^{-1/2} = \sum_{n=0}^{\infty} \binom{-1/2}{n} t^{2n} = \sum_{n=0}^{\infty} P_{2n}(0)\, t^{2n}. \tag{15.10}$$

Então, usando a Equação (1.74) para avaliar o coeficiente binomial, obtemos

$$P_{2n}(0) = (-1)^n \frac{(2n - 1)!!}{(2n)!!}. \tag{15.11}$$

Também é útil caracterizar os termos dominantes dos polinômios de Legendre. Aplicando o teorema binomial à função geradora,

$$(1 - 2xt + t^2)^{-1/2} = \sum_{n=0}^{\infty} \binom{-1/2}{n} (-2xt + t^2)^n, \tag{15.12}$$

da qual podemos ver que a potência máxima de x que pode multiplicar tn será xn, e é obtida a partir da expressão $(-2xt)n$ na expansão do último fator. Assim, o coeficiente de xn em $P_n(x)$ é

$$\binom{-1/2}{n}(-2)^n = \frac{(2n-1)!!}{n!}. \tag{15.13}$$

Esses resultados são importantes, portanto vamos resumi-los:

$P_n(x)$ tem sinal e escala de tal modo que $P_n(1) = 1$ e $P_n.(-1) = (-1)n$. $P_{2n}(x)$ é a função par de x; $P_{2n+1}(x)$ é ímpar. $P_{2n+1}(0) = 0$, e $P_{2n}(0)$ é dado pela Equação (15.11). Pn(x) é um polinômio de grau n em x, com o coeficiente de x^n dado pela Equação (15.13); $P_n(x)$ contém potências alternadas de x: xn, xn⁻2,..., (x^0 ou x^1).

Visto que que Pn é de grau n com potências alternadas, fica claro que $P_0(x) = $ constante e que $P_1(x) = $ (constante) x. A partir dos requisitos de escala essas precisam ser reduzida a $P_0(x) = 1$ e $P_1(x) = x$.

Voltando à Equação (15.12), podemos obter expressões fechadas explícitas para os polinômios de Legendre. Tudo o que precisamos fazer é ampliar a quantidade $(-2xt + t^2)n$ e reorganizar os somatórios para identificar a x dependência associada a cada potência de t. O resultado, que geralmente é menos útil do que as fórmulas de recorrência que desenvolveremos na próxima subseção, é

$$P_n(x) = \sum_{k=0}^{[n/2]} (-1)^k \frac{(2n-2k)!}{2^n k!\, (n-k)!\, (n-2k)!} x^{n-2k}. \tag{15.14}$$

Aqui $[n/2]$ representa o maior inteiro $\leq n/2$. Essa fórmula é consistente com a exigência de que para n par, $P_n(x)$ só tem potências ímpares de x e paridade par, enquanto para n ímpar, só tem potências ímpares de x e paridade ímpar. A prova da Equação (15.14) é o tema do Exercício 15.1.2.

Fórmulas de Recorrência

A partir da equação da função geradora podemos gerar fórmulas de recorrência diferenciando $g(x, t)$ em relação a x ou t. Começamos de

$$\frac{\partial g(x,t)}{\partial t} = \frac{x-t}{(1-2xt+t^2)^{3/2}} = \sum_{n=0}^{\infty} n P_n(x) t^{n-1}, \tag{15.15}$$

que reorganizamos para

$$(1 - 2xt + t^2) \sum_{n=0}^{\infty} n P_n(x) t^{n-1} + (t-x) \sum_{n=0}^{\infty} P_n(x) t^n = 0, \tag{15.16}$$

e então expandimos, alcançando

$$\sum_{n=0}^{\infty} n P_n(x) t^{n-1} - 2 \sum_{n=0}^{\infty} n x P_n(x) t^n + \sum_{n=0}^{\infty} n P_n(x) t^{n+1}$$

$$+ \sum_{n=0}^{\infty} P_n(x) t^{n+1} - \sum_{n=0}^{\infty} x P_n(x) t^n = 0. \tag{15.17}$$

Coletar os coeficientes de tn dos diversos termos e definindo o resultado como zero, diz-se que a Equação (15.17) é equivalente a

$$(2n+1) x P_n(x) = (n+1) P_{n+1}(x) + n P_{n-1}(x), \quad n = 1, 2, 3, \ldots. \tag{15.18}$$

A Equação (15.18) permite gerar P_n sucessivo a partir dos valores iniciais P_0 e P_1, que já identificamos. Por exemplo,

$$2 P_2(x) = 3x P_1(x) - P_0(x) \quad \longrightarrow \quad P_2(x) = \frac{1}{2}\left(3x^2 - 1\right). \tag{15.19}$$

Tabela 15.1 Polinômios de Legendre

$P0(x) = 1$

$P1(x) = x$

$P_2(x) = \frac{1}{2}(3x^2 - 1)$

$P_3(x) = \frac{1}{2}(5x^3 - 3x)$

$P_4(x) = \frac{1}{8}(35x^4 - 30x^2 + 3)$

$P_5(x) = \frac{1}{8}(63x^5 - 70x^3 + 15x)$

$P_6(x) = \frac{1}{16}(231x^6 - 315x^4 + 105x^2 - 5)$

$P_7(x) = \frac{1}{16}(429x^7 - 693x^5 + 315x^3 - 35x)$

$P_8(x) = \frac{1}{128}(6435x^8 - 12012x^6 + 6930x^4 - 1260x^2 + 35)$

Continuando esse processo, podemos construir a lista de polinômios de Legendre indicados na Tabela 15.1. Também podemos obter uma fórmula de recorrência envolvendo P_n' diferenciando $g(x, t)$ em relação a x. Isso dá

$$\frac{\partial g(x, t)}{\partial x} = \frac{t}{(1 - 2xt + t^2)^{3/2}} = \sum_{n=0}^{\infty} P_n'(x) t^n,$$

ou

$$(1 - 2xt + t^2) \sum_{n=0}^{\infty} P_n'(x) t^n - t \sum_{n=0}^{\infty} P_n(x) t^n = 0. \tag{15.20}$$

Como antes, o coeficiente de cada potência de t é configurado como zero e obtemos

$$P_{n+1}'(x) + P_{n-1}'(x) = 2x P_n'(x) + P_n(x). \tag{15.21}$$

Uma relação mais útil pode ser encontrada diferenciando a Equação (15.18) em relação a x e multiplicando por 2. A isso, adicionamos $(2n + 1)$ vezes a Equação (15.21), cancelando o termo P_n'. O resultado é

$$P_{n+1}'(x) - P_{n-1}'(x) = (2n + 1) P_n(x). \tag{15.22}$$

Começando a partir das Equações (15.21) e (15.22), inúmeras relações adicionais podem ser desenvolvidas,[1] incluindo

$$P_{n+1}'(x) = (n + 1) P_n(x) + x P_n'(x), \tag{15.23}$$

$$P_{n-1}'(x) = -n P_n(x) + x P_n'(x), \tag{15.24}$$

$$(1 - x^2) P_n'(x) = n P_{n-1}(x) - nx P_n(x), \tag{15.25}$$

$$(1 - x^2) P_n'(x) = (n + 1)x P_n(x) - (n + 1) P_{n+1}(x). \tag{15.26}$$

Como derivamos a função geradora $g(x, t)$ da EDO de Legendre e então obtivemos as fórmulas de recorrência usando $g(x, t)$, essa EDO será automaticamente consistente com as relações de recorrência. Entretanto, é importante verificar essa consistência, porque então podemos concluir que **qualquer** conjunto de funções que satisfazem as fórmulas de recorrência será um conjunto de soluções para a EDO de Legendre, e essa observação será relevante para as funções de Legendre de segundo tipo (soluções linearmente independentes dos polinômios P_l). A demonstração de que as funções que satisfazem as fórmulas de recorrência também satisfazem a EDO de Legendre é o tema do Exercício 15.1.1.

---

[1] Usando os números de equação entre parênteses para indicar como elas devem ser combinadas, podemos obter algumas dessas fórmulas derivadas como a seguir:

$$2 \cdot \frac{d}{dx}(15.18) + (2n + 1) \cdot (15.21) \Rightarrow (15.22), \qquad \frac{1}{2}\{(15.21) + (15.22)\} \Rightarrow (15.23),$$

$$\frac{1}{2}\{(15.21) - (15.22)\} \Rightarrow (15.24), \qquad (15.23)_{n \to n-1} + x(15.24) \Rightarrow (15.25).$$

Limites Superiores e Inferiores para P_n (cos θ)

Nossa função geradora pode ser usada para definir um limite superior em $| P_n (\cos \theta) |$. Temos

$$(1 - 2t \cos \theta + t^2)^{-1/2} = (1 - te^{i\theta})^{-1/2}(1 - te^{-i\theta})^{-1/2}$$

$$= \left(1 + \frac{1}{2} te^{i\theta} + \frac{3}{8} t^2 e^{2i\theta} + \cdots \right) \left(1 + \frac{1}{2} te^{-i\theta} + \frac{3}{8} t^2 e^{-2i\theta} + \cdots \right). \tag{15.27}$$

Podemos fazer duas observações imediatas a partir da Equação (15.27). Primeiro, quando qualquer termo dentro do primeiro conjunto de parênteses é multiplicado por qualquer termo do segundo conjunto de parênteses, a potência de t no produto será par se e somente se m no exponencial líquido $e^{im\theta}$ é par. Segundo, para cada termo da forma $t^n e^{im\theta}$, haverá outro termo da forma $t^n e^{-im\theta}$, e os dois termos ocorrerão com o mesmo coeficiente, que deve ser positivo (uma vez que todos os termos nos dois somatórios são individualmente positivos). Essas duas observações significam que:

(1) Considerando os termos da segunda expansão em um tempo, podemos escrever o coeficiente de t^n como uma combinação linear das formas

$$\frac{1}{2} a_{nm}(e^{im\theta} + e^{-im\theta}) = a_{nm} \cos m\theta$$

com todo a_{nm} **positivo**, e

(2) A paridade de n e m deve ser a mesma (eles são ambos pares, ou ambos ímpares).

Isso, por sua vez, significa que

$$P_n(\cos \theta) = \sum_{m=0 \text{ or } 1}^{n} a_{nm} \cos m\theta. \tag{15.28}$$

Essa expressão é claramente um máximo quando $\theta = 0$, em que s já sabemos, do Resumo depois da Equação (15.11), que $P_n(1) = 1$. Assim,

O polinômio de Legendre $P_n(x)$ tem o máximo global no intervalo (–1, + 1) em x = 1, com o valor $P_n(1) = 1$, e se n for par, também em x = –1. Se n for ímpar, x = –1 será um mínimo global nesse intervalo com $P_n(– 1) = –1$.

Os máximos e mínimos dos polinômios de Legendre podem ser vistos dos gráficos de P_2 a P_5, em que são representados graficamente na Figura 15.1.

Fórmula de Rodrigues

Na Seção 12.1 mostramos que polinômios ortogonais podem ser descritos pelas **fórmulas de Rodrigues**, e que as diferenciações repetidas que ocorrem neles eram bons pontos de partida para desenvolver as propriedades dessas funções. Aplicando a Equação (12.9), descobrimos que a fórmula de Rodrigues para os polinômios de Legendre deve ser proporcional a

$$\left(\frac{d}{dx} \right)^n (1 - x^2)^n. \tag{15.29}$$

A Equação (12.9) não é suficiente para definir a escala dos polinômios ortogonais, e para levar a Equação (15.29) à escala que já foi adotada via a Equação (15.6), multiplicamos a Equação (15.29) por $(-1)^n/2^n\, n!$, assim

$$P_n(x) = \frac{1}{2^n\, n!} \left(\frac{d}{dx} \right)^n (x^2 - 1)^n. \tag{15.30}$$

Para estabelecer que uma escala da Equação (15.30) está de acordo com nossas análises anteriores, basta verificar o coeficiente de uma única potência de x; escolhemos x^n. A partir fórmula de Rodrigues, essa potência de x só pode surgir do termo x^{2n} na expansão de $(x^2 - 1)^n$, e o

$$\text{coeficiente de } x^n \text{ em } P_n(x) \text{ (Rodrigues) é } \frac{1}{2^n n!} \frac{(2n)!}{n!} = \frac{(2n-1)!!}{n!},$$

de acordo com a Equação (15.13). Isso confirma a escala da Equação (15.30).

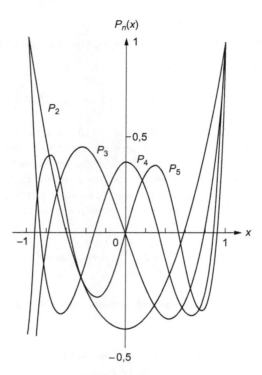

Figura 15.1: Polinômios de Legendre $P_2(x)$ a $P_5(x)$.

Exercícios

15.1.1   Derive a EDO de Legendre por manipulação das relações de recorrência polinomiais de Legendre. Ponto de partida sugerido: Equações (15.24) e (15.25).

15.1.2   Derive a seguinte fórmula fechada para os polinomiais de Legendre $P_n(x)$.

$$P_n(x) = \sum_{k=0}^{[n/2]} (-1)^k \frac{(2n-2k)!}{2^n k! \, (n-k)! \, (n-2k)!} \, x^{n-2k},$$

em que $[n/2]$ significa a parte inteira de $n/2$.

Dica: Expanda ainda mais a Equação (15.12) e reorganize a soma dupla resultante.

15.1.3   Por diferenciação e substituição direta da forma de série dada no Exercício 15.1.2, mostre que $P(x)_n$ satisfaz a EDO de Legendre. Observe que não há restrições em x. Podemos ter quaisquer x, $-\infty < x < \infty$ e, na verdade, qualquer z em todo o plano complexo finito.

Tabela 15.2 Polinômios deslocados de Legendre

$P_0^*(x) = 1$
$P_1^*(x) = 2x - 1$
$P_2^*(x) = 6x^2 - 6x + 1$
$P_3^*(x) = 20x^3 - 30x^2 + 12x - 1$
$P_4^*(x) = 70x^4 - 140x^3 + 90x^2 - 20x + 1$
$P_5^*(x) = 252x^5 - 630x^4 + 560x^3 - 210x^2 + 30x - 1$
$P_6^*(x) = 924x^6 - 2772x^5 + 3150x^4 - 1680x^3 + 420x^2 - 42x + 1$

15.1.4 Os **polinômios deslocados de Legendre**, designados pelo símbolo $P_n^*(x)$ (em que o asterisco **não** significa conjugado complexo) são ortogonais com peso unitário em $[0, 1]$, com integral de normalização $\langle P_n^* \mid P_n^* \rangle = 1/(2n+1)$. A P_n^* até $n = 6$ são mostradas na Tabela 15.2.

(a) Encontre a relação de recorrência satisfeita pela P_n^*.

(b) Mostre que todos os coeficientes de P_n^* são inteiros.

Dica: Analise a fórmula fechada no Exercício 15.1.2.

15.1.5 Dada a série

$$\alpha_0 + \alpha_2 \cos^2\theta + \alpha_4 \cos^4\theta + \alpha_6 \cos^6\theta = a_0 P_0 + a_2 P_2 + a_4 P_4 + a_6 P_6,$$

em que os argumentos de P_n são $\cos\theta$, expresse os coeficientes α_i como um vetor de coluna α e os coeficientes a_i como um vetor de coluna **a** e determine as matrizes A e B de tal modo que

$$A\alpha = \mathbf{a} \text{ e } B\mathbf{a} = \alpha.$$

Verifique seu cálculo mostrando que $AB = \mathbf{1}$ (matriz unitária). Repita para o caso ímpar

$$\alpha_1 \cos\theta + \alpha_3 \cos^3\theta + \alpha_5 \cos^5\theta + \alpha_7 \cos^7\theta = a_1 P_1 + a_3 P_3 + a_5 P_5 + a_7 P_7.$$

Nota: $P_n(\cos\theta)$ e $\cos n\,\theta$ são tabulados em termos de um e outro em AMS–55 (ver em Leituras Adicionais a referência completa).

15.1.6 Diferenciando a função geradora $g(x, t)$ em relação a t, multiplicando por $2t$, e então adicionando $g(x, t)$, demonstre que

$$\frac{1 - t^2}{(1 - 2tx + t^2)^{3/2}} = \sum_{n=0}^{\infty} (2n + 1) P_n(x) t^n.$$

Esse resultado é útil no cálculo da carga induzida em uma esfera de metal aterrada por uma carga pontual nas proximidades.

15.1.7 (a) Derive a Equação (15.26),

$$(1 - x^2) P_n'(x) = (n + 1)x P_n(x) - (n + 1) P_{n+1}(x).$$

(b) Escreva a relação da Equação (15.26) para as equações anteriores na forma simbólica análoga às formas simbólicas para as Equações (15.22) a (15.25).

15.1.8 Prove que

$$P_n'(1) = \frac{d}{dx} P_n(x) \mid_{x=1} = \frac{1}{2} n(n + 1).$$

15.1.9 Mostre que $P_n(\cos\theta) = (-1)^n P_n(-\cos\theta)$ pelo uso da relação de recorrência relacionando P_n, P_{n+1} e P_{n-1} e seu conhecimento de P_0 e P_1.

15.1.10 A partir da Equação (15.27) escreva o coeficiente de t_2 em termos de $\cos n\theta$, $n \leq 2$. Esse coeficiente é $P_2(\cos\theta)$

15.1.11 Derive a relação de recorrência

$$(1 - x^2) P_n'(x) = n P_{n-1}(x) - nx P_n(x)$$

da função geradora polinomial de Legendre.

15.1.12 Avalie $\int_0^1 P_n(x)dx$.

RESPOSTA: $n = 2s$, 1 para $s = 0$, 0 para $s > 0$;

$$n = 2s + 1, P_{2s}(0)/(2s+2) = (-1)s(2s-1)!!/1(2s+2)!!.$$

Dica: Use uma relação de recorrência para substituir $P_n(x)$ por derivadas e então integre por inspeção. Alternativamente, você pode integrar a função geradora.

15.1.13   Mostre que **cada** termo no somatório

$$\sum_{r=[n/2]+1}^{n} \left(\frac{d}{dx}\right)^n \frac{(-1)^r n!}{r!\,(n-r)!} x^{2n-2r}$$

desaparece (integrais r e n). Aqui $[n/2]$ é o maior inteiro $\le n/2$.

15.1.14   Mostre que $\int_{-1}^{1} x^m P_n(x)\,dx = 0$ quando $m < n$.

Dica: Use a fórmula de Rodrigues ou expanda xm em polinômios de Legendre.

15.1.15   Mostre que

$$\int_{-1}^{1} x^n P_n(x)\,dx = \frac{2\,n!}{(2n+1)!!}.$$

Nota: Espera-se que você use a fórmula de Rodrigues e integre por partes, mas também veja se você pode obter o resultado da Equação (15.14) por inspeção.

15.1.16   Mostre que

$$\int_{-1}^{1} x^{2r} P_{2n}(x)\,dx = \frac{2^{2n+1}(2r)!\,(r+n)!}{(2r+2n+1)!\,(r-n)!}, \quad r \ge n.$$

15.1.17   Como uma generalização dos Exercícios 15.1.15 e 15.1.16, mostre que as expansões de Legendre de $x\,s$ são

(a) $x^{2r} = \sum_{n=0}^{r} \dfrac{2^{2n}(4n+1)(2r)!\,(r+n)!}{(2r+2n+1)!\,(r-n)!} P_{2n}(x), \quad s = 2r,$

(b) $x^{2r+1} = \sum_{n=0}^{r} \dfrac{2^{2n+1}(4n+3)(2r+1)!\,(r+n+1)!}{(2r+2n+3)!\,(r-n)!} P_{2n+1}(x), \quad s = 2r+1.$

15.1.18   Em trabalho numérico (por exemplo, quadratura de Gauss-Legendre), é útil estabelecer que $P_n(x)$ tenha n zeros reais dentro de $[-1, 1]$. Mostre que isso é válido.
Dica: O teorema de Rolle mostra que a primeira derivada de $(x^2 - 1)^2 n$ tem um único zero dentro de $[-1, 1]$. Estenda esse argumento para a segunda, terceira e, por fim, a n-ésima derivada.

15.2   Ortogonalidade

Como a EDO de Legendre é autoadjunta e o coeficiente de $P''(x)$, ou seja, $(1 - x^2)$, se anula em $x = 1$, suas soluções de n diferente serão automaticamente ortogonais com peso unitário no intervalo $(-1, 1)$,

$$\int_{-1}^{1} P_n(x) P_m(x)\,dx = 0, \quad (n \ne m). \tag{15.31}$$

Como P_n são reais, nenhuma conjugação complexa precisa ser indicada na integral de ortogonalidade. Como P_n é muitas vezes usado com o argumento $\cos\theta$, notamos que Equação (15.31) é equivalente a

$$\int_{0}^{\pi} P_n(\cos\theta) P_m(\cos\theta)\,\text{sen}\,\theta\,d\theta = 0, \quad (n \ne m). \tag{15.32}$$

A definição de P_n não garante que elas estão normalizadas e, na verdade, não estão. Uma primeira maneira de estabelecer a normalização é elevar ao quadrado a fórmula da função geradora, produzindo inicialmente

$$(1 - 2xt + t^2)^{-1} = \left[\sum_{n=0}^{\infty} P_n(x)t^n\right]^2. \tag{15.33}$$

Integrando de $x = -1$ a $x = 1$ e descartando os termos cruzados uma vez que eles desaparecem devido à ortogonalidade, Equação (15.31), temos

$$\int_{-1}^{1} \frac{dx}{1 - 2tx + t^2} = \sum_{n=0}^{\infty} t^{2n} \int_{-1}^{1} \left[P_n(x) \right]^2 dx. \tag{15.34}$$

Fazendo agora a substituição $y = 1 - 2t\,x + t^2$, com $dy = -2t\,dx$, obtemos

$$\int_{-1}^{1} \frac{dx}{1 - 2tx + t^2} = \frac{1}{2t} \int_{(1-t)^2}^{(1+t)^2} \frac{dy}{y} = \frac{1}{t} \ln\left(\frac{1+t}{1-t} \right). \tag{15.35}$$

Expandindo esse resultado em uma série de potências (Exercício 1.6.1),

$$\frac{1}{t} \ln\left(\frac{1+t}{1-t} \right) = 2 \sum_{n=0}^{\infty} \frac{t^{2n}}{2n+1}, \tag{15.36}$$

e igualando os coeficientes das potências de t nas Equações (15.34) e (15.36), devemos ter

$$\int_{-1}^{1} \left[P_n(x) \right]^2 dx = \frac{2}{2n+1}. \tag{15.37}$$

Combinando as Equações (15.31) e (15.37), temos a condição de ortonormalidade

$$\int_{-1}^{1} P_n(x) P_m(x) dx = \frac{2\delta_{nm}}{2n+1}. \tag{15.38}$$

Esse resultado também pode ser obtido usando as fórmulas de Rodrigues para P_n e P_m (Exercício 15.2.1).

Série de Legendre

A ortogonalidade dos polinômios de Legendre torna natural usá-los como uma base para expansões. Dada uma função $f(x)$ definida no intervalo $(-1, 1)$, os coeficientes na expansão

$$f(x) = \sum_{n=0}^{\infty} a_n P_n(x) \tag{15.39}$$

são dados pela fórmula

$$a_n = \frac{2n+1}{2} \int_{-}^{1} f(x) P_n(x) dx. \tag{15.40}$$

A propriedade de ortogonalidade garante que essa expansão é única. Como podemos (mas talvez não queiramos) converter nossa expansão em uma série de potências inserindo a expansão da Equação (15.14) e coletando os coeficientes de cada potência de x, também podemos obter uma série de potências que, assim, sabemos que é única.

Uma aplicação importante da série de Legendre é para soluções da equação de Laplace. Vimos na Seção 9.4 que quando a equação de Laplace é separada em coordenadas polares esféricas, sua solução geral (para simetria esférica) assume a forma

$$\psi(r, \theta, \varphi) = \sum_{l,m} (A_{lm} r^l + B_{lm} r^{-l-1}) P_l^m(\cos\theta)(A'_{lm} \operatorname{sen} m\varphi + B'_{lm} \cos m\varphi), \tag{15.41}$$

com o I devendo ser um inteiro para evitar uma solução que diverge nas direções polares. Aqui, consideramos as soluções sem nenhuma dependência azimutal (isto é, com $m = 0$), então a Equação (15.41) se reduz a

$$\psi(r, \theta) = \sum_{l=0}^{\infty} (a_l r^l + b_l r^{-l-1}) P_l(\cos \theta). \qquad (15.42)$$

Muitas vezes o problema é ainda mais restringido para uma região dentro ou fora de uma esfera limite e, se o problema é tal que ψ deve permanecer finito, a solução terá uma das duas formas a seguir:

$$\psi(r, \theta) = \sum_{l=0}^{\infty} a_l r^l P_l(\cos \theta) \quad (r \le r_0), \qquad (15.43)$$

$$\psi(r, \theta) = \sum_{l=0}^{\infty} a_l r^{-l-1} P_l(\cos \theta) \quad (r \ge r_0). \qquad (15.44)$$

Observe que essa simplificação nem sempre é apropriada (Exemplo 15.2.20). Às vezes, os coeficientes (a_l) são determinados a partir das condições de contorno de um problema em vez da expansão de uma função conhecida. Veja os exemplos a seguir.

Exemplo 15.2.1 Campo Gravitacional da Terra

Um exemplo de uma série de Legendre é fornecido pela descrição do potencial gravitacional da Terra U em pontos exteriores à superfície da Terra. Como a gravidade é uma força de quadrado inverso, seu potencial nas regiões livres de massa satisfaz a equação de Laplace e, portanto (se negligenciarmos os efeitos azimutais, isto é, aqueles dependentes da longitude), ela tem a forma dada na Equação (15.44).

Para especializar o exemplo atual, definimos r como o raio da Terra no equador, e consideramos como a variável de expansão a quantidade adimensional R/r. Em termos da massa total da Terra M e constante gravitacional G, temos

$$R = 6378{,}1 \pm 0{,}1 \text{ km},$$

$$\frac{GM}{R} = 62{,}494 \pm 0{,}001 \text{ km}^2/\text{s}^2,$$

e escrevemos

$$U(r, \theta) = \frac{GM}{R} \left[\frac{R}{r} - \sum_{l=2}^{\infty} a_l \left(\frac{R}{r} \right)^{l+1} P_l(\cos \theta) \right]. \qquad (15.45)$$

O termo dominante dessa expansão descreve o resultado que seria obtido se a Terra fosse esfericamente simétrica; os termos mais altos descrevem distorções. O termo P_1 está ausente porque a origem a partir da qual r é medido é o centro da massa da Terra.

Movimentos de satélite artificial mostraram que

$$a_2 = (1{,}082{,}635 \pm 11) \times 10^{-9},$$

$$a_3 = (-2{,}531 \pm 7) \times 10^{-9},$$

$$a_4 = (-1{,}600 \pm 12) \times 10^{-9}.$$

Essa é a famosa deformação em forma de pera da Terra. Outros coeficientes foram calculados por meio de a_{20}.

Dados mais recentes de satélite permitem uma determinação da dependência longitudinal do campo gravitacional da Terra. Essa dependência pode ser descrita por uma série de Laplace (ver Seção 15.5). ∎

Exemplo 15.2.2 Esfera em um Campo Uniforme

Outra ilustração da utilização de uma série de Legendre é fornecida pelo problema de uma esfera condutora neutra (raio r_0) posicionada em um campo elétrico (anteriormente) uniforme de grandeza E_0 (Figura 15.2). O problema é encontrar o novo potencial eletrostático perturbado ψ que satisfaz a equação de Laplace,

$$\nabla^2 \psi = 0.$$

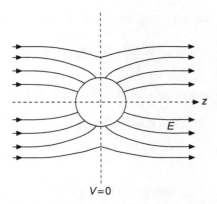

Figura 15.2: Esfera condutora em um campo uniforme.

Nós selecionamos coordenadas polares esféricas com origem no centro da esfera condutora e o eixo polar é orientado paralelo (z) ao campo uniforme original, uma escolha que simplificará a aplicação da condição de contorno na superfície da condutora. Separando variáveis, observamos que como uma solução para a equação de Laplace é necessária, o potencial para $r \geq r_0$ será da forma da Equação (15.42). Nossa solução será independente de φ por causa da simetria axial do problema.

Uma vez que a inserção da esfera condutora terá um efeito que é local, o comportamento assintótico de ψ deve ser da forma

$$\psi(r \to \infty) = -E_0 z = -E_0 r \cos\theta = -E_0 r P_1(\cos\theta), \tag{15.46}$$

equivalente a

$$a_n = 0, \quad n > 1, \quad a_1 = -E_0. \tag{15.47}$$

Observe que se $a_n \neq 0$ para qualquer $n > 1$, o termo dominaria em r grande e a condição de contorno, Equação (15.46), não poderia ser satisfeita. Além disso, a neutralidade da esfera condutora requer ψ que não contenha na contribuição proporcional a $1/r$, assim também devemos ter $b_0 = 0$.

Como uma segunda condição de contorno, a esfera condutora deve ser um equipotencial, e sem perda de generalidade podemos definir seu potencial como zero. Então na esfera $r = r_0$ temos

$$\psi(r_0, \theta) = a_0 + \left(\frac{b_1}{r_0^2} - E_0 r_0\right) P_1(\cos\theta) + \sum_{n=2}^{\infty} b_n \frac{P_n(\cos\theta)}{r_0^{n+1}} = 0. \tag{15.48}$$

Para que a Equação (15.48) seja válida para todos os valores de θ, definimos

$$a_0 = 0, \quad b_1 = E_0 r_0^3 \quad b_n = 0, \quad n \geq 2. \tag{15.49}$$

O potencial eletrostático (fora da esfera) é então completamente determinado:

$$\psi(r, \theta) = -E_0 r P_1(\cos\theta) + \frac{E_0 r_0^3}{r^2} P_1(\cos\theta)$$

$$= -E_0 r P_1(\cos\theta)\left(1 - \frac{r_0^3}{r^3}\right) = -E_0 z\left(1 - \frac{r_0^3}{r^3}\right). \tag{15.50}$$

Na Seção 9.5 mostramos que a equação de Laplace com condições de contorno de Dirichlet em um contorno fechado (partes do qual podem estar no infinito) tinha uma solução única. Como já encontramos uma solução para nosso problema atual, ele deve (além de uma constante aditiva) ser a única solução.

Pode ser demonstrado ainda mais que existe uma densidade de carga de superfície induzida

$$\sigma = -\varepsilon_0 \frac{\partial \psi}{\partial r}\bigg|_{r=r_0} = 3\varepsilon_0 E_0 \cos\theta \tag{15.51}$$

sobre a superfície da esfera e um momento dipolar elétrico induzido de grandeza

$$P = 4\pi r_0^3 \varepsilon_0 E_0. \tag{15.52}$$

Ver Exercício 15.2.11. ■

Exemplo 15.2.3   Potencial Eletrostático para um Anel de Carga

Como mais um exemplo, considere o potencial eletrostático produzido por um anel condutor fino de raio a colocado simetricamente em relação ao plano equatorial de um sistema de coordenadas polares esféricas e transportando uma carga elétrica total q (Figura 15.3). Mais uma vez, contamos com o fato de que o potencial ψ satisfaz a equação de Laplace. Separando as variáveis e reconhecendo que uma solução para a região $r > a$ deve ir a zero quando $r \to \infty$, usamos a forma dada pela Equação (15.44), obtendo

$$\psi(r, \theta) = \sum_{n=0}^{\infty} c_n \frac{a^n}{r^{n+1}} P_n(\cos\theta), \quad r > a. \tag{15.53}$$

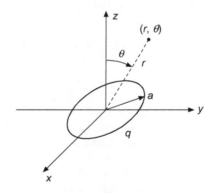

Figura 15.3: Anel condutor carregado.

Não há nenhuma dependência φ (azimutal) devido à simetria cilíndrica do sistema. Também observe que, incluindo um fator explícito a^n, o resultado é que todos os coeficientes c_n terão a mesma dimensionalidade; essa escolha simplesmente modifica a definição de c_n e, é claro, não era exigida.

Nosso problema é determinar os coeficientes c_n na Equação (15.53). Isso pode ser feito avaliando $\psi(r, \theta)$ em $\theta = 0$, $r = Z$, e comparando com um cálculo independente do potencial da lei de Coulomb. Na verdade, estamos usando uma condição de contorno ao longo do eixo z. A partir da lei de Coulomb (usando o fato de que toda a carga é equidistante a partir de qualquer ponto no eixo z),

$$\psi(z, 0) = \frac{q}{4\pi\varepsilon_0} \frac{1}{(z^2 + a^2)^{1/2}} = \frac{q}{4\pi\varepsilon_0 z} \sum_{s=0}^{\infty} \binom{-1/2}{s} \left(\frac{a^2}{z^2}\right)^s$$

$$= \frac{q}{4\pi\varepsilon_0 z} \sum_{s=0}^{\infty} (-1)^s \frac{(2s-1)!!}{(2s)!!} \left(\frac{a}{z}\right)^{2s}, \quad z > a, \tag{15.54}$$

em que avaliamos o coeficiente binomial usando a Equação (1.74).

Agora, avaliando $\psi(z, 0)$ da Equação (15.53), lembrando que $P_n(1) = 1$ para todo o n, temos

$$\psi(z, 0) = \sum_{n=0}^{\infty} c_n \frac{a^n}{z^{n+1}}. \tag{15.55}$$

Como a expansão de série de potências em z é única, podemos igualar os coeficientes das potências correspondentes de z das Equações (15.54) e (15.55), chegando à conclusão de que $c_n = 0$ para n ímpar, enquanto para n par é igual a $2s$,

$$c_{2s} = \frac{q}{4\pi\varepsilon_0 z}(-1)^s \frac{(2s-1)!!}{(2s)!!}, \tag{15.56}$$

e nosso potencial eletrostático $\psi(r, \theta)$ é dado por

$$\psi(r, \theta) = \frac{q}{4\pi\varepsilon_0 r} \sum_{s=0}^{\infty} (-1)^s \frac{(2s-1)!!}{(2s)!!} \left(\frac{a}{r}\right)^{2s} P_{2s}(\cos\theta), \quad r > a. \tag{15.57}$$

O análogo magnético desse problema aparece no Exemplo 15.4.2. ∎

Exercícios

15.2.1 Usando uma fórmula de Rodrigues, mostre que $P_n(x)$ são ortogonais e que

$$\int_{-1}^{1} [P_n(x)]^2 dx = \frac{2}{2n+1}.$$

Dica: Integre por partes.

15.2.2 Você construiu um conjunto de funções ortogonais pelo processo de Gram-Schmidt (Seção 5.2), considerando $u_n(x) = xn$, $n = 0, 1, 2, ...$, em ordem crescente com $w(x) = 1$ e um intervalo $-1 \le x \le 1$. Prove que a n-ésima função construída dessa maneira é proporcional a $P_n(x)$.
Dica: Use a indução matemática (Seção 1.4).

15.2.3 Expanda a função delta de Dirac $\delta(x)$ em uma série de polinômios de Legendre, utilizando o intervalo $-1 \le x \le 1$.

15.2.4 Verifique as expansões da função delta de Dirac

$$\delta(1 - x) = \sum_{n=0}^{\infty} \frac{2n+1}{2} P_n(x),$$

$$\delta(1 + x) = \sum_{n=0}^{\infty} (-1)^n \frac{2n+1}{2} P_n(x).$$

Essas expressões aparecem em uma resolução da expansão da onda plana de Rayleigh (Exercício 15.2.24) em ondas esféricas de entrada e saída.
Nota: Suponha que a função delta de Dirac **inteira** seja abrangida ao integrar ao longo de $[-1, 1]$.

15.2.5 Os nêutrons (massa 1) estão sendo espalhados por um núcleo de massa A ($A > 1$). No centro do sistema de massa o espalhamento é isotrópico. Então no sistema laboratorial a média do cosseno do ângulo de deflexão do nêutron é

$$\langle \cos\psi \rangle = \frac{1}{2} \int_{0}^{\pi} \frac{A\cos\theta + 1}{(A^2 + 2A\cos\theta + 1)^{1/2}} \,\text{sen}\,\theta \, d\theta.$$

Mostre, por expansão do denominador, que k cos ψl = 2/(3A).

15.2.6 Uma função específica $f(x)$ definida ao longo do intervalo $[-1, 1]$ é expandida em uma série de Legendre ao longo desse mesmo intervalo. Mostre que a expansão é única.

15.2.7   Uma função $f(x)$ é expandida em uma série de Legendre $f(x) = \sum_{n=0}^{\infty} a_n P_n(x)$. Mostre que

$$\int_{-1}^{1} [f(x)]^2 \, dx = \sum_{n=0}^{\infty} \frac{2a_n^2}{2n+1}.$$

Isso é uma afirmação de que os polinômios de Legendre formam um conjunto completo.

15.2.8   (a)   Para

$$f(x) = \begin{cases} +1, & 0 < x < 1, \\ -1, & -1 < x < 0, \end{cases}$$

mostre que o

$$\int_{-1}^{1} \left[f(x) \right]^2 dx = 2 \sum_{n=0}^{\infty} (4n+3) \left[\frac{(2n-1)!!}{(2n+2)!!} \right]^2.$$

   (b)   Testando a série, prove que ela é convergente.

   (c)   O valor da integral na parte (a) é 2. Verifique a taxa em que a série converge somando seus 10 primeiros termos.

15.2.9   Prove que

$$\int_{-1}^{1} x(1-x^2) P_n' P_m' \, dx = \frac{2n(n^2-1)}{4n^2-1} \delta_{m,n-1} + \frac{2n(n+2)(n+1)}{(2n+1)(2n+3)} \delta_{m,n+1}.$$

15.2.10   A taxa de contagem de coincidência, $W(\theta)$, em um experimento de correlação angular gama-gama tem a forma

$$W(\theta) = \sum_{n=0}^{\infty} a_{2n} P_{2n}(\cos\theta).$$

Mostre que os dados no intervalo $\pi/2 \le \theta \le \pi$ podem, em princípio, definir a função $W(\theta)$ (e permitir uma determinação dos coeficientes a_{2n}). Isso significa que embora os dados no intervalo de $0 \le \theta < \pi/2$ possam ser úteis como uma verificação, eles não são essenciais.

15.2.11   Uma esfera condutora de raio r_0 é colocada em um campo elétrico inicialmente uniforme, $\mathbf{E}_0$. Mostre o seguinte:

   (a)   A densidade da carga induzida de superfície é $\sigma = 3\varepsilon_0 E_0 \cos\theta$,

   (b)   O momento dipolar elétrico induzido é $P = 4\pi r_0^3 \varepsilon_0 E_0$.

Nota: O momento dipolar elétrico induzido pode ser calculado a partir da carga de superfície [parte (a)] ou observando que o campo elétrico $\mathbf{E}$ é o último resultado da superimposição de um campo dipolar no campo uniforme original.

15.2.12   Obtenha como uma expansão de Legendre o potencial eletrostático do anel circular do Exemplo 15.2.3, para os pontos (r, θ) com $r < a$.

15.2.13   Calcule o **campo elétrico** produzido pelo anel condutor carregado do Exemplo 15.2.3 para (a) $r_> a$, (b) $r < a$.

15.2.14   Como uma extensão do Exemplo 15.2.3, encontre o potencial $\psi(r, \theta)$ produzido por um disco condutor carregado, Figura 15.4, para $r > a$, em que a é o raio do disco. A densidade de carga σ (em cada lado do disco) é

$$\sigma(\rho) = \frac{q}{4\pi a(a^2 - \rho^2)^{1/2}}, \quad \rho^2 = x^2 + y^2.$$

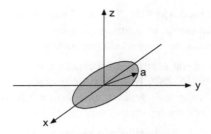

Figura 15.4: Disco condutor carregado.

Dica: A integral definida que você obtém pode ser avaliada como uma função beta, Seção 13.3. Para mais detalhes veja a Seção 5.03 de Smythe em Leituras Adicionais.

$$RESPOSTA:\ \psi(r,\theta) = \frac{q}{4\pi\varepsilon_0 r}\sum_{l=0}^{\infty}(-1)^l\frac{1}{2l+1}\left(\frac{a}{r}\right)^{2l}P_{2l}(\cos\theta).$$

15.2.15 O hemisfério definido por $r = a$, $0 \le \theta < \pi/2$, tem um potencial eletrostático $+V_0$. O hemisfério $r = a$, $\pi/2 < \theta \le \pi$ tem um potencial eletrostático $-V_0$. Mostre que o potencial nos pontos interiores é

$$\psi(r,\theta) = \frac{q}{4\pi\varepsilon_0 r}\sum_{l=0}^{\infty}(-1)^l\frac{1}{2l+1}\left(\frac{a}{r}\right)^{2l}P_{2l}(\cos\theta).$$

Dica: Você precisa do Exercício 15.1.12.

15.2.16 Uma esfera condutora de raio a é dividida em dois hemisférios eletricamente separados por uma barreira isolante fina em seu equador. O hemisfério superior é mantido em um potencial V_0, e o hemisfério inferior em $-V_0$.

(a) Mostre que o potencial eletrostático **exterior** para os dois hemisférios é

$$V = V_0\sum_{n=0}^{\infty}\frac{4n+3}{2n+2}\left(\frac{r}{a}\right)^{2n+1}P_{2n}(0)P_{2n+1}(\cos\theta)$$

$$= V_0\sum_{n=0}^{\infty}(-1)^n\frac{(4n+3)(2n-1)!!}{(2n+2)!!}\left(\frac{r}{a}\right)^{2n+1}P_{2n+1}(\cos\theta).$$

(b) Calcule a densidade de carga elétrica θ na superfície exterior. Note que a série diverge em $\cos\theta = \pm 1$, como você espera da capacitância infinita desse sistema (espessura zero para a barreira isolante).

$$V(r,\theta) = V_0\sum_{s=0}^{\infty}(-1)^s(4s+3)\frac{(2s-1)!!}{(2s+2)!!}\left(\frac{a}{r}\right)^{2s+2}P_{2s+1}(\cos\theta).$$

15.2.17 Escrevendo $\varphi_s(x) = \sqrt{(2s+1)/2}\ P_s(x)$, um polinômio de Legendre renormalizado à unidade. Explique como $|\varphi_s\rangle\langle\varphi_s|$ age como um operador de projeção. Em particular, mostre que se $|f\rangle = \sum_n a'_n|\varphi_n\rangle$, então

$$|\varphi\rangle\langle\varphi|f\rangle = a'|\varphi\rangle.$$

15.2.18 Expanda x^8 como uma série de Legendre. Determine os coeficientes de Legendre da Equação (15.40),

$$a_m = \frac{2m+1}{2}\int_{-1}^{1}x^8 P_m(x)\,dx.$$

Verifique os valores contra o AMS–55, Tabela 22.9. (Para referência completa, ver Leituras Adicionais.) Isso ilustra a expansão de uma função simples $f(x)$.

Dica: Quadratura de Gauss pode ser usada para calcular a integral.

15.2.19   Calcule e tabule o potencial eletrostático criado por um anel de carga, Exemplo 15.2.3, para $r/a = 1,5(0,5)5,0$ e $\theta = 0°(15°)90°$. Execute os termos até $P_{22}(\cos \theta)$·

Nota: A convergência da sua série será lenta para $r/a = 1,5$. Truncar a série em P_{22} limita-o a aproximadamente à precisão de quatro dígitos significativos.

> **Verifique o valor:** Para $r/a = 2,5$ e $\theta = 60°$, $\psi = 0,40272(q/4\pi\varepsilon_0 r)$.

15.2.20   Calcule e tabule o potencial eletrostático criado por um disco carregado (Exercício 15.2.14), para $r/a = 1,5(0,5)5,0$ e $\theta = 0°(15°)90°$. Execute os termos até $P_{22}(\cos\theta)$.

> **Verifique o valor:** Para $r/a = 2,0$ e $\theta = 15°$, $\psi = 0,46638(q/4\pi\varepsilon_0 r)$.

15.2.21   Calcule os cinco primeiros coeficientes (não nulos) na expansão da série de Legendre de $f(x) = 1 - |x|$, avaliando os coeficientes na série por integração numérica. Na verdade, esses coeficientes podem ser obtidos na forma fechada. Compare seus coeficientes com aqueles listados no Exercício 18.4.26.

> *RESPOSTA:* $a_0 = 0,5000$, $a_2 = -0,6250$, $a_4 = 0,1875$, $a_6 = -0,1016$, $a_8 = 0,0664$.

15.2.22   Calcule e tabule o potencial eletrostático exterior criado pelos dois hemisférios carregadas do Exercício 15.2.16, para $r/a = 1,5(0,5)5.0$ e $\theta = 0°(15°)90°$. Execute os termos até $P_{23}(\cos \theta)$.

> **Verifique o valor:** Para $r/a = 2,0$ e $\theta = 45°$, $V = 0,27066 V_0$.

15.2.23   (a)   Dado $f(x) = 2,0$, $|x| < 0,5$ e $f(x) = 0$, $0,5 < |x| < 1,0$, expanda $f(x)$ em uma série de Legendre e calcule os coeficientes a_n a a_{80} (analiticamente).

(b)   Avalie $\sum_{n=0}^{80} a_n P_n(x)$ para $x = 0,400(0,005)0,600$. Plote seus resultados.

Nota: Isso ilustra o fenômeno de Gibbs da Seção 19.3 e o perigo de tentar calcular com uma expansão em uma série na vizinhança de uma descontinuidade.

15.2.24   Uma onda plana pode ser expandida em uma série de ondas esféricas pela equação de Rayleigh,

$$e^{ikr\cos\gamma} = \sum_{n=0}^{\infty} a_n j_n(kr) P_n(\cos\gamma).$$

Mostre que $a_n = i^n(2n+1)$.

Dica:
1.   Use a ortogonalidade de P_n para resolver para $a_n j_n(kr)$.
2.   Diferencie n vezes com relação a (kr) e defina $r = 0$ para eliminar a dependência r.
3.   Avalie as integrais restantes pelo Exercício 15.1.15.

Nota: Esse problema também pode ser tratado observando que ambos os lados da equação satisfazem a equação de Helmholtz. A igualdade pode ser estabelecida mostrando que as soluções têm o mesmo comportamento na origem e também se comportam da mesma maneira em grandes distâncias.

15.2.25   Verifique a equação de Rayleigh do Exercício 15.2.24, começando com os seguintes passos:
(a)   Diferencie com relação a (kr) para estabelecer

$$\sum_n a_n j_n'(kr) P_n(\cos\gamma) = i \sum_n a_n j_n(kr) \cos\gamma\, P_n(\cos\gamma).$$

(b)   Use uma relação de recorrência para substituir $\cos\gamma\, P_n(\cos\gamma)$ por uma combinação linear de P_{n-1} e P_{n+1}.
(c)   Utilize uma relação de recorrência para substituir J_n' por uma combinação linear de j_{n-1} e j_{n+1}.

15.2.26   A partir do Exercício 15.2.24 mostre que

$$j_n(kr) = \frac{1}{2i^n} \int_{-1}^{1} e^{ikr\mu} P_n(\mu)\,d\mu.$$

Isso significa que (além de um fator constante) a função esférica de Bessel $j_n(kr)$ é uma transformada integral do polinômio de Legendre $P_n(\mu)$.

15.2.27   Reescrevendo a fórmula do Exercício 15.2.26 como

$$j_n(z) = \tfrac{1}{2}(-i)^n \int_{0}^{\pi} e^{iz\cos\theta} P_n(\cos\theta)\,\mathrm{sen}\,\theta\,d\theta, \quad n = 0, 1, 2, \ldots,$$

verifique-a transformando o lado direito em

$$\frac{z^n}{2^{n+1}n!} \int_{0}^{\pi} \cos(z\cos\theta)\,\mathrm{sen}^{2n+1}\theta\,d\theta$$

e usando o Exercício 14.7.9.

15.3   Interpretação Física da Função Geradora

A função geradora para os polinômios de Legendre tem uma interpretação interessante e importante. Se introduzirmos coordenadas esféricas polares (r, θ, φ) e colocarmos uma carga q no ponto a sobre o eixo positivo z (Figura 15.5), o potencial em um ponto (r, θ) (que é independente da φ) pode ser calculado utilizando a lei dos cossenos, como

$$\psi(r,\theta) = \frac{q}{4\pi\varepsilon_0}\frac{1}{r_1} = \frac{q}{4\pi\varepsilon_0}(r^2 + a^2 - 2ar\cos\theta)^{-1/2}. \tag{15.58}$$

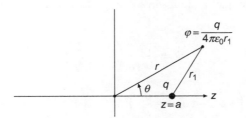

Figura 15.5: Potencial eletrostático q carregado deslocado da origem.

A expressão na Equação (15.58) é, essencialmente aquela que aparece na função geradora; para identificar a correspondência reescrevemos essa equação como

$$\psi(r,\theta) = \frac{q}{4\pi\varepsilon_0 r}\left(1 - 2\frac{a}{r}\cos\theta + \frac{a^2}{r^2}\right)^{-1/2} = \frac{q}{4\pi\varepsilon_0 r}\,g\left(\cos\theta, \frac{a}{r}\right) \tag{15.59}$$

$$= \frac{q}{4\pi\varepsilon_0 r}\sum_{n=0}^{\infty} P_n(\cos\theta)\left(\frac{a}{r}\right)^n, \tag{15.60}$$

em que chegamos à Equação (15.60), inserindo a expansão da função geradora.

A série na Equação (15.60) converge apenas para $r > a$, com uma taxa de convergência que melhora à medida que r/a aumenta. Se, por outro lado, desejamos uma expressão para $\psi(r, \theta)$ quando $r < a$, podemos realizar um rearranjo diferente da Equação (15.58), para

$$\psi(r,\theta) = \frac{q}{4\pi\varepsilon_0 a}\left(1 - 2\frac{r}{a}\cos\theta + \frac{r^2}{a^2}\right)^{-1/2}, \tag{15.61}$$

que novamente reconhecemos como a expansão da função geradora, mas dessa vez com o resultado

$$\psi(r, \theta) = \frac{q}{4\pi\varepsilon_0 a} \sum_{n=0}^{\infty} P_n(\cos\theta) \left(\frac{r}{a}\right)^n, \tag{15.62}$$

válido quando $r < a$.

Expansão de $1/|\,\mathbf{r}_1 - \mathbf{r}_2\,|$

As Equações (15.60) e (15.62) descrevem a interação de uma carga q na posição $\mathbf{a} = a\hat{\mathbf{e}}_z$ com uma carga unitária na posição $\mathbf{r}$. Descartando os fatores necessários para um cálculo eletrostático, essas equações produzem as fórmulas para $1/|\,\mathbf{r} - \mathbf{a}\,|$. O fato de que $\mathbf{a}$ está alinhado com o eixo z na verdade não tem importância para o cálculo de $1/|\,\mathbf{r} - \mathbf{a}\,|$; as grandezas relevantes são r, a e o ângulo θ entre $\mathbf{r}$ e $\mathbf{a}$. Assim, podemos reescrever a Equação (15.60) ou (15.62) em uma notação mais neutra, para obter o valor de $1/|\,\mathbf{r}_1 - \mathbf{r}_2\,|$ nos termos das grandezas r_1, r_2 e o ângulo entre $\mathbf{r}_1$ e $\mathbf{r}_2$, que agora chamamos χ. Se definirmos $r_>$ e $r_<$ como sendo respectivamente o maior e o menor dos r_1 e r_2, as Equações (15.60) e (15.62) podem ser combinadas em uma única equação

$$\frac{1}{|\mathbf{r}_1 - \mathbf{r}_2|} = \frac{1}{r_>} \sum_{n=0}^{\infty} \left(\frac{r_<}{r_>}\right)^n P_n(\cos\chi), \tag{15.63}$$

que irão convergir para todos os lugares exceto quando $r_1 = r_2$.

Multipolos Elétricos

Voltando à Equação (15.60) e restringindo a consideração a $r > a$, podemos notar que seu termo inicial (com $n = 0$) dá o potencial que obteríamos se a carga q estivesse na origem, e que termos adicionais devem descrever as correções decorrentes da posição real da carga. Uma maneira de entender melhor o segundo termo e os posteriores da expansão é considerar o que aconteceria se adicionássemos uma segunda carga, $-q$, em $z = -a$, como mostrado na Figura 15.6. O potencial devido à segunda carga será dado por uma expressão semelhante àquela da Equação (15.58), exceto que os sinais de q e $\cos\theta$ devem ser invertidos (o ângulo oposto r_2 na figura é $\pi - \theta$). Temos agora

$$\psi = \frac{q}{4\pi\varepsilon_0}\left(\frac{1}{r_1} - \frac{1}{r_2}\right)$$

$$= \frac{q}{4\pi\varepsilon_0 r}\left[\left(1 - 2\frac{a}{r}\cos\theta + \frac{a^2}{r^2}\right)^{-1/2} - \left(1 + 2\frac{a}{r}\cos\theta + \frac{a^2}{r^2}\right)^{-1/2}\right]$$

$$= \frac{q}{4\pi\varepsilon_0 r}\left[\sum_{n=0}^{\infty} P_n(\cos\theta)\left(\frac{a}{r}\right)^n - \sum_{n=0}^{\infty} P_n(\cos\theta)\left(-\frac{a}{r}\right)^n\right]. \tag{15.64}$$

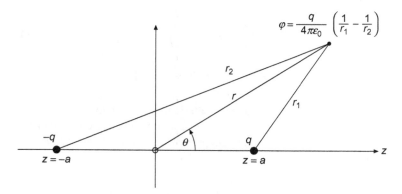

Figura 15.6: Dipolo elétrico.

Se combinarmos os dois somatórios na Equação (15.64), os termos alternados se cancelam, e nós temos

$$\psi = \frac{2q}{4\pi\varepsilon_0 r} \left[\frac{a}{r} P_1(\cos\theta) + \frac{a^3}{r^3} P_3(\cos\theta) + \cdots \right]. \tag{15.65}$$

Essa configuração de cargas é chamada **dipolo elétrico**, e notamos que sua dependência dominante em r é r^{-2}. A força do dipolo (chamada **momento de dipolo**) pode ser identificada como $2qa$, igual à grandeza de cada carga multiplicada pelo fator de separação $(2a)$. Se deixarmos $a \to 0$, mantendo o produto $2qa$ constante em um valor μ, todos, exceto o primeiro termo, tornam-se insignificantes, e temos

$$\psi = \frac{\mu}{4\pi\varepsilon_0} \frac{P_1(\cos\theta)}{r^2}, \tag{15.66}$$

o potencial de um **dipolo pontual** do momento de dipolo μ, localizado na origem do sistema de coordenadas (em $r = 0$). Observe que, como a discussão limitou-se a situações de simetria cilíndrica, nosso dipolo é orientado na direção polar; orientações mais gerais podem ser consideradas após desenvolvermos fórmulas para soluções da equação associada de Legendre (casos em que o parâmetro m na Equação (15.4) é diferente de zero).

Podemos estender essa análise combinando um par de dipolos de orientação oposta, por exemplo, na configuração mostrada na Figura 15.7, causando assim o cancelamento dos seus termos dominantes, deixando um potencial cuja principal contribuição será proporcional a $r^{-3}P_2$ (cos θ). Uma configuração de carga desse tipo é chamada **quadrupolo elétrico**, e o termo P_2 da expansão da função geradora pode ser identificado como a contribuição de um **quadrupolo pontual**, também localizado em $r = 0$. Extensões adicionais para polos $2n$, com contribuições proporcionais a $P_n(\cos\theta)/r^{n+1}$, permitem identificar cada termo da expansão geradora com o potencial de um multipolo pontual. Temos, assim, uma **expansão multipolar**.

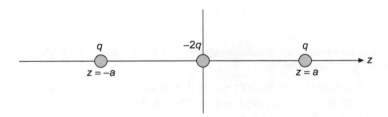

Figura 15.7: Quadrupolo elétrico linear.

Novamente observamos que, como a discussão limitou-se a situações com simetria cilíndrica, nossos multipolos na verdade devem ser lineares; essa restrição será eliminada quando esse tema for revisto no Capítulo 16.

Em seguida, analisaremos as distribuições de carga mais gerais e, por simplicidade, limitaremos a discussão a cargas q_i colocadas nas respectivas posições a_i no eixo polar do nosso sistema de coordenadas.

Adicionando as expansões da função geradora das cargas individuais, nossa expansão combinada assume a forma

$$\psi = \frac{1}{4\pi\varepsilon_0 r} \left[\sum_i q_i + \sum_i \frac{q_i a_i}{r} P_1(\cos\theta) + \sum_i \frac{q_i a_i^2}{r^2} P_2(\cos\theta) + \cdots \right]$$

$$= \frac{1}{4\pi\varepsilon_0 r} \left[\mu_0 + \frac{\mu_1}{r} P_1(\cos\theta) + \frac{\mu_2}{r^2} P_2(\cos\theta) + \cdots \right], \tag{15.67}$$

em que μ_i são chamados **momentos multipolares** da distribuição de carga; μ_0 é polo 2^0, ou momento **monopolar**, com um valor igual à carga líquida total da distribuição; μ_1 é o polo 2^1, ou momento dipolar, igual a $\sum_i q_i a_i$; μ_2 é o polo 2^2, ou momento quadrupolo, dado como $\sum_i q_i a_i^2$ etc. Nossa expansão multipolar geral (linear) irá convergir para os valores de r que são maiores do que todos os valores a_i das cargas individuais. Dito de outra forma, a expansão irá convergir nos pontos mais distantes da origem das coordenadas do que todas as partes da distribuição de carga.

Então perguntamos: o que acontece se movermos a origem do nosso sistema de coordenadas? Ou, de forma equivalente, considere substituir r por $|\mathbf{r} - \mathbf{r}_p|$. Para $r > r_p$, a expansão binomial de $1/|\mathbf{r} - \mathbf{r}_p|n$ terá a forma genérica

$$\frac{1}{|\mathbf{r} - \mathbf{r_p}|^n} = \frac{1}{r^n} + C\frac{r_p}{r^{n+1}} + \cdots,$$

com o resultado de que apenas o termos dominante diferente de zero da Equação (15.67) não será afetado pela mudança do centro da expansão. Traduzido para a linguagem corrente, isso significa que o menor momento diferente de zero da expansão será independente da escolha da origem, mas todos os momentos superiores mudarão quando o centro da expansão é movido. Especificamente, a carga líquida total (momento monopolar) sempre será independente da escolha do centro da expansão. O momento dipolar será independente do ponto de expansão somente quando a carga líquida é zero; o momento quadripolar terá essa independência somente se tanto os momentos dipolares quanto de carga líquida desaparecem etc.

Encerramos esta seção com três observações.

- Primeiro, embora nossa discussão tenha sido ilustrada com matrizes discretas de cargas pontuais, poderíamos ter chegado às mesmas conclusões usando distribuições de cargas contínuas, com o resultado de que os somatórios ao longo das cargas se tornariam integrais ao longo da **densidade de carga**.
- Segundo, se removêssemos a restrição a matrizes lineares, a expansão envolveria componentes dos momentos multipolares em diferentes direções. No espaço tridimensional, o momento dipolar teria três componentes: a generaliza-se para (a_x, a_y, a_z), enquanto que os multipolos de ordem superior terão números mais altos de componentes $(a^2 \to a_x\,a_x,\ a_x\,a_y,\ ...)$. Os detalhes dessa análise serão retomados quando as informações necessárias forem definidas.
- Terceiro, a expansão multipolar não se restringe a fenômenos elétricos, mas é aplicada a qualquer lugar em que temos uma força de quadrado inverso. Por exemplo, configurações planetárias são descritas em termos de multipolos de massa. E a radiação gravitacional depende do comportamento do tempo dos quadrupolos de massa.

Exercícios

15.3.1 Desenvolva o potencial eletrostático para a matriz das cargas mostradas na Figura 15.7. Isso é um quadrupolo elétrico linear.

15.3.2 Calcule o potencial eletrostático da matriz das cargas mostradas na Figura 15.8. Eis um exemplo de dois quadrupolos iguais, mas em direções opostas. As contribuições quadripolares se cancelam. Os termos octopolos não se cancelam.

Figura 15.8: Octopolo elétrico linear.

15.3.3 Mostre que o potencial eletrostático produzido por uma carga q em $z = a$ para $r < a$ é

$$\varphi(\mathbf{r}) = \frac{q}{4\pi\,\varepsilon_0 a} \sum_{n=0}^{\infty} \left(\frac{r}{a}\right)^n P_n(\cos\theta).$$

15.3.4 Utilizando $\mathbf{E} = -\nabla\varphi$, determine as componentes do campo elétrico correspondente ao potencial dipolar elétrico (puro),

$$\varphi(\mathbf{r}) = \frac{2aq\,P_1(\cos\theta)}{4\pi\varepsilon_0 r^2}.$$

Aqui presume-se que $r \gg a$.

RESPOSTA: $E_r = +\dfrac{4aq\cos\theta}{4\pi\varepsilon_0 r^3}$, $\quad E_\theta = +\dfrac{2aq\,\text{sen}\,\theta}{4\pi\varepsilon_0 r^3}$, $\quad E_\varphi = 0.$

15.3.5   Operando em **coordenadas polares esféricas**, mostre que

$$E_r = +\frac{4aq\cos\theta}{4\pi\,\varepsilon_0 r^3}, \quad E_\theta = +\frac{2aq\,\text{sen}\,\theta}{4\pi\,\varepsilon_0 r^3}, \quad E_\varphi = 0.$$

Esse é o passo-chave no argumento matemático de que a derivada de um multipolar leva ao próximo multipolar mais alto.

Dica: Compare com o Exercício 3.10.28.

15.3.6   Um dipolo elétrico pontual de força $p^{(1)}$ é colocado em $z = a$; um segundo dipolo elétrico pontual igual, mas de força oposta, está na origem. Mantendo o produto $p^{(1)}$ constante, deixe $a \to 0$. Mostre que isso resulta em um quadrupolo elétrico pontual.

Dica: O Exercício 15.3.5 (depois de provado) será útil.

15.3.7   Um octopolo elétrico pontual pode ser construído colocando um quadrupolo elétrico pontual (força de polo $p^{(2)}$ na direção z) em $z = a$ e um quadrupolo elétrico pontual igual, mas oposto, em $z = 0$ e então deixando $a \to 0$, sujeito a $p^{(2)} a = $ constante. Encontre o potencial eletrostático correspondente a um octopolo elétrico pontual. Mostre a partir da construção do octopolo elétrico pontual que o potencial correspondente pode ser obtido diferenciando o potencial quadrupolar pontual.

15.3.8   Uma carga pontual q está no interior de uma esfera condutora oca de raio r_0. A carga q é deslocada em uma distância a a partir do centro da esfera. Se a esfera condutora for aterrada, mostre que o potencial no interior produzido por q e a carga induzida distribuída é a mesma que a produzida por q e sua carga imagem q'. A carga imagem está a uma distância $a' = r_0^2 / a$ do centro, colinear com q e a origem (Figura 15.9).

Dica: Calcule o potencial eletrostático para $a < r_0 < a'$. Mostre que o potencial desaparece para $r = r_0$ se considerarmos $q' = -qr_0/a$.

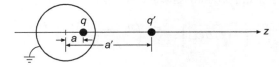

Figura 15.9: Cargas imagem para o Exercício 15.3.8.

15.4   Equação Associada de Legendre

Precisamos estender nossa análise para a equação associada de Legendre porque é importante sermos capazes de remover a restrição à simetria azimutal que permeou a discussão das seções anteriores deste capítulo. Assim voltando à Equação (15.4) que, antes de determinar qual deve ser seu autovalor, a assumimos a forma

$$(1 - x^2)P''(x) - 2xP'(x) + \left[\lambda - \frac{m^2}{1-x^2}\right]P(x) = 0. \tag{15.68}$$

Tentativa e erro (ou um bom insight) sugere que o fator problemático $1 - x^2$ no denominador dessa equação pode ser eliminado fazendo uma substituição da forma $P = (1 - x^2)^p \mathcal{P}$, e experimentação adicional mostra que uma escolha apropriada para o expoente p é $m/2$. Por diferenciação simples, descobrimos

$$P = (1 - x^2)^{m/2}\mathcal{P}, \tag{15.69}$$

$$P' = (1 - x^2)^{m/2}\mathcal{P}' - mx(1 - x^2)^{m/2-1}\mathcal{P}, \tag{15.70}$$

$$+\left[-m(1 - x^2)^{m/2-1} + (m^2 - 2m)x^2(1 - x^2)^{m/2-2}\right]\mathcal{P}. \tag{15.71}$$

A substituição das Equações (15.69)–(15.71) na Equação (15.68), obtemos uma equação que é potencialmente mais fácil de resolver, ou seja,

$$(1 - x^2)\mathcal{P}'' - 2x(m+1)\mathcal{P}' + \left[\lambda - m(m+1)\right]\mathcal{P} = 0. \tag{15.72}$$

Continuamos procurando resolver a Equação (15.72) pelo método de Frobenius, supondo uma solução na forma da série $\sum_j a_j x^{k+j}$. A equação indicial para essa EDO tem soluções $k = 0$ e $k = 1$. Para $k = 0$, a substituição na solução de série leva a fórmula de recorrência

$$a_{j+2} = a_j \left[\frac{j^2 + (2m+1)j - \lambda + m(m+1)}{(j+1)(j+2)} \right].$$
(15.73)

Assim como para a equação original de Legendre, precisamos das soluções $P(\cos \theta)$ que são não singulares para o intervalo $-1 \le \cos \theta \le +1$, mas a fórmula de recorrência conduz a uma série de potências que, em geral, é divergente em ± 1.[2]

Para evitar a divergência, devemos tornar o numerador da fração na Equação (15.73) zero para algum inteiro par não negativo j, fazendo assim com que P seja um polinômio. Por substituição direta na Equação (15.73), podemos verificar que um numerador zero é obtido para $j = l - m$ quando θ recebe o valor $l(l+1)$, uma condição que só pode ser satisfeita se l é um inteiro pelo menos tão grande quanto m e da mesma paridade. Uma análise adicional para a outra solução da equação indicial, $k = 1$, estende nosso resultado atual para valores de l que são maiores que m e de paridade oposta.

Resumindo nossos resultados até agora, descobrimos que as soluções regulares para a equação associada de Legendre dependem dos índices inteiros l e m. Deixando P_l^m, chamada **função associada de Legendre**, denotar essa solução (note que o sobrescrito m **não** é um expoente), definimos

$$P_l^m(x) = (1 - x^2)^{m/2} \mathcal{P}_l^m(x),$$
(15.74)

em que $\mathcal{P}_l^m$ é um polinômio de grau $l - m$ (consistente com nossa observação anterior de que l deve ser pelo menos tão grande quanto m), e com uma forma e escala explícitas que agora vamos abordar.

Uma fórmula explícita conveniente para $\mathcal{P}_l^m$ pode ser obtida por diferenciação repetida da equação regular de Legendre. É certo que essa estratégia teria sido difícil de conceber sem o conhecimento prévio da solução, mas há certas vantagens em usar a experiência daqueles que já se foram. Então, sem desculpas, aplicamos a fórmula de Leibniz para a m-ésima derivada de um produto (provado no Exercício 1.4.2),

$$\frac{d^m}{dx^m} \left[A(x)B(x) \right] = \sum_{s=0}^m \binom{m}{s} \frac{d^{m-s}A(x)}{dx^{m-s}} \frac{d^s B(x)}{dx^s},$$
(15.75)

com a equação de Legendre,

$$(1 - x^2)P_l'' - 2x P_l' + l(l+1)P_l = 0,$$

alcançando

$$(1 - x^2)u'' - 2x(m+1)u' + \left[l(l+1) - m(m+1) \right] u = 0,$$
(15.76)

onde

$$u \equiv \frac{d^m}{dx^m} P_l(x).$$
(15.77)

Comparando a Equação (15.76) com a Equação (15.72), vemos que, quando $\lambda = l(l+1)$, eles são idênticos, o que significa que as soluções polinomiais P da Equação (15.72) para um dado l podem ser identificadas com o u correspondente. Especificamente,

$$\mathcal{P}_l^m = (-1)^m \frac{d^m}{dx^m} P_l(x),$$
(15.78)

em que o fator $(-1)^m$ é inserido para manter a concordância com o AMS–55 (ver Leituras Adicionais), que se tornou o padrão notacional mais amplamente aceito.[3]

---

[2]A solução para a equação associada de Legendre é $(1 - x^2)^{m/2} P(x)$, sugerindo a possibilidade de que o fator $(1 - x^2)^{m/2}$ pode compensar a divergência em $P(x)$, resultando em um limite convergente. Pode ser demonstrado que essa compensação não ocorre.

[3]Entretanto, observamos que o texto consagrado, Jackson's *Electrodynamics* (ver Leituras Adicionais), não inclui esse fator de fase. O fator é introduzido para fazer a definição dos harmônicos esféricos (Seção 15.5) ter a convenção de fase habitual.

Podemos agora escrever uma forma completa explícita para as funções associadas de Legendre:

$$P_l^m(x) = (-1)^m (1 - x^2)^{m/2} \frac{d^m}{dx^m} P_l(x).$$ (15.79)

Como P_l^m com $m = 0$ são apenas as funções originais de Legendre, é comum omitir o índice superior quando ele é zero, assim, por exemplo, $P_l^0 \equiv P_l$.

Observe que a condição em l e m pode ser afirmada de duas maneira:

(1) Para cada m, há um número infinito de soluções aceitáveis para a EDO associada de Legendre com valores l variando de m ao infinito, ou

(2) Para cada l, existem soluções aceitáveis com valores m variando de $l = 0$ a $l = m$.

Uma vez que m entra na equação associada de Legendre somente como m^2, até agora consideramos tacitamente somente os valores $m \geq 0$. Entretanto, se inserirmos uma fórmula de Rodrigues para P_l na Equação (15.73), obtemos a fórmula

$$P_l^m(x) = \frac{(-1)^m}{2^l \, l!} (1 - x^2)^{m/2} \frac{d^{l+m}}{dx^{l+m}} (x^2 - 1)^l,$$ (15.80)

que dá os resultados para $-m$ que não parecem semelhantes àqueles para $+m$. Entretanto, podemos demonstrar que se aplicarmos a Equação (15.75) para valores m entre zero e $-l$, obtemos

$$P_l^{-m}(x) = (-1)^m \frac{(l - m)!}{(l + m)!} P_l^m(x).$$ (15.81)

A Equação (15.81) mostra que P_l^m e P_l^{-m} são proporcionais; sua prova é o tema do Exercício 15.4.3. A principal razão da discussão de ambos é que as fórmulas de recorrência que desenvolveremos para P_l^m com valores contíguos de m darão resultados para $m < 0$ que podem ser melhor entendidos se lembrarmos a escala relativa de P_l^m e P_l^{-m}.

Polinômios Associados de Legendre

Para desenvolver as propriedades da P_l^m ainda mais, é útil desenvolver uma função geradora para os polinômios $\mathcal{P}_l^m(x)$, que podemos fazer diferenciando a função geradora de Legendre em relação a x. O resultado é

$$g_m(x, t) \equiv \frac{(-1)^m (2m - 1)!!}{(1 - 2xt + t^2)^{m+1/2}} = \sum_{s=0}^{\infty} \mathcal{P}_{s+m}^m(x) t^s.$$ (15.82)

Os fatores t que resultam da diferenciação da função geradora foram usados para alterar as potências de t que multiplicam o P no lado direito.

Se agora diferenciarmos a Equação (15.82) em relação a t, obtemos inicialmente

$$(1 - 2tx + t^2) \frac{\partial g_m}{\partial t} = (2m + 1)(x - t) g_m(x, t),$$

que podemos utilizar em conjunto com a Equação (15.82) de uma maneira já familiar para obter a fórmula de recorrência,

$$(s + 1)\mathcal{P}_{s+m+1}^m(x) - (2m + 1 + 2s)x\mathcal{P}_{s+m}^m(x) + (s + 2m)\mathcal{P}_{s+m-1}^m(x) = 0.$$ (15.83)

Fazendo a substituição $l = s + m$, trazemos a Equação (15.83) para a forma mais útil,

$$(l - m + 1)\mathcal{P}_{l+1}^m - (2l + 1)x\mathcal{P}_l^m + (l + m)\mathcal{P}_{l-1}^m = 0.$$ (15.84)

Para $m = 0$ essa relação está de acordo com a Equação (15.18).

A partir da forma de $g_m(x, t)$, também fica claro que

$$(1 - 2xt + t^2)g_{m+1}(x, t) = -(2m + 1)g_m(x, t).$$ (15.85)

Das Equações (15.85) e (15.82), podemos extrair a fórmula de recursão

$$\mathcal{P}_{s+m+1}^{m+1}(x) - 2x\mathcal{P}_{s+m}^{m+1}(x) + \mathcal{P}_{s+m-1}^{m+1}(x) = -(2m + 1)\mathcal{P}_{s+m}^m(x),$$

que relaciona os polinômios associados de Legendre com o superior índice $m + 1$, com aqueles com o índice superior m. Mais a vez podemos simplificar fazendo a substituição $l = s + m$:

$$\mathcal{P}_{l+1}^{m+1}(x) - 2x\mathcal{P}_l^{m+1}(x) + \mathcal{P}_{l-1}^{m+1}(x) = -(2m + 1)\mathcal{P}_l^m(x). \tag{15.86}$$

Funções Associadas de Legendre

As relações de recorrência para os polinômios associados de Legendre ou, alternativamente, a diferenciação das fórmulas para os polinômios originais de Legendre, permitem construir as fórmulas de recorrência para as funções associadas de Legendre. O número dessas fórmulas é extenso porque essas funções têm dois índices, e existe uma ampla variedade de fórmulas com diferentes combinações de índice. Resultados de importância incluem o seguinte:

$$P_l^{m+1}(x) + \frac{2mx}{(1 - x^2)^{1/2}} P_l^m(x) + (l + m)(l - m + 1)P_l^{m-1}(x) = 0, \tag{15.87}$$

$$(2l + 1)xP_l^m(x) = (l + m)P_{l-1}^m(x) + (l - m + 1)P_{l+1}^m(x), \tag{15.88}$$

$$(2l + 1)(1 - x^2)^{1/2}P_l^m(x) = P_{l-1}^{m+1}(x) - P_{l+1}^{m+1}(x) \tag{15.89}$$

$$= (l - m + 1)(l - m + 2)P_{l+1}^{m-1}(x)$$

$$- (l + m)(l + m - 1)P_{l-1}^{m-1}(x), \tag{15.90}$$

$$(1 - x^2)^{1/2}\Big(P_l^m(x) \Big)' = \frac{1}{2}(l + m)(l - m + 1)P_l^{m-1}(x) - \frac{1}{2}P_l^{m+1}(x), \tag{15.91}$$

$$= (l + m)(l - m + 1)P_l^{m-1}(x) + \frac{mx}{(1 - x^2)^{1/2}}P_l^m(x). \tag{15.92}$$

Tabela 15.3 Funções associadas de Legendre

$P_1^1(x) = -(1 - x^2)^{1/2} = -\text{sen}\,\theta$
$P_2^1(x) = -3x(1 - x^2)^{1/2} = -3\cos\theta\,\text{sen}\,\theta$
$P_2^2(x) = 3(1 - x^2) = 3\,\text{sen}^2\theta$
$P_3^1(x) = -\frac{3}{2}(5x^2 - 1)(1 - x^2)^{1/2} = -\frac{3}{2}(5\cos^2\theta - 1)\,\text{sen}\,\theta$
$P_3^2(x) = 15x(1 - x^2) = 15\cos\theta\,\text{sen}^2\theta$
$P_3^3(x) = -15(1 - x^2)^{3/2} = -15\,\text{sen}^3\theta$
$P_4^1(x) = -\frac{5}{2}(7x^3 - 3x)(1 - x^2)^{1/2} = -\frac{5}{2}(7\cos^3\theta - 3\cos\theta)\,\text{sen}\,\theta$
$P_4^2(x) = \frac{15}{2}(7x^2 - 1)(1 - x^2) = \frac{15}{2}(7\cos^2\theta - 1)\,\text{sen}^2\theta$
$P_4^3(x) = -105x(1 - x^2)^{3/2} = -105\cos\theta\,\text{sen}^3\theta$
$P_4^4(x) = 105(1 - x^2)^2 = 105\,\text{sen}^4\theta$

É óbvio que, usando a Equação (15.90), toda a P_l^m com $m > 0$ pode ser gerada a partir dessas com $m = 0$ (os polinômios de Legendre) e que esses, por sua vez, podem ser construídos recursivamente de $P_0(x) = 1$ e $P_1(x) = x$. Dessa maneira (ou outras maneira sugeridas a seguir), podemos construir uma tabela das funções associadas de Legendre, cujos primeiros membros estão listados na Tabela 15.3. A tabela mostra a $P_l^m(x)$ tanto como funções de x quanto funções de θ, em que $x = \cos\theta$.

Frequentemente é mais fácil utilizar fórmulas de recorrência além daquelas da Equação (15.90) para obter a P_l^m, tendo em mente que quando uma fórmula contém P_{m-1}^m para $m > 0$, essa grandeza pode ser definida como zero. Também é fácil obter fórmulas explícitas para certos valores de l e m que podem então ser pontos de partida alternativos para a recursão. Ver o exemplo a seguir.

Exemplo 15.4.1   Recorrência a Partir de P_m^m

A função associada de Legendre $P_m^m(x)$ é facilmente avaliada:

$$P_m^m(x) = \frac{(-1)^m}{2^m\,m!}(1-x^2)^{m/2}\frac{d^{2m}}{dx^{2m}}(x^2-1)^m = \frac{(-1)^m}{2^m\,m!}(2m)!\,(1-x^2)^{m/2}$$

$$= (-1)^m(2m-1)!!\,(1-x^2)^{m/2}. \tag{15.93}$$

Podemos agora usar a Equação (15.88) com $l = m$ para obter P_{m+1}^m, descartando o termo contendo P_{m-1}^m porque é zero. Obtemos

$$P_{m+1}^m(x) = (2m+1)x\,P_m^m(x) = (-1)^m(2m+1)!!\,x(1-x^2)^{m/2}. \tag{15.94}$$

Outros aumentos em l agora podem ser obtidos por aplicação direta da Equação (15.88).

Ilustrando para uma série de P_l^m com $m = 2$: $P_2^2(x) = (-1)^2(3!!)(1-x^2) = 3(1-x^2)$, de acordo com o valor da tabela. P_3^2 pode ser calculada a partir da Equação (15.94) como $P_3^2(x) = (-1)^2(5!!)x(1-x^2)$, que é simplificado para o resultado tabulado. Finalmente, P_4^2 é obtida a partir do caso a seguir da Equação (15.88):

$$7x\,P_3^2(x) = 5P_2^2(x) + 2P_4^2(x),$$

a solução da qual para $P_4^2(x)$ está novamente de acordo com o valor tabulado.   ■

Paridade e Valores Especiais

Já estabelecemos que P_l tem paridade par se l é par e paridade ímpar se l é ímpar. Como podemos formar P_l^m diferenciando P_l m vezes, com cada diferenciação mudando a paridade e, posteriormente, multiplicando por $(1-x^2)m/2$, que tem paridade par, P_l^m deve ter uma paridade que depende de $l + m$, ou seja,

$$P_l^m(-x) = (-1)^{l+m}P_l^m(x). \tag{15.95}$$

Ocasionalmente, encontramos uma necessidade para o valor de $P_l^m(x)$ em $x = \pm 1$ ou em $x = 0$. Em $x = \pm 1$ o resultado é simples: o fator $(1-x^2)^{m/2}$ faz $P_l^m(\pm 1)$ desaparecer, a menos que $m = 0$, caso em que recuperamos os valores $P_l(1) = 1$, $P_l(-1) = (-1)l$. Em $x = 0$, o valor de P_l^m depende de $l + m$ ser par ou ímpar. O resultado, prova que é deixada para os Exercícios 15.4.4 e 15.4.5, é

$$P_l^m(0) = \begin{cases} (-1)^{(l+m)/2}\dfrac{(l+m-1)!!}{(l-m)!!}, & l+m\ \text{par}, \\[2mm] 0, & l+m\ \text{ímpar}. \end{cases} \tag{15.96}$$

Ortogonalidade

Para cada m, podemos provar que P_l^m de diferentes l é ortogonal, identificando-os como autofunções de um sistema de Sturm-Liouville. Porém, é instrutivo demonstrar a ortogonalidade explicitamente, e fazer isso por um método que também produz sua normalização. Começamos escrevendo a integral de ortogonalidade, com a P_l^m dada pela fórmula de Rodrigues na Equação (15.80). Para compacidade e clareza, introduzimos a notação abreviada $R = x^2 - 1$, obtendo assim

$$\int_{-1}^{1}P_p^m(x)P_q^m(x)\,dx = \frac{(-1)^m}{2^{p+q}\,p!\,q!}\int_{-1}^{1}R^m\left(\frac{d^{p+m}R^p}{dx^{p+m}}\right)\left(\frac{d^{q+m}R^q}{dx^{q+m}}\right)dx. \tag{15.97}$$

Consideramos primeiro caso $p < q$, para o qual pretendemos provar que a integral na Equação (15.97) desaparece. Procedemos realizando integrações repetidas por partes, em que diferenciamos

$$u = R^m\left(\frac{d^{p+m}R^p}{dx^{p+m}}\right) \tag{15.98}$$

$p + m + 1$ vezes ao integrar um número de vezes igual ao resto do integrando,

$$dv = \left(\frac{d^{q+m} R^q}{dx^{q+m}} \right) dx. \tag{15.99}$$

Para cada uma dessas integrações parciais $p + m + 1 \leq q + m$ os termos integrados (uv) desaparecerão porque haverá pelo menos um fator R que não é diferenciado e, portanto, desaparece em $x = \pm 1$. Depois da diferenciação repetida, teremos

$$\frac{d^{p+m+1}}{dx^{p+m+1}} u = \frac{d^{p+m+1}}{dx^{p+m+1}} \left[R^m \left(\frac{d^{p+m} R^p}{dx^{p+m}} \right) \right], \tag{15.100}$$

em que uma grandeza cuja maior potência de x é x^{2p+2m} contém também uma diferenciação $(2p + 2m + 1)$ vezes. Não há como esses componentes produzirem um resultado diferente de zero. Como termos integrados e a integral da transformada desaparecem, obtemos um resultado geral que se neutraliza, confirmando a ortogonalidade. Observe que a ortogonalidade tem peso unitário, independente do valor de m.

Agora examinaremos a Equação (15.97) para $p = q$, repetindo o processo que acabamos de executar, mas dessa vez realizando integrações parciais $p + m$. Mais uma vez, todos os termos integrados desaparecem, mas agora há uma contribuição que não desaparece da diferenciação repetida de u (Equação 15.98). Como a potência geral de x ainda é x^{2p+2m} e o número total de diferenciações também é $2p + 2m$, os únicos termos que contribuem são aqueles em que o fator R^m é diferenciado $2m$ vezes e o fator R^p é diferenciado $2p$ vezes. Assim, aplicando a fórmula de Leibniz, Equação (15.75), para a diferenciação $p + m$ vezes de u, mas mantendo apenas o termo que contribui, temos

$$\frac{d^{p+m}}{dx^{p+m}} \left[R^m \left(\frac{d^{p+m} R^p}{dx^{p+m}} \right) \right] = \binom{p+m}{2m} \left(\frac{d^{2m} R^m}{dx^{2m}} \right) \left(\frac{d^{2p} R^p}{dx^{2p}} \right)$$

$$= \frac{(p+m)!}{(2m)!\,(p-m)!} (2m)!\,(2p)! = \frac{(p+m)!}{(p-m)!} (2p)!. \tag{15.101}$$

Inserindo esse resultado na integração por partes, lembrando que a integração da transformada é acompanhada pelo fator de sinal $(-1)^{p+m}$, e reconhecendo que a integração repetida de dv, a Equação (15.99) com $q = p$, produz apenas Rp, temos, voltando à Equação (15.97),

$$\int_{-1}^{1} \left[P_p^m(x) \right]^2 dx = \frac{(-1)^{2m+p}}{2^{2p}\,p!\,p!} \frac{(p+m)!}{(p-m)!} (2p)! \int_{-1}^{1} R^p \, dx. \tag{15.102}$$

Para completar a avaliação, identificamos a integral de Rp como uma função beta, com uma avaliação dada no Exercício 13.3.3 como

$$\int_{-1}^{1} R^p \, dx = (-1)^p \frac{2(2p)!!}{(2p+1)!!} = (-1)^p \frac{2^{2p+1}\,p!\,p!}{(2p+1)!}. \tag{15.103}$$

Inserindo esse resultado, e combinando com a relação de ortogonalidade previamente estabelecida, temos

$$\int_{-1}^{1} P_p^m(x) P_q^m(x) \, dx = \frac{2}{2p+1} \frac{(p+m)!}{(p-m)!} \delta_{pq}. \tag{15.104}$$

Fazendo a substituição $x = \cos\theta$, obtemos essa fórmula em coordenadas polares esféricas:

$$\int_{0}^{\pi} P_p^m(\cos\theta) P_q^m(\cos\theta) \sin\theta \, d\theta = \frac{2}{2p+1} \frac{(p+m)!}{(p-m)!} \delta_{pq}. \tag{15.105}$$

Outra maneira de analisar a ortogonalidade das funções associadas de Legendre é reescrever a Equação (15.104) em termos dos polinômios associados de Legendre $\mathcal{P}_l^m$. Invocando a Equação (15.74), a Equação (15.104) se torna

$$\int\limits_{-1}^{1} \mathcal{P}_p^m \mathcal{P}_q^m (1 - x^2)^m dx = \frac{2}{2p + 1} \frac{(p + m)!}{(p - m)!} \delta_{pq}, \qquad (15.106)$$

mostrando que esses **polinômios** são, para cada m, ortogonais com o fator de peso $(1 - x^2)m$. Desse ponto de vista, podemos observar que cada valor de m corresponde a um conjunto de polinômios que são ortogonais com um peso diferente. No entanto, como nosso principal interesse está nas funções que em geral **não** são polinômios, mas são soluções da equação associada de Legendre, normalmente é mais relevante para nós observar que essas funções, que incluem o fator $(1 - x^2)^{m/2}$, são ortogonais **com peso unitário**.

É possível, mas não é particularmente útil, observar que também podemos ter a ortogonalidade de P_l^m no que diz respeito ao índice superior quando o índice inferior é mantido constante:

$$\int\limits_{-1}^{1} P_l^m(x) P_l^n(x)(1 - x^2)^{-1} dx = \frac{(l + m)!}{m(l - m)!} \delta_{mn}. \qquad (15.107)$$

Essa equação não é muito útil porque em coordenadas esféricas polares a condição de contorno na coordenada azimutal φ faz com que já haja ortogonalidade com relação a m, e normalmente não nos preocupamos com ortogonalidade do P_l^m em relação a m.

Exemplo 15.4.2 Circuito de Corrente — Dipolo Magnético

Um problema importante em que encontramos funções associadas de Legendre é no campo magnético de um circuito de corrente circular, uma situação que pode parecer à primeira vista surpreendente uma vez que esse problema tem simetria azimutal.

Nosso ponto de partida é a fórmula relacionando um elemento de corrente $I\, ds$ com o potencial vetorial $\mathbf{A}$ que produz (isso é discutido no capítulo sobre funções de Green, e também em textos Jackson's *Classical Electrodynamics*, ver Leituras Adicionais). Essa fórmula é

$$d\mathbf{A}(\mathbf{r}) = \frac{\mu_0}{4\pi} \frac{I d\mathbf{s}}{|\mathbf{r} - \mathbf{r_s}|}, \qquad (15.108)$$

em que $\mathbf{r}$ é o ponto em que $\mathbf{A}$ deve ser avaliado e $\mathbf{r}_s$ é a posição do elemento ds do circuito de corrente. Colocamos nosso circuito de corrente, de raio a, no plano equatorial de um sistema de coordenadas polares esféricas, como mostrado na Figura 15.10. Nossa tarefa é determinar $\mathbf{A}$ como uma função da posição, e daí obter as componentes do campo de indução magnética $\mathbf{B}$.

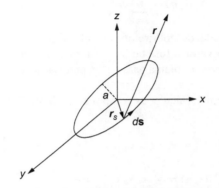

Figura 15.10: Circuito de corrente circular.

Em princípio, é possível descobrir a geometria e integrar a Equação (15.108) para o problema atual, mas uma abordagem mais prática será determinar a partir das considerações gerais a forma funcional de uma expansão que descreve a solução, e então determinar os coeficientes na expansão exigindo resultados corretos para pontos de alta simetria, quando o cálculo não é muito difícil. Essa é uma abordagem semelhante àquela utilizada no Exemplo 15.2.3, em primeiro identificamos a forma funcional de uma expansão dando o potencial gerado por um anel circular de carga, depois do qual encontramos os coeficientes na expansão a partir do potencial facilmente calculado sobre o eixo do anel.

A partir da forma da Equação (15.108) e a simetria do problema, vemos imediatamente que para todo $\mathbf{r}$, $\mathbf{A}$ deve residir em um plano de constante z e, de fato, ele deve estar na direção $\hat{\mathbf{e}}_\varphi$, com A_φ independente de φ, isto é,

$$\mathbf{A} = A_\varphi(r, \theta)\,\hat{\mathbf{e}}_\varphi. \tag{15.109}$$

Se $\mathbf{A}$ tivesse outra componente além de $A\varphi$, ela teria uma divergência diferente de zero, uma vez que então $\mathbf{A}$ teria um valor diferente de zero dentro ou fora do fluxo, resultando em uma singularidade no eixo do circuito.

Como em todos os lugares, exceto no próprio circuito de corrente, não há corrente, a equação de Maxwell para o rotacional de $\mathbf{B}$ se reduz a

$$\nabla \times \mathbf{B} = \nabla \times (\nabla \times \mathbf{A}) = 0,$$

e, como $\mathbf{A}$ tem uma única componente φ, ele se reduz ainda mais a

$$\nabla \times \left[\nabla \times A_\varphi(r, \theta)\,\hat{\mathbf{e}}_\varphi \right] = 0. \tag{15.110}$$

O lado esquerdo da Equação (15.110) foi objeto do Exemplo 3.10.4, e sua avaliação foi apresentada como a Equação (3.165). Definir esse resultado como zero dá a equação que devem ser satisfeita por $A_\varphi(r, \theta)$:

$$\frac{\partial^2 A_\varphi}{\partial r^2} + \frac{2}{r}\frac{\partial A_\varphi}{\partial r} + \frac{1}{r^2 \operatorname{sen}\theta}\frac{\partial}{\partial \theta}\left(\operatorname{sen}\theta\,\frac{\partial A_\varphi}{\partial \theta}\right) - \frac{1}{r^2 \operatorname{sen}^2\theta}A_\varphi = 0. \tag{15.111}$$

A Equação (15.111) pode agora ser resolvida pelo método de separação de variáveis; definindo $A_\varphi(r, \theta) = R(r)\,\Theta(\theta)$, temos

$$r^2 \frac{d^2 R}{dr^2} + 2\frac{dR}{dr} - l(l+1)R = 0, \tag{15.112}$$

$$\frac{1}{\operatorname{sen}\theta}\frac{d}{d\theta}\left(\operatorname{sen}\theta\,\frac{d\Theta}{d\theta}\right) + l(l+1)\Theta - \frac{\Theta}{\operatorname{sen}^2\theta} = 0. \tag{15.113}$$

Como a segunda dessas equações pode ser reconhecida como a equação associada de Legendre, na forma dada como a Equação (15.2), definimos a constante de separação como o valor que ela deve ter, ou seja, $l(l+1)$, com a integral l. A primeira equação também é familiar, com as soluções para um dado l sendo rl e r^{-l-1}. A segunda equação tem soluções $P_l^1(\cos\theta)$, isto é, sua forma específica determina que as funções associadas de Legendre que a resolvem deve ter índice superior $m = 1$. Como nosso principal interesse está no padrão de $\mathbf{B}$ nos valores r maiores que a, o raio do circuito de corrente, retemos apenas a solução radial r^{-l-1}, e escrevemos

$$A_\varphi(r, \theta) = \sum_{l=1}^{\infty} c_l \left(\frac{a}{r}\right)^{l+1} P_l^1(\cos\theta). \tag{15.114}$$

Ao obter uma solução mais detalhada, descobriremos que ela só converge para $r > a$, assim a Equação (15.114) e o valor de $\mathbf{B}$ derivadas daí só serão válidos fora de uma esfera contendo o circuito de corrente. Se também estivéssemos interessados em resolver esse problema para $r < a$, precisaríamos construir uma solução de série usando somente a potência rl.

A partir da Equação (15.114) podemos calcular as componentes de $\mathbf{B}$. Claramente, $B_\varphi = 0$. E, usando a Equação (3.159), temos

$$B_r(r, \theta) = \nabla \times A_\varphi \hat{\mathbf{e}}_\varphi \Big|_r = \frac{\cot\theta}{r} A_\varphi + \frac{1}{r}\frac{\partial A_\varphi}{\partial \theta}, \tag{15.115}$$

$$B_\theta(r, \theta) = \nabla \times A_\varphi \hat{\mathbf{e}}_\varphi \Big|_\theta = -\frac{1}{r}\frac{\partial(r A_\varphi)}{\partial r}. \tag{15.116}$$

Para avaliar a derivada θ na Equação (15.115), precisamos

$$\frac{dP_l^1(\cos\theta)}{d\theta} = -\operatorname{sen}\theta\,\frac{dP_l^1(\cos\theta)}{d\cos\theta} = -l(l+1)P_l(\cos\theta) - \cot\theta\,P_l^1(\cos\theta), \tag{15.117}$$

um caso especial da Equação (15.92) com $m = 1$ e $x = \cos\theta$. Agora é simples inserir a expansão para A_φ nas Equações (15.115) e (15.116); por causa da Equação (15.117) o termo $\cot\theta$ da Equação (15.115) se cancela, e alcançamos

$$B_r(r, \theta) = -\frac{1}{r} \sum_{l=1}^{\infty} l(l+1) c_l \left(\frac{a}{r}\right)^{l+1} P_l(\cos\theta), \tag{15.118}$$

$$B_\theta(r, \theta) = \frac{1}{r} \sum_{l=1}^{\infty} l\, c_l \left(\frac{a}{r}\right)^{l+1} P_l^1(\cos\theta). \tag{15.119}$$

Para completar nossa análise, devemos determinar os valores de c_l, que fazemos usando a lei de Bio-Savart para calcular B_r nos pontos ao longo do eixo polar, em que B_r é sinônimo de B_z. Como $\theta = 0$ no eixo polar positivo P_l ($\cos\theta$) = 1, a Equação (15.118) se reduz a

$$B_r(z, 0) = -\frac{1}{z} \sum_{l=1}^{\infty} l(l+1) c_l \left(\frac{a}{z}\right)^{l+1} = -\frac{a^2}{z^3} \sum_{s=0}^{\infty} (s+1)(s+2) c_{s+1} \left(\frac{a}{z}\right)^s. \tag{15.120}$$

A simetria do problema permite mais uma simplificação; o valor de B_z deve ser o mesmo em $-z$ que em z, a partir do qual podemos concluir que todos os coeficientes $c_2, c_4, \ldots$ devem desaparecer, e podemos reescrever a Equação (15.120) como

$$B_r(z, 0) = -\frac{a^2}{z^3} \sum_{s=0}^{\infty} 2(s+1)(2s+1) c_{2s+1} \left(\frac{a}{z}\right)^{2s}. \tag{15.121}$$

A lei de Biot-Savart (em unidades SI) dá a contribuição do elemento de corrente $I\,ds$ para $\mathbf{B}$ em um ponto cujo deslocamento do elemento de corrente é $\mathbf{r}_s$ como

$$d\mathbf{B} = \frac{\mu_0}{4\pi} I \frac{d\mathbf{s} \times \hat{\mathbf{r}}_s}{r_s^2}. \tag{15.122}$$

Vamos agora calcular $\mathbf{B}$ por integração de ds em torno do circuito de corrente. A geometria é mostrada na Figura 15.11. Note que dB_z, que será o mesmo para todos os elementos de corrente $I\,ds$, tem o valor

$$dB_z = \frac{\mu_0 I}{4\pi r_s^2} \operatorname{sen}\chi\, ds,$$

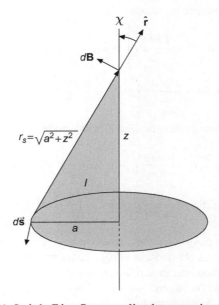

Figura 15.11: Lei de Biot-Savart aplicada a um circuito circular.

em que χ é o ângulo rotulado na Figura 15.11 e r_s tem o valor indicado na figura. A integração ao longo de s simplesmente produz um fator $2\pi a$, e vemos que $\mathrm{sen}\chi = a/(a^2 + z^2)^{1/2}$, assim

$$B_z = \frac{\mu_0 I a^2}{2}(a^2 + z^2)^{-3/2} = \frac{\mu_0 I a^2}{2z^3}\left(1 + \frac{a^2}{z^2}\right)^{-3/2}$$

$$= \frac{\mu_0 I a^2}{2z^3}\sum_{s=0}^{\infty}(-1)^s\frac{(2s+1)!!}{(2s)!!}\left(\frac{a}{z}\right)^{2s}. \tag{15.123}$$

A expansão binomial na segunda linha da Equação (15.123) é convergente para $z > a$.

Agora estamos prontos para reconciliar as Equações (15.121) e (15.123), descobrindo que

$$-2(s+1)(2s+1)c_{2s+1} = \frac{\mu_0 I}{2}(-1)^s\frac{(2s+1)!!}{(2s)!!},$$

o que se reduz a

$$c_{2s+1} = \frac{\mu_0 I}{2}(-1)^{s+1}\frac{(2s-1)!!}{(2s+2)!!}. \tag{15.124}$$

Escrevemos as fórmulas finais para $\mathbf{A}$ e $\mathbf{B}$ em uma forma que reconhece que $c_{2s} = 0$, aplicável para $r > a$:

$$A_\varphi(r,\theta) = \frac{a^2}{r^2}\sum_{s=0}^{\infty}c_{2s+1}\left(\frac{a}{r}\right)^{2s}P_{2s+1}^1(\cos\theta), \tag{15.125}$$

$$B_r(r,\theta) = -\frac{a^2}{r^2}\sum_{s=0}^{\infty}(2s+1)(2s+2)c_{2s+1}\left(\frac{a}{r}\right)^{2s}P_{2s+1}(\cos\theta), \tag{15.126}$$

$$B_\theta(r,\theta) = \frac{a^2}{r^3}\sum_{s=0}^{\infty}(2s+1)c_{2s+1}\left(\frac{a}{r}\right)^{2s}P_{2s+1}^1(\cos\theta). \tag{15.127}$$

Essas fórmulas também podem ser escritas em termos de integrais elípticas completas. Ver Smythe (Leituras Adicionais) e a Seção 18.8 deste livro.

Uma comparação do circuito de corrente magnética e campos dipolares elétricos finitos pode ser interessante. Para o circuito dipolar magnético, a análise precedente dá

$$B_r(r,\theta) = \frac{\mu_0 I a^2}{2r^3}\left[P_1 - \frac{3}{2}\left(\frac{a}{r}\right)^2 P_3 + \cdots\right], \tag{15.128}$$

$$B_\theta(r,\theta) = \frac{\mu_0 I a^2}{4r^3}\left[-P_1^1 + \frac{3}{4}\left(\frac{a}{r}\right)^2 P_3^1 + \cdots\right]. \tag{15.129}$$

A partir do potencial dipolar elétrico finito, Equação (15.65), podemos encontrar

$$E_r(r,\theta) = \frac{qa}{\pi\varepsilon_0 r^3}\left[P_1 + 2\left(\frac{a}{r}\right)^2 P_3 + \cdots\right], \tag{15.130}$$

$$E_\theta(r,\theta) = \frac{qa}{2\pi\varepsilon_0 r^3}\left[-P_1^1 - \left(\frac{a}{r}\right)^2 P_3^1 + \cdots\right]. \tag{15.131}$$

Os termos dominantes dos dois campos concordam, e essa é a base para identificar ambos como campos dipolares.

Assim como acontece com multipolos elétricos, às vezes é conveniente discutir multipolos magnéticos **pontuais**. Um dipolo pontual pode ser formado considerando o limite $a \to 0$, $I \to \infty$, com Ia^2 mantido constante. O **momento magnético** é considerado como sendo $I\pi a^2\mathbf{n}$, em que $\mathbf{n}$ é um vetor unitário perpendicular ao plano do circuito de corrente e no sentido dado pela regra da mão direita.   ■

Exercícios

15.4.1   Aplique o método de Frobenius à Equação (15.72) para obter a Equação (15.73) e verifique que o numerador da equação torna-se zero se $\lambda = l(l + 1)$ e $j = l - m$.

15.4.2   A partir das entradas para P_2^2 e P_2^1 na Tabela 15.3, aplique uma fórmula de recorrência para obter P_2^0 (que é P_2), P_2^{-1} e P_2^{-2}. Compare seus resultados com o valor de P_2 da Tabela 15.1 e com os valores de P_2^{-1} e P_2^{-2} obtidos aplicando a Equação (15.81) às entradas da Tabela 15.3.

15.4.3   Prove que

$$P_l^{-m}(x) = (-1)^m \frac{(l-m)!}{(l+m)!}\, P_l^m(x),$$

em que $P_l^m(x)$ é definido por

$$P_l^m(x) = \frac{(-1)^m}{2^l l!}(1 - x^2)^{m/2}\frac{d^{l+m}}{dx^{l+m}}(x^2 - 1)^l.$$

Dica: Uma abordagem é aplicar a fórmula de Leibniz a $(x + 1)l\,(x - 1)l$.

15.4.4   Mostre que

$$P_{2l}^1(0) = 0,$$

$$P_{2l+1}^1(0) = (-1)^{l+1}\frac{(2l+1)!!}{(2l)!!},$$

por cada um destes três métodos:
(a)   uso das relações de recorrência,
(b)   expansão da função geradora,
(c)   fórmula de Rodrigues.

15.4.5   Avalie $P_l^m(0)$ para $m > 0$.

$$RESPOSTA:\ P_l^m(0) = \begin{cases} (-1)^{(l+m)/2}\dfrac{(l+m-1)!!}{(l-m)!!}, & l+m \text{ par,}\\[2mm] 0, & l+m \text{ ímpar.}\end{cases}$$

15.4.6   A partir do potencial de um dipolo finito, Equação (15.65), verifique as fórmulas para as componentes de campo elétrico dadas como as Equações (15.130) e (15.131).

15.4.7   Mostre que

$$P_l^l(\cos\theta) = (-1)^l(2l - 1)!!\ \mathrm{sen}^l\,\theta, \quad l = 0, 1, 2, \ldots.$$

15.4.8   Derive a relação de recorrência associada de Legendre,

$$P_l^{m+1}(x) + \frac{2mx}{(1 - x^2)^{1/2}}\,P_l^m(x) + \left[l(l + 1) - m(m - 1)\right]P_l^{m-1}(x) = 0.$$

15.4.9   Desenvolva uma relação de recorrência que produzirá $P_l^1(x)$ como

$$P_l^1(x) = f_1(x, l)P_l(x) + f_2(x, l)P_{l-1}(x).$$

Siga qualquer um dos procedimentos (a) ou (b):
(a)   Derive uma relação de recorrência da forma anterior. Dados $f_1(x, l)$ e $f_2(x, l)$ explicitamente.
(b)   Encontre a relação de recorrência apropriada na impressão.
    (1)   Dê a fonte.
    (2)   Verifique a relação de recorrência.

$$RESPOSTA:\ (a)\ P_l^1(x) = \frac{lx}{(1 - x^2)^{1/2}}\,P_l - \frac{l}{(1 - x^2)^{1/2}}\,P_{l-1}.$$

15.4.10   Mostre que $\operatorname{sen}\theta\,\dfrac{d}{d\cos\theta}P_n(\cos\theta)=P_n^1(\cos\theta)$.

15.4.11   Mostre que

(a) $\displaystyle\int_0^\pi\left(\frac{dP_l^m}{d\theta}\frac{dP_{l'}^m}{d\theta}+\frac{m^2P_l^mP_{l'}^m}{\operatorname{sen}^2\theta}\right)\operatorname{sen}\theta\,d\theta=\frac{2l(l+1)}{2l+1}\frac{(l+m)!}{(l-m)!}\,\delta_{ll'},$

(b) $\displaystyle\int_0^\pi\left(\frac{P_l^1}{\operatorname{sen}\theta}\frac{dP_{l'}^1}{d\theta}+\frac{P_{l'}^1}{\operatorname{sen}\theta}\frac{dP_l^1}{d\theta}\right)\operatorname{sen}\theta\,d\theta=0.$

Essas integrais ocorrem na teoria do espalhamento das ondas eletromagnéticas por esferas.

15.4.12   Como uma repetição do Exercício 15.2.9, mostre, usando as funções associadas de Legendre, que

$$\int_{-1}^{1}x(1-x^2)P_n'(x)P_m'(x)\,dx=\frac{n+1}{2n+1}\frac{2}{2n-1}\frac{n!}{(n-2)!}\,\delta_{m,n-1}$$

$$+\frac{n}{2n+1}\frac{2}{2n+3}\frac{(n+2)!}{n!}\,\delta_{m,n+1}.$$

15.4.13   Avalie $\displaystyle\int_0^\pi\operatorname{sen}^2\theta\,P_n^1(\cos\theta)d\theta$.

15.4.14   A função associada de Legendre $P_l^m(x)$ satisfaz a EDO autoadjunta

$$(1-x^2)\frac{d^2P_l^m(x)}{dx^2}-2x\frac{dP_l^m(x)}{dx}+\left[l(l+1)-\frac{m^2}{1-x^2}\right]P_l^m(x)=0.$$

Das equações diferenciais para $P_l^m(x)$ e $P_l^k(x)$ mostre que para $k\neq m$,

$$\int_{-1}^{1}P_l^m(x)P_l^k(x)\frac{dx}{1-x^2}=0.$$

15.4.15   Determine o potencial vetorial e o campo de indução magnética de um quadrupolo magnético diferenciando o potencial dipolar magnético.

$$RESPOSTA:\ \mathbf{A}_{MQ}=-\frac{\mu_0}{2}(Ia^2)(dz)\frac{P_2^1(\cos\theta)}{r^3}\hat{\mathbf{e}}_\varphi+\text{termos de ordem maior},$$

$$\mathbf{B}_{MQ}=\mu_0(Ia^2)(dz)\left[\frac{3P_2(\cos\theta)}{r^4}\hat{\mathbf{e}}_r-\frac{P_2^1(\cos\theta)}{r^4}\hat{\mathbf{e}}_\theta\right]+\cdots.$$

Isso corresponde a colocar um circuito de corrente de raio a em $z\to dz$ e um circuito de corrente direcionado de maneira oposta em $z\to -dz$. O potencial vetorial e campo de indução magnética de um dipolo pontual são dados pelos termos dominantes nas expansões se consideramos o limite $dz\to 0$, $a\to 0$, e $I\to\infty$ sujeitos a $Ia^2\,dz=$ constante.

15.4.16   Um único circuito elétrico circular de raio a transporta uma corrente I constante.
(a) Encontre a indução magnética $\mathbf{B}$ para $r<a$, $\theta=\pi/2$.
(b) Calcule a integral do fluxo magnético ($\mathbf{B}\cdot d\sigma$) ao longo da área do circuito de corrente, isto é,

$$\int_0^a r\,dr\int_0^{2\pi}d\varphi\,B_z\left(r,\theta=\frac{\pi}{2}\right).$$

$$RESPOSTA:\ \infty.$$

A Terra está dentro de uma corrente anelar desse tipo, em que I se aproxima a milhões de ampères que surgem da deriva das partículas carregadas no cinturão de Van Allen.

15.4.17 O potencial vetorial **A** de um dipolo magnético, momento dipolar **m**, é dado por $\mathbf{A(r)} = (\mu_0/4\pi)$ $(\mathbf{m} \times \mathbf{r}/r^3)$. Mostre por cálculo direto que a indução magnética $\mathbf{B} = \nabla \times \mathbf{A}$ é dada por

$$\mathbf{B} = \frac{\mu_0}{4\pi} \frac{3\hat{\mathbf{r}}\left(\hat{\mathbf{r}} \cdot \mathbf{m}\right) - \mathbf{m}}{r^3}.$$

15.4.18 (a) Mostre que no limite do dipolo pontual o campo de indução magnética do circuito de corrente torna-se

$$B_r(r, \theta) = \frac{\mu_0}{2\pi} \frac{m}{r^3} P_1(\cos\theta),$$

$$B_\theta(r, \theta) = -\frac{\mu_0}{2\pi} \frac{m}{r^3} P_1^1(\cos\theta),$$

com $m = I\pi a^2$.

(b) Compare esses resultados com a indução magnética do dipolo magnético pontual do Exercício 15.4.17. Considere $\mathbf{m} = \hat{\mathbf{z}}m$.

15.4.19 Uma concha uniformemente esférica carregada gira com velocidade angular constante.

(a) Calcule a indução magnética **B** ao longo do eixo de rotação fora da esfera.

(b) Usando a série potencial vetorial do Exemplo 15.4.2, encontre **A** e então **B** para todos os pontos fora da esfera.

15.4.20 No modelo de gota líquido do núcleo, um núcleo esférico é submetido a pequenas deformações. Considere uma esfera de raio r_0 que é deformada de tal modo que sua nova superfície é dada por

$$r = r_0\left[1 + \alpha_2 P_2(\cos\theta)\right].$$

Encontre a área da esfera deformada por meio de termos da ordem α_2^2.

Dica:

$$dA = \left[r^2 + \left(\frac{dr}{d\theta}\right)^2\right]^{1/2} r\,\text{sen}\,\theta\,d\theta\,d\varphi.$$

$$RESPOSTA: A = 4\pi r_0^2\left[1 + \frac{4}{5}\alpha_2^2 + \mathcal{O}\left(\alpha_2^3\right)\right].$$

Nota: O elemento de área dA resulta da observação de que os elementos de linha ds para φ fixo é dado por

$$ds = (r^2\,d\theta^2 + dr^2)^{1/2} = \left[r^2 + \left(\frac{dr}{d\theta}\right)^2\right]^{1/2} d\theta.$$

15.5 Harmônicos Esféricos

Nossa discussão anterior sobre métodos de variáveis separadas para resolver as equações de Laplace, de Helmholtz ou de Schrödinger em coordenadas polares esféricas mostrou que as possíveis soluções angulares $\Theta(\theta)\Phi(\varphi)$ são sempre as mesmas em problemas esfericamente simétricos; em particular, descobrimos que as soluções para Φ dependiam do único índice inteiro m, e podem ser escritas na forma

$$\Phi_m(\varphi) = \frac{1}{\sqrt{2\pi}}\,e^{im\varphi}, \quad m = \ldots, -2, -1, 0, 1, 2, \ldots, \tag{15.132}$$

ou, de forma equivalente,

$$\Phi_m(\varphi) = \begin{cases} \dfrac{1}{\sqrt{2\pi}}, & m = 0, \\[2mm] \dfrac{1}{\sqrt{\pi}}\cos m\varphi, & m > 0, \\[2mm] \dfrac{1}{\sqrt{\pi}}\operatorname{sen}|m|\varphi, & m < 0. \end{cases} \tag{15.133}$$

Essas equações contêm os fatores constantes necessários para tornar Φ_m normalizada, e aqueles de m^2 diferente são automaticamente ortogonais porque eles são autofunções de um problema de Sturm-Liouville. É fácil verificar que na Equação (15.132) ou Equação (15.133) nossas escolhas das funções para $+m$ e $-m$ tornam Φ_m e Φ_{-m} ortogonais. Formalmente, nossas definições são tais que

$$\int_0^{2\pi} \left[\Phi_m(\varphi)\right]^* \Phi_{m'}(\varphi)\, d\varphi = \delta_{mm'}. \tag{15.134}$$

Na Seção 15.4, descobrimos que as soluções $\Theta(\theta)$ poderiam ser identificadas como funções associadas de Legendre que podem ser rotuladas pelos dois índices inteiros l e m, com $-l \le m \le l$. A partir da integral de ortonormalidade para essas funções, Equação (15.105), podemos definir as soluções normalizadas

$$\Theta_{lm}(\cos\theta) = \sqrt{\frac{2l+1}{2}\frac{(l-m)!}{(l+m)!}}\; P_l^m(\cos\theta), \tag{15.135}$$

satisfazendo a relação

$$\int_0^{\pi} \left[\Theta_{lm}(\cos\theta)\right]^* \Theta_{l'm}(\cos\theta)\operatorname{sen}\theta\, d\theta = \delta_{ll'}. \tag{15.136}$$

Observamos anteriormente que uma condição de ortonormalidade desse tipo só se aplica se ambas as funções Θ têm o mesmo valor do índice m. O complexo conjugado não é realmente necessário na Equação (15.136) porque as Θ são reais, mas de qualquer maneira nós as escrevemos para manter a notação consistente. Também observe que quando o argumento de P_l^m é $x = \cos\theta$, então $(1-x^2)^{1/2} = \operatorname{sen}\theta$, de modo que os P_l^m são polinômios de grau geral l em $\cos\theta$ e $\operatorname{sen}\theta$.

O produto $\Theta_{lm}\Phi_m$ é chamado **harmônico esférico**, com esse nome geralmente implicando que Φ_m é considerada com a definição como um exponencial complexo (Equação 15.132). Portanto, definimos

$$Y_l^m(\theta,\varphi) \equiv \sqrt{\frac{2l+1}{4\pi}\frac{(l-m)!}{(l+m)!}}\; P_l^m(\cos\theta)e^{im\varphi}. \tag{15.137}$$

Essas funções, sendo as soluções normalizadas de um problema de Sturm-Liouville, são ortonormais ao longo da superfície esférica, com

$$\int_0^{2\pi} d\varphi \int_0^{\pi} \operatorname{sen}\theta\, d\theta \left[Y_{l_1}^{m_1}(\theta,\varphi)\right]^* Y_{l_2}^{m_2}(\theta,\varphi) = \delta_{l_1 l_2}\delta_{m_1 m_2}. \tag{15.138}$$

A definição que introduzimos para as funções associadas de Legendre leva a sinais específicos para a Y_l^m que às vezes são identificadas como fase de Condon-Shortley, em referência aos autores de um texto clássico sobre espectroscopia atômica. Descobriu-se que essa convenção de sinal simplifica vários cálculos, particularmente na teoria quântica do momento angular. Um dos efeitos desse fator de fase é para introduzir uma alternância de sinal com m entre os harmônicos esféricos m positivos. A palavra "harmônico" entra no nome da Y_l^m porque as soluções da equação de Laplace às vezes são chamadas funções harmônicas.

Os quadrados das partes reais dos primeiros poucos harmônicos esféricos estão esboçados na Figura 15.12; suas formas funcionais são dadas na Tabela 15.4.

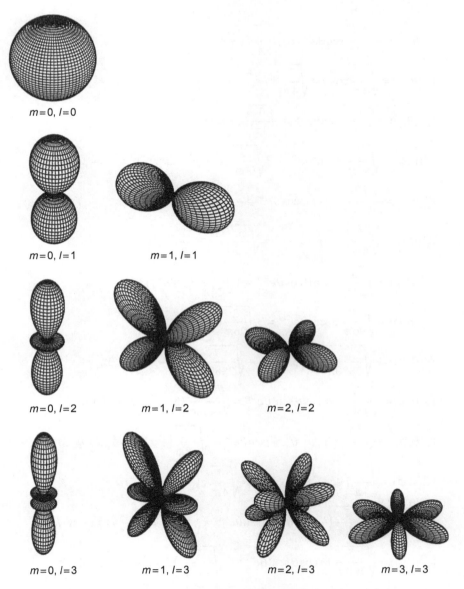

Figura 15.12: Formas da $|\Re e Y_l^m(\theta,\varphi)|^2$ para $0 \le l \le 3$, $m = 0... l$.

Representações Cartesianas

Para alguns propósitos é útil expressar as harmônicos esféricas utilizando coordenadas cartesianas, o que pode ser feito escrevendo $\exp(\pm i\varphi)$ como $\cos\varphi \pm i\,\mathrm{sen}\varphi$ e usando as fórmulas para x, y, z em coordenadas polares esféricas (mantendo, porém, um dependência geral de r, necessária porque as grandezas angulares devem ser independentes de escala). Por exemplo,

$$\cos\theta = z/r, \quad \mathrm{sen}\,\theta\exp(\pm i\varphi) = \mathrm{sen}\,\theta\cos\varphi \pm i\,\mathrm{sen}\,\theta\mathrm{sen}\,\varphi = \frac{x}{r} \pm i\,\frac{y}{r}; \tag{15.139}$$

todas essas grandezas são homogêneas (de grau zero) nas coordenadas.

Tabela 15.4 Harmônicos esféricos (fase de Condon-Shortley)

$$Y_0^0(\theta,\varphi) = \frac{1}{\sqrt{4\pi}}$$

$$Y_1^1(\theta,\varphi) = -\sqrt{\frac{3}{8\pi}}\,\mathrm{sen}\,\theta e^{i\varphi} = -\sqrt{\frac{3}{8\pi}}\,(x+iy)/r$$

$$Y_1^0(\theta,\varphi) = \sqrt{\frac{3}{4\pi}}\cos\theta = \sqrt{\frac{3}{4\pi}}\,z/r$$

$$Y_1^{-1}(\theta,\varphi) = +\sqrt{\frac{3}{8\pi}}\,\mathrm{sen}\,\theta e^{-i\varphi} = \sqrt{\frac{3}{8\pi}}\,(x-iy)/r$$

$$Y_2^2(\theta,\varphi) = \sqrt{\frac{5}{96\pi}}\,3\,\mathrm{sen}^2\theta e^{2i\varphi} = 3\sqrt{\frac{5}{96\pi}}(x^2-y^2+2ixy)/r^2$$

$$Y_2^1(\theta,\varphi) = -\sqrt{\frac{5}{24\pi}}\,3\,\mathrm{sen}\,\theta\cos\theta e^{i\varphi} = -\sqrt{\frac{5}{24\pi}}\,3z(x+iy)/r^2$$

$$Y_2^0(\theta,\varphi) = \sqrt{\frac{5}{4\pi}}\left(\frac{3}{2}\cos^2\theta - \frac{1}{2}\right) = \sqrt{\frac{5}{4\pi}}\left(\frac{3}{2}z^2 - \frac{1}{2}r^2\right)/r^2$$

$$Y_2^{-1}(\theta,\varphi) = \sqrt{\frac{5}{24\pi}}\,3\,\mathrm{sen}\,\theta\cos\theta e^{-i\varphi} = +\sqrt{\frac{5}{24\pi}}\,3z(x-iy)/r^2$$

$$Y_2^{-2}(\theta,\varphi) = \sqrt{\frac{5}{96\pi}}\,3\,\mathrm{sen}^2\theta e^{-2i\varphi} = 3\sqrt{\frac{5}{96\pi}}(x^2-y^2-2ixy)/r^2$$

$$Y_3^3(\theta,\varphi) = -\sqrt{\frac{7}{2880\pi}}\,15\,\mathrm{sen}^3\theta e^{3i\varphi} = -\sqrt{\frac{7}{2880\pi}}\,15[x^3-3xy^2+i(3x^2y-y^3)]/r^3$$

$$Y_3^2(\theta,\varphi) = \sqrt{\frac{7}{480\pi}}\,15\cos\theta\,\mathrm{sen}^2\theta e^{2i\varphi} = \sqrt{\frac{7}{480\pi}}\,15z(x^2-y^2+2ixy)/r^3$$

$$Y_3^1(\theta,\varphi) = -\sqrt{\frac{7}{48\pi}}\left(\tfrac{15}{2}cos^2\theta - \tfrac{3}{2}\right)\mathrm{sen}\,\theta e^{i\varphi} = -\sqrt{\frac{7}{48\pi}}\left(\tfrac{15}{2}z^2 - \tfrac{3}{2}r^2\right)(x+iy)/r^3$$

$$Y_3^0(\theta,\varphi) = \sqrt{\frac{7}{4\pi}}\left(\tfrac{5}{2}\cos^3\theta - \tfrac{3}{2}\cos\theta\right) = \sqrt{\frac{7}{4\pi}}\,z\left(\tfrac{5}{2}z^2 - \tfrac{3}{2}r^2\right)/r^3$$

$$Y_3^{-1}(\theta,\varphi) = +\sqrt{\frac{7}{48\pi}}\left(\tfrac{15}{2}cos^2\theta - \tfrac{3}{2}\right)\mathrm{sen}\,\theta e^{-i\varphi} = \sqrt{\frac{7}{48\pi}}\left(\tfrac{15}{2}z^2 - \tfrac{3}{2}r^2\right)(x-iy)/r^3$$

$$Y_3^{-2}(\theta,\varphi) = \sqrt{\frac{7}{480\pi}}\,15\cos\theta\,\mathrm{sen}^2\theta e^{-2i\varphi} = \sqrt{\frac{7}{480\pi}}\,15z(x^2-y^2-2ixy)/r^3$$

$$Y_3^{-3}(\theta,\varphi) = +\sqrt{\frac{7}{2880\pi}}\,15\,\mathrm{sen}^3\theta e^{-3i\varphi} = \sqrt{\frac{7}{2880\pi}}\,15[x^3-3xy^2-i(3x^2y-y^3)]/r^3$$

Continuando para valores mais altos de l, obtemos frações nas quais os numeradores são produtos homogêneos de x, y, z do grau geral l, divididos por um fator comum rl. A Tabela 15.4 inclui a expressão cartesiana para cada uma das entradas.

Soluções Gerais

Como já vimos na Seção 9.4, a separação de uma equação de Laplace, de Helmholtz ou mesmo de Schrödinger em coordenadas polares esféricas pode ser escrita em termos das equações da forma genérica

$$R'' + \frac{2}{r}R' + \left[f(r) - l(l+1)\right]R = 0, \tag{15.140}$$

$$\left[\frac{1}{\operatorname{sen}\theta}\frac{d}{d\theta}\left(\operatorname{sen}\theta\frac{d}{d\theta}\right)+\frac{1}{\operatorname{sen}^2\theta}\frac{d^2}{d\varphi^2}+l(l+1)\right]Y_l^m(\theta,\varphi)=0.\tag{15.141}$$

A função $f(r)$ na Equação (15.140) é zero para a equação de Laplace, k^2 para a equação de Helmholtz e $E-V(r)$ (V = energia potencial, E = energia total, um autovalor) para a equação de Schrödinger. Combinamos as equações θ e φ na Equação (15.141) e identificamos uma das suas soluções como Y_l^m. O que é importante notar agora é que a equação angular combinada (e suas condições de contorno e, portanto, suas soluções) será a mesma para todos os problemas esfericamente simétricos, e que a solução angular afeta a equação radial somente ao longo da constante de separação $l(l+1)$. Assim, a equação radial terá soluções que dependem de l, mas são independentes do índice m.

Na Seção 9.4 resolvemos a equação radial para as equações de Laplace e de Helmholtz, com os resultados apresentados na Tabela 9.2. Para a equação de Laplace $\nabla^2\psi=0$, a solução geral em coordenadas polares esféricas é uma soma, com coeficientes arbitrários, das soluções para os vários valores possíveis de l e m:

$$\psi(r,\theta,\varphi)=\sum_{l=0}^{\infty}\sum_{m=-l}^{l}\left(a_{lm}r^l+b_{lm}r^{-l-1}\right)Y_l^m(\theta,\varphi);\tag{15.142}$$

para a equação de Helmholtz $(\nabla^2+k^2)\psi=0$, a equação radial tem a forma dada na Equação (14.148), assim a solução general assume a forma

$$\psi(r,\theta,\varphi)=\sum_{l=0}^{\infty}\sum_{m=-l}^{l}\left(a_{lm}j_l(kr)+b_{lm}y_l(kr)\right)Y_l^m(\theta,\varphi).\tag{15.143}$$

Expansão de Laplace

Parte da importância dos harmônicos esféricos reside na propriedade de completude, uma consequência da forma de Sturm-Liouville da equação de Laplace. Aqui essa propriedade significa que qualquer função $f(\theta,\varphi)$ (com propriedades de continuidade suficientes) avaliada ao longo de uma superfície de uma esfera pode ser expandida em uma série dupla uniformemente convergente dos harmônicos esféricos.[4]

Essa expansão, conhecida como **série de Laplace**, assume a forma

$$f(\theta,\varphi)=\sum_{l=0}^{\infty}\sum_{m=-l}^{l}c_{lm}Y_l^m(\theta,\varphi),\tag{15.144}$$

com

$$c_{lm}=\left\langle Y_l^m\,\middle|\,f(\theta,\varphi)\right\rangle=\int_0^{2\pi}d\varphi\int_0^{\pi}\operatorname{sen}\theta\,d\theta\,Y_l^m(\theta,\varphi)^*f(\theta,\varphi).\tag{15.145}$$

A utilização frequente da expansão de Laplace é para especializar a solução geral da equação de Laplace a fim de satisfazer as condições de contorno em uma superfície esférica. Essa situação é ilustrada no exemplo a seguir.

Exemplo 15.5.1 Expansão Harmônica Esférica

Considere o problema de determinar o potencial eletrostático dentro de uma região esférica livre de carga de raio r_0, com o potencial na superfície esférica limitadora especificado como uma função arbitrária $V(r_0,\theta,\varphi)$ das coordenadas angulares θ e φ. O potencial $V(r,\theta,\varphi)$ é a solução da equação de Laplace que satisfaz a condição de contorno em $r=r_0$ e regular para todo $r\le r_0$. Isso significa que ela deve ser da forma da equação (15.142), com os coeficientes b_{lm} definidos como zero para garantir uma solução que é não singular em $r=0$.

Procedemos obtendo a expansão harmônica esférica de $V(r_0,\theta,\varphi)$, ou seja, Equação (15.144), com coeficientes

$$c_{lm}=\left\langle Y_l^m(\theta,\varphi)\,\middle|\,V(r_0,\theta,\varphi)\right\rangle.$$

---

[4]Para uma prova desse teorema fundamental, ver E. W. Hobson (Leituras Adicionais), capítulo VII.

Então, comparando a Equação (15.142), avaliada por $r = r_0$,

$$V(r_0, \theta, \varphi) = \sum_{l=0}^{\infty} \sum_{m=-l}^{l} a_{lm} r_0^l Y_l^m(\theta, \varphi),$$

com a expressão da Equação (15.144),

$$V(r_0, \theta, \varphi) = \sum_{l=0}^{\infty} \sum_{m=-l}^{l} c_{lm} Y_l^m(\theta, \varphi),$$

vemos que $a_{lm} = c_{lm} / r_0^l$, assim

$$V(r, \theta, \varphi) = \sum_{l=0}^{\infty} \sum_{m=-l}^{l} c_{lm} \left(\frac{r}{r_0}\right)^l Y_l^m(\theta, \varphi).$$

Exemplo 15.5.2   SÉRIE DE LAPLACE — CAMPOS GRAVITACIONAIS

Esse exemplo ilustra a noção de que às vezes é apropriado substituir os harmônicos esféricos por seus correspondentes reais (em termos de funções de seno e cosseno). Os campos gravitacionais da Terra, Lua e Marte foram descritos por uma série de Laplace da forma

$$U(r, \theta, \varphi) = \frac{GM}{R}\left[\frac{R}{r} - \sum_{l=2}^{\infty} \sum_{m=0}^{l} \left(\frac{R}{r}\right)^{l+1} \left[C_{lm} Y_{ml}^e(\theta, \varphi) + S_{lm} Y_{ml}^o(\theta, \varphi)\right]\right]. \tag{15.146}$$

Aqui M é a massa do corpo, R é o raio equatorial e G é a constante gravitacional. As funções reais Y_{ml}^e e Y_{ml}^o são definidas por Morse e Feshbach (ver Leituras Adicionais) como as formas não normalizadas

$$Y_{ml}^e(\theta, \varphi) = P_l^m(\cos\theta)\cos m\varphi, \quad Y_{ml}^o(\theta, \varphi) = P_l^m(\cos\theta)\operatorname{sen} m\varphi.$$

Tabela 15.5 Coeficientes do campo gravitacional, Equação (15.145).

Coeficientes[a]	Terra	Lua	Marte
C_{20}	$1,083 \times 10^{-3}$	$(0,200 \pm 0,002) \times 10^{-3}$	$(1,96 \pm 0,01) \times 10^{-3}$
C_{22}	$0,16 \times 10^{-5}$	$(2,4 \pm 0,5) \times 10^{-5}$	$(-5 \pm 1) \times 10^{-5}$
S_{22}	$-0,09 \times 10^{-5}$	$(0,5 \pm 0,6) \times 10^{-5}$	$(3 \pm 1) \times 10^{-5}$

a C_{20} representa uma protuberância equatorial, enquanto C_{22} e S_{22} representam uma dependência azimutal do campo gravitacional.

Note que Morse e Feshbach colocam o índice m antes de l. As integrais de normalização para Ye e Yo são o tema do Exercício 15.5.6.

Medições por satélite levaram aos valores numéricos para C_{20}, C_{22}, e S_{22} mostrados na Tabela 15.5.

Simetria das Soluções

As soluções angulares de dado l, mas diferente m, estão intimamente relacionadas pelo fato de que elas levam à mesma solução para a equação radial. Exceto quando $l = 0$, as soluções individuais Y_l^m não são esfericamente simétricas, e devemos reconhecer que um problema esfericamente simétrico pode ter soluções com menos do que simetria esférica completa. Um exemplo clássico desse fenômeno é fornecido pelo sistema Terra-Sol, que tem um potencial gravitacional esfericamente simétrico. No entanto, a órbita real da Terra é planar. Esse dilema aparente é resolvido observando que existe uma solução para qualquer orientação do plano orbital da Terra; aquele que realmente ocorre foi determinado por "condições iniciais".

Voltando agora à equação de Laplace, vemos que uma solução radial para o dado l, isto é, rl ou r^{-l-1}, está associada a soluções angulares diferentes $2l + 1$ Y_l^m ($-l \leq m \leq l$), nenhuma das quais (para $l \neq 0$) tem simetria esférica. A solução mais geral para esse l deve ser uma combinação linear dessas funções mutuamente ortogonais $2l + 1$. Dito de outra forma, o espaço de solução da solução angular da equação de Laplace para dado l é um espaço de Hilbert contendo os membro $2l + 1$ $Y_l^{-l}(\theta, \varphi), ..., Y_l^l(\theta, \varphi)$. Agora, se escrevermos a equação de Laplace em um sistema de coordenadas (θ', φ') orientado de forma diferente do que as coordenadas originais, ainda precisamos ter o mesmo conjunto de soluções angular, o que significa que $Y_l^m(\theta', \varphi')$ deve ser uma combinação linear da Y_l^m original. Assim, podemos escrever

$$Y_l^m(\theta', \varphi') = \sum_{m'=-l}^{l} D_{m'm}^l Y_l^{m'}(\theta, \varphi), \qquad (15.147)$$

em que os coeficientes D dependem da rotação coordenada envolvida. Note que uma rotação coordenada não pode mudar a dependência de r da nossa solução para a equação de Laplace, assim a Equação (15.147) não precisa incluir uma soma ao longo de todos os valores de l. Como um exemplo específico, vemos (Figura 15.12) que para $l = 1$ temos três soluções que parecem semelhantes, mas com diferentes orientações. Alternativamente, da Tabela 15.4, vemos que as soluções angulares Y_1^m têm formas proporcionais a z/r, $(x + iy)/r$, e $(x - iy)/r$, o que significa que elas podem ser unidas para formar combinações arbitrárias de x/r, y/r e z/r. Como uma rotação dos eixos coordenados converte x, y e z em combinações lineares entre si, podemos entender por que o conjunto das três funções Y_l^m ($m = 0$, 1, –1) é fechado sob rotações coordenadas.

Para $l = 2$, existem cinco possíveis valores m, assim as funções angulares desse valor l formam um espaço fechado que contém cinco membros independentes. Uma discussão mais completa desses espaços abrangidos por funções angulares é parte do que será considerado no Capítulo 16.

Aplicando a análise anterior a soluções da equação de Schrödinger, os autovalores que são determinados resolvendo a EDO radial para vários valores da constante de separação $l(l + 1)$, vemos que todas as soluções para o mesmo l, mas diferentes m terão os mesmos autovalores E e funções radiais, mas irão diferir quanto à orientação das suas partes angulares. Membros da mesma energia são chamados **degenerados**, e a independência de E em relação a m causará uma degenerescência $(2l + 1)$ vezes os autoestados do dado l.

Exemplo 15.5.3 SOLUÇÕES PARA $L = 1$ EM ORIENTAÇÃO ARBITRÁRIA

Vamos fazer esse problema em coordenadas cartesianas. A solução angular Y_1^0 para a equação de Laplace é mostrada na Tabela 15.4 como sendo proporcional a z/r, que para nosso propósito atual escrevemos $(\mathbf{r} \cdot \hat{\mathbf{e}}_z)/r$, em que $\hat{\mathbf{e}}_z$ é um vetor unitário na direção z. Buscamos uma solução semelhante, com $\hat{\mathbf{e}}_z$ substituído por um vetor unitário arbitrário $\hat{\mathbf{e}}_u = \cos\alpha\,\hat{\mathbf{e}}_x + \cos\beta\,\hat{\mathbf{e}}_y + \cos\gamma\,\hat{\mathbf{e}}_z$, em que $\cos\alpha$, $\cos\beta$, e $\cos\gamma$ são os cossenos diretores de $\hat{\mathbf{e}}_u$. Obtemos imediatamente

$$\frac{(\mathbf{r} \cdot \hat{\mathbf{e}}_u)}{r} = \frac{x}{r} \cos\alpha + \frac{y}{r} \cos\beta + \frac{z}{r} \cos\gamma.$$

Consultando as expressões das coordenadas cartesianas para os harmônicos esféricos na Tabela 15.4, vemos que essa expressão pode ser escrita

$$\frac{(\mathbf{r} \cdot \hat{\mathbf{u}})}{r} = \sqrt{\frac{8\pi}{3}} \left(\frac{Y_1^{-1} - Y_1^1}{2} \right) \cos\alpha + \sqrt{\frac{8\pi}{3}} \left(\frac{-Y_1^{-1} - Y_1^1}{2i} \right) \cos\beta + \sqrt{\frac{4\pi}{3}} Y_1^0 \cos\gamma.$$

Isso mostra que todas as três Y_1^m são necessários para reproduzir Y_1^0 em uma orientação arbitrária. Manipulações similares podem ser executadas para outros valores l e m. ∎

Outras Propriedades

As principais propriedades dos harmônicos esféricos resultam diretamente daquelas das funções Θ_{lm} e Φ_m. Resumimos:

Valores especiais. Em $\theta = 0$, a direção polar nas coordenadas esféricas, o valor de φ torna-se irrelevante, e todas as Y_l^m que têm dependênciaφ devem desaparecer. Usando também o fato de que $P_l(1) = 1$, encontramos em geral

$$Y_l^m(0, \varphi) = \sqrt{\frac{2l + 1}{4\pi}} \delta_{m0}. \qquad (15.148)$$

Um argumento semelhante para $\theta = \pi$ leva a

$$Y_l^m(\pi, \varphi) = (-1)^l \sqrt{\frac{2l + 1}{4\pi}} \delta_{m0}. \qquad (15.149)$$

Fórmulas de recorrência. Usando as fórmulas de recorrência desenvolvidas para as funções associadas de Legendre, obtemos para os harmônicos esféricos com argumentos (θ, φ):

$$\cos\theta \; Y_l^m = \left[\frac{(l-m+1)(l+m+1)}{(2l+1)(2l+3)}\right]^{1/2} Y_{l+1}^m$$

$$+ \left[\frac{(l-m)(l+m)}{(2l-1)(2l+1)}\right]^{1/2} Y_{l-1}^m, \tag{15.150}$$

$$e^{\pm i\varphi} \operatorname{sen}\theta \; Y_l^m = \mp \left[\frac{(l\pm m+1)(l\pm m+2)}{(2l+1)(2l+3)}\right]^{1/2} Y_{l+1}^{m\pm 1}$$

$$\pm \left[\frac{(l\mp m)(l\mp m-1)}{(2l-1)(2l+1)}\right]^{1/2} Y_{l-1}^{m\pm 1}. \tag{15.151}$$

Algumas integrais. Essas relações de recorrência permitem a avaliação imediata de algumas integrais de importância prática. Nosso ponto de partida é a condição de ortonormalização, Equação (15.138). Por exemplo, os elementos matriciais que descrevem o modo dominante (dipolo elétrico) da interação de um campo eletromagnético com um sistema carregada em um estado harmônico esférico são proporcionais a

$$\int \left[Y_{l'}^{m'}\right]^* \cos\theta \; Y_l^m \, d\Omega.$$

Usando a Equação (15.150) e invocando a ortonormalidade da Y_l^m, encontramos

$$\int \left[Y_{l'}^{m'}\right]^* \cos\theta \; Y_l^m \, d\Omega = \left[\frac{(l-m+1)(l+m+1)}{(2l+1)(2l+3)}\right]^{1/2} \delta_{m'm} \, \delta_{l',l+1}$$

$$+ \left[\frac{(l-m)(l+m)}{(2l-1)(2l+1)}\right]^{1/2} \delta_{m'm} \, \delta_{l',l-1}. \tag{15.152}$$

A Equação (15.152) fornece uma base para a regra de seleção bem conhecida para a radiação dipolar.

Fórmulas adicionais envolvendo produtos dos três harmônicos esféricos e o comportamento detalhado dessas grandezas sob rotações coordenadas são mais adequadamente discutidas em conexão com um estudo do momento angular e, portanto, são diferidas para o Capítulo 16.

Exercícios

15.5.1   Mostre que a paridade de $Y_l^m (\theta, \varphi)$ é $(-1)^l$. Note o desaparecimento de qualquer dependência m.
      Dica: Para a operação de paridade em coordenadas polares esféricas, ver Exercício 3.10.25.

15.5.2   Prove que $Y_l^m (0, \varphi) = \left(\dfrac{2l+1}{4\pi}\right)^{1/2} \delta_{m0}$.

15.5.3   Na teoria da excitação de núcleos de Coulomb, encontramos $Y_l^m (\pi/2, 0)$. Mostre que

$$Y_l^m\left(\frac{\pi}{2}, 0\right) = \left(\frac{2l+1}{4\pi}\right)^{1/2} \frac{[(l-m)! \, (l+m)!]^{1/2}}{(l-m)!! \, (l+m)!!} (-1)^{(l-m)/2}, \quad l+m \text{ par},$$

$$= 0, \quad l+m \text{ ímpar}.$$

15.5.4   As funções ortogonais azimutais produzem uma representação útil da função delta de Dirac. Mostre que

$$\delta(\varphi_1 - \varphi_2) = \frac{1}{2\pi} \sum_{m=-\infty}^{\infty} e^{im(\varphi_1 - \varphi_2)}.$$

Nota: Essa fórmula supõe que φ_1 e φ_2 estão restritos a $0 \le \varphi < 2\pi$. Sem essa restrição haverá contribuições adicionais da função delta em intervalos de 2π em $\varphi_1 - \varphi_2$.

15.5.5 Derive a relação de fechamento harmônica esférica

$$\sum_{l=0}^{\infty} \sum_{m=-l}^{+l} \left[Y_l^m(\theta_1, \varphi_1) \right]^* Y_l^m(\theta_2, \varphi_2) = \frac{1}{\operatorname{sen}\theta_1} \delta(\theta_1 - \theta_2)\, \delta(\varphi_1 - \varphi_2)$$

$$= \delta(\cos\theta_1 - \cos\theta_2)\, \delta(\varphi_1 - \varphi_2).$$

15.5.6 Em algumas circunstâncias, é desejável substituir o exponencial imaginário da nossa harmônica esférica por seno ou cosseno. Morse e Feshbach (ver Leituras Adicionais) definem

$$Y_{ml}^e = P_l^m(\cos\theta)\cos m\varphi, \quad m \geq 0,$$

$$Y_{ml}^o = P_l^m(\cos\theta)\operatorname{sen} m\varphi, \quad m > 0,$$

e suas integrais de normalização são

$$\int_0^{2\pi} \int_0^{\pi} [Y_{mn}^{e\,\mathrm{or}\,o}(\theta,\varphi)]^2 \operatorname{sen}\theta\, d\theta\, d\varphi = \frac{4\pi}{2(2n+1)} \frac{(n+m)!}{(n-m)!}, \quad n = 1, 2, \ldots$$

$$= 4\pi, \quad n = 0.$$

Esses harmônicos esféricos são frequentemente denominados de acordo com os padrões das suas regiões positiva e negativa sobre a superfície de uma esfera: harmônicos zonais para $m = 0$, harmônicos setoriais para $m = n$, e harmônicos tesserais para $0 < m < n$. Para Y_{mn}^e, $n = 4$, $m = 0, 2, 4$, indique em um diagrama de um hemisfério (um diagrama para cada harmônico esférico) as regiões em que o harmônico esférico é positivo.

15.5.7 A função $f(r, \theta, \varphi)$ pode ser expressa como uma série de Laplace

$$f(r, \theta, \varphi) = \sum_{l,m} a_{lm} r^l Y_l^m(\theta, \varphi).$$

Deixando $\langle \ldots \rangle_{\text{esfera}}$ denotar a média ao longo de uma esfera centrada na origem, mostre que

$$\left\langle f(r, \theta, \varphi) \right\rangle_{\text{esfera}} = f(0, 0, 0).$$

15.6 Funções de Legendre da Segunda Espécie

A equação de Legendre, uma EDO linear de segunda ordem, tem duas soluções independentes. Escrevendo essa equação na forma

$$y'' - \frac{2x}{1-x^2} y' - \frac{l(l+1)}{1-x^2} y = 0, \tag{15.153}$$

e restringindo consideração ao inteiro $l \geq 0$, nosso objetivo é encontrar uma segunda solução que é linearmente independente dos polinômios de Legendre $P_l(x)$. Utilizando o procedimento da Seção 7.6, e denotando a segunda solução $Q_l(x)$, temos

$$Q_l(x) = P_l(x) \int^x \frac{\exp\left[\int^x 2x/(1-x^2)\, dx\right]}{[P_l(x)]^2}\, dx$$

$$= P_l(x) \int^x \frac{dx}{(1-x^2)[P_l(x)]^2}\, dx. \tag{15.154}$$

Como qualquer combinação linear de P_l e o lado direito da Equação (15.154) é igualmente válida como uma segunda solução da EDO de Legendre, notamos que Equação (15.154) define tanto a escala quanto a forma funcional específica de Q_l.

Usando a Equação (15.154), podemos obter fórmulas explícitas para Q_l. Encontramos (lembrando que $P_0 = 1$ e expandindo o denominador em frações parciais):

$$Q_0(x) = \int^x \frac{1}{1-x^2}\,dx = \frac{1}{2}\int \left[\frac{1}{1+x} + \frac{1}{1-x}\right]dx = \frac{1}{2}\ln\left(\frac{1+x}{1-x}\right). \tag{15.155}$$

Continuando a Q_1, a expansão em frações parciais é um pouco mais complexa, mas leva a um resultado simples. Observando que $P_1(x) = x$, temos

$$Q_1(z) = x\int^x \frac{dx}{(1-x^2)x^2}\,dx = \frac{x}{2}\ln\left(\frac{1+x}{1-x}\right) - 1. \tag{15.156}$$

Com significativamente mais trabalho, podemos obter Q_2:

$$Q_2(x) = \frac{1}{2}P_2(x)\ln\left(\frac{1+x}{1-x}\right) - \frac{3x}{2}. \tag{15.157}$$

Esse processo pode em princípio ser repetido para l grande, mas é mais fácil e mais instrutivo verificar que as formas de Q_0, Q_1 e Q_2 são consistentes com as relações de recorrência da função de Legendre,[5] e então para obter Q_l de l maior por recorrência. As fórmulas de recorrência, inicialmente escritas para P_l na Equação (15.18), são

$$(l+1)Q_{l+1}(x) - (2l+1)xQ_l(x) + lQ_{l-1}(x) = 0, \tag{15.158}$$

$$(2l+1)Q_l(x) = Q'_{l+1}(x) - Q'_{n-1}(x). \tag{15.159}$$

A verificação de que Q_0, Q_1 e Q_2 satisfazem essas fórmulas de recorrência é simples e é deixada como um exercício. Extensão para l mais alto leva à fórmula

$$Q_l(x) = \frac{1}{2}P_l(x)\ln\left(\frac{1+x}{1-x}\right) - \frac{2l-1}{1\cdot l}P_{l-1}(x) - \frac{2l-5}{3(l-1)}P_{l-3}(x) - \cdots. \tag{15.160}$$

Muitas aplicações utilizando as funções $Q_l(x)$ envolvem valores de x fora do intervalo $-1 < x < 1$. Se a Equação (15.160) for estendida, digamos, para além de $+1$, então $1 - x$ se tornará negativo e fará uma contribuição $\pm i\pi$ para o logaritmo, fazendo assim uma contribuição $\pm i\pi P_l$ para Q_l. Nossa solução ainda continuará sendo uma solução se essa contribuição for removida e, portanto, é conveniente definir a segunda solução para x fora do intervalo $(-1, +1)$ com

$$\ln\left(\frac{1+x}{1-x}\right) \quad \text{substituído por} \quad \ln\left(\frac{x+1}{x-1}\right).$$

De uma perspectiva de variáveis complexas, o termo logarítmico nas soluções Q_l está relacionado com a singularidade na EDO em $z = \pm 1$, refletindo o fato de que para tornar as soluções de valor único será necessário criar um corte de ramificação, tradicionalmente feito no eixo real de -1 a $+1$. Então a Q_l com o logaritmo $(1+x)/(1-x)$ são recuperadas em $-1 < x < 1$ se tirarmos a média dos resultados da forma $(z+1)/(z-1)$ nos dois lados do corte de ramificação.

O comportamento da Q_l é ilustrado por plotagens para $x < 1$ na Figura 15.13 e para $x > 1$ na Figura 15.14. Observe que não existe nenhuma singularidade em $x = 0$, mas todas as Q_l exibem uma singularidade logarítmica em $x = 1$.

Propriedades

1. Um exame das fórmulas para $Q_l(x)$ revela que se l é par, então $Q_l(x)$ é uma função ímpar de x, enquanto $Q_l(x)$ de l ímpar são funções pares de x. Mais sucintamente, $Q_l(-x) = (-1)^{l+1}Q_l(x)$.
2. A presença do termo logarítmico provoca $Q_l(1) = \infty$ para todo l.

---

[5]Na Seção 15.1 mostramos que qualquer conjunto de funções que satisfaz as relações de recorrência reproduzidas aqui também satisfaz a EDO de Legendre.

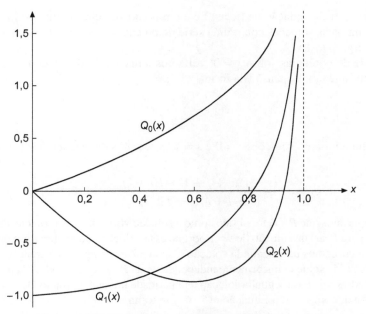

Figura 15.13: Funções de Legendre $Q_l(x)$, $0 \leq x < 1$.

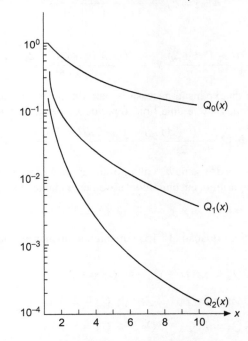

Figura 15.14: Funções de Legendre $Q_l(x)$, $x > 1$.

3. Como $x = 0$ é um ponto regular da EDO de Legendre, $Q_l(0)$ deve ser finita para todo l. A simetria da Q_l faz $Q_l(0)$ desaparecer, para l par; mostramos na próxima subseção que para l ímpar,

$$Q_{2s+1}(0) = (-1)^{s+1} \frac{(2s)!!}{(2s+1)!!}. \tag{15.161}$$

4. A partir do resultado do Exercício 15.6.3, podemos mostrar que $Q_l(\infty) = 0$.

Formulações Alternativas

Como os pontos singulares da EDO de Legendre mais próximos da origem estão nos pontos 1, deve ser possível descrever $Q_l(x)$ como uma série de potências sobre a origem, com convergência para $|x| < 1$. Além disso, como o único outro ponto singular da equação de Legendre é um ponto singular regular no infinito, deve também ser possível exprimir uma das suas soluções como uma série de potências em $1/x$, isto é, uma série sobre o ponto no infinito, que deve convergir para $|x| > 1$.

Para obter uma série de potências sobre $x = 0$, voltamos à discussão da EDO de Legendre apresentada na Seção 8.3, em que vimos que uma expansão da forma

$$y(x) = \sum_{j=0}^{\infty} a_j x^{s+j} \tag{15.162}$$

levou a uma equação indicial com soluções $s = 0$ e $s = 1$, e com a_j satisfazendo a fórmula de recorrência, para autovalores $l(l + 1)$,

$$a_{j+2} = a_j \frac{(s + j)(s + j + 1) - l(l + 1)}{(s + j + 2)(s + j + 1)}, \quad j = 0, 2, \ldots. \tag{15.163}$$

Quando l é par, descobrimos que $P_l(x)$ foi obtido como a solução $y(x)$ a partir da solução da equação indicial $s = 0$, e nós não fizemos uso (para l par) da solução de $s = 1$ porque essa solução não era um polinômio e não convergia em $x = 1$. No entanto, agora buscamos uma segunda solução e não mais restringimos a atenção àquelas que convergem em $x = 1$. Assim, uma segunda solução linearmente independente de P_l deve ser produzida (mais uma vez, para l par) como a série obtida quando $s = 1$. Essa segunda solução terá paridade ímpar e, portanto, deve ser proporcional a $Q_l(x)$.

Continuando, para l par, com $s = 1$, a Equação (15.163) se torna

$$a_{j+2} = a_j \frac{(l + j + 2)(l - j - 1)}{(j + 2)(j + 3)},$$

correspondendo a

$$Q_l(x) = b_l \left[x - \frac{(l - 1)(l + 2)}{3!} x^3 + \frac{(l - 3)(l - 1)(l + 2)(l + 4)}{5!} x^5 - \cdots \right]. \tag{15.164}$$

Aqui b_l é o valor do coeficiente da expansão necessária para dar à fórmula para Q_l a escala apropriada. Por l ímpar, a fórmula correspondente, com $s = 0$, é uma função par de x e deve, portanto, ser proporcional a Q_l:

$$Q_l(x) = b_l \left[1 - \frac{l(l + 1)}{2!} x^2 + \frac{(l - 2)l(l + 1)(l + 3)}{4!} x^4 \cdots \right]. \tag{15.165}$$

Para encontrar os valores dos fatores de escala b_l, voltamo-nos agora às formas explícitas para Q_0 e Q_1, Equações (15.155) e (15.156). Expandindo o logaritmo, encontramos (novamente mantendo apenas os termos de ordem inferior)

$$Q_0(x) = x + \cdots, \quad Q_1(x) = -1 + \cdots.$$

A partir da fórmula de recorrência, Equação (15.158), mantendo apenas as contribuições de ordem mais baixa, encontramos

$$2Q_2 = 3xQ_1 - Q_0 \longrightarrow Q_2 = -2x + \cdots$$

$$3Q_3 = 5xQ_2 - 2Q_1 \longrightarrow Q_3 = 2/3 + \cdots$$

$$4Q_4 = 7xQ_3 - 3Q_2 \longrightarrow Q_4 = 8x/3 + \cdots$$

$$\cdots = \cdots.$$

Esses resultados se generalizam para

$$b_l = \begin{cases} (-1)^p \dfrac{(2p)!!}{(2p - 1)!!} & l \text{ par}, \quad l = 2p, \\[2ex] (-1)^{p+1} \dfrac{(2p)!!}{(2p + 1)!!} & l \text{ impar}, \quad l = 2p + 1. \end{cases} \tag{15.166}$$

Podemos agora combinar os valores dos coeficientes b_l com as expansões nas Equações (15.164) e (15.165) para obter expansões de série inteiramente explícitas de $Q_l(x)$ sobre $x = 0$. Esse é o tema do Exercício 15.6.2.

Como mencionado anteriormente, o ponto $x = \infty$ é um ponto singular regular, e a expansão sobre esse ponto produz uma expansão de $Q_l(x)$ em potências inversas de x. Essa expansão é considerada no Exercício 15.6.3.

Exercícios

15.6.1 Mostre que se l é par, $Q_l(-x) = -Q_l(x)$, e que se l é ímpar, $Q_l(-x) = Q_l(x)$.

15.6.2 Mostre que

(a) $$Q_{2p}(x) = (-1)^p 2^{2p} \sum_{s=0}^{p} (-1)^s \frac{(p+s)!(p-s)!}{(2s+1)!(2p-2s)!} x^{2s+1}$$

$$+ 2^{2p} \sum_{s=p+1}^{\infty} \frac{(p+s)!(2s-2p)!}{(2s+1)!(s-p)!} x^{2s+1}, \quad |x| < 1,$$

(b) $$Q_{2p+1}(x) = (-1)^{p+1} 2^{2p} \sum_{s=0}^{p} (-1)^s \frac{(p+s)!(p-s)!}{(2s)!(2p-2s+1)!} x^{2s}$$

$$+ 2^{2p+1} \sum_{s=p+1}^{\infty} \frac{(p+s)!(2s-2p-2)!}{(2s)!(s-p-1)!} x^{2s}, \quad |x| < 1.$$

15.6.3 (a) Começando com a forma pressuposta

$$Q_l(x) = \sum_{j=0}^{\infty} b_{lj} x^{k-j},$$

mostre que o

$$Q_l(x) = b_{l0} x^{-l-1} \sum_{s=0}^{\infty} \frac{(l+s)!\,(l+2s)!\,(2l+1)!}{s!\,(l!)^2\,(2l+2s+1)!} x^{-2s}.$$

(b) A escolha padrão de b_{l0} é

$$b_{l0} = \frac{2^l (l!)^2}{(2l+1)!},$$

levando ao resultado final

$$Q_l(x) = x^{-l-1} \sum_{s=0}^{\infty} \frac{(l+2s)!}{(2s)!!\,(2l+2s+1)!!} x^{-2s}.$$

Mostre que essa escolha de b_{l0} leva essa forma de série de potências negativas de $Q_n(x)$ à concordância com as soluções de forma fechada.

15.6.4 (a) Usando as relações de recorrência, prove (independente da relação wronskiana) que

$$n\Big[P_n(x)Q_{n-1}(x) - P_{n-1}(x)Q_n(x) \Big] = P_1(x)Q_0(x) - P_0(x)Q_1(x).$$

(b) Por substituição direta, mostre que o lado direito dessa equação é igual a 1.

Leituras Adicionais

Abramowitz, M., e I. A. Stegun, eds., *Handbook of Mathematical Functions with Formulas, Graphs, and Mathematical Tables* (AMS-55). Washington, DC: National Bureau of Standards (1972). Nova tiragem, Dover (1974).

Hobson, E. W., *The Theory of Spherical and Ellipsoidal Harmonics*. Nova York: Chelsea (1955). Essa é uma referência muito completa, que é o texto clássico sobre polinômios de Legendre e sobre todas as funções relacionadas.

Jackson, J. D., *Classical Electrodynamics* (3ª ed.). Nova York: Wiley (1999).

Margenau, H. e Murphy, G. M., *The Mathematics of Physics and Chemistry* (2ª ed.). Princeton, NJ: Van Nostrand (1956).

Morse, P. M. e Feshbach, H. *Methods of Theoretical Physics* (2 vols). Nova York: McGraw-Hill (1953). Este trabalho é detalhado, mas em um nível mais avançado.

Smythe, W. R., *Static and Dynamic Electricity* (3ª ed). Nova York: McGraw-Hill (1968), Nova tiragem, Taylor & Francis (1989). Avançado, detalhado e difícil. Inclui o uso de integrais elípticas para obter fórmulas fechadas.

Whittaker, E. T. e Watson, G. N., *A Course of Modern Analysis* (4ª ed). Cambridge, UK: Cambridge University Press (1962).

16

Momento Angular

O tratamento tradicional na mecânica quântica dos problemas de força central começa das soluções para a equação independente do tempo de Schrödinger, que, para uma única partícula de massa m em movimento sujeita a um potencial $V(r)$, é um problema de autovalor da forma geral

$$-\frac{\hbar^2}{2m}\nabla^2\psi(\mathbf{r}) + V(r)\psi(\mathbf{r}) = E\psi(\mathbf{r}). \tag{16.1}$$

Aqui, é a constante de Planck dividida por 2π, em unidades SI aproximadamente $1,05 \times 10^{-34}$ Js (joulesegundos); o valor muito pequeno dessa constante faz o comportamento quântico ser perceptível na maioria das circunstâncias somente em pequenas distâncias e para partículas de massa pequena; os intervalos relevantes são tipicamente em escalas atômicas de massa e comprimento.

A interpretação básica da equação de Schrödinger é que se a energia E da partícula é medida, o resultado será um dos autovalores da Equação (16.1), e (após a medição) a localização da partícula será descrita por uma distribuição de probabilidade

$$P(\mathbf{r})d^3r = |\psi(\mathbf{r})|^2 d^3r,$$

em que $\psi(\mathbf{r})$ é uma autofunção correspondendo a E. Como vimos nos Capítulos 9 e 15, ψ em geral terá dependência angular bem como radial, e sua parte angular pode ser escrita em termos dos harmônicos esféricos $Y_l^m(\theta, \varphi)$.

Uma interpretação mais detalhada da Equação (16.1) é para identificá-la como uma equação de operador em que o momento $\mathbf{p}$ é identificado com o operador $-i\hbar\nabla$, enquanto as funções da posição, como a energia potencial $V(r)$, são identificadas como operadores multiplicativos. Visualizado dessa maneira, o operador $-(\hbar^2/2m)\nabla^2$ é visto como representando $p^2/2m$ (isto e, a energia cinética T), e a Equação (16.1) então transforma-se no equivalente a

$$H\psi \equiv (T + V)\psi = E\psi, \tag{16.2}$$

em que H, o hamiltoniano, é um operador cujos autovalores são os possíveis valores da energia total.

O hamiltoniano H é um operador especial na mecânica quântica, porque suas autofunções produzem distribuições de probabilidade estacionária (elas não evoluem para diferentes distribuições ao longo do tempo). Porém, H é como qualquer outro operador quântico K representando uma quantidade dinâmica (com autovalores k que podem ser o resultado da medição de K). Se ψ é simultaneamente uma autofunção de H e K, então podemos ter valores definidos tanto de E quanto de k que evoluirão como uma função do tempo, e a medição dos dois não perturbará o valor definitivo do outro. Esse estado de coisas só pode ser alcançado se H e K comutarem, porque (ver Seção 6.4) $[H, K] = 0$ é uma condição necessária e suficiente para que H e K tenham um conjunto de autofunções simultâneas.

Em capítulos anteriores, examinamos comutadores como $[x, p_x] = i$ (aqui e exceto quando indicado, usamos um sistema de unidades com $\hbar$ definido como unidade para evitar complexidade notacional desnecessária). O comutador diferente de zero de x e p_x informa que não podemos obter simultaneamente medição inequívoca de ambas essas quantidades (isto é, temos um conjunto completo dos estados que são simultaneamente autofunções de x e p_x). Essa é a base matemática do princípio da incerteza de Heisenberg na mecânica quântica.

A noção de autofunções simultâneas e, portanto, a comutação desempenha um papel chave no estudo do momento angular na mecânica quântica. O momento angular é conservado no problema clássico de força central, e um dos pontos focais deste capítulo é entender as propriedades dos operadores de momento angular na mecânica quântica.

16.1 Operadores de Momento Angular

Na física clássica, a energia cinética de uma partícula de massa μ pode ser escrita em termos de seu momento $\mathbf{p}$ como $T_{class} = \mathbf{p}^2/2\mu$. Observe que usamos μ para a massa de partículas a fim de evitar confusão com a notação usual das funções de onda azimutal φ_m. A maior parte da literatura usa m para ambas as quantidades. Introduzindo coordenadas polares esféricas, T_{class} pode ser dividida em partes radiais e angulares, com a energia cinética angular da forma $\mathbf{L}^2_{class}/2\mu r^2$. Aqui $\mathbf{L}_{class}$ é o momento angular, definido como $\mathbf{L}_{class} = \mathbf{r} \times \mathbf{p}$. Após a representação habitual de Schrödinger da mecânica quântica, o momento clássico linear $\mathbf{p}$ é substituído (em um sistema de unidades com h = 1) pelo **operador** $-i$. O operador de energia cinética da mecânica quântica é $T_{QM} = -\nabla^2/2\mu$, que em coordenadas polares esféricas pode ser escrito

$$T_{QM} = -\frac{1}{2\mu}\left[\frac{\partial^2}{\partial r^2} + \frac{2}{r}\frac{\partial}{\partial r}\right] - \frac{1}{2\mu r^2}\left[\frac{1}{\text{sen}\,\theta}\frac{\partial}{\partial\theta}\left(\text{sen}\,\theta\frac{\partial}{\partial\theta}\right) + \frac{1}{\text{sen}^2\theta}\frac{\partial^2}{\partial\varphi^2}\right]. \tag{16.3}$$

Como a energia cinética clássica, T_{QM} também pode ser dividido em partes radiais e angulares, com a parte angular identificada em termos do momento angular:

$$T_{QM} = T_{radial,QM} + \frac{1}{2\mu r^2}\mathbf{L}^2_{QM}, \tag{16.4}$$

$$T_{radial,QM} = -\frac{1}{2\mu}\left[\frac{\partial^2}{\partial r^2} + \frac{2}{r}\frac{\partial}{\partial r}\right], \tag{16.5}$$

$$\mathbf{L}^2_{QM} = -\frac{1}{\text{sen}\,\theta}\frac{\partial}{\partial\theta}\left(\text{sen}\,\theta\frac{\partial}{\partial\theta}\right) - \frac{1}{\text{sen}^2\theta}\frac{\partial^2}{\partial\varphi^2}. \tag{16.6}$$

Como nosso foco aqui são os operadores da mecânica quântica, descartamos a notação "QM" de agora em diante.

A notação $\mathbf{L}^2$ na Equação (16.6) só é realmente apropriada se ela for compatível com a definição do operador do momento angular da mecânica quântica, que deve ter a forma

$$\mathbf{L} = \mathbf{r} \times \mathbf{p} = -i\mathbf{r} \times \nabla. \tag{16.7}$$

Uma maneira de confirmar a Equação (16.6) é iniciar a partir da expressão para $\mathbf{L}$ em coordenadas polares esféricas, o que pode ser deduzido aplicando o operador $\mathbf{r} \times \mathbf{p}$ a uma função arbitrária ψ:

$$\mathbf{L}\psi = -i\mathbf{r} \times \nabla\psi = -i r\hat{\mathbf{e}}_r \times \left[\hat{\mathbf{e}}_r\frac{\partial\psi}{\partial r} + \hat{\mathbf{e}}_\theta\frac{1}{r}\frac{\partial\psi}{\partial\theta} + \hat{\mathbf{e}}_\varphi\frac{1}{r\,\text{sen}\,\theta}\frac{\partial\psi}{\partial\varphi}\right],$$

de onde extraímos a fórmula

$$\mathbf{L} = i\left(\hat{\mathbf{e}}_\theta\frac{1}{\text{sen}\,\theta}\frac{\partial}{\partial\varphi} - \hat{\mathbf{e}}_\varphi\frac{\partial}{\partial\theta}\right). \tag{16.8}$$

Nós, então, reescrevemos $\mathbf{L}$ em componentes cartesianas L_x, L_y, L_z (mas ainda expressas em coordenadas polares) e avaliamos

$$\mathbf{L}^2 = \mathbf{L} \cdot \mathbf{L} = L_x^2 + L_y^2 + L_z^2. \tag{16.9}$$

Esse processo é o tema do Exercício 3.10.32, e leva, como esperado, à Equação (16.6).

Na Seção 15.5 identificamos as soluções da parte angular das equações de Laplace e de Schrödinger para problemas de força central como os harmônicos esféricos, denotados por $Y_l^m(\theta, \varphi)$. Agora que também já escrevemos a parte angular dessas equações em termos de $\mathbf{L}^2$, vemos que a Y_l^m pode ser identificada como autofunções de $\mathbf{L}^2$, isto é, que elas são autofunções do momento angular, que satisfazem uma equação de autovalor da forma

$$\mathbf{L}^2 Y_l^m(\theta, \varphi) = l(l+1)Y_l^m(\theta, \varphi). \tag{16.10}$$

Resumindo a discussão até agora, e com base nas propriedades previamente estabelecidas dos harmônicos esféricos:

Os harmônicos esféricos Y_l^m são autofunções de $\mathbf{L}^2$ com autovalor $l(l+1)$. As autofunções para um dado l são $(2l+1)$ vezes a degeneração e podem ser indexadas por seus valores m, que variam em etapas unitárias de $-l$ a l.

Agora buscamos uma compreensão mais profunda do papel do momento angular. As soluções para a equação independente do tempo de Schrödinger são as autofunções do seu operador de energia total, o H hamiltoniano. Acabamos de observar que para problemas de força central as soluções angulares são autofunções operador $\mathbf{L}^2$ do momento angular. Para que essas duas afirmações sejam mutuamente consistentes, é necessário que H e $\mathbf{L}^2$ comutem. Para os sistemas sob consideração aqui, isso é claramente verdadeiro, uma vez que supomos que H é da forma $T + V(r)$, assim

$$H = T_{\text{radial}}(r) + \frac{1}{2\mu r^2}\mathbf{L}^2(\theta, \varphi) + V(r).$$

Como a quantidade dependente apenas do ângulo em H é o operador $\mathbf{L}^2$, e como $\mathbf{L}^2$ obviamente comuta com ele mesmo e é independente de r, temos

$$[H, \mathbf{L}^2] = 0.$$

O fato de que H e $\mathbf{L}^2$ possuem autofunções simultâneas em problemas de força central significa que os estados estacionários desses sistemas podem ser caracterizados por valores definidos tanto da energia quanto **número quântico** l do momento angular. Membros de diferentes l foram por fim identificados com uma série de linhas nos espectros de emissão e absorção do átomo de hidrogênio que anteriormente tinham sido identificados como "acentuado", "difuso", "principal" e "fundamental". Essa identificação fez físicos usarem as letras iniciais desses nomes como sinônimos para valores l; consequentemente, tornou-se essencial saber que as letras de código para $l = 0, 1, 2$ e 3 são, respectivamente, s, p, d e f. Para $l > 3$, as letras de código são executadas em ordem alfabética: g, h ....

Voltando agora às componentes de $\mathbf{L}$, temos (compare com o Exercício 3.10.31)

$$[L_j, L_k] = i\varepsilon_{jkn}L_n \quad \text{and} \quad [\mathbf{L}^2, L_j] = 0, \tag{16.11}$$

em que j, k, n são diferentes membros do conjunto $(1, 2, 3)$ e ε_{jkn} é um símbolo de Levi-Civita. Embora L_j não comutem entre si, todos comutam com $\mathbf{L}^2$ e, consequentemente, também com H, assim H, $\mathbf{L}^2$ e qualquer componente de $\mathbf{L}$ comutam mutuamente. Concluímos que existe um conjunto de autofunções simultâneas de H, $\mathbf{L}^2$ e qualquer uma das componentes de $\mathbf{L}$. Para esse propósito, geralmente selecionamos L_z motivados pelo fato de que, em coordenadas polares esféricas, ele é como encontrado no Exercício 3.10.29,

$$L_z = -i\frac{\partial}{\partial\varphi}. \tag{16.12}$$

Para referência, copiamos aqui os resultados muito mais complicados para L_x e L_y, obtidos do Exercício 3.10.30:

$$L_x = i\,\text{sen}\,\varphi\frac{\partial}{\partial\theta} + i\,\cot\theta\cos\varphi\frac{\partial}{\partial\varphi},$$

$$L_y = -i\cos\varphi\frac{\partial}{\partial\theta} + i\,\cot\theta\,\text{sen}\,\varphi\frac{\partial}{\partial\varphi}. \tag{16.13}$$

Os harmônicos esféricos são, de fato, autofunções de L_z. Como

$$L_z e^{im\varphi} = -i\frac{\partial}{\partial\varphi}e^{im\varphi} = me^{im\varphi}, \tag{16.14}$$

vemos que Y_l^m é uma autofunção de L_z com autovalor m. Essa é uma das razões pelas quais as exponenciais complexas, em vez de as funções trigonométricas, foram escolhidas nas definições dos harmônicos esféricos. É óbvio que $\cos m\varphi$ não é uma autofunção de L_z: $-i(\partial/\partial\varphi)\cos m\varphi = im\,\text{sen}\,m\varphi$. Observe, porém, que $\exp(\pm im\varphi)$, $\cos m\varphi$, e $\text{sen}\,m\varphi$ são todas as autofunções do operador $L_z^2 = \partial^2/\partial\varphi^2$ com autovalor m^2.

Operadores de Levantamento e de Abaixamento

Os comutadores das componentes de momento angular permitem o desenvolvimento de algumas relações algébricas úteis. Embora essas relações possam ser encontradas a partir de formas específicas dos operadores (comparar com o Exercício 3.10.30), resultados mais gerais e valiosos são obtidos por derivações baseadas apenas nos comutadores dados na Equação (16.11). Nós definimos os operadores

$$L_+ = L_x + iL_y, \quad L_- = L_x - iL_y, \tag{16.15}$$

e consideramos os comutadores

$$[L_z, L_+] = [L_z, L_x] + i[L_z, L_y] = iL_y + i(-iL_x) = L_+,$$ (16.16)

$$[L_z, L_-] = [L_z, L_x] - i[L_z, L_y] = iL_y - i(-iL_x) = -L_-.$$ (16.17)

Começamos aplicando a Equação (16.16) a uma função ψ_l^m, que supomos ser uma autofunção normalizada simultânea de $\mathbf{L}^2$, com autovalor λ_l, e de L_z, com autovalor m; a forma de ψ_l^m (e mesmo o espaço dentro do qual ela reside) não precisa ser especificada para aplica a discussão atual. Além disso, nesse ponto não introduzimos nenhuma informação sobre os possíveis valores de λ_l e m. No entanto, para visualizar o que estamos fazendo, o leitor dever ter em mente que uma interpretação possível da ψ_l^m é o harmônico esférico Y_l^m. Temos

$$[L_z, L_+]\psi_l^m = L_z L_+ \psi_l^m - L_+ L_z \psi_l^m = L_+ \psi_l^m.$$

Uma vez que $L_z \psi_l^m = m\psi_l^m$, podemos reescrever os membros no centro e à direita da equação, como

$$L_z(L_+\psi_l^m) - m(L_+\psi_l^m) = (L_+\psi_l^m),$$

que é rearranjada para

$$L_z(L_+\psi_l^m) = (m+1)(L_+\psi_l^m).$$ (16.18)

Isso informa que se $L_+\psi_l^m$ é diferente de zero, é uma autofunção de L_z com autovalor $m + 1$; Por essa razão L_+ pode ser chamado **operador de elevação**. Por si só, essa análise não nos diz nada sobre o(s) valor(es) de m, mas apenas que L_+ aumenta m em etapas unitárias. Um desenvolvimento semelhante mostra que a L_- é um **operador** de **abaixamento**, o que corresponde à equação

$$L_z(L_-\psi_l^m) = (m-1)(L_-\psi_l^m).$$ (16.19)

Os operadores de levantamento e de abaixamento são coletivamente referidos como **operador de levantamento e abaixamento**.

Em seguida, lembramos que $[\mathbf{L}^2, L_i] = 0$ para todas as componentes L_i. Isso significa também que $[\mathbf{L}^2, L_+] = 0$, assim

$$\mathbf{L}^2(L_+\psi_l^m) = L_+\mathbf{L}^2\psi_l^m = \lambda_l(L_+\psi_l^m),$$

mostrando que $L_+\psi_l^m$ ainda é uma função própria de $\mathbf{L}^2$ com o mesmo valor próprio, λ_l, como ψ_l^m. Note-se que nós não precisamos saber o valor de λ_l para chegar a essa conclusão. Resumindo, a operadores $L_\pm$ converter ψ_l^m em quantidades proporcionais ao $\psi_l^{m\pm1}$, com a conversão não somente se $L_\pm\psi_l^m = 0$.

Embora as Equações (16.18) e (16.19) informem que $L_\pm$ são operadores de levantamento e abaixamento, elas não informam se as grandezas $L_\pm\psi_l^m$ estão normalizadas. Para resolver esse problema, escrevemos a expressão de normalização para $L_\pm\psi_l^m$, sob a forma

$$\langle L_+\psi_l^m | L_+\psi_l^m \rangle = \langle \psi_l^m | L_-L_+ | \psi_l^m \rangle,$$

em que usamos o fato de que, como L_x e L_y são hermitianos, $(L_+)^\dagger = L_-$.

Para obter informações adicionais sobre L_-L_+, nós reorganizamos $\mathbf{L}^2$ desta maneira:

$$\mathbf{L}^2 = \tfrac{1}{2}(L_+L_- + L_-L_+) + L_z^2 = L_-L_+ + \tfrac{1}{2}[L_+, L_-] + L_z^2,$$ (16.20)

um resultado que pode ser facilmente verificado expandindo L_+L_-, e o comutador. Em seguida, introduzimos

$$[L_+, L_-] = [L_x + iL_y, L_x - iL_y] = -i[L_x, L_y] + i[L_y, L_x] = 2L_z,$$ (16.21)

e resolvemos a Equação (16.20) para a L_-L_+, obtendo

$$L_-L_+ = \mathbf{L}^2 - L_z^2 - L_z.$$ (16.22)

Usando o fato de que ψ_l^m é uma autofunção normalizada tanto de $\mathbf{L}^2$ quanto de L_z, podemos agora fazer a avaliação

$$\langle L_+\psi_l^m | L_+\psi_l^m \rangle = \langle \psi_l^m | L_-L_+ | \psi_l^m \rangle = \langle \psi_l^m | \mathbf{L}^2 - L_z^2 - L_z | \psi_l^m \rangle$$

$$= \lambda_l - m^2 - m.$$ (16.23)

Uma análise paralela leva ao resultado concomitante

$$\langle L_-\psi_l^m | L_-\psi_l^m \rangle = \langle \psi_l^m | L_+L_- | \psi_l^m \rangle = \lambda_l - m^2 + m. \tag{16.24}$$

Se usarmos as expressões nas Equações (16.23) e (16.24) para levar em conta os fatores de escala gerados pelos operadores de levantamento e abaixamento, podemos resumir sua ação como

$$L_+\psi_l^m = \sqrt{\lambda_l - m(m+1)}\,\psi_l^{m+1},$$
$$L_-\psi_l^m = \sqrt{\lambda_l - m(m-1)}\,\psi_l^{m-1}, \tag{16.25}$$

em que, o leitor deve se lembrar, λ_l é o autovalor de $\mathbf{L}^2$ correspondendo ao número quântico l; essa análise ainda não determinou seu valor. As expressões na Equação (16.25) também incorporaram o pressuposto de que os sinais da ψ_l^m estão relacionados como mostrado. Isso é uma questão de definição, e quando as ψ_l^m são consideradas como sendo harmônicos esféricos Y_l^m, a atribuição de fase de Condon-Shortley foi deliberadamente projetada para tornar a Equação (16.25) consistente com os sinais de acordo com Y_l^m na Tabela 15.4.

Em seguida, voltamos à Equação (16.23) e observamos que, como ela descreve uma normalização integral, ela é inerentemente não negativa, e pode ser zero somente se $L_+\psi_l^m$ é identicamente zero. O lado direito da Equação (16.23), porém, se tornará negativo se for possível manter m muito grande, assim para qualquer l fixo (e, portanto, um λ_l fixo), deve haver algum m maior, que chamamos $m_{\max}$, para o qual existe uma $\psi_l^{m_{\max}}$. Porém, se usarmos a Equação (16.23) para avaliar $L_+\psi_l^{m_{\max}}$, vamos gerar, a menos que $\lambda_l - m_{\max}(m_{\max}+1) = 0$, uma função com $m = m_{\max} + 1$, criando assim uma inconsistência. Dando a $m_{\max}$ o nome l (permitido porque dentro da derivação atual ainda não atribuímos um significado a l), o que descobrimos até agora é que $\lambda_l = l(l+1)$ e que o valor máximo de m é $m = l$. Lembre-se de que ainda não sabemos nada sobre os valores possíveis para l.

Passando agora para a Equação (16.24), e inserindo $l(l+1)$ para λ_l, observamos que, se for possível tornar m demasiadamente negativo, teremos novamente uma situação inconsistente, e é necessário que para algum $m_{\min}$ o lado direito da Equação (16.24) deve desaparecer. Assim, exigimos $l(l+1) - m_{\min}(m_{\min}-1) = 0$, uma equação que está satisfeita por $m_{\min} = l + 1$ (que é claramente irrelevante), e para $m_{\min} = -l$ (a solução que queremos).

Por fim, observamos que, a partir de algumas ψ_l^m com $m = l$, temos a limitação grave de que a aplicação do operador de abaixamento L_- diminuirá o valor m em etapas unitárias, mas deve em última análise alcançar $m = -l$ para evitar a geração de uma inconsistência. Esse estado de coisas é possível se l é um inteiro não negativo, caso em que existem $2l + 1$ valores m possíveis, variando em etapas unitárias de l a $-l$. Entretanto, também é possível atribuir a l um valor semi-inteiro, como $m = l$ e $m = -l$ estão então ainda conectados por uma série de etapas unitárias. Nesse caso, também, haverá $2l + 1$ valores m diferentes. Essa grandeza, $2l + 1$, é às vezes chamada **multiplicidade** dos estados de momento angular.

O fato de que é matematicamente possível ter uma série (**multipleto**) dos estados correspondentes a quaisquer l integrais ou semi-integral e que satisfaçam as regras de comutação do momento angular não prova que esses estados são realizáveis no sistema algébrico particular (como aquele que descrevendo o espaço tridimensional ordinário [3-D]), ou que esses estados são realmente relevantes para a física. Entretanto, resolvendo a equação de Laplace, já descobrimos que os estados de momento angular da integral l podem ser descritos no espaço ordinário e que eles podem ser identificados como estados do (os chamados **orbitais**) momento angular ordinário. Não é possível descrever estados de l semi-inteiro como funções ordinárias no espaço 3-D, assim o momento angular orbital só envolverá a integral l.

Exemplo 16.1.1 Operador Progressivo de Harmônicos Esféricos

A partir do exercício 3.10.30 ou, alternativamente, combinando as fórmulas para L_x e L_y da Equação (16.13), descobrimos que o operador progressivo do momento angular orbital L_+ é

$$L_+ = e^{i\varphi}\left(\frac{\partial}{\partial\theta} + i\cot\theta\frac{\partial}{\partial\varphi}\right).$$

A partir da $Y_1^0(\theta,\varphi) = \sqrt{3/4\pi}\cos\theta$, podemos aplicar a Equação (16.25):

$$L_+Y_1^0(\theta,\varphi) = \sqrt{\frac{3}{4\pi}}e^{i\varphi}\frac{\partial\cos\theta}{\partial\theta} = \sqrt{\frac{3}{4\pi}}e^{i\varphi}(-\operatorname{sen}\theta) = \sqrt{2}Y_1^1(\theta,\varphi), \tag{16.26}$$

que quando resolvida para Y_1^1 dá (com escala e sinal apropriados) o valor tabulado na Tabela 15.4. O leitor pode verificar que a aplicação de L_+ a Y_1^1 dá zero. ∎

Espinores

Acontece que os estados do momento angular semi-integrais são necessários para descrever o momento angular intrínseco do elétron e de muitas outras partículas. Como essas partículas também têm momentos magnéticos, uma interpretação intuitiva é que suas distribuições de carga giram sobre alguns eixos; daí o termo **spin**. Compreendemos agora que os fenômenos de spin não podem ser explicados de modo consistente descrevendo essas partículas como distribuições de cargas ordinárias submetidas a movimento rotacional, mas são mais bem tratados atribuindo essas partículas a estados em um espaço abstrato que, para o elétron, tem o valor $l\,\dfrac{1}{2}$ (mas nesse contexto, normalmente usamos s e escrevemos $s = \dfrac{1}{2}$), o que significa que os valores m possíveis (muitas vezes escritos m_s) são $m_s = +\dfrac{1}{2}$ e $m_s = -\dfrac{1}{2}$. Não é produtivo tentar pensar nessa situação em termos das funções ordinárias, mas aceitar uma formulação abstrata em que estados de spin são representados por símbolos; escolhas populares são α ou $|\uparrow\rangle$ para o estado $m_s = +\dfrac{1}{2}$ e β ou $|\downarrow\rangle$ para aquele com $m_s = -\dfrac{1}{2}$. Esses estados de spin também podem ser representados por vetores de coluna de duas componentes, com os operadores de momento angular dados em termos das matrizes de Pauli como $\dfrac{1}{2}\sigma_i$.

As grandezas que formam a base dos multipletos para o momento angular semi-inteiro são chamadas **espinores**. Além da sua manipulação usando operadores progressivos, eles têm propriedades rotacionais que são discutidas em mais detalhe no Capítulo 17.

Exemplo 16.1.2   Levantamento e Rebaixamento de Espinor

Chamando o operador de momento angular **S**, podemos escrever S_x, S_y, S_z como as matrizes 2×2 $\dfrac{1}{2}\sigma_i$, em que σ_i são definidas na Equação (2.28):

$$S_x = \frac{1}{2}\begin{pmatrix} 0 & 1 \\ 1 & 0 \end{pmatrix}, \quad S_y = \frac{1}{2}\begin{pmatrix} 0 & -i \\ i & 0 \end{pmatrix}, \quad S_z = \frac{1}{2}\begin{pmatrix} 1 & 0 \\ 0 & -1 \end{pmatrix}. \tag{16.27}$$

Realizando operações matriciais podemos verificar que essas matrizes satisfazem as regras de comutação de momento angular. Por exemplo,

$$S_x S_y - S_y S_x = \frac{1}{4}\begin{pmatrix} 0 & 1 \\ 1 & 0 \end{pmatrix}\begin{pmatrix} 0 & -i \\ i & 0 \end{pmatrix} - \frac{1}{4}\begin{pmatrix} 0 & -i \\ i & 0 \end{pmatrix}\begin{pmatrix} 0 & 1 \\ 1 & 0 \end{pmatrix}$$

$$= \frac{i}{2}\begin{pmatrix} 1 & 0 \\ 0 & -1 \end{pmatrix} = i S_z.$$

Também descobrimos que

$$S_x^2 = S_y^2 = S_z^2 = (1/4)\mathbf{1},$$

e, portanto, temos

$$\mathbf{S}^2 = S_x^2 + S_y^2 + S_z^2 = \frac{1}{4}\Big[\mathbf{1}+\mathbf{1}+\mathbf{1}\Big] = \frac{3}{4}\mathbf{1}.$$

Note que $3/4$ é $S(S+1)$ para $S = 1/2$.

A interpretação dessas relações matriciais é que temos um espaço abstrato gerado pelas duas funções

$$\psi_{1/2}^{1/2} \equiv \alpha \equiv |\uparrow\rangle = \begin{pmatrix} 1 \\ 0 \end{pmatrix}, \quad \psi_{1/2}^{-1/2} \equiv \beta \equiv |\downarrow\rangle = \begin{pmatrix} 0 \\ 1 \end{pmatrix},$$

e que os operadores $\mathbf{S}^2$ e S_z operam sobre essas funções desta maneira:

$$\mathbf{S}^2\alpha = \mathbf{S}^2\psi_{1/2}^{1/2} = \frac{3}{4}\begin{pmatrix} 1 & 0 \\ 0 & 1 \end{pmatrix}\begin{pmatrix} 1 \\ 0 \end{pmatrix} = \frac{3}{4}\begin{pmatrix} 1 \\ 0 \end{pmatrix} = \frac{3}{4}\psi_{1/2}^{1/2} = \frac{3}{4}\alpha,$$

$$S_z\alpha = S_z\psi_{1/2}^{1/2} = \frac{1}{2}\begin{pmatrix} 1 & 0 \\ 0 & -1 \end{pmatrix}\begin{pmatrix} 1 \\ 0 \end{pmatrix} = \frac{1}{2}\begin{pmatrix} 1 \\ 0 \end{pmatrix} = \frac{1}{2}\psi_{1/2}^{1/2} = \frac{1}{2}\alpha,$$

$$\mathbf{S}^2\beta = \mathbf{S}^2\psi_{1/2}^{-1/2} = \frac{3}{4}\begin{pmatrix} 1 & 0 \\ 0 & 1 \end{pmatrix}\begin{pmatrix} 0 \\ 1 \end{pmatrix} = \frac{3}{4}\begin{pmatrix} 0 \\ 1 \end{pmatrix} = \frac{3}{4}\psi_{1/2}^{-1/2} = \frac{3}{4}\beta,$$

$$S_z\beta = S_z\psi_{1/2}^{-1/2} = \frac{1}{2}\begin{pmatrix} 1 & 0 \\ 0 & -1 \end{pmatrix}\begin{pmatrix} 0 \\ 1 \end{pmatrix} = -\frac{1}{2}\begin{pmatrix} 0 \\ 1 \end{pmatrix} = -\frac{1}{2}\psi_{1/2}^{-1/2} = -\frac{1}{2}\beta.$$

As fórmulas anteriores mostram que $\psi_{1/2}^{\pm 1/2}$ (também denotada por α e β) são autofunções simultâneas de $\mathbf{S}^2$ e S_z. Para ilustrar que elas também não são autofunções de S_x ou S_y, calculamos

$$S_x\alpha = S_x\psi_{1/2}^{1/2} = \frac{1}{2}\begin{pmatrix} 0 & 1 \\ 1 & 0 \end{pmatrix}\begin{pmatrix} 1 \\ 0 \end{pmatrix} = \frac{1}{2}\begin{pmatrix} 0 \\ 1 \end{pmatrix} = \frac{1}{2}\psi_{1/2}^{-1/2} = \frac{1}{2}\beta.$$

Para criar operadores de levantamento e abaixamento, agora formamos

$$S_+ = S_x + iS_y = \begin{pmatrix} 0 & 1 \\ 0 & 0 \end{pmatrix}, \quad S_- = S_x - iS_y = \begin{pmatrix} 0 & 0 \\ 1 & 0 \end{pmatrix}.$$

Aplicando esses operadores a $\alpha = \psi_{1/2}^{1/2}$,

$$S_+\alpha = \begin{pmatrix} 0 & 1 \\ 0 & 0 \end{pmatrix}\begin{pmatrix} 1 \\ 0 \end{pmatrix} = 0, \quad S_-\alpha = \begin{pmatrix} 0 & 0 \\ 1 & 0 \end{pmatrix}\begin{pmatrix} 1 \\ 0 \end{pmatrix} = \begin{pmatrix} 0 \\ 1 \end{pmatrix} = \beta.$$

Esses resultados estão de acordo com a Equação (16.25), para a qual, com os parâmetros atuais $\lambda = 3/4$, $m = 1/2$, seus coeficientes são

$$\sqrt{\lambda - m(m+1)} = 0, \quad \sqrt{\lambda - m(m-1)} = 1.$$

■

Resumo, Fórmulas de Momento Angular

A análise da subseção anterior aplica-se a qualquer sistema de operadores que satisfazem as regras de comutação de momento angular. Possíveis áreas de aplicação incluem momento angular orbital (para o qual as autofunções são os harmônicos esféricos), o momento angular intrínseco (spin) que agora sabemos que está associado à maioria das partículas fundamentais, e até momentos angulares gerais que resultam da consideração tanto os momentos angulares orbitais e de spin da mesma partícula, quanto o momento angular total de um conjunto de partículas (como em um átomo de muitos elétrons ou mesmo um núcleo).

É útil resumir os principais resultados; fazemos isso dando aos operadores o nome J, para salientar o fato de que os resultados não são restritos ao momento angular orbital (para o qual o símbolo L é utilizado quase universalmente), ou momento angular de spin (tradicionalmente denotado por S). Assim:

1. Supomos que existe um operador hermitiano $\mathbf{J}$ com componentes J_x, J_y, J_z de tal modo que $J_x^2 + J_y^2 + J_z^2 = \mathbf{J}^2$ e que essas grandezas satisfazem as relações de comutação

$$[J_k, J_l] = i\varepsilon_{kln}J_n, \quad [\mathbf{J}^2, J_k] = 0, \tag{16.28}$$

em que k, l, n são x, y, z em qualquer ordem e ε_{kln} é um símbolo de Levi-Civita. Além do requisito da Equação (16.28), $\mathbf{J}$ é arbitrário.

2. Como os operadores $\mathbf{J}^2$ e J_z comutam, podem existir funções (em algum espaço abstrato), genericamente denotadas por ψ_J^M, com ψ_J^M, simultaneamente uma autofunção normalizada de J_z com autovalor M e uma autofunção de $\mathbf{J}^2$ com autovalor $J(J+1)$:

$$J_z\psi_J^M = M\psi_J^M, \quad \mathbf{J}^2\psi_J^M = J(J+1)\psi_J^M, \quad \left\langle \psi_J^M | \psi_J^M \right\rangle = 1. \tag{16.29}$$

3. Operadores que satisfazem essas condições podem ser chamados operadores de momento angular; aqueles que foram usados como exemplos do momento angular no espaço ordinário (**momento angular orbital**) são claramente relevantes para a física; operadores semelhantes em espaços mais abstratos só são relevantes na medida em que eles podem ser identificados com fenômenos físicos.

Já vimos que esses pressupostos são suficientes para permitir a introdução do operador de levantamento e abaixamento, e chegar às seguintes conclusões:

1. Os possíveis valores de J são integrais e semi-integrais; no espaço comum 3-D somente funções do integral J podem ser concretizada.

2. Para um dado J, os valores possíveis de M variam em etapas unitárias de $M = J$ a $M = -J$; isso produz $2J + 1$ diferentes M valores.

3. Dada qualquer uma ψ_J^M, podemos gerar outras utilizando os operadores

$$J_+ = J_x + iJ_y, \quad J_- = J_x - iJ_y.$$

O resultado de aplicar esses operadores em ψ_J^M é (Equação 16.25),

$$J_+\psi_J^M = \sqrt{(J-M)(J+M+1)}\,\psi_J^{M+1}, \tag{16.30}$$

$$J_-\psi_J^M = \sqrt{(J+M)(J-M+1)}\,\psi_J^{M-1}. \tag{16.31}$$

Essas fórmulas dão resultados zeros quando J_+ é aplicado a ψ_J^J e quando J_- é aplicado a ψ_J^{-J}.

Exercícios

16.1.1 Os operadores de momento angular da mecânica quântica $L_x \pm iL_y$ no espaço físico 3-D são dados por

$$L_x + iL_y = e^{i\varphi}\left(\frac{\partial}{\partial\theta} + i\cot\theta\frac{\partial}{\partial\varphi}\right),$$

$$L_x - iL_y = -e^{-i\varphi}\left(\frac{\partial}{\partial\theta} - i\cot\theta\frac{\partial}{\partial\varphi}\right).$$

Mostre que

(a) $(L_x + iL_y)Y_L^M(\theta,\varphi) = \sqrt{(L-M)(L+M+1)}Y_L^{M+1}\}(\theta,\varphi)$,

(b) $(L_x - iL_y)Y_L^M(\theta,\varphi) = \sqrt{(L+M)(L-M+1)}Y_L^{M-1}\}(\theta,\varphi)$.

16.1.2 Com $L_\pm$ dado por

$$L_\pm = L_x \pm iL_y = \pm e^{\pm i\varphi}\left[\frac{\partial}{\partial\theta} \pm i\cot\theta\frac{\partial}{\partial\varphi}\right],$$

mostre que o

(a) $Y_l^m = \sqrt{\dfrac{(l+m)!}{(2l)!(l-m)!}}(L_-)^{l-m}Y_l^l$,

(b) $Y_l^m = \sqrt{\dfrac{(l-m)!}{(2l)!(l+m)!}}(L_+)^{l+m}Y_l^{-l}$.

16.1.3   Usando as formas conhecidas de L_+ e L_- (Exercício 16.1.2), mostre que

$$\int [Y_L^M]^* L_-(L_+Y_L^M)\,d\Omega = \int (L_+Y_L^M)^*(L_+Y_L^M)\,d\Omega.$$

Aqui $d\Omega$ é o elemento do ângulo sólido ($\operatorname{sen}\theta\,d\theta\,d\varphi$), e a integração é ao longo de todo o espaço angular.

16.1.4   (a)   Mostre que $\mathbf{J}^2 = \dfrac{1}{2}\left[J_+J_- + J_-J_+\right] + J_z^2$.

   (b)   Use o resultado da parte (a) e as fórmulas explícitas para L_+ e L_- do Exercício 16.1.2 para verificar que todos os harmônicos esféricos com $l = 2$ são autofunções de $\mathbf{L}^2$ com autovalor $l(l + 1) = 6$.

16.1.5   Derive as seguintes relações sem supor nada sobre ψ_L^M além de que elas são autofunções do momento angular:

   (a) $\psi_L^M(\theta,\varphi) = \sqrt{\dfrac{(L+M)!}{(2L)!(L-M)!}}\,(L_-)^{L-M}\,\psi_L^L(\theta,\varphi)$,

   (b) $\psi_L^M(\theta,\varphi) = \sqrt{\dfrac{(L-M)!}{(2L)!(L+M)!}}\,(L_+)^{L+M}\,\psi_L^{-L}(\theta,\varphi)$.

16.1.6   Derive as equações de operador

$$(L_+)^n Y_L^M(\theta,\varphi) = (-1)^n e^{in\varphi}\operatorname{sen}^{n+M}\theta\,\frac{d^n\operatorname{sen}^{-M}\theta\,Y_L^M(\theta,\varphi)}{(d\cos\theta)^n},$$

$$(L_-)^n Y_L^M(\theta,\varphi) = e^{-in\varphi}\operatorname{sen}^{n-M}\theta\,\frac{d^n\operatorname{sen}^{M}\theta\,Y_L^M(\theta,\varphi)}{(d\cos\theta)^n}.$$

Dica: Tente indução matemática (Seção 1.4).

16.1.7   Mostre, usando $(L_-)^n$, que

$$Y_L^{-M}(\theta,\varphi) = (-1)^M \left[Y_L^M(\theta,\varphi)\right]^*.$$

16.1.8   Verifique por cálculo explícito que

   (a) $L_+Y_1^0(\theta,\varphi) = -\sqrt{\dfrac{3}{4\pi}}\,\operatorname{sen}\theta\,e^{i\varphi} = \sqrt{2}\,Y_1^1(\theta,\varphi)$,

   (b) $L_-Y_1^0(\theta,\varphi) = +\sqrt{\dfrac{3}{4\pi}}\,\operatorname{sen}\theta\,e^{-i\varphi} = \sqrt{2}\,Y_1^{-1}(\theta,\varphi)$.

Os sinais têm os valores indicados porque os harmônicos esféricos foram definidos como sendo consistentes com os resultados obtidos usando o operador de levantamento e abaixamento L_+ e L_- (fase de Condon-Shortley).

16.2   Acoplamento de Momento Angular

Uma aplicação importante do operador de levantamento e abaixamento é para sistemas em que um momento angular resultante é a soma de dois momentos angulares individuais. Como os momentos angulares têm propriedades direcionais, prevemos um resultado que tem algumas propriedades em comum com adição vetorial, mas, como esses são grandezas da mecânica quântica envolvendo operadores não comutativos, precisamos estudar o problema em mais detalhes.

Se $\mathbf{j}_1$ e $\mathbf{j}_2$ são dois operadores individuais do momento angular que agem sobre diferentes conjuntos de coordenadas (como, por exemplo, as coordenadas de duas partículas diferentes), então eles são independentes e todas as componentes de cada um deles deve comutar com todas as componentes da outra. Isso permitirá realizar uma análise detalhada dos operadores do sistema combinado, para o qual o operador total do momento angular é $\mathbf{J} = \mathbf{j}_1 + \mathbf{j}_2$, com as componentes $J_x = j_{1x} + j_{2x}$, $J_y = j_{1y} + j_{2y}$, $J_z = j_{1z} + j_{2z}$, com o operador geral $\mathbf{J}^2 = J_x^2 + J_y^2 + J_z^2$.

Para discutir o problema, precisaremos dos comutadores

$$[j_{1k}, j_{1l}] = i\varepsilon_{kln}j_{1n}, \quad [j_{2k}, j_{2l}] = i\varepsilon_{kln}j_{2n}, \quad [j_{1k}, j_{2l}] = 0. \tag{16.32}$$

Para os dois primeiros comutadores, k, l, n são x, y, z em qualquer ordem; o terceiro comutador desaparece para todos k, l incluindo $k = l$. A partir dos comutadores na Equação (16.32), E facilmente estabelecido que as componentes gerais do momento angular obedecem as regras de comutação

$$[J_x, J_y] = iJ_z, \quad [J_y, J_z] = iJ_x, \quad [J_z, J_x] = iJ_y, \tag{16.33}$$

assim essas componentes gerais satisfazem as relações genéricas da comutação do momento angular, significando também que

$$[\mathbf{J}^2, J_i] = 0. \tag{16.34}$$

Além,

$$[\mathbf{J}^2, \mathbf{j}_1^2] = [\mathbf{J}^2, \mathbf{j}_2^2] = 0. \tag{16.35}$$

Entretanto, **não** é verdade que as componentes de $\mathbf{j}_1$ ou $\mathbf{j}_2$, ou seja, j_{1i} ou j_{2i}, comutam com $\mathbf{J}^2$, embora $\mathbf{J}^2$ e a soma $j_{1i} + j_{2i}$ comutem.

Exemplo 16.2.1 Regras de Comutação para Componentes j

Para encontrar o comutador $[\mathbf{J}^2, j_{1z}]$, escreva

$$\mathbf{J}^2 = (\mathbf{j}_1 + \mathbf{j}_2)^2 = \mathbf{j}_1^2 + \mathbf{j}_2^2 + 2\mathbf{j}_1 \cdot \mathbf{j}_2$$
$$= \mathbf{j}_1^2 + \mathbf{j}_2^2 + 2\left(j_{1x}j_{2x} + j_{1y}j_{2y} + j_{1z}j_{2z}\right),$$

assim, temos

$$[\mathbf{J}^2, j_{1z}] = [\mathbf{j}_1^2, j_{1z}] + [\mathbf{j}_2^2, j_{1z}] + 2\left([j_{1x}j_{2x}, j_{1z}] + [j_{1y}j_{2y}, j_{1z}] + [j_{1z}j_{2z}, j_{1z}]\right)$$
$$= 2\left(j_{2x}[j_{1x}, j_{1z}] + j_{2y}[j_{1y}, j_{1z}]\right) = 2i(j_{1x}j_{2y} - j_{1y}j_{2x}), \tag{16.36}$$

em que descartamos os termos em que os comutadores envolvem diferentes partículas e aqueles, por exemplo, $[\mathbf{j}_1^2, j_{1z}]$, que desaparecem porque os operadores de partícula individual são momentos angulares.

A Equação (16.36) mostra claramente que $[\mathbf{J}^2, j_{1z}]$ é diferente de zero. Entretanto, suas contribuições são iguais e opostas àquelas de $[\mathbf{J}^2, J_{2z}]$, explicando por que $[\mathbf{J}^2, J_z]$ desaparece.

Considere em seguida $[\mathbf{J}^2, \mathbf{j}_1^2]$. Novamente expandindo $\mathbf{J}^2$, obtemos

$$[\mathbf{J}^2, \mathbf{j}_1^2] = [\mathbf{j}_1^2, \mathbf{j}_1^2] + [\mathbf{j}_2^2, \mathbf{j}_1^2] + 2\left([j_{1x}j_{2x}, \mathbf{j}_1^2] + [j_{1y}j_{2y}, \mathbf{j}_1^2] + [j_{1z}j_{2z}, \mathbf{j}_1^2]\right).$$

Cada termo dessa equação desaparece, então $\mathbf{J}_2$ e $\mathbf{j}_1^2$ comutam. ∎

Observamos que $\mathbf{j}_1^2$, $\mathbf{j}_2^2$ e J_z todos comutam entre si e com o $\mathbf{J}^2$, j_{1Z} e j_{2Z}, mas o último desses três operadores nem todos comutam entre si. Há, portanto, diferentes maneiras de selecionar conjuntos máximos de operadores mutuamente comutativos para os quais podemos construir autofunções simultâneas. Uma possibilidade é selecionar $\mathbf{j}_1^2$, $\mathbf{j}_2^2$, j_{1z}, j_{2z} e J_z, que tem a vantagem de que as autofunções simultâneas são apenas produtos dos autoestados para $\mathbf{j}_i$ individual, mas tem a desvantagem de que não teremos estados do momento angular total definido $\mathbf{J}^2$. Essa é uma grande desvantagem, porque na verdade diferentes momentos angulares no mesmo sistema realmente interagem em certa medida. Se adicionarmos ao hamiltoniano do nosso problema um pequeno termo (uma **perturbação**) que torna os momentos angulares individuais não tanto independentes, nosso sistema ainda terá estritamente conservação de $\mathbf{J}^2$ (isto é, H e $\mathbf{J}^2$ ainda vai comutar), mas a perturbação adicionada ao hamiltoniano não vai comutar com $\mathbf{j}_1$ e $\mathbf{j}_2$.

Alternativamente, e para a maioria dos propósitos, melhor, poderíamos escolher o conjunto de operadores mutuamente comutativos $\mathbf{J}^2$, $\mathbf{j}_1^2$, $\mathbf{j}_2^2$ e J_z, que descreveriam estados do momento angular total definido, mas esses estados seriam misturas dos estados individuais do momento angular e não teriam valores definidos de j_{1z} ou j_{2z}. O objetivo desta seção é relacionar essas duas descrições encontrando as equações que conectam (isto é, **acoplam**) o momento angular individual para formar estados de $\mathbf{J}^2$ definido.

Para simplificar a discussão futura, podemos nos referir à base do produto do parágrafo precedente como a base m_1, m_2, e chamar a base alternativa do J definido a base J, M. Os membros da base m_1, m_2 também têm valores definidos de M, mas não J; a maioria dos membros da base J, M não terá valores definidos de m_1 nem m_2. Se prosseguirmos com os problemas em que j_1 e j_2 são fixos, todos os membros de ambas as bases terão os mesmos valores definidos desses números quânticos.

Antes de entrar nos detalhes, vamos fazer duas observações. Primeiro, como temos operadores de levantamento e abaixamento podemos aplicar à base J, M, as funções nessa base devem incluir todos os valores M para qualquer J que está absolutamente presente. Segundo, como as duas bases têm valores definidos de M, a transição de uma base para a outra não pode misturar funções de M diferente.

Modelo Vetorial

Começamos com algumas observações qualitativas. Como $J_z = j_{1z} + j_{2z}$ (com autovalores que chamamos M) é parte dos nossos dois conjuntos de operadores comutativos, podemos concluir, analisando a base m_1, m_2, que o autovalor máximo M_{max} de J_z ocorrerá quando $m_1 = j_1$ e $m_2 = j_2$, então $M_{max} = j_1 + j_2$. Passando agora para a base J, M, que naturalmente abrange o mesmo espaço funcional, vemos que como M_{max} é o valor máximo de H, ele deve ser um membro de um multipleto com $J = M_{max}$, e esse deve ser o maior J possível. Portanto, $J_{max} = j_1 + j_2$.

Estabelecer o valor mínimo possível para o número quântico J é um pouco mais complicado, e vamos voltar a isso em breve. O resultado, que é simples, é que $J_{min} = |j_1 - j_2|$. Esses valores máximos e mínimos de J correspondem à noção de que a soma vetorial clássica $\mathbf{j_1} + \mathbf{j_2}$ tem um comprimento máximo igual à soma dos comprimentos desses vetores e um comprimento mínimo igual ao valor absoluto da sua diferença; o análogo quântico dessa noção não é quantitativamente exato porque a grandeza de cada $\mathbf{j}$ é na verdade $\sqrt{j(j+1)}$.

Há outras observações qualitativas se tabularmos as várias funções possíveis m_1, m_2 dos vários valores M. O conceito pode ser compreendido a partir de um exemplo simples. Suponha $j_1 = 2$, $j_2 = 1$. Então os membros da base m_1, m_2 podem ser agrupados como mostrado aqui. Os kets na tabela são rotulados em mais detalhes do que o habitual para evitar possíveis confusões; aqueles rotulados m_1 têm valor j de j_1, aqueles rotulados m_2 têm $j = j_2$.

$$M = +3 \quad |m_1 = +2\rangle |m_2 = +1\rangle$$
$$M = +2 \quad |m_1 = +2\rangle |m_2 = 0\rangle \quad |m_1 = +1\rangle |m_2 = +1\rangle$$
$$M = +1 \quad |m_1 = +2\rangle |m_2 = -1\rangle \quad |m_1 = +1\rangle |m_2 = 0\rangle \quad |m_1 = 0\rangle |m_2 = +1\rangle$$
$$M = 0 \quad |m_1 = +1\rangle |m_2 = -1\rangle \quad |m_1 = 0\rangle |m_2 = 0\rangle \quad |m_1 = -1\rangle |m_2 = +1\rangle$$
$$M = -1 \quad |m_1 = -2\rangle |m_2 = +1\rangle \quad |m_1 = -1\rangle |m_2 = 0\rangle \quad |m_1 = 0\rangle |m_2 = -1\rangle$$
$$M = -2 \quad |m_1 = -2\rangle |m_2 = 0\rangle \quad |m_1 = -1\rangle |m_2 = -1\rangle$$
$$M = -3 \quad |m_1 = -2\rangle |m_2 = -1\rangle$$

Como as transformações básicas que estamos discutindo só misturam funções básicas do mesmo M, uma transição para a base J, M terá o mesmo número de funções de cada M como há na linha da nossa tabela para esse M. Se houver uma única função na linha, ela deve (sem mudança) ser um membro da base J, M, e podemos usá-lo como um ponto de partida para obter que todos os outros membros do multipleto para o mesmo J aplicando os operadores de levantamento e abaixamento. Assim, no nosso exemplo atual, podemos começar de $|m_1 = +2 \rangle |m_2 = +1 \rangle$, e criar um membro do multipleto para cada valor M na tabela.

Depois que isso foi feito, teremos construído tantas funções J, M quanto há entradas na primeira coluna da tabela (mas lembre-se de que na maioria dos casos, elas não serão as funções específicas residindo na coluna). No entanto, essa observação não informa que o número de funções que ainda não estão utilizadas (mas não suas formas exatas) corresponderão com os números das funções no restante da tabela. Em particular, vemos que haverá no nosso exemplo, uma função remanescente com $M = 2$. Como ela não pode ter uma componente $J = 3$, ela deve ser uma autofunção $|J = 2, M = 2\rangle$ e, portanto, deve ser ortogonal à função $|J = 3, M = 2\rangle$ que já encontramos. Isso significa que podemos obtê-la por ortogonalização de Gram-Schmidt dentro do espaço funcional para $M = +2$.

A partir da função $|J = 2, H = 2\rangle$, podemos aplicar um operador de levantamento e abaixamento para encontrar os membros da base $|J = 2, M\rangle$ com outros valores M, cujo número corresponderá ao número de entradas na segunda coluna da nossa tabela. Para continuar para uma terceira coluna, precisaríamos encontrar uma função $M = +1$ ortogonal às funções $|J = 3, M = +1\rangle$ e $|J = 2, M = +1\rangle$. Esse processo pode ser continuado até que o m_1, m_2 base ser esgotado.

Analisando agora mais detalhadamente nossa tabela, vemos que o número das colunas com entradas aumenta à medida que M diminui a partir de seu valor máximo até M alcançar $| j_1 - j_2 |$; para $| M |$ menor que isso, o número de colunas em uso permanece constante, devido às limitações da maneira como os valores m individuais podem ser escolhidos para resultar em M. Isso nos dá uma indicação gráfica de que o menor valor J será $| j_1 - j_2 |$.

Uma maneira mais algébrica de determinar o menor J resultante baseia-se em um cálculo do número total dos estados J, M gerados se os valores J possíveis executados a partir de um valor $J_{\min}$ ainda indeterminado para nosso valor máximo $J_{\max}$ previamente determinado. Como o número de estados para cada J é $2J + 1$, o número total de estados J, H que produziremos é

$$\sum_{J=J_{\min}}^{J=J_{\max}} (2J + 1) = (J_{\max} - J_{\min} + 1)(J_{\max} + J_{\min} + 1)$$

$$= (2j_1 + 1)(2j_2 + 1), \tag{16.37}$$

em que a segunda linha dessa equação reflete o fato de que o número total de estados é facilmente contado na base m_1, m_2. Inserindo o valor $J_{\max} = j_1 + j_2$ e resolvendo para $J_{\min}$, encontramos

$$J_{\min} = |j_1 - j_2|.$$

Outra maneira de afirmar esse resultado é observar que os possíveis valores de J satisfazem uma **regra do triângulo**, significando que eles ocorrem nas etapas unitárias de um máximo de $j_1 + j_2$ a um mínimo de $| j_1 - j_2 |$.

Construção do Operador de Levantamento e Abaixamento

Para desenvolver uma descrição quantitativa do acoplamento do momento angular, consideramos o caso de j_1 e j_2 gerais, e iniciamos do único membro da base m_1, m_2 com $M = j_1 + j_2$. De acordo com nossa discussão anterior, esse membro da base m_1, m_2 deve também ser uma função do valor J definido $J_{\max} = j_1 + j_2$. Usando uma notação em que a entrada inferior em cada ket é seu valor J e a entrada superior dá o valor de M, indicamos isso escrevendo

$$\left| \begin{matrix} J_{\max} \\ J_{\max} \end{matrix} \right\rangle = \left| \begin{matrix} j_1 \\ j_1 \end{matrix} \right\rangle \left| \begin{matrix} j_2 \\ j_2 \end{matrix} \right\rangle. \tag{16.38}$$

Agora geramos os estados adicionais do mesmo J, mas com M diferente aplicando o operador J_- de rebaixamento à Equação (16.38); ao aplicá-lo ao lado direito, fazemos isso na forma $J_- = j_{1-} + j_{2-}$. O resultado, para o lado esquerdo da Equação (16.38), é

$$J_- \left| \begin{matrix} J_{\max} \\ J_{\max} \end{matrix} \right\rangle = \sqrt{2J_{\max}} \left| \begin{matrix} J_{\max} - 1 \\ J_{\max} \end{matrix} \right\rangle. \tag{16.39}$$

O coeficiente $\sqrt{2J_{\max}}$ é aquele dado pela Equação (16.31) para $J = M = J_{\max}$. Para o lado direito da Equação (16.38), obtemos

$$(j_{1-} + j_{2-}) \left[\left| \begin{matrix} j_1 \\ j_1 \end{matrix} \right\rangle \left| \begin{matrix} j_2 \\ j_2 \end{matrix} \right\rangle \right] = \left[j_{1-} \left| \begin{matrix} j_1 \\ j_1 \end{matrix} \right\rangle \right] \left| \begin{matrix} j_2 \\ j_2 \end{matrix} \right\rangle + \left| \begin{matrix} j_1 \\ j_1 \end{matrix} \right\rangle \left[j_{2-} \left| \begin{matrix} j_2 \\ j_2 \end{matrix} \right\rangle \right]$$

$$= \sqrt{2j_1} \left| \begin{matrix} j_1 - 1 \\ j_1 \end{matrix} \right\rangle \left| \begin{matrix} j_2 \\ j_2 \end{matrix} \right\rangle + \sqrt{2j_2} \left| \begin{matrix} j_1 \\ j_1 \end{matrix} \right\rangle \left| \begin{matrix} j_2 - 1 \\ j_2 \end{matrix} \right\rangle, \tag{16.40}$$

em que obtivemos novamente os coeficientes a partir da Equação (16.31), mas agora avaliando-os para o primeiro termo com $(J, H) = (j_1, j_1)$ e para o segundo termo com $(J, H) = (j_2, j_2)$.

Combinando esses resultados, e resolvendo para $\left| \begin{matrix} J_{\max} - 1 \\ J_{\max} \end{matrix} \right\rangle$,

$$\left| \begin{matrix} J_{\max} - 1 \\ J_{\max} \end{matrix} \right\rangle = \sqrt{\frac{j_1}{J_{\max}}} \left| \begin{matrix} j_1 - 1 \\ j_1 \end{matrix} \right\rangle \left| \begin{matrix} j_2 \\ j_2 \end{matrix} \right\rangle + \sqrt{\frac{j_2}{J_{\max}}} \left| \begin{matrix} j_1 \\ j_1 \end{matrix} \right\rangle \left| \begin{matrix} j_2 - 1 \\ j_2 \end{matrix} \right\rangle. \tag{16.41}$$

Com complexidade cada vez maior, poderíamos continuar esse processo para valores menores de M.

Como indicado na nossa discussão anterior mais qualitativa, podemos chegar a funções com $J = J_{max} - 1$ iniciando a partir do membro não utilizado do conjunto de duas funções

$$\left| \begin{matrix} j_1 - 1 \\ j_1 \end{matrix} \right\rangle \left| \begin{matrix} j_2 \\ j_2 \end{matrix} \right\rangle, \quad \left| \begin{matrix} j_1 \\ j_1 \end{matrix} \right\rangle \left| \begin{matrix} j_2 - 1 \\ j_2 \end{matrix} \right\rangle.$$

A quantidade que buscamos,

$$\left| \begin{matrix} J_{max} - 1 \\ J_{max} - 1 \end{matrix} \right\rangle,$$

será a função no subespaço definido anteriormente que é ortogonal a

$$\left| \begin{matrix} J_{max} - 1 \\ J_{max} \end{matrix} \right\rangle$$

como dado pela Equação (16.41) e, portanto, será

$$\left| \begin{matrix} J_{max} - 1 \\ J_{max} - 1 \end{matrix} \right\rangle = -\sqrt{\frac{j_2}{J_{max}}} \left| \begin{matrix} j_1 - 1 \\ j_1 \end{matrix} \right\rangle \left| \begin{matrix} j_2 \\ j_2 \end{matrix} \right\rangle + \sqrt{\frac{j_1}{J_{max}}} \left| \begin{matrix} j_1 \\ j_1 \end{matrix} \right\rangle \left| \begin{matrix} j_2 - 1 \\ j_2 \end{matrix} \right\rangle. \tag{16.42}$$

Nesse ponto, podemos observar que a função produzida pela Equação (16.42) poderia ter sido escrita com todos os sinais alterados, uma vez que o processo de ortogonalização não determina o sinal da função ortogonal. Isso só importa se quisermos correlacionar os sinais das nossas construções J, M com o trabalho de outros. Independentemente da nossa escolha dos sinais, podemos aplicar J_- para alcançar o conjunto completo dos valores de M, e depois continuar para estados de J menor até que o espaço m_1, m_2 esteja esgotado.

O resultado geral dos processos descritos é para obter cada autoestado J, M como uma combinação linear dos estados m_1, m_2 do mesmo M, de um modo resumido pela seguinte equação (escritas em uma notação menos trabalhosa agora que a necessidade de detalhes desapareceu):

$$|J, M\rangle = \sum_{m_1, m_2} C(j_1, j_2, J | m_1, m_2, M)|j_1, m_1; j_2, m_2\rangle. \tag{16.43}$$

Aqui $|j_1, m_1; j_2, m_2\rangle$ significa $|j_1, m_1\rangle |j_2, m_2\rangle$ e passamos para o coeficiente $C(j_1, j_2, J | m_1, m_2, M)$ a responsabilidade de desaparecer quando $m_1 + m_2 \neq M$. Assim, o somatório aparente duplo na Equação (16.43) é na verdade uma única soma. Os coeficientes na Equação (16.43) são chamados **coeficientes de Clebsch-Gordan**. Para resolver a ambiguidade de sinal resultante dos processos de ortogonalização, eles são definidos para ter sinais especificados pela convenção de fase de Condon-Shortley.

É importante perceber que todos os resultados desta seção permanecem válidos independentemente de j_1, j_2, ou ambos são integrais ou semi-inteiros. Por exemplo, se $j_1 = 1$ e $j_2 = \frac{1}{2}$ (correspondendo ao acoplamento do momento angular orbital e de spin do eléctron), os possíveis estados J, M serão um **quarteto** para $J = 3/2$ (com valores M +3/2, +1/2, –1/2, –3/2), e um **dupleto** para $J = 1/2$ (com valores M +1/2 e –1/2).

Uma segunda maneira de analisar os coeficientes de Clebsch-Gordan é identificá-los como os produtos escalares

$$C(j_1, j_2, J | m_1, m_2, M) = \langle J, M | j_1, m_1; j_2, m_2 \rangle. \tag{16.44}$$

Devido ao método utilizado para a construção de $|J, M\rangle$, podemos fazer uma observação adicional: Todos os coeficientes de Clebsch-Gordan serão reais, mesmo se as $|j_1, m_1\rangle$ e $|j_2, m_2\rangle$ utilizadas para sua construção não são.

A expansão de Clebsch-Gordan pode ser interpretada de outra maneira. Podemos visualizar os coeficientes de Clebsch-Gordan como os elementos de uma matriz de transformação que converte as funções da base m_1, m_2 naquelas da base J, M; como os dois conjuntos de base são ortonormais, a transformação deve ser unitária (e porque é real, ortogonal). Isso significa que a transformação inversa, $(J, M) \rightarrow (m_1, m_2)$, deve ter uma matriz de transformação que é a transposição daquela para a transformação para a frente $(m_1, m_2) \rightarrow (J, M)$. Isso significa que também temos a equação

$$|j_1, m_1; j_2, m_2\rangle = \sum_{JM} C(j_1, j_2, J | m_1, m_2, M) | J, M\rangle. \tag{16.45}$$

Essa equação está correta e corresponde à nossa discussão. Observe que em vez de inverter a ordem do índice da matriz de transformação, permutamos os conjuntos de índice que identificam as funções.

De passagem, fazemos mais um comentário. Embora os coeficientes de Clebsch-Gordan possam ser identificadas como formando uma matriz de transformação, note que suas linhas/colunas indexadoras diferem do padrão ao qual estamos acostumados, já que, em vez de rótulos que vão de 1 a n (a dimensão da transformação), estamos utilizando em uma dimensão o índice composto (m_1, m_2) e, na outra dimensão, a quantidade composta (J, M). Essa matriz de Clebsch-Gordan será um pouco esparsa (contendo muitos elementos de zero). Os zeros ocorrem porque os coeficientes desaparecem a menos que $M = m_1 + m_2$.

Há literatura significativa sobre o cálculo prático dos coeficientes de Clebsch-Gordan,[1] mas para tornar a discussão atual completa e simplesmente damos aqui uma fórmula geral fechada:

$$C(j_1, j_2, J | m_1, m_2, M) = F_1 F_2 F_3, \tag{16.46}$$

onde

$$F_1 = \sqrt{\frac{(j_1 + j_2 - J)!(J + j_1 - j_2)!(J + j_2 - j_1)!(2J + 1)}{(j_1 + j_2 + J + 1)!}}$$

$$F_2 = \sqrt{(J + M)!(J - M)!(j_1 + m_1)!(j_1 - m_1)!(j_2 + m_2)!(j_2 - m_2)!},$$

$$F_3 = \sum_s \frac{(-1)^s}{(j_1 - m_1 - s)!(j_2 + m_2 - s)!(J - j_2 + m_1 + s)!}$$
$$\times \frac{1}{(J - j_1 - m_2 + s)!(j_1 + j_2 - J - s)!s!}.$$

O somatório F_3 está ao longo de todos os valores inteiros de s para os quais todos os fatoriais têm argumentos não negativos (que serão integrais). A soma é, portanto, infinita na extensão e F_3 é uma forma fechada. A Equação (16.46) só deve ser usada para valores de parâmetro que satisfazem as condições de acoplamento e momento angular: j_1, j_2, J devem satisfazer a condição de triângulo, m_i deve ser da sequência $l_i, l_i - 1, ..., -l_i$ $(i = 1, 2)$, M deve ser de $J, J - 1, ..., -J$ e $M = m_1 + m_2$.

Por fim, chamamos atenção ao fato de que os coeficientes de Clebsch-Gordan têm simetrias que não são óbvias a partir do desenvolvimento anterior. Para expor as simetrias, é conveniente convertê-las nos símbolos $3j$ de Wigner, definidos como

$$\begin{pmatrix} j_1 & j_2 & j_3 \\ m_1 & m_2 & m_3 \end{pmatrix} = \frac{(-1)^{j_1 - j_2 - m_3}}{(2j_3 + 1)^{1/2}} C(j_1, j_2, j_3 | m_1, m_2, -m_3). \tag{16.47}$$

Uma discussão extensa sobre os símbolos $3j$ e grandezas relacionadas está além do escopo deste livro. Esse tema importante, mas avançado, é apresentado na maioria das fontes listadas em Leituras Adicionais.

Os símbolos $3j$ são invariantes sob permutações pares dos índices $(1, 2, 3)$, mas sob permutações ímpares $(1, 2, 3) \rightarrow (k, l, n)$ se transformam desta maneira:

$$\begin{pmatrix} j_1 & j_2 & j_3 \\ m_1 & m_2 & m_3 \end{pmatrix} = (-1)^{j_1 + j_2 + j_3} \begin{pmatrix} j_k & j_l & j_n \\ m_k & m_l & m_n \end{pmatrix}. \tag{16.48}$$

Eles também têm a seguinte simetria sob mudança de sinal dos seus índices inferiores:

$$\begin{pmatrix} j_1 & j_2 & j_3 \\ m_1 & m_2 & m_3 \end{pmatrix} = (-1)^{j_1 + j_2 + j_3} \begin{pmatrix} j_1 & j_2 & j_3 \\ -m_1 & -m_2 & -m_3 \end{pmatrix}. \tag{16.49}$$

---

[1] Ver Biedenharn e Louck, Brink e Satchler, Edmonds, Rose e Wigner em Leituras Adicionais. Os coeficientes de Clebsch-Gordan também são tabulados em muitos lugares, e podem ser facilmente pesquisados na Internet.

Tabela 16.1 Símbolos 3 j de Wigner

$$\begin{pmatrix} \frac{1}{2} & \frac{1}{2} & 1 \\ \frac{1}{2} & -\frac{1}{2} & 0 \end{pmatrix} = \frac{1}{\sqrt{6}} \qquad \begin{pmatrix} \frac{1}{2} & \frac{1}{2} & 1 \\ \frac{1}{2} & \frac{1}{2} & -1 \end{pmatrix} = -\frac{1}{\sqrt{3}} \qquad \begin{pmatrix} \frac{1}{2} & \frac{1}{2} & 0 \\ \frac{1}{2} & -\frac{1}{2} & 0 \end{pmatrix} = \frac{1}{\sqrt{2}}$$

$$\begin{pmatrix} 1 & \frac{1}{2} & -\frac{3}{2} \\ 1 & \frac{1}{2} & -\frac{3}{2} \end{pmatrix} = \frac{1}{2} \qquad \begin{pmatrix} 1 & \frac{1}{2} & -\frac{3}{2} \\ 1 & -\frac{1}{2} & -\frac{1}{2} \end{pmatrix} = -\frac{1}{\sqrt{12}} \qquad \begin{pmatrix} 1 & \frac{1}{2} & -\frac{3}{2} \\ 0 & \frac{1}{2} & -\frac{1}{2} \end{pmatrix} = -\frac{1}{\sqrt{6}}$$

$$\begin{pmatrix} 1 & 1 & 0 \\ 0 & 0 & 0 \end{pmatrix} = -\frac{1}{\sqrt{3}} \qquad \begin{pmatrix} 1 & 1 & 0 \\ 1 & -1 & 0 \end{pmatrix} = \frac{1}{\sqrt{3}} \qquad \begin{pmatrix} 1 & 1 & 1 \\ 0 & 0 & 0 \end{pmatrix} = 0$$

$$\begin{pmatrix} 1 & 1 & 1 \\ 1 & -1 & 0 \end{pmatrix} = \frac{1}{\sqrt{6}} \qquad \begin{pmatrix} 1 & 1 & 2 \\ 0 & 0 & 0 \end{pmatrix} = \sqrt{\frac{2}{15}} \qquad \begin{pmatrix} 1 & 1 & 2 \\ 1 & -1 & 0 \end{pmatrix} = \frac{1}{\sqrt{30}}$$

$$\begin{pmatrix} 1 & 1 & 2 \\ 1 & 0 & -1 \end{pmatrix} = -\frac{1}{\sqrt{10}} \qquad \begin{pmatrix} 1 & 1 & 2 \\ 1 & 1 & -2 \end{pmatrix} = \frac{1}{\sqrt{5}} \qquad \begin{pmatrix} 1 & 2 & 2 \\ 1 & -1 & 0 \end{pmatrix} = -\frac{1}{\sqrt{10}}$$

$$\begin{pmatrix} 1 & 2 & 2 \\ 1 & -2 & 1 \end{pmatrix} = \frac{1}{\sqrt{15}} \qquad \begin{pmatrix} 1 & 2 & 2 \\ 0 & 1 & -1 \end{pmatrix} = -\frac{1}{\sqrt{30}} \qquad \begin{pmatrix} 1 & 2 & 2 \\ 0 & 2 & -2 \end{pmatrix} = \sqrt{\frac{2}{15}}$$

$$\begin{pmatrix} 1 & 2 & 2 \\ 0 & 0 & 0 \end{pmatrix} = 0 \qquad \begin{pmatrix} 1 & 2 & 3 \\ 0 & 0 & 0 \end{pmatrix} = -\sqrt{\frac{3}{35}} \qquad \begin{pmatrix} 1 & 2 & 3 \\ 1 & -1 & 0 \end{pmatrix} = -\frac{1}{\sqrt{35}}$$

$$\begin{pmatrix} 1 & 2 & 3 \\ 1 & 0 & -1 \end{pmatrix} = \sqrt{\frac{2}{35}} \qquad \begin{pmatrix} 1 & 2 & 3 \\ 1 & -2 & 1 \end{pmatrix} = \frac{1}{\sqrt{105}} \qquad \begin{pmatrix} 1 & 2 & 3 \\ 1 & 1 & -2 \end{pmatrix} = -\sqrt{\frac{2}{21}}$$

$$\begin{pmatrix} 1 & 2 & 3 \\ 1 & 2 & -3 \end{pmatrix} = \frac{1}{\sqrt{7}} \qquad \begin{pmatrix} 1 & 2 & 3 \\ 0 & 1 & -1 \end{pmatrix} = \sqrt{\frac{8}{105}} \qquad \begin{pmatrix} 1 & 2 & 3 \\ 0 & 2 & -2 \end{pmatrix} = -\frac{1}{\sqrt{21}}$$

Embora alguns dos j_i possam ser semi-integrais, lembre-se de que j_3 deve ser igual a $j_1 + j_2$ ou diferir daqueles por um inteiro. Esse fato faz as potências de -1 nas Equações (16.47) a (16.49) serem integrais, assim esses fatores não são de valor múltiplo e as atribuições de sinal dos símbolos $3\,j$ são inequívocas. Essas relações de simetria tornam uma tabela dos símbolos $3\,j$ mais compacta do que um dos coeficientes de Clebsch-Gordan; essas tabelas podem ser encontradas na literatura[2] e uma pequena lista é incluída aqui, como a Tabela 16.1.

Encerramos esta seção com dois exemplos.

Exemplo 16.2.2   Dois Espinores

Esse exemplo descreve um problema que existe inteiramente em um espaço abstrato, ou seja, o acoplamento de duas partículas de spin $-\frac{1}{2}$ (por exemplo, elétrons) para formar estados de combinados de J definido. Deixar α representar um estado normalizado de partícula única com $j = \frac{1}{2}$, $m = +\frac{1}{2}$, com β um estado normalizado com $j = \frac{1}{2}$, $m = -\frac{1}{2}$, temos os seguintes quatro estados na base m_1, m_2:

$$M = 1: \qquad \alpha\alpha$$
$$M = 0: \qquad \alpha\beta \qquad \beta\alpha$$
$$M = -1: \qquad \beta\beta$$

Para todos os estados de duas partículas, o primeiro símbolo refere-se à partícula 1, o segundo à partícula 2. A partir da Equação (16.31) e do Exemplo 16.1.2, temos $j\_\alpha = \beta$, $j\_\beta = 0$, e podemos usar o seguinte rearranjo da

---

[2]Ver, por exemplo, M. Rotenberg, R. Bivins, N. Metropolis e J.K. Wooten, Jr., *The 3j- and 6j-Symbols.* Cambridge, MA: Massachusetts Institute of Technology Press (1959).

Equação (16.31) para lidar com os estados $| J, M |$. Novamente usamos uma notação em que a entrada inferior no ket é J; a entrada superior é M:

$$\left| \begin{matrix} M-1 \\ J \end{matrix} \right\rangle = \frac{1}{\sqrt{(J+M)(J-M+1)}} J_- \left| \begin{matrix} M \\ J \end{matrix} \right\rangle . \tag{16.50}$$

O valor máximo M nesse sistema é $M = +1$, assim o único estado desse valor M deve ter $J = 1$. Mostrando que $\left| \begin{matrix} 1 \\ 1 \end{matrix} \right\rangle = \alpha\alpha$. A partir dele, baixamos M:

$$\left| \begin{matrix} 1 \\ 1 \end{matrix} \right\rangle = \alpha\alpha,$$

$$\left| \begin{matrix} 0 \\ 1 \end{matrix} \right\rangle = \frac{1}{\sqrt{2}} J_- \left| \begin{matrix} 1 \\ 1 \end{matrix} \right\rangle = \frac{1}{\sqrt{2}} \beta\alpha + \frac{1}{\sqrt{2}} \alpha\beta,$$

$$\left| \begin{matrix} -1 \\ 1 \end{matrix} \right\rangle = \frac{1}{\sqrt{2}} J_- \left| \begin{matrix} 0 \\ 1 \end{matrix} \right\rangle = \frac{1}{\sqrt{2}} \left[\frac{1}{\sqrt{2}} \beta\beta + \frac{1}{\sqrt{2}} \beta\beta \right] = \beta\beta.$$

Esses são os membros bem conhecidos do multipleto de spin $S = 1$, que é conhecido como **tripleto**. Em $M = 0$, em que havia dois estados m_1, m_2, o estado ortogonal a $\left| \begin{matrix} 0 \\ 1 \end{matrix} \right\rangle$ deve ser o estado $\left| \begin{matrix} 0 \\ 0 \end{matrix} \right\rangle$.

Embora não haja uma representação inteiramente explícita dos estados α e β, sabemos que eles são autoestados normalizados de um operador hermitiano (J_z) com diferentes autovalores e, portanto, eles devem ser ortogonais. Assim, podemos aplicar o processo de Gram-Schmidt ao subespaço $M = 0$, usando as relações

$$\langle \alpha | \alpha \rangle = \langle \beta | \beta \rangle = 1, \quad \langle \alpha | \beta \rangle = 0.$$

Descobrimos facilmente que a função normalizada ortogonal a $(\alpha\beta + \beta\alpha)/\sqrt{2}$ é $(\alpha\beta - \beta\alpha)/\sqrt{2}$. É o único membro do multipleto $S = 0$ e, portanto, é conhecido como **singleto**. Observe que não foi necessário saber nada de específico sobre operadores de spin para realizar essa análise.

Nosso quadro dos estados agora pode ser escrito na base J, M:

	$J = 1$	$J = 0$
$M = 1$	$\alpha\alpha$	
$M = 0$	$(\alpha\beta + \beta\alpha)/\sqrt{2}$	$(\alpha\beta - \beta\alpha)/\sqrt{2}$
$M = -1$	$\beta\beta$	

A partir do quadro J, M, podemos ler os coeficientes de Clebsch-Gordan:

$$C\left(\tfrac{1}{2}, \tfrac{1}{2}, 1 \middle| \tfrac{1}{2}, \tfrac{1}{2}, 1 \right) = 1$$

$$C\left(\tfrac{1}{2}, \tfrac{1}{2}, 1 \middle| \tfrac{1}{2}, -\tfrac{1}{2}, 0 \right) = C\left(\tfrac{1}{2}, \tfrac{1}{2}, 1 \middle| -\tfrac{1}{2}, \tfrac{1}{2}, 0 \right) = \frac{1}{\sqrt{2}}$$

$$C\left(\tfrac{1}{2}, \tfrac{1}{2}, 0 \middle| \tfrac{1}{2}, -\tfrac{1}{2}, 0 \right) = -C\left(\tfrac{1}{2}, \tfrac{1}{2}, 1 \middle| -\tfrac{1}{2}, \tfrac{1}{2}, 0 \right) = \frac{1}{\sqrt{2}}$$

$$C\left(\tfrac{1}{2}, \tfrac{1}{2}, 1 \middle| -\tfrac{1}{2}, -\tfrac{1}{2}, -1 \right) = 1$$

Esses coeficientes também podem ser obtidos da nossa tabela de símbolos $3j$. Usando a Equação (16.47), descobrimos que os coeficientes para $| J = 1, M = 0 \rangle$ são

$$C\left(\tfrac{1}{2}, \tfrac{1}{2}, 1 \middle| \tfrac{1}{2}, -\tfrac{1}{2}, 0 \right) = \sqrt{3} \begin{pmatrix} \tfrac{1}{2} & \tfrac{1}{2} & 1 \\ \tfrac{1}{2} & -\tfrac{1}{2} & 0 \end{pmatrix},$$

$$C\left(\tfrac{1}{2}, \tfrac{1}{2}, 1 \middle| -\tfrac{1}{2}, \tfrac{1}{2}, 0 \right) = \sqrt{3} \begin{pmatrix} \tfrac{1}{2} & \tfrac{1}{2} & 1 \\ -\tfrac{1}{2} & \tfrac{1}{2} & 0 \end{pmatrix}.$$

Ambos desses símbolos 3 j correspondem à mesma entrada na Tabela 16.1, e as regras de simetria dão a cada uma o valor $+1/\sqrt{6}$. Portanto, ambos os coeficientes de Clebsch-Gordan são avaliados para $\sqrt{3}/\sqrt{6}$, ou, como esperado, $1/\sqrt{2}$.

Para $|J = 0, M = 0\rangle$, temos, mais uma vez recorrendo à Equação (16.47),

$$C\left(\tfrac{1}{2}, \tfrac{1}{2}, 0 \middle| \tfrac{1}{2}, -\tfrac{1}{2}, 0\right) = \begin{pmatrix} \tfrac{1}{2} & \tfrac{1}{2} & 0 \\ \tfrac{1}{2} & -\tfrac{1}{2} & 0 \end{pmatrix},$$

$$C\left(\tfrac{1}{2}, \tfrac{1}{2}, 0 \middle| -\tfrac{1}{2}, \tfrac{1}{2}, 0\right) = \begin{pmatrix} \tfrac{1}{2} & \tfrac{1}{2} & 0 \\ -\tfrac{1}{2} & \tfrac{1}{2} & 0 \end{pmatrix}.$$

Novamente, esses símbolos 3 j correspondem à mesma entrada tabulada (com valor $1/\sqrt{2}$), mas dessa vez as regras de simetria fazem com que eles tenham os valores respectivos $+1/\sqrt{2}$ e $-1/\sqrt{2}$, de acordo com nossa avaliação explícita. ∎

Exemplo 16.2.3 ACOPLAMENTO DOS ELÉTRONS P E D

Como a maioria dos estudantes de física sabe, um estado p é um autoestado de momento angular com $l = 1$ (assim m pode ser 1, 0 ou −1). As três funções normalizadas que constituem seu multipleto são frequentemente denotadas por p_+, p_0 e p_-. Um estado d tem $l = 2$; denotamos os cinco membros normalizados do multipleto d_{+2}, d_+, d_0, d_- e d_{-2}. A base m_1, m_2 tem 15 membros; agrupados de acordo com seus valores M, Eles consistem em

$$
\begin{array}{lll}
M = +3 & p_+d_{+2} & \\
M = +2 & p_+d_+ & p_0d_{+2} \\
M = +1 & p_+d_0 & p_0d_+ \quad p_-d_{+2} \\
M = 0 & p_+d_- & p_0d_0 \quad p_-d_+ \\
M = -1 & p_+d_{-2} & p_0d_- \quad p_-d_0 \\
M = -2 & p_0d_{-2} & p_-d_- \\
M = -3 & p_-d_{-2} &
\end{array}
$$

Esse é o mesmo acoplamento de momentos angulares $j = 1$ e $j = 2$, que foi introduzido no início da subseção intitulada Modelo Vetorial, mas agora estamos ilustrando como realizar os cálculos de acoplamento utilizando coeficientes de Clebsch-Gordan e 3 símbolos j. A partir desse diagrama, esperamos um multipleto com $J = 3$ que, em espectroscopia atômica, é denotado por F (estados de momento angular orbital multipartícula designados usando letras maiúsculas); um com $J = 2$ (chamado D), e um com $J = 1$ (chamado P). Nosso plano é construí-los utilizando os 3 símbolos j indicados na Tabela 16.1.

Começamos escrevendo, na notação $|J, M\rangle$, os membros do multipleto F com $M \geq 1$ em termos dos coeficientes de Clebsch-Gordan (aqueles para $M < 1$ não levantam novos e importantes pontos):

$$|3,3\rangle = C(1,2,3|1,2,3)p_+d_{+2},$$

$$|3,2\rangle = C(1,2,3|1,1,2)p_+d_+ + C(1,2,3|0,2,2)p_0d_{+2},$$

$$|3,1\rangle = C(1,2,3|1,0,1)p_+d_0 + C(1,2,3|0,1,1)p_0d_+ + C(1,2,3|-1,2,1)p_-d_{+2}.$$

Os membros do multipleto D e P para $M \geq 1$ são

$$|2,2\rangle = C(1,2,2|1,1,2)p_+d_+ + C(1,2,2|0,2,2)p_0d_{+2},$$

$$|2,1\rangle = C(1,2,2|1,0,1)p_+d_0 + C(1,2,2|0,1,1)p_0d_+ + C(1,2,2|-1,2,1)p_-d_{+2},$$

$$|1,1\rangle = C(1,2,1|1,0,1)p_+d_0 + C(1,2,1|0,1,1)p_0d_+ + C(1,2,1|-1,2,1)p_-d_{+2}.$$

Nós então expressamos os coeficientes de Clebsch-Gordan em termos dos 3 símbolos j. Fazendo apenas alguns representativos, usando a Equação (16.47) e então as regras de simetria, Equações (16.48) e (16.49),

$$C(1, 2, 3|1, 2, 3) = +\sqrt{7} \begin{pmatrix} 1 & 2 & 3 \\ 1 & 2 & -3 \end{pmatrix} = 1,$$

$$C(1, 2, 2|1, 1, 2) = -\sqrt{5} \begin{pmatrix} 1 & 2 & 2 \\ 1 & 1 & -2 \end{pmatrix} = +\sqrt{5} \begin{pmatrix} 1 & 2 & 2 \\ 1 & -2 & 1 \end{pmatrix} = \sqrt{\frac{1}{3}},$$

$$C(1, 2, 1|-1, 2, 1) = \sqrt{3} \begin{pmatrix} 1 & 2 & 1 \\ -1 & 2 & -1 \end{pmatrix} = \sqrt{3} \begin{pmatrix} 1 & 1 & 2 \\ 1 & 1 & -2 \end{pmatrix} = \sqrt{\frac{3}{5}}.$$

Substituindo esses e outros coeficientes de Clebsch-Gordan nas fórmulas para $|J, M\rangle$, obtemos os resultados finais:

$$|3, 3\rangle = p_+ d_{+2},$$

$$|3, 2\rangle = \sqrt{\frac{1}{3}} p_0 d_{+2} + \sqrt{\frac{2}{3}} p_+ d_+,$$

$$|3, 1\rangle = \sqrt{\frac{1}{15}} p_- d_{+2} + \sqrt{\frac{8}{15}} p_0 d_+ + \sqrt{\frac{2}{5}} p_+ d_0,$$

$$|2, 2\rangle = -\sqrt{\frac{2}{3}} p_0 d_{+2} + \sqrt{\frac{1}{3}} p_+ d_+.$$

$$|2, 1\rangle = -\sqrt{\frac{1}{3}} p_- d_{+2} - \sqrt{\frac{1}{6}} p_0 d_+ + \sqrt{\frac{1}{2}} p_+ d_0,$$

$$|1, 1\rangle = \sqrt{\frac{3}{5}} p_- d_{+2} - \sqrt{\frac{3}{10}} p_0 d_+ + \sqrt{\frac{1}{10}} p_+ d_0.$$

O leitor pode verificar que os estados do mesmo M, mas diferente J, têm a ortogonalidade exigida. Também é fácil verificar que todos esses estados $|J, M\rangle$ estão normalizados. ∎

Exercícios

16.2.1 Derive relações de recorrência para os coeficientes de Clebsch-Gordan. Use-os para calcular $C(11J \mid m_1 m_2 M)$ para $J = 0, 1, 2$.
Dica: Use os elementos matriciais conhecidos de $J_+ = J_{1+} + J_{2+}, J_{i+}$, e $\mathbf{J}^2 = (\mathbf{J}_1 + \mathbf{J}_2)^2$ etc.

16.2.2 Definindo $(Y_l \chi)_J^M$ pela fórmula

$$(Y_l \chi)_J^M = \sum C(l \tfrac{1}{2} J \mid m_l m_s M) Y_{l m_l} \chi_{m_s},$$

em que $\chi_{\pm 1/2}$ são as autofunções de spin para cima e para baixo de $\sigma_3 = \sigma_Z$, mostre que é $(Y_l \chi)_J^M$ é uma autofunção J, M.

16.2.3 Encontre os estados (j, m) de um elétron p ($l = 1$), em que o momento angular orbital do eléctron é acoplado ao seu momento angular de spin ($s = 1/2$) para formar estados cujos rótulos convencionais são $^2 p_{1/2}$ e $^2 p_{3/2}$. A notação é da forma geral $^{2s+1}$ (símbolo)$_j$, em que "símbolo" é aquele indicando o valor I (isto é: $s, p, \ldots$).

16.2.4 Repita o Exercício 16.2.3 para $l = 1$, $s = 3/2$. Aplique os rótulos convencionais aos estados j, m.

16.2.5 Um átomo de deutério consiste em um próton, um nêutron e um elétron. Cada uma dessas partículas tem spin 1/2. O acoplamento desses três spins pode produzir valores j de 3/2 e 1/2. Consideramos aqui apenas estados sem nenhum momento angular orbital.

(a) Mostre que esses estados J, M consistem em um quarteto ($J = 3/2$) e **dois** dupletos linearmente independentes ($J = 1/2$).
Dica: Crie um diagrama do modelo vetorial.

(b) Uma maneira de analisar esse problema é acoplar os spins do próton e do nêutron para formar um tripleto ou singleto nuclear, e então acoplar o spin nuclear resultante com o spin do elétron. Encontre os estados que são obtidos dessa maneira (designe os estados de partícula única p_α, p_β, n_α, n_β, e_α, e_β).

(c) Outra maneira de analisar esse problema é acoplar os spins do próton e do elétron para formar um tripleto ou singleto atômico, e então acoplar esse resultante com o spin do nêutron. Encontre os estados que resultam desse esquema de acoplamento.

(d) Mostre que os esquemas de acoplamento das partes (b) e (c) abrangem o mesmo espaço de Hilbert. *Nota:* As energias de interação real entre esses momentos angulares fazem o esquema da parte (b) ser a melhor maneira de tratar esse problema (o estado do tripleto nuclear é substancialmente mais estável), e o sistema realmente se parece com um núcleo de deutério de 1 spin mais um elétron.

16.3   Tensores Esféricos

Já vimos que o conjunto de harmônicos esféricos de dado l transforma em si mesmo sob rotações. Vamos agora buscar essa ideia mais formalmente. No Capítulo 3, vimos que rotações poderiam ser caracterizadas pelas matrizes de transformação unitária 3×3 que transformam um conjunto de coordenadas (sua base) no novo conjunto correspondendo à rotação. Essas matrizes podem ser vistas como tensores de segunda ordem, mas como estão restritos a transformações rotacionais, eles também são conhecidos como **tensores esféricos**.

Agora queremos considerar tensores esféricos que transformam conjuntos mais gerais de objetos sob rotação e, em particular, os tensores esféricos que têm harmônicos esféricos como bases. Nossos novos tensores esféricos terão então dimensões além de 3×3; na verdade, eles devem existir em todos os tamanhos que correspondem aos conjuntos das autofunções do momento angular.

Como já observamos que um conjunto de autofunções do momento angular de um determinado J não pode ser decomposto em subconjuntos que se transforma apenas entre elas mesmas sob rotação, vamos um passo adiante e chamaremos nossos tensores esféricos **irredutíveis**.

Continuando para as autofunções gerais de momento angular $\mid L, M \mid$, que supomos serem representáveis no espaço 3-D como harmônicos esféricos ou objetos construídos a partir deles por acoplamento de momento angular, podemos escrever a seguinte equação definidora para o tensor esférico que descreve o efeito de uma rotação coordenada R em $\mid L, M \mid$:

$$\mathsf{R}|L, M\rangle = \sum_{M'} D^L_{M'M}(\mathsf{R})|L, M'\rangle. \tag{16.51}$$

Se $\mid L, M \rangle$ forem na verdade harmônicos esféricos (e não objetos mais complicados resultantes de acoplamento do momento angular), a Equação (16.51) também pode ser escrita como

$$Y_l^m(\mathsf{R}\Omega) = \sum_{m'} D^l_{m'm}(\mathsf{R})Y_l^{m'}(\Omega). \tag{16.52}$$

Como não precisamos nos envolver com os detalhes da ação de R nas coordenadas, simplesmente substituímos (θ, φ) pelo símbolo genérico Ω e escrevemos $\mathsf{R}\Omega$ para indicar as coordenadas (θ', φ') que descrevem o ponto que foi rotulado (θ, φ) no sistema não rotacionado. Para qualquer dado l, $D^l_{m'm}(\mathsf{R})$ pode ser considerado um elemento de uma matriz quadrada de dimensão $2l + 1$ com linhas e colunas marcadas por índices m' e m cujos intervalos são $(-l,..., +l)$, não a sequência mais habitual a partir de 1. $D^l_{m'm}(\mathsf{R})$ são unitárias, uma vez que descrevem uma transformação entre dois conjuntos ortonormais. Como Eugene Wigner foi um dos primeiros a explorá-los, às vezes são chamadas matrizes de Wigner. Há extensa literatura (ver Leituras Adicionais) sobre relacionamentos satisfeitos por $D^l_{m'm}(\mathsf{R})$ e em fórmulas para sua avaliação. Um tópico relacionado incluído neste livro é a fórmula, Equação (3.37), que dá a transformação da base x, y, z por uma rotação através dos ângulos de Euler α, β, γ.

Teorema da Adição

A Equação (16.52) pode ser utilizada para estabelecer as propriedades importantes da invariância rotacional. Por exemplo, considere uma quantidade definida como A

$$A = \sum_m Y_l^m(\Omega_1)^* Y_l^m(\Omega_2), \tag{16.53}$$

onde Ω_1 e Ω_2 dois conjuntos independentes de coordenadas angulares. Aplicamos uma rotação R ao sistema de coordenadas, denotando o resultado RA, e avaliando o lado direito usando a Equação (16.52):

$$\text{R}A = \sum_m \left(\sum_\mu D^l_{\mu m}(\text{R}) Y^\mu_l(\Omega_1) \right)^* \left(\sum_\nu D^l_{\nu m}(\text{R}) Y^\nu_l(\Omega_2) \right). \tag{16.54}$$

Agora reordenamos os somatórios na Equação (16.54) e, na segunda linha da Equação (16.55), usamos o fato de que D é unitário para mudar D* para a transposta de D^{-1}, levando assim à simplificação na terceira linha. Temos

$$\text{R}A = \sum_{\mu\nu} \left(\sum_m D^l_{\mu m}(\text{R})^* D^l_{\nu m}(\text{R}) \right) Y^\mu_l(\Omega_1)^* Y^\nu_l(\Omega_2)$$

$$= \sum_{\mu\nu} \left(\sum_m \left[\mathsf{D}^l(\text{R})^{-1} \right]_{m\mu} \left[\mathsf{D}^l(\text{R}) \right]_{\nu m} \right) Y^\mu_l(\Omega_1)^* Y^\nu_l(\Omega_2)$$

$$= \sum_{\mu\nu} \delta_{\mu\nu} Y^\mu_l(\Omega_1)^* Y^\nu_l(\Omega_2) = \sum_\mu Y^\mu_l(\Omega_1)^* Y^\mu_l(\Omega_2) = A. \tag{16.55}$$

Isso mostra que A é rotacionalmente invariante, e é o ponto de partida para uma explicação do porquê um subnível atômico totalmente ocupado (partículas que ocupam todos os valores de m para um determinado l) leva a uma distribuição geral esfericamente simétrica.

A invariância rotacional de A faz com que seja mais fácil avaliá-la, porque podemos fazer isso em uma orientação coordenada para a qual o cálculo é relativamente simples. Vamos girar as coordenadas para colocar Ω_1 na direção polar (assim agora $\theta_1 = 0$), e o valor θ de Ω_2 nas coordenadas rotacionadas será igual ao ângulo χ entre as direções Ω_1 e Ω_2, o que não é afetado por uma rotação coordenada. Nesse novo conjunto de coordenadas, $Y^m_l(\Omega_1)$ é $Y^m_l(0,\varphi)$ e é dada, de acordo com a Equação (15.148), como

$$Y^m_l(\Omega_1) = \sqrt{\frac{2l+1}{4\pi}} \delta_{m0}.$$

O somatório na Equação (16.53), portanto, se reduz a seu termo $m = 0$, e a única contribuição de Ω_2 necessária é $Y^0_l(\chi, \varphi_2)$. Entretanto, como $m = 0$, esse Y não depende de φ_2, e tem o valor não ambíguo, a partir da Equação (15.137),

$$Y^0_l(\chi, \varphi_2) = \sqrt{\frac{2l+1}{4\pi}} P_l(\cos\chi).$$

Esses resultados permitem obter

$$A = \frac{2l+1}{4\pi} P_l(\cos\chi), \tag{16.56}$$

que, por causa da invariância rotacional, permanece verdadeira se o sistema de coordenadas foi ou não rotacionado. Inserindo a fórmula original para A, e resolvendo a Equação (16.56) para $P_l(\cos\chi)$, obtemos o **teorema da adição de harmônico esférico**

$$P_l(\cos\chi) = \frac{4\pi}{2l+1} \sum_m Y^m_l(\Omega_1)^* Y^m_l(\Omega_2), \tag{16.57}$$

em que χ é o ângulo entre as direções Ω_1 e Ω_2.

Exemplo 16.3.1   Ângulo entre Dois Vetores

Um caso especial útil do teorema da adição é para $l = 1$, para o qual $P_1(\cos \chi) = \cos\chi$. Em seguida, escrevendo $\Omega_i \equiv \theta i, \varphi_i$, e avaliando todos os harmônicos esféricos no lado direito da Equação (16.57), temos

$$\cos \chi = \frac{1}{2} \left(\operatorname{sen} \theta_1 e^{-i\varphi_1} \right)^* \left(\operatorname{sen} \theta_2 e^{-i\varphi_2} \right) + \cos \theta_1 \cos \theta_2$$

$$+ \frac{1}{2} \left(-\operatorname{sen} \theta_1 e^{i\varphi_1} \right)^* \left(-\operatorname{sen} \theta_2 e^{i\varphi_2} \right)$$

$$= \cos \theta_1 \cos \theta_2 + \frac{1}{2} \operatorname{sen} \theta_1 \operatorname{sen} \theta_2 \left(e^{i(\varphi_1 - \varphi_2)} + e^{i(\varphi_2 - \varphi_1)} \right). \qquad (16.58)$$

Isso se reduz à fórmula padrão para o ângulo χ entre as direções (θ_1, φ_1) e (θ_1, φ_1)

$$\cos \chi = \cos \theta_1 \cos \theta_2 + \operatorname{sen} \theta_1 \operatorname{sen} \theta_2 \cos(\varphi_2 - \varphi_1). \qquad (16.59)$$

∎

Expansão de Onda Esférica

Uma importante aplicação do teorema da adição é a **expansão de onda esférica**, que afirma

$$e^{i\mathbf{k}\cdot\mathbf{r}} = 4\pi \sum_{l=0}^{\infty} \sum_{m=-l}^{l} i^l j_l(kr) Y_l^m(\Omega_k)^* Y_l^m(\Omega_r) \qquad (16.60)$$

$$= 4\pi \sum_{l=0}^{\infty} \sum_{m=-l}^{l} i^l j_l(kr) Y_l^m(\Omega_k) Y_l^m(\Omega_r)^*. \qquad (16.61)$$

Aqui k e r são as grandezas de $\mathbf{k}$ e $\mathbf{r}$, e Ω_k, Ω_r denotam suas respectivas coordenadas angulares. As duas formas mostradas são equivalentes porque uma mudança no sinal de m muda cada harmônico para seu conjugado complexo (possivelmente com ambos os harmônicos passando por uma mudança de sinal). A quantidade $j_l(kr)$ é uma função esférica de Bessel. Essa fórmula é particularmente útil porque expressa a onda plana no lado esquerdo como uma série de ondas esféricas. Essa conversão é útil para problemas de espalhamento em que uma onda plana, incidente sobre um centro de espalhamento, produz ondas esféricas de saída com diferentes componentes harmônicas esféricas (chamadas **ondas parciais**).

Para estabelecer a Equação (16.61), escrevemos $\mathbf{k} \cdot \mathbf{r}$ como $kr \cos\chi$, em que χ é o ângulo entre $\mathbf{k}$ e $\mathbf{r}$, e então expandimos $\exp(Ikr \cos\chi)$ como uma série de polinômios de Legendre:

$$e^{ikr \cos \chi} = \sum_{l=0}^{\infty} c_l P_l(\cos \chi), \qquad (16.62)$$

com os coeficientes c_l dados por

$$c_l = \frac{2l + 1}{2} \int_{-}^{1} e^{ikrt} P_l(t) dt. \qquad (16.63)$$

Agora reconhecemos que a integral na Equação (16.63) é proporcional a uma representação integral de j_l que foi o tema de Exercício 15.2.26 e que repetimos aqui:

$$j_l(x) = \frac{i^{-l}}{2} \int_{-1}^{1} e^{ixt} P_l(t) dt. \qquad (16.64)$$

Isso nos permite avaliar c_l, obtendo

$$c_l = (2l + 1) i^l j_l(kr).$$

Inserindo essa expressão para c_l na Equação (16.62) e substituindo $P_l (\cos\chi)$ nessa equação por sua equivalente dada pelo teorema da adição, Equação (16.57), temos a verificação desejada da Equação (16.61).

Expansão Harmônica Esférica de Laplace

Outra aplicação do teorema da adição é para a expansão de Laplace, em que no Capítulo 15 descobrimos que a distância entre os pontos inversos $\mathbf{r}_1$ e $\mathbf{r}_2$ poderia ser expandida em polinômios de Legendre:

$$\frac{1}{|\mathbf{r}_1 - \mathbf{r}_2|} = \sum_{l=0}^{\infty} \frac{r_<^l}{r_>^{l+1}} P_l(\cos\chi). \tag{16.65}$$

Aqui $\mathbf{r}_1$ e $\mathbf{r}_2$ são medidos a partir de uma origem comum, com as respectivas grandezas r_1 e r_2; χ é o ângulo entre $\mathbf{r}_1$ e $\mathbf{r}_2$. Definimos $r_>$ e $r_<$, respectivamente, como o maior e o menor de r_1 e r_2. Se, agora, inserirmos o teorema da adição, levamos essa expansão à forma

$$\frac{1}{|\mathbf{r}_1 - \mathbf{r}_2|} = \sum_{l=0}^{\infty} \frac{4\pi}{2l+1} \frac{r_<^l}{r_>^{l+1}} \sum_{m=-l}^{l} Y_l^m(\Omega_1)^* Y_l^m(\Omega_2), \tag{16.66}$$

em que Ω_1 e Ω_2 são as coordenadas angulares de $\mathbf{r}_1$ e $\mathbf{r}_2$ em um sistema de coordenadas de orientação arbitrária.

Exemplo 16.3.2 Função Esférica de Green

Uma expansão explícita da função de Green para a equação 3-D de Laplace pode ser obtida considerando sua equação definidora

$$\nabla_1^2 G(\mathbf{r}_1, \mathbf{r}_2) = \delta(r_1 - r_2) \frac{\delta(\Omega_1 - \Omega_2)}{r_1^2}, \tag{16.67}$$

em que escrevemos ∇_1 para lembrar o leitor de que ela age somente em $\mathbf{r}_1$. Além disso, note que no lado direito o fator $1/r_1^2$ é inserido para ajustar a função delta angular para a escala unitária; ela poderia igualmente ter sido escrita $1/r_2^2$ por causa também da presença de $\delta(r_1 - r_2)$.

Vamos agora inserir na Equação (16.67) a seguinte expansão geral para $G(\mathbf{r}_1, \mathbf{r}_2)$:

$$G(\mathbf{r}_1, \mathbf{r}_2) = \sum_{lm} \sum_{l'm'} g_{ll'mm'}(r_1, r_2) Y_{l'}^{m'}(\Omega_1) Y_l^m(\Omega_2)^*,$$

e a expansão do Exercício 16.3.9 para a função delta angular:

$$\delta(\Omega_1 - \Omega_2) = \sum_{lm} Y_l^m(\Omega_1) Y_l^m(\Omega_2)^*.$$

Nós também escrevemos a laplaciana na forma

$$\nabla_1^2 = \frac{\partial^2}{\partial r_1^2} + \frac{2}{r_1} \frac{\partial}{\partial r_1} - \frac{\mathbf{L}_1^2}{r_1^2},$$

em que $\mathbf{L}_1$ opera somente nas funções de Ω_1.

Em seguida, discutiremos os produtos escalares da equação expandida resultante com todos os possíveis harmônicos esféricos tanto de Ω_1 quanto de Ω_2, e também observaremos que $Y_l^m(\Omega_1)$ é uma autofunção de $\mathbf{L}_1^2$ com autovalor $l(l+1)$. Descobrimos que muitos termos se anulam, assim os produtos escalares levam, para cada l e m, ao seguinte resultado:

$$\left[\frac{d^2}{dr_1^2} + \frac{2}{r_1} \frac{d}{dr_1} - l(l+1) \right] g_l(r_1, r_2) = \delta(r_1 - r_2). \tag{16.68}$$

Inserimos os quatro índices originais de $g_{ll'mm'}(r_1, r_2)$ no único índice l, porque todas as instâncias da Equação (16.68) com $l \neq l'$ ou $m \neq m'$ desaparecem, e g tem o mesmo valor para todo m.

A Equação (16.68) é para cada l de uma ODE que, com condições de contorno $g = 0$ em $r = 0$ e $r = \infty$, define as **funções esféricas de Green** que identificamos na Seção 10.2. Como a equação homogênea correspondente à Equação (16.68) tem soluções r^l e r^{-l-1}, sua função de Green deve ter a forma

$$g(r_1, r_2) = A_l \frac{r_<^l}{r_>^{l+1}}, \qquad (16.69)$$

com $A_l = -1/(2l+1)$, um resultado que pode ser obtido aplicando a Equação (10.19).

Comparando a Equação (16.66) com o resultado para $G(\mathbf{r}_1, \mathbf{r}_2)$ obtido usando a Equação (16.69), agora temos ainda uma outra maneira de verificar o resultado conhecido da lei de Coulomb:

$$G(\mathbf{r}_1, \mathbf{r}_2) = -\sum_{l=0}^{\infty} \frac{1}{2l+1} \frac{r_<^l}{r_>^{l+1}} \sum_{m=-l}^{l} Y_l^m(\Omega_1)^* Y_l^m(\Omega_2) \qquad (16.70)$$

$$= -\frac{1}{4\pi} \frac{1}{|\mathbf{r}_1 - \mathbf{r}_2|}. \qquad (16.71)$$

■

Multipolos Gerais

Agora estamos prontos para retornar à expansão multipolar. Dado um conjunto de cargas q_i nos respectivos pontos $\mathbf{r}_i$, todos localizados dentro de uma esfera de raio a centrada na origem de um sistema de coordenadas polares esféricas, agora consideramos o cálculo do potencial eletrostático $\psi(\mathbf{r})$ nos pontos fora da esfera, isto é, nos pontos $\mathbf{r}$ de tal modo que $r > a$. Nosso ponto de partida é a expansão de Laplace de $1/|\mathbf{r}_1 - \mathbf{r}_2|$ na forma apresentada como a Equação (16.66). Uma vez que para todo r_i temos $r_i < r$, podemos escrever

$$\psi(\mathbf{r}) = \frac{1}{4\pi\epsilon_0} \sum_i q_i \sum_{l=0}^{\infty} \frac{4\pi}{2l+1} \frac{r_i^l}{r^{l+1}} \sum_{m=-l}^{l} Y_l^m(\theta_i, \varphi_i)^* Y_l^m(\theta, \varphi)$$

$$= \frac{1}{4\pi\varepsilon_0} \sum_{l=0}^{\infty} \sum_{m=-l}^{l} \frac{4\pi}{2l+1} \left[\sum_i q_i r_i^l Y_l^m(\theta_i, \varphi_i)^* \right] \frac{Y_l^m(\theta, \varphi)}{r^{l+1}}. \qquad (16.72)$$

Vemos que essa substituição fez todo o efeito das cargas q_i estar localizado nas expressões

$$M_l^m = \frac{4\pi}{2l+1} \sum_i q_i r_i^l Y_l^m(\theta_i, \varphi_i)^*, \qquad (16.73)$$

de modo que o potencial devido a q_i, para os pontos mais longes de $r = 0$ do que todas as cargas, assume a forma compacta,

$$\psi(\mathbf{r}) = \frac{1}{4\pi\varepsilon_0} \sum_{l=0}^{\infty} \sum_{m=-l}^{l} M_l^m \frac{Y_l^m(\theta, \varphi)}{r^{l+1}}. \qquad (16.74)$$

A Equação (16.74) é chamada **expansão multipolar**, e as M_l^m são conhecidas como **momentos multipolares** da distribuição de carga. Nesse ponto, notamos que diferentes autores definem os momentos multipolares com diferentes escaladas, compondo a diferença pela inclusão de um fator adequado nas suas fórmulas correspondendo à Equação (16.74). Uma razão para a variedade das notações é que M_l^m como definida na Equação (16.73), o que leva a fórmulas mais simples, não gerou os momentos de baixa ordem nas suas escalas "tradicionais". Por exemplo, o momento monopolar, M_0^0, é avaliado para $(4\pi)^{1/2}$ vezes a carga total, enquanto M_1^0, a componente z do momento dipolar, é da forma $(4\pi/3)^{1/2} \sum_i q_i z_i$.

De interesse mais fundamental é a relação entre os momentos multipolares e as formas cartesianas que podem representá-los. Procedemos considerando a M_l^m que resultam de uma carga unitária colocada em (x, y, z). Usando as representações cartesianas dos harmônicos esféricos apresentados na Tabela 15.4, as primeiras poucas M_l^m têm as formas dadas aqui:

$$M_2^2 = \left(\frac{3\pi}{10}\right)^{1/2}(x^2 - y^2 + 2ixy)$$

$$M_1^1 = -\left(\frac{2\pi}{3}\right)^{1/2}(x + iy) \qquad M_2^1 = -\left(\frac{3\pi}{40}\right)^{1/2}z(x + iy)$$

$$M_0^0 = (4\pi)^{1/2} \qquad M_1^0 = \left(\frac{4\pi}{3}\right)^{1/2}z \qquad M_2^0 = \left(\frac{4\pi}{5}\right)^{1/2}\left[\frac{2z^2 - x^2 - y^2}{2}\right]$$

$$M_1^{-1} = \left(\frac{2\pi}{3}\right)^{1/2}(x - iy) \qquad M_2^{-1} = \left(\frac{3\pi}{40}\right)^{1/2}z(x - iy)$$

$$M_2^{-2} = \left(\frac{3\pi}{10}\right)^{1/2}(x^2 - y^2 - 2ixy)$$

O primeiro ponto a salientar é que, para qualquer valor l, a representação cartesiana de cada M_l^m envolve um polinômio homogêneo de grau combinado l em x, y e z. Obviamente, é necessário que a M_l^m de diferentes m sejam linearmente independentes, e vemos que para $l = 0$ e $I = 1$, o número de monomios independentes é igual a $2l + 1$, o número de valores m. Especificamente, para $l = 0$ temos apenas o monomial 1, enquanto para $l = 1$ temos x, y e z. No entanto, para $l = 2$, existem seis monomios independentes (x^2, y^2, z^2, xy, xz, yz), mas apenas cinco valores de m. A discrepância é resolvida pela observação de que uma combinação linear desses monomios, ou seja, $r^2 = x^2 + y^2 + z^2$, permanece invariante em todas as rotações das coordenadas e, portanto, tem diferentes propriedades de simetria do que o ortogonal do espaço de cinco dimensões de r^2. Na verdade, r^2 tem a mesma simetria que M_0^0, mas tem uma dependência r errada a fim de contribuir para uma solução da equação de Laplace (e, portanto, o potencial de uma distribuição de carga).

Se tivéssemos de continuar para $l = 3$, descobriríamos que existem 10 monomios linearmente independentes de grau 3, mas eles se dividem em um grupo de sete funções (o espaço abrangido por M_3^m) com um complemento ortogonal (funções ortogonais para as primeira sete) de dimensão 3. Essas três funções restantes têm uma simetria rotacional semelhante a M_1^m, mas novamente com a dependência r errada para contribuir para o potencial. Esse tipo de padrão continua até l mais alto, tornando lógica a observação de que um momento multipolar de grau l (um "momento 2^b") tem somente $2l + 1$ componentes, apesar do fato de que em geral o espaço dos polinômios homogêneos de grau l tem uma dimensão maior.

A expansão multipolar é útil para distribuições contínuas de carga além dos conjuntos discretos de carga que foram considerados até agora. A generalização da Equação (16.73) é

$$M_l^m = \frac{4\pi}{2l + 1} \int \rho(\mathbf{r}')(r')^{l+2} Y_l^m(\theta', \varphi')^* \operatorname{sen}\theta' dr' d\theta' d\varphi', \qquad (16.75)$$

em que $\rho(\mathbf{r})$ é a densidade de carga. Essa expressão produzirá resultados válidos quando $\psi(\mathbf{r})$ é calculado via a Equação (16.74) para valores r maiores que o maior r' para o qual $\rho(\mathbf{r})$ é diferente de zero.

Integrais de Três Harmônicos Esféricos

Nossa aplicação final do tensor esférico é para as integrais dos três harmônicos esféricos (todos do mesmo argumento). Essas integrais surgem ao avaliar os elementos matriciais dos operadores dependentes de ângulo que podem ser escritos em termos de harmônicos esféricos. Embora seja possível avaliar algumas dessas integrais usando as técnicas ilustradas na Equação (15.152), um resultado mais geral está disponível. Observe que isso não é um problema de acoplamento de momento angular do tipo considerado na Seção 16.2, porque essa tratou momentos angulares com argumentos independentes que dependiam de diferentes variáveis. Aqui nós temos uma situação diferente e mais especializada em que todas as três funções do momento angular têm **o mesmo argumento**.

A fórmula que buscamos é mais facilmente derivada se temos acesso a valores de alguns dos coeficientes de rotação $D_{m'm}^l$ (conhecidos como matrizes de Wigner) definidos na Equação (16.52). Os coeficientes necessários podem ser facilmente deduzidos com o auxílio do teorema da adição de harmônico esférico, assim começamos estabelecendo o seguinte lema (um **lema** é o resultado matemático necessário para provar algo mais):

Lema: Avaliação de $D_{m0}^l(\mathbf{R})$:

Escrevendo primeiro o teorema da adição de harmônico esférico, Equação (16.57),

$$P_l(\cos\chi) = \frac{4\pi}{2l+1}\sum_m Y_l^m(\Omega_1)^* Y_l^m(\Omega_2),$$

em que χ é o ângulo entre as direções Ω_1 e Ω_2, substituímos seu lado esquerdo pela forma equivalente

$$P_l(\cos\chi) = \sqrt{\frac{4\pi}{2l+1}}\, Y_l^0(\chi, 0),$$

alcançando assim

$$Y_l^0(\chi, 0) = \sqrt{\frac{4\pi}{2l+1}}\sum_m Y_l^m(\Omega_1)^* Y_l^m(\Omega_2). \qquad (16.76)$$

Vamos agora comparar essa expressão com a Equação (16.52), que escrevemos aqui em uma notação concebida para tornar a comparação mais óbvia:

$$Y_l^0(\mathsf{R}\Omega_2) = \sum_m D_{m0}^l(\mathsf{R}) Y_l^m(\Omega_2). \qquad (16.77)$$

Se nós selecionamos R como uma rotação que converte Ω_1 na direção polar, então $\mathsf{R}\Omega_2$ será $(\chi, 0)$; note que Y_l^0 $(\mathsf{R}\Omega_2)$ é independente de φ para que seja possível definir sua coordenada φ como zero. Assim, a comparação das Equações (16.76) e (16.77) produz

$$D_{m0}^l(\mathsf{R}) = \sqrt{\frac{4\pi}{2l+1}}\, Y_l^m(\Omega_1)^*. \qquad (16.78)$$

Lembramos ao leitor que R é uma rotação que converte Ω_1 na direção polar.

A Equação (16.78) foi derivada sob a suposição de que as quantidades a serem rotativamente transformadas são harmônicos esféricos (e não funções mais complicadas do momento angular como pode ser obtido via acoplamento de momento angular). Entretanto, é possível demonstrar que o resultado pode ser generalizado, sem alterações, a quaisquer funções de momento angular do inteiro l.

Agora continuamos em direção ao objetivo desta subseção, ou seja, a avaliação das integrais envolvendo três harmônicos esféricos. O resultado que buscamos envolve produtos dos harmônicos esféricos com o mesmo argumento, mas nosso método para obter esse resultado é considerar o comportamento rotacional de uma fórmula de acoplamento de momento angular (isto é, um produto envolvendo harmônicos esféricos de diferentes argumentos). Assim agora analisamos um caso especial da Equação (16.45),

$$Y_{l_1}^0(\Omega_1) Y_{l_2}^0(\Omega_2) = \sum_L C(l_1, l_2, L|0, 0, 0)|L, 0\rangle, \qquad (16.79)$$

em que $|j_1, m_1; j_2, m_2\rangle$ da Equação (16.45) é o produto dos harmônicos esféricos com $m_1 = m_2 = 0$ mostrado no lado esquerdo da Equação (16.79); o estado $|J, M\rangle$ da Equação (16.45) agora é $|L, 0\rangle$. Em seguida, aplicamos uma rotação R à Equação (16.79), utilizando as Equações (16.51) e (16.52) para obter

$$\sum_{m_1 m_2} D_{m_10}^{l_1}(\mathsf{R}) D_{m_20}^{l_2}(\mathsf{R}) Y_{l_1}^{m_1}(\Omega_1) Y_{l_2}^{m_2}(\Omega_2) = \sum_{L,\sigma} C(l_1, l_2, L|0, 0, 0) D_{\sigma 0}^L(\mathsf{R})|L, \sigma\rangle. \qquad (16.80)$$

Finalmente, convertemos $|L, \sigma\rangle$ de volta à base m_1, m_2, usando a Equação (16.43):

$$\sum_{m_1 m_2} D_{m_10}^{l_1}(\mathsf{R}) D_{m_20}^{l_2}(\mathsf{R}) Y_{l_1}^{m_1}(\Omega_1) Y_{l_2}^{m_2}(\Omega_2) = \sum_{L,\sigma} C(l_1, l_2, L|0, 0, 0) D_{\sigma 0}^L(\mathsf{R})$$

$$\times \sum_{m_1 m_2} C(l_1, l_2, L|m_1, m_2, \sigma) Y_{l_1}^{m_1}(\Omega_1) Y_{l_2}^{m_2}(\Omega_2). \qquad (16.81)$$

Essa equação relativamente complicada deve ser satisfeita para todos os valores de Ω_1 e Ω_2, o que só será possível se seus dois lados são iguais para cada conjunto de valores m_1, m_2. Temos, portanto, o conjunto de equações mais simples,

$$D_{m_10}^{l_1}(\mathsf{R})D_{m_20}^{l_2}(\mathsf{R}) = \sum_{L\sigma} C(l_1, l_2, L|0, 0, 0)C(l_1, l_2, L|m_1, m_2, \sigma)D_{\sigma 0}^L(\mathsf{R}),\tag{16.82}$$

satisfeitas separadamente para todos os valores dos parâmetros livres.

Agora estamos prontos para substituir todo o D^l na Equação (16.82) pelo resultado obtido no nosso lema, Equação (16.78). Como a rotação R é arbitrária, tanto no lema quanto neste trabalho, nosso uso da Equação (16.78) produzirá algumas coordenadas angulares Ω que não têm nada a ver com Ω_i que usamos anteriormente; a ideia importante aqui é que, como o mesmo R ocorre por toda a Equação (16.82), a aplicação da Equação (16.78) produzirá em todos os lugares a mesma Ω. Substituição do resultado do lema produz

$$\frac{4\pi}{\sqrt{(2l_1+1)(2l_2+1)}}Y_{l_1}^{m_1}(\Omega)^*Y_{l_2}^{m_2}(\Omega)^* =$$

$$\sum_{L\sigma} C(l_1, l_2, L|0, 0, 0)C(l_1, l_2, L|m_1, m_2, \sigma)\sqrt{\frac{4\pi}{2L+1}}Y_L^{\sigma}(\Omega)^*.$$

Como Y_l^m são as únicas grandezas potencialmente complexas que aparecem aqui, podemos remover os sinais do conjugado complexo por meio de conjugação complexa de toda a equação. Depois de outros rearranjos menores e reconhecimento do fato de que o único valor contribuinte σ é $\sigma = m_1 + m_2$, chegamos à forma final

$$Y_{l_1}^{m_1}(\Omega)Y_{l_2}^{m_2}(\Omega) = \sum_L \sqrt{\frac{(2l_1+1)(2l_2+1)}{4\pi(2L+1)}}$$

$$\times\, C(l_1, l_2, L|0, 0, 0)C(l_1, l_2, L|m_1, m_2, m_1+m_2)Y_L^{m_1+m_2}(\Omega).\tag{16.83}$$

Por fim, podemos alcançar o objetivo desta subseção. Multiplicando ambos os lados da equação (16.83) por algumas $Y_{l_3}^{m_3}(\Omega)^*$ e integrando em Ω ao longo do espaço angular, obtemos

$$\left\langle Y_{l_3}^{m_3}\left|Y_{l_1}^{m_1}\right|Y_{l_2}^{m_2}\right\rangle = \int\limits_0^{2\pi}d\varphi\int\limits_0^{\pi}\operatorname{sen}\theta d\theta\, Y_{l_3}^{m_3}(\theta,\varphi)^*Y_{l_1}^{m_1}(\theta,\varphi)Y_{l_2}^{m_2}(\theta,\varphi)$$

$$= \sqrt{\frac{(2l_1+1)(2l_2+1)}{4\pi(2L+1)}}C(l_1, l_2, l_3|0, 0, 0)C(l_1, l_2, l_3|m_1, m_2, m_3).\tag{16.84}$$

Não precisamos incluir uma delta de Kronecker porque a condição $m_3 = m_1 + m_2$ é resolvida pelo fato de que os coeficientes de Clebsch-Gordan desaparecem na ausência dessa ou de qualquer outra condição necessária para obter um resultado diferente de zero.

Algumas informações adicionais podem ser obtidas considerando o caso especial de $m_1 = m_2 = m_3 = 0$ e escrevendo os harmônicos esféricos em termos dos polinômios de Legendre. Isso nos leva (após a substituição $t = \cos\theta$) a

$$\int\limits_{-1}^1 P_{l_3}(t)P_{l_1}(t)P_{l_2}(t)dt = \frac{2}{2l_3+1}C(l_1, l_2, l_3|0, 0, 0)^2.\tag{16.85}$$

Como sabemos que o polinômio de Legendre $P_l(t)$ de l par é uma função par de t, enquanto a de l ímpar é ímpar em t, vemos a partir da Equação (16.85) que a menos que a integral $l_1 + l_2 + l_3$ seja par, a integral desaparecerá, informando que $C(l_1, l_2, l_3 | 0, 0, 0)$ só será diferente de zero se $l_1 + l_2 + l_3$ for par. Além disso, se o produto de quaisquer dois dos $P_l(t)$ não contém uma potência de t tão grande quanto o índice do terceiro P_l, a integral desaparecerá devido à ortogonalidade das funções de Legendre. Essa observação se traduz em uma

condição de triângulo, ou seja, que a integral desaparecerá a menos que $|\,l_1 - l_2\,| \le l_3 \le l_1 + l_2$. Como essas são as condições no coeficiente de Clebsch-Gordan $C(l_1, l_2, l_3 \mid 0, 0, 0)$, elas também se aplicam à fórmula integral geral, Equação (16.84).

Resumindo, integrais dos produtos dos três harmônicos esféricos, avaliados na Equação (*16.84*), *só serão diferentes de zero se as três condições a seguir são satisfeitas:*

1. *Os valores l satisfazem a condição de triângulo* $|\,l_1 - l_2\,| \le l_3 \le l_1 + l_2$,
2. *Os valores m satisfazem a condição* $m_3 = m_1 + m_2$,
3. *A soma dos valores l,* $l_1 + l_2 + l_3$, *é par.*

Exercícios

16.3.1   Para $l = 1$, a Equação (16.52) se torna

$$Y_1^m(\theta', \varphi') = \sum_{m'=-1}^{1} D_{m'm}^1(\alpha, \beta, \gamma) Y_1^{m'}(\theta, \varphi).$$

Reescreva esses harmônicos esféricos na forma cartesiana. Mostre que as equações resultantes das coordenadas cartesianas são equivalentes a matriz de rotação de Euler $A(\alpha, \beta, \gamma)$, Equação (3.37).

16.3.2   Ao provar o teorema da adição, supomos que $Y_l^k(\theta_1, \varphi_1)$ pode ser expandida em uma série de $Y_l^m(\theta_2, \varphi_2)$, em que m variava de $-l$ a $+l$, mas l, mantida fixa. Que argumentos você pode desenvolver para justificar a soma somente ao longo do índice superior, m, e **não** ao longo do menor índice, l?

Dicas: Uma possibilidade é examinar a homogeneidade da Y_l^m, isto é, Y_l^m pode ser expressa inteiramente em termos da forma $\cos^{l-p}\theta \operatorname{sen}^p \theta$, ou $x^{l-p-s} y^p z^s / r^l$. Outra possibilidade é examinar o comportamento da equação de Legendre sob rotação do sistema de coordenadas.

16.3.3   Um elétron atômico com momento angular l e magnético número quântico m tem uma função de onda

$$\psi(r, \theta, \varphi) = f(r) Y_l^m(\theta, \varphi).$$

Mostre que a soma das densidades dos elétrons em um dado nível completo é esfericamente simétrica; isto é, $\sum_{m=-l}^{l} \Psi^*(r, \theta, \varphi) \Psi(r, \theta, \varphi)$ é independente de θ e φ.

16.3.4   O potencial de um elétron no ponto $\mathbf{r}_e$ no campo dos prótons Z nos pontos $\mathbf{r}_p$ é

$$\Phi = -\frac{e^2}{4\pi\varepsilon_0} \sum_{p=1}^{Z} \frac{1}{|\mathbf{r}_e - \mathbf{r}_p|}.$$

Mostre que para r_e maior que todo r_p, isso pode ser escrito como

$$\Phi = -\frac{e^2}{4\pi\varepsilon_0 r_e} \sum_{p=1}^{Z} \sum_{L,M} \left(\frac{r_p}{r_e}\right)^L \frac{4\pi}{2L+1} Y_L^M(\theta_p, \varphi_p)^* Y_L^M(\theta_e, \varphi_e).$$

Como Φ deve ser escrita para $r_e < r_p$?

16.3.5   Dois prótons estão **uniformemente** distribuídos dentro do mesmo volume esférico. Se as coordenadas de um elemento de carga são $(r_1, \theta_1, \varphi_1)$ e as coordenadas do outro são $(r_2, \theta_2, \varphi_2)$ e r_{12} é a distância entre eles, o elemento da energia de repulsão será dado por

$$d\psi = \rho^2 \frac{d\tau_1\, d\tau_2}{r_{12}} = \rho^2 \frac{r_1^2\, dr_1 \operatorname{sen}\theta_1 d\theta_1 d\varphi_1 r_2^2\, dr_2 \operatorname{sen}\theta_2\, d\theta_2\, d\varphi_2}{r_{12}},$$

onde

$$\rho = \frac{\text{carga}}{\text{volume}} = \frac{3e}{4\pi R^3} \quad \text{e} \quad r_{12}^2 = r_1^2 + r_2^2 - 2r_1 r_2 \cos\gamma.$$

Aqui ρ é a densidade de carga e γ é o ângulo entre $\mathbf{r}_1$ e $\mathbf{r}_2$. Calcule a energia eletrostática total (de repulsão) dos dois prótons. Esse cálculo é usado na contabilização da diferença de massa em núcleos "espelho", como O^{15} e N^{15}.

$$RESPOSTA: \frac{6}{5}\frac{e^2}{R}$$

16.3.6 Cada um dos dois elétrons $1s$ no hélio pode ser descrito por uma função de onda hidrogenoida

$$\psi(\mathbf{r}) = \left(\frac{Z^3}{\pi a_0^3}\right)^{1/2} e^{-Zr/a_0}$$

na ausência de outro elétron. Aqui Z, o número atômico, é 2. O símbolo a_0 é o raio de Bohr, $\hbar^2/me^2$. Encontre a energia potencial mútua dos dois elétrons, dada por

$$\int \psi^*(\mathbf{r}_1)\psi^*(\mathbf{r}_2)\frac{e^2}{|\mathbf{r}_1 - \mathbf{r}_2|}\psi(\mathbf{r}_1)\psi(\mathbf{r}_2)d^3r_1\, d^3r_2.$$

$$RESPOSTA: \frac{5e^2Z}{8a_0}$$

16.3.7 A probabilidade de encontrar um elétron de hidrogênio $1s$ em um elemento de volume $r^2 dr\,\mathrm{sen}\,\theta\, d\theta\, d\varphi$ é

$$\frac{1}{\pi a_0^3}e^{-2r/a_0}r^2\, dr\,\mathrm{sen}\,\theta\, d\theta\, d\varphi,$$

em que r é a distância do elétron a partir do núcleo. Encontre o potencial eletrostático dessa distribuição de carga nos pontos $\mathbf{r}_1$, em que você **não** pode supor que $\mathbf{r}_1$ está sobre o eixo polar do seu sistema de coordenadas. Calcule o potencial de

$$V(\mathbf{r}_1) = -\frac{e}{4\pi\varepsilon_0}\int \frac{\rho(\mathbf{r}_2)}{r_{12}}d^3r_2,$$

em que $r_{12} = |\mathbf{r}_1 - \mathbf{r}_2|$. Expanda r_{12}. Aplique o teorema da adição de polinômio de Legendre e mostre que a dependência angular de $V(\mathbf{r}_1)$ é descartada.

$$RESPOSTA: V(\mathbf{r}_1) = -\frac{e}{4\pi\varepsilon_0}\left[\frac{1}{2r_1}\gamma\left(3, \frac{2r_1}{a_0}\right) + \frac{1}{a_0}\Gamma\left(2, \frac{2r_1}{a_0}\right)\right], \text{em que } \gamma \text{ e } \Gamma$$

são funções gama incompletas, Equação (13.73).

16.3.8 Um elétron de hidrogênio em um orbital $2p$ tem uma distribuição de cargas

$$\rho = -\frac{e}{64\pi a_0^5}r^2 e^{-r/a_0}\,\mathrm{sen}^2\,\theta,$$

em que $a_0 = \hbar^2/me^2$ é o raio de Bohr, e r é a distância entre o elétron e o núcleo. Encontre a energia potencial eletrostática para esse estado atômico.

16.3.9 (a) Como uma série de Laplace e como um exemplo da Equação (5.27), mostre que

$$\delta(\Omega_1 - \Omega_2) = \sum_{l=0}^{\infty} \sum_{m=-l}^{l} Y_l^m(\theta_2, \varphi_2)^* Y_l^m(\theta_1, \varphi_1).$$

(b) Mostre também que essa **mesma** representação da função delta de Dirac pode ser escrita como

$$\delta(\Omega_1 - \Omega_2) = \sum_{l=0}^{\infty} \frac{2l + 1}{4\pi} P_l(\cos\gamma),$$

e identifique γ. Agora, se você puder justificar igualando os somatórios ao longo de l **termo a termo**, você tem uma derivação alternada do teorema da adição de harmônico esférico.

16.3.10 Verifique

(a) $\int Y_L^M(\theta,\varphi)Y_0^0(\theta,\varphi)Y_L^{M*}(\theta,\varphi)d\Omega = \dfrac{1}{\sqrt{4\pi}}$,

(b) $\int Y_L^M Y_1^0 Y_{L+1}^{M*} d\Omega = \sqrt{\dfrac{3}{4\pi}}\sqrt{\dfrac{(L+M+1)(L-M+1)}{(2L+1)(2L+3)}}$,

(c) $\int Y_L^M Y_1^1 Y_{L+1}^{M+1} d\Omega = \sqrt{\dfrac{3}{8\pi}}\sqrt{\dfrac{(L+M+1)(L+M+2)}{(2L+1)(2L+3)}}$,

(d) $\int Y_L^M Y_1^1 Y_{L-1}^{M+1*} d\Omega = -\sqrt{\dfrac{3}{8\pi}}\sqrt{\dfrac{(L-M)(L-M-1)}{(2L-1)(2L+1)}}$

Essas integrais foram usadas em uma investigação da correlação angular dos elétrons de conversão interna.

16.3.11 Mostre que

(a) $\int\limits_{-1}^{1} xP_L(x)P_N(x)dx = \begin{cases} \dfrac{2(L+1)}{(2L+1)(2L+3)}, & N=L+1, \\[3mm] \dfrac{2L}{(2L-1)(2L+1)}, & N=L-1, \end{cases}$

(b) $\int\limits_{-1}^{1} x^2 P_L(x)P_N(x)dx = \begin{cases} \dfrac{2(L+1)(L+2)}{(2L+1)(2L+3)(2L+5)}, & N=L+2, \\[3mm] \dfrac{2(2L^2+2L-1)}{(2L-1)(2L+1)(2L+3)}, & N=L, \\[3mm] \dfrac{2L(L-1)}{(2L-3)(2L-1)(2L+1)}, & N=L-2. \end{cases}$

16.3.12 Como $xP_n(x)$ é um polinômio (de grau $n+1$), pode ser representado pela série de Legendre

$$x P_n(x) = \sum_{s=0}^{\infty} a_s P_s(x).$$

(a) Mostre que $a_s = 0$ para $s < n-1$ e $s > n+1$.

(b) Calcule a_{n-1}, a_n e a_{n+1} e mostre que você reproduziu a relação de recorrência, Equação (15.18). *Nota*: Esse argumento pode ser colocado em uma forma geral para demonstrar a existência de uma relação de recorrência de três termos para qualquer um dos nossos conjuntos completos de polinômios ortogonais:

$$x\varphi_n = a_{n+1}\varphi_{n+1} + a_n\varphi_n + a_{n-1}\varphi_{n-1}.$$

16.4　Harmônicos Esféricos Vetoriais

As equações de Maxwell levam naturalmente a aplicações envolvendo uma equação vetorial de Helmholtz para o potencial vetorial **A**, e vários problemas clássicos da mecânica quântica nessa área são atacados de maneira útil introduzindo **harmônicos esféricos vetoriais**. O primeiro passo nesse sentido será reconhecer que um conjunto de vetores unitários pode ser considerado um tensor esférico de grau 1 e pode ser discutido em termos do formalismo do momento angular. Discutiremos mais adiante (no Capítulo 17) a simetria rotacional em maiores detalhes; para nossos propósitos atuais é suficiente confirmar a relação entre as rotações no espaço 3-D e operadores de momento angular.

Um Tensor Esférico

Consideramos aqui vetores no espaço 3-D, da forma $\mathbf{u} = u_x\hat{\mathbf{e}}_x + u_y\hat{\mathbf{e}}_y + u_z\hat{\mathbf{e}}_z$, mas, ao contrário da nossa prática no Capítulo 3, permitiremos que u_j seja complexo, e usaremos o produto escalar complexo k **u** | **u** l$^{1/2}$ como uma medida da grandeza de **u**. Se restringirmos os vetores **u** a comprimento unitário, eles satisfazem as condições necessárias para que possam ser identificados como tensores esféricos de grau 1.

Vamos agora introduzir operadores K_i definidos pelas seguintes matrizes:

$$K_1 = \begin{pmatrix} 0 & 0 & 0 \\ 0 & 0 & -i \\ 0 & i & 0 \end{pmatrix}, \quad K_2 = \begin{pmatrix} 0 & 0 & i \\ 0 & 0 & 0 \\ -i & 0 & 0 \end{pmatrix}, \quad K_3 = \begin{pmatrix} 0 & -i & 0 \\ i & 0 & 0 \\ 0 & 0 & 0 \end{pmatrix}. \tag{16.86}$$

O leitor pode facilmente verificar se essas matrizes satisfazem as regras de comutação do momento angular, e de fato descrevem o resultado da aplicação do operador de momento angular $\mathbf{L} = \mathbf{r} \times \mathbf{p}$, em que $\mathbf{p} = -i\nabla$, à base x, y, z. Em seguida, calculamos

$$\mathbf{K}^2 = K_1^2 + K_2^2 + K_3^2 = 2 \begin{pmatrix} 1 & 0 & 0 \\ 0 & 1 & 0 \\ 0 & 0 & 1 \end{pmatrix},$$

mostrando que todos os membros da base são autovetores de $\mathbf{K}^2$, com autovalores 2, que é $k(k+1)$ com $k = 1$. Todos os membros da nossa base, portanto, têm uma unidade de algum tipo abstrato do momento angular (muitas vezes chamado **spin**), e podemos obter um conjunto de autovetores com valores de um índice m que pode ter valores $+1$, 0 e -1. Diagonalizando a matriz K_3, descobrimos que seus autovetores são

$$\mathbf{k}_1 = \begin{pmatrix} -1\sqrt{2} \\ -i/\sqrt{2} \\ 0 \end{pmatrix}, \quad \mathbf{k}_0 = \begin{pmatrix} 0 \\ 0 \\ 1 \end{pmatrix}, \quad \mathbf{k}_{-1} = \begin{pmatrix} 1\sqrt{2} \\ -i/\sqrt{2} \\ 0 \end{pmatrix}. \tag{16.87}$$

Embora, em princípio, os sinais desses autovetores sejam arbitrários, eles foram escolhidos aqui para concordar com a convenção de fase de Condon-Shortley.

Acoplamento de Vetor

Os harmônicos esféricos vetoriais são agora definidos como as quantidades que resultam do acoplamento dos harmônicos esféricos ordinários e os vetores $\mathbf{e}_m$ para formar estados de J definido (o resultante do momento angular orbital do harmônico esférico e a uma unidade possuída por $\mathbf{e}_m$). É comum rotular os harmônicos esféricos vetoriais para mostrar o valor L do harmônico ordinário (escalar) e o valor M (o autovalor de J_z). Assim, o harmônico esférico vetorial terá três índices: J, L, e M. A partir da fórmula geral para o acoplamento do momento angular, Equação (16.43), temos

$$\mathbf{Y}_{JLM}(\theta, \varphi) = \sum_{mm'} C(L, 1, J | mm'M) Y_L^m(\theta, \varphi) \hat{\mathbf{e}}_{m'}. \tag{16.88}$$

Lembre-se de que M é M_J, não o valor m de Y_L^m, e que $\hat{\mathbf{e}}_{m'}$ são as autofunções do momento angular dadas na Equação (16.87).

Como a Equação (16.88) acopla um momento angular L com um de grandeza $k = 1$, os valores L em um harmônico esférico vetorial de determinado J são restritos a $J + 1$, J, e $J - 1$, uma condição imposta pelos valores dos coeficientes de Clebsch-Gordan. Além disso, como os coeficientes de Clebsch-Gordan descrevem uma transformação unitária, a ortogonalidade óbvia dos estados na base m, m' ($Y_l^m \hat{\mathbf{e}}_{m'}$) fará os harmônicos esféricos vetoriais também ser ortonormais:

$$\int \mathbf{Y}_{JLM}(\theta, \varphi) \cdot \mathbf{Y}_{J'L'M'}(\theta, \varphi) d\Omega = \delta_{JJ'} \delta_{LL'} \delta_{MM'}. \tag{16.89}$$

Também podemos inverter a Equação (16.89) usando a Equação (16.45), alcançando

$$Y_L^m(\theta, \varphi) \hat{\mathbf{e}}_{m'} = \sum_{JM} C(L, 1, J | mm'M) \mathbf{Y}_{JLM}. \tag{16.90}$$

A manipulação das expressões que envolvem os harmônicos esféricos vetoriais depende fundamentalmente de algumas identidades, das quais talvez a mais importante seja a fórmula

$$\hat{\mathbf{r}} Y_L^M(\theta, \varphi) = -\left[\frac{L+1}{2L+1}\right]^{1/2} \mathbf{Y}_{L,L+1,M} + \left[\frac{L}{2L+1}\right]^{1/2} \mathbf{Y}_{L,L-1,M}. \tag{16.91}$$

Para estabelecer essa fórmula, e ao mesmo tempo para tornar seu significado mais óbvio, começamos observando que $\hat{\mathbf{r}}$ tem uma forma que depende das coordenadas angulares; especificamente, é

$$\hat{\mathbf{r}} = \frac{\mathbf{r}}{\text{sen}\,\theta \cos\varphi\hat{\mathbf{e}}_x + \text{sen}\,\theta \,\text{sen}\,\varphi\hat{\mathbf{e}}_y + \cos\theta\hat{\mathbf{e}}_z}.$$

Para nossos propósitos atuais, é mais conveniente reorganizar isso para a forma

$$\hat{\mathbf{r}} = \text{sen}\,\theta \left(\frac{e^{i\varphi}\hat{\mathbf{e}}_{-1} - e^{-i\varphi}\hat{\mathbf{e}}_{+1}}{\sqrt{2}} \right) + \cos\theta\hat{\mathbf{e}}_0. \tag{16.92}$$

Agora fica claro que para provar a Equação (16.91) devemos mostrar que cada $\hat{\mathbf{e}}_m$ tem o mesmo coeficiente nos dois lados da equação. Considerando primeiro o coeficiente de $\hat{\mathbf{e}}_0$, o lado esquerdo da Equação (16.91) produz, após o uso da Equação (16.92),

$$\cos\theta Y_L^M(\theta,\varphi) = \left[\frac{(l-m+1)(l+m+1)}{(2l+1)(2l+3)} \right]^{1/2} Y_{l+1}^m$$

$$+ \left[\frac{(l-m)(l+m)}{(2l-1)(2l+1)} \right]^{1/2} Y_{l-1}^m, \tag{16.93}$$

um resultado anteriormente exibido como a Equação (15.150). Os termos $\hat{\mathbf{e}}_0$ no lado direito da Equação (16.91) consistem em

$$-\left[\frac{L+1}{2L+1} \right]^{1/2} C(L+1,1,L|M,0,M)Y_{L+1}^M\hat{\mathbf{e}}_0$$

$$+ \left[\frac{L}{2L+1} \right]^{1/2} C(L-1,1,L|M,0,M)Y_{L-1}^M\hat{\mathbf{e}}_0.$$

Os coeficientes de Clebsch-Gordan que aparecem aqui têm os valores

$$C(L+1,1,L|M,0,M) = -\left[\frac{(L+M+1)(L-M+1)}{(L+1)(2L+3)} \right]^{1/2},$$

$$C(L-1,1,L|M,0,M) = \left[\frac{L^2-M^2}{L(2L-1)} \right]^{1/2}.$$

Esses dados permitem a confirmação dos termos $\mathbf{e}_0$ da Equação (16.91). Os termos $\mathbf{e}_{+1}$ e $\mathbf{e}_{-1}$ também podem ser mostrados consistentes; as fórmulas necessárias para esse propósito são as Equações (15.151) e (15.152).

Outra fórmula útil, que pode ser obtida usando a Equação (16.91) para simplificar a componente radial quando o operador de gradiente é aplicado à forma $f(r)Y_L^M(\theta,\varphi)$, é

$$\boldsymbol{\nabla}\left[f(r)Y_K^M(\theta,\varphi) \right] = -\left[\frac{L+1}{2L+1} \right]^{1/2} \left[\frac{\partial}{\partial r} - \frac{L}{r} \right] f(r)\mathbf{Y}_{L,L+1,M}(\theta,\varphi)$$

$$+ \left[\frac{L}{2L+1} \right]^{1/2} \left[\frac{\partial}{\partial r} + \frac{L+1}{r} \right] f(r)\mathbf{Y}_{L,L-1,M}(\theta,\varphi). \tag{16.94}$$

Sob inversão coordenada os harmônicos esféricos vetoriais se transformam como

$$\mathbf{Y}_{L,L+1,M}(\theta',\varphi') = (-1)^{L+1}\mathbf{Y}_{L,L+1,M}(\theta,\varphi),$$

$$\mathbf{Y}_{L,L-1,M}(\theta',\varphi') = (-1)^{L+1}\mathbf{Y}_{L,L-1,M}(\theta,\varphi), \tag{16.95}$$

$$\mathbf{Y}_{LLM}(\theta',\varphi') = (-1)^L\mathbf{Y}_{LLM}(\theta,\varphi),$$

onde

$$\theta' = \pi - \theta \quad \varphi' = \pi + \varphi.$$

Começando a partir das Equações (16.91) e (16.94), algumas fórmulas podem ser derivadas para a divergência e rotacional dos harmônicos esféricos vetoriais. Essas fórmulas incluem o seguinte:

$$\nabla \cdot \left[f(r)\mathbf{Y}_{L,L+1,M}(\theta,\varphi) \right] = -\left[\frac{L+1}{2L+1} \right]^{1/2} \left[\frac{df(r)}{dr} + \frac{L+2}{r}f(r) \right] Y_L^M(\theta,\varphi), \qquad (16.96)$$

$$\nabla \cdot \left[f(r)\mathbf{Y}_{L,L-1,M}(\theta,\varphi) \right] = \left[\frac{L}{2L+1} \right]^{1/2} \left[\frac{df(r)}{dr} - \frac{L-1}{r}f(r) \right] Y_L^M(\theta,\varphi), \qquad (16.97)$$

$$\nabla \cdot \left[f(r)\mathbf{Y}_{LLM}(\theta,\varphi) \right] = 0, \qquad (16.98)$$

$$\nabla \times \left[f(r)\mathbf{Y}_{L,L+1,M}(\theta,\varphi) \right] = i\left[\frac{L}{2L+1} \right]^{1/2} \left[\frac{df(r)}{dr} + \frac{L+2}{r}f(r) \right] \mathbf{Y}_{LLM}, \qquad (16.99)$$

$$\nabla \times \left[f(r)\mathbf{Y}_{LLM}(\theta,\varphi) \right] = i\left(\frac{L}{2L+1} \right)^{1/2} \left[\frac{df(r)}{dr} - \frac{L}{r}f(r) \right] \mathbf{Y}_{L,L+1,M}(\theta,\varphi),$$

$$+ i\left[\frac{L+1}{2L+1} \right]^{1/2} \left[\frac{df(r)}{dr} + \frac{L+1}{r}f(r) \right] \mathbf{Y}_{L,L-1,M}, \qquad (16.100)$$

$$\nabla \times \left[f(r)\mathbf{Y}_{L,L-1,M}(\theta,\varphi) \right] = i\left[\frac{L+1}{2L+1} \right]^{1/2} \left[\frac{df(r)}{dr} - \frac{L-1}{r}f(r) \right] \mathbf{Y}_{LLM}(\theta,\varphi). \qquad (16.101)$$

Para uma derivação completa das Equações (16.96) a (16.101), nos referimos à literatura.[3] Essas relações têm um papel importante na expansão de ondas parciais da eletrodinâmica clássica e quântica.

As definições dos harmônicos esféricos vetoriais dadas aqui são ditadas por conveniência, principalmente em cálculos da mecânica quântica, em que o momento angular é um parâmetro significativo. Outros exemplos da utilidade e do poder dos harmônicos esféricos vetoriais serão encontrados em Blatt e Weisskopf, em Morse e Feshbach e em Jackson (todos em Leituras Adicionais).

Antes de encerrar, observamos que:

- Harmônicos esféricos vetoriais são desenvolvidos do acoplamento de unidades L do momento angular orbital e uma unidade de momento angular de spin.
- Uma extensão, acoplando as unidades L do momento angular orbital e duas unidades de momento angular de spin para formar harmônicos esféricos **tensoriais**, é apresentada por Mathews.[4]
- A principal aplicação dos harmônicos esféricos tensoriais é na investigação da radiação gravitacional.

Exercícios

16.4.1   Construa os harmônicos esféricos vetoriais $l = 0, m = 0$ e $l = 1, m = 0$.

$$RESPOSTA: \quad \mathbf{Y}_{010} = -\hat{\mathbf{r}}(4\pi)^{-1/2}$$
$$\mathbf{Y}_{000} = 0$$
$$\mathbf{Y}_{120} = -\hat{\mathbf{r}}(2\pi)^{-1/2}\cos\theta - \hat{\theta}(8\pi)^{-1/2}\,\text{sen}\,\theta$$
$$\mathbf{Y}_{110} = \hat{\varphi}i(3/8\pi)^{1/2}\,\text{sen}\theta$$
$$\mathbf{Y}_{100} = \hat{\mathbf{r}}(4\pi)^{-1/2}\cos\theta - \hat{\theta}(4\pi)^{-1/2}\,\text{sen}\theta.$$

16.4.2   Verifique que a paridade de $\mathbf{Y}_{LL+1M}$ é $(-1)^{L+1}$, que de $\mathbf{Y}_{LLM}$ é $(-1)^L$ e que $\mathbf{Y}_{LL-1M}$ é $(-1)^{L+1}$. O que aconteceu com a dependência M da paridade?

Dica: $\hat{\mathbf{r}}$ e $\hat{\varphi}$ têm paridade ímpar; $\hat{\theta}$ tem paridade par (compare com Exercício 3.10.25).

16.4.3   Verifique se a ortonormalidade dos harmônicos esféricos vetoriais $\mathbf{Y}_{JLM_J}$.

[3]E. H. Hill, Theory of vector spherical harmonics, *Am. J. Phys.* **22**: 211 (1954). Observe que Hill atribui fases de acordo com a convenção de fase Condon-Shortley. Na notação de Hill, $\mathbf{X}_{LM} = \mathbf{Y}_{LLM}$, $\mathbf{V}_{LM} = \mathbf{Y}_{L'L+1'M'}$, $\mathbf{W}_{LM} = \mathbf{Y}_{L'L-1'M'}$.

[4]J. Mathews, Gravitational multipole radiation, *J. Soc. Ind. Appl. Math.* **10**: 768 (1963).

16.4.4   Jackson's *Classical Electrodynamics* (ver Leituras Adicionais) define $\mathbf{Y}_{LLM}$ pela equação

$$\mathbf{Y}_{LLM}(\theta, \varphi) = \frac{1}{\sqrt{L(L+1)}} \mathbf{L} Y_L^M(\theta, \varphi),$$

em que o operador do momento angular $\mathbf{L}$ é dado por

$$\mathbf{L} = -i(\mathbf{r} \times \boldsymbol{\nabla}).$$

Mostre que essa definição está de acordo com a Equação (16.88).

16.4.5   Mostre que

$$\sum_{M=-L}^{L} \mathbf{Y}_{LLM}^*(\theta, \varphi) \cdot \mathbf{Y}_{LLM}(\theta, \varphi) = \frac{2L+1}{4\pi}.$$

Dica: Uma maneira é usar o Exercício 16.4.4 com $\mathbf{L}$ expandido em coordenadas cartesianas e para aplicar operadores de levantamento e abaixamento.

16.4.6   Mostre que

$$\int \mathbf{Y}_{LLM} \cdot (\hat{\mathbf{r}} \times \mathbf{Y}_{LLM}) d\Omega = 0.$$

O integrando representa um termo de interferência na radiação eletromagnética que contribui para distribuições angulares, mas não para a intensidade total.

Leituras Adicionais

Biedenharn, L.C., e J. D. Louck, *Angular Momentum in Quantum Physics*: *Theory and Application*. Encyclopedia of Mathematics and Its Applications, vol. 8. Reading, MA: Addison-Wesley (1981). Um relato extremamente detalhado, contendo muito material que não é facilmente encontrado em outros lugares.

Blatt, J. M. e Weisskopf, V., *Theoretical Nuclear Physics*. Nova York: Wiley (1952). Trata de harmônicos esféricos vetoriais.

Brink, D. M. e Satchler, G. R., *Angular Momentum*. Nova York: Oxford (1993). Contém uma boa apresentação dos métodos gráficos para a manipulação dos símbolos 3*j*, 6*j*, 9*j* e pares. Os símbolos 6*j* e 9*j* são úteis para lidar com o acoplamento de mais de dois momentos angulares.

Condon, E. U. e Shortley, G. H., *Theory of Atomic Spectra*. Cambridge: Cambridge University Press (1935). Esse é o trabalho original e padrão sobre acoplamento de órbita de spin em estados atômicos. Ele é extremamente completo e não para iniciantes.

Edmonds, A. R., *Angular Momentum in Quantum Mechanics*. Princeton, NJ: Princeton University Press (1957). Um bom texto introdutório, com uma discussão detalhada das simetrias dos símbolos 3*j*, 6*j* e 9*j*.

Jackson, J. D., *Classical Electrodynamics* (3ª ed.). Nova York: Wiley (1999). Aplica os harmônicos esféricos vetoriais à radiação multipolar e problemas relacionados.

Morse, P. M. e Feshbach, H. *Methods of Theoretical Physics* (2 vols). Nova York: McGraw-Hill (1953). Inclui material sobre harmônicos esféricos vetoriais.

Rose, M. E., *Elementary Theory of Angular Momentum*. Nova York: Wiley (1957), Nova tiragem, Dover (1995). Como parte do desenvolvimento da teoria quântica do momento angular, Rose inclui um relato detalhado e legível do grupo de rotação.

Wigner, E. P., *Group Theory and Its Application to the Quantum Mechanics of Atomic Spectra (traduzido para o inglês por J. J. Griffin)*. Nova York: Academic Press (1959). Essa é a referência clássica sobre a teoria de grupos para o físico. O grupo de rotação é tratado em detalhe considerável. Há uma grande variedade de aplicações para a física atômica. A tradução da edição alemã original incluía uma conversão de um sistema de coordenadas levogiro em um destrogiro. Essa conversão introduziu alguns erros que podem ser resolvidos por comparação com o livro não traduzido.

17

Teoria dos Grupos

Julgamento disciplinado, sobre o que é bem cuidado, simétrico e elegante, provou repetidamente ser um excelente guia de como a natureza funciona.

Murray Gell-Mann

17.1 Introdução à Teoria dos Grupos

Simetria há muito tempo é importante no estudo dos sistemas físicos. Descobriu-se que as conexões entre a simetria geométrica dos sistemas cristalinos e seus espectros de difração de raios X são cruciais para a interpretação dos padrões de difração e a extração a partir desse ponto de informações sobre a localização dos átomos no cristal. As simetrias geométricas das moléculas determinam quais modos vibracionais serão ativos ao absorver ou emitir radiação; as simetrias dos sistemas periódicos têm implicações quanto a suas bandas de energia, sua capacidade de conduzir eletricidade e até mesmo sua supercondutividade. A invariância das leis físicas em relação à posição ou orientação (isto é, a simetria do espaço) dá origem às **leis de conservação** para momento linear e angular. Às vezes, as implicações da invariância de simetria são muito mais complicadas ou sofisticadas do que pode parecer à primeira vista; a invariância das forças previstas pela teoria eletromagnética quando as medições são feitas em quadros de observação em movimento uniforme em diferentes velocidades (**referenciais inerciais**) foi uma pista importante que levou Einstein à descoberta da relatividade especial. Com o advento da mecânica quântica, as considerações do momento angular e de spin e introduziram novos conceitos de simetria na física. Essas ideias desde então catalisaram o desenvolvimento moderno da teoria das partículas.

Central a todas essas noções de simetria é o fato de que conjuntos completos de operações de simetria formam o que na matemática é conhecido como grupos. Os elementos de um grupo podem ser finitos em números, caso em que o grupo é então denominado **finito** ou **discreto**, como por exemplo, as operações de simetria mostradas para o objeto representado na Figura 17.2. No entanto, alternativamente, as operações de simetria podem ser infinitas em número e descritas por parâmetro(s) continuamente variável(is); esses grupos são denominados **contínuos**. Um exemplo de um grupo contínuo é o conjunto de possíveis deslocamentos rotacionais de um objeto circular em torno de seu eixo (caso em que o parâmetro é o ângulo de rotação).

Definição de um Grupo

Um grupo G é definido como um conjunto de objetos ou operações (por exemplo, rotações ou outras transformações), chamados elementos de G, que podem ser combinados, por um processo chamado **multiplicação** e denotado por *, para formar um **produto** bem-definido, sujeito às quatro condições a seguir:

1. Se a e b são dois elementos quaisquer de G, então o produto $a * b$ também é um elemento de G; mais formalmente, $a * b$ associa um elemento de G ao par ordenado (a, b) dos elementos de G. Em outras palavras, G é **fechado** sob multiplicação dos seus próprios elementos.
2. Essa multiplicação é associativa: $(a * b) * c = a * (b * c)$.
3. Há um elemento de identidade única[1] I em G, de tal modo que $I * a = a * I = a$ para cada elemento a em G.

---

[1]De acordo com E. Wigner, o elemento de identidade de um grupo é muitas vezes rotulado E, do alemão **Einheit**, isto é, unidade; alguns outros autores apenas escrevem 1.

4. Cada elemento a de G tem um inverso, denotado por a^{-1}, de tal modo que $a * a^{-1} = a^{-1} * a = I$.

Essas regras simples têm algumas consequências diretas, incluindo as seguintes:

- Podemos mostrar que o inverso de qualquer elemento a é único; Se tanto a^{-1} quanto $\hat{a}^{-1}$ são inversos de $\hat{a}^{-1} = \hat{a}^{-1} * (a * a^{-1}) = (\hat{a}^{-1} * a) * a^{-1} = a^{-1}$.

- Os produtos $g * a$, em que a é fixo e g varia ao longo do todos os elementos do grupo, consistem (em alguma ordem) em todos os elementos do grupo. Se g e g' produzem o mesmo elemento, então $g * a = g' * a$. Multiplicando à direita por a^{-1}, obtemos $(g * a) * a^{-1} = (g' * a) * a^{-1}$, que se reduz a $g = g'$.

Eis algumas convenções úteis e outras definições:

- É entediante escrever o $*$ para multiplicação; quando não há ambiguidades costuma-se descartá-lo, e em vez de $a * b$ escrevemos ab.

- quando a e b são operações, e ab deve ser aplicado a um objeto que aparece à direita, considera-se que b age primeiro, com a então aplicado ao resultado da operação com b.

- Se um grupo discreto possui n elementos (incluindo I), sua **ordem** é n; um grupo contínuo de ordem n tem elementos que são definidos por parâmetros n.

- Se $ab = ba$ para todo a, b de G, a multiplicação é **comutativa**, e o grupo é chamado **abeliano**.

- Se um grupo possui um elemento a de tal modo que a sequência I, a, $a^2 (= aa)$, a^3,... inclui todos os elementos do grupo, ele é denominado **cíclico**. Se um grupo é cíclico, ele também deve ser abeliano. No entanto, nem todos os grupos abelianos são cíclicos.

- Dois grupos $\{I, a, b, ... \}$ e $\{i', a', b', ...\}$ são **isomórficos** se seus elementos podem ser colocados em correspondência de um para um de tal modo que para todo a e b, $ab = c \Leftrightarrow a'b' = c'$. Se a correspondência é de muitos para um, os grupos são **homomórficos**.

- Se um subconjunto G' de G é fechado sob a multiplicação definida para G, ele também é um grupo e chamado **subgrupo** de G. A identidade I de G sempre forma um subgrupo de G.

Exemplos de Grupos

Exemplo 17.1.1 D_3, Simetria de um Triângulo Equilátero

As operações de simetria de um triângulo equilátero formam um grupo finito com seis elementos; nosso triângulo pode ser colocado lateralmente para cima e com qualquer vértice na posição superior. As seis operações que convertem a orientação inicial em equivalentes de simetria são I (a operação de identidade que realiza nenhuma mudança de orientação), C_3, uma operação que rotaciona o triângulo no sentido anti-horário por 1/3 de uma revolução, $C\frac{2}{3}$ (duas operações sucessivas C_3) C_2, rotação por 1/2 revolução (para esse grupo a rotação está em torno de um eixo no plano do triângulo), e C_2' e C_2'' (rotações em 180° em torno dos eixos adicionais no plano do triângulo). A Figura 17.1

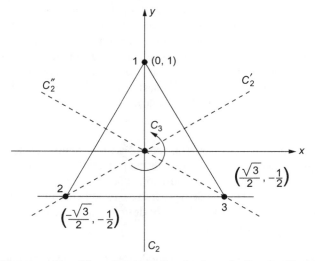

Figura 17.1: Diagrama identificando operações de simetria de um triângulo equilátero.

I é a operação de identidade (o diagrama como mostrado aqui). C_3 e $C\frac{2}{3}$ são rotações no sentido anti-horário por, respectivamente, 120° e 240°; C_2, C_2', C_2'' são operações que viram ao contrário o triângulo por rotação em torno dos eixos indicados.

Tabela 17.1 Tabela de multiplicação para o grupo D_3

	I	C_3	$C\frac{2}{3}$	C_2	C_2'	C_2''
I	I	C_3	$C\frac{2}{3}$	C_2	C_2'	C_2''
C_3	C_3	$C\frac{2}{3}$	I	C_2''	C_2	C_2'
$C\frac{2}{3}$	$C\frac{2}{3}$	I	C_3	C_2'	C_2''	C_2
C_2	C_2	C_2'	C_2''	I	C_3	$C\frac{2}{3}$
C_2'	C_2'	C_2''	C_2	$C\frac{2}{3}$	I	C_3
C_2''	C_2''	C_2	C_2'	C_3	$C\frac{2}{3}$	I

Operações são retratadas na Figura 17.2. A entrada da tabela
para a linha a e coluna b é o elemento do produto ab. Por
exemplo, $C_2 C_3 = C_2'$.

é um diagrama esquemático indicando essas operações de simetria, e a Figura 17.2 mostra o resultado, com os vértices do triângulo numerados para mostrar o efeito de cada operação. A tabela de multiplicação para o grupo é mostrada na Tabela 17.1, em que o produto ab (que descreve o resultado da primeira aplicação da operação b, e então a operação a) é o elemento de grupo listado na linha a e coluna b da tabela. Esse grupo tem vários nomes, um dos quais é D_3 ("D" para **diedro**, referindo-se à rotação em 180° sobre eixo que está em um plano perpendicular ao eixo de simetria principal). A partir da tabela de multiplicação ou por exame das próprias operações de simetria, podemos ver que o inverso de I é I, o inverso de C_3 é C_3^2 (de modo que o inverso de C_3^2 é C_3), e cada um C_2 é seu próprio inverso. Esse grupo não é abeliano; $C_3 C_2 \neq C_2 C_3 (C_3 C_2 = C_2''$, enquanto $C_2 C_3 = C_2')$. ∎

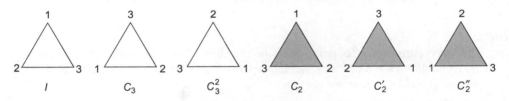

Figura 17.2: O resultado da aplicação das operações de simetria identificadas na Figura 17.1 para um triângulo equilátero. Um dos lados do triângulo é sombreado para torná-lo óbvio quando esse lado é para cima.

Exemplo 17.1.2 Rotação de um Disco Circular

As rotações de um disco circular sobre seu eixo de simetria formam um grupo contínuo de ordem 1 cujos elementos consistem em rotações ao longo dos ângulos φ. Os elementos do grupo $R(\varphi)$ são em número infinito, com φ qualquer ângulo no intervalo $(0, 2\pi)$. O elemento de identidade é claramente $R(0)$; o inverso de $R(\varphi)$ é $R(2\pi - \varphi)$. A regra de multiplicação para esse grupo é $R(\varphi)R(\theta) = R(\varphi + \theta)$ (reduzido a um valor entre 0 e 2π), assim $R(\varphi)R(\theta) = R(\theta)R(\varphi)$, e esse grupo é abeliano. Será útil descobrir o que acontece com um ponto no disco que antes da rotação estava em (x, y). A rotação é por um ângulo φ sobre o eixo z, no sentido horário, olhando para baixo a partir de z positivo, uma escolha feita para ser consistente com as rotações no sentido anti-horário dos eixos coordenados usados em outra parte deste livro. A localização final desse ponto, (x', y'), é dada pela equação matricial

$$\begin{pmatrix} x' \\ y' \end{pmatrix} = \begin{pmatrix} \cos\varphi & \operatorname{sen}\varphi \\ -\operatorname{sen}\varphi & \cos\varphi \end{pmatrix} \begin{pmatrix} x \\ y \end{pmatrix}. \tag{17.1}$$

∎

Tabela 17.2 Tabela de multiplicação para o Vierergruppe

	I	A	B	C
I	I	A	B	C
A	A	I	C	B
B	B	C	I	A
C	C	B	A	I

A entrada da tabela para a linha a e coluna b é o elemento do produto ab.

Exemplo 17.1.3   UM GRUPO ABSTRATO

Grupos não precisam representar operações geométricas. Considere um conjunto de quatro quantidades (elementos) I, A, B, C, com nosso conhecimento sobre eles de que, quando quaisquer dois são multiplicados, o resultado é um elemento do conjunto. A tabela de multiplicação desse conjunto de quatro elementos é mostrada na Tabela 17.2. Esses elementos formam um grupo, porque cada um tem um inverso (ele próprio), há um elemento de identidade (I), e o conjunto é fechado sob multiplicação. ∎

Exemplo 17.1.4   ISOMORFISMO E HOMOMORFISMO: GRUPO C_4

As operações de simetria de um quadrado que não pode ser virado ao contrário formam um grupo de quatro membros às vezes chamado C_4 cujos elementos podem ser nomeados I, C_4 (rotação em 90°), C_2 (rotação em 180°), C_4' (rotação em 270°). Os quatro números complexos 1, i, -1, $-i$ também formam um grupo quando a operação de grupo é a multiplicação ordinária. Esses grupos são isomórficos, e podem ser colocados em correspondência de duas maneiras diferentes:

$$I \leftrightarrow 1, \quad C_4 \leftrightarrow i, \quad C_2 \leftrightarrow -1, \quad C_4' \leftrightarrow -i \quad \text{ou} \quad I \leftrightarrow 1, \quad C_4 \leftrightarrow -i, \quad C_2 \leftrightarrow -1, \quad C_4' \leftrightarrow i.$$

Esse grupo também é cíclico, como $C_4^2 = C_2$, $C_4^3 = C_4'$ ou equivalentemente $i^2 = -1$, $i^3 = -i$.

O grupo C_4 tem uma correspondência de dois para um com o grupo multiplicativo ordinário contendo apenas 1 e -1: I e $C_2 \leftrightarrow 1$, enquanto C_4 e $C_4' \leftrightarrow -1$. Isso é homomorfismo. Um homomorfismo mais trivial, possuído por todos os grupos, é obtido quando cada elemento é atribuído para corresponder à identidade. ∎

Exercícios

17.1.1   O **Vierergruppe** (alemão: grupo de quatro membros) é um grupo diferente do grupo C_4 introduzido no Exemplo 17.1.4. A tabela de multiplicação do Vierergruppe é mostrada na Tabela 17.2. Determine se esse grupo é cíclico e se é abeliano.

17.1.2   (a) Mostre que as permutações de n objetos distintos satisfazem os postulados de grupo.

         (b) Construa a tabela de multiplicação para as permutações dos três objetos, atribuindo a cada permutação um nome de algum tipo. (Sugestão: Use I para a permutação que deixa a ordem inalterada.)

         (c) Mostre que esse grupo de permutação (chamado S_3) é isomórfico com D_3 e identifique as operações correspondentes. Sua identificação é única?

17.1.3   **Teorema do rearranjo:** Dado um grupo de elementos distintos ($I, a, b, ..., n$), mostre que o conjunto dos produtos ($aI, a^2, ab, ac, ..., a$) reproduz todos os elementos do grupo em uma nova ordem.

17.1.4   Um grupo G tem um subgrupo H com elementos h_i. Seja x um elemento fixo do grupo original G e **não** um membro de H. A transformação

$$x h_i x^{-1}, \quad i = 1, 2, \ldots$$

gera um **subgrupo conjugado** xHx^{-1}. Mostre que esse subgrupo conjugado satisfaz cada um dos quatro grupos postulados e, portanto, é um grupo.

17.1.5   (a) Um grupo particular é abeliano. Um segundo grupo é criado substituindo g_i por g_i^{-1} para cada elemento no grupo original. Mostre que os dois grupos são isomórficos.
         Nota: Isso significa mostrar que se $ab = c$, então $a^{-1}b^{-1} = c^{-1}$.

         (b) Continuando a parte (a), mostre que o segundo grupo também é abeliano.

17.1.6 Considere um cristal cúbico consistindo em átomos idênticos em $\mathbf{r} = (la, ma, na)$, com l, m, n assumindo todos os valores integrais.

    (a) Mostre que cada eixo cartesiano é um eixo de simetria quádrupla.

    (b) O **grupo de pontos** cúbicos será composto por todas as operações (rotações, reflexões, inversão) que deixam o cristal cúbico simples invariante e que não movem o átomo em $l = m = n = 0$. A partir da consideração da permutação dos eixos das coordenadas positivas e negativas, preveja quantos elementos esse grupo cúbico conterá.

17.1.7 Um plano é abrangido com hexágonos regulares, como mostrado na Figura 17.3.

    (a) Determine a simetria rotacional de um eixo perpendicular ao plano que passa pelo vértice comum dos três hexágonos (A). Isto é, se o eixo tiver uma simetria ênupla, mostre (com uma explicação cuidadosa) o que n é.

    (b) Repita a parte (a) para um eixo perpendicular ao plano que passa pelo centro geométrico de um hexágono (B).

    (c) Encontre todos os diferentes tipos de eixos no plano dos hexágonos sobre o qual uma rotação em $180°$ é um elemento de simetria (isso corresponde a virar ao contrário o plano por rotação em torno desse eixo).

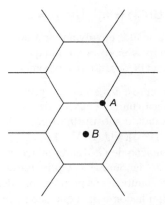

Figura 17.3: Plano abrangido por hexágonos.

17.2 Representação dos Grupos

Todos os grupos discretos e os grupos contínuos que estudamos aqui podem ser representados por matrizes quadradas. Com isso queremos dizer que para cada elemento do grupo podemos associar uma matriz, e que se $U(a)$ é a matriz associada a a e $U(b)$ a matriz associada a b, então o produto matricial $U(a)U(b)$ será a matriz associada a ab. Em outras palavras, as matrizes têm a mesma tabela de multiplicação que o grupo. Chamamos essas matrizes de U porque elas podem ser escolhidas para serem unitárias. Não é necessário que U tenha uma dimensão igual à ordem do grupo.

Às vezes precisamos identificar as representações com um rótulo. Para representações específicas, podemos usar nomes geralmente adotados; quando precisamos de um rótulo genérico, usaremos K ou K'. Assim, podemos nos referir à representação K, que consiste em matrizes $U^K(a)$.

Exemplo 17.2.1   Uma Representação Unitária

Eis uma representação unitária do grupo D_3 ilustrado na Figura 17.2:

$$U(I) = \begin{pmatrix} 1 & 0 \\ 0 & 1 \end{pmatrix}, \qquad U(C_3) = \begin{pmatrix} -\frac{1}{2} & \frac{1}{2}\sqrt{3} \\ -\frac{1}{2}\sqrt{3} & -\frac{1}{2} \end{pmatrix},$$

$$U(C_3^2) = \begin{pmatrix} -\frac{1}{2} & -\frac{1}{2}\sqrt{3} \\ \frac{1}{2}\sqrt{3} & -\frac{1}{2} \end{pmatrix}, \qquad U(C_2) = \begin{pmatrix} 1 & 0 \\ 0 & -1 \end{pmatrix},$$

$$U(C_2') = \begin{pmatrix} -\frac{1}{2} & \frac{1}{2}\sqrt{3} \\ \frac{1}{2}\sqrt{3} & \frac{1}{2} \end{pmatrix}, \qquad U(C_2'') = \begin{pmatrix} -\frac{1}{2} & -\frac{1}{2}\sqrt{3} \\ -\frac{1}{2}\sqrt{3} & \frac{1}{2} \end{pmatrix}. \tag{17.2}$$

Várias características dessa representação são aparentes:
- A operação unitária é representada por uma matriz unitária.
- O inverso de uma operação é representado pelo inverso de sua matriz.

Podemos verificar que o U forma uma representação: na tabela de multiplicação, temos $C_2 C_3 = C_2'$. Agora nós avaliamos

$$\mathsf{U}(C_2)\mathsf{U}(C_3) = \begin{pmatrix} 1 & 0 \\ 0 & -1 \end{pmatrix} \begin{pmatrix} -\frac{1}{2} & \frac{1}{2}\sqrt{3} \\ -\frac{1}{2}\sqrt{3} & -\frac{1}{2} \end{pmatrix} = \begin{pmatrix} -\frac{1}{2} & \frac{1}{2}\sqrt{3} \\ \frac{1}{2}\sqrt{3} & \frac{1}{2} \end{pmatrix},$$

que é de fato $\mathsf{U} = (C_2')$. O leitor pode verificar facilmente que outros produtos dos elementos de grupo correspondem aos produtos das matrizes de representação. A multiplicação de matrizes em geral é não comutativa, e dá resultados que são consistentes com a falta de comutatividade das operações de grupo.

A representação 2×2 mostrada anteriormente é **fiel**, significando que cada elemento de grupo corresponde a uma matriz diferente. Em outras palavras, a representação 2×2 é isomórfica com o grupo original. Nem todas as representações são fiéis; considere a representação relativamente trivial em que cada elemento de grupo é representado pela matriz 1×1 (1). Cada grupo possuirá essa representação. Uma representação um pouco menos trivial, mas ainda infiel do D_3 é uma em que

$$\mathsf{U}(I) = \mathsf{U}(C_3) = \mathsf{U}(C_3^2) = 1, \quad \mathsf{U}(C_2) = \mathsf{U}(C_2') = \mathsf{U}(C_2'') = -1. \tag{17.3}$$

Essa representação distingue elementos se eles envolvem virar ao contrário o triângulo. Nem todos os grupos possuirão essa representação 1×1; se não tivéssemos permitido que o triângulo fosse virado ao contrário, essa representação teria sido excluída. Essas representações infiéis são homomórficas em relação ao grupo original. ■

Uma característica importante de uma representação de um grupo G é que suas características essenciais são invariantes se fizermos a mesma transformação unitária nas matrizes que representam todos os elementos do grupo. Para ver isso, considere o que acontece quando substituímos cada $\mathsf{U}(g)$ por $\mathsf{V}\mathsf{U}(g)\mathsf{V}^{-1}$. Então o produto $\mathsf{U}(g)$ $\mathsf{U}(g')$, que é algum $\mathsf{U}(g'')$, torna-se $(\mathsf{V}\mathsf{U}(g)\mathsf{V}^{-1})(\mathsf{V}\mathsf{U}(g')\mathsf{V}^{-1}) = \mathsf{V}\mathsf{U}(g)\mathsf{U}(g')\mathsf{V}^{-1} = \mathsf{V}\mathsf{U}(g'')\mathsf{V}^{-1}$, assim as matrizes transformadas ainda formam uma representação de G. Representações que podem ser transformadas entre si por aplicação de uma transformação unitária são denominadas **equivalentes**.

A possibilidade da transformação unitária também nos permite considerar se uma representação de G é **redutível**. Uma representação **irredutível** de G é definida como uma que não pode ser dividida em uma **soma direta** das representações da menor dimensão aplicando a mesma transformação unitária a todos os membros da representação. O que queremos dizer por soma direta das representações é que cada matriz será um bloco diagonal (todas com a mesma sequência de blocos). Como diferentes blocos não se misturam sob multiplicação de matrizes, blocos correspondentes dos membros da representação definirão as representações (Figura 17.4). Se uma representação chamada K é uma soma direta das representações menores K_1 e K_2, esse fato pode ser indicado pela notação

$$K = K_1 \oplus K_2.$$

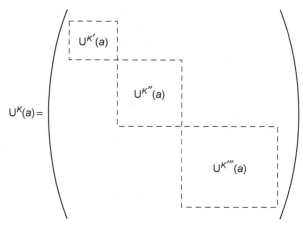

Figura 17.4: Um membro de uma representação redutível na forma de soma direta. Todos os membros terão a mesma estrutura de bloco, assim blocos individuais definem representações da dimensão menor.

Nem sempre é óbvio se uma representação é redutível. Mais adiante veremos teoremas que fornecem (para grupos discretos) maneiras de determinar quais representações irredutíveis estão presentes em uma representação que pode ser redutível. Além disso, se um grupo é **abeliano**, então o fato de que todos seus elementos comutam significa que as matrizes que os representam podem ser diagonalizadas simultaneamente. Desse fato, podemos concluir que todas as representações irredutíveis dos grupos abelianos são 1×1.

É importante compreender que a **redutibilidade** implica a **existência** de uma transformação unitária que agrupa todos os membros de uma representação na mesma forma de bloco diagonal; uma representação redutível pode não exibir a forma de bloco diagonal que foi submetida a uma transformação unitária apropriada. Eis um exemplo que ilustra esse ponto.

Exemplo 17.2.2   Uma Representação Redutível

Eis uma representação redutível para nosso triângulo equilátero:

$$\mathsf{U}(I) = \begin{pmatrix} 1 & 0 & 0 \\ 0 & 1 & 0 \\ 0 & 0 & 1 \end{pmatrix}, \quad \mathsf{U}(C_3) = \begin{pmatrix} 0 & 1 & 0 \\ 0 & 0 & 1 \\ 1 & 0 & 0 \end{pmatrix}, \quad \mathsf{U}(C_3^2) = \begin{pmatrix} 0 & 0 & 1 \\ 1 & 0 & 0 \\ 0 & 1 & 0 \end{pmatrix},$$

$$\mathsf{U}(C_2) = \begin{pmatrix} 0 & 0 & 1 \\ 0 & 1 & 0 \\ 1 & 0 & 0 \end{pmatrix}, \quad \mathsf{U}(C_2') = \begin{pmatrix} 1 & 0 & 0 \\ 0 & 0 & 1 \\ 0 & 1 & 0 \end{pmatrix}, \quad \mathsf{U}(C_2'') = \begin{pmatrix} 0 & 1 & 0 \\ 1 & 0 & 0 \\ 0 & 0 & 1 \end{pmatrix}. \tag{17.4}$$

Observe que algumas dessas matrizes não estão em nenhuma forma de soma direta. Para mostrar que a representação da Equação (17.4) é redutível, transformamos todo o U em $\mathsf{U}' = \mathsf{V}\mathsf{U}\mathsf{V}^{-1}$, usando

$$\mathsf{V} = \begin{pmatrix} 1/\sqrt{3} & 1/\sqrt{3} & 1/\sqrt{3} \\ 1/\sqrt{6} & -\sqrt{2/3} & 1/\sqrt{6} \\ 1/\sqrt{2} & 0 & -1/\sqrt{2} \end{pmatrix},$$

o que nos leva a

$$\mathsf{U}'(I) = \begin{pmatrix} 1 & 0 & 0 \\ 0 & 1 & 0 \\ 0 & 0 & 1 \end{pmatrix}, \qquad \mathsf{U}'(C_3) = \begin{pmatrix} 1 & 0 & 0 \\ 0 & -\frac{1}{2} & \frac{1}{2}\sqrt{3} \\ 0 & -\frac{1}{2}\sqrt{3} & -\frac{1}{2} \end{pmatrix},$$

$$\mathsf{U}'(C_3^2) = \begin{pmatrix} 1 & 0 & 0 \\ 0 & -\frac{1}{2} & -\frac{1}{2}\sqrt{3} \\ 0 & \frac{1}{2}\sqrt{3} & -\frac{1}{2} \end{pmatrix}, \quad \mathsf{U}'(C_2) = \begin{pmatrix} 1 & 0 & 0 \\ 0 & 1 & 0 \\ 0 & 0 & -1 \end{pmatrix},$$

$$\mathsf{U}'(C_2') = \begin{pmatrix} 1 & 0 & 0 \\ 0 & -\frac{1}{2} & \frac{1}{2}\sqrt{3} \\ 0 & \frac{1}{2}\sqrt{3} & \frac{1}{2} \end{pmatrix}, \quad \mathsf{U}'(C_2'') = \begin{pmatrix} 1 & 0 & 0 \\ 0 & -\frac{1}{2} & -\frac{1}{2}\sqrt{3} \\ 0 & -\frac{1}{2}\sqrt{3} & \frac{1}{2} \end{pmatrix}. \tag{17.5}$$

Todas as matrizes dessa representação são blocos diagonais, e são somas diretas que consistem em um bloco superior 1×1 que é a representação trivial, em que todos os elementos são (1), e um bloco inferior 2×2 que é exatamente a representação 2×2 ilustrada na Equação (17.2). Não existe nenhuma transformação unitária que reduzirá simultaneamente os blocos 2×2 de todos os membros da representação a somas diretas dos blocos 1×1, assim reduzimos a representação da Equação (17.4) aos seus componentes irredutíveis.[2]

∎

---

[2]Conhecemos isso porque algumas dessas matrizes 2×2 não comutam entre si e, portanto, não podem ser diagonalizadas simultaneamente.

Exemplo 17.2.3   REPRESENTAÇÕES DE UM GRUPO CONTÍNUO

O Exemplo 17.1.2 apresentou um grupo contínuo de ordem 1 cujos elementos são rotações $R(\varphi)$ sobre o eixo de simetria de um disco circular. Essas rotações foram consideradas como **definidas** pela equação matricial apresentada como a Equação (17.1). A matriz 2×2 nessa equação também pode ser vista como uma representação de $R(\varphi)$:

$$\mathsf{U}(\varphi) = \begin{pmatrix} \cos\varphi & \operatorname{sen}\varphi \\ -\operatorname{sen}\varphi & \cos\varphi \end{pmatrix}.$$

Como esse grupo é abeliano (duas rotações sucessivas produzem o mesmo resultado se aplicadas em qualquer ordem), sabemos que essa representação é redutível. Se aplicarmos a transformação unitária

$$\mathsf{U}'(\varphi) = \mathsf{V}\mathsf{U}(\varphi)\mathsf{V}^{-1}, \quad \text{com} \quad \mathsf{V} = \begin{pmatrix} 1/\sqrt{2} & -i/\sqrt{2} \\ 1/\sqrt{2} & i/\sqrt{2} \end{pmatrix},$$

o resultado é

$$\mathsf{U}'(\varphi) = \begin{pmatrix} \cos\varphi + i\operatorname{sen}\varphi & 0 \\ 0 & \cos\varphi - i\operatorname{sen}\varphi \end{pmatrix} = \begin{pmatrix} e^{i\varphi} & 0 \\ 0 & e^{-i\varphi} \end{pmatrix}. \tag{17.6}$$

A Equação (17.6) aplica-se a todos os elementos do nosso grupo de rotação depois de transformar com V, e vemos que cada rotação agora tem uma representação diagonal. Em outras palavras, $\mathsf{U}(\varphi)$ foi transformada em uma soma direta de duas representações unidimensionais (1D), $\mathsf{U}' = \mathsf{U}_1 \oplus \mathsf{U}_{(-1)}$, com $\mathsf{U}_1(\varphi) = e^{i\varphi}$ e $\mathsf{U}_{(-1)}(\varphi) = e^{-i\varphi}$. Na verdade, essas são as duas únicas de um número infinito de representações irredutíveis, todas de dimensão 1:

$$\mathsf{U}_n(\varphi) = e^{in\varphi},$$

em que n pode ter qualquer valor inteiro positivo ou negativo, incluindo zero. A razão pela qual n limita-se a valores inteiros é assegurar que $\mathsf{U}(2\pi) = \mathsf{U}(0)$. Note que apenas os n valores ± 1 levam a representações fiéis. ∎

Exercícios

17.2.1   Para qualquer representação K de um grupo, e para qualquer elemento de grupo a, mostre que

$$\left[\mathsf{U}^K(a)\right]^{-1} = \mathsf{U}^K(a^{-1}).$$

17.2.2   Mostre que essas quatro matrizes formam uma representação do Vierergruppe, cuja tabela de multiplicação está na Tabela 17.2.

$$\mathsf{I} = \begin{pmatrix} 1 & 0 \\ 0 & 1 \end{pmatrix}, \quad \mathsf{A} = \begin{pmatrix} -1 & 0 \\ 0 & -1 \end{pmatrix}, \quad \mathsf{B} = \begin{pmatrix} 0 & 1 \\ 1 & 0 \end{pmatrix}, \quad \mathsf{C} = \begin{pmatrix} 0 & -1 \\ -1 & 0 \end{pmatrix}.$$

17.2.3   Mostre que as matrizes 1, A, B e C do Exercício 17.2.2 são redutíveis. Reduza-as.
Nota: Isso significa transformar B e C na forma diagonal (pela mesma transformação unitária).

17.2.4   (a) Depois que você tem uma representação matricial de qualquer grupo, uma representação 1-D pode ser obtida considerando os determinantes das matrizes. Mostre que as relações multiplicativas são preservadas nessa representação determinante.
   (b) Use determinantes para obter uma representação 1-D de D_3 a partir da representação 2×2 na Equação (17.2).

17.2.5   Mostre que o grupo cíclico de n objetos, C_n, pode ser representado por r^m, $m = 0, 1, 2, ..., n-1$. Aqui r e um gerador dado por

$$r = \exp(2\pi i s/n).$$

O parâmetro s assume os valores $s = 1, 2, 3, ..., n$, com cada valor de s produzindo uma representação 1-D diferente (irredutível) de C_n.

17.2.6 Desenvolva a representação matricial irredutível 2×2 do grupo de rotações (incluindo aquelas que a viram ao contrário) que transformam um quadrado em si mesmo. Dê ao grupo a tabela de multiplicação.

Nota: Esse grupo tem o nome D_4 (Figura 17.5).

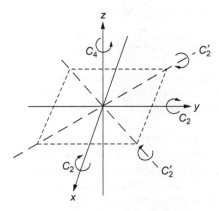

Figura 17.5: Grupo de simetria D_4.

17.3 Simetria e Física

Representações dos grupos fornecem uma conexão fundamental entre a teoria de grupos e as propriedades de simetria dos sistemas físicos. Nossa discussão será principalmente direcionada aos sistemas quânticos, mas boa parte dela também se aplica a sistemas que podem ser descritos usando a física clássica.

Considere um sistema quântico cujo H hamiltoniano possui certas simetrias geométricas. Se escrevermos $H = T + V$, as simetrias serão aquelas da energia potencial V, uma vez que o operador de energia cinética T é invariante em relação a rotações e deslocamentos dos eixos coordenados. Um exemplo concreto que ilustra o conceito seria a determinação da função de onda de um elétron na presença de núcleos em alguma configuração fixa possuindo simetria, como os locais de equilíbrio dos núcleos em uma molécula simétrica.

A simetria de H corresponde a um requisito de que H seja invariante no que diz respeito à aplicação de qualquer elemento do seu grupo de simetria. Deixando r denotar esse elemento de simetria, a invariância de H significa que se φ é uma solução da equação de Schrödinger com energia E, então $R\varphi$ também deve ser uma solução com o mesmo autovalor de energia:

$$H(R\varphi) = E(R\varphi).$$

Aplicando sucessivamente os elementos do nosso grupo de simetria a φ, podemos gerar um conjunto de autofunções, todas com o mesmo autovalor. Se φ tiver simetria completa de H, esse conjunto deverá conter um único membro e a situação seria fácil de entender. No entanto, se φ tivesse menos simetria,[3] nosso conjunto de autofunções teria mais de um membro, com seu tamanho máximo possível sendo o número de elementos no nosso grupo de simetria. Quando o conjunto de autofunções tem mais de um membro, as autofunções não têm individualmente a simetria completa do hamiltoniano, mas elas formam um conjunto fechado que permite que a simetria parcial seja expressa em todas as maneiras equivalentes da simetria. Por exemplo, as autofunções hidrogenoides conhecidas como estados p formam um conjunto de três membros; nenhum tem a simetria esférica completa do hamiltoniano do átomo de hidrogênio, mas combinações lineares dos três estados P podem descrever um orbital p em uma orientação arbitrária (óbvio porque um vetor em uma direção arbitrária pode ser escrito como uma combinação linear dos vetores nas direções coordenadas).

Então vamos supor que, a partir de algumas φ escolhidas, encontramos um conjunto completo de autofunções relacionadas com a simetria, eliminamos delas qualquer dependência linear, e formamos um conjunto ortonormal de autofunções, denotado por φ_i, $i = 1 \dots N$.

---

[3]Isso é possível; um exemplo é um estado p átomo de hidrogênio.

Por causa da maneira como φ_i foram construídas, elas se transformarão linearmente entre si se aplicarmos qualquer operação R a partir do nosso grupo de simetria, assim podemos escrever

$$R\varphi_i = \sum_j U_{ji}(R)\varphi_j. \tag{17.7}$$

Se aplicarmos duas operações de simetria (R seguido por S), a regra de transformação para o resultado será

$$SR\varphi_i = \sum_{jk} U_{kj}(S)\, U_{ji}(R)\varphi_k. \tag{17.8}$$

As Equações (17.7) e (17.8) mostram que a transformação para o elemento de grupo SR é o produto matricial daqueles para S e R, assim as matrizes $U(S)$ e $U(R)$ têm propriedades que as tornam membros de uma representação do nosso grupo de simetria. O que é novidade aqui é que identificamos U como uma representação **associada à base** $\{\varphi_i\}$.

Nesse ponto não sabemos se a representação formada a partir da nossa base $\{\varphi_i\}$ é redutível; sua redutibilidade depende do sistema quântico em estudo e da escolha específica feita para a função inicial φ. Se nossas U são redutíveis, vamos supomos que agora aplicamos uma transformação que irá convertê-las na forma de soma direta. A transformação para obter a separação de soma direta corresponde a uma divisão da base em conjuntos menores de funções que só se transformam entre si. Nossa conclusão geral dessa análise é:

> *Se o H hamiltoniano é totalmente simétrico sob as operações de um grupo de simetria, todas suas autofunções podem ser classificadas em conjuntos, com cada conjunto formando uma* **base** *para uma representação irredutível do grupo de simetria. Os membros do conjunto relacionado com a simetria das autofunções serão degenerados e chamados* **multipletos**. *Normalmente diferentes multipletos corresponderão a diferentes autovalores; qualquer degenerescência entre autofunções de diferentes representações irredutíveis surge de outras fontes além daquela em estudo.*

Como as autofunções de um hamiltoniano possuindo simetria geométrica podem ser identificadas com representações irredutíveis de seu grupo de simetria, é natural usar autofunções **aproximadas** com restrições de simetria semelhantes.

Exemplo 17.3.1   Um Hamiltoniano Par

Considere um hamiltoniano $H(x)$, que é **par** em x, significando que $H(-x) = H(x)$, mas não tem nenhuma outra simetria. Deixando σ representar o operador de reflexão $x \to -x$ (σ é a notação comum para uma operação de reflexão), nosso grupo de simetria, chamado C_s, consiste apenas em duas operações I e σ, e sua tabela de multiplicação é

$$I\,I = \sigma\,\sigma = I, \quad I\sigma = \sigma I = \sigma.$$

Esse grupo é abeliano, e tem duas representações irredutíveis de dimensão 1: uma (A_1) que é completamente simétrica, $U(I) = U(\sigma) = 1$, e uma (A_2) com alternância de sinal, $U(I) = 1$, $U(\sigma) = -1$. As autofunções de H, portanto, serão par ou ímpar, e não existe nenhum requisito inerente de simetria de que estados pares e ímpares sejam degenerados entre si.

Se começarmos com uma função $\varphi(x)$, que é par, teremos $I\varphi = \sigma\varphi = \varphi$, assim nossa base consistirá apenas em φ, e $U(I) = U(\sigma) = 1$, indicando que a representação construída usando essa base será totalmente simétrica A_1.

Por outro lado, se nossa função de partida $\varphi(x)$ fosse ímpar, então $I\varphi = \varphi$, mas $\sigma\varphi = -\varphi$; novamente a base consistirá somente em $\varphi(x)$, mas agora a representação construída a partir dela consistirá em $U(I) = 1$, $U(\sigma) = -1$, e será a representação alternando sinal A_2.

Entretanto, se começarmos com uma função $\varphi(x)$ que não é nem par nem ímpar, então $I\varphi(x) = \varphi(x)$, mas $\sigma\varphi(x) = \varphi(-x)$. Nossa suposição de que $\varphi(x)$ não é nem par nem ímpar significa que $\varphi(x)$ e $\varphi(-x)$ são linearmente independentes, então nossa base consistirá em dois membros (e, portanto, terá dimensão 2). Como o grupo de simetria tem apenas A_1 e A_2 como representações irredutíveis, a representação construída a partir da nossa base de dois membros será redutível, e se reduzirá a $A_1 \oplus A_2$. A base se separará em dois membros $\varphi(x) + \varphi(-x)$ (uma base A_1 unidimensional) e $\varphi(x) - \varphi(-x)$ (uma base A_2).

Dado um problema com um hamiltoniano par, podemos usar essa análise de simetria para procurar soluções que são restritas a ter simetria par ou ímpar. Essa estratégia pode simplificar muito o processo de pesquisa das soluções. A noção pode ser estendida a problemas com simetria diferente ou de graus maiores. ∎

É importante observar que todos os grupos de simetria geométrica (exceto o grupo trivial, que tem somente o elemento I) possuirão outras representações além de A_1, o que significa que eles terão bases de menor simetria do que o grupo original. No Exemplo 17.3.1, nosso hamiltoniano era par, mas poderia ter autofunções que são ou pares (A_1) ou ímpares (A_2). Um hamiltoniano com simetria D_3 (que já vimos que tem representações irredutíveis de dimensões 1 e 2) pode ter autofunções A_1 da simetria tridimensional (3-D) completa ou autofunções A_2 com simetria de sinal alternado. Ele também pode ter dois conjuntos de autofunções degeneradas correspondendo à representação na Equação (17.2), em que (como indicado pelas matrizes 2×2) as operações de simetria podem converter qualquer um dos membros da base em combinações lineares de ambos. A irredutibilidade significa que não existe nenhuma função única construída a partir dessa base de dois membros que permanecerá a mesma (exceto para um possível sinal ou fator de fase) sob todas as operações de grupo. A existência de uma base irredutível com mais de um membro é uma consequência do fato de que o grupo de simetria não é abeliano.

Embora nem todos os elementos de um grupo de simetria possam comutar entre si, todos eles comutam com um hamiltoniano (ou outro operador) que tem simetria completa de grupo. Para mostrar isso, note que para qualquer autofunção ψ e qualquer elemento de grupo R,

$$H\psi = E\psi \longrightarrow H(R\psi) = E(R\psi) = R(E\psi) = RH\psi \longrightarrow HR = RH.$$

O último passo vem em seguida porque os passos anteriores são válidos para todos os membros de um conjunto completo de autofunções ψ.

Às vezes, especialmente para grupos contínuos, saberemos com antecedência como construir bases para representações irredutíveis. Por exemplo, os harmônicos esféricos de um determinado valor l formam uma base para a representação do grupo de rotação 3-D. A partir do Capítulo 16, sabemos que esses harmônicos esféricos formam um conjunto fechado sob rotação, mas somente se o conjunto incluir todos os valores m. Essa informação, juntamente com a ortonormalidade de Y_l^m, informa que Y_l^m, $m = -l, ..., l$ é uma base ortonormal de dimensão $2l + 1$ para uma representação irredutível do grupo de rotação 3-D, que é chamado SO(3). Em contraste com a situação para grupos discretos, grupos contínuos (mesmo de baixa ordem) podem possuir um número infinito de representações irredutíveis de dimensão finita.

Um pesquisador experiente pode frequentemente encontrar bases para representações irredutíveis por inspeção ou insight informado. Entretanto, se os métodos simples para encontrar uma base se revelarem insuficientes, métodos gerais podem ser utilizados para construir funções de base se as matrizes que definem a representação irredutível relevante estiverem disponíveis. Os detalhes do processo podem ser encontrados nos trabalhos de Falicov, Hamermesh e Tinkham (ver Leituras Adicionais).

Exemplo 17.3.2 Mecânica Quântica, Simetria Triangular

Vamos considerar um hamiltoniano que tem simetria D_3 de um triângulo equilátero que pode ser virado ao contrário, e nosso problema é tal que sua solução pode ser aproximada como uma função de onda que é distribuída ao longo de orbitais centradas nos três vértices $\mathbf{R}_i$ do triângulo, da forma $\psi(\mathbf{r}) = a_1\varphi(r_1) + a_2\varphi(r_2) + a_3\varphi(r_3)$, em que r_i é a distância $| \mathbf{r} - \mathbf{R}_i |$, e φ é uma orbital esfericamente simétrica. A função

$$\psi_0 = \varphi(r_1) + \varphi(r_2) + \varphi(r_3)$$

é uma base para a representação trivial (A_1) do grupo D_3. Porém, como temos três orbitais, haverá outras duas combinações lineares delas que são linearmente independentes de ψ_0, e uma maneira de escolhê-las é

$$\psi_1 = \frac{1}{\sqrt{2}}\left[\varphi(r_1) - \varphi(r_3)\right], \quad \psi_2 = \frac{1}{\sqrt{6}}\left[-\varphi(r_1) + 2\varphi(r_2) - \varphi(r_3)\right].$$

Nenhuma dessas funções (nem nenhuma combinação linear delas) tem simetria suficiente para ser funções de base A_1 ou A_2, e elas, portanto, devem (em conjunto) formar uma base para uma representação irredutível 2×2 do grupo de simetria D_3 que é chamado E. Sabendo que esse seria o caso, escolhemos essas funções de uma maneira que as torna ortogonais e em uma normalização consistente, e elas são de fato a base para a representação irredutível dada pela Equação (17.2).

Podemos verificar isso aplicando operações de grupo a ψ_1 e ψ_2, verificando que o resultado corresponde à coluna apropriada da matriz para a operação. Fazemos uma verificação desse tipo aqui: Aplicando C_3 a ψ_1, obtemos $C_3\,\psi_1 = [\varphi(r_3) - \varphi(r_2)]/\sqrt{2}$, enquanto a primeira coluna de $U(C_3)$ na Equação (17.2) produz

$$C_3\psi_1 = -\frac{1}{2}\,\psi_1 - \frac{\sqrt{3}}{2}\,\psi_2 = -\frac{1}{2}\left(\frac{\varphi(r_1) - \varphi(r_3)}{\sqrt{2}}\right) - \frac{\sqrt{3}}{2}\left(\frac{-\varphi(r_1) + 2\varphi(r_2) - \varphi(r_3)}{\sqrt{6}}\right).$$

O leitor pode verificar que essas duas expressões para $C_3\psi_1$ são iguais e pode fazer verificações adicionais se desejado.

Pode-se pensar que por causa da simetria triangular haveria uma representação irredutível de dimensão 3. Entretanto, a matemática não é tão simples; todas as representações D_3 de dimensão 3 são redutíveis!   ∎

As simetrias exigidas das soluções para as equações de Schrödinger têm implicações que vão além de seu papel em criar ou explicar a degeneração. A interação dominante entre um campo eletromagnético e uma molécula pode ocorrer apenas se a molécula tem um momento dipolar elétrico, e a presença de um momento dipolar depende da simetria da função de onda eletrônica. Outro contexto em que a simetria é importante é ao avaliar os valores esperados dos operadores quânticos. Esses valores esperados desaparecerão a menos que as integrais que os definem tenham integrandos com uma parte totalmente simétrica. Além disso, vale ressaltar que muitos cálculos quânticos são simplificados limitando-os a contribuições que não desaparecem por causa da simetria. Todas essas questões podem ser enquadradas em termos das representações irredutíveis para as quais nossas funções de onda são as bases.

Nas próximas seções, desenvolvemos alguns resultados chave da teoria da representação de grupos, primeiro para grupos discretos porque a análise é mais simples, e então (em menos detalhes) para grupos contínuos que se tornaram importantes na teoria das partículas e relatividade.

Exercícios

17.3.1   Considere um problema de mecânica quântica com simetria D^3, com o eixo de simetria tripla considerado como a direção z, e com orbitais $\varphi(\mathbf{r} - \mathbf{R}_j)$ localizados nos vértices de um triângulo equilátero. Essa é a mesma geometria de sistema que no Exemplo 17.3.2, mas no problema atual, φ deixará de ser escolhido para ter simetria esférica.

Dado que $\varphi(\mathbf{r}) = (z/r) f(r)$ (assim, φ tem a simetria de um orbital p orientado ao longo do eixo de simetria), construa combinações lineares de φ que são as bases para representações irredutíveis de D^3, para cada base indicando sua representação.

17.4   Grupos Discretos

Classes

Verificou-se ser útil dividir os elementos de um grupo finito G em conjuntos chamados **classes**. A partir de um elemento de grupo a_1, podemos aplicar transformações de similaridade da forma ga_1g^{-1}, em que g pode ser qualquer membro de G. Se deixarmos que a_1 seja transformado dessa maneira, utilizando todos os elementos g de G, o resultado será um conjunto de elementos que podemos denotar $a_1, ..., a_K$, em que k pode ou não ser maior do que 1. Certamente esse conjunto inclui o próprio a_1, como esse resultado é obtido quando $g = I$ e também quando $g = a_1$ ou $g = a_1^{-1}$. O conjunto de elementos obtidos desse modo é chamado **classe** de G, e pode ser identificado especificando um de seus membros. Se escolhermos $a_1 = I$, descobriremos que I está em uma classe por si só; muitas vezes classes terão um número maior de membros.

A classe terá os mesmos membros não importa qual de seus elementos recebe o papel de a_1. Isso é evidente, uma vez que se $a_i = ga_1g^{-1}$ então também $a_1 = g^{-1}a_i\,g$, mostrando que podemos obter a_1 de qualquer outro elemento da classe, e daí todos os elementos acessíveis a partir de a_1.

Exemplo 17.4.1   Classes do Grupo Triangular D_3

Como já foi observado de modo geral, uma classe de D_3 consistirá exclusivamente em I. A classe incluindo C_3 também contém C_3^2 (o resultado da $C_2C_3C_2^{-1}$). Por fim, C_2, C_2' e C_2'' constituem uma terceira classe.   ∎

Classes são importantes porque:

- Para uma dada representação (redutível ou não), todas as matrizes da mesma classe terão o mesmo valor de traço — óbvio porque traço(gag^{-1}) = traço($ag^{-1}g$) = traço(a). No mundo da teoria de grupos, o traço também é conhecido como o **caráter**, habitualmente identificado com o símbolo Γ.

- Podemos mostrar que o número de representações irredutíveis não equivalentes de um grupo finito é igual ao seu número de classes. (Para a prova e uma discussão mais completa, ver Leituras Adicionais no final deste capítulo.)

Podemos mostrar (novamente, ver Leituras Adicionais) que o conjunto de caráteres para todos os elementos e representações irredutíveis de um grupo finito define um espaço vetorial ortogonal de dimensão finita. Escrevendo $\Gamma^K(g)$ como o caráter do elemento de grupo g na representação irredutível K, temos as relações fundamentais para um grupo de ordem n:

$$n_g \sum_K \Gamma^K(g)\Gamma^K(g') = n\,\delta_{gg'}, \quad \sum_g \Gamma^K(g)\Gamma^{K'}(g) = n\,\delta_{KK'}. \tag{17.9}$$

Aqui n_g é o número de elementos na classe que contém g. Essas relações permitem que qualquer representação redutível seja decomposta em uma soma direta das representações irredutíveis, e também podem ajudar a encontrar os caráteres das representações irredutíveis se eles ainda não são conhecidos.

Outro teorema de grande importância na teoria de grupos finitos, às vezes chamado **teorema da dimensionalidade**, é que a soma dos quadrados das dimensões n_K das representações irredutíveis não equivalentes é igual à ordem, n, do grupo:

$$\sum_K n_K^2 = n. \tag{17.10}$$

Esse teorema, e também o teorema de que o número de K irredutível é igual ao número de classes, impõe limites rigorosos sobre o número e tamanho das representações irredutíveis de um grupo. Esses dois requisitos são frequentemente suficientes para determinar completamente o inventário das representações irredutíveis.

Como os grupos finitos de interesse na física foram bem estudados, a utilização mais frequente dessas relações de ortogonalidade é extrair de uma base que pode ser redutível (isto é, uma base para uma representação possivelmente redutível) as bases irredutíveis que podem ser incluídas. Essa tarefa é geralmente realizada com uma tabela das representações irredutíveis à mão.

Exemplo 17.4.2 Relações de Ortogonalidade, Grupo D_3

O esquema usual para tabular caráteres de grupo discreto é chamado **tabela de caráteres**; que, para nosso grupo triângulo D_3, é mostrada na Tabela 17.3. As linhas da tabela são rotuladas com os nomes habituais atribuídos às representações irredutíveis: os rótulos A e B (o último não usado para esse grupo) são reservados para representações 1×1. Representações de dimensão 2 normalmente recebem um rótulo E, e aquelas de dimensão 3 (que também não ocorrem aqui) são chamadas T. Cada coluna da tabela de caráteres é rotulada com um membro típico da classe, precedido por um número indicando o número de elementos do grupo na classe. Esse número é omitido se a classe contém um único elemento.

Tabela 17.3 Tabela de Caráteres para o Grupo D_3

	I	$2C_3$	$3C_2$
A_1	1	1	1
$A2$	1	1	-1
E	2	-1	0
Ψ	3	0	1

Cada linha corresponde a uma representação irredutível, e cada coluna corresponde a uma classe. A entrada na tabela é o caráter para cada elemento dessa representação irredutível e classe. A linha abaixo destacada na tabela (rotulada Ψ) não faz parte da tabela, mas é usada junto com o Exemplo 17.4.4.

Como a representação do elemento de grupo I é uma matriz unitária, os caráteres (traços) na coluna I indicam diretamente as dimensões das representações. Vemos que A_1 é uma representação 1×1, de modo que cada matriz $A1$ contém um único número igual ao caráter mostrado, significando que A_1 é a representação trivial totalmente simétrica. Vemos que A_2 também é 1×1, mas os três elementos de grupo para os quais o triângulo foi virado ao contrário agora são representados por -1. Por fim, a representação E é vista como sendo 2×2, e é uma representação que encontramos ainda na Equação (17.2).

Verificando a primeira relação de ortogonalidade para $g = g' = I$, para o qual $n_g = 1$, temos $1(1^2 + 1^2 + 2^2) = 6$, como esperado. Para $g = I$, $g' = C_3$, temos $1[1(1) + 1(1) + 2(-1)] = 0$, e para $g = g' = C_3$, notamos que $n_g = 2$ e temos $2[1^2 + 1^2 + (-1)^2] = 6$. O leitor pode verificar outros casos dessa relação de ortogonalidade.

Passando para a segunda relação de ortogonalidade, consideramos $K = K' = E$, encontrando $1(2^2) + 2(-1)^2 + 3(0^2) = 6$; os multiplicadores de termos individuais 1, 2 e 3 permitem que a soma seja superior a todos os **elementos**, não apenas às **classes**. Outros processos seguem de modo semelhante.	∎

Exemplo 17.4.3 CONTANDO REPRESENTAÇÕES IRREDUTÍVEIS

Consideramos dois casos, primeiro o grupo C_4, que foi o tema do Exemplo 17.1.4. Esse grupo é cíclico, com elementos I, a, a^2, a^3; esses são todos os elementos, porque $a^4 = I$. Como já foi indicado, uma representação fiel desse grupo consiste em 1, i, -1, $-i$, com a operação de grupo sendo multiplicação ordinária. Outra realização de C_4 é um objeto que é simétrica sob rotação 90° em torno de um único eixo. Esse grupo é abeliano, como $a^p\, a^q = a^q\, a^p$. Então, $gag^{-1} = a$ para quaisquer elementos de grupo a e g, assim cada elemento está em uma classe própria. Assim temos quatro classes e, portanto, quatro representações irredutíveis. Temos também, a partir do teorema da dimensão,

$$\sum_{K=1}^{4} n_K^2 = 4.$$

A única maneira de satisfazer essa equação é com quatro representações irredutíveis, cada uma de dimensão 1. Esse resultado deve ter sido o esperado, uma vez que C_4 é abeliano. Nossas representações irredutíveis podem ser construídas a partir das quatro escolhas a seguir de $U(a)$: 1, i, -1, $-i$, que leva à tabela de caráteres a seguir.

	I	a	a^2	a^3
A_1	1	1	1	1
A_2	1	i	-1	$-i$
A_3	1	-1	1	-1
A_4	1	$-i$	-1	i

Nosso segundo caso é D_3, que tem seis elementos e as três classes identificadas no Exemplo 17.4.1. Isso significa que ele tem três representações irredutíveis com dimensões cujos quadrados totalizam seis. O único conjunto de dimensões que satisfaz esses requisitos é 1, 1 e 2.	∎

O Exemplo 17.4.2 pode ser generalizado para lidar com representações redutíveis; qualquer representação cujos caráteres não correspondem a nenhuma linha da tabela de caráteres deve ser redutível (a menos que totalmente errado!). Se transformássemos uma representação redutível na forma de soma direta, então seria óbvio que o traço será a soma dos traços de seus blocos, e que a propriedade se manterá se não soubermos como fazer a transformação diagonalizante do bloco. No jargão da teoria de grupos, diríamos que os caráteres de uma representação redutível serão a soma dos caráteres das representações irredutíveis que ele contém. Observe que se uma determinada representação irredutível ocorre mais de uma vez, o caráter dela deve receber um número correspondente de vezes.

Agora, suponha que temos uma representação redutível Ψ de um grupo de ordem n. Mesmo que sua decomposição em componentes irredutíveis ainda não seja conhecida, podemos escrever seus caráteres para os elementos de grupo g na forma

$$\Gamma^{\Psi}(g) = \sum_{K} c_K \Gamma^K(g), \tag{17.11}$$

em que c_K é o número de vezes que a representação irredutível K está contida em Ψ. Se ambos os lados dessa equação forem multiplicados por $\Gamma^{K'}(g)$ e somados sobre g, a ortogonalidade entra em ação, e

$$\sum_{g} \Gamma^{K'}(g) \Gamma^{\Psi}(g) = \sum_{g} \sum_{K} c_K \Gamma^{K'}(g) \Gamma^K(g) = n c_{K'}. \tag{17.12}$$

Avaliando o lado esquerdo da Equação (17.12), resolvemos facilmente para $c_{K'}'$. Podemos repetir essa sequência de etapas com diferentes K' até que todas as representações irredutíveis em Ψ tenham sido encontradas.

Exemplo 17.4.4   DECOMPONDO UMA REPRESENTAÇÃO REDUTÍVEL

Suponha que começamos do seguinte conjunto de três funções de base para o grupo triangular D_3:[4]

$$\psi_1 = x^2, \quad \psi_2 = y^2, \quad \psi_3 = \sqrt{2}\,xy, \tag{17.13}$$

em que x, y, z são as coordenadas cartesianas com origem no centro do triângulo, e os eixos estão nas direções mostradas na Figura 17.1. Como $C_3 x = -\frac{1}{2}x + \frac{1}{2}\sqrt{3}y$, $C_3 y = -\frac{1}{2}\sqrt{3}x - \frac{1}{2}y$, podemos (um pouco tediosamente) determinar que

$$C_3 x^2 = \frac{1}{4}x^2 + \frac{3}{4}y^2 - \sqrt{\frac{3}{8}}(\sqrt{2}\,xy),$$

$$C_3 y^2 = \frac{3}{4}x^2 + \frac{1}{4}y^2 + \sqrt{\frac{3}{8}}(\sqrt{2}\,xy),$$

$$C_3 (\sqrt{2}\,xy) = \sqrt{\frac{3}{8}}x^2 - \sqrt{\frac{3}{8}}y^2 - \frac{1}{2}(\sqrt{2}\,xy),$$

assim, na base ψ,

$$\mathsf{U}^{\Psi}(C_3) = \begin{pmatrix} \frac{1}{4} & \frac{3}{4} & \sqrt{\frac{3}{8}} \\ \frac{3}{4} & \frac{1}{4} & -\sqrt{\frac{3}{8}} \\ -\sqrt{\frac{3}{8}} & \sqrt{\frac{3}{8}} & -\frac{1}{2} \end{pmatrix}. \tag{17.14}$$

Uma análise semelhante pode ser usada para obter a matriz de C_2, que é mais fácil porque a operação envolvida é apenas $x \rightarrow -x$, com y permanecendo inalterado. Obtemos

$$\mathsf{U}^{\Psi}(C_2) = \begin{pmatrix} 1 & 0 & 0 \\ 0 & 1 & 0 \\ 0 & 0 & -1 \end{pmatrix}. \tag{17.15}$$

A representação de I é, naturalmente, apenas a matriz unitária 3×3. Como os únicos dados de que precisamos agora são os traços do representativo de cada classe, estamos prontos para prosseguir, e vemos que

$$\Gamma^{\Psi}(I) = 3, \quad \Gamma^{\Psi}(C_3) = 0, \quad \Gamma^{\Psi}(C_2) = 1.$$

Rotulamos os caráteres com o índice superior Ψ como um lembrete de que a representação é aquela associada a ψ_i. Esses caráteres foram anexados abaixo das suas respectivas colunas na Tabela 17.3.

Agora usamos o fato de que a representação Ψ deve ser decomposta em

$$\Psi = c_1 A_1 \oplus c_2 A_2 \oplus c_3 E, \tag{17.16}$$

e encontramos o c_i aplicando a Equação (17.12). Utilizando os dados da Tabela 17.3, e considerando que K' está na ordem A_1, A_2 e E,

$$A_1 \; : \; (1)(3)+2(1)(0)+3(1)(1)=6=6c_1,\; \text{assim } c_1=1,$$
$$A_2 \; : \; (1)(3)+2(1)(0)+3(-1)1=0=6c_2,\; \text{assim } c_2=0,$$
$$E \; : \; (2)(3)+2(-1)(0)+3(0)(1)=6=6c_3,\; \text{assim } c_3=1.$$

Portanto, $\Psi = A_1 \oplus E$. Podemos verificar nosso trabalho somando as entradas A_1 e E da tabela de caráteres. Como eles devem, eles contribuem para as entradas para Ψ.   ∎

Para alguns propósitos, é insuficiente apenas saber quais representações irredutíveis são incluídas em uma base redutível para um grupo G. Podemos também precisar saber como transformar a base para que cada membro da base esteja associado a uma representação irredutível específica de G. Às vezes é fácil ver como fazer isso. Para

---

[4]Essas funções de base foram escolhidas de uma maneira que torne a representação redutível unitária. O fator $\sqrt{2}$ em ψ_3 é necessário para dar a todo ψ_i a mesma escala.

esse exemplo, a função de base para A_1 deve ter o grupo de simetria completo, enquanto as funções de base E devem ser ortogonais em relação à base A_1. Essas considerações levam a

$$A_1 \; : \; \varphi = \psi_1 + \psi_2 = x^2 + y^2, \tag{17.17}$$

$$E \; : \; \varphi_1 = \psi_1 - \psi_2 = x^2 - y^2, \quad \varphi_2 = \sqrt{2}\,\psi_3 = 2xy. \tag{17.18}$$

No entanto, se for difícil encontrar as funções irredutíveis de base por inspeção, existem fórmulas que podem ser usadas para encontrá-las. Ver Leituras Adicionais.

Outros Grupos Discretos

A maioria dos exemplos utilizados foi para um grupo, D_3, em que consideramos as operações de simetria que envolvem rotações em torno de eixos através do centro do sistema. Grupos que mantêm um ponto central fixo são chamados **grupos pontuais**, e eles surgem, entre outros locais, ao estudar os fenômenos que dependem das simetrias geométricas das moléculas. Alguns grupos pontuais têm simetrias adicionais associadas a inversão ou reflexão. É possível que um grupo pontual tenha um único eixo ênuplo para qualquer inteiro positivo n (o que significa que um elemento de simetria é uma rotação ao longo de um ângulo $2\pi/n$). No entanto, o número de grupos pontuais com múltiplos eixos de simetria $n \geq 3$ é muito limitado; eles correspondem aos poliedros regulares platônicos e, portanto, só podem ser tetraédricos, cúbicos/octaédricos e dodecaédricos/icosaédricos.

Outros grupos discretos surgem quando consideramos a simetria permutacional; o **grupo simétrico** é importante na física de muitos corpos e é o assunto de uma seção separada deste capítulo.

Exercícios

17.4.1 O Vierergruppe tem a tabela de multiplicação mostrada na Tabela 17.2.
  (a) Divida seus elementos em classes.
  (b) Usando as informações sobre classe, determine para o Vierergruppe o número de representações irredutíveis não equivalentes e suas dimensões.
  (c) Construa uma tabela de caráteres para o Vierergruppe.

17.4.2 O grupo D_3 pode ser discutido como um grupo **de permutação** de três objetos. Operação C_3, por exemplo, move um vértice 1 para a posição anteriormente ocupada pelo vértice 2; da mesma forma, o vértice 2 se move para a posição original do vértice 3 e vértice 3 se move para a posição original do vértice 1. Portanto, esse embaralhamento pode ser descrito como a permutação de (1,2,3) para (2,3,1). Usando agora as letras a, b, c para evitar confusão notacional, essa permutação $(abc) \rightarrow (bca)$ corresponde à equação matricial

$$C_3 \begin{pmatrix} a \\ b \\ c \end{pmatrix} = \begin{pmatrix} 0 & 1 & 0 \\ 0 & 0 & 1 \\ 1 & 0 & 0 \end{pmatrix} \begin{pmatrix} a \\ b \\ c \end{pmatrix} = \begin{pmatrix} b \\ c \\ a \end{pmatrix},$$

identificando assim uma representação 3×3 da operação C_3.
  (a) Desenvolva representações 3×3 análogas para os outros elementos do D_3.
  (b) Reduza sua representação 3×3 à soma direta de uma representação 1×1 e uma 2×2. *Nota*: Essa representação 3×3 deve ser redutível ou a Equação (17.10) é violada.

17.4.3 O grupo chamado D_4 tem um eixo quádruplo de simetria, e os eixos duplos em quatro direções perpendiculares ao eixo quádruplo (Figura 17.5). D_4 tem as seguintes classes (os números que precedem os descritores de classe indicam o número de elementos da classe): I, $2C_4$, C_2, $2C_2'$, $2C_2''$. Os eixos duplos marcados com números primos estão no plano de simetria quadrupla.
  (a) Encontre o número e as dimensões das representações irredutíveis.
  (b) Dado que todos os caráteres das representações de dimensão 1 são ±1 e que $C_2 = C_4^2$, use as condições de ortogonalidade para construir uma tabela de caráteres completa para D_4.

17.4.4 As oito funções $\pm x^3$, $\pm x^2 y$, $\pm xy^2$, $\pm y^3$ formam uma base redutível para D_4, com C_4 uma rotação em 90° no sentido anti-horário no plano xy, $C_2 = C_4^2$, $C_2' = (x \rightarrow -x, y \rightarrow y)$, $C_2'' = (x \rightarrow y, y \rightarrow x)$, e os membros restantes de D_4 são membros das classes adicionais contendo essas operações. Encontre os caráteres da representação redutível para a qual essas funções formam uma base, e descubra a soma direta das representações irredutíveis que a compõem.

17.4.5   O grupo C_{4v} tem um eixo de simetria quádruplo na direção z, simetrias de reflexão (σ_v) sobre os planos xz e yz, e simetrias de reflexão adicionais (σ_d, d = diédrico) sobre os planos que contêm o eixo z, mas estão 45° dos eixos x e y (Figura 17.6). Está é tabela de caráteres para C_{4v}.

	I	$2C_4$	C_2	$2\sigma_v$	$2\sigma_d$
A_1	1	1	1	1	1
A_2	1	1	1	-1	-1
B_1	1	-1	1	1	-1
B_2	1	-1	1	-1	1
E	2	0	-2	0	0

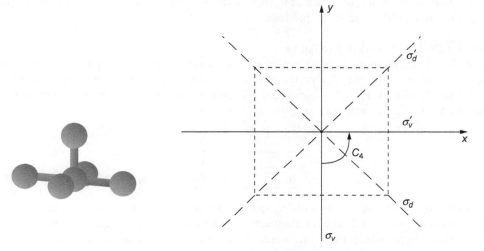

Figura 17.6: Grupo de simetria C_4v. À esquerda, uma molécula com essa simetria. À direita, um diagrama identificando os planos de reflexão, que são perpendiculares ao plano do diagrama.

(a) Construa a matriz que representa um membro de cada classe de C_{4v} utilizando como uma base um orbital p_z em cada um dos pontos $(x, y) = (a, 0), (0, a), (-a, 0), (0, -a)$, e daí extraia os caráteres da representação redutível para os quais esses orbitais p_z formam uma base. Um orbital p_z tem a forma funcional $(z/r) f(r)$.

(b) Determine as representações irredutíveis contidas na nossa representação redutível p_z.

(c) Forme as combinações lineares das nossas funções p_z que são as bases para cada uma das representações irredutíveis encontradas na parte (a).

17.4.6   Usando a notação e geometria do Exercício 17.4.5, repita o exercício para a base de oito membros que consiste em um orbital px e um py em cada um dos pontos $(x, y) = (a, 0), (0, a), (-a, 0), (0, -a)$.

17.5   Produtos Diretos

Muitos sistemas multipartícula da mecânica quântica são descritos utilizando funções de onda que são produtos dos estados de partícula individual. Essa abordagem é a de um modelo de partícula independente, em que um grau mais elevado de aproximação pode incluir interações interpartículas.

Os estados de partícula única podem então ser escolhidos de modo a refletir a simetria do sistema, o que significa que o estado de cada partícula será um membro de base de alguma representação irredutível do grupo de simetria do sistema. Essa ideia é óbvia, por exemplo, na estrutura atômica, em que encontramos notações como $1s^2\, 2s^2\, 2p^3$ (a configuração do estado fundamental do átomo N).

Quando um sistema multipartícula com grupo de simetria G é submetido a uma de suas operações de simetria, cada fator de partícula única em sua função de onda se transforma de acordo com a representação irredutível individual de G, assim a função geral de onda pode conter produtos dos componentes arbitrários da representação de cada partícula. Assim, a base multipartícula consiste em todos os produtos que podem ser formados considerando um membro de cada base de partícula única. Isso é denominado **produto direto**. Essa base multipartícula constituirá também em uma representação de G. A notação

$$K = K_1 \otimes K_2$$

indica que a representação K de G é o produto direto das representações K_1 e K_2. Isso também significa que a matriz de representação $U^K(a)$ de qualquer elemento a de G pode ser formada como o produto direto (ver Equação 2.55) das matrizes $U^{K_1}(a)$ e $U^{K_2}(a)$.

A representação de um grupo G formado como um produto direto de duas (ou mais) das representações irredutíveis pode ou não ser irredutível. Para grupos finitos, um teorema útil é que os caráteres para um produto direto das representações são, para cada classe, o produto dos caráteres individuais para essa classe. Depois que os caráteres para o produto direto foram construídos, os métodos da seção anterior podem ser usados para encontrar os componentes irredutíveis dos estados de produto.

Exemplo 17.5.1   SIMETRIA PAR-ÍMPAR

Por vezes, a análise de um produto direto é simples. Considere um sistema de n partículas independentes sujeitas a um potencial cujo único elemento de simetria (exceto I) é inversão (denotada por i) através da origem do sistema de coordenadas, assim $V(-\mathbf{r}) = V(\mathbf{r})$. Nesse caso, G (convencionalmente chamado C_i) tem os dois elementos I e i, de acordo com a tabela de caráteres a seguir.

	I	i
A_g	1	1
A_u	1	-1

Partículas individuais com funções de onda A_1, que permanecem inalteradas sob inversão, são convencionalmente rotuladas g (da palavra alemã **gerade**). Partículas com funções de onda A_2, que mudam de sinal na inversão, são rotuladas u, para **não gerade**. Na verdade, a notação usual para a tabela de caráteres do grupo C_i usa A_g e A_u no lugar de A_1 e A_2, transmitindo assim mais informações sobre as simetrias das funções de base correspondentes.

Agora, suponha que esse sistema está em um estado com j das partículas em estados u e $n-j$ das partículas nos estados g. Intuitivamente, sabemos que se j é um número ímpar, a função geral de onda mudará o sinal na inversão, mas não mudará o sinal se j é par. Formalmente, examinamos a representação de produto direto K:

$$K = u(1) \otimes u(2) \otimes \cdots \otimes u(j) \otimes g(j+1) \otimes \cdots \otimes g(n).$$

Utilizando o teorema de que os caráteres da representação K podem ser obtidos multiplicando aqueles de seus fatores constituintes, encontramos $\Gamma^K(I) = 1$, $\Gamma^K(i) = (-1)^j$. Independentemente do valor de j, K será irredutível: é A_g se j é par, e A_u se j é ímpar. ∎

Exemplo 17.5.2   DUAS PARTÍCULAS QUÂNTICAS NA SIMETRIA D_3

Esse caso não é tão simples. Suponha que ambas as partículas estão em estados de simetria E, uma situação que espectroscopistas identificariam com a notação e^2; eles usam símbolos de letras minúsculas para identificar estados de partículas individuais, reservando as letras maiúsculas para a designação geral de simetria. Por assertividade, vamos supor ainda mais[5] que cada partícula tem uma função de onda da forma encontrada na Equação (17.18), assim a partícula i terá a base de dois membros

$$\varphi_a(i) = \left(x_i^2 - y_i^2\right), \quad \varphi_b(i) = 2x_i y_i,$$

e a base do produto terá, portanto, os quatro membros

$$\Phi_{aa} = \varphi_a(1)\varphi_a(2), \quad \Phi_{ab} = \varphi_a(1)\varphi_b(2),$$

$$\Phi_{ba} = \varphi_b(1)\varphi_a(2), \quad \Phi_{bb} = \varphi_b(1)\varphi_b(2).$$

(17.19)

---

[5] Um problema real terá uma função de onda que, além da dependência funcional mostrada aqui, terá um fator adicional totalmente simétrico que não é relevante para esta discussão da teoria de grupos.

As questões em jogo são (1) encontrar as simetrias gerais que esse sistema pode exibir e (2) identificar as funções de base para cada simetria.

Consultando a Tabela 17.3, calculamos os produtos para $e \otimes e$:

$$\begin{array}{ccc} I & 2C_3 & 3C_2 \\ e \otimes e: \quad 4 & 1 & 0. \end{array}$$

Como essa representação tem dimensão 4, enquanto a maior representação irredutível tem dimensão 2, ela deve ser redutível. Aplicando a técnica do Exemplo 17.4.4, podemos descobrir que ela se decompõe em $e \otimes e = A_1 \oplus A_2 \oplus E$, um resultado que é facilmente verificado adicionando entradas à tabela de caráteres de D_3.

Um conjunto de funções de base correspondendo à decomposição em representações irredutíveis é

$$\psi^{A_1} = (x_1^2 - y_1^2)(x_2^2 - y_2^2) + 4x_1 y_1 x_2 y_2, \tag{17.20}$$

$$\psi^{A_2} = 2\left[(x_1^2 - y_1^2)x_2 y_2 - x_1 y_1(x_2^2 - y_2^2)\right], \tag{17.21}$$

$$\psi_1^E = (x_1^2 - y_1^2)(x_2^2 - y_2^2) - 4x_1 x_1 y_1 x_2 y_2,$$
$$\tag{17.22}$$
$$\psi_2^E = 2\left[(x_1^2 - y_1^2)x_2 y_2 + x_1 y_1(x_2^2 - y_2^2)\right].$$

Encontrar essas pode ser desafiador; verificá-las, nem tanto.

∎

Para grupos contínuos, geralmente é mais simples decompor representações de produto direto de outras maneiras. Por exemplo, no Capítulo 16, utilizamos operadores de levantamento e abaixamento para identificar estados gerais de momento angular (representações irredutíveis) formados dos produtos dos momentos angulares individuais. Os multipletos resultantes correspondem às representações irredutíveis, e as funções do momento angular que encontramos são suas bases.

Tabela 17.4 Tabela de Caráteres, Grupo C_{4v}

	I	$2C_4$	C_2	$2\sigma_v$	$2\sigma_d$
A_1	1	1	1	1	1
A_2	1	1	1	-1	-1
B_1	1	-1	1	1	-1
B_2	1	-1	1	-1	1
E	2	0	-2	0	0

Exercícios

17.5.1 O grupo $C_4 v$ tem oito elementos, correspondendo às simetrias rotacionais e de reflexão de um quadrado que **não pode** ser virado ao contrário (Figura 17.6). Rotações de simetria sobre o eixo z são denotadas por C_4, C_2, C_4'. Reflexões em relação ao planos xz e yz são nomeadas σ_v e σ_v'; aquelas em 45° em relação aos planos xz e yz são chamadas σ_d e σ_d' (d indica "diedro"). A tabela de caráteres para C_{4v} está na Tabela 17.4.

(a) Encontre a soma direta das representações irredutíveis de C_{4v} correspondentes ao produto direto $E \otimes E$.

(b) Uma base para E (no contexto da Figura 17.5) consiste em duas funções $\varphi_1 = x$, $\varphi_2 = y$. Aplique algumas das operações de grupo a essa base e verifique as entradas para E na tabela de caráteres.

(c) Suponha agora que temos dois conjuntos de variáveis, x_1, y_1 e x_2, y_2, e formamos a base do produto direto $x_1 x_2, x_1 y_2, y_1 x_2, y_1 y_2$. Determine como as funções de base do produto direto podem ser combinadas para formar bases para cada uma das representações irredutíveis na soma direta correspondendo a $E \otimes E$.

17.6   Grupo Simétrico

O **grupo simétrico** S_n é o grupo das permutações de n objetos distinguíveis e, portanto, é da ordem $n!$. Para ver isso, note que para fazer uma permutação, podemos escolher o primeiro objeto de n maneiras diferentes, então o segundo em $n - 1$ maneiras etc., até chegar ao n-ésimo objeto, que pode ser escolhido de uma única maneira. O número total de permutações possíveis é, portanto, $n(n - 1) \dots (1) = n!$. Esse grupo é importante na física dos sistemas de partículas idênticas, cujas funções de onda devem ser simétricas em relação à permuta de partículas (partículas com essa simetria são chamadas **bósons**), ou antissimétricas sob permuta de partículas par a par (essas partículas são chamadas **férmions**). Isso significa que uma função de onda n-bóson $\Psi_B (1, 2, \dots, n)$ deve satisfazer

$$P\Psi_B(1, \dots, n) = \Psi_B(1, \dots, n), \tag{17.23}$$

em que P é qualquer permutação dos números de partícula. Do ponto de vista da teoria de grupos, isso significa que Ψ_B é uma função de base única para a representação trivial A_1 de S_n: 1×1, com todos os membros da representação igual a (1). Funções de onda de muitos férmions $\Psi_F (1, \dots, n)$ satisfazem

$$P\Psi_F(1, \dots, n) = \epsilon_P \Psi_F(1, \dots, n), \tag{17.24}$$

em que $\in_P$ é o símbolo de Levi-Civita de n-partícula com uma sequência de índice correspondendo a P; em linguagem simples isso significa $\in_P = 1$, se P é uma permutação **par** dos números de partícula (um que exige um número par de permutações par a par), e $\in_P = -1$ se P é **ímpar**. Isso significa que Ψ_F é a função de base única para a representação 1×1 totalmente antissimétrica de S_n com membros $(\in_P)$, que chamaremos A_2.

Como as representações necessárias para bósons ou férmions são simples e de dimensão 1×1, pode parecer que considerações sofisticadas da teoria de grupo seriam desnecessárias. Porém, isso é uma simplificação excessiva, porque sistemas de muitos férmions (e alguns sistemas de bósons) consistem em produtos diretos das funções espaciais e de spin, e as funções de spin podem formar uma base de S_n de dimensão maior do que uma.

Exemplo 17.6.1   Dois e Três Férmions Idênticos

Na mecânica quântica elementar, o estado fundamental de um sistema de dois férmions, como os dois elétrons do átomo He, pode ser tratado usando uma função simples de onda da forma

$$\Psi_F = \Big(f(1)g(2) + g(1)f(2) \Big) \Big(\alpha(1)\beta(2) - \beta(1)\alpha(2) \Big).$$

Aqui f e g são funções espaciais de partícula única e α, β descrevem estados de spin de partícula única. Continuamos, utilizando uma notação simplificada em que os números de partículas são suprimidos, entendendo que eles sempre ocorrem em ordem numérica ascendente, assim Ψ_F passará a ser escrito $(fg + gf)(\alpha\beta - \beta\alpha)$. É óbvio que Ψ_F tem a (anti)simetria de férmion; notamos que é uma função de base A_2, que é o produto de uma função espacial A_1 simétrica e uma função de spin A_2 antissimétrica. A física desse problema exige que a função geral de onda do estado fundamental Ψ_F contenha a função de spin $\alpha\beta - \beta\alpha$ porque é um autoestado de spin de duas partículas. O exemplo de duas partículas mostra que a representação geral A_2 foi obtida como $A_1 \otimes A_2$.

Para três partículas, as coisas são diferentes. Para tratar o estado fundamental do átomo Li, não podemos formar uma função de spin completamente antissimétrica usando apenas as duas funções de spin de partícula única α e β. As funções de spin reais relevantes para o estado fundamental formam uma representação 2×2 de S_n, que chamaremos E:

$$\theta_1 = \frac{1}{\sqrt{6}}(2\alpha\alpha\beta - \alpha\beta\alpha - \beta\alpha\alpha), \quad \theta_2 = \frac{1}{\sqrt{2}}(\beta\alpha\alpha - \alpha\beta\alpha). \tag{17.25}$$

Como permutações misturam θ_1 e θ_2, a função geral da onda para esse sistema de três partículas deve ser da forma

$$\Psi_F = \chi_1\theta_1 + \chi_2\theta_2,$$

em que χ_1 e χ_2 são funções espaciais de três corpos de tal modo que Ψ_F tem a simetria A_2 exigida. Se χ_i forem construídas a partir de orbitais espaciais f, g e h, um conjunto possível de χ_i é

$$\chi_1 = \frac{1}{2}(ghf - hfg - hgf + fhg),$$

$$\chi_2 = \frac{1}{\sqrt{3}}\left(fgh + gfh - \frac{1}{2}ghf - \frac{1}{2}hfg - \frac{1}{2}hgf - \frac{1}{2}fhg \right), \tag{17.26}$$

um resultado que é difícil descobrir por tentativa e erro. Como as funções de spin e, portanto, também as funções espaciais, tornam-se mais complicadas à medida que o tamanho do sistema aumenta, a importância de uma descrição da teoria de grupos é claramente ainda mais urgente. ∎

Consideramos agora, do ponto de vista formal, apenas o caso de muitos férmions. Como ilustrado no Exemplo 17.6.1, lidamos com funções espaciais de spin em que a função de spin foi, por razões que não vamos discutir aqui, escolhida para ser construído a partir de uma representação irredutível K do grupo simétrico, cujo membro para permutação P é uma matriz unitária designada $U^K(P)$, e cuja base é um conjunto de funções de spin θ_i, $i = 1,...,$ n_k, em que n_K é a dimensão da representação de spin. Isso significa que

$$P\,\theta_i = \sum_{j=1}^{n_K} U_{ji}^K(P)\theta_j. \tag{17.27}$$

Vamos agora mostrar que uma função espacial geral antissimétrica de spin pode resultar se formamos

$$\lambda_3' = \sqrt{3}\,\lambda_8 - \lambda_3 = \begin{pmatrix} 0 & 0 & 0 \\ 0 & 1 & 0 \\ 0 & 0 & -1 \end{pmatrix}, \tag{17.28}$$

em que χ_i são funções de base para uma representação K', da mesma dimensão que K, o que significa que

$$P\,\chi_i = \sum_{k=1}^{n_K} U_{ki}^{K'}(P)\chi_k. \tag{17.29}$$

Supomos que a representação K' tem os membros que satisfazem

$$\mathsf{U}^{K'}(P) = \epsilon_P \mathsf{U}^K(P)^*. \tag{17.30}$$

A representação K' deve existir, uma vez que é (além de um complexo conjugado) o produto direto das representações K e A_2. Como A_2 só transmite alterações de sinal a vários U^K, a representação K' será irredutível porque a representação K é. A representação K' é denominada **dual** para a representação K.

Para verificar se a forma presumida de Ψ_F tem a simetria A_2 exigida, nós a consideramos, como dado na Equação (17.28), e aplicamos a ela uma permutação arbitrária P:

$$P\,\Psi_F = \sum_{i=1}^{n_K} (P\chi_i)\,(P\theta_i) = \sum_i \left(\sum_k U_{ki}^{K'}(P)\chi_k \right) \left(\sum_j U_{ji}^K(P)\theta_j \right)$$

$$= \sum_{jk} \left(\sum_i U_{ki}^{K'}(P)U_{ji}^K(P) \right) \chi_k\,\theta_j$$

$$= \sum_{jk} \left(\sum_i \epsilon_P U_{ki}^K(P)^* U_{ji}^K(P) \right) \chi_k\,\theta_j. \tag{17.31}$$

Os passos seguidos no processamento da Equação (17.31) são substituições das Equações (17.27) e (17.29) para $P\chi_i$ e $P\theta_i$, seguido por uma conversão de $U^{K'}$ a U^K por meio da utilização da Equação (17.30). Concluímos nossa análise reconhecendo que, como $\mathbf{U}$ é unitário, $U_{ki}(P)^* = (\mathbf{U}^{-1})_{ik}(P)$, assim

$$\sum_i \epsilon_P U_{ki}^K(P)^* U_{ji}^K(P) = \epsilon_P \delta_{jk},$$

levando ao resultado final

$$P\Psi_F = \sum_{jk} \epsilon_P\,\delta_{jk}\chi_k\,\theta_j = \epsilon_P \sum_k \chi_k\,\theta_k = \epsilon_P\,\Psi_F. \tag{17.32}$$

A Equação (17.32) mostra que a função geral de onda Ψ_F tem a antissimetria de férmion necessária.

Nosso único problema restante é construir funções espaciais χ_k, que são bases para a representação K'. Indicar sem provar (ver Leituras Adicionais) que isso pode ser alcançado utilizando a fórmula

$$\chi_i^j = \sum_P U_{ij}^{K'}(P)^* P\chi_0, \tag{17.33}$$

em que χ_0 é uma função espacial única cujas permutações serão usadas para construir a χ_i. O índice j identifica um conjunto inteiro de χ_i; se χ_0 não tem simetria permutacional, podemos criar conjuntos de χ_i em n_K' de diferentes maneiras, cada uma correspondendo a um valor diferente de j.

Exemplo 17.6.2   Construção das Funções Espaciais de Muitos Corpos

Consideramos um problema de três elétrons em que os estados de spin são dados pela Equação (17.25). Precisamos da representação de $\mathbf{S}_3$ para os quais esses θ_i são uma base. Felizmente essa representação já existe, como $\mathbf{S}_3$ é isomórfico (na correspondência $1-1$) com D_3, assim podemos utilizar o conjunto de matrizes de representação 2×2 dado na Equação (17.2), se fizermos a identificação $C_2 \leftrightarrow P(12)$, $C_2' \leftrightarrow P(13)$, $C_2'' \leftrightarrow P(23)$, em que $P(i\,j)$ denota a permutação que troca o i-ésimo e j-ésimo itens na lista ordenada à qual a permutação é aplicada. A permutação $P(123 \rightarrow 12)$ corresponde a C_3, e $P(123 \rightarrow 231)$ corresponde a $C\frac{2}{3}$.

Nós agora aplicamos a Equação (17.33); uma maneira fácil de fazer isso é começar gerando a matriz T que resulta de manter todos os i e j. No caso atual, isso significa formar a soma matricial

$$\mathsf{T} = \mathsf{U}(I)\chi_0 - \mathsf{U}(C_2)P(12)\chi_0 - \mathsf{U}(C_2')P(13)\chi_0 - \mathsf{U}(C_2'')P(23)\chi_0$$
$$+ \mathsf{U}(C_3)P(123 \rightarrow 312)\chi_0 + \mathsf{U}(C_3^2)P(123 \rightarrow 231)\chi_0.$$

Os sinais de menos dos termos $\mathsf{U}(C_2)$ surgem da e_P que é necessária para converter U^K em $\mathsf{U}^{K'}$.

Considerando χ_0 como o produto $f(1)g(2)h(3)$, escrito daqui para frente como fgh, e inserindo valores numéricos para U, alcançamos

$$\mathsf{T} = \begin{pmatrix} fgh - gfh - \frac{1}{2}(ghf & \frac{1}{2}\sqrt{3}(ghf - hfg \\ +hfg - hgf - fhg) & -hgf + fhg) \\ \frac{1}{2}\sqrt{3}(-ghf + hfg & fgh + gfh - \frac{1}{2}(ghf \\ -hgf + fhg) & +hfg + hgf + fhg) \end{pmatrix}. \tag{17.34}$$

Cada coluna da Equação (17.34) define um conjunto de χ_i, de uma forma que não é garantida para ser normalizada. A partir da segunda coluna, dividindo por $\sqrt{3}$ para normalização, obtemos χ_i que foram listados como uma função possível de onda no Exemplo 17.6.1 na Equação (17.26). A primeira coluna da Equação (17.34) mostra que existe uma segunda possibilidade de uma função de onda antissimétrica construída a partir do produto espacial fgh, ou seja, uma que pode ser escrita

$$\Psi_F' = \chi_1'\theta_1 + \chi_2'\theta_2,$$

com as funções espaciais normalizadas

$$\chi_1' = \frac{1}{\sqrt{3}}\left(fgh - gfh - \frac{1}{2}ghf - \frac{1}{2}hfg + \frac{1}{2}hgf + \frac{1}{2}fhg\right),$$
$$\chi_2' = \frac{1}{2}(-ghf + hfg - hgf + fhg).$$

■

Exercícios

17.6.1   (a) Os objetos $(abcd)$ são permutados para $(dacb)$. Escreva uma representação matricial 4×4 dessa permutação.

Dica: Compare com Exercício 17.4.2.

(b) A permutação $(abdc) \rightarrow (dacb)$ é par ou ímpar?

(c) Essa permutação é um possível membro do grupo D_4, que foi o assunto do Exercício 17.4.3? Por que ou por que não?

17.6.2 (a) O grupo de permutação dos quatro objetos, S_4, tem 4! = 24 elementos. Tratando os quatro elementos do grupo cíclico, C_4, como permutações, definia uma representação matricial 4×4 de $C4$. Observe que C_4 é um subgrupo de P_4.

(b) Como você sabe que essa representação matricial 4×4 de $C4$ **deve** ser redutível?

17.6.3 O grupo de permutação dos quatro objetos, S_4, tem cinco classes.

(a) Determine o número de elementos em cada uma das classes de S_4 e identifique um elemento de cada classe como um produto dos ciclos.

(b) Duas das representações irredutíveis de S_4 são de dimensão 1 (e geralmente são denotadas por A_1 e A_2). Observando que permutações podem ser classificadas como par ou ímpar, encontre os caráteres de A_1 e A_2.
Dica: Defina uma tabela de caráteres e preencha as linhas A_1 e A_2.

(c) Uma das representações irredutíveis de S_4 (geralmente denotada por E) é de dimensão 2. Determine as dimensões de todas as representações irredutíveis de S_4 além de A_1, A_2 e E.

(d) Complete a tabela de caráteres de S_4.
Dica: Apenas as permutações pares têm caráteres diferentes de zero na representação E.

17.7 Grupos Contínuos

Vários grupos contínuos cuja importância na física foi reconhecida há muito tempo correspondem à simetria rotacional no espaço bi ou tridimensional. Aqui os elementos de grupo são as rotações, cujos ângulos podem variar de forma contínua e, assim, assumem um número infinito de valores. Para rotações, a regra da multiplicação de grupos corresponde à aplicação de rotações sucessivas, o que já vimos que pode ser descrito pela multiplicação matricial. Rotações formam claramente um grupo já que contêm um elemento de identidade (sem rotação), rotações sucessivas são equivalentes a uma única rotação, e cada rotação tem um inverso (seu reverso).

Rotações no espaço bidimensional (2-D) podem ser descrita por duas matrizes ortogonais 2×2 com determinante + 1; o grupo consistindo nessas rotações é chamado SO(2) (SO significa "ortogonal especial"). Se também incluirmos reflexões, de tal modo que o determinante possa ser ±1, o grupo é denominado O(2). Como uma rotação 2-D é completamente especificada por um único ângulo, SO(2) é um grupo de um único parâmetro. A representação matricial de SO(2) foi introduzida na Equação (17.1); o parâmetro de grupo é o ângulo de rotação φ.

Rotações no espaço 3-D são descritas por matrizes ortogonais 3×3. Os grupos resultantes são designados O(3) e SO(3); para SO(3), três ângulos (por exemplo, ângulos de Euler) são parâmetros de grupo. Generalizando para matrizes $n \times n$, os grupos são nomeados O(n) e SO(n); o número de parâmetros necessários para especificar completamente uma matriz ortogonal $n \times n$ real é $n(n-1)/2$, e esse é o número de parâmetros independentes (generalizações dos ângulos de Euler) necessárias em SO(n). Se generalizarmos ainda mais para matrizes unitárias, teremos os grupos SU(n) e U(n). A prova de que esses conjuntos de matrizes unitárias formam grupos é deixado como um exercício.

Vamos introduzir alguma nomenclatura. As matrizes $n \times n$ podem ser consideradas como as representações definidoras, ou **fundamentais**, dos grupos envolvidos. A **ordem** de um grupo contínuo é definida como o número de parâmetros independentes necessários para especificar sua representação fundamental, assim a ordem de SO(n) é $n(n - 1)/2$ anteriormente referida; a ordem do grupo SU(n) é $n^2 - 1$.

Além da sua utilização para tratar a simetria rotacional, grupos contínuos também são relevantes para a classificação das partículas elementares (e não tão elementares). Foi observado experimentalmente que as regularidades nas massas e cargas dos conjuntos de partículas podem ser explicadas se suas funções de onda são identificadas como membros de base de uma representação irredutível de um grupo apropriado. Observe que agora o grupo não descreve rotações no espaço ordinário, mas refere-se a um espaço mais abstrato relevante para entender a física envolvida. Um dos primeiros exemplos dessa ideia foi **o spin de elétron**; funções de onda de spin são objetos em um espaço SU(2) abstrato, juntamente com as regras para desvendar suas propriedades observacionais. Uma outra abstração começou com a noção de que o próton e o nêutron podem formar uma base para uma representação SU(2) abstrata e, desde então, floresceu com a introdução do SU(3) e outros grupos contínuos na física de partículas. Uma breve pesquisa dessas ideias é apresentada na nossa discussão específica sobre SU(3).

Grupos de Lie e seus Geradores

É extremamente útil gerenciar grupos como SO(n) ou SU(n) de uma maneira que não envolvem explicitamente um número infinito de elementos; um formalismo para fazer isso foi criado pelo matemático norueguês Sophus Lie. Grupos para os quais a análise de Lie é aplicável, chamados grupos de Lie, têm elementos que dependem continuamente de parâmetros que variam ao longo de intervalos fechados (significando que o conjunto de parâmetros inclui o limite de qualquer sequência convergente de parâmetros). Os grupos SO(n) e SU(n) são grupos de Lie.

A ideia essencial da Lie foi para descrever um grupo em termos de seus **geradores**, um conjunto mínimo de grandezas que pode ser utilizado de uma maneira específica (multiplicado por parâmetros) para produzir qualquer elemento do grupo. Nosso ponto de partida é, para cada parâmetro φ que controla uma operação de grupo, a introdução de um gerador S com a propriedade que quando φ é infinitesimal (e, portanto, escrita $\delta\varphi$) o elemento de grupo com o parâmetro $\delta\varphi$ (que deve estar perto do elemento de identidade do grupo) pode ser representado por

$$\mathsf{U}(\delta\varphi) = \mathbf{1} + i\,\delta\varphi\,\mathsf{S}. \tag{17.35}$$

O fator i na Equação (17.35) poderia ter sido incluído em S, mas é mais conveniente não o incluir. Operações de grupo correspondendo a valores maiores de φ agora podem ser geradas a partir de operação repetida (N vezes) por φ/N, em que φ/N é pequeno. Assim identificamos U(φ) como o limite

$$\mathsf{U}(\varphi) = \lim_{N\to\infty}\left(1 + \frac{i\,\varphi\,\mathsf{S}}{N}\right)^{N};$$

Esse limite N amplo define o exponencial, assim temos o resultado geral

$$\mathsf{U}(\varphi) = \exp(i\varphi\,\mathsf{S}). \tag{17.36}$$

Dada qualquer representação U do nosso grupo contínuo, podemos encontrar o gerador S correspondendo ao parâmetro φ para essa a representação por diferenciação da Equação (17.36), avaliada no elemento de identidade do nosso grupo. Em particular,

$$-i\left[\frac{d\mathsf{U}(\varphi)}{d\varphi}\right]_{\varphi=0} = \mathsf{S}, \tag{17.37}$$

revelando que todo o comportamento de uma representação U pode ser deduzido ao seu comportamento em uma vizinhança de espaço de parâmetro infinitesimal da operação de identidade. Entretanto, para ter um conhecimento completo da estrutura de um grupo de Lie precisamos estudar o comportamento de seus geradores para uma representação que é **fiel**; para esse propósito, é desejável utilizar a representação fundamental.

Exemplo 17.7.1 GERADOR SO(2)

SO(2) envolve simetria rotacional em torno de um único eixo, e suas operações são rotações no sentido anti-horário do eixos coordenados através dos ângulos φ. Trabalhando com a representação fundamental 2×2 de SO(2), uma rotação infinitesimal $\delta\varphi$ causa (para primeira ordem) $(x', y') = (x + y\,\delta\varphi, y - x\,\delta\varphi)$, ou

$$\begin{pmatrix} x' \\ y' \end{pmatrix} = \begin{pmatrix} 1 & \delta\varphi \\ -\delta\varphi & 1 \end{pmatrix}\begin{pmatrix} x \\ y \end{pmatrix} = \left[\begin{pmatrix} 1 & 0 \\ 0 & 1 \end{pmatrix} + \delta\varphi\begin{pmatrix} 0 & 1 \\ -1 & 0 \end{pmatrix}\right]\begin{pmatrix} x \\ y \end{pmatrix} = \mathbf{1} + i\delta\varphi\mathsf{S},$$

com

$$i\mathsf{S} = \begin{pmatrix} 0 & 1 \\ -1 & 0 \end{pmatrix}, \quad \text{ou} \quad \mathsf{S} = \begin{pmatrix} 0 & -i \\ i & 0 \end{pmatrix} = \boldsymbol{\sigma}_2, \tag{17.38}$$

em que σ_2 é uma matriz de Pauli. Uma rotação geral é então representada pela Equação (17.36) como

$$\mathsf{U}(\varphi) = e^{i\varphi\mathsf{S}} = \mathbf{1}_2\cos\varphi + i\boldsymbol{\sigma}_2\,\mathrm{sen}\,\varphi = \begin{pmatrix} \cos\varphi & \mathrm{sen}\,\varphi \\ -\mathrm{sen}\,\varphi & \cos\varphi \end{pmatrix}, \tag{17.39}$$

em que avaliamos o exponencial da matriz na Equação (17.39) usando a identidade de Euler, Equação (2.80). Essa equação pode ser reconhecida como a lei da transformação para uma rotação coordenada 2-D, Equação (3.23), verificando que o formalismo gerador funciona como esperado.

Se tivéssemos iniciado da expressão final para U(φ) dada na Equação (17.39), poderíamos ter gerado S a partir dela aplicando a fórmula de diferenciação, Equação (17.37). ∎

A forma geradora, Equação (17.36), tem algumas características interessantes:
1. Para os grupos SO(n) e SU(n), qualquer U será unitário (lembre-se, "ortogonal" é um caso especial de "unitário"). Isso significa que

$$U^{-1} = \exp(-i\varphi S) = U^{\dagger} = \exp(-i\varphi S^{\dagger}), \tag{17.40}$$

assim $S = S^{\dagger}$, mostrando que S é hermitiano. Essa é a razão imediata para incluir i na equação definidora para S.
2. Como tanto para SO(n) quanto para SU(n), det(U) = 1, temos também, invocando a fórmula de traço, Equação (2.84),

$$\det(U) = \exp\big(\text{traço}(\ln U)\big) = \exp\big(i\varphi\ \text{traço}(S)\big) = 1. \tag{17.41}$$

Essa condição é satisfeita para φ geral somente se traço(S) = 0. Assim S não é apenas hermitiano, mas sem traço.
3. Podemos demonstrar (mas não provar aqui) que o número de geradores independentes de um grupo de Lie é igual à ordem do grupo.

Uma das principais observações de Lie foi que focalizando elementos de grupo infinitesimais, várias propriedades dos geradores poderiam ser deduzidas. Já vimos que se a forma de U em termos de seus parâmetros é conhecida, os geradores S podem ser obtidos por diferenciação da Equação (17.36) no limite correspondente ao elemento de identidade do grupo.

Segundo, as relações entre os geradores podem ser desenvolvidas como a seguir: vamos considerar duas operações $U_j(\in_j)$ e $U_K(\in_k)$ de um grupo G, que correspondem, respectivamente, aos geradores S_j e S_k. Supomos que os valores de $\in_j$ e $\in_k$ são pequenos, assim os U_j e U_k resultantes diferem, mas apenas ligeiramente, do elemento de identidade. Expandindo os exponenciais e mantendo os termos ao longo da segunda ordem em $\in$,

$$U_j = \exp(i\epsilon_j S_j) = 1 + i\epsilon_j S_j - \frac{1}{2}\epsilon_j^2 S_j^2 + \cdots,$$

$$U_k = \exp(i\epsilon_k S_k) = 1 + i\epsilon_k S_k - \frac{1}{2}\epsilon_k^2 S_k^2 + \cdots,$$

avaliamos o termo dominante (em $\in$) do produto matricial $U_k^{-1} U_j^{-1} U_k U_j$. Todos os termos lineares se anulam, assim como vários dos termos quadráticos. Os termos quadráticos restantes podem ser agrupados de modo a alcançar o resultado

$$U_k^{-1} U_j^{-1} U_k U_j = 1 + \epsilon_j \epsilon_k [S_j, S_k] + \cdots$$

$$= 1 + i\epsilon_j \epsilon_k \sum_l f_{jkl} S_l + \cdots. \tag{17.42}$$

A última linha da Equação (17.42) reflete o fato de que o lado esquerdo da equação deve corresponder a algum elemento de grupo e, esse elemento deve, para primeira ordem nos geradores, ser da forma mostrada. Observe que os pré-multiplicadores $i\in_j\in_k$ não são uma restrição da forma, uma vez que sua presença simplesmente muda o valor de f_{jkl}.

Comparando as duas linhas da Equação (17.42), obtemos a importante relação de **fechamento** entre os geradores do grupo G:

$$[S_j, S_k] = i \sum_l f_{jkl} S_l. \tag{17.43}$$

Os coeficientes f_{jkl} são chamados **constantes estruturais** de G. Podemos mostrar que f_{jkl} é antissimétrica em relação às permutações de índice, assim $f_{jkl} = f_{klj} = f_{ljk} = -f_{kjl} = -f_{lkj} = -f_{jlkj}$. As constantes estruturais fornecem uma caracterização independente de representação de um grupo de Lie, mas como já mencionado, para determiná-las precisaremos trabalhar com uma representação fiel, como a representação fundamental do grupo. Faremos isso mais adiante para os grupos que estudamos em detalhes.

Como é óbvio da análise anterior, geradores do grupo de Lie em geral não vão comutar. Em 3-D, rotações em torno de diferentes eixos não comutam e, portanto, seus geradores também não podem comutar. Um indicador adicional para a classificação de grupo é o número máximo de geradores independentes que comutam mutuamente. Esse número é chamado **grau** do grupo; é significativo porque os geradores podem ser submetidos a transformações unitárias sem alterar a estrutura final do grupo, e os geradores mutuamente comutativos podem, portanto, ser levados simultaneamente à forma diagonal. Depois que isso é feito, os membros de base do conjunto de geradores podem ser rotulados usando os elementos diagonais (os autovalores) dos geradores comutativos. Os valores dos rótulos (e os fenômenos físicos relacionados com eles) dependem da representação em uso.

Para os grupos ortogonais SO(n) e o grupo unitário SU(n) as relações de comutação, Equação (17.43), podem ser desenvolvidas ao longo das linhas do momento angular, levando a operadores generalizados de levantamento e abaixamento (e regras de seleção) em conjunto com os operadores mutuamente comutativos. Para esses aspectos centrais (os chamados clássicos) dos grupos de Lie nos referimos ao trabalho de Greiner e Mueller (ver Leituras Adicionais).

Resumindo, o grau de um grupo indica o número de índices necessários para rotular a base. Em aplicações à mecânica quântica, esses índices são muitas vezes referidos como números quânticos. Por exemplo, em SO(3), que é de grau 1, o índice é geralmente considerado como sendo M_L, normalmente identificado fisicamente como a componente z de um momento angular; quando SU(2), também de grau 1, é usado para a descrição do spin de elétron, o índice costuma ser chamado M_S. Os valores possíveis de M_L ou M_S dependem da representação, e vimos no Capítulo 16 que os valores variam, em etapas unitárias, de $+L$ a $-L$ (ou $+S$ a $-S$), de modo que os diagramas que identificam esses membros de base podem ser plotados em uma linha. Em contraste, veremos que SU(3) é de grau 2, portanto, seus membros de base são rotulados com dois números quânticos. Diagramas que identificam as atribuições de etiqueta precisarão, nesse caso, ser 2-D.

Também é possível rotular representações inteiras. Uma maneira de rotulá-las é usar os autovalores dos operadores que comutam com todos os geradores do grupo; esses operadores são chamados **operadores de Casimir;** o número de operadores independentes de Casimir é igual ao grau do grupo. SO(3) tem, portanto, um operador de Casimir; ele é o operador normalmente conhecido nas aplicações do momento angular como L^2 ou J^2.

Grupos SO(2) e SO(3)

SO(2) e SO(3) são grupos de rotação; SO(2) corresponde à simetria rotacional em torno de um eixo, que então consideraremos como sendo o eixo z quando a simetria é um sistema 3-D. SO(2) terá, portanto, um único gerador, que já encontramos na Equação (17.38):

$$S_z = \sigma_2 = \begin{pmatrix} 0 & -i \\ i & 0 \end{pmatrix}. \tag{17.44}$$

Para usar S_z como um dos geradores de SO(3), estendemos para uma base 3×3, chamando o gerador S3, obtendo

$$S_3 = \begin{pmatrix} 0 & -i & 0 \\ i & 0 & 0 \\ 0 & 0 & 0 \end{pmatrix}. \tag{17.45}$$

SO(3) tem dois outros operadores, S_1 e S_2. Para se obter S_1, o gerador que corresponde a

$$U_x(\psi) = \begin{pmatrix} 1 & 0 & 0 \\ 0 & \cos\psi & \text{sen}\,\psi \\ 0 & -\text{sen}\,\psi & \cos\psi \end{pmatrix}, \tag{17.46}$$

aplicamos a Equação (17.37):

$$S_1 = -i\left[\frac{dR_x(\phi)}{d\psi}\right]_{\psi=0} = -i\begin{pmatrix} 0 & 0 & 0 \\ 0 & -\text{sen}\,\psi & \cos\psi \\ 0 & -\cos\psi & -\text{sen}\,\psi \end{pmatrix}_{\psi=0} = \begin{pmatrix} 0 & 0 & 0 \\ 0 & 0 & -i \\ 0 & i & 0 \end{pmatrix}. \tag{17.47}$$

De maneira semelhante, a partir de

$$U_y(\theta) = \begin{pmatrix} \cos\theta & 0 & -\text{sen}\,\theta \\ 0 & 1 & 0 \\ \text{sen}\,\theta & 0 & \cos\theta \end{pmatrix}, \tag{17.48}$$

encontramos

$$S_2 = \begin{pmatrix} 0 & 0 & i \\ 0 & 0 & 0 \\ -i & 0 & 0 \end{pmatrix}. \tag{17.49}$$

Resumindo, a estrutura de SO(2) é trivial, uma vez que tem um único gerador, e tem ordem 1 e grau 1. Entretanto, a estrutura de SO(3) não é totalmente trivial. Como nenhum de dois de S_1, S_2 e S_3 comutam, SO(3) terá ordem 3, mas grau 1. Por multiplicação matricial, podemos calcular suas constantes estruturais. É facilmente verificável que

$$[S_j, S_k] = i\epsilon_{jkl}S_l, \tag{17.50}$$

em que ϵ_{jkl} é um símbolo de Levi-Civita. Assim, os símbolos de Levi-Civita são as constantes estruturais para SO(3). Note também que S_j obedece às regras de comutação do momento angular. Na verdade, essas são as mesmas matrizes que foram chamadas K_i na equação (16.86) no Capítulo 16, e que foram identificadas como matrizes lá que descrevem as componentes do momento angular em uma base consistindo em x, y e z. Essa observação pode ser generalizada para chegar à conclusão de que para qualquer representação de SO(3), os geradores podem ser considerados como sendo as componentes de momento angular L_j ($j = 1, 2, 3$) como expresso em qualquer base para essa representação.

Exemplo 17.7.2 Geradores Dependem da Base

Para mostrar que os geradores de fato têm uma forma que depende da escolha da base, considere uma base para SO(3) proporcional aos harmônicos esféricos para $l = 1$ com as fases padrão,

$$\psi_1 = -\frac{1}{\sqrt{2}}(x+iy), \quad \psi_2 = z, \quad \psi_3 = \frac{1}{\sqrt{2}}(x-iy). \tag{17.51}$$

Agora aplicamos $L_x = -i\,[y\partial/\partial z - z\partial/\partial y]$ aos membros de base, obtendo o resultado $L_x\psi_1 = z/\sqrt{2} = \psi_2/\sqrt{2}$, $L_x\psi_2 = -iy = (\psi_1 + \psi_3)/\sqrt{2}$, $L_x\psi_3 = z/\sqrt{2} = \psi_2/\sqrt{2}$, significando que a representação matricial de L_x e, portanto, de um gerador que chamaremos S_x, é

$$S_x = \frac{1}{\sqrt{2}}\begin{pmatrix} 0 & 1 & 0 \\ 1 & 0 & 1 \\ 0 & 1 & 0 \end{pmatrix}. \tag{17.52}$$

Aplicando L_y e L_z à base harmônica esférica, obtemos os geradores S_y e S_z:

$$S_y = \frac{1}{\sqrt{2}}\begin{pmatrix} 0 & -i & 0 \\ i & 0 & -i \\ 0 & i & 0 \end{pmatrix}, \quad S_z = \begin{pmatrix} 1 & 0 & 0 \\ 0 & 0 & 0 \\ 0 & 0 & -1 \end{pmatrix}. \tag{17.53}$$

Esses geradores, embora diferentes daqueles dados nas Equações (17.45), (17.47) e (17.49), são equivalentes a eles no sentido de que eles definem a mesma representação irredutível de SO_3. ∎

Homomorfismo de Grupo SU(2) e SU (2)–SO(3)

O conjunto completo de geradores para a representação fundamental de SU(2) deve abranger o espaço das matrizes hermitianas 2×2 sem traço; como existe apenas um elemento fora da diagonal acima da diagonal que pode ter um valor complexo arbitrário, ele pode, se diferente de zero, ser atribuído de duas maneiras linearmente independentes (como 1 e $-i$). O elemento abaixo da diagonal é então completamente determinado pela hermiticidade. Há uma única maneira independente de atribuir os elementos diagonais, como há duas, elas devem ser reais e somar a zero. Assim, um conjunto simples de matrizes que satisfazem as condições necessárias consiste nas três matrizes de Pauli σ_j, $j = 1, 2, 3$. Observando também que haveria vantagens em dimensionar os geradores para que eles satisfizessem as relações de comutação do momento angular, escolhemos a definição

$$S_j = \frac{1}{2}\sigma_j, \quad j = 1, 2, 3. \tag{17.54}$$

Então, com base nas nossas muitas descobertas anteriores ou realizando multiplicações matriciais, podemos confirmar

$$[S_j, S_k] = i\epsilon_{jkl}S_l. \tag{17.55}$$

Além disso, para os parâmetros de rotação denotados como α_j em conexão com os geradores S_j, temos, chamando os membros SU(2) correspondentes de U_j,

$$U_j(\alpha_j) = \exp(i\alpha_j\sigma_j/2), \quad j = 1, 2, 3. \tag{17.56}$$

Invocando a identidade de Euler, Equação (2.80), podemos reescrever a Equação (17.56) como

$$U_j(\alpha_j) = 1_2 \cos\left(\frac{\alpha_j}{2}\right) + i\sigma_j \operatorname{sen}\left(\frac{\alpha_j}{2}\right). \tag{17.57}$$

O grupo SU(2) foi inicialmente identificado como relevante para a física quando observamos que os estados de spin do elétron formam uma base para sua representação fundamental. Nós já sabemos, do Capítulo 16, que multipletos orbitais de momento angular vêm em conjuntos com números ímpares dos membros ($2L +1$, com L integral). No entanto, também observamos que as grandezas abstratas que obedecem às regras de comutação do momento angular com valores semi-inteiros L vêm em multipletos com número pares dos membros. O multipleto com dois membros é a base fundamental para o grupo SU(2). Essas funções de base são convencionalmente escritas $|\uparrow\rangle$ e $|\downarrow\rangle$, (ou simplesmente α e β), e na notação matricial são

$$|\uparrow\rangle = \begin{pmatrix} 1 \\ 0 \end{pmatrix}, \quad |\downarrow\rangle = \begin{pmatrix} 0 \\ 1 \end{pmatrix}. \tag{17.58}$$

Como as constantes estruturais para SU(2) mostram que seus geradores satisfazem as regras de comutação do momento angular, podemos concluir que todos os multipletos de momento angular definem as representações de SU(2); no Capítulo 16 descobrimos que os multipletos de dimensão ímpar ($2L + 1$ com L integral) podem ser escolhidos para que sejam os harmônicos esféricos do momento angular G e são, portanto, também uma base para uma representação de SO(3). Multipletos de momento angular de dimensão par não têm uma representação espacial 3-D e não pode corresponder a uma representação de SO(3). Eles são as grandezas mais abstratas que chamamos espinores, têm números quânticos semi-inteiros de momento angular e são bases apenas para representações de SU(2).

Melhor compreensão da situação pode ser obtida aplicando $U_x(\varphi)$, um sinônimo de $U_1(\varphi)$, para a função de spin $|\uparrow\rangle$. Considerando $\varphi = \pi$, isso corresponde a uma rotação de 180° sobre o eixo x, o que podemos esperar converteria $|\uparrow\rangle$ em $|\downarrow\rangle$. Aplicando a Equação (17.57), que para o caso atual assume a forma $U_x = i\sigma_1$, temos

$$U_x|\uparrow\rangle = i\begin{pmatrix} 0 & 1 \\ 1 & 0 \end{pmatrix}\begin{pmatrix} 1 \\ 0 \end{pmatrix} = i\begin{pmatrix} 0 \\ 1 \end{pmatrix} = i|\downarrow\rangle. \tag{17.59}$$

Por enquanto, tudo bem. Entretanto, vamos agora tentar uma rotação semelhante com $\varphi = 2\pi$. Temos então $U_x = -1_2$, o que significa que uma rotação completa de 360° não restaura $|\uparrow\rangle$, mas em vez disso $-|\uparrow\rangle$, ou seja, o estado esperado, mas com uma mudança de sinal. Recuperar $|\uparrow\rangle$ com seu sinal (+) original de exigiria uma rotação $\varphi = 4\pi$, isto é, duas revoluções. Cada rotação entre $\varphi = 2\pi$ e $\varphi = 4\pi$ é, com sinal oposto, equivalente a uma no intervalo $(0, 2\pi)$.

Vemos agora a diferença essencial entre SU(2) e SO(3): o intervalo angular dos parâmetros de rotação em SU(2) é duas vezes maior que em SO(3), assim cada elemento SO(3) é gerado duas vezes em cada dimensão (com diferentes sinais) em SU(2). Assim, a correspondência entre os dois grupos não é de um para um (um isomorfismo), mas é de dois para um, um homomorfismo. A existência desse homomorfismo não é importante para representações irredutíveis de dimensão ímpar (correspondendo a um inteiro L ou, em contextos mais gerais, J), visto que então $U(2\pi) = U(0)$ e o intervalo $(2\pi, 4\pi)$ simplesmente é duplicado $(0, 2\pi)$. Porém, o homomorfismo continua a ser importante para representações de dimensão par de SU(2), que correspondem ao semi-inteiro J e não são representações de SO(3). No entanto, o fato de que todas as representações de SO(3) também são representações de SU(2) significa que podemos formar dentro do SU(2) produtos diretos que incluem representações tanto de dimensão par quanto ímpar. Essa observação valida nossa análise dos estados com momento angular de spin e orbital.

Resumindo, podemos observar que funções de base de semi-inteiro do momento angular, que na discussão anterior já rotulamos **espinores**, não são apenas objetos que não podem ser representados como funções no espaço 3-D ordinário, mas também são objetos cujas propriedades rotacionais são incomuns pelo fato de que sua periodicidade angular é 4π, não o valor 2π que normalmente seria esperado. Elas são, portanto, grandezas relativamente abstratas cuja relevância para a física está na sua capacidade de explicar as propriedades de "spin" dos elétrons e outros férmions.

Grupo SU(3)

A partir da década de 1930, físicos começaram a dar atenção considerável para as simetrias dos **bárions**, partículas que, como o prefixo "bari" indica, são pesadas em comparação com elétrons, e que interagem de acordo com uma força chamada **interação forte**. O significado da conjectura inicial, por Heisenberg, era que a independência de carga aproximada das forças nucleares envolvendo prótons e nêutrons sugeria que eles poderiam ser vistos como diferentes estados quânticos da mesma partícula (o chamado **núcleon**), com o núcleon tendo uma simetria apropriada para a existência de um par de estados. Postulou-se que o núcleon tinha a mesma simetria que a do spin do elétron, ou seja, aquela do grupo contínuo SU(2). Embora a simetria do núcleon não tenha nada a ver com o spin, ele é chamado **isospin**, com a simetria de isospin descrita pelas matrizes τ_i, $i = 1, 2, 3$ (igual às matrizes de spin de Pauli correspondentes σ_i), e os estados de isospin podem ser classificados pelo autovalor de τ_3 (designado I_3), com $I_3 = +1/2$ correspondente ao próton, $I_3 = -1/2$ correspondente ao nêutron.

Tabela 17.5 Octeto de bárion

		Massa	Y	I_3
Ξ	Ξ^-	1321,32	-1	$-\dfrac{1}{2}$
	Ξ^0	1314,9	-1	$+\dfrac{1}{2}$
Σ:	Σ^-	1197,43	0	-1
	Σ^0	1192,55	0	0
	Σ^+	1189,37	0	$+1$
Λ:	Λ	1115,63	0	0
N:	n	939,566	1	$-\dfrac{1}{2}$
	p	938,272	1	$+\dfrac{1}{2}$

Massas são dadas como energias de massa em repouso, em MeV (1 MeV = 10^6 eV).

Até o início dos anos de 1960, um grande número de bárions adicionais com interações fortes tinham sido identificados, dos quais oito (prótons, nêutrons e outros seis) eram bastante semelhantes quanto à massa. As massas dos bárions discutidas nesta seção estão listadas na Tabela 17.5.

Em 1961, Gell-Mann, e de modo independente Ne'eman, sugeriram que esses oito bárions poderiam estar relacionados com a simetria, e propuseram que eles fossem identificados com uma representação irredutível do grupo SU(3), com as diferenças relativamente pequenas de massa atribuídas a forças mais fracas do que a interação forte e com simetria diferente. Os estados que descrevem essas oito partículas seriam uma base parar os geradores de uma representação SU_3 de dimensão 8. Subsequentemente, foi proposto que todas essas oito partículas eram na verdade formadas a partir de combinações de três partículas menores e, presumivelmente, mais fundamentais, chamadas **quarks**, e os três tipos de quarks inicialmente postulados, que receberam os nomes **up** (u), **down** (d), e **estranho** (s), foram finalmente identificados como formando uma base para os geradores de SU(3). Essa percepção original levou então à identificação de um conjunto de mésons envolvidos com interação forte como espécies consistindo em um quark e um antiquark, portanto, também correspondendo aos membros de base as representações de SU (3).

A situação descrita no parágrafo anterior pode ser mais completamente entendida passando para uma discussão um pouco mais detalhada do grupo SU(3). Esse grupo é definido pelos seus geradores, dos quais existem oito. O número máximo que comuta entre si é dois, assim o grupo é de ordem $3^2 - 1 = 8$ e grau 2. A maneira mais simples útil para especificar os geradores é escrevê-los como matrizes 3×3 na representação fundamental SU(3). Como outros grupos contínuos, SU(3) tem um número infinito de outras representações irredutíveis de diferentes tamanhos, mas as propriedades chave dos geradores (especificamente, suas regras de comutação) serão as mesmos que aquelas da representação fundamental. Consequentemente, escrevemos os oito geradores SU(3) em termos das matrizes hermitianas de traço zero de λ_1 a λ_8, com

$$S_i = \frac{1}{2}\lambda_i, \tag{17.60}$$

em que λ_i, conhecidas como **matrizes de Gell-Mann**, são

$$\lambda_1 = \begin{pmatrix} 0 & 1 & 0 \\ 1 & 0 & 0 \\ 0 & 0 & 0 \end{pmatrix}, \qquad \lambda_2 = \begin{pmatrix} 0 & -i & 0 \\ i & 0 & 0 \\ 0 & 0 & 0 \end{pmatrix},$$

$$\lambda_3 = \begin{pmatrix} 1 & 0 & 0 \\ 0 & -1 & 0 \\ 0 & 0 & 0 \end{pmatrix}, \quad \lambda_4 = \begin{pmatrix} 0 & 0 & 1 \\ 0 & 0 & 0 \\ 1 & 0 & 0 \end{pmatrix},$$

$$\lambda_5 = \begin{pmatrix} 0 & 0 & -i \\ 0 & 0 & 0 \\ i & 0 & 0 \end{pmatrix}, \quad \lambda_6 = \begin{pmatrix} 0 & 0 & 0 \\ 0 & 0 & 1 \\ 0 & 1 & 0 \end{pmatrix}, \tag{17.61}$$

$$\lambda_7 = \begin{pmatrix} 0 & 0 & 0 \\ 0 & 0 & -i \\ 0 & i & 0 \end{pmatrix}, \quad \lambda_8 = \frac{1}{\sqrt{3}}\begin{pmatrix} 1 & 0 & 0 \\ 0 & 1 & 0 \\ 0 & 0 & -2 \end{pmatrix}.$$

No nosso uso de SU(3), associaremos as linhas e colunas dessa representação (na ordem) aos quarks u, d e s. Observe que λ_1, λ_2 e λ_3 são diagonal de bloco com o bloco superior sendo matrizes de isospin SU(2), assinalando a presença de um subgrupo SU(2) com geradores $\lambda_1/2$, $\lambda_2/2$ e $\lambda_3/2$. Se combinarmos λ_3 e λ_8, de modo a escolher os geradores de diferentes maneiras, podemos substituir λ_3 por um dos seguintes:

$$\lambda_3' = \sqrt{3}\,\lambda_8 - \lambda_3 = \begin{pmatrix} 0 & 0 & 0 \\ 0 & 1 & 0 \\ 0 & 0 & -1 \end{pmatrix}, \tag{17.62}$$

$$\lambda_3'' = \sqrt{3}\,\lambda_8 + \lambda_3 = \begin{pmatrix} 1 & 0 & 0 \\ 0 & 0 & 0 \\ 0 & 0 & -1 \end{pmatrix}, \tag{17.63}$$

indicando a existência de outro subgrupo SU(2) com geradores $S_1' = \lambda_6/2$, $S_2' = \lambda_7/2$, $S_3' = \lambda_3'/2$, e um terceiro subgrupo SU(2), com geradores $S_1'' = \lambda_4/2$, $S_2'' = \lambda_5/2$, $S_3'' = \lambda_3''/2$. Essas observações suportam a noção de que multipletos de isospin podem existir dentro de uma base SU(3).

Como SU(3) é de grau 2, os membros das suas representações podem ser rotulados de acordo com os autovalores dos dois geradores comutativos, em contraste com o rótulo único, S_z ou I_z, que foram empregados para rotular os membros SU(2). Costuma-se utilizar para esse propósito os dois geradores (λ_3 e λ_8) já na forma diagonal. Continuando com a notação introduzida para o núcleon, o autovalor do gerador S_3 de SU(3) é identificado como I_3, enquanto S_8 é utilizado para construir o identificador Y (conhecido como **hipercarga**), definido como o autovalor de $2S_8/\sqrt{3}$. Uma alternativa frequentemente utilizada para Y é a **estranheza** S $Y - 1$.

Exemplo 17.7.3   Números Quânticos dos Quarks
A partir de

$$S_3 = \frac{1}{2}\begin{pmatrix} 1 & 0 & 0 \\ 0 & -1 & 0 \\ 0 & 0 & 0 \end{pmatrix},$$

podemos interpretar os valores I_3 valores $+\frac{1}{2}$ do quark para u, $-\frac{1}{2}$ para d e 0 para s. A partir de

$$2S_8/\sqrt{3} = \lambda_8/\sqrt{3} = \frac{1}{3}\begin{pmatrix} 1 & 0 & 0 \\ 0 & 1 & 0 \\ 0 & 0 & -2 \end{pmatrix},$$

encontramos os valores Y valores $\frac{1}{3}$ para u e d, e $-\frac{2}{3}$ para s. ■

Das definições de S_i na Equação (17.60), podemos facilmente realizar as operações matriciais necessárias para estabelecer suas regras de comutação. Observe que, embora as regras de comutação sejam obtidas examinando a representação específica introduzida na Equação (17.60), elas se aplicam a todas as representações dos geradores SU(3).

Usaremos as regras de comutação em uma abordagem de operador de levantamento e abaixamento para a análise das propriedades de simetria dos multipletos de três quarks. É útil para sistematizar o trabalho renomeando temporariamente S_1, S_2 como I_1, I_2; S_6, S_7 como U_1, U_2; e S_4, S_5 como V_1, V_2. Em seguida, introduzimos

$$I_+ = I_1 + iI_2, \qquad I_- = I_1 - iI_2,$$

$$U_+ = U_1 + iU_2, \quad U_- = U_1 - iU_2, \tag{17.64}$$

$$V_+ = V_1 + iV_2, \quad V_- = V_1 - iV_2,$$

e escrever alguns comutadores relevantes como

$$[S_3, I_\pm] = \pm I_\pm, \quad [S_3, U_\pm] = \mp\frac{1}{2}U_\pm, \quad [S_3, V_\pm] = \pm\frac{1}{2}V_\pm,$$

$$[S_8, I_\pm] = 0, \qquad [S_8, U_\pm] = \pm\frac{1}{2}\sqrt{3}\,U_\pm, \quad [S_8, V_\pm] = \pm\frac{1}{2}\sqrt{3}\,V_\pm. \tag{17.65}$$

Usando a lógica dos operadores de levantamento e abaixamento (descritos em detalhes para aplicações aos operadores de momento angular na Seção 16.1), esses comutadores podem ser utilizados para demonstrar que, a partir de uma função de base $\psi(I_3, Y)$, podemos aplicar $I_\pm$, $U_\pm$ ou $V_\pm$ para obter as funções de base com outros conjuntos de rótulos. Por exemplo,

$$[S_8, U_+]\psi(I_3, Y) = S_8 U_+\psi(I_3, Y) - U_+ S_8\psi(I_3, Y) = \frac{1}{2}\sqrt{3}\,U_+\psi(I_3, Y).$$

Substituindo $S_8\psi(I_3, Y)$ por $\frac{1}{2}\sqrt{3}Y\psi(I_3, Y)$, essa equação pode ser rearranjada para

$$S_8\Big(U_+\psi(I_3, Y)\Big) = \frac{1}{2}\sqrt{3}\,(Y+1)\Big(U_+\psi(I_3, Y)\Big),$$

o que mostra que se não ele não desaparecer, $U + \psi(I_3, Y)$ é um autovetor de S_8 com um autovalor correspondendo a um aumento de uma unidade em Y. Da mesma forma, a partir da relação $[S_3, U_+]\psi(I_3, Y) = -\frac{1}{2}U_+\psi(I_3, Y)$, descobrimos que $U_+\psi(I_3, Y)$, se não nulos, é um autovetor de S_3 com um autovalor menos por 1/2 do que o de $\psi(I_3, Y)$. Essas observações correspondem à equação $U_+\psi(I_3, Y) = C\psi(I_3 - \frac{1}{2}, Y+1)$, $Y+1)$. Essa e outras identidades de levantamento e abaixamento estão resumidas nas seguintes equações:

$$I_\pm\psi(I_3, Y) = C_I\,\psi(I_3 \pm 1, Y),$$

$$U_\pm\psi(I_3, Y) = C_U\,\psi\Big(I_3 \mp \frac{1}{2}, Y \pm 1\Big), \tag{17.66}$$

$$V_\pm\psi(I_3, Y) = C_V\,\psi\Big(I_3 \pm \frac{1}{2}, Y \pm 1\Big).$$

As constantes C dependerão da representação em estudo e dos valores de I_3 e Y; se o resultado de uma operação de acordo com qualquer uma dessas equações leva a um conjunto (I_3, Y) que não é parte da base da representação, o C associado a essa equação desaparecerá e a construção de levantamento e abaixamento terminará.

É importante salientar que os operadores na Equação (17.66) só se movem **dentro** da representação em estudo, assim se começamos com um membro de base de uma representação irredutível, todas as funções que seremos capazes de alcançar também serão membros da mesma representação.

Exemplo 17.7.4   OPERADORES DE LEVANTAMENTO E ABAIXAMENTO DE QUARKS

Como uma preliminar para nosso estudo das simetrias de bárion e méson, veremos como o operador de levantamento e abaixamento funciona, com os quarks, simbolicamente $\psi(I_3, Y)$, representados por

$$u = \psi\left(\frac{1}{2}, \frac{1}{3}\right) = \begin{pmatrix} 1 \\ 0 \\ 0 \end{pmatrix}, \quad d = \psi\left(-\frac{1}{2}, \frac{1}{3}\right) = \begin{pmatrix} 0 \\ 1 \\ 0 \end{pmatrix}, \quad s = \psi\left(0, -\frac{2}{3}\right) = \begin{pmatrix} 0 \\ 0 \\ 1 \end{pmatrix}.$$

Como explicado no Exemplo 17.7.3, os valores de I_3 e Y são obtidos dos elementos diagonais (os autovalores) de S_3 e S_8. As matrizes 3×3 que representam os operadores de levantamento e abaixamento nesse exemplo são

$$I_+ = \begin{pmatrix} 0 & 1 & 0 \\ 0 & 0 & 0 \\ 0 & 0 & 0 \end{pmatrix}, \quad U_+ = \begin{pmatrix} 0 & 0 & 1 \\ 0 & 0 & 0 \\ 0 & 0 & 0 \end{pmatrix}, \quad V_+ = \begin{pmatrix} 0 & 0 & 0 \\ 0 & 0 & 1 \\ 0 & 0 & 0 \end{pmatrix},$$

$$I_- = \begin{pmatrix} 0 & 0 & 0 \\ 1 & 0 & 0 \\ 0 & 0 & 0 \end{pmatrix}, \quad U_- = \begin{pmatrix} 0 & 0 & 0 \\ 0 & 0 & 0 \\ 1 & 0 & 0 \end{pmatrix}, \quad V_- = \begin{pmatrix} 0 & 0 & 0 \\ 0 & 0 & 0 \\ 0 & 1 & 0 \end{pmatrix}. \tag{17.67}$$

Por multiplicação matricial simples, encontramos $I_- u = d$, $I_+ d = u$, $U_- d = s$, $U_+ s = d$, $V_- u = s$, $V_+ s = u$; todas as outras operações geram resultados neutros. Essas relações podem ser representadas no gráfico 2-D mostrado na Figura 17.7 com Y na direção vertical e I_3 na horizontal. As setas no gráfico são rotuladas para indicar os resultados da aplicação dos operadores de levantamento e abaixamento. ∎

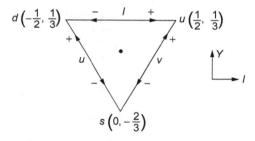

Figura 17.7: Conversões entre os quarks u, d e s por aplicação dos operadores de levantamento e abaixamento $I_\pm$, $U_\pm$ e $V_\pm$. As coordenadas de cada partícula são sua (I, Y).

Continuando agora para os bárions, consideramos representações adequadas para três quarks, que podemos formar como o produto direto das três representações de único quark. Usando a notação **3** como uma abreviação para a representação fundamental (que é de dimensão 3), o produto direto de que precisamos é $\mathbf{3} \otimes \mathbf{3} \otimes \mathbf{3}$. Esse produto direto é uma representação redutível, que se decompõe na soma direta

$$\mathbf{3} \otimes \mathbf{3} \otimes \mathbf{3} = \mathbf{10} \oplus \mathbf{8} \oplus \mathbf{8} \oplus \mathbf{1}, \tag{17.68}$$

em que **10**, **8** e **1 referem-se** às representações irredutíveis das dimensões indicadas.

A maneira padrão de decompor representações de produto como aquelas que temos aqui utiliza diagramas conhecidos como *tableaux* de Young. Como o desenvolvimento das regras para a construção e utilização dos *tableaux* de Young nos levaria para além do escopo deste texto, buscamos aqui uma rota alternativa que utiliza os operadores de levantamento e abaixamento da Equação (17.66). O uso dos operadores de levantamento e abaixamento também tem a vantagem de que eles produzem expressões explícitas para as autofunções I_3, Y. Como a direção na qual operadores de levantamento e abaixamento conectam estados em um diagrama I_3, Y é geral, podemos desenhar um quadro que resume suas propriedades. Esse quadro é chamado **diagrama de raiz;** que para SU(3) é mostrado na Figura 17.8.

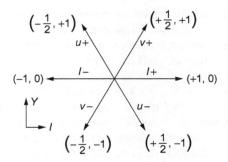

Figura 17.8: Diagrama de raiz do SU(3). Cada operador é rotulado pelas mudanças que ele provoca: $(\Delta I, \Delta Y)$.

Exemplo 17.7.5 Geradores para Produtos Diretos

Se aplicarmos uma operação R dependendo de um parâmetro φ para um produto das funções de base de diferentes partículas, cada função irá se transformar de acordo com sua representação, que atualmente supomos ser a representação fundamental:

$$R\Big(\psi_i(1)\psi_j(2)\Big) = \Big(\mathsf{U}(R)\psi_i(1)\Big)\Big(\mathsf{U}(R)\psi_j(2)\Big)$$

$$= \Big(e^{i\varphi\mathsf{S}(1)}\psi_i(1)\Big)\Big(e^{i\varphi\mathsf{S}(2)}\psi_j(2)\Big)$$

$$= e^{i\varphi[\mathsf{S}(1)+\mathsf{S}(2)]}\psi_i(1)\psi_j(2),$$

em que supomos que a notação indica que o S(1) age apenas na partícula 1 e S(2) age apenas na partícula 2 (isso pode ser organizado por uma definição adequada das matrizes do produto direto e os operadores aos quais elas correspondem). O ponto importante aqui é que, como geradores aparecem em um expoente, um **produto** das operações de partícula única pode ser obtido usando uma **soma** dos geradores de partícula única. Essa observação é uma generalização do nosso texto anterior sobre os momentos angulares multipartícula resultantes como somas das contribuições individuais, e permite escrever, para produtos de três quarks, expressões como

$$\mathsf{I}_\pm = \mathsf{I}_\pm(1) + \mathsf{I}_\pm(2) + \mathsf{I}_\pm(3);$$

assim, por exemplo (descartando a constante de proporcionalidade C_I),

$$\mathsf{I}_-u(1)u(2)u(3) = d(1)u(2)u(3) + u(1)d(2)u(3) + u(1)u(2)d(3).$$

Suprimindo os números de partículas explícitas, isso pode ser abreviado para $\mathsf{I}_-uuu = duu + udu + uud$. Resultados correspondentes aplicam-se a todos os outros operadores de levantamento e abaixamento e todos os produtos de três quarks, e à aplicação dos geradores diagonais, como

$$\mathsf{S}_3\, u(1)u(2)u(3) = \Big(\mathsf{S}_3(1)u(1)\Big)u(2)u(3) + u(1)\Big(\mathsf{S}_3(2)u(2)\Big)u(3)$$

$$+ u(1)u(2)\Big(\mathsf{S}_3(3)u(3)\Big) = \frac{3}{2}\,u(1)u(2)u(3),$$

ou $\mathsf{S}_3uuu = \frac{3}{2}uuu$, equivalente a atribuir $I_3 = \frac{3}{2}$ a uuu. Análise similar pode gerar resultados como $I_3 = \frac{1}{2}$ para uud, ou $(2\mathsf{S}_8/\sqrt{3})dss = -dss$, mostrando que dss tem $Y = -1$. ∎

Agora estamos prontos para voltar à verificação da Equação (17.68).

Exemplo 17.7.6 Decomposição dos Multipletos de Bárion

Existem 27 produtos de três quarks, que, utilizando a análise do Exemplo 17.7.5, têm os valores (I_3, Y) mostrados aqui.

$(+\frac{3}{2}, 1)$	uuu	$(0, 0)$	$uds, dus, usd, dsu, sud, sdu$
$(+\frac{1}{2}, 1)$	uud, udu, duu	$(-1, 0)$	dds, dsd, sdd
$(-\frac{1}{2}, 1)$	udd, dud, ddu	$(+\frac{1}{2}, -1)$	uss, sus, ssu
$(-\frac{3}{2}, 1)$	ddd	$(-\frac{1}{2}, -1)$	dss, sds, ssd
$(+1, 0)$	uus, usu, suu	$(0, -2)$	sss

Podemos encontrar as representações irredutíveis no nosso produto direto de uma maneira relativamente mecânica. Começamos posicionando os 27 produtos de quark nas suas posições coordenada em um diagrama I_3, Y. Notamos que o ponto $(\frac{3}{2}, 1)$ está ocupado apenas por um produto, *uuu*, assim ele deve, por si só, ser um membro de alguma representação irredutível do SU_3. A partir daí, podemos seguir passos em qualquer uma das direções indicadas no diagrama de raiz, desde que haja uma função em cada ponto para o qual nos movemos. Como tudo o que nós estamos fazendo é identificar possíveis estados, não precisamos fazer nenhum cálculo sofisticado à medida que prosseguimos. Como *uuu* é completamente simétrico sob permutações, a função de base em cada ponto será uma soma simétrica dos produtos em cada ponto alcançado. Depois que alcançamos todos os pontos, teremos identificado um total de 10 funções de base, todas as quais são membros da mesma representação irredutível, que chamamos **10**. Esse conjunto de 10 funções de base é chamado de decupleto. O gráfico para essas funções de base, denominado **diagrama de peso**, é mostrado na Figura 17.9.

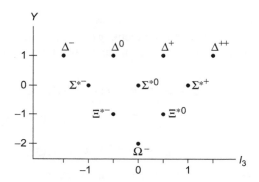

Figura 17.9: Diagrama de peso, decupleto de bárion. Os símbolos nos diferentes pontos são os nomes das partículas atribuídas à base.

Nos pontos em que havia mais de um produto de quark, haverá produtos remanescentes após levar em conta **10**; se queremos ser quantitativos, eles serão combinações lineares que são ortogonais às formas simétricas usadas em **10**. Continuando com qualquer uma das duas funções que permaneceram em $(\frac{1}{2}, 1)$, podemos construir outro conjunto de funções de base a partir das restantes; esses conjuntos conterão oito membros, com o diagrama de peso mostrado na Figura 17.10. (Há apenas sete pontos ainda ocupados no diagrama, mas aquele em $(0,0)$ produz duas funções diferentes quando aproximado de diferentes direções; a função obtida quando $(0,0)$ é alcançada horizontalmente pode, por meio de uma análise de subgrupo, estar relacionada com os membros da sua representação em $(\pm 1, 0)$.

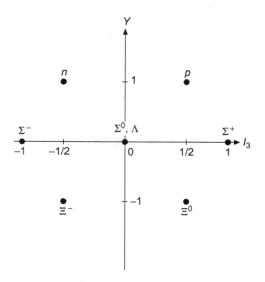

Figura 17.10: Diagrama de peso, octeto de bárion.

Esses pontos são elaborados no Exercício 17.7.4.) Após levar em conta esses dois **octetos**, correspondendo a **8** representações, haverá uma função completamente antissimétrica deixada em (0,0); ela é uma base para **1**. ∎

Ambas as representações **8** e **10** são relevantes para a física das partículas. A racionalização do octeto de bárion de massa similar baseou-se na atribuição dessas partículas aos membros de **8**, com as pequenas diferenças de massa associadas ao rompimento da simetria de interação forte por uma força mais fraca que reteve algumas das simetrias de subgrupo SU(2), e pelas forças eletromagnéticas (ainda mais fracas) que também romperam as simetrias SU(2). A identificação dos membros do octeto com as funções de base de **8** está incluída na Figura 17.10, e a energética da situação geral é indicada esquematicamente na Figura 17.11.

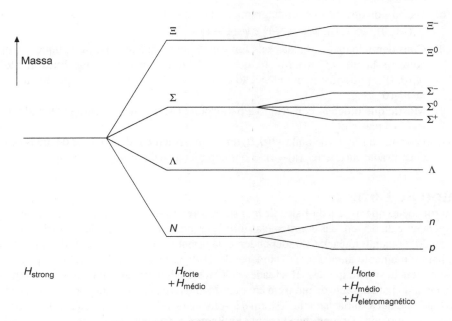

Figura 17.11: Divisão da massa do bárion.

A representação **10** fornece uma explicação para o conjunto de 10 bárions de estado excitado cujo diagrama de peso é mostrado na Figura 17.9. Quando Gell-Mann adaptou aos dados então existentes à representação decupleta, a partícula Ω^- ainda não tinha sido descoberta, e sua previsão e detecção subsequente forneceu uma indicação forte da relevância do SU(3) para a física. Porém, outra instância da importância do SU(3) é fornecida pela existência de um octeto de méson (deslocado por uma unidade em Y em relação ao octeto de bárion primário).

Finalmente, alertamos o leitor de que a discussão anterior não é de nenhuma maneira completa. Ela não leva em conta as exigências de antissimetria do férmion, cuja consideração levou à teoria de calibre de SU(3) cor da interação forte chamada cromodinâmica quântica (QCD). A QCD também, no mínimo, envolve o grupo SU(3). Há também muito mais a dizer sobre decomposições de subgrupo do grupo geral de simetria, qualitativamente lembrado na discussão de apoio da Figura 17.9.

Para manter a teoria de grupos e sua importância muito real na perspectiva correta, devemos enfatizar que a teoria de grupos identifica e formaliza simetrias. Ela classifica (e às vezes prevê) partículas. No entanto, além de dizer, por exemplo, que uma parte do hamiltoniano tem simetria SU(2) e outra parte tem simetria SU(3), a teoria de grupos não diz nada sobre a interação de partículas. Da mesma forma, um hamiltoniano esfericamente simétrico tem (no espaço ordinário) simetria SO(3), mas esse fato não diz nada sobre a dependência radial do potencial ou da função de onda.

Exercícios

17.7.1   Determine três subgrupos SU(2) do SU(3).

17.7.2   Prove que as matrizes U(n) (matrizes unitárias de ordem n) formam um grupo, e que o SU(n) (aqueles com unidade determinante) formam um subgrupo de U(n).

17.7.3 Usando a Equação (17.56) para os elementos matriciais de SU(2) correspondendo às rotações em torno dos eixos coordenados, encontre a matriz correspondente a uma rotação definida pelos ângulos de Euler (α, β, γ). Os ângulos de Euler são definidos na Seção 3.4.

17.7.4 Para um produto de três quarks, o membro da representação SU(3) **10** com $(I_3, Y) = (+\frac{3}{2}, 1)$ é uuu.

   (a) Aplique os operadores no diagrama de raiz para SU(3), Figura 17.8, a fim de obter todos os membros restantes do decupleto que compõem a representação **10**.

   (b) As duas representações **8** podem ser escolhidas para que tenham $I_3 = \frac{1}{2}$, $Y = 1$ os respectivos membros $\psi_1\left(\frac{1}{2}, 1\right) = (ud - du)u$ e $\psi_2\left(\frac{1}{2}, 1\right) = 2uud - udu - duu$. Resumidamente explique por que essa escolha é possível.

   (c) Usando os operadores no diagrama de raiz e $\psi_1\left(\frac{1}{2}, 1\right)$, encontre as expressões para $\psi_1\left(-\frac{1}{2}, 1\right)$, $\psi_1(-1, 0)$, $\psi_1(1, 0)$, $\psi_1\left(-\frac{1}{2}, -1\right)$ e $\psi_1\left(\frac{1}{2}, -1\right)$.

   (d) Considerando cada uma das seis funções ψ_1 que você tem agora, aplique um operador que irá convertê-la em $\psi_1(0, 0)$. Mostre que você obtém exatamente duas linearmente independentes $\psi_1(0, 0)$, o que justifica a alegação de que ψ_1 são um octeto nos pontos mostrados na Figura 17.10.

   (e) Mostre que o octeto construído a partir de $\psi_2\left(\frac{1}{2}, 1\right)$ é linearmente independente daquele construído a partir ψ_1.

   (f) Encontre a função de onda $\psi(0, 0)$ que é linearmente independente de todas as funções $\psi(0, 0)$ encontradas nas partes (a)–(e). É o único membro da representação **1**.

17.8 Grupo de Lorentz

Há muito tempo foi aceito que as leis da física devem ser **covariantes**, o que significa que elas devem ter formas que são (1) independente da origem das coordenadas utilizadas para descrevê-las (levando de um sistema isolado à lei da conservação do momento linear); (2) independente da orientação das nossas coordenadas (levando a uma lei de conservação para o momento angular); e (3) independente do zero a partir do qual o tempo é medido. A maior parte da nossa experiência sugere que as velocidades devem ser adicionadas como vetores ordinários; por exemplo, uma pessoa andando para a frente de um trem em movimento teria, como vista por um observador estacionário, uma velocidade líquida igual à soma daquela do trem e a velocidade relativa da pessoa caminhando até o trem. Essa regra para a adição de velocidade é identificada como **galileana**, e está correta no limite de velocidades pequenas. Entretanto, sabe-se agora que as transformações entre os sistemas de coordenadas com uma velocidade relativa diferente de zero constante devem levar a uma lei de adição de velocidade não intuitiva que faz a velocidade da luz ser a mesma que aquela medida por observadores em todos os sistemas de coordenadas (quadros de referência). Como Einstein mostrou em 1905, a lei de adição de velocidade necessária poderia ser obtida se mudanças no sistema de coordenadas fossem descritas pelas **transformações de Lorentz**. A teoria de Einstein, agora conhecida como **relatividade especial** (sua extensão ao espaço-tempo curvo para descrever a gravitação é chamada **relatividade geral**), também ajudou a entender melhor a maneira como fenômenos elétricos e magnéticos se tornam interconvertidos quando cargas em repouso em um sistema de coordenadas são visualizadas como movendo-se no outro.

As transformações que são consistentes com a simetria do espaço-tempo formam um grupo conhecido como **grupo não homogêneo de Lorentz** ou o **grupo de Poincaré**. O grupo de Poincaré consiste em deslocamentos temporais e espaciais e todas as transformações de Lorentz; aqui só discutiremos as transformações de Lorentz, que por si sós formam o **grupo de Lorentz**, às vezes, para maior clareza, chamado **grupo homogêneo de Lorentz**.

Grupo Homogêneo de Lorentz

Transformações de Lorentz podem ser comparadas a rotações que afetam tanto coordenadas espaciais quanto temporais. Uma rotação espacial ordinária em torno da origem, em que $(x_1, x_2) \rightarrow (x_1', x_2')$, tem a propriedade de que o comprimento do vetor associado permanece inalterado pela rotação, de modo que $x_1^2 + x_2^2 = x_1'^2 + x_2'^2$. Porém, agora consideramos as transformações que envolvem uma coordenada espacial (vamos escolher z) e uma coordenada temporal t, mas com $z^2 - c^2 t^2 = z'^2 - c^2 t'^2$, de modo que a velocidade da luz, c, calculada para o percurso da origem $(0, 0)$ a (z, t) será a mesma que a descrita para percursos da origem a (z', t'). Estamos, portanto, abandonando a noção de que a variável temporal é universal, supondo em vez disso que ela muda juntamente com mudanças nas variáveis espaciais de uma maneira que mantém a velocidade da luz constante. Vemos também que é natural redimensionar as coordenadas t para $x_0 = ct$, de modo que a invariante da transformação se torne $z^2 - x_0^2$.

Vamos agora examinar uma situação em que o sistema de coordenadas está se movendo na direção +z em uma velocidade infinitesimal $c\delta\rho$ (de modo que uma transformação galileana seja aplicada a z):

$$z' = z - c(\delta\rho)t = z - (\delta\rho)x_0.$$

Entretanto, vamos supor que t também muda, para

$$t' = t - a(\delta\rho)z, \quad \text{ou} \quad x_0' = x_0 - ac(\delta\rho)z,$$

com a mantido $z^2 - x_0^2$ constante para primeira ordem em $\delta\rho$. O valor de a que satisfaz esse requisito é $a = +1/c$, assim nossa transformação infinitesimal de Lorentz é

$$\begin{pmatrix} x_0' \\ z' \end{pmatrix} = \begin{pmatrix} 1 & -\delta\rho \\ -\delta\rho & 1 \end{pmatrix} \begin{pmatrix} x_0 \\ z \end{pmatrix} = \left[\mathbf{1}_2 - \delta\rho \begin{pmatrix} 0 & 1 \\ 1 & 0 \end{pmatrix} \right] \begin{pmatrix} x_0 \\ z \end{pmatrix}.$$

Para identificar essa equação em termos de um gerador, notamos que

$$-\delta\rho \begin{pmatrix} 0 & 1 \\ 1 & 0 \end{pmatrix} = i(\delta\rho)\mathbf{S}, \quad \text{ou} \quad \mathbf{S} = i \begin{pmatrix} 0 & 1 \\ 1 & 0 \end{pmatrix} = i\boldsymbol{\sigma}_1, \tag{17.69}$$

onde σ_1 é uma matriz Pauli. Estendendo agora para uma velocidade finita, assim como fizemos para as rotações ordinárias na passagem da Equação (17.35) para a Equação (17.36), temos uma expressão que é semelhante à Equação (17.39), exceto que agora temos σ_1 em vez de σ_2 e, no lugar de φ, agora temos $i\rho$. O resultado é

$$U(\rho) = \exp(i\rho[i\boldsymbol{\sigma}_1]) = \cos(i\rho) + i\boldsymbol{\sigma}_1 \operatorname{sen}(i\rho) = \cosh(\rho) - \boldsymbol{\sigma}_1 \operatorname{senh}(\rho)$$

$$= \begin{pmatrix} \cosh\rho & -\operatorname{senh}\rho \\ -\operatorname{senh}\rho & \cosh\rho \end{pmatrix}. \tag{17.70}$$

Embora $\delta\rho$ fosse uma velocidade infinitesimal (em unidades de c), o mesmo não pode ser dito de ρ, o resultado de transformações $\delta\rho$ repetidas, ser proporcional à velocidade resultante nas coordenadas transformadas finais. Porém, da equação $z' = z\cosh\rho - x_0\operatorname{senh}\rho$, identificamos a velocidade resultante como $v = c\operatorname{senh}\rho/\cosh\rho = c\tanh\rho$.

Resumindo, e introduzindo os símbolos normalmente usados na mecânica relativista, identificamos

$$\beta \equiv \frac{v}{c}, \quad \tanh\rho = \beta, \quad \cosh\rho = \frac{1}{\sqrt{1-\beta^2}} \equiv \gamma, \quad \operatorname{senh}\rho = \beta\gamma. \tag{17.71}$$

O intervalo de ρ (às vezes chamado **rapidez**) é ilimitado, mas $\tanh\rho < 1$, mostrando assim que c é um limite superior para v (que não pode ser alcançado para ρ finito).

Uma transformação de Lorentz que também não envolve uma rotação espacial é conhecida como **boost** ou **transformação pura de Lorentz**. Boosts sucessivos podem ser analisados utilizando a propriedade de grupo das transformações de Lorentz: um boost de rapidez ρ seguido por um outro, de rapidez ρ', ambos na direção z, deve ter matriz de transformação

$$U(\rho')U(\rho) = \begin{pmatrix} \cosh\rho' & -\operatorname{senh}\rho' \\ -\operatorname{senh}\rho' & \cosh\rho' \end{pmatrix} \begin{pmatrix} \cosh\rho & -\operatorname{senh}\rho \\ -\operatorname{senh}\rho & \cosh\rho \end{pmatrix}$$

$$= \begin{pmatrix} \cosh\rho'\cosh\rho + \operatorname{senh}\rho'\operatorname{senh}\rho & -\cosh\rho'\operatorname{senh}\rho - \operatorname{senh}\rho'\cosh\rho \\ \operatorname{senh}\rho'\cosh\rho - \cosh\rho'\operatorname{senh}\rho & \operatorname{senh}\rho'\operatorname{senh}\rho + \cosh\rho'\cosh\rho \end{pmatrix}$$

$$= \begin{pmatrix} \cosh(\rho+\rho') & -\operatorname{senh}(\rho+\rho') \\ -\operatorname{senh}(\rho+\rho') & \cosh(\rho+\rho') \end{pmatrix} = U(\rho+\rho'),$$

mostrando que a rapidez (não a velocidade) é o parâmetro aditivo para boosts sucessivos na mesma direção. O resultado que acabamos de obter é evidente se ele for escrito na notação de gerador; ela é

$$U(\rho')U(\rho) = \exp(-\rho'\boldsymbol{\sigma}_1)\exp(-\rho\boldsymbol{\sigma}_1) = \exp(-(\rho'+\rho)\boldsymbol{\sigma}_1) = U(\rho'+\rho). \tag{17.72}$$

Por causa da propriedade de grupo, boosts sucessivos em diferentes direções espaciais devem produzir uma transformação resultante de Lorentz, mas o resultado não é equivalente a um único boost, e corresponde a um boost mais uma rotação espacial. Essa rotação é a origem da precessão de Thomas que surge no tratamento dos termos de acoplamento de órbita de spin na física atômica e nuclear. Uma boa discussão sobre a frequência da precessão de Thomas é o trabalho de Goldstein (Leituras Adicionais).

Exemplo 17.8.1   Adição de Velocidades Colineares

Vamos agora aplicar a Equação (17.72) a dois boosts sucessivos na direção z, identificando cada um por sua velocidade individual (v' para o primeiro boost, v'' para o segundo), ou equivalentemente $\beta' = v'/c$, $\beta'' = v''/c$. Uma sequência de rapidez correspondente será denotada por ρ' e ρ'', então

$$\tanh \rho' = \beta' = \frac{v'}{c}, \quad \tanh \rho'' = \beta'' = \frac{v''}{c}.$$

O resultante de dois boosts sucessivos terá rapidez $\rho = \rho' + \rho''$ e, portanto, estará associado a uma velocidade resultante v que satisfaz $\tanh(\rho' + \rho'') = v/c = \theta$. A partir da fórmula de somatório para a tangente hiperbólica, temos

$$\frac{v}{c} = \beta = \tanh(\rho' + \rho'') = \frac{\tanh \rho' + \tanh \rho''}{1 + \tanh \rho' \tanh \rho''} = \frac{\dfrac{v'}{c} + \dfrac{v''}{c}}{1 + \dfrac{v'v''}{c^2}} = \frac{\beta' + \beta''}{1 + \beta'\beta''}. \tag{17.73}$$

A Equação (17.73) mostra que quando v' e v'' são menores em comparação com c, a adição de velocidade é aproximadamente galileana, tornando-se exatamente galileana no limite de velocidade pequena. No entanto, à medida que as velocidades individuais aumentam, a resultante diminui em relação a sua soma aritmética, e nunca excede C. Esse comportamento é esperado, uma vez que (para argumentos reais) a tangente hiperbólica não pode exceder a unidade. ∎

Espaço de Minkowski

Se fizermos a definição $x_4 = ict$, as fórmulas que acabamos de obter, e muitos outras, podem ser escritos de uma forma sistemática que não tem sinais de menos explicitamente presentes para a coordenada temporal. Em seguida, as transformações de Lorentz agem como rotações no espaço com uma base (x_1, x_2, x_3, x_4), e a quantidade conservada é $x_1^2 + x_2^2 + x_3^2 + x_4^2$. Essa abordagem é atraente e é amplamente usada.

Uma maneira alternativa de prosseguir, que tem a desvantagem de ser um pouco mais complicado, mas a vantagem de fornecer uma estrutura adequada para estender a relatividade geral, é a utilização de coordenadas reais (como foi feito na subseção anterior), e lidar com a diferença no comportamento das coordenadas espaciais e temporais introduzindo um tensor métrico adequadamente definido. Uma possibilidade (para base $x_0 = ct$, x_1, x_2, x_3), em que x_i ($i = 1, 2, 3$) são as coordenadas espaciais cartesianas, é utilizar o tensor métrico de **Minkowski**, introduzido pela primeira vez no Exemplo 4.5.2,

$$(g^{\mu\nu}) = (g_{\mu\nu}) = \begin{pmatrix} 1 & 0 & 0 & 0 \\ 0 & -1 & 0 & 0 \\ 0 & 0 & -1 & 0 \\ 0 & 0 & 0 & -1 \end{pmatrix}, \tag{17.74}$$

em que entendemos que os índices gregos estão em um conjunto de quatro índices de 0 a 3, e que os deslocamentos são processados como produtos escalares da forma $x^\mu g_{\mu\nu} x'^\nu$ ou $x_\mu g^{\mu\nu} x'_\nu$, em que se entende que os índices repetidos devem ser somado (a convenção de somatório de Einstein). Observe que como toda a análise nesta seção é em coordenadas cartesianas, a distinção entre índices contravariantes e covariantes limita-se à inserção dos sinais de menos em alguns elementos dos produtos que envolvem o tensor métrico.

Como salientado no Exemplo 4.6.2, esse tensor métrico às vezes aparece com os sinais de todos os seus elementos diagonais invertidos. As duas escolhas dos sinais são válidas e produzem resultados adequados para problemas da física se usadas de modo consistente, mas podem surgir problemas se o material de fontes inconsistentes for combinado. O exemplo citado também indica como as equações de Maxwell podem ser escritas de uma forma manifestamente covariante.

Note que as matrizes de transformação S e U devem ser tensores mistos, uma vez que elas convertem um vetor (seja covariante ou contravariante) em outro vetor do mesmo status de variância. Como para um boost puro essas matrizes são simétricas, um dos índices pode ser considerado como sendo covariante (o outro sendo contravariante).

Exercícios

17.8.1   Mostre que em dimensões 3 + 1 (isso significa três dimensões espaciais mais o tempo), um boost no plano $x\,y$ em um ângulo θ da direção x tem, em coordenadas (x_0, x_1, x_2, x_3), o gerador

$$S = i \begin{pmatrix} 0 & \cos\theta & \operatorname{sen}\theta & 0 \\ \cos\theta & 0 & 0 & 0 \\ \operatorname{sen}\theta & 0 & 0 & 0 \\ 0 & 0 & 0 & 0 \end{pmatrix}.$$

17.8.2   (a) Mostre que o gerador no Exercício 17.8.1 produz uma matriz de transformação de Lorentz para rapidez ρ dada por

$$U(\rho;\theta) = \begin{pmatrix} \cosh\rho & -\cos\theta\operatorname{senh}\rho & -\operatorname{sen}\theta\operatorname{senh}\rho & 0 \\ -\cos\theta\operatorname{senh}\rho & \operatorname{sen}^2\theta + \cos^2\theta\cosh\rho & \cos\theta\operatorname{sen}\theta(\cosh\rho - 1) & 0 \\ -\operatorname{sen}\theta\operatorname{senh}\rho & \cos\theta\operatorname{sen}\theta(\cosh\rho - 1) & \cos^2\theta + \operatorname{sen}^2\theta\cosh\rho & 0 \\ 0 & 0 & 0 & 1 \end{pmatrix}.$$

Nota: Essa matriz de transformação é simétrica. Todos os boosts individuais (em qualquer direção espacial) têm matrizes de transformação simétricas.

(b) Verifique se a matriz de transformação da parte (a) é consistente com (1) rotacionar as coordenadas espaciais para alinhar a direção do boost com um eixo coordenado (2), realizar um boost na direção desse eixo usando a Equação (17.70) e (3) rotacionando de volta para o sistema de coordenadas original.

17.8.3   Obtenha a matriz de transformação de Lorentz para um boost de quantidade finita ρ' na direção x seguido por um boost finito ρ'' na direção y. Mostre que não existem valores de ρ e θ que podem levar essa transformação à forma dada no Exercício 17.8.2.

17.9   Covariância de Lorentz de Equações de Maxwell

Começamos nossa discussão sobre a covariância de Lorentz lembrando como os campos magnéticos e elétricos **B** e **E** dependem dos potenciais vetoriais e escalares **A** e φ:

$$\mathbf{B} = \nabla \times \mathbf{A},$$

$$\mathbf{E} = -\frac{\partial \mathbf{A}}{\partial t} - \nabla\varphi. \tag{17.75}$$

Limitando a consideração a situações em que ε e μ têm seus valores de espaço livre ε_0 e μ_0 (com $\varepsilon_0\,\mu_0 = 1/c^2$), podemos mostrar que **A** e φ formam um quadrivetor cujas componentes A^μ (na forma contravariante) são

$$\mathcal{A}^i = c\varepsilon_0 A_i, \quad i = 1,\, 2,\, 3,$$

$$\mathcal{A}^0 = \varepsilon_0\varphi. \tag{17.76}$$

Agora formamos o tensor $F^{\mu\lambda}$ com os elementos

$$F^{\mu\lambda} = \frac{\partial \mathcal{A}^\lambda}{\partial x_\mu} - \frac{\partial \mathcal{A}^\mu}{\partial x_\lambda}, \tag{17.77}$$

que avaliamos (consistente com nossa escolha da métrica de Minkowski) usando

$$\frac{\partial}{\partial x_0} = \frac{\partial}{c\,\partial t}, \quad \frac{\partial}{\partial x_1} = -\frac{\partial}{\partial x}, \quad \frac{\partial}{\partial x_2} = -\frac{\partial}{\partial y}, \quad \frac{\partial}{\partial x_3} = -\frac{\partial}{\partial z}. \tag{17.78}$$

A forma resultante para $F^{\mu\lambda}$, conhecida como **tensor de campo eletromagnético**, é

$$F^{\mu\lambda} = \varepsilon_0 \begin{pmatrix} 0 & -E_x & -E_y & -E_z \\ E_x & 0 & -cB_z & cB_y \\ E_y & cB_z & 0 & -cB_x \\ E_z & -cB_y & cB_x & 0 \end{pmatrix}. \tag{17.79}$$

A quantidade $F^{\mu\lambda}$ é, como seu nome indica, um tensor de segunda ordem que deve ter as propriedades de transformação associadas ao grupo de Lorentz. Sabemos que esse é o caso porque construímos $F^{\mu\lambda}$ como uma combinação linear dos termos, cada um dos quais era a derivada de um quadrivetor; a diferenciação de um vetor (em um sistema cartesiano) gera um tensor de segunda ordem.

Um aparte interessante para essa análise é fornecido pela discussão das equações de Maxwell na linguagem das formas diferenciais. No Exemplo 4.6.2 mostramos que a forma diferencial

$$F = -E_x \, dt \wedge dx - E_y \, dt \wedge dy - E_z \, dt \wedge dz + B_x \, dy \wedge dz + B_y \, dz \wedge dx + B_z \, dx \wedge dy$$

era um ponto de partida a partir do qual as equações de Maxwell poderiam ser derivada; observamos agora que os termos individuais dessa forma diferencial correspondem aos elementos do tensor discutidos aqui.

Transformação de Lorentz de E e B

Voltando ao principal tema dessa discussão, agora aplicamos uma transformação de Lorentz a $F^{\mu\lambda}$. Para simplificar consideramos um boost puro na direção z, que terá elementos matriciais semelhantes àqueles da Equação (17.70); usando as anotações introduzidas na Equação (17.71), nossa matriz de transformação pode ser escrita

$$\mathsf{U} = \begin{pmatrix} \gamma & 0 & 0 & -\beta\gamma \\ 0 & 1 & 0 & 0 \\ 0 & 0 & 1 & 0 \\ -\beta\gamma & 0 & 0 & \gamma \end{pmatrix}. \tag{17.80}$$

Notando que devemos aplicar a transformação de Lorentz aos dois índices de $F^{\mu\lambda}$, e tendo em mente que U é simétrico e, como apontado na Seção 17.8, um tensor misto, podemos escrever

$$\mathsf{F}' = \mathsf{U}\mathsf{F}\mathsf{U}, \tag{17.81}$$

em que F e F′ são matrizes contravariantes. Se, agora, compararmos os elementos individuais de F′ com aqueles de F, obtemos as fórmulas para as componentes de **E**′ e **B**′ em termos das componentes de **E** e **B**. Para a transformação em questão aqui, os resultados são (em que v é a velocidade do sistema de coordenadas transformado, na direção z, em relação às coordenadas originais):

$$E'_x = \gamma \left(E_x - \beta c B_y \right) = \gamma \left(E_x - v B_y \right),$$

$$E'_y = \gamma \left(E_y + \beta c B_x \right) = \gamma \left(E_y + v B_x \right), \tag{17.82}$$

$$E'_z = E_z,$$

$$B'_x = \gamma \left(B_x + \frac{\beta}{c} E_y \right) = \gamma \left(B_x + \frac{v}{c^2} E_y \right),$$

$$B'_y = \gamma \left(B_y - \frac{\beta}{c} E_x \right) = \gamma \left(B_y - \frac{v}{c^2} E_x \right), \tag{17.83}$$

$$B'_z = B_z.$$

Podemos generalizar esses resultados para um boost **v** em uma direção arbitrária:

$$\mathbf{E}' = \gamma(\mathbf{E} + \mathbf{v} \times \mathbf{B}) + (1 - \gamma)\mathbf{E}_v,$$

$$\mathbf{B}' = \gamma \left(B - \frac{\mathbf{v} \times \mathbf{E}}{c^2} \right) + (1 - \gamma)\mathbf{B}_v, \tag{17.84}$$

em que $E_v = (E \cdot \hat{v})\hat{v}$ e $B_v = (B \cdot \hat{v})\hat{v}$ são as projeções de E e B na direção de v. No limite $v \ll c$, essas equações se reduzem a

$$E' = E + v \times B,$$
$$B' = B - \frac{v \times E}{c^2}.$$

(17.85)

Observe que a transformação das coordenadas muda a velocidade com que as cargas se movem e, portanto, muda a força magnética. Agora fica claro que a transformação de Lorentz explica como a força total (elétrica mais magnética) pode ser independente do **sistema de referência** (isto é, as velocidades relativas dos sistemas de coordenadas). Na verdade, a necessidade de tornar a força eletromagnética total independente do sistema de referência foi observada pela primeira vez por Lorentz e Poincaré. É aqui que as transformações de Lorentz foram reconhecidas pela primeira vez como relevantes para a física, e isso pode ter dado a Einstein uma pista à medida que ele desenvolvia sua formulação da relatividade especial.

Exemplo 17.9.1 Transformação para Levar a Carga a um Estado de Repouso

Considere uma carga q movendo-se em uma velocidade v, com $v \ll c$. Dando ao sistema de coordenadas um boost v, transformamos em um quadro em que a carga está em repouso e experimenta apenas uma força elétrica qE'. Entretanto, como a força total é independente do sistema de referência, também é dado, de acordo com a Equação (17.86), como

$$F = q(E + v \times B),$$

(17.86)

que é apenas a força clássica de Lorentz.   ∎

A capacidade de escrever as equações de Maxwell na forma tensorial que fornece os resultados observados experimentalmente sob a transformação de Lorentz é uma conquista importante porque garante que a formulação é consistente com a relatividade especial. Essa é uma das razões por que teorias modernas da eletrodinâmica quântica e partículas elementares são muitas vezes escritas nessa forma **manifestamente covariante**. Por outro lado, a insistência nessa forma tensorial tem sido um guia útil para construir essas teorias.

Fechamos com as seguintes observações gerais:O grupo de Lorentz é o grupo de simetria da eletrodinâmica, da teoria de calibre eletrofraco, e das interações fortes descritas pela cromodinâmica quântica. Parece necessário que a mecânica em geral tenha a simetria do grupo de Lorentz, e essa exigência corresponde à aplicabilidade geral da relatividade especial. No que diz respeito à eletrodinâmica, a simetria de Lorentz explica o fato de que a velocidade da luz é a mesma em todos os quadros inerciais, e isso explica como forças magnéticas e elétricas estão interrelacionadas e produzem resultados físicos que são independentes de quadro. Embora um estudo detalhado da mecânica relativista esteja além do escopo deste livro, a extensão à relatividade especial das equações de Newton do movimento é simples e leva a uma variedade de resultados, alguns dos quais desafiam a intuição humana.

Exercícios

17.9.1 Aplique a transformação de Lorentz da Equação (17.80) a $F^{\mu\lambda}$ como dado na Equação (17.79). Verifique se o resultado é uma matriz F' cujos elementos confirmam os resultados obtidos nas Equações (17.82) e (17.83).

17.9.2 Confirme que a generalização da Equação (17.82) e (17.83) para um boost correspondendo a uma velocidade arbitrária v é adequadamente dada pela Equação (17.84).

17.10 Grupos Espaciais

Cristais perfeitos exibem simetria translacional, o que significa que eles podem ser considerados como uma matriz preenchendo o espaço com paralelepípedos empilhados de uma extremidade a outra e de um lado a outro, com cada um contendo um conjunto idêntico de átomos identicamente posicionados. Um único paralelepípedo é referido como **célula unitária** do cristal; uma célula unitária pode ser especificada dando os vetores que definem suas bordas. Chamando esses vetores $\mathbf{h}_1$, $\mathbf{h}_2$, $\mathbf{h}_3$, pontos equivalentes em quaisquer duas células unitárias são separados um do outro por vetores

$$\mathbf{b} = n_1\mathbf{h}_1 + n_2\mathbf{h}_2 + n_3\mathbf{h}_3,$$

em que n_1, n_2, n_3 podem ser quaisquer inteiros (positivo, negativo ou zero). O conjunto desses pontos equivalentes é chamado **rede de Bravais** do cristal.

Uma rede de Bravais terá uma simetria que depende dos ângulos e comprimentos relativos dos vetores da rede; em três dimensões há 14 simetrias diferentes possíveis para as redes de Bravais. Existem 32 grupos pontais 3-D cuja simetria é compatível com pelo menos uma rede de Bravais; esses são chamados **grupos pontuais cristalográficos** para distingui-las do número infinito de grupos pontuais que pode existir na ausência de qualquer requisito de compatibilidade.

Exemplo 17.10.1 LADRILHAMENTO DE UM PISO

Para entender a noção do grupo pontual cristalográfico, considere o que aconteceria (em duas dimensões), se tentássemos ladrinhar um piso com peças idênticas na forma de um polígono regular. Teremos sucesso com quadrados e triângulos, e mesmo com hexágonos. Esses funcionam porque um número inteiro de azulejos pode ser colocados de modo que eles tenham vértices no mesmo ponto. Um triângulo tem um ângulo interno de 60°, assim seis deles podem se interseccionar em um ponto; de maneira semelhante, quatro quadrados podem se interseccionar em um ponto, assim como três hexágonos podem (ângulo interno de 120°). Porém, não podemos usar ladrilhos com pentágonos regulares (ângulo interno de 108°) ou qualquer polígono regular com mais de seis lados. ∎

Combinando redes de Bravais e grupos pontuais compatíveis, há um total de 230 grupos diferentes no espaço 3-D que exibem simetria translacional e algum tipo de simetria de grupo pontual. Esses 230 grupos são chamados **grupos espaciais**. O estudo e a utilização na cristalografia (por exemplo, para determinar a estrutura detalhada de um cristal a partir de seu espalhamento por raio X) é o tema dos vários livros maiores em Leituras Adicionais.

Sistemas com periodicidade apenas em uma ou duas dimensões também existem na natureza; alguns polímeros lineares são sistemas periódicos 1D; sistemas de superfície e matrizes de camada única como o **grafeno** (uma matriz hexagonal macroscópica dos átomos de carbono) exibem periodicidade em duas dimensões. Há até mesmo uma espécie de simetria translacional que envolve elementos que formam estruturas helicoidais. O reconhecimento desse tipo de simetria em estudos cristalográficos do DNA foi a contribuição fundamental que levou à descoberta de que o DNA existia como uma dupla hélice.

Leituras Adicionais

Buerger, M. J., *Elementary Crystallography*. Nova York: Wiley (1956). Uma discussão abrangente das simetrias cristalinas. Buerger desenvolve todos os 32 grupos pontuais e todos os 230 grupos espaciais. Livros relacionados desse autor incluem *Contemporary Crystallography*. Nova York: McGraw-Hill (1970); *Crystal Structure Analysis*. Nova York: Krieger (1979) (nova tiragem, 1960); and *Introduction to Crystal Geometry*. Nova York: Krieger (1977) (nova tiragem, 1971).

Burns, G. e Glazer, A. M., *Space Groups for Solid-State Scientists*. Nova York: Academic Press (1978). Um tratamento legível e bem organizado dos grupos e sua aplicação ao estado sólido.

de-Shalit, A. e Talmi, I., *Nuclear Shell Model*. Nova York: Academic Press (1963). Adotamos as convenções de fase de Condon-Shortley neste texto.

Falicov, L. M., *Group Theory and Its Physical Applications*. Notas compiladas por A. Luehrmann. Chicago: University of Chicago Press (1966). Teoria de grupos, com ênfase em aplicações a simetrias cristalinas e física do estado sólido.

Gell-Mann, M. e Ne'eman, Y., *The Eightfold Way*. Nova York: Benjamin (1965). Uma coleção de reedições de artigos significativos sobre SU(3) e as partículas da física de alta energia. Várias seções introdutórias por Gell-Mann e Ne'eman são especialmente úteis.

Goldstein, H., *Classical Mechanics* (2ª ed.). Reading, MA: Addison-Wesley (1980). Capítulo 7 contém uma introdução breve, mas legível, à relatividade do ponto de vista consonante com aquele apresentado aqui.

Greiner, W. e Müller, B., *Quantum Mechanics Symmetries*. Berlim: Springer (1989). Referimo-nos a esse livro para mais detalhes e inúmeros exercícios que são trabalhados em detalhes.

Hamermesh, M., *Group Theory and Its Application to Physical Problems*. Reading, MA: Addison-Wesley (1962). Um relato detalhado e rigoroso tanto dos grupos finitos quanto contínuos. Os 32 grupos pontuais são desenvolvidos. Os grupos contínuos são tratados, com álgebra de Lie incluída. Uma grande variedade de aplicações à física atômica e nuclear.

Hassani, S., *Foundations of Mathematical Physics*. Boston: Allyn and Bacon (1991).

Heitler, W., *The Quantum Theory of Radiation* (2ª ed.). Oxford: Oxford University Press (1947), Nova tiragem, Dover (1983).

Higman, B., *Applied Group-Theoretic and Matrix Methods*. Oxford: Clarendon Press (1955). Um desenvolvimento bastante completo e excepcionalmente inteligível da análise matricial e teoria de grupos.

Jackson, J. D., *Classical Electrodynamics* (3ª ed.). Nova York: Wiley (1998).

Messiah, A., *Quantum Mechanics* (vol. II). Amsterdã: North-Holland (1961).

Panofsky, W. K. H. e Phillips, M., *Classical Electricity and Magnetism* (2ª ed.). Reading, MA: Addison-Wesley (1962). A covariância de Lorentz das equações de Maxwell é desenvolvida tanto para o vácuo quanto para meios materiais. Panofsky e Phillips usam tensores contravariantes e covariantes.

Park, D., Resource letter SP-1 on symmetry in physics. *Am. J. Phys.*, *36*, 577-584 (1968). Inclui uma ampla seleção de referências básicas sobre a teoria de grupos e suas aplicações à física: átomos, moléculas, núcleos, sólidos e partículas elementares.

Ram, B., Physics of the SU(3) symmetry model. *Am. J. Phys.*, *35*, 16 (1967). Uma excelente discussão sobre as aplicações do SU(3) a partículas que interagem fortemente (bárions). Para uma sequência disso, ver R.D. Young, Physics of the quark model. *Am. J. Phys.* **41**: 472 (1973).

Tinkham, M., *Group Theory and Quantum Mechanics*. Nova York: McGraw-Hill (1964), Nova tiragem, Dover (2003). Claro e legível.

Wigner, E. P., Group Theory and Its Application to the Quantum Mechanics of Atomic Spectra (traduzido para o inglês por J. J. Griffin). Nova York: Academic Press (1959). Essa é a referência clássica sobre a teoria de grupos para o físico. O grupo de rotação é tratado em detalhe considerável. Há uma grande variedade de aplicações para a física atômica.

18

Mais Funções Especiais

Neste capítulo estudaremos quatro conjuntos de polinômios ortogonais: Hermite, Laguerre e Chebyshev[1] de primeira e segunda espécies. Embora esses quatro conjuntos sejam de menor importância na física matemática do que são as funções de Bessel e Legendre dos Capítulos 14 e 15, eles são usados e, portanto, merecem atenção. Por exemplo, polinômios hermitianos ocorrem em soluções do oscilador harmônico simples da mecânica quântica e polinômios de Laguerre em funções de onda do átomo de hidrogênio. Como as técnicas matemáticas gerais duplicam aquelas usadas para funções de Bessel e de Legendre, o desenvolvimento dessas funções é apenas esboçado. A maioria das provas detalhadas é deixada para o leitor.

Os conjuntos de polinômios tratados neste capítulo podem ser relacionados com as grandezas mais gerais conhecidas como funções **hipergeométricas** e **hipergeométricas confluentes** (soluções da EDO hipergeométrica). Por razões práticas iremos postergar a maior parte da discussão dessas relações até que haja a oportunidade de definir as funções hipergeométricas e a nomenclatura associada. O benefício resultante da conexão com funções hipergeométricas é que as fórmulas de recorrência hipergeométricas e outras propriedades gerais se traduzem em relações úteis para os conjuntos polinomiais que estamos atualmente estudando.

Concluímos o capítulo com uma breve seção sobre integrais elípticas. Embora a importância desse assunto tenha diminuído à medida que a capacidades dos computadores aumentou, existem alguns problemas físicos para os quais elas são úteis e ainda não é hora de eliminá-las deste texto.

18.1 Funções de Hermite

Começamos identificando as **funções hermitianas** como soluções da EDO **de Hermite**,

$$H_n''(x) - 2x H_n'(x) + 2n H_n(x) = 0. \tag{18.1}$$

Aqui n é um parâmetro. Quando $n \geq 0$ é integral, essa EDO terá uma solução $H_n(x)$ que é um polinômio de grau n; essas soluções são conhecidas como **polinômios hermitianos**.

Na presença das condições de contorno adequadas, a EDO hermitiana é um sistema de Sturm-Liouville; soluções polinomiais para essas EDOs foi o tema da Seção 12.1. Mostramos lá, no Exemplo 12.1.1, que os polinômios hermitianos podem ser gerados da **fórmula de Rodrigues**, Equação (12.17), e que, por sua vez, uma fórmula de Rodrigues pode ser obtida da EDO subjacente. Também mostramos na mesma seção como podemos passar da fórmula Rodrigues para uma função geradora de um dado conjunto de polinômios, apresentando na Tabela 12.1 uma lista das funções geradoras que podem ser encontradas dessa maneira. Essa lista incluiu a seguinte função geradora para os polinômios hermitianos:

$$g(x, t) = e^{-t^2 + 2tx} = \sum_{n=0}^{\infty} H_n(x) \frac{t^n}{n!}. \tag{18.2}$$

---

[1]Essa é a escolha ortográfica do AMS–55 (para referência completa, ver Abramowitz em Leituras Adicionais). No entanto, vários nomes, como Tschebyscheff, são encontrados na literatura.

Aqui optamos por não depender da análise da Seção 12.1, mas em vez disso adotar o ponto de vista de que a Equação (18.2) pode ser considerada uma **definição** dos polinômios hermitianos, tornando assim a análise atual completamente autossuficiente. Desse modo, procedemos verificando se esses polinômios satisfazem a EDO hermitiana, têm a fórmula esperada de Rodrigues e apresentam outras propriedades que podem ser desenvolvidas a partir da função geradora.

Relações de Recorrência e Propriedades Especiais

Observe a ausência de um índice superior (sobrescrito) que distingue polinômios hermitianos das funções de Hankel independentes. A partir da função geradora descobrimos que os polinômios hermitianos satisfazem as relações de recorrência

$$H_{n+1}(x) = 2x H_n(x) - 2n H_{n-1}(x) \tag{18.3}$$

e

$$H_n'(x) = 2n H_{n-1}(x). \tag{18.4}$$

Os polinômios hermitianos foram usados no Exemplo 12.1.2 como uma ilustração detalhada do método para obter fórmulas de recorrência a partir das funções geradoras; resumimos o processo aqui. Diferenciando a fórmula da função geradora em relação a t obtemos

$$\frac{\partial g}{\partial t} = (-2t + 2x)e^{-t^2 + 2tx} = \sum_{n=0}^{\infty} H_{n+1}(x) \frac{t^n}{n!},$$

ou

$$-2 \sum_{n=0}^{\infty} H_n(x) \frac{t^{n+1}}{n!} + 2x \sum_{n=0}^{\infty} H_n(x) \frac{t^n}{n!} = \sum_{n=0}^{\infty} H_{n+1}(x) \frac{t^n}{n!}.$$

Como essa equação deve ser satisfeita separadamente para cada potência de t, chegamos à Equação (18.3). Do mesmo modo, a diferenciação em relação a x leva a

$$\frac{\partial g}{\partial x} = 2t e^{-t^2 + 2tx} = \sum_{n=0}^{\infty} H_n'(x) \frac{t^n}{n!} = 2 \sum_{n=0}^{\infty} H_n(x) \frac{t^{n+1}}{n!},$$

a partir do qual podemos obter a Equação (18.4).

A expansão de Maclaurin da função geradora

Tabela 18.1 Polinômios hermitianos

$H_0(x) = 1$
$H_1(x) = 2x$
$H_2(x) = 4x^2 - 2$
$H_3(x) = 8x^3 - 12x$
$H_4(x) = 16x^4 - 48x^2 + 12$
$H_5(x) = 32x^5 - 160x^3 + 120x$
$H_6(x) = 64x^6 - 480x^4 + 720x^2 - 120$

$$e^{-t^2 + 2tx} = \sum_{n=0}^{\infty} \frac{(2tx - t^2)^n}{n!} = 1 + (2tx - t^2) + \cdots \tag{18.5}$$

dá $H_0(x) = 1$ e $H_1(x) = 2x$, e então a fórmula de recorrência, Equação (18.3), permite a construção de qualquer $H_n(x)$ desejado. Por referência conveniente, os primeiros vários polinômios hermitianos estão listados na Tabela 18.1 e apresentados graficamente na Figura 18.1.

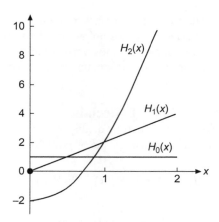

Figura 18.1: Polinômios hermitianos.

Valores Especiais

Valores especiais dos polinômios hermitianos decorrem da função geradora para $x = 0$:

$$e^{-t^2} = \sum_{n=0}^{\infty} \frac{(-t^2)^n}{n!} = \sum_{n=0}^{\infty} H_n(0) \frac{t^n}{n!},$$

isto é,

$$H_{2n}(0) = (-1)^n \frac{(2n)!}{n!}, \quad H_{2n+1}(0) = 0, \quad n = 0, 1, \cdots. \tag{18.6}$$

Também obtemos da função geradora a importante relação de paridade

$$H_n(x) = (-1)^n H_n(-x) \tag{18.7}$$

observando que a Equação (18.3) produz

$$g(-x, -t) = \sum_{n=0}^{\infty} H_n(-x) \frac{(-t)^n}{n!} = g(x, t) = \sum_{n=0}^{\infty} H_n(x) \frac{t^n}{n!}.$$

EDO Hermitiana

Se substituirmos a Equação (18.4) da fórmula de recursão na Equação (18.3), podemos eliminar o índice $n - 1$, obtendo

$$H_{n+1}(x) = 2x H_n(x) - H_n'(x).$$

Se diferenciarmos essa relação de recorrência e substituirmos a Equação (18.4) para o índice $n + 1$, encontramos

$$H_{n+1}'(x) = 2(n + 1)H_n(x) = 2H_n(x) + 2x H_n'(x) - H_n''(x),$$

que pode ser rearranjado para a EDO hermitiana de segunda ordem, Equação (18.1). Isso conclui o processo de estabelecer a identificação dos polinômios hermitianos obtidos da função geradora como soluções da EDO hermitiana.

Fórmula de Rodrigues

Uma maneira simples de gerar a fórmula de Rodrigues para os polinômios hermitianos começa das observações de que

$$g(x, t) = e^{-t^2 + 2tx} = e^{x^2} e^{-(t-x)^2} \quad \text{e} \quad \frac{\partial}{\partial t} e^{-(t-x)^2} = -\frac{\partial}{\partial x} e^{-(t-x)^2}.$$

Notamos que a diferenciação n-vezes da fórmula da função geradora, Equação (18.2), seguida pela definição de $t = 0$, produz

$$\frac{\partial^n}{\partial t^n} g(x, t)\bigg|_{t=0} = H_n(x),$$

e assim podemos obter a fórmula de Rodrigues como

$$H_n(x) = \frac{\partial^n}{\partial t^n} g(x, t)\bigg|_{t=0} = e^{x^2} \frac{\partial^n}{\partial t^n} e^{-(t-x)^2}\bigg|_{t=0} = (-1)^n e^{x^2} \frac{\partial^n}{\partial x^n} e^{-(t-x)^2}\bigg|_{t=0}$$

$$= (-1)^n e^{x^2} \frac{\partial^n}{\partial x^n} e^{-x^2}. \tag{18.8}$$

Expansão de Série

A partir da expansão de Maclaurin, Equação (18.5), podemos derivar nosso polinomial hermitiano $H_n(x)$ na forma de uma série: usando a expansão binomial de $(2x - t)^\nu$, inicialmente obtemos

$$e^{-t^2 + 2tx} = \sum_{\nu=0}^{\infty} \frac{t^\nu}{\nu!} (2x - t)^\nu = \sum_{\nu=0}^{\infty} \frac{t^\nu}{\nu!} \sum_{s=0}^{\nu} \binom{\nu}{s} (2x)^{\nu-s} (-t)^s$$

$$= \sum_{\nu=0}^{\infty} \sum_{s=0}^{\nu} \frac{t^{\nu+s}}{(\nu+s)!} \frac{(-1)^s (\nu+s)! \, (2x)^{\nu-s}}{(\nu-s)! \, s!}.$$

Alterando o primeiro índice do somatório de ν para $n = \nu + s$, e observando que essa alteração faz o somatório s variar de zero a $[n/2]$, o maior inteiro inferior ou igual a $n/2$, a expansão assume a forma

$$e^{-t^2 + 2tx} = \sum_{n=0}^{\infty} \frac{t^n}{n!} \sum_{s=0}^{[n/2]} \frac{(-1)^s n!}{(n-2s)! \, s!} (2x)^{n-2s},$$

a partir da qual podemos ler a fórmula para H_n:

$$H_n(x) = \sum_{s=0}^{[n/2]} \frac{(-1)^s n!}{(n-2s)! \, s!} (2x)^{n-2s}. \tag{18.9}$$

Por fim, observamos que $H_n(x)$ pode ser escrito como uma integral de Schlaefli. Comparando com a Equação (12.18),

$$H_n(x) = \frac{n!}{2\pi i} \oint t^{-n-1} e^{-t^2 + 2tx} \, dt. \tag{18.10}$$

Ortogonalidade e Normalização

A ortogonalidade dos polinômios hermitianos é demonstrada identificando-os como provenientes de um sistema de Sturm-Liouville. A EDO hermitiana, porém, é claramente **não** autoadjunta, mas pode ser tornada pela multiplicação por $\exp(-x^2)$ (ver Exercício 8.2.2). Com $\exp(-x^2)$ como um fator ponderador, obtemos a integral de ortogonalidade

$$\int_{-\infty}^{\infty} H_m(x) H_n(x) e^{-x^2} dx = 0, \quad m \neq n. \tag{18.11}$$

O intervalo $(-\infty, \infty)$ é escolhido para obter as condições de contorno do operador hermitiano (ver Seção 8.2). Às vezes é conveniente absorver a função ponderadora nos polinômios hermitianos. Podemos definir

$$\varphi_n(x) = e^{-x^2/2} H_n(x), \tag{18.12}$$

com $\varphi_n(x)$ não mais uma polinomial. Substituição na Equação (18.1) produz a equação diferencial para $\varphi_n(x)$,

$$\varphi_n''(x) + (2n + 1 - x^2)\varphi_n(x) = 0. \tag{18.13}$$

A Equação (18.13) é autoadjunta, e as soluções $\varphi_n(x)$ são ortogonais no intervalo $-\infty < x < \infty$ com uma função unitária ponderadora.

Ainda precisamos normalizar essas funções. Uma abordagem é combinar duas instâncias da fórmula da função geradora (usando variáveis s e t) então multiplicar por e^{-x^2} e integrar ao longo de x de $-\infty$ a ∞. Esses passos geram

$$\int_{-\infty}^{\infty} e^{-x^2} e^{-s^2 + 2sx} e^{-t^2 + 2tx} dx = \sum_{m,n=0}^{\infty} \frac{s^m t^n}{m! \, n!} \int_{-\infty}^{\infty} e^{-x^2} H_m(x) H_n(x) dx. \tag{18.14}$$

Em seguida, observamos que os exponenciais no lado esquerdo da Equação (18.14) podem ser combinados em $e^{2st} e^{-(x-s-t)^2}$, e então o integral pode ser avaliada:

$$\int_{-\infty}^{\infty} e^{-x^2} e^{-s^2 + 2sx} e^{-t^2 + 2tx} dx = e^{2st} \int_{-\infty}^{\infty} e^{-(x-s-t)^2} dx = \pi^{1/2} e^{2st}.$$

Inserindo esse resultado na Equação (18.14) após expandi-lo em uma série de potências, obtemos

$$\pi^{1/2} e^{2st} = \pi^{1/2} \sum_{n=0}^{\infty} \frac{2^n s^n t^n}{n!} = \sum_{m,n=0}^{\infty} \frac{s^m t^n}{m! \, n!} \int_{-\infty}^{\infty} e^{-x^2} H_m(x) H_n(x) dx.$$

Igualando os coeficientes das potências iguais de s e t, confirmamos a ortogonalidade e obtemos a integral de normalização

$$\int_{-\infty}^{\infty} e^{-x^2} \left[H_n(x) \right]^2 dx = 2^n \pi^{1/2} n!. \tag{18.15}$$

Exercícios

18.1.1   Suponha que os polinômios hermitianos são conhecidos como sendo soluções da EDO hermitiana, Equação (18.1). Suponha ainda mais que a relação de recorrência, Equação (18.3), e os valores de $H_n(0)$ também são conhecidos. Dada a existência de uma função geradora

$$g(x, t) = \sum_{n=0}^{\infty} H_n(x) \frac{t^n}{n!},$$

(a) Diferencie $g(x, t)$ em relação a x e, utilizando a relação de recorrência, desenvolva uma EDP de primeira ordem para $g(x, t)$.

(b) Integre com relação a x, mantendo t fixo.

(c) Avalie $g(0, t)$ utilizando os valores conhecidos de $H_n(0)$.

(d) Por fim, mostre que $g(x, t) = \exp(-t_2 + 2tx)$.

18.1.2   Ao desenvolver as propriedades dos polinômios hermitianos, comece em um número de pontos diferentes, como:

1. EDO de Hermite, Equação (18.1),
2. Fórmula de Rodrigues, Equação (18.8),
3. Representação integral, Equação (18.10),
4. Função geradora, Equação (18.2),
5. Construção de Gram-Schmidt de um conjunto completo de polinômios ortogonais ao longo de $(-\infty, \infty)$ com um fator ponderador de $\exp(-x^2)$ (Seção 5.2).

Descreva como você pode ir de qualquer um desses pontos de partida a todos os outros pontos.

18.1.3   Prove que $|H_n(x)| \leq |H_n(i\,x)|$.

18.1.4   Reescreva a forma de série de $H_n(x)$, Equação (18.9), como uma série de potências **ascendente**.

$$RESPOSTA: \quad H_{2n}(x) = (-1)^n \sum_{s=0}^{n} (-1)^{2s} (2x)^{2s} \frac{(2n)}{(2s)!(n-s)!},$$

$$H_{2n+1}(x) = (-1)^n \sum_{s=0}^{n} (-1)^s (2x)^{2s+1} \frac{(2n+1)!}{(2s+1)!(n-s)!}.$$

18.1.5   (a) Expanda x^{2r} em uma série de polinômios hermitianos.
      (b) Expanda x^{2r+1} em uma série de polinômios hermitianos de ordem ímpar.

$$RESPOSTA: \quad \text{(a)} \; x^{2r} = \frac{(2r)!}{2^{2r}} \sum_{n=0}^{r} \frac{H_{2n}(x)}{(2n)!(r-n)!}$$

$$\text{(b)} \; x^{2r+1} = \frac{(2r+1)!}{2^{2r+1}} \sum_{n=0}^{r} \frac{H_{2n+1}(x)}{(2n+1)!(r-n)!}, \quad r = 0,1,2,\ldots.$$

Dica: Use uma representação de Rodrigues e integre por partes.

18.1.6   Mostre que

(a) $\displaystyle \int_{-\infty}^{\infty} H_n(x) \exp\left[-\frac{x^2}{2}\right] dx = \begin{cases} 2\pi n!/(n/2)!, & n \text{ par} \\ 0, & n \text{ ímpar.} \end{cases}$

(b) $\displaystyle \int_{-\infty}^{\infty} x H_n(x) \exp\left[-\frac{x^2}{2}\right] dx = \begin{cases} 0, & n \text{ par} \\ 2\pi \dfrac{(n+1)!}{((n+1)/2)!}, & n \text{ ímpar.} \end{cases}$

18.1.7   (a) Utilizando a fórmula integral de Cauchy, desenvolva uma representação integral de $H_n(x)$ com base na Equação (18.2) com o contorno circundando o ponto $z = -x$.

$$RESPOSTA: \quad H_n(x) = \frac{n!}{2\pi i} e^{x^2} \oint \frac{e^{-z^2}}{(z+x)^{n+1}} dz.$$

(b) Mostre por substituição direta que esse resultado satisfaz a equação hermitiana.

18.2   Aplicações das Funções Hermitianas

Uma das aplicações mais importantes das funções hermitianas na física vem do fato de que as funções $\varphi_n(x)$ da Equação (18.12) são os autoestados do oscilador harmônico simples da mecânica quântica, que descreve o movimento de acordo com um potencial quadrático (também conhecido como **harmônico** ou **lei de Hooke**). Esse fato faz com que polinômios hermitianos não apenas apareçam em problemas elementares da mecânica quântica, mas também em análises dos estados vibracionais das moléculas, em que a descrição de ordem inferior do potencial interatômico é harmônica. Tendo em vista a importância desses temas, agora vamos examiná-los em algum detalhe.

Oscilador Harmônico Simples

O oscilador harmônico simples da mecânica quântica é regido por uma equação de Schrödinger da forma

$$-\frac{\hbar^2}{2m} \frac{d^2\psi(z)}{dz^2} + \frac{k}{2} z^2 \psi(z) = E\psi(z), \tag{18.16}$$

em que m é a massa do oscilador, k é a constante de força para a força da lei de Hooke direcionada para $z = 0$, $\hbar$ é a constante de Planck dividida por 2π, e E é um autovalor que dá a energia do oscilador. A Equação (18.16) deve ser resolvida de acordo com a condição de contorno de que $\psi(x)$ desaparece em $z = \pm\infty$. É conveniente fazer uma mudança de variável que elimina as diversas constantes da equação e, portanto, faremos as substituições

$$z = \frac{\hbar^{1/2} x}{(km)^{1/4}}, \quad \frac{k}{2} z^2 = \frac{\hbar}{2} \sqrt{\frac{k}{m}} x^2, \quad \frac{\hbar^2}{2m} \frac{d^2}{dz^2} = \frac{\hbar}{2} \sqrt{\frac{k}{m}} \frac{d^2}{dx^2},$$

que converte a Equação (18.16) em

$$-\frac{1}{2}\frac{d^2\varphi(x)}{dx^2} + \frac{x^2}{2}\varphi(x) = \lambda\varphi(x),$$ (18.17)

com condições de contorno em $x = \pm\infty$. O autovalor λ nessa equação está relacionado com E por

$$E = \hbar\lambda\sqrt{\frac{k}{m}}.$$ (18.18)

As soluções da Equação (18.17) que satisfazem as condições de contém podem agora ser identificadas como dadas pela Equação (18.13), e podemos identificar λ_n, o autovalor da Equação (18.17) correspondendo a $\varphi_n(x)$, como tendo o valor $n + \frac{1}{2}$. Passando para a Equação (18.12), e expressando x em termos da variável original z, os autoestados da Equação (18.16) podem ser caracterizados (incluindo uma constante de normalização N_n) como

$$\psi_n(z) = N_n e^{-(\alpha z)^2/2} H_n(\alpha z), \quad E_n = (n + \tfrac{1}{2})\hbar\sqrt{\frac{k}{m}}, \quad \alpha = \frac{\hbar^{1/2}}{(km)^{1/4}},$$ (18.19)

com n restrito aos valores inteiros 0, 1, 2, ... A constante de normalização pode ser deduzida da Equação (18.15). Observando que a integral de normalização deve estar ao longo da variável z, descobrimos que ela é

$$N_n = \left(\frac{\alpha}{2^n\pi^{1/2}n!}\right)^{1/2}.$$ (18.20)

É interessante analisar alguns dos autoestados desse problema de oscilador. Para referência, um oscilador clássico de massa m e força constante k terá a frequência de oscilação angular

$$\omega_{\text{class}} = \sqrt{\frac{k}{m}},$$

e pode ter uma energia arbitrária de oscilação, enquanto nosso oscilador quântico limita-se a energias de oscilação $(n + \frac{1}{2})\hbar\omega_{\text{classe}}$, com n um inteiro não negativo. Observamos que o oscilador quântico deve ter pelo menos a energia $\frac{1}{2}\hbar\omega_{\text{classe}}$ total; isso normalmente é chamado **energia de ponto zero** e é uma consequência do fato de que sua distribuição espacial deve ser descrita por uma função de onda de extensão finita.

As três autofunções de menor energia do oscilador quântico são mostradas na Figura 18.2. Notamos que essas funções de onda preveem uma distribuição de posição que se estende até $\pm\infty$, embora com uma amplitude de decaimento exponencial para $|z|$ grande. O oscilador clássico correspondente terá amplitudes em Z que são estritamente limitadas por $kz_{\text{max}}^2/2 = E$, em que E pode receber qualquer valor maior do que ou igual a zero. Marcamos na Figura 18.2 o intervalo de amplitudes de um oscilador clássico com uma energia igual ao autovalor do oscilador quântico; note que o decaimento exponencial da função de onda quântica começa nas extremidades do intervalo clássico.

Abordagem de Operador

Embora a análise da subseção anterior seja simples e forneça um conjunto completo de autoestados para o oscilador quântico simples, informações adicionais podem ser obtidas por uma abordagem alternativa que utiliza a comutação e outras propriedades algébricas dos operadores da mecânica quântica. Nosso ponto de partida para esse desenvolvimento é o reconhecimento de que o operador diferencial $-d^2/dx^2$ da Equação (18.17) surgiu como uma representação da grandeza dinâmica p^2, em que (em unidades com $\hbar = 1$) $p \leftrightarrow -i\,d/dx$. Então, nossa equação de Schrödinger da Equação (18.17) pode ser escrita

$$\mathcal{H}\varphi = \frac{p^2 + x^2}{2}\varphi = \lambda\varphi,$$ (18.21)

em que $\mathcal{H}$ é o operador hamiltoniano, com autovalores λ.

O segredo para uma abordagem começando na Equação (18.21) é que x e p satisfaçam a relação básica de comutação

$$[x, p] = xp - px = i,$$ (18.22)

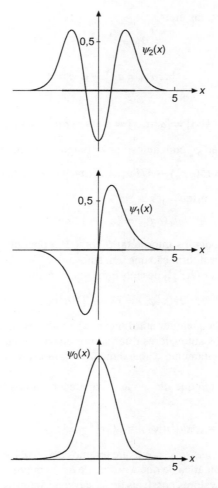

Figura 18.2: Funções de onda do oscilador da mecânica quântica. A barra intensa no eixo x indica o intervalo permitido do oscilador clássico com a mesma energia total.

um resultado discutido em detalhe na análise que leva à Equação (5.43). Na verdade, se procedermos de acordo com o pressuposto de que a Equação (18.22) é tudo o que sabemos sobre x e p, há a vantagem adicional de que qualquer resultado que obtemos será mais geral do que aqueles do nosso problema inicial de oscilador no espaço ordinário. Essa observação está na base de trabalhos muito recente em que a teoria física evoluiu para direções mais abstratas.

Conhecendo a maneira como a teoria do momento angular foi desenvolvida em termos dos operadores de elevação e abaixamento, podemos facilmente motivar um procedimento relativamente semelhante aqui, definindo os dois operadores

$$a = \frac{1}{\sqrt{2}}(x + ip), \quad a^\dagger = \frac{1}{\sqrt{2}}(x - ip).$$ (18.23)

Como normalmente usamos a para denotar uma constante, lembramos o leitor que no desenvolvimento atual é um operador (envolvendo x e d/dx). Com as condições adequadas de contorno de Sturm-Liouville, x e p são ambos hermitianos. Porém, a presença da unidade imaginária i faz a não ser hermitiano, e (como indicado pela notação) mudando o sinal do termo ip converte a em seu adjunto, $a^\dagger$.

A primeira utilização da Equação (18.23) é para formar $a^\dagger a$ e $aa^\dagger$:

$$a^\dagger a = \frac{1}{2}(x - ip)(x + ip) = \frac{1}{2}(x^2 + p^2) + \frac{i}{2}(xp - px) = \mathcal{H} + \frac{i}{2}[x, p] = \mathcal{H} - \frac{1}{2},$$

$$aa^\dagger = \frac{1}{2}(x + ip)(x - ip) = \frac{1}{2}(x^2 + p^2) - \frac{i}{2}(xp - px) = \mathcal{H} - \frac{i}{2}[x, p] = \mathcal{H} + \frac{1}{2}.$$

Dessas equações, obtemos as fórmulas úteis

$$\mathcal{H} = a^\dagger a + \tfrac{1}{2},\tag{18.24}$$

$$[a, a^\dagger] = aa^\dagger - a^\dagger a = 1,\tag{18.25}$$

e a partir delas

$$[\mathcal{H}, a] = [a^\dagger a + \tfrac{1}{2}, a] = [a^\dagger a, a] = a^\dagger aa - aa^\dagger a = (a^\dagger a - aa^\dagger)a = -a.\tag{18.26}$$

Aplicando $[\mathcal{H}, a]$ a uma autofunção φ_n com autovalor λ_n (supostamente ainda não conhecido), escrevemos

$$[\mathcal{H}, a]\varphi_n = H(a\varphi_n) - aH\varphi_n = H(a\varphi_n) - \lambda_n(a\varphi_n) = -(a\varphi_n),$$

que facilmente reorganizamos para a forma

$$\mathcal{H}(a\varphi_n) = (\lambda_n - 1)(a\varphi_n).\tag{18.27}$$

A Equação (18.27) mostra que podemos interpretar a como um operador de **abaixamento** que converte uma autofunção com autovalor λ_n em outra autofunção que tem autovalor $\lambda_n - 1$. Uma análise semelhante, deixada para o leitor, mostra que a partir do comutador $[\mathcal{H}, a^\dagger]$ descobrimos que $a^\dagger$ é um operador de levantamento, de acordo com

$$\mathcal{H}(a^\dagger\varphi_n) = (\lambda_n + 1)(a^\dagger\varphi_n).\tag{18.28}$$

Essas fórmulas mostram que, dada qualquer autofunção φ_n, podemos construir um operador de **levantamento e abaixamento** dos autoestados cujos autovalores diferem por etapas unitárias. A única limitação que terminaria a construção de um operador de levantamento e abaixamento infinito seria a possibilidade de que para algum φ_n, $a\varphi_n$ ou $a^\dagger\varphi_n$ pode ser zero.

Para investigar as circunstâncias em que $a\varphi_n$ pode desaparecer, vamos formar o produto escalar $\langle a\varphi_n \mid a\varphi_n \rangle$. Encontramos

$$\langle a\varphi_n | a\varphi_n \rangle = \langle \varphi_n | a^\dagger a | \varphi_n \rangle = \langle \varphi_n | \mathcal{H} - \tfrac{1}{2} | \varphi_n \rangle = \langle \varphi_n | \lambda_n - \tfrac{1}{2} | \varphi_n \rangle.\tag{18.29}$$

A Equação (18.29) mostra que apenas se $\lambda_n = \tfrac{1}{2}$ é que teremos $a\varphi_n = 0$. Essa equação também demonstra que se $\lambda_n < \tfrac{1}{2}$ teremos a inconsistência matemática de que a norma de $a\varphi_n$ é prevista para ser negativa. Essas observações em conjunto implicam que os únicos valores possíveis de λ_n são semi-inteiros positivos, do contrário pela aplicação repetida do operador de abaixamento podemos passar para um valor λ proibido pela Equação (18.29). Deixamos para o leitor a verificação de que a aplicação do operador de levantamento $a^\dagger$ para qualquer φ_n válido produz uma nova autofunção $a^\dagger\varphi_n$ com uma norma positiva.

Nossa conclusão geral é de que qualquer sistema com um hamiltoniano da forma dada pela Equação (18.21), representado ou não por uma EDO no espaço ordinário, terá autoestados cujos autovalores formam um operador de levantamento e abaixamento do espaço unitário, com o menor autovalor igual a $\tfrac{1}{2}$. Isso torna natural rotular os estados φ_n por inteiros $n \geq 0$ e, portanto, para escrever

$$\mathcal{H}\varphi_n = \lambda_n\varphi_n, \quad \lambda_n = n + \tfrac{1}{2}, \quad n = 0, 1, 2 \cdots,\tag{18.30}$$

de acordo com o que encontramos da nossa abordagem inicial; compare a Equação (18.19).

Antes de concluir esse exercício sobre álgebra de operador, pode ser interessante notar que a noção dos operadores de levantamento e abaixamento também surge em contextos em que os estados assim alcançados podem ser interpretados como aqueles que contêm diferentes números de partículas (ou **quasipartículas**, um jargão da física que se refere a objetos como fótons, cuja população é facilmente alterada por interação com os arredores). Nesses contextos, um operador de levantamento é frequentemente chamado **operador de criação**, com um operador de abaixamento então chamado operador de **aniquilação** (ou às vezes **destruição**). Obviamente, esses termos devem ser interpretados com um conhecimento da física subjacente.

Voltando à descrição de p como um operador diferencial, a equação $a\varphi_0 = 0$ pode ser identificada como uma equação diferencial satisfeita pelo estado fundamental (menor energia) do nosso oscilador. Mais especificamente,

$$\sqrt{2}\, a\varphi_0 = (x + ip)\varphi_0 = \left[x + i\left(-i\frac{d}{dx}\right)\right]\varphi_0 = \left[x + \frac{d}{dx}\right]\varphi_0 = 0,\tag{18.31}$$

que tem a vantagem de ser uma **EDO** de **primeira ordem**. Essa EDO é separável, e pode ser integrada:

$$\frac{d\varphi_0}{\varphi_0} = -x\,dx, \quad \ln\varphi_0 = -\frac{x^2}{2} + \ln c_0, \quad \varphi_0 = c_0\, e^{-x^2/2},$$

de acordo com nossa análise anterior.

Autoestados para n arbitrário podem agora ser gerados por aplicação repetida de $a^\dagger$ a φ_0. Fazer isso é deixado como um exercício.

Vibrações Moleculares

Na dinâmica e espectroscopia das moléculas na aproximação de Born-Oppenheimer, o movimento de uma molécula é separado em movimento eletrônico, vibracional e rotacional. Ao tratar o movimento vibracional, a partida dos núcleos a partir das posições de equilíbrio é da ordem mais baixa descrita por um potencial quadrático, e as oscilações resultantes são identificadas como **harmônicas**. Esses movimentos harmônicos podem ser tratados como osciladores harmônicos acoplados simples, e podemos desacoplar os movimentos nucleares individuais fazendo uma transformação nas coordenadas **normais**, como foi ilustrado no Exemplo 6.5.2. Nesse limite de oscilação harmônica, as funções de onda vibracional têm a forma dada na subseção anterior, e o cálculo das propriedades associadas a essas funções de onda então envolve integrais em que os produtos das funções hermitianas aparecem.

As integrais mais simples que ocorrem em problemas vibracionais são da forma

$$\int_{-\infty}^{\infty} x^r e^{-x^2} H_n(x) H_m(x)\,dx.$$

Exemplos para $r = 1$ e $r = 2$ (com $n = m$) estão incluídos nos exercícios no final desta seção. Vários outros exemplos podem ser encontrados no trabalho de Wilson, Decius e Cross.[2] Algumas das propriedades vibracionais das moléculas requerem a avaliação das integrais contendo até quatro funções hermitianas. No restante desta subseção, ilustramos algumas das possibilidades e os procedimentos matemáticos associados.

Exemplo 18.2.1 Fórmula Hermitiana Tríplice

Considere as seguintes integrais envolvendo três polinômios hermitianos

$$I_3 \equiv \int_{-\infty}^{\infty} e^{-x^2} H_{m_1}(x) H_{m_2}(x) H_{m_3}(x)\,dx, \tag{18.32}$$

em que $N_i \geq 0$ são inteiros. A fórmula (devida a E.C. Titchmarsh, *J. Lond. Math. Soc.* **23**: 15 (1948); ver Gradshteyn e Ryzhik, p. 804, em Leituras Adicionais) generaliza o caso I_2 necessário para a ortogonalidade e normalização dos polinômios hermitianos. Para começar, notamos que o integrando de I_3 será par se a soma do índice $m_1 + m_2 + m_3$ é par, e ímpar se essa soma do índice é ímpar, então I_3 desaparecerá a menos que $m_1 + m_2 + m_3$ seja par. Além disso, vemos que se o produto $H_{m1} H_{m2}$ é expandido e escrito como uma soma dos polinômios hermitianos, o polinômio resultante do maior índice será H_{m1+m2}, assim I_3 desaparecerá devido à ortogonalidade a menos que $m_1 + m_2$ seja pelo menos tão grande quanto m_3. Essa condição deve continuar a ser válida se os papéis de m_i são permutados; uma maneira conveniente de resumir essas observações é afirmar que m_i deve satisfazer uma condição de **triângulo**. Tanto a soma de índice par quanto a condição de triângulo correspondem com condições semelhantes nas integrais dos polinômios de Legendre que encontramos na Seção 16.3 e discutimos em detalhes na Equação (16.85).

Para derivar I_3, começamos com o produto das três funções geradoras dos polinômios hermitianos, multiplicamos por e^{-x^2}, e integramos ao longo de x:

$$Z_3 \equiv \int_{-\infty}^{\infty} e^{-x^2} \prod_{j=1}^{3} e^{2xt_j - t_j^2}\,dx = \int_{-\infty}^{\infty} e^{-(t_1+t_2+t_3-x)^2 + 2(t_1 t_2 + t_1 t_3 + t_2 t_3)}\,dx$$

$$= \sqrt{\pi}\, e^{2(t_1 t_2 + t_1 t_3 + t_2 t_3)} = \sqrt{\pi} \sum_{N=0}^{\infty} \frac{2^N}{N!} \sum_{\substack{n_1, n_2, n_3 \geq 0 \\ n_1 + n_2 + n_3 = N}} \frac{N!}{n_1! n_2! n_3!}\, t_1^{n_2+n_3} t_2^{n_1+n_3} t_3^{n_1+n_2}. \tag{18.33}$$

---

[2]E. B. Wilson, Jr., J. C. Decius, e P. C. Cross, *Molecular Vibrations*, Nova York: McGraw-Hill (1955). Nova tiragem, Dover (1980).

Para chegar à Equação (18.33), reconhecemos a integração x como uma integral de erro, Equação (1.148), e então expandimos o exponencial resultante, primeiro como uma série de potências em $w = 2 (t_1 t_2 + t_1 t_3 + t_2 t_3)$, e então expandimos as potências de ω pela generalização do teorema binomial dado como a Equação (1.80). Observe que o índice para a potência de $t_i t_j$ na expansão polinomial foi designado n_k, em que i, j, k são (em alguma ordem) 1, 2, 3.

Em seguida expandimos as funções geradoras em termos dos polinômios hermitianos e definimos o resultado como igual a uma versão ligeiramente simplificada da expressão recém-obtida para Z_3:

$$
Z_3 = \sum_{m_1, m_2, m_3=0}^{\infty} \frac{t_1^{m_1} t_2^{m_2} t_3^{m_3}}{m_1! \, m_2! \, m_3!} \int_{-\infty}^{\infty} e^{-x^2} H_{m_1}(x) H_{m_2}(x) H_{m_3}(x) dx
$$

$$
= \sqrt{\pi} \sum_{n_1, n_2, n_3=0}^{\infty} \frac{2^N t_1^{n_2+n_3} t_2^{n_1+n_3} t_3^{n_1+n_2}}{n_1! \, n_2! \, n_3!}, \tag{18.34}
$$

com $N = n_1 + n_2 + n_3$. Nas Equação (18.34) agora igualamos os coeficientes das potências iguais de t_j, descobrindo que $m_1 = n_2 + n_3$, $m_2 = n_1 + n_3$, $m_3 = n_1 + n_2$, que

$$
N = \frac{m_1 + m_2 + m_3}{2},
$$

e que $n_1 = N - m_1$, $n_2 = N - m_2$, $n_3 = N - m_3$. Dos coeficientes de $t_1^{m_1} t_2^{m_2} t_3^{m_3}$, obtemos o resultado final

$$
I_3 = \frac{\sqrt{\pi} \; 2^N m_1! \, m_2! \, m_3!}{(N - m_1)! \, (N - m_2)! \, (N - m_3)!}. \tag{18.35}
$$

A Equação (18.35) reflete explicitamente a necessidade da condição de triângulo. Se não for satisfeita, mas a soma de m_i é par, pelo menos um dos fatoriais no denominador da Equação (18.35) terá um argumento inteiro negativo, fazendo assim I_3 ser igual a zero. A exigência de que a soma de m_i seja par não é explícita na forma da Equação (18.35), mas a fórmula para I_3 é restrita a esse caso porque o lado direito da Equação (18.34) contém apenas termos em que a soma das potências de t_i é par. ■

Fórmula Hermitiana de Produto

As integrais I_m com $m > 3$ podem ser obtidas na forma fechada, mas como somas finitas. O ponto de partida para essa análise é uma fórmula para o produto de dois polinômios hermitianos devido a E. Feldheim, *J. Lond. Math. Soc.* **13**: 22 (1938). Para derivar a fórmula de Feldheim, podemos começar de um produto das duas funções geradoras, escrito como

$$
e^{2x(t_1+t_2)-t_1^2-t_2^2} = \sum_{m_1, m_2=0}^{\infty} H_{m_1}(x) H_{m_2}(x) \frac{t_1^{m_1}}{m_1!} \frac{t_2^{m_2}}{m_2!}
$$

$$
= e^{2x(t_1+t_2)-(t_1+t_2)^2} e^{2t_1 t_2} = \sum_{n=0}^{\infty} H_n(x) \frac{(t_1+t_2)^n}{n!} \sum_{\nu=0}^{\infty} \frac{(2t_1 t_2)^\nu}{\nu!}.
$$

Aplicando a expansão binomial a $(t_1 + t_2)^n$ e então comparando potências idênticas de t_1 e t_2 nas duas linhas da equação, encontramos

$$
H_{m_1}(x) H_{m_2}(x) = \sum_{\nu=0}^{\min(m_1, m_2)} H_{m_1+m_2-2\nu}(x) \frac{m_1! \, m_2! \, 2^\nu}{\nu! \, (m_1+m_2-2\nu)!} \binom{m_1+m_2-2\nu}{m_1-\nu}
$$

$$
= \sum_{\nu=0}^{\min(m_1, m_2)} H_{m_1+m_2-2\nu}(x) \, 2^\nu \nu! \binom{m_1}{\nu} \binom{m_2}{\nu}. \tag{18.36}
$$

Para $\nu = 0$ o coeficiente de H_{N1+N2} é, obviamente, a unidade. Casos especiais, como

$$
H_1^2 = H_2 + 2, \quad H_1 H_2 = H_3 + 4H_1, \quad H_2^2 = H_4 + 8H_2 + 8, \quad H_1 H_3 = H_4 + 6H_2
$$

podem ser derivados da Tabela 13.1 e concordam com a fórmula geral dupla de produto.

A fórmula de produto foi generalizada para produtos dos polinômios hermitianos $m > 2$, fornecendo assim uma nova maneira de avaliar as integrais I_m. Para mais detalhes, o leitor deve consultar o trabalho de Liang, Weber, Hayashi e Lin.[3]

Exemplo 18.2.2 Fórmula Hermitiana Quádrupla

Uma aplicação importante da fórmula do produto hermitiano é uma avaliação recém-relatada da integral I_4 contendo um produto de quatro polinômios hermitianos. A análise é a de um dos autores atuais e seus colegas.[3]

A integral que estamos prestes a estudar é da forma

$$I_4 = \int_{-\infty}^{\infty} e^{-x^2} H_{m_1}(x) H_{m_2}(x) H_{m_3}(x) H_{m_4}(x) dx. \tag{18.37}$$

É conveniente ordenar os índices dos polinômios hermitianos de modo que $m_1 \geq m_2 \geq m_3 \geq m_4$. Nossa abordagem será aplicar a fórmula de produto a $H_{m1} H_{m2}$ e $H_{m3} H_{m4}$, assim inicialmente obtendo

$$I_4 = \sum_{\mu=0}^{\min(m_1,m_2)} 2^\mu \mu! \binom{m_1}{\mu} \binom{m_2}{\mu} \sum_{\nu=0}^{\min(m_3,m_4)} 2^\nu \nu! \binom{m_3}{\nu} \binom{m_4}{\nu}$$

$$\times \int_{-\infty}^{\infty} e^{-x^2} H_{m_1+m_2-2\mu}(x) H_{m_3+m_4-2\nu}(x) dx. \tag{18.38}$$

Invocando a ortogonalidade de H_m com o fator ponderador mostrado, a integral na Equação (18.38) pode ser avaliada, produzindo

$$\int_{-\infty}^{\infty} e^{-x^2} H_{m_1+m_2-2\mu}(x) H_{m_3+m_4-2\nu}(x) dx$$

$$= \sqrt{\pi}\, 2^{m_3+m_4-2\nu} (m_3 + m_4 - 2\nu)!\, \delta_{m_1+m_2-2\mu, m_3+m_4-2\nu}. \tag{18.39}$$

A delta de Kronecker na Equação (18.39) limita o valor de μ ao valor único, se houver algum, que satisfaz

$$\mu = \frac{m_1 + m_2 - m_3 - m_4}{2} + \nu, \tag{18.40}$$

assim o somatório duplo colapsa para uma soma única ao longo de ν. Além disso, quando as potências de 2 nas Equações (18.38) e (18.39) são combinadas, sua resultante é 2^M, em que

$$M = \frac{m_1 + m_2 + m_3 + m_4}{2}. \tag{18.41}$$

Agora reescrevemos a Equação (18.38), removendo o somatório μ e atribuindo o valor μ da Equação (18.40), escrevendo os coeficientes binomiais em termos de seus fatoriais constituintes, e introduzindo M onde quer que isso resulte em simplificação. Alcançamos

$$I_4 = \sum_\nu \frac{\sqrt{\pi}\, 2^M (m_3 + m_4 - 2\nu)!\, m_1!\, m_2!\, m_3!\, m_4!}{(M - m_3 - m_4 + \nu)!\, (M - m_1 - \nu)!\, (M - m_2 - \nu)!\, (m_3 - \nu)!\, (m_4 - \nu)!\, \nu!}. \tag{18.42}$$

Essa fórmula I_4 só será válida quando a soma de m_i é par, equivalente à condição de que M (e, portanto, também μ) é integral. Se a soma de m_i for ímpar, então I_4 será sobre os valores integrais não negativos de ν para o qual nenhum dos fatoriais no denominador desse somatório tem um argumento negativo. Note que não haverá nenhum

[3] K. K. Liang, H. J. Weber, M. Hayashi, e S. H. Lin, Computational aspects of Franck-Condon overlap intervals. In Pandalai, S. G., ed., *Recent Research Developments in Physical Chemistry*, Vol. 8, Transworld Research Network (2005).

valor de v que satisfaz essa condição se $m_1 > m_2 + m_3 + m_4$, porque $M - m_1$ será então negativo, e então $I_4 = 0$. Assim, temos uma generalização da condição de triângulo que é aplicada a uma fórmula hermitiana tripla: se o maior valor de m_i for maior do que a soma dos outros, o H_m do m menor não pode ser combinado para produzir um polinômio hermitiano do índice suficientemente grande para evitar uma ortogonalidade zero.

Uma análise mais aprofundada dos fatoriais no denominador da Equação (18.42) revela que o limite inferior do somatório sempre (se $m_1 \leq m_2 + m_3 + m_4$) será $v = 0$; observe que

$M - m_3 - m_4$ sempre será não negativo. O limite superior do somatório será o menor de m_4 e $M - m_1$. ∎

A fórmula do produto polinomial hermitiano também pode ser aplicada a produtos dos polinômios hermitianos com uma função ponderadora exponencial diferente do que nos exemplos que apresentamos. Para avaliar essas integrais usamos a fórmula de produto generalizada em conjunto com a integral (ver Gradshteyn e Ryzhik, p. 803, em Leituras Adicionais)

$$\int_{-\infty}^{\infty} e^{-a^2 x^2} H_m(x) H_n(x) dx = \frac{2^{m+n}}{a^{m+n+1}} (1 - a^2)^{(m+n)/2} \Gamma \left(\frac{m+n+1}{2} \right)$$

$$\times \sum_{v=0}^{\min(m,n)} \frac{(-m)_v (-n)_v}{v! \left(\dfrac{1-m-n}{2} \right)_v} \left(\frac{a^2}{2(a^2-1)} \right)^v, \tag{18.43}$$

em vez da integral padrão de ortogonalidade para o produto de dois polinômios hermitianos. A grandeza $(-m)_v$ é um símbolo de Pochhammer, e faz o somatório v na Equação (18.43) ser uma soma finita. O somatório também pode ser identificado como uma função hipergeométrica (Exercício 18.5.11). O processo que esboçamos produz um resultado que é semelhante a I_m, mas um pouco mais complicado. Nós omitimos os detalhes.

O potencial oscilador também foi utilizado extensivamente em cálculos da estrutura nuclear (modelo de estrutura nuclear), bem como em modelos de quark dos hádrons e da força nuclear.

Exercícios

18.2.1   Prove que $\left(2x - \dfrac{d}{dx} \right)^n 1 = H_n(x)$.

Dica: Verifique os casos $n = 0$ e $n = 1$, e então use indução matemática (Seção 1.4).

18.2.2   Mostre que $\int_{-\infty}^{\infty} x^m e^{-x^2} H_n(x) dx = 0$ para m um inteiro, $0 \leq m \leq n-1$.

18.2.3   A probabilidade de transição entre os dois estados de oscilador m e n depende

$$\int_{-\infty}^{\infty} x e^{-x^2} H_n(x) H_m(x) dx.$$

Mostre que essa integral é igual a $\pi^{1/2} 2^{n-1} n!\, \delta_{m',n-1} + \pi^{1/2} 2^n (n+1)!\, \delta_{m',n+1}$. Esse resultado mostra que essas transições só podem ocorrer entre estados dos níveis de energia adjacentes, $m = n \pm 1$.
Dica: Multiplique a função geradora, Equação (18.2), por ela mesma usando dois diferentes conjuntos de variáveis (x, s) e (x, t). Alternativamente, o fator x pode ser eliminado pela relação de recorrência, Equação (18.3).

18.2.4   Mostre que $\int_{-\infty}^{\infty} x^2 e^{-x^2} H_n(x) H_n(x) dx = \pi^{1/2} 2^n n! \left(n + \dfrac{1}{2} \right)$.

Essa integral ocorre no cálculo do deslocamento médio quadrado do nosso oscilador quântico.
Dica: Use a relação de recorrência, Equação (18.3), e a integral de ortogonalidade.

18.2.5   Avalie

$$\int_{-\infty}^{\infty} x^2 e^{-x^2} H_n(x) H_m(x) dx$$

em termos de n e m e funções delta adequadas de Kronecker.

RESPOSTA: $2^{n-1}\pi^{1/2}(2n+1)n!\,\delta_{nm} + 2^n\pi^{1/2}(n+2)!\,\delta_{n+2,m} + 2^{n-2}\pi^{1/2}n!\,\delta_{n-2,m}.$

18.2.6   Mostre que $\int_{-\infty}^{\infty} x^r e^{-x^2} H_n(x) H_{n+p}(x) dx = \begin{cases} 0, & p > r \\ 2^n\,\pi^{1/2}(n+r)!, & p = r, \end{cases}$ com n, p e r inteiros não negativos.

Dica: Use a relação de recorrência, Equação (18.3), p vezes.

18.2.7   Com $\psi_n(x) = e^{-x^2/2}\dfrac{H_n(x)}{(2^n n!\pi^{1/2})^{1/2}}$, verifique se

$$a\psi_n(x) = \frac{x - ip}{\sqrt{2}} = \frac{1}{\sqrt{2}}\left(x + \frac{d}{dx}\right)\psi_n(x) = n^{1/2}\psi_{n-1}(x),$$

$$a^\dagger\psi_n(x) = \frac{x + ip}{\sqrt{2}} = \frac{1}{\sqrt{2}}\left(x - \frac{d}{dx}\right)\psi_n(x) = (n+1)^{1/2}\psi_{n+1}(x).$$

Nota: A abordagem usual ao operador da mecânica quântica estabelece essas propriedades de levantamento e abaixamento antes que a forma de $\psi_n(x)$ é conhecida.

18.2.8   (a)   Verifique a identidade do operador

$$x + ip = x - \frac{d}{dx} = -\exp\left[\frac{x^2}{2}\right]\frac{d}{dx}\exp\left[-\frac{x^2}{2}\right].$$

(b)   A função de onda do oscilador harmônico simples normalizado é

$$\psi_n(x) = (\pi^{1/2}2^n n!)^{-1/2}\exp\left[-\frac{x^2}{2}\right]H_n(x).$$

Mostre que isso pode ser escrito como

$$\psi_n(x) = (\pi^{1/2}2^n n!)^{-1/2}\left(x - \frac{d}{dx}\right)^n\exp\left[-\frac{x^2}{2}\right].$$

Nota: Isso corresponde a uma aplicação n vezes do operador de levantamento do Exercício 18.2.7.

18.3   Funções de Laguerre
Fórmula de Rodrigues e Função Geradora
Vamos começar da EDO de Laguerre,

$$xy''(x) + (1 - x)y'(x) + ny(x) = 0. \tag{18.44}$$

Essa EDO não é autoadjunta, mas o fator ponderador necessário para torná-la autoadjunta pode ser calculado a partir da fórmula normal,

$$w(x) = \frac{1}{x}\exp\left[\int \frac{1-x}{x}dx\right] = \frac{1}{x}\exp(\ln x - x) = e^{-x}. \tag{18.45}$$

Dado $w(x)$, podemos agora usar o método desenvolvido na Seção 12.1 para obter uma fórmula de Rodrigues e a função geradora para os polinômios de Laguerre. Deixar $L_n(x)$ denotar o n-ésimo polinômio de Laguerre, a fórmula de Rodrigues é (além de um fator de escala) dada pela Equação (12.9):

$$L_n(x) = \frac{1}{w(x)}\left(\frac{d}{dx}\right)^n\left(w(x)p(x)^n\right),$$

em que $p(x)$ é o coeficiente de y'' na EDO. Inserindo as expressões para $w(x)$ e $p(x)$, e inserindo um fator $1/n!$ para levar os polinômios de Laguerre à escala convencional, a fórmula de Rodrigues assume a forma mais completa e explícita,

$$L_n(x) = \frac{e^x}{n!} \left(\frac{d}{dx} \right)^n \left(x^n e^{-x} \right). \tag{18.46}$$

Uma função geradora agora pode ser escrita como uma soma das integrais de contorno do tipo de Schlaefli, como na Equação (12.25):

$$g(x, t) = \sum_{t=0}^{\infty} L_n(x) t^n = \frac{1}{w(x)} \sum_{n=0}^{\infty} \frac{c_n t^n n!}{2\pi i} \oint_C \frac{w(z)[p(z)]^n}{(z-x)^{n+1}} dz,$$

em que o contorno circunda o ponto x e nenhuma outra singularidade. Especializando para nosso problema atual, e observando que o coeficiente c_n tem o valor $1/n!$, essa fórmula torna-se

$$g(x, t) = \frac{e^x}{2\pi i} \sum_{n=0}^{\infty} \oint_C \frac{e^{-z} (tz)^n}{(z-x)^{n+1}} dz = \frac{e^x}{2\pi i} \oint_C \frac{e^{-z} dz}{(z-x)} \sum_{n=0}^{\infty} \left(\frac{tz}{z-x} \right)^n. \tag{18.47}$$

Agora reconhecemos o somatório n como uma série geométrica, assim nossa função geradora torna-se

$$g(x, t) = \frac{e^x}{2\pi i} \oint_C \frac{e^{-z} dz}{z - x - tz}. \tag{18.48}$$

Nosso integrando tem um polo simples em $z = x/(1-t)$, com o resíduo $e^{-x/(1-t)}/(1-t)$, e $g(x, t)$ se reduz à

$$g(x, t) = \frac{e^x e^{-x/(1-t)}}{1 - t} = \frac{e^{-xt/(1-t)}}{1 - t} = \sum_{n=0}^{\infty} L_n(x) t^n, \tag{18.49}$$

forma dada na Tabela 12.1.

Nem todos os pesquisadores definem os polinômios de Laguerre na escala escolhida aqui e representada pelas fórmulas específicas na Equações (18.46) e (18.49). Porém, nossa escolha é provavelmente a mais comum, e é consistente com aquela em AMS–55 (ver Abramowitz em Leituras Adicionais).

Propriedades dos Polinômios de Laguerre

Diferenciando a função geradora na Equação (18.45) em relação a x e t, obtemos as relações de recorrência para os polinômios de Laguerre da seguinte forma. Usando a regra de produto para a diferenciação verificamos as identidades

$$(1-t)^2 \frac{\partial g}{\partial t} = (1 - x - t) g(x, t), \quad (t-1) \frac{\partial g}{\partial x} = t g(x, t). \tag{18.50}$$

Escrevendo os lados esquerdo e direito da primeira identidade em termos dos polinômios de Laguerre usando a expansão dada na Equação (18.49), obtemos

$$\sum_n \left[(n+1) L_{n+1}(x) - 2n L_n(x) + (n-1) L_{n-1}(x) \right] t^n$$

$$= \sum_n \left[(1-x) L_n(x) - L_{n-1}(x) \right] t^n.$$

Igualar os coeficientes de z^n produz

$$(n+1) L_{n+1}(x) = (2n + 1 - x) L_n(x) - n L_{n-1}(x). \tag{18.51}$$

Para obter a segunda relação de recursão usamos as duas identidades das Equações (18.50) para verificar uma terceira identidade,

$$x \frac{\partial g}{\partial x} = t \frac{\partial g}{\partial t} - t \frac{\partial (tg)}{\partial t},$$

que, quando escrita de modo semelhante em termos dos polinômios de Laguerre, é vista como equivalente a

$$xL'_n(x) = nL_n(x) - nL_{n-1}(x). \tag{18.52}$$

Tabela 18.2 Polinômios de Laguerre

$L_0(x) = 1$
$L_1(x) = -x + 1$
$2!\, L_2(x) = x^2 - 4x + 2$
$3!\, L_3(x) = -x^3 + 9x^2 - 18x + 6$
$4!\, L_4(x) = x^4 - 16x^3 + 72x^2 - 96x + 24$
$5!\, L_5(x) = -x^5 + 25x^4 - 200x^3 + 600x^2 - 600x + 120$
$6!\, L_6(x) = x^6 - 36x^5 + 450x^4 - 2400x^3 + 5400x^2 - 4320x + 720$

Para usar essas fórmulas de recorrência, precisamos de valores iniciais. A partir da fórmula de Rodrigues, encontramos facilmente $L_0(x) = 1$ e $L_1(x) = 1 - x$. Aplicando a Equação (18.51) continuamos para $L_n(x)$ com $n > 1$, obtendo os resultados dados na Tabela 18.2. Os três primeiros polinômios de Laguerre estão plotados na Figura 18.3.

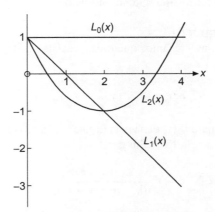

Figura 18.3: Polinômios de Laguerre.

Das relações de recorrência ou da fórmula de Rodrigues, encontramos a expansão da série de potências de $L_n(x)$:

$$L_n(x) = \frac{(-1)^n}{n!}\left[x^n - \frac{n^2}{1!}x^{n-1} + \frac{n^2(n-1)^2}{2!}x^{n-2} - \cdots + (-1)^n n!\right]$$

$$= \sum_{m=0}^{n}\frac{(-1)^m n!\, x^m}{(n-m)!\, m!\, m!} = \sum_{s=0}^{n}\frac{(-1)^{n-s}n!\, x^{n-s}}{(n-s)!\,(n-s)!\, s!}. \tag{18.53}$$

Além disso, da Equação (18.49), encontramos

$$g(0,t) = \frac{1}{1-t} = \sum_{n=0}^{\infty}t^n = \sum_{n=0}^{\infty}L_n(0)t^n,$$

que mostra que em $x = 0$, os polinômios de Laguerre têm o valor especial

$$L_n(0) = 1. \tag{18.54}$$

A forma da função geradora, aquela da EDO de Laguerre, e a Tabela 18.2 mostram que os polinômios de Laguerre não têm simetria ímpar nem par sob a transformação de paridade $x \rightarrow -x$.

Como já observado no início desta seção, a EDO de Laguerre não é autoadjunta, mas pode tornar-se autoadjunta anexando o fator ponderado e^{-x}. Observando também que com esse fator ponderador, os polinômios de Laguerre satisfazem as condições de contorno de Sturm-Liouville em $x = 0$ e $x = \infty$, vemos que $L_n(x)$ deve satisfazer uma condição de ortogonalidade da forma

$$\int_0^\infty e^{-x} L_m(x) L_n(x) dx = \delta_{mn}. \tag{18.55}$$

A Equação (18.55) indica que para esse intervalo e fator ponderador, os polinômios de Laguerre estão normalizados. A prova é o tema do Exercício 18.3.3.

Às vezes é conveniente definir funções ortogonalizadas de Laguerre (com fator ponderador unitário) por

$$\varphi_n(x) = e^{-x/2} L_n(x). \tag{18.56}$$

Nossas novas funções ortonormais, $\varphi_n(x)$, satisfazem a EDO autoadjunta

$$x\varphi_n''(x) + \varphi_n'(x) + \left(n + \frac{1}{2} - \frac{x}{4}\right)\varphi_n(x) = 0, \tag{18.57}$$

e são autofunções de um sistema de Sturm-Liouville no intervalo $(0 \leq x < \infty)$.

Polinômios Associados de Laguerre

Em muitas aplicações, especialmente na mecânica quântica, precisamos dos polinômios associados de Laguerre definidos por[4]

$$L_n^k(x) = (-1)^k \frac{d^k}{dx^k} L_{n+k}(x). \tag{18.58}$$

Diferenciando a série de potências para $L_n(x)$ dada pela Equação (18.53) (compare a Tabela 18.2), podemos obter as formas explícitas apresentadas na Tabela 18.3. Em geral,

$$L_n^k(x) = \sum_{m=0}^n (-1)^m \frac{(n+k)!}{(n-m)!\,(k+m)!\,m!} x^m, \quad k \geq 0. \tag{18.59}$$

Tabela 18.3 Polinômios associados de Laguerre

$$L_0^k = 1$$
$$1!\,L_1^k = -x + (k+1)$$
$$2!\,L_2^k = x^2 - 2(k+2)x + (k+1)_2$$
$$3!\,L_3^k = -x^3 + 3(k+3)x^2 - 3(k+2)_2\,x + (k+1)_3$$
$$4!\,L_4^k = x^4 - 4(k+4)x^3 + 6(k+3)_2 - 4(k+2)_3 + (k+1)_4$$
$$5!\,L_5^k = -x^5 + 5(k+5)x^4 - 10(k+4)_2\,x^3 + 10(k+3)_3\,x^2 - 5(k+2)_4\,x + (k+1)_5$$
$$6!\,L_6^k = x^6 - 6(k+6)x^5 + 15(k+5)_2\,x^4 - 20(k+4)_3\,x^3 + 15(k+3)_4\,x^2$$
$$\qquad 40pt - 6(k+2)_5\,x + (k+1)_6$$
$$7!\,L_7^k = -x^7 + 7(k+7)x^6 - 21(k+6)_2\,x^5 + 35(k+5)_3\,x^4 - 35(k+4)_4\,x^3$$
$$\qquad 40pt + 21(k+3)_5\,x^2 - 7(k+2)_6\,x + (k+1)_7$$

As notações $(k+n)_m$ são símbolos de Pochhammer, definidos na Equação (1.72).

---

[4]Alguns autores usam $\mathcal{L}_{n+k}^k(x) = (d^k/dx^k)[L_{n+k}(x)]$. Daí nossa $L_n^k(x) = (-1)^k \mathcal{L}_{N+k}^k(x)$.

Um dos presentes autores[5] descobriu recentemente uma nova função geradora para os polinômios associados de Laguerre com a forma extremamente simples

$$g_l(x, t) = e^{-tx}(1 + t)^l = \sum_{n=0}^{\infty} L_n^{l-n}(x)t^n.$$ (18.60)

Em vez de derivar essa fórmula, nós a verificamos mostrando que ela produz a relação definidora para a L_n^k, Equação (18.58), e é consistente com as fórmulas apresentadas anteriormente para os polinômios ordinários de Laguerre (isto é, a L_n^k com $k = 0$).

Se multiplicarmos ambos membros da Equação (18.60) por $1 - t$, os coeficientes de t^n produzem a fórmula de recorrência

$$L_n^{l-n} + L_{n-1}^{l-n+1} = L_n^{l-n+1}, \quad \text{ou} \quad L_n^k - L_n^{k+1} = -L_{n-1}^{k+1}.$$ (18.61)

Por outro lado, a diferenciação da Equação (18.60) em relação a x e escrevendo

$$\frac{\partial g_l(x, t)}{\partial x} = \sum_n \frac{dL_n^{l-n}(x)}{dx} t^n = -te^{-tx}(1 + t)^l = e^{-tx}(1 + t)^l - e^{-tx}(1 + t)^{l+1},$$

os coeficientes de $t n$ produzem uma fórmula para $dL_n^{1-n}(x) / dx$, ou seja, (com $k = l - n$)

$$\frac{dL_n^k(x)}{dx} = L_n^k(x) - L_n^{k+1}(x),$$ (18.62)

e substituindo o resultado da Equação (18.61), alcançamos

$$\frac{dL_n^k(x)}{dx} = -L_{n-1}^{k+1},$$ (18.63)

confirmando assim que nossa função geradora produz a Equação (18.58).

A verificação de que nossa função geradora está correta agora é concluída usando-a para encontrar $L_n^0(x)$, que é o coeficiente de t^n em $e^{-t x}(1+ t)^n$. Usando uma expansão binomial de $(1 + t)^n$ e a série de Maclaurin para o exponencial, obtemos

$$L_n^0(x) = \sum_{m=0}^{n} \binom{n}{n - m} \frac{(-x)^m}{m!} = \sum_{m=0}^{n} \frac{(-1)^m n!}{(n - m)! m! m!} x^m,$$

de acordo com a Equação (18.53).

Também podemos confirmar a expansão de série dada como a Equação (18.59) para L_n^k. É o coeficiente de t^n em $e^{-t x}(1 + t)^{k+n}$, obtido de modo semelhante ao procedimento que acabamos de realizar para L_n^0.

A função geradora fornece rotas convenientes para outras propriedades dos polinômios associados de Laguerre. Valores especiais para $x = 0$ podem ser obtidos a partir de

$$\sum_n L_n^{l-n}(0)t^n = (1 + t)^l = \sum_{n=0}^{l} \binom{l}{n}t^n.$$

Temos, portanto,

$$L_n^k(0) = \binom{n + k}{n}.$$ (18.64)

Uma fórmula para recorrência no índice n de $L_n^k(x)$ pode ser obtida diferenciando a fórmula da função geradora em relação a t. Fazendo isso, do coeficiente de t^n e definindo $l = k + n$,

$$(n + 1)L_{n+1}^{k-1}(x) = (k + n)L_n^{k-1}(x) - xL_n^k(x).$$ (18.65)

Usando a Equação (18.61) para elevar o índice superior nos dois termos para os quais ele é $k - 1$, encontramos, após coletar termos semelhantes,

$$(n + 1)L_{n+1}^k(x) - (2n + k + 1 - x)L_n^k(x) + (n + k)L_{n-1}^k(x) = 0, \tag{18.66}$$

uma fórmula de recorrência de índice inferior.

Por fim, voltando à Equação (18.65), diferenciando-a uma vez em relação a x, e identificando $\overline{\left[L_{n+1}^{k-1}\right]} = -L_n^k$, obtemos

$$(n + k)\left[L_n^{k-1}\right]' = x\left[L_n^k\right]' + L_n^k - (n + 1)L_n^k = x\left[L_n^k\right]' - nL_n^k. \tag{18.67}$$

Uma segunda diferenciação nos leva a

$$x\left[L_n^k\right]'' + (1 - n)\left[L_n^k\right]' = (n + k)\left[L_n^{k-1}\right]'' = (n + k)\left[L_n^{k-1}\right]' - (n - k)\left[L_n^k\right]', \tag{18.68}$$

em que o membro final da Equação (18.68) foi o resultado da substituição da derivada da Equação (18.62) por $k \to k - 1$. Usando a Equação (18.67) para substituir $(n + k)\left[L_n^{k-1}\right]$ por uma forma em que o índice superior é k, alcançamos uma EDO para L_n^k :

$$x\frac{d^2 L_n^k(x)}{dx^2} + (k + 1 - x)\frac{dL_n^k(x)}{dx} + nL_n^k(x) = 0. \tag{18.69}$$

Essa EDO é conhecida como **equação associada** de **Laguerre**. Quando polinômios associados de Laguerre aparecem em um problema físico geralmente é porque o problema físico envolve a Equação (18.69). A aplicação mais importante é sua utilização para descrever os estados ligados do átomo de hidrogênio, que são derivados no próximo Exemplo 18.3.1.

A equação associada de Laguerre, Equação (18.69), não é autoadjunta, mas a função ponderadora necessária para levá-la à forma autoadjunta (para o índice superior k) pode ser encontrada da maneira usual:

$$w_k(x) = \frac{1}{x} \exp\left[\int \frac{k + 1 - x}{x} \, dx\right] = x^k e^{-x}. \tag{18.70}$$

Ao também observar que as condições de contorno de Sturm-Liouville estão satisfeitas em $x = 0$ e $x = \infty$, vemos que os polinômios associados de Laguerre são ortogonais de acordo com a equação

$$\int_0^\infty e^{-x} x^k L_n^k(x) L_m^k(x) dx = \frac{(n + k)!}{n!} \delta_{mn}. \tag{18.71}$$

O valor da integral na Equação (18.71) para $m = n$ pode ser estabelecido usando a função geradora, Equação (18.58). Fazer isso é deixado como um exercício.

A Equação (18.71) mostra o mesmo intervalo de ortogonalidade $(0, \infty)$ que para os polinômios de Laguerre, mas com uma função ponderadora diferente para cada k. Vemos que para cada k, os polinômios associados de Laguerre definem um novo conjunto de polinômios ortogonais.

Uma representação de Rodrigues dos polinômios associados de Laguerre é útil e pode ser encontrada de várias maneiras. Uma abordagem bastante direta é simplesmente usar a Equação (12.9) com $p(x) = x$, o coeficiente do termo da segunda derivada na Equação (18.69) e o valor de $w_k(x)$ dado pela Equação (18.70). O resultado é

$$L_n^k(x) = \frac{e^x x^{-k}}{n!} \frac{d^n}{dx^n} (e^{-x} x^{n+k}). \tag{18.72}$$

Observe que essa e todas as nossas fórmulas anteriores envolvendo $L_n^k(x)$ se reduzem adequadamente às expressões correspondentes que envolvem $L_n(x)$ quando $k = 0$.

Deixando $\psi_n^k(x) = e^{-x/2} x^{k/2} L_n^k(x)$, descobrimos que $\psi_n^k(x)$ satisfaz a EDO autoadjunta,

$$x\frac{d^2\psi_n^k(x)}{dx^2} + \frac{d\psi_n^k(x)}{dx} + \left(-\frac{x}{4} + \frac{2n + k + 1}{2} - \frac{k^2}{4x}\right)\psi_n^k(x) = 0. \tag{18.73}$$

As $\psi_n^k(x)$ às vezes são chamadas **funções de Laguerre**. A Equação (18.57) é o caso especial $k = 0$ da Equação (18.73).

Uma forma ainda mais útil é dada definindo[6]

$$\Phi_n^k(x) = e^{-x/2}x^{(k+1)/2}L_n^k(x). \tag{18.74}$$

Substituição na equação associada de Laguerre

$$\frac{d^2\Phi_n^k(x)}{dx^2} + \left(-\frac{1}{4} + \frac{2n+k+1}{2x} - \frac{k^2-1}{4x^2} \right)\Phi_n^k(x) = 0. \tag{18.75}$$

As $\Phi_n^k(x)$ são ortogonais com função ponderadora x^{-1}.

A EDO associada de Laguerre, Equação (18.69), tem soluções mesmo que n não é um inteiro, mas elas não são então polinômios e divergem proporcionalmente a xke^x como $x \to \infty$. Esse fato é útil no exemplo a seguir.

Exemplo 18.3.1   O Átomo de Hidrogênio

A aplicação mais importante dos polinômios de Laguerre é na solução da equação de Schrödinger para o átomo de hidrogênio do tipo (H, He$^+$, Li^{2+} etc). Para um sistema que consiste em um núcleo de carga Ze fixa na origem e um elétron cuja distribuição é descrita por uma função de onda ψ, essa equação é

$$-\frac{\hbar^2}{2m}\nabla^2\psi - \frac{Ze^2}{4\pi\epsilon_0 r}\psi = E\psi, \tag{18.76}$$

em que $Z = 1$ para hidrogênio, $Z = 2$ para He$^+$ etc. Separando variáveis em coordenadas polares esféricas e reconhecendo que a parte angular da solução para essa equação deve ser um harmônico esférico, definimos ψ $(\mathbf{r}) = R(r)Y_L^M(\theta,\varphi)$ com $R(r)$ que satisfaz a EDO

$$-\frac{\hbar^2}{2m}\frac{1}{r^2}\frac{d}{dr}\left(r^2\frac{dR}{dr} \right) - \frac{Ze^2}{4\pi\epsilon_0 r}R + \frac{\hbar^2}{2m}\frac{L(L+1)}{r^2}R = E. \tag{18.77}$$

Para estados ligados, $R \to 0$ como $r \to \infty$, e pode ser demonstrado que essas condições só podem ser satisfeitas se $E < 0$. Além disso, R deve ser finito em $r = 0$. Não consideramos estados não limitados (contínuos) com energia positiva. Só quando estes são incluídos é que as funções de onda hidrogenoides formam um conjunto completo.

Pelo uso das abreviações (resultantes do elevar r à variável radial adimensional ρ)

$$\alpha = \left[-\frac{8mE}{\hbar^2} \right]^{1/2}, \quad \rho = \alpha r, \quad \lambda = \frac{mZe^2}{2\pi\epsilon_0\alpha\hbar^2}, \quad \chi(\rho) = R(r), \tag{18.78}$$

Equação (13.85) se torna

$$\frac{1}{\rho^2}\frac{d}{d\rho}\left(\rho^2\frac{d\chi(\rho)}{d\rho} \right) + \left(\frac{\lambda}{\rho} - \frac{1}{4} - \frac{L(L+1)}{\rho^2} \right)\chi(\rho) = 0. \tag{18.79}$$

Para nossos propósitos atuais, é útil reescrever o primeiro termo da equação (18.79) utilizando a identidade

$$\frac{1}{\rho^2}\frac{d}{d\rho}\left(\rho^2\frac{d\chi}{d\rho} \right) = \frac{1}{\rho}\frac{d^2}{d\rho^2}(\rho\chi)$$

e então multiplicando a equação resultante por ρ, alcançando

$$\frac{d}{d\rho^2}(\rho\chi) + \left(\frac{\lambda}{\rho} - \frac{1}{4} - \frac{L(L+1)}{\rho^2} \right)(\rho\chi) = 0. \tag{18.80}$$

Uma comparação com a Equação (18.75) para $\Phi_n^k(x)$ mostra que a Equação (18.80) é satisfeita por

$$\rho\chi(\rho) = e^{-\rho/2}\rho^{L+1}L_{\lambda-L-1}^{2L+1}(\rho), \tag{18.81}$$

em que k e n da Equação (18.75) foram, respectivamente, substituídos por $2L + 1$ e $\lambda - L - 1$.

---

[6]Isso corresponde a modificar a função ψ na Equação (18.73) para eliminar a primeira derivada.

O parâmetro λ deve ser restrito a valores de modo que $\lambda - L - 1$ é ao mesmo tempo integral e não negativo. Se esse requisito for violado, $L_{\lambda-L-1}^{2L+1}$ irá divergir muito rapidamente para permitir que $\rho\chi(\rho)$ vá a zero em r grande, o que é necessário para uma distribuição de elétrons de estado ligado.

Como já sabemos que L, um índice harmônico esférico, deve ser integral e não negativo, vemos que os valores possíveis de λ são inteiros n pelo menos, tão grande quanto $L + 1$.[7]

Essa restrição em λ, imposta pela nossa condição de contorno, tem o efeito de quantizar a energia. Inserindo $\lambda = n$, as definições nas Equações (18.78) levam a

$$E_n = -\frac{Z^2 m}{2n^2 \hbar^2}\left(\frac{e^2}{4\pi\epsilon_0}\right)^2. \tag{18.82}$$

Como nossa equação de Schrödinger definiu implicitamente a energia potencial como zero quando o elétron está em uma separação infinita do núcleo, o sinal de negativo reflete o fato de que aqui estamos lidando com estados ligados em que o elétron não pode escapar para o infinito. As outras grandezas introduzidas na Equação (18.78) também podem ser expressas em termos de n:

$$\alpha = \frac{me^2}{2\pi\epsilon_0 \hbar^2}\frac{Z}{n} = \frac{2Z}{na_0}, \quad \rho = \frac{2Z}{na_0}r, \quad \text{com } a_0 = \frac{4\pi\epsilon_0 \hbar^2}{me^2}. \tag{18.83}$$

A grandeza a_0, de comprimento de dimensão, é conhecida como **raio de Bohr**, e sua aparência como um fator de escala faz a energia potencial (para $n = 1$, o menor valor possível) ter um valor médio correspondendo a essa separação elétron-nuclear.

Resumindo, a função final da onda de hidrogênio normalizada é

$$\psi_{nLM}(r,\theta,\varphi) = \left[\left(\frac{2Z}{na_0}\right)^3\frac{(n-L-1)!}{2n(n+L)!}\right]^{1/2}e^{-\alpha r/2}(\alpha r)^L L_{n-L-1}^{2L+1}(\alpha r)Y_L^M(\theta,\varphi). \tag{18.84}$$

Note que a energia correspondente a ψ_{nLM} depende apenas de n, que é chamado **número quântico principal** desse sistema. Também observe que se n recebe um valor integral específico, a condição em λ requer que $L \leq n - 1$, explicando assim o padrão bem conhecido dos possíveis estados de energia hidrogenoides: se $n = 1$, L só pode ser zero; para $n = 2$, podemos ter $L = 0$ ou $L = 1$ etc.

■

Exercícios

18.3.1   Mostre com o auxílio da fórmula de Leibniz que a expansão de série de $L_n(x)$, Equação (18.53), resulta da representação de Rodrigues, Equação (18.72).

18.3.2   (a) Usando a forma explícita de série, Equação (18.53), mostre que

$$L_n'(0) = -n, \quad L_n''(0) = \tfrac{1}{2}n(n-1).$$

        (b) Repita sem usar a forma explícita série de $L_n(x)$.

18.3.3   Derive a relação de normalização, Equação (18.71) para os polinômios associados de Laguerre, confirmando assim também a Equação (18.55) para L_n.

18.3.4   Expanda x^r em uma série dos polinômios associados de Laguerre $L_n^k(x)$, com k fixo e n variando de 0 a r (ou a ∞ se r não é um inteiro).

        Dica: A forma de Rodrigues da $L_n^k(x)$ será útil.

$$RESPOSTA:\ x^r = (r+k)!\,r!\sum_{n=0}^{r}\frac{(-1)^n L_n^k(x)}{(n+k)!(r-n)!}, \qquad 0 \leq x < \infty.$$

18.3.5   Expanda e^{-ax} em uma série dos polinômios associados de Laguerre $L_n^k(x)$, com k fixo e n variando de 0 a ∞.

        (a) Avaliar diretamente os coeficientes na sua expansão pressuposta.

---

[7]Essa é a notação convencional para λ. Não é o mesmo n que no índice n em $\Phi_n^k(x)$.

(b) Desenvolva a expansão desejada a partir da função geradora.

$$RESPOSTA: \quad e^{-ax} = \frac{1}{(1+a)^{1+k}} \sum_{n=0}^{\infty} \left(\frac{a}{1+a} \right)^n L_n^k(x), \quad 0 \le x < \infty.$$

18.3.6 Mostre que $\int_0^\infty e^{-x} x^{k+1} L_n^k(x) L_n^k(x) \, dx = \frac{(n+k)!}{n!} (2n+k+1)$.

Dica: Note que $x L_n^k = (2n+k+1) L_n^k - (n+k) L_{n-1}^k - (n+1) L_{n+1}^k$.

18.3.7 Suponha que um problema particular na mecânica quântica levou à EDO

$$\frac{d^2 y}{dx^2} - \left[\frac{k^2 - 1}{4x^2} - \frac{2n+k+1}{2x} + \frac{1}{4} \right] y = 0$$

para inteiros não negativos n, k. Escreva $y(x)$ como $y(x) = A(x)B(x)C(x)$, com a exigência de que
(a) $A(X)$ é um exponencial **negativo** dando o comportamento assintótico exigido de $y(x)$, e
(b) $B(x)$ é uma potência **positiva** de x dando o comportamento de $y(x)$ para $0 \le x ! 1$.
Determine $A(x)$ e $B(x)$. Encontre a relação entre $C(x)$ e o polinômio associado de Laguerre.

$$RESPOSTA: A(x) = e^{-x/2}, \; B(x) = x^{(k+1)/2}, \; C(x) = L_n^k(x).$$

18.3.8 A partir da Equação (18.84) a parte radial normalizada da função de onda hidrogenoide é

$$R_{nL}(r) = \left[\alpha^3 \frac{(n-L-1)!}{2n(n+L)!} \right]^{1/2} e^{-\alpha r} (\alpha r)^L L_{n-L-1}^{2L+1}(\alpha r),$$

em que $\alpha = 2Z/na_0 = 2Zme^2/4\pi \in_0 \hbar^2$. Avalie

$$(a) \; \langle r \rangle = \int_0^\infty r R_{nL}(\alpha r) R_{nL}(\alpha r) r^2 \, dr,$$

$$(b) \; \langle r^{-1} \rangle = \int_0^\infty r^{-1} R_{nL}(\alpha r) R_{nL}(\alpha r) r^2 \, dr.$$

A grandeza $\langle r \rangle$ é o deslocamento médio do elétron a partir do núcleo, enquanto $\langle r^{-1} \rangle$ é a média do deslocamento recíproco.

$$RESPOSTA: \quad \langle r \rangle = \frac{a_0}{2} \left[3n^2 - L(L+1) \right], \quad \langle r^{-1} \rangle = \frac{1}{n^2 a_0}.$$

18.3.9 Derive uma fórmula de recorrência para os valores esperados da função de onda de hidrogênio:

$$\frac{s+2}{n^2} \langle r^{s+1} \rangle - (2s+3) a_0 \langle r^s \rangle + \frac{s+1}{4} \left[(2L+1)^2 - (s+1)^2 \right] a_0^2 \langle r^{s-1} \rangle = 0,$$

com $s \ge -2L - 1$.
Dica: Transforme a Equação (18.80) em uma forma análoga à Equação (18.73). Multiplique por $\rho^{s+2} u' - c\rho^{s+1} u$, com $u = \rho\Phi$. Ajuste c para neutralizar os termos que não produzem os valores esperados.

18.3.10 Mostre que $\int_{-\infty}^\infty x^n e^{-x^2} H_n(xy) dx = \sqrt{\pi} \, n! P_n(y)$, em que P_n é um polinômio de Legendre.

18.4 Polinômios de Chebyshev

A função geradora para os polinômios de Legendre pode ser generalizada para a forma a seguir:

$$\frac{1}{(1 - 2xt + t^2)^\alpha} = \sum_{n=0}^{\infty} C_n^{(\alpha)}(x) t^n. \tag{18.85}$$

Os coeficientes $C_n^{(\alpha)}(x)$ são conhecidos como **polinômios ultraesféricos** (também chamados **polinômios de Gegenbauer**). Para $\alpha = 1/2$, recuperamos os polinômios de Legendre; os casos especiais $\alpha = 0$ e $\alpha = 1$ produzem dois tipos de polinômios de Chebyshev que são o tema desta seção. A importância primordial dos polinômios de Chebyshev está na análise numérica.

Polinômios Tipo II

Com $\alpha = 1$ e $C_n^{(1)}(x)$ escritos como $U_n(x)$, a Equação (18.85) dá

$$\frac{1}{1 - 2xt + t^2} = \sum_{n=0}^{\infty} U_n(x)t^n, \quad |x| < 1, \quad |t| < 1. \tag{18.86}$$

Essas funções são chamadas polinômios de Chebyshev tipo II. Embora esses polinômios tenham algumas aplicações na física matemática, uma aplicação incomum é no desenvolvimento de harmônicos esféricos quadridimencionais usados na teoria do momento angular.

Polinômios Tipo I

Com $\alpha = 0$ há uma dificuldade. Na verdade, nossa função geradora se reduz à constante 1. Podemos evitar esse problema primeiro diferenciando a Equação (18.85) em relação a t. Isso resulta em

$$\frac{-\alpha(-2x + 2t)}{(1 - 2xt + t^2)^{\alpha+1}} = \sum_{n=1}^{\infty} n C_n^{(\alpha)}(x)\, t^{n-1},$$

ou

$$\frac{x - t}{(1 - 2xt + t^2)^{\alpha+1}} = \sum_{n=1}^{\infty} \frac{n}{2} \left[\frac{C_n^{(\alpha)}(x)}{\alpha} \right] t^{n-1}. \tag{18.87}$$

Definimos $C_n^{(0)}(x)$ como

$$C_n^{(0)}(x) = \lim_{\alpha \to 0} \frac{C_n^{(\alpha)}(x)}{\alpha}. \tag{18.88}$$

O objetivo da diferenciação em relação a t foi obter α no denominador e criar uma forma indeterminada. Agora multiplicando a Equação (18.87) por $2t$ e adicionando 1 na forma $(1 - 2xt + t^2)/(1 - 2xt + t^2)$, obtemos

$$\frac{1 - t^2}{1 - 2xt + t^2} = 1 + 2 \sum_{n=1}^{\infty} \frac{n}{2}\, C_n^{(0)}(x)t^n. \tag{18.89}$$

Definimos $T_n(x)$ como

$$T_n(x) = \begin{cases} 1, & n = 0, \\ \dfrac{n}{2}\, C_n^{(0)}(x), & n > 0. \end{cases} \tag{18.90}$$

Note o tratamento especial para $n = 0$. Encontraremos um tratamento semelhante do termo $n = 0$ ao estudar a série de Fourier no Capítulo 19. Além disso, observe que a $C_n^{(0)}$ é o limite indicado na Equação (18.88) e não uma substituição literal de $\alpha = 0$ na série da função geradora. Com esses novos rótulos,

$$\frac{1 - t^2}{1 - 2xt + t^2} = T_0(x) + 2 \sum_{n=1}^{\infty} T_n(x)t^n, \quad |x| \le 1, \quad |t| < 1. \tag{18.91}$$

Chamamos $T_n(x)$ dos polinômios de Chebyshev tipo I. Observe que a notação e ortografia do nome para essas funções diferem entre uma referência e outra. Aqui seguimos o uso do AMS-55 (Leituras Adicionais).

Relações de Recorrência e Propriedades Especiais

Diferenciando a função geradora, Equação (18.91), em relação a t e multiplicando pelo denominador, $1 - 2xt + t^2$, obtemos

$$-t - (t - x)\left[T_0(x) + 2\sum_{n=1}^{\infty} T_n(x)t^n\right] = (1 - 2xt + t^2)\sum_{n=1}^{\infty} nT_n(x)t^{n-1}$$

$$= \sum_{n=1}^{\infty}\left[nT_n t^{n-1} - 2xnT_n t^n + nT_n t^{n+1}\right],$$

a partir do qual após várias etapas de simplificação chegamos à relação de recorrência

$$T_{n+1}(x) - 2xT_n(x) + T_{n-1}(x) = 0, \quad n > 0. \tag{18.92}$$

Um tratamento similar da Equação (18.86) gera a relação de recursão correspondente para U_n:

$$U_{n+1}(x) - 2xU_n(x) + U_{n-1}(x) = 0, \quad n > 0. \tag{18.93}$$

Tabela 18.4 Polinômios de Chebychev: Tipo I (à esquerda), Tipo II (à direita)

$T_0 = 1$	$U_0 = 1$
$T_1 = x$	$U_1 = 2x$
$T_2 = 2x^2 - 1$	$U_2 = 4x^2 - 1$
$T_3 = 4x^3 - 3x$	$U_3 = 8x^3 - 4x$
$T_4 = 8x^4 - 8x^2 + 1$	$U_4 = 16x^4 - 12x^2 + 1$
$T_5 = 16x^5 - 20x^3 + 5x$	$U_5 = 32x^5 - 32x^3 + 6x$
$T_6 = 32x^6 - 48x^4 + 18x^2 - 1$	$U_6 = 64x^6 - 80x^4 + 24x^2 - 1$

Usando as funções geradoras diretamente para $n = 0$ e 1, e então aplicando essas relações de recorrência para os polinômios de ordem superior, obtemos a Tabela 18.4. Plotagens de T_n e U_n são apresentadas nas Figuras 18.4 e 18.5.

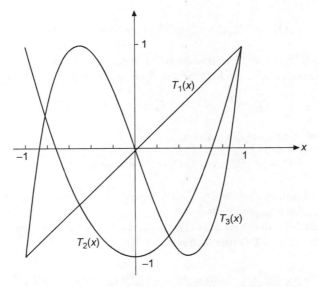

Figura 18.4: Polinômios de Chebyshev T_1, T_2 e T_3.

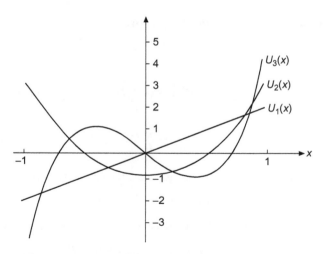

Figura 18.5: Polinômios de Chebyshev U_1, U_2 e U_3.

A diferenciação das funções geradoras para $T_n(x)$ e $U_n(x)$ com relação à variável x leva a uma variedade de relações de recorrência envolvendo derivadas. Por exemplo, da Equação (18.89) obtemos assim

$$(1 - 2xt + t^2)2\sum_{n=1}^{\infty} T_n'(x)t^n = 2t\left[T_0(x) + 2\sum_{n=1}^{\infty} T_n(x)t^n\right],$$

de onde extraímos a fórmula de recursão

$$2T_n(x) = T_{n+1}'(x) - 2xT_n'(x) + T_{n-1}'(x). \tag{18.94}$$

Outras fórmulas de recorrência úteis que podemos encontrar dessa maneira são

$$(1 - x^2)T_n'(x) = -nxT_n(x) + nT_{n-1}(x) \tag{18.95}$$

e

$$(1 - x^2)U_n'(x) = -nxU_n(x) + (n + 1)U_{n-1}(x). \tag{18.96}$$

Manipulando uma variedade dessas fórmulas como na Seção 15.1 para polinômios de Legendre, podemos eliminar o índice $n - 1$ em favor de T_n'' e estabelecer que $T_n(x)$, o polinômio de Chebyshev tipo I, satisfaz a EDO

$$(1 - x^2)T_n''(x) - xT_n'(x) + n^2 T_n(x) = 0. \tag{18.97}$$

O polinômio de Chebyshev tipo II, $U_n(x)$, satisfaz

$$(1 - x^2)U_n''(x) - 3xU_n'(x) + n(n + 2)U_n(x) = 0. \tag{18.98}$$

Poderíamos ter definido os polinômios de Chebyshev a partir dessas EDOs, mas preferimos em vez disso um desenvolvimento baseado em funções geradoras.

Processos semelhantes àqueles utilizados para os polinômios de Chebyshev podem ser aplicados aos polinômios ultraesféricos gerais; o resultado é a **EDO ultraesférica**

$$(1 - x^2)\frac{d^2}{dx^2}C_n^{(\alpha)}(x) - (2\alpha + 1)x\frac{d}{dx}C_n^{(\alpha)}(x) + n(n + 2\alpha)C_n^{(\alpha)}(x) = 0. \tag{18.99}$$

Valores Especiais

Mais uma vez, a partir das funções geradoras, podemos obter os valores especiais dos vários polinômios:

$$T_n(1) = 1, \quad T_n(-1) = (-1)^n,$$

$$T_{2n}(0) = (-1)^n, \quad T_{2n+1}(0) = 0;$$

$$U_n(1) = n+1, \quad U_n(-1) = (-1)^n(n+1),$$

$$U_{2n}(0) = (-1)^n, \quad U_{2n+1}(0) = 0. \tag{18.100}$$

A verificação da Equação (18.100) é deixada para os exercícios.

Os polinômios T_n e U_n satisfazem as relações de paridade que resultam das suas funções geradoras com as $t \to -t$, $x \to -x$, que as deixam invariantes; essas são

$$T_n(x) = (-1)^n T_n(-x), \quad U_n(x) = (-1)^n U_n(-x). \tag{18.101}$$

As representações de Rodrigues de $T_n(x)$ e $U_n(x)$ são

$$T_n(x) = \frac{(-1)^n \pi^{1/2}(1-x^2)^{1/2}}{2^n \Gamma(n+\frac{1}{2})} \frac{d^n}{dx^n}\left[(1-x^2)^{n-1/2}\right] \tag{18.102}$$

e

$$U_n(x) = \frac{(-1)^n(n+1)\pi^{1/2}}{2^{n+1}\Gamma(n+\frac{3}{2})(1-x^2)^{1/2}} \frac{d^n}{dx^n}\left[(1-x^2)^{n+1/2}\right]. \tag{18.103}$$

Formas Trigonométricas

Nesse ponto do desenvolvimento das propriedades dos polinômios de Chebyshev é benéfico alterar as variáveis, substituindo x por $\cos\theta$. Com $x = \cos\theta$ e $d/dx = (-1/\text{sen } \theta)(d/d\theta)$, verificamos que

$$(1-x^2)\frac{d^2 T_n}{dx^2} = \frac{d^2 T_n}{d\theta^2} - \cot\theta \frac{dT_n}{d\theta}, \quad xT_n' = -\cot\theta\frac{dT_n}{d\theta}.$$

Adicionando esses termos, a Equação (18.97) se torna

$$\frac{d^2 T_n}{d\theta^2} + n^2 T_n = 0, \tag{18.104}$$

a equação do oscilador harmônico simples com as soluções $\cos n\theta$ e sen $n\theta$. Os valores especiais (condições de contorno em $x = 0$ e 1) identificam

$$T_n = \cos n\theta = \cos(n \arccos x). \tag{18.105}$$

Para $n \neq 0$ uma segunda solução linearmente independente da Equação (18.104) é rotulada

$$V_n = \text{sen } n\theta = \text{sen}(n \arccos x). \tag{18.106}$$

As soluções correspondentes da equação de Chebyshev tipo II, Equação (18.98), tornam-se

$$U_n = \frac{\text{sen}(n+1)\theta}{\text{sen }\theta}, \tag{18.107}$$

$$W_n = \frac{\cos(n+1)\theta}{\text{sen }\theta}. \tag{18.108}$$

Os dois conjuntos das soluções, tipo I e tipo II, estão relacionados por

$$V_n(x) = (1-x^2)^{1/2} U_{n-1}(x), \tag{18.109}$$

$$W_n(x) = (1-x^2)^{-1/2} T_{n+1}(x). \tag{18.110}$$

Como já foi visto a partir das funções geradoras, $T_n(x)$ e $U_n(x)$ são polinômios. Claramente, $V_n(x)$ e $W_n(x)$ **não** são polinômios. A partir de

$$T_n(x) + i V_n(x) = \cos n\theta + i \,\text{sen}\, n\theta$$

$$= (\cos\theta + i \,\text{sen}\,\theta)^n = \left[x + i(1-x^2)^{1/2} \right]^n, \quad |x| \leq 1 \tag{18.111}$$

podemos aplicar o teorema binomial para obter as expansões

$$T_n(x) = x^n - \binom{n}{2} x^{n-2}(1-x^2) + \binom{n}{4} x^{n-4}(1-x^2)^2 - \cdots \tag{18.112}$$

e, para $n > 0$

$$V_n(x) = \sqrt{1-x^2} \left[\binom{n}{1} x^{n-1} - \binom{n}{3} x^{n-3}(1-x^2) + \cdots \right]. \tag{18.113}$$

Das funções geradoras, ou das EDOs, as representações de série de potências são

$$T_n(x) = \frac{n}{2} \sum_{m=0}^{[n/2]} (-1)^m \frac{(n-m-1)!}{m!\,(n-2m)!} (2x)^{n-2m} \tag{18.114}$$

para $n \geq 1$, com $[n/2]$ a parte inteira de $n/2$ e

$$U_n(x) = \sum_{m=0}^{[n/2]} (-1)^m \frac{(n-m)!}{m!\,(n-2m)!} (2x)^{n-2m}. \tag{18.115}$$

Aplicação à Análise Numérica

Uma característica importante dos polinômios de Chebyshev $T_n(x)$ com $n > 0$ é que, como x é variado, eles oscilam entre os valores extremos $T_n = +1$ e $T_n = -1$. Esse comportamento é facilmente visto da Equação (18.105) e é ilustrado para t_{12} na Figura 18.6. Se uma função é expandida em T_n e a expansão é estendida suficientemente que as contribuições dos T_n sucessivos diminuem rapidamente, uma boa aproximação ao erro de truncamento será

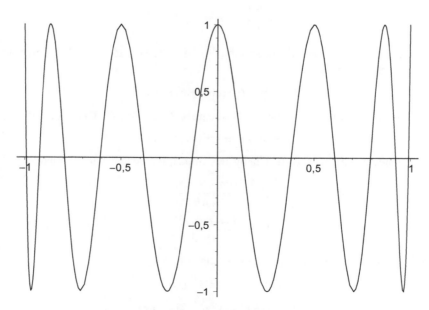

Figura 18.6: O polinômio de Chebyshev T_{12}.

proporcional ao primeiro T_n não incluído na expansão. Nessa aproximação, haverá um erro negligenciável nos valores n de x, em que T_n é zero, e haverá erros máximos (todos da mesma grandeza, mas alternados no sinal) nos extremos de T_n que se situam entre os zeros. Nesse sentido, os erros satisfazem um princípio minimax, significando que o máximo do erro foi minimizado distribuindo-o uniformemente nas regiões entre os pontos do erro negligenciável.

Exemplo 18.4.1 Minimizando o Erro Máximo

A Figura 18.7 mostra os erros em expansões de quatro termos de e^x no intervalo $[-1, 1]$ executadas de várias maneiras: (a) Série de Maclaurin, (b) expansão de Legendre e (c) expansão de Chebyshev. A série de potências é ideal no ponto $x = 0$ e o erro aumenta com valores crescentes de $|x|$. As expansões ortogonais produzir um ajuste ao longo da região $[-1, 1]$, com os erros máximos ocorrendo em $x = 1$ e três valores intermédios de x. No entanto, a expansão de Legendre tem erros maiores em 1 do que tem nos pontos interiores, enquanto a expansão de Chebyshov produz erros menores em 1 (com um aumento concomitante no erro nos outros máximos) com o resultado de todos os máximos do erro são comparáveis. Essa escolha minimiza aproximadamente o erro máximo. ∎

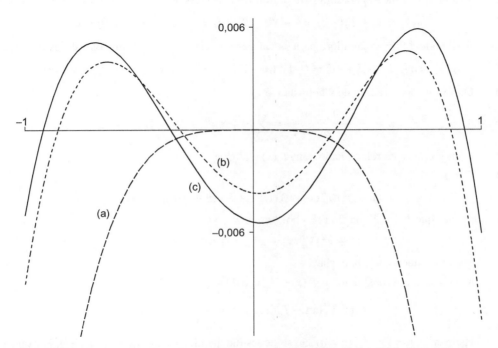

Figura 18.7: Erro nas aproximações de quatro termos para e^x: (a) Série de potências; (b) expansão de Legendre; e (c) expansão de Chebyshev.

Ortogonalidade

Se a Equação (18.97) for colocada na forma autoadjunta (Seção 8.2), obteremos $w(x) = (1 - x^2)^{-1/2}$ como um fator ponderado. Para a Equação (18.98) o fator ponderado correspondente é $(1 - x^2)^{+1/2}$.

As integrais de ortogonalidade resultantes,

$$\int_{-1}^{1} T_m(x)T_n(x)(1 - x^2)^{-1/2} \, dx = \begin{cases} 0, & m \neq n, \\ \dfrac{\pi}{2}, & m = n \neq 0, \\ \pi, & m = n = 0, \end{cases} \tag{18.116}$$

$$\int_{-1}^{1} V_m(x)V_n(x)(1 - x^2)^{-1/2} \, dx = \begin{cases} 0, & m \neq n, \\ \dfrac{\pi}{2}, & m = n \neq 0, \\ 0, & m = n = 0, \end{cases} \tag{18.117}$$

$$\int_{-1}^{1} U_m(x)U_n(x)(1-x^2)^{1/2}\,dx = \frac{\pi}{2}\,\delta_{mn},\tag{18.118}$$

e

$$\int_{-1}^{1} W_m(x)W_n(x)(1-x^2)^{1/2}\,dx = \frac{\pi}{2}\,\delta_{mn},\tag{18.119}$$

são uma consequência direta da teoria de Sturm-Liouville. Os valores de normalização podem ser melhor obtidos fazendo a substituição $x = \cos\theta$.

Exercícios

18.4.1 Avaliando a função geradora para os valores especiais de x, verifique os valores especiais

$$T_n(1) = 1, \quad T_n(-1) = (-1)^n, \quad T_{2n}(0) = (-1)^n, \quad T_{2n+1}(0) = 0.$$

18.4.2 Avaliando a função geradora para os valores especiais de x, verifique os valores especiais

$$U_n(1) = n+1, \quad U_n(-1) = (-1)^n(n+1), \quad U_{2n}(0) = (-1)^n, \quad U_{2n+1}(0) = 0.$$

18.4.3 Outra função geradora de Chebyshev é

$$\frac{1-xt}{1-2xt+t^2} = \sum_{n=0}^{\infty} X_n(x)t^n, \quad |t| < 1.$$

Como $X_N(x)$ está relacionado com $T_n(x)$ e $U_n(x)$?

18.4.4 Dado

$$(1-x^2)U_n''(x) - 3xU_n'(x) + n(n+2)U_n(x) = 0,$$

mostre que $V_n(x)$, Equação (18.106), satisfaz

$$(1-x^2)V_n''(x) - xV_n'(x) + n^2 V_n(x) = 0,$$

que é a equação de Chebyshev.

18.4.5 Mostre que o wronskiano de $T_n(x)$ e $V_n(x)$ é dado por

$$T_n(x)V_n'(x) - T_n'(x)V_n(x) = -\frac{n}{(1-x^2)^{1/2}}.$$

Isso verifica se T_n e V_n ($n \neq 0$) são soluções independentes da Equação (18.97). Por outro lado, para $n = 0$, não temos independência linear. O que acontece em $n = 0$? Onde está a "segunda" solução?

18.4.6 Mostre que $W_n(x) = (1-x^2)^{-1/2}\,T_{n+1}(x)$ é uma solução de

$$(1-x^2)W_n''(x) - 3xW_n'(x) + n(n+2)W_n(x) = 0.$$

18.4.7 Avalie o wronskiano de $U_n(x)$ e $W_n(x) = (1-x^2)^{-1/2}\,T_{n+1}(x)$.

18.4.8 $V_N(x) = (1-x^2)^{1/2}U_{n-1}(x)$ não é definido por $n = 0$. Mostre que uma segunda e independente solução da equação diferencial de Chebyshev para $T_n(x)$ ($n = 0$) é $V_0(x) = \arccos x$ (ou arcsen x).

18.4.9 Mostre que $V_n(x)$ satisfaz a mesma relação de recorrência de três termos como $T_n(x)$, Equação (18.92).

18.4.10 Verifique as soluções de série para $T_n(x)$ e $U_n(x)$, Equações (18.114) e (18.115).

18.4.11 Transforme a forma de série de $T_n(x)$, Equação (18.114), em uma série de potências **ascendente**.

$$RESPOSTA: \quad T_{2n}(x) = (-1)^n n \sum_{m=0}^{n} (-1)^m \frac{(n+m-1)!}{(n-m)!(2m)!}(2x)^{2m}, \quad n \geq 1,$$

$$T_{2n+1}(x) = \frac{2n+1}{2} \sum_{m=0}^{n} \frac{(-1)^{m+n}(n+m)!}{(n-m)!(2m+1)!}(2x)^{2m+1}.$$

18.4.12   Reescreva a forma de série de $U_n(x)$, Equação (18.115), como uma série de potências ascendente.

$$RESPOSTA: \quad U_{2n}(x) = (-1)^n \sum_{m=0}^{n} (-1)^m \frac{(n+m)!}{(n-m)!(2m)!} (2x)^{2m},$$

$$U_{2n+1}(x) = (-1)^n \sum_{m=0}^{n} (-1)^m \frac{(n+m+1)!}{(n-m)!(2m+1)!} (2x)^{2m+1}.$$

18.4.13   (a)   A partir da equação diferencial para T_n (na forma autoadjunta) mostre que

$$\int_{-1}^{1} \frac{dT_m(x)}{dx} \frac{dT_n(x)}{dx} (1-x^2)^{1/2} dx = 0, \quad m \neq n.$$

(b)   Confirme o resultado anterior mostrando que

$$\frac{dT_n(x)}{dx} = n U_{n-1}(x).$$

18.4.14   A substituição $x = 2x' - 1$ converte $T_n(x)$ nos polinômios **deslocados** de Chebyshev $T_n^*(x')$. Verifique se isso produz os polinômios deslocados apresentados na Tabela 18.5 e se eles satisfazem a condição de ortonormalidade

$$\int_{0}^{1} T_n^*(x') T_m(x') [x(1-x)]^{-1/2} dx = \frac{\delta_{mn}\pi}{2 - \delta_{n0}}.$$

Tabela 18.5 Polinômios deslocados de Chebychev tipo I

$T_0^* = 1$
$T_1^* = 2x - 1$
$T_2^* = 8x^2 - 8x + 1$
$T_3^* = 32x^3 - 48x^2 + 18x - 1$
$T_4^* = 128x^4 - 256x^3 + 160x^2 - 32x + 1$
$T_5^* = 512x^5 - 1280x^4 + 120x^3 - 400x^2 + 50x - 1$
$T_6^* = 2048x^6 - 6144x^5 + 6912x^4 - 3584x^3 + 840x^2 - 72x + 1$

18.4.15   A expansão de uma potência de x em uma série de Chebyshev leva à integral

$$I_{mn} = \int_{-1}^{1} x^m T_n(x) \frac{dx}{\sqrt{1-x^2}}.$$

(a)   Mostre que essa integral desaparece para $m < n$.
(b)   Mostre que essa integral desaparece para $m + n$ ímpar.

18.4.16   Avalie a integral

$$I_{mn} = \int_{-1}^{1} x^m T_n(x) \frac{dx}{\sqrt{1-x^2}}$$

para $m \geq n$ e $m + n$ par por meio de cada um dos dois métodos:
(a)   Substituindo $T_n(x)$ por sua representação de Rodrigues.
(b)   Usando $x = \cos\theta$ para transformar a integral em uma forma com θ como a variável.

$$RESPOSTA: \quad I_{mn} = \pi \frac{m!}{(m-n)!} \frac{(m-n-1)!!}{(m+n)!!}, \quad m \geq n, \, m+n \text{ even}.$$

18.4.17   Estabeleça os seguintes limites, $-1 \leq x \leq 1$:

(a) $| U_n(x) | \leq n + 1$,   (b) $\left| \dfrac{d}{dx} T_n(x) \right| \leq n^2$.

18.4.18   (a) Mostre que para $-1 \leq x \leq 1$, $| V_n(x) | \leq 1$.

(b) Mostre que $W_n(x)$ é ilimitado em $-1 \leq x \leq 1$.

18.4.19   Verifique as integrais de normalização de ortogonalidade para

(a) $T_m(x)$, $T_n(x)$

(b) $V_m(x)$, $V_n(x)$,

(c) $U_m(x)$, $U_n(x)$,

(d) $W_m(x)$, $W_n(x)$.

Dica: Todas essas podem ser convertidas em integrais trigonométricas.

18.4.20   Mostre se

(a) $T_m(x)$ e $V_n(x)$ são ou não ortogonais ao longo do intervalo $[-1, 1]$ em relação ao fator ponderador $(1 - x^2)^{-1/2}$.

(b) $U_m(x)$ e $W_n(x)$ são ou não ortogonais ao longo do intervalo $[-1, 1]$ em relação ao fator ponderador $(1 - x^2)^{1/2}$.

18.4.21   Derive

(a) $T_{n+1}(x) + T_{n-1}(x) = 2xT_n(x)$,

(b) $T_{m+n}(x) + T_{m-n}(x) = 2T_m(x)T_n(x)$, a partir das identidades de cosseno "correspondentes".

18.4.22   Algumas equações relacionam os dois tipos de polinômios de Chebyshev. Como os exemplos mostram que

$$T_n(x) = U_n(x) - xU_{n-1}(x)$$

e

$$(1 - x^2)U_n(x) = xT_{n+1}(x) - T_{n+2}(x).$$

18.4.23   Mostre que

$$\frac{dV_n(x)}{dx} = -n\frac{T_n(x)}{\sqrt{1 - x^2}}$$

(a) utilizando as formas trigonométricas de V_n e T_n,

(b) utilizando a representação de Rodrigues.

18.4.24   Começando com $x = \cos\theta$ e $T_n(\cos\theta) = \cos n\theta$, expanda

$$x^k = \left(\frac{e^{i\theta} + e^{-i\theta}}{2} \right)^k$$

e mostre que

$$x^k = \frac{1}{2^{k-1}} \left[T_k(x) + \binom{k}{1} T_{k-2}(x) + \binom{k}{2} T_{k-4} + \cdots \right],$$

a série entre colchetes que termina após o termo contendo T_1 ou T_0.

18.4.25   Desenvolva as seguintes expansões de Chebyshev (para $[-1, 1]$):

(a) $(1 - x^2)^{1/2} = \dfrac{2}{\pi} \left[1 - 2\displaystyle\sum_{s=1}^{\infty} (4s^2 - 1)^{-1} T_{2s}(x) \right]$,

(b) $\left. \begin{matrix} +1 & 0 < x \leq 1 \\ -1, & -1 \leq x < 0 \end{matrix} \right\} = \dfrac{4}{\pi} \displaystyle\sum_{s=0}^{\infty} (-1)^s (2s+1)^{-1} T_{2s+1}(x)$.

18.4.26 (a) Para o intervalo $[-1, 1]$ mostre que

$$|x| = \frac{1}{2} + \sum_{s=1}^{\infty} (-1)^{s+1} \frac{(2s-3)!!}{(2s+2)!!} (4s+1) P_{2s}(x)$$

$$= \frac{2}{\pi} + \frac{4}{\pi} \sum_{s=1}^{\infty} (-1)^{s+1} \frac{1}{4s^2-1} T_{2s}(x).$$

(b) Mostre que a relação do coeficiente de $T_{2s}(x)$ com a de $P_{2s}(x)$ se aproxima de $(\pi s)^{-1}$ como $s \to \infty$. Isso ilustra a convergência relativamente rápida da série de Chebyshev.
Dica: Com as relações de recorrência de Legendre, reescreva $x\,P_n(x)$ como uma combinação linear das derivadas. A substituição trigonométrica $x = \cos\theta$, $T_n(x) = \cos n\theta$ é mais útil para a parte de Chebyshev.

18.4.27 Mostre que

$$\frac{\pi^2}{8} = 1 + 2 \sum_{s=1}^{\infty} (4s^2 - 1)^{-2}.$$

Dica: Aplique a identidade de Parseval (ou a relação de completude) aos resultados do Exercício 18.4.26.

18.4.28 Mostre que

(a) $\cos^{-1} x = \dfrac{\pi}{2} - \dfrac{4}{\pi} \displaystyle\sum_{n=0}^{\infty} \dfrac{1}{(2n+1)^2} T_{2n+1}(x).$

(b) $\mathrm{sen}^{-1} x = \dfrac{4}{\pi} \displaystyle\sum_{n=0}^{\infty} \dfrac{1}{(2n+1)^2} T_{2n+1}(x).$

18.5 Funções Hipergeométricas

No Capítulo 7 a equação hipergeométrica[8]

$$x(1-x)y''(x) + [c - (a+b+1)x]y'(x) - ab\,y(x) = 0 \qquad (18.120)$$

foi introduzida como uma forma canônica de uma EDO linear de segunda ordem com singularidades regulares em $x = 0, 1$, e ∞. Uma solução, designada por $_2F_1$, é $y(x) = {}_2F_1(a, b; c; x)$

$$y(x) = {}_2F_1(a, b; c; x)$$

$$= 1 + \frac{a\,b}{c}\frac{x}{1!} + \frac{a(a+1)b(b+1)}{c(c+1)}\frac{x^2}{2!} + \cdots, \quad c \neq 0, -1, -2, -3, \ldots,$$

que é conhecida como **função hipergeométrica** ou **séries hipergeométricas**. Para a, b e c real (o único caso considerado aqui), o intervalo de convergência para $c > a + b$ é $-1 \le x \le 1$, enquanto para $a + b - 1 < c \le a + b$ o intervalo de convergência é $-1 \le x < 1$. Para $c \le a + b - 1$ a série hipergeométrica diverge.

Os termos da série hipergeométrica são convenientemente escritos de acordo com o símbolo de Pochhammer, introduzido na Equação (1.72); repetimos a definição aqui:

$$(a)_n = a(a+1)(a+2)\cdots(a+n-1), \quad (a)_0 = 1.$$

Usando essa notação, a função hipergeométrica torna-se

$$_2F_1(a, b; c; x) = \sum_{n=0}^{\infty} \frac{(a)_n (b)_n}{(c)_n} \frac{x^n}{n!}. \qquad (18.121)$$

---

[8]Isso às vezes é chamado EDO de Gauss. As soluções são então referidas como funções de Gauss.

Nessa forma, o significado dos índices inferiores 1 e 2 torna-se claro. O índice principal 2 indica que dois símbolos de Pochhammer aparecem no numerador e o índice final 1 indica um símbolo de Pochhammer no denominador. Os índices inferiores 2 e 1 só são úteis quando pretendemos discutir análogos da função hipergeométrica "padrão" que envolvem diferentes números dos símbolos de Pochhammer. Retemos os índices inferiores porque em breve identificaremos as **funções hipergeométricas confluentes** com formas semelhantes à Equação (18.121), mas com apenas um símbolo de Pochhammer no numerador, portanto, da forma $_1F_1(a; c; z)$. Note também que os parâmetros do numerador e denominador são definidos por pontos e vírgulas (na verdade, tornando os índices inferiores desnecessários). Nós os mantemos para corresponder com as notações mais utilizadas para essas funções.

Analisando ainda mais a Equação (18.121), observamos que a série se reduzirá a zero (para todo x) se c é zero ou um inteiro negativo (a menos que o denominador seja fortuitamente cancelado por uma escolha particular de a ou b). Por outro lado, se a ou b é igual a 0 ou um inteiro negativo, a série termina e a função hipergeométrica torna-se um polinômio. Muitas funções mais ou menos elementares podem ser representadas pela função hipergeométrica.[9] Por exemplo,

$$\ln(1 + x) = x \, _2F_1(1, 1; 2; -x). \tag{18.122}$$

A equação hipergeométrica como uma EDO linear de segunda ordem tem uma segunda solução independente. A forma usual é

$$y(x) = x^{1-c} \, _2F_1(a + 1 - c, b + 1 - c; 2 - c; x), \quad c \neq 2, 3, 4, \ldots. \tag{18.123}$$

Se c for um inteiro, qualquer uma das duas soluções coincidem ou (exceto se houver uma salvação por a inteiro ou b inteiro) uma das soluções aumentará excessivamente (ver Exercício 18.5.1). Nesse caso, espera-se que a segunda solução inclua um termo logarítmico.

Formas alternativas das EDO hipergeométricas incluem

$$(1 - z^2)\frac{d^2}{dz^2}\left[\left(\frac{1-z}{2}\right)y\right] - \left[(a + b + 1)z - (a + b + 1 - 2c)\right]\frac{d}{dz}\left[\left(\frac{1-z}{2}\right)y\right]$$

$$- ab\left[\left(\frac{1-z}{2}\right)y\right] = 0, \tag{18.124}$$

$$(1 - z^2)\frac{d^2}{dz^2}y(z^2) - \left[(2a + 2b + 1)z + \frac{1-2c}{z}\right]\frac{d}{dz}y(z^2) - 4ab\,y(z^2) = 0. \tag{18.125}$$

Relações de Funções Contíguas

Os parâmetros a, b, e c entram da mesma maneira como o parâmetro n das funções de Bessel, de Legendre e outras funções especiais. Como descobrimos com essas funções, esperamos relações de recorrência envolvendo mudanças unitárias nos parâmetros a, b, e c. Funções hipergeométricas que diferem por ± 1 em um parâmetro são chamadas **funções contíguas**. Generalizando esse termo para incluir mudanças unitárias simultâneas em mais de um parâmetro, encontramos 26 funções contíguas para $_2F_1(a, b; c; x)$. Considerando duas delas de cada vez, podemos desenvolver um total formidável de 325 equações entre as funções contíguas. Dois exemplos típicos são

$$(a - b)\left\{c(a + b - 1) + 1 - a^2 - b^2 + [(a - b)^2 - 1](1 - x)\right\} \, _2F_1(a, b; c; x)$$

$$= (c - a)(a - b + 1)b \, _2F_1(a - 1, b + 1; c; x)$$

$$+ (c - b)(a - b - 1)a \, _2F_1(a + 1, b - 1; c; x), \tag{18.126}$$

$$[2a - c + (b - a)x]\,_2F_1(a, b; c; x) = a(1 - x)\,_2F_1(a + 1, b; c; x)$$

$$- (c - a)\,_2F_1(a - 1, b; c; x). \tag{18.127}$$

Muitas outras relações contíguas podem ser encontradas em AMS-55 ou em Olver *et al.* (Leituras Adicionais).

---

[9]Com três parâmetros, a, b e c, podemos representar quase qualquer coisa.

Representações Hipergeométricas

Algumas funções especiais introduzidas neste livro podem ser expressas em termos das funções hipergeométricas. A identificação geralmente pode ser feita observando que essas funções são soluções das equações diferenciais ordinárias que são casos especiais da EDO hipergeométrica. Também é necessário determinar os fatores necessários para expressar as funções na escala acordada. Citamos alguns exemplos.

1. As funções ultraesféricas $C_n^{(\alpha)}(x)$ satisfazem a EDO dada como a Equação (18.99) e, como essa equação é um caso especial da equação hipergeométrica, Equação (18.120), vemos que as funções ultraesféricas (e funções de Legendre e de Chebyshev) podem ser expressas como funções hipergeométricas. Para a função ultraesférica obtemos

$$C_n^{(\alpha)}(x) = \frac{(n+2\alpha)!}{2^\alpha n!\,\Gamma(\alpha+1)}\, {}_2F_1\left(-n, n+2\alpha+1; 1+\alpha; \frac{1-x}{2}\right), \tag{18.128}$$

com o fator precedendo a função ${}_2F_1$ determinada exigindo que $C_n^{(\alpha)}$ tenha a escala adequada.

2. Para as funções de Legendre e funções associadas de Legendre encontramos

$$P_n(x) = {}_2F_1\left(-n, n+1; 1; \frac{1-x}{2}\right), \tag{18.129}$$

$$P_n^m(x) = \frac{(n+m)!}{(n-m)!}\frac{(1-x^2)^{m/2}}{2^m m!}\, {}_2F_1\left(m-n, m+n+1; m+1; \frac{1-x}{2}\right). \tag{18.130}$$

Formas alternativas para as funções de Legendre são

$$P_{2n}(x) = (-1)^n \frac{(2n)!}{2^{2n} n!\, n!}\, {}_2F_1\left(-n, n+\frac{1}{2}; \frac{1}{2}; x^2\right)$$

$$= (-1)^n \frac{(2n-1)!!}{(2n)!!}\, {}_2F_1\left(-n, n+\frac{1}{2}; \frac{1}{2}; x^2\right), \tag{18.131}$$

$$P_{2n+1}(x) = (-1)^n \frac{(2n+1)!}{2^{2n} n!\, n!}\, x\, {}_2F_1\left(-n, n+\frac{3}{2}; \frac{3}{2}; x^2\right)$$

$$= (-1)^n \frac{(2n+1)!!}{(2n)!!}\, x\, {}_2F_1\left(-n, n+\frac{3}{2}; \frac{3}{2}; x^2\right). \tag{18.132}$$

3. As funções de Chebyshev possuem representações

$$T_n(x) = {}_2F_1\left(-n, n; \frac{1}{2}; \frac{1-x}{2}\right), \tag{18.133}$$

$$U_n(x) = (n+1)\, {}_2F_1\left(-n, n+2; \frac{3}{2}; \frac{1-x}{2}\right), \tag{18.134}$$

$$V_n(x) = n\sqrt{1-x^2}\, {}_2F_1\left(-n+1, n+1; \frac{3}{2}; \frac{1-x}{2}\right). \tag{18.135}$$

Os fatores principais são determinados por comparação direta da série de potências completa, a comparação dos coeficientes de potências particulares da variável, ou avaliação em $x = 0$ ou 1.

A série hipergeométrica pode ser utilizada para definir funções com índices não inteiros. As aplicações físicas são mínimas.

Exercícios

18.5.1 (a) Para c, um inteiro, e a e b não inteiros, mostre que

$$_2F_1(a, b; c; x) \quad \text{e} \quad x^{1-c}\, {}_2F_1(a+1-c, b+1-c; 2-c; x)$$

gerou uma única solução para a equação hipergeométrica.

(b) O que acontece se a é um inteiro, digamos, $a = -1$, e $c = -2$?

18.5.2   Encontre as relações de recorrência de Legendre, Chebyshev I e Chebyshev II correspondendo à relação das funções contíguas hipergeométricas dadas como a Equação (18.126).

18.5.3   Transforme os seguintes polinômios em funções hipergeométricas de argumento x^2:

(a) $T_{2n}(x)$;

(b) $x^{-1}T_{2n+1}(x)$;

(c) $L_{2n}(x)$;

(d) $x^{-1}U_{2n+1}(x)$.

$$RESPOSTA: \quad \text{(a)} \; T_{2n}(x) = (-1)^n_2 F_1(-n, n; \tfrac{1}{2}; x^2).$$

$$\text{(b)} \; x^{-1}T_{2n+1}(x) = (-1)^n(2n+1) \, {}_2F_1(-n, n+1; \tfrac{3}{2}; x^2)$$

$$\text{(c)} \; U_{2n}(x) = (-1)^n \, {}_2F_1(-n, n+1; \tfrac{1}{2}; x^2)$$

$$\text{(d)} \; x^{-1}U_{2n+1}(x) = (-1)^n(2n+2) \, {}_2F_1(-n, n+2; \tfrac{3}{2}; x^2).$$

18.5.4   Derive ou verifique o fator principal nas representações hipergeométricas das funções de Chebyshev.

18.5.5   Verifique se a função de Legendre de segundo tipo, $Q_\nu(z)$ é dada por

$$Q_\nu(z) = \frac{\pi^{1/2}\nu!}{\Gamma(\nu + \frac{3}{2})(2z)^{\nu+1}} \, {}_2F_1\left(\frac{\nu}{2} + \frac{1}{2}, \frac{\nu}{2} + 1; \frac{\nu}{2} + \frac{3}{2}; z^{-2}\right),$$

em que $|z| > 1$, $|\arg z| < \pi$, e $\nu \neq -1, -2, -3, \dots$.

18.5.6   A função beta incompleta foi definida na Equação (13.78) como

$$B_x(p, q) = \int_0^x t^{p-1}(1-t)^{q-1}\, dt.$$

Mostre que

$$B_x(p, q) = p^{-1}x^p \, {}_2F_1(p, 1-q; p+1; x).$$

18.5.7   Verifique se a representação integral

$$_2F_1(a, b; c; z) = \frac{\Gamma(c)}{\Gamma(b)\Gamma(c-b)} \int_0^1 t^{b-1}(1-t)^{c-b-1}(1-tz)^{-a}\, dt.$$

Quais restrições devem ser impostas sobre os parâmetros b e c?

Nota: Embora a série de potências utilizada para estabelecer essa representação integral só seja válida para $|z| < 1$, a representação é válida para z geral, como pode ser estabelecido por continuação analítica. Para o eixo real a não inteiro no plano z de 1 a ∞ é uma linha de corte.

Dica: A integral é de maneira suspeita parecida com uma função beta e pode ser expandida em uma série de funções beta.

$$RESPOSTA: c > b > 0.$$

18.5.8   Prove que

$$_2F_1(a, b; c; 1) = \frac{\Gamma(c)\Gamma(c-a-b)}{\Gamma(c-a)\Gamma(c-b)}, \quad c \neq 0, -1, -2, \dots, \quad c > a+b.$$

Dica: Eis uma oportunidade de utilizar a representação integral no Exercício 18.5.7.

18.5.9   Prove que

$$_2F_1(a, b; c; x) = (1-x)^{-a} \, {}_2F_1\left(a, c-b; c; \frac{-x}{1-x}\right).$$

Dica: Tente uma representação integral.

Nota: Essa relação é útil ao desenvolver uma representação de Rodrigues de $T_n(x)$ (ver Exercício 18.5.10).

18.5.10   Derive a representação de Rodrigues de $T_n(x)$,

$$T_n(x) = \frac{(-1)^n \pi^{1/2}(1-x^2)^{1/2}}{2^n(n-\frac{1}{2})!} \frac{d^n}{dx^n}\left[(1-x^2)^{n-1/2}\right].$$

Dica: Uma possibilidade é usar a relação da função hipergeométrica

$$_2F_1(a,b;c;z) = (1-z)^{-a}\,_2F_1\left(a,c-b;c;\frac{-z}{1-z}\right),$$

com $z = (1-x)/2$. Uma abordagem alternativa é desenvolver uma equação diferencial de primeira ordem para $y = (1-x^2)^{n-1/2}$. Diferenciação repetida dessa equação leva à equação de Chebyshev.

18.5.11   Mostre que o somatório na Equação (18.43),

$$\sum_{\nu=0}^{\min(m,n)} \frac{(-m)_\nu(-n)_\nu}{\nu!\left(\dfrac{1-m-n}{2}\right)_\nu}\left(\frac{a^2}{2(a^2-1)}\right)^\nu,$$

pode ser escrito como uma função hipergeométrica.

18.5.12   Verifique que

$$_2F_1(-n,b;c;1) = \frac{(c-b)_n}{(c)_n}.$$

Dica: Eis uma oportunidade de usar a relação de função contígua da Equação (18.127) e indução matemática (Seção 1.4). Como uma alternativa, use a representação integral e a função beta.

18.6   Funções Hipergeométricas Confluentes

A equação hipergeométrica confluente,[10]

$$xy''(x) + (c-x)y'(x) - ay(x) = 0, \tag{18.136}$$

tem uma singularidade regular em $x = 0$ e uma irregular em $x = \infty$. Ela é obtida da equação hipergeométrica da Seção 18.5 no limite em que uma das singularidades no finito x é mesclada com aquela no infinito, fazendo essa singularidade tornar-se irregular. Uma solução da equação hipergeométrica confluente é

$$y(x) = \,_1F_1(a;c;x) = M(a,c,x)$$

$$= 1 + \frac{a}{c}\frac{x}{1!} + \frac{a(a+1)}{c(c+1)}\frac{x^2}{2!} + \cdots, \quad c \neq 0,-1,-2,\cdots. \tag{18.137}$$

A notação $M(a,c,x)$ (com vírgulas, não pontos e vírgulas) tornou-se padrão para essa solução. Ela é convergente para todo x finito (ou z complexo). Em termos dos símbolos de Pochhammer, temos

$$M(a,c,x) = \sum_{n=0}^{\infty} \frac{(a)_n}{(c)_n}\frac{x^n}{n!}. \tag{18.138}$$

Claramente, $M(a,c,x)$ torna-se um polinômio se o parâmetro a é 0 ou um inteiro negativo. Inúmeras funções mais ou menos elementares podem ser representadas pela função hipergeométrica confluente. Exemplos disso são a função de erro e a função gama incompleta:

$$\text{erf}(x) = \frac{2}{\pi^{1/2}}\int_0^x e^{-t^2}dt = \frac{2}{\pi^{1/2}}\,x\,M\left(\frac{1}{2},\frac{3}{2},-x^2\right), \tag{18.139}$$

$$\gamma(a,x) = \int_0^x e^{-t}t^{a-1}dt = a^{-1}x^a M(a,a+1,-x), \quad \Re e(a) > 0. \tag{18.140}$$

---

[10]Isso é muitas vezes chamado **equação de Kummer**. As soluções então são **funções de Kummer**.

Uma segunda solução da Equação (18.136) é dada por

$$y(x) = x^{1-c} M(a + 1 - c, 2 - c, x), \quad c \neq 2, 3, 4, \cdots. \tag{18.141}$$

Claramente, isso coincide com a primeira solução para $c = 1$.

A forma padrão da segunda solução da Equação (18.136) é uma combinação linear das Equações (18.137) e (18.141):

$$U(a, c, x) = \frac{\pi}{\operatorname{sen} \pi c} \left[\frac{M(a, c, x)}{\Gamma(a - c + 1)\Gamma(c)} - \frac{x^{1-c} M(a + 1 - c, 2 - c, x)}{\Gamma(a)\Gamma(-c)} \right]. \tag{18.142}$$

Observe a semelhança com a nossa definição da função de Neumann, Equação (14.57). Assim como com a função de Neumann, essa definição de $U(a, c, x)$ se torna indefinida para certos valores de parâmetro, ou seja, quando c é um inteiro.

Uma forma alternativa da equação hipergeométrica confluente é obtida alterando a variável independente de x para x^2:

$$\frac{d^2}{dx^2} y(x^2) + \left[\frac{2c - 1}{x} - 2x \right] \frac{d}{dx} y(x^2) - 4ay(x^2) = 0. \tag{18.143}$$

Como acontece com funções hipergeométricas, existem funções contíguas em que os parâmetros a e c são alterados por ±1. Incluindo os casos das mudanças simultâneas nos dois parâmetros, temos oito possibilidades. Considerando a função original e pares das funções contíguas, podemos desenvolver um total de 28 equações. As relações de recorrência para as funções de Bessel, Hermite e Laguerre são casos especiais dessas equações.

Representações Integrais

É frequentemente conveniente ter as funções hipergeométricas confluentes na forma integral. Nós encontramos (Exercício 18.6.10)

$$M(a, c, x) = \frac{\Gamma(c)}{\Gamma(a)\Gamma(c - a)} \int_0^1 e^{xt} t^{a-1} (1 - t)^{c-a-1} dt, \quad c > a > 0, \tag{18.144}$$

$$U(a, c, x) = \frac{1}{\Gamma(a)} \int_0^\infty e^{-xt} t^{a-1} (1 + t)^{c-a-1} dt, \quad \Re e(x) > 0, a > 0. \tag{18.145}$$

Três técnicas importantes para derivar ou verificar representações integrais são:

1. Transformação das expansões da função geradora e representações de Rodrigues: As funções de Bessel e de Legendre fornecem exemplos dessa abordagem.
2. Integração direta para produzir uma série: essa técnica direta é útil para uma representação da função de Bessel (Exercício 14.1.17) e uma integral hipergeométrica (Exercício 18.5.7).
3. (a) Verificação de que a representação integral satisfaz a EDO. (b) Exclusão da outra solução. (c) Verificação da normalização. Esse é o método utilizado na Seção 14.6 para estabelecer uma representação integral da função modificada de Bessel $K_\nu(x)$. Ele funcionará aqui para estabelecer as Equações (18.144) e (18.145).

Representações Hipergeométricas Confluentes

Funções especiais que podem ser representadas em termos de funções hipergeométricas confluentes incluem o seguinte:

1. **Funções de Bessel:**

$$J_\nu(x) = \frac{e^{-ix}}{\Gamma(\nu + 1)} \left(\frac{x}{2} \right)^\nu M \left(\nu + \frac{1}{2}, 2\nu + 1, 2ix \right), \tag{18.146}$$

enquanto para as funções modificadas de Bessel do primeiro tipo,

$$I_\nu(x) = \frac{e^{-x}}{\Gamma(\nu + 1)} \left(\frac{x}{2} \right)^\nu M \left(\nu + \frac{1}{2}, 2\nu + 1, 2x \right). \tag{18.147}$$

2. **Funções de Hermite:**

$$H_{2n}(x) = (-1)^n \frac{(2n)!}{n!} M\left(-n, \frac{1}{2}, x^2\right).$$ (18.148)

$$H_{2n+1}(x) = (-1)^n \frac{2(2n+1)!}{n!} x M\left(-n, \frac{3}{2}, x^2\right),$$ (18.149)

usando a Equação (13.150).

3. **Funções de Laguerre:**

$$L_n(x) = M(-n, 1, x).$$ (18.150)

A constante é mantida fixa como uma unidade observando a Equação (18.54) para $x = 0$. Para as funções associadas de Laguerre,

$$L_n^m(x) = (-1)^m \frac{d^m}{dx^m} L_{n+m}(x) = \frac{(n+m)!}{n! \, m!} M(-n, m+1, x).$$ (18.151)

A verificação alternativa é obtida comparando a Equação (18.151) com a solução de série de potências, Equação (18.59). Note que na forma hipergeométrica, como distintos de uma representação de Rodrigues, os índices m e n não precisam ser inteiros, mas, se não forem inteiros, $L_n^m(x)$ não será um polinômio.

Outras Observações

Existem algumas vantagens em expressar nossas funções especiais em termos das funções hipergeométricas e hipergeométricas confluentes. Se o comportamento geral dessas últimas funções é conhecido, o comportamento das funções especiais que investigamos resulta como uma série de casos especiais. Isso pode ser útil ao determinar o comportamento assintótico ou avaliar integrais de normalização. O comportamento assintótico de $M(a, c, x)$ e $U(a, c, x)$ pode ser convenientemente obtido a partir de representações integrais dessas funções, Equações (18.144) e (18.145). A outra vantagem é que as relações entre as funções especiais são esclarecidas. Por exemplo, um exame das Equações (18.148), (18.149) e (18.151) sugere que as funções de Laguerre e de Hermite estão relacionadas.

A equação hipergeométrica confluente, Equação (18.136), claramente não é autoadjunta. Por essa e outras razões, é conveniente definir

$$M_{k\mu}(x) = e^{-x/2} x^{\mu+1/2} M(\mu - k + \tfrac{1}{2}, 2\mu + 1, x).$$ (18.152)

Essa nova função, $M_k\mu(x)$, é chamada função de Whittaker; ela satisfaz a equação autoadjunta

$$M_{k\mu}''(x) + \left(-\frac{1}{4} + \frac{k}{x} + \frac{\frac{1}{4} - \mu^2}{x^2}\right) M_{k\mu}(x) = 0.$$ (18.153)

A segunda solução correspondente é

$$W_{k\mu}(x) = e^{-x/2} x^{\mu+1/2} U(\mu - k + \tfrac{1}{2}, 2\mu + 1, x).$$ (18.154)

Exercícios

18.6.1 Verifique a representação hipergeométrica confluente da função de erro

$$\text{erf}(x) = \frac{2x}{\pi^{1/2}} M\left(\frac{1}{2}, \frac{3}{2}, -x^2\right).$$

18.6.2 Mostre que as integrais de Fresnel $C(x)$ e $s(x)$ do Exercício 12.6.1 podem ser expressas em termos da função hipergeométrica confluente como

$$C(x) + is(x) = x M\left(\frac{1}{2}, \frac{3}{2}, \frac{i\pi x^2}{2}\right).$$

18.6.3   Por diferenciação direta e substituição verifique que

$$y = ax^{-a} \int\limits_0^x e^{-t} t^{a-1} \, dt = ax^{-a} \gamma(a, x)$$

satisfaz

$$xy'' + (a + 1 + x)y' + ay = 0.$$

18.6.4   Mostre que a função modificada de Bessel de segundo tipo, $K_\nu(x)$, é dada por

$$K_\nu(x) = \pi^{1/2} e^{-x} (2x)^\nu U(\nu + \tfrac{1}{2}, 2\nu + 1, 2x).$$

18.6.5   Mostre que as integrais de cosseno e seno da Seção 13.6 podem ser expressas em termos de funções hipergeométricas confluentes como

$$\text{Ci}(x) + i \, \text{si}(x) = -e^{i\,x} U(1, 1, -i\,x).$$

Essa relação é útil no cálculo numérico de Ci(x) e si(x) para valores grandes de x.

18.6.6   Verifique a forma hipergeométrica confluente dos polinômios hermitianos $H_{2n+1}(x)$, Equação (18.149), mostrando que

(a) $H_{2n+1}(x)/x$ satisfaz a equação hipergeométrica confluente com $a = -n$, $c = 3/2$ e argumento x^2,

(b) $\displaystyle \lim_{x \to 0} \frac{H_{2n+1}(x)}{x} = (-1)^n \frac{2(2n+1)!}{n!}$.

18.6.7   Mostre que a equação da função hipergeométrica confluente contígua

$$\text{Ci}(x) + i \, \text{si}(x) = -e^{ix} U(1, 1, -ix).$$

leva à relação de recorrência da função associada de Laguerre, Equação (18.66).

18.6.8   Verifique as transformações de Kummer:

(a) $M(a, c, x) = e^x M(c - a, c, -x)$,

(b) $U(a, c, x) = x^{1-c} U(a - c + 1, 2 - c, x)$.

18.6.9   Prove que

(a) $\displaystyle \frac{d^n}{dx^n} M(a, c, x) = \frac{(a)_n}{(b)_n} M(a+n, b+n, x)$,

(b) $\displaystyle \frac{d^n}{dx^n} U(a, c, x) = (-1)^n (a)_n U(a+n, c+n, x)$.

18.6.10   Verifique as seguintes representações integrais:

(a) $\displaystyle M(a, c, x) = \frac{\Gamma(c)}{\Gamma(a)\Gamma(c-a)} \int_0^1 e^{xt} t^{a-1} (1-t)^{c-a-1} \, dt, \; c > a > 0$,

(b) $\displaystyle U(a, c, x) = \frac{1}{\Gamma(a)} \int_0^\infty e^{-xt} t^{a-1} (1+t)^{c-a-1} \, dt, \; \mathfrak{Re}(x) > 0, \, a > 0$.

Sob quais condições você pode aceitar $\mathfrak{Re}(x) = 0$ na parte (b)?

18.6.11   A partir da representação integral de $M(a, c, x)$, Exercício 18.6.10(a), mostre que

$$M(a, c, x) = e^x M(c - a, c, -x).$$

Dica: Substitua a variável da integração t por $1 - s$ para liberar um fator e^x da integral.

18.6.12   A partir da representação integral de $U(a, c, x)$ no Exercício 18.6.10(b), mostre que a integral exponencial é dada por

$$E_1(x) = e^{-x} U(1, 1, x).$$

Dica: Substitua a variável da integração t em $E_1(x)$ por $x(1 + s)$.

18.6.13 Das representações integrais de $M(a, c, x)$ e $U(a, c, x)$ no Exercício 18.6.10, desenvolva expansões assintóticas de

(a) $M(a, c, x)$,

(b) $U(a, c, x)$.

Dica: Use a técnica que foi empregada com $K_\nu(z)$ na Seção 14.6.

RESPOSTA:

(a) $\dfrac{\Gamma(c)}{\Gamma(a)} \dfrac{e^x}{x^{c-a}} \left\{ 1 + \dfrac{(1-a)(c-a)}{1!x} + \dfrac{(1-a)(2-a)(c-a)(c-a+1)}{2!x^2} + \ldots \right\}$,

(b) $\dfrac{1}{x^a} \left\{ 1 + \dfrac{a(1+a-c)}{1!(-x)} + \dfrac{a(a+1)(1+a-c)(2+a-c)}{2!(-x)^2} + \ldots \right\}$.

18.6.14 Mostre que o wronskiano das duas funções hipergeométricas confluentes $M(a, c, x)$ e $U(a, c, x)$ é dado por

$$MU' - M'U = -\frac{(c-1)!}{(a-1)!} \frac{e^x}{x^c}.$$

O que acontece se a é 0 ou um inteiro negativo?

18.6.15 A equação de onda de Coulomb (parte radial da equação de Schrödinger com potencial de Coulomb) é

$$\frac{d^2 y}{dr^2} + \left[1 - \frac{2\eta}{r} - \frac{L(L+1)}{r^2} \right] y = 0.$$

Mostre que uma solução regular $y = F_L(\eta, r)$ é dada por

$$F_L(\eta, r) = C_L(\eta) r^{L+1} e^{-ir} M(L+1-i\eta, 2L+2, 2ir).$$

18.6.16 (a) Mostre que a parte radial da função de onda do átomo de hidrogênio, Equação (18.81), pode ser escrita como

$$e^{-\alpha r/2}(\alpha r)^L L_{n-L-1}^{2L+1}(\alpha r) =$$

$$\frac{(n+L)!}{(n-L-1)!(2L+1)!} e^{-\alpha r/2}(\alpha r)^L M(L+1-n, 2L+2, \alpha r).$$

(b) Supusemos previamente que a energia total (cinética + potencial) E do elétron era negativa. Reescreva a função de onda radial (não normalizada) para um elétron hidrogenoide não ligado, $E > 0$.

RESPOSTA: $e^i \alpha^{r/2}(\alpha r)^L M(L+1-in, 2L+2, -i\alpha r)$, onda de saída. Essa representação fornece uma técnica poderosa alternativa para calcular os coeficientes de fotoionização e recombinação.

18.6.17 Avalie

(a) $\displaystyle\int_0^\infty \left[M_{k\mu}(x) \right]^2 dx$,   (b) $\displaystyle\int_0^\infty \left[M_{k\mu}(x) \right]^2 \frac{dx}{x}$,

(c) $\displaystyle\int_0^\infty \left[M_{k\mu}(x) \right]^2 \frac{dx}{x^{1-a}}$,

em que $2\mu = 0, 1, 2, \ldots, k - \mu - \frac{1}{2} = 0, 1, 2, \ldots,, a > -2\mu - 1$.

RESPOSTA: (a) $2k(2\mu)!$, (b) $(2\mu)!$, (c) $(2k)^a(2\mu)!$.

18.7 Dilogaritmo

O **dilogaritmo**, definido como

$$\mathrm{Li}_2(z) = -\int_0^z \frac{\ln(1-t)}{t}\,dt \tag{18.155}$$

e sua continuação analítica para além do intervalo de convergência da integral, surge ao avaliar os elementos matriciais em problemas de poucos corpos da física atômica e nas várias contribuições da teoria da perturbação para a eletrodinâmica quântica. Por causa da falta histórica de familiaridade com essa função especial entre os físicos, muitos locais de sua ocorrência só foram reconhecidos nos últimos anos.

Expansão e Propriedades Analíticas

Expandindo o logaritmo na Equação (18.155), usando a série na Equação (1.97), obtemos diretamente a expansão de série

$$\mathrm{Li}_2(z) = \sum_{n=1}^{\infty} \frac{z^n}{n^2}. \tag{18.156}$$

Note que o logaritmo foi inserido sem um múltiplo adicional de $2\pi i$, obtendo assim o ramo de Li_2 que é não singular em $z = 0$.

Outras aplicações do operador que converte $-\ln(1-z)$ em $\mathrm{Li}_2(z)$ produzem **polilogaritmos**, que também ocorrem na física, embora com menor frequência:

$$\mathrm{Li}_p(z) = \int_0^z \mathrm{Li}_{p-1}(t)\frac{dt}{t} = \sum_{n=1}^{\infty} \frac{z^n}{n^p} \quad p = 3,\ 4,\ \dots. \tag{18.157}$$

Porém, neste texto só consideraremos o primeiro membro dessa sequência, Li_2.

A expansão de série de Li_2, Equação (18.156), tem um círculo de convergência $|z| = 1$, com convergência para todo z nesse círculo. A singularidade que limita o raio de convergência não é aparente a partir da forma da expansão, mas, analisando a Equação (18.155), nós a identificamos como um ponto de ramificação localizado em $z = 1$. É comum desenhar um corte ramificação de $z = 1$ a $z = \infty$ ao longo e logo abaixo do eixo real positivo, e definir o valor principal de Li_2 como o que corresponde à Equação (18.156) e sua continuação analítica.

A partir da forma da Equação (18.156), é evidente que para z real no intervalo de $-1 \le z \le +1$, $\mathrm{Li}_2(z)$ também será real. Para $z > 1$, vemos na Equação (18.155) que para parte do intervalo de integração, o fator $\ln(1-t)$ será necessariamente complexo, com o resultado de que $\mathrm{Li}_2(z)$ deixará de ser real, mesmo para z real. Entretanto, não há nenhum problema semelhante para negativo z real negativo, como o valor principal de $\ln(1-t)$ permanece real para todos os valores reais negativos de t.

Analisando ainda mais o comportamento da integral na Equação (18.155), notamos que se alcançarmos um ponto z executando a integral, ao longo de um caminho (em t) que vai primeiro de $t = 0$ a imediatamente acima do ponto de ramificação em $t = 1$, e então em uma linha reta até z, iremos alterar para o último segmento do caminho o argumento de $1-t$ por alguma grandeza θ no sentido horário, adicionando assim um valor $-i\theta$ ao numerador do integrando (Figura 18.8).

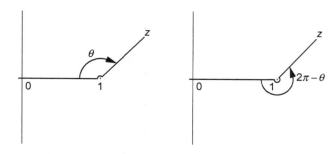

Figura 18.8: Contornos para a representação integral do dilogaritmo.

Essa adição ao numerador significa que a avaliação de Li_2 (Z) terá a forma

$$\mathrm{Li}_2(z) = -\int\limits_{0}^{1} \frac{\ln(1-t)}{t}\,dt - \int\limits_{1}^{z} \frac{\ln(|1-t|)}{t}\,dt + i\theta \int\limits_{1}^{z} \frac{dt}{t}$$

$$= \mathrm{Li}_2(1) - \int\limits_{1}^{z} \frac{\ln(|1-t|)}{t}\,dt + i\theta \ln z \quad \text{(caminho acima de } z = 1\text{)}. \tag{18.158}$$

Se repetirmos a análise para alcançar o mesmo ponto z por um caminho (em t) que passa em torno de $z = 1$ abaixo do eixo real, o argumento de $1 - t$ será alterado por um valor $2\pi - \theta$ no sentido anti-horário, e

$$\mathrm{Li}_2(z) = \mathrm{Li}_2(1) - \int\limits_{1}^{z} \frac{\ln(|1-t|)}{t}\,dt - i(2\pi - \theta) \ln z \quad \text{(caminho abaixo de } z = 1\text{)}. \tag{18.159}$$

Comparando as Equações (18.158) e (18.159), vemos que os valores de $\mathrm{Li}_2(z)$, para o mesmo z, mas nessas duas ramificações diferentes, os valores serão diferentes por um valor $2\pi\, i \ln z$. Se x é complexo, a diferença afetará tanto as partes reais quanto imaginárias de $\mathrm{Li}_2(z)$, de modo mais complicado do que quer mudar a fase ou adicionar um múltiplo de π à parte imaginária. Ao trabalhar com o dilogaritmo, portanto, é essencial fazer uma determinação cuidadosa quanto à ramificação em que ele deve ser avaliado. Na verdade, quaisquer que sejam as possíveis fórmulas envolvendo o dilogaritmo e (por causa do contexto) que se sabe que é de valor real deve ser manipulado (usando fórmulas como aquelas na próxima subseção) para fazer cada dilogaritmo na fórmula ser para um valor de z que é real e com $z < 1$.

Propriedades e Valores Especiais

A partir da Equação (18.156), vemos que $\mathrm{Li}_2(0) = 0$. Definindo $z = 1$, observamos que obtemos a série para $\zeta(2)$, assim $\mathrm{Li}_2(1) = \zeta(2) = \pi^2/6$. Temos também $\mathrm{Li}_2(-1) = -\eta(2)$, em que $\eta(2)$ é a série de Dirichlet na Equação (12.62), assim $\mathrm{Li}_2(-1) = -\pi^2/12$.

O dilogaritmo tem uma derivada que decorre diretamente da Equação (18.155),

$$\frac{d\,\mathrm{Li}_2(z)}{dz} = -\frac{\ln(1-z)}{z}, \tag{18.160}$$

e possui várias relações funcionais que permitem uma continuação analítica fácil para além do intervalo de convergência da Equação (18.156). Algumas dessas são:

$$\mathrm{Li}_2(z) + \mathrm{Li}_2(1-z) = \frac{\pi^2}{6} - \ln z \ln(1-z) \tag{18.161}$$

$$\mathrm{Li}_2(z) + \mathrm{Li}_2(z^{-1}) = -\frac{\pi^2}{6} - \frac{1}{2} \ln^2(-z) \tag{18.162}$$

$$\mathrm{Li}_2(z) + \mathrm{Li}_2\left(\frac{z}{z-1}\right) = -\frac{1}{2} \ln^2(1-z). \tag{18.163}$$

Essas relações são mais facilmente estabelecidas mostrando que as derivadas dos dois lados das equações são iguais e que os valores dos dois lados correspondem a algum valor conveniente de z. Essas relações funcionais permitem determinar $Li_2(z)$ para todo z real dos valores sobre a linha real no intervalo $|z| \leq \frac{1}{2}$, para o qual a série na Equação (18.155) converge rapidamente.

Das relações funcionais é possível identificar mais alguns valores específicos de z para o qual o valor principal de $\mathrm{Li}_2(z)$ pode ser expresso em termos das funções elementares. Por exemplo, $\mathrm{Li}_2(1/2) = -\frac{1}{2}\ln^2(2) + \pi^2/12$. Entretanto, para a maior parte de z, expressões fechadas não estão disponíveis.

Exemplo 18.7.1   VERIFIQUE A UTILIDADE DA FÓRMULA

A integral

$$I = \frac{1}{8\pi^2} \iint d^3r_1 d^3r_2 \, \frac{e^{-\alpha r_1 - \beta r_2 - \gamma r_{12}}}{r_1^2 r_2^2 r_{12}}$$

surge em cálculos da estrutura eletrônica do átomo He. Aqui $\mathbf{r}_i$ são as posições dos dois elétrons em relação ao núcleo (que está na origem do sistema de coordenadas), a integração é sobre os espaços tridimensionais completos de $\mathbf{r}_1$ e $\mathbf{r}_2$, $r_i = |\mathbf{r}_i|$, e $r_{12} = |\mathbf{r}_1 - \mathbf{r}_2|$.

Considera-se que essa integral tem o valor

$$I = \frac{1}{\gamma} \left[\frac{\pi^2}{6} + \mathrm{Li}_2 \left(\frac{\gamma - \beta}{\alpha + \gamma} \right) + \mathrm{Li}_2 \left(\frac{\gamma - \alpha}{\beta + \gamma} \right) + \frac{1}{2} \ln^2 \left(\frac{\alpha + \gamma}{\beta + \gamma} \right) \right].$$

Agora perguntamos: seus termos individuais são reais?

Notamos da definição de I que será convergente somente se $\alpha + \beta$, $\alpha + \gamma$, e $\beta + \gamma$ são todos positivos. Se esse não for o caso, na parte do espaço em que uma partícula está longe de outras duas, o exponencial geral aumentará sem limite. Analisando agora a fórmula para a integral, vemos imediatamente que o termo $\ln^2$ será real, como seu argumento é o quociente de dois números positivos. O primeiro termo Li_2 pode ser escrito

$$\mathrm{Li}_2 \left(\frac{\gamma - \beta}{\alpha + \gamma} \right) = \mathrm{Li}_2 \left(1 - \frac{\alpha + \beta}{\alpha + \gamma} \right),$$

mostrando que o argumento de Li_2 é real e inferior a +1, o que significa que esse Li_2 será avaliado para um resultado real. Observações semelhantes aplicam-se à segunda instância de Li_2. Concluímos que nossa fórmula está em uma forma adequada para cálculos sem ambiguidades usando valores principais das funções de valor múltiplo. ∎

Exercícios

18.7.1   Prove que a expansão de $\mathrm{Li}_2(z)$, Equação (18.156), converge para todos os lugares no círculo $|z| = 1$.

18.7.2   Use as relações funcionais, Equações (18.161) a (18.163), para encontrar o valor principal de $\mathrm{Li}_2(1/2)$.

18.7.3   Encontre todos os múltiplos valores de $\mathrm{Li}_2(1/2)$.

18.7.4   Explique por que a Equação (18.161) dá o resultado esperado para $z = 0$ quando na ramificação principal do dilogaritmo.

18.7.5   Mostre que

$$\mathrm{Li}_2 \left(\frac{1 + z^{-1}}{2} \right) = -\mathrm{Li}_2 \left(\frac{1 + z}{1 - z} \right) - \frac{1}{2} \ln^2 \left(\frac{1 - z^{-1}}{2} \right).$$

18.7.6   A seguinte integral surge no cálculo da energia eletrônica do átomo Li usando uma função de onda correlacionada (uma que inclui explicitamente as distâncias entre um elétron e outro, bem como as distâncias dos elétrons a partir do núcleo):

$$I = \iiint d^3r_1 d^3r_2 d^3r_3 \, \frac{e^{-\alpha_1 r_1 - \alpha_2 r_2 - \alpha_3 r_3}}{r_1 r_2 r_3 r_{12} r_{13} r_{23}},$$

em que $r_i = |\mathbf{r}_i|$, $r_{ij} = |\mathbf{r}_i - \mathbf{r}_j|$, e as integrações são ao longo de todo o espaço tridimensional de cada $\mathbf{r}_i$. Para convergência de I, exigimos que todo o $\alpha_j > 0$, mas não há restrições sobre suas grandezas relativas.

Em termos das quantidades auxiliares

$$\zeta_1 = \frac{\alpha_1}{\alpha_2 + \alpha_3}, \quad \zeta_2 = \frac{\alpha_2}{\alpha_1 + \alpha_3}, \quad \zeta_3 = \frac{\alpha_3}{\alpha_1 + \alpha_2},$$

essa integral tem o valor

$$I = \frac{32\pi^3}{\alpha_1 \alpha_2 \alpha_3} \left(-\frac{\pi^2}{2} + \sum_{j=1}^{3} \left[\mathrm{Li}_2(\zeta_j) - \mathrm{Li}_2(-\zeta_j) + \ln \zeta_j \ln \left(\frac{1 - \zeta_j}{1 + \zeta_j} \right) \right] \right)$$

Reorganize I para uma forma (encontrada pela primeira vez por Remiddi[11]), na qual sabemos que todos os termos na expressão final serão avaliados para grandezas reais e podem ser analisados como valores principais.

18.8 Integrais Elípticas

Integrais elípticas surgem de vez em quando em problemas físicos e, portanto, vale a pena resumir suas definições e propriedades. Antes do advento dos computadores, também era importante que físicos e engenheiros conhecessem os métodos manuais de cálculo da integrais elípticas, mas essa necessidade diminuiu com o tempo e métodos de expansão para essas funções não serão enfatizados aqui. Porém, ilustramos problemas em que surgem integrais elípticas; o exemplo a seguir é um exemplo disso.

Exemplo 18.8.1 Período de um Pêndulo Simples

Para oscilações de pequena amplitude, um pêndulo (Figura 18.9) tem movimento harmônico simples com um período $T = 2\pi(l/g)^{1/2}$.

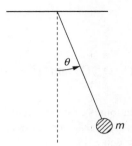

Figura 18.9: Pêndulo simples.

No entanto, para máxima amplitude θ_M suficientemente grande que sen θ_M não pode ser aproximado por θ_M, uma aplicação direta da segunda lei do movimento de Newton e a solução da EDO resultante torna-se difícil. Nessa situação uma boa maneira de proceder é escrever a equação para conservação de energia. Definindo o zero da energia potencial no ponto do qual o pêndulo é suspenso, a energia potencial de um pêndulo de massa m e comprimento l no ângulo θ é $-mgl \cos\theta$, e sua energia total (a energia potencial no ângulo θ_M) é $-mgl \cos\theta_M$. O pêndulo tem energia cinética $ml^2 (d\theta/dt)^2/2$, de modo a conservação de energia requer

$$\frac{1}{2}ml^2 \left(\frac{d\theta}{dt}\right)^2 - mgl \cos\theta = -mgl \cos\theta_M. \tag{18.164}$$

Resolvendo para $d\theta/dt$ obtemos

$$\frac{d\theta}{dt} = \pm \left(\frac{2g}{l}\right)^{1/2} (\cos\theta - \cos\theta_M)^{1/2}, \tag{18.165}$$

com a massa m se anulando. Em $t = 0$ escolhemos como as condições iniciais $\theta = 0$ e $d\theta/dt > 0$. Uma integração de $\theta = 0$ a $\theta = \theta_M$ produz

$$\int_0^{\theta_M} (\cos\theta - \cos\theta_M)^{-1/2}d\theta = \left(\frac{2g}{l}\right)^{1/2} \int_0^t dt = \left(\frac{2g}{l}\right)^{1/2} t. \tag{18.166}$$

Essa é $\frac{1}{4}$ de um ciclo e, portanto, o tempo t é $\frac{1}{4}$ do período T. Notamos que $\theta \le \theta_M$, e com um pouco de clarividência, tentamos a substituição de metade do ângulo

$$\text{sen}\left(\frac{\theta}{2}\right) = \text{sen}\left(\frac{\theta_M}{2}\right) \text{sen}\,\varphi. \tag{18.167}$$

---

[11]E. Remiddi, Analytic value of the atomic three-elétron correlation integral with Slater wave functions. *Phys. Rev. A* **44**: 5492 (1991).

Com isso, a Equação (18.166) se torna

$$T = 4 \left(\frac{l}{g} \right)^{1/2} \int_0^{\pi/2} \left(1 - \mathrm{sen}^2 \left(\frac{\theta_M}{2} \right) \mathrm{sen}^2 \varphi \right)^{-1/2} d\varphi. \tag{18.168}$$

A integral na Equação (18.168) não se reduz a uma função elementar; na verdade, ela é uma **integral elíptica** de um tipo padrão. Outros exemplos de integrais elípticas em problemas físicos podem ser encontrados nos exercícios.   ■

Definições

A **integral elíptica de primeira espécie** é definida como

$$F(\varphi \backslash \alpha) = \int_0^\varphi (1 - \mathrm{sen}^2 \alpha \, \mathrm{sen}^2 \theta)^{-1/2} d\theta, \tag{18.169}$$

ou

$$F(x|m) = \int_0^x \left[(1 - t^2)(1 - mt^2) \right]^{-1/2} dt, \quad 0 \le m < 1. \tag{18.170}$$

Essa é a notação do AMS-55 (Leituras Adicionais). Observe a utilização dos separadores \ e | para identificar as formas funcionais específicas. Quando o limite superior nessas integrais é definido como $\varphi = \pi/2$ ou $x = 1$, temos a **integral elíptica completa de primeira espécie**,

$$K(m) = \int_0^{\pi/2} (1 - m \, \mathrm{sen}^2 \theta)^{-1/2} d\theta$$

$$= \int_0^1 \left[(1 - t^2)(1 - mt^2) \right]^{-1/2} dt, \tag{18.171}$$

com $m = \mathrm{sen}^2 \alpha$, $0 \le m < 1$.

A **integral elíptica de segunda espécie** é definida por

$$E(\varphi \backslash \alpha) = \int_0^\varphi (1 - \mathrm{sen}^2 \alpha \, \mathrm{sen}^2 \theta)^{1/2} d\theta \tag{18.172}$$

ou

$$E(x|m) = \int_0^x \left(\frac{1 - mt^2}{1 - t^2} \right)^{1/2} dt, \quad 0 \le m \le 1. \tag{18.173}$$

Mais uma vez, para o caso $\varphi = \pi/2$, $x = 1$, temos a **integral elíptica completa de segunda espécie**:

$$E(m) = \int_0^{\pi/2} (1 - m \, \mathrm{sen}^2 \theta)^{1/2} d\theta$$

$$= \int_0^1 \left(\frac{1 - mt^2}{1 - t^2} \right)^{1/2} dt, \quad 0 \le m \le 1. \tag{18.174}$$

Expansões de Séries

Para nosso intervalo $0 \leq m < 1$, o denominador de $K(m)$ pode ser expandido pela série binomial na Equação (1.74):

$$(1 - m \operatorname{sen}^2 \theta)^{-1/2} = \sum_{n=0}^{\infty} \frac{(2n-1)!!}{(2n)!!} m^n \sin^{2n} \theta,$$

após o que a série resultante é então integrada termo a termo. As integrais dos termos individuais são funções beta (ver Exercício 13.3.8), e obtemos

$$K(m) = \frac{\pi}{2} \left\{ 1 + \sum_{n=1}^{\infty} \left[\frac{(2n-1)!!}{(2n)!!} \right]^2 m^n \right\}. \tag{18.175}$$

Da mesma forma (ver Exercício 18.8.2),

$$E(m) = \frac{\pi}{2} \left\{ 1 - \sum_{n=1}^{\infty} \left[\frac{(2n-1)!!}{(2n)!!} \right]^2 \frac{m^n}{2n-1} \right\}. \tag{18.176}$$

Essas séries podem ser identificadas como funções hipergeométricas. Comparando com as definições gerais na Seção 18.5, temos

$$K(m) = \frac{\pi}{2} \, {}_2F_1(\tfrac{1}{2}, \tfrac{1}{2}; 1; m),$$

$$E(m) = \frac{\pi}{2} \, {}_2F_1(-\tfrac{1}{2}, \tfrac{1}{2}; 1; m). \tag{18.177}$$

As integrais elípticas completas estão plotadas na Figura 18.10.

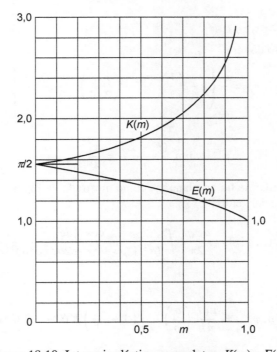

Figura 18.10: Integrais elípticas completas, $K(m)$ e $E(m)$.

Valores Limitadores

Das Equações (18.175) e (18.176) de série, ou das integrais definidoras,

$$\lim_{m \to 0} K(m) = \frac{\pi}{2}, \quad \lim_{m \to 0} E(m) = \frac{\pi}{2}. \tag{18.178}$$

Para $m \to 1$ as expansões de série têm pouca utilidade. Porém, as integrais geram

$$\lim_{m \to 1} K(m) = \infty, \quad \lim_{m \to 1} E(m) = 1. \tag{18.179}$$

A divergência em $K(m)$ é logarítmica.

Integrais elípticas foram amplamente utilizadas no passado para avaliar integrais. Por exemplo, integrais gerais da forma

$$I = \int_0^x R\left(t, \sqrt{a_4 t^4 + a_3 t^3 + a_2 t^2 + a_1 t^1 + a_0}\right) dt,$$

em que R é uma função racional dos seus argumentos, pode ser expressa em termos das integrais elípticas. Jahnke e Emde (Leituras Adicionais) dão páginas dessas transformações. Com os computadores disponíveis para avaliação numérica direta, o interesse nessas técnicas de integral elíptica diminuiu. Um relato mais extenso das funções elípticas, integrais e as funções teta relacionadas de Jacobi pode ser encontrado no tratado de Whittaker e Watson. Muitas fórmulas e tabelas das integrais elípticas estão em AMS-55 e até mais fórmulas estão em Olver *et al.* (todas essas fontes estão nas Leituras Adicionais).

Exercícios

18.8.1 A elipse $x^2/a^2 + y^2/b^2 = 1$ pode ser representada parametricamente por $x = a\,\mathrm{sen}\,\theta$, $y = b\cos\theta$. Mostre que o comprimento do arco dentro do primeiro quadrante é

$$a \int_0^{\pi/2} (1 - m\,\mathrm{sen}^2\,\theta)^{1/2} d\theta = a E(m).$$

Aqui $0 \le m = (a^2 - b^2)/a^2 \le 1$.

18.8.2 Derive a expansão de série

$$E(m) = \frac{\pi}{2}\left\{ 1 - \left(\frac{1}{2}\right)^2 \frac{m}{1} - \left(\frac{1 \cdot 3}{2 \cdot 4}\right)^2 \frac{m^2}{3} - \cdots \right\}.$$

18.8.3 Mostre que

$$\lim_{m \to 0} \frac{(K - E)}{m} = \frac{\pi}{4}.$$

18.8.4 Um circuito circular de fio no plano xy, como mostrado na Figura 18.11, conduz uma corrente I. Dado que o potencial vetorial é

$$A_\varphi(\rho, \varphi, z) = \frac{a\mu_0 I}{2\pi} \int_0^\pi \frac{\cos\alpha \, d\alpha}{(a^2 + \rho^2 + z^2 - 2a\rho\cos\alpha)^{1/2}},$$

mostre que o

$$A_\varphi(\rho, \varphi, z) = \frac{\mu_0 I}{\pi k} \left(\frac{a}{\rho}\right)^{1/2} \left[\left(1 - \frac{k^2}{2}\right) K(k^2) - E(k^2)\right],$$

onde

$$k^2 = \frac{4a\rho}{(a + \rho)^2 + z^2}.$$

Nota: Para extensão deste exercício para **B**, ver Smythe.[12]

---

[12]W. R. Smythe, *Static and Dynamic Electricity*, 3ª ed. Nova York: McGraw-Hill (1969), p. 270.

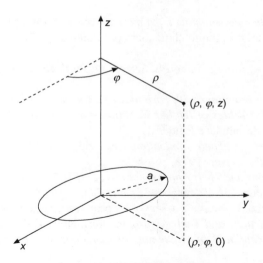

Figura 18.11: Circuito circular de fio.

18.8.5   Uma análise do potencial vetorial magnético de um circuito de corrente circular leva à expressão

$$f(k^2) = k^{-2}\Big[(2 - k^2)K(k^2) - 2E(k^2) \Big],$$

em que $K(k^2)$ e $E(k^2)$ são as integrais elípticas completas de primeira e segunda espécies. Mostre que para $k^2 \ll 1$ ($r \gg$ raio do circuito)

$$f(k^2) \approx \frac{\pi k^2}{16}.$$

18.8.6   Mostre que

(a) $\dfrac{d\,E(k^2)}{dk} = \dfrac{1}{k}(E - K),$

(b) $\dfrac{d\,K(k^2)}{dk} = \dfrac{E}{k(1 - k^2)} - \dfrac{K}{k}.$

Dica: Para a parte (b), mostre que

$$E(k^2) = (1 - k^2) \int\limits_{0}^{\pi/2} (1 - k\,\mathrm{sen}^2\,\theta)^{-3/2} d\theta$$

comparando expansões de série.

Leituras Adicionais

Abramowitz, M., e I. A. Stegun, eds., *Handbook of Mathematical Functions*, Applied Mathematics Series-55 (AMS-55). Washington, DC: National Bureau of Standards (1964). Dover.(1974).Capítulo 22 é um resumo detalhado das propriedades e representações dos polinômios ortogonais. Outros capítulos resumem as propriedades de Bessel, Legendre, hipergeométricas e funções hipergeométricas confluentes e muito mais. Ver também Olver *et al.*, a seguir.

Buchholz, H., *The Confluent Hypergeometric Function*. Nova York: Springer Verlag (1953). Tradução para o inglês (1969). Buchholz enfatiza fortemente as formas de Whittaker em vez das formas de Kummer. Aplicações a uma variedade de outras funções transcendentais.

Erdelyi, A., W. Magnus, F. Oberhettinger, e F. G. Tricomi, *Higher Transcendental Functions*, 3 vols. Nova York: McGraw-Hill (1953). Nova tiragem, Krieger (1981). Uma listagem detalhada quase exaustiva das propriedades das funções especiais da física matemática.

Fox, L. e Parker, I. B., *Chebyshev Polynomials in Numerical Analysis*. Oxford: Oxford University Press (1968). Um relato detalhado, completo, mas muito claro sobre polinômios de Chebyshev e suas aplicações na análise numérica.

Gradshteyn, I. S., e I. M. Ryzhik, *Table of Integrals, Series and Products* (A. Jeffrey e D. Zwillinger, eds.), 7ª ed. Nova York: Academic Press.(2007).

Jahnke, E. e Emde, F., *Tables of Functions with Formulae and Curves*. Leipzig: Teubner (1933), Dover (1945).

Jahnke, E.Emde, F. e Lösch, F., *Tables of Higher Functions* (6ª ed.). Nova York: McGraw-Hill (1960). Uma atualização ampliada da obra de Jahnke e Emde.

Lebedev, N. N., *Special Functions and Their Applications* (traduzido para o inglês por R. A. Silverman). Englewood Cliffs, NJ: Prentice-Hall (1965). Dover (1972).

Luke, Y. L., *The Special Functions and Their Approximations* (2 vols). Nova York: Academic Press (1969). Volume 1 é um tratamento teórico aprofundado das funções de gama, funções hipergeométricas, funções hipergeométricas confluentes e funções relacionadas. Volume 2 desenvolve aproximações e outras técnicas para trabalho numérica.

Luke, Y. L., *Mathematical Functions and Their Approximations*. Nova York: Academic Press (1975). Isso é um suplemento atualizado para *Handbook of Mathematical Functions with Formulas, Graphs and Mathematical Tables* (AMS-55).

Magnus, W.Oberhettinger, F. e Soni, R. P., *Formulas and Theorems for the Special Functions of Mathematical Physics*. Nova York: Springer (1966). Um excelente sumário dos assuntos citados pelo próprio título.

Olver, F. W. J., Lozier, D. W., Boisvert, R. F., & Clark, C. W. (Eds.). (2010). *NIST Handbook of Mathematical Functions*. Cambridge: Cambridge University Press (2010). Atualização do AMS-55 (Abramowitz e Stegun, citados anteriormente), mas são fornecidos links para programas de computador em vez de tabelas dos dados.

Rainville, E. D., *Special Functions*. Nova York: Macmillan (1960), Nova tiragem, Chelsea (1971). Esse livro é um relato coerente e abrangente de quase todas as funções especiais da física matemática que o leitor provavelmente encontrará.

Sansone, G., *Orthogonal Functions* (traduzido para o inglês por A. H. Diamond). Nova York: Interscience (1959). Nova tiragem, Dover.(1991).

Slater, L. J., *Confluent Hypergeometric Functions*. Cambridge: Cambridge University Press (1960). Um desenvolvimento claro e detalhado das propriedades das funções hipergeométricas confluentes e das relações da equação hipergeométrica confluente com outras EDOs da física matemática.

Sneddon, I. N., *Special Functions of Mathematical Physics and Chemistry* (3ª ed.). Nova York: Longman (1980).

Whittaker, E. T. e Watson, G. N., *A Course of Modern Analysis*. Cambridge: Cambridge University Press, nova tiragem (1997). O texto clássico sobre funções especiais e análise real e complexa.

19

Séries de Fourier

Fenômenos periódicos envolvendo ondas, máquinas rotativas (movimento harmônico), ou outras forças motrizes repetitivas são descritos por funções periódicas. As séries de Fourier são uma ferramenta fundamental para resolver equações diferenciais ordinárias (EDOs) e equações diferenciais parciais (EDPs) com condições de contorno periódicas. As integrais de Fourier para fenômenos não periódicos são desenvolvidas no Capítulo 20. O nome comum para o campo é **análise de Fourier**.

19.1 Propriedades Gerais

Uma série de Fourier é definida como uma expansão de uma função ou representação de uma função em uma série de senos e cossenos, como o

$$f(x) = \frac{a_0}{2} + \sum_{n=1}^{\infty} a_n \cos nx + \sum_{n=1}^{\infty} b_n \operatorname{sen} nx. \tag{19.1}$$

Os coeficientes a_0, a_n e b_n estão relacionados com $f(x)$ por integrais definidas:

$$a_n = \frac{1}{\pi} \int_0^{2\pi} f(s) \cos ns \, ds, \quad n = 0, 1, 2, \ldots, \tag{19.2}$$

$$b_n = \frac{1}{\pi} \int_0^{2\pi} f(s) \operatorname{sen} ns \, ds, \quad n = 1, 2, \ldots, \tag{19.3}$$

que estão sujeitas à exigência de que as integrais existam. Observe que a_0 é escolhido para tratamento especial pela inclusão do fator $\frac{1}{2}$. Isso é feito para que a Equação (19.2) seja aplicada a todo a_n, $n = 0$, bem como $n > 0$.

As condições impostas a $f(x)$ para tornar a Equação (19.1) válida são de que $f(x)$ tenha apenas um número finito de descontinuidades finitas e apenas um número finito de valores extremos (máximos e mínimos) no intervalo $[0, 2\pi]$.[1] Funções que satisfazem essas condições podem ser chamadas **regulares parte por parte**. As próprias condições são conhecidas como **condições de Dirichlet**. Embora existam algumas funções que não obedecem essas condições, elas podem ser consideradas patológicas para fins das expansões de Fourier. Na grande maioria dos problemas físicos que envolvem uma série de Fourier, as condições de Dirichlet serão satisfeitas.

Expressando $\cos nx$ e $\operatorname{sen} nx$ na forma exponencial, podemos reescrever a Equação (19.1) como

$$f(x) = \sum_{n=-\infty}^{\infty} c_n e^{inx}, \tag{19.4}$$

em que

$$c_n = \frac{1}{2}(a_n - i b_n), \quad c_{-n} = \frac{1}{2}(a_n + i b_n), \quad n > 0, \tag{19.5}$$

---

[1] Essas condições são **suficientes**, mas não **necessárias**.

e

$$c_0 = \frac{1}{2} a_0.$$ (19.6)

Teoria de Sturm-Liouville

A EDO

$$-y''(x) = \lambda y(x)$$

no intervalo $[0, 2\pi]$ com condições de contorno $y(0) = y(2\pi)$, $y'(0) = y'(2\pi)$ é um problema de Sturm-Liouville, e essas condições de contorno tornam hermitiana. Portanto, suas autofunções, $\cos nx$ ($n = 0, 1, \ldots$) e sen nx ($n = 1, 2, \ldots$), ou $\exp(inx)$ ($n = \ldots, -1, 0, 1, \ldots$), formam um conjunto completo, com autofunções de diferentes autovalores ortogonais. Como que as autofunções têm os respectivos valores n^2, aquelas de diferente $|n|$ serão automaticamente ortgonais, enquanto aquelas do mesmo $|n|$ podem ser ortogonalizadas se necessário. Definindo o produto escalar para esse problema como

$$\langle f | g \rangle = \int_0^{2\pi} f^*(x) g(x) \, dx,$$

é fácil verificar que $\langle e^{inx} | e^{-inx} \rangle = 0$ para $n \neq 0$, e se escrevermos $\cos nx$ e sen nx como exponenciais complexas, também é fácil ver que $\langle$ sen $nx | \cos nx \rangle = 0$. Para tornar as autofunções normalizadas, uma abordagem simples é observar que o valor médio de sen$^2 nx$ ou $\cos^2 nx$ ao longo de um número inteiro de oscilações é $1/2$ (novamente para $n \neq 0$), assim

$$\int_0^{2\pi} \text{sen}^2 nx \, dx = \int_0^{2\pi} \cos^2 nx \, dx = \pi \quad (n \neq 0),$$

e $\langle e^{inx} | e^{inx} \rangle = 2\pi$.

As relações identificadas anteriormente indicam que as autofunções $\varphi_n = e^{inx} / \sqrt{2\pi}$, $(n = \ldots, -1, 0, 1, \ldots)$ forma um conjunto ortonormal, assim com

$$\varphi_0 = \frac{1}{\sqrt{2\pi}}, \quad \varphi_n = \frac{\cos nx}{\sqrt{\pi}}, \quad \varphi_{-n} = \frac{\text{sen} \, nx}{\sqrt{\pi}}, \quad (n = 1, 2, \ldots),$$

assim expansões nessas funções têm as formas dadas nas Equações (19.1) a (19.3) ou Equações (19.4) a (19.6). Como sabemos que as autofunções de um operador de Sturm-Liouville formam um conjunto completo, sabemos que nossas expansões da série de Fourier de funções L^2 pelo menos irão convergir na média.

Funções Descontínuas

Existem diferenças significativas entre o comportamento das expansões de Fourier e série de potências. Uma série de potências é essencialmente uma expansão em torno de um ponto, usando apenas a informação desse ponto sobre a função a ser expandida (incluindo, naturalmente, os valores de suas derivadas). Nós já sabemos que essas expansões só convergem dentro de um raio de convergência definido pela posição da singularidade mais próxima. Porém, uma série de Fourier (ou qualquer expansão em funções ortogonais) usa informações de todo o intervalo de expansão e, portanto, pode descrever funções que têm singularidades "não patológicas" dentro desse intervalo. Entretanto, também sabemos que a representação de uma função por uma expansão ortogonal só é garantida para convergir **na média**. Essa característica entra em jogo para a expansão das funções com descontinuidades, em que não há um valor único para o qual a expansão deve convergir. Para a série de Fourier, no entanto, podemos mostrar que se uma função $f(x)$ que satisfaz as condições de Dirichlet é descontínua em um ponto x_0, sua série de Fourier avaliada nesse ponto será a média aritmética dos limites das aproximações à esquerda e à direita:

$$f_{\text{Séries de Fourier}}(x_0) = \lim_{\varepsilon \to 0} \left[\frac{f(x_0 + \varepsilon) + f(x_0 - \varepsilon)}{2} \right].$$ (19.7)

Para a prova da Equação (19.7), consulte Jeffreys e Jeffreys ou Carslaw (Leituras Adicionais). Também podemos mostrar que se a função a ser expandido é contínua, mas tem uma descontinuidade finita na sua primeira derivada, sua série de Fourier então exibirá convergência uniforme (ver Churchill, Leituras Adicionais). Essas características tornam as expansões de Fourier úteis para funções com uma variedade de tipos de descontinuidades.

Exemplo 19.1.1 Onda em Dente de Serra

Uma ideia da convergência de uma série de Fourier e o erro ao utilizar apenas um número finito de termos na série podem ser obtidos considerando a expansão de

$$f(x) = \begin{cases} x, & 0 \le x < \pi, \\ x - 2\pi, & \pi < x \le 2\pi. \end{cases} \tag{19.8}$$

Essa é uma forma de onda em dente de serra, como mostrado na Figura 19.1. Usando as Equações (19.2) e (19.3), descobrimos que a expansão é

$$f(x) = 2\left[\operatorname{sen} x - \frac{\operatorname{sen} 2x}{2} + \frac{\operatorname{sen} 3x}{3} - \cdots + (-1)^{n+1}\frac{\operatorname{sen} nx}{n} + \cdots\right]. \tag{19.9}$$

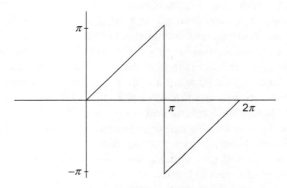

Figura 19.1: Forma de onda em dente de serra.

A Figura 19.2 mostra $f(x)$ para $0 \le x < 2\pi$ para a soma dos termos 4, 6 e 10 da série. Três características merecem comentário.

1. Há um aumento constante na precisão da representação à medida que o número de termos incluído aumenta.
2. Em $x = \pi$, em que $f(x)$ muda de modo descontínuo de $+\pi$ para $-\pi$, todas as curvas atravessam a média desses dois valores, ou seja, $f(\pi) = 0$.

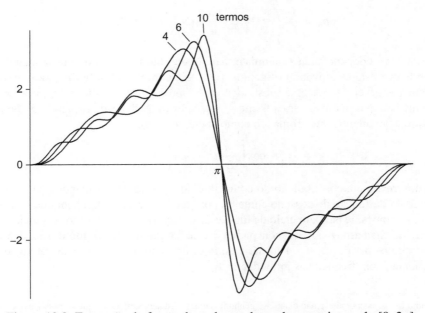

Figura 19.2: Expansão da forma de onda em dente de serra, intervalo $[0, 2\pi]$.

3. Na vizinhança da descontinuidade em $x = \pi$, existe um aumento excessivo momentâneo (*overshoot*) que persiste e não apresenta nenhum sinal de diminuição.

Por uma questão de interesse casual, definir $x = \pi/2$ na Equação (19.9) leva a

$$f\left(\frac{\pi}{2}\right) = \frac{\pi}{2} = 2\left[1 - 0 - \frac{1}{3} - 0 + \frac{1}{5} - 0 - \frac{1}{7} + \cdots\right],$$

produzindo assim uma derivação alternativa da fórmula de Leibniz para $\pi/4$, que foi obtida por outro método no Exercício 1.3.2. ∎

Funções Periódicas

As séries de Fourier são usadas extensivamente para representar funções periódicas, especialmente formas de onda para processamento de sinal. A forma da série é inerentemente periódica; as expansões nas Equações (19.1) e (19.4) são periódicas com período 2π, com sen nx, cos nx e exp(inx), cada um completando n ciclos de oscilação nesse intervalo. Assim, embora os coeficientes em uma expansão de Fourier sejam determinados a partir de um intervalo de comprimento 2π, a própria expansão (se a função envolvida for na verdade periódica) é aplicada a um intervalo indeterminado de x. A periodicidade também significa que o intervalo utilizado para determinar os coeficientes não precisa ser $[0, 2\pi]$, mas pode ser qualquer outro intervalo desse comprimento. Muitas vezes, encontramos situações em que as fórmulas nas Equações (19.2) e (19.3) são alteradas para que suas integrações sejam executadas entre $-\pi$ e π. Na verdade, seria natural reafirmar o Exemplo 19.1.1 como lidando com $f(x) = x$, para $-\pi < x < \pi$. Isso, obviamente, não remove a descontinuidade ou alterar a forma da série de Fourier. A descontinuidade foi simplesmente movida para as extremidades do intervalo em x.

Em situações reais, o intervalo natural para uma expansão de Fourier será o comprimento de onda da nossa forma de onda, assim pode fazer sentido redefinir nossa série de Fourier de modo que a Equação (19.1) se torne

$$f(x) = \frac{a_0}{2} + \sum_{n=1}^{\infty} a_n \cos\frac{n\pi x}{L} + \sum_{n=1}^{\infty} b_n \operatorname{sen}\frac{n\pi x}{L}, \tag{19.10}$$

com

$$a_n = \frac{1}{L}\int_{-L}^{L} f(s)\cos\frac{n\pi s}{L}\, ds, \quad n = 0, 1, 2, \ldots, \tag{19.11}$$

$$b_n = \frac{1}{L}\int_{-L}^{L} f(s)\operatorname{sen}\frac{n\pi s}{L}\, ds, \quad n = 1, 2, \ldots. \tag{19.12}$$

Em muitos problemas a dependência x de uma expansão de Fourier descreve a dependência espacial de uma distribuição de onda que está se movendo (digamos, para $+x$), com **velocidade de fase** v. Isso significa que no lugar de x precisamos escrever $x - vt$, e essa substituição tem o pressuposto implícito de que a forma de onda retém a mesma forma à medida que se move para a frente.[2] Os termos individuais da expansão de Fourier podem agora receber uma interpretação interessante. Tomando como exemplo o termo

$$\cos\left[\frac{n\pi}{L}(x - vt)\right],$$

notamos que ela descreve uma contribuição do comprimento de onda $2L/n$ (quando x aumenta esse tanto em t constante, o argumento da função de cosseno aumenta por 2π). Observamos também que o período de oscilação (a mudança em t em x constante para um ciclo da função de cosseno) é $T = 2L/nv$, correspondendo à frequência de oscilação $v = nv/2L$. Se chamarmos a frequência para $n = 1$ de **frequência fundamental** e a denotarmos $v_0 = v/2L$, identificaremos os termos para cada $n > 1$ na série de Fourier como descrevendo sobretons, ou **harmônicos** da frequência fundamental, com frequências individuais nv_0.

---

[2]Para ondas na mídia física, essa hipótese não é de jeito nenhum sempre verdadeira, uma vez que se baseia nas propriedades de resposta dependentes do tempo do meio.

Um problema típico para o qual a análise de Fourier é apropriada é um no qual uma partícula submetida a um movimento oscilatório está sujeita a uma força de impulsão periódica. Se o problema for descrito por uma EDO linear, podemos criar uma expansão de Fourier da força de impulsão e resolver cada harmônico individualmente. Isso torna a expansão de Fourier uma ferramenta prática, bem como um dispositivo analítico interessante. Ressaltamos, porém, que sua utilidade depende crucialmente da linearidade do nosso problema; em problemas não lineares uma solução geral não é uma superposição das soluções componentes.

Como sugerido anteriormente, avançamos tendo por base o princípio de que v, a velocidade de fase, é a mesma para todos os termos da série de Fourier. Vemos agora que esse pressuposto corresponde à noção de que o meio que suporta o movimento de onda pode responder igualmente bem às forças em todas as frequências. Se, por exemplo, o meio consistir de partículas muito maciças para responder rapidamente em alta frequência, esses componentes da forma de onda se tornam atenuados e amortecido a partir de uma onda de propagação. Por outro lado, se o sistema contém componentes que ressoam em certas frequências, a resposta nessas frequências será melhorada. Expansões de Fourier dão a físicos (e engenheiros) uma ferramenta poderosa para analisar as formas de onda e para projetar os meios (por exemplo, circuitos) que geram os comportamentos desejados.

Uma questão que às vezes é levantada é: "Os harmônicos estavam lá o tempo todo, ou foram criados por nossa análise de Fourier?" Uma resposta compara a resolução funcional nos harmônicos com a resolução de um vetor em componentes retangulares. As componentes podem ter estado presentes, no sentido de que elas podem estar isoladas e observadas, mas a resolução certamente não é única. Por isso muitos autores preferem dizer que os harmônicos foram criados pela nossa escolha da expansão. Outras expansões em outros conjuntos de funções ortogonais produziriam uma decomposição diferente. Para uma discussão mais aprofundada, nós nos referimos a uma série de notas e artigos no *American Journal of Physics*.[3]

E se uma função não for periódica? Ainda podemos obter sua expansão de Fourier, mas (a) os resultados, naturalmente, dependerão de como o intervalo de expansão é escolhido (tanto em relação à posição como ao comprimento), e (b) como não existem informações fora do intervalo de expansão que foi usada para obter a expansão, não podemos ter uma expectativa realista de que a expansão produzirá aí uma aproximação razoável à nossa função.

Simetria

Suponha que temos uma função $f(x)$ que é uma função par ou ímpar de x. Se for par, então a expansão de Fourier não pode conter nenhum termo ímpar (uma vez que todos os termos são linearmente independentes, nenhum termo ímpar pode ser removido retendo outros). Nossa expansão, desenvolvida para o intervalo $[-\pi, \pi]$, então deve assumir a forma

$$f(x) = \frac{a_0}{2} + \sum_{n=1}^{\infty} a_n \cos nx, \quad f(x) \text{ par.} \tag{19.13}$$

Por outro lado, se $f(x)$ é ímpar, devemos ter

$$f(x) = \sum_{n=1}^{\infty} b_n \, \text{sen}\, nx, \quad f(x) \text{ ímpar.} \tag{19.14}$$

Em ambos os casos, ao determinar os coeficientes só precisamos considerar o intervalo $[0, \pi]$, referindo-se às Equações (19.2) e (19.3), como o intervalo de comprimento adjacente π dará uma contribuição idêntica àquele considerado. As séries nas Equações (19.13) e (19.14) às vezes são chamadas **cosseno de Fourier** e séries **senoidais de Fourier**.

Se houver uma função definida no intervalo $[0, \pi]$, podemos representá-la como uma série de seno de Fourier ou como uma série de cosseno de Fourier (ou, se não houver singularidades interferindo, como uma série de potências), com resultados semelhantes no intervalo da definição. Porém, os resultados fora desse intervalo podem diferir acentuadamente porque essas expansões contêm diferentes hipóteses quanto à simetria e periodicidade.

Exemplo 19.1.2   Diferentes Expansões de F (X) = X

Consideramos três maneiras possíveis de expandir $f(x) = x$ com base em seus valores no intervalo $[0, \pi]$:
- Sua expansão da série de potências terá (obviamente) a expansão de série de potências $f(x) = x$.
- Comparando com o Exemplo 19.1.1, sua série senoidal de Fourier terá a forma dada na Equação (19.9).

---

[3] B. L. Robinson, Concerning frequencies resulting from distortion. *Am. J. Phys.* **21**: 391 (1953); F. W. Van Name, Jr., Concerning frequencies resulting from distortion. *Am J. Phys.* **22**: 94 (1954).

- Os coeficientes da série de cosseno de Fourier serão determinados a partir de

$$a_n = \frac{2}{\pi} \int\limits_0^\pi x \cos nx \, dx = \begin{cases} \pi, & n = 0, \\ -\dfrac{4}{n^2 \pi}, & n = 1,\, 3,\, 5, \ldots, \\ 0, & n = 2,\, 4,\, 6, \ldots, \end{cases}$$

correspondendo à expansão

$$f(x) = \frac{\pi}{2} - \sum_{n=0}^{\infty} \frac{4}{\pi} \frac{\cos(2n+1)x}{(2n+1)^2}.$$

Todas essas três expansões representam $f(x)$ bem no intervalo de definição, $[0, \pi]$, mas seu comportamento torna-se notavelmente diferente fora desse intervalo. Comparamos as três expansões para um intervalo maior do que $[0, \pi]$ na Figura 19.3. ∎

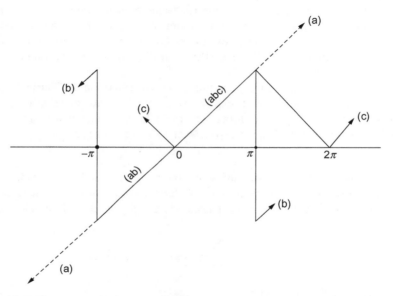

Figura 19.3: Expansões de $f(x) = x$ em $[0, \pi]$: (a) série de potências, (b) série senoidal de Fourier, (c) série de cosseno de Fourier.

Operações nas Séries de Fourier
Integração termo a termo da série

$$f(x) = \frac{a_0}{2} + \sum_{n=1}^{\infty} a_n \cos nx + \sum_{n=1}^{\infty} b_n \operatorname{sen} nx \tag{19.15}$$

produz

$$\int\limits_{x_0}^{x} f(x) \, dx = \frac{a_0 x}{2} \Big|_{x_0}^{x} + \sum_{n=1}^{\infty} \frac{a_n}{n} \operatorname{sen} nx \Big|_{x_0}^{x} - \sum_{n=1}^{\infty} \frac{b_n}{n} \cos nx \Big|_{x_0}^{x}. \tag{19.16}$$

Claramente, o efeito da integração é impor uma força adicional sobre n no denominador de cada coeficiente. Isso resulta em uma convergência mais rápida do que antes. Consequentemente, uma série de Fourier convergente sempre pode ser integrada termo a termo, a série resultante convergindo uniformemente para a integral da função original. Na verdade, a integração termo a termo i pode ser válida mesmo se a própria série original, Equação (19.15), não é convergente. A função $f(x)$ só precisa ser integrável. Uma discussão será encontrada em Jeffreys e Jeffreys (Leituras Adicionais).

Estritamente falando, a Equação (19.16) pode não ser uma série de Fourier; isto é, se $a_0 \neq 0$, haverá um termo $\frac{1}{2}a_0 x$. Contudo,

$$\int_{x_0}^{x} f(x)dx - \frac{1}{2}a_0 x \tag{19.17}$$

ainda haverá uma série de Fourier.

A situação em relação à diferenciação é bastante diferente daquela da integração. Aqui, a palavra é cautela. Considere a série para

$$f(x) = x, \quad -\pi < x < \pi. \tag{19.18}$$

Descobrimos facilmente (no Exemplo 19.1.1) que a série de Fourier é

$$x = 2\sum_{n=1}^{\infty}(-1)^{n+1}\frac{\operatorname{sen} nx}{n}, \quad -\pi < x < \pi. \tag{19.19}$$

Diferenciando termo a termo, obtemos

$$1 = 2\sum_{n=1}^{\infty}(-1)^{n+1}\cos nx, \tag{19.20}$$

que não é convergente. **Aviso**: Verifique convergência da sua derivada.

Para a onda triangular mostrada na Figura 19.4 (e tratada no Exercício 19.2.9), a expansão de Fourier é

$$f(x) = \frac{\pi}{2} - \frac{4}{\pi}\sum_{n=1,\text{ímpar}}^{\infty}\frac{\cos nx}{n^2}, \tag{19.21}$$

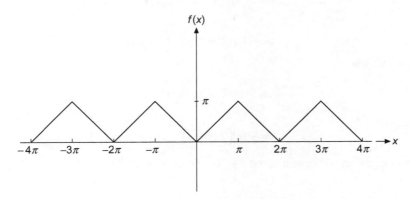

Figura 19.4: Onda triangular.

que converge mais rapidamente do que a expansão da Equação (19.19); na verdade, ela exibe convergência uniforme. Diferenciando termo a termo, obtemos

$$f'(x) = \frac{4}{\pi}\sum_{n=1,\text{ímpar}}^{\infty}\frac{\operatorname{sen} nx}{n}, \tag{19.22}$$

que é a expansão de Fourier de uma onda quadrada,

$$f'(x) = \begin{cases} 1, & 0 < x < \pi, \\ -1, & -\pi < x < 0. \end{cases} \qquad (19.23)$$

Inspecionando a Figura 19.3 verificamos que isso é realmente a derivada da nossa onda triangular.

- Como o inverso da integração, a operação de diferenciação colocou um fator n adicional no numerador de cada termo. Isso reduz a taxa de convergência e pode, como no primeiro caso mencionado, gerar uma série diferenciada divergente.
- Em geral, a diferenciação termo a termo é permitida se a série a ser diferenciadas for uniformemente convergente.

Resumindo as Séries de Fourier

Frequentemente, o modo mais eficiente de identificar a função representada por uma série de Fourier é simplesmente identificar a expansão em uma tabela. Porém, se nós mesmos quisermos somar as séries, uma abordagem útil é substituir as funções trigonométricas por suas formas exponenciais complexas, e então identificar a série de Fourier como uma ou mais séries de potências em $e^{\pm ix}$.

Exemplo 19.1.3   SOMATÓRIO DE UMA SÉRIE DE FOURIER

Considere a série $\sum_{n=1}^{\infty} (1/n) \cos nx$, $x \in (0, 2\pi)$. Como essa série só é condicionalmente convergente (e diverge em $x = 0$), assumimos

$$\sum_{n=1}^{\infty} \frac{\cos nx}{n} = \lim_{r \to 1} \sum_{n=1}^{\infty} \frac{r^n \cos nx}{n},$$

absolutamente convergente para $|r| < 1$. Nosso procedimento é tentar formar uma série de potência transformando as funções trigonométricas na forma exponencial:

$$\sum_{n=1}^{\infty} \frac{r^n \cos nx}{n} = \frac{1}{2} \sum_{n=1}^{\infty} \frac{r^n e^{inx}}{n} + \frac{1}{2} \sum_{n=1}^{\infty} \frac{r^n e^{-inx}}{n}.$$

Agora, essas séries de potências podem ser identificadas como expansões de Maclaurin de $-\ln(1 - z)$, com $z = re^{ix}$ ou re^{-ix}. A partir da Equação (1.97),

$$\sum_{n=1}^{\infty} \frac{r^n \cos nx}{n} = -\frac{1}{2}[\ln(1 - re^{ix}) + \ln(1 - re^{-ix})]$$

$$= -\ln[(1 + r^2) - 2r \cos x]^{1/2}.$$

Definindo $r = 1$, vemos que

$$\sum_{n=1}^{\infty} \frac{\cos nx}{n} = -\ln(2 - 2\cos x)^{1/2}$$

$$= -\ln\left(2 \operatorname{sen} \frac{x}{2}\right), \qquad (0 < x < 2\pi). \qquad (19.24)$$

Os dois lados dessa expressão divergem como $x \to 0$ e como $x \to 2\pi$.[4]   ■

Exercícios

19.1.1   Uma função $f(x)$ (integrável de modo quadrático) deve ser representada por uma série **finita** de Fourier. Uma medida conveniente da precisão da série é dada pelo quadrado integrado do desvio,

$$\Delta_p = \int_0^{2\pi} \left[f(x) - \frac{a_0}{2} - \sum_{n=1}^{p} (a_n \cos nx + b_n \operatorname{sen} nx) \right]^2 dx.$$

---

[4]Note que o intervalo de validade da Equação (19.24) pode ser deslocado para $[-\pi, \pi]$ (excluindo $x = 0$) se substituirmos x por $|x|$ no lado direito.

Mostre que a exigência de que Δ_p seja minimizado, isto é,

$$\frac{\partial \Delta_p}{\partial a_n} = 0, \quad \frac{\partial \Delta_p}{\partial b_n} = 0,$$

para todo n, leva à escolha de a_n e b_n como dado nas Equações (19.2) e (19.3).

Nota: Seus coeficientes a_n e b_n são independentes de p. Essa independência é uma consequência da ortogonalidade e não se manteria se expandíssemos $f(x)$ em uma série de potências.

19.1.2 Na análise de uma forma de onda complexa (marés, terremotos, notas musicais etc.), pode ser mais conveniente escrever a série de Fourier como

$$f(x) = \frac{a_0}{2} + \sum_{n=1}^{\infty} \alpha_n \cos(nx - \theta_n).$$

Mostre que isso é equivalente à Equação (19.1) com

$$a_n = \alpha_n \cos\theta_n, \qquad \alpha_n^2 = a_n^2 + b_n^2,$$

$$b_n = \alpha_n \,\mathrm{sen}\,\theta_n, \quad \tan\theta_n = b_n/a_n.$$

Nota: Os coeficientes α_n^2 de uma função de n definem o que é chamado **espectro** de **potência**. A importância da α_n^2 reside na sua invariância sob uma mudança na fase θ_n.

19.1.3 Uma função $f(x)$ é expandida em uma série exponencial de Fourier

$$f(x) = \sum_{n=-\infty}^{\infty} c_n e^{inx}.$$

Se $f(x)$ é real, $f(x) = f^*(x)$, qual restrição é imposta sobre os coeficientes c_n?

19.1.4 Supondo que $\int_{-\pi}^{\pi} [f(x)]^2 \, dx$ seja finita, mostre que

$$\lim_{m \to \infty} a_m = 0, \quad \lim_{m \to \infty} b_m = 0.$$

Dica: Integre $[f(x) - s_n(x)]^2$, em que $s_n(x)$ é a n-ésima soma parcial, e use a desigualdade de Bessel (Seção 5.1). Para nosso intervalo finito o pressuposto de que $f(x)$ é integrável de quadrado $\left(\int_{-\pi}^{\pi} |f(x)|^2 \, dx\right)$ implica que $\int_{-\pi}^{\pi} |f(x)| \, dx$ também é finita. O inverso não se sustenta.

19.1.5 Aplique a técnica de somatório desta seção para demonstrar que

$$\sum_{n=1}^{\infty} \frac{\mathrm{sen}\,nx}{n} = \begin{cases} \frac{1}{2}(\pi - x), & 0 < x \le \pi, \\ -\frac{1}{2}(\pi + x), & -\pi \le x < 0. \end{cases}$$

Essa é a onda em dente de serra reversa mostrada na Figura 19.5.

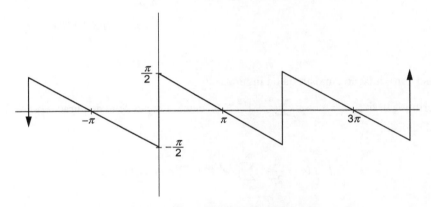

Figura 19.5: Onda em dente de serra reversa.

19.1.6   Some a série $\sum_{n=1}^{\infty}(-1)^{n+1}\dfrac{\operatorname{sen} n x}{n}$ e mostre que ela é igual a $x/2$.

19.1.7   Some a série trigonométrica $\sum_{n=0}^{\infty}\dfrac{\operatorname{sen}(2n+1)x}{2n+1}$ e mostre que ela é igual a

$$\begin{cases} \pi/4, & 0 < x < \pi\,, \\ -\pi/4, & -\pi < x < 0\,. \end{cases}$$

19.1.8   Seja $f(z) = \ln(1 + z) = \sum_{n=1}^{\infty}\dfrac{(-1)^{n+1}z^{n}}{n}$. Essa série converge para $\ln(1 + z)$ para $|z| \le 1$, exceto no ponto $z = -1$.

(a) A partir das partes reais mostre que

$$\ln\left(2\cos\frac{\theta}{2}\right) = \sum_{n=1}^{\infty}(-1)^{n+1}\frac{\cos n\theta}{n}, \quad -\pi < \theta < \pi.$$

(b) Usando uma mudança de variável, transforme a parte (a) em

$$-\ln\left(2\operatorname{sen}\frac{\theta}{2}\right) = \sum_{n=1}^{\infty}\frac{\cos n\theta}{n}, \quad 0 < \theta < 2\pi.$$

19.1.9   (a) Expanda $f(x) = x$ no intervalo $(0, 2L)$. Esboce a série que você encontrou (lado direito da *RES-POSTA*) ao longo de $(-2L, 2L)$.

$$RESPOSTA: \quad x = L - \frac{2L}{\pi}\sum_{n=1}^{\infty}\frac{1}{n}\operatorname{sen}\left(\frac{n\pi x}{L}\right).$$

(b) Expanda $f(x) = x$ como uma série de seno na **metade** do intervalo $(0, L)$. Esboce a série que você encontrou (lado direito da *RESPOSTA*) ao longo de $(-2L, 2L)$.

$$RESPOSTA: \quad x = \frac{4L}{\pi}\sum_{n=0}^{\infty}\frac{1}{2n+1}\operatorname{sen}\left(\frac{(2n+1)\pi x}{L}\right).$$

19.1.10   Em alguns problemas é conveniente aproximar $\operatorname{sen}\pi x$ ao longo do intervalo $[0, 1]$ por uma parábola $ax(1 - x)$, em que a é uma constante. Para ter uma ideia da precisão dessa aproximação, expanda $4x(1- x)$ em uma série senoidal de Fourier $(-1 \le x \le 1)$:

$$f(x) = \begin{cases} 4x(1 - x), & 0 \le x \le 1 \\ 4x(1 + x), & -1 \le x \le 0 \end{cases} = \sum_{n=1}^{\infty} b_n \operatorname{sen} n\pi x.$$

$$RESPOSTA: \quad b_n = \frac{32}{\pi^3}\frac{1}{n^3}, \quad n \text{ ímpar,}$$
$$b_n = 0, \qquad n \text{ par}$$

Essa aproximação é mostrada na Figura 19.6.

19.1.11   Verifique se $\delta(\varphi_1 - \varphi_2) = \dfrac{1}{2\pi}\sum_{m=-\infty}^{\infty} e^{im(\varphi_1-\varphi_2)}$ é uma função delta de Dirac mostrando que ela satisfaz a definição,

$$\int_{-\pi}^{\pi} f(\varphi_1)\,\frac{1}{2\pi}\sum_{m=-\infty}^{\infty} e^{im(\varphi_1-\varphi_2)}d\varphi_1 = f(\varphi_2).$$

Dica: Represente $f(\varphi_1)$ por uma série exponencial de Fourier.

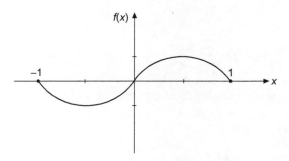

Figura 19.6: Aproximação parabólica para onda senoidal.

19.1.12 Mostre que a integração da expansão de Fourier de $f(x) = x$, $-\pi < x < \pi$, leva a

$$\frac{\pi^2}{12} = \sum_{n=1}^{\infty} \frac{(-1)^{n+1}}{n^2} = 1 - \frac{1}{4} + \frac{1}{9} - \frac{1}{16} + \cdots.$$

Nota: Uma série para $f(x) = x$ foi o tema do Exemplo 19.1.1. Confirme que a alteração no intervalo definido de $[0, 2\pi]$ a $[-\pi, \pi]$ não tem nenhum efeito sobre a expansão.

19.1.13 (a) Supondo que a expansão de Fourier de $f(x)$ é uniformemente convergente, mostre que

$$\frac{1}{\pi} \int_{-\pi}^{\pi} \left[f(x) \right]^2 dx = \frac{a_0^2}{2} + \sum_{n=1}^{\infty} (a_n^2 + b_n^2).$$

Essa é a identidade de Parseval. Observe que é uma relação de completude para a expansão de Fourier.

(b) Dado $x^2 = \frac{\pi^2}{3} + 4 \sum_{n=1}^{\infty} \frac{(-1)^n \cos n x}{n^2}$, $\quad -\pi \le x \le \pi$, aplique a identidade de Parseval para obter $\zeta(4)$ na forma fechada.

(c) A condição da convergência uniforme não é necessária. Mostra isso aplicando a identidade de Parseval à onda quadrada

$$f(x) = \begin{cases} -1, & -\pi < x < 0 \\ 1, & 0 < x < \pi \end{cases}$$

$$= \frac{4}{\pi} \sum_{n=1}^{\infty} \frac{\text{sen}(2n-1)x}{2n-1}.$$

19.1.14 Dado

$$\varphi_1(x) \equiv \sum_{n=1}^{\infty} \frac{\text{sen}\, nx}{n} = \begin{cases} -\dfrac{1}{2}(\pi + x), & -\pi \le x < 0, \\ \dfrac{1}{2}(\pi - x), & 0 < x \le \pi, \end{cases}$$

mostre integrando que

$$\varphi_2(x) \equiv \sum_{n=1}^{\infty} \frac{\cos nx}{n^2} = \begin{cases} \dfrac{1}{4}(\pi + x)^2 - \dfrac{\pi^2}{12}, & -\pi \le x \le 0, \\ \dfrac{1}{4}(\pi - x)^2 - \dfrac{\pi^2}{12}, & 0 \le x \le \pi. \end{cases}$$

19.1.15   Dado

$$\psi_{2s}(x) = \sum_{n=1}^{\infty} \frac{\operatorname{sen} nx}{n^{2s}}, \quad \psi_{2s+1}(x) = \sum_{n=1}^{\infty} \frac{\cos nx}{n^{2s+1}},$$

desenvolva as seguintes relações de recorrência:

(a) $\psi_{2s}(x) = \int_0^x \psi_{2s-1}(x)\,dx,$

(b) $\psi_{2s+1}(x) = \zeta(2s+1) - \int_0^x \psi_{2s}(x)\,dx.$

Nota: As funções $\psi_s(x)$ e $\varphi_s(x)$ desse e do exercício anterior são conhecidas como **funções de Clausen**. Na teoria, elas podem ser utilizadas para melhorar a taxa de convergência de uma série de Fourier. Como frequentemente é o caso, há a questão de quanto trabalho analítico fazemos e quanto trabalho aritmético exigimos que um computador faça. À medida que os computadores se tornam cada vez mais poderosos, o equilíbrio muda progressivamente de modo que fazemos menos e exigimos que os computadores façam mais.

19.1.16   Mostre que $f(x) = \sum_{n=1}^{\infty} \frac{\cos nx}{n+1}$ pode ser escrita como

$$f(x) = \psi_1(x) - \varphi_2(x) + \sum_{n=1}^{\infty} \frac{\cos nx}{n^2(n+1)},$$

em que $\psi_1(x)$ e $\varphi_2(x)$ são as funções de Clausen definidas nos Exercícios 19.1.14 e 19.1.15.

19.2   Aplicações de Séries de Fourier

Apresentamos nesta seção dois problemas típicos e uma pequena tabela das séries úteis de Fourier, seguido por um número substancial de exercícios que ilustram algumas das técnicas que surgem nas aplicações.

Exemplo 19.2.1   ONDA QUADRADA

Uma aplicação das séries de Fourier, a análise de uma onda "quadrada" (Figura 19.7) em termos das suas componentes de Fourier, ocorre em circuitos eletrônicos projetados para lidar com pulsos que aumentam abruptamente. Suponha que nossa onda é definida por

$$\begin{aligned} f(x) &= 0, \quad -\pi < x < 0, \\ f(x) &= h, \quad 0 < x < \pi. \end{aligned} \tag{19.25}$$

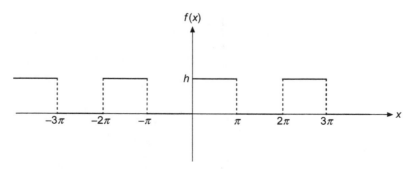

Figura 19.7: Onda quadrada.

Das Equações (19.2) e (19.3), encontramos

$$a_0 = \frac{1}{\pi} \int\limits_0^{\pi} h\,dt = h,$$

$$a_n = \frac{1}{\pi} \int\limits_0^{\pi} h\cos nt\,dt = 0, \quad n = 1, 2, 3, \ldots,$$

$$b_n = \frac{1}{\pi} \int\limits_0^{\pi} h\,\text{sen}\,nt\,dt = \frac{h}{n\pi}(1 - \cos n\pi)$$

$$= \begin{cases} \dfrac{2h}{n\pi}, & n \text{ ímpar}, \\[2mm] 0, & n \text{ par}. \end{cases}$$

A série resultante é

$$f(x) = \frac{h}{2} + \frac{2h}{\pi}\left(\frac{\text{sen}\,x}{1} + \frac{\text{sen}\,3x}{3} + \frac{\text{sen}\,5x}{5} + \cdots\right). \tag{19.26}$$

Exceto para o primeiro termo, que representa uma média de $f(x)$ ao longo do intervalo $[-\pi, \pi]$, todos os termos de cosseno desapareceram. Como $f(x)$ $-h/2$ é ímpar, temos uma série senoidal de Fourier. Embora só ocorram os termos ímpares na série senoidal, eles entram apenas como n^{-1}. Essa **convergência condicional** é como a da série harmônica alternada. Fisicamente isso significa que nossa onda quadrada contém uma grande quantidade de **componentes de alta frequência**. Se o equipamento eletrônico não deixar passar essas componentes, a entrada da onda quadrada emergirá mais ou menos arredondada, talvez como uma bolha amorfa. ∎

Exemplo 19.2.2 RETIFICADOR DE ONDA COMPLETA

Como um segundo exemplo, vamos perguntar quão bem a saída de um retificador de onda completa se aproxima de corrente contínua pura. Podemos imaginar que nosso retificador passou os picos positivos de uma onda sinusoidal de entrada e inverteu os picos negativos, como mostrado na Figura 19.8.

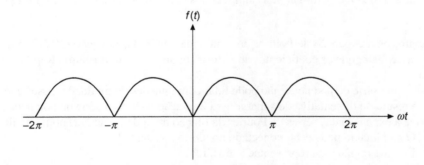

Figura 19.8: Retificador de onda completa.

Isso resulta em

$$f(t) = \begin{cases} \text{sen}\,\omega t, & 0 < \omega t < \pi, \\ -\text{sen}\,\omega t, & -\pi < \omega t < 0. \end{cases} \tag{19.27}$$

Uma vez que $f(t)$, como definido aqui é par, nenhum termo da forma sen $n\omega t$ aparecerá. Mais uma vez, das Equações (14.2) e (14.3), temos

$$a_0 = -\frac{1}{\pi} \int\limits_{-\pi}^{0} \operatorname{sen}\omega t \, d(\omega t) + \frac{1}{\pi} \int\limits_{0}^{\pi} \operatorname{sen}\omega t \, d(\omega t)$$

$$= \frac{2}{\pi} \int\limits_{0}^{\pi} \operatorname{sen}\omega t \, d(\omega t) = \frac{4}{\pi},$$

$$a_n = \frac{2}{\pi} \int\limits_{0}^{\pi} \operatorname{sen}\omega t \cos n\omega t \, d(\omega t)$$

$$= \begin{cases} -\dfrac{2}{\pi} \dfrac{2}{n^2 - 1}, & n \text{ par,} \\ \\ 0, & n \text{ ímpar.} \end{cases}$$

Observe que $[0, \pi]$ não é um intervalo de ortogonalidade para senos e cossenos juntos e não obtemos zero quando n é par. A série resultante é

$$f(t) = \frac{2}{\pi} - \frac{4}{\pi} \sum\limits_{n=2,4,6,\ldots}^{\infty} \frac{\cos n\omega t}{n^2 - 1}. \tag{19.28}$$

A frequência original, ω, foi eliminada; na verdade, todos seus harmônicos ímpares também estão ausentes. A oscilação de menor frequência é 2ω. As componentes de alta frequência caem n^{-2}, mostrando que o retificador de onda completa faz um bom trabalho na aproximação da corrente direta. Se essa boa aproximação é adequada depende da aplicação particular. Se as componentes de corrente alternada restantes forem indesejáveis, elas ainda podem ser suprimidas por circuitos de filtro apropriados.   ∎

Esses exemplos demonstram dois recursos característicos das expansões de Fourier:[5]

- Se $f(x)$ tem descontinuidades, como na onda quadrada no Exemplo 19.2.1, podemos esperar que o n-ésimo coeficiente diminua como $O(1/n)$. A convergência é somente condicional.
- Se $f(x)$ é contínua (embora possivelmente com derivadas descontínuas como no retificador de onda completa do Exemplo 19.2.2), podemos esperar que o n-ésimo coeficiente diminua como $1/n^2$, isto é, convergência absoluta.

Fechar esta seção fornecendo, na Tabela 19.1, uma lista das séries de Fourier que foram introduzidas como exemplos ou nos exercícios deste capítulo. Listas mais extensas podem ser encontradas nas Leituras Adicionais, especialmente no trabalho de Oberhettinger, mas também nos textos de Carslaw, Churchill e Zygmund.

Exercícios

19.2.1   Transforme a expansão de Fourier de uma onda quadrada, Equação (19.26), em uma série de potências. Mostre que os coeficientes de x^1 formam uma série **divergente**. Repita para os coeficientes de x^3.

        Nota: Uma série de potências não pode lidar com uma descontinuidade. Esses coeficientes infinitos são o resultado da tentativa de superar essa limitação básica na série de potências.

19.2.2   Derive a expansão das séries de Fourier da função delta de Dirac $\delta(x)$ no intervalo $-\pi < x < \pi$.

        (a)   O significado pode estar conectado ao termo constante?

        (b)   Em que região essa representação é válida?

        (c)   Com a identidade

$$\sum\limits_{n=1}^{N} \cos nx = \frac{\operatorname{sen}(Nx/2)}{\operatorname{sen}(x/2)} \cos\left[\left(N + \frac{1}{2}\right)\frac{x}{2}\right],$$

        mostre que sua representação de Fourier de $\delta(x)$ é consistente com a Equação (5.27).

[5]G. Raisbeek, Order of grandeza of Fourier coefficients. *Am. Math. Mon.* **62**: 149 (1955).

19.2.3 Expanda $\delta(x - t)$ em uma série de Fourier. Compare seu resultado com a forma bilinear da Equação (5.27).

$$RESPOSTA: \quad \delta(x - t) = \frac{1}{2\pi} + \frac{1}{\pi}\sum_{n=1}^{\infty}(\cos nx \cos nt + \text{sen } nx \text{ sen } nt)$$

$$= \frac{1}{2\pi} + \frac{1}{\pi}\sum_{n=1}^{\infty}\cos n(x - t).$$

19.2.4 Mostre que a integração da expansão de Fourier da função delta de Dirac (Exercício 19.2.2) leva à representação de Fourier da onda quadrada, Equação (19.26), com $h = 1$.
Nota: Integrar o termo constante $(1/2\pi)$ leva a um termo $x/2\pi$. O que você fará com isso?

Tabela 19.1 Algumas séries de Fourier utilizadas neste texto

Séries de Fourier	Referência
1. $\displaystyle\sum_{n=1}^{\infty}\frac{\sin nx}{n} = \begin{cases} -\frac{1}{2}(\pi + x), & -\pi \le x < 0 \\ \frac{1}{2}(\pi - x), & 0 \le x < \pi \end{cases}$	Exercício 19.1.5 Exercício 19.2.8
2. $\displaystyle\sum_{n=1}^{\infty}(-1)^{n+1}\frac{\text{sen } nx}{n} = \frac{x}{2}, \quad -\pi < x < \pi$	Exercício 19.1.6 Exercício 19.2.7
3. $\displaystyle\sum_{n=0}^{\infty}\frac{\text{sen}(2n+1)x}{2n+1} = \begin{cases} -\pi/4, & -\pi < x < 0 \\ +\pi/4, & 0 < x < \pi \end{cases}$	Exercício 19.1.7 Equação (19.26)
4. $\displaystyle\sum_{n=1}^{\infty}\frac{\cos nx}{n} = -\ln\left[2\text{sen}\left(\frac{\vert x \vert}{2}\right)\right], \quad -\pi < x < \pi$	Exercício 19.1.8(b) Equação (19.24)
5. $\displaystyle\sum_{n=1}^{\infty}(-1)^{n}\frac{\cos nx}{n} = -\ln\left[2\cos\left(\frac{x}{2}\right)\right], \quad -\pi < x < \pi$	Exercício 19.1.8(a)
6. $\displaystyle\sum_{n=0}^{\infty}\frac{\cos(2n+1)x}{2n+1} = \frac{1}{2}\ln\left[\cot\frac{\vert x \vert}{2}\right], \quad -\pi < x < \pi$	Exercício 19.2.5

19.2.5 Começando na série de Fourier dada como as linhas 4 e 5 da Tabela 19.1, mostre que:

$$\sum_{n=0}^{\infty}\frac{\cos(2n+1)x}{2n+1} = \frac{1}{2}\ln\left[\cot\frac{|x|}{2}\right].$$

19.2.6 Desenvolva a representação da série de Fourier de

$$f(t) = \begin{cases} 0, & -\pi \le \omega t \le 0, \\ \text{sen } \omega t, & 0 \le \omega t \le \pi. \end{cases}$$

Essa é a saída de um retificador de meia-onda simples. Ela também é uma aproximação do efeito térmico solar que produz "marés" na atmosfera.

$$RESPOSTA: \quad f(t) = \frac{1}{\pi} + \frac{1}{2}\text{sen}\,\omega t - \frac{2}{\pi}\sum_{n=2,4,6,\ldots}^{\infty}\frac{\cos \omega t}{n^2 - 1}.$$

19.2.7   Uma onda em dente de serra é dada por

$$f(x) = x, \quad -\pi < x < \pi.$$

Mostre que

$$f(x) = 2 \sum_{n=1}^{\infty} \frac{(-1)^{n+1}}{n} \operatorname{sen} nx.$$

19.2.8   Uma onda em dente de serra diferente é descrita por

$$f(x) = \begin{cases} -\frac{1}{2}(\pi + x), & -\pi \leq x < 0 \\ +\frac{1}{2}(\pi - x), & 0 < x \leq \pi. \end{cases}$$

Mostre que $f(x) = \sum_{n=1}^{\infty} (\operatorname{sen} nx / n)$.

19.2.9   Uma onda triangular (Figura 19.4) é representada por

$$f(x) = \begin{cases} x, & 0 < x < \pi \\ -x, & -\pi < x < 0. \end{cases}$$

Represente $f(x)$ por uma série de Fourier.

$$RESPOSTA: \quad f(x) = \frac{\pi}{2} - \frac{4}{\pi} \sum_{n=1,3,5,\dots} \frac{\cos nx}{n^2}.$$

19.2.10   Expanda

$$f(x) = \begin{cases} 1, & x^2 < x_0^2 \\ 0, & x^2 > x_0^2 \end{cases}$$

no intervalo $[-\pi, \pi]$.

Nota: Essa onda quadrada de largura variável tem alguma importância na música eletrônica.

19.2.11   Um tubo cilíndrico metálico de raio a é dividido longitudinalmente em duas metades que não se tocam. A metade superior é mantida em um potencial $+V$, a metade inferior em um potencial $-V$ (Figura 19.9). Separe as variáveis na equação de Laplace e resolva para o potencial eletrostático de $r \leq a$. Observe a semelhança entre sua solução para $r = a$ e a série de Fourier para uma onda quadrada.

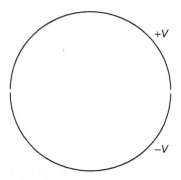

Figura 19.9: Seção transversal do tubo de divisão.

19.2.12 Um cilindro metálico é colocado em um campo elétrico (anteriormente) uniforme, E_0, com o eixo do cilindro perpendicular ao do campo original.

(a) Encontre o potencial eletrostático perturbado.

(b) Localize a carga de superfície induzida no cilindro como uma função da posição angular.

19.2.13 (a) Encontre a representação da série de Fourier de

$$f(x) = \begin{cases} 0, & -\pi < x \leq 0 \\ x, & 0 \leq x < \pi. \end{cases}$$

(b) A partir da expansão de Fourier mostre que

$$\frac{\pi^2}{8} = 1 + \frac{1}{3^2} + \frac{1}{5^2} + \cdots .$$

19.2.14 Integre a expansão de Fourier da função de etapa unitária

$$f(x) = \begin{cases} 0, & -\pi < x < 0 \\ 1, & 0 < x < \pi. \end{cases}$$

Mostre que sua série integrada concorda com Exercício 19.2.13.

19.2.15 No intervalo $(-\pi, \pi)$, $\delta_n(x) = \begin{cases} 0, & -\pi < x < 0 \\ 1, & 0 < x < \pi. \end{cases}$

Essa forma de onda é o pulso mostrado na Figura 19.10.

(a) Expanda $\delta_n(x)$ como uma série de cosseno de Fourier.

(b) Mostre que sua série de Fourier concorda com uma expansão de Fourier de $\delta(x)$ no limite como $n \to \infty$.

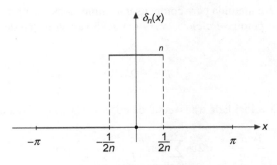

Figura 19.10: Pulso retangular.

19.2.16 Confirme a natureza da função delta da sua série de Fourier do Exercício 19.2.15 mostrando que para qualquer $f(x)$ que é finito no intervalo $[-\pi, \pi]$ e contínuo em $x = 0$,

$$\int_{-\pi}^{\pi} f(x) \, [\text{Expansão de Fourier de } \delta_\infty(x)] \, dx = f(0).$$

19.2.17 (a) Mostre que a função delta de Dirac $\delta(x - a)$, expandida em uma série senoidal de Fourier na metade do intervalo $(0, L)$ $(0 < a < L)$ é dada por

$$\delta(x - a) = \frac{2}{L} \sum_{n=1}^{\infty} \text{sen}\left(\frac{n\pi a}{L}\right) \text{sen}\left(\frac{n\pi x}{L}\right).$$

Observe que essa série na verdade descreve $-\delta(x+a) + \delta(x-a)$ no intervalo $(-L, L)$.

(b) Integrando os dois lados da equação anterior de 0 a x, mostre que a expansão de cosseno da onda quadrada

$$f(x) = \begin{cases} 0, & 0 \le x < a \\ 1, & a < x < L, \end{cases}$$

é

$$f(x) = \frac{2}{\pi} \sum_{n=1}^{\infty} \frac{1}{n} \operatorname{sen}\left(\frac{n\pi a}{L}\right) - \frac{2}{\pi} \sum_{n=1}^{\infty} \frac{1}{n} \operatorname{sen}\left(\frac{n\pi a}{L}\right) \cos\left(\frac{n\pi x}{L}\right),$$

para $0 \le x < L$.

(c) Mostre que o termo $\dfrac{2}{\pi} \sum_{n=1}^{\infty} \dfrac{1}{n} \operatorname{sen}\left(\dfrac{n\pi a}{L}\right)$ é a média de $f(x)$ em $(0, L)$.

19.2.18   Verifique a expansão cosseno de Fourier da onda quadrada, Exercício 19.2.17(b), por cálculo direto dos coeficientes de Fourier.

19.2.19   (a) Uma corda está presa nas duas extremidades $x = 0$ e $x = L$. Supondo vibrações de pequena amplitude, descobrimos que a amplitude $y(x, t)$ satisfaz a equação de onda

$$\frac{\partial^2 y}{\partial x^2} = \frac{1}{v^2} \frac{\partial^2 y}{\partial t^2}.$$

Aqui v é a velocidade da onda. A corda começa a vibrar por um golpe forte em $x = a$. Assim, temos

$$y(x, 0) = 0, \quad \frac{\partial y(x, t)}{\partial t} = L v_0 \delta(x - a) \text{ at } t = 0.$$

A constante L é incluída para compensar as dimensões (comprimento inverso) de $\delta(x-a)$. Com $\delta(x - a)$ dado pelo Exercício 19.2.17 (a), resolva a equação de onda sujeita a essas condições iniciais.

$$RESPOSTA: \quad y(x, t) = \frac{2v_0 L}{\pi v} \sum_{n=1}^{\infty} \frac{1}{n} \operatorname{sen}\frac{n\pi a}{L} \operatorname{sen}\frac{n\pi x}{L} \operatorname{sen}\frac{n\pi vt}{L}.$$

(b) Mostre que a velocidade transversal da corda $\partial y(x, t)/\partial t$ é dada por

$$\frac{\partial y(x, t)}{\partial t} = 2v_0 \sum_{n=1}^{\infty} \operatorname{sen}\frac{n\pi a}{L} \operatorname{sen}\frac{n\pi x}{L} \cos\frac{n\pi vt}{L}.$$

19.2.20   Uma corda, presa em $x = 0$ e em $x = L$, vibra livremente. Seu movimento é descrito pela equação de onda

$$\frac{\partial^2 u(x, t)}{\partial t^2} = v^2 \frac{\partial^2 u(x, t)}{\partial x^2}.$$

Suponha uma expansão de Fourier da forma

$$u(x, t) = \sum_{n=1}^{\infty} b_n(t) \operatorname{sen}\frac{n\pi x}{L}$$

e determine os coeficientes $b_n(t)$. As condições iniciais são

$$u(x, 0) = f(x) \quad \text{e} \quad \frac{\partial}{\partial t} u(x, 0) = g(x).$$

Nota: Isso é apenas metade do intervalo integral de ortogonalidade convencional de Fourier. No entanto, desde que somente os senos sejam incluídos aqui, as condições de contorno de Sturm-Liouville ainda são satisfeitas e as funções são ortogonais.

$$RESPOSTA : b_n(t) = A_n \cos\frac{n\pi vt}{L} + B_n \,\text{sen}\,\frac{n\pi vt}{L},$$

$$A_n = \frac{2}{L}\int_0^L f(x)\,\text{sen}\,\frac{n\pi x}{L}\,dx, \quad B_n = \frac{2}{n\pi v}\int_0^L g(x)\,\text{sen}\,\frac{n\pi x}{L}\,dx.$$

19.2.21 (a) Vamos continuar o problema da corda vibrando no Exercício 19.2.20. Supomos agora que a presença de um meio resistente amortecerá as vibrações de acordo com a equação

$$\frac{\partial^2 u(x,t)}{\partial t^2} = v^2 \frac{\partial^2 u(x,t)}{\partial x^2} - k\frac{\partial u(x,t)}{\partial t}.$$

Introduza uma expansão de Fourier

$$u(x,t) = \sum_{n=1}^{\infty} b_n(t)\,\text{sen}\,\frac{n\pi x}{L}$$

e novamente determine os coeficientes $b_n(t)$. Considere as condições iniciais e de contorno como sendo as mesmas que no Exercício 19.2.20. Suponha que o amortecimento seja pequeno.

(b) Repita, mas suponha que o amortecimento seja grande.

RESPOSTA:

(a) $b_n(t) = e^{-kt/2}[A_n \cos\omega_n t + B_n \,\text{sen}\,\omega_n t], \quad \omega_n^2 = \left(\frac{n\pi v}{L}\right) - \left(\frac{k}{2}\right)^2 > 0,$

$$A_n = \frac{2}{L}\int_0^L f(x)\,\text{sen}\,\frac{n\pi x}{L}\,dx, \quad B_n = \frac{2}{\omega_n L}\int_0^L g(x)\,\text{sen}\,\frac{n\pi x}{L}\,dx + \frac{k}{2\omega_n}A_n.$$

(b) $b_n(t) = e^{-kt/2}[A_n \cosh\sigma_n t + B_n \,\text{senh}\,\sigma_n t], \quad \sigma_n^2 = \left(\frac{k}{2}\right)^2 - \left(\frac{n\pi v}{L}\right)^2 > 0,$

$$A_n = \frac{2}{L}\int_0^L f(x)\,\text{sen}\,\frac{n\pi x}{L}\,dx, \quad B_n = \frac{2}{\sigma_n L}\int_0^L g(x)\,\text{sen}\,\frac{n\pi x}{L}\,dx + \frac{k}{2\sigma_n}A_n.$$

19.3 Fenômeno de Gibbs

O fenômeno de Gibbs é um aumento excessivo momentâneo, uma peculiaridade da série de Fourier e outras séries de autofunção em uma descontinuidade simples. Um exemplo é visto na Figura 19.2.

Soma Parcial das Séries de Fourier

Para entender melhor o fenômeno de Gibbs examinamos métodos para o somatório parcial das séries de Fourier. É provável que esse procedimento leve a soluções convenientes dos problemas práticos para os quais as séries de Fourier são ideais, mas pode fornecer um insight que é necessário para nosso estudo atual.

Partimos da série de Fourier de uma função $f(x)$ em uma forma exponencial, truncando-a para reter somente os termos para $n \le |r|$ e rotulando a expansão truncada $f_r(x)$:

$$f_r(x) = \sum_{n=-r}^{r} c_n e^{inx}, \quad c_n = \frac{1}{2\pi}\int_{-\pi}^{\pi} f(t)e^{-int}\,dt.$$

Combinando essas equações de uma maneira útil para a discussão atual, temos

$$f_r(x) = \frac{1}{2\pi}\int_{-\pi}^{\pi} f(t)\sum_{n=-r}^{r} e^{i(x-t)}dt. \tag{19.29}$$

O somatório na Equação (19.29) é uma série geométrica. Usando um resultado facilmente obtido da Equação (1.96),

$$\sum_{n=-r}^{r} y^n = \frac{y^{-r} - y^{r+1}}{1 - y} = \frac{y^{r+\frac{1}{2}} - y^{-(r+\frac{1}{2})}}{y^{1/2} - y^{-1/2}},$$

definimos $y = e^{i(x-t)}$, e então podemos identificar a expressão resultante como um quociente das funções senoidais:[6]

$$\sum_{n=-r}^{r} e^{in(x-t)} = \frac{e^{i(r+\frac{1}{2})(x-t)} - e^{-i(r+\frac{1}{2})(x-t)}}{e^{i(x-t)/2} - e^{-i(x-t)/2}} = \frac{\operatorname{sen}[(r + \frac{1}{2})(x - t)]}{\operatorname{sen}\frac{1}{2}(x - t)}. \tag{19.30}$$

Inserindo a Equação (19.30) na Equação (19.29), alcançamos

$$f_r(x) = \frac{1}{2\pi} \int_{-\pi}^{\pi} f(t) \frac{\operatorname{sen}[(r + \frac{1}{2})(x - t)]}{\operatorname{sen}\frac{1}{2}(x - t)} dt. \tag{19.31}$$

Isso é convergente em todos os pontos, incluindo $t = x$. A equação (19.31) mostra que a grandeza

$$\frac{1}{2\pi} \frac{\operatorname{sen}[(r + \frac{1}{2})(x - t)]}{\operatorname{sen}\frac{1}{2}(x - t)}$$

está no limite grande r de uma distribuição delta de Dirac.

Onda Quadrada

Por conveniência do cálculo numérico consideramos o comportamento das séries de Fourier que representa a onda quadrada periódica

$$f(x) = \begin{cases} \dfrac{h}{2}, & 0 < x < \pi, \\[2mm] -\dfrac{h}{2}, & -\pi < x < 0. \end{cases} \tag{19.32}$$

Essa é essencialmente a onda quadrada usada no Exemplo 19.2.1, e vemos imediatamente que sua expansão de Fourier é

$$f(x) = \frac{2h}{\pi} \left(\frac{\operatorname{sen} x}{1} + \frac{\operatorname{sen} 3x}{3} + \frac{\operatorname{sen} 5x}{5} + \cdots \right). \tag{19.33}$$

Aplicando a Equação (19.31) a nossa onda quadrada, temos

$$f_r(x) = \frac{h}{4\pi} \int_0^{\pi} \frac{\operatorname{sen}[(r + \frac{1}{2})(x - t)]}{\operatorname{sen}\frac{1}{2}(x - t)} dt - \frac{h}{4\pi} \int_{-\pi}^{0} \frac{\operatorname{sen}[(r + \frac{1}{2})(x - t)]}{\operatorname{sen}\frac{1}{2}(x - t)} dt.$$

Fazendo a substituição $x - t = s$ na primeira integral e $x - t = -s$ na segunda, obtemos

$$f_r(x) = \frac{h}{4\pi} \int_{-\pi+x}^{x} \frac{\operatorname{sen}(r + \frac{1}{2})s}{\operatorname{sen}\frac{1}{2}s} ds - \frac{h}{4\pi} \int_{-\pi-x}^{-x} \frac{\operatorname{sen}(r + \frac{1}{2})s}{\operatorname{sen}\frac{1}{2}s} ds. \tag{19.34}$$

É importante observar que ambas as integrais na Equação (19.34) têm o mesmo integrando e, portanto, têm a mesma integral indefinida, que denotamos $\Phi(t)$. Podemos, portanto, escrever

$$\begin{aligned} f(r) &= \frac{h}{4\pi} \Big[\Phi(x) - \Phi(-\pi + x) \Big] - \frac{h}{4\pi} \Big[\Phi(-x) - \Phi(-\pi - x) \Big] \\ &= \frac{h}{4\pi} \Big[\Phi(x) - \Phi(-x) \Big] - \frac{h}{4\pi} \Big[\Phi(-\pi + x) - \Phi(-\pi - x) \Big], \end{aligned} \tag{19.35}$$

---

[6] Essa série também ocorre na análise de uma rede de difração que consiste em r fendas.

em que a segunda linha da Equação (19.35) é um rearranjo óbvio da primeira. Entetanto, essa segunda linha é útil porque mostra que também podemos escrever $f_r(x)$ como

$$f_r(x) = \frac{h}{4\pi} \int_{-x}^{x} \frac{\operatorname{sen}(r + \frac{1}{2})s}{\operatorname{sen} \frac{1}{2}s} \, ds - \frac{h}{4\pi} \int_{-\pi-x}^{-\pi+x} \frac{\operatorname{sen}(r + \frac{1}{2})s}{\operatorname{sen} \frac{1}{2}s} \, ds. \tag{19.36}$$

Agora estamos prontos para considerar as somas parciais nas imediações da descontinuidade, $x = 0$. Para x pequeno, o denominador do segundo integrando se aproxima de -1, e a segunda integral, portanto, torna-se insignificante no limite $x \to 0$. Por Outro Lado, o primeiro integrando torna-se grande perto de $s = 0$, e o valor da primeira integral depende das grandezas de r e x. Se agora introduzirmos as novas variáveis $p = r + \frac{1}{2}$ e $\xi = ps$, temos (observando que o integrando é uma função par de s)

$$f_r(x) \approx \frac{h}{2\pi} \int_{0}^{px} \frac{\operatorname{sen} \xi}{\operatorname{sen}(\xi/2p)} \frac{d\xi}{p}. \tag{19.37}$$

Cálculo do Aumento Excessivo Momentâneo

Agora estamos preparados para fazer um cálculo do aumento excessivo momentâneo das séries de Fourier. A partir da Equação (19.37), vemos que para qualquer r finito, $f_r(0)$ será zero, dando em $x = 0$ a média dos dois valores da onda quadrada ($+h/2$ e $-h/2$). Porém (mantendo r fixo), a Equação (19.37) também informa que $f_r(x)$ aumentará à medida que px se torna diferente de zero, alcançando um máximo quando $px = \pi$. Esse máximo, que em breve mostraremos que constitui um aumento excessivo momentâneo, ocorrerá, portanto, em $x = \pi/p$, que é aproximadamente $x = \pi/r$. Vemos assim que o local do aumento excessivo momentâneo máximo será diferente de $x = 0$ de uma maneira aproximadamente inversa proporcional ao número de termos considerados na expansão de Fourier.

Para estimar o valor máximo de $f_r(x)$, substituímos $px = \pi$ na Equação (19.37), que então simplificamos fazendo a boa aproximação $\operatorname{sen}(\xi/2\,p) \emptyset \xi/2p$:

$$f_r(x_{\max}) = \frac{h}{2\pi} \int_{0}^{\pi} \frac{\operatorname{sen} \xi \, d\xi}{p \operatorname{sen}(\xi/2p)} \approx \frac{h}{\pi} \int_{0}^{\pi} \frac{\operatorname{sen} \xi}{\xi} \, d\xi. \tag{19.38}$$

Se o limite superior da integral final da Equação (19.38) fosse substituído pelo intervalo infinito, teríamos

$$\int_{0}^{\infty} \frac{\operatorname{sen} \xi}{\xi} \, d\xi = \frac{\pi}{2}, \tag{19.39}$$

um resultado encontrado no Exemplo 11.8.5. Observe que essa substituição faria $f_r(x)$ ter o valor $h/2$, que é o valor exato de $f(x)$ para $x > 0$.

A integral que teríamos de adicionar àquela da Equação (19.38) para obter o intervalo infinito seria

$$\int_{\pi}^{\infty} \frac{\operatorname{sen} \xi}{\xi} \, d\xi = -\operatorname{si}(\pi); \tag{19.40}$$

identificamos essa integral como a função integral senoidal (x) introduzida na Tabela 1.2 e plotada na Figura 13.6. Assim,

$$\int_{0}^{\pi} \frac{\operatorname{sen} \xi}{\xi} \, d\xi = \frac{\pi}{2} + \operatorname{si}(\pi). \tag{19.41}$$

O gráfico de $\operatorname{si}(x)$ mostra que $\operatorname{si}(\pi) > 0$, o que indicando um aumento excessivo momentâneo. Uma demonstração direta de que nossa integral é maior do que $\pi/2$ também pode ser deduzida escrevendo

$$\left(\int_{0}^{\infty} - \int_{\pi}^{3\pi} - \int_{3\pi}^{5\pi} - \cdots \right) \frac{\operatorname{sen} \xi}{\xi} \, d\xi = \int_{0}^{\pi} \frac{\operatorname{sen} \xi}{\xi} \, d\xi. \tag{19.42}$$

A primeira integral no lado esquerdo tem valor $\pi/2$, enquanto cada uma dessas a ser subtraída é negativa (e, portanto, faz uma contribuição positiva adicional).

A quadratura de Gauss ou uma expansão de série de potências e integração termo a termo produz

$$\frac{2}{\pi} \int_0^\pi \frac{\operatorname{sen}\xi}{\xi}\, d\xi = 1.1789797\ldots, \tag{19.43}$$

o que significa que a série de Fourier tende a aumentar momentaneamente no canto positivo da onda quadrada por cerca de 18% e a diminuir momentaneamente no canto negativo pelo mesmo valor. Esse comportamento é ilustrado na Figura 19.11. A inclusão de mais termos (aumentando r) não faz nada para remover esse aumento excessivo momentâneo, mas simplesmente se move para mais perto do ponto de descontinuidade. O aumento excessivo momentâneo é o fenômeno de Gibbs e por causa dele a representação da série de Fourier pode ser altamente duvidosa para trabalho numérico preciso, especialmente na proximidade de uma descontinuidade.

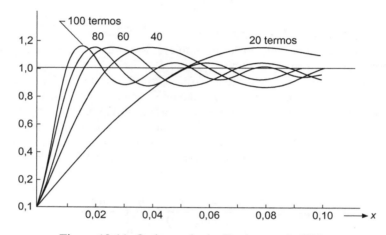

Figura 19.11: Onda quadrada: Fenômeno de Gibbs.

O fenômeno de Gibbs não está limitado à série de Fourier. Ele ocorre com outras expansões de autofunção. Para mais detalhes, ver W. J. Thompson, Fourier series and the Gibbs phenomenon, *Am. J. Phys.* **60**: 425 (1992).

Exercícios

19.3.1   Com as técnicas de somatório de soma parcial desta seção, mostre que em uma descontinuidade em $f(x)$ a série de Fourier para $f(x)$ assume a média aritmética dos limites à direita e à esquerda:

$$f(x_0) = \tfrac{1}{2}[f(x_0 + 0) + f(x_0 - 0)].$$

Ao avaliar $\lim_{r\to\infty} s_r(x_0)$, você pode achar conveniente identificar parte do integrando como uma função delta de Dirac.

19.3.2   Determine a soma parcial, S_n, da série na Equação (19.33) utilizando

(a) $\dfrac{\operatorname{sen} mx}{m} = \displaystyle\int_0^x \cos my\, dy,$ (b) $\displaystyle\sum_{p=1}^n \cos(2p-1)y = \frac{\operatorname{sen} 2ny}{2\operatorname{sen} y}.$

Você concorda com o resultado dado na Equação (19.40)?

19.3.3   (a) Calcule o valor da integral do fenômeno de Gibbs

$$I = \frac{2}{\pi} \int_0^\pi \frac{\operatorname{sen} t}{t}\, dt$$

por quadratura numérica precisa para 12 algarismos significativos.

(b) Verifique seu resultado (1) expandindo o integrando como uma série, (2) integrando termo a termo e (3) avaliando a série integrada. Isso exige cálculo de dupla precisão.

RESPOSTA: $I = 1.178979744472$.

Leituras Adicionais

Carslaw, H. S., *Introduction to the Theory of Fourier's Series and Integrals* (2ª ed.). Londres: Macmillan (1921), 3ª ed., Dover (1952). Esse é um trabalho detalhado e clássico; inclui uma discussão considerável sobre o fenômeno de Gibbs no capítulo IX.

Churchill, R. V., *Fourier Series and Boundary Value Problems* (5ª ed.). Nova York: McGraw-Hill (1993). Discute convergência uniforme na Seção 38.

Jeffreys, H. e Jeffreys, B. S., *Methods of Mathematical Physics* (3ª ed.). Cambridge: Cambridge University Press (1972). A integração termo a termo das séries de Fourier é tratada na Seção 14.06.

Kufner, A. e Kadlec, J., *Fourier Series*. Londres: Iliffe (1971). Esse livro é um relato claro das séries de Fourier no contexto do espaço de Hilbert.

Lanczos, C., *Applied Analysis*. Englewood Cliffs, NJ: Prentice-Hall (1956), Nova tiragem, Dover (1988). O livro dá uma apresentação bem-escrita da técnica de convergência de Lanczos (que suprime as oscilações do fenômeno de Gibbs). Esse e vários outros tópicos são apresentados do ponto de vista de um matemático que quer resultados numéricos úteis, e não apenas teoremas de existência abstrata.

Oberhettinger, F., *Fourier Expansions; A Collection of Formulas*. Nova York: Academic Press (1973).

Zygmund, A., *Trigonometric Series*. Cambridge: Cambridge University Press (1988). O volume contém uma exposição extremamente completa, incluindo resultados relativamente recentes na área da matemática pura.

20

Transformadas Integrais

20.1 Introdução

Na física matemática frequentemente encontramos pares de funções relacionadas por uma expressão da forma

$$g(x) = \int\limits_a^b f(t)K(x,t)dt, \tag{20.1}$$

em que entende-se que a, b e $K(x, t)$ (chamado **núcleo**) serão os mesmos para todos os pares de função f e g. Podemos escrever uma relação expressada na Equação (20.1) na forma mais simbólica

$$g(x) = \mathcal{L}f(t), \tag{20.2}$$

enfatizando assim o fato de que a Equação (20.1) pode ser interpretada como uma equação de operador. A função $g(x)$ é chamada transformada integral de $f(t)$ pelo operador $\mathcal{L}$, com a transformada específica determinada pela escolha de a, b, e $K(x, t)$. O operador definido pela Equação (20.1) será linear:

$$\int\limits_a^b [f_1(t) + f_2(t)]K(x,t)dt = \int\limits_a^b f_1(t)K(x,t)dt + \int\limits_a^b f_2(t)K(x,t)dt, \tag{20.3}$$

$$\int\limits_a^b cf(t)K(\alpha,t)dt = c\int\limits_a^b f(t)K(\alpha,t)dt. \tag{20.4}$$

Para que as transformadas sejam úteis, veremos em breve que precisamos ser capazes de "desfazer" o efeito delas. Do ponto de vista prático, isso significa que não apenas um operador $\mathcal{L}^{-1}$ deve existir, mas também que haja um método razoavelmente conveniente e poderoso de avaliar

$$\mathcal{L}^{-1}g(x) = f(t) \tag{20.5}$$

um amplo intervalo aceitável de $g(x)$. O procedimento para inverter uma transformada assume uma grande variedade de formas que dependem das propriedades específicas de $K(x, t)$, assim não podemos escrever uma fórmula que é tão geral quanto aquela para $\mathcal{L}$ na Equação (20.1).

Nem todas as escolhas superficialmente razoáveis para o núcleo $K(x, t)$ levarão a operadores $\mathcal{L}$ que têm inversos, e mesmo para núcleos estrategicamente escolhidos, o caso pode ser que $\mathcal{L}$ and $\mathcal{L}^{-1}$ só existirão para classes substancialmente restritas das funções. Assim, todo o desenvolvimento deste capítulo limita-se (para qualquer dada transformada integral) a funções para as quais as operações indicadas podem ser realizadas.

Antes de começar a estudar as transformadas integrais, podemos muito bem perguntar: "Por que transformadas integrais são úteis?" Suas aplicações mais comuns estão em situações ilustradas esquematicamente na Figura 20.1, em que há um problema de difícil solução na formulação original, (geralmente no espaço ordinário, às vezes chamado **espaço direto** ou **físico**). Entretanto, pode acontecer que a transformada do problema possa ser resolvida de forma relativamente fácil. Nossa estratégia, então, será formular e resolver o problema no espaço da transformada para depois transformar a solução de volta ao espaço direto. Essa estratégia muitas vezes funciona porque as transformadas integrais mais populares são alteradas de forma simples por operadores de diferenciação e integração, com o resultado de que equações diferenciais e integrais assumem formas relativamente simples. Esse recurso será discutido e ilustrado em detalhes mais adiante neste capítulo.

Outro uso frequente das transformadas integrais é usar uma, juntamente com seu inverso, para formar uma **representação integral** de uma função que originalmente tinha a forma explícita. A importância dessa estratégia (que parece gerar mais complexidade) vem do comportamento relativamente simples das transformadas dos operadores diferenciação e integração. Procedimentos envolvendo representações integrais também são apresentados em seções posteriores deste capítulo.

Algumas Transformadas Importantes

A transformada integral mais amplamente utilizada é a **transformada de Fourier**, definida como

$$g(\omega) = \frac{1}{\sqrt{2\pi}} \int_{-\infty}^{\infty} f(t)e^{i\omega t}dt. \tag{20.6}$$

A notação para essa transformada não é totalmente universal; alguns autores omitem o pré-fator $1/\sqrt{2\pi}$; nós a mantivemos porque as fórmulas da transformada e seu inverso são mais simétricas. Em aplicações que envolvem sistemas periódicos, ocasionalmente encontramos uma definição com núcleo $\exp(2\pi i\omega t/a_0)$, em que a_0 é uma constante de rede. Essas diferenças na notação não mudam a matemática, mas fazem as fórmulas diferirem por potências de 2π ou a_0. Tenha, portanto, cuidado ao combinar material de diferentes fontes.

Definimos a transformada de Fourier em uma notação que atribui o símbolo ω à variável da transformada. Fizemos isso porque, ao estudar o processamento de sinais (um uso importante das transformadas de Fourier), a função $f(t)$ geralmente representa o comportamento temporal de um sinal (tipicamente uma distribuição onda de algum tipo). Sua transformada de Fourier, $g(\omega)$, pode então ser identificada como a distribuição de frequência correspondente. No entanto, é importante ressaltar que as transformadas de Fourier surgem em contextos que vão muito além dos problemas de processamento de sinal; elas são importantes ao avaliar integrais, em formulações alternativas da mecânica quântica e em uma ampla variedade de outros procedimentos matemáticos.

A segunda transformada que historicamente é de grande importância é a **transformada de Laplace**,

$$F(s) = \int_{0}^{\infty} e^{-ts} f(t)dt. \tag{20.7}$$

Uma de suas características úteis é o fato de que sob a transformada, equações diferenciais tornam-se equações algébricas (como veremos em detalhes na Seção 20.8). Uma vez que equações algébricas costumam ser mais fáceis de resolver do que equações diferenciais, esse recurso se presta à estratégia ilustrada na Figura 20.1. Uma desvantagem da transformada de Laplace é que a uso da fórmula para seu inverso é relativamente difícil. Historicamente, o desenvolvimento das tabelas de transformadas de Laplace (que podem ser usadas para identificar inversas) ajudou

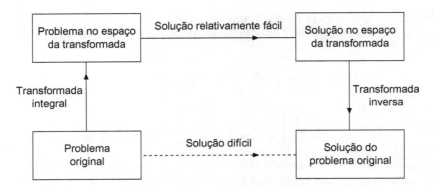

Figura 20.1: Diagrama: utilização de transformadas integrais.

a lidar com essa dificuldade. À medida que computadores digitais se tornaram mais poderosos, o uso das transformadas de Laplace diminuiu, mas elas ainda são úteis e, assim discutiremos alguns detalhes delas neste capítulo.

Das transformadas que são frequentemente utilizadas, mencionamos duas aqui

1. **A transformada de Hankel**,

$$g(\alpha) = \int_0^\infty f(t)\, t\, J_n(\alpha t)\, dt. \tag{20.8}$$

Essa transformada representa o limite do contínuo da série Bessel que estudamos nas Equações (14.47) e (14.48).

2. A **transformada de Mellin**,

$$g(\alpha) = \int_0^\infty f(t)\, t^{\alpha-1}\, dt. \tag{20.9}$$

Na verdade a transformada de Mellin foi utilizada sem que seu nome fosse mencionado; por exemplo, $g(\alpha) = \Gamma(\alpha)$ é a transformada de Mellin de $f(t) = e^{-t}$. Fornecemos muitas transformadas de Mellin em um texto de Titchmarsh (ver Leituras Adicionais).

20.2   Transformada de Fourier

Vamos agora passar para uma discussão mais detalhada sobre a transformada de Fourier,

$$g(\omega) = \frac{1}{\sqrt{2\pi}} \int_{-\infty}^\infty f(t) e^{i\omega t}\, dt. \tag{20.10}$$

Se o exponencial na Equação (20.10) for reescrito, em termos de seno e cosseno, então só iremos considerar as funções que supostamente são funções pares ou ímpares de x, obtemos variantes da forma original que também são transformadas integrais úteis:

$$g_c(\omega) = \sqrt{\frac{2}{\pi}} \int_0^\infty f(t)\cos \omega t\, dt, \tag{20.11}$$

$$g_s(\omega) = \sqrt{\frac{2}{\pi}} \int_0^\infty f(t)\mathrm{sen}\, \omega t\, dt. \tag{20.12}$$

Essas fórmulas definem as transformadas de **Fourier de seno e cosseno**. O uso dos seus núcleos, que são reais, é natural em estudos do movimento de onda e para extrair informações sobre as ondas, especialmente quando informações de fase estão envolvidas. A saída de um interferómetro estelar, por exemplo, envolve uma transformada de Fourier do brilho ao longo de um disco estelar. A distribuição de elétrons em um átomo pode ser obtida a partir de uma transformada de Fourier da amplitude do espalhamento de raios X.

Exemplo 20.2.1   ALGUMAS TRANSFORMADAS DE FOURIER

1. $f(t) = e^{-\alpha\,|t|}$, com $\alpha > 0$. Para lidar com o valor absoluto, dividimos a integral de transformar em duas regiões:

$$g(\omega) = \sqrt{\frac{1}{2\pi}} \int_{-\infty}^0 e^{\alpha t + i\omega t}\, dt + \sqrt{\frac{1}{2\pi}} \int_0^\infty e^{-\alpha t + i\omega t}\, dt$$

$$= \sqrt{\frac{1}{2\pi}} \left[\frac{1}{\alpha + i\omega} + \frac{1}{\alpha - i\omega} \right] = \sqrt{\frac{1}{2\pi}} \frac{2\alpha}{\alpha^2 + \omega^2}. \tag{20.13}$$

Notamos duas características desse resultado: (1) Ele é real; a forma da transformada mostra que se $f(t)$ é par, sua transformada será real. (2) Quanto mais localizado é $f(t)$, menos $g(\omega)$ será localizado. A transformada terá um valor apreciável até $\omega \gg \alpha$; α maior corresponde a maior localização de $f(t)$.

2. $f(t) = \delta(t)$. Encontramos facilmente

$$g(\omega) = \sqrt{\frac{1}{2\pi}} \int\limits_{-\infty}^{\infty} \delta(t)e^{i\omega t}\,dt = \sqrt{\frac{1}{2\pi}}.\tag{20.14}$$

Em essência essa é a $f(t)$ localizada, e vemos que $g(\omega)$ está completamente deslocalizada; ela tem o mesmo valor para toda ω.

3. $f(t) = 2\alpha\sqrt{1/2\pi}/(\alpha^2 + t^2)$, com $\alpha > 0$. Uma maneira de avaliar essa transformada é por integração de contorno. É conveniente escrever inicialmente

$$g(\omega) = \frac{1}{2\pi} \int\limits_{-\infty}^{\infty} \frac{2\alpha\,e^{i\omega t}}{(t - i\alpha)(t + i\alpha)}\,dt.$$

O integrando tem dois polos: um em $t = i\alpha$ com resíduo $e^{-\alpha\omega}/i$ e outro em $t = -i\alpha$ com resíduo $e^{+\alpha\omega}/(-i)$. Se $\omega > 0$, nosso integrando será insignificante em um semicírculo grande na metade superior do plano, assim uma integral ao longo do contorno mostrado na Figura 20.2(a) será a necessária para $g(\omega)$. Esse contorno só abrange o polo em $t = i\alpha$, então obtemos

$$g(\omega) = \frac{1}{2\pi}\,(2\pi i)\frac{e^{-\alpha\omega}}{i} \quad (\omega > 0).\tag{20.15}$$

Porém, se $\omega < 0$, precisamos fechar o contorno na metade inferior do plano, como mostrado na Figura 20.2(b), circundando o polo em $t = -i\alpha$ no sentido horário (gerando assim um sinal de menos). Esse procedimento produz

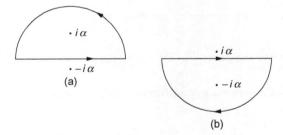

(a)

(b)

Figura 20.2: Contornos para a terceira transformada no Exemplo 20.2.1.

$$g(\omega) = \frac{1}{2\pi}\,(-2\pi i)\frac{e^{+\alpha\omega}}{-i} \quad (\omega < 0).\tag{20.16}$$

Se $\omega = 0$, não será possível realizar uma integração de contorno em nenhum dos caminhos mostrados na Figura 20.2, mas essa abordagem sofisticada não será necessária porque temos a integral elementar

$$g(0) = \frac{1}{2\pi} \int\limits_{-\infty}^{\infty} \frac{2\alpha}{t^2 + \alpha^2}\,dt = 1.\tag{20.17}$$

Combinando as Equações (20.15)–(20.17) e simplificando, temos

$$g(\omega) = e^{-\alpha|\omega|}.$$

Aqui usamos a transformada de Fourier no nosso primeiro exemplo, recuperando a função original não transformada. Isso fornece uma ideia interessante quanto à forma esperada para a transformada inversa de Fourier. É apenas uma ideia, porque nosso exemplo envolveu uma transformada que era real (isto é, não complexa). ∎

A seguir, vemos uma transformada importante de Fourier.

Exemplo 20.2.2 TRANSFORMADA DE FOURIER DE GAUSSIAN

A transformada de Fourier de uma função de Gauss e^{-at^2}, com $a > 0$,

$$g(\omega) = \frac{1}{\sqrt{2\pi}} \int_{-\infty}^{\infty} e^{-at^2} e^{i\omega t} \, dt,$$

pode ser avaliada analiticamente completando o quadrado no expoente,

$$-at^2 + i\omega t = -a\left(t - \frac{i\omega}{2a}\right)^2 - \frac{\omega^2}{4a},$$

que podemos verificar avaliando o quadrado. Substituindo essa identidade e mudando a variável de integração de t para $s = t - i\omega/2a$, obtemos (no limite de T grande)

$$g(\omega) = \frac{1}{\sqrt{2\pi}} e^{-\omega^2/4a} \int_{-T-i\omega/2a}^{T-i\omega/2a} e^{-as^2} \, ds. \qquad (20.18)$$

A integração s, mostrada na Figura 20.3, está em um caminho paralelo, mas abaixo do eixo real por um valor $i\omega/2a$. No entanto, como as conexões entre esse caminho e o eixo real em $\pm T$ fazem contribuições insignificantes para uma integral de contorno e uma vez que os contornos na Figura 20.3 não incluem nenhuma singularidade, a integral na Equação (20.18) é equivalente a uma ao longo do eixo real. Alterando os limites de integração para $\pm\infty$ e elevando à nova variável $\xi = s/\sqrt{a}$, obtemos

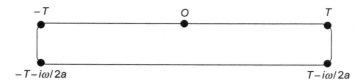

Figura 20.3: Contorno para transformada da gaussiana no Exemplo 20.2.2.

$$\int_{-\infty}^{\infty} e^{-as^2} \, dt = \frac{1}{\sqrt{a}} \int_{-\infty}^{\infty} e^{-\xi^2} \, d\xi = \sqrt{\frac{\pi}{a}},$$

em que a Equação (1.148) foi utilizada para avaliar a função de erro integral. Substituindo esses resultados, encontramos

$$g(\omega) = \frac{1}{\sqrt{2a}} \exp\left(-\frac{\omega^2}{4a}\right), \qquad (20.19)$$

mais uma vez uma gaussiana, mas no espaço ω. Um aumento em a torna a gaussiana original e^{-at^2} mais estreita e, ao mesmo tempo, torna sua transformada de Fourier mais larga, o comportamento que é dominado pelo exponencial $e^{-\omega^2/4a}$. ∎

Integral de Fourier

Quando vimos a função delta pela primeira vez, identificamos a representação da qual n é o maior limite

$$\delta_n(t) = \frac{1}{2\pi} \int_{-n}^{n} e^{i\omega t} \, d\omega, \qquad (20.20)$$

como sendo particularmente útil na análise de Fourier. Agora usamos essa representação para obter um resultado importante conhecido como **integral de Fourier**. Escrevemos a equação bastante óbvia,

$$f(x) = \lim_{n \to \infty} \int\limits_{-\infty}^{\infty} f(t)\, \delta_n(t-x)dt$$

$$= \lim_{n \to \infty} \frac{1}{2\pi} \int\limits_{-\infty}^{\infty} f(t) \left[\int\limits_{-n}^{n} e^{i\omega(t-x)}d\omega \right] dt. \tag{20.21}$$

Agora precisamos permutar a ordem da integração e considerar o limite $n \to \infty$, alcançando

$$f(x) = \frac{1}{2\pi} \int\limits_{-\infty}^{\infty} d\omega \int\limits_{-\infty}^{\infty} dt f(t) e^{i\omega(t-x)}.$$

Por fim, reorganizamos essa equação para a forma

$$f(x) = \frac{1}{2\pi} \int\limits_{-\infty}^{\infty} e^{-i\omega x} d\omega \int\limits_{-\infty}^{\infty} f(t) e^{i\omega t} dt. \tag{20.22}$$

A Equação (20.22), a **integral de Fourier**, é uma representação integral de $f(x)$ e, será reconhecida de modo mais óbvio se a integração interior (ao longo de t) for realizada, sem atribuir a ela um valor ao longo de ω. Na verdade, se identificarmos a integração interior como (para além de um fator $\sqrt{1/2\pi}$) a transformada de Fourier de $f(t)$, e a rotularmos $g(\omega)$ como na Equação (20.10), então a Equação (20.22) poderá ser reescrita

$$f(t) = \sqrt{\frac{1}{2\pi}} \int\limits_{-\infty}^{\infty} g(\omega) e^{-i\omega t} d\omega, \tag{20.23}$$

mostrando que sempre que a transformada de Fourier transforma uma função $f(t)$, podemos usá-lo para fazer uma **representação integral de Fourier** da função.

A fórmula da integral de Fourier, escrita como na Equação (20.23), ilustra a importância da análise de Fourier no processamento de sinais. Se $f(t)$ é um sinal arbitrário, a Equação (20.23) descreve o sinal como composto de uma sobreposição de ondas $e^{-i\omega t}$ em frequências angulares[1] ω, com amplitudes respectivas $g(\omega)$. Assim, a integral de Fourier é a justificação subjacente de que é possível expressar um sinal pela sua dependência do tempo $f(t)$ ou pela sua distribuição de frequência (angular) $g(\omega)$.

Antes de deixar a integral de Fourier, devemos observar que a derivação dela não fornece uma justificação rigorosa para a inversão da ordem da integração e a passagem para o limite n infinito. O leitor interessado pode encontrar um tratamento mais rigoroso, por exemplo, no trabalho *Fourier Transforms* de I. N. Sneddon (Leituras Adicionais).

Exemplo 20.2.3 Representação Integral de Fourier

A partir da primeira transformada no Exemplo 20.2.1, descobrimos que $f(t) = e^{-\alpha |t|}$ tem transformada de Fourier $g(\omega) = \sqrt{1/2\pi}\, 2\alpha/(\alpha^2 + \omega^2)$. Se substituirmos esses dados na Equação (20.23), obteremos

$$e^{-\alpha|t|} = f(t) = \frac{1}{2\pi} \int\limits_{-\infty}^{\infty} \frac{2\alpha e^{-i\omega t}}{\alpha^2 + \omega^2} d\omega = \frac{\alpha}{\pi} \int\limits_{-\infty}^{\infty} \frac{e^{-i\omega t}}{\alpha^2 + \omega^2} d\omega. \tag{20.24}$$

A Equação (20.24) fornece uma representação integral para $\exp(-\alpha |t|)$ que não contém nenhum sinal de valor absoluto e pode constituir um ponto de partida útil para várias manipulações analíticas. Mais adiante veremos alguns exemplos mais substantivos com aplicações imediatas para a física. ■

Transformada Inversa de Fourier

Como o leitor já deve ter observado, a Equação (20.23) é uma fórmula para a **transformada inversa de Fourier**. Note que as transformadas regulares ("diretas") e inversas de Fourier são dadas por fórmulas muito semelhantes (mas não completamente idênticas). A única diferença está no sinal da exponencial complexa. Essa mudança de sinal

---

[1] A onda $e^{-i\omega t}$ tem período de $2\pi/\omega$, assim frequência $\nu = \omega/2\pi$. Sua frequência angular (radianos por unidade de tempo, em vez de ciclos) é $2\pi\nu = \omega$.

faz com que duas aplicações sucessivas da transformada de Fourier não sejam idênticas ao aplicar a transformada e então sua inversa, e a diferença aparece quando $g(\omega)$ não é real.[2]

A análise da seção anterior também pode ser aplicada a transformadas de seno e cosseno de Fourier. Por conveniência, resumimos as fórmulas para todas as três variedades da transformada de Fourier e suas respectivas inversas.

$$g(\omega) = \frac{1}{\sqrt{2\pi}} \int_{-\infty}^{\infty} f(t)e^{i\omega t}\,dt, \tag{20.25}$$

$$f(t) = \frac{1}{\sqrt{2\pi}} \int_{-\infty}^{\infty} g(\omega)e^{-i\omega t}\,d\omega, \tag{20.26}$$

$$g_c(\omega) = \sqrt{\frac{2}{\pi}} \int_{0}^{\infty} f(t)\cos\omega t\,dt, \tag{20.27}$$

$$f_c(t) = \sqrt{\frac{2}{\pi}} \int_{0}^{\infty} g(\omega)\cos\omega t\,d\omega, \tag{20.28}$$

$$g_s(\omega) = \sqrt{\frac{2}{\pi}} \int_{0}^{\infty} f(t)\operatorname{sen}\omega t\,dt, \tag{20.29}$$

$$f_s(t) = \sqrt{\frac{2}{\pi}} \int_{0}^{\infty} g(\omega)\operatorname{sen}\omega t\,d\omega. \tag{20.30}$$

Note que as transformadas de Fourier de seno e cosseno só usam dados para $0 \le t < \infty$. Portanto, embora seja possível avaliar as transformadas inversas correspondentes para t negativo, os resultados podem ser irrelevantes para a situação real nesses valores t. Porém, se nossa função $f(t)$ for par, então a transformada de cosseno irá reproduzi-la fielmente para t negativo; funções ímpares serão adequadamente descritas para t negativo pela transformada de seno.

Exemplo 20.2.4   Trem de Ondas Finito

Uma aplicação importante da transformada de Fourier é a resolução de um pulso finito nas ondas sinusoidais. Imagine que um trem de onda infinito $\operatorname{sen}\omega_0 t$ seja limitado por célula de Kerr ou obturadores saturáveis de célula, de corante, de modo que temos

$$f(t) = \begin{cases} \operatorname{sen}\omega_0 t, & |t| < \dfrac{N\pi}{\omega_0}, \\[2mm] 0, & |t| > \dfrac{N\pi}{\omega_0}. \end{cases} \tag{20.31}$$

Isso corresponde a N ciclos do nosso trem de onda original (Figura 20.4). Como $f(t)$ é ímpar, usamos a transformada de seno de Fourier, Equação (20.28), para obter

$$g_s(\omega) = \sqrt{\frac{2}{\pi}} \int_{0}^{N\pi/\omega_0} \operatorname{sen}\omega_0 t \,\operatorname{sen}\omega t\,dt. \tag{20.32}$$

---

[2]Funções pares têm transformadas reais de Fourier; as transformadas das funções ímpares são imaginárias. Uma função que não é par nem ímpar terá uma transformada de Fourier que é complexa.

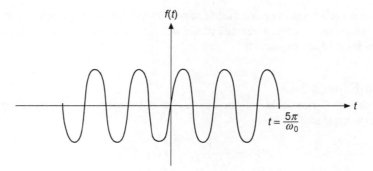

Figura 20.4: Trem de ondas finito.

Integrando, encontramos nossa função de amplitude:

$$g_s(\omega) = \sqrt{\frac{2}{\pi}} \left[\frac{\operatorname{sen}[(\omega_0 - \omega)(N\pi/\omega_0)]}{2(\omega_0 - \omega)} - \frac{\operatorname{sen}[(\omega_0 + \omega)(N\pi/\omega_0)]}{2(\omega_0 + \omega)} \right]. \tag{20.33}$$

É muito interessante ver como $g_s(\omega)$ depende da frequência. Para ω_0 e $\omega \not\phi\, \omega_0$ grandes, apenas o primeiro termo terá alguma importância por causa dos denominadores. Ele está plotado na Figura 20.5. Essa é a curva de amplitude para o padrão de difração de fenda única. Tem zeros em

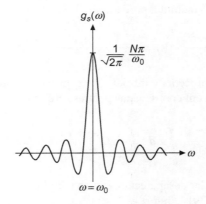

Figura 20.5: Transformada de Fourier do trem de ondas finito.

$$\frac{\omega_0 - \omega}{\omega_0} = \frac{\Delta\omega}{\omega_0} = \pm\frac{1}{N}, \pm\frac{2}{N}, \quad \text{e assim por diante.} \tag{20.34}$$

Para N grande, $g_s(\omega)$ também pode ser interpretado como uma distribuição proporcional à delta de Dirac.

Como boa parte da fração da distribuição de frequência está no máximo central, a meia-largura desse máximo,

$$\Delta\omega = \frac{\omega_0}{N}, \tag{20.35}$$

é uma boa medida da distribuição da frequência angular do nosso pulso de onda. É claro que se N for grande (um pulso longo), a propagação de frequência será pequena. Por outro lado, se o impulso for mais curto, N pequeno, a distribuição da frequência será maior.

A relação inversa entre distribuição de frequência e duração do pulso é uma propriedade fundamental das distribuições de ondas finitas; a precisão com a qual um sinal pode ser identificado como uma frequência específica depende da duração dos impulsos. Esse mesmo princípio encontra expressão como o **princípio da incerteza de Heisenberg** da mecânica quântica, em que a incerteza de posição (a variável quântica correspondendo à duração do pulso) está inversamente relacionada com a incerteza do impulso (análogo quântico da frequência). Vale a pena notar que o princípio da incerteza na mecânica quântica é uma consequência da natureza ondulatória da matéria e não depende de postulados *ad hoc* adicionais.   ■

Transformadas no Espaço 3-D

Aplicando o operador de transformada de Fourier a cada uma das dimensões de um espaço tridimensional (3-D), obtemos as fórmulas extremamente úteis

$$g(\mathbf{k}) = \frac{1}{(2\pi)^{3/2}} \int f(\mathbf{r}) e^{i\mathbf{k}\cdot\mathbf{r}} \, d^3 r, \tag{20.36}$$

$$f(\mathbf{r}) = \frac{1}{(2\pi)^{3/2}} \int g(\mathbf{k}) e^{-i\mathbf{k}\cdot\mathbf{r}} \, d^3 k. \tag{20.37}$$

Essas integrais abrangem todo o espaço. A verificação, se desejado, vem logo a seguir substituindo o lado esquerdo de uma equação no integrando na outra equação e escolhendo a ordem de integração que permite que exponenciais complexos sejam identificados como funções delta em cada uma das três dimensões. A Equação (20.37) pode ser interpretada como uma expansão de uma função $f(\mathbf{r})$ em um contínuo de ondas planas; $g(\mathbf{k})$ torna-se então a amplitude da onda $\exp(-i\,\mathbf{k}\cdot\mathbf{r})$.

Exemplo 20.2.5   ALGUMAS TRANSFORMADAS 3-D

1. Vamos encontrar a transformada de Fourier do potencial de Yukawa, $e^{-\alpha r}/r$. Usando a notação $[\ldots]^T$ para denotar a transformada de Fourier do objeto incluído, procuramos

$$\left[\frac{e^{-\alpha r}}{r}\right]^T (\mathbf{k}) = \frac{1}{(2\pi)^{3/2}} \int \frac{e^{-\alpha r}}{r} e^{i\mathbf{k}\cdot\mathbf{r}} \, d^3 r. \tag{20.38}$$

Talvez a maneira mais simples de proceder é introduzir a expansão da onda esférica para $\exp(i\mathbf{k}\cdot\mathbf{r})$, Equação (16.61). A Equação (20.38), escrita em coordenadas polares esféricas, então assume a forma

$$\left[\frac{e^{-\alpha r}}{r}\right]^T (\mathbf{k}) = \frac{4\pi}{(2\pi)^{3/2}} \int_0^\infty r\,dr \int d\Omega_r \sum_{lm} i^l e^{-\alpha r} j_l(kr) Y_l^m(\Omega_k)^* Y_l^m(\Omega_r). \tag{20.39}$$

Todos os termos da integração angular desaparecem, exceto com $l = m = 0$. Para esse termo, cada Y_0^0 tem o valor constante $1/\sqrt{4\pi}$, e a Equação (20.39) se reduz a

$$\left[\frac{e^{-\alpha r}}{r}\right]^T (\mathbf{k}) = \frac{4\pi}{(2\pi)^{3/2}} \int_0^\infty r\,e^{-\alpha r} j_0(kr) dr. \tag{20.40}$$

Inserindo $j_0(kr) = \operatorname{sen} kr/kr$, a integração r torna-se fundamental, e alcançamos

$$\left[\frac{e^{-\alpha r}}{r}\right]^T (\mathbf{k}) = \frac{1}{(2\pi)^{3/2}} \frac{4\pi}{k^2 + \alpha^2}. \tag{20.41}$$

Escrevemos a Equação (20.41) como fizemos para tornar óbvio o fato de que se a transformada fossem elevada sem o fator $1/(2\pi)^{3/2}$, teríamos o resultado bem conhecido $4\pi/(k^2 + \alpha^2)$.

2. Ainda mais importante do que a transformada de Fourier do potencial de Yukawa é o potencial de Coulomb, $1/r$. Uma tentativa de avaliar essa transformada diretamente leva a problemas de convergência, mas é fácil avaliá-la como o caso limitante do potencial Yukawa com $\alpha = 0$. Assim, temos o resultado extremamente importante,

$$\left[\frac{1}{r}\right]^T (\mathbf{k}) = \frac{1}{(2\pi)^{3/2}} \frac{4\pi}{k^2}. \tag{20.42}$$

3. A partir da relação entre a transformada de Fourier e sua inversa, a Equação (20.42) pode ser invertida de forma eficaz para produzir

$$\left[\frac{1}{r^2}\right]^T(\mathbf{k}) = \left(\frac{\pi}{2}\right)^{1/2}\frac{1}{k}.$$ (20.43)

4. Outra transformada útil de Fourier é a da orbital $1s$ hidrogenóide, que (na forma não normalizada) é $\exp(-Zr)$. Uma maneira simples de avaliar essa transformada é diferenciar a transformar para o potencial de Yukawa quanto ao seu parâmetro, α na Equação (20.41). Observando que a diferenciação em relação a esse parâmetro comuta com o operador da transformada (que envolve a integração quanto a outras variáveis), temos

$$-\frac{\partial}{\partial Z}\left[\frac{e^{-Zr}}{r}\right]^T(\mathbf{k}) = \left[e^{-Zr}\right]^T(\mathbf{k}) = \frac{1}{(2\pi)^{3/2}}\frac{8\pi Z}{(k^2+Z^2)^2}.$$ (20.44)

5. Em seguida considere uma função arbitrária cuja dependência angular é um harmônico esférico (isto é, uma autofunção de momento angular). Usando coordenadas polares esféricas, analisamos

$$\left[f(r)Y_l^m(\Omega_r)\right]^T(\mathbf{k}) = \frac{1}{(2\pi)^{3/2}}\int_0^\infty f(r)\,r^2\,dr\int d\Omega_r Y_l^m(\Omega_r)e^{i\mathbf{k}\cdot\mathbf{r}}$$

$$= \frac{4\pi}{(2\pi)^{3/2}}\int_0^\infty f(r)\,r^2\,dr\int d\Omega_r Y_l^m(\Omega_r)$$

$$\times\sum_{l'm'}i^{l'}j_{l'}(kr)Y_{l'}^{m'}(\Omega_k)Y_{l'}^{m'}(\Omega_r)^*,$$

em que inserimos a expansão de onda esférica, Equação (16.61), para $\exp(i\mathbf{k}\cdot\mathbf{r})$. Como Y_l^m são ortonormais, o somatório se reduz a um único termo, e temos

$$\left[f(r)Y_l^m(\Omega_r)\right]^T(\mathbf{k}) = \frac{4\pi i^l}{(2\pi)^{3/2}}Y_l^m(\Omega_k)\int_0^\infty f(r)j_l(kr)r^2dr.$$ (20.45)

A Equação (20.45) mostra que uma função com dependência angular harmônica esférica tem uma transformada contendo o mesmo harmônico esférico e que a dependência radial da transformada é essencialmente uma transformada de Hankel. Compare com a Equação (20.8).

6. Como um exemplo final, considere a transformada de Fourier de uma gaussiana 3-D. Usando mais uma vez coordenadas polares esféricas e a expansão de onda esférica (um procedimento geralmente aplicável a transformadas das funções esfericamente simétricas), obtemos

$$\left[e^{-ar^2}\right]^T(\mathbf{k}) = \frac{4\pi}{(2\pi)^{3/2}}\int_0^\infty r^2 e^{-ar^2}j_0(kr)dr.$$ (20.46)

Utilizando métodos semelhantes àqueles do Exemplo 20.2.2, encontramos

$$\left[e^{-ar^2}\right]^T(\mathbf{k}) = \frac{1}{(2a)^{3/2}}e^{-k^2/4a}.$$ (20.47)

Esse resultado também pode ser obtido com coordenadas cartesianas e usando o resultado do Exemplo 20.2.2 em cada uma das três dimensões. ∎

Exercícios
20.2.1 (a) Mostre que $g(-\omega) = g*(\omega)$ é uma condição necessária e suficiente para que $f(x)$ seja real.

(b) Mostre que $g(-\omega) = -g*(\omega)$ é uma condição necessária e suficiente para que $f(x)$ seja imaginário puro.

Nota: A condição da parte (a) é utilizada para desenvolver as relações de dispersão da Seção 12.8.

20.2.2   A função

$$f(x) = \begin{cases} 1, & |x| < 1 \\ 0, & |x| > 1 \end{cases}$$

é uma função de etapa finita simétrica.
(a) Encontre $g_c(\omega)$, a transformada de Fourier de cosseno para $f(x)$.
(b) Considerando a transformada de cosseno inversa, mostre que

$$f(x) = \frac{2}{\pi} \int_0^\infty \frac{\operatorname{sen}\omega \cos\omega x}{\omega}\, d\omega.$$

(c) A partir da parte (b) mostre que

$$\int_0^\infty \frac{\operatorname{sen}\omega \cos\omega x}{\omega} d\omega = \begin{cases} 0, & |x| > 1, \\ \dfrac{\pi}{4}, & |x| = 1, \\ \dfrac{\pi}{2}, & |x| < 1. \end{cases}$$

20.2.3   (a) Mostre que as transformadas de Fourier de seno e cosseno para e^{-at} são

$$g_s(\omega) = \sqrt{\frac{2}{\pi}}\frac{\omega}{\omega^2 + a^2}, \quad g_c(\omega) = \sqrt{\frac{2}{\pi}}\frac{a}{\omega^2 + a^2}.$$

Dica: Cada uma das transformadas pode estar relacionada com a outra por integração por partes.
(b) Mostre que

$$\int_0^\infty \frac{\omega \operatorname{sen}\omega x}{\omega^2 + a^2} d\omega = \frac{\pi}{2} e^{-ax}, \quad x > 0,$$

$$\int_0^\infty \frac{\cos\omega x}{\omega^2 + a^2} d\omega = \frac{\pi}{2a} e^{-ax}, \quad x > 0.$$

Esses resultados também podem ser obtidos por integração de contorno (Exercício 11.8.12).

20.2.4   Localize a transformada de Fourier do impulso triangular (Figura 20.6),

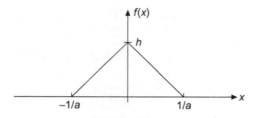

Figura 20.6: Pulso triangular.

$$f(x) = \begin{cases} h(1 - a|x|), & |x| < 1/a, \\ 0, & |x| > 1/a. \end{cases}$$

Nota: Essa função fornece outra sequência delta com $h = a$ e $a \to \infty$.

20.2.5   Considere a sequência

$$\delta_n(x) = \begin{cases} n, & |x| < 1/2n, \\ 0, & |x| > 1/2n. \end{cases}$$

Essa é a equação (1.152). Expressa $\delta_n(x)$ como uma integral de Fourier (por meio do teorema integral de Fourier, transformada inversa etc.). Por fim, mostre que podemos escrever

$$\delta(x) = \lim_{n \to \infty} \delta_n(x) = \frac{1}{2\pi} \int_{-\infty}^{\infty} e^{-ikx}\, dk.$$

20.2.6   Usando a sequência

$$\delta_n(x) = \frac{n}{\sqrt{\pi}}\, \exp(-n^2 x^2),$$

mostre que o

$$\delta(x) = \frac{1}{2\pi} \int_{-\infty}^{\infty} e^{-ikx}\, dk.$$

Dica: Lembre-se de que $\delta(x)$ é definido em termos de seu comportamento como parte de um integrando.

20.2.7   A fórmula

$$\delta(t - x) = \frac{1}{2\pi} \int_{-\infty}^{\infty} e^{i\omega(t-x)} d\omega = \frac{1}{2\pi} \int_{-\infty}^{\infty} e^{i\omega t} e^{-i\omega x} d\omega$$

pode ser identificada como o limite contínuo de uma expansão de autofunção. Derive as representações de seno e cosseno de $\delta(t-x)$ que são comparáveis com a representação exponencial que acabamos de fornecer.

$$RESPOSTA: \quad \frac{2}{\pi} \int_0^{\infty} \operatorname{sen}\omega t \operatorname{sen} \omega x\, d\omega \qquad \frac{2}{\pi} \int_0^{\infty} \cos\omega t \cos\omega x\, d\omega.$$

20.2.8   Em uma cavidade ressonante, uma oscilação eletromagnética de frequência ω_0 se extingue como

$$A(t) = \begin{cases} A_0\, e^{-\omega_0 t/2Q}\, e^{-i\omega_0 t}, & t > 0, \\ 0, & t < 0. \end{cases}$$

O parâmetro Q é uma medida da razão entre a energia armazenada e a perda de energia por ciclo. Calcule a frequência de distribuição da oscilação, $a^*(\omega)a(\omega)$, em que $a(\omega)$ é a transformada de Fourier $A(t)$. *Nota*: Quanto maior é Q, mais intensa a linha de ressonância será.

$$a^*(\omega)a(\omega) = \frac{A_0^2}{2\pi} \frac{1}{(\omega - \omega_0)^2 + (\omega_0/2Q)^2}.$$

20.2.9   Prove que

$$\frac{\hbar}{2\pi i} \int_{-\infty}^{\infty} \frac{e^{-i\omega t} d\omega}{E_0 - i\Gamma/2 - \hbar\omega} = \begin{cases} \exp\left(-\frac{\Gamma t}{2\hbar}\right) \exp\left(-i\frac{E_0 t}{\hbar}\right), & t > 0, \\ 0, & t < 0. \end{cases}$$

Essa integral de Fourier aparece em uma variedade de problemas na mecânica quântica: penetração de barreira, espalhamento, teoria da perturbação dependente do tempo etc.
Dica: Tente integração de contorno.

20.2.10 Verifique que as seguintes são transformadas integrais de Fourier uma da outra:

(a) $\begin{cases} \dfrac{\sqrt{2}}{\pi} \cdot \dfrac{1}{\sqrt{a^2 - x^2}}, & |x| < a, \\ 0, & |x| > a, \end{cases}$ e $J_0(ay)$,

(b) $\begin{cases} 0, & |x| < a, \\ -\sqrt{\dfrac{2}{\pi}} \, \dfrac{1}{\sqrt{x^2 + a^2}}, & |x| > a, \end{cases}$ e $Y_0(a|y|)$,

(c) $\sqrt{\dfrac{\pi}{2}} \dfrac{1}{\sqrt{x^2 + a^2}}$ e $K_0(a|y|)$.

(d) Você pode sugerir por que $I_0(ay)$ não está incluído nessa lista?

Dica: J_0, Y_0 e K_0 podem ser transformados mais facilmente usando uma representação exponencial, invertendo a ordem da integração empregando a representação exponencial da função delta de Dirac, Equação (20.20). Esses casos podem ser tratados igualmente bem como transformadas de Fourier de cosseno.

20.2.11 Mostre que as seguintes são transformadas de Fourier uma da outra:

$$i^n J_n(t) \quad \text{e} \quad \begin{cases} \sqrt{\dfrac{2}{\pi}} \, T_n(x)(1 - x^2)^{-1/2}, & |x| < 1, \\ 0, & |x| > 1. \end{cases}$$

$T_n(x)$ é o polinomial de Chebyshev de n-ésima ordem.

Dica: Com $T_n(\cos \theta) = \cos n\theta$, a transformada de $T_n(x)(1 - x^2)^{-1/2}$ leva a uma representação integral de $J_n(t)$.

20.2.12 Mostre que a transformada exponencial de Fourier

$$f(\mu) = \begin{cases} P_n(\mu), & |\mu| \le 1 \\ 0, & |\mu| > 1 \end{cases}$$

é $(2i n / 2\pi) j_n(kr)$. Aqui $P_n(\mu)$ é um polinômio de Legendre e $j_n(r)$ é uma função esférica de Bessel.

20.2.13 (a) Mostre que $f(x) = x^{-1/2}$ é uma **autorrecíproca** tanto sob transformadas de Fourier de seno quanto de cosseno; isto é,

$$\sqrt{\dfrac{2}{\pi}} \int_0^\infty x^{-1/2} \cos xt \, dx = t^{-1/2},$$

$$\sqrt{\dfrac{2}{\pi}} \int_0^\infty x^{-1/2} \operatorname{sen} xt \, ds = t^{-1/2}.$$

(b) Use os resultados anteriores para avaliar as integrais de Fresnel

$$\int_0^\infty \cos(y^2) dy \quad \text{e} \quad \int_0^\infty \operatorname{sen}(y^2) dy.$$

20.2.14 Mostre que $\left[\dfrac{1}{r^2} \right]^T (\mathbf{k}) = \left(\dfrac{\pi}{2} \right)^{1/2} \dfrac{1}{k}$.

20.2.15 As fórmulas da transformada de Fourier para uma função de duas variáveis são

$$F(u, v) = \frac{1}{2\pi} \iint f(x, y) e^{i(ux+vy)} \, dx \, dy,$$

$$f(x, y) = \frac{1}{2\pi} \iint F(u, v) e^{-i(ux+vy)} \, du \, dv,$$

em que as integrações são ao longo de todo plano xy ou uv. Para $f(x, y) = f([x^2 + y^2]^{1/2}) = f(r)$, mostre que as transformadas de ordem zero de Hankel

$$F(\rho) = \int_0^\infty r f(r) J_0(\rho r) dr,$$

$$f(r) = \int_0^\infty \rho F(\rho) J_0(\rho r) d\rho,$$

são um caso especial das transformadas de Fourier.

Nota: Essa técnica pode ser generalizada para derivar as transformadas de Hankel de ordem $v = 0$, $\frac{1}{2}$, 1, $\frac{2}{2}$, ... Veja os dois textos de Sneddon (Leituras Adicionais). Também podemos observar que as transformadas de Hankel de ordem semi-integral $v = \pm\frac{1}{2}$ se reduzem a transformadas de Fourier de seno e cosseno.

20.2.16 Mostre que a transformada exponencial 3-D de Fourier de uma função radialmente simétrica pode ser reescrita como uma transformada de Fourier de seno:

$$\frac{1}{(2\pi)^{3/2}} \int_{-\infty}^\infty f(r) e^{i\mathbf{k}\cdot\mathbf{r}} d^3x = \frac{1}{k} \sqrt{\frac{2}{\pi}} \int_0^\infty r f(r) \operatorname{sen} kr \, dr.$$

20.3 Propriedades das Transformadas de Fourier

Transformadas de Fourier têm algumas propriedades úteis, muitas das quais veem diretamente da definição da transformada. Usando a transformada 3-D como uma ilustração, e deixando $g(\mathbf{k})$ ser a transformada de Fourier $f(\mathbf{r})$:

$$\left[f(\mathbf{r} - \mathbf{R})\right]^T(\mathbf{k}) = e^{i\mathbf{k}\cdot\mathbf{R}} g(\mathbf{k}), \qquad \text{(translação).} \tag{20.48}$$

$$\left[f(\alpha\mathbf{r})\right]^T(\mathbf{k}) = \frac{1}{\alpha^3} g(\alpha^{-1}\mathbf{k}), \qquad \text{(mudança de escala),} \tag{20.49}$$

$$\left[f(-\mathbf{r})\right]^T(\mathbf{k}) = g(-\mathbf{k}), \qquad \text{(mudança de sinal),} \tag{20.50}$$

$$\left[f^*(-\mathbf{r})\right]^T(\mathbf{k}) = g^*(\mathbf{k}), \qquad \text{(conjugação complexa),} \tag{20.51}$$

$$\left[\nabla f(\mathbf{r})\right]^T(\mathbf{k}) = -i\mathbf{k}\, g(\mathbf{k}), \qquad \text{(gradiente),} \tag{20.52}$$

$$\left[\nabla^2 f(\mathbf{r})\right]^T(\mathbf{k}) = -k^2 g(\mathbf{k}), \qquad \text{(Laplaciana).} \tag{20.53}$$

As primeiras quatro fórmulas podem ser obtidas executando operações apropriadas na equação que define a transformada; detalhes são deixados para os exercícios. As Equações (20.52) e (20.53) são facilmente estabelecidas da fórmula da transformada inversa. Por exemplo, da Equação (20.37),

$$\nabla f(\mathbf{r}) = \frac{1}{(2\pi)^{3/2}} \int g(\mathbf{k}) \left[\nabla_r e^{-i\mathbf{k}\cdot\mathbf{r}} \right] d\mathbf{k}$$

$$= \frac{1}{(2\pi)^{3/2}} \int g(\mathbf{k}) \left[(-i\mathbf{k}) e^{-i\mathbf{k}\cdot\mathbf{r}} \right] d\mathbf{k}$$

$$= \frac{1}{(2\pi)^{3/2}} \int \left[-i\mathbf{k}\, g(\mathbf{k}) \right] e^{-i\mathbf{k}\cdot\mathbf{r}} d\mathbf{k}, \tag{20.54}$$

mostrando que $-i\mathbf{k}\, g(\mathbf{k})$ é de fato a transformada de Fourier de $\nabla f(\mathbf{r})$. Devemos observar que essa demonstração requer a existência das integrais envolvidas.

A fórmula de translação tem valor prático considerável, uma vez que permite que uma função que é mais convenientemente descrita em relação a uma origem em $\mathbf{R}$ tenha uma transformada cuja representação natural é sobre a origem no espaço $\mathbf{k}$, embora com um fator de fase complexo, $\exp(i\mathbf{k}\cdot\mathbf{R})$. Essa característica torna-se importante, por exemplo, em problemas envolvendo átomos centrados em diferentes pontos espaciais, porque as modificações dos orbitais atômicos nesses átomos podem ser escritas como centradas em um único ponto no espaço da transformada. Assim, a fórmula de translação pode converter um problema espacialmente complexo em um problema com um único ponto (embora agora com caráter oscilatório devido aos fatores de fase).

As fórmulas para o gradiente e laplaciano, bem como suas variantes unidimensionais (1-D),

$$\left[f'(t) \right]^T (\omega) = -i\omega\, g(\omega), \qquad \text{(primeira derivada)}, \tag{20.55}$$

$$\left[\frac{d^n}{dt^n} f(t) \right]^T (\omega) = (-i\omega)^n\, g(\omega), \qquad \text{(n-ésima derivada)}, \tag{20.56}$$

faz a aplicação desses operadores diferenciais ter formas simples no espaço de transformada. Como podemos ver na Equação (20.55), a operação de diferenciação corresponde no espaço de transformada com a multiplicação por $-i\omega$.

Exemplo 20.3.1   Equação de Onda

Técnicas de transformada de Fourier podem ser utilizadas de maneira vantajosa para tratar equações diferenciais parciais (EDPs). Para ilustrar a técnica, vamos derivar uma expressão familiar da física elementar. Uma corda infinitamente longa vibra livremente. A amplitude y das vibrações (pequenas) satisfaz a equação de onda

$$\frac{\partial^2 y}{\partial x^2} = \frac{1}{v^2} \frac{\partial^2 y}{\partial t^2}, \tag{20.57}$$

em que v é a velocidade de fase da propagação de onda. Considerando as condições iniciais

$$y(x, 0) = f(x), \qquad \left. \frac{\partial y(x, t)}{\partial t} \right|_{t=0} = 0, \tag{20.58}$$

em que supomos que f está localizado, significando que $\lim_{x=\pm\infty} f(x) = 0$.

Nosso método para resolver a EDP da Equação (20.57) será considerar dois membros que as transformadas de Fourier (em x) contêm, usando α como a variável da transformada. Isso equivale a multiplicar a Equação (20.57) por $e^{i\alpha x}$ e integrar ao longo de x. Antes de simplificar, temos

$$\int_{-\infty}^{\infty} \frac{\partial^2 y(x, t)}{\partial x^2} e^{i\alpha x} dx = \frac{1}{v^2} \int_{-\infty}^{\infty} \frac{\partial^2 y(x, t)}{\partial t^2} e^{i\alpha x} dx. \tag{20.59}$$

Se reconhecemos

$$Y(\alpha, t) = \frac{1}{\sqrt{2\pi}} \int_{-\infty}^{\infty} y(x, t) e^{i\alpha x} dx \tag{20.60}$$

como a transformada (da nossa variável inicial x à variável de transformada α) da solução de $y(x, t)$ da nossa EDP, podemos escrever a Equação (20.59) como

$$(-i\alpha)^2 Y(\alpha, t) = \frac{1}{v^2} \frac{\partial^2 Y(\alpha, t)}{\partial t^2}.$$ (20.61)

Aqui usamos a Equação (20.56) para a transformada de $\partial^2 y/\partial x^2$ e movemos o operador $\partial^2/\partial t^2$, que é irrelevante para o operador de transformada, fora da integral, permanecendo apenas $Y(\alpha, t)$.

Nosso problema original agora foi convertido na Equação (20.61), mas essa nova equação tem a característica simplificadora importante de que a única derivada que ela contém é aquela em relação a t; fomos, portanto, bem-sucedidos em substituir nossa EDP original (em x e t) por uma equação diferencial ordinária (EDO) (apenas em t). A dependência do nosso problema de α (a variável à qual x foi convertido) é apenas algébrica.

Essa transformada, entre uma EDP e uma EDO, é um feito significativo. Agora estamos prontos para resolver a Equação (20.61), sujeita às condições iniciais, que precisamos expressar em termos de Y. Considerando as transformadas das grandezas na Equação (20.58), temos

$$\begin{cases} Y(\alpha, 0) = \dfrac{1}{\sqrt{2\pi}} \displaystyle\int_{-\infty}^{\infty} f(x) e^{i\alpha x} dx = F(\alpha), \\ \dfrac{\partial Y(\alpha, t)}{\partial t}\bigg|_{t=0} = 0. \end{cases}$$ (20.62)

É importante reconhecer que $F(\alpha)$ é (a princípio) conhecido; é a transformada de Fourier de amplitude inicial conhecida $f(x)$.

Resolvendo a Equação (20.61), de acordo com as condições iniciais em Y dadas na Equação (20.62), obtemos

$$Y(\alpha, t) = F(\alpha) \frac{e^{i\alpha vt} + e^{-i\alpha vt}}{2}.$$ (20.63)

Poderíamos ter escrito a dependência t como $\cos(\alpha vt)$, mas a forma exponencial é mais adequada para o que faremos em seguida.

Como nós realmente queremos expressar nossa solução em termos de x em vez de α, o passo final será aplicar a transformada inversa de Fourier aos dois lados da Equação (20.63):

$$\frac{1}{\sqrt{2\pi}} \int_{-\infty}^{\infty} Y(\alpha, t) e^{-i\alpha x} d\alpha = \frac{1}{\sqrt{2\pi}} \int_{-\infty}^{\infty} F(\alpha) \frac{e^{i\alpha vt - i\alpha x} + e^{-i\alpha vt - i\alpha x}}{2} d\alpha.$$ (20.64)

O lado esquerdo da equação (20.64) é claramente $y(x, t)$; cada termo no lado da direita é uma transformada inversa de F (e, portanto, f), mas vemos que o primeiro exponencial, se escrito $e^{-i\alpha(x-vt)}$, pode levar a uma transformada inversa do argumento $x - vt$, enquanto a segunda exponencial leva a uma transformada inversa do argumento $x + vt$. Assim, nossa simplificação final da Equação (20.64) assume a forma

$$y(x, t) = \frac{1}{2} \Big[f(x - vt) + f(x + vt) \Big].$$ (20.65)

Portanto, nossa solução consiste em uma superposição em que metade da amplitude da forma de onda original se mover na direção $+x$ (em velocidade v), enquanto a outra metade da forma de onda original se move (também em velocidade v) na direção $-x$. ∎

Exemplo 20.3.2   EDP de Fluxo de Calor

Para ilustrar outra transformada de uma EDP em uma EDO, vamos transformar a EDP 1-D de Fourier de fluxo de calor,

$$\frac{\partial \psi}{\partial t} = a^2 \frac{\partial^2 \psi}{\partial x^2},$$

em que a solução $\psi(x, t)$ é a temperatura na posição x e tempo t.

Transformamos a dependência x, com a variável de transformada denotada por y, escrevendo a transformada de $\psi(x, t)$ como $\Psi(y, t)$, e identificando a transformada de $\partial^2 \psi(x, t)/\partial x^2$ como $-y^2\Psi(y, t)$. Nossa equação de fluxo de calor então assume a forma

$$\frac{\partial \Psi(y, t)}{\partial t} = -a^2 y^2\, \Psi(y, t),$$

com a solução geral

$$\ln \psi(y,\ t) = -a^2 y^2 t + \ln C(y), \quad \text{ou} \quad \psi = C(y)e^{-a^2 y^2 t}.$$

O significado físico de $C(y)$ é que é a distribuição espacial inicial de Ψ ou, em outras palavras, a transformada de Fourier do perfil da temperatura inicial $\psi(x, 0)$. Assim, supondo que a distribuição inicial de temperatura seja conhecida, então $C(y)$ também é, e nossa solução da EDP, a transformada inversa de Ψ, assume a forma

$$\psi(x, t) = \frac{1}{2\pi} \int\limits_{-\infty}^{\infty} C(y)e^{-a^2 y^2 t} e^{-iyx} dy. \tag{20.66}$$

Outros avanços dependem da forma específica de $C(y)$. Supondo que a temperatura inicial seja uma função delta com pico em $x = 0$, correspondendo a um pulso instantâneo da energia térmica em $x = t = 0$, temos então como sua transformada de Fourier $C(y) =$ constante (Equação 20.14). Podemos agora avaliar a integral na Equação (20.66) para obter uma forma explícita para $\psi(x, t)$. Com C constante, a forma funcional da Equação (20.66) é (exceto o sinal de i) aquela que acabamos de encontrar no Exemplo 20.2.2 para a transformada de Fourier de uma gaussiana, e podemos avaliar a integral para obter

$$\psi(x, t) = \frac{C}{a\sqrt{2t}} \exp\left(-\frac{x^2}{4a^2 t}\right).$$

Essa forma de ψ foi obtida na Seção 9.7, mas surgiu aí como uma suposição inteligente que acabou por ser justificada porque levou a uma solução da EDP de difusão. ∎

Exemplo 20.3.3   Função de Coulomb Green

A função de Green associada à equação de Poisson satisfaz a EDP

$$\nabla_r^2 G(\mathbf{r}, \mathbf{r}') = \delta(\mathbf{r} - \mathbf{r}'). \tag{20.67}$$

Consideramos a transformada de Fourier dos dois lados dessa equação em relação a $\mathbf{r}$, designando $g(\mathbf{k}, \mathbf{r}')$ como a transformada de G. Observe que $\mathbf{r}'$ não é afetado pela transformada.

Utilizando a Equação (20.53), o lado esquerdo da Equação (20.67) torna-se $-k^2 g(\mathbf{k}, \mathbf{r}')$, enquanto o lado do lado direito, em que a função delta foi convertida por um valor $\mathbf{r}'$, tem, de acordo com a Equação (20.48) a transformada $e^{i\mathbf{k}\cdot\mathbf{r}'}\, \delta^T(\mathbf{k})$. Assim, a Equação (20.67) se transforma em

$$-k^2 g(\mathbf{k}, \mathbf{r}') = \frac{1}{(2\pi)^{3/2}} e^{i\mathbf{k}\cdot\mathbf{r}'},$$

em que a transformada da função de delta foi avaliada como o equivalente 3-D da Equação (20.14). Podemos agora resolver para g:

$$g(\mathbf{k}, \mathbf{r}') = -\frac{1}{(2\pi)^{3/2}} \frac{e^{i\mathbf{k}\cdot\mathbf{r}'}}{k^2},$$

e recuperar G considerando a transformada inversa,

$$G(\mathbf{r}, \mathbf{r}') = -\frac{1}{(2\pi)^3} \int \frac{e^{i\mathbf{k}\cdot\mathbf{r}'}}{k^2} e^{-i\mathbf{k}\cdot\mathbf{r}} d^3 k = -\frac{1}{(2\pi)^3} \int \frac{d^3 k}{k^2} e^{-i\mathbf{k}\cdot(\mathbf{r} - \mathbf{r}')}.$$

Vemos que a avaliação é proporcional à da transformada inversa de $1/k^2$, mas para o argumento $\mathbf{r} - \mathbf{r}'$. Usando a Equação (20.43) (que se aplica também à transformada inversa, porque é real), chegamos ao

$$G(\mathbf{r}, \mathbf{r}') = -\frac{1}{(2\pi)^{3/2}} \left(\frac{\pi}{2}\right)^{1/2} \frac{1}{|\mathbf{r} - \mathbf{r}'|} = -\frac{1}{4\pi} \frac{1}{|\mathbf{r} - \mathbf{r}'|},$$

resultado que obtivemos anteriormente por outros métodos (compare com a Seção 10.2). Observe que não supusemos que G fosse uma função de $\mathbf{r} - \mathbf{r}'$; **descobrimos** que ele tem essa forma. ■

Sucessos e Limitações

Alguns dos exemplos anteriores ilustram um papel importante desempenhado pela transformada de Fourier:

* *A utilização da transformada de Fourier pode converter uma EDP em uma EDO, reduzindo assim o "grau de transcendência" do problema.*

Todos os exemplos também ilustram o procedimento esboçado esquematicamente na Figura 20.1:

* *A transformada de Fourier pode converter um problema muitas vezes difícil em um que somos capazes de resolver. Uma forma útil para a solução pode então ser obtida transformando-a de volta ao espaço físico.*

Apesar desses sucessos, é importante notar que nem todos os problemas tidos como equações diferenciais são passíveis dos métodos da solução com a transformada de Fourier. Algumas das limitações vêm da exigência implícita de que as transformadas necessárias e suas inversas existem. Também podemos esperar que os métodos de Fourier só funcionem quando a solução é única, uma vez que o processo de considerar uma transformada e então resolver uma equação algébrica produz um único resultado, e não um conjunto de duas ou mais soluções linearmente independentes.

Normalmente, as condições de contorno são a razão aproximada de que uma solução da equação diferencial é única, e a exigência de que uma transformada (exponencial) de Fourier existe impõe condições de contorno de Dirichlet no infinito. Para sistemas 1-D no intervalo semi-infinito $0 \leq x < \infty$, o uso da transformada de Fourier de seno impõe uma condição de Dirichlet no contorno finito $x = 0$, enquanto o uso da transformada de cosseno corresponde aí a uma condição de contorno de Neumann.

Oportunidades adicionais para resolver equações diferenciais por métodos de transformadas são fornecidos pelo uso da transformada de Laplace, para a qual é mais natural introduzir dados de contorno. Ver as seções mais adiante neste capítulo.

Exercícios

20.3.1 Escreva os equivalentes 1-D das equações para conversão, mudança de escala, mudança de sinal e conjugação complexa que foram dadas para as transformadas 3-D nas Equações (20.48) a (20.51).

20.3.2 (a) Mostre que por substituição do $\mathbf{r}$ por $\mathbf{r} - \mathbf{R}$ na fórmula para a transformada de Fourier de $f(\mathbf{r})$, podemos derivar a fórmula de translação, Equação (20.48).

(b) Usando métodos semelhantes àqueles da parte (a), estabelece as fórmulas para mudança de escala, mudança de sinal e conjugação complexa, Equações (20.49) a (20.51).

20.3.3 Derive a Equação (20.53), a fórmula para a transformada de Fourier de $\nabla^2 f(\mathbf{r})$.

20.3.4 Verifique as (20.55)Equações (20.55) e (20.56), as fórmulas para as derivadas das transformadas de Fourier 1-D.

20.3.5 Derive o inverso da Equação (20.56), ou seja, que

$$\left[t^n f(t) \right]^T (\omega) = i^{-n} \frac{d^n}{d\omega^n} g(\omega).$$

20.3.6 A equação de difusão de nêutrons 1-D com uma fonte (plano) é

$$-D\frac{d^2\varphi(x)}{dx^2} + K^2 D\varphi(x) = Q\,\delta(x),$$

em que $\varphi(x)$ é o fluxo de nêutrons, $Q\delta(x)$ é a fonte (plano) em $x = 0$, e D e K^2 são constantes. Aplique uma transformada de Fourier. Resolva a equação no espaço de transformada. Transforme sua solução de volta ao espaço x.

$$RESPOSTA: \quad \varphi(x) = \frac{Q}{2K\,D} e^{-|K\,x|}.$$

20.4 Teorema da Convolução de Fourier

Uma relação importante que as transformadas de Fourier satisfazem é aquela conhecida como **teorema da convolução**. Como veremos em breve, esse teorema é útil para solucionar equações diferenciais, estabelecer a normalização das funções de onda de momentum, avaliar integrais que surgem em várias áreas da física e em uma variedade de aplicações de processamento de sinais.

Definimos a **convolução** de duas funções $f(x)$ e $g(x)$, aqui entendidas como estando ao longo do intervalo $(-\infty, \infty)$, como a seguinte operação designada $f * g$:

$$(f * g)(x) \equiv \frac{1}{\sqrt{2\pi}} \int_{-\infty}^{\infty} g(y) f(x - y) dy. \tag{20.68}$$

A definição correspondente em três dimensões é

$$(f * g)(\mathbf{r}) \equiv \frac{1}{(2\pi)^{3/2}} \int g(\mathbf{r}') f(\mathbf{r} - \mathbf{r}') d^3 r', \tag{20.69}$$

em que a integral está sobre o espaço tridimensional completo.

Essa operação é às vezes chamada **Faltung**, o termo em alemão para "dobradura". Para entender melhor a origem desse nome, veja a Figura 20.7, em que plotamos $f(y) = e^{-y}$ e $f(x - y) = e^{-(x-y)}$. Claramente, $f(y)$ e $f(x - y)$ estão relacionados por reflexão em relação à linha vertical $y = x/2$; isto é, podemos gerar $f(x - y)$ dobrando ao longo de $f(y)$ na linha $y = x/2$.

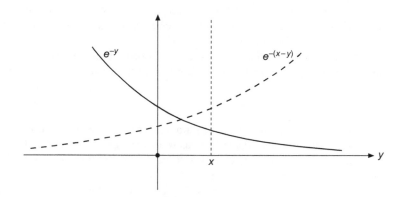

Figura 20.7: Fatores em uma Faltung.

Nosso interesse aqui não é primariamente a nomenclatura, mas sim entender o que acontece se considerarmos a transformada de Fourier de uma convolução. Sejam $F(t)$ e $G(t)$, respectivamente, as transformadas de Fourier de f e g, encontramos

$$
\begin{aligned}
(f * g)^T(t) &= \frac{1}{\sqrt{2\pi}} \int_{-\infty}^{\infty} dx \left[\frac{1}{\sqrt{2\pi}} \int_{-\infty}^{\infty} dy\, g(y) f(x - y) \right] e^{itx} \\
&= \left[\frac{1}{\sqrt{2\pi}} \int_{-\infty}^{\infty} dy\, g(y) e^{ity} \right] \left[\frac{1}{\sqrt{2\pi}} \int_{-\infty}^{\infty} dx\, f(x - y) e^{it(x-y)} \right] \\
&= \left[\frac{1}{\sqrt{2\pi}} \int_{-\infty}^{\infty} dy\, g(y) e^{ity} \right] \left[\frac{1}{\sqrt{2\pi}} \int_{-\infty}^{\infty} dz\, f(z) e^{itz} \right] \\
&= G(t) F(t). \tag{20.70}
\end{aligned}
$$

Na segunda linha do conjunto de equações, simplesmente dividimos e^{itx} nos dois fatores $e$ity e $e^{it(x-y)}$; a terceira linha foi obtida mudando a variável de integração da segunda integral de x para $z = x - y$. Depois dessa mudança, y só aparece no primeiro conjunto de colchetes e z só aparece no conjunto de colchetes. Assim, somos capazes de chegar à quarta linha em que identificamos as integrais de Fourier.

Geralmente encontramos Integrais com a forma de uma convolução $f * g$. O teorema da convolução permite construir a transformada de Fourier da integral, e a própria integral será dada então considerando a transformada inversa de $(f * g)$T. Esse processo corresponde a

$$\int_{-\infty}^{\infty} g(y)f(x-y)dy = \sqrt{2\pi}(f*g)(x) = \sqrt{2\pi}\frac{1}{\sqrt{2\pi}} \int_{-\infty}^{\infty} (f*g)^T(t)e^{-ixt}\,dt$$

$$= \int_{-\infty}^{\infty} G(t)F(t)e^{-ixt}dt. \tag{20.71}$$

Mais uma vez vemos uma característica atraente inerente à análise de Fourier. Embora as duas funções na nossa integrante original, $g(y)$ e $f(x-y)$, tivessem diferentes argumentos, suas transformadas, $G(t)$ e $F(t)$, têm o mesmo argumento. Ainda temos uma integral para avaliar depois de usar o teorema da convolução, mas (como acabamos de observar) o integrando consiste em um produto de quantidades que são avaliadas no **mesmo** ponto. O custo da transformada é a presença de um exponencial complexo, que dá o carácter oscilatório à integral. Trocamos, portanto, complexidade geométrica por complexidade oscilacional. Muitas vezes, isso será um meio-termo vantajoso.

Só para lembrar, eis o equivalente 3-D da Equação (20.71):

$$\int g(\mathbf{r}')f(\mathbf{r}-\mathbf{r}')d^3r' = \int F(\mathbf{k})G(\mathbf{k})e^{-i\mathbf{k}\cdot\mathbf{r}}d^3k. \tag{20.72}$$

Relação de Parseval

Se a Equação (20.71) for especializada para $x = 0$, obtemos o resultado relativamente simples

$$\int_{-\infty}^{\infty} f(-y)g(y)dy = \int_{-\infty}^{\infty} F(t)G(t)dt. \tag{20.73}$$

Essa equação é mais facilmente interpretada se mudarmos $f(y)$ para $f*(-y)$. Em seguida, devemos substituir $f(-y)$ na Equação (20.73) por $f*(y)$, enquanto $F(t)$ torna-se $[f*(-y)]^T$ que, invocando a Equação (20.51), pode ser escrito $F*(t)$. Com essas mudanças, temos

$$\int_{-\infty}^{\infty} f^*(y)g(y)dy = \int_{-\infty}^{\infty} F^*(t)G(t)dt. \tag{20.74}$$

Essa equação é conhecida como **relação de Parseval;** alguns autores preferem chamá-la **teorema de Rayleigh**.

As integrais na Equação (20.74) têm a forma de produtos escalares, e existirão se f e g (e, portanto, também F e G) são integráveis quadraticamente (isto é, membros de um espaço $\mathcal{L}^2$).

Deixando $\mathcal{F}$ denotar o operador da transformada de Fourier, podemos reescrever a Equação (20.74) na forma compacta

$$\langle f|g\rangle = \langle \mathcal{F}f|\mathcal{F}g\rangle. \tag{20.75}$$

Se agora removemos o $\mathcal{F}$ do semicolchete à esquerda, escrevendo em vez disso seu adjunto no semicolchete à direita, alcançamos

$$\langle f|g\rangle = \langle f|\mathcal{F}^\dagger\mathcal{F}g\rangle. \tag{20.76}$$

Como essa equação deve se sustentar para todo f e g no nosso espaço de Hilbert, é necessário que $\mathcal{F}^\dagger\mathcal{F}$ se reduzam à identidade do operador, o que significa que

$$\mathcal{F}^\dagger = \mathcal{F}^{-1}. \tag{20.77}$$

Nossa conclusão é de que o operador da transformada de Fourier é **unitário**.

Se, em seguida, consideramos o caso especial $g = f$, a Equação (20.75) assume a forma

$$\langle f | f \rangle = \langle F | F \rangle, \tag{20.78}$$

mostrando que f e sua transformada, F, têm a mesma norma, um resultado que quase não surpreende porque já sabemos que transformar f duas vezes nos leva de volta, na pior das hipóteses, a f multiplicado por um fator de fase complexa.

Uma consequência interessante da propriedade de unitariedade é ilustrada pelas fórmulas que regem a óptica de difração de Fraunhofer. A amplitude do padrão de difração aparece como a transformada de Fourier da função que descreve a abertura (comparar o Exercício 20.4.3). Com uma intensidade proporcional ao quadrado da amplitude, a relação de Parseval implica que a energia que atravessa a abertura (a integral de $|f|^2$) é igual àquela no padrão de difração, cuja energia total é a integral de $|F|^2$. Nesse problema, uma relação de Parseval corresponde à conservação de energia.

Fechamos esse tema com duas observações. Primeiro, observe como a clareza e simplicidade da nossa discussão sobre a relação Parseval foi significativamente aprimorada pela introdução da notação adequada. Grande parte da nossa percepção e intuição sobre conceitos matemáticos decorre diretamente do uso de boas notações para a descrição deles. Segundo, chamamos a atenção ao fato de que a relação de Parseval pode ser desenvolvida de forma independente da transformada de Fourier inversa e então utilizada rigorosamente para derivar a transformada inversa. Detalhes podem ser encontrados no texto de Morse e Feshbach (Leituras Adicionais).

Eis alguns exemplos que ilustram o uso do teorema da convolução.

Exemplo 20.4.1   POTENCIAL DA DISTRIBUIÇÃO DE CARGA

O potencial em todos os pontos $\mathbf{r}$ produzido por uma distribuição de carga $\rho(\mathbf{r}')$ é necessário. A partir da lei de Coulomb, ou de modo equivalente à função de Green para a equação de Poisson, temos

$$\psi(\mathbf{r}) = \frac{1}{4\pi} \int \frac{\rho(\mathbf{r}')}{|\mathbf{r} - \mathbf{r}'|} d^3 r. \tag{20.79}$$

A integral para ψ é da forma de convolução, e sua presença nesse problema sugere que surgirão convoluções em uma ampla variedade de problemas em que há uma fonte distribuída de quase qualquer tipo e um efeito que vem daí depende da posição relativa.

Considerando $f(\mathbf{r}) = 1/r$, de modo que $f(\mathbf{r} - \mathbf{r}') = 1/|\mathbf{r} - \mathbf{r}'|$, e $g(\mathbf{r}) = \rho(\mathbf{r})$, a aplicação da fórmula da convolução da Equação (20.72) produz

$$\psi(\mathbf{r}) = \frac{1}{4\pi} \int f^T(\mathbf{k}) g^T(\mathbf{k}) e^{-i\mathbf{k}\cdot\mathbf{r}} d^3 k.$$

Como

$$f^T(\mathbf{k}) = \frac{1}{(2\pi)^{3/2}} \frac{4\pi}{k^2} \quad \text{e} \quad g^T(\mathbf{k}) = \rho^T(\mathbf{k}),$$

temos

$$\psi(\mathbf{r}) = \frac{1}{(2\pi)^{3/2}} \int \frac{\rho^T(\mathbf{k})}{k^2} e^{-i\mathbf{k}\cdot\mathbf{r}} d^3 k. \tag{20.80}$$

Dependendo da forma funcional de ρ, a Equação (20.80) pode ou não ser mais fácil de avaliar do que a equação original para ψ, Equação (20.79). ∎

Exemplo 20.4.2   DUAS INTEGRAIS SE SOBREPONDO NO CENTRO

Em problemas de mecânica quântica envolvendo moléculas, muitas vezes encontramos o que é chamado **integral de sobreposição**, que é o produto escalar de duas orbitais atômicas, uma, φ_a, centrada em um ponto $\mathbf{A}$, e outra, φ_b, centrada em um ponto $\mathbf{B}$ diferente. Essa integral de sobreposição, denotada por S_{ab}, pode ser escrita

$$S_{ab} = \int \varphi_a^*(\mathbf{r} - \mathbf{A}) \varphi_b(\mathbf{r} - \mathbf{B}) d^3 r. \tag{20.81}$$

A integral é superior a todo o espaço 3-D. Uma maneira inicial de avaliar S_{ab} é mudar as coordenadas em que a origem está em $\mathbf{A}$; isso corresponde à substituição $\mathbf{r}' = \mathbf{r} - \mathbf{A}$, em termos das quais $\mathbf{r}-\mathbf{B} = \mathbf{r}' -(\mathbf{B}-\mathbf{A})$, assim

$$S_{ab} = \int \varphi_a^*(\mathbf{r}')\varphi_b(\mathbf{r}' - \mathbf{R})d^3r',$$

em que $\mathbf{R} = \mathbf{B} - \mathbf{A}$. Notamos a característica física esperada de que o valor de S_{ab} não depende de $\mathbf{A}$ e $\mathbf{B}$ separadamente, mas apenas do vetor $\mathbf{R}$ que descreve a posição relativa.

Essa integral para S_{ab} é quase na forma padrão para uma convolução (ele difere disso porque tem $\mathbf{r}' - \mathbf{R}$ em vez de $\mathbf{R} - \mathbf{r}'$). Essa discrepância pode ser tratada invocando a Equação (20.50); o efeito líquido é para alterar o sinal da variável de transformada $\mathbf{k}$ ao avaliar φ_b^T.

Utilizando novamente a Equação (20.72), escrevemos

$$S_{ab} = \int \left[\varphi_a^* \right]^T(\mathbf{k})\varphi_b^T(-\mathbf{k})e^{-i\mathbf{k}\cdot\mathbf{R}}\, d^3k.$$

Continuamos com o caso específico de que φ_a e φ_b são orbitais do tipo Slater (OTSs), ambas com o mesmo parâmetro de verificação ζ. Essas OTSs, e suas transformadas de Fourier (que podem ser obtidas diferenciando a Equação (20.41) quanto ao seu parâmetro α), são

$$\varphi = \varphi^* = e^{-\zeta r}, \qquad \varphi^T = \frac{1}{(2\pi)^{3/2}} \frac{8\pi\zeta}{(k^2 + \zeta^2)^2}.$$

Inserindo a fórmula para φT na integral para S_{ab}, obtemos

$$S_{ab} = \frac{(8\pi\zeta)^2}{(2\pi)^3} \int \frac{e^{-i\mathbf{k}\cdot\mathbf{R}}}{(k^2 + \zeta^2)^4}\, d^3k.$$

Nesse ponto, é possível ver uma vantagem do procedimento baseado em convolução. Essa integral (que pode ou não ser facilmente avaliada) assumiu um caráter de único centro, com o espaçamento interorbital relegado ao fator exponencial complexo.

Para completar a avaliação, agora inserimos a expansão de onda esférica para $\exp(-i\mathbf{k} \cdot \mathbf{R})$, Equação (16.61), e observamos outra simplificação de que o único termo que sobrevive a integração ao longo das coordenadas angulares de $\mathbf{k}$ é o termo $l = 0$ da expansão. Tendo em mente que $Y_0^0 = 1/\sqrt{4\pi}$, o termo é visto como sendo simplesmente $j_0(kR)$, assim nossa fórmula para S_{ab} torna-se

$$S_{ab} = \frac{(8\pi\zeta)^2}{(2\pi)^3} \int\limits_0^\infty \frac{j_0(kR)}{(k^2 + \zeta^2)^4}\, 4\pi k^2\, dk.$$

Agora temos uma integral 1-D conhecida, que de fato encontramos no Exercício 14.7.10:

$$k_n(x) = \frac{2^{n+2}\,(n+1)!}{\pi\, x^{n+1}} \int\limits_0^\infty \frac{k^2\, j_0(kx)}{(k^2 + 1)^{n+2}}\, dk.$$

Mudando x nessa fórmula para ζR e substituindo k por k/ζ, alcançamos

$$S_{ab} = \frac{\pi R^3}{3} k_2(\zeta R) = \frac{\pi e^{-\zeta R}}{3\zeta^3}\left(\zeta^2 R^2 + 3\zeta R + 3 \right). \tag{20.82}$$

Note que ao inserir a forma explícita para k_2, obtemos um resultado final relativamente simples.

Há outras maneiras de obter essa fórmula (uma das quais é usar coordenadas elipsoidais prolatas com $\mathbf{A}$ e $\mathbf{B}$ como focos), mas o método que escolhemos aqui é um bom exemplo das questões e fórmulas que surgem quando o método de convolução é aplicável. ∎

Múltiplas Convoluções

Alguns problemas importantes assumem a forma de múltiplas convoluções, que ilustramos em uma dimensão pela convolução de uma função h primeiro com uma função g seguida pela convolução desse resultado com f, isto é, $f * (g * h)$. Assim,

$$\left[f * (g * h) \right](x) = \frac{1}{\sqrt{2\pi}} \int_{-\infty}^{\infty} dy f(y)\,(g * h)(x - y)$$

$$= \frac{1}{2\pi} \int_{-\infty}^{\infty} dy \int_{-\infty}^{\infty} dt f(y)\, g(t)\, h(x - y - t),$$

que depois de fazer a substituição $t = z - y$ (e, portanto, $x - y - t = x - z$) se torna

$$\left[f * (g * h) \right](x) = \frac{1}{2\pi} \int_{-\infty}^{\infty} dy \int_{-\infty}^{\infty} dz \, f(y)\, g(z - y)\, h(x - z). \tag{20.83}$$

Sejam F, G e H a transformada de Fourier de f, g, e h, nesse caso o teorema da convolução é

$$\left[f * g * h \right]^{T}(\omega) = F(\omega)G(\omega)H(\omega). \tag{20.84}$$

Agora omitimos os parênteses que cercam $g * h$ uma vez que obteríamos o mesmo resultado se usássemos a convulsão em f, g, e h em qualquer ordem. Então, considerando a transformada inversa, que temos

$$\int_{-\infty}^{\infty} dy \int_{-\infty}^{\infty} dz \, f(y)\, g(z - y)\, h(x - z) = (2\pi)^{1/2} \int_{-\infty}^{\infty} F(\omega)G(\omega)H(\omega)e^{-i\omega x}\,d\omega. \tag{20.85}$$

Em três dimensões, as fórmulas correspondentes são

$$\left[f * (g * h) \right](\mathbf{r}) = \frac{1}{(2\pi)^3} \int d^3 r' \int d^3 r'' f(\mathbf{r}')\, g(\mathbf{r}'' - \mathbf{r}')\, h(\mathbf{r} - \mathbf{r}''), \tag{20.86}$$

$$\left[f * (g * h) \right]^{T}(\mathbf{k}) = F(\mathbf{k})G(\mathbf{k})H(\mathbf{k}), \tag{20.87}$$

$$\int d^3 r' \int d^3 r'' f(\mathbf{r}')\, g(\mathbf{r}'' - \mathbf{r}')\, h(\mathbf{r} - \mathbf{r}'') = (2\pi)^{3/2} \int F(\mathbf{k})G(\mathbf{k})H(\mathbf{k})e^{-i\mathbf{k}\cdot\mathbf{r}}\,d^3 k. \tag{20.88}$$

Exemplo 20.4.3   Interação de Duas Distribuições de Carga

A interação eletrostática de duas distribuições de carga $\rho_1(\mathbf{r})$ e $\rho_2(\mathbf{r})$ é dada pela integral

$$V = \int d^3 r' \int d^3 r'' \frac{\rho_1(\mathbf{r}')\rho_2(\mathbf{r}'')}{|\mathbf{r}'' - \mathbf{r}'|}, \tag{20.89}$$

que é uma convolução dupla, como na Equação (20.88), mas com o argumento de livre $\mathbf{r}$ definido como zero e com uma discrepância de sinal no argumento de h (que é ρ_2 no exemplo atual).

Levando em conta o exposto e aplicando a Equação (20.88), temos

$$V = (2\pi)^{3/2} \int d^3 k \, \rho_1^T(\mathbf{k}) \left[\frac{1}{r} \right]^T (\mathbf{k}) \rho_2^T(-\mathbf{k})$$

$$= 4\pi \int \frac{d^3 k}{k^2} \rho_1^T(\mathbf{k})\, \rho_2^T(-\mathbf{k}), \tag{20.90}$$

em que inserimos o valor de $(1/r)$T a partir da Equação (20.42). Essa expressão tem a vantagem óbvia de que é uma integral 3-D em vez da integração original sêxtupla na Equação (20.89). O preço que temos de pagar por essa simplificação é o custo de considerar as transformadas de Fourier de ρ_1 e ρ_2.   ∎

Transformada de um Produto

A semelhança entre as fórmulas para as transformadas diretas e inversas de Fourier sugerem que podemos ser capazes de identificar a transformada de Fourier de um produto como uma convolução. Consequentemente, reescrevemos a Equação (20.71) com x substituído por $-x$ e também alteramos a variável de integração nessa equação de y para $-y$. Temos, então (multiplicando a equação por $1/\sqrt{2\pi}$)

$$\frac{1}{\sqrt{2\pi}} \int_{-\infty}^{\infty} g(-y)\, f(y-x)dy = \frac{1}{\sqrt{2\pi}} \int_{-\infty}^{\infty} G(t) F(t) e^{ixt}\, dt = \Big[\, G(t)\, F(t)\, \Big]^{T}(x). \tag{20.91}$$

Se agora forem feitas outras identificações

$$\Big[\, G(t)\, \Big]^{T}(y) = g(-y) \quad \text{e} \quad \Big[\, F(t)\, \Big]^{T}(x-y) = f(y-x),$$

temos

$$(F^{T} * G^{T})(x) = \Big[\, G(t)\, F(t)\, \Big]^{T}(x). \tag{20.92}$$

Reescrevendo a Equação (20.92) com as funções renomeadas f e g e suas respectivas transformadas denotadas por F e G, temos nosso resultado final desejado:

$$\Big[\, f\, g\, \Big]^{T} = F * G. \tag{20.93}$$

A Equação (20.93) só será útil se f e g tiverem individualmente as transformadas de Fourier. É possível que essa condição não seja satisfeita apesar do fato de $f\, g$ possuir uma transformada. Portanto, procedemos para considerar o caso em que F não tem uma transformada, mas, em vez disso, possui uma expansão de Maclaurin e pode assim ser representada por uma série de potências inteiras positivas de x. Então, a partir da relação

$$\Big[\, x^{n} g(x)\, \Big]^{T}(t) = i^{-n} \frac{d^{n}}{dt^{n}}\, G(t),$$

o tema do Exercício 20.3.5, podemos escrever

$$\Big[\, f\, g\, \Big]^{T}(t) = f\left(-i\frac{d}{dt}\right) G(t), \tag{20.94}$$

em que a expressão $-i\,(d/dt)$ é o **argumento** de f (e não um fator multiplicativo). A menos que f seja bastante simples, essa expressão pode ter importância prática limitada.

Espaço dos Momentos

Equações de Hamilton da mecânica clássica formalizam uma simetria entre variáveis de posição q e as variáveis de momentos correspondentes (**conjugadas**) p. Essa mesma correspondência é transportada para a mecânica quântica, em que (em uma dimensão, em unidades com $\hbar = 1$), a relação fundamental é o comutador $[x, p] = i$. A equação de Schrödinger independente do tempo (para uma partícula de massa m) é

$$H\psi \equiv \Big[\, \frac{1}{2m}\, p^{2} + V(x)\, \Big]\psi = E\,\psi,$$

e é geralmente tornada mais explícita considerando $p = -i(d/dx)$, caso em que a função de onda ψ é uma função de x : $\psi = \psi(x)$. Em princípio, poderíamos ter escolhido p como a variável fundamental, caso em que o valor adequado do comutador é recuperado se considerarmos $x = +i(d/dp)$, e ψ (que agora atribuiremos o nome φ) será uma função de p: $\varphi = \varphi(p)$. Essas duas representações da equação de Schrödinger em uma dimensão correspondem, respectivamente, às duas EDOs:

$$-\frac{1}{2m}\frac{d^{2}}{dx^{2}}\,\psi(x) + V(x)\psi(x) = E\psi(x), \tag{20.95}$$

$$\frac{p^2}{2m}\,\varphi(p) + V\left(i\,\frac{d}{dp}\right)\varphi(p) = E\,\varphi(p).$$

(20.96)

Note que na segunda dessas duas equações, o argumento de V é um operador diferencial e, a menos que a forma de V seja relativamente simples, a EDO do espaço de momentos será bastante complicada e correspondentemente difícil de resolver.

Na **representação coordenada** $(x, -id/dx)$, uma função de onda $\exp(ikx)$ é uma autofunção do momentos com autovalor k:

$$p\,e^{ikx} = -i\,\frac{d}{dx}\,e^{ikx} = -i(ik)e^{ikx} = k\,e^{ikx},$$

e esse fato sugere que as funções de onda de momentos serão transformadas de Fourier de suas coordenadas homólogas. Portanto, procuramos verificar a consistência das Equações (20.95) e (20.96) usando transformadas de Fourier na primeira dessas duas equações, deixando $g(t)$ representar a transformada de ψ e usando a Equação (20.56) para considerar a transformada da segunda derivada.[3] No caso em que V tem uma expansão de Maclaurin, então utilizamos a Equação (20.94), obtendo

$$\frac{t^2}{2m}g(t) + V\left(-i\,\frac{d}{dt}\right)g(t) = E\,g(t).$$

Podemos fazer com que essa equação concorde com a Equação (20.96) se considerarmos seu conjugado complexo (supondo que V é real), para que possamos fazer a identificação $\varphi(p) \leftrightarrow g\,{*}(t)$.

Por outro lado, se V tem uma transformada que pode usar a fórmula de convolução, Equação (20.93), convertendo assim a Equação (20.95) em uma equação integral:

$$\frac{p^2}{2m}\,\varphi(p) + \frac{1}{\sqrt{2\pi}}\int_{-\infty}^{\infty} V^T(p - p')\,\varphi(p')\,dp' = E\,\varphi(p).$$

(20.97)

Exemplo 20.4.4   Equação de Schrödinger do Espaço de Momentos

A equação de Schrödinger independente do tempo para o átomo de hidrogênio tem (em **unidades atômicas Hartree** $\hbar = m = e = 1$) a representação coordenada

$$-\frac{1}{2}\,\nabla^2\psi(\mathbf{r}) - \frac{1}{r}\,\psi(\mathbf{r}) = E\,\psi(\mathbf{r}).$$

Considerando a transformada de Fourier dessa equação, obtemos para a função de onda **do espaço de momento** $\varphi(\mathbf{k})$

$$\frac{k^2}{2}\,\varphi(\mathbf{k}) - \frac{1}{(2\pi)^3}\int \frac{4\pi}{|\mathbf{k} - \mathbf{k}'|^2}\,\varphi(\mathbf{k}')d^3k' = E\,\varphi(\mathbf{k}).$$

(20.98)

Para chegar à Equação (20.98), utilizamos a versão 3-D da Equação (20.97), inserindo para a transformada de V o resultado da Equação (20.42).

Em princípio, podemos resolver a Equação (20.98) para $\varphi(\mathbf{k})$ e os autovalores correspondentes E, e os resultados devem ser equivalentes à equação original. Isso é uma tarefa mais difícil do que faremos agora, mas é fácil verificar que a transformada de Fourier da solução conhecida para o estado fundamental de hidrogênio é uma solução para a Equação (20.98).

A partir da Equação (20.44), a função de onda e^{-r} do estado $1s$ do hidrogênio é vista como tendo a transformada de Fourier

$$\varphi(\mathbf{k}) = \frac{C}{(k^2 + 1)^2},$$

em que C é independente de k e tem um valor que é irrelevante aqui. Inserindo esse resultado na Equação (20.98), encontramos

---

[3]Aqui t é a variável transformada; no contexto atual ela não tem nada a ver com o tempo.

$$\frac{1}{2}\frac{Ck^2}{(k^2+1)^2} - \frac{C}{2\pi^2}\int\frac{d^3k'}{|\mathbf{k}-\mathbf{k}'|^2(k'^2+1)^2} = E\frac{C}{(k^2+1)^2}.\tag{20.99}$$

Escrevendo $|\mathbf{k}-\mathbf{k}'|^2 = k^2 + 2\,kk'\cos\theta + k'^2$, descobrimos que a integral, embora um pouco entediante, é elementar. Inserindo seu valor, a Equação (20.99) se torna (cancelando o fator comum C),

$$\frac{1}{2}\frac{k^2}{(k^2+1)^2} - \frac{1}{2}\frac{1}{k^2+1} = E\frac{1}{(k^2+1)^2}.$$

Essa equação é satisfeita se $E = -1/2$, a energia correta (em unidades atômicas Hartree) para o estado $1s$ de hidrogênio. ∎

Exercícios

20.4.1 Elabore a equação de convolução correspondente à Equação (20.71) para
(a) Transformadas de Fourier de seno

$$\frac{1}{2}\int_0^\infty g(y)\Big[f(y+x)+f(y-x)\Big]dy = \int_0^\infty F_s(s)G_s(s)\cos sx\,ds,$$

em que f e g são funções ímpares.
(b) Transformadas de Fourier de cosseno

$$\frac{1}{2}\int_0^\infty g(y)\Big[f(y+x)+f(x-y)\Big]dy = \int_0^\infty F_c(s)G_c(s)\cos sx\,ds,$$

em que f e g são funções pares.

20.4.2 Mostre que tanto para transformadas de Fourier seno quanto transformadas de Fourier de cosseno a relação de Parseval tem a forma

$$\int_0^\infty F(t)G(t)dt = \int_0^\infty f(y)g(y)dy.$$

20.4.3 (a) Um pulso retangular é descrito por

$$f(x) = \begin{cases} 1, & |x| < a, \\ 0, & |x| > a. \end{cases}$$

Mostre que a transformada exponencial de Fourier é

$$F(t) = \sqrt{\frac{2}{\pi}}\,\frac{\operatorname{sen}at}{t}.$$

Esse é o problema de difração de fenda única da óptica física. A fenda é descrita por $f(x)$. O padrão de **amplitude** de difração é dado pela transformada de *Fourier*, $F(t)$.
(b) Utilize a relação Parseval para avaliar

$$\int_{-\infty}^\infty\frac{\operatorname{sen}^2 t}{t^2}dt.$$

Essa integral também pode ser avaliada usando o cálculo dos resíduos (Exercício 11.8.9).

RESPOSTA: (b) π.

20.4.4   Resolva a equação de Poisson, $\nabla^2 \psi(\mathbf{r}) = -\rho(\mathbf{r})/\varepsilon_0$, pela seguinte sequência de operações:

(a)   Considere a transformada de Fourier dos dois lados dessa equação. Resolva para a transformada de Fourier de $\psi(\mathbf{r})$.

(b)   Execute a transformada inversa de Fourier.

20.4.5   (a)   Dado $f(x) = 1 - |x/2|$ para $-2 \le x \le 2$, com $f(x) = 0$ em outro lugar, mostre que a transformada de Fourier $f(x)$ é

$$F(t) = \sqrt{\frac{2}{\pi}} \left(\frac{\operatorname{sen} t}{t} \right)^2.$$

(b)   Usando a relação de Parseval, avalie

$$\int_{-\infty}^{\infty} \left(\frac{\operatorname{sen} t}{t} \right)^4 dt.$$

$$RESPOSTA: \quad (b) \frac{2\pi}{3}.$$

20.4.6   Com $F(t)$ e $G(t)$ a transformada de Fourier de $f(x)$ e $g(x)$, respectivamente, demonstre que

$$\int_{-\infty}^{\infty} \left| f(x) - g(x) \right|^2 dx = \int_{-\infty}^{\infty} \left| F(t) - G(t) \right|^2 dt.$$

Se $g(x)$ é uma aproximação para $f(x)$, a relação anterior indica que o desvio quadrado médio no espaço t é igual ao desvio quadrado médio no espaço x.

20.4.7   Utilize a relação Parseval para avaliar

$$(a) \quad \int_{-\infty}^{\infty} \frac{d\omega}{(\omega^2 + a^2)^2}, \quad (b) \int_{-\infty}^{\infty} \frac{\omega^2 d\omega}{(\omega^2 + a^2)^2}.$$

Dica: Compare o Exercício 20.2.3.

$$RESPOSTA: \quad (a) \frac{\pi}{2a^2}, \quad (b) \frac{\pi}{2a}.$$

20.4.8   O fator de forma nuclear $F(\mathbf{k})$ e a distribuição de carga $\rho(\mathbf{r})$ são transformadas 3-D de Fourier uma da outra:

$$F(\mathbf{k}) = \frac{1}{(2\pi)^{3/2}} \int \rho(\mathbf{r}) e^{i\mathbf{k}\cdot\mathbf{r}} d^3 r.$$

Se o fator de forma medido for

$$F(\mathbf{k}) = (2\pi)^{-3/2} \left(1 + \frac{k^2}{a^2} \right)^{-1},$$

encontre a distribuição de carga correspondente.

$$RESPOSTA: \quad \rho(\mathbf{r}) = \frac{a^2}{4\pi} \frac{e^{-ar}}{r}.$$

20.4.9   Usando métodos de convolução, encontre uma integral cujo valor é a energia de interação eletrostática entre a distribuição de carga $\rho(\mathbf{r} - \mathbf{A})$ e uma carga pontual unitária em $\mathbf{C}$.

20.4.10   Com $\psi(\mathbf{r})$ uma função de onda no espaço ordinário e $\varphi(\mathbf{p})$ a função de momentos correspondente, mostre que

$$(a) \quad \frac{1}{(2\pi\hbar)^{3/2}} \int \mathbf{r}\psi(\mathbf{r}) e^{-i\mathbf{r}\cdot\mathbf{p}/\hbar} d^3 r = i\hbar \nabla_p \varphi(\mathbf{p}),$$

(b) $\dfrac{1}{(2\pi\hbar)^{3/2}} \displaystyle\int \mathbf{r}^2 \psi(\mathbf{r}) e^{-\mathbf{r}\cdot\mathbf{p}/\hbar} d^3 r = \left(i\hbar\nabla_p\right)^2 \varphi(\mathbf{p}).$

Nota: ∇_p é o gradiente no espaço de momentos:

$$\hat{\mathbf{e}}_x \frac{\partial}{\partial p_x} + \hat{\mathbf{e}}_y \frac{\partial}{\partial p_y} + \hat{\mathbf{e}}_z \frac{\partial}{\partial p_z}.$$

Esses resultados podem ser estendidos a qualquer potência inteira positiva de $\mathbf{r}$ e, portanto, para qualquer função (analítica), que pode ser expandida como uma série de Maclaurin em $\mathbf{r}$.

20.4.11   A função de onda no espaço ordinário $\psi(\mathbf{r}, t)$ satisfaz a equação de Schrödinger dependente do tempo,

$$i\hbar \frac{\partial \psi(\mathbf{r}, t)}{\partial t} = -\frac{\hbar^2}{2m} \nabla^2 \psi + V(\mathbf{r})\psi.$$

Mostre que a função de onda de momento dependente do tempo correspondente satisfaz a equação análoga

$$i\hbar \frac{\partial \varphi(\mathbf{p}, t)}{\partial t} = \frac{p^2}{2m} \varphi + V(i\hbar\,\nabla_p)\varphi.$$

Nota: Suponha que $V(\mathbf{r})$ pode ser expresso por uma série de Maclaurin e utilize o Exercício 20.4.10. $V(i\hbar\nabla_p)$ é a mesma função da variável $i\hbar\,\nabla_p$ que $V(\mathbf{r})$ é da variável $\mathbf{r}$.

20.5   Aplicações do Processamento de Sinais

Um pulso elétrico dependente do tempo $f(t)$ pode ser considerado uma superposição das ondas de várias frequências. Para frequência angular ω, temos uma contribuição

$$F(\omega)e^{i\omega t}.$$

Então o pulso completo poderá ser escrito como

$$f(t) = \frac{1}{2\pi} \int_{-\infty}^{\infty} F(\omega)e^{i\omega t}\, d\omega. \tag{20.100}$$

Como a frequência angular ω está relacionada com a frequência linear ν por

$$\nu = \frac{\omega}{2\pi},$$

a maioria dos físicos associa todo fator $1/2\pi$ a essa integral, assim essa fórmula difere por um fator $(2\pi)^{-1/2}$ da definição que adotamos para a transformada de Fourier.

Entretanto, se ω for uma frequência, o que acontece com as frequências negativas? A ω negativa pode ser vista como um dispositivo matemático para evitar lidar com duas funções ($\cos\omega t$ e $\mathrm{sen}\,\omega t$) separadamente.

Como a Equação (20.100) tem a forma de uma transformada de Fourier, podemos resolver para $F(\omega)$ considerando a transformada inversa. Tendo em mente a escala em que escrevemos a Equação (20.100), obtemos

$$F(\omega) = \int_{-\infty}^{\infty} f(t)e^{-i\omega t}\, dt. \tag{20.101}$$

A Equação (20.101) representa uma **resolução do pulso** $f(t)$ em suas componentes de frequência angular. A Equação (20.100) é uma **síntese do pulso** das suas componentes.

Agora considere algum dispositivo, como um servomecanismo ou amplificador estéreo, com uma entrada $f(t)$ e saída $g(t)$. Para uma entrada de uma única frequência f_ω com entrada $f_\omega(t) = F(\omega)e^{i\omega t}$, o dispositivo irá alterar a amplitude e também pode mudar a fase. Para as situações discutidas aqui, supomos uma resposta linear, o que significa que estamos supondo que g_ω (a saída correspondente a f_ω) será um sinal na mesma frequência que f_ω, irá se elevar linearmente com f_ω e será independente da presença simultânea dos sinais em outras frequências. Entretanto, as respostas dos dispositivos interessantes dependerão da frequência. Assim, nossa suposição é que g_ω e f_ω estão relacionadas por uma equação da forma

$$g_\omega(t) = \varphi(\omega) f_\omega(t). \tag{20.102}$$

Essa função de modificação de amplitude e fase, $\varphi(\omega)$, é chamada função de **transferência**. Ao criar diagramas esquemáticos dos circuitos eletrônicos, costumamos designar um dispositivo caracterizado por uma função de transferência por uma caixa adequadamente rotulada com os condutores de entrada e saída, como mostrado na Figura 20.8.

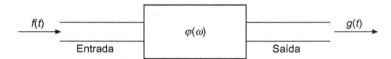

Figura 20.8: Representação esquemática para o dispositivo descrito pela função de transferência.

Como supusemos que a operação correspondendo à função de transferência é linear, a saída total de um pulso contendo muitas frequências pode ser obtida integrando ao longo de toda a entrada, como modificado pela função de transferência,

$$g(t) = \frac{1}{2\pi} \int_{-\infty}^{\infty} \varphi(\omega) F(\omega) e^{i\omega t} d\omega. \tag{20.103}$$

A função de transferência é característica do dispositivo ao qual ela é aplicada. Depois que é conhecida (por cálculo ou medição), a saída $g(t)$ pode ser calculada para qualquer entrada $f(t)$.

A Equação (20.103) pode ser levada a uma forma conveniente se reconhecermos que ela é simplesmente a fórmula para a transformada de Fourier do produto $\varphi(\omega)F(\omega)$. Já sabemos que $F(\omega)$ tem a transformada $f(t)$. Seja $\Phi(t)$ (na escala desta seção) a transformada de $\varphi(\omega)$, podemos então usar a Equação (20.93) para reescrever a Equação (20.103) como a convolução das transformadas f e Φ:

$$g(t) = \int_{-\infty}^{\infty} f(t')\Phi(t - t')dt'. \tag{20.104}$$

Interpretando a Equação (20.104), temos uma entrada (uma "causa"), ou seja, $f(t')$, modificada por $\Phi(t - t')$, produzindo uma saída (um "efeito"), isto é, $g(t)$. Adotando o conceito de **causalidade** (de que a causa precede o efeito), precisamos obter contribuições para $g(t)$ apenas a partir de t' vezes de tal modo que $t' < t$. Fazemos isso exigindo

$$\Phi(t - t') = 0, \quad t' > t. \tag{20.105}$$

Então a Equação (20.104) se torna

$$g(t) = \int_{-\infty}^{t} f(t')\Phi(t - t')dt'. \tag{20.106}$$

Como a Equação (20.106) deve resultar na saída real $g(t)$ para entrada arbitrária real $f(t)$, vemos que além do requisito da Equação (20.105), também sabemos que $\Phi(t)$ deve ser real.

A adoção da Equação (20.106) e a realidade da Φ têm consequências profundas aqui e de maneira equivalente na teoria da dispersão (Seção 12.8).

Exemplo 20.5.1   Função de Transferência: Filtro Passa-Altas

Um **filtro passa-altas** permite a transmissão quase completa dos sinais elétricos de alta frequência, mas atenua fortemente aqueles em frequências mais baixas. Um filtro passa-altas muito simples é mostrado na Figura 20.9. Sua função de transferência descreve o comportamento do estado estacionário do filtro na ausência de carga

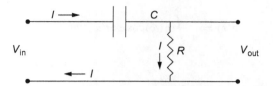

Figura 20.9: Filtro passa-altas simples.

(significando que os terminais de saída não estão conectados a nada), assim podemos assumir que, para um sinal de frequência ω, a entrada, a saída, e a corrente são as partes reais das respectivas quantidades $V_{in}e^{i\omega t}, V_{out}e^{i\omega t}, I\,e^{i\omega t}$. Possíveis diferenças de fase nessas quantidades podem ser utilizadas permitindo que V_{in}, V_{out} e I sejam complexos.

Seguindo o procedimento comum para análise de circuito elétrico, resolvemos a equação de Kirchhoff (a condição de que a mudança líquida no potencial em torno de qualquer ciclo do circuito desaparece):

$$V_{in}e^{i\omega t} = \int^t \frac{I}{C}e^{i\omega t}dt + R\,I\,e^{i\omega t}. \tag{20.107}$$

Diferenciando em relação a t (para eliminar a integral), temos

$$V_{in}\frac{d}{dt}e^{i\omega t} = \frac{I}{C}e^{i\omega t} + R\,I\frac{d}{dt}e^{i\omega t},$$

que, avaliando suas derivadas, reduz-se a

$$i\omega V_{in} = \frac{I}{C} + i\omega R I, \quad \text{com solução} \quad I = \frac{i\omega C V_{in}}{1+i\omega RC}. \tag{20.108}$$

Como $V_{out} = I\,R$, encontramos facilmente a função de transferência

$$\varphi(\omega) = \frac{V_{out}}{V_{in}} = \frac{i\omega RC}{1+i\omega RC}. \tag{20.109}$$

Para confirmar o comportamento do filtro, note que no limite de ω, $\varphi(\omega) \to 1$ grande, enquanto em ω, $\varphi(\omega) \to i\omega RC$ pequeno, que desaparece no limite de ω pequeno. A transição entre esses dois comportamentos limitantes é uma função do produto RC. ∎

Limitações das Funções de Transferência

Escreveremos a função de transferência $\varphi(\omega)$ como a transformada inversa de Fourier de $\Phi(t)$ (ainda usando a escala desta seção), tendo em mente que $\Phi(t)$ desaparece para $t < 0$,

$$\varphi(\omega) = \int_0^\infty \Phi(t)e^{-i\omega t}dt. \tag{20.110}$$

Agora, separando φ em suas partes reais e imaginárias: $\varphi(\omega) = u(\omega) + iv(\omega)$, e fazendo a mesma separação no lado direito da Equação (20.110), temos

$$u(\omega) = \int_0^\infty \Phi(t)\cos\omega t\,dt,$$

$$v(\omega) = -\int_0^\infty \Phi(t)\mathrm{sen}\,\omega t\,dt. \tag{20.111}$$

Essas fórmulas informam que $u(\omega)$ é par, e que $v(\omega)$ é ímpar.

Como as Equações (20.111) são transformadas de cosseno e seno, elas podem ser invertidas para fornecer duas fórmulas alternativas para $\Phi(t)$ no intervalo de aplicabilidade dessas transformadas, ou seja, para $t > 0$. Continuando a usar a escala da transformada desta seção,

$$\Phi(t) = \frac{2}{\pi} \int_0^\infty u(\omega)\cos\omega t \, d\omega,$$

$$(t > 0)$$

$$= -\frac{2}{\pi} \int_0^\infty v(\omega)\operatorname{sen}\omega t \, d\omega. \tag{20.112}$$

O significado atual desses resultados é que

$$\int_0^\infty u(\omega)\cos\omega t \, d\omega = - \int_0^\infty v(\omega)\operatorname{sen}\omega t \, d\omega, \quad (t > 0). \tag{20.113}$$

A imposição da causalidade levou a uma interdependência mútua das partes reais e imaginárias da função de transferência. O resultado atual é semelhante àqueles que envolvem causalidade que foram discutidos na Seção 12.8.

Encerramos essa subseção verificando que as condições em u e v são consistentes com as propriedades necessárias de Φ. Escrevendo

$$\Phi(t) = \frac{1}{2\pi} \int_{-\infty}^\infty \varphi(\omega)e^{i\omega t} \, dt,$$

então inserindo $e^{i\omega t} = \cos\omega t + i\operatorname{sen}\omega t$ e $\varphi = u + iv$, temos

$$\Phi(t) = \frac{1}{2\pi} \int_{-\infty}^\infty \Big[u(\omega)\cos\omega t - v(\omega)\operatorname{sen}\omega t \Big] d\omega$$

$$+ \frac{i}{2\pi} \int_{-\infty}^\infty \Big[u(\omega)\operatorname{sen}\omega t + v(\omega)\cos\omega t \Big] d\omega. \tag{20.114}$$

A parte imaginária da Equação (20.114) desaparece porque seu integrando é uma função ímpar de ω. Se $t > 0$, sabemos da Equação (20.113) que os dois termos da parte real da Equação (20.114) são iguais, e obtemos o resultado diferente de zero esperado. Porém, se $t < 0$, o sinal do segundo termo da parte real é alterado e então eles contribuem para zero.

Exercícios

20.5.1   Localize a função de transferência $\varphi(\omega)$ para o circuito mostrado no painel à esquerda da Figura 20.10. Isso é um filtro passa-altas, passa-baixas ou um filtro mais complicado?

20.5.2   Encontre a função de transferência $\varphi(\omega)$ para o circuito mostrado no painel à direita da Figura 20.11. *Dica*: A diferença de potencial ao longo de um indutor é dada por $L \, dI/dt$.

Figura 20.10: Circuitos para o Exercício 20.5.1 (à esquerda) e o Exercício 20.5.2 (à direita).

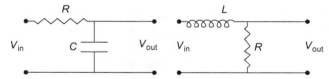

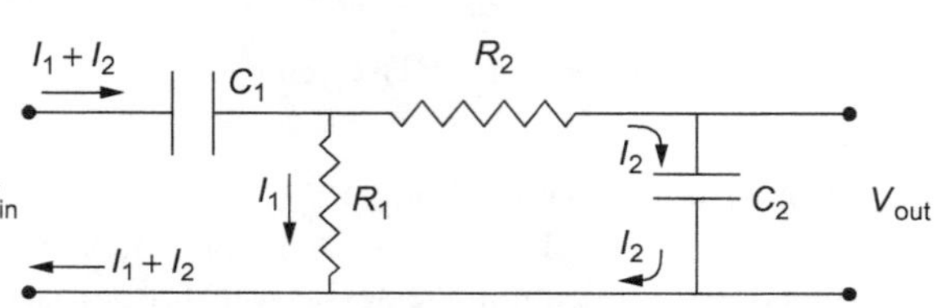

Figura 20.11: Circuito para o Exercício 20.5.3.

20.5.3 Localize a função de transferência $\varphi(\omega)$ para o circuito mostrado na Figura 20.11. Isso é um **filtro passa-banda**.

Dica: Suponha que as correntes nas diversas partes do circuito tenham os valores indicados na figura.

20.5.4 Os elementos do circuito para o Exercício 20.5.3 correspondem às funções de transferência sucessivas mostradas na Figura 20.12. Explique por que a função de transferência para esse exercício é somente o produto das funções de transferência individuais no limite $R_2 \gg R_1$.

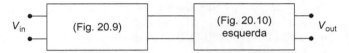

Figura 20.12: Representação do circuito na Figura 20.11 em termos das funções de transferência sucessivas.

20.6 Transformada Discreta de Fourier

Para muitos físicos a transformada de Fourier é automaticamente a transformada contínua de Fourier cujas propriedades analíticas foram discutidas nas seções anteriores deste capítulo. A utilização de computadores digitais, porém, apresenta a possibilidade de trabalhar com transformadas de Fourier numericamente determinadas que consistem em valores dados em um conjunto discreto de pontos. As integrações são, portanto, convertidas em somatórios finitos. Transformadas definidas em conjuntos discretos de pontos têm propriedades que valem a pena perseguir, e análise nessa área é o tema desta seção.

Ortogonalidade em Conjuntos Discretos de Pontos

Ao longo dos capítulos anteriores deste livro, introduzimos e fizemos uso das propriedades das funções ortogonais, em que a ortogonalidade foi definida como o desaparecimento de uma integral cujo integrando contém um produto das funções em estudo. A alternativa, a ser discutida aqui, é definir a ortogonalidade ao longo de um ponto discreto definido como o desaparecimento de uma soma dos produtos calculados nos pontos individuais. Acontece que senos, cossenos e exponenciais imaginários têm a propriedade notável de que eles também são ortogonais ao longo de uma série de pontos discretos igualmente espaçados em um intervalo de ortogonalidade.

Para analisar essa situação, consideramos um conjunto de N pontos igualmente espaçados x_k, no intervalo $(0, 2\pi)$:

$$x_k = \frac{2\pi k}{N}, \quad k = 0, 1, 2, \ldots, N-1, \tag{20.115}$$

e consideramos as funções $\varphi_p(x)$, definidas somente nos pontos x_k e para o inteiro p, como

$$\varphi_p(x) = e^{ipx}. \tag{20.116}$$

De acordo com nossa discussão introdutória, definimos os produtos escalares dessas funções como

$$\langle \varphi_p | \varphi_q \rangle = \sum_{k=0}^{N-1} \varphi_p^*(x_k)\, \varphi_q(x_k). \tag{20.117}$$

Inserindo a Equação (20.115) para x_k, o produto escalar assume a forma

$$\langle \varphi_p | \varphi_q \rangle = \sum_{k=0}^{N-1} e^{2\pi i k(q-p)/N} = \sum_{k=0}^{N-1} r^k, \tag{20.118}$$

em que $r = e^{2\pi i\,(q-p)/N}$. Essa é uma série geométrica finita; se $r = 1$ sua soma tem o valor N; do contrário, a soma é avaliada como $(1 - r^N)/(1 - r)$. Porém, $r^N = e^{2\pi i(q-p)}$, e como p e q se restringiram a valores inteiros, temos $r^N = 1$, assim a soma desaparece. Para completar nossa compreensão da situação, precisamos determinar as condições em que $r = 1$. Claramente temos $r = 1$, quando $q = p$. Note que também temos $r = 1$ quando $q - p$ é qualquer inteiro múltiplo de N. Assim, uma afirmação formal sobre esse produto escalar é

$$\langle \varphi_p | \varphi_q \rangle = N \sum_{n=-\infty}^{\infty} \delta_{q-p, nN}. \tag{20.119}$$

Observe que no máximo apenas uma das somas infinitas das deltas de Kronecker será diferente de zero, e todas serão zero a menos que $q - p$ seja um múltiplo de N (um dos quais é $q - p = 0$).

A Equação (20.119) é mais complicada do que o necessário. Como as funções φ_p são definidas por seus valores nos pontos N, apenas N delas são linearmente independentes. De fato,

$$\varphi_{p+N}(x_k) = e^{2\pi i (p+N)k/N} = e^{2\pi i p k/N} = \varphi_p(x_k).$$

Podemos, portanto, limitar p e q na Equação (20.119) ao intervalo $(0, N - 1)$, e nossa relação de ortogonalidade torna-se então

$$\langle \varphi_p | \varphi_q \rangle = N \delta_{pq}, \quad 0 \le p, q \le N - 1. \tag{20.120}$$

Obviamente, se os valores das funções em um conjunto de pontos discretos devem ser utilizados para representar uma função contínua, a quantidade de detalhe que é retida na análise dependerá do tamanho do conjunto de pontos. Voltaremos a essa questão mais adiante nesta seção.

Transformada Discreta de Fourier

Por analogia com as definições introduzidas para a transformada convencional de Fourier, definimos a transformada discreta de g_p ($p = 0, ..., N - 1$) de uma função f definida somente nos pontos x_k pela fórmula

$$g_p = N^{-1/2} \sum_{k=0}^{N-1} e^{2\pi i k p/N} f_k. \tag{20.121}$$

Agora escrevemos f_k como uma abreviação para $f(x_k)$, e essa substituição praticamente dissociou o problema do intervalo original da definição $0 \le x \le 2\pi$. Em essência, agora discutimos as transformadas entre dois conjuntos de N membros dos valores de função.

A transformada inversa para a Equação (20.121) é

$$f_j = N^{-1/2} \sum_{p=0}^{N-1} e^{-2\pi i j p/N} g_p; \tag{20.122}$$

A Equação (20.122) pode ser verificada substituindo-a na fórmula para g_p, produzindo

$$f_j = N^{-1} \sum_{p=0}^{N-1} \sum_{k=0}^{N-1} e^{2\pi i (k-j)p/N} f_k = \sum_{k=0}^{N-1} \delta_{kj} f_k = f_j,$$

como requerido.

Essas transformadas discretas têm propriedades semelhantes àquelas das suas primas contínuas. Por exemplo, a transformada de f_{k-j}, em que j é um inteiro, correspondendo à translação por j passos na matriz f, é

$$[f_{k-j}]_p^T = N^{-1/2} \sum_{k=0}^{N-1} e^{2\pi i k p/N} f_{k-j} = e^{2\pi i j p/N} N^{-1/2} \sum_{k=0}^{N-1} e^{2\pi i (k-j)p/N} f_{k-j}.$$

Devido à periodicidade de f_k, podemos observar que

$$N^{-1/2} \sum_{k=0}^{N-1} e^{2\pi i (k-j)p/N} f_{k-j} = N^{-1/2} \sum_{k'=-j}^{N-j-1} e^{2\pi i k' p/N} f_{k'} = N^{-1/2} \sum_{k'=0}^{N-1} e^{2\pi i k' p/N} f_{k'},$$

que é a fórmula para o coeficiente p na transformada de f. Temos, portanto, a fórmula de translação

$$[f_{k-j}]_p^T = e^{2\pi i j p/N} g_p. \tag{20.123}$$

Em seguida examinamos o teorema da convolução, em que a convolução discreta de dois conjuntos de pontos f e g é definida como

$$[f * g]_k = N^{-1/2} \sum_{j=0}^{N-1} f_j \, g_{k-j}. \qquad (20.124)$$

Considerando a transformada desse convolução, temos

$$N^{-1} \sum_{k=0}^{N-1} e^{2\pi i k p / N} \sum_{j=0}^{N-1} f_j \, g_{k-j}$$

$$= \left[N^{-1/2} \sum_{j=0}^{N-1} e^{2\pi i j p / N} f_j \right] \left[N^{-1/2} \sum_{k=0}^{N-1} e^{2\pi i (k-j) p / N} g_{k-j} \right].$$

Como no caso contínuo, dividimos o exponencial complexo em dois fatores. Agora redefinimos o índice do segundo somatório de k para $l = k - j$, tornando assim os dois colchetes completamente independentes. Cada uma pode então ser reconhecida como uma transformada (para a segundo, é necessário utilizar o fato de que g_k são periódicas). O resultado final é

$$[f * g]_p^T = F_p \, G_p, \qquad (20.125)$$

em que F e G são as respectivas transformadas discretas de f e g. Esse resultado é completamente análogo ao teorema da convolução para a transformada contínua.

Encerramos essa discussão com a observação de que a transformada discreta e sua inversa são transformadas lineares em matrizes (vetores) de coeficiente de dimensão finita N. Portanto, cada operador de transformada pode ser representado como uma matriz $N \times N$ cujas linhas e colunas correspondem aos pontos k ou p. O fato de que a transformada e sua inversa são conjugados complexos significa que as matrizes da transformada são unitárias. Além disso, a partir das formas da transformada e sua inversa, vemos que todos os elementos dessas matrizes são proporcionais aos exponenciais complexos.

Limitações

Como mencionado anteriormente, a capacidade das transformadas discretas para reproduzir fenômenos que na verdade se baseiam em funções contínuas dependerá do tamanho do conjunto de pontos em uso. Uma grande quantidade de detalhes sobre erros e limitações no uso da transformada discreta de Fourier é fornecida por Hamming (ver Leituras Adicionais). Ilustrar os potenciais problemas no exemplo a seguir.

Exemplo 20.6.1 Transformada Discreta de Fourier: Aliasing

Vamos considerar o caso simples $f(x) = \cos 3x$ no intervalo $0 \le x \le 2\pi$, que (de maneira imprudente) tentamos tratar pelo método de transformada discreta de Fourier com $N = 4$. Nossos quatro pontos estão em $x = 0$, $\pi/2$, π e $3\pi/2$, e os quatro valores correspondentes de f_k são $(1, 0, -1, 0)$. O problema é que esses mesmos quatro valores seriam produzidos de $g(x) = \cos x$, assim nem nossa transformada discreta, nem quaisquer informações contidas nela podem refletir adequadamente qualquer diferença no comportamento entre $f(x)$ e $g(x)$. Se tudo o que recebemos são os quatro valores $(1, 0, -1, 0)$, a coisa mais fácil a fazer é considerar a transformada discreta, produzindo $(0, 1, 0, 1)$, que (da fórmula da transformada inversa) corresponde a

$$\frac{1}{2}(0, 1, 0, 1) \longrightarrow \frac{e^{i\pi x/2} + e^{3i\pi x/2}}{2}.$$

Se avaliarmos somente nos pontos escolhidos, essa expressão está correta, mas se usada como uma aproximação ao longo do intervalo contínuo $(0, 2\pi)$ ela não pode distinguir entre $\cos x$, $\cos 3x$ ou qualquer combinação linear das duas com peso geral unitário.

Situações em que o comportamento em um comprimento de onda ou frequência é confundido com aquele de outro é chamado **aliasing**. A melhor maneira de evitar erros de aliasing é usar conjuntos de pontos de tamanho suficiente para acomodar a extensão esperada do caráter oscilatório no nosso problema. ∎

Transformada Rápida de Fourier

A transformada rápida de Fourier (TRF) é uma forma particular de fatorar e reorganizar os termos nas somas da transformada de Fourier discreta. Ela recebeu atenção da comunidade científica por causa de Cooley e Tukey,[4] sua importância reside na redução drástica do número de operações numéricas necessárias. A redução é possível porque a matriz de transformada contém um grande número de entradas duplicadas, e o procedimento da TRF organiza o cálculo de uma maneira que permite que conjuntos idênticos dos coeficientes sejam calculado uma única vez. Devido ao enorme aumento na velocidade alcançada (e redução de custos), a transformada rápida de Fourier foi aclamada como um dos poucos avanços realmente significativos na análise numérica nas últimas décadas.

Para N pontos de dados, um cálculo direto de uma transformada discreta de Fourier exigiria cerca de N^2 multiplicações. Para N uma potência de 2, a técnica de Cooley e Tukey da transformada rápida de Fourier reduz o número de multiplicações requeridas a $(n/2)\log_2 N$. Se $N = 1024$ (2^{10}), a transformada rápida de Fourier alcança uma redução computacional por um fator de mais de 200. É por isso que a transformada rápida de Fourier é chamada rápida, e é por isso ela revolucionou o processamento digital das formas de onda. Os detalhes sobre o funcionamento interno estão no artigo de Cooley e Tukey e em outras fontes.[5]

Exercícios

20.6.1   Derive as formas trigonométricas da ortogonalidade discreta correspondendo à Equação (20.120):

$$\sum_{k=0}^{N-1} \cos(2\pi pk/N)\,\mathrm{sen}(2\pi qk/N) = 0$$

$$\sum_{k=0}^{N-1} \cos(2\pi pk/N)\cos(2\pi qk/N) = \begin{cases} 0, & p \neq q \\ N/2, & p = q \neq 0, N/2 \\ N, & p = q = 0, N/2 \end{cases}$$

$$\sum_{k=0}^{N-1} \mathrm{sen}(2\pi pk/N)\,\mathrm{sen}(2\pi qk/N) = \begin{cases} 0, & p \neq q \\ N/2, & p = q \neq 0, N/2 \\ 0, & p = q = 0, N/2. \end{cases}$$

Nota: Se n for ímpar, p e q nunca terão o valor $N/2$.
Dica: Considere o uso das identidades trigonométricas como

$$\mathrm{sen}\,A\cos B = \frac{1}{2}\Big[\,\mathrm{sen}(A+B) + \mathrm{sen}(A-B)\Big].$$

20.6.2   Mostre em detalhes como ir de

$$F_p = \frac{1}{N^{1/2}} \sum_{k=0}^{N-1} f_k e^{2\pi ipk} \quad \text{to} \quad f_k = \frac{1}{N^{1/2}} \sum_{p=0}^{N-1} F_p e^{-2\pi ipk}.$$

20.6.3   Os conjuntos de pontos com N membros f_k e F_p são transformadas discretas de Fourier uma da outra. Derive as seguintes relações de simetria:
(a) Se f_k for real, F_p será simétrica hermitiana; isto é, $F_p = F_{N-p}^*$.
(b) Se f_k for imaginária pura, então $F_p = -F_{N-p}^*$.
Nota: A simetria da parte (a) é uma ilustração do aliasing. Se F_p descreve uma amplitude em um frequência proporcional a p, nós necessariamente prevemos uma amplitude igual à frequência proporcional a $N - p$.

[4]J. W. Cooley e J. W. Tukey, *Math. Comput.* **19**: 297 (1965).

[5]Ver, por exemplo, G. D. Bergland, A guided tour of the fast Fourier transform, *IEEE Spectrum* **6**: 41 (1969). Uma boa discussão também pode ser encontrada em W. H. Press, B. P. Flannery, S. A. Teukolsky, e W. T. Vetterling, *Numerical Recipes*, 2a ed., Cambridge: Cambridge University Press (1996), seção 12.3.

20.7   Transformadas de Laplace

Definição

A transformada de Laplace $f(s)$ de uma função $F(t)$ é definida por[6]

$$f(s) = \mathcal{L}\{F(t)\} = \int\limits_{0}^{\infty} e^{-st} F(t)dt.$$ (20.126)

Alguns comentários sobre a existência da integral são apropriados. A integral infinita de $F(t)$,

$$\int\limits_{0}^{\infty} F(t)dt,$$

não precisa existir. Por exemplo, $F(t)$ pode divergir exponencialmente para t grande. No entanto, se houver algumas constantes s_0, M e $t_0 \geq 0$ de tal modo que para todo $t > t_0$

$$|e^{-s_0 t} F(t)| \leq M,$$ (20.127)

a transformada de Laplace existirá para $s > s_0$; dizemos então que $F(t)$ é de **ordem exponencial**. Como um contraexemplo, $F(t) = e^{t^2}$ não satisfaz a condição dada pela Equação (20.127) e **não** é de ordem exponencial. Assim, $\mathcal{L}\left\{e^{t^2}\right\}$ **não** existe.

A transformada de Laplace também pode deixar de existir por causa de uma singularidade suficientemente forte na função $F(t)$ como $t \to 0$. Por exemplo,

$$\int\limits_{0}^{\infty} e^{-st} t^n \, dt$$

diverge na origem para $n \leq -1$. A transformada de Laplace $\mathcal{L}\{t^n\}$ não existe para $n \leq -1$.

Como para as duas funções $F(t)$ e $G(t)$ as integrais existem,

$$\mathcal{L}\left\{aF(t) + bG(t)\right\} = a\mathcal{L}\{F(t)\} + b\mathcal{L}\{G(t)\},$$ (20.128)

a operação denotada por $\mathcal{L}$ é **linear**.

Funções Elementares

Para introduzir a transformada de Laplace, aplicaremos a operação a algumas das funções elementares. Em todos os casos, supomos que $F(t) = 0$ para $t < 0$. Se

$$F(t) = 1, \quad t > 0,$$

então

$$\mathcal{L}\{1\} = \int\limits_{0}^{\infty} e^{-st} \, dt = \frac{1}{s}, \quad \text{para} \quad s > 0.$$ (20.129)

Em seguida, vamos

$$F(t) = e^{kt}, \quad t > 0.$$

---

[6]Isso às vezes é chamado **transformada unilateral de Laplace;** a integral de $-\infty$ a $+\infty$ é conhecida como **transformada bilateral de Laplace**. Alguns autores introduzem um fator adicional de s. Esse s extra parece ter pouca vantagem e atrapalha continuamente; para comentários adicionais, veja a Seção 14.13 no texto de Jeffreys e Jeffreys (Leituras Adicionais). Geralmente, consideramos s como sendo real e positivo. É possível deixar que s se torne complexo, desde que $\Re e(s) > 0$.

A transformada de Laplace torna-se

$$\mathcal{L}\left\{e^{kt}\right\} = \int_0^\infty e^{-st} e^{kt}\, dt = \frac{1}{s-k}, \quad \text{para} \quad s > k. \tag{20.130}$$

Usando essa relação, obtemos a transformada de Laplace de algumas outras funções. Como

$$\cosh kt = \tfrac{1}{2}(e^{kt} + e^{-kt}), \quad \operatorname{senh} kt = \tfrac{1}{2}(e^{kt} - e^{-kt}), \tag{20.131}$$

temos

$$\mathcal{L}\{\cosh kt\} = \frac{1}{2}\left(\frac{1}{s-k} + \frac{1}{s+k}\right) = \frac{s}{s^2 - k^2}, \tag{20.132}$$

$$\mathcal{L}\{\operatorname{senh} kt\} = \frac{1}{2}\left(\frac{1}{s-k} - \frac{1}{s+k}\right) = \frac{k}{s^2 - k^2}, \tag{20.133}$$

ambos válidos para $s > k$.

A partir das relações

$$\cos kt = \cosh ikt, \quad \operatorname{sen} kt = -i\operatorname{senh} ikt,$$

é evidente que podemos obter as transformadas de seno e cosseno se k for substituído por ik nas Equações (20.132) e (20.133):

$$\mathcal{L}\{\cos kt\} = \frac{s}{s^2 + k^2}, \tag{20.134}$$

$$\mathcal{L}\{\operatorname{sen} kt\} = \frac{k}{s^2 + k^2}, \tag{20.135}$$

ambos validos para $s > 0$. Outra derivação dessa última transformada é dada no Exemplo 20.8.1. É um fato curioso que $\lim_{s\to 0} \mathcal{L}\{\operatorname{sen} kt\} = 1/k$, apesar do fato de que $\int_0^\infty \operatorname{sen} kt\, dt$ não existe.

Por fim, para $F(t) = t^n$, temos

$$\mathcal{L}\left\{t^n\right\} = \int_0^\infty e^{-st} t^n\, dt,$$

que é apenas uma função gama. Consequentemente

$$\mathcal{L}\left\{t^n\right\} = \frac{\Gamma(n+1)}{s^{n+1}}, \quad s > 0,\ n > -1. \tag{20.136}$$

Note que em todas essas transformadas temos a variável s no denominador, assim ela ocorre como uma potência negativa. A partir da definição da transformada, Equação (20.126) e da condição de existência, Equação (20.127), fica claro que se $f(s)$ é uma transformada de Laplace, então $\lim_{s\to\infty} f(s) = 0$. O significado dessa ideia é que se $f(s)$ se comportar assintoticamente para s grande como uma potência positiva de s, então nenhuma transformada inversa pode existir.

Função Degrau de Heaviside

No Exercício 1.11.9 encontramos a função degrau de Heaviside $u(t)$. Por causa da sua utilidade para descrever pulsos de sinal descontínuo, sua transformada de Laplace ocorre com frequência. Nós, portanto, lembramos o leitor da definição

$$u(t-k) = \begin{cases} 0, & t < k, \\ 1, & t > k. \end{cases} \tag{20.137}$$

Considerando a transformada, temos

$$\mathcal{L}\{u(t-k)\} = \int_k^\infty e^{-st}\,dt = \frac{1}{s}\,e^{-ks}.$$ (20.138)

Exemplo 20.7.1 Transformada de Pulso Quadrado

Vamos calcular a transformada de um pulso quadrado $F(t)$ de altura A que está ativa de $t = 0$ a $t = t_0$; Figura 20.13. Usando a função degrau de Heaviside, o pulso pode ser representado como

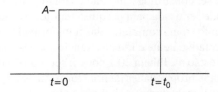

Figura 20.13: Pulso quadrado.

$$F(t) = A\Big[\,u(t) - u(t - t_0)\,\Big].$$

Sua transformada é, portanto,

$$\mathcal{L}\{F(t)\} = \frac{1}{s}\,(1 - e^{-t_0 s}).$$

∎

Função Delta de Dirac

Para uso com equações diferenciais uma transformada adicional é útil, ou seja, aquela da função delta de Dirac. Das propriedades da função delta, temos

$$\mathcal{L}\{\delta(t - t_0)\} = \int_0^\infty e^{-st}\delta(t - t_0)dt = e^{-st_0}, \quad \text{for} \quad t_0 > 0.$$ (20.139)

Para $t_0 = 0$ precisamos ser um pouco mais cuidadosos, uma vez que as sequências que usamos para definir a função delta envolvem contribuições simetricamente distribuídas sobre t_0, e a integração que define a transformada de Laplace restringe-se a $t \geq 0$. São obtidos resultados consistentes ao utilizar uma transformada de Laplace, porém, se considerarmos as sequências delta que estão inteiramente dentro do intervalo $t \geq t_0$, o que é equivalente a

$$\mathcal{L}\{\delta(t)\} = 1.$$ (20.140)

Essa função delta é frequentemente chamada função **impulso** porque é muito útil para descrever forças impulsivas, isto é, forças que duram apenas um curto período de tempo.

Transformada Inversa

Como visto na nossa discussão sobre a transformada de Fourier, a consideração de uma transformada integral normalmente terá pouco valor a menos que possamos realizar a transformada inversa. Isto é, com

$$\mathcal{L}\{F(t)\} = f(s),$$

então é desejável ser capaz de calcular

$$\mathcal{L}^{-1}\{f(s)\} = F(t).$$ (20.141)

Porém, essa transformada inversa não é inteiramente única. Duas funções $F_1(t)$ e $F_2(t)$ podem ter a mesma transformada, $f(s)$, se sua diferença, $N(t) = F_1(t) - F_2(t)$, for uma **função nula**, o que significa que para todo $t_0 > 0$ ela satisfaz

$$\int_0^{t_0} N(t)dt = 0.$$

Esse resultado é conhecido como **teorema de Lerch**, e não é completamente equivalente a $F_1 = F_2$, porque permite que F_1 e F_2 difiram em pontos isolados. Porém, na maioria dos problemas estudados por físicos ou engenheiros essa ambiguidade não é importante e não vamos considerá-la ainda mais.

A transformada inversa pode ser determinada de várias maneiras.

1. Uma tabela de transformadas pode ser construída e utilizada para identificar transformadas inversas, exatamente como uma tabela de logaritmos pode ser usada para pesquisar antilogaritmos. As transformadas anteriores constituem o início dessa tabela. Conjuntos mais completos das transformadas de Laplace estão em várias partes em Leituras Adicionais, e uma tabela relativamente curta das transformadas aparece neste texto como a Tabela 20.1. Muitas formas funcionais que não estão na Tabela 20.1 podem ser reduzidas a entradas tabulares utilizando uma expansão fracionária parcial ou outras propriedades da transformada de Laplace apresentadas mais adiante neste capítulo. Nesse sentido as fórmulas translacionais e derivadas têm importância especial. Há alguma justificação para suspeitar que essas tabelas provavelmente sejam mais importantes para resolver exercícios de livros didáticos do que para resolver problemas do mundo real.

2. Uma técnica geral para $\mathcal{L}^{-1}$ será desenvolvida na Seção 20.10 usando o cálculo de resíduos.

3. Transformadas e suas inversas podem ser representadas numericamente. Ver o trabalho de Krylov e Skoblya em Leituras Adicionais.

Exemplo 20.7.2   Expansão por Frações Parciais

A função $f(s) = k^2/s(s^2 + k^2)$ não aparece como uma transformada listada na Tabela 20.1, mas podemos obtê-la a partir das transformadas tabuladas observando que ela tem a expansão fracionária parcial

$$f(s) = \frac{k^2}{s(s^2 + k^2)} = \frac{1}{s} - \frac{s}{s^2 + k^2}.$$

A técnica fracionária parcial foi discutida na Seção 1.5, e o exemplo atual foi o tema do Exemplo 1.5.3.

Cada uma das duas frações parciais corresponde a uma entrada na Tabela 20.1, e podemos, portanto, considerar a transformada inversa de $f(s)$ termo a termo:

$$\mathcal{L}^{-1}\{f(s)\} = 1 - \cos kt.$$

Lembre-se de que o intervalo da transformada inversa restringe-se a $t \geq 0$.   ∎

Exemplo 20.7.3   Uma Função Degrau

Esse exemplo mostra como a transformada de Laplace pode ser utilizada para avaliar uma integral definida. Considere

$$F(t) = \int_0^\infty \frac{\operatorname{sen} tx}{x} dx. \tag{20.142}$$

Suponha que consideramos a transformada de Laplace dessa integral definitiva (e imprópria), nomeando-a $f(s)$:

$$f(s) = \mathcal{L}\left\{\int_0^\infty \frac{\operatorname{sen} tx}{x} dx\right\} = \int_0^\infty e^{-st} \int_0^\infty \frac{\operatorname{sen} tx}{x} dx\, dt.$$

Agora, trocando a ordem da integração (o que é justificado),[7] obtemos

---

[7]Ver no Capítulo 1 em Jeffreys e Jeffreys (Leituras Adicionais) uma discussão sobre convergência uniforme de integrais.

Tabela 20.1 Transformadas de Laplace[a]

	$f(s)$	$F(t)$	Limitação	Equação
1.	1	$\delta(t)$	Singularidade em +0	(20.140)
2.	$\dfrac{1}{s}$	1	$s > 0$	(20.129)
3.	$\dfrac{\Gamma(n+1)}{s^{n+1}}$	tn	$s > 0, n > -1$	(20.136)
4.	$\dfrac{1}{s-k}$	ekt	$s > k$	(20.130)
5.	$\dfrac{1}{(s-k)^2}$	$tekt$	$s > k$	(20.176)
6.	$\dfrac{s}{s^2-k^2}$	$\cosh kt$	$s > k$	(20.132)
7.	$\dfrac{k}{s^2-k^2}$	$\operatorname{senh} kt$	$s > k$	(20.133)
8.	$\dfrac{s}{s^2+k^2}$	$\cos kt$	$s > 0$	(20.134)
9.	$\dfrac{k}{s^2+k^2}$	$\operatorname{sen} kt$	$s > 0$	(20.135)
10.	$\dfrac{s-a}{(s-a)^2+k^2}$	$eat \cos kt$	$s > a$	(20.159)
11.	$\dfrac{k}{(s-a)^2+k^2}$	$eat \operatorname{sen} kt$	$s > a$	(20.158)
12.	$\dfrac{s^2-k^2}{(s^2+k^2)^2}$	$t \cos kt$	$s > 0$	(20.177)
13.	$\dfrac{2ks}{(s^2+k^2)^2}$	$t \operatorname{sen} kt$	$s > 0$	(20.178)
14.	$(s^2+a^2)^{-1/2}$	$J_0(at)$	$s > 0$	(20.182)
15.	$(s^2-a^2)^{-1/2}$	$I_0(at)$	$s > a$	Exercício 20.8.13
16.	$\dfrac{1}{a}\cot^{-1}\left(\dfrac{s}{a}\right)$	$j_0(at)$	$s > 0$	Exercício 20.8.14
17.	$\left.\begin{array}{c}\dfrac{1}{2a}\ln\dfrac{s+a}{s-a}\\[2mm]\dfrac{1}{a}\coth^{-1}\left(\dfrac{s}{a}\right)\end{array}\right\}$	$i_0(at)$	$s > a$	Exercício 20.8.14
18.	$\dfrac{(s-a)^n}{s^{n+1}}$	$L_n(at)$	$s > 0$	Exercício 20.8.16
19.	$\dfrac{1}{s}\ln(s+1)$	$E_1(x)$	$s > 0$	Exercício 20.8.17
20.	$\dfrac{\ln s}{s}$	$-\ln t - \gamma$	$s > 0$	Exercício 20.10.9

[a] γ é a constante de Euler-Mascheroni.

$$f(s) = \int_0^\infty \frac{1}{x} \left[\int_0^\infty e^{-st} \operatorname{sen} tx \, dt \right] dx = \int_0^\infty \frac{dx}{s^2 + x^2}, \tag{20.143}$$

já que o fator entre colchetes é apenas a transformada de Laplace de sen *tx*. A integral no lado direito é elementar, com avaliação

$$f(s) = \int_0^\infty \frac{dx}{s^2 + x^2} = \frac{1}{s} \tan^{-1}\left(\frac{x}{s}\right)\Big|_0^\infty = \frac{\pi}{2s}. \tag{20.144}$$

Usando a entrada #2 na Tabela 20.1, realizamos a transformada inversa para obter

$$F(t) = \frac{\pi}{2}, \quad t > 0, \tag{20.145}$$

de acordo com uma avaliação pelo cálculo de resíduos, Equação (11.107). Assumimos que $t > 0$ em $F(t)$. Para $F(-t)$ precisamos apenas observar que sen$(-tx) = -$sen tx, dando $F(-t) = -F(t)$. Por fim, se $t = 0$, $F(0)$ é claramente zero. Portanto,

$$\int_0^\infty \frac{\operatorname{sen} tx}{x} dx = \frac{\pi}{2} [2u(t) - 1] = \begin{cases} \dfrac{\pi}{2}, & t > 0 \\ 0, & t = 0 \\ -\dfrac{\pi}{2}, & t < 0. \end{cases} \tag{20.146}$$

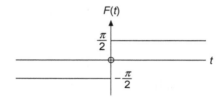

Figura 20.14: $\int_0^\infty \dfrac{\operatorname{sen} t x}{x} dx$, uma função degrau.

Aqui $u(t)$ é a função degrau unitária de Heaviside, Equação (20.137). Assim, $\int_0^\infty (\operatorname{sen} tx / x) dx$, considerada uma função de t, descreve uma função degrau (Figura 20.14), com um degrau de altura π em $t = 0$. ∎

A técnica no exemplo anterior foi para (1) introduzir uma segunda integração, ou seja, a transformada de Laplace, (2) inverter a ordem da integração e integrar uma vez e (3) considerar a transformada inversa de Laplace. Essa é uma técnica que pode ser aplicada a muitos problemas.

Exercícios

20.7.1 Prove que

$$\lim_{s \to \infty} sf(s) = \lim_{t \to +0} F(t).$$

Dica: Suponha que $F(t)$ possa ser expressa como $F(t) = \sum_{n=0}^\infty a_n t^n$.

20.7.2 Mostre que

$$\frac{1}{\pi} \lim_{s \to 0} \mathcal{L}\{\cos xt\} = \delta(x).$$

20.7.3 Verifique que

$$\mathcal{L}\left\{ \frac{\cos at - \cos bt}{b^2 - a^2} \right\} = \frac{s}{(s^2 + a^2)(s^2 + b^2)}, \quad a^2 \neq b^2.$$

20.7.4   Usando expansões fracionárias parciais, mostre que

(a) $\mathcal{L}^{-1}\left\{\dfrac{1}{(s+a)(s+b)}\right\} = \dfrac{e^{-at}-e^{-bt}}{b-a}, \quad a \neq b..$

(b) $\mathcal{L}^{-1}\left\{\dfrac{1}{(s+a)(s+b)}\right\} = \dfrac{ae^{-at}-be^{-bt}}{a-b}, \quad a \neq b.$

20.7.5   Usando expansões fracionárias parciais, mostre que para $a^2 \neq b^2$,

(a) $\mathcal{L}^{-1}\left\{\dfrac{1}{(s^2+a^2)(s^2+b^2)}\right\} = -\dfrac{1}{a^2-b^2}\left\{\dfrac{\operatorname{sen} at}{a} - \dfrac{\operatorname{sen} bt}{b}\right\}$

(b) $\mathcal{L}^{-1}\left\{\dfrac{s^2}{(s^2+a^2)(s^2+b^2)}\right\} = -\dfrac{1}{a^2-b^2}\left\{a \operatorname{sen} at - b \operatorname{sen} bt\right\}.$

20.7.6   Mostre que

(a) $\displaystyle\int_0^\infty \dfrac{\cos s}{s^\nu}\,ds = \dfrac{\pi}{2(\nu-1)!\cos(\nu\pi/2)}, \quad 0 < \nu < 1.$

(b) $\displaystyle\int_0^\infty \dfrac{\sin s}{s^\nu}\,ds = \dfrac{\pi}{2(\nu-1)!\operatorname{sen}(\nu\pi/2)}, \quad 0 < \nu < 2.$

Por que ν restringe-se a (0, 1) para (a), a (0, 2) para (b)? Essas integrais podem ser interpretadas como transformadas de Fourier de $s^{-\nu}$ e como transformadas de Mellin de seno s e cosseno s.
Dica: Substitua $s^{-\nu}$ por uma integral de transformada de Laplace: $\mathcal{L}\{t^{-\nu-1}\}/\Gamma(\nu)$. Em seguida, integre em relação a s. A integral resultante pode ser tratada como uma função beta (Seção 13.3).

20.7.7   A função $F(t)$ pode ser expandida em uma série de Maclaurin,

$$F(t) = \sum_{n=0}^\infty a_n t^n.$$

Portanto

$$\mathcal{L}\{F(t)\} = \int_0^\infty e^{-st} \sum_{n=0}^\infty a_n t^n\,dt = \sum_{n=0}^\infty a_n \int_0^\infty e^{-st} t^n\,dt.$$

Mostre que $f(s)$, a transformada de Laplace de $F(t)$, não contém nenhuma potência de s maior que s^{-1}. Verifique seu resultado calculando $\mathcal{L}\{\delta(t)\}$, e comente sobre esse fiasco.

20.7.8   Mostre que a transformada de Laplace da função hipergeométrica confluente $M(a, c; x)$ é

$$\mathcal{L}\{M(a,c;x)\} = \frac{1}{s}\,{}_2F_1\left(a, 1; c; \frac{1}{s}\right).$$

20.8   Propriedades das Transformadas de Laplace
Transformadas das Derivadas
Talvez a principal aplicação das transformadas de Laplace esteja na conversão de equações diferenciais em formas mais simples que podem ser resolvidas mais facilmente. Veremos, por exemplo, que equações diferenciais acopladas com coeficientes constantes se transformam em equações algébricas lineares simultâneas. Para o estudo das equações diferenciais precisamos de fórmulas para as transformadas de Laplace das derivadas de uma função.

Vamos transformar a primeira derivada de $F(t)$:

$$\mathcal{L}\{F'(t)\} = \int_0^\infty e^{-st} \frac{dF(t)}{dt}\,dt.$$

Integrando por partes, obtemos

$$\mathcal{L}\left\{F'(t)\right\} = e^{-st} F(t)\Big|_0^\infty + s \int_0^\infty e^{-st} F(t)dt$$

$$= s\mathcal{L}\{F(t)\} - F(0). \tag{20.147}$$

Estritamente falando, é necessário que $F(0) = F(+0)$,[8] e dF/dt seja pelo menos contínuas por partes para $0 \le t < \infty$. Naturalmente, tanto $F(t)$ quanto sua derivada precisam ser de tal modo que as integrais não divirjam. Uma extensão para derivadas superiores dá

$$\mathcal{L}\left\{F^{(2)}(t)\right\} = s^2\mathcal{L}\{F(t)\} - sF(+0) - F'(+0), \tag{20.148}$$

$$\mathcal{L}\{F^{(n)}(t)\} = s^n\mathcal{L}\{F(t)\} - s^{n-1}F(+0) - \cdots - F^{(n-1)}(+0). \tag{20.149}$$

A transformada de Laplace, como a transformada de Fourier, substitui a diferenciação por multiplicação. Nos exemplos a seguir as equações diferenciais ordinárias tornam-se equações algébricas. Eis o poder e a utilidade da transformada de Laplace. Entretanto, veja no Exemplo 20.8.7 o que pode acontecer se os coeficientes não são constantes.

Note como as condições iniciais, $F(+0)$, $F'(+0)$ etc., são incorporadas na transformada. Essa situação é diferente do que para a transformada de Fourier, e surge do limite finito inferior ($t = 0$) da integral que define a transformada. Essa propriedade torna a transformada de Laplace mais poderosa para obter soluções para equações diferenciais sujeitas às condições iniciais.

Exemplo 20.8.1 Uso da Fórmula Derivada

Eis um exemplo mostrando como a fórmula derivada tem usos mesmo em contextos que não envolvem a solução para uma equação diferencial. Começando na identidade

$$-k^2 \operatorname{sen} kt = \frac{d^2}{dt^2} \operatorname{sen} kt, \tag{20.150}$$

aplicamos nos dois lados da equação a operação da transformada de Laplace, alcançando

$$-k^2\mathcal{L}\{\operatorname{sen} kt\} = \mathcal{L}\left\{\frac{d^2}{dt^2} \operatorname{sen} kt\right\}$$

$$= s^2\mathcal{L}\{\operatorname{sen} kt\} - s\operatorname{sen}(0) - \frac{d}{dt}\operatorname{sen} kt\Big|_{t=0}.$$

Como o $\operatorname{sen}(0) = 0$ e $d/dt \operatorname{sen} kt\,|_t =0 = k$, a equação tem a solução

$$\mathcal{L}\{\operatorname{sen} kt\} = \frac{k}{s^2 + k^2}.$$

Esse resultado confirma a Equação (20.135). ∎

A seguir mostramos exemplos envolvendo as soluções das equações diferenciais.

Exemplo 20.8.2 Oscilador Harmônico Simples

Como um exemplo físico, considere uma massa m oscilando sob a influência de uma mola ideal, mola constante k. Como de costume, o atrito é negligenciado. Em seguida, a segunda lei de Newton torna-se

$$m\frac{d^2 X(t)}{dt^2} + kX(t) = 0. \tag{20.151}$$

---

[8]Essa notação significa que zero é aproximado a partir do lado positivo.

Considerando as condições iniciais

$$X(0) = X_0, \quad X'(0) = 0.$$

Aplicando a transformada de Laplace, obtemos

$$m\mathcal{L}\left\{\frac{d^2 X}{dt^2}\right\} + k\mathcal{L}\{X(t)\} = 0. \tag{20.152}$$

Deixando $x(s)$ denotar a transformada atualmente desconhecida $\mathcal{L}\{X(t)\}$ e usando a Equação (20.148), convertemos a Equação (20.152) na forma

$$ms^2 x(s) - ms X_0 + k x(s) = 0,$$

que tem a solução

$$x(s) = X_0 \frac{s}{s^2 + \omega_0^2}, \quad \text{com} \quad \omega_0^2 \equiv \frac{k}{m}.$$

A partir da Tabela 20.1 podemos ver que isso é a transformada de $\cos\omega_0 t$, que dá o resultado esperado:

$$X(t) = X_0 \cos\omega_0 t. \tag{20.153}$$

■

Exemplo 20.8.3   Nutação da Terra

Um exemplo um pouco mais complexo é a nutação dos polos da Terra (precessão livre de força). Tratamos a Terra como um esferoide (oblato) rígido, com o eixo z ao longo da sua direção de simetria. Supomos que o esferoide tem momentos de inércia I_z e $I_x = I_y$ e está girando em torno dos eixos x, y e z nas respectivas velocidades angulares $X(t) = \omega_x(t)$, $Y(t) \equiv \omega_y(t)$, $\omega_z =$ constante. As equações de Euler do movimento para X e Y se reduzem a

$$\frac{dX}{dt} = -aY, \quad \frac{dY}{dt} = +aX, \tag{20.154}$$

em que $a \equiv [(I_z - I_x)/I_z]\omega_z$. Para a Terra, os valores iniciais de X e Y não são ambos zero, assim o eixo de rotação não está alinhado com o eixo de simetria (Figura 20.15) e, por causa dessa falta de alinhamento, o eixo de rotação avança em torno do eixo de simetria. Para a Terra, o desvio entre os eixos de rotação e simetria é pequeno, apenas cerca de 15 metros (medidos na superfície da Terra nos polos).

Figura 20.15: Eixo de rotação da Terra e suas componentes.

Nosso primeiro passo para resolver essas EDOs acopladas é considerar suas transformadas de Laplace, obtendo

$$sx(s) - X(0) = -ay(s), \quad sy(s) - Y(0) = ax(s).$$

Combinando para eliminar $y(s)$, temos

$$s^2x(s) - sX(0) + aY(0) = -a^2x(s),$$

ou

$$x(s) = X(0)\frac{s}{s^2 + a^2} - Y(0)\frac{a}{s^2 + a^2}. \tag{20.155}$$

Reconhecendo essas funções de s como as transformadas listadas na Tabela 20.1,

$$X(t) = X(0)\cos at - Y(0)\text{sen } at.$$

Similarmente,

$$Y(t) = Y(0)\text{sen } at + Y(0)\cos at.$$

Podemos ver que isso é uma rotação do vetor (X, Y) no sentido anti-horário (para $a > 0$) em torno do eixo z com ângulo $\theta = at$ e velocidade angular a.

Uma interpretação direta pode ser encontrada escolhendo os eixos x e y de modo que $Y(0) = 0$.

Portanto

$$X(t) = X(0)\cos at, \quad Y(t) = X(0)\text{sen } at,$$

que são as equações paramétricas para a rotação de (X, Y) em uma órbita circular de raio $X(0)$, com velocidade angular a no sentido anti-horário.

Para a Terra, a como definido aqui corresponde a um período $(2\pi/a)$ de cerca de 300 dias. Na verdade, por causa dos desvios em relação ao corpo rígido idealizado que supusemos ao definir as equações de Euler, o período é de cerca de 427 dias.[9]

Essas mesmas equações surgem na teoria eletromagnética. Se na Equação (20.154) definimos

$$X(t) = L_x, \quad Y(t) = L_y,$$

em que L_x e L_y são as componentes x e y do momento angular $\mathbf{L}$ de uma partícula carregada se movendo em um campo magnético uniforme $B_z\mathbf{e}_z$, e então atribuem a a o valor $a = -g_LB_z$, em que g_L é a **razão giromagnética** da partícula, então a Equação (20.148) determina a precessão de Larmor no campo magnético. ∎

Exemplo 20.8.4 Força Impulsiva

Para uma força impulsiva agindo sobre uma partícula de massa m, a segunda lei de Newton assume a forma

$$m\frac{d^2X}{dt^2} = P\delta(t),$$

em que P é uma constante. Transformando, obtemos

$$ms^2x(s) - msX(0) - mX'(0) = P.$$

Para uma partícula começando em repouso, $X'(0) = 0$. Também devemos considerar $X(0) = 0$. Então

$$x(s) = \frac{P}{ms^2},$$

e, considerando a transformada inversa,

[9]D. Menzel, ed., *Fundamental Formulas of Physics*, Englewood Cliffs, NJ: Prentice-Hall (1955). Nova tiragem, Dover (1960), p. 695.

$$X(t) = \frac{P}{m} t,$$

$$\frac{dX(t)}{dt} = \frac{P}{m},$$

O efeito do impulso $P\,\delta(t)$ é para transferir (instantaneamente) P unidades do momento linear para a partícula.

Uma análise semelhante aplica-se ao galvanómetro balístico. O torque no galvanómetro é dado inicialmente por $k\iota$, em que ι é um pulso da corrente e k é uma constante de proporcionalidade.

Como ι é de curta duração, definimos

$$k\iota = kq\,\delta(t),$$

em que q é a carga total transportada pela corrente ι. Em seguida, com I o momento de inércia,

$$I\,\frac{d^2\theta}{dt^2} = kq\,\delta(t),$$

e transformando, como antes, descobrimos que o efeito do pulso de corrente é uma transferência de kq unidades do momento **angular** para o galvanómetro. ∎

Mudança de Escala

Se substituirmos t por at na fórmula definidora para a transformada de Laplace, obtemos prontamente

$$\mathcal{L}\{F(at)\} = \int_0^\infty e^{-st}\,F(at)dt = \frac{1}{a}\int_0^\infty e^{-(s/a)(at)}F(at)\,d(at)$$

$$= \frac{1}{a}\,f\left(\frac{s}{a}\right). \tag{20.156}$$

Substituição

Se substituirmos o parâmetro s por $s - a$ na definição da transformada de Laplace, Equação (20.126), temos

$$f(s-a) = \int_0^\infty e^{-(s-a)t}\,F(t)dt = \int_0^\infty e^{-st}e^{at}\,F(t)dt$$

$$= \mathcal{L}\left\{e^{at}F(t)\right\}. \tag{20.157}$$

Consequentemente, a substituição de s por $s - a$ corresponde a multiplicar $F(t)$ por e^{at}, e inversamente. Esse resultado pode ser usado para verificar algumas entradas na nossa tabela de transformadas. A partir da Equação (20.157), encontramos imediatamente que

$$\mathcal{L}\left\{e^{at}\operatorname{sen}kt\right\} = \frac{k}{(s-a)^2 + k^2},\quad (s > a), \tag{20.158}$$

e

$$\mathcal{L}\left\{e^{at}\cos kt\right\} = \frac{s-a}{(s-a)^2 + k^2},\quad s > a. \tag{20.159}$$

Essas são as entradas 10 e 11 da Tabela 20.1.

Exemplo 20.8.5 Oscilador Amortecido

As Equações (20.158) e (20.159) são úteis ao considerar uma massa oscilante com amortecimento proporcional à velocidade. A Equação (20.151), com esse amortecimento adicionado, torna-se

$$mX''(t) + bX'(t) + kX(t) = 0, \tag{20.160}$$

em que b é uma constante de proporcionalidade. Vamos supor que inicialmente a partícula está em repouso em $X(0) = X_0$, assim $X'(0) = 0$. A equação transformada e

$$m[s^2 x(s) - s X_0] + b[s x(s) - X_0] + k x(s) = 0,$$

com uma solução

$$x(s) = X_0 \frac{ms + b}{ms^2 + bs + k}.$$

Essa transformada não aparece na nossa tabela, mas pode ser tratada completando o quadrado do denominador:

$$s^2 + \frac{b}{m}s + \frac{k}{m} = \left(s + \frac{b}{2m}\right)^2 + \left(\frac{k}{m} - \frac{b^2}{4m^2}\right).$$

Considerando ainda mais apenas o caso de que o amortecimento é suficientemente pequeno que $b^2 < 4\,km$, então o último termo é positivo e será denotado por ω_1^2. Em seguida, reorganizamos $x(s)$ para a forma

$$x(s) = X_0 \frac{s + b/m}{(s + b/2m)^2 + \omega_1^2}$$

$$= X_0 \frac{s + b/2m}{(s + b/2m)^2 + \omega_1^2} + X_0 \frac{\omega_1(b/2m\omega_1)}{(s + b/2m)^2 + \omega_1^2}.$$

Essas são as mesmas transformadas que encontramos nas Equações (20.158) e (20.159), assim podemos considerar a transformada inversa da nossa fórmula para $x(s)$, alcançando

$$X(t) = X_0 e^{-(b/2m)t} \left(\cos \omega_1 t + \frac{b}{2m\omega_1} \operatorname{sen} \omega_1 t\right)$$

$$= X_0 \frac{\omega_0}{\omega_1} e^{-(b/2m)t} \cos(\omega_1 t - \varphi). \tag{20.161}$$

Aqui fizemos as substituições

$$\tan \varphi = \frac{b}{2m\omega_1}, \quad \omega_0^2 = \frac{k}{m}.$$

Claro que, como $b \to 0$, essa solução examina a solução não amortecida, dada no Exemplo 20.8.2.   ∎

RLC Analógico

Vale a pena notar a semelhança entre a oscilação amortecida harmônica simples de uma massa (Exemplo 20.8.5) e um circuito *RLC* (resistência, indutância e capacitância) (Figura 20.16). Em qualquer instante, a soma das diferenças de potencial em torno do circuito devem ser zero (lei de Kirchhoff, conservação de energia). Isso dá

$$L \frac{dI}{dt} + RI + \frac{1}{C} \int^t I\,dt = 0. \tag{20.162}$$

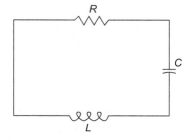

Figura 20.16: Circuito *RLC*.

Diferenciando a Equação (20.162) em relação ao tempo (para eliminar a integral), temos

$$L \frac{d^2 I}{dt^2} + R \frac{dI}{dt} + \frac{1}{C} I = 0.$$ (20.163)

Se substituirmos $I(t)$ por $X(t)$, L por m, R por b, e C^{-1} por k, então a Equação (20.163) é idêntica ao problema mecânico. É apenas um exemplo da unificação dos diversos ramos da física pela matemática. Uma discussão mais completa será encontrada em um livro de Olson.[10]

Translação

Dessa vez, seja $f(s)$ multiplicado por e-bs, com $b > 0$:

$$e^{-bs} f(s) = e^{-bs} \int\limits_0^\infty e^{-st} F(t) dt$$

$$= \int\limits_0^\infty e^{-s(t+b)} F(t) dt.$$ (20.164)

Agora deixe $t + b = \tau$. A Equação (20.164) se torna

$$e^{-bs} f(s) = \int\limits_b^\infty e^{-s\tau} F(\tau - b) d\tau.$$ (20.165)

Como assumimos que $F(t)$ é igual a zero para $t < 0$, de tal modo que $F(\tau - b) = 0$ para $0 \le \tau < b$, podemos mudar o limite inferior na Equação (20.165) para zero sem alterar o valor da integral. Em seguida, renomeando τ como nossa variável padrão da transformada de Laplace t, temos

$$e^{-bs} f(s) = \mathcal{L}\{F(t-b)\}.$$ (20.166)

Se em vez de contar com o pressuposto de que $F(t) = 0$ para t negativo, inserimos uma função degrau unitária de Heaviside $u(\tau - b)$ para restringir as contribuições de F para argumentos positivos, a Equação (20.165) assume a forma

$$e^{-bs} f(s) = \int\limits_0^\infty e^{-s\tau} F(\tau - b) u(\tau - b) d\tau.$$

Por essa razão a fórmula de translação, Equação (20.166), é muitas vezes chamada **teorema do deslocamento de Heaviside**.

Exemplo 20.8.6   Ondas Eletromagnéticas

A equação de onda eletromagnética com $E = E_y$ ou E_z, uma onda transversal se propagando ao longo do eixo x, é

$$\frac{\partial^2 E(x,t)}{\partial x^2} - \frac{1}{v^2} \frac{\partial^2 E(x,t)}{\partial t^2} = 0.$$ (20.167)

Queremos resolver essa EDP para a situação em que uma fonte em $x = 0$ gera um sinal dependente do tempo $E(0, t)$ começando no tempo $t = 0$ e se propagando somente para x positivo, com as condições iniciais de que para $x > 0$,

$$E(x, 0) = 0, \quad \frac{\partial E(x, t)}{\partial t} \bigg|_{t=0} = 0.$$

Transformando a Equação (20.167) em relação a t, obtemos

$$\frac{\partial^2}{\partial x^2} \mathcal{L}\{E(x,t)\} - \frac{s^2}{v^2} \mathcal{L}\{E(x,t)\} + \frac{s}{v^2} E(x,0) + \frac{1}{v^2} \frac{\partial E(x,t)}{\partial t} \bigg|_{t=0} = 0,$$

---

[10]H. F. Olson, *Dynamical Analogies*, Nova York: Van Nostrand (1943).

que, devido às condições iniciais, é simplificada para

$$\frac{\partial^2}{\partial x^2} \mathcal{L}\{E(x,t)\} = \frac{s^2}{v^2} \mathcal{L}\{E(x,t)\}.$$ (20.168)

A solução geral da Equação (20.168) (que é uma **EDO** em x) é

$$\mathcal{L}\{E(x,t)\} = f_1(s)e^{-(s/v)x} + f_2(s)e^{+(s/v)x}.$$ (20.169)

Para entender melhor esse resultado primeiro considere o caso $f_2(s) = 0$. Então a Equação (20.169) se torna

$$\mathcal{L}\{E(x,t)\} = e^{-(x/v)s} f_1(s),$$ (20.170)

que reconhecemos como da mesma forma que a Equação (20.166), o que significa que

$$E(x,t) = F\left(t - \frac{x}{v}\right),$$

em que F é a função cuja transformada de Laplace é f_1, ou seja, $E(0, t)$.[11] Como assumimos que F desaparece quando seu argumento é negativo, essa fórmula pode ser escrita na forma mais explícita

$$E(x,t) = \begin{cases} F\left(t - \dfrac{x}{v}\right) = E\left(0, t - \dfrac{x}{v}\right), & t \geq \dfrac{x}{v}, \\ 0, & t < \dfrac{x}{v}. \end{cases}$$ (20.171)

Essa solução representa uma onda (ou pulso) se movendo na direção x positiva com velocidade v. Observe que para $x > vt$ a região permanece não perturbada; o pulso não teve tempo para chegar lá. Se tivéssemos decidido considerar a solução da Equação (20.169) com $f_1(s) = 0$, teríamos obtido

$$E(x,t) = \begin{cases} F\left(t + \dfrac{x}{v}\right) = E\left(0, t + \dfrac{x}{v}\right), & t \geq -\dfrac{x}{v}, \\ 0, & t < -\dfrac{x}{v}, \end{cases}$$ (20.172)

que devemos rejeitar porque (para a propagação na direção positiva x) viola a causalidade.

Nossa solução para esse problema, Equação (20.171), pode ser verificada diferenciando e substituindo na EDP original, Equação (20.167). ∎

Derivada de uma Transformada

Quando $F(t)$, que é pelo menos contínuo parte a parte, e s são escolhidos para que $e^{-st}F(t)$ convirja exponencialmente para s grande, a integral

$$\int_0^\infty e^{-st} F(t)dt$$

é uniformemente convergente e pode ser diferenciada (sob o sinal de integral) no que diz respeito a s. Então

$$f'(s) = \int_0^\infty (-t)e^{-st} F(t)dt = \mathcal{L}\{-t F(t)\}.$$ (20.173)

Continuando esse processo, obtemos

$$f^{(n)}(s) = \mathcal{L}\{(-t)^n F(t)\}.$$ (20.174)

Todas as integrais obtidas dessa maneira serão uniformemente convergentes por causa do comportamento exponencial decrescente de $e^{-st} F(t)$.

---

[11]Considere a Equação (20.170) com x definido como zero.

Essa técnica pode ser aplicada para gerar mais transformadas. Por exemplo,

$$\mathcal{L}\left\{e^{kt}\right\} = \int_{0}^{\infty} e^{-st} e^{kt}\, dt = \frac{1}{s-k}, \quad s > k. \tag{20.175}$$

Diferenciando em relação a s (ou em relação a k), obtemos

$$\mathcal{L}\left\{te^{kt}\right\} = \frac{1}{(s-k)^2}, \quad s > k. \tag{20.176}$$

Se substituirmos k por ik e separarmos a Equação (20.176) em suas partes reais e imaginárias, obtemos

$$\mathcal{L}\{t\cos kt\} = \frac{s^2 - k^2}{(s^2 + k^2)^2}, \tag{20.177}$$

$$\mathcal{L}\{t\operatorname{sen} kt\} = \frac{2ks}{(s^2 + k^2)^2}. \tag{20.178}$$

Essas expressões são válidas para $s > 0$.

Exemplo 20.8.7   Equação de Bessel

Uma aplicação interessante de uma transformada diferenciada de Laplace aparece na solução da equação de Bessel com $n = 0$. A partir do Capítulo 14, temos

$$x^2 y''(x) + x y'(x) + x^2 y(x) = 0.$$

Essa EDO não pode ser resolvida pelo método ilustrado no Exemplo 20.8.2 porque as derivadas são multiplicadas por funções da variável independente x. No entanto, uma abordagem alternativa que depende da Equação (20.174) está disponível. Dividindo por x e substituindo $t = x$ e $F(t) = y(x)$ para concordar com a notação atual, vemos que a equação de Bessel se torna

$$t F''(t) + F'(t) + t F(t) = 0. \tag{20.179}$$

Precisamos de uma solução regular, e parece que é possível que $F(0)$ seja diferente de zero, então dimensionamos a solução definindo $F(0) = 1$. Então, definindo $t = 0$ na Equação (20.179), descobrimos que $F'(+0) = 0$. Além disso, supomos que nosso $F(t)$ desconhecido tem uma transformada. Transformando a Equação (20.179), utilizando as Equações (20.147) e (20.148) para as derivadas e a Equação (20.173) para anexar fatores de t, temos

$$-\frac{d}{ds}\left[s^2 f(s) - s\right] + s f(s) - 1 - \frac{d}{ds} f(s) = 0. \tag{20.180}$$

Reorganizando e simplificando, obtemos

$$(s^2 + 1) f'(s) + s f(s) = 0,$$

ou

$$\frac{df}{f} = -\frac{s\, ds}{s^2 + 1},$$

uma EDO de primeira ordem. Por integração,

$$\ln f(s) = -\frac{1}{2}\ln(s^2 + 1) + \ln C,$$

que pode ser reescrita como

$$f(s) = \frac{C}{\sqrt{s^2 + 1}}. \tag{20.181}$$

Para confirmar que nossa transformada produz a expansão de série de potências de J_0, podemos expandir $f(s)$ como dado na Equação (20.181) em uma série de potências negativas de s, convergente para $s > 1$:

$$f(s) = \frac{C}{s} \left(1 + \frac{1}{s^2} \right)^{-1/2}$$

$$= \frac{C}{s} \left[1 - \frac{1}{2s^2} + \frac{1 \cdot 3}{2^2 \cdot 2! s^4} - \cdots + \frac{(-1)^n (2n)!}{(2^n n!)^2 s^{2n}} + \cdots \right].$$

Invertendo, termo a termo, obtemos

$$F(t) = C \sum_{n=0}^{\infty} \frac{(-1)^n t^{2n}}{(2^n n!)^2}.$$

Quando C é definida como 1, como exigido pela condição inicial $F(0) = 1$, recuperamos $J_0(t)$, nossa função familiar de Bessel de ordem zero. Consequentemente,

$$\mathcal{L}\{J_0(t)\} = \frac{1}{\sqrt{s^2 + 1}}. \tag{20.182}$$

Essa forma simples e fechada é a transformada de Laplace $J_0(t)$. Depois de fazer uma mudança de escala para formar $J_0(at)$ usando a Equação (20.156), confirmamos a entrada 14 da Tabela 20.1.

Observe que na nossa derivação da Equação (20.182) supusemos que $s > 1$. A prova para $s > 0$ é o tema do Exercício 20.8.10.   ■

Vale a pena notar que essa aplicação foi bem-sucedida e relativamente fácil porque consideramos $n = 0$ na equação de Bessel. Isso tornou possível dividir um fator de x (ou t). Se isso não tivesse sido feito, os termos da forma $t^2 F(t)$ teriam introduzido uma segunda derivada de $f(s)$. A equação resultante não teria sido mais fácil de resolver do que a original. Essa observação ilustra a ideia de que quando vamos além das EDOs lineares com coeficientes constantes, a transformada de Laplace ainda pode ser aplicada, mas não há nenhuma garantia de que ela será útil.

A aplicação à equação de Bessel, $n \neq 0$, será encontrada nas Leituras Adicionais.

De modo alternativo, dado o resultado

$$\mathcal{L}\{J_n(at)\} = \frac{a^{-n}(\sqrt{s^2 + a^2} - s)^n}{\sqrt{s^2 + a^2}}, \tag{20.183}$$

podemos confirmar sua validade expressando $J_n(t)$ como uma série infinita e transformando termo a termo.

Integração das Transformadas

Mais uma vez, com $F(t)$ pelo menos contínuo parte a parte e x suficientemente grande para que $e^{-xt} F(t)$ diminua exponencialmente (como $x \to \infty$), a integral

$$f(x) = \int_0^\infty e^{-xt} F(t) dt$$

é uniformemente convergente em relação a x. Isso justifica a inversão da ordem da integração na seguinte equação:

$$\int_s^\infty f(x)dx = \int_s^\infty dx \int_0^\infty dt\, e^{-xt} F(t) = \int_0^\infty e^{-st} \frac{F(t)}{t}\, dt,$$

$$= \mathcal{L}\left\{ \frac{F(t)}{t} \right\}, \tag{20.184}$$

em que o último membro da primeira linha é obtido integrando em relação a x. O limite inferior s deve ser escolhido suficientemente grande de modo que $f(s)$ permaneça dentro da região de convergência uniforme. A Equação (20.184) é válida quando $F(t)/t$ é finita em $t = 0$ ou diverge menos fortemente do que t^{-1} (de modo que $\mathcal{L}\{F(t)/t\}$ existirá).

Tabela 20.2 Operações da Transformada de Laplace

	Operação	Equação
1. Transformada de Laplace	$f(s) = \mathcal{L}\{F(t)\} = \int_0^\infty e^{-st} F(t) dt$	(15.99)
2. Transformada da derivada	$sf(s) - F(+0) = \mathcal{L}\{F'(t)\}$	(15.123)
	$s^2 f(s) - sF(+0) - F'(+0) = \mathcal{L}\{F''(t)\}$	(15.124)
3. Transformada da integral	$\dfrac{1}{s} f(s) = \mathcal{L}\left\{\displaystyle\int_0^t F(x) dx\right\}$	Exercício 20.9.1
4. Mudança de escala	$\dfrac{1}{a} f\left(\dfrac{s}{a}\right) = \mathcal{L}\{F(at)\}$	(15.156)
5. Substituição	$f(s-a) = \mathcal{L}\{e^{at} F(t)\}$	(15.152)
6. Translação	$e^{-bs} f(s) = \mathcal{L}\{F(t-b)\}$	(15.164)
7. Derivada da transformada	$f^{(n)}(s) = \mathcal{L}\{(-t)^n F(t)\}$	(15.173)
8. Integral da transformada	$\displaystyle\int_s^\infty f(x) dx = \mathcal{L}\left\{\dfrac{F(t)}{t}\right\}$	(15.189)
9. Convolução	$f_1(s) f_2(s) = \mathcal{L}\left\{\displaystyle\int_0^t F_1(t-z) F_2(z) dz\right\}$	(15.193)
10. Transformada inversa, integral de Bromwich[a]	$\dfrac{1}{2\pi i} \displaystyle\int_{\beta-i\infty}^{\beta+i\infty} e^{st} f(s) ds = F(t)$	(15.212)

[a] β deve ser suficientemente grande de modo que $e^{-\beta t} F(t)$ desapareça como $t \to +\infty$.

Por conveniência, resumir a definição e as propriedades da transformada de Laplace na Tabela 20.2. Estão incluídas na tabela as fórmulas para convolução e inversão que serão discutidas nas Seções 20.9 e 20.10.

Exercícios

20.8.1 Use a expressão para a transformada de uma segunda derivada para obter a transformada de $\cos kt$.

20.8.2 Uma massa m está anexada a uma extremidade de uma mola não estirada, mola constante k (Figura 20.17). Começando no tempo $t = 0$, a extremidade livre da mola experimenta uma aceleração constante a, longe da massa. Usando as transformadas de Laplace,

(a) encontre a posição x de m como uma função do tempo.

(b) determine a forma limitante de $x(t)$ para t pequeno.

$$RESPOSTA: \quad \text{(a)} \quad x = \frac{1}{2} at^2 - \frac{a}{\omega^2}(1 - \cos\omega t), \quad \omega^2 = \frac{k}{m},$$

$$\text{(b)} \quad x = \frac{a\omega^2}{4!} t^4, \quad \omega t \ll 1.$$

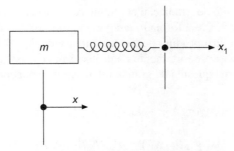

Figura 20.17: Mola, Exercício 20.8.2.

20.8.3   Núcleos radiativos se deterioram de acordo com a lei

$$\frac{dN}{dt} = -\lambda N,$$

com N a concentração de um determinado nuclídeo e λ a constante de degradação específica. Essa equação pode ser interpretada como afirmando que a taxa de degradação é proporcional ao número desses núcleos radioativos presentes. Todos eles decaem de forma independente.

Considere agora uma série radioativa de n diferentes nuclídeos, com o nuclídeo 1 decaindo no nuclídeo 2, nuclídeo 2 no nuclídeo 3 etc., até alcançar n nuclídeo, que é estável. As concentrações dos vários nuclídeos satisfazem o sistema das equações diferenciais ordinárias

$$\frac{dN_1}{dt} = -\lambda_1 N_1, \quad \frac{dN_2}{dt} = \lambda_1 N_1 - \lambda_2 N_2, \quad \cdots, \quad \frac{dN_n}{dt} = \lambda_{n-1} N_{n-1}.$$

(a) Para o caso $n = 3$ encontre $N_1(t)$, $N_2(t)$ e $N_3(t)$, como $N_1(0) = N_0$ e $N_2(0) = N_3(0) = 0$.

(b) Encontre as expressões aproximadas para N_2 e N_3, válidas para t pequeno quanto $\lambda_1 \approx \lambda_2$.

(c) Encontre as expressões aproximadas para N_2 e N_3, válidas para t grande, quando (1) $\lambda_1 \gg \lambda_2$, (2) $\lambda_1 \ll \lambda_2$.

$RESPOSTA:$ (a) $N_1(t) = N_0 e^{-\lambda_1 t}, \quad N_2(t) = N_0 \dfrac{\lambda_1}{\lambda_2 - \lambda_1}(e^{-\lambda_1 t} - e^{\lambda_2 t}),$

$$N_3(t) = N_0 \left(1 - \frac{\lambda_2}{\lambda_2 - \lambda_1} e^{-\lambda_1 t} + \frac{\lambda_1}{\lambda_2 - \lambda_1} e^{-\lambda_2 t} \right)$$

(b) $N_2 \approx N_0 \lambda_1 t, \quad N_3 \approx \dfrac{N_0}{2} \lambda_1 \lambda_2 t^2.$

(c)   (1) $N_2 \approx N_0 e^{\lambda_2 t}$
     $N_3 \approx N_0(1 - e^{-\lambda_2 t}), \quad \lambda_1 t \gg 1.$
     (2) $N_2 \approx N_0(\lambda_1 / \lambda_2) e^{-\lambda_1 t},$
     $N_3 \approx N_0(1 - e^{-\lambda_1 t}), \quad \lambda_2 t \gg 1.$

20.8.4   A taxa de formação de um isótopo em um reator nuclear é dada por

$$\frac{dN_2}{dt} = \varphi \left[\sigma_1 N_1(0) - \sigma_2 N_2(t) \right] - \lambda_2 N_2(t).$$

Aqui $N_1(0)$ é a concentração do isótopo original (supostamente constante), e N_2 é aquela do isótopo recém-formado. Os dois primeiros termos no lado direito descrevem a produção e destruição do novo isótopo por meio de absorção de nêutrons; φ é o fluxo de nêutrons (unidades $cm^{-2}s^{-1}$); σ_1 e σ_2 (unidades cm^2) são as seções de choque da absorção de nêutrons. O termo final descreve o decaimento radioativo do novo isótopo, com degradação constante λ_2.

(a) Encontre a concentração N^2 do novo isótopo como uma função do tempo.

(b) Para o isótopo original[153]Eu, $\sigma_1 = 400$ barns $= 400 \times 10^{-24}$ cm^2, $\sigma_2 = 1000$ barns $= 1000 \times 10^{-24}$ cm^2 e $\lambda_2 = 1,4 \times 10^{-9}$ s^{-1}. Se $N_1(0) = 10^{20}$ e $\varphi = 10^9$ $cm^{-2}s^{-1}$, encontre N_2, a concentração de[154]Eu, após 1 ano de irradiação contínua. A suposição de que N_1 é constante justifica-se?

20.8.5   Em um reator nuclear[135]Xe é formado tanto como um produto de fissão direta do [235]U quanto por degradação do [235]I (outro produto de fissão), meia-vida de 6,7 horas. A meia-vida do [135]Xe é 9,2 horas. Como [135]Xe absorve fortemente nêutrons térmicos, assim, "envenenando" o reator nuclear, sua concentração é uma questão de grande interesse. As equações relevantes são

$$\frac{dN_I}{dt} = \varphi \gamma_I (\sigma_f N_U) - \lambda_I N_I,$$

$$\frac{dN_{Xe}}{dt} = \varphi \left[\gamma_{Xe}(\sigma_f N_U) - \sigma_{Xe} N_{Xe} \right] + \lambda_I N_I - \lambda_{Xe} N_{Xe}.$$

Aqui N_I, N_{Xe}, N_U são as concentrações do $^{135}I, ^{135}Xe, ^{235}L$, com N_U supostamente constante. O fluxo de nêutrons φ no reator provoca a fissão do ^{235}U com a seção de choque σ_f e remove ^{135}Xe por absorção de nêutrons com seção de choque $\sigma_{Xe} = 3,5 \times 10^6$ barns $= 3,5 \times 10^{-18}$ cm². A absorção de nêutrons pelo ^{135}I é insignificante. A produção do ^{135}I e ^{135}Xe por fissão é, respectivamente, $\gamma_I = 0,060$ e $\gamma_{Xe} = 0,003$.

(a) Localize $N_{Xe}(t)$ em termos do fluxo de nêutrons φ e o produto $\sigma_f N_U$.

(b) Encontre $N_{Xe}(t \to \infty)$.

(c) Depois que N_{Xe} alcançou equilíbrio, o reator é desligado: $\varphi = 0$. Encontre $N_{Xe}(t)$ depois do desligamento. Note o aumento temporário em N_{Xe}, que pode por algumas horas interferir no religamento do reator.

Dica: A meia-vida $t_{1/2}$ de um isótopo radioativo é o tempo necessário para a degradação da metade dos nuclídeos em uma amostra. Para uma taxa de degradação $d\,n/dt = -\lambda N$, a meia-vida tem o valor $t_{1/2} = \ln 2/\lambda$, assim λ pode ser calculado como $\lambda = \ln 2/t_{1/2} = 0,693/t_{1/2}$.

20.8.6 Resolva a Equação (20.160), que descreve um oscilador harmônico amortecido simples, para $X(0) = X_0, X'(0) = 0$, e

(a) $b^2 = 4\,mk$ (criticamente amortecido),

(b) $b^2 > 4\,mk$ (superamortecido).

$$RESPOSTA: \quad (a)\ X(t) = X_0 e^{-(b/2m)t}\left(1 + \frac{b}{2m}t\right).$$

20.8.7 Resolva mais uma vez a Equação (20.160), que descreve um oscilador harmônico amortecido simples, mas dessa vez para $X(0) = 0, X'(0) = v0$, e

(a) $b^2 < 4\,mk$ (subamortecido),

(b) $b^2 = 4\,mk$ (criticamente amortecido),

(c) $b^2 > 4\,mk$ (superamortecido).

$$RESPOSTA: \quad (a) X(t) = \frac{v_0}{\omega_1} e^{-(b/2m)t}\ sen\ \omega_1 t,$$
$$(b) X(t) = v_0 t e^{-(b/2m)t}.$$

20.8.8 O movimento de um corpo que cai em um meio resistente pode ser descrito por

$$m\frac{d^2 X(t)}{dt^2} = mg - b\frac{dX(t)}{dt}$$

quando a força de retardo é proporcional à velocidade. Encontre $X(t)$ e $dX(t)/dt$ para as condições iniciais

$$X(0) = \left.\frac{dX}{dt}\right|_{t=0} = 0.$$

20.8.9 **Circuito de toque de campainha**. Em certos dispositivos eletrônicos, resistência, indutância e capacitância montadas em um circuito como mostrado na Figura 20.18. A tensão constante é mantida por toda a capacitância, mantendo-a carregada. No tempo $t = 0$, o circuito é desligado da fonte de

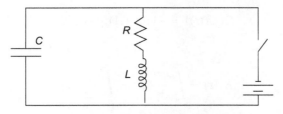

Figura 20.18: Circuito de toque de campainha.

tensão. Encontre as tensões em cada um dos elementos R, L e C como uma função do tempo. Suponha que R é pequeno.

Dica: Pelas leis de Kirchhoff $I_{RL} + I_C = 0$ e $E_R + E_L = E_C$,
onde

$$E_R = I_{RL} R, \quad E_L = L\frac{dI_{RL}}{dt}, \quad E_C = \frac{q_0}{C} + \frac{1}{C}\int\limits_0^t I_C\, dt,$$

q_0 = carga inicial do capacitor.

20.8.10 Com $J_0(t)$ expresso como uma integral de contorno, aplique a operação da transformada de Laplace, inverta a ordem da integração e assim mostre que

$$\mathcal{L}\{J_0(t)\} = (s^2 + 1)^{-1/2}, \quad \text{para } s > 0.$$

20.8.11 Desenvolva a transformada de Laplace de $J_n(t)$ a partir de $\mathcal{L}\{J_0(t)\}$ usando as relações de recorrência da função de Bessel.

Dica: Eis uma oportunidade de usar a indução matemática (Seção 1.4).

20.8.12 Um cálculo do campo magnético de um circuito de corrente circular em coordenadas cilíndricas circulares leva à integral

$$\int\limits_0^\infty e^{-kz} k J_1(ka)\, dk, \quad \Re\, z \geq 0.$$

Mostre que essa integral é igual a $a/(z^2 + a^2)^{3/2}$.

20.8.13 Mostre que

$$\mathcal{L}\{I_0(at)\} = (s^2 - a^2)^{-1/2}, \quad s > a.$$

20.8.14 Verifique as seguintes transformadas de Laplace:

(a) $\mathcal{L}\{j_0(at)\} = \mathcal{L}\left\{\dfrac{\operatorname{sen} at}{at}\right\} = \dfrac{1}{2}\cot^{-1}\left(\dfrac{s}{a}\right)$,

(b) $\mathcal{L}\{y_0(at)\}$ não existe.

(c) $\mathcal{L}\{i_0(at)\} = \mathcal{L}\left\{\dfrac{\operatorname{senh} at}{at}\right\} = \dfrac{1}{2a}\ln\dfrac{s+a}{s-a} = \dfrac{1}{a}\coth^{-1}\left(\dfrac{s}{a}\right)$,

(d) $\mathcal{L}\{k_0(at)\}$ não existe.

20.8.15 Desenvolva uma solução da transformada de Laplace da equação de Laguerre

$$t F''(t) + (1 - t) F'(t) + n F(t) = 0.$$

Note que você precisa de uma derivada de uma transformada e de uma transformada da derivadas. Vá o mais longe que puder com um valor geral de n; então (e somente então) defina $n = 0$.

20.8.16 Mostre que a transformada de Laplace do polinomial de Laguerre $L_n(at)$ é dada por

$$\mathcal{L}\{L_n(at)\} = \frac{(s-a)^n}{s^{n+1}}, \quad s > 0.$$

20.8.17 Mostre que

$$\mathcal{L}\{E_1(t)\} = \frac{1}{s}\ln(s + 1), \quad s > 0,$$

onde

$$E_1(t) = \int\limits_t^\infty \frac{e^{-\tau}}{\tau}\, d\tau = \int\limits_1^\infty \frac{e^{-xt}}{x}\, dx.$$

$E_1(t)$ é a integral da função exponencial, vista pela primeira vez neste livro na Tabela 1.2.

20.8.18 (a) A partir da Equação (20.184) mostre que

$$\int_0^\infty f(x)dx = \int_0^\infty \frac{F(t)}{t}\,dt,$$

desde que as integrais existam.
   (b) Com base no resultado anterior mostre que

$$\int_0^\infty \frac{\operatorname{sen} t}{t}\,dt = \frac{\pi}{2},$$

de acordo com as Equações (20.146) e (11.107).

20.8.19 (a) Mostre que

$$\mathcal{L}\left\{\frac{\operatorname{sen} kt}{t}\right\} = \cot^{-1}\left(\frac{s}{k}\right).$$

   (b) Usando esse resultado (com $k = 1$), prove que

$$\mathcal{L}\{\operatorname{si}(t)\} = -\frac{1}{s}\tan^{-1} s,$$

onde

$$\operatorname{si}(t) = -\int_t^\infty \frac{\operatorname{sen} x}{x}\,dx, \quad \text{a integral senoidal.}$$

20.8.20 Se $F(t)$ é periódica (Figura 20.19) com um período a de modo que $F(t + a) = F(t)$ para todo $t \geq 0$, mostre que

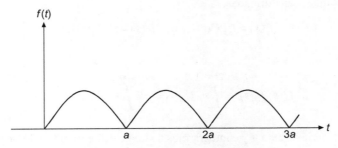

Figura 20.19: Função periódica.

$$\mathcal{L}\{F(t)\} = \frac{1}{1 - e^{-as}}\int_0^a e^{-st}F(t)dt.$$

Note que a integração agora é sobre apenas o **primeiro período** de $F(t)$.

20.8.21 Encontre a transformada de Laplace da onda quadrada (período a) definida por

$$F(t) = \begin{cases} 1, & 0 < t < a/2, \\ 0, & a/2 < t < a. \end{cases}$$

$$RESPOSTA: \quad f(s) = \frac{1}{s}\frac{1 - e^{-as/2}}{1 - e^{-as}}.$$

20.8.22   Mostre que

(a) $\mathcal{L}\{\cosh at \cos at\} = \dfrac{s^3}{s^4 + 4a^4}$,

(b) $\mathcal{L}\{\cosh at \operatorname{sen} at\} = \dfrac{as^2 + 2a^3}{s^4 + 4a^4}$,

(c) $\mathcal{L}\{\operatorname{senh} at \cos at\} = \dfrac{as^2 - 2a^3}{s^4 + 4a^4}$,

(d) $\mathcal{L}\{\operatorname{senh} at \operatorname{sen} at\} = \dfrac{2a^2 s}{s^4 + 4a^4}$.

20.8.23   Mostre que

(a) $\mathcal{L}^{-1}\left\{\left(s^2 + a^2\right)^{-2}\right\} = \dfrac{1}{2a^3}\operatorname{sen} at - \dfrac{t}{2a^2}\cos at$,

(b) $\mathcal{L}^{-1}\left\{s\left(s^2 + a^2\right)^{-2}\right\} = \dfrac{t}{2a}\operatorname{sen} at$,

(c) $\mathcal{L}^{-1}\left\{s^2\left(s^2 + a^2\right)^{-2}\right\} = \dfrac{1}{2a}\operatorname{sen} at + \dfrac{t}{2}\cos at$,

(d) $\mathcal{L}^{-1}\left\{s^3\left(s^2 + a^2\right)^{-2}\right\} = \cos at - \dfrac{at}{2}\operatorname{sen} at$.

20.8.24   Mostre que

$$\mathcal{L}\{(t^2 - k^2)^{-1/2} u(t - k)\} = K_0(ks).$$

Dica: Tente transformar uma representação integral de $K_0(ks)$ na integral da transformada de Laplace.

20.9 Teorema da Convolução de Laplace

Uma das propriedades mais importantes da transformada de Laplace é aquela dada pelo teorema da convolução, ou Faltung. Consideramos duas transformadas,

$$f_1(s) = \mathcal{L}\{F_1(t)\} \quad \text{e} \quad f_2(s) = \mathcal{L}\{F_2(t)\},$$

e as multiplicamos juntas:

$$f_1(s)f_2(s) = \int_0^\infty e^{-sx} F_1(x)dx \int_0^\infty e^{-sy} F_2(y)dy. \tag{20.185}$$

Se introduzirmos a nova variável $t = x + y$ e integrarmos ao longo de t e y em vez de x e y, os limites da integração se tornam $(0 \le t \le \infty)$, $(0 \le y \le t)$. Notando que a jacobiana da transformada de (x, y) a (t, y) é unitária, temos

$$f_1(s)f_2(s) = \int_0^\infty e^{-st}\,dt \int_0^t F_1(t - y)F_2(y)dy$$

$$= \mathcal{L}\left\{\int_0^t F_1(t - y)F_2(y)dy\right\}$$

$$= \mathcal{L}\{F_1 * F_2\}, \tag{20.186}$$

em que, de modo semelhante à transformada de Fourier, usamos a notação

$$\int_0^t F_1(t - z)F_2(z)dz \equiv F_1 * F_2, \tag{20.187}$$

e chamamos essa operação **convolução** de F_1 e F_2. Podemos mostrar que a convolução é simétrica:

$$F_1 * F_2 = F_2 * F_1.$$
(20.188)

Realizando a transformada inversa, também encontramos

$$\mathcal{L}^{-1}\{f_1(s)f_2(s)\} = \int_0^t F_1(t-z)F_2(z)dz = F_1 * F_2.$$
(20.189)

As fórmulas de convolução são úteis para encontrar novas transformadas ou, em alguns casos, como uma alternativa a uma expansão fracionária parcial. Elas também são utilizadas para resolver equações integrais, como ilustrado no Capítulo 21.

Exemplo 20.9.1 OSCILADOR IMPULSIONADO COM AMORTECIMENTO

Como uma ilustração do uso do teorema da convolução, vamos voltar à massa m em uma mola, com amortecimento e uma força propulsora, $F(t)$. A equação do movimento, Equação (20.160), torna-se agora

$$mX''(t) + bX'(t) + kX(t) = F(t).$$
(20.190)

As condições iniciais $X(0) = 0$, $X'(0) = 0$ são usadas para simplificar essa ilustração, e a equação transformada é

$$ms^2x(s) + bs\,x(s) + k\,x(s) = f(s),$$

com uma solução

$$x(s) = \frac{f(s)}{m}\frac{1}{(s+b/2m)^2 + \omega_1^2},$$
(20.191)

em que, como no Exemplo 20.8.5,

$$\omega_0^2 \equiv \frac{k}{m}, \quad \omega_1^2 \equiv \omega_0^2 - \frac{b^2}{4m^2}.$$
(20.192)

Identificamos o lado direito da Equação (20.191) como o produto de duas transformadas conhecidas:

$$\frac{f(s)}{m} = \frac{1}{m}\mathcal{L}\{F(t)\}, \quad \frac{1}{(s+b/2m)^2+\omega_1^2} = \frac{1}{\omega_1}\mathcal{L}\{e^{-(b/2m)t}\,\text{sen}\,\omega_1 t\},$$

em que a segunda delas é um caso da Equação (20.158).

Agora aplicando o teorema da convolução, Equação (20.189), obtemos a solução para nosso problema original como uma integral:

$$X(t) = \mathcal{L}^{-1}\{x(s)\} = \frac{1}{m\omega_1}\int_0^t F(t-z)e^{-(b/2m)z}\,\text{sen}\,\omega_1 z\,dz.$$
(20.193)

Continuamos a considerar duas opções específicas para a força propulsora $F(t)$. Primeiro, consideramos a força impulsiva $F(t) = P\delta(t)$. Portanto

$$X(t) = \frac{P}{m\omega_1}e^{-(b/2m)t}\,\text{sen}\,\omega_1 t.$$
(20.194)

Aqui P representa o momento transferido pelo impulso, e a constante P/m assume o lugar de uma velocidade inicial $X'(0)$.

Como um segundo caso, seja $F(t) = F_0\,\text{sen}\,\omega t$. Poderíamos usar novamente a Equação (20.193), mas uma expansão fracionária parcial talvez seja mais conveniente. Com

$$f(s) = \frac{F_0\omega}{s^2 + \omega^2}$$

A Equação (20.191) pode ser escrita na forma fracionária parcial,

$$x(s) = \frac{F_0\omega}{m} \frac{1}{s^2 + \omega^2} \frac{1}{(s + b/2m)^2 + \omega_1^2}$$

$$= \frac{F_0\omega}{m} \left[\frac{a's + b'}{s^2 + \omega^2} + \frac{c's + d'}{(s + b/2m)^2 + \omega_1^2} \right], \tag{20.195}$$

com os coeficientes a', b', c' e d' (independentes de s) a serem determinados. O cálculo direto mostra para a' e b'

$$-\frac{1}{a'} = \frac{b}{m}\,\omega^2 + \frac{m}{b}\,(\omega_0^2 - \omega^2)^2,$$

$$-\frac{1}{b'} = -\frac{m}{b}\,(\omega_0^2 - \omega^2)\left[\frac{b}{m}\,\omega^2 + \frac{m}{b}\,(\omega_0^2 - \omega^2)^2 \right].$$

Os termos de $x(s)$ contendo a' e b' levam à inversão da transformada de Laplace para a componente de estado estacionário da solução:

$$X(t) = \frac{F_0}{[b^2\omega^2 + m^2(\omega_0^2 - \omega^2)^2]^{1/2}}\,\text{sen}(\omega t - \varphi), \tag{20.196}$$

onde

$$\tan\varphi = \frac{b\omega}{m(\omega_0^2 - \omega^2)}.$$

Diferenciando o denominador, descobrimos que a amplitude tem um máximo quando $\omega = \omega^2$, com

$$\omega_2^2 = \omega_0^2 - \frac{b^2}{2m^2} = \omega_1^2 - \frac{b^2}{4m^2}. \tag{20.197}$$

Essa é a condição de ressonância.[12] Na ressonância a amplitude torna-se $F_0/b\omega_1$, mostrando que a massa m entra em oscilação infinita na ressonância se o amortecimento for negligenciado ($b = 0$).

Esse cálculo difere daqueles utilizados para determinar as funções de transferência (compare o Exemplo 20.5.1) em que não supomos uma solução de estado estacionário em uma frequência fixa. A utilização da transformada de Laplace (em vez da transformada de Fourier) permite a solução para transientes, bem como componentes de estado estacionário da solução. As transientes, que não discutiremos em detalhes, surgem dos termos da Equação (20.195) envolvendo c' e d'. Esses termos contêm a quantidade $(s + b/2m)^2$ no denominador, e sua presença irá gerar termos da transformada inversa que contêm o fator exponencial $e^{-bt/2m}$. Em outras palavras, esses termos descrevem transientes que decaem exponencialmente.

Vale a pena notar que havia três frequências características diferentes:

Ressonância para oscilações forçadas com amortecimento: $\omega_2^2 = \omega_0^2 - \dfrac{b^2}{2m^2}$,

Frequência de oscilação livre, com amortecimento: $\omega_1^2 = \omega_0^2 - \dfrac{b^2}{4m^2}$,

Frequência de oscilação livre, sem amortecimento: $\omega_0^2 = \dfrac{k}{m}$.

Essas frequências coincidem somente se o amortecimento é zero. ∎

Lembre-se de que a Equação (20.190) é nossa EDO para a resposta de um sistema dinâmico a uma força propulsora arbitrária. A resposta final depende claramente tanto da força propulsora quanto das características do nosso sistema. Essa dupla dependência é separada no espaço da transformada. Na Equação (20.191) a transformada da resposta (saída) aparece como o produto de dois fatores, um descrevendo a força propulsora (entrada) e a outra descrevendo o sistema dinâmico. Isso é uma fatoração semelhante àquela que encontramos ao discutir o uso das transformadas de Fourier em aplicações de processamento de sinais na Seção 20.5.

---

[12] A amplitude (quadrada) tem o típico denominador de ressonância (a forma da linha de Lorentz), encontrada no Exercício 20.2.8.

Exercícios

20.9.1 A partir do teorema da convolução mostre que

$$\frac{1}{s} f(s) = \mathcal{L} \left\{ \int_0^t F(x) dx \right\},$$

em que $f(s) = \mathcal{L} \{F(t)\}$.20.9.2 Se $F(t) = t^a$ e $G(t) = t^b$, $a > -1$, $b > -1$,

(a) Mostre que a convolução $F * G$ é dada por

$$F * G = t^{a+b+1} \int_0^1 y^a (1-y)^b \, dy.$$

(b) Utilizando o teorema da convolução, mostre que

$$\int_0^1 y^a (1-y)^b \, dy = \frac{a! \, b!}{(a+b+1)!} = B(a+1, b+1),$$

em que B é a função beta.

20.9.2 Usando a integral de convolução, calcule

$$\mathcal{L}^{-1} \left\{ \frac{s}{(s^2 + a^2)(s^2 + b^2)} \right\}, \quad a^2 \neq b^2.$$

20.9.3 Um oscilador não amortecido é impulsionado por uma força $F_0 \operatorname{sen} \omega t$. Encontre o deslocamento $X(t)$ como uma função do tempo, sujeita às condições iniciais $X(0) = X'(0) = 0$. Observe que a solução é uma combinação linear dos dois movimentos harmônicos simples, um com a frequência da força propulsora e outro com uma frequência ω_0 do oscilador livre.

$$RESPOSTA: \quad X(t) = \frac{F_0 / m}{\omega^2 - \omega_0^2} \left(\frac{\omega}{\omega_0} \operatorname{sen} \omega_0 t - \operatorname{sen} \omega t \right).$$

20.10 Transformada Inversa de Laplace
Integral de Bromwich

Agora desenvolveremos uma expressão para a transformada inversa de Laplace $\mathcal{L}^{-1}$ vista na equação

$$F(t) = \mathcal{L}^{-1} \{f(s)\}. \tag{20.198}$$

Uma abordagem é a transformada de Fourier, para a qual conhecemos a relação inversa. Porém, há uma dificuldade. Nossa função transformável de Fourier tinha de satisfazer as condições de Dirichlet. Em particular, para que $g(\omega)$ fosse uma transformada válida de Fourier, foi necessário que

$$\lim_{\omega \to \infty} g(\omega) = 0, \tag{20.199}$$

de tal modo que a integral infinita estaria bem definida.[13] Agora queremos tratar as funções $f(t)$ que podem divergir exponencialmente. Para superar essa dificuldade, extraímos um fator exponencial, $e^{\beta t}$, da nossa (possivelmente) divergente $F(t)$ e escrevemos

$$F(t) = e^{\beta t} G(t). \tag{20.200}$$

---

[13]Fizemos uma exceção para lidar com a função delta, mas mesmo nesse caso $g(\omega)$ estava limitado para toda ω.

Se $F(t)$ divergir como $e^{\alpha}t$, exigimos que β seja maior do que α de modo que $G(t)$ será **convergente**. Agora, com $G(t) = 0$ para $t < 0$ e, do contrário, adequadamente restrito para que possa ser representado por uma integral de Fourier, como na Equação (20.22), temos

$$G(t) = \frac{1}{2\pi} \int_{-\infty}^{\infty} e^{iut} \, du \int_{0}^{\infty} G(v)e^{-iuv} \, dv. \qquad (20.201)$$

Inserindo a Equação (20.201) na Equação (20.200), temos

$$F(t) = \frac{e^{\beta t}}{2\pi} \int_{-\infty}^{\infty} e^{iut} \, du \int_{0}^{\infty} F(v)e^{-\beta v}e^{-iuv} \, dv. \qquad (20.202)$$

Vamos agora fazer uma mudança na variável para $s = \beta + iu$, para que a integral ao longo de v na Equação (20.202) assuma a forma de uma transformada de Laplace:

$$\int_{0}^{\infty} F(v)e^{-sv} \, dv = f(s).$$

A variável s agora é complexa, mas deve ser restrita a $\Re e(s) \geq \beta$ a fim de garantir a convergência. Note que a transformada de Laplace estendeu uma função especificada no eixo real positivo sobre o plano complexo, $\Re e\, s \geq \beta$.[14]

Precisamos agora reescrever a Equação (20.202) utilizando uma variável s no lugar de u. O intervalo $-\infty < u < \infty$ corresponde a um contorno no plano complexo de s, que é uma linha vertical de $\beta - i\infty$ a $\beta + i\infty$; também precisamos substituir $du = ds/i$. Fazendo essas alterações, a Equação (20.202) se torna

$$F(t) = \frac{1}{2\pi i} \int_{\beta-i\infty}^{\beta+i\infty} e^{st} f(s)ds. \qquad (20.203)$$

Eis nossa **transformada inversa**. O caminho tornou-se uma linha vertical infinita no plano complexo. Note que a constante β foi escolhida para que $f(s)$ fosse não singular para $s \geq \beta$. Podemos mostrar que a não singularidade de $f(s)$ estende-se a s complexo desde que $\Re e\, s \geq \beta$, assim o integrante da Equação (20.203) pode ter singularidades apenas à esquerda do caminho de integração (Figura 20.20).

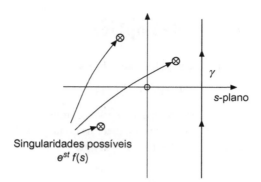

Figura 20.20: Possíveis singularidades de $e^{st} f(s)$.

A transformada inversa dada pela Equação (20.203) é conhecida como a **integral de Bromwich**, embora às vezes seja chamada **teorema de Fourier-Mellin-Fourier** ou **integral de Fourier-Mellin**. Essa integral pode agora ser avaliada pelos métodos regulares de integração de contorno (Capítulo 11). Se $t > 0$ e $f(s)$ é analítica, exceto para singularidades isoladas (e não há pontos de ramificação), e também é pequena em $|s|$ grande, o contorno pode ser

---

[14]Para uma derivação da transformada inversa de Laplace usando apenas variáveis reais, ver C. L. Bohn e R. W. Flynn, Real variable inversion of Laplace transforms: An application in plasma physics, *Am. J. Phys.* **46**: 1250 (1978).

fechado por um semicírculo infinito no semiplano esquerdo que não contribui para a integral. Então pelo teorema de resíduos (Seção 11.8),

$$F(t) = \sum (\text{resíduos incluídos para } \Re e\, s < \beta). \tag{20.204}$$

Vale ressaltar que em muitos casos de interesse $f(s)$ pode tornar-se grande no semiplano esquerdo ou ter pontos de ramificação, e a avaliação da integral de Bromwich pode então apresentar desafios significativos.

Possivelmente esse meio de avaliação com $\Re e\, s$ variando ao longo de valores negativos parece paradoxal tendo em vista nossa exigência anterior de que $\Re e\, s \geq \beta$. O paradoxo desaparece quando lembramos que a exigência $\Re e\, s \geq \beta$ foi imposta para garantir a convergência da integral da transformada de Laplace que definiu $f(s)$. Depois que $f(s)$ é obtida, podemos então começar a explorar suas propriedades como uma função analítica no plano complexo onde quer que nós escolhemos.

Talvez alguns exemplos possam esclarecer a avaliação da Equação (20.203).

Exemplo 20.10.1 Inversão Via Cálculo de Resíduos

Se $f(s) = a/(s^2 - a^2)$, então o integrando para a integral de Bromwich será

$$e^{st} f(s) = \frac{ae^{st}}{s^2 - a^2} = \frac{ae^{st}}{(s+a)(s-a)}. \tag{20.205}$$

Com base na forma da Equação (20.205), vemos que esse integrando tem polos em $s = \pm a$, e o valor de β para a integral deve ser maior que $|a|$. Como esses polos são simples, é fácil verificar se o resíduo em $s = a$ deve ser $e^{at}/2$, enquanto o resíduo em $s = -a$ será $-e^{-at}/2$. A forma do integrando também permite fechar o contorno no semiplano esquerdo. Encontramos, de acordo com a Equação (20.204),

$$\text{Resíduos} = \left(\frac{1}{2}\right)(e^{at} - e^{-at}) = \text{senh}\, en = F(t). \tag{20.206}$$

A Equação (20.206) está de acordo com a entrada #7 da nossa tabela das transformadas de Laplace, Tabela 20.1. ∎

Exemplo 20.10.2 Inversão Multirregião

Se $f(s) = (1 - e^{-as})/s$, a integral de Bromwich tem então o integrando

$$e^{st} f(s) = e^{st} \left(\frac{1 - e^{-as}}{s}\right), \tag{20.207}$$

e as possibilidades para fechar o contorno dependem das grandezas relativas de t e a.

Considerando primeiro $t > a$, podemos fechar o contorno para a integral de Bromwich no semiplano esquerdo sem alterar seu valor. Nosso integrando é uma função inteira (analítica ao longo de todo plano finito s; note que o s no denominador se neutraliza quando o numerador é expandido em uma série de Maclaurin). Como nenhuma singularidade está circundada, podemos concluir que para $t > a$, $F(t) = 0$.

Para t no intervalo $0 < t < a$, há uma situação diferente. Expandindo o integrando para os dois termos

$$\frac{e^{st}}{s} - \frac{e^{s(t-a)}}{s},$$

vemos que o primeiro torna-se pequeno no semiplano esquerdo (mas grande no semiplano direito), enquanto os segundos termos se comportam de uma maneira oposta (grande no semiplano esquerdo, pequeno no direito). A solução óbvia é utilizar diferentes contornos para os dois termos, cada um dos quais é individualmente singular, com um polo em $s = 0$. Nós, portanto, fechamos o contorno para o primeiro termo no semiplano esquerdo, mas o fechamos para o segundo termo no semiplano direito. Como a parte vertical do contorno está em $\Re e\, s = \beta > 0$, vemos que a integral do primeiro termo circunda a singularidade, enquanto a integral do segundo termo não circunda. Portanto, a primeira integral terá um valor igual ao resíduo do integrando na singularidade (esse resíduo é 1), enquanto a segunda integral desaparecerá. Esses contornos estão ilustrados na Figura 20.21.

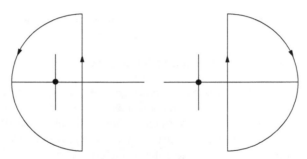

Figura 20.21: Contornos para o Exemplo 20.10.2.

Por fim, para $t < 0$, todo o integrando torna-se pequeno no semiplano direito, o contorno (para todo o integrando) não circunda nenhuma singularidade, e a integral é zero. Resumindo esses três casos,

$$F(t) = u(t) - u(t - a) = \begin{cases} 0, & t < 0, \\ 1, & 0 < t < a, \\ 0, & t > a, \end{cases} \qquad (20.208)$$

uma função degrau de altura e comprimento unitários a (Figura 20.22).   ■

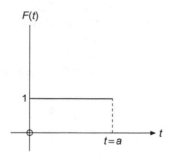

Figura 20.22: Função degrau de duração finita $u(t) - u(t-a)$.

Dois comentários gerais podem ser úteis. Primeiro, esses dois exemplos dificilmente começam a mostrar a utilidade e poder da integral de Bromwich. Ela sempre está disponível para inverter uma transformada complicada quando as tabelas se revelarem inadequadas.

Segundo, essa derivação não é apresentada como uma rigorosa. Em vez disso, ela é dada mais como um argumento de plausibilidade, embora possa ser tornada rigorosa. A determinação da transformada inversa é um pouco semelhante à solução de uma equação diferencial. Faz pouca diferença como você obtém a transformada inversa. Adivinhe-a se quiser. Ela sempre pode ser checada, verificando que

$$\mathcal{L}\{F(t)\} = f(s).$$

Duas derivadas alternativas da integral de Bromwich são os temas dos Exercícios 20.10.1 e (20.10.2).

Exercícios

20.10.1   Derive a integral de Bromwich da fórmula integral de Cauchy.
Dica: Aplique a transformada inversa $\mathcal{L}^{-1}$ a

$$f(s) = \frac{1}{2\pi i} \lim_{\alpha \to \infty} \int_{\beta - i\alpha}^{\beta + i\alpha} \frac{f(z)}{s - z} \, dz,$$

em que $f(z)$ é analítica para $\Re e \, z \geq \beta$.

20.10.2 Começando com

$$\frac{1}{2\pi i} \int_{\beta-i\infty}^{\beta+i\infty} e^{st} f(s)ds,$$

mostre que introduzindo

$$f(s) = \int_{0}^{\infty} e^{-sz} F(z)dz$$

podemos converter nossa integral na representação de Fourier de uma função delta de Dirac. A partir disso derive a transformada inversa de Laplace.

20.10.3 Derive o teorema da convolução da transformada de Laplace usando a integral de Bromwich.

20.10.4 Encontre

$$\mathcal{L}^{-1}\left\{\frac{s}{s^2-k^2}\right\}$$

(a) por uma expansão fracionária parcial.

(b) Repita, usando a integral de Bromwich.

20.10.5 Encontre

$$\mathcal{L}^{-1}\left\{\frac{k^2}{s(s^2+k^2)}\right\}$$

(a) usando uma expansão fracionária parcial.

(b) Repita usando o teorema da convolução.

(c) Repita usando a integral de Bromwich.

RESPOSTA : $F(t) = 1 - \cos kt$.

20.10.6 Utilize a integral de Bromwich para encontrar a função cuja transformada é $f(s) = s^{-1/2}$. Observe que $f(s)$ tem um ponto de ramificação em $s = 0$. O eixo x negativo pode ser considerado uma linha de corte (Figura 20.23).

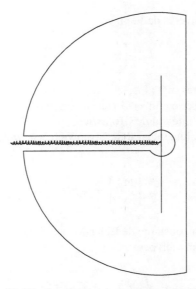

Figura 20.23: Contorno para o Exercício 20.10.6.

Dica: Uma parte do caminho necessário para fechar o contorno produzirá contribuições diferentes de zero para a integral de contorno. Esses precisarão ser considerados para obter o valor adequado para a integral de Bromwich.

$$RESPOSTA: \quad F(t) = (\pi t)^{-1/2}.$$

20.10.7   Mostre que

$$\mathcal{L}^{-1}\left\{(s^2 + 1)^{-1/2}\right\} = J_0(t)$$

pela avaliação da integral de Bromwich.

Dica: Converter sua integral de Bromwich em uma representação integral de $J_0(t)$. A Figura 20.24 mostra um contorno possível.

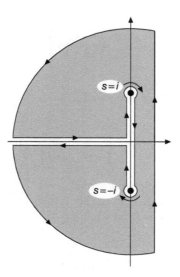

Figura 20.24: Um possível contorno para a inversão de $J_0(t)$.

20.10.8   Avalie a transformada inversa de Laplace

$$\mathcal{L}^{-1}\left\{(s^2 - a^2)^{-1/2}\right\}$$

por cada um dos seguintes métodos:
(a) Expansão em uma série e inversão termo a termo.
(b) Avaliação direta da integral de Bromwich.
(c) Mudança de variável na integral de Bromwich: $s = (a/2)(z + z^{-1})$.

20.10.9   Mostre que

$$\mathcal{L}^{-1}\left\{\frac{\ln s}{s}\right\} = -\ln t - \gamma,$$

em que $\gamma = 0{,}5772 \ldots$ é a constante de Euler-Mascheroni.

20.10.10   Avalie a integral de Bromwich para

$$f(s) = \frac{s}{(s^2 + a^2)^2}.$$

20.10.11 Teorema da expansão de Heaviside. Se a transformada $f(s)$ pode ser escrita como uma razão

$$f(s) = \frac{g(s)}{h(s)},$$

em que $g(s)$ e $h(s)$ são funções analíticas, com $h(s)$ tendo zeros simples isolados em $s = s_i$, mostre que

$$F(t) = \mathcal{L}^{-1} \left\{ \frac{g(s)}{h(s)} \right\} = \sum_i \frac{g(s_i)}{h'(s_i)} e^{s_i t}.$$

Dica: Ver Exercício 11.6.3.

20.10.12 Usando a integral de Bromwich, inverta $f(s) = s^{-2} e^{-ks}$. Expresse $F(t) = \mathcal{L}^{-1}\{f(s)\}$ em termos da função degrau unitária (deslocada) $u(t-k)$.

$$RESPOSTA: \quad F(t) = (t-k)u(t-k).$$

20.10.13 Você tem uma transformada de Laplace:

$$f(s) = \frac{1}{(s+a)(s+b)}, \quad a \neq b.$$

Inverta essa transformada por cada um dos três métodos:
(a) Frações parciais e uso de tabelas,
(b) Teorema da convolução,
(c) Integral de Bromwich.

$$RESPOSTA: \quad F(t) = \frac{e^{-bt} - e^{-at}}{a-b}, a \neq b.$$

Leituras Adicionais

Abramowitz, M., & Stegun, I. A. (Eds.). (1972). *Handbook of Mathematical Functions with Formulas, Graphs, and Mathematical Tables (AMS-55)*. Washington, DC: National Bureau of Standards (1972), Nova tiragem, Dover (1974). O Capítulo 29 contém tabelas das transformadas de Laplace.

Champeney, D. C., *Fourier Transforms and Their Physical Applications*. Nova York: Academic Press (1973). As transformadas de Fourier são desenvolvidas de modo cuidadoso e fácil de seguir. Aproximadamente 60% do livro é dedicado a aplicações de interesse na física e engenharia.

Erdelyi, A.Magnus, W.Oberhettinger, F. e Tricomi, F. G.. *Tables of Integral Transforms* (2 vols). Nova York: McGraw-Hill (1954). Esse texto contém tabelas extensas das transformadas exponenciais de Fourier de seno, de cosseno e transformadas inversas de Laplace, transformadas inversas de Mellin, transformadas de Hankel e muitas outras transformadas integrais especializadas.

Hamming, R. W., *Numerical Methods for Scientists and Engineers* (2ª ed.). Nova York: McGraw-Hill (1973), Nova tiragem, Dover (1987). Capítulo 33 fornece uma excelente descrição da transformada rápida de Fourier.

Hanna, J. R., *Fourier Series and Integrals of Boundary Value Problems*. Somerset, NJ: Wiley (1990). Esse livro é um amplo tratamento da solução de Fourier de problemas de valor de contorno. Os conceitos de convergência e completude recebem atenção especial.

Jeffreys, H. e Jeffreys, B. S., *Methods of Mathematical Physics* (3ª ed.). Cambridge: Cambridge University Press (1972).

Krylov, V. I., e N. S. Skoblya, *Handbook of Numerical Inversion of Laplace Transform* (traduzido para o inglês por D. Louvish). Jerusalem: Israel Program for Scientific Translations (1969).

Lepage, W. R., *Complex Variables and the Laplace Transform for Engineers*. Nova York: McGraw-Hill (1961), Dover (1980). Uma análise variável complexa que é cuidadosamente desenvolvida e então aplicada a transformadas de Fourier e Laplace. Ele é escrito para ser lido por alunos, mas destina-se ao estudante sério.

McCollum, P. A. e Brown, B. F., *Laplace Transform Tables and Theorems*. Nova York: Holt, Rinehart e Winston (1965).

Miles, J. W., *Integral Transforms in Applied Mathematics*. Cambridge: Cambridge University Press (1971). Isso é um tratamento breve, mas interessante e útil para alunos de graduação avançados. Ela enfatiza aplicações em vez da teoria matemática abstrata.

Morse, P. M. e Feshbach, H., *Methods of Theoretical Physics*. Nova York: McGraw-Hill (1953). Relações de Parseval são derivadas independentemente da transformada inversa de Fourier na Seção 4.8 desse texto; abrangente, mas difícil.

Papoulis, A., *The Fourier Integral and Its Applications*. Nova York: McGraw-Hill (1962). Isso é um desenvolvimento rigoroso das transformadas de Fourier e Laplace e inclui inúmeras aplicações na ciência e engenharia.

Roberts, G. E. e Kaufman, H., *Table of Laplace Transforms*. Philadelphia: Saunders (1966).

Sneddon, I. N., *Fourier Transforms*. Nova York: McGraw-Hill (1951), Nova tiragem, Dover (1995). Um tratamento abrangente e detalhado, esse livro está cheio de aplicações para uma ampla variedade de campos da física moderna e clássica.

Sneddon, I. N., *The Use of Integral Transforms*. Nova York: McGraw-Hill (1974). Escrito para estudantes de ciências e engenharia em termos que eles possam entender, esse livro abrange todas as transformadas integrais mencionadas neste capítulo, bem como em vários outros. Muitas aplicações estão incluídas.

Titchmarsh, E. C., *Introduction to the Theory of Fourier Integrals* (2ª ed.). Nova York: Oxford University Press (1937).

Van der Pol, B. e Bremmer, H., *Operational Calculus Based on the Two-sided Laplace Integral* (3ª ed.). Cambridge, UK: Cambridge University Press (1987). Eis um desenvolvimento com base no intervalo integral $-\infty$ a $+\infty$, em vez do útil 0 a ∞. Capítulo V contém um estudo detalhado da função delta de Dirac (função de impulso)..

Wolf, K. B., *Integral Transforms in Science and Engineering*. Nova York: Plenum Press (1979). Esse livro é um tratamento muito abrangente das transformadas integrais e suas aplicações.

21

Equações Integrais

21.1 Introdução

Com exceção das transformadas integrais do Capítulo 20, na maioria das vezes consideramos as relações entre uma função desconhecida $\varphi(x)$ e uma ou mais das suas derivadas. Agora vamos investigar equações que contêm a função desconhecida dentro de uma integral. Como acontece com equações diferenciais, vamos limitar nossa atenção às relações lineares, que são chamadas **equações integrais lineares**. Essas equações integrais são classificadas de duas maneiras:

- Se os **limites da integração são fixos**, chamamos a equação de equação de **Fredholm**; se **o limite é variável**, ela é uma equação de **Volterra**.
- Se a **função desconhecida** só aparece **sob o signo integral**, nós a rotulamos de **primeira espécie**. Se ela aparecer tanto **dentro quanto fora** da integral, ela é rotulada como de **segunda espécie**.

Eis alguns exemplos dessas definições. Em cada uma das seguintes equações, $\varphi(t)$ é uma função desconhecida cujo valor procuramos. $K(x, t)$, que chamamos **núcleo**, e assumimos que $f(x)$ sejam conhecidos. Quando $f(x) = 0$, diz-se que a equação é **homogênea**.

Essa é uma **equação de Fredholm de primeira espécie**,

$$f(x) = \int_a^b K(x, t)\varphi(t)\, dt. \tag{21.1}$$

Em seguida, temos uma **equação de Fredholm de segunda espécie**, que é uma equação de autovalor com o autovalor λ,

$$\varphi(x) = f(x) + \lambda \int_a^b K(x, t)\varphi(t)\, dt. \tag{21.2}$$

Aqui nós temos uma **equação de Volterra de primeira espécie**,

$$f(x) = \int_a^x K(x, t)\varphi(t)\, dt; \tag{21.3}$$

e uma **equação de Volterra de segunda espécie**,

$$\varphi(x) = f(x) + \int_a^x K(x, t)\varphi(t)\, dt. \tag{21.4}$$

Por que se preocupar com equações integrais? Afinal de contas, as equações diferenciais têm feito um trabalho relativamente bom para descrever até agora nosso mundo físico. Entretanto, há várias razões para introduzir equações integrais.

Primeiro, colocamos ênfase considerável sobre a solução das equações diferenciais **sujeitas a condições de contorno específicas**. Por exemplo, a condição de contorno em $r = 0$ determina se a função de Neumann $Y_n(r)$ está presente quando a equação de Bessel é resolvida. A condição de contorno para $r \to \infty$ determina se $I_n(r)$ está presente na nossa solução da equação modificada de Bessel. Pelo contrário, uma equação integral relaciona a função desconhecida não apenas com seus valores em pontos vizinhos (derivadas), mas também com seus valores ao longo de uma região, incluindo o contorno. Em um sentido muito real, as condições de contorno são incorporadas à equação integral em vez de impostas na etapa final da solução. Veremos mais adiante nesta seção que construirmos uma equação integral que é equivalente a uma equação diferencial com suas condições de contorno, a forma dessa equação integral depende das condições de contorno.

Uma segunda característica das equações integrais é que sua forma compacta e completamente autocontida pode vir a ser uma formulação mais conveniente ou poderosa de um problema do que uma equação diferencial e suas condições de contorno. Problemas matemáticos como existência, unicidade e completude podem muitas vezes ser tratados de uma maneira mais fácil e elegante na forma integral. E por fim, gostemos ou não, existem problemas, como alguns fenômenos de difusão e transporte, que não podem ser representados por equações diferenciais. Se quisermos resolver esses problemas, somos forçados a lidar com equações integrais.

Exemplo 21.1.1   Representação de Momentos na Mecânica Quântica

A equação de Schrödinger (na representação de espaço ordinário) para uma partícula de massa m sujeita a um potencial $V(\mathbf{r})$ é

$$-\frac{\hbar^2}{2m}\nabla^2\psi(\mathbf{r}) + V(\mathbf{r})\psi(\mathbf{r}) = E\psi(\mathbf{r}), \tag{21.5}$$

e nós já descobrimos, estendendo o resultado 1-D da Equação (20.97), que no espaço de momentos a equação equivalente (para o potencial de Coulomb em unidades atômicas Hartree) é

$$\frac{\mathbf{k}^2}{2m}\varphi(\mathbf{k}) + \frac{1}{(2\pi)^{3/2}}\int \frac{4\pi}{|\mathbf{k} - \mathbf{k}'|^2}\varphi(\mathbf{k}')d^3k' = E\varphi(\mathbf{k}). \tag{21.6}$$

Esse é um problema de autovalor da equação integral. Observe que o núcleo da Equação (21.6) é uma função de $\mathbf{k} - \mathbf{k}'$; essa dependência funcional, que surge do teorema da convolução, é típico de um potencial ordinário em que a função de onda de espaço direto é multiplicada por uma função que depende somente da posição. ∎

Transformação de uma Equação Diferencial em uma Equação Integral

Muitas vezes descobrimos que temos uma escolha. O problema físico pode ser representado por uma equação diferencial ou uma integral. Vamos supor que temos a equação diferencial e queremos transformá-la em uma equação integral. Começando com uma equação diferencial ordinária (EDO) linear de segunda ordem,

$$y'' + A(x)y' + B(x)y = g(x), \tag{21.7}$$

com as condições iniciais

$$y(a) = y_0, \qquad y'(a) = y_0',$$

integramos para obter

$$y'(x) = -\int_a^x A(t)y'(t)\,dt - \int_a^x B(t)y(t)\,dt + \int_a^x g(t)\,dt + y_0'.$$

Integrar a primeira integral à direita por partes produz

$$y'(x) = -A(x)y(x) - \int_a^x \left[B(t) - A'(t)\right]y(t)\,dt + \int_a^x g(t)\,dt + A(a)y_0 + y_0'.$$

Integrando uma segunda vez, obtemos

$$y(x) = - \int_a^x A(t)y(t)\,dt - \int_a^x du \int_a^u \Big[B(t) - A'(t) \Big] y(t)\,dt$$

$$+ \int_a^x du \int_a^u g(t)\,dt + \Big[A(a)y_0 + y_0' \Big](x - a) + y_0. \tag{21.8}$$

Para transformar essa equação em uma forma mais elegante, usamos a relação

$$\int_a^x du \int_a^u f(t)\,dt = \int_a^x f(t)\,dt \int_t^x du = \int_a^x (x - t)f(t)\,dt. \tag{21.9}$$

Aplicando esse resultado à Equação (21.8), obtemos

$$y(x) = - \int_a^x \Big(A(t) + (x - t)\Big[B(t) - A'(t) \Big] \Big) y(t)\,dt$$

$$+ \int_a^x (x - t)g(t)\,dt + \Big[A(a)y_0 + y_0' \Big](x - a) + y_0. \tag{21.10}$$

Se agora introduzirmos as abreviações

$$K(x, t) = (t - x)\Big[B(t) - A'(t) \Big] - A(t),$$

$$f(x) = \int_a^x (x - t)g(t)\,dt + \Big[A(a)y_0 + y_0' \Big](x - a) + y_0,$$

A Equação (21.10) se torna

$$y(x) = f(x) + \int_a^x K(x, t)y(t)\,dt, \tag{21.11}$$

que é uma equação de Volterra de segunda espécie. Observe que $f(x)$ na Equação (21.11) tem uma forma que inclui as condições iniciais da equação diferencial original.

Outro método para obter uma equação integral equivalente para uma equação diferencial além das condições de contorno foi apresentado na Seção 10.1, onde descobrimos que a função de Green para uma equação diferencial apareceu como o núcleo da equação integral equivalente.

Exemplo 21.1.2 Equação do Oscilador Linear
Vamos encontrar uma equação integral equivalente à equação do oscilador linear

$$y'' + \omega^2 y = 0 \tag{21.12}$$

com condições de contorno

$$y(0) = 0, \qquad y'(0) = 1.$$

Isso corresponde à Equação (21.7) com

$$A(x) = 0, \qquad B(x) = \omega^2, \qquad g(x) = 0.$$

Substituindo na Equação (21.10), descobrimos que a equação integral torna-se

$$y(x) = x + \omega^2 \int_0^x (t - x) y(t)\, dt. \tag{21.13}$$

Essa equação integral, Equação (21.13), é equivalente à equação diferencial original mais as condições iniciais. Uma verificação mostra que cada forma é de fato satisfeita por $y(x) = (1/\omega)\,\text{sen}\,\omega x$.

Vamos reconsiderar a equação do oscilador linear, Equação (21.12), mas agora com as condições de contorno

$$y(0) = 0, \qquad y(b) = 0.$$

Como $y'(0)$ não é dada, precisamos modificar o procedimento. A primeira integração dá

$$y' = -\omega^2 \int_0^x y\, dx + y'(0).$$

Integrando uma segunda vez e novamente usando a Equação (21.9), temos

$$y = -\omega^2 \int_0^x (x - t) y(t)\, dt + x y'(0). \tag{21.14}$$

Para eliminar a $y'(0)$ desconhecida, agora impomos a condição $y(b) = 0$. Isso dá

$$\omega^2 \int_0^b (b - t) y(t)\, dt = b y'(0).$$

Substituindo isso de volta na Equação (21.14), obtemos

$$y(x) = -\omega^2 \int_0^x (x - t) y(t)\, dt + \omega^2 \frac{x}{b} \int_0^b (b - t) y(t)\, dt.$$

Agora vamos dividir o intervalo $[0, b]$ em dois intervalos, $[0, x]$ e $[x, b]$. Como

$$\frac{x}{b}(b - t) - (x - t) = \frac{t}{b}(b - x),$$

encontramos

$$y(x) = \omega^2 \int_0^x \frac{t}{b}(b - x) y(t)\, dt + \omega^2 \int_x^b \frac{x}{b}(b - t) y(t)\, dt. \tag{21.15}$$

Por fim, se definirmos o núcleo

$$K(x, t) = \begin{cases} \dfrac{t}{b}(b - x), & t < x, \\[2mm] \dfrac{x}{b}(b - t), & t > x, \end{cases} \tag{21.16}$$

temos

$$y(x) = \omega^2 \int_0^b K(x, t) y(t)\, dt, \tag{21.17}$$

uma equação homogênea de Fredholm de segunda espécie.

Nosso novo núcleo, $K(x, t)$, ilustrado na Figura 21.1, tem algumas propriedades interessantes.

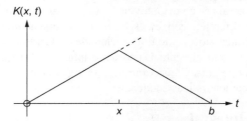

Figura 21.1: O núcleo, Equação (21.16), para o problema do valor de fronteira do oscilador linear.

1. Ele é simétrico, $K(x, t) = K(t, x)$.
2. Ele é contínuo, no sentido de que

$$\left.\frac{t}{b}(b-x)\right|_{t=x} = \left.\frac{x}{b}(b-t)\right|_{t=x}.$$

3. Sua derivada em relação a t é **descontínua**. À medida que t aumenta ao longo do ponto $t = x$, existe uma descontinuidade de -1 em $\partial K(x, t)/\partial t$.

Comparando com a discussão na Seção 10.1, identificamos $K(x, t)$ como a função de Green para essa EDO **com as condições de contorno especificadas**. Observe especialmente a Equação (10.30), que corresponde exatamente ao que foi encontrado aqui. ∎

O exemplo mostra como as condições iniciais ou de contorno desempenham um papel decisivo na conversão de uma EDO linear de segunda ordem em uma equação integral. Resumindo,

*Se tivermos as condições **iniciais** (somente uma extremidade do nosso intervalo), a equação diferencial se transforma em uma equação integral de Volterra. Entretanto, se houver um **problema de valor de fronteira** (condições de contorno nas duas extremidades do nosso intervalo), a equação diferencial leva à equação integral do tipo Fredholm com um núcleo que será a função de Green adequada para as condições dadas de contorno.*

No fechamento, chamamos atenção ao fato de que a transformação inversa (equação integral em equação diferencial) nem sempre é possível. Existem equações integrais para as quais nenhuma equação diferencial correspondente é conhecida.

Exercícios

21.1.1 Começando com a EDO, integre duas vezes e derive a equação integral de Volterra correspondendo a
(a) $y''(x) - y(x) = 0$; $y(0) = 0$, $y'(0) = 1$.

$\qquad$ *RESPOSTA:* $y = \int_0^x (x-t)y(t)\,dt + x$.

(b) $y''(x) - y(x) = 0$; $y(0) = 1$, $y'(0) = -1$.

$\qquad$ *RESPOSTA:* $y = \int_0^x (x-t)y(t)\,dt - x + 1$.

$\qquad$ Verificar seus resultados com a Equação (21.11).

21.1.2 Começando com as respostas dadas no Exercício 21.1.1, diferencie e recupere as EDOs originais **e as condições de contorno**.

21.1.3 Dada $\varphi(x) = x - \int_0^x (t-x)\varphi(t)\,dt$,
resolva essa equação integral convertendo-a em uma EDO (além das condições de contorno) e resolva a EDO (por inspeção).

21.1.4 Mostre que a equação homogênea de Volterra de segunda espécie

$$y = \int_0^x (x - t)y(t)\,dt + x.$$

não tem solução (além da solução trivial $\psi = 0$).
Dica: Desenvolva uma expansão de Maclaurin de $\psi(x)$. Suponha que $\psi(x)$ e $K(x, t)$ são diferenciáveis no que diz respeito a x conforme necessário.

21.2 Alguns Métodos Especiais

Sabemos muito bem que métodos gerais estão disponíveis tanto para diferenciar funções (compare os Capítulos 7 e 9), quanto para resolver equações diferenciais lineares, embora não haja nenhum método direto geral para avaliar integrais. As integrações são realizadas utilizando uma variedade de ferramentas de aplicabilidade limitada, e o processo é em última análise um de reconhecimento de padrões e aplicação da experiência. Observações semelhantes se aplicam à solução das equações integrais. Consideramos aqui alguns métodos especiais que funcionam quando a equação integral em estudo tem características adequadas.

Métodos de Transformada Integral

Quando o núcleo de uma equação integral (e seus limites de integração) corresponde com a especificação de uma transformada integral para a qual temos uma fórmula de inversão, podemos usar essa identificação para resolver a equação integral. Fórmulas com base em quatro transformadas integrais estão listadas aqui para referência, em cada caso com $f(x)$ uma função conhecida e $\varphi(x)$ a ser determinada.

Se nossa equação integral é $f(x) = \dfrac{1}{\sqrt{2\pi}} \int_{-\infty}^{\infty} e^{ixt}\varphi(t)dt$, então sua solução é

$$\varphi(x) = \frac{1}{\sqrt{2\pi}} \int_{-\infty}^{\infty} e^{-ixt} f(t)\, dt \quad \text{(transformada de Fourier)}. \tag{21.18}$$

Se nossa equação integral é $f(x) = \int_{0}^{\infty} e^{-xt}\varphi(t)dt$, então sua solução é

$$\varphi(x) = \frac{1}{2\pi i} \int_{\gamma-i\infty}^{\gamma+i\infty} e^{xt} f(t)\, dt \quad \text{(transformada de Laplace)}. \tag{21.19}$$

Se nossa equação integral é $f(x) = \int_{0}^{\infty} t^{x-1}\varphi(t)dt$, então sua solução é

$$\varphi(x) = \frac{1}{2\pi i} \int_{\gamma-i\infty}^{\gamma+i\infty} x^{-t} f(t)\, dt \quad \text{(transformada de Mellin)}. \tag{21.20}$$

Se nossa equação integral é $f(x) = \int_{0}^{\infty} t\varphi(t)J_\nu(xt)dt$, então sua solução é

$$\varphi(x) = \int_{0}^{\infty} t f(t) J_\nu(xt)\, dt \quad \text{(transformada de Hankel)}. \tag{21.21}$$

Note que essas fórmulas também podem ser aplicadas "no sentido inverso", isto é, com $\varphi(x)$ conhecida e $f(x)$ a ser determinada. Essa observação, porém, tem pouca utilidade, já que nada significativamente novo aparece para as transformadas inversas de Fourier e Hankel, enquanto é improvável que os limites de integração para transformadas inversas de Laplace e Melli façam com que elas apareçam em uma equação integral.

Na verdade, a utilidade da técnica de transformada integral vai um pouco além dessas quatro formas relativamente especializadas. Ilustramos com dois exemplos.

Exemplo 21.2.1 Solução da Transformada de Fourier

Vamos considerar uma equação de Fredholm de primeira espécie com um núcleo do tipo geral $k(x - t)$, em que k é uma função (não uma constante),

$$f(x) = \int_{-\infty}^{\infty} k(x - t)\varphi(t)\, dt, \tag{21.22}$$

em que $\varphi(t)$ é nossa função desconhecida. **Supondo que existem as transformações necessárias**, aplicamos o teorema da convolução de Fourier, Equação (20.71), para obter

$$f(x) = \int\limits_{-\infty}^{\infty} K(\omega)\Phi(\omega)e^{-i\omega x}d\omega. \tag{21.23}$$

As funções $K(\omega)$ e $\Phi(\omega)$ são, respectivamente, as transformadas de Fourier de $k(x)$ e $\varphi(x)$. Considerando a transformada de Fourier dos dois lados da Equação (21.23), a fórmula para a qual é a Equação (21.18), encontramos

$$K(\omega)\Phi(\omega) = \frac{1}{2\pi}\int\limits_{-\infty}^{\infty} f(x)e^{i\omega x}dx = \frac{F(\omega)}{\sqrt{2\pi}}, \tag{21.24}$$

em que $F(\omega)$ é a transformada de Fourier de $f(x)$. Como $\Phi(\omega)$ é a única desconhecida na Equação (21.24), podemos resolvê-la, obtendo

$$\Phi(\omega) = \frac{1}{\sqrt{2\pi}}\frac{F(\omega)}{K(\omega)}, \tag{21.25}$$

e, utilizando a transformada inversa de Fourier, temos a solução para a Equação (21.22):

$$\varphi(x) = \frac{1}{2\pi}\int\limits_{-\infty}^{\infty} \frac{F(\omega)}{K(\omega)}e^{-i\omega x}d\omega. \tag{21.26}$$

A justificação rigorosa desse resultado é apresentada por Morse e Feshbach (veja Leituras Adicionais). Uma extensão dessa solução de transformação aparece como o Exercício 21.2.1. ∎

Exemplo 21.2.2 Equação Generalizada de Abel

A equação generalizada de Abel é uma equação de Volterra de primeira espécie:

$$f(x) = \int\limits_{0}^{x} \frac{\varphi(t)}{(x-t)^{\alpha}}\,dt, \quad 0 < \alpha < 1, \quad \text{com} \quad \begin{cases} f(x) & \text{conhecido,} \\ \varphi(t) & \text{desconhecido.} \end{cases} \tag{21.27}$$

Considerando a transformada de Laplace dos dois lados dessa equação, obtemos

$$\mathcal{L}\{f(x)\} = \mathcal{L}\left\{\int\limits_{0}^{x} \frac{\varphi(t)}{(x-t)^{\alpha}}\,dt\right\} = \mathcal{L}\{x^{-\alpha}\}\mathcal{L}\{\varphi(x)\},$$

o último passo depois do teorema da convolução de Laplace, Equação (20.186). Então, avaliando $\mathrm{L}\{x^{-}\alpha\}$ da entrada 3 da Tabela 20.1,

$$\mathcal{L}\{\varphi(x)\} = \frac{s^{1-\alpha}\mathcal{L}\{f(x)\}}{\Gamma(1-\alpha)}. \tag{21.28}$$

Em princípio, nossa equação integral está resolvida, uma vez que tudo o que resta é considerar a transformada inversa da Equação (21.28). Uma maneira inteligente de obter a transformada inversa é como a seguir, com o passo inicial sendo dividir a Equação (21.28) por s.[1] Obtemos

$$\frac{1}{s}\mathcal{L}\{\varphi(x)\} = \frac{s^{-\alpha}\mathcal{L}\{f(x)\}}{\Gamma(1-\alpha)} = \frac{\mathcal{L}\{x^{\alpha-1}\}\mathcal{L}\{f(x)\}}{\Gamma(\alpha)\Gamma(1-\alpha)}.$$

Combinando as funções gama de acordo com a Equação (13.23) e aplicando o teorema da convolução de Laplace mais uma vez, descobrimos que

---

[1] Essa divisão converte $s^{1-\alpha}$, que não pode ser invertida quando $0 < \alpha < 1$, em $s^{-\alpha}$, que é a transformada de $x^{\alpha-1}/\Gamma(\alpha)$.

$$\frac{1}{s}\mathcal{L}\{\varphi(x)\} = \frac{\operatorname{sen}\pi\alpha}{\pi}\mathcal{L}\left\{\int_0^x \frac{f(t)}{(x-t)^{1-\alpha}}\,dt\right\}.$$

Invertendo com a ajuda da Entrada 3 da Tabela 20.2, obtemos

$$\int_0^x \varphi(t)\,dt = \frac{\operatorname{sen}\pi\alpha}{\pi}\int_0^x \frac{f(t)}{(x-t)^{1-\alpha}}\,dt,$$

e por fim, diferenciando, temos a solução para nossa equação generalizada de Abel:

$$\varphi(x) = \frac{\operatorname{sen}\pi\alpha}{\pi}\frac{d}{dx}\int_0^x \frac{f(t)}{(x-t)^{1-\alpha}}\,dt. \tag{21.29}$$

■

Método da Função Geradora

Ocasionalmente, o leitor pode encontrar equações integrais que envolvem funções geradoras. Suponha que temos o caso reconhecidamente especial,

$$f(x) = \int_{-1}^1 \frac{\varphi(t)}{(1-2xt+x^2)^{1/2}}\,dt, \quad -1 \le x \le 1, \tag{21.30}$$

em que $f(x)$ é conhecida e $\varphi(t)$ deve ser determinada.

Notamos duas características importantes:

1. $(1-2xt+x2)^{-1/2}$ gera os polinômios de Legendre.
2. $[-1, 1]$ é o intervalo de ortogonalidade para os polinômios de Legendre.

Essas características tornam possível expandir o denominador nos polinômios de Legendre, sugerindo que pode ser útil também para representar $\varphi(t)$ como uma expansão nessas mesmas funções. Assim, introduzimos as expansões

$$\frac{1}{(1-2xt+x^2)^{1/2}} = \sum_{n=0}^{\infty} P_n(t)x^n, \qquad \varphi(t) = \sum_{m=0}^{\infty} a_m P_m(t).$$

Substituindo essas expansões na nossa equação integral, Equação (21.30),

$$f(x) = \sum_{n=0}^{\infty}\sum_{m=0}^{\infty} a_m x^n \int_{-1}^1 P_n(t)P_m(t)\,dt = \sum_{n=0}^{\infty}\sum_{m=0}^{\infty} a_m x^n \frac{2\delta_{nm}}{2n+1}$$

$$= \sum_{n=0}^{\infty} \frac{2a_n}{2n+1}x^n. \tag{21.31}$$

Se agora inserirmos a Equação (21.31), a expansão da série de Maclaurin para $f(x)$,

$$f(x) = \sum_{n=0}^{\infty} \frac{f^{(n)}(0)}{n!},$$

podemos igualar as potências de x, alcançando, para cada n,

$$\frac{f^{(n)}(0)}{n!} = \frac{2a_n}{2n+1},$$

assim a solução para nossa equação integral é

$$\varphi(t) = \sum_{n=0}^{\infty} \frac{2n+1}{2} \frac{f^{(n)}(0)}{n!} P_n(t). \tag{21.32}$$

Resultados semelhantes podem ser obtidos com outras funções geradoras (ver a lista na Tabela 12.1).

Essa técnica de expansão em uma série de funções especiais sempre está disponível. É vale a pena tentar sempre que a expansão é possível (e conveniente) e o intervalo é apropriado.

Núcleo Separável

Consideramos aqui o caso especial em que o núcleo da nossa equação integral é separável, no sentido de que

$$K(x,t) = \sum_{j=1}^{n} M_j(x) N_j(t), \tag{21.33}$$

em que n, o limite superior da soma, é **finito**. Esses núcleos às vezes são chamados **degenerados**. Nossa classe dos núcleos separáveis inclui todos os polinômios e muitas das funções transcendentais elementares. Por exemplo, $K(x,t) = \cos(t-x)$ é separável:

$$\cos(t-x) = \cos t \cos x + \operatorname{sen} t \operatorname{sen} x.$$

Equações integrais com núcleos separáveis têm a propriedade desejável de que eles podem ser relacionados com equações de autovalor e permitem a aplicação de métodos da álgebra linear.

Vamos considerar uma equação de Fredholm de segunda espécie, Equação (21.2), com um núcleo separável da forma dada na Equação (21.33). Inserindo essa fórmula para $K(x,t)$ e levando o somatório para fora da integral, temos

$$\varphi(x) = f(x) + \lambda \sum_{j=1}^{n} M_j(x) \int_a^b N_j(t) \varphi(t) \, dt. \tag{21.34}$$

Vemos agora que a integral em relação a t será para cada j uma constante (com valores que atualmente não são conhecidos):

$$\int_a^b N_j(t) \varphi(t) \, dt = c_j. \tag{21.35}$$

Daí a Equação (16.71) se torna

$$\varphi(x) = f(x) + \lambda \sum_{j=1}^{n} c_j M_j(x). \tag{21.36}$$

Depois que as constantes c_i foram determinadas, a Equação (21.36) dará $\varphi(x)$, a solução para nossa equação integral. A Equação (21.36) informa ainda mais que a forma da $\varphi(x)$ consistira em $f(x)$ mais uma combinação linear dos fatores dependentes de x no núcleo separável.

Podemos descobrir c_i multiplicando a Equação (21.36) por $N_i(x)$ e integrando para eliminar a dependência x. O uso da Equação (21.35) produz

$$c_i = b_i + \lambda \sum_{j=1}^{n} a_{ij} c_j, \tag{21.37}$$

onde

$$b_i = \int_a^b N_i(x) f(x) dx, \qquad a_{ij} = \int_a^b N_i(x) M_j(x) dx. \tag{21.38}$$

Talvez seja útil escrever a Equação (21.37) na forma matricial, com $A = (a_{ij})$:

$$\mathbf{b} = \mathbf{c} - \lambda A\mathbf{c} = (1 - \lambda A)\mathbf{c}, \tag{21.39}$$

ou

$$\mathbf{c} = (1 - \lambda A)^{-1}\mathbf{b}. \tag{21.40}$$

A Equação (21.39) é equivalente a um conjunto de equações algébricas lineares simultâneas

$$(1 - \lambda a_{11})c_1 - \lambda a_{12}c_2 - \lambda a_{13}c_3 - \cdots = b_1,$$
$$-\lambda a_{21}c_1 + (1 - \lambda a_{22})c_2 - \lambda a_{23}c_3 - \cdots = b_2, \tag{21.41}$$
$$-\lambda a_{31}c_1 - \lambda a_{32}c_2 + (1 - \lambda a_{33})c_3 - \cdots = b_3,$$

e assim por diante.

Se nossa equação integral é homogênea, assim $f(x) = 0$, então $\mathbf{b} = 0$. Para obter uma solução nesse caso, definimos o determinante dos coeficientes de c_i igual a zero:

$$|1 - \lambda A| = 0, \tag{21.42}$$

exatamente como para qualquer problema de autovalor de matriz. As raízes da Equação (21.42) produzem nossos autovalores. Substituindo em $(1 - \lambda A)\mathbf{c} = 0$, encontramos c_i e então a Equação (21.36) dá nossa solução.

Exemplo 21.2.3   EQUAÇÃO HOMOGÊNEA DE FREDHOLM

Para ilustrar essa técnica para determinar autovalores e autofunções da equação homogênea de Fredholm de segunda espécie, consideramos

$$\varphi(x) = \lambda \int_{-1}^{1} (t + x)\varphi(t)\,dt. \tag{21.43}$$

Escrevendo o núcleo dessa equação como $M_1(x)N_1(t) + M_2(x)N_2(t)$, temos

$$M_1(x) = 1, \qquad M_2(x) = x,$$
$$N_1(t) = t, \qquad N_2(t) = 1.$$

Usando a notação das Equações (21.33) a (21.42), encontramos a partir da Equação (21.38):

$$a_{11} = a_{22} = 0, \quad a_{12} = \frac{2}{3}, \quad a_{21} = 2; \quad b_1 = b_2 = 0.$$

A Equação (21.42), nossa equação secular, torna-se[2]

$$\begin{vmatrix} 1 & -\dfrac{2\lambda}{3} \\ -2\lambda & 1 \end{vmatrix} = 0. \tag{21.44}$$

Expandindo, obtemos

$$1 - \frac{4\lambda^2}{3} = 0, \qquad \lambda = \pm\frac{\sqrt{3}}{2}. \tag{21.45}$$

Substituindo os autovalores $\lambda = \pm\sqrt{3}/2$ na Equação (21.39), temos

$$c_1 \mp \frac{c_2}{\sqrt{3}} = 0. \tag{21.46}$$

---

[2]Essa equação se pareceria mais com nossas equações seculares normais se cada linha do determinante fosse dividida por λ. Então teríamos a equação secular em uma forma familiar, mas com $1/\lambda$ identificado como o autovalor.

Por fim, com a escolha $c_1 = 1$, a Equação (21.36) fornece as duas soluções

$$\varphi_1(x) = \frac{\sqrt{3}}{2}(1 + \sqrt{3}x), \quad \lambda = \frac{\sqrt{3}}{2},$$ (21.47)

$$\varphi_2(x) = -\frac{\sqrt{3}}{2}(1 - \sqrt{3}x), \quad \lambda = -\frac{\sqrt{3}}{2}.$$ (21.48)

Como nossa equação é homogênea, a normalização da $\varphi(x)$ é arbitrária.   ■

Se o núcleo de uma equação integral não é separável nos termos da Equação (21.33), ainda há a possibilidade de que ela possa ser aproximada por um núcleo que é separável. Então podemos obter a solução exata de uma equação aproximada, que podemos tratar como uma aproximação para a solução da equação original.

Exercícios

21.2.1   O núcleo de uma equação de Fredholm de segunda espécie,

$$\varphi(x) = f(x) + \lambda \int_{-\infty}^{\infty} K(x, t)\varphi(t)\, dt,$$

é da forma $k(x - t)$.[3] Supondo que as transformadas necessárias existem, mostre que

$$\varphi(x) = \frac{1}{\sqrt{2\pi}} \int_{-\infty}^{\infty} \frac{F(t)e^{-ixt}\, dt}{1 - \sqrt{2\pi}\lambda K(t)}.$$

$F(t)$ e $K(t)$ são as transformadas de Fourier de $f(x)$ e $k(x)$, respectivamente.

21.2.2   (a)   O núcleo de uma equação de Volterra do primeira espécie,

$$f(x) = \int_{0}^{x} K(x, t)\varphi(t)\, dt,$$

tem a forma $k(x - t)$. Supondo que as transformadas necessárias existem, mostre que

$$\varphi(x) = \frac{1}{2\pi i} \int_{\gamma - i\infty}^{\gamma + i\infty} \frac{F(s)}{K(s)}e^{xs}\, ds,$$

em que $F(s)$ e $K(s)$ são, respectivamente, as transformadas de Laplace de $f(x)$ e $k(x)$.

(b)   Em termos da notação da parte (a), mostre que a equação Volterra de segunda espécie,

$$\varphi(x) = f(x) + \lambda \int_{0}^{x} K(x, t)\varphi(t)\, dt,$$

tem solução

$$\varphi(x) = \frac{1}{2\pi i} \int_{\gamma - i\infty}^{\gamma + i\infty} \frac{F(s)}{1 - \lambda K(s)}e^{xs}\, ds.$$

21.2.3   Usando a solução da transformada de Laplace (Exercício 21.2.2) resolva

(a) $\varphi(x) = x + \int_{0}^{x} (t - x)\varphi(t)\, dt.$

RESPOSTA: $\varphi(x) = \text{sen } x.$

---

[3]Esse núcleo e um intervalo $0 \leq x < \infty$ são as características das equações integrais do tipo Wiener-Hopf. Detalhes podem ser encontrados no Capítulo 8 de Morse e Feshbach (1953); ver as Leituras Adicionais.

(b) $\varphi(x) = x - \displaystyle\int_0^x (t-x)\varphi(t)\,dt.$

RESPOSTA: $\varphi(x) = \operatorname{senh} x.$

Verifique seus resultados substituindo de volta nas equações integrais originais.

21.2.4   Reformule as equações do Exemplo 21.2.1 para integrais no intervalo $(0, \infty)$ usando transformadas de Fourier de cosseno.

21.2.5   Dada a equação integral de Fredholm,

$$e^{-x^2} = \int_{-\infty}^{\infty} e^{-(x-t)^2} \varphi(t)\,dt,$$

aplique a técnica da convolução de Fourier do Exemplo 21.2.1 para resolver $\varphi(t)$.

21.2.6   Resolva a equação de Abel,

$$f(x) = \int_0^x \frac{\varphi(t)}{(x-t)^\alpha}\,dt, \quad 0 < \alpha < 1,$$

pelo método a seguir:

(a)   Multiplique os dois lados por $(z-x)\alpha^{-1}$ e integre em relação a x ao longo do intervalo $0 \le x \le z$.

(b)   Inverta a ordem da integração e avalie a integral no lado direito (em relação a x), reconhecendo-a como uma função beta.
       Nota:

$$\int_t^z \frac{dx}{(z-x)^{1-\alpha}(x-t)^\alpha} = B(1-\alpha, \alpha) = \Gamma(\alpha)\Gamma(1-\alpha) = \frac{\pi}{\operatorname{sen}\pi\alpha}.$$

21.2.7   Dada a equação generalizada de Abel com $f(x) = 1$,

$$1 = \int_0^x \frac{\varphi(t)}{(x-t)^\alpha}\,dt, \quad 0 < \alpha < 1,$$

resolva $\varphi(t)$ e verifique que $\varphi(t)$ é uma solução da equação dada.

RESPOSTA: $\varphi(t) = \dfrac{\operatorname{sen}\pi\alpha}{\pi}\,t^{\alpha-1}.$

21.2.8   Uma equação de Fredholm de primeira espécie tem um núcleo $e^{-(x-t)2}$:

$$f(x) = \int_{-\infty}^{\infty} e^{-(x-t)^2} \varphi(t)\,dt.$$

Mostre que a solução é

$$\varphi(x) = \frac{1}{\sqrt{\pi}} \sum_{n=0}^{\infty} \frac{f^{(n)}(0)}{2^n n!} H_n(x),$$

em que $H_n(x)$ é um polinômio hermitiano de n-ésima ordem.

21.2.9   Resolva a equação integral

$$f(x) = \int_{-1}^{1} \frac{\varphi(t)}{(1 - 2xt + x^2)^{1/2}}\,dt, \quad -1 \le x \le 1,$$

para a função desconhecida $\varphi(t)$, se
(a) $f(x) = x^{2s}$,
(b) $f(x) = x^{2s+1}$.

$$RESPOSTA:\text{(a)} \quad \varphi(t) = \frac{4s+1}{2} P_{2s}(t), \quad \text{(b)} \quad \varphi(t) = \frac{4s+3}{2} P_{2s+1}(t).$$

21.2.10   Encontre os autovalores e as autofunções de

$$\varphi(x) = \lambda \int_{-1}^{1} (t - x)\varphi(t)\, dt.$$

21.2.11   Encontre os autovalores e as autofunções de

$$\varphi(x) = \lambda \int_{0}^{2\pi} \cos(x - t)\varphi(t)\, dt.$$

$$RESPOSTA: \lambda_1 = \lambda_2 = \frac{1}{\pi}, \quad \varphi(x) = A\cos x + B\,\mathrm{sen}\, x.$$

21.2.12   Encontre os autovalores e as autofunções de

$$y(x) = \lambda \int_{-1}^{1} (x - t)^2 y(t)\, dt.$$

Dica: Esse problema pode ser tratado pelo método de núcleo separável ou por uma expansão de Legendre.

21.2.13   Use a técnica de núcleo separável para mostrar que

$$\psi(x) = \lambda \int_{0}^{\pi} \cos x \,\mathrm{sen}\, t\,\psi(t)\, dt$$

não tem uma solução (além de $\psi = 0$). Explique esse resultado em termos de separabilidade e simetria.

21.2.14   Dado $\varphi(x) = \lambda \int_{0}^{1} (1 + xt)\varphi(t)\, dt$,

resolva os autovalores e as autofunções pela técnica de núcleo separável.

21.2.15   Sabendo que a forma das soluções de uma equação integral pode ser uma grande vantagem. Para

$$\varphi(x) = \lambda \int_{0}^{1} (1 + xt)\varphi(t)\, dt,$$

suponha que $\varphi(x)$ tem a forma $1 + bx$. Substitua na equação integral. Integre e resolva para b e λ.

21.2.16   A equação

$$f(x) = \int_{a}^{b} K(x, t)\varphi(t)\, dt$$

tem um núcleo degenerado $K(x,t) = \sum_{i=1}^{n} M_i(x) N_i(t)$.

(a)   Mostre que essa equação integral não tem solução a menos que $f(x)$ possa ser escrita como

$$f(x) = \sum_{i=1}^{n} f_i M_i(x),$$

em que f_i são constantes.

(b) Mostre que para qualquer solução $\varphi(x)$ podemos adicionar $\psi(x)$, desde que (x) seja ortogonal para todo $N_i(x)$:

$$\int\limits_a^b N_i(x)\psi(x)dx = 0 \quad \text{para todo } i.$$

21.2.17 Uma análise da teoria da difração de Kirchhoff de um laser leva à equação integral

$$v(\mathbf{r}_2) = \gamma \iint K(\mathbf{r}_1, \mathbf{r}_2)v(\mathbf{r}_1)dA.$$

A desconhecida, $v(\mathbf{r}_1)$, dá a distribuição geométrica do campo de radiação sobre uma superfície de espelho; o intervalo da integração está ao longo da superfície desse espelho. Para espelhos esféricos confocais quadrados, a equação integral torna-se

$$v(x_2, y_2) = \frac{-i\gamma e^{ikb}}{\lambda b} \int\limits_{-a}^a \int\limits_{-a}^a e^{-(ik/b)(x_1x_2+y_1y_2)} v(x_1, y_1)dx_1dy_1,$$

em que b é a distância na linha central entre os espelhos laser. Isso pode ser transformado em uma forma um pouco mais simples pelas substituições

$$\frac{kx_i^2}{b} = \xi_i^2, \quad \frac{ky_i^2}{b} = \eta_i^2, \quad \text{e} \quad \frac{ka^2}{b} = \frac{2\pi a^2}{\lambda b} = \alpha^2.$$

(a) Mostre que as variáveis podem ser separadas e obtemos duas equações integrais.
(b) Mostre que os novos limites, $\pm\alpha$, podem ser aproximados por $\pm\infty$ para uma dimensão de espelho $a \gg \lambda$.
(c) Resolva as equações integrais resultantes.

21.3   Série de Neumann

Muitas e provavelmente a maioria das equações integrais não podem ser resolvidas pelas técnicas especializadas da seção anterior. Aqui desenvolvemos uma técnica relativamente geral para a resolução de equações integrais. O método, em grande parte devido a Neumann, Liouville e Volterra, desenvolve a função desconhecida $\varphi(x)$ como uma série de potências em λ, em que λ é uma constante dada. O método é aplicável sempre que a série converge.

Resolvemos uma equação integral linear de segunda espécie por aproximações sucessivas; vamos considerar como um exemplo a equação de Fredholm

$$\varphi(x) = f(x) + \lambda \int\limits_a^b K(x, t)\varphi(t)\, dt, \tag{21.49}$$

em que $f(x) \neq 0$. Se o limite superior da integral for uma variável (equação de Volterra), o desenvolvimento a seguir será válido, mas com pequenas modificações. Vamos fazer a seguinte aproximação inicial para nossa função desconhecida:

$$\varphi(x) \approx \varphi_0(x) = f(x). \tag{21.50}$$

Essa escolha não é obrigatória. Se você conseguir fazer uma estimativa melhor, vá em frente e suponha. A escolha aqui é equivalente a dizer que o termo da equação que contém a integral é

pequena em relação a $f(x)$. Para melhorar essa primeira aproximação grosseira, inserimos $\varphi_0(x)$ de volta na integral da Equação (21.49), obtendo

$$\varphi_1(x) = f(x) + \lambda \int\limits_a^b K(x, t)f(t)\, dt. \tag{21.51}$$

Substituindo a nova $\varphi_1(x)$ de volta na Equação (21.49), obtemos uma segunda aproximação para $\varphi(x)$:

$$\varphi_2(x) = f(x) + \lambda \int_a^b K(x, t_1) f(t_1) \, dt_1$$

$$+ \lambda^2 \int_a^b \int_a^b K(x, t_1) K(t_1, t_2) f(t_2) \, dt_2 \, dt_1.$$

Esse processo pode ser repetido indefinidamente, definindo após n passos a aproximação de n-ésima ordem

$$\varphi_n(x) = \sum_{i=0}^n \lambda^i u_i(x), \tag{21.52}$$

onde

$$u_0(x) = f(x)$$

$$u_1(x) = \int_a^b K(x, t_1) f(t_1) \, dt_1$$

$$u_2(x) = \int_a^b \int_a^b K(x, t_1) K(t_1, t_2) f(t_2) \, dt_2 \, dt_1 \tag{21.53}$$

$$u_n(x) = \int_a^b \int_a^b \cdots \int_a^b K(x, t_1) K(t_1, t_2) \cdots K(t_{n-1}, t_n) f(t_n) \, dt_n \cdots dt_1.$$

Esperamos que nossa solução $\varphi(x)$ será

$$\varphi(x) = \lim_{n \to \infty} \varphi_n(x) = \lim_{n \to \infty} \sum_{i=0}^n \lambda^i u_i(x), \tag{21.54}$$

desde que nossa série infinita convirja.

Podemos verificar convenientemente a convergência pelo teste da razão de Cauchy, Seção 1.1, observando que

$$|\lambda^n u_n(x)| \leq |\lambda^n| \cdot |f|_{max} \cdot |K|_{max}^n \cdot |b - a|^n,$$

usando $|f|_{max}$ para representar o valor **máximo** de $|f(x)|$ no intervalo $[a, b]$ e $|K|_{max}$ para representar o valor máximo de $|K(x, t)|$ em seu domínio no plano xt. Uma condição suficiente para a convergência é

$$|\lambda| \cdot |K|_{ma} \cdot |b - a| < 1. \tag{21.55}$$

Note que $\lambda |u_n(max)|$ está sendo utilizada como uma série de **comparação**. Se ela convergir, nossa série real deve convergir. Se essa condição não for satisfeita, podemos ou não ter convergência, e seria necessário um teste mais sensível para determinar a convergência. Claro que, mesmo se a série Neumann divergir, ainda pode haver uma solução para nossa equação integral que pode ser obtida por outro método.

Para entender melhor nossa manipulação iterativa, podemos achar útil reescrever a solução da série de Neumann, Equação (21.54), na forma de operador. Começamos reescrevendo a Equação (21.49) como

$$\varphi = \lambda K \varphi + f,$$

em que K representa o **operador integral** $\int_a^b K(x,t)[\,] \, dt$. Resolvendo simbolicamente para φ, obtemos

$$\varphi = (1 - \lambda K)^{-1} f.$$

A expansão binomial leva à Equação (21.54). A **convergência** da série de Neumann é uma demonstração de que o operador inverso $(1 - \lambda K)^{-1}$ existe.

Exemplo 21.3.1   Solução da Série de Neumann

Para ilustrar o método de Neumann, consideramos a equação integral

$$\varphi(x) = x + \frac{1}{2} \int_{-1}^{1} (t - x)\varphi(t)\, dt. \tag{21.56}$$

Para iniciar a série de Neumann, consideramos

$$\varphi_0(x) = x.$$

Portanto,

$$\varphi_1(x) = x + \frac{1}{2} \int_{-1}^{1} (t - x)t\, dt = x + \frac{1}{2} \left(\frac{1}{3} t^3 - \frac{1}{2} t^2 x \right) \Bigg|_{-1}^{1} = x + \frac{1}{3}.$$

Substituindo $\varphi_1(x)$ de volta na Equação (21.56), obtemos

$$\varphi_2(x) = x + \frac{1}{2} \int_{-1}^{1} (t - x)t\, dt + \frac{1}{2} \int_{-1}^{1} (t - x)\frac{1}{3}\, dt = x + \frac{1}{3} - \frac{x}{3}.$$

Continuando esse processo de substituição de volta na Equação (21.56), obtemos

$$\varphi_3(x) = x + \frac{1}{3} - \frac{x}{3} - \frac{1}{3^2},$$

e por indução matemática (Seção 1.4),

$$\varphi_{2n}(x) = x + \sum_{s=1}^{n} (-1)^{s-1} 3^{-s} - x \sum_{s=1}^{n} (-1)^{s-1} 3^{-s}. \tag{21.57}$$

Seja $n \to \infty$, obtemos

$$\varphi(x) = \frac{3}{4} x + \frac{1}{4}. \tag{21.58}$$

Essa solução pode (e deve) ser verificada pela substituição de volta na equação original, Equação (21.56).

É interessante notar que nossa série convergiu facilmente, embora a Equação (21.55) **não** esteja satisfeita nesse caso particular. Na verdade, a Equação (21.55) é um limite superior um tanto quanto grosseiro em λ. Podemos demonstrar que uma condição necessária e suficiente para a convergência da nossa solução de série é que $|\lambda| < |\lambda_e|$, em que λ_e é o autovalor da menor grandeza da equação homogênea correspondente (aquela com $f(x) = 0$). Para esse exemplo particular, $\lambda_e = \sqrt{3}/2$. Claramente, $\lambda = \frac{1}{2} < \lambda_e$. ∎

A técnica ilustrada pela série de Neumann ocorre em alguns contextos da mecânica quântica. Por exemplo, uma abordagem ao cálculo das perturbações dependentes do tempo na mecânica quântica começa com a equação integral para o operador de evolução

$$U(t, t_0) = 1 - \frac{i}{\hbar} \int_{t_0}^{t} dt_1\, V(t_1) U(t_1, t_0). \tag{21.59}$$

A iteração leva a

$$U(t, t_0) = 1 - \frac{i}{\hbar} \int_{t_0}^{t} dt_1\, V(t_1) + \left(\frac{i}{\hbar} \right)^2 \int_{t_0}^{t} dt_1 \int_{t_0}^{t_1} dt_2\, V(t_1) V(t_2) + \cdots. \tag{21.60}$$

O operador de evolução é obtido na forma de uma série de múltiplas integrais do potencial perturbador $V(t)$, análogos estreitamente conectados à série de Neumann, Equação (21.52).

Uma segunda relação semelhante entre a série de Neumann e a mecânica quântica aparece quando a equação de onda de Schrödinger para espalhamento é reformulada como uma equação integral (Exemplo 10.2.2). O primeiro termo de uma solução de série de Neumann é a onda incidente (não perturbada). O segundo termo é a aproximação de Born de primeira ordem, Equação (10.51).

O método de Neumann também pode ser aplicado a equações integrais de Volterra de segunda espécie, correspondendo à substituição do limite superior fixo b na Equação (21.49) por uma variável, x. No caso de Volterra a série de Neumann converge para todo λ desde que o núcleo seja quadrado integrável.

Exercícios

21.3.1   Utilizando a série de Neumann, resolva

(a) $\varphi(x) = 1 - 2 \int_0^x t\varphi(t)\, dt$,

RESPOSTA: (a) $\varphi(x) = e^{-x^2}$.

(b) $\varphi(x) = x + \int_0^x (t-x)\varphi(t)\, dt$,

(c) $\varphi(x) = x - \int_0^x (t-x)\varphi(t)\, dt$.

21.3.2   Resolva

$$\psi(x) = x + \int\limits_0^1 (1 + xt)\psi(t)\, dt$$

por cada um dos seguintes métodos:
(a)   A técnica da série de Neumann,
(b)   A técnica de núcleo separável,
(c)   Suposição fundamentada.

21.3.3   Resolva

$$\varphi(x) = 1 + \lambda^2 \int\limits_0^x (x - t)\varphi(t)\, dt$$

por cada um dos seguintes métodos:
(a)   Redução a uma EDO (encontre as condições de contorno),
(b)   A série de Neumann,
(c)   O uso das transformadas de Laplace.

RESPOSTA: $\varphi(x) = \cosh \lambda x.$

21.3.4   (a)   Na Equação (21.59), considere $V = V_0$, independente de t. Sem usar a Equação (21.60), mostre que a Equação (21.59) leva diretamente a

$$U(t - t_0) = \text{e p}\left[-\frac{i}{\hbar}(t - t_0)V_0\right].$$

(b)   Repita para a Equação (21.60) sem usar a Equação (21.59).

21.4   Teoria de Hilbert-Schmidt

Simetrização dos Núcleos

A teoria de Hilbert-Schmidt lida com equações integrais lineares do tipo Fredholm com núcleos simétricos:

$$K(x, t) = K(t, x). \tag{21.61}$$

A simetria é de grande importância, porque descobriremos que ela leva a resultados correspondentes àqueles encontrados para a teoria de Sturm-Liouville das equações diferenciais, e também porque muitos problemas de relevância física podem ser escritos como equações integrais de Fredholm com núcleos simétricos.

Antes começar a discutir a teoria, notamos que alguns núcleos não simétricos importantes podem ser simetrizados. Se temos a equação

$$\varphi(x) = f(x) + \lambda \int_a^b K(x,t)\rho(t)\varphi(t)\,dt, \tag{21.62}$$

o núcleo total é na verdade $K(x,t)\,\rho(t)$, claramente não simétrico se $K(x,t)$ por si só é simétrico. No entanto, se multiplicarmos a Equação (21.62) por $\sqrt{\rho(x)}$ e substituirmos

$$\sqrt{\rho(x)}\varphi(x) = \psi(x),$$

nós obtemos

$$\psi(x) = \sqrt{\rho(x)}f(x) + \lambda \int_a^b \left[K(x,t)\sqrt{\rho(x)\rho(t)} \right] \psi(t)\,dt, \tag{21.63}$$

por um núcleo total simétrico $K(x,t)\sqrt{\rho(x)\rho(t)}$.

Autofunções Ortogonais

Agora vamos nos concentrar na equação homogênea de Fredholm de segunda espécie:

$$\varphi(x) = \lambda \int_a^b K(x,t)\varphi(t)\,dt. \tag{21.64}$$

Supomos que o núcleo $K(x,t)$ é simétrica e real. Talvez uma das primeiras perguntas que pode fazer sobre a equação seja: "Isso faz sentido?" ou, mais precisamente, "Existe um autovalor λ que satisfaz essa equação?" A questão pode ser respondida afirmativamente. Courant e Hilbert (em sua obra citada nas Leituras Adicionais, Capítulo III, Seção 4) mostre que se $K(x,t)$ é contínuo, há pelo menos um desses autovalores e, possivelmente, um número infinito deles.

É útil reconhecer que a Equação (21.64) representa um problema de autovalor de operador linear: A integral no lado direito converte φ (em geral) em alguma outra função, que podemos indicar simbolicamente pela equação

$$\psi(x) = \int_a^b K(x,t)\varphi(t)\,dt \equiv \mathcal{K}\varphi(x), \tag{21.65}$$

então nosso problema de autovalor é

$$\mathcal{K}\varphi(x) = \frac{1}{\lambda}\varphi(x). \tag{21.66}$$

Não precisamos nos preocupar com a possibilidade de que $\lambda = 0$, uma vez que podemos ler diretamente da Equação (21.64) que, nesse caso, a solução para nossa equação integral será unicamente $\varphi(x) = 0$.

O operador integral $\mathcal{K}$ é **linear**, uma vez que é obviamente verdadeiro que

$$\mathcal{K}\Big(a\varphi_1(x) + b\varphi_2(x) \Big) = a\mathcal{K}\varphi_1(x) + b\mathcal{K}\varphi_2(x).$$

Além disso, se definirmos o produto escalar como uma integral no intervalo (a,b):

$$\langle \psi|\varphi \rangle \equiv \int_a^b \psi^*(x)\varphi(x)dx, \tag{21.67}$$

vemos então que nossa exigência de que o núcleo $K(x,t)$ seja real e simétrico tornará $\mathcal{K}$ um operador autoadjunto:

$$\langle \psi | \mathcal{K}\varphi \rangle = \int\limits_a^b \psi^*(x)\left[\int\limits_a^b K(x,t)\varphi(t)\,dt \right] dx = \int\limits_a^b dt \left[\int\limits_a^b dx\, K(t,x)\psi(x) \right]^* \varphi(t)$$

$$= \langle \mathcal{K}\psi | \varphi \rangle. \tag{21.68}$$

A linearidade e capacidade autoadjunta indicam que podemos esperar confirmar que $\mathcal{K}$ tem as propriedades fundamentais dos operadores autoadjuntos, ou seja, que seus autovalores são reais e (exceto no caso de degeneração) seus autovetores são ortogonais.

Quando isso constitui uma demonstração completa da ortogonalidade das nossas soluções para a equação homogênea de Fredholm, confirmaremos essas propriedades mais explicitamente.

Podemos começar das duas equações,

$$\frac{1}{\lambda_i}\varphi_i(x) = \int\limits_a^b K(x,t)\varphi_i(t)\,dt, \tag{21.69}$$

$$\frac{1}{\lambda_j}\varphi_j(x) = \int\limits_a^b K(x,t)\varphi_j(t)\,dt. \tag{21.70}$$

Se multiplicarmos a Equação (21.69) por $\varphi_j^*(x)$ e a Equação (21.70) por $\varphi_i^*(x)$ e então integrarmos em relação a x, as duas equações se tornam[4]

$$\frac{1}{\lambda_i}\int\limits_a^b \varphi_j^*(x)\varphi_i(x)dx = \int\limits_a^b \int\limits_a^b K(x,t)\varphi_j^*(t)\varphi_i(x)dtdx, \tag{21.71}$$

$$\frac{1}{\lambda_j}\int\limits_a^b \varphi_i^*(x)\varphi_j(x)dx = \int\limits_a^b \int\limits_a^b K(x,t)\varphi_i^*(t)\varphi_j(x)dtdx. \tag{21.72}$$

Como exigimos que $K(x,t)$ fosse real e simétrico, podemos considerar o conjugado complexo da Equação (21.72) e então permutar os papéis de x e t na integral, alcançando

$$\frac{1}{\lambda_j^*}\int\limits_a^b \varphi_i(x)\varphi_j^*(x)dx = \int\limits_a^b \int\limits_a^b K(x,t)\varphi_i(x)\varphi_j^*(t)dtdx. \tag{21.73}$$

Subtraindo a Equação (21.73) da Equação (21.71), obtemos

$$\left(\frac{1}{\lambda_i} - \frac{1}{\lambda_j^*} \right) \int\limits_a^b \varphi_j^*(x)\varphi_i(x)dx = 0. \tag{21.74}$$

Assim como na nossa derivada anterior da teoria de Sturm-Liouville, concluímos que se $i = j$ a integral na Equação (21.74) é necessariamente diferente de zero; assim $1/\lambda_i = 1/\lambda_i^*$, significando que λ_i deve ser real. No entanto, se $\lambda_i \neq \lambda_j$,

$$\int\limits_a^b \varphi_i^*(x)\varphi_j(x)dx = 0, \quad \lambda_i \neq \lambda_j, \tag{21.75}$$

provando a ortogonalidade. A derivada também pode ser completada se $K(x,t)$ for hermitiana, significando que $K(t,x) = K^*(x,t)$ (Exercício 21.4.1). Como estamos mais preocupados com K real, é apropriado também supor que φ é real, e para o restante deste capítulo muitas vezes omitiremos os asteriscos dos conjugados complexos que ocorrem, por exemplo, na Equação (21.75).

---

[4]Supomos que as integrais necessárias existem. Para um exemplo de um caso patológico simples, ver Exercício 21.4.4.

Se o autovalor λ_i é **degenerado**,[5] as autofunções para esse autovalor particular podem ser ortogonais pelo método de Gram-Schmidt (Seção 5.2). Nossas autofunções ortogonais podem, naturalmente, ser normalizadas, e supomos que isso foi feito. O resultado é

$$\int_a^b \varphi_i^*(x)\varphi_j(x)dx = \delta_{ij}. \tag{21.76}$$

Podemos mostrar que as autofunções das nossas equações integrais formam um conjunto completo,[6] no sentido de que se uma função $g(x)$ pode ser gerada pela integral

$$g(x) = \int K(x,t)h(t)\,dt,$$

com $h(t)$ uma função contínua por partes, então $g(x)$ pode ser representada por uma série de autofunções,

$$g(x) = \sum_{n=1}^{\infty} a_n\varphi_n(x). \tag{21.77}$$

Podemos mostrar que a série na Equação (21.77) converge uniforme e absolutamente.

Vamos estender isso para o núcleo $K(x,t)$, afirmando que

$$K(x,t) = \sum_{n=1}^{\infty} a_n\varphi_n(t), \tag{21.78}$$

e $a_n = a_n(x)$. Substituindo na equação integral original, Equação (21.64), e usando a integral de ortogonalidade, obtemos

$$\varphi_i(x) = \lambda_i a_i(x). \tag{21.79}$$

Portanto, para nossa equação homogênea de Fredholm de segunda espécie, o núcleo pode ser expresso em termos dos autovalores e das autofunções como

$$K(x,t) = \sum_{n=1}^{\infty} \frac{\varphi_n(x)\varphi_n(t)}{\lambda_n}. \tag{21.80}$$

Na verdade, a Equação (21.80) não é um resultado novo. No capítulo sobre função de Green, Seção 10.1, identificamos $K(x,t)$, lá chamado $G(x,t)$, como a função de Green que aparecem nas Equação (10.30), com a expansão dada na Equação (10.14). Porém, é possível que a expansão dada pela Equação (21.80) possa não existir. Como uma ilustração do tipo de comportamento patológico que pode ocorrer, você está convidado a aplicar essa análise a

$$\varphi(x) = \lambda \int_0^{\infty} e^{-xt}\varphi(t)\,dt.$$

Compare o Exercício 21.4.4.

Devemos ressaltar que a teoria de Hilbert-Schmidt está preocupada com o estabelecimento das propriedades dos autovalores (reais) e autofunções (ortogonalidade, completude), propriedades que podem ser de grande interesse e valor. A solução que a teoria de Hilbert-Schmidt **propõe** para equação integral é proporcional à solução para EDOs que a teoria de Sturm-Liouville para equações diferenciais fornece. As soluções da equação integral são obtidas pela aplicação de técnicas como aquelas introduzidas nas Seções 21.2 e 21.3 ou, talvez, até mesmo por métodos numéricos.

---

[5]Como para operadores diferenciais, se mais de uma autofunção distinta da Equação (21.64) corresponder ao mesmo autovalor, dizemos que o autovalor é degenerado.

[6]Para uma prova dessa afirmação, ver Courant e Hilbert (1953), capítulo III, seção 5, em Leituras Adicionais.

Equação Integral não Homogênea

Vamos agora continuar com a teoria de Hilbert-Schmidt buscando soluções da equação não homogênea

$$\varphi(x) = f(x) + \lambda \int_a^b K(x,t)\varphi(t)\,dt. \tag{21.81}$$

Supomos que as soluções da equação integral homogênea correspondente já são conhecidas:

$$\varphi_n(x) = \lambda_n \int_a^b K(x,t)\varphi_n(t)\,dt, \tag{21.82}$$

a solução $\varphi_n(x)$ correspondente ao autovalor λ_n. Observe que nesse ponto não estamos supondo nada sobre λ; é uma constante que não tem nenhuma relação específica com os autovalores λ_n da equação integral homogênea.
Expandimos tanto $\varphi(x)$ quanto $f(x)$ em termos desse conjunto de autofunções:

$$\varphi(x) = \sum_{n=1}^{\infty} a_n \varphi_n(x) \quad (a_n \text{ desconhecido}), \tag{21.83}$$

$$f(x) = \sum_{n=1}^{\infty} b_n \varphi_n(x) \quad (b_n \text{ conhecido}). \tag{21.84}$$

Substituindo na Equação (21.81), obtemos

$$\sum_{n=1}^{\infty} a_n \varphi_n(x) = \sum_{n=1}^{\infty} b_n \varphi_n(x) + \lambda \int_a^b K(x,t) \sum_{n=1}^{\infty} a_n \varphi_n(t)\,dt. \tag{21.85}$$

Trocando a ordem da integração e do somatório, podemos avaliar a integral pela Equação (21.82), e obtemos

$$\sum_{n=1}^{\infty} a_n \varphi_n(x) = \sum_{n=1}^{\infty} b_n \varphi_n(x) + \lambda \sum_{n=1}^{\infty} \frac{a_n \varphi_n(x)}{\lambda_n}. \tag{21.86}$$

Se multiplicarmos por $\varphi_i(x)$ e integramos de $x = a$ a $x = b$, a ortogonalidade das nossas autofunções leva a

$$a_i = b_i + \lambda \frac{a_i}{\lambda_i}. \tag{21.87}$$

Isso pode ser reescrito como

$$a_i = b_i + \frac{\lambda}{\lambda_i - \lambda} b_i. \tag{21.88}$$

Agora multiplicamos a Equação (21.88) por $\varphi_i(x)$ e somamos ao longo de i, dando

$$\varphi(x) = f(x) + \lambda \sum_{i=1}^{\infty} \frac{\varphi_i(x)}{\lambda_i - \lambda} b_i$$

$$= f(x) + \lambda \sum_{i=1}^{\infty} \frac{\varphi_i(x)}{\lambda_i - \lambda} \int_a^b f(t)\varphi_i(t)\,dt. \tag{21.89}$$

Aqui, supomos que as autofunções $\varphi_i(x)$ estão normalizadas em relação à unidade. **Observe que se** $f(x) = 0$, **não existe uma solução a menos** λ seja igual a uma das λ_i, confirmando assim que a equação integral homogênea só tem as soluções $\varphi_i(x)$.
Se λ para a equação não homogênea, Equação (21.81), for igual a um dos autovalores λ_p da equação homogênea, nossa solução, Equação (21.89), estoura. Podemos demonstrar que a equação não homogênea então não tem uma solução a menos que o coeficiente b_p desapareça, significando que não existe uma solução a menos que o termo

não homogêneo $f(x)$ seja ortogonal à autofunção φ_p. Se o autovalor λ_p estiver degenerado, não haverá uma solução a menos que $f(x)$ seja ortogonal a todas as autofunções degeneradas.

Para o caso em que $b_p = 0$, podemos voltar à Equação (21.87), que então reduz a_p a

$$a_p = b_p + a_p = a_p, \tag{21.90}$$

que não fornece informações sobre a_p. Note que se $b_p \neq 0$ essa equação não pode ser satisfeita, um sinal de que a solução não pode ser obtida.

Na hipótese de que $b_p = 0$ agora podemos reescrever a Equação (21.86), identificando os dois primeiros somatórios, respectivamente, como $\varphi(x)$ e $f(x)$, separando o somatório final no único termo $a_p\varphi_p(x)$ além de uma soma sobre todos os n diferentes de p, alcançando assim

$$\varphi(x) = f(x) + a_p\varphi_p + \lambda_p \sum_{i=1}^{\infty}{}' \frac{\varphi_i(x)}{\lambda_i - \lambda_p} \int_a^b f(t)\varphi_i(t)\, dt. \tag{21.91}$$

Nessa solução a_p permanece como uma constante indeterminada,[7] e o número primo indica que $i = p$ deve ser omitido da soma.

É de interesse relacionar a Equação (21.89) com aquilo que podemos esperar se tentássemos desenvolver uma equação semelhante pelos métodos da função de Green. Para fazer isso, primeiro reescrevemos a Equação (21.81) como uma equação de operador da forma

$$\mathcal{K}\varphi(x) - \frac{1}{\lambda}\varphi(x) = -\frac{f(x)}{\lambda}, \tag{21.92}$$

em que $\mathcal{K}$ é o operador introduzido na Equação (21.65). Em seguida, notamos que, da Equação (21.82), φ_n são autofunções de $\mathcal{K}$ com autovalores $1/\lambda_n$:

$$\mathcal{K}\varphi_n(x) = \frac{\varphi_n(x)}{\lambda_n}. \tag{21.93}$$

Então, aplicando a Equação (10.39), a função de Green de todo o lado esquerdo da Equação (21.92) será (supondo que φ é real):

$$G(x,t) = \sum_n \frac{\varphi_n(x)\varphi_n(t)}{\lambda_n^{-1} - \lambda^{-1}} = \lambda \sum_n \frac{\lambda_n}{\lambda - \lambda_n}\varphi_n(x)\varphi_n(t)$$

$$= -\lambda \sum_n \varphi_n(x)\varphi_n(t) + \lambda^2 \sum_n \frac{\varphi_n(x)\varphi_n(t)}{\lambda - \lambda_n}$$

$$= -\lambda\delta(t-x) - \lambda^2 \sum_n \frac{\varphi_n(x)\varphi_n(t)}{\lambda_n - \lambda}. \tag{21.94}$$

Para chegar à última linha da Equação (21.94) utilizamos a expansão de autofunção da função delta, Equação (5.27). Aplicando essa função de Green ao lado direito da Equação (21.92), obtemos

$$\varphi(x) = -\frac{1}{\lambda} \int_a^b G(x,t)f(t)\, dt$$

$$= -\frac{1}{\lambda} \int_a^b \left[-\lambda\delta(t-x) - \lambda^2 \sum_n \frac{\varphi_n(x)\varphi_n(t)}{\lambda_n - \lambda} \right] f(t)\, dt$$

$$= f(x) + \lambda \sum_n \frac{\varphi_n(x)}{\lambda_n - \lambda} \int_a^b \varphi_n(t)f(t)\, dt, \tag{21.95}$$

que concorda com a Equação (21.89).

---

[7]Isso é como a EDO linear não homogênea. Podemos adicionar à sua solução quaisquer tempos constantes de uma solução da EDO homogênea correspondente.

Exemplo 21.4.1   Equação não Homogênea de Fredholm

Vamos procurar soluções para a equação não homogênea de Fredholm

$$\varphi(x) = x^3 + \lambda \int_{-1}^{1} (t+x)\varphi(t)\, dt, \qquad (21.96)$$

para aos dois λ valores $\lambda = 1$ e $\lambda = \sqrt{3}/2$. A equação homogênea correspondente, tratada no Exemplo 21.2.3, tem somente soluções para os dois autovalores $\pm\sqrt{3}/2$. Na forma normalizada, eles são:

$$\lambda_1 = \frac{\sqrt{3}}{2}, \quad \varphi_1 = \frac{\sqrt{3}}{2}\left(x + \frac{1}{\sqrt{3}}\right); \quad \lambda_2 = -\frac{\sqrt{3}}{2}, \quad \varphi_2 = \frac{\sqrt{3}}{2}\left(x - \frac{1}{\sqrt{3}}\right).$$

Considerando primeiro $\lambda = 1$, que não é um autovalor da equação homogênea, temos

$$\varphi(x) = x^3 + \sum_{i=1}^{2} \frac{\varphi_i(x)}{\lambda_i - 1} \int_{-1}^{1} t^3 \varphi_i(t)\, dt$$

$$= x^3 + \frac{\frac{\sqrt{3}}{2}\left(x + \frac{1}{\sqrt{3}}\right)}{\frac{\sqrt{3}}{2} - 1} \frac{\sqrt{3}}{2} \int_{-1}^{1} t^3 \left(t + \frac{1}{\sqrt{3}}\right) dt$$

$$+ \frac{\frac{\sqrt{3}}{2}\left(x - \frac{1}{\sqrt{3}}\right)}{-\frac{\sqrt{3}}{2} - 1} \frac{\sqrt{3}}{2} \int_{-1}^{1} t^3 \left(t - \frac{1}{\sqrt{3}}\right) dt$$

$$= x^3 - \frac{6}{5}(2x + 1). \qquad (21.97)$$

Continuando agora para $\lambda = \sqrt{3}/2$, notamos que é o autovalor λ_1 da equação integral homogênea. Isso significa que a equação integral não terá solução a não ser que k $\varphi_1 \,|f1 = 0$. Para o problema atual,

$$\langle \varphi_1 | f \rangle = \frac{\sqrt{3}}{2} \int_{-1}^{1} \left(x + \frac{1}{\sqrt{3}}\right) x^3 dx \neq 0,$$

assim nossa equação integral não terá solução para $\lambda = \sqrt{3}/2$. Se, apesar dessa observação, tentássemos gerar uma solução usando a Equação (21.91), a função $\varphi(x)$ obtida não satisfaria a equação integral, independentemente do valor que podemos escolher para atribuir a a_p. A razão imediata por que não é possível obter uma solução é que a integral é

$$\int_{-1}^{1} (t+x) f(t) dt = \int_{-1}^{1} (t+x) t^3\, dt = \frac{2}{5}$$

avaliada para uma quantidade que não pode ser representada como uma combinação linear das autofunções φ_i exceto φ_p (no caso atual, isso significa que 2/5 não são proporcionais a φ_2). Portanto, não como adicionar uma componente extra a $f(x)$ para obter um cancelamento dos 2/5. ∎

Exercícios

21.4.1   Na equação de Fredholm

$$\varphi(x) = \lambda \int_{a}^{b} K(x, t)\varphi(t)\, dt,$$

suponha que o núcleo $K(x, t)$ é autoadjunto ou hermitiano:

$$K(x, t) = K^*(t, x).$$

Estenda a análise desta seção para demonstrar que
(a) as autofunções são ortogonais, no sentido de que

$$\int_a^b \varphi_m^*(x)\varphi_n(x)dx = 0, \quad m \neq n(\lambda_m \neq \lambda_n).$$

(b) os autovalores são reais.

21.4.2   (a) Mostre que as autofunções do Exercício 21.2.12 são ortogonais.

(b) Mostre que as autofunções do Exercício 21.2.14 são ortogonais.

21.4.3   Use o método de Hilbert-Schmidt para resolver a equação integral não homogênea

$$\varphi(x) = x + \frac{1}{2}\int_{-1}^1 (t + x)\varphi(t)\,dt.$$

A equação integral homogênea correspondente foi tratada no Exemplo 21.2.3.

Nota: A aplicação da técnica de Hilbert-Schmidt aqui é quase como usar uma espingarda para matar um mosquito, especialmente quando a equação pode ser resolvida rapidamente expandindo nos polinômios de Legendre.

21.4.4   A equação integral de Fredholm

$$\varphi(x) = \lambda \int_0^\infty e^{-xt}\varphi(t)\,dt$$

tem um número infinito de soluções, das quais uma é

$$\varphi(x) = x^{-1/2}, \quad \lambda = \pi^{-1/2}.$$

Verifique que isso é uma solução e que é **não** normalizável.

Nota: A razão básica para esse comportamento anômalo é que o intervalo de integração é infinito, tornando isso uma equação integral "singular". Também observe que uma expansão de série do núcleo e^{-xt} permitiria uma solução pelo método de núcleo separável (Seção 21.2), exceto que a série é infinita. Essa observação é consistente com o fato de que a equação integral tem um número infinito de autovalores e autofunções.

21.4.5   Dado

$$y(x) = x + \lambda \int_0^1 xt\ y(t)\,dt:$$

(a) Determine $y(x)$ como uma série de Neumann.

(b) Encontre o intervalo de λ para o qual sua solução da série de Neumann é convergente. Compare com o valor obtido a partir de

$$|\lambda| \cdot |K|_{max} < 1.$$

(c) Encontre o autovalor próprio e a autofunção da equação integral homogênea correspondente.

(d) Pelo método de núcleo separável mostre que a solução é

$$y(x) = \frac{3x}{3 - \lambda}.$$

(e) Encontre $y(x)$ pelo método de Hilbert-Schmidt.

21.4.6   No Exercício 21.2.11 verificou-se que a equação integral

$$\varphi(x) = \lambda \int_0^{2\pi} \cos(x - t)\varphi(t)\,dt$$

tinha autofunções (não normalizadas) $\cos x$ e $\sin x$, ambas com autovalor $\lambda_i = 1/\pi$. Mostre que o núcleo dessa equação integral tem uma expansão da forma

$$K(x, t) = \sum_{n=1}^{2} \frac{\varphi_n(x)\varphi_n(t)}{\lambda_n}.$$

21.4.7   A equação integral $\varphi(x) = \lambda \int_0^1 (1 + xt)\varphi(t)\,dt$

tem autovalores $\lambda_1 = 0{,}7889$ e $\lambda_2 = 15{,}211$. As autofunções correspondentes são $\varphi_1 = 1 + 0{,}5352x$ e $\varphi_2 = 1 - 1{,}8685x$.

(a) Mostre que essas autofunções são ortogonais no intervalo [0, 1].
(b) Normalize as autofunções para unidade.
(c) Mostre que

$$K(x, t) = \frac{\varphi_1(x)\varphi_1(t)}{\lambda_1} + \frac{\varphi_2(x)\varphi_2(t)}{\lambda_2}.$$

$$RESPOSTA: \qquad (b) \qquad \begin{aligned}\varphi_1(x) &= 0{,}7831 + 0{,}4191x, \\ \varphi_2(x) &= 1{,}8403 - 3{,}4386x.\end{aligned}$$

21.4.8   Uma forma alternativa da solução para a equação integral não homogênea, Equação (21.81), é

$$\varphi(x) = \sum_{i=1}^{\infty} \frac{b_i \lambda_i}{\lambda_i - \lambda} \varphi_i(x).$$

(a) Derive essa forma sem usar a Equação (21.89).
(b) Mostre que essa forma e a Equação (21.89) são equivalentes.

Leituras Adicionais

Bocher, M., *An Introduction to the Study of Integral Equations*, Cambridge Tracts in Mathematics and Mathematical Physics, No. 10. Nova York: Hafner (1960). Isso é uma introdução útil a equações integrais.

Byron, F.W., Jr. , e R. W. Fuller, *Mathematics of Classical and Quantum Physics*. Reading, MA: Addison-Wesley (1969). Nova tiragem, Dover (1992). O tratamento das equações integrais é de certo modo avançado.

Cochran, J. A., *The Analysis of Linear Integral Equations*. Nova York: McGraw-Hill (1972). Esse é um tratamento abrangente das equações integrais lineares para matemáticos aplicados e físicos matemáticos. Ele supõe um nível entre moderado e alto de competência matemática por parte do leitor.

Courant, R. e Hilbert, D. *Methods of Mathematical Physics* (Vol. 1 edição em inglês). Nova York: Interscience (1953). Essa é uma das obras clássicas da física matemática. Originalmente publicada em alemão em 1924, a edição inglesa revisada é uma excelente referência para um tratamento rigoroso das equações integrais, funções de Green, e uma grande variedade de outros tópicos sobre física matemática.

Golberg, M. A. (Ed.). (1979). *Solution Methods of Integral Equations*. Nova York: Plenum Press (1979). Isso é um conjunto de artigos de uma conferência sobre equações integrais. O capítulo inicial é excelente e contém orientação atualizada e uma riqueza de referências.

Kanval, R. P., *Linear Integral Equations*. Nova York: Academic Press (1971), Nova tiragem, Birkhäuser (1996). O livro é um tratamento detalhado, mas legível, de uma variedade de técnicas para resolver equações integrais lineares.

Morse, P. M. e Feshbach, H., *Methods of Theoretical Physics*. Nova York: McGraw-Hill (1953). Detalhado, rigoroso e difícil.

Muskhelishvili, N. I., *Singular Integral Equations* (2ª ed.). Nova York: Dover (1992).

Stakgold, I., *Green's Functions and Boundary Value Problems*. Nova York: Wiley (1979).

22

Cálculo de Variações

O cálculo das variações lida com problemas em que buscamos uma função ou curva, em vez de um valor de alguma variável, o que torna uma determinada quantidade estacionária, geralmente uma energia ou ação integral. Como uma função é variada, esses problemas são chamados **variacionais**. Princípios variacionais, como aqueles de D'Alembert, Lagrange e Hamilton, foram desenvolvidos na mecânica clássica; o princípio de Fermat (aquele do caminho óptico mais curto) encontra uso na eletrodinâmica. Técnicas variacionais lagrangianas também ocorrem na mecânica quântica e teoria quântica de campo. Antes de mergulhar nesse ramo bastante diferente da física matemática, resumiremos alguns dos seus usos tanto na física quanto na matemática.

1. **Em teorias físicas existentes:**
   a. Unificação das diversas áreas da física usando energia como um conceito-chave
   b. Conveniência na análise: Equações de Lagrange, Seção 22.2
   c. Tratamento elegante das restrições, Seção 22.4
2. **Ponto de partida para novas e complexas áreas da física e engenharia**. Na relatividade geral, a geodésica é considerada como a trajetória mínima de um pulso de luz ou o caminho de queda livre de uma partícula no espaço riemanniano curvo. Princípios variacionais aparecem na teoria quântica de campo. Princípios variacionais foram aplicados extensivamente na teoria de controle.
3. **Unificação matemática**. A análise variacional fornece uma prova da completude das autofunções de Sturm-Liouville e pode ser usada para estabelecer limites para os autovalores. Resultados semelhantes são obtidos para os autovalores e as autofunções na teoria de Hilbert-Schmidt das equações integrais.

22.1 Equações de Euler

O cálculo das variações tipicamente envolve problemas em que uma quantidade a ser minimizada (ou maximizada) aparece como um **funcional**, significando que é uma quantidade cujo(s) argumento(s) são eles mesmos função(ões), não apenas variável(eis). Como um caso simples, mas relativamente geral, seja J um funcional de Y, como definido

$$J[y] = \int_{x}^{x_2} f\left(y(x), \frac{dy(x)}{dx}, x\right) dx. \tag{22.1}$$

Aqui f é uma função fixa de três variáveis y, dy/dx e x, enquanto J terá um valor dependente da escolha de y. A notação de colchetes é frequentemente utilizada para lembrar o leitor que J e um funcional. Uma vez que J é dado como uma integral, seu valor depende do comportamento de $y(x)$ ao longo de todo o intervalo de x (aqui $x_1 \leq x \leq x_2$). Um problema típico no cálculo das variações é encontrar (geralmente sujeito a algumas restrições) uma função contínua e diferenciável $y(x)$ que torna J estacionário em relação a pequenas mudanças em y em qualquer lugar (ou em todos os lugares) no seu intervalo de definição. Esses valores estacionários J serão em muitos problemas mínimos ou máximos, mas eles também podem ser pontos de sela. As condições dos problemas físicos normalmente requerem que as variações em y se limitem àquelas que preservam sua continuidade e diferenciabilidade

É conveniente introduzir uma notação que torna nossas discussões menos incômodas; normalmente reescrevemos a Equação (22.1) em uma notação com dy/dx denotado y_x e com os argumentos x e $[y]$ suprimido, e indicamos a variação em J produzida por uma (pequena) variação em y como

$$\delta J = \delta \int_{x_1}^{x_2} f(y, y_x, x)\, dx. \tag{22.2}$$

Note que escrevemos δ em vez de d ou ∂; essa distinção nos faz lembrar que a variação é a de uma função (aqui y) em vez daquela de uma variável.

Ao visualizar a situação descrita pela Equação (22.2), é útil pensar em $y(x)$ como um **caminho** ou curva conectando os valores $y(x_1)$ e $y(x_2)$; na verdade, um problema comum no cálculo das variações será determinar $y(x)$ sujeito à restrição de que $y(x_1)$ e $y(x_2)$ tenha valores especificados (e muitas vezes sujeito a outras restrições que também podem ser integrais). Para ilustrar a classe dos problemas representados pela Equação (22.2), eis dois exemplos simples:

- A determinação da configuração de energia mínima de uma corda ou corrente de determinado comprimento anexada a pontos fixos em ambas as extremidades, na presença de um campo gravitacional uniforme.
- Determinação da trajetória entre dois pontos em diferentes alturas que minimizará o tempo de percurso de um objeto que, partindo de um ponto de repouso, desliza sem atrito ao longo da trajetória sujeito apenas a um campo gravitacional uniforme (isso é conhecido como **problema braquistócrono**).

Os problemas que consideramos aqui são muito mais difíceis do que as minimizações típicas no cálculo diferencial, em que o mínimo de uma função pode ser encontrado comparando seus valores, digamos, $y(x)$, em pontos vizinhos (analisando dy/dx). O que podemos fazer em vez disso é supor a existência de um caminho ideal, isto é, uma função $y(x)$ para a qual J é estacionário, e então comparar J para nosso caminho ideal (desconhecido) com aquele obtido a partir dos caminhos vizinhos, dos quais há um número infinito (Figura 22.1). Mesmo essa estratégia às vezes pode falhar, pois existem funcionais J para os quais não existe um caminho ideal.

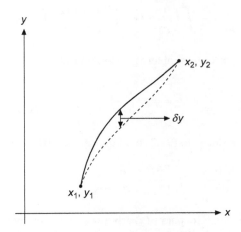

Figura 22.1: Caminhos vizinhos.

Restringindo a atenção a funções $y(x)$ para as quais as extremidades $y(x_1)$ e $y(x_2)$ são fixas, consideramos uma deformação de $y(x)$, chamada **variação** de y e denotada pór δy. Descrevemos δy introduzindo uma nova função, $\eta(x)$, e um fator de escala α que controla a grandeza da variação. A função $\eta(x)$ é arbitrária, exceto por ser contínua e diferenciável e, para manter as extremidades fixas, com

$$\eta(x_1) = \eta(x_2) = 0. \tag{22.3}$$

Com essas definições, nosso caminho, agora uma função de α, é

$$y(x, \alpha) = y(x, 0) + \alpha \eta(x), \tag{22.4}$$

e escolhemos $y(x, 0)$ como o caminho (desconhecido) que minimizará J. Em relação a $y(x, 0)$, a variação δy é então

$$\delta y = \alpha \eta(x). \tag{22.5}$$

Usando a Equação (22.4), nossa fórmula para J agora pode ser escrita

$$J(\alpha) = \int_{x_1}^{x_2} f\left(y(x, \alpha), y_x(x, \alpha), x \right) dx, \tag{22.6}$$

e vemos que alcançamos uma formulação mais simples em que J agora é uma **função** de α em vez de um **funcional** de y. Isso significa que agora sabemos como otimizá-la.[1]

Agora vamos obter um valor estacionário de J impondo a condição

$$\left[\frac{\partial J(\alpha)}{\partial \alpha} \right]_{\alpha=0} = 0, \tag{22.7}$$

análoga ao desaparecimento da derivada dy/dx no cálculo diferencial.

Agora, a dependência α da integral está contida em $y(x, \alpha)$ e $y_x(x, \alpha) = (\partial/\partial x)y(x, \alpha)$. Portanto,[2]

$$\frac{\partial J(\alpha)}{\partial \alpha} = \int_{x_1}^{x_2} \left[\frac{\partial f}{\partial y} \frac{\partial y}{\partial \alpha} + \frac{\partial f}{\partial y_x} \frac{\partial y_x}{\partial \alpha} \right] dx = 0. \tag{22.8}$$

Da Equação (22.4),

$$\frac{\partial y(x, \alpha)}{\partial \alpha} = \eta(x) \quad \text{e} \quad \frac{\partial y_x(x, \alpha)}{\partial \alpha} = \frac{d\eta(x)}{dx}, \tag{22.9}$$

assim a Equação (22.8) torna-se

$$\frac{\partial J(\alpha)}{\partial \alpha} = \int_{x_1}^{x_2} \left(\frac{\partial f}{\partial y} \eta(x) + \frac{\partial f}{\partial y_x} \frac{d\eta(x)}{dx} \right) dx = 0. \tag{22.10}$$

Integrando o segundo termo por partes para obter $\eta(x)$ como um fator comum, nós a convertemos em

$$\int_{x_1}^{x_2} \frac{d\eta(x)}{dx} \frac{\partial f}{\partial y_x} dx = \eta(x) \frac{\partial f}{\partial y_x} \bigg|_{x_1}^{x_2} - \int_{x_1}^{x_2} \eta(x) \frac{d}{dx} \frac{\partial f}{\partial y_x} dx. \tag{22.11}$$

A parte integrada desaparece pela Equação (22.3) e a Equação (22.10) se torna

$$\frac{\partial J(\alpha)}{\partial \alpha} = \int_{x_1}^{x_2} \left[\frac{\partial f}{\partial y} - \frac{d}{dx} \frac{\partial f}{\partial y_x} \right] \eta(x) \, dx = 0. \tag{22.12}$$

A Equação (22.12), que deve ser satisfeita para $\eta(x)$ arbitrário, deve ser entendida como uma condição em $y(x)$. Às vezes veremos a Equação (22.12) multiplicada por $\delta\alpha$, o que dá, depois de usar $\eta(x)\delta\alpha = \delta y$,

$$\delta J = \int_{x_1}^{x_2} \left(\frac{\partial f}{\partial y} - \frac{d}{dx} \frac{\partial f}{\partial y_x} \right) \delta y \, dx = 0. \tag{22.13}$$

A Equação (22.13) deve ser resolvida para δy arbitrário com $\delta y(x_1) = \delta y(x_2) = 0$.

Agora adotamos a solução da Equação (22.12). Essa equação pode ser satisfeita para $\eta(x)$ arbitrário somente se a expressão entre parênteses que forma o resto do seu integrando desaparecer "quase em todos os lugares", significando

---

[1] A natureza arbitrária da dependência de $J(\alpha)$ em $\eta(x)$ será discutida mais adiante.

[2] Note que y e y_x são tratados como variáveis **independentes**, porque eles ocorrem como argumentos diferentes de f.

em todos os lugares exceto, possivelmente, em pontos isolados.[3] A condição para nosso valor estacionário é assim formalmente uma equação diferencial parcial (EDO),

$$\frac{\partial f}{\partial y} - \frac{d}{dx}\frac{\partial f}{\partial y_x} = 0,$$ (22.14)

conhecida como **equação de Euler**. Como a forma de f é conhecida, ela na verdade se reduzirá (porque há realmente uma única variável independente, x) a uma equação diferencial ordinária (EDO) para y com condições de contorno em x_1 e x_2. Nesse sentido, é importante observar que a derivada d/dx ocorre na equação de Euler, e que ela tem um significado distinto da derivada parcial $\partial/\partial x$. Em particular, se $f = f(y(x), y_x, x)$, então df/dx, que representa a alteração em f (a partir de todas as fontes) devido a uma mudança em x, tem a avaliação

$$\frac{df}{dx} = \frac{\partial f}{\partial x} + \frac{\partial f}{\partial y}\frac{dy}{dx} + \frac{\partial f}{\partial y_x}\frac{d^2 y}{dx^2},$$

em que o último termo tem a forma dada porque $dy_x/dx = d^2y/dx^2$. Note que o primeiro termo à direita dá a dependência x **explícita** de f; o segundo e terceiro termos dão a dependência x **implícita** por meio de y e y_x.

A equação de Euler, Equação (22.14), é uma condição necessária, mas de modo nenhum uma condição suficiente de que há uma função $y(x)$ que é contínua e diferenciável no intervalo (x_1, x_2) e produz um valor estacionário de J.[4] Um bom exemplo da falta de suficiência é fornecido pelo problema de determinar caminhos estacionários entre pontos sobre a superfície de uma esfera (nesse exemplo foi fornecida por Courant e Robbins; ver Leituras Adicionais). O caminho da distância mínima entre o ponto A e ponto B em uma superfície esférica é o arco de um círculo grande, mostrado como o caminho 1 na Figura 22.2. Porém, o caminho 2 também satisfaz a equação de Euler. O caminho 2 é um máximo, mas somente se exigirmos que ele seja um círculo grande e então somente se fizermos menos de um circuito (uma vez que o caminho 2 mais n revoluções completas também é uma solução). Se não for necessário que o caminho seja um círculo grande, qualquer desvio do caminho 2 aumentará o comprimento. Essa dificilmente é a propriedade de um máximo local, e ilustra por que é importante verificar as soluções da equação de Euler para ver se elas satisfazem as condições físicas do problema dado.

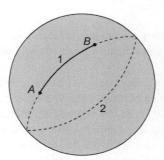

Figura 22.2: Caminhos estacionários sobre uma esfera.

Às vezes, um problema admite uma solução descontínua que tem relevância física e não será encontrado por aplicação simples da equação de Euler. Um exemplo é fornecido pela película de sabão do Exemplo 22.1.3, em que uma solução desse tipo descreve o que acontece se a película torna-se instável e se rompe.

A seguir mostramos exemplos do uso da equação de Euler.

Exemplo 22.1.1 LINHA RETA

Talvez a aplicação mais simples da equação de Euler seja para determinar a distância mais curta entre dois pontos no plano $x\,y$ euclidiano. Como o elemento da distância é

$$ds = [(dx)^2 + (dy)^2]^{1/2} = [1 + y_x^2]^{1/2}\,dx,$$

---

[3]Compare a discussão sobre convergência na média, Equação (5.22).

[4]Para uma discussão das condições de suficiência e o desenvolvimento do cálculo das variações como parte da matemática, veja os trabalhos de Ewing e Sagan em Leituras Adicionais.

a distância J pode ser escrita como

$$J = \int_{x_,y}^{x_2,y_2} ds = \int_{x}^{x_2} [1 + y_x^2]^{1/2} dx.$$ (22.15)

Comparação com a Equação (22.2) mostra que

$$f(y, y_x, x) = (1 + y_x^2)^{1/2}.$$

Substituindo na Equação (22.14) e notando que $\partial f/\partial y$ desaparece, obtemos

$$-\frac{d}{dx}\left[\frac{1}{(1 + y_x^2)^{1/2}}\right] = 0,$$

ou

$$\frac{1}{(1 + y_x^2)^{1/2}} = C, \quad \text{uma constante.}$$

Essa equação é satisfeita se

$$y_x = a, \quad \text{uma segunda constante.}$$

Integrando essa expressão para y_x, obtemos

$$y = ax + b,$$ (22.16)

que é a equação familiar para uma linha reta. As constantes a e b são agora escolhidas de modo que a linha atravesse os dois pontos (x_1, y_1) e (x_2, y_2). Consequentemente, a equação de Euler prevê que a distância mais curta[5] entre dois pontos fixos no espaço euclidiano é uma linha reta.

∎

A generalização disso ao espaço-tempo quadrimensional curvo leva ao conceito importante da geodésica na relatividade geral. Uma discussão mais aprofundada sobre geodésica está na Seção 22.2.

Exemplo 22.1.2 CAMINHO ÓPTICO PERTO DE UM BURACO NEGRO

Agora queremos determinar a trajetória óptica em uma atmosfera em que a velocidade da luz aumenta proporcionalmente à altura de y de acordo com $v(y) = y/b$, com $b > 0$ sendo algum parâmetro que descreve a velocidade da luz. Então $v = 0$ em $y = 0$, o que simula as condições na superfície de um buraco negro, chamado **horizonte de eventos**, em que a força gravitacional é tão forte que a velocidade da luz cai a zero, prendendo assim a luz.

Nosso princípio variacional (princípio de Fermat) é de que a luz tomará o caminho do menor tempo de percurso de (x_1, y_1) a (x_2, y_2), ou seja,

$$\Delta t = \int dt = \int_{x_1,y_1}^{x_2,y_2} \frac{ds}{v} = \int_{x_1,y_1}^{x_2,y_2} \frac{b}{y} ds = b \int_{x_1,y_1}^{x_2,y_2} \frac{\sqrt{dx^2 + dy^2}}{y} = \text{mínimo.}$$ (22.17)

O caminho é ao longo de uma linha definida pela relação entre y e x. Embora nas equações anteriores tenhamos considerado que x é a variável independente, não há nenhum requisito inerente para fazer isso, e o nosso trabalho no problema atual será simplificado se escolhermos y como a variável independente, e escrevemos a Equação (22.17) na forma

$$\Delta t = \int_{y_1}^{y_2} \frac{\sqrt{x_y^2 + 1}}{y} dy,$$ (22.18)

---

[5]Tecnicamente, encontramos somente uma $y(x)$ do J estacionário. Por inspeção da solução, determinamos facilmente que a distância é um mínimo.

em que x_y significa dx/dy. Então, nossa equação de Euler será

$$\frac{\partial f}{\partial x} - \frac{d}{dy}\frac{\partial f}{\partial x_y} = 0, \quad \text{com} \quad f(x, x_y, y) = \frac{\sqrt{x_y^2 + 1}}{y}.$$

Notando que $\partial f/\partial x = 0$ e diferenciando $\partial f/\partial x_y$, temos

$$-\frac{d}{dy}\frac{x_y}{y\sqrt{x_y^2 + 1}} = 0.$$

Essa equação pode ser integrada, dando

$$\frac{x_y}{y\sqrt{x_y^2 + 1}} = C_1 = \text{constante}, \quad \text{ou} \quad x_y = \frac{C_1 y}{\sqrt{1 - C_1^2 y^2}}.$$

Escrevendo $x_y = dx/dy$ e separando dx e dy nessa EDO de primeira ordem, encontramos a integral

$$\int^x dx = \int^y \frac{C_1 y\, dy}{\sqrt{1 - C_1^2 y^2}},$$

que produz

$$x + C_2 = -\frac{\sqrt{1 - C_1^2 y^2}}{C_1}, \quad \text{ou} \quad (x + C_2)^2 + y^2 = \frac{1}{C_1^2}.$$

Independentemente dos valores de C_1 e C_2, essa trajetória da luz é o arco de um círculo cujo centro está na linha $y = 0$, ou seja, o horizonte de eventos. A trajetória real da luz que passa de (x_1, y_1) a (x_2, y_2) estará no círculo através desses pontos centrados em $y = 0$; a construção do caminho pode ser realizada geometricamente como mostrada na Figura 22.3. Observe que a luz não irá escapar completamente do buraco negro com esse modelo para $v(y)$, a menos que $x_1 = x_2$ (um percurso perpendicular ao horizonte de eventos).

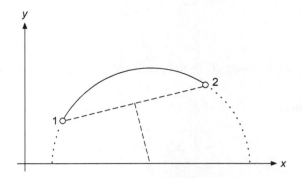

Figura 22.3: Caminho óptico circular em um meio.

Esse exemplo pode ser adaptado para uma miragem (Fata Morgana) em um deserto com o ar quente próximo do solo e o ar mais frio está no alto (o índice de refração muda com a altura no ar frio *versus* ar quente). Para o problema da miragem, a lei relevante da velocidade é $v(y) = v_0 - y/b$. Nesse caso, a trajetória da luz circular não mais é convexa com centro no eixo x, mas se torna côncava. ∎

Formas Alternativas das Equações de Euler

Outra forma da equação de Euler, que é frequentemente útil (Exercício 22.1.1), é

$$\frac{\partial f}{\partial x} - \frac{d}{dx}\left(f - y_x \frac{\partial f}{\partial y_x}\right) = 0. \tag{22.19}$$

Em problemas em que $f = f(y, y_x)$, isto é, em que x não aparece explicitamente, a Equação (22.19) se reduz a

$$\frac{d}{dx}\left(f - y_x \frac{\partial f}{\partial y_x}\right) = 0, \tag{22.20}$$

ou

$$f - y_x \frac{\partial f}{\partial y_x} = \text{constante}. \tag{22.21}$$

Exemplo 22.1.3   Película de Sabão

Como nosso próximo exemplo ilustrativo, considere que dois círculos de cabos coaxiais paralelos estão conectados por uma superfície de área mínima que é gerada pela rotação de uma curva $(x)y$ em torno do eixo x (Figura 22.4). A curva deve atravessar as extremidades fixas (x_1, y_1) e (x_2, y_2). O problema variacional é escolher a curva $y(x)$ de modo que a área da superfície resultante seja um mínimo. Uma situação física correspondente a esse problema é a de uma película de sabão suspensa entre os círculos de fio.

Para o elemento da área mostrada na Figura 22.4,

$$dA = 2\pi y \, ds = 2\pi y (1 + y_x^2)^{1/2} \, dx.$$

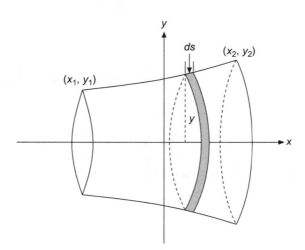

Figura 22.4: Superfície de rotação, problema da película de sabão.

A equação variacional é então

$$J = \int_{x_1}^{x_2} 2\pi y (1 + y_x^2)^{1/2} \, dx.$$

Negligenciando 2π, identificamos

$$f(y, y_x, x) = y(1 + y_x^2)^{1/2}.$$

Como $\partial f / \partial x = 0$, podemos aplicar a Equação (22.20) e obter

$$y(1 + y_x^2)^{1/2} - \frac{y \, y_x^2}{(1 + y_x^2)^{1/2}} = c_1,$$

o que se simplifica para

$$\frac{y}{(1 + y_x^2)^{1/2}} = c_1. \tag{22.22}$$

Elevando ao quadrado, obtemos

$$\frac{y^2}{1+y_x^2} = c_1^2,$$

que é rearranjada para

$$(y_x)^{-1} = \frac{dx}{dy} = \frac{c_1}{\sqrt{y^2 - c_1^2}}. \tag{22.23}$$

Observamos de passagem que seria melhor que c_1 tivesse um valor que fizesse dy/dx ser real. A Equação (22.23) pode ser integrada para dar

$$x = c_1 \cosh^{-1}\frac{y}{c_1} + c_2,$$

e, resolvendo para y, temos

$$y = c_1 \cosh\left(\frac{x - c_2}{c_1}\right). \tag{22.24}$$

Por fim, c_1 e c_2 são determinados exigindo que a solução atravesse os pontos (x_1, y_1) e (x_2, y_2). Nossa superfície de área "mínima" é um caso especial de uma catenária de revolução, ou uma **catenoide**. ∎

Película de Sabão: Área Mínima

Esse cálculo das variações contém muitas armadilhas para os incautos. Lembre-se de que a equação de Euler é uma condição **necessária**, e supõe uma **solução diferenciável**. As condições de suficiência são relativamente complicadas. Mais uma vez, veja nas Leituras Adicionais os detalhes. Podemos aprender a respeitar alguns desses riscos considerando ainda mais o problema da película de sabão no Exemplo 22.1.3, com $(x_1, y_1) = (-x_0, 1)$, $(x_2, y_2) = (+x_0, 1)$. Consideramos, portanto, uma película de sabão esticada entre dois anéis de raio unitário em $x = \pm x_0$. O problema é prever a curva $y(x)$ presumida pela película de sabão.

Referindo-se à Equação (22.24), descobrimos que $c_2 = 0$ porque nosso problema é simétrico sobre $x = 0$. Então

$$y = c_1 \cosh\left(\frac{x}{c_1}\right), \tag{22.25}$$

e as condições das extremidades se tornam

$$c_1 \cosh\left(\frac{x_0}{c_1}\right) = 1. \tag{22.26}$$

Se considerarmos $x_0 = \frac{1}{2}$, obteremos a seguinte equação transcendental para c_1:

$$1 = c_1 \cosh\left(\frac{1}{2c_1}\right). \tag{22.27}$$

Descobrimos que essa equação tem duas soluções: $c_1 = 0{,}2350$, que leva a uma curva "profunda", e $c_1 = 0{,}8483$, que leva a uma curva "achatada". Qual das curvas é a forma assumida pela película de sabão?

Antes de responder a essa pergunta, considere a situação física com os anéis se afastando de modo que $x_0 = 1$. Então a Equação (22.26) se torna

$$1 = c_1 \cosh\left(\frac{1}{c_1}\right), \tag{22.28}$$

que **não** tem **soluções reais**. O significado físico é que à medida que os anéis de raio unitário se afastavam da origem, um ponto foi alcançado em que a película de sabão não mais poderia manter a mesma força horizontal ao longo de cada seção vertical. O equilíbrio estável não mais foi possível. A película de sabão se rompeu (um processo irreversível) e formou uma película circular em torno de cada anel (com uma área total de $2\pi = 6{,}2832\ ...$). Isso é conhecido como solução descontínua de Goldschmidt para o problema da película de sabão.

A próxima pergunta é: quão grande pode x_0 ser e ainda dar uma solução real para a Equação (22.26)? Resolvendo a Equação (22.26) para x_0,

$$x_0 = c_1 \cosh^{-1}(1/c_1),\qquad(22.29)$$

vemos que x_0 será real somente para c_1 1 e que seu valor máximo é alcançado quando $dx_0/dc_1 = 0$. Uma plotagem de x_0 *versus* c_1 é mostrada na Figura 22.5; ela ajuda a explicar o comportamento que observamos em $x_0 = \frac{1}{2}$. Vemos da plotagem (e mais precisamente do Exercício 22.1.6) que a equação de Euler não tem soluções para $x_0 > x_{max}$, em que x_{max} ø 0,6627, e que esse valor x_0 ocorre quando c_1 ø 0,5524. Para valores de x_0 menores que x_{max}, existem soluções para dois valores diferentes de c_1, correspondendo às curvas "profundas" e "achatadas" encontradas anteriormente para $x_0 = \frac{1}{2}$.

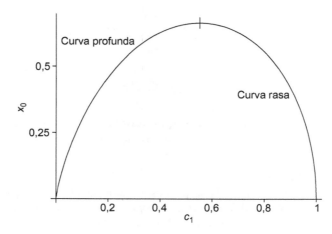

Figura 22.5: Soluções da Equação (22.26) para anéis de raio unitário em $x = \pm x_0$.

Voltando à questão sobre qual solução da Equação (22.26) descreve a película de sabão, vamos calcular a área correspondente a cada solução. Usando a Equação (22.22) para alcançar o último membro da primeira linha a seguir, temos

$$A = 4\pi \int_0^{x_0} y(1 + y_x^2)^{1/2}\,dx = \frac{4\pi}{c_1}\int_0^{x_0} y^2\,dx$$

$$= 4\pi c_1 \int_0^{x_0}\left(\cosh\frac{x}{c_1}\right)^2 dx = \pi c_1^2\left[\operatorname{senh}\left(\frac{2x_0}{c_1}\right) + \frac{2x_0}{c_1}\right].\qquad(22.30)$$

Para $x_0 = \dfrac{1}{2}$, a Equação (22.30) leva a

$$c_1 = 0{,}2350 \quad\rightarrow\quad A = 6{,}8456$$
$$c_1 = 0{,}8483 \quad\rightarrow\quad A = 5{,}9917$$

mostrando que o primeiro pode no máximo ser somente um mínimo local. Uma investigação mais detalhada (compare Bliss, Leituras Adicionais, Capítulo IV) mostra que essa superfície nem mesmo é um mínimo local. Para $x_0 = \frac{1}{2}$, a película de sabão será descrita pela curva achatada

$$y = 0{,}8483 \cosh\left(\frac{x}{0{,}8483}\right).$$

Essa catenoide achatada (catenária de revolução) será um mínimo absoluto para $0 \le x_0 < 0{,}528$. No entanto, para $0{,}528 < x < 0{,}6627$, sua área é maior que a da solução descontínua de Goldschmidt (6,2832) e é somente um mínimo relativo (Figura 22.6).

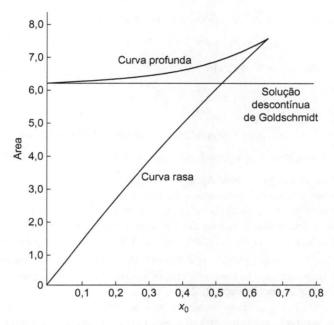

Figura 22.6: Área catenoide e aquela da solução descontínua do problema da película de sabão (anéis de raio unitário em $x = \pm x_0$).

Para uma excelente discussão sobre os problemas matemáticos e experimentos com películas de sabão, consulte Courant e Robbins em Leituras Adicionais. A mensagem mais importante desta subseção é a extensão em que devemos ter cuidado ao aceitar soluções das equações de Euler.

Exercícios

22.1.1 Para $dy/dx \; y_x \neq 0$, mostre a equivalência das duas formas da equação de Euler:

$$\frac{\partial f}{\partial x} - \frac{d}{dx}\frac{\partial f}{\partial y_x} = 0$$

e

$$\frac{\partial f}{\partial y} - \frac{d}{dx}\left(f - y_x \frac{\partial f}{\partial y_x} \right) = 0.$$

22.1.2 Derive a equação de Euler expandindo o integrando de

$$J(\alpha) = \int_{x_1}^{x_2} f\left(y(x,\alpha), y_x(x,\alpha), x \right) dx$$

em potências de α.

Nota: A condição estacionária é $\partial J(\alpha)/\partial \alpha = 0$, avaliada em $\alpha = 0$. Os termos quadráticos em α podem ser úteis para estabelecer a natureza da solução estacionaria (máximo, mínimo ou ponto de sela).

22.1.3 Encontre a equação de Euler correspondendo à Equação (22.14) se $f = f(y_{xx}, y_x, y, x)$, supondo que y e y_x têm valores fixos nas extremidades do seu intervalo de definição.

$$RESPOSTA: \frac{d^2}{dx^2}\left(\frac{\partial f}{\partial y_{xx}} \right) - \frac{d}{dx}\left(\frac{\partial f}{\partial y_x} \right) + \frac{\partial f}{\partial y} = 0.$$

22.1.4   O integrando $f(y, y_x, x)$ da Equação (22.2) tem a forma

$$f(y, y_x, x) = f_1(x, y) + f_2(x, y)y_x.$$

(a) Mostre que a equação de Euler leva a

$$\frac{\partial f_1}{\partial y} - \frac{\partial f_2}{\partial x} = 0.$$

(b) O que isso implica para a dependência da integral J na escolha do caminho?

22.1.5   Mostre que a condição de que $J = \int f(x, y)dx$ tem um valor estacionário

(a) leva a $f(x, y)$ independente de y e

(b) não produz nenhuma informação sobre qualquer dependência x.

Não obtemos nenhuma solução (contínua, diferenciável). Para que seja um problema variacional significativo, a dependência de y ou derivadas mais altas é essencial.

Nota: A situação mudará quando restrições são introduzidas (compare com o Exercício 22.4.6).

22.1.6   Uma película de sabão esticada entre dois anéis de raio unitário centrado em x_0 terá sua maior aproximação ao eixo x em $x = 0$, com a distância a partir do eixo dada por c_1, com x_0 e c_1 relacionados pela Equação (22.26) ou Equação (22.29).

(a) Mostre que dc_1/dx_0 torna-se infinito quando $x_0 \operatorname{senh}(x_0/c_1) = 1$, indicando que a película de sabão torna-se instável, se x_0 aumenta para além do valor que satisfaz essa condição.

(b) Mostre que a condição da parte (a) é equivalente a

$$\frac{x_0}{c_1} = \coth\left(\frac{x_0}{c_1}\right).$$

(c) Resolva a equação transcendental da parte (b) para obter o valor crítico de x_0/c_1 e mostre que os valores separados de x_0 e c_1 são então aproximadamente $x_0 \approx 0{,}6627$ e $c_1 \approx 0{,}5524$.

22.1.7   Uma película de sabão é esticada ao longo do espaço entre dois anéis de raio unitário centrado em $\pm x_0$ em torno do eixo x e perpendicular ao eixo x. Usando a solução desenvolvida no Exemplo 22.1.3, defina as equações transcendentais para a condição de que x_0 é tal que a área da superfície curva da rotação é igual à área de um dos dois anéis (solução descontínua de Goldschmidt). Resolva para x_0.

22.1.8   No Exemplo 22.1.1, expanda $J[y(x,\alpha)] - J[y(x, 0)]$ em potências de α. O termo linear em α leva à equação de Euler e à solução linear, Equação (22.16). Investigue o termo α^2 e mostre que o valor estacionário de J, a distância em linha reta, é um **mínimo**.

22.1.9   (a) Mostre que a integral

$$J = \int_{x_1}^{x_2} f(y, y_x, x)\, dx, \quad \text{com} \quad f = y(x),$$

   não tem valores extremos.

(b) Se $f(y, y_x, x) = y^2(x)$, encontre uma solução descontínua semelhante à solução de Goldschmidt para o problema da película de sabão.

22.1.10   O princípio de Fermat da óptica afirma que um raio de luz em um meio para o qual n é o índice (dependente de posição) da refração seguirá o caminho $y(x)$ para o qual

$$\int_{x_1, y_1}^{x_2, y_2} n(y, x)\, ds$$

   é um mínimo. Para $y_2 = y_1 = 1, -x_1 = x_2 = 1$, encontre a trajetória do raio se

(a) $n = e^y$, (b) $n = a(y - y_0)$, $y > y_0$.

22.1.11 Uma partícula se move, a partir de um estado em repouso, do ponto A na superfície da Terra para o ponto B (também na superfície) deslizando sem causar atrito ao longo de um túnel. Encontre a equação diferencial satisfeita pelo caminho se o tempo de trânsito deve ser um mínimo. Suponha que a Terra é uma esfera não rotativa de densidade uniforme.

Dica: A energia potencial de uma partícula de massa m em uma distância $r < R$ do centro da Terra, com R o raio da Terra, é $\frac{1}{2}mg(R^2 - r^2)/R$, em que g é a aceleração gravitacional na superfície da Terra. É conveniente descrever o caminho da partícula (no plano ao longo de A, B, e o centro da Terra) por coordenadas polares planas (r, θ), com A em $(R, -\varphi)$ e B em (R, φ).

> *RESPOSTA:* Seja r_0 o valor mínimo de r (alcançado em $\theta = 0$), A Equação (22.21)
>
> produz $r_\theta^2 = \dfrac{r^2 R^2 (r^2 - r_0^2)}{r_0^2 (R^2 - r^2)}$ (a constante nessa equação tem o valor
>
> de tal modo que $r_\theta = 0$ em $\theta = 0$).

A solução para o caminho é uma hipocicloide, gerada por um círculo de raio $\frac{1}{2}(R - r_0)$ que rola dentro do círculo de raio R. Talvez você queira mostrar que o tempo de trânsito é

$$t = \pi \frac{(R^2 - r_0^2)^{1/2}}{(Rg)^{1/2}}.$$

Para mais detalhes, veja P.W. Cooper, *Am. J. Phys.* **34:** 68 (1966); G. Veneziano, *et al.*, **34:** 701 (1966).

22.1.12 Um raio de luz segue um caminho em linha reta em um primeiro meio homogêneo, é refratada em uma interface, e então segue um novo caminho em linha reta no segundo meio (Figura 22.7). Use o princípio de Fermat da óptica para derivar a lei de Snell da refração:

$$n_1 \,\operatorname{sen}\theta_1 = n_2 \,\operatorname{sen}\theta_2.$$

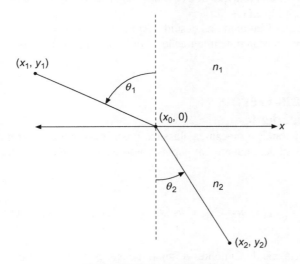

Figura 22.7: Lei de Snell.

Dica: Mantenha os pontos (x_1, y_1) e (x_2, y_2) fixos e varie x_0 para satisfazer o princípio de Fermat.

Nota: Esse **não** é um problema da equação de Euler, porque a trajetória da luz é não diferenciável em x_0.

22.1.13 A segunda configuração da película de sabão para os anéis de raio unitário em $x = \pm x_0$ consiste em um disco circular, raio a, no plano $x = 0$ e duas catenoides de revolução unindo o disco e cada anel. Uma catenoide pode ser descrita por

$$y = c_1 \cosh\left(\frac{x}{c_1} + c_3\right).$$

(a) Imponha condições de contorno em $x = 0$ e $x = x_0$.

(b) Embora não seja necessário, é conveniente exigir que os catenoides formem um ângulo de 120° onde elas se unem ao disco central. Expresse essa condição de contorno terceiro em termos matemáticos.

(c) Mostre que a área total das catenoides mais o disco central é então

$$A = c_1^2 \left[\operatorname{senh} \left(\frac{2x_0}{c_1} + 2c_3 \right) + \frac{2x_0}{c_1} \right].$$

Nota: Embora essa configuração da película de sabão seja fisicamente realizável e estável, a área é maior do que a da catenoide simples para todas as separações de anel para o qual ambas as películas existem.

$$RESPOSTA\text{: (a)} \begin{cases} 1 = c_1 \cosh \left(\dfrac{x_0}{c_1} + c_3 \right) \\ a = c_1 \cosh c_3 \end{cases} \text{(b)} \frac{dy}{dx} = \tan 30° = \operatorname{senh} c_3.$$

22.1.14 Para a película de sabão descrita no Exercício 22.1.13, encontre (numericamente) o valor máximo de x_0.

Nota: Isso exige uma calculadora com funções hiperbólicas ou uma tabela de cotangentes hiperbólicas.

$$RESPOSTA\text{: } x_{0\max} = 0{,}4078.$$

22.1.15 Localize a curva de declínio mais rápida de $(0, 0)$ a (x_0, y_0) para uma partícula que, partindo do repouso, desliza sob gravidade e sem atrito. Mostre que a razão entre os tempos que a partícula leva ao longo de uma linha reta que une os dois pontos em comparação aos tempos ao longo da curva de declínio mais rápido é $(1 + 4/\pi^2)^{1/2}$.

Dica: Assuma que y aumenta na descida. Aplique a Equação (22.21) para obter $y_x^2 = (1 - c^2 y) / c^2 y$, em que c é uma constante de integração. É útil fazer a substituição $c^2 y = \operatorname{sen}^2 \varphi/2$ e considerar $(x_0, y_0) = (\pi /2c^2, 1/c^2)$.

22.2   Variações mais Gerais

Diversas Variáveis Dependentes

Para aplicar os métodos variacionais à mecânica clássica, precisamos generalizar a equação de Euler a situações em que há mais de uma variável dependente em papéis como y na Equação (22.2). A generalização corresponde aos funcionais J da forma

$$J = \int_{x_1}^{x_2} f\left(u_1(x), u_2(x), \ldots, u_n(x), u_{1x}(x), u_{2x}(x), \ldots, u_{nx}(x), x \right) dx. \tag{22.31}$$

Agora exigimos que as variáveis dependentes u_i sejam consistentes com as notações que introduziremos mais adiante e, como anteriormente, usamos o índice inferior x para denotar a diferenciação em relação a x, de tal modo que $u_{ix} = du_i/dx$ e (mais tarde) $\eta_{ix} = d\eta_i/dx$. Como na Seção 22.1, determinamos os valores estacionários de J comparando caminhos vizinhos para cada u_i. Seja

$$u_i(x, \alpha) = u_i(x, 0) + \alpha \eta_i(x), \qquad i = 1, 2, \ldots, n, \tag{22.32}$$

com η_i independentes um do outro, mas sujeito às restrições de continuidade e extremidade discutidas na Seção 22.1. Diferenciando J da Equação (22.31) em relação a α e definindo $\alpha = 0$ (a condição de que J seja estacionário), obtemos

$$\int_{x_1}^{x_2} \sum_i \left(\frac{\partial f}{\partial u_i} \eta_i + \frac{\partial f}{\partial u_{ix}} \eta_{ix} \right) dx = 0. \tag{22.33}$$

Mais uma vez, cada um dos termos $(\partial f/\partial u_{ix})\,\eta_{ix}$ é integrado por partes. A parte integrada desaparece e a Equação (22.33) se torna

$$\int_{x_1}^{x_2} \sum_i \left(\frac{\partial f}{\partial u_i} - \frac{d}{dx} \frac{\partial f}{\partial u_{ix}} \right) \eta_i \, dx = 0. \tag{22.34}$$

Como η_i são arbitrários e **independentes** entre si,[6] cada um dos termos na soma deve desaparecer de **modo independente**. Temos

$$\frac{\partial f}{\partial u_i} - \frac{d}{dx} \frac{\partial f}{\partial u_{ix}} = 0, \quad i = 1, 2, \ldots, n, \tag{22.35}$$

todo um conjunto de equações de Euler, cada uma das quais deve ser satisfeita para um valor estacionário de J.

Princípio de Hamilton

A aplicação mais importante da Equação (22.31) ocorre quando o integrando f é considerado como sendo L lagrangiano. O langrangiano (para sistemas não relativistas; veja no Exercício 22.2.5 uma partícula relativista) é definido como a **diferença** das energias cinéticas e potenciais de um sistema:

$$L \equiv T - V. \tag{22.36}$$

Usando o tempo como uma variável independente em vez de x e $x_i(t)$ como as variáveis dependentes, nossa conversão da Equação (22.31) envolve as substituições

$$x \to t, \qquad y_i \to x_i(t), \qquad y_{ix} \to \dot{x}_i(t);$$

$x_i(t)$ é a posição e $\dot{x}_i = dx_i/dt$ é a velocidade da partícula i como função do tempo. A equação $\delta J = 0$ é então uma afirmação matemática do princípio de Hamilton da mecânica clássica,

$$\delta \int_{t_1}^{t_2} L(x_1, x_2, \ldots, x_n, \dot{x}_1, \dot{x}_2, \ldots, \dot{x}_n; t) \, dt = 0. \tag{22.37}$$

Em outras palavras, o princípio de Hamilton afirma que o movimento do sistema do tempo t_1 a t_2 é tal que a integral de tempo do L lagrangiano, ou ação, tem um valor estacionário. As equações de Euler resultantes normalmente são chamadas **equações lagrangianas do movimento**,

$$\frac{d}{dt} \frac{\partial L}{\partial \dot{x}_i} - \frac{\partial L}{\partial x_i} = 0 \qquad \text{(cada } i\text{)}. \tag{22.38}$$

Essas equações lagrangianas podem ser derivadas das equações de Newton do movimento, e as equações de Newton podem ser derivadas das lagrangianas. Os dois conjuntos de equações são igualmente "fundamentais".

A formulação lagrangiana tem vantagens em relação às leis convencionais de Newton. Considerando que as equações de Newton são equações vetoriais, vemos que as equações de Lagrange envolvem somente quantidades escalares. As coordenadas x_1, x_2, ... não precisa ser um conjunto padrão de coordenadas ou comprimentos. Elas podem ser selecionadas para corresponder com as condições do problema físico. As equações de Lagrange são invariantes no que diz respeito à escolha do sistema de coordenadas. As equações de Newton (na forma de componente) não são manifestamente invariantes. Por exemplo, o Exercício 3.10.27 mostra o que acontece quando $\mathbf{F} = m\mathbf{a}$ é resolvido em coordenadas polares esféricas.

Explorando o conceito da energia, podemos facilmente estender a formulação lagrangiana da mecânica a diversos campos, como redes elétricas e sistemas acústicos. Extensões para o eletromagnetismo aparecem nos exercícios. O resultado é uma unificação de áreas de outro modo separadas da física. Ao desenvolver novas áreas, a quantização da mecânica lagrangiana das partículas forneceu um modelo para a quantização dos campos eletromagnéticos e levou à teoria de calibre da eletrodinâmica quântica.

---

[6]Por exemplo, podemos definir $\eta_2 = \eta_3 = \eta_4 \cdots = 0$, eliminando todos, mas um termo da soma, e então tratar η_1 exatamente como na Seção 22.1.

Uma das vantagens mais importantes do princípio de Hamilton (formulação da equação de Lagrange) é a facilidade em ver uma relação entre uma simetria e uma lei de conservação. Como um exemplo, seja $x_i = \varphi$, um ângulo azimutal. Se nossa lagrangiana for independente de φ (isto é, diz-se que φ é uma **coordenada ignorável**), existem duas consequências: (1) a conservação ou invariância da componente do momento angular associado a (**conjugado para**) φ, e (2) da Equação (22.38), $\partial L / \partial \dot{\varphi} =$ constante. Da mesma forma, a invariância sob translação leva à conservação do momento linear.

Exemplo 22.2.1   PARTÍCULA EM MOVIMENTO, COORDENADAS CARTESIANAS

Uma partícula de massa m se move em uma dimensão com sua posição descrita por uma coordenada cartesiana x, sujeito a um potencial $V(x)$. Sua energia cinética é dada por $T = m\dot{x}^2 / 2$, assim sua lagrangiana L tem a forma

$$L = T - V = \frac{1}{2}m\dot{x}^2 - V(x).$$

Precisaremos

$$\frac{\partial L}{\partial \dot{x}} = m\dot{x}, \qquad \frac{\partial L}{\partial x} = -\frac{dV(x)}{dx} = F(x). \tag{22.39}$$

Identificamos a força F como o gradiente negativo do potencial. Inserindo os resultados da Equação (22.39) na equação lagrangiana do movimento, Equação (22.38), obtemos

$$\frac{d}{dt}(m\dot{x}) - F(x) = 0,$$

que é a segunda lei de Newton do movimento.   ∎

Exemplo 22.2.2   PARTÍCULA EM MOVIMENTO, COORDENADAS CILÍNDRICAS CIRCULARES

Agora, vamos considerar uma partícula de massa m movendo-se no plano $x\,y$, isto é, $z = 0$. Usamos coordenadas cilíndricas ρ, φ. A energia cinética é

$$T = \frac{1}{2}m(\dot{x}^2 + \dot{y}^2) = \frac{1}{2}m(\dot{\rho}^2 + \rho^2\dot{\varphi}^2), \tag{22.40}$$

e consideramos $V = 0$ por simplicidade.

Poderíamos ter convertido $\dot{x}^2 + \dot{y}^2$ em coordenadas cilíndricas circulares considerando $x(\rho, \varphi) = \rho \cos\varphi$, $y(\rho, \varphi) = \rho \,\mathrm{sen}\varphi$, e então diferenciando em relação ao tempo e quadratura. O que na verdade fizemos foi reconhecer que as coordenadas cilíndricas estão em um sistema ortogonal com fatores de escala $h_\rho = 1$, $h_\varphi = \rho$, assim a velocidade v tem nas componentes cilíndricas do sistema $v_\rho = \dot{\rho}$ e $v_\varphi = \rho\dot{\varphi}$.

Agora aplicamos as equações de Lagrange do movimento primeiro à coordenada ρ e então a φ:

$$\frac{d}{dt}(m\dot{\rho}) - m\rho\dot{\varphi}^2 = 0, \qquad \frac{d}{dt}(m\rho^2\dot{\varphi}) = 0.$$

A segunda equação é uma afirmação da conservação do momento angular. A primeira pode ser interpretada como aceleração radial[7] equivalente à força centrífuga. Nesse sentido, a força centrífuga é uma força real. É de algum interesse que essa interpretação da força centrífuga como uma força real seja apoiada pela teoria da relatividade geral.   ∎

Equações de Hamilton

Hamilton foi o primeiro a mostrar que a equação de Euler para a lagrangiana permitia que as equações do movimento fossem reduzidas ao conjunto das EDPs acopladas de primeira ordem chamadas **equações de Hamilton**. Um ponto de partida para essa análise é a definição do **momento canônico** p_i conjugado para a coordenada q_i, definida como

$$p_i = \frac{\partial L}{\partial \dot{q}_i}. \tag{22.41}$$

---

[7] Eis um segundo método de atacar o Exercício 3.10.13.

Essa definição é consistente com a definição elementar do momento em coordenadas cartesianas, em que (em uma dimensão) $T = m\dot{q}^2 / 2$, $p = m\dot{q}$. Da Equação (22.41) e das equações lagrangianas do movimento, Equação (22.38), temos por substituição direta

$$\dot{p}_i = \frac{\partial L}{\partial q_i}, \tag{22.42}$$

e isso permite escrever a variação de L na forma

$$dL = \sum_i \left(\frac{\partial L}{\partial q_i} dq_i + \frac{\partial L}{\partial \dot{q}_i} d\dot{q}_i \right) + \frac{\partial L}{\partial t} dt = \sum_i (\dot{p}_i \, dq_i + p_i \, d\dot{q}_i) + \frac{\partial L}{\partial t} dt. \tag{22.43}$$

Vamos agora definir o **hamiltoniano** como

$$H = \sum_i p_i \dot{q}_i - L, \tag{22.44}$$

e calcular

$$dH = \sum_i (p_i d\dot{q}_i + \dot{q}_i dp_i) - \left(\sum_i (\dot{p}_i dq_i + p_i d\dot{q}_i) + \frac{\partial L}{\partial t} dt \right) = \sum_i (\dot{q}_i dp_i - \dot{p}_i dq_i) - \frac{\partial L}{\partial t} dt. \tag{22.45}$$

Porém, da regra da cadeia para a diferenciação, também temos

$$dH = \sum_i \left(\frac{\partial H}{\partial p_i} dp_i + \frac{\partial H}{\partial q_i} dq_i \right) + \frac{\partial H}{\partial t} dt. \tag{22.46}$$

Igualando os coeficientes de dp_i, dq_i e dt nas Equações (22.45) e (22.46), obtemos as equações de Hamilton:

$$\frac{\partial H}{\partial p_i} = \dot{q}_i, \qquad \frac{\partial H}{\partial q_i} = -\dot{p}_i, \qquad \frac{\partial H}{\partial t} = -\frac{\partial L}{\partial t}. \tag{22.47}$$

Em sistemas conservativos, $\partial H/\partial t = 0$, e H tem um valor constante igual à energia total do sistema.

Diversas Variáveis Independentes

Às vezes o integrando f na equação análoga à Equação (22.2) conterá uma função desconhecida, u, que é uma função de muitas variáveis independentes, $u = u(x, y, z)$. No caso tridimensional, por exemplo, essa equação se torna

$$J = \iiint f\left(u, u_x, u_y, u_z, x, y, z\right) dx \, dy \, dz, \tag{22.48}$$

em que supomos que $u_x = \partial u/\partial x$, $u_y = \partial u/\partial y$, $u_z = \partial u/\partial z$, e u têm valores especificados no limite da região de integração.

Generalizando a análise da Seção 22.1, representamos a variação de u como

$$u(x, y, z, \alpha) = u(x, y, z, 0) + \alpha\eta(x, y, z),$$

em que η é arbitrário exceto que ele deve desaparecer no limite. Nossa integral J é agora, como na Seção 22.1, uma função de α, e nosso problema variacional é tornar J estacionário em relação a α.

Diferenciando a Equação (22.48) integral em relação ao parâmetro α e então definindo $\alpha = 0$, obtemos

$$\frac{\partial J}{\partial \alpha}\bigg|_{\alpha=0} = \iiint \left(\frac{\partial f}{\partial u} \eta + \frac{\partial f}{\partial u_x} \eta_x + \frac{\partial f}{\partial u_y} \eta_y + \frac{\partial f}{\partial u_z} \eta_z \right) dx \, dy \, dz = 0.$$

Continuamos a usar uma notação semelhante àquela utilizada anteriormente: η_x é uma abreviação para $\partial\eta/\partial x$ etc.

Mais uma vez, integramos cada um dos termos $(\partial f/\partial u_i)\,\eta_i$ por partes. A parte integrada desaparece na fronteira (porque o desvio η deve ir a zero aí) e obtemos

$$\iiint \left(\frac{\partial f}{\partial u} - \frac{\partial}{\partial x}\frac{\partial f}{\partial u_x} - \frac{\partial}{\partial y}\frac{\partial f}{\partial u_y} - \frac{\partial}{\partial z}\frac{\partial f}{\partial u_z} \right) \eta(x,y,z)\,dx\,dy\,dz = 0. \tag{22.49}$$

Agora precisamos fazer uma digressão para esclarecer a notação na Equação (22.49). A derivada $\partial/\partial x$ entra nessa equação como resultado da integração por partes e, portanto, deve agir sobre toda a dependência x de $\partial f/\partial u_x$, não apenas sobre a aparência explícita de x em f. O leitor talvez se lembre que essa derivada foi escrita d/dx quando ela surgiu na Seção 22.1, mas que a notação não é inteiramente apropriada aqui como as funções envolvidas também dependem de y e z.

Concluímos nossa análise com a observação agora familiar de que, como a variação $\eta(x, y, z)$ é arbitrária, o termo entre os grandes parênteses é definido como igual a zero. Isso produz a equação de Euler para (três) variáveis independentes,

$$\frac{\partial f}{\partial u} - \frac{\partial}{\partial x}\frac{\partial f}{\partial u_x} - \frac{\partial}{\partial y}\frac{\partial f}{\partial u_y} - \frac{\partial}{\partial z}\frac{\partial f}{\partial u_z} = 0. \tag{22.50}$$

Lembre-se de que a derivada $\partial/\partial x$ opera tanto na dependência explícita quanto implícita x de $\partial f/\partial u_x$; observações semelhantes aplicam-se a $\partial/\partial y$ e $\partial/\partial z$.

Exemplo 22.2.3   EQUAÇÃO DE LAPLACE

Um problema variacional com diversas variáveis independentes é fornecido pela eletrostática. Um campo eletrostático tem

$$\text{densidade de energia} = \frac{1}{2}\varepsilon \mathbf{E}^2,$$

em que $\mathbf{E}$ é o campo elétrico. Em termos do potencial estático φ,

$$\text{densidade de energia} = \frac{1}{2}\varepsilon (\nabla\varphi)^2.$$

Agora vamos impor a exigência de que a energia eletrostática (associada ao campo) em um determinado volume livre de carga seja um mínimo sujeito a condições específicas em φ na fronteira. A suposição de que o volume é livre de carga torna φ contínua e diferenciável por todo o volume, e temos, portanto, uma situação à qual uma equação de Euler se aplica. Temos a integral de volume

$$J = \iiint (\nabla\varphi)^2\,dx\,dy\,dz = \iiint (\varphi_x^2 + \varphi_y^2 + \varphi_z^2)\,dx\,dy\,dz,$$

em que φ_x significa $\partial\varphi/\partial x$. Assim,

$$f(\varphi, \varphi_x, \varphi_y, \varphi_z, x, y, z) = \varphi_x^2 + \varphi_y^2 + \varphi_z^2,$$

então a equação de Euler, Equação (22.50), produz (com u nessa equação substituído por φ)

$$-2(\varphi_{xx} + \varphi_{yy} + \varphi_{zz}) = 0,$$

que na notação vetorial comum é equivalente a

$$\nabla^2\varphi(x,y,z) = 0.$$

Essa é a equação de Laplace da eletrostática.

Uma investigação mais aprofundada revela que esse valor estacionário é de fato um mínimo. Assim, a exigência de que a energia do campo seja minimizada leva à EDP de Laplace. ∎

Diversas Variáveis Dependentes e Independentes

Em alguns casos, nosso integrando f contém mais de uma variável dependente e mais de uma variável independente. Considere

$$f = f\left(p(x, y, z), p_x, p_y, p_z, q(x, y, z), q_x, q_y, q_z, r(x, y, z), r_x, r_y, r_z, x, y, z \right). \tag{22.51}$$

Procedemos como antes com

$$p(x, y, z, \alpha) = p(x, y, z, 0) + \alpha\xi(x, y, z),$$

$$q(x, y, z, \alpha) = q(x, y, z, 0) + \alpha\eta(x, y, z),$$

$$r(x, y, z, \alpha) = r(x, y, z, 0) + \alpha\zeta(x, y, z), \quad \text{e assim por diante.}$$

Tendo em mente que ξ, η e ζ são independentes entre si, assim como η_i na Equação (22.32) era independente, a mesma diferenciação e então a integração por partes levarão a

$$\frac{\partial f}{\partial p} - \frac{\partial}{\partial x}\frac{\partial f}{\partial p_x} - \frac{\partial}{\partial y}\frac{\partial f}{\partial p_y} - \frac{\partial}{\partial z}\frac{\partial f}{\partial p_z} = 0, \tag{22.52}$$

com equações semelhantes para as funções q e r. Substituindo p, q, r,... por y_i e x, y, z,... por x_j, podemos dar à Equação (22.52) uma forma mais compacta:

$$\frac{\partial f}{\partial y_i} - \sum_j \frac{\partial}{\partial x_j}\left(\frac{\partial f}{\partial y_{ij}}\right) = 0, \quad i = 1, 2, \ldots, \tag{22.53}$$

em que

$$y_{ij} \equiv \frac{\partial y_i}{\partial x_j}.$$

Uma aplicação da Equação (22.53) aparece no Exercício 22.2.10.

Geodésica

Particularmente na relatividade geral, é de interesse identificar o caminho mais curto entre dois pontos em um "espaço curvo", isto é, um espaço caracterizado por um tensor métrico mais geral do que o do espaço euclidiano ou mesmo de Minkoswki. Um caminho que é um "mínimo local" (calculado usando a métrica relevante), significando que ele é mais curto do que outros caminhos que podem ser alcançados a partir dele por pequenas deformações, é chamado **geodésica**. Essa definição faz com que os dois caminhos do grande círculo da Figura 22.2 sejam identificados como geodésicos, porque mesmo o caminho mais longo tem um comprimento mínimo relativo a pequenas deformações. Na prática, geralmente é fácil identificar qual das várias geodésicas na verdade corresponde ao caminho mais curto.

O cálculo das variações é a ferramenta natural para identificar geodésicas, e na verdade ele foi usado no Exemplo 22.1.1 para verificar que uma linha reta é a geodésica que conectando os pontos dados no espaço euclidiano. Para estender a análise a espaços métricos mais gerais, primeiro relacionamos a distância entre dois pontos vizinhos, ds, com as mudanças em suas coordenadas, dq^i, $i = 1, 2;\ldots$. Note que distinguimos entre quantidades covariantes e contravariantes, usando índices superiores para a última (deslocamentos coordenados são contravariantes; compare com a Seção 4.3). A distância ds é um escalar, dado por

$$ds^2 = g_{ij}\, dq^i\, dq^j. \tag{22.54}$$

Aqui g_{ij} é o tensor métrico, que é simétrico, mas, em muitos casos de interesse, não é diagonal. Observe que estamos usando a convenção para somatório de Einstein, então i e j na Equação (22.54) são somados, fazendo com que ds^2 seja um escalar. Essa fórmula é uma generalização óbvia daquela para o espaço euclidiano,

$$ds^2 = dx^2 + dy^2 + dz^2,$$

mas difere dela pelo fato de que supomos que as coordenadas q_i não são mutuamente ortogonais, assim ds^2 contém os termos cruzados $dq^i dq^j$ com $i \neq j$.

Um caminho no nosso espaço curvo pode ser descrito de modo paramétrico dando a q_i como funções de uma variável independente que chamaremos u, e a distância entre os dois pontos A e B pode então ser representada como

$$J = \int\limits_A^B \frac{ds}{du}\, du = \int\limits_A^B \frac{\sqrt{g_{ij}\, dq^i\, dq^j}}{du}\, du = \int\limits_A^B \sqrt{g_{ij}\, \frac{dq^i}{du}\, \frac{dq^j}{du}}\, du$$

$$= \int\limits_A^B \sqrt{g_{ij}\, \dot{q}^i\, \dot{q}^j}\, du, \tag{22.55}$$

em que utilizamos a notação de ponto, $\dot{q}^i \equiv dq^i\, /\, du$.

Podemos agora começar a encontrar $q^i(u)$ que minimizam J, mas esse é um problema relativamente difícil. Em vez disso, contamos com a formulação lagrangiana da mecânica relativista em que, para uma partícula não sujeita a um potencial (além de uma força gravitacional cujo efeito é descrito pela métrica), a lagrangiana se reduz a

$$L = \frac{m}{2}\, g_{ij}\, \dot{q}^i\, \dot{q}^j. \tag{22.56}$$

Aqui a notação de ponto refere-se a derivadas que diz respeito ao tempo apropriado τ (ou a qualquer outra variável relacionada com isso por uma **transformação afim** (ou seja, a nova variável, por exemplo, u, está relacionada com τ por uma transformação da forma $u = a\tau + b$). Isso significa que podemos substituir a minimização de J por aquela da **ação**:

$$\delta \int\limits_A^B g_{ij}\, \dot{q}^i\, \dot{q}^j\, du = 0, \tag{22.57}$$

na verdade simplificando nosso problema eliminando o radical que estava presente na Equação (22.55).

A minimização na Equação (22.57) é um problema padrão relativamente simples no cálculo das variações; para resolvê-lo, notamos que cada g_{ij} é em geral uma função de todo q^k (mas não derivadas $\dot{q}^k$). Haverá uma equação de Euler para cada k; antes da simplificação, elas assumem a forma

$$\frac{\partial g_{ij}\, \dot{q}^i\, \dot{q}^j}{\partial q^k} - \frac{d}{du}\, \frac{\partial g_{ij}\, \dot{q}^i\, \dot{q}^j}{\partial \dot{q}^k} = 0. \tag{22.58}$$

Começando a avaliar a Equação (22.58), obtemos

$$\frac{\partial g_{ij}}{\partial q^k}\, \dot{q}^i\, \dot{q}^j - \frac{d}{du} g_{ij}\, \frac{\partial}{\partial \dot{q}^k}\left(\dot{q}^i\, \dot{q}^j\right) = \frac{\partial g_{ij}}{\partial q^k}\, \dot{q}^i\, \dot{q}^j - \frac{d}{du}\left(g_{kj}\dot{q}^j + g_{ik}\dot{q}^i\right) = 0. \tag{22.59}$$

Alcançamos alguma simplificação usando as relações

$$\frac{d\dot{q}^j}{du} = \ddot{q}^j \quad \text{e} \quad \frac{dg_{kj}}{du} = \frac{\partial g_{kj}}{\partial q^i}\, \dot{q}^i$$

(lembre-se de que a convenção para somatório de Einstein ainda está em uso). A Equação (22.59) se reduz a

$$\frac{1}{2}\, \dot{q}^i\, \dot{q}^j \left[\frac{\partial g_{ij}}{\partial q^k} - \frac{\partial g_{kj}}{\partial q^i} - \frac{\partial g_{ik}}{\partial q^j}\right] - g_{ik}\ddot{q}^i = 0. \tag{22.60}$$

Como uma simplificação final, multiplicamos a Equação (22.60) por g^{kl} e usamos a identidade $g^{kl}\, g_{ik} = \delta_i^l$, alcançando (em uma notação mais expandida) a **equação geodésica**

$$\frac{d^2 q^l}{du^2} + \frac{dq^i}{du}\, \frac{dq^j}{du}\, \frac{1}{2}\, g^{kl}\left[\frac{\partial g_{kj}}{\partial q^i} + \frac{\partial g_{ik}}{\partial q^j} - \frac{\partial g_{ij}}{\partial q^k}\right] = 0. \tag{22.61}$$

Comparando com a fórmula para o símbolo de Christoffel, Equação (4.63), podemos reescrever a Equação (22.61) como

$$\frac{d^2q^l}{du^2} + \frac{dq^i}{du}\frac{dq^j}{du}\,\Gamma^l_{ij} = 0.$$ (22.62)

Observe que, embora a Equação (22.62) dê a equação diferencial que descreve a geodésica no espaço curvo, ela está muito longe da equação para a solução explícita de problemas significativos na relatividade geral. A exploração dessas soluções é um tema atual de pesquisa e está além do escopo deste livro.

Relação com a Física

O cálculo das variações, como desenvolvido até agora, fornece uma descrição elegante de uma ampla variedade de fenômenos físicos. A física inclui mecânica clássica, como nos Exemplos 22.2.1 e 22.2.2; mecânica relativista, Exercício 22.2.5; eletrostática, Exemplo 22.2.3; e teoria eletromagnética no Exercício 22.2.10. A conveniência não deve ser minimizada, mas ao mesmo tempo devemos estar cientes de que, nesses casos, o cálculo das variações só forneceu uma descrição alternativa daquilo que já conhecíamos. A situação muda com teorias incompletas.

Se a física básica ainda não é conhecida, um princípio variacional postulado pode ser um ponto de partida útil.

Exercícios

22.2.1 (a) Desenvolva as equações do movimento correspondendo a $L = \frac{1}{2}m(\dot{x}^2 + \dot{y}^2)$.

(b) Como suas soluções minimizam a integral $\int_{t_1}^{t_2} L\,dt$?

Compare o resultado da sua solução com $x = $ constante, $y = $ constante.

22.2.2 Das equações lagrangianas do movimento, Equação (22.38), mostre que um sistema em equilíbrio estável tem uma energia potencial mínima.

22.2.3 Escreva as equações lagrangianas do movimento de uma partícula em coordenadas esféricas para o potencial V igual a uma constante. Identifique os termos correspondendo a (a) força centrífuga e (b) força de Coriolis.

22.2.4 O pêndulo esférico consiste em uma massa em um fio de comprimento l, livre para se mover em ângulo polar θ e em ângulo azimutal φ (Figura 22.8).

(a) Configure a lagrangiana para esse sistema físico.

(b) Desenvolva as equações lagrangianas do movimento.

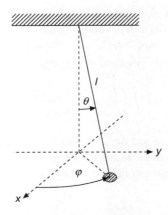

Figura 22.8: Pêndulo esférico.

22.2.5   Mostre que a lagrangiana

$$L = m_0 c^2 \left(1 - \sqrt{1 - \frac{v^2}{c^2}} \right) - V(\mathbf{r})$$

leva a uma forma relativista da segunda lei de Newton do movimento,

$$\frac{d}{dt} \left(\frac{m_0 v_i}{\sqrt{1 - v^2/c^2}} \right) = F_i,$$

em que as componentes de força são $F_i = -\partial V/\partial x_i$.

22.2.6   A lagrangiana para uma partícula com carga q em um campo eletromagnético descrito por potencial escalar φ e potencial vetorial $\mathbf{A}$ é

$$L = \frac{1}{2} m v^2 - q\varphi + q\mathbf{A} \cdot \mathbf{v}.$$

Encontre a equação do movimento da partícula carregada.

Dica: $(d/dt)A_j = \partial A_j/\partial t + \sum_i (\partial A_j/\partial x_i)\dot{x}_i$. A dependência dos campos de força $\mathbf{E}$ e $\mathbf{B}$ nos potenciais φ e $\mathbf{A}$ é desenvolvida na Seção 3.9; veja especialmente a Equação (3.108).

RESPOSTA: $m\ddot{x}_i = q[\mathbf{E} + \mathbf{v} \times \mathbf{B}]_i$.

22.2.7   Considere um sistema no qual a lagrangiana é dada por

$$L(q_i, \dot{q}_i) = T(q_i, \dot{q}_i) - V(q_i),$$

em que q_i e $\dot{q}_i$ representam conjuntos das variáveis. A energia potencial V é independente da velocidade e nem T nem V tem qualquer dependência temporal explícita.

(a)   Mostre que

$$\frac{d}{dt} \left(\sum_j \dot{q}_j \frac{\partial L}{\partial \dot{q}_j} - L \right) = 0.$$

(b)   A quantidade constante

$$\sum_j \dot{q}_j \frac{\partial L}{\partial \dot{q}_j} - L$$

define a hamiltoniana H. Mostre que sob as condições pressupostas anteriores, H satisfaz $H = T + V$ e, portanto, é a energia total.

Nota: A energia cinética T é uma função quadrática de $\dot{q}_i$.

22.2.8   A lagrangiana para uma corda vibrando (vibrações de pequena amplitude) é

$$L = \int \left(\frac{1}{2} \rho u_t^2 - \frac{1}{2} \tau u_x^2 \right) dx,$$

em que ρ é a densidade de massa linear (constante) e τ é a tensão (constante). A integração x é ao longo do comprimento da corda. Mostre que a aplicação do princípio de Hamilton à densidade lagrangiana (o integrando), agora com duas variáveis independentes, leva à equação de onda clássica,

$$\frac{\partial^2 u}{\partial x^2} = \frac{\rho}{\tau} \frac{\partial^2 u}{\partial t^2}.$$

22.2.9 Mostra que o valor estacionário da energia total do campo eletrostático do Exemplo 22.2.3 é um **mínimo**. *Dica*: Investigue os termos α^2 de J.

22.2.10 A lagrangiana (por unidade de volume) de um campo eletromagnético com uma densidade de carga ρ e densidade de corrente $\mathbf{J}$ é dada por

$$L = \frac{1}{2}\left(\varepsilon_0 \mathbf{E}^2 - \frac{1}{\mu_0}\mathbf{B}^2\right) - \rho\varphi + \mathbf{J}\cdot\mathbf{A}.$$

Mostre que as equações de Lagrange levam a duas das equações de Maxwell. (As duas remanescentes são uma consequência da definição de $\mathbf{E}$ e $\mathbf{B}$ em termos de $\mathbf{A}$ e φ.)
Dica: Considere φ e as componentes de $\mathbf{A}$ como variáveis **dependentes**; e x, y, z e t como variáveis **independentes**. $\mathbf{E}$ e $\mathbf{B}$ são dadas em termos de $\mathbf{A}$ e φ pela Equação (3.108).

22.3 Mínimos/Máximos Restritos

Para nos prepararmos para lidar com problemas no cálculo das variações em que uma integral deve ser minimizada sujeita a restrições (que podem ser equações algébricas ou valores fixos de outras integrais), agora analisaremos situações em que buscamos um extremo limitado de uma função ordinária.

Um típico problema restrito do tipo agora sob consideração é a minimização de uma função de diversas variáveis, aqui ilustradas como $f(x, y, z)$, sujeita à restrição de que $g(x, y, z)$ deve ser mantida constante. Como a equação $g(x, y, z) = C$ define uma superfície, nosso problema restrito é minimizar $f(x, y, z)$ em uma superfície da constante g. A presença da restrição significa que somente duas das três variáveis x, y, z são realmente independentes e, em princípio, podemos resolver a equação de restrição para obter z como uma função de x e y: $z = z(x, y)$, depois da qual podemos obter o mínimo desejado definindo as derivadas como zero

$$\frac{\partial}{\partial x}f\Big(x, y, z(x, y)\Big) \qquad e \qquad \frac{\partial}{\partial y}f\Big(x, y, z(x, y)\Big).$$

No entanto, pode ser incômodo ou, em alguns casos, quase impossível resolver a equação de restrição, e em qualquer caso essa abordagem não trata as variáveis x, y, z em uma base explicitamente equivalente. Por essas razões, é útil empregar um procedimento alternativo, conhecido como método dos **multiplicadores lagrangianos**.

Multiplicadores Lagrangianos

Continuando nossa ilustração tridimensional em que procuramos minimizar $f(x, y, z)$ sujeito à restrição $g(x, y, z) = C$, nosso ponto de partida é que a equação de restrição implica

$$dg = \left(\frac{\partial g}{\partial x}\right)_{yz}dx + \left(\frac{\partial g}{\partial y}\right)_{xz}dy + \left(\frac{\partial g}{\partial z}\right)_{xy}dz = 0,$$

em que (como indicado aqui explicitamente) as derivadas parciais de g são consideradas visualizando x, y e z como independentes. Procedendo como na derivação da Equação (1.144), temos

$$\left(\frac{\partial z}{\partial x}\right)_y = -\frac{\left(\dfrac{\partial g}{\partial x}\right)_{yz}}{\left(\dfrac{\partial g}{\partial z}\right)_{xy}} \qquad e \qquad \left(\frac{\partial z}{\partial y}\right)_x = -\frac{\left(\dfrac{\partial g}{\partial y}\right)_{xz}}{\left(\dfrac{\partial g}{\partial z}\right)_{xy}}. \tag{22.63}$$

Agora definindo $(\partial f/\partial x)_y$ como zero, temos (impondo a restrição $dg = 0$)

$$\left(\frac{\partial f}{\partial x}\right)_y = \left(\frac{\partial f}{\partial x}\right)_{yz} + \left(\frac{\partial f}{\partial z}\right)_{xy}\left(\frac{\partial z}{\partial x}\right)_y = \left(\frac{\partial f}{\partial x}\right)_{yz} - \frac{\left(\dfrac{\partial f}{\partial z}\right)_{xy}}{\left(\dfrac{\partial g}{\partial z}\right)_{xy}}\left(\frac{\partial g}{\partial x}\right)_{yz}$$

$$= \left(\frac{\partial f}{\partial x}\right)_{yz} - \lambda\left(\frac{\partial g}{\partial x}\right)_{yz} = 0, \tag{22.64}$$

onde

$$\lambda = \frac{\left(\dfrac{\partial f}{\partial z}\right)_{xy}}{\left(\dfrac{\partial g}{\partial z}\right)_{xy}}. \tag{22.65}$$

A quantidade λ é chamada **multiplicador lagrangiano**.

Agora considerando a Equação (22.64), seu equivalente com y substituindo x, e uma forma rearranjada da Equação (22.65), temos o conjunto simétrico das fórmulas

$$\left(\frac{\partial f}{\partial x}\right)_{yz} - \lambda\left(\frac{\partial g}{\partial x}\right)_{yz} = 0,$$

$$\left(\frac{\partial f}{\partial y}\right)_{xz} - \lambda\left(\frac{\partial g}{\partial y}\right)_{xz} = 0, \tag{22.66}$$

$$\left(\frac{\partial f}{\partial z}\right)_{xy} - \lambda\left(\frac{\partial g}{\partial z}\right)_{xy} = 0.$$

A generalização das Equações (22.66) para variáveis n e restrições k é

$$\frac{\partial f}{\partial x_i} - \sum_{j=1}^{k} \lambda_j \frac{\partial g_j}{\partial x_i} = 0, \quad i = 1, 2, \ldots, n. \tag{22.67}$$

As equações n, Equações (22.67), contêm as incógnitas $n + k$ (a n x_i e a k λ_j), e elas devem ser resolvidas sujeitas também às equações de restrição k. Em alguns problemas nunca é necessário avaliar explicitamente os multiplicadores lagrangianos, e por essa razão o método às vezes é chamado **multiplicador(es) indeterminado(s)** (**de Lagrange**).

Note que essa formulação não apenas identifica os mínimos; as mesmas equações localizarão os máximos e os pontos de sela. É necessário determinar a natureza dos pontos estacionários do problema específico em questão.

Embora a derivação da Equação (22.66) fosse assimétrica pelo fato de que λ foi obtida considerando z como sendo uma variável dependente, poderíamos ter realizado a análise com x ou y no lugar de z. Isso dá uma rota alternativa para as fórmulas finais no caso especial de que $(\partial g / \partial z)$ desaparece e, nesse caso, a Equação (22.65) torna-se indefinida. O método só falha se todas as derivadas de uma função de restrição desaparecem no ponto estacionário.

Exemplo 22.3.1   Minimizando a Razão entre Superfície e Volume

Considere um cilindro circular reto de raio r e altura h. Desejamos encontrar a razão h / r que minimizará a área de superfície para um volume fechado fixo. As fórmulas relevantes são: área de superfície $S = 2\pi(rh + r^2)$, volume $V = \pi r^2 h$.

Aplicando as Equações (22.67) para o caso de uma restrição e duas variáveis independentes, temos

$$\frac{\partial S}{\partial r} - \lambda\frac{\partial V}{\partial r} = 2\pi(h + 2r) - \lambda(2\pi rh) = 0,$$

$$\frac{\partial S}{\partial h} - \lambda\frac{\partial V}{\partial h} = 2\pi r - \lambda\pi r^2 = 0.$$

Eliminando λ dessas equações, encontramos $h/r = 2$. Como também não usamos a equação de restrição, obtemos apenas a razão das duas variáveis h e r (que é a informação relevante para o problema atual). Entretanto, se especificarmos o volume V (isto é, usar a equação de restrição), então obtemos os valores individuais de h e r.

Fechamos com mais duas observações: (1) Nossa solução obviamente fornece uma razão *mínima* S/V, mas, em princípio, isso tem de ser determinado por um estudo mais minucioso do problema. No caso atual, não há um máximo, uma vez que S/V aumenta sem limite à medida que h/r se aproxima de zero. (2) Notamos que a minimização S para V fixo é a mesma coisa que maximizar V para S fixo, e leva a equações multiplicadores lagrangianas equivalentes. ∎

Exercícios

22.3.0 Os seguintes problemas devem ser resolvidos usando multiplicadores lagrangianos.

22.3.1 A energia do estado fundamental de uma partícula quântica de massa m em uma pastilha (cilindro circular reto) é dada por

$$E = \frac{\hbar^2}{2m} \left(\frac{(2{,}4048)^2}{R^2} + \frac{\pi^2}{H^2} \right),$$

em que R é o raio e H é a altura da pastilha. Localize a razão de R para H que minimizará a energia para um volume fixo.

22.3.2 O correio norte-americano limita a remessa de encomendas de primeira classe para o Canadá a um total de 90 centímetros, mais a circunferência. Usando multiplicadores de Lagrange, encontre as dimensões do paralelepípedo retangular de volume máximo sujeitas a essa restrição.

22.3.3 Um reator nuclear térmico está sujeito à restrição

$$\varphi(a, b, c) = \left(\frac{\pi}{a} \right)^2 + \left(\frac{\pi}{b} \right)^2 + \left(\frac{\pi}{c} \right)^2 = B^2, \quad \text{uma constante,}$$

em que o reator é um paralelepípedo retangular de lados a, b e c. Encontre as razões de a, b e c que maximizam o volume do reator.

RESPOSTA: $a = b = c$, cubo.

22.3.4 Para uma lente de distância focal f, a distância do objeto p e a distância da imagem q estão relacionados por $1/p + 1/q = 1/f$. Encontre a distância mínima entre o objeto e a imagem $(p + q)$ para f fixo. Suponha que o objeto e a imagem são reais (p e q ambos positivos).

22.3.5 Dada uma elipse $(x/a)^2 + (y/b)^2 = 1$. Encontre o retângulo inscrito da área máxima. Mostre que a razão entre a área da área máxima do retângulo e a área da elipse é $2/\pi = 0{,}6366$.

22.3.6 Um paralelepípedo retangular está inscrito em um elipsoide com semieixos a, b e c. Maximize o volume do paralelepípedo retangular inscrito. Mostre que a razão entre o volume máximo e o volume do elipsoide é $2/\pi\sqrt{3} \approx 0{,}367$.

22.3.7 Encontre o valor máximo da derivada direcional de $\varphi(x, y, z)$,

$$\frac{d\varphi}{ds} = \frac{\partial\varphi}{\partial x} \cos\alpha + \frac{\partial\varphi}{\partial y} \cos\beta + \frac{\partial\varphi}{\partial z} \cos\gamma,$$

sujeita à restrição,

$$\cos^2\alpha + \cos^2\beta + \cos^2\gamma = 1.$$

22.4 Variação com Vínculos

Como nas seções anteriores, procuramos o caminho que tornará a integral

$$J = \int f\left(y_i, \frac{\partial y_i}{\partial x_j}, x_j \right) dx_j \tag{22.68}$$

estacionária. Esse é o caso geral em que x_j representa um conjunto de variáveis independentes e y_i um conjunto de variáveis dependentes. Agora, porém, introduzimos uma ou mais restrições. Isso significa que y_i não mais são independentes entre si. Então, se variarmos y_i escrevendo $y_i(\alpha) = y_i(0) + \alpha\eta_i$, nem todo η_i pode então ser variado arbitrariamente, e as equações de Euler não seriam aplicáveis.

Nossa abordagem será utilizar o método de Lagrange dos multiplicadores indeterminados. Consideramos primeiro a possibilidade de que a *k-ésima* restrição assuma a forma de uma equação:

$$\varphi_k\left(y_i, \frac{\partial y_i}{\partial x_j}, x_j \right) = 0. \tag{22.69}$$

Isso normalmente não será significativo a menos que exista mais de uma variável dependente ou independente, de tal modo que a Equação (22.69) se restringe, mas não determina totalmente y_i. Lembre-se de que y_i e x_j são utilizados aqui para denotar **conjuntos** das variáveis. Para introduzir um multiplicador indeterminado e permanecer em harmonia com nosso estudo do cálculo das variações, observamos que a restrição, Equação (22.69), pode ser afirmada na forma

$$\int \lambda_k(x_j)\varphi_k\left(y_i, \frac{\partial y_i}{\partial x_j}, x_j\right)dx_j = 0, \tag{22.70}$$

com $\lambda_k(x_j)$ uma função arbitrária de x_j. A Equação (22.70) é claramente satisfeita se

$$\delta \int \lambda_k(x_j)\varphi_k\left(y_i, \frac{\partial y_i}{\partial x_j}, x_j\right)dx_j = 0. \tag{22.71}$$

Alternativamente, podemos ter uma restrição na forma de uma integral (agora dependente tanto de y_i quanto de suas derivadas ao longo de todo o intervalo no qual o problema é definido):

$$\int \varphi_k\left(y_i, \frac{\partial y_i}{\partial x_j}, x_j\right)dx_j = \text{constante}. \tag{22.72}$$

O efeito dessa restrição pode ser levado a uma forma consistente com a Equação (22.71) escrevendo

$$\delta \int \lambda_k \varphi_k\left(y_i, \frac{\partial y_i}{\partial x_j}, x_j\right)dx_j = 0. \tag{22.73}$$

Note que nessa equação λ_k não depende de x_j, mas é simplesmente uma constante, uma vez que é apenas a integral de φ_K que é necessária para ser estacionária.

Nesse ponto, nossas restrições foram escritas como integrais que são dependentes dos multiplicadores indeterminados λ_k, em que λ_k significa $\lambda_k(x_j)$ ou apenas λ_k, dependendo de a restrição ser da Equação (22.71) ou (22.73). Temos, portanto, nosso problema em uma forma adequada para aplicar o método dos multiplicadores lagrangianos da maneira desenvolvida na Seção 22.3, e podemos usar uma fórmula análoga à Equação (22.67). Na nossa notação atual, obtemos

$$\delta \int \left[f\left(y_i, \frac{\partial y_i}{\partial x_j}, x_j\right) + \sum_k \lambda_k\varphi_k\left(y_i, \frac{\partial y_i}{\partial x_j}, x_j\right) \right]dx_j = 0. \tag{22.74}$$

Lembre-se de que o multiplicador lagrangiano λ_k pode depender de x_j quando $\varphi(y_i, x_j)$ é dada na forma da Equação (22.69).

Agora passamos a tratar todo o integrando como uma nova função cuja integral deve ser tornada estacionária:

$$g\left(y_i, \frac{\partial y_i}{\partial x_j}, x_j\right) = f + \sum_k \lambda_k\varphi_k. \tag{22.75}$$

Se temos N variáveis dependentes y_i ($i = 1, 2,..., N$) e m restrições ($k = 1, 2,..., m$), então $N - m$ de η_I pode ser considerada arbitrária. Em vez da variação arbitrária do m permanecendo η_i, podemos em vez disso definir os m multiplicadores λ_k como os valores (ainda desconhecidos) que permitem que as equações de Euler sejam satisfeitas. O resultado geral é que podemos exigir a satisfação de uma equação de Euler para cada uma das variáveis dependentes y_i, mas o m quantidades λ_k que aparecem na solução das equações de Euler devem receber valores consistentes com as restrições que foram impostas. Por outras palavras, será necessário resolver simultaneamente as equações de Euler e as equações da restrição para encontrar a função g (e, consequentemente, f) produzindo um valor estacionário.

Formulação Lagrangiana com Restrições

Na ausência de restrições, descobriu-se que as equações de Lagrange do movimento, Equação (17.52), são[8]

$$\frac{d}{dt}\frac{\partial L}{\partial \dot{q}_i} - \frac{\partial L}{\partial q_i} = 0,$$

---

[8]O símbolo q é comum na mecânica clássica. Ele serve para enfatizar que a variável não necessariamente é uma variável cartesiana (e não necessariamente um comprimento).

com t (tempo) uma variável independente e q_i (t) (as posições de partícula) um conjunto de variáveis dependentes. Normalmente, as coordenadas generalizadas qi são escolhidas para eliminar as forças da restrição, mas isso não é necessário e nem sempre é desejável. Na presença de restrições **holonômicas** (aquelas que podem ser expressas por meio de expressões matemáticas, por exemplo, $\varphi_k = 0$), o princípio de Hamilton é

$$\delta \int \left[L(q_i, \dot{q}_i, t) + \sum_k \lambda_k(t)\, \varphi_k(q_i, t) \right] dt = 0, \tag{22.76}$$

e as equações lagrangianas restritas do movimento são

$$\frac{d}{dt}\frac{\partial L}{\partial \dot{q}_i} - \frac{\partial L}{\partial q_i} = \sum_k a_{ik}\lambda_k. \tag{22.77}$$

Normalmente, a restrição é da forma $\varphi_k = \varphi_k\,(q_i, t)$, independente das velocidades generalizadas $\dot{q}_i$. Nesse caso, o coeficiente a_{ik} é dado por

$$a_{ik} = \frac{\partial \varphi_k}{\partial q_i}. \tag{22.78}$$

Em seguida, $a_{ik}\lambda_k$ (sem somatório) representa a força da k-ésima restrição em $\hat{q}_i$, aparecendo na Equação (22.77) exatamente da mesma maneira como $-\partial\, V/\partial\, q_i$.

Exemplo 22.4.1 Pêndulo Simples

Para ilustrar, considere o pêndulo simples, massa m, restringido por um fio de comprimento l oscilando em um arco (Figura 22.9) sob uma força gravitacional caracterizada por uma aceleração constante g. Na ausência da restrição,

$$\varphi_1 = r - l = 0, \tag{22.79}$$

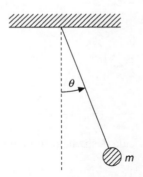

Figura 22.9: Pêndulo simples.

há duas coordenadas generalizadas r e θ (supondo que o movimento seja restrito a um plano vertical). O lagrangiano é

$$L = T - V = \frac{1}{2}m(\dot{r}^2 + r^2\dot{\theta}^2) + mgr\cos\theta, \tag{22.80}$$

considerando o potencial V como sendo zero quando o pêndulo é horizontal, em $\theta = \pi/2$. Note que

$$a_{r1} = \frac{\partial \varphi_1}{\partial r} = 1, \quad a_{\theta 1} = \frac{\partial \varphi_1}{\partial \theta} = 0,$$

as equações do movimento obtidas da Equação (22.77) são

$$\frac{d}{dt}\frac{\partial L}{\partial \dot{r}} - \frac{\partial L}{\partial r} = \lambda_1, \quad \frac{d}{dt}\frac{\partial L}{\partial \dot{\theta}} - \frac{\partial L}{\partial \theta} = 0, \tag{22.81}$$

ou

$$\frac{d}{dt}(m\dot{r}) - mr\dot{\theta}^2 - mg\cos\theta = \lambda_1,$$

$$\frac{d}{dt}(mr^2\dot{\theta}) + mgr\,\text{sen}\,\theta = 0.$$

Substituindo a partir da equação da restrição ($r = l$, $\dot{r} = 0$), essas equações tornam-se

$$ml\dot{\theta}^2 + mg\cos\theta = -\lambda_1, \qquad ml^2\ddot{\theta} + mgl\,\text{sen}\,\theta = 0. \tag{22.82}$$

A segunda equação pode ser resolvida para $\theta(t)$ a fim de produzir um movimento harmônico simples se a amplitude é pequena (sen $\theta \approx \theta$), ao passo que a primeira equação expressa a tensão no fio em termos de θ e $\dot{\theta}$. Observe que como a equação de restrição, Equação (22.79), está na forma da Equação (22.69), o multiplicador de Lagrange λ_1 será uma função de t. Uma vez que a segunda equação é suficiente para determinar $\theta(t)$ (supondo uma escolha das condições iniciais), o lado esquerdo da primeira equação pode ser avaliado se uma forma explícita para λ_1 é desejada. ∎

Exemplo 22.4.2   Desprendendo-se da Superfície de um Tronco

Outro exemplo da mecânica é o problema de uma partícula deslizando sobre uma superfície cilíndrica, como mostrado na Figura 22.10. O objetivo é encontrar o ângulo crítico θ_c em que a partícula é lançada para fora da superfície. Esse ângulo crítico é o ângulo no qual a força radial de restrição vai a zero, e ele dependerá da velocidade inicial com a qual a partícula se afasta de uma posição no topo do cilindro. Para tornar o problema bem definido, procuramos o valor máximo que pode ser alcançado por θ_c, correspondendo ao limite em uma velocidade inicial baixa.

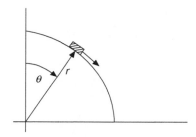

Figura 22.10: Uma partícula deslizando sobre uma superfície cilíndrica.

Para ilustrar o método de minimização restrita, consideramos

$$L = T - V = \tfrac{1}{2}m(\dot{r}^2 + r^2\dot{\theta}^2) - mgr\cos\theta \tag{22.83}$$

e uma equação de restrição,

$$\varphi_1 = r - l = 0. \tag{22.84}$$

Procedendo como no Exemplo 22.4.1, com

$$a_{r1} = \frac{\partial\varphi_1}{\partial r} = 1, \qquad a_{\theta1} = \frac{\partial\varphi_1}{\partial\theta} = 0,$$

alcançamos

$$m\ddot{r} - mr\dot{\theta}^2 + mg\cos\theta = \lambda_1(\theta),$$

$$mr^2\ddot{\theta} + 2mr\dot{r}\dot{\theta} - mgr\,\text{sen}\,\theta = 0.$$

Escolhemos identificar a força de restrição λ_1 como uma função do ângulo θ, uma escolha válida porque θ é uma função de valor único da variável independente t.

Inserindo os valores de restrição $r = l$, $\ddot{r} = \dot{r} = 0$, essas equações se reduzem a

$$-ml\dot{\theta}^2 + mg\cos\theta = \lambda_1(\theta), \tag{22.85}$$

$$ml^2\ddot{\theta} - mgl\,\text{sen}\,\theta = 0. \tag{22.86}$$

Diferenciando a Equação (22.85) em relação ao tempo e lembrando que

$$\frac{df(\theta)}{dt} = \frac{df(\theta)}{d\theta}\,\dot{\theta},$$

nós obtemos

$$-2ml\ddot{\theta} - mg\,\text{sen}\,\theta = \frac{d\lambda_1(\theta)}{d\theta}. \tag{22.87}$$

Combinando as Equações (22.86) e (22.87) para eliminar o termo $\ddot{\theta}$, temos

$$\frac{d\lambda_1}{d\theta} = -3mg\,\text{sen}\,\theta,$$

que integra para

$$\lambda_1(\theta) = 3mg\cos\theta + C. \tag{22.88}$$

Para corrigir a constante C, avaliamos a Equação (22.88) para $\theta = 0$:

$$-ml\dot{\theta}^2\Big|_{\theta=0} + mg = 3mg + C,$$

o que demonstra que $C \leq -2mg$, com $C = -2mg$ quando a velocidade inicial $\dot{\theta}(0)$ é a zero. Utilizando esse valor de C (que leva ao maior ângulo crítico), temos

$$\lambda_1(\theta) = mg(3\cos\theta - 2). \tag{22.89}$$

A partícula permanecerá sobre a superfície desde que a força de restrição seja não negativa, isto é, desde que a superfície precise ser impulsionada para fora na partícula, que correspondendo a $\lambda_1(\theta) > 0$. Da Equação (22.89), descobrimos que o ângulo crítico, no qual $\lambda_1(\theta_c) = 0$, satisfaz

$$\cos\theta_c = \frac{2}{3}, \quad \text{ou} \quad \theta_c = 48°11'$$

em relação à vertical. Em ou antes desse ângulo (desprezando todo o atrito) a partícula é lançada para fora da superfície.

Devemos admitir que esse resultado pode ser obtido mais facilmente considerando uma força centrípeta variando fornecida pela componente radial da força gravitacional. O exemplo foi escolhido para ilustrar o uso do multiplicador indeterminado de Lagrange sem confundir o leitor com um sistema físico complicado. ∎

Exemplo 22.4.3   EQUAÇÃO DE ONDA DE SCHRÖDINGER

Como uma ilustração final de um mínimo restringido, vamos encontrar as equações de Euler para o problema da mecânica quântica de uma partícula de massa m sujeita a um potencial V,

$$\delta J = \int \psi^*(\mathbf{r})H\psi(\mathbf{r})d^3r, \tag{22.90}$$

com a restrição de que ψ é a função de onda normalizada de um estado ligado:

$$\int \psi^*(\mathbf{r})\psi(\mathbf{r})d^3r = 1. \tag{22.91}$$

A Equação (22.90) é uma afirmação de que a energia do sistema é estacionária, com H seu operador hamiltoniano

$$H = -\frac{\hbar^2}{2m}\nabla^2 + V(\mathbf{r}).$$

(22.92)

Na Equação (22.90) ψ e ψ^* são variáveis dependentes; como, em princípio, elas são complexas, podemos tratar cada uma como uma variável separada; esse ponto foi discutido no Capítulo 5, nota de rodapé 3.

O integrando na Equação (17.121) envolve derivadas **de segunda ordem**, mas é conveniente convertê-las em derivadas de primeira ordem usando o teorema de Green, Equação (3.86):

$$\int \psi^*(\mathbf{r})\nabla^2\psi(\mathbf{r})d^3r = \int_S \psi^*\nabla\psi \cdot d\boldsymbol{\sigma} - \int \nabla\psi^* \cdot \nabla\psi \, d^3r.$$

Observamos agora que os termos de superfície desaparecem devido à exigência de que são contínuos, e nosso princípio variacional se torna

$$\delta \int \left[\frac{\hbar^2}{2m}\nabla\psi^* \cdot \nabla\psi + V\psi^*\psi\right]d^3r = 0.$$

(22.93)

A função g para nossa variação restrita é, portanto,

$$g = \frac{\hbar^2}{2m}\nabla\psi^* \cdot \nabla\psi + V\psi^*\psi - \lambda\psi^*\psi$$

$$= \frac{\hbar^2}{2m}(\psi_x^*\psi_x + \psi_y^*\psi_y + \psi_z^*\psi_z) + V\psi^*\psi - \lambda\psi^*\psi,$$

(22.94)

novamente usando o índice inferior x para denotar $\partial/\partial x$. Para $y_i = \psi^*$, a equação de Euler torna-se

$$\frac{\partial g}{\partial\psi^*} - \frac{\partial}{\partial x}\frac{\partial g}{\partial\psi_x^*} - \frac{\partial}{\partial y}\frac{\partial g}{\partial\psi_y^*} - \frac{\partial}{\partial z}\frac{\partial g}{\partial\psi_z^*} = 0.$$

Isso resulta em

$$V\psi - \lambda\psi - \frac{\hbar^2}{2m}(\psi_{xx} + \psi_{yy} + \psi_{zz}) = 0,$$

ou

$$-\frac{\hbar^2}{2m}\nabla^2\psi + V\psi = \lambda\psi.$$

(22.95)

A equação de Euler para $y_i = \psi$ dá o conjugado complexo da Equação (22.95) e, portanto, não fornece nenhuma informação adicional. Referência à Equação (22.92) permite identificar λ fisicamente como a energia do sistema mecânico quântico. Com essa interpretação, a Equação (22.95) é a famosa equação de onda de Schrödinger. ∎

Técnica de Rayleigh-Ritz

Alguns problemas fisicamente importantes podem ser relacionados com os princípios variacionais da forma geral

$$\delta J = \delta \int_a^b \left(p(x)y_x^2 + q(x)y^2\right)dx = 0,$$

(22.96)

em que $y(a)$ e $y(b)$ têm valores fixos, e a variação está sujeita à restrição

$$\int_a^b y^2 w(x)dx = \text{constante}.$$

(22.97)

Tratando as Equações (22.96) e (22.97) na forma de uma minimização restrita, a equação assume a forma de Euler

$$\frac{d}{dx}\left(p(x)\frac{dy}{dx}\right) - q(x)y + \lambda wy = 0, \tag{22.98}$$

em que λ é um multiplicador de Lagrange. Essa situação normalmente surge em contextos em que $w(x)$ é uma função ponderadora não negativa e $y(a)$ e $y(b)$ satisfazem as condições de contorno de Sturm-Liouville, significando que

$$p(x)y_x y\Big|_a^b = 0. \tag{22.99}$$

A partir do exposto, concluímos que, embora originalmente introduzido como um multiplicador de Lagrange, λ também deve ser um autovalor do sistema de Sturm-Liouville descrito pelas Equações (22.98) e (22.99). Essa identificação já foi observada no Exemplo 22.4.3.

Muitas vezes problemas do tipo que estamos discutindo são apresentados como minimização sem restrições da forma

$$\delta J = \delta \left(\frac{\int_a^b \left(p(x)y_x^2 + q(x)y^2 \right)dx}{\int_a^b y^2 w(x)dx} \right) = 0. \tag{22.100}$$

A Equação (22.100) é equivalente à formulação anterior porque $py_x^2 + qy^2$ é homogênea em y e o denominador normaliza y sem mudar sua forma funcional. A J que satisfaz a Equação (22.100) é avaliada para o autovalor λ.

No caso que ocorre mais frequentemente em que $p(x)$ é na verdade independente de x, podemos manipular o termo y_x^2 no integrando de J, fazendo com que as Equações (22.96), (22.97) e (22.100) assumam as formas úteis,

$$\delta J = \delta \int_a^b \left(-p\,y_{xx} + q(x)y^2 \right)dx = 0, \qquad \text{(mínimo de restrições)}, \tag{22.101}$$

$$p\frac{d^2 y}{dx^2} - q(x)y + \lambda wy = 0, \tag{22.102}$$

$$\delta J = \delta \left(\frac{\int_a^b \left(-p\,y\,y_{xx} + q(x)y^2 \right)dx}{\int_a^b y^2 w(x)dx} \right) = 0, \qquad \text{(sem restrições, } J = \lambda \text{)}. \tag{22.103}$$

A técnica de Rayleigh-Ritz utiliza a avaliação direta de qualquer uma dessas formas para $\delta J = 0$, como um meio de obter soluções para o problema de autovalor como a Equação (22.98) ou (22.102). A aplicação da técnica pode ser tão simples quanto supor uma forma para y e avaliar J, mas os resultados mais precisos são obtidos considerando uma forma para $y(x)$ que contém os parâmetros ajustáveis, e então variando os parâmetros para minimizar J dentro do espaço de parâmetros. A qualidade dos resultados obtidos depende, obviamente do fato da forma mínima real para y ter sido bem aproximada.

Autofunção de Estado Fundamental

Suponha que queremos calcular a autofunção do estado fundamental y_0 e o autovalor λ_0 de algum sistema atômico ou nuclear complicado.[9] Um exemplo clássico, para o qual nenhuma solução analítica exata não foi encontrada ainda, é o problema do átomo de hélio. A autofunção y_0 é uma incógnita, mas vamos supor que podemos ter uma

---

[9]Isso significa que λ_0 é o menor autovalor.

estimativa muito boa da aproximação dela, que chamaremos y. Embora y_0 ou quaisquer outras autofunções y_i ($i = 1$, 2...) não sejam conhecidas, ou os autovalores correspondentes λ_i, sabemos, porque as autofunções podem ser escolhidas para formar um conjunto ortogonal completo, que podemos escrever a expansão

$$y = c_0 y_0 + \sum_{i=1}^{\infty} c_i y_i. \tag{22.104}$$

Vamos supor que tivemos sensatez suficiente de escolher y para que ele não seja ortogonal ao estado fundamental, assim $c_0 \neq 0$. Invocando a propriedade de ortogonalidade, E_y, o valor esperado da energia para a função de onda y, é

$$E_y = \frac{\langle y|H|y \rangle}{\langle y|y \rangle} = \frac{\sum_{i=0}^{\infty} |c_i|^2 \lambda_i}{\sum_{i=0}^{\infty} |c_i|^2}, \tag{22.105}$$

em que H, o operador que define a equação de Schrödinger, normalmente tem a forma

$$H = -\frac{\hbar^2}{2m} \frac{d^2}{dx^2} + V(x).$$

A equação de Schrödinger e sua solução aproximada E_y são então vistas como correspondendo às Equações (22.102) e (22.103). O último membro da Equação (22.105) resulta da substituição da Equação (22.104). Essa substituição é semelhante àquela realizada na Equação (6.30), mas observe que supomos que nessa equação a função (lá chamada ψ) esteja normalizada. Como já observado na Seção 6.4, a expressão para E_y é uma média ponderada dos autovalores (com todos os pesos $|c_i|^2 \geq 0$), assim E_y deve ser pelo menos tão grande quanto y_0 e, na verdade, deve ser maior se y contém qualquer mistura das autofunções, cujos λ_i são maiores do que λ_0.

É útil elevar y de modo que $c_0 = 1$ e reorganizar Equação (22.105) para

$$E_y = \lambda_0 + \frac{\sum_{i=1}^{\infty} c_i^2 \lambda_i}{1 + \sum_{i=1}^{\infty} c_i^2}, \tag{22.106}$$

uma forma que deixa claro que o erro em E_y será quadrático em c_i, embora a diferença entre y e y_0 seja linear em c_i.

Nossa análise, portanto, contém dois resultados importantes.

(1) *Considerando que o erro na autofunção y foi $O(c_i)$, o erro em λ só é $\mathbf{O}(c_i^2)$. Mesmo uma aproximação ruim das autofunções pode produzir um cálculo preciso do autovalor.*

(2) *Se λ_0 é o menor autovalor (estado fundamental), então $E_y > \lambda_0$, assim nossa aproximação sempre está no lado alto, mas converge para λ_0 à medida que nossa autofunção aproximada y aprimora ($c_i \to 0$).*

Em problemas práticos na mecânica quântica, y muitas vezes depende de parâmetros que podem ser variados para minimizar E_y e assim melhorar a estimativa da energia do estado fundamental λ_0. Esse é o "método variacional" discutido em textos da mecânica quântica. Ele foi ilustrado no Exemplo 8.4.1.

Exemplo 22.4.4 OSCILADOR QUÂNTICO

O estado fundamental de uma partícula quântica-mecânica de massa m restrita à região $0 \leq x < \infty$ e também sujeita a um potencial $V = kx^2/2$ é descrito (em um sistema de unidade com $\hbar = 1$) pelo autoestado do menor autovalor da equação de Schrödinger,

$$-\frac{1}{2m} \frac{d^2\psi}{dx^2} + \frac{kx^2}{2} \psi = E\psi, \tag{22.107}$$

sujeita às condições de contorno $\psi(0) = \psi(\infty) = 0$. Uma função de onda presumida consistente com as condições de contorno é $y(x) = xe^{-\alpha x}$. Vamos encontrar o valor de α tornando o autovalor aproximado um mínimo.

Nossa equação de Schrödinger é do tipo representado pela Equação (22.102), assim podemos usar a Equação (22.103) e encontrar o valor de J não restrito como dado lá com $p = 1/2m$, $q = kx^2/2$, $w = 1$, e intervalo de integração $(0, \infty)$. Notando que $y_{xx} = \alpha(\alpha x - 2)e^{-\alpha x}$, temos

$$J = \frac{\int_0^\infty \left(-\frac{\alpha x}{2m}(\alpha x - 2) + \frac{kx^4}{2}\right)e^{-2\alpha x}dx}{\int_0^\infty x^2 e^{-2\alpha x}dx} = \frac{\frac{1}{8m\alpha} + \frac{3k}{8\alpha^5}}{\frac{1}{4\alpha^3}} = \frac{\alpha^2}{2m} + \frac{3k}{2\alpha^2}. \qquad (22.108)$$

Diferenciando a Equação (22.108) em relação a α^2 e definindo o resultado como zero, obtemos

$$\frac{1}{2m} - \frac{3k}{2\alpha^4} = 0, \quad \text{ou} \quad \alpha = (3mk)^{1/4}.$$

Inserindo esse valor α na expressão para J, Equação (22.108), encontramos

$$J = \frac{(3mk)^{1/2}}{2m} + \frac{3k}{2(3mk)^{1/2}} = \sqrt{\frac{3k}{m}} \approx 1{,}732\sqrt{\frac{k}{m}}. \qquad (22.109)$$

Esse valor de J é um limite superior para a energia do estado fundamental, o valor exato do qual é $1.5\sqrt{k/m}$.

Considerando uma função de onda um pouco mais complicada (e flexível), da forma $y = (x + cx^2)e^{-\alpha x}$, e otimizando tanto α quanto c, a energia aproximada melhora para $1.542\sqrt{k/m}$. As funções de onda aproximadas desse exemplo são comparadas com a função exata de onda na Figura 22.11. Note que a segunda aproximação produz um autovalor que está em erro por menos do que 3%, embora a função de onda aproximada exiba erros relativos consideravelmente maiores. ∎

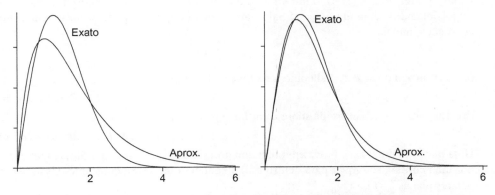

Figura 22.11: Funções de onda de estado fundamental exatas e aproximada para o oscilador quantum, Exemplo 22.4.4, plotado para $k/m = 1$. À esquerda: Aproximação de único termo $y = xe^{-\alpha x}$ Direita: Aproximação de dois termos $y = (x + cx^2)e^{-\alpha x}$.

Exemplo 22.4.5 VARIAÇÃO DOS PARÂMETROS LINEARES

A utilização frequente da técnica de Rayleigh-Ritz é a aproximação de uma autofunção de uma equação de Schrödinger,

$$H\psi(x) = E\psi(x),$$

como uma expansão truncada em um conjunto ortonormal fixo das funções. A vantagem desse procedimento é que todos os parâmetros na função de onda ocorrem linearmente, e a otimização reduz-se a um problema de autovalores matricial.

Dada uma função aproximada (muitas vezes chamada **função experimental**) da forma

$$y(x) = \sum_{i=1}^{N} c_i \varphi_i(x), \qquad (22.110)$$

buscamos minimizar

$$J = \langle y|H|y \rangle \quad \text{sujeito a} \quad \langle y|y \rangle = 1. \qquad (22.111)$$

Mais uma vez ressaltamos que φ_i não têm nenhuma relação específica com a autofunção que buscamos; elas são simplesmente membros de um conjunto ortonormal que tem duas características desejáveis: (1) são de tal modo que algumas podem fornecer uma representação razoável da autofunção, e (2) elas são tratáveis no sentido de que é conveniente avaliar os elementos matriciais que estamos prestes a definir.

Definindo uma matriz H dos elementos $H_{ij} = \langle \varphi_i \mid H \mid \varphi_j \rangle$ e um vetor de coluna **c** com componentes c_i, podemos reafirmar a Equação (22.111) como a minimização de

$$J = \mathbf{c}^\dagger \mathbf{H} \mathbf{c} \quad \text{sujeito a} \quad \mathbf{c}^\dagger \mathbf{c} = 1. \qquad (22.112)$$

Essa formulação, por sua vez, pode ser reduzida utilizando multiplicadores lagrangianos ao problema de autovalor matricial não restrito

$$\mathbf{H} \mathbf{c} = \lambda \mathbf{c}, \qquad (22.113)$$

que podemos resolver (usando métodos matriciais) para λ (o valor aproximado de J). Essa aplicação da técnica de Rayleigh-Ritz é, portanto, vista como sendo equivalente à aproximação de uma equação de operador por uma equação matricial finita. ∎

Exercícios

22.4.1 Uma partícula de massa m está em uma superfície horizontal sem atrito. Em termos das coordenadas polares planas (r, θ), o movimento da partícula é restrito de modo que $\theta = \omega t$ (alcançado impulsionando-a com um braço radial rotativo contra o qual ela pode deslizar sem atrito). Com as condições iniciais

$$t = 0, \quad r = r_0, \quad \dot{r} = 0:$$

(a) Localize a posição radial como uma função do tempo.

RESPOSTA: $r(t) = r_0 \cosh \omega t$.

(b) Encontre a força exercida sobre a partícula pela restrição.

RESPOSTA: $F^{(c)} = 2m\dot{r}\omega = 2mr_0\omega^2 \operatorname{senh} \omega t$.

22.4.2 Uma massa pontual m se move em um plano horizontal achatado sem atrito. A massa é restringida por uma corda a se mover para dentro radialmente em uma taxa constante. Usando coordenadas polares planas (r, θ), $r = r_0 - kt$:

(a) Defina o lagrangiano.

(b) Obtenha as equações com vínculo de Lagrange.

(c) Resolva a equação Lagrange dependente de θ para obter $\omega(t)$, a velocidade angular. Qual é o significado físico da constante de integração que você obtém da sua integração "livre"?

(d) Usando $\omega(t)$ da parte (b), resolva a equação de Lagrange (restrita) dependente de r para obter $\lambda(t)$. Em outras palavras, explique o que está acontecendo com a **força** de restrição como $r \to 0$.

22.4.3 Um cabo flexível é suspenso a partir de dois pontos fixos. O comprimento do cabo é fixo. Encontre a curva que minimizará a energia potencial gravitacional total do cabo.

RESPOSTA: Cosseno hiperbólico.

22.4.4 Um volume fixo de água está girando em um cilindro com velocidade angular constante ω. Localize a curva da superfície da água que minimizará a energia potencial total da água no campo de força centrífugo gravitacional combinado.

RESPOSTA: Parábola.

22.4.5 (a) Mostre que para um perímetro de comprimento fixo a figura plana com área máxima é um círculo.
(b) Mostre que para uma área plana fixa a fronteira com o perímetro mínimo é um círculo.
Dica: O raio da curvatura r é dado por

$$R = \frac{(r^2 + r_\theta^2)^{3/2}}{rr_{\theta\theta} - 2r_\theta^2 - r^2}.$$

Nota: Os problemas desta seção, variação sujeita a restrições, muitas vezes são chamados *isoperimétricos*. O termo surgiu de problemas ao maximizar uma área sujeita a um perímetro fixo, como na parte (a) desse problema.

22.4.6 Mostre que exigindo que J, dado por

$$J = \int\limits_a^b \int\limits_a^b K(x, t)\varphi(x)\varphi(t)dx\, dt,$$

tenha um valor estacionário sujeito à condição de normalização

$$\int\limits_a^b \varphi^2(x)dx = 1$$

levado a uma equação integral de Hilbert-Schmidt, da forma apresentada na Equação (20.64).
Nota: O núcleo $K(x, t)$ é simétrico.

22.4.7 Uma função desconhecida satisfaz a equação diferencial

$$y'' + \left(\frac{\pi}{2}\right)^2 y = 0$$

e as condições de contorno $y(0) = 1$, $y(1) = 0$.
(a) Calcule a aproximação $\lambda = F[y_{\text{experimental}}]$ para $y_{\text{experimental}} = 1 - x^2$.
(b) Compare com o autovalor exato.

RESPOSTA: (a) $\lambda = 2{,}5$. (b) $\lambda/\lambda_{\text{exata}} = 1{,}013$.

22.4.8 No Exercício 22.4.7 use uma função experimental $y = 1 - x^n$.
(a) Encontre o valor de n que minimizará $F[y_{\text{experimental}}]$.
(b) Mostre que o valor ideal de n reduz a razão $\lambda/\lambda_{\text{exata}}$ a $1{,}003$.

RESPOSTA: (a) $n = 1{,}7247$.

22.4.9 Uma partícula da mecânica quântica em uma esfera (Exemplo 14.7.1) satisfaz

$$\nabla^2 \psi + k^2 \psi = 0,$$

com $k^2 = 2mE/\hbar^2$. A condição de contorno é que $\psi = 0$ em $r = a$, em que a é o raio da esfera. Para o estado fundamental [onde $\psi = \psi(r)$], tente uma função de onda aproximada,

$$\psi_a(r) = 1 - \left(\frac{r}{a}\right)^2,$$

e calcule um autovalor aproximado k_a^2.
Dica: Para determinar $p(r)$ e $w(r)$, leve sua equação à forma autoadjunta (em coordenadas polares esféricas).

RESPOSTA: $k_a^2 = \frac{10.5}{a^2}$, $k_{\text{exata}}^2 = \frac{\pi^2}{a^2}$.

22.4.10 A equação de onda para um oscilador de mecânica quântica pode ser escrita como

$$\frac{d^2\psi(x)}{dx^2} + (\lambda - x^2)\psi(x) = 0,$$

com $\lambda = 1$ para o estado fundamental; veja Equação (18.17). Considere

$$\psi_{\text{experimental}} = \begin{cases} 1 - \dfrac{x^2}{a^2}, & x^2 \le a^2 \\ 0, & x^2 > a^2 \end{cases}$$

para a função de onda do estado fundamental (com a^2 um parâmetro ajustável) e calcule a energia do estado fundamental correspondente. Quantos erros você tem?

Nota: Sua parábola não é realmente uma aproximação muito boa a um exponencial gaussiano. Que aprimoramentos você pode sugerir?

22.4.11   A equação de Schrödinger para um potencial central pode ser escrita como

$$\mathcal{L}u(r) + \frac{\hbar^2 l(l+1)}{2Mr^2}\, u(r) = E u(r).$$

O termo $l(l+1)$, a barreira do momento angular, vem da separação da dependência angular. Compare a Equação (9.80) (divida essa equação por $-r^2$). Use a técnica de Rayleigh-Ritz para mostrar que $E > E_0$, em que E_0 é o autovalor de energia de $\mathcal{L}u_0 = E_0 u_0$ correspondendo a $l = 0$. Isso significa que o estado fundamental terá $l = 0$, no momento angular zero.

Dica: Você pode expandir $u(r)$ como $u_0(r) + \sum_{i=1}^{\infty} c_i u_i$, em que $\mathcal{L}u_i = E_i u_i$, $E_i > E_0$.

Leituras Adicionais

Bliss, G. A., *Calculus of Variations*. The Mathematical Association of America. LaSalle, IL: Open Court Publishing Co. (1925). Como um dos textos mais antigos, isso ainda é uma referência valiosa para detalhes dos problemas como problemas de área mínima.

Courant, R. e Robbins, H., *What Is Mathematics?* (2ª ed.). Nova York: Oxford University Press (1996). O capítulo VII inclui uma boa discussão sobre o cálculo das variações, incluindo soluções da película de sabão para os problemas da zona mínima.

Ewing, G. M., *Calculus of Variations with Applications*. Nova York: Norton (1969). Inclui uma discussão das condições de suficiência para soluções de problemas variacionais.

Lanczos, C., *The Variational Principles of Mechanics* (4ª ed.). Toronto: University of Toronto Press (1970), Nova tiragem, Dover (1986). Esse livro é um tratamento muito completo dos princípios variacionais e suas aplicações ao desenvolvimento da mecânica clássica.

Sagan, H., *Boundary and Eigenvalue Problems in Mathematical Physics*. Nova York: Wiley (1961), Nova tiragem, Dover (1989). Esse texto agradável também pode ser listado como uma referência para a teoria de Sturm-Liouville, funções de Legendre e Bessel e série de Fourier. O Capítulo 1 é uma introdução ao cálculo das variações, com aplicações à mecânica. O Capítulo 7 rediscute o cálculo das variações e aplica-o a problemas de autovalor.

Sagan, H., *Introduction to the Calculus of Variations*. Nova York: McGraw-Hill (1969), Nova tiragem, Dover (1983). Isso é uma excelente introdução à teoria moderna do cálculo das variações, que é mais sofisticado e completo do que seu texto de 1961. Sagan abrange condições de suficiência e relaciona o cálculo das variações com problemas da tecnologia espacial.

Weinstock, R., *Calculus of Variations*. Nova York: McGraw-Hill (1952), Nova York: Dover (1974). Um desenvolvimento detalhado e sistemático do cálculo das variações e aplicações à teoria de Sturm-Liouville e problemas físicos em elasticidade, eletrostática e mecânica quântica.

Yourgrau, W. e Mandelstam, S., *Variational Principles in Dynamics and Quantum Theory* (3ª ed.). Philadelphia: Saunders (1968), Nova York: Dover (1979). Isso é um tratamento abrangente e consagrado dos princípios variacionais. As discussões sobre o desenvolvimento histórico e as muitas armadilhas metafísicas são de particular interesse.

23

Probabilidade e Estatística

Probabilidades surgem em muitos problemas que lidam com eventos aleatórios ou um grande número de partículas que definem variáveis aleatórias. Um evento é chamado **aleatório** se for praticamente impossível prevê-lo a partir do estado inicial. Isso inclui casos em que temos informações simplesmente incompletas sobre os estados iniciais e/ou a dinâmica. Por exemplo, na mecânica estatística lidamos com sistemas que contêm grandes números de partículas, mas nosso conhecimento é normalmente limitado a poucas quantidades médias ou macroscópicas como o total de energia, o volume, a pressão ou a temperatura. Como os valores dessas variáveis macroscópicas são consistentes com um grande número de diferentes configurações microscópicas do nosso sistema, estamos impedidos de prever o comportamento dos átomos ou moléculas individuais. Frequentemente as propriedades médias de muitos eventos similares são previsíveis, como na teoria quântica. É por isso que a teoria da probabilidade pode e foi desenvolvida.

Variáveis aleatórias também estão envolvidas quando os dados dependem do acaso, como boletins meteorológicos e preços de ações. A teoria da probabilidade descreve modelos matemáticos dos processos fortuitos em termos das distribuições das probabilidades das variáveis aleatórias que descrevem como alguns "eventos aleatórios" são mais prováveis do que outros. Nesse sentido, a probabilidade é uma medida da nossa ignorância, dando significado quantitativo a afirmações qualitativas, como "provavelmente vai chover amanhã" e "é improvável que eu tire a rainha de copas". As probabilidades são de fundamental importância na mecânica quântica e mecânica estatística e são aplicadas em meteorologia, economia, jogos e muitas outras áreas da vida cotidiana.

Como experimentos no campo das ciências sempre estão sujeitos a erros de medição, as teorias dos erros e sua propagação envolvem probabilidades. **Estatística** é a área da matemática que conecta observações sobre amostras de dados a inferências quanto ao conteúdo provável de toda uma população da qual a(s) amostra(s) foi coletada. É um ramo extenso e complexo da matemática, e neste texto apenas alguns dos conceitos mais básicos podem ser apresentados. O material encontrado aqui pode ser adequado para fornecer uma base conceitual para a mecânica estatística, mas pode no máximo ser uma introdução elementar às ideias necessárias para ganhar o máximo de informações a partir de estudos experimentais intensivos de dados como aquele que surgem do estudo dos raios cósmicos ou dados de aceleradores de partículas de alta energia. Um quadro mais completo do papel da estatística na física e engenharia pode ser obtido a partir de alguns textos nas Leituras Adicionais.

23.1 Probabilidade: Definições, Propriedades Simples

Todos os resultados possíveis **mutuamente exclusivos**[1] de um experimento que está sujeito ao acaso representam os eventos (ou pontos) de um **espaço amostral** S. Suponha que uma moeda foi lançada e registramos que ela cai mostrando "cara" ou "coroa". Esses são eventos mutuamente exclusivos, então nosso espaço amostral para um lançamento de cara ou coroa pode ser considerado como sendo abrangido por uma variável discreta aleatória x, com valores possíveis x_i, que (com base no nosso experimento, chamado **tentativa**), terá um de dois valores x_1 (para caras) ou x_2 (para coroas). Agora suponha que, com o mesmo espaço amostral, realizamos

---

[1] Isso significa que como esse evento particular ocorreu, os outros não poderiam ter ocorrido.

um maior número de tentativas. Alguns terão o resultado x_1 (caras), outros x_2 (coroas). É interessante definir a **probabilidade** de um resultado no nosso espaço amostral pela razão

$$P(x_i) \equiv \frac{\text{número de vezes que o evento } x_i \text{ ocorre}}{\text{número total de tentativas}}, \tag{23.1}$$

em que supomos que o número de tentativas é suficientemente grande para que $P(x_i)$ se aproxime de um valor limite constante. Se formos capazes de enumerar todos os possíveis eventos que produzem resultados no nosso espaço amostral e também pudermos supor que cada evento é igualmente provável, podemos então definir a probabilidade teórica de um resultado x_i como

$$P(x_i) \equiv \frac{\text{número de resultados } x_i}{\text{número total de todos os eventos}}, \tag{23.2}$$

Um exemplo da utilização dessa probabilidade teórica pode ser ilustrado usando lançamentos de moeda. Por exemplo, suponha que uma moeda foi lançada duas vezes e consideramos nossa variável aleatória x como sendo o número de caras obtido em uma tentativa de dois lances. Nossa amostra S agora contém três valores possíveis de x, que designamos x_0, x_1, x_2, em que agora deixamos x_i representar a ocorrência de i caras nos dois lançamentos. Obviamente, os únicos valores possíveis de x são 0, 1, e 2. Também sabemos que os quatro possíveis resultados de dois lançamentos sucessivos são (caras, então caras), (caras, então coroas), (coroas, então caras), (coroas, então coroas); essas possibilidades são mutuamente exclusivas e é razoável supor que elas são igualmente prováveis. Em seguida, usando a Equação (23.2), podemos concluir que as probabilidades de x_2 (duas caras) e x_0 (nenhuma cara) serão cada uma 1/4, enquanto que a probabilidade de x_1 (uma cara) será 1/2.

A definição experimental, Equação (23.1), é a mais apropriada quando o número total de eventos não está bem definido (ou é difícil de obter) ou não podemos identificar resultados igualmente prováveis. Uma pilha grande bem-misturada de grãos de areia pretos e brancos do mesmo tamanho e em proporções iguais é um exemplo relevante, porque é impraticável contar todos eles. No entanto, podemos contar os grãos em um pequeno volume de amostra que escolhemos. Dessa forma, podemos verificar que os grãos brancos e pretos aparecem mais ou menos com a mesma probabilidade 1/2, desde que devolvamos cada amostra e misturemos a pilha novamente. Verificou-se que quanto maior o volume da amostra, menor será a dispersão na probabilidade em relação a 1/2. Além disso, quanto mais tentativas fizermos, mais próximo de 1/2 estará a média de todas as probabilidades de tentativas individuais. Poderíamos até mesmo selecionar grãos individuais e verificar se a probabilidade de 1/4 de escolher dois grãos pretos em uma fileira é igual àquela de dois grãos brancos etc. Há muitas perguntas sobre estatística que podemos fazer. Assim, as pilhas de areia colorida fornecem experiências instrutivas.

Os seguintes axiomas são óbvios.
- Probabilidades satisfazem $0 \leq P \leq 1$. Probabilidade 1 significa certeza; probabilidade 0 significa impossibilidade.
- Toda a amostra tem probabilidade 1. Por exemplo, tirar uma carta arbitrária de um baralho de cartas tem probabilidade 1.
- Como probabilidades para eventos mutuamente exclusivos se somam. A probabilidade de obter exatamente uma cara em dois lançamentos de moeda é 1/4 + 1/4 = 1/2 porque ela é 1/4 para cara primeiro e então coroa, mais 1/4 para coroa primeiro e depois cara.

Exemplo 23.1.1   PROBABILIDADE PARA A OU B

Antes de prosseguir com esse exemplo, temos de esclarecer a definição de "ou". Na teoria da probabilidade, "A ou B" significa A, B ou **tanto** A quanto B. A especificação "A ou B, mas não ambos" é chamada **ou exclusivo** de A e B (às vezes abreviado **xor**).

Qual é a probabilidade de tirar um naipe de paus ou um valete de um baralho de cartas?[2] Para responder a essa pergunta precisamos identificar os eventos mutuamente exclusivos igualmente prováveis. Notamos que como há 52 cartas em um baralho, cada uma delas é igualmente provável (com 13 cartas para cada naipe e 4 valetes), há 13 naipes de paus, incluindo o valete de paus e 3 outros valetes; isto é, há 16 cartas mutuamente exclusivas que atendem nossa especificação de um total de 52, o que dá a probabilidade $(13 + 3)/52 = 16/52 = 4/13$.

■

---

[2] Note que esses eventos não são mutuamente exclusivos.

Conjuntos, Uniões e Interseções

Se representarmos um espaço amostral por um conjunto S de pontos, então os eventos que satisfazem certas especificações podem ser identificados como subconjuntos A, B,... de S, denotados como $A \subset S$ etc. Dois conjuntos A, B são iguais se A está contido em B, denotado como $A \subset B$, e B está contido em A, denotado como $B \subset A$. A **união** $A \cup B$ consiste em todos os pontos (eventos) que estão em A ou B ou ambos (Figura 23.1). A **interseção** $A \cap B$ consiste em todos os pontos que estão tanto em A quanto em B. Se A e B não têm pontos comuns, sua interseção é o **conjunto vazio** (que não tem elementos), e escrevemos $A \cap B = \emptyset$. O conjunto dos pontos em A que não estão na interseção de A e B é denotado por $A - A \cap B$, **definindo assim uma subtração dos conjuntos**. Se considerarmos o naipe de paus no Exemplo 23.1.1 como o conjunto A e os quatro valetes como o conjunto B, então sua união compreende todos os paus e valetes, e sua interseção é apenas o valete de paus.

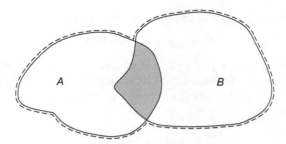

Figura 23.1: A área sombreada dá a interseção $A \cap B$, correspondente aos conjuntos de eventos A **e** B; a linha a tracejada circunda $A \cup B$, correspondendo ao conjunto de eventos A **ou** B.

Cada subconjunto A tem uma probabilidade $P(A) \geq 0$. Em termos desses conceitos e notações da teoria dos conjuntos, as leis da probabilidade que acabamos de discutir se tornam

$$0 \leq P(A) \leq 1.$$

O espaço amostral inteiro tem $P(S) = 1$. A probabilidade da união $A \cup B$ dos eventos mutuamente exclusivos é a soma

$$P(A \cup B) = P(A) + P(B), \quad \text{onde} \quad A \cap B = \emptyset. \tag{23.3}$$

A **regra de adição** para probabilidades de conjuntos arbitrários é dada pelo seguinte teorema:

$$\text{Regra de adição:} \quad P(A \cup B) = P(A) + P(B) - P(A \cap B). \tag{23.4}$$

Para provar a Equação (23.4), escrevemos a união como dois conjuntos mutuamente exclusivos: $A \cup B = A \cup (B - B \cap A)$, em que subtraímos a interseção de A e B de B antes de associá-las. As respectivas probabilidades desses conjuntos mutuamente exclusivos são $P(A)$ e $P(B) - P(B \cap A)$, que somamos. Também poderíamos ter escrito $A \cup B = (A - A \cap B) \cup B$, a partir do qual nosso teorema é demonstrado de forma semelhante adicionando estas probabilidades: $P(A \cup B) = [P(A) - P(A \cap B)] + P(B)$. Note que $A \cap B = B \cap A$. Podemos verificar as relações entre esses conjuntos nos referindo à Figura 23.1.

Às vezes, as regras e definições das probabilidades que discutimos até agora não são suficientes, e precisamos introduzir a noção da probabilidade condicional. Se A e B denotam os conjuntos de eventos no nosso espaço amostral. A **probabilidade condicional** $P(B \mid A)$ é definida como sendo a probabilidade de que um evento que é membro de A também é membro de B. Para entender a necessidade de essa definição um pouco formal, considere o seguinte exemplo.

Exemplo 23.1.2 Probabilidade Condicional

Considere uma caixa com 10 canetas vermelhas idênticas e 20 canetas azuis idênticas, da qual removeremos canetas sucessivamente em uma ordem aleatória sem colocá-las de volta. Suponha que primeiro tiramos uma caneta vermelha, evento R, e então tiramos uma caneta azul, evento B. Uma maneira de calcular $P(R, B)$ é observar que nosso espaço amostral consiste em 30×29 pontos mutuamente exclusivos e igualmente prováveis (cada um uma sequência ordenada de dois eventos), dos quais 10×20 satisfazem nossas especificações, o que leva ao cálculo $P(R, B) = (10 \times 20)/(30 \times 29) = 20/87$. Observe que nesse exemplo, $P(R, B)$ refere-se a eventos **ordenados**.

Outra maneira de fazer o mesmo cálculo é começar observando que a probabilidade inicial de tirar uma caneta vermelha é $P(R) = 10/30$. Porém, agora a probabilidade de tirar uma caneta azul na próxima rodada, evento B, porém, dependerá do fato de que tiramos uma caneta vermelha na primeira rodada, e é dada pela **probabilidade condicional** $P(B \mid R)$. Como há agora 29 canetas, das quais 20 são azuis, calculamos facilmente $P(B \mid R) = 20/29$, e a probabilidade da sequência "vermelha, então azul" é

$$P(R, B) = \frac{10}{30}\frac{20}{29} = \frac{20}{87},$$ (23.5)

igual ao resultado obtido anteriormente.   ■

A generalização do resultado na Equação (23.5) é a muito útil fórmula

$$P(A, B) = P(A)P(B|A),$$ (23.6)

que tem a interpretação óbvia de que a probabilidade de que A e B ambos ocorrem pode ser escrita como a probabilidade de A, multiplicada pela probabilidade condicional $P(B \mid A)$ de que B ocorre, dada a ocorrência de A.

Duas observações relativas à Equação (23.6) são importantes. Primeiro, ela pode ser rearranjada para alcançar uma fórmula explícita para $P(B \mid A)$:

$$P(B|A) = \frac{P(A, B)}{P(A)}.$$ (23.7)

Segundo, se a probabilidade condicional $P(B \mid A) = P(B)$ é independente de A, então os eventos A e B são chamados **independentes**, e a probabilidade combinada é simplesmente o **produto de ambas as probabilidades**, ou

$$P(A, B) = P(A)P(B), \qquad (A \text{ e } B \text{ independentes}).$$ (23.8)

Se A e B são definidos de modo que nenhum depende do outro (uma condição não satisfeita no Exemplo 23.1.2), podemos reescrever a Equação (23.7) como

$$P(B|A) = \frac{P(A \cap B)}{P(A)}.$$ (23.9)

Exemplo 23.1.3   Testes de Aptidão Escolástica

Faculdades e universidades contam com pontuações verbais e matemáticas em testes SAT (*Scolastic Aptitude Tests*), entre outros, para prever se um aluno passará nos cursos e se formará. Sabe-se que uma universidade de pesquisa admite principalmente alunos com uma pontuação verbal e matemática combinada de 1.400 pontos ou mais. A taxa de conclusão de cursos é 95%; isto é, 5% desistem ou se transferem para outra escola. Entre aqueles que se formam, 97% têm uma pontuação SAT de pelo menos 1.400 pontos, enquanto 80% daqueles que desistem têm uma pontuação SAT abaixo de 1.400. Suponha que um aluno tem uma pontuação SAT abaixo 1.400. Qual é a probabilidade de ele se formar?

Seja A os casos de todos os alunos com uma pontuação SAT abaixo de 1.400, e B aqueles que representam pontuações ≥ 1400. Esses são eventos mutuamente exclusivos com $P(A) + P(B) = 1$. Seja C os casos que representam os alunos que se formam, e seja $\tilde{C}$ aqueles que não se formam. Nosso problema aqui é determinar as probabilidades condicionais $P(C \mid A)$ e $P(C \mid B)$. Para aplicar a Equação (23.9) precisamos de quatro probabilidades $P(A)$, $P(B)$, $P(A \cap C)$ e $P(B \cap C)$.

Entre os 95% dos estudantes que se formam, 3% estão no conjunto A e 97% estão no conjunto B, então

$$P(A \cap C) = (0.95)(0.03) = 0.0285, \quad P(B \cap C) = (0.95)(0.97) = 0.9215.$$

Entre os 5% dos alunos que não se formam, 80% estão no conjunto A e 20% estão no conjunto B, então

$$P(A \cap \tilde{C}) = (0.05)(0.80) = 0.0400, \quad P(B \cap \tilde{C}) = (0.05)(0.20) = 0.0100.$$

Como $P(A) = P(A \cap C) + P(A \cap \tilde{C})$, e do mesmo modo para $P(B)$, temos

$$P(A) = 0.0285 + 0.0400 = 0.0685, \quad P(B) = 0.9215 + 0.0100 = 0.9315.$$

Agora, aplicando a Equação (23.9), obtemos os resultados finais

$$P(C|A) = \frac{P(A \cap C)}{P(A)} = \frac{0,0285}{0,0685} \approx 41,6\%,$$

$$P(C|B) = \frac{P(B \cap C)}{P(B)} = \frac{0,9215}{0,9315} \approx 98,9\%;$$

isto é, um pouco menos do que 42% é a probabilidade de um estudante com uma pontuação abaixo de 1.400 se formar nessa universidade particular. ∎

Como um corolário da equação para a probabilidade condicional, Equação (23.9), agora comparamos $P(A|B) = P(A \cap B)/P(B)$ e $P(B|A) = P(A \cap B)/P(A)$, obtendo um resultado conhecido como **teorema de Bayes:**

$$P(A|B) = \frac{P(A)}{P(B)} P(B|A).$$ (23.10)

O teorema de Bayes é um caso especial do teorema mais geral a seguir:

Se os eventos aleatórios A_i com probabilidades $P(A_i) > 0$ são mutuamente exclusivos e sua união representa toda a amostra S, então o evento aleatório arbitrário em $B \subset S$ tem a probabilidade

$$P(B) = \sum_{i=1}^{n} P(A_i) P(B|A_i).$$ (23.11)

A lei da decomposição dada pela Equação (23.11) lembra a expansão de um vetor em uma base de vetores unitários que definem suas componentes. Essa relação vem da decomposição óbvia $B = \cup_i (B \cap A_i)$ (essa notação indica a união de todas as quantidades $B \cap A_i$, ver Figura 23.2), o que implica $P(B) = \sum_i P(B \cap A_i)$ porque as componentes $B \cap A_i$ são mutuamente exclusivas. Para cada i, sabemos da Equação (23.9) que $P(B \cap A_i) = P(A_i)P(B|A_i)$, o que prova o teorema.

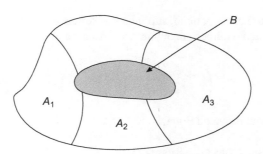

Figura 23.2: A área sombreada B é composta por subconjuntos mutuamente exclusivos de B que também pertencem a A_1, A_2, A_3, em que A_i são mutuamente exclusivos.

Contando Permutações e Combinações

Contar os eventos nas amostras pode nos ajudar a encontrar as probabilidades; descobriu-se que esse procedimento tem muita importância na mecânica estatística.

Se tivermos n moléculas diferentes, vamos nos perguntar de quantas maneiras podemos organizá-los em uma linha, isto é, permutá-las. Esse número é definido como o número de suas **permutações**. Assim, por definição, a **ordem é importante nas permutações**. Existem n maneiras de escolher a primeira molécula, $n - 1$ para a segunda etc. No total, existem $n!$ permutações de n moléculas **diferentes** ou objetos.

Generalizando isso, suponha que existem n pessoas, mas apenas $k < n$ cadeiras para elas. De quantas maneiras podemos acomodar k pessoas nas cadeiras? Contando como antes, obtemos

$$n(n - 1) \cdots (n - k + 1) = \frac{n!}{(n - k)!}$$ (23.12)

para o número das permutações dos objetos k que podem ser formados por seleção de um conjunto contendo inicialmente n objetos.

Consideramos agora a contagem das **combinações** dos objetos, em que o termo **combinação** é definido para se referir a conjuntos em que a ordem dos objetos é irrelevante. Por exemplo, três letras a, b, c podem ser combinadas, duas letras de cada vez, de três formas: ab, ac, bc. Se as letras puderem ser repetidas, então também temos os pares aa, bb, cc e temos um total de seis combinações. Esses exemplos ilustram o fato de que uma **combinação** de partículas diferentes é diferente de uma **permutação** nessa ordem das partículas **não importa**. Combinações podem ocorrer com ou sem repetição; o ponto essencial é que não há duas combinações que contêm as mesmas partículas.

O número de combinações diferentes de n numerada (e assim, distinguir) partículas, k de cada vez e sem repetições, é dada pelo coeficiente binomial

$$\frac{n(n-1)\cdots(n-k+1)}{k!} = \binom{n}{k}.$$ (23.13)

Para provar a Equação (23.13), começamos com o número $n!/(n-k)!$ das permutações em que as partículas k foram escolhidas a partir de n, e dividir o número $k!$ de permutações do grupo de partículas k porque sua ordem não importa em uma combinação.

A generalização disso é uma situação em que temos um total de n objetos distinguíveis (numerados), e colocamos n_1 desses na caixa 1, n_2 na caixa 2 etc. Queremos saber de quantas maneiras diferentes isso pode ser feito (isso é um problema **combinatório** porque os objetos em cada caixa não formam conjuntos ordenados). Uma maneira simples de resolver o problema é identificar cada permutação dos n objetos com uma atribuição nas caixas; o primeiro n_1 dos objetos permutados é colocado na caixa 1, o próximo n_2 na caixa 2 etc. Entretanto, permutações que diferem apenas no ordenamento dos objetos destinados para a mesma caixa não constituem diferentes distribuições, assim o número total de distribuições será $n!$ (o número geral de permutações) dividido por $n_1!$, $n_2!$ etc. Assim, a fórmula geral é

$$B(n_1, n_2, \ldots) = \frac{n!}{n_1! n_2! \ldots}.$$ (23.14)

Essa quantidade é às vezes chamada **coeficiente multinominal;** se houvesse apenas duas caixas, ele se reduziria ao coeficiente binomial.

Para um problema relacionado com repetição, suponha que temos um suprimento ilimitado de partículas que contêm cada número de 1 a k. Então o número de maneiras distintas como n partículas podem ser escolhidas pode ser demonstrado como sendo

$$\binom{n+k-1}{n} = \binom{n+k-1}{k-1}.$$ (23.15)

O exemplo a seguir fornece uma prova da Equação (23.15).

Exemplo 23.1.4 COMBINAÇÕES COM REPETIÇÃO

A relevância física da situação que dá origem à Equação (23.15) é que ela é matematicamente equivalente ao número de maneiras como n partículas indistinguíveis idênticas podem ser colocadas em caixas k. Para verificar que esses problemas são equivalentes, note que o número em cada partícula da Equação (23.15) pode ser usado para identificar a caixa em que essa partícula será colocada.

Uma maneira simples de contar as possíveis atribuições é considerar modos distintos como n partículas indistinguíveis e $k-1$ partições indistinguíveis podem ser colocadas em uma linha contendo $n + k - 1$ itens. As partículas (se houver alguma) que ocorrem na linha antes da primeira partição são atribuídas à caixa 1; aquelas entre a primeira e segunda partições são atribuídas à caixa 2 etc., com as partículas (se houver alguma) que ocorrem mais tarde do que a $(k-1)$-ésima partição (a última) são atribuídas à caixa k. Cada posicionamento diferente das partições produz uma atribuição única de partículas às caixas, e o número de posicionamentos diferentes de partição é o número das combinações dadas pelo coeficiente binomial na Equação (23.15). ∎

Na mecânica estatística, frequentemente precisamos saber o número de maneiras como é possível colocar n partículas em k caixas sujeitas a várias especificações adicionais. Se estamos trabalhando na teoria clássica, nossa especificação mais completa inclui a noção de que as partículas são **distinguíveis**, e nós nos referimos ao cálculo de probabilidade que foi dado pela **estatística de Maxwell-Boltzmann**. No domínio quântico, presume-se que partículas idênticas são inerentemente indistinguíveis; na verdade, não podemos nem mesmo identificá-las pelas suas trajetórias, como a noção de caminho torna-se indistinta pelo princípio da incerteza de Heisenberg. Essa indistinguibilidade leva à exigência de que estados de muitas partículas devem ter simetria sob a permuta de partículas idênticas, e na natureza encontramos dois casos: A função de onda é simétrica sob permuta das coordenadas de um par de partículas idênticas (diz-se que essas partículas exibem **estatística de Bose-Einstein**), ou a permuta das coordenadas provoca uma inversão no sinal da função de onda (o caso denominado **estatística de Fermi-Dirac**). A simetria (ou antissimetria) sob permuta de partículas influencia o modo como as partículas podem ser atribuídas a estados (caixas): na estatística de Bose-Einstein qualquer número de partículas **indistinguíveis** pode ser colocado na mesma caixa; na estatística de Fermi-Dirac nenhuma caixa pode conter mais de uma partícula **indistinguível**.

Aplicação dos diferentes tipos de estatística a problemas gerais está fora do escopo deste texto; mas o caso básico em que nós simplesmente contamos o número de atribuições que são possíveis é facilmente abordado. Se houver n partículas e k estados disponíveis:

- Na estatística (clássica) de Maxwell-Boltzmann, o número de possíveis atribuições de partículas a estados é k^n (cada partícula pode ser independentemente atribuída a qualquer estado).
- Na estatística de Bose-Einstein, o número de possíveis atribuições é dado pela equação (23.15).
- Na estatística de Fermi-Dirac, o número de possíveis atribuições é $\binom{k}{n}$. Essa fórmula dá o número de maneiras

que n dos estados k pode ser selecionado para ocupação. Note que o número de atribuições é zero se $n > k$, indicando que não podemos fazer nenhuma atribuição (com um máximo de uma partícula por estado) a menos que haja pelo menos o mesmo número de estados como há partículas.

Exercícios

23.1.1 Uma carta é tirada de um baralho. (a) Qual é a probabilidade de ela ser preta, (b) um nove vermelho (c) ou uma rainha de espadas?

23.1.2 Encontre a probabilidade de tirar dois reis de um baralho de cartas (a) se a primeira carta é colocada de volta antes de a segunda ser tirada e (b) se a primeira carta não for colocada de volta depois de ser tirada.

23.1.3 Quando dois dados não viciados são lançados, qual é a probabilidade de (a) observando um número inferior a 4, ou (b) um número maior ou igual a 4 e inferior a 6?

23.1.4 Jogando três dados, qual é a probabilidade de obter seis pontos?

23.1.5 Determine a probabilidade $P(A \cap B \cap C)$ em termos de $P(A)$, $P(B)$, $P(C)$, $P(A \cup B)$, $P(A \cup C)$, $P(B \cup C)$ e $P(A \cup B \cup C)$.

23.1.6 Determine diretamente ou por indução matemática (Seção 1.4) a probabilidade de uma distribuição de N (Maxwell-Boltzmann) partículas em k caixas com N_1 na caixa 1, N_2 na caixa 2,..., N_k na k-ésima caixa para quaisquer números $N_j \geq 1$ com $N_1 + N_2 + ... + N_k = N$, $k < N$. Repita esse procedimento para partículas de Fermi-Dirac e Bose-Einstein.

23.1.7 Mostre que $P(A \cup B \cup C) = P(A) + P(B) + P(C) - P(A \cap B) - P(A \cap C) - P(B \cap C) + P(A \cap B \cap C)$.

23.1.8 Determine a probabilidade de que um inteiro positivo $n \leq 100$ é divisível por um número primo $p \leq 100$. Verifique seu resultado para $p = 3, 5, 7$.

23.1.9 Coloque duas partículas obedecendo a estatística de Maxwell-Boltzmann (Fermi-Dirac, ou Bose-Einstein) em três caixas. Quantas maneiras existem de fazer isso em cada caso?

23.2 Variáveis Aleatórias

Nesta seção definimos as propriedades que caracterizam as distribuições de probabilidades das variáveis aleatórias, pelas quais queremos dizer variáveis que assumirão vários valores numéricos com probabilidades individuais. Assim, o nome de uma cor (por exemplo, "preto" ou "branco") não pode ser o valor atribuído a uma variável aleatória, mas podemos definir uma variável aleatória para que ela tenha um valor numérico para "preto" e outro para "branco"; a utilidade da nossa definição pode depender do problema que estamos tentando resolver.

Depois de definir uma variável aleatória e atribuir sua distribuição, estamos especialmente interessados na sua **média** ou valor **médio**, bem como nas medidas da largura ou dispersão de seus valores. A largura é de particular importância quando a variável aleatória representa medições repetidas da mesma quantidade, mas está sujeita a erro experimental. Além disso, introduzimos propriedades que caracterizam o grau em que o valor de uma variável aleatória depende daqueles (isto é, está **correlacionado** com aqueles) da outra.

Variáveis aleatórias podem ser **discretas**, por exemplo, aquelas introduzidas na seção anterior para descrever os resultados dos lançamentos de moeda, ou elas podem ser **contínuas**, de modo inerente (como, por exemplo, a função de onda em um sistema de mecânica quântica) ou porque consistem em tantos pontos discretos proximamente espaçados que é impraticável trabalhar com elas individualmente.

Exemplo 23.2.1   VARIÁVEL ALEATÓRIA DISCRETA

Os possíveis resultados do lançamento de um dado definem uma variável aleatória X com valores $x_1, x_2,..., x_6$, cada um com probabilidade 1/6; podemos denotar isso escrevendo $P(x_i) = 1/6$, $i = 1... 6$.

Se lançarmos dois dados e registrarmos a soma dos pontos mostrados em cada tentativa, então essa soma também será uma variável aleatória discreta, que assume o valor 2 quando ambos os dados mostram 1 com probabilidade $(1/6)^2$; o valor 3 em qualquer um dos dois casos em que um dos dados tem 1 e o outro 2, consequentemente com probabilidade $(1/6)^2 + (1/6)^2 = 1/18$. Continuando, o valor 4 é alcançado de três maneiras igualmente prováveis: $2 + 2$, $3 + 1$, e $1 + 3$ com uma probabilidade total $3(1/6)^2 = 1/12$; os valores 5 e 6 são alcançados com as respectivas probabilidades de $4(1/6)^2 = 1/9$ e $5(1/6)^2 = 5/36$; e o valor 7 ocorre com a probabilidade máxima, $6(1/6)^2 = 1/6$. O valor 8 é alcançado de cinco maneiras $(6 + 2, 5 + 3, 4 + 4, 3 + 5, 2 + 6)$, com probabilidade $5(1/6)^2 = 5/36$, e outros aumentos em x levam a probabilidades menores, finalmente em $x = 12$ alcançando uma probabilidade $(1/6)^2 = 1/36$. Essa distribuição de probabilidade é simétrica em torno de $x = 7$, e pode ser representada graficamente como na Figura 23.3 ou algebricamente

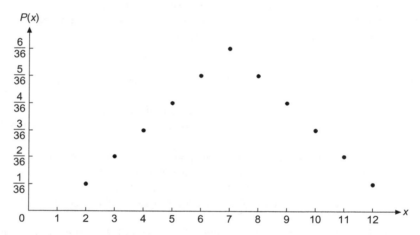

Figura 23.3: Distribuição de probabilidade $P(x)$ da soma dos pontos quando dois dados são lançados.

$$P(x) = \frac{x-1}{36} = \frac{6-(7-x)}{36}, \quad x = 2, 3, \ldots, 7,$$

$$P(x) = \frac{13-x}{36} = \frac{6+(7-x)}{36}, \quad x = 7, 8, \ldots, 12.$$

Em resumo, então,

- Se uma variável aleatória discreta X pode assumir os valores x_i, cada valor ocorre por acaso com uma probabilidade $P(X = x_i) = p_i \geq 0$ que é uma função de valor discreto da variável aleatória X, e as probabilidades satisfazem $\sum_i p_i = 1$.

- Definimos a densidade de probabilidade $f(x)$ de uma **variável aleatória contínua** X como

$$P(x \leq X \leq x + dx) = f(x)dx; \tag{23.16}$$

isto é, $f(x)dx$ é a probabilidade de que X está no intervalo $x \leq X \leq x + dx$. Para que $f(x)$ tenha uma densidade de probabilidade, ela tem de satisfazer $f(x) \geq 0$ e $\int f(x)dx = 1$.

- A generalização para as distribuições de probabilidade que dependem de diversas variáveis aleatórias é simples. A física quântica está repleta de exemplos.

Exemplo 23.2.2 Variável Aleatória Contínua: Átomo de Hidrogênio

A mecânica quântica fornece a probabilidade $|\psi|^2 \, d^3r$ de encontrar um elétron $1s$ em um átomo de hidrogênio no volume[3] d^3r, em que $\psi = Ne^{-r/a}$ é a função de onda $1s$, a é o raio de Bohr, e $N = (\pi a^3)^{-1/2}$ é uma constante de normalização de tal modo que

$$\int |\psi|^2 \, d^3r = 4\pi N^2 \int_0^\infty e^{-2r/a} r^2 dr = \pi a^3 N^2 = 1.$$

O valor dessa integral pode ser verificado identificando-o como uma função gama:

$$\int_0^\infty e^{-2r/a} r^2 dr = \left(\frac{a}{2}\right)^3 \int_0^\infty e^{-x} x^2 dx = \frac{a^3}{8}\Gamma(3) = \frac{a^3}{4}.$$

∎

Calculando Distribuições de Probabilidade Discretas

No Exemplo 23.2.1 a probabilidade geral de um determinado valor de uma variável aleatória discreta foi calculada como um produto em que um fator era o número de maneiras igualmente prováveis de obter o valor, e o outro fator era a probabilidade de cada ocorrência mutuamente exclusiva. Esse tipo de cálculo surge com frequência suficiente que devemos aprender a lidar com ele de modo geral. Portanto, considere uma situação em que ocorrem N eventos independentes (exemplos desses eventos incluem lançamentos de um dado individual, seleção de uma carta de um baralho, o estado da energia ocupado por uma molécula, a orientação do momento magnético de uma partícula), e que cada evento tem um conjunto de m resultados mutuamente exclusivos (por exemplo, número exibido no dado, a identidade da carta, o estado da energia ou a orientação de momento magnético).

Supomos que os resultados $x_1, x_2,..., x_m$ de um evento individual terão as respectivas probabilidades $p_1, p_2,..., p_m$, com $p_1 + p_2 + ... + p_m = 1$ (para que todos os resultados possíveis sejam incluídos). Então, calculamos a probabilidade de que qualquer n_1 dos eventos têm resultado x_1, quaisquer n_2 eventos têm resultado x_2 etc.:

$$P(n_1, n_2, \ldots, n_m) = B(n_1, n_2, \ldots, n_m)(p_1)^{n_1}(p_2)^{n_2} \ldots (p_m)^{n_m}, \tag{23.17}$$

em que $n_1 + n_2 + ... + n_m = N$, e $B(n_1, n_2,..., n_m)$ é o número de modos que, para cada i, n_i dos eventos têm resultado x_i.

Agora $B(n_1, n_2,..., n_m)$ é apenas o coeficiente multinominal encontrado anteriormente; no contexto atual, os objetos numerados correspondem aos eventos numerados de 1 a N e cada caixa corresponde ao resultado de um evento individual. Assim, nossa fórmula final para a probabilidade de uma distribuição definida por n_1, n_2 etc., é

$$P(n_1, n_2, \ldots, n_m) = \frac{N!}{n_1! n_2! \ldots n_m!}(p_1)^{n_1}(p_2)^{n_2} \ldots (p_m)^{n_m}. \tag{23.18}$$

Média e Variância

Ao fazer n medições de uma quantidade x, obtendo os valores x_j, definimos o **valor médio**

$$\bar{x} = \frac{1}{n}\sum_{j=1}^n x_j \tag{23.19}$$

das tentativas, também chamado **média** ou **valor esperado**, em que essa fórmula supõe que cada valor observado x_i tem a probabilidade igual e ocorre com probabilidade $1/n$. Essa conexão é o principal elo dos dados experimentais com a teoria da probabilidade. Essa observação e a experiência prática sugerem que definir o **valor médio para uma variável aleatória discreta** X como

$$\langle X \rangle \equiv \sum_i x_i p_i, \tag{23.20}$$

---

[3]Note que $|\psi|^2 4\pi r^2 dr$ dá a probabilidade de o elétron ser encontrado entre r e $r + dr$ em qualquer ângulo.

enquanto definir o valor médio para uma **variável aleatória contínua** X caracterizada por densidade de probabilidade $f(x)$ como

$$\langle X \rangle = \int x f(x) dx. \tag{23.21}$$

Outras notações para a média na literatura são $\overline{X}$ e $E(X)$.

O uso da média aritmética $\overline{x}$ de n medições como o valor médio é sugerido pela simplicidade e experiência simples, mais uma vez supondo probabilidade igual para cada x_i. Entretanto, por que não consideramos a média geométrica

$$x_g = (x_1 x_2 \ldots x_n)^{1/n}$$

ou o meio de harmônico x_h determinado pela relação

$$\frac{1}{x_h} = \frac{1}{n}\left(\frac{1}{x_1} + \frac{1}{x_1} + \cdots + \frac{1}{x_n} \right)$$

ou o valor $\tilde{x}$ que minimiza a soma dos desvios absolutos $|x_i - \tilde{x}|$? Aqui considerados que x_i aumentam monotonamente. Ao plotar $O(x) = \sum_{i=1}^{2n+1} |x_i - x|$, como na Figura 23.4 (a), para um número ímpar de pontos, percebemos que ela tem um mínimo no valor central $i = n$, enquanto para um número par de pontos $E(x) = \sum_{i=1}^{2n} |x_i - x|$ é plano na região central, como mostrado na Figura 23.4(b). Essas propriedades tornam as funções inaceitáveis para determinar os valores médios. Em vez disso, ao minimizar (em relação a x) a soma dos desvios quadráticos,

$$\sum_{i=1}^{n} (x - x_i)^2 = \text{mínimo}, \tag{23.22}$$

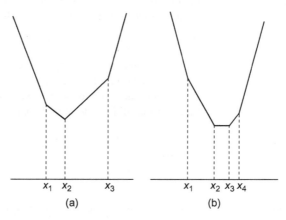

Figura 23.4: (a) $\sum_{i=1}^{3} |x_i - x|$ para um número ímpar de pontos. (b) $\sum_{i=1}^{4} |x_i - x|$ para um número par de pontos.

definindo a derivada igual a zero produz $2\sum_i (x - x_i) = 0$, ou

$$x = \frac{1}{n} \sum_i x_i \equiv \overline{x},$$

isto é, a média aritmética. A média aritmética tem outra propriedade importante: se denotarmos pelos desvios como $v_i = x_i - \overline{x}$, então $\sum_i v_i = 0$, isto é, a soma dos desvios positivos é igual à soma dos desvios negativos. Esse princípio de minimizar a soma quadrática dos desvios, chamado **método dos mínimos quadrados**, se deve a C.F. Gauss, entre outros.

A capacidade de um valor médio para representar um conjunto de pontos de dados depende da dispersão das medições individuais dessa média. Mais uma vez, rejeitamos a média da soma dos desvios $\sum_{i=1}^{n} |x_i - \bar{x}|/n$ como uma medida da dispersão porque seleciona a medição central como o melhor valor sem nenhuma boa razão. Uma definição mais adequada da dispersão baseia-se na média dos quadrados dos desvios em relação à média. Essa quantidade, conhecida como **desvio padrão**, é definida como

$$\sigma = \sqrt{\frac{1}{n}\sum_{i=1}^{n}(x_i - \bar{x})^2}, \tag{23.23}$$

em que a raiz quadrada é motivada por análise dimensional.

Se elevarmos ao quadrado a Equação (23.23) e expandir $(x_i - \bar{x})^2$, escrito como $(x_i - \langle x\rangle)^2$, obtemos

$$n\sigma^2 = \sum_{i=1}^{n} x_i^2 - 2\langle x\rangle \sum_{i=1}^{n} x_i + n\langle x\rangle^2$$

$$= n\left(\langle x^2\rangle - \langle x\rangle^2\right).$$

Dividindo por n, obtemos uma fórmula muito útil,

$$\sigma^2 = \langle x^2\rangle - \langle x\rangle^2. \tag{23.24}$$

Note que esses dois valores esperados são iguais somente se todos os x_i tiverem o mesmo valor; por exemplo, se houver dois x_i, iguais, respectivamente, a $\langle x\rangle + \delta$ e $\langle x\rangle - \delta$, então $\langle x^2\rangle = \langle x\rangle^2 + \delta^2$, assim a dispersão em x_i fez $\langle x_i^2\rangle$ aumentar.

Exemplo 23.2.3 Desvio Padrão de Medições
Das medições $x_1 = 7, x_2 = 9, x_3 = 10, x_4 = 11, x_5 = 13$, extraímos $\bar{x} = 10$ para o valor médio e usando a Equação (23.23),

$$\sigma = \sqrt{\frac{(-3)^2 + (-1)^2 + 0^2 + 1^2 + 3^2}{5}} = 2{,}2361$$

para o desvio padrão, ou dispersão. ∎

Existe ainda outra interpretação do desvio padrão, em termos da soma dos quadrados das diferenças de medição:

$$\sum_{i<k}(x_i - x_k)^2 = \frac{1}{2}\sum_{i=1}^{n}\sum_{k=1}^{n}\left(x_i^2 + x_k^2 - 2x_i x_k\right)$$

$$= \frac{1}{2}\left[2n^2\langle x^2\rangle - 2n^2\langle x\rangle^2\right] = n^2\sigma^2. \tag{23.25}$$

O último passo nessa equação fez uso da Equação (23.24).

Agora estamos prontos para generalizar a dispersão em um conjunto de n medições com igual probabilidade $1/n$ para a **variância** de uma distribuição de probabilidade arbitrária. Para uma variável aleatória discreta X com probabilidades p_i em $X = x_i$, definimos a **variância**

$$\sigma^2 = \sum_{j}\left(x_j - \langle X\rangle\right)^2 p_j; \tag{23.26}$$

para uma distribuição de probabilidade contínua, a definição se torna

$$\sigma^2 = \int_{-\infty}^{\infty}(x - \langle X\rangle)^2 f(x)\,dx. \tag{23.27}$$

Agora desenvolvemos algumas relações satisfeitas por variáveis aleatórias:
1. A variação σ^2 de uma variável aleatória X tem a propriedade

$$\sigma^2 = \langle X^2 \rangle - \langle X \rangle^2. \tag{23.28}$$

Essa fórmula, anteriormente derivada como a Equação (23.24) somente para uma variável aleatória discreta com todos os x_i igualmente prováveis, é em geral verdadeira. A prova é deixada como o Exercício 23.2.3.
2. Se as variáveis aleatórias X e Y estão relacionadas pela equação linear $Y = aX + b$, então Y tem o valor médio $Y = a\,X + b$ e variância $\sigma^2(Y) = a^2\sigma^2(X)$.
Provamos esse teorema somente para uma distribuição contínua, deixando o caso de uma variável aleatória discreta como um exercício para o leitor. Diretamente das definições, temos

$$\langle Y \rangle = \int\limits_{-\infty}^{\infty} (ax + b) f(x) dx = a\langle X \rangle + b,$$

em que a integral que multiplica b é simplificada porque $\int f(x) dx = 1$. Para a variância obtemos de modo semelhante

$$\sigma^2(Y) = \int\limits_{-\infty}^{\infty} (ax + b - a\langle X \rangle - b)^2 f(x) dx = \int\limits_{-\infty}^{\infty} a^2 (x - \langle X \rangle)^2 f(x) dx$$

$$= a^2 \sigma^2(X).$$

3. Probabilidades das variáveis aleatórias satisfazem a **desigualdade de Chebyshev**,

$$P(|x - \langle X \rangle| \geq k\sigma) \leq \frac{1}{k^2}, \tag{23.29}$$

que demonstra por que o desvio padrão serve como uma medida da dispersão de uma distribuição de probabilidade arbitrária a partir de seu valor médio $\langle X \rangle$ Primeiro, derive a desigualdade mais simples

$$P(Y \geq K) \leq \frac{\langle Y \rangle}{K}$$

para uma variável aleatória contínua Y com valores y restritos a $y \geq 0$.(A prova para uma variável aleatória discreta segue praticamente o mesmo processo.) Essa desigualdade decorre de

$$\langle Y \rangle = \int\limits_{0}^{\infty} y f(y) dy = \int\limits_{0}^{K} y f(y) dy + \int\limits_{K}^{\infty} y f(y) dy$$

$$\geq \int\limits_{K}^{\infty} y f(y) dy \geq K \int\limits_{K}^{\infty} f(y) dy = KP(Y \geq K).$$

Em seguida, aplicamos o mesmo método à variação positiva integral,

$$\sigma^2 = \int (x - \langle X \rangle)^2 f(x) dx \geq \int\limits_{|x - \langle X \rangle| \geq k\sigma} (x - \langle X \rangle)^2 f(x) dx$$

$$\geq k^2 \sigma^2 \int\limits_{|x - \langle X \rangle| \geq k\sigma} f(x) dx = k^2 \sigma^2 P(|x - \langle X \rangle| \geq k\sigma),$$

em que primeiro diminuímos o lado direito omitindo a parte da integral positiva com $|x - \langle X \rangle| \leq k\sigma$ e então o diminuímos ainda mais substituindo $(x - \langle X \rangle)^2$ na integral restante por seu valor mínimo, $k^2\sigma^2$. Agora dividimos os primeiros e os últimos membros dessa sequência das desigualdades pela quantidade positiva $k^2\sigma^2$, provando assim a desigualdade de Chebyshev. Para $k = 3$ temos a estimativa convencional de três desvios padrão,

$$P(|x - \langle X \rangle| \geq 3\sigma) \leq \frac{1}{3^2} = \frac{1}{9}. \tag{23.30}$$

Momentos das Distribuições de Probabilidade

É simples generalizar o valor médio a momentos mais altos da distribuição de probabilidades em relação ao valor médio $\langle X \rangle$:

$$\left\langle (X - \langle X \rangle)^k \right\rangle = \sum_j \left(x_j - \langle X \rangle \right)^k p_j, \qquad \text{distribuição discreta,}$$

$$(23.31)$$

$$\left\langle (X - \langle X \rangle)^k \right\rangle = \int_{-\infty}^{\infty} (x - \langle X \rangle)^k f(x)dx, \quad \text{distribuição contínua.}$$

A função geradora de momento

$$\langle e^{tX} \rangle = \int e^{tx} f(x)dx = 1 + t\langle X \rangle + \frac{t^2}{2!}\langle X^2 \rangle + \cdots \qquad (23.32)$$

é uma soma ponderada dos momentos da variável aleatória contínua X, que é obtida substituindo a expansão de Taylor das funções exponenciais. Portanto,

$$\langle X \rangle = \frac{d\langle e^{tX} \rangle}{dt}\bigg|_{t=0}, \quad \langle X^2 \rangle = \frac{d^2\langle e^{tX} \rangle}{dt^2}\bigg|_{t=0}, \ldots, \quad \langle X^n \rangle = \frac{d^n\langle e^{tX} \rangle}{dt^n}\bigg|_{t=0}. \qquad (23.33)$$

Note que os momentos aqui não são relativos ao valor esperado, mas são relativos a $x = 0$; eles são chamados **momentos centrais**.

Exemplo 23.2.4 Função Geradora de Momento

Suponha que temos quatro cartas, numeradas de 1 a 4, das quais podemos tirar duas aleatoriamente e adicionar seus números. Seja a soma dos números tirados os valores de uma variável aleatória X, descobrimos que X tem os seguintes valores e respectivas probabilidades $P(x)$:

$$P(3) = 1/6, \quad P(4) = 1/6, \quad P(5) = 1/3, \quad P(6) = 1/6, \quad P(7) = 1/6.$$

A verificação dessas probabilidades é o tema do Exercício 23.2.1.

A função geradora de momento para esse sistema tem a forma

$$M = \frac{1}{6}\left(e^{3t} + e^{4t} + 2e^{5t} + e^{6t} + e^{7t}\right),$$

e suas duas primeiras derivadas são

$$M' = \frac{1}{6}\left(3e^{3t} + 4e^{4t} + 10e^{5t} + 6e^{6t} + 7e^{7t}\right),$$

$$M'' = \frac{1}{6}\left(9e^{3t} + 16e^{4t} + 50e^{5t} + 36e^{6t} + 49e^{7t}\right).$$

Definindo $t = 0$, obtemos

$$\langle X \rangle = M'(0) = 5, \quad \langle X^2 \rangle = M''(0) = \frac{80}{3}.$$

Assim, descobrimos que a média de X é 5, e sua variação é dada por

$$\sigma^2 = \langle X^2 \rangle - \langle X \rangle^2 = \frac{80}{3} - 25 = \frac{5}{3}.$$

Nesse exemplo, vemos que a função geradora de momento faz (de modo sistemático) a mesma coisa que a formação direta dos momentos; em um exemplo mais adiante, Exemplo 23.3.2, vemos uma situação em que a utilização da função geradora de momento fornece uma oportunidade de calcular os momentos com muito pouco esforço computacional. ∎

Valores médios, momentos centrais e variância podem ser definidos de forma análoga para distribuições de probabilidades que dependem de diversas variáveis aleatórias. Ilustramos o caso de duas variáveis aleatórias X e Y, para as quais os valores médios e a variância de cada uma das variáveis assumem as formas

$$\langle X \rangle = \int\limits_{-\infty}^{\infty} \int\limits_{-\infty}^{\infty} x f(x, y) dx\, dy,$$

$$\langle Y \rangle = \int\limits_{-\infty}^{\infty} \int\limits_{-\infty}^{\infty} y f(x, y) dx\, dy,$$

(23.34)

$$\sigma^2(X) = \int\limits_{-\infty}^{\infty} \int\limits_{-\infty}^{\infty} (x - \langle X \rangle)^2 f(x, y) dx\, dy,$$

$$\sigma^2(Y) = \int\limits_{-\infty}^{\infty} \int\limits_{-\infty}^{\infty} (y - \langle Y \rangle)^2 f(x, y) dx\, dy.$$

(23.35)

Covariância e Correlação

Duas variáveis aleatórias são consideradas **independentes se a densidade de probabilidade** $f(x, y)$ é **fatorada para** um produto $f(x)\, g(y)$ das distribuições de probabilidade de cada variável aleatória.

A covariância, definida como

$$\mathrm{cov}(X, Y) = \langle (X - \langle X \rangle)(Y - \langle Y \rangle) \rangle,$$

(23.36)

é uma medida de quanto as variáveis aleatórias X e Y estão correlacionados (ou relacionadas): é zero para variáveis aleatórias independentes porque

$$\mathrm{cov}(X, Y) = \int (x - \langle X \rangle)(y - \langle Y \rangle)\, f(x, y) dx\, dy$$

$$= \int (x - \langle X \rangle)\, f(x) dx \int (y - \langle Y \rangle)\, g(y) dy$$

$$= (\langle X \rangle - \langle X \rangle)(\langle Y \rangle - \langle Y \rangle) = 0.$$

A covariância normalizada $\mathrm{cov}(X, Y)/\sigma(X)\sigma(Y)$, que tem valores entre -1 e $+1$, é muitas vezes chamada **correlação**.

Para demonstrar que a correlação é limitada por

$$-1 \leq \frac{\mathrm{co}\ (X, Y)}{\sigma(X)\sigma(Y)} \leq 1,$$

analisamos o valor médio positivo

$$Q = \langle [a(X - \langle X \rangle) + c(Y - \langle Y \rangle)]^2 \rangle$$

$$= a^2 \langle [X - \langle X \rangle]^2 \rangle + 2ac \langle [X - \langle X \rangle][Y - \langle Y \rangle] \rangle + c^2 \langle [Y - \langle Y \rangle]^2 \rangle$$

$$= a^2 \sigma(X)^2 + 2ac\, \mathrm{cov}(X, Y) + c^2 \sigma(Y)^2 \geq 0.$$

(23.37)

Para que essa forma quadrática seja não negativa para todos os valores das constantes a e c, seu discriminante deve satisfazer $\mathrm{cov}(X, Y)^2 - \sigma(X)^2\sigma(Y)^2 \leq 0$, o que prova a desigualdade desejada.

A utilidade da correlação como uma medida quantitativa é enfatizada pelo seguinte teorema:

A probabilidade $P(Y = aX + b)$ será unitária se, e somente se, a correlação $\mathrm{cov}(X, Y)/\sigma(X)\sigma(Y)$ é igual a ± 1.

Esse teorema afirma que uma correlação ±100% entre X e Y não só implica uma relação funcional entre duas variáveis aleatórias, mas também que a relação entre elas é linear.

Nosso primeiro passo para provar esse teorema é mostrar que $P(Y = aX + b) = 1$ (significando que $Y = aX + b$) implica que $cov(X, Y)/\sigma(X)\sigma(Y) = \pm 1$. Para a mídia Y, simplesmente calculamos

$$\langle Y \rangle = \langle aX + b \rangle = a\langle X \rangle + b.$$

Para a variação,

$$\sigma(Y)^2 = \langle Y^2 \rangle - \langle Y \rangle^2 = \langle (aX + b)^2 \rangle - (a\langle X \rangle + b)^2$$

$$= a^2\langle X^2 \rangle + 2ab\langle X \rangle + b^2 - \left(a^2\langle X \rangle^2 + 2ab\langle X \rangle + b^2 \right)$$

$$= a^2 \left(\langle X^2 \rangle - \langle X \rangle^2 \right) = a^2\sigma(X)^2,$$

que equivale a $\sigma(Y) = \pm a\sigma(X)$. Também precisamos de $cov(X, Y)$, que é

$$cov(X, Y) = \left\langle (X - \langle X \rangle)((aX + b) - (a\langle X \rangle + b)) \right\rangle$$

$$= a\left(\left\langle X^2 \right\rangle - \left\langle X \right\rangle^2 \right) = a\sigma^2(X) = \pm\sigma(X)\sigma(Y),$$

em que a última igualdade foi obtida identificando $a\sigma(X)$ como $\sigma(Y)$. Esse resultado completa o primeiro passo da nossa prova do teorema.

Para concluir a prova, devemos estabelecer o inverso da relação que acabamos de provar, ou seja, que $cov(X, Y)/\sigma(X)\sigma(Y) = \pm 1$ implica $P(Y = aX + b) = 1$ para algum conjunto de valores (a, b). Em seguida, formamos o valor quadrático esperado

$$\left\langle \left[(\sigma(Y)X \mp \sigma(X)Y) - \left\langle \sigma(Y)X \mp \sigma(X)Y \right\rangle \right]^2 \right\rangle,$$

em que o símbolo $\mp$ indica que escolhemos um sinal oposto ao da correlação $cov(X, Y)/\sigma(X)\sigma(Y)$. Nosso plano é mostrar que esse valor esperado é zero. Como o valor esperado é aquele de uma quantidade inerentemente não negativa, podemos então concluir que $\sigma(Y)X \mp \sigma(X)Y$ é (quase)igual em todos os lugares ao valor esperado, cujo o valor é uma constante C. Temos, portanto,

$$\sigma(Y)X \mp \sigma(X)Y = C, \quad \text{equivalente a} \quad Y = \mp\frac{\sigma(Y)X - C}{\sigma(X)},$$

a relação linear que procuramos.

Ainda precisamos confirmar que o valor quadrático esperado desaparece. Reorganizando-o primeiro para a forma

$$\left\langle \left[\sigma(Y)(X - \langle X \rangle) \mp \sigma(X)(Y - \langle Y \rangle) \right]^2 \right\rangle$$

e então expandindo o quadrado, alcançamos

$$\left\langle \sigma(Y)^2(X - \langle X \rangle)^2 + \sigma(X)^2(Y - \langle Y \rangle)^2 \mp 2\sigma(X)\sigma(Y)(X - \langle X \rangle)(Y - \langle Y \rangle) \right\rangle.$$

Fazendo agora as substituições $(X - \langle X \rangle)^2 = \sigma(X)^2$, $(Y - \langle Y \rangle)^2 = \sigma(Y)^2$ e $\left\langle (X - \langle X \rangle)(Y - \langle Y \rangle) \right\rangle = \pm\sigma(X)\sigma(Y)$, nosso valor quadrático esperado se reduz a zero.

Distribuições de Probabilidade Marginais

Às vezes é útil eliminarmos por integração (isto é, média sobre) uma das variáveis aleatórias em uma distribuição multivariável. Ao fazermos isso, ficamos com a distribuição de probabilidade das outras variáveis aleatórias. Para uma distribuição de duas variáveis, podemos eliminar uma das duas variáveis:

$$F(x) = \int f(x, y)dy, \quad \text{ou} \quad G(y) = \int f(x, y)dx, \tag{23.38}$$

e de maneira análoga para distribuições de probabilidade discretas. Quando uma ou mais variáveis aleatórias são eliminadas por integração, a distribuição de probabilidade remanescente é chamada de **marginal**, motivada pelos aspectos geométricos da projeção. É simples mostrar que essas distribuições marginais satisfazem todas as exigências das distribuições de probabilidade adequadamente normalizadas.

Eis um exemplo abrangente que ilustra o cálculo das distribuições de probabilidade e seus valores médios, variâncias, covariância e correlação.

Exemplo 23.2.5   RETIRADAS REPETIDAS DE CARTAS

Esse exemplo lida com retiradas repetidas independentes de um baralho de cartas. Para nos certificarmos de que esses eventos permanecem independentes, tiramos a primeira carta aleatoriamente de um baralho de bridge que contém 52 cartas e então a devolvemos a um local aleatório e embaralhamos novamente o baralho. Agora vamos repetir o processo para a segunda carta. Vamos definir as variáveis aleatórias:

- X = número de cartas chamadas honras, isto é, as cartas 10, valetes, rainhas, reis ou ases;
- Y = número de cartas 2 ou 3.

Em uma única retirada a probabilidade do evento a (tirar uma honra) é $p_a = 20/52 = 5/13$, enquanto a probabilidade do evento b (tirar uma carta 2 ou 3) é $p_b = 2\,(4/52) = 2/13$. A probabilidade do evento c (tirar qualquer outra carta) é $p_c = (13 - 5 - 2)/13 = 6/13$. Como isso esgota todas as possibilidades mutuamente exclusivas, temos $a + b + c = 1$.

Em duas retiradas, é possível tirar zero, uma, ou duas honras (isto é, $x = 0$, 1 ou 2). Da mesma forma, podemos tirar zero, ou duas cartas de valor 2 ou 3 (isto é, $y = 0$, 1 ou 2). Porém, como estamos retirando apenas duas cartas, temos a condição adicional $0 \leq x + y \leq 2$.

A função de probabilidade $P(X = x, Y = y)$, que escreveremos na forma mais simples $P(x, y)$, é determinada por uma fórmula do tipo apresentado na Equação (23.18), com N (o número de eventos) igual a 2 e com três probabilidades de evento individual p_a, p_b e p_c. O número de eventos a é X, o número de eventos b é y e, portanto, o número de eventos c é $2 - x - y$, e, pela Equação (23.18),

$$P(x, y) = \frac{2!}{x!\,y!\,(2 - x - y)!}(p_a)^x(p_b)^y(p_c)^{2-x-y}$$

$$= \frac{2!}{x!\,y!\,(2 - x - y)!}\left(\frac{5}{13}\right)^x\left(\frac{2}{13}\right)^y\left(\frac{6}{13}\right)^{2-x-y},$$

(23.39)

com $0 \leq x + y \leq 2$. Mais explicitamente, $P(x, y)$ tem os seguintes valores:

$$P(0, 0) = \left(\frac{6}{13}\right)^2, \quad P(1, 0) = 2 \cdot \frac{5}{13} \cdot \frac{6}{13} = \frac{60}{13^2},$$

$$P(2, 0) = \left(\frac{5}{13}\right)^2, \quad P(0, 1) = 2 \cdot \frac{2}{13} \cdot \frac{6}{13} = \frac{24}{13^2},$$

$$P(0, 2) = \left(\frac{2}{13}\right)^2, \quad P(1, 1) = 2 \cdot \frac{5}{13} \cdot \frac{2}{13} = \frac{20}{13^2}.$$

A distribuição de probabilidade está adequadamente normalizada. Seus valores esperados são dados por

$$\langle X \rangle = \sum_{0 \leq x+y \leq 2} x\,P(x, y) = P(1, 0) + P(1, 1) + 2P(2, 0)$$

$$= \frac{60}{13^2} + \frac{20}{13^2} + 2\left(\frac{5}{13}\right)^2 = \frac{130}{13^2} = \frac{10}{13} = 2p_a,$$

e

$$\langle Y \rangle = \sum_{0 \leq x+y \leq 2} y\,P(x, y) = P(0, 1) + P(1, 1) + 2P(0, 2)$$

$$= \frac{24}{13^2} + \frac{20}{13^2} + 2\left(\frac{2}{13}\right)^2 = \frac{52}{13^2} = \frac{4}{13} = 2p_b.$$

Os valores $2p_a$ e $2p_b$ são esperados porque estamos retirando uma carta duas vezes. As variações são

$$\sigma^2(X) = \sum_{0 \le x+y \le 2} \left(x - \frac{10}{13} \right)^2 P(x, y)$$

$$= \left(-\frac{10}{13} \right)^2 [P(0, 0) + P(0, 1) + P(0, 2)] + \left(\frac{3}{13} \right)^2 [P(1, 0) + P(1, 1)] + \left(\frac{16}{13} \right)^2 P(2, 0)$$

$$= \frac{10^2 \cdot 64 + 3^2 \cdot 80 + 16^2 \cdot 5^2}{13^4} = \frac{4^2 \cdot 5 \cdot 169}{13^4} = \frac{80}{13^2},$$

$$\sigma^2(Y) = \sum_{0 \le x+y \le 2} \left(y - \frac{4}{13} \right)^2 P(x, y)$$

$$= \left(-\frac{4}{13} \right)^2 [P(0, 0) + P(1, 0) + P(2, 0)] + \left(\frac{9}{13} \right)^2 [P(0, 1) + P(1, 1)] + \left(\frac{22}{13} \right)^2 P(0, 2)$$

$$= \frac{4^2 \cdot 11^2 + 9^2 \cdot 44 + 22^2 \cdot 2^2}{13^4} = \frac{11 \cdot 4 \cdot 169}{13^4} = \frac{44}{13^2}.$$

A covariância é dada por

$$\text{cov}(X, Y) = \sum_{0 \le x+y \le 2} \left(x - \frac{10}{13} \right) \left(y - \frac{4}{13} \right) P(x, y) = \frac{10 \cdot 4}{13^2} \cdot \frac{6^2}{13^2} - \frac{10 \cdot 9}{13^2} \cdot \frac{24}{13^2}$$

$$- \frac{10 \cdot 22}{13^2} \cdot \frac{4}{13^2} - \frac{3 \cdot 4}{13^2} \cdot \frac{60}{13^2} + \frac{3 \cdot 9}{13^2} \cdot \frac{20}{13^2} - \frac{16 \cdot 4}{13^2} \cdot \frac{5^2}{13^2} = -\frac{20}{13^2}.$$

Portanto, a correlação das variáveis aleatórias X, Y é dada por

$$\frac{\text{cov}(X, Y)}{\sigma(X)\sigma(Y)} = -\frac{20}{8\sqrt{5 \cdot 11}} = -\frac{1}{2}\sqrt{\frac{5}{11}} = -0{,}3371,$$

o que significa que há uma pequena correlação (negativa) entre essas variáveis aleatórias porque, se uma honra for retirada, essa retirada não está disponível para produzir um 2 ou 3, e vice-versa.

Por fim, vamos determinar a distribuição marginal,

$$P(X = x) = \sum_{y=0}^{2} P(x, y),$$

ou explicitamente,

$$P(X = 0) = P(0, 0) + P(0, 1) + P(0, 2) = \left(\frac{6}{13} \right)^2 + \frac{24}{13^2} + \left(\frac{2}{13} \right)^2 = \left(\frac{8}{13} \right)^2,$$

$$P(X = 1) = P(1, 0) + P(1, 1) = \frac{60}{13^2} + \frac{20}{13^2} = \frac{80}{13^2},$$

$$P(X = 2) = P(2, 0) = \left(\frac{5}{13} \right)^2,$$

que está apropriadamente normalizada porque

$$P(x = 0) + P(X = 1) + P(X = 2) = \frac{64 + 80 + 25}{13^2} = \frac{169}{13^2} = 1.$$

O valor médio e a variância de X podem ser calculados a partir das probabilidades marginais:

$$\langle X \rangle = \sum_{x=0}^{2} x\, P(X = x) = P(X = 1) + 2P(X = 2) = \frac{80 + 2 \cdot 25}{13^2} = \frac{130}{13^2} = \frac{10}{13},$$

$$\sigma_F = \sum_{x=0}^{2} \left(x - \frac{10}{13} \right)^2 P(X = x) = \left(-\frac{10}{13} \right)^2 \left(\frac{8}{13} \right)^2 + \left(\frac{3}{13} \right)^2 \frac{80}{13^2} + \left(\frac{16}{13} \right)^2 \left(\frac{5}{13} \right)^2$$

$$= \frac{80 \cdot 169}{13^4} = \frac{80}{13^2}.$$

Esses dados estão de acordo com nossos cálculos anteriores das mesmas quantidades.   ■

Distribuições de Probabilidade Condicional

Se estivermos interessados na distribuição de uma variável aleatória X para um valor definido $y = y_0$ de outra variável aleatória, então lidamos com uma **distribuição de probabilidade condicional** $P(X = x \mid Y = y_0)$. A densidade de probabilidade contínua correspondente é $f(x, y_0)$.

Exercícios

23.2.1   Verifique as probabilidades para os resultados da retirada de duas cartas no Exemplo 23.2.4, e por cálculo direto da média e variância verifique os resultados apresentados nesse exemplo.

23.2.2   Mostre que a adição de uma constante c a uma variável aleatória X muda o valor esperado $\langle X \rangle$ por essa mesma constante, mas não pela variância. Mostre também que multiplicar uma variável aleatória por uma constante multiplica tanto a média quanto a variância por essa constante. Mostre que a variável aleatória $X - \langle X \rangle$ tem valor médio zero.

23.2.3   Usando a definição dada na Equação (23.27) para a variância σ^2 de uma variável aleatória contínua, mostre que

$$\sigma^2 = \langle X^2 \rangle - \langle X \rangle^2.$$

23.2.4   Uma velocidade $v_j = x_j / t_j$ é medida registrando as distâncias x_j nos tempos correspondentes t_j. Mostre que $\overline{x} / \overline{t}$ é uma boa aproximação para a velocidade média v, desde que todos os erros sejam pequenos: $|x_j - \overline{x}| \ll |\overline{x}|$ e $|t_j - \overline{t}| \ll |\overline{t}|$.

23.2.5   Redefina a variável aleatória Y no Exemplo 23.2.5 como o número das cartas 4 a 9. Em seguida, determine a correlação das variáveis aleatórias X e Y para a retirada de duas cartas (com substituição, como no exemplo).

23.2.6   A probabilidade de que uma partícula de um gás ideal percorra uma distância x entre colisões é proporcional a $e^{-x/f}\, dx$, em que f é o caminho livre médio constante. Verifique que f é a distância média entre as colisões, e determine a probabilidade de um caminho livre de comprimento $I \geq 3f$.

23.2.7   Determine a densidade de probabilidade de uma partícula em movimento harmônico simples no intervalo $-A \leq x \leq A$.
Dica: A probabilidade de que a partícula está entre x e $x + dx$ é proporcional aos tempos que ela leva para percorrer todo o intervalo.

23.3   Distribuição Binomial

Nessa e nas próximas duas seções, vamos explorar a distribuição de variáveis aleatórias específicas que são de importância primordial tanto na física quanto nas teorias matemáticas da probabilidade e estatística. O tema desta seção é a **distribuição binomial**, que normalmente ocorre no estudo de tentativas independentes repetidas de eventos aleatórios.

Exemplo 23.3.1 LANÇAMENTOS REPETIDOS DE DADOS

Qual é a probabilidade de três 6 em quatro lançamentos, sendo todas as tentativas independentes? Tirar um 6 em um único lançamento de um dado não viciado tem a probabilidade $a = 1/6$, e qualquer outra carta tem a probabilidade $b = 5/6$ com $a + b = 1$. Seja a variável aleatória $S = s$ o número de 6. Em quatro lançamentos, $0 \le s \le 4$. A distribuição de probabilidade $P(S = s)$ é dada pelo produto das duas possibilidades, a^s e b^{4-s}, vezes o número das maneiras como s de 6 pode ser obtido a partir de quatro lançamentos. Esse número é dado pela Equação (23.18), e nossa probabilidade é

$$P(S = s) = \frac{4!}{s!(4-s)!} a^s b^{4-s} = \binom{4}{s} a^s b^{4-s}. \tag{23.40}$$

Agora podemos verificar que nossa probabilidade está devidamente normalizada verificando que a soma de $P(S = s)$ para todos os s se soma à unidade. Das propriedades dos coeficientes binomiais, encontramos

$$\sum_{s=0}^{4} \binom{4}{s} a^s b^{4-s} = (a + b)^4 = \left(\frac{1}{6} + \frac{5}{6}\right)^4 = 1. \tag{23.41}$$

Escrevendo os casos da Equação (23.40) explicitamente, temos

$$f(0) = b^4, \quad f(1) = 4ab^3, \quad f(2) = 6a^2b^2, \quad f(3) = 4a^3b, \quad f(4) = a^4,$$

assim podemos responder a nossa pergunta inicial: A probabilidade de três 6 em quatro lançamentos é

$$4a^3b = 4\left(\frac{1}{6}\right)^3 \frac{5}{6} = \frac{5}{4 \cdot 3^4},$$

o que é relativamente pequeno. ∎

Nesse caso lidamos com tentativas independentes repetidas, cada uma com dois resultados possíveis de probabilidade constante p para um acerto e $q = 1 - p$ para um não acerto, e é típico de muitas aplicações, incluindo questões práticas como as instâncias aleatórias de produtos defeituosos. A generalização para $S = s$ sucessos em n tentativas é dada pela **distribuição de probabilidade binomial:**

$$P(S = s) = \frac{n!}{s!(n-s)!} p^s q^{n-s} = \binom{n}{s} p^s q^{n-s}. \tag{23.42}$$

A Figura 23.5 mostra histogramas para casos com 20 tentativas e várias probabilidades de sucesso p.

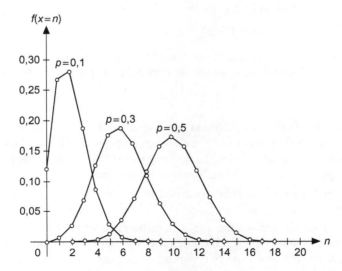

Figura 23.5: Distribuições de probabilidade binomial para $n = 20$ e $p = 0,1, 0,3, 0,5$.

Exemplo 23.3.2   Uso da Função Geradora de Momento

Se nossa distribuição de probabilidade for visualizada como o resultado da soma de n variáveis aleatórias S_i, cada uma com o valor $s_i = 1$, com uma probabilidade p e o valor $s_i = 0$ com probabilidade q, podemos usar a função geradora de momento da Equação (23.32) para obter mais informações sobre a distribuição binomial. Escrevemos

$$\langle e^{tS} \rangle = \langle e^{t(S_1 + S_2 + \cdots + S_n)} \rangle = \langle e^{tS_1} \rangle \langle e^{tS_2} \rangle \cdots \langle e^{tS_n} \rangle = \left[\langle e^{tS_1} \rangle \right]^n, \tag{23.43}$$

onde usamos o fato de que as tentativas são independentes para escrever $\langle e^{tS} \rangle$ como um produto dos valores esperados para uma única tentativa, todos os quais são idênticos.

Continuamos avaliando e^{tS_1}, que é uma média dos dois valores $s_1 = 1$, com uma probabilidade p, e $s_1 = 0$, com probabilidade q. Obtemos

$$\langle e^{tS_1} \rangle = pe^t + qe^0 = pe^t + q, \tag{23.44}$$

assim a Equação (23.43) se reduz a

$$\langle e^{tS} \rangle = (pe^t + q)^n. \tag{23.45}$$

Observe que o fato de que as tentativas eram independentes permitiu obter a função de distribuição de momento sem enumerar todas as possibilidades das várias tentativas.

Agora que temos $\langle e^{tS} \rangle$ podemos diferenciá-lo, como na Equação (23.33), para obter momentos da nossa distribuição. Utilizando

$$\frac{\partial \langle e^{tS} \rangle}{\partial t} = npe^t (pe^t + q)^{n-1},$$

$$\langle S \rangle = \sum_i s_i f(s_i) = \frac{\partial \langle e^{tS} \rangle}{\partial t} \bigg|_{t=0} = np,$$

$$\frac{\partial^2 \langle e^{tS} \rangle}{\partial t^2} = npe^t (pe^t + q)^{n-1} + n(n-1) p^2 e^{2t} (pe^t + q)^{n-2},$$

$$\langle S^2 \rangle = \sum_i s_i^2 f(s_i) = \frac{\partial^2 \langle e^{tS} \rangle}{\partial t^2} \bigg|_{t=0} = np + n(n-1) p^2,$$

obtemos, aplicando a Equação (23.28),

$$\sigma^2(S) = \langle S^2 \rangle - \langle S \rangle^2 = np + n(n-1) p^2 - n^2 p^2$$

$$= np(1 - p) = npq.$$

Para um dado n, vemos que a variância é maior quando $p = q = 1/2$. Esse comportamento é aparente na Figura 23.5, em que vemos que a distribuição amplia-se à medida que p aumenta de 0,1 a 0,3 e daí a 0,5. ∎

Exercícios

23.3.1 Mostre que a variável $X = x$, definida como o número de caras em n lançamentos de moeda, é uma variável aleatória e determine sua distribuição de probabilidade. Descreva o espaço amostral. Quais são seu valor médio, variância e desvio padrão? Plote a função de probabilidade $P(x) = [n!/x! (n-x)!]2^{-n}$ para $n = 10$, 20 e 30 utilizando software gráfico.

23.3.2 Plote a função de probabilidade binomial para as probabilidades $p = 1/6$, $q = 5/6$ e $n = 6$ lançamentos de um dado.

23.3.3 Uma empresa de ferragens sabe que a probabilidade da produção em massa de pregos inclui uma pequena probabilidade $p = 0,03$ de pregos defeituosos (geralmente sem pontas). Qual é a probabilidade de encontrar mais de dois pregos defeituosos em uma caixa com 100 pregos vendida no mercado?

23.3.4   Quatro cartas são retiradas de um baralho de bridge embaralhado. Qual é a probabilidade de que todas sejam vermelhas? Que todas sejam copas? Que todas sejam honras? Compare as probabilidades quando cada carta é devolvida a um local aleatório antes que a próxima carta seja retirada com as probabilidades quando as cartas não são substituídas no baralho.

23.3.5   Mostre que para a distribuição binomial da Equação (23.42), o valor mais provável de x é np.

23.4   Distribuição de Poisson

A distribuição de Poisson é muitas vezes usada para descrever situações em que um evento ocorre repetidamente em uma taxa constante de probabilidade. Aplicações típicas envolvem a degradação das amostras radioativas, mas somente na aproximação em que a taxa de degradação é suficientemente lenta para que a degradação da população amostral em decomposição possa ser negligenciada. Outras aplicações de interesse incluem o chamado **ruído de Poisson**, em que flutuações em uma baixa taxa de chegada das partículas em um detector provocam flutuações estatisticamente previsíveis no sinal do detector.

A distribuição de Poisson pode ser desenvolvida considerando as probabilidades de que números variados dos eventos são detectados ao longo de um intervalo durante o qual os eventos ocorrem em uma taxa constante de probabilidade. As características essenciais do desenvolvimento é que supomos que (1) a taxa de eventos é suficientemente pequena para que haja intervalos acessíveis de maneira observacional em que no máximo um evento ocorre (isto é, podemos considerar intervalos contendo zero ou um evento), e (2) o número total dos eventos é suficientemente pequeno de modo que é útil modelar sua ocorrência por uma distribuição de probabilidade discreta.

Vamos prosseguir definindo a probabilidade $P_N(t)$ de que exatamente n eventos ocorrem em um tempo t, e de que a probabilidade de um evento ocorrer em um curto intervalo de tempo dt será μdt, em que μ é uma constante de tal modo que $\mu dt \ll 1$. Esse intervalo de tempo dt é, portanto, suficientemente curto para que possamos negligenciar a possibilidade de que mais de um evento ocorre nesse período de tempo. Com base nessa hipótese, podemos definir uma relação de recursão para $P_n(t)$ considerando as duas seguintes possibilidades mutuamente exclusivas para a ocorrência de n eventos em um tempo $d + dt$: (1) de que n eventos ocorrem durante um tempo t e nenhum evento ocorre em um intervalo de tempo subsequente dt, e (2)de que $n - 1$ eventos ocorrem durante o tempo t e um evento ocorre durante o intervalo subsequente dt. Portanto, escrevemos

$$P_n(t + dt) = P_n(t)P_0(dt) + P_{n-1}(t)P_1(dt).$$

Então, inserindo $P_1(dt) = \mu dt$ e $P_0(dt) = 1 - P_1(dt)$ e dividindo por dt, obtemos, após rearranjos secundários,

$$\frac{dP_n(t)}{dt} = \frac{P_n(t + dt) - P_n(t)}{dt} = \mu P_{n-1}(t) - \mu P_n(t). \tag{23.46}$$

Como um primeiro passo para resolver essa relação de recursão, observamos que para $n = 0$ ela simplifica (porque a possibilidade de envolver P_{n-1} não existe) para

$$\frac{dP_0(t)}{dt} = -\mu P_0(t). \tag{23.47}$$

Essa equação, com a condição inicial $P_0(0) = 1$ (o que significa que é certo que nenhum evento é observado em um intervalo de duração zero), tem a solução $P0(t) = e^{-\mu t}$. Nossa solução informa que a probabilidade de que nenhum evento ocorra antes do tempo t decai exponencialmente com t, em uma taxa dependente da grandeza de μ. Desse ponto de partida e condições iniciais adicionais $P_n(0) = 0$ para $n \geq 1$ (mais uma vez, nenhum detecção dos eventos ocorre durante um intervalo de duração zero), a relação de recursão pode ser resolvida para produzir

$$P_n(t) = \frac{(\mu t)^n}{n!} e^{-\mu t}. \tag{23.48}$$

Podemos verificar a Equação (23.48) substituindo-o na fórmula de recursão, Equação (23.46), e vendo se ela satisfaz as condições iniciais $P_n(0) = \delta_{n0}$.

A Equação (23.48) é tida como a definição da distribuição de Poisson, considerada como uma função da quantidade μt. Substituindo μt por μ, escrevemos as probabilidades da distribuição de Poisson dadas para uma variável discreta aleatória X na forma padrão,

$$p(n) = \frac{\mu^n}{n!} e^{-\mu}, \quad X = n = 0, 1, 2, \ldots. \tag{23.49}$$

Podemos verificar que as probabilidades na Equação (23.49) estão adequadamente normalizadas observando que $\sum_n \mu^n / n!$ é avaliada para e^μ. Um exemplo de uma distribuição de Poisson é dado na Figura 23.6.

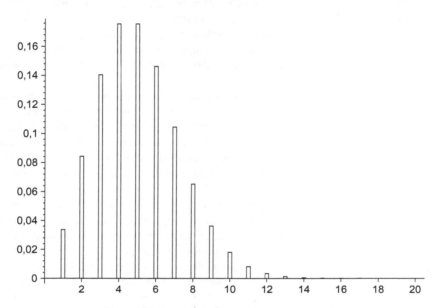

Figura 23.6: Distribuição de Poisson, $\mu = 5$.

O valor médio e a variância de uma distribuição de Poisson são facilmente calculados:

$$\langle X \rangle = \sum_{n=1}^{\infty} n \frac{\mu^n}{n!} e^{-\mu} = e^{-\mu} \sum_{n=1}^{\infty} \frac{\mu^n}{(n-1)!} = \mu, \tag{23.50}$$

$$\langle X^2 \rangle = \sum_{n=1}^{\infty} n^2 \frac{\mu^n}{n!} e^{-\mu} = e^{-\mu} \sum_{n=1}^{\infty} \left[\frac{\mu^n}{(n-2)!} + \frac{\mu^n}{(n-1)!} \right] = \mu^2 + \mu, \tag{23.51}$$

$$\sigma^2 = \langle X^2 \rangle - \langle X \rangle^2 = \mu(\mu + 1) - \mu^2 = \mu. \tag{23.52}$$

Os momentos também podem ser calculados a partir da função geradora de momento

$$\left\langle e^{tX} \right\rangle = \sum_{n=0}^{\infty} \frac{\mu^n}{n!} e^{-\mu} e^{tn} = e^{-\mu} \sum_{n=0}^{\infty} \frac{(\mu e^t)^n}{n!} = e^{\mu(e^t - 1)}.$$

Lembre-se de que o procedimento para obter momentos é diferenciar em relação a t e ler as derivadas avaliadas em $t = 0$.

Relação com a Distribuição Binomial

A distribuição de Poisson torna-se uma boa aproximação da distribuição binomial para um grande número n de tentativas e uma pequena probabilidade de $p\mu/n$, com μ mantida constante.

Teorema: *No limite $n \to \infty$ e $p \to 0$ de modo que o valor médio $np \to \mu$ permanece finito, a distribuição binomial torna-se a distribuição de Poisson.*

Para provar esse teorema, precisamos encontrar o limite de n grande da fórmula da distribuição binomial, Equação (23.42). Para fazer isso, aplicamos a fórmula de Stirling, na forma $n! \sim \sqrt{2\pi n}(n/e)^n$ para n grande (Equação 12.110). Para o quociente dos dois fatoriais dependentes de n que ocorrem na Equação (23.42), temos (mantendo s finito e deixando $n \to \infty$):

$$\frac{n!}{(n-s)!} \sim \left(\frac{n}{e}\right)^n \left(\frac{e}{n-s}\right)^{n-s} \sim \left(\frac{n}{e}\right)^s \left(\frac{n}{n-s}\right)^{n-s} \sim \left(\frac{n}{e}\right)^s \left(1 + \frac{s}{n-s}\right)^{n-s}.$$

O fator na expressão final elevado à potência $n - s$ é, no limite de n grande, uma expressão do valor e^s (na verdade, ele é, com $n - s$ alterado para n, uma das definições frequentemente utilizadas da exponencial). O resultado final é

$$\frac{n!}{(n-s)!} \sim n^s. \tag{23.53}$$

Usamos uma expressão definidora semelhante para a exponencial a fim de avaliar o fator q^{n-s} na Equação (23.42). Escrevendo $q^{n-s} = (1-p)^{n-s}$ e substituindo p *por* seu valor limite $p = \mu/n$, temos

$$q^{n-s} = (1-p)^{n-s} \sim \left(1 - \frac{\mu}{n}\right)^n \left(1 - \frac{\mu}{n}\right)^{-s} \sim e^{-\mu}(1) \sim e^{-\mu}. \tag{23.54}$$

Inserindo os valores limitantes de n grande das Equações (23.53) e (23.54) na fórmula para a distribuição binomial, alcançamos

$$P(S = s) = \frac{n!}{s!(n-s)!} p^s q^{n-s} \sim \frac{n^s}{s!} p^s e^{-\mu} \sim \frac{\mu^s}{s!} e^{-\mu}, \tag{23.55}$$

em que no último passo combinamos n^s e p^s em μ^s.

A Equação (23.55), estabelece nosso teorema e, assim, completa a conexão entre distribuições de Poisson e binomiais. Esse resultado, que se torna válido no limite de um grande número de tentativas, cada uma das probabilidades pequenas, é às vezes chamado exemplo das **leis dos grandes números**. Uma comparação das distribuições binomiais e de Poisson é apresentada na Figura 23.7.

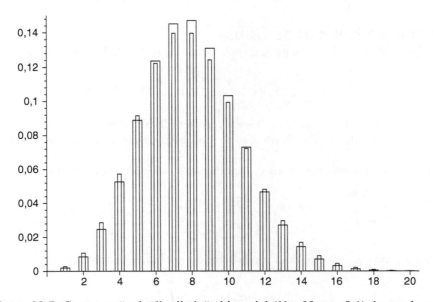

Figura 23.7: Comparação da distribuição binomial ($N = 80$, $p = 0,1$), barras largas, e distribuição de Poisson ($\mu = 8$), barras estreitas.

Exercícios

23.4.1 Degradações radioativas para isótopos de longa duração são regidas pela distribuição de Poisson. Em um experimento feito por Rutherford-Geiger, o número de partículas α emitidas é contado em cada um dos $n = 2608$ intervalos de tempo de 7,5 segundos cada uma. Na Tabela 23.1 n_i é o número de

Tabela 23.1 Dados para o Exercício 23.4.1

$i \rightarrow$	0	1	2	3	4	5	6	7	8	9	10
$n_i \rightarrow$	57	203	383	525	532	408	273	139	45	27	16

intervalos de tempo em que partículas i foram emitidas. Determine o número médio λ das partículas emitidas por intervalo de tempo, e compare o n_i da Tabela 23.1 com np_i calculado a partir da distribuição de Poisson com valor médio λ.

23.4.2 Derive o desvio padrão de uma distribuição de Poisson de valor médio μ.

23.4.3 O número de partículas α emitidas pela degradação de uma amostra de rádio é contado por minuto durante 40 horas. O número total é 5000. Quantos intervalos de 1 minuto são esperados com (a) 2, e (b) 5 partículas α?

23.4.4 Para uma amostra radioativa, 10 degradações são contadas em 100 segundos em média. Utilize a distribuição de Poisson para estimar a probabilidade de contar 3 degradações em 10 segundos.

23.4.5 ^{238}U tem uma meia-vida de $4,51 \times 10^9$ anos. Sua série de degradações termina com o isótopo de chumbo estável ^{206}Pb. A razão entre o número de átomos ^{206}Pb e ^{238}U em uma amostra de rocha é medida como 0,0058. Estime a idade da rocha supondo que todo o chumbo na rocha é a partir da degradação inicial do ^{238}U, que determina a taxa de todo o processo de degradação, porque as etapas subsequentes ocorrem muito mais rapidamente.
Dica: Isso não é um problema da distribuição de Poisson, mas é uma aplicação da lei de degradação $N(t) = Ne^{-\lambda t}$, em que λ, a constante de degradação, está relacionada com sua meia-vida T por $T = \ln 2/\lambda$.

RESPOSTA: $3,8 \times 10^7$ anos.

23.4.6 Sabe-se que probabilidade de acertar um alvo em um único tiro é 20%. Se cinco tiros são disparados de forma independente, qual é a probabilidade de acertar o alvo pelo menos uma vez?

23.5 Distribuição Normal de Gauss

A distribuição de Gauss na forma de sino é definida pela densidade de probabilidade

$$f(x) = \frac{1}{\sigma\sqrt{2\pi}} \exp\left(-\frac{[x-\mu]^2}{2\sigma^2}\right), \quad -\infty < x < \infty, \tag{23.56}$$

com valor médio μ e variância σ^2. Em parte porque ela representa limites contínuos tanto das distribuições binomiais quanto de Poisson, ela é de longe a distribuição de probabilidade contínua mais importante e é mostrada na Figura 23.8.

Ela está apropriadamente normalizada, porque, substituindo $y = (x-\mu)/\sigma\sqrt{2}$, obtemos

$$\frac{1}{\sigma\sqrt{2\pi}} \int_{-\infty}^{\infty} e^{-(x-\mu)^2/2\sigma^2} dx = \frac{1}{\sqrt{\pi}} \int_{-\infty}^{\infty} e^{-y^2} dy = \frac{2}{\sqrt{\pi}} \int_{0}^{\infty} e^{-y^2} dy = 1.$$

Para verificar o valor médio, podemos fazer a substituição $y = x - \mu$, e descobrir que

$$\langle X \rangle - \mu = \int_{-\infty}^{\infty} \frac{x-\mu}{\sigma\sqrt{2\pi}} e^{-(x-\mu)^2/2\sigma^2} dx = \int_{-\infty}^{\infty} \frac{y}{\sigma\sqrt{2\pi}} e^{-y^2/2\sigma^2} dy = 0, \tag{23.57}$$

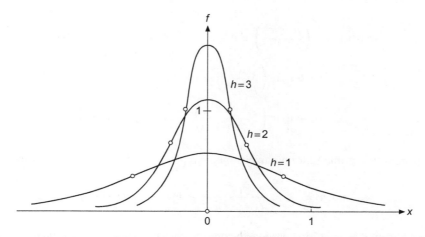

Figura 23.8: Distribuição normal de Gauss para valor médio zero e vários desvios padrão (marcados por círculos). As curvas são rotuladas por $h = 1/\sigma\sqrt{2}$.

mostrando que $\langle X \rangle = \mu$. O resultado zero na Equação (23.57) ocorre porque o integrando é ímpar em y, assim a integral ao longo de $y > 0$ neutraliza aquela ao longo de $y < 0$. Uma verificação de que uma variância dessa distribuição normal é de fato σ^2 é o tema do Exercício 23.5.1.

Podemos calcular probabilidades condicionais para a distribuição normal. Em particular, fazendo por conveniência a substituição $y = (x - X)/\sigma$,

$$P(|X - \langle X \rangle| > k\sigma) = P\left(\frac{|X - \langle X \rangle|}{\sigma} > k\right) = P(|Y| > k)$$

$$= \sqrt{\frac{2}{\pi}} \int_k^\infty e^{-y^2/2} dy = \sqrt{\frac{4}{\pi}} \int_{k/\sqrt{2}}^\infty e^{-z^2} dz = \mathrm{erfc}(k/\sqrt{2}),$$

podemos avaliar a integral para $k = 1, 2, 3$ e assim extrair as seguintes relações numéricas para uma variável aleatória com distribuição normal:

$$P(|X - \langle X \rangle| \geq \sigma) \approx 0.3173, \quad P(|X - \langle X \rangle| \geq 2\sigma) \approx 0{,}0455$$
$$P(|X - \langle X \rangle| \geq 3\sigma) \approx 0.0027. \tag{23.58}$$

É interessante comparar a última dessas quantidades com a desigualdade de Chebyshev, que dá 1/9 para a probabilidade de que um evento cai ainda mais que 3σ a partir da média. O 1/9 aplica-se a uma distribuição de probabilidade **arbitrária**, e está em forte contraste com 0,0027 muito menor dada pela regra 3σ para a distribuição **normal**.

Limites das Distribuições Binomiais e de Poisson

Em um limite especial, a distribuição de probabilidade discreta de Poisson está proximamente relacionada com a distribuição contínua de Gauss. Esse teorema limite é outro exemplo das **leis dos grandes números**, que muitas vezes são dominadas pela distribuição normal em forma de sino.

Teorema: *Para n grande e valor médio μ, a distribuição de Poisson se aproxima da distribuição de Gauss.*

Para provar esse teorema, no limite $n \to \infty$, fazemos uma aproximação para o fatorial n grande na probabilidade de Poisson $p(n)$ pela fórmula assintótica de Stirling, $n! \sim \sqrt{2n\pi}\,(n/e)^n$, e escolhemos o desvio $v = n - \mu$ do valor médio como a nova variável. Deixamos o valor médio μ se aproximar de ∞ e tratamos v/μ como pequeno, mas supomos que v^2/μ seja finito. Substituindo $n = \mu + v$, obtemos

$$\ln p(n) = \ln \left(\frac{\mu^n e^{-\mu}}{n!} \right) = n \ln \mu - \mu - \ln \sqrt{2n\pi} - n \ln n + n$$

$$= (\mu + v) \ln \left(\frac{\mu}{\mu + v} \right) + v - \ln \sqrt{2(\mu + v)\pi}$$

$$= (\mu + v) \ln \left(1 - \frac{v}{\mu + v} \right) + v - \ln \sqrt{2\pi(\mu + v)}.$$

Em seguida, expandimos o primeiro termo logarítmico em potências de $v/(\mu + v)$, alcançando

$$\ln p(n) = -\sum_{t=1}^{\infty} \frac{v^t}{t(\mu + v)^{t-1}} + v - \ln \sqrt{2\pi(\mu + v)}. \tag{23.59}$$

Os dois primeiros termos do somatório t produzem contribuições não nulas no limite μ grande; termos adicionais desaparecem porque a potência de v no numerador é menor do que o dobro de μ no denominador. Substituindo $\mu + v$ por μ, a Equação (23.59) se reduz a

$$\ln p(n) \sim -\frac{v^2}{2\mu} - \ln \sqrt{2\pi\mu}, \quad \text{equivalente a} \quad p(n) \sim \frac{1}{\sqrt{2\pi\mu}} e^{-v^2/2\mu}. \tag{23.60}$$

Essa é uma distribuição de Gauss da variável contínua v com valor médio 0 e desvio padrão $\sigma = \sqrt{\mu}$.

No outro limite especial, a distribuição de probabilidade binomial discreta também está proximamente relacionada com a distribuição contínua de Gauss. Esse teorema do limite é mais um exemplo das **leis dos grandes números**.

Teorema: *No limite $n \to \infty$, sendo p uma probabilidade de tentativas finitas e o valor médio $np \to \infty$, a distribuição binomial torna-se uma distribuição normal de Gauss. Lembre-se (Seção 23.4) de que, quando $np \to \mu < \infty$, a distribuição binomial torna-se uma distribuição de Poisson.*

Em vez do grande número s de sucessos em n tentativas, usamos o desvio $v = s - pn$ do valor pn médio (grande) como nossa nova variável aleatória contínua, sob a condição de que como $n \to \infty$, $|v| \ll pn$ (assim $v/n \to 0$), mas v^2/n é finito. Portanto, podemos substituir s por $pn + v$ e $n - s$ por $qn - v$ nos fatoriais da fórmula para a distribuição binomial, Equação (23.42). Escrevendo agora $W(v)$ como nossa distribuição de probabilidade no limite pn grande, aplicamos a fórmula de Stirling como fizemos várias vezes antes, obtendo inicialmente

$$W(v) = \frac{p^s q^{n-s} n^{n+1/2} e^{-n+s+(n-s)}}{\sqrt{2\pi}(pn + v)^{s+1/2}(qn - v)^{n-s+1/2}}. \tag{23.61}$$

Em seguida, excluímos as potências dominantes de n por fatoração e cancelamos as potências de p e q para encontrar

$$W(v) = \frac{1}{\sqrt{2\pi pqn}} \left(1 + \frac{v}{pn} \right)^{-(pn+v+1/2)} \left(1 - \frac{v}{qn} \right)^{-(qn-v+1/2)}. \tag{23.62}$$

Considerando o logaritmo de $W(v)$ e expandindo em potências de v, mantemos apenas os termos ao longo de v^2, produzindo

$$\ln W(v) = - \ln \sqrt{2\pi pqn}$$

$$- \left[\frac{v}{n} \left(\frac{1}{2p} - \frac{1}{2q} \right) - \frac{v^2}{n^2} \left(\frac{1}{4p^2} + \frac{1}{4q^2} \right) + \frac{v^2}{n} \left(\frac{1}{2p} + \frac{1}{2q} \right) + \cdots \right]. \tag{23.63}$$

Definindo v/n como zero, observando que

$$\left(\frac{1}{2p} + \frac{1}{2q} \right) = \frac{p + q}{2pq} = \frac{1}{2pq},$$

e descartando todos os termos v^t com $t > 2$, obtemos nosso limite n grande

$$W(v) = \frac{1}{\sqrt{2\pi pqn}} e^{-v^2/2pqn},$$ (23.64)

que é uma distribuição de Gauss nos desvios $s - pn$, com valor médio 0 e desvio padrão $\sigma = \sqrt{npq}$. Os grandes valores presumidos tanto para pn quanto qn (e os termos descartados) restringem a validade do teorema à parte central da distribuição gaussiana em forma de sino, e exclui as extremidades.

Exercícios

23.5.1   Mostre que a variância da distribuição normal dada pela Equação (23.56) é σ^2, o símbolo nessa equação.

23.5.2   Mostra que a Equação (23.62) pode ser obtida manipulando a fórmula na Equação (23.61) para $W(v)$

23.5.3   Com $W(v)$ a expressão na Equação (23.62), mostre que a expansão de ln $W(v)$ em potências de v leva à Equação (23.63).

23.5.4   Qual é a probabilidade de uma variável aleatória normalmente distribuída de diferir em mais de 4σ do seu valor médio? Compare seu resultado com aquele correspondendo à desigualdade de Chebyshev. Explique a diferença em suas próprias palavras.

23.5.5   Um instrutor atribui notas a um exame final de uma grande turma de graduação obtendo o valor médio dos pontos M e variância σ^2. Supondo uma distribuição normal para o número M de pontos, ele define uma nota F quando $M < m - 3\sigma/2$, D quando $m - 3\sigma/2 < M < m - \sigma/2$, C quando $m - \sigma/2 < M < m + \sigma/2$, B quando $m + \sigma/2 < m < m + 3\sigma/2$ e A quando $M > m + 3\sigma/2$. Qual é a percentagem de As, Fs; Bs, Ds; e Cs? Proponha novos cortes de modo que haja percentagens iguais de As e Fs (5%), 25% Bs e Ds e 40% Cs.

23.6   Transformações das Variáveis Aleatórias

Já encontramos algumas transformações elementares envolvendo variáveis aleatórias: Na Seção 23.2, observamos que uma variável aleatória $Y = aX + b$ terá o valor médio $\langle Y \rangle = a \langle X \rangle + b$ e variância $\sigma^2(Y) = a^2\sigma^2(X)$. Aqui consideramos transformações mais gerais, com foco especial nas distribuições de probabilidade contínua.

Primeiro, considere uma mudança simples da variável aleatória de X para Y, em que $y = y(x)$. Se a distribuição de probabilidade de X é $f(x)dx$, então a contribuição em x para alguma quantidade $M(y)$ é

$$P\{M[y(x)]\}dx = M[y(x)]f(x)dx.$$ (23.65)

Entretanto, podemos querer expressar a probabilidade em termos da distribuição de Y, escrevendo

$$P[M(y)]dy = M(y)g(y)dy,$$ (23.66)

para y avaliado no ponto correspondente a x, isto é, $y = y(x)$. Para tornar essas equações consistentes, é necessário que

$$g(y)dy = f(x)dx, \quad \text{ou} \quad g(y) = f[x(y)]\frac{dx}{dy}.$$ (23.67)

Por exemplo, se $y = x^2$, então $dx/dy = 1/(2x) = y^{-1/2}/2$ e $g(y) = f\left(\sqrt{y}\right)y^{-1/2}/2$.

Vamos agora abordar a transformação de duas variáveis aleatórias X, Y em $U(X, Y)$, $V(X, Y)$. Mais uma vez tratamos o caso contínuo. Se

$$u = u(x, y), \quad v = v(x, y), \quad x = x(u, v), \quad y = y(u, v)$$ (23.68)

descreva a transformação e sua inversa; integrais da densidade de probabilidade serão transformadas por fórmulas que incluem o jacobiano da transformação (ver Seção 4.4). A densidade da probabilidade transformada torna-se

$$g(u, v) = f(x(u, v), y(u, v)) |J|,$$ (23.69)

em que o jacobiano é

$$J = \frac{\partial(x, y)}{\partial(u, v)} = \begin{vmatrix} \dfrac{\partial x}{\partial u} & \dfrac{\partial x}{\partial v} \\ \dfrac{\partial y}{\partial u} & \dfrac{\partial y}{\partial v} \end{vmatrix}. \tag{23.70}$$

Isso é uma generalização da Equação (23.67).

Adição de Variáveis Aleatórias

Vamos aplicar essa análise a uma situação em que Z é a soma de duas variáveis aleatórias X e Y, ou $Z = X + Y$. Transformamos em novas variáveis X e Z, de modo que a transformação é $x = x$, $z = x + y$; ou $x = x$, $y = z - x$. O jacobiano para essa transformação é

$$J = \begin{vmatrix} \dfrac{\partial x}{\partial x} & \dfrac{\partial x}{\partial z} \\ \dfrac{\partial(z - x)}{\partial x} & \dfrac{\partial(z - x)}{\partial z} \end{vmatrix} = \begin{vmatrix} 1 & 0 \\ -1 & 1 \end{vmatrix} = 1.$$

Se a distribuição original de probabilidade é $f(x, y)$, portanto, é transformada em $g(x, z) = f(x, z - x)$. Normalmente estamos interessados na distribuição marginal em Z, obtida integrando ao longo de x, e

$$P(Z = z) \equiv g(z) = \int_{-\infty}^{\infty} f(x, z - x) dx. \tag{23.71}$$

No caso que ocorre com frequência em que X e Y são variáveis aleatórias independentes, assim $f(x, y) = f_1(x) f_2(y)$, a Equação (23.71) assume a forma

$$g(z) = \int_{-\infty}^{\infty} f_1(x) f_2(z - x) dx, \tag{23.72}$$

que reconhecemos como uma convolução de Fourier (Equação 20.68):

$$g(z) = \int_{-\infty}^{\infty} f_1(x) f_2(z - x) dx = \sqrt{2\pi}(f_1 * f_2)(z). \tag{23.73}$$

A Equação (23.72) dá uma fórmula geral em que podemos obter a distribuição de $Z = X + Y$ das distribuições das variáveis independentes X e Y, enquanto a Equação (23.73) mostra que pode ser útil considerar a utilização das transformadas de Fourier para avaliar a integral. Na verdade, a função geradora de momento, Equação (23.32), é (se t é substituído por it) proporcional à transformada de Fourier da densidade de probabilidade, e

$$\langle e^{tX} \rangle = \int e^{itx} f(x) dx = \sqrt{2\pi} f^T(t) \tag{23.74}$$

é conhecida como **função característica** na teoria da probabilidade.

Aplicando o teorema da convolução de Fourier, Equação (20.70), podemos portanto, escrever

$$[P(Z = z)]^T(t) \equiv g^T(t) = \sqrt{2\pi} f_1^T(t) f_2^T(t), \tag{23.75}$$

mostrando que é possível obter $g(z)$ como a transformada inversa de Fourier

$$g(z) = \int e^{-izt} f_1^T(t) f_2^T(t) dt. \tag{23.76}$$

A conexão com textos de estatística será aprimorada reafirmando as Equações (23.75) e (23.76) utilizando a notação de função característica. A Equação (23.75) é equivalente a

$$\langle e^{itZ} \rangle = \langle e^{it(X+Y)} \rangle = \langle e^{itX} \rangle \langle e^{itY} \rangle. \tag{23.77}$$

A Equação (23.76) afirma que $g(z)$ é a distribuição que corresponde a $\langle e^{itZ} \rangle$; como transformadas de Fourier têm inversas, é possível assegurar que essa distribuição existe.

Exemplo 23.6.1 Teorema da Adição, Distribuição Normal

Um bom exemplo da análise de uma variável aleatória $Z = X + Y$ é fornecido quando X e Y são considerados distribuições gaussianas normais com valor médio zero e a mesma variância. Essa situação corresponde a uma relação conhecida como **teorema da adição** para distribuições normais.

Teorema: *Se as variáveis aleatórias* **independentes** *X, Y têm distribuições normais idênticas, isto é, o mesmo valor médio e variação, então $Z = X + Y$ tem distribuição normal com duas vezes o valor médio e duas vezes a variância de X e Y.*

Para provar esse teorema, supomos sem perda de generalidade de que todas as distribuições normais têm variância $\sigma = 1$, assim, da Equação (23.56), cada uma tem a forma

$$f(x) = \frac{1}{\sqrt{2\pi}} e^{-(x-\mu)^2/2}.$$

A partir da Equação (20.18) e fórmula de translação, Equação (20.67), descobrimos que a transformada de Fourier de $f(x)$ é

$$f^T(t) = \frac{1}{\sqrt{2\pi}} e^{it\mu} e^{-t^2/2}.$$

Agora, aplicando a Equação (23.75), temos

$$g^T(t) = \frac{1}{\sqrt{2\pi}} e^{2it\mu} e^{-t^2}.$$

Considerando a transformada inversa, observando que a exponencial complexa muda a origem por um valor 2μ, obtemos

$$g(z) = \frac{1}{2\sqrt{\pi}} e^{-(z-2\mu)^2/4},$$

que mostra que a média e a variância de Z são duas vezes aquelas de X e Y, assim o teorema é satisfeito. ∎

Multiplicação ou Divisão de Variáveis Aleatórias

Considere agora o produto $Z = XY$, selecionando X, Z como as novas variáveis. Isso corresponde à transformação $x = x$, $y = z/x$, com o jacobiano

$$J = \begin{vmatrix} \dfrac{\partial x}{\partial x} & \dfrac{\partial x}{\partial z} \\[2mm] \dfrac{\partial (z/x)}{\partial x} & \dfrac{\partial (z/x)}{\partial z} \end{vmatrix} = \begin{vmatrix} 1 & 0 \\[2mm] -z/x^2 & 1/x \end{vmatrix} = \frac{1}{x},$$

de modo que a distribuição marginal de Z é dada por

$$g(z) = \int_{-\infty}^{\infty} f\left(x, \frac{z}{x}\right) \frac{dx}{|x|}. \tag{23.78}$$

Se as variáveis aleatórias X, Y são independentes com densidades f_1, f_2, então

$$g(z) = \int_{-\infty}^{\infty} f_1(x) f_2\left(\frac{z}{x}\right) \frac{dx}{|x|}. \tag{23.79}$$

Por fim, deixe $Z = X/Y$, considerando Y, Z como as novas variáveis, correspondendo a $x = yz$, $y = y$, com o jacobiano

$$J = \begin{vmatrix} \dfrac{\partial(yz)}{\partial y} & \dfrac{\partial(yz)}{\partial z} \\[2mm] \dfrac{\partial y}{\partial y} & \dfrac{\partial y}{\partial z} \end{vmatrix} = \begin{vmatrix} z & y \\ 1 & 0 \end{vmatrix} = -y,$$

e a distribuição de probabilidade de Z é dada por

$$g(z) = \int_{-\infty}^{\infty} f(yz, y)|y|dy. \tag{23.80}$$

Se as variáveis aleatórias X, Y são independentes com densidades f_1, f_2, então

$$g(z) = \int_{-\infty}^{\infty} f_1(yz) f_2(y)|y|dy. \tag{23.81}$$

Distribuição Gama

Até agora a única distribuição de probabilidade contínua específica que introduzimos é a distribuição gaussiana normal. No entanto, se fizermos uma mudança na variável aleatória dessa distribuição de X para $Y = X^2$, uma distribuição diferente resultará de utilidade significativa, conhecida como **distribuição gama**. Começaremos esta discussão com a agora bastante familiar distribuição normal do valor médio zero e variância σ^2. Ela tem distribuição de probabilidade

$$f(x) = \frac{1}{\sigma\sqrt{2\pi}} e^{x^2/2\sigma^2}.$$

Como indicado logo após a Equação (23.67), uma transformação para escrever a distribuição em termos de $y = x^2$ nos leva a

$$g(y) = \frac{e^{-y/2\sigma^2}}{\sigma\sqrt{2\pi}} \frac{y^{-1/2}}{2}.$$

Contudo, essa equação não leva em conta o fato de que y deve ser restrito a valores não negativos, e que o mesmo valor de y será encontrado para dois valores diferentes de x, ou seja, $x = +\sqrt{y}$ e $x = -\sqrt{y}$. Essas considerações compõem uma fórmula mais adequada e completa para $g(y)$ a seguir:

$$g(y) = \begin{cases} 0, & y \leq 0, \\[2mm] \dfrac{y^{-1/2}e^{-y/2\sigma^2}}{(2\sigma^2)^{1/2}\sqrt{\pi}}, & y > 0. \end{cases} \tag{23.82}$$

Essa expressão para $g(y)$ está normalizada (ela deve ser, devido à maneira como foi obtida). Porém, é instrutivo verificar, que é mais bem feito mudando para uma nova variável $z = y/2\sigma^2$, em termos da qual temos

$$\int_0^{\infty} g(z)dz = \frac{1}{\sqrt{\pi}} \int_0^{\infty} z^{-1/2}e^{-z}\,dz = \frac{\Gamma(\frac{1}{2})}{\sqrt{\pi}} = 1,$$

em que identificamos a integral como $\Gamma(\frac{1}{2})$ e também observamos que $\Gamma(\frac{1}{2}) = \sqrt{\pi}$.

Como a forma funcional de $g(y)$ é essencialmente aquela do integrando da representação integral da função gama, a distribuição dada por $g(y)$ é chamada **distribuição gama** e, em particular, uma distribuição gama com parâmetros $p = 1/2$ (o argumento da função gama) e σ^2 (a variância da distribuição normal subjacente). Generalizamos para distribuições gama de p geral e σ:

$$g(p, \sigma; y) \equiv \begin{cases} 0, & y \leq 0, \\ \dfrac{y^{p-1}e^{-y/2\sigma^2}}{(2\sigma^2)^p \Gamma(p)}, & y > 0. \end{cases} \tag{23.83}$$

A distribuição gama muitas vezes aparece em contextos em que as variáveis aleatórias envolvidas precisam ser somadas. Portanto, é útil observar a transformada de Fourier de $g(p, \sigma, y)$:

$$[g(p, \sigma)]^T(t) = \frac{1}{\sqrt{2\pi}} \frac{1}{(1 - 2i\sigma^2 t)^p}. \tag{23.84}$$

Usando a notação de função característica, como introduzido na Equação (23.74), e definindo X como sendo uma variável aleatória de distribuição gama, a Equação (23.84) assume a forma alternativa

$$\langle e^{itX} \rangle = \frac{1}{(1 - 2i\sigma^2 t)^p}. \tag{23.85}$$

Exemplo 23.6.2   Adição de Variáveis Aleatórias de Distribuição Gama

Vamos calcular a distribuição de uma variável aleatória $Y = X_1 + X_2$, em que X_1 tem distribuição gama $g(p_1, \sigma, x_1)$ e X_2 tem distribuição gama $g(p_2, \sigma, x_2)$. Note que tanto X_1 quanto X_2 têm a mesma variância.

Utilizando a Equação (23.77) para a função característica de $X_1 + X_2$ e a Equação (23.85) para avaliar $\langle e^{i t X_j} \rangle$, obtemos

$$\langle e^{itY} \rangle = \frac{1}{(1 - 2i\sigma^2 t)^{p_1 + p_2}}.$$

Reconhecendo esse resultado como a função característica de uma distribuição gama do parâmetro $p = p_1 + p_2$, vemos que

$$g(y) = g(p_1 + p_2, \sigma; y).$$

Generalizando esse resultado a um número arbitrário de X_j:

A distribuição de probabilidade para uma soma das variáveis aleatórias de distribuição gama X_j dos parâmetros p_j e todos do mesmo σ é uma distribuição de gama para esse σ e com $p = \Sigma_j P_j$.

Um corolário disso é obtido se considerarmos a distribuição de probabilidade de uma soma da forma

$$Z = \sum_{j=1}^{n} X_j^2, \tag{23.86}$$

Em X_j são distribuições gaussianas normais, todas com a mesma variância σ^2. Como as quantidades que são somadas são **quadrados** das variáveis aleatórias, é útil primeiro fazer as substituições $Y_j = X_j^2$, mudando a cada distribuição de X_j para aquela de uma distribuição gama Y_j com $p = 1/2$, e, finalmente, combinando as n distribuições gama para formar a distribuição de Z; o resultado será uma distribuição gama com $p = n/2$ e o valor comum de σ. Resumindo,

A distribuição de probabilidade para a soma dos quadrados de n variáveis aleatórias normais gaussianas com uma variância comum σ^2, como na Equação (23.86), será uma distribuição gama com parâmetros $p = n/2$ e o valor comum de σ. ■

Exercícios

23.6.1 Sejam $X_1, X_2, ..., X_n$ variáveis aleatórias normais independentes com a mesma média $\bar{x}$ e variância σ^2. Mostre que

$$\frac{\sum_i X_i/n - \bar{x}}{\sigma\sqrt{n}}$$

é normal com média zero e variância 1.

23.6.2 Se a variável aleatória X é normal com valor médio 29 e desvio padrão 3, o que você pode dizer sobre as distribuições de $2X - 1$ e $3X + 2$?

23.6.3 Para uma distribuição normal de valor médio m e variância σ^2, encontre a distância r de tal modo que metade da área sob curva em forma de sino esteja entre $m - r$ e $m + r$.

23.6.4 Se $\langle X \rangle$, $\langle Y \rangle$ são os valores médios de duas variáveis aleatórias independentes X, Y, qual é o valor esperado do produto XY?

23.6.5 Se X e Y são duas variáveis aleatórias independentes com diferentes densidades de probabilidade e a função $f(x, y)$ tem derivadas de qualquer ordem, expresse $\langle f(X, Y) \rangle$ em termos de $\langle X \rangle$ e $\langle Y \rangle$. Desenvolva de maneira semelhante a covariância e correlação.

23.6.6 Seja $f(x, y)$ a densidade de probabilidade conjunta das duas variáveis aleatórias X, Y. Encontre a variância $\sigma^2(aX + bY)$, em que a, b são constantes. O que acontece quando X, Y são independentes?

23.6.7 Obtenha um teorema de adição para a distribuição de uma variável aleatória $Y = X_1 + X_2$ em que X_1 e X_2 são distribuições normais gaussianas com diferentes valores médios μ_j e variâncias σ_j^2.

> *RESPOSTA: Y é normal com média $\mu_1 + \mu_2$ e variância $\sigma_1^2 + \sigma_2^2$.*

23.6.8 Mostre que a transformada de Fourier da densidade de probabilidade da distribuição gama, Equação (23.83), tem a forma funcional dada pela Equação (23.84).

23.7 Estatística

Em estatística, a teoria da probabilidade é aplicada à avaliação de dados de experimentos aleatórios ou a amostras para testar algumas hipóteses porque os dados têm flutuações aleatórias devido à falta de controle completo sobre as condições experimentais. Tipicamente a tentativa de estimar o valor médio e a variância das distribuições a partir das quais as amostras derivam, e generalizar propriedades válidas de uma amostra para o restante dos eventos em um nível de confiança prescrito. Qualquer suposição sobre uma distribuição de probabilidade desconhecida é chamada **hipótese estatística**. Os conceitos dos testes e intervalos de confiança estão entre os avanços mais importantes da estatística.

Propagação de Erro

Ao medir a quantidade x repetidamente, obtendo os valores x_j, ou ao selecionar uma amostra para teste, podemos calcular

$$\bar{x} = \frac{1}{n}\sum_{j=1}^n x_j, \quad \sigma^2 = \frac{1}{n}\sum_{j=1}^n (x_j - \bar{x})^2,$$

em que $\bar{x}$ é o valor médio e σ^2 é a variância, uma medida da dispersão dos pontos em torno do valor médio. Podemos escrever $x_j = \bar{x} + e_j$, em que e_j é o desvio do valor médio, e sabemos que $\sum_j e_j = 0$.

Agora, suponha que queremos estimar o valor de uma função conhecida $f(x)$ com base nessas medições x_j; isto é, queremos atribuir um valor do f dado ao conjunto $f_j = f(x_j)$.

Substituindo $x_j = \bar{x} + e_j$ e formando o valor médio

$$\bar{f} = \frac{1}{n}\sum_j f(x_j) = \frac{1}{n}\sum_j f(\bar{x} + e_j)$$

$$= f(\bar{x}) + \frac{1}{n}f'(\bar{x})\sum_j e_j + \frac{1}{2n}f''(\bar{x})\sum_j e_j^2 + \cdots$$

$$= f(\bar{x}) + \frac{1}{2}\sigma^2 f''(\bar{x}) + \cdots, \tag{23.87}$$

obtemos o valor médio $\bar{f}$ como $f(\bar{x})$ na ordem mais baixa, como esperado. Porém, na segunda ordem há uma correção dada pela variância com um fator de escala $f''(\bar{x})/2$.

Também é interessante determinar a dispersão prevista para os valores de $f(x_j)$. Para ordem mais baixa, isso é dado pela média da soma dos quadrados dos desvios. Aproximando f_j como $\bar{f} + f'(\bar{x})e_j$, obtemos

$$\sigma^2(f) \equiv \frac{1}{n}\sum_j (f_j - \bar{f})^2 \approx [f'(\bar{x})]^2 \frac{1}{n}\sum_j e_j^2 = [f'(\bar{x})]^2 \sigma^2. \tag{23.88}$$

Em resumo, podemos formular de uma maneira relativamente simbólica

$$f(\bar{x} \pm \sigma) = f(\bar{x}) \pm f'(\bar{x})\sigma$$

como a forma mais simples da propagação de erros para uma função de uma das variáveis medida.

Para uma função $f(x_j, y_k)$ f_{jk} de duas quantidades $x_j = \bar{x} + u_j$, $y_k = \bar{y} + v_k$, em que x_j e y_k são medidos de modo independente entre si, temos valores r de j e valores s de k, obtemos de modo semelhante

$$\bar{f} = \frac{1}{rs}\sum_{j=1}^{r}\sum_{k=1}^{s} f_{jk} = f(\bar{x}, \bar{y}) + \frac{1}{r}f_x \sum_j u_j + \frac{1}{s}f_y \sum_k v_k + \cdots$$

$$\approx f(\bar{x}, \bar{y}). \tag{23.89}$$

O erro em $\bar{f}$ é visto como sendo de segunda ordem em u_j e v_k. Ao escrever a Equação (23.89), utilizamos as relações $\sum_j u_j = \sum_k v_k = 0$ e introduzimos as definições

$$f_x = \left.\frac{\partial f}{\partial x}\right|_{\bar{x},\bar{y}}, \quad f_y = \left.\frac{\partial f}{\partial y}\right|_{\bar{x},\bar{y}}. \tag{23.90}$$

A variação de f é (para primeira ordem)

$$\sigma^2(f) = \frac{1}{rs}\sum_{j=1}^{r}\sum_{k=1}^{s}(f_{jk} - \bar{f})^2 = \frac{1}{rs}\sum_{j,k}(u_j f_x + v_k f_y)^2 = \frac{f_x^2}{r}\sum_j u_j^2 + \frac{f_y^2}{s}\sum_k v_k^2,$$

em que descartamos o termo cruzado zero $\sum_{j,k} u_j v_k = \sum_j u_j \sum_k v_k$. Observando que $\sum_j u_j^2 = r\sigma_x^2$ e $\sum_k v_k^2 = s\sigma_y^2$, chegamos ao resultado final

$$\sigma^2(f) = \frac{1}{rs}\sum_{j,k}(f_{jk} - \bar{f})^2 = f_x^2\sigma_x^2 + f_y^2\sigma_y^2. \tag{23.91}$$

Simbolicamente, a propagação de erro para uma função de duas variáveis medidas pode ser resumida como

$$f(\bar{x} \pm \sigma_x, \bar{y} \pm \sigma_y) = f(\bar{x}, \bar{y}) \pm \sqrt{f_x^2\sigma_x^2 + f_y^2\sigma_y^2}.$$

Exemplo 23.7.1 Medições Repetidas

Como uma aplicação e generalização do resultado dado na Equação (23.91), vamos ver o que acontece quando consideramos a média de n medições x_j como uma função

$$\bar{x} = f(x_1, x_2, \ldots + x_n) = (x_1 + x_2 + \cdots + x_n)/n$$

das variáveis $x_1,\ldots, x_n$, cada uma com variância σ^2. Então temos $f_{xj} = 1/n$ para cada j e, de acordo com a Equação (23.91),

$$\sigma^2(\bar{x}) = \sum_{j=1}^{n} f_{xj}^2 \sigma^2 = \sum_{j=1}^{n}\frac{\sigma^2}{n^2} = \frac{\sigma^2}{n}. \tag{23.92}$$

Esse resultado indica que o desvio padrão do valor da média, $\sigma(\bar{x})$, diminuirá com o número de medições repetidas, que se aproxima de zero como $\sigma/\sqrt{n}$. É importante reconhecer a distinção entre a variância do valor médio, denotado por $\sigma^2(\bar{x})$, e a quantidade correspondente para as medições individuais (denotadas por σ^2).

Se agora nos referirmos ao nosso resultado anterior de que a soma de n identicamente distribuído, as variáveis aleatórias normais gaussianas também são uma variável aleatória normal com uma variância igual a n vezes aquela de cada variável (ver Exemplo 23.6.1), e também observe que a divisão da soma por n (para formar a média) provoca a divisão da variância por n^2, como discutido depois da Equação (23.28), encontramos um resultado idêntico ao desenvolvido no exemplo atual, mas com a característica adicional de que a média também é normalmente distribuída. ∎

A média aritmética $\bar{x}$ irá, por causa da distribuição em x_j, diferir do valor real (mas desconhecido) μ, com μ e $\bar{x}$ diferindo por alguma quantidade α, ou $\bar{x} = \mu + \alpha$. Entretanto, quando o número n de medições aumenta, esperamos que o erro α tenderá a zero e que, de acordo com o Exemplo 23.7.1, podemos estimar que σ está no intervalo $(-\sigma/\sqrt{n} < \alpha < \sigma/\sqrt{n})$. Podemos refinar essa estimativa considerando a dispersão de x_j medido em relação ao valor real μ, significando que calculamos a variância utilizando a média de v_j^2, em que $v_j = x_j - \mu$, em vez daquela de e_j^2, onde, como antes, $e_j = x_j - \bar{x}$. Chamando essa versão da variância s^2, escrevemos

$$s^2 = \frac{1}{n} \sum_{j=1}^{n} v_j^2 = \frac{1}{n} \sum_{j=1}^{n} (e_j + \alpha)^2 = \frac{1}{n} \sum_{j=1}^{n} e_j^2 + \alpha^2, \tag{23.93}$$

em que o termo linear em e_j desaparece porque $\sum_j e_j = 0$. Inserindo agora uma estimativa de α, na forma $\alpha^2 \approx s^2/n$ (essa aproximação é boa para primeira ordem), Equação (23.93) é reorganizada para

$$s^2 \left(1 - \frac{1}{n}\right) = \frac{1}{n} \sum_{j=1}^{n} e_j^2, \tag{23.94}$$

equivalente a

$$s = \sqrt{\frac{\sum_j (x_j - \bar{x})^2}{n - 1}}. \tag{23.95}$$

A quantidade s é chamada **desvio padrão amostral**. A Equação (23.95) não está bem definida quando $n = 1$, mas isso não é um problema porque um único ponto de dados é suficiente para determinar uma dispersão. A presença de $n - 1$, em contraste com o fator n na Equação (23.23), permite o erro provável em $\bar{x}$, e é conhecido como **correção de Bessel** para a fórmula de desvio padrão.

Ajustando Curvas a Dados

Suponha que temos uma amostra das medições y_j tiradas em tempos t_j, em que o tempo é conhecido com precisão, mas y_j estão sujeitos a erro experimental. Um exemplo seria instantâneo da posição de uma partícula em movimento uniforme nos tempos t_j. Nossa hipótese estatística, motivada pela primeira lei de Newton e condição inicial de que $y = 0$ quando $t = 0$, é que $y(t)$ satisfaz uma equação da forma $y = at$, em que a constante a deve ser determinada a partir das medições.

Para ajustar a equação aos dados, primeiro minimizamos a soma dos quadrados dos desvios $S = \sum_j (at_j - y_j)^2$ para determinar o parâmetro de inclinação a, também chamado **coeficiente de regressão**, utilizando o método dos mínimos quadrados. Diferenciando S em relação a a, obtemos

$$2 \sum_j (at_j - y_j) t_j = 0,$$

que podemos resolver para a:

$$a = \frac{\sum_j t_j y_j}{\sum_j t_j^2}. \tag{23.96}$$

Note que o numerador é construído como uma covariância de amostra, o produto escalar das variáveis t, y da amostra. Como mostrado na Figura 23.9, como regra geral, os valores medidos y_j não se encontram sobre a reta. Eles têm o **desvio padrão amostral**, calculado da Equação (23.95),

$$s = \sqrt{\frac{\sum_j (y_j - at_j)^2}{n-1}}.$$

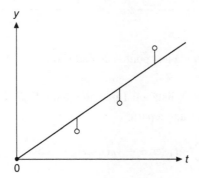

Figura 23.9: Reta ajustada a pontos de dados (t_j, y_j) com t_j conhecido, y_j medido.

Alternativamente, suponha que os valores y_j são precisamente conhecidos, enquanto os t_j são medições sujeitas a erro experimental. Como sugerido pela Figura 23.10, nesse caso precisamos permutar os papéis de t e y e ajustar a linha $t = by$ aos pontos de dados. Minimizamos $S = \sum_j (by_j - t_j)^2$, definindo $d\,S/db = 0$, e encontramos de modo semelhante o parâmetro de inclinação

$$b = \frac{\sum_j t_j y_j}{\sum_j y_j^2}. \tag{23.97}$$

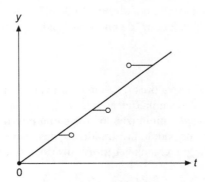

Figura 23.10: Reta ajustada a pontos de dados (t_j, y_j) com y_j conhecido, t_j medido.

Se tanto t_j quanto y_j têm erros (consideramos t e y como tendo a mesma precisão de medição), precisamos minimizar a soma dos quadrados dos desvios das duas variáveis. É conveniente ajustar a uma parametrização $t \operatorname{sen} \alpha - y \cos \alpha = 0$, assim $y/t = \operatorname{sen} \alpha / \cos \alpha = \tan \alpha$, $\alpha = \tan \alpha$, significando que α é o ângulo que a linha de ajuste cria com o eixo t (Figura 23.11). Nossa tarefa será, portanto, determinar α. Vemos também da Figura 23.11 que a linha de ajuste tem de ser desenhada de modo que a soma dos quadrados das distâncias d_j dos pontos (t_j, y_j) da linha torna-se um mínimo. Para encontrar d_j, rotacionamos nosso sistema de coordenadas no ângulo α, que se move (t_j, y_j) até $\left(t'_j, y'_j\right)$ de acordo com

$$\begin{pmatrix} t'_j \\ y'_j \end{pmatrix} = \begin{pmatrix} \cos \alpha & \operatorname{sen} \alpha \\ -\operatorname{sen} \alpha & \cos \alpha \end{pmatrix} \begin{pmatrix} t_j \\ y_j \end{pmatrix},$$

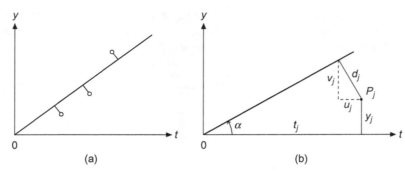

Figura 23.11: (a) Linha reta ajustada aos pontos de dados (t_j, y_j). (b) Geometria dos desvios u_j, v_j, d_j.

que produz $d_j = y'_j = -t_j \,\mathrm{sen}\,\alpha + y_j \cos\alpha$, a distância (marcada) em relação à linha no ângulo α. O mínimo do quadrado das distâncias até a linha é encontrado a partir

$$\frac{d}{d\alpha}\sum_j d_j^2 = 2\sum_j(-t_j\,\mathrm{sen}\,\alpha + y_j\cos\alpha)(-t_j\cos\alpha - y_j\,\mathrm{sen}\,\alpha)$$

$$= \mathrm{sen}\,\alpha\cos\alpha\sum_j\left(t_j^2 - y_j^2\right) - \left(\cos^2\alpha - \mathrm{sen}^2\alpha\right)\sum_j t_j y_j = 0,$$

que pode ser reduzido a

$$\tan 2\alpha = \frac{2\sum_j t_j y_j}{\sum_j\left(t_j^2 - y_j^2\right)}. \tag{23.98}$$

Esse ajuste de mínimos quadrados é apropriado quando os erros de medição são desconhecidos, já que ele dá peso igual ao desvio de cada ponto da linha de ajuste.

Por fim, se houver informações que permitem a atribuição de diferentes erros prováveis a diferentes pontos, temos a alternativa de fazer um ajuste "ponderado" de mínimos quadrados chamado ajuste de **qui-quadrado**, que discutiremos na próxima subseção.

A distribuição de χ^2

Dado um conjunto de u_j correspondendo a valores t_j de uma variável independente (que não necessariamente é um tempo), procuramos ajustar esses dados a uma função $u\,(t, a_1, a_2,...)$, em que a_i são parâmetros adaptados para otimizar o ajuste. A optimização é realizada minimizando uma **soma ponderada** dos quadrados dos desvios, em que os pesos são controlados pelos desvios padrão presumidos σ_j das respectivas medições u_j. A quantidade a ser minimizada é tradicionalmente rotulada χ^2 e chamada **qui-quadrado**, e sua definição precisa é

$$\chi^2 = \sum_{j=1}^{n}\left(\frac{u_j - u(t_j, a, \ldots)}{\sigma_j}\right)^2, \tag{23.99}$$

em que n é o número de pontos de dados. Essa função de mérito quadrático dá mais peso aos pontos com pequenas incertezas de medição σ_j.

As principais premissas adotadas para analisar a distribuição de probabilidade correspondente ao ajuste de **qui-quadrado** são: (1) que cada ponto de dados seja uma variável aleatória normal independente gaussiana X_j, com média zero e variância unitária, com a variância unitária assegurada pela presença de σ_j em cada termo, e (2) que a distribuição χ^2 esteja relacionada com X_j por

$$\chi^2 = \sum_{j=1}^{n} X_j^2. \tag{23.100}$$

Fazer um ajuste de qui-quadrado não requer nenhum conhecimento sobre estatística; simplesmente aplicamos métodos analíticos ou numéricos padrão para minimizar χ^2 para nosso conjunto de pontos de dados. Por outro lado, será necessário conhecer a distribuição de probabilidade de qui-quadrado para determinar se obtemos a qualidade esperada do nosso ajuste de qui-quadrado. Em particular, se queremos determinar a probabilidade da ocorrência do nosso conjunto de dados com base na distribuição de qui-quadrado (e possivelmente avaliar a adequação das nossas hipóteses em relação a variâncias de ponto individual σ_j^2), precisamos realizar uma análise adicional.

Nossa discussão anterior sobre transformações das variáveis aleatórias incluiu uma análise das somas normalmente distribuídas X_j^2 da forma dada na Equação (23.100), com o resultado desenvolvido no Exemplo 23.6.2. Especializando para o caso em questão, notamos que χ^2 terá uma distribuição de probabilidade gama com parâmetros $p = n/2$ e $\sigma = 1$, assim

$$g(\chi^2 = y) = \frac{y^{(n/2)-1}e^{-y/2}}{2^{n/2}\Gamma(n/2)}. \tag{23.101}$$

Plotagens de $g(y)$ para vários valores de n são dadas na Figura 23.12.

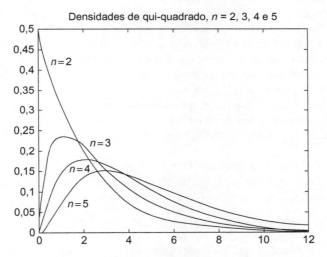

Densidades de qui-quadrado, $n = 2, 3, 4$ e 5

Figura 23.12: χ^2 densidade de probabilidade $g_n(y)$.

Também é útil observar a função geradora de momento para essa distribuição:

$$\langle e^{t\chi^2} \rangle = \frac{1}{(1-2t)^{n/2}}, \tag{23.102}$$

um resultado que decorre diretamente da Equação (23.85). Diferenciando a Equação (23.102), encontramos

$$\langle \chi^2 \rangle = \frac{d(1-2t)^{-n/2}}{dt}\bigg|_{t=0} = n, \quad \langle (\chi^2)^2 \rangle = \frac{d^2(1-2t)^{-n/2}}{dt^2}\bigg|_{t=0} = n(n+2), \tag{23.103}$$

e, portanto,

$$\sigma^2(\chi^2) = \langle (\chi^2)^2 \rangle - \langle \chi^2 \rangle^2 = n(n+2) - n^2 = 2n. \tag{23.104}$$

Esses resultados sugerem que os dados típicos com variância de medição individual realisticamente atribuída produziriam um valor de χ^2 comparável ao número de pontos de dados. Entretanto, calculando

$$P(\chi^2 > y_0) = \int_{y_0}^{\infty} g(y)dy, \tag{23.105}$$

Tabela 23.2 Distribuição de χ_2

n	$v = 0,8$	$v = 0,7$	$v = 0,5$	$v = 0,4$	$v = 0,3$	$v = 0,2$	$v = 0,1$
1	0,064	0,148	0,455	0,708	1,074	1,642	2,706
2	0,446	0,713	1,386	1,833	2,408	3,219	4,605
3	1,005	1,424	2,366	2,946	3,665	4,642	6,251
4	1,649	2,195	3,357	4,045	4,878	5,989	7,779
5	2,343	3,000	4,351	5,132	6,064	7,289	9,236
6	3,070	3,828	5,348	6,211	7,231	8,558	10,645

Nota: Um conjunto de dados com n graus de liberdade terá probabilidade v de que seu valor de χ^2 excede o valor tabulado.

em que $g(y)$ é a distribuição na Equação (23.101), podemos obter para qualquer y_0 a probabilidade de que um conjunto de dados teria uma dispersão maior do que aquela correspondendo a $\chi^2 = y_0$. Como é um pouco trabalhoso calcular a integral na Equação (23.105), seus valores são geralmente obtidos pela pesquisa de tabela. Uma tabela curta desses dados de qui-quadrado é dada na Tabela 23.2.

Antes de fechar esta subseção, temos de lidar com o fato de que nossas variáveis aleatórias X_j na verdade não têm valores médios zero se a função $u(t_j, ...)$ foi escolhido com base nos dados disponíveis e, portanto, não eram exatos. Pelo raciocínio semelhante àquele na discussão que leva à Equação (23.95), podemos mostrar que se um ajuste de qui-quadrado envolve n pontos de dados e a determinação dos parâmetros r, o número efetivo de graus de liberdade é $n - r$, com a implicação de que a inexatidão do ajuste em r graus de liberdade corresponde a uma distribuição de qui-quadrado com n substituído por $n - r$.

Por fim, é importante ressaltar que a análise χ^2 realmente não testa as hipóteses de que os pontos de dados são variáveis aleatórias normais independentes. Se essas hipóteses não forem aproximadamente válidas, é improvável que bons ajustes de qui-quadrado possam ser alcançados.

Exemplo 23.7.2   AJUSTE DE QUI-QUADRADO

Vamos aplicar a função χ^2 a um ajuste de linha reta do tipo mostrado na Figura 23.9, com os três pontos medidos e seus desvios padrões individuais escritos como $(t_j, u_j \pm \sigma_j)$, com os valores

$$(1, 0,8 \pm 0,1), \quad (2, 1,5 \pm 0,05), \quad (3, 2,7 \pm 0,2).$$

Antes de prosseguir para o ajuste de qui-quadrado, primeiro ajustamos uma linha supondo que os pontos são igualmente ponderados, correspondendo ao uso da Equação (23.96) para a inclinação a. Encontramos

$$a = \frac{1(0,8) + 2(1,5) + 3(2,7)}{1^2 + 2^2 + 3^2} = \frac{11.9}{14} = 0,850.$$

A variância de amostra dos pontos da linha é

$$\sigma^2 = \frac{1}{2}\left([0,8 - 1(0,850)]^2 + [1,5 - 2(0,850)]^2 + (2,7 - 3(0,850)]^2\right) = 0,0325,$$

e a variância de a é

$$\sigma^2(a) = \sum_j \left(\frac{\partial a}{\partial u_j}\right)^2 \sigma^2 = \sum_j \left(\frac{t_j}{\sum_k t_k^2}\right)^2 \sigma^2 = \frac{\sigma^2}{\sum_k t_k^2} = \frac{0,0325}{14} = 0,00232.$$

Assim, o ajuste não ponderado produz $a = 0,850 \pm \sqrt{0,00232} = 0,850 \pm 0,048$.

Voltando agora ao ajuste de qui-quadrado, em seguida minimizamos

$$\chi^2 = \sum_j \left(\frac{u_j - at_j}{\sigma_j}\right)^2$$

em relação a a. Esse processo produz

$$\frac{\partial \chi^2}{\partial a} = -2 \sum_j \frac{t_j(u_j - at_j)}{\sigma_j^2} = 0,$$

ou

$$a = \sum_j \frac{t_j u_j}{\sigma_j^2} \bigg/ \sum_j \frac{t_j^2}{\sigma_j^2}.$$

No nosso caso

$$a = \frac{\dfrac{1(0,8)}{0,1^2} + \dfrac{2(1,5)}{0,05^2} + \dfrac{3(2,7)}{0,2^2}}{\dfrac{1^2}{0,1^2} + \dfrac{2^2}{0,05^2} + \dfrac{3^2}{0,2^2}} = \frac{1482,5}{1925} = 0,770.$$

O valor que obtemos para a é dominado pelo ponto médio, o menor σ_j; Se esse ponto fosse o único utilizado, teríamos obtido $a = 1,5/2 = 0,75$. A variância de a, $\sigma^2(a)$, é agora

$$\sigma^2(a) = \sum_j \left(\frac{\partial a}{\partial u_j}\right)^2 \sigma_j^2 = \sum_j \left(\frac{t_j/\sigma_j^2}{\sum_k t_k^2/\sigma_k^2}\right)^2 \sigma_j^2 = \frac{1}{\sum_k t_k^2/\sigma_k^2} = \frac{1}{1925} = 0,000519.$$

A estimativa do qui-quadrado de a é, portanto, $a = 0,770 \pm \sqrt{0,000519} = 0,770 \pm 0,023$.

Nosso ajuste tem para χ^2 o valor

$$\chi^2 = \frac{[0,8 - 1(0,770)]^2}{0,1^2} + \frac{[1,5 - 2(0,770)]^2}{0,05^2} + \frac{[2,7 - 3(0,770)]^2}{0,2^2} = 4,533.$$

Nosso problema envolve três pontos e um parâmetro e, portanto, sua distribuição de qui-quadrado tem dois graus de liberdade e, de acordo com as Equações (23.103) e (23.104), tem um valor médio de 2 e uma variância de 4. Nosso valor de χ^2, 4,533, é significativamente maior do que o valor médio da distribuição e, portanto, descreve um conjunto de dados com mais dispersão do que seria normalmente esperado para os valores afirmados de σ_j. Podemos obter uma medida mais quantitativa da probabilidade de que χ^2 seria pelo menos tão grande quanto nosso valor comparando com as entradas na Tabela 23.2. Usando a linha da tabela para $n = 2$, vemos que a probabilidade de obter uma dispersão maior do que aquela dos nossos dados atuais é muito pequena, apenas ligeiramente acima de 0,1. ∎

Distribuição t de Student

A distribuição t de Student (às vezes simplesmente chamada **distribuição** t) é projetada para uso com pequenos conjuntos de dados para os quais a variância é desconhecida. Essa distribuição foi descrita pela primeira vez por W. S. Gosset, que publicou seu trabalho sob o pseudônimo "Student" porque seu empregador, a cervejaria Guinness, não permitiria que ele o publicasse sob seu próprio nome.

Gosset considerou a distribuição de probabilidade de uma variável aleatória T, da forma

$$T = \frac{Y\sqrt{n}}{\sqrt{S/n}}. \tag{23.106}$$

Para as aplicações em questão aqui,

$$Y = \frac{1}{n}\sum_{j=1}^{n} X_j - \mu = \bar{X} - \mu, \tag{23.107}$$

$$S = \sum_{j=1}^{n} X_j^2. \tag{23.108}$$

Aqui, X_j são um conjunto de n variáveis aleatórias normais independentes gaussianas, cada uma com a mesma variância desconhecida σ^2. A quantidade μ é o valor (desconhecido) da média de X. Uma característica importante da escolha de Gosset para T é que (como veremos em breve) sua distribuição de probabilidade $f_n(t)$ é independente da variância de X_j.

O procedimento para obter a distribuição de probabilidade de T depende do fato de que Y e S são variáveis aleatórias independentes. Isso é assim, mas a prova está além do escopo desta discussão abreviada. Começamos observando que S é uma distribuição gama, com distribuição de probabilidade $g(n, \sigma, s)$, como dado na Equação (23.85). Em seguida, procedemos para a distribuição de $U = \sqrt{S/n}$, que denotamos $h(u)$. Fazendo uma mudança na variável de s para nu^2, e observando que $ds = (ds/du)du$, encontramos

$$h(u) = g(n, \sigma; nu^2)(2nu). \tag{23.109}$$

Essa é a distribuição de probabilidade do denominador de T. Para obter a distribuição do numerador, notamos que Y é uma distribuição normal com variância σ^2/n (ver Equação (23.92)), e média zero. Ele, portanto, (ver Equação (23.56)), tem a distribuição que denotamos $r(y)$, da forma

$$r(y) = \sqrt{\frac{n}{2\pi\sigma^2}} e^{-ny^2/2\sigma^2}. \tag{23.110}$$

O numerador, $Z = Y\sqrt{n}$, terá assim uma distribuição $k(z)$, em que $z = y\sqrt{n}$, então

$$k(z) = r(z/\sqrt{n})(dy/dz) = \frac{1}{\sqrt{2\pi\sigma^2}} e^{z^2/2\sigma^2}; \tag{23.111}$$

a presença do fator de $\sqrt{n}$ faz o numerador ter variância σ^2. Por fim, usamos a fórmula para a razão de duas distribuições independentes, Equação (23.81), para obter

$$f(t) = \int_0^\infty k(ut)h(u)u\, du. \tag{23.112}$$

A integração se estende somente de zero ao infinito, porque a distribuição gama em $h(u)$ só é diferente de zero para u positivo. Inserindo as expressões para as quantidades em Equação (23.112),

$$\begin{aligned}
f_n(t) &= \frac{1}{\sqrt{2\pi\sigma^2}} \int_0^\infty e^{-u^2t^2/2\sigma^2} g(n, \sigma; nu^2)(2nu^2)du \\
&= \frac{1}{\sqrt{2\pi\sigma^2}} \frac{1}{2^{n/2}\sigma^n \Gamma(n/2)} \int_0^\infty e^{-u^2t^2/2\sigma^2}(nu^2)^{(n/2)-1} e^{-nu^2/2\sigma^2}(2nu^2)du \\
&= \frac{2}{\sigma^{n+1}\sqrt{\pi n}} \left(\frac{n}{2}\right)^{(n+1)/2} \frac{1}{\Gamma(n/2)} \int_0^\infty e^{-u^2(t^2+n)/2\sigma^2} u^n du.
\end{aligned} \tag{23.113}$$

Para completar a avaliação, mudamos as variáveis na integral para $z = u^2(t^2+n)/2\sigma^2$, tornando assim a integral identificável como uma função gama, portanto

$$\begin{aligned}
\int_0^\infty e^{-u^2(t^2+n)/2\sigma^2} u^n du &= \frac{1}{2}\left(\frac{2\sigma^2}{t^2+n}\right)^{(n+1)/2} \int_0^\infty z^{(n-1)/2} e^{-z} dz \\
&= \frac{1}{2}\left(\frac{2\sigma^2}{t^2+n}\right)^{(n+1)/2} \Gamma\left(\frac{n+1}{2}\right).
\end{aligned} \tag{23.114}$$

Inserindo esse resultado na Equação (23.113) e simplificando, notamos que as instâncias de σ se cancelam inteiramente, e ficamos com

$$f_n(t) = \frac{\Gamma\left(\dfrac{n+1}{2}\right)}{\sqrt{\pi n}\,\Gamma\left(\dfrac{n}{2}\right)}\left(1 + \frac{t^2}{n}\right)^{-(n+1)/2}.$$ (23.115)

A equação (23.115) é a densidade de probabilidade para a distribuição t com n graus de liberdade. Essa equação mostra que alcançamos o resultado desejado, ou seja, que a distribuição T é independente da variância das variáveis aleatórias de entrada X_j. Como nossa intenção é usar a distribuição t para a redução dos dados experimentais da variância desconhecida, alcançamos nosso objetivo atual. A Figura 23.13 mostra as densidades $f_n(t)$ para vários n; uma característica importante dessas curvas é que elas dependem muito pouco de n.

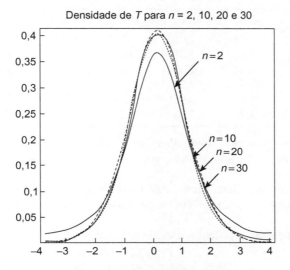

Densidade de T para n = 2, 10, 20 e 30

Figura 23.13: Densidade de probabilidade t de Student $f_n(t)$ para n = 2, 10, 20 e 30.

Intervalos de Confiança

Um **intervalo de confiança** para uma variável aleatória X é o intervalo dentro do qual x estará, não de uma maneira certa, mas com alta probabilidade, o nível de confiança, de que podemos escolher. Se X tem uma distribuição de probabilidade $f(x)$, o intervalo de confiança para a probabilidade p será o intervalo de x, geralmente simetricamente centrado sobre algum valor x_0, que contém a fração p da sua distribuição de probabilidade. Se esse intervalo está limitado por $x_0 - dx$ e $x_0 + dx$, é comum escrever que $x = x_0 \pm dx$ com $(100p)\%$ de confiança. Se, por exemplo, um valor calculado de x é 0,50 e 90% da sua distribuição de probabilidade cai entre $x = 0,40$ e $x = 0,60$, dizemos que x tem o valor $x = 0,50 \pm 0,10$ com 90% de confiança.

Intervalos de confiança são normalmente encontrados por aquilo chamado **método central**, que envolve relacionar a variável para a qual desejamos um intervalo de confiança a uma distribuição de probabilidade conhecida. A identificação e seleção das quantidades centrais estão em geral fora do escopo deste texto, mas para uma variável aleatória normal gaussiana com média zero, um pivô apropriado é sua distribuição t. Referindo-se à Equação (23.106), isso significa que podemos estimar um intervalo de confiança para Y (os desvios da média observada $\bar{X}$ de seu valor real) da equação

$$Y = \bar{X} - \mu = \frac{T\sqrt{S/n}}{\sqrt{n}},$$ (23.116)

em que T é a variável aleatória correspondendo à distribuição t e S é o valor único obtido inserindo os valores observados de X_i na Equação (23.108). Usamos a Equação (23.116) inserindo nela o intervalo de T que corresponde a uma probabilidade total p, calculando daí o intervalo correspondente de Y. Note que não inserimos uma distribuição de probabilidade para S; usamos o valor de S decorrente dos nossos dados.

A distribuição de T é uma função par de t com um máximo em $t = 0$, como é óbvio na Equação (23.115) e na Figura 23.13, e nosso intervalo de confiança para T estará naturalmente centrado sobre zero. Portanto, um intervalo de confiança de que a probabilidade p corresponderá a um intervalo simétrico de t, $(-C_p < t < +C_p)$, de tal modo que

$$P(-C_p < t < +C_p) = p.$$

Como $f(t)$ é par, também temos

$$P(-\infty < t < +C_p) = \tfrac{1}{2} + (-C_p < t < C_p)/2,$$

o que equivale a

$$P(-\infty < t < +C_p) = \frac{1+p}{2} \equiv \hat{p}. \tag{23.117}$$

Tabela 23.3 Distribuição t de Student

$\hat{p}$	$n = 1$	$n = 2$	$n = 3$	$n = 4$	$n = 5$
0,8	1,38	1,06	0,98	0,94	0,92
0,9	3,08	1,89	1,64	1,53	1,48
0,95	6,31	2,92	2,35	2,13	2,02
0,975	12,7	4,30	3,18	2,78	2,57
0,99	31,8	6,96	4,54	3,75	3,36
0,999	318,3	22,3	10,2	7,17	5,89

Nota: As entradas são os valores C em $\int_{-\infty}^{C} f_n(t)\, dt = \hat{p}$, em que $f_n(t)$ é dado na Equação (23.115), com n o número de graus de liberdade.

Devido à necessidade frequente de utilizar valores de C correspondendo a vários valores de $\hat{p}$ e graus de liberdade n, esses valores C foram tabulados e aparecem em muitos textos de estatística. Uma tabela curta é incluída aqui (Tabela 23.3).

Dado um intervalo de confiança para T, podemos inseri-lo na Equação (23.116) que, quando resolvida para μ, torna-se

$$\mu = \bar{X} - T\frac{\sqrt{S/n}}{\sqrt{n}} = \bar{x} - \frac{T\sigma}{\sqrt{n}}. \tag{23.118}$$

Dos valores limite para T, obtemos o intervalo correspondente para μ, que é válido com a probabilidade do intervalo T. Observe que exceto para o intervalo de T, todas as quantidades no lado direito da Equação (23.118) devem ser calculadas a partir dos nossos dados de amostra. Em particular, precisamos do valor médio $\bar{X}$ para nossa amostra e o desvio padrão dos nossos pontos de dados, $\sigma = \sqrt{S/n}$. Observe ainda que, como com a distribuição de qui-quadrado, quando os dados medidos são usados para gerar a média da amostra e o desvio padrão da amostra, a distribuição T apropriada a usar para n pontos de dados é que com $n-1$ graus de liberdade, e ao utilizar

Na Equação (23.118) é comum considerar σ como o desvio padrão da amostra, como definido na Equação (23.95). Esses pontos são explicados mais detalhadamente em várias das Leituras Adicionais.

Exemplo 23.7.3 Intervalo de Confiança

Suponha que temos os seguintes dados aleatórios de uma população que supostamente tem uma distribuição normal de Gauss:

$$7,12 \quad 4,95 \quad 6,18 \quad 5,69 \quad 2,90 \quad 8,47,$$

e queremos determinar os intervalos de confiança de 90% e 95% para a média da população.

Como não temos a média da população nem variância, mas supusemos que a distribuição da população é normal, podemos usar a distribuição t da maneira recém-mostrada. Como uma preliminar para fazer isso, precisamos calcular a média e o desvio padrão da amostra. Como temos seis pontos de dados, o número de graus de liberdade será $n = 5$. Temos

$$\bar{X} = (7,12 + 4,95 + 6,18 + 5,60 + 2,90 + 8,47)/6 = 5,885,$$

$$\sigma = \left[\frac{1}{5} \left((7,12 - 5,885)^2 + \cdots + (8,47 - 5,885)^2 \right) \right]^{1/2} = 1,9035.$$

Considerando primeiro o intervalo de confiança de 90% que corresponde ao intervalo $(-C_{90} < t < C_{90})$ com $\hat{p} = (1+p)/2 = 0,95$, lemos da Tabela 23.3 o valor $C_{90} = 2,02$. Assim,

$$\mu = 5,885 \pm \frac{(2,02)(1,9035)}{\sqrt{5}} = 5,885 \pm 1,720 \quad \text{(90\% de confiança)}.$$

Para 95% de confiança, precisamos de C_{95}, novamente para $n = 5$. Dessa vez, $\hat{p} = 0,975$, assim $C_{95} = 2,57$, e

$$\mu = 5,885 \pm \frac{(2,57)(1,9035)}{\sqrt{5}} = 5,885 \pm 2,188 \quad \text{(95\% de confiança)}.$$

Algumas observações finais são apropriadas. Primeiro, vemos que exigindo um aumento no nível de confiança, o intervalo provavelmente contendo a média real torna-se mais amplo. Note que em níveis altos de confiança a largura provável pode tornar-se muito maior do que o desvio padrão da amostra. Por fim, observe que até mesmo os intervalos de confiança são dependentes de amostra. Outros dados da mesma população poderiam gerar intervalos de diferentes larguras. Talvez simplificando demais, essas análises mostram que não há como converter os dados de probabilidade em afirmações significativas que têm certeza absoluta. ∎

Exercícios

23.7.1 Seja ΔA o erro de uma medição de A etc. Utilize a propagação de erro para mostrar que

$$\left(\frac{\sigma(C)}{C} \right)^2 = \left(\frac{\sigma(A)}{A} \right)^2 + \left(\frac{\sigma(B)}{B} \right)^2$$

é válida para o produto $C = AB$ e a razão $C = A/B$.

23.7.2 Encontre o valor médio e o desvio padrão da amostra das medições $x_1 = 6,0$, $x_2 = 6,5$, $x_3 = 5,9$, $x_4 = 6,1$, $x_5 = 6,2$. Se o ponto $X_6 = 6,1$ é adicionado à amostra, como a mudança afeta o valor médio e o desvio padrão?

23.7.3 Realize uma análise χ^2 do ajuste correspondendo à Figura 23.10 utilizando os mesmos pontos como no Exemplo 23.7.2, mas com os erros agora associados a t_j em vez de y_i.

23.7.4 Utilizando os dados do Exercício 23.7.2 (incluindo o ponto x_6), encontre os intervalos de confiança de 90% e 95% para a média de x_i.

Leituras Adicionais

Bevington, P. R. e Robinson, D. K., *Data Reduction and Error Analysis for the Physical Sciences* (3ª ed.). Nova York: McGraw-Hill (2003).

Chung, K. L., *A Course in Probability Theory Revised* (3ª ed.). Nova York: Academic Press (2000).

DeGroot, M. H., *Probability and Statistics* (2ª ed.). Reading, MA: Addison-Wesley (1986).

Devore, J. L., *Probability and Statistics for Engineering and the Sciences* (5ª ed.). Nova York: Duxbury Press (1999).

Freund, J. E. e Walpole, R. E., *Mathematical Statistics* (4ª ed.). Englewood Cliffs, NJ: Prentice Hall (1987). Esse texto bem-conceituado está em um nível comparável à exposição neste capítulo. Claro e com muitas tabelas estatísticas.

Kreyszig, E., *Introductory Mathematical Statistics: Principles and Methods*. Nova York: Wiley (1970).

Montgomery, D. C. e Runger, G. C., *Applied Statistics and Probability for Engineers* (2ª ed.). Nova York: Wiley (1998).

Papoulis, A., *Probability, Random Variables, and Stochastic Processes* (3ª ed.). Nova York: McGraw-Hill (1991).

Ramachandran, K. M. e Tsokos, C. P., *Mathematical Statistics with Applications*. Nova York: Academic Press (2009). Relativamente detalhado, mas legível e autossuficiente.

Ross, S. M. *First Course in Probability* (vol. A). (5ª ed.). Nova York: Prentice Hall (1997).

Ross, S. M., *Introduction to Probability and Statistics for Engineers and Scientists* (2ª ed.). Nova York: Academic Press (1999).

Ross, S. M., *Introduction to Probability Models* (7ª ed.). Nova York: Academic Press (2000).

Suhir, E., *Applied Probability for Engineers and Scientists*. Nova York: McGraw-Hill (1997).

Índice

Os números de páginas, seguido de '*f*' e '*t*' indicam figuras e tabelas, respectivamente.

Q

R

U

V

Identidades Vetoriais

$$\mathbf{A} = A_x\hat{\mathbf{e}}_x + A_y\hat{\mathbf{e}}_y + A_z\hat{\mathbf{e}}_z, \quad A^2 = A_x^2 + A_y^2 + A_z^2, \quad \mathbf{A} \cdot \mathbf{B} = A_xB_x + A_yB_y + A_zB_z$$

$$\mathbf{A} \times \mathbf{B} = \begin{vmatrix} A_y & A_z \\ B_y & B_z \end{vmatrix}\hat{\mathbf{e}}_x + \begin{vmatrix} A_z & A_x \\ B_z & B_x \end{vmatrix}\hat{\mathbf{e}}_y + \begin{vmatrix} A_x & A_y \\ B_x & B_y \end{vmatrix}\hat{\mathbf{e}}_z$$

$$\mathbf{A} \cdot (\mathbf{B} \times \mathbf{C}) = \begin{vmatrix} A_x & A_y & A_z \\ B_x & B_y & B_z \\ C_x & C_y & C_z \end{vmatrix} = A_x\begin{vmatrix} B_y & B_z \\ C_y & C_z \end{vmatrix}\hat{\mathbf{e}}_x + A_y\begin{vmatrix} B_z & B_x \\ C_z & C_x \end{vmatrix}\hat{\mathbf{e}}_y + A_z\begin{vmatrix} B_x & B_y \\ C_x & C_y \end{vmatrix}\hat{\mathbf{e}}_z$$

$$\mathbf{A} \times (\mathbf{B} \times \mathbf{C}) = \mathbf{B}(\mathbf{A} \cdot \mathbf{C}) - \mathbf{C}(\mathbf{A} \cdot \mathbf{B}), \qquad \sum_k \varepsilon_{ijk}\varepsilon_{pqk} = \delta_{ip}\delta_{jq} - \delta_{iq}\delta_{jp}$$

Cálculo Vetorial

$$\mathbf{F} = -\boldsymbol{\nabla}V(r) = -\frac{\mathbf{r}}{r}\frac{dV}{dr} = -\hat{\mathbf{r}}\frac{dV}{dr}, \qquad \boldsymbol{\nabla} \cdot [\mathbf{r}f(r)] = 3f(r) + r\frac{df}{dr},$$

$$\boldsymbol{\nabla} \cdot (r^n\hat{\mathbf{r}}) = (n+2)r^{n-1}$$

$$\boldsymbol{\nabla}(\mathbf{A} \cdot \mathbf{B}) = (\mathbf{A} \cdot \boldsymbol{\nabla})\mathbf{B} + (\mathbf{B} \cdot \boldsymbol{\nabla})\mathbf{A} + \mathbf{A} \times (\boldsymbol{\nabla} \times \mathbf{B}) + \mathbf{B} \times (\boldsymbol{\nabla} \times \mathbf{A})$$

$$\boldsymbol{\nabla} \cdot (S\mathbf{A}) = \boldsymbol{\nabla}S \cdot \mathbf{A} + S\boldsymbol{\nabla} \cdot \mathbf{A}, \qquad \boldsymbol{\nabla} \times (S\mathbf{A}) = \boldsymbol{\nabla}S \times \mathbf{A} + S\boldsymbol{\nabla} \times \mathbf{A}$$

$$\boldsymbol{\nabla} \cdot (\mathbf{A} \times \mathbf{B}) = \mathbf{B} \cdot (\boldsymbol{\nabla} \times \mathbf{A}) - \mathbf{A} \cdot (\boldsymbol{\nabla} \times \mathbf{B})$$

$$\boldsymbol{\nabla} \times (\mathbf{A} \times \mathbf{B}) = \mathbf{A}\boldsymbol{\nabla} \cdot \mathbf{B} - \mathbf{B}\boldsymbol{\nabla} \cdot \mathbf{A} + (\mathbf{B} \cdot \boldsymbol{\nabla})\mathbf{A} - (\mathbf{A} \cdot \boldsymbol{\nabla})\mathbf{B},$$

$$\boldsymbol{\nabla} \cdot (\boldsymbol{\nabla} \times \mathbf{A}) = 0, \quad \boldsymbol{\nabla} \times \boldsymbol{\nabla}S = 0, \quad \boldsymbol{\nabla} \times \mathbf{r} = 0, \quad \boldsymbol{\nabla} \times [\mathbf{r}f(r)] = 0$$

$$\nabla^2\frac{1}{r} = -4\pi\,\delta(\mathbf{r}), \qquad \boldsymbol{\nabla} \times (\boldsymbol{\nabla} \times \mathbf{A}) = \boldsymbol{\nabla}(\boldsymbol{\nabla} \cdot \mathbf{A}) - \nabla^2\mathbf{A}$$

$$\int_V \boldsymbol{\nabla} \cdot \mathbf{B}\,d^3r = \int_S \mathbf{B} \cdot d\boldsymbol{\sigma}, \quad \text{(Gauss)}$$

$$\int_S (\boldsymbol{\nabla} \times \mathbf{A}) \cdot d\boldsymbol{\sigma} = \oint \mathbf{A} \cdot d\mathbf{r}, \quad \text{(Stokes)}$$

$$\int_V (\varphi\boldsymbol{\nabla}^2\psi - \psi\boldsymbol{\nabla}^2\varphi)d^3r = \int_S (\varphi\boldsymbol{\nabla}\psi - \psi\boldsymbol{\nabla}\varphi) \cdot d\boldsymbol{\sigma}, \quad \text{(Green)}$$

$$\delta(ax) = \frac{1}{|a|}\,\delta(x), \quad \delta(f(x)) = \sum_{\substack{i,f(x_i)=0 \\ f'(x_i)\neq 0}} \frac{\delta(x - x_i)}{|f'(x_i)|},$$

$$\delta(t - x) = \frac{1}{2\pi}\int_{-\infty}^{\infty} e^{i\omega(t-x)}d\omega = \sum_{n=0}^{\infty} \varphi_n^*(t)\varphi_n(x)$$

Coordenadas Ortogonais Gerais

Coordenadas Cartesianas

$$q_1 = x, \quad q_2 = y, \quad q_3 = z; \quad h_1 = h_2 = h_3 = 1, \quad \mathbf{r} = x\,\hat{\mathbf{x}} + y\,\hat{\mathbf{y}} + z\,\hat{\mathbf{z}}$$

Coordenadas Cilíndricas

$$q_1 = \rho, \quad q_2 = \varphi, \quad q_3 = z; \quad h_1 = h_\rho = 1, \quad h_2 = h_\varphi = \rho, \quad h_3 = h_z = 1,$$

$$\mathbf{r} = \rho\cos\varphi\,\hat{\mathbf{x}} + \rho\operatorname{sen}\varphi\,\hat{\mathbf{y}} + z\,\hat{\mathbf{z}}$$

Coordenadas Polares Esféricas

$$q_1 = r, \quad q_2 = \theta, \quad q_3 = \varphi; \quad h_1 = h_r = 1, \quad h_2 = h_\theta = r, \quad h_3 = h_\varphi = r\operatorname{sen}\theta,$$

$$\mathbf{r} = r\operatorname{sen}\theta\cos\varphi\,\hat{\mathbf{x}} + r\operatorname{sen}\theta\operatorname{sen}\varphi\,\hat{\mathbf{y}} + r\cos\theta\,\hat{\mathbf{z}}$$

$$d\mathbf{r} = \sum_i h_i dq_i\,\hat{\mathbf{q}}_i, \qquad \mathbf{A} = \sum_i A_i\,\hat{\mathbf{q}}_i, \quad \mathbf{A}\cdot\mathbf{B} = \sum_i A_i B_i, \quad \mathbf{A}\times\mathbf{B} = \begin{vmatrix} \hat{\mathbf{q}}_1 & \hat{\mathbf{q}}_2 & \hat{\mathbf{q}}_3 \\ A_1 & A_2 & A_3 \\ B_1 & B_2 & B_3 \end{vmatrix}$$

$$\int_V f\,d^3r = f(q_1, q_2, q_3) h_1 h_2 h_3\,dq_1 dq_2 dq_3, \qquad \int_L \mathbf{F}\cdot d\mathbf{r} = \sum_i \int_i F_i h_i\,dq_i,$$

$$\int_S \mathbf{B}\cdot d\boldsymbol{\sigma} = \int B_1 h_2 h_3\,dq_2 dq_3 + \int B_2 h_3 h_1\,dq_3 dq_1 + \int B_3 h_1 h_2\,dq_1 dq_2,$$

$$\boldsymbol{\nabla} V = \sum_i \frac{1}{h_i}\frac{\partial V}{\partial q_i}\,\hat{\mathbf{q}}_i$$

$$\boldsymbol{\nabla}\cdot\mathbf{F} = \frac{1}{h_1 h_2 h_3}\left[\frac{\partial}{\partial q_1}(F_1 h_2 h_3) + \frac{\partial}{\partial q_2}(F_2 h_3 h_1) + \frac{\partial}{\partial q_3}(F_3 h_1 h_2)\right]$$

$$\boldsymbol{\nabla}^2 V = \frac{1}{h_1 h_2 h_3}\left[\frac{\partial}{\partial q_1}\left(\frac{h_2 h_3}{h_1}\frac{\partial V}{\partial q_1}\right) + \frac{\partial}{\partial q_2}\left(\frac{h_3 h_1}{h_2}\frac{\partial V}{\partial q_2}\right) + \frac{\partial}{\partial q_3}\left(\frac{h_1 h_2}{h_3}\frac{\partial V}{\partial q_3}\right)\right]$$

$$\boldsymbol{\nabla}\times\mathbf{F} = \frac{1}{h_1 h_2 h_3}\begin{vmatrix} h_1\,\hat{\mathbf{q}}_1 & h_2\,\hat{\mathbf{q}}_2 & h_3\,\hat{\mathbf{q}}_3 \\ \partial/\partial q_1 & \partial/\partial q_2 & \partial/\partial q_3 \\ h_1 F_1 & h_2 F_2 & h_3 F_3 \end{vmatrix}$$

Constante de Euler-Mascheroni

$$\gamma = \lim_{n\to\infty}\left[1 + \frac{1}{2} + \frac{1}{3} + \cdots + \frac{1}{n} - \ln(n+1)\right] = 0{,}57721\ 56649\ 01533$$

Números de Bernoulli

$$B_0 = 1, \quad B_1 = -\frac{1}{2}, \quad B_2 = \frac{1}{6}, \quad B_4 = -\frac{1}{30}, \quad B_6 = \frac{1}{42}, \quad B_8 = -\frac{1}{30}, \quad \cdots$$

Séries e Produtos

$$f(x) = \sum_{n=0}^{\infty} f^{(n)}(a)\,\frac{(x-a)^n}{n!}\,, \quad \frac{1}{1-x} = \sum_{n=0}^{\infty} x^n\,, \quad (1+x)^{\alpha} = \sum_{n=0}^{\infty} \binom{\alpha}{n} x^n\,,$$

$$e^x = \sum_{n=0}^{\infty} \frac{x^n}{n!}\,, \quad \operatorname{sen} x = \sum_{n=0}^{\infty} \frac{(-1)^n x^{2n+1}}{(2n+1)!}\,, \quad \cos x = \sum_{n=0}^{\infty} \frac{(-1)^n x^{2n}}{(2n)!}\,,$$

$$\ln(1+x) = \sum_{n=1}^{\infty} \frac{(-1)^{n-1}}{n}\,x^n\,, \quad \frac{x}{e^x-1} = 1 - \frac{x}{2} + \sum_{n=1}^{\infty} B_{2n}\,\frac{x^{2n}}{(2n)!}\,,$$

$$x \cot x = \sum_{n=0}^{\infty} (-1)^n B_{2n}\,\frac{(2x)^{2n}}{(2n)!}\,, \quad \zeta(s) = \sum_{n=1}^{\infty} \frac{1}{n^s}\,, \quad \zeta(2n) = (-1)^{n-1} \frac{(2\pi)^{2n}}{2(2n)!}\,B_{2n}\,.$$

Se $f(z)$ tem pólos em z_n com respectivos resíduos b_n,

$$f(z) = f(0) + \sum_n b_n \left(\frac{1}{z-z_n} + \frac{1}{z_n}\right)\,, \quad \cot \pi z = \frac{1}{z} + \sum_{n=1}^{\infty} \left(\frac{1}{z-n} + \frac{1}{z+n}\right)\,,$$

$$\frac{f'(z)}{f(z)} = \frac{f'(0)}{f(0)} + \sum_n \left(\frac{1}{z-z_n} + \frac{1}{z_n}\right)\,, \quad f(z) = f(0)\,e^{zf'(0)/f(0)} \prod_n \left(1 - \frac{z}{z_n}\right) e^{z/z_n}\,,$$

$$\frac{\pi^2}{\operatorname{sen}^2 \pi z} = \sum_{n=-\infty}^{\infty} \frac{1}{(z-n)^2}\,, \quad \operatorname{sen} \pi z = \pi z \prod_{n=1}^{\infty} \left(1 - \frac{z^2}{n^2}\right)\,,$$

$$\Gamma(z) = \int_0^{\infty} e^{-t} t^{z-1}\,dt\,, \quad \frac{1}{\Gamma(z)} = z\,e^{\gamma z} \prod_{n=1}^{\infty} \left(1 + \frac{z}{n}\right) e^{-z/n}\,,$$

$$\frac{\Gamma'(z+1)}{\Gamma(z+1)} = -\gamma + \sum_{n=1}^{\infty} \left(\frac{1}{n} - \frac{1}{z+n}\right)\,,$$

$$e^{iz} = e^{-y}(\cos x + i\operatorname{sen} x)\,, \quad \ln z = \ln|z| + i(\arg z + 2\pi n)\,,$$

$$e^{(x/2)(t-1/t)} = \sum_{n=-\infty}^{\infty} J_n(x)\,t^n\,, \quad J_\nu(x) = \sum_{n=0}^{\infty} \frac{(-1)^n}{n!\,\Gamma(\nu+n+1)} \left(\frac{x}{2}\right)^{\nu+2n}\,,$$

$$(1 - 2xt + t^2)^{-1/2} = \sum_{l=0}^{\infty} P_l(x)\,t^l\,, \quad P_l(x) = \frac{1}{2^l\,l!} \left(\frac{d}{dx}\right)^l (x^2-1)^l\,,$$

$$\int_{-1}^{1} P_\mu(x)\,P_\nu(x)\,dx = \frac{2\delta_{\mu\nu}}{2\mu+1}\,,$$

$$e^{i\mathbf{k}\cdot\mathbf{r}} = 4\pi \sum_{l=0}^{\infty} i^l j_l(kr) \sum_{m=-l}^{l} Y_l^m(\theta_k, \varphi_k)^* \, Y_l^m(\theta_r, \varphi_r)\,,$$

$$e^{-t^2+2tx} = \sum_{n=0}^{\infty} H_n(x)\,\frac{t^n}{n!}\,, \qquad H_n(x) = (-1)^n\,e^{x^2}\left(\frac{d}{dx}\right)^n e^{-x^2}\,,$$

$$\frac{e^{-xt/(1-t)}}{1-t} = \sum_{n=0}^{\infty} L_n(x)\,t^n\,, \qquad L_n(x) = \frac{e^x}{n!}\left(\frac{d}{dx}\right)^n (x^n\,e^{-x})\,,$$

$$\int_{-\infty}^{\infty} H_m(x)H_n(x)\,e^{-x^2}\,dx = 2^n\pi^{1/2}n!\,\delta_{mn}\,, \qquad \int_0^{\infty} L_m(x)L_n(x)\,e^{-x}\,dx = \delta_{mn}$$

Séries de Fourier

$$f(x) = \frac{a_0}{2} + \sum_{n=1}^{\infty}(a_n\cos nx + b_n\,\mathrm{sen}\,nx)\,,$$

$$a_n = \frac{1}{\pi}\int_0^{2\pi} f(x)\cos nx\,dx\,, \qquad b_n = \frac{1}{\pi}\int_0^{2\pi} f(x)\,\mathrm{sen}\,nx\,dx$$

Transformadas Integrais

$$F(\omega) = \frac{1}{\sqrt{2\pi}}\int_{-\infty}^{\infty} f(t)e^{i\omega t}dt\,, \qquad f(t) = \frac{1}{\sqrt{2\pi}}\int_{-\infty}^{\infty} F(\omega)e^{-i\omega t}d\omega$$

$$\int_{-\infty}^{\infty} F(\omega)G^*(\omega)\,d\omega = \int_{-\infty}^{\infty} f(t)g^*(t)\,dt\,, \qquad \int_{-\infty}^{\infty} g(y)f(x-y)\,dy = \int_{-\infty}^{\infty} F(\omega)G(\omega)e^{-i\omega x}d\omega$$

$$\frac{1}{4\pi r} = \frac{1}{(2\pi)^3}\int \frac{e^{i\mathbf{k}\cdot\mathbf{r}}}{k^2}\,d^3k\,, \qquad \frac{e^{-mr}}{4\pi r} = \frac{1}{(2\pi)^3}\int \frac{e^{i\mathbf{k}\cdot\mathbf{r}}}{k^2+m^2}\,d^3k$$

Função de Green

$$\boldsymbol{\nabla}^2 V = -\frac{\rho}{\varepsilon_0}\,, \qquad V(\mathbf{r}) = \frac{1}{4\pi\varepsilon_0}\int \frac{\rho(\mathbf{r}')d^3r'}{|\mathbf{r}-\mathbf{r}'|}$$

Alfabeto Grego

Alpha	A	α	Nu	N	ν
Beta	B	β	Xi	Ξ	ξ
Gamma	Γ	γ	Omicron	O	o
Delta	Δ	δ	Pi	Π	π
Epsilon	E	ϵ,ε	Rho	P	ρ
Zeta	Z	ζ	Sigma	Σ	σ
Eta	H	η	Tau	T	τ
Theta	Θ	θ	Upsilon	Υ	υ
Iota	I	ι	Phi	Φ	ϕ,φ
Kappa	K	κ	Chi	X	χ
Lambda	Λ	λ	Psi	Ψ	ψ
Mu	M	μ	Omega	Ω	ω